분자생물학 입문 제3판

Lewin's Essential GENES

분자생물학 입문 제3판

Lewin's Essential GENES

대표역자 송민동

김영민 문자영 신 숙 윤호성 이정익
이창수 임재환 임진규 최원재 공 역

Jocelyn E. Krebs

University of Alaska Anchorage

Elliott S. Goldstein

Arizona State University

Stephen T. Kilpatrick

University of Pittsburgh at Johnstown

월드사이언스
worldscience.co.kr

분자생물학 입문 제3판

인 쇄 | 2018년 2월 20일
발 행 | 2018년 3월 5일

저 자 | Jocelyn E. Krebs · Elliott S. Goldstein · Stephen T. Kilpatrick
대표역자 | 송민동
공 역 자 | 김영민 · 문자영 · 신 숙 · 윤호성 · 이정익
이창수 · 임재환 · 임진규 · 최원재

발 행 인 | 박선진
발 행 처 | (주)도서출판 월드사이언스

주 소 | 서울특별시 서초구 도구로 115 월드빌딩 1층
등록일자 | 1988년 2월 12일
등록번호 | 제 16-1601호

대표전화 | (02) 581-5811~3
팩 스 | (02) 521-6418
E-mail | worldscience@hanmail.net
U R L | http://www.worldscience.co.kr

정 가 | **40,000원**
I S B N | 978-89-5881-273-9

이 도서의 국립중앙도서관 출판시도서목록(CIP)은 서지정보유통지원시스템 홈페이지 (http://seoji.nl.go.kr)와 국가자료공동목록시스템(http://www.nl.go.kr/kolisnet)에서 이용하실 수 있습니다. (CIP제어번호 : CIP2018005228)

헌 사

목표를 높게 잡게 해준 Benjamin Lewin에게

과학에 대한 사랑으로 나를 길러주신 나의 어머니, Ellen Baker에게; 나에게 과학은 재미있는 것이라는 확신을 주신 새아버지 Barry Kiefer를 추모하며; 항상 나의 생물 농담에 즐거운 척 해준 나의 파트너 Susannah Morgan에게; 그리고 이 책을 즐기기에는 너무 어린 Rhys에게. 끝으로, 이 책을 나의 멘토인 Marietta Dunaway 박사의 기억에 바치고 싶다. Marietta Dunaway 박사는 나로 하여금 흥미진진한 크로마틴 생물학의 길로 들어서게 하였다.

Jocelyn Krebs

나의 가족에게: 놀라운 인내심과 이해심, 그리고 나에게 자신감을 준 나의 아내 Suzanne; 컴퓨터 사용법을 가르쳐준 우리 아이들, Andy, Hyla; 그리고 Gary; 그리고 웃음과 재롱으로 나에게 많은 힘이 되어준 손자, Seth와 Elena. 그리고 전문성, 지도, 풍부한 지견이 과학자와 선생에게 반드시 필요한 기술임을 알려준 나의 멘토이자 친한 친구인 Lee A. Snyder를 추모하며. 나는 그의 기대에 부응하려고 노력했다. 너를 위한거야, 박사.

Elliott Goldstein

나의 아내 Lori; 나의 부모님이신 David와 Sandra; 우리 아이들, Jennifer, Andrew, 그리고 Sarah에게.

Stephen Kilpatrick

간추린 목차

목차

Chapter 7. 유전자 클러스터와 반복배열 160

Chapter 8. 게놈 진화 182

Chapter 9. 염색체 214

Chapter 10. 크로마틴 239

PART II. DNA 복제와 유전자 재조합 269

Chapter 11. 복제는 세포주기와 연결되어 있다 270

Chapter 12. 레플리콘: 복제 개시 291

Chapter 13. DNA 복제 308

Chapter 14. 염색체 외 복제 331

Chapter 15. 상동 재조합과 부위-특이적 재조합 353

Chapter 16. 수복 시스템 381

Chapter 17. 전이 인자와 레트로바이러스 408

Chapter 18. 면역계의 체세포 재조합과 과돌연변이 441

PART III. 유전자 발현 468

Chapter 19. 원핵세포의 RNA 합성 과정 469

Chapter 20. 진핵세포의 RNA 합성 과정 503

Chapter 21. RNA 스플라이싱과 프로세싱 525

Chapter 22. mRNA의 안정성과 위치 결정 560

Chapter 23. 촉매 RNA 585

PART IV. 유전자 발현 조절 663

Chapter 26. 오페론 664

Chapter 27. 파지의 유전자 발현 전략 696

Chapter 28. 진핵세포의 전사 조절 723

Chapter 29. 후성유전학적 효과는 유전된다 756

Chapter 30. 조절 RNA 780

부록

서 문

생물의 세계를 연구하는 다양한 방법 중에서 분자생물학은 그 팽창의 속도와 범위에 있어 가장 주목할 만하다. 매일 새로운 데이터가 수집되고, 많은 연구 과정을 통하여 얻어진 새로운 정보는 연 단위가 아니라 달 또는 주 단위로 이루어지고 있다. 최초의 완전한 생물체 게놈 염기배열이 20년 이내에 완성되었다는 것과, 일상적으로 개인의 전체 게놈 염기배열 결정이 곧 이루어질 것이라는 사실은 믿기 어려운 사실이다. 유전자와 게놈 및 이들 관련된 세포과정의 구조와 기능은 때로는 우아하고 믿을 수 없을 정도로 단순하지만 대부분은 놀랍도록 복잡하여, 책 한권으로 자연에 존재하는 유전 시스템의 실체와 다양성에 대하여 올바르게 정의를 내릴 수는 없다. 이 책의 목적은 학부생을 위하여 이 분야의 명확하고 간결한 개요를 제공하는 것이다; 또한 이 과목은 일부 의과대학 교육 과정에도 적합하도록 되어 있다. 완전판인 GENES X와 비교하여, 필수적인 주제와 (어느 부분에서는) 더 많은 배경 및 소개 자료에 초점을 맞춰 재구성하였다.

이번 개정판의 개정 및 재구성된 많은 부분은 *Lewin's GENES X*의 개정 및 재구성과 비슷하지만, 이 책에 새롭게 많은 부분이 업데이트되었으며, 새로운 내용이 추가되었다. 가장 주목할 만한 점은 이 개정판에는 두 개의 새로운 장이 있다: 제3장 분자생물학 및 유전공학의 실험방법은 이 책의 앞부분에 위치시켜 분자생물학에서의 실험기술의 개념과 실습을 소개하였고, 제8장 게놈 진화에서는 이전 개정판의 여러 장에 흩어져 있던 자료를 묶어서 내용을 추가해 업데이트하였으며, 또한, 많은 새로운 주제를 추가하였다. 이 개정판은 일반적으로보다 논리적인 주제의 흐름을 위해 재구성되었으며, 각 장 내의 많은 장(chapter)와 절(section)은 내용을 보다 잘 나타내도록 제목을 변경하였다. 특히, 염색체 구성이 세포의 모든 DNA 관련 과정에 중요하기 때문에, 크로마틴의 구조와 뉴클레오솜 구조에 대한 내용을 본 개정판에서는 진핵생물의 전사에 대한 내용보다 먼저 다루었으며, 전사조절 분야의 현재 연구는 이 과정에서 크로마틴의 역할에 대한 연구로 매우 크게 편향되어 있다. 따라서 전사활성화와 크로마틴 리모델링에 대한 내용을 하나의 장으로 묶었다 (28장). 트랜스포존과 레트로포존에 관한 두 장을 하나의 장으로 하였다(17장). 또한, 일부 장은 광범위하고 새로운 자료를 포함하도록 개정하였다. 본래 메신저 RNA를 소개하였던 장은 보다 진보된 주제들(*22장, mRNA 안정성 및 위치 결정*)을 다루기 위해 완전히 다시 기술하였으며, 조절 RNA를 다룬 장은 RNAi 경로(*30장, 조절 RNA*)에 대한 자료를 포함하여 대폭 확대하였다. 본 개정판에는 많은 새로운 그림이 포함되어 있으며, 일부 특히 진핵생물에서의 크로마틴 구조 및 기능, 후성유전학 및 넌코딩 및 마이크로 RNA에 의한 조절과 같은 분야의 새로운 발전을 반영하였다.

이 책은 네 부분으로 구성되어 있다. **I부 유전자와 염색체**는 1장부터 10장으로 구성되어 있다. 1장과 2장은 DNA의 구조와 기능을 소개하고 DNA 복제와 유전자 발현의 기본 범위를 포함하고 있다. 3장에서는 분자 실험기법에 대한 정보를 제공하고 있다. 4장은 진핵생물 유전자의 분단 구조를 소개하고, 5장에서 8장까지는 게놈 구조와 진화에 대해 논의한다. 9장은 바이러스, 원핵 및 진핵세포 염색체의 구조를 설명하고, 10장은 진핵세포 크로마틴의 보다 상세한 구조에 초점을 맞추고 있다.

II부 DNA 복제 및 유전자 재조합은 11~18장으로 구성되어 있다. 11~14장은 플라스미드, 바이러스 및 원핵 및 진핵세포의 DNA 복제에 대하여 자세한 설명을 하고 있다. 15장에서 18장까지는 DNA 수복 경로와 인간 면역 시스템에서의 유전자 재조합과 그 역할에 대해 다루고 있으며, 16장에서는 DNA 수복 경로에 대해 자세히 설명하고, 17장에서는 다양한 유형의 전이 인자에 초점을 맞추었다.

III부 유전자 발현에서는 19장에서 25장까지를 포함한다. 19장과 20장은 박테리아와 진핵생물의 전사에 대하여 좀 더 깊이 있는 범위를 제공하고 있다. 21장에서 23장까지는 RNA와 관련하여, 메신저 RNA, RNA 안정성 및 위치 결정, RNA 프로세싱 및 RNA의 촉매 역할에 대해 기술하였다. 24장과 25장은 단백질 합성과 유전암호에 대하여 기술하였다.

IV부 유전자 발현 조절에서는 26장~30장으로 구성되어 있다. 26장은 오페론을 통한 박테리아 유전자 발현의 조절에 대해 기술하였다. 27장은 파지가 박테리아 세포에 감염할 때, 파지 발생 시 유전자의 발현 조절에 대해 기술하였다. 28장과 29장은 후성유전학적 수식을 포함하여 진핵생물의 유전자 조절을 다룬다. 마지막으로, 30장은 원핵생물과 진핵생물에서 유전자 발현의 RNA-기반 조절을 다룬다.

DNA 복제와 유전자 발현의 핵심과 주제를 더 선호하는 강사의 경우, 다음과 같은 장을 제안한다:

서론 : 1~2장
유전자 구조와 게놈 구조 : 4~7장
DNA 복제 : 11~14장
RNA 합성 : 19~22장
단백질 합성 : 24~25장
유전자 발현 조절 : 9~10장과 26~30장

다른 장들은 강사의 재량에 따라 다룰 수 있다.

강사들에게

이 개정판에는 강사가 학생들을 대상으로 하는 데 도움이 되는 다양한 교육 자료를 포함하고 있다. 각 장과 절은 "개념 및 추론 확인"로 정리하였으며, 여기에는 복습을 위한 문제, 종합적 개념, 가설 혹은 응용 학문들이 포함되어 있다. 각 장마다 '학습문제'가 있는데, 학생들을 위해 질문의 절반에 대해 답을 제공하고 있고, 나머지 질문들은 과제나 퀴즈로 사용할 수 있다.

학생들에게

본서로 공부하는 데 있어 도움이 되는 여러 가지 기능이 있다. 각 절마다 '핵심개념'을 굵은 기호(•) 목록으로 요약하였다. '핵심용어'는 본문에서 굵게 강조하여 표시하였으며, 쉽게 참조할 수 있도록 여백에 정의를 기술해 놓았으며, 본서 마지막 부분의 용어설명에 수록하였다. 각 장에는 자기 평가를 위하여 일련의 각 장 마지막에 '학습문제'을 제공하고 있다. 대부분의 장에는 추가적인 배경 자료가 포함된 적어도 하나의 특별한 '박스(feature box)'를 제공하고 있으며, 해당 장의 가장 초점이 되는 주제에 대한 보다 상세한 정보를 제공하고 있다. 박스의 내용은 Essential Ideas, *HISTORICAL PERSPECTIVES:*, *METHODS AND TECHNIQUES:*, 그리고 Medical Applications의 네 가지 범주로 나누어진다. 대부분의 경우, 이러한 내용들은 그 분야에서 진행 중인 연구 분야를 나타내고 있다. 마지막으로, 각 장은 해당 장의 내용을 보충하거나 보강할 수 있도록 중요한 논문과 현재 리뷰한 간략한 논문 목록인 '읽을거리'를 제공하고 있다.

학습문제 정답

*분자 생물학 입문 3판*의 각 장에는 학생들에게 제공되는 문제의 절반에 대한 답변과 함께 학습문제 세트가 포함되어 있다; 나머지 문제는 과제나 퀴즈로 사용할 수 있다.

Test Bank

Stephen T. Kilpatrick이 만든 *e* Test Bank는 700개가 넘는 다양한 형식의 질문이 담긴 텍스트 파일로 제공되며 강사 다운로드(instructor download)에서 이용할 수 있다.

감사의 글

저자들은 이 책을 준비하는 데 도움을 주신 Jones & Bartlett Learning의 편집, 제작, 마케팅 및 판매 팀에 감사드린다. 이 분들은 이 프로젝트의 모든 측면에서 헌신적인 노력을 하였다. Megan Turner, Cathy Sether, Molly Steinbach, Anna Genoese 및 Lou Bruno에게는 특별히 감사드린다. Megan, Cathy 및 Molly는 최초의 제작 의도 및 제작 과정을 통하여 지침, 지도력 및 지원을 제공하였다. Anna와 Lou는 이러한 내용을 담아 본서가 만들어지는 데 특히 도움이 되었으며, 인내심을 가지고 기다려 준 것에 감사한다.

Aptara의 Kelly Ricci는 우리의 제작 방향과 의도를 정확하고 시각적으로 매력적인 책으로 해석해 주신 것에 감사드린다. 우리는 또한 온라인 제작 및 편집 시스템으로 전환하는 데에 따라 도움을 준 Aptara의 기술 지원팀 구성원에게 감사드린다.

각 장의 학습문제를 만들어 준 Brent Nielsen에게 감사드린다. 또한 본문 전체에 수록된 special topics boxes 저자들에게도 감사드린다:

Loree Burns
Jamie Kass, New York Academy of Sciences
Brent Nielsen, Brigham Young University
Teri Shors, University of Wisconsin, Oshkosh
Esther Siegfried, Penn State – ltoona.

마지막으로, 여러 면에서 본서를 완성하는 데 도움을 준 검토 위원분들께 감사의 말을 전한다:

Salem Al- Maloul, Hashemite University
James Botsford, New Mexico State University

David Bourgaize, Whittier College
John Boyle, University of Mississippi
Mary Connell, Appalachian State University
Robert Dotson, Tulane University
Julia Frugoli, Clemson University
Daniel Herman, University of Wisconsin, Eau Claire
Stan Ivey, Delaware State University
Christi Magrath, Troy University
Mitch McVey, Tufts University
Hao Nguyen, California State University, Sacramento
Stacy Darling Novak, University of La Verne
Eva Sapi, University of New Haven
Ben Stark, Illinois Institute of Technology
Takashi Ueda, Florida Gulf Coast University
Ramakrishna Wusirika, Michigan Technological University
Anastasia Zimmerman, College of Charleston

Jocelyn E. Krebs
Elliott S. Goldstein
Stephen T. Kilpatrick

저자들에 대하여

벤자민 르윈(Benjamin Lewin)은 1974년에 *Cell*이라는 저널을 설립하였으며, 1999년까지 편집장을 역임하였다. 그는 Cell Press 저널인 *Neuron*, *Immunity*, 그리고 *Molecular Cell*을 설립하였다. 2000년에, 2005년 Jones & Bartlett Publishers에서 인수한 Virtual Text를 설립하였다. *GENES*와 *CELL*의 저자이기도 하다.

조슬린 크렙스(Jocelyn E. Krebs)는 Bard College, Annandale-on-Hudson, NY에서 생물학 석사(B.A.) 학위를 받았으며, University of California, Berkeley에서 분자생물학 및 세포생물학 박사(Ph.D.) 학위를 취득하였다. 그녀의 박사 논문은 Marietta Dunaway 박사의 실험실에서, 전사조절에 있어 DNA의 기하학적 구조와 인슐레이터 요소의 역할을 연구하였다. 그녀는 Massachusetts Medical School 대학의 크레이그 피터슨(Craig Peterson) 연구실에서 American Cancer Society Fellow로서 박사 후 연구 과정을 하였다. 이곳에서 그녀는 히스톤 아세틸화 및 크로마틴 리모델링의 역할에 대한 연구에 집중하였다. 2000년 크렙스 박사는 현재 University of Alaska Anchorage의 생물과학과의 교수가 되었으며, 현재는 학부에 합류하여 정교수로 재직 중이다. 그녀는 Alaska InBRE(IDeA Networks of Biomedical Research Excellence)의 책임자로서도 근무하고 있다. 그녀는 효모(*Saccharomyces cerevisiae*)에서 크로마틴 구조와 기능 연구와 개구리(*Xenopus*) 배아 발생 과정에서의 크로마틴 리코델링의 역할을 연구하는 그룹을 지도하고 있다. 그녀는 학부생, 대학원생, 1학년 의대생을 대상으로 분자생물학을 강의하고 있다. 또한 암의 분자생물학 과 유전학과 생물학 입문 과목을 을 강의하고 있다. 그녀는 Eagle River에서 파트너이자 아들, 그리고 개와 고양이로 가득 찬 집에서 살고 있다. 그녀는 연구를 하지 않을 때에는 하이킹, 캠핑 및 스노우슈잉 등의 취미 활동을 하고 있다.

엘리어트 골드슈타인(Elliott S. Goldstein)은 University of Hartford (Connecticut)에서 생물학 석사(B.S) 학위를 취득하였으며, University of Minnesota의 유전학/세포생물학과에서 박사(Ph.D.) 학위를 취득하였다. 이후 그는, N.I.H. Postdoctoral Fellowship을 받아 MIT(Massachusetts Institute of Technology)의 Sheldon Penman 박사와 연구를 하였다. Boston을 떠난 후, 그는 Arizona State University(Tempe)의 교수가 되었으며, School of Life Sciences의 Cellular, Molecular, and Biosciences program 및 Honors Disciplinary Program의 부교수로 재직 중이다. 그는 초파리(*Drosophila melanogaster*) 초기 배 발생 과정에서의 분자 및 발생유전학 분야에 대한 연구에 집중하고 있다. 최근 몇 년 동안, 그는 인간 항종양 유전자인 *jun*과 *fos*에 대한 초파리에서의 카운트파트에 초점을 두어 연구하고 있다. 그의 주요 강의 교과목은 학부 과정의 일반유전학 과정뿐만 아니라, 대학원 과정의 분자유전학 교과목을 담당하고 있다. 골드슈타인 박사는 그의 고등학교 때부터의 연인인 그의 부인과 함께 Tempe에서 살고 있다. 그들은 세 명의 자녀와 두 명의 손자를 두고 있다. 그는 수중 사진뿐만 아니라 독서를 좋아하는 책벌레이다. 그의 사진은 http://www.public.asu.edu/~elliotg/에서 볼 수 있다.

스테판 킬패트릭(Stephen T. Kilpatrick)은 Eastern College(지금은 Eastern University)(St. Davids, PA)에서 생물학 석사(B.S.) 학위를 취득하였으며, Brown University, Program in Ecology and Evolutionary Biology으로 박사(Ph.D.) 학위를 취득하였다. 그의 학위 논문은 초파리(*Drosophila melanogaster*)의 미토콘드리아 및 핵

게놈 간의 상호작용에 대한 집단 유전학에 대한 조사였다. 1995년부터 University of Pittsburgh-Johnstown(Johnstown, PA)에서 강의를 하고 있다. 그의 정규 교과목은 비전공자를 위한 생물학, 전공 생물학 입문, 간호학 학생을 위한 유전학이 있으며, 학부생을 위한 고급 과정으로 유전학, 진화, 분자유전학 및 생물통계학 과목이 있다. 그는 또한 진화유전학 분야에서 다수의 학부 연구 프로젝트를 지도하였다. 킬패트릭 박사의 주요 전공 분야는 생물교육이다. 그는 여러 생물학 입문, 유전학 및 분자유전학 교과서를 위한 보조 자료의 개발 및 제작에 참여했으며, 교육 참고문헌을 위한 글을 저술하였다. Pitt-Johnstown에서의 강의를 위해, 킬패트릭 박사는 생물학 입문, 유전학 및 진화 과목에서 많은 학습 연습문제를 개발하였다. 킬패트릭 박사는 그의 가족과 함께 Johnstown, PA에 거주하고 있다. 과학적 관심사 외에, 그는 음악, 문학 및 연극을 즐기며, 때로는 지역 사회 극장 그룹에서 공연하기도 한다. **kilpatri@pitt.edu**에서 그와 연락할 수 있다.

역자 서문

생명을 다루는 생명과학, 의학, 약학, 농학, 임학, 수산학 등 모든 분야에 있어 필수 기초과목으로서 자리 잡고 있는 것이 바로 분자생물학이다. 분자생물학이란 분자수준—특히 유전자수준에서의 생명현상을 연구하는 학문 분야로서 마이크로 생물학이라 할 수 있다. 또한, 분자생물학 분야의 발전 속도는 매우 빨라, 새로운 지식과 정보 및 새로운 실험기법이 소개되고 있어 이에 따른 적절한 교재가 필요한 실정이다. 이러한 빠른 발전 속도에 맞춰 발 빠르게 개정되고 있는 책이 *Lewin's GENES series*이다.

본 역서는 "Lewin's Essential GENES(3판)"을 번역한 것으로 생명과학을 배우는 학부생 및 의과대학 교육과정에도 적합하도록 구성되어 있으며, *Lewin's GENES X*으로부터 필수적인 주제와 연구 배경 및 응용성에 대하여 초점을 맞춰 재구성되어져 있다. 특히 본 역서에서는 빠르게 발전하고 있는 분자생물학 분야의 실험기법과 게놈에 대한 새로운 지견과 정보를 업데이트하였으며, 주제별로 네 개의 부분—I부 유전자와 염색체, II부 DNA 복제 및 유전자 재조합, III부 유전자 발현, 그리고 IV부 유전자 발현 조절—으로 재구성되어 이용하기에 편리하도록 되어 있다. 각 장마다 "핵심개념" "개념 및 추론 확인"으로 내용을 정리하고 있으며, 각 장을 복습할 수 있도록 "학습문제"를 제공하고 있어 주제별로 학습하기에 편리하게 되어 있다. 또한, *Essential Ideas*, *Historical Perspectives*, *Methods And Techniques*, 그리고 *Medical Applications*을 통하여 각 장의 가장 초점이 되는 주제에 대한 보다 상세한 정보를 제공하고 있다.

본 서를 번역함에 있어 가장 어려웠던 점은 전공 용어였다. 분자생물학이 외국으로부터 들어온 학문이다 보니 전공 용어가 영어로 되어 있어, 이를 사용함에 있어서 가르치는 교강사들에 따라 영어와 우리말이 혼재되어 사용되어지고 있는 게 현실이다. 한글로 번역된 용어 또한 다양하여 학생들에게 혼란을 주고 있다. 이러한 전공 용어의 혼란을 줄이기 위하여, 우리말 용어는 "생물학사전(한국생물과학협회편, 아카데미서적)"과 "생명과학사전(생명과학사전편찬위원회, 아카데미서적)을 참고로 하여 번역을 하였으나 완벽하게 번역하는 데에는 한계가 있기에, 이를 극복하기 위한 방법으로 한글로의 번역이 어색하거나 동일한 원어가 다양하게 사용되는 경우에는 강의현장에서 사용하는 원어를 그대로 사용하였다. 이런 경우 원어를 고딕으로 표시하였으며 이에 대한 원어를 괄호 안에 넣음으로써 이해를 쉽게할 수 있도록 하였다(예; 게놈(genome), 하이브리드(hybrid) 등).

본 서의 번역진은 대학 현장에서 각 전공 분야의 강의와 연구를 오랫동안 해 오신 교수님들로 구성되어져 있어, 충실한 번역 및 세심한 교정을 통하여 정확도와 전문성을 강화하였으나 본의 아니게 오자, 탈자, 혹은 오역된 부분도 있을 수 있으므로, 이러한 부분에 대해서는 독자 여러분들의 날카로운 지적을 통하여 수정 보완하도록 하겠다.

끝으로, 본 번역서가 출판되기까지 오랜 인내심과 세심한 배려를 해 주신 월드사이언스의 박선진 대표님과 임후택 이사님, 편집부의 정창기 실장님을 비롯한 편집부 여러분들의 노고에 깊은 감사를 표한다.

2018년 2월

역자 대표 송민동

역자 소개

대표역자

송민동 교수	건국대학교 생명공학과	minds@kku.ac.kr	총괄/1, 2, 3장

번역진 가나다순

김영민 교수	한남대학교 생명시스템학과	kym@hannam.ac.kr	4, 5, 6장
문자영 교수	창원대학교 생명보건학부	jymoon@changwon.ac.kr	22, 25, 27장
신 숙 교수	삼육대학교 생명과학과	shins@sys.ac.kr	16, 21, 23장
윤호성 교수	경북대학교 생명과학부	hyoon@knu.ac.kr	12, 14, 30장
이정익 교수	건국대학교 수의학과	jeongik@konkuk.ac.kr	18, 19, 26장
이창수 교수	건국대학교 의생명화학과	cslee@kku.ac.kr	17, 20, 28장
임재환 교수	안동대학교 생명과학과	jhlim@andong.ac.kr	9, 10, 29장
임진규 교수	경북대학교 식품공학부	jklim@knu.ac.kr	7, 8, 24장
최원재 교수	경희대학교 분자생물학	wchoe@khu.ac.kr	11, 13, 15장

I

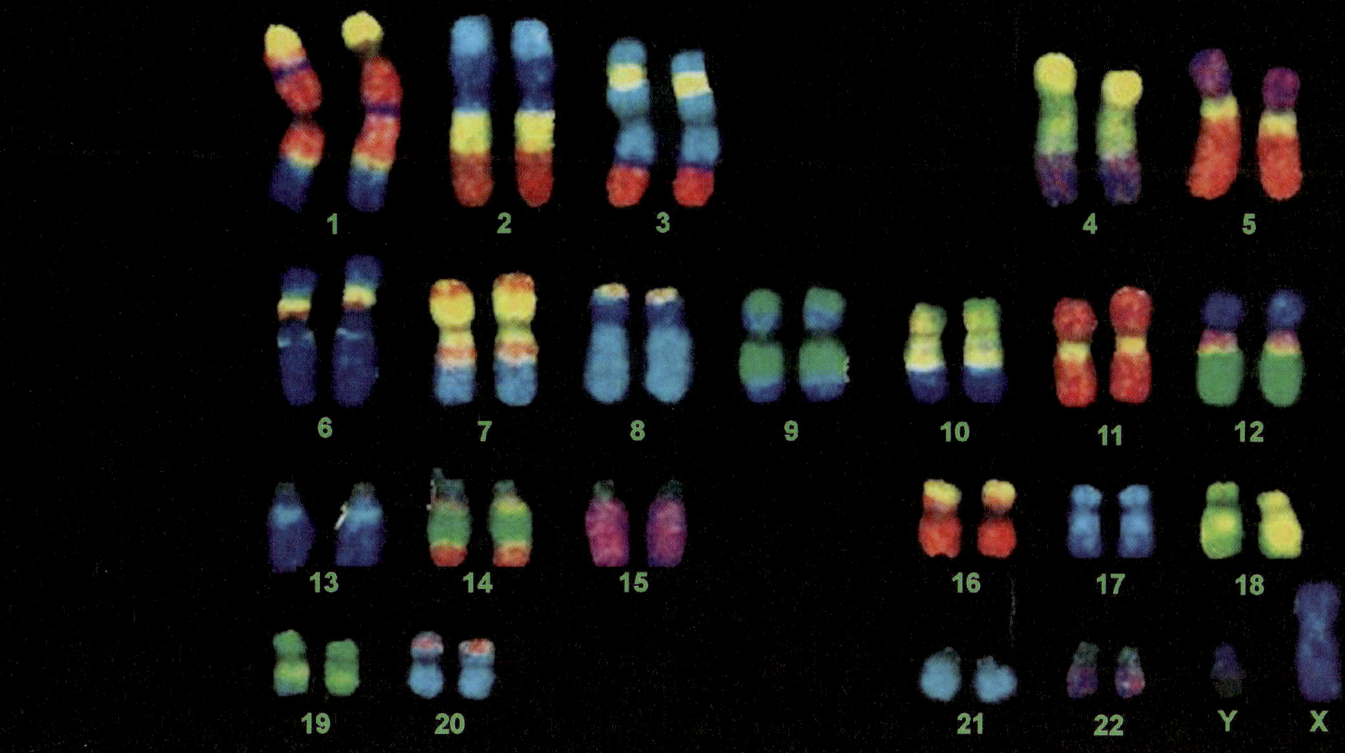

염색체 페인팅을 사용하여 나타낸, 인간의 남성 핵형 또는 염색체의 완전한 세트. "슈도컬러(pseudocolor)"는 특정 염색체영역에 형광 분자 프로브를 하이브리드하여 만들어진다. Photo courtesy of Steven M. Carr, Memorial University. Adapted from a photograph by Genetix Ltd. Used with permission.

유전자와 염색체

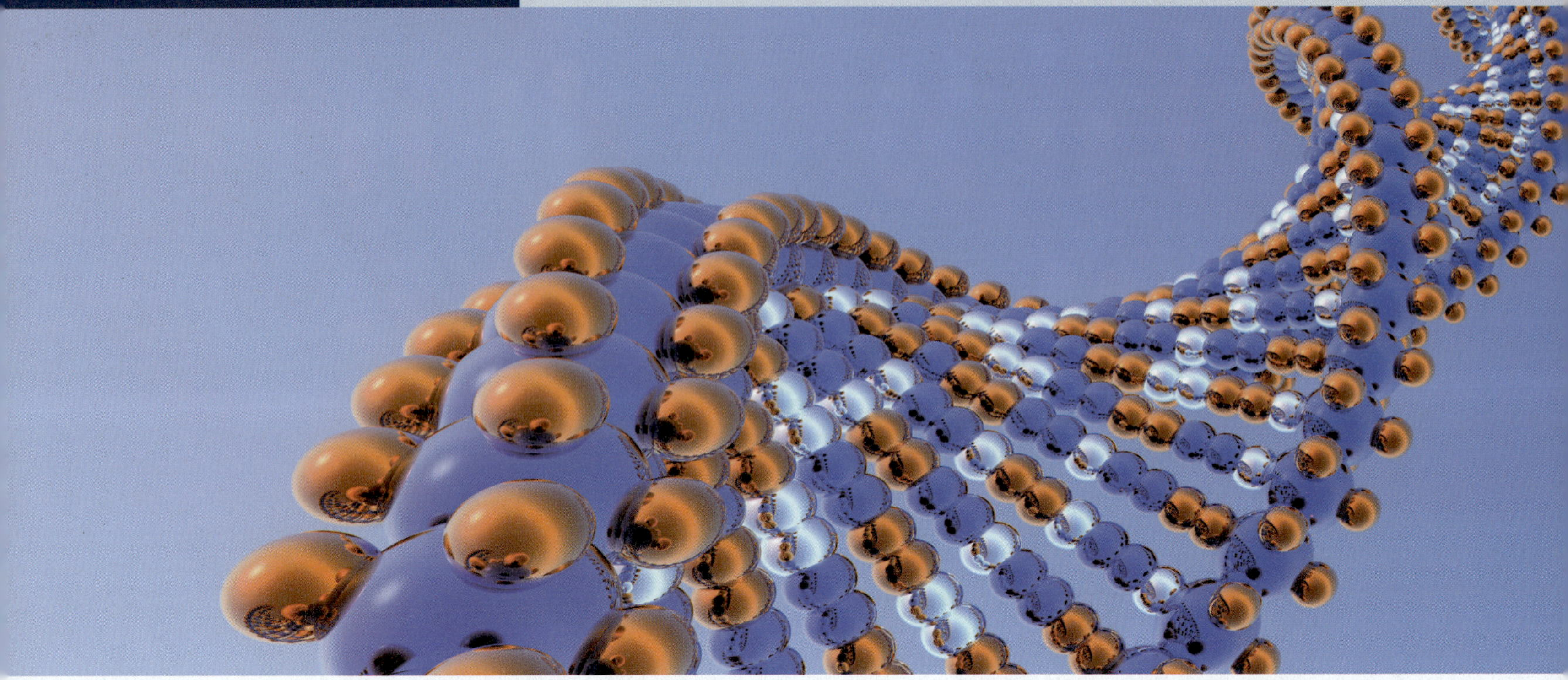

파란색과 빨간색은 DNA 가닥. DNA는 진핵세포, 박테리아 및 많은 바이러스의 유전물질이다. ©Artsilensecome/ShutterStock, Inc.

유전자는 DNA다

1장 개요

1.1 서론

모든 살아있는 생명체의 유전적 기초는 그 **게놈(genome)**이며, 생명체의 세포에 의해 운반된 일련의 유전정보를 제공하는 긴 배열의 DNA이다. 게놈은 염색체 DNA(chromosomal)뿐만 아니라 플라스미드(plasmid) 내의 DNA 및 미토콘드리아와 엽록체에서 발견되는 (진핵생물의) 세포소기관 DNA(organellar DNA)를 포함한다. 우리는 게놈 자체가 생명체의 발달과정에 능동적인 역할을 수행하지 않기 때문에 *정보(information)*라는 용어를 사용한다. 그것은 발달과정을 결정하는 DNA의 개별 서브유닛(subunit, 역자 주; 뉴클레오티드) 또는 염기(base) 배열이다. 복잡한 일련의 상호작용에 의해 DNA 배열은 적절한 시간과 장소에서 생산될 모든 RNA와 단백질을 코드(암호화, code)하고 있다. 단백질은 생명체의 발달과정과 기능에 있어서 다양한 역할을 한다: 그들은 생명체의 구조의 일부를 형성할 수 있고, 구조를 만들 수 있는 능력을 가지고 있으며, 살아가는 데 필요한 대사반응을 수행하며, 전사인자, 수용체, 신호전달 경로의 핵심요소 및 다른 분자의 유전자조절에 관여하고 있다. 게놈에 의해 코드되어 있으나, 그 자체가 단백질을 코드하지 않는 RNA는 또한 발생 중에 유전자의 발현에서 기능한다.

▶ **게놈(genome)** 생명체의 유전 물질에 있는 일련의 완전한 세트. 그것은 각 염색체의 배열과 세포소기관의 DNA를 포함한다.

물리적으로 게놈은 여러 가지 서로 다른 DNA 분자 또는 **염색체(choromosome)**로 나눌 수 있다. 게놈의 근본적인 정의는 각 염색체의 DNA 배열이다. 기능적으로, 게놈은 유전자(gene)로 나누어진다. 각 유전자는 (여러 가지 형태의 산물을 코드할 수도 있지만) 단일 형태의 RNA나 폴리펩티드(polypeptide)를 코드하는 DNA 배열이다. 게놈을 포함하는 각각의 염색체는 많은 수의 유전자를 가지고 있을 수 있다. 살아있는 생명체의 게놈은 적게는 ~500개[마이코플라스마(mycoplasma), 일종의 박테리아]에서 인간에게는 약 20,000~25,000개의 유전자가 있으며, 일부 식물에는 약 50,000개 정도의 유전자를 가지고 있다.

▶ **염색체(chromosome)** 많은 유전자를 가지고 있는 게놈의 개별 단위. 각각은 이중 DNA의 매우 긴 분자와 (진핵생물의 경우) 거의 동일한 질량의 단백질로 구성된다. 그것은 세포분열이 일어나는 동안에만 형태학적인 실체를 볼 수 있다.

이 장에서 우리는 기본적인 분자구성의 측면에서 유전자를 알아보고자 한다. 그림 1.1은 유전자의 역사적 개념에서 현대의 게놈 정의에 이르는 단계를 요약한 것이다.

기능적인 분자단위로서의 유전자의 첫 번째 정의는 각각의 유전자가 특정 단백질을 생성한다는 발견으로부터 유래되었다. 유전자의 DNA와 단백질 생성물의 화학적 차이는 유전자가 단백질을 코드하고 있다는 제안으로 이어졌다. 이어서, 이것은 유전자의 DNA 배열이 폴리펩티드의 아미노산 배열을 결정하는 복잡한 기구(apparatus)를 발견하게 되었다.

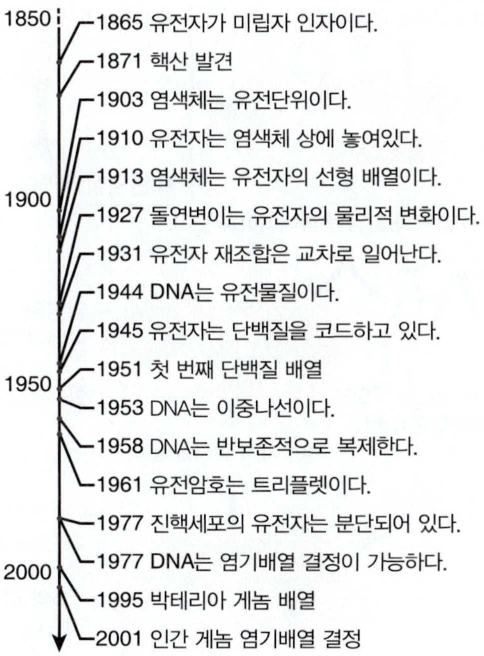

유전자 발현 과정을 이해함으로써 우리는 그 유전자의 특성에 대해 보다 정확한 정의를 내릴 수 있다. 그림 1.2는 이 책의 기본적인 주제를 나타내고 있다. 유전자는 DNA의 두 폴리뉴클레오티드 가닥 중 하나와 동일한 배열을 가진 다른 핵산, RNA의 단일 가닥을 직접 만들어내는 DNA 배열이다. 대부분의 경우, RNA는 이어서 폴리펩티드의 생산을 지시하는 데 사용되는 반면, rRNA, tRNA 및 기타 많은 유전자와 같은 다른 경우에는, 유전자에서 전사된 RNA가 기능적인 최종산물이다. 따라서 유전자는 RNA를 코드하는 DNA 배열이며, 단백질-코딩(또는 **구조적**) 유전자에서 RNA는 차례로 폴리펩티드를 코드한다.

유전자가 DNA로 구성되어 있으며, 염색체가 많은 유전자를 나타내는 일련의 긴 DNA로 구성되어

1850
- 1865 유전자가 미립자 인자이다.
- 1871 핵산 발견
- 1903 염색체는 유전단위이다.
- 1910 유전자는 염색체 상에 놓여있다.
- 1913 염색체는 유전자의 선형 배열이다.

1900
- 1927 돌연변이는 유전자의 물리적 변화이다.
- 1931 유전자 재조합은 교차로 일어난다.
- 1944 DNA는 유전물질이다.
- 1945 유전자는 단백질을 코드하고 있다.
- 1951 첫 번째 단백질 배열

1950
- 1953 DNA는 이중나선이다.
- 1958 DNA는 반보존적으로 복제한다.
- 1961 유전암호는 트리플렛이다.
- 1977 진핵세포의 유전자는 분단되어 있다.
- 1977 DNA는 염기배열 결정이 가능하다.

2000
- 1995 박테리아 게놈 배열
- 2001 인간 게놈 염기배열 결정

그림 1.1 유전학의 간단한 역사

▶ **구조유전자(structural gene)** 레귤레이터(regulator, 조절인자) 이외의 RNA 또는 폴리펩티드 산물을 코드하는 유전자.

그림 1.2 유전자는 폴리펩티드를 코딩할 수 있는 RNA를 코드한다.

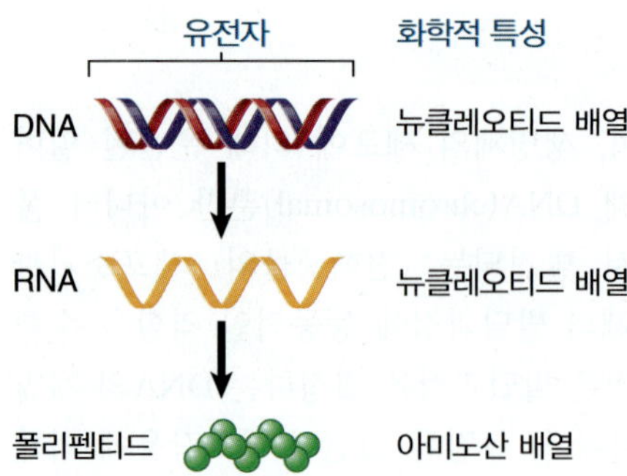

있다는 사실로부터, 우리는 게놈의 전반적인 구성에 대해 알아보고자 한다. *4장 분단유전자*에서, 우리는 유전자의 구성과 단백질에서의 발현에 대해 상세하게 다루고 있다. *5장 게놈의 구성*에서, 전체 유전자에 대하여 알아보고, *7장 클러스터와 반복배열*에서는 게놈의 다른 구성 요소와 구조 유지에 대하여 알아보고자 한다.

개념 및 추론 확인

게놈은 생물체의 발달과정에 대한 정보를 가지고 있지만 발달과정에 직접 참여하지 않는다 라고 정확하게 말할 수 있는 이유는 무엇인가?

▶ **형질전환(transformation)** 박테리아에서, 첨가된 DNA가 들어와 새로운 유전물질을 획득하는 것을 말한다.

1.2 DNA는 박테리아, 바이러스 및 진핵세포의 유전물질이다

유전물질이 DNA라는 생각은 1928년 프레드릭 그리피스(Frederick Griffith)에 의한 **형질전환(transformation)**의 발견에 근거를 두고 있다("*Historical Perspectives: DNA가 유전물질임을 증명하다*" 참고). 1944년 에이버리(Avery), 맥레오드(MacLeod), 그리고 맥카티(McCarty)가 박테리아 세포에서 형질전환물질을 정제한 결과 그것이 디옥시리보핵산(deoxyribonucleic acid, DNA)이라는 것이 밝혀졌다.

DNA가 박테리아의 유전물질이라는 사실이 밝혀지자, 다음 단계는 DNA가 아주 다른 시스템에서 유전물질임을 입증하는 것이었다. T2 파지(T2 phage)는 대장균(*Escherichia coli*)을 감염시키는 박테리오파지 바이러스(bacteriophage virus)(또는 파지)이다. 파지 입자를 박테리아에 첨가하면, 외부 표면에 부착되고, 일부 물질은 세포 안으로 들어가며, 약 20분 후에 각 세포가 파열되거나 또는 용균되어 다수의 자손 파지(progeny phage)를 방출한다.

그림 1.3 T2 파지의 유전물질은 DNA이다.

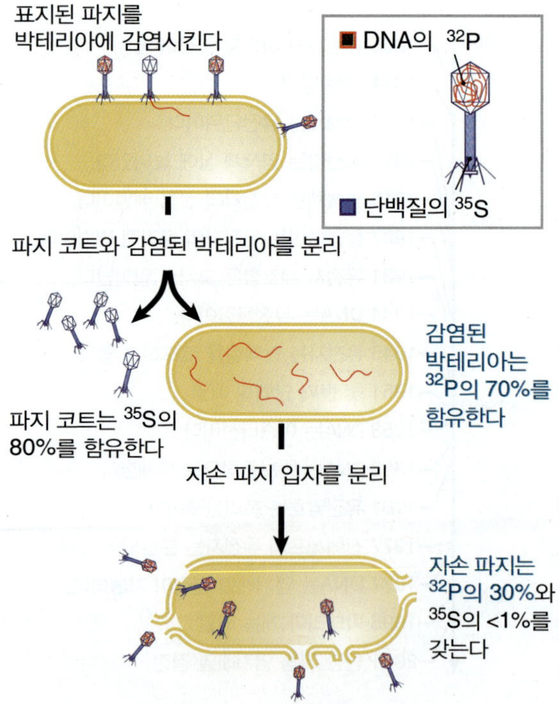

그림 1.3은 알프레드 허시(Alfred Hershey)와 마사 체이스(Martha Chase)가 1952년에 실험한 결과로, DNA 성분(^{32}P) 또는 단백질 성분(^{35}S)에 방사성동위원소로 표지된 T2 파지를 박테리아에 감염시켰다. 감염된 박테리아를 블렌더(blender)에서 교반하고, 두 개의 분획을 원심분리로 분리하였다. 하나의 분획에는 박테리아의 표면에서 방출된 빈 파지 "고스트(ghost, 유령)"가 포함되어 있었으며, 다른 하나는 감염된 박테리아로 구성되어 있었다. 기존 연구에서, 파지 복제는 세포 내에서 일어난다는 것이 보고되어져 있었으므로, 파지의 유전물질은 감염 중에 세포 안으로 들어가야 한다.

^{32}P로 표지된 대부분은 감염된 박테리아에 존재했다. 감염으로 생성된 자손 파지 입자에는 원래 표지된 ^{32}P의 약 30%를 함유하고 있었다. 자손 파지는 본래의 파지 집단이 가지고 있던 단백질의 1% 미만을 받았다. 파지 고스트는 단백질로 구성되어 있으므로 ^{35}S 방사성 표지를 가지고 있

다. 이 실험은 부모 파지의 DNA만 박테리아에 들어와서 자손 파지의 일부가 된다는 것을 보여 주었으며, 이것은 예상했던 유전물질의 정확한 예상 패턴이었다.

파지는 감염된 숙주 세포의 기구를 사용하여 복제물을 더 많이 생성한다. 파지는 세포성 게놈과 유사한 특성을 가진 유전물질을 보유하고 있다: 그 형질은 충실히 발현되며 세포 특성의 유전을 지배하는 동일한 법칙을 따른다. T2의 실험은 DNA가 세포 혹은 바이러스의 게놈의 유전물질이라는 일반적인 결론을 뒷받침한다.

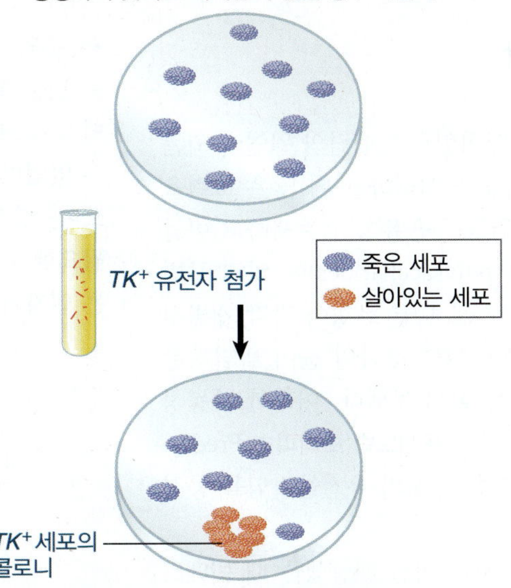

그림 1.4 진핵세포는 첨가된 DNA에 의한 형질도입의 결과로 새로운 표현형을 얻을 수 있다.

배양액에서 성장하는 진핵세포에 DNA가 첨가되면, DNA는 세포 안으로 들어가고, 일부에서는 새로운 단백질이 생성된다. 분리한 특정 유전자를 사용하면, 이 유전자가 세포 내로 들어가 **그림 1.4**에서 나타낸 바와 같이 특정 단백질을 생성하게 된다. 비록 역사적인 이유로 이 실험이 동물세포에서 수행할 때 **트랜스펙션(transfection, 형질도입)**이라고 불리고 있지만, 박테리아의 형질전환과 같은 개념이다. 수용세포에 도입된 DNA는 게놈의 일부가 되어 유전되며, 새로운 DNA의 발현은 새로운 특성을 나타낸다. 최초, 이들 실험은 배양액에서 성장 중인 각각의 세포에서만 성공적이었지만, 이후 실험에서 DNA를 마이크로인젝션(microinjection, 미세주입)으로 마우스 난자에 도입하여 마우스 게놈의 안정적인 부분이 되었다. 이러한 실험들은 DNA가 진핵생물에서 유전물질임이며, 그것이 서로 다른 종(species) 사이에서 전달이 가능하고, 고유의 기능을 유지할 수 있음을 직접적으로 나타내고 있다.

▶ **형질도입(transfection)** 진핵세포에서, 첨가된 DNA의 도입으로 인한 새로운 유전물질의 획득.

알려진 모든 생명체와 많은 바이러스의 유전물질은 DNA이다. 그러나 일부 바이러스는 유전물질로 RNA를 사용한다. 따라서 유전물질의 일반적인 특성은 RNA 바이러스를 제외하고, 항상 핵산이며, DNA이다.

핵심개념

- 박테리아 형질전환은 DNA가 박테리아의 유전물질이라는 것을 처음으로 증명하였다. 유전적 특성은 첫 번째 균주에서 DNA를 추출하여 두 번째 균주에 첨가함으로써 한 박테리아 균주에서 다른 박테리아 균주로 전이가 가능하다.
- 파지 감염은 DNA가 바이러스의 유전물질임을 보여주었다. 박테리오파지의 DNA와 단백질 성분을 서로 다른 방사성 동위 원소로 표지하였을 때, 감염된 박테리아에 의해 생성된 자손 파지로 DNA만 전달되었다.
- DNA는 동물세포나 동물 전체에 새로운 유전형질을 도입하는 데 사용될 수 있다.
- 일부 바이러스에서는 RNA가 유전물질이다.

개념 및 추론 확인

만일 허쉬(Hershey)와 체이스(Chase)가 T2 파지 감염 실험시, DNA는 거의 없고 대부분 단백질 분획이 감염 중에 대장균에 들어갔다는 것을 관찰했다면, 그들이 맺은 결론은 무엇이었을까?

HISTORICAL PERSPECTIVES

DNA가 유전물질임을 증명하다

폐렴은 20 세기 초반의 주요 사망 원인이었으며 폐렴의 원인이 되는 박테리아(pneumococci)의 구조와 기능을 이해하는 데 많은 노력을 기울였다. 과학자들은 여러 가지 폐렴쌍구균 유형이 존재하고 이들 유형이 표면에 표시된 분자(capsular polysaccharides)에 의해 구별될 수 있음을 알고 있었지만, 이들의 서로 다른 유형이 각각 개별적이며 안정적인 박테리아를 균주인지 아니면 하나의 균이 발달하는 과정에서 나누어진 것인지에 대하서는 알지 못했다. 이러한 가능성을 알아보기 위한 실험이 진행되는 동안, 프레드릭 그리피스(Frederick Griffith)는 근본적으로 DNA가 모든 세포의 유전물질임을 동정하는 일련의 실험을 시작하였다.

그리피스는 S형과 R형의 폐렴쌍구균[실험실 배양했을 때 박테리아의 표면이 부드럽고(smooth) 거친(rough) 모양을 나타내므로 그렇게 부름. *1.2절 DNA는 박테리아, 바이러스 및 진핵세포의 유전물질이다* 참조]을 연구하였다. 실험실에서 S형으로부터 만들어진 R형은 캡슐 다당류를 가지고 있지 않았으며, 마우스에 주입하였을 때 폐렴을 일으키지 않았다. S형은 쥐에게 치명적이었으나, 마우스에 주입하기 전에 고온으로 박테리아를 처리함으로써 비독성화될 수 있었다. 놀랍게도, 그리피스는 R형 박테리아를 고열로 처리하여 독성을 없앤 S균주와 함께 마우스에 주입하였더니, 마우스가 폐렴에 걸려 죽는다는 것을 확인하였다(그림 B1.1). 게다가, 독성을 가지고 있고 캡슐 단백질로 코팅된 살아있는 S형 박테리아를 죽은 마우스로부터 분리할 수 있었다. R형 박테리아는 분명히 안정한 S 형태로 형질이 전환되었으며, 형질전환 과정에는 열로 가열된 비독성 S균주의 일부 인자가 필요했다. 그리피스는 형질전환인자(transforming principle)라 불리는 인자가 단백질이라고 의심했다..... 그는 혼자가 아니었다.

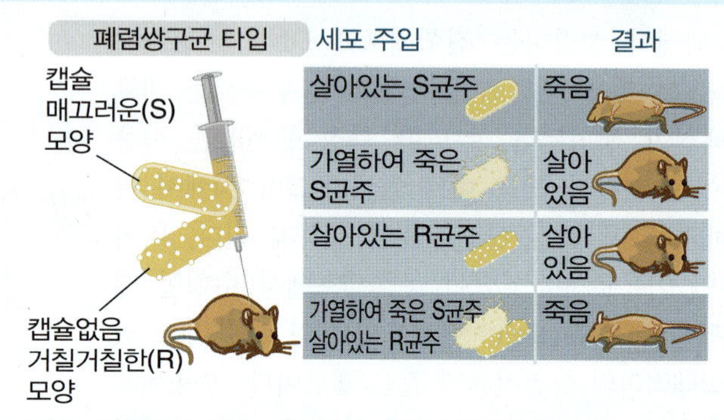

그림 B1.1 가열하여 죽은 S균주나 살아있는 R균주 박테리아는 마우스를 죽일 수 없지만, 이들을 동시에 주입하면 살아있는 S균주와 마찬가지로 효과적으로 마우스를 죽일 수 있다.

1.3 폴리뉴클레오티드 사슬은 당-인산염 골격에 연결된 질소를 함유하는 염기를 가지고 있다

▶ **퓨린(purine)** 아데닌 또는 구아닌과 같은 이중 고리의 질소를 함유하는 염기.

▶ **피리미딘(pyrimidine)** 시토신, 티민, 우라실 같은 단일 고리로 된 질소를 함유하는 염기.

▶ **뉴클레오시드(nucleoside)** 펜토오스(오탄당, pentose) 당의 1′ 탄소에 연결된 퓨린 또는 피리미딘 염기로 구성된 분자.

▶ **뉴클레오티드(nucleotide)** 펜토오스(오탄당, pentose) 당의 1′ 탄소에 연결된 퓨린 또는 피리미딘 염기 및 당의 5′ 또는 3′ 탄소에 연결된 인산그룹으로 구성된 분자.

▶ **폴리뉴클레오티드(polynucleotide)** DNA나 RNA와 같은 뉴클레오티드 사슬.

핵산(DNA와 RNA)의 기본 구성 단위는 뉴클레오티드이며, 다음의 세 구성 요소를 가지고 있다.

- 질소를 함유하는 염기,
- 당, 그리고
- 하나 이상의 인산염.

질소를 함유하는 염기는 **퓨린(purine)** 또는 **피리미딘(pyrimidine)** 고리이다. 염기는 피리미딘의 N_1 또는 퓨린의 N_9로부터의 글리코시드 결합(glycosidic bond)에 의해 펜토오스(pentose, 오탄당)의 1′ (“one prime”) 탄소에 연결된다. 질소를 함유하는 염기와 결합된 펜토오스를 **뉴클레오시드(nucleoside)**라고 한다. 핵산은 당의 유형에 따라 명명되는데, DNA에는 2′-디옥시리보오스(2′-deoxyribose)를 가지고 있고, RNA에는 2′-리보오스(2′-ribose)를 가지고 있다. 차이점은 RNA의 당(sugar)은 펜토오스 고리의 2′ 탄소에 하이드록실 그룹(-OH)을 가지고 있다는 것이다. 당은 5′ 또는 3′ 탄소와 인산기를 연결할 수 있다. 인산염에 연결된 뉴클레오시드가 **뉴클레오티드(nucleotide)**이다.

폴리뉴클레오티드(polynucleotide)는 긴 사슬의 뉴클레오티드이다. 그림 1.5는 폴리뉴클레오티드 사슬의 골격이 펜토오스(오탄당, 당)과 인산염 잔기가 상호 교차하여 구성되어 있음을 보여주고 있다. 사슬은 하나의 펜토오스 고리의 5′ 탄소를 인산화기를 통해 다음의 펜토오스 고리의 3′ 탄소에 연결시킴으로써 형성되므로, 당-인산염 골격(sugar-phosphate backbone)은 5′-3′ 포스포디에스테르 결합(phos-

단백질은 살아있는 세포에서 가장 풍부한 거대분자이다. 이들 단백질의 필수 구성성분인 아미노산은 20종류가 있으며, 끝없는 조합으로 결합되어 엄청나게 다양한 크기, 모양 및 기능을 가진 분자를 만들 수 있다. 이와는 대조적으로, DNA는 상대적으로 세포 내의 차지하는 비중이 크지 않은 작은 구성성분이며, 단 4가지 형태의 뉴클레오티드로 구성되어 있는 것이 알려져 있다. 이들 뉴클레오티드는 특정의 반복적인 패턴으로 이루어져 있는 것으로 생각되었으며, 이러한 사실은 데옥시리보핵산(DNA)이 생물학적 특이성을 가지지 않는 "단조로운 균일성(monotonous uniformity)" 분자라는 개념으로 여겨지게 되었다. 그리하여, 형질전환인자는 단백질이라고 보편적으로 생각하였다.

1944년 오스왈드 에이브리(Oswald Avery), 콜린 맥레오드(Colin MacLeod) 및 맥클린 맥카티(Maclyn McCarty)는 형질전환인자의 화학적 성질에 대한 첫 번째 보고서를 발표했으며, 그들의 결과는 놀라웠다. 정제된 형질전환인자의 활성을 가지고 있는 샘플의 주성분은 단백질이 전혀 아니었으며, 그것은 바로 DNA였다. 이 샘플의 형질전환 활성은 DNA에 있었으며, 미미하지만 활성을 가진 오염물질에 의한 것이 아님을 밝히기 위해, 연구자들은 단백질, RNA 및 탄수화물을 분해하는 효소로 처리했다; 이러한 효소를 처리한 모든 경우에서 샘플은 R형 박테리아를 S형 박테리아로 안정적으로 변형시키는 능력을 그대로 가지고 있었다. 연구자들은 형질전환인자가 "단일물질이 아니라면, 주로 고도로 중합된 높은 점성을 가진 디옥시리보핵산으로 구성되어있다"고 결론을 내렸다.

에이브리와 그의 동료들은 DNA를 특이적으로 분해하는 효소인 DNase I이 정제된 샘플의 형질전환 활성을 완전히 제거했음을 보여줌으로써, DNA가 형질전환 (또는 유전) 물질이라는 주장을 강하게 주장하였지만, 과학계는 여전히 회의적이었다. 허쉬(A.D. Hershey)와 마르사 체이스(Martha Chase)가 T2 박테리오파지 감염 실험을 통하여 단백질과 DNA의 독립적인 역할을 연구한 1952년이 되어서야 드디어 유전물질로서의 DNA 개념을 인정하게 되었다.

T2 박테리오파지는 박테리아 세포를 단계별로 감염시키는 바이러스로서 파지 입자가 박테리아 세포벽에 부착되고, 파지 물질이 세포내로 주입되며, 숙주 세포는 새로운 파지 입자를 생성하도록 유도되어, 최종적으로 박테리아 세포가 파열되고, 수백 개의 새로운 파지 입자를 방출한다. 이 과정에서 파지 단백질과 파지 DNA의 움직임을 추적하기 위해 허쉬와 체이스는 각각의 고분자 물질-단백질은 황(sulfur; [^{35}S])으로, DNA는 인(phosphorous; [^{32}P])의 방사성동위원소로 각각 표지하였다. 그들의 실험에서, 감염이 진행되는 동안, 대부분의 방사성동위원소로 표지된 인[^{32}P]이 박테리아 세포로 들어간 반면, 방사성동위원소 황[^{35}S]의 대부분은 세포 외부에 머물렀다. 연구자들은 감염된 박테리아 세포에 의해 생성된 새로운 파지 입자는 많은 양의 방사성동위원소로 표지된 DNA[^{32}P]를 함유하고 있지만, 방사성동위원소로 표지된 단백질[^{35}S]은 사실상 전혀 검출되지 않았다는 것을 보여 주었다(그림 1.3 참조). 이러한 결과는 박테리아 세포에 들어가서 유전적 변화를 유도한 것이 단백질이 아니라 감염 파지의 DNA임을 나타낸다.

phodiester linkage)으로 구성되어 있다고 한다. 질소를 함유하는 염기는 골격에서 "돌출되어 있다".

각각의 핵산은 네 가지 유형의 질소를 함유하는 염기를 포함하고 있다. 동일한 두 개의 퓨린인 아데닌(adenine, A)과 구아닌(guanine, G)은 DNA와 RNA 모두에 존재한다. DNA의 두 피리미딘은 시토신(cytosine, C)과 티민(thymine, T)이다; RNA의 경우에는 우라실(uracil, U)이 티민 대신 발견된다. 우라실과 티민 간의 유일한 차이점은 C_5 위치에 메틸 그룹(methyl group)이 존재한다는 것이다.

사슬의 한쪽 끝의 말단 뉴클레오티드는 유리(free) 5′ 인산 그룹(phosphate group)을 가지지만, 다른 한쪽의 말단 뉴클레오티드는 유리(free) 3′ 하이드록실 그룹(hydroxyl group)를 가지고 있다. 따라서 일반적으로 핵산배열은 5′에서 3′ 방향으로, 즉 왼쪽의 5′ 말단에서 오른쪽의 3′ 말단으로 쓴다.

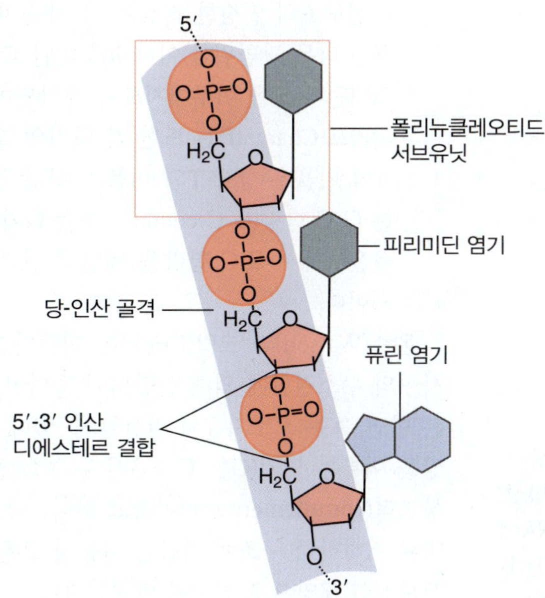

그림 1.5 폴리뉴클레오티드 사슬은 염기가 돌출된 골격을 형성하는 일련의 5′-3′ 당-인산 연결로 구성된다.

핵심개념

- 뉴클레오시드는 펜토오스(pentose, 오탄당) 당의 1′ 탄소에 연결된 퓨린 또는 피리미딘 염기로 구성되어 있다.
- DNA와 RNA의 차이점은 당의 2′ 위치에 있는 그룹이다; DNA에는 디옥시리보오스 당(2′-H)을 가지고 있다; RNA에는 리보오스 당(2′-OH)을 가지고 있다.
- 뉴클레오티드는 (디옥시)리보오스의 5′ 또는 3′ 탄소 중 인산 그룹에 연결된 뉴클레오시드로 구성되어 있다.
- 폴리뉴클레오티드 사슬의 연속적인 (디옥시)리보오스 잔기는 하나의 당의 3′탄소와 다음 당의 5′ 탄소 사이에 인산 그룹에 의해 결합되어 있다.
- 사슬의 한쪽 끝(일반적으로 왼쪽에 쓰여 있음)에는 유리된 5′ 말단이 있고 사슬의 다른 끝에는 유리된 3′ 말단이 있다.
- DNA에는 아데닌, 구아닌, 시토신 및 티민의 네 가지 염기를 포함하고 있다; RNA는 일반적으로 티민 대신에 우라실을 가지고 있다.

개념 및 추론확인

DNA와 RNA 뉴클레오티드 간의 구조적 차이점을 기술하라.

1.4 DNA는 이중나선이다

1950년대까지, 어윈 샤가프(Erwin Chargaff)에 의한 질소를 함유하는 염기가 서로 다른 종의 게놈에서는 서로 다른 양으로 존재한다는 관찰로부터, 염기배열이 유전정보를 운반한다는 개념으로 이어졌다. 이 개념을 감안할 때, DNA의 구조를 연구하고 DNA의 염기배열이 어떻게 단백질의 아미노산 배열을 결정하는지 설명하는 두 가지 문제점이 생긴다.

1953년 제임스 왓슨(James Watson)과 프란시스 크릭(Francis Crick)이 DNA의 이중나선 모델을 만드는 데 기여한 세 가지 증거가 있다.

- 로잘린드 프랭클린(Rosalind Franklin)과 모리스 윌킨스(Maurice Wilkins)가 수집한 X-선 회절 데이터는 (수용액에서 발견되는) B-형태의 DNA가 규칙적인 나선형이며, 직경이 약 20 Å(2 nm)으로 34 Å(3.4 nm)마다 완전히 1회전을 한다. 인접한 뉴클레오티드 사이의 거리가 3.4 Å(0.34 nm)이기 때문에 1회전당 10개의 뉴클레오티드가 있어야 한다.
- DNA의 밀도는 나선형 구조가 두 개의 폴리뉴클레오티드 사슬을 포함하고 있음을 시사하고 있다. 나선구조의 일정한 직경은 각 사슬의 염기들이 안으로 향하고 있어야 하며, 그러기 위해서 퓨린-퓨린(너무 광범위함)이나 피리미딘-피리미딘(너무 좁음)의 조합은 이룰 수 없으며, 퓨린은 항상 피리미딘과 쌍을 이루어지도록 제한되어야 한다는 것을 설명하고 있다.
- 샤가프(Chargaff)는 또한 각 염기의 절대 양에 관계없이 G의 비율은 항상 DNA의 C 비율과 같고, A의 비율은 항상 T의 비율과 항상 동일하다는 것을 관찰했다. 결과적으로, 샤가프는 모든 DNA는 G-C 함량(G-C content) 또는 G와 C 염기의 비율의 합으로 나타낼 수 있다. (A와 T 염기의 비율은 1에서 G-C 함량을 빼면 측정할 수 있다.) G-C 함량은 서로 다른 종에 따라 0.26~0.74 범위이다.

왓슨(Watson)과 크릭(Crick)은 이중나선 구조의 두 폴리뉴클레오티드 사슬이 질소를 함유하는 염기 사이의 수소결합에 의해 결합되어 있다고 제안하였다. 일반적으로 G는 오로지 C와 수소결합할 수 있는 반면, A는 오로지 T와 결합할 수 있다. 염기 사이의 수소 결합을 *염기쌍(base pairing)*이라고 하며, 쌍을 이루는 염기(G는 C와 3개의 수소 결합을 형성하거나 A는 T와 두 개의 수소 결합을 형성함)를 **상보적(complementary)**이라고 한다. 염기쌍은 수소결합이 형성될 수 있도록 그들 경계면을 따라 올바른 기하학적 구조에 적합한 기능성 그룹의 위치와 함께, 염기쌍을 이루는 경계에서 상보적인 염기의 상보적인 모양으로 인하여 발생한다.

▶ **상보적(complementary)** 이중나선 구조의 핵산에서 염기쌍 형성 반응 시 결합하는 염기쌍(DNA에서는 A와 T, 혹은 RNA에서는 U, 그리고 G와 C).

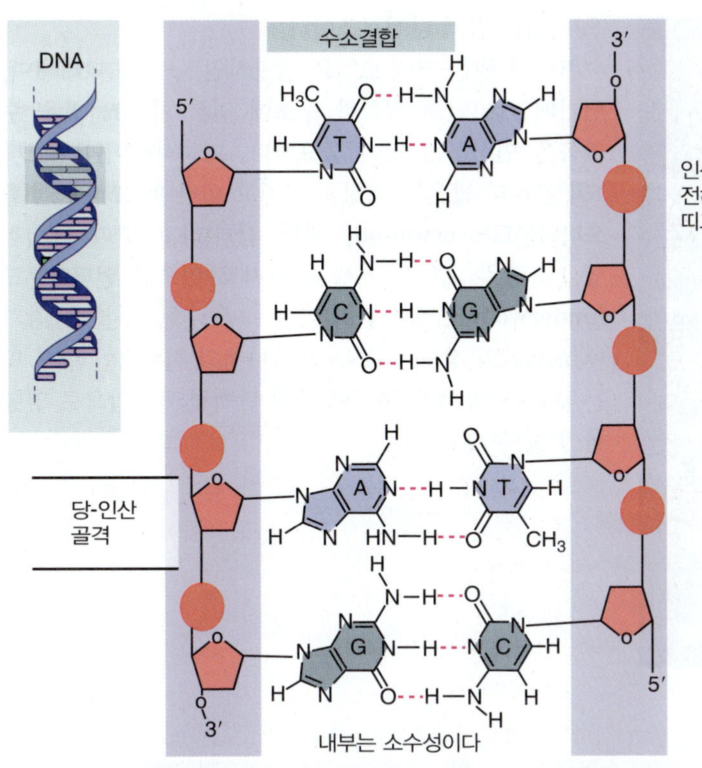

그림 1.6 상보적인 A-T 및 G-C 염기쌍에서 퓨린은 항상 피리미딘을 마주하고 있기 때문에 DNA 이중나선은 일정한 폭을 유지한다. 그림의 배열은 T-A, C-G, A-T, G-C이다.

왓슨-크릭 모델은 그림 1.6에서 나타낸 바와 같이, 두 개의 폴리뉴클레오티드 사슬이 반대방향으로 진행되고 있으므로, 이들을 **역평행(antiparellel)**이라고 한다. 나선구조를 따라 한 방향으로 보았을 때, 한 가닥은 5′에서 3′ 방향으로 움직이는 반면, 그 상보가닥은 3′에서 5′ 방향으로 움직인다. [이중-가닥 DNA를 *듀플렉스 DNA*(*이중구조 DNA*, *duplex DNA*)라고도 한다.]

▸ **역평행(antiparellel)** DNA 이중나선의 가닥은 반대방향으로 조직되어 하나의 가닥의 5′ 말단이 다른 가닥의 3′ 말단과 정렬되도록 한다.

당-인산 골격은 이중나선의 외부에 있고 인산 그룹에 음(−) 전하를 띤다. DNA를 시험관 내(*in vitro*)에서 용액에 넣으면, 전형적으로 나트륨(Na^+)과 같은 금속이온의 결합으로 중성화된다. 세포에서 양(+) 전하를 띤 단백질은 중성화시키는 원동력이 된다. 이들 단백질은 세포에서 DNA의 구성 결정에 중요한 역할을 한다.

염기쌍(종종 bp로 약칭됨)은 이중나선의 안쪽에 있다. 그들은 편평하며 나선의 축에 수직으로 놓여있다. 나선형 계단으로 이중나선을 비유하면, 그림 1.7의 그림과 같이, 염기쌍이 계단의 발판을 형성한다. 나선을 따라 가면서, 염기들은 플레이트처럼 서로 겹쳐 쌓여있다.

각 염기쌍은 다음 염기쌍에 비례하여, 나선의 축을 중심으로 ~36° 정도 회전하므로 ~10개의 염기쌍(용액에서는 10.4 bp)은 360° 완전히 회전한다. 두 가닥이 서로를 감는 구조는 그림 1.8의 축척 모델에서와 같이, ~12 Å(1.2 nm)의 **마이너 그루브(minor groove, 작은 홈)**과 22 Å(2.2 nm)의 **메이저 그루브(major groove, 큰 홈)**의 이중나선을 형성한다. B-DNA에서 이중나선은 “오른손 감기(right-handed)”라고 하며, 회전은 나선형 축을 따라 볼 때 시계방향으로 회전한다. (물이 없는 상태에서 발견되는 A형 DNA는 또한 B형보다 짧고 두꺼운 오른손 감기 나선구조이며, 세 번째 DNA 구조인 Z형 DNA는 B형보다 길고 좁

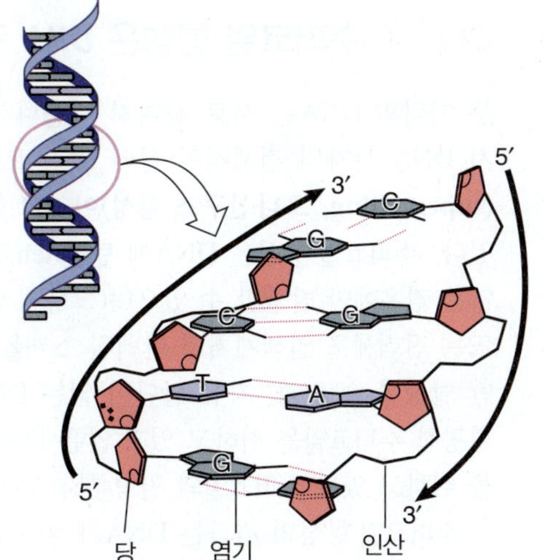

그림 1.7 편평한 염기쌍은 당-인산 골격에 수직으로 놓여있다.

▸ **작은 홈(minor groove)** DNA 이중나선 길이가 12 Å(1.2 nm)인 갈라진 틈.

▸ **큰 홈(major groove)** DNA 이중나선 길이가 22 Å(2.2 nm)인 갈라진 틈.

그림 1.8 두 가닥의 DNA가 이중나선을 형성한다. Photo ©Photodisc.

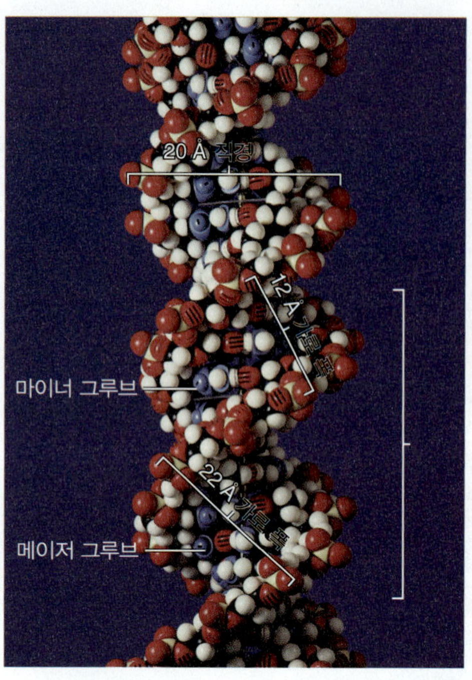

▶ **과다 감기(overwound)** 나선구조 1회전당 10.4 염기쌍보다 많은 B형 DNA.

▶ **덜 감기(underwound)** 나선구조 1회전당 10.4 염기쌍보다 적은 B형 DNA.

으며, 왼손감기 나선구조이다.)

B형의 왓슨-크릭 모델은 일반적인 구조를 나타내며, 염기배열로 인해 정확한 구조에 일부 차이가 있을 수 있음을 인식하는 것이 중요하다. 이중나선이 B형보다 1회전당 더 많은 염기쌍을 가지고 있다면, 그런 경우를 **오버와운드(overwound, 과다 감기)**라고 한다; 1회전당 더 적은 수의 염기쌍을 가지고 있으면 **언더와운드(underwound, 덜 감기)**이다. 어느 한 부분의 감기(winding)의 정도는 DNA 이중나선의 전체적인 형태 또는 DNA상의 특정 부위에 대한 단백질의 결합으로 영향을 받을 수 있다.

핵심개념

- B형 DNA는 역평행으로 움직이는 두 개의 폴리뉴클레오티드 사슬로 구성되어져 있는 이중나선 구조이다.
- 각 사슬의 질소를 함유하는 염기는 안쪽을 향하고 있으며, A-T 또는 G-C 쌍을 형성하기 위해 수소결합에 의해 서로 쌍을 이루는 편평한 퓨린 또는 피리미딘 고리이다.
- 이중나선의 직경은 20 Å이며, 1회전당 10 염기쌍(용액에서는 1회전당 ~10.4 bp)으로, 34 Å마다 완전한 1회전을 하고 있다.
- 이중나선에는 메이저(major, 넓은) 그루브과 마이너(minor, 좁은) 그루브를 가지고 있다.

개념 및 추론 확인

1. 왓슨과 크릭이 B형 DNA 모델을 제안할 때 사용한 증거를 요약하라.
2. 만일 DNA 이중구조의 G-C 함량이 0.44이면, 네 염기의 비율은 어떻게 되는가?

1.5 수퍼코일 형성은 DNA 구조에 영향을 준다

▶ **초나선구조 형성(supercoiling)** 공간에서 폐쇄된 이중 DNA의 나선 형성으로 자체 축을 가로 지른다.

두 가닥의 DNA는 서로 감겨져 이중나선 구조를 형성한다; 이중나선은 또한 스스로 공간에서 감겨져 DNA 분자의 전체적인 형태 또는 토폴로지(*topology*)를 변화시킬 수 있다. 이것을 **수퍼코일 형성(supercoiling, 초나선구조 형성)**이라고 한다. 이러한 효과는 마치 고무 밴드를 감았을 때를 상상할 수 있다. 수퍼코일 형성은 DNA에 텐션(tension, 긴장)을 만들어 내기 때문에, DNA가 자유 말단을 갖지 않는 경우에만 발생할 수 있으며(그렇지 않으면 자유 말단이 긴장을 완화시키기 위해 회전할 수 있다), 또는 진핵세포 염색체처럼 단백질 스캐폴드(scaffold, 발판)에 고정되어있는 경우 선형 DNA의 경우에만 발생할 수 있다. 자유 말단이 없는 DNA의 가장 간단한 예는 원형분자이다. 수퍼코일 형성 효과는 편평한 수퍼코일을 취하고 있지 않은 DNA(그림 1.9, 중앙)와 꼬인(그렇기 때문에 더욱 더 응축된) 모양을 취하고 있는 수퍼코일의 원형분자(그림 1.9, 아래)를 비교하면 알 수 있다.

수퍼코일 형성의 결과는 DNA가 이중나선 구조 내에서 동일한 방향(시계 방향) 혹은 반대방향으로 감겨 있느냐에 달려 있다. 같은 방향으로 감겨져 있으면 양성 수퍼코일(*positive supercoiling*)을 생성하여, DNA를 더 많이 감아 B형보다 1회전당 더 적은 염기쌍을 가지게 된다. 반대방향으로 감기면 *음성 수퍼코일*(*negative supercoiling*) 혹은 덜 감기는 현상이 생기므로 B형 DNA보다 1회전당 더 많은 염기쌍을 가지게 된다. 공간에서 이중나선의 두 가지 유형의 수퍼코일 형성으로 DNA는 텐션을 가지고 있는 상태가 된다(이것이 수퍼코일이 형성되지 않은 DNA 분자를 "이완(relaxed)" 상태라고 부르는 이유이다). 음성 수퍼코일 형성은 이중나선이 풀림으로 인하여 완화되는 DNA에 텐션이 생기는 것으로 생각될 수 있다. 엄격한 의미에서 음성 수퍼코일 형성의 효과는 두 가닥의 DNA가 분리되는 영역에서 생성된다(엄밀하게 말하면, 회전당 0개의 염기쌍.).

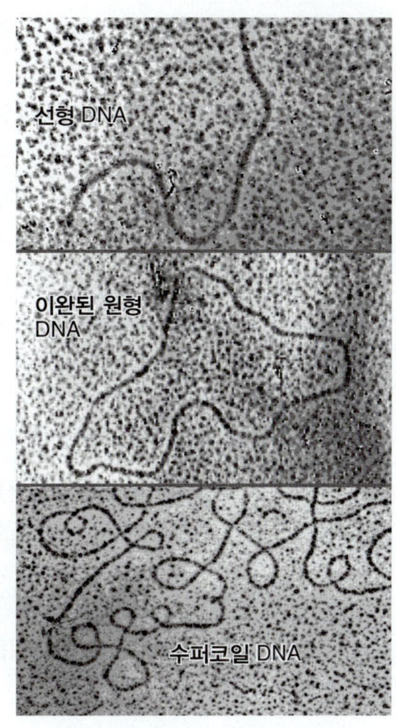

그림 1.9 선형 DNA가 확장된 모습(맨 위); 만일 이완되었을 때(수퍼코일을 형성하지 않은 상태) 원형 DNA의 확장된 모습(가운데); 그러나 수퍼코일 DNA는 감겨 있고 응축된 형태를 가지고 있다. Photos courtesy of Nirupam Roy Choudhury, International Centre for Genetic Engineering and Biotechnology (ICGEB).

DNA의 위상학적 조작(topological manipulation)은 고차 구조의 조직뿐만 아니라 모든 기능적 활동(유전자 재조합, 복제 및 RNA 합성)에 있어 매우 중요하다. 이중-가닥 DNA가 관여하는 모든 합성 활동은 두 가닥이 분리되어야 한다. 그러나 이들 가닥은 단순히 나란히 놓여 있지 않다; 그들은 서로 얽혀져 있다. 따라서 이들이 분리되기 위해서는 공간에서 서로를 중심으로 회전해야 한다. 풀림 반응(unwinding reaction)에 대한 몇 가지 가능성을 **그림 1.10**에 나타내었다.

짧은 선형 DNA가 풀어지는 경우에는 아무런 문제가 생기지 않는데, 이는 DNA 말단이 텐션을 풀기 위해 이중나선의 축을 중심으로 자유롭게 회전할 수 있기 때문이다. 그러나 전형적인 염색체의 DNA는 굉장히 길 뿐만 아니라, 수많은 지점에서 DNA를 고정시키는 역할을 하는 단백질로 고정되어 있다. 따라서 비록 선형의 진핵세포 염색체라 하여도 기능적으로 자유 말단을 가지고 있지 않다.

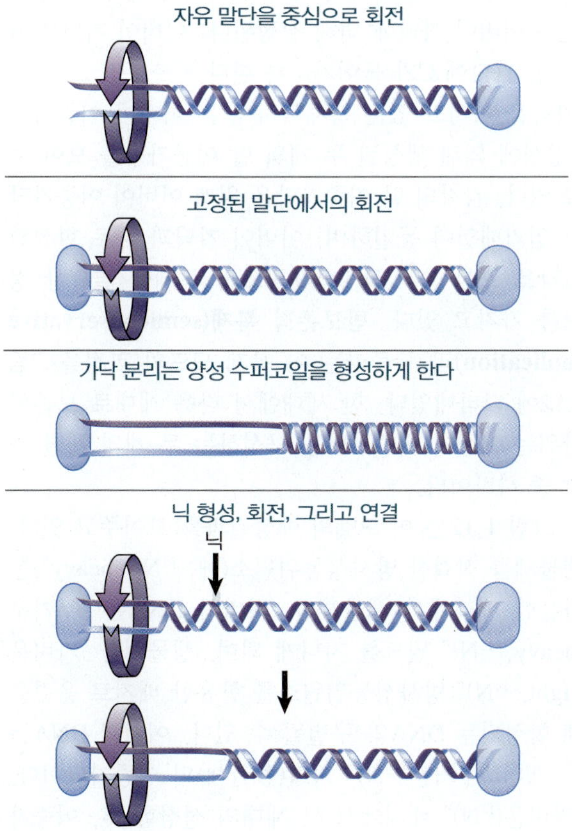

자유 말단을 중심으로 회전

고정된 말단에서의 회전

가닥 분리는 양성 수퍼코일을 형성하게 한다

닉 형성, 회전, 그리고 연결

닉

그림 1.10 DNA 이중나선의 가닥 분리는 여러 가지 방법으로 가능하다.

말단이 자유롭게 회전할 수 없는 분자에서 두 가닥을 분리되는 효과를 생각해 보자. 서로 감겨져 있는 가닥을 한쪽 끝에서 당기면, 그 결과 분자를 따라 더 멀리 서로 꼬임 현상이 *증가*하게 되며, 그로 인하여 단일-가닥 영역에서 생성된 언더와인딩의 균형을 맞추기 위해 분자 내의 다른 곳에서 양성 수퍼코일이 생긴다. 이러한 문제는 한 가닥에 일시적인 닉(nick, 틈)을 도입함으로써 해결할 수 있다. 내부의 자유 말단(free end)은 닉이 있는 가닥이 손상되지 않은 가닥을 중심으로 회전이 가능하며, 이 후 닉이 이어진다. 닉형성 반응과 실링(sealing, 메꿈) 반응이 반복 될 때마다 하나의 수퍼나선형의 회전(superhelical turn)이 만들어진다. 세포에서 수퍼코일 형성을 조절하기 위해 이러한 반응을 수행하는 토포이소머라아제(topoisomerase) 효소에 대해서는 *15.7절 토포이소머라아제는 DNA의 수퍼코일을 이완시키거나 도입한다.*

핵심개념

- 수퍼코일 형성(supercoiling)은 자유 말단이 없는 "닫힌(closed)" DNA에서만 발생한다.
- 닫힌 DNA는 원형 DNA 또는 말단 부분이 고정되어 있어 자유롭게 회전할 수 없는 선형 DNA이다.

개념 및 추론 확인

음성 수퍼코일 형성은 DNA의 풀림을 촉진하지만, 양성 수퍼코일 형성은 왜 풀림을 억제하는가?

1.6 DNA 복제는 반보존적이다

DNA가 정확하게 복제되는 것은 중요하다. 두 개의 폴리뉴클레오티드 가닥은 수소결합으로만 연결되어 있기 때문에 공유결합이 파괴되지 않고 분리될 수 있다. 염기쌍 형성(base pairing)의 특이성은 분리된 어버이 가닥(parental strand)의 구조 모두가 상보적인 딸 가닥(daughter strand)을 합성할 때 주형 가닥으로 작용할 수 있음을 시사하고 있다. 그림 1.11은 새로운 딸 가닥이 각각의 어버이 가닥으로부터 만들어지는 원리를 보여주고 있다. 딸 가닥의 배열은 어버이 가닥에 의해 결정된다: 어버이 가닥의 A는 T를 딸 가닥에 위치하게 하며, 어버이 가닥 G는 딸 가닥에 C가 들어가도록 한다.

그림 1.11의 맨 위 부분은 본래의 두 어버이 가닥을 가지고 있는 복제되지 않은 어버이 이중가닥을 나타내고 있다. 아래 부분은 상보적인 염기쌍 형성에 의해 생성된 두 개의 딸 이중가닥을 보여 주고 있다. 각각의 딸 이중가닥은 원래 어버이 이중가닥과 염기배열이 동일하며, 어버이 가닥과 새로 합성된 가닥을 포함한다. DNA의 구조는 복제에 필요한 정보를 가지고 있다. **반보존적 복제(semiconservative replication)**라고 불리는 이 복제 모드의 과정을 그림 1.12에 나타내었다. 한 세대에서 다음 세대로 보존된 단위는 어버이 이중가닥을 구성하는 두 개의 개별 가닥 중 하나이다.

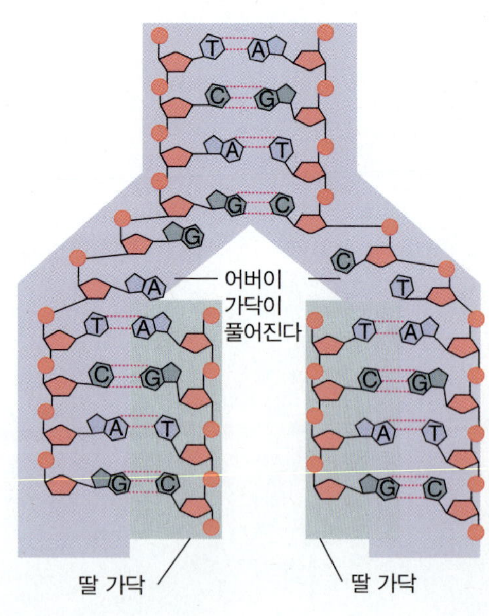

그림 1.11 염기쌍 형성은 DNA 복제 메커니즘을 가능하게 한다.

▶ **반보존적 복제(semiconservative replication)** 어버이 이중가닥의 가닥이 분리되어, 각 가닥이 상보적 가닥의 합성을 위한 주형으로 작용하여 이루어지는 DNA 복제.

그림 1.12는 이 모델의 예상결과를 보여주고 있다. 생물체를 적절한 방사성동위원소(예: ^{15}N, "heavy")를 함유한 배지에서 배양하면, 어버이 DNA는 "무거운(heavy, ^{15}N)" 밀도를 지니게 되며, 생물체를 "가벼운(light, ^{14}N)" 방사성동위원소를 함유한 배지로 옮겼을 때 합성되는 DNA와 구별될 수 있다. 어버이 DNA는 두 개의 "무거운(^{15}N)" 가닥(빨간색)의 이중가닥이다. "가벼운(^{14}N)" 배지에서 한 세대의 성장한 후, 이중가

닥 DNA는 밀도에 있어 *하이브리드(hybrid)* 상태가 된다—하나의 무거운(^{15}N) 어버이 가닥(빨간색)과 가벼운(^{14}N) 딸 가닥(파란색)으로 구성된다. 두 번째 세대 이후, 각 하이브리드 이중가닥의 두 가닥이 분리된다. 각 가닥은 가벼운(^{14}N) 파트너를 얻게 되어, 이중가닥 DNA의 한 쪽 절반은 하이브리드를 유지하고, 나머지 절반은 모두 가벼운(^{14}N) 이중가닥이 된다(두 가닥 모두 파란색).

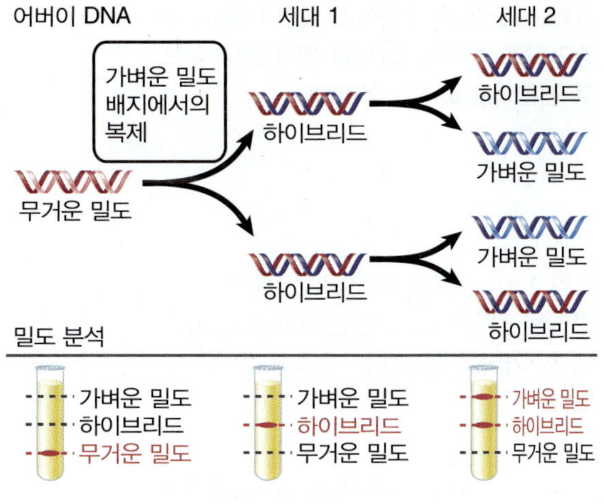

그림 1.12 DNA의 복제는 반보존적이다.

이들 이중가닥의 각각의 가닥은 모두 무겁(^{15}N)거나 모두 가볍다(^{14}N). 이러한 패턴은 1958년 매듀 미셀슨(Mattew Meselson)과 프랭클린 스탈(Franklin Stahl)에 의해 실험적으로 확인되었다. 미셀슨과 스탈은 대장균을 3세대 배양하여 DNA가 반보존적으로 복제된다는 결론을 얻었다. 박테리아에서 DNA를 추출하여 원심분리에 의해 밀도구배(density gradient)로 분리하면, DNA는 그 밀도에 상응하는 밴드를 형성하였다—어버이 DNA는 무겁고(^{15}N), 제1세대에는 하이브리드, 제2세대에서는 반은 하이브리드와 반은 가벼운(^{14}N) 밴드가 나타났는데, 이는 단일 어버이 가닥이 딸 분자(daughter molecule)에 계속하여 남아있다는 것을 나타내고 있다. (이 실험에 대한 더 자세한 내용은 *12장 Historical Perspectives: 미셀슨-스탈 실험*을 참조)

핵심개념

- 미셀슨-스탈(Meselson-Stahl) 실험은 단일 폴리뉴클레오티드 가닥이 복제 도중 보존되는 DNA의 단위임을 증명하기 위해 "무거운(^{15}N)" 방사성동위원소 표지를 사용하였다.
- DNA 이중가닥의 각 가닥은 딸 가닥의 합성을 위한 주형으로서 작용한다.
- 딸 가닥의 배열은 분리된 어버이 가닥과 상보적인 염기쌍 형성으로 결정된다.

개념 및 추론 확인

미셀슨-스탈(Meselson-Stahl)과 비슷한 실험의 예상결과지만, "가벼운(^{14}N)" DNA에서 시작하여 "무거운(^{15}N)" 배지에서 세균을 배양하면 예상되는 결과는 어떻게 될까?

1.7 DNA 중합효소는 복제 분기점에서 분리된 DNA 가닥에 작용한다

복제는 어버이 이중가닥의 분리 또는 **변성(denaturation)**을 필요로 한다. 그러나 이중가닥의 분리는 일시적이며 딸 이중가닥이 형성됨으로써 본래의 상태로 되돌아가서나 혹은 **재생(renaturation)**된다. 복제가 진행되는 동안 이중가닥 DNA의 극히 일부분만이 변성된다.

복제가 진행하는 동안의 DNA 분자의 나선구조를 그림 1.13에 나타내었다. 복제되지 않은 영역은 어버이 이중가닥으로 이루어져 있으며, 복제가 진행됨에 따라 복제영역으로 분리되어 두 개의 딸 이중가닥이 형성된다. 이중가닥은 두 영역 간의 교차점에서 분리되는데, 이곳을 **복제 분기점(replication fork)**이라고 한다. 복제는 어버이 DNA를 따라 복제 분기점이 이동하는 과정을 포함하고 있으며, 이로 인하여 어버이 가닥의 연속적인 변성 및 딸 이중가닥의 형성이 일어나게 된다.

- **변성(denaturation)** 생리학적 형태에서 다른 형태(비활성) 형태로의 분자 변환. DNA에서 이것은 염기 사이의 수소결합의 파괴로 인해 두 가닥이 분리된다.
- **재생(renaturation)** DNA 이중나선의 변성된 상보 단일가닥의 재결합.
- **복제 분기점(replication fork)** 복제가 진행될 수 있도록 어버이 이중 DNA의 가닥이 분리되는 지점. DNA 중합효소를 비롯한 단백질의 복합체가 발견된다.

그림 1.13 복제 분기점은 풀린 어버이 이중가닥에서 새로 복제된 딸 이중가닥으로 전환되는 DNA의 영역이다.

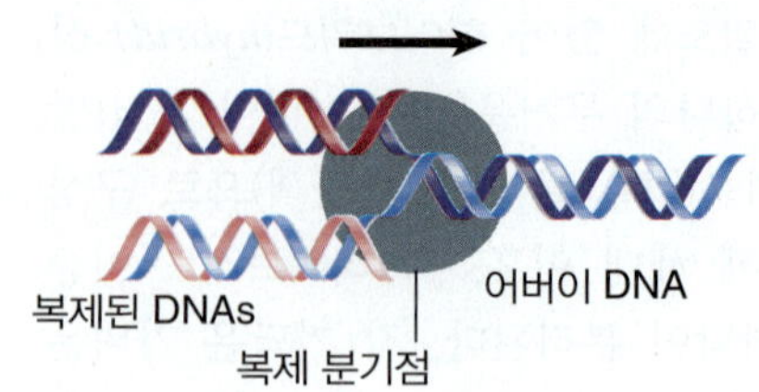

그림 1.14 엔도뉴클레아제는 핵산 내의 결합을 절단한다. 그림은 DNA 이중가닥의 한 가닥을 공격하는 효소를 보여주고 있다.

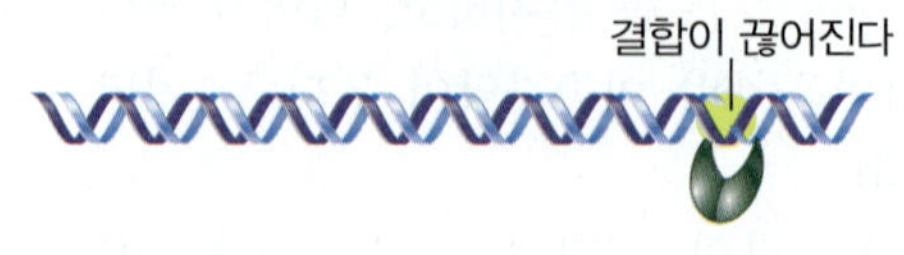

그림 1.15 엑소뉴클레아제는 폴리뉴클레오티드 사슬의 마지막 결합을 절단함으로써 한 번에 하나씩 염기를 제거한다.

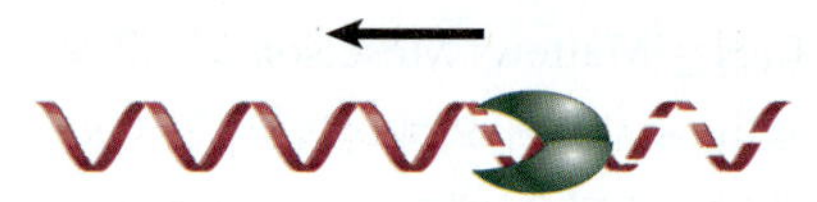

▶ **DNA 중합효소(DNA polymerase)** (DNA 주형으로부터 아랫방향인) DNA의 딸 가닥(들)을 합성하는 효소. 어떤 특정효소는 수복(repair) 또는 복제 (또는 둘 다)에 관여하기도 한다.

▶ **DNA분해효소(DNase)** DNA를 분해하는 효소.

▶ **RNA분해효소(RNase)** RNA를 분해하는 효소.

▶ **핵산외부가수분해효소(exonuclease)** 폴리뉴클레오티드 사슬의 말단에서 한번에 하나씩 뉴클레오티드를 절단하는 효소; DNA 또는 RNA의 5′ 또는 3′ 말단에 특이성을 나타내기도 한다.

▶ **핵산내부가수분해효소(endonuclease)** 핵산 사슬 내의 결합을 절단하는 효소; 그것은 RNA 또는 단일가닥 또는 이중가닥 DNA에 특이성을 나타내기도 한다.

DNA의 합성은 주형가닥을 인식하고 합성되는 폴리뉴클레오티드 사슬에 뉴클레오티드 서브유닛(subunit)의 첨가를 촉매하는 특정효소인 **DNA 중합효소(DNA polymerase)**의 도움을 받는다. DNA 복제는 DNA 이중가닥을 풀어주는 헬리카아제(helicases), DNA 중합효소가 필요로 하는 RNA 프라이머(RNA primer)를 합성하는 프리마아제(primase), 불연속 DNA 단편을 연결하는 DNA 리가아제(DNA ligase)와 같은 보조효소들과 함께 진행된다. 핵산의 분해에도 특정효소를 필요로 한다: **DNA분해효소(deoxyribonuclease, DNase)**는 DNA를 분해하고, RNA분해효소(**ribonuclease, RNase**)는 RNA를 분해한다. 뉴클레아제(핵산가수분해효소, nuclease)(*제3장 분자생물학 및 유전공학의 실험방법 참조*)는 일반적으로 **엑소뉴클레아제(exonuclease, 핵산외부가수분해효소)**와 **엔도뉴클레아제(endonuclease, 핵산내부가수분해효소)**로 나누어진다:

- 엔도뉴클레아제는 RNA 또는 DNA 분자 내에서 개별적인 포스포디에스테르 결합(phosphodiester linkage)을 끊어 별개의 단편을 생성한다. 일부 DNase는 표적 부위에서 이중 DNA의 두 가닥을 절단하는 반면, 다른 DNase는 두 가닥 중 하나만 절단한다. 핵산내부분해효소(endonucleses)는 그림 1.14와 같이 절단 반응에 관여하고 있다.
- 엑소뉴클레아제는 분자 말단으로부터 한 번에 하나씩 뉴클레오티드 잔기를 제거하여 모노뉴클레오티드(mononucleotide)를 생성한다. 그들은 항상 하나의 핵산 가닥에서 작용하며, 각 핵산 외부가수분해효소는 특정 방향, 즉 5′ 또는 3′ 말단에서 시작하여 다른 말단으로 진행한다. 이들은 그림 1.15와 같이 트리밍 반응(trimming reaction)에 관여하고 있다.

핵심개념

- DNA 복제는 어버이 가닥을 분리하고 딸 가닥을 합성하는 효소 복합체에 의해 이루어진다.
- 복제 분기점(replication fork)은 어버이 가닥이 분리되는 지점이다.
- DNA를 합성하는 효소를 DNA 중합효소라고 한다.
- 뉴클레아제(nuclease)는 핵산을 분해한다. 그들은 DNase와 RNase를 포함하며, 엔도뉴클레아제(endonuclease) 또는 엑소뉴클레아제(exonuclease)로 나눌 수 있다.

개념 및 추론확인

생세포에서 DNA 중합효소, DNase, RNase의 기능은 무엇인가?

1.8 유전정보는 DNA나 RNA에 의해 제공될 수 있다

센트럴 도그마(central dogma, 중심 원리)는 분자생물학의 주요한 패러다임이다. 구조 유전자는 핵산의 염기배열로서 존재하지만, 폴리펩티드의 형태로 발현됨으로써 기능한다. 복제는 유전정보의 유전을 가능하게 하며, 전사(transcription, RNA 합성)과 번역(translation, 단백질 합성)은 다른 형태로 발현시키는 역할을 한다.

센트럴 도그마는 복제, 전사 및 번역 과정에 대한 몇 가지 내용을 포함하고 있다(그림 1.29 참조):

- DNA-의존성 **RNA 중합효소**(DNA-dependent **RNA polymerase**)에 의한 DNA의 전사는 RNA 분자를 생성한다. 메신저 RNA(mRNAs)는 폴리펩티드로 번역된다. rRNA 및 tRNA와 같은 다른 유형의 RNA는 그들 스스로의 기능을 가지고 있으며, 번역되지 않는다.
- 유전 시스템은 유전물질로서 DNA 또는 RNA를 포함할 수 있다. 세포는 DNA만 사용한다. 일부 바이러스는 RNA를 사용하고, RNA-의존성 RNA 중합효소에 의한 바이러스 RNA의 복제는 감염된 세포에서 일어난다.
- 세포성 유전정보의 발현은 일반적으로 일방향성(unidirectional)이다. DNA의 전사는 RNA 분자를 생성한다. 레트로바이러스(retrovirus)가 세포를 감염시킬 때 발생하는 레트로바이러스 RNA의 DNA 역전사(reverse transcription)되는 경우는 예외이다(아래 참조). 일반적으로 폴리펩티드는 유전정보로 사용될 수 있도록 회복되지 않는다; RNA가 폴리펩티드로 번역되는 과정은 항상 비가역적(irreversible)이다.

▶ **중심 원리(central dogma)** 정보는 폴리펩티드에서 폴리펩티드 또는 폴리펩티드를 핵산으로 전달할 수 없지만 핵산과 핵산 사이, 핵산에서 폴리펩티드로 전달될 수 있다.

▶ **RNA 중합효소(RNA polymerase)** DNA 주형을 사용하여 RNA를 합성하는 효소. (공식적으로 DNA-의존성 RNA 중합효소로 기술됨)

이러한 메커니즘은 원핵세포나 진핵세포의 세포성 유전정보와 바이러스가 가지고 있는 정보에게도 동등한 효과를 나타낸다. 모든 생물체의 게놈은 이중가닥 DNA로 구성되어 있다. 바이러스는 DNA 또는 RNA로 구성된 게놈을 가지고 있으며, 이중가닥(dsDNA 또는 dsRNA) 또는 단일가닥(ssDNA 또는 ssRNA)으로 존재한다. 핵산을 복제하는 데 사용되는 메커니즘에 대한 자세한 내용은 바이러스에 따라 다르지만 상보적 가닥의 합성을 통한 복제 원리는 그림 1.16에서 설명한 바와 같이 동일하다.

세포에서 DNA에서 RNA로의 정보전달의 일방향성에 대한 제한은 절대적인 것은 아니다. 이러한 제한성은 단일가닥의 RNA 분자로 구성된 게놈을 가진 레트로바이러스에 의해 성립되지 않는다. 레트로바이러스 감염이 일어나는 동안 RNA는 **역전사(reverse trasncription)** 과정에 의해 단일가닥 DNA로 전환되는데, 이러한 과정은 RNA-의존성 DNA 중합효소인 역전사효소(*reverse trasncriptase*)에 의해 이루어진다. 이렇게 하여 생성된 ssDNA는 다시 dsDNA로 전환된다. 이러한 이중가닥 DNA는 숙주 세포의 게놈의 일부가 되어 다른 유전자처럼 유전된다. 따라서 역전사는 일련의 RNA를 회복하여 세포에서 DNA로 사용할 수 있게 한다.

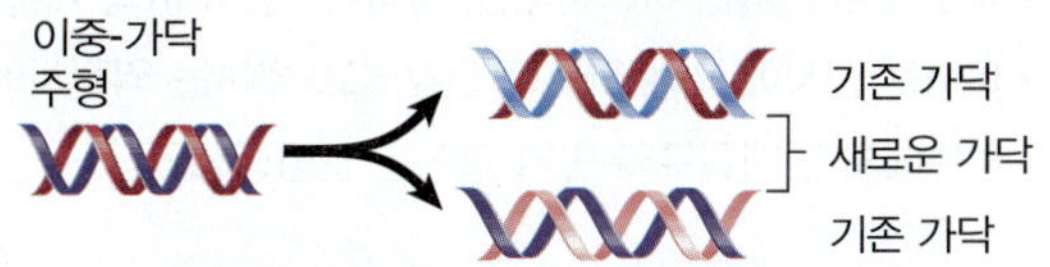

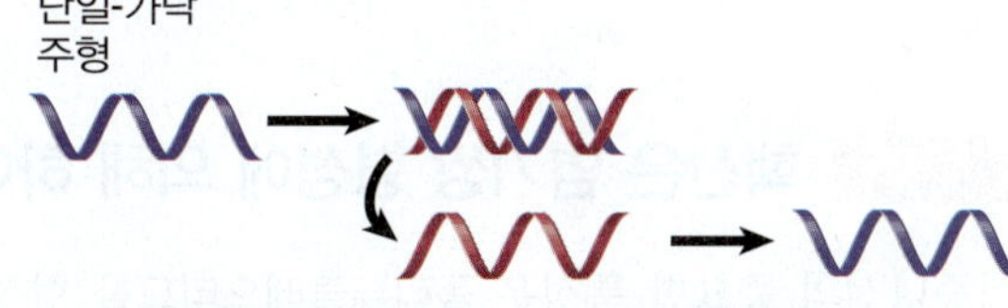

그림 1.16 이중가닥 및 단일가닥 핵산은 모두 염기쌍 형성 규칙에 의해 상보적 가닥의 합성에 의해 복제된다.

▶ **역전사(reverse transcription)** 역전사 효소에 의한 RNA 주형으로부터의 DNA 합성.

RNA 복제와 역전사의 존재는 두 가지 유형의 핵산 염기배열 형태의 정보가 다른 유형으로 변환될 수 있다는 일반적인 원칙을 입증하고 있다. 그러나 일상적인 과정에서 세포는 DNA 복제, 전사 및 번역 과정에 의존하고 있다. 그러나 (RNA 바이러스에 의해 매개될 수 있는) 아주 드문 경우지만, 세포성 RNA의 정보가 DNA로 변환되어 게놈에 삽입된다. 레트로바이러스의 역전사는 세포의 정상적인 작동에는 필요하지 않지만, 게놈의 진화를 고려할 때 잠재성을 지닌 중요한 메커니즘이다(8장 *게놈 진화* 참조).

그림 1.17 게놈의 크기는 매우 다양하다.

게놈	유전자 수	염기쌍
생물체		
식물	<50,000	$<10^{11}$
포유류	30,000	$\sim 3 \times 10^9$
지렁이	14,000	$\sim 10^8$
파리	12,000	1.6×10^8
곰팡이	6,000	1.3×10^7
박테리아	2–4,000	$<10^7$
마이코플라스마	500	$<10^6$
dsDNA 바이러스		
백시니아	<300	187,000
파포바 (SV40)	~6	5,226
T4 파지	~200	165,000
ssDNA 바이러스		
파보바이러스	5	5,000
fX174 파지	11	5,387
dsRNA 바이러스		
레오바이러스	22	23,000
ssRNA 바이러스		
코로나바이러스	7	20,000
인플루엔자	12	13,500
TMV	4	6,400
MS2 파지	4	3,569
STNV	1	1,300
비로이드		
PSTV RNA	0	359

유전정보의 영속성에 대한 동일한 원칙은 식물 또는 양서류의 거대한 게놈뿐만 아니라 마이코플라스마(mycoplasma)의 작은 게놈 및 DNA 또는 RNA 바이러스의 보다 작은 게놈에도 적용된다. 그림 1.17은 게놈 유형과 크기의 범위를 보여주는 몇 가지 예를 보여주고 있다. 이러한 게놈 크기와 유전자 수(gene number)에 다양한 변이가 존재하는 이유에 대해서는 *5장*과 *6장*에서 알아본다.

100,000배 범위 이상의 다양한 게놈을 가진 여러 생물 중에서 공통적인 원리가 적용되고 있다: DNA는 생물체의 세포가 합성해야 하는 모든 폴리펩티드를 코드하고, 폴리펩티드는 차례로 (직접 또는 간접적으로) 생존에 필요한 기능을 제공한다. 이와 비슷한 원리는 DNA 또는 RNA 여부에 관계없이 바이러스의 유전정보의 기능을 기술하고 있다: 핵산은 게놈을 포장하는 데 필요한 폴리펩티드와 바이러스를 증식하는 데 필요한 숙주세포가 제공하는 것들 이외의 모든 기능을 코드하고 있다. (가장 작은 바이러스인 STNV[satellite tobacco necrosis virus]는 독립적으로 복제할 수 없으며, 정상적으로 자체성 감염성 바이러스인 "헬퍼(helper)" 바이러스-TMV[tobacco necrosis virus]의 존재를 필요로 한다.)

핵심개념

- 세포성 유전자는 DNA이지만, 바이러스는 RNA의 게놈을 가지고 있다.
- DNA는 전사에 의해 RNA로 전환되고, RNA는 역전사에 의해 DNA로 전환될 수 있다.
- RNA에서 단백질로의 번역 과정은 일방향성이다.

개념 및 추론 확인

동일한 종류의 핵산을 정확하게 복제하기 위해 ssDNA, ssRNA, dsDNA 및 dsRNA 게놈을 복제하는 데 필요한 효소는 무엇인가?

1.9 핵산은 염기쌍 형성에 의해 하이브리드를 형성한다

이중나선의 중요한 특성은 폴리뉴클레오티드를 형성하는 공유결합을 파괴하지 않고, 유전적 기능을 유지하는 데 필요한 (매우 빠른) 속도로 두 가닥을 분리할 수 있는 능력이다. 변성 및 재생 과정의 특이성은 상보적인 염기쌍에 의해 결정된다.

염기쌍 형성(base pairing)의 개념은 핵산을 포함하는 모든 과정의 중심이 된다. 염기쌍을 파괴하는 것은 이중-가닥 핵산의 기능에 치명적이지만, 염기쌍을 형성하는 능력은 단일-가닥 핵산의 활성에 필수적이다. 그림 1.18은 염기쌍 형성은 상보적인 단일-가닥의 핵산이 이중가닥을 형성할 수 있음을 보여주고 있다.

- 분자 내 이중구조 영역은 단일-가닥 핵산의 일부인 두 개의 상보적인 염기배열 사이의 염기쌍 형성에 의해 형성될 수 있다.
- 단일-가닥 핵산은 염기배열이 독립적인 상보적 단일-가닥 핵산과 염기쌍을 이루어 분자 간 이중

가닥을 형성할 수 있다.

단일-가닥 핵산에서 이중-가닥의 형성은 RNA에서 가장 보편적이지만, 단일-가닥이 DNA-DNA 또는 RNA-RNA에 국한되지 않고 DNA와 RNA 사이에서도 일어날 수 있다.

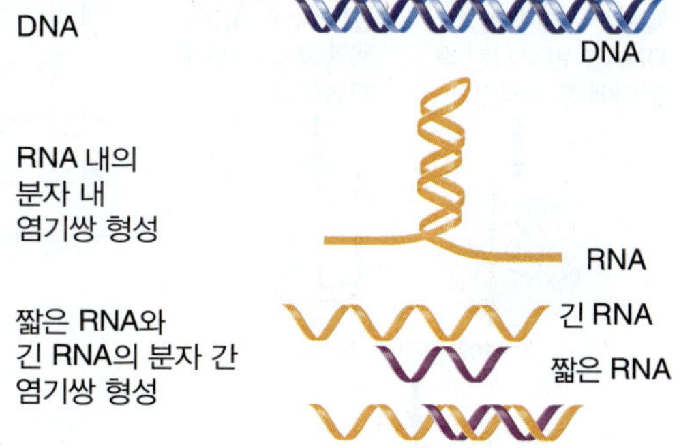

그림 1.18 염기쌍 형성은 이중가닥 DNA에서 일어나며 또한 단일-가닥 RNA (또는 DNA)의 분자 내 상호작용 및 분자 간 상호작용에서도 일어난다.

상보적인 가닥 간의 공유결합이 없으므로 시험관 내(*in vitro*)에서 DNA 조작이 가능하다. 이중나선 구조를 안정화시키는 수소결합은 가열 또는 낮은 염 농도에 의해 파괴된다. 이중나선의 두 가닥은 그들 간의 모든 수소결합이 깨지면 완전히 분리된다.

DNA의 변성(denaturation)은 좁은 온도 범위에서 일어나며 많은 물리적 특성에서 현저한 변화를 가져온다. DNA 가닥이 분리되는 온도 범위의 중간점(온도)을 **변성 온도(melting temperature, T_m)**라고 하며, 이중가닥 염기의 G-C 함량에 따라 달라진다. 각각의 G-C 염기쌍은 세 개의 수소결합을 가지므로, 단지 두 개의 수소결합만 갖는 A-T 염기쌍보다 더 안정하다. DNA에서 G-C 염기쌍이 많을수록 두 가닥을 분리하는 데 필요한 에너지가 증가한다. 생리적인 조건의 용액에서 G-C 함량이 40%(전형적인 포유류 게놈 수치)인 DNA는 약 87℃의 T_m으로 변성되므로, 이중가닥 DNA는 세포 온도에서 안정적이다.

▶ **변성온도(melting temperature)** DNA 가닥이 분리되는 온도 범위의 중간점(온도).

DNA의 변성은 적절한 조건 하에서 가역적이다. 재생(renaturation)은 상보적인 가닥 간의 특정 염기쌍 형성에 의존한다. 그림 1.19는 반응이 두 단계로 진행됨을 보여 주고 있다. 첫째, 용액 내의 DNA 단일-가닥은 우연히 서로 만난다. 그들의 염기배열이 상보적인 경우, 두 개의 가닥은 염기쌍을 이루어 짧은 이중-가닥 영역을 형성한다. 이어서 이 염기쌍 영역은 지퍼와 같이 분자를 따라 연장되어 긴 이중가닥을 형성한다.

완전한 재생은 원래 이중나선 구조의 특성을 회복한다. 재생의 특성은 임의의 두 개의 상보적인 핵산 염기배열에 적용된다. 이것은 때로는 **어닐링(annealing)**이라고도 하지만, DNA가 RNA에 하이브리드(hybrid)를 이루는 경우와 같이, 유래가 다른 핵산이 관여하는 반응을 일반적으로 **하이브리디제이션(hybridization, 잡종화)**이라고 한다. 두 개의 핵산이 하이브리드를 형성하는 능력은 오직 상보적인 염기배열만이 이중가닥을 형성할 수 있기 때문에 상보성에 대한 정확한 측정을 할 수 있다(어느 특정한 조건 하에서 불완전한 일치는 허용될 수 있다).

▶ **어닐링(annealing)** 이중가닥 DNA를 변성시켜 얻어지는 단일가닥으로부터 이중가닥 구조를 재생하는 것.

▶ **잡종화(hybridization)** 상보적인 RNA와 DNA 가닥의 쌍으로 RNA-DNA 하이브리드(hybrid)를 생성하는 것.

하이브리디제이션 반응의 원리는 용액에서 두 개의 단일-가닥 핵산을 결합시킨 다음 형성되는 이중가닥의 양을 측정하는 것이다. 그림 1.20은 DNA시료가 변성되고 단일가닥이 필터에 부착되는 과정을 보여주고 있다. 그런 다음 두 번째 변성된 DNA (또는 RNA) 시료가 첨가된다. 필터는 원래 부착된 DNA와 염기쌍을 형성할 수 있는 경우에만 두 번째 시료(DNA 혹은 RNA)가 흡착할 수 있도록 처리한다. 일반적으로 두 번째 시료(DNA 혹은 RNA)는 하이브리디제이션 반응이 필터에 의해 유지되는 라벨(label)의 양으로 측정할 수 있도록 방사성동위원소로 표지한다. 또 다른 방법으로, 용액 내에서의 하이브리디제이션은 분광광도계(spectrophotometry)를 통해 감지된 260 nm에서의 핵산 용액의 UV 흡광도의 변화로 측정할 수 있다. DNA는 온도의 상승에 의해 단일가닥으로 변성됨에 따라, DNA용액의 UV-흡광도는 증가한다; 결과적으로 UV-흡광도는 온도가 감소함에 따라 ssDNA는 상보적 DNA 또는 RNA에 하이브리드를 형성함

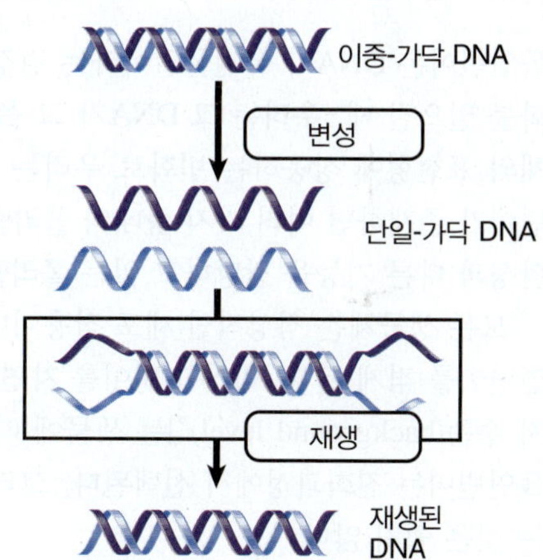

그림 1.19 변성된 DNA의 단일가닥은 이중가닥을 형성하기 위해 재생될 수 있다.

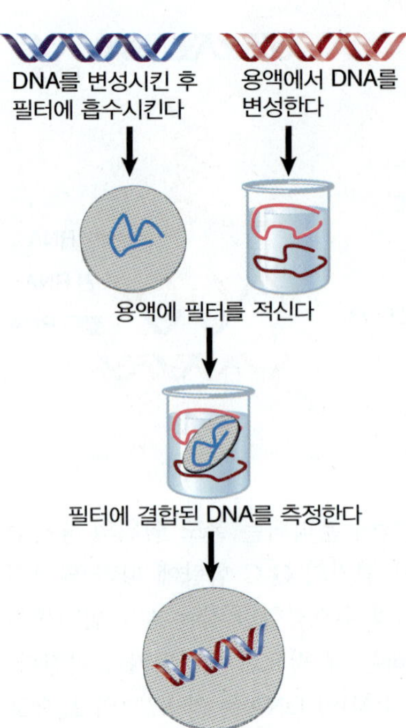

그림 1.20 필터 하이브리디제이션은 변성된 DNA(또는 RNA)의 용액이 필터 상에 고정된 가닥에 상보적인 배열을 포함하는지 여부를 확인할 수 있다.

에 따라 감소한다.

두 염기배열은 하이브리드를 형성하기 위해 완벽하게 상보적일 필요는 없다. 이들 염기배열이 유사하지만 동일하지 않은 경우, 두 개의 가닥이 상보적이 아닌 위치에서 염기쌍 형성이 중단되는 불완전한 이중가닥이 형성된다.

핵심개념

- 가열하면 DNA 이중가닥의 두 가닥이 분리된다.
- T_m은 변성온도 범위의 중간점(온도)이다.
- 상보적인 단일가닥은 온도가 낮아지면 재생될 수 있다.
- 변성과 재생/하이브리디제이션은 DNA-DNA, DNA-RNA 또는 RNA-RNA 조합에서 분자 간 또는 분자 내에서 일어날 수 있다.
- 두 개의 단일-가닥 핵산의 하이브리드 형성능은 두 가닥의 상보성에 의해 결정된다.

개념 및 추론 확인

서로 다른 종의 DNA 간의 하이브리디제이션 정도를 측정하여 이들 종 간의 진화관계를 추정할 수 있는 방법을 설명하라.

1.10 돌연변이는 DNA 배열을 변화시킨다

▶ **자연발생적 돌연변이(spontaneous mutation)** 돌연변이를 증가시키는 첨가된 물질이 없을 때 일어나는 돌연변이. 복제(또는 DNA 복제에 관여하는 다른 과정) 혹은 염기의 화학구조의 무작위 변화에 의해 일어난다.

▶ **돌연변이원(mutagen)** DNA 배열의 변화를 직접 또는 간접적으로 유도하여 돌연변이율을 증가시키는 물질.

돌연변이는 DNA가 유전물질이라는 결정적인 증거를 제공한다. DNA 배열의 변화가 폴리펩티드의 변화를 일으킬 때, 우리는 그 DNA가 그 폴리펩티드를 코드하고 있다는 결론을 내릴 수 있다. 또한, 생물체의 표현형에 상응하는 변화로 우리는 그 폴리펩티드의 기능을 확인할 수 있다. 유전자에 많은 돌연변이가 존재하면 여러 가지 형태의 폴리펩티드를 비교할 수 있으며, 자세한 분석을 통하여 각각의 효소 활성과 다른 기능을 담당하고 있는 폴리펩티드 영역을 확인하는 데 사용될 수 있다.

모든 생물체는 정상적인 세포 작용이나 또는 환경과의 무작위적 상호작용의 결과로 어느 정도의 돌연변이를 겪게 된다. 이러한 변이를 **자연발생적 돌연변이(spontaneous mutation)**라고 하며, 빈도["기저 수준(background level)"]는 생물에 따라 다르다. 돌연변이는 드문 현상이나, 해로운 영향을 미치는 돌연변이는 진화과정에서 선택된다. 그러므로 자연 집단에서 자연적으로 발생하는 돌연변이를 관찰하는 것은 쉽지 않다.

돌연변이의 발생은 특정 화합물을 처리에 의해 증가될 수 있다. 이들을 **돌연변이원(mutagens)**이라고 하며, 돌연변이원에 의하여 일어나는 변이를 **유도 돌연변이(induced mutations)**라고 한다. 대부분의 돌연변이원은 DNA의 특정 염기를 수식하거나 핵산으로 끼어 들어가게 한다. 돌연변이원의 능력은 돌연변이원을 처리하지 않았을 때보다 돌연변이가 얼마나 증가하는지에 따라 측정할 수 있다. 돌연변이원을 사용함으로써, 어떤 유전자에서 많은 변화를 유도할 수 있다.

돌연변이율은 여러 단계의 과정을 통하여 측정할 수 있다: 전체 게놈을 통한 돌연변이(%/게놈/세대), 유전자의 돌연변이(%/유전자자리/세대) 또는 특정 뉴클레오티드에서의 돌연변이(%/염기/세대). 이러한 돌연변이율은 단위가 더 작을수록 감소한다.

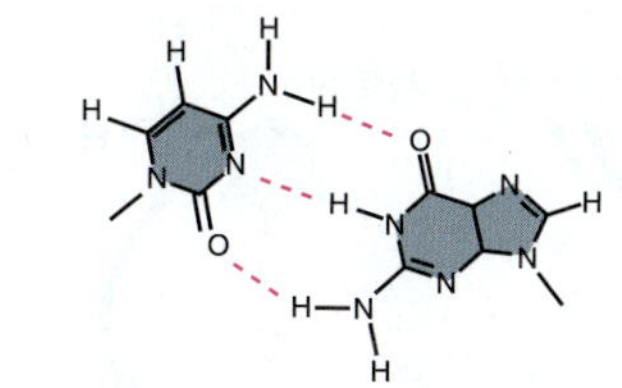

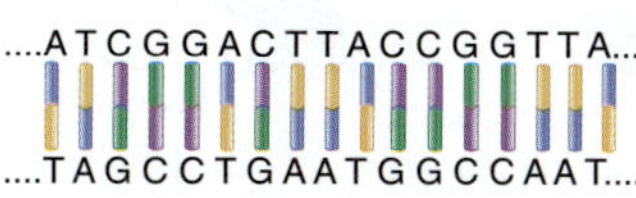

그림 1.21 염기쌍은 세대당 10^{-9}~10^{-10}, 1000 bp의 유전자는 세대당 ~10^{-6}, 그리고 박테리아 게놈은 세대당 3×10^{-3}의 비율로 변이가 일어난다.

▶ **유도 돌연변이(induced mutation)** 돌연변이원의 작용으로 생기는 돌연변이. 돌연변이원은 DNA의 염기에 직접 작용하거나 간접적으로 DNA 배열의 변화를 유도하는 경로를 유발할 수 있다.

유전자 기능을 불활성화시키는 자연발생적인 돌연변이는 3~4 × 10^{-3}/게놈/세대의 비교적 일정한 비율로 박테리오파지와 박테리아에서 발생한다. 박테리오파지와 박테리아 간의 게놈 크기가 크게 달라진다고 가정하면, 이는 염기쌍당 돌연변이율에 커다란 차이가 있는 것이 된다. 이것은 전체 돌연변이율이 대부분 돌연변이의 해로운 효과와 일부 돌연변이의 유리한 효과의 균형을 잡는 선택압(selective force)에 의한 것임을 시사하고 있다. 이러한 결론은 (DNA 손상이 예상되는) 고온 및 산성의 가혹한 조건에 살고 있는 고세균(archaean)은 돌연변이율이 높지 않았지만, 실제로 평균 범위 이하의 전체 돌연변이율을 가지고 있다는 관찰로부터 힘을 얻게 되었다. **그림 1.21**은 박테리아에서 돌연변이율은 ~10^{-6}/유전자자리/세대 번의 과정 혹은 세대당 10^{-9}~10^{-10}의 평균 변이율/염기쌍에 해당한다는 것을 나타낸다. 각 염기쌍의 변이율은 10,000배 이상으로 매우 다양하다. 진핵생물의 돌연변이율에 대한 정확한 측정치는 없지만, 대개 세대당 유전자자리의 변이율에 근거하면 박테리아와 유사하다고 생각된다. 돌연변이율이 생물 종에 따라 달라지는 한 가지 이유는 DNA 수복 시스템의 활성과 효능이 다양하다는 것이다. DNA 수복 시스템은 *16장 수복 시스템*에서 알아본다.

핵심개념

- 모든 돌연변이는 DNA 배열의 변화이다.
- 돌연변이는 자연발생적으로 일어나거나 돌연변이원에 의해 유도될 수 있다.

개념 및 추론 확인

돌연변이율이 0이 아닌 비율을 유지할 때의 이점은 무엇인가?

1.11 돌연변이는 하나의 염기쌍이나 혹은 더 긴 배열에 영향을 준다

DNA의 모든 염기쌍은 돌연변이가 일어날 수 있다. **점 돌연변이(point mutation)**는 단 하나의 염기쌍만 변화하며 두 가지 유형의 과정 중 하나에 의해 발생할 수 있다:

- DNA의 화학적 수식은 하나의 염기를 다른 염기로 직접 변화시킨다.
- DNA 복제 중 오류로 인해 잘못된 염기가 폴리뉴클레오티드에 삽입된다.

점 돌연변이는 염기치환(base substitution)의 특성에 따라 두 가지 유형으로 나눌 수 있다:

- 가장 일반적인 형태는 피리미딘이 다른 피리미딘 혹은 퓨린이 다른 퓨린으로 치환됨으로써 생기

▶ **점 돌연변이(point mutation)** DNA 염기배열 중 하나의 염기쌍에 일어나는 변화.

그림 1.22 돌연변이는 염기의 화학적 수식에 의해 유도될 수 있다.

▶ **염기 전이(transition)** 피리미딘이 다른 피리미딘으로 대체되거나 퓨린이 다른 퓨린으로 대체되는 돌연변이.

▶ **염기 전환(trasnversion)** 퓨린이 피리미딘으로 대체되거나 혹은 피리미딘이 퓨린으로 대체되는 돌연변이.

그림 1.23 돌연변이는 DNA에 염기 유사체를 삽입하여 유도할 수 있다.

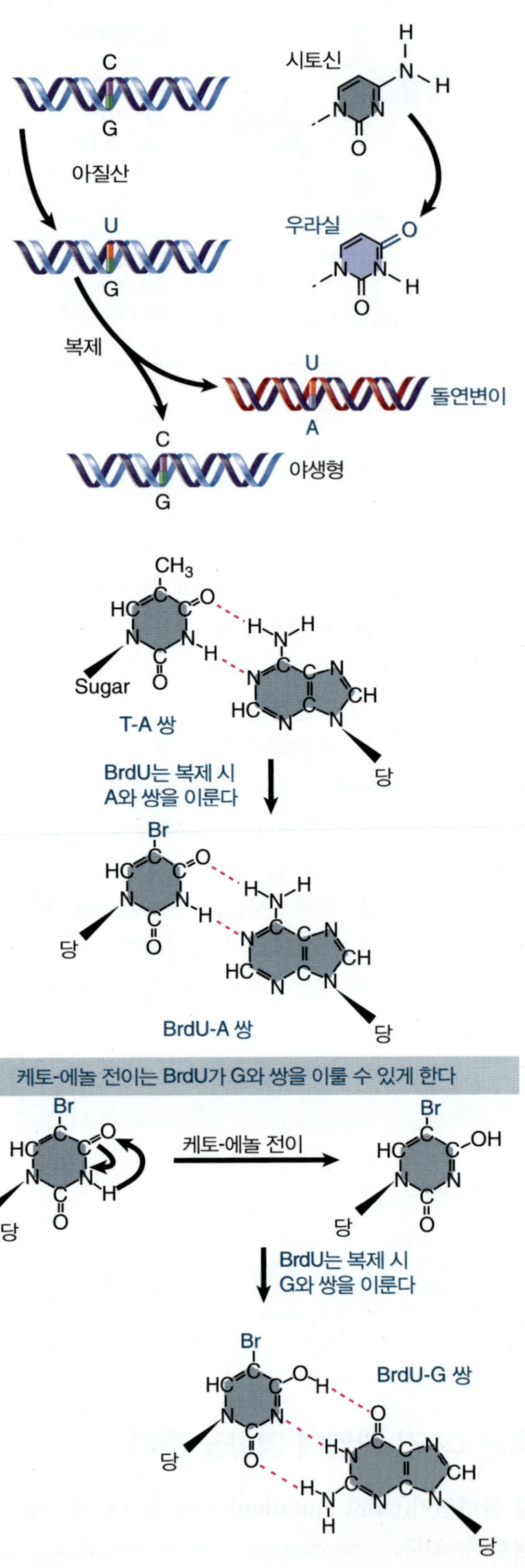

는 **트랜지션(transition, 염기 전이)**이다. 이것은 G-C 쌍을 A-T 쌍으로 대체하거나 그 반대의 경우도 마찬가지다.

- 일반적이지는 않은 형태로 **트랜스버전(trasnversion, 염기 전환)**이 있는데, 이는 퓨린을 피리미딘으로 혹은 피리미딘을 퓨린으로 치환하는 것으로, 예를 들면 A-T 쌍이 G-C 쌍이 된다.

그림 1.22에서 보는 바와 같이, 돌연변이원인 아질산(nitrous acid)은 시토신을 우라실로 전환시키는 산화적 탈아미노 반응(oxidative deamination)를 일으키며, 그 결과 트랜지션이 일어난다. 트랜지션이 일어난 후 이어지는 복제 단계에서 U는 원래 C와 염기쌍을 이루었던 G 대신에 A와 쌍을 이룬다. 따라서 C-G 쌍은 A가 다음의 복제 단계에서 T와 쌍을 이루면 T-A 쌍으로 복제된다. (아질산은 또한 아데닌을 탈아미노 반응으로 A-T에서 G-C로 역으로 트랜지션을 일으킬 수 있다.)

트랜지션은 또한 잘못된 염기쌍 형성(mispairing)에 의해서도 일어나는데, 일반적인 왓슨-크릭(Watson-Crick) 염기쌍 대신 상보적이지 않은 염기쌍이 쌍을 이룰 때이다. 잘못된 염기쌍 형성은 통상 다양한 염기쌍 형성 특성을 가지고 있는 비정상적인 염기가 DNA에 끼어 들어감으로써 일어나는 이상 현상으로 발생한다. 그림 1.23은 티민(thymine)의 메틸그룹 대신에 브롬(bromine) 원자를 포함하고 있는 티민의 유사체인 돌연변이원 브로모우라실(bromouracil, BrdU)의 예를 나타낸 것으로, BrdU은 티민 대신 DNA에 들어갈 수 있다. 그러나 BrdU는 브롬 원자의 존재가 케토(keto, =O) 형태에서 에놀(enol, -OH) 형태로 *호변이성 전이(tautomeric shift)*가 가능하므로 다양한 염기쌍을 형성하는 특성을 갖는다. BrdU의 에놀형은 복제 후 원래의 A-T 쌍을 G-C 쌍으로 치환하는 구아닌(guanine)과 쌍을 이룰 수 있다. 호변이성 전이는 또한 프로톤(proton, 양성자)이 정상적인 염기 내에서 위치를 이동시키고, 비정상적이지만 보다 안정한 염기쌍을 생성할 때 발생할 수 있다. 예를 들어, 일반적인 케토형의 구아닌은 시토신과 안정적으로 결합하지만, 아주 드물기는 하나 구아닌의 에놀형은 티민과 안정적으로 쌍을 이룬다.

트랜스버전은 트랜지션보다 드물게 일어나는데, 이는 DNA 이중가닥의 직경을 변경시키는 피리미딘-피리미딘 쌍의 일시적인 퓨린-퓨린을 필요로 하기 때문이다. 그러나 트랜스버전의 원인 중 하나는 글리코시드 결합(glycosidic bond) 주위의 염기가 180° 회전함으로써 이어지는 프로톤의 전이이다. 예를 들어, (아데닌의 프로톤 전이에 의해 생성된) 염기의 회전으로 생긴 *syn*-아데닌(*syn*-adenine)은 정상적인 아데닌과 안정적으로 쌍을 이루게 된다.

점 돌연변이는 오랫동안 각 유전자의 주요 변화 수단으로 생각되었다. 그러나 짧은 배열의 삽입과 결실(insertions and deletions, "indels")이 꽤 빈번하다는 것을 알게 되었다. 인터칼레이팅제(intercalating agent; 염기 사이에 끼어들어가는 시약)와 같은 일부 돌연변이원은 단일 염기쌍의 삽입 또는 결실을 일으킬 수 있다. 인터칼레이팅제는 DNA 이중가닥에서 두 개의 인접한 염기 쌍 사이에 삽입되면, 이중구조가 변형을 일으키게 되고, DNA 중합효소가 DNA를 복제하는 동안 염기를 건너뛰거나 추가할 수 있다. 만일 이것이 유전자의 코딩 배열(coding sequence)에서 발생한다면, 프레임시프트(frameshift) 돌연변이가 발생하게 된다(*2.7절 유전암호는 세 염기로 되어 있다* 참조). 종종, 삽입은 한 장소에서 다른 장소로 이동시킬 수 있는 DNA 배열인 전이요소(transposable element)에 의해 일어난다(*17장 전이요소 및 레트로바이러스* 참조). 코딩 영역 내의 삽입은 일반적으로 유전자의 활성을 잃게 한다. 그러나 짧은 배열의 삽입과 결실은 다른 메커니즘—예를 들면, 복제 또는 유전자 재조합 중 발생하는 오류—에 의해 발생할 수 있다. 또한, 아크리딘(acridine)이라고 불리는 종류에 속하는 돌연변이원은 매우 작은 삽입과 결실을 유도한다.

핵심개념

- 점 돌연변이는 하나의 염기쌍을 변화시킨다.
- 점 돌연변이는 하나의 염기가 다른 염기로 화학적으로 전환되거나 복제 중에 발생하는 오류로 인해 발생할 수 있다.
- 트랜지션(transition, 염기 전이)은 G-C 염기쌍을 A-T 염기쌍으로 혹은 그 반대의 경우로 치환한다.
- 트랜스버전(trasnversion, 염기 전환)은 A-T를 T-A로 바꾸는 것과 같이 퓨린을 피리미딘으로 대체한다.
- 삽입은 전이 요소의 이동으로 발생할 수 있다.

개념 및 추론 확인

트랜지션이 트랜스버전보다 더 자주 발생하는 이유는 무엇인가? DNA 수복 메커니즘이 오류와 DNA 구조에 대한 이러한 돌연변이의 영향을 어떻게 인식할 수 있는지 생각해보라.

1.12 돌연변이의 효과는 역으로 되돌릴 수 있다

그림 1.24는 복귀 돌연변이 또는 **복귀 돌연변이주(revertant)**의 가능성은 점 돌연변이와 삽입을 결실과 구별하는 중요한 특징임을 보여주고 있다. 유전자를 활성화시키는 돌연변이를 **전진 돌연변이(forward mutation)**라고 한다. 이들의 효과는 **복귀 돌연변이(back mutation)**에 의해 역으로 되돌아갈 수 있는데, 여기에는 진정 복귀 돌연변이(true reversion)와 제2위 복귀 돌연변이(second-site reversion)의 두 가지 유형이 있다.

- 점 돌연변이는 진정 복귀 돌연변이 혹은 제2위 복귀 돌연변이로 되돌릴 수 있다.
- 삽입은 삽입된 배열을 결실시켜 되돌릴 수 있다.
- 배열의 결실은 손실된 배열을 복원하는 메커니즘이 없는 경우 되돌릴 수 없다.

최초의 돌연변이가 정확하게 복귀하는 것을 **진정 복귀 돌연변이(true reversion)**라고 한다. 예를 들어, 만일 원래의 돌연변이에서 A-T 쌍이 G-C 쌍으로 대체된 경우, 이 A-T 쌍을 복원하는 또 다른 돌연변이가 원래의 배열로 정확하게 재생성시킬 것이다. 염기 삽입에 이은 전이요소(trasnposable element)의 정확한 제거는 진정 복귀 돌연변이의 또 다른 예이다.

▸ **복귀 돌연변이주(revertant)** 복귀 돌연변이(back mutation)로 인하여 야생형의 표현형으로 되돌아 간 돌연변이 세포나 생물체.

▸ **전진 돌연변이(forward mutation)** 기능을 지닌 유전자를 불활성화시키는 돌연변이.

▸ **복귀 돌연변이(back mutation)** 유전자를 불활성화한 돌연변이의 효과를 되돌리는 돌연변이; 따라서 그것은 유전자 산물의 본래의 배열이나 기능을 회복시킨다.

▸ **진정 복귀 돌연변이(true revertant)** DNA의 본래의 배열로 복원시키는 돌연변이.

그림 1.24 점 변이와 삽입은 되돌릴 수 있지만, 결실은 되돌릴 수 없다.

▶ **제2위 복귀 돌연변이(second-site reversion)** 첫 번째 돌연변이의 효과를 억제하는 두 번째 돌연변이.

▶ **억제 돌연변이(suppression mutation)** 두 번째 돌연변이가 원래의 DNA 변화를 되돌리지 않고 돌연변이의 영향을 없앤다.

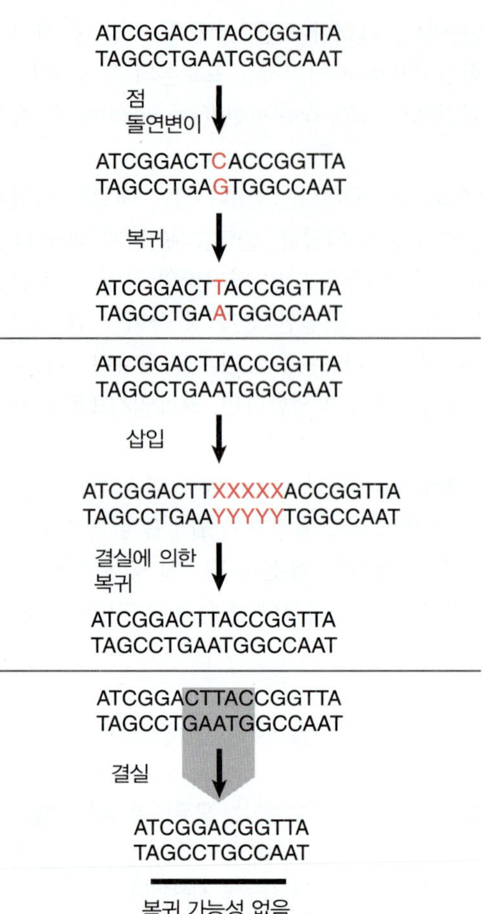

두 번째 유형의 돌연변이, 즉 **제2위 복귀 돌연변이(second-site reversion)**는 유전자의 다른 곳에서 일어날 수 있으며, 그 효과는 첫 번째 돌연변이를 보상하게 된다. 예를 들어, 단백질의 한 아미노산 변화는 그 기능을 없앨 수 있지만, 두 번째 변형은 첫 번째 단백질을 보상하여 단백질 활성을 복원시킬 수 있다.

전진 돌연변이(forward mutation)는 유전자 산물의 기능을 변경시키는 모든 변화에서 유래하지만, 복귀 돌연변이(back mutation)는 원래 기능을 변경된 유전자 산물로 복원해야 한다. 따라서 복귀 돌연변이의 가능성은 전진 돌연변이의 가능성보다 훨씬 더 제한적이다. 복귀 돌연변이율은 전진 돌연변이의 돌연변이율보다 전형적으로 ~10의 지수만큼 낮다.

다른 유전자의 돌연변이는 또한 최초의 유전자에서 발생한 돌연변이의 효과를 없애기도 한다. 이를 **억제 돌연변이(suppression mutation)**라고 한다. 다른 유전자자리에서 일어난 돌연변이의 효과를 억제하는 돌연변이의 유전자를 *서프레서(suppressor, 억제인자)*라고 한다. 예를 들어, 점 돌연변이는 폴리펩티드에서 아미노산 치환을 유발할 수 있는 반면, tRNA 유전자의 두 번째 돌연변이는 돌연변이 된 코돈(codon)을 인식하게 하고, 결과적으로 번역 도중에 본래의 아미노산을 삽입하게 한다. (이것은 원래의 돌연변이를 억제하지만, 다른 mRNA의 번역 과정 중 오류를 유발한다.)

핵심개념

- 전진 돌연변이(forward mutation)는 유전자의 기능을 변경시키고, 복귀 돌연변이(또는 복귀 돌연변이주)는 그 효과를 되돌린다.
- 삽입(insertion)은 삽입된 물질을 결실시키면 되돌릴 수 있지만, 결실은 되돌릴 수 없다.
- 억제(suppression)는 두 번째 유전자의 돌연변이가 첫 번째 유전자의 돌연변이 효과를 우회(bypass)할 때 발생한다.

개념 및 추론 확인

전이 요소(transposable element)는 돌연변이의 복귀 돌연변이율이 점 돌연변이의 복귀율보다 훨씬 높기 때문에 처음으로 확인되었다. 복귀 돌연변이율이 왜 그렇게 높은지 설명하라.

1.13 돌연변이는 핫스폿에 집중되어 있다

지금까지 우리는 돌연변이가 발생하는 곳에서의 DNA의 활성에 영향을 주는 DNA 배열의 개별적인 변화의 측면에서 돌연변이를 다루어 왔다. 우리가 유전자 기능의 변경의 관점에서 돌연변이를 고려할 때, 한 종 내의 대부분의 유전자는 그들의 크기에 비해 돌연변이율이 거의 비슷하다. 이러한 사실은 그 유전자가 돌연변이의 표적으로 간주될 수 있고, 그 중 일부에 대한 손상이 그 기능을 변화시킬 수 있음을 시사하고 있다. 결과적으로, 돌연변이에 대한 감수성은 유전자의 크기에 대략 비례한다. 그러나 유전자의 모든 염기쌍이 동등하게 감수성을 가지고 있는 것인지, 아니면 다른 염기보다 돌연변이가 일어나기 쉬운 곳이 있는 것일까?

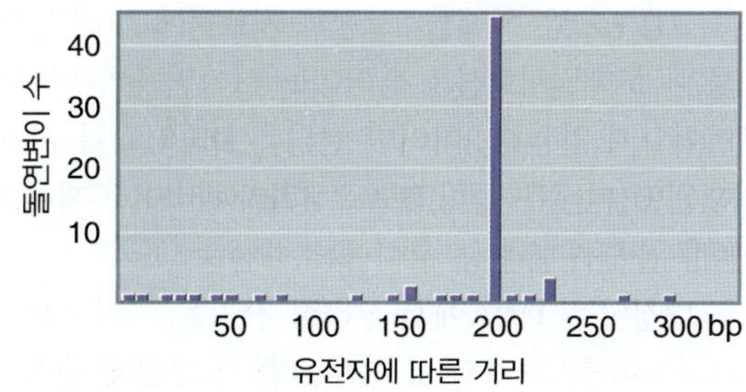

그림 1.25 자연발생적인 돌연변이는 대장균의 *lacI* 유전자 전체에서 일어나지만, 핫스폿에 집중되어 있다.

동일한 유전자에서 많은 수의 독립적인 돌연변이를 분리하면 어떤 일이 일어날까? 이들 돌연변이체 각각은 개개의 돌연변이가 발생하여 생긴 결과이다. 대부분의 돌연변이는 다른 장소에서 발생하지만, 일부 돌연변이는 동일한 위치에서 일어난다. 동일한 장소에서 두 개의 독립적으로 분리된 돌연변이가 DNA에서 정확히 같은 변화가 일어나거나(이 경우 동일한 돌연변이가 두 번 이상 일어난 경우), 혹은 서로 다른 변화를 일으킬 수 있다(세 가지 다른 돌연변이가 각 염기쌍에서 가능하다).

그림 1.25의 막대그래프는 대장균(*E. coli*)의 *lacI* 유전자에서 각 염기쌍에서 돌연변이가 발견되는 빈도를 보여 주고 있다. 특정 위치에서 하나 이상의 돌연변이가 발생한다는 통계적 확률은 (Poisson 분포에서 볼 수 있듯이) 랜덤-히트 키네틱스(random-hit kinetics)에 의해 결정된다. 일부 위치는 하나, 둘 또는 세 개의 돌연변이가 일어나지만, 다른 곳은 아무런 돌연변이가 일어나지 않았다. 일부 위치는 랜덤디스트리뷰션(random distribution, 무작위 분배)로 예상되는 돌연변이 수보다 훨씬 많은 돌연변이를 얻을 수 있다; 즉 랜덤 히트(random hit)로 예측한 것보다 10배 또는 100배 더 많은 돌연변이를 가질 수 있다. 이러한 위치를 **핫스폿(hotspot)**이라고 한다. 자연발생적인 돌연변이는 핫스폿에서 발생할 수 있으며, 서로 다른 돌연변이원은 서로 다른 핫스폿을 가질 수 있다.

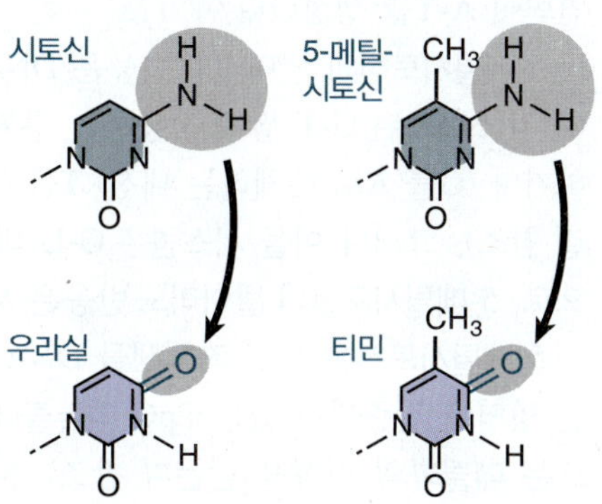

그림 1.26 시토신의 탈아미노 반응은 우라실을 생성하는 반면, 5-메틸시토신의 탈아미노 반응은 티민을 생성한다.

▶ **핫스폿(horspot)** 게놈에서 돌연변이(또는 재조합) 빈도가 매우 높게 증가하는 부위로, 보통 인접한 위치와 비교하여 최소한 10배 이상 높은 빈도로 나타난다.

자연발생적인 돌연변이의 원인은 DNA에 특이한 염기가 존재한다는 것이다. DNA의 네 가지 표준 염기 외에, *수식 염기(modified base)*가 종종 발견된다. 이들의 명칭은 그 기원을 반영하고 있다; 이들 수식 염기들은 네 가지 표준 염기 중 하나가 화학적 수식되어 만들어진다. 가장 일반적인 수식 염기는 5-메틸시토신(5-methycytosine)이며, 이는 메틸라아제(methylase, 메틸화효소)가 DNA의 특정 부위의 시토신 잔기(residue)에 메틸그룹을 첨가할 때 만들어진다. 5-메틸시토신을 함유하는 부위는 대장균에서 자연발생적인 점 돌연변이의 핫스폿이다. 각각의 경우 돌연변이는 G-C에서 A-T로 변하는 트랜지션이다. 핫스폿은 시토신을 메틸화할 수 없는 대장균 변이주에서는 발견되지 않는다.

이러한 핫스폿이 존재하는 이유는 시토신 염기가 자연발생적으로 탈아미노 반응(spontaneous deamination)이 되는 경향이 있기 때문이다. 이 반응에서, 아미노그룹은 케토그룹으로 치환된다. 시토신의 탈아미노 반응은 우라실(uracil)을 생성한다는 것을 상기하라(그림 1.22 참조). 그림 1.26은 이 반응과 탈아미노 반응이 티민을 생성하는 5-메틸시토신의 탈아미노화 반응을 비교하고 있다. 그 효과는 각각 미스매치(mismatch) 염기쌍인 G-U 및 G-T를 생성한다.

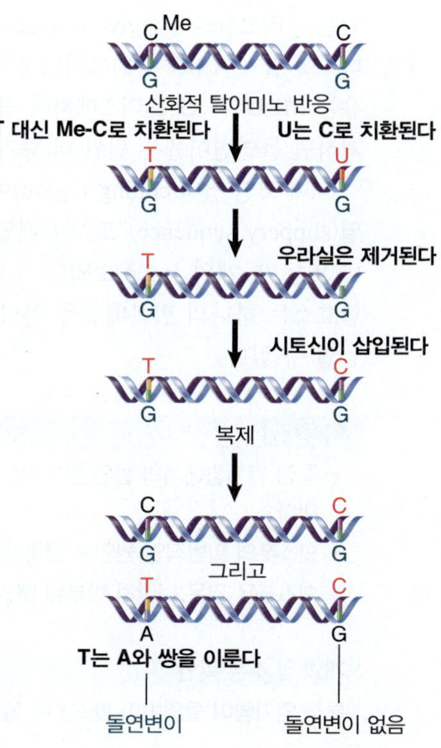

그림 1.27 5-메틸시토신의 탈아미노 반응은 티민(C-G → T-A 트랜지션)을 생성하는 반면, 시토신의 탈아미노 반응은 우라실(일반적으로 제거되고 이어서 시토신으로 대체됨)을 생성한다.

그림 1.27은 5-메틸시토신과 시토신에 대해 탈아미노 반응 결과가 다르다는 것을 보여주고 있다. (드물게) 5-메틸시토신을 탈아미노 시키면 돌연변이가 일어나지만, 시토신을 탈아미노하면 이러한 효과는 일어나지 않는다. 이러한 현상은 DNA 수복 시스템이 G-T보다 G-U를 인식하는 데 훨씬 효과적이며, 항상 U(이것은 정상적으로 RNA에서만 존재하고, DNA에서는 존재하지 않는다)를 바르게 교정하기 때문에 발생한다.

대장균은 DNA에서 우라실 잔기를 제거하는 효소인 우라실-DNA-글리코시다아제(uracil-DNA glycosidase)를 가지고 있다(*16.4절 염기절제-수복 시스템은 글리코실라아제를 필요로 한다* 참조). 이 작용은 염기쌍을 이룰 수 없는 G 잔기(residue)를 남겨 두고, 이어서 수복 시스템은 상보적인 C 염기를 삽입한다. 이 반응의 최종 결과는 본래의 DNA 배열을 복원하는 것이다. 따라서 이 시스템은 시토신의 자연발생적인 탈아미노 반응으로부터 DNA를 보호한다. 그러나 이 시스템은 아질산(nitrous acid)에 의한 탈아미노 반응의 증가를 막을 만큼 효율적이지는 않다; 그림 1.22 참조).

5-메틸시토신(5-metylcytosine)의 탈아미노 반응은 티민을 생성하고 미스매치(mismatch) 염기쌍인 G-T가 만들어진다. 만일 다음 복제 단계 전에 미스매치가 수정되지 않으면 돌연변이가 발생한다; 잘못된 G-T의 염기쌍이 분리되면, 이어서 이들은 올바른 상보적인 염기와 쌍을 이루어 본래의 G-C와 돌연변이 A-T를 생성한다.

5-메틸시토신의 탈아미노 반응은 DNA에서 미스매치된 G-T 쌍이 만들어지는 가장 일반적인 원인이다. 미스매치된 G-T 쌍에 작용하는 수복 시스템은 돌연변이율을 낮추는 데 도움이 되는 T를 C로 대체하거나 (G를 A로 대체하는 대신) T를 C로 대체하는 경향을 가지고 있다(*16.6절 미스매치 수복 방향조절* 참조). 그러나 이들 시스템은 G-U 미스매치에서 U를 제거하는 시스템만큼 효과적이지 않다. 결과적으로, 5-메틸시토신의 탈아미노 반응은 시토신의 탈아미노 반응보다 훨씬 더 자주 돌연변이를 일으킨다.

5-메틸시토신은 또한 진핵생물 DNA에서 핫스폿을 형성한다. *CpG 아일랜드*(*CpG island*)라고 불리는 영역에 집중되어 있는 CpG 디뉴클레오티드(dinucleotide)에서 흔히 볼 수 있다(*29.6절 CpG 아일랜드는 메틸화의 영향을 받는다* 참조). 5-메틸시토신은 인간 DNA의 염기 중 ~1%를 차지하지만, 수식 염기를 포함하는 부위는 모든 점 돌연변이의 ~30%를 차지한다.

돌연변이율을 감소시키는 수복 시스템의 중요성은, G와의 미스매치로부터 T(또는 U)를 제거할 수 있는 글리코실라아제(glycosylase)인 마우스의 MBD4 효소의 제거 효과에 의해, 그 필요성이 강조되었다. 그 결과, CpG 부위에서의 돌연변이율이 3의 지수만큼 증가하였다. (효과가 그다지 크지 않은 이유는 MBD4가 G-T 미스매치에 작용하는 몇 가지 시스템 중 하나일 뿐으로, 아마도 모든 시스템을 제거하면 돌연변이율은 훨씬 더 증가할 것이다.)

비록 코딩 영역(coding region)에서 흔히 발견되지는 않지만, 핫스폿의 또 다른 유형은 "슬립퍼리 배열(slippery sequence)"로, 이 배열은 연속된 호모폴리머(homopolymer) 배열 혹은 매우 짧은 배열(하나 또는 몇 개의 뉴클레오티드)이 직렬로 여러 번 반복되는 영역이다. 복제가 진행되는 동안, DNA 중합효소는 하나의 반복배열을 건너뛰거나 혹은 동일한 반복배열을 두 번 복제하여 반복수를 줄이거나 늘릴 수 있다.

핵심개념

- 특정 염기쌍에서의 돌연변이 빈도는 통계적으로 동일하나, 핫스폿은 돌연변이 빈도가 최소한 10배 이상 증가한다.
- 핫스폿의 일반적인 원인은 변형된 5-메틸시토신이며, 이는 자연발생적으로 티민으로 탈아미노된다.
- 핫스폿은 짧은 나란히 반복된 배열의 복제 수에 높은 빈도의 변화로 생긴다.

개념 및 추론 확인

특정 염기쌍이 돌연변이 핫스폿이 될 수 있는 몇 가지 가능한 이유를 제시하라.

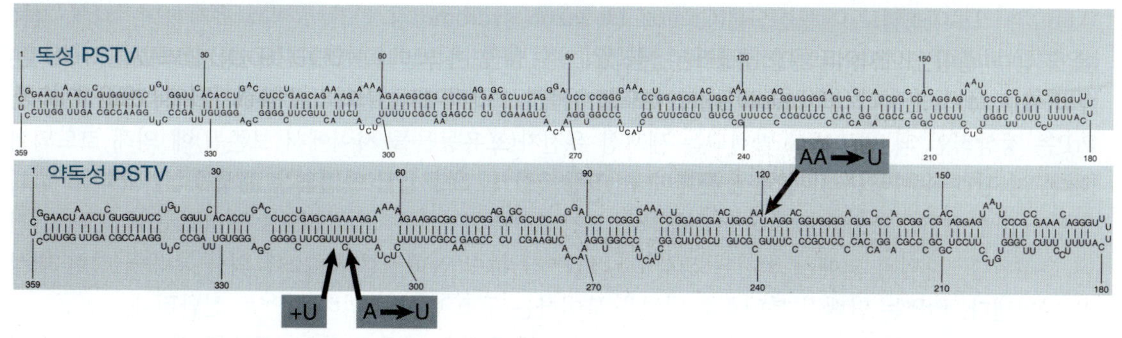

그림 1.28 PSTV RNA는 많은 내부 루프에 의해 분단된 광범위한 이중-가닥 구조를 형성하는 원형 분자이다. PSTV의 독성과 약독성 형태는 3곳이 다른 RNA를 가지고 있다.

1.14 일부 유전성 물질은 매우 작다

비로이드(viroid)(또는 바이러스의 일부분을 이루는 병원체, subviral pathogens)는 고등식물에서 질병을 일으키는 감염물질이다. 그들은 매우 작은 원형 RNA 분자이다. 게놈이 단백질 껍질로 쌓여있는 *비리온(virion)*으로 이루어져 있는 바이러스와 달리, 비로이드 RNA는 그 자체가 감염물질이다. 비로이드는 불완전한 염기쌍을 이루어 광범위하게 접혀져 있는 RNA 분자로만 구성되며, 그림 1.28과 같은 특징적인 막대모양을 형성한다. 이 막대모양의 구조를 방해하는 돌연변이가 발생하면 비로이드의 감염성은 낮아지게 된다.

▶ **비로이드(viroid)** 단백질 껍질을 가지고 있지 않은 작은 감염성 핵산.

비로이드 RNA는 감염된 세포에서 자율적으로 정확하게 복제되는 단일 분자로 구성되어 있다. 비로이드는 몇 그룹으로 분류된다. 어느 특정한 비로이드는 그룹의 다른 멤버와의 염기배열 상동성에 따라 그룹이 나누어진다. 예를 들어, PSTV(감자 스핀들 결핵 비로이드, potato spindle tuber viroid) 그룹의 네 개의 비로이드는 PSTV와 70~83%의 염기배열 상동성을 나타낸다. 특정 비로이드 종의 서로 다른 분리종은 염기배열이 서로 다양하므로, 감염된 세포 간에 표현형 차이가 나타나게 된다. 예를 들어, PSTV의 "약독성(mild)" 비로이드와 "독성(severe)" 비로이드 종의 차이는 세 개의 뉴클레오티드가 치환되어 생긴다.

비로이드는 유전가능한 핵산 게놈을 보유하고 있는 바이러스와 유사하지만, 구조 및 기능면에서 바이러스와 다르다. 비로이드 RNA는 폴리펩티드로 번역되지 않으므로 생존에 필요한 기능을 자체적으로 코딩할 수 없다. 이러한 상황은 해결되어야 할 두 가지 문제점을 제시하고 있다: 비로이드 RNA는 어떻게 복제되며, 감염된 식물세포의 표현형에 어떤 영향을 주는가?

복제는 숙주 세포의 효소에 의해 수행되어야 한다. 비로이드 염기배열의 유전성을 보면 비로이드 RNA가 복제를 위한 주형임을 나타낸다. 따라서 그림 1.29에 제시된 현대판 센트럴 도그마(central dogma, 중심 원리)는 일부 시스템에서 RNA의 복제를 포함하고 있다.

비로이드는 정상적인 세포내의 과정을 방해하기 때문에 아마도 병원성이 있는 것으로 추정된다. 그들은 비교적 무작위로 이루어질 수도 있다; 예를 들면. 그들은 자신의 복제에 필수적인 효소를 조절하거나 필요한 세포내의 RNA의 생성을 방해할 수 있다. 또 다른 방법으로는, 각 유전자의 발현에 특정한 효과를 주는 비정상적인 조절 분자로 작용할 수 있을 것이다.

더욱 특이한 물질은 퇴행성 신경병인 양과 염소의 스크래피(scrapie)의 원인이 된다. 이 질병은 쿠루

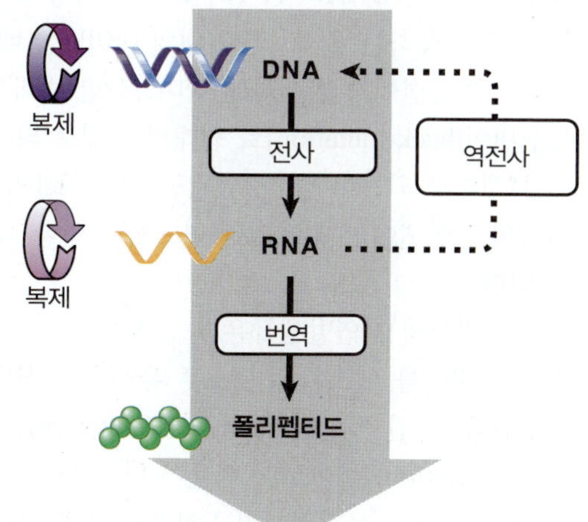

그림 1.29 센트럴 도그마는 핵산의 정보가 영속되거나 전달될 수 있다고 말하고 있지만, 폴리펩티드(단백질)로의 정보 전달은 비가역적이다.

▸ **프리온(prion)** 핵산을 함유하지 않지만 유전형질처럼 활동하는 단백질성 감염물질. 예로는 양과 소해면상 뇌증(bovine spongiform encephalopathy)에서 스크래피의 감염물질인 PrP^Sc^이다.

(kuru)와 크로이츠펠트-야콥 신드롬(Creutzfeldt-Jakob sydrome)의 인간 질병과 유사하며, 뇌의 기능에 영향을 준다. 스크래피의 감염물질은 핵산을 가지고 있지 않다. 이러한 특이한 감염물질을 **프리온(prion**, *pro*teinaceous *i*nfectious *on*ly)이라고 한다. 그것은 28 kD의 소수성 당 단백질인 PrP이다. PrP는 정상적인 뇌 세포에서 발현되는 세포성 유전자(포유동물들 사이에서 보존됨)에 의해 코드되어 있다. 이 단백질은 두 가지 형태로 존재한다: 정상적인 뇌 세포에서 발견되는 생성물을 PrP^c라고 하며 정상적인 단백질 턴오버(turnover, 대사회전)가 진행되는 동안 단백질분해효소(protease)에 의해 완전히 분해된다. 감염된 뇌에서 발견된 생성물은 PrP^{sc}라 하며 단백질분해효소에 의한 분해에 강한 내성을 나타낸다. PrP^c는 단백질 분해효소 내성을 부여하는 구조 변화에 의해 PrP^{sc}로 전환된다.

스크래피의 감염물질로서, PrP^{sc}는 정상적인 세포성 물질을 어떤 방식으로든 변형시켜 감염성이 없는 것을 감염성이 되도록 수식해야만 한다(*29.9절 프리온은 포유동물에서 질병을 일으킨다* 참조). PrP 유전자를 결손한 마우스는 스크래피가 발생하지 않는데, 이는 PrP가 이 질병의 발생에 필수적임을 시사하고 있다.

핵심개념

- 일부 아주 작은 유전성 물질은 폴리펩티드를 코드하지는 않지만, 유전성을 지닌 RNA 또는 단백질로 구성되어 있다.

개념 및 추론 확인

새로 발견된 감염성 물질이 생물체, 바이러스, 비로이드 또는 프리온인지 어떻게 구분할 수 있을까?

1.15 요약

두 가지 고전적 실험은 DNA가 박테리아, 진핵세포 및 많은 바이러스의 유전물질이라는 강력한 증거를 제공하고 있다. 폐렴쌍구균(*pneumococcus*) 박테리아의 한 균주로부터 분리한 DNA는 다른 균주에게 그 균주의 특성을 부여할 수 있다. 또한, DNA는 어버이 파지(phage)에서 자손 파지에 의해 유전되는 유일한 성분이다. DNA는 새로운 특성을 진핵세포로 형질주입(transfect)하는 데 사용될 수 있다.

DNA는 뉴클레오티드 단위가 5′에서 3′ 포스포디에스테르(phosphodiester) 결합으로 연결된 역평행 가닥으로 이루어진 이중나선 구조이다. 골격(backbone)은 외부를 형성하고 있다; 퓨린 및 피리미딘 염기는 A는 T에 상보적이고, G는 C에 상보적인 쌍을 형성하여 내부에 중첩되어 있다. 반보존적 복제에서, 두 개의 가닥은 분리되고 딸 가닥은 상보적인 염기쌍을 이룬다. 상보적인 염기쌍은 또한 DNA 이중가닥의 한 가닥에서 RNA를 전사하는 데 사용된다.

돌연변이는 DNA의 A-T와 G-C 염기쌍의 변화를 말한다. 코딩 배열(coding sequence)의 돌연변이는 그에 상응하는 폴리펩티드 내의 아미노산 배열을 변화시킬 수 있다. 점 돌연변이(point mutation)는 코돈에 돌연변이가 발생하여 아미노산만 변화하는 것을 말한다. 점 돌연변이는 최초 돌연변이의 복귀 돌연변이(back mutation)로 원래의 상태로 되돌아 갈 수 있다. 삽입(insertion)은 삽입된 물질을 결시키면 본래대로 되돌아 갈 수 있지만, 결실(deletion)은 본래대로 되돌아 갈 수 없다. 돌연변이는 다른 유전자의 돌연변이가 최초의 돌연변이로 인한 결함을 일으키지 못하게 하였을 때 간접적으로 억제될 수도 있다.

돌연변이의 자연발생률은 돌연변이원에 의해 증가한다. 돌연변이는 핫스폿에 집중될 수 있다. 일부 점 돌연변이를 일으키는 핫스폿 유형은 수식된 염기 5-메틸시토신의 탈아미노 반응(deamination)으로 발생한다. 전진 돌연변이(forward mutation)는 10^{-6}/유전자자리/세대 비율로 발생한다. 복귀 돌연변이(back mutation)는 이보다 비율이 더 낮다.

세포의 모든 유전정보가 DNA에 의해 전달되지만, 바이러스에는 이중-가닥 또는 단일-가닥 DNA

또는 RNA의 게놈을 가지고 있다. 비로이드는 보호 능력을 가진 포장이 없는 오로지 작은 RNA 분자만으로 구성된 바이러스의 일부분을 구성하는 구조의 병원체이다. RNA는 단백질을 코드하지 않으며, 그 영속성 및 발병 기전은 알려져 있지 않다. 스크래피(scrapie)는 단백질성 감염물질 혹은 프리온(prion)이 원인이다.

학습문제

1. 폐렴쌍구균(*S. pneumoniae*)을 마우스에 감염시켰을 때 비독성(치명적이지 않은)을 나타내는 균주는 무엇인가?
   A. 매끄러운 균주(S 균주)
   B. 거친 균주(R 균주)
   C. 두 균주 모두
   D. 두 균주 모두 독성이 없음
2. 단백질을 특이적으로 표지하기 위해 사용된 방사성동위원소는 무엇인가?
   A. ^{14}C
   B. ^{3}H
   C. ^{32}p
   D. ^{35}S
3. RNA와 DNA의 차이점은 다음 중 무엇이 존재하기 때문인가?
   A. RNA의 리보오스 당에 있는 2′-PO_4 그룹.
   B. RNA의 리보오스 당에 있는 3′-PO_4 그룹.
   C. RNA의 리보오스 당에 있는 2′-OH 그룹.
   D. RNA의 리보오스 당에 있는 3′-OH 그룹
4. DNA 복제가 반보존적인 것이라는 증명한 과학자는 누구인가?
   A. 미셀슨과 스탈(Meselson and Stahl)
   B. 왓슨과 크릭(Watson and Crick)
   C. 오카자키와 오카자키(Okazaki and Okazaki)
   D. 그리피스와 에이버리(Griffith and Avery)
5. DNA 복제를 연구하기 위한 밀도 라벨링 실험에서, 세포의 어버이 DNA를 고밀도 동위 원소로 표지하고, 1세대 이상 배양한 후 밀도구배 원심분리를 하였다. 다음 중 2세대 이후에 검출되지 않는 집단은 어느 것인가?
   A. 가벼운 밀도 집단
   B. 하이브리드 밀도 집단
   C. 무거운 밀도 집단
   D. 가볍고 무거운 밀도 집단 모두
6. 이중-가닥 DNA 단편으로서 숙주 게놈에 삽입되는 감염성 물질은 어느 것인가?
   A. 레트로바이러스
   B. 이중-가닥 RNA 바이러스
   C. 이중-가닥 DNA 바이러스
   D. 비로이드
7. 박테리아의 돌연변이율은 약 얼마인가?
   A. 10^{-6}/유전자자리/세대
   B. 10^{-7}/유전자자리/세대

C. 10^{-8}/유전자자리/세대

D. 10^{-9}/유전자자리/세대

8. 인간의 점 돌연변이의 약 30%는 다음 중 어느 수식 염기와 관련이 있는가?

A. 5-메틸구아닌

B. 5-메틸아데닌

C. 5-메틸티민

D. 5-메틸시토신

9. 8번 질문에서 수식된 염기가 존재하면 다음 중 어떤 결과가 생기는가?

A. 트랜지션(transition)

B. 트랜스버전(trasnversion)

C. 결실

D. 삽입

10. A-T에서 G-C로 변한 염기쌍이, 다시 본래의 염기쌍인 A-T로 되돌아가는 것을 무엇이라고 하는가?

A. 진정 복귀 돌연변이(true reversion)

B. 제2위 복귀 돌연변이(second-site reversion)

C. 전진 돌연변이(forward mutation)

D. 억제(suppression)

핵심용어

annealing
antiparallel
back mutation
central dogma
chromosome
complementary
denaturation
DNA polymerase
DNase
endonuclease
exonuclease
forward mutation
genome
hotspots
hybridization
induced mutations
major groove
melting temperature
minor groove
mutagens
nucleoside
nucleotide
overwound
point mutation
polynucleotide
prion
purine
pyrimidine
renaturation
replication fork
reverse transcription
revertants
RNA polymerase
RNase
second-site reversion
semiconservative replication
spontaneous mutations
structural gene
supercoiling
suppression mutation
transfection
transformation
transforming principle
transition
transversion
true reversion
underwound
viroid

읽을거리

Holmes, F. (2001). *Meselson, Stahl, and the Replication of DNA: A History of the Most Beautiful Experiment in Biology*. Yale University Press, New Haven, CT. An account of Meselson and Stahl's scientific partnership with a unique look into the daily business of "doing science."

Maki, H. (2002). Origins of spontaneous mutations: specificity and directionality of base-substitution, frameshift, and sequence-substitution mutageneses. *Annu. Rev. Genet*. **36**, 279–303. A review of causes and effects of spontaneous mutations and mutational hotspots.

Prusiner, S. B. (1998). Prions. *Proc. Natl. Acad. Sci. USA* **95**, 13363–13383. An edited version of Prusiner's Nobel lecture, including an overview of the biology of prions and an account of their discovery.

Watson, J. D. (1981). *The Double Helix: A Personal Account of the Discovery of the Structure of DNA* (Norton Critical Editions). W. W. Norton, New York, NY. Watson's 1968 best-selling personal account of the discovery of the double helix along with reprints of original publications and additional commentary.

2

유전자는 RNA와 폴리펩티드를 코드하고 있다

연구자들이 발현된 유전자 네트워크에서 발현 패턴을 볼 수 있도록 하는 유전자 발현 분석의 시각적 표현. 각 점은 유전자를 나타내며, 점들 사이의 연결은 유전자들 간의 발현 패턴이 비슷한 곳에서 발생한다. ©Anton Enright, The Sanger Institute/Wellcome Images.

2장 개요

2.1 서론

유전자는 유전의 기능 단위이다. 각 유전자는 폴리펩티드나 RNA 등의 각각의 유전자 산물을 코드하는 기능을 가진 DNA 염기배열이다. 유전자의 기본적인 유전 패턴은 1세기 전에 멘델(Mendel)에 의해 제안되었다. 멘델의 두 가지 주요 법칙인 *분리(segregation)*와 *독립 유전(independent assortment)*의 법칙을 요약하면, 유전자는 부모에게서 자손으로 변화없이 전달되는 "미립 인자(particulate factor)"로 인식되었다. 유전자는 **대립유전자(alleles)**라고 불리는 다른 형태로 존재할 수 있다.

▶ **대립유전자(allele)** 염색체 상의 특정 위치를 차지하는 유전자의 몇 가지 유형 중 하나.

두 세트의 염색체를 갖는 이배체 생물에서 각 염색체의 한 사본은 각 부모로부터 물려받는다. 이것은 유전자에 의해 나타나는 유전의 동일한 패턴이다. 각 유전자의 두 사본 중 하나는 (아버지로부터 전해 받은) 부계 대립유전자이다. 다른 하나는 (어머니로부터 전해 받은) 모계 대립유전자이다. 유전자와 염색체의 유전에 대한 공공통적인 패턴으로부터 실제로 염색체가 유전자를 가지고 있다는 사실을 발견하게 되었다.

각 염색체는 선형 배열의 유전자로 구성되며 각 유전자는 염색체의 특정 위치에 있다. 그 위치는 보다 공식적인 용어로 **유전자자리**(genetic **locus**)라고 불린다. 유전자의 대립유전자는 유전자자리에서 발견되는 다양한 형태이다. 일반적으로 한 개체에는 유전자자리당 최대 두 개의 대립유전자가 있지만, 한 집단에는 많은 대립유전자를 가지고 있다.

▶ **유전자자리(locus)** 유전자가 특정 형질에 존재하는 염색체 상의 위치. 유전자에 존재하는 대립유전자 중 하나가 위치할 수 있다.

▶ **연관(linkage, 유전자 연관)** 동일한 염색체 상의 유전자의 위치로 인하여 유전자가 함께 유전되는 경향. 이것은 유전자자리 간 유전자 재조합률로 측정된다.

유전자가 모여 염색체를 구성되어 있다는 것을 이해하는 열쇠는 유전적 **연관**(genetic **linkage**)의 발견이었다. 유전적 연관이란 동일한 염색체 상의 유전자가 멘델의 법칙에 의해 예측된 것처럼 독립적으로 분리하는 대신에 자손에 함께 남아있는 경향을 말한다. 유전자 *재조합*(재배열) 단위를 유전자 연관의 척도로 도입하면, 유전자 지도의 작성이 가능하게 된다.

다세포 진핵생물의 연관지도의 정확도는 각 메이팅(mating, 교배)에서 얻을 수 있는 자손의 수가 적기 때문에 제한을 받는다. 유전자 재조합은 인접한 지점 사이에서는 드물게 발생하므로, 동일한 유전자 내 아주 다양한 위치 사이에서는 거의 관찰되지 않는다. 그 결과, 진핵세포의 전형적인 연관지도는 유전자를 순서대로 배치할 수 있지만, 유전자 내의 다양한 위치관계는 알 수 없다. 수많은 자손들을 각각의 유전적 교잡(genetic corss)으로 얻을 수 있는 미생물 시스템을 이용하여, 연구자들은 유전자 내에서 유전자 재조합이 일어나며, 유전자 간의 재조합과 동일한 규칙을 따른다는 것을 알 수 있었다.

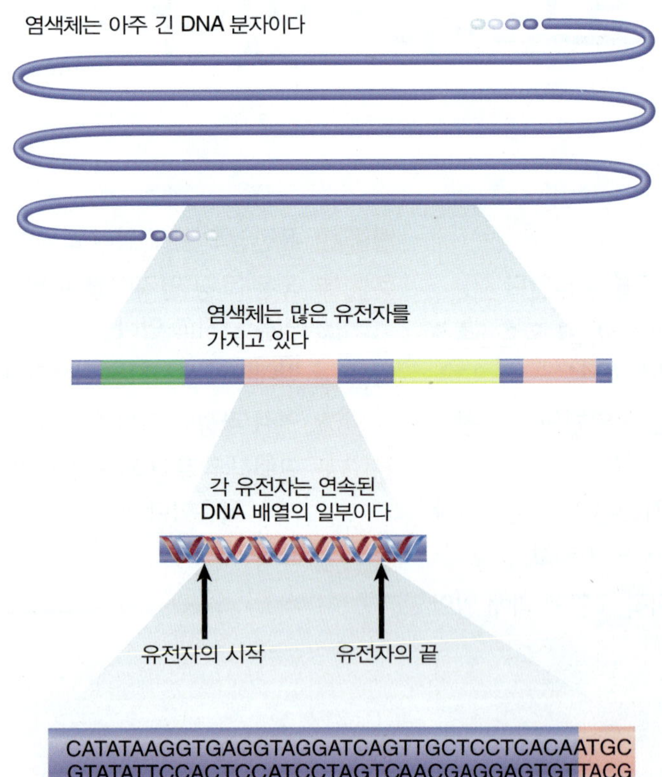

그림 2.1 각 염색체는 하나의 긴 DNA 분자를 가지고 있으며, 그 안에는 각 유전자의 배열이 있다.

유전자의 대립유전자 중 다양한 뉴클레오티드 위치는 직선 배열로 매핑(mapping)될 수 있는데, 이는 유전자 자체가 염색체 상의 유전자 배열과 동일한 선형 구조를 가지고 있음을 나타낸다. 바꾸어 말하면, 유전자 지도는 유전자자리 내에서 뿐만 아니라 (유전자자리) 간에서도 끊어지지 않고 이어지는 뉴클레오티드 배열이다. 이러한 결론은 그림 2.1에 요약한 바와 같이, 염색체의 유전물질은 많은 유전자를 나타내고 있는 중간에 끊어지지 않은 연속적인 긴 DNA로 구성되어 있다는 최근의 관점으로 자연스럽게 이어진다.

개념 및 추론 확인

유전자들 간의 유전자 재조합 빈도를 측정하는 초기 연구를 통하여, 독립적으로 분리되지 않는 유전자 세트인 "유전자 연관그룹 (linked group)"이 성립되었다. 이러한 결과로 유전자가 염색체 상에서 운반된다는 개념을 어떻게 뒷받침할 수 있는가?

2.2 대부분의 유전자는 폴리펩티드를 코드한다

아키발드 개로드(Archibald Garrod) 경은 대사적 결함과 유전인자 간의 관계를 밝힌 최초의 인물로, 유전자 활동이 세포에서 화학적 효과를 지니고 있다는 사실을 제안하였다. 1902년 알캅톤뇨증(갈색-흑색 소변을 특징으로 하는 병) 환자를 연구한 그는, 이 질환이 효소 결핍으로 인해 발생하며, 환자 가족의 유전 패턴이 상염색체 열성대립유전자(autosomal recessive allele)와 일치한다는 것을 알았다. 개로드는 후에 유전적으로 열성인 상염색체 열성 유전현상을 가지고 있는 몇 종류의 "선천적 대사장애(The inborn errors of metabolism)"를 밝혀냈다.

1940년대 조지 비들(George Beadle)과 에드워드 테이텀(Edward Tatum)의 연구는 효소와 유전자를 연관시키는 최초의 체계적인 시도였다. 비들과 테이텀은 대사경로의 각 단계가 단일 효소에 의해 촉진되고 단일 유전자에서 돌연변이에 의해 억제될 수 있음을 보여 주었다. 이러한 결과는 **1 유전자 : 1 효소 가설(one gene : one enzyme hypothesis)**로 이어졌다. 유전자에서의 돌연변이는 그 유전자가 코드하는 단백질 효소의 활성을 변화시킨다.

이러한 가설은 하나 이상의 폴리펩티드 서브유닛(subunit)으로 구성된 단백질에 적용하기 위해서는 수정할 필요가 있었다. 만일 서브유닛들이 모두 동일하다면, 이 단백질은 **호모멀티머(homomultimer, 동형복합체)**로, 단일 유전자에 의해 코드되어 있다. 만일 서브유닛이 다르면, 이 단백질은 **헤테로멀티머(heteromultimer, 이형복합체)**로, 각각의 서로 다른 서브유닛은 서로 다른 유전자에 의해 코드되어 있다. 어떤 헤테로멀티머 단백질에도 적용할 수 있는 보다 일반적인 법칙으로 나타내면, 하나의 효소 가설은 **1 유전자 : 1 폴리펩티드 가설(one gene : one polypeptide hypothesis)**라는 표현이 더 정확하다. (이러한 가설의 수정 또한 유전자와 단백질의 관계를 완전하게 설명하지 못하는데, 이것은 많은 유전자가 폴리펩티드의 또 다른 형태를 코드하고 있기 때문이다: *21.11절 다세포 진핵 생물에서 선택적 스플라이싱은 예외라기 보다는 규칙이다* 참조).

특정 돌연변이의 생화학적 효과를 확인하는 것은 오래 걸리는 작업이다. 멘델(Mendel)의 주름진 완두콩 표현형을 만드는 돌연변이는 1990년이 되어서야 밝혀졌는데, 이 돌연변이는 녹말 구조를 분해하는 데 관여하는 유전자의 불활성화에 의한 것이 원인임을 알았다!

하나의 유전자가 하나의 폴리펩티드를 직접 생성하지 않는다는 것을 기억하는 것이 중요하다. 그림 1.2에서 볼 수 있듯이, 유전자는 RNA를 코드하며, 이 RNA는 다시 폴리펩티드를 코드할 수 있다. 대부분의 유전자는 폴리펩티드를 코드하는 구조유전자(structural gene)이지만, 일부 유전자는 폴리펩티드로 번역되지 않는 RNA를 코드하고 있다. 이러한 RNA는 단백질 합성에 필요한 장치를 구성하는 구조적인 성분이거나 혹은 유전자 발현을 조절하는 역할을 할 수도 있다. 기본 원리는 *유전자가 독립적인 산물의 배열을 규정하는 일련의 DNA*라는 것이다. 유전자 발현 과정의 최종 산물 RNA 또는 폴리펩티드가 될 수 있다.

코딩 영역(coding region)에서의 돌연변이는 일반적으로 유전자의 구조와 기능에 있어 무작위적으로 발생한다(그러나 *1.13절 돌연변이는 핫스폿에 집중되어 있다* 참조); 돌연변이는 [중립돌연변이(neutral mutation)의 경우처럼] 기능이나 구조에 거의 영향을 미치지 않거나 효과를 나타내지 못하거나, 혹은 유전자 기능을 손상시키거나 심지어 없앨 수도 있다. 유전자 기능에 영향을 주는 대부분의 돌연변이는 열성(recessive)이다; 그 이유는 돌연변이 대립유전자가 정상적인 폴리펩티드를 생산하지 않아, 이로 인하여 기능이 없어지기 때문이다. 그림 2.2는 열성과 야생형 대립 유전자의 관계를 보여주

▸ **1 유전자 : 1 효소(one gene : one enzyme hypothesis)** 하나의 유전자는 하나의 효소를 만든다는 비들(Beadle)과 테이텀(Tatum)의 가설.

▸ **동형복합체(homomultimer)** 동일한 서브유닛(subunit)으로 이루어진 (단백질과 같은) 분자 복합체.

▸ **이형복합체(heteromultimer)** 서로 다른 서브유닛으로 이루어진(단백질과 같은) 분자 복합체.

▸ **1 유전자 : 1 폴리펩티드 가설(one gene : one polypeptide hypothesis)** 일반적으로 1 유전자 : 1 효소 가설에 맞지 않는 변형된 가설: 하나의 유전자는 하나의 폴리펩티드를 만든다는 가설.

그림 2.2 유전자는 단백질을 코드한다; 우성은 돌연변이 단백질의 특성으로 설명할 수 있다. 열성 대립유전자는 단백질(또는 기능을 가지고 있지 않은 단백질)을 생성하지 않기 때문에 표현형에 관여하지 않는다.

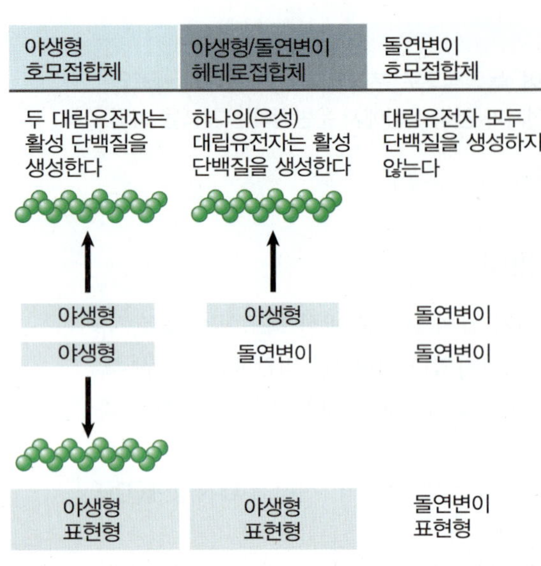

고 있다. 헤테로접합체(heterozygote, 이형접합체)가 야생형 대립유전자와 돌연변이 대립유전자를 각각 하나씩 가지고 있을 때, 야생형 대립유전자는 효소를 직접 생산할 수 있어, 이로 인하여 우성(dominant)이 된다. (이것은 하나의 야생형 대립유전자에 의해 적당한 양의 단백질이 만들어졌다고 가정한다. 이것이 맞지 않으면, 두 개의 대립유전자와 비교하였을 때 하나의 대립유전자에 의해 만들어진 더 적은 단백질은 헤테로접합체에서 부분적으로 우성의 대립유전자의 중간적인 표현형이 된다.)

HISTORICAL PERSPECTIVES

1 유전자 : 1 효소—조지 W. 비들과 에드워드 L. 테이텀, 1941

붉은빵곰팡이(*Neurospora*)에서 생화학 반응의 유전적 조절

유전자가 대사과정을 어떻게 조절할까? 유전자가 효소를 생산한다는 제안은 유전학 역사의 매우 초기에 영국 의사인 아키발드 개로드(Archibald Garrod)가 1908년 그의 저서인 "선천적 대사장애(*The inborn errors of metabolism*)"에서 제시하였다. 그러나 유전자와 효소 간의 정확한 관계는 여전히 규명하지 못했다. 아마도 각 효소는 하나 이상의 유전자에 의해 조절되거나, 혹은 각 효소를 조절하고 있을 수 있다. 조지 비들(George Beadle)과 에드워드 테이텀(Edward Tatum)의 고전적 실험은 이들 간의 관계가 아주 간단하다는 것을 보여 주었다: 하나의 유전자는 하나의 효소를 코드한다. 선구자적인 실험은 유전학과 생화학을 결합시켰고 "1 유전자 : 1 효소" 개념으로 비들과 테이텀은 1958년에 노벨상을 수상하였다[조수아 레더버그(Joshua Lederberg)는 미생물 유전학에 기여한 공로로 공동 수상하였다]. 지금은 몇몇 효소들이 두 개(또는 때때로 더 많은)의 서로 다른 유전자에 의해 코드된 폴리펩티드 사슬을 포함하고 있다는 것을 알고 있기 때문에, 그 원리를 "1 유전자 : 1 폴리펩티드"라고 표현하는 것이 보다 정확하다. 비들과 테이텀의 실험은 또한 올바른 실험대상(생물체)을 선택하는 것이 중요하다는 것을 보여주었다. 붉은빵곰팡이(*Neurospora*)는 불과 몇 년 전만 하여도 유전적 모델 생물로 소개되었는데, 비들과 테이텀은 이 생물체가 이미 알려진 물질로 구성된 단순한 배지에서 자랄 수 있는 이점이 있음을 알았다.

> "생리학적 유전학의 관점에서 볼 때 생물체의 발생과 기능은 본질적으로 유전자에 의해 어떤 방식으로든 조절되는 화학반응의 통합 시스템으로 구성되어 있다... 유전자의 역할을 연구할 때, 생리 유전학자는 일반적으로 이미 알려진 유전적 형질의 생리학적 및 생화학적 기초를 결정하려고 시도한다... 그러나 이 접근방식에는 많은 제한점을 가지고 있다. 아마도 이들 중 가장 심각한 문제는 연구자들이 일반적으로 치명적이지 않은 유전형질 연구에만 한정한다는 것이다. 이러한 특성들은 소위 "터미널(terminal, 종점)" 반응이라고 불리는 그다지 필수적이지 않은 범주에 속하는 것이다...을 포함할 가능성이 있다... 두 번째 문제점은.... 문제에 대한 표준 접근방식이 시각적인 표시를 지닌 특성만을 사용하고 있다는 것이다. 이러한 특성의 대부분은 형태학적 변이를 많이 포함하고 있는데, 이러한 분석은 너무 복잡하여 분석을 매우 어렵게 하는 생화학 반응 시스템에 기초를 두고 있는 듯하다. 방금 언급한 이러한 점들을 고려하여, 통상적인 방법을 거꾸로 함으로써 발생과 대사 반응의 유전적 조절 문제를 조사하고, 이미 알려진 유전적 특성의 화학적 기초를 찾아내는 대신에, 유전자가 알려진 생화학 반응을 조절하는지의 여부와 방법을 결정하기 위해 착수하게 하였다. 자낭균인 붉은빵곰팡이(ascomycete *Neurospora*)는 이러한 접근방식에 많은 이점을 가지고 있으며 유전적 연구에 적합하다. 따라서 우리의 프로그램은 이 생물체를 중심으로 구성하였다. 이 방법은 X-선으로 처리하면 알려진 특정 화학반응의 조절과 관련된 유전자에서 돌연변이를 유도할 것이라는 가정을 근거로 하였다. 만일 생물체가 특정 배지에서 생존하기 위해 특정 화학반응을 수행할 수 있어야 한다면, 이러한 화학반응을 수행할 수 없는 돌연변이체는 분명히 이 배지에서 치명적이 된다. 그러나 이러한 돌연변이체는 유전적으로 차단된 반응에 필요한 필수성분을 첨가한 배지에서 자랄 수 있다면, 살아남게 되어 연구가 가능하게 된다... [X-선 처리 후 단일 세포로부터 유래한] 약 2,000개의 균주

중에서, 세 개의 돌연변이주가 완전배지(complete medium)에서는 정상적으로 성장하나 최소배지(minimal medium)에서는 거의 성장하지 않는 것을 알았다. 이들 균주 중 하나는... 비타민 B6(피리독신, pyridoxine)를 합성할 수 없다는 것을 알았다. 두 번째 균주는... 비타민 B1(티아민, thiamine)을 합성할 수 없다는 것을 알았다... 세 번째 균주는 파라-아미노벤조산(para-aminobenzoic acid)을 합성할 수 없는 것으로 밝혀졌다... [이들] 예비 실험결과로부터... [이러한] 접근방식은, 유전자가 발생과 기능을 어떻게 조절하는가를 알아 볼 수 있는 방법으로 매우 유용하다는 것을 알게 되었다. 예를 들어, 하나의 유전자만이 특정 화학반응의 직접적인 조절과 관련되어 있는가를 알아보기 위해서는 특정 합성반응에서 특정 단계를 수행할 수 없는 많은 돌연변이체를 찾으면 된다."

출처 : G. W. Beadle and E. L. Tatum. (1941). *Proc. Natl. Acad. Sci. USA* **27**, pp. 499–506.

핵심개념

- 1 유전자 : 1 폴리펩티드 가설은 현대 유전학의 기초를 요약하고 있다: 전형적인 유전자는 단일 폴리펩티드 사슬을 코드하는 연속된 DNA이다.
- 유전자는 폴리펩티드로 번역되지 않는 RNA 산물도 코드할 수 있다.
- 돌연변이는 유전자 기능을 손상시킬 수 있다.

개념 및 추론 확인

야생형 대립유전자를 가지고 있는 헤테로접합체(이형접합체)에서 돌연변이 대립유전자가 우성인 상황을 제시해 보라.

2.3 동일한 유전자에서 일어나는 돌연변이는 보완되지 않는다

비슷한 표현형을 나타내는 두 돌연변이가 동일한 유전자에서 발생했는지를 어떻게 결정할 수 있을까? 만일 두 유전자가 매우 가깝게 위치하는 경우(즉, 이들은 거의 재결합하지 않는다), 그들은 대립유전자일 수 있다. 그러나 이들 유전자의 상대적인 위치에 대한 정보를 가지고 있지 않다면, 동일한 기능을 하는 두 개의 다른 유전자에서 돌연변이를 일으켰을 수도 있다. **상보성 시험(complementation test)**은 두 개의 열성 돌연변이가 동일한 유전자의 대립유전자인지 아니면 다른 유전자의 대립유전자인지를 결정하는 데 사용된다. 이 시험은 (각 돌연변이를 위해 부모를 호모접합체로 교배시켜) 두 돌연변이에 대해 헤테로접합체를 만들어 그 표현형을 관찰한다.

▶ **상보성 시험(complementation test)** 두 개의 돌연변이가 동일한 유전자의 대립유전자인지 여부를 결정하는 시험. 그것은 동일한 표현형을 가지고 있는 서로 다른 두 개의 열성 돌연변이를 교차(crossing)하여, 야생형 표현형이 생성되는가 그렇지 않은가를 결정할 수 있다. 만일 야생형 표현형이 나타난다면, 돌연변이는 서로 상보성을 가지고 있다고 말하며, 아마도 동일한 유전자에서의 돌연변이는 일어나지 않을 것이다.

만일 돌연변이가 동일한 유전자의 대립유전자라면 부모 유전자형은 다음과 같이 나타낼 수 있다:

$$\frac{m_1}{m_1} \text{ and } \frac{m_2}{m_2}$$

첫 번째 부모는 m_1 돌연변이 대립유전자를 제공하고, 두 번째 부모는 m_2 대립유전자를 제공하므로, 헤테로접합체 자손은 다음과 같은 유전자형을 갖는다 :

$$\frac{m_1}{m_2}$$

야생형 대립유전자는 존재하지 않으므로, 헤테로접합체는 돌연변이 표현형을 나타낸다. 만일 돌연변이가 다른 연관된 유전자에 있는 경우, 부모 유전자형은 다음과 같이 나타낼 수 있다.

$$\frac{m_1\ +}{m_1\ +} \text{ and } \frac{+\ m_2}{+\ m_2}$$

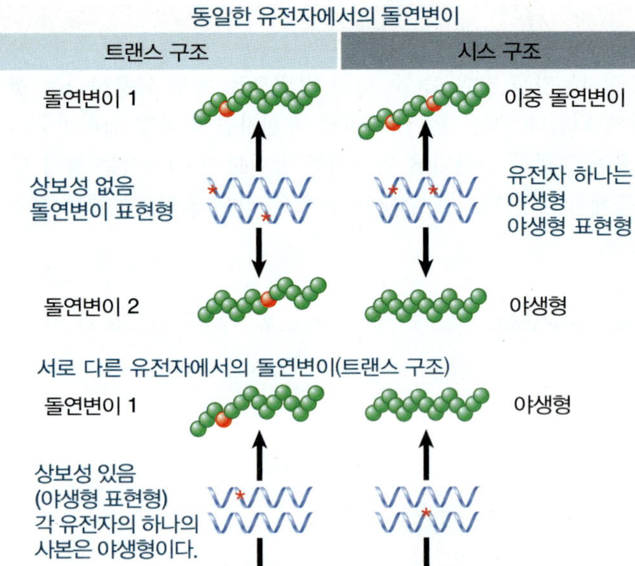

그림 2.3 시스트론은 상보성 시험으로 정의된다. 유전자는 DNA 이중 나선으로 표시된다; 빨간색의 별은 돌연변이의 위치를 나타낸다.

각 염색체는 하나의 유전자자리(locus)에는 하나의 야생형 대립유전자(+로 표시)를, 다른 유전자자리에는 하나의 돌연변이 대립유전자를 가지고 있다. 그렇다면, 헤테로접합체 자손은 다음과 같은 유전자형을 갖는다:

$$\frac{m_1 +}{+ m_2}$$

이 식에서 이들 간의 두 부모는 각 유전자로부터 하나의 야생형 대립유전자가 제공된다. 헤테로접합체는 야생형 표현형을 가지고 있으며, 이들 두 유전자는 서로 상보(complement)되었다고 한다.

상보성 시험은 **그림 2.3**에 자세히 나타내었다. 기본 시험은 그림의 상단 부분에 나타낸 바와 같이 두 경우를 비교하는 것이다. 만일 두 개의 돌연변이가 동일한 유전자내 존재하는 경우(두 돌연변이가 동일한 대립유전자에 존재하지 않는), 트랜스 구조(*trans* configuration)와 (두 돌연변이가 동일한 대립유전자에 존재하는) 시스 구조(*cis* configuration)의 차이점을 알 수 있다. 트랜스 구조는 돌연변이인데, 그 이유는 각 대립유전자가 서로 다른 돌연변이를 가지고 있기 때문이다. 그러나 시스 구조는 야생형인데, 그 이유는 하나의 대립유전자에는 두 개의 돌연변이를 가지고 있으며 다른 대립유전자에는 돌연변이가 없기 때문이다. 그림의 아래 부분에서, 만일 두 개의 돌연변이가 서로 다른 유전자에 있는 경우, 우리는 항상 야생형 표현형을 보게 된다. 시스(*cis*)와 트랜스(*trans*) 구조 모두에서는 항상 각 유전자의 하나의 야생형 대립유전자와 하나의 돌연변이 대립유전자가 존재한다. "상보 실패(Failure to complement)"는 동일한 유전자에서 두 개의 돌연변이가 일어났음을 의미한다. **시스트론(cistron)**이라는 용어는 상보성 시험(complementation test)으로 정의되는 용어로 유전자를 의미하며, "유전자(gene)"처럼 RNA 혹은 폴리펩티드 산물을 생성하는 단위로서 기능하는 일련의 DNA를 말한다. 상보성과 관련된 유전자의 특성은 그 산물이 기능적 단위로 작용하는 단일 분자라는 사실로 설명된다.

▶ **시스트론**(cistron) 상보성 시험으로 정의된 유전 단위; 그것은 유전자와 동일하며 상보성을 가지고 있지 않은 모든 대립유전자를 포함한다.

핵심개념

- 유전자의 돌연변이는 그 유전자의 돌연변이체 사본에 의해 코드된 폴리펩티드에만 영향을 미치며, 다른 모든 대립유전자에 의해 코드된 폴리펩티드에는 영향을 주지 않는다.
- 두 개의 돌연변이에서 상보성을 가지고 있지 않다는 것은 (헤테로접합체에서 트랜스 구조로 존재할 때 야생형 표현형을 생성한다) 이들 유전자가 동일한 유전자의 대립유전자임을 의미한다.

개념 및 추론 확인

상보성 시험은 우성인 돌연변이에 기능하는가? 그 이유는 무엇인가?

2.4 돌연변이는 기능-상실 혹은 기능-획득이 일어난다

유전자에서 돌연변이가 발생하여 일어날 수 있는 다양한 효과를 **그림 2.4**에 나타내었다.

이론상으로는, 유전자가 동정되면, 그 유전자를 완전히 결손한 돌연변이체를 획득함으로써 그 유전자의 기능을 알 수 있다. (통상 유전자가 결손 되었기 때문에) 유전자 기능이 완전히 없어진 돌연변이를 **눌 돌연변이(null mutation, 영 돌연변이)**라고 한다. 만일 그 유전자가 생물체의 생존에 필수적이라면, 눌 돌연변이는 치명적이다.

▶ **눌 돌연변이(null mutation)** 유전자의 기능을 완전히 제거된 돌연변이.

유전자가 표현형에 어떤 영향을 주는지를 알아보려면, 눌 돌연변이의 특성을 파악할 필요가 있다. 돌연변이가 표현형에 영향을 주지 못하면, 그것은 "누수(leaky)" 돌연변이일 가능성이 있다. 이 누수 돌연변이는 그 기능을 수행하기에 충분한 활성 산물을 만들지만, 야생형에 비하여 활성이 정량적으로 감소되거나 혹은 정성적으로 야생형과 다르다. 그러나 눌 돌연변이가 표현형에 영향을 주지 않으면 유전자 기능이 필수적이지 않다는 결론을 내릴 수 있다.

눌 돌연변이 또는 유전자 기능을 방해하는 (그러나 기능이 완전히 제거되지 않은) 다른 돌연변이를 **기능-상실 돌연변이(loss-of-function mutation)**라고 한다. 기능-상실 돌연변이는 일반적으로 열성(recessive)이다(그림 2.2의 예 참조). 어떤 경우에, 돌연변이는 반대 효과를 일으켜, 단백질이 새로운 기능을 획득하게 된다; 이러한 변화를 **기능-획득 돌연변이(gain-of-function mutation)**라고 한다. 일반적으로 기능 획득 돌연변이가 우성(dominant)이다.

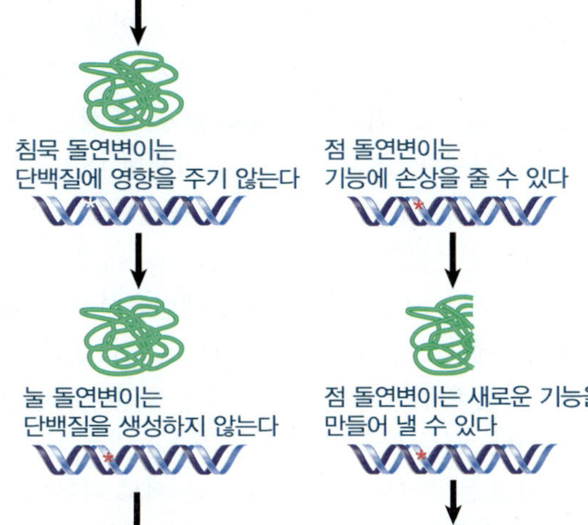

그림 2.4 단백질 배열이나 기능에 영향을 미치지 않는 돌연변이는 침묵 돌연변이이다. 모든 단백질 활성이 없어진 돌연변이는 눌 돌연변이이다. 기능-상실을 일으키는 점 돌연변이는 열성이다; 기능-획득 돌연변이는 우성이다.

유전자의 모든 돌연변이가 표현형의 변화를 나타내지는 않는다. 명백한 표현형 효과가 없는 돌연변이를 **침묵 돌연변이(silent mutation)**라고 한다. 두 가지 종류가 있다: (1) 생성된 폴리펩티드의 아미노산을 변화시키지 않는 유전자의 염기 변화; (2) 아미노산을 변화시키는 유전자의 염기 변화로 폴리펩티드의 치환은 일어났으나 그 활성에는 영향을 주지 않는다. 두 번째의 침묵 돌연변이를 **중립 치환(neutral substitution)**이라고 한다.

- ▶ **기능-상실 돌연변이(loss-of-function mutation)** 유전자의 활성이 제거되거나 감소된 돌연변이. 주로 열성(recessive)이지만, 항상 그렇지는 않다.
- ▶ **기능-획득 돌연변이 (gain-of-function mutation)** 정상적인 유전자 활성을 증가시키는 돌연변이. 때로는 특정 비정상적인 특성의 획득하여 나타낸다. 주로 우성(dominant)이지만, 항상 그렇지는 않다.
- ▶ **침묵 돌연변이(silent mutation)** 동의어 코돈(synonymous codon)을 생성하므로 폴리펩티드의 배열을 변화시키지 않는 돌연변이.
- ▶ **중립 치환(neutral substitution)** 단백질 생성물의 아미노산을 변화시키지만, 단백질의 활성에는 영향을 주지 않는 돌연변이.

핵심개념

- 열성 돌연변이는 폴리펩티드 산물에 의한 기능-상실에 기인하다.
- 우성 돌연변이는 기능-획득으로부터 발생한다.
- 유전자가 필수적인가 그렇지 않은가의 여부를 확인하려면 (기능이 완전히 제거된) 눌 돌연변이가 필요하다.
- 침묵 돌연변이는 표현형에 아무런 효과를 나타내지 않는다. 그 이유는 염기 변화가 폴리펩티드의 배열이나 양을 변화시키지 않거나 혹은 폴리펩티드 배열의 변화로 아무런 효과가 일어나지 않기 때문이다.
- "누수(leaky)" 돌연변이는 유전자 산물의 기능에 영향을 주지만, 충분한 활성이 남아 있어 표현형으로 나타나지는 않는다.

개념 및 추론 확인

기능-상실 돌연변이는 일반적으로 열성(recessive)이고, 기능-획득 돌연변이는 일반적으로 우성(dominant)인 이유를 설명하라.

2.5 유전자자리는 많은 대립유전자를 가지고 있다

만약 활성 단백질의 생성을 방해하는 유전자의 모든 변화에 의해 열성 돌연변이가 생성되었다면, 어느 한 유전자에 그러한 돌연변이가 잠정적으로 존재하고 있을 가능성이 크다. 많은 아미노산 치환으로 인하여 단백질의 기능을 방해하기에 충분한 단백질 구조의 변화가 일어날 수 있다.

동일한 유전자의 서로 다른 변이체를 *복대립유전자(multiple allele)*라고 하며, 이들의 존재로 인해 두 개의 대립유전자를 갖는 헤테로접합체(heterozygote, 이형접합체)를 생성할 수 있다. 이들 복대립유전자 간의 관계는 다양한 형태를 취할 수 있다.

가장 간단한 경우로, 야생형 대립유전자는 기능을 가지고 있는 폴리펩티드 산물을 코드하고 있지만, 돌연변이 대립유전자는 기능을 가지고 있지 않은 폴리펩티드를 코드한다. 그러나 일련의 돌연변이 대립유전자가 서로 다른 표현형을 가지고 있을 수 있다. 예를 들어, 초파리(*Drosophila melanogaster*)의 흰색 유전자자리가 야생형 기능을 하기 위해서는 정상적인 빨간색의 눈의 발생이 필요하다. 이 유전자자리(locus)는 호모접합체(homozygote, 동형접합체)의 경우, 초파리가 흰색 눈을 지니게 하는 눌 돌연변이를 나타낸다. 초파리의 경우, 야생형 대립유전자의 명칭은 유전자자리 뒤에 위 첨자로 "+(plus)"로 표시하는데, 이것은 일반적으로 돌연변이 표현형을 따서 명명된다. 예를 들어, w^+는 초파리의 빨간색 눈에 대한 야생형 대립유전자를 나타내며, 유전자자리는 돌연변이체인 "흰색(white)" 눈의 표현형으로 나타낸다. 종종 +는 야생형 대립유전자 자체를 언급할 때 사용되기도 하나, 돌연변이 대립유전자의 경우에만 유전자자리의 명칭으로 나타낸다.

유전자를 완전하게 결손한 형태의 유전자(또는 표현형이 없는 경우)는 위 첨자 "−(minus)"로 나타낼 될 수 있다. 서로 다른 효과를 나타내고 있는 다양한 돌연변이 대립유전자를 구별하기 위해 w^i (아이보리색 눈) 또는 w^a (살구색 눈)와 같은 서로 다른 위 첨자를 사용하기도 한다.

w^+ 대립 유전자는 헤테로접합체의 다른 모든 대립유전자보다 우성을 나타내며, 이 유전자자리에는 많은 서로 다른 돌연변이 대립유전자가 존재한다. 그림 2.5는 몇 가지 예를 보여주고 있다. 일부 대립유전자는 색이 없는 눈(예를 들면, 흰색 눈)을 나타내는 경우도 있지만, 많은 대립유전자는 여러 색을 만들어내고 있다. 따라서 이들 돌연변이 대립유전자 각각은 유전자의 서로 다른 돌연변이를 나타내야 하며, 많은 돌연변이는 그 기능을 완전히 제거하지는 않지만, 특징적인 표현형을 나타내는 활성은 남아있게 된다. 이들 대립유전자는 호모접합체에서 눈색에 따라 명명된다. 대부분의 *w* 돌연변이는 눈의 색을 결정하는 색소 함량에 영향을 준다. 그림에서의 예는 대략적으로 감소하는 색상으로 정렬되어 있지만, w^{sp}와 같이 어떤 것들은 색소가 침착되어 모양에 영향을 준다.

대립유전자	호모접합체의 표현형
w^+	빨간색(야생형)
w^{bl}	혈액색
w^{ch}	체리색
w^{bf}	담황색
w^h	꿀색
w^a	살구색
w^e	선홍색
w^i	아이보리
w^z	제스트(레몬-노란색)
w^{sp}	얼룩(다양한 색상)
w^1	백색(무색)

그림 2.5 초파리에 있는 *w* 유전자자리는 야생형 색(빨간색)에서 색소를 완전히 결핍한 것까지 다양한 표현형을 가진 일련의 대립유전자를 가지고 있다.

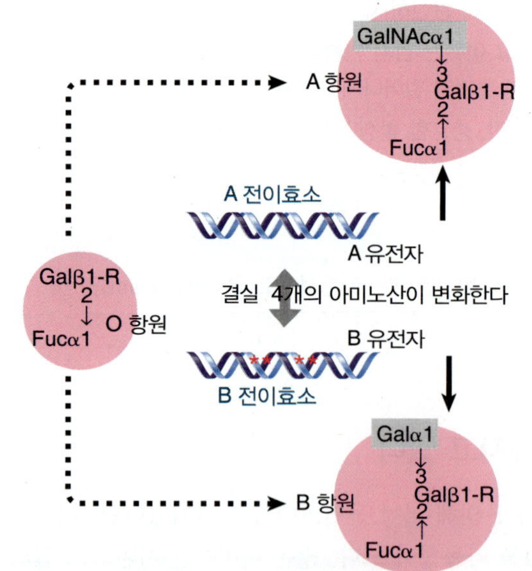

표현형	유전자형	활성
O	OO	없음
A	AO 혹은 AA	N-Ac-gal 전이효소
B	BO 혹은 BB	Gal 전이효소
AB	AB	GalN-Ac-Gal-전이효소

그림 2.6 *ABO* 사람 혈액형 유전자자리는 혈액형을 특징짓는 갈락토오스 전이효소를 코드다.

복대립유전자(multiple alleles)가 존재할 때, 생물체는 두 개의 서로 다른 돌연변이 대립유전자를 갖는 헤테로접합체가 될 수 있다. 그러한 헤테로접합체의 표현형은 각 대립유전자에 남아있는 활성에 따라 달라진다. 두 돌연변이 대립유전자 간의 관계는 기본적으로 야생형과 돌연변이 대립유전자 간에 차이가 없다: 하나의 대립유전자는 우성일 경우, 부분적인 우성이 있거나, 또는 공우성(codominance)일 수 있다.

특정 유전자자리에 유일한 야생형 대립유전자가 존재하지는 않는다. *ABO* 사람 혈액형 시스템의 조절을 예로 든다. 기능 결핍은 눌(null), 또는 *O*, 대립유전자로 나타낸다. 그러나 기능을 가지고 있는 대립유전자 *A*와 *B*가 공우성을 나타내고 있으면, *O* 대립유전자에 우성이다. 그림 2.6에 이런 관계의 원리를 나타내었다.

O 항원은 모든 개체에서 생성되고 있으며, 단백

질에 부가되는 특정 탄수화물 그룹으로 구성되어 있다. *ABO* 유전자자리는 O 항원에 당 그룹이 부가적으로 첨가된 갈락토오스-전이효소(galactosyltransferase enzyme)를 코드하고 있다. 이 효소의 특이성이 혈액형을 결정한다. A 대립유전자는 A 항원을 만드는 보조인자 UDP-N-아세틸 갈락토오스(UDP-N-acetylgalactose)를 사용하는 효소를 생성한다. B 대립유전자는 B 항원을 만드는 보조인자 UDP-갈락토오스(UDP-galactose)를 사용하는 효소를 생성한다. 전이효소(transferase)의 A형과 B형의 차이는 아마도 이들 보조인자를 인식하는 데 영향을 주는 네 가지 아미노산만 다를 뿐이다. *O* 대립유전자는 전이효소의 활성이 제거된 약간의 결손이 생겨, O 항원의 수식이 일어나지 않는다.

이것이 왜 *A* 및 *B* 대립유전자가 *AO* 및 *BO*형 헤테로접합체에서 왜 우성인가를 설명할 수 있다: 이에 상응하는 전이효소활성은 A 혹은 B 항원을 만들어낸다. *A* 및 *B* 대립유전자는 *AB* 헤테로접합체에서 공우성을 나타내는데, 그 이유는 두 전이효소 활성이 발현되기 때문이다. *OO* 호모접합체(*OO* homozygote)는 두 효소 모두 활성을 가지고 있지 않으므로, 두 항원이 결핍된 눌 돌연변이(null mutation, 영 돌연변이)이다.

A 또는 *B* 대립유전자는 기능-손실이나 기능-획득보다는 또 다른 활성을 나타내기 때문에, 유일한 야생형으로 간주하지 않는다. 집단 내에 많은 기능을 가지고 있는 대립유전자가 있는 경우를 **다형성(polymorphism)**이라고 한다(*5.3절 각 게놈은 광범위한 다양성을 나타낸다* 참조).

▶ **다형성(polymorphism)** 특정 위치에서 변이를 나타내는 집단 대립유전자가 동시에 표현되는 현상.

핵심개념

- 복대립유전자(multiple alleles)로 인하여 대립유전자 조합을 통해 헤테로접합체(heterozygote, 이형접합체)를 형성하게 한다.
- 유전자자리(locus)는 단순한 야생형으로 간주될 수 있는 개별 대립유전자가 없는 대립유전자의 다형성 분포를 나타낼 수 있다.

개념 및 추론 확인

흰색(white) 유전자자리의 새로운 열성 돌연변이를 가지고 있는 각 초파리가 야생형 표현형을 갖게 되는 이유를 설명하라.

2.6 유전자 재조합은 DNA의 물리적 교환에 의해 일어난다

유전자 재조합(genetic recombination)이라는 용어는 이배체 생물체의 각 세대에서 대립유전자의 새로운 조합이 만들어지는 것을 말한다. 일반적으로, 각 염색체는 감수분열 과정에서 한 쌍으로 된 상동성 파트너(*homologous* partner)를 가지고 있다. 각 염색체의 두 상동성의 사본은 일부 유전자자리에서 서로 다른 대립유전자를 가지고 있는 경우도 있다. *교차(crossing over)*라고 불리는 호모로그(homolog, 상동체)들 간 상응하는 단편의 교환에 의해, 부모의 염색체와는 다른 재조합 염색체가 만들어질 수 있다.

▶ **유전자 재조합(genetic recombination)** 교차 또는 전이와 같은 과정으로 인해 분리된 DNA 분자가 단일분자로 결합되는 과정.

유전자 재조합은 염색체의 물리적 교환에 의해 일어난다. 예를 들어, 유전자 재조합은 감수분열[특히, 반수체(haploid) 생식세포를 생성하는 특화된 분열] 중, 특히 전기I(prophase I) 동안 발생되는 교차에 의해 일어날 수 있다. 감수분열은 염색체를 복제한 세포에서 시작하여 각 크로마티드(chromatid, 염색분체)의 네 개 사본을 갖는다. (*크로마티드*는 중복에 이은 동일한 두 사본 중 하나이며, 이배체 세포당 두 개의 호모로그가 있기 때문에, 각 유형의 염색체에 대하여 네 개의 크로마티드가 존재한다.) 감수분열 초기에, 네 개의 사본 모두는 *이가염색체(bivalent)*라고 불리는 구조로 밀접하게 결합되어 있으며, 후에 *테트라드(tetrad, 사분염색체)*가 된다. 이 부분에서, (전체 네 개 중) 두 개의 비자매 크로마티드(nonsister chromatid) 간에 짝을 이루는 염색체 교환이 일어날 수 있다.

이가염색체는
각 어버이로부터 두 개,
모두 네 개의 크로마티드를
포함한다

키아스마는
두 개의 크로마티드 간의
교차로 인하여
발생한다

두 개의 염색체는
어버이 형질(*AB*와 *ab*).
재조합 염색체는 각 어버이
형질과 새로운 조합의
유전자를 포함한다(*Ab*와 *aB*)

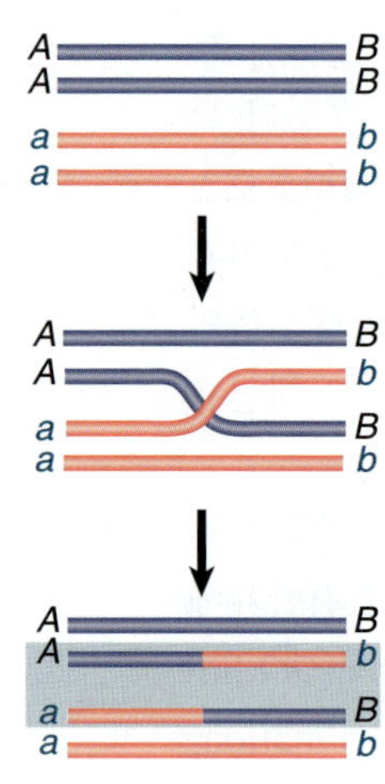

그림 2.7 감수분열의 전기 1단계에서의 키아스마 형성(chiasma formation)은 재조합 염색체 생성으로부터 생긴다.

- **키아스마(chiasma)** 두 개의 상동 염색체가 감수분열 전기(prophase I)가 진행되는 동안 접합되는 부위.
- **이형이중가닥 DNA(heteroduplex DNA)** 서로 다른 어버이 이중가닥으로부터 유도된 상보적인 단일가닥 간의 염기쌍에 의해 생성된 DNA; 교차가 진행되는 동안 발생한다.

호모로그 간의 시냅시스(synapsis, 접합)가 일어나는 지점을 **키아스마(chiasma)**라고 하며, 그림 2.7에 그림으로 나타내었다. 테트라드에 존재하는 두 개의 각 비자매 크로마티드 중 한 가닥에 위치하고 있는 키아스마는 끊어져 교환이 일어난다. 만일 키아스마가 풀어지는 동안 이전에 끊어지지 않았던 가닥도 끊어지고 교환되면서 재조합 크로마티드가 만들어진다. 각 재조합 크로마티드는 한쪽 키아스마의 한 크로마티드에서 유래한 물질과 반대쪽 키아스마의 크로마티드로부터 유래된 부분으로 이루어진다. 두 개의 재조합 크로마티드는 상호보완적인 구조(reciprocal structure)를 가지고 있다. 이러한 과정을 "절단 및 재결합(breakage and reunion)"이라고 한다. 각각의 교차(crossing-over) 과정은 네 개로 이루어진 크로마티드 중 두 개만을 관여하고 있으므로, 한 번의 재조합 과정은 단지 50%의 재조합체만 만들어진다.

DNA 두 가닥이 지니는 상보성은 재조합 과정에 필수적이다. 그림 2.7에 나타낸 각각의 크로마티드는 매우 긴 DNA 이중가닥으로 구성되어 있다. 이들에 아무런 물질을 추가하거나 또는 손실 없이 절단되고 재결합되기 위해서는 그에 해당하는 부분을 정확하게 인식하기 위한 메커니즘이 필요하다; 이 메커니즘이 상보적인 염기쌍 형성 과정이다.

재조합은 교차가 일어나는 영역에서 단일 가닥이 그들의 파트너와 교환이 일어난 결과로 일어나며, 이로 인하여 어느 방향으로든 약간 거리를 두어 이동하는 브랜치(branch, 분지)가 만들어진다. 이로 인하여 하나의 긴 **헤테로듀플렉스 DNA(heteroduplex DNA, 이형이중가닥 DNA)**가 형성되는데, 이 구조는 하나의 이중가닥 중 하나의 가닥과 또 다른 이중가닥의 하나의 가닥과 상보적으로 짝을 이룬다. 물론, 그 메커니즘은 가닥들이 끊어졌다 재결합해야 하는 또 다른 단계가 관여하고 있으며, 이에 대해서는 *15장 상동 재조합과 부위-특이적 재조합*에서 상세히 논의하겠지만, 정확한 재조합을 가능케 하는 중요한 특징은 DNA 가닥의 상보성(complementarity)이다. 단일가닥이 다른 이중가닥과 교차가 일어날 때, 일련의 헤테로듀플렉스 DNA는 재조합 중간체(recombination intermediate)를 형성한다. 각 재조합체는 일련의 헤테로듀플렉스 DNA가 다른 어버이 유래의 이중가닥과 연결된 하나의 이중가닥 DNA로 구성되어 있다. 크로마티드의 하나에 상응하는 각 이중가닥 DNA는 그림 2.7에서와 같이 재조합 과정에 관여하고 있다.

헤테로 이중가닥 DNA(heteroduplex DNA)의 형성은 상보적 가닥 간에 염기쌍을 이루기에 충분히 가까운 두 가닥의 재조합 이중가닥 배열이 필요하다. 이 영역에 있는 두 개의 어버이 게놈 간에 차이가 없다면, 헤테로 이중가닥 DNA의 형성이 완벽하게 이루어질 것이다. 그러나 약간의 차이가 있는 경우에도 여전히 염기쌍은 형성될 수 있다. 이러한 경우, 하이브리드 DNA는 한 가닥의 염기가 다른 가닥의 염기와 짝을 이루게 되나, 그 염기에 상보적이지 않은 미스매치(mismatch, 불일치) 지점을 갖는다. 이러한 미스매치의 수정은 유전자 재조합의 또 다른 특징이다(*16장 수복 시스템* 참조).

염색체 거리에 따라, 유전자 재조합 과정은 특징적인 빈도로 다소 무작위로 발생한다. 염색체의 특정 영역 내에서 교차가 발생할 확률은 한도점(saturation point)이 있기는 하지만 영역의 길이에 따라 다소 비례한다. 예를 들어, 긴 염색체를 가지고 있는 사람의 경우에는 일반적으로 감수분열당 3~4번의 교차가 일어나지만, 작은 염색체는 평균적으로 단 한 번의 교차가 일어날 뿐이다.

그림 2.8은 이들 세 가지 상황을 비교한 것이다: 서로 다른 염색체에 있는 두 개의 유전자, 동일한 염색체에서 멀리 떨어져 있는 두 개의 유전자, 그리고 동일한 염색체에서 서로 가까이 있는 두 개의 유전자가 있다. 서로 다른 염색체상에 존재하는 유전자는 멘델(Mendel)의 유전법칙에 따라 독립적으로 분리되어, 감수분열이 일어나는 동안 50% "어버이(parental)" 유형과 50% "재조합(recombinant)" 유형을 생성하게 된다. 유전자가 동일한 염색체에서 충분히 멀리 떨어져 있는 경우, 이들 영역에서 두 유전자 간에 하나 이상의 교차가 일어날 확률은 매우 높아지며, 마치 서로 다른 염색체 상의 유전자들처럼 작용하여 50%의 재조합율을 나타낸다.

유전자가 동일한 염색체에 가까이 존재하면 어떻게 될까? 이들 간의 교차 확률은 감소하고, 유전자

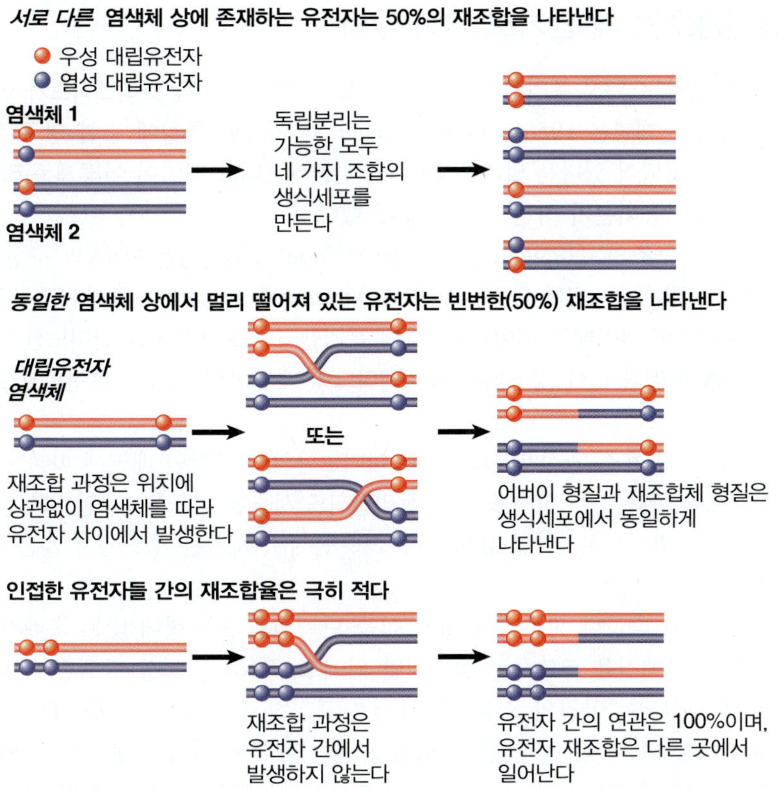

그림 2.8 서로 다른 염색체 상에 존재하는 유전자는 독립적으로 분리되어 모든 가능한 대립유전자의 조합이 동일한 비율로 생성된다. 교차(crossing over)는 동일한 염색체 상에서 멀리 떨어져 있는 유전자들 간에 자주 발생하므로, 효과적으로 독립적으로 분리된다. 그러나 유전자가 서로 가까울수록 재조합이 감소하고, 인접한 유전자에 대해서는 거의 일어나지 않는다.

재조합은 일부 감수분열에서만 일어난다. 예를 들어, 감수분열이 25% 진행되었다면 전체 유전자 재조합률은 12.5%가 된다(단일 재조합 현상으로 50% 재조합이 발생하며, 이는 감수분열이 25% 진행되었을 때 일어나기 때문이다). 그림 2.8의 하단 패널에 나타낸 바와 같이, 유전자가 매우 근접해 있는 경우, 이들 간의 재조합은 다세포 진핵생물의 표현형에서는 (이들 자손을 거의 생성하지 않기 때문에) 결코 관찰되지 않을 수 있다.

이상의 결과로부터 염색체는 일련의 많은 유전자들의 배열이라는 개념임을 알 수 있다. 각 단백질-코딩 유전자는 독립적인 발현 단위이며, 하나 이상의 폴리펩티드 사슬로 나타난다. 유전자의 성질은 돌연변이에 의해 변화될 수 있다. 염색체 상에 존재하는 대립유전자의 조합은 교차를 통하여 변경될 수 있다. 여기서 우리는 "유전자 배열과 유전자가 코드하고 있는 폴리펩티드 사슬 배열 간의 관계는 무엇인가?"라는 의문을 가질 수 있다.

핵심개념

- 재조합은 감수분열시 키아스마(chiasma)에서 발생하는 교차의 결과이며, 네 개의 크로마티드(chromatid, 염색분체) 중 두 개가 관여한다.
- 재조합은 헤테로 이중가닥 DNA(heteroduplex DNA)의 중간체를 통해 진행되는 절단과 재결합에 의해 일어난다.
- 동일한 염색체 상에 있는 유전자 간의 거리는 이들 간의 재조합 빈도에 의해 결정된다.
- 서로 가까운 유전자는 서로 강하게 연관되어 있기 때문에 유전자 재조합이 거의 일어나지 않는다.
- 멀리 떨어져 있는 유전자는 유전자 연관을 나타내지 않아, 마치 서로 다른 염색체 상에 존재한 유전자처럼 재조합이 빈번하게 일어난다.

개념 및 추론 확인

두 유전자자리(locus) 사이에서 측정할 수 있는 재조합의 최대 빈도가 50%인 이유를 설명하라.

2.7 유전암호는 세 염기로 되어 있다

각 단백질-코딩 유전자는 특정 폴리펩티드 사슬을 코드하고 있다. 각 폴리펩티드가 아미노산의 특정 배열로 구성되어 있다는 개념은 1950년대 생어(Sanger)의 인슐린 특성에 관한 연구로부터 시작되었다. 유전자가 DNA로 구성되어 있다는 발견은 DNA의 뉴클레오티드 배열이 어떻게 폴리펩티드의 아미노산 배열을 구성하는 데 사용되는가 하는 문제를 낳게 했다.

DNA의 일반적인 구조의 중요한 특징인 이중나선(double helix)은 DNA의 구성성분인 뉴클레오티드의 특정 배열과는 별개라는 것이다. 구조유전자(structural gene)의 뉴클레오티드 염기배열이 중요한 이유는 구조 그 자체(*per se*) 때문이 아니라, 해당 폴리펩티드를 구성하는 아미노산 배열을 코드하고 있기 때문이다. DNA 배열과 이에 상응하는 폴리펩티드의 배열과의 관계를 **유전암호(genetic code)**라고 한다.

▶ **유전암호(genetic code)** DNA (또는 RNA)의 세 염기가 폴리펩티드의 아미노산에 해당.

각 단백질의 구조 및 효소 활성은 그의 주요 아미노산의 일차적인 배열에 따라 결정된다. 아미노산 배열이 결정됨으로써, 유전자는 활성을 지닌 폴리펩티드 사슬을 만드는 데 필요한 필요한 모든 정보를 지니게 된다. 이러한 방식으로, 단일 유형의 구조—즉, 유전자—는 세포에서 많은 다양한 폴리펩티드를 합성하게 한다.

이와 동시에 세포의 다양한 모든 단백질은 이들 단백질의 표현형에 맞는 촉매작용과 구조적 활성을 수행한다. 물론, 단백질을 코드하는 염기배열 외에도, DNA는 통상 단백질인 조절 분자(regulator molecule)에 의해 인식되는 약간의 조절 염기배열을 포함하고 있다. 여기에서 DNA의 기능은 중개 분자(intermediary molecule)를 통하지 않고, 직접 그 염기배열에 의해 결정된다. 단백질로 발현되는 유전자와 단백질에 의해 인식되는 염기배열의 두 가지 유형의 염기배열은 유전정보를 구성하고 있다.

유전자의 코딩 영역은 핵산 배열을 해석하는 복잡한 장치에 의해 해독된다. 어느 특정 영역에서, DNA의 두 가닥 중 한 가닥만이 기능을 지닌 RNA를 코드하는 경우가 많기 때문에, 유전암호를 염기쌍(base pair)이 아닌 일련의 염기배열이라고 표현한다. (일부 영역에서는 두 가닥 모두 전사된다는 최근의 증거가 제시되어 있지만, 이들 두 전사물이 기능적으로 중요한 의미를 가지고 있는 지는 명확하지 않다.)

코딩 염기배열(coding sequence)은 세 개의 뉴클레오티드 그룹으로 읽히며, 각 그룹은 하나의 아미노산을 나타낸다. 이러한 각각의 세 뉴클레오티드(trinudeotide) 배열을 **코돈(codon)**이라고 한다. 유전자는 일련의 코돈을 포함하며, 일련의 코돈은 한쪽 끝의 시작점에서 다른 쪽 끝의 종결점까지 순차적으로 읽혀진다. 관습적으로 5′에서 3′ 방향으로 쓰여진 폴리펩티드를 코딩하는 DNA 가닥의 뉴클레오티드 배열은 N-말단(N-termius)에서 C-말단(C-terminus) 방향으로 표기하는 폴리펩티드의 아미노산 배열과 일치한다.

▶ **코돈(codon)** 아미노산 또는 종결 신호를 코드하는 뉴클레오티드의 세 염기.

코딩 염기배열은 고정된 시작점에서 중복되지 않는 트리플렛(triplet, 세 염기)으로 읽혀진다:

- *비중복성(nonoverlapping)*은 각 코돈이 세 개의 뉴클레오티드로 구성되며, 연속적인 코돈은 연속적인 세 개의 뉴클레오티드를 나타낸다는 것을 의미한다. 하나의 뉴클레오티드는 단지 코돈의 한 부분일 뿐이다.
- *고정된 시작점(fixed starting point)*을 사용하고 있다는 사실은 폴리펩티드의 조립(assembly)이 한쪽 끝에서 시작하여 다른 쪽 끝으로 진행되어야 하므로, 코딩 염기배열의 다른 부분은 독립적으로 읽혀질 수 없음을 의미한다.

코드의 특성은 두 가지 유형의 돌연변이가 서로 다른 효과를 가질 것이라는 것을 예측하게 한다. 특정 염기배열이 다음과 같이 순차적으로 읽혀진다면:

UUU AAA GGG CCC (코돈)
aal aa2 aa3 aa4 (아미노산)

뉴클레오티드 치환은 오직 하나의 아미노산에만 영향을 주게 된다. 예를 들어, A를 다른 염기(X)로 치환하면, 두 번째 코돈만 변하기 때문에, aa 2는 aa5로 변한다.

UUU AAX GGG CCC

aa 1 aa5 aa3 aa4

그러나 단일 염기를 삽입하거나 삭제하는 돌연변이는 이후의 전체 배열에 대한 **트리플렛 세트**를 변경한다. 이러한 종류의 변화를 **프레임시프트(frameshift)**라고 한다. 삽입은 다음과 같은 형식을 취할 수 있다.

▶ **프레임시프트(frameshift)** 세 염기쌍의 배수가 아닌 결실 또는 삽입에 의해 발생하는 돌연변이. 이러한 돌연변이는 트리플렛이 폴리펩티드로 번역되는 프레임을 변화시킨다.

UUU AAX AGG GCC C

aa 1 aa5 aa6 aa7

새로운 **트리플렛**의 염기배열은 기존의 염기배열과 완전히 다르므로 **폴리펩티드**의 전체 아미노산 배열이 돌연변이가 일어난 부위에서 하류(downstream)로 변경되어 단백질의 기능이 완전히 상실될 수 있다.

프레임시프트 돌연변이는 DNA 복제가 진행되는 동안 DNA에 결합하여 추가적인 염기가 삽입되거나 혹은 결실되게 하여 이중나선의 구조를 변형시키는 화합물인 **아크리딘(acridine)**에 의해 유도된다. 아크리딘에 존재하는 돌연변이 현상으로 단일 염기쌍의 첨가 또는 제거가 일어난다.

▶ **아크리딘(acridine)** DNA에 작용하여 단일 염기쌍의 삽입 또는 결실을 유발하는 돌연변이원. 이들은 유전암호가 트리플렛으로 되어 있다는 특성을 결정하는 데 유용하였다.

예를 들어, 만일 **뉴클레오티드** 하나가 첨가되어 **아크리딘** 돌연변이체가 생성되었다고 하면, 첨가된 **뉴클레오티드**의 결실에 의해 야생형으로 되돌아가야 한다. 그러나 이러한 복귀(reversion)는 첫 번째 부위와 가까운 부위의 다른 염기를 결실하여도 발생할 수 있다. 이러한 돌연변이의 조합은 유전암호의 특성을 밝히는 증거를 제공하였다.

그림 2.9는 프레임시프트 돌연변이(frameshift mutation)의 특성을 보여준다. 삽입 또는 결실은 돌연변이가 일어난 부위부터 모든 **폴리펩티드** 배열을 변화시킨다. 그러나 단일 **뉴클레오티드**의 삽입과 단일 **뉴클레오티드** 결실의 조합은 두 개의 돌연변이 부위 사이에서만 코드를 잘못 읽히게 한다; 두 번째 부위 이후에는 본래의 프레임으로 다시 읽히게 된다.

1961년 T6 파지의 *rIIB* 영역에서 **아크리딘**을 이용한 돌연변이의 유전분석 결과, 모든 돌연변이는 (+)와 (−)로 표시된 두 세트 중 하나로 분류될 수 있음을 알게 되었다. 두 가지 유형의 돌연변이가 모두 **프레임시프트**를 일으킨다: 염기 첨가에 의한 (+)형과 염기 결실에 의한 (−)형. (++)형과 (−−)형의 이중 돌연변이체(double mutant) 조합은 돌연변이 양상을 계속하여 나타낸다. 그러나 (+−) 또는 (−+)형의 조합은 서로를 억제하므로, 하나의 돌연변이를 다른 돌연변이의 **프레임시프트** 서프레서(frameshift suppressor)라 한다. [이러한 연구에서 보면, 두 번째 돌연변이가 첫 번째 돌연변이와 동일한 유전자에 있기 때문에 "서프레서(suppressor, 억제인자)는 특이한 의미로 사용되며, 실제로 이들은 제2위 복귀 돌연변이(second-site reversion)이다]

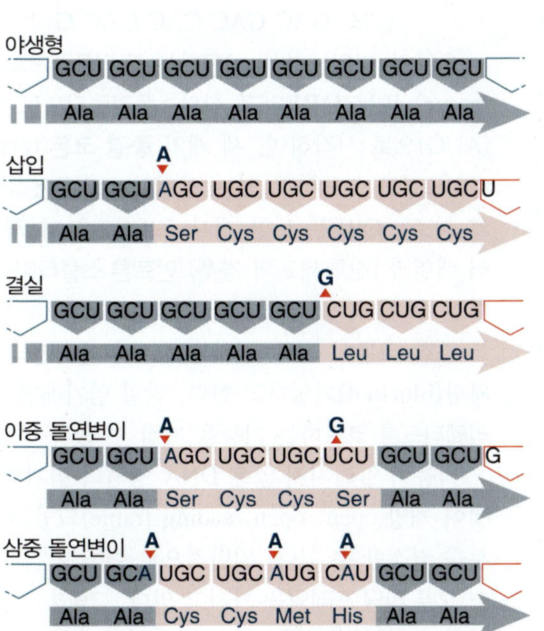

그림 2.9 프레임시프트 돌연변이는 유전암호가 고정된 시작점으로부터 트리플렛으로 읽힌다는 것을 보여주고 있다.

이러한 결과는 유전암호가 출발점에 의해 고정된 배열로서 읽혀져야 함을 나타낸다. 따라서 단일 염기 추가 및 결실은 서로 보완적인 반면, 이중 추가(double addition) 또는 이중 결실(double deletion)은 **프레임시프트** 돌연변이로 남게 된다. 그러나 이러한 관찰은 얼마나 많은 **뉴클레오티드**가 각 코돈을 구성하는가를 제시하지는 못한다.

삼중 돌연변이체(triple mutant)가 만들어지면, 단지 (+++)와 (−−−) 조합만이 야생형 표현형을 나타내지만, 다른 조합에서는 돌연변이체가 남아 있었다. 만일 세 개의 단일 염기를 추가하거나 혹은 결실시켰을 때, 이로 인하여 단일 아미노산이 각각 추가되거나 결실된다면, 이러한 결과는 유전암호가 트리플렛으로 읽혀진다는 것을 의미한다. 그림 2.9에서 나타낸 바와 같이, 돌연변이가 발생한 두 군데의 바깥 부위 사이에서 아미노산 배열이 바뀌며, 양쪽에 있는 아미노산 배열은 야생형으로 남는다.

핵심개념

- 유전암호는 코돈(*codon*)이라 불리는 세 개의 뉴클레오티드로 읽혀진다.
- 트리플렛(triplet, 세 개의 염기)은 중복되지 않으며 고정된 시작점에서 읽혀진다.
- 각각의 염기들이 삽입되거나 결실되는 돌연변이는 돌연변이가 발생한 부위 이후의 트리플렛의 시프트(shift, 전이)를 일으킨다; 이러한 돌연변이를 프레임시프트 돌연변이(frameshift mutation)라 한다.
- 세 개의 염기(또는 3의 배수)를 함께 삽입하거나 결실하는 돌연변이의 조합은 아미노산을 삽입하거나 결실시키지만, 돌연변이의 마지막 부위 다음부터는 트리플렛으로 읽히는 원칙을 변화시키지 않는다.

개념 및 추론 확인

인접한 두 개의 뉴클레오티드를 삽입하거나 삭제하는 돌연변이원이 있다고 하자. "+"는 두 개의 뉴클레오티드가 삽입된 것을 의미하고, "−"는 두 개의 뉴클레오티드가 결실된 것을 의미한다면, 삽입과 결실의 어떠한 조합이 서로를 억제하게 되는가?

2.8 모든 코딩 염기배열은 세 가지 가능한 리딩 프레임을 가지고 있다

만일 코딩 염기배열(coding sequence)이 중복되지 않고 트리플렛으로 읽혀진다면, 시작점에 따라 뉴클레오티드 배열이 폴리펩티드로 번역되는 세 가지 가능한 경우의 수가 존재한다. 이것을 **리딩 프레임(reading frame)**이라고 한다. 염기배열이

A C G A C G A C G A C G A C G A C G C 인 경우,

가능한 세 가지 리딩 프레임은 다음과 같다.

ACG ACG ACG ACG ACG ACG
CGA CGA CGA CGA CGA CG
GAC GAC GAC GAC GAC G

오로지 아미노산을 코드하는 트리플렛으로 구성된 리딩 프레임을 **오픈 리딩 프레임(open reading frame)** 또는 **ORF**라고 한다. 폴리펩티드로 번역된 염기배열은 특별한 **개시 코돈(initiation codon)**(AUG)으로 시작하여, 세 개의 **종결 코돈(termination codon)** 중 어느 하나의 코돈에서 끝날 때까지 아미노산을 코드하고 있는 일련의 트리플렛을 통해 신장되는 리딩 프레임을 가지고 있다(*25장 유전암호 참조*). ORF는 또한 개시 코돈으로부터 적절한 거리의 상류에 공통염기배열을 가지고 있는 프로모터 배열과 (진핵세포의 경우) 인트론 스플라이싱 접합부(intron splicing junction)의 존재에 의해 특징지어질 수 있다.

종결 코돈이 자주 발생함으로써 폴리펩티드로 읽혀질 수 없는 리딩 프레임을 **폐쇄(closed)**, 혹은 **차단(blocked)**되었다고 한다. 만일 염기배열이 세 개의 모든 리딩 프레임에서 폐쇄되었다면, 이것은 폴리펩티드를 코드하는 기능을 가질 수 없다.

기능이 알려지지 않은 DNA 영역의 염기배열이 있을 때, 각각의 가능한 리딩 프레임을 분석하여 그것이 개방(open; open reading frame)되었는지 혹은 폐쇄(closed; closed reading frame)되었는지 여부를 결정할 수 있다. 일반적으로 어느 단일 DNA 배열의 경우, 세 가지 가능한 리딩 프레임 중 하나만이 오픈 리딩 프레임을 가지고 있다. 그림 2.10은 선택 가능한 리딩 프레임이 빈번한 종결 코돈에 의해 차단되어 있기 때문에, 오로지 단 하나의 리딩 프레임으로만 읽힐 수 있는 염기배열의 예를 보여주고 있

- **리딩 프레임(reading frame)** 염기배열을 읽는 세 가지 가능한 방법 중 하나. 각 리딩 프레임은 염기배열을 일련의 연속적인 트리플렛으로 나눈다.
- **오픈 리딩 프레임(open reading frame)** 개시 코돈으로 시작하여 종결 코돈으로 끝나는 아미노산으로 번역될 수 있는 트리플렛으로 구성된 DNA 배열.
- **개시 코돈(initiation codon)** 폴리펩티드 합성을 시작하는 데 사용되는 특별한 코돈 (보통 AUG).
- **종결 코돈(termination codon)** 폴리펩티드의 번역 종료를 나타내는 세 코돈(UAA, UAG, UGA) 중 하나. 이들은 또한 정지 코돈(stop codon)이라고도 한다.
- **폐쇄(차단) 리딩 프레임(closed (blocked) reading frame)** 종결 코돈의 발생으로 인하여 폴리펩티드로 번역될 수 없는 리딩 프레임.

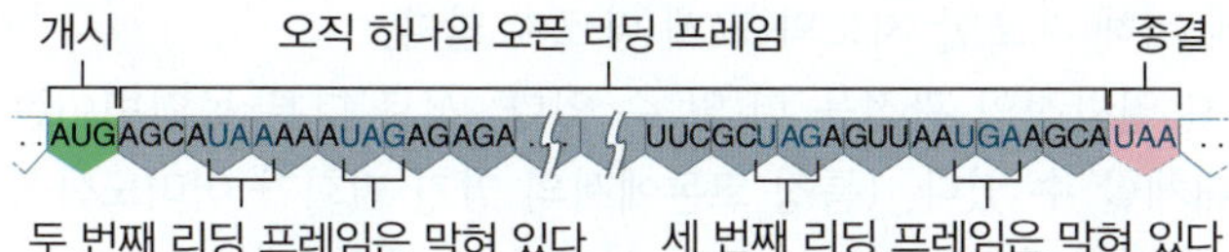

그림 2.10 오픈 리딩 프레임은 AUG로 시작하여 종결 코돈까지 트리플렛으로 계속이어진다. 폐쇄된 리딩 프레임은 종결 코돈에 의해 종종 중단될 수 있다.

다. 우연이라도 긴 오픈 리딩 프레임(ORF)이 존재할 가능성은 낮다; 만일 긴 ORF가 폴리펩티드로 번역되지 않았다면, 종결 코돈의 축적을 방해하기 위한 선택적인 압력(selective pressure)은 없었을 것이다. 따라서 어느 정도 긴 오픈 리딩 프레임이 동정되면, (또는 최근까지도) 그 염기배열이 그 프레임 내에서 폴리펩티드로 번역되었음을 보여주는 *확실한(prima facie)* 증거로 받아들여지게 되었다. 폴리펩티드 산물이 동정되지 않은 ORF를 때로는 **미확인 리딩 프레임(unidentified reading frame, URF)**이라 한다.

▶ **미확인 리딩 프레임(unidentified reading frame, URF)** 아직 결정되지 않은 기능을 가진 오픈 리딩 프레임.

핵심개념

일반적으로 세 가지 가능한 리딩 프레임 중 하나만 번역되고 다른 두 개는 빈번한 종료 신호로 닫힌다.

개념 및 추론 확인

세 개의 가능한 리딩 프레임 중 하나만 닫히는 일련의 DNA를 확인한다고 가정해 보라. 이 관찰로부터 어떠한 가설을 세울 수 있을까?

2.9 박테리아 유전자는 단백질과 동일선상 관계에 있다

유전자의 뉴클레오티드 배열과 그 폴리펩티드 산물의 아미노산 배열과 비교하면, 유전자와 폴리펩티드가 동일선상(colinear) 관계를 가지고 있는가의 여부, 즉 유전자 내의 뉴클레오티드 배열이 폴리펩티드 내의 아미노산 배열과 정확하게 일치하는지를 알 수 있다. 박테리아와 그 바이러스의 경우, 유전자 및 유전자 산물은 동일선상에 위치하고 있다. 각 유전자는 코드하는 폴리펩티드의 아미노산 수의 세 배(유전암호가 세 개의 염기로 이루어져 있으므로)인 코딩 영역의 연속된 일련의 DNA이다. 즉, 폴리펩티드가 N개의 아미노산을 함유하는 경우, 그 폴리펩티드를 코드하는 유전자는 $3 \times N$개의 뉴클레오티드를 포함하게 된다.

박테리아 유전자와 그 유전자 산물의 일치는 DNA의 물리 지도(physical map)가 폴리펩티드의 아미노산 지도와 정확하게 일치한다는 것을 의미한다. 이 지도가 재조합 지도(recombination map)와 얼마나 잘 일치할까?

대장균의 트립토판 합성 효소 유전자에서 유전자와 폴리펩티드의 **공직선성(colinearity**; 동일선상에 존재하는 정도)이 처음으로 연구되었다. 유전자 간 거리는 돌연변이 간의 재조합 비율로 측정되었다; 아미노산 간의 거리는 아미노산이 다른 아미노산으로 치환되는 아미노산의 수로서 측정하였다. 그림 2.11은 두 지도를 비교한 것이다. 7군데의 돌연변이 순서는 아미노산 치환 부위의 순서와 일치하고 있으며, 재조합 거리는 단백질의 실제 거리와 대략 비슷하다. 재조합 지도는 일부 돌연변이 간의 거리를 넓히기도

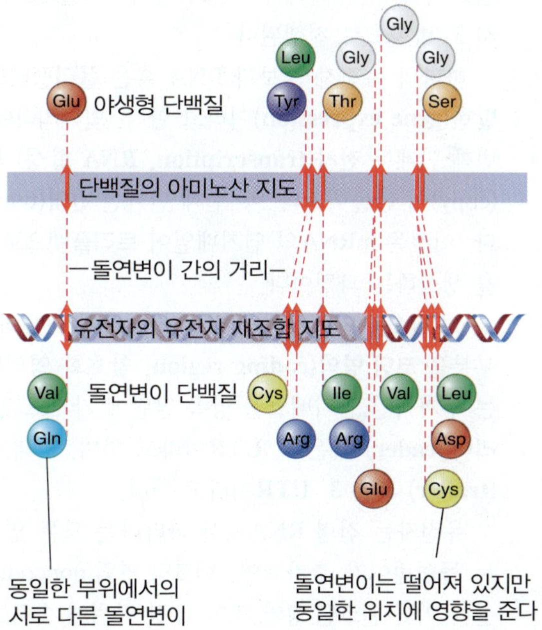

그림 2.11 트립토판 합성효소 유전자의 재조합 지도는 폴리펩티드의 아미노산 배열과 일치한다.

▶ **공직선성(colinearity)** 트리플렛 뉴클레오티드 배열과 아미노산 배열 간의 1:1 대응을 설명하는 관계.

하지만, 그렇지 않은 경우에는 물리적 지도에 비해 재조합 지도와 크게 다르지 않다.

재조합 지도는 유전자 구성에 관한 두 가지 일반적인 관점을 더 알 수 있다. 서로 다른 돌연변이는 야생형의 아미노산을 또 다른 아미노산으로 대체할 수 있다. (특정 코돈에서의 염기 변화가 아미노산을 어떻게 변화시키는가를 보려면 그림 25.1의 유전암호표를 참조). 만일 이러한 두 개의 돌연변이가 재조합될 수 없다면, DNA의 동일한 위치에 서로 다른 점 돌연변이를 가지고 있어야 한다. 만일 돌연변이가 유전 지도에서 분리될 수 있지만 위의 지도의 동일한 아미노산에 영향을 준다면(연결선은 그림에 모아 놓았다), 동일한 코돈의 다른 위치에 점 돌연변이가 있었음에 틀림없다. 이러한 현상은 유전자 재조합(1 bp)의 최소 크기 단위가 아미노산을 코드하는 단위(3 bp)보다 작기 때문에 발생한다.

핵심개념

- 박테리아 유전자는 *N*개의 아미노산을 코드하는 3 x *N*개의 연속된 뉴클레오티드로 구성되어 있다.
- 유전자는 mRNA와 폴리펩티드 산물 모두와 동일선상에 있다.

개념 및 추론 확인

유전자 재조합 지도(recombination map)와 물리 지도에서 유전자 마커(genetic marker)가 동일한 순서로 나타나지만, 두 지도를 비교하면 유전자 마커들 간의 거리는 일반적으로 달라진다. 그 이유는 무엇인가?

2.10 여러 과정을 거쳐 유전자 산물이 발현된다

유전자와 그 단백질을 비교해 보면, 폴리펩티드의 N-말단과 C-말단에 해당하는 지점 간에 놓여 있는 DNA 염기배열을 다루기에는 제한성이 있다. 비록 유전자는 직접적으로 단백질로 번역되지는 않으며, 그 대신 실제로 단백질을 합성하는 데 사용되는 핵산 중간대사물인 **전령 RNA(messenger RNA, mRNA**라 약칭)의 생성을 통해 발현된다(*24장 단백질 합성*에서 자세히 설명함).

전령 RNA는 DNA를 복제하는 데 사용되는 상보적인 염기쌍을 형성하는 과정과 동일하게 합성되며, 중요한 차이점은 DNA 이중나선의 한 가닥만이 RNA에 해당된다는 것이다. 그림 2.12는 mRNA의 염기배열은 DNA의 한 가닥의 배열(**antisense** or **template strand**, **안티센스** 혹은 **주형 가닥**)과 상보적이며, (T가 U로 대체되는 것을 제외하고는) DNA의 다른 가닥(**coding** or **sense strand**, **코딩** 혹은 **센스 가닥**)과 동일하다. DNA 염기배열을 표기하는 전통적인 방법은 위 가닥이 코딩 가닥이 되며 5′에서 3′ 방향으로 진행된다.

하나의 유전자 정보가 RNA 혹은 폴리펩티드 산물(단백질)을 합성하는 데 사용되는 과정을 **유전자 발현(gene expression)**이라고 한다. 박테리아에서, 구조유전자의 발현은 두 단계로 이루어져 있다. 첫 번째 단계는 **전사(transcription, RNA 합성)** 과정으로, 이때 DNA의 주형 가닥으로부터 mRNA 사본(copy)이 만들어진다. 두 번째 단계는 **번역(translation, 단백질 합성)** 과정으로 mRNA가 단백질로 된다. 이것은 mRNA의 염기배열이 트리플렛으로 읽혀, 그에 상응하는 단백질을 만드는 일련의 아미노산을 생성하는 과정이다.

mRNA는 단백질의 아미노산 배열에 상응하는 뉴클레오티드 배열을 포함하고 있다. 핵산의 이러한 부분을 **코딩 영역(coding region, 암호화 영역)**이라고 한다. 그러나 mRNA는 아미노산을 코드하지 않는 추가적인 염기배열을 양쪽 말단에 가지고 있다. 5′의 번역되지 않는 영역(5′ untranslated region)을 **리더(leader)** 혹은 **5′ UTR**이라고 하며, 3′의 번역되지 않는 영역(3′ untranslated region)을 **트레일러(trailer)** 혹은 **3′ UTR**이라고 한다.

유전자는 전령 RNA에서 나타나는 모든 염기배열을 포함하고 있다. 때로는 유전자 기능을 방해하는 돌연변이가 추가적인, 넌코딩 영역(noncoding region, 비암호화 영역)에서 발견되는데, 이러한 사실은 이들 넌코딩 영역 또한 유전 단위에 속하고 있음을 확인해 주고 있다. 그림 2.13은 유전자가 리더,

- **전령 RNA(messenger RNA, mRNA)** 폴리펩티드를 코드하는 유전자의 한 가닥을 나타내는 중간 산물. 이것의 코딩 영역은 세 개의 염기로 이루어진 유전암호에 의해 폴리펩티드 배열과 관련이 있다.
- **안티센스(주형) 가닥(antisense** or **template strand)** 센스 가닥에 상보적이며, mRNA 합성을 위한 주형으로 작용하는 DNA 가닥.
- **코딩(센스) 가닥(coding** or **sense strand)** mRNA와 동일한 염기배열을 가지고 있으며 유전암호에 의해 그것이 나타내는 폴리펩티드 배열과 관련이 있는 DNA 가닥.
- **유전자 발현(gene expression)** 유전자의 DNA 염기배열에 있는 정보가 전사(RNA 합성)와 (폴리펩티드의 경우) 번역을 포함하는 RNA 또는 폴리펩티드를 생성하는 데 사용되는 과정.
- **전사(transcription, RNA 합성)** DNA 주형으로부터의 RNA 합성.
- **번역(translation, 단백질 합성)** mRNA 주형으로부터 폴리펩티드(단백질)의 합성.
- **암호화 영역(coding region)** 폴리펩티드 배열을 코드하는 유전자의 일부.
- **리더(leader, 5′ UTR)** mRNA에서, 개시 코돈에 선행하여 존재하는 5′ 말단의 번역되지 않는 염기배열.
- **트레일러(trailer, 3′ UTR)** 종결 코돈에 이어 mRNA의 3′ 말단에서 번역되지 않는 염기배열.

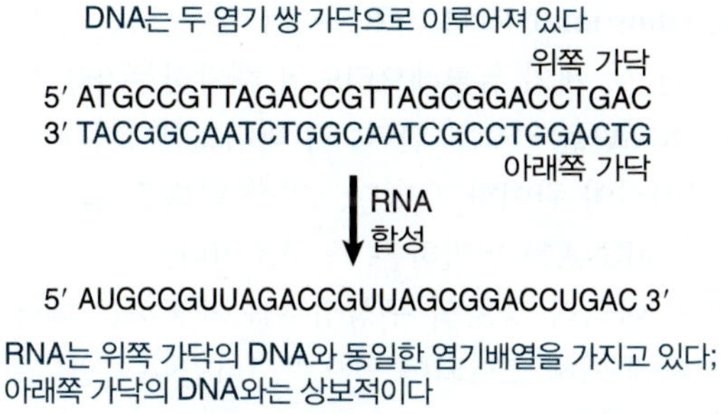

DNA는 두 염기 쌍 가닥으로 이루어져 있다
위쪽 가닥
5′ ATGCCGTTAGACCGTTAGCGGACCTGAC
3′ TACGGCAATCTGGCAATCGCCTGGACTG
아래쪽 가닥
RNA
합성
5′ AUGCCGUUAGACCGUUAGCGGACCUGAC 3′
RNA는 위쪽 가닥의 DNA와 동일한 염기배열을 가지고 있다;
아래쪽 가닥의 DNA와는 상보적이다

그림 2.12 RNA는 DNA의 한 가닥을 상보적인 염기 쌍 형성을 위한 주형으로 사용하여 합성된다.

리더
트레일러
5′
3′
RNA
RNA의 길이는 유전자 영역을 한정한다
N
C
단백질
단백질은 코딩 영역을 한정한다

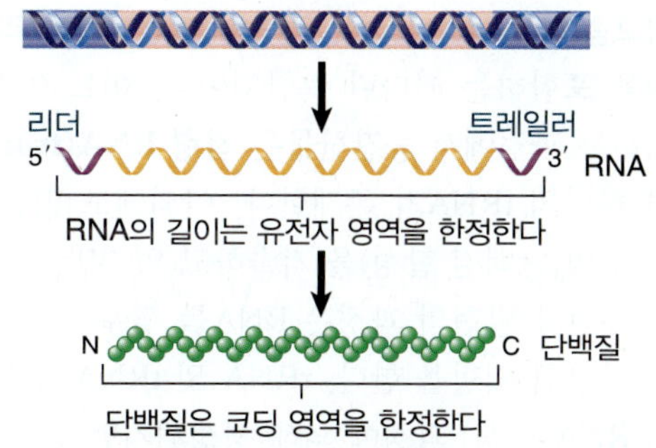

그림 2.13 유전자는 일반적으로 단백질을 코드하는 배열보다 길다.

코딩 영역 및 트레일러를 포함하여, 특정 단백질을 생성하는 데 필요한 일련의 연속한 DNA를 포함하고 있음을 보여주고 있다.

박테리아 세포는 단일 공간만을 가지고 있으므로 그림 2.14에 나타낸 바와 같이, 전사(RNA 합성)와 번역(단백질 합성)이 동일한 곳에서 일어난다. 진핵세포에서는 전사가 핵에서 일어나지만, 번역되기 위해서는 RNA 산물은 세포질로 옮겨져야 한다. 이로 인하여 (핵 내에서) 전사(RNA 합성)와 (세포질 내에서의) 번역(단백질 합성) 간의 공간적 분리가 생긴다. 가장 단순한 진핵세포 유전자는 박테리아 유전자와 같다; 전사물 RNA(transcript RNA)는 실제로 mRNA이다. 그러나 더 복잡한 유전자의 경우, 유전자의 일차전사물(primary transcript)은 **프리-mRNA(pre-mRNA)**로, 성숙한 mRNA(mature mRNA)를 생성하는 과정을 필요로 한다. 진핵세포에서의 유전자 발현의 기본 단계는 그림 2.15에 대략적으로 나타내었다.

RNA 프로세싱(RNA processing)에서 가장 중요한 단계는 **스플라이싱(splicing)**이다. 진핵세포(및 다세포 진핵생물 대다수)의 많은 유전자는 **인트론(intron)**이라 불리는 내부 영역을 포함하는데, 인트론은 이들 유전자에 의해 코드된 폴리펩티드 산물에 대한 코딩 정보를 가지고 있지 않다. 스플라이싱 과정은 pre-mRNA로부터 인트론을 제거하여, 연속적인 오픈 리딩 프레임을 갖는 RNA를 생성한다(그림 4.1 참조). 이 단계에서 발생하는 이외의 프로세싱 과정으로는 pre-mRNA의 5′ 및 3′ 말단 수식(modification)이 있다(그림 21.1 참조).

번역(단백질 합성)은 단백질 및 RNA 성분을 모두 포함하는 복잡한 장치에 의해 이루어진다. 그 과정을 수행하는 실질적인 "장치(machine)"는

전사
DNA
RNA
번역
리보솜이 mRNA를 번역한다

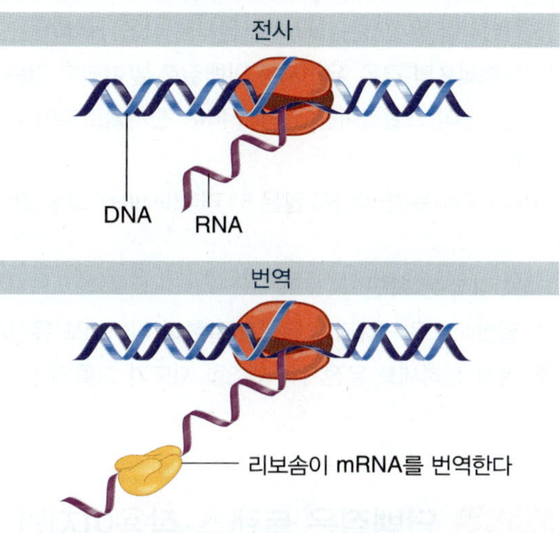

그림 2.14 전사와 번역은 박테리아의 동일한 공간에서 일어난다

엑손 1
엑손 2
DNA
인트론
전사
핵
5′
인트론
3′
Pre-mRNA
인트론
스플라이싱
5′
3′
mRNA
수송
tRNA
5′
3′
리보솜
번역
세포질
단백질

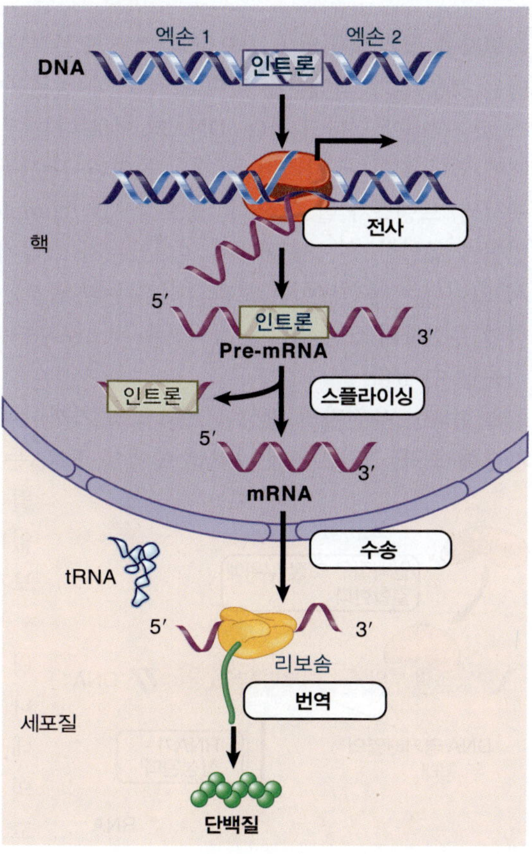

그림 2.15 진핵세포의 경우, 전사는 핵에서 일어나며, 번역은 세포질에서 일어난다.

- **프리-mRNA(pre-mRNA)** 성숙한 mRNA를 생성하기 위해 수식 및 스플라이싱에 의해 처리되는 핵 내의 전사물.
- **RNA 프로세싱(RNA processing)** 진핵세포 유전자의 RNA 전사물에 대한 수식. 여기에는 3′ 및 5′ 말단의 수식 및 인트론(intron)의 제거가 포함된다.
- **스플라이싱(splicing)** RNA로부터 인트론을 절단하고, 엑손을 연속적인 mRNA로 연결하는 과정.
- **인트론(intron)** 전사(RNA 합성은)는 되지만, 나중에 스플라이싱에 의해 제거되는 DNA 단편으로, 양측에 있는 배열(엑손)은 결합된다.

▶ **리보솜(ribosome)** mRNA 주형으로부터 지시를 받아 폴리펩티드를 합성하는 RNA와 단백질의 커다란 집합체.

▶ **리보솜 RNA(ribosomal RNA; rRNA)** 리보솜의 주요 성분.

▶ **전령 RNA(transfer RNA, tRNA)** 유전암호를 해석하는 단백질 합성의 중간 매개체. 각 분자는 아미노산과 결합할 수 있다. 전령 RNA는 아미노산을 나타내는 트리플렛인 코돈과 상보적인 안티코돈 염기배열을 가지고 있다.

리보솜(ribosome)으로, 리보솜은 큰 RNA(**리보솜 RNA, ribosomal RNA; rRNA**)와 많은 작은 단백질을 포함하는 커다란 복합체이다. 어느 아미노산이 특정한 세 개의 뉴클레오티드에 해당하는가를 인식하는 과정에서 중간산물은 **전령 RNA(transfer RNA, tRNA)**를 필요로 한다; 각 아미노산마다 최소한 하나의 tRNA가 존재한다. 이외에도 많은 부수적인 단백질이 관여하고 있다. *24장 단백질 합성*에서 번역(단백질 합성)을 기술하고 있지만, 지금은 리보솜이 mRNA를 번역하는 큰 구조이다.

유전자 발현의 과정은 RNA를 필수 기질로 사용할 뿐만 아니라 장치의 구성성분을 제공하는 데에도 중요한 역할을 한다. rRNA 및 tRNA 구성성분은 유전자에 의해 코드되어 있으며, (mRNA처럼) 전사(RNA 합성) 과정에 의해 생성되지만 단백질로 번역되지는 않는다.

핵심개념

- 박테리아 유전자는 mRNA로 전사한 다음, mRNA는 번역을 통해 단백질로 발현된다.
- 진핵세포의 경우, 유전자는 단백질로 발현되지 않는 인트론을 포함할 수 있다.
- 인트론이 스플라이싱에 의해 RNA 전사물로부터 제거되며, 단백질과 동일선상 관계에 있는 mRNA가 만들어진다.
- 각 mRNA는 번역되지 않은 5′ 리더(leader), 코딩 영역 및 번역되지 않은 3′ 트레일러(trailer)로 구성되어 있다.

개념 및 추론 확인

1. 일반적으로 박테리아 유전자 발현이 진핵세포 유전자 발현보다 더 빠르게 진행되는 이유는 무엇인가?
2. 통상 진핵세포 유전자의 재조합 지도가 그들의 산물인 아미노산 지도와 일치하지 않는 이유는 무엇인가?

2.11 단백질은 트랜스-작용이지만, DNA 부위는 시스-작용이다

유전자를 정의함에 있어 중요한 발전은 모든 부분이 하나의 연속적인 일련의 DNA 상에 존재해야 한다는 것을 알게 되었다는 것이다. 유전학 전문용어에서, 동일한 DNA 상에 위치하고 있는 부위를 시스(*cis*) 상태에 있다고 한다. DNA의 서로 다른 두 개의 분자에 위치하고 있는 부위는 트랜스(*trans*) 상태에 있다고 한다. 따라서 두 개의 돌연변이는 (동일한 DNA 상에서의) 시스 또는 (서로 다른 DNA 상에서의) 트랜스가 될 수 있다. 상보성 시험(complementation test)은 이 개념을 사용하여 두 개의 돌연변이가 동일한 유전자 내에서 일어났는지 그렇지 않은지의 여부를 결정한다(*2.3절 동일한 유전자에서 일어나는 돌연변이는 보완되지 않는다* 참조). 우리는 이제 시스와 트랜스 효과의 차이 개념을 확대하여 유전자의 코딩 영역을 정의하는 것으로부터 유전자와 그 조절 요소 간의 상호작용을 기술하는 데 적용할 수 있다.

발현되는 유전자의 활성이 코딩 영역 가까이에 있는 DNA에 결합하는 단백질에 의해 조절된다고 가정해 보자. 그림 2.16에 나타낸 예에서, RNA는 단백질이 DNA 상의 조절 부위에 결합될 때만 합성될 수 있다. 이제 단백질이 더 이상 DNA에 결합할 수 없도록 조절 부위에서 돌연변이가 일어났다고 가정해 보자. 그 결과, 유전자는 더 이상 발현될 수 없게 된다.

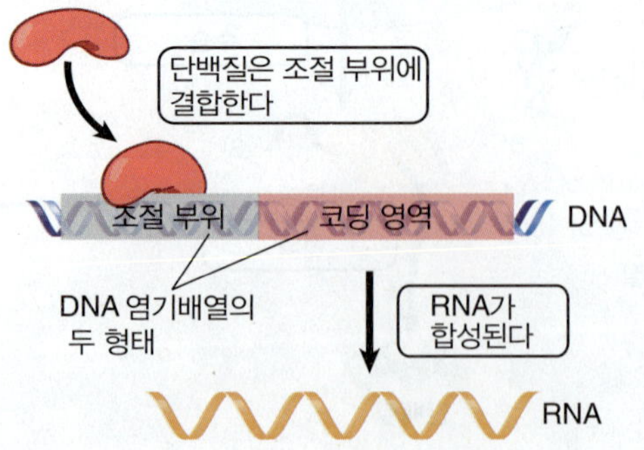

그림 2.16 DNA의 조절 부위는 단백질의 결합 부위를 제공한다; 코딩 영역은 RNA 합성을 통해 발현된다.

따라서 유전자 발현은 조절 부위의 돌연변이 또는 코딩 영역의 돌연변이에 의해 불활성화될 수 있다. 그러나 이들 돌연변이는 유전적으로 구별하기가 쉽지 않은데, 이것은 이들 돌연변이가 일어나는 단일 대립유전자의 DNA 염기배열에서만 이들이 작동하는 특성을 가지고 있기 때문이다. 이들은 상보성 시험에서 동일한 특성을 가지고 있어, 조절 영역에서의 돌연변이는 코딩 영역의 돌연변이와 동일한 방법으로 유전자의 일부를 포함하는 것으로 정의된다.

그림 2.17은 조절 부위의 변화는 오로지 그것이 연결되어 있는 코딩 영역에만 영향을 미치며, 발현되는 상동성의 대립유전자에는 영향을 주지 않는다는 것을 보여주고 있다. 연속된 DNA 염기배열의 특성에 영향을 줌으로써 단독으로 작용하는 돌연변이를 **시스-작용(*cis*-acting)**이라고 한다.

우리는 그림 2.17에 나타낸 시스-작용 돌연변이의 작용을 조절단백질을 코드하고 있는 유전자의 돌연변이 결과와 비교할 수 있다. 그림 2.18은 조절단백질이 없으면 두 대립유전자가 발현되지 않는다는 것을 보여 주고 있다. 이러한 종류의 돌연변이를 **트랜스-작용(*trans*-acting)**이라고 한다.

이러한 주장을 바꾸어, 만일 돌연변이가 트랜스-작용인 경우, 우리는 그 영향이 세포 내의 많은 표적에 작용하는 확산성 산물(diffusible product, 전형적으로 단백질)을 통하여 나타나야 한다는 것을 안다. 그러나 만일 돌연변이가 시스-작용인 경우, 연속적인 DNA의 특성에 직접적인 영향을 줌으로써 기능해야만 하는데, 이러한 사실은 이것이 RNA 또는 단백질의 형태로 발현되지 않는다는 것을 의미한다.

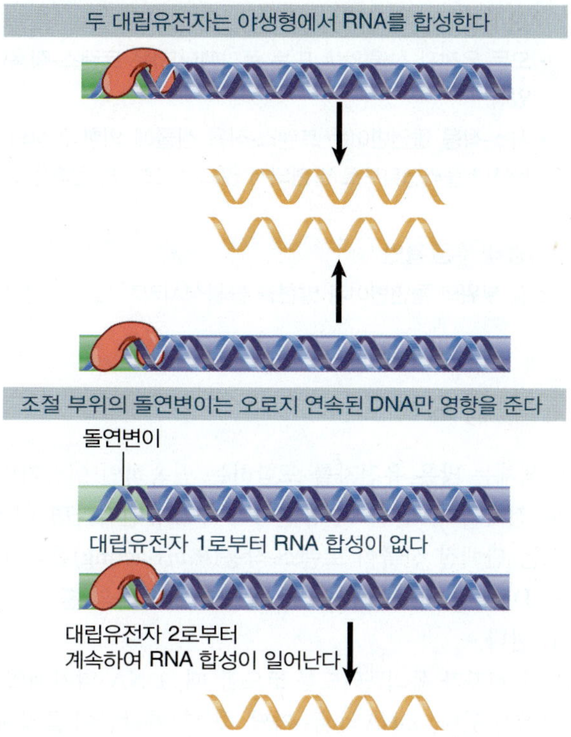

두 대립유전자는 야생형에서 RNA를 합성한다

조절 부위의 돌연변이는 오로지 연속된 DNA만 영향을 준다

돌연변이

대립유전자 1로부터 RNA 합성이 없다

대립유전자 2로부터 계속하여 RNA 합성이 일어난다

그림 2.17 시스-작용 부위는 인접한 DNA를 조절하지만, 다른 대립유전자에는 영향을 주지 않는다.

▶ **시스-작용 배열(*cis*-acting sequence)** 오로지 자신의 DNA(또는 RNA)에 있는 염기배열의 활성에만 영향을 주는 부위; 이 특성은 일반적으로 이 부위가 단백질을 코드하고 있지 않다는 것을 의미한다.

▶ **트랜스-작용 배열(*trans*-acting sequence)** 표적 DNA의 모든 사본에 작동할 수 있는 산물을 코드하고 있는 DNA 배열. 이것은 그것이 확산성 단백질(diffusible protein) 또는 RNA임을 의미한다.

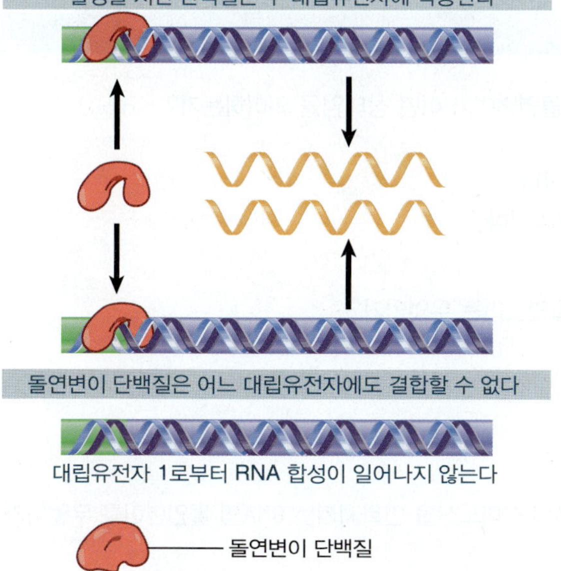

그림 2.18 조절 단백질을 코드하는 유전자에서의 트랜스-작용 돌연변이는 그것이 조절하는 유전자의 두 대립유전자에 영향을 미친다.

핵심개념

- 모든 유전자 산물(RNA 또는 폴리펩티드)은 트랜스-작용이다. 이들은 세포 내 모든 유전자의 사본에 작용할 수 있다.
- 시스-작용 돌연변이는 트랜스-작용 산물에 의한 인식의 표적이 되는 DNA 염기배열을 동정할 수 있다. 이들은 RNA나 폴리펩티드로 발현되지 않으며, 오로지 연속된 일련의 DNA에만 영향을 준다.

개념 및 추론 확인

조절 부위의 돌연변이가 발현을 불활성시키지 않고, 유전자 단백질산물의 기능에 변화를 줄 수 있는지 설명하라.

2.12 요약

염색체는 많은 유전자를 포함하는 연속적인 이중가닥 DNA로 구성되어 있다. 각 유전자는 RNA 산물로 전사되며, 만일 이 유전자가 구조유전자라면 이어서 폴리펩티드 배열로 번역된다. 유전자의 RNA 또는 단백질 산물이 트랜스-작용(*trans*-acting)한다고 한다. 상보성 시험으로부터 유전자는 일련의 단일 DNA 단위로 정의된다. 인접한 유전자의 활성을 조절하는 DNA 부위를 시스-작용(*cis*-acting)한다고 한다.

유전자가 폴리펩티드를 코드할 때, DNA 염기배열과 폴리펩티드 배열 간의 관계는 유전 암호와 연결되어져 있다. DNA의 두 가닥 중 한 가닥만이 폴리펩티드를 코드하고 있다. 코돈은 하나의 아미노산을 나타내는 세 개의 뉴클레오티드로 구성되어 있다. DNA의 코딩 염기배열(coding sequence)은 일련의 코돈으로 이루어져 있으며, 고정된 출발점으로부터 읽혀진다. 일반적으로 세 가지 가능한 리딩 프레임 중 하나만이 폴리펩티드로 번역될 수 있다.

유전자는 많은 대립유전자를 가지고 있는 경우도 있다. 열성 대립유전자(recessive allele)는 단백질의 기능을 방해하는 기능-상실 돌연변이에 의해 발생한다. 눌(null) 대립유전자는 완전한 기능-상실이다. 우성 대립유전자(dominant allele)는 단백질에 새로운 특성을 만들어 주는 기능-획득 돌연변이에 의해 발생한다.

학습문제

1. 서로 보완(complement)하지 못한다는 것은 두 돌연변이가 어떤 상태임을 의미하는가?
- **A.** 동일한 유전단위의 일부분이다.
- **B.** 동일한 염색체 상의 관련 있는 유전 단위이다.
- **C.** 서로 다른 염색체 상의 관련 있는 유전 단위이다.
- **D.** 전혀 관련이 없는 유전 단위이다.

2. 다음 중 유전자 기능에 영향을 주는 대부분의 돌연변이는 무엇인가?
- **A.** 우성(dominant)
- **B.** 열성(recessive)
- **C.** 공우성(codominant)
- **D.** 공열성(corecessive)

3. 단백질의 활성에 영향을 주지 않고, 단백질 배열의 아미노산을 변화시키는 DNA의 돌연변이를 무엇이라 고 하는가?
- **A.** 열성 돌연변이(recessive mutation)
- **B.** 중립 치환(neutral substitution)
- **C.** 누수 돌연변이(leaky mutation)

D. 눌 돌연변이(null mutation).

4. 초파리(*Drosophila*)의 눈 색에 대한 *w* 유전자는 다음 중 어느 돌연변이의 예인가?
   A. 부분 우성(partial dominance)
   B. 복대립유전자(multiple alleles)
   C. 공우성(codominance)
   D. 누수 돌연변이(leaky mutation)

5. 눌(null) 표현형을 나타내는 혈액형은 무엇인가?
   A. A
   B. B
   C. AB
   D. O

6. 게놈의 특정 단편은 DNA의 단일가닥에서 몇 개의 가능한 리딩 프레임을 가질 수 있는가?
   A. 1
   B. 2
   C. 3
   D. 4

7. 아크리딘(acridine)에 의한 돌연변이는 무엇인가?
   A. 프레임시프트 돌연변이(frameshift mutations)
   B. 점 돌연변이(point mutations)
   C. 긴 결실(long deletions)
   D. 긴 삽입(long insertions)

8. AAA AGC TTC GAC에서 AAA GCT TCG ACC로의 염기배열 변화는 다음과 같다:
   A. 점 돌연변이(point mutations)
   B. 삽입(insertion).
   C. 프레임시프트 돌연변이(frameshift mutations)
   D. 탈아미노 반응(deamination).

9. 단백질을 코드하고 있는 유전자의 DNA 염기배열을 표기할 때의 전통적인 방식은 무엇인가?
   A. 5′에서 3′까지이며, 배열은 mRNA와 동일하다(U 대신 T 제외).
   B. 3′에서 5′까지이며, 배열은 mRNA와 동일하다(U 대신 T 제외).
   C. 5′에서 3′까지이며, 배열은 mRNA와 반대이다(U 대신 T 제외).
   D. 3′에서 5′까지이며, 배열은 mRNA와 반대이다(U 대신 T 제외).

10. 유전자의 두 대립 유전자가 발현되는 것을 방해하는 돌연변이는 무엇인가?
   A. 우성(dominant)
   B. 열성(recessive)
   C. 트랜스-작용(*trans*-acting)
   D. 시스-작용(*cis*-acting)

핵심용어

acridines
allele
antisense (template) strand
chiasma
***cis*-acting sequence**
cistron
closed (blocked) reading frame
coding region
coding (sense) strand
codon
colinearity
complementation test
frameshift
gain-of-function mutation
gene expression
genetic code
genetic recombination
heteroduplex DNA
heteromultimer
homomultimer

initiation codon
intron
leader (5′ UTR)
linkage
locus
loss-of-function mutation
messenger RNA (mRNA)
neutral substitutions
null mutation
one gene : one enzyme hypothesis
one gene : one polypeptide hypothesis
open reading frame (ORF)
polymorphism
pre-mRNA
reading frame
ribosomal RNAs (rRNAs)
ribosome
RNA processing
silent mutation
splicing
termination codon
trailer (3′ UTR)
***trans*-acting sequence**
transcription
transfer RNA (tRNA)
translation
unidentified reading frame (URF)

읽을거리

Carter, C. W., Jr. (2008). Whence the genetic code?: thawing the 'frozen accident.' *Heredity* **100**, 339–340. A brief review of current hypotheses for the origin of the genetic code.

Ripley, L. S. (1990). Frameshift mutation: determinants of specificity. *Annu. Rev. Genet.* **24**, 189–213. A review of the mechanisms of frameshift mutations.

Yanofsky, C. (2001). Advancing our knowledge in biochemistry, genetics, and microbiology through studies on tryptophan metabolism. *Annu. Rev. Biochem.* **70**, 1–37. A personal account of Yanofsky's research, including establishing the colinearity of genes and their protein products and the regulation of *trp* expression via attenuation.

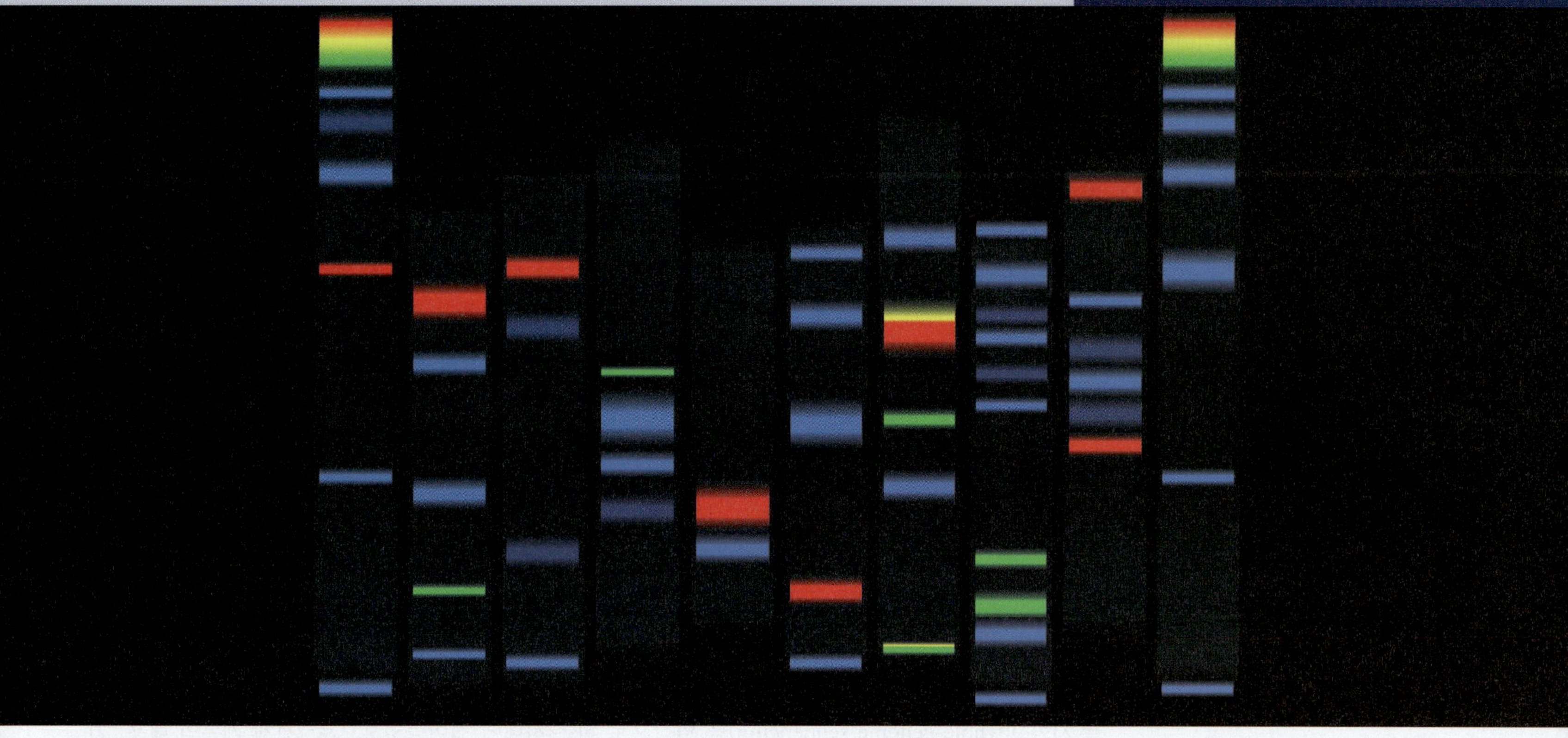

겔 전기영동으로 분리된 DNA 단편.
©Nicemonkey/Dreamstime.com

분자생물학 및 유전공학의 실험방법

3장 개요

▶ **제한효소(restriction endonuclease)** DNA의 특정 짧은 염기배열을 인식하고, (때로는 표적 부위에서, 때로는 유형에 따라 다르나) 이중가닥을 절단하는 효소.

▶ **클로닝 벡터(cloning vector)** 숙주 세포에서 삽입된 DNA 배열을 증식시키는 데 사용될 수 있는 DNA(종종 플라스미드 또는 박테리오파지 게놈으로부터 유래됨); 벡터에는 선택 가능한 마커와 복제 기점이 있어 숙주세포에서 식별 및 유지가 가능하다.

3.1 서론

오늘날, 분자생물학 분야는 세포 내에서 다양한 생체고분자들에 의해 이루어지는 세포 과정의 메커니즘에 초점을 맞추고 있으며, 특히 유전자와 게놈의 구조와 기능에 중점을 두고 있다. 그러나 한 학문분야로서의 분자생물학은 여러 생물체에서 시험관 내(*in vitro*) 및 생체 내(*in vivo*)에서 DNA를 직접 조작할 수 있는 도구와 방법이 개발됨으로써 탄생하게 되었다.

분자생물학자들이 사용하는 도구 중 두 가지 필수항목은 DNA를 정확한 조각으로 절단할 수 있는 **제한효소(restriction endonuclease)**와 더 많은 물질이나 단백질산물을 생성하기 위해 삽입되는 외래 DNA 단편을 "운반"하는 데 사용하는 플라스미드(plasmid) 또는 파지(phage)와 같은 **클로닝 벡터(cloning vector)**이다. *유전공학(genetic engineering)*이라는 용어는 DNA를 전파할 수 있도록 만든 다음, 하나의 유전자를 대량생산할 수 있도록 하는 DNA 조작 등을 설명하기 위해 최초 사용되었다. 이것을 시작으로, 유전자 재조합 DNA가 유전자의 구조와 발현을 분석하는 도구로 사용되게 되자, 연구자들은 게놈의 일부가 될 수 있는 클로닝된 DNA를 직접 도입함으로써 박테리아와 진핵세포의 DNA 내용물을 변화시킬 수 있도록 유전공학의 적용 범위가 이동하였다. 그런 다음, 배아세포로부터 동물이 발생하는 능력을 이용하여 유전적 내용물을 변화시킴으로써, 생식세포를 통해 유전되는 특정 유전자가 결실 또는 추가된 다세포 진핵생물을 만들어 낼 수 있게 되었다. 우리는 이제 유전공학이라는 용어를 DNA 조작, 동물이나 식물 내 특정 체세포 내로의 변화의 도입, 심지어 생식세포 자체의 변화를 포함한 넓은 범위의 활동까지 포함하여 사용하고 있다.

연구가 진행됨에 따라 점점 더 감도가 좋은 DNA 검출 및 증폭 방법이 개발되었다. 이제는 전체-게놈 시퀀싱(whole-genome sequencing)을 일상으로 하는 시대에 접어들었으므로, 전체 게놈의 내용, 기능 및 발현을 측정하는 방법이 보편화되었다. 이 장에서는 분자생물학에서 사용되는 가장 일반적인 몇 가지 방법들로, 분자생물학자들에 의해 개발된 초기의 실험법에서부터 현재 사용되고 있는 가장 최근에 개발된 실험법에 대하여 논의하고자 한다.

지난 40여 년 동안의 분자생물학의 발전은 클로닝, DNA 시퀀싱, PCR 및 이전에 생각 조차 할 수 없는 문제를 해결할 수 있게 해주는 다른 것들과 같은 방법 및 절차의 기술적 진보에 의해 빠르게 발전하여 왔다. 오늘날의 학생들은 아직 꿈도 꾸지 못하는 문제를 해결할 수 있는 아득한 새로운 기술을 상상할 수 있다.

3.2 뉴클레아제

▶ **핵산가수분해효소(nuclease)** 포스포디에스테르 결합을 끊을 수 있는 효소.

▶ **인산분해효소(phosphatase)** 포스포모노에스테르 결합을 끊어서, 말단 인산을 절단하는 효소.

▶ **결합(결찰)하다(ligate)** 핵산사슬의 두 말단을 공유결합시키는 것; 이러한 두 말단은 하나의 사슬의 두 말단이거나 또는 서로 다른 사슬의 두 말단일 수도 있으며, DNA 또는 RNA일 수도 있다.

뉴클레아제(nuclease, 핵산분해효소)는 분자생물학 실험실에서 가장 쓸모 있는 도구 중 하나이다. 다음에서 설명할 제한효소(restriction endonuclease)는 클로닝 혁명에 중요한 역할을 하였다. **뉴클레아제(nuclease, 핵산가수분해효소)**는 핵산을 분해하는 효소로서, 중합효소의 반대 작용을 가지고 있다. 이들은 그림 3.1에 나타낸 바와 같이, 폴리뉴클레오티드 사슬에서 인접한 뉴클레오티드 간의 포스포디에스테르 결합(phosphodiester bond)의 에스테르 결합을 가수분해하거나 끊어준다.

뉴클레오티드 사슬에서 에스테르 결합을 가수분해할 수 있는 또 다른 종류의 관련된 효소가 있다[모노에스터라아제(monoesterase), 일반적으로 **포스파타아제(phosphatase, 인산분해효소)**라 한다]. 포스파타아제와 뉴클레아제 간의 중요한 차이점을 그림 3.1에 나타내었다. 포스파타아제는 3′ 또는 5′ 말단에서 말단 뉴클레오티드에 인산(또는 2- 또는 3-인산)을 연결시키는 말단 에스테르 결합만을 가수분해할 수 있는 반면, 뉴클레아제는 인접한 염기 사이의 디에스테르 연결(diester link) 내의 내부 에스테르 결합을 가수분해할 수 있다.

포스파타아제는 폴리뉴클레오티드 사슬에서 말단 인산염을 제거할 수 있기 때문에 실험실에서 중요한 역할을 하는 효소이다. 이 효소는 보통 DNA 단편을 연결하거나 혹은 **결합(ligate, 결찰)**하는 후속 단계에서 사용된다. 이 효소는 또한 인산을 방사성 [³²P] 분자로 치환하는 데도 사용된다.

뉴클레아제는 많은 서로 다른 특징에 따라 서로 다른 그룹으로 나눌 수 있다. 첫째, 그림 3.1에서 나타낸 바와 같이, **엔도뉴클레아제(endonudease, 핵산내부가수분해효소)**와 **엑소뉴클레아제(exonuclease, 핵산외부가수분해효소)**의 차이를 알 수 있다. 엔도뉴클레아제는 폴리뉴클레오티드 사슬의 내부 결합을 가수분해할 수 있는 반면, 엑소뉴클레아제는 사슬의 말단에서 출발하여 그 말단 부위부터 가수분해해야 한다.

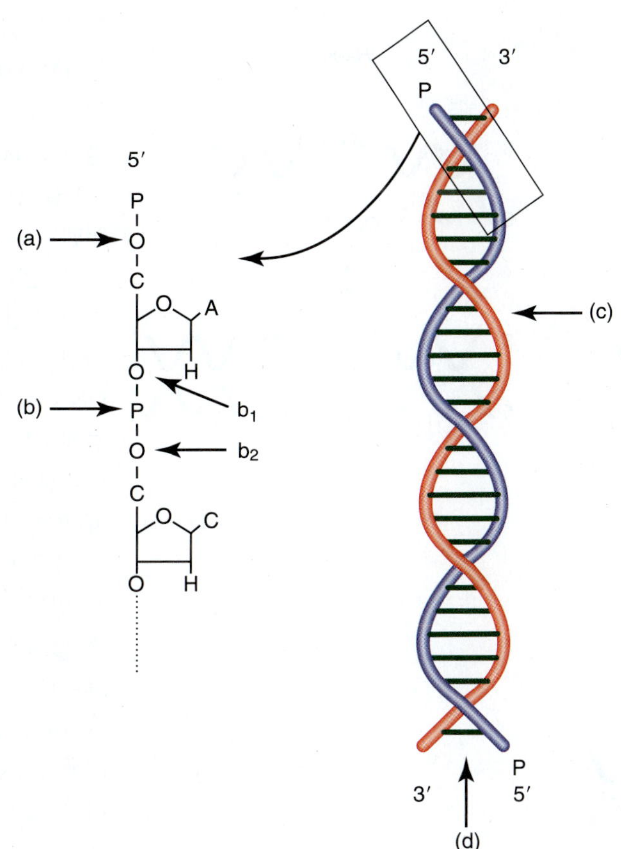

그림 3.1 포스파타아제의 표적을 (a), 말단 포스포모노에스테르 결합으로 나타내었다. 뉴클레아제의 표적은 두 개의 인접한 뉴클레오티드 간의 포스포디에스테르결합인 (b)에 나타내었다. 뉴클레아제는 말단 뉴클레오티드(b1)의 3′ 말단으로부터의 첫 번째 에스테르 결합 또는 다음 뉴클레오티드(b2)의 5′ 말단으로부터의 두 번째 에스테르 결합을 절단할 수 있다. 뉴클레아제는 엔도뉴클레아제로서 내부 결합(c)을 분해하거나 혹은 엑소뉴클레아제로서 말단부터 시작하여 단편(d)으로 절단할 수 있다.

- **핵산내부가수분해효소(endonudease)** 핵산 사슬 내의 결합을 절단하는 효소; 이 효소는 RNA 또는 단일-가닥 또는 이중-가닥 DNA에 특이적일 수 있다.
- **핵산외부가수분해효소(exonuclease)** 폴리뉴클레오티드 사슬의 말단에서 한 번에 하나씩 뉴클레오티드를 절단하는 효소; 이 효소는 DNA 또는 RNA의 5′ 또는 3′ 효소는 부위 내의 한 곳 또는 두 곳에서 복수의 염기가 작용되는 경우도 있다.

뉴클레아제의 특이성은 무로부터 극한까지 다양하다. 뉴클레아제는 DNase처럼 DNA에, RNase처럼 RNA에 특이적이거나, RNaseH처럼 DNA/RNA 하이브리드에도 특이적일 수 있다(RNaseH는 RNA-DNA 하이브리드 이중가닥 중 RNA 가닥만을 절단한다). 뉴클레아제는 단일가닥의 뉴클레오티드 사슬, 이중가닥 또는 둘 모두에 특이적일 수 있다.

엔도- 혹은 엑소-뉴클레아제가 포스포디에스테르(phosphodiester linkage) 결합의 에스테르 결합을 가수분해할 때, 두 에스테르 결합 중 어느 하나에만 특이성을 가지게 되므로, 그림 3.1과 같이 5′ 뉴클레오티드 혹은 3′ 뉴클레오티드를 생성한다. 엑소뉴클레아제는 5′ 말단으로부터 폴리뉴클레오티드 사슬을 공격하여, 5′에서 3′까지 가수분해하거나, 3′ 말단으로부터 공격하여 3′에서 5′까지 가수분해할 수 있다.

뉴클레아제는, 췌장 RNaseA(pancreatic RNase A)처럼, 피리미딘 뒤를 우선적으로 절단하거나, 혹은 Tl RNase처럼, G 뒤의 단일-가닥 RNA 사슬을 자르는 것과 같이 염기배열 특이성을 가지고 있을 수 있다. 염기배열 특이성의 극단적인 예로는 *제한효소(restriction enzyme)*라고 불리는 *제한 엔도뉴클레아제(restriction endonuclease)*가 있다. 이들은 특정 DNA 염기배열을 인식하는 진정세균(eubacteria)과 고세균(archaea)으로부터 유래한 엔도뉴클레아제이다. 이들 효소의 이름은 일반적으로 이들이 발견된 박테리아에 따라 명명된다. 예를 들어, *Eco*R1은 대장균(*E. coli*) R 균주로부터 유래한 최초의 제한효소이다.

대체로, 세 가지 종류의 제한효소와 몇 개의 서브클래스(subclass)가 있다. 1978년, 다니엘 나단(Daniel Nathans), 베르너 아버(Werner Arber) 그리고 및 해밀턴 스미스(Hamilton Smith)는 제한효소의 발견과 분자유전학 문제 해결을 위한 응용에 대한 업적으로 생리 · 의학 분야에서 노벨상을 수상하였다. 다음 절에서 보겠지만, 제한효소의 발견으로 인해 과학자들이 DNA를 클로닝하는 방법을 개발할 수 있게 되었다. 수천 종류의 제한효소가 알려져 있으며, 그 중 많은 것들이 현재 상업적으로 이용 가능하다. 제한효소는 (1) 특정 염기배열을 인식하고, (2) 그 염기배열을 잘라 내거나 제한해야 하는 두 가지 기능을 가지고 있어야 한다.

(여러 하위 그룹을 포함하는) II형(type II) 제한효소가 가장 일반적이다. II형 제한효소는 인식 부위와 절단 부위가 동일한 곳에 위치하고 있기 때문에 사용하기에 아주 편리하다. 이들 부위의 길이는 4~8 bp이다. 이들 부위는 전형적인 *역방향의 팔린드롬 구조(inversely palindromic)*를 나타내는데, 그림 3.2에서 나타낸 바와 같이, 상보적인 가닥을 왼쪽에서 오른쪽으로 혹은 오른쪽에서 왼쪽 방

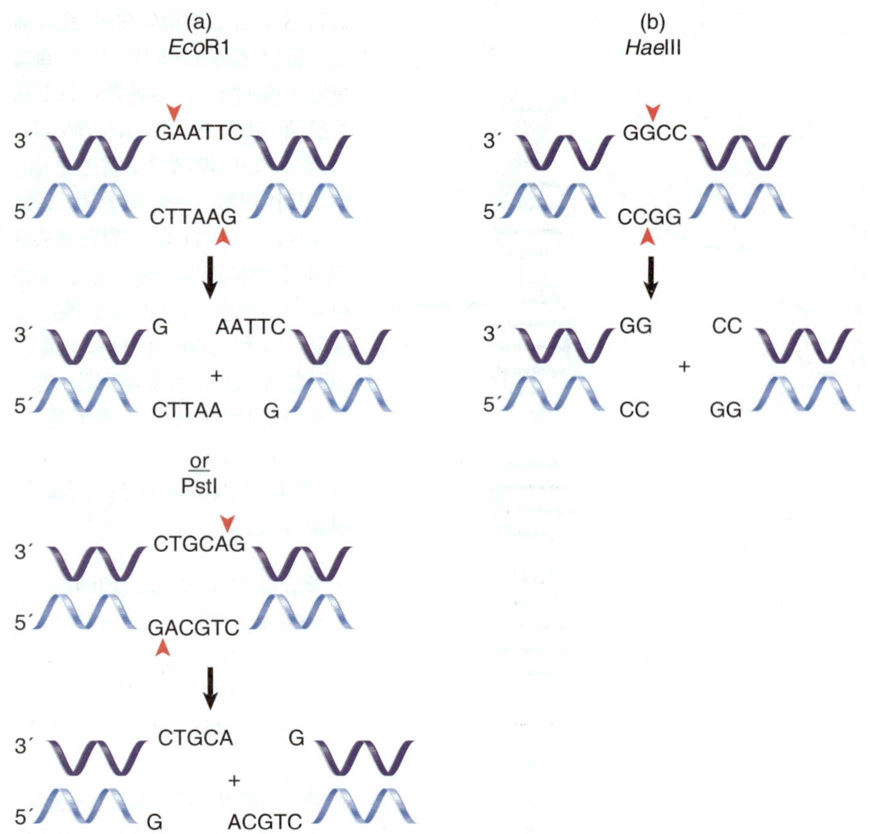

그림 3.2 (a) 제한효소는 인식 부위를 서로 어긋나게 절단하여, 블런트 말단을 생성할 수 있다. (b) 제한효소는 그것의 인식 부위를 절단하고 블런트 말단을 할 수있다.

향으로 읽어도 동일한 염기배열을 가지고 있다. 제한효소는 DNA를 두 가지 방법으로 절단할 수 있다. 가장 일반적인 첫 번째 방법은 엇갈리게 잘라내어, 단일-가닥 오버행(overhang, 돌출) 또는 "스틱키 말단(sticky end, 접착 말단)"을 생성한다. 오버행(overhang, 돌출)은 3′- 또는 5′-오버행이 될 수 있다. 두 번째 방법은 오버행을 생성하지 않는 블런트 이중가닥(blunt double-stranded, 평활 말단)으로의 절단이다. 이들 제한효소가 가지고 있는 추가적인 특이성은 메틸화된 염기(methylated base)를 포함하고 있는 DNA를 절단할 것인가, 절단하지 않을 것인가의 여부를 결정하는 정도이다. 이 부위에서의 특이성 또한 다양하다. 대부분의 효소는 매우 특이적이지만, 이에 반해 일부 말단에 특이적일 수 있다.

다른 박테리아의 제한효소는 동일한 인식 부위를 가질 수 있지만, DNA의 다른 곳을 절단할 수 있다. 한쪽 말단은 블런트 말단(blunt cut, 평활 말단)을 만들 수 있고, 다른 한쪽 말단은 스틱키 말단, 혹은 한쪽 말단은 3′-오버행(3′-overhang)를 남길 수도 있지만, 두 번째 말단은 5′-오버행(5′-overhang)를 생성할 수 있다. 이처럼 작용이 서로 다른 효소를 *아이소스키조머(isoschizomer, 동일전달제한효소)*라고 한다.

I형과 III형 제한효소는 인식 부위와 절단 부위가 다르며, 일반적으로 팔린드롬 구조(palindromes)가 아니라는 점에서 II형 제한효소와 다르다. I형 제한효소를 사용하면 절단 부위가 인식 부위로부터 1000 bp까지 떨어져 있을 수 있다. III형 제한효소는 더 가까운 절단 부위를 가지고 있으며, 보통 20에서 30 bp 떨어져 있다.

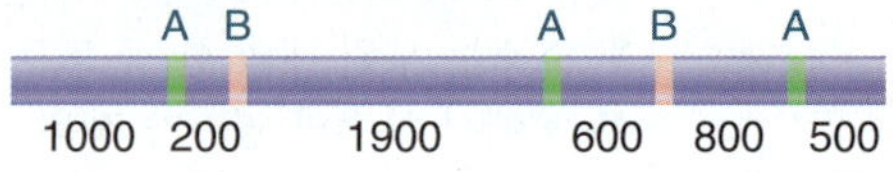

A B A B A
1000 200 1900 600 800 500

그림 3.3 제한 지도란 DNA에 한정된 거리로 구분된 선형 부위 배열을 말한다. 위의 제한효소 지도에서는 제한효소 A에 의해 절단된 세 개의 부위와 제한효소 B에 의해 절단된 두 개의 부위를 확인할 수 있다. 따라서 제한효소 A는 제한효소 B의 단편과 중복되는 네 개의 단편을 생성하고 있으며, 제한효소 B는 제한효소 A의 단편과 중복되는 세 개의 단편을 생성한다. 제한효소 A와 제한효소 B 두 제한효소를 동시에 처리하면 6개의 단편이 생성될 것이다.

*제한효소 지도*는 특정 제한효소가 그들의 표적을 인식하는 부위의 선형 배열을 나타낸 것이다. DNA 분자를 적당한 제한효소로 절단하면, 그것은 음성(-)으로 하전된 별개의 단편으로 끊어진다. 이들 단편은 겔 전기영동(gel electrophoresis)을 이용하여 크기에 따라 분리할 수 있다(*3.6절 DNA 분리기술*에서 설명함; 그림 3.14 참조). DNA의 제한효소 단편을 분석함으로써, **그림 3.3**에서 나타낸 바와 같은 형태로 원래 분자의 지도를 만들 수 있다. 지도는 특정 제한효소가 DNA를 절단하는 위치를 보여주고 있다. 그래서 DNA는 제한효소에 의해 인식되는 부위 사이에 있는 일정한 길이의 일련의 영역으로 나뉜다. 우리가 그 기능에 대한 정보를 알고 있는지의 여부에 관계없이, 모든 DNA 염기배열에 대한 제한 지도를 작성할 수 있다. 만일 DNA의 염기배열을 알고 있다면, 알려진 효소의 인식 부위를 간단히 검색하여 컴퓨터(*in silico*)에서 제한 지도를 만들 수 있다. 목적으로 하는 DNA 염기배열의 제한 지도를 알고 있는 것은, DNA 클로닝에서 매우 중요하며, 다음 절에서 설명한다.

핵심개념

- 뉴클레아제(nuclease, 핵산가수분해효소)는 포스포디에스테르 결합 내의 에스테르 결합을 가수분해한다.
- 포스파타아제(phosphatase, 인산분해효소)는 포스포모노에스테르 결합에서 에스테르 결합을 가수분해한다.
- 뉴클레아제는 특이성이 다양하다.
- 제한효소(restriction endonuclease)는 DNA를 한정된 단편으로 절단하는 데 사용할 수 있다.
- 제한효소 지도는 서로 다른 제한효소를 사용하여 생성될 수 있다.

개념 및 추론 확인

박테리아 세포에서 자연적으로 생성되는 제한효소의 장점은 무엇인가?

3.3 클로닝

클로닝(cloning)의 정의는 아주 단순하다: *클로닝한다(clone)*는 것은 종이를 복사하는 기계에서 수행하든, 양 돌리(Dolly)를 복제하든, 아니면 DNA를 복제하든 간에 모두 동일한 사본을 만드는 것으로, 우리가 여기서 논의할 내용이다. 클로닝은 증폭 과정으로 간주될 수 있는데, 현재 우리는 하나의 사본을 가지고 있으며 많은 동일한 사본을 필요로 한다. DNA 클로닝에는 일반적으로 **재조합 DNA(recombinant DNA)**가 관여하고 있다. 재조합 DNA 또한 아주 간단한 정의를 가지고 있다: 두 개(또는 그 이상)의 서로 다른 출처의 DNA 분자.

▶ **클로닝(cloning)** 숙주 세포에서 복제될 수 있는 하이브리드 구조에 DNA 염기배 열을 도입하여 전파시킴.

▶ **재조합 DNA(recombinant DNA)** 서로 다른 출처의 두 개(또는 그 이상)의 DNA 분자를 연결하여 만들어지는 인공 DNA 분자.

DNA 단편을 클로닝하기 위해서는, 재조합 DNA 분자를 만들어, 여러 번 복사해야 한다. 이 과정에는 서로 다른 두 종류의 DNA가 필요하다: *클로닝 벡터(cloning vector)*와 **인서트(insert, 삽입물)**, 또는 클로닝할 분자. 가장 널리 사용되는 두 종류의 벡터는 각각 플라스미드와 바이러스에서 유래한다.

▶ **벡터(vector)** 복제된 DNA 단편을 영속시키는 데 사용되는 플라스미드 또는 파지 염색체.

▶ **삽입물(insert)** 벡터에 클로닝할 DNA 단편.

수년 동안 벡터는 안전성, 선별 능력 및 높은 성장률을 위해 특별히 설계되어져 왔다. “안전성(safety)”은 벡터가 게놈에 통합되지 않는다는 것을 의미하며(그 목적을 위해 특별히 설계되지 않은 경우), 재조합된 벡터가 다른 세포로 자동 전이(autotransfer)하지 않음을 의미한다(선택 능력에 대해서는 곧 설명한다). 일반적으로, 약 1마이크로그램(microgram)의 벡터 DNA를 복제하고자 하는 경우에는, 우리가 클로닝하고자 하는 약 1마이크로그램의 인서트 DNA(insert DNA, 삽입 DNA)와 연결한다. 상보성을 가지고 있는 DNA 말단을 생성하기 위해서는 벡터와 인서트 DNA 모두를 동일한 제한효소로 처리해야 한다. 이제 프로세스에 영향을 줄 수 있는 세부 사항과 변수에 대하여 알아보자.

증폭하고자 하는 DNA 단편인 인서트부터 시작한다. 인서트는 여러 가지 다양한 소스(source, 자료)에서 올 수 있는데, 예를 들면 아가로오스 겔(agarose gel)에서 선택되거나 선택되지 않은 크기의 제한효소로 처리한 게놈 DNA, **서브클로닝(subclone)**을 하기 위해 클로닝된 더 큰 다른 단편(이는 더 큰 단편이 더 작은 부분을 가지고 있음을 의미), PCR 단편(*3.8절 PCR과 RT-PCR* 참조), 시험관 내(*in vitro*)에서 합성한 DNA 단편 등이다. 단편 말단의 크기와 특성을 알아야 한다. 말단이 블런트인지 아니면 한쪽 말단이 오버행되어 있는지(*3.2절 뉴클레아제*를 상기하라); 만일 그렇다면, 그들의 염기배열은 무엇인가? 이러한 문제에 대한 답은 단편이 어떻게 생성되었는지(DNA를 절단하기 위해 사용된 제한효소 또는 PCR 프라이머(primer)가 DNA를 증폭시키는 데 사용된 방법)에서 구할 수 있다.

▶ **서브클로닝(subclone)** 클로닝한 단편을 더 작은 단편으로 분할하여 추가적으로 클로닝하는 과정.

벡터는 이러한 문제에 대한 답을 기반으로 선택된다. 이 실험을 위해, 우리는 그림 3.4에서 볼 수 있듯이, *파란색/흰색 선택 벡터(blue/white selection vector)*라 불리는 일반적인 유형의 플라스미드 클로닝 벡터(plasmid cloning vector)를 사용한다. 이 벡터는 여러 가지 중요한 요소로 구성되어져 있다. 박테리아 세포에서 실질적인 증폭 단계를 제공하는 플라스미드의 복제가 가능하도록 *ori* 또는 복제 기점(origin of replication)(*14장 염색체 외 복제* 참조)을 가지고 있다. 그것은 벡터가 들어있는 박테리아를 선택할 수 있는 항생제인 앰피실린(ampicillin) 혹은 amp^r에 대한 내성을 코드하는 유전자를 포함하고 있다. 이 벡터는 또한 *E. coli LacZ* 유전자(*26장 오페론* 참조)가 들어있어 벡터에 삽입된 DNA 단편을 선별할 수 있다.

lacZ 유전자는 **멀티 클로닝 사이트(multiple cloning sites)** 또는 MCS를 포함하도록 설계되어 있다. 이곳은 *lacZ* 유전자 자체와 동일한 리딩 프레임의 직렬로 배열되어 있는 곳으로, 일련의 서로 다른 제한효소 인식 부위를 가지고 있는 올리고뉴클레오티드(oligonucleotide) 배열이다. 이것이 파란색/흰색 선택의 핵심이 된다. *lacZ* 유전자는 락토오스(lactose, 유당)에서 갈락토오스(galactose) 결합을 절

▶ **멀티 클로닝 사이트(multiple cloning site, MCS)** 클로닝을 위한 많은 제한효소 부위를 포함하고 있는 클로닝 벡터에서의 인공 DNA 염기배열.

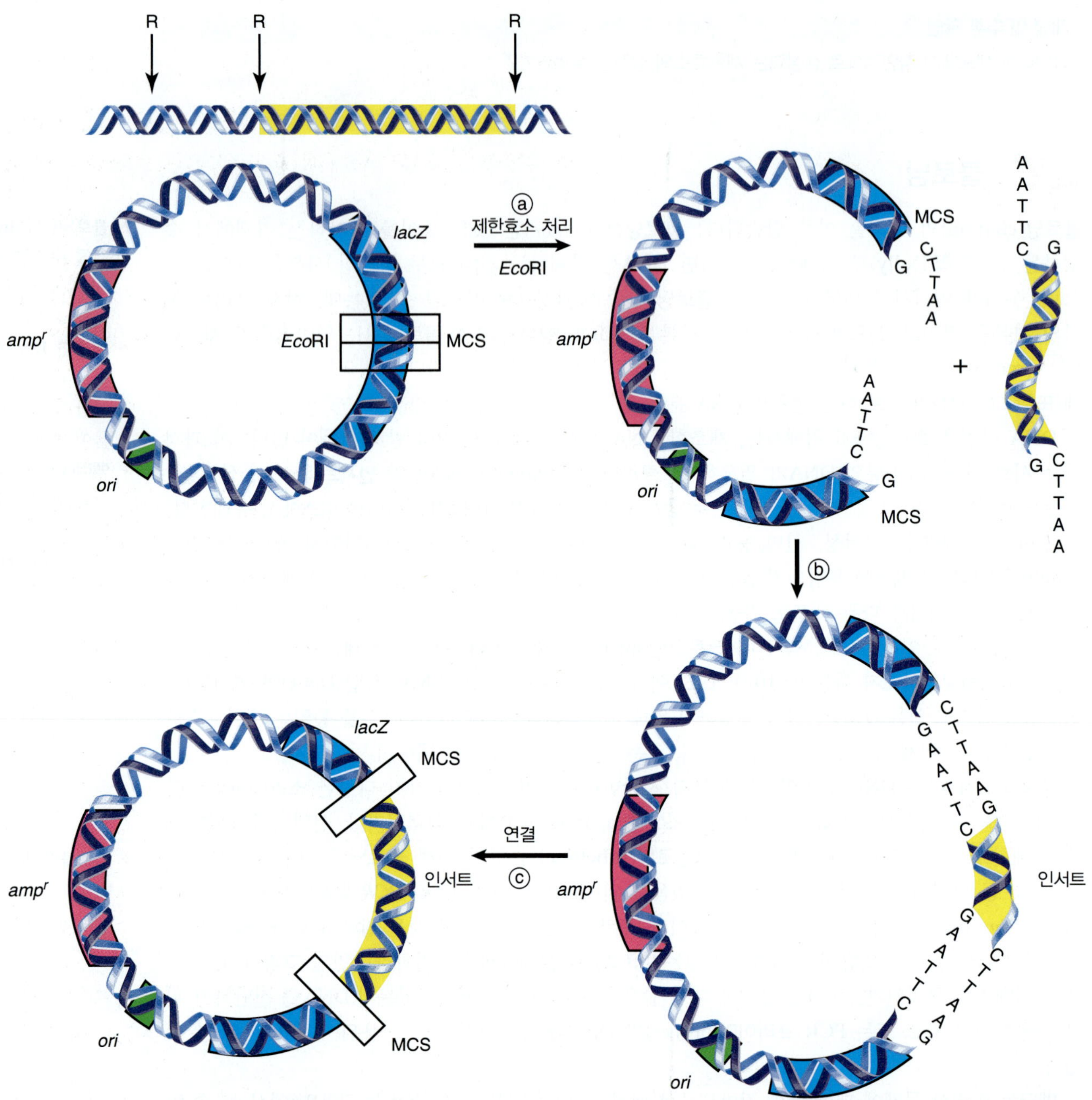

그림 3.4 (a) 클로닝할 인서트 DNA와 함께 세 개의 주요 부위(복제 기점, *ori*, 앰피실린 내성 유전자, *amp*^{r} 및 MCS와 *lacZ*)를 포함하는 플라스미드를 *Eco*R1로 자른다. (b) 제한효소로 처리된 인서트 단편과 벡터를 연결하고 함께 결합시킨다(c). 이렇게 만들어진 이용 가능한 최종 DNA는 대장균으로 형질전환된다.

단하는 베타-갈락토오스분해효소(β-galactosidase, β-gal)를 코드하고 있다. 이 효소는 또한 X-gal(5-bromo-4-chloro-3-indolyl-beta-D-galactopyranoside)이라고 하는 인공 기질의 갈락토시드 결합을 절단하는데, X-gal을 박테리아 성장 배지에 첨가하게 되면, 베타-갈락토오스분해효소에 의해 분해되어 파란색을 나타낸다. *만일 DNA 단편이 MCS에 클로닝(삽입)되면 lacZ 유전자가 파괴되어 불활성화되고, 그 결과 β-gal이 더 이상 X-gal을 절단하지 못하게 되어 파란 박테리아 콜로니보다 흰색의 박테리아 콜로니가 생성된다.* 이것이 파란색/흰색 선택 메커니즘이다.

이제 클로닝 실험을 시작한다. 그림 3.4에 따라, 벡터와 인서트는 동일한 제한효소로 처리하여 서로 호환성이 있는 단일-가닥의 스틱키 말단으로 만든다. 이들이 동일한 오버행 구조의 염기배열을 생성한다면, 여기서의 변수는 서로 다른 제한효소 인식 부위를 인식하는 서로 다른 제한효소를 선택하는 능력이다. 블런트 말단을 갖는 제한효소도 사용될 수는 있으나, 다음 단계인 라이게이션(ligation, 연결) 등의 효율은 낮아진다. 만일 엑소뉴클레아제로 말단을 잘라내어 블런트 말단으로 하면, 서로 다른 오버행 구조를 가지고 있는 전혀 다른 두 말단을 사용할 수 있다. (동일한 방법으로 생각하면, 만일 말단 부위를 라이게이션을 위하여 블런트 말단으로 만들면, 무작위로 절단된 DNA도 사용할 수 있다.) 만일 I형 또는 III형 제한효소를 꼭 사용해야만 한다면, 말단도 또한 블런트 말단이 되어야만 한다. 중요한 또 다른 방법은 두 개의 서로 다른 제한효소를 사용하여 각 말단을 서로 다른 오버행 구조를 만드는 것이다. 이 방업의 장점은 벡터 또는 인서트가 셀프-라이게이션(self-ligation)하지 않으며, 인서트가 벡터에 들어가는 방향을 조절할 수 있다는 것이다; 이러한 방법을 *방향성 클로닝*(*directional cloning*)이라고 한다. 이때, 적절한 제한효소 부위가 있는 벡터를 선택하면 된다.

다음 단계는 그것들을 라이게이션하기 위해 이용 가능한 두 개의 DNA 단편인 벡터 및 인서트를 결합하는 것이다. 인서트 대 벡터의 비율은 5- 또는 10-대 1의 몰비(molar ratio)가 일반적으로 사용된다. 벡터가 너무 많으면, 벡터-벡터 다이머(vector-vector dimer)가 생성된다. 인서트가 너무 많으면, 벡터에 멀티풀 인서트가 생성된다. 인서트의 크기는 중요하다; 크기가 (10 kb 이상으로) 너무 크면, 인서트는 플라스미드 벡터에 효율적으로 클로닝되지 않으며, 바이러스-기반의 다른 벡터를 사용해야 한다. 라이게이션은 종종 낮은 온도에서 오버나이트(overnight)하여 실시하는데, 이렇게 함으로써 라이게이션 반응 속도가 늦어져 멀티머(multimer)를 적게 생성한다.

이렇게 하여 무작위로 만들어진 라이게이션된 DNA 분자들은 현재 대장균을 "*형질전환*"하는 데 사용된다. **형질전환(transformation)**이란 DNA가 숙주세포에 도입되는 과정을 말한다. 대장균은 정상적인 생리학적 조건에서는 형질전환이 일어나지 않는다. 결과적으로, DNA를 세포 안으로 밀어 넣어야만 한다. 형질전환에는, $CaCl_2$의 높은 염 농도 용액으로 박테리아를 세척하는 방법과 전류를 가하는 *일렉트로포레이션*(*eletroporation*)의 두 가지 일반적인 방법이 있다. 두 방법 모두 세포벽에 작은 구멍을 만든다. 이러한 방법을 사용하더라도, 극소수의 박테리아 세포만이 형질전환된다. 대장균의 균주가 중요하다. 이러한 균주들은 제한 시스템(restriction system)이나 혹은 외부로부터 들어오는 DNA를 메틸화하는 수식 시스템(modification system)을 가지고 있지 않아야 한다. 이들 균주는 또한 파란색/흰색 시스템을 사용할 수 있어야 하는데, 이는 LacZ의 α-상보성 단편(α-complementing fragment)을 포함해야 한다는 것을 의미한다(대부분의 플라스미드에 포함되어 있는 *lacZ* 유전자는 이 단편이 없으면 기능하지 않는다). 일반적으로 사용되는 균주가 DH5α이다.

▶ **형질전환(transformation)** 세포에 의한 새로운 외인성 유전물질의 획득.

형질전환은 여러 유형의 많은 박테리아를 만들어지는데, 이들 박테리아의 대부분은 인서트되지 않은 벡터만을 포함하거나 혹은 DNA를 전혀 가지고 있지 않기 때문에 필요로 하지 않는다. 우리는 수백만 개의 박테리아로부터 그렇지 않은 재조합체 플라스미드가 들어있는 소수의 박테리아를 선택해야 한다. 형질전환된 박테리아 세포를 항생제 앰피실린(ampicillin) 및 IPTG(Isopropyl Thiogalactoside)라고 불리는 인공 β-gal 유도제를 함유한 아가 플레이트(agar plate)에 도말한다. 플레이트에 있는 앰피실린은 대다수의 박테리아 세포, 즉 amp^r 플라스미드로 형질전환되지 않은 모든 박테리아를 죽일 것이다. 나머지 박테리아는 자라서 눈으로 볼 수 있는 콜로니를 형성할 수 있다. 그림 3.5에 나타낸 바와 같이, 두 종류의 서로 다른 콜로니를 볼 수 있다; 즉, 인서트를 가지고 있지 않은 벡터만을 포함하고 있는 파란색 콜로니(이 균주는 β-gal이 X-gal을 분해하여 파란색 물질을 나타내기 때문임)와 우리가 원하는 흰색 콜로니(이 균주는 불활성화된 β-gal이 X-gal을 분해하지 못하여, 무색으로 남아있기 때문임)이다.

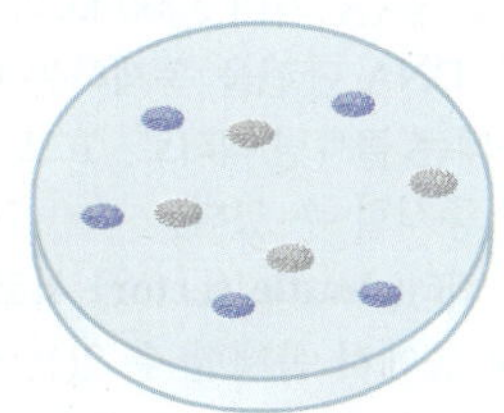

그림 3.5 제한효소를 처리하여, 벡터와 인서트 DNA를 라이게이션한 DNA 분자를 대장균으로 형질전환시킨 다음, 박테리아 세포를 앰피실린, IPTG 및 색상 지시제인 X-gal을 함유한 아가 플레이트 상에 도말한다. 37℃에서 오버나이트(overnight) 배양하면 파란색과 흰색 콜로니가 생성된다. 흰색 콜로니는 추가적인 분석을 위해 DNA를 준비하는 데 사용된다.

이것으로 이야기의 끝은 아니다. 벡터만의 다이머(dimer)로 형성된 것과 같은 거짓 양성 클론(clone)을 확인하고 제거해야 한다. 그렇게 하기 위해서, 각 후보 콜로니로부터 플라스미드 DNA를 최소한 부분적으로 정제하여, 제한효소로 처리한 다음, 겔 전기영동을 이용하여 삽입된 인서트 크기를 확인한다. 삽입된 인서트 단편의 염기배열을 분석하여 절대적으로 그 어떤 불필요한 오염물질이 클로닝되지 않았음을 확인해야 한다. 시퀀싱(sequencing)은 *3.7절 DNA 시퀀싱*에서 설명한다.

핵심개념

- DNA 단편을 클로닝하려면 특별히 만들어진 벡터가 필요하다.
- 파란색/흰색 선택(blue/white selection)을 통해 벡터 플라스미드 및 인서트를 포함한 벡터 플라스미드가 포함된 박테리아를 확인할 수 있다.

개념 및 추론 확인

만일 블런트 말단(blunt end, 평활 말단)을 생성하는 제한효소로 벡터와 공여체(donor) DNA를 처리하면, 벡터와 공여체 DNA 모두에 동일한 효소를 사용해야 하는가? 그렇다면 왜 그런지, 그렇지 않다면 왜 안 그런지 이유를 설명하라.

벡터	특징	DNA 분리	DNA 제한
플라스미드	복제 수 많음	물리적	10 kb
파지	박테리아 감염	파지 패키징	20 kb
코스미드	복제 수 많음	파지 패키징	48 kb
BAC	F 플라스미드에 따름	물리적	300 kb
YAC	복제 기점 + 센트로미어 + 텔로미어	물리적	3000 kb

그림 3.6 클로닝 벡터는 플라스미드 또는 파지를 기반으로 할 수 있거나 혹은 진핵생물의 염색체를 모방할 수 있다.

▶ **코스미드(cosmid)** 람다(λ) 파지의 cos 부위를 넣은 박테리아 플라스미드 유래의 클로닝 벡터로, 이 벡터는 플라스미드 DNA를 람다(λ) 패키징 시스템의 기질로 한다.

▶ **효모인공염색체(yeast artificial chromosome, YAC)** 효모 텔로미어, 센트로미어 및 복제 기점을 포함하고 있는, 최대 3000 kb의 매우 큰 DNA 단편을 복제하는 데 사용되는 클로닝 벡터로, 효모 세포에서 증식할 수 있다.

▶ **셔틀 벡터(shuttle vector)** 서로 다른 두 종에서 복제할 수 있는 클로닝 벡터.

▶ **발현 벡터(expression vector)** 인서트 DNA의 번역 또는 단순히 전사 발현을 가능하게 하는 클로닝 벡터.

▶ **리포터 유전자(reporter gene)** 쉽게 식별되거나 측정되는 펩티드를 코드하는 다른 유전자에 부착된 염기배열.

3.4 클로닝 벡터는 다른 목적을 위해 특성화될 수 있다

앞의 예에서, 인서트(삽입) DNA를 ~10 kb까지 삽입하기 위해 간단하게 고안된 벡터의 사용에 대해 설명하였다. 그러나 더 큰 인서트 DNA를 클로닝하는 것을 필요로 하고 있으며, 때로는 DNA를 증폭시키는 것뿐만 아니라, 세포에 클로닝된 유전자를 발현하거나, 프로모터(promoter)의 특성을 조사하거나, (곧 설명할) 다양한 융합단백질(fusion protein)을 생성하기도 한다. 그림 3.6은 가장 자주 사용되는 클로닝 벡터의 특성을 요약한 것이다. 여기에는 박테리오파지 게놈을 기반으로 하는 벡터가 포함되어 있는데, 이러한 벡터는 박테리아에서 사용할 수 있지만, 제한된 양의 DNA만 바이러스 코트에 담을 수 있다는 단점이 있다(그러나 플라스미드보다 더 큰 인서트 DNA를 운반할 수 있다). 플라스미드와 파지의 장점만을 이용하여 **코스미드(cosmid)**로 만들어졌는데, 이는 플라스미드처럼 증식하지만 람다(λ) 파지의 패키징 메커니즘을 사용하여 세균 세포에 DNA를 전달한다. 코스미드는 최대 47 kb[파지 헤드(phage head)에 포장할 수 있는 최대 DNA 길이]의 인서트 DNA를 운반할 수 있다.

가능한 가장 큰 인서트 DNA를 클로닝하는 데 사용되는 벡터는 **YAC(yeast artificial chromosome, 효모인공염색체)**이다. YAC는 복제를 위한 효모의 복제 기점, 적절한 분리를 보장하는 센트로미어(centromere) 및 안정성을 제공하는 텔로미어(telomere)를 가지고 있다. 실제로, YAC는 효모 염색체처럼 증식한다. YAC는 모든 벡터 중 가장 큰 용량을 가지고 있으며, Mb 단위의 인서트 DNA를 증식할 수 있다.

셔틀 벡터(shuttle vector)로 알려진 매우 유용한 종류의 벡터는 두 종류 이상의 숙주 세포에서 사용될 수 있다. 그림 3.7에 나타낸 예는 대장균 및 효모(*S.cerevisiae*) 모두의 복제 기점 및 선택 마커를 포함하고 있다. 이 벡터는 대장균에서 원형의 다중 복제수 플라스미드로 복제할 수 있다. 이 벡터는 효모의 센트로미어를 가지고 있으며, 또한 *Bam*HI 제한효소 인식 부위에 인접한 효모 텔로미어를 가지고 있으므로, *Bam*HI로 절단하면 효모에서 증식할 수 있는 YAC가 만들어진다.

발현 벡터(expression vector)와 같은 다른 종류의 벡터는 유전자의 발현을 유도하는 프로모터를 포함하기도 한다. 모든 오픈 리딩 프레임은 벡터에 삽입되어, 추가적인 수식(modification) 없이 발현될 수 있다. 이들 프로모터는 연속적으로 활성을 가지거나 혹은 유도성을 가질 수 있어, 특정 조건 하에서만 발현된다. 또는 유전자의 정상적인 조절을 이해하기 위해 목적으로 하는 클로닝된 프로모터의 기능을 연구하는 것이 목표일 수 있다. 이러한 경우, 실제 유전자를 사용하기보다는 목적으로 하는 프로모터의 조절을 받아 쉽게 검출할 수 있는 **리포터 유전자(reporter gene)**를 사용할 수 있다.

어떠한 가장 적절한 리포터 유전자를 사용할 것인가는 프로모터의 효율을 정량화할 것인지(예를 들어, 돌연변이의 영향 또는 돌연변이에 결합하는 전사인자의 활성을 결정할 때), 혹은 조직-특이적인 발현 양상을 알아보고자 하는 것인가에 따라 달라진다. 그림 3.8은 프로모터 활성을 분석하는 일반적

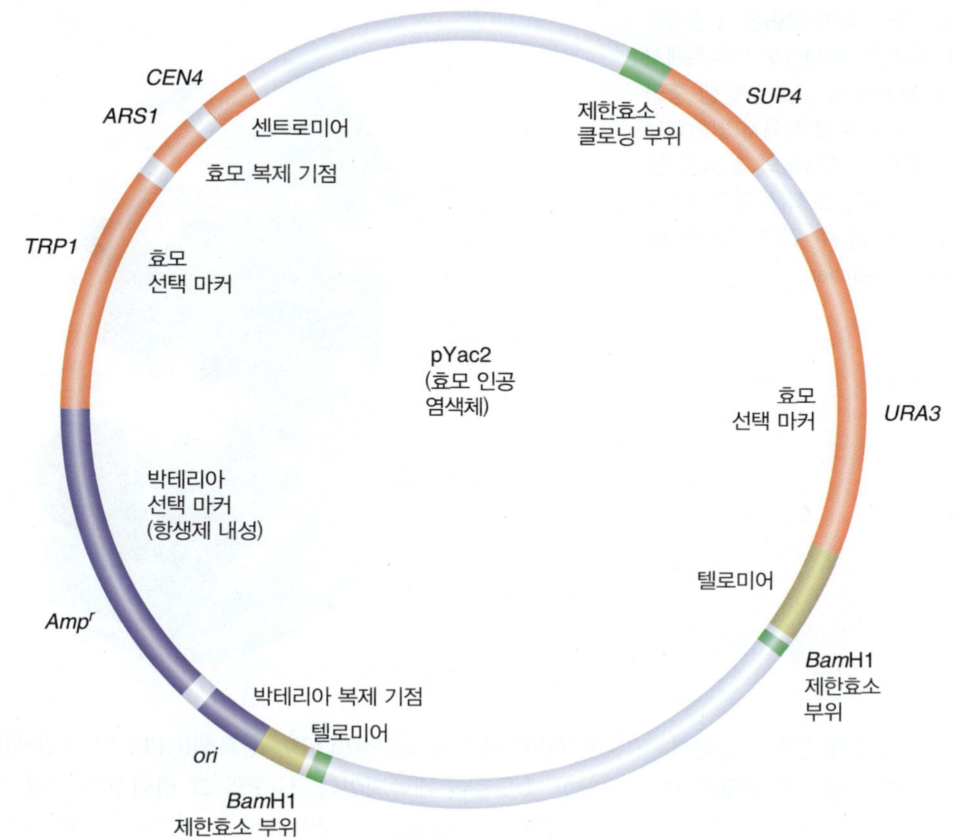

그림 3.7 pYac2는 박테리아와 효모 모두에서 복제와 선택 마커 사용이 가능한 특징을 가진 클로닝 벡터이다. 박테리아 기능(파란색으로 표시)에는 복제 기점과 항생제 내성유전자를 포함하고 있다. 효모의 특징(주황색과 노란색으로 표시)은 복제 기점, 센트로미어, 두 개의 선택가능한 마커 및 텔로미어를 포함하고 있다.

인 시스템을 요약한 것이다. 반딧불이(firefly)에서 생물 발광에 관여하는 효소를 코드하는 유전자 *루시퍼라아제*(*luciferase*)의 코딩 영역에 연결된 진핵생물 프로모터를 갖는 클로닝 벡터가 있다. 일반적으로, mRNA의 적절한 생성을 확실하게 하기 위해 전사 종결 신호가 추가된다. 하이브리드 벡터를 표적세포로 도입하고, 세포를 성장시켜 적절한 실험적 처리를 한다. 루시페라아제 활성의 수준은 기질인 루시퍼린(luciferin)을 첨가하여 측정한다. 루시페라아제 활성은 562 nm에서 측정할 수 있는 발광을 일으키며, 생성된 효소의 양에 직접적으로 비례하므로, 이로부터 프로모터의 활성을 측정할 수 있다.

유전자 발현을 시각적으로 보기 위해 아주 매력적인 리포터 유전자를 이용할 수 있다. 앞에서 파란색/흰색 선택 전략에서 설명한, *lacZ* 유전자는 매우 유용한 리포터 유전자로도 사용된다. 그림 3.9는 *lacZ* 유전자가 조직-특이적인 프로모터의 조절 하에 있을 때 일어나는 현상을 보여 주고 있다. 이 프로모터가 정상적으로 활성을 나타내고 있는 조직은 배아를 염색하기 위해 X-gal 기질을 사용하여 눈으로 볼 수 있다.

유전자 발현 패턴을 시각화하는 데 사용할 수 있는 가장 유명한 리포터 유전자 중 하나는 해파리에서 얻은 GFP(green fluorescent protein)이다. GFP는 자연 형광 단백질로, 한 파장의 빛으로 방출되

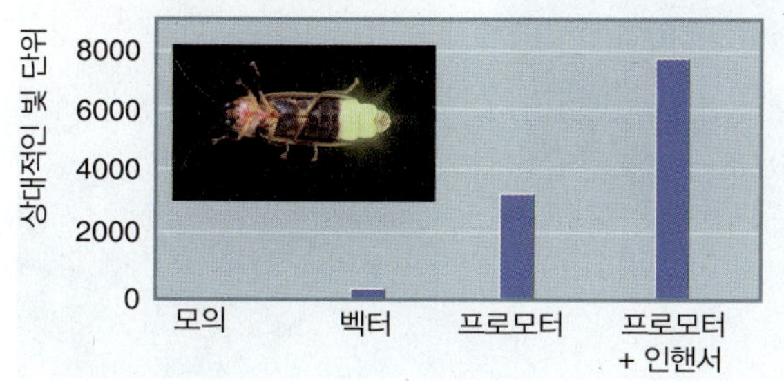

그림 3.8 루시퍼라아제(여기에 표시된 것과 같은 반딧불이 유래)는 일반적인 리포터 유전자이다. 그래프는 최소 프로모터 혹은 프로모터+로 추정되는 인핸서에 의해 작동되는 루시퍼라아제 벡터로 형질감염된 포유동물 세포로부터의 결과를 나타낸다. 루시퍼라아제 활성 정도는 프로모터의 활성과 관련이 있다. Photo ©Cathy Keifer/Dreamstime.com.

그림 3.9 *lacZ* 유전자의 발현은 β-갈락토시다아제(파란색)를 염색하여 마우스에서 볼 수 있다. 보기에서, *lacZ*는 발생 중인 심장, 팔다리 및 다른 조직에서 발현되는 마우스 유전자의 프로모터의 조절을 받아 발현되었다. 해당 조직은 파란색으로 염색되어 눈으로 볼 수 있다. ©Philippe Psaila/Photo Researchers, Inc.

면 다른 파장에서 형광을 방출한다. 기존의 GFP 외에도 노란색(YFP), 청록색(CFP) 및 파란색(BFP)과 같은 다양한 색상으로 형광을 내는 다양한 종류들이 개발되었다. GFP와 그 변이형은 자체 리포터 유전자로 사용될 수 있거나, 혹은 *융합단백질(fusion protein)*을 생성하는 데 사용될 수 있으며, 그림 3.10의 예에서 나타낸 바와 같이, 목적으로 하는 단백질을 GFP와 융합하면 생체 조직에서 눈으로 볼 수 있게 된다.

벡터는 다양한 방법으로 서로 다른 종에 도입된다. 박테리아와 효모와 같은 단순한 진핵생물은 *3.3절 클로닝*에서 설명한 것처럼, 세포막을 투과할 수 있도록 화학적 처리를 사용하여 쉽게 형질전환시킬 수

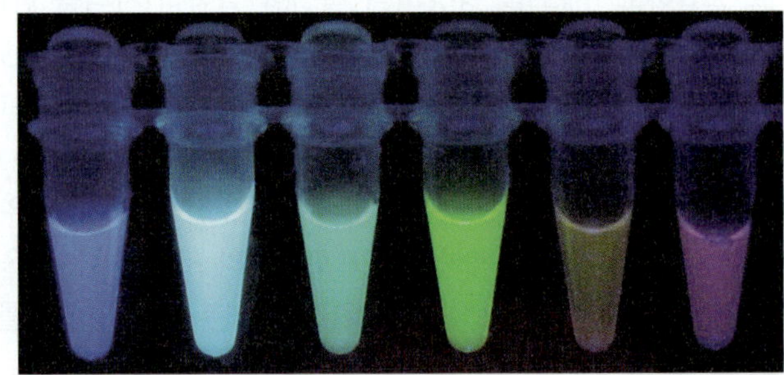

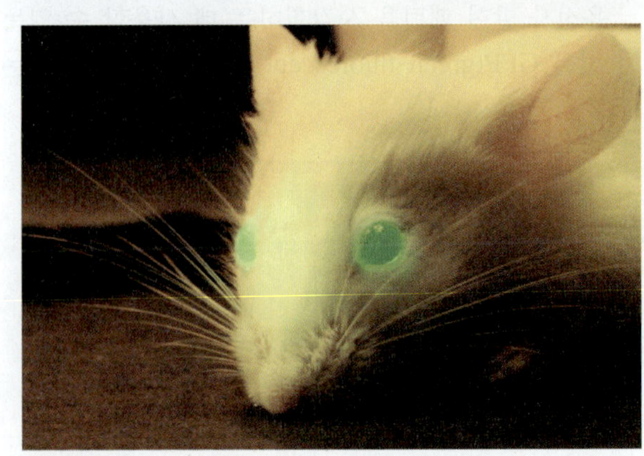

그림 3.10 (a) GFP가 발견된 이후, 서로 다른 색으로 형광을 내는 유도체들이 제작되었다. Photo courtesy of Joachim Goedhart, Molecular Cytology, SILS, University of Amsterdam. (b) GFP에 융합된 인간 로돕신(눈의 망막에서 발현된 단백질)을 발현하는 살아 있는 형질전환 마우스. Reprinted from Vision Res ., vol. 45, T. G. Wensel et al., Rhodopsin-EGFP knock-ins . . . , pp. 3445–3453. Copyright 2005, with permission from Elsevier (http://www. sciencedirect.com/science/journal/00426989). Photo courtesy of Theodore G. Wensel, Baylor College of Medicine.

있다. 그러나 그림 3.11에 요약한 것처럼, 많은 유형의 세포를 아주 쉽게 형질전환시킬 수 없으므로, 다른 방법을 사용해야만 한다. 어떤 유형의 클로닝 벡터는 DNA를 세포에 도입하기 위하여 자연스러운 감염 방법이 이용되는데, 예를 들면 바이러스 벡터는 바이러스 감염 과정을 이용하여 세포 안으로 DNA를 도입한다. *리포솜(liposome)*은 DNA 또는 기타 생물학적 물질을 포함할 수 있는 인공 막으로 만든 작은 스피어(sphere, 구형체)이다. 리포솜은 세포막과 융합하여 세포 내로 내용물을 방출할 수 있다. *마이크로인젝션(Microinjection)*은 매우 미세한 바늘을 사용하여 세포막을 뚫는다. DNA가 포함된 용액은 (예를 들어, 난자와 같이) 핵이 표적으로 선택될 만큼 충분히 큰 경우, 세포질 또는 핵으로 직접 도입될 수 있다. 식물의 두꺼운 세포벽은 여러 가지 전달 방법의 장애가 되는데, "유전자 총(gene gun)"은 이러한 장애를 극복하기 위한 수단으로 고안되었다. 유전자 총은 빠른 속도로 세포벽을 통과하여 세포 안으로 매우 작은 입자를 발사한다. 입자는 DNA로 코팅된 금 또는 나노스피어(nanosphere)로 구성될 수 있다. 이 방법은 현재 포유동물 세포를 포함한 다양한 종에 적용하여 사용하고 있다.

바이러스성 벡터는 감염을 통해 DNA를 도입한다

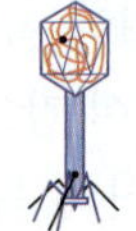

리포솜은 막과 융합될 수 있다

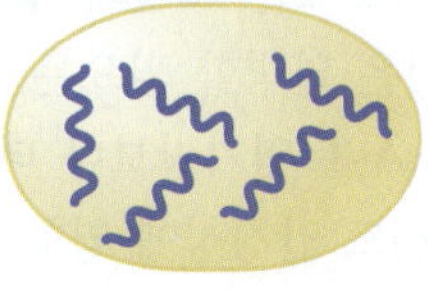

마이크로인젝션은 DNA를 세포질이나 핵으로 직접 도입한다

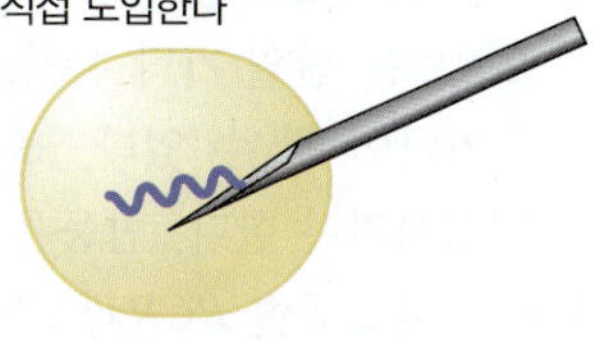

나노스피어(nanosphere)는 유전자 총에 의해 세포 내로 주사될 수 있다.

그림 3.11 (바이러스 감염과 같은 방식으로) 바이러스 벡터 또는 (막과 융합된) 리포솜에 캡슐화하여 자연적으로 세포막을 통과하는 방법으로 DNA를 표적 세포로 방출할 수 있다. 그렇지 않으면, 마이크로인젝션(microinjection)에 의해, 혹은 매우 빠른 속도로 세포막을 뚫는 유전자 총에 의해 세포 안으로 주사되는 나노입자(nanoparticle)의 외부를 코팅함으로써, 수동으로 통과시킬 수 있다.

핵심개념

- 클로닝 벡터로는 박테리아 플라스미드, 파지, 코스미드(cosmid) 또는 효모 인공염색체(YAC) 등이 있다.
- 셔틀 벡터(shuttle vector)는 하나 이상의 유형의 숙주 세포에서 증식할 수 있다.
- 발현 벡터(expression vector)에는 클로닝된 유전자의 전사를 가능하게 하는 프로모터를 가지고 있다.
- 리포터 유전자는 프로모터 활성 또는 조직-특이적 발현을 측정하는 데 사용할 수 있다.
- 서로 다른 표적세포에 DNA를 도입하는 많은 방법이 있다.

개념 및 추론 확인

GFP 융합 리포터 유전자가 목적 단백질과 동일한 리딩 프레임에 연결되어야 하는 이유는 무엇인가?

3.5 핵산 검출

DNA와 RNA를 검출하는 여러 가지 방법이 있다. 고전적인 방법은 핵산이 260 nm 파장에서 빛을 흡수하는 능력으로 측정한다. 흡수되는 빛의 양은 존재하는 핵산의 양에 비례한다. 이중-가닥 핵산과 비교하여 단일-가닥에 의한 흡수량에는 약간의 차이가 있지만, DNA 대 RNA는 그렇지 않다. 단백질 오염(contamination)은 결과에 영향을 미칠 수 있지만, 단백질은 280 nm에서 최대의 흡수치를 나타내기 때문에, 존재하고 있는 핵산의 양을 정량화할 수 있도록 260 nm/280 nm 비율의 표를 게재하고 있다.

DNA 및 RNA는 에티듐브로마이드(ethidium bromide, EtBr)로 비특이적으로 염색되어 보다 감도 높게 볼 수 있다. EtBr은 중첩된 염기쌍 사이의 이중나선 구조 사이로 삽입됨으로써 이중-가닥 DNA

(및 RNA)에 강하게 결합하는 트리사이클릭(tricyclic)의 유기화합물이다. EtBr은 DNA에 결합한다; 결과적으로 강력한 돌연변이원이며, 사용시 주의해야만 한다. EtBr은 자외선에 노출되면 형광을 발하며, 이로 인하여 감도가 높아진다. SYBR 그린(green)은 더 안전한 대체 DNA 염색제이다.

▶ **프로브(probe)** 상보적인 염기배열을 동정하는 데 사용되는 표지된 핵산.

▶ **상보적인(complementary)** 이중가닥 핵산의 짝 형성 반응으로 형성되는 염기쌍(A는 DNA에서 T, RNA에서 U, G는 C).

▶ **엄격한 조건(stringency)** 두 개의 핵산 가닥이 하이브리드를 가능하게 하는 데 요구되는 상보성의 정확성을 측정한 것. 엄격한 조건은 완충액의 이온 강도 및 반응 온도와 관련이 있다.

우리는 핵산의 특정 염기배열의 검출에 초점을 맞추고자 한다. 특정 염기배열을 확인하는 능력은 알려진 염기배열을 가진 **프로브(probe)**와 표적과의 하이브리디제이션(hybridization, 잡종화)에 의존한다. 프로브는 그것과 **상보적인(complementary)** 염기배열을 검출한 다음 결합하게 된다. 일치율(match)은 완벽할 필요는 없지만, 일치율이 감소하면 핵산 하이브리드의 안정성이 감소한다. G-C 염기쌍은 A-T 염기쌍보다 더 안정하므로, 염기 조성(일반적으로 G-C%라고 함)이 중요한 변수가 된다. 하이브리드 안정성에 영향을 주는 두 번째 변수 세트는 외적인 요인이다; 여기에는 완충 조건(농도 및 조성) 및 하이브리디제이션이 일어나는 온도가 포함된다. 이것을 하이브리디제이션이 이루어지는 **엄격한 조건(stringency)**이라고 한다.

프로브는 단일-가닥 분자로서 기능한다(이중-가닥이면 변성되어야만 한다). 표적은 단일-가닥 또는 이중-가닥이 될 수 있다. 표적이 이중-가닥이면, 하이브리디제이션 과정을 시작하기 위해 단일-가닥으로 변성시켜야 한다. 반응은 용액 내에서도 할 수 있으며(예를 들면, 시퀀싱 또는 PCR 중, *3.7절 DNA 시퀀싱* 및 *3.8절 PCR과 RT-PCR* 참조), 또는 표적이 니트로셀룰로스 필터(nitrocellulose filter)와 같은 멤브레인(membrane) 지지체에 결합되었을 때 이루어질 수 있다 (*3.9절 블롯팅 방법* 참조). 표적은 DNA(Southern blot, 서던 블롯트라고 부름) 또는 RNA(northern blot, 노던 블롯트라고 부름)가 될 수 있으나, 프로브는 통상 DNA이다.

이 실험을 위해, 큰 DNA 단편을 더 작은 단편으로 제한효소로 처리한 다음, 개별 단편을 서브클로닝한 실험에서 서던 블롯트을 사용하자(*3.2절 클로닝* 참조). 그림 3.5의 플레이트에 있는 콜로니로 시작하여, 각 흰색 콜로니로부터 플라스미드 DNA를 분리하고, 단편을 클로닝하는 데 사용한 것과 동일한 제한효소로 DNA를 분해한다. DNA 단편을 아가로오스 겔(agarose gel)에서 분리하여, 니트로셀룰로오스에 흡착시킨다(*3.6절 DNA 분리기술* 참조).

영상 범위의 감도를 높이려면 프로브에 표지를 해야만 한다. 먼저 방사성표지법(radiolabeling)에 대하여 설명한 후, 방사능을 사용하지 않는 대체표지법(alternative labeling)에 대하여 설명하고자 한다. 대부분의 반응에서, ^{32}P가 사용되지만, ^{33}P(반감기는 길지만 침투력이 약함)와 ^{3}H(나중에 설명할 특정 목적을 위해 사용됨)도 사용된다. 프로브는 여러 가지 방법으로 방사성 표지를 할 수 있다. 하나는 말단표지법다. 또 다른 방법으로는, 클레나우 DNA 중합효소(Klenow DNA polymerase) 단편(*13.3절 DNA 중합효소는 다양한 뉴클레아제 활성을 가지고 있다* 참조)을 이용하거나 혹은 PCR(*3.8절 PCR과 RT-PCR* 참조)이 진행되는 동안, ^{32}P로 표지된 뉴클레오티드를 닉-트랜스레이션(nick-translation) 또는 랜덤 프라이밍(random priming)으로 만들 수 있다.

핵산 하이브리디제이션(nucleic acid hybridization) 연구를 함에 있어, 일반적으로 광범위한 범위의 G-C 함량에 대해 하이브리디제이션이 가능한 표준 절차가 사용된다. 하이브리디제이션 실험은 SSC(standard sodium citrate)이라고 불리는 표준화된 완충액에서 수행되며, 보통 20× 농축 저장 용액으로 준비한다. 하이브리디제이션은 전형적으로 요구되는 엄격한 조건에 따라 45℃ 내지 65℃의 표준 온도 범위 내에서 수행된다.

멤브레인(membraen)에 결합된 표지된 프로브와 표적 DNA 간의 실제 하이브리디제이션은 일반적으로 프로브에 대한 백그라운드 하이브리디제이션을 감소시키는 분자들을 함유하는 완충액에서 밀폐된(또는 밀봉된) 용기에서 일어난다. 하이브리디제이션 실험은 전형적으로 프로브와 표적 DNA와의 최대 하이브리디제이션이 일어날 수 있도록 오버나이트(overnight)로 수행된다. 하이브리디제이션 반응은 확률적이며 각기 서로 다른 염기배열에 따라 달라진다. 염기배열의 사본이 많을수록, 특정 프로브 분자가 그와 상보적인 염기배열을 접할 확률은 높아진다.

다음 단계는 핵산의 상보적인 염기배열에 특이적으로 결합하지 않은 모든 프로브를 제거하기 위해 필터를 세척하는 것이다. 실험의 종류에 따라, 세척(washing)의 엄격한 조건은 일반적으로 잘못된 결과(spurious results)를 피하기 위해 상당히 높게 설정한다. 보다 엄격한 조건은 보다 높은 온도(프로브의 변성 온도에 더 가깝다)와 낮은 양이온 농도를 포함한다. (염 농도가 낮으면 DNA 골격의 음성을 나타내는 인산그룹의 보호가 적어지게 되는데, 이는 오히려 가닥 어닐링이 억제된다.) 그러나 일부 실험에서는 (예를 들어, Y종의 프로브를 사용하여 X종의 DNA 사본을 찾는 것과 같이) 낮은 퍼센트 일치를 가진 표적과의 하이브리디제이션를 특별히 찾고자 하는 경우, 보다 낮은 엄격한 조건에서 하이브리디제이션을 수행하면 된다.

마지막 단계는 겔(실질적으로 필터) 상의 어떤 목표 DNA 밴드가 방사성으로 표지된 프로브에 결합되었는지를 확인하는 것이다. 세척한 니트로셀룰로오스 필터에 **오토라디오그래피(autoradiography, 방사선자동사진법)**를 실시한다. 건조된 필터는 X-선 필름에 밀착시킨다. 방사성 신호를 증폭하기 위해 강화 스크린을 사용할 수 있다. 이들은 필름을 통해 다시 방사선을 반사시키는 역할을 하는 필터/필름의 양쪽에 있는 특수 스크린이다. 또 다른 방법으로는, *포스포이미지 스크린*(*phosphorimaging* screen) (a solid-state liquid scintillation device, 고체-상태의 액체섬광장치)을 사용할 수도 있다. 이것은 X-선 필름보다 감도가 좋고 빠르지만, 해상도가 다소 낮다. 오토라디오그래피 밀착시간은 경험에 의한다. 방사능의 총 추정값은 포켓용 방사선 모니터로 측정할 수 있다. 샘플의 측정 결과를 그림 3.12에 나타내었다. 필터에 있는 한 밴드가 X-선 필름을 검게 변화시켰다. X-선 필름을 필터에 맞춰 어떤 밴드가 프로브에 해당하는지 판별할 수 있다.

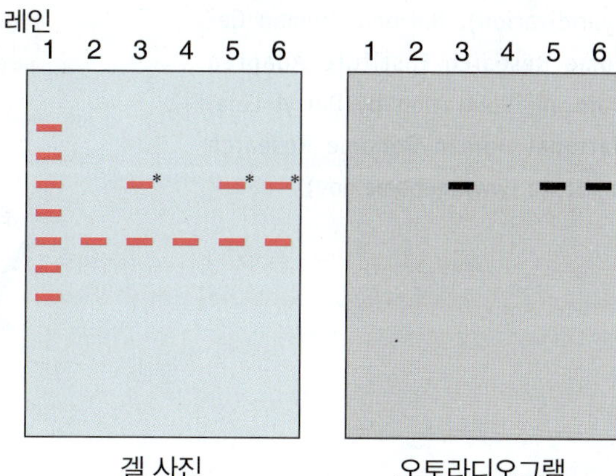

그림 3.12 그림 3.5에서 설명한 콜로니에서 준비된 겔의 오토라디오그램 사진이다. 겔을 니트로셀룰로오스로 블롯팅하고 방사성을 가지고 있는 유전자 단편을 프로브로 사용하였다. 레인 1은 크기에 따른 DNA 표준 마커이다. 레인 2는 *Eco*R1로 절단된 원래의 벡터이다. 레인 3~6은 *Eco*R1로 분해한 그림 3.4의 흰색 콜로니 중 하나의 플라스미드 DNA를 포함하고 있다. 사진의 왼쪽은 겔의 모식도이다; 방사성 활성을 가지고 있는 밴드를 별 표시로 나타내었다.

오토라디오그래피 과정을 약간 수정한 *인시튜* **하이브리디제이션(*in situ* hybridization)**을 이용하여 세포의 내부를 자세히 들여다 볼 수 있으며, 미세한 수준으로, 특정 핵산 염기배열의 위치를 확인할 수 있다. 앞의 과정에서 몇 가지 단계를 수정하여, 통상 ^{3}H로 표지된 프로브와 원래의 세포 또는 조직의 상보적인 핵산 간에 하이브리디제이션을 실시한다. 목표는 대상의 위치를 정확하게 결정하는 것이다. 세포 또는 조직의 슬라이스를 현미경 슬라이드에 고정시킨다. 하이브리디제이션 후, 필름 대신에 사진용 에멀젼(emulsion, 유화액)을 슬라이드에 도포하여 덮는다. 에멀젼을 현상하면 가시광선에 투명하게 되어, 에멀젼의 입자가 방사능에 의해 검게 변한 세포의 정확한 위치를 볼 수 있다. 현상시간은 ^{3}H가 방사능 에너지가 낮기 때문에, 반감기가 길어 낮은 방사성 활성으로 몇 주에서 몇 달이 될 수 있다.

▶ **방사선자동사진법(autoradiography)** 필름 또는 핵 에멀젼에서 방사성 물질의 이미지를 포착하는 방법.

▶ **잡종화 반응(hybridization)** 하이브리드를 제공하기 위해 서로 다른 소스로부터의 상보적인 핵산 가닥의 쌍.

앞서 설명한 방사성 물질을 사용하지 않는 또 다른 방법으로 비색표지법(colorimetric labeling) 혹은 형광발광표지법(fluorescence labeling)을 사용한다. 다이곡시제닌-표지 프로브(digoxygenin-labeled probe)는 일반적으로 사용되는 비색표지법이다. 표적에 결합된 프로브는 무색 기질에 작용하여 색을 발현하는 효소인 알칼라인 포스파타아제(alkaline phosphatase)에 결합된 항다이곡시제닌 항체(antidigoxygenin antibody)로 위치를 나타낸다. 장점은 결과를 보는 데 필요한 시간이다. 일반적으로 하루면 되지만, 감도는 보통 방사능보다 낮다. FISH(fluorescence *in situ* hybridization)는 형광표지 프로브를 사용하는 또 다른 매우 일반적인 방사성을 이용하지 않는 방법이다. 이 방법을 그림 3.13에 설명하고 있다. 서로 다른 색상의 많은 형광발광단을 사용할 수 있으며(현재 약 12개), 서로 다른 프로브 색상 조합의 비율을 사용하여 추가적인 색상을 만들 수 있다.

이 방법은 화려하기는 하지만, 전통적인 신틸레이션 카운트법(scintillation counting)에 비하여 그다지 정량적인 방법은 아니다. 정량적인 면에서 본다면, 이 방법은 반정량적(semiquantitative) 방법이라고 할 수 있다. 필름에서 생성되는 신호의 양을 정량하기 위해 광학 스캐너를 사용할 수도 있지만, 실험 중에 노출 시간이 직선형 범위 내에 있도록 주의해야 한다.

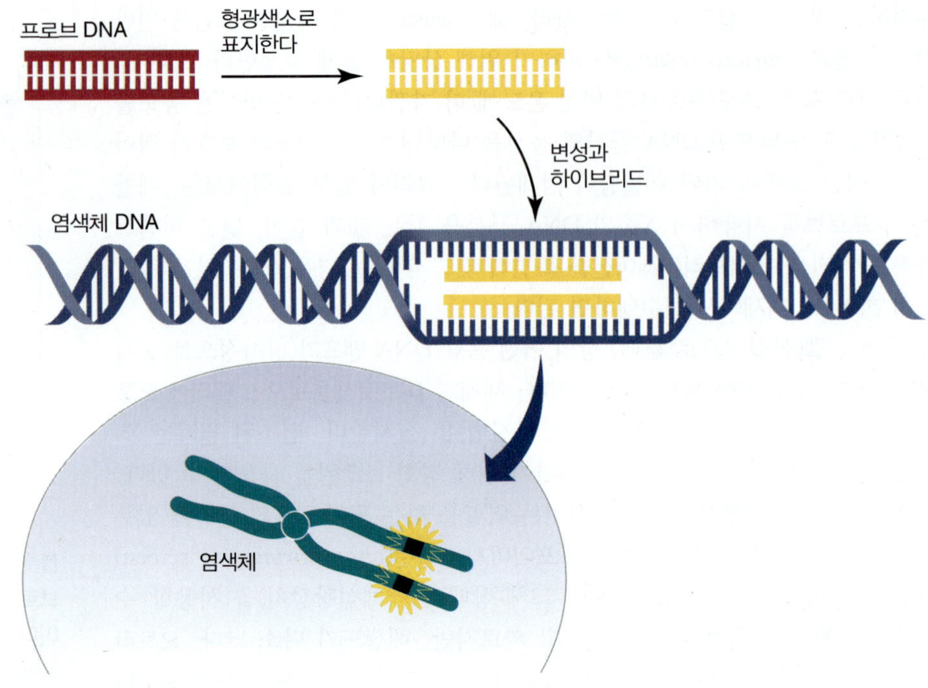

그림 3.13 FISH(Fluorescence *in situ* hybridization). National Human Genome Research Institute Adapted from an illustration by Darryl Leja, National Human Genome Research Institute (www.genome.gov).

핵심개념

- 상보적인 염기배열에 대한 표지된 핵산의 하이브디제이션(hybridization, 잡종화 반응)은 혼합물 내의 특정 핵산을 확인할 수 있다.

개념 및 추론 확인

하이브리디제이션 반응에서 G-C% 함량이 중요한 변수가 되는 이유는 무엇인가?

3.6 DNA 분리 기술

약간의 예외를 제외하고는 살아있는 생물체의 게놈을 구성하는 DNA(염색체) 각각의 단편은 길이가 메가베이스(megabase, mb)의 순서로 되어있는데, 이는 물리적으로 너무 커서 실험실에서 조작하기가 어렵다. 이와는 대조적으로, 목적으로 하는 개별 유전자 또는 염색체 부위는 수백 또는 수천 개 염기쌍의 길이로, 매우 작고 다루기 쉽다. 따라서 특정 유전자 또는 영역을 알아보는 많은 실험 과정에서 필요한 첫 번째 단계는 원래의 큰 염색체 DNA 분자를 다루기 쉬운 작은 단편으로 분해한 다음, 특정 관련 단편 또는 목적으로 하는 단편을 분리 및 선택으로부터 시작하는 것이다. 이러한 절단은 기계적 절단(mechanical shearing)에 의해 수행될 수 있는데, 이 과정에서 무작위로 절단되어 여러 가지 분자의 균일한 크기의 분포를 만들어낸다. 이러한 접근방법은 끊어지는 지점이 일정하지 않을 경우, 예를 들면 전 염색체 혹은 게놈과 같이, 훨씬 더 큰 게놈 영역을 함께 나타낼 때 "타일링(tiling)(tile, 여러 단편이 겹치지 않게 늘어놓는 것)" 또는 부분적으로 겹치는 짧은 DNA 분자의 라이브러리를 만들 때 유용하게 사용된다. 또한, 제한효소(*3.2절 뉴클레아제* 참조)를 사용하여 큰 DNA 분자를 재현성 있는 방법으로 한정된 짧은 단편으로 절단할 수 있다. 이러한 재현성(reproducibility)은 목적으로 하는 DNA 부분이 크기에 의해 부분적으로 식별될 수 있다는 점에서 종종 유용하게 사용된다. 예를 들어, 전체 유전자가 2.3 kb 간격으로 두 개의 *Eco*RI 제한효소 인식 부위 사이에 놓여 있는 박테리아 염색체의 가상 유전자 *genX*가 있다고 하자. 박테리아 DNA를 *Eco*RI로 처리하면 작은 DNA 분자가 생성되지만 *genX*는 항상 동일한 2.3 kb 단편에 존재하게 된다. 시작 게놈의 크기와 반복배열의 존재(complexity, 복잡성)에 따라 유사한 크기의 여러 가지 다른 DNA 단편이 생성될 수 있으며, 혹은 아주 간단한 시스템에서 이 2.3 kb 크기는 *genX* 단편에 고유할 수 있다. 후자의 경우, 2.3 kb 단편의 검출 또는 눈으로 확인하여 *genX*의 존재를 확실하게 식별할 수 있다. DNA를 다루는 실험에서 개발된 초기의 많은 실험기술은 확실하게 이러한 개념을 이용하여 크기에 따라 DNA 분자를 분리하고 농축하는 것과 관련이 있다. 크기에 따라 DNA 분자를 분리할 수 있음으로써, 보다 상세한 연구를 진행함에 있어, 여러 크기의 많은 단편의 복합적인 혼합물을 취한 다음, 더 작고 덜-복잡한 서브세트를 선택하는 것이 가능해졌다.

크기에 기반한 DNA 분자의 분리 및 눈으로 확인할 수 있는 가장 간단한 방법이 겔 전기영동(gel electrophoresis)이다. 가장 기본적인 유형의 겔인 중성 아가로오스 겔 전기영동에서, 전기 전도성을 가지고 있는 약한 염기성 완충액에 작은 평판(slab) 겔을 준비한다. 디저트 요리를 만드는 데 사용되는 젤라틴과 유사하지만, 이 유형의 겔은 아가로오스(agarose)로 만들어지는데, 아가로오스는 해조류에서 추출된 다당류로 분자 크기가 매우 균일하다. 아가로오스의 특정 퍼센트(%)의 아가로오스 겔(일반적으로 0.8~3%의 범위)의 준비는 실제로 아가로오스의 %에 의해 결정되는 "메쉬(mesh)" 기공 크기를 가진 분자체(molecular sieve)가 만들어진다(%가 높으면 높을수록 더 작은 구멍이 만들어진다). 겔을 녹인 상태로 직사각형 용기에 붓고, 아가로오스 겔의 한쪽 말단 근처에 별개의 웰(well, 샘플을 loading하는 곳)이 형성되게 한다. 이것을 냉각 및 응고시킨 후, 평판은 전도성이 있고 약알칼리성인 완충액에 잠긴 상태로 한 다음, 혼합된 DNA 단편의 샘플을 미리 만들어 둔 웰에 로딩(loading)한다. 그런 다음, 양(+) 전하는 웰에서 겔의 반대쪽 끝으로 향하도록 DC 전류를 겔에 통하게 한다. 알칼리성의 용액은 DNA 분자가 인산 골격에서 균일한 음(−) 전하를 가지며, DNA 단편이 양(+) 전극 쪽으로 정전기적으로 끌어당기게 한다. 더 짧은 DNA 단편은 더 긴 단편보다 적은 저항으로 아가로오스 겔을 통과할 수 있으므로, 시간이 지남에 따라 가장 작은 DNA 분자가 웰에서 가장 멀리 이동하고, 가장 큰 DNA 분자는 이동이 가장 적다. 특정한 크기의 모든 단편은 거의 같은 속도로 이동하면서, 같은 크기의 분자 집단을 웰에서 같은 거리에 있는 뚜렷한 밴드로 효과적으로 모인다. 아가로오스 겔에 에티듐브로마이드(ethidium bromide, EtBr) 또는 SYBR 그린과 같은 DNA-결합 형광색소를 첨가하면 겔이 형광여기광(fluorescence-exciting light)에 노출될 때 눈으로 직접 볼 수 있도록 이러한 DNA 밴드를 염색시킨다. 실제로, 이미 알려진 크기의 DNA 분자 세트로 구성된 표준시료(molecular marker, 분자량 마커)를 하나의 웰에 위치시켜, 그림 3.14에서 나타낸 바와 같이, 분자량 마커와 이동도를 비교하여 다른 웰에서의 밴드 크기를 측정한다. 대략 50~10,000 bp의 DNA 분자는 이 간단한 방법으로 약 10%의 정확도 내에서 신속하게 분리와 확인 및 크기를 측정하는 것이 가능한데, 이 방법은 현재에도 일반적인 실험기법으로 남아 있다. DNA는 크기뿐만 아니라 모양에 따라서도 분리될 수 있다. 이완되거나 선형인 DNA에 비해 압축되어 있는 수퍼코일 DNA(supercoiled DNA)은 겔에서 이들 보다 빠르게 이동하며, 그림 3.15에서 보는 바와 같이, 수퍼

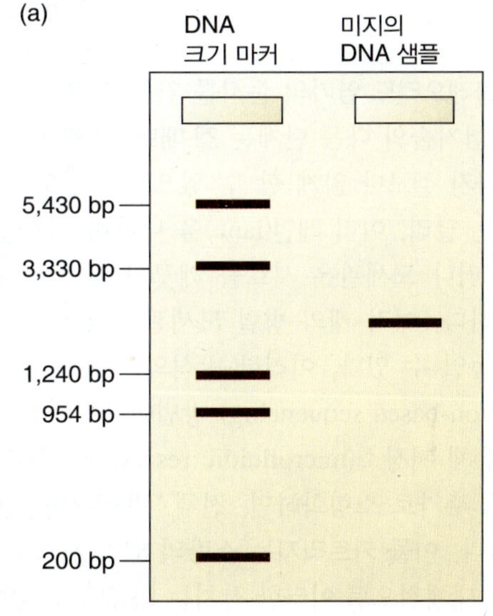

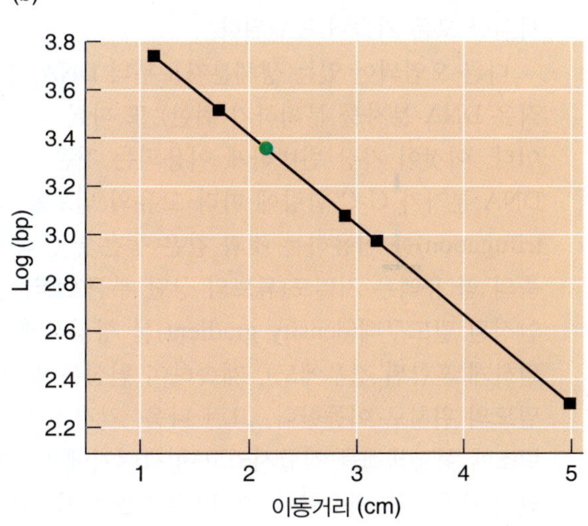

그림 3.14 DNA 크기는 겔 전기영동으로 결정할 수 있다. DNA 크기 마커와 알려지지 않은 크기의 DNA를, 모식도로 나타낸 바와 같이, 아가로오스 겔의 두 레인에 로딩한다. DNA 크기 마커의 이동을 그래프로 표시하여 cm 당 log bp의 표준 곡선 이동거리를 작성한다. 초록색으로 표시된 부분은 미지의 크기의 DNA를 나타낸다. Adapted from an illustration by Michael Blaber, Florida State University.

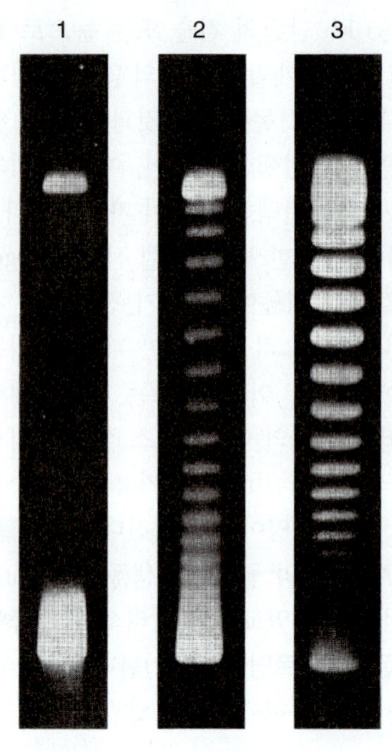

그림 3.15 아가로오스 겔 전기영동으로 분리된 수퍼코일 DNA. 레인 1은 제한효소로 처리하지 않은 네거티브(-) 수퍼코일 DNA(아래 밴드)를 함유한다. 레인 2와 3은 1형 토포이소머라아제로 5분과 30분간 처리한 동일한 DNA를 포함하고 있다. 토포이소머라아제는 DNA에서 단일가닥을 끊어, 한 번에 네거티브 수퍼코일을 이완시킨다(가닥당 이완된 하나의 수퍼코일이 끊어졌다가 다시 형성된다). Reproduced from W. Keller, *Proc. Natl. Acad. Sci. USA* 72(1975): 2550–2554. Photo courtesy of Walter Keller, University of Basel.

코일 형성이 많으면 많을수록, 이동이 더 빠르게 진행된다.

이 방법의 변형은 주로 겔 매트릭스(gel matrix)를 아가로오스에서 합성 폴리아크릴아마이드(polyacrylamide)와 같은 다른 분자로 바꾸는 것과 관련이 있는데, 합성 폴리아크릴아마이드는 훨씬 더 정확하게 조절된 겔의 구멍(pore) 크기를 가질 수 있다. 이것들은 대략 10에서 1500 bp 크기의 DNA 분자를 더 미세하게 분석할 수 있다. 이러한 유형의 겔을 가능한 한 얇게 만들면, 해상도와 감도가 모두 향상되며, 일반적으로 기계적 강도로 인하여 유리판 사이에 형성되도록 한다. 우레아(urea)와 같은 화학적 변성제를 완충액 시스템에 첨가하면, DNA 분자는 (이차 구조를 잃음으로써) 펼쳐지게 되어, 분자 길이에만 관련된 유체역학적(hydrodynamic) 특성을 취하게 된다. 이러한 접근법은 단 하나의 뉴클레오티드만 차이가 나는 경우에도, DNA 분자를 명확하게 구별할 수 있다. 변성 폴리아크릴아미드 전기영동(denaturing polyacrylamide electrophoresis)은 일반적인 DNA 시퀀싱 기술의 주요 구성요소이며, 이를 이용하여 일련의 단 하나의 뉴클레오티드의 길이 차이가 나는 DNA 산물을 분리 및 검출함으로써, 본래의 뉴클레오티드 염기의 순서를 읽을 수 있게 한다(*3.7절 DNA 시퀀싱* 참조).

이 실험기술의 다음 단계는 겔 매트릭스를 매우 미세한 모세관에 놓는 것이다. 이 모세관은 유리 플레이트 지지 겔보다 얇게 할 수 있으므로 감도 및 해상도 능력을 더욱 향상시킨다. 유리판이 달린 평판 겔과는 달리, 여러 레인(lane)을 나란히 배치할 수 있는 모세관은 한 번에 하나의 샘플만 처리할 수 있다. 그러나 모세관은 시료를 깨끗이 닦아서 재사용할 수 있어 시스템 자동화 및 고효율 응용분야에 적합하다. 여러 개의 병렬 모세관이 있는 도구를 사용하면, 여러 시료를 병렬 분석하여 처리량을 추가로 높일 수 있다. 이러한 방식의 기술을 가장 잘 적용한 것이 체인 터미네이션-기반 시퀀싱(chain termination-based sequencing) 방법이다.

미세유체 저장소(microfluidic reservoir), 밸브, 펌프 및 혼합 챔버에 있는 불활성 "칩(chip)" 표면에 모세관을 추가로 소형화하면, 전체 "랩-온-어-칩(lab-on-a-chip)" 일회용 핵산 시료 분석 카트리지를 만들 수 있다. 이들 카트리지는 소량의 입력 시료로 DNA 혹은 RNA를 처리, 분리, 크기 분석 및 정량할 수 있다. 대체적으로 이러한 장치는 컴퓨터에 의해 제어되고 데이터 출력이 처리되며, 전통적으로 염색된 아가로오스 또는 폴리아크릴아마이드 겔처럼 나타내기 위해 데이터 출력을 마음대로 조작할 수 있어 사실상 모든 기술이 동원된다.

다른 오염되어 있는 생체분자로부터 DNA 분자를 분리하거나 (또는 특정 DNA 분자로부터 특정한 작은 DNA 분자를 분획하기 위한) 또 다른 방법은 **그림 3.16**에 설명한 바와 같이, 밀도를 사용하는 것이다. 이것이 가장 빈번하게 이용되는 것은 *아이소피크닉 밴딩(isopycnic banding)*으로, 이것은 특정 DNA 분자가 G-C 함량에 따라 고유의 밀도를 갖는다는 사실에 기초하고 있다. 초원심분리(ultracentrifugation)를 이용하는 것과 같은 높은 *g* 중력(g-force)의 영향 하에서, 염화세슘(CsCl)과 같은 고농축의 염 용액은 저밀도(튜브의 상단 부근/로터 중심)에서 고밀도(튜브 바닥 근처 또는 로터 외부)까지 안정된 밀도구배(density gradient)를 형성하게 된다. 이 밀도의 맨 위에 놓거나(혹은 밀도 내에서 균일하게 혼합된 경우에도), 계속하여 원심분리하면 각각의 DNA 분자는 주변 매질의 밀도와 일치하는 밀도의 위치로 이동한다. 그런 다음, 각각의 DNA 밴드를 눈으로 볼 수 있으며(예를 들어, 밀도 매트릭스에 형광색소를 결합시키고 형광여기에 노출시킴), 혹은 원심분리기 튜브를 조심스럽게 뚫어 튜브 안의 내용물을 회수한다. 이 방법은 오로지 밀도 차에 근거하여, 단일-가닥 분자로부터 이중-가닥 분

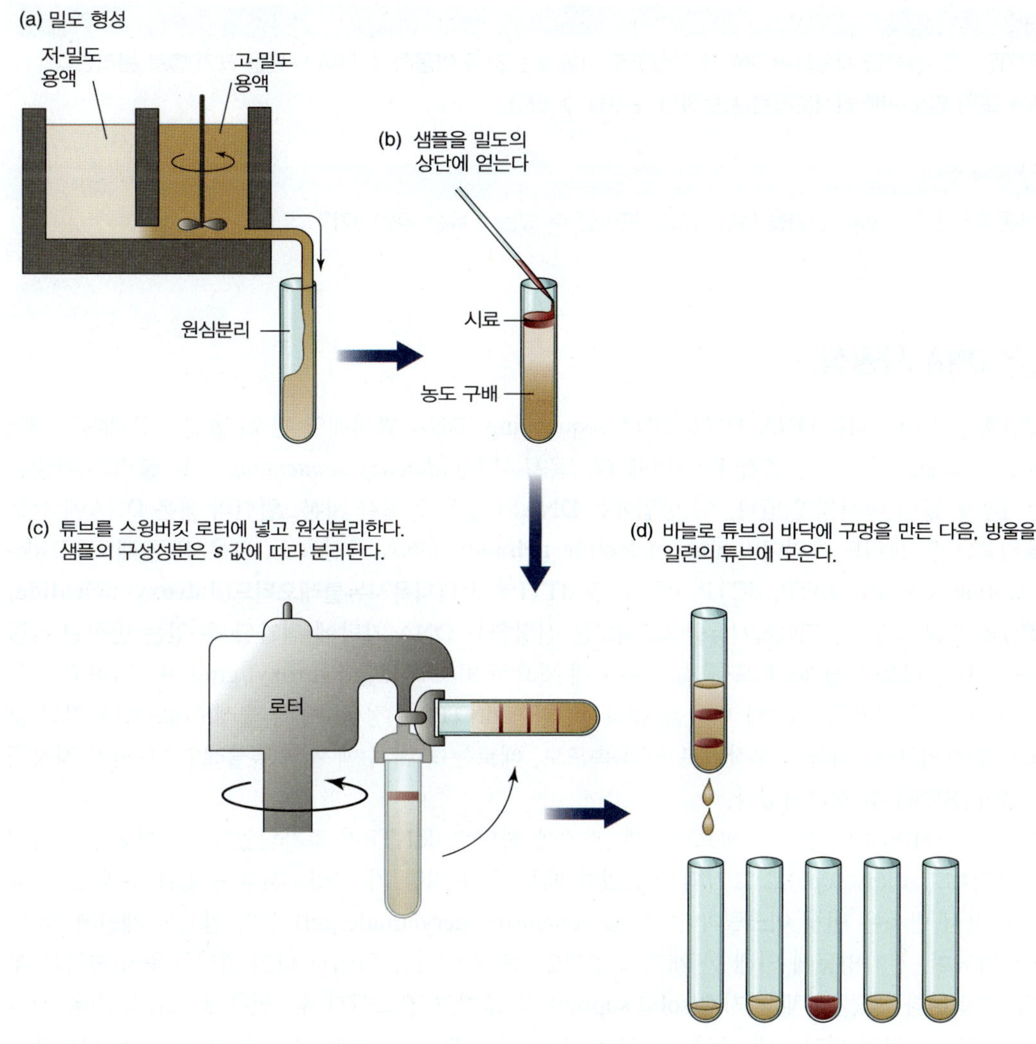

그림 3.16 밀도구배 원심분리는 밀도에 기초하여 샘플을 분리한다.

자를 분리하거나, DNA 분자로부터 RNA를 분리하는 데에도 사용될 수 있다.

밀도 매트릭스 물질의 선택, 농도 및 원심분리 조건은 실험과정으로 분리되는 전체 밀도 범위에 영향을 줄 수 있으며, 밀도차가 매우 좁은 범위는 하나의 특정한 유형의 DNA 분자를 다른 물질로부터 분획하는 데 사용되며, 밀도차가 넓은 범위는 일반적으로 다른 생체고분자 물질로부터 DNA를 분리하는 데 사용된다. 역사적으로 가장 잘 알려진 이 실험기법의 이용은, 1958년 메셀슨-스탈(Meselson-Stahl) 실험(*1.6절 DNA 복제는 반보존적이다*에서 소개됨)이었는데, 이 실험에서 "무거운(heavy)" 질소(^{15}N)에서 성장한 박테리아를 "정상적인(regular)" 질소(^{14}N)가 들어있는 배지로 옮겨 성장시켰을 때 박테리아의 DNA 게놈에서 계단식으로 밀도가 변하는 현상이 관찰되었다. ^{15}N만 가지고 있는 밴드 그리고 ^{15}N와 ^{14}N를 반반씩 가지고 있는 밴드 및 ^{14}N만을 가지고 있는 DNA 밴드를 차별적으로 얻을 수 있는 이 방법으로, DNA 복제가 반보존적으로 이루어진다는 특성을 결정적으로 입증하였다. 오늘날, 이 방법은 단백질 및 RNA가 없는 그룹으로서 DNA만을 순수하게 정제할 수 있는 보다 넓은 밀도 범위를 이용하여, 대규모 예비 정제 기술로 가장 많이 사용되고 있다.

핵심개념

- 겔 전기영동은 전류를 사용하여 DNA가 양전하로 이동하는 것을 이용하여, DNA 단편을 크기 별로 분리한다.
- DNA는 또한 밀도구배 원심분리를 사용하여 분리될 수 있다.

개념 및 추론 확인

서로 다른 G-C 함량의 DNA 단편을 CsCl 밀도로 분리할 수 있는 이유는 무엇인가?

3.7 DNA 시퀀싱

가장 일반적으로 사용되는 DNA 시퀀싱(DNA sequencing, DNA 염기배열 결정) 방법은 프레데릭 생어(Frederick Sanger)와 그의 동료가 1977년에 *디디옥시 시퀀싱(dideoxy sequencing)*으로 불리는 기술을 개발한 이후로 많이 바뀌지 않았다. 이 방법에는 DNA의 많은 동일한 사본, 일련의 짧은 DNA에 상보적인 올리고뉴클레오티드 **프라이머**(oligonucleotide **primer**), DNA 중합효소, 데옥시뉴클레오티드(deoxynucleotide, dNTPs: dATP, dCTP, dGTP 및 dTTP) 및 **디디옥시뉴클레오티드(dideoxynucleotide, ddNTPs)**를 필요로 한다. 디데옥시뉴클레오티드는 신장하는 DNA 가닥에 첨가될 수 있는 변형된 뉴클레오티드이지만, 다음 뉴클레오티드를 첨가하는 데 필요한 3′-OH 그룹(hydroxyl group)이 결여되어 있다. 따라서 이들이 첨가되면 합성 반응을 종결시킨다. ddNTPs는 정상적인 뉴클레오티드보다 훨씬 낮은 농도로 첨가되므로, 이들은 무작위로 느린 속도로, 때로는 최대 수백 개의 뉴클레오티드까지 정상적으로 합성이 진행된 후 첨가되었다.

▶ **프라이머(primer)** 한 가닥의 DNA와 짝을 이루며, DNA 중합효소가 DNA 사슬의 합성을 시작하는 3′-OH 말단을 제공하는 짧은 염기배열.

▶ **디디옥시뉴클레오티드(dideoxynucleotide, ddNTPs)** 3′-OH 그룹이 결핍된 사슬-종결 뉴클레오티드, 따라서, DNA 중합반응의 기질이 아니다; DNA 시퀀싱에 사용된다.

원래는 네 가지 별도의 반응이 필요했는데, 각각에 하나의 ddNTP가 추가되었다. 그 이유는 가닥이 방사성동위원소(radioisotope)로 표지되어 있었기 때문에, 표지를 기준으로 서로 구별할 수 없었기 때문이다. 따라서 반응은 변성 아크릴아마이드 겔(denaturing acrylamide gel) 상의 인접한 레인에 각 반응액이 로딩되며, 전기영동에 의해 한 개의 뉴클레오티드 길이만큼 차이가 나는 가닥들을 구별하는 분해능으로 분리된다. 겔을 고체 지지체(solid support)로 옮기고 건조시킨 후, 필름에 노출시킨다. 결과는 위에서 아래로 읽어 나가는데, ddATP 레인에 나타나는 밴드는 아데닌으로 종결되었음을 나타내는 밴드이며, ddTTP 레인에 나타나는 다음 밴드는 다음 염기가 티민임을 의미하게 된다.

최근에 두 가지 사항을 수정하여 절차의 자동화 및 규모를 확장할 수 있었다. 각 ddNTP에 대해 서로 다른 형광 라벨을 사용하면 단 한 번의 반응을 수행할 수 있으며, 이 반응에서 각 밴드들이 흘러감에 따라, 그 밴드가 레이저에 맞아 광 센서(optical sensor)를 통과하면서 읽히게 된다. ddNTP가 단편을 종료시킴에 따라 얻어지는 정보는 컴퓨터에 직접 제공된다. 두 번째 수정은, 앞의 *3.6절 DNA 분리 기술*에서 설명한 것처럼, 폴리아크릴아미드 겔의 커다란 평판을 겔로 채워진 매우 얇고 긴 유리 모세관 튜브로 대체하는 것이다. 이들 튜브는 열을 더 빨리 방출할 수 있어, 보다 높은 전압에서의 전기영동을 가능하게 함으로써 분리하는 데 필요한 시간을 대폭 줄일 수 있다. 이러한 과정을 설명하는 개략도를 그림 3.17에 나타내었다. 결과적으로, 자동화와 처리량을 증가시킨 이 수정 방법은 전체-게놈 시퀀싱(whole-genome sequencing)의 시대를 열었다.

많은 "2세대" 시퀀싱 기술이 현재 출시되고 있다. 이러한 기술의 목표는 시간이 많이 걸리는 겔 분리와 인력에 대한 의존도를 없애는 것이다. 합성에 의한 시퀀싱 및 나노포어(nanopore)을 통한 시퀀싱 및 피코리터 웰(picolitre well)로부터의 시퀀싱은 많은 새로운 기술 중 일부이다.

합성에 의한 시퀀싱은 신장하는 가닥에 추가되는 각 뉴클레오티드의 검출 및 동정에 필요하다. 그러한 응용에서, 프라이머를 유리 표면에 모아 놓고, 시퀀싱하고자 하는 상보적인 DNA를 프라이머에 어닐링한다. 폴리펩티드와 형광 표지된 뉴클레오티드를 각각 첨가하여 사용되지 않은 dNTP를 씻어 냄으로써 시퀀싱이 진행된다. 레이저를 조사한 후, DNA 가닥에 결합된 뉴클레오티드를 검출할 수 있다. 다른 버

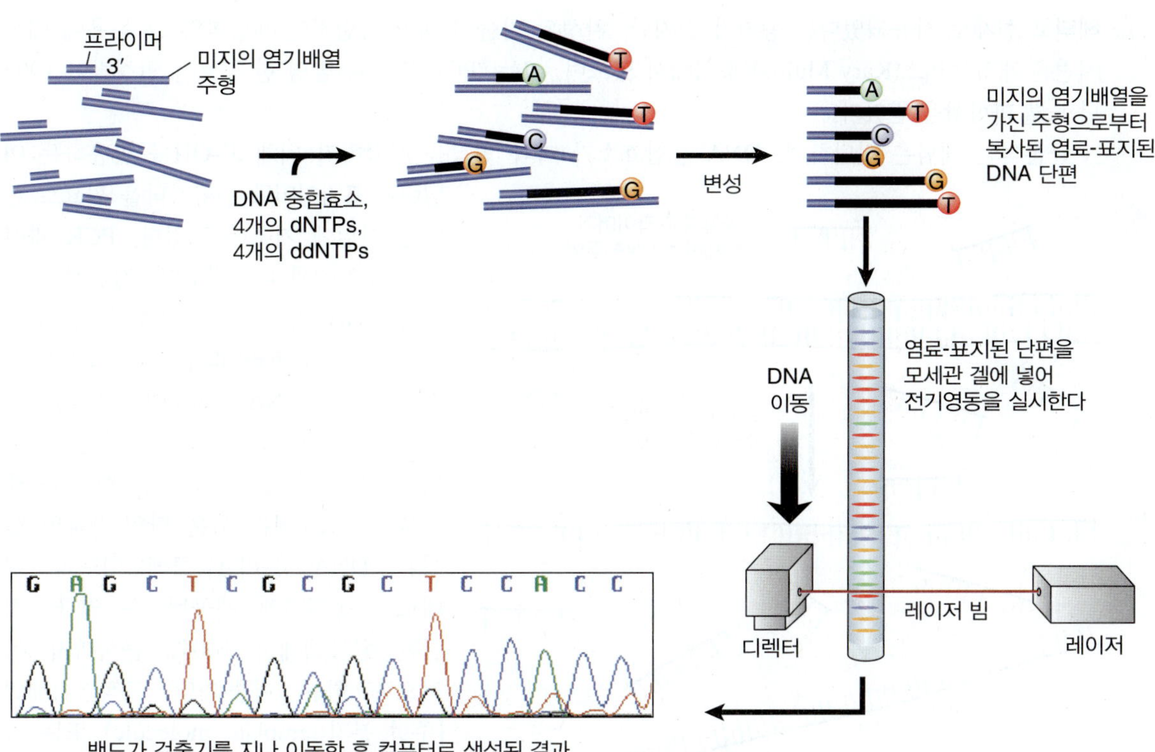

그림 3.17 형광 태그를 이용한 DideoxyNTP 시퀀싱. Inset photo courtesy of Jan Kieleczawa.

전은 가역성 종결(reversible termination)이 가능한 뉴클레오티드를 사용하므로, 비록 (예를 들어, 연속된 아데닌과 같이) 일련의 호모폴리머 DNA(homopolymeric DNA)가 있어도 한 번에 오직 하나의 뉴클레오티드만 첨가될 수 있다. *파이로시퀀싱(pyrosequencing)*이라고 하는 또 다른 버전은 새로 추가된 염기로부터 파이로인산의 방출을 감지한다. 이러한 기술은 많은 동시반응을 실행할 수 있다는 장점이 있다.

완전히 다른 접근법은 DNA 염기배열이 실리콘 나노포어(silicone nanopore)를 통과할 때 각각의 뉴클레오티드를 검출하는 것을 목표로 하고 있다. 작은 트랜지스터는 포어(pore, 구멍)를 통과하는 전류를 제어하는 데 사용된다. 뉴클레오티드가 포어를 통과함에 따라, 그 화학구조에 특유의 방식으로 전류가 방해한다. 이러한 기술은 화학적 또는 광학적 검출이 필요 없는 전자제품을 사용하여 DNA를 읽는 장점이 있다. 그럼에도 불구하고, 이 과정에서 해결해야 할 몇 가지 단점은 있다.

핵심개념

- 사슬-종결 시퀀싱(chain-termination sequencing)은 디데옥시뉴클레오티드를 사용하여 특정 뉴클레오티드에서 DNA 합성을 종결시킨다.
- 형광으로 태그한 ddNTPs와 모세관 겔 전기영동은 자동화된 고성능 DNA 시퀀싱을 가능하게 한다.
- 차세대 시퀀싱 기술은 자동화를 향상시키고 시퀀싱의 시간과 비용을 줄인다.

개념 및 추론 확인

DNA를 시퀀싱하는 데 디데옥시뉴클레오티드가 필요한 이유는 무엇인가?

3.8 PCR과 RT-PCR

▶ **PCR(polymerase chain reaction)** 변성, 어닐링 및 DNA 중합효소 신장(extension) 반응의 반복적인 열 사이클(thermal cycle)을 통해 특정한 핵산을 증폭시키는 방법.

생명과학 분야의 진보는 **PCR(polymerase chain reaction, 중합효소연쇄반응)**의 광범위한 패러다임 변화에 영향을 미쳤다. 1983년 이전에도 일부 소수의 연구자들에 의해 이 방법의 기본핵심 원리가 이해되고 실제로 사용되었다는 증거가 있지만, 완성된 기술에 대한 독립적인 개념화와 그 응용에 대한 예견은 캐리 멀리스(Kary Mullis)에 의해서 였으며, 그는 "PCR 방법을 발명"한 공로를 인정받아 1993년 노벨 화학상을 받았다.

근본적인 개념은 간단하며, DNA 중합효소가 가닥 연장을 시작하기 위해 3′-OH를 함유하는 어닐링된 프라이머로 주형가닥을 필요로 한다는 사실에 기초하고 있다. PCR 과정을 그림 3.18에 나타내었다. 정상적인 세포성 DNA 복제(*13장 DNA 복제* 참조) 맥락에서, 이 프라이머는 짧은 RNA 분자의 형태로 DNA 프리마아제에 의해 제공되지만, 알려진 목적으로 하는 단편의 3′ 말단에 상보적인 특정한 염기배열을 가지고 있는 짧은 단일-가닥의 합성된 DNA 올리고뉴클레오티드의 형태로도 동일하게 제공될 수 있다. 적당한 완충액에서 100℃ 근처까지 목적으로 하는 이중-가닥 표적염기배열[주형 분자(template molecule) 또는 간단히 주형(template)이라고 함]을 가열하면 주형 가닥이 서로 떨어져서 변성됨에 따라 열 변성을 일으킨다(3.18a 및 b). 프라이머/주형 쌍 및 어닐링 온도(또는 T_m)에 대한 급속냉각 및 짧은, 동역학적으로 활성인 합성 프라이머의 과잉의 몰은 프라이머 분자가 원래의 상대적인 가닥이 재생되는 것보다 빠르게 그의 상보적인 표적 염기배열을 발견하여 적절하게 어닐링하도록 한다(그림 3.18c). DNA 중합효소가 있으면, 이 어닐링된 프라이머는 신장을 개시할 수 있는 특정한 위치를 나타낸다(그림 3.18d). 일반적으로, 이러한 신장 반응은 DNA 중합효소가 주형으로부터 떨어져 나가거나 혹은 주형 분자의 5′ 말단에 도달할 때까지 일어나며, 효율적으로 복사할 주형(mplate)을 모두 사용한다. PCR의 독창성은 반대 극성의 인접한 두 번째 프라이머(즉, 첫 번째 프라이머가 어닐링하는 반대 가닥에 상보적인)를 동시에 삽입한 다음, 주형, (고농도의) 두 개의 프라이머, 열 안정성 DNA 중합효소 및 dNTP 중합효소 완충액의 혼합물에 열 변성, 어닐링 및 프라이머 신장의 반복 사이클을 실시한다는 점

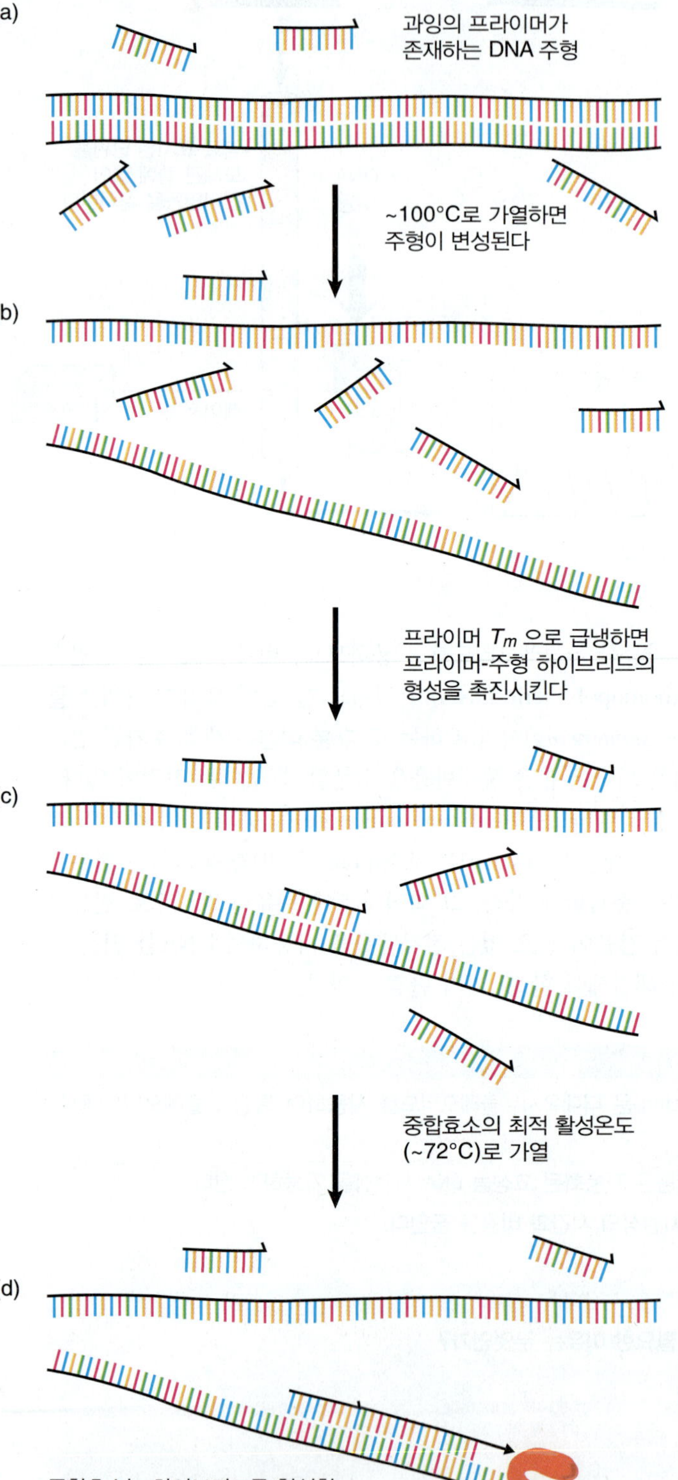

그림 3.18 과잉의 프라이머 존재하에서 DNA 주형 분자의 변성(a) 및 급냉(b)은 프라이머가 주형(c)의 모든 상보적인 염기배열 영역에 하이브리드를 형성하도록 한다. 이것은 중합효소 작용 및 프라이머 신장 반응(d)의 기질을 제공하여, 프라이머로부터 하나의 주형 가닥 하류의 상보적인 사본을 생성한다.

▶ **T_m(변성 온도)** 이중가닥 핵산 단편의 이론적 변성 온도. T_m은 염기배열 조성, 이중가닥 길이 및 완충 이온강도를 포함하는 파라미터에 따라 다르다.

이다. 이 실험과정의 첫 번째 사이클만 보자; 앞에서 이미 설명한 바와 같이 변성 및 어닐링이 일어나지만, 프라이머가 두 개 존재함으로써 그림 3.19에서의 상황이 만들어진다. 만일 중합효소 신장 반응이 짧은 시간(1000 bp당 1분 정도) 진행될 수 있다면, 각각의 프라이머는 다른 프라이머의 위치를 지나 신장할 것이고, 따라서 반대방향의 프라이머에 대한 새로운 프라이머 어닐링 부위를 만들게 된다. 변성시키기 위하여 온도를 다시 올리면, 프라이머 신장 과정이 멈추고, 중합효소와 새로 생성된 가닥을 대체

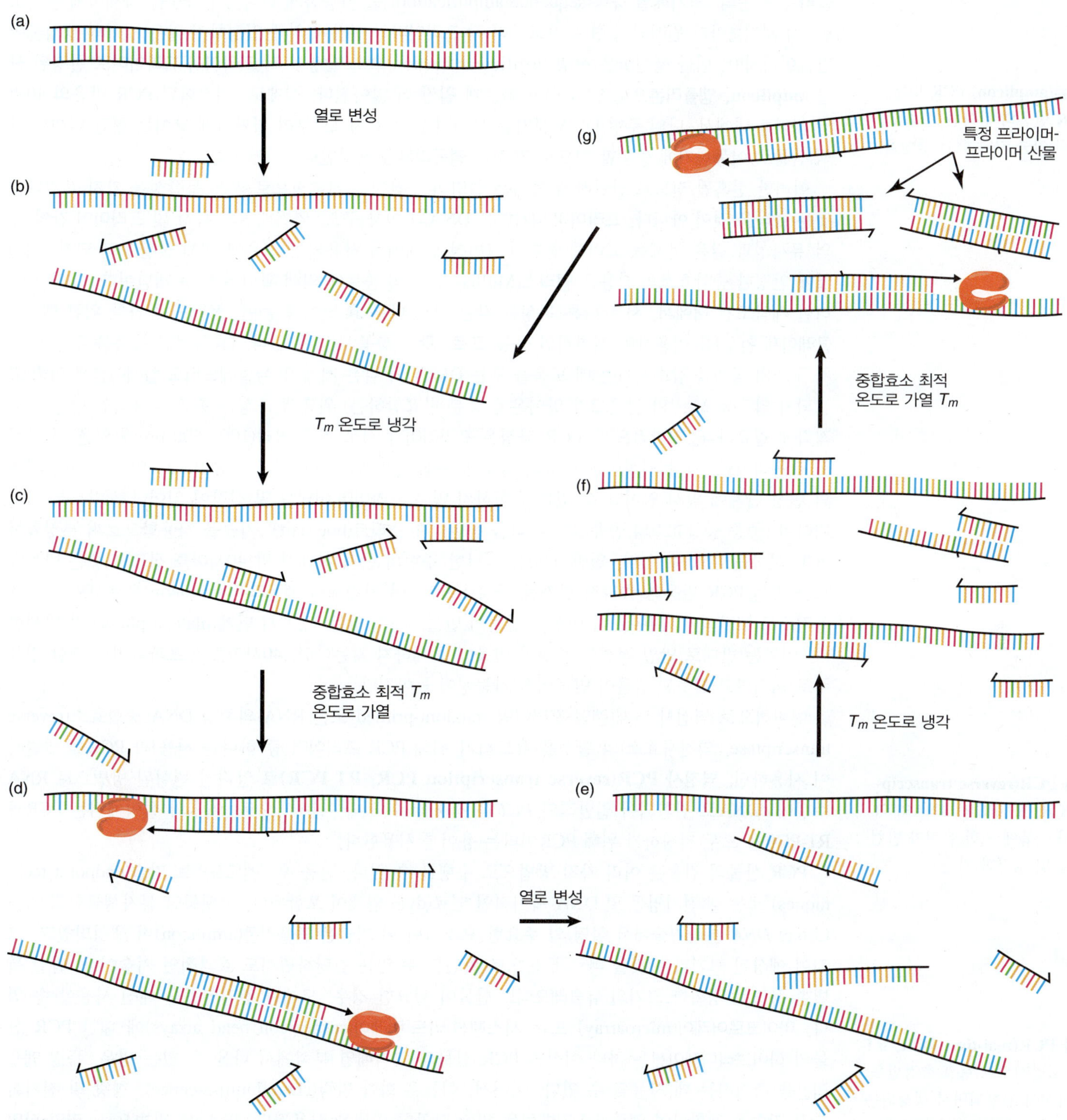

그림 3.19 반대 극성의 프라이머가 두 개의 주형가닥 각각에 인접한 프라이밍 부위를 가지며, 짧은 프라이머-프라이머-한정 염기배열(앰플리콘)의 기하급수적인 생산을 유도하는 프라이머 신장의 열 작동 사이클.

한다. 시스템이 다시 한번 어닐링 온도로 냉각됨에 따라, 새로 형성된 짧은 단일 DNA 가닥 각각은 반대방향의 프라이머의 어닐링 부위로 사용된다. 이 두 번째 열 사이클(thermal cycle)에서, 프라이머의 신장은 주형이 존재하는 한, 즉 반대방향 프라이머 염기배열의 5′ 말단까지 진행된다. 이 과정은 이제 짧은 가닥의 프라이머-프라이머 DNA 염기배열의 두 가닥을 만든다. 변성, 어닐링, 그리고 프라이머 신장의 열 처리 단계를 반복하면 기하급수적(2^N, N은 열 사이클 수)으로 한정된 산물의 수를 증가시켜, 놀라운 수준의 "염기배열 증폭(sequence amplification)"을 가능하게 한다. 이 과정을 자세하게 살펴보면, 각 사이클마다 원래의 주형 분자로부터 각 프라이머의 신장에 의해 일정하지 않은 길이의 생성물이 만들어지지만, 이들 생성물은 선형 방식(linear fashion)으로 발생하고, 프라이머-프라이머로 한정된 산물(**amplicon, 앰플리콘**으로 알려짐)이 빠르게 훨씬 더 많아진다. 실제로, 최적화된 PCR 반응의 40번 열 사이클 내에서, 단일 주형 DNA 분자는 보이지 않는 표적으로부터 명확하게 보이는 형광 염색된 염색 산물로 이동하기에 충분할 정도로 약 10^{12} 앰플리콘을 생성한다.

▶ **앰플리콘(amplicon)** PCR 또는 RT-PCR 반응의 정확한 프라이머-프라이머 이중-가닥 핵산 생성물.

이러한 현혹될 정도로 간단하게 보이는 설명의 근간에는 기술적으로 많은 복잡성을 가지고 있다는 것은 놀라운 것이 아니다. 프라이머 디자인은 DNA의 이차 구조, 염기배열의 특성 및 프라이머 간의 T_m의 유사성과 같은 문제를 고려해야 한다. (변성 단계에서 사용되는 고온에 의해 불활성화 되지 않는) 열에 안정한 중합효소의 사용은 멀리스(Mullis) 및 그의 동료에 의해 확인된 필수 개념이다. 그러나 이러한 제약조건 내에서, 서로 다른 특성을 갖는 서로 다른 효소(예를 들면, 정확도 증가를 위한 엑소뉴클레아제 활성)를 이용하여 개별적인 응용 프로그램을 충족시킬 수 있다. (효율적인 증폭을 위하여 이차 구조의 장벽을 감소시키는 데 도움을 주는 DMSO와 같은 제제 및 뉴클레오티드 킬레이션에 의해 고갈되지 않도록 Mg^{2+}와 같은 2가 양이온을 충분히 포함하는) 완충액 조성은 종종 효율적인 반응의 최적화에 필요하다. 일반적으로, PCR 과정은 프라이머가 서로 짧은 거리(100~500 bp)에 있을 때 가장 잘 작동하지만, 가장 최적화된 반응의 경우에 수십 킬로베이스(kb)까지 성공적으로 이루어졌다. 최초의 변성 단계에 앞서 일어날 수 있는 적합하지 않은 프라이머 어닐링 및 신장이 일어나지 않도록 하기 위하여 (종종 중합효소의 공유결합 수식을 통한) "핫 스타트(hot start)" 기술을 사용함으로써 부정확한 PCR 산물을 피할 수 있다. 일반적으로, 적당한 주형의 존재 하에서 약 40사이클 정도면 좋은 반응속도를 갖는 PCR 반응의 효과적 한계를 나타내지만, 이 지점에서 앰플리콘(amplicon)으로 dNTP가 효율적으로 고갈되기 때문에, 더 이상의 산물이 만들어지지 않는 "정체기 단계(plateau phase)"가 발생한다. 이와는 반대로 만일 적절한 주형이 반응에 존재하지 않는다면, 40사이클을 초과하여 진행할 경우 주로 희귀하고 잘못된 산물이 만들어질 가능성이 높아진다.

예비적으로 역전사 단계[랜덤-프라이밍, random-primed 또는 RNA-의존성 DNA 중합효소(reverse transcriptase, 역전사효소)의 활성을 유도하기 위해 PCR 프라이머 중 하나를 사용]와 PCR을 연결하여 사용하면, **역전사 PCR(reverse transcription PCR, RT-PCR)**로 알려진 변형된 방법으로 RNA 주형이 cDNA로 전환되어 일반적인 *PCR*을 적용할 수 있다. 일반적으로, 이후의 설명에서는 PCR과 RT-PCR을 모두 지칭하기 위해 PCR이라는 용어를 사용한다.

▶ **역전사 PCR(reverse transcription PCR, RT-PCR)** RNA의 역전사 및 증폭에 의한 유전자 발현의 검출 및 정량화 기술.

PCR 산물의 검출은 여러 가지 방법으로 수행할 수 있다. 반응 후 "엔드포인트 기술(endpoint techniques)"로는 겔 전기영동 및 DNA-특이적인 염료(dye) 염색이 포함된다. 오랫동안 분자생물학적 기술(*3.6절 DNA 분리기술*에서 설명)의 주요한 요소였던 이 기술은 앰플리콘(amplicon)이 생성되었고, 그것이 예상된 크기라는 것을 빠르게 눈으로 확인할 수 있는 간단하면서도 효과적인 기술이다. 만일 특별한 용도로 정확한 크기의 뉴클레오티드 산물이 필요한 경우, 모세관 전기영동을 대신 사용할 수 있다. 마이크로어레이(microarray) 또는 서스펜션 비드 어레이(suspension bead arrays)에 대한 PCR 산물의 하이브리디제이션은 하나 이상의 PCR 산물의 염기배열 분석에서 나올 수 있는 경우, 특정 앰플리콘을 측정하는 데 사용될 수 있다. 이어서, 이들은 화학 발광(chemiluminescence), 형광 및 전기화학적 기술을 포함하여 앰플리콘 라벨링을 위한 다양한 방법을 사용된다. 또 다른 방법으로, **리얼-타임 PCR(real-time PCR, RT-PCR, 실간 PCR)**은 광학적 방법에 의해 앰플리콘 생산과 관련된 직접 또

▶ **실시간 PCR(real-time PCR, RT-PCR)** 일반적으로 형광 측정법을 통해 합성이 진행되면서 생성되는 산물을 연속적으로 모니터링하는 PCR 기술.

는 간접 형광 변화를 모니터링함으로써 반응 용기 내에서 진행 중인 PCR 산물의 생성을 직접 검출하는 몇 가지 방법을 사용한다. 이들 방법은 반응 용기가 밀봉된 채로 모든 과정이 진행된다. 최종 앰플리콘 농도가 시작 주형 농도와 거의 관계가 없는 엔드포인트(endpoint) 방법과는 달리, 리얼-타임 PCR 방법은 명확한 신호를 측정할 수 있는 열 순환 수[thermocycle number, 일반적으로 **임계 사이클 (threshold cycle)** 또는 C_T라고 함]와 시작 주형 농도 간의 좋은 상관관계를 보여주고 있다. 따라서 리얼-타임 PCR 방법은 효과적으로 주형을 정량화할 수 있는 방법이다. 결과적으로, 이들 방법은 종종 **정량 PCR(quantitative PCR, qPCR)** 방법이라고 한다.

▶ **임계 사이클(threshold cycle, C_T)** 생성물 신호가 특정 컷오프 값 이상으로 상승하여 앰플리콘 생성을 나타내는 실시간 PCR 또는 RT-PCR 반응에서의 열 순환 횟수.

▶ **정량 PCR(quantitative PCR, qPCR)** 앰플리콘을 증폭하고 동시에 정량화하는 데 사용되는 PCR 반응.

개념적으로, 리얼-타임 PCR 검출을 위한 가장 간단한 방법은 SYBR 그린과 같이 이중-가닥 DNA가 존재할 때, 선택적으로 결합하고 형광을 나타내는 염료의 사용을 기본으로 하고 있다. 열 순환처리 중 PCR 산물의 생성은 각 사이클의 어닐링 및 열에 의한 신장 단계에서 존재하는 이중-가닥 산물의 양을 기하급수적으로 증가시킨다. 리얼-타임(실시간) 계측기는 각 사이클의 이러한 열에 의한 단계가 진행되는 동안 각 반응 튜브에서 형광을 모니터링하고, 사이클마다 형광 변화를 계산하여 S자형 증폭 곡선을 만들어낸다. 이 곡선의 지수 상에서 대략 중간 범위에 있는 차단 임계값은 각 샘플의 C_T를 계산하는 데 사용되며, 만일 적절한 조절 시스템이 존재하는 경우 정량분석에 사용할 수 있다.

이러한 접근방법의 잠재적인 문제는 리포터 염료(reporter dye)가 염기배열에 특이성이 아니므로, 반응에 의해 생성된 모든 거짓으로 만들어진 산물은 잘못된 탐지신호를 유발할 수 있다는 것이다. 실제로, 이것은 통상적으로 열 순환장치 사이클의 최종 단계에서 변성점 분석(melt-point analysis)의 성능에 의해 조절된다. 반응을 어닐링 온도로 냉각시킨 다음, 온도를 서서히 올리면서 형광을 지속적으로 모니터링 한다. 특정 앰플리콘은 형광이 손실되는 특징적인 변성점을 가지지만, 비특이적인 앰플리콘은 넓은 범위의 변성점을 나타낼 것이며, 샘플 형광에서 서서히 손실을 나타내게 된다.

여러 가지 대체 접근방법은 이 잠재적인 비특이적 신호를 피할 수 있는 프로브-기반 형광 리포터(probe-based fluorescence reporters)를 사용한다. 프로브-기반 접근법은 **FRET(fluorescence resonant energy transfer, 형광 공명 에너지 전달)**이라고 하는 과정의 응용을 통해 작동한다. 간단히 말해서, FRET는 두 개의 형광체가 근접해 있고, 하나의 방출 파장(emission wavelength, 리포터)이 다른 하나의 여기 파장[excitation wavelength, 퀀셔(소광물질, quencher); 빛이 발생할 때 혼재하는 것으로 인해 발광을 감소시키는 물질]과 일치할 때 발생한다. 리포터 염료-방출 파장(reporter dye-emission wavelength)에서 방출된 광자(photon)는 근처의 퀀셔 염료(quencher dye)에 의해 효과적으로 포획되어 퀀셔 방출 파장으로 다시 방출된다. 이러한 접근법의 가장 간단한 형태의 경우, 예상되는 앰플리콘 내의 인접한 염기배열과 상동성을 갖는 두 개의 짧은 올리고뉴클레오티드 프로브가 분석 반응에 포함되어 있다; 하나의 프로브는 리포터 염료, 다른 하나는 퀀셔를 가지고 있다. 특정 PCR 산물이 반응에서 생성되면, 각 어닐링 단계에서 이들 두 개의 프로브는 단일-가닥 산물에 어닐링하여 리포터 및 퀀셔 분자를 서로 가깝게 위치시킬 수 있다. 리포터 염료의 여기 파장으로 반응을 발광시키면, 퀀셔 염료의 특징적인 방출 주파수 파장에서 FRET 및 형광이 나타난다. 이와는 대조적으로, 만일 프로브 분자에 대한 상동성 주형이 존재하지 않는다면(즉, 예상된 PCR 산물), 두 가지 염료는 함께 존재하지 않을 것이고 리포터 염료의 여기 파장은 방출 주파수 파장에서 형광을 유도할 것이다. 이것을 그림 3.20에 나타내었다. DNA-결합 염료 접근법과 마찬가지로, 실시간 계측기는 각 사이클 동안 퀀셔 방출 파장을 모니터링하고, 유사한 S자형 증폭곡선을 만든다. 5′ 형광원 뉴클레아제 분석법(fluorogenic nuclease assay), 분자 비콘(molecular beacons) 및 분자 스콜피온(molecular scorpion)을 포함하여, 이 과정을 위해 FRET를 이용하는 여러 가지 대체 방법이 있다. 비록 이들의 세부적인 부분은 차이가 나지만, 근본적인 개념은 비슷하며 모두 유사한 방식으로 데이터를 생성한다.

▶ **형광 공명 에너지 전달(fluorescence resonant energy transfer, FRET)** 여기된(excited) 형광물질로부터의 방출을 포착하여 여기 스펙트럼(excitation spectrum)이 제1 형광물질의 방출 주파수와 일치하는 근처의 제2 형광물질에 의해 장파장에서 재방출되는 프로세스.

PCR 실험의 응용은 엄청나게 다양하다. 적절하게 조절 시스템을 가지고 있는 반응에서의 나타나는 것과 나타나지 않는 앰플리콘은 각각 분석 표적 주형의 존재 여부를 확인하는 증거로 볼 수 있다. 이러한 기능은 어느 다른 방법보다도 훨씬 더 높은 감도, 특이성 및 속도를 필요로 하는 감염성 질병 인자

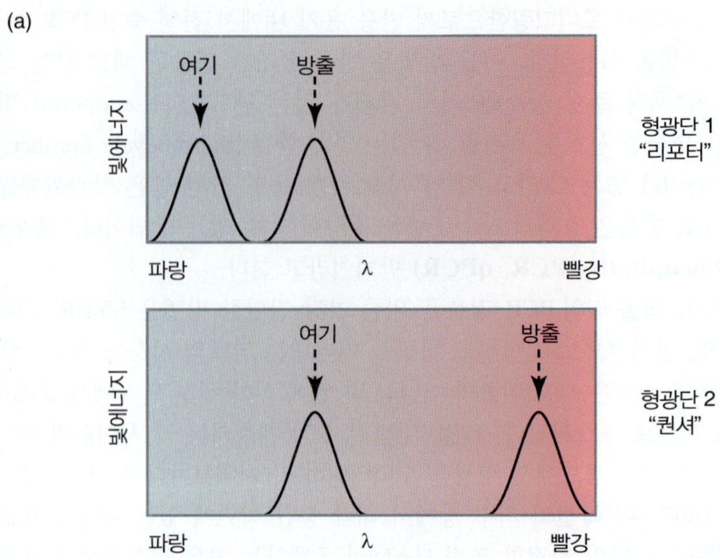

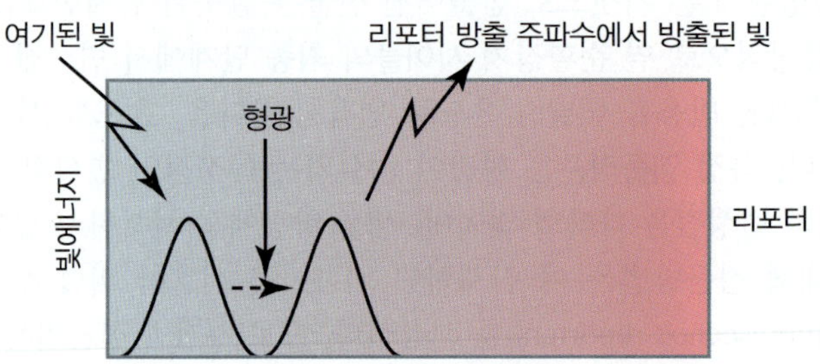

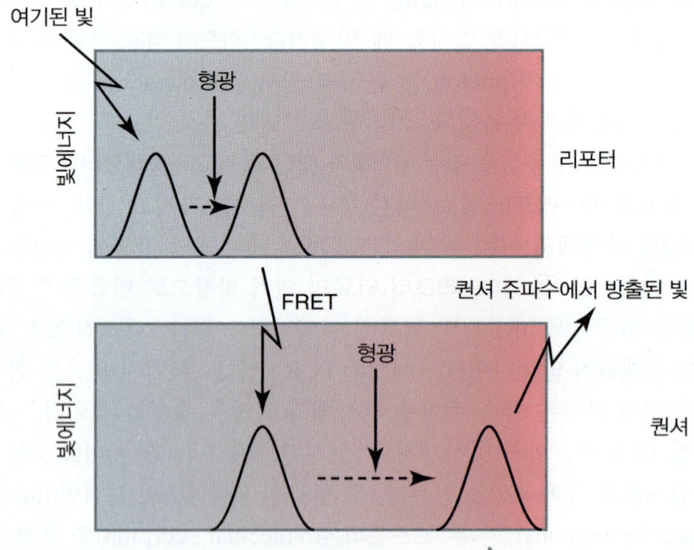

그림 3.20 FRET(Fluorescence resonant energy transfer)은 리포터와 퀀셔(quencher) 형광물질이 서로 매우 근접한 경우에만 발생하며, 리포터가 여기 주파수에 의해 자극을 받으면 퀀셔 방출 주파수에서 빛을 감지한다. 리포터와 퀀셔가 동시에 존재하지 않는 경우, 리포터를 자극하면 리포터의 방출 주파수에서 빛을 감지하게 된다. 예상되는 앰플리콘에 상보적인 단일-가닥 핵산 프로브 상에 리포터 및 퀀셔 형광단을 위치시킴으로써, FRET의 발생이 염기배열 특이적인 앰플리콘의 생성을 모니터하는 데 사용될 수 있도록 이 방법의 또 다른 변형이 설계될 수 있다.

를 검출하는 것과 같은 의학적 적용을 가능하게 한다.

비록 두 개의 프라이머 부위는 이미 알고 있는 염기배열이어야 하지만, 가운데 염기배열은 일반적인 길이의 임의의 염기배열일 수 있다; 이러한 사실은 종 간(또는 개체 간)으로 다양하다고 알려진 영역의 PCR 산물을 생성할 수 있는 응용분야로 직접 적용할 수 있으며, 샘플 주형의 종(또는 후자의 경우에는 각각의 특성)을 확인하기 위한 염기배열을 분석할 수 있다. 단일 분자감도(single molecule sensitivity)와 결합한 이 실험법은, 범죄 현장에서 남은 담배꽁초, 얼룩진 지문 또는 단 하나의 머리카락처럼 간단한 흔적에 남아있는 DNA로부터 개인을 식별할 수 있을 정도로 강력한 도구로서 범죄 과학수사에 이용되고 있다. 진화 생물학자들은 수백만 년 전의 호박(amber) 속에 들어있는 곤충과 같은 잘 보존된 시료에서 DNA를 증폭하기 위해 PCR을 이용하여, 연속 시퀀싱과 계통 발생 분석을 통해 지구상의 생명체의 연속성과 진화에 대한 흥미로운 결과를 이끌어냈다. 양적 실시간 PCR (quantitative real-time PCR)은 의학분야(예: 이식 환자의 바이러스 부하 모니터링), 연구(예: 단일 세포에서 특정 표적 유전자의 전사 활성화 검사) 또는 환경 모니터링(예: 정수 정제 품질 관리)에 응용되고 있다.

일반적으로 PCR 반응은 감도와 증폭 반응을 가장 극대화하고, 동시에 프라이머는 정확한 하이브리디제이션 매치(hybridization match)에만 어닐링될 수 있게 하는 T_m 값으로 실행된다. PCR 반응의 T_m을 낮춘다는 것—사실상, 엄격한 반응 조건을 완화하여 프라이머가 아주 완벽한 하이브리디제이션 파트너가 아닌 것과 반응하도록 하는 것—은 이미 알려진 염기배열과 유사한 것으로 예상되는 미지의 염기배열의 샘플을 탐색하는 것과 같이 유용하게 응용되어질 수 있다. 이러한 실험기법은 유사한 바이러스 종과 일치하는 프라이머를 사용하여 새로운 바이러스 종의 발견하는 데 성공적으로 적용되었다. 이와 유사하게, 유전자 또는 목적으로 하는 부위의 PCR-지정 클로닝(PCR-directed cloning) 반응 시, 프라이머 염기배열에서 미리 계획된 미스매치(mismatch)의 사용 및 약간 낮춘 T_ms를 사용하면 *부위지정 돌연변이유발(site-directed mutagenesis)*이라 불리는 실험을 통하여 원하는 돌연변이를 도입할 수 있다. 특정 유전자형을 직접적으로 나타낼 수 있거나 혹은 목적으로 하는 근처의 유전자 표적에 대한 대리 표지 마커 역할을 하는 SNP(single nucleotide polymorphisms, 단일뉴클레오티드 다형성; *5.3절 각각의 게놈은 다양한 변이를 나타낸다* 참조)의 차등 검출은 예상된 다형성에 특이적인 3′ 말단 뉴클레오티드를 갖는 PCR 프라이머의 설계를 통하여 할 수 있다. 최적의 T_m에서, 이러한 최종적인 결정적인 뉴클레오타이드는 ARMS(amplification refractory mutation selection) 또는 ASPE(allele-specific PCR)를 포함하여 여러 가지 이름으로 알려진 실험에서, 일치하는 SNP가 발생하는 경우에만 하이브리드를 형성하며 대기 중인 중합효소에 3′-OH을 제공한다.

지금까지 설명한 PCR 방법은 반응당 단일 표적의 증폭, 또는 "단일체(simplex)" PCR로 제한되었다. 이것이 가장 일반적인 응용방법이지만, 다수의 독립적인 PCR 반응을 하나의 반응으로 결합하는 것이 가능한데, 이렇게 하면 하나의 극히 작은 샘플에 존재하거나 존재하지 않는 또는 여러 가지 관계가 없는 염기배열의 양을 알아 볼 수 있다. 이 *멀티플렉스 PCR*은 범죄과학수사 응용 및 의학 진단 상황에서 특히 유용하지만, 여러 프라이머 세트가 원하지 않는 잘못된 산물이 생성되는 원치 않는 상호작용이 일어나지 않도록 함에 있어 복잡한 문제가 급격히 증가한다. 기껏해야, 멀티플렉싱은 제한된 중합효소와 뉴클레오티드에 대한 그들 간의 효과적인 경쟁으로 인해 각각의 개별적인 PCR에 대해 약간의 감도(sensitivity)를 잃는 경향이 있다.

PCR에 관하여 대부분 학생들의 마지막 관심사항은 철학적 관점에서 고려해야 할 사항이다. 실제로, 현재 엄청나게 사용되고 있는 이 방법의 실행에는, 앞에서 지적한 바와 같이 열에 안정한 중합효소의 사용을 필요로 한다. 많은 종류의 이들 중합효소는 주로 끓는 온천과 심해 화산 열 배출구에 서식하는 호극성균(extremophiles)에서 처음 발견된 박테리아 DNA 중합효소에서 유래되었다. 심해 화산 열 배출구에 서식하는 미생물을 연구하는 것이 일상생활에 영향을 미치는 과학을 포함하여 과학의 많은 다른 측면에 직접적으로 중요하다고 의심할 사람은 거의 없을 것이다. 주제 간의 이러한 예기치 않은 관련은 모든 주제에 관한 기본 연구의 중요성을 강조하고 있다; 중요한 발견은 전혀 예상하지 못했던 연구 방법에서 비롯될 수 있다.

핵심개념

- PCR은 목적으로 하는 염기배열에 어닐링하는 프라이머를 사용하여 원하는 염기배열의 기하급수적인 증폭을 가능하게 한다.
- RT-PCR은 역전사 효소를 사용하여 PCR 반응에 사용하기 위해 RNA를 DNA로 전환한다.
- 실시간 또는 정량적 PCR은 합성 과정에서 PCR 증폭 산물을 검출하며, 기존 PCR보다 감도가 좋고 정량적인 측정이 가능하다.
- PCR은 주형 변성의 여러 사이클을 견딜 수 있는 열에 안정한 DNA 중합효소의 사용에 의존한다.

개념 및 추론 확인

PCR은 왜 열에 안정한 DNA 중합효소가 기능해야 하는가?

3.9 블롯팅 방법

핵산이 겔 매트릭스(gel matrix)에서 크기 별로 분리된 후, 이들은 염기배열 특이성이 아닌 염색제(dye)를 사용하여 검출할 수 있으며, 혹은 특정한 염기배열은 일반적으로 블롯팅(*blotting*)이라고 하는 방법을 사용하여 검출할 수 있다. 형광 염색제에 의한 직접적인 시각화보다 느리고 더 복잡하지만, 블롯팅 기술은 두 가지 주요한 장점을 가지고 있다: 그들은 염료 염색에 비해 크게 증가된 감도를 가지고 있으며, 그들은 겔에서 비슷한 크기의 많은 밴드들로부터 목적으로 하는 정확한 염기배열의 검출이 가능하다.

이 방법은 DNA 아가로스 겔에 적용하기 위해 처음 개발되었으며 *3.5절 핵산 검출*에서 간단히 소개하였다. 이러한 형태에서, 이 방법을 (이 방법의 발명자인 Dr. Edwin Southern의 이름에 따라) **서던 블롯팅(Southern blotting)**이라고 한다. 이 실험법을 그림 3.21에 모식도로 나타내었다. 앞에서 설명한 대로, 일반 아가로오스 겔을 만들어 전기영동을 실시한다(필요한 경우, 염색한다). 이어서, 겔을 알칼리 완충액에 담가 DNA를 변성시킨 후 (일반적으로 니트로셀룰로오스 또는 나일론의) 다공성 멤브레인(membrane)에 접촉시킨다. 완충액은 모세관 현상(예를 들면, 마른 종이 타월을 쌓음) 또는 완만한 진공 압력으로 겔을 통과한 다음 멤브레인을 통과하여 끌어당긴다. 이 완충액의 느린 흐름은 겔의 각 핵산 밴드를 겔 매트릭스에서 멤브레인 표면으로 끌어당긴다. 핵산은 멤브레인에 결합하며, 이 멤브레인은 대부분 DNA 결합 효율을 높이기 위해 양전하(positively charged)를 띠고 있다. 이는 사실상 모든 핵산 밴드의 순서와 위치의 "밀착 인화(contact print)"를 생성하여 겔의 크기에 따라 결정된다. 겔 매트릭스로부터 커다란 DNA 분자의 용출(elution)을 보다 효율적으로 하기 위해, 때때로 전기영동 후 이동 전에 약한 산(mild acid)으로 겔을 처리한다. 이것은 산의 탈퓨린화(depurination) 분해를 유도하고, 겔 내의 DNA에 임의의 가닥 절단이 생겨, 큰 분자를 보다 쉽게 용출되게 하지만, 원래의 겔 밴드와 동일한 물리적 위치에 남아있게 된다. 이 방법의 일반적인 변형은 진공을 사용하여 모세관 현상을 사용하는 대신 블롯(blot)을 통해 완충액을 채운다.

▶ **서던 블롯팅(Southern blotting)** 겔 전기영동으로 분리된 DNA 밴드를 프로브를 사용하여 특정한 DNA 밴드를 검출하기 위하여 겔 매트릭스에서 셀룰로오스와 같은 고체지지 멤브레인으로 옮기는 과정.

이동 후에, 핵산은 건조 또는 UV에 노출하여 멤브레인에 고정되며, 이는 멤브레인과 핵산(주로 피리미딘) 간의 물리적 교차 결합을 형성할 수 있다. 이 블롯은 이제 블로킹(blocking)을 위한 준비가 되어 있다. 이 블롯은 비특이적으로 유기 화합물에 결합할 수 있는 블롯 영역에 결합하여 차단할 물질을 포함하는 적당한 온도의 낮은 염도 완충액에 잠겨 있다. 블로킹 후, 프로브 분자를 넣는다. 프로브는 목적으로 하는 표적 염기배열의 사본(동위 원소를 사용하거나 혹은 화학적으로, 예를 들어 비오티닐화된 뉴클레오티드를 첨가)으로 이루어지며, 이것은 열 변성되고 빠르게 냉각되어 단일 가닥 형태로 위치한다. 이것을 적당한 온도의 완충액에 첨가하고 블로킹된 멤브레인과 함께 항온처리하면, 프로브는 멤브레인 표면상의 상동성 염기배열에 하이브리디제이션을 시도하게 된다. 이러한 하이브리디제이션 단계 후에, 멤브레인은 일반적으로 비특이적으로 결합된 프로브 분자를 제거하기 위해 프로브 또는 차단

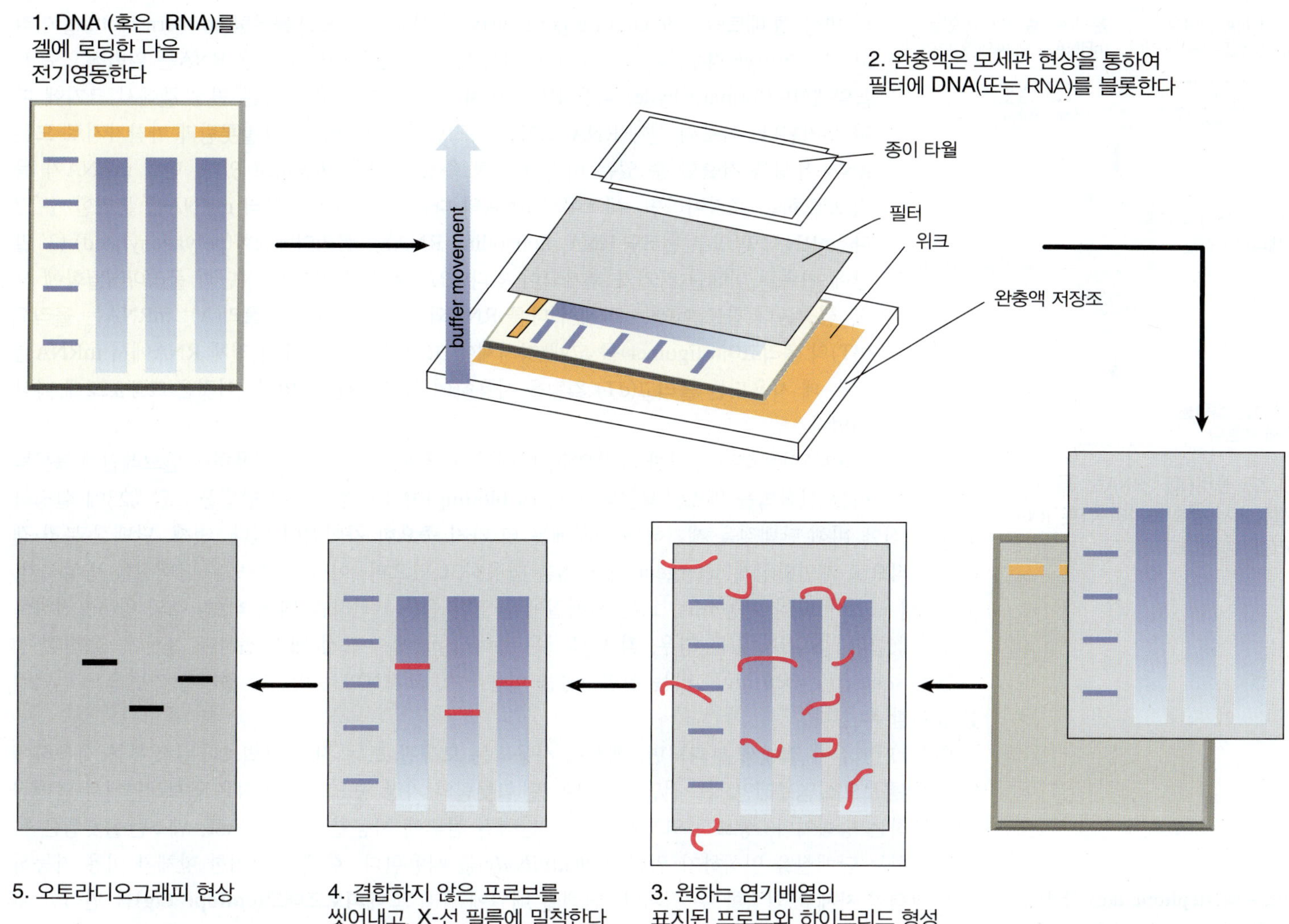

그림 3.21 서던 블롯을 수행하기 위해 제한효소로 분해된 DNA를 전기영동하여 크기 별로 단편을 분리한다. 이중-가닥DNA는 블롯팅 전 혹은 블롯팅 중에 알칼리 용액에서 변성시킨다. 겔을 트랜스퍼 완충액(transfer buffer)의 용기에 있는 (스폰지와 같은) 위크(wick) 위에 놓고, (나일론 또는 니트로 셀룰로오스) 멤브레인을 겔 상단에 놓는다. 종이 타월과 같은 흡수성 물질을 위에 놓는다. 완충액은 모세관 작용에 의해 겔을 통해 저장조(reservoir)에서 끌어 와서 DNA를 막으로 옮긴다. 그런 다음, 멤브레인을 표지된 프로브(일반적으로 DNA)와 함께 배양한다. 결합되지 않은 프로브를 씻어 내고, 결합된 프로브를 오토라디오그래피 또는 포스포이미징으로 검출한다. 노던 블롯팅에서는 DNA가 아닌 RNA를 겔 상으로 전기영동한다.

제(blocking agent) 없이 적당한 온도의 완충액에서 세척시킨 후 관찰한다; 방사성동위원소로 표지된 프로브의 경우, 멤브레인을 필름(film) 또는 포스포-이매저(phosphor-imager) 스크린에 간단히 노출시킨다. (일반적으로 ^{32}P 또는 ^{35}S) 표지의 붕괴는 모든 하이브리드된 DNA 밴드가 현상된 필름 또는 스캔된 포스포스크린에서 볼 수 있는 이미지를 만든다. 화학적으로 표지된 프로브의 경우, 화학 발광 또는 형광 검출 방법이 유사한 방식으로 사용된다.

서던 블롯팅 기술의 결정적인 이점은 관찰된 밴드 강도가 멤브레인의 표적 양과 연관되어 있다는 것이다—즉, 정량적인 방법이다. 만일 (표지되지 않은 일련의 단계별로 희석한 프로브 염기배열과 같은) 적당한 마커가 겔에 포함되어 있는 경우, 이 마커와 표적 밴드의 강도를 비교함으로써 출발 샘플(starting sample)에서 표적량(target quantity)을 결정할 수 있다. 이러한 정보는 숙주 세포 샘플에서 바이러스성 복제수를 결정하는 것과 같은 용도로 유용하게 사용될 수 있다.

서던 블롯(Southern blot) 방법의 다양한 변형이 존재하는데, 예를 들면, RNA 분자에 유사한 과정

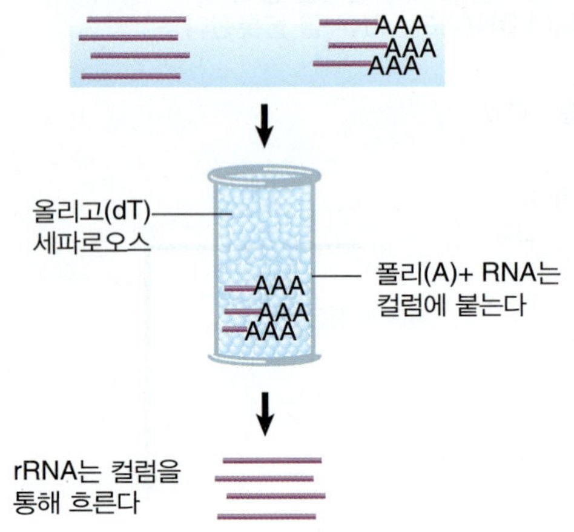

그림 3.22 폴리(A)$^+$ RNA는 올리고(dT) 컬럼에서 분획화하여 다른 RNA와 분리할 수 있다.

의 변성 겔 매트릭스(denaturing gel matrix)의 사용이다[노던 블롯팅(northern blotting)이라고 함]. 이러한 경우, 최초의 분해 단계가 없으므로, 분해되지 않은 RNA는 일반적으로 포름알데히드(formaldehyde) 혹은 RNA 이차 구조를 제거하는 다른 변성 겔에서 크기에 따라 분리된다. 이로써 실제 RNA 크기를 측정할 수 있으며, 서던 블롯팅과 마찬가지로 모든 RNA 유형을 검출할 수 있는 비슷한 양적 측정 방법을 제공하고 있다. 만일 mRNA가 목적으로 하는 표적이라면, 세포에서 RNA의 다른 모든 종류로부터 mRNA를 분리할 수 있다. mRNA(및 일부 넌코딩 RNA, noncoding RNA)는 폴리아데닐화(polyadenylated) (3′ 말단에 연속된 아데닌 잔기가 추가되어 있다; *21.14절 3′ 말단은 절단과 폴리아데닐화에 의해 생성된다* 참조)이라는 점에서 다른 RNA와 다르다. 따라서 폴리(A)$^+$ mRNA는 올리고(dT)의 올리고머(oligomer)를 고체 지지체에 고정시키고, 시료의 전체 RNA에서 mRNA를 얻는 데 사용되는 올리고(dT) 컬럼을 사용하여 농축시킬 수 있다. 이것은 **그림 3.22**에 나타내었다.

이론적으로는 유사한 과정으로, 단백질을 단백질-분리 겔을 이용하여 멤브레인에 블롯팅하는 실험법을 **웨스턴 블롯팅(western blotting)**이라고 한다. 이 방법을 **그림 3.23**에 설명하였다. 핵산에 비해 단백질을 제거하는 절차에는 몇 가지 중요한 차이점이 있다. 첫째, 단백질-분리 겔은 전형적으로 계면활성제(detergent)인 SDS를 함유하고 있으며, 이들 둘은 모두 단백질을 변성시켜, 모양보다 크기에 따라 이동하고, 모든 단백질에 균일한 음(−) 전하를 띄게 하여, 겔의 양(+) 전하로 이동하게 한다. [SDS가 없는 경우, 각 단백질은 주어진 *p*H에서 특정 개별 전하를 가진다; *등전점 전기영동(isoelectric focusing)*이라는 실험기술을 이용하여, 크기보다는 이러한 전하를 기반으로 단백질을 분리할 수 있다.]

일단, 단백질이 겔에서 분리되면, 핵산에 사용되는 모세관 또는 진공 방법보다는 전류를 사용하여 **니트로셀룰로오스 멤브레인**으로 전달된다. 웨스턴 블롯팅의 가장 중요한 차이점은 멤브레인에서 단백질을 검출하는 방법이다. 상보적 염기쌍 형성은 단백질 검출에 사용할 수 없으므로, 웨스턴 블롯팅은 목적으로 하는 단백질을 인식하기 위해 *항체(antibody)*를 사용한다. 항체는 그러한 항체가 이용 가능하다면 단백질 자체를 인식할 수 있거나, 단백질 배열에 융합된 **에피토프태그(epitope tag)**를 인식할 수 있다. 에피토프태그는 상업적으로 이용 가능한 항체에 의해 인식되는 짧은 펩티드 배열이다; 태그를 코드하는 DNA는 목적으로 하는 유전자에 인-프레임(in-frame)으로 클로닝되어, (전형적으로 단백질의

▶ **에피토프태그(epitope tag)** 항체에 의해 확인될 수 있는 단백질에 첨가된 폴리펩티드.

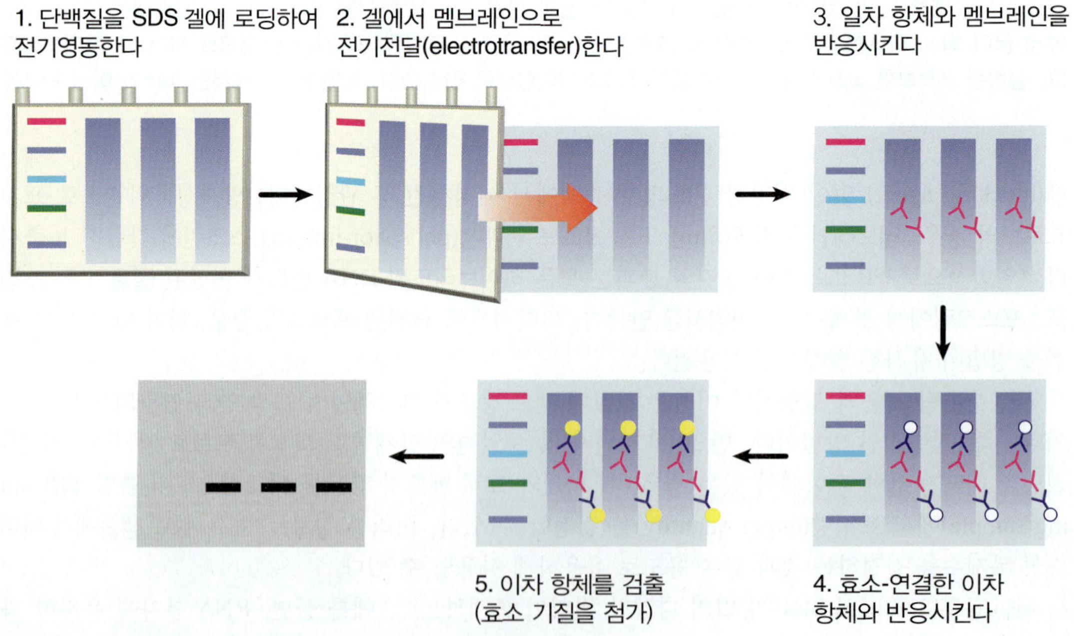

그림 3.23 웨스턴 블롯에서는 단백질을 SDS 겔에서 크기 별로 분리하고, 니트로셀룰로오스 멤브레인으로 옮기고, 항체를 사용하여 검출한다. 일차 항체는 단백질을 검출하고, 효소-결합된 이차 항체는 일차 항체를 검출한다. 이차 항체는 이 그림에서 화학발광 기질의 첨가를 통해 검출되며, 이는 X-선 필름에서 검출될 수 있는 빛을 방출한다.

N- 또는 C- 말단에) 에피토프를 함유하는 생성물을 생성한다. 가장 일반적으로 사용되는 에피토프태그(예: HA, FLAG 및 myc 태그)의 염기배열은 융합을 용이하게 하기 위해 종종 발현 벡터에서 사용할 수 있다(*3.4절 클로닝 벡터는 다른 목적을 위해 특성화될 수 있다* 참조).

멤브레인의 표적을 인식하는 항체는 일차 항체(primary antibody)로 알려져 있다. 웨스턴 블롯팅의 최종 단계는 이차 항체로 일차 항체를 검출하는 것이며, 이차 항체는 눈으로 확인할 수 있게 하는 항체이다. 이차 항체는 사용된 일차 항체와는 다른 종(species)에서 생산되고, 일차 항체의 불변 영역을 인식한다. [예를 들어, 염소 안티래빗(antirabbit) 항체는 토끼에서 제기된 일차 항체를 인식한다; 항체 구조에 대한 리뷰는 *18장 면역계의 체세포 재조합과 과돌연변이* 참조.] 이차 항체는 전형적으로 형광 염료 또는 알칼라인 포스파타제(alkaline phosphatase) 또는 홀스래디시 퍼옥시다아제(horseradish peroxidase)와 같은 효소와 같이, 눈으로 확인할 수 있는 부분에 연결된다. 이들 효소는 추가된 기질을 착색된 산물(*비색 검출, colorimetric detection*)로 전환하거나 빛을 반응생성물(*chemiluminescent detection, 화학발광 검출*)로 방출할 수 있기 때문에, 눈으로 확인할 수 있는 도구로 사용된다. (일차 항체에 비주얼라이저를 연결하는 것보다) 일차 및 이차 항체를 사용하면 웨스턴 블롯팅의 감도가 증가한다. 이 결과는 목적으로 하는 단백질의 반정략적인 검출(semiquantitative detection)이 된다.

같은 맥락에서 계속해서, DNA와 단백질 간의 (단백질 겔 분리 및 블롯팅과 DNA 프로브를 통한) 상호작용을 확인하는 기술을 사우스웨스턴 블롯팅(southwestern blotting)이라고 한다. RNA 프로브가 사용될 때, 이 기술을 노던웨스턴 블롯팅(northwestern blotting)이라고 한다.

핵심개념

- 서던 블롯팅(Southern blotting)은 겔에서 멤브레인(membrane)으로 DNA를 전달하여, 표지된 프로브와의 하이브리디제이션에 의한 특정 염기배열을 검출한다.
- 노던 블롯팅(northern blotting)은 서던 블롯팅과 비슷하지만, 겔에서 멤브레인으로 RNA를 전달한다.
- 웨스턴 블롯팅(western blotting)은 SDS 겔에서 단백질 분리, 니트로셀룰로오스 멤브레인으로의 이동, 항체를 이용하여 목적으로 하는 단백질을 검출한다.

개념 및 추론 확인

서던 블롯팅에서 프로브가 추가되기 전에 왜 블로킹을 해야 하는가?

3.10 DNA 마이크로어레이

서던 및 노던 블롯팅에서 논리적 기술적으로 진보된 것이 마이크로어레이이다. 멤브레인에 미지의 샘플과 용액에 프로브를 가지고 있는 대신, 마이크로어레이는 효과적으로 이 두 가지를 역으로 한다. 이들은 본래 "슬롯-블롯(slot-blots)"또는 "돗-블롯(dot-blots)"의 형태로 시작되었는데, 연구자들은 각각의 목적으로 하는 DNA 염기배열을, 정렬된 패턴으로, 하이브리디제이션 멤브레인에 직접 스폿(spot, 반점)을 찍는데, 이때 각 스폿은 서로 다른 하나의 알려진 염기배열로 구성되어져 있다. 멤브레인을 건조시키면 이들 스폿들이 고정되어, 미리 준비된 블롯팅 어레이(blotting array)가 만들어진다. 그런 다음, 연구자들은 전체 세포성 DNA와 같은, 목적으로 하는 핵산 샘플을 채취하여 이 DNA(원래 방사성 동위원소 표지와 함께)를 무작위로 고르게 표지한다. 이 샘플 DNA의 표지된 혼합물은, 서던 블롯팅에서와 똑같이, 미리 준비된 블롯에 하이브리드하기 위한 프로브로서 사용될 수 있다. 어떤 어레이 스폿에 상동성을 가지고 있는 표지된 DNA 염기배열은 하이브리드하게 되며, 그 스폿의 알려진, 고정된 위치에서 하이브리드된 채 남아있어, 오토라디오그래피로 눈으로 확인할 수 있을 것이다. 오토라디오그램을 보고 각 특정 프로브 스폿(probe spot)의 물리적 위치를 알면, 하이브리드된 것과 하이브리드되지 않은 스폿의 패턴을 판독하여, 미지의 샘플에서 상응하는 이미 알려진 염기배열의 존재 또는 부재를 나타낼 수 있다.

이 접근법에 대한 기술적 향상은 고정된 스폿의 크기와 물리적 밀도의 소형화를 통해 빠르게 진행되었고, 30~100개의 반점을 가진 멤브레인에서 최대 1,000개의 반점이 있는 유리 현미경 슬라이드로 이동하였다. 오늘날 실리콘 칩(silicon chip) 기질은 우표 크기만 한 면적에 수십만(그리고 현재 최대 백만 또는 그 이상)의 각각의 스폿을 가지고 있다.

이러한 고-밀도 어레이의 뚜렷한 반점을 눈으로 볼 수 있게 하기 위해 자동화된 광학 현미경이 사용되며, 형광은 각 하이브리디제이션 신호의 보다 쉬운 정량화뿐만 아니라 증가된 공간적인 해상도(resolution, 더 높은 반점 밀도)를 고려하여 방사성 표지를 대체하였다. 어레이당 증가된 총 스폿의 수와 병행하여, 각각의 고유한 프로브의 길이는 일반적으로 더 짧아지고, 어레이의 각 스폿은 더 작은 표적 영역에 특유하게 작용하여 사실상 분자수준에 더 좋은 "해상도"를 제공하고 있다. 마이크로어레이의 잠재적 응용은 실제로 사용자의 상상력에 의해서만 제한적으로 사용되고 있지만, 표준적인 도구로서 사용되는 많은 특정 응용 프로그램이 있다.

첫 번째는 유전자 발현 프로파일링으로, 목적으로 하는 (질병 상태 또는 특정 환경문제에 처해 있는 조직과 같은) 샘플의 총 mRNA 샘플을 수집하고 무작위로 프라이머를 역전사하여 cDNA로 대량 변환한다. 표지는 합성 중 (표지된 뉴클레오티드의 사용 또는 표지를 갖는 프라이머 자체를 통해) cDNA에 혼입된다; 이것은 후속 단계에서 합텐(hapten)에 결합할 형광체 결합체에 노출될 수 있는 형광체(fluorophore, "직접 표지") 또는 (예를 들어, 비오틴, biotin과 같은) 다른 합텐일 수 있다(이 예에서, 스트렙타비딘-피코에리트린 결합체(streptavidin-phycoerythrin conjugate)는 "간접 표지(indirect labeling)"라 불리는 곳에서 사용된다). 이 표지된 cDNA는 표적 생물체로부터 알려진 다수의 mRNA에 상보적인 가닥으로 고정된 스폿이 배열된 어레이에 하이브리드화 된다. 하이브리디제이션(hybridization), 세척 및 시각화를 통해 보완된 표지된 cDNA에 결합한 스폿을 검출할 수 있으며, 따라서 원래의 샘플에서 발현된 유전자를 판독할 수 있다. 이러한 과정을 그림 3.24에 설명하였다. 서던 블롯팅과 마찬가지로 이 방법은 정량적이다. 즉, 각 스폿에서 관찰된 신호가 특정 mRNA의 원래 수준과 일치함을 의미한다. 번갈아 존재하는 유전자의 특정 엑손(exon)에 상보적인 짧은 프로브 염기배열을 선택하는 것과 같이, 각각의 고정된 스폿의 염기배열을 기발하게 선택함으로써, 단일 유전자로부터의 선택적인 스플라이싱(alternate splicing) 산물의 상대적인 수준을 구분하고 정량화할 수 있게 한다. 실험 대상의 조직 및 대조군 조직을 병행하여 수행한 실험 데이터를 비교함으로써, 실험은 종종 실험 조직의 상태 또는 상태에 대한 유용한 정보를 지니는 전체 세포성 유전자 발현 패턴의 "글로벌(global, 전반적인)" 변화의 스냅 사진(snapshot, 순간적인 상황)을 수집할 수 있다.

두 번째 주요 응용 프로그램은 유전형 분석(genotyping)에 있다. 인간 게놈(및 다른 생물체)의 분석은 특정 유전자자리에서 단일 뉴클레오티드 치환이 일어나는, 많은 수의 **SNP(single nucleotide polymorphisms, 단일 염기 다형성)**를 확인할 수 있게 한다(*5.4절 RFLP 및 SNP를 유전자 매핑에 사용할 수 있다* 참조). 각각의 SNP는 알려진 빈도로 발생하며, 종종 개체군마다 다르다. 가장 간단한 예는 SNP가 약물의 신진대사에 관여하는 것과 같이, 목적으로 하는 유전자 내에서 돌연변이를 일으키는 곳이다. SNP의 한 대립유전자를 가지고 있는 사람들은 다른 대립유전자를 가진 환자와 매우 다른 속도로 순환하는 약물을 제거할 수 있으므로, 이 SNP에서 환자의 대립유전자를 결정하는 것은 적절한 약물 복용량을 선택할 때 중요한 고려사항이 될 수 있다. 이론에서 일상적으로 사용되는 예로는, CYP450 SNP 유전형 분석으로 항응고제인 와파린(warfarin)의 적절한 용량을 결하는 것이다. 또 다른 유형은, 암 환자의 일부 유형에서 K-Ras 종양유전자의 SNP 유전형 분석에서 EGFR 억제 약물이 치료적 가치를 갖는지의 여부를 결정하는 것이다. 다른 SNP는 생물학적으로 직접적인 결과가 아닐 수 있지만, 목적으로 하는 특정 대립유전자와 밀접하게 연관된 것으로 밝혀지면 귀중한 유전자 마커(genetic marker)가 될 수 있다—즉, 유전적 용어로 밀접하게 연관(link)되어 있는 경우이다. 수십만

▶ **단일 염기 다형성(single nucleotide polymorphisms, SNP)** 단일 뉴클레오티드의 변화로 인한 개인 간 염기배열의 다형성 또는 변이. 이것은 개인 간의 많은 유전적 변이의 원인이 된다.

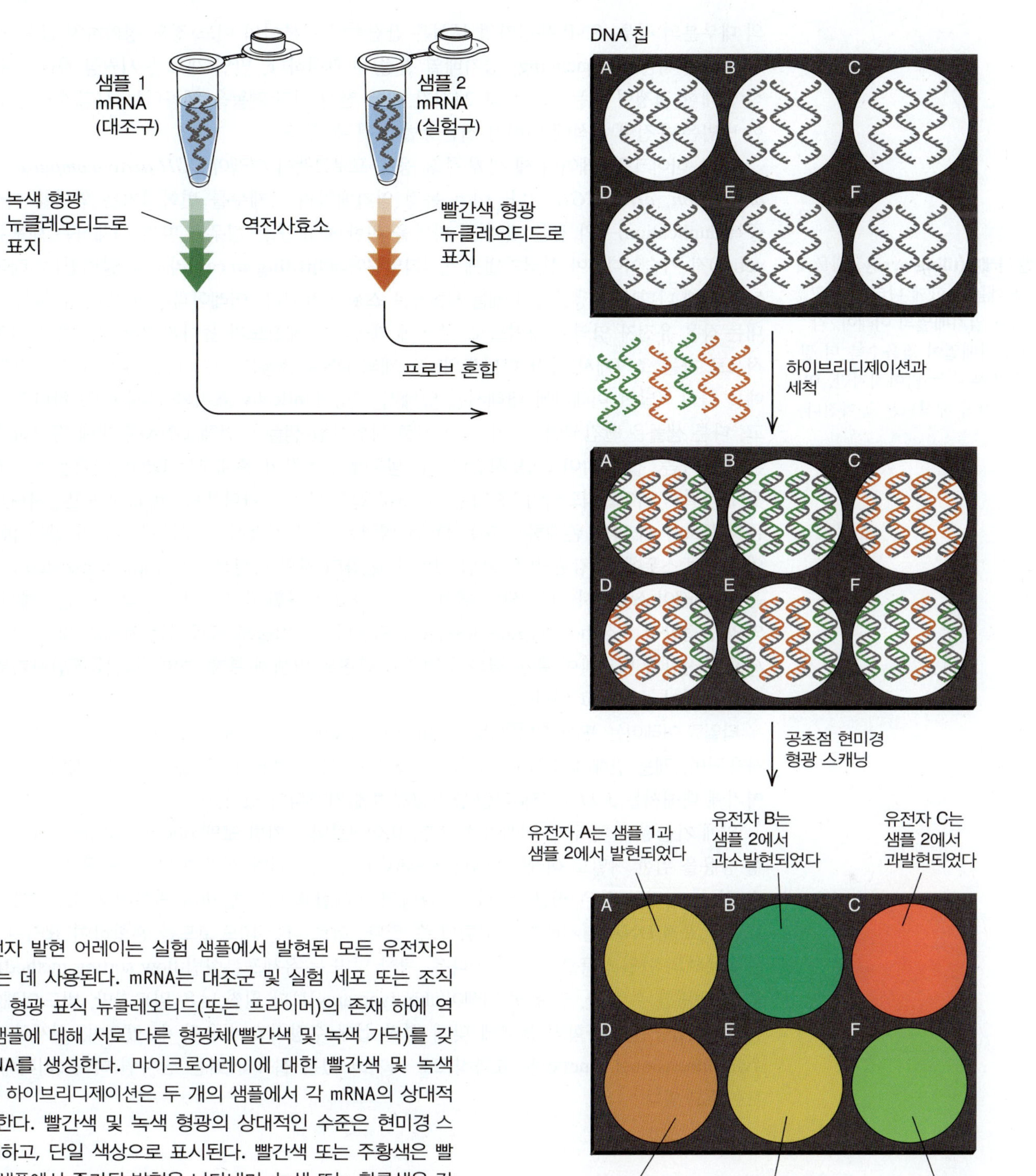

그림 3.24 유전자 발현 어레이는 실험 샘플에서 발현된 모든 유전자의 수준을 검출하는 데 사용된다. mRNA는 대조군 및 실험 세포 또는 조직에서 분리되고, 형광 표식 뉴클레오티드(또는 프라이머)의 존재 하에 역전사되어, 각 샘플에 대해 서로 다른 형광체(빨간색 및 녹색 가닥)를 갖는 표지된 cDNA를 생성한다. 마이크로어레이에 대한 빨간색 및 녹색 cDNA의 경쟁적 하이브리디제이션은 두 개의 샘플에서 각 mRNA의 상대적 존재량에 비례한다. 빨간색 및 녹색 형광의 상대적인 수준은 현미경 스캔에 의해 측정하고, 단일 색상으로 표시된다. 빨간색 또는 주황색은 빨간색 (실험용) 샘플에서 증가된 발현을 나타내며, 녹색 또는 황록색은 감소된 발현을 나타내고, 노란색은 대조 및 실험에서 동일한 발현수준을 나타낸다.

개의 SNP가 인간 게놈에 매핑되어 있고, 대상의 DNA로 탐색할 수 있는 어레이는 이들 각각의 유전자형을 동시에 확인할 수 있으며, 연관된 유전자 대립유전자가 무엇인지를 동시에 확인할 수 있다. 사실상, 이러한 방법은, 한 번의 실험으로 실제로 전체의 대상으로 하는 게놈의 염기배열을 결정하는 것보다 훨씬 적은 시간과 비용으로, 많은 대상의 유전자형을 유추할 수 있게 한다. 그러나 미래를 전망할 때, 직접적인 미스센스 돌연변이(missense mutation) 대립유전자와는 대조적으로 연관된 대립유전자의 대부분의 경우, SNP 유전자형 분석은 간접적인 추론이며 어느 정도 정확하지 않을 가능성도 있다.

반면에 시퀀싱(sequencing, 염기배열 결정)은 완전하다. 만일 새로운 시퀀싱 기술이 SNP 유전형 분석에 대한 경쟁력 있는 비용으로 24시간 내에 전체 인간 게놈을 제공하는 시점까지 향상된다면, 이러한 방법은 유전형 분석에 뛰어난 접근방법이 될 수 있다.

DNA 마이크로어레이의 세 번째 주요 응용 프로그램이 *어레이-CGH*(*array-comparative genome hybridization, array-CGH*)이다. 이는 특정 염기배열의 복제수를 변화시키는 염색체 이상—결실 혹은 중복(duplication)—의 검출 및 위치 파악을 위한 증강 또는 경우에 따라 대체하는 세포유전학(cytogenetics)적 기술이다. 이 실험기법에서, [**타일링어레이(tiling array)**라고도 알려진] 어레이칩은 전체 게놈을 함께 나타내는 생물체의 게놈 시퀀스로 스폿이 생긴다; 어레이의 밀도가 높을수록, 각 스폿이 나타내는 작은 유전자 영역이 생기므로, 분석에 제공되는 해상도가 높아지게 된다. (정상 대조군 조직과 목적으로 하는 조직에서 각각 하나씩의) 두 개의 DNA 샘플은 서로 다른 형광체로 무작위로 표지하고, 예를 들어, (발현 어레이에 대해서는 앞에서 설명한 mRNA 표지와 유사하게) 하나의 샘플은 녹색이고, 다른 샘플은 빨간색이다. 이 두 가지로 차별화된 샘플은 전체 DNA에 대해 정확히 동일한 비율로 혼합한 다음, 칩에 하이브리드시킨다. 두 샘플에서 똑같이 존재하는 DNA 영역은 상보적인 어레이 스폿에 똑같이 하이브리드되어 "혼합된(mixed)" 컬러 신호를 나타낸다. 비교해 보면, 하나의 샘플에서 다른 샘플보다 더 많이 존재하는 모든 DNA 영역은 서로 경쟁하기 때문에 결함이 있는 샘플보다 상보적인 프로브 스폿에 더 강한 색을 보일 것이다. 컴퓨터-지원 화상분석(Computer-assisted image analysis)은 각 어레이 스폿에서 작은 색의 변화를 판독하고 정량할 수 있으므로, 테스트 샘플에서 매우 작은 영역의 반접합성 손실(hemizygous loss)을 감지한다. 이 기술로 제공되는 자동화 및 분석 시설은 기존의 세포 유전학과 비교하여 유전 질환의 범위와 관련된 염색체 복제 수의 변화를 진단하기위한 진단 설정에서 채택이 증가하고 있다.

▶ **타일링 어레이(tiling array)** 생물체의 전체 게놈을 함께 나타내는 고정된 핵산 염기배열의 어레이. 각 어레이 염기배열이 짧을수록 더 필요한 총 스폿 수는 많아지지만, 어레이의 유전적 해상도는 높아진다.

타일링 어레이는 또한 ChIP(chromatin immunoprecipitation, 크로마틴 면역침강법) 연구에서 종종 사용되며, 게놈 전체에서 DNA-결합단백질 또는 복합체와 상호작용하는 염기배열을 확인할 수 있다; 여기에 대해서는 *3.11절 크로마틴 면역침강법*에 기술되어 있다.

위에 기술된 고체 위상 어레이 외에도, 마이크로비드-기반 포맷(microbead-based formats)으로 집중형 응용을 위한 저밀도 어레이(lower density arrays, 수백만 개가 아닌 수백 개의 표적과 함께)를 만들 수 있다. 이러한 많은 접근방법에서, 각각의 미세한 비드는 별개의 광학신호 또는 코드를 가지며, 그 표면은 표적 DNA 염기배열로 코팅될 수 있다. 서로 다른 비드 코드를 혼합하여 표지된 샘플 DNA 또는 cDNA의 단일 샘플로 일치시킨 다음, 광학 및 또는 유세포분석법(flow sorting method)으로 분류, 검출 및 정량할 수 있다. 칩-유형 어레이(chip-type aray)보다 훨씬 낮은 밀도지만, 비드 어레이(bead array)는 특정 집중된 생물학적 문제에 맞게 훨씬 쉽게 수정되고 적용될 수 있으며, 실제로 이차원 키네틱(two-dimensional kinetic)을 효과적으로 가지고 있는 칩보다 빠른 삼차원 하이브리디제이션 키네틱를 보여주고 있다.

핵심개념

- DNA 마이크로어레이(DNA microarray)는 작은 칩에 스폿이 생기거나 합성된 알려진 DNA 염기배열을 포함하고 있다.
- 전체 게놈의 전사 분석은 사용된 생물체의 모든 ORF로부터의 염기배열을 포함하는 마이크로어레이에 하이브리드된 실험 샘플의 표지된 cDNA를 사용하여 수행된다.
- SNP 어레이는 단일 뉴클레오티드 다형성의 전체 게놈의 유전형 분석(genotyping)을 가능하게 한다.
- 어레이-CGH(Array comparative genome hybridization)은 두 샘플 간에 비교된 모든 DNA 염기배열의 복제 수 변화를 검출할 수 있다.

개념 및 추론 확인

마이크로어레이 기술은 특정 세포 유형에서 어떤 유전자가 활성화되어 있는지를 어떻게 알 수 있는가?

3.11 크로마틴 면역침강법

지금까지 이 장에서 논의된 대부분의 방법은 세포에서 분리된(혹은 합성으로 생산된) 핵산이나 단백질의 검출 또는 조작을 가능하게 하는 시험관 내 방법이다. 그러나 다른 많은 강력한 분자생물학적 기술이 개발되어, (예를 들면, 살아있는 세포에서의 GFP 융합체의 이미징과 같은) 생체 내 거대분자의 생체 내 움직임을 직접 눈으로 볼 수 있게 하거나, 혹은 또는 연구자들이 특정 조건 또는 시점에서 거대분자의 생체 내 위치 또는 상호작용의 "스냅샷"을 잡을 수 있게 한다.

이 책 전체에서 우리는 크로마틴 단백질과 같은 DNA와 직접 상호작용하거나 복제, 수복 및 전사(RNA 합성)를 수행하는 요인들과 작용하는 수많은 단백질에 대해 논의할 것이다. 이러한 과정에 대한 우리의 해석은 생체 내 재구성 실험(reconstitution experiment)에서 유래되었지만, 살아있는 세포에서 단백질-DNA 상호작용의 역학 관계를 파악하여 이러한 복잡한 기능을 완전히 이해하는 것이 중요하다. 이러한 상호작용을 포착하기 위해 **ChIP(chromatin immunoprecipitation, 크로마틴 면역침강법)**의 강력한 기술이 개발되었다. [*크로마틴*은, 단백질로 광범위하게 포장된 생체 내에서의 진핵생물 DNA의 자연스러운 상태를 말하며, 여기에 대해서는 *10장 크로마틴*에서 논의한다.] ChIP는 연구자들이 생체 내 특정 DNA 염기배열에서 목적으로 하는 단백질의 존재를 검출할 수 있게 한다.

▸ **크로마틴 면역침강법(chromatin immunoprecipitation, ChIP)** 항체로 단백질을 분리하고, 이들 단백질과 관련된 DNA 염기배열을 동정하는 생체 내 단백질-DNA 상호작용을 검출하는 방법.

그림 3.25는 크로마틴 면역침강 과정을 보여주고 있다. 이 방법은 목적으로 하는 단백질을 검출하는 항체의 사용에 의존하고 있다. 이전에 웨스턴 블롯팅(*3.9절 블롯팅 방법* 참조)에 대해 앞서 설명하였듯

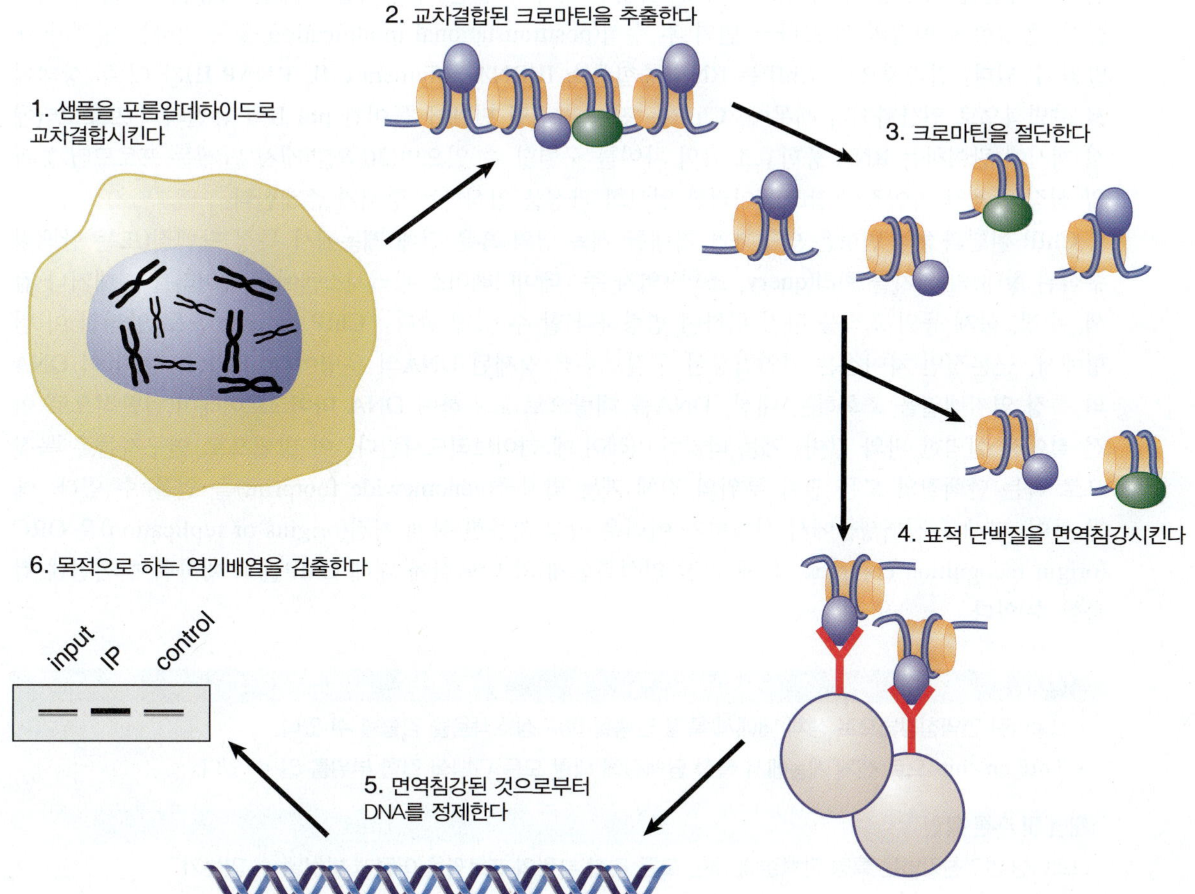

그림 3.25 크로마틴 면역침강법은 생체 내 자연상태의 크로마틴 상황에서 단백질-DNA 상호작용을 검출한다. 단백질과 DNA는 교차 결합하고, 크로마틴은 작은 단편으로 분해되고, 항체는 목적으로 하는 단백질을 면역침강시키는 데 사용된다. 그런 다음, 결합된 DNA를 정제하여 (그림에서 나타낸 바와 같이) PCR로 특정 염기배열을 확인하거나 혹은 DNA를 표지하여, 전체 게놈의 상호작용을 검출하기 위해 타일링 어레이를 이용하여 분석한다.

이, 이 항체는 단백질 자체 또는 에피토프 태그(epitope tag) 표적에 대항할 수 있다.

ChIP의 첫 번째 단계는 전형적으로 포름알데히드(formaldehyde)로 고정시켜, 세포(또는 조직 또는 생물체)를 교차결합시키는 것이다. 이것은 두 가지 목적으로 사용된다: (1) 세포를 죽이고 고정 시, 모든 진행 중인 과정을 포착하여 세포 활동의 스냅샷을 제공한다; (2) 매우 근접한 거리에 있는 모든 단백질과 DNA를 공유결합시킴으로써, 이후의 분석을 통해 단백질-DNA 상호작용을 보존한다. ChIP은 다른 조건에서 단백질-DNA 상호작용의 변화를 찾기 위해, (세포주기의 다른 단계 또는 특정 처리 후와 같이) 다른 실험조건으로 세포 또는 조직에서 수행할 수 있다.

가교 결합(cross linking) 후, 크로마틴은 고정된 물질로부터 분리되고, 작은 크로마틴 단편(보통 200~1,000 bp)으로 절단된다. 이러한 작은 단편은 고-강도의 음파를 사용하여 크로마틴을 비특이적으로 절단시키는 초음파 처리를 통해 얻을 수 있다. (염기배열 특이적 또는 염기배열 비특이적인) 뉴클레아제는 DNA를 단편화하는 데 사용될 수 있다. 이 작은 크로마틴 단편은 목적으로 하는 단백질 표적에 대한 항체와 함께 배양된다. 그런 다음, 이 항체에 결합하는 (예를 들어, 단백질A와 같은) 단백질이 코팅된 무거운 비드를 사용하여, 용액에서 항체를 끌어당겨 단백질을 면역침강시키는 데 사용될 수 있다.

결합되지 않은 물질을 씻어 낸 후, 남아있는 물질은 생체 내에서 관련된 모든 DNA와 여전히 교차결합되어 있는 목적의 단백질을 포함하고 있다. DNA 표적은 목적으로 하는 단백질과의 상호작용에 의해서만 분리되기 때문에, 이것을 때때로 “연좌제” 분석(“guilt by association” assay)이라고 불린다. ChIP의 최종 단계는 DNA가 정제될 수 있도록 교차결합을 전환시켜, PCR 또는 블롯팅 방법을 사용하여, 특정 DNA 염기배열을 검출할 수 있다. 정량적(실시간) PCR은 DNA를 검출하기 위해 일반적으로 선택되는 방법이다.

(목적으로 하는 유전자의 프로모터에 결합된 전사인자와 같은) 특정 DNA 염기배열에서 특정 단백질의 존재를 밝혀내는 것 외에도, 고도로 특화된 항체가 훨씬 더 상세한 정보를 제공할 수 있다. 예를 들어, 동일한 단백질의 서로 다른 번역 후 수식(posttranslational modification)을 구별하는 항체가 개발될 수 있다. 결과적으로, ChIP는 RNA 중합효소 II(RNA polymerase II, RNAP II)가 이 두 상태에서 차별적으로 인산화되기 때문에, ChIP는 전사의 신장 단계에 들어간 pol II의 유전자의 프로모터에서 개시에 관여하는 RNA 중합효소 II의 차이를 구별할 수 있으며(*20.8절 개시 단계는 프로모터 통과와 신장 단계가 이어진다* 참조), 이러한 인산화 과정을 인식하는 항체가 존재한다.

ChIP 실험과정의 변형은 연구자가 거대한 게놈 영역-혹은 전체 게놈에서 특정 단백질(또는 단백질 수식된 형태)의 위치를 쿼리(query, 조회)(역자 주: 데이터베이스 관리시스템에서 데이터를 꺼내거나 검색, 수정, 삭제 등의 조작을 하기 위하여 명령하다)할 수 있게 한다. “ChIP on chip”으로 알려진 이 변형에서, 근본적인 차이점은 면역침강된 물질로부터 정제된 DNA의 운명이다. PCR을 통해 이 DNA의 특정 염기배열을 조회하는 대신, DNA를 대량으로 표지하여 DNA 마이크로어레이(일반적으로 이전 절에서 설명한 바와 같이, 게놈 타일링 어레이)에 하이브리드시킨다. 이 방법으로 연구자들은 목적으로 하는 단백질의 모든 결합 부위의 전체 게놈 발자국(genomewide footprint)을 얻을 수 있다. 예를 들어, 다세포 진핵생물에서 식별하기 어려운 상상 가능한 복제 기점(origins of replication)은 ORC (origin recognition complex, 복제 기점 인식복합체)의 단백질에 대해 ChIP를 수행하여 한꺼번에 검출할 수 있다.

핵심개념

- 크로마틴 면역침강법으로 생체 내에서 특정 단백질-DNA 상호작용을 검출할 수 있다.
- “ChIP on chip”으로 전체 게놈에서 특정 단백질에 대한 모든 단백질 결합 부위를 알 수 있다.

개념 및 추론 확인

크로마틴 면역침강법은 특정 단백질에 대한 모든 결합 부위의 프로필을 어떻게 밝혀낼 수 있는가?

3.12 유전자 녹-아웃 및 트랜스제닉

외래 DNA의 첨가로 새로운 유전정보를 얻는 생물체를 **트랜스제닉(transgenic, 형질전환체)**이라고 한다. 박테리아나 효모와 같은 단순한 생물체의 경우, 목적으로 하는 염기배열을 포함하는 DNA 구조체로 형질전환(transformation)하여 트랜스제닉을 생성하는 것은 쉽다. 그러나 다세포 생물체의 형질전환 생성 과정(transgenesis)은 훨씬 더 어려울 수 있다.

▶ **트랜스제닉(transgenic, 형질전환체)** 생식계에 시험관 내에서 준비된 DNA를 도입하여 생성된 생물체. DNA는 게놈에 삽입되거나 염색체외 구조에 존재할 수 있다.

DNA를 직접 주입하는 접근방법은 그림 3.26과 같이 마우스 난자와 함께 사용할 수 있다. 목적으로 하는 유전자를 가지고 있는 플라스미드는 난모세포(oocyte)의 핵 또는 수정란의 전핵(pronucleus)으로 주입된다. 난자는 가임신(pseudopregnant) 마우스(수용성 상태를 유발하기 위해 정관 수술을 한 수컷과 교배한 마우스)에 이식된다. 출생 후, 수용 마우스(recipient mouse)를 검사하여, 그것이 외래 DNA를 얻었는지 여부를 확인하여, 외래 DNA를 가지고 있다면 그것이 발현되었는지 여부를 확인할 수 있다. 일반적으로, 주입된 마우스의 소수(~15%)는 트랜스펙션된 염기배열을 지니고 있다. 일반적으로, 플라스미드의 많은 사본은 탠덤 반복배열로 단일 염색체 부위로 통합된 것으로 보인다. 복제 수는 1에서 150까지 다양하며 주입된 마우스의 자손에 의해 유전된다. 이러한 방식으로 도입된 *형질도입 유전자(transgenes)*의 유전자 발현 수준은 복제 수와 통합 위치에 따라 매우 다양하다. 유전자가 활성 크로마틴 도메인 내에 통합되면 유전자가 높은 발현을 나타낼 수 있지만, 염색체의 침묵 영역 또는 그 근처에 통합되는 경우는 그렇지 않다.

신규 또는 돌연변이 유전자를 이용한 형질전환 생성 과정은 전체 동물에서 목적으로 하는 유전자를 연구하는 데 사용될 수 있다. 또한, 결함이 있는 유전자는 형질전환 기술을 사용하여 기능을 가진 유전자(functional gene)로 대체될 수 있다. 하나의 예로, *성선기능저하* 마우스(*hypogonadal* mouse)의 결함을 치료한 것이다. *hpg* 마우스는 GnRH(gonadotropin-releasing hormone) 및 GnRH-결합 펩티드(GnRH-associated peptide, GAP)의 전구체를 코딩하는 유전자의 말단 부위를 제거하는 결실을 가지고 있다. 결과적으로, 마우스는 불임 상태이다. 손상되지 않은 *hpg* 유전자를 트랜스제닉(transgenic) 기술로 마우스에 도입하면, 적절한 조직에서 발현된다. 그림 3.27은 *hpg*−/− 호모 접합(homozygous, 동형접합)의 돌연변이 마우스 라인에 도입 유전자를 도입하기 위한 실험을 요약한 것이다. 이렇게 만들어진 자손은 정상이다. 이것은 정상적인 조절 하에 있는 형질전환 유전자의 발현은 정상적인 대립유전자의 행동과 구별하기 어렵다는 사실을 잘 보여주고 있다.

전망은 밝지만, 인간의 유전적 결함을 치료하는 데 이러한 기술을 사용하는 경우에는 장애가 있다.

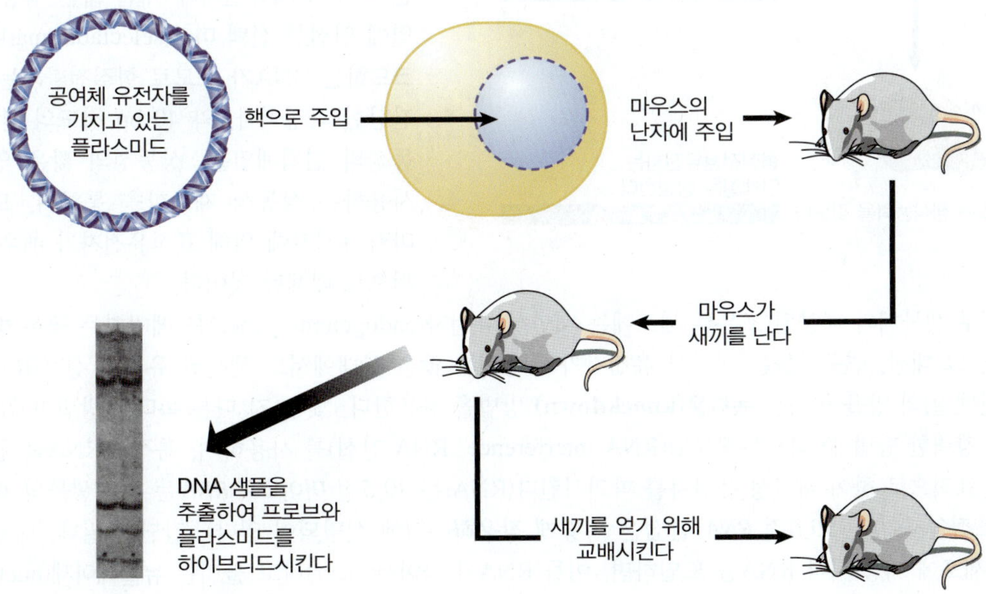

그림 3.26 트랜스펙션은 동물의 생식세포계열에 직접 DNA를 도입할 수 있다. Used with permission of Pierre Chambon, Institute of Genetics and Molecular and Cellular Biology, College of France.

그림 3.27 성선기능저하증은 *hpg* 마우스의 자손에서 야생형 염기배열을 갖는 형질전환유전자를 도입하면 방지할 수 있다.

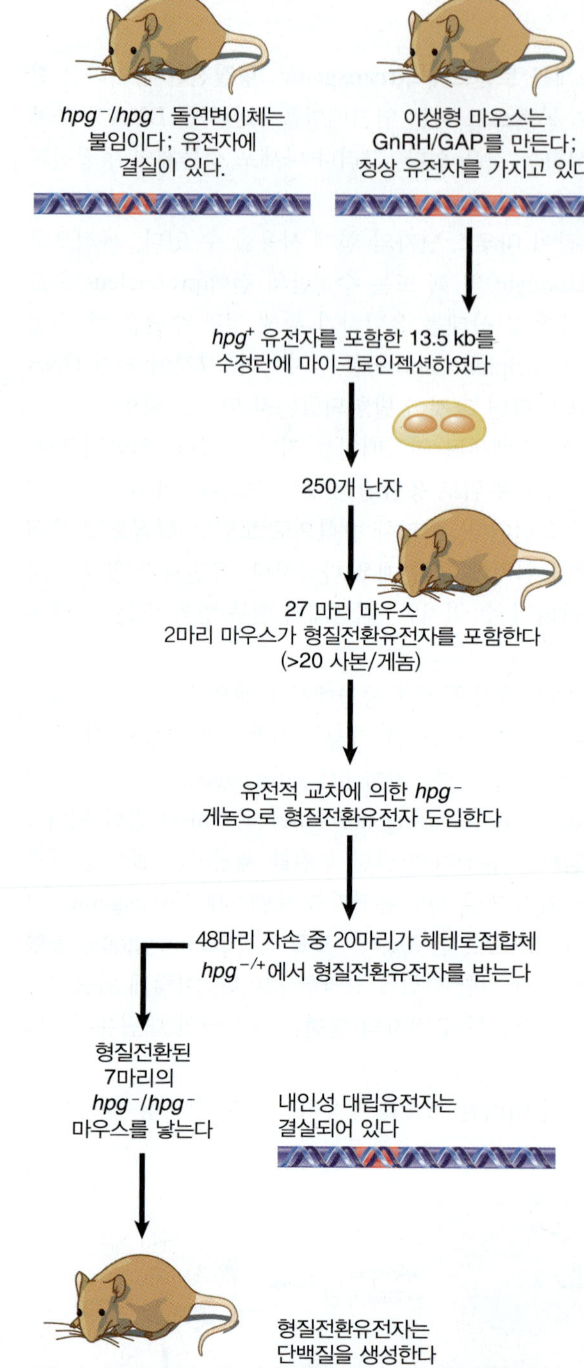

형질전환 유전자(transgene)는 선행 세대의 생식세포계(germline)에 도입되어야 하며, 형질전환 유전자의 발현능은 예측할 수 없고, 형질전환체(transgenic individual)의 아주 극소수에서만 형질전환 유전자의 적절한 발현 수준을 얻을 수 있다. 또한, 배아줄기세포로 도입될 수 있는 다수의 형질전환 유전자와 이들의 불규칙한 발현은 형질전환유전자의 과발현이 해로운 경우에 문제를 일으킬 수 있다. 또 다른 경우, 형질전환 유전자는 종양 유전자 근처에 통합되어, 활성화되어 발암을 촉진할 수 있다.

유전자의 기능을 연구하기 위한 좀 더 다양한 방법은, 목적으로 하는 유전자를 제거하는 것이다. 형질전환 생성 과정 방법은 DNA를 세포나 동물에 *첨가*할 수 있지만, 유전자의 기능을 이해하기 위해서는, 유전자 또는 그 유전자의 기능을 제거하고, 제거한 후 나타나는 표현형을 관찰할 수 있는 것이 가장 유용하다. 게놈을 변경하기 위한 가장 강력한 실험기법은 상동성 재조합에 의해 유전자를 결실시키거나 대체하기 위해 진 타겟팅(gene targeting, 유전자 적중법)을 사용한다. 유전자 결실을 일반적으로 **녹-아웃(knock-out)**이라고 하는 반면, 유전자를 대체 돌연변이형으로 대체하는 것을 **녹-인(knock-in)**이라고 한다.

- ▶ **녹-아웃(knock-out)** 표적으로 한 돌연변이에 의해 유전자가 억제된 유전자 조작 생물체.
- ▶ **녹-인(knock-in)** 유전자 염기배열이 다른 염기배열로 대체된 유전자 조작 생물체.
- ▶ **녹다운(knockdown)** 유전자의 발현(일반적으로 번역)을 줄이기 위해 침묵 벡터를 도입하여 유전자를 하향조절시킨 유전자 조작 생물체.

효모와 같은 단순한 생물체에서, 이 방법은 다시 표적유전자에 대한 짧은 상동성 영역에 인접한 선택 마커(selectable marker)를 코드하는 DNA가 효모로 형질전환되는 매우 간단한 과정이다. 약 40 bp 정도의 짧은 상동성의 염기배열은, 상동성의 짧은 영역을 사용하는 상동성 재조합을 통하여, 도입된 마커 유전자에 의해 표적유전자가 매우 효율적으로 대체될 것이다.

일부 생물체와 배양된 포유류 세포에는 내인성 유전자(endogenous genes)를 제거하는 좋은 방법이 없다. 그 대신, 연구자들은 내인성 유전자가 손상되지 않은 상태에서도 생산된 유전자 산물(RNA 또는 단백질)의 양을 줄이는 **녹다운(knockdown)** 방법을 사용한다. 몇 가지 다른 녹다운 방법이 있지만, 가장 강력한 방법 중 하나는 RNAi(RNA interference, RNA 간섭)를 사용하여, 특정 mRNA를 선택적으로 표적으로 하여 내인성 유전자를 파괴시킨다(RNAi는 *30.5절 마이크로 RNA는 진핵생물의 광범위한 조절인자이다. 30.6절 RNA 간섭은 어떻게 작용하는가*에 설명되어 있다). 간단히 말해, 대부분의 진핵세포에 이중-가닥 RNA를 도입하면, 이들 RNA가 다이서(dicer)라고 불리는 뉴클레아제(nuclease,

핵산분해효소)에 의해 21 bp dsRNA 단편으로 절단되고, 단일가닥으로 풀린 다음, 다른 효소 RISC에 의해 사용되어, 상보적인 염기배열을 함유하는 mRNA를 발견하고 어닐링한다. 상보적인 mRNA가 발견되면, 끊어지거나 파괴되어 번역(단백질 합성)이 차단된다. 실제로, 이것은 어느 임의의 유전자에 대한 mRNA가 목적으로 하는 대상에 어닐링하도록 설계된 dsRNA의 도입함으로써, 특정 유전자를 침묵하게 할 수 있음을 의미한다. dsRNA를 도입하는 방법은 표적으로 하는 종에 따라 다르다; 포유동물 세포에서의 하나의 방법은 표적 염기배열을 함유하는 헤어핀 구조를 형성하는 자가-어닐링 RNA(self-annealing RNA)를 코드하는 DNA로 트랜스펙션시키는 것이다.

일부 다세포 생물에서는 유전자 결실이 가능하지만, 이 과정은 효모와 같은 생물체보다 복잡하다. 포유동물에서 표적은 일반적으로 ES(embryonic stem) 세포의 게놈이며, 그런 다음 녹-아웃을 가진 마우스를 생성하는 데 사용된다. ES 세포는 마우스 배반포(blastocyst, 자궁 내 난자를 선행하는 발달 초기 단계)에서 유래한다. 그림 3.28은 일반적인 접근방법을 보여 주고 있다.

ES 세포는 [가장 많이 사용되는 방법은 마이크로인젝션(microinjection) 또는 일렉트로포레이션(electroporation)이지만] 일반적인 방법으로 DNA로 트랜스펙션된다. 약제-내성 마커 또는 특정 효소와 같은, 부가적인 염기배열을 갖는 공여체(donor)를 사용함으로써 임의의 특정 공여체 형질을 갖는 통합된 형질전환 유전자를 얻은 ES 세포를 선택할 수 있다. 이것은 마커를 지니고 있는 높은 비율의 ES 세포 집단을 만든다.

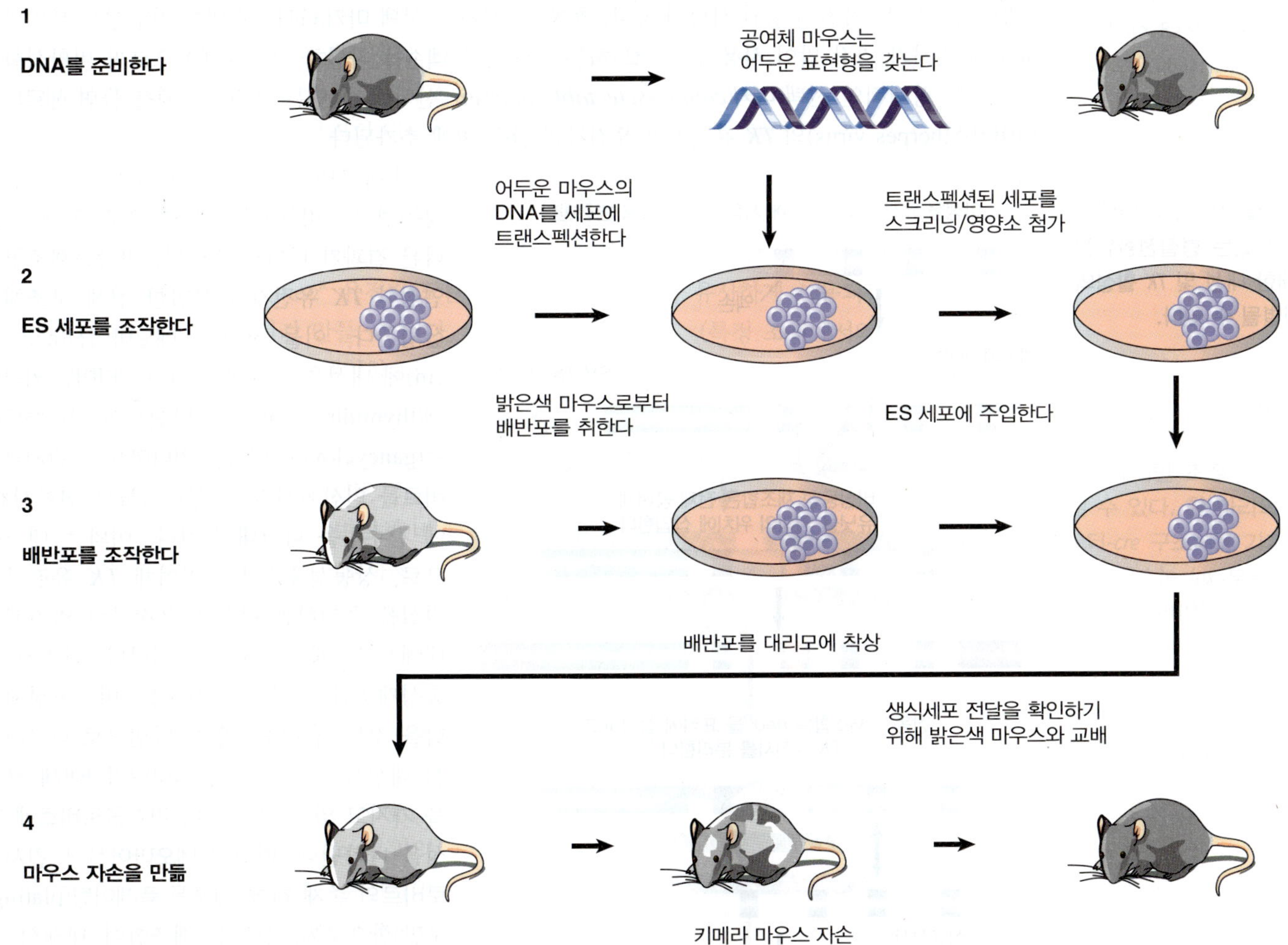

그림 3.28 ES 세포는 키메라 마우스를 만드는 데 사용될 수 있는데, 이는 ES 세포가 생식세포를 만드는 데 사용되면 트랜스펙션된 DNA를 가진 자손을 낳게 된다.

그림 3.32 내재성 유전자는 녹-아웃이 생겼을 때와 같은 방식으로 대체되지만(그림 3.29 참조), 네오마이신 유전자는 *lox* 부위와 인접해 있다. 선별 과정을 사용하여 유전자 치환이 이루어진 후에, 네오마이신 유전자는 Cre 재조합효소를 발현시켜 제거할 수 있으며, 이때 활성을 가진 인서트가 떨어져 나간다.

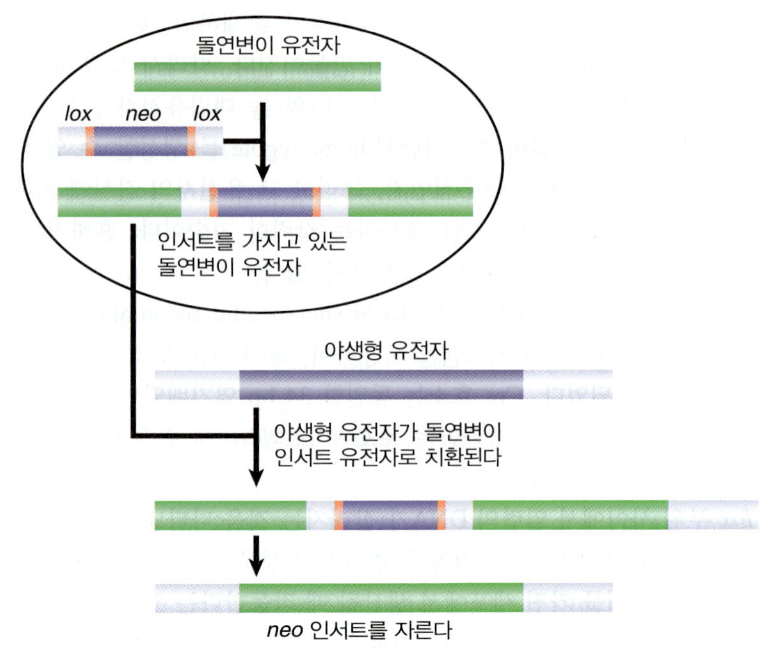

교배할 수 있는 정상적인 동물이 된다. 이 교배로 만들어진 자손은 유전자의 기능이 Cre 재조합효소를 발현하는 세포에서만 손실되는 조건적 녹-아웃(conditional knockouts)이다. 이것은 특히 배아 발달에 필수적인 유전자를 연구하는 데 유용하다; 이 부류의 유전자는 호모접합체 배아에서 치명적일 수 있으므로 연구하기가 매우 어렵다.

이러한 실험기법을 통해, 우리는 동물 전체의 유전자 기능 및 조절 기능을 연구할 수 있다. 게놈에 DNA를 도입할 수 있게 됨으로써, 게놈에 변화를 줄 수 있고, 시험관 내에 도입된 특정 변형을 가지고 있는 새로운 유전자를 추가하거나, 혹은 기존의 유전자를 불활성화 시킬 수 있다. 따라서 조직-특이적인 유전자 발현에 의해 나타나는 특징을 설명할 수 있게 되었다. 궁극적으로, 우리는 게놈에서 결함을 가지고 있는 유전자를 표적 방식으로 일상적으로 대체할 것으로 기대할 수 있다.

핵심개념

- 마우스 배반포에 주입된 ES(embryonic stem, 배아 줄기) 세포는 키메라 성체 마우스의 일부가 되는 자손 세포를 만든다.
- ES 세포가 생식세포에 영향을 주면, 차세대 마우스는 ES 세포 유래가 될 수 있다.
- 세포를 배반포에 넣기 전에 ES 세포에 유전자를 도입하여 마우스 생식세포에 유전자를 추가할 수 있다.
- 내재성 유전자(endogenous gene)는 상동성 재조합을 사용하여 형질전환된 유전자(transfected gene)로 대체될 수 있다.
- 상동성 재조합이 성공적으로 수행되었는가는 두 개의 선택 마커를 사용하여 검출할 수 있으며, 그 중 하나는 형질전환되는 유전자와 함께 들어가며, 다른 하나는 재조합이 발생할 때 결실된다.
- Cre/*lox* 시스템은 유도성 녹-아웃 (inducible knockout) 및 녹-인을 만드는 데 널리 사용된다.

개념 및 추론 확인

특정한 조직 또는 발생 과정 중 특정 시간에 조건적 녹-아웃을 만들 수 있다는 장점은 무엇인가?

3.13 요약

클로닝 기술을 사용하여 DNA를 조작하고 증식시킬 수 있다. 여기에는, 특정 염기배열에서 DNA를 절단하는 **제한효소(restriction endonucleases)**에 의한 분해 및 박테리아와 같은 숙주 세포에서 DNA를 유지 및 증식시킬 수 있는 **클로닝 벡터(cloning vector)**로의 삽입 과정을 포함하고 있다. 클로닝 벡터는 목적으로 하는 유전자 산물의 발현을 가능하게 하거나, 혹은 쉽게 분석할 수 있게 만들어진 **리포터 유전자(reporter gene)**와 목적으로 하는 **프로모터**와 융합을 가능하게 하는 것과 같은 특수한 기능을 가질 수 있다.

DNA(및 RNA)는 염기배열과 상관없이 염색제를 사용함으로써 비특이적으로 검출할 수 있다. 특정한 핵산 염기배열은 염기 상보성을 이용하여 검출할 수 있다. 특정 **프라이머**는 **PCR**을 통해 특정 DNA 표적을 검출하고 증폭하는 데 사용될 수 있다. RNA는 PCR에 사용되는 DNA로 역전사될 수 있다; 이것은 역전사-PCR(reverse transcription-PCR, RT-PCR)로 알려져 있다. 표지된 **프로브**는 서던 또는 노던 블롯에서 각각 DNA 또는 RNA를 검출하는 데 사용할 수 있다. 단백질은 항체를 사용하여 웨스턴 블롯에서 검출할 수 있다.

DNA **마이크로어레이**는 ORF 또는 완전한 게놈 염기배열에 상응하는 DNA 염기배열이 배열된 고체 지지체(보통 실리콘 칩 또는 유리 슬라이드)이다. 마이크로어레이는 유전자 발현을 검출하고, SNP 유전자형 분석을 위해, 그리고 다른 많은 응용뿐만 아니라 DNA 복제 수 변화를 검출하는 데 사용된다.

단백질-DNA 상호작용은 **크로마틴 면역침강법(ChIP)**으로 검출할 수 있다. 크로마틴 면역침강 실험에서 얻은 DNA는, 게놈의 특정 단백질에 대한 모든 위치 파악 위치를 알아보는 **게놈 타일링 어레이(genome tiling array)**의 프로브로서 사용할 수 있다.

DNA의 새로운 염기배열은 **트랜스펙션(transfection)**으로 배양세포에 도입하거나, 혹은, **마이크로인젝션**으로 난자에 도입할 수 있다. 외래 염기배열, 때로는 대형 **탠덤 어레이(tandem arrays, 직선형 배열)**로 **게놈**에 끼어들어갈 수 있다. 이러한 배열은 배양세포에서 한 단위로 상속되는 것으로 보인다. 삽입 부위는 무작위로 보인다. **트랜스제닉(transgenic, 형질전환)** 동물은 삽입과정이 생식세포 계열에 들어가는 게놈에서 발생할 때 생긴다. 종종 형질전환 유전자(transgene)는 내재성 유전자와 유사한 방식으로 조직과 일시적인 조절에 반응한다. 상동성 재조합을 촉진시키는 조건 하에서, 활성을 가지고 있지 않은 염기배열은 기능을 가진 유전자로 치환하는 데 사용될 수 있는데, 이로 인하여 표적 유전자자리의 녹-아웃 또는 결실이 일어난다. 이러한 실험기법을 확장시키면 (예를 들면, Cre 의존성-재조합에 의한) 유전자의 활성을 턴-온 혹은 턴-오프할 수 있는 조건적 녹-아웃과 공여체 유전자를 표적유전자로 특이적으로 치환하는 녹-인을 만들 수 있다. **트랜스제닉 마우스(transgenic mice, 형질전환 마우스)**는 수용성 배반포(recipient blastocyst)에 형질전환된 DNA를 가지고 있는 ES 세포를 주입하여 얻을 수 있다. RNA 간섭(RNA interference)을 이용하여 주로 이루어진 **녹-다운**은, 녹-아웃 기술을 사용할 수 없는 세포 유형의 유전자 산물을 제거하는 데 사용할 수 있다.

학습문제

1. 접착 말단(sticky end)을 생성하는 제한효소의 작용은 다음 중 무엇인가?

A. DNA 골격에서 하나의 절단을 만든다.
B. 같은 가닥의 DNA 골격에서 두 개의 절단을 만든다.
C. DNA 골격에서 두 개의 엇갈린 절단을 만든다.
D. 서로 이중나선을 가로질러 DNA 골격에서 두 개의 절단을 만든다.

2. 일반적으로 재조합 플라스미드를 박테리아 세포에 도입하는 방법은 무엇인가?
   A. 유전자 총(gene gun)
   B. 화학처리된 세포의 형질전환
   C. 리포솜을 이용한 트랜스펙션
   D. 마이크로인젝션
3. (> 1 Mb)의 매우 큰 DNA 단편을 클로닝하는 데 가장 잘 알려진 벡터는 무엇인가?
   A. 플라스미드
   B. 박테리오파지
   C. 코스미드
   D. YAC
4. 리포터 유전자(reporter gene)란 무엇인가?
   A. 검출 및/또는 정량화하기 쉬운 산물을 만드는 유전자
   B. 모든 종에 필수적인 유전자
   C. 자연에서 결코 발생하지 않는 유전자
   D. 위의 모든 것
5. 일반적으로 녹-아웃 구조체(knockout construct)에 포함되지 않는 것은 무엇인가?
   A. 내재성 유전자와 상동성을 가지고 있는 영역
   B. 선택 마커
   C. 상대적 선별을 위한 마커
   D. 리포터 유전자
6. 녹-아웃 마우스를 만들 때의 과정을 올바른 순서로 나열하라.
   A. 호모접합성 눌 자손을 생성하기 위한 헤테로접합체를 사육한다.
   B. 녹-아웃 구조체를 ES 세포에 주입한다.
   C. ES-유래 생식세포로부터 헤테로접합체를 얻기 위한 키메라 자손을 사육한다.
   D. 배반포를 대리모에 착상하여 자손을 얻는다.
   E. 목적으로 하는 유전자를 표적으로 하는 녹-아웃 구조체를 만든다.
   F. 배반포에 ES 세포를 도입한다.
   G. 상동성 재조합을 통해 녹-아웃 구조체가 삽입된 ES 세포를 선별한다.

핵심용어

amplicon
autoradiography
chromatin immunoprecipitation (ChIP)
cloning
cloning vector
complementary
cosmid
dideoxynucleotide (ddNTP)
epitope tag
endonuclease
exonuclease
expression vector
fluorescence resonant energy transfer (FRET)
hybridization
insert
knockdown
knock-in
knockout
ligate
multiple cloning site
nuclease
phosphatase
polymerase chain reaction (PCR)
primer
probe
quantitative PCR (qPCR)
real time PCR
recombinant DNA
reporter gene
restriction endonuclease
reverse transcription PCR (RT-PCR)
shuttle vector
single nucleotide polymorphism (SNP)
Southern blotting
stringency
subclone
threshold cycle (C_T)
tiling array
T_m
transformation
transgene
vector
yeast artificial chromosome (YAC)

4

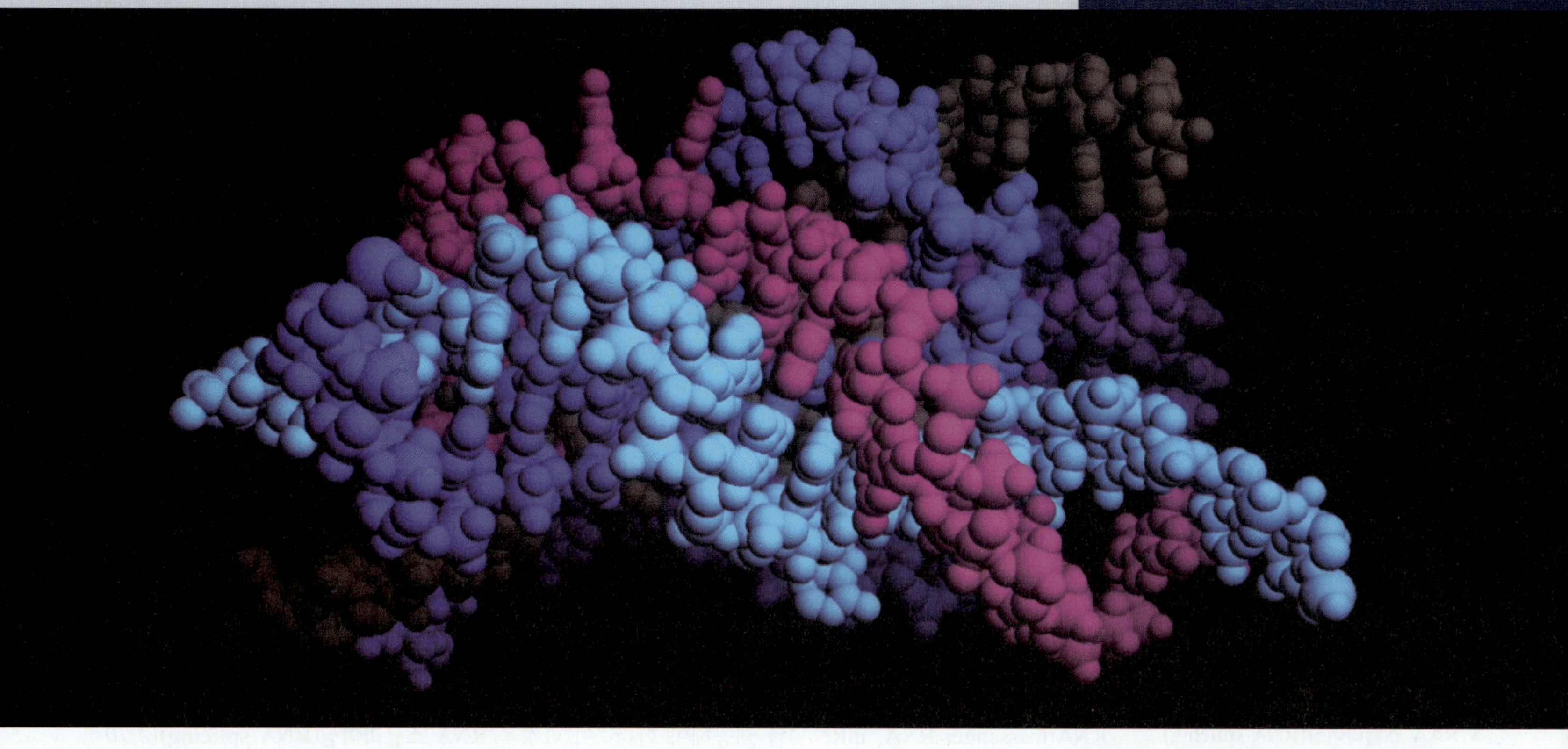

큰 리보솜 서브유닛의 rRNA에 있는 자가-스플라이싱 인트론. ©Kenneth Eward/Photo Researchers, Inc.

분단유전자

4장 개요

4.1 서론

가장 간단한 형태의 유전자는 그 폴리펩티드 산물에 직접적으로 해당하는 DNA의 길이이다. 박테리아 유전자는 거의 항상 이 유형이며, 3N 염기쌍의 연속 코딩 배열은 N 아미노산의 폴리펩티드를 코드한다. 그러나 진핵생물에서는 유전자가 코딩 영역 내에 있고 폴리펩티드를 코드하는 배열을 방해하는 추가 배열을 포함할 수 있다. 이러한 배열은 전사(RNA 합성) 후에 RNA 산물로부터 제거되어 유전 암호의 규칙에 따라 폴리펩티드 산물에 정확하게 상응하는 염기배열을 포함하는 mRNA를 생성한다.

▶ **분단유전자(interrupted gene)** 인트론의 존재로 인해 코딩 염기배열이 연속적이지 않은 유전자.

▶ **엑손(exon)** 성숙한 RNA 산물에서 나타나는 분단유전자의 모든 부분

▶ **인트론(intron)** 전사는 되지만, 나중에 양측의 염기배열(엑손)이 스플라이싱되어, 전사물 내에서 제거된 DNA 단편.

분단유전자(interrupted gene)를 포함하는 DNA 염기배열은 그림 4.1에 나타낸 두 가지 범주로 나누어진다.

- **엑손(exon)**은 성숙한 RNA 산물에 보존된 염기배열이다. 정의에 따르면, 유전자는 RNA의 5′ 및 3′ 말단에 해당하는 엑손으로 시작하고 끝난다.
- **인트론(intron)**은 성숙한 RNA 산물을 얻기 위해 일차 전사물이 프로세싱(process, 가공)될 때 제거되는 개재염기배열(intervening sequences)이다.

엑손 염기배열은 유전자와 RNA에서 동일한 순서로 존재하지만 분단유전자는 인트론의 존재 때문에 최종 RNA 산물보다 길다.

▶ **RNA 스플라이싱(RNA splicing)** RNA로부터 인트론을 잘라내고, 연속적인 mRNA로 엑손을 연결하는 과정

분단유전자의 프로세싱(processing)은 분단되지 않은 유전자에는 필요하지 않은 추가적인 단계가 필요하다. 분단유전자의 DNA는 본래의 유전자 염기배열과 정확하게 상보적인 RNA 사본(transcriopt, 전사물)으로 전사된다. 그러나 이 RNA는 단지 전구체(precursor)일 뿐이다; 그것은 아직 폴리펩티드를 생성하는 데 사용될 수 없다. 첫째, 인트론은 RNA로부터 제거되어 일련의 엑손들로만 구성된 메신저 RNA(messenger RNA, mRNA)를 제공해야 한다. 이 과정을 **RNA 스플라이싱(RNA splicing)**(*2.10절 여러 과정을 거쳐 유전자 산물이 발현된다* 참조)이라고 하며, 일차 전사물(primary transcript)로부터 인트론을 정확하게 삭제한 다음, 양 옆의 RNA 말단을 결합시켜 공유결합이 없는 분자를 형성한다(*21장 RNA 스플라이싱 및 프로세싱* 참조).

본래의 유전자는 성숙한 mRNA의 5′ 및 3′ 말단 염기에 해당하는 지점 사이의 게놈 내의 영역을 포함한다. mRNA의 5′ 말단에 해당하는 DNA 주형에서부터 전사가 시작되며, 보통 일차 RNA 전사체의 절단에 의해 생성된 성숙한 mRNA(mature mRNA)의 3′ 말단까지 상보성을 넘어서 확장된다는 것이 알려져 있다(*21.14절 mRNA 3′ 말단은 절단과 폴리아데닐레이션에 의해 생성된다* 참조). 이 유전자는 또한 전사를 개시하고 (때로는) 종결하는 데 필요한 유전자 양쪽의 조절영역을 포함하는 것으로 여겨진다.

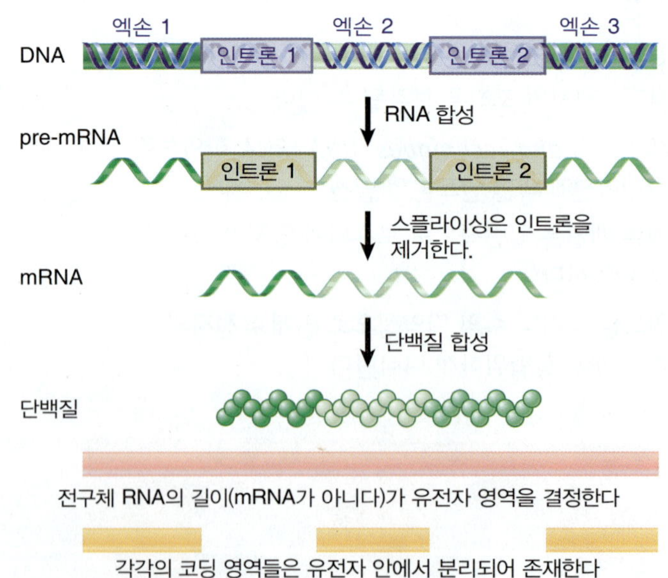

그림 4.1 분단유전자는 전구체 RNA를 경유하여 발현된다. 인트론은 스플라이싱에 의해 제거된다. mRNA는 오로지 엑손들의 염기배열들로만 이루어져 있다.

개념 및 추론 확인

박테리아 세포에 삽입된 손상되지 않은 인간 유전자를 발현하는 것이 왜 어려울 수 있을까?

4.2 분단유전자는 엑손과 인트론으로 이루어져 있다

인트론의 존재가 유전자에 대한 우리의 관점을 어떻게 바꿔 놓을까? 스플라이싱(splicing)이 일어나는 동안, 엑손은 항상 본래의 DNA에서 발견되는 것과 동일한 순서로 서로 결합되어 유전자와 폴리펩티드 배열과 일치되어 있다. 그림 4.2는 유전자 내 엑손의 순서가 프로세싱된 mRNA에서 엑손의 순서와 동일하게 남아 있음을 보여 주지만 (재조합 분석에 의해 결정된 바와 같이) 유전자 내 부위 간의 거리는 프로세싱된 mRNA의 부위 간 거리와 일치하지 않는다. 유전자의 길이는 프로세싱된 mRNA의 길이 대신 일차 RNA 전사체(primary RNA transcript)의 길이로 정의된다.

모든 엑손은 일차 RNA 전사체에 존재하며, 이들의 스플라이싱은 분자 내 반응으로만 발생한다. 일반적으로, 서로 다른 RNA 전사체에 의해 이루어지는 엑손의 결합은 없으므로, 스플라이싱 메커니즘은 서로 다른 대립유전자의 염기배열을 함께 스플라이싱하지 않는다. [그러나 트랜스-스플라이싱(*trans*-splicing)으로 알려진 현상에서, 서로 다른 mRNA로부터의 염기배열은 번역(단백질 합성)을 위해 단일 분자로 함께 연결된다.] 유전자의 서로 다른 엑손에 위치한 돌연변이는 서로 보완할 수 없으므로, 그들은 계속해서 동일한 상보성 그룹(complementation group)의 멤버로 정의된다.

폴리펩티드의 배열에 직접 영향을 미치는 돌연변이는 엑손에서 발생해야 한다. 인트론에서 돌연변이의 영향은 무엇인가? 인트론은 프로세싱된 mRNA의 일부가 아니므로, 돌연변이가 폴리펩티드 배열에 직접적으로 영향을 미칠 수는 없다. 그러나 이들은 엑손의 스플라이싱을 억제함으로써, mRNA의 프로세싱에 영향을 줄 수 있다. 이러한 종류의 돌연변이는 돌연변이가 있는 대립유전자에서만 작용한다. 결과적으로, 그것은 대립유전자의 다른 돌연변이를 보완하지 못하며 엑손과 같은 동일한 상보성 그룹의 일부가 된다.

스플라이싱에 영향을 미치는 돌연변이는 일반적으로 해로울 수 있다. 이는 대부분 인트론과 엑손이 결합되는 부위에서 단일-염기가 치환되기 때문에 발생한다. 그들은 엑손을 산물에서 빠뜨리거나, 인트론을 포함시키거나, 다른 부위에서 스플라이싱을 일으킬 수 있다. 가장 일반적인 결과는 폴리펩티드 배열을 절단하는 종결 코돈(termination codon)이다. 인간의 질병을 일으키는 점 돌연변이(point mutation)의 약 15%가 스플라이싱을 방해한다.

일부 진핵생물 유전자는 분단되지 않으며, 원핵세포의 유전자처럼 폴리펩티드 산물과 직접적으로 일치한다. 효모에서는, 대부분의 유전자가 분단되어 있지 않다. 다세포 진핵생물에서는 대부분의 유전자가 분단되어져 있고, 인트론은 대개 엑손보다 훨씬 길기 때문에, 유전자가 코딩 영역보다 상당히 크다. (포유류 β-글로빈 유전자의 예를 보려면, 그림 4.6을 참조하라. 여기에서 엑손은 유전자의 전체 길이의 37%에 달할 수 있다.).

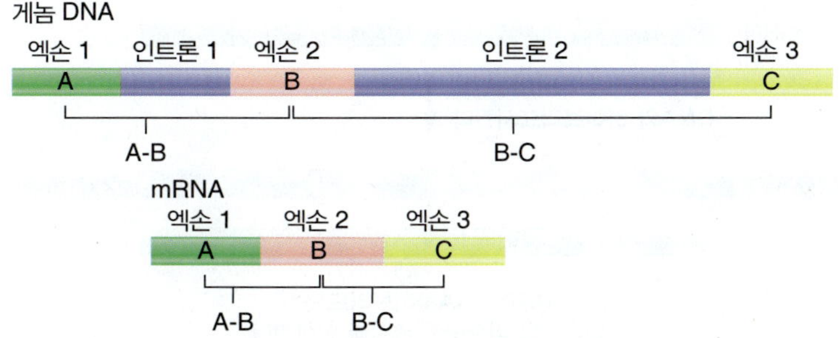

그림 4.2 엑손은 DNA 내에서 mRNA와 같은 순서로 존재하지만, 유전자 내에서의 거리를 비교해 보면 mRNA 혹은 단백질의 거리와 일치하지 않는다. 유전자에서 A-B 사이의 거리는 B-C 사이의 거리보다 짧지만, mRNA(그리고 단백질)에서의 A-B 사이의 거리는 B-C 사이의 거리보다 더 길다.

핵심개념

- 인트론은 RNA 스플라이싱(RNA splicing) 과정에서 제거된다.
- 엑손의 돌연변이만이 폴리펩티드 배열에 영향을 줄 수 있다; 그러나 인트론의 돌연변이는 RNA의 프로세싱에 영향을 줄 수 있으므로, 폴리펩티드의 생성을 막을 수 있다.

개념 및 추론 확인

비정상적인 스플라이싱으로 이어지는 돌연변이 형태와 그로 인한 특이적인 효과에 대하여 설명하라.

4.3 분단유전자의 조직은 보존될 수 있다

진핵생물 유전자의 특성 규명은 물리적으로 DNA를 매핑(mapping)하는 기법의 개발로 가능해졌다. mRNA가 전사된 DNA 염기배열과 비교할 때, DNA 염기배열은 mRNA에서 나타나지 않는 여분의 영역을 갖는 것으로 밝혀졌다.

mRNA를 게놈 DNA와 비교하는 한 가지 기술은 mRNA를 DNA의 상보적인 가닥과 하이브리디제이션(hybridization)하는 것이다. 두 염기배열이 동일직선(colinear)이면 듀플렉스(duplex, 이중가닥)가 형성된다. 그림 4.3은 분단되지 않은 유전자에서 전사된 RNA가 유전자를 포함하는 DNA와 하이브리드되는 전형적인 결과를 보여주고 있다. 유전자 양측의 염기배열은 RNA에서는 나타나지 않지만, 유전자의 DNA 염기배열은 RNA와 하이브리드되어 연속적인 이중구조 영역을 형성한다.

우리가 분단유전자로부터 전사된 RNA로 동일한 실험을 수행한다고 가정해 보자. 차이점은 mRNA에 표시된 염기배열이 mRNA에 없는 염기배열의 어느 한쪽에 있다는 것이다. 그림 4.4는 RNA-DNA 하이브리드가 이중구조를 형성하는 것을 보여 주지만, 중간에 하이브리드되지 않은 DNA 염기배열은 이중가닥에서 돌출된 루프(loop, 고리)를 형성하는 단일가닥으로 남아있다. 하이브리드가 형성되는 영역은 엑손에 해당하며, 돌출된 루프는 인트론에 해당된다. mRNA-DNA 하이브리드 구조는 전자현미경으로 관찰할 수 있다. 분단된 유전자를 관찰한 첫 번째 예 중 하나를 그림 4.5에 나타내었다. 그림의 오

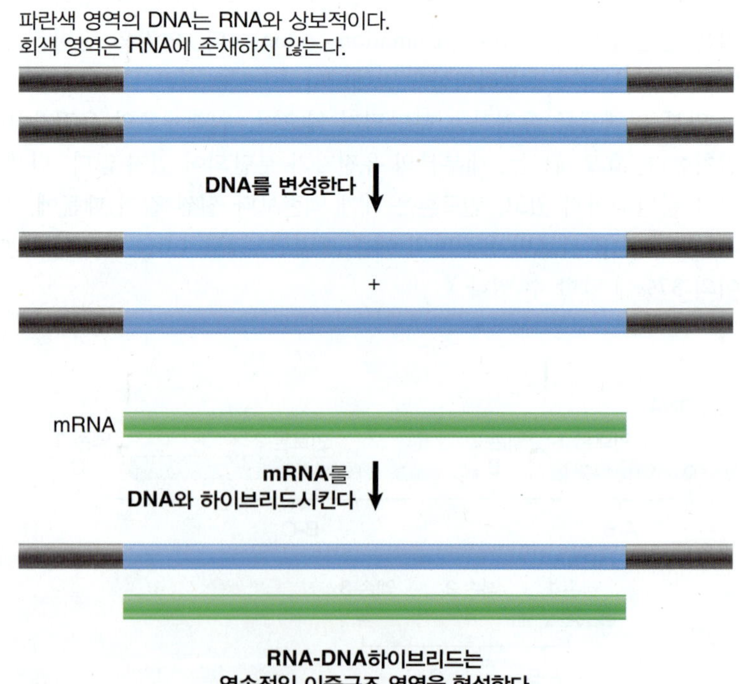

그림 4.3 분단되지 않은 유전자의 mRNA를 유전자의 DNA와 하이브리디제이션하면 유전자와 일치하는 이중가닥의 영역이 형성된다.

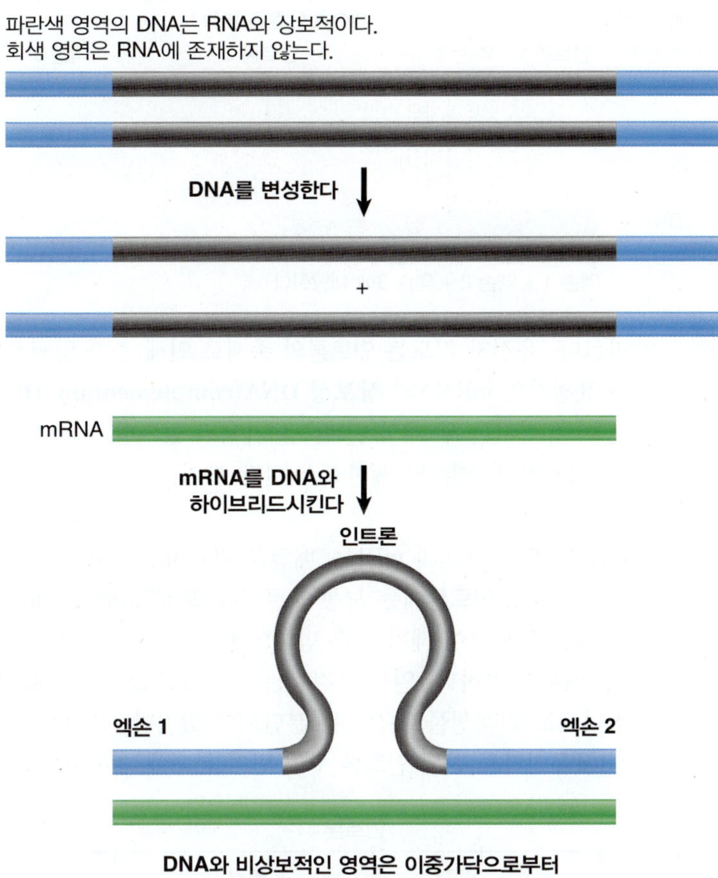

그림 4.4 분단유전자로부터 만들어진 DNA와 RNA를 하이브리드시키면, 엑손에 해당되는 이중가닥이 만들어지는데, 이때 인트론은 엑손 사이에서 단일-가닥 루프로 밀려난다.

른쪽에서 구조를 관찰해 보면, 세 개의 인트론이 유전자의 시작 부분 가까이에 존재한다는 것을 알 수 있다.

유전자가 분단되어 있지 않은 경우, DNA의 제한효소 지도는 그 mRNA의 지도와 정확하게 일치한다. 유전자가 인트론을 가지고 있는 경우에는, 유전자 지도와 mRNA는 첫 번째와 마지막 엑손에 해당

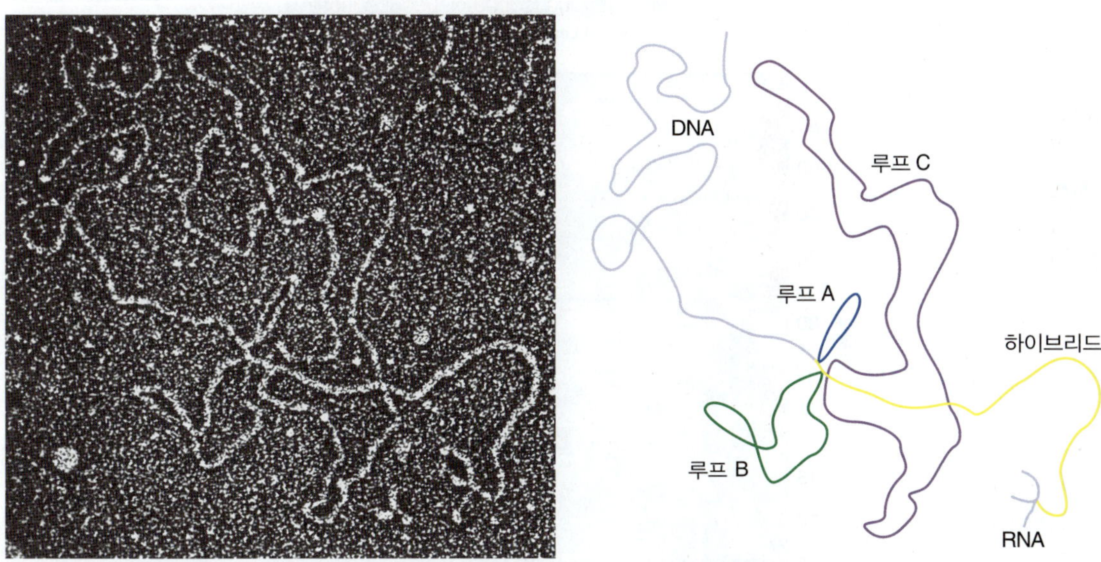

그림 4.5 아데노바이러스 mRNA와 그 DNA와의 하이브리디제이션을 통하여, 유전자의 시작점에 위치한 인트론에 해당하는 세 개의 루프를 확인하였다. Photo reproduced from S. M. Berget, C. Moore, and P. A. Sharp, *Proc. Natl. Acad. Sci. USA 74*(1977): 3171–3175. Used with permission of Philip Sharp, Koch Institute for Integrative Cancer Research, Massachusetts Institute of Technology.

그림 4.6 마우스 β 글로빈에서 cDNA 및 게놈 DNA 제한 지도를 비교하면, 유전자에는 cDNA에 존재하지 않는 두 개의 인트론이 포함되어 있는 것을 알 수 있다. cDNA와 유전자 사이에서 엑손은 정확하게 정렬되어 있다.

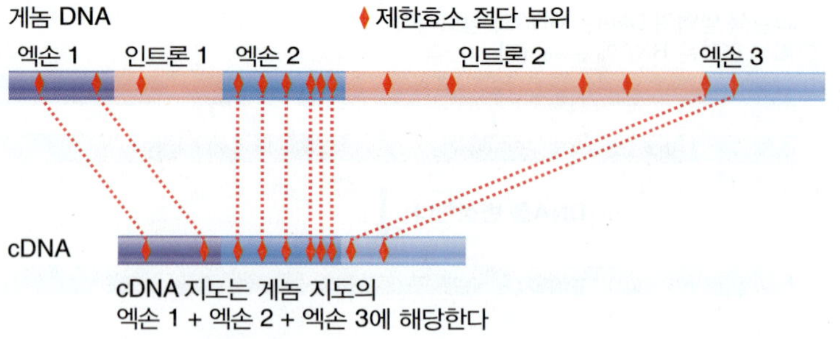

▶ **상보성 DNA(complementary DNA, cDNA)** RNA에 상보적인 단일-가닥 DNA이며, 시험관 내에서 역전사효소에 의해 합성된다.

하는 양 끝을 제외하고는 다르다. 유전자 지도는 인트론의 존재로 인해 추가 영역을 가지게 된다. **그림 4.6**은 베타-글로빈(β-globin) 유전자와 mRNA의 **상보성 DNA(complementary DNA, cDNA)** 사본의 제한 지도를 비교한 것이다. 이 유전자는 두 개의 인트론을 가지고 있으며, 각각은 cDNA에 없는 일련의 제한효소 절단 부위를 가지고 있다. 엑손의 제한효소 절단 부위 패턴은 cDNA와 유전자 모두에서 동일하다.

궁극적으로, 유전자의 뉴클레오티드 배열과 mRNA 배열을 비교하면, 인트론을 정확하게 확인할 수 있다. **그림 4.7**에서 나타낸 바와 같이, 인트론에는 보통 오픈 리딩 프레임(open reading frame)이 없다. mRNA에서 온전한 리딩 프레임은 인트론이 제거된 후 만들어진다.

진핵생물 유전자의 구조는 매우 다양하다. 일부 유전자는 분단되지 않으므로 유전자 배열은 mRNA 배열과 일치한다. 대부분의 다세포 진핵생물 유전자는 분단되어 있지만, 유전자들 사이에서의 인트론은 수와 크기가 매우 다양하다(유전자들 간의 인트론 수의 변이 분포에 대해서는 **그림 4.8**을, 인트론 크

그림 4.7 인트론은 유전자에는 존재하나, mRNA에는 존재하지 않는 배열이다(여기에서는 cDNA 배열로 나타냄). 리딩 프레임은 밝고 어두운 블록으로 번갈아 가며 나타내었다; 가능한 세 가지 모든 리딩 프레임은 인트론의 종결 코돈으로 끝나 있다.

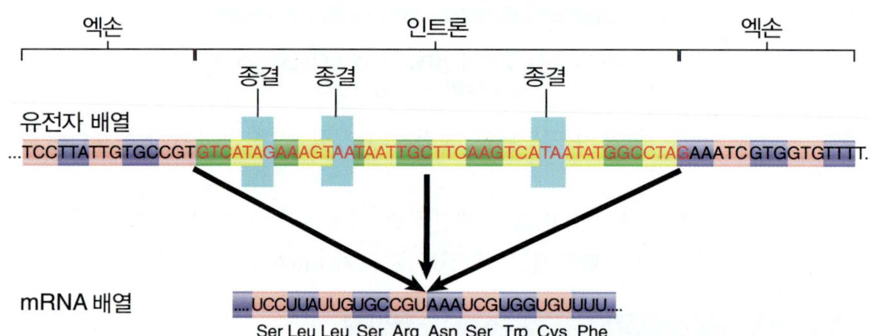

그림 4.8 대부분의 유전자는 효모에서 분단되어 있지 않지만, 초파리와 포유동물의 대부분의 유전자는 분단되어 있다. (분단되지 않은 유전자는 오직 하나의 엑손을 가지고 있으며, 가장 왼쪽 열에 빨간색으로 표시되어 있다.)

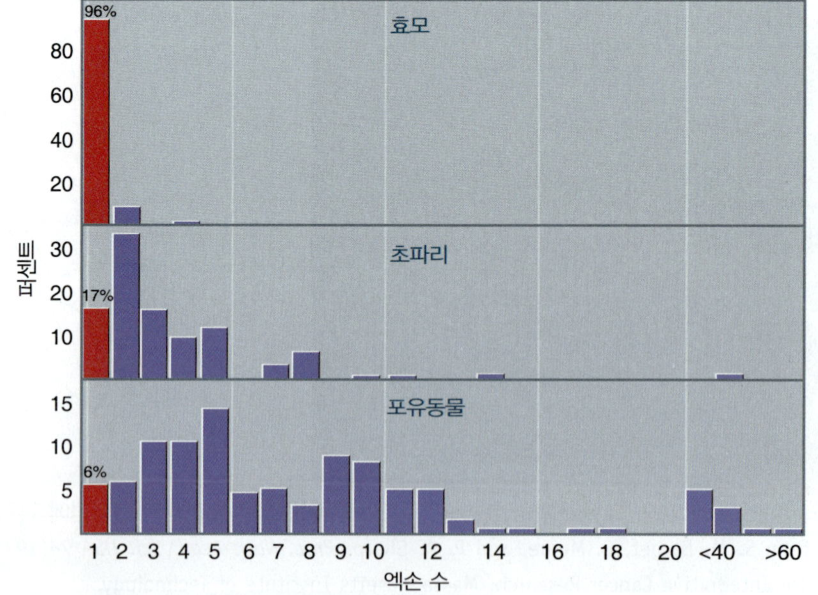

기 변이 분포에 대해서는 그림 4.9 참조).

폴리펩티드, rRNA 또는 tRNA를 코드하는 유전자는 모두 인트론을 가질 수 있다. 인트론은 식물, 곰팡이, 원생생물(protist), 한 종류의 후생동물(metazoan, 말미잘) 및 엽록체 유전자의 미토콘드리아 유전자에서도 발견된다. 인트론을 가진 유전자는 진핵생물, 고세균, 박테리오파지의 모든 부류에서 발견되었지만, 원핵생물 게놈에서는 극히 드물다.

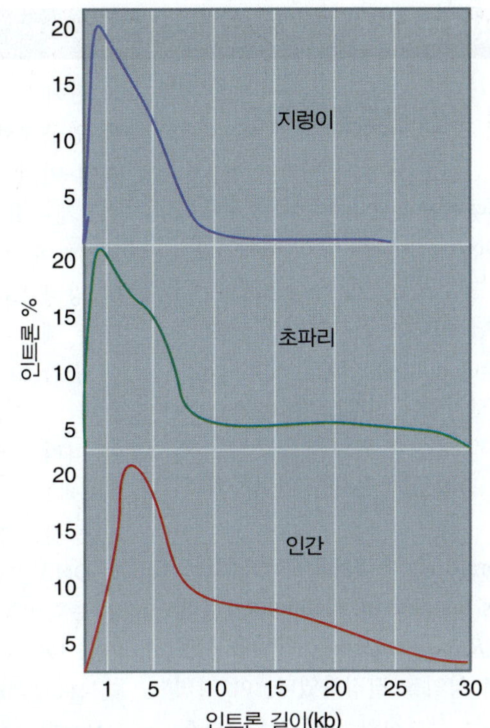

그림 4.9 인트론은 매우 짧은 것에서부터 긴 것까지 다양한 길이를 갖는다.

일부 분단유전자는 하나 또는 몇 개의 인트론을 가지고 있다. 글로빈 유전자는 광범위하게 연구되어져 많은 예를 제공하고 있다(*4.8절 유전자 패밀리 멤버는 공통된 조직을 가지고 있다* 참조). 글로빈 유전자의 일반적인 두 부류인 알파(α) 유전자와 베타(β) 유전자는 공통된 조직을 가지고 있다. 그들은 오래 전에 유전자 중복(gene duplication) 과정으로부터 유래되었으며, **파라로그 유전자(paralogous gene)**나 **파라로그(paralogs)**라고 한다. 포유류의 글로빈 유전자가 구조가 일치한다는 것은, 그림 4.10에 제시한 글로빈 유전자 "속(generic)"으로부터 유래되었다는 증거이다.

▶ **파라로그 유전자(paralogous gene)** 유전자 중복(duplication)으로 인해 공통 조상을 공유하는 유전자.

인트론은 포유류, 조류 및 개구리를 포함하여 모든 알려진 활성화된 글로빈 유전자의(코딩 배열과 관련된) 상동성 위치에서 발견된다. 인트론의 길이는 다양하지만, 첫 번째 인트론은 항상 짧고, 두 번째 인트론은 일반적으로 더 길다. 서로 다른 글로빈 유전자의 길이가 다양하게 나타나는 이유의 대부분은, 두 번째 인트론의 길이 변화에서 기인한다. 예를 들어, 마우스 β-글로빈 유전자의 두 번째 인트론은 전체 850 bp 중 150 bp인 반면, 마우스의 주요 β-글로빈유전자의 상동성 인트론은 전체 1,382 bp 중 585 bp이다. 유전자 길이의 차이는 그들의 mRNA(α-글로빈 mRNA = 585 bp; β-글로빈 mRNA = 620 bp)보다 훨씬 크다.

글로빈 유전자는 일반적인 현상의 한 예이다: 공통 조상으로부터 유래된 유전자는 인트론의 (적어도 일부) 위치가 잘 보존되어 유사한 구조를 가지고 있다. 유전자 길이가 다양한 것은 주로 인트론 길이 변화에 의해 일어난다.

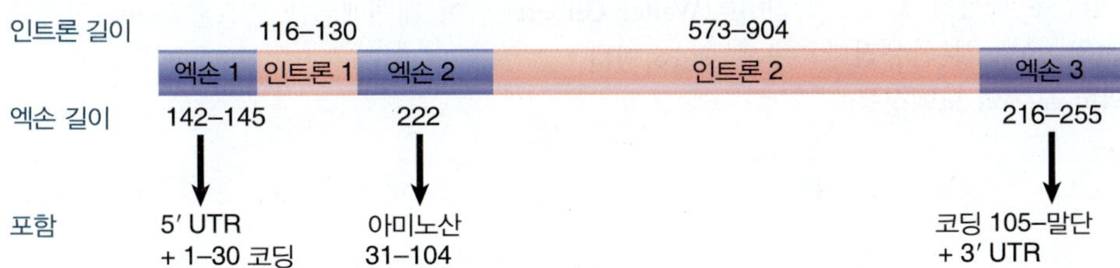

그림 4.10 기능을 가진 모든 글로빈 유전자는 세 개의 엑손으로 이루어진 분단된 구조를 가지고 있다. 그림에서 표시된 길이는 포유동물 β-글로빈 유전자에 해당된다.

METHODS AND TECHNIQUES

DNA-RNA 하이브리디제이션에 의한 인트론의 발견

진핵생물 유전자에서 인트론 배열(intervening sequences)의 발견은 1977년에 예기치 않게 일어났다. DNA-RNA 하이브리디제이션의 장점을 이용한 두 가지 실험 방법이 놀라운 발견을 이끌어냈다. 연구방법의 하나는 바이러스 게놈에 비해 mRNA 전사체의 위치를 결정하기 위해 RNA D 루프(displacement loop)를 사용하여 아데노바이러스(adenovirus) 게놈을 매핑하는 것이었다. 아데노바이러스는 사람의 상피세포를 감염시켜 호흡기 감기 증상과 위염을 일으키는 이중-가닥 바이러스이다. 이 바이러스는 진핵생물 전사를 연구하기 위한 초기 모델 시스템이었다.

1977년 Cold Spring Harbor Laboratories의 리차드 로버츠(Richard Roberts) 연구소와 Massachusetts Institute of Technology의 필립 샤프(Phillip Sharp)는 *R 루프 매핑(R loop mapping)* 방법을 사용하여 전사되는 아데노바이러스 게놈의 영역을 결정하였다. 이 기법을 사용하여, 이중-가닥의 게놈 DNA는 상보적인 배열 간의 DNA-RNA 하이브리드를 촉진시키는 조건 하에서, 각각의 mRNA 전사체와 혼합된다. mRNA는 DNA 중 오직 한 가닥에만 어닐링하므로, DNA의 나머지 한 가닥은, 전자현미경으로 볼 수 있는 단일가닥 DNA의 루프(R 루프)를 형성하면서 대치된다(그림 4.4 참조). 아데노바이러스 DNA와 감염주기 후반부에 발현된 바이러스 mRNA 전사체 간에 형성된 R 루프를 매핑하면, RNA의 5′와 3′ 말단이 DNA와 어닐링되지 않는다는 것이 관찰되었다. mRNA 전사체의 3′ 말단에서 일어난 이러한 결과는 놀랄만한 것이 아니었는데, 이는 폴리아데닐 꼬리(polyadenylate tail) 첨가에 의해 전사된 후에 변형된 것으로 알려져 있다; 그러나, 5′ 말단에서 150 내지 200 뉴클레오티드의 불연속성은 전혀 예상하지 못한 것이었다. 5′ 말단 mRNA와 게놈 DNA의 별개의 단일-가닥 단편의 하이브리디제이션은, 이 mRNA 배열이 실제로 아데노바이러스 게놈의 세 개의 별개의 분산된 영역에서 유래된 배열로 구성되어 있음을 보여 주었다(그림 4.5 참조). 이것이 mRNA 스플라이싱의 전사 후 과정의 첫 번째 증거였으며, 1993년, 로버츠(Roberts)와 샤프(Sharp)는 '분단유전자(interrupted gene)'를 발견한 공로로 생리 · 의학 분야의 노벨상을 수상하였다.

진핵생물 유전자의 물리적 지도(physical maps)를 구축한 두 번째 연구에서는 분단유전자가 바이러스 게놈에만 유일하게 존재하는 것이 아니라는 사실이 밝혀졌다. 전체 게놈 시퀀싱이 나타나기 전에, 게놈 DNA의 제한효소(restriction endonuclease) 절단 부위를 매핑하여 게놈의 물리적 지도를 만들었다. 제한효소는 부위-특이적인 방식으로 이중-가닥 DNA를 절단하는 박테리아 효소이다; 서로 다른 제한효소는 별개의 배열을 인식하여 절단한다(*3.2절 뉴클라아제* 참조). 전체-게놈 DNA는 제한효소 절단으로 단편화될 수 있으며, 이로부터 생성된 단편은 아가로오스 겔 전기영동을 통해 크기에 따라 분리된다. 전형적인 진핵세포 게놈은 복잡성(complexity; 반복배열)과 크기로 인하여 특정 유전자의 단편을 직접 눈으로 확인하는 것은 불가능하다; 그러나 서던 블롯팅(Southern blotting) 방법과 DNA 하이브리디제이션 방법을 이용하면, 특정 유전자 유래의 단편을 확인할 수 있다. 게놈 DNA의 분리된 단편은 서던 블롯팅(발명자인 Ed. Southern의 이름에서 명명됨, *3.9절 블롯팅 방법* 참조)으로 불리는 과정에서, 변성되어 멤브레인으로 옮겨진다. 그런 다음, DNA가 결합된 멤브레인을 특이한 방사성으로 표지된 DNA 프로브가 들어있는 용액에 담근다. DNA 프로브는 멤브레인에 결합된 상보적인 배열에만 어닐링될 것이며, 이 멤브레인을 세척하여 결합되지 않은 프로브를 제거하고, 건조시킨 후, X-선 필름에 노출시키면, 프로브에 어닐링한 DNA 단편이 나타난다. 전형적으로, 유전자의 물리적 지도는 게놈 DNA를 탐색하기 위해 cDNA(mRNA 전사체로부터 복사된 DNA)를 사용하여 구성된다. 이러한 방식으로 매핑된 첫 번째 유전자 중 하나가, 1977년 제프리(Jeffreys)와 플라벨(Flavell)에 의해 완성된 토끼 β-글로빈 유전자였다. 이로 인하여 cDNA에 존재하지 않는 게놈 DNA의 코딩 영역에 600 bp가 존재한다는 것을 밝혀냈다. 같은 시기에 발견된 또 다른 분단유전자는 닭 오발부민(chicken ovalbumin) 유전자인데, 이는 역시 코딩 영역에서도 분단되어져 있다. 시간이 지나면서, 대부분의 진핵생물 유전자는 전사되고, mRNA 스플라이싱에 의해 제거되는 개재 배열(intervening sequences)에 의해 분단된다는 것이 분명하게 되었다. 1978년 월터 길버트(Walter Gilbert)는 이 개재배열을 *인트론(intron)*이라고 부를 것을 제안하였다.

핵심개념

- 유전자를 제한효소 지도이나 전자현미경으로 RNA 산물과 비교하면, 부가적인 영역이 존재함으로써 인트론을 검출할 수 있다. 그러나 최종적인 결정은 염기배열 비교에 근거하고 있다.
- 서로 다른 생물체 간의 상동성 유전자를 비교해 보면, 인트론의 위치는 일반적으로 잘 보존되어 있다. 이에 해당되는 인트론의 길이는 매우 다양하다.

개념 및 추론 확인

진핵세포를 감염시키는 DNA 게놈을 가진 바이러스의 유전자가 인트론을 가지고 있을 것으로 예상되는 이유는 무엇인가?

4.4 엑손 배열은 일반적으로 보존되어 있지만, 인트론은 다양하다

하나의 게놈 내에 단일-사본 구조유전자(single-copy structural gene)는 하나 밖에 없는 것일까? 이에 대한 대답은 "완벽하게 유일한(completely unique)"을 어떻게 정의하느냐에 따라 다르다. 전체적으로 볼 때 유전자는 유일하지만, 그 유전자의 엑손은 다른 유전자의 엑손과 연관되어 있을 수 있다. 일반적으로, 두 유전자가 연관되어 있을 때, 그들의 엑손 간의 관계는 인트론 간의 관계보다 더 가깝다. 극단적인 예를 들자면, 두 개의 서로 다른 유전자의 엑손은 동일한 폴리펩티드 배열을 코드할 수 있지만, 이에 반하여 인트론은 그렇지 않다. 이러한 상황은, 기능을 가진 폴리펩티드를 코드할 필요성에 의해 엑손에서만 치환이 일어나, 공통된 조상 유전자가 중복(duplicataion)된 후 두 사본 모두에서 유일한 염기치환의 결과로 발생할 수 있다.

*8장 게놈 진화*에서 볼 수 있듯이, 게놈의 진화를 고려할 때, 엑손은 다양한 조합으로 조립될 수 있는 기본 빌딩 블록(building block)으로 간주될 수 있다. 한 유전자가 다른 유전자의 엑손과 관련된 일부 엑손을 가질 수 있으며, 나머지 엑손은 무관하다. 일반적으로, 이러한 경우, 인트론은 전혀 관련이 없다. 이러한 유전자들 간의 상동성은 각 엑손의 중복(duplication) 및 전좌(translocation)의 결과일 수도 있다.

두 유전자 사이의 상동성은 그림 4.11에서와 같이 도트 매트릭스 비교(dot matrix comparison)의 형태로 나타낼 수 있다. 두 유전자 모두에서 동일한 위치에 점(dot)이 나타난다. 두 개의 염기배열이 완전히 동일하면 점들이 매트릭스의 대각선에 실선을 형성한다. 염기배열이 동일하지 않으면, 상동성이 결여된 갭(gap)에 의해 라인이 끊어지고, 하나 또는 다른 염기배열에서 뉴클레오티드 결실 또는 삽입에 의해 측면 방향 또는 수직 방향으로 대체된다.

두 개의 마우스 β-글로빈 유전자가 이런 방식으로 비교해 보면, 하나의 상동성 라인이 세 개의 엑손과 작은 인트론을 통해 뻗어 있는 것을 알 수 있다. 이 라인은 측면 UTR과 큰 인트론에서 사라진다. 이러한 현상은 연관된 유전자의 전형적인 패턴이다; 엑손에 인접한 인트론의 코딩 염기배열 및 영역은 유사성을 유지하고 있지만, 긴 인트론 및 코딩 염기배열의 양측 영역에서 더 많은 차이점이 존재한다.

서로 상관관계를 가지고 있는 유전자에 있어서의 두 상동성 엑손 간의 전반적인 차이 정도는 폴리펩티드 간의 차이에 해당한다. 이것은 대체로 염기치환(base substitution)의 결과이다. 번역되는 영역에서, 엑손 배열의 변화는 폴리펩티드의 기능을 변경시키거나 파괴시키는 돌연변이에 대한 선택에 의해 제한된다. 보존되는 많은 변화들은 동일한 아미노산에 대해 하나의 코돈을 다른 코돈으로 바꾸기 때문에(즉, 동의어 치환) 코돈의 의미에 영향을 주지 않는다. 이와 유사하게, 유전자의 비번역 영역(nontranslated regions)[특히, mRNA의 5′ UTR(leader, 리더)과 3′ UTR(trailer, 트레일러)로 전사되는 영역]에서 보다 높은 변화율을 보이고 있다.

상동성인 인트론의 경우, 다양성의 패턴은 길

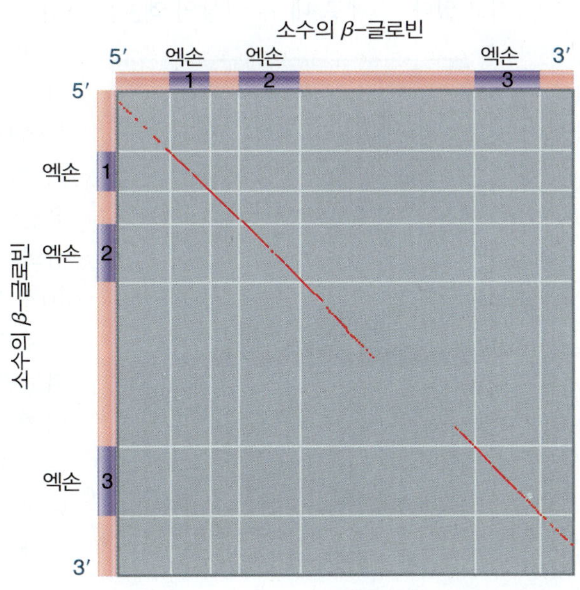

그림 4.11 마우스 β^{maj}-와 β^{min}-글로빈 유전자 염기배열의 코딩 영역은 매우 밀접하게 연관되어 있지만, 측면 UTR과 긴 인트론에서는 다르다. Data provided by Philip Leder, Harvard Medical School.

이의 변화(결실 및 삽입에 의한) 및 염기 치환이 모두 관여하고 있다. 인트론은 엑손보다 훨씬 빠르게 진화한다. 서로 다른 종에서 하나의 유전자를 비교해 보면, 엑손은 상동성을 가지고 있지만, 인트론은 너무 다양하여 상동성을 거의 가지고 있지 않은 예를 볼 수 있다. 특정 인트론 배열[브랜치 사이트(branch site), 스플라이싱 교차점(splicing junctions), 스플라이싱에 영향을 줄 수 있는 다른 배열]의 돌연변이는 선택될 수 있지만, 대부분의 인트론 돌연변이는 선택적으로 아무런 영향을 주지 않을 것으로 추측된다.

일반적으로, 돌연변이는 엑손과 인트론 모두에서 동일한 비율로 발생하지만, 엑손 돌연변이는 선택에 의해 보다 효과적으로 제거된다. 그러나 기능에 별 영향을 주지 않기 때문에, 인트론은 점치환(point substitutions)이나 다른 변화가 보다 자유롭게 축적될 수 있다. 인트론에서의 더 빠른 진화에 대한 경험적 관찰을 통하여, 인트론은 염기배열-특이적 기능을 거의 가지고 있지 않지만, 그렇다고 해서 인트론이 정상 유전자 기능에 존재하지 않아도 된다는 의미는 아니다(*4.6절 일부 DNA 염기배열은 하나 이상의 폴리펩티드를 코드한다* 참조).

핵심개념

- 서로 다른 종에서 연관된 유전자를 비교해 보면, 엑손에 해당되는 염기배열은 일반적으로 보존되지만, 인트론의 염기배열은 그렇지 않다는 것을 알 수 있다.
- 인트론은 엑손보다 훨씬 빠르게 진화하는데, 이는 유용한 염기배열을 가진 폴리펩티드를 생산하기 위한 선택압(selective pressure)이 없기 때문이다.

개념 및 추론 확인

서로 다른 종의 두 유전자를 비교할 때, 다음과 같은 차이점을 가지고 있을 경우 이들의 상동성 여부를 생각해 보라: (1) 서로 다른 엑손; (2) 동일한 엑손이지만 완전히 다른 인트론; (3) 동일한 엑손, 그리고 동일한 위치이나 크기가 다른 인트론.

4.5 인트론 크기와 수의 다양성으로 인해 유전자의 크기는 매우 광범위하게 나타난다

그림 4.8은 효모, 곤충 및 포유동물의 유전자 구조를 비교한 것이다. 효모(*S. cerevisiae*)에서, 대부분의 유전자(~96%)는 분단되어 있지 않고, 인트론을 가진 유전자는 일반적으로 세 개 이하의 유전자를 가지고 있다. 실제로 네 개 이상의 엑손을 가진 효모 유전자는 없다.

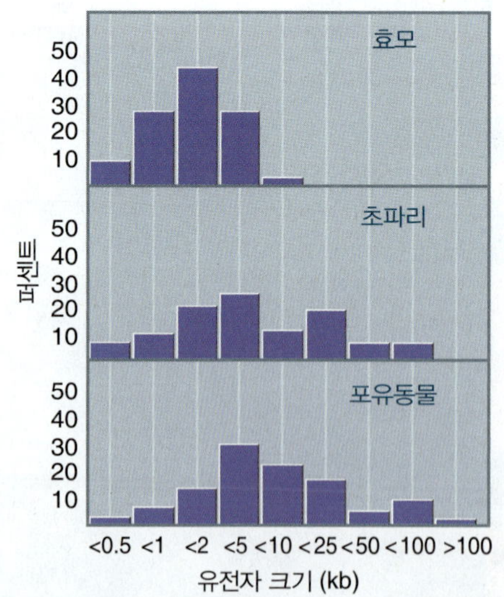

그림 4.12 효모 유전자는 짧지만, 초파리와 포유동물에서는 짧은 것에서부터 긴 것에 이르기까지 다양하게 분포한다.

곤충과 포유류에서는 상황이 바뀐다. 단 몇 개의 유전자가 분단되지 않은 코딩 염기배열을 가지고 있다(포유동물에서 6%). 곤충 유전자는 전형적으로 10개 미만의 상당히 적은 수의 엑손을 가지고 있는 경향이 있다. 포유동물 유전자는 더 많은 조각으로 나누어지는데, 일부는 60개 이상의 엑손을 가지고 있다. 포유동물 유전자의 약 절반은 10개 이상의 인트론을 가지고 있다.

유전자의 전체 크기에 대한 인트론 수의 변이 효과를 살펴보면, 그림 4.12에서와 같이 효모와 다세포 진핵생물 간에 현저한 차이가 있음을 알 수 있다. 효모의 평균 유전자는 1.4 kb이며, 5 kb 이상의 유전자는 거의 없다. 그러나 다세포 진핵생물에서 분단유전자가 우세하다는 것은 유전자가 전체 엑손 길이를 합한 것보다 훨씬 클 수 있음을 의미한다. 초파리 또는 포유동물에서 유전자의 불과 몇 %만이 2 kb 보다 짧으며, 대부분은 5~100 kb 사이의 길이를 가지고 있다. 인간의 평균 유전자는 27 kb이다(그림 6.11 참조). 2,000 kb의 디스트로핀(dystrophin) 유전자는 가장 긴 것으로 알려진 인간 유전자이다.

대체로 분단되지 않은 유전자에서 분단된 유전자로의 전환은 다세포 진핵생물의 진화와 함께 일어난 것으로 보인다. 효모 이외의 균류에서는 대다수의 유전자가 분단되지만 상대적으로 적은 수의 엑손(<6)을 가지고 있으며, 상당히 짧다(<5 kb). 초파리에서는, 유전자 크기가 최고점이 두 개인 빈도 분포(bimodal distribution)를 가지며, 대부분은 짧지만 일부는 상당히 길다. 인트론 수가 증가하여 유전자의 길이가 증가함에 따라, 게놈 크기와 생물체 복잡성(complexity; 반복 배열) 사이의 상관관계는 약해진다(그림 8.7 참조).

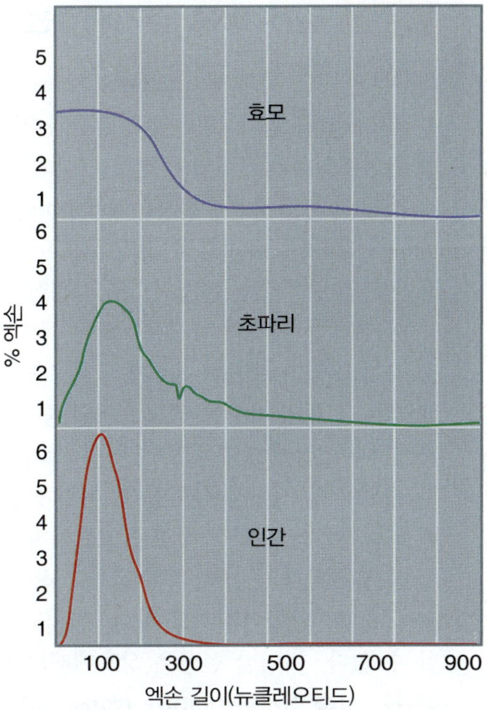

인트론 수뿐만 아니라 인트론 길이 역시 진화해 왔을까? 그렇다! 보다 큰 게놈을 가진 생물체는 더 큰 인트론을 가지는 경향이 있지만, 엑손 크기는 증가하지 않는 경향이 있다(그림 4.13). 다세포 진핵생물에서, 엑손은 평균 ~50개의 아미노산을 코드하고 있으며, 일반적인 분포는 짧고 기능적으로 독립적인 단백질 도메인을 코드하는 엑손 단위의 점진적 추가에 의해 유전자가 진화했다는 가설과 일치한다(*8.6절 분단유전자는 어떻게 진화했는가?* 참조). 서로 다른 다세포 진핵생물에서의 엑손의 평균 크기에는 뚜렷한 차이는 없지만, 척추동물에서는 크기 범위는 더 작아서 200 bp 보다 긴 엑손은 거의 없다. 효모의 경우, 코딩 염기배열이 온전한 분단되지 않은 유전자를 나타내는 더 긴 엑손도 있다.

그림 4.13 폴리펩티드를 코딩하는 엑손은 대체로 짧다.

그림 4.9는 다세포 진핵세포 사이에서 인트론의 크기가 매우 다양하다는 것을 보여주고 있다. 지렁이류(worms)와 초파리의 경우, 평균 인트론은 엑손보다 그렇게 길지는 않다. 지렁이류에는 매우 긴 인트론이 없지만, 초파리에는 긴 인트론이 많다. 척추동물에서는 크기 분포가 훨씬 넓어서 극단적인 경우, 엑손과 거의 동일한 길이(<200 bp)에서부터 60 kb까지 되는 경우도 있다. 복어와 같은 일부 물고기에서는, 포유동물보다 짧은 인트론 및 유전자 간 공간(intergenic space)을 가진 응축된 게놈을 가지고 있다.

유전자의 길이가 긴 것은 인트론의 길이가 길기 때문이며, 더 긴 산물을 코드하고 있기 때문은 아니다. 다세포 진핵세포에서, 전체 유전자 크기와 전체 엑손 크기 간에는 상관관계가 없으며, 유전자 크기와 엑손 수 사이에도 만족할 만한 상관관계가 없다. 따라서 유전자의 크기는 주로 각 인트론의 길이에 따라 결정된다. 포유동물과 곤충의 경우, 유전자의 평균 길이는 전체 엑손 길이보다 약 5배 정도 크다.

핵심개념

- 효모에서 대부분의 유전자는 분단되어 있지 않지만, 대부분의 다른 진핵생물에서는 분단되어져 있다.
- 엑손은 일반적으로 짧으며, 일반적으로 100개 이상의 아미노산을 코드하고 있다.
- 인트론은 단세포성 진핵생물에서는 짧지만, 다세포 진핵생물에서는 길이가 수 kb가 될 수 있다.
- 유전자의 전체 길이는 주로 인트론에 의해 결정된다.

개념 및 추론 확인

일반적인 진화 경향으로 볼 때, 인트론 크기가 증가할 것으로 예상하는가, 아니면 감소할 것으로 예상하는가? 그 이유는 무엇인가?

4.6 일부 DNA 염기배열은 하나 이상의 폴리펩티드를 코드한다

대부분의 구조 유전자(structural gene)는 단일 폴리펩티드를 코드하는 DNA 염기배열로 이루어지지만, 유전자는 코딩 영역 내의 양쪽 말단과 인트론에 넌코딩 영역(noncoding region)을 포함할 수 있다. 그러나 단일 DNA 염기배열이 하나 이상의 폴리펩티드를 코드하는 경우도 있다.

▶ **중복유전자(overlapping gene)** 염기배열의 일부가 다른 유전자의 염기배열에서도 발견되는 유전자.

가장 단순한 **중복유전자(overlapping gene)**는 하나의 유전자가 다른 유전자의 일부인 유전자이다. 바꾸어 말하면, 유전자의 전반부(또는 후반부)는 전체 유전자에 의해 규정되는 단백질의 전반부(또는 후반부)인 단백질을 독립적으로 지정한다. 이러한 관계를 그림 4.14에 나타내었다.

더 복잡한 형태의 중복유전자는 동일한 DNA 염기배열이 하나 이상의 리딩 프레임(reading frame)을 가지고 있기 때문에, 두 개의 서로 다른 단백질을 코드할 때 발생한다. 일반적으로, 코딩 DNA 염기배열은 세 개의 가능한 리딩 프레임 중 하나에서만 읽힌다. 그러나 일부 바이러스 및 미토콘드리아 유전자에서는 그림 4.15에서 보는 바와 같이, 서로 다른 리딩 프레임으로 읽혀지는 두 인접 유전자 간에 일부 중복이 생기는 경우가 있다. 이렇게 중복되는 길이는 일반적으로 짧기 때문에, 대부분의 DNA 염기배열은 특유의 단백질 배열을 코드하게 된다.

▶ **성숙 전사물(mature transcript)** 수식된 RNA 전사물. 수식은 인트론 배열의 제거 및 5′ 및 3′ 말단에 대한 변형이 포함될 수 있다.

▶ **선택적 스플라이싱(alternative splicing)** 스플라이싱 접합부의 용도 변화로 단일 생성물에서 다른 RNA 생성물을 생성하는 것.

많은 유전자의 경우, 엑손을 연결하는 과정에서의 변환으로 인해 새로운 선택적 단백질(alternative proteins)이 만들어지기도 한다. 단일 유전자는 그들의 엑손 내용이 다른 다양한 mRNA 산물을 생성할 수 있다. 이러한 현상은 상호배제되는 두 개의 엑손이 존재하기 때문에 일어난다—하나 또는 다른 하나는 **성숙 전사물(mature transcript)**에 포함되나, 두 개 모두를 포함하지는 않는다. 선택적 단백질은 하나의 공통 부분과 하나의 특유 부분을 가지고 있다. 이러한 예를 그림 4.16에 나타내었다. 흰쥐 트로포닌 T(troponin T) 유전자의 3′ 절반은 다섯 개의 엑손을 포함하고 있지만, 이중 오직 네 개만이 각각의 mRNA를 구성하는 데 사용된다. 세 개의 엑손인 W, X, Z는 모두 mRNA에 포함되어 있다. 그러나 한 **선택적 스플라이싱(alternative splicing)** 패턴에서 알파(α) 엑손은 X와 Z 사이에 포함되어 있지만, 다른 패턴에서는 베타(β) 엑손으로 대체되어 있다. 그러므로 트로포닌 T의 α형과 β형은 선택 가능한 엑손(α 또는 β) 중 어느 것이 사용되는지에 따라 W와 Z 사이의 아미노산 배열이 서로 다르다.

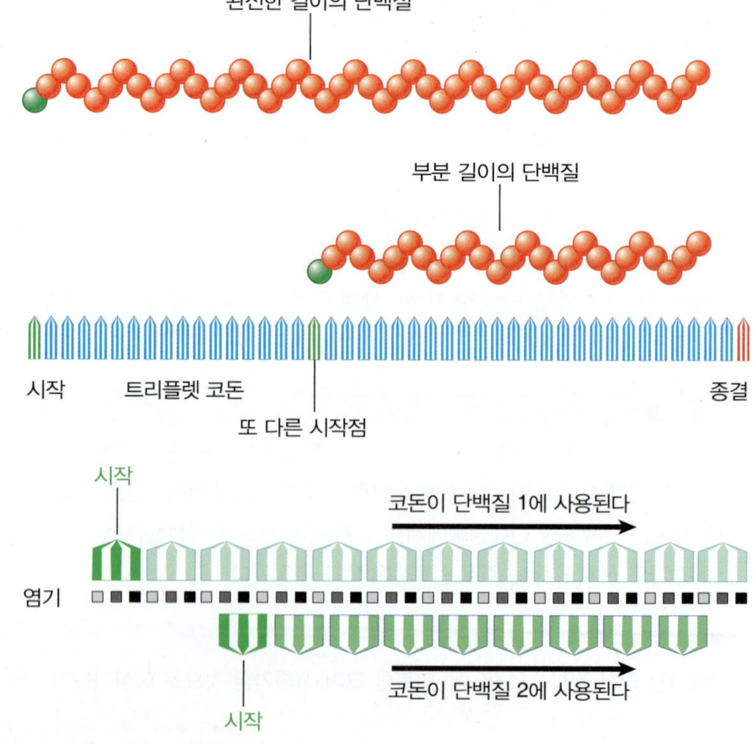

그림 4.14 서로 다른 위치에 있는 시작점(또는 종결점)에 의해, 한 개의 유전자로부터 두 개의 단백질이 생성될 수 있다.

그림 4.15 두 개의 유전자가 서로 다른 리딩 프레임에서 동일한 DNA 염기배열을 읽음으로써 중복될 수 있다.

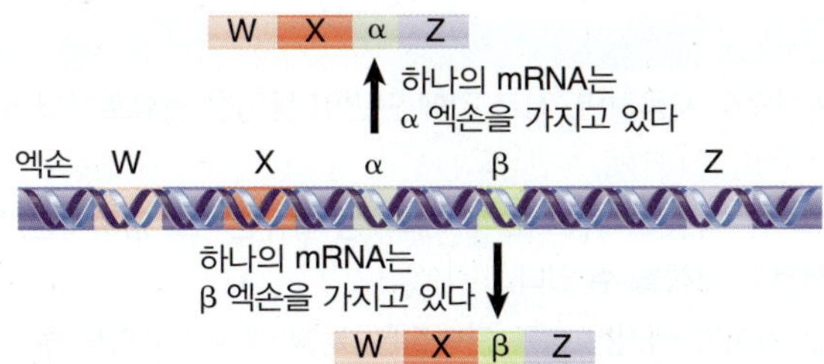

그림 4.16 트로포닌 T의 α 및 β 변이체는 선택적 스플라이싱에 의해서 생성된다.

특정 엑손이 선택적으로 작용하는 선택적 스플라이싱인 경우도 있다; 즉, 이들은 그림 4.17에 나타낸 예와 같이, 포함되거나 제외되기도 한다. 유전자로부터 단일 **일차 전사물(primary transcript)**은 단 하나지만, 두 가지 방법 중 하나로 연결될 수 있다. 첫 번째, 두 개의 인트론이 제거되고 세 개의 엑손이 함께 결합한다. 두 번째 방법은, 마치 한 개의 커다란 인트론이 제거되는 것처럼, 두 번째 엑손이 두 개의 인트론과 함께 제거된다. 이렇게 하여 생성된 두 개의 선택적 단백질(alternate protein)은 말단 부분은 동일하지만, 그 중 하나는 중간에 추가적인 배열을 가지고 있다(선택적 스플라이싱에 의해 생성된 다른 유형의 조합에 대해서는 *21.11절 선택적 스플라이싱은 다세포 진핵생물에서 예외라기보다는 규칙이다* 참조).

▶ **일차 전사물(primary transcript)** 유전자의 전사 단위에 해당하는 변형되기 전의 RNA 산물.

때로는, 두 개의 선택적 스플라이싱 패턴이 동시에 작용하는 경우도 있으며, 일차 mRNA 전사체를 일정한 비율로 생성한다. 그러나 어떤 유전자의 경우, 스플라이싱 패턴은 다른 조건 하에서, 예를 들면 하나는 한 세포 유형에서 그리고 또 다른 세포 유형에서 하나가 발현되는 선택성을 가지고 있다.

그래서 선택적(혹은 차별적) 스플라이싱을 통해, 단 하나의 DNA로부터 유래된 관련된 염기배열을 가지고 있는 서로 다른 단백질을 생성할 수 있다. 다세포 진핵생물 게놈은 염색체를 따라 넓게 퍼져 있는 긴 유전자로 구성되어 대단히 크지만, 하나의 유전자자리로부터 동시에 많은 산물이 있을 수 있다는 것은 흥미로운 일이다. 선택적 스플라이싱에 의해, 초파리나 지렁이에서는 유전자보다 15% 이상의 더 많은 단백질이 존재하나, 대부분의 인간 유전자는 선택적으로 스플라이싱되어 있을 것으로 추정된다(*6.5절 인간 게놈은 최초 예상했던 것보다 적은 유전자를 가지고 있다* 참조).

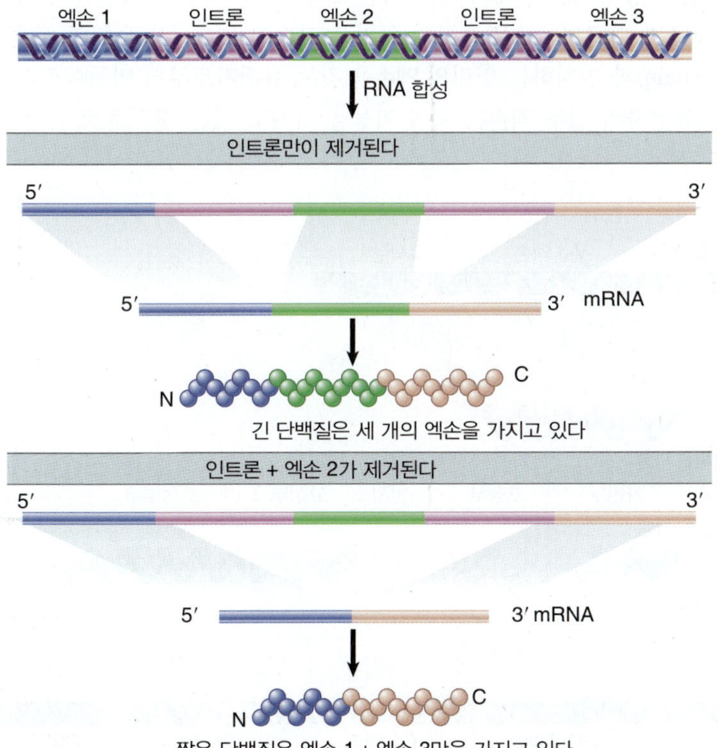

그림 4.17 선택적 스플라이싱은 서로 다른 엑손 조합을 가진 mRNA를 생산하기 위해 동일한 pre-mRNA를 이용한다.

핵심개념

- 개시 코돈과 종결 코돈을 선택적으로 사용하면, 서로 간에 단편이 동일한 곳으로부터 두 종류의 단백질을 생성할 수 있다.
- 동일한 DNA 염기배열이 서로 다른 리딩 프레임으로 두 개의 (중복)유전자로 읽혀지면, 동일한 DNA 염기배열로부터 동일하지 않은 단백질 배열이 생성될 수 있다.
- 어느 특정 영역의 존재 유무로 차이가 생기는 상동 단백질은, 특정 엑손이 포함되거나 혹은 제거되었을 때, 선택적(차별적) 스플라이싱에 의해 생성될 수 있다. 이것은 각 엑손을 포함시키거나 혹은 제외시키는 형태, 또는 또 다른 엑손 간에 선택하는 형태를 취할 수 있다.

개념 및 추론 확인

동일한 유전자가 두 개 이상의 연관된 폴리펩티드를 생산하는 이점은 무엇인가? 동일한 폴리펩티드의 다른 버전이 필요한 이유는 무엇인가?

4.7 일부 엑손은 단백질 기능성 도메인과 동등하다

분단유전자의 진화 문제는 *8.6절 분단유전자는 어떻게 진화했는가?* 에서 충분히 살펴본다. 만일 단백질이 최초에는 별개의 조상 단백질의 일부를 재조합해서 진화한다면, 단백질 도메인(domain)의 축적은 한 번에 하나의 엑손이 추가되어 순차적으로 일어날 수 있다. 이들 도메인의 현재 기능이 최초의 기능과 똑 같을까? 즉, 현재의 단백질의 특정 기능이 각각의 엑손에 정해져 있다고 할 수 있을까?

어떤 경우, 유전자의 구조와 단백질 간에 명확한 관계를 가지고 있다. 모든 엑손이 단백질의 알려진 기능성 도메인과 정확하게 일치하는 유전자에 의해 코드되는 면역글로불린[immunoglobulin, 항체(antiody)] 단백질이 *아주 좋은(par excellence)* 예이다. 그림 4.18은 면역글로불린의 구조를 유전자와 비교 한 것이다.

면역글로불린은 공유결합된 두 개의 가벼운 사슬(light chain)과 두 개의 무거운 사슬(heavy chains)의 테트라머(tetramer, 사량체)로, 몇 개의 서로 다른 도메인을 지니는 단백질을 생성한다. 가벼운 사슬과 무거운 사슬은 구조가 다르며, 여러 종류의 무거운 사슬이 있다. 각 유형의 사슬은 단백질의 구조 도메인(structural domain)과 일치하는 일련의 엑손을 갖는 유전자로부터 만들어진다.

많은 예 중에서, 유전자의 일부 엑손은 특정 기능을 가지고 있는 것으로 확인될 수 있다. 인슐린과

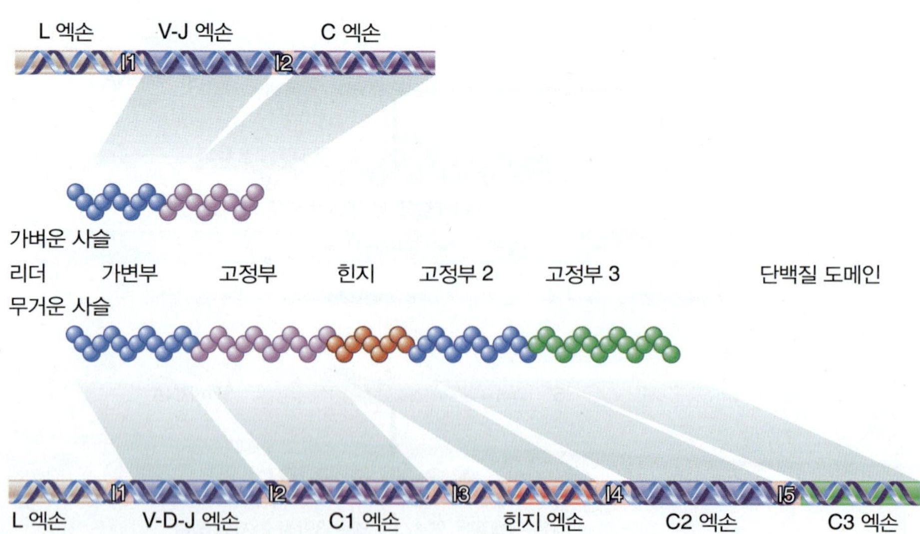

그림 4.18 면역글로블린 L-사슬과 H-사슬들, (발현되는) 구조가 단백질의 특정 영역과 일치하는 유전자에 의해서 코드된다. 각 단백질 영역은 엑손과 일치하고, 인트론은 1에서 5까지의 번호로 표시하였다.

같은 분비성 단백질에 있어서, 첫 번째 엑손은 흔히 세포막 분비에 관여하는 신호 염기배열(signal sequence)을 지정한다.

엑손은 기능이 있는 유전자의 빌딩 블록(building block)과 같다는 견해가 지지를 받고 있는데, 두 유전자가 약간의 연관된 엑손을 공유할 수 있지만, 특유의 엑손을 가지고 있는 경우도 있다. 그림 4.19는 인간 LDL (plasma low density lipoprotein) 수용체와 다른 단백질 간의 관계를 요약한 것이다. LDL 수용체 유전자는 상피 성장인자(epidermal growth factor, EGF) 전구체의 엑손과 관련된 일련의 엑손을 가지고 있으며, 또한 혈액단백질 보체인자 C9와 관련이 있는 엑손을 가지고 있다. 확실히, LDL 수용체 유전자는 다양한 기능에 적합한 모듈(module) 어셈블리에 의해 진화해 왔다. 이들 모듈은 또한 다른 단백질에서 다른 조합으로 사용된다.

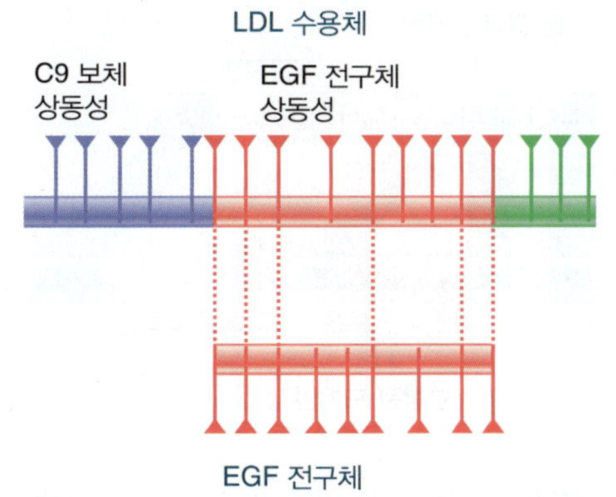

그림 4.19 LDL 수용체 유전자는 18개의 엑손으로 구성되어 있으며, 일부는 EGF 전구체 엑손과 관련이 있고, 일부는 C9 혈액보체 유전자와 관련이 있다. 삼각형은 인트론의 위치를 표시한 것이다.

엑손은 안정된 접힘 구조를 취할 수 있는 가장 작은 폴리펩티드(~20~40잔기)로, 대체적으로 상당히 작은 경향이 있다(그림 6.11 참조). 단백질은 원래 작은 모듈의 조합에 의해 만들어졌을 수도 있다. 각 모듈이 현재의 기능과 일치할 필요는 없다; 여러 개의 모듈을 조합하여 새로운 기능 단위를 생성할 수 있다. 더 큰 유전자는 더 많은 엑손을 가지는 경향이 있는데, 이것은 적절한 모듈이 연속적으로 추가됨으로써 단백질이 여러 기능을 획득한다는 견해와 일치하고 있다.

핵심개념

- 많은 엑손은 특정한 기능을 갖는 폴리펩티드 배열을 코딩하여 동등한 기능을 가질 수 있다.
- 서로 관련이 있는 엑손은 서로 다른 유전자에서도 발견된다.

개념 및 추론 확인

(1) 완전히 다른 엑손, (2) 일부는 유사하고, 일부는 다른 엑손, (3) 모두 유사한 엑손을 갖기 위하여 서로 다른 반응을 촉매하는 두 개의 막-결합 효소가 있다고 생각하는가? 있다면 그 이유는 무엇인가?

4.8 유전자 패밀리 멤버는 공통된 구조를 가지고 있다

다세포 진핵생물 게놈 안의 많은 유전자는, 동일한 게놈 내에 있는 다른 유전자와 관련이 있다. **유전자 패밀리(gene family)**는 유전자 중복 과정으로 인하여 관련되거나 동일한 단백질을 코드하는 유전자 그룹으로 정의된다. 첫 번째 중복이 일어난 후, 두 개의 사본은 동일하지만 서로 다른 돌연변이가 축적되면서 두 개의 사본이 서로 흩어진다. 중복과 분기가 더 거듭되면서 유전자 패밀리는 확대된다. 글로빈 유전자는 두 개의 서브패밀리(subfamily, α 글로빈과 β 글로빈)로 나눌 수 있는 유전자 패밀리의 예이지만, 모든 멤버는 동일한 기본 구조와 기능을 가지고 있다. 어떤 경우에는, 보다 관련이 적은 유전자를 발견할 수 있지만, 여전히 공통된 조상을 가지고 있는 것으로 알려져 있다. 이러한 유전자 패밀리 그룹을 **수퍼패밀리(superfamily)**라고 한다.

▶ **유전자 패밀리(gene family)** 서로 관련이 있거나 동일한 단백질 또는 RNA를 코드하는 게놈 내의 유전자 세트. 유전자 패밀리 멤버는 조상 유전자의 복제와 그 사본 사이의 염기배열 변화의 축적으로 유래되었다. 유전자 패밀리 멤버는 대부분 서로 관련은 있지만 동일하지는 않다.

▶ **수퍼패밀리(superfamily)** 공통 조상으로부터 유래되어 관련은 있으나, 현재는 상당한 변화를 나타내는 모든 유전자 세트.

진화 과정에서 이들이 잘 보존되어 있는 아주 좋은 예가 α- 및 β-글로빈 그리고 이들과 관련된 두 개의 다른 단백질이다. 동물에서 미오글로빈(myoglobin)은 모노머(단량체, monomer)인 산소-결합 단백질이다. 그 아미노산 배열을 보면, (비록 오래전이지만) 글로빈과 공통적인 기원을 가지고 있음을 알 수 있다. 레그헤모글로빈(leghemoglobin)은 콩과 식물에서 발견되는 산소-결합 단백질이다. 미오글로빈처럼 모노머이며 다른 헴(heme)-결합 단백질과 공통된 기원을 가지고 있다. 글로빈, 미오글로빈

헴-결합 단백질
글로빈
레그헤모글로빈
여분의 인트론
분할된 도메인

그림 4.20 글로빈 유전자의 엑손 구조는 단백질 기능과 일치하지만, 레그헤모글로빈은 가운데 도메인에 여분의 인트론을 갖는다.

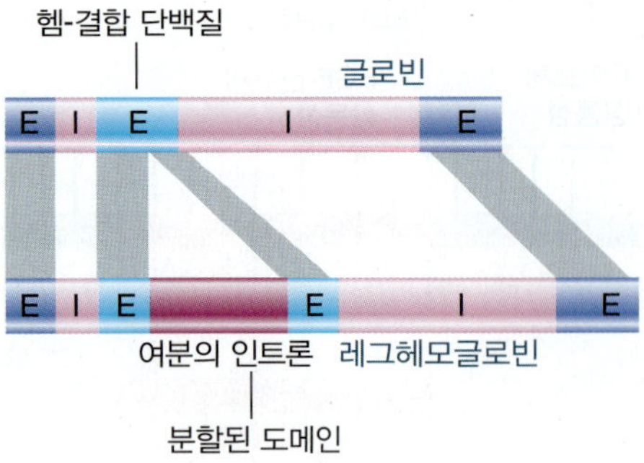

및 레그헤모글로빈은 모두 글로빈 수퍼패밀리(globin superfamily)—즉, 모두 고대의 공통된 조상에서 유래된 일련의 유전자 군—를 형성한다.

α- 및 β-글로빈 유전자 모두는 보존되는 위치에 세 개의 엑손 및 두 개의 인트론을 갖는다(그림 4.6 참조). 가운데에 있는 엑손은 글로빈 사슬의 헴-결합 도메인을 나타낸다. 인간 게놈에는 단일 미오글로빈 유전자가 있으며, 그 구조는 근본적으로 글로빈 유전자와 동일하다. 그러므로 세 개의 엑손으로 이루어진 구조는 미오글로빈과 글로빈 유전자의 공통 조상 이전의 것이다. 레그헤모글로빈 유전자는 세 개의 인트론을 포함하는데, 처음과 마지막은 글로빈 유전자의 두 개의 인트론과 상동성을 가지고 있다. 이러한 놀랄만한 유사성은 **그림 4.20**에서 나타낸 바와 같이, 헴-결합 단백질(heme-binding protein)의 분단된 구조가 아주 오래전부터 형성되었다는 것을 의미한다.

▶ **오솔로그 유전자(orthologous gene)** 서로 다른 생물종에 존재하나 서로 관련이 있는 유전자.

▶ **상동성 유전자(homologous gene, 동족체(homolog))** 상동성 염색체에 있는 대립유전자 또는 공통 조상을 가지고 있는 동일한 게놈에 있는 많은 유전자와 같은, 동일한 생물종에 존재하며 서로 관련이 있는 유전자.

오솔로그 유전자(orthologous gene), 또는 **오솔로그(orthologs)**는 종 분화(speciation)로 인한 **상동성 유전자[homologous gene, 동족체(homolog, 호모로그)]**이다; 다른 말로 하면, 그들은 서로 다른 종에 존재하나 서로 관련 있는 유전자이다. 구조가 다른 오솔로그를 비교해 보면, 그들의 진화에 대한 정보를 알 수 있다. 하나의 예가 인슐린이다. 두 개의 유전자를 가지고 있는 설치류를 제외하고, 포유동물과 새는 인슐린 유전자가 하나뿐이다. **그림 4.21**은 이들 유전자의 구조를 보여주고 있다. 두 생물종이 지니고 있는 공통적인 특징은 두 종이 진화상으로 분리되기 이전에 형성되었다는 가정 하에, 우리는 오솔로그 유전자의 구조를 비교할 때 간소화의 원리(the principle of parsimony)(역자 주: 가장 적은 진화 횟수를 가진 계통수를 선택한다는 원리로 Hennig의 원리라고도 함)를 이용한다. 닭의 경우, 단일 인슐린 유전자는 두 개의 인트론을 가지고 있다; 두 개의 상동성 쥐 유전자 중 하나는 동일한 구조를 갖는다. 이러한 공통 구조는 최초의 조상 인슐린 유전자가 두 개의 인트론을 가지고 있음을 의미한다. 그러나 쥐의 두 번째 유전자는 오직 한 개의 인트론만을 가지고 있는데, 이는 상동유전자 중 하나에서 인트론 한 개가 정확하게 제거된 후, 설치류의 유전자 중복에 의해서 진화가 이루어졌음이 분명하다.

일부 오솔로그(orthologs)의 구조는 생물종마다 매우 다양한 모습을 나타낸다. 이러한 경우, 진화 과정에서 인트론이 제거되거나 삽입되었음이 분명하다. 가장 잘 연구되어진 예가 액틴(actin) 유전자이다. 액틴 유전자의 일반적인 특징은 100 bp 이하의 번역되지 않는 리더(nontranslated leader), 약 1,200 bp의 코딩 영역 및 약 200 bp의 트레일러(trailer)이다. 대부분의 액틴 유전자는 인트론을 가지고 있으며, 위치는 코딩 염기배열(리더에서 때때로 발견되는 단일 인트론 제외)에 따라 정렬할 수 있다. **그림 4.22**는 거의 모든 액틴 유전자가 인트론 위치의 패턴이 다르다는 것을 보여주고 있다. 비교한 모든 유전자 중에서, 인트론은 19개의 다른 위치에서 나타난다. 그러나 유전자당 인트론 수의 범위는 0에서 6이다. 이 상황은 어떻게 발생하였을까? 만일 원시 액틴 유전자가 인트론을 가지고 있었고, 현재의 모든 액틴 유전자가 인트론의 소실과 관련이 있다고 가정하면, 서로 다른 인트론은 각 진화상의 가지(evolutionary branch)에서 소실되어 왔을 것이다. 아마도 일부 인트론은 전체적으로 소실되어 왔는데, 원시 유전자는 20개의 인트론 혹은 그 이상의 인트론을 갖고 있었을 것이다. 또 다른 가능성은 인트론 삽입 과정이 서로 다른 진화 과정 중 독립적으로 지속되었다고 가정하는 것이다.

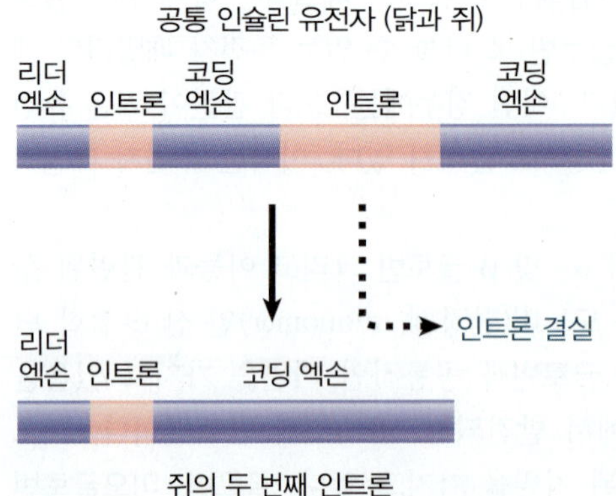

그림 4.21 한 개의 인트론을 갖고 있는 쥐의 인슐린 유전자는 두 개의 인트론을 갖고 있었던 조상으로부터 인트론 한 개가 결실되면서 진화하였다.

각각의 엑손과 기능을 가지고 있는 단백질 도메인 간의 관계는 다소 불규칙하다. 어떤 경우에는 명확하게 1:1 관계이다; 어떤 경우에는, 분간하기 힘든 경우도 있

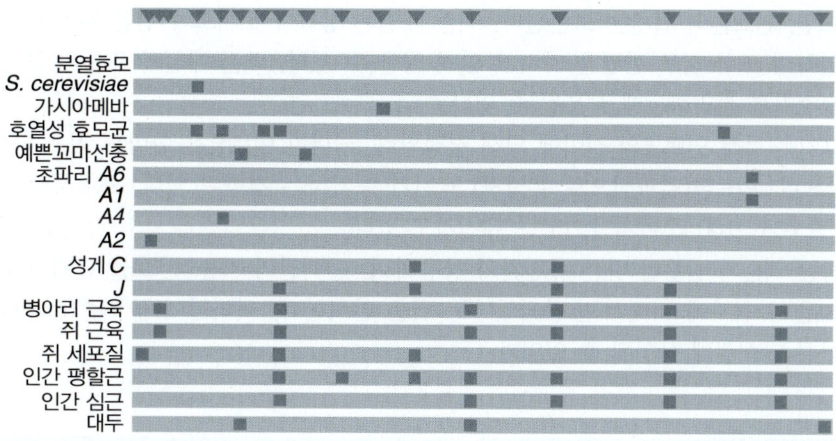

그림 4.22 액틴 유전자의 구조는 매우 다양하다. 인트론의 위치는 짙은 박스로 표시하였다. 맨 위의 막대는 서로 다른 오솔로그 간의 모든 인트론 위치를 요약한 것이다.

다. 하나의 가능성은 인트론의 제거로 인하여, 이전에 인접한 엑손을 연결시켰다는 것이다. 이것은 코딩 영역의 완전한 상태를 변경하지 않고, 인트론을 정확하게 제거되어야 함을 의미한다. 또 다른 방법으로, 인트론이 단일 도메인을 코드하는 엑손에 삽입된다는 것이다. 액틴 유전자와 같은 경우, 엑손 배치가 다양하게 나타난다는 사실을 고려해 보면, 결론은 인트론 위치가 진화할 수 있다는 것이다.

적어도 일부 엑손은 단백질 도메인과 일치하고 있으며, 또한 서로 다른 단백질에서 관련 있는 엑손이 존재한다는 사실로부터, 엑손의 중복(duplication)과 배치(juxtaposition)가 진화에서 중요한 역할을 해 왔다는 것은 의심할 여지가 없다. 모든 단백질에서 복제, 변이 및 재조합에 의해서 유래된 최초의 엑손의 수는 아마도 수천 개 정도로 비교적 적었을 수 있다. 엑손이 새로운 유전자를 만드는 빌딩 블록과 같다는 견해는 "인트론 *초기*(introns early)" 모델과 일치한다(*8.6절 분단유전자는 어떻게 진화했는가?* 참조).

핵심개념

- 유전자 한 세트에서의 공통적인 특징으로부터, 진화 과정에서 분리되기 이전의 특성을 밝힐 수 있다.
- 모든 글로빈 유전자는 세 개의 엑손과 세 개의 인트론으로 이루어진 공통된 구조를 가지고 있는데, 이러한 사실은 이들이 하나의 조상유전자로부터 유래되었음을 의미한다.

개념 및 추론 확인

"파시모니(parsimony, 간소화)"란 무엇인가를 관찰할 때 가장 간단하게 설명하는 것을 말한다. 예를 들어, 현재의 액틴 유전자가 많은 엑손을 가진 하나의 조상유전자로부터 진화되었다는 설명은 액틴 유전자가 독립적으로 인트론을 얻는다는 설명보다 간략하다. "가장 간략한 설명을 선택하면 최선의 가장 정확한 설명을 보증한다."라는 주장을 평가하라.

4.9 요약

사실상 거의 모든 진핵생물 게놈에는 분단유전자(interrupted genes)를 가지고 있다. 분단유전자의 비율은 일부 곰팡이(fungi)에서는 낮지만, 다세포 진핵생물에서는 분단되지 않은 유전자가 거의 없다. 인트론은 모든 종류의 진핵생물에서 발견된다. 분단유전자의 구조는 모든 조직(tissue)에서 동일하다: 엑손은 DNA에서 발견되는 것과 동일한 순서로 RNA에서 함께 스플라이싱되며, 코딩 기능이 없는 인트론은 스플라이싱에 의해 RNA에서 제거된다.

일부 유전자는 선택적 스플라이싱(alternative splicing) 패턴에 의해 발현되는데, 어떤 상황에서는 특정 염기배열이 인트론으로 제거되지만, 다른 경우에는 엑손으로 남는다. 종종, 오솔로그 유전자의 구조를 비교해 보면, 인트론의 위치는 보존된다. 엑손 배열은 명확하게 서로 관련을 가지고 있지만, 인트론 배열은 다양하며 또한 서로 관련을 가지고 있지 않을 수 있다. 엑손 배열과 위치의 보존은 다른 종에서 관련된 유전자를 분리하는데 사용될 수 있다.

유전자의 크기는 주로 인트론의 길이에 의해 결정된다. 커다란 인트론은 아마도 최초 다세포 진핵생물에서 나타났으며, 인트론(결과적으로 유전자) 크기가 증가하는 경향이 있다. 포유류의 유전자 크기 범위는 일반적으로 1~100 kb이지만, 더 큰 유전자도 있다.

일부 유전자는 엑손의 일부만 다른 유전자와 공유하며, 단백질의 기능적 "모듈 단위(modular unit)"를 나타내는 엑손의 첨가에 의해서 조립되었다는 것을 암시한다. 이러한 모듈 엑손(modular exon)은 다양한 서로 다른 단백질에 삽입될 수 있었다.

학습문제

1. 다음 중 스플라이싱에 영향을 주는 돌연변이에 해당하는 것은 무엇인가?
   A. 보통은 중요하지 않다.
   B. 보통 해롭다.
   C. 항상 해롭다.
   D. 유전자 발현을 증가시킨다.
2. 대부분 분단된(인트론을 가짐) 유전자를 가지고 있는 생물 그룹은 무엇인가?
   A. 박테리아
   B. 효모
   C. 동물
   D. 위의 둘 이상
3. 유전자 패밀리 내의 유전자 길이는 종종 다양하다; 이러한 변이를 결정하는 방법은 무엇인가?
   A. 5′ 비번역 영역의 길이
   B. 엑손의 수와 크기
   C. 인트론의 수와 크기
   D. 3′ 비번역 영역의 길이
4. 일반적으로, 관련된 두 개의 유전자 중 어느 것이 가장 밀접한 관계를 나타내는가?
   A. 엑손
   B. 인트론
   C. 인트론 및 엑손 모두
   D. 프로모터 부위 및 첫 번째 엑손
5. 동물에서 분단되지 않은 유전자는 몇 퍼센트인가?
   A. <5%
   B. <10%
   C. <20%
   D. ~33%
6. 일반적으로, 서로 다른 생물체에서 게놈 크기가 증가함에 따라 일어난 현상은 무엇인가?
   A. 엑손 또한 크기가 증가한다.
   B. 인트론 크기가 증가한다.
   C. 엑손 및 인트론 모두 크기가 증가한다.
   D. 5′ 및 3′의 비번역 영역 크기가 증가한다.

7. 가장 긴 평균 인트론 크기를 가지고 있는 생물체는 무엇인가?
   A. 박테리아
   B. 파리
   C. 지렁이
   D. 포유류

8. 기존 유전자의 엑손을 결합하여 새로운 유전자가 만들어졌다는 가설은 다른 기능을 가진 유전자가 무엇을 가지고 있다는 관찰에 의해 뒷받침되었는가?
   A. 모든 관련 인트론을 가지고 있다.
   B. 관련 엑손을 가지고 있다.
   C. 관련된 모든 엑손을 가지고 있다.
   D. 관련 인트론을 가지고 있다.

9. 생물체에서 관련되거나 동일한 단백질을 코드하는 유전자는 다음 중 어디에 속하는가?
   A. 유전자 패밀리
   B. 슈퍼패밀리
   C. 상동성 유전자
   D. 오솔로그 유전자

10. 알파(α) 글로빈과 베타(β) 글로빈은 다음 중 어떤 관계인가?
   A. 아무런 관계가 없다.
   B. 서로 오솔로그(ortholog)
   C. 미오글로빈의 파랄로그(paralog)
   D. 서로 파랄로그(paralog)

핵심용어

alternative splicing
cDNA
exon
gene family
homologous genes (homologs)
interrupted gene
intron
mature transcript
orthologous genes (orthologs)
overlapping gene
paralogous genes (paralogs)
primary transcript
RNA splicing
superfamily

읽을거리

Black, D. L. (2003). Mechanisms of alternative pre-messenger RNA splicing. *Annu. Rev. Biochem.* **72,** 291–336. An in-depth review of specific examples of alternative splicing, including the *Drosophila* sex determination system.

Faustino, N. A., and Cooper, T. A. (2003). Pre-mRNA splicing and human disease. *Genes Dev.* **17,** 419–437. A review of the mechanisms by which problems with alternative splicing of pre-mRNA can result in human diseases.

Ponting, C. P., and Russell, R. R. (2002). The natural history of protein domains. *Annu. Rev. Biophys. Biomol.* **31,** 45–71. A discussion of the origin and evolution of protein domains, including the suggestion that domains be classified in a hierarchical taxonomic system.

Reddy, A. S. N. (2007). Alternative splicing of pre-messenger RNAs in plants in the genomic era. *Annu. Rev. Plant Biol.* **58,** 267–294. A review of unexpected recent discoveries of alternative splicing of plant genes.

Rodríguez-Trelles, F., Tarrío, R., and Ayala, F. J. (2006). Origins and evolution of spliceosomal introns. *Annu. Rev. Genet.* **40,** 47–76. A review of classic and newer hypotheses about the origins of introns.

5

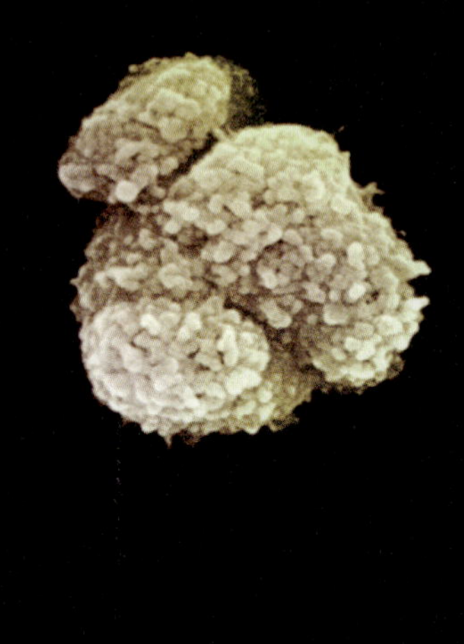

인간 X 및 Y 염색체 중기의 주사전자현미경(SEM) 사진(35,000X). 게놈의 대부분의 내용물은 염색체 DNA로 나타나지만, 일부 세포소기관에는 자체 게놈이 포함되어 있다. ©Biophoto Associates / Photo Researchers, Inc.

게놈의 내용

5장 개요

5.1 서론

게놈에 관한 가장 중요한 질문은 얼마나 많은 유전자가 포함되어 있는가이다. 그러나 더 근본적인 질문은 "유전자란 무엇인가?"이다. 많은 유전자가 여러 폴리펩티드를 코드하고 다른 기능을 수행하는 RNA를 코드하기 때문에, 유전자가 폴리펩티드를 코드하는 DNA 염기배열로만 정의될 수는 없다. RNA 기능의 다양성과 유전자 발현의 복잡성을 감안할 때, 유전자를 전사 단위로서 초점을 맞추는 것이 맞을 것이다. 그러나 이전에는 유전자가 결여되었다고 생각했던 많은 영역이, 현재는 염색체가 광범위하게 전사되는 것으로 밝혀졌다. 따라서, 오늘날의 "유전자(gene)"는 움직이는 표적(moving target)이라고 정의한다.

우리는 전체 유전자의 수와 단백질-코딩 유전자의 수를 네 단계로 나누어 특성을 밝혀 보기로 하였으며, 이들 단계는 유전자 발현이 연속적으로 진행되는 순서와 일치한다.

- **게놈(genome, 유전체)**은 하나의 생물체 내에 있는 유전자의 완전한 세트이다. 비록, 실제적인 문제로서 모든 유전자를 전적으로 염기배열을 기반으로 식별하는 것은 불가능할 수도 있지만, 결론적으로 게놈은 완전한 DNA 염기배열로 정의한다.
- **전사체(transcriptome)**는 특정 조건 하에서 발현되는 유전자의 완전한 세트이다. 이것은 단일 세포 유형, 세포의 더 복잡한 집합체 또는 완전한 생물체에 존재하는 RNA 분자 세트라고 정의할 수 있다. 일부 유전자는 많은 mRNA를 생성하기 때문에 전사체는 게놈에 있는 유전자의 실제 수보다 클 수 있다. 전사체는 mRNA뿐만 아니라, (*30.5절 마이크로RNAs는 진핵세포에 있는 광범위한 레귤레이터이다*에서 기술한, tRNA, rRNA 그리고 miRNA와 같은) 넌코딩 RNA(noncoding RNA)를 포함하고 있다.
- **프로테옴(proteome, 단백질체)**는 전체 게놈에 의해 코드되거나 특정 세포나 조직에서 생성된 폴리펩티드의 완전한 세트이다. 비록 mRNA와 단백질의 상대적인 양과 안정성의 변화를 나타내는 세부적인 차이가 있을 수는 있지만, 프로테옴은 전사체의 mRNA와 일치해야만 한다. 또한, 단일 전사체에서 하나 이상의 단백질을 생성할 수 있는 단백질에 대한 번역 후 수식(posttranslational modifications)이 있을 수도 있다(이것을 단백질 스플라이싱(protein splicing)이라고 한다; *23.11절 단백질 스플라이싱은 자가 촉매 작용을 한다* 참조).
- 단백질은 독립적으로 혹은 복합 단백질의 일부로서, 혹은 홀로효소(holoenzymes)와 같은 다분자 복합체 및 효소가 함께 활동하는 대사경로에서 기능적으로 작용할 수 있다. RNA 중합효소 홀로효소(RNA polymerase holoenzyme; *19.4절 박테리아 RNA 중합효소는 핵심효소 및 시그마 인자로 구성되어 있다* 참조)와 스플라이세오솜(spliceosome)(*21.8절 스플라이세오솜 조립 경로* 참조)이 두 가지 예이다. 우리가 모든 단백질-단백질 상호작용을 확인할 수 있다면, 단백질의 독립적인 복합체의 전체 수를 알 수 있다. 이것을 때로는 **상호작용체(interactome)**라고 한다.

▶ **유전체(genome)** 생물체의 유전물질에 들어 있는 일련의 완전한 세트. 그것은 각 염색체와 세포 소기관의 DNA 염기배열을 포함하고 있다.

▶ **전사체(transcriptome)** 세포, 조직 또는 생물체에 존재하는 완전한 RNA 세트. 전사체의 복잡성은 주로 mRNA에 의해 생기나, 넌코딩 RNA를 포함하기도 한다.

▶ **단백질체(proteome)** 전체 게놈에 의해 발현되는 완전한 단백질 세트. 때때로, 이 용어는 세포에 의해 동시에 발현되는 단백질로도 정의된다.

▶ **상호작용체(interactome)** 세포, 조직, 생물체에 존재하는 단백질 복합체/단백질-단백질 상호작용의 완전한 세트.

게놈에서 단백질-코딩 유전자의 최대 숫자는 오픈 리딩 프레임(ORF)을 밝힘으로써 직접 확인할 수 있다. 이런 방법을 통한 대규모 분석은 복잡한데, 그 이유는 오픈 리딩 프레임 안에 많은 분단유전자가 산재되어 있기 때문이다. 그러므로 이 분석법은 생산된 단백질 기능에 대한 정보가 필요하지 않거나, 오픈 리딩 프레임이 반드시 발현되는지를 증명할 필요가 없는 게놈의 *잠재력(potential)*을 평가하기 위해서 제한적으로 사용된다. 그러나 잘 보존된 모든 오픈 리딩 프레임은 발현되는 것으로 추정된다.

유전자의 수를 결정하는 또 다른 접근법은 전사체(transcriptome)(모든 RNA를 직접 확인하는 방법) 또는 프로테옴(모든 폴리펩타이드를 직접 확인하는 방법)의 용어를 사용하여 직접 확인하는 것이다. 이것은 알려진 상황에서 발현되는 *진정한(bona fide)* 유전자를 다루고 있다는 확신을 주게 한다. 이러한 방법으로 얼마나 많은 유전자가 특정 조직이나 세포 타입에서 발현되고 상대적인 발현량의 수준은 어느 정도의 다양성을 보이는지, 혹은 특정 세포에서 얼마나 많은 유전자가 특이적으로 발현되는지, 아니면 다른 곳에서도 발현되는지에 대한 궁금증을 해소할 수 있을 것이다. 게다가, 전사체의 분석을 통하여 하나의 유전자로부터 서로 다른 mRNA(예를 들면, 서로 다른 엑손을 포함하는 mRNA)가 얼마나 많이 생성되는지를 알 수 있다.

또한, 우리는 특정 유전자가 *필수적*인지 여부를 알아 볼 필요가 있다: 그 유전자에서 눌(null) 돌연변이의 표현형 효과는 무엇인가? 만일, 눌(null) 돌연변이가 치명적이거나 생물체에 명백한 결함이 있는 경우, 우리는 그 유전자가 필수적이거나 적어도 유익하다고 결론지을 수 있다. 그러나 일부 유전자의 기능은 표현형에 뚜렷한 영향을 주지 않으면서 결실될 수 있다. 그러면, 이 유전자는 실제로 없어도 되는 것인가, 아니면 다른 환경이나 장기간에 걸쳐서 유전자 결손으로 인한 선택적 불리함(selective disadvantage)이 있는 것인가? 어떤 경우, 이러한 이들 유전자의 결손은 유전자 중복(gene duplication)과 같은 환원 메커니즘에 의해 보상되어, 필수 기능을 위한 백업을 제공할 수 있다.

개념 및 추론 확인

동물에 있어, 전체 생물체의 전사체와 프로테옴은 그 게놈보다 더 큰 반면, 세포의 전사체와 프로테옴은 일반적으로 게놈보다 더 작다. 그 이유를 설명하라.

5.2 게놈은 여러 단계의 해상도 수준에서 지도로 작성될 수 있다

게놈의 내용을 정의한다는 것은 본질적으로 생물체의 염색체(들)에서 발견되는 유전자자리(loci)의 지도를 만드는 것을 의미한다. 우리는 여러 단계의 해상도로 유전자자리와 게놈 지도를 작성할 수 있다:

▶ **연관 지도(linkage map)** 마커(marker) 사이의 재조합 빈도를 측정하여 얻은 염색체 상의 유전자자리(loci) 또는 기타 유전적 마커의 위치를 나타내는 지도.

▶ **제한효소 지도(restriction map)** 다양한 제한효소로 DNA를 절단하거나 제한효소 부위에 대해 알려진 염기배열을 스캐닝하여 결정한 DNA 상의 제한효소 부위의 직선배열.

- **연관 지도(linkage map)**는 재조합 빈도를 기반으로 하는 단위로 표시하는 유전자자리 간의 거리를 나타낸다. 이는 (표현형질과 같이) 보이거나 혹은 (전기영동에 의해) 볼 수 있는 다양한 표지인자의 재조합에 의존해야 하므로 제한을 받는다. 예를 들어, 연관 지도는 제한효소 절단에 의해 생성된 염기배열 크기에 차이를 나타내는 게놈 DNA 위치들 간의 재조합을 측정하여 작성될 수 있다. 그러한 염기배열 크기의 다양성은 공통적으로 나타나기 때문에, 돌연변이의 발생은 무시하고 모든 생물체의 지도를 작성할 수 있다. 재조합 빈도와 염색체의 물리적 거리와는 상대적으로 일치하지 않기 때문에, 연관 지도는 물리적 거리를 정확하게 나타내지 않는다.
- **제한효소 지도(restriction map)**는 제한효소를 통해 단편으로 잘라내어 절단 부위들 간의 염기쌍(전기영동 겔에서의 이동에 의해 결정됨)을 DNA의 길이의 의해 물리적 거리를 측정함으로써 만들어진다. 제한효소 지도만으로는 실질적으로 유전자와 같이, 목적으로 하는 부위를 확인할 수 없다. 유전자 지도가 연관 지도와 비교되기 위해서는 돌연변이가 제한효소 부위에 미치는 영향에 대한 연구가 되어져야 한다. 게놈에서의 큰 변화는 제한효소 단편의 크기와 수에 영향을 주기 때문에 알아 볼 수 있다. 점 돌연변이는 오직 하나의 제한효소 절단위치를 변화시키거나 혹은 제한효소 절단 부위 사이에 놓여 있기 때문에 발견하기가 더욱 어렵다.
- 가장 좋은 게놈 지도는 게놈의 DNA 염기배열이다. 염기배열로부터 유전자와 이들 간의 거리를 알 수 있다. DNA 염기배열의 단백질-코딩 가능성을 분석함으로써, 우리는 그 기능을 추측할 수 있다. 기본적인 가정은 자연선택(natural selection)이 기능을 가지고 있는 단백질을 코드하는 염기배열에 해로운 돌연변이의 축적을 방지한다는 것이다. 이러한 주장을 역으로 설명하면, 손상되지 않은 온전한 코딩 염기배열이 기능을 가지고 있는 단백질을 생성하는 데 사용되기 용이하다는 것을 추정할 수 있다.

야생형 DNA 염기배열과 돌연변이 대립유전자의 염기배열을 비교함으로써, 우리는 돌연변이의 특성과 그 염기배열의 정확한 위치를 밝힐 수 있다. 이것은 (전적으로 돌연변이 부위를 기본으로 하는) 연관 지도와 (DNA 염기배열에 기초하거나 혹은 포함하는) 물리적 지도(physical map) 간의 상관관계를 밝히는 방법이 된다.

물론 규모의 차이는 있지만, 유전자를 동정하거나 염기배열을 결정하여 게놈 지도를 작성하는 데 유사한 기술이 사용되고 있다. 이 경우에 있어, 접근법은 연속된 지도로 연결될 수 있는 일련의 중첩된 DNA 단편을 파악하는 것이다. 이때 가장 중요한 점은 각 단편이 지도 상의 다음 단편과 중복되게 해야 하는데, 그래서 단편이 누락되지 않았는지를 확인할 수 있다. 이 원리는 큰 단편을 지도로 작성하는 것은 물론, 그 단편들을 구성하는 염기배열을 연결시키는 데에도 적용된다.

핵심개념

- 연관 지도는 유전자 마커 사이의 재조합 빈도를 기본으로 작성된다. 제한효소 지도는 유전자 마커 간의 물리적 거리를 기본으로 작성된다.
- 돌연변이의 분자적 특성은 연관지도와 물리적 지도를 일치시키는 데 사용될 수 있다.

개념 및 추론 확인

만일 동일한 개체의 다른 집단으로부터 동일한 염색체를 샘플로 취했을 때, 물리적 지도는 동일할 수 있지만, 연관 지도는 약간 다를 수 있다. 왜 그럴까?

5.3 각 게놈은 광범위한 다양성을 보인다

멘델의 관점(Mendelian view)에 의하면 게놈은 본래 대립유전자를 야생형 또는 돌연변이로 분류했다. 결과적으로 우리는 한 개체군에서 한 유전자에 대해 여러 가지 대립유전자가 존재한다는 것을 알아냈다. 어떤 경우에는 어느 하나의 대립유전자를 야생형으로 정의하는 것이 적절하지 않을 수도 있다.

한 개체군에서 하나의 유전자자리에 여러 대립유전자가 공존하는 것을 유전적 **다형성(polymorphism)**이라고 한다. 어떤 위치에 다양한 대립유전자가 안정된 요소로 존재하는 것을 다형성이라고 한다. 일반적으로, 한 집단에서 하나의 유전자자리에서 두 개 이상의 대립유전자가 >1%의 빈도로 존재하는 경우, 이를 일반적으로 다형성이 있다고 정의한다.

▶ **다형성(polymorphism)** 특정 위치에서 변이를 보이는 대립유전자가 동시에 집단으로 동시 발현한다.

비록 표현형으로 나타나지는 않지만, 야생형은 그 자체가 다형성일 수 있다. 야생형 대립유전자의 여러 버전은 기능에는 영향을 미치지 않는 염기배열의 차이로 구별될 수 있으므로, 표현형 변이체(phenotypic variant)를 생성하지 않는다. 한 집단이라도, 유전자형 수준에서 광범위한 다형성을 가질 수 있다. 서로 다른 많은 염기배열 변이체가 어느 특정한 유전자자리에 존재할 수 있다; 그들 중 일부는 표현형에 영향을 미치기 때문에 분명하지만, 다른 것들은 가시적인 효과가 없기 때문에 "숨겨져 있다". 이들 돌연변이체는 주로 무작위적인 유전적 부동(random genetic drift)으로부터 발생하며, 이러한 돌연변이 대립유전자는 선택적으로 중립적이다(*8장 게놈 진화* 참조).

따라서 하나의 유전자자리에 다음과 같은 여러 변화가 나타날 수 있다. 즉, DNA 염기배열을 변화시키지만 단백질 배열을 변화시키지 못하는 경우, 기능을 변화시키지 못하고 단백질 배열을 변화시키는 경우, 서로 다른 기능을 갖는 단백질을 만드는 경우, 그리고 기능이 없는 변형된 단백질을 만드는 경우이다.

동일한 유전자자리의 대립유전자를 비교하였을 때, 단일 뉴클레오티드의 차이를 **단일 뉴클레오티드 다형성(single nucleotide polymorphism, SNP)**이라고 한다. 인간 게놈의 경우, 하나의 SNP는 평균적으로 약 1,330 염기마다 발생한다. SNP로 밝혀진 바에 따르면, 모든 인간은 SNP에 차이가 있으며, 각 개인마다 고유하다. SNP는 다양한 방법으로 검출할 수 있는데, 염기배열의 직접적인 비교로부터 질량분광기(mass spectroscopy)까지, 또는 특정한 영역의 염기배열 변이로 인하여 차이를 나타내는 생화학적 방법에 이르기까지 다양하다.

▶ **단일 뉴클레오티드 다형성(single nucleotide polymorphism, SNP)** 단일 뉴클레오티드의 변화로 인한 다형성(개체 사이의 염기배열의 변화). 이것은 개인 간의 유전적 차이의 대부분을 차지한다.

유전자 지도 작성의 목표 중의 하나는 공통적인 변이체 목록을 얻는 것이다. (모든 생존하는 인간 개체의 게놈을 고려하여) 전체적인 인간 집단에서 게놈 당 SNP의 관찰 빈도를 보면, 1% 이상의 빈도

그림 5.1 제한효소절단 부위에 영향을 주는 점 돌연변이는 단편의 차이에 의해 검출된다.

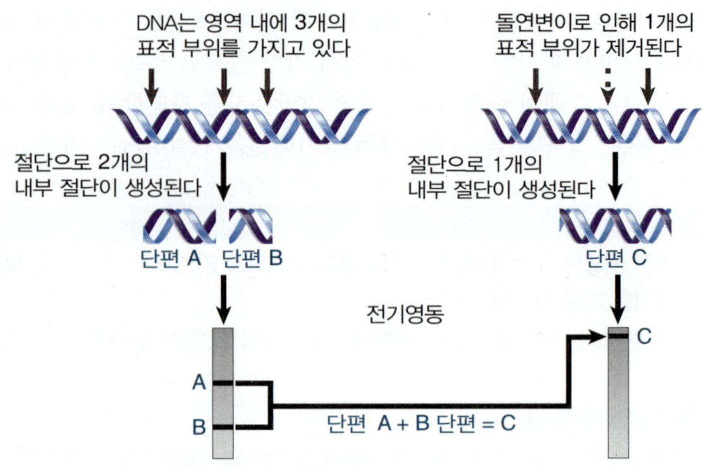

로 발생하는 SNP가 1,000만을 초과해야 한다고 예측한다. 그 중에서 6백만 개 이상의 인간 SNP는 이미 확인되었다.

게놈에서의 어떤 다형성은 다른 개체의 제한효소지도를 비교함으로써 알 수 있다. 만일 제한효소에 대한 표적 부위에서 돌연변이가 발생하면, 그 제한효소로 분해함으로써 생성된 단편의 패턴도 변할 것이다. **그림 5.1**은 표적 부위가 한 개인의 게놈에는 존재하고 다른 개체의 게놈에는 존재하지 않을 때, 첫 번째 게놈에서 여분의 절단이 두 번째 게놈의 단일 단편에 해당하는 두 개의 단편을 생성하고 있음을 보여주고 있다. 두 개체 간의 제한효소 지도의 차이를 **제한효소 단편 길이 다형성(restriction fragment length polymorphism, RFLP)** 또는 "리플립(riflip)"이라고 한다. 기본적으로, RFLP는 제한효소의 표적 부위에 위치한 SNP이다. RFLP는 다른 마커와 똑같은 방법으로 유전 마커(genetic marker)로 사용할 수 있다. 표현형의 몇 가지 눈에 보이는 특징을 조사하는 대신, 우리는 제한효소 지도에 의해 밝혀진 대로 유전자형을 직접 판별한다. **그림 5.2**는 3세대에 거친 RFLP의 혈통을 보여준다. DNA 마커 단편의 수준에서 멘델의 분리의 법칙을 보여주고 있다.

▸ **제한효소 단편 길이 다형성(restriction fragment length polymorphism, RFLP)** 관련 제한효소 처리로 생성된 단편의 길이 차이에 의한(예: 표적 부위의 염기 변화에 의해 발생되는) 표적 부위와의 유전적 차이. 이러한 RFLP는 게놈을 전형적인 유전적 마커에 직접 연결하는 유전지도 작성에 사용된다.

제한효소 지도는 유전자의 기능과는 관련이 없다. 따라서 RFLP는 염기배열의 변화가 표현형에 영향을 미치는지 그렇지 않은지에 관계없이 검출될 수 있다. 아마 게놈 내에서 극소수의 RFLP는 실제로 표현형에 영향을 미친다. 그러나 대부분은 단백질 생성에 영향을 주지 않는 염기배열을 포함하고 있다(예를 들면, RFLP는 유전자 사이에 놓여 있기 때문이다).

그림 5.2 제한효소위치 다형성은 멘델의 법칙에 따라 유전된다. 서던 블롯팅과 프로브 하이브리디제이션 방법을 통하여 볼 수 있는 것처럼, 제한효소 마커에 대한 네 개의 대립유전자들은 모든 가능한 조합으로 발견되며, 각 세대에서 독립적으로 분리된다. Photo courtesy of Ray White, Ernest Gallo Clinic and Research Center, University of California, San Francisco.

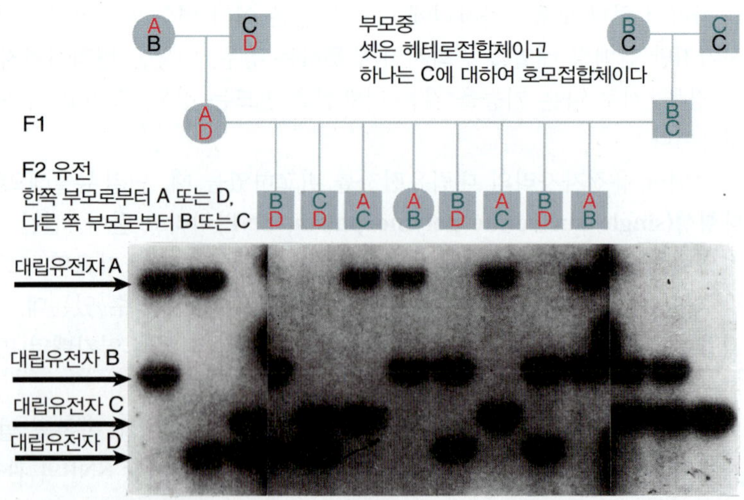

핵심개념

- 다형성은 염기배열이 유전자 기능에 영향을 줄 때는 표현형 수준에서, 제한효소 표적 부위에 영향을 줄 경우에는 제한효소 단편 수준에서, 그리고 DNA의 직접 분석을 통하여 염기배열 수준에서 검출될 수 있다.
- 유전자의 대립유전자는 염기배열 수준에서 광범위한 다형성을 나타내지만, 많은 염기배열 변화는 기능에 영향을 주지 않는다.

개념 및 추론 확인

유전자의 코딩 염기배열에서의 돌연변이가 유전적 다양성을 나타내지만, 표현형에서의 다형성은 나타나지 않는다. 그 이유는 무엇인가?

5.4 RFLP와 SNP는 유전자 지도 작성에 사용될 수 있다

그림 5.3에 나타낸 바와 같이, 재조합 빈도는 제한효소 마커와 가시적인 표현형 마커 사이에서 측정될 수 있다. 따라서 유전자 지도에는 유전형과 표현형 마커가 모두 포함될 수 있다.

제한효소 마커는 표현형에 영향을 미치는 유전적 변화에 제한을 받지 않는다. 따라서 이들은 분자 수준에서 유전적 변이체를 밝히기 위한 매우 강력한 기술의 토대를 제공하고 있다. 한 가지 전형적인 문제는 표현형에 대해 알려진 영향을 가진 돌연변이에 관한 것이며, 이와 관련된 유전자의 유전자자리를 유전자 지도에 표시할 수 있지만, 그에 해당하는 유전자 또는 단백질에 대해 알고 있는 것이 없다. 치명적인 많은 종류의 인간 질병이 이와 같은 경우에 속한다. 예를 들어, 낭포성 섬유증(cystic fibrosis)은 멘델 유전의 법칙을 따르지만, 그 유전자의 특성이 확인되기 전까지 돌연변이 기능의 분자적 성질은 알 수 없었다.

만일 제한효소 다형성이 게놈에서 무작위로 발생하면, 특정 표적 유전자 근처에 제한효소 다형성이 있어야 한다. 우리는 돌연변이체의 표현형을 담당하고 있는 유전자와의 밀접한 연관성으로 인하여 그러한 제한효소 마커를 확인할 수 있다. 만일 질병으로 고통 받는 환자의 DNA 제한효소 지도와 건강한 사람의 DNA를 비교하면, 특정 제한효소 부위가 항상 환자에게 존재(혹은 언제나 결손)한다는 것을 알 수 있다.

하나의 가상적인 예를 그림 5.4에 나타내었다. 이 상황은 제한효소 마커와 표현형을 나타내는 유전자자리 간에 100%의 연관이 있다는 것을 나타내고 있다. 즉, 제한효소 마커가 돌연변이 유전자와 너무 가까이에 있어서, 교차(crossing over)가 일어나 결코 분리되지 않는다는 것을 시사하고 있다; 사실상, 그것은 동일한 돌연변이일지도 모른다.

그러한 마커를 확인하는 것은 두 가지 중요한 의미를 가지고 있다:

- 마커는 질병을 진단하기 위한 진단 절차를 제공할 수 있다. 인간의 질환 중에서, 일부는 유전 양식이 잘 알려져 있으나, 분자적 수준에서 잘 밝혀지지 않은 경우에는 진단을 쉽게 할 수 없다. 만일 제한효소 마커가 표현형과 밀접하게 연관되어 있다면, 마커의 존재는 질병 대립유전자

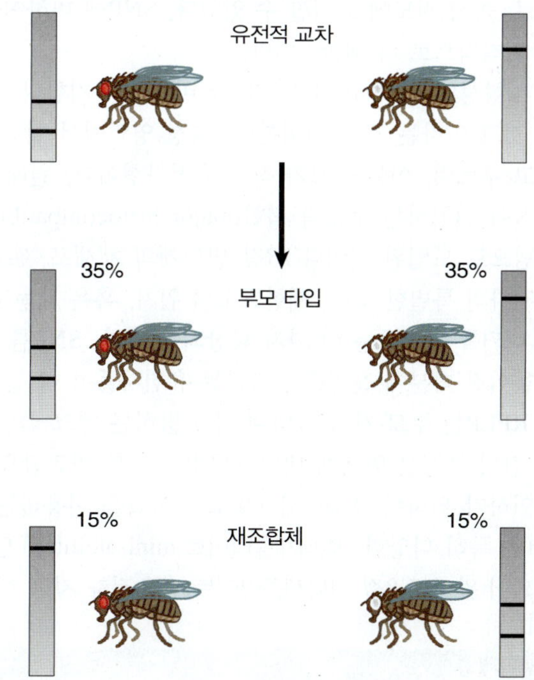

그림 5.3 제한효소 부위의 다형성은 (가령 눈 색깔과 같은) 표현성 마커로부터 재조합 거리를 측정하기 위한 유전자 마커로 사용될 수 있다. 그림은 배수체에서 하나의 게놈 대립유전자에 일치하는 DNA 밴드를 표시하여 간단하게 나타내었다.

그림 5.4 제한효소 마커가 표현형의 특징과 관련이 있다면, 제한효소의 절단 부위는 표현형을 담당하는 유전자 가까이에 위치해야 한다. 정상인에게 공통적으로 나타나는 밴드를 환자의 공통적인 밴드로 변화시키는 돌연변이는 질병 유전자와 매우 밀접하게 연관되어 있다.

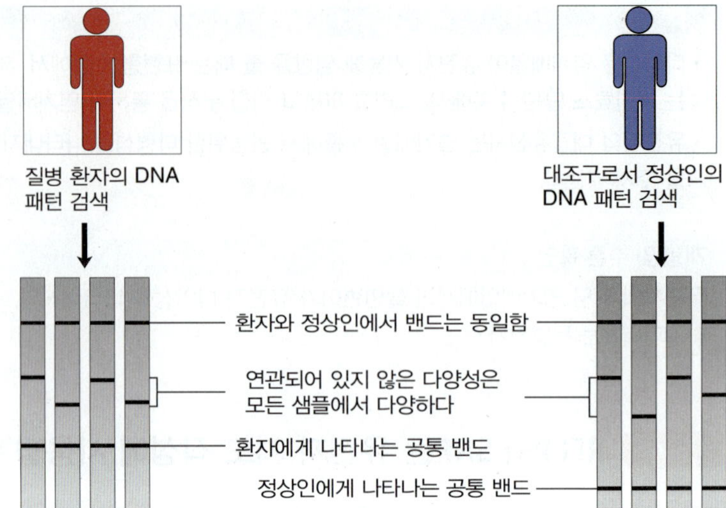

를 유전시킬 확률을 진단하는 데 활용할 수 있다.

- 마커는 유전자를 분리할 수 있게 한다. 두 개의 유전자 자리에서 드물게 재조합이 일어나거나 혹은 재조합이 결코 일어나지 않는다면, 제한효소 마커는 유전자 지도에서 유전자와 상대적으로 매우 가깝게 위치하게 된다. 유전학 용어에서 "상대적으로 가깝다"고 할지라도, DNA의 염기쌍으로 계산하면 상당히 떨어져 있을 수 있다. 그럼에도 불구하고, 마커는 DNA를 따라 유전자 자체로 나아갈 수 있다는 사실로부터 하나의 출발점을 제공하는 것이다.

인간 게놈에서 SNP가 빈번하게 발생한다는 것은 유전자 지도 작성에 유용하다. 이미 확인된 수백만 개의 SNP로부터, 평균 약 1 kb마다 하나의 SNP가 존재한다. 이를 통하여 가장 가까운 SNP 사이에 새로운 유전자를 오게 함으로써, 새로운 질병유전자의 위치를 빠르게 파악할 수 있다.

이와 같은 원리로 RFLP 지도가 한동안 이용되어 왔다. 일단 RFLP가 연관된 그룹(염색체)에서 확인되면, 바로 유전자 지도에 표시할 수 있다. 인간과 생쥐 게놈의 RFLP 지도는 양쪽 모두의 연관지도 제작을 이끌어 왔다. 잘 알려져 있지 않은 위치의 어떤 부위는 RFLP와의 연관성을 시험할 수 있었으므로, 즉시 지도에 표시할 수 있었다. SNP에 비하여 RFLP의 수가 적기 때문에, RFLP 지도의 해상도는 원칙적으로 더 제한적이다.

▶ **단상형(haplotype)** 일부 염색체의 특정 영역에 있는 대립 형질의 조합—유전자형의 작은 부분. 원래 주요 조직 적합성 복합체(MHC) 대립유전자의 조합을 기술하는 데 사용되었지만, 이제는 RFLP, SNP 또는 다른 마커의 특정 조합을 기술하는 데 사용할 수 있다.

▶ **DNA 지문법(DNA fingerprinting)** 짧은 반복 염기배열을 포함하는 영역을 절단하기 위해 제한효소를 사용하거나 PCR로 생성된 단편에서 개인 간의 차이를 분석하는 기술. 반복된 영역의 길이는 모든 개체에 고유하며, 결과적으로 임의의 두 개인의 특정 하위 집합(subset)의 존재가 공통 유전성(common inheritance, 예: 부모-자식 관계)을 정의하는 데 사용될 수 있다.

다형성의 부위(sites)가 커다란 비율을 차지한다는 것은 모든 개인이 독특한 SNP 또는 RFLP 양상을 갖고 있다는 것을 의미한다. 특정 영역에서 발견되는 부위의 독특한 조합을 **단상형(haplotype)**이라고 부르며, 이는 규모가 작은 유전자형이다. 원래 단상형이라는 개념은 면역계에서 중요한 특정 단백질이 위치하는 주조직 적합(major histocompatibility) 자리(locus)의 유전적 구성을 기술하기 위한 개념으로 도입된 것이다(*18장 면역계의 체세포 재조합과 과돌연변이* 참조). 오늘날, 이 용어는 대립유전자의 특별한 조합, 제한효소의 위치, 혹은 게놈 내의 일부 한정된 영역에 존재하는 어떤 다른 유전자 마커를 기술하는 데 까지 확장되어 왔다. SNP를 사용함으로써, 인간 게놈의 상세한 단상형 지도가 만들어진 덕분에 질병을 유발하는 유전자들이 더 쉽게 나타낼 수 있게 되었다.

RFLP는 부모-자식 간의 관계를 밝히는 테크닉의 기본이 된다. 혈통이 의심되는 경우에, 부모와 자식 간의 특정한 염색체 내의 RFLP 지도를 비교함으로써 그들의 실제적 관계를 밝힐 수 있다. 개인을 확인하기 위하여 DNA 제한효소 분석법을 이용하는 것을 **DNA 지문법(DNA fingerprinting)**이라고 한다. 특히 다양한 "미니새틀라이트(minisatellite)" 염기배열 분석은 인간 게놈 지도를 작성하는 데 이용되어 왔다(*7.8절 미니새틀라이트는 유전자 지도 작성에 유용하다* 참조).

핵심개념

- RFLP 및 SNP는 연관(유전자) 지도의 기초가 될 수 있으며, 부모-자식 관계를 확립하는 데 유용하다.

개념 및 추론 확인

질병 대립유전자가 분리되어 있는 대가족 구성원의 RFLP를 이용한 연관분석(linkage analysis)을 통해, 질병 대립유전자의 위치가 어떻게 특정 염색체 영역으로 좁혀 질 수 있는지 설명하라.

5.5 진핵생물 게놈에는 비반복배열과 반복배열의 DNA 염기배열을 포함한다

진핵생물 게놈의 일반적인 특성은 변성된 DNA의 재결합 반응 속도로 평가할 수 있다. 이 기술은 대규모 DNA 염기배열 분석이 가능해지기 전까지 널리 사용되어 왔다.

재결합 속도(reassociation kinetics)를 이용하여 두 가지 일반 유형의 게놈 염기배열을 확인할 수 있다:

- **비반복배열 DNA(nonrepetitive DNA)**는 고유한 염기배열로 이루어져 있으며, 반수체 게놈에는 오직 하나의 사본이 있다.
- **반복배열 DNA(repetitive DNA)**는 각 게놈에서 하나 이상의 사본에 존재하는 염기배열로 구성되어있다.

▶ **비반복배열 DNA(nonrepetitive DNA)** 게놈에서 (오직 한 번만 존재하는) 유일한 DNA.

▶ **반복배열 DNA(repetitive DNA)** 게놈에서 많은 (관련되거나 동일한) 사본으로 존재하는 DNA.

DNA 반복배열은 종종 두 가지 일반적인 유형으로 나눌 수 있다:

- *중빈도 DNA 반복배열(moderately repetitive DNA)*는 게놈 내에서 전형적으로 10~1,000번 정도 반복되는 상대적으로 짧은 염기배열로 구성되어 있다. 그러한 염기배열은 게놈 전체에 걸쳐 분산되어 있고, 인트론 내에서 역위된 반복배열이 이중영역을 형성하기 위해 쌍을 이룰 때, mRNA 전구체에서 이차 구조를 형성하는 데 큰 역할을 한다.
- *고빈도 DNA 반복배열(high repetitive DNA)*은 게놈 내에서 수천 번이나 나타나는 매우 짧은 반복배열(전형적으로 100 bp 미만)로 구성되어 있으며, 흔히 직렬(tandem) 반복배열 영역에 길게 늘어서 있다(*7.5절 새틀라이트 DNA는 종종 헤테로크로마틴에 있다* 참조). 엑손에서 이러한 종류는 발견되지 않는다.

비반복 DNA 염기배열이 차지하는 게놈의 비율은 생물종에서 다양하다. **그림 5.5**는 대표적인 생물체의 게놈 구조를 요약한 것이다. 원핵생물은 오로지 비반복 DNA 염기배열을 가지고 있다. 하등 진핵생물의 경우에 DNA의 대부분은 비반복배열이며, 약 20% 미만이 한 개 혹은 그 이상의 중간 반복배열이다. 동물세포에서는 보통 DNA의 절반까지 중빈도 반복배열 혹은 고빈도 반복배열을 가지고 있다. 식물과 양서류에서는 중빈도 반복배열 혹은 고빈도 반복배열이 게놈의 80% 이상을 차지하여, 비반복 DNA 염기배열은 소수의 구성성분으로 줄어든다.

중빈도 DNA 반복배열의 상당 부분은 (최대 ~5 kb의) 짧은 게놈 배열인 **트랜스포존(transposon)**으로, 게놈 내의 새로운 장소로 이동이 가능하므로 그들 스스로를 복제할 수 있다(*17장 전이 인자와 레트로바이러스* 참조). 몇몇 고등진핵생물의 게놈에서는 트랜스포존이 게놈의 절반 이상을 차지하고 있다(*6.5절 인간 게놈은 최초 예상했던 것보다 적은 유전자를 가지고 있다* 참조).

트랜스포존은 때로는 **이기적 DNA(selfish DNA)**로 취급되는데, 이는 생물체의 기능과 발달에는 기여함 없이 게놈 내에서 그들 자신만

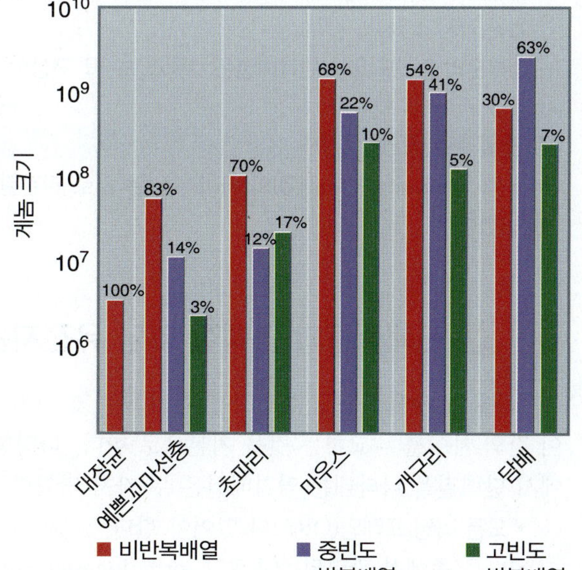

그림 5.5 진핵생물의 게놈에서 서로 다른 염기배열 성분의 비율은 다양하다. 비반복 DNA 염기배열의 절대 함량은 게놈의 크기에 따라 증가하지만, 약 2×10^9 bp에서 한계점에 도달한다.

▶ **트랜스포존(transposon)** 표적 유전자자리에서의 어떤 배열과 상관관계를 가지지 있지 않은 게놈 내의 새로운 위치에 그 자신(또는 자신의 사본)을 삽입시킬 수 있는 DNA 염기배열.

▶ **이기적 DNA(selfish DNA)** 생물체의 표현형에 기여하지는 않지만, 게놈 내에서 자신의 주요 기능으로서 자가-보전(self-perpetuation)하는 DNA 염기배열.

을 증식시키는 염기배열이기 때문이다. 트랜스포존은 게놈의 재배열을 야기할 수 있는데, 이로 인하여 선택 이익(selective advantage)에 장점을 제공할 수 있다. 그러나 왜 선택압(selective force)이 게놈에서 큰 비율을 차지해 온 트랜스포존에 대항하여 반응을 하지 않았는지에 대한 이유는 현재 이해하지 못하고 있는 실정이다. 트랜스포존은 분단되지도 않고 혹은 코딩 영역 혹은 조절 영역에서 결실이 일어나지 않는 한, 그들은 선택적으로 중립 상태로 존재할 지도 모른다. 많은 생물체는 실제로 트랜스포존을 적극적으로 억압하는데, 이것은 어떤 경우에는 해로운 염색체 손상을 일으킬 수 있기 때문이다(그림 17.7 참조). 어떤 게놈에서, 과잉의 DNA를 기술함에 있어서 사용되는 다른 용어가 "*쓰레기 DNA* (*junk DNA*)"이다. 이는 뚜렷한 기능을 가지고 있지 않은 게놈 염기배열을 의미하는데, 이러한 이름으로 불린다는 것은 이러한 염기배열들의 많은 기능을 아직 파악하지 못하고 있음을 반영하고 있는 것이기도 하다. 물론, 게놈 내에서 새로운 염기배열의 생성과 원하지 않는 염기배열을 제거하는 데에는 어떤 균형이 존재하는 것으로 보이며, 기능이 없는 DNA의 일부는 이 과정에서 제거될 수 있다.

비반복 DNA 구성성분의 길이는 전체 게놈의 크기와 더불어 증가하는 경향이 있어, 전체 게놈 크기는 약 3×10^9 bp(포유류의 특성)에 달한다. 게놈의 크기가 더욱 커지면, 일반적으로 반복배열의 양과 비율이 증가된다. 비반복배열의 비율이 2×10^9 bp를 넘는 생물체는 드물다. 따라서 게놈의 비반복배열의 함량은 생물체의 상대적 복잡성(complexity; 반복배열)을 더 잘 나타내고 있다. 대장균은 4.2×10^6 bp의 비반복배열을 갖고 있고, 예쁜꼬마선충은 6.6×10^7 bp, 초파리는 약 10^8 bp, 그리고 포유동물은 약 2×10^9 bp에 달하는 비반복배열을 갖고 있다.

어떤 종류의 DNA가 단백질-코딩 유전자에 해당하는가? 재결합 속도(reassociation kinetics)는 전형적으로 mRNA가 비반복배열 DNA로부터 전사된다는 것을 보여준다. 따라서 비반복배열 DNA의 양은 게놈의 크기보다 코딩 가능성(coding potential)의 보다 좋은 지표가 된다(그러나 게놈 염기배열을 기본으로 한 더 상세한 분석에 의하면, 많은 엑손은 다른 엑손과 상관관계가 있는 염기배열을 가지고 있다는 것을 보여준다[*4.4절 엑손 배열은 일반적으로 보존되어 있지만, 인트론은 다양하다* 참조]. 그러한 엑손은 최초에는 중복(duplication) 현상으로 동일한 사본을 가지고 있었으나, 진화 과정 동안 염기배열이 분기되어 진화해 왔다.

핵심개념

- 게놈이 변성된 후의 DNA 재결합 속도는 게놈에서의 반복 빈도에 따라 염기배열을 구별할 수 있다.
- 단백질은 일반적으로 비반복 DNA 염기배열로 코드되어 있다.
- 분류군(taxonomic group) 내의 더 큰 게놈은 더 많은 유전자를 포함하지는 않지만, 많은 반복적인 DNA 염기배열을 가지고 있다.
- 대부분의 중빈도 DNA 반복배열은 트랜스포존을 구성할 수 있다.

개념 및 추론 확인

복잡성(complexity; 반복배열)의 차이가 없는 서로 관련된 종(specie)들이, 매우 다른 C-값을 가질 수 있는 방법을 설명하라.

5.6 진핵생물의 단백질-코딩 유전자는 보존된 엑손으로 확인할 수 있다

진핵생물의 단백질-코딩 유전자를 확인하는 몇 가지 주요 접근법은 보존된 엑손의 보존과 인트론의 변이 간의 차이를 비교하는 것을 기본으로 한다. 다양한 종에서, 기능이 보존된 유전자를 포함하는 영역에서 단백질을 나타내는 염기배열은 두 가지 명확한 특성을 가져야 한다.

- 오픈 리딩 프레임(ORF)이 있어야 한다.
- 다른 종에서 관련된(오솔로그, orthologous) 염기배열을 가질 가능성이 있다.

이러한 기능은 기능 유전자를 확인하는 데 사용할 수 있다.

특정 형질에 영향을 미치는 유전자가 특정 염색체 영역에 위치한다는 것을 연관 분석(linkage analysis)으로 알고 있다고 가정해 보자. 우리가 유전자 산물의 특성에 대한 정보가 부족하다면, 예를 들어, 크기가 1 Mb 이상인 영역의 유전자를 어떻게 확인할 수 있을까?

의학적 중요성을 지닌 일부 유전자로 성공적으로 입증된 접근법은, 유전자가 보존되어 있을 것이라고 예상되는 두 가지 특성에 대해 비교적 짧은 단편을 스크리닝(screening)하는 것이다. 첫째, 우리는 다른 종의 게놈과 교차-하이브리드(cross-hybridize)하는 부분을 찾아내고, 그 다음에 우리는 이러한 부분을 오픈 리딩 프레임으로 확인한다.

동물 종 사이에 보존되어있는 DNA의 부분은 **주 블롯(zoo blot)**을 수행하여 확인할 수 있다. 우리는 서던블롯팅(전기영동 겔로부터 필터 멤브레인으로 DNA 단편을 옮긴 후, 상보적이거나 혹은 거의 상보적인 염기배열을 검출하기 위해 프로브를 하이브리디제이션하는 기술)으로 다양한 종의 상동성 DNA를 테스트하기 위해 표지된 프로브로 이 영역의 짧은 단편을 사용한다; *3.9절 블롯팅 방법* 참조. 우리가 프로브의 염기와 관련이 있는 여러 종류의 하이브리드된 단편(보통 인간 DNA로부터 만들어짐)을 발견하면, 그 프로브는 찾고자 하는 유전자의 엑손 후보가 된다.

▶ **주 블롯(zoo blot)** 한 생물종으로부터 유래한 DNA 프로브가 다른 다양한 생물종의 게놈 DNA와 하이브리드 결합하는 능력을 알아보기 위한 서던 블롯팅.

그런 후보자의 염기배열을 결정하여, 만약 그들이 오픈 리딩 프레임을 포함하고 있다면, 그들을 싸고 있는 주변 게놈 영역을 분리하는 데 사용된다. 만일 이들 엑손 후보가 엑손의 일부로 판명되면, 전체 유전자를 확인하고, 그 엑손과 일치하는 cDNA (mRNA로부터 역전사된 DNA) 또는 mRNA 자체를 분리하고, 궁극적으로 단백질을 확인하는 데 사용될 수 있다. 또는, 전체-게놈 염기배열 분석이 보편화되었으므로, 이 분석의 대부분은 목적으로 하는 후보 유전자의 상동체(homologs)에 대한 완전한 게놈을 컴퓨터 데이터베이스에서 검색할 수 있다.

어떤 인간의 질병이 이미 알고 있는 단백질의 변화로 인해 생겼을 때, 그 단백질을 코드하는 유전자를 찾을 수 있고, 그 질병의 원인이 환자 DNA의 돌연변이 때문이라는 것을 확인할 수 있다. 정상인에게서는 DNA의 돌연변이가 발견되지 않는다. 그러나 많은 경우에 분자수준에서 질병의 원인을 알 수가 없으므로, 단백질 산물에 대한 어떤 정보도 없이 유전자를 동정하는 것이 필수적이다.

인간의 질병을 포함하는 유전자를 찾는 기본적인 기준은, 질병유전자를 가진 모든 환자에게서 정상인 DNA에는 존재하지 않는 돌연변이를 확인하는 것이다. 각 개개인의 게놈 간에는 광범위한 다형성이 나타나기 때문에, 정상인 DNA와 환자의 DNA를 비교해 보면 많은 변화를 찾을 수 있다. 인간 게놈의 염기배열을 밝히기 전에, 유전적 상관관계를 통하여 질병 유전자를 포함하는 영역을 확인할 수 있지만, 그러한 영역은 수많은 후보유전자를 포함할 수 있다. 대단히 큰 유전자에서는 인트론이 게놈 내에서 멀리 떨어져 전체적으로 퍼져 있기 때문에, 환자의 기준이 되는 돌연변이를 확인하는 것은 어려운 일이다. 고해상도 SNP 지도와 게놈의 염기배열을 활용하면, 정상 DNA와 환자 DNA의 염기배열을 직접 비교할 수 있는 유전자를 포함한 더 작은 영역을 아주 쉽게 찾을 수 있다.

질병 유전자를 추적할 수 있는 과정의 한 예는, 뒤센 근육위축증(Duchenne muscular dystrophy, DMD)에 관여하는 유전자가 알려져 있는데, 이는 X 염색체 관련 근육의 퇴행성 질환으로 3,500명 중 1명의 남성에게 영향을 준다. 유전자를 동정하는 단계를 그림 5.6에 요약하였다.

유전자 연관분석(linkage analysis)으로 DMD 위치가 염색체 Xp21 영역에 위치하고 있음을 알았다. 이 질환을 앓고 있는 환자는 종종 이 부위와 관련된 염색체 재배열이 일어난다. 이 영역의 DNA 프로브를 이용하여 정상인의 DNA와 환자의 DNA가 하이브리드 정도를 비교함으로써, 환자의 DNA에서 재배열되거나 결실된 영역에 해당하는 클로닝된 단편을 얻을 수 있었다.

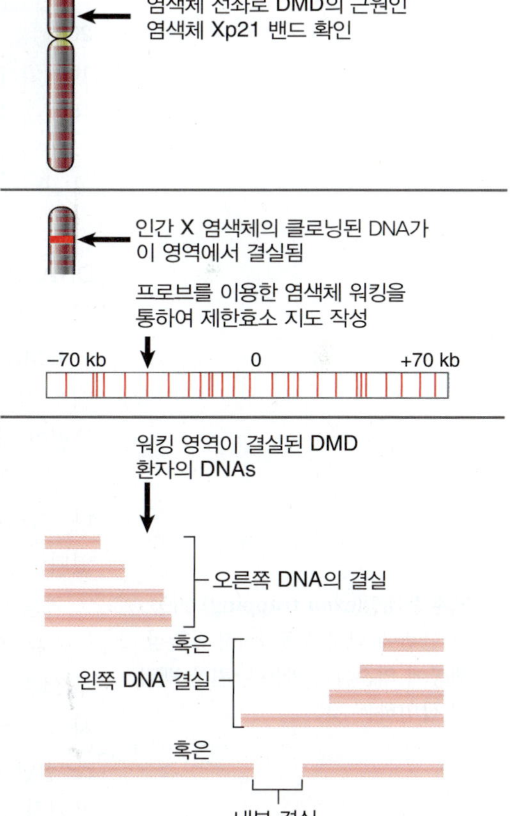

그림 5.6 뒤센 근육위축증을 포함하는 유전자는 염색체 지도와 "워킹(walking)"에 의해 밝혀졌으며, 이 영역을 결손시키면 질환이 발생됨으로써 확인할 수 있다.

그림 5.7 뒤센 근육위축증 유전자는 주 블롯팅(zoo blotting), cDNA 하이브리디제이션, 게놈 하이브리디제이션, 그리고 단백질의 동정으로 특성이 밝혀졌다.

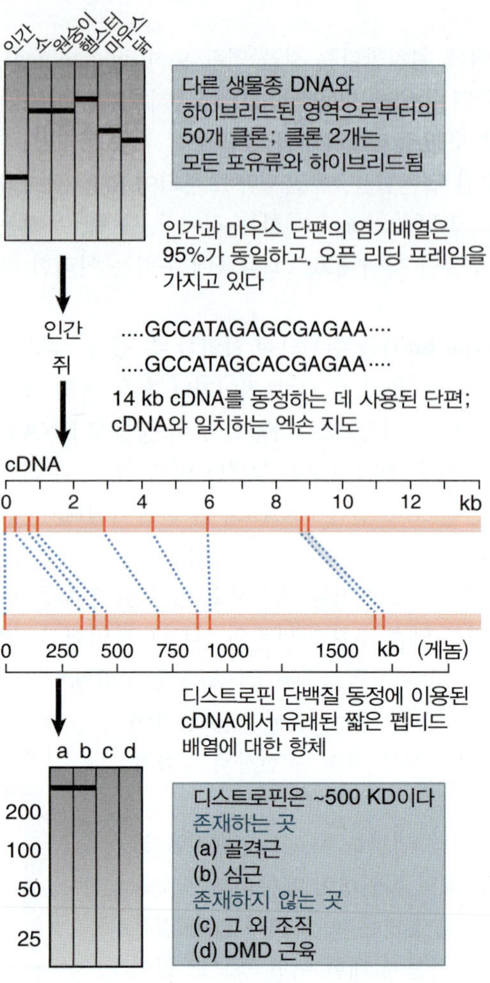

▶ **염색체 보행법(chromosomal walking)** 유전자 라이브러리를 작성할 때 가장 가깝게 연관된 마커를 프로브로 사용하여 유전자를 찾는 기술.

표적유전자 가까이에 위치한 DNA를 얻게 되면, 그 유전자에 도달할 때까지 염색체를 따라 "걸어서(walk)" 가는 것이 가능해진다. **염색체 보행법(chromosomal walking, 크로모솜 워킹)**을 이용하여 프로브의 양쪽 영역, 즉 100 kb 이상에 달하는 영역의 제한효소 지도를 작성하였고, 여러 환자의 DNA 분석 결과로부터 위 영역에 커다란 결실이 있는 것이 확인되었다. 대부분의 결실은 이 영역 안에 전체적으로 포함된 유전자 중 하나이다. 왜냐하면, 이 결실 부위가 유전자의 기능에 중요하며, 이 영역에 원인 유전자—아니면 적어도 그 유전자의 일부—가 존재하는 것을 의미하기 때문이다.

유전자 영역이 확인되면, 엑손과 인트론을 확인할 필요가 있다. DMD의 경우, 주 블럿 방법을 통하여 마우스 X 염색체와 다른 포유류 DNA와 교차 결합하는 단편을 확인하였다. 그림 5.7에 요약된 바와 같이, 이들에 대한 오픈 리딩 프레임이 확인되었으며, 염기배열은 전형적으로 엑손-인트론 접합부에서 발견되었다. 이러한 기준을 충족하는 단편을 프로브로 사용하여 근육 mRNA로부터 제작된 cDNA 라이브러리에서 상동성 염기배열을 동정하였다.

유전자와 일치하는 cDNA는 비정상적인 크기(14 kb)의 mRNA로 확인되었다. 이 mRNA를 게놈과 다시 하이브리디제이션을 하여 관찰한 결과, mRNA는 60개 이상의 엑손을 포함하며, 2,000 kb에 달하는 DNA 영역에 걸쳐 산재되어 있다. 따라서 DMD는 지금까지 밝혀진 유전자 중에서 가장 긴 것으로 확인되었다.

DMD 유전자는 근육 성분인 *디스트로핀(dystrophin)*이라고 하는 약 500 KD의 단백질을 코드하며, 매우 적은 양으로 존재한다. 이 질병을 앓고 있는 모든 환자는 이 유전자자리가 결실되어 있어, 디스트로핀이 결여되어 있거나 혹은 결함을 가지고 있다.

근육은 가장 긴 단백질로 알려진 티틴(titin) 성분을 포함하며, 아미노산 수는 거의 27,000개에 달한다. 그러한 *티틴* 유전자는 가장 많은 엑손(178개)과 인간 게놈에서 가장 긴 단일 엑손(17 kb)을 갖고 있다.

▶ **엑손 트래핑(exon trapping)** 기능이 단편에 의한 스플라이싱 접합점 제공에 의존하는 게놈 단편을 벡터에 삽입하는 것.

게놈 단편으로부터 빠른 시간 내에 엑손의 존재를 알아내는 기술로서 **엑손 트래핑(exon trapping)**이라는 것이 있다. 그림 5.8에서와 같이, 엑손 트래핑은 강력한 프로모터를 포함한 벡터에서 시작되고, 두 엑손 사이에 한 개의 인트론을 포함한다. 이 벡터가 세포 안으로 형질주입(transfection)되면, 그 전사물은 두 개의 엑손 배열을 포함하는 수많은 양의 RNA를 생성한다. 벡터의 인트론 내에 있는 제한효소 절단 부위는, 목적으로 하는 영역의 게놈 단편을 삽입하는 데 사용된다. 만일, 어떤 단편이 엑손을 포함하지 않는다면 스플라이싱 패턴에는 아무런 변화가 일어나지 않고, RNA는 오로지 어버이의 벡터와 동일한 염기배열만을 포함한다. 그러나 만일 게놈 단편이 두 개의 부분적인 인트론 염기배열 옆에 있는 엑손을 포함한다면, 이 엑손의 양쪽 면에 있는 스플라이싱 부위가 인식되고, 엑손의 염기배열은 벡터의 두 엑손 사이에 있는 RNA로 삽입된다. 이와 같은 사실은, 세포질 RNA를 cDNA로 만드는 역전사와 벡터에 있는 두 엑손 사이의 염기배열을 증폭시키는 PCR(*RT-PCR*이라고 함. 다음 장과 *3.8절*

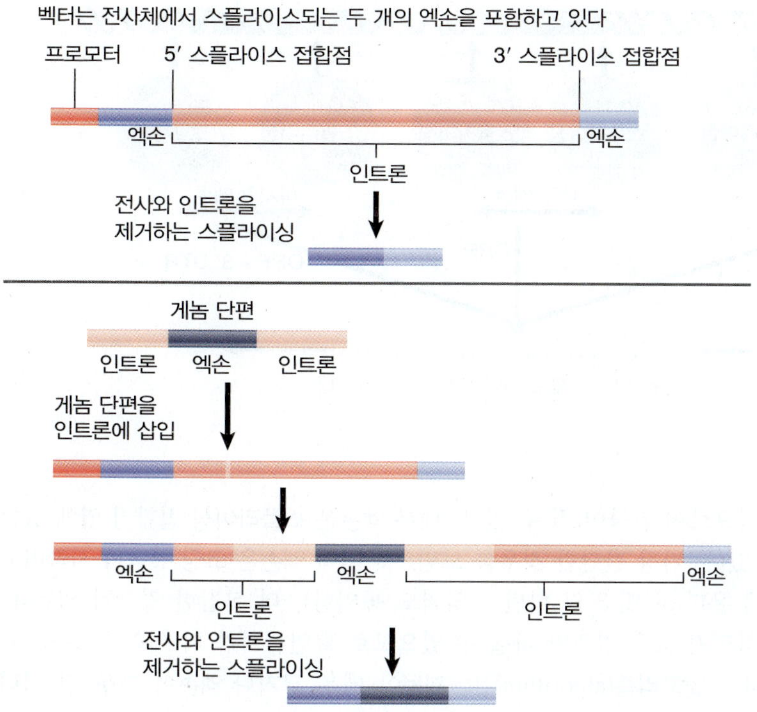

벡터는 전사체에서 스플라이스되는 두 개의 엑손을 포함하고 있다
프로모터
5′ 스플라이스 접합점
3′ 스플라이스 접합점
엑손
엑손
인트론
전사와 인트론을
제거하는 스플라이싱
게놈 단편
인트론
엑손
인트론
게놈 단편을
인트론에 삽입
엑손
엑손
엑손
인트론
인트론
전사와 인트론을
제거하는 스플라이싱

그림 5.8 엑손 트래핑에 이용되는 특별한 벡터. 만일 엑손이 게놈 단편에 존재한다면, 그 염기배열은 세포질 RNA에 나타날 것이다. 만일 엑손 단편이 오직 인트론만을 포함한다면, 스플라이싱은 일어나지 않고, mRNA는 세포질로 수송되지 않는다.

PCR과 RT-PCR 참조)을 통해서 쉽게 검출할 수 있다. 게놈 단편에서 염기배열의 증폭이 나타나면, 엑손이 "트랩에 걸렸다(trapped)"는 것을 의미한다. 포유동물의 단백질-코딩 유전자에서 인트론은 대부분 크고 엑손은 작기 때문에, 게놈 DNA의 임의의 조각은 인트론에 의해서 부분적으로 둘러싸인 엑손 구조를 가질 확률이 높다. 실제로, 엑손 트래핑은 유전자의 진화 과정 동안, 자연적으로 일어난 사실을 흉내낸 것인지도 모른다(*8.6절 분단유전자는 어떻게 진화했는가?* 참조).

드디어, 이제는 흔한 세포 mRNA의 대규모 염기배열 분석으로 엑손을 확인할 수 있다.

핵심개념

- 엑손의 보존은 여러 생물체에서 그의 염기배열이 존재하는 단편을 확인함으로써 코딩 영역을 확인하기 위한 기초로 사용될 수 있다.
- 인간 질병 유전자는 유전적으로 질병과 연관되어 있는 정상 DNA와 차이점을 알아보기 위해 환자의 DNA의 지도를 작성하고 염기배열 분석을 통하여 알 수 있다.

개념 및 추론 확인

어느 특정 엑손을 찾는 탐침(probing)을 실시하면, 게놈의 여러 부위를 확인할 수 있다. 그 이유를 설명하라!

5.7 보존된 게놈 구조는 유전자 확인에 도움을 준다

일단 우리가 게놈의 염기배열을 결정하면, 그 유전자를 확인해야 한다. 코딩 염기배열은 전체 게놈의 매우 작은 부분에 해당된다. 엑손으로서의 가능성은 적절한 염기배열이 인접한 분단되지 않은 오픈 리딩 프레임으로 확인할 수 있다. 일련의 엑손에서 (손상되지 않은) 기능를 가지고 있는 유전자를 확인하기 위해 충족되어야 하는 기준은 무엇인가?

그림 5.9는 기능을 가지고 있는 유전자는 첫 번째 엑손이 프로모터에 바로 이어지는 일련의 엑손으로 구성되어야 하고, 내부 엑손은 적절한 스플라이싱 접합점이 있어야 하며, 마지막 엑손 다음에는 3′의 프로세싱 신호가 이어져야 한다. 또한 개시 코돈으로 시작되어 종결 코돈으로 끝나는 단 하나의 오픈

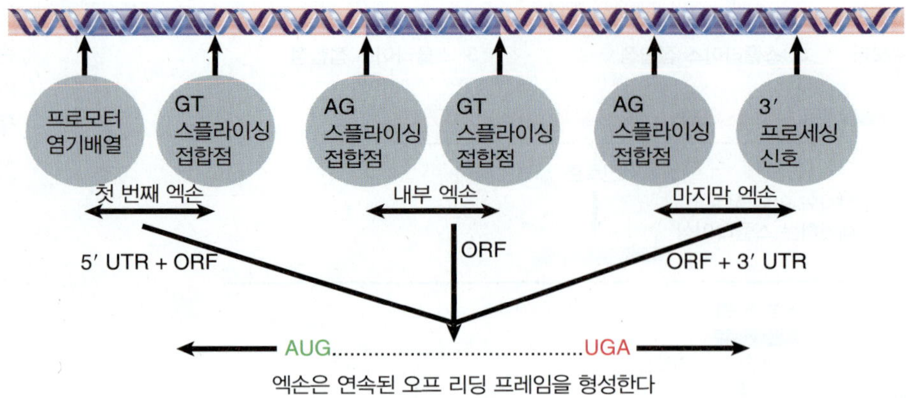

그림 5.9 단백질-코딩 유전자의 엑손은, 해당되는 신호(비번역 영역의 양 말단)의 측면에 있는 코딩 염기배열로 확인된다. 여러 엑손들은 개시 코돈과 종결 코돈을 포함하는 하나의 오픈 리딩 프레임을 만든다.

리딩 프레임은 엑손이 함께 연결됨으로써 만들어 질 수 있다. 내부 엑손은 스플라이싱 접합점 옆에 있는 오픈 리딩 프레임으로 확인할 수 있다. 가장 간단한 경우를 보면, 첫 번째 엑손은 코딩 영역의 시작이고 마지막 엑손은 코딩 영역의 끝에 온다(5′ 및 3′의 비번역 영역도 동일함). 더 복잡한 경우가 있는데, 첫 번째 또는 마지막 엑손은 번역되지 않은 영역만 가질 수 있으므로 확인하기가 더 어려울 수 있다.

엑손을 연결시키는 데 사용되는 알고리즘(algorithm)은, 게놈이 매우 크거나 엑손이 매우 긴 거리에 걸쳐서 산재되어 있을 때에는 효과적이지 않다. 예를 들면, 인간 게놈의 초기 분석에서는 엑손이 170,000개, 유전자 수가 32,000개로 예측되었지만, 이것이 정확한 계산이 아닌 것을 알게 되었다. 왜냐하면, 하나의 유전자에 평균 5.3개의 엑손이 있다고 계산되었지만 각 유전자의 평균 엑손 수는 10.2개로 밝혀졌기 때문이다. 우리가 많은 엑손을 누락시켜 왔거나, 혹은 엑손이 전체 게놈 배열 내에서 더 적은 유전자 수로 차이 나게 연결되어 왔을 것이다.

유전자의 구조가 정확하게 확인되었더라도, 기능을 가지고 있는 유전자와 위유전자(pseudogenes)를 구별해야 하는 문제가 남게 된다. 많은 위유전자는 기능이 없는 염기배열을 야기하는 여러 돌연변이 형태 안에 존재하는 명백한 결함을 통하여 확인될 수 있다. 그러나 최근에 발생된 위유전자는 그다지 많은 돌연변이를 축적하지 못했기 때문에 더욱 더 인식하기가 어렵다. 극단적인 예를 들면, 생쥐는 오직 1개의 기능을 가진 *Gapdh*(glyceraldehyde phosphate dehydrogenase) 유전자를 갖고 있지만, 위유전자는 약 400개나 된다.

이러한 위유전자 중에서 대략 100개 정도는, 마우스 게놈의 염기배열에서 초기에는 기능을 가진 것처럼 보였다. 그래서 개개의 실험을 통하여 기능을 가진 유전자로부터 위유전자를 배제시키는 것이 필수적인 일이었다. 비교적 손상되지 않은 코딩 염기배열을 가지고 있으나 돌연변이된 전사 신호를 가진 위유전자는 확인하기가 더 어렵다(일부 위유전자는 유전자 조절에 중요한 역할을 하는 기능 RNA를 코드하고 있다; *30.5절 마이크로 RNAs는 진핵생물의 레귤레이터이다* 참조).

단백질을 코딩할 것으로 추정되는 유전자는 어떻게 검증할 수 있을까? DNA 배열이 전사되고, 번역가능한 mRNA로 프로세싱되었다는 것을 알았다면, 그 유전자는 기능을 갖는다는 것을 의미한다. 이러한 것을 수행하기 위한 한 가지 기법이 **역전사 PCR(reverse transcription polymerase chain reaction, RT-PCR)**인데, 이 방법은 세포로부터 RNA를 분리하여 DNA로 역전사시키고, PCR을 이용하여 많은 사본을 증폭시키는 것이다(*3.8절 PCR과 RT-PCR* 참조). 그런 다음, 증폭된 DNA 산물의 염기배열을 밝히거나, 혹은 증폭된 DNA 산물이 성숙 전사물과 적절한 구조적 형태를 갖는지를 보기 위하여 분석한다. RT-PCR은 또한 정량적인 유전자 발현을 확인하는 데에도 이용될 수 있다.

▶ **역전사 중합효소연쇄반응(reverse transcription polymerase chain reaction, RT-PCR)** 역전사 및 세포 샘플에서 RNA의 증폭에 의한 유전자의 발현을 검출하고 정량화하기 위한 기술.

서로 다른 생물종의 게놈 영역을 비교함으로써, 유전자가 기능을 갖는다는 확신이 커질 수 있다. 인간의 반수체 게놈은 23개 염색체를 가지며, 마우스의 반수체 게놈은 20개 염색체를 가지고 있다는 단순한 사실에서 알 수 있듯이, 마우스와 인간 게놈 간에 광범위한 염기배열의 재구성이 있었다. 그러나 특정 영역에서의 유전자 순서는 동일하다: 인간과 마우스에서 상동성을 보이는 염색체 쌍을 비교해 보면, 양쪽에 위치해 있는 유전자가 상동성을 보이는 경향이 있다. 이런 상관관계를 **신테니(synteny)**라고 부른다.

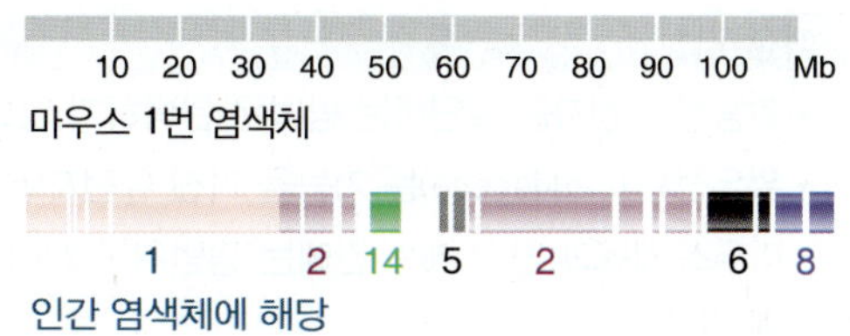

그림 5.10 마우스 염색체 1번은 인간 염색체 6번의 일부에 해당하는 영역 내에, 신테니 관계가 있는 1~25 Mb 크기의 21개 절편을 갖고 있다.

그림 5.10은 마우스 1번 염색체와 인간 염색체 세트 간의 관계를 보여주고 있다. 인간의 염색체에서 신테니 카운터파트(syntenic counterpart)를 가지고 있는 21개의 단편을 마우스 염색체에서 확인하였다. 게놈 간에 발생한 리셔플링(reshuffling, 뒤섞임)의 정도는 단편이 6개인 다른 인간 염색체 사이에 퍼져 있다는 사실로부터 밝혀졌다. 이와 같은 형태의 관계가 인간의 X 염색체를 제외하고 모든 마우스 염색체에서 발견되는데, 마우스의 X 염색체는 인간의 X 염색체에서만 신테니 관계를 나타낸다. 이것은 X 염색체가 특별한 경우이며, X 염색체가 1개인 남성과 X 염색체가 2개인 여성 간의 차이를 조절하기 위해 양적 보상(dosage compensation)을 해야 한다는 사실로 설명할 수 있다(*29.5절 X 염색체는 전반적인 변화를 받는다* 참조). 이와 같은 제한에 의해 X 염색체를 향한, 그리고 X 염색체로부터 유전자 전좌에 대항하는 선택압(selective pressure)이 적용될지도 모른다.

▶ **신테니(synteny)** 상동 유전자가 같은 순서로 발생하는 다른 종의 염색체 부위 간의 관계.

마우스와 인간 게놈의 염기배열을 비교해 보면, 각 게놈의 90% 이상이 300 kb에서 65 Mb에 이르도록 광범위한 범위에 있는 신테니 블록(blocks) 안에 놓여 있다는 것을 알 수 있다. 전체 342개의 신테니 절편이 평균 7 Mb(게놈의 0.3%)의 크기를 갖는다. 마우스 유전자의 99%는 인간 유전자와 상동성을 가지고 있으며, 그 중에서 96%는 신테니 영역 안에 있다.

게놈을 비교해 보면, 생물종의 진화에 관한 흥미 있는 정보를 얻을 수 있다. 마우스와 인간 게놈에서 유전자 패밀리의 수는 동일하며, 두 생물종 간의 가장 현격한 차이는 마우스 게놈에서 특정한 유전자 패밀리가 다른 형태로 확장되었다는 것이다. 이것은 그 생물종에 독특한 표현형에 영향을 주는 유전자에서 발견된다. 마우스 게놈에서 크기가 확장된 25개의 유전자 패밀리 중에서, 14개는 특히 설치류의 생식과 관련된 유전자를 포함하고, 5개는 면역계에 특이적인 유전자를 포함하고 있다.

신테니 블록의 중요성에 대한 평가는 그 블록 내의 유전자를 비교함으로써 이루어진다. 예를 들어, (서로 다른 두 개의 생물종을 비교했을 때) 신테니 영역 안에 존재하지 않는 유전자는 위유전자가 될 가능성이 두 배나 높다. 본래의 유전자 자리에서 벗어나 전좌되는 유전자는 위유전자의 형성과 관련된 경향이 있다. 따라서 신테니 위치에서 관련된 유전자의 결손은 유전자가 실제로 위유전자로 바뀔 가능성이 있음을 시사해 준다. 종합해 보면, 게놈 분석에 의해 최초로 확인된 유전자의 10% 이상이 위유전자로 판명된 것으로 보인다.

일반적으로, 게놈 간의 비교는 유전자를 평가하는 데 있어서 더욱 의미 있는 방식이다. 활성 유전자를 나타내는 염기배열의 특징이—가령, 인간과 마우스 게놈 사이에—잘 보존되었을 때, 그것들이 활성을 가진 오솔로그(orthologs, 이종상동성)이라는 것을 확인시킬 수 있는 확률이 증가한다.

오픈 리딩 프레임(ORF)의 기준을 사용할 수 없기 때문에, mRNA 보다 다른 RNA들을 코딩하는 유전자를 확인하는 것은 더 어렵다. 앞에서 설명한 비교 게놈 분석법을 이용한다 해도 어려운 것은 사실이다. 예를 들면, 인간이든 혹은 마우스든 게놈 분석을 통해서 tRNA를 코딩하는 약 500개의 유전자를 확인할 수 있다. 그러나 특징을 비교해 보면, 이 유전자의 350개 이상이 실제로 각 게놈에서 기능을 갖는다.

활성 유전자는 **발현 유전자 단편(expressed sequence tag, EST)**를 통하여 위치를 알 수 있다. 보통 이러한 EST는 cDNA 라이브러리로부터 클로닝된 절편의 한 말단 혹은 양쪽 말단의 염기배열을 결정하여 얻어지는 전사된 염기서열의 짧은 조각을 말한다. EST를 이용하면 어떤 의심되는 유전자가 실제로 전사되었는지를 확인할 수 있고, 또는 특정 질환을 일으키는 유전자를 확인하는 데 도움이 된다. *in situ* 하이브리디제이션(*in situ* hybridization)(*7.5절 새틀라이트 DNA는 종종 헤테로크로마틴에 위치한다* 참조)와 같은 물리적 매핑 기술을 사용하여 EST의 염색체 위치를 결정할 수 있다.

▶ **발현 유전자 단편(expressed sequence tag, EST)** 활성적으로 발현된 유전자를 식별하는 데 사용할 수 있는 cDNA 배열의 짧고 연속된 단편.

핵심개념

- 기능성 유전자를 확인하는 방법은 완벽하지 않으며, 예비 평가에 많은 수정이 이루어져야 한다.
- 위유전자(pseudogene)는 기능을 가진 유전자와 구별되어야 한다.
- 마우스 게놈과 인간 게놈 간에는 광범위한 신테니 관계가 존재하고, 대부분의 기능성 유전자는 신테니 영역 안에 있다.

개념 및 추론 확인

기능성을 가지고 있는 유전자 산물의 존재와 같은 염기배열의 발현에 대한 정확한 데이터가 없다면, 이 배열이 활성을 지닌 폴리펩티드-코딩 유전자라고 강하게 주장할 수 있는 진핵생물 염기배열의 특징은 무엇인가?

5.8 일부 세포소기관은 DNA를 가지고 있다

▶ **비-멘델 유전 양식(non-Medelian inheritance)** 멘델의 법칙(각 부모가 후손에게 하나의 대립유전자를 제공함)을 따르지 않는 유전 양식. 핵외 유전자는 비-멘델 유전 양식을 보여준다.

핵 이외에도 유전자가 존재한다는 첫 번째 증거는 식물에서 (멘델 법칙의 재발견 이후, 20세기 초에 관찰된) 발견된 **비-멘델 유전 양식(non-Medelian inheritance)**에 의해서이다. 비-멘델 유전 양식은 부모의 특징이 분리의 법칙에 따라 자식에게 유전되지 않는 것으로 정의할 수 있다. 그러므로 핵 밖에 존재하는 유전자이고, 접합자나 딸세포를 복제함에 있어서 감수분열과 체세포 분열에 의한 분리 방식을 사용하지 않는다. 그림 5.11은 부모로부터 유전된 미토콘드리아가 서로 다른 대립유전자를 갖는 경우와, 딸세포가 오직 부모의 한쪽으로부터 균형이 맞지 않는 미토콘드리아의 정보를 물려받은 경우를 나타내고 있다(*14.12절 미토콘드리아는 어떻게 복제하고 분리하는가?* 참조). 이것은 식물의 엽록체에 대해서도 마찬가지이다; 미토콘드리아와 식물의 엽록체는 기능이 있는 유전자를 가진 게놈을 가지고 있다(다음의 본문 참조).

비-멘델 유전 양식의 극단적인 형태는 오직 한쪽 부모의 유전자형만이 유전되고, 다른 쪽의 유전자형은 자식에게 전달되지 않는다. 극단적이지 않은 예로서, 자식에게 전달된 부모 한쪽의 유전자형이, 다른 쪽의 유전자형보다 더 많은 경우이다. 동물이나 대부분 식물의 경우에 모계의 유전자형은 오로지 한쪽으로만 유전된다. 이러한 효과는 때때로 **모계 유전(maternal inheritance)**으로 설명된다. 중요한 점은 돌연변이와 야생형 사이에 교잡(cross)이 있을 때 비정상적인 분리 비율에서 볼 수 있듯이, 특정 성별의 부모로부터 유래된 세포소기관 유전자형이 우세하다는 점이다. 이는 상호교배에서 양쪽 부모의 유전적 기여가 동등하다는 것을 보여주는 멘델의 유전 양식과는 다른 것이다.

부모 유전자형의 성향은 접합자의 형성 시 혹은 바로 후에 확립된다. 가능한 여러 가지 원인은 있다. 접합자의 세포소기관에 부계나 모계의 정보는 동일하게 전달되지 않는다; 가장 극단적인 경우에는 오직 한쪽 부모의 정보만이 전달된다. 다른 경우에서는 균등하게 전달되지만, 한쪽 부모로부터 제공된 정보는 존속되지 않는다. 양쪽 부모의 효과가 조합되는 것은 가능한 일이다. 그 원인이 무엇이든 간에, 양쪽 부모의 정보가 불균등하게 나

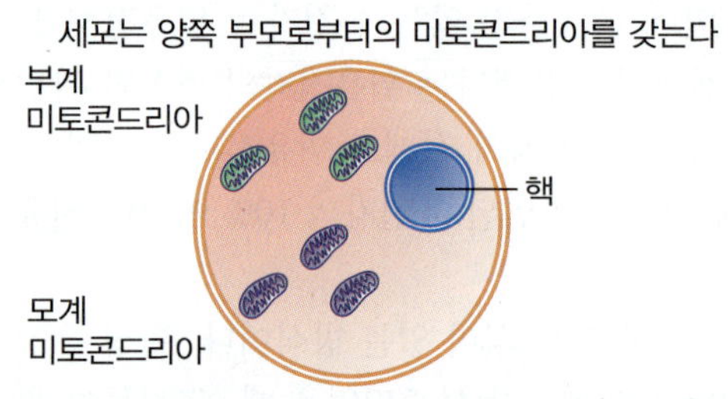

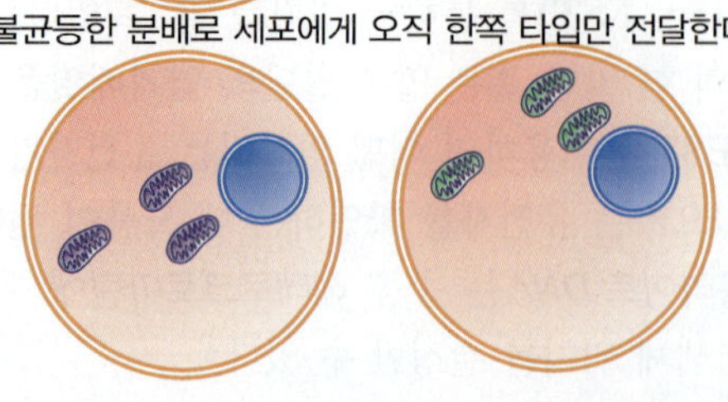

그림 5.11 부계와 모계의 미토콘드리아 대립유전자가 다른 경우, 세포는 두 세트의 미토콘드리아 DNA를 갖는다. 체세포 분열은 보통 양쪽 세트의 딸세포를 만든다. 만일 불균등한 분리로 오직 한 세트의 딸세포가 만들어지면, 그 결과로 체세포의 다양성이 나타난다.

▶ **모계 유전(maternal inheritance)** 모계에 의해 받은 유전 변이체가 자식에게서 우선적으로 나타나는 유전 양식.

타나는 것은 양쪽 부모로부터 균등하게 정보가 전달되는 핵의 유전 정보와 비교해 보면 대조가 된다.

일부 비-멘델 유전 양식이 미토콘드리아와 핵 유전자와는 독립적으로 유전되는 엽록체 게놈 DNA에서 관찰된다. 사실, 세포소기관의 게놈은 세포의 제한된 부분 내에서 홀로 떨어져 그 자신 스스로가 발현과 조절을 수행하는 DNA를 포함하고 있다. 일부 세포소기관의 게놈은 tRNA의 일부 혹은 전부를 코드할 수 있지만, 세포소기관의 정장적인 기능에 필요한 단백질 중 일부만을 코드한다. 다른 단백질은 핵 내에서 코드되어 있으며, 세포질에 있는 단백질 합성기구를 통하여 발현되어, 세포소기관으로 들어온다.

핵 내에 존재하지 않는 유전자를 일반적으로 **핵외 유전자(extranuclear genes)**라고 한다. 이들은 같은 세포소기관(미토콘드리아 또는 엽록체) 내에서 전사와 번역이 이루어진다. 이와 반대로 핵내 유전자는 세포질에서 단백질이 합성됨으로써 발현된다("세포질 유전"이라는 용어는 때때로 세포소기관에서 유전자의 유전을 기술하는 데 사용된다. 그 이유는 세포질에서 일반적으로 일어나는 일과 특정 세포소기관에서 일어나는 일의 특징을 구별할 수 있는 것이 중요하기 때문이다.).

▶ **핵외 유전자(extranuclear genes)** 미토콘드리아와 엽록체와 같은 세포소기관에서 핵 외부에 존재하는 유전자.

동물은 미토콘드리아의 모계 유전을 보이고 있는데, 이는 미토콘드리아를 전적으로 난자로부터 받고 있으며 정자로부터는 전혀 받지 않기 때문이다. 그림 5.12는 정자가 오직 핵 염색체의 사본을 제공한다는 것을 보여주고 있다. 따라서 미토콘드리아 유전자는 오로지 모계로부터 유전되고, 부계의 미토콘드리아 유전자는 자손에게 유전되지 않는다. 일부 식물군에서 한쪽 부모 혹은 양쪽 부모의 엽록체가 유전되는 것을 볼 수 있지만, 일반적으로 엽록체 역시 모계 유전을 한다.

세포소기관의 화학적 환경은 핵 내의 환경과는 다르므로, 세포소기관의 DNA는 그 자신의 독특한 비율을 유지하며 진화 과정을 거쳐 왔다. 만일 한쪽 부모에게서만 유전이 된다면 부모의 게놈 사이에서는 재조합이 일어나지 않을 수 있다. 실제로, 세포소기관의 게놈이 양쪽 부모로부터 유전되는 경우에, 보통 재조합은 일어나지 않는다. 세포소기관의 DNA는 핵의 DNA와는 다른 복제 시스템을 갖고 있다; 그 결과로, 복제 과정 동안 일어나는 오류율이 다양하게 나타난다. 포유동물에서 미토콘드리아 DNA는 핵 DNA보다 더 빠르게 돌연변이를 축적하지만, 식물에서는 미토콘드리아 내에서의 돌연변이의 축적이 핵에서보다 더 느리게 진행된다. 즉, 엽록체 DNA는 중간 정도의 돌연변이 비율을 나타낸다.

모계 유전에서 한 가지 중요한 점은 미토콘드리아 DNA 염기배열이, 번식 집단의 크기를 감소시키는 핵 DNA보다 더 민감하다는 사실이다. 인간 집단에서 미토콘드리아 DNA 염기배열을 비교해 보면, 진화적 계통수를 만들 수 있다. 인간 미토콘드리아 DNA는 그 다양성이 0.75%에 달한다. 그 계통수를 작성해 보면, 미토콘드리아의 다양성은 한 명의 공통 조상(아프리카)으로부터 갈라져 나왔음을 알 수 있다. 포유동물에서 미토콘드리아 DNA의 돌연변이 축적 비율은 백만 년에 2~4%에 이르며, 글로빈의 비율보다 10배 이상 빠르다. 이와 같은 비율을 통하여 140,000~280,000년 전의 진화시기에서 관찰될 수 있는 진화분기를 작성할 수 있었다. 이러한 사실은 인간 미토콘드리아 DNA가 약 200,000년 전에 아프리카에 살았던 한 집단으로부터 유래되었다는 것을 의미한다. 그러나 이를 통하여 오직 한 집단만이 그 당시에 존재했었다는 증거로 해석할 수는 없으며, 아마 많은 집단이 존재했을지도 모른다. 그래서 그 집단의 일부 아니면 전체가 현재 인간의 핵이 유전적 다양성을 갖는 데 기여를 해 왔는지도 모른다.

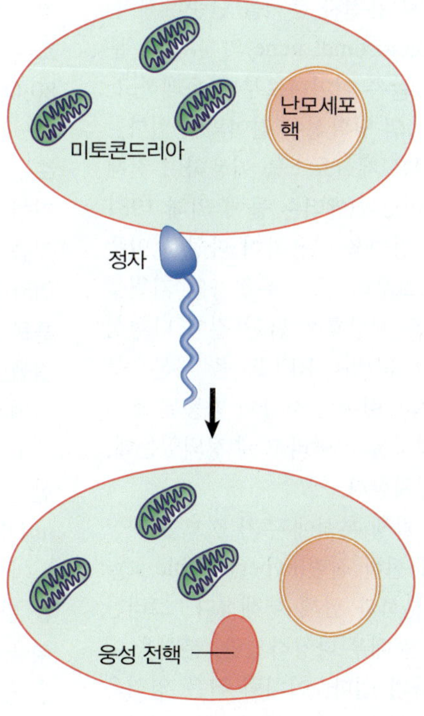

그림 5.12 정자 DNA는 수정란에서 웅성 전핵을 형성하기 위해 난모세포로 들어가지만, 모든 미토콘드리아는 난모세포로부터 제공받는다.

mtDNA를 이용한 인간 계통 재구성

1960년대 초, 미토콘드리아가 DNA를 함유하고 있다는 것이 발견된 이후 이러한 mtDNA는 많은 주목을 받아 왔다. 동물에서 mtDNA는 상대적으로 작으며, 겨우 약 16.6 kb에 불과하지만, 분석을 하기 위해서는 이상적인 크기이다. 이 작은 게놈은 미토콘드리아 기능에 절대적으로 필수적인 몇 개의 유전자를 코드하지만, 인트론이 없고 유전자 간(intergenic) 염기배열이 거의 존재하지 않는다. 중요한 다양성을 포함한 유일한 영역은 D-루프(D-loop)이거나 혹은 전사와 DNA 복제를 조절하는 조절 영역(control region)으로서 약 1,122 bp에 달한다(길이에 약간의 변이가 나타남). 이 조절 영역에는 어떠한 유전자도 가지고 있지 않으며, 상당히 가변적이며 미토콘드리아 게놈의 나머지 부분에 비해 빠르게 진화하고 있다. 일반적으로 인간의 mtDNA와 동물의 mtDNA는 핵 유전자의 평균 비율보다 훨씬 더 많은 돌연변이를 가지고 있으며, 이에 반하여 구조(게놈에서 유전자의 순서)는 매우 잘 보존되어 있다. 따라서 mtDNA는 집단 내에서 각 개체 간의 차이점을 확인할 수 있는 좋은 대상이다.

동물 mtDNA는 크기가 작고, 진화 과정에서 특성이 잘 보존되어 왔기 때문에, 일부이든 혹은 전체이든 염기배열을 밝히는 것이 비교적 간단하므로, mtDNA 분석은 거의 30년 동안 인간의 계통 발생을 연구하는 중요한 요소로 자리매김을 해왔다. mtDNA는 모계 유전 양식의 논리적 초점이 되어 왔고, 세포소기관 게놈의 변이 중에서 재조합이 상대적으로 덜 일어나므로 유전자 분석을 단순하게 만든다. 이와는 대조적으로, 상염색체(autosomal gene)의 유전자 분석은 단위생식의 마커(미토콘드리아 게놈은 어머니로부터 유래하고, Y 염색체는 아버지로부터 물려받는다)의 명확성이 결여되어 있다.

인간 mtDNA 변이의 첫 번째 분석은 제한효소를 이용하여 전체 mtDNA 분자의 특징을 규명하는 것이었다(앤더슨 등에 의해 1981년에 발표). 이 연구는 제한효소 분석방법을 이용하여 다양한 인종과 지리적 배경을 가진 21개 민족으로부터 인간 유전자의 기원을 추적하기 위한 것이었는데, 이 방법은 제한효소 단편 길이 다형성(restriction fragment length polymorphisms, RFLPs)을 기본으로 하였다. 이 연구를 통하여 모든 mtDNA 변이는 하나의 공통된 조상으로부터 약 180,000년 전에 출발되었을 것이라고 추정되었는데, 이는 가장 최근의 연구와 정확하게 일치한다.

1990년까지 RFLP 분석법은 계통 발생 분석에 추가 정보를 제공하는 mtDNA 조절 영역에서, 변이가 심한 절편(hypervariable segments, HVS)의 mtDNA 염기배열 분석과 함께 행해졌다. 그러한 조절 영역의 HVS-I 부분(약 350 bp)은 매우 다양하지만, 분석을 어렵게 만드는 반복 돌연변이가 일어나기 쉽다. 이처럼 작은 영역은 PCR에 의해서 증폭함으로써 계통 발생도를 작성하기 위한 염기배열을 밝힐 수 있다. 실제로, mtDNA의 오직 몇 개의 작은 영역만이 증폭과 염기배열 분석의 표적이 되고, 대부분은 HVS 절편 내에서 이루어진다. 변이가 심한 절편에 있는 mtDNA 제어 영역의 다양성 비율은, 백만 년에 11.5~17.3% 사이인 것으로 추정된다. RFLP 분석과 염기배열 분석을 병행함으로써, 세계에서 지리적으로 서로 다른 지역들까지 주요한 분지가 포함된 대단히 상세한 계통 발생도가 작성되었다. 즉, 더 많은 염기배열의 정보를 이용함에 따라 더욱 세밀한 계통 발생도가 작성된다.

mtDNA 조절 영역의 분석결과를 통하여 많은 하플로그룹(haplogroup)의 특성이 밝혀지게 되었다. 세계의 서로 다른 지역에 살고 있는 사람들은 제각기 뚜렷한 mtDNA 유형을 가졌고, 그러므로 서로 다른 하플로그룹에 위치하고 있다. 각각의 하플로그룹은 세계의 특정지역과 연결되어 있는데, 주요한 하플로그룹이 사하라-이남(Sub-Saharan) 아프리카, 동아시아, 남아시아, 오세아니아, 유럽 그리고 아메리카에서 확인되었다. 한 지역에서 다른 지역으로 이주한 사람들은 그들이 갖고 있던 mtDNA 유형을 가져왔는데, 이를 통하여 혈통적 분석과 지리적 분석이 가능하게 되었다. 또한 이것은 현재의 mtDNA 유형을 가진 인류의 마지막 공통 조상이 어디에 살았었는지를 밝혀주는 근거가 된다.

mtDNA 분석은 상대적으로 복잡한 계통 발생도의 작성을 가능하게 하였고, 이를 통하여 인류의 기원은 약 200,000만 년 전에 아프리카에서 시작되었다는 것이 밝혀지게 되었다. 미토콘드리아 게놈이 모계로 유전됨에 따라, 그들 중의 일부는 인류의 뿌리라고 여겨졌으며, 가장 최근의 mtDNA 반수체의 공통 조상을 '이브(Eve) 미토콘드리아'라고 부른다. 많은 하플로그룹은 계속 이어져 오다가, 약 80,000~90,000만 년 전에 많은 노드(node, 집합점)가 다양하게 나타났는데, 이는 빙하기 이후의 기후 변화와 일치한다. 어떤 다른 노드는 세계의 다양한 지역들에서의 이주와 식민지화와 연결된다. 이러한 접근 방법은 아메리카 원주민들이 아시아로부터 기원되었다는 것을 밝히는 데 이용되었다. 다른 연구에서, 유럽 원주민들은 아프리카나 동아시아가 아니라, 근동(Near Eastern) 사람들과 동일한 하플로그룹을 공유하고 있다고 주장해 왔다. 전부는 아니지만 많은 발견들에서 부계 쪽에서 물려받은 Y 염색체에 포함된 유전자 마커 분석법과 강한 상관관계를 나타내 주고 있다.

DNA 염기배열 분석 기술은 개량되었고, DNA 염기서열에 관한 정보를 얻는 비용이 저렴해졌기 때문에, 작은 단편보다는 전체 mtDNA 염기배열을 밝히는 것이 더욱 가능해졌다. 이는 더욱 해상도가 높아진 mtDNA의 계통 발생도와 더욱 세밀한 지역적인 기원을 밝히는 결과를 가져왔고, 이를 통하여 더욱 완벽하고 정확한 분석을 할 수 있게 되었다. 예를 들면, 완전한 mtDNA 염기배열 분석을 통하여 중앙아시아와 아메리카 원주민들의 하플로그룹 풀(pools)이 동아시아 mtDNA 변이체와 부분집합(subset)이라는 것이 밝혀졌다. 이러한 구분은 오로지 HVS 염기서열의 비교만으로는 가능하지 않았다. 그러나 완전한 mtDNA 분석을 통하여, 짧은 mtDNA의 염기배열에 관한 정보를 비교해 보고자 하는 도전이 일어나게 되었는데, 이러한 mtDNA는 아주 오래된 뼈, 이빨, 그리고 완전한 미토콘드리아 게놈 정보를 가진 고대의 DNA 표본으로부터 얻은 것이다. 그러한 고대의 DNA 표본은 완전한 mtDNA의 염기배열 분석을 밝히는 데 충분한 것은 아니었다.

mtDNA의 염기배열 정보를 근거로 한 해석에 영향을 미치는 하나의 불확실한 점은, mtDNA에서 상동재조합이 나타나는지 혹은 그렇지 않은지에 대한 의문이었다. mtDNA의 재조합은 효모나 다른 곰팡이, 그리고 식물에서 나타난다. 그러나 이러한 재조합이 동물에서는 나타나지 않는데, 그 이유는 극단적으로 크기가 작은 게놈이라는 것과 모계 한쪽으로부터만 유전되기 때문이다. 재조합 결여는 핵 내의 상염색체 유전자에 공통인 재조합의 결과로서 나타나는 유전자 구조의 변이를 고려하는 것보다, 염기배열의 기능이 단순해지기 때문에 분석을 간단하게 해준다. 여러 연구자들은 mtDNA 재조합이 인간과 동물의 어떤 특정한 기관에서 낮은 수준으로 나타난다고 보고하였다. 만일 mtDNA 재조합이 일어난다면, 더 많은 고찰이 필요하게 되고, 계통 발생도의 일부 수정이 요구될 것이다.

계통 발생 분석에 더하여, mtDNA 염기배열의 정보는 유전되고 자연적으로 나타나는 미토콘드리아 질병의 특성을 밝히는 데 도움이 되어왔다. 지나간 20년 동안, 미토콘드리아 근육을 퇴행시키는 미토콘드리아성 근육질환(myopathy), 실명으로 이어지는 유전성 시신경변증(optic neuropathy)을 포함하는 수많은 미토콘드리아 질병의 특성이 밝혀졌다. 이러한 질병들은 mtDNA를 코드하는 유전자에 돌연변이가 일어남으로써 발생한다. 인간의 미토콘드리아 게놈은 D-루프 외부의 넌코딩 배열이 거의 없으면서, 매우 작기 때문에, 만일 이러한 돌연변이가 단백질에 해당되는 아미노산에 변화를 일으킨다면, 거의 모든 돌연변이는 결함을 일으키게 된다. 이러한 질병들 중에서 대부분은 코딩 배열의 *결실(deletion)*에 의해서 생긴다. 실제로, 그것들은 "유전적으로 예상"했던 결과였다; 즉, 결함을 가지고 있는 변이체는 많은 변이체 중 하나의 사본으로서 발생하지만, 그것은 더 짧고 복제가 빠르게 진행되기 때문에 세포 내에서의 빈도가 점차로 증가할 수 있다. 결과적으로, 앞에서 언급했듯이 이 질병은 시간이 지남에 따라 개체 내에서 중증도가 증가할 수 있으며, (생식세포라면) 다음 세대에서 더 일찍 발생할 수 있다. 그러나 이 질병은 세포 안에 다양한 미토콘드리아가 존재하기 때문에, 어떤 특정한 돌연변이를 가진 분자가 복제되어 결함이 확실해질 때에만 축적된다. 따라서 이러한 질병의 대부분은 갑자기 나타나는 것이 아니라 서서히 진행되어 온 것이다. 정상적인 노화뿐만 아니라 미토콘드리아 뇌염, 근육긴장이상증(dystonia), 당뇨병 및 알츠하이머병과 같은 여러 가지 질병이 mtDNA 결함과 관련되어 있다. 이러한 질환들의 일부는 유전되지만, 반면에 다른 것들은 환경적 요인에 의해서 야기된다. 유전되는 미토콘드리아성 질병들은 분자가 작고, 재조합이 거의 나타나지 않거나 아예 안 나타나기 때문에, 유전 양식을 분석하는 연구에 있어서 약간의 장점을 갖고 있다.

mtDNA 염기배열 분석이 인간 mtDNA 계통 발생을 연구함에 있어서 매우 성공적이었지만, 곰팡이나 식물의 mtDNA를 분석하는 데에는 적합하지 않다. 곰팡이나 식물의 미토콘드리아 게놈은 더 크고, 조절 영역이 아직 밝혀지지 않았으며(유전자의 구조도 많은 차이가 나타남), 또한 인트론과 긴 유전자 사이의 염기배열이 공통적으로 존재하고 있다. 게다가, 식물 mtDNA를 동물 mtDNA와 비교했을 때, 돌연변이의 비율은 훨씬 낮지만, 재배열(rearrangement)의 비율은 훨씬 높게 나타났다. 유전자의 염기배열 분석을 이용하거나 혹은 계통 발생을 연구하기 위해 생물체의 mtDNA 비코딩 영역을 이용하는 것은 여전히 가능하고 실제로 활용되고 있다. 사실, 계통 발생 연구를 위해 이들 생물체로부터 mtDNA의 유전자 또는 넌코딩 영역의 염기배열 분석을 사용하는 것이 여전히 가능하며, 실제로 활용되고 있다.

출처 및 추가 읽기

Kraytsberg et al. (2004). Recombination of human mitochondrial DNA. *Science* **304**, 981.

Torroni et al. (2006). Harvesting the fruit of the human mtDNA tree. *Trends in Genetics* **22**, 339–345.

Underhill and Kivisild. (2007). Use of Y chromosome and mitochondrial DNA population structure in tracing human migrations. *Annual Review of Genetics* **41**, 539–564.

Vigilant et al. (1991). African populations and the evolution of human mitochondrial DNA. *Science* **253**, 1503–1507.

Wallace. (1997). Mitochondrial DNA in aging and disease. *Scientific American*, August, 40–47.

핵심개념

- 미토콘드리아와 엽록체에는 비-멘델의 유전 양식을 나타내는 게놈을 가지고 있다. 전형적으로 모계 유전된다.
- 식물에서 세포소기관의 게놈은 체세포 분리를 한다.
- 인간의 미토콘드리아 DNA를 비교한 결과, 미토콘드리아는 약 200,000년 전에 존재했던 단일 집단으로부터 전해져 내려왔음을 시사하고 있다.

개념 및 추론 확인

포유류에서 미토콘드리아 DNA의 돌연변이율이 왜 핵 DNA의 돌연변이율보다 10배 정도 더 높게 나는가를 설명하라 (*힌트*: 미토콘드리아에는 존재하나 핵에서는 존재하지 않는 화합물은 무엇인가?)

5.9 세포소기관 게놈은 세포소기관 단백질을 코드하는 환형 DNA다

▶ **mtDNA** 미토콘드리아 DNA.

▶ **ctDNA(cpDNA)** 엽록체 DNA.

대부분 세포소기관의 게놈은 특유의 염기배열(미토콘드리아에서는 **mtDNA**로 표시되고 엽록체에서는 **ctDNA** 또는 **cpDNA**로 표시됨)의 단일 환형 분자를 형성한다. 그러나 몇몇 예외적인 경우를 들면, 단세포 진핵생물에서 미토콘드리아 DNA는 직선형태의 분자이다.

일반적으로 개개의 세포소기관 내에는 게놈의 여러 사본이 존재한다. 세포당 다수의 세포소기관이 있다; 따라서 세포마다 많은 세포소기관의 게놈이 존재하므로, 세포소기관의 게놈은 반복배열로 여겨질 수 있다.

엽록체 게놈은 비교적 커서, 보통 고등식물에서는 약 140 kb, 그리고 단세포 진핵생물에서는 200 kb 이상이다. 이것은 ~165 kb의 T4 파지와 같이 커다란 크기인 박테리오파지 게놈의 크기와 비슷하다. 세포소기관마다 다수의 게놈 사본이 존재하는데, 고등식물에서는 20~40개가 있고, 세포마다 세포소기관의 사본 수는 전형적으로 20~40개에 이른다.

미토콘드리아 게놈은 전체 크기가 10배 이상 다양하다. 동물세포는 작은 미토콘드리아 게놈을 가지고 있다(포유동물에서는 대략 16.5 kb). 세포마다 수백 개의 미토콘드리아가 있으며, 각각의 미토콘드리아는 다수의 DNA 사본을 갖고 있다. 핵 DNA에 비하여 전체 미토콘드리아 DNA의 양은 적은데, 약 1% 미만으로 추정된다.

효모에서 미토콘드리아 게놈은 훨씬 더 크다. 효모(*Saccharomyces cerevisiae*)의 경우, 균주에 따라 크기가 달라지지만 평균 약 80 kb 정도이다. 세포마다 약 22개의 미토콘드리아가 있는데, 이는 세포소기관마다 약 4개의 게놈을 가진 것과 같다. 성장하는 세포에서 미토콘드리아 DNA의 비율은 18%까지 높아질 수 있다.

식물은 미토콘드리아 DNA의 크기가 매우 광범위한 다양성을 보이며, 최소 크기는 약 100 kb이다. 이러한 게놈의 크기 때문에, 미토콘드리아 DNA를 온전하게 분리하는 것이 어렵지만, 몇몇 식물들의 제한효소지도를 통하여 미토콘드리아 게놈이 환형으로 구성된 단일 염기배열로 이루어진 것을 알게 되었다. 이러한 환형 구조 내에는 많은 짧은 상동성 염기배열이 존재한다. 이들 짧은 염기배열 간의 재조합으로 인하여, "마스터(mater, 주인)" 게놈—식물 미토콘드리아 DNA의 뚜렷한 복잡성(complexity; 반복배열)의 좋은 예—과 공존하는 더 작은 크기의 환형 구조의 게놈이 형성된다.

많은 생물체에서 미토콘드리아 게놈의 염기배열이 밝혀졌으므로, 오늘날 우리는 몇 가지 일반적인 양상을 나타내는 미토콘드리아 DNA의 기능을 알 수 있다. 그림 5.13에서는 미토콘드리아 게놈에 어떤 유전자가 존재하는지를 요약하였다. 단백질-코딩 유전자의 전체 수는 오히려 적으며, 게놈 크기와는 관계가 없다. 16.5 kb에 달하는 포유동물의 미토콘드리아 게놈은 13개의 단백질을 코드하는 반면, 60~80 kb인 효모 미토콘드리아 게놈은 8개 정도의 단백질을 코드한다. 식물은 이보다 훨씬 더 큰 미토콘드리아 게놈을 가지며 더 많은 단백질을 코드한다. 인트론은 대부분 미토콘드리아 게놈에서 발견되는데, 아주 작은 포유동물의 게놈에서는 발견되지 않는다.

주요한 두 개의 rRNA는 항상 미토콘드리아 게놈에서 코드된다. 미토콘드리아 게놈에서 코드되는 tRNA의 숫자는 매우 다양하여, 하나도 없는 경우도 있고 모든 tRNA (25~26개의 미토콘드리아)를 포함하는 경우도 있다. 이러한 변이에 대한 설명은 그림 5.13에 나타나 있다.

단백질-코딩 활성의 주요 부분은 호흡복합체 I-IV의 서브유닛 성분에 집중되어 있다. 많은 리보솜 단백질은 원생생물이나 식물의 미토콘드리아 게놈에서 코드되어 있지만, 곰팡이나 동물 게놈에서는 거의 없거나 아예 발견되지 않는다. 많은 원생동물의 미토콘드리아 게놈에는 중요한 단백질을 코드하는 유전자가 존재한다.

종	크기 (kb)	단백질-코딩 유전자	RNA-코딩 유전자
곰팡이	19–100	8–14	10–28
원생생물	6–100	3–62	2–29
식물	186–366	27–34	21–30
동물	16–17	13	4–24

그림 5.13 미토콘드리아 게놈은 (주로 복합체 I-IV) 단백질, rRNAs, tRNAs를 코드하는 유전자를 가지고 있다.

동물 미토콘드리아 DNA는 매우 작다. 서로 다른 동물 종에서 발견되는 유전자의 구조를 자세히 살펴보면 많은 차이를 보이지만, 기본적 원리는 제한된 기능을 코드하는 작은 게놈에 의해 유지된다는 것이다. 포유동물의 미토콘드리아에서 게놈은 매우 작다. 인트론은 없고, 몇몇 유전자는 중첩되어 있으며, 거의 모든 염기쌍은 유전자를 구성할 수 있다. DNA 복제 개시를 포함하는 영역인 **D-루프(D loop)**를 제외하고, 인간 미토콘드리아 게놈에서 유전자 간(intercistronic) 영역에 놓여있지 않은 염기는 16,569 bp 중에서 87 bp를 넘지 않는다.

▸ **D-루프(D loop)** 크기와 염기배열이 다양한 동물 미토콘드리아 DNA 분자의 영역으로 복제 기점을 포함하고 있다.

동물 미토콘드리아 게놈의 염기배열을 완전하게 밝힘으로써, 구조의 상동성을 알 수 있게 되었다. 그림 5.14에서는 인간 미토콘드리아 게놈 지도를 요약하였다. 13개 단백질-코딩 영역을 보여주고 있다. 모든 단백질은 세포호흡에서 전자전달계를 구성하는 성분이다. 여기에는 시토크롬 b, 시토크롬 산화효소 서브유닛 3개, ATPase의 서브유닛 중 하나, 그리고 NADH 탈수소효소 서브유닛(또는 단백질과 관련된) 7개가 포함하고 있다.

효모(*S. cerevisiae*, 84 kb)와 포유동물(16 kb) 간에 미토콘드리아 게놈의 크기는 약 5배의 차이가 나는데, 이들의 공통적인 기능에도 불구하고 유전적 구조에 커다란 차이를 보이고 있다. 미토콘드리아 효소의 기능과 관련되어 내부에서 합성된 생성물의 수는 비슷한 것처럼 보인다. 효모 미토콘드리아에 있는 부가적인 유전물질이, 아마도 조절과 관련된 다른 단백질을 코드하고 있는 것인지, 아니면 발현되지 않는 것일까?

그림 5.15는 효모 미토콘드리아에서 생산되는 주요 RNA와 단백질을 설명해 주는 지도이다. 가장 주목받는 특징은 지도상에서 유전자자리가 분산되어 있다는 것이다.

가장 커다란 두 개의 유전자자리는 (시토크롬 b를 코드하고 있는) 분단유전자 *box*와 (시토크롬 산화효소 서브유닛 1을 코드하는) *oxi3*이다. 이들 두 유전자는 포유동물의 미토콘드리아 게놈의 거의 전체 영역에 걸쳐서 기다랗게 존재한다! 이들 중에서 긴 인트론을 가진 많은 유전자는 오픈 리딩 프레임을 가지고 있다(*23.5절 일부 그룹 I 인트론은 이동을 지원하는 엔도뉴클레아제를 코드한다* 참조). 이들은 효모 미토콘드리아를 보충하기 위하여 작은 양으로 합성되는 여러 단백질을 더해 준다.

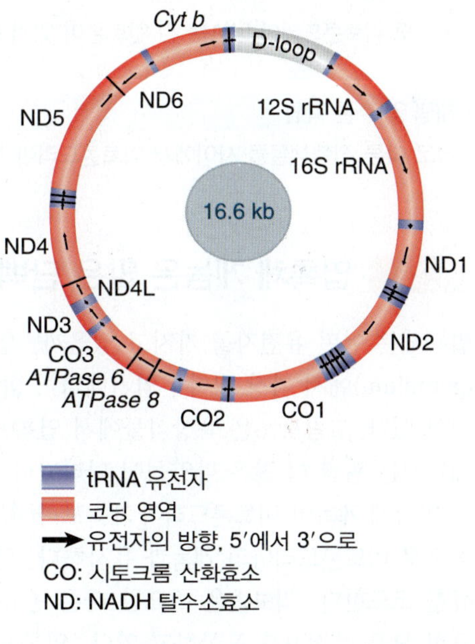

그림 5.14 인간 미토콘드리아 DNA는 22개 tRNA 유전자, 2개 rRNA 유전자, 13개 단백질-코딩 영역을 가지고 있다. 15개의 단백질-코딩 영역 중 14개 혹은 rRNA-코딩 영역은 같은 방향으로 전사된다. tRNA 유전자 중에서 14개는 시계 방향으로 발현되고 8개는 시계 반대방향으로 발현된다.

나머지 유전자는 분단되어 있지 않다. 이들은 미토콘드리아에 의해 코드된 시토크롬 산화효소의 다른 두 개의 서브유닛, ATPase의 서브유닛, 그리고 (*var1*의 경우) 미토콘드리아 리보솜 단백질에 해당된다. 효모 미토콘드리아 전체 유전자의 수는 약 25개를 초과하는 것 같지 않다.

그림 5.15 효모의 미토콘드리아 게놈은 분단된 단백질-코딩 유전자와 분단되지 않은 단백질-코딩 유전자, rRNA 유전자, tRNA 유전자(위치 표시 안함)를 포함하고 있다. 화살표는 전사 방향을 나타낸다.

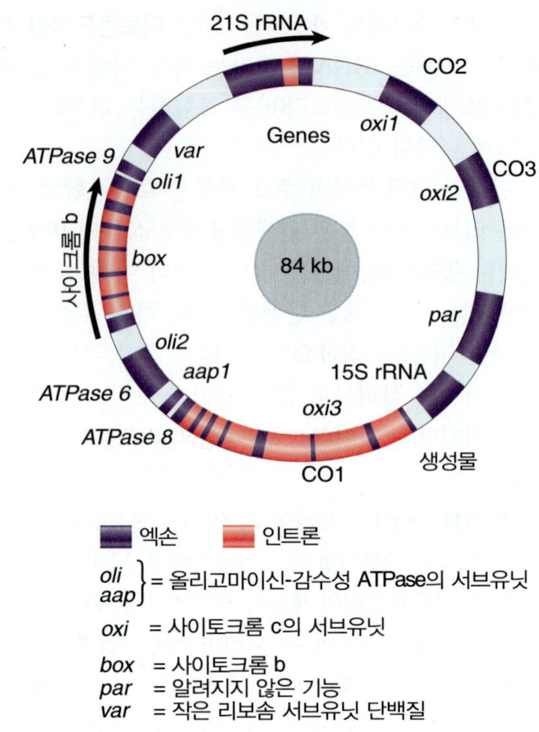

핵심개념

- 세포소기관 게놈은 (항상 그런 것은 아니지만) 일반적으로 환형 DNA 분자이다.
- 세포소기관 게놈은 세포소기관에 사용된 단백질, 전부는 아니지만, 일부를 코드한다.
- 동물세포 미토콘드리아 DNA는 매우 작으며, 전형적으로 13개의 단백질, 2개의 rRNA 및 22개의 tRNA를 코드하고 있다.
- 효모 미토콘드리아 DNA는 긴 인트론이 있기 때문에 동물의 mtDNA보다 5배 더 길다.

개념 및 추론 확인

서로 다른 진핵생물들 사이에서 미토콘드리아 게놈 크기의 다양성을 어떻게 설명할 수 있을까?

5.10 엽록체 게놈은 많은 단백질과 RNA를 코드한다

엽록체는 어떤 유전자를 가지고 있을까? 엽록체 DNA의 길이는 약 120~217 kb까지 다양하다[제라늄(geranium)에서 가장 크다]. 염기배열이 밝혀진 엽록체 게놈(총 100 이상)은 87~183개의 유전자를 가지고 있다. 그림 5.16은 육상식물에서 엽록체 게놈에 의해 코드된 기능을 요약한 것이다. 조류의 엽록체 게놈에는 훨씬 더 많은 다양성이 나타난다.

엽록체 게놈이 미토콘드리아 게놈보다 훨씬 더 많은 유전자를 포함하고 있는 것을 제외한다면, 일반적으로 미토콘드리아의 게놈과 유사하다. 엽록체 게놈은 단백질 합성에 필요한 모든 rRNA와 tRNA 종류를 코드한다. 리보솜은 주요한 다른 종류에 추가해서 두 개의 작은 rRNAs를 포함하고, tRNA는 필요한 모든 유전자를 포함하고 있다. 엽록체 게놈은 RNA 중합효소와 리보솜 단백질을 포함한 약 50개의 단백질을 코드한다. 세포소기관의 유전자는 세포소기관 내에서 전사되고 번역되는 것이 법칙이다. 엽록체 유전자의 거의 절반은 단백질 합성에 필요한 단백질을 코드한다.

엽록체의 인트론은 일반적으로 두 가지 종류로 분류된다. tRNA에 포함된 인트론은 보통 (필연적

유전자	종류
RNA 코딩	
16S rRNA	1
23S rRNA	1
4.5S rRNA	1
5S rRNA	1
tRNA	30–32
유전자 발현	
r-단백질	20–21
RNA 중합효소	3
기타	2
엽록체 기능	
루비스코와 틸라코이드	31–32
NADH 탈수소효소	11
총계	105–113

그림 5.16 육상식물에서 엽록체 게놈은 4개의 RNAs, 30개의 tRNAs, 그리고 약 60개의 단백질을 코드한다.

인 것은 아니지만) 안티코돈 루프(loop)에 위치해 있는데, 이러한 형태는 효모 핵 유전자에서 발견되는 인트론과 비슷하다(*21.13절 tRNA 스플라이싱은 별도의 반응에서 절단과 재결합이 관여하고 있다* 참조). 단백질-코딩 유전자에 포함된 인트론은 미토콘드리아 유전자의 인트론과 공통점을 갖는다(*23장 촉매 RNA* 참조). 이것은 분단되지 않은 유전자를 가진 원핵생물이 분리되기 이전에, 진화 과정에서 한동안은 내부공생(endosymbiosis) 관계였다는 것을 의미한다.

엽록체는 광합성이 일어나는 곳이다. 많은 엽록체 유전자들은 틸라코이드 막에 있는 광합성 복합 단백질을 코드하고 있다. 이들 복합체의 구성은 미토콘드리아 복합체와는 다른 조화를 나타낸다. 비록 일부 복합체가 세포소기관의 게놈과 몇몇 핵 게놈에 의해 코드되는 어떤 서브유닛을 갖는 미토콘드리아 복합체와 유사할지라도, 다른 엽록체 복합체는 전적으로 한 개의 게놈에 의해서 코드되어 있다. 예를 들면, RuBisCO(ribulose bisphosphate carboxylase, 캘빈회로에서 탄소고정반응을 촉진한다)의 큰 서브유닛의 유전자인 *rbcL*은 엽록체 게놈에 포함되어 있다; 이 유전자의 다양성은 식물계통을 재구성하는 기본으로서 자주 이용된다. 그러나 작은 루비스코(rubisco) 서브유닛인 *rbcS*는 보통 핵 게놈에 실려 있다. 이와 반대로, 광합성 단백질 복합체에 필요한 유전자는 엽록체 게놈에서 발견되지만, 반면에 LHC(light-harvesting complex, 집광성 복합체) 단백질은 핵에 코드되어 있다.

핵심개념

- 엽록체 게놈의 크기는 다양하지만, rRNA와 tRNA뿐만 아니라 50~100개의 단백질을 코드하기에 충분한 크기이다.

개념 및 추론 확인

RNA 중합효소, tRNA, rRNA 및 리보솜 단백질을 코드하는 엽록체 게놈에 어떤 장점이 있는가?

5.11 미콘드리아와 엽록체는 내부공생에 의해 진화되었다

세포소기관이 어떻게 일부의 기능을 담당하는 유전정보를 포함한 채 진화되어 왔으며, 다른 기능을 가진 정보는 핵 내에서 코드되었을까? **그림 5.17**은 미토콘드리아 진화에 관한 내부공생 가설(endosymbiotic hypothesis)을 나타내고 있는데, 이 가설에서, 원시세포가 세포호흡을 할 수 있는 박테리아를 포획하였으며, 이것이 오랜 시간에 걸쳐 미토콘드리아로 진화되었다. 이런 점에서, 원시-세포소기관(proto-organelle)은 기능 수행에 필요한 모든 유전자를 포함하고 있어야만 했다. 엽록체의 기원에도 유사한 메커니즘이 적용되어 왔다.

염기배열 상동성 비교 분석은 미토콘드리아와 엽록체가 진화적으로 서로 다른 진정세균(eubacteria)과 공통적인 계통과는 별도로 진화되어 왔음을 시사하며, 미토콘드리아는 α-홍색세균(α-purple bacteria)과 공통 기원을 가지고 있으며, 엽록체는 시아노박테리아(cyanobacteria, 남조류)와 공통 기원을 가지고 있음을 시사하고 있다. 박테리아 중에서 상대적으로 미토콘드리아와 가장 가까운 것으로 알려진 것은 *리케치아*(*Rickettsia*, 티푸스의 원인균)로서, 이는 아마도 자유생활 박테리아(free-living bacteria)로부터 전해 내려온 세포내 기생세균이다. 이와 같은 사실은, 미토콘드리아가 *리케치아*와 공통인 선조와 함께 내부공생으로 기원했다는 것을 뒷받침 해준다.

엽록체의 내부공생 기원은 엽록체 유전자와 박테리아 유전자 간의 관계에 의해서 강조되고 있다. 특히, rRNA 유전자의 구조는 시아노박테리아의 구조와 매우 밀접한 관계를 가지며, 엽록체와 박테리아 모두의 마지막 공통 조상이라고 아주 확실하게 못 박을 수 있다. 시아노박테리아가 광합성을 한다는 것은 놀랄만한 일이 아니다.

박테리아가 수용세포(recipient cell)에 들어가서 미토콘드리아(또는 엽록체)로 진화하기 위해

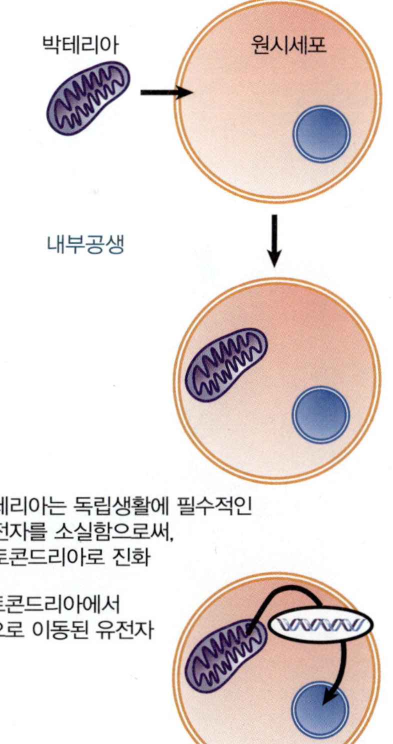

그림 5.17 미토콘드리아 기원은 박테리아가 진핵세포에 의해 포획된 내부공생으로부터 유래되었다.

두 가지의 변화가 일어났었음에 틀림이 없다. 세포소기관은 독립된 박테리아보다 훨씬 더 적은 수의 유전자를 갖고 있으며, (물질대사 경로와 같은) 독립생활에 필수적인 기능을 갖는 많은 유전자 기능을 잃어버렸다. 세포소기관의 기능을 코드하는 대부분의 유전자는 실제로 오늘날에는 핵 내에 위치하고 있다. 따라서 이러한 유전자는 세포소기관으로부터 이동되어 왔음이 분명하다.

세포소기관과 핵 사이의 DNA 이동은 오랜 진화의 역사를 통하여 이루어져 왔고, 지금도 여전히 계속되고 있다. 이러한 이동 비율은 오직 핵 내에서만 기능을 갖는 유전자를 세포소기관에 삽입함으로써 직접 측정이 가능하다. 예를 들면, 유전자가 핵 인트론을 포함하거나 혹은 그 단백질이 세포질에서 기능을 해야 하기 때문이다. 진화를 위한 어떤 물질을 제공한다는 면에서, 세포소기관에서 핵으로의 이동 비율은 단 한 번의 유전자 돌연변이가 일어나는 비율과 동등하게 나타난다. 미토콘드리아로 삽입된 DNA는 세대당 2×10^{-5}의 비율로 핵으로 이동된다. 핵에서 미토콘드리아로의 역방향으로 이동을 측정하는 실험에서는, 훨씬 더 낮은 $<10^{-10}$의 비율을 보였다. 핵-특이적인 항생제 내성 유전자가 엽록체에 삽입되었을 때, 그 유전자의 핵으로의 이동과, 이에 따른 성공적인 발현은 항생제 내성을 가진 묘목(*seedling*)을 탐색함으로써 추적할 수 있다. 이러한 이동은 16,000개 묘목당 1개에서 나타나거나 혹은 각 세대마다 6×10^{-5}의 비율로 나타난다.

세포소기관으로부터 핵으로 유전자가 이동하기 위해서는 DNA의 물리적 이동이 필요하고, 성공적으로 발현되기 위해서는 코딩 염기배열도 역시 변화해야 한다. 핵 유전자에 의해서 코드되는 세포소기관의 단백질은 세포질에서 합성된 후에 세포소기관으로 운반되는 데 필요한 특이적인 염기배열을 가지고 있다. 이러한 염기배열은 세포소기관에서 합성된 단백질에는 필요하지 않다. 아마 세포내 구획이 제대로 형성되지 않았을 때, 유전자의 이동이 효과적으로 일어났으며, 이때에는 DNA가 보다 쉽게 위치를 변경할 수 있었고 단백질이 합성 부위와 상관없이 세포소기관으로 쉽게 삽입되었을 것이다.

계통 발생(phylogenetic) 지도는 유전자의 이동이 많은 서로 다른 가계에서 독립적으로 일어났음을 보여 준다. 미토콘드리아 유전자의 핵으로의 이동은 동물세포 진화에 있어서 오직 초기에 일어났던 것처럼 보이지만, 식물 세포에서 여전히 이런 과정이 진행되고 있다는 것은 가능한 일이다. 이동되는 수는 많을 수 있어서, 애기장대(*Arabidopsis*) 식물에는 800개 이상의 핵 유전자가 있는데, 이것의 염기배열은 다른 식물 엽록체에 들어 있는 유전자와 관련이 있다. 이러한 유전자는 엽록체에서 기원된 유전자로부터 유래된 진화의 후보자이다.

핵심개념

- 미토콘드리아와 엽록체는 모두 박테리아 조상으로부터 유래되었다.
- 미토콘드리아 및 엽록체 게놈의 대부분의 유전자는 세포소기관이 진화하는 동안 핵으로 이동되었다.

개념 및 추론 확인

1. 엽록체가 원핵생물 조상으로부터 유래되었다는 증거는 무엇인가?
2. 효모 세포에서 미토콘드리아에서 핵으로 유전자가 이동하는 비율을 측정하는 실험을 디자인하라.

5.12 요약

진핵생물 게놈을 구성하는 DNA 염기배열은 크게 세 그룹으로 구분할 수 있다:

- 고유한 특성을 가진 비반복배열
- 분산되어 있고, 사본의 일부는 동일하지 않으며, 여러 번 반복된 중빈도의 반복배열
- 보통 일렬로 정렬되어 있고, 짧은 염기배열을 가진 고빈도의 반복배열

비록 게놈의 크기가 크면 클수록 비반복배열 DNA의 비율은 적어지는 경향이 있지만, 세 종류의 염기배열 형태의 비율은 각 게놈마다 특징적으로 나타난다. 인간 게놈의 50% 정도는 반복배열로 구성되

어 있고, 대부분은 트랜스포존(transposon, 이동유전자)의 염기배열에 해당한다. 대부분의 구조유전자는 비반복배열 DNA 내에 위치하고 있다. 비반복배열 DNA의 양은 전체 게놈의 크기보다 생물체의 복잡성(complexity, 반복배열)을 더욱 반영하는데, 게놈에서 가장 큰 비반복배열의 DNA 양은 약 2×10^9 bp이다.

비-멘델 유전 양식은 세포질의 세포소기관 내에 있는 DNA의 존재에 의해서 설명된다. 미토콘드리아와 엽록체는 막으로 둘러싸인 시스템으로서, 이 세포소기관 내에서 단백질의 일부가 합성되거나 단백질이 수송되어 들어온다. 세포소기관의 게놈은 일반적으로 환형 DNA이며, 세포소기관이 필요로 하는 모든 RNAs와 일부 단백질을 코드하고 있다.

미토콘드리아 게놈의 크기는 매우 다양하여, 포유동물의 작은 16 kb 게놈으로부터 고등식물의 게놈은 570 kb에 달하는 것도 있다. 이보다 더 큰 게놈은 추가적인 기능을 코드할지도 모른다. 엽록체의 게놈은 약 120~217 kb의 범위 안에 있다. 염기배열이 밝혀짐에 따라, 이들 게놈은 유사한 구조와 기능을 갖는다는 것을 알게 되었다. 미토콘드리아와 엽록체에 있어서 주요 단백질 중의 대다수는 세포소기관에서 합성된 일부 서브유닛을 포함하고 있고, 일부 서브유닛은 세포질로부터 운반되었다. DNA의 이동은 엽록체(또는 미토콘드리아)와 핵의 게놈 사이에서 일어난다.

학습문제

1. 단일 뉴클레오티드 다형성(SNP)은 인간 게놈에서 대략 얼마나 자주 발생하는가?
A. 560 염기당 하나
B. 950 염기당 하나
C. 1,330 염기당 하나
D. 2,040 염기당 하나

2. 어두운 눈 색깔 색소와 프로브와 하이브리드하는 하나의 DNA 단편을 가지고 있는 것과 색소를 결핍하고 있으면서 프로브와 하이브리드하는 두 개의 단편을 가지고 있는 두 마리의 파리 사이에서 유전적 교차가 일어나면, 한 부모의 40%가 다른 부모의 유형의 40%, 재조합 표현형의 각각 10%를 가진 자손을 얻는다. 제한효소 마커와 눈 색깔 마커 사이의 유전 지도 거리는 얼마인가?
A. 10%
B. 20%
C. 40%
D. 80%

3. 게놈의 복잡성(complexity; 반복배열)이 가장 적은 생물 군은 다음 중 어느 것인가?
A. 곤충(insects)
B. 연체동물(mollusks)
C. 균류(fungi)
D. 조류(algae)

4. 다음 중 반복 DNA의 가장 큰 비율을 나타내는 종은 어느 것인가?
A. 예쁜꼬마선충(*C. elegans*)
B. 아프리카 발톱개구리(*X. laevis*)
C. 노랑초파리(*D. melanogaster*)
D. 인간(*H. sapiens*)

5. 일반적으로 원핵생물 게놈이 포함하고 있는 것은 다음 중 무엇인가?
A. 거의 100% 비반복 DNA
B. 약 20% 정도의 중빈도의 반복 DNA를 가지고 있으며 대부분은 비반복 DNA

C. 대부분 중빈도의 반복 DNA이거나 혹은 약 20%의 비반복 DNA를 갖는 고빈도의 반복 DNA
D. 거의 같은 양의 중빈도 반복과 비반복 DNA

6. 식물 및 양서류 게놈이 가지고 있는 것은 다음 중 무엇인가?
A. 거의 100% 비반복 DNA
B. 약 20% 정도의 중빈도의 반복 DNA를 가지고 있으며, 대부분은 비반복 DNA
C. 대부분 중빈도의 반복 DNA이거나 혹은 약 20%의 비반복 DNA를 갖는 고빈도 반복 DNA
D. 거의 같은 양의 중빈도 반복과 비반복 DNA

7. 뒤센 근육위축증은 디스트로핀 유전자의 어떤 변화에 의해 발생하는가?
A. 커다란 결실
B. 커다란 삽입
C. 단일 염기 변화
D. 작은 삽입

8. 대부분의 동물에서 미토콘드리아 DNA는 어느 곳으로부터 유전되는가?
A. 양쪽 부모로부터 똑같이
B. 주로 부계로부터
C. 오직 모계로부터 만
D. 오직 부계로부터 만

9. 진화 과정에서 미토콘드리아와 엽록체 게놈의 유전자는 어떻게 되는가?
A. 핵 염색체로 이동된다.
B. 한 세포소기관에서 다른 세포소기관으로 이동한다.
C. 광범위한 재조합이 일어난다.
D. 다른 기능으로 진화한다.

10. 미토콘드리아의 박테리아와 가장 가까운 관계를 나타내는 것은 무엇인가?
A. 시아노박테리아(cyanobacteria)
B. 리케차(*Rickettsia*)
C. 살모넬라균(*Salmonella*)
D. 고초균(*Bacillus*)

핵심용어

ctDNA (cpDNA)
chromosomal walk
D-loop
DNA fingerprinting
exon trapping
expressed sequence tag (EST)
extranuclear genes
genome
haplotype
interactome
linkage map
maternal inheritance
mtDNA
non-Mendelian inheritance
nonrepetitive DNA
polymorphism
proteome
repetitive DNA
restriction fragment length polymorphism (RFLP)
restriction map
reverse transcription polymerase chain reaction (RT-PCR)
selfish DNA
single nucleotide polymorphism (SNP)
synteny
transcriptome
transposon
zoo blot

읽을거리

Altshuler, D., Brooks, L. D., Chakravarti, A., Collins, F. S., Daly, M. J., and Donnelly, P. (2005). A haplotype map of the human genome. *Nature* **437**, 1299–1320. A report on HapMap, the public database of SNPs (single nucleotide polymorphisms) that represents a large-scale attempt to document human genetic variation.

Gregory, T. R. (2001). Coincidence, coevolution, or causation? DNA content, cell size, and the C-value enigma. *Biol. Rev. Camb. Philos. Soc.* **76**, 65–101. A review of the C-value enigma (paradox) and the hypotheses to account for it, and a discussion of the positive correlation between C value and cell size.

Hinds, D. A., Stuve, L. L., Nilsen, G. B., Halperin, E., Eskin, E., Ballinger, D. G., Frazer, K. A., and Cox, D. R. (2005). Whole-genome patterns of common DNA variation in three human populations. *Science* **307**, 1072–1079. A report on more than 1.5 million SNPs from 71 human individuals descended from three different populations as a sample of human genetic variation.

Lang, B. F., Gray, M. W., and Burger, G. (1999). Mitochondrial genome evolution and the origin of eukaryotes. *Annu. Rev. Genet.* **33**, 351–397. Evidence suggests that mitochondria evolved from an endosymbiotic α-proteobacterium at about the same time that the nucleus evolved.

Sharp, A. J., Cheng, Z., and Eichler, E. E. (2006). Structural variation of the human genome. *Annu. Rev. Genom. Hum. G.* **7**, 407–442. A review of the structural rearrangements of the human genome and their effects on phenotypic variation.

Sugiura, M., Hirose, T., and Sugita, M. (1998). Evolution and mechanism of translation in chloroplasts. *Annu. Rev. Genet.* **32**, 437–459. Comparison of multiple chloroplast genomes reveals multiple mechanisms for translation within these organelles.

6

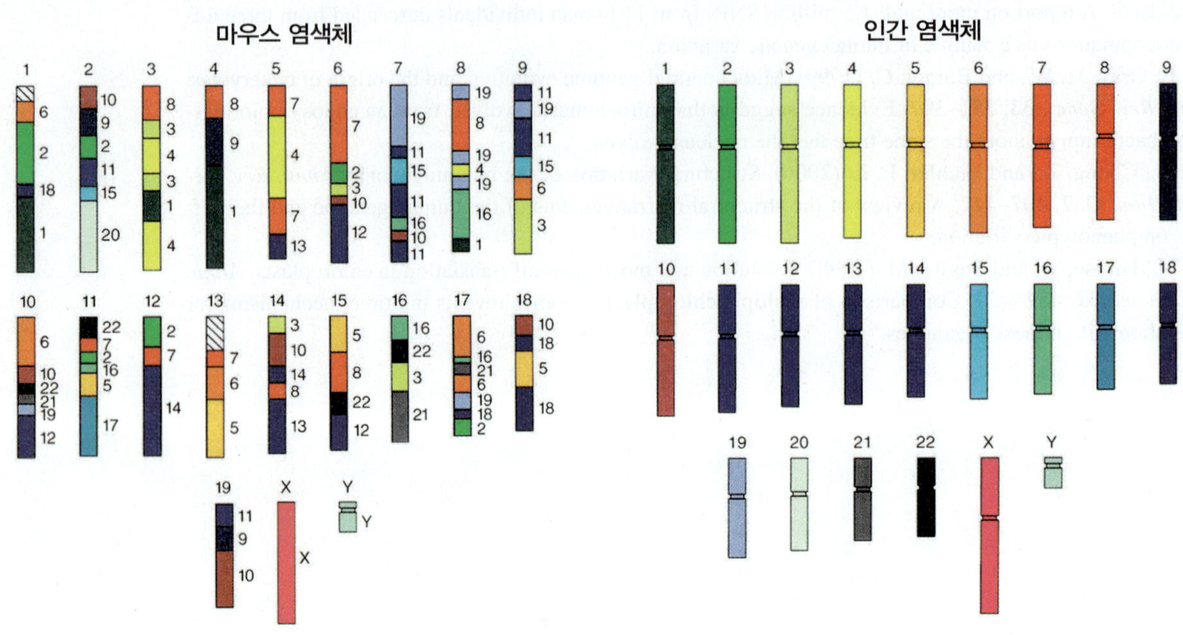

마우스 및 인간의 염색체. 두 종의 게놈은 가장 최근의 공통 조상의 게놈으로부터 염색체 재배열이 일어났다. 마우스 염색체의 색상과 해당 숫자는 상동성 분절을 포함하는 인간 염색체를 나타낸다. Photo courtesy of U.S. Department of Energy. Used with permission of Lisa J. Stubbs, University of Illinois at Urbana-Champaign.

게놈 배열과 유전자 수

6장 개요

6.1 서론

1995년에 최초로 완전한 생물체 게놈의 염기배열이 밝혀진 이후, 염기배열 해독의 범위와 속도는 크게 향상되었다. 염기배열이 최초로 밝혀진 것은 2 Mb 미만의 작은 박테리아 게놈이었다. 2002년까지 3,000 Mb 이상의 인간 게놈의 염기배열이 밝혀졌다. 오늘날에는 박테리아, 원시생물계, 효모, 다른 단세포 진핵생물, 식물, 동물, 지렁이, 파리 그리고 포유동물을 포함한 넓은 생물체의 범주에서 게놈의 염기배열이 밝혀졌다.

아마도 게놈의 염기배열 해독으로부터 제공된 가장 중요한 정보 중의 하나는 유전자의 수이다(*5.1절 서론* 참조. 유전자의 정의를 내리기는 어렵지만, 우리가 여기서 말하는 "유전자"는 rRNA, tRNA 또는 rRNA로 전사되는 DNA 염기배열이다). 독립-생활성 기생세균인 마이코플라스마 제니탈리움(*Mycoplasma genitalium*)은 생물체 중에서 가장 작은 게놈을 가진 것으로 알려졌으며, 오직 약 470개의 유전자를 갖고 있다. 보통 독립-생활성 박테리아의 게놈은 1,700~7,500개의 유전자를 갖고 있다. 원시생물계(Archaean) 게놈도 비슷한 정도의 게놈을 갖고 있으며, 단세포 진핵생물은 약 5,300개, 지렁이는 18,500개, 파리는 13,500개의 게놈을 가지고 있다. 마우스와 인간의 게놈 수는 약 25,000개에 달한다.

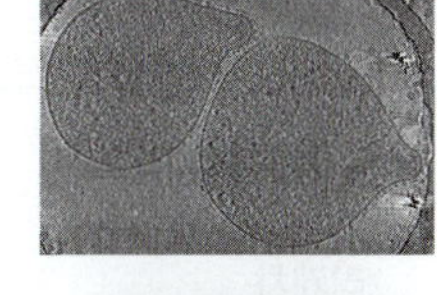
500개의 유전자
세포내(기생성)
박테리아

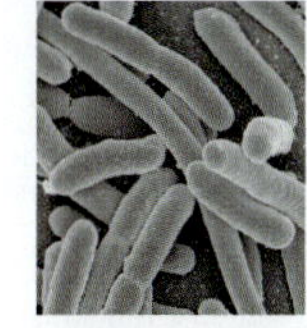
1,500개의 유전자
독립-생활성 박테리아

5,000개의 유전자
단세포 진핵생물

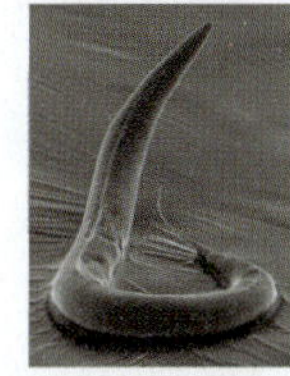
13,000개의 유전자
다세포 진핵생물

25,000개의 유전자
고등식물

25,000개의 유전자
포유동물

그림 6.1 생물체의 특성에 따라 요구되는 최소한의 유전자 수는 그 생물체의 복잡성(반복배열)과 함께 증가한다. Photo of free-living bacterium courtesy of Rocky Mountain Laboratories, NIAID, NIH. Photo of unicellular eukaryote courtesy of Eishi Noguchi, Drexel University College of Medicine. Photo of multicellular eukaryote courtesy of Carolyn B. Marks and David H. Hall, Albert Einstein College of Medicine, Bronx, NY. Photo of higher plant courtesy of Keith Weller/USDA. Photo of mammal © Photodisc.

그림 6.1은 6종류의 생물체 그룹에서 발견된 최소한의 유전자 수를 요약한 것이다. 세포는 500개, 독립-생활성 세균은 1,500개, 핵이 있는 세포는 5,000개 이상, 다세포 생물체는 10,000개 이상, 신경계를 가진 생물체는 13,000개 이상의 유전자를 필요로 한다. 많은 생물종들은 필요로 하는 최소한의 유전자 수보다 훨씬 더 많은 유전자를 가질지도 모른다. 따라서 유전자 수는 유연관계가 아주 가까운 생물종에서 많은 다양성을 나타낼 수 있다.

박테리아와 단세포 진핵생물 내에서 대부분의 유전자는 하나 밖에 없다. 그러나 다세포 진핵생물 게놈 내에서는 관련된 유전자 패밀리(gene family)를 구성하고 있다. 물론, 일부 유전자는 단 하나 밖에 없지만(유전자 패밀리가 단 하나의 멤버만을 가지고 있음의 의미함), 대부분의 유전자는 10개 이상의 멤버로 구성된 유전자 패밀리로 구성되어 있다. 서로 다른 유전자 패밀리의 수는 유전자의 수보다는 생물체의 전체적인 복잡성(반복배열)과 더 많이 관련될 수 있다.

대부분 유용한 정보의 몇몇은 게놈 염기배열을 비교함으로써 얻을 수 있다. 현재 인간과 침팬지의 염기배열 비교를 통하여, 인간과 침팬지가 어떻게 다른가에 관한 질문에 대하여 대답을 시작하는 것이 가능해졌다.

6.2 원핵생물의 유전자 수는 10배 이상의 차이를 보이며 분포한다

현재 많은 노력으로 수많은 게놈의 염기배열이 밝혀져 있다. (그림 6.2에 요약된 것처럼) 알려진 게놈 크기의 범위는, 0.6×10^6 bp 크기의 마이코플라스마부터 여러 중요한 실험동물, 예를 들면 효모, 초파리, 선충류를 포함하여 3.3×10^9 bp 크기의 인간 게놈까지 넓게 분포되어 있다.

그림 6.2 게놈 크기와 유전자 수는 몇몇 생물체의 염기배열을 완전하게 해독함으로써 알려지게 되었다. 치사유전자의 위치는 유전자 데이터를 이용하여 추정하였다.

종	게놈 (Mb)	유전자	치사유전자 위치
마이코플라스마 제니탈리움	0.58	470	~300
리케챠 프로와제스키이	1.11	834	
헤모필루스 인플루엔자	1.83	1743	
메탄생성 세균	1.66	1738	
고초균	4.2	4100	
대장균	4.6	4288	1800
효모균(*S. cerevisiae*)	13.5	6034	1090
효모균(*S. pombe*)	12.5	4929	
애기장대	119	25,498	
쌀 *(rice)*	466	~32,000	
초파리	165	13,601	3100
예쁜꼬마선충	97	18,424	
인간	3300	~25,000	

원핵생물 게놈의 염기배열은 사실상 모든 DNA(전형적으로 85~90%)가 RNA 혹은 단백질을 코드한다는 것을 보여주고 있다. 그림 6.3에서는 약 10배 차이를 보이는 게놈의 범위가 나타나 있고, 게놈의 크기는 유전자 수에 비례한다. 전형적인 유전자의 평균 길이는 약 1,000 bp이다.

1.5 Mb 이하의 게놈 크기를 갖는 거의 모든 원핵생물은 기생생활을 한다. 그들은 영양분을 공급하는 숙주인 진핵생물 내에서만 살아갈 수 있다. 이들의 게놈 크기는 세포에 필요한 기능을 갖기 위한 최소한의 수를 의미한다. 모든 유전자의 종류는 커다란 게놈을 가진 원핵생물과 비교하면 그 수는 감소하지만, 가장 눈에 띄게 감소하는 것은 대사기능(대부분 숙주세포에 의해 제공)과 관련된 효소를 코드하고 유전자 발현을 조절하는 유전자자리에 있다. *마이코플라스마 제니탈리움(Mycoplasma genitalium)*은 약 470개의 유전자로, 가장 작은 게놈을 가지고 있다.

원시생물계(Archaean)는 원핵생물과 진핵생물 사이를 중재하는 생물학적 특성을 갖고 있으나, 게놈의 크기와 유전자수는 박테리아와 동일한 범위에 있다. 그들의 게놈 크기는 1.5~3 Mb이고, 이에 상응하는 유전자 수는 1,500~2,700개 정도이다. 메탄생성 세균(*Methanococcus jannaschi*)은 고압과 고온에서 살아가는 메탄을 생산하는 생물종이다. 이들의 전체 유전자 수는 *헤모필루스 인플루엔자(Haemophilus influenzae)*와 비슷하지만, 다른 생물종에서 알려진 유전자와 비교했을 때 확인된 유전자 수는 더 적다. 유전자 발현에 필요한 원시생물계의 기구(apparatus)는 원핵생물보다는 진핵생물과 더 유사하지만, 세포분열에 대한 기구는 원핵생물에 더 가깝다.

원시생물계의 게놈과 가장 작은 독립-생활성 세균은, 이들 세포가 환경에 독립적으로 살아갈 수 있는 기능을 유지하는 데 필요한 최소한의 유전자 수를 가지고 있다. 가장 작은 원시생물계의 게놈은 약 1,500개의 유전자를 갖고 있다. 가장 작은 것으로 알려진 독립-생활성이지만 기생해서 살지 않는 호열성 세균은 *Aquifex aeolicus*이며, 1.5 Mb 크기의 게놈과 1,512개의 유전자를 갖고 있다. "전형적인" 그람-음성 세균인 *헤모필루스 인플루엔자(H. influenzae)*는 1,743개의 유전자를 갖고 있고, 각 유전자는 약 900 bp의 크기이다. 따라서 우리는 독립-생활성 생물종에 필요한 유전자는 약 1,500개 정도라는 결론을 낼 수 있다.

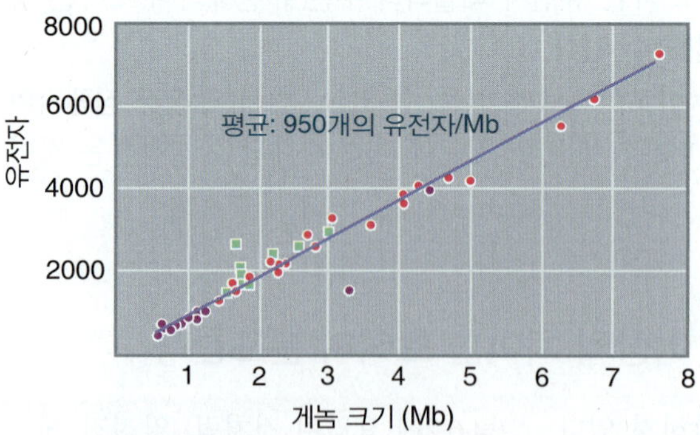

그림 6.3 박테리아와 원시생물 게놈의 유전자 수는 게놈의 크기에 따라 비례한다.

원핵생물의 게놈 크기는 0.6 Mb에서부터 8 Mb 이하까지 약 10배 이상의 차이를 보이며 분포한다. 예상한 대로, 더 큰 게놈은 더 많은 유전자를 포함하고 있다. 가장 큰 게놈을 가진 원핵생물은 식물 뿌리에 살고 있는 질소-고정 박테리아인 *Sinorhizobium meliloti*, *Mesorhizobium loti*이다. 이들의 게놈 크기(약 7 Mb)와 전체 유전자 수(7,500개 이상)는 효모와 비슷하다.

대장균(*E. coli*)의 게놈 크기는 원핵생물에

서 중간 정도의 범위에 속한다. 일반적으로 실험실에서 사용하는 균주는 4,288개의 유전자를 포함하고, 평균 길이는 약 950 bp 정도이며, 유전자 사이의 평균 분리 거리는 118 bp이다. 그렇지만, 이러한 수치는 균주들 간에 매우 현격한 차이를 보일 수 있다. 대장균 균주 사이에 가장 극적으로 차이가 나는 것으로 알려진 경우는, 4.6 Mb 게놈에 4,249개의 유전자를 가진 것과 5.5 Mb 게놈에 5,361개의 유전자를 가진 것이다.

우리는 이들 유전자의 기능에 대해서 여전히 잘 알지 못하고 있다. 이들의 대부분 게놈 유전자의 약 60%는 다른 생물종에서 알려진 유전자와의 상동성(homology)을 근거로 그 기능을 확인할 수 있다. 대사 기능, 세포 구조, 성분의 수송, 유전자의 발현과 조절에 관련된 유전자의 산물이 동등한 유전자는 대략 동등한 부류로 취급된다. 거의 모든 게놈에서 유전자의 25% 이상은 아직 어떤 기능을 가지고 있다고 결론을 내릴 수 없다. 이들 유전자의 대부분은 서로 관련 있는 생물종에서도 발견될 수 있으며, 이러한 유전자는 보존된 기능을 갖고 있다는 것을 의미한다.

병원성 세균의 염기배열을 해독하는 것은 의학계에서 매우 중요한 것으로 강조되어 왔다. 병원성의 본질에 대한 중요한 관점은 **병원성 섬(pathogenicity islands)**이 그들 게놈의 특징적인 형태임을 증명함으로써 제공되었다. 그 섬들은 약 10~200 kb의 커다란 영역인데, 병원성 생물종의 게놈 내에는 존재하지만, 같거나 혹은 관련된 생물종의 비병원성 세균의 게놈 내에는 존재하지 않는다. 이들의 G-C 함량은 나머지 게놈과는 차이가 나며, **수평 이동(horizontal transfer)** 과정에서 박테리아 사이에서 이동이 일어났던 것처럼 보인다. 예를 들면, 탄저병(*Bacillus anthracis*)을 일으키는 박테리아는 두 개의 커다란 플라스미드(염색체 외 DNA)를 가지고 있으며, 그 중 하나는 탄저병 독소(anthrax toxin) 코드하는 유전자를 포함한 병원성 섬을 가지고 있다.

▶ **병원성 섬(pathogenicity islands)** 병원성 세균 게놈에 존재하지만 비병원성 세균에는 존재하지 않는 DNA 분절.

▶ **수평 이동(horizontal transfer)** 박테리아 접합과 같은 세포분열 이외의 과정에 의해 한 세포에서 다른 세포로의 DNA 전달.

핵심개념

- 기생성 원핵생물에 대한 유전자의 최소수는 약 500개이다; 독립-생활성의 비기생성 원핵생물의 경우에는 약 1,500개이다.

개념 및 추론 확인

다른 원핵생물은 훨씬 적은 유전자로 잘 자라고 있는 데 반해, 어떤 원핵생물은 오히려 더 많은 유전자를 가지고 있는 이유는 무엇인가?

6.3 몇몇 진핵생물에서 전체 유전자 수가 알려져 있다

진핵생물의 게놈을 살펴보면, 게놈의 크기와 유전자 수 사이에는 상관관계가 없다는 것을 알게 된다. 단세포 진핵생물의 게놈은 가장 큰 박테리아의 게놈과 같은 범주의 크기를 가지고 있다. 다세포 진핵생물은 더 많은 유전자를 갖고 있지만, 그림 6.4에서 볼 수 있는 것처럼 유전자 수는 게놈의 크기와 일치하지 않는다.

단세포 진핵생물에 대한 많은 광범위한 데이터는 효모 *Saccharomyces cerevisiae*와 *Schizosaccharomyces Pombe* 게놈의 염기배열로부터 이용할 수 있다. 그림 6.5에서는 가장 중요한 특징을 요약하였다. 12.5 Mb와 13.5 Mb의 효모 게놈은 각각 약 6,000개와 5,000개의 유전자를 가지고 있다. 평균 오픈 리딩 프레임(ORF)이 약 1.4 Mb이므로 게놈의 약

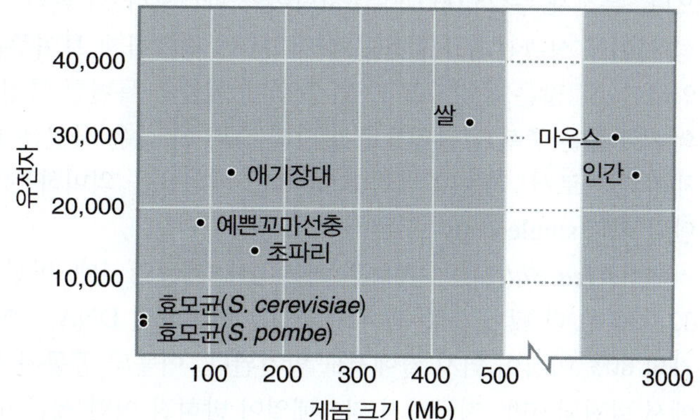

그림 6.4 진핵생물의 유전자 수는 6,000~32,000개까지 다양하나, 생물종의 복잡성(반복배열) 혹은 게놈 크기와는 상관이 없다.

그림 6.5 효모(*S. cerevisiae*)의 게놈은 13.5 Mb로 6,000개의 유전자를 가지고 있는데, 거의 모두가 분단되지 않은 유전자를 가지고 있다. 효모(*S. pombe*)의 게놈은 12.5 Mb로 5,000개의 유전자를 가지며, 거의 절반이 인트론을 가지고 있다. 유전자 크기와 유전자 사이의 간격은 거의 유사하다.

70%가 코딩 영역이 된다. 이들 사이에서 주요한 차이는, 효모 *S. pombe* 유전자는 43%의 인트론을 갖고 있으나, 효모 *S. cerevisiae* 유전자는 겨우 5%의 인트론을 갖고 있다. 유전자의 밀집 상태는 높으며, 유전자 간격이 *S. cerevisiae*에서 조금 짧기는 하지만, 구조는 일반적으로 유사하다. 염기배열의 해독에 의해서 확인된 유전자의 약 절반은 이미 알려져 있거나 혹은 알려져 있는 유전자와 관련이 있는 것들이다. 이전에 밝혀지지 않은 나머지는, 앞으로 발견될지 모르는 새로운 타입의 유전자 수를 암시한다.

염기배열을 근거로 한 긴 리딩 프레임의 확인은 매우 정확하다. 그러나 아미노산 100개 미만을 코드하는 오픈 리딩 프레임(ORF)은 거짓 양성(false positive)이 높은 빈도로 나타나기 때문에, 오직 염기배열에 의해서 확인될 수 없다. 유전자 발현 분석에 의하면, 효모 *S. cerevisiae*의 600개 ORF 중에서 단지 300개의 ORF만이 활성을 가진 유전자가 될 가능성이 있음을 시사하고 있다.

유전자 구조를 확인하는 가장 뛰어난 방법은 가까운 유연관계에 있는 생물종의 염기배열을 비교해 보는 것인데, 만일 어떤 유전자가 활성을 가지고 있다면 잘 보존되어 왔을 것이다. 매우 가까운 유연관계에 있는 네 개의 효모들 간의 염기배열을 비교해 보았을 때, 원래 효모균 *S. cerevisiae*인 것으로 확인된 503개의 유전자는 다른 생물종에 상응하는 것이 없으므로, 활성 유전자로 간주되어서는 안 된다. 이로 인해 *S. cerevisiae*에 있어 추정되는 전체 유전자 수는 5,726개로 줄어들게 된다.

예쁜꼬마선충(*C. elegans*) DNA의 게놈은 유전자가 풍부한 부분과 유전자가 드문 부분으로 다양하게 이루어져 있다. 전체 염기배열은 약 18,500개의 유전자를 포함하고, 이 유전자의 오직 42%는 선충류의 범주를 벗어난 추정되는 상대유전자(counterpart)를 가지고 있다.

초파리의 게놈은 지렁이의 게놈보다 더 크지만, 몇몇 생물종(*D. melanogaster*, 약 14,000개 유전자)에서는 더 적은 유전자를 가지고 있고, 몇몇 생물종(*D. persimilis*, 약 23,000개 유전자)에서는 더 많은 유전자를 가지고 있다. 서로 다른 전사물의 수는 선택적 스플라이싱(alternative splicing)의 결과로 인하여 약간 더 많다. 우리는 왜 덜 복잡한 생물체인 예쁜꼬마선충이 초파리보다 30% 이상의 유전자를 더 많이 갖고 있는지 이해하지 못하고 있다. 그러나 그 이유는 아마 예쁜꼬마선충에 있어서 초파리보다 유전자 패밀리(gene family)당 평균적으로 더 많은 유전자 수를 가졌기 때문인 것으로 여겨진다. 따라서 두 생물체 간에 "유일한(*unique*)" 유전자 수는 더욱 유사하다. 12개의 초파리 게놈을 비교해 보면, 유연관계가 아주 가까운 생물종 간에 유전자 수가 커다란 범주에 있다는 것을 알 수 있다. 어떤 경우에는 생물종-특이적인 수천 개의 유전자가 존재한다. 이러한 사실은 유전자 수와 생물체의 복잡성(반복배열) 사이에 정확한 상관관계가 없다는 것을 강조하고 있는 것이다.

식물체인 애기장대(*Arabidopis Thaliana*)는 지렁이와 초파리의 중간 정도 크기의 게놈을 가지고 있으나, 유전자 수(25,000개)는 지렁이와 파리보다 더 많다. 이러한 결과는 유전자 수와 생물체의 복잡성 사이에 상관관계가 없음을 다시 한 번 명확하게 보여주는 것이며, 동물세포보다 (조상의 중복으로 인하여) 더 많은 유전자를 가질 수 있는 식물의 특별한 특성을 강조하는 것이기도 하다. 애기장대 게놈의 대부분은 중복된 단편으로 발견되는데, 이 같은 사실은 오래 전에 [테트라플로이드(tetraploid), 사배체의 결과로서] 게놈이 배가(doubling) 되었음을 의미하는 것이다. 애기장대 유전자의 오직 35%만이 단일 카피(single copy)로 존재하고 있다.

쌀(*Oryza sativa*)의 게놈은 애기장대 게놈의 4배 이상 크지만, 유전자 수는 약 25% 정도(대략 32,000개) 더 많다. 게놈의 42~45%는 반복배열 DNA로 이루어져 있다. 애기장대에서 발견되는 유전자의 80% 이상이 역시 쌀에서도 발견된다. 이들의 공통된 유전자 중에서 약 8,000개는 애기장대와 쌀에서 발견되지만, 지금까지 염기배열이 밝혀진 어떤 세균이나 동물의 게놈에서는 발견되지 않았다. 아

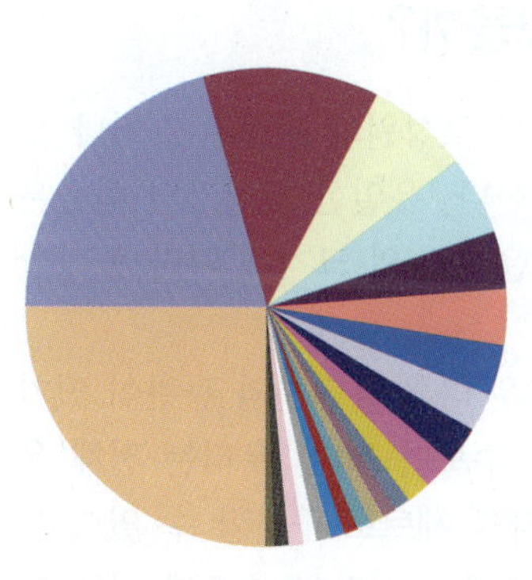

그림 6.6 12종의 게놈 비교 분석을 근거로 작성한 초파리의 유전자 기능. 초파리 유전자의 4분의 1은 기능이 밝혀지지 않았다. *Drosophila* 12 Genomes Consortium, "Evolution of genes and genomes on the *Drosophila* phylogeny, " *Nature* **450** (2007): 203-218 인용.

마도 이들 유전자는 광합성과 같은 식물-특이적인 기능을 코드하는 유전자의 세트일 것이다.

염기배열이 밝혀진 12개의 초파리 게놈으로부터, 우리는 얼마나 많은 유전자가 각자의 기능을 수행하고 있는지를 분명히 알 수 있다. 그림 6.6에서는 유전자의 기능을 서로 다른 카테고리로 분석하였다. 확인된 유전자 중에서 3,000개 이상의 효소, 900개의 전사인자, 700개의 수송체와 이온 통로를 알 수 있었다. 약 4분의 1은 알려지지 않은 기능의 산물을 코드하고 있다.

원핵생물에서 진핵생물로 갈수록 단백질의 크기는 증가한다. 원시세균류 *M. jannaschi*와 대장균은 평균 단백질의 길이가 287개와 317개의 아미노산으로 각각 구성되어 있는 반면에, 효모 *S. cerevisiae*와 예쁜꼬마선충은 484개의 아미노산과 442개의 아미노산으로 각각 이루어져 있다. 박테리아에서는 (아미노산 500개 이상의) 큰 단백질이 드물지만, 진핵생물에서는 중요한 성분(약 1/3)을 차지하고 있다. 길이가 증가하는 것은 여분의 도메인이 추가되기 때문인데, 각 도메인은 100~300개의 아미노산으로 구성되어 있다. 그러나 이 같은 단백질 크기의 증가는 게놈 크기의 증가에 비하면 오직 아주 작은 부분의 증가에 불과할 뿐이다.

유전자 수에 대한 다른 접근 방법은 발현된 단백질-코딩 유전자 수를 세어 보면 알 수 있다. 만일, 우리가 세포에서 셀 수 있는 서로 다른 mRNA 종류의 수를 추정하는 것에 따르면, 척추동물에서는 평균 약 10,000개에서 20,000개 정도의 유전자가 발현된다는 결론을 내릴 수 있을 것이다. 서로 다른 유형의 세포 mRNA 집단 간에 주목할 만한 중복이 존재한다는 것은, 생물체에 있어서 발현되는 전체 유전자 수가 10배까지의 범위 안에 있다는 것을 의미하는 것이다. 20,000~25,000개(*6.5절, 인간 게놈은 최초 예상했던 것보다 적은 유전자를 가지고 있다* 참조)에 달하는 인간의 전체 유전자 수는 전체 유전자 수의 상당한 부분이 어느 특정한 세포 내에서 실제로 발현되고 있음을 시사하고 있다.

진핵생물의 유전자는 개별적으로 전가되며, **모노시스트론(monocistronic)**의 mRNA를 생성한다. 이 법칙에 오직 하나의 일반적인 예외가 있는데, 예쁜꼬마선충의 게놈 내에서는 유전자의 약 15%가 **폴리시스트론(polycistron)**의 mRNA로 이루어져 있다(이것은 이들 단위에서, 하류의 유전자를 발현하게 하는 트랜스-스플라이싱의 이용과 관련되어 있다. *21.12절 트랜스-스플라이싱 반응은 작은 RNA를 사용한다* 참조).

▶ **모노시스트론 mRNA (monocistronic mRNA)** 단일 폴리펩티드를 코드하는 mRNA.

▶ **폴리시스트론 mRNA (polycistronic mRNA)** 하나 이상의 유전자를 나타내는 코딩 영역을 포함하는 mRNA.

핵심개념

- 효모에는 6,000개; 지렁이는 18,500개; 초파리는 13,600개; 작은 식물 애기장대는 25,000개; 아마도 마우스와 인간에서는 20,000~25,000개의 유전자가 있다.

개념 및 추론 확인

다세포 진핵생물에서 게놈 크기가 유전자의 수를 나타내는 좋은 지표가 아닌 이유는 무엇인가?

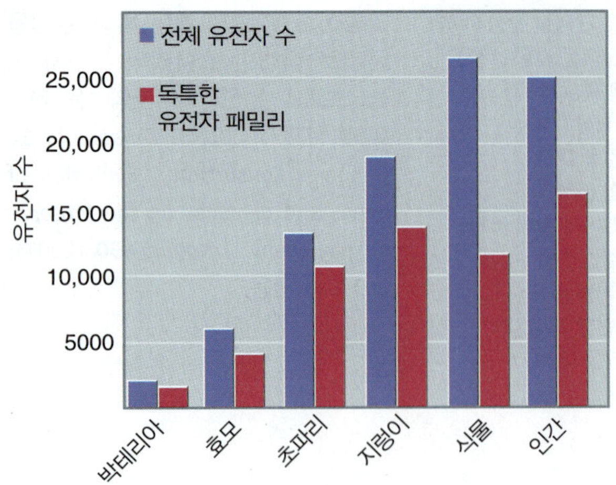

그림 6.7 많은 유전자는 중복되며, 그 결과로서 서로 다른 유전자 패밀리는 전체 유전자 수보다 훨씬 적다. 이 막대 도표는 전체 유전자 수와 유전자 패밀리의 수를 비교한 것이다.

6.4 얼마나 많은 종류의 유전자가 있을까?

일부 유전자는 유일(unique)하다. 다른 유전자는 다른 구성원과 관련된(그러나 보통 동일하지 않음) 유전자 패밀리(gene family)에 속한다. 유일한 유전자의 비율은 게놈의 크기와는 반비례하고, 유전자 패밀리의 비율은 게놈의 크기에 따라 증가한다.

어떤 유전자는 한 사본(copy) 이상 존재하거나 혹은 다른 유전자와 관련이 있기 때문에, 서로 다른 유형의 유전자 수는 전체 유전자 수보다 적다. 우리는 전체 유전자 수를 엑손을 비교함으로써, 관련이 있는 유전자를 세트로 구분할 수 있다(유전자족은 사본 간의 염기배열 변화의 축적에 따른 조상 유전자의 중복에 의해 생긴다. 보통, 유전자 패밀리의 대부분은 서로 관련이 있지만 동일하지는 않다). 유전자 유형의 수는 둘 혹은 그 이상의 유전자를 가진 유전자 패밀리에, (다른 유전자와는 전혀 관련이 없는) 유일한 유전자 수를 첨가함으로써 계산된다.

그림 6.7은 전체 유전자 수를 6개의 각 게놈 내에 있는 유전자 패밀리의 수와 비교한 것이다. 대부분의 박테리아 유전자는 유일하므로, 전체 유전자 수는 유전자 패밀리의 수에 가깝다. 그러나 이러한 상황은 반복 유전자가 상당 부분 존재하는 단세포 진핵세포인 효모(*S. cerevisiae*)에서는 달라진다. 가장 두드러진 효과는 다세포 진핵생물에서 유전자의 수는 급격하게 증가하지만, 유전자 패밀리의 수는 크게 변하지 않는다는 것이다.

그림 6.8에서는 유일한 유전자의 비율이 게놈의 크기에 따라 상당히 뚜렷하게 감소하고 있음을 보여주고 있다. 유전자가 유전자 패밀리에 존재할 때, 유전자 패밀리의 유전자 수는 박테리아와 단세포 진핵생물에서는 적지만, 다세포 진핵생물에서는 더 많이 나타난다. 이는 애기장대의 여분의 게놈 중에서 많은 것들이 네 개 이상의 유전자를 가진 유전자 패밀리이 차지하는 것으로 설명된다.

만일 모든 유전자가 발현된다면, 전체 유전자 수는 생물체[프로테옴(proteome), 단백질체]를 만드는 데 필요한 전체 단백질의 수와 같을 것이다. 그러나 전체 유전자 수와 차이를 보이는 프로테옴이 나타나는 이유에는 두 가지 상황이 존재한다. 첫째, 유전자는 복제될 수 있고, 그 결과로서 그 유전자의 일부가 동일한 단백질을 코드하고(다른 시간과 장소에서 발현될지도 모르지만), 나머지는 다른 시간과 장소에서 다시 같은 역할을 하는 관련된 단백질을 코드할 지 모른다. 둘째, 프로테옴은 유전자보다 더 클 수 있다. 왜냐하면, 일부 유전자는 선택적 스플라이싱에 의해 한 가지 이상의 단백질을 생성할 수 있기 때문이다.

그러면, 생물체에서 서로 다른 단백질 유형의 근거가 되는 핵심 프로테옴이란 무엇일까? 선택적 스플라이싱이 일어날 가능성 때문에 판단을 내리기가 어렵지만, 추정되는 최소한의 유전자 패밀리의 수는 박테리아에서 14,000개, 효모에서 4,000개, 초파리에서 11,000개, 그리고 지렁이에서 14,000개의 범위에 있다.

단백질 유형에 따른 프로테옴의 분포는 어떠할까? 효모 프로테옴 중에서 6,000개의 단백질은 5,000개의 수용성 단백질과 1,000개의 막 단백질(transmembrane proteine)을 포함하고 있다. 이 중에서 절반은 세포질에 존재하고, 4분의 1은 핵 내에, 그리고 나머지는 미토콘드리아와 소포체(endoplasmic reticulum, ER)/골지체에 산재되어 있다.

	유일한 유전자	2~4개의 멤버를 가지고 있는 유전자 패밀리	4개 이상의 멤버를 가진 유전자 패밀리
헤모플리루스 인플루엔자	89%	10%	1%
효모	72%	19%	9%
초파리	72%	14%	14%
예쁜꼬마선충	55%	20%	26%
애기장대	35%	24%	41%

그림 6.8 여러 사본으로 존재하는 유전자의 비율은 다세포 진핵생물체에서 게놈의 크기와 함께 증가한다.

얼마나 많은 유전자가 모든 생물체(혹은 박테리아나 다세포 진핵생물의 그룹)에 공통으로 존재하는 것일까? 그리고 얼마나 많은 유전자가 하류-수준의 분류군(lower-level taxonomic groups)에 존재하는 것일까? 그림 6.9는 파리, 지렁이(다세포 진핵생물체), 효모(단세포 진핵생물체)의 유전자를 비교한 것이다. 서로 다른 생물체에서 같은 단백질을 코드하는 유전자를 **오솔로그(orthologs, 이종상동성)**라고 한다(*4.8절 유전자 패밀리 멤버는 공통된 구조를 가지고 있다* 참조). 편리한 대로, 우리는 보통 서로 다른 생물체 내에 있는 두 개의 유전자의 염기배열의 길이가 80% 이상 동일하다면 오솔로그라고 한다. 이러한 기준에 의해서 초파리 유전자의 약 20%는 효모, 지렁이와 오솔로그를 가지고 있다. 이러한 유전자는 아마도 모든 진핵생물체에서 필요로 한다. 이 비율은 파리와 지렁이를 비교하면 30%까지 증가하는데, 아마도 다세포 진핵생물체에서 공통적 기능을 갖는 유전자가 추가됨으로써 나타난 것이다. 초파리나 지렁이에 의해 특별하게 요구되는 단백질을 코드하는 유전자 대부분의 비율은 여전히 의문으로 남겨져 있다.

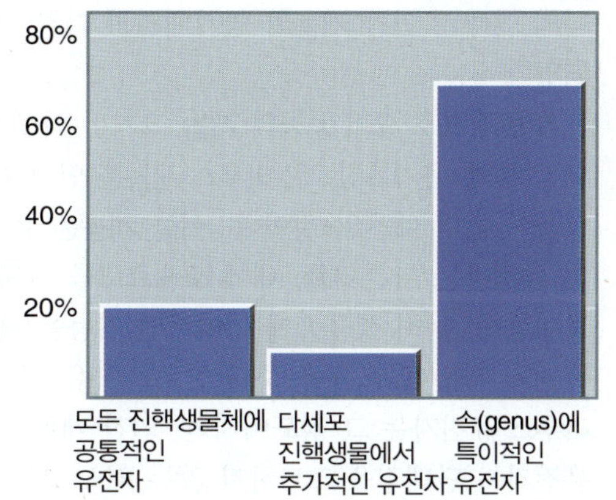

그림 6.9 초파리 게놈은 (아마도) 모든 진핵생물체에 존재하는 유전자, (아마도) 모든 다세포 진핵생물체에 존재하는 추가적인 유전자, 그리고 초파리를 포함한 하위 그룹의 생물종에 보다 특이적인 유전자로 구분할 수 있다.

▶ **이종상동성(orthologous gene, orthologs)** 서로 다른 생물종에 존재하나 서로 관련이 있는 유전자.

한 생물체의 프로테옴 크기를 판단하는 최소 기준은 유전자의 구조와 수에 의해서 추정할 수 있다. 또한 한 세포 혹은 생물체의 프로테옴의 크기는, 직접 그 세포나 프로테옴에 포함된 전체 단백질 함량을 분석함으로써 측정될 수 있다. 이러한 접근 방법을 통해서, 몇몇 단백질은 게놈 분석을 근거로 의심하지 못했던 것이 확인되어 새로운 유전자를 발견하는 계기가 되었다. 단백질을 대규모로 분석함에 있어서 여러 방법이 사용되었다. 질량분석법(mass spectrometry)은 직접 세포와 조직으로부터 얻은 혼합물에서 단백질을 확인하고 분리하는 데 사용될 수 있었다. 태그(tag)를 가지고 있는 하이브리드 단백질은 cDNA의 발현으로 획득할 수 있는데, 이러한 cDNA는 오픈 리딩 프레임(ORF)을 가진 염기배열을 태그에 친화성을 가지고 있는 염기배열이 포함된 적당한 발현 벡터에 연결하여 만든다. 이를 통하여 단백질 분석에 이용되는 어레이 분석(array analysis)이 가능해졌다. 이러한 방법은—예를 들면, 건강한 사람의 조직과 질환을 가진 환자의 조직에서처럼—두 개의 조직 단백질의 차이를 매우 정확하게 비교하는 데에도 효과적으로 사용될 수 있다.

기능을 가진 유전자 이외에, (단백질-코딩 염기배열 방해법으로 확인된) 기능을 가지고 있지 않은 유전자의 사본도 역시 존재하는데, 이를 위유전자(*pseudogenes*)라고 부른다(*8.11절 위유전자는 기능이 없는 유전자 사본이다* 참조). 위유전자의 수는 많을 수 있다. 마우스와 인간 게놈에서 위유전자의 수는 (잠재적으로) 활성을 가진 유전자 수의 약 10%에 달한다(*5.7절 보존된 게놈 구조는 유전자 확인에 도움을 준다* 참조). 이러한 위유전자 중 일부는 조절 마이크로RNA를 생성하여 다른 기능을 할 수 있게 한다; *30장 조절 RNA* 참조.

핵심개념

- 유일한 유전자의 수와 유전자 패밀리 수의 합은 유전자 유형의 수를 추정한 것이다.
- 프로테옴의 최소 크기는 유전자 유형의 수로 추정할 수 있다.

개념 및 추론 확인

프로테옴의 크기는 왜 유전자 유형의 정확한 추정치가 아닌가?

6.5 인간 게놈은 최초 예상했던 것보다 적은 유전자를 가지고 있다

인간 게놈은 염기배열이 결정된 최초의 척추동물의 게놈이었다. 이러한 엄청난 과업 덕분에 인간이라는 종의 유전적 구성과 일반적인 게놈의 진화에 관한 풍부한 정보를 밝혀낼 수 있었다. 게놈에 관한 우

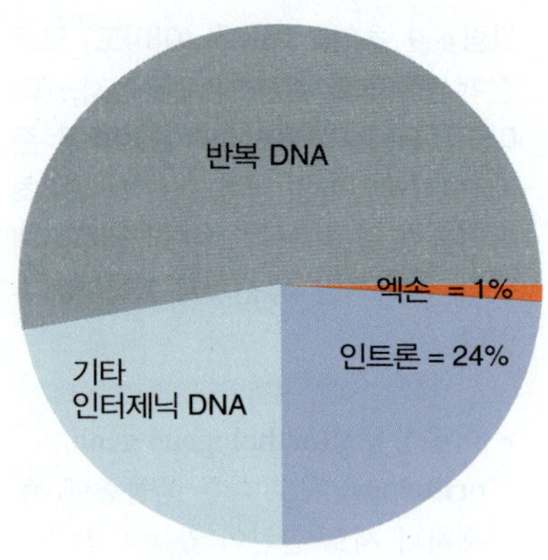

그림 6.10 유전자는 인간 게놈의 24%를 차지하고 있으나, 단백질-코딩 염기배열은 극히 일부에 지나지 않는다.

리의 이해는 인간 게놈의 염기배열과 다른 척추동물의 염기배열을 비교함으로써 훨씬 깊이를 더하게 되었다.

일반적으로 포유동물의 게놈 크기는 약 3×10^9 bp 정도의 좁은 범위 안에 있다(*8.7절 일부 게놈은 왜 그렇게 큰가?* 참조). 마우스 게놈은 인간 게놈보다 약 14% 작은데, 그 이유는 아마도 결실(deletion) 비율이 높기 때문일 것이다. 이들 게놈은 유사한 유전자 패밀리와 유전자를 포함하고 있으며, 대부분의 유전자는 다른 게놈 내에 오솔로그를 가지고 있다. 그러나 유전자 패밀리의 구성원 수에는 차이를 보이는데, 특히 생물종에 특이적인 기능을 나타내는 경우에는 더욱 그렇다(*5.7절 보존된 게놈 구조는 유전자 확인에 도움을 준다* 참조). 포유동물의 유전자는 원래 약 30,000개 정도로 예상했었고, 현재 마우스 유전자는 그 정도이지만, 인간 게놈은 20,000~25,000개로 추정된다. 23,000개의 단백질-코딩 유전자는 단백질을 코드하지 않는 RNAs를 의미하는 3,000개의 유전자를 함께 지니고 있는데, (리보솜 RNA는 제외하고) 이들은 일반적으로 작다. 이들 유전자의 거의 절반은 tRNA를 코드한다. 활성 유전자 외에도 약 1,200개의 위유전자(pseudogene)가 확인되었다.

인간 (반수체) 게놈은 22개의 상염색체와 X, Y 염색체를 포함하고 있다. 염색체는 DNA 크기는 45~279 Mb 범위에 있는데, 전체 게놈의 크기는 3,286 Mb (약 3×10^9 bp)이다. 염색체의 구조를 근거로 하여, 게놈은 유크로마틴(euchromatinm, 진정염색질)(대부분의 활성 유전자를 포함)과 활성 유전자의 밀도가 훨씬 낮은 헤테로크로마틴(heterochromatin, 이질염색질)으로 구분할 수 있다(*9.5절 크로마틴은 유크로마틴과 헤테로크로마틴으로 나뉜다* 참조). 유크로마틴은 약 2.9×10^9 bp에 해당하는 게놈의 대부분을 차지하고 있다. 지금까지 확인된 게놈 염기배열의 약 90%는 유크로마틴이다. 게놈 염기배열은 게놈의 유전적 함량에 관한 정보를 제공하는 것 외에도, 염색체의 구조 형성에 중요한 특성을 확인시켜 준다(*9.6절 염색체는 밴드 패턴을 가지고 있다* 참조).

그림 6.10에서는 인간 게놈의 극히 작은 부분(약 1%)이 실제적으로 단백질을 코드하고 있는 엑손에 의한 것이라는 것을 설명해 준다. 단백질-코딩 유전자의 나머지 염기배열을 구성하는 인트론은 단백질 생성에 관여하는 전체 DNA의 약 25%를 차지하고 있다. **그림 6.11**에서 보는 바와 같이, 인간 유전자는 평균 27 kb이고, 1,340 bp의 전체 코딩 염기배열을 포함하는 9개의 엑손으로 이루어져 있다. 따라서 평균 코딩 염기배열은 평균 단백질-코딩 유전자 길이의 오직 5%에 불과하다.

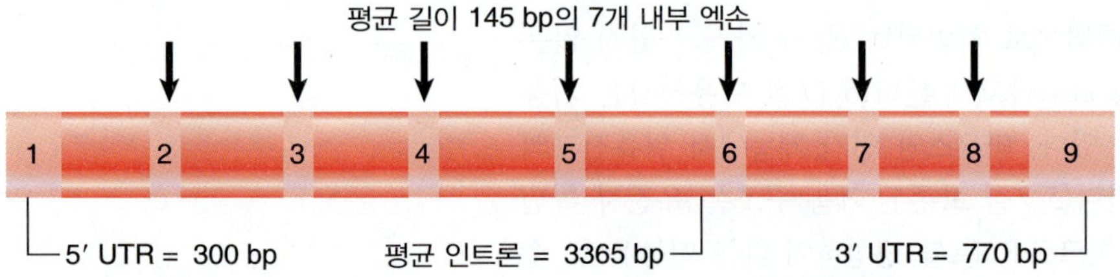

그림 6.11 인간 유전자는 평균 27 kb의 길이이고, 각 말단에는 보통 두 개의 긴 엑손과 7개의 내부 엑손으로 이루어진 9개의 엑손을 갖는다. 엑손 말단에 있는 비번역 부위(UTR)는 번역이 되지 않는 영역으로서 각 유전자의 양 끝에 위치한다. (이는 평균에 근거한 것이며, 몇몇 유전자는 지극히 길어서 7개의 엑손을 가지고 있으며 평균 길이가 14 kb가 된다.)

게놈의 염기서열이 해독되기 전에 인간 유전자의 전체 수는 100,000개로 예상했지만, 현재는 20,000~25,000개로 추정되며, 이는 원래 예상했던 것보다 훨씬 적은 수이다. 이러한 수치는 식물인 애기장대(약 25,000개)는 말할 것도 없고(그림 6.2 참조), 파리(약 13,600개)와 지렁이(약 18,500개)에 비하여 상대적으로 약간 더 많을 뿐이다. 그러나 우리는 보다 복잡한 생물체를 구성하기 위해, 많은 유전자가 추가로 필요하지 않다는 점에 대하여 특별히 놀라지 않아도 된다. 인간과 침팬지 간의 DNA 염기배열의 차이가 극히 미미한 것을 보더라도(99% 이상의 상동성), 유사한 유전자 세트 간의 기능과 상호작용이 매우 다른 결과를 만들어 낼 수 있다는 것은 명백한 일이다. 유전자의 특별한 그룹의 기능은 특히 중요하다. 왜냐하면, 인간과 침팬지의 오솔로그 유전자를 상세하게 비교해 보았을 때, 발생 초기에 나타나는 유전자를 포함하여 후각, 청각과 같이 어떤 생물종에 있어서 상대적으로 특별해진 기능을 가진 유전자의 특정한 부류에서 급격한 진화가 일어났음을 알 수 있기 때문이다.

단백질-코딩 유전자의 수는 동일한 유전자로부터 여러 개의 단백질을 생성하는 선택적 스플라이싱, 선택적 프로모터의 선발, 선택적 폴리(A) 부위의 선발과 같은 메커니즘 때문에 잠정적인 단백질의 수보다 더 적다(*21.11절 다세포 진핵생물에서 선택적 스플라이싱은 예외라기보다는 규칙이다* 참조). 선택적 스플라이싱의 범위는 파리나 지렁이보다 인간에서 더 많이 일어난다. 이것은 유전자에 약 60% 정도의 영향을 미칠 수 있으며, 따라서 다른 진핵생물과 상대적으로 비교하여 인간 프로테옴 크기의 증가는 유전자 수의 증가보다 더 클 것이다. 두 개의 염색체로부터 그 안에 있는 유전자를 간단히 비교해 보면, 실제로 단백질의 염기배열에 변화를 가져오는 선택적 스플라이싱의 비율은 80% 이상을 차지한다는 것을 알게 된다. 이렇게 함으로써 프로테옴의 크기를 50,000~60,000개로 증가시킬 수 있을 것이다.

그러나 유전자 패밀리 수의 다양성의 측면에서 보면, 인간과 다른 진핵생물 간의 차이는 그다지 크지 않다. 많은 인간 유전자는 유전자 패밀리에 속한다. 약 25,000개의 유전자 분석을 통하여, 3,500개의 유일한 유전자와 13,000개의 유전자 쌍이 확인되었다. 그림 6.7에서 볼 수 있는 것처럼, 인간 유전자 패밀리의 수는 지렁이 혹은 파리보다 단지 약간 더 많을 뿐이다.

핵심개념

- 인간 게놈의 단지 1%만이 엑손으로 이루어져 있다.
- 엑손은 각 유전자의 약 5%를 차지하므로, 유전자(엑손 + 인트론)는 게놈의 약 25%를 구성하고 있다.
- 인간 게놈은 20,000~25,000개의 유전자를 가지고 있다.
- 인간 유전자의 약 60%가 선택적으로 스플라이싱 된다.
- 선택적 스플라이싱의 최대 80%가 단백질 배열을 변화시키므로, 프로테옴에는 약 50,000~ 60,000개의 구성원이 있다.

개념 및 추론 확인

최초 인간 유전자 수의 추정치는 얼마였는가? 실제 숫자는 왜 그렇게 적은가?

6.6 유전자와 다른 염기배열은 게놈에서 어떻게 분포되어 있는가?

유전자는 게놈에서 동일한 형태로 분포되어 있을까? 몇몇 염색체는 상대적으로 유전자가 적으며, 25% 이상이 "불모지(deserts)"와 같은 염기배열을 갖는데, 이들은 오픈 리딩 프레임(ORF)이 존재하지 않는 500 kb 이상의 영역이다. 대부분 유전자가 풍부한 염색체 조차도 10% 이상의 불모지와 같은 염기배열을 가지고 있다. 그러므로 인간 게놈의 약 20%는 단백질-코딩 유전자를 가지고 있지 않은 불모지로 구성되어 있다.

그림 6.12에서 나타난 것처럼, 반복 배열은 인간 게놈의 약 50%를 차지한다. 이런 반복 배열은 5가지 종류로 구분한다.

- 트랜스포존(transposon, 전이유전자)(활성화 혹은 불활성화)이 대다수를 차지한다(게놈의 45%). 모든 트랜스포존은 다수의 사본으로 발견된다.
- 가공된 위유전자는 모두 약 3,000개 정도로 전체 DNA의 약 0.1%를 차지한다(이들은 mRNA 염기배열의 역전사된 DNA 사본이 게놈 내로 삽입됨으로써 나타난 염기배열이다; *8.11절 위유전자는 기능이 없는 유전자 사본이다.* 참조).
- 단순 반복배배열[(CA)와 같이 고빈도 반복 DNA]은 약 3% 정도를 차지한다.
- 단편 중복체(segmental duplications)(새로운 영역으로 중복된 10~300 kb의 블록)는 약 5%를 차지한다. 이와 같은 중복체의 오직 소수만이 동일한 염색체에서 발견되고; 대부분의 중복체는 서로 다른 염색체 위에서 발견된다.
- 탠덤 반복배열(tandem repeat, 연속반복배열)은 한 가지 유형의 염기배열 블록을 형성한다(특히, 센트로미어와 텔로미어에서 발견된다).

인간 게놈의 염기배열은 트랜스포존의 중요성을 강조하고 있다. 많은 트랜스포존은 스스로 복

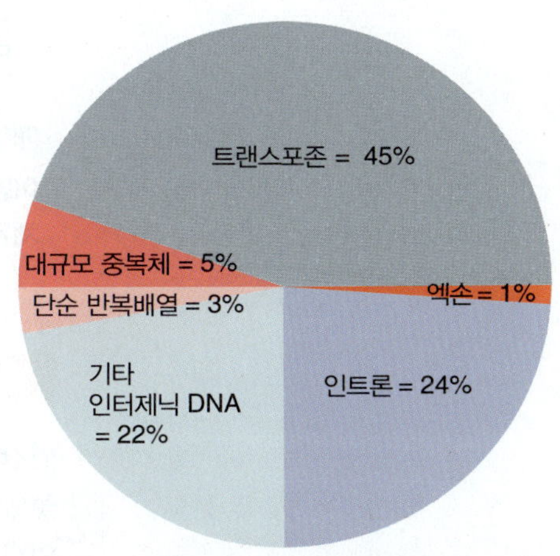

그림 6.12 인간 게놈을 구성하는 가장 큰 구성성분은 트랜스포존이다. 다른 반복배열은 대규모 중복체와 단순 반복배열을 포함하고 있다.

제하는 능력을 가지고 있으며, 새로운 위치로 삽입된다. 그들은 DNA 요소로서 광범위하게 기능을 하거나 혹은 활성형의 RNA를 가질 수도 있다(*17장 전이 인자와 레트로바이러스* 참조). 인간 게놈에서의 이들의 분포를 그림 17.33에 요약하였다.] 인간 게놈에 있어서 트랜스포존의 대부분은 기능이 없으며, 일반적으로 활성을 가진 것은 매우 드물다. 그러나 게놈 내에서 높은 비율로 존재하는 이들 트랜스포존은, 그들이 게놈을 형성하는 데 있어서 주도적인 역할을 하고 있음을 의미한다. 하나의 흥미로운 특징은 몇몇 현존하는 유전자가 트랜스포존으로부터 유래되었으며, 전이 능력을 잃은 후에는 그들이 존재하는 환경에 맞추어 진화했다는 것이다. 거의 50개의 유전자가 이런 방법으로 유래된 것으로 보인다.

가장 단순한 단편 중복(segmental duplication)은 염색체 내의 몇 군데에서 일어나는 연속 중복(tandem duplication)을 포함하고 있다(전형적으로 감수분열 과정 중 비정상적인 유전자 재조합이 원인이다; *7.2절 부등교차는 유전자 클러스터를 재배열한다* 참조). 그러나 대부분의 경우 중복된 영역은 서로 다른 염색체 상에 존재하는데, 이는 원래 새로운 부위로 한 사본의 전좌가 일어남으로써 생긴 연속 중복이거나, 혹은 모두 서로 다른 메커니즘에 의해서 중복이 일어났음을 의미한다. 단편 중복의 극단적인 경우는 전체 게놈이 중복되었을 때인데, 이런 경우에 최초에 이배체(diploid)였던 게놈이 사배체(tetraploid)로 된다(*8.12절 게놈 중복은 식물과 척추동물 진화에 역할을 한다* 참조). 중복된 사본이 서로 다르게 발달함에 따라, 비록 분지된 사본 간의 상동성은 증거로 남아있지만, 게놈은 점차 효율적으로 다시 이배체가 될 것이다. 이런 현상은 특히 식물체 게놈에서 일반적으로 나타난다. 현재 인간 게놈 분석으로 많은 개개인의 중복된 영역이 확인되었으며, 척추동물에 있어서의 전체-게놈 중복에 대한 증거가 존재한다.

인간 게놈의 한 가지 흥미로운 특징은 코딩 기능을 가지고 있지 않은 것으로 보이는 염기배열의 존재인데, 이들은 그럼에도 불구하고 이들의 염기배열이 진화 과정에서 높은 수준으로 잘 보존되어 왔다. 다른 게놈(예를 들면, 마우스 게놈)과의 비교를 통하여 밝혀진 바에 따르면, 이들은 전체 게놈의 약 5%를 차지하고 있다. 이들 염기배열은 기능적인 면에서 어떤 단백질-코딩 염기배열과 관련이 있을까? 비록 18번 염색체가 뚜렷하게 낮은 단백질-코딩 유전자 밀도를 갖고 있지만, 그 18번 염색체의 유전자 밀도는 게놈의 다른 곳과 동일하다. 이러한 사실은 단백질-코딩 유전자의 기능이 그들의 구조 또는 발현과는 상관관계가 없다는 것을 간접적으로 암시하는 것이다.

핵심개념

- 인간 게놈의 50% 이상을 (하나 이상의 사본에 존재하는) 반복배열이 차지하고 있다.
- 반복배열의 대부분은 기능이 없는 트랜스포존의 사본으로 구성되어 있다.
- 큰 염색체 영역은 많은 중복체가 존재하고 있다.

개념 및 추론 확인

어떤 메커니즘으로 염색체 단편의 연속 중복(tandem duplication)이 일어날까? 서로 다른 염색체에서 발견된 대체된 중복을 설명할 수 있는 메커니즘은 무엇인가?

6.7 Y 염색체에는 여러 개의 남성-특이적 유전자가 있다

인간 게놈의 염기배열 분석은 성염색체(sex chromosome)의 역할에 대한 우리의 이해를 상당히 넓혀 놓았다. 일반적으로 X와 Y 염색체는, 아주 오래 전의 공통인 상염색체로부터 유래되었다고 여겨지고 있다. 진화 과정을 거치는 동안 X 염색체는 본래의 유전자 대부분이 유지된 반면에, Y 염색체의 대부분은 소실되었다.

X 염색체는 여성이 두 개의 사본을 가지고 있으므로 상염색체처럼 행동하며, 그들 사이에서 재조합이 일어날 수 있다. X 염색체 상에서의 유전자 밀도는 다른 염색체 상에서의 유전자 밀도와 비슷하다.

Y 염색체는 X 염색체보다 훨씬 작고, 포함하는 유전자의 수도 적다. Y 염색체의 고유한 역할은 오직 남성만이 Y 염색체를 가지고 있으며, 오직 사본 하나만 존재하기 때문에 Y 관련 유전자자리는 모든 다른 인간 유전자처럼 이배체 대신에 효율적인 반수체라는 사실이다.

수년 동안 Y 염색체는 남성을 결정하는 하나 혹은 약간의 유전자를 제외하고는 어떠한 유전자도 포함하고 있지 않다고 생각했었다. Y 염색체의 (염기배열의 95% 이상의) 대부분은 X 염색체와 교차가 일어나지 않는데, 이것은 유해한 돌연변이의 축적을 막을 수단이 없기 때문에 활성유전자를 포함할 수 없었다는 견해로 이어지게 되었다. 이러한 영역은 남성의 감수분열 시, X 염색체와 자주 교환이 일어나는 짧은 유사상염색체(pseudoautosome)의 측면에 위치하고 있다. 원래 이 지역은 *비재조합 영역(nonrecombining region)*이라고 불렸지만, 현재는 *남성-특이적 영역(male-specific region)*으로 이름이 바뀌었다.

Y 염색체의 상세한 염기배열을 통하여, 남성-특이적 영역은 그림 6.13에서 보는 바와 같이, 세 가지 유형의 염기배열을 포함하고 있다는 것이 밝혀졌다.

- *X-전이 염기배열(X-transposed sequence)*은 총 3.4 Mb로 구성되며, 약 3~4백만 년 전 X 염색체 내의 q21 밴드의 전이로 인해 생성된 큰 블록을 포함하고 있다. 이것은 인간 혈통에 특이적이다. 이들 염기배열은 X 염색체와 재조합을 이루지 않으며 대부분은 불활성화된다. 현재 그들은 오직 두 개의 활성화 유전자를 포함하고 있다.
- X-퇴화 단편(*X-degenerate segments*)은 (X와 Y 모두 유래된 공통의 상염색체로 거슬러 올라가는) X 염색체와 공통적인 기원을 가지는 염기배열이다. X-퇴화 절편은 X-연관 유전자 혹은 이와 관련된 위유전자를 포함하는데, 14개의 활성유전자와 13개의 위유전자가 있다. 어떤 의미에서, 활성유전자는 감수분열에서 재조합이 일어날 수 없는 염색체 영역으로부터 유전자가 제거되는 흐름을 무시한 것이다.
- *앰플리콘 단편(ampliconic segment)*은 전체 길이가 10.3 Mb이고, 내부적으로 Y 염색체에 반복되어 있으며, 8개의 커다란 팔린드롬 블록(palindromic block)이 존재한다. 이들은 유전자 패밀리당 2~35개 범위의 사본 수를 가진 9개의 단백질-코딩 유전자 패밀리를 포함하고 있다. "앰플리콘"이라는 이름은 Y 염색체 상에 있는 염기배열이 내부적으로 증폭되어 왔다는 사실을 반영하고 있다.

이 세 가지 영역에 있는 유전자의 전체 수로부터, Y 염색체는 156개의 전사 단위를 포함하는데, 절반은 단백질-코딩 유전자를 나타내고, 절반은 위유전자(pseudogene)를 나타낸다는 것을 알게 되었다.

활성유전자가 현존한다는 것은 앰플리콘 단편에서 밀접하게 관련된 유전자 사본이 존재함으로써 활성을 가진 사본을 재생시키는 데 사용된 유전자의 다중 사본(multiple copies) 간의 유전자 전환을 가능하게 했다는 사실에 의해 설명이 된다. 한 유전자가 여러 사본을 갖는 대부분 공통적 필요성은 (더 많은 단백질을 생성하기 위한) 정량적이거나, 혹은 (서로 다른 시간과 공간에서 발현되거나 또는 경미한 다른 특성을 가진 단백질을 생성하기 위한) 정성적이다. 그러나 이런 경우, 필수적인 기능은 진화를 통하여 나타난다. 실제로, 다중 사본의 존재는 대립 염색체 사이의 재조합에 의해 보통 제공되는 진화의 다양성을 대체하기 위하여, Y 염색체 내에서 자체 재조합이 효율적으로 일어나는 것을 가능하게 한다.

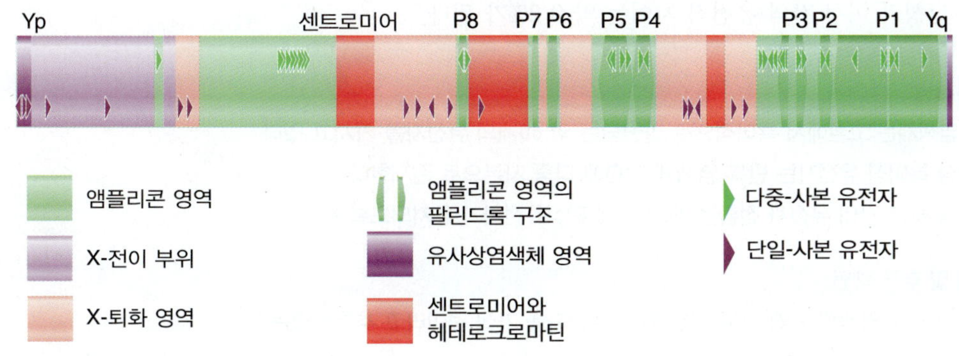

그림 6.13 Y 염색체는 X-전이 부위, X-퇴화 부위, 앰플리콘으로 구성되어 있다. X-전이 부위와 X-퇴화 부위는 각각 2개와 4개의 단일 사본 유전자를 가지고 있다. 앰플리콘은 9개의 유전자 패밀리를 포함하는 8개의 커다란 팔린드롬 구조(P1–P8)를 가지고 있다. 각 유전자 패밀리는 적어도 두 개의 사본을 포함하고 있다.

METHODS AND TECHNIQUES

Y-염색체를 통한 인류 역사의 추적

Y 염색체 대부분은 재조합이 일어나지 않기 때문에, Y 염색체의 유전적 표지인자는 완전 연관되어 있고 한 세대에서 다음 세대로 함께 전달된다. 따라서 유연관계가 가까운 염색체는 유연관계가 훨씬 더 먼 염색체보다 대립인자가 동일한 것이 많기 때문에, Y 염색체 간의 유전적 관계를 추적할 수 있다. 특정한 염색체에서 두 개 혹은 그 이상의 유전자자리에 존재하는 대립유전자의 세트를 *하플로타입*(*haplotype*, 단상형)이라고 부른다. Y 염색체에 대한 많은 계통학적인 연구를 하기 위해서는, SSR(simple sequence repeat) 다형성을 밝히는 것이 편리한데, 이는 SSR이 상대적으로 복제 오류로 인한 돌연변이 발생률이 높고, 대립유전자의 수가 많기 때문이다. 논리적 근거는, 염색체의 20~30 SSR 각각에 대립유전자를 포함한 하플로타입이 있는 Y 염색체는 매우 최근의 과거에 같은 조상인 Y 염색체로부터 물려받은 것임이 확실하다는 것이다. 단 하나의 유전자자리에서 하플로타입이 다르다는 것은 유전적 관계가 덜 가깝다는 것이며, 두 개의 유전자자리에서 하플로타입이 다르다는 것은 더욱 더 가깝지 않다는 것이며, 등등 이런 식으로 해석하여 나간다. 이런 간단한 논리는 Y 염색체 다형현상을 통하여 인류 집단의 역사를 추적하는 근거가 된다. 많은 대립유전자를 공유하는 하플로타입은 약간의 대립유전자를 공유한 하플로타입보다 더욱 최근의 공통조상인 Y 염색체를 가지고 있다. 게다가, SSR 돌연변이의 비율이 추정될 수 있기 때문에, 조상 염색체가 존재했던 시점을 추론할 수 있다. 이와 같은 방식에 의하면, 모든 현존하는 인간 Y 염색체의 공통인 조상 Y 염색체가 가장 최근에 존재했던 시점은 약 50,000년 이전이다. 그렇지만, 이러한 추정은 아주 정확하지 않으며 많은 가정을 필요로 한다. 서로 다른 표지인자를 사용한 다른 연구에 의하면 150,000년 전으로 추정되는데, 이렇게 차이가 나는 이유는 아직 확실하게 밝혀지지 않았다. 그럼에도 불구하고, Y 염색체의 연구를 통하여 인류 집단의 역사에 관해서 많이 배울 수가 있다. 예를 들면, 징기스칸(Genghis Khan)의 유산은 Y 염색체의 가계를 추적함으로써 알 수 있다.

역사에서 알려진 대로 13세기 몽고 제국은 중동과 동유럽을 거쳐 중국에서 러시아에 이르는 역사상 가장 넓은 영토를 가지고 있었다. 몽고 제국의 설립자는 약 1162년 경, 테무진(Temujin)이라는 이름으로 태어났다. 그가 젊었을 때, 종족의 연합체를 구성하였고, 약 1,200년 경, 작은 몽고 말에 나무로 된 높은 안장을 앉히고 활과 화살을 무장시켜 이웃 나라들을 정복하기 시작하였다. 그 후, 테무진은 이름을 징기스칸이라고 하였는데, 징기스칸은 "우주의 지배자"라는 의미이다. 그는 매우 무자비하여 반항하는 도시의 남자들과 소년들은 몰살시켰고, 여자와 소녀들은 납치하였다. 행복의 원천에 대한 질문의 답변으로 그는(*Jami al-tawarikh*의 연대기 작성자인 Rashid-ad-Din에 의해 기록된 바와 같이) 다음과 같이 말한 것으로 알려졌다. "가장 커다란 행복은 적을 정복하고, 눈앞의 적은 쫓아내고, 적의 재산은 강탈하고, 적이 눈물에 젖는 것을 보고, 적의 부인들이나 딸들을 품에 안는 것이다." 많은 부인들과 첩들, 그리고 무수히 많은 기록되지 않은 성적인 정복을 통하여, 징기스칸과 그의 후예들은 매우 많은 자식을 낳았다. 그의 장남 주치(Tushi)는 40명의 인정된 아들을 두었다고 알려졌고, 그의 손자 쿠빌라이 칸(Kubilai Kahn, 이 시대에 몽고 제국이 가장 융성함)은 22명의 인정된 아들을 둔 것으로 알려졌다.

징기스칸의 유산이 역사적으로 잘 기록 되었음에도 불구하고, 그것이 Y 염색체 연구에서 잘 밝혀질 것으로 기대하기는 어려웠다. 그러나 아시아의 넓은 지역 전체에 걸쳐 샘플링한 2,123명 남자들의 표본으로부터 Y 염색체에 존재하는 32가지 표지 인자의 유전자형을 조사하여 그림 B6.1과 같은 놀라운 결과를 얻었다. 각 동그라미는 집단의 표본을 가리키며, 동그라미의 크기는 표본의 크기에 비례한다. 동그라미 안의 빨간색 부분은 거의 동일한 Y 염색체 하플로타입의 상대적 빈도를 나타내고, 반면에 흰색 부분은 유전적으로 훨씬 더 다양한 다른 하플로타입의 상대적 빈도를 나타내고 있다. 가까이 연관된 하플로타입의 가장 최근의 공통 조상은 1,000±300년 전

앰플리콘 단편에서 단백질-코딩 유전자의 대부분은 정소에서 특이적으로 발현되어 남성으로의 발달에 관여하는 것으로 보인다. 만일, 전체 인간 유전자 25,000개 중에서 이러한 유전자가 약 60개 정도라면, 남성과 여성 간의 유전적 차이는 약 0.2%가 된다.

핵심개념

- Y 염색체는 고환에서 특이적으로 발현되는 약 60개의 유전자를 가지고 있다.
- 남성-특이적 유전자는 반복 염색체 단편에 다중 사본으로 존재한다.
- 다중 사본 간의 유전자 전환은 진화 중에 활성유전자가 유지되도록 한다.

개념 및 추론 확인

원래 인간 Y 염색체는 왜 아주 적은 활성 유전자를 가질 것이라고 추측하였는가?

에 존재했을 것으로 추정된다. 게다가, 가까이 연관된 하플로타입 무리(cluster)의 지리적 구역은 대부분 몽고 제국(음영) 내에 존재한다. 유일한 예외가 파키스탄의 하자라(Haraza) 인종으로 구성된 집단 10이다. 하자라인들은 그들 스스로 몽고인이라고 생각하며, 많은 사람들이 징기스칸의 직접적인 남성 계열의 후손이라고 주장하기 때문에, 이들의 연구는 가까이 연관된 Y 염색체의 기원을 밝히는 실마리를 제공하였다. 그들의 기원이 무엇이든 간에, 가까이 연관된 Y 염색체는 아시아의 넓은 지역 전체(집단 1~16)에 걸쳐 남성들의 약 8%에서 발견된다. 원칙적으로 징기스칸과의 직접적인 연관성에 대한 직접적인 증거는 그의 무덤에서 회수된 물질에서 Y 염색체의 하플로타입을 알아봄으로써 얻어질 수 있다. 그는 1227년 말에서 떨어져 부상으로 사망하였으며, 그가 태어난 곳 근처의 한 장소에 비밀리에 묻혀 있다고 전해져 내려오고 있다.

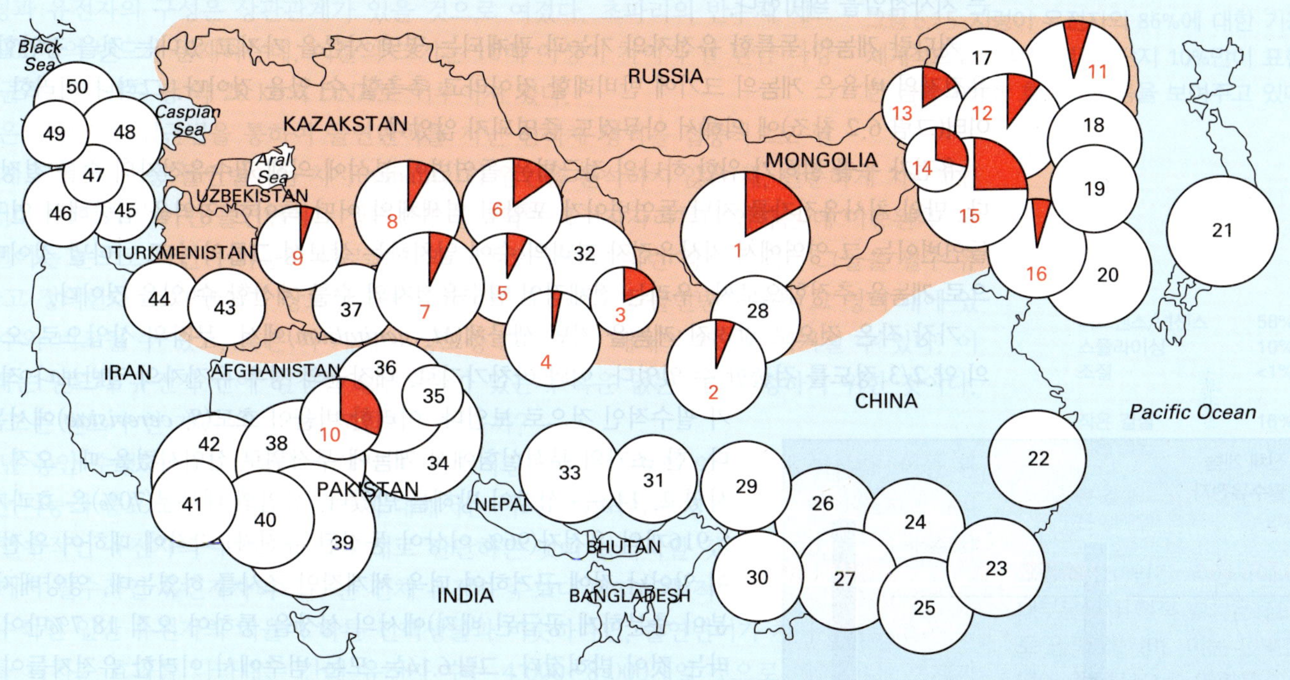

그림 B6.1 고대 몽고 황제 주위의 집단 중에서, 징기스칸이나 그와 가까운 남자 혈족으로부터 물려받은 것으로 추정되는 Y 염색체 하플로타입(빨간색)의 분포. 1. 몽고, 2. 한[간쑤], 3. 중국계 카자크, 4. 한[신장], 5. 시버, 6. 위그루, 7. 키르기즈, 8. 카자크, 9. 우즈벡, 10. 하자라, 11. 허쩌, 12. 다우르, 13. 에빙키, 14. 한[내몽고], 15. 내몽고, 16. 만주, 17. 오로촌, 18. 한[헤이룽장], 19. 중국계 한국, 20. 한국, 21. 일본, 22. 사족, 23. 한[광동], 24. 요족[연남], 25. 리족, 26. 뿌이족, 27. 요족[버마족], 28. 후이족, 29. 한[쓰촨], 30. 하니족, 31. 강족, 32. 중국계 위구르, 33. 티베트족, 34. 브루쇼인, 35. 발티, 36. 칼라쉬, 37. 타지키스탄, 38. 발로치족, 39. 파르시, 40. 마크라니 흑인종, 41. 마크라니 발로치족, 42. 브라후이족, 43. 투르크멘, 44. 쿠르드, 45. 아제니족, 46. 아르메니안, 47. 레치족, 48. 그루지아, 49. 오세트인, 50. 스웨덴. [참고문헌: Zerjal, T. *Am. J. Hum. Genet.* 72 (2003): 717-721.]

6.8 얼마나 많은 유전자가 필수적일까?

자연선택의 힘은 기능을 가진 유전자를 게놈 안에 유지하도록 한다. 돌연변이는 무작위로 일어나며, 하나의 오픈 리딩 프레임(ORF)에 미치는 일반적인 효과는 단백질 산물에 손상을 일으킨다. 손상을 주는 돌연변이를 갖고 있는 생물체는 경쟁에서 불리해질 것이며, 그러한 돌연변이는 결국 제거될 것이다. 그러나 한 집단에서 경쟁에 불리한 대립유전자의 빈도는 새로운 돌연변이의 발생과 자연선택으로 인한 대립유전자의 제거 사이에서 균형을 이루게 된다. 우리가 게놈 안에서 온전하게 발현되는 오픈 리딩 프레임을 볼 때는 언제나, 이러한 논리를 역으로 함으로써 이들의 산물이 생물체에서 유용한 역할

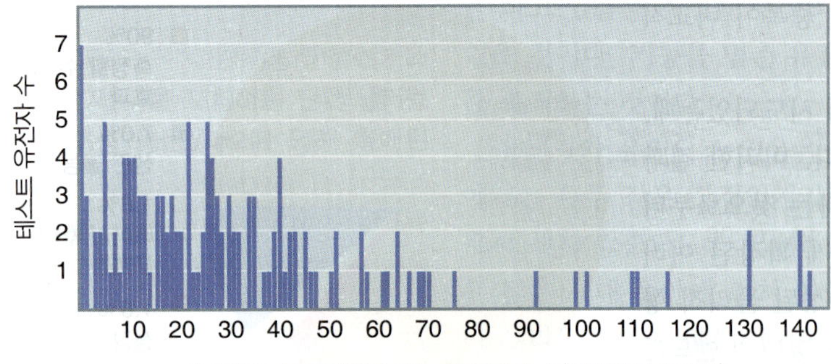

그림 6.17 모두 132개의 돌연변이체 테스트 유전자는, 그것이 각각 4,700개의 비치사 돌연변이와 결합하는 경우에 치사를 유발하는 몇 개의 조합을 가지고 있다. 이 도표는 각 테스트 유전자에 대해 얼마나 많은 치사적인 상호작용 유전자가 있는지 보여 주고 있다.

이라고 부른다. 그림 6.17은 SGA에 의한 탐색을 통하여 생존 가능한 4,700개의 결실 중에서 어느 하나를 조합시켰을 때, 생존할 수 있는지 혹은 없는지를 테스트함으로써 132개의 생존 가능한 결실을 만든 분석법의 결과를 요약한 것이다. 테스트된 유전자 각각의 하나는 최소한 조합이 치사적인 하나의 파트너를 가지고 있었으며, 테스트된 유전자의 대부분은 많은 그러한 파트너를 가지고 있었다; 평균 약 25개의 파트너가 존재했고, 가장 많은 것은 테스트된 유전자 한 개에서 146개의 치사유전자 파트너를 가지고 있었다. 서로 영향을 미치는 돌연변이체 쌍 중에서 작은 비율(약 10%)은 물리적으로 상호작용을 하는 단백질을 코드한다.

이러한 결과는 그렇게 많은 결실에 있어서 명백한 효과가 나타나지 않는 것을 설명하는 데 도움이 된다. 자연선택은 결실이 치사 쌍(lethal pairwise)과의 조합에서 발견되었을 때, 이러한 결실에 대항해서 작용할 것이다. 어느 정도까지, 생물체는 내장된 중복성을 형성함으로써 돌연변이로부터 오는 손상효과를 보호 받는다. 그러나 그들 자신에게는 해가 되지 않지만, 미래의 세대에서 다른 그러한 돌연변이와 조합을 이루었을 때 심각한 문제를 일으킬지 모르는 돌연변이의 "유전적 부하(genetic load)"가 축적되는 형태로 대가를 지불하게 된다. 아마도, 그러한 상황에 있어서 개개의 유전자가 손실되면, 진화 과정 중 활성유전자를 유지하는 데 매우 불리한 환경을 초래한다.

핵심개념

- 모든 유전자가 필수적인 것은 아니다. 효모 및 파리에서 유전자의 50% 미만의 결실은 검출할 수 있는 효과를 가지고 있다.
- 둘 이상의 유전자가 중복(redundant)되는 경우, 그들 중 어느 하나의 돌연변이는 검출할 수 있는 효과가 없을 수 있다.
- 우리는 게놈 내에서 명백히 없어도 되는 유전자가 유지되는 것을 완전히 이해하지 못하고 있다.

개념 및 추론 확인

돌연변이 분석법을 통해 필수 유전자의 수를 측정할 때 문제점은 무엇인가?

6.9 진핵생물에서는 약 10,000개의 유전자가 광범위하게 다양한 수준으로 발현된다

특정한 시간에 특정한 세포에서 발현되는 단백질-코딩 유전자를 포함한 DNA의 비율은 세포로부터 분리된 mRNA와 하이브리드할 수 있는 DNA의 양에 의해서 결정될 수 있다. 이러한 포화분석법(saturation analysis)은 전형적으로 다양한 시간대에 발현되는 많은 세포 유형에 적합하며, mRNA로서 발현되는 DNA의 약 1%까지도 확인이 된다. 이로부터 mRNA의 평균 길이를 알면, 단백질-코딩 유전자의 수를 계산할 수 있다. 효모와 같은 단세포 진핵생물에 있어서 발현되는 단백질-코딩 유전자의 전체 수는 약 4,000개 정도이다. 식물과 척추동물을 포함한 다세포 진핵생물 체조직(somatic tissue)의 경우, 유전자 수는 보통 10,000~15,000개에 이른다(오직 포유동물의 뇌세포는 예외로서, 이와 같은 유형과는 일치하지 않는다. 왜냐하면, 뇌세포에는 훨씬 많은 수의 유전자가 발현되는 것으로 보이는데, 정확한 수는 불확실하다).

▶ **존재비(abundance)** 세포당 mRNA 분자의 평균 수.

세포당 각각의 mRNA의 평균 분자(molecules) 수를 **존재비(abundance)**라고 부른다. 만일 세포에서 특정한 mRNA의 총량을 알면, 존재비는 아주 간단하게 계산될 수 있다. 예를 들면, 닭의 난관(oviduct) 세포에서 전체 mRNA가 난백 알부민(ovalbumin) mRNA의 100,000개 사본이면, 7개 혹은 8개의 다른 mRNAs의 사본 수는 4,000개, 나머지 mRNAs로 남는 13,000개는 단지 약 5개의 사본 수를 갖는다.

우리는 mRNA의 존재비에 따라, mRNA 집단을 두 개의 일반적인 부류로 구분할 수 있다:

- 난관은 오로지 한 생물 종에서 수많은 mRNA가 존재하는 극단적인 경우이다. 그러나 대부분의 세포는 많은 사본으로 존재하는 소량의 RNA만을 가지고 있다. 이처럼 **과잉 mRNA(abundant mRNA)** 함량은 전형적으로 세포당 1,000~10,000개 사본이 존재하는 100개 이하의 서로 다른 mRNAs로 구성된다. 이는 흔히 전체 mRNA의 50%에 근접하는 총량의 과반수에 가깝다.
- 전체 mRNA의 거의 절반은 많은 염기배열 약 10,000개로 구성되어 있으며, 각각은 mRNA에서 오로지 작은 사본 수로 나타난다. 말하자면, 10개 이하이다. 이것을 **희귀 mRNA(scarce mRNA)** 혹은 **복합 mRNA(complex mRNA)** 부류라고 한다.

▶ **과잉 mRNA(abundant mRNA)** 적은 수의 개별 종으로 구성되며, 각각은 세포당 많은 수의 사본이 존재한다.

▶ **희귀 mRNA (scarce mRNA) (또는 complex mRNA, 복합 mRNA)** 많은 개별적인 mRNA 종으로 이루어져 있는 mRNA로, 세포당 매우 적은 수의 사본으로 존재한다. 이것은 RNA의 염기배열 복잡성(complexity; 반복배열)의 대부분을 차지함.

다세포 진핵생물의 많은 체세포 조직은 10,000~20,000개의 범주 안에서 발현되는 유전자 수를 갖는다. 서로 다른 조직에서 발현되는 유전자 간에는 얼마나 많은 중복이 존재할까? 예를 들면, 닭의 간(liver)에서 발현되는 유전자 수는 약 11,000~17,000개 정도이고, 이것과 비교하여 난관(oviduct)에서 발현되는 유전자 수는 약 13,000~15,000개이다. 이러한 유전자의 두 세트에서는 얼마나 많은 동일한 유전자가 존재할까? 얼마나 많은 유전자가 각 조직에서 특이적으로 발현되는 것일까? 이 질문들은 보통—RNA에서 나타나는 염기배열의 세트인—전사체(transcriptome)를 분석함으로써 해결될 수 있다.

우리는 풍부한 부류에서 발현되는 유전자 중에 근본적인 차이가 존재하고 있다는 것을 즉시 알게 된다. 예를 들면, 난백 알부민(ovalbumin)은 오직 수란관에서만 합성되고 간에서는 전혀 만들어지지 않는다. 이는 난관에 존재하는 mRNA 총량의 50%가 조직에 특이적이라는 것을 의미한다.

풍부한 mRNAs는 발현되는 유전자 중에서 오직 소량의 비율로 나타난다. 생물체의 전체 유전자 수와 그리고 서로 다른 세포 유형에서 생산되어야만 하는 전사체의 수가 변화한다는 관점에서 보면, 우리는 서로 다른 세포의 표현형에서 희귀한 mRNA 부류로 나타나는 유전자 간에 존재하는 중복의 정도를 알 필요가 있다.

서로 다른 조직을 비교해 보았을 때, 예를 들면 간과 난관에서 발현되는 염기서열의 약 75%가 동일하다. 다른 말로 바꾸면, 약 12,000개의 유전자가 간과 난관 양쪽에서 발현되고, 추가된 3,000개의 유전자는 오직 난관에서만 발현된다.

희귀한 mRNA는 광범위하게 중복되어 있다. 발현되는 유전자 수라는 관점에서 보았을 때, 조직 간에 오직 1,000~2,000개의 차이가 난다는 것을 떠나서, 마우스의 간과 신장(kidney) 사이에 희귀한 mRNA의 약 90%는 동일하다. 이와 같은 방법으로 여러 비교를 통하여 얻어진 일반적인 결과는, 한 세포의 mRNA 염기배열의 약 10%만이 유일하다는 것이다. 염기배열의 대부분은 아마도 모든 세포의 유형에서 공통적이다.

이러한 사실은 포유동물에서 약 10,000개 정도의 발현되는 유전자 기능의 공통적인 세트가 모든 유형의 세포에서 필요로 하는 기능을 포함하고 있다는 것을 의미한다. 때때로 이러한 기능을 가진 유전자의 유형을 **하우스키핑 유전자(housekeeping gene, 항존 유전자)** 혹은 **구성 유전자(constitutive gene)**라고 부른다. 이 기능은 오직 특별한 세포의 표현형을 위해 요구되는 특정 기능(가령, 난백 알부민 또는 글로빈)에 의해 나타나는 활성과는 대조가 된다. 이것을 때때로 **럭셔리 유전자(luxury gene, 특정 유전자)**라고 한다.

▶ **항존 유전자(housekeeping gene) 또는 구성 유전자(constitutive gene)** 모든 세포 유형의 생존에 필요한 기본 기능을 제공하기 때문에, (이론적으로) 모든 세포에서 발현되는 유전자.

▶ **특정 유전자(luxury gene)** 특수한 기능을 코딩하는 유전자. 대개 특정 세포 유형에서 다량으로 합성된다.

핵심개념

- 어떤 특정 세포에서, 대부분의 유전자는 낮은 수준으로 발현된다.
- 유전자 산물이 세포 유형에 한정되어 있는 소수의 유전자만이 높은 수준으로 발현된다.
- 낮은 수준으로 발현되는 mRNA를 서로 다른 세포 유형과 비교했을 때, 광범위하게 중복되어 나타난다.
- 풍부하게 발현된 mRNA는 대개 세포 유형에 특이적이다.
- 발현되는 10,000개의 유전자는 다세포 진핵생물의 대부분의 세포 유형에서 공통적으로 존재할 수 있다.

개념 및 추론 확인

특정 세포에서, 왜 일부 유전자가 많이 발현되고 다른 유전자는 거의 발현되지 않는가?

6.10 발현된 유전자는 집단으로 측정할 수 있다

최근의 기술을 이용하면 발현되는 단백질-코딩 유전자의 수를 더욱 체계적이고 정확하게 측정할 수 있다. 한 가지 접근법(유전자 발현의 순차적 분석, serial analysis of gene expression, SAGE)은 각각의 mRNA를 확인하기 위해 독특한 염기배열의 태그(tag)를 이용하는 것이다. 이 기술은 풍부한 각각의 태그를 이용하여 측정할 수 있다. 이러한 접근법을 통하여 세포당 0.3에서 200 이상의 다양한 전사물의 존재비(abundances)를 갖고 정상적인 영양 상태에서 성장하는 효모(*S. cerevisiae*)에서 4,665개의 발현된 유전자를 확인하였다. 이것은 전체 유전자 수(약 6,000개)의 약 75% 이상이 이 조건 하에서 발현된다는 것을 의미한다. 그림 6.18은 서로 다른 존재비 수준에서 발견된 서로 다른 mRNA의 수를 요약한 것이다.

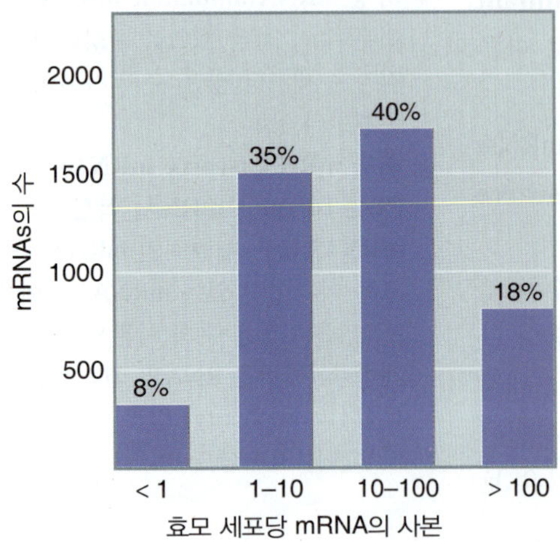

그림 6.18 효모 mRNA의 존재비는 세포당 1개(모든 세포가 mRNA 사본을 가지고 있지 않음을 의미) 이하로부터 세포당 (더욱 많은 단백질을 코딩하기 위한) 100개 이상까지 다양하다.

가장 강력한 새로운 기술은 아주 많은 미세한 DNA 올리고뉴클레오티드가 정렬된 **마이크로어레이(microarray)**를 포함한 칩(chip)을 사용하는 것이다. 마이크로어레이의 구조물은 전체 게놈 염기배열의 정보에 의해서 제작되는 것이 가능해졌다. 효모(*S. cerevisiae*)의 경우, 6,181개 오픈 리딩 프레임(ORF)의 각각은 메시지 배열과 완벽하게 매치되는 20~25개의 올리고뉴클레오티드, 그리고 염기 한 개가 다른 20개의 미스매치(mismatch) 올리고뉴클레오티드가 마이크로어레이 위에 나타나 있다. 어떤 유전자의 발현 수준은 완벽한 매체 파트너로부터 미스매치된 평균적인 신호를 빼면 계산된다. 효모의 전체 게놈은 4개의 칩 위에 나타낼 수 있다. 이러한 기술은 감도가 좋아서 5,460개의 유전자(게놈의 약 90%)의 전사물을 충분히 검출할 수 있는데, 이 기술을 통하여 수많은 유전자들이 세포당 0.1~0.2 전사물의 존재비를 나타낼 정도로 낮은 수준에서 발현된다는 것을 알게 되었다. 세포당 1 미만의 전사물의 존재비를 나타낸다는 것은 어느 특정한 순간에 모든 세포가 어떤 전사물 사본도 가지고 있지 않다는 것을 의미한다.

▶ **마이크로어레이(microarray)** 수천 개의 작은 DNA 올리고뉴클레오티드 샘플을 연속적으로 배열하여 각인시킨 작은 칩(chip). mRNA는 유전자 발현의 양과 수준을 평가하기 위해 마이크로어레이와 하이브리드할 수 있다.

이러한 기술의 의해 유전자 발현의 수준을 측정할 수 있을 뿐만 아니라, 서로 다른 성장 조건에서 자라는 정상세포와 돌연변이 세포의 발현을 비교함으로써 이 둘의 차이를 검출할 수 있게 되었다. 두 상태를 비교한 결과는 그리드(grid, 격자) 형태로 표시되었는데, 여기에서 각각의 정사각형은 특정한 유전자를 나타내고 있으며, 발현되는 상대적인 변화는 색깔로 표시하였다. 이들 데이터는 서로 다른 조건에서 유전자의 야생형 대 돌연변이 발현을 보여주는 *히트 맵(heat map)*으로 변환될 수 있다. 그림 6.19는 정상적인 인간 유방조직과 암성 유방 종양 간의 많은 유전자의 발현 차이를 보여주고 있다. 대부분의 유전자는 일부는 증가하고 일부는 감소하는 발현 변화를 보이고 있다. 히트 맵은 모유를 수유한 여성과 그렇지 않은 여성을 비교하였는데, 전반적으로 모유 수유를 한 여성의 경우 유전자 발현이 증가하였음을 보여주고 있다.

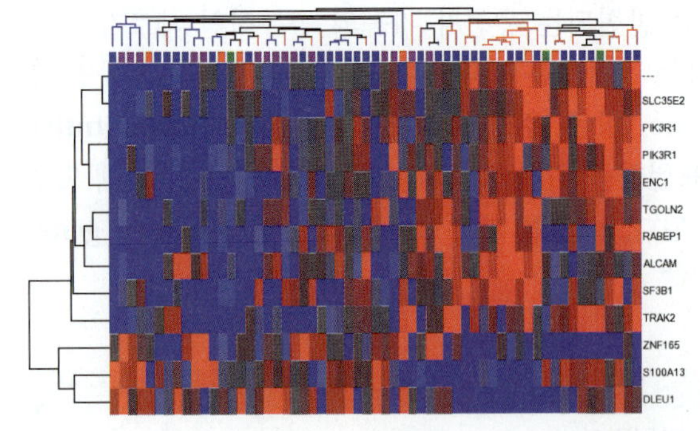

그림 6.19 6개월 이상 모유 수유를 한 여성 (지도 위에 빨간색 선) 또는 모유 수유하지 않은 여성 (파란색 선)의 59개의 침윤성 유방 종양에 대한 히트 맵. 다른 종양 아형(subtype)은 지도 위의 파란색, 초록색, 빨간색 및 자주색 막대로 표시하였다. 이 지도를 통해, (오른쪽에 열거한) 종양에서의 많은 유전자의 발현과 정상인 유방 조직의 발현을 서로 비교할 수 있다: 빨간색 = 높은 발현, 파란색 = 낮은 발현, 회색 = 동등 발현. Image courtesy of Rachel E. Ellsworth, Clinical Breast Care Project, Windber Research Institute.

이 기술을 동물세포에 적용하면, 유전자의 발현을 RNA 하이브리드 분석에 근거하여 일반적으로 설명하는 것보다 더욱 정확하게 유전자의 발현을 설명할 수 있으며, 어떤 특정한 세포 유형에서 그것들이 생산하는 존재비를 알 수 있다. 초파리(*D. melanogaster*) 유전자 발현 지도에 의하면, 예측되는 유전자의 거의 모든(93%) 생활주기(life cycle)의 어떤 단계에서도 전사물의 활성이 검출되는데, 이 중의 40%는 선택적 스플라이싱의 형태를 보여주고 있다.

핵심개념

- DNA 마이크로어레이 기술로 효모 세포에서 전체 게놈의 발현 스냅샷을 찍을 수 있다.
- 효모 게놈의 약 75%(약 4,500개의 유전자)는 정상적인 성장 조건에서 발현된다.
- DNA 마이크로어레이 기술을 이용하면, (예를 들면) 정상 세포와 암 세포 사이의 발현 차이를 결정하기 위해 관련된 동물 세포를 상세히 비교할 수 있다.

개념 및 추론 확인

단세포 효모가 정상 조건 하에서 유전자의 약 75%를 발현한다면, 나머지 25%의 유전자가 발현되지 않는 이유는 무엇인가?

6.11 요약

많은 박테리아와 원시세균, 효모, 지렁이, 파리, 생쥐, 그리고 인간의 게놈에 대한 염기배열이 밝혀졌다. 살아있는 세포(기생동물)에서 필요한 최소 유전자 수는 약 470개 정도이다. 독립-생활성 세포가 되기 위하여 필요한 최소 유전자 수는 약 1,700개 정도이다. 전형적인 그람-음성 박테리아는 약 1,500개의 유전자를 가지고 있다. 대장균(*E. coli*) 균주의 게놈은 4,300~5,400개로 유전자 수가 다양하다. 박테리아 유전자의 평균 길이는 약 1,000 bp 정도이고, 다음 유전자와 약 100 bp 간격으로 떨어져 있다. 효모 *S. pombe*는 5,000개의 유전자를, 또 다른 효모 *S. cerevisiae*는 6,000개의 유전자를 가지고 있다.

초파리는 지렁이보다 더 커다란 게놈을 가지고 있음에도 불구하고, 파리의 유전자 수(13,600개)는 지렁이의 유전자수(18,500개)보다 더 적다. 식물 애기장대는 25,000개의 유전자를 가지고 있으며, 게놈 크기와 유전자 수 사이에 명확한 상관관계가 결여되어 있다는 것은, 애기장대보다 쌀의 게놈 크기가 4배 크지만 28%의 유전자(약 32,000개)만을 가지고 있다는 사실에서 알 수 있다. 마우스와 인간은 20,000~25,000개의 유전자를 가지고 있는데, 이는 처음에 예상했던 것보다 훨씬 적은 수이다. 생물체의 발달에 따른 복잡성(complexity)은 생물체의 전체 수에서와 마찬가지로 유전자 간의 상호작용에 의존하고 있을지도 모른다.

약 8,000개의 유전자는 원핵생물과 진핵생물에 공통으로 존재하는데, 아마도 이들은 기본적인 기능에 관여하는 것으로 보인다. 다세포 생물체에서는 12,000개의 유전자가 발견된다. 동물에서는 또 다른 8,000개의 유전자가 발견되고, 추가로 (대부분 면역계와 신경계에 관여하는) 8,000개의 유전자가 척추동물에서 발견된다. 염기배열이 밝혀진 각 생물체의 게놈에서, 오직 50%에 해당되는 유전자의 기능이 알려져 있다. 치사 유전자의 분석에 의해 유전자의 극히 적은 수만이 각 생물체에 필수적이라는 것이 밝혀졌다.

진핵생물의 게놈을 비교하여 분석해 보면, 세 개의 부류로 구분할 수 있다; 비반복 염기배열은 유일하고, 중빈도 반복 염기배열은 산재해 있으며, 관련은 있으나 동일하지 않은 사본 형태로 적은 횟수로 반복되어 있다; 고빈도 반복 염기배열은 짧고 임의로 정렬되어 반복된다. 비록 커다란 게놈이 비반복 DNA 배열의 비율을 낮게 갖는 경향이 있을지라도, 염기배열의 유형에 따른 비율은 각각 게놈마다 특징적이다. 인간 게놈의 거의 50%는 대부분 트랜스포존 염기배열과 일치하는 반복배열로 구성되어 있다. 대부분의 구조유전자는 비반복 DNA 안에 위치하고 있다. 비반복 DNA의 복잡성(complexity)은 전체 게놈의 복잡성보다 생물체의 복잡성을 더욱 반영해 준다.

유전자는 광범위하게 매우 다양한 수준으로 발현된다. 세포의 주요 산물인 단백질을 코드하는 풍부한 유전자를 위하여 10^5개의 mRNA 사본이, 10개 미만의 중간 정도의 풍부한 메시지를 위해서는 10^3개의 mRNA 사본이, 그리고 드물게 발현되는 10,000개 이상의 유전자를 위하여 10개 미만의 mRNA 사본이 존재할 것이다. 서로 다른 표현형을 가진 mRNA 세포 집단 간에는 광범위하게 중복이 나타난다; mRNA의 대다수는 대부분의 세포에 존재하고 있다.

학습문제

1. 인간 게놈의 몇 %가 폴리펩타이드(즉, 인트론이 아닌 엑손)를 코드하고 있는가?
   A. 1%
   B. 10%
   C. 25%
   D. 40%

2. 인간 유전자의 총 수의 몇 %가 선택적 스플라이싱된다고 생각되는가?
   A. 24%
   B. 45%
   C. 60%
   D. 72%

3. 다음 중 가장 높은 비율의 유전자 패밀리를 가지고 있는 종은 무엇인가?
   A. 효모(*S. cerevisiae*)
   B. 초파리(*D. melanogaster*)
   C. 예쁜꼬마선충(*C. elegans*)
   D. 애기장대(*A. thaliana*)

4. 무척추 동물에서 발견되는 추정 유전자 패밀리 수는 얼마인가?
   A. ~1,200
   B. ~4,500
   C. ~12,000
   D. ~18,000

5. 초파리 게놈의 몇 %가 이 속(genus)에서만 존재하는가(즉, 다른 진핵생물과 공유되지 않는가)?
   A. 20%
   B. 45%
   C. 70%
   D. 90%

6. 독립-생활성 세포에서 필요한 최소한의 유전자 수는 얼마인가?
   A. 약 470개의 유전자
   B. 약 1,500개의 유전자
   C. 약 5,400개의 유전자
   D. 약 20,500개의 유전자

7. 염기배열이 밝혀진 최초의 척추동물 게놈은 무엇인가?
   A. 마우스(mouse)
   B. 쥐(rat)
   C. 인간(human)
   D. 침팬지(chimpanzee)

8. 인간과 침팬지 사이의 대략적인 유전적 동일성은 대략 어느 정도인가?
   A. 67%
   B. 85%
   C. 92%
   D. 99%

9. (결실 돌연변이의 분석에 의해) 효모 유전자의 몇 %가 필수적이라고 밝혀졌나?
   A. 12%
   B. 19%
   C. 27%
   D. 43%

10. 다세포 진핵생물에서 대부분의 세포 유형으로 발현되는 유전자의 대략적인 숫자는 얼마인가?
   A. 4,500
   B. 10,000
   C. 15,000
   D. 21,000

핵심용어

abundance
abundant mRNA
horizontal transfer
housekeeping gene (constitutive gene)
luxury gene
microarray
monocistronic mRNA
orthologous genes (orthologs)
pathogenicity islands
polycistronic mRNA
redundancy
scarce mRNA (complex mRNA)
synthetic genetic array analysis (SGA)
synthetic lethality

읽을거리

Adams, M. D. et al. (2000). The genome sequence of *D. melanogaster*. Science **287**, 2185–2195. The publication of most of the genome sequence of the long-time genetic model organism, the common fruit fly, with some initial analysis of genome structure and gene number.

Arabidopsis Initiative (2000). Analysis of the genome sequence of the flowering plant. Arabidopsis thaliana. Nature **408**, 796–815. The publication of about 92% of the genome sequence of the genetic model organism for plants, including some comparison to the genome sequences of the other (at the time) recently published genome sequences of *D. melanogaster* and *C. elegans*.

Bentley, S. D., and Parkhill, J. (2004). Comparative genomic structure of prokaryotes. Annu. Rev. Genet. **38**, 771–792. A broad-ranging review of comparison of bacterial genome structures.

Blattner, F. R. et al. (1997). The complete genome sequence of *Escherichia coli* K-12. Science **277**, 1453–1474. The publication of the complete 4.6 Mb genome sequence of *E. coli*, the stalwart of molecular biology, with comparisons to several other prokaryotic genome sequences available at the time.

C. elegans Sequencing Consortium (1998). Genome sequence of the nematode *C. elegans*: a platform for investigating biology. Science **282**, 2012–2022. The publication of the nearly complete 97 Mb genome sequence of this model genetic organism, often referenced in this book as "the worm." Includes an analysis of genome structure and of gene homology with other species.

International Human Genome Sequencing Consortium (2004). Finishing the euchromatic sequence of the human genome. Nature **431**, 931–945. A "final draft" of the human genome sequence with greater coverage and accuracy than the 2001 "draft sequence" publication. At this point the number of human genes was estimated to be 20–25,000.

Phizicky, E., Bastiaens, P. I., Zhu, H., Snyder, M., and Fields, S. (2003). Protein analysis on a proteomic scale. Nature **422**, 208–215. A review of the approaches to proteomic characterization and analysis.

Tong, A. H. et al. (2004). Global mapping of the yeast genetic interaction network. Science **303**, 808–813. A large-scale study of interactions between genes conducted by crossing new mutations with known mutations and scoring effects. The study determined genetic components of biochemical pathways and their genomic locations.

Wood, V. et al. (2002). The genome sequence of *Schizosaccharomyces pombe*., Nature **415**, 871–880. The annotated genome sequence of "fission yeast," with comparison to the genome of "budding yeast" (*S. cerevisiae*). This species has a small number (~4800) of protein-coding genes for a eukaryote.

7

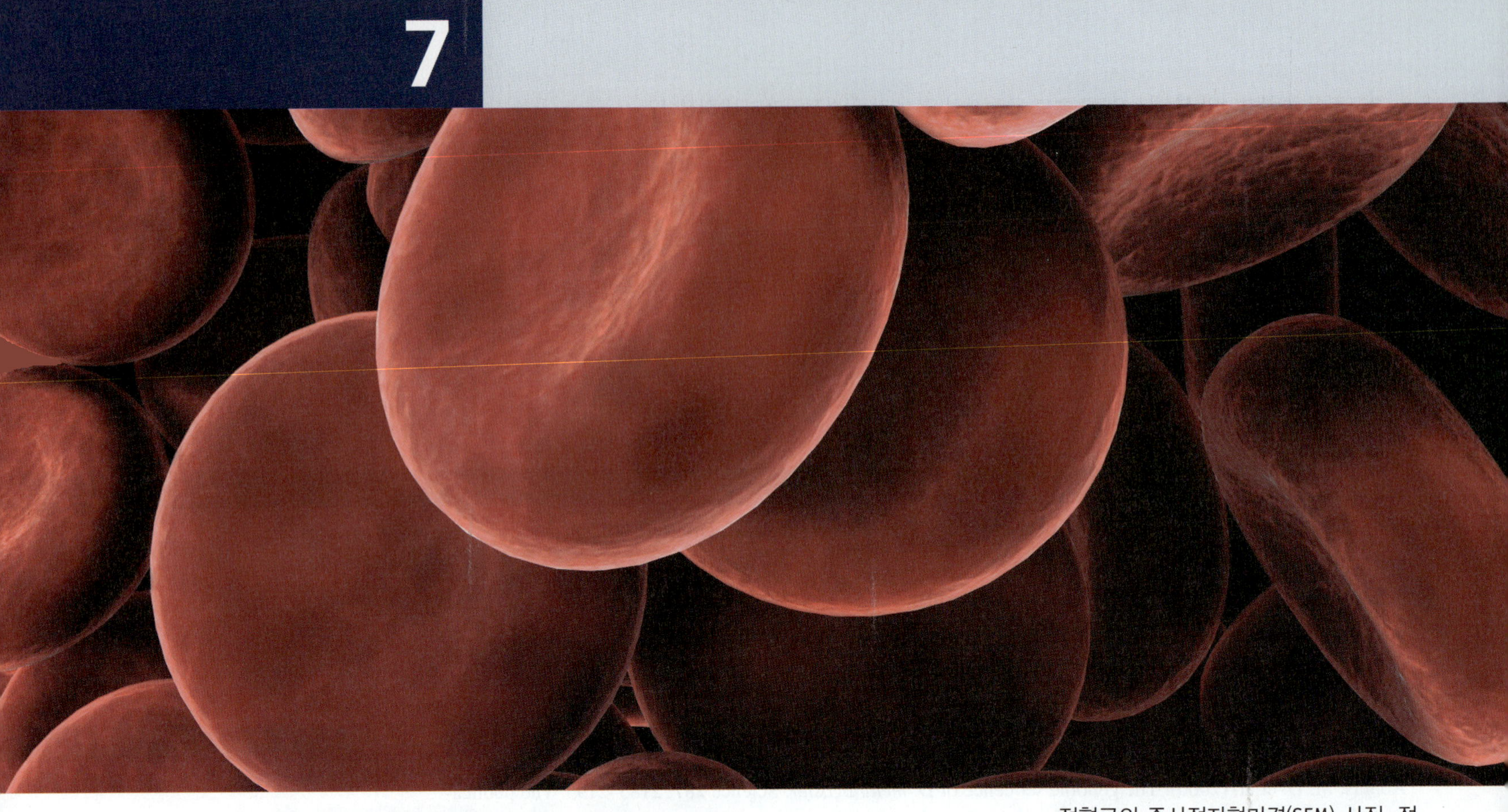

적혈구의 주사전자현미경(SEM) 사진. 적혈구에서 발견되는 산소 운반 복합체인 헤모글로빈의 단백질 서브유닛을 코드하는 유전자는 중복과 발산으로 진화한 거대한 유전자 패밀리의 구성원이다. ©Sebastian Kaulitzki/ShutterStock, Inc.

유전자 클러스터와 반복배열

7장 개요

7.1 서론

한 조상 유전자에서 유래되었으나 중복과 변이에 의해 만들어진 일련의 유전자들을 **유전자 패밀리(gene family, 유전자족)**라 부른다. 그 구성원들은 함께 클러스터(cluster)를 형성하거나 혹은 서로 다른 염색체 상에 퍼져 있기도 한다(혹은 두 가지의 조합). 파라로그 배열(paralogous sequence)을 동정하기 위한 게놈 분석으로부터 많은 유전자들이 패밀리(family, 족)에 속하는 것을 알게 되었다; 인간 게놈에서 동정된 20,000에서 25,000 유전자들은 ~15,000 패밀리로 분류되므로, 게놈에는 평균 유전자가 ~2개의 패밀리 유전자를 가지고 있다(그림 6.7 참조). 유전자 패밀리는 구성원 간의 관련성이 매우 광범위하게 다양하여, 다수의 동일한 구성원을 갖는 경우로부터 관련성이 거의 없는 것까지 다양하다. 유전자들은 일반적으로 다양성을 지니고 있는 인트론을 가지고 있으면서, 엑손에 의해서만 관련성을 가지고 있다(*4.4절 엑손 배열은 일반적으로 보존되어 있지만, 인트론은 다양하다* 참조). 유전자들은 또한 몇몇 엑손만에 의해 관련성을 가질 수도 있는 반면, 나머지 부분은 유일하다(*4.7절 일부 엑손은 단백질 기능성 도메인과 동등하다* 참조).

▶ **유전자족(gene family)** 서로 관련이 있거나 동일한 단백질 또는 RNA를 코드하는 게놈 내의 유전자 세트. 유전자 패밀리의 구성원은 조상 유전자의 중복(duplication)에 의해 유래되었으며, 이어서 사본 간의 염기배열 변화가 축적되었다. 대부분 구성원은 서로 관련은 있지만 동일하지는 않다.

유전자 패밀리의 일부 구성원은 진화되어 **위유전자(psuedogene)**가 되는 경우도 있다. 위유전자(ψ)는 기능을 지닌 유전자와 관련이 있는 배열을 가지고 있으나, 기능을 지닌 폴리펩티드로는 전사되거나 번역될 수 없는 배열을 말한다(더 자세한 내용은 *8.11절 위유전자는 기능이 없는 유전자 사본이다* 참조).

▶ **위유전자(pseudogene)** 조상의 활성 유전자의 돌연변이에 의해 유래된 비활성이지만 안정한 게놈의 성분. 보통은 전사나 번역 또는 둘 모두를 방해하는 돌연변이로 인해 불활성 상태이다.

일부 위유전자들은 기능을 지닌 유전자와 마찬가지로 정상적인 위치에 엑손과 인트론에 상응하는 배열을 가지고 있는 동일한 일반적 구조를 가지고 있다. 이들은 유전자 발현의 일부 혹은 전 과정을 방해하는 변이에 의해 불활성화되었을 수도 있다. 이러한 변화는 전사를 시작하기 위한 신호를 없애고, 엑손-인트론 접합부에서의 스플라이싱을 방해하거나, 조기에 번역을 종결시키는 형태를 취할 수 있다.

관련된 엑손이나 유전자의 발달을 가능케 하는 초기의 현상은 중복(duplication)이며, 이때 유전체 안에 일부 염기배열의 사본이 생성된다. (인접한 위치에 중복체가 있는 경우) 연속중복(*tandem duplication*)은 복제 또는 재조합 오류를 통해 발생할 수 있다. 그런 중복체(duplicates)의 분리는 염색체의 한 부위에서 다른 부위로 물질을 옮기는 **전좌(translocation)**에 의해 일어날 수 있다. 새로운 곳에서의 중복체는 전이 인자(transposable element)의 인접 부위로부터 DNA의 한 영역의 사본이 만들어지는 전위현상(transposition event)에 의해 직접 만들어지기도 한다. 손상되지 않은 유전자들의 중복, 엑손들의 무리, 또는 각각의 엑손까지도 생성이 가능하다. 손상되지 않은 유전자가 포함되어 있을 때, 중복은 기능을 서로 구별할 수 없는 유전자의 사본을 생성하지만, 그 다음에 그 사본들은 각각 다른 종류의 염기치환이 축적하면서 다르게 갈라지게 된다.

▶ **전좌(translocation)** 비상동성 염색체 간의 염색체 물질의 상호 또는 비상호적 교환.

비록 구조 유전자 패밀리의 구성원은 일반적으로 서로 다른 시간 또는 다른 세포 유형으로 발현될 수 있지만, 보통은 관련되거나 혹은 동일한 기능을 가지고 있다. 예를 들어, 서로 다른 글로빈(globin) 단백질은 배아 및 성인 적혈구에서 발현되는 반면, 서로 다른 액틴(actin)은 근육 및 비근육 세포에서 이용된다. 유전자가 크게 나누어지거나 혹은 일부 엑손만 관련되어있을 때, 단백질은 다른 기능을 가질 수 있다.

▶ **유전자 클러스터(gene cluster)** 서로 동일하거나 연관된 인접한 유전자 그룹.

일부 유전자 패밀리들은 동일한 구성원으로 이루어져 있다. 비록 무리를 이루고 있는 유전자들이라 하여 반드시 기능이 동일하지는 않지만, 클러스터링(clustering)은 유전자들 사이에서 유사성(similarity)을 유지하는 데 필수적인 것이다. **유전자 클러스터(gene cluster)**는 중복에 의해 유사한 두 개의 유전자가 근처에 위치하는 극단적인 경우에서부터 수백 개의 동일한 유전자들이 연속적으로 나열되어 있는 경우 등 다양하다. 한 종류 유전자의 대규모 연속 반복은 일반적으로 유전자 산물이 대량으로 필요할 때 만들어진다. 예를 들면, rRNA나 히스톤 단백질 유전자들이다. 이러한 것은 유사성 유지와 선택압(selective pressure)의 영향과 관련된 특수한 상황을 만든다.

유전자 클러스터를 이용하여 단일 유전자보다 더 큰 영역에 걸친 게놈의 진화와 관련된 영향을 조사할 수 있다. 중복된 염기배열, 특히 같은 부근에 남아있는 염기배열은 재조합에 의한 미래의 진화를 위한 수단을 제공한다. 집단은 그림 7.1과 그림 7.2에 나와 있는 고전

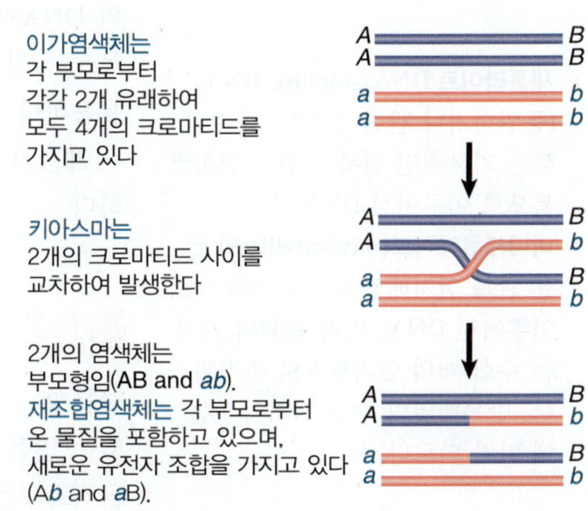

그림 7.1 키아스마(chiasma) 형성은 유전자 재조합체를 생성한다.

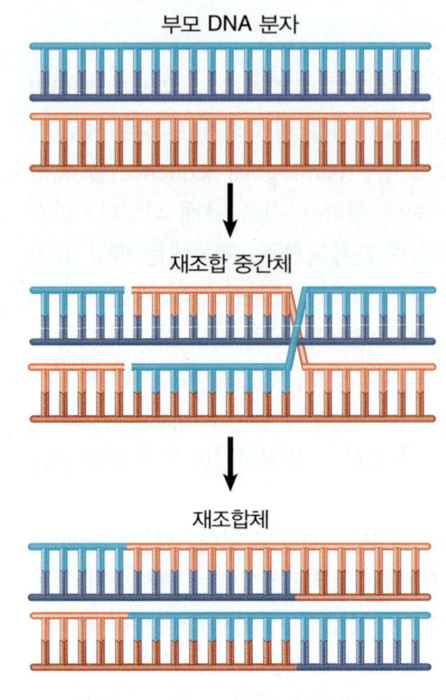

그림 7.2 유전자 재조합은 두 개의 부모 이중가닥 DNA의 상보적인 가닥 간의 쌍을 이루는 과정을 포함하고 있다.

▶ **비상호 재조합(nonreciprocal recombination)** 혹은 **부등교차(unequal crossing over)** 동등하지 않은 부위에서 재조합이 일어날 때 짝짓기(pairing) 및 교차(crossing) 시 오류가 발생한다. 이로 인하여 결실을 가지고 있는 하나의 재조합체와 중복(duplication)을 가지고 있는 재조합체가 생성된다.

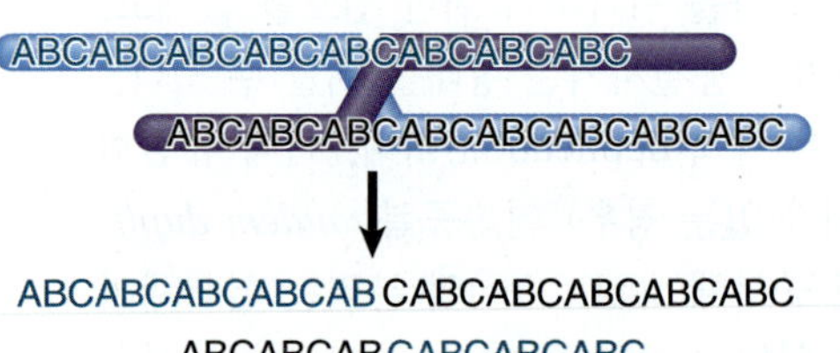

그림 7.3 부등교차는 반복 단위로 이루어진 DNA의 영역에서 동일하지 않은 반복배열 간의 쌍을 형성함으로써 일어난다. 여기서 반복 단위는 ABC 배열이며, 밝은 푸른색 염색체의 세 번째 반복은 어두운 푸른색 염색체의 첫 번째 반복과 배열되어 있다. 쌍을 이루는 영역 전반에서 하나의 염색체의 ABC 단위들은 다른 염색체의 ABC 단위들과 정렬된다. 교차는 각 부모의 8개의 반복배열 대신 10개와 6개의 반복배열을 갖는 염색체를 생성한다.

▶ **새틀라이트 DNA(satellite DNA)** (동일하거나 관련이 있는) 다수의 짧은 기본적인 반복 단위가 연속반복으로 이루어진 DNA.

▶ **미니새틀라이트(minisatellites)** 짧은 반복 염기배열의 많은 사본으로 이루어진 DNA. 반복 단위의 길이는 수십 개의 염기쌍으로 측정된다. 반복배열의 수는 개개의 게놈에 따라 다르다.

적인 상동성 재조합(homologous recombination)에 의해 진화하는데, 여기에서 정확한 교차(crossing over)가 일어난다 (*15장 상동 재조합과 부위-특이적 재조합* 참조). 재조합 염색체들은 부모염색체와 동일한 구성을 가지고 있다; 그들은 같은 순서로 정확하게 같은 유전자자리(loci)에 위치하지만, 자연 선택을 위한 소재(raw material)를 제공하면서 대립유전자의 서로 다른 조합을 포함하고 있다. 그러나 중복된 염기배열의 존재는 때때로 비정상적인 현상이 발생하여 대립유전자의 조합뿐만 아니라 유전자의 사본 수를 변화시킨다.

비상호 재조합(nonreciprocal recombination)으로 알려진 **부등교차(unequal crossing-over)**는 위치가 정확하게 같지는 않지만 서로 유사하거나 동일한 두 부위에서 일어나는 재조합을 설명한다. 그러한 사건이 일어나도록 하는 특징은 반복된 배열이 존재하기 때문이다. 그림 7.3은 부등교차가 한 염색체 상의 반복배열의 사본 하나가 상동염색체 상의 동일한 반복배열 대신, 다른 반복배열 사본과 잘못 배열된 상태에서 재조합이 일어나는 것이 가능하다는 것을 보여주고 있다. 재조합이 일어나면 이것은 한 염색체 상에는 반복배열의 수를 증가시키고 다른 염색체에서는 그 수를 감소시킨다. 결과적으로, 한 재조합 염색체에서는 결실이 일어나고 다른 염색체에서는 삽입이 일어난다. 이러한 메커니즘은 관련된 염기배열의 클러스터의 진화가 원인이다. 우리는 유전자 클러스터들과 고빈도의 반복 DNA 염기배열 부위 안에 있는 배열의 크기를 축소하거나 확장하는 이러한 활동을 추적할 수 있다.

게놈의 고빈도 반복배열 분획(fraction)은 매우 짧은 반복 단위의 연속된 사본으로 구성되어 있다. 이들은 종종 특이한 특성을 가진다. 하나는 DNA의 밀도구배분석(density gradient analysis)에서 별도의 피크(peak)로 식별할 수 있다; 이것이 **새틀라이트 DNA(satellite DNA)**라는 이름이 붙여진 유래이다. 그들은 종종 염색체의 헤테로크로마틴 영역(heterochromatic regions)과 특히 (체세포분열 또는 감수분열 시의 방추사(spindle)에서 분리를 위한 부착점을 포함하는) 센트로미어(centromere, 중심체)와 관련이 있다. 그것들의 반복된 구성의 결과, 이들은 연속된 유전자 클러스터와 동일한 진화적 패턴을 나타내고 있다. 새틀라이트 염기배열 외에도, **미니새틀라이트(minisatellites)**라고 불리는 짧은 길이의 DNA가 있고, 각 반복배열은 길이가 ~10~100 bp이며, 이들은 유사한 성질을 가지고 있다. 그것들은 유전자 지도 작성과 동정을 목적으로 이용될 수 있는 개별 게놈 간의 높은 다양성을 나타내는 데 유용하다.

게놈의 구성을 변화시키는 이들 모든 현상들은 매우 드물게 일어나지만, 진화 과정에서 매우 유용하다.

7.2 부등교차는 유전자 클러스터를 재정렬한다

충분한 오랜 기간 동안, 연관된 유전자 또는 동일한 유전자 클러스터에서 재정렬(rearrangement)할 수 있는 많은 기회가 있다. 포유류의 β-글로빈 클러스터를 비교한 결과를 보면 알 수 있다(*8.10절 글로빈 클러스터는 중복과 분기로 생긴다* 참조). 비록 모든 클러스터가 동일한 기능을 수행하고 모두 동일한 구성을 하고 있지만, 이들은 각각 크기가 다르고, β-글로빈 유전자의 전체 수와 유형이 다양하며, 위유전자의 수와 구조가 다르다. 이러한 모든 변화는 방사선을 이용하여 측정한 결과, 포유류의 방사(mammalian radiation)가 약 8,500만 년 전(공통 조상이 모든 포유류에 이르기까지의 시간)부터 발생했음에 틀림없다.

비교를 통해 유전자 중복, 재정렬 및 변이가 개별 유전자에서 점 돌연변이가 느리게 축적되는 것과 마찬가지로 진화에서 중요한 요소임을 일반적인 관점에서 설명할 수 있다(8장, *게놈 진화* 참조). 유전자의 재구성을 담당하는 메커니즘에는 어떤 것이 있는가?

마지막 절에서 설명한 것처럼, 위치가 일치하지 않는 두 부위 사이의 짝짓기(pairing) 결과로 부등교차(unequal crossing over)가 발생할 수 있다. 일반적으로, 재조합은 상동성 염색체 두 개 사이의 정확한 정렬로 본래 보유하고 있는 DNA에 해당되는 염기배열을 포함하고 있다. 그러나 각 염색체에 두 개의 유전자 사본이 있을 때, 가끔 그들 간의 짝짓기에 정렬오류(misalignment)가 일어나기도 한다. (이렇게 하려면 인접 영역의 일부가 짝짓기가 되어 있지 않아야 한다.) 이러한 현상은 짧은 반복배열 영역(그림 7.3 참조)이나 혹은 유전자 클러스터에서 발생할 수 있다. **그림 7.4**는 유전자 클러스터에서 부등교차가 양적(quantitative) 및 질적(qualitative)으로 두 가지 결과를 가져올 수 있음을 보여주고 있다:

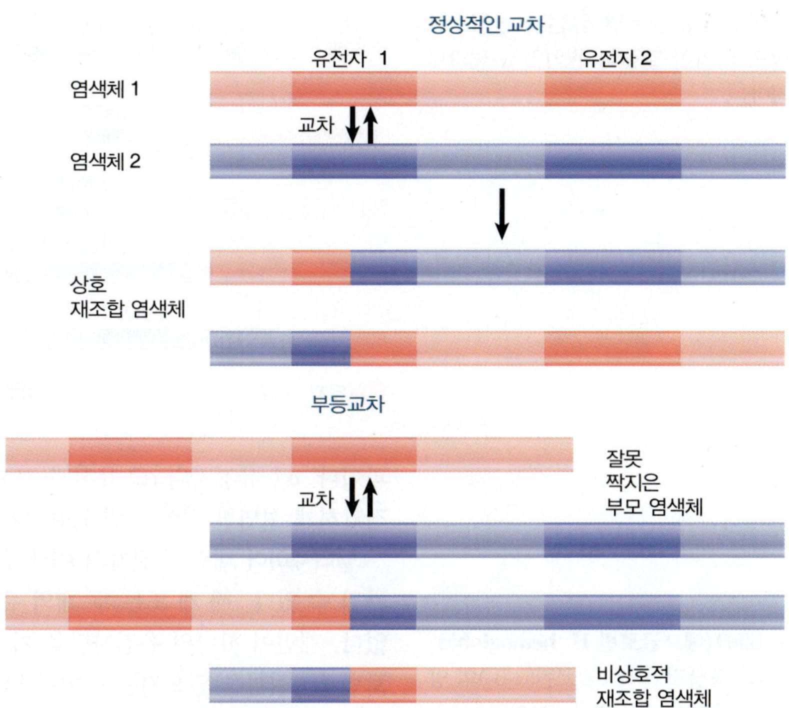

그림 7.4 유전자 수는 부등교차에 의해 변할 수 있다. 만일 하나의 염색체 상의 유전자 1이 다른 염색체 상의 유전자 2와 쌍을 이루게 되면 다른 유전자 사본들은 쌍을 이루는 데서 제외되게 된다. 쌍을 잘못 이룬 유전자들 간의 재조합은 하나의 염색체에는 유전자 사본이 한 개(재조합체), 다른 염색체에는 유전자 사본이 세 개(각 염색체에서 하나씩 그리고 하나의 재조합체) 놓이게 된다.

- 반복배열의 수는 한 염색체에서 증가하고, 다른 염색체에서는 감소한다. 사실상 하나의 재조합 염색체는 결실을 가지고 있으며, 다른 재조합 염색체는 삽입을 가지고 있다. 이것은 교차의 정확한 위치에 관계없이 발생한다. 그림 7.4에서 첫 번째 재조합체는 유전자 사본 수가 2에서 3으로 증가하는 반면, 두 번째 재조합에서는 2에서 1로 감소한다.
- 만일 유전자 재조합 현상이 (유전자들 간이 아니라) 유전자 내에서 발생하면, 결과는 재조합되는 유전자가 동일한지 혹은 관련만 있는지에 따라 달라진다. 만일 비상동성 유전자 사본 1과 2의 염기배열이 동일하다면, 두 유전자의 염기배열에는 변화가 없다. 그러나 인접한 유전자가 매우 유사 할 때도 (확률은 동일할 때 보다 작지만) 부등교차가 발생할 수 있다. 이러한 경우, 각각의 재조합체 유전자는 원래의 염기배열과 다른 염기배열을 갖는다.

염색체가 선택 이익(selective advantage) 또는 선택 불리(selective disadvantage)를 갖는지 여부의 결정은 유전자 산물의 염기배열의 변화뿐만 아니라 유전자 사본 수의 변화에 따른다.

부등교차에 대해 방해가 되는 것은 유전자의 분단된 구조(interrupted structure) 때문이다. 글로빈과 같은 경우에, 인접 유전자 사본에 상응하는 엑손은 짝짓기를 이룰 정도로 충분한 연관이 있는 것 같다; 그러나 인트론의 염기배열은 상당 부분 분단되어 있다. 엑손에 대한 짝짓기의 제한현상은 포함될 수 있는 연속된 DNA의 길이를 상당히 줄어들게 한다. 이것이 부등교차의 기회를 낮춘다. 따라서 인트론 간의 분기는 부등교차의 발생을 방해하여 유전자 클러스터의 안정성을 향상시킬 수 있다.

탈라세미아(thalassemias, 지중해 빈혈)는 알파(α) 또는 베타(β) 글로빈의 합성을 감소시키거나 방지하는 돌연변이에 의해 발생한다. 인간의 글로빈 유전자 클러스터에서 부등교차가 발생한다는 사실은 특정 탈라세미아의 특성에 의해 밝혀졌다.

▶ **지중해 빈혈(thalassemias)** 알파(α) 또는 베타(β) 글로빈이 결핍되어 생기는 적혈구의 질병.

매우 심각한 탈라세미아의 대부분은 유전자 클러스터의 일부가 결실되어 발생한다. 적어도 일부의 경우, 만일 부등교차에 의해 생성되었다면 결실의 말단 부분은 정확히 예상할 수 있는 상동성이 있는

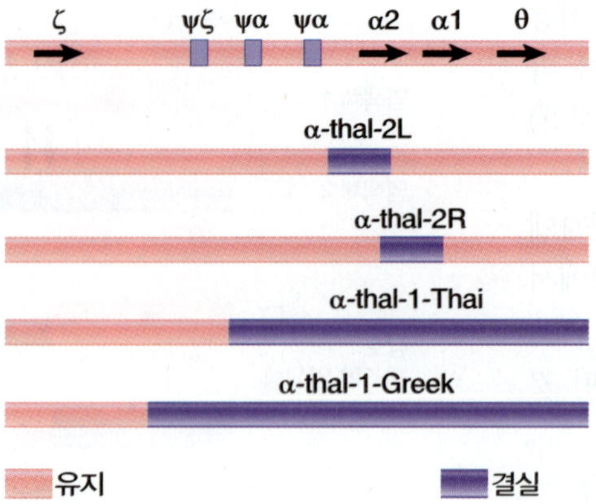

그림 7.5 α-글로빈 유전자 클러스터 상의 다양한 결실이 원인인 α-탈라세미아.

ζ ψζ ψα ψα α2 α1 θ
α-thal-2L
α-thal-2R
α-thal-1-Thai
α-thal-1-Greek
유지 결실

영역에 위치한다.

그림 7.5는 α-탈라세미아를 일으키는 결실을 요약한 것이다. α-thal-1 결실은 길며, 좌측 끝의 위치가 변하고, 우측 끝의 위치는 이미 알려진 유전자를 지나 위치한다. 그들은 α 유전자 모두를 제거한다. α-thal-2 결실은 짧고 두 개의 α 유전자 중 하나만을 제거한다. L 결실은 α2 유전자를 포함하여 4.2 kb의 DNA를 제거한다. 그것은 아마도 부등교차로 인한 것인데, 그 이유는 결실의 끝은 각각 ψα와 α2 유전자의 오른쪽에 있는 상동성 영역에 위치하기 때문이다. R 결실은 α1과 α2 유전자 사이의 정확한 거리인 3.7 kb의 DNA를 제거한 결과이다. α1 유전자와 α2 유전자 사이에서 부등교차가 발생하여 생성된 것으로 보인다. 이러한 상황을 정확하게 설명한 것이 그림 7.4이다.

탈라세미아 대립 유전자의 이배체 조합에 따라, 영향을 받는 개체는 0에서 3까지의 알파(α) 사슬을 가질 수 있다. 세 개 또는 두 개의 유전자를 가진 개체에서 야생형(네 개의 유전자)과의 차이점은 거의 없다. 개인이 하나의 유전자만을 가지고 있다면, 여분의 베타(β) 사슬은 **HbH(hemoglobin H, 헤모글로빈 H)** 질환을 일으키는 특이한 테트라머(tetramer, 사량체) β_4를 형성한다. 유전자가 완전히 없으면 출생 전이나 출생 전에 치명적인 **태아수종(hydrops fetalis)**이 된다.

▶ **HbH(헤모글로빈 H, hemoglobin H)** 정상적인 헤모글로빈($\alpha_2\beta_2$)의 양에 비해 비정상적인 테트라머(tetramer) β_4의 양이 불균형한 상태.

▶ **태아수종(hydrops fetalis)** 헤모글로빈 알파(α) 유전자의 부재로 인한 치명적인 질병.

탈라세미아 염색체를 생성하는 동일한 부등교차는 세 개의 α 유전자를 가진 염색체를 생성해야 한다. 이러한 염색체를 가진 개체는 여러 집단에서 확인되었다. 일부 집단에서는 트리플(triple) α 유전자자리의 발생 빈도가 단일 α 유전자자리와 거의 동일하다; 그 외의 경우, 트리플 α 유전자는 단일 α 유전자보다 훨씬 흔하지 않다. 이것은 (알지 못하는) 선택인자가 유전자 수를 조정하기 위해 다른 집단에서 작용하고 있음을 시사한다.

α 유전자의 수에서의 변이는 비교적 빈번하게 발견되는데, 이것은 클러스터에서의 부등교차가 상당히 일반적으로 일어나고 있음을 시사하고 있다. 이러한 현상은 β 클러스터보다 α 클러스터에서 더 자주 일어나는데, 그 이유는 α 유전자의 인트론이 훨씬 더 짧아서 비상동성 유전자자리 간의 미스페어링(mispairing, 잘못짝짓기)에 장애가 되지 않기 때문이다.

그림 7.6은 베타-탈라세미아를 일으키는 결실에 대하여 요약한 것이다. (드문 경우지만) 일부에서는 β 유전자만 영향을 받는다. 이들은 두 번째 인트론에서 3′ 측면 영역까지 600 bp의 결실을 일어났다. 다른 경우에는 클러스터의 하나 이상의 유전자가 영향을 받는다. 대부분의 결실은 매우 길며, 지도에서 표시된 5′ 끝에서부터 오른쪽으로 >50 kb까지 뻗어 있다.

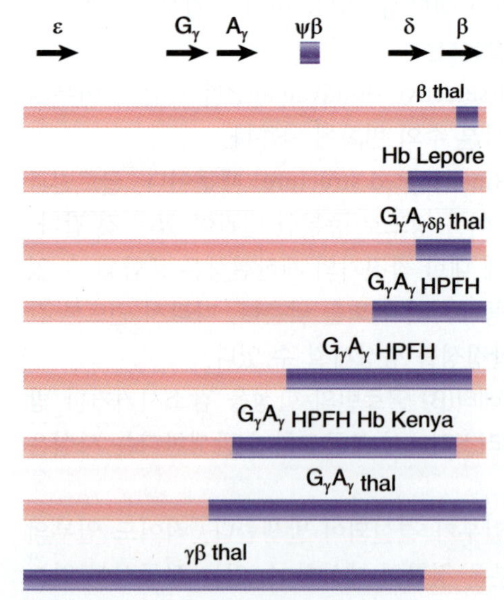

그림 7.6 β-글로빈 유전자 클러스터 상의 결실들은 다양한 유형의 탈라세미아의 원인이 된다.

▶ **레포레 헤모글로빈(Hb Lepore)** 베타(β)와 델타(δ) 유전자 사이에서 부등교차로 생성되는 특이한 글로빈 단백질. 유전자는 함께 융합되어 β의 C-말단 배열에 결합된 δ의 N-말단 배열로 이루어진 단일 β-유사 사슬을 생성한다.

레포레 헤모글로빈(Hb Lepore) 유형은 연관된 유전자 간의 부등교차로 인해 결실이 생길 수 있다는 대표적인 증거를 보여주고 있다. β와 델타(δ) 유전자는 염기배열이 ~7%만 다르다. 부등교차는 유전자들 사이에 있는 내용물을 제거하여, 이들을 융합시킨다(그림 7.4 참조). 융합된 유전자는 β의 C-말단 배열에 결합된 δ의 N-말단 배열로 이루어진 단일 β-유사 사슬(β-like chain)을 생성한다.

몇 가지 유형의 레포레 헤모글로빈이 알려져 있는데, 그 차이는 δ에서 β 배열로의 전이점에 있다. 따라서 δ와 β 유전자가 부등교차로 짝을 이룰 때, 재조합의 정확한 지점은 아미노산 사슬에서 δ에서 β 배열로의 전환이 발생하는 위치를 결정하면 된다.

이와 반대되는 현상이 **항-레포레 헤모글로빈(Hb anti-Lepore)**의 형태로 발견되었는데, 이는 β의 N-말단 부분과 δ의 C-말단 부분을 갖는 유전자에 의해 생성된다. 융합 유전자는 정상적인 δ 유전자와 β 유전자 사이에 위치하고 있다. 비록 이 돌연변이에 대한 헤테로접합체(heterozygote, 이형접합체)는 정상적인 표현형을 나타내고 있지만, *다른 위치(trans)*에서 β 결실이 있는 경우에는 경미한 β-탈라세미아를 나타낸다.

▶ **항-레포레 헤모글로빈(Hb anti-Lepore)** β 글로빈의 N-말단 부분 및 δ 글로빈의 C-말단 부분을 가지고 있는 부등교차에 의해 생성된 융합 유전자.

▶ **케냐 헤모글로빈(Hb Kenya)** $^{A}\gamma$과 β 글로빈 유전자 사이에서 부등교차하여 생성된 융합 유전자.

서로 멀리 떨어져있는 유전자 사이에서 부등교차가 발생할 수 있다는 증거는 다른 융합 헤모글로빈인 **케냐 헤모글로빈(Hb Kenya)**의 동정에 의해 확인되었다. 이것은 $^{A}\gamma$ 유전자의 N-말단 배열 및 β 유전자의 C-말단 배열을 포함하고 있다. 융합은 $^{A}\gamma$와 β 유전자 사이의 부등교차로 일어났음이 확실하며, 염기배열은 ~20% 정도 다르다.

다양한 포유동물의 글로빈 유전자 집단 간의 차이점으로부터, 우리는 일반적으로 다양화에 이은 중복(duplication)이 각 클러스터의 진화에서 중요한 특징이라는 것을 알 수 있다. 인간의 탈라세미아 결실은 두 글로빈 유전자 클러스터에서 부등교차가 계속 발생하고 있음을 보여주고 있다. 그러한 각 현상은 중복뿐만 아니라 결실이 일어나며, 우리는 집단 내의 두 재조합 위치를 설명해야 한다. 결실은 또한 (이론상으로는) 상동성 염기배열 간의 재조합에 의해 발생할 수 있다. 이것은 그에 해당하는 중복이 일어나지 않는다.

이러한 현상의 자연적인 빈도를 추정하는 것은 어려운데, 이것은 진화적 힘(evolutionary forces)이 집단의 변이 클러스터의 수준을 신속하게 조정하기 때문이다. 일반적으로 유전자 수의 축소는 해로우며 도태될 수 있다. 그러나 일부 집단에서는 결실된 형태를 낮은 빈도로 유지하는 균형이점(balancing advantage)이 있을 수 있다. 소규모 집단에서는 유전적 부동(genetic drift)이 중립적인 새로운 중복을 효과적으로 제거하는 역할을 할 것으로 보인다.

현재의 인간 클러스터의 구조는 그러한 메커니즘의 중요성을 입증하는 몇 가지 중복을 보여주고 있다. 기능을 가지고 있는 염기배열은 상당히 유사한 β 및 δ 유전자인 동일한 폴리펩티드와 거의 동일한 γ 유전자 2개를 코딩하는 2개의 α 유전자를 포함하고 있다. 원래 다양한 유형의 글로빈 유전자를 생성한 더 오래 전의 중복들은 말할 것도 없고, 비교적 최근의 독립적인 중복들은 집단에서도 지속되었다. 다른 중복들은 위유전자를 만들거나 혹은 소실되었을 수 있다. 우리는 지속적인 중복과 결실이 모든 유전자 클러스터의 특징이 될 것으로 기대한다.

핵심개념

- 게놈이 연관된 염기배열을 가진 유전자 클러스터를 포함하고 있을 때, 비대립성 위치(nonallelic loci)의 잘못된 짝짓기는 부등교차를 일으킬 수 있다. 이것은 하나의 재조합 염색체에서 결실을 일으키고, 다른 하나의 염색체에서는 그에 상응하는 중복을 일으킨다.
- 서로 다른 탈라세미아는 α 또는 β 글로빈 유전자를 제거하는 다양한 결실에 의해 발생한다. 질병의 심각한 정도는 개별적인 결실에 따라 다르다.

개념 및 추론 확인

부등교차가 일어난 뒤, 결실을 가지고 있는 재조합체는 도태(선택)에 의해 제거될 수 있지만, 중복을 일으킨 재조합체는 지속될 수 있는 이유를 설명하라.

7.3 rRNA 유전자는 불변의 전사 단위를 포함하는 직렬 반복배열을 형성한다

앞에서 논의한 글로빈 유전자의 경우, 각 유전자에 대해 선택압(selective pressure)이 다르게 작용할

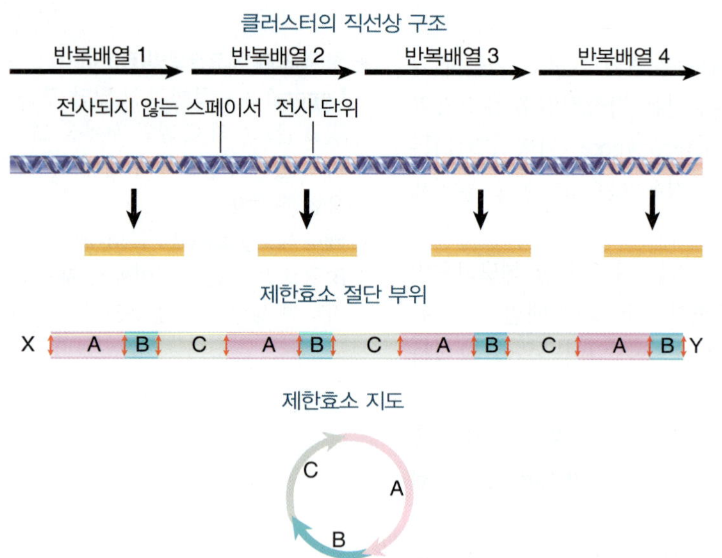

그림 7.7 일렬로 늘어선 유전자 클러스터는 전사 단위의 변화와 전사되지 않는 스페이서를 교대로 가지고 있어, 원형의 제한효소 지도를 형성한다.

수 있는 유전자 클러스터의 개별 구성원 간에 (비록 독립적이기 때문이 아니라 유전자 연관성 때문에) 차이가 있다. 이와 대조되는 되는 예로, 많은 동일한 유전자 또는 유전자의 많은 동일한 사본을 포함하는 커다란 유전자 클러스터의 두 경우가 있다. 대부분의 생물체들은 염색체의 주요 구성성분인 히스톤 단백질을 만드는 유전자들의 사본들을 복수로 가지고 있으며, 거의 대부분의 경우 리보솜 RNA들을 만드는 유전자들의 사본들을 언제나 복수로 가지고 있다. 이러한 상황들이 흥미로운 진화적인 문제를 제기하고 있다.

리보솜 RNA는 가장 많은 전사 산물로, 진핵생물과 원핵생물 모두에서 세포질 RNA의 총 질량의 80~90%를 차지하고 있다. 주요 rRNA 유전자의 수는 1개(절대 세포내 박테리아인 *Coxiella burnetii* 및 *Mycoplasma pneumoniae*)에서부터 대장균에서 7개, 단세포/소수세포(unicellular/oligocellular) 진핵생물에서 100~200개, 다세포 진핵생물에서 수백 개까지 다양하다. 크고 작은 rRNA(각각 리보솜의 크고 작은 서브유닛에서 발견됨)의 유전자는 일반적으로 일렬로 늘어선 쌍(tandem pair)을 형성한다. (유일한 예외는 효모 미토콘드리아이다.)

어떤 염기배열의 변화도 rRNA 분자에서 발견되지 않는 것은 rRNA에서 각 유전자의 모든 사본들이 동일하거나 혹은 최소한 검출할 수 있는 정도보다 낮은 차이(~1%)를 가지기 때문임을 시사한다. 하나의 주요한 흥미로운 점은 어떤 메커니즘(들)이 개개의 염기배열에서 변이 발생을 억제하고 있는가 하는 것이다.

▶ **리보솜 DNA(rDNA)** 리보솜 RNA(rRNA)를 코드하는 유전자.

박테리아에서는 여러 개의 rRNA 유전자가 분산되어 있다. 대부분의 진핵생물 게놈에서 rRNA 유전자는 일렬로 늘어선 클러스터(tandem cluster) 또는 클러스터에 포함된다. 때로는 이러한 영역을 **리보솜 DNA(rDNA)**라고 한다. (경우에 따라, 전체 DNA에서 모두 비전형적인 염기 조성으로 이루어진 rDNA의 비율은 절단된 게놈 DNA에서 직접 분리된 분획으로 분리할 수 있을 정도로 충분하다.) 일렬로 배열된 클러스터의 중요한 진단 상의 특징은 그림 7.7과 같이 원형 제한효소 지도(제한효소 지도 작성에 관한 설명은 *3.2절 핵산분해효소* 참조)를 생성한다는 것이다.

각 반복 단위가 세 개의 제한효소 부위를 갖는다고 가정하자. 이 단편들을 통상적인 방법으로 지도를 그리면 A는 B 옆에, B는 C 옆에, 그리고 C는 A옆에 있어 원형의 지도가 형성되는 것을 알게 된다. 만일 클러스터가 크면, 내부 단편들(A, B, 그리고 C)은 인접한 DNA에 클러스터를 연결하는 말단 단편(X와 Y)보다 훨씬 더 많은 양으로 존재하게 된다. 반복수 100을 갖는 하나의 클러스터 안에 X와 Y는 A, B와 C의 약 1% 정도 수준으로 존재하게 된다. 이것이 유전자 지도를 작성할 때 유전자 클러스터의 말단을 구하기 어렵게 할 수 있다.

그림 7.8 인의 중심부에는 전사 중인 rDNA를 확인할 수 있으며, 주위를 둘러싸고 있는 과립피질은 조립된 리보솜의 서브유닛들로 이루어져 있다. 이 얇은 단편은 도롱뇽 *Notopthalmus viridescens*의 인을 보여주고 있다.

18S 및 28S rRNA 합성이 일어나는 핵 영역은 과립 피질로 둘러싸인 섬유소 코어(fibrillary core)와 함께 특징적인 모양을 갖는다. 섬유소 코어는 rRNA가 DNA 주형에서 전사되는 곳이며, 과립 피질은 rRNA가 조립된 리보뉴클레오단백질(ribonucleoprotein) 입자에 의해 형성된다. 이러한 전체 영역을 **인(nucleolus)**이라고 한다. 인의 특징적인 모양이 그림 7.8에 잘 나타나 있다.

▶ **인(nucleolus)** 리보솜이 생성되는 핵의 특정 영역.

인과 결합된 염색체의 특정 영역을 **인 구성체(nucleolar organizer)**라고 한다. 각 인 구성체는 하나의 염색체 상에 일렬로 늘어선 반복 18/28S rRNA 유전자들의 클러스터에 해당한다. 일렬로 늘어선 반복 rRNA 유전자의 농도는 매우 집중적인 전사 과정과 어우러져, 인의 독특한 형태를 만드는 원인이 된다.

▶ **인 구성체(nucleolar organizer)** rRNA를 코드하는 유전자를 지닌 염색체 영역.

주요 rRNA의 쌍은 박테리아(5S와 16/23S rRNA가 함께 전사된다)와 진핵생물의 인(18S와 28S rRNA가 전사된다) 모두에서 단일 전구체(precursor)로 전사된다. 진핵생물에서, 5S 유전자 역시 전사된 스페이서(spacer)를 지니고 있는 전구체로서 전사된 일렬로 늘어선 클러스터에서 전형적으로 발견된다. 전사에 이어 전구체는 절단되어 각각의 rRNA 분자를 방출한다. 전사 단위는 박테리아에서는 가장 짧으며 포유류에서는 가장 길다(침강속도에 의해 45S로 알려짐). rDNA 클러스터는 많은 전사 단위를 포함하고 있는데, 각 전사 단위는 전사되지 않는 스페이서에 의해 다음 전사 단위와 분리되어 있다. 전사 단위와 **비전사 스페이서(nontranscribed spacer)**가 교대로 반복되고 있는 것을 전자현미경으로 직접 관찰할 수 있다. 그림 7.9에는 각 전사 단위가 집중적으로 발현되고 있는 도롱뇽(newt) *Notopthalmus viridescens*의 예로써, 많은 RNA 중합효소가 하나의 반복 단위에 동시에 참여하고 있다. 중합효소들이 너무 밀집되게 쌓여 있어서 RNA 전사체는 전사 단위를 따라 길이가 늘어나는 특징적인 매트릭스(matrix)를 나타낸다.

▶ **비전사스페이서(nontranscribed spacer)** 일렬로 늘어선 유전자 클러스터에서 전사 단위 사이의 영역.

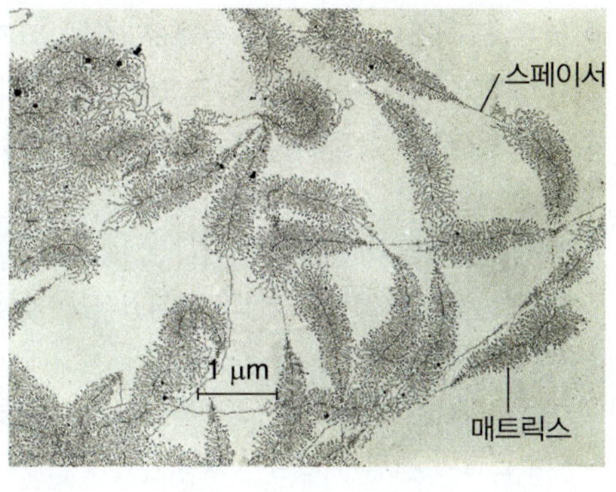

그림 7.9 rDNA 클러스터의 전사는 일련의 매트릭스를 이루는데, 각각은 하나의 전사 단위를 나타내며 전사되지 않는 스페이서에 의해 서로 분리되게 나타난다.

비전사 스페이서의 길이는 종 사이에서 (때때로) 다양하다. 효모에는 길이가 상대적으로 일정한 짧은 비전사 스페이서가 있다. 초파리에서는 반복 단위가 서로 다른 사본 사이에 있는 비전사 스페이서 길이는 거의 두 배의 차이가 있다. *X. laevis*에서도 유사한 경우가 있다. 이들의 각 경우에, 모든 반복 단위는 하나의 특정 염색체 상에 일렬로 늘어선 단일 클러스터로 존재하고 있다. (초파리의 예에서 이것은 우연히 성 염색체이다. X 염색체 상의 클러스터는 Y 염색체 상의 그것보다 더 크며 암컷 초파리는 수컷에 비해 더 많은 사본의 rRNA 유전자를 가지고 있다.)

포유류에서 반복 단위는 훨씬 더 커서 전사 단위가 ~13 kb, 비전사 스페이서가 ~30 kb로 구성되어 있다. 일반적으로, 유전자는 몇몇 분산된 클러스터에 존재한다; 사람과 마우스의 경우 클러스터들은 각각 5개와 6개의 염색체 상에 각각 존재한다. 하나의 흥미로운 (그러나 밝혀지지 않은) 문제는 약간의 클러스터가 존재할 때, 단일 클러스터 내에서 rRNA 염기배열을 어떻게 일정하게 보장해 주는 정확한 메커니즘이 작동할 수 있는가 하는 것이다.

전사 단위의 염기배열이 보존되어 있는 것과 단일 유전자 클러스터 안에 비전사 스페이서 길이의 변화는 좋은 대조를 이룬다. 이러한 변화에도 불구하고, 더 긴 비전사 스페이서의 염기배열은 더 짧은 비전사 스페이서의 염기배열과 상동성을 유지하고 있다. 이것은 각 비전사 스페이서가 내부적으로 반복되어 있다는 것을 의미하므로, 길이의 변화는 일부 서브유닛의 반복 수가 변경되면 발생한다.

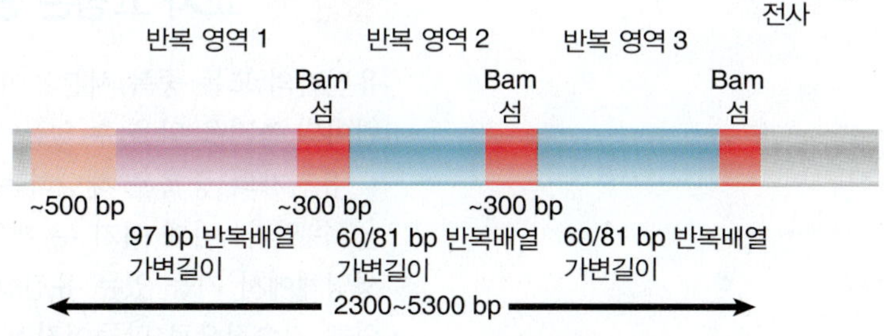

그림 7.10 전사되지 않는 *X. laevis*의 rDNA 스페이서는 그 안에 반복성의 구조를 갖고 있어서 그것들의 길이의 다양성의 원인이 된다. Bam 섬은 짧은 일정한 서열들로써 반복 영역을 분리한다.

비전사 스페이서의 일반적인 특성은 개구리 *X. laevis*의 예로 설명하였다(그림 7.10). 길이가 고정된 영역과 길이가 다른 영역이 번갈아 나타난다. 세 개의 반복 영역의 각각은 다양한 수의 더 짧은 반복의 염기배열로 이루어져 있다. 반복 영역의 한 유형은 97 bp로 된 반복배열을 가지고 있다; 두 위치에서 발생하는 또 다른 유형은, 60 bp와 81 bp 길이의 반복 단위를 가지고 있다. 반복 영역 내의 반복 단위 수의 변화는 스페이서 길이의 전체적인 변화의 원인이 된다. 반복 영역은 **Bam 섬(Bam Islands)**이라고 불리는 더 짧은 일정한 염기

▶ **Bam 섬(Bam islands)** *Xenopus* rDNA 유전자의 비전사 스페이서에서 발견되는 일련의 짧은 반복 배열.

배열에 의해 분리된다(이 용어는 *Bam*HI 제한효소를 사용하여 그것들을 분리한 것에서 그 이름을 따왔다). 이러한 유형의 구성으로부터 프로모터 영역을 포함하는 중복에 의해 클러스터가 진화되어 왔음을 알 수 있다.

발현되는 반복된 유전자들의 사본에는 변이가 없음을 설명할 필요가 있다. 한 가설은 어느 정도의 "좋은" 염기배열의 양적 요구가 있다고 추론한다. 그러나 이것은 변이된 염기배열이 일정 수준으로 축적될 수 있도록 하여 그것들의 클러스터의 비율이 선택될 만큼 너무 커져서 그들에 대항해서 작용한다. 클러스터 안에 그러한 변이가 없기 때문에 우리는 이 가설은 배제할 수 있다.

변이가 없다는 것은 개별 변이에 대한 음의 도태(purifying selection)(역자 주: 집단 내에서 적응도를 감소시키는 해로운 돌연변이를 제거하여 다양성을 감소시키는 선택)를 의미한다. 또 다른 하나의 가설은 전체 클러스터가 하나 또는 소수의 구성원으로부터 정기적으로 재생성된다는 것이다. 실제로, 모든 메커니즘은 모든 세대의 재생을 필요로 한다. 재생된 클러스터는 개별 반복의 비전사 영역에 변화를 나타내지 않기 때문에 이 가설을 배제할 수 있다.

우리는 딜레마에 처해 있다. 비전사 영역들 안에 있는 변이는 빈번한 부등교차가 있음을 의미한다. 이것은 클러스터의 크기를 변화시키게 되지만, 각 개별적인 반복 단위의 성질을 변화시키지는 못한다. 그렇다면 어떻게 변이가 축적되는 것을 막을 수 있을까? 우리는 다음 단원에서 클러스터의 연속된 단축이나 확장이 그들 사본들의 동질화 메커니즘을 제공할 수도 있다는 것을 보게 된다.

핵심개념

- 리보솜 RNA는 하나 이상의 클러스터를 형성하기 위해 일렬로 늘어선 반복되는 다수의 동일한 유전자에 의해 코드되어 있다.
- 각 rDNA 클러스터는 주요 rRNA에 대한 공동 전구체(joint precursor)를 제공하는 전사 단위가 비전사 스페이서와 번갈아 가며 구성되어 있다.
- rDNA 클러스터의 유전자는 모두 동일한 염기배열을 가지고 있다.
- 비전사 스페이서는 각각의 스페이서 길이가 서로 다른 수의 짧은 반복 단위로 구성되어 있다.

개념 및 추론 확인

rDNA와 같은 중요한 유전자의 동일한 일렬로 늘어선 반복배열을 다수 보유함으로써 얻을 수 있는 이점은 무엇인가?

7.4 교차 고정은 동일한 반복배열을 유지할 수 있다

유전자의 모든 중복 사본들이 모두 위유전자(pseudognen)로 되는 것은 아니다. 선택이 어떻게 해로운 변이의 축적을 막을 수 있을까?

유전자의 중복은 해당하는 염기배열에 선택압(selective pressure)의 즉각적인 이완의 결과를 가져올 수 있다. 이제 여기 두 개의 동일한 사본이 있는데, 그 중의 하나의 염기배열에 변화가 생기더라도 생명체에서 기능 있는 유전산물을 없애지는 못한다. 왜냐하면 원래의 유전산물은 또 다른 한 사본에 의해 지속적으로 만들어지기 때문이다. 그래서 두 유전자에 미치는 선택압이 그들 중 하나에 충분히 변이가 축적되어 원래의 기능에서 멀어지게 되어 남은 다른 사본의 유전자에 선택압이 다시 맞춰질 때까지 흩어지게 된다.

유전자 중복에 곧이어, 변화는 사본들 중 하나에 더 빠르게 축적될 수 있어서, 궁극적으로 새로운 기능에 이르게 한다(또는 위유전자가 되어 사용되지 않게 된다). 만일 새로운 기능으로 발전되면 그 유전자는 원래 기능의 특성과 같은 늦은 속도의 변화가 일어난다. 아마도 이것이 태아 그리고 성인의 글로빈 유전자 사이에서 기능의 분리가 일어나는 원인을 설명하는 일종의 메커니즘일 것이다.

그러나 중복된 유전자가 동일하거나 또는 거의 동일한 단백질을 만들어 내면서 같은 기능을 유지하는 사례들이 있다. 동일한 폴리펩티드가 두 개의 인간 α-글로빈 유전자에 의해 코드되어져 있으며, 두 개의 γ-글로빈 폴리펩티드 간에 오직 하나의 아미노산의 차이가 있을 뿐이다. 선택이 어떻게 그들의 염기배열을 동일하게 유지하였을까?

가장 명백한 가능성은, 두 유전자가 실질적으로 동일한 기능은 갖고 있지 않으나 발현 시기와 장소와 같이 어떤 (발견되지 않는) 성질에 변화가 있는 경우이다. 또 다른 가능성은, 둘 중의 어느 사본도 스스로 충분한 양의 유전자 산물을 만들지 못하기 때문에 두 사본이 필요한 것은 양적인 것이다.

그러나 더 극단적인 반복의 경우, 유전자의 단일 사본은 어떤 것도 필수적이지 않다는 결론을 피할 수 없어 보인다. 많은 유전자 사본이 존재할 때, 어느 한 사본에서 변이에 대한 직접적인 영향은 아주 미미해야만 한다. 개별적인 변이의 결과는 야생형의 염기배열을 유지하는 유전자의 많은 사본들에 의해 희석된다. 많은 변이 사본들이 치명적인 효과가 나타나기 전까지 축적될 수 있다.

치사성(lethality)은 정량적이다라는 결론은, 개구리 *X. laevis* 또는 초파리 *D. melanogaster*의 rDNA 클러스터의 절반이 악영향 없이 결실될 수 있다는 관찰로부터 힘을 받는다. 그렇다면 이 단위들은 어떻게 점차적으로 해로운 돌연변이를 축적하지 못하게 되는가? 그리고 드물기는 하나 클러스터에서 도움을 주는 유리한 돌연변이가 있을 수 있는 가능성은 얼마나 있는가?

반복된 사본들 중에서 동일성의 유지를 설명하기 위해 가장 기본적인 원칙은 비대립유전자(nonallelic gene)가 앞 세대의 *하나의* 사본으로부터 연속적으로 재생성되어야 한다는 가정이다. 두 개의 동일한 유전자들의 가장 단순한 예로, 하나의 사본에 돌연변이가 생길 경우, 그것은 (다른 사본의 염기배열이 대체되므로) 우연히 제거되거나, 혹은 두 중복체(duplicates) 모두에 전파되는 것이다. 전파되면 하나의 돌연변이를 선택되도록 노출시킨다. 그 결과는 두 개의 유전자가 비록 단일 유전자자리에 존재하고 있을지라도 함께 진화하고 있는 것이다. 이것을 **협조 진화(concerted evolution)** 또는 **동시 진화(coincidental evolution)**라 한다. 이것은 동일한 유전자 쌍이나 혹은 (더 가정 한다면) 많은 유전자를 포함하고 있는 클러스터에도 적용할 수 있다.

▶ **협조 진화(concerted evolution)** 또는 **동시 진화(coincidental evolution)** 두 개 이상의 관련 유전자가 마치 단일 유전자자리를 구성하는 것처럼 진화하는 능력.

어떤 차이를 인식하는 효소들에 의해 비대립유전자의 염기배열은 직접적으로 서로 비교되고 균질화된다고 추측하는 한 메커니즘이 있다. 이것은 그들 간의 단일의 가닥들이 교환되어 유전자를 형성할 수 있으며, 그들의 가닥 중 하나는 하나의 사본에서, 또 다른 하나는 다른 사본에서 유래되었다. 어떤 차이들은 부적합하게 쌍을 이룬 염기들로 나타나는데, 그것들이 염기를 자르고 대체하는 효소들의 관심을 끌게 되어 단지 A-T와 G-C 쌍 만이 살아남을 수 있게 되었다. 이러한 유형의 현상을 **유전자 전환(gene conversion)**이라 하고 유전자 재조합(genetic recombination)과 관련이 있다. 우리는 중복 유전자들의 염기배열을 비교함으로써 그러한 현상의 범위를 알아 낼 수 있어야 한다. 만일 그들이 협조 진화의 대상이 된다면, 우리는 그들 간의 (아미노산 배열을 변화시키지 않는) 침묵 치환(silent substitution)의 축적을 볼 수 없어야 한다. 왜냐하면, 균질화 과정은 교체 부위(돌연변이된 경우 아미노산 배열을 변화시키는 부위)뿐만 아니라, 이들 부위에도 적용되기 때문이다(*8.5절 중립치환율은 반복된 염기배열의 분기로 측정할 수 있다* 참조). 그것들을 둘러싸고 있는 염기배열들이 완전히 다른 중복 유전자들이 있기 때문에, 유지 메커니즘의 한계는 유전자 그 자신을 넘어설 필요가 없다는 것을 우리는 안다. 실제로, 우리는 균질화된 염기배열들의 끝을 표시하는 갑작스런 경계를 보게 될 수도 있다.

▶ **유전자 전환(gene conversion)** 잘못 짝지어진 염기가 있는 위치에서 다른 가닥과 상보성을 이루게 하기 위해 헤테로듀플렉스 DNA(heteroduplex DNA)의 한 가닥이 변형된 것.

우리는 이러한 기작의 존재가 발현을 통한 그러한 유전자의 역사의 결정을 무효화할 수 있다는 것을 기억해야 하는데, 그 차이는 원래의 복제가 아니라 마지막 균질화/재생 현상 이후의 시간만을 반영하기 때문이다.

교차 고정(crossover fixation) 모델은 전체 클러스터가 부등교차의 메커니즘에 의해 지속적인 재정렬의 대상이 된다는 가정에서 이루어진다. 그러한 현상은 부등교차로 인해 모든 사본이 물리적으로 하나의 사본에서 재생성되는 경우 여러 유전자의 협조 진화를 설명할 수 있다.

▶ **교차 고정(crossover fixation)** 일렬로 늘어선 클러스터의 한 구성원의 돌연변이가 전체 클러스터를 통해 확산(또는 제거)될 수 있도록 하는 한 부등교차의 가능한 결과.

예를 들어, 그림 7.4에 제시된 그런 종류의 현상에 따르면, 세 군데의 유전자자리를 가지고 있는 염색체는 유전자 하나의 결실을 겪게 될 수 있다. 남아 있는 두 유전자 중 $1^{1}/_{2}$은 본래 사본 염기배열을 나타내고 있으며; 다른 본래의 사본이 $^{1}/_{2}$만이 남아있게 된다. 첫 번째 영역에서의 어떠한 돌연변이는 양쪽 유전자에 존재하며 선택압의 대상이 된다.

일렬로 늘어선 클러스터링(clustering, 집단화)는 염기배열이 같으나, 클러스터 중 서로 다른 위치에 놓여있는 유전자의 "틀린 짝짓기(mispairing)"의 빈번한 기회를 제공하게 된다. 부등교차를 통한 지속적인 단위 숫자의 확장과 축소에 의해 한 클러스터의 모든 단위들이 조상 클러스터에 존재하는 낮은 비율의 단위로부터 유래하는 것이 가능하다. 스페이서의 다양한 길이는 부등교차 과정이 내부적으로 바르지 못한 짝짓기를 이루고 있는 스페이서에서 일어난다는 아이디어와 일치한다. 이것으로 스페이서의 다양성과 비유되는 유전자의 동질성(homogeniety)을 설명할 수 있다. 개개의 반복되는 단위가 클러스터 안에서 증폭되었을 때 그 유전자는 선택에 노출된다; 그러나 스페이서는 기능적으로 이와 무관하게 변화를 축적할 수 있다.

비반복성 DNA 영역 안에, 두 개의 상동 염색체 상의 정확하게 일치하는 지점(matching point) 사이에 재조합이 일어나서 상호 재조합체(reciprocal recombinant)를 생성한다. 이러한 정확성의 근거는 두 개의 이중나선 DNA의 염기배열이 정확하게 정렬할 수 있는 능력이 있기 때문이다. 우리는 그들의 측면이나 사이에 끼어든 염기배열들이 다를지라도 서로 연관된 엑손들이 있는 유전자들의 다수의 사본이 존재할 때, 부등 재조합(unequal recombination)이 일어날 수 있다는 것을 안다. 이러한 것은 비대립성 유전자 중 상응하는 엑손들 간의 틀린 짝짓기로 인하여 발생한다.

동일한 혹은 거의 동일한 반복배열이 일렬로 늘어선 클러스터에서 얼마나 자주 잘못된 정렬이 일어나는가를 상상해보라. 클러스터의 가장 말단부분은 제외하고 연속된 반복배열 간의 밀접한 관계는 정확하게 그에 상응하는 반복배열을 결정한다는 것은 불가능하다! 이러한 사실은 두 가지의 결과를 갖는다: 클러스터의 크기의 조절이 지속적으로 일어난다; 그리고 반복 단위의 균질화가 일어난다.

끝이 "x"와 "y"인 반복배열 단위 "ab"로 구성된 배열을 생각해 보자. 만약 한 염색체를 검은색으로 표현하고 다른 염색체를 빨간색으로 나타내면, "대립(allelic)" 염기배열 간의 정확한 정렬은 다음과 같다:

xababababababababababababababababy

xababababababababababababababababy

그러나 하나의 염색체에 있는 *임의의* 배열 *ab*는 다른 염색체의 *임의의* 배열 *ab*와도 쌍을 이룰 수 있다. 다음과 같은 잘못된 배열에서:

xababababababababababababababababy

xababababababababababababababababy

짝을 이루는 영역은 비록 길이는 짧지만, 완벽하게 정렬된 짝(pair)만큼 안정적이다. 우리는 재조합 전에 어떻게 짝짓기가 시작되는지에 대해서는 잘 모르지만, 서로 상응하는 짧은 영역 사이에서 시작하여 전파될 가능성이 매우 높다. 만일, 고빈도 반복배열인 새틀라이트 DNA 내에서 시작하였다면, 클러스터 내에서 정확히 일치하는 위치를 갖지 않는 반복 단위를 포함할 가능성이 크다.

이제 재조합 과정이 일정하지 않은 영역 내에서 일어난다고 가정해보자. 그 재조합체는 다른 숫자의 반복 단위들을 갖게 된다. 어느 경우에는, 그 클러스터가 더 길어지고; 다른 경우에는, 그것은 더 짧아지는데,

xababababababababababababababababy

×

xababababababababababababababababy

↓

xabababababababababababababababababababy

\+

xababababababababababababababy

여기서 “x”는 교차 부위를 나타낸다.

만일 이러한 유형의 현상이 공통적인 경우, 일렬로 늘어선 반복배열의 클러스터는 계속 확장 및 축소된다. 이로 인해 그림 7.11과 같이 특정 반복배열 단위가 클러스터를 통해 확산될 수 있다. 클러스터가 처음에 *abcde*라는 배열로 구성되었다고 가정해 보자. 여기서 각 문자는 반복 단위를 나타낸다. 서로 다른 반복 단위는 틀린 짝짓기 재조합을 서로 일으킬 정도로 가깝게 관련되어 있다. 그 때 일련의 부등 재조합 현상에 의해 반복된 영역의 크기가 증가하거나 감소하고, 하나의 단위가 퍼져서 모든 다른 것을 대신하게 된다.

교차 고정 모델은 *선택압을 받지 않는 DNA의 모든 염기배열은 이러한 방식으로 생성된 일련의 동일한 직렬 반복배열로 대치될 것이라고 예측되어진다.* 중요한 가정은 교차 고정 과정이 돌연변이에 비해 상당히 빠르기 때문에 새로운 돌연변이가 제거되거나 (반복배열이 없어지거나) 혹은 전체 클러스터를 대신하게 된다는 것이다. 물론 rDNA 클러스터의 경우, 기능을 가지고 있는 전사 염기배열을 선택함으로써 추가적인 요인을 필요로 한다.

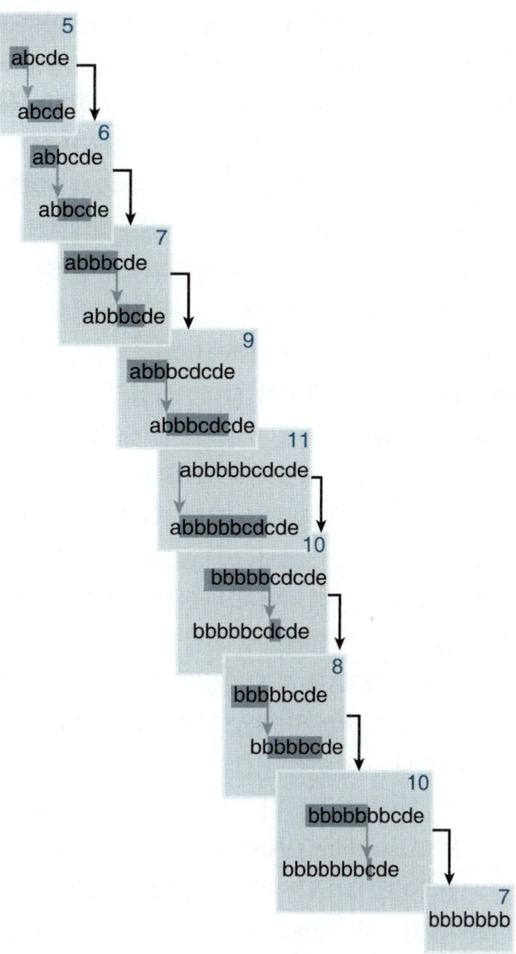

그림 7.11 부동 재조합은 어떤 특정 반복 단위가 전체 클러스터를 차지하게 한다. 숫자는 각 단계에서의 반복 단위의 길이를 나타낸다.

핵심개념

- 부등교차는 직렬 반복배열의 클러스터 크기를 변화시킨다.
- 개별 반복배열 단위는 제거되거나 클러스터를 통해 전파될 수 있다.

개념 및 추론 확인

반복된 배열의 협조진화가 일어날 수 있는 두 가지 메커니즘을 설명하라.

7.5 새틀라이트 DNA는 종종 헤테로크로마틴에 위치한다

반복 DNA(repetitive DNA)는 (비교적) 빠른 속도로 재생(renaturation)되는 특성을 가지고 있다. 진핵생물의 게놈에서 가장 빠르게 재생되는 구성 성분을 *고빈도 반복 DNA(highly repetitive DNA)*라고 하는데, 이는 매우 짧은 배열들이 커다란 클러스터 안에 일렬로 여러 번 반복되어 있다. 이러한 짧은 반복 단위 때문에 때로는 **단순반복배열 DNA(simple sequence DNA)**라고 부른다. 이러한 유형의 구성 요소는 거의 모든 고등 진핵생물 게놈에 존재하지만, 그것의 전체적인 양은 매우 다양하다. 포유류의 게놈의 경우, 전형적으로 10% 미만이지만, 예를 들어 초파리의 한 종인 *Drosophila virilis*에서는 ~50%에 달한다. 이러한 유형의 염기배열이 최초로 발견된 많은 클러스터 외에, 비반복성 DNA가 분산되어 있는 더 작은 클러스터들이 있다. 그것은 전형적으로 게놈 안에 동일한 또는 관련 있는 사본들이 반복된 짧은 염기배열로 이루어져 있다.

▸ **단순반복배열 DNA(simple sequence DNA)** DNA 배열의 짧은 반복 단위.

짧은 염기배열의 직렬 반복 단위는 종종 분리할 수 있는 특징적인 뚜렷한 물리적 특성을 만들어낸다. 어느 경우, 반복배열은 게놈 평균과는 아주 다른 염기 조성을 가지고 있는데, 이는 그 특유의 부유밀도(buoyant density) 특성으로 독립된 분획(fraction)을 형성할 수 있도록 한다. 이러한 종류의 분획을 *새틀라이트 DNA*(*satellite DNA*)라고 한다. *새틀라이트 DNA*라는 용어는 단순반복배열 DNA와 근본적으로는 동의어이다. 그 단순 반복배열과 일치하게, 이 DNA는 전사될 수도 있으며 되지 않을 수도 있으나 번역은 되지 않는다. (몇몇 종에서, 헤테로크로마틴의 구조형성에 짧은 RNA들이 필요한데, 이는 새틀라이트 DNA를 포함하고 있는 헤테로크로마틴 영역의 염색체 안에 염기배열들의 전사가 일어남을 시사한다; *30.7절 헤테로크로마틴 형성에는 마이크로 RNA가 필요하다* 참조.)

직렬로 늘어선 반복 배열은 특히 염색체 짝짓기 형성 과정 동안에 잘못된 정렬을 수행하기 쉽다. 따라서 일렬로 늘어선 클러스터의 크기는 개체 간의 광범위한 변이를 가지면서 고도의 다형성(polymorphic)을 갖는 경향이 있다. 사실상 그러한 염기배열의 더 작은 클러스터는 "DNA 지문분석(DNA fingerprinting)" 기술을 사용할 때 개개의 게놈을 연구하는 데 사용되어질 수 있다(*7.8절 미니새틀라이트는 유전자 지도 작성에 유용하다* 참조).

이중가닥 DNA(duplex DNA)의 부유밀도(buoyant density)는 G-C 함량에 따라 다르며, 일반적으로 CsCl 밀도기울기(density gradient)를 이용하여 DNA를 원심분리하여 결정한다. DNA는 그 자체의 밀도에 해당되는 위치에서 밴드를 형성하게 된다. 5% 이상의 G-C 함량에 차이가 나는 DNA 분획은 통상 밀도기울기 상에서 분리할 수 있다.

진핵생물 DNA를 밀도기울기에 넣고 원심분리하면, 두 유형의 DNA로 구별되어진다:

- 대부분의 게놈은 게놈의 평균 G-C 함량에 해당되는 부유밀도를 중심으로 모인 약간 넓은 피크가 나타나는 연속적인 단편을 형성한다. 이것을 *메인밴드*(*main band*)라고 부른다.
- 이 외에 가끔, 더 작은 피크(혹은 피크들)가 다른 값에서 나타난다. 이 물질이 새틀라이트 DNA(satellite DNA)이다.

새틀라이트 DNA는 많은 진핵생물의 게놈에 존재하고 있다. 이들은 메인밴드보다 무겁거나 혹은 가벼울 수 있으나, 새틀라이트 DNA가 총 DNA의 5% 이상을 나타내는 것은 흔하지 않다. 이에 대한 확실한 보기는 그림 7.12에서 나타낸 바와 같이 마우스 DNA에서 알 수 있다. 이 그래프는 마우스 DNA를 CsCl 밀도기울기를 이용하여 원심분리하였을 때 형성된 밴드를 정량적으로 스캔한 것이다. 메인밴드는 게놈의 92%를 차지하고 있으며 1.701 g-cm^{-3}(전형적인 포유류의 경우 평균 42%의 G-C 함량에 해당)의 부유밀도에 모여 있다. 더 작은 피크는 게놈의 8%를 나타내고 있으며, 1.690 g-cm^{-3}의 뚜렷한 부유밀도를 가지고 있다. 이것은 마우스의 새틀라이트 DNA를 포함하고 있으며, 이것의 G-C 함량(30%)은 게놈의 어느 다른 부분보다도 훨씬 낮다.

밀도기울기에 따른 새틀라이트 DNA의 행동은 변칙적이다. 새틀라이트의 실제적인 염기 조성을 결정할 때, 부유밀도에 따른 예측과는 다르다. 그 이유는 ρ(밀도)는 염기 조성만의 함수가 아니고, 가장 가까운 염기쌍의 조성의 함수인 것이다. 간단한 염기배열에서, 이들 염기들은 부유밀도 방정식에 따르는 임의의 쌍의 관계를 이탈하는 것 같다. 더욱이 새틀라이트 DNA는 메틸화 될 수 있는데, 이것이 밀도를 변화시킨다.

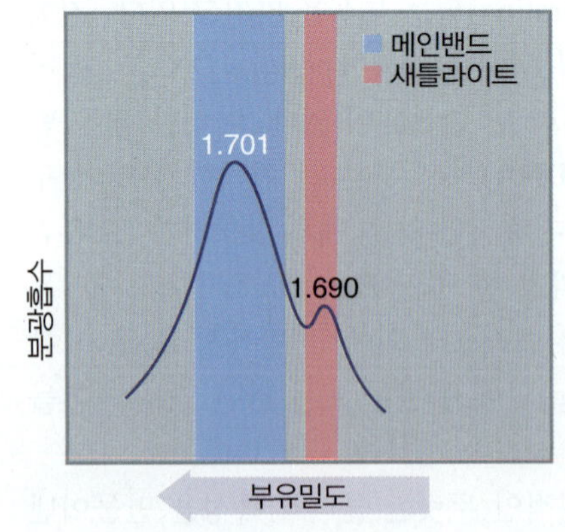

그림 7.12 마우스 DNA는 CsCl 밀도구배 원심분리에 의해 하나의 메인밴드와 새틀라이트로 분리된다.

▶ **잠복성 새틀라이트(cryptic satellite)** 밀도기울기(density gradient)에서 하나의 분리된 피크로 식별되지 않는 새틀라이트 DNA 배열; 즉, 메인밴드 DNA에 남아 있다.

종종 게놈의 대부분의 고빈도 반복배열은 새틀라이트 형태로 분리될 수 있다. 고빈도 반복 DNA 성분이 새틀라이트로 분리되지 않을 때, 그 특성은 종종 새틀라이트 DNA와 비슷하다는 것이 증명되었다. 바꾸어 말하면, 고빈도 반복 DNA는 변칙적인 원심분리에 따라 다수의 직렬 반복배열로 구성되어 있다. 이러한 방법으로 분리된 물질을 때때로 **잠복성 새틀라이트(cryptic satellite)**라고 한다. 잠복성과 명백한 새틀라이트 모두 일반적으로 고빈도 반복 DNA의 커다란 직렬의 반복배열 블록으로 간주한다. 게놈이 한 유형 이상의 고빈도 반복 DNA

를 가지고 있을 때, (비록 가끔 다른 블록이 인접하고 있지만) 각각은 그 자신의 새틀라이트 블록에 존재하고 있다.

게놈 내 어느 곳에 고빈도 반복 DNA 블록이 위치하고 있는 것일까? 핵산 하이브리다이제이션 기술을 응용하면, 염색체 조성(chromosome complement)에 직접적으로 새틀라이트 염기배열의 위치를 결정할 수 있다. ***in situ* 하이브리디제이션(*in situ* hybridization)** 기술에서, 커버 슬립에 압착하여 붙인 세포들을 처리하여 염색체 DNA가 변성되도록 한다. 다음은, 방사능으로 표지된 DNA 또는 RNA 프로브(probe, 탐침자)가 들어있는 용액을 넣는다. 프로브는 변성된 게놈에서 상보적인 염기배열과 하이브리드를 형성한다. 잡종화가 이루어진 곳의 위치는 오토라디오그라피(autoradiography, 방사선자동사진법)로 알 수 있다(그림 3.13 참조).

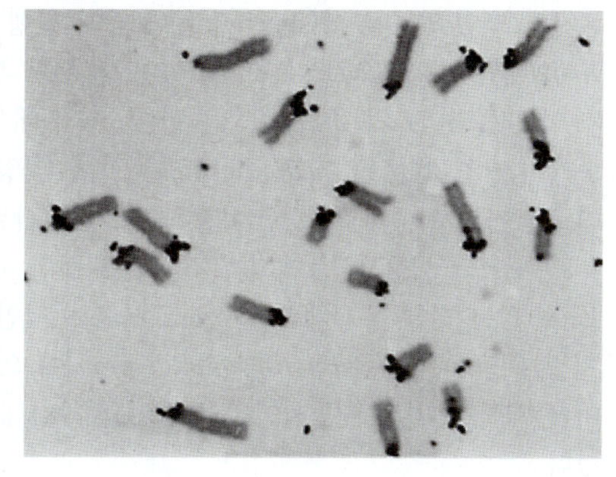

그림 7.13 세포학적 하이브리다이제이션은 마우스의 새틀라이트 DNA가 염색체 센트로미어 부위에 분포되어 있음을 보인다. Photo courtesy of Mary Lou Pardue and Joseph G. Gall, Carnegie Institution.

새틀라이트 DNA는 **헤테로크로마틴(heterochromatin, 이질염색질)** 영역에서 발견된다. 헤테로크로마틴은 게놈의 대부분을 나타내는 **유크로마틴(euchromatin, 진정염색질)**과는 대조적으로 단단하게 결합되어있고 활성이 없는 염색체 영역을 언급할 때 사용하는 용어이다(*9.5절 크로마틴은 유크로마틴과 헤테로크로마틴으로 나누어진다* 참조). 헤테로크로마틴은 센트로미어[centromere, 동원체; 체세포분열과 감수분열 시 염색체 이동을 조절하기 위한 키네코어(kinetochore, 동원판)가 형성되는 곳]에서 공통적으로 발견된다. 센트로미어에 위치하는 새틀라이트 DNA는 염색체에서의 어떠한 구조적인 역할을 하고 있음을 시사하는 것이다. 이러한 기능은 염색체 분리(chromosome segregation) 과정과 연관되어 있을 수 있다.

마우스의 염색체 조성에 있어서의 새틀라이트 DNA의 위치를 결정하는 예를 그림 7.13에 나타내었다. 이 경우, 각 염색체의 한쪽 말단이 표지되는데, 이곳이 센트로미어가 마우스(*Mus musculus*) 염색체에 위치하는 곳이기 때문이다.

- **인 시튜 하이브리디제이션(*in situ* hybridization)** 현미경 슬라이드에 압착된 세포의 DNA를 변성시킨 후 단일 RNA 또는 DNA 첨가하여 반응하도록 하는 잡종화 실험법; 첨가되는 준비물을 방사성으로 표지하고, 잡종화된 것은 오토라디오그래피 또는 형광으로 확인한다.
- **이질염색질(heterochromatin)** 전사가 적고 복제가 늦은 고도로 응축된 게놈의 영역. 구성형(constitutive)과 선택적(facultative)의 두 가지 유형으로 구분된다.
- **진정염색질(euchromatin)** 헤테로크로마틴보다 덜 단단하게 감겨있고, 대부분의 활성 유전자 혹은 잠재적인 단일 유전자 사본을 가지고 있는 세포 간기(interphase) 중 게놈의 대부분을 구성하는 영역.

핵심개념

- 고빈도 반복배열 DNA(또는 새틀라이트 DNA)는 반복배열이 매우 짧고, 코딩 기능이 없다.
- 새틀라이트 DNA는 별개의 물리적 특성을 가질 수 있는 큰 블록으로 나타난다.
- 새틀라이트 DNA는 센트로미어 헤테로크로마틴의 주요 구성성분이다.

개념 및 추론 확인

새틀라이트 DNA는 기능을 왜 가지고 있지 않다고 추정하는가?

7.6 절지동물의 새틀라이트 DNA는 매우 짧은 동일한 반복배열을 가지고 있다

곤충과 갑각류로 대표되는 절지동물(arthropod)에서 각 새틀라이트 DNA는 다소 상동성인 것으로 보인다. 대개, 단 하나의 매우 짧은 반복배열 단위가 새틀라이트의 90% 이상을 차지한다. 따라서 염기배열을 결정하는 것이 상대적으로 간단하다.

초파리 *Drosophila virilis*에는 3개의 주요 새틀라이트 DNA와 잠복(cryptic) 새틀라이트가 있다; 모두 합쳐 게놈의 40% 이상을 차지하고 있다. 새틀라이트의 염기배열을 그림 7.14에 요약하였다. 새틀라이트 I 배열은 *virilis*와 관련된 *Drospophila*의 다른 종에

새틀라이트	주요한 염기배열	전체 길이	게놈 비율
I	ACAAACT TGTTTGA	1.1×10^7	25%
II	ATAAACT TATTTGA	3.6×10^6	8%
III	ACAAATT TGTTTAA	3.6×10^6	8%
잠재적	AATATAG TTATATC		

그림 7.14 *D. virilis*의 새틀라이트 DNA는 서로 관련되어 있다. 각 새틀라이트의 95% 이상이 주요 염기배열의 직렬 반복으로 이루어져 있다.

존재하고 있어 종 분화(speciation)에 앞서 진행되었을 것으로 보인다. 새틀라이트 II와 III의 배열은 *D. virilis*에만 특이적으로 나타나고 있어 종 분화 후 새틀라이트 I로부터 진화되었을 것으로 보인다.

이 새틀라이트의 주요 특징은 단 7 bp의 매우 짧은 반복배열 단위이다. 비슷한 새틀라이트가 다른 종에서 발견된다. *D. melanogaster*는 매우 다양한 반복배열 단위(5, 7, 10 또는 12 bp)를 가진 새틀라이트를 가지고 있다. 비슷한 새틀라이트가 갑각류(crustaceans)에서 발견된다.

D. virilis 새틀라이트에서 발견되는 밀접한 배열의 관계는 새틀라이트가 관계없는 배열을 가지고 있을 수 있는 다른 유전체의 특징으로서 필수적인 것은 아니다. *각 새틀라이트는 매우 짧은 염기배열의 인접 유전자간 증폭(lateral amplification)에 의해 발생한다.* 이러한 배열은 (*D.virilis*에서와 같이) 이미 존재하고 있는 새틀라이트의 변이를 나타내거나, 혹은 다소 다른 기원(origin)을 가지고 있을 수 있다.

새틀라이트는 지속적으로 만들어지며 게놈으로부터 없어지기도 한다. 이것은 진화상의 관계를 확인하는 것을 어렵게 하는데, 이는 현존하는 새틀라이트는 이미 없어지기 전에 존재했던 새틀라이트로부터 진화할 수 있기 때문이다. 이들 새틀라이트의 가장 중요한 특징은 그들이 염기 복합성(complexity)이 매우 낮으며, 그 안에서 염기의 불변성(constancy)을 유지할 수 있는 매우 긴 DNA를 나타낸다는 사실이다.

이들 많은 새틀라이트들의 한 특징은 두 가닥의 염기 쌍 방향의 잘 알려진 비대칭성이다. 그림 7.14에 보여주는 *D. virilis* 새틀라이트의 예를 들면, 각 주요 새틀라이트에서 가닥들 중의 하나는 T와 G가 훨씬 많다. 이것이 그 가닥의 부유밀도를 증가시키며, 변성 조건에 따라 이 무거운(heavy strand, H) 가닥은 상보적인 가벼운(light strand, L) 가닥과 분리할 수 있다. 이것은 새틀라이트의 염기배열을 결정하는 데 유용할 수 있다.

핵심개념

- 절지동물 새틀라이트 DNA의 반복배열 단위는 단지 몇 뉴클레오티드로 이루어져 있다. 대부분의 염기배열은 동일하다.

개념 및 추론 확인

새틀라이트 염기배열을 이용하여 진화적 관계를 추정하는 것이 왜 어려운가?

7.7 포유동물의 새틀라이트 DNA는 단계적 반복배열로 이루어져 있다

다양한 설치류로 대표되는 포유류에서, 각 새틀라이트를 구성하는 염기배열은 연속된 반복배열 간 분명한 분기(divergence)를 보여준다. 공통적인 짧은 염기배열들은 화학적 또는 효소학적 처리에 의해 방출되는 올리고뉴클레오티드 단편 중 그들의 수가 많음으로써 확인할 수 있다. 그러나 중요한 짧은 염기배열은 통상 단지 사본의 작은 소수 부분을 차지하고 있다. 다른 짧은 염기배열은 다양한 치환(substitution), 결실(deletion), 그리고 삽입(insertion)에 의한 중요한 염기배열과 관련이 있다.

그러나 짧은 단위의 이들 일련의 변이체들은 약간의 변이를 갖고 연속적으로 그 자신이 반복되어진 더 긴 반복 단위로 이루어질 수 있다. 따라서 포유류 새틀라이트 DNA는 재결합 분석(reassociation analyses)이나 제한효소 분해에 의해 검출될 수 있는 단계적인 반복 단위로 구성되어 있다.

어느 새틀라이트 DNA가 그 반복 단위 안에 인식 부위를 가지고 있는 제한효소로 처리하였을 때, 그 절단 부위를 가지고 있는 모든 반복 단위로부터 하나의 단편이 얻어질 것이다. 실제로, 진핵생물의 게놈을 제한효소로 처리하면, 게놈의 대부분은 스미어(smear, 흐려지다) 현상이 나타나는데, 이는 절단 부위가 무작위하게 분포하고 있기 때문이다. 그러나 새틀라이트 DNA는 분명한 밴드를 보이는데, 이는 동일한 단편이나 혹은 거의 동일한 크기의 많은 수가 규칙적인 거리를 두고 위치하고 있는 제한효소

10 20 30 40 50 60 70 80 90 100 110

GGACCTGGAATATGGCGAGAAAACTGAAAATCACGGAAAATGAGAAATACACACTTTAGGACGTGAAATATGGCGAGAAAACTGAAAAAGGTGGAAAATTAGAAATGTCCACTGTA (G above position 79; T above position 101)

GGACGTGGAATATGGCAAGAAAACTGAAAATCATGGAAAATGAGAAACATCCACTTGACGACTTGAAAAATGACGAAATCACTAAAAAACGTGAAAAATGAGAAATGCACACTGAA

120 130 140 150 160 170 180 190 200 210 220 230

그림 7.15 마우스 새틀라이트 DNA의 반복 단위는 동일성(파란색)을 보이기 위해 배열된 두 개의 반쪽 반복배열을 갖고 있다.

부위에 의해 생성되기 때문이다.

마우스(*M. musculus*)의 새틀라이트 DNA는 제한효소 *Eco*RII에 의해 234 bp 크기의 다수의 단량체 단편을 포함한 일련의 단편으로 절단된다. 이 염기배열은 단량체 밴드로 절단된 새틀라이트의 60%에서 70%에 걸쳐 약간의 변이를 가지며 반복되어 있음에 틀림없다.

우리는 이 염기배열을 그것의 연속적으로 더 작은 구성 반복 단위 측면에서 분석할 수 있다.

그림 7.15는 두 개의 반쪽-반복(half-repeat)에 관한 염기배열을 묘사한 것이다. 234 bp의 염기배열을 적은 다음, 첫 번째 117 bp와 두 번째 117 bp를 정렬해 보면 우리는 두 개의 반쪽이 매우 연관되어 있음을 알 수 있다. 이들은 22군데 위치에서 다른데, 이는 19%의 분기(divergence)에 해당한다. 이것은 현재의 234 bp의 반복 단위가 과거 어느 시기에 117 bp의 반복 단위가 중복에 의하여 만들어진 후, 중복체 간에 차이가 축적되었음을 의미한다.

10 20 30 40 50

GGACCTGGAATATGGCGAGAAAACTGAAAATCACGGAAAATGAGAAATACACACTTTA

60 70 80 90 100 110

GGACGTGAAATATGGCGAGAAAACTGAAAAAGGTGGAAAATTAGAAATGTCCACTGTA (G above position 79; T above position 101)

120 130 140 150 160 170

GGACGTGGAATATGGCAAGAAAACTGAAAATCATGGAAAATGAGAAACATCCACTTGA

180 190 200 210 220 230

CGACTTGAAAAATGACGAAATCACTAAAAAACGTGAAAAATGAGAAATGCACACTGAA

그림 7.16 4분의 1-반복배열의 정렬은 각 반쪽-반복배열의 첫 번째와 두 번째 반쪽 사이에 유사성이 있음을 보여준다. 네 개의 모든 4분의 1-반복배열에서 동일 배열을 보이는 위치들은 녹색으로 표시되었다. 4분의 1-반복배열들 간에 단지 3/4의 동일 배열을 갖는 경우는 검은색으로 표시하였고 서로 다른 분기 배열은 붉은색으로 표시하였다.

117 bp 단위 내에서 우리는 두 개의 서브유닛을 확인할 수 있다. 이들 서브유닛의 각각은 전체 새틀라이트에 비교하여 4분의 1-반복배열(quarter-repeat)을 보이고 있다. 네 개의 4분의 1-반복배열을 **그림 7.16**에 배열하였다. 위의 두 라인은 그림 7.15의 첫 번째 반쪽-반복을 나타낸다; 아래의 두 라인은 두 번째 반쪽-반복을 나타낸다. 우리는 네 개의 4분의 1-반복들 간의 분기가 58곳 중 23곳으로 40% 증가한 것을 알 수 있다. 첫 번째 세 개의 4분의 1-반복들은 조금 더 관련성을 가지고 있으며, 높은 비율의 분기는 네 번째 4분의 1-반복의 변화로 인한 것이다.

4분의 1-반복들을 들여다보면, 각각은 **그림 7.17**에 나타낸 α와 β 배열처럼 두 개의 관련된 서브유닛(8분의 1-반복, one-eighth-repeat)으로 구성되어 있음을 알 수 있다. 공통염기배열과 비교하여, α 배열 모두에 C가 삽입되었으며, β 배열은 모두 세 개의 뉴클레오티드(trinucleotide)가 삽입되어 있다. 이것은 4분의 1-반복이 공통 염기배열과 같은 하나의 염기배열이 중복된 후, 부수적인 변화가 현재 우리

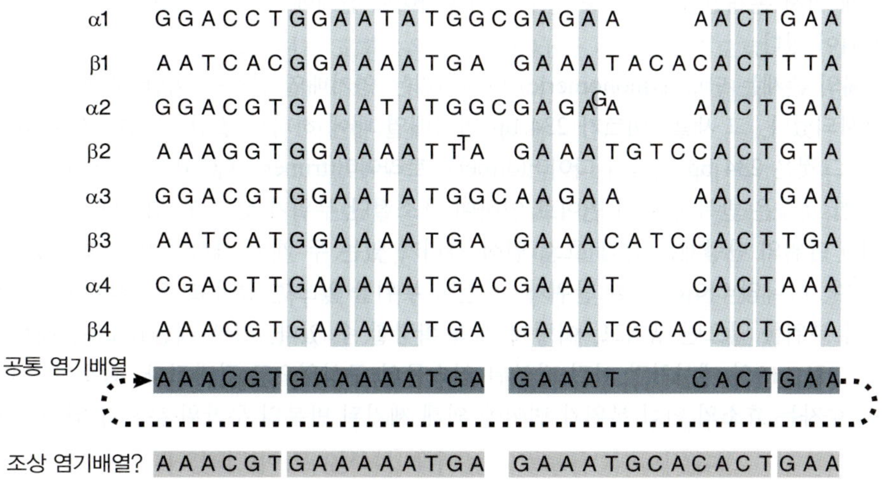

α1 G G A C C T G G A A T A T G G C G A G A A   A A C T G A A
β1 A A T C A C G G A A A A T G A   G A A A T A C A C A C T T T A
α2 G G A C G T G A A A T A T G G C G A G A(G) A   A A C T G A A
β2 A A A G G T G G A A A A T T(T) A   G A A A T G T C C A C T G T A
α3 G G A C G T G G A A T A T G G C A A G A A   A A C T G A A
β3 A A T C A T G G A A A A T G A   G A A A C A T C C A C T T G A
α4 C G A C T T G A A A A A T G A C G A A A T   C A C T A A A
β4 A A A C G T G A A A A A T G A   G A A A T G C A C A C T G A A
공통 염기배열 A A A C G T G A A A A A T G A   G A A A T   C A C T G A A
조상 염기배열? A A A C G T G A A A A A T G A   G A A A T G C A C A C T G A A

그림 7.17 8개 반복배열은 각 4분의 1-반복 배열이 하나의 α-반쪽과 하나의 β-반쪽으로 이루어져 있음을 보여주고 있다. 공통 염기배열은 각 위치에 나타나는 가장 공통적인 염기를 표시한다. "조상" 염기배열은 α와 β 단위의 조상인 공통 염기배열과 매우 밀접하게 관련되어 있음을 보여주고 있다. [새틀라이트 배열은 연속적이어서 공통 염기배열을 추론하기 위해 우리는 그것을 원순열(circular permutation)로 처리해서 마지막의 GAA 배열을 첫 번째 6 bp에 연결하였다.]

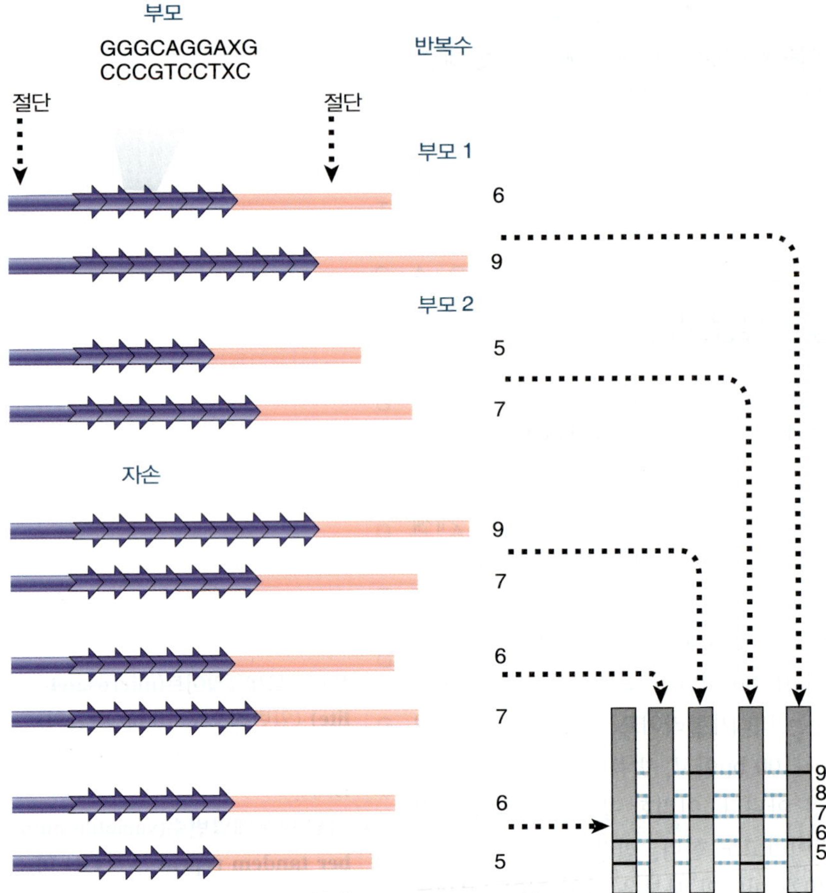

그림 7.20 대립유전자는 미니새틀라이트에 있는 반복배열의 수가 다를 수 있으므로, 각 말단을 제한효소로 분해하면 길이가 다른 제한효소 단편을 만들게 된다. 각 부모 간에 다른 대립유전자가 있는 미니새틀라이트를 사용하면 유전 패턴을 알 수 있다.

인간 게놈 내의 한 미니새틀라이트 계열은 공통의 "핵심(core)" 염기배열을 공유한다. 그 핵심은 10-15 bp의 G-C가 풍부한 염기배열로, 두 가닥에서 퓨린/피리미딘 분포의 비대칭성을 보인다. 각 개별 미니새틀라이트는 하나의 핵심 염기배열의 변이체를 갖지만 ~1000개의 미니새틀라이트들이 핵심 염기배열로 이루어진 프로브(probe)에 의해 서던블롯(Southern blot) 상에서 검출될 수 있다(*3.9절 블롯팅 방법* 참조).

그림 7.20에 나타난 상황을 고려해 보면, 그러한 많은 염기배열이 여러 번 나왔다. 각각의 유전자자리들에서의 변이로 인한 효과는 각 개체에 특유의 패턴을 만들어낸다. 이것은 모든 개체의 밴드 중 50%는 어느 한 특정한 부모로부터 유래되었다는 것을 나타내므로 부모와 자손 간의 확실한 유전 형질을 지정할 수 있도록 한다. 이것이 **DNA 지문검사법(DNA fingerprinting)**으로 알려진 기술의 기본 원리이다.

마이크로새틀라이트와 미니새틀라이트는 비록 서로 이유는 다르지만, 모두 불안정하다. 마이크로새틀라이트는 그림 7.21에 나타낸 바와 같이, 복제 중 일어나는 진행 저하(slippage)가 반복배열의 확장으로 이어질 때, 가닥 간에 틀린 짝짓기(intrastrand mispairing)를 하게 된다. DNA의 손상, 특히 틀린 짝지은 염기쌍을 인지하여 수복하는 시스템은 수복 유전자가 불활성화되었을 때, 발생 빈도가 크게 증가하는 것으로부터 알 수 있듯이 그러한 변화를 원상복귀 하는 데 중요하다. 수복 시스템(repair system)에서의 돌연변이는 암 발생에 중요한 기여 인자이므로, 종양 세포는 종종 마이크로새틀라이트 염기배열에 변이가 나타난다. 미니새틀라이트는 새틀라이트에서 언급한 반복들 간에 일종의 부등교차와 같은 것을 겪게 된다(그림 7.3 참조). 이야기가 되는 한 가지는 재조합 핫스폿(hot spot, 다발 지역)과 연관된 증가된 변이이다. 재조합 사건은 보통 둘러싸는 마커(marker)들 사이에서 일어나는 재조합과 연관이 있지만, 하나의 복잡한 형태를 가져서 새로운 변이 대립형질들이 자매 염색분체(sister chromatid)와 다른 (상동) 염색체로부터 정보를 얻는다.

▶ **DNA 지문검사법(DNA fingerprinting)** 제한효소를 사용하여 짧은 반복배열을 포함하는 영역을 절단하거나 혹은 PCR에 의하여 생성된 각 단편의 차이를 분석하는 방법. 반복배열된 영역의 길이는 모든 개체에 고유하므로, 어느 두 개체의 특정 서브세트(subset)의 존재는 그들의 공통적인 유전적 관계를 밝히는 데 사용될 수 있다(예: 부모-자식 관계).

그러나 복제 슬립피지(replication slippage, 복제 미끄러짐)에서 부등교차까지 변이의 원인이 어느 정도의 반복된 길이에서 일어나는가는 정확하게 밝혀져 있지 않다.

핵심개념

- 개별 게놈 내의 마이크로새틀라이트 또는 미니새틀라이트 간의 변이는 개체의 밴드 중 50%가 특정 부모로부터 유전되었음을 보여줌으로써 유전관계를 명확하게 확인하는 데 사용될 수 있다.

개념 및 추론 확인

VNTR이 DNA 지문분석법에 유용한 이유는 무엇인가? 친자 확인을 위해 이 기술이 어떻게 사용될 수 있는지 설명하라.

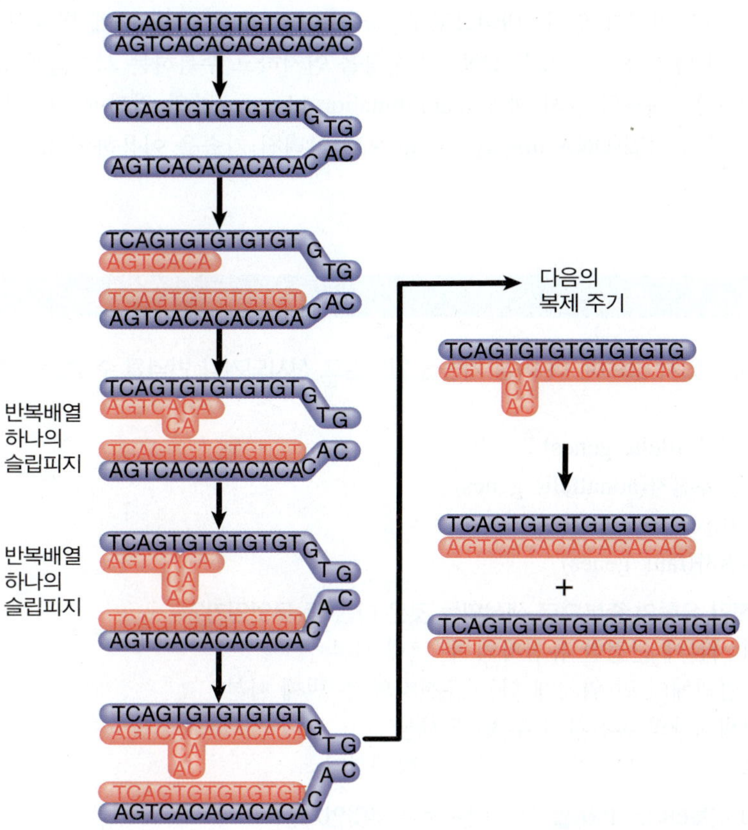

그림 7.21 복제 슬립피지(replication slippage, 복제 미끄러짐)는 새로 합성된 DNA 가닥이 주형 가닥의 반복 단위 하나 뒤로 미끄러져서 쌍을 이룰 때 발생한다. 각 슬립피지 현상은 새로 합성된 가닥에 하나의 반복 단위를 더하게 된다. 이렇게 추가된 반복배열은 단일가닥 고리를 형성하며 밀려나온다. 이러한 새로 합성된 가닥은 다음 복제 주기에 반복배열 수가 늘어난 이중가닥 DNA를 만들게 된다.

7.9 요약

대부분의 유전자는 유전자 패밀리에 속하는데, 유전자 패밀리는 각 구성원의 엑손에서 관련이 있는 배열을 가지고 있는 것으로 정의된다. 유전자 패밀리는 유전자(또는 유전자들)의 중복에 의해 진화하고, 사본 간의 분기가 이어진다. 일부 사본들은 불활성화되는 돌연변이를 당하여 더 이상 기능을 갖지 않는 위유전자(pseudogene)가 된다.

일렬로 늘어선 클러스터는 전사배열(들)과 전사되지 않은 스페이서(들)를 포함하는 반복 단위의 많은 사본들로 이루어져 있다. rRNA 유전자 클러스터는 오직 단 한 개의 rRNA 전구체를 코드하고 있다. 클러스터 내에서의 활성유전자의 유지는 유전자 전환(gene conversion)이나 부등교차(unequal crossing-over)와 같은 메커니즘에 의존하고 있는데, 이로 인하여 돌연변이가 진화력(evolutionary force), 즉 선택에 노출되도록 클러스터를 통하여 전파된다.

새틀라이트 DNA는 직렬로 여러 번 반복되는 아주 짧은 배열로 구성되어 있다. 이들이 지니는 특유의 원심분리 특성은 그들이 가지고 있는 편향된 염기 조성을 반영하고 있다. 새틀라이트 DNA는 센트로미어 근처의 헤테로크로마틴에 집중되어 있으나, 그 기능(있다 해도)은 아직 밝혀져 있지 않다. 절지동물의 새틀라이트의 각각의 반복 단위들은 모두 동일하다. 포유류의 새틀라이트들의 반복 단위들은 관련성을 가지고 있으며, 무작위적으로 선택된 배열의 증폭과 분기에 의한 새틀라이트의 진화를 반영한 계층구조를 구성하기도 한다.

부등교차는 새틀라이트 DNA 구성의 중요한 결정인자로 보인다. 교차 고정(crossover fixation)은 클러스터를 통하여 전파되는 변이체의 능력을 말한다.

미니새틀라이트와 마이크로새틀라이트는 새틀라이트보다 오히려 더 짧은 반복 배열로 이루어져 있다: 이들은 새틀라이트보다 짧은 클러스터 길이를 가지고 있는데, 마이크로새틀라이트의 경우 10 bp 미만, 미니새틀라이트의 경우 10 bp~100 bp이다. 반복배열 단위의 수는 일반적으로 5~50이다. 각 게놈 간의 반복수에는 높은 변이가 있다. 마이크로새틀라이트 반복수는 복제 중에 발생하는 슬립피지(slippage)의 결과에 따라 다양하다; 빈도는 DNA의 손상을 인지하고 수복하는 시스템에 영향을 받는다. 미니새틀라이트 반복수는 재조합-유사 과정(recombination-like event)의 결과에 따라 다양하다. 반복수의 변이는 DNA 지문검사법(DNA fingerprinting)으로 알려진 기술을 이용하여 유전관계를 밝히는 데 사용되기도 한다.

학습문제

1. 기능을 가지고 있지 않으며, 더 이상 기능성 단백질로 전사되거나 번역될 수 없는 유전자를 무엇이라고 하는가 :
   A. 대립 유전자(allelic genes)
   B. 비대립형 유전자(nonallelic genes)
   C. 위유전자(pseudogenes)
   D. 가짜 유전자(faux genes)
2. 가장 일반적인 유형의 중복으로 생성되는 것은 다음 중 무엇인가?
   A. 첫 번째 사본에 근접한 유전자의 두 번째 사본
   B. 동일한 염색체의 먼 위치에 있는 유전자의 두 번째 사본
   C. 다른 염색체상의 유전자의 두 번째 사본
   D. 위의 모든 것—그들은 동일한 확률로 발생한다.
3. 절지동물의 새틀라이트 DNA를 구성하는 것은 무엇인가?
   A. 관련 없는 단위
   B. 각각에 임의의 분기가 있는 반복배열 단위
   C. 동일한 반복배열 단위
   D. 중복과 분기에 근거한 계층구조로 배열될 수 있는 반복배열 단위
4. 마이크로새틀라이트의 반복배열 길이는 얼마인가?
   A. 10 미만의 염기
   B. 10 내지 50개 염기
   C. 50 내지 100개 염기
   D. 100개 이상의 염기
5. α 또는 β 글로빈의 합성을 감소시키거나 방해하는 돌연변이는 어떠한 결과를 초래하는가?
   A. 태아수종(hydrops fetalis)
   B. 탈라세미아(thalassemias)
   C. 헤모글로빈H(HbH disease)
   D. 헤모글로빈 항-레포레(Hb anti-Lepore)
6. 다음 중 진핵생물에서 다수의 동일한 유전자 사본을 가장 많이 가지고 있는 것은?
   A. RNA 중합효소와 히스톤
   B. RNA 중합효소와 tRNA
   C. 히스톤 및 rRNA
   D. rRNA 및 tRNA
7. 진핵세포에서 rRNA 합성이 일어나는 곳은 어디인가?
   A. 핵(nucleus)
   B. 핵소체(인, nucleolus)
   C. 리보솜(ribosome)

D. 세포질(cytoplasm)

8. 새틀라이트 DNA는 일반적으로 염색체의 어느 부분에서 발견되지 않는가?

A. 헤테로크로마틴(heterochromatin, 이질염색질)

B. 유크로마틴(euchromatin, 진정염색질)

C. 텔로미어(telomeres)

D. 센트로미어(centromeres)

9. 단순 염기배열을 구성하고 있는 것은 다음 중 무엇인가?

A. 단일 사본 DNA 염기배열

B. 짧은 염기배열의 최소 반복배열 DNA

C. 클러스터 내에서 직렬로 반복배열된 짧은 염기배열의 중빈도 반복배열 DNA

D. 클러스터 내에서 직렬로 반복배열된 짧은 염기배열의 고빈도 반복배열 DNA

10. 교차 고정 모델에서 예측할 수 있는 것은 무엇인가?

A. 선택압에 있지 않은 모든 DNA 염기배열은 일련의 동일한 직렬 반복배열로 대체될 것이다.

B. 선택압에 있는 모든 DNA 염기배열은 일련의 동일한 직렬 반복배열로 대체될 것이다.

C. 선택압에 있지 않은 DNA의 임의의 염기배열은 일련의 동일하지 않은 직렬 반복배열로 대체될 것이다.

D. 선택압에 있는 DNA의 모든 염기배열은 일련의 동일하지 않은 직렬 반복배열로 대체될 것이다.

핵심용어

Bam islands
concerted evolution (coincidental evolution)
crossover fixation
cryptic satellite
DNA fingerprinting
euchromatin
gene cluster
gene conversion
gene family
Hb anti-Lepore
Hb Kenya
Hb Lepore
HbH (hemoglobin H) disease
heterochromatin
hydrops fetalis
***in situ* hybridization**
microsatellite
minisatellite
nontranscribed spacer
nucleolar organizer
nucleolus
pseudogenes
rDNA
satellite DNA
simple sequence DNA
thalassemia
translocation
unequal crossing over (nonreciprocal recombination)
variable number tandem repeat (VNTR)

읽을 거리

Bailey, J. A., Gu, Z., Clark, R. A., Reinert, K., Samonte, R. V., Schwartz, S., Adams, M. D., Myers, E. W., Li, P. W., and Eichler, E. E. (2002). Recent segmental duplications in the human genome. *Science* **297**, 1003–1007. An identification of regions of the human genome with duplicated segments. A total of 169 regions were identified, of which 24 have been associated with genetic diseases.

Hardison, R. (1998). Hemoglobins from bacteria to man: evolution of different patterns of gene expression. *J. Exp. Biol.* **201**, 1099–1117. A review of the evolutionary history of hemoglobin genes in bacteria and eukaryotes, including the duplications and divergences in sequence and function.

Waterston, R. H. et al. (2002). Initial sequencing and comparative analysis of the mouse genome. *Nature* **420**, 520–562. The publication of the "draft sequence" of the mouse (*Mus musculus*) genome with comparison to the human genome structure.

8

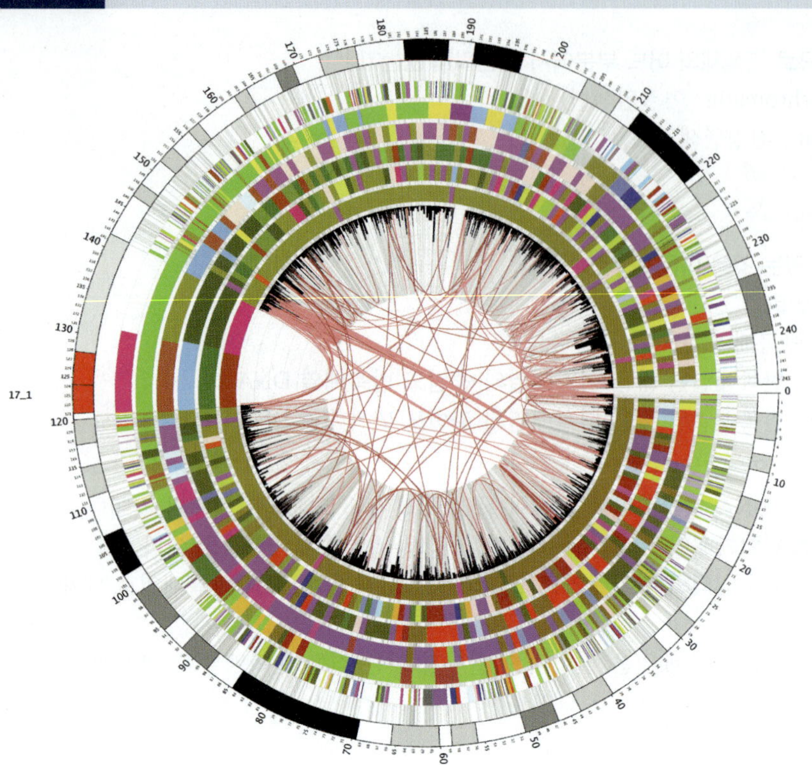

하나의 원형 게놈 지도는 인간(맨 바깥쪽 원)과 (안에서부터) 침팬지, 마우스, 쥐, 개, 닭, 그리고 제브라피시 게놈과의 신테닉(syntenic, 유사한 부위)을 나타낸다. 원의 비슷한 색상은 신테니(synteny, 유사성)를 나타낸다. © Martin Krzywinski/ Photo Researchers, Inc.

게놈 진화

8장 개요

8.1 서론

점점 증가하는 많은 수의 완전한 게놈 염기배열은 게놈 구조와 조직을 연구할 수 있는 귀중한 기회를 제공하고 있다. 그러나 서로 관련된 종의 게놈 염기배열이 이용 가능해짐에 따라, 개별 유전자의 차이뿐만 아니라 유전자 분포, 비반복적이고 반복적인 DNA의 비율 및 잠재적인 기능, 그리고 반복 염기배열의 사본 수를 비교할 수 있게 되었다. 이러한 비교를 통하여, 우리는 개별 종의 게놈을 형성한 역사적인 유전 현상과 이러한 현상 이후에 작용하는 적응 능력 및 비적응 능력에 대한 정보를 얻을 수 있다.

1990년대 후반과 2000년대 초반에 유전적인 "모델 생물체"(예: 대장균, 효모, 초파리, 애기장대, 인간)의 게놈 염기배열을 이용할 수 있게 됨으로써 원핵생물 대(vs.) 진핵생물, 동물 대 식물 또는 척추동물과 무척추동물과 같은 주요 분류군 간의 비교가 가능해졌다. 그러나 최근에, 하위 수준의 분류학적 그룹[속(genus)까지의 클래스] 내의 여러 게놈으로부터 얻은 데이터는 게놈 진화에 대한 면밀한 연구를 가능하게 하였다. 이러한 비교는 훨씬 더 최근에 발생한 변화를 강조하는 이점이 있으며, 동일한 부위에서의 다중 돌연변이와 같은 추가적인 변화로 인하여 차츰 분명해지기 시작하였다. 또한, 분류학적 그룹에 특이적인 진화적 현상을 분석할 수 있다. 예를 들어, 인간과 침팬지의 비교는 영장류에 특이적인 게놈 진화에 대한 정보를 얻을 수 있으며, 특히 마우스와 같은 *아웃그룹(outgroup)*(밀접하게 관련되어 있지는 않지만, 상당한 유사성을 나타내기에 충분히 가까운 종)과 비교할 때 더욱 그렇다. 비교 유전체학 분야에서 최근의 한 획을 그은 것은 초파리 속 12종의 게놈 염기배열의 완성한 것이다. 같은 종의 더 많은 게놈이 이용 가능해질수록 이러한 유형의 미세한 비교가 계속 될 것이다.

비교 유전체학은 어떤 문제를 다룰 수 있을까? 첫째, 공통조상에서 유래한 유전자를 비교함으로써 각 유전자의 진화를 탐구할 수 있다. 어느 정도까지, 게놈의 진화는 개별 유전자 집합체의 진화의 결과이기 때문에, 게놈 내의 상동성 염기배열을 비교하면 이들 염기배열에서 발생하는 적응성(즉, 자연선택적) 및 비적응성 변화에 대한 문제를 해결하는 데 도움이 될 수 있다. 코딩 염기배열을 형성하는 힘은 일반적으로 동일한 유전자의 (인트론, 비번역 영역 혹은 조절 영역과 같은) 넌코딩 영역에 영향을 미치는 것과는 상당히 다르다; 코딩 및 조절 영역은 (비록 방식은 서로 다르지만) 표현형에 직접적으로 영향을 미치며, 논코딩 영역보다 진화의 중요한 측면을 선택하게 한다. 둘째, 유전자 중복, 반복배열의 확장과 수축, 전이, 배수성화(polyploidization)와 같은 게놈 구조의 변화를 가져 오는 메커니즘을 연구할 수 있다.

8.2 DNA 염기배열은 돌연변이와 분류 메커니즘에 의해 진화한다

생물학적 진화는 유전적 변이의 생성과 다음 세대의 변이의 분류의 두 가지 과정에 기초하고 있다. 염색체들 사이의 변이는 재조합(*15장 상동 및 부위-특이적 재조합* 참조)에 의해 생성될 수 있고 암수의 구별에 따라 번식하는 생물체들 간의 변이는 감수분열과 배우자의 무작위 수정 과정을 결합한 결과로 발생할 수 있다. 그러나 근본적으로 DNA 염기배열 간의 변이는 돌연변이의 결과이다.

돌연변이는 복제 오류 또는 뉴클레오티드로의 화학적 변화에 의해 DNA가 변형되거나, 혹은 전자기 방사선(electromagnetic radiation)에 의해 화학 결합을 끊어지거나 형성할 때 발생하며, 다음 DNA복제 과정(*16장 수복 시스템* 참조) 시 손상이 복구되지 않은 상태로 남아있게 된다. 원인에 관계없이, 초기 손상은 "오류(error)"로 간주될 수 있다. 원리적으로, 하나의 염기는 다른 세 개의 표준염기 중 어느 것에나 변이가 일어날 수 있지만, 손상 메커니즘(*8.14절 돌연변이, 유전자 전환 및 코돈 사용에 편견이 있을 수 있다* 참조)에 의해 발생하는 편향(bias)과 손상된 염기 수복의 가능성의 차이로 인하여 세 가지 가능한 돌연변이는 동일하지는 않을 것이다.

예를 들어, 한 염기에서 다른 세 염기로의 돌연변이가 똑같이 가능하다고 가정한다면, 트랜스버전 돌연변이(피리미딘에서 퓨린으로, 또는 그 반대)는 트랜지션 돌연변이(하나의 피리미딘이 다른 피리미딘으로, 혹은 하나의 퓨린이 다른 퓨린으로 변하는 돌연변이, *1.11절 돌연변이는 하나의 염기쌍이나 혹은 더 긴 배열에 영향을 준다* 참조) 빈도보다 두 배 발생하게 된다. 그러나 관찰 결과는 대개 반대이다; 트랜지션이 트랜스버전보다 대략 두 배 빈번하게 발생한다. 이는 (1) 자연발생적인 트랜지션 오류(transitional error)가 트랜스버전 오류(transversional error)보다 더 자주 발생하기 때문일 수 있다. (2) 트랜스버전 오류는 DNA 수복 메커니즘에 의해 검출되고 수복될 가능성이 더 높다. 또는 (3) 이들 모두가 사실이다. 트랜스버전 오류는 피리미딘이나 퓨린이 함께 쌍을 이루고 염기쌍 기하학이 정확도 메커니즘(*13.4절 DNA 중합효소는 복제의 정확도를 조절한다* 참조)으로 사용되면 DNA 이중가닥을 뒤틀리게 하므로 DNA 중합효소가 트랜스버전 오류를 만들 가능성은 적다. 또한 이러한 뒤틀림은 복제 후 수복 메커니즘에 의해 트랜스버전 오류를 쉽게 감지하도록 한다.

돌연변이가 단백질-코딩 유전자의 코딩 영역에서 발생한다면, 그 유전자의 폴리펩티드 산물에 대한 그 효과에 의해 특징지어질 수 있다. 폴리펩티드 산물의 아미노산 배열을 변화시키지 않는 치환돌연변이는 **동의 돌연변이(synonymous mutation)**이다; 이것은 침묵 돌연변이의 특정 유형이다(침묵 돌연변이에는 비코딩 영역에서 발생하는 변이가 포함된다). 코딩 영역의 **비동의 돌연변이(nonsynonymous mutation)**는 폴리펩티드 생성물의 아미노산 배열을 변경하여 미스센스 코돈(missense codon, 과오돌연변이 코돈) (다른 아미노산의 경우) 또는 넌센스[nonsense, 종결(termination)] 코돈을 생성한다. 생물체의 표현형에 대한 돌연변이의 영향은 다음 세대의 돌연변이의 운명에 영향을 미친다.

▶ **동의 돌연변이(synonymous mutation)** 폴리펩티드 산물의 아미노산 배열을 변경시키지 않는 코딩 영역의 돌연변이.

▶ **비동의 돌연변이(nonsynonymous mutation)** 폴리펩티드 산물의 아미노산 배열을 변경시키는 코딩 영역의 돌연변이.

물론 폴리펩티드를 코딩하는 유전자 및 비코딩 염기배열의 돌연변이 이외의 유전자에서의 돌연변이는 물론 선택 대상이 될 수 있다. 비암호화 영역에서, 돌연변이 변화는 조절 염기배열을 직접적으로 바꾸거나 DNA 발현의 일부 측면(예: 전사율, RNA 수식 또는 번역률에 영향을 주는 mRNA 구조)이 영향을 받는 방식으로 조절 염기배열을 직접 변경하거나 DNA의 2차 구조를 변화시킴으로써 유전자의 조절을 변경시킬 수 있다. 그러나 비암호화 영역의 많은 변화는 선택적으로 **중립 돌연변이(neutral mutation)**가 될 수 있으며 생물체의 표현형에 영향을 미치지 않는다.

▶ **중립 돌연변이(neutral mutation)** 진화적 적합에 큰 영향을 미치지 않는 돌연변이는 일반적으로 표현형에 아무런 영향을 주지 않는다.

▶ **유전적 부동(genetic drift)** (선택압 없이) 한 집단의 대립 유전자 빈도의 우연한 변동.

돌연변이가 선택적으로 중립적이거나 중립에 가까운 경우, 그 운명은 확률적으로만 예측 가능하다. 집단의 돌연변이 변이 빈도의 무작위 변화를 **유전적 부동(genetic drift)**이라 부른다. 이것은 우연히 특정 부모 집단의 자손 유전자형이 멘델 상속에 의해 예측된 것과 정확히 일치하지 않는 "표본추출 오류(sampling error)"의 한 유형이다. 매우 큰 집단에서는 유전적 부동의 무작위 효과가 평균화되는 경향이 있으므로 각 변이체의 빈도에는 거의 변화가 없다. 그러나 작은 개체군에서는 이러한 무작위적인 변화가 매우 빠르고 클 수 있으므로 유전적 부동은 개체군의 유전적 변이에 큰 영향을 줄 수 있다. 그림 8.1은 각각 10명씩의 7개 집단에 대한 대립유전자 빈도의 무작위 변화를 각각 100명씩의 7개 집단의 무작위 변화와 비교한 시뮬레이션을 보여준다. 각 모집단은 빈도가 0.5인 두 개의 대립형질로 시작한다. 50세대가 지난 후 대부분의 작은 개체군은 하나 또는 다른 대립유전자를 잃어 버렸지만, 큰 개체군은 두 대립유전자를 보유하고 있다[대립유전자의 빈도는 원래의 0.5에서 무작위로 부유(drift)하였다].

유전자 부동은 임의적인 과정이다. 특정 변이형의 최종 운명은 엄격하게 예측 가능하지 않지만 변이형의 현재 빈도는 모집단에서 최종적으로 *고정(fix)*될 확률의 척도이다. 바꾸어 말하면, 새로운 돌연변이(집단에서 낮은 빈도로)는 우연히 집단으로부터 손실될 것이다. 우연히 더 빈번해지면 집단에 유지될 가능성이 더 커진다. 장기적으로 변이형은 모집단에서 사라지거나 고정되어 다른 모든 변종을 대체할 수 있지만 단기간에 주어진 위치에 대한 변동이 무작위적일 수 있다. 특히 **고정(fixation)** 또는 손실이 더 빨리 발생하는 소규모 집단의 변동이 있을 수 있다.

▶ **고정(fixation)** 새로운 대립유전자가 이전에 대다수에서 우세했던 대립유전자를 대체하는 과정.

반면에 새로운 변이가 선택적으로 중립적이지 않고 표현형에 영향을 주면 자연선택은 개체군의 빈도 증가 또는 감소에 중요한 역할을 한다. 빈도의 변화속도는 돌연변이가 돌연변이를 일으키는 생물체에 얼마나 많은 이점이나 단점이 있는지에 달려 있다. 그것은 또한 그것이 우성인지 열성인지 여부에

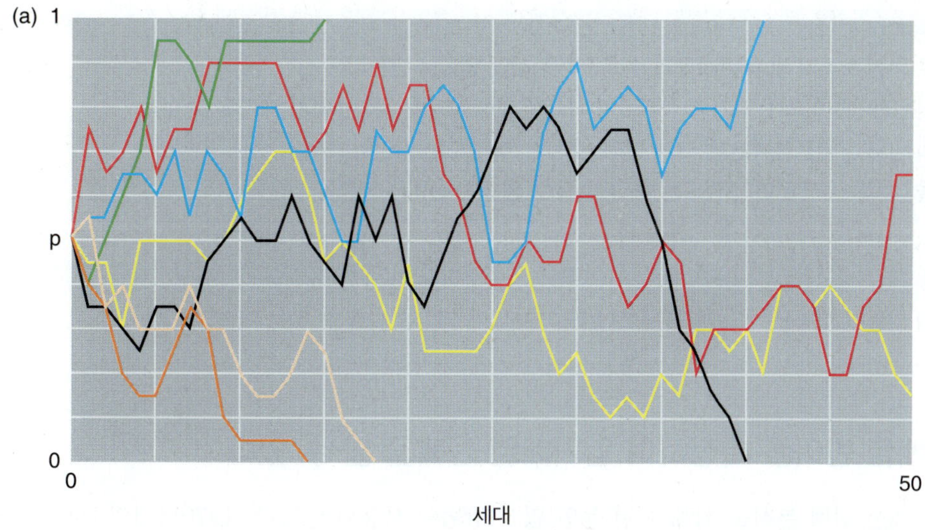

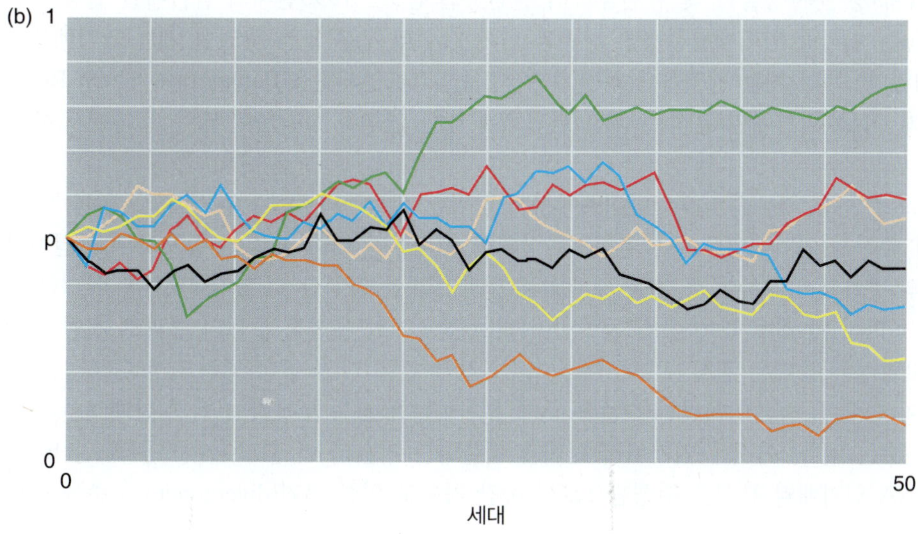

그림 8.1 무작위적인 유전적 부동에 의한 대립유전자의 고정 또는 결실은 10명의 집단(a)이 100명의 집단(b)보다 더 빠르게 발생한다. *p*는 모집단에서의 특정 유전자자리에 있는 두 개의 대립유전자 중 하나의 빈도이다. Data courtesy of Kent E. Holsinger, University of Connecticut (http://darwin.eeb.uconn.edu).

달려 있다; 일반적으로 우성 변이가 처음 나타날 때 자연 선택에 "노출(exposed)"되기 때문에 선택에 의해 더 빨리 영향을 받는다.

돌연변이는 그 효과와 관련하여 무작위적이며, 따라서 중립이 아닌 돌연변이의 공통적인 결과는 표현형이 부정적으로 영향을 받기 때문에, 선택은 (돌연변이가 열성인 경우에는 다소 지연될 수 있지만) 주로 새로운 돌연변이를 제거하기 위해 주로 작용한다. 이를 *음의선택* 또는 *정제 선택*(*negative* or *purifying selection*)이라고 한다. 음의 선택의 전반적인 결과는 새로운 변형이 일반적으로 제거됨에 따라 집단 내에서 거의 변화가 없기 때문이다. 더 드물게 새로운 변이가 유익한 표현형을 부여하는 경우, *양의 선택*(*positive selection*)의 대상이 될 수 있다. 이러한 유형의 선택은 또한 새로운 돌연변이가 결국 원래의 염기배열을 대체하기 때문에 집단 내에서의 변이를 감소시키는 경향이 있지만, 다른 집단에서 다른 돌연변이가 일어나기 때문에 돌연변이가 서로 분리되었다면 집단 *사이*에 더 큰 변이가 발생할 수 있다.

집단 또는 종의 관찰된 유전적 다양성(또는 그러한 변이의 결여)이 선택에 기인하는지 그리고 유전적 부동(genetic drift)에 기인하는지에 대한 문제는 집단 유전학에서 오랫동안 지속 되어온 문제이다. 8.3절에서 중립 돌연변이의 진화에 대한 기대와 큰 차이가 있는지를 시험함으로써 DNA 염기배열 선택을 탐지할 수 있는 몇 가지 방법에 대하여 알아본다.

핵심개념

- 돌연변이 확률은 특정 오류가 발생할 확률과 수복될 가능성에 영향을 받는다.
- 작은 개체군에서는 돌연변이의 빈도가 무작위로 변하고 우연히 새로운 돌연변이가 제거될 것이다.
- 중립 돌연변이의 빈도는 유전적 부동에 크게 달려 있는데, 그 강도는 집단의 크기와 연관되어 있다.
- 표현형에 영향을 미치는 돌연변이의 빈도는 음의 — 또는 양의 —선택의 영향을 받는다.

개념 및 추론 확인

자연선택과 유전적 부동이 개체군 내의 대립유전자 빈도에 어떻게 영향을 미칠 수 있는지 설명하라.

8.3 염기배열 변이를 측정하여 염기배열 선택을 알 수 있다

DNA 염기배열에 대한 선택 분석을 위해 수년 동안 많은 방법이 사용되어 왔다. 1970년대의 DNA 염기배열 결정 기술(*제3장 분자생물학 및 유전공학의 실험방법* 참조), 1990년대의 염기배열 결정 자동화 및 21세기의 높은 처리량 염기배열결정법 개발과 함께 다수의 부분 또는 완전한 게놈 염기배열이 이용 가능하게 되었다. 특정 게놈 영역을 증폭하기 위해 중합효소연쇄반응(Polymerase Chain Reaction, PCR)과 함께 DNA 염기배열 분석은 유전 변이체에 대한 연구를 포함하여 많은 분야에서 유용한 도구가 되었다.

다양한 공개적으로 이용 가능한 데이터베이스에서 광범위한 생물체의 DNA 염기배열 데이터가 풍부해졌다. 상동성 유전자 염기배열은 동일한 종의 상이한 개체뿐만 아니라 많은 종으로부터 얻어진다. 이것은 종 내의 변화와 비교하여 종 계통 전체의 유전적 변화를 결정할 수 있게 해준다. 이러한 비교는 일부 종(예: 초파리)이 개체 간에 중립 돌연변이 및 무작위적인 유전적 부동의 결과로 개인 간에 DNA 염기배열 다형성이 높다는 관찰이 이루어졌다. (인간과 같은 다른 종은 중등도의 다형성을 가지고 있으며, 더 이상의 연구 없이 이러한 수준을 낮게 유지하는 유전적 부동과 선택의 상대적인 역할은 즉각적으로 알 수는 없다. 이것은 염기배열 선택을 검출하는 기술의 한 용도이다.) 종(種)간 및 종내(DNA 종간) DNA 염기배열 분석을 수행함으로써 종간 차이로 인한 분기(divergence) 수준을 결정할 수 있다.

일부 중립 돌연변이(neutral mutation)는 동의 돌연변이(synonymous mutation)이며(*8.2절 DNA 염기배열은 돌연변이와 분류 메커니즘에 의해 진화한다* 참조), 모든 동의 돌연변이가 중립적인 것은 아니다. 이것이 처음에는 불가능할 수도 있지만, 세포 내 특정 아미노산을 암호화하는 개별 tRNA의 농도는 동일하지 않다. 일부 동족 tRNA(cognate tRNAs)(동일한 아미노산을 갖는 다른 tRNA)는 다른 것보다 풍부하고, 특정 코돈에는 충분한 tRNA가 부족할 수 있으며 동일한 아미노산에 대해 다른 코돈이 충분한 수를 가질 수 있다. 해당 생물체에서 희귀한 tRNA를 필요로 하는 코돈의 경우, 리보솜 프레임시프트(ribosomal frameshifting) 또는 다른 번역 변형이 발생할 수 있다(*25.13절 프레임시프트는 슬립퍼리 염기배열에서 일어난다* 참조). 또한 특정 코돈이 mRNA 구조를 유지하는 데 필요할 수도 있다. 또는, 폴리펩티드의 접힘 및 활성에 거의 또는 전혀 영향을 미치지 않으면서 동일한 일반적인 특성을 갖는 아미노산에 대해 비공통적인 돌연변이가 있을 수 있다. 두 경우 모두 중립 염기배열 변화는 미생물에 거의 영향을 주지 않는다. 비공통적인 돌연변이는 인지질 이중층에 내장된 단백질에서 극성에서 비극성 아미노산 또는 소수성 아미노산에서 친수성 아미노산으로의 변화와 같이 상이한 성질을 갖는 아미노산을 생성할 수 있다. 그러한 변화는 폴리펩티드의 역할에 해로운 기능적 효과를 가지므로, 생물체에 영향을 줄 수 있다. 폴리펩티드 내의 아미노산의 위치에 따라, 이러한 변화는 단백질 접힘 및 활성의 경미한 파괴를 일으킬 수 있다. 드물게 아미노산 변화가 유리한 경우가 있다; 이 경우에는 돌연변이 변화가 양의 선택을 받게 되고 궁극적으로는 이 변이체가 개체군에 고정되게 된다.

선택을 결정하기 위한 하나의 공통된 접근법은 코돈-기반 염기배열 정보(codon-based sequence information)를 사용하여 유전자의 진화론적 역사를 연구하는 것이다. 이것은 오솔로그 유전자(orthologous gene)에서의 동의성(K_s)와 비동의성(K_a) 아미노산 치환의 수를 세고(*6.4절 얼마나 많은 종류의 유전자가 있을까?* 참고), K_a/K_s 비율을 결정함으로써 이루어질 수 있다. 이 비율은 유전자에 대한 선택적 제약을 나타낸다. K_a/K_s 비율 1은 중립적으로 진화하는 유전자에 대해 기대되며, 아미노산 배열의 변화는 선호나 비선호가 없다. 이 경우 발생하는 변화는 일반적으로 폴리펩티드의 활성에 영향을 미치지 않으며, 적절한 조절 역할을 한다. K_a/K_s 비는 <1이 가장 일반적으로 관찰되며, 아미노산 치환이 폴리펩티드의 활성에 영향을 미치기 때문에 적합하지 않은 경우에는 음의 선택을 나타낸다. 따라서 적절한 단백질 기능을 유지하기 위해 이들 부위에서 원래의 기능성 아미노산을 유지하는 선택압이 존재한다.

음의 선택보다 더 드물게 관찰되는 양의 선택은 K_a/K_s 비율이 >1이다. 이것은 아미노산 변화가 유리하고 집단에서 고정될 수 있음을 나타낸다. 이에 대한 하나의 예는 숙주의 면역 반응을 회피하기 위한 강한 선택압에 있는 바이러스 코트 단백질과 같은 일부 병원체의 항원성 단백질이다. 두 번째 예는 *성 선택(sexual selection*, 한 성에서 발견된 형질에 대한 선택) 하에 있는 일부 생식 단백질이다. 세 번째 예로서 포유동물의 MHC 유전자의 펩티드 결합 영역에 대한 K_a/K_s 비율은 "자체(self)" 항원과 "비자기(noself)" 항원을 모두 표현함으로써 면역학적 자체 인식에서 기능하는 산물은 일반적으로 2~10, 새로운 변종에 대한 강력한 선택을 나타낸다. 이러한 단백질은 개별 생물체의 세포 특이성을 나타내기 때문에 이러한 현상이 예상된다. 비율의 평균값이 염기배열의 길이에 걸쳐서 1보다 커야 하기 때문에 양의 K_a/K_s 비율의 검출은 부분적으로 드물 수 있다. 유전자의 단일 치환이 양의 선택되었지만 인접 영역이 음의 선택 하에 있는 경우, 염기배열을 통한 평균 비율은 실제로 음성일 수 있다. 대조적으로, 히스톤 유전자에 대한 K_a/K_s 비는 전형적으로 1보다 훨씬 적으므로, 이들 유전자에 대한 강한 음의 선택임을 시사한다. 히스톤은 크로마틴의 기본 구조를 구성하는 DNA-결합 단백질이며, 염색체의 완전성(integrity)과 유전자 발현에 해로운 결과를 초래할 가능성이 있다(*제10장 크로마틴* 참조).

K_a/K_s가 일련의 DNA에 대해 평균화될 때 단일 치환 변이체에서 강한 선택을 검출하는 어려움 외에도 돌연변이적 핫스폿(hotspot)도 이 측정에 영향을 미칠 수 있다. 극성 아미노산의 비율이 높은 일부 단백질-코딩 유전자의 비정상적으로 매우 가변적인 영역이 보고되어 있다; 그러한 편향은 K_a/K_s 비율의 해석에 영향을 미칠 수 있는데, 그 이유는 더 높은 점 돌연변이율이 보다 높은 대체율(substitution rate)로 부정확하게 해석될 수 있기 때문이다. 선택를 검출하는 코돈-기반 방법이 유용할 수 있지만, 그 한계를 고려해야 한다.

종간 DNA 염기배열 분석은 동일한 종의 2개의 대립유전자 또는 2개의 개체 간의 뉴클레오티드 배열을 비교함으로써 양의 선택을 검출하는 데 사용될 수 있다. 뉴클레오티드 배열은 일정 비율로 중립으로 진화한다. 특정 뉴클레오티드에서의 이 비율의 변화는 개체군의 *이형접합성(heterozygosity*, 유전자 자리에서 이형접합체의 비율)에 영향을 미친다. 만일 변이형 염기배열이 선호된다면, 이 변이형은 빈도가 증가하여 결국 집단에서 고정될 것이고, 그 부위는 뉴클레오티드 이형접합성의 감소를 보일 것이다. 밀접하게 연결된 중립 변이체도 고정될 수 있는데, 이는 **제네틱 히치하이킹(genetic hitchhiking, 유전적 편승)**이라고 불리는 현상이다. 이 영역은 DNA 염기배열 다형성이 낮다는 특징이 있다. 그러나 감소된 다형성은 음의 선택이나 유전적 부동과 같은 다른 원인을 가질 수 있음을 기억하는 것이 중요하다.

▶ **유전적 편승(genetic hitchhiking)** 빈번하게 변화하는 또 다른 유전자 자리에서의 대립유전자와의 연관성(기능적 연관성 또는 물리적 연관성)으로 인한 대립유전자의 빈도 변화.

실제로 중립적인 진화론적 기대로부터의 편차를 검출하기 위해 종간 및 종간 DNA 염기배열 비교를 수행하는 것이 더 신뢰할 만하다. 적어도 하나의 밀접하게 관련된 종의 염기배열 정보를 포함시킴으로써, 특이적인 DNA 다형성은 조상의 다형성과 구별될 수 있으며, 다형성과 종간 차이 사이의 연관성에 관한 보다 정확한 정보를 얻을 수 있다. 이 결합된 분석을 통해 종간의 비유사성 변화의 정도를 결정할 수 있다. 진화가 1차적으로 중립인 경우 종 내의 동의성이 아닌 동의성의 비율은 종간 비율과 같을 것으로 예상된다. 과다한 유사하지 않은 변화는 이들 아미노산에 대한 양의선택의 증거가 될 수 있는 반면, 낮은 비율은 음의선택이 염기배열을 보존한다는 것을 나타낼 수 있다.

	비동의성	동의성
고정	7	17
다형성	2	42

그림 8.2 *Drosophila melanogaster*의(다형성) 그리고 *D. melanogaster, D. simulans,* 그리고 *D. yakuba* 간의(고정) *Adh* 유전자위의 비동의성(nonsynonymous)과 동의성(synonymous)변이. Adapted from J. H. McDonald and M. Kreitman, *Nature* 351 (1991): 652–654.

한 예는 초파리에서 *Adh* 유전자의 12개 염기배열을 서로 비교하고 그림 8.2에서 볼 수 있듯이 *D. simulans*와 *D. yakuba*의 *Adh* 염기배열을 비교하는 것이다. 이 데이터에 대한 간단한 우연성(contingency) 카이 제곱 검증은 *D. melanogaster*의 비슷한 다형성보다 종간의 비특이성 변화가 상당히 더 많이 있음을 보여준다. 종간의 유사하지 않은 차이의 높은 비율은 한 종 내에서 매우 오래 지속될 것으로 예상되지 않는 비중립 변이(nonneutral variation)를 고려할 때, 한 종 내에서 이러한 차이의 비율이 낮기 때문에, 이 종에서 *Adh* 변종에 대한 양의 선택를 제시한다.

상대 속도 테스트를 사용하여 선택 징후(signature of selection)를 탐지할 수도 있다. 이것은 (최소한) 관련 종 3종, 밀접하게 관련된 종 2종 및 아웃그룹(outgroup) 대표 1종을 포함한다. 대체율은 가까운 동족들(relatives) 사이에서 비교되고, 각각은 아웃그룹 종과 비교되어 대체율이 유사한지를 확인한다. 이것은 종간의 계통 발생 관계가 확실한 한 분석의 시간 의존성을 제거한다. 만일 동족들 간의 대체율을 이들과 아웃그룹 종간의 대체율을 비교하였을 때 차이가 난다면, 이것은 염기배열에 대한 선택의 조짐일 수 있다. 예를 들어, 박테리아의 세포벽을 소화시키는 단백질 라이소자임(lysozyme)은 많은 종에서 일반적인 항생제로서 반추동물에서 낮은 pH에서 활성화되어 장내에서 죽은 박테리아를 소화시키는 역할을 한다. 그림 8.3은 암소/사슴 (반추동물) 계통에서의 라이소자임에 대한 아미노산(즉, 비동의성) 치환의 수는 비반추동물인 돼지의 아웃그룹의 것보다 높다는 것을 보여주고 있다.

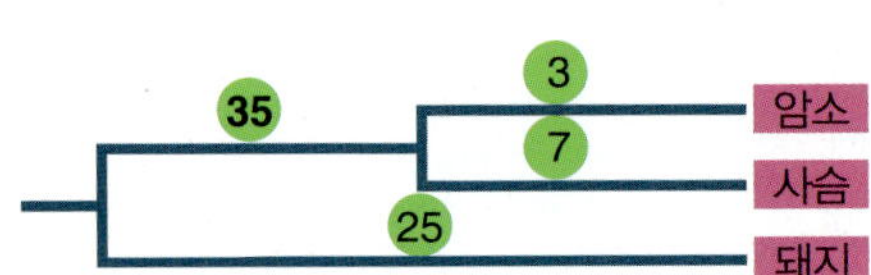

그림 8.3 돼지 혈통과 비교하여 암소/사슴 계통의 리소자임 염기배열에서의 비동의 치환의 수가 더 많은 것은 반추동물 위장에서 소화를 위한 단백질의 적응의 결과이다. Adapted from N. H. Barton et al., *Evolution*. Cold Spring Harbor Laboratory Press, 2007. Original figure appeared in J. H. Gillespie, *The Causes of Molecular Evolution*. Oxford University Press, 1994.

선택을 검출하는 또 다른 방법은 특정 유전자자리에서 다형성의 추정치를 이용한다. 예를 들어, 가축용 옥수수의 중요한 유전자인 *Teosinte branched 1*(*tb1*) 유전자자리의 염기배열 분석은 가축용과 야생형 옥수수(테오신테, teosinte) 품종의 뉴클레오티드 치환률을 특성화하는 데 사용되었으며, 그 추정치는 연간 $2.9 \times 10^{-8} \sim 3.3 \times 10^{-8}$ 염기 치환이었다. 그림 8.4는 야생형 테오신테와 가축용 옥수수의 *tb1* 영역의 뉴클레오티드 다양성(nucleotide diversity, π)의 비율을 보여준다. 이 두 종에서 중립적으로 진화하는 유전자의 경우, 이 비율은 ~0.75이지만 이 영역에서는 <0.1이다. 이것은 가축용 옥수수의 강력한 선택이 이 유전자의 변이를 심각하게 감소시킨다는 것을 의미한다.

▸ **연관 불균형(linkage disequilibrium)** 대립유전자의 특이적인 많은 유전자자리에 대한 선택처럼, 유전자 연관 혹은 기타 다른 원인으로 인하여, 서로 다른 유전자자리에서의 대립유전자 간의 랜덤하지 않은 연관성.

뉴클레오티드 다양성에 대한 유전체 데이터가 이용 가능하게 됨에 따라, 다양성이 낮은 영역은 최근에 선택되었음을 암시할 수 있다. 수백만의 단일염기다형성(SNP)이 인간, 인간이외의 동물, 식물 및 다른 종에서 특징을 나타내고 있다. 인간 게놈에 적용된 한 가지 접근법은 대립유전자의 빈도와 그것을 둘러싼 다른 유전자 마커와의 **연관 불균형(linkage disequilibrium)** 사이의 연관성을 찾는 것이다. 연관 불균형은 한 유전자자리의 대립유전자와 다른 유전자자리의 대립유전자 간의 연관성을 측정한 것이다. 하나의 염색체에서 새로운 돌연변이가 발생하면 처음에는 동일한 염색체상의 다른 다형성 유전자자리의 대립유전자와 높은 연관 불균형을 보인다. 대규모 집단에서는 중립 대립유전자가 천천히 고정되어 증가할 것으로 예상되며, 따라서 재조합과 돌연변이는 유전자자리와 연관 불균형의 연관성을 감소시킬 것이다. 반면에 양의 선택하의 대립유전자는 더 빨리 고정될 것이며, 연관 불균형이 유지될 것이다. 게놈을 통해 SNP를 샘플링함으로써, 재조합률의 국소 변이를 설명하는 연관 불균형의 일반적인 배경 수준이 확립될 수 있으며, 유의하게 더 높은 연관 불균형 측정치가 검출될 수 있다. 그림 8.5는 아프리카 사람 집단에서 말라리아에 저항성을 부여하는 *G6PD* 유전자자리의 변이형으로부터 염색체 거리가 증가함에 따라 천천히 감소하는 연관 불균형(재조합 염색체의 증가분율로 측정)을 보여준다. 이 패턴은 이 대립유전자가 다른 유전자자리에서 대립 형질과 함께 최근의 강한 선택 하에 놓여 있

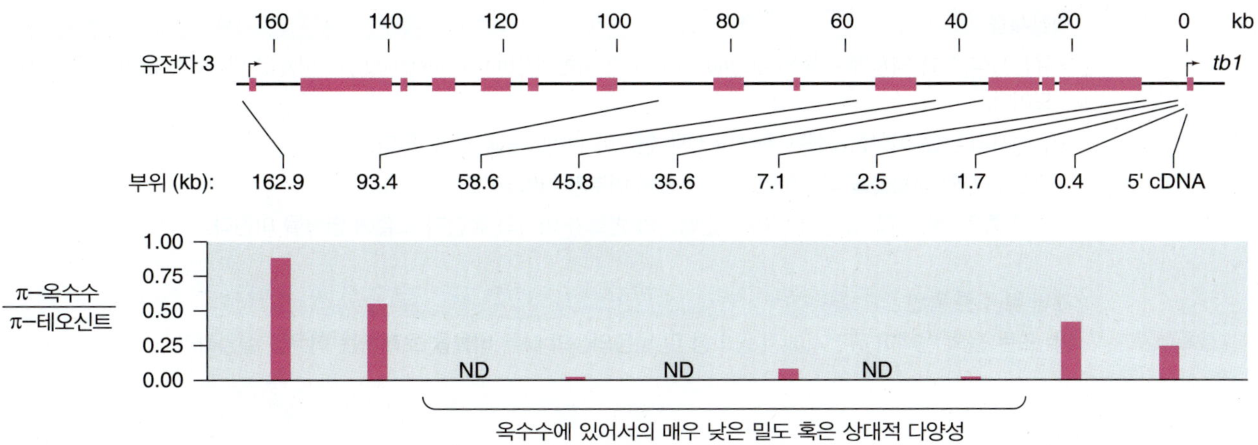

그림 8.4 재배한 옥수수의 *tb1* 영역의 뉴클레오티드 다양성(π)은 야생형 테오신트의 것에 비해 매우 낮다. 이러한 사실은 옥수수의 이 유전자자리에 대한 강한 선택을 나타내고 있다. Reproduced from R. M. Clark et al., *Proc. Natl. Acad. Sci. USA* 101 (2004): 700–707. © 2004 National Academy of Sciences, U.S.A. Courtesy of John F. Doebley, University of Wisconsin, Madison.

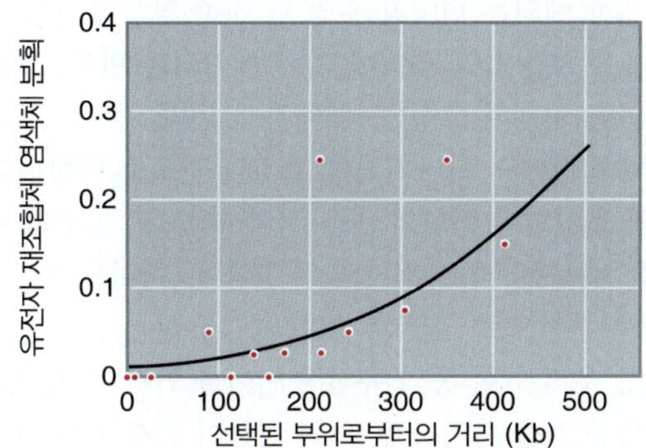

그림 8.5 *G6PD*의 대립유전자와 사람의 염색체 근처에 있는 대립유전자 사이의 재조합체의 비율은 낮게 유지되며, 대립유전자는 양성 선택에 의해 빈도가 급속히 증가했다. 대립유전자는 말라리아에 대한 저항성을 부여한다. Adapted from E. T. Wang et al., *Proc. Natl. Acad. Sci. USA* 103 (2006): 135–140.

었으며, 재조합에는 아직 이 상호 연관성을 깨뜨릴 시간이 없다는 것을 암시한다.

다수의 완전한 인간 게놈 염기배열의 이용 가능성 및 많은 개체에서 게놈의 특정 부위를 신속하게 재배열화하는 능력은 인간 집단에서의 유전적 변이의 대규모 측정을 가능하게 한다. 앞에서 설명한 것처럼 유전적 변이가 국지적으로 존재하지 않는다면 그 염기배열에 대한 음의 선택을 나타낼 수 있으며, 이는 그 염기배열이 기능을 가지고 있다는 것을 암시한다. 만일 분석에 다수의 개체가 포함된 경우, 개별 변형이 고유한지, 특정 집단의 다른 구성원이 공유하는지 또는 전 세계적으로 발견되는지 여부를 결정할 수 있다. 놀랍게도 그러한 연구에 따르면 인간 게놈의 기능적 변형의 대부분은 코딩 염기배열의 비동의적 변화(nonsynonymous change)가 아니라 인트론 또는 유전자 간 영역과 같은 비코딩 염기배열에서 발견된다! 다시 말해서, 단백질 변이는 인간 사이의 기능적 차이의 단지 낮은 비율을 차지하고 있다. 아마도 코딩되지 않은 영역의 기능적 변이의 대부분은 조절 영역의 차이를 반영하고 있다(*4부, 유전자 조절* 참조). 또한, 이러한 변이의 대부분은 표본 집단의 대부분 또는 모두에서 발견되며, 소수 집단에 국한되지 않는다. 분명히, 인간 개개인 간의 많은 명백한 차이에도 불구하고 인간 종에 대한 유전적 일치가 있으며, 대부분의 차이점은 생산되는 단백질이 아니라 생산되는 시기와 장소에 있다.

핵심개념

- 유전자의 진화 역사에서 동의성(synonymous)와 비동의성(nonsynonymous)의 비율은 양- 또는 음의 선택의 척도이다.
- 유전자의 낮은 이형접합성은 최근의 선택 현상이 일어났음을 알 수 있다.
- 관련 종간의 대체율을 비교하면 유전자 선택 여부가 나타난다.
- 인간 종의 대부분의 유전적 변이는 단백질의 변화가 아니라 유전자 조절에 영향을 미친다.

개념 및 추론 확인

양- 또는 음의 선택이 유전자에서 동의성 및 비동의성의 다른 비율을 초래하는 이유를 설명하라.

8.4 일정한 염기배열 분기 속도는 분자시계이다

유전자 염기배열의 대부분의 변화는 시간이 지남에 따라 천천히 축적되는 돌연변이에 의해 발생한다. 점 돌연변이와 작은 삽입 및 결실은 우연히 발생한다. 아마도 게놈의 모든 영역에서 확률이 동일하거나 더 낮다. 이것에 대한 예외는 변이가 훨씬 더 자주 발생하는 핫스폿이다. 8.2절에서 대부분의 비동의성 돌연변이는 해롭고 부정적인 선택에 의해 제거되는 반면, 희소한 유익한 치환은 개체군을 통해 확산되어 결국 원래의 염기배열(고정)을 대체하게 된다. 중립 변이체(neutral variants)는 무작위적인 유전적 부동으로 인해 집단에서 사라지거나 고정될 것으로 예상된다. 선택적으로 중립적인 단백질-코딩 유전자 염기배열의 돌연변이 변화의 비율은 역사적으로 논쟁의 여지가 있다.

대체율이 축적되는 속도는 각 유전자의 특성이며, 아마도 변화에 대한 기능적 유연성(functional flexibility)에 적어도 부분적으로 의존한다. 한 종 내에서, 유전자는 돌연변이에 의해 진화하고, 단일 집단 내에서 고정된다. 우리가 한 종의 유전적 변이를 연구할 때, 선택이나 유전적 부동에 의해 유지된 변이형만을 볼 수 있다는 것을 상기하라. 여러 변종이 존재할 때 그들은 안정적일 수도 있고, 고정되어 있거나 (없어져서) 일시적일 수도 있다.

단일 종이 두 종의 새로운 종으로 분리될 때, 그로부터 생기는 종 각각은 이제 독립적인 진화 계통을 구성한다. 두 종의 오솔로그 유전자를 비교함으로써 조상이 상호교배(interbreed)를 중지한 이후로 그들 사이에 축적된 차이점을 알 수 있다. 일부 유전자는 매우 잘 보존되어 있어, 종에서 종으로 거의 또는 전혀 변화가 없다. 이는 대부분의 변화가 해롭다는 것을 나타낸다.

▶ **분기(divergence)** 두 개의 관련 DNA 염기배열 혹은 두 폴리펩티드 간 아미노산 배열 사이에서 뉴클레오티드 배열의 보정된 퍼센트 차이.

두 유전자의 차이를 **분기(divergence)**로 표현하며, 뉴클레오티드가 다른 위치의 퍼센트는 수렴 돌연변이(convergent mutation, 두 개의 각각의 계통에서 동일한 부위에서의 동일한 돌연변이) 및 진정한 복귀 돌연변이의 확률로 보정된다. 세 번째 염기 위치에서의 돌연변이는 종종 동의성이기 때문에 유전자 내의 세 개의 코돈 위치 사이의 진화 속도에는 차이가 있다.

코딩 배열 이외에, 유전자는 비번역 영역(untranslated regions)을 포함한다. 여기서 또 다시, 대부분의 돌연변이는 2차 구조 또는 (일반적으로 다소 짧은) 조절 신호에 대한 영향과는 별개로 잠재적으로 중립적이다.

▶ **코돈 편향(codon bias)** 몇몇 동족 코돈이 있는 아미노산을 코딩하는 유전자에서 한 코돈의 높은 사용률.

동의성 돌연변이는 폴리펩티드와 관련하여 중립적일 것으로 예상되지만, RNA의 배열 변화를 통해 유전자 발현에 영향을 줄 수 있다(*8.2절 DNA 염기배열은 돌연변이와 분류 메커니즘에 의해 진화한다* 참조). 또 다른 가능성은 동의성 코돈의 변화가 번역의 효율성에 영향을 미치는 다른 tRNA를 요구한다는 것이다. 종은 일반적으로 **코돈 바이어스(codon bias, 코돈 편향)**를 나타낸다; 아미노산에 대한 코돈이 여러 개인 경우 단백질-코딩 유전자에는 코돈이 많이 발견되는 반면, 나머지 코돈은 낮은 비율로 발견된다. 이 코돈을 인식하는 tRNA 종에는 상응하는 퍼센트 차이가 있다. 결과적으로 보통의 동의성 코돈에서 희귀한 코돈으로 바뀌면 적절한 tRNA의 농도가 낮기 때문에 번역 속도가 감소할 수 있다(또는 코돈 바이어스에 대한 적합하지 않은 설명이 있을 수 있다: *8.14절 돌연변이, 유전자 전환 및 코돈 사용에 바이어스가 있을 수 있다* 참조).

그림 8.6은 분기에 대한 고생물학적 증거가 있는 종을 비교함으로써 시간이 지남에 따라 세 가지 유형의 단백질[DNA의 비동의성 변화(nonsynonymous changes)를 나타냄]의 분기를 보여준다. 이 데이터에는 두 가지 놀라운 특징이 있다. 첫째, 세 종류의 단백질이 다른 속도로 진화한다: 피브리노펩티드(fibrinopeptides)는 빠르게 진화하고, 시토크롬 *c*(cytochrome *c*)는 천천히 진화하며, 헤모글로빈은 중간 속도로 진화한다. 둘째, 각 단백질 유형별로 진화 속도는 수백만 년 동안 거의 일정하다. 즉, 특정 단백질의 경우, 어떤 쌍의 염기배열 사이의 차이는 분리된 이후의 시간에 비례한다. 이것은 특정 단백질-코딩 유전자의 진화 동안 거의 일정한 속도로 치환의 축적을 측정하는 **분자시계(molecular clock)**를 제공한다.

▶ **분자시계(molecular clock)** 중성 돌연변이의 유전적 부동과 같은 DNA 염기배열에서 발생하는 거의 일정한 진화 속도.

종 계통 내에서 분기하는 파랄로그(paralogous) 단백질을 위한 분자시계가 있을 수도 있다. 인간 β- 및 δ- 글로빈 사슬의 예(*7.2절 부등교차는 유전자클러스터를 재정렬한다* 및 *8.10절 글로빈 클러스터는 중복과 분기로 발생한다* 참조)를 취하기 위해, 146잔기(residues)에 10가지 차이가 있으며, 6.9%의 분기가 있었다. DNA 염기배열은 441잔기에서 31가지 변화를 보인다. 그러나 비동의성 및 동의성으로 변화는 매우 다르게 분포된다. 330개의 비동의성 부위에는 11개의 변화가 있지만, 111개의 동의성 부위에는 20개의 변화가 있다. 이는 비동의성 부위에서 3.7%의 분기율과 동의성 부위에서는 10배의 차이인 32%의 수정된 분기율을 제공한다.

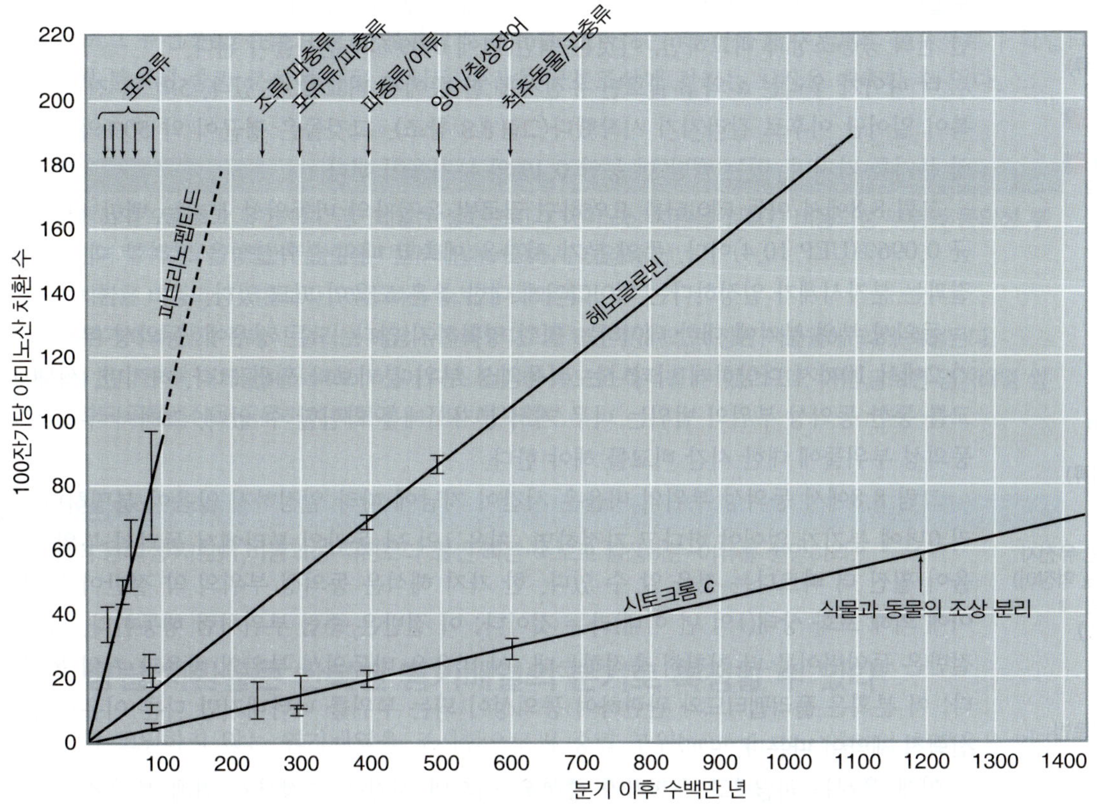

그림 8.6 시간 경과에 따른 세 가지 유형의 단백질의 진화 속도. 각 단백질 유형의 거의 일정한 진화 속도는 분자시계이다. Reproduced with kind permission from Springer Science+Business Media: *J. Mol. Evol.*, The structure of cytochrome and the rates of molecular evolution, vol. 1, 1971, pp. 26–45, R. E. Dickerson, fig. 3. Courtesy of Richard Dickerson, University of California, Los Angeles.

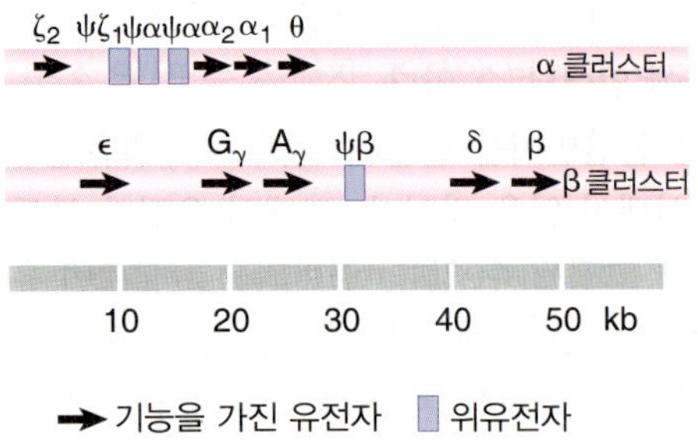

그림 8.19 α-유사와 β-유사 글로빈 유전자 패밀리 각각은 기능적 유전자와 위유전자(ψ)를 포함하는 단일 클러스터로 구성되어 있다.

ζ2 ψζ1ψαψαα2α1 θ
α 클러스터
ε Gγ Aγ ψβ δ β
β 클러스터
10 20 30 40 50 kb
기능을 가진 유전자 위유전자

는 위유전자(ψβ)를 포함한다. 두 개의 γ 유전자는 하나의 아미노산에서만 암호화 염기배열이 다르다: G 변이체는 136번 위치에 글리신(glycine)을 가지며, A 변이체는 알라닌(alanine)을 갖는다.

클러스터는 28 kb 이상으로 확장되며 활성 ζ 유전자 1개, 기능이 없는 ζ 위유전자 1개, 2개의 α 유전자, 기능이 없는 α 위유전자 2개, 기능이 알려지지 않은 θ 유전자를 포함한다. 두 개의 α 유전자는 동일한 단백질을 암호화한다. 동일한 염색체에 존재하는 2개(또는 그 이상)의 동일한 유전자를 **비대립 유전자(nonallelic gene)**라 한다.

▸ **비대립 유전자(nonallelic gene)** 게놈의 서로 다른 위치에 존재하는 동일한 유전자의 2개(또는 그 이상)의 사본(대립 유전자와 대조, 다른 부모로부터 유래된 같은 유전자의 사본이며 상동성 염색체상의 동일한 위치에 존재함).

배아 및 성인 헤모글로빈의 관계에 대한 자세한 내용은 종에 따라 다르다. 인간의 경로는 세 단계가 있다: 배아, 태아 및 성인. 배아와 성인의 구분은 포유동물에게 공통이지만, 성인 이전 단계의 수는 다양하다. 인간에서 ζ와 α는 두 개의 α-유사 사슬이며, ε, γ, δ 및 β는 β-유사 사슬이다. 그림 8.20은 사슬이 여러 발생 단계에서 어떻게 발현되는지를 보여준다. 발생 발현과 관련된 조직-특이적 발현도 있다: 태아 헤모글로빈 유전자는 난황에서 발현되고, 태아 유전자는 간에서 발현되고, 성체 유전자는 골수에서 발현된다.

인간의 경로에서, ζ는 발현될 첫 번째 α-유사 사슬이지만, 곧 α로 대체된다. β 경로에서 ε와 γ가 먼저 발현되고, δ와 β가 나중에 대체된다. 성인에서 $\alpha_2\beta_2$ 형태는 헤모글로빈 97%를 제공하고, $\alpha_2\delta_2$는 ~2%를 제공하며, 태아 형태 $\alpha_2\gamma_2$의 지속성은 ~1%를 제공하고 있다.

배아 및 성인 글로빈 간 차이점의 중요성은 무엇인가? 배아와 태아의 형태는 산소에 대해 더 높은 친화도(affinity)를 가지며, 이는 모체의 혈액에서 산소를 얻기 위해 필요하다. 이것은 예를 들어, (비록 글로빈의 일시적인 발현이 있지만) 닭에서 직접적으로 이에 상응하는 것이 없는 이유를 설명하는 데 도움이 되는데, 이는 배아 단계가 모체의 외부(즉, 난자 내)에서 일어나기 때문이다.

기능성 유전자는 RNA에 대한 발현 및 궁극적으로 그들이 암호화하는 폴리펩티드에 의해 정의된다. 위유전자는 기능성 폴리펩티드를 생산하지 못하는 것으로 정의된다; 그들의 비활성에 대한 이유는 다양하며, 결함은 전사 또는 번역(또는 둘 다)에 있을 수 있다. 유사한 일반적인 조직이 다른 척추동물 글로빈 유전자 클러스터에서도 발견되지만, 그림 8.21에서 볼 수 있듯이 유전자의 유형, 수 및 순서의 세부 사항은 모두 다양하다. 각 클러스터에는 배아 및 성인 유전자를 모두 포함하고 있다. 클러스터의 전체 길이는 매우 다양하다. 가장 긴 것으로 알려진 클러스터는 염소 게놈에서 발견된다. 염소 게놈에서는 기본 유전자 클러스터 4개가 두 번 중복되었다. 활성 유전자와 위유전자의 분포는 각 경우마다 다른데, 이것은 중복된 유전자의 한 사본이 위유전자로 진화하는 무작위성을 보여주는 것이다.

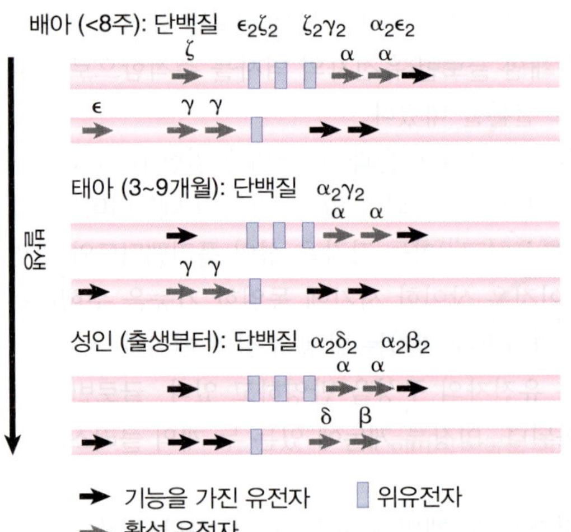

그림 8.20 다른 헤모글로빈 유전자는 인간 발생의 배아기, 태아기 및 성테기에 발현된다.

이러한 유전자 클러스터의 특성 분석은 중요한 일반사항을 제공한다. 우리가 단백질 분석을 바탕으로 추측하는 것보다, 기능적 또는 비기능적 유전자 패밀리 구성원이 더 많을 수 있다. 여분의 기능성 유전자는 동일한 폴리펩티드를 암호화하는 중복체를 나타낼 수 있거나, 또는 알려진 단백질과는 관련이 있을 수 있지만, 알려진 단백질과는 다를 수 있다(아마도 간단히 또는 적은 양으로만 발현될 수 있다).

특정 기능을 암호화하는 데 얼마나 많은 DNA가 필요한지에 관해서, β-유사 글로빈(β-like globin)을 암호화하는 것은 서로 다른 포유류에서 20~120 kb

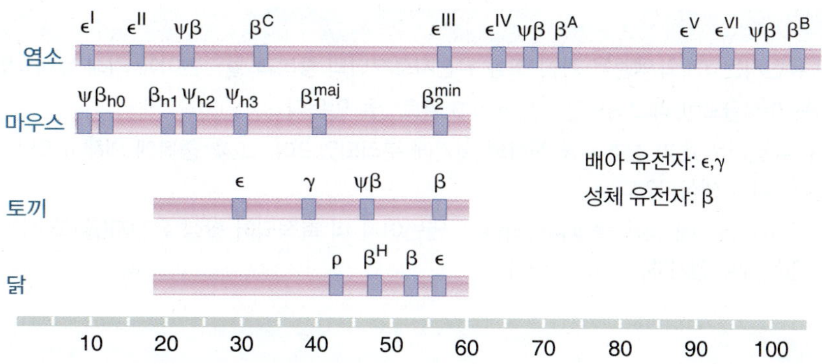

그림 8.21 척추동물에서 β-글로빈 유전자와 위유전자의 클러스터가 발견된다. 7개의 마우스 유전자는 두 개의 초기 배아 유전자, 하나의 후기 배아 유전자, 두 개의 성체 유전자 및 두 개의 위유전자를 포함한다. 토끼와 닭에는 각각 4개의 유전자가 있다.

의 범위를 필요로 한다는 것을 알 수 있다. 이것은 이미 알려진 β-글로빈 단백질을 면밀히 조사하거나 혹은 개별 유전자를 고려하였을 때 예상되는 것보다 훨씬 더 크다. 그러나 이 유형의 클러스터는 일반적이지 않다; 대부분의 유전자는 개별 유전자자리로 발견된다.

다양한 종에서 글로빈 유전자의 조직으로부터, 우리는 단일 조상의 글로빈 유전자로부터 현재의 글로빈 유전자 클러스터의 진화를 추적할 수 있어야 한다. 진화의 역사에 대한 우리의 현재 견해는 그림 8.8에 그려져 있다.

글로빈 유전자와 관련된 식물의 레그헤모글로빈(leghemoglobin, 뿌리혹 헤모글로빈) 유전자는 조상 형태에 대한 단서를 제공할 수 있지만, 현대의 레그헤모글로빈 유전자는 동물 글로빈 유전자와 마찬가지로 오랫동안 진화해 왔다. (레그헤모글로빈은 콩과식물의 질소-고정 뿌리혹에서 발견되는 산소 운반체이다.) 우리가 진정한 글로빈 유전자를 추적할 수 있는 가장 먼 곳은 포유동물의 조상에서 8억 년 전에 글로빈 계통으로부터 분기된 포유류 미오글로빈(myoglobin)의 단일 사슬의 염기배열에 있다. 미오글로빈 유전자는 글로빈 유전자와 동일한 조직을 가지고 있으므로, 공통조상의 3개의 엑손(three-exon) 구조를 나타낼 수 있다.

연골어강[the class Chondrichthyes, 연골어류(cartilaginous fish)]의 일부 구성원은 단일 유형의 글로빈 사슬을 가지고 있기 때문에, 조상의 글로빈 유전자가 중복되어 α와 β 변이가 생기기 전에 다른 척추동물의 계보에서 분기되었음에 틀림없다. 이것은 경골어강[Osteichthyes, 골격 어류(bony fish)]의 진화 과정에서 5억 년 전에 일어난 것으로 보인다.

글로빈 진화의 다음 단계는 양서류 *Xenopus laevis*에서 글로빈 유전자의 상태로 표현되며, 두 개의 글로빈 클러스터를 가지고 있다. 하지만 각 클러스터에는 유충과 성충의 α와 β 유전자가 포함되어 있다. 따라서 클러스터는 연관된 α-β 쌍의 중복에 의해 진화하였으며, 개별 사본 간 분기가 이어졌음에 틀림없다. 나중에 전체 클러스터가 중복되었다.

양서류는 약 3억 5천만 년 전에 파충류/포유류/조류 줄기로부터 분리되어 있었기 때문에, α- 및 β-글로빈 유전자의 분리는 이 시간이 지난 후에 파충류/포유류/조류 전신의 전위에서 비롯된 것이 틀림없다. 이것은 아마 초기의 사지류(early tetrapod) 진화시기에 일어났을 것이다. 조류와 포유류에서 α와 β 글로빈을 구분하는 클러스터가 있다; 포유류와 새들이 공통조상에서 분기되기 전에 α와 β 유전자가 물리적으로 분리되어 있어야만 한다. 이 사건은 2억 7천만 년 전에 발생한 것으로 추정된다.

8.4절의 개별 유전자의 발현에 대한 설명에서 알 수 있듯이, 최근에 α와 β 클러스터에서 진화적 변화가 일어났다.

핵심개념

- 모든 글로빈 유전자는 3개의 엑손을 가진 조상 유전자로부터의 중복과 돌연변이에 의해 유래되었다.
- 조상 유전자는 미오글로빈, 레그헤모글로빈, α와 β 글로빈을 만든다.
- α와 β-글로빈 유전자는 초기 척추동물 진화의 시기에 분리되었으며, 그 후 중복에 의해 α-와 β-유사 유전자의 개별적인 클러스터가 생성되었다.
- 일단 유전자가 돌연변이에 의해 불활성화되면, 돌연변이가 더 축적되어 활성 유전자(들)과 상동이지만 기능적 역할을 하지 않는 위유전자(ψ)가 될 수 있다.

개념 및 추론 확인

식물 레그헤모글로빈(leghemoglobin) 유전자 염기배열은 글로빈 유전자의 레그헤모글로빈 유전자 염기배열보다 조상 염기배열의 레그헤모글로빈 유전자 염기배열에 더 가깝지만, 정확한 조상 염기배열은 아닐 것이다. 왜 그럴까?

8.11 위유전자는 기능이 없는 유전자 사본이다

이 장의 앞부분에서 설명한 것처럼, 위유전자는 (RNA 산물이 조절 기능을 수행할 수 있음에도 불구하고) 기능적 폴리펩티드 산물을 생산하지 못하도록 영역이 변경되었거나 누락된 기능 유전자의 사본이다. 예를 들어, 기능적으로 동일한 물질과 비교할 때, 많은 위유전자는 단백질-코딩 기능을 억제하는 프레임시프트 혹은 난센스 돌연변이를 갖는다. 두 종류의 위유전자는 그들의 기원 유형에 의해 특징지어진다.

▶ **프로세스드 위유전자(processed pseudogene)** 역전사와 mRNA 전사체의 삽입에 의해 형성되는 기능이 없는 유전자 사본.

프로세스드 위유전자(processed pseudogene)는 성숙한 mRNA 전사체가 cDNA 사본으로 역전사된 후 게놈으로 통합된다. 활성 레트로바이러스 감염이나 레트로포존 활성과 같은 활성 역전사효소가 세포에 존재할 때 이 현상이 발생할 수 있다(*17장 전이 인자와 레트로바이러스* 참조). 전사물은 프로세싱을 거쳤으므로(*21장 RNA 스플라이싱 및 프로세싱* 참조), 가공된 위유전자는 보통 정상 발현에 필요한 조절 영역이 결여되어 있다. 그래서 처음에는 기능적 폴리펩티드의 암호화 염기배열을 포함하고 있지만, 형성되는 즉시 비활성이 된다. 이러한 위유전자는 또한 인트론이 부족하고 레트로 인자 삽입의 특징인 인접한 직접 반복배열뿐만 아니라 mRNA의 폴리(A) 테일의 나머지 부분(*21.14절 mRNA 3′ 말단은 절단과 아데닐산중합반응에 의해 생성된다* 참조)을 포함할 수 있다(*17.8절 레트로바이러스 RNA는 DNA로 전환되어 숙주 게놈에 통합된다* 참조).

▶ **넌프로세스드 위유전자(nonprocessed pseudogene)** 유전자 중복 및 돌연변이에 의한 불활성화에 의해 형성되는 기능이 없는 유전자 사본.

두 번째 유형인 **넌프로세스드 위유전자(nonprocessed pseudogenes)**는 다중-사본 또는 단일-사본 유전자의 사본 한 개 또는 활성 유전자의 불완전한 중복으로 인한 돌연변이를 비활성화시킴으로써 발생한다. 종종, 이것들은 연속중복 메커니즘에 의해 생성된다. β-글로빈 위유전자의 예를 그림 8.22에 나타냈다. 만일 유전자가 손상되지 않은 조절 영역으로 완전히 중복되면, 한 번에 2개의 활성 사본이 있을 수 있지만, 한 사본에서 돌연변이를 비활성화하면 반드시 음의 선택의 대상이 되지는 않는다. 따라서 유전자 패밀리는 글로빈 유전자 군에 존재하는 여러 위유전자들의 존재에 의해 입증된 것처럼 가공되지 않은 위유전자들의 기원으로 적합하다(*8.10절 글로빈 클러스터는 중복과 분기에 의해 발생한다* 참조). 또는, 조절 유전자 및/또는 암호화 염기배열이 결여된 사본을 초래하는 활성유전자의 불완전한 중복은 인스턴트(instant) 위유전자로서 "도착시 사망(dead on arrival)"할 것이다.

인간 게놈에는 약 2만 개의 위유전자가 있다. 리보솜 단백질(ribosomal protein, RP) 위유전자는 대략 2,000개 사본으로 이루어진 위유전자의 큰 유전자 패밀리를 구성한다. 이들은 프로세스드 위유전자이다; 아마도 높은 사본 수는 활성 리보솜 단백질 유전자의 약 80개 사본의 높은 발현율의 기능일 것으로 추정된다. 게놈 내로의 그들의 삽입은 L1 레트로트랜스포존에 의해 명백하게 매개된다(*17.10절 레트로인자는 세 종류로 분류된다* 참조). RP 유전자는 종간에 고도로 보존되어 있다; 따라서 분리된 진

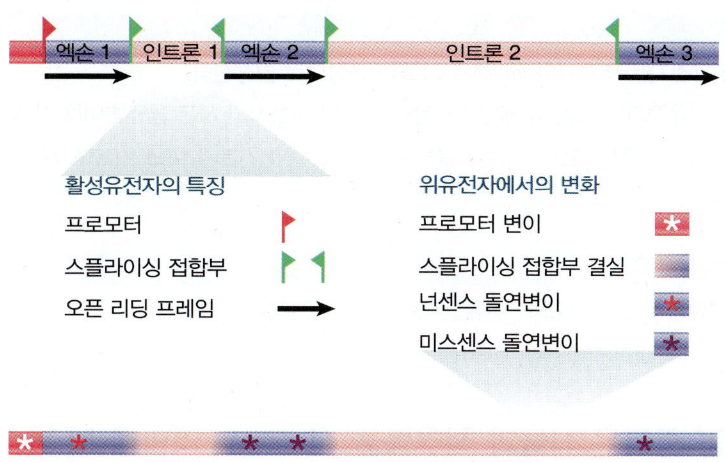

그림 8.22 위유전자가 되었기 때문에 많은 변화가 β-글로빈 유전자에서 발생하였다.

화의 오랜 역사를 가진 종에서 RP 위유전자 오솔로그를 확인하는 것이 가능하며, 전체-게놈 염기배열이 이용 가능하다. 예를 들어, 그림 8.23에서 볼 수 있듯이 침팬지 게놈에는 인간 RP 위유전자의 2/3 이상이 발견되는 반면, 인간과 설치류는 12개 미만이 공유된다. 이것은 대부분의 RP 위유전자가 영장류와 설치류에서 보다 최근의 기원이며, 대부분의 조상 RP 위유전자는 원형을 알아볼 수 없을 만큼 결실 또는 돌연변이 붕괴로 인해 사라졌음을 시사한다.

흥미롭게도 RP 위유전자의 진화 속도는 중립률의 진화 속도보다 느리다(게놈 전체에 걸쳐 고대 반복배열에서의 치환율에 의해 결정됨). 이는 음의 선택을 암시하며 RP 위유전자의 기능적 역할을 암시한다. 비록 정의상 위유전자는 기능을 가지고 있지 않다고 하지만, (아마도 그들을 비기능 상태로 하는 활성을 지닌 동일 유전자와의 염기배열 차이로 인하여, 본래 위유전자로 확인되었던) 이전의 위유전자가 새롭게 기능을 갖게 되거나(*neofunctionalized*, 새로운 기능을 취함) 혹은 하위 기능을 갖는(*subfunctionalized*, 부모 유전자의 하위 기능 또는 보완 기능을 취하는)의 명확한 예가 있다. 일단 이들이 기능을 하게 되면, 그들은 선택의 대상이 될 것이고 따라서 중립 모델 하에서 예상보다 느리게 진화할 것이다.

위유전자가 어떻게 새로운 기능을 얻을 수 있을까? 한 가지 가능성은 위유전자의 전사(RNA 합성)가 아니라, 단백질 합성이 제 기능을 하지 못하는 것이다. 위유전자는 더 이상 단백질 합성을 할 수는 없지만 여전히 기능을 가진 "부모(parent)" 유전자의 발현 또는 조절에 영향을 줄 수 있는 RNA 전사물을 암호화한다. 마우스에서, 프로세스드 위유전자인 *Makorin1-p1*은 기능을 지닌 *Makorin1* 유전자의 전사물을 안정화시킨다. 몇몇 내인성 siRNA(*30.5절 마이크로 RNAs는 진핵세포의 일반적인 레귤레이터이다* 참조)는 위유전자에 의해 암호화되어져 있다. 두 번째 가능성은 프로세스드 위유전자가 전사인자 결합 부위와 같은 새로운 조절 영역을 제공하는 위치에 삽입되어, 부모 유전자와 달리 조직-특이적인 방식으로 발현될 수 있다는 것이다.

종 사이에 공통으로 존재하는 RP 위유전자의 수	
인간-침팬지	1,282
인간-마우스	6
인간-쥐	11
마우스-쥐	394

그림 8.23 대부분의 인간 RP 위유전자는 최근에 형성된 것이다; 대부분 침팬지와 공통적으로 가지고 있으나 설치류는 그렇지 않다. Adapted from S. Balasubramanian et al., *Genome Biol.* 20 (2009): R2.

핵심개념

- 프로세스드 위유전자는 역전사와 mRNA 전사물의 통합으로 발생한다.
- 넌프로세스드 위유전자는 기능 유전자의 불완전한 중복 또는 2차-사본 돌연변이로 발생한다.
- 일부 위유전자는 유전자 발현의 조절과 같은 부모 유전자의 기능과 다른 기능을 얻을 수 있으며 다른 이름을 가질 수 있다.

개념 및 추론 확인

프로세스드 위유전자와 넌프로세스드 위유전자는 어떻게 구별할 수 있는가?

8.12 게놈 중복은 식물과 척추동물 진화에서 역할을 해 왔다

▶ **배수성화(polyploidization)** 독자적으로 생존이 가능한 생물 계통이 추가 염색체 세트를 얻는 과정으로, 종종 하이브리드화와 염색체 배가(doubling)에 의해 이루어진다.

▶ **동질배수성(autopolyploidy)** 동일한 종에서 파생된 완전한 염색체 세트를 2개 이상 가지고 있는 것.

▶ **이질배수성(allopolyploidy)** 서로 다른 종에서 파생된 완전한 염색체 세트를 2개 이상 가지고 있는 것.

*8.9절(유전자 중복은 게놈 진화에 기여한다)*에서 논의된 것처럼, 게놈은 개개의 유전자 또는 유전자 블록을 포함하는 염색체 단편의 중복 및 분기에 의해 진화할 수 있다. 그러나 일부 주요 후생동물(metazoan) 계통은 진화론적 역사에서 게놈 중복을 가지고 있는 것으로 보인다. 게놈 중복은 배수체($2n$) 조상의 계통에서 4배체($4n$, tetraploid) 변종이 생길 때와 같이 **배수성화(polyploidization)**에 의해 이루어진다.

배수성화에는 두 가지 주요 메커니즘이 있다. **동질배수성(autopolyploidy)**은 종이 내생적으로 배수체 다양성을 야기할 때 발생한다; 이것은 보통 비환원된 배우자에 의한 수정을 포함한다. **이질배수성(allopolyploidy)**은 모계 종으로부터의 염색체의 이배체 세트가 잡종 자손에서 유지되는 것과 같이 2개의 생식적으로 양립 가능한 종간의 교잡의 결과이다. 동질배수성과 마찬가지로, 그 과정은 일반적으로 비환원된 배우자의 우발적인 생산을 포함한다. 두 경우 모두, 새로운 사배체는 일반적으로 이배체의 부모 종으로부터 생식적으로 분리된다. 왜냐하면 일부 염색체는 감수분열 중에 동족체가 없으므로, 역교배된 잡종은 3배체이고 불임(sterile)이 되기 때문이다.

배수체 종(polyploidy species)의 성공적인 확립에 따라, 많은 돌연변이는 본질적으로 중립적일 수 있다. 유전자 중복과 마찬가지로, 비동의성적 치환(nonsynonymous substitutions)은 동일한 유전자의 중복된 기능적 복제에 의해 "덮여(covered)" 있다. 게놈 복제의 경우, 유전자 또는 염색체 단편의 결실 또는 염색체 쌍의 소실은 표현형 효과가 거의 없을 수 있다. 염색체 단편의 손실과 더불어, 역위 및 전좌와 같은 염색체 재배열은 유전자 블록의 위치와 순서를 뒤섞을 것이다. 장기간에 걸쳐 그러한 사건은 조상의 배수체 배수를 모호하게 할 수 있다. 그러나 게놈 내의 중복 염색체 또는 염색체 단편의 존재 하에서 배수체 형성의 증거가 될 수 있다.

고대의 배수성화를 탐지하는 성공적인 접근법은 한 종 내에서 여러 쌍의 파랄로그(paralogous, 중복된) 유전자를 비교하고 유전자 중복 사건의 연령 분포를 확립하는 것이다. 거의 같은 나이의 많은 사건이 배수성화의 증거로 간주될 수 있다. 그림 8.24에서 볼 수 있듯이, 게놈 중복 사건은 유전자 중복 및 복제 손실의 무작위 사건의 일반적인 패턴 위에 피크로 나타난다. 이 접근법은 유전자 중복의 염색체 위치 분석과 함께 단세포 효모 *Saccharomyces cerevisiae*와 많은 개화 식물의 진화 역사가 하나 이상의 게놈 중복 사건을 포함하고 있음을 시사한다. 예를 들어, 유전자 모델 육상식물인 애기장대는 2번, 아마도 3번의 배수성화가 일어났다.

배수성화는 동물에서보다 식물에서 더 일반적이기 때문에, 검출된 게놈 중복의 대부분이 식물 종에 있다는 것은 놀라운 일이 아니다. 그러나 게놈 중복은 척추동물, 특히 조기류(ray-finned fishes)의 진화에 중요한 역할을 한 것으로 보인다. 증거로서, 제브라피시(zebra fish) 게놈은 사지동물(tetrapod) 게놈의 4개 클러스터와 비교하여 7개의 *Hox* 클러스터를 포함하고, 4배수성화(tetraploidization) 현상이 있었으며, 하나의 클러스터가 2차적으로 소실된 것을 암시한다. 다른 어류 게놈에 대한 분석은 이 현상

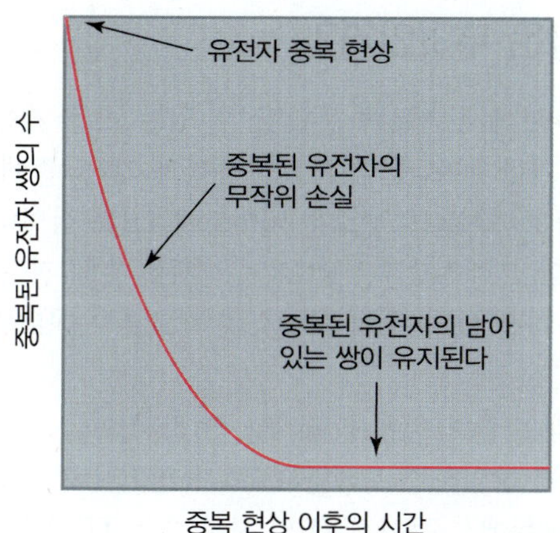

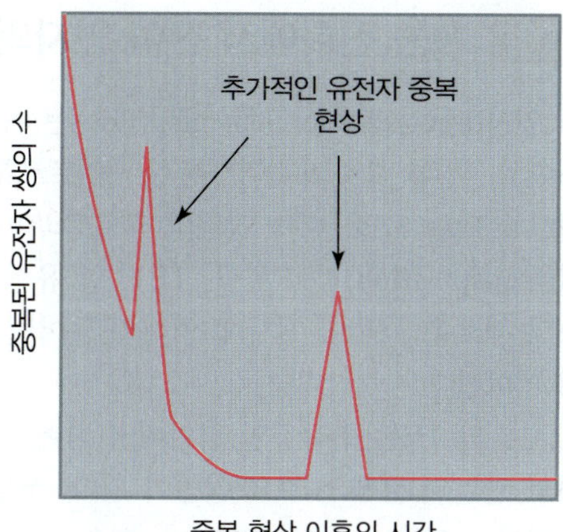

그림 8.24 왼쪽에서, 일정한 비율의 유전자 중복 및 분실은 중복된 유전자 쌍이 기하급수적으로 감소하는 연령 분포를 보여주고 있다. 오른쪽에서, 게놈 중복현상은 많은 유전자가 동시에 중복되므로 연령 분포에서 이차 피크를 보여주고 있다. Adapted from G. Blanc and K. H. Wolfe, *Plant Cell* 16 (2004): 1667--1678.

이 분류학적 그룹의 다양화 이전에 발생했음을 시사하고 있다. 무척추 동물 게놈과 비교하여 다른 공유된 유전자 중복이 관찰됨과 동시에, 사지동물(4개 이상의 다른 척추동물에서)에 4개의 *Hox* 클러스터가 존재한다는 것은 그 자체가 척추동물이 진화되기 전에 두 가지 주요 배수성화 현상이 있었음을 시사한다. "두 번의 배수성화"와 관련하여, 이것은 **2R 가설(2R hypothesis)**로 불려왔다.

▶ **2R 가설(2R hypothesis)** 척추 게놈이 두 번의 배수성화(polyploidizatio)의 결과라는 제안.

이 가설은 *Hox* 클러스터와 같은 많은 척추동물 유전자가 무척추동물 종의 오솔로그와 비교하여 4배의 사본 수가 발견될 것이라는 예측할 수 있다. 5% 미만의 척추동물 유전자가 4:1의 비율을 보인다는 후속 관찰은 기껏해야 가설을 약하게 지지하는 것처럼 보인다. 그러나 거의 5억 년 동안 진화를 거듭한 후에 많은 유전자 사본들이 결실되거나 새로운 기능을 수행하거나 아니면 위유전자가 되어 원형을 알아 볼 수 없을 정도로 쇠퇴했을 것으로 예상된다. 그러나 더 강력한 지지는 척추동물의 공통조상 시기까지의 중복된 지도 위치를 고려한 분석에서 비롯된다. 4:1 패턴을 나타내는 고대 유전자 중복은 5억 년의 염색체 재배열 이후에도 클러스터에서 발견되는 경향이 있다. 척추동물은 8배체로서 진화의 역사를 분명히 시작했다. 2R 가설은 척추동물의 진화를 수반하는 다양한 형태학적 및 생화학적 복잡성(면역 체계의 복잡성과 같은)에 대한 설명은 매력적이지만, 이 분류학적 그룹에서 게놈과 형태학적 변화 간의 직접적인 상관관계에 대한 증거는 거의 없다.

핵심개념

- 배수성화가 염색체 수를 2의 배수만큼 증가시킬 때 게놈 중복이 발생한다.
- 게놈 중복 현상은 중복체(duplicates)의 진화 및/또는 손실뿐만 아니라 염색체 재배열에 의해 모호한 경우도 있다.
- 게놈 중복은 많은 현화식물(flowering plants)과 척추동물의 진화 역사에서 발견되었다.

개념 및 추론 확인

배수성화 현상이 왜 급속한 진화의 변화를 제공하는지 설명하라.

8.13 게놈 진화에서 전이 인자의 역할은 무엇인가?

▶ **전이(transposition)** 게놈의 한 위치에서 다른 위치로 이동할 수 있는 유전자 인자의 이동.

전이 인자(transposable elements, TEs)는 여러 사이트에서 게놈에 통합될 수 있는 이동 가능한 유전 요소이며, (일부 요소의 경우) 통합 사이트로부터 제거할 수도 있다. (TE의 유형과 메커니즘에 대한 광범위한 논의는 *17장 전이 인자와 레트로바이러스* 참조). 게놈의 새로운 사이트에 TE를 삽입하는 것을 **전이(transposition)**라고 한다. TE의 한 유형인 레트로트랜스포존은 RNA 중간체를 통해 전이한다; 그 요소의 새로운 사본이 전사에 의해 만들어지고, 그 다음 DNA로의 역전사와 새로운 사이트에서의 통합이 이어진다.

대부분의 TE는 무작위인 염기배열(적어도 기능과 관련하여)에 통합된다. 따라서 이들은 삽입 돌연변이와 관련된 문제의 주요 원인이 된다: 코딩 영역에 삽입하면 프레임시프트가 일어나고 조절 영역에 삽입되면 유전자 발현이 변경된다. 따라서 한 종의 게놈에서 주어진 TE의 사본 수는 TE의 통합률(rate of integration), 절제율(있는 경우), TE 통합에 의해 변경된 표현형을 가진 개체에 대한 선택, 그리고 전이 조절 등 몇 가지 요인에 달려있다.

TE는 세포 내 기생충(parasites)으로 효과적으로 작용하며, 다른 기생충과 마찬가지로 자신의 증식과 "숙주" 생물체에 대한 악영향 간의 진화 균형을 맞출 필요가 있다. 초파리 TE에 대한 연구에 따르면, TE의 돌연변이적 통합에는 일반적으로 해로운, 때로는 치명적인 표현형 효과가 있음이 확인되었다. 이것은 음의 선택이 전이 조절에 중요한 역할을 한다는 것을 시사한다; 전이가 높은 개체는 생존하고 번식할 가능성이 적다. 그러나 TE와 그 숙주 모두가 전이를 제한하는 메커니즘을 진화시킬 수 있으며, 실제로 두 가지가 모두 관찰될 것으로 기대할 수도 있다. TE 자가-조절의 한 예에서, 초파리 P 인자(P element)는 체세포 조직에서 활성인 전이억제 단백질을 암호화한다(*17.6절 P 인자의 전이는 교잡증후군을 유발한다* 참조). 또한, 전이 조절에 대한 두 가지 주요 세포 메커니즘이 있다:

- RNA 간섭-유사 메커니즘(*30.6절 RNA 간섭은 어떻게 작용하는가?* 참조)에서 piRNA(*30.5절 마이크로 RNAs는 진핵세포의 일반적인 레귤레이터이다* 참조)를 사용하면 레트로트랜스포존의 RNA 중간체가 선택적으로 분해될 수 있다.
- 포유류, 식물 및 곰팡이에서 DNA 메틸트랜스퍼라아제는 TE 내에서 시토신을 메틸화시켜 전사발현억제를 만든다(*29.7절 DNA 메틸화는 임프린팅의 원인이 된다* 참조).

어쨌든 TE 증식이 확인되지 않고 오히려 음의 선택 및/또는 전이 조절에 의해 제한되는 경우는 거의 없다. TE가 게놈에 도입된 이후, 특히 TE가 표현형 효과가 없거나 최소한인 인트론 또는 유전자 간 DNA에 통합되는 경우, 일부 평형이 이루어지기 전에 복제 수는 수천 또는 수백만까지 증가할 수 있다. 결과적으로, 게놈은 적당히 또는 매우 반복적인 염기배열의 높은 비율을 포함할 수 있다(*5.5절 진핵생물 게놈에는 비반복배열과 반복배열의 DNA 염기배열을 포함한다* 참조).

핵심개념

- 전이 인자는 게놈에 도입될 때 복제 수가 증가하는 경향이 있지만 음의 선택 및 전이 조절 메커니즘에 의해 억제된다.

개념 및 추론 확인

전이 인자는 자신의 전이를 제한하는 것이 왜 유리한가?

8.14 돌연변이, 유전자 전환 및 코돈 사용에 바이어스가 있을 수 있다

이 장의 앞부분에서 논의했듯이(*8.2절 DNA 염기배열은 돌연변이와 분류 메커니즘에 의해 진화한다* 참조), 특정 돌연변이의 확률은 특정 복제 오류 또는 DNA-손상 사건이 발생할 확률의 함수이며, 다음 DNA 복제 전에 오류가 감지되고 수복된다. 이 두 가지 사건에 바이어스(편향)가 있는 한, 발생할 수 있는 돌연변이의 유형에 바이어스가 있다(예를 들어, 많은 수의 가능한 트랜스버전에도 불구하고 트랜스버전 돌연변이 이상의 트랜지션 돌연변이에 대한 바이어스).

돌연변이 변이체를 직접 관찰하거나 위유전자의 염기배열 차이를 비교함으로써 평가된 분류학적으로 광범위한 종(원핵생물 및 단세포 및 다세포 진핵생물 포함)에 대한 돌연변이 형태의 분포에 대한 관찰은 높은 AT 게놈 함량에 대한 일관된 바이어스 패턴을 보여준다. 이것에 대한 이유는 복잡하며, 다른 분류 체계에서 서로 다른 메커니즘이 다소 중요할 수 있지만 두 가지 메커니즘이 있다. 첫째, 시토신이 우라실로, 또는 5-메틸시토신(5-methylcytosine)이 티민으로 자발적으로 탈아미노화되는 공통적인 돌연변이 원인(그림 1.30 참조)은 C-G에서 T-A로의 트랜지션 돌연변이를 촉진한다. DNA의 우라실은 티민(*1.13절 돌연변이는 핫스폿에 집중되어 있다* 참조)에서 고칠 가능성이 높기 때문에 메틸화된 시토신[종종 CG 더블릿(doublet)에서 발견됨]은 돌연변이 핫스폿일 뿐만 아니라 T-A 쌍을 생성하는 쪽으로 바이어스되어 있다. 둘째, 구아닌의 8-옥소구아닌(8-oxoguanine)으로의 산화는 C-G에서 A-T로의 트랜스버전을 초래할 수 있다. 왜냐하면 8-옥소구아닌은 시토신보다 아데닌과 더 안정하게 쌍을 이루기 때문이다.

이러한 *돌연변이 바이어스*에도 불구하고, 예상되는 평형 염기 조성이 관찰된 특정 돌연변이 유형의 속도를 이용하여 예측한 분석에서, 관찰된 AT 함량은 일반적으로 예상보다 낮았다. 이것은 AT에 대한 돌연변이 바이어스에 대응하기위한 메커니즘이나 혹은 다른 메커니즘이 있음을 시사한다. 하나의 가능성은 적응력이 있다는 것이다; 고도로 바이어스된 염기 조성은 돌연변이 가능성을 제한하고 결과적으로 진화론적 잠재력을 제한한다. 그러나 다음에 논의되는 바와 같이, 비적응적인 설명이 있을 수 있다.

게놈 염기 조성의 두 번째 가능한 바이어스는 재조합 또는 이중가닥 절단 수복 중 홀리데이 교차점(Holliday junction)의 분해로 종종 발생하는 염기쌍이 불일치하는 헤테로듀플렉스(heteroduplex, 이형이중가닥) DNA가 주형으로 변형된 가닥을 사용하여 수복될 때 발생하는 유전자 전환이다(*7.4절 교차 고정은 동일 반복배열을 유지할 수 있다, 15.3절 이중-가닥 절단은 재조합을 시작하게 한다* 참조). 흥미롭게도, 동물과 곰팡이의 유전자 전환 현상에 대한 관찰은 메커니즘이 명확하지 않지만 G-C에 대한 분명한 바이어스를 보여준다. 이러한 관찰을 뒷받침하기 위해, 높은 재조합 활성의 염색체 영역은 G-C에 대한 보다 많은 돌연변이를 나타내며, 낮은 재조합 활성을 갖는 영역은 AT가 풍부하게 되는 경향이 있다. 관찰된 부위당 유전자 전환율은 돌연변이 속도보다 크기가 혹은 같거나 더 높은 경향이 있다. 따라서 유전자 전환 바이어스만으로는 예상보다 낮은 AT 함량이 돌연변이 바이어스에 의해 더 많이 유발될 수 있다. 유전자 전환 바이어스는 또한 게놈 구성, *코돈 바이어스*에서 보편적으로 관찰되는 또 다른 바이어스에 부분적인 원인이 될 수 있다(*8.4절 일정한 염기배열 분기속도는 분자시계이다* 참조).

유전 암호의 축퇴성(degeneracy) 때문에, 폴리펩티드에서 발견되는 대부분의 아미노산은 유전 메시지에서 하나 이상의 코돈으로 표현된다. 대체 코돈(alternate codon)은 일반적으로 유전자의 동등한 빈도에서는 발견되지 않는다. 특히 고도로 발현된 유전자에서, 특정 아미노산을 필요로 하는 2개, 4개 또는 6개의 코돈 중 하나가 다른 것들보다 훨씬 더 빈번하게 사용된다. *8.4*절에서 논의된 바와 같이, 이 코돈 바이어스에 대한 한 가지 설명은 특정 코돈이 풍부한 tRNA 종을 모집하는 데 더 효율적일 수 있으며, 그 코돈의 사용량이 많을수록 번역률 또는 정확도가 더 크다. 특정 엑손 염기배열의 추가적인 적응 결과가 있을 수 있다: 일부는 스플라이싱 효율에 기여하거나, mRNA 안정성에 영향을 주는 이차 구조를 형성하거나, 다른 것보다 프레임시프트 돌연변이가 적다(예: 슬립피지를 촉진시키는 모노뉴클레오티드 반복). 바이어스된 유전자 전환은 여전히 비적응성(nonadaptive)일 가능성이 있다. 흥미롭게도, 대부분의 코돈에 대한 동의성 부위는 3′ 말단이며, 바이어스된 유전자 전환이 코돈 바이어스를 유도한다는 가설과 일치하여 진핵생물의 고-사용 코돈(high-usage codon)은 거의 항상 G 또는 C로 끝난다. 분명히, 코돈 바이어스의 원인은 복잡하고 적응 및 비적응 메커니즘을 모두 포함할 수 있다.

핵심개념

- 돌연변이 바이어스(bias)는 생물체 게놈의 높은 AT 함량을 설명할 수 있다.
- GC 함량을 증가시키는 경향이 있는 유전자 전환 바이어스는 돌연변이 바이어스와 부분적으로 반대 작용할 수 있다.
- 코돈 바이어스는 특정 염기배열을 선호하는 적응 메커니즘과 유전자 전환 바이어스의 결과일 수 있다.

개념 및 추론 확인

같은 아미노산에 대해 네 개의 코돈이 있을 때, 그 코돈 중 하나가 다른 세 개의 코돈보다 훨씬 높은 비율로 유전자에 사용될 수 있는 두 가지 이유를 설명하라.

8.15 요약

게놈의 새로운 변이가 돌연변이에 의해 도입되었다. 돌연변이는 기능면에서 무작위이지만 실제로 발생하는 돌연변이 유형은 DNA에 대한 다양한 변화와 DNA 수복 유형에 의해 바이어스(bias)가 생긴다. 이 변이는 (변이가 선택적으로 중립적이거나 개체군이 작으면) 무작위적인 유전자 부동과 (변이가 표현형에 영향을 주는 경우에는) 음의 선택 또는 양의 선택 선별에 따라 분류된다.

유전자 염기배열상의 선택의 과거 영향은 종간 및 종 내 동종 염기배열을 비교함으로써 검출할 수 있다. K_a/K_s 비율은 동의성 변경과 비동의성 변경을 한 것이다; 과다 또는 불충분한 비동의성 돌연변이는 각각 양의 선택 또는 음의 선택을 나타낼 수 있다. 서로 다른 종간의 유전자자리에 대한 진화 속도 또는 변이의 양을 비교함으로써, 또한 DNA 염기배열에 대한 과거의 선택을 평가하는 데 사용할 수 있다. 이러한 기술을 인간 게놈 염기배열에 적용하면 대부분의 기능적 변이가 비암호화 영역(아마도 조절 영역)에 있음을 알 수 있다.

동의성 치환은 아미노산 서열에 영향을 주는 비동의성 치환보다 더 빨리 축적된다. 비동의성 부위에서의 분기율(rate of divergence)은 분자시계를 확립하는 데 종종 사용되며, 이는 백만 년마다 분기 비율로 보정할 수 있다. 따라서 이 시계를 사용하여 유전자 패밀리 중 두 구성원 간의 분기시간을 계산할 수 있다.

특정 유전자는 엑손(exon)의 일부만 다른 유전자와 공유하며, 단백질의 기능적 "모듈 단위(modular unit)"를 나타내는 엑손을 추가함으로써 조립되었다는 것을 시사하고 있다. 이러한 모듈 엑손(modular exon)은 다양한 다른 단백질에 통합되었을 수 있다. 유전자가 엑손의 축적에 의해 모아졌다는 가설은 인트론이 원시-진핵생물(proto-eukaryotes) 유전자에 존재한다는 것을 의미한다. 오솔로그(orthologous) 유전자들 간의 관계의 일부는 원시 유전자에서 인트론의 손실로 설명될 수 있다. 다른 인트론은 다른 계통에서 사라진다.

반복적인 DNA와 비반복적인 DNA의 비율은 각 게놈에 특유한 것이지만 더 큰 게놈은 고유한 염기배열 DNA의 비율이 더 낮다. 비반복적인 DNA의 양은 전체 게놈 크기보다 생물체의 복잡성을 더 잘 반영한다. 게놈에서 비반복적인 DNA의 최대 양은 ~2×10^9 bp이다.

약 5,000개의 유전자가 원핵생물과 진핵생물에 공통적이며(비록 각각의 종은 이 모든 유전자를 가지고 있지 않을 수도 있음), 대부분은 기본 기능에 관여할 가능성이 있다. 다세포 생물에서는 추가로 8,000개의 유전자가 발견된다. 또 다른 5,000개의 유전자가 동물에서 발견되며, 추가로 5,000개의 유전자(면역계와 신경계와 관련이 있음)가 척추동물에서 발견된다.

진화하는 일련의 유전자는 한 클러스터(cluster)로 모여 있거나 염색체 재배열에 의해 새로운 위치로 분기될 수 있다. 기존 클러스터의 구성은 때때로 발생하는 일련의 현상을 추론하는 데 사용될 수 있다. 이러한 현상은 기능보다는 염기배열과 관련하여 행동하기 때문에 활성 유전자뿐만 아니라, 위유전자도 포함된다. 유전자 중복 및 불활성화에 의해 발생되는 위유전자는 가공되지 않지만, RNA 중간체를 통해 발생하는 것은 가공된다. 위유전자는 기능획득 돌연변이 또는 번역할 수없는 RNA 산물을 통해 이차적으로 기능을 가질 수 있도록 변할 수 있다.

일부 분류군에서, 게놈 중복(또는 배수성화, polyploidization)은 후속 게놈 진화를 위한 자료를 제공할 수 있다. 이 과정은 많은 현화식물(flowering plant) 게놈을 형성하고 초기 척추동물 진화의 한 요인으로 보인다.

전이 인자의 사본은 게놈 내에서 전파할 수 있으며, 때로는 게놈에서 반복염기배열의 큰 비율을 초래할 수 있다. 전이 인자의 사본 수는 선택(선택), 자가-조절 및 숙주 조절 메커니즘에 의해 확인되었다.

게놈의 기본 구성에 영향을 미치는 몇 가지 바이어스(bias)가 있다. 돌연변이 바이어스는 높은 AT 함량을 초래하는 반면, 유전자 전환 바이어스는 다소 낮추는 역할을 한다. 게놈에서 단백질-코딩 염기배열의 보편적으로 관찰된 코돈 바이어스는 유전자 전환 바이어스뿐만 아니라 선택에 의해 영향을 받을 수 있다.

학습문제

1. 아미노산 배열을 변화시키는 돌연변이를 무엇이라고 하는가?

A. 중립(neutral)
B. 비동의성(nonsynonymous)
C. 손상(damaging)
D. 동의성(synonymous)

2. 유익한 돌연변이는 일반적으로 다음과 같은 이유로 인해 개체 집단에서 수정될 것이다:

A. 유전자 부동(genetic drift)
B. 양의 선택(positive selection)
C. 유전자 히치하이킹(genetic hitchhiking)
D. 음의 선택(negative selection)

3. K_a/K_s 비율 < 1은 다음 중 무엇을 의미하는가?

A. 유전자 부동(genetic drift)
B. 음의 선택(negative selection)
C. 유전자 히치하이킹(genetic hitchhiking)
D. 양의 선택(positive selection)

4. 대장균 유전자와 상동성이 있는 많은 엽록체 유전자에서 인트론이 존재한다는 사실은 다음 중 무엇을 의미하는가?

A. 내공생 현상은 인트론이 원핵생물계로부터 손실되기 전에 일어났다.
B. 내공생 현상은 인트론이 원핵생물계로부터 손실된 후에 일어났다.
C. 내공생 현상은 인트론이 진핵세포에서 손실되기 전에 일어났다.
D. 내공생 현상은 인트론이 진핵세포에서 손실된 후에 일어났다.

5. 인간과 침팬지 사이의 대략적인 유전적 동일성은 얼마인가?

A. 67%
B. 85%

C. 92%

D. 99%

6. 단백질의 아미노산 배열을 변화시키는 대부분의 돌연변이는 어떻게 될까?

A. 해롭고 자연선택에 의해 제거될 것이다.

B. 해롭지만 제거될 수는 없을 것이다.

C. 많은 아미노산의 유사한 성질로 인해 중립일 것이다.

D. 유익할 것이다.

7. 기능을 상실하게 되고 더 이상 기능성 단백질로 발현될 수없는 유전자를 무엇이라고 하는가?

A. 대립유전자(allelic gene)

B. 비대립유전자(nonallelic gene)

C. 위유전자(pseudogene)

D. 파랄로그 유전자(paralogous gene)

8. 2R 가설은 무엇인가?

A. 꽃이 피는 식물과 척추동물은 공통조상을 가지고 있다.

B. 대부분의 척추동물은 4배체이다.

C. 척추 게놈은 2회의 게놈 중복이 일어났다.

D. 척추 게놈은 2회의 복제를 거쳐야한다.

9. 전이 인자는 숙주 생물에 과도한 해로운 영향을 피하기 위해 어떻게 하는가?

A. 전이율을 극대화할 것이다.

B. 전이율을 자가-조절로써 균형을 맞출 것이다.

C. 전이율을 최소화할 것이다.

D. 자신의 결실을 촉진할 것이다.

10. 게놈에서의 돌연변이 바이어스는 어떠한 결과를 초래하는가?

A. 높은 AT 함량

B. 동종 tRNA의 광범위하게 변화하는 백분율

C. 비동의성 치환의 비율이 더 높아진다.

D. 더 높은 GC 함량

핵심용어

2R hypothesis
allopolyploidy
autopolyploidy
codon bias
C-value
C-value paradox
divergence
exon shuffling
fixation
genetic drift
genetic hitchhiking
"introns early" model
"introns late" model
linkage disequilibrium
molecular clock
neutral mutation
nonallelic genes
nonprocessed pseudogenes
nonsynonymous mutation
polyploidization
processed pseudogenes
synonymous mutation
transposition

읽을거리

Abbasi, A. A. (2008). Are we degenerate tetraploids? More genomes, new facts. *Biol. Direct* **3**, 50.

Bailey, J. A., Gu, Z., Clark, R. A., Reinert, K., Samonte, R. V., Schwartz, S., Adams, M. D., Myers, E. W., Li, P. W., and Eichler, E. E. (2002). Recent segmental duplications in the human genome. *Science* **297**, 1003–1007.

Balakirev, E. S., and Ayala, F. J. (2003). Pseudogenes: are they "junk" or functional DNA? *Ann. Rev. Genet.* **37**, 123–151.

Clark, R. M., Linton, E., Messing, J., and Doebley, J. F. (2004). Pattern of diversity in the genomic region near the maize domestication gene *tb1*. *Proc. Natl. Acad. Sci. USA.* **101**, 700–707.

Clark, R. M., Tavaré, S., and Doebley, J. (2005). Estimating a nucleotide substitution rate for maize from polymorphism at a major domestication locus. *Mol. Biol. Evol.* **22**, 2304–2312.

Dickerson, R. E. (1971). The structure of cytochrome *c* and the rates of molecular evolution. *J. Mol. Evol.* **1**, 26–45.

Esnault, C., Maestre, J., and Heidmann, T. (2000). Human LINE retrotransposons generate processed pseudogenes. *Nat. Genet.* **24**, 363–367.

Gall, J. G. (1981). Chromosome structure and the C-value paradox. *J. Cell Biol.* **91**, 3s–14s.

Giaever, G. et al. (2002). Functional profiling of the *S. cerevisiae* genome. *Nature* **418**, 387–391.

Goebl, M. G., and Petes, T. D. (1986). Most of the yeast genomic sequences are not essential for cell growth and division. *Cell* **46**, 983–992.

Goode, D. L., Cooper, G. M., Schmutz, J., Dickson, M., Gonzales, E., Tsai, M., Karra, K., Davydov, E., Batzoglou, S., Myers, R. M., and Sidow, A. (2010). Evolutionary constraint facilitates interpretation of genetic variation in resequenced human genomes. *Genome Res.* **20**, 301–310.

Gregory, T. R. (2001). Coincidence, coevolution, or causation? DNA content, cell size, and the C-value enigma. *Biol. Rev. Camb. Philos. Soc.* **76**, 65–101.

Hardison, R. (1998). Hemoglobins from bacteria to man: evolution of different patterns of gene expression. *J. Exp. Biol.* **201**, 1099–1117.

Joyce, G. F., and Orgel, L. E. (2006). Progress toward understanding the origin of the RNA world. In: *The RNA World: The Nature of Modern RNA Suggests a Prebiotic RNA World. 3rd ed. Cold Spring Harbor*, New York: Cold Spring Harbor Laboratory Press.

Kamath, R. S., Fraser, A. G., Dong, Y., Poulin, G., Durbin, R., Gotta, M., Kanapin, A., Le Bot, N., Moreno, S., Sohrmann, M., Welchman, D. P., Zipperlen, P., and Ahringer, J. (2003). Systematic functional analysis of the *C. elegans* genome using RNAi. *Nature* **421**, 231–237.

Lynch, M. (2007). *The Origins of Genome Architecture*, Sunderland, MA: Sinauer Associates Inc.

McDonald, J. H., and Kreitman, M. (1991). Adaptive protein evolution at the *Adh* locus in *Drosophila. Nature* **351**, 652–654.

Rocha, E. P. C. (2004). Codon usage bias from tRNA's point of view: Redundancy, specialization, and efficient decoding for translation optimization. *Genome Res.* **14**, 2279–2286.

Roy, S. W., and Gilbert, W. (2006). Complex early genes. *Proc. Natl. Acad. Sci. USA.* **102**, 1986–1991.

The Chimpanzee Sequencing and Analysis Consortium (2005). Initial sequence of the chimpanzee genome and comparison with the human genome. *Nature* **437**, 69–87.

Tong, A. H. et al. (2004). Global mapping of the yeast genetic interaction network. *Science* **303**, 808–813.

Wang, E. T., Kodama, G., Baldi, P., and Moyzis, R. K. (2006). Global landscape of recent inferred Darwinian selection for *Homo sapiens. Proc. Natl. Acad. Sci. USA.* **103**, 135–140.

Waterston, R. H. et al. (2002). Initial sequencing and comparative analysis of the mouse genome. *Nature* **420**, 520–562.

9

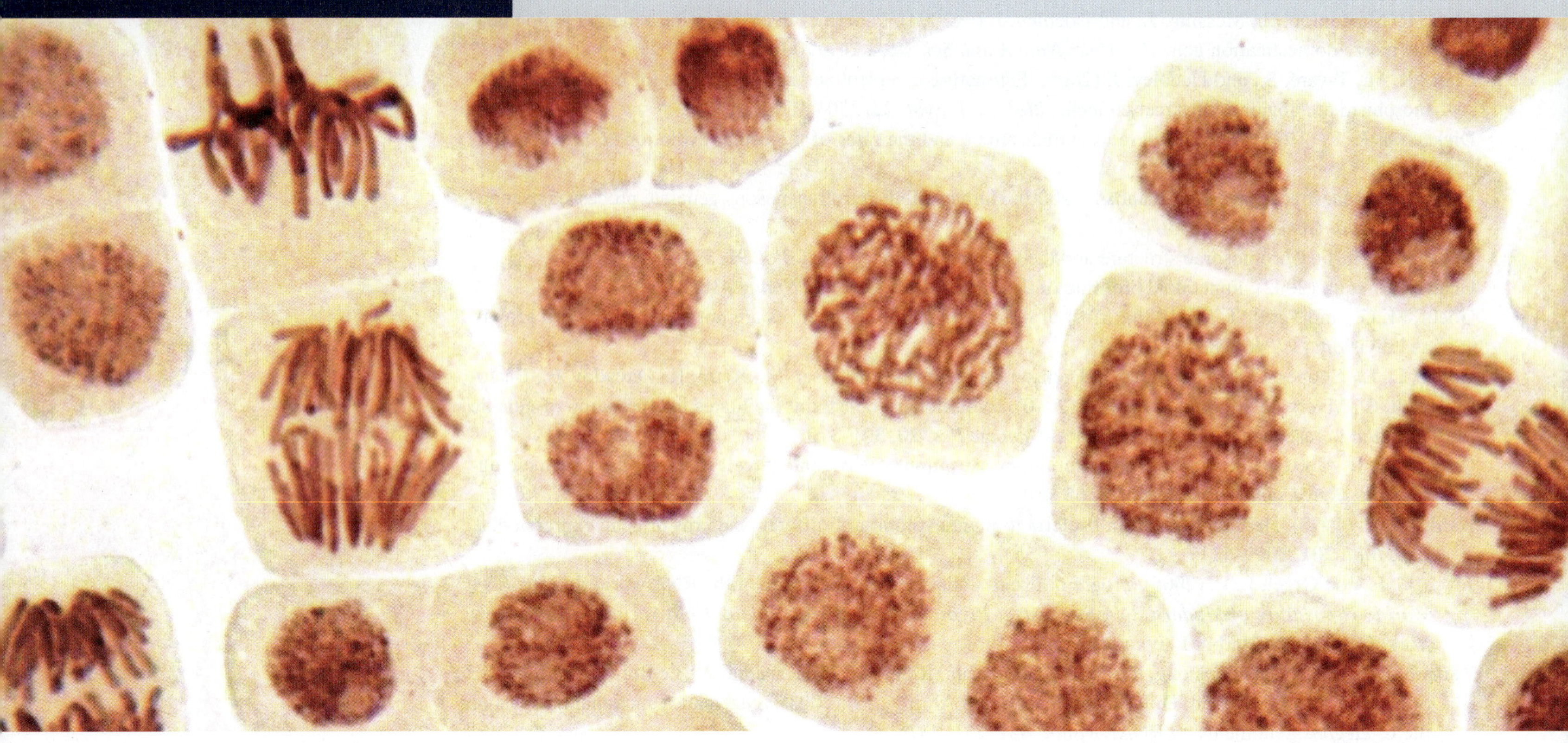

유사분열 중인 세포의 현미경 사진. 몇몇 세포에서 중기판(metaphase plate)에 늘어서 있거나 혹은 분리되어 있는 각 염색체의 모습이 보인다. ©Dimarion/ShutterStock, Inc.

염색체

9장 개요

9.1 서론

모든 세포성 유전물질의 구성에 있어 일반적인 원리는 분명하다. 제한된 공간에 한정된 압축된 덩어리로 존재하며 복제 및 전사와 같은 다양한 활동이 이 공간에서 이루어져야 한다. 이 물질의 구성은 비활성 상태와 활성 상태 간의 전이가 용이해야만 한다.

핵산의 응축 상태는 염기성 단백질과 결합한 결과이다. 이들 단백질의 양(+) 전하는 핵산의 음전하를 중화시킨다. 핵단백질(nucleoprotein) 복합체의 구조는 단백질과 DNA(또는 RNA)의 상호작용에 의해 결정된다.

파지(phage), 바이러스, 박테리아 세포 및 진핵 핵으로의 DNA 패키징(packaging, 응축)에는 공통적인 문제가 존재한다. 길게 뻗은 분자로서의 DNA의 길이는 DNA를 포함하는 구공간의 면적을 크게 넘어선다. DNA(또는 일부 바이러스의 경우 RNA)는 사용 가능한 공간에 맞게 최대한 압축되어야 한다. *따라서 늘어진 이중나선 구조로서의 DNA의 통상적인 그림과는 대조적으로, DNA를 구부리거나 보다 압축된 형태로 변형시키는 구조적 변형은 예외적인 것이 아니라 규칙적인 것이다.*

핵산의 길이와 그 공간 크기와의 불일치 정도는 그림 9.1 요약한 예시에서 명백하게 나타난다. 박테리오파지 및 진핵생물 바이러스의 경우, 핵산 게놈은, 단일-가닥 또는 이중-가닥인 DNA이든 또는 RNA이든 상관없이, 그 용기(막대 모양 또는 구형일 수 있는)를 효과적으로 채운다.

박테리아 또는 진핵세포 구획의 경우, DNA가 공간의 일부분만을 차지하는 작은 구간 영역에 들어있기 때문에, 그 차이를 정확하게 계산하기 어렵다. 박테리아에서 유전물질은 **뉴클레오이드(nucleoid, 핵양체)**의 형태로 나타나며, 진핵세포에서는 간기(interphase, 분열 사이)에는 핵 내 **크로마틴(chromatin)**으로, 유사분열 동안에는 최대한 응축된 **염색체(chromosome)** 형태로 나타난다.

이러한 공간에서의 DNA 밀도는 높다. 박테리아의 경우 ~10 mg/mL; 진핵 핵에서는 ~100 mg/mL; T4 파지 머리부분에서는 >500 mg/mL이다. 용액 상태에서 이러한 농도는 큰 점도를 가진 겔(gel)과 아마도 비슷할 것이다. DNA의 이러한 높은 농도가 지니는 생리학적 의미, 예를 들면 단백질이 DNA 상의 결합 부위를 찾는 데 미치는 영향 등에 대하여 완전히 이해하지 못하고 있다.

크로마틴의 압축은 탄력성을 가지고 있다; 이것은 진핵 세포주기 동안 변화한다. 분열 시(유사분열 또는 감수분열) 유전물질은 더욱 단단하게 압축되고, 각 염색체들은 식별할 수 있게 된다. 유사분열기의 염색체는 분열 간기의 크로마틴보다 5~10배 이상 더 단단하게 압축되어 있는 것으로 생각된다.

▶ **핵양체(nucleoid)** 게놈을 포함하는 원핵세포의 구조. DNA는 단백질들에 결합되어 있으며 막으로 둘러싸여 있지 않다.

▶ **크로마틴(chromatin)** 핵 DNA와 관련 단백질들의 상태.

▶ **염색체(chromosome)** 많은 유전자를 가지고 있는 게놈의 개별 단위. 각각은 이중가닥 DNA의 매우 긴 분자와 거의 같은 질량의 단백질로 지속된다. 염색체는 세포분열 동안 그 모양의 실체가 관찰된다.

9.2 바이러스 게놈은 외피로 포장되어 있다

각 DNA 염기배열을 압축하는 관점에서, 세포 게놈과 바이러스 게놈 간에는 중요한 차이가 있다. 세포 게놈은 본질적으로 크기가 한정되어 있지 않다; 각 염기배열의 수와 위치는 복제, 결실 및 재정렬에 의

종류	모양	면적	핵산형	길이
TMV	선형	0.008 x 0.3 μm	하나의 단일–가닥 RNA	2 μm = 6.4 kb
fd 파지	선형	0.006 x 0.85 μm	하나의 단일–가닥 DNA	2 μm = 6.0 kb
아데노바이러스	20면체	0.07 μm 직경	하나의 이중–가닥 DNA	11 μm = 35.0 kb
T4 파지	20면체	0.065 x 0.10 μm	하나의 이중–가닥 DNA	55 μm = 170.0 kb
대장균	원통형	1.7 x 0.65 μm	하나의 이중–가닥 DNA	1.3 mm = 4.2 x 10^3 kb
미토콘드리아 (인간)	편원(oblate) (회전타원형)	3.0 x 0.5 μm	~10 동일한 이중–가닥 DNAs	50 μm = 16.0 kb
핵 (인간)	회전타원형	6 μm 직경	이중–가닥 DNA의 46개 염색체	1.8 m = 6 x 10^6 kb

그림 9.1 핵산의 길이는 핵산을 싸고 있는 공간 영역을 크게 넘어선다.

해 변화될 수 있다. 따라서 DNA를 압축하기 위해서는 염기배열의 총량이나 분포와 무관한 일반적인 방법이 필요하다. 이와는 대조적으로, 바이러스에는 두 가지 제한요소가 있다. 압축되어지는 핵산의 양은 게놈 크기에 따라 미리 정해지며, 단백질이나 혹은 바이러스 유전자들에 의해 코드된 단백질로 조립된 외피 내에 모두 들어 있어야 한다.

▶ **캡시드(capsid)** 바이러스 입자의 외부 단백질 막.

바이러스 입자는 외형적인 모양은 매우 단순하다. 핵산 게놈은 **캡시드(capsid)** 내에 포함되어 있는데, 캡시드는 하나 또는 소수의 단백질로 조립된 대칭 또는 유사대칭 구조로 되어 있다. 캡시드(또는 캡시드에 결합된)에는 다른 구조물이 부착되어 있다; 이 부착된 구조는 별개의 단백질로 구성되어 있으며 숙주 세포의 감염에 필요하다.

바이러스 입자는 단단하게 만들어져 있다. 캡시드의 내부 용량은 수용해야 하는 핵산의 부피를 크게 넘어서지 못한다. 그 차이는 대개 2배 미만이며, 때때로 캡시드의 내부 용적이 핵산의 용량보다 간신히 큰 경우도 있다. 핵산을 포함하는 캡시드(capsid)를 만드는 방법의 문제에 대한 두 가지 해결 방법이 있다:

- 단백질 껍질이 핵산 주위에서 조립되며, 그 조립 과정 중 단백질-핵산 상호 작용에 의해 DNA나 RNA를 압축된다.
- 캡시드는 빈 껍질 상태의 구성성분으로 먼저 만들어지고, 핵산이 빈 껍질에 들어가면서 응축된다.

▶ **핵형성 센터(nucleation center)** RNA와 외피 단백질의 조립이 TMV(담배 모자이크 바이러스) 이중구조 헤어핀에서 시작된다.

캡시드는 단일가닥 RNA 바이러스 게놈 주위에서 조립된다. 조립(assembly) 원리는 *캡시드 내의 RNA의 위치가 껍질의 단백질에 결합함으로써 직접적으로 결정된다는 것이다.* 가장 잘 연구되어진 예가 TMV(tobacco mosaic virus, 담배 모자이크바이러스)이다. 조립은 RNA 게놈 염기배열 내에 있는 이중구조 헤어핀(duplex hairpin)에서 시작된다. 이 **핵형성 센터(nucleation center)**에서 시작된 조립은 RNA가 끝까지 도달할 때까지 RNA를 따라 양방향으로 진행된다. 캡시드의 단위는 이중 원반(two-layer disk) 구조이며, 각 원반구조는 17개의 동일한 단백질 서브유닛(subunit)으로 이루어져 있다. 원반구조는 원형이며, RNA와 상호작용할 때 나선형을 형성한다. 핵형성 센터에서 RNA 헤어핀은 원반구조의 중심 구멍에 삽입되며, 원반구조는 RNA를 둘러싸는 나선형 구조로 모양이 변형된다. 원반구조가 추가적으로 더해지면서, 각각의 새로운 원반 구조가 새로운 일련의 RNA를 중앙 구멍으로 당긴다. 그림 9.2에서 볼 수 있듯이, RNA는 단백질 껍질 내부 안으로 나선형 배열로 꼬이게 된다.

DNA 바이러스의 구형의 캡시드는 람다 파지(phage lambda)와 T4 파지에서 가장 잘 연구되어진 것과 같이, 서로 다른 방식으로 조립된다. 각각의 경우, 빈 헤드쉘(headshell, 머리껍질)은 작은 단백질 집합으로 조립된다. 그런 다음, 이중구조 헤드(head) 속으로 삽입되면서 캡시드의 구조적인 변화가 일어난다.

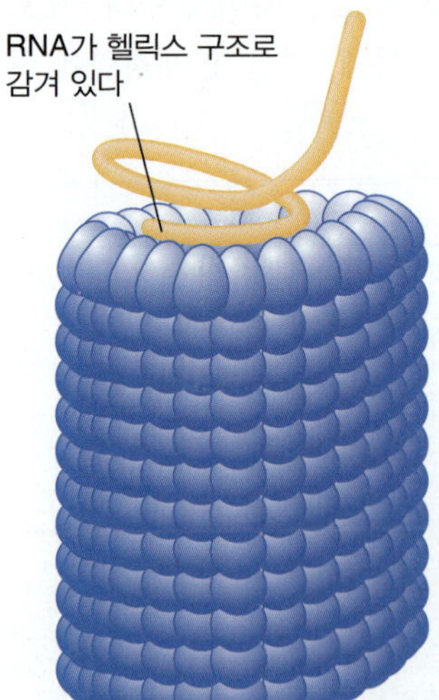

그림 9.2 TMV RNA의 헬릭스 경로는 바이러스의 단백질 서브유닛의 중첩에 의해 만들어진다.

그림 9.3은 람다(lambda)의 조립 과정을 요약한 것이다. 조립 과정은 "코어(core, 핵심)"라 불리는 단백질을 가진 작은 머리껍질에서부터 시작한다. 이것은 더 뚜렷한 모양의 빈 머리껍질로 변하게 된다. 이때 DNA 압축이 시작되고, 헤드쉘은 (동일한 형태의 모양을 유지하지만) 크기가 확장되며, 최종적으로 DNA로 가득 찬 헤드에 테일(tail)이 첨가되면서 마무리된다.

▶ **터미나아제(terminase)** 바이러스 게놈의 다량체(multimer)를 절단하는 효소이며, 그 절단된 끝부분부터 시작하여 빈 바이러스 캡시드로 DNA를 전위시키기 위해 ATP를 가수분해하여 에너지로 사용한다.

파지 헤드 안으로 DNA를 삽입하는 것은 *전위(translocation)*와 *응축(condensation)*의 두 가지 반응으로 이루어진다.

둘 다 열역학적으로 바람직하지는 않다. 전위는 DNA가 ATP-의존적 메커니즘에 의해 헤드로 들어가는 능동적인 과정이다. 일반적인 메커니즘으로 대부분의 바이러스들이 롤링 서클(rolling circle) 메커니즘을 사용하여 바이러스 게놈의 다량체를 포함하는 긴 테일을 복제한다. 람다 파지는 **터미나아제(terminase)** 효소를 사용하여 텅 빈 캡시드에

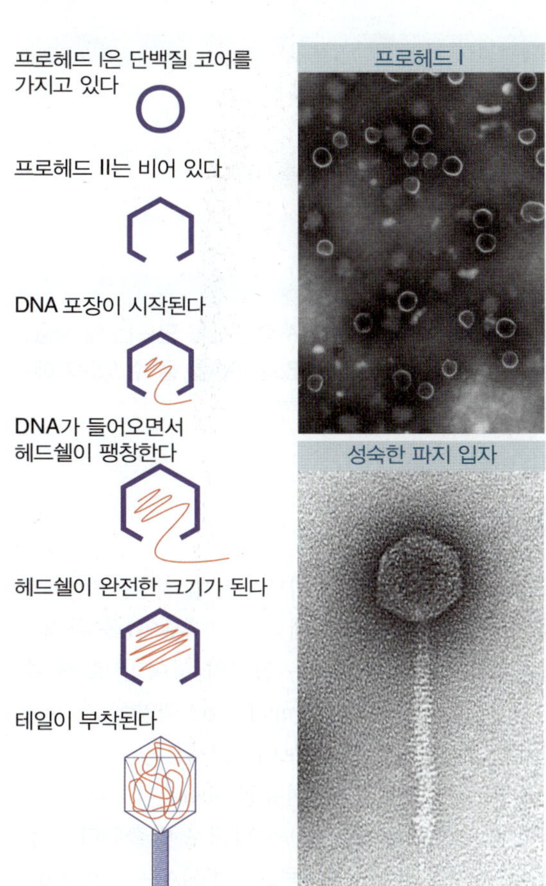

그림 9.3 람다 파지의 성숙은 여러 단계를 거친다. 비어 있는 헤드는 DNA가 채워지면서 모양이 변화되고 확장된다. 전자현미경 사진은 성숙 경로의 시작과 끝 단계의 파지 입자를 보여준다. Top photo reproduced from D. Cue and M. Feiss, *Proc. Natl. Acad. Sci. USA* 90 (1993): 9290–9294. Copyright 1993 National Academy of Science, U.S.A. Photo courtesy of Michael G. Feiss, University of Iowa. Bottom photo courtesy of Robert Duda, University of Pittsburgh.

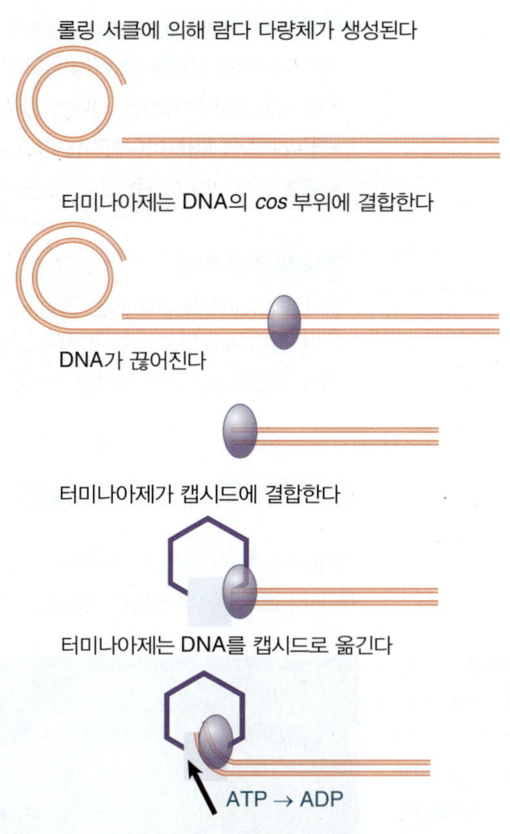

그림 9.4 터미나아제 단백질은 롤링 서클(rolling circle) 복제 방식에 의해 생성된 바이러스 게놈의 다량체의 특정 부위에 결합한다. 터미나아제는 DNA를 자르고, 빈 바이러스 캡시드에 결합한 후, ATP의 가수분해로 생성된 에너지를 사용하여 DNA를 캡시드 안으로 삽입한다.

게놈을 삽입한다. 그림 9.4는 그 과정을 요약 한 것이다.

캡시드가 DNA뿐만 아니라 "내부 단백질"을 포함한다는 점 외에는, 빈 캡시드로의 응축 메커니즘에 대해서는 거의 알려져 있지 않다. 한 가지 가능성은 DNA가 응축되는 그곳에 일종의 스캐폴드(scaffold)를 제공한다는 것이다. (이것은 TMV와 같은 식물 RNA 바이러스에서 껍질의 단백질을 사용하는 것과 비슷한 현상일 것이다.)

응축 과정(packaging)은 얼마나 특이적인가? 결실, 삽입 및 치환 모두가 조립 과정을 방해하지 않으므로, 특정 염기배열에 의존하지는 않는다. 캡시드의 단백질과 화학적으로 가교 결합할 수 있는 DNA의 영역을 정하여, DNA와 헤드셀의 관계를 직접적으로 조사하였다. 놀라운 결과는 DNA의 모든 영역이 많든 적든 간에 거의 동등하게 일어날 수 있다는 것이다. 이것은 아마도 DNA가 헤드에 삽입될 때 응축에 대한 일반적인 규칙을 따르지만, 그 유형은 특정 염기배열에 의해 결정되지 않는다는 것을 의미한다.

핵심개념

- 바이러스에 삽입될 수 있는 DNA의 길이는 헤드쉘(headshell)의 구조에 의해 제한된다.
- 헤드쉘 내부의 핵산은 최대한 응축된다.
- 필라멘트형 RNA 바이러스는 RNA 게놈 주위에서 헤드쉘을 조립하며 RNA 게놈을 응축시킨다.
- 구형 DNA 바이러스는 미리 조립된 단백질 껍질에 DNA를 삽입한다.

개념 및 추론 확인

람다 파지(lambda phage)는 종종 *라이브러리*(다른 생물체의 유전물질을 대표하는 DNA 집합체)를 만드는 데 사용되며, 람다 게놈의 대부분이 라이브러리 염기배열로 대체된다. 람다 운반체에 얼마나 많은 DNA를 둘 수 있는지에 대한 제한이 있는가? 그러한 이유는 무엇이며, 그렇지 않은 이유는 무엇인가?

9.3 박테리아 게놈은 수퍼코일의 뉴클레오이드이다

박테리아가 진핵세포 염색체처럼 뚜렷한 형태학적 특징을 가진 구조를 나타내지는 않지만, 그럼에도 불구하고 그들의 게놈은 명확한 조직으로 이루어져 있다. 유전물질은 세포 체적의 약 3분의1을 차지하는 상당히 조밀한 덩어리(또는 일련의 덩어리)로 볼 수 있다. 그림 9.5는 뉴클레오이드(nucleoid, 핵양체)가 뚜렷한 박테리아 박편의 단면도를 보여주고 있다.

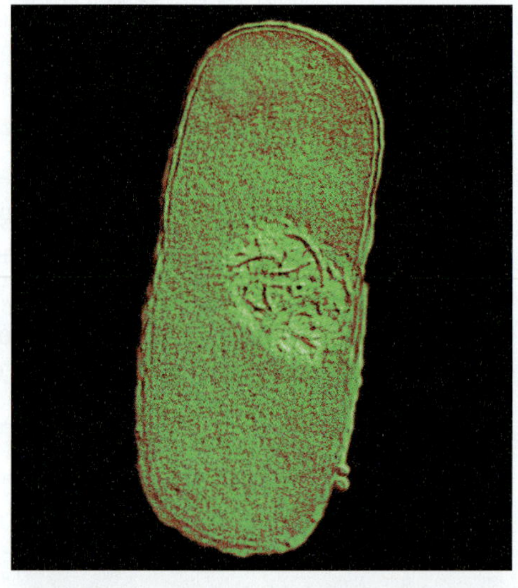

그림 9.5 대장균의 박테리아 투과전자 현미경(TEM, transmission electron microscopy) 사진. 길이 방향으로 잘라진 박편 조직은 내부 구조를 보여주고 있다. 진핵세포와 달리 박테리아는 세포막과 결합한 세포핵을 가지고 있지 않다. 대신에 박테리아 유전물질은 뉴클레오이드라고 불리는 한정된 영역에 위치한다. ©Dr. Klaus Boller/Photo Researchers, Inc.

대장균 세포가 용해되면, 섬유질(fibers)이 세포의 부서진 외피에 부착된 루프(loop)의 형태로 방출된다. 그림 9.6에서 알 수 있듯이, 이들 루프의 DNA는 유리(free)된 이중구조의 확장된 형태로 발견되지 않고, 대신 단백질과의 결합에 의해 압축된다. 어떤 단백질이 뉴클레오이드를 형성하기 위해 DNA에 결합되어 있는지는 알려져 있지 않다.

분리된 뉴클레오이드는 질량으로 ~80%의 DNA로 이루어져 있다. 비교해 보면, 진핵생물 염색체는 ~50%의 DNA를 함유하고 있다. 박테리아 뉴클레오이드는 RNA 또는 단백질을 분해하는 시약으로 처리하면 구조가 풀어지는데, 이러한 결과는 RNA와 단백질 모두가 구조를 유지하는 데 필수적임을 나타내고 있다.

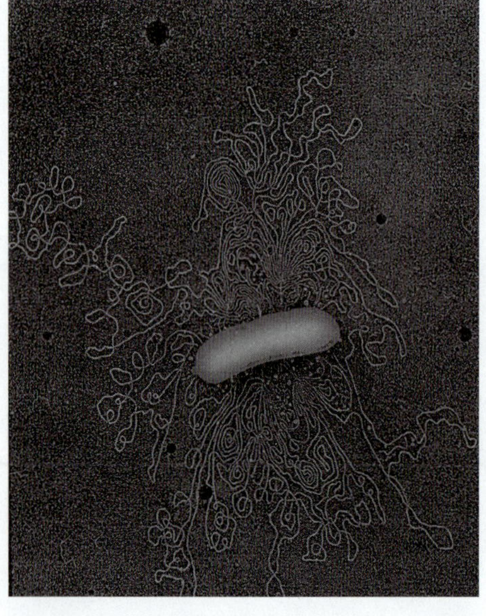

그림 9.6 뉴클레오이드가 세포막이 분해된 대장균 세포 밖으로 흘러나와 선형 루프 형태를 보이고 있다. Photo ©G. Murti/Photo Researchers, Inc.

박테리아 뉴클레오이드의 DNA는 에티디움 브로마이드(ethidium bromide)에 대한 반응으로 판단할 때, 폐쇄된 이중구조처럼 보인다. 이 작은 분자는 "폐쇄된(closed)" 원형 DNA 분자, 즉 양 가닥이 공유결합성을 갖는 분자에서, 양성(+) 수퍼코일 턴(positive superhelical turn)을 생성하기 위해 염기 쌍 사이에 삽입된다. ("열린" 원형 분자는 한 가닥에 흠집이 있거나 또는 선형 분자를 가지기에 그 DNA는 삽입 반응 시 자유로운 회전이 가능하며 따라서 긴장이 해소된다.)

자연상태의 음성(-) 수퍼코일링되어 있는 폐쇄된 DNA (closed DNA)에 에티디움 브로마이드(ethidium bromide)를 처리하면, 음성(-) 수퍼코일(negative supercoil)을 먼저 제거하고, 양성(+) 수퍼코일(positive supercoil)을 만든다. 제로 수퍼코일(zero supercoil)이 되는 데 필요한 에티디움 브로마이드의 양은 가지고 있는 음성(-) 수퍼코일 밀도의 척도가 된다.

조밀한 뉴클레오이드를 분리하는 동안 약간의 닉(nick, 틈)이 생긴다; 그들은 또한 DNase를 제한적으로 처리하여 생성될 수도 있다. 그러나 이로 인하여 에티디움 브로마이드가 양성 수퍼코일을 도입하는 능력이 없어지지는 않는다. 닉 형성에 있어 에티디움 브로마이드에 대한 반응을 유지하는 이 게놈의 능력은 많은 독립적인 염색체 **도메인(domain)**을 가져야 하고, *각 도메인의 수퍼코일링(supercoiling)이 다른 도메인의 작용에 영향을 받지 않는다는 것을 의미한다.*

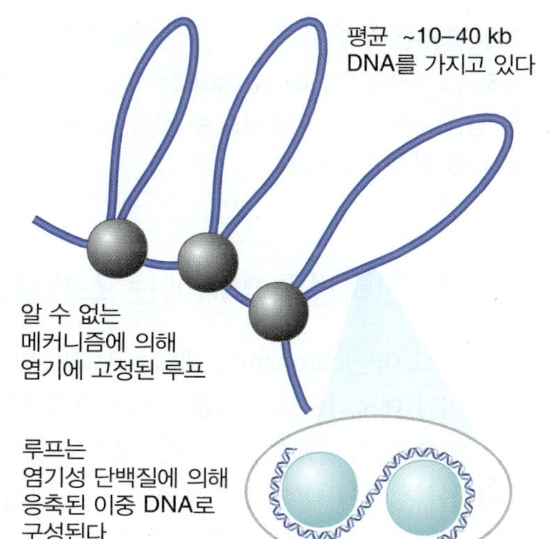

그림 9.7 박테리아 게놈은 여러 개의 이중구조 DNA(섬유 구조의) 루프로 구성되어 있으며, 각 루프는 독립적인 구조적 도메인을 형성하기 위한 기틀 위에 고정되어 있다.

▶ **도메인(domain)** 염색체와 관련하여, 이는 수퍼코일링이 다른 영역과 독립적인 영역으로 정의된 별개의 구조적 실체(entity) 또는 효소 DNase I에 의해 분해되기 쉬운 발현된 유전자를 포함하는 광범위한 영역을 나타내기도 한다. 단백질에서, 이는 특정 기능과 동일한 아미노산 배열의 별개의 연속 부분이다.

이 자율성은 박테리아 염색체의 구조가 그림 9.7에서 도식적으로 묘사된 것처럼 일반적인 구조를 가지고 있음을 시사한다. 각 도메인은 DNA 루프로 구성되어지며, 그 말단은 회전 이벤트(rotational events)가 한 도메인에서 다른 도메인으로 전파되지 못하도록 일부 (알 수 없는) 방식으로 고정되어 보호된다. 대장균 게놈에는 각각 ~10 kb에 ~400개의 도메인들이 있다고 추정되어진다.

독립된 도메인의 존재는 게놈의 다른 영역에서 다른 수준의 수퍼코일링을 유지할 수 있게 한다. 이것은 수퍼코일링에 대한 특정 박테리아 프로모터의 서로 다른 반응도를 가지게 하는 것과 관련이 있다(*19.14절 수퍼코일링은 전사의 중요한 특성이다* 참조).

그림 9.8에서 볼 수 있듯이, 게놈에서 수퍼코일링은 두 가지 형태 중 하나를 취할 수 있다:

- 수퍼코일 DNA가 자유롭다면 그 경로는 *제한되지 않고(unconstrained)*, 음성 수퍼코일은 영역 내의 DNA를 따라 자유롭게 전해지는 비틀림 긴장(torsional tension) 상태를 생성한다. 이 수퍼코일링은 이중나선을 푸는 것으로 완화될 수 있는데, *1.5절 수퍼코일링은 DNA의 구조에 영향을 준다*에서 기술하였다. DNA는 긴장(tension) 상태와 풀림(unwinding) 상태 사이에서 역동적인 평형을 이룬다.
- 만일 단백질이 DNA에 결합되어 특정 입체 3차원 구조를 유지하려 한다면, 수퍼코일링이 *제한(constrained)*을 받을 수 있다. 이 경우 수퍼코일은 DNA가 단백질과의 고정된 결합에서 따라가는 경로로 나타난다. 단백질과 수퍼코일 DNA 간의 상호작용의 에너지는 핵산을 안정화시키므로 분자를 따라 어떠한 긴장도 전달되지 않는다.

대장균의 총 수퍼코일 중 약 절반은 제한을 받지 않은 자유로운 상태로 존재하는 것으로 추정되며, 총 수퍼헬리컬 밀도(superhelical density, 초나선형 밀도)는 평균 100 염기쌍 당 하나의 음성 수퍼헬리컬 회전(superhelical turn)에 해당된다. 평균 수준에 대한 편차가 있을 수 있지만, 수퍼헬릭스 상태의(superhelicity)의 수준은 DNA 구조에 큰 영향을 미치기에 충분한데, 예를 들어 복제기점이나 프로모터와 같은 특정 영역에서 변성에 유용하다.

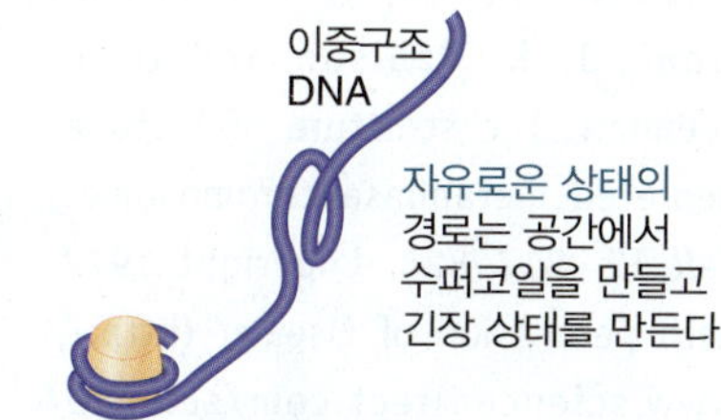

그림 9.8 DNA 궤도상에 제한을 받지 않은 수퍼코일(unrestrained supercoil)은 긴장 상태를 유발하지만, 단백질 결합을 통하여 수퍼코일이 억제되면 DNA를 따라 긴장 상태가 이어지지 않는다.

핵심개념

- 박테리아 뉴클레오이드는 질량으로 ~80%의 DNA이며, RNA 또는 단백질에 작용하는 약제에 의해 펼쳐질 수 있다.
- DNA 응축에 관여하는 단백질들은 밝혀지지 않았다.
- 뉴클레오이드는 ~400개의 독립적인 음성 수퍼코일 도메인(negative supercoiled domain)을 가지고 있다.
- 수퍼코일링(supercoiling)의 평균 밀도는 ~1 수퍼코일/100 bp이다.

개념 및 추론 확인

토포이소머라아제(topoisomerase)는 *제한되지 않은* 수퍼코일을 이완시킬 수는 있지만 단백질 결합에 의해 제약을 받는 수퍼코일은 이완시킬 수 없다. 박테리아 뉴클레오이드에 토포이소머라아제의 양을 증가시키면서 처리하면 어떤 영향이 있는가?

9.4 진핵생물 DNA에는 스캐폴드에 부착된 루프와 도메인이 있다

간기의 크로마틴(chromatin, 헤테로크로마틴)은 핵 물질의 상당 부분을 차지하는 복잡하게 얽힌 덩어리이며, 이와 대조적으로 유사분열기의 염색체는 고도로 조직화되고 재현성있는 초미세 구조이다. 핵 내 간기 크로마틴의 분포를 조절하는 것은 무엇인가?

이러한 성질에 대한 간접적인 증거는 게놈을 단일의 콤팩트(compact)한 조직으로 분리하면 알 수 있다. 박테리아 뉴클레오티드와 마찬가지로, 초파리의 게놈을 분리하면 단백질에 결합된 DNA로 구성된 콤팩트하게 접힌 (직경 10 nm의) 섬유를 볼 수 있다.

에티디움 브로마이드에 대한 반응으로 측정되는 수퍼코일링은 하나의 음성 수퍼코일/200 bp에 해당한다. 이 수퍼코일은 DNA가 10 nm인 섬유의 형태로 남아 있더라도, DNase로 틈을 내어 제거할 수 있다. 이것은 수퍼코일링이 공간에서 섬유의 배열에 의해 일어나며, 기존의 비틀림(torsion)을 나타내고 있음을 시사하고 있다.

수퍼코일을 완전하게 이완시키기 위해서는 ~1 닉(nick)/85 kb를 필요로 하므로 "닫힌(closed)" DNA의 평균 길이를 알 수 있다. 이 영역은 박테리아 게놈에서 확인된 것과 유사한 루프 또는 도메인으로 이루어질 수 있다. 대부분의 단백질이 유사분열기의 염색체로부터 추출될 때 루프를 직접 볼 수 있다. 생성된 복합체는 원래 단백질 함량의 ~8%와 결합된 DNA로 구성된다. 그림 9.9에서 볼 수 있듯이, 단백질-결핍 염색체는 주변의 DNA로 둘러싸인 유사분열기 염색체의 일반적인 형태와 여전히 유사한 중심 **중기**[(혹은 **유사분열**) **스캐폴드 metaphase** (혹은 **mitotic**) scaffold]의 형태를 취한다.

▶ **중기**(혹은 **유사분열**) **스캐폴드 (metaphase** or **mitotic scaffold)** 염색체가 히스톤이 결핍될 때 생성되는 딸 염색체 쌍(sister chromatid pair) 모양의 단백질성 구조.

중기 스캐폴드(metaphase scaffold)는 섬유의 고밀도 네트워크로 구성되어 있다. 스캐폴드로부터 DNA의 실이 나오는데, 평균 길이가 10~30 μm(30~90 kb) 정도인 루프이다. DNA는 특정 단백질 세트로 구성된 스캐폴드의 완전한 상태에 영향을 미치지 않고 분해될 수 있다. 이것은 ~60 kb의 DNA 루프가 중앙 단백질성 스캐폴드에 고정되어 있는 형태의 조직을 의미한다. 간기의 핵(interphase nuclei)에서, 이 기본적인 단백질성 구조는 전체 핵을 차지하도록 구조를 변화시킨다; 간기 동안의 이 구조는 스캐폴드보다는 *매트릭스*(*matrix*)라고 불린다.

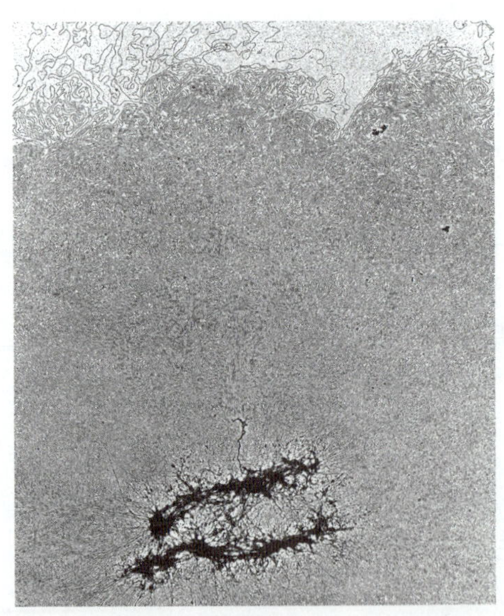

그림 9.9 히스톤이 제거된 염색체는 DNA 루프가 결합된 단백질 스캐폴드로 이우러져 있다. Reprinted from, J. R. Paulson and U. K. Laemmli, The structure of histone-depleted metaphase chromosomes, *Cell* 12, 817–828. Copyright 1977, with permission of Elsevier (http://www.sciencedirect.com/science/journal/00928674). Photo courtesy of Ulrich K. Laemmli, University of Geneva, Switzerland.

DNA가 특정 염기배열을 통해 매트릭스 또는 스캐폴드에 부착되어 있을까? 간기 핵에서 단백질성 구조에 부착된 DNA 부위는 **매트릭스 부착 부위(matrix attachment regions, MARs)**라고 불린다. 이러한 염기배열은 또한 *스캐폴드 부착 영역*(*scaffold attachment region*, SARS)으로도 불리며, 중기 및 간기 세포 둘 다에서 단백질 하부구조에 부착하는 것처럼 보이는 같은 염기배열이다. 간기 세포에서 구조의 본질은 명확하지 않지만, 전사 또는 복제에 이 매트릭스에 부착하는 것이 필요하다는 많은 의견이 있었다. 핵에서 단백질이 결핍되어지면, DNA는 스캐폴드 준비 과정에서 발생하는 것처럼 남아있는 단백질성 구조에서 루프로 돌출한다. 그러나 이러한 준비 과정에서 발견되는 단백질과 손상되지 않은 세포의 구조적 요소들과의 관계를 알

▶ **매트릭스 부착 부위(matrix attachment regions, MARs)** 핵 매트릭스에 붙어 있는 DNA 영역. 이것은 스캐폴드 부착 부위(SAR)라고도 한다.

아보기 위하여 시도하였으나 성공하지 못했다.

MAR 염기배열은 일반적으로 ~70% A-T가 풍부하지만, 그렇지 않다면 어떠한 공통염기배열(consensus sequence)도 가지고 있지 않다. 그러나 MAR은 전사를 조절하는 시스-작용(*cis*-acting) 부위와 같은 다른 중요한 염기배열 가까이에서 주로 발견되며, 토포아소머라아제 II(topoisomerase II)를 인식하는 부위가 MAR에 일반적으로 존재한다. 그러므로 MAR은 매트릭스에 부착하기 위한 부위를 제공하며, 또한 DNA의 위상 변화(topological change)에 영향을 미치는 다른 부위를 가짐으로써 하나 이상의 기능을 수행할 수 있다.

핵 매트릭스와 염색체 스캐폴드는 서로 다른 단백질로 구성되어 있지만, 일부 공통적인 구성 요소가 있다. 토포이소머라아제 II는 염색체 스캐폴드의 중요한 구성요소이며, 핵 매트릭스의 구성성분이기도 하다. 이는 토폴로지(topology, 위상)를 통제하는 것이 두 경우 모두에서 중요하다는 것을 의미한다.

핵심개념

- 간기 크로마틴(chromatin, 염색질)의 DNA는 ~85 kb의 독립적인 도메인으로 음성 수퍼코일이다.
- 중기(metaphase) 염색체는 수퍼코일 DNA 루프가 부착된 단백질 스캐폴드를 가지고 있다.
- DNA는 핵 매트릭스에 MARs 또는 SARs라고 하는 특이적인 염기배열에 부착된다.
- MARs는 A-T가 풍부하지만 특이한 공통 염기배열은 없다.

개념 및 추론 확인

비록 선형 DNA는 수퍼코일이 될 수 없더라도, 선형 진핵세포 염색체는 ~1 음성(-) 수퍼코일/200 bp를 가진다. 이를 설명하라.

9.5 크로마틴은 유크로마틴과 헤테로크로마틴으로 나뉜다

각 염색체는 염색체 전체에 걸쳐 연속적으로 진행되는 섬유로 접혀진 매우 긴 단일 이중구조 DNA를 포함하고 있다. 따라서 간기의 크로마틴과 유사분열기의 염색체 구조를 설명할 때, 우리는 하나의 매우 긴 분자 DNA를 전사하고 복제하며 주기적으로 적절하게 응축되는 형태로 포장되는 것을 설명해야만 한다.

개개의 진핵세포 염색체는 세포분열의 과정에서 짧은 기간 동안 주목을 받는다. 그때, 각각은 조밀한 단위로 관찰된다. 그림 9.10은 중기에서 분리되어 촬영된 복제된 염색체의 전자현미경 사진이다. 자매염색분체(sister chromatid)는 이 단계에서 분명하게 나타나며, 유사분열 단계의 초기 단계에서 분리될 때 딸 염색체(daughter chromosome)가 생성된다. 각각의 염색분체는 ~30 nm 직경의 작고 덩어리 모양의 섬유로 이루어져 있다. DNA는 간기 크로마틴보다 유사분열시의 염색체에서 5~10배 더 응축되어 있다.

그림 9.10 30 nm 직경의 선형섬유 형태로 구성된 세포분열기의 자매염색분체 각각은 완전하게 압축되어 염색체를 형성한다. © Biophoto Associates/Photo Researchers, Inc.

그러나 진핵세포의 대부분의 생애주기(life cycle) 동안, 그 유전물질은 핵 내 공간을 차지하고 있으며, 각각의 염색체는 구별하기 어렵다(염색체 페인팅 기술의 사용을 제외하고; *Methods and Techniques: FISH, 염색체 페인팅 및 스펙트럼 핵형 분석* 참조). 간기 크로마틴의 구조는 분열 중 눈에 띄게 변화하지 않는다. 크로마틴의 양이 두 배가 되는, 복제 기간 동안에 어떠한 붕괴가 일어나지 않는 것은 분명하다. 크로마틴은 섬유상 구조이나, 공간에

그림 9.11 염색용액 feulgen으로 염색된 핵의 얇은 절편에서 핵막과 인(nucleolus) 주위에서 압축된 영역의 헤테로크로마틴를 관찰할 수 있다. Photo courtesy of Edmond Puvion, Centre National de la Recherche Scientifique.

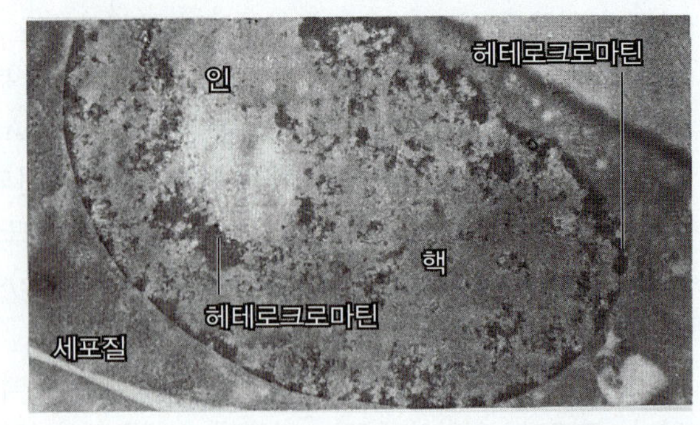

서 섬유의 전체 입체구조를 상세하게 식별하기는 어렵다. 그러나 섬유 자체는 유사분열시의 염색체와 유사하거나 동일하다.

크로마틴은 그림 9.11의 핵 절편에서 볼 수 있는 두 가지 유형의 물질로 나눌 수 있다;

- 대부분의 영역에서, 섬유는 유사분열시의 염색체보다 응축 밀도가 훨씬 작다. 이러한 물질을 **유크로마틴(euchromatin, 진정염색질)**이라고 한다. 그것은 상대적으로 분산된 모습을 가지고 있고 DNA-특이적 염색 물질에 약하게 염색되며, 그림 9.11과 같이 대부분의 핵 영역을 차지하고 있다.
- 크로마틴의 일부 영역은 섬유로 매우 조밀하게 압축되어 있으며, 유사분열시의 염색체의 밀도와 비슷하다. 이 물질을 **헤테로크로마틴(heterochromatin, 이질염색질)**이라고 하며, DNA-특이적 염색물질로 강하게 염색된다. 그것은 센트로미어(centromere, 동원체)를 포함하여 크로마틴 내의 여러 위치에서 발견된다. 그것은 세포주기 동안 응축 정도의 변화가 거의 없다. 이것은 그림 9.11에서 일련의 분리된 덩어리를 형성하지만, 일부 세포 유형에서는 다양한 헤테로크로마틴 형태의 영역이 진하게 염색되는 **크로모센터(chromocenter, 염색체 중심)**로 응집된다. 항상 헤테로크로마틴 형태로 남아있는 헤테로크로마틴의 일반적인 형태를 *구성적* 헤테로크로마틴(*constitutive heterochromatin*)이라고 한다. 이와 대조적으로, *선택적* 헤테로크로마틴(*facultative heterochromatin*)이라고 불리는 또 다른 종류의 헤테로크로마틴이 있는데, 그곳에서 유크로마틴 영역은 헤테로크로마틴의 상태로 변환된다.

▶ **진정염색질(euchromatin)** 간기 핵에서 대부분의 게놈을 구성하는 크로마틴의 형태로, 헤테로크로마틴보다 덜 단단하게 감기고 활성 또는 잠재적으로 활성인 단일 복제 유전자의 대부분을 포함하고 있다.

▶ **이질염색질(heterochromatin)** 고도로 응축된 게놈의 영역은 덜 전사되고 늦게 복제된다. 지속적(constitutive) 형태과 선택적(facultative) 형태의 두 가지 유형으로 구분된다.

▶ **염색중심(chromocenter)** 서로 다른 염색체로부터 유래한 헤테로크로마틴 집합체 뭉치.

동일한 섬유가 유크로마틴과 헤테로크로마틴 사이에서 연속적으로 연결되어 있는데, 이러한 상태는 유전물질의 응축 정도가 다름을 보여주고 있다. 마찬가지로, 유크로마틴 영역은 간기 및 유사분열 동안 다른 응축 상태로 존재한다. 따라서 유전물질은 크로마틴에서 둘 중 하나의 선택적 상태를 나란히 유지할 수 있는 방식으로 조직되어 간기와 유사분열 사이에서 유크로마틴의 압축 시 일어나는 주기적인 변화를 가능하게 한다. *28장 진핵생물 전사 조절, 29장 후성적 효과는 유전된다*에서 이러한 상태에 대한 분자수준에서의 기초에 대하여 설명한다.

유전 물질의 구조적 조건은 그것의 활성과 관련이 있다. 구성적 헤테로크로마틴의 공통된 특징은 다음과 같다:

- 영구적으로 압축되어 있다.
- S기 후반부에 복제하고 유전자 재조합 빈도가 감소한다.
- 종종 전사되지 않거나 아주 낮은 수준으로 전사되는 DNA 염기배열의 약간의 다중 반복배열로 구성되어 있다. (헤테로크로마틴 영역에 존재하는 유전자는 일반적으로 유크로마틴의 유전자보다 전사적으로 활성이 적지만, 이 일반적인 규칙에는 예외가 있다.)
- 이 영역의 유전자 밀도는 유크로마틴에 비해 매우 감소되며, 그 안에 또는 그 근처로 전좌된(translocated) 유전자는 종종 비활성화된다. 이것에 대한 하나의 극적인 예외는 핵소체(nucleolus)의 리보솜 DNA(ribosomal DNA)이며, 이 리보솜 DNA는 일반적으로 압축된 모양과 헤테로크로마틴의 행동(후기 복제와 같은)을 보이지만, 여전히 매우 활발한 전사에 관여한다.

대부분의 활성 유전자가 유크로마틴 내에 포함되어 있지만, 유크로마틴 유전자 한 세트만 언제든지 전사된다. 따라서 유크로마틴의 위치는 (최소한 RNA 중합효소 II의) 유전자 발현에 *필요하지만*, 그러나 *충분하지는* 않다.

핵심개념

- 각각의 염색체는 유사분열 중에만 볼 수 있다.
- 간기 동안, 크로마틴의 전체 질량은 유사분열 염색체보다 덜 단단하게 압축되는 유크로마틴(euchromatin) 형태이다.
- 헤테로크로마틴의 영역은 간기 단계에서 조밀하게 압축된다.

개념 및 추론 확인

유전자가 헤테로크로마틴에서 전사되지 않는 이유는 무엇인가? 유사분열 중 전사 시 어떠한 일이 일어날 것으로 예측되는가?

9.6 염색체는 밴드 패턴을 가지고 있다

간기 크로마틴의 확산 상태로 인하여, 그 구조의 특이성을 결정하기가 어렵다. 그러나 유사분열기의 염색체 구조가 질서정연한 지는 알아볼 수 있다. 특정 염기배열은 항상 특정 부위에 놓여 있는가? 아니면 전체 구조에 섬유가 더 무작위로 접혀 있는가?

염색체 수준에서, 전체의 염색체의 각각은 서로 다르고, 복제 가능한 초미세 구조를 가지고 있다. 유사분열 염색체가 단백질 분해효소(trypsin) 처리를 거쳐 화학염료인 Giemsa로 염색되면, **G-밴드(G-band)**라는 염색체 특유의 패턴을 생성한다. 그림 9.12는 인간 염색체 세트의 예를 보여주고 있다.

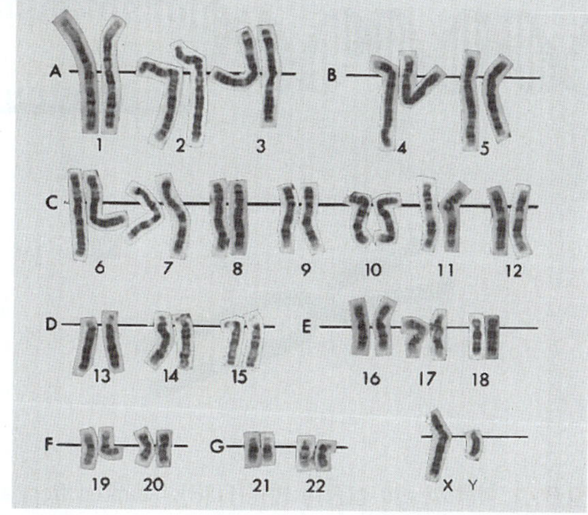

그림 9.12 G-밴딩은 염색체 세트의 각 구성원에 특징적인 횡렬 밴드를 만들어낸다. Photo courtesy of Lisa Shaffer, Washington State University–Spokane.

▶ **G-밴드(G-band)** 밴드는 일련의 측면 줄무늬로 나타나는 염색기술로 진핵세포 염색체에서 생성된다. 그들은 (밴드 패턴에 의해 염색체와 염색체 영역을 확인하는) 핵형(karyotyping)에 사용된다.

이 기법이 개발될 때까지 인간의 염색체는 전체 크기와 센트로미어의 상대적 위치에 의해서만 구별될 수 있었다. G-밴딩은 각 염색체를 특징적인 밴드 패턴(banding pattern)로 식별할 수 있도록 한다. 이 패턴을 이용하여 본래의 이배체 세트를 비교함으로써, 하나의 염색체에서 다른 염색체로의 전위를 확인할 수 있다. 그림 9.13은 인간 X 염색체의 밴드를 다이어그램(diagram)으로 보여준다. 밴드는 각각 약 ~10^7 bp의 DNA가 있는 거대한 구조이며, 각각은 수백 개의 유전자를 포함할 수 있다. 이 그림은 또한 각 염색체의 유전적 위치를 확인하는 데 사용되는 명명법(nomenclature)을 보여준다. 특정한 위치는 긴(long, q, queue) 또는 짧은(short, p, petit) 암(arm) 위치로 나타내고, 그런 다음 암, 밴드 그리고 서브밴드 순으로 영역을 표시한다. 예를 들어, 낭성섬유증(cystic fibrosis)에서 돌연변이된 유전자인 *CFTR*은 7q31.2에 위치한다. 즉, 이것은 7번 염색체 롱 암(long arm), 3번 영역, 1번 밴드, 2번 서브밴드에 위치한다는 뜻이다.

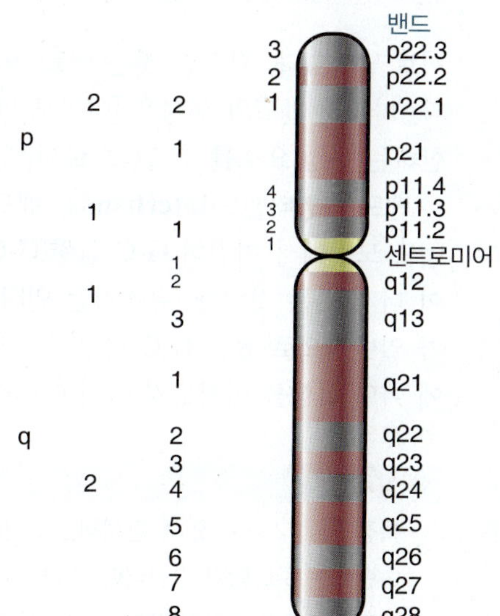

그림 9.13 인간 X 염색체는 밴드 패턴에 의해 특정 부위들로 나누어질 수 있다. 짧은 암(arm)은 p 그리고 긴 암(arm) 부위는 q로 표시하며, 각 암은 더욱 세분화된 많은 부위들로 나누어진다. 이 밴드 지도는 낮은 해상도의 구조를 보여주고 있다. 높은 해상도에서는 이 밴드들은 더욱 작은 밴드들과 인터밴드들로 나누어진다. 예를 들어, p21은 p21.1, p21.2 그리고 p21.3 등으로 나누어진다.

밴딩 기술은 매우 실용적이지만, 밴딩의 메커니즘은 수수께

METHODS AND TECHNIQUES

FISH, 염색체 페인팅 및 스펙트럼 핵형 분석

전형적인 염색법은 염색체 내에 작은 절편(segment)이 포함된 전좌, 결실 또는 삽입을 검출하기에 충분한 민감도를 제공하지 않는다. 그러나 연구자들은, 분자생물학에서 얻은 교훈을 이용하여 현미경 슬라이드에 고정된 샘플의 매우 작은 염색체 변화를 탐지하는 매우 민감한 기술을 개발하였다.

*FISH(fluorescent in situ hybridization)*라고 불리는 이 기술은, 형광 염료가 부착된 DNA 프로브가 변성 염색체 내의 특정 DNA 염기배열에 결합한다는 장점을 이용하고 있다(그림 B9.1). 형광 프로브는 닉 트랜스레이션(nick translation) 또는 목적으로 하는 염기배열에 상응하는 주형을 사용하는 PCR(polymerase chain reaction)로 준비할 수 있다. FISH에는 이수성(aneuploidy) 검출, 염색체 이상 현상 확인, 염색체 상의 유전자 및 기타 DNA 단편의 위치 파악 등 다양한 용도로 사용되고 있다. 염색체를 관찰할 수 없는 간기 동안, DNA 단편의 위치를 찾을 수 있다.

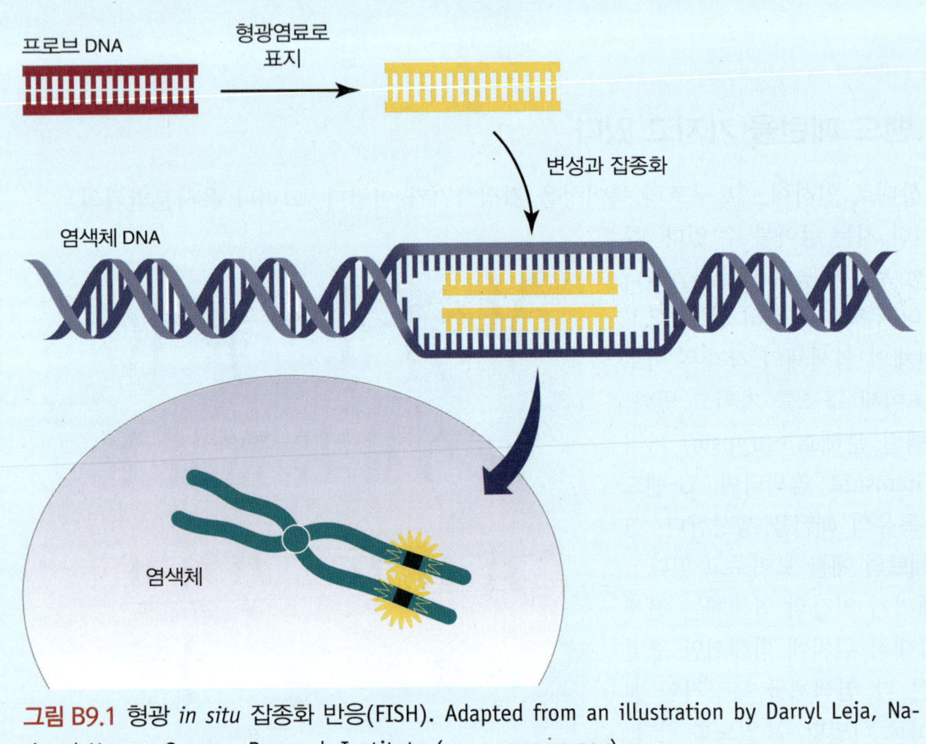

그림 B9.1 형광 *in situ* 잡종화 반응(FISH). Adapted from an illustration by Darryl Leja, National Human Genome Research Institute (www.genome.gov).

끼로 남아있다. 확실한 것은 염료 *처리되지 않은(untreated)* 염색체를 거의 일정하게 염색한다는 것이다. 따라서 밴드의 생성은 [아마도 밴드가 형성되지 않는 영역(nonbanded region)에서 염색물질과 결합하는 구성 요소를 추출함으로써] 염색체의 반응을 변화시키는 다양한 처리에 달려있다.

▸ **인터밴드(interbands)** Giemsa 시약으로 염색되는 염색체의 밴드 사이에 있는 염색체의 유전자가 풍부한 영역. 보다 일반적으로, 인터밴드는 식별된 밴드(G-밴드, 폴리텐 염색체의 밴드 등) 사이의 임의의 영역을 지칭한다.

밴드를 **인터밴드(interbands**, 밴드와 밴드 사이)와 구별하는 유일하게 알려진 특징은 밴드와 인터밴드 모두에서 여전히 G-C 함량(G-C content)의 변이가 있지만 밴드가 인터밴드보다 *평균* G-C 함량이 더 낮다는 것이다. 유전자는 인터밴드 영역에 위치하는 경향이 있다. 인간 게놈 염기배열은 유전자가 일반적으로 높은 G-C 함량의 영역에 집중되어 있음을 나타낸다. 우리는 G-C 함량이 염색체 구조에 어떤 영향을 미치는지 아직 이해하지 못하고 있다.

핵심개념

- 특정 염색 기술로 인해 염색체는 G-밴드(G-band)라 불리는 일련의 줄무늬가 나타나게 된다.
- G-밴드는 G-C 함량이 인터밴드(interbands)보다 낮다.
- 유전자는 G-C 함량이 풍부한 인터밴드에 집중되어 있다.

염색체 페인팅(*chromosome painting*)이라 불리는 FISH의 변형은 특정 염색체를 따라 결합하는 DNA 프로브에 결합된 형광 염료를 사용한다. FISH와 염색체 페인팅의 주요 단점은 23가지 염색체 모두를 고유한 색으로 표시하기에 충분한 색차(color difference)를 가진 충분한 형광 염료가 없기 때문에 동시에 모든 염색체를 연구하는 데 사용할 수 없다는 것이다.

이 문제는 각각의 염색체에 대한 페인팅 프로브를 다양한 종류의 형광 염료로 분류함으로써 해결되었다. 이는 *스펙트럼 핵형 분석*(*spectral karyotyping, SKY*)이라고 하는 기술이다. 형광 프로브가 염색체에 하이브리드화(혼성화)될 때, 각 종류의 염색체는 여러 가지 형광 염료 조합으로 분류된다. 염색된(stained) 염색체는 일련의 필터를 통해 확인되며 각 필터는 단일 형광 염료가 방출하는 빛만 전달한다. 또는 간섭계(interferometer)는 염색된 염색체에 의해 방출되는 빛의 전체 스펙트럼을 결정한다. 두 경우 모두 컴퓨터는 다른 색상으로 염색된 것처럼 서로 다른 염색체 쌍을 보여주는 합성 사진을 제공한다(그림 B9.2). 염색체 페인팅 및 스펙트럼 핵형 분석은 염색체 재배열(예: 전좌)을 검출하는 데 특히 유용하다.

(a)

(b)

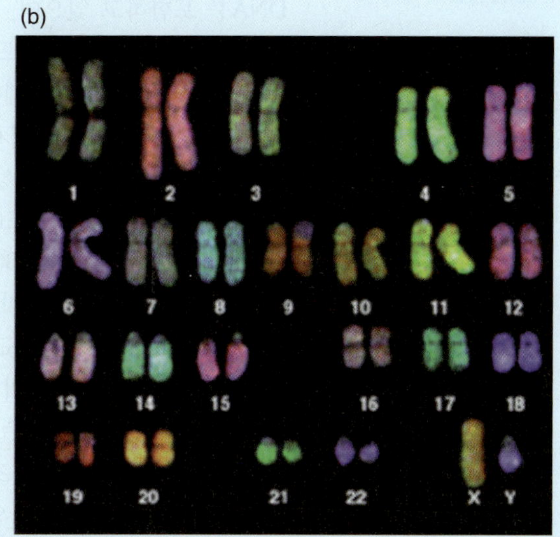

그림 B9.2 스펙트럼 핵형 분석(SKY), 염색체 페인팅의 응용. (a) SKY 형광 프로브와 혼성화된 염색체. (b) (a)와 동일하게 표지한 염색체. 핵형을 나타내는 크기로 분류. Photos courtesy of Johannes Wienberg, Ludwig-Maximilians-University, and Thomas Ried, National Institutes of Health.

개념 및 추론 확인

G-밴딩은 어떻게 염색체 결실, 역위(inversion) 및 전위(tranlocation)를 검출하는 데 사용될 수 있는가?

9.7 폴리텐 염색체는 유전자 발현 부위에서 확장되는 밴드를 형성한다

염색체 구조와 전사와 관련된 구조적 변화에 대한 우리의 이해의 상당 부분은 쌍시류(dipteran, 양 날개) 곤충에서 발견되는 흥미로운 유형의 염색체에 대한 연구에서 비롯된 것이다. 쌍시류 파리의 유충의 특정 조직에서 간기 동안의 핵은 정상 상태에 비해 크게 확대된 염색체를 포함하고 있다. 그들은 직경이 커지고 길이가 더 길다. 그림 9.14는 초파리의 침샘에서 채취한 염색체 세트를 보여주고 있다. 이 세트의 구성원을 **폴리텐 염색체(polytene chromosome, 다사성 염색체)**라고 한다.

▶ **다사성 염색체(polytene chromosome)** 복제물(replica)을 분리하지 않고 염색체를 연속적으로 복제하여 생성된 염색체.

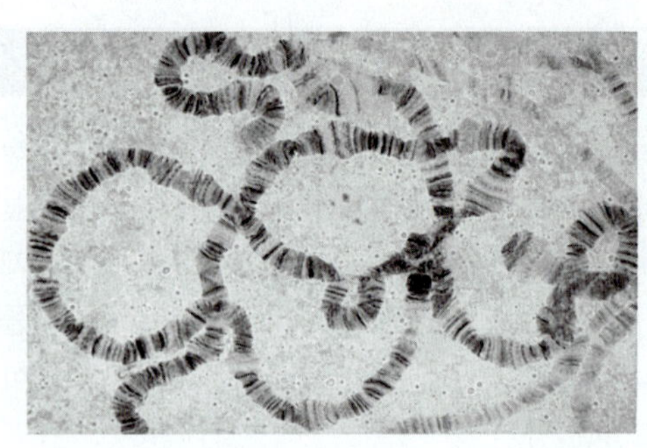

그림 9.14 초파리(*D. melanogaster*)의 폴리텐 염색체는 밴드와 인터밴드가 연속적으로 반복된다. Photo courtesy of Jose Bonner, Indiana University.

▸ **밴드(band)** 대부분의 DNA를 포함하는 고밀도 영역으로 폴리텐 염색체에서 볼 수 있는 구조; 그들은 활성 유전자들을 포함하고 있다.

▸ **염색소립(chromomere)** 어떤 특정 조건에서 염색체에서 보여지는 진하게 염색된 과립들. 특히 감수분열 초기에 염색체가 일련의 염색소립로 구성된 것으로 보여진다.

▸ ***in situ* 잡종화 반응(*in situ* hybridization)** 분쇄된 세포를 현미경 슬라이드에 도말 고정시킨 후 DNA를 변성시켜 단일 RNA 또는 DNA를 첨가해 직접 결합이 가능하도록 반응시킨 혼성화(hybridization); 첨가되는 핵산은 형광 또는 방사선 동위원소로 표지하여 측정한다. *in situ* 잡종화 반응은 손상되지 않은 조직에서도 수행할 수 있다.

폴리텐 세트의 각 구성원은 볼 수 있는 일련의 **밴드(band)**로 구성되어 있다[더 적절하게는, 그러나 드물게, **염색소립(chromomere)**이라고 한다]. 밴드의 크기는 ~0.5 μm의 가장 큰 것부터 가장 작은 것은 ~0.05 μm의 것까지 다양하다(가장 작은 것은 전자현미경으로만 구별될 수 있다). 밴드는 대부분 DNA를 포함하고 있으며, 적절한 시약으로 강하게 염색되어진다. 그들 사이의 영역은 더 약하게 염색되어지는데, 이를 *인터밴드(interband)*라고 부른다(이전에 설명된 G-밴드 사이에서 발견되는 것과 같은). 초파리 세트의 경우에는 ~5,000개의 밴드가 존재한다.

초파리의 네 종류 염색체의 센트로미어는 서로 엉겨 붙어 헤테로크로마틴으로 주로 구성되는 크로모센터(chromocenter)을 형성하다(수컷에서는 전체 Y 염색체를 포함). 이것이 가능하도록, 반수체 DNA 세트의 ~75%는 교차 밴드(alternating band, 횡대)와 인터밴드(interband, 횡대간)로 구성되어 있다. 염색체 세트의 길이는 ~2,000 μm이다. 확장된 형태의 DNA는 ~40,000 μm의 범위로 늘어나므로 실제 길이 대 확장된 길이 비율이 ~20배까지 나타난다. 전형적으로, 이 비율은 간기 크로마틴의 경우 약 1,000~2,000배이고, 고도로 응축된 유사분열기의 염색체의 경우 ~7,000배에 이른다! 이것은 간기 염색체 또는 유사분열기의 염색체의 일반적인 응축 상태와 비교하여 폴리텐 염색체의 유전물질이 확장되었음을 생생하게 보여주고 있다.

이 거대한 염색체의 구조는 무엇인가? 각각은 접합된 이배체 쌍의 염색체의 연속 복제에 의해 생성된다. 복제본은 분리되지 않고 대신 확장 상태로 서로 연결되어 있다. 과정이 시작될 때, 각각의 접합된 쌍은 2C(C는 개별 염색체의 DNA 함량을 나타낸다)의 DNA 함량을 갖는다. 게다가 이 양은 이후 최대 9번까지 복제 증식 가능하며 1024C의 함유량을 가지게 된다. 복제, 증식되는 횟수는 초파리 유충의 조직마다 다르다. 이 과정을 *핵내 배가(endoreduplication, 내재 복제)*라고 한다.

각 염색체는 세로로 달리는 다수의 평행한 섬유로 나타날 수 있으며, 이는 밴드에서 단단히 응축되고, 인터밴드에서는 덜 응축된다. 각 섬유는 단일(C) 반수체 염색체를 나타낼 가능성이 크다. 이것으로부터 *폴리텐(polytene)*이라는 이름을 생겨났다: 다사성의 정도는 거대한 염색체에 포함된 반수체 염색체의 개수를 뜻한다.

밴딩 패턴(banding pattern)은 초파리의 각 종의 특징이다. 밴드의 규칙적인 수와 선형배열(linear arrangement)에 대해 1930년대에 처음 주목하기 시작했으며, 이들은 염색체의 *세포학적 지도(cytological map)*를 형성한다는 것을 알았다. 결실, 역위 또는 중복과 같은 재정렬(rearrangement)은 밴드 순서의 변화를 일으킨다.

선형 배열의 밴드는 선형 배열의 유전자와 같은 의미로 볼 수 있다. 따라서 연관 지도에서 볼 수 있듯이 유전학적 재배열은 세포학적 지도의 구조적 재배열과 관련될 수 있다. 결과적으로 특정한 돌연변이는 특정한 밴드에 위치한다고 볼 수 있다. 초파리의 총 유전자 수는 밴드 수를 초과하므로 아마도 대부분 혹은 모든 밴드에 여러 유전자가 있을 수 있다.

세포지도상 특정 유전자의 위치는 ***in situ* 잡종화 반응(*in situ* hybridization)** 기술로 직접 결정할 수 있다. 이 방법은 *Methods and Techniques; FISH, 염색체 페인팅 및 스펙트럼 핵형 분석*에 설명되어 있다. 형광 프로브가 현재 많이 사용되고 있지만, 이 방법이 처음 개발되었을 때는 방사성 프로브가

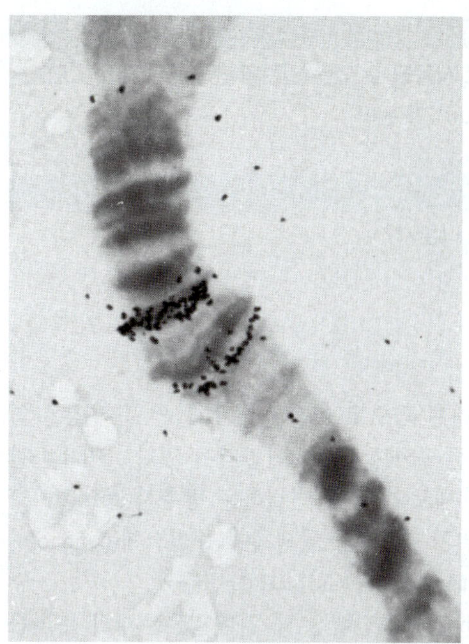

그림 9.15 밴드 87A와 87C의 확대 사진은 열 충격(heat-shock) 세포로부터 추출된 표지 RNA의 *in situ* 잡종화 결과를 보여준다. Photo courtesy of Jose Bonner, Indiana University.

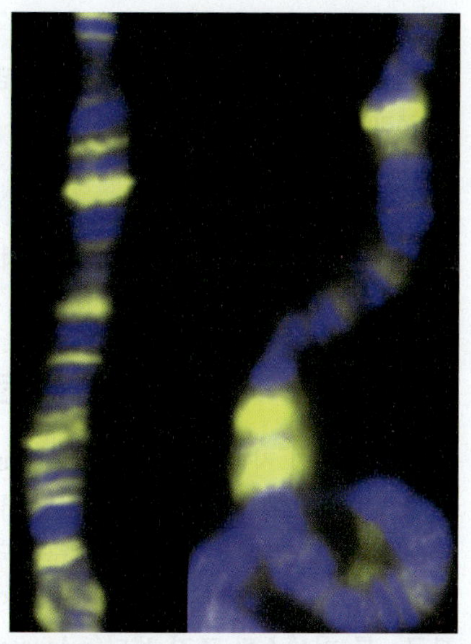

그림 9.16 주요 열-충격 부위인 87A와 87C의 열 충격으로 유도된 퍼프. 3번 염색체의 일부 부위를 열 충격 전(좌)과 후(우)로 표시하였다. 염색체 내 DNA(파란색)와 RNA 중합효소 Pol II (노란색)가 염색되었다. Photo courtesy of Victor G. Corces, Emory University.

목적하는 유전자를 나타내기 위해 사용되었고, 해당 유전자의 위치(또는 위치들)는 오토라디오그래피(autoradiography)로 검출되었다. 그림 9.15에 그 예를 나타내었다. *in* situ 잡종화 반응을 사용하면, 특정염기배열이 위치하고 있는 밴드를 직접 확인할 수 있다.

폴리텐 염색체의 흥미로운 특징 중 하나는 활성화된 전사 부위를 눈으로 볼 수 있다는 점이다. 밴드 중 일부는 염색체 물질이 축(axis)에서 돌출될 때, 염색체에 **퍼프(puff)**처럼 나타나는 팽창된 상태로 일시적으로 나타난다. 열 충격시 열 충격 유전자자리(heat shock gene locus)의 급격한 팽창을 그림 9.16에 나타내었다. 이 예에서 보다시피 퍼핑(puffing)과 전사 간의 상관관계는 퍼프에 집중되어 있는 RNA 중합효소 II(RNA polymerase II)에 대해 염색체를 염색하는 것으로 설명하고 있다.

▶ **퍼프(puff)** 밴드 내에 동일한 유전자자리(locus)에 RNA 합성과 관련된 폴리텐 염색체의 밴드 확장.

퍼프의 본질은 무엇인가? 그것은 염색체 섬유가 밴드에서의 평상시 압축(packing) 상태로부터 풀리는 영역으로 구성된다. 섬유는 염색체 축과 연결되어 있다. 퍼프는 대개 단일 밴드에서 발생하지만, 밴드가 너무 클 경우 팽창이 너무 커서 밴드의 기본 배열이 뚜렷하지 않을 수 있다.

퍼프의 패턴은 유전자 발현과 관련이 있다. 애벌레의 발생과정 동안, 퍼프가 일시적이며 조직-특이적인 패턴으로 나타나고 다시 되돌아간다. 퍼프의 특징적인 패턴은 특정 시간에 각 조직에서 발견된다. 많은 퍼프는 초파리 발생을 조절하는 호르몬 엑디존(ecdysone)에 의해 유도된다. 그림 9.16에서 보이는 것처럼, 온도 스트레스에 의해 유도되는 퍼프와 같이, 퍼프는 또한 환경 변화에 의해서도 유도될 수 있다.

퍼프는 *RNA가 합성되는 곳이다.* 퍼핑에 대하여 인정된 견해는 밴드의 팽창이 RNA를 합성하기 위해 구조를 완화시킬 필요성의 결과라는 것이다. 따라서 퍼핑은 전사의 결과로 간주되었다. 퍼프는 하나의 활성 유전자에 의해 생성될 수 있다. 퍼핑 부위는 추가적인 단백질을 축적하는 일반 밴드와는 다르며, RNA 중합효소 II(그림 9.16에서 볼 수 있듯이)와 전사와 관련된 다른 단백질을 포함한다. 이러한 관찰 결과는 전사되기 위해 유전물질이 평소보다 단단히 압축된 상태에서 분산되어 있음을 시사한다. 염두에 두어야 할 질문은 염색체 전체 수준에서의 이러한 분산이 일반적인 간기 유크로마틴의 분자 수준에서 발생하는 현상을 모방하는지의 여부이다.

핵심개념

- 쌍시류(dipterans)의 폴리텐(polytene) 염색체는 세포학적 지도로 사용될 수 있는 일련의 밴드를 가지고 있다.
- 폴리텐 염색체에서 유전자 발현 부위인 밴드가 확장되어 "퍼프(puff)"가 된다.

개념 및 추론 확인

폴리텐(polytene) 염색체의 밴드는 앞에서 설명한 G-밴드와 어떻게 다른가?

9.8 진핵세포 염색체는 분리 장치이다

▶ **방추체**(spindle) 유사분열 동안 염색체의 움직임을 안내하는 미세소관으로 구성된 구조물.

▶ **미세소관 조직 센터(microtubule organizing centers, MTOCs)** 미세소관이 발산되는 영역. 동물세포에서 중심체(centrosome)은 주요 미세소관 조직 센터이다.

▶ **센트로미어(centromere, 동원체)** 유사분열 또는 감수분열동안 방추사에 부착물이 붙는 위치를 키네토코어(kinetochore) 포함하는 염색체의 압축된 영역. 독특한 DNA 염기배열 또는 고도의 반복염기배열로 구성될 수 있으며 염색체의 다른 곳에서는 발견되지 않는 단백질을 포함한다.

▶ **무동원체 단편(acentric** fragment) 동원체가 없고 세포 분열시 없어지는 염색체의 단편(파손에 의해 생성됨).

유사분열 동안 자매염색분체(sister chromatid)는 세포의 반대편 극으로 이동한다. 이들의 움직임은 염색체가 미세소관(microtubule)에 붙어 있음을 의미하며, 다른 끝에는 극에 연결되어 있다. [미세소관은 세포성 필라멘트 시스템으로 구성되어 있으며, 염색체를 세포의 극에 연결하는 **방추사(spindle)**로 유사분열시켜 재구성된다.] 미세소관이 끝나는 두 영역의 위치—극점과 염색체에 중심소체(centriole) 부근—를 **미세소관 조직 센터(microtubule organizing centers,** MTOCs)라고 불린다.

그림 9.17은 유사분열이 중기(metaphase)에서 말기(telophase)로 진행될 때 자매염색분체의 분리를 나타낸다. 유사분열과 감수분열에서의 분리를 담당하는 염색체의 영역을 **센트로미어(centromere, 동원체)**라고 한다. 각 자매 염색분체의 센트로미어 부위는 미세소관에 의해 반대 극으로 당겨진다. 이 추진력에 반대하여, *코헤신(cohesins)*이라고 불리는 "글루(glue)" 단백질은 자매염색분체를 함께 잡아주고 있다. 처음에는 자매염색분체가 센트로미어에서 분리되고, 그 다음에 후기(anaphase)에 코헤신이 분해되며, 자매염색분체가 서로 완전히 분리된다. 센트로미어는 유사분열 동안 극 쪽으로 당겨지며, 부착된 염색체는 그 뒤에 "끌려 다니는 것(dragged along)"처럼 보인다. 따라서 염색체는 분열을 위한 기구에 다수의 유전자를 부착하기 위한 장치를 제공한다. 센트로미어는 본질적으로 염색체의 핸들 역할을 하며, 그 위치는 그림 9.10의 사진에서 볼 수 있듯이, 일반적으로 네 개의 염색체 암(arm)을 연결하는 수축된 영역으로 나타난다.

센트로미어는 분리(segregation)에 필수적이며, 분리되어진 염색체의 행위에 의해 보여진다. 단일 끊김은 센트로미어를 유지하는 한 조각을 형성하고, 다른 한 조각은 이 조각이 결핍된 **무동원체 단편 (acentric fragment)**이다. 무동원체 단편은 유사분열 스핀들(spindle)에 부착되지 않으며, 결과적으로 그것은 딸 핵 중 하나에 포함되지 않는다. 염색체 이동이 별개의 센트로미어에 의존할 때, 염색체당 단 *하나의* 센트로미어가 있을 수 있다. 전위(translocation)가 1개 이상의 센트로미어를 가진 염색체를 생성할 때, 유사분열에서 비정상적인 구조가 형성된다. 이것은 *동일한* 자매염색분체에 있는 두 개의 센트로미어가 다른 극 쪽으로 당겨져서 염색체를 파괴할 수 있기 때문이다. 그러나 일부 종에서, 센트로미어는 *홀로센트릭(holocentric, 전동원체)*으로, 이는 그들이 확산되어 염색체의 전체 길이에 분산되어 있음을 의미한다. 홀로센트릭 염색체를 가진 종은 여전히 염색체 분리를 위한 방추사-섬유 부착물을 만들지만 염색체당 하나 즉, 단 하나의 동원체를 필요로 하지는 않는다. 센트로미어의 분자 분석(molecu-

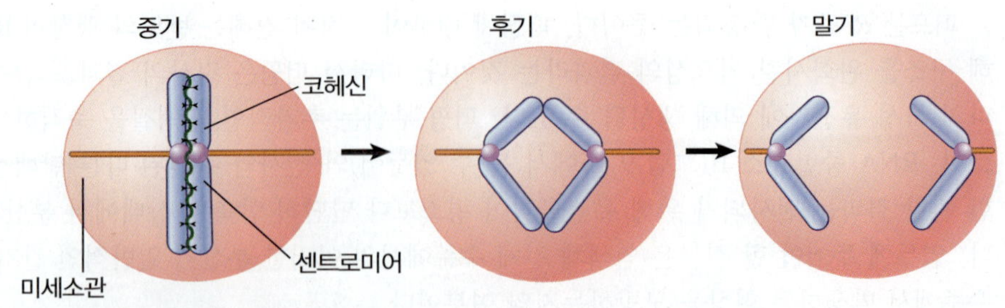

그림 9.17 염색체들은 센트로미어에 연결된 세포미세소관을 통하여 세포 양극으로 끌어당겨진다. 자매염색분체는 코헤신에 의해 세포분열 후기까지 서로 결합되어 있다. 센트로미어는 염색체의 중간 위치에서 보여진다. 그러나 말단 부위의 길이 방향으로 말단 가까이(acrocentric) 또는 말단 끝에 (telocentirc) 위치할 수 있다.

lar analysis)의 대부분은 *포인트 센트로미어(point centromere)*(출아 효모에서 발견되는 매우 짧은 동원체) 또는 *리저널 센트로미어(regional* centromere)(초파리, 포유류, 그리고 쌀과 같은 종에서 발견되는 큰 동원체)에 수행되었는데, 이들 각각은 염색체 당하나의 센트로미어가 존재할 때에만 기능한다.

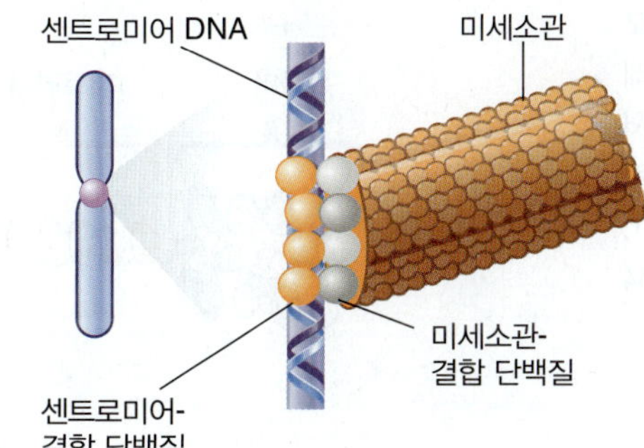

그림 9.18 센트로미어는 특정 단백질들이 결합하는 DNA 염기배열에 의해 확인된다. 이들 단백질들은 모두가 세포 미세소관에 직접 결합하지 않으나 결국 미세소관 결합단백질의 결합하는 위치를 제공한다.

센트로미어에 인접한 영역은 반복적인 새틀라이트 DNA (satellite DNA, 위성 DNA) 염기배열이 풍부하고, 때로는 상당한 양의 헤테로크로마틴을 나타낸다. 센트로미어가 형성되는 염색체의 영역은 DNA 염기배열에 의해 정의된다. 센트로미어 DNA는 미세소관에 염색체를 부착시키는 구조를 확립하는 데 관여하는 특정 단백질과 결합하는데, 이를 **키네토코어(kinetochore, 방추사 부착점)**라고 한다. 키네토코어는 ~400 nm에서 어둡게 염색되는 섬유질 개체이다. 키네토코어는 염색체 상의 미세소관 부착점을 제공한다. 그림 9.18은 동원체 DNA를 미세소관에 연결시키는 조직의 계층적 구조의 일반적인 예를 보여주고 있다. 동원체 DNA에 결합된 단백질은 미세소관에 결합하는 다른 단백질과 결합한다.

▶ **키네토코어(kinetochore, 방추사 부착점)** 염색체를 유사분열 스핀들(방추체)의 미세소관에 부착시키는 동원체의 표면과 연관된 작은 세포 소기관. 각각의 유사분열 염색체는 그 동원체의 반대쪽에 위치하고 반대 방향으로 향하는 두 개의 "자매(sister)"를 포함한다.

핵심개념

- 진핵생물 염색체는 센트로미어 영역에서 형성되는 키네토코어에 미세소관(microtubules)이 부착됨으로써 유사분열 방추사에 고정된다.
- 센트로미어는 새틀라이트 DNA 염기배열이 풍부한 헤테로크로마틴을 가지고 있는 경우가 많다.
- 고등 진핵세포 염색체의 센트로미어는 다량의 반복적인 DNA를 포함한다.
- 반복적인 DNA의 기능은 알려져 있지 않다.

개념 및 추론 확인

전위(translocation)의 결과로, 두 개의 센트로미어를 포함하는 염색체는 어떻게 되는가?

9.9 리저널 센트로미어는 센트로미어 히스톤 H3 변이체와 DNA 반복배열을 포함한다

센트로미어가 형성되는 염색체의 영역은 원래 DNA 염기배열에 의해 정의된 것으로 생각되었지만 식물, 동물 및 진균류에 대한 최근의 연구에 의하면 동원체는 크로마틴 구조에 의해 후성유전학적으로 명시될 가능성이 더 높다. 센트로미어-특이적 히스톤 H3(CENP-A/CenH3; *10.5절 히스톤 변이체는 대체 뉴클레오솜을 생성한다* 참조)은 기능성 센트로미어 및 키네토코어 조립 부위를 확립하는 주요한 결정 인자로 보인다. 이 발견은 특정 DNA 염기배열이 왜 "센트로미어 DNA"로 식별될 수 없는지, 그리고 밀접하게 관련된 종들 사이에서 센트로미어 관련 DNA 염기배열에 많은 변화가 있는지에 대한 오래된 수수께끼를 설명하고 있다. 그림. 9.19는 센트로미어의 후성유전학적 내용에 대한 모델을 보여 주고 있으며, 키네토코어는 큰 크로마틴(bulk chromatin)에서 돌출된 CenH3-포함된 뉴클레오솜의 클러스터에 연결되어 있다. 센트로미어 기능에 대한 새로운 문제는 CenH3 조립 부위를 결정하거나 제한하는 것이 무엇인지와 염색체가 염색체당 하나의 센트로미어 영역을 유지하는 방법은 무엇인가를 포함하고 있다.

센트로미어 기능에 필요한 DNA의 길이는 종종 상당히 길다. 다음 절에서 설명하는 효모의 짧은 별개의 센트로미어는 일반적인 규칙과 다른 예외일 수 있다. 효모는 지금까지 센트로미어 DNA가 플라스미드에서 안정성을 부여할 수 있는 기능을 확인할 수 있는 유일한 사례이다. 관련 접근법은 분열 효모

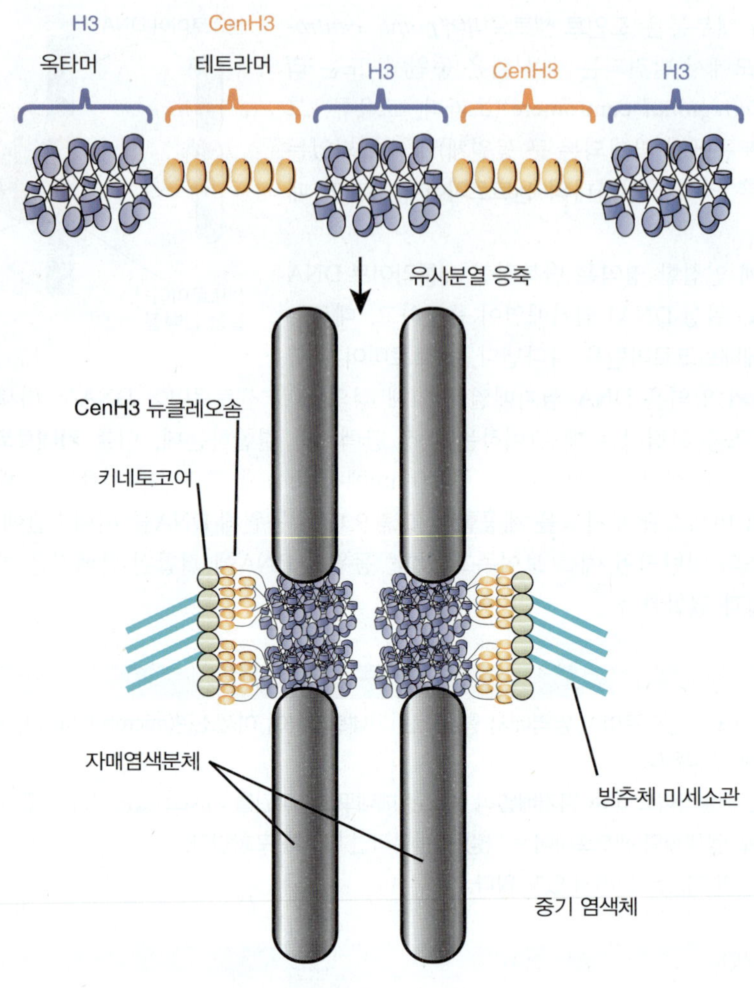

그림 9.19 센트로미어 부위의 전체 구조 모델. 염색체로부터 CenH3가 포함된 뉴클레오솜(주황색) 집합체(cluster)가 확장되면서 키네토코어 단백질과 결합하고 결국 방추체의 미세소관과 연결된다. Adapted from Y. Datal et al., *Proc. Natl. Acad. Sci. USA* 104 (2007): 15974-.15981.

*Schizosaccharomyces pombe*에서 동원체를 확인하는 데 사용되었다. *S. pombe*는 단지 세 개의 염색체를 가지고 있으며, 각각의 염색체의 염기배열 대부분을 결실하여 안정적 미니염색체(minichromosome)를 생성함으로써 각 동원체를 포함하는 영역이 확인되었다. 이 접근법으로 대부분 반복적인 DNA로 구성된 40~100 kb의 영역 내에서 센트로미어를 찾아낼 수 있다. 초파리 염색체에서 센트로미어의 위치 확인을 시도한 결과, 센트로미어가 200~600 kb의 넓은 지역에 분산되어 있음을 시사하고 있다. 마찬가지로, 애기장대(*Arabidopsis*)의 염색체는 재조합이 대체로 억제된 500 kb보다 큰 센트로미어 영역(centromeric region)을 가지고 있다.

영장류 센트로미어의 주된 염기배열 모티프는 171 bp의 반복염기배열 단위로 구성된 연속 반복배열 새틀라이트 DNA이며(*7.5절 새틀라이트 DNA는 종종 헤테로크로마틴에 위치한다* 참조), 이는 영장류 센트로미어의 구성성분과 유사하다. 리저널 센트로미어(regional centromere) 조직 및 기능에 대한 현재 모델은 그림 9.19와 같이 H3와 다른 히스톤 변이형 H2A.Z가 포함된 뉴클레오솜(nucleosome) 클러스터 간에 섞여 있는 CenH3 뉴클레오솜 클러스터와 교차 크로마틴 도메인(alternating chromatin domain)을 적용할 수 있다. CenH3 뉴클레오솜은 궁극적으로 기능성 키네토코어를 구성하는 다른 단백질의 모집 및 조립을 위한 크로마틴 기초를 형성한다. 네오센트로미어(neocentromere, 신생동원체)는 CenH3를 포함하고 있지만 새틀라이트 DNA를 포함하지는 않고 형성될 수 있는데, 이는 센트로미어의 후성유전학적 결정에 대한 강력한 증거를 제공하고 있다.

핵심개념

- 센트로미어는 센트로미어-특이적인 히스톤 H3 변이형을 특징으로 하며, 종종 새틀라이트 DNA 염기배열이 풍부한 헤테로크로마틴을 포함한다.
- 반복염기배열 DNA의 기능은 알려져 있지 않다.

개념 및 추론 확인

센트로미어 밖의 영역에 CenH3-함유 뉴클레오솜이 존재하는 염색체에는 어떠한 일이 일어날까?

9.10 효모의 포인트 센트로미어에는 짧은 필수 단백질-결합 DNA 염기배열을 포함한다

효모 *S. cerevisiae* 염색체는 고등 진핵세포와 비교하여 크고 눈에 보이는 키네토코어(kinetochore)가 보이지 않지만, 유사분열 및 감수분열에 대해 동일한 기본적인 메커니즘을 사용한다. 센트로미어를 포함하는 염색체 DNA의 단편은 플라스미드(plasmid)에 유사분열 안정성을 부여하는 능력에 의해 분리되었다. 따라서 *CEN* 단편은 유사분열 시 플라스미드의 정확한 분리가 가능하게 하는 최소 염기배열로 정의된다. 모든 염색체에는 *CEN* 영역이 있으며, 서로 다른 염색체의 *CEN* 단편은 서로 바꿔 사용할 수 있다. 이것은 동원체가 오직 염색체를 스핀들에 부착시키는 역할을 할 뿐 오직 하나의 염색체를 다른 염색체와 구별하는 데는 아무런 역할을 하지 않는다는 것을 의미한다.

센트로미어 기능에 필요한 염기배열은 ~120 bp의 범위 내에 있다. 센트로미어 영역은 핵산분해효소(nuclease)-저항성 구조로 압축되어 단일 미세소관과 결합한다. 따라서 우리는 센트로미어 DNA에 결합하는 단백질과 염색체를 스핀들에 연결시키는 단백질을 확인하기 위해 효모 *S.*cerevisiae 센트로미어 영역을 조사해 보자.

CEN 영역에는 세 가지 유형의 염기배열 요소가 있으며, 그림 9.20에 요약되어 있다.

- 세포주기-의존적 요소-I(*CDE-I*)는 모든 센트로미어의 왼쪽 경계에서 작은 변형만을 가지며 유지 보존되는 9 bp의 염기배열이다.
- *CDE-II*는 모든 센트로미어에서 발견되는 80~90 bp로 90% 이상이 A+T가 풍부한 염기배열이다; 그것의 기능은 정확한 염기배열보다는 그것의 길이에 달려 있을 수 있다. 그것의 염기 구성은 DNA 이중나선 구조의 일부 특징적인 뒤틀림(distortion)을 일으킬 수 있다.
- *CDE-III*는 모든 센트로미어의 오른쪽 경계에서 고도로 매우 잘 유지되고 보전된 11 bp 염기배열이다; 요소의 양쪽에 있는 염기배열은 덜 잘 보존되어 있지만 센트로미어 기능에 필요할 수 있다. (만약 측면 염기배열이 필수적이라면 *CDE-III*는 11 bp 보다 길 수 있다.)

CDE-I 또는 *CDE-II*의 돌연변이는 센트로미어 기능을 감소시키지만 비활성화시키지 않는다; *CDE-III* 중앙의 CCG에서 점돌연변이(point mutation)는 센트로미어를 완전히 비활성화시킨다.

커다란 단백질 복합체는 *CDE* 염기배열에 모여서 염색체를 미세소관에 연결한다. 그림 9.21에 그 구조를 요약하였다.

CEN 영역은 3가지 DNA-결합 인자인 Cbf1, CBF3(필수 4-단백질 복합체) 및 Mif2 (다세포 진핵생물에서의 CENP-C)를 구성한다. 또한 특수한 크로마틴 구조는 *CDE-II* 영역을 효모 CenH3 히스톤 변이체인 Cse4라는 단백질에 결합시킴으로써 만들어진다. Cse4와 *CEN*의 적절한 결합을 위해 Scm3이

TCACATGATGATATTTGATTTTATTATATTTTTAAAAAAAGTAAAAAATAAAAAGTAGTTTATTTTTAAAAAATAAAATTTAAAATATTTCACAAAATGATTTCCGAA
AGTGTACTACTATAAACTAAAATAATATAAAAATTTTTTTCATTTTTTATTTTTCATCAAATAAAAATTTTTTATTTTAAATTTTATAAAGTGTTTTACTAAAGGCTT

CDE-I *CDE-II* 80–90 bp, >90% A + T *CDE-III*

그림 9.20 효모 CEN 요소 사이에는 염기 상동성을 보이는 세 개의 보존된 부위가 확인되었다.

그림 9.25 텔로미어의 3′ 단일-가닥 말단(TTAGGG)$_n$은 이중구조 DNA로부터 상동성 반복을 대체하여 t-루프를 형성한다. 반응은 Trf2에 의해 촉매된다.

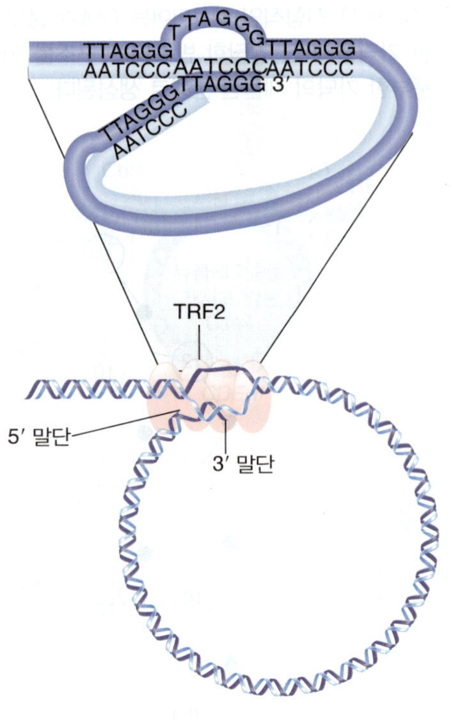

그림 9.25는 텔로미어(TTAGGG)$_n$의 3′ 단일가닥 말단이 텔로미어의 상류 영역에서 동일한 염기배열을 치환할 때, 루프(*15.3절 이중가닥 절단은 재조합을 개시되게 한다* 참조)가 형성됨을 보여준다. 이로 인하여 이중구조 영역(duplex region)을 D-루프와 같은 구조로 변환하며, 일련의 TTAGGG 반복배열이 대체되어 단일가닥 영역을 형성하고, 텔로미어의 테일이 상동성 가닥과 쌍을 이룬다. 루프 형성은 다른 단백질과 함께 텔로미어-결합 단백질 Trf2에 의해 촉매되어, 염색체 말단을 안정화시키는 복합체를 형성한다. 말단을 보호하는 데 있어서의 중요성은 TRF2의 결실은 염색체 재배열이 일으킨다는 사실로부터 알게 되었다.

포유동물에서 텔로미어 6개 단백질(Trf1, Trf2, Rap1, Tin2, Tpp1 및 Pot1)은 그림 9.26에 묘사된 쉘터린(shelterin)이라는 복합체를 구성한다. 쉘터린은 텔로미어를 DNA 손상 수복 경로(DNA damage repair pathway)로부터 보호하고 텔로미어의 길이를 조절하는 기능을 한다. 노화, 암 및 세포분화에서 텔로미어의 역할에 대한 이해가 증가함에 따라 텔로미어는 선형 염색체의 말단에 고정된 캡(static cap) 이상의 역할을 한다는 것을 알 수 있다.

텔로미어의 주요 측면은 확장될 수 있는 능력이며, 모든 복제주기에서 염색체의 말단에 텔로미어 반복배열을 추가하여 얻을 수 있다. 이것은 *14.2절 선형 DNA 말단은 복제 시 문제가 발생한다*에서 논의된 선형 DNA 분자의 복제 시 문제점을 해결할 수 있다. 신생합성(*de novo* synthesis)에 의한 반복배열의 추가는 염색체의 말단까지 복제 실패로 인한 반복배열의 손실을 막을 것이다. 확장과 단축은 역동적인 균형을 이룰 것이다.

▶ **텔로머라아제(telomerase)** 효소의 RNA 성분에 있는 RNA 염기배열에 의해 지시된 대로 DNA 3′ 말단에 개별 염기를 추가하여 텔로미어에서 한 가닥의 반복 단위를 만드는 리보핵산단백질(ribonucleoprotein) 효소.

텔로머라아제(telomerase) 효소는 C+A가 풍부한 가닥을 확장시킨다. 텔로머라아제는 직렬반복 TTGGGG 반복배열의 합성을 위한 프라이머(primer)로서 G+T 텔로미어 가닥의 3′-OH를 사용한다. dGTP 및 dTTP만 활성에 필요하다. 텔로머라아제는 주형 RNA와 중합효소 활성을 가진 단백질로 구성된 커다란 리보핵산단백질(ribonucleoprotein)이다. (종에 따라 ~150 nt에서 >1,300 nt 까지) RNA 성분은 C가 풍부한 반복배열의 2반복과 동일한 15내지 22 염기의 염기배열을 포함한다. 이 RNA는 G가 풍부한 반복배열을 합성하기 위한 주형을 제공한다. 텔로머라아제의 단백질 성분은 핵산 성분이 제공하는 RNA 주형에서만 작용할 수 있는 촉매 서브유닛이다.

그림 9.27은 텔로머라아제의 작용을 보여준다. 효소는 불연속적으로 진행된다: 주형 RNA는 DNA 프라이머에 위치하고, 몇 개의 뉴클레오타이드는 프라이머에 첨가된 다음, 효소가 다시 이동하기 시작한다. 텔로머라아제는 RNA 주형을 사용하여 DNA 염기배열을 합성하는 역전사 효소(reverse transcriptase)의 특수한 예이다. 우리는 텔로미어의 상보적인 (C-A-rich) 가닥이 어떻게 조립되는지 알지 못하지만,

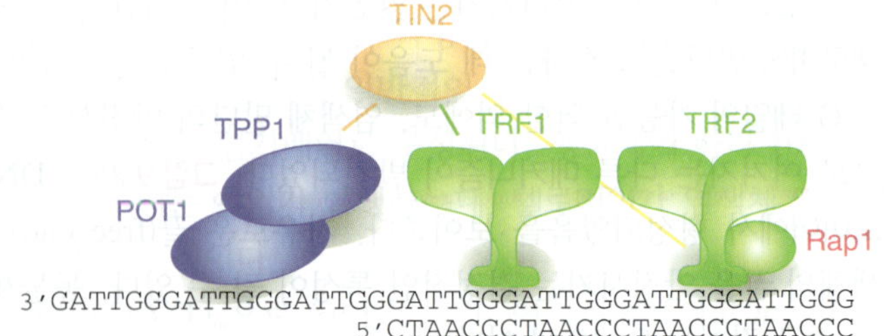

그림 9.26 쉘터린이 텔로미어 DNA에 어떻게 위치하는지를 설명하는 모식도. Pot1 단백질은 단일 나선 TTAGGG 반복 염기배열에 결합한다. 하나의 쉘터린 복합체가 구조에는 묘사되어 있지만 텔로미어에는 다수의 복합체가 이중 나선의 TTAGGG 반복배열을 따라 결합하고 있다. 모든 (또는 대부분의) 쉘터린 복합체가 6개의 단백질 복합체로 구성되었는지는 아직 정확히 알려져 있지 않다. 뉴클레오솜은 그림의 단순화를 위해 표시하지 않았다. Reprinted, with permission, from the Annual Review of Genetics, Volume 42, copyright 2008 by Annual Reviews www.annualreviews. org. Courtesy of Titia de Lange, The Rockefeller University.

DNA 합성을 위한 프라이머로서 말단 G-T 헤어핀의 3′-OH를 사용하여 합성될 수 있다고 추측할 수는 있다.

텔로머라아제는 염색체 말단 부분에 추가되는 개별 반복배열을 합성하지만 반복 횟수를 제어하지는 않는다. 다른 단백질은 효모의 Est1 및 Est3 단백질과 같은 텔로미어의 길이를 결정하는 데 관여한다. 이들 단백질은 텔로머라아제를 결합시킬 수 있으며, 텔로머라아제의 기질에 대한 접근을 조절함으로써 텔로미어의 길이에 영향을 줄 수 있다. 포유류 세포에서 텔로미어에 결합하는 단백질이 발견되었지만 기능에 대해서는 알려진 바가 적다. 이러한 유형의 단백질 작용으로 각 생물체는 텔로미어 길이의 특징적인 범위를 갖는다. 그들은 포유동물에서 길고(일반적으로 사람에서는 5~15 kb) 효모에서는 짧다(전형적으로 효모 *S. cerevisiae*에서 ~300 bp).

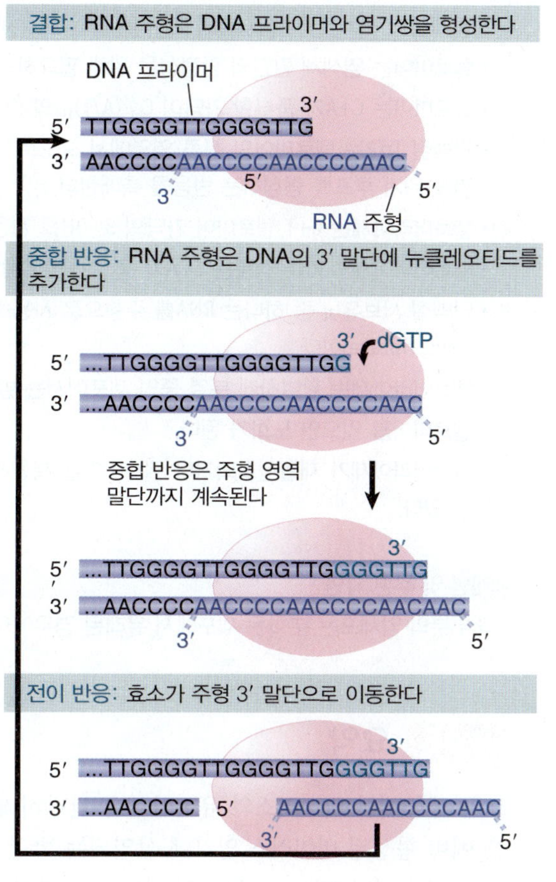

그림 9.27 텔로머라아제는 RNA 주형과 돌출 단일가닥 DNA 프라이머 염기 사이에 염기쌍을 형성함에 의해 스스로 위치하게 된다. RNA 주형에 따라 G와 T 염기가 한 번에 하나씩 프라이머 염기에 더해지게 된다. 한 반복되는 단위가 첨가되면 다시 주기가 다시 시작된다.

텔로머라아제 활성은 모든 분열 세포에서 발견되며, 분열하지 않는 말단 분화 세포에서 일반적으로 사라진다(turned off). **그림 9.28**은 분열 세포에서 텔로머라아제가 돌연변이되면 텔로미어가 각 세포 분열에 따라 점차 짧아지는 것을 보여준다. 텔로미어의 손실은 심각한 결과를 초래한다. 텔로미어 길이가 0에 도달하면, 세포가 성공적으로 분열하기가 어려워진다. 분열을 시도하면 전형적으로 염색체 절단과 전좌(translocation)가 일어나 돌연변이율이 증가한다. 다세포 진핵생물의 세포를 배양액에 두면, 그들은 대개 고정된 수의 세대를 분열한 다음 노화(senescence)로 들어간다. 그 이유는 텔로머라아제 발현이 없어 텔로미어 길이가 감소했기 때문인 것으로 보인다.

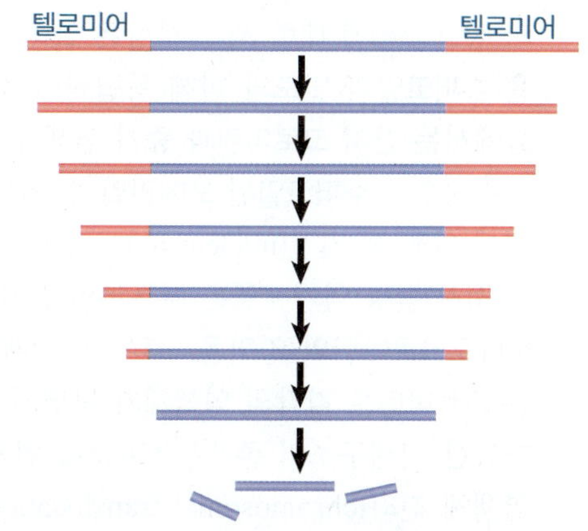

그림 9.28 텔로머라아제의 돌연변이는 세포분열마다 텔로미어가 짧아지게 한다. 결국 텔로미어의 손실은 염색체의 분해와 재조립을 야기한다.

일부 세포는 노화가 진행되는 배양액에서 성장한다. 그들은 "위기 지점(crisis point)"을 통과하는데, 그 기간 동안 텔로미어는 극도로 짧지만 분열을 계속할 수 있다. 이 세포들은 두 가지 대안(alternative change) 중 하나의 변화를 겪는다: 그들은 텔로머라아제를 다시 활성화시켰거나 텔로머라아제와는 독립적으로 변화된다. 후자의 소수는 염색체를 환형화(circularized) 시켰기 때문에 더 이상 텔로미어가 필요하지 않다. 대개, 이 세포들은 부등교차(unequal crossing over)를 통해 텔로미어를 유지하기 위해 상동성 재조합(homologous recombination)을 이용하는 능력을 획득했다(**그림 9.29**). 두 개의 정렬되지 않은 텔로미어 간의 재조합은 하나의 텔로미어 길이의 증가를 가져오고 다른 텔로미어의 길이는 감소한다.

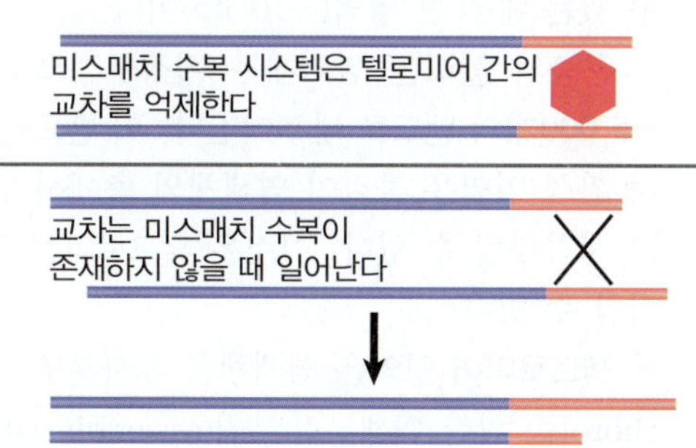

그림 9.29 텔로미어 영역에서 교차(crossing over)는 일반적으로 미스매치 수복 시스템에 의해 억제되지만, 돌연변이가 있거나 침묵 시에는 나타날 수 있다. 부등교차 현상으로 한쪽의 산물은 텔로미어를 확장하며, 텔로머라아제가 없는 상태에서 염색체가 계속하여 기능하도록 한다.

핵심개념

- 텔로미어는 염색체 말단의 안정성을 위해 필요하다.
- 텔로미어는 C+A가 풍부한 가닥이 $C_{>1}$ $(A/T)_{1\text{-}4}$의 순서를 갖는 단순 반복으로 구성된다.
- 단백질 Trf2는 텔로미어의 상류 영역에서 호모로그(homolog)를 치환함으로써 G+T가 풍부한 가닥의 3′ 반복배열 단위가 루프를 형성하는 반응을 촉매한다.
- 텔로머라아제는 G+T 텔로미어 가닥의 3′-OH를 사용하여 직렬반복 TTGGGG 반복배열의 합성을 준비한다.
- 텔로머라아제의 RNA 성분은 C+A가 풍부한 반복배열과 쌍을 이루는 염기배열을 가지고 있다.
- 단백질 서브유닛 중 하나는 RNA를 주형으로 사용하여 G+T가 풍부한 염기배열을 합성하는 역전사 효소(reverse transcriptase)이다.
- 텔로머라아제는 활발하게 분열 중인 세포에서는 발현되나 분화된 세포에서는 발현되지 않는다.
- 텔로미어를 잃으면 노화가 된다.
- 텔로머라아제가 재활성화되거나 텔로미어를 복원하기 위해 동등하지 않은 상동성 재조합을 통해 노화를 피할 수 있다.

개념 및 추론 확인

대부분의 암세포는 분화된 세포에서 유래된 경우에도 활성 텔로머라아제를 포함한다. 이것이 왜 가능한가?

9.12 요약

모든 생물체와 바이러스의 유전물질은 단단히 압축된 핵 단백질의 형태를 취한다. 일부 바이러스 게놈은 예비 형성된 바이러스 입자에 삽입되는 반면, 다른 바이러스 게놈은 핵산 주위에 단백질 코트를 조립한다. 박테리아 게놈은 ~20%의 단백질을 가진 치밀한 핵양체(nucleoid)를 형성하지만 DNA와 단백질의 상호작용에 대한 세부 사항은 알려지지 않았다. DNA는 ~1/100~200 bp에 해당하는 억제되지 않은 수퍼코일의 밀도와 함께 독립적인 수퍼코일링을 유지하는 ~400개의 도메인으로 구성된다. 진핵생물에서는 간기 크로마틴과 중기 염색체가 모두 큰 루프로 구성되어 있는 것처럼 보인다. 각각의 루프는 독립적으로 수퍼코일된 도메인일 수 있다. 루프의 염기는 중기의 스캐폴드(scaffold) 또는 특정 DNA 부위에 의해 핵 기질(nuclear matrix)에 연결된다.

전사 활성 염기배열은 대부분의 간기 크로마틴을 포함하는 유크로마틴(euchromatin) 내에 존재한다. 헤테로크로마틴의 영역은 ~5에서 10배까지 압축되어 있으며 일반적으로 전사적으로 불활성이다. 모든 크로마틴은 각각의 염색체가 구별될 수 있는 세포분열 동안 조밀하게 압축된다. 염색체에서의 재현 가능한 미세구조의 존재는 Giemsa 염색으로 처리하여 G-밴드(G-band)를 형성하며 나타난다. 밴드는 염색체 전좌(chromosomal translocation) 또는 구조의 다른 큰 변화를 매핑(mapping)하는 데 사용할 수 있는 매우 큰 영역(~10^7 bp)이다.

곤충의 폴리텐 염색체는 비정상적으로 확장된 구조를 가지고 있다. 초파리의 폴리텐 염색체는 ~5,000개의 밴드로 나누어진다. 이 밴드는 평균 크기가 약 25 kb로 크기에 따라 10배 정도 다르다. 전사 활성 영역은 물질이 염색체의 축에서 압출되는 훨씬 더 펼쳐진 ["퍼프(부풀어 오른, puffed)"] 구조로 시각화될 수 있다. 이것은 유크로마틴 염기배열이 전사될 때 더 작은 규모에서 발생하는 변화와 유사할 수 있다.

센트로미어 영역은 염색체를 유사분열 스핀들(방추체)에 부착시키는 원인이 되는 키네토코어(kinetochore)를 위한 어셈블리 부위(assembly site)를 포함한다. 센트로미어는 종종 헤테로크로마틴으로 둘러싸여 있다. 센트로미어는 짧은 지역(포인트 센트로미어, point centromeres)으로 제한되거나 많은 킬로베이스(kilobase)(리저널 센트로미어, regional centromere) 이상으로 확장될 수 있다. 센트로미어 염기배열은 효모에서 확인되었으며, 보존된 짧은 요소로 구성되어 있다. *CDE-I* 및 *CDE-III* 요소는 각각

Cbf1 및 CBF3 복합체에 결합하고, *CDE-II*라고 하는 긴 A+T가 풍부한 영역은 Cse4와 결합하여 특이적 뉴클레오솜을 형성한다. 이 어셈블리(assembly, 조립)에 결합하는 또 다른 단백질 그룹은 미세소관과의 연결을 제공한다. 모든 센트로미어에는 CenH3 히스톤 변이체의 동족(relative)이 포함되어 있으며, 센트로미어 기능은 후성유전학적으로(epigenetically) 결정된 것으로 보인다.

텔로미어는 염색체의 말단을 안정하게 만든다. 거의 모든 알려진 텔로미어는 하나의 가닥이 일반 염기배열 $C_n(A/T)_m$을 갖는 다중 반복배열로 구성된다. 여기서 n>1 및 m = 1~4이다. 다른 가닥 $G_n(T/A)_m$은 지정된 순서로 개별 염기를 추가하기 위한 주형을 제공하는 단일 돌출 말단(protruding end)이 있다. 효소 텔로머라아제는 RNA 성분이 G가 풍부한 가닥을 합성하기 위한 주형을 제공하는 리보핵산단백질(ribonucleoprotein)이다. 이것은 이중구조의 최말단에서 복제할 수 없다는 문제를 극복하게 한다. 텔로미어는 염색체 말단을 안정화시킨다. 돌출된(overhanging) 단일가닥 $G_n(T/A)_m$이 텔로미어의 초기 반복배열 단위에서 호모로그(homolog, 상동체)를 치환하여 루프를 형성하기 때문에 자유 말단(free end)이 없다. 텔로머라아제는 분열세포에서는 활성화되지만 분화된 세포에서는 활성화되지 않는다. 배양액에서 분열하는 세포는 노화로 들어갈 때까지 텔로미어 길이를 점차 잃어버린다. 세포는 텔로머라아제를 다시 활성화시키거나 부등교차를 통해 텔로미어를 유지함으로써 노화를 피할 수 있다.

학습문제

DNA 또는 RNA를 포함하는 박테리오파지 캡시드가 조립되는 두 가지 방법은 무엇이며, 캡시드의 모양은 각각 어떤 형태인가?

1. ________________ **2.** 모양: ________________

3. ________________ **4.** 모양: ________________

구성적 헤테로크로마틴(constitutive heterochromatin)의 네 가지 공통적인 특징은 무엇인가?

5. ________________ **6.** ________________

7. ________________ **8.** ________________

9. 진핵 핵의 DNA 밀도는 대략 다음과 같다.
- **A.** 1 mg / ml
- **B.** 10 mg / ml
- **C.** 100 mg / ml
- **D.** 500 mg / ml

10. 다음 바이러스 중 섬유 모양을 가지고 있는 것은 무엇인가?
- **A.** 아데노바이러스(adenovirus)
- **B.** 박테리오파지 T4(bacteriophage T4)
- **C.** 담배 모자이크바이러스(tobacco mosaic virus)
- **D.** HIV

11. 람다 파지와 같은 DNA 바이러스의 구형 캡시드에 대해, 어셈블리는 어떻게 발생하는가?
- **A.** 선형 DNA 주위에 모여 있는 캡시드 코트 단백질에 의해.
- **B.** 단단하게 감긴 DNA 주위에 모인 캡시드 코트 단백질에 의해.
- **C.** 조정된 DNA 및 캡시드 단백질 단량체 조립 프로세스에 의해.
- **D.** DNA가 삽입되는 껍질을 형성하는 캡시드 단백질에 의해.

12. 염색체의 센트로미어(동원체) 영역에 포함되는 것은 무엇인가?
- **A.** 유크로마틴(euchromatin)
- **B.** 구성적 헤테로크로마틴(constitutive heterochromatin)

C. 선택적 헤테로크로마틴(facultative heterochromatin)
D. 무동원체 단편(acentric fragment)

13. 매트릭스 부착 영역(MARs)은 핵 매트릭스에 부착하는 DNA 염기배열이며, 다음과 같은 특징이 있다:
A. 특정 공통염기배열을 갖는 A-T가 풍부한 영역
B. 특정 공통염기배열을 갖는 G-C가 풍부한 영역
C. 특정 공통염기배열이 없는 A-T가 풍부한 영역
D. 특정 공통염기배열이 없는 G-C가 풍부한 영역

14. 진핵세포 염색체의 Giemsa 염색은 덜 조밀한 밴드 간 간격으로 조밀한 밴드의 시각화를 가능하게 한다. 이것은 다음 중 무엇 때문인가?
A. 인터밴드(interband) 내 높은 G-C 함량
B. 밴드 내의 높은 G-C 함량
C. 인터밴드(interband)에서 더 높은 퓨린(purine) 함량
D. 밴드 내의 높은 퓨린(purine) 함량

15. 염색체에서 팽창 상태의 밴드가 관찰되는 곳은 어느 곳인가?
A. DNA 복제
B. DNA 재조합
C. 유전자 발현
D. 단백질 결합

16. 텔로미어 구성:
A. 단백질과 상호작용하는 C+A가 풍부한 가닥의 간단한 염기배열 반복
B. 단백질과 상호작용하는 G+C가 풍부한 가닥의 간단한 염기배열 반복
C. 단백질과 상호작용하는 C+T가 풍부한 가닥의 간단한 염기배열 반복
D. 단백질과 상호작용하는 T+A가 풍부한 가닥의 간단한 염기배열 반복

핵심용어

acentric fragment
bands
capsid
centromere
chromatin
chromocenter
chromomeres
chromosome
domain
euchromatin
G-bands
heterochromatin
in situ hybridization
interbands
kinetochore
matrix attachment region (MAR)
metaphase (or mitotic) scaffold
microtubule organizing center (MTOC)
nucleation center
nucleoid
polytene chromosomes
puff
spindle
telomerase
telomere
terminase

읽을거리

Bailey, S. M., and Murname, J. P. (2006). Telomeres, chromosome instability and cancer. *Nucleic Acids Research* **34**(8), 2408–2417. An overview of telomere structure and function, including the role of telomeres in maintaining chromosome stability.

Blackburn, E. H., Greider, C. W., and Szostak, J. W. (2006). Telomeres and telomerase: the path from maize, *Tetrahymena* and yeast to human cancer and aging. *Nature Medicine* **12**, 1133–1138.

Bloom, K. (2007). Centromere dynamics. *Current Opinion in Genetics and Development* **17**(2), 151–156. A review of eukaryotic kinetochore structure and function, focusing on the conserved role of the centromeric H3 variant.

Chattopadhyay, S., and Pavithra, L. (2007). MARs and MARBPs: key modulators of gene regulation and disease manifestation. *Subcellular Biochemistry* **41**, 213–230. A review of MARs/SARs and their known interacting proteins, with an emphasis on the role MARs/SARs play in gene regulation and cancer.

Dalal, Y. (2009). Epigentic specification of centromeres. *Biochemistry and Cell Biology* **87**, 273–282

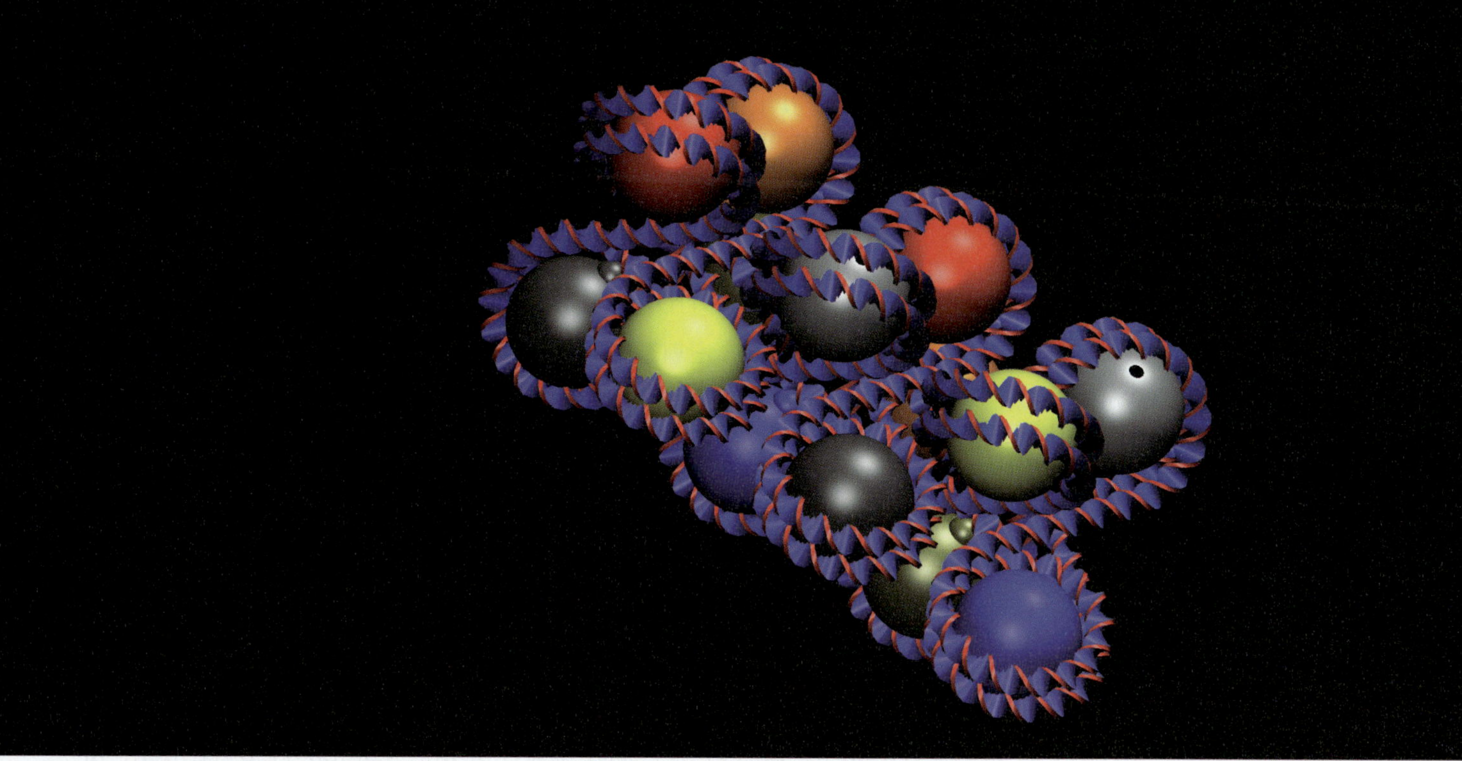

30 nm 섬유에서 뉴클레오솜에 대한 하나의 가능한 배열을 보여주는 크로마틴의 3차원 모델. Photo courtesy of Thomas Bishop, Tulane University, using VDNA plug-in for VMD (http://www.ks.uiuc.edu/research/vmd/plugins/vdna/).

크로마틴

10장 개요

10.1 서론

▶ **뉴클레오솜(nucleosome)** ~200 bp의 DNA와 히스톤 단백질의 옥타머로 구성된 크로마틴(염색질)의 기본 구조 서브유닛.

▶ **히스톤(histone)** 진핵생물에서 크로마틴(염색질)의 기본 서브유닛을 형성하는 보존된 DNA 결합 단백질. H2A, H2B, H3 및 H4는 DNA 코일과 결합하는 뉴클레오솜을 형성하는 옥타머 코어(octamer core)를 형성한다. 링커 히스톤(linker histone)은 뉴클레오솜 외부에 존재한다.

▶ **히스톤 테일(histone tail)** 뉴클레오솜의 표면 외부로 확장되는 코어 히스톤의 유연한 구조를 가진 아미노- 또는 카르복실- 말단 영역; 히스톤 테일은 광범위한 번역 후 변형이 생성되는 부위이다.

▶ **10 nm 섬유(10 nm fiber)** 크로마틴(염색질)의 자연 상태에서 전개되어 생성된 뉴클레오솜의 선형 배열.

▶ **30 nm 섬유(30 nm fiber)** 뉴클레오솜의 코일형 구조체. 뉴클레오솜으로 구성된 크로마틴(염색질) 구조의 기본 형태이다.

▶ **비히스톤(nonhistone)** 염색체에서 발견되는 히스톤을 제외한 모든 구조 단백질.

크로마틴(chromatin, 염색질)은 대부분의 DNA 염기배열이 구조적으로 접근 불가능하고 기능적으로 비활성인 조밀한 구성체를 가지고 있다. 이 덩어리 안에는 소수의 활동적인 염기배열이 있다. 크로마틴의 일반 구조는 무엇이며, 활성 및 비활성 염기배열의 차이점은 무엇일까? 유전물질의 높은 전체 압축 비율(packing ratio)은 DNA가 크로마틴의 최종 구조로 직접 압축될 수 없다는 것을 바로 암시하고 있다. 압축단계의 *계층구조(hierarchy)*가 존재하고 있음이 틀림없다.

크로마틴의 기본적인 서브유닛은 모든 진핵생물에서 기본 구조가 동일하다. **뉴클레오솜(nucleosome)**은 약 200 bp의 DNA를 포함하며, 작은 염기성 단백질이 옥타머(octamer, 8량체)로 염주 모양(beadlike)의 구조로 구성되어 있다. 이 단백질을 **히스톤(histone)**이라고 하며, 이들은 내부 코어(core, 핵심) 구조를 형성한다. DNA는 단백질 입자의 표면에 결합한다. **히스톤 테일(histone tail)**이라고 알려진 히스톤의 양쪽 끝 부위가 표면 밖으로 연장되어 있다. 뉴클레오솜은 간기 핵(interphase nucleus)과 유사분열기의 염색체 내에 유크로마틴(euchromatin)과 헤테로크로마틴(heterochromatin)의 기본 구성성분이다. 뉴클레오솜은 첫 번째 레벨(level)의 기본 구성 형태를 제공하여 DNA를 네이키드 DNA(naked DNA; 히스톤이 제거된 DNA)의 길이보다 6배나 압축하여 직경이 10 nm에 이르는 섬유 구조를 만든다. 그 성분 및 구조는 잘 밝혀져 있다.

조직의 두 번째 레벨은 간기의 크로마틴과 유사분열 염색체에서 발견되는 직경 약 30 nm의 섬유구조를 구성하기 위해 **10 nm 섬유(10 nm fiber)**를 나선형 배열로 감아서 만들어진다. 이것은 DNA를 약 40배 압축한 것에 해당한다.

다음으로 이 **30 nm 섬유(30 nm fiber)** 구조는 더욱 접혀서 간기의 크로마틴이나 유사분열기의 염색체로 압축된다. 실제로 유크로마틴에서 약 1,000배 정도의 압축되고 유사분열 염색체에는 약 10,000배로 압축되며, 이 두 구조는 주기적으로 상호 전환이 가능하다. 헤테로크로마틴 자체의 구조는 일반적으로 유사분열 상태의 크로마틴처럼 압축되어 있다.

주기적인 압축(packaging), 복제 및 전사와 관련된 과정을 특정화하기 위해 이러한 레벨의 구조를 연구해야 한다. 추가적인 단백질과의 연관성 또는 기존 염색체 단백질의 변형(modification)은 크로마틴의 구조 변화에 관여한다. 복제와 전사는 모두 DNA 풀림(unfolding)을 필요로 하므로 관련 효소가 DNA를 조작할 수 있도록 구조가 풀어져 있어야 한다. 이것은 모든 구조 레벨의 변화를 수반할 가능성이 있다.

그림 10.1 용해된 핵에서 유출되는 크로마틴은 조밀하게 구성된 일련의 입자로 이루어져 있다. 막대는 100 nm이다. Reproduced from P. Oudet et al., Electron microscopic and biochemical evidence that chromatin structure is a repeating unit, *Cell* 4, pp. 281–300. Copyright 1975, with permission from Elsevier (http://www.sciencedirect.com/science/journal/00928674). Photo courtesy of Pierre Chambon.

크로마틴의 질량은 DNA 양과 대비하여 단백질이 최대 2배까지 함유되어 있다. 단백질 양의 약 절반은 뉴클레오솜이 차지하고 있다. RNA 양은 DNA 양의 10% 미만이다. 구성체 중 RNA의 대부분은 아직 주형 DNA와 결합한 새로 만들어진 전사체로 이루어져 있다.

비히스톤(nonhistone)이라는 용어는 히스톤을 제외한 크로마틴에 결합하는 모든 단백질을 기술하는 데 사용된다. 그것들은 생체 조직과 종 사이에 매우 다양하며, 히스톤보다 질량이 적다. 그들은 또한 훨씬 더 많은 수의 단백질 종류를 포함하고 있기 때문에, 대부분의 단백질 종은 히스톤보다 훨씬 적은 양으로 존재한다.

10.2 뉴클레오솜은 모든 크로마틴의 서브유닛이다

간기 핵을 낮은 이온 강도의 용액에 현탁시키면, 핵은 부풀어 올라 파열되어 크로마틴 섬유를 방출한다. 그림 10.1은 섬유가 흘러나오는 용해된 핵(lysed nucleus)을 보여주고 있다. 일부 영역에서는 섬유가 단단하게 압축된 구조로 이루어지지만, 펼쳐진 부위에서는 별개의 입자 형태로 구성되어 있는 것을 볼 수 있다. 이 입자가 뉴클레오솜(nucleosome)이다. 특히 확장된 영역에서 개별 뉴클레오솜은 DNA의 유리된 이중가닥인 미세한 실이 가시적으로 연결되어 있다. DNA의 연속 이중구조의 실이 일련의 입자들 사이를 연결하고 있다.

개별 뉴클레오솜은 **링커 DNA(linker DNA)**로 알려진 영역인 뉴클레오솜 간의 접합부에서 DNA 이중가닥을 절단하는 핵산내부분해효소인 **마이크로코칼 핵산가수분해효소(micrococcal nuclease, MNase)**로 크로마틴을 처리하여 얻을 수 있다. MNase로 분해하면 입자 그룹을 분해하고 결국 단일 뉴클레오솜을 방출한다. 개개의 뉴클레오솜은 그림 10.2에서 콤팩트한 입자 형태로 나타난다. 크로마틴을 MNase로 분해하면 DNA는 단위 길이(unit length)의 배수로 절단되어 나타난다. (단백질 제거 후) 겔 전기영동(gel electrophoresis)으로 DNA 단편을 분획화하면, 그림 10.3에 나타낸 "래더(ladder, 사다리)" 형태로 나타난다. 이러한 래더는 약 10단계로 늘어나는데, 연속 단계의 간격으로 결정되는 단위 길이는 약 200 bp이다.

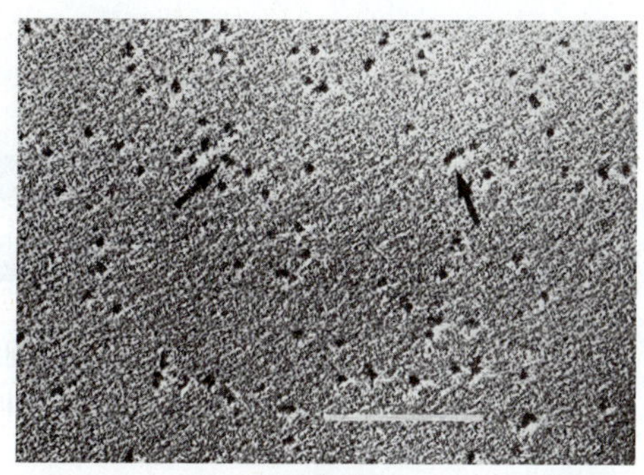

그림 10.2 각각의 뉴클레오솜은 크로마틴을 마이크로코칼 핵산가수분해효소(micrococcal nuclease) 분해에 방출된다. 막대는 100 nm이다. Reproduced from P. Oudet et al., Electron microscopic and biochemical evidence that chromatin structure is a repeating unit, *Cell* **4**, pp. 281–300. Copyright 1975, with permission from Elsevier (http://www.sciencedirect.com/science/journal/00928674). Photo courtesy of Pierre Chambon.

래더는 뉴클레오솜 그룹에 해당하는 DNA에 의해 형성된다. 가장 빠른 이동 밴드는 뉴클레오솜 모노머(monomer)의 DNA를 포함하는 반면, 늦게 이동하는 밴드는 링커 DNA에 의해 연결된 뉴클레오솜 다이머(dimer), 트라이머(trimer) 등에 포함된 DNA에 해당한다. 뉴클레오솜 모노머는 약 200 bp 단위 길이의 DNA를 포함하고, 뉴클레오솜 다이머는 두 배의 단위 길이의 DNA를 포함하고 있다. [원래의 뉴클레오솜은 또한 비교가 어려운 래더를 형성하는 비변형 겔(nondenaturing gel)에서 분리될 수 있다.] 결국 크로마틴 DNA의 95% 이상이 200 bp 래더 형태로 회수될 수 있다. 이는 거의 모든 DNA가 뉴클레오솜을 구성하고 있음을 나타내고 있다.

뉴클레오솜에 나타내는 DNA의 길이는 200 bp의 "전형적인(typical)" 값과 다를 수 있다. 특정 세포 유형의 크로마틴은 특징적인 평균값(± 5bp)을 가지고 있다. 평균은 180~200 bp 사이가 가장 많지만, 극단적인 경우 154 bp(곰팡이의 경우) 또는 260 bp(성게 정자의 경우) 정도로 높다. 평균값은 성체 생물체의 개별 조직마다 다를 수 있으며, 단일 세포 유형의 게놈 안에서도 다른 부분 간에 차이가 있을 수 있다. 그 차이는 주로 뉴클레오솜 간의 링커 DNA가 얼마나 존재하는지에 따르는 상관관계에 있다.

뉴클레오솜 자체의 본질은 무엇인가? 뉴클레오솜은 H2A, H2B, H3 및 H4 각각 2개씩의 구성요소로 구성된 **히스톤 옥타머(histone octamer)**와 ~200 bp의 DNA를 포함한다. 이들은 **코어 히스톤(core histone)**으로 알려져 있다. 이들의 연관성은 그림 10.4에 그림으로 나타내었다.

▶ **마이크로코칼 핵산가수분해효소(micrococcal nuclease, MNase)** DNA를 절단하는 핵산내부가수분해효소제(endonuclease); 크로마틴에서, DNA는 뉴클레오솜 사이의 연결 부위에서 우선적으로 절단된다.

▶ **링커 DNA(linker DNA)** 뉴클레오솜 사이에 존재하는 비뉴클레오솜 DNA(nonnucleosomal DNA).

▶ **히스톤 옥타머(histone octamer, 히스톤 8량체)** 각 두 개씩의 네 가지 다른 히스톤(H2A, H2B, H3, H4)들의 복합체. DNA는 히스톤 옥타머의 외부 주변을 감아 뉴클레오솜을 형성한다.

▶ **코어 히스톤(core histone)** 뉴클레오솜으로부터 유리된 코어 입자(core particle, CP) 내에 존재하는 네 가지 종류의 히스톤(H2A, H2B, H3, H4 및 히스톤 변이체) 각각을 일컫는다. (링커 히스톤 H1은 배제된다)

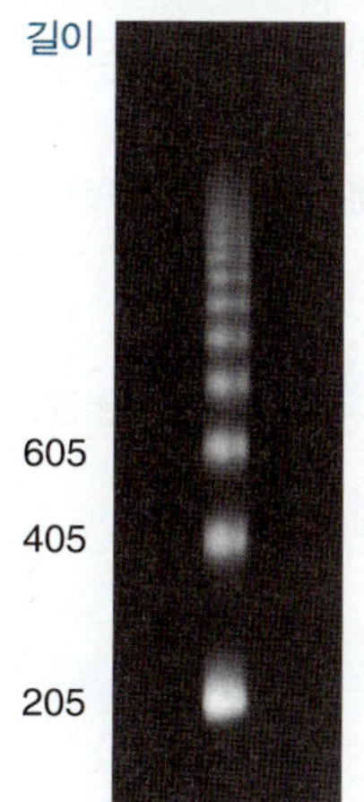

그림 10.3 마이크로코칼 핵산가수분해효소는 크로마틴을 겔 전기영동으로 분리할 수 있는 많은 중합체 DNA 밴드로 분해한다. Photo courtesy of Markus Noll, Universitat Zurich.

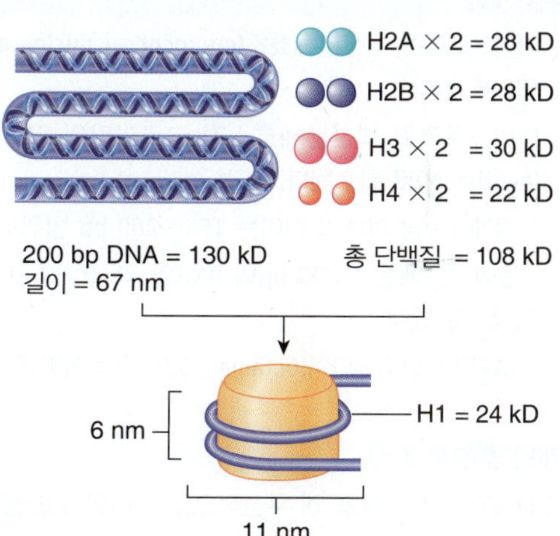

그림 10.4 뉴클레오솜은 거의 동일한 질량의 DNA와 히스톤 단백질들(히스톤 H1 포함)로 이루어져 있다. 뉴클레오솜의 예측 질량은 262 kD이다.

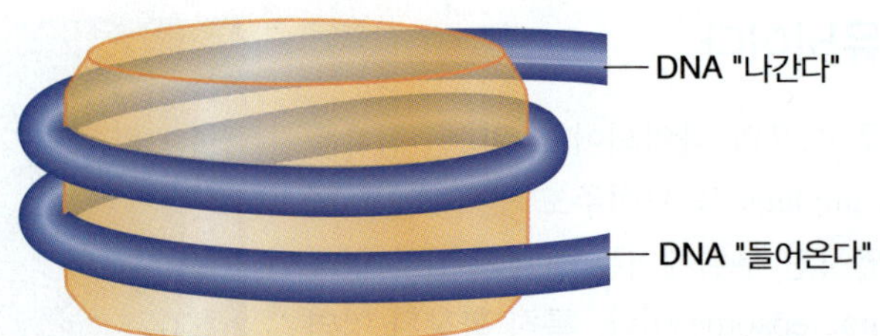

그림 10.5 뉴클레오솜은 DNA가 주변을 약 1²/₃ 회전 감고 있는 실린더 형태이다.

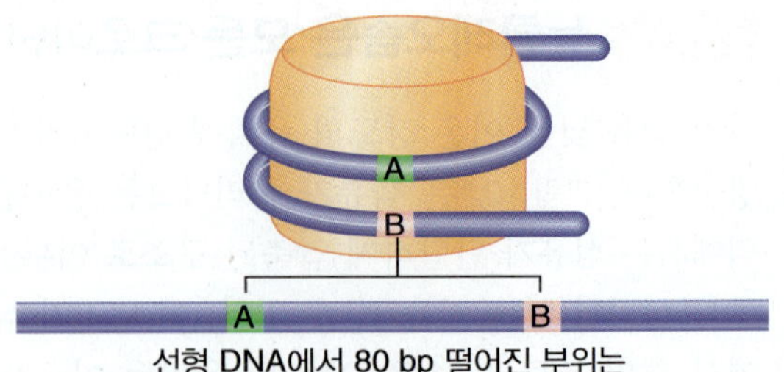

그림 10.6 뉴클레오솜 주위를 감고 있는 각기 다른 회전 가닥의 DNA 염기배열들은 서로 매우 가까이 위치한다.

히스톤 H3과 H4는 가장 잘 보존된 단백질 중 하나이다. 이것은 그들의 기능이 모든 진핵생물에서 동일함을 시사하고 있다. 또한 H2A 및 H2B는 모든 진핵생물에서 보존되지만 염기배열, 특히 히스톤 테일에서 상당한 종-특이적 변이를 보인다. 또한 고세균(Archaea)은 공통 조상과 핵심 구조를 공유하는 히스톤을 보유하고 있고, 대부분의 고세균의 히스톤(archaeal histone)에는 테일이 없지만 테일-유사 신장(tail-like extension) 배열이 있으며 일부는 진핵세포 히스톤 테일과 염기배열 상동성을 보이지 않는다.

▶ **링커 히스톤(linker histone)** 뉴클레오솜 코어의 구성 요소가 아닌 히스톤 계열 단백질(예: 히스톤 H1); 링커 히스톤은 뉴클레오솜 및/또는 링커 DNA와 결합하여 30 nm 섬유 구조 형성을 촉진시킨다.

히스톤 H1으로 대표되는 **링커 히스톤(linker histone)** 계열은 조직 및 종 간에서 상당한 변이를 가진 밀접하게 관련된 단백질 세트를 포함한다. H1의 기능은 코어 히스톤의 역할과 다르다. 이것은 코어 히스톤의 절반 정도에 해당하는 양이 존재하며 크로마틴에서 더 쉽게 추출될 수 있다. H1은 뉴클레오솜의 구조에 영향을 주지 않고 제거될 수 있는데, 그 위치가 입자의 외부 표면에 있기 때문이다.

뉴클레오솜의 모양은 지름이 11 nm이고 높이가 6 nm인 편평한 원판 또는 원통형을 나타내고 있다. DNA의 길이는 코어 입자 약 34 nm 둘레의 대략 두 배이다. DNA는 옥타머 주위에 대칭적인 경로를 따른다. 그림 10.5는 원통형 옥타머를 약 1⅔ 회전시키는 나선형 코일로서 DNA 경로를 개략적으로 보여준다. DNA는 뉴클레오솜에서 서로 상대적으로 가까운 지점에서 "들어가고(enter)" "나간다("leave)". 또한, DNA의 두 개의 나선은 회전하면서 서로 가까이 놓여 있다. 원통형의 높이는 6 nm이며, 그 중 4 nm는 DNA의 2회전(직경 2 nm)이 차지하고 있다.

두 회전 패턴은 기능상의 결과를 나타낼 수 있다. 뉴클레오솜 주변의 한 회전은 >80 bp의 DNA를 취하기 때문에, 그림 10.6에서 볼 수 있듯이, 자유로운 상태의 이중나선에서 80 bp 만큼 떨어진 두 점은 실제로 뉴클레오솜 표면에 근접하게 할 수 있다.

핵심개념

- 마이크로코칼 핵산분해효소(micrococcal nuclease)는 링커 DNA를 절단하고 크로마틴이 각각의 뉴클레오솜으로 되도록 한다.
- 마이크로코칼 핵산분해효소가 크로마틴의 DNA를 절단할 때 DNA의 95% 이상이 뉴클레오솜 또는 다량체(multimers)로 회수된다.
- 뉴클레오솜당 DNA의 길이는 154~260 bp 범위로 개별 구조에 따라 다르다.
- 뉴클레오솜에는 ~200 bp의 DNA와 각 코어 히스톤(core histone; H2A, H2B, H3 및 H4)의 각 두 개의 사본을 포함하고 있다.
- DNA가 단백질 옥타머(octamer, 8량체)의 외부 표면을 감싸고 있다.

개념 및 추론 확인

MNase가 링커 DNA를 왜 우선적으로 분해한다고 생각하는가?

10.3 뉴클레오솜은 공통 구조를 가지고 있다

링커 DNA의 길이는 서로 다른 근원(source)의 뉴클레오솜마다 다르지만, 모든 뉴클레오솜은 공통적인 구조를 나타낸다. DNA와 히스톤 옥타머의 결합은 146 bp의 DNA를 포함하는 코어 입자(core particle)를 형성하는데, 이는 마이크로코칼 핵산분해효소(micrococcal nuclease)로 더 긴 시간 분해하여 확인되었다. 효소의 초기 반응은 뉴클레오솜 사이를 절단하는 것이지만, 모노뉴클레오솜(mononucleosome)이 생성된 후에도 계속적인 반응이 이어지면, 각 뉴클레오솜의 DNA 일부를 분해하기 시작한다. 이것은 그림 10.7에서 볼 수 있듯이, DNA가 뉴클레오솜의 말단에서 "트리밍(trimmed)"되는 반응에 의해 일어난다.

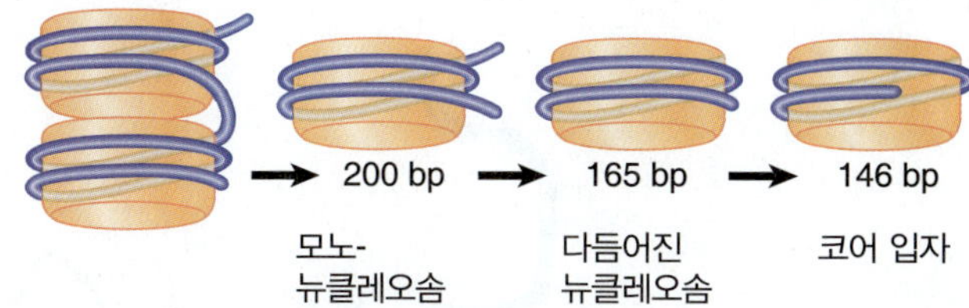

그림 10.7 마이크로코칼 핵산분해효소는 가장 먼저 뉴클레오솜 사이를 절단한다. 모노뉴클레오솜(mononucleosome)은 전형적으로 약 200 bp의 DNA를 가진다. DNA 양끝의 절단(End-trimming)으로 DNA 길이는 처음에 약 165 bp로 감소되며, 최종적으로 146 bp를 가지는 코어 입자(core particle)가 생성된다.

그러므로 핵산 DNA는 146 bp의 불변 길이(invariant length)를 가지고 있고 핵산분해 효소에 의한 분해에 상대적으로 저항성이 있는 *코어 DNA(core DNA)*와 나머지 반복 단위를 구성하는 *링커 DNA(linker DNA)*라는 두 부분으로 나누어진다. 링커 DNA 길이는 뉴클레오솜당 8 bp에서 114 bp 정도로 다양하여 *10.2절*에서 기술한 것처럼, 뉴클레오솜 DNA 길이의 변화를 가져온다.

코어 입자는 뉴클레오솜 자체의 특성과 비슷하지만 크기가 작다. 그들의 모양과 크기는 뉴클레오솜과 거의 비슷하다. 이것은 파티클의 본질적인 기하학이 코어 입자에서 DNA와 옥타머의 상호 작용에 의해 확립된다는 것을 의미하고 있다. 코어 입자는 균질한 집단으로 보다 쉽게 얻어지며, 결과적으로 그들은 종종 제조된 뉴클레오솜(nucleosome preparation)을 대신하여 구조 연구에 사용된다. 재조합된 코어 입자를 사용한 연구는 뉴클레오솜의 형태에 대한 상세한 구조 정보를 제공하였다.

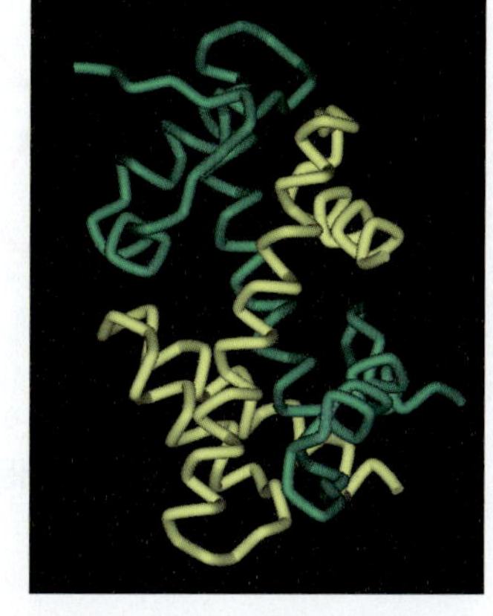

그림 10.8 히스톤 결합 상태(H3 + H4 또는 H2A + H2B)는 히스톤 다이머를 형성한다.

코어 히스톤(core histone)은 두 가지 유형의 복합체를 형성한다. H3와 H4는 용액안에서 매우 안정한 테트라머(tetramer, $H3_2$-$H4_2$)를 형성한다. H2A 및 H2B는 다이머(dimer, H2A-H2B)를 일반적으로 형성한다. $H3_2$-$H4_2$ 테트라머는 시험관 내에서 DNA와 결합하여 코어 파티클의 일부 성질을 나타내는 입자로 제조될 수 있다. 모든 코어 히스톤은 3개의 α-헬릭스(α-helix) 나선이 2개의 루프에 의해 연결되는 고도로 보존된 구조를 공유하고 있다. 이것을 **히스톤 폴드(histone fold)**라고 한다. 히스톤 폴드의 보존된 구조는 그림 10.8에서 보여주는 헤테로다이머에서 명확하게 볼 수 있다.

▶ **히스톤 폴드(histone fold)** 네 개의 코어 히스톤 모두에서 발견되는 구조로 세 개의 α-헬릭스(α-helix)가 두 개의 루프로 연결되어 있는 모티프.

뉴클레오솜 코어 입자의 결정 구조(2.8 Å 분해능)는 그림 10.9와 같이 히스톤과 DNA 사이의 상호작용을 보여주고 있다. 이 구조는 히스톤이 개개의 구형 단백질로 구성되어 있지는 않지만 H4와 H3, H2B와의 H2A가 서로 얽혀져 존재하고 있음을 분명하게 보여준다.

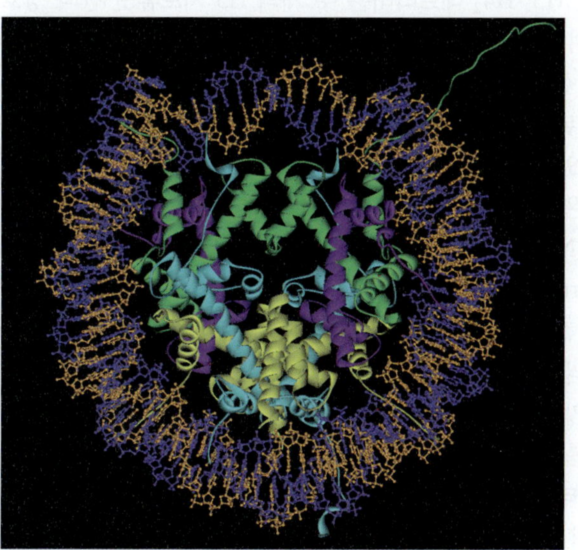

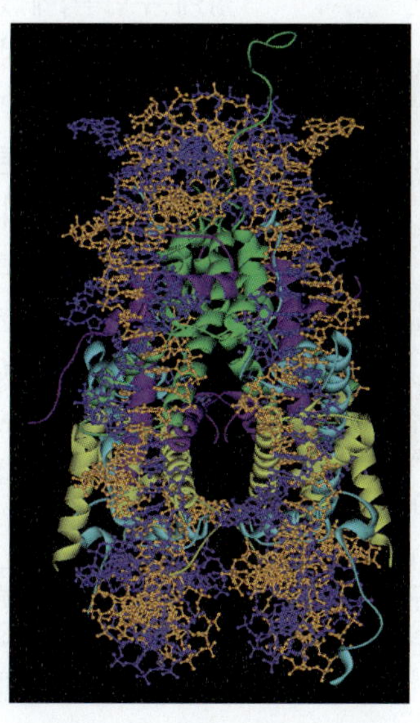

그림 10.9 히스톤 코어 옥타머의 결정 구조는 146 bp의 DNA 포스포디에스테르 골격(주황색 및 파란색)과 8개의 히스톤 주요 사슬(녹색: H3; 보라색: H4; 청록색: H2A; 노란색: H2B)을 포함하는 리본 모델로 나타내었다. Protein Data Bank 1AOI.

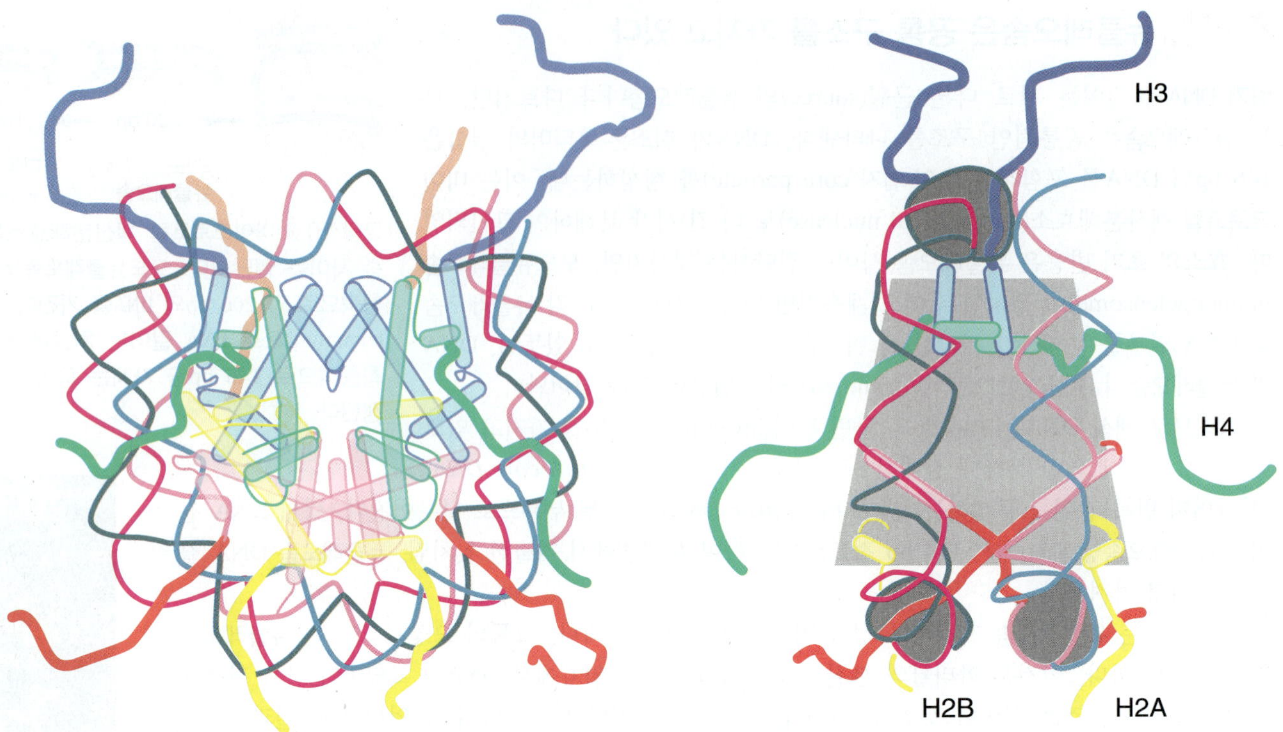

그림 10.10 히스톤의 히스톤 폴드 도메인은 뉴클레오솜 코어에 위치한다. 많은 수식 부위를 가지고 있는 N- 또는 C-말단 테일은 매우 유연하기 때문에 결정구조 결정법으로 결정되어지지 않는다.

$H3_2$-$H4_2$ 테트라머는 옥타머의 직경을 설명하고 있다. 그림 10.9의 왼쪽 패널(녹색과 보라색 리본)에서 볼 수 있는 것처럼 말발굽 모양을 이룬다. H2A-H2B 쌍은 각각 $H3_2$-$H4_2$ 테트라머의 반대 면에 결합하는 2개의 다이머로 나타난다. 이것은 그림 10.9(노란색과 청록색)의 오른쪽 패널에 있는 뉴클레오솜의 측면도를 볼 수 있다. 여기에서 $H3_2$-$H4_2$ 테트라머와 분리된 H2A-H2B 다이머의 역할(responsibility)을 구분할 수 있다. 단백질은 일종의 스풀(spool, 실감개)을 형성하고, DNA에 대한 결합 부위에 상응하는 수퍼헬리컬 경로(superhelical path)를 가지고 있으며, 이는 뉴클레오솜에서 약 $1\frac{2}{3}$번 감긴다. 뉴클레오솜은 이 그림에서 수직 축을 기준으로 두 가지 대칭구조로 표시된다. 결합은 주로 포스포디에스테르 골격[phosphodiester backbone, 염기배열과 관계없이 모든 DNA를 패키징(packaging)할 필요성에 부합됨]에 있다. $H3_2$-$H4_2$ 테트라머는 두 개의 H3 서브유닛 간의 상호작용에 의해 형성되며, 그림 10.9의 왼쪽 패널에서 볼 수 있다. H3 서브유닛(녹색)은 구조의 중심에서 서로 접촉한다.

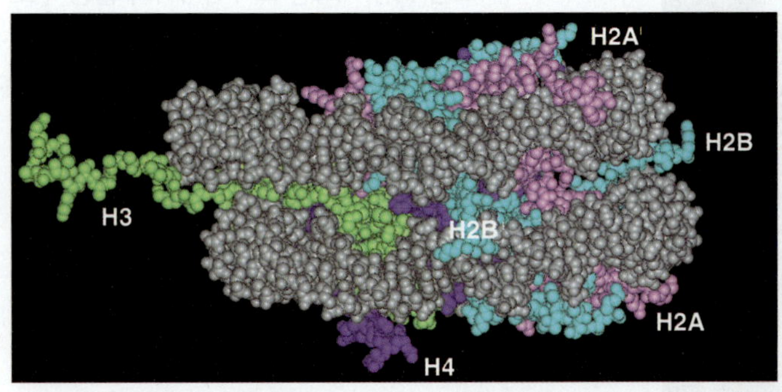

그림 10.11 히스톤 테일은 뉴클레오솜 표면과 감고 있는 DNA 사이를 빠져나온 불안정적인 구조이다. 본 그림에서는 각 테일 끝의 몇 개 아미노산을 보여주고 있으며, 결정 구조에서 전체 테일 구조는 존재하지 않는다. (녹색: H3; 보라색: H4; 청녹색: H2A; 노란색: H2B). Protein Data Bank 1AOI.

각 코어 히스톤은 뉴클레오솜의 중심 단백질 질량에 기여하는 히스톤폴드 도메인을 가지고 있는데, 때로는 이를 구형 코어(*globular core*)라고도 한다. 각각의 히스톤은 또한 크로마틴 기능에서 중요한 공유결합 변형 부위를 포함하는 유연한 N-말단 테일[N-terminal tail, H2A와 H2B의 경우에는 C-말단 테일(C-terminal tail)]을 가지고 있다(이러한 수식에 대해 보다 상세한 내용은 *28장 진핵생물의 전사 조절*에서 설명한다). 테일 부분은 단백질 질량의 약 4분의 1을 차지하지만 구조상 매우 유연하기 때문에 결정구조에는 나타나지 않는다. 말단 테일의 상대적 크기와 뉴클레오솜으로부터의 출구(exit)를 그림 10.10에 개략적으로 나타내었다. 말단 테일은 뉴클레오솜의 양면으로부터 연장되지만, H3과 H2B의 테일은 DNA 수퍼헬릭스(superhelix)의 회전 사이를 통과할 수 있다. 이것은 그림 10.11에 더 자세하게 나타내었다.

히스톤 H1과 뉴클레오솜의 상호작용은 잘 알려져 있지 않다. 링커 히스톤을 함유하는 뉴클레오솜[때로는 크로마토솜(*chromatosome*)이라고도 함]의 고해상도 구조는 밝혀져 있지 않다. 적어도 165 bp의 DNA를 가지고 있는 뉴클레오솜 모노머의 146 bp 코어 파티클에 포함되지 않는 부위에 H1은 결합하고 있다. 이것은 H1이 코어 DNA에 바로 인접한 링커 DNA 영역에 위치할 수 있음을 시사한다. H1이 링커에 위치해 있으면 그림 10.12의 모델에서와 같이 핵산이 들어가거나 떠나는 지점에서 결합하여 뉴클레오솜의 DNA 가닥을 "봉인(seal)"할 수 있다.

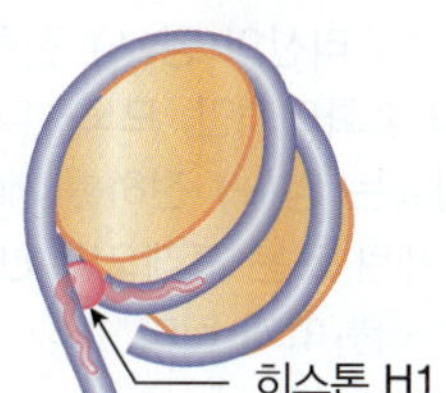

그림 10.12 히스톤 H1과 뉴클레오솜의 상호작용을 나타내는 모델. H1은 대칭축에서 DNA의 중앙고리와 상호작용할 수 있으며, 입구 또는 출구에서 링커 DNA와 상호작용할 수 있다.

핵심개념

- 뉴클레오솜 DNA는 마이크로코칼 뉴클라아제(micrococcal nuclease)에 대한 감수성에 따라 코어 DNA(core DNA)와 링커 DNA(linker DNA)로 나뉜다.
- 코어 DNA는 마이크로코칼 뉴클라아제로 장기간 분해한 후에 의해 생성된 코어 파티클에서 발견되는 146 bp 길이의 DNA를 의미한다.
- 링커 DNA는 MNase 효소에 의해 일찍 절단되기 쉬운 8~114 bp에 해당하는 부위이다.
- 히스톤 옥타머는 2개의 H2A-H2B 다이머와 연계된 $H3_2$-$H4_2$ 테트라머를 커널(kernel)로 가지고 있다.
- 각 히스톤은 결합 파트너와 광범위하게 얽혀 있다.
- 모든 코어 히스톤은 히스톤 폴드(histone fold)라는 구조 모티프를 가지고 있다. N- 및 C-말단 테일이 뉴클레오솜의 외부로 연장된다.
- H1은 링커 DNA와 결합하고 있으며, DNA가 뉴클레오솜에 들어가거나 빠져 나가는 지점에 위치할 수 있다.

개념 및 추론 확인

히스톤은 많은 염기성 아미노산을 가지고 있기 때문에 양전하를 띤다. 이것은 왜 그러한가?

10.4 뉴클레오솜은 공유결합으로 수식된다

모든 히스톤은 많은 공유결합 수식(covalent modification)의 대상이 되며, 대부분 히스톤 테일에서 일어난다. 모든 히스톤은 그림 10.13에서와 같이 메틸화(methylation), 아세틸화(acetylation) 또는 인산화(phosphorylation)에 의해 많은 부위에서 수식이 일어날 수 있다. 이러한 수식은 비교적 작은 수식이지만, ADP-리보실레이션화(ADP-ribosylation), 유비퀴틴화 및 SUMO화(sumoylation)와 같은 비교적 더 큰 수식도 일어난다. 이러한 수식 및 기타 수식의 많은 기능은 아직 잘 연구되어 있지 않다.

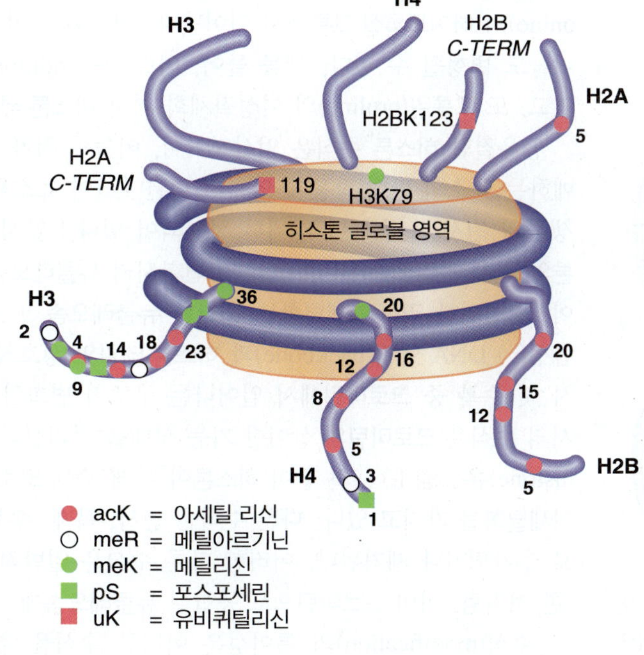

그림 10.13 히스톤 테일(때로는 코어 영역)은 아세틸화, 메틸화, 인산화 및 수많은 부위에서의 유비퀴틴화가 일어난다. 가능한 모든 수식을 표시하지는 않았다. Adapted from *The Scientist* 17 (2003): 27.

히스톤 테일에 존재하는 리신(lysine)은 가장 일반적인 수식 표적 중 하나이다. 아세틸화, 메틸화, 유비퀴틴화 및 SUMO화는 모두 리신의 자유 엡실론 아미노 그룹(free ε-amino group)에서 일어난다. 그림 10.14에서 볼 수 있듯이, 아세틸화는 ε-아미노 그룹의 NH_3

그림 10.14 리신의 양(+) 전하는 아세틸화시 중화되지만, 모노-, 디- 또는 트리메틸화는 양(+) 전하를 제거하지 못한다. 세린 또는 트레오닌 인산화는 음(-) 전하를 띠게 된다.

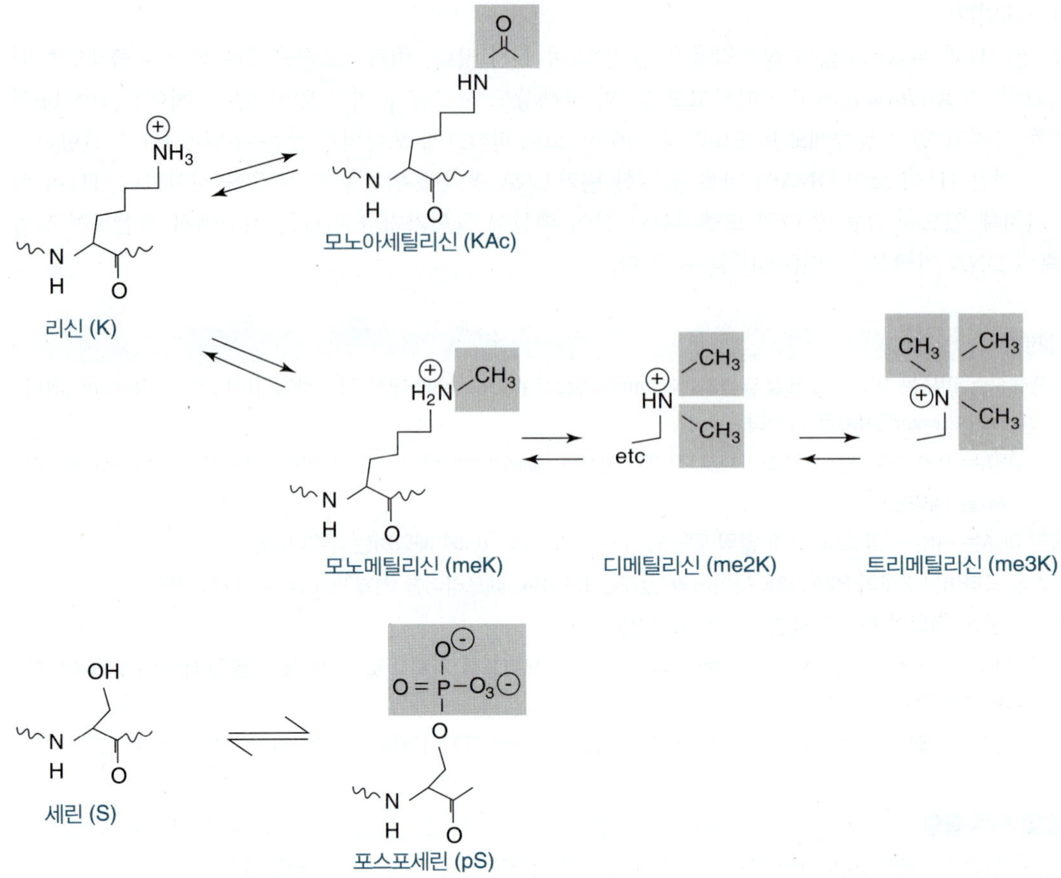

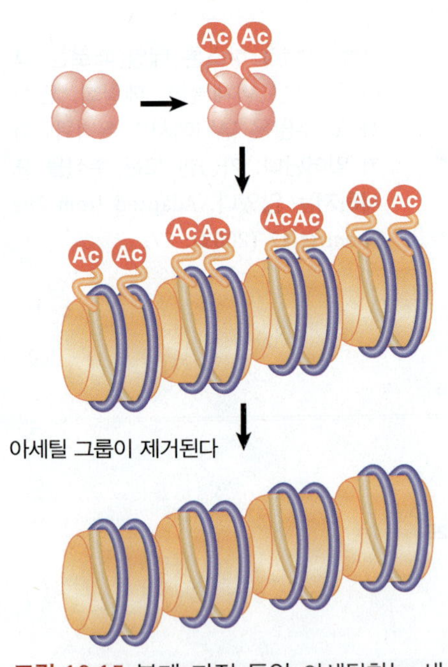

그림 10.15 복제 과정 동안 아세틸화는 새롭게 합성된 히스톤 특정 부위에서 뉴클레오솜으로 통합되기 전에 일어난다.

구조에 존재하는 양(+) 전하를 중성화시킨다. 이와는 대조적으로, 모노(mono)-, 디(di)- 또는 트리메틸(trimethyl)화된 리신 메틸화는 양전하를 유지한다. 인산화는 세린(serine)및 트레오닌(threonine)의 하이드록실 그룹에서 일어난다. 인산화로 인하여 음(-) 전하가 발생한다. 또한 다른 잔기들도 변형될 수 있다. 예를 들어, 아르기닌(arginine)은 모노(mono)- 또는 디(di)-메틸화될 수 있고, 또 프롤린(proline)의 이성질체화 역시 히스톤 테일의 비공유 수식으로 확인되었다.

공유결합 히스톤 수식은 일시적이며, 이들의 첨가 및 제거는 각 수식의 형성 또는 제거를 촉매하는 효소의 반대 작용에 의해 조절된다. (이 효소들 중 일부는 *16장 수복 시스템, 28장 진핵생물의 전사 조절*에 더 자세히 설명되어 있다.) 앞서 설명하였듯이, 아세틸화와 인산화는 히스톤의 전체 전하(overall charge)를 변화시켜 뉴클레오솜의 기능적 특성을 바꿀 수 있다. 예를 들어, 광범위한 리신 아세틸화는 동일한 뉴클레오솜 또는 근처의 뉴클레오솜에 있는 뉴클레오솜의 음성(-) DNA 골격(backbone)과 히스톤 테일의 상호작용을 약화시킨다. 히스톤 수식은 복제, 전사 및 수복 중 크로마틴에서 일어나는 구조적 변화와 관련이 있다. 특정 히스톤의 특정 위치에서의 수식은 크로마틴의 상이한 기능 상태를 정의한다. 예를 들어, 새로 합성된 코어 히스톤(core histone)은 그림 10.15와 같이 히스톤이 복제 중에 크로마틴으로 조립된 후 제거되는 특정 패턴의 아세틸화를 가지고 있다. 다른 수식은 전사, 복제, 수복 및 염색체 응축을 조절하기 위해 동적으로 추가되거나 제거된다. 이러한 다른 수식은 일반적으로 그림 10.16에서 아세틸화에 대해 설명한 것처럼, 이미 크로마틴으로 통합된 뉴클레오솜에서 추가되거나 제거된다.

수식(modification)의 특이성은 이러한 수식을 추가 및 제거하는 수식효소(modifying enzyme)가 특정 히스톤에 특정 표적 부위를 갖는다는 사실로부터 기인한다. 일부 수식된 부위

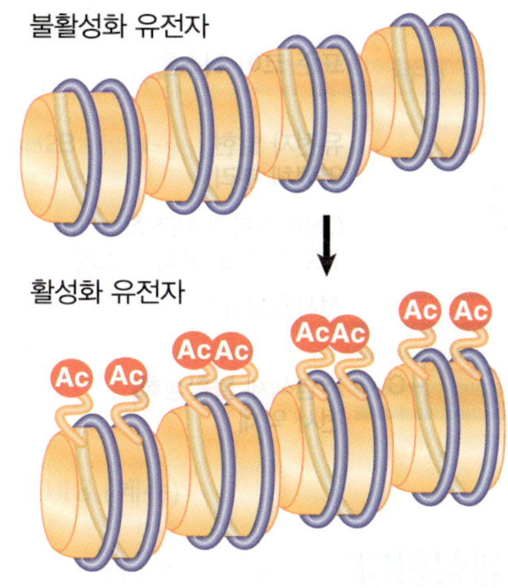

그림 10.16 유전자 활성화와 관련된 아세틸화는 뉴클레오솜으로 *이미 통합된* 히스톤의 특정 부위를 직접 수식함으로써 일어난다.

히스톤	부위	수식	기능
H3	K-4	메틸화	전사 활성화
H3	K-9	메틸화	크로마틴 응축
	K-9	메틸화	DNA 메틸화에 필요
	K-9	아세틸화	전사 활성화
H3	S-10	인산화	전사 활성화
H3	K-14	아세틸화	Lys-9에서의 메틸화 방해
H3	K-79	메틸화	텔로미어 사일런싱
H4	R-3	메틸화	
H4	K-5	아세틸화	뉴클레오솜 조립
H4	K-12	아세틸화	뉴클레오솜 조립
H4	K-16	아세틸화	뉴클레오솜 조립
	K-16	아세틸화	파리의 X 염색체 불활성화

그림 10.17 히스톤의 수식된 부위는 단일 유형의 수식을 가질 수 있거나 또는 서로 다른 조건 하에서 또 다르게 수식될 수 있다. 각 기능은 일부 특정한 수식과 관련되어 있다.

는 생체 내에서 단 한 가지 유형의 수식을 조건으로 하지만, 다른 수식된 부위는 또 다른 형태의 수식 상태의 영향을 받을 수 있다. 예를 들어, 히스톤 H3의 리신 9는 서로 다른 조건 하에서 아세틸화되거나 메틸화될 수 있다. 경우에 따라, 한 부위를 수식하면 다른 부위의 수식을—심지어 다른 히스톤 위의—활성화하거나 억제할 수 있다! 이러한 신호의 조합이 크로마틴 기능을 정의하는 데 사용될 수 있다는 아이디어를 **히스톤 코드(histone code)**라고 한다. 이러한 가설은 특정 부위에서 다중 수식의 *집단적 영향(collective impact)*이 크로마틴 도메인의 기능을 정의할 수 있다고 제안하고 있다. 이러한 수식은 단일 수식으로부터 유래된다. 물론 수식의 가능한 조합의 수는 매우 많고 대부분의 경우 개별 수식의 역할이 결정되어 있다. 몇 가지의 예를 **그림 10.17**에 나타내었다.

▶ **히스톤 코드(histone code)** 특정 히스톤 잔기에 대한 특정 변형의 조합이 크로마틴(염색질) 기능을 정의하기 위해 협력적으로 작용한다는 가설.

일부 히스톤 수식에 의한 전하 변화는 크로마틴의 구조를 직접적으로 바꿀 수 있지만, 히스톤 수식의 주요 기능은 크로마틴의 성질을 변화시키는 비히스톤 단백질 부착을 위한 결합 부위의 생성에 달려 있다. 다수의 보존된 단백질 도메인은 특이적으로 수식된 히스톤 테일에 결합하는 특성이 있다. 이러한 도메인 또는 그 도메인을 포함하는 단백질을 때로는 히스톤 수식의 "리더(reader)"라고도 한다. 리더의 일부 예는 *28.9절 히스톤 아세틸화는 전사 활성화와 관련이 있다*, *28.10절 히스톤과 DNA의 메틸화는 연결되어 있다*에 설명되어 있다.

핵심개념

- 히스톤은 메틸화, 아세틸화, 인산화 및 기타 공유결합 변형에 의해 변형된다.
- 아세틸화와 인산화는 히스톤의 전반적인 양(+) 전하를 감소시키며, 크로마틴의 성질을 직접 바꿀 수 있다.
- 특정 히스톤 잔기의 특정 수식은 크로마틴의 기능 상태를 정의한다.

개념 및 추론 확인

리신 메틸화는 리신의 양(+) 전하에 영향을 미치지 않지만, 크로마틴 기능에 극적인 영향을 줄 수 있다. 방법은 무엇인가?

묵 헤테로크로마틴 상태로 어셈블리되고, 상염색체(autosome)의 헤테로크로마틴 영역(때로는 활성적인 유크로마틴)에서도 발견될 수 있다. 이와는 대조적으로, 포유류의 H2ABbd 변이형은 불활성 X 염색체로부터 배제되고 표준 H2A보다 덜 안정한 뉴클레오솜을 형성한다; 아마 이 히스톤은 유크로마틴의 전사활성 영역(transcriptionally active region)에서 더 쉽게 대체되도록 고안되었다. 그림 10.20은 더 잘 특성화된 히스톤 변이형의 전형적인 분포를 보여주는 개략도이다.

또 다른 변이형은 spH2B와 같이 제한된 조직에서 발현되고, 특히 정자에 존재하며 크로마틴 압축 과정에 필요하다. 히스톤 변이형의 존재와 분포는 개별 크로마틴 영역, 전체 염색체 또는 심지어 특정 조직이 다른 기능에 특화된 크로마틴의 독특한 "특징(flavor)"을 가질 수 있음을 보여주고 있다. 또한, 히스톤 변이형은 표준 히스톤과 마찬가지로, 그들의 기능을 조절할 수 있는 많은 공유결합 수식(covalent modification)을 받아, 핵화 과정(nuclear process)에서 크로마틴이 하는 역할에 복잡성을 더한다.

핵심개념

- H4를 제외한 모든 코어 히스톤은 연관된 변이형 그룹의 구성원이다.
- 히스톤 변이형은 표준 히스톤과 밀접한 관련이 있거나 매우 다른 것일 수 있다.
- 다양한 변이형은 세포에서 다른 기능을 하고 있다.

개념 및 추론 확인

덜 안정한 뉴클레오솜(예: H2ABbd를 함유한 것)이 유크로마틴에서 헤테로크로마틴보다 더 많이 존재하는 이유는 무엇인가?

10.6 DNA 구조는 뉴클레오솜 표면에 따라 변화한다

지금까지 뉴클레오솜의 단백질 구성성분에 초점을 맞추었다. 이 단백질들을 감싸는 DNA는 비정상적인 형태를 취한다. 뉴클레오솜의 표면에 DNA가 노출되면 특정 핵산분해효소의 절단에 따라 독특한 접근성 패턴이 나타난다. 단일가닥을 공격하는 핵산분해효소와의 반응은 특히 유용한 정보를 제공하고 있다. 효소 DNase I과 DNase II는 DNA에서 단일가닥 닉(nick, 틈)을 만든다; 그들은 하나의 가닥에서 결합을 끊지만, 다른 가닥은 손상되지 않은 채로 남아있다. DNA가 용액에서 자유로운 상태라면, (상대적으로) 무작위적인 닉이 생긴다. 뉴클레오솜의 DNA는 효소에 의해 닉을 만들 수도 있지만, 이 경우에는 일정 간격에서만 닉이 발생한다. 방사성 동위원소로 말단-표지된 DNA를 사용하여 절단점을 결정한 다음, DNA를 변성시키고 전기영동하면 그림 10.21에 표시된 종류의 래더(ladder)가 얻어진다.

그림 10.21 핵의 DNase I 분해에서 볼 수 있듯이, 코어 DNA를 따라 일정한 간격으로 끊어지는 부위가 있다. 절단 부위는 S1에서 S13까지 번호로 표시하였다(S1은 표지된 5′ 말단에서 ~10 염기이고, S2는 ~20 염기 등이다). Photo courtesy of Leonard C. Lutter, Henry Ford Hospital, Detroit, MI.I

DNase 분해는 그림 10.3에서 보이는 MNase 래더와 비교하여 훨씬 짧은 간격(10~11 염기)의 생성물을 생성한다. 래더는 코어 DNA의 전체 거리에 해당한다. 동일한 절단 패턴은 히드록실 라디칼(hydroxyl radical)로 절단함으로써 얻어지며, 절단 래더의 패턴은 절단 과정이 임의의 염기배열을 선호하기보다는 DNA 그 자체의 구조를 반영하고 있는 것을 보여주고 있다.

DNA가 편평한 표면에 움직일 때, 일정한 간격으로 노출된 부위가 절단된다. 이것은 그림 10.22와 같이 B-형 DNA의 나선형에서 주기적으로 노출된 부위의 반복성을 반영하고 있다. 절단 주기성(절단점 간의 간격)은 구조적 주기성[이중나선의 한 턴(turn) 당 염기쌍의 수]을 반영하고 있다. 따라서 절단 사이트 간의 거리는 턴 당 염기쌍 수[(bp/turn, *반복 길이*(*repeat length*)라고도 함]에 해당한다. 이러한 유형의 측정은 이중나선형 B-형 DNA의 평균 반복 길이가 10.5 bp/turn임을 시사하고 있다. 그러나 뉴클레오솜에서 평균 반복 길이는 말단에서 ~10.0, 중간 부분에서 ~10.7까지 다양하다. 이것은 코어 DNA의 구조적 주기성에 변화가 있음을 의미한다. DNA의 bp/turn은 중간 부분에서 평균값 보다 크지만, 말단 부분에서는 작다. 전체 뉴클

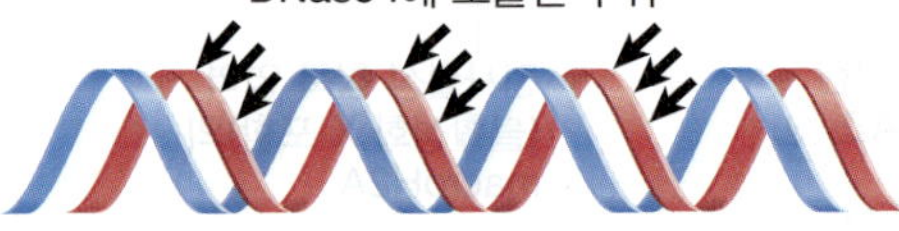

그림 10.22 DNA에서 가장 많이 노출된 위치는 이중 나선의 구조를 반영하는 주기로 반복되어 있다(정확성을 위해, 부위는 한 가닥만 표시함).

레오솜에 걸친 평균 주기율은 단지 10.17 bp/turn이며, 용액 내 DNA의 평균 10.5 bp/turn보다 현저히 적다.

코어 입자의 결정 구조는 DNA가 *솔레노이드*(*solenoidal*, 스프링 모양) 수퍼코일에 감겨져 있으며, 히스톤 옥타머 주위에 1.65 턴 감겨져 있음을 보여주고 있다. DNA의 구조는 왜곡된다. 중앙의 129 bp는 B-DNA의 형태이지만, 수퍼헬릭스(superhelix)를 형성하는 데 필요한 크고 튼튼한 곡률을 가지고 있다. 큰 홈(major groove)은 부드럽게 구부러져 있지만, 작은 홈(minor groove)에는 급격한 꼬임이 있다. 이러한 구조적 변화는 뉴클레오솜 DNA의 중앙 부분이 통상적으로 코어 DNA의 말단 부분 또는 링커 염기배열에 결합하는 조절 단백질에 의한 결합 표적이 아닌 이유를 설명할 수 있다.

뉴클레오솜 DNA의 수퍼코일링의 실제 측정과 DNA가 따르는 경로에서 수퍼코일링에 대한 예측을 비교할 때 뉴클레오솜 DNA의 구조에 대한 일부 통찰력(insight)이 생긴다. 포유동물 세포를 감염시키는 SV40 바이러스로 뉴클레오솜 세트의 구조에 대한 많은 연구가 수행되었다. SV40의 DNA는 5,200 bp의 원형 분자이다. 바이러스 입자와 감염된 핵 모두에서 일련의 뉴클레오솜으로 압축되는데, 이를 합쳐 *미니염색체*(*minichromosome*)라고 한다.

분리된 미니염색체는 네이키드 DNA(naked DNA; 히스톤이 제거된 DNA)보다 약 6배 정도 압축된다(본질적으로 뉴클레오솜 자체의 ~6배와 동일하다). 미니염색체의 개별 뉴클레오솜에 의해 제한된 수퍼코일링의 정도는 그림 10.23에 나와 있는 것처럼 측정할 수 있다. 첫째, 미니염색체 자체의 자유 수퍼코일(뉴클레오솜에 구속되지 않은 것들)은 완화되어 뉴클레오솜은 수퍼헬리컬 밀도(density)가 0인 원형 선을 형성한다. 다음으로 히스톤 옥타머가 추출된다. 이렇게 하면 자유로운 경로를 따라 DNA가 방출된다. 존재하기는 하나 뉴클레오솜에 구속된 모든 수퍼코일은 단백질이 제거되지 않은 DNA에서 −1 턴(회전, turn)으로 나타난다. 마지막으로, SV40 DNA에서 수퍼코일의 총 수를 측정한다.

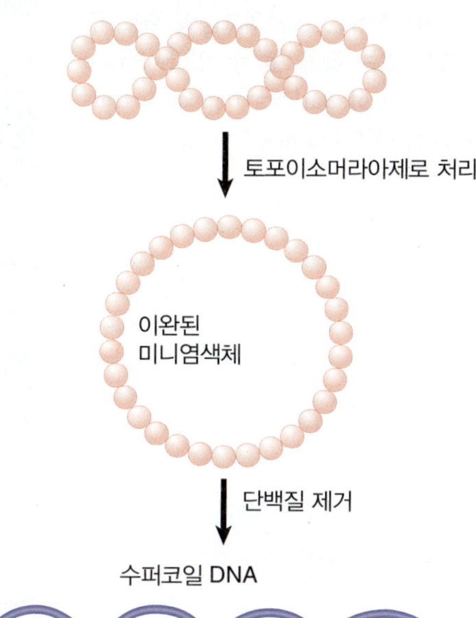

그림 10.23 SV40 미니염색체의 수퍼코일은 원형 구조를 생성하기 위해 이완될 수 있으며, 히스톤의 손실은 자유로운 상태의 DNA에서 수퍼코일을 만든다.

관찰된 값은 뉴클레오솜의 수에 가깝다. 따라서 DNA는 억제 단백질이 제거되면 ~1 음성 수퍼코일 턴을 생성하는 뉴클레오솜 표면 경로를 따른다. DNA가 뉴클레오솜을 형성하는 경로 과정은 −1.67 수퍼헬리컬 턴에 해당한다(그림 10.5 참조). 이러한 불일치를 *링킹넘버 파라독스*(*link number* paradox)라고도 한다.

이러한 불일치는 뉴클레오솜 DNA의 10.17 bp/turn과 자유 DNA의 10.5 bp/turn 사이의 차이로 설명되어진다. 200 bp의 뉴클레오솜에는 200/10.17 = 19.67 턴이 있다. DNA가 뉴클레오솜에서 방출되면 이제는 200/10.5 = 19.0 턴이 된다. 뉴클레오솜에서 단단히 감겨지지 않은 DNA의 경로는 -0.67 턴을 흡수하여, −1.67의 물리적 경로와 −1.0의 수퍼헬리컬 턴 간의 불일치를 설명할 수 있다. 실제로 뉴클레오솜 DNA의 비틀림 변형(torsional strain) 중 일부는 bp/turn의 수를 증가시킨다. 남은 부분만이 수퍼코일로 측정된다.

핵심개념

- DNA는 히스톤 옥타머(octamer) 주위에 1.65 턴으로 감싸진다.
- DNA의 구조가 변경되어 중간 부분에서는 염기쌍/회전(base pairs/turn) 수가 증가하지만 말단 부분에서는 감소한다.
- 약 0.6 턴의 DNA 변화가 용액상의 10.5에서 뉴클레오솜 표면의 평균 10.17까지 흡수되어 링킹 넘버 파라독스를 설명할 수 있다.

개념 및 추론 확인

뉴클레오솜 DNA에 MNase와 DNase가 생성한 다양한 분해 패턴을 설명하라.

10.7 크로마틴 섬유의 뉴클레오솜 경로

전자현미경으로 크로마틴을 관찰하면, 두 종류의 섬유가 보인다: 10 nm 섬유와 30 nm 섬유. 그들은 실(thread)의 대략적인 직경(30 nm 섬유의 직경은 실제로 ~25~30 nm까지 다양하다)으로 설명된다.

10 nm 섬유는 뉴클레오솜의 연속적인 끈 구조이며 크로마틴 구조의 최소 압축 수준을 나타낸다. 실제로 10 nm 섬유 구조가 뻗어있는 경우 링커 DNA(linker DNA)와 뉴클레오솜을 쉽게 구별할 수 있으며, 섬유 구조는 그림 10.24의 예와 같이 선으로 연결된 일련의 구슬 모양과 유사하다. 10 nm 섬유 구조는 낮은 이온 강도의 조건에서 얻어지며, 히스톤 H1의 존재를 필요로 하지 않는다. 이것은 그것이 뉴클레오솜 자체의 기능이라는 것을 의미한다. 이 섬유에서 뉴클레오솜의 일련의 연속체가 그림 10.25에 나와 있다.

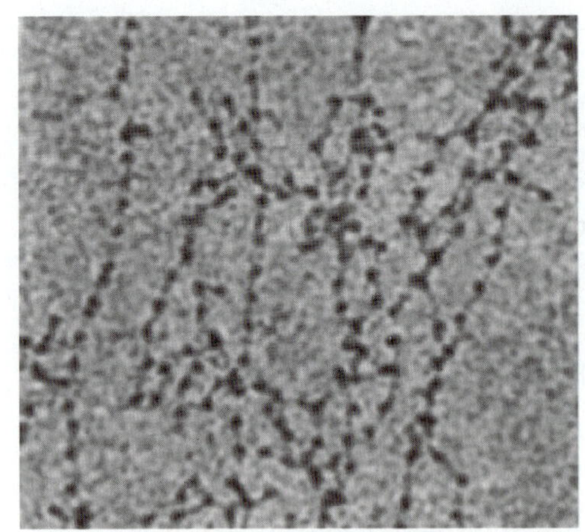

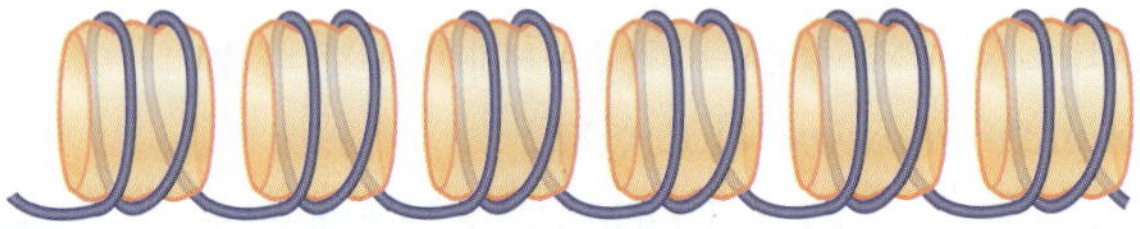

그림 10.24 부분적으로 풀린 상태의 10 nm 섬유는 뉴클레오솜의 줄로 구성되어있는 것을 볼 수 있다. Photo courtesy of Barbara Hamkalo, University of California, Irvine.

그림 10.25 10 nm 섬유는 뉴클레오솜의 연속적인 줄이다.

크로마틴을 이온 강도가 큰 조건에서 보면 30 nm 섬유가 얻어진다. 그림 10.26에 예가 나와 있다. 섬유 구조는 밑에 있는 감겨진 구조가 있는 것을 볼 수 있다. 그것은 매 턴당 ~6개의 뉴클레오솜을 가지고 있으며, 이는 ~40배의 압축에 해당한다(즉, 섬유의 축을 따라 각각의 μm는 DNA 40 μm를 포함한다). 이 섬유의 형성에는 인터뉴클레오솜(internucleosomal) 접촉에 관여하는 히스톤 테일이 필요하고, H1과 같은 링커 히스톤의 존재에 의해 촉진된다. 이 섬유는 간기 크로마틴과 유사분열 염색체의 기본 구성 요소로 여겨진다.

뉴클레오솜을 섬유 구조로 압축하기 위해 가장 가능성 있는 배열은 뉴클레오솜이 중심공동(central

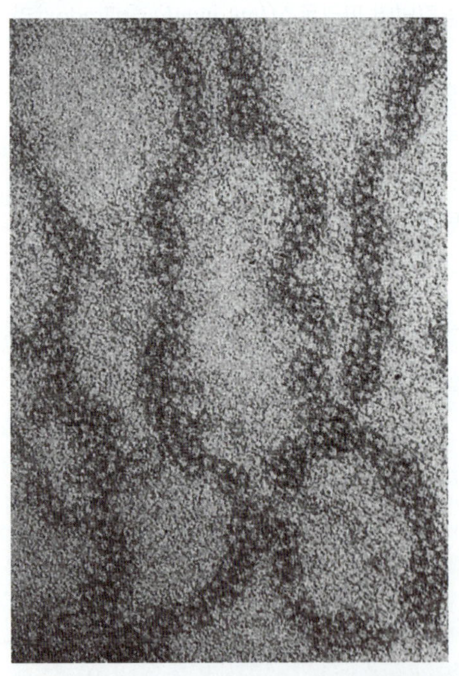

그림 10.26 30 nm 섬유는 코일 구조를 가지고 있다. Photo courtesy of Barbara Hamkalo, University of California, Irvine.

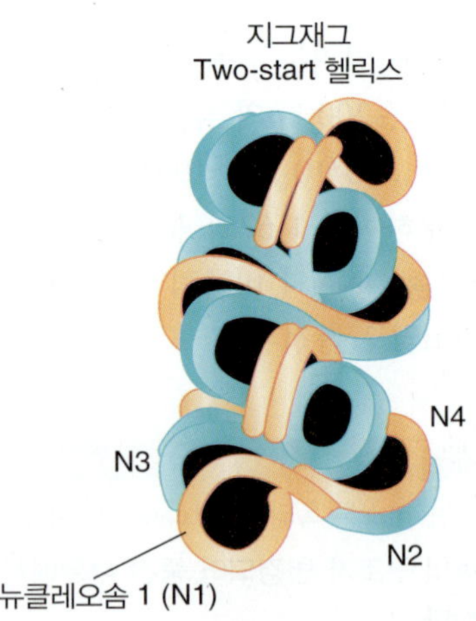

그림 10.27 30 nm 섬유는 솔레노이드에 감겨진 두 줄의 뉴클레오솜으로 구성된 Two-start 헬릭스이다. Reprinted from D. J. Tremethick, Higher-order structures of chromatin: the elusive 30 nm fiber, *Cell* 128, pp. 651–654. Copyright 2007, with permission from Elsevier (http://www.sciencedirect. com/science/journal/00928674).

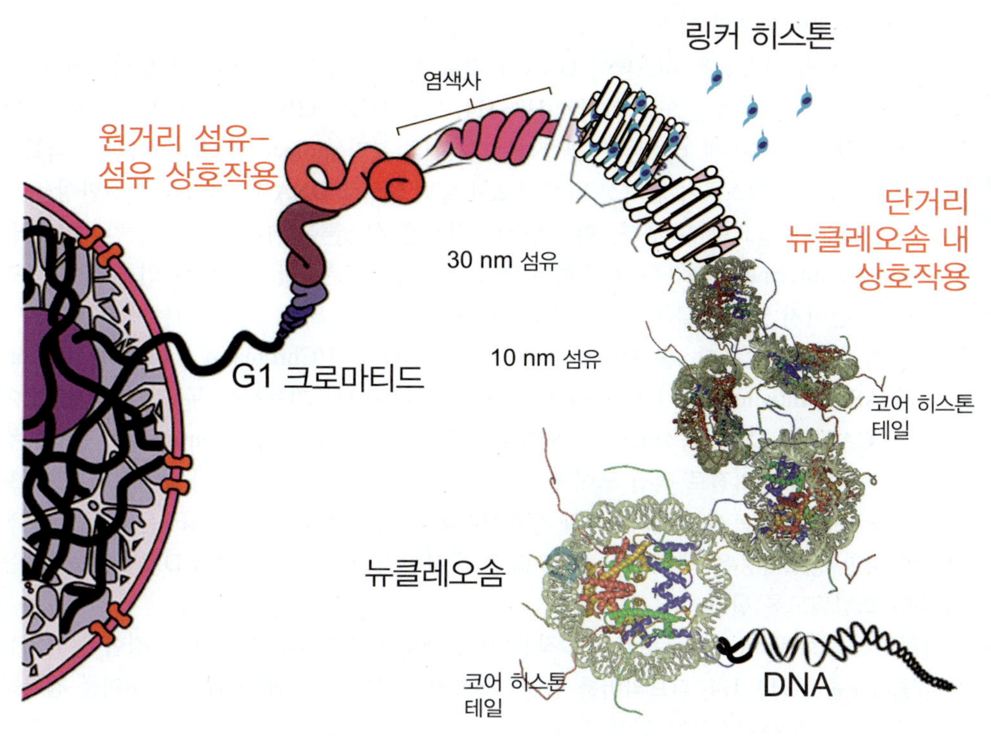

그림 10.28 크로마틴 패키징 단계. 링커 히스톤에 의해 안정화된 히스톤 테일-의존 단거리 내부 뉴클레오티드 상호작용의 결과로써, 10 nm 섬유가 30 nm 섬유로 접혀 있다. 30 nm 섬유상 구조는 이후 커다란 염색사 구조로 접히게 되며, 최종적으로 원거리의 섬유상 구조와 섬유상 구조 간의 상호작용과 다른 작용들에 의해 분열 중기 염색체 또는 간기의 염색분체를 구성하게 된다. Modified courtesy of Karolin Luger and Jeffrey C. Hansen, Colorado State University.

cavity, 링커 DNA에 의해 점유될 가능성이 있음) 주위에 감겨진 헬리컬 배열로 회전하는 솔레노이드(solenoid) 구조이다. 최근의 데이터에 따르면 30 nm 섬유는 **그림 10.27**에서 묘사된 것처럼, 두 줄의 뉴클레오솜으로 구성된 *two-start* 헬릭스(*two-start* helix)로 가장 많이 알려져 있다.

30 nm 섬유를 넘어서의 접힘 정도는 잘 알려져 있지 않지만, 30 nm 섬유가 제공하는 40배 압축은 여전히 염색체의 간기 또는 유사분열 포장에 필요한 압축 정도에는 아직 미치지 못하다는 것이 분명하다. 60~300 nm의 직경을 갖는 크로마틴 섬유가 광학현미경 및 전자현미경 방법 모두에 의해 관찰되었다. 이러한 섬유는 접힌 30 nm 섬유 구조로 구성되며 주요한 수준의 압축 상태를 나타낸다(100 nm 섬유의 폭을 가로지르는 30 nm 섬유는 >10 kb의 DNA를 포함한다). 그러나 이러한 큰 크기의 실제 하부구조의 섬유는 알려지지 않았다. **그림 10.28**은 고차 폴딩(higher order folding)을 가정한 그림이다.

핵심개념

- 10 nm 크로마틴 섬유는 30 nm 섬유에서 펼쳐지며 일련의 뉴클레오솜으로 구성된다.
- 30 nm 섬유는 10 nm 섬유로 구성되어 two-start 헬릭스(two-start helix) 형태로 감긴다.
- 링커 히스톤은 30 nm 섬유의 형성을 촉진한다.

개념 및 추론 확인

히스톤 테일(histone tail)이 30 nm 섬유의 형성에 왜 중요할까?

10.8 크로마틴의 복제는 뉴클레오솜의 조립을 필요로 한다

복제는 DNA 가닥을 분리하므로, 필연적으로 뉴클레오솜의 구조를 파괴해야 한다. 그러나 이러한 파괴는 복제 분기점(replication fork) 바로 옆 부위에 국한된다. 일단 DNA가 복제되면, 뉴클레오솜은 복제물인 두 가닥에서 신속하게 생성된다. 이 점은 **그림 10.29**의 전자현미경 사진으로 알 수 있는데, 이 전자현미경 사진은 두 개의 딸 이중가닥 단편(daughter duplex segment)에서 이미 뉴클레오솜으로 압

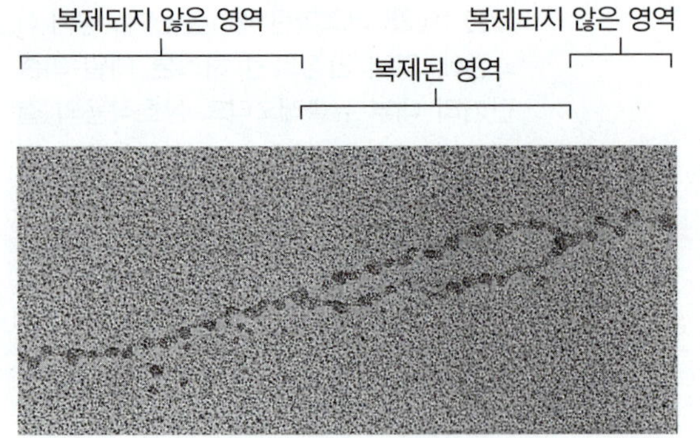

그림 10.29 복제된 DNA는 즉시 뉴클레오솜을 형성한다. Photo courtesy of Steven L. McKnight, UT Southwestern Medical Center at Dallas.

축된 최근에 복제된 일련의 DNA를 보여주고 있다.

액세서리 단백질은 히스톤이 DNA와 결합하도록 돕는 데 관여하고 있다. 액세서리 단백질은 개별 히스톤 또는 복합체($H3_2$-$H4_2$ 또는 H2A-H2B)를 제어된 방식으로 DNA에 결합시키기 위해 히스톤과 결합하는 "샤페론 분자(molecular chaperones)" 역할을 한다. 이것은 히스톤이 염기성 단백질로서 일반적으로 DNA에 대해 높은 친화성을 가지기 때문에 필요할 수 있다. 이러한 상호작용은 히스톤이 다른 동적인 중간 대사산물(kinetic intermediates)(즉, 히스톤의 DNA에 대한 무분별한 결합으로 인한 다른 복합체)에 갇히지 않고 뉴클레오솜을 형성하게 한다.

현재까지 많은 히스톤 샤페론이 확인되었다. CAF-1(Chromatin Assembly Factor)과 ASF1(antisilencing Function 1)은 복제 분기점에서 기능하는 두 가지의 샤페론이다. CAF-1은 DNA 중합효소의 PCNA(proliferating cell nuclear antigen)을 증식시킴으로써 복제 분기점로 직접 모이게 하는 보존 3-서브유닛 복합체이다. ASF1은 복제 포크를 풀어주는 복제 헬리카아제와 상호작용한다. 또한 CAF-1과 ASF1은 서로 상호적으로 작용한다. 이러한 상호작용은 복제와 뉴클레오솜 조립 사이의 연결을 제공하여 DNA가 복제되는 즉시 뉴클레오솜이 조립되도록 한다.

CAF-1은 화학량론적(stoichiometrically)으로 작용하며, 새로 합성된 H3과 H4에만 결합하여 기능한다. 새로운 뉴클레오솜은 $H3_2$-$H4_2$ 테트라머를 먼저 DNA에 조합한 다음 H2A-H2B 다이머를 첨가하여 형성한다. ASF1은 복제 분기점보다 먼저 복제 분기점 뒤의 새로 합성된 영역으로 어버이 뉴클레오솜을 옮기는 데 중요한 역할을 하는 것으로 보이며, 또한 ASF1은 새로 합성된 히스톤도 결합 및 조립을 할 수 있다.

분해와 재조립의 패턴은 자세히 기술하기 어렵지만, 작동 모델(working model)은 그림 10.30에서 설

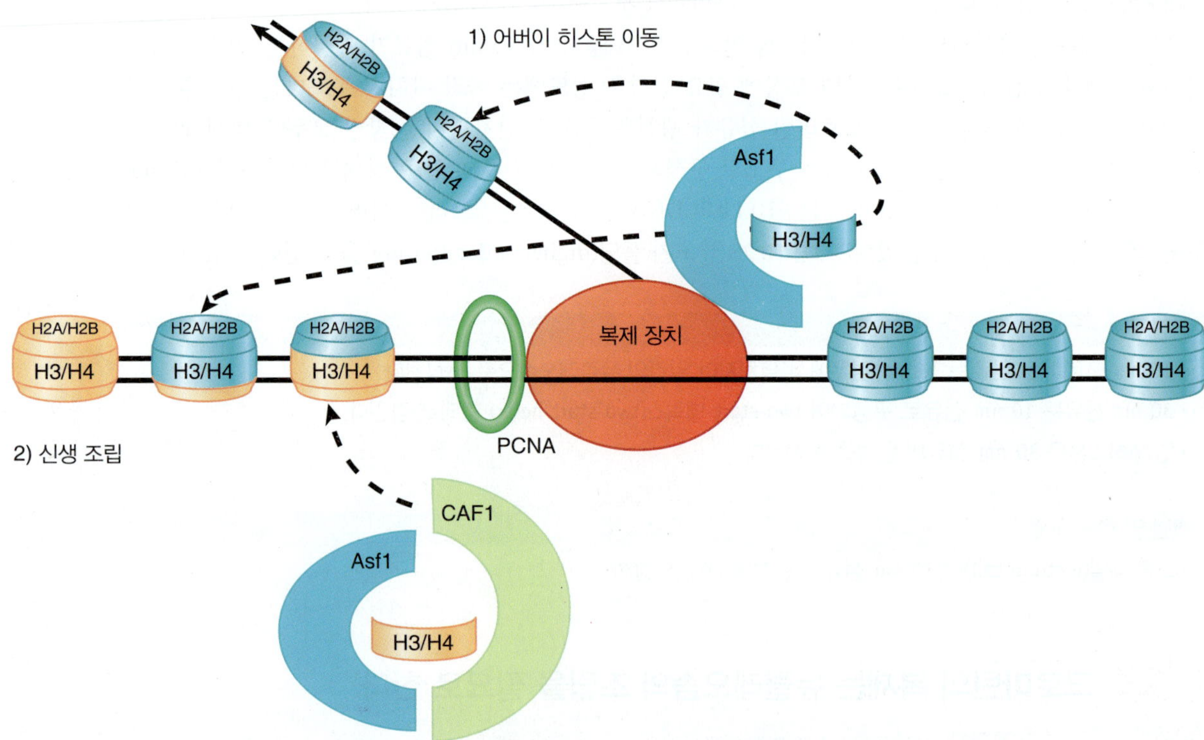

그림 10.30 복제 분기점 통로는 DNA로부터 히스톤 옥타머를 제거한다. 그들은 H3-H4 테트라머와 H2A-H2B 다이머로 분해한다. H3-H4 테트라머는 복제 분기점 뒤로 직접 이동된다. 새로 합성된 히스톤은 H3-H4 테트라머 및 H2A-H2B 다이머로 조립된다. 기존의 것(파란색)과 새로 합성된(주황색) 테트라머와 다이머는 히스톤 샤페론의 도움으로 복제 분기점 바로 뒤에 있는 새로운 뉴클레오솜으로 조립된다. Adapted from W. Rocha and A. Verreault, *FEBS Lett.* 582 (2008): 1938–1949.

명하고 있다. 복제 분기점은 히스톤 옥타머를 치환하여 $H3_2$-$H4_2$ 테트라머 및 H2A-H2B 다이머로 분리된다. "오래된(old)" 테트라머는 샤페론의 도움으로 새로 합성된 영역으로 직접 옮길 수 있다. "오래된" 다이머는 또한 새로 합성된 히스톤으로 조립된 "새로운(new)" 테트라머 및 다이머를 포함하는 풀에 들어간다. 뉴클레오솜은 복제 포크 뒤에 DNA ~600 bp를 조립한다. 조립은 $H3_2$-$H4_2$ 테트라머가 CAF-1 또는 ASF1에 의해 보조된 각 딸 이중구조에 결합할 때 시작된다. 두 개의 H2A-H2B 다이머가 각각의 $H3_2$-$H4_2$ 테트라머에 결합하여 히스톤 옥타머를 완성한다. 테트라머와 다이머의 집합은 "오래된" 그리고 "새로운" 서브유닛에 대해 무작위이다. 서로 다른 히스톤 샤페론이 이 과정에 관여하지만, 뉴클레오솜은 전사 과정에서 유사한 방식으로 파괴되었다가 재조립된다(*28.11절 유전자의 활성에는 크로마틴에 많은 변화가 일어난다* 참조).

진핵세포의 S기(DNA 복제 기간) 동안 크로마틴의 중복은 전체 게놈을 압축하기에 충분한 히스톤 단백질의 합성을 필요로 한다. 기본적으로 뉴클레오솜에 이미 들어있는 동일한 양의 히스톤을 합성해야 한다. 대부분의 히스톤 mRNA의 합성은 세포주기의 일부로서 조절되며 S기에서 엄청나게 증가한다. S기 동안 오래된 히스톤과 새로운 히스톤이 동등하게 혼합된 상태에서 크로마틴을 조립하기 위한 경로를 *복제-결합 경로*(*replication-coupled*(*RC*) *pathway*)라고 한다.

복제-비의존적 경로(*replication-independent*(*RI*) *pathway*)라고 불리는 또 다른 경로는 DNA가 합성되지 않는 세포주기의 다른 단계에서 뉴클레오솜을 어셈블리하기 위해 존재한다. 이것은 DNA가 손상을 입거나 뉴클레오솜이 전사 중에 대체되기 때문에 필요하다. 어셈블리 프로세스는 반드시 복제 장치에 연결될 수 없으므로 복제 연결 경로와 약간의 차이점이 있어야 한다. 복제-비의존적 경로는 *10.5절 히스톤 변이형이 대체 뉴클레오솜을 생산한다*에서 논의된 것처럼 히스톤 H3.3 변이형을 사용한다. H3.3은 복제 주기가 없는 분화 세포(differentiating cell)에서 H3을 천천히 대체한다. 이것은 어떤 이유로든 DNA에서 옮겨진 것들을 대체하기 위한 새로운 히스톤 옥타머의 어셈블리 결과이다.

CAF-1은 복제-비의존적 어셈블리에 관여하지 않는다. (CAF-1이 필수적이지 않은 효모와 애기장대와 같은 생물체가 있는데, 이는 복제 조립으로 또 다른 조립 과정이 사용될 수 있음을 의미한다). 대신 복제-비의존적 조립은 HIRA라는 요소를 사용한다. HIRA는 히스톤이 뉴클레오솜에 혼입되는 것을 돕는 샤페론 역할을 한다. 이 경로는 일반적으로 복제-비의존적 조립을 담당한다; 예를 들어, HIRA는 수정(fertilization) 후 복제될 수 있는 크로마틴을 생성하기 위해 프로타민이 히스톤으로 대체될 때 정자 내 핵의 탈응축(decondensation)에서 필요로 한다.

핵심개념

- 히스톤 옥타머는 복제 중에 보존되지 않지만, H2A-H2B 다이머와 H32-H42 테트라머는 보존된다.
- 뉴클레오솜 어셈블리 경로는 복제 중인 경우와 복제와는 상관없는 경우에 따라 다르게 일어난다.
- 액세서리 단백질은 뉴클레오솜 조립을 돕는 데 필요하다.
- CAF-1과 ASF1은 복제 기구와 연결된 히스톤 조립 단백질이다.
- 다른 조립 단백질, HIRA 및 히스톤 H3.3 변이형은 복제-비의존적 조립에 사용된다.

개념 및 추론 확인

크로마틴 조립의 복제-비의존적 경로가 중요한 이유는 무엇인가?

10.9 뉴클레오솜은 특정 위치에 존재하는가?

특정한 DNA 염기배열은 생체 내에서 뉴클레오솜의 지형(topography)과 관련하여 항상 어떤 특정한 위치에 존재하는가? 또는 뉴클레오솜은 DNA 상에 무작위로 배열되어 특정 염기배열이, 게놈의 한 사본의 핵심 영역과 다른 곳인 링커 영역과 같은 임의의 위치에서 발생할 수 있는가?

생체 내에서 뉴클레오솜의 위치를 알아보는 데 사용할 수 있는 여러 가지 방법이 있다. 잘 확립된 한 가지 방법은 MNase 분해를 이용하여 DNA에서 특정 부위(defined point)에 상대적인 뉴클레오솜 배열의 위치를 결정하는 것이다. 그림 10.31은 이를 달성하기 위해 사용되는 과정의 원리를 보여주고 있다.

DNA 염기배열이 단 하나의 특정한 입체구조(configuration) 형태로 뉴클레오솜으로 구성되어, DNA의 각 부위가 항상 뉴클레오솜의 특정한 곳에 위치한다고 가정해 보라. 이러한 유형의 구성형태를 **뉴클레오솜 포지셔닝**[**nucleosome positioning** 혹은 *뉴클레오솜 위상화(nucleosome phasing)*]이라고 부른다. 일련의 포지셔닝된 뉴클레오솜에서, DNA의 링커 영역은 특정한 부위를 차지하고 있다.

▶ **뉴클레오솜 포지셔닝(Nucleosome positioning)** 염기배열에 있어 무작위적인 위치에 놓이는 것이 아닌 DNA의 특징적인 염기배열 위치에 뉴클레오솜이 배치되는 것을 의미.

▶ **간접 말단 표지법(Indirect end labelling)** DNA를 특정 부위에서 자르고 이후 잘려진 한쪽 가닥에 인접한 염기배열을 포함한 모든 절편의 확인을 통해 DNA의 구성을 조사하기 위한 기법. 그것으로 DNA에서 잘려나간 위치로부터 다음에 잘려지는 위치까지의 거리를 나타내진다.

단 하나의 뉴클레오솜의 결과를 생각해 보자. 마이크로코칼 뉴클라아제(micrococcal nuclease)를 이용한 절단은 *특정 염기배열*로 구성된 모노머 단편을 생성한다. DNA가 단편에 단 하나의 표적 위치가 있는 제한효소로 분리되고 절단되면 특정한 위치 지점에서 절단되어야 한다. 이렇게 하면 고유한 크기의 두 조각이 생성된다.

마이크로코칼/제한효소 이중절단(micrococcal/restriction double digest)의 생성물은 겔 전기영동으로 분리된다. 제한효소 사이트의 한쪽에 있는 염기배열을 나타내는 프로브는 이중절단에서 해당 단편을 확인하는 데 사용된다. 이 기술을 (뉴클레오솜 DNA 단편 그 자체는 표지되지 않기 때문에 간접적으로 프로브로 검출해야 하기 때문에) **간접 말단 표지법(indirect end labeling)**이라고 한다.

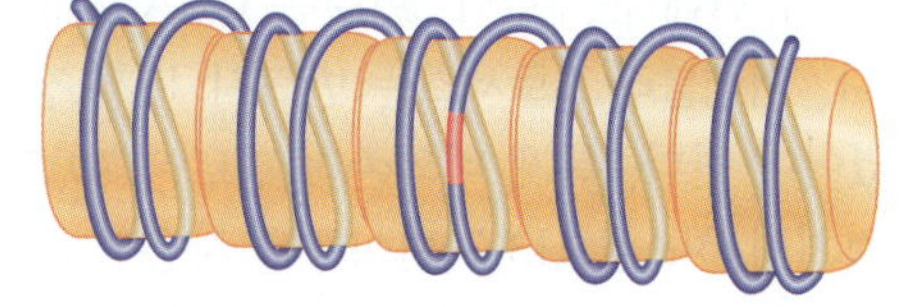

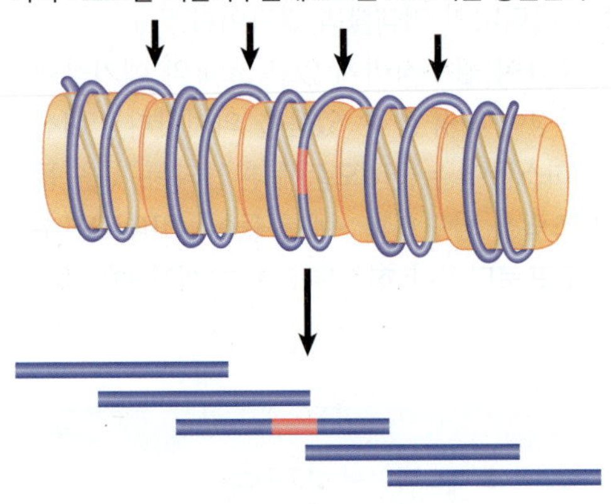

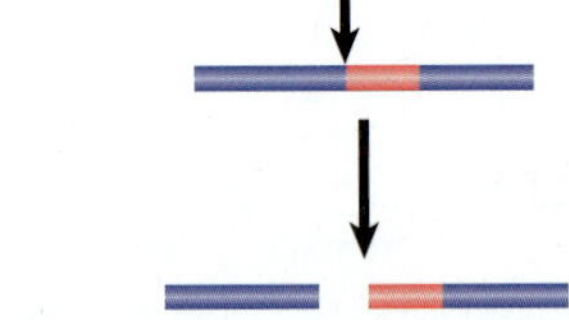

그림 10.31 뉴클레오솜의 포지셔닝 위치는 마이크로코칼 핵산가수분해효소에 의해 절단되는 링커 부위와 비교하여 특정한 위치의 절단 부위에 있다. Courtesy of Dr. Jocelyn Krebs.

이러한 논증을 역으로 하면, 단일 날카로운(sharp) 밴드의 동정은 제한효소 사이트의 위치가 (마이크로코칼 핵산분해효소 절단에 의해 한정된 바와 같이) 뉴클레오솜 DNA의 말단에 대해 유일하게 한정된다는 것을 입증하고 있다. 따라서 뉴클레오솜은 독특한 DNA 염기배열을 가지고 있다. 만일 특정한 영역에 위치된 뉴클레오솜의 배열이 포함되어 있다면, 각각의 위치는 이 방법을 사용하여 알아 볼 수 있다. 뉴클레오솜의 정렬된 배열을 포함하는 유전자 프로모터의 예를 그림 10.32에 나타내었다. 이 MNase 지도에서 겔(gel)의 왼쪽에 있는 타원으로 표시되는 다수의 위치가 결정된 뉴클레오솜을 확인할 수 있다. 필수적인 프로모터 요소인 TATA 박스는 뉴클레오솜으로 덮여 있다; 이 예에서 이 유전자는 전사되지 않는다. 즉, 전사 활성화 후, 뉴클레오솜 구성 분포가 변하게 된다.

뉴클레오솜이 단일 위치에 있지 않다면 어떻게 될까? 이제 링커는 게놈의 각 사본에 서로 다른 DNA 염기배열로 구성된다. 따라서 제한효소 부위는 매번 다른 위치에 놓여 있게 된다; 사실, 이것은 뉴클레오솜 모노머 DNA의 말단에 비해 모든 가능한

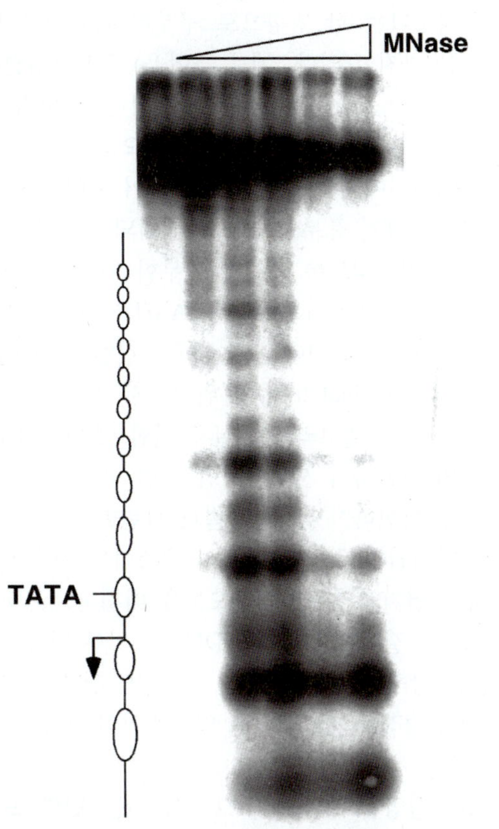

그림 10.32 불활성 유전자에서 뉴클레오솜 위치의 MNase 지도. 처리한 MNase 농도는 왼쪽에서 오른쪽 레인으로 가면서 증가한다. 뉴클레오솜은 절단 부위가 없는 위치(타원으로 표시)를 나타내며, 잘-정렬된 배열로 정렬되어 있다. TATA 박스와 전사 시작 부위(화살표)의 위치를 나타내었다. Courtesy of Dr. Jocelyn Krebs.

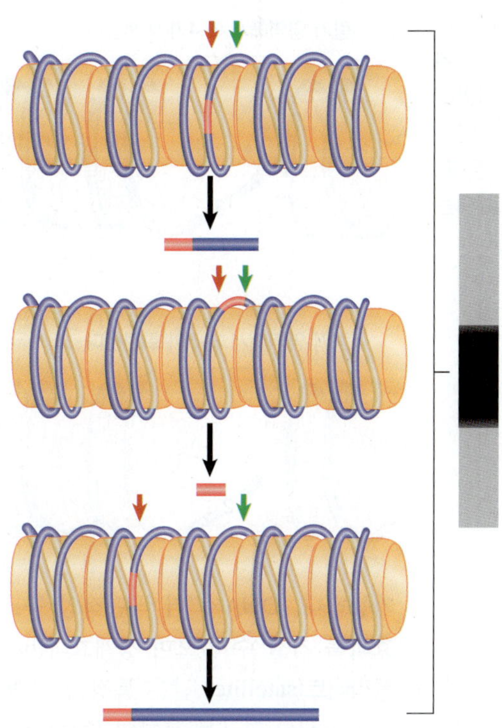

그림 10.33 뉴클레오솜 포지셔닝이 없는 경우, 제한효소 부위는 게놈의 서로 다른 사본에 있는 가능한 모든 위치에 존재한다. 모든 가능한 크기의 단편은 제한효소가 표적 부위(빨간색)에서 절단되고, 마이크로코칼 핵산가수분해효소가 뉴클레오솜(녹색) 사이의 교차점에서 절단될 때 만들어진다.

위치에 놓여 있다. 그림 10.33은 이중 절단이 가장 작은 검출 가능한 단편(~ 20 염기)에서부터 모노머 DNA의 길이에 이르기까지 광범위한 번짐(smear) 현상이 나타나는 것을 보여주고 있다.

뉴클레오솜 포지셔닝은 두 가지 방법 중 하나로 수행될 수 있다:

- 내인성 메커니즘(intrinsic mechanism): *뉴클레오솜은 특정 DNA 염기배열에 특이적으로 침착(deposit)되거나 특정 염기배열에 의해 배제된다.* 이러한 사실은 우리가 알고 있었던 뉴클레오솜에 대한 관점을 DNA와 히스톤옥타머 사이에 형성할 수 있는 서브유닛으로 수정하게 한다.
- 외인성 메커니즘(extrinsic mechanism): *특정 부위의 첫 번째 뉴클레오솜이 특정 부위에서 우선적으로 조립된다.* 뉴클레오솜 포지셔닝을 위한 우선적인 출발점은 특정 부위의 뉴클레오솜을 배제하거나 (특정 부위에 결합하는 또 다른 단백질과의 경쟁 때문에) 또는 특정 부위에서 뉴클레오솜을 특이적으로 침착(deposit)시킴으로써 발생할 수 있다. 제외된 영역 또는 형성된 뉴클레오솜은 인접한 뉴클레오솜이 이용 가능한 위치를 제한하는 경계를 제공한다. 그런 다음 일련의 뉴클레오솜을 일정한 반복 길이로 순차적으로 조립할 수 있다.

DNA 상에 히스톤 옥타머가 침착하는 것이 염기배열과 관련하여 무작위적이지 않다는 것은 이제 분명하다. 패턴은 DNA의 구조적 특징에 따라 결정되는 경우가 있다. 다른 경우에는 DNA 및/또는 히스톤과의 다른 단백질의 상호작용으로 인한 외인성 요인에 따른다.

DNA의 특정 구조적 특징은 히스톤 옥타머의 배치에 영향을 미친다. 일부 DNA 염기배열은 다른 방

그림 10.34 번역 포지셔닝은 히스톤 옥타머를 기준으로 한 DNA의 선형위치를 나타낸다. DNA를 10 bp 치환하면 보다 더 노출되어 있는 링커 영역의 염기배열이 변화하나, 히스톤 표면에 의해 보호되고 외부에 노출되는 DNA 면은 변경시키지 않는다.

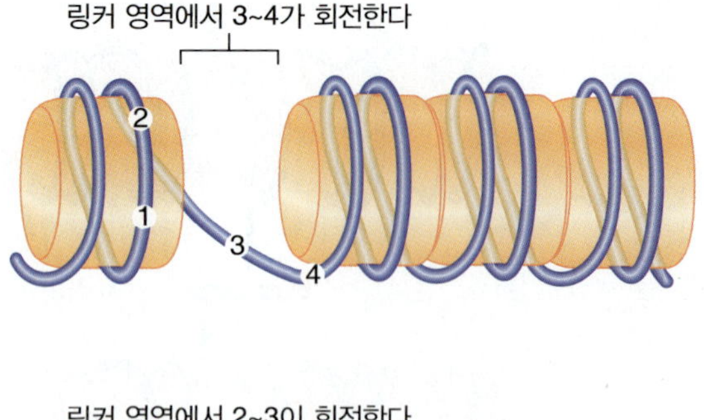

향보다는 한 방향으로 구부러지는 고유한 경향을 가지고 있다. 예를 들어, A-T 다이뉴클레오티드(dinucleotid)는 쉽게 구부러지며, 따라서 A-T가 풍부한 염기배열은 뉴클레오솜에서 단단히 싸여지기에 유리하다. 작은 홈이 옥타머를 향하도록 A-T가 풍부한 영역이 배치되는 반면, 작은 홈이 지향되도록 G-C가 풍부한 영역이 배열된다. 이와는 대조적으로, 긴 dA-dT(>8 bp)는 DNA를 강화시키고 코어의 중심에 단단한 수퍼헬리컬 턴(superhelical turn)이 위치하지 않도록 한다. 일부 예측 알고리즘이 실제 실험 데이터 결과에 거의 접근하기 시작했지만 관련 구조적 효과를 모두 합산하여 뉴클레오솜과 관련한 특정 DNA 염기배열의 위치를 완전히 예측하는 것은 아직 불가능하다. DNA가 더 극단적인 구조를 차지하게 하는 염기배열은 뉴클레오솜을 배제하는 것과 같은 효과를 가질 수 있으며 경계효과(boundary effect)를 일으킬 수 있다. 5S rDNA의 일부 및 간단한 새틀라이트(satellite) 같은 특정 염기배열은 뉴클레오솜을 강하게 형성하게 할 수 있다. 전체 유전체(genomewide) 연구를 통하여 중요한 프로모터 영역에서 뉴클레오솜을 제외한 염기배열의 보급을 포함하여 내인성 포지셔닝의 패턴이 밝혀지기 시작했다.

▶ **번역 포지셔닝(translational positioning)** 링커 영역에 어떤 염기배열이 위치하는지를 결정하는 이중나선의 연속적인 턴에서 히스톤 옥타머의 위치.

뉴클레오솜에서 DNA의 위치는 두 가지 방법으로 설명할 수 있다. 그림 10.34는 **번역 포지셔닝(translational positioning)**이 뉴클레오솜의 경계와 관련하여 DNA의 위치를 기술하고 있음을 보여준다. 특히 링커 영역에서 어떤 염기배열이 있는지를 결정한다. DNA를 10 bp 이동시키면 다음 차례가 링커 영역으로 바뀐다. 따라서 번역 포지셔닝(위상)은 어느 영역이 더 접근 가능한지를 결정한다(적어도 마이크로코칼 핵산분해효소에 대한 민감성으로 판단된다).

그림 10.35 회전 포지셔닝은 뉴클레오솜 표면에 DNA가 노출되어 있음을 나타낸다. 헬리컬 반복(~10.2 bp/turn)과 다른 모든 움직임은 히스톤 표면을 참고로 하여 DNA를 대체한다. 내부의 뉴클레오티드는 외부의 뉴클레오티드보다 핵산가수분해효소부터 보호된다.

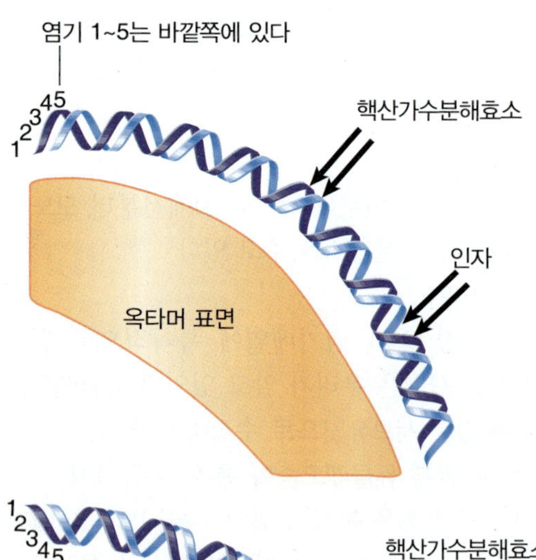

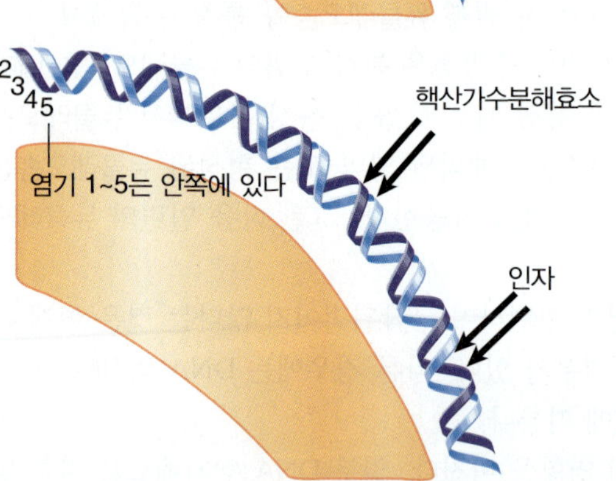

▶ **회전 포지셔닝(rotational positioning)** DNA의 어느 면이 뉴클레오솜 표면에 노출되는지를 결정하는 이중나선의 회전과 관련된 히스톤 옥타머의 위치.

DNA가 히스톤 옥타머의 바깥에 있기 때문에 특정 염기배열의 한 면이 히스톤에 의해 가려지며 다른 면에는 접근이 가능하다. 뉴클레오솜에 대한 위치에 따라 조절 단백질에 의해 인식되어야 하는 DNA 내의 위치는 접근 불가능하거나 또는 이용 가능할 수 있다. 따라서 그림 10.35와 같이 히스톤 옥타머와 관련하여 이중나선의 **회전 포지셔닝(rotational positioning)** 위치가 중요할 수 있다. 만일 DNA가 부분적인 회전수(a partial number of turns)만큼 움직이면(DNA가 단백질 표면에 대해 회전하는 것으로 상상해 보라), 염기배열의 외부 노출에 변화가 생긴다.

번역 및 회전 포지셔닝은 DNA에 대한 접근을 제어하는 데 중요할 수 있다. 최적의 포지셔닝 사례는 프로모터에서 뉴클레오솜의 특정 배치를 포함한다. 전사 복합체가 형성되도록 번역 포지셔닝 및/또는 특정 염기배열로부터의 뉴클레오솜의 배제가 필요할 수 있다. 일부 조절 인자는 DNA에 자유롭게 접근할 수 있도록 뉴클레오솜이 배제된 경우에만 DNA에 결합할 수 있으며, 이것이 번역 포지셔닝을 위한 경계를 만든다. 다른 경우 조절 인자는 뉴클레오솜 표면의 DNA에 결합할 수 있지만 회전 포지셔닝은 중요한 접촉점을 가진 DNA 면이 노출되도록 하는 것이 중요하다.

*28장 진핵생물 전사 조절*에서 뉴클레오솜 조직과 전사 간의 연결에 대해 논의하지만, 프로모터(및 다른 구조들)는 종종 뉴클레오솜을 배제하는 짧은 영역에 위치하고 있다는 것을 주목해야 한다. 이러한 영역은 전형적으로 뉴클레오솜 위치가 제한되는 경계를 형성한다. 효모 *Saccharomyces cerevisiae* 게놈(482 kb의 DNA에 2,278개의 뉴클레오솜을 매핑)의 광범위한 영역을 조사한 결과, 실제로 뉴클레오솜의 60%는 경계효과의 결과로 특정 위치에 있으며, 가장 흔히 프로모터 경계에서 나타난다.

핵심개념

- 뉴클레오솜은 DNA의 국부적 구조 또는 특정 염기배열과 상호작용하는 단백질의 결과로서 특정 위치에 형성될 수 있다.
- 뉴클레오솜 포지셔닝(nucleosomal positioning)의 공통적인 원인은 DNA에 결합하는 단백질이 경계를 설정하는 경우이다.
- 포지셔닝(positioning)은 DNA의 어느 영역이 링커에 있고, DNA 표면이 뉴클레오솜 표면에 노출되는지 등에 영향을 미칠 수 있다.

개념 및 추론 확인

외인성 또는 내인성 메커니즘에 의해 어떻게 경계효과를 만들 수 있을까?

10.10 핵산분해효소의 감수성으로 크로마틴 구조의 변화를 검출한다

뉴클레오솜 또는 뉴클레오솜이 없는 영역의 패턴 외에도, 활성 또는 잠재적으로 활성 영역은 전사 개시와 관련된 특정 부위에서 발생하는 구조적 변화를 나타낸다. 이러한 변화는 효소 DNase I 의 매우 낮은 농도에서의 분해 효과에 의해 처음으로 검출되었다.

크로마틴이 DNase I으로 분해될 때, 첫 번째 효과는 특이적이고 **초민감 부위(hypersensitive site)**에서 이중구조의 절단이 생긴다는 것이다. DNase I 에 대한 감수성은 크로마틴에서 DNA의 접근 가능성을 반영하므로, 우리는 이 부위가 일반적인 뉴클레오솜 구조로 구성되어 있지 않기 때문에 특히 노출되는 크로마틴 영역을 나타내기 위해 이 부위를 취한다. 전형적인 과민성 부위는 벌크(bulk, 집단) 크로마틴보다 효소 공격에 100배 더 민감하다. 이들 부위는 또한 다른 핵산분해효소나 화학 물질에 과민성을 보인다.

▸ **초민감 부위(hypersensitive site)** DNase I 및 다른 핵산분해효소에 의한 절단에 대해 극도의 민감성을 보이는 짧은 크로마틴 부위; 그것은 뉴클레오솜이 배제된 영역으로 이루어져 있다.

과민성 부위는 조직 특이적인 크로마틴의 국소 구조에 의해 생성된다. 과민성 부위는 프로모터, 전사를 조절하는 다른 요소, 복제 기점, 센트로미어 및 다른 구조적 중요성이 있는 부위와 관련이 있다. 대부분의 과민성 부위는 유전자 발현과 관련이 있다. 모든 활성 유전자는 프로모터 영역에 하나의 사이트 또는 때때로 하나 이상의 사이트를 가지고 있다. 대부분의 과민성 부위는 관련 유전자가 발현되는 (혹은 발현될) 세포의 크로마틴에서만 발견된다; 유전자가 비활성일 때 그들은 발생하지 않는다. 이들 부위는 일반적으로 전사가 시작되기 전에 나타나며, 이들 과민성 부위 내에 함유된 DNA 염기배열은 유전자 발현에 필요하다.

특히 특성이 잘 알려진 핵산분해효소-감수성 부위는 SV40 미니염색체에 포함되어 있다. 후기 전사 단위인 프로모터의 바로 상류인 복제 기점 근처의 짧은 단편은 DNase I, 마이크로코칼 핵산가수분해효소 및 다른 핵산분해효소(제한효소 포함)에 의해 우선적으로 분해된다.

SV40 미니염색체의 크로마틴 구성은 전자 현미경으로 볼 수 있다. 샘플의 20%에서 그림 10.36에서

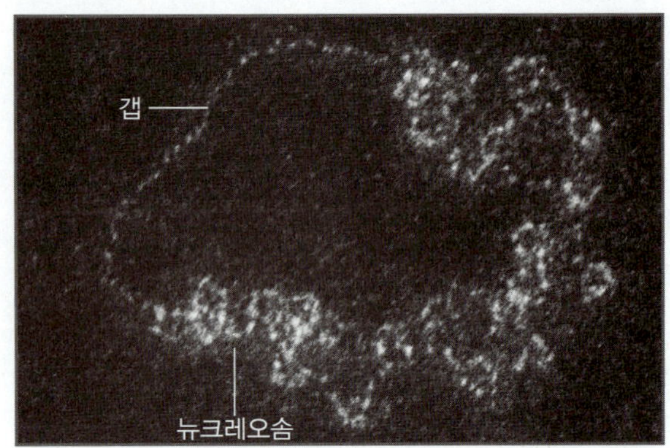

그림 10.36 SV40 미니염색체는 뉴클레오솜 갭을 가지고 있다. Photo courtesy of Moshe Yaniv, Pasteur Institute.

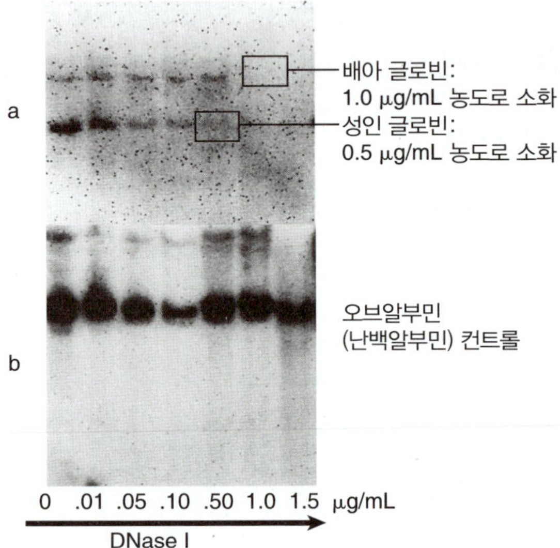

그림 10.37 성인의 적혈구세포에서, 성인의 β-글로빈 유전자는 DNase I의 절단에 초민감성을 보인다. 배아 β-글로빈 유전자는 부분적인 민감성을 보이나(아마도 확산효과에 의해), 오브알부민 유전자는 민감성을 보이지 않는다. Photos courtesy of Harold Weintraub, Fred Hutchinson Cancer Research Center. Used with permission of Mark Groudine

명백한 것처럼 뉴클레오솜 배열에서 "갭(gap)"이 보인다. 간격은 약 120 nm 길이(약 350 bp)의 영역으로 뉴클레오솜에 의해 양쪽으로 둘러싸여 있다. 보이는 갭은 핵산분해효소에 민감한 영역과 일치한다. 이것은 핵산분해효소에 대한 증가된 민감성이 뉴클레오솜의 배제와 관련된다는 것을 직접적으로 보여주고 있다.

과민성 부위의 구조는 무엇인가? 핵산분해효소에 대한 특별한 접근성은 그것이 히스톤 옥타머에 의해 보호되지 않는다는 것을 나타내지만 이것이 반드시 단백질이 없다는 것을 의미하지는 않는다. 자유 DNA 영역은 손상에 취약할 수 있으며, 어떤 경우에 뉴클레오솜을 어떻게 배제할 수 있을까? 과민성 부위는 뉴클레오솜을 배제한 특정 조절 단백질의 결합으로 발생한다. 실제로, 많은 과민성 부위는 분해에 영향을 받지 않는 중심 보호 영역을 나타내며, 이는 그러한 조절 단백질의 결합을 나타낸다.

과민성 부위를 검출하는 것 외에도, DNase I 분해는 또한 게놈 영역의 상대 접근 가능성을 평가하는 데 사용될 수 있다. 활성 유전자를 포함하는 게놈 영역은 과민성 부위 이외에 변형된 구조를 가질 수 있다. 증가된 DNase I 민감도는 *염색체 도메인*(*chromosomal domain*)으로 정의하는데, 이는 적어도 하나의 능동적 전사 단위를 포함하여 구조가 변형된 영역이며 때로는 더 멀리 확장된다. (*도메인*이라는 용어의 사용은 크로마틴이나 염색체 루프에 의해 확인되는 구조적 도메인과의 연결을 의미하지 않는다는 것에 유의하라.) 활성 유전자는 DNase I에 의해 우선적으로 분해된다.

각 유전자의 운명은 특정 프로브와 반응하고 남은 DNA의 양을 정량적으로 추적할 수 있다. 그림 10.37은 닭의 적혈구에서 추출한 크로마틴에서 β-글로빈(β-globin) 유전자와 오브알부민 유전자가 어떻게 발생하는지를 보여준다(글로빈 유전자가 발현되고 오브알부민 유전자가 비활성이다). β-글로빈(β-globin) 유전자를 나타내는 제한효소 단편은 신속하게 소실되지만, 오브알부민 유전자를 나타내는 제한효소 단편은 거의 분해되지 않는다. (오브알부민 유전자는 실제로 집단 DNA와 같은 속도로 분해된다.)

따라서 크로마틴의 대부분은 비교적 DNase I에 내성을 가지고 있으며, 발현되지 않은 유전자(다른 염기배열도 포함)를 포함하고 있다. 유전자는 그것이 발현되는 조직에서 특이적으로 DNase I 효소에 특히 민감해진다. 이 DNase I 감수성은 단순히 높은 수준의 전사 기능만이 아니며, 이것은 발현된 유전자는 증가된 DNaseI 감수성을 거의 나타내지 않는 것처럼, (28장에서 설명한) 뉴클레오솜을 고갈시킬 수 있다는 것이 중요한다. 또한, DNase I에 대한 높은 감수성 영역은 상당한 거리에 걸쳐 확장되며 프로모터 또는 전사 영역에 한정되지 않는다.

핵심개념

- 과민성 부위는 발현된 유전자의 프로모터에서 발견된다.
- 그들은 히스톤 옥타머를 배제하는 전사인자의 결합에 의해 생성된다.
- 전사된 유전자를 포함하는 도메인은 DNase I에 의한 분해에 대해 증가된 민감성으로 정의된다.

개념 및 추론 확인

DNase I 과민성 부위와 DNase I-감수성 도메인의 차이점은 무엇인가?

10.11 LCR이 도메인을 조절할 수 있다

5′ 초감수성 부위
3′ 초감수성 부위
ε Gγ Aγ ψβ1 δ β
LCR
HS4 HS1
글로빈 유전자
kb 20 40 60 80

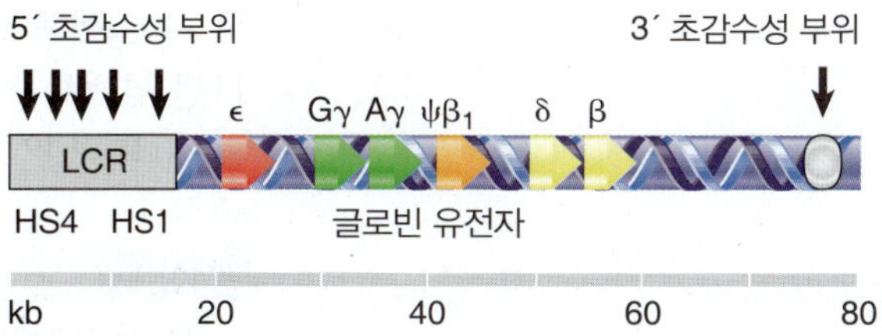

그림 10.38 글로빈 도메인 내 양 끝의 초감수성 부위를 표시하였다. 5′ 끝의 초감수성 부위들은 LCR을 구성하며 클러스터 내에 모든 유전자의 기능을 위해 필수적이다.

모든 유전자는 프로모터를 포함하고 있으며, 유전자는 인핸서(enhancer, 증강 인자)의 조절 제어를 받고 있다(프로모터와 비슷한 많은 요소를 포함하지만 더 멀리 떨어져 있다); *20장 진핵 생물의 전사* 참조. 그러나 이러한 부분적인 조절은 모든 유전자에 대해 충분하지는 않다. 어떤 경우에는 유전자가 여러 유전자의 도메인에 위치하고 있는데, 이러한 모든 유전자는 전체 도메인에 작용하는 조절요소의 영향을 받는다.

조절 유전자 클러스터 중 가장 잘 연구된 예가 포유류 β-글로빈(β-globin) 유전자이다. 포유동물의 알파(α) 및 베타(β) 글로빈 유전자는 각각 배아 및 성인 발생 과정 동안 서로 다른 시간대에 발현되는 관련 유전자의 집합체로서 존재한다. 이 유전자들은 많은 수의 조절 요소와 관련이 있으며, 세부적으로 잘 분석되어 있다. 성인 인간 β-글로빈 유전자의 경우, 조절 염기배열은 유전자의 5′ 및 3′에 위치한다. 조절 염기배열은 프로모터 부위의 양성 및 음성 조절 인자뿐만 아니라, 유전자 내와 하류(downstream)에 추가적인 양성 조절 인자를 포함한다.

그러나 이들 모든 조절 영역은 인간 β-글로빈(β-globin) 유전자의 적절한 발현에 충분하지 않기 때문에, 추가의 조절 염기배열이 필요하다. 추가적인 조절 기능을 제공하는 영역은 유전자 클러스터의 말단에서 발견되는 DNase I 과민성 사이트를 특징으로 한다. 그림 10.38의 지도는 ε 유전자의 20 kb 상류가 5개의 HS 부위 그룹을 포함하고, β-유전자(β-gene)의 30 kb 하류에 단일 HS 부위가 있음을 보여주고 있다.

5′ 조절 부위가 주요 레귤레이터이고, 과민성 부위의 클러스터를 **유전자자리 조절 영역(locus control region, LCR)**이라고 부른다. LCR의 역할은 복잡하지만, 어떤 면에서는 전체 유전자자리(locus)가 전사할 수 있도록 하는 "수퍼인핸서(super enhancer)"로 작동한다. [3′ 부위가 어떤 기능을 하는지는 잘 모르지만, 닭 β-글로빈 유전자자리의 3′ 초감수성 부위는 5′ 부위와 물리적으로 상호작용을 통하여 *인슐레이터(insulator)*로서 작용하며, 다음 장에서 설명한다.] LCR은 유전자 클러스터 내의 각 글로빈 유전자의 발현에 절대적으로 필요하다. 각 유전자는 그 자체의 특정 조절에 의해 추가로 조절된다. 이러한 조절 중 일부는 자율적이다. 예를 들어, ε 유전자의 발현은 LCR과 함께 이 유전자자리와 같은 내재 인자에 의해 나타난다. 다른 조절은 유전자 클러스터에서의 위치에 의존하는 것처럼 보인다. 이는 유전자 클러스터의 *유전자 순서(gene order)*가 조절에 중요하다는 것을 시사하고 있다.

▶ **유전자자리 조절 영역(locus control region, LCR)** 도메인에서 여러 유전자의 발현에 필요한 영역.

글로빈 유전자를 포함하고 있는 전체 영역, 그리고 그들 뒤로 더 확장된 부위가 염색체 **도메인(domain)**을 구성한다. 그것은 DNase I 분해에 대해 감수성이 증가함을 보여주고 있다. 5′ LCR을 결실하면 전체 영역에 걸쳐 DNase I에 대한 정상적인 저항성을 회복한다. 전체 유전자자리의 일반적인 민감성을 높이는 것 외에도, LCR은 개별 프로모터를 활성화해야 할 필요가 있다. LCR과 개별 프로모터 간의 순차적인 상호작용의 정확한 특성은 아직 완전히 밝혀지지 않았지만, 최근 들어, LCR이 개별 프로모터와 직접 접촉하여, 이들 프로모터가 활성화될 때 루프를 형성한다는 것이 밝혀졌다. LCR에 의해 조절되는 도메인은 또한 LCR 기능에 의존하는 히스톤 수식의 특징적인 패턴을 나타낸다.

▶ **도메인(domain)** 염색체와 관련하여 수퍼코일링이 다른 영역과 구별되는 영역으로 정의된 개별 구조 엔티티(entity, 실체) 또는 효소 DNase I에 의한 분해에 대한 민감도가 높은 활성의 발현 유전자를 포함한 광범위한 영역.

이러한 모델은 다른 유전자 클러스터에도 또한 적용된다. 서로 다른 시기에 발현되는 유전자와 유사한 구조를 가진 α-글로빈(α-globin) 유전자자리는 클러스터의 한쪽 말단에 초감수성 부위 그룹을 가지며, 전 영역에 걸쳐 DNase I에 대한 감수성이 증가하였다. 지금까지 LCR이 일련의 유전자를 조절하는 소수의 사례만이 알려져 있다.

이 중 하나는 하나 이상의 염색체에서 유전자를 조절하는 LCR을 포함하고 있다. T_H2 LCR은 다수의 인터루킨(interleukin, 면역계에서 중요한 신호분자)을 코딩하는 유전자 그룹인 T 헬퍼 타입 2 사이토카인 유전자자리(T helper type 2 cytokine locus)를 협동으로 조절한다. 이 유전자들은 11번 염색체에서 120 kb 이상으로 퍼져있으며, T_H2 LCR은 프로모터와 상호작용하여 이들 유전자를 조절한다. 그것은 또한 10번 염색체의 IFNγ 유전자의 프로모터와 상호작용한다. 두 종류의 상호작용은 두 개의 서로 다른 세포 운명을 결정하도록 선택적(alternatives)으로 작용한다; 즉, 한 그룹의 세포에서 LCR은 11번 염색체 위의 유전자의 발현을 일으키고, 다른 그룹에서는 10번 염색체 위의 유전자가 발현되도록 한다.

핵심개념

- LCR은 도메인의 5′ 말단에 위치하고 여러 개의 과민성 부위로 구성된다.
- LCR은 유전자 클러스터를 조절한다.

개념 및 추론 확인

조혈 세포에서 β-글로빈(β-globin) LCR이 결실되면 전체 글로빈 도메인에서 DNase I 민감도가 감소한다. 간 세포에서 이 결실의 영향은 무엇인가?

10.12 인슐레이터는 독립적인 도메인을 한정한다

염색체의 다른 영역은 전형적으로 특정 크로마틴 구조 또는 수식 상태에 의해 나타나는 서로 다른 기능을 가지고 있다. 전사를 조절하는 많은 요소들이 멀리 떨어진 곳으로부터 작용할 수 있으며(*제20장 진핵생물의 전사* 참조), 헤테로크로마틴(*제9장 염색체*에서 소개함)은 또한 멀리 떨어진 곳까지 영향을 줄 수 있다(*29.2절 헤테로크로마틴은 핵형성 과정으로부터 전파된다* 참조). 이러한 장거리 상호작용의 존재는 염색체가 염색체를 서로 독립적으로 조절할 수 있는 영역으로 분리하는 역할을 하는 기능적 요소를 포함해야 함을 시사한다. **인슐레이터(insulator)**는 이 기능을 수행하는 것으로 보이는 중요한 요소이다. 인슐레이터["장벽(barrier)" 또는 "경계(boundary)" 요소라고도 함]는 활성화 또는 비활성화 효과의 흐름을 방지한다. 두 가지 핵심 특성 중 하나 또는 둘 모두를 가진다:

▶ **인슐레이터(insulator)** 한쪽 편에서 다른 쪽으로 활성화 또는 비활성화 효과의 전달을 방지하는 염기배열.

- 인슐레이터가 인핸서와 프로모터 사이에 놓이면, *인핸서가 프로모터를 활성화하는 것을 방지한다.* 이 인핸서-차단 효과를 그림 10.39에 나타내었다. 이것은 주어진 인핸서의 작용이 원거리에서 프로모터를 활성화시키는 인핸서의 능력(및 인근의 프로모터를 무차별적으로 활성화시키는 인핸서의 능력)에도 불구하고 특정 프로모터에 어떻게 제한적으로 적용되는지를 설명할 수 있다.
- 활성 유전자와 헤테로크로마틴 사이에 인슐레이터가 놓여지면, *헤테로크로마틴에서 퍼지는 불활성화 효과로부터 유전자를 보호하는 장벽을 제공한다.* 이 장벽 효과(barrier effect)를 그림 10.40에 나타내었다.

일부 인슐레이터는 이 두 가지 특성을 모두 가지고 있지만, 다른 것은 차단 기능과 장벽 기능을 분리

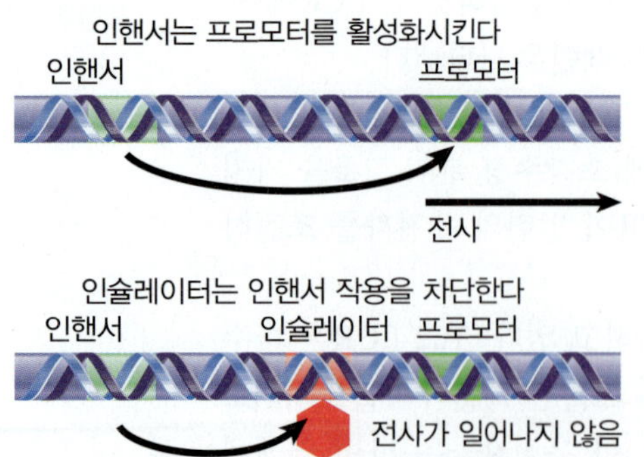

그림 10.39 인핸서는 그 인접한 부위의 프로모터를 활성화시킨다. 그러나 이들 사이에 위치한 인슐레이터에 의해 그 활성이 억제된다.

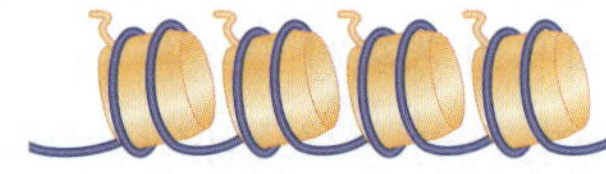

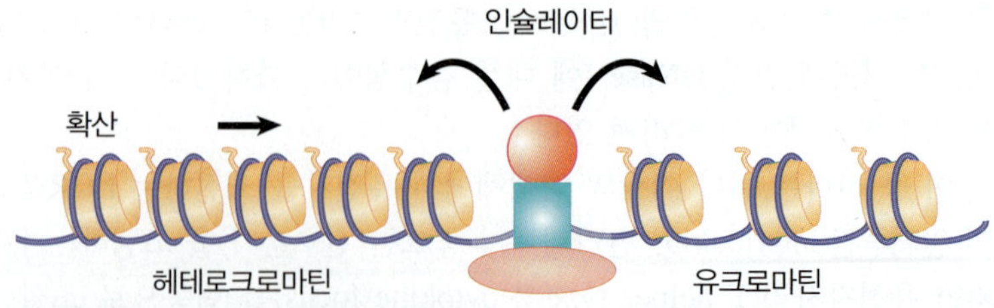

그림 10.40 헤테로크로마틴은 중심부에서 퍼져 나가면서 그것을 포함하는 프로모터를 차단할 수 있다. 인슐레이터는 프로모터가 활성 상태를 유지하도록 하는 헤테로크로마틴의 전파 장벽이 될 수 있다.

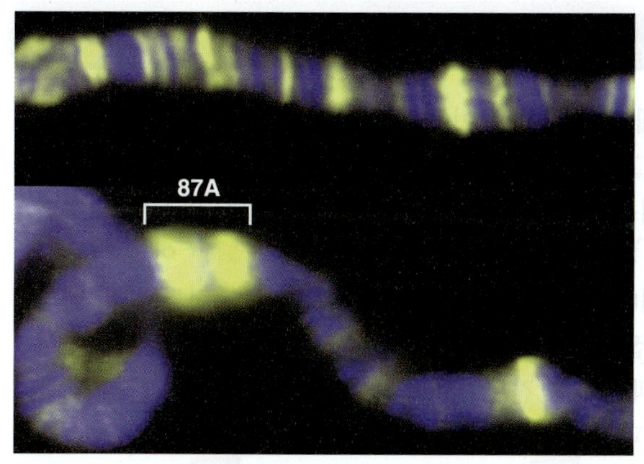

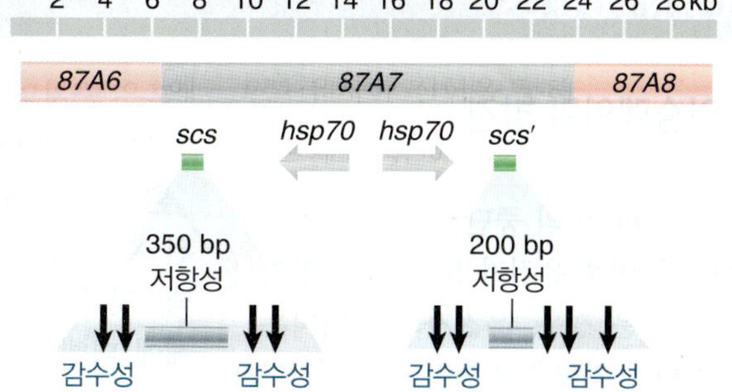

그림 10.41 왼쪽 패널: 열 충격 유전자를 포함한 87A 및 87C 유전자 자리는 초파리 폴리텐 염색체에서 열 충격에 의해 늘어난다. (위 염색체, 열 충격 없음, 아래 염색체, 열 충격 후) 오른쪽 패널: 초감수성 부위를 포함하는 특수 크로마틴 구조는 87A7 도메인의 말단을 나타내며, 주변 염기배열의 효과로부터 이들 사이의 유전자를 격리시킨다. Photo courtesy of Victor G. Corces, Emory University.

하여 단 하나만 가지고 있을 수 있다. 두 작용 모두 크로마틴 구조의 변화에 의해 매개될 가능성이 있지만, 또 다른 효과에 의한 것일 수 있다. 그러나 두 경우 모두 인슐레이터는 장거리 효과의 한계지점을 정의한다. 인핸서가 특정 프로모터에만 작용하여 인핸서가 다른 활성 영역으로 비의도적으로 퍼지는 것을 방지하도록 인핸서를 제한함으로써, 인슐레이터는 유전자 조절의 정밀도를 높이기 위한 요소로서 기능한다.

인슐레이터는 그림 10.41에 요약된 초파리 게놈의 영역을 분석하는 동안 발견되었다. Hsp70 단백질(*h*eat *s*hock *p*rotein)에 대한 두 개의 유전자는 87A7 밴드를 구성하는 18 kb 영역 내에 있다. *scs* 및 *scs′*(특수 염색체 구조, *s*pecialized *c*hromatin *s*tructure)라는 특수 구조가 밴드 끝부분에 위치한다. 각각은 DNase I에 의한 분해에 저항적인 영역으로 구성되어 있으며, 각각 약 100 bp 정도의 초감수성 부위가 이들의 양쪽 끝에 위치한다. 이러한 부위의 절단 패턴(cleavage pattern)은 유전자가 열 자극에 의해 발현되면 바뀌게 된다.

scs 인자는 주변 영역의 영향으로부터 *hsp70* 유전자를 차단한다. 만일 *scs* 단위를 취하여 리포터 유전자 양쪽에 배치하면 유전자는 게놈에 있는 모든 위치에서 기능할 수 있다. *scs* 및 *scs′* 인자를 첫 번째 인슐레이터로 동정할 수 있었던 실험에 대한 설명은 *Methods and* Techniques를 참조하라.

많은 인슐레이터와 같이(전부는 아니지만), *scs*와 *scs′* 인자 자체는 유전자 발현을 조절하는 데 있어 양성적이거나 음성적인 역할을 하지는 않지만, 한 영역에서 다른 영역으로 넘어가는 효과를 제한한다. 그러나 인접한 영역이 억압-효과를 갖는다면, *scs* 인자는 그러한 효과의 확산을 막기 위해 필요하며 따라서 유전자 발현에 필수적이다. 이 경우 이러한 요소를 결실하면 인접한 유전자(들)의 발현을 제거할 수 있다. 흥미롭게도, *scs* 인자 자체는 열 자극 퍼프(heat shock puff)에서 응축 및 비응축된 영역 간의 정확한 경계를 조절하는 원인은 아니지만 *hsp70* 유전자와 이 영역의 많은 다른 유전자 간의 조절적인 혼선(regulatory cross talk)을 방지하는 역할을 한다.

*scs*와 *scs′* 인자는 구조가 다르며, 각각은 인슐레이터 활성에 대한 다른 기준을 가지고 있는 것처럼 보인다. *scs* 인자의 핵심염기배열은 *zw5* 유전자의 산물과 결합하는 연속된 24 bp이다. *scs′*의 인슐레이터 특성은 일련의 CGATA 반복배열에 있다. 반복배열은 BEAF-32라고 불리는 한 쌍의 관련 단백질(동일한 유전자에 의해 암호화됨)과 결합한다. 이 단백질은 핵 내에서 별도의 위치를 보여 주지만, 가장 주목할 만한 데이터는 폴리텐 염색체 위에서의 그 위치로부터 얻어졌다. 그림 10.42는 anti-BEAF-32 항체가 폴리텐 염색체의

인터밴드는 염색되지 않는다

빨강 = DNA = 밴드 녹색 = 인터밴드의 BEAF 노랑 = BEAF + DNA

그림 10.42 인슐레이터 *scs′*에 결합하는 단백질은 초파리 폴리텐 염색체의 인터밴드에 위치한다. 빨강 염색은 위쪽과 아래쪽 샘플에서 DNA(밴드)를 나타낸다; 녹색 염색은 상위 샘플에서 BEAF-32를 나타낸다(종종 인터밴드에서). 노랑 염색은 두 표지(BEAF-32가 밴드에 있음을 의미)의 일치를 나타낸다. Reproduced from K. Zhao, C. M. Hart, and U. K. Laemmli, Visualization of chromosomal domains with boundary element-associated factor BEAF-32, *Cell* 81, pp. 879–889. Copyright 1995, with permission from Elsevier (http://www.sciencedirect.com/science/journal/00928674). Photo courtesy of Ulrich K. Laemmli, University of Geneva, Switzerland.

는 인간 게놈의 ~15,000개의 사이트에 결합하여 루프를 형성하고, 또 인슐레이터 역할을 하며, 게놈을 구성하는 일부로서 임프린팅(imprinting), X 비활성화 및 뉴클레오솜 포지셔닝의 과정에서 역할을 수행하는 것으로 생각된다. 마우스 β-글로빈 유전자좌에서, CTCF 결합 부위는 LCR 내에서 뿐만 아니라 유전자좌 3′에서 확인되었으며, 주로 유전자자리 내에서 루프 형성을 중재하는 데 관여한다.

핵심개념

- 인슐레이터(insulator)는 인핸서(enhancer), 사일런서(silencer) 및 LCR로부터의 활성화 또는 비활성화 효과의 흐름을 차단한다.
- 인슐레이터는 헤테로크로마틴의 확산에 대한 장벽 역할을 제공한다.
- 인슐레이터는 과민성 부위(DNase I에 대한)를 포함하는 특이적 크로마틴 구조 요소이다. 2개의 인슐레이터는 모든 외부 영향으로부터 그 사이의 영역을 보호할 수 있다.
- CTCF 인슐레이터는 척추동물에서 수많은 역할을 하며 루프 형성에 관여한다.

개념 및 추론 확인

도메인을 정의하는데, 두 개의 인슐레이터가 필요한 이유는 무엇인가?

10.13 요약

모든 진핵세포 크로마틴은 뉴클레오솜으로 이루어져 있다. 뉴클레오솜은 보통 ~200 bp에 해당하는 특징적인 길이의 DNA를 포함하고 있으며, 이는 히스톤 H2A, H2B, H3 및 H4 각각 2개를 포함하는 옥타머(octamer)를 둘러싸고 있다. 하나의 H1 단백질은 하나의 뉴클레오솜과 결합할 수 있다. 거의 모든 게놈 DNA는 뉴클레오솜으로 구성되어 있다. 마이크로코칼 핵산가수분해효소(micrococcal nuclease)를 처리하면 각 뉴클레오솜에 압축된 DNA를 작동 가능하게 하는 두 개의 영역으로 나눌 수 있음을 보여준다. 링커 영역은 핵산가수분해효소에 의해 빠르게 분해된다. 146 bp의 코어 영역은 핵산가수분해효소 분해에 내성을 가지고 있다. 히스톤 H3과 H4는 가장 잘 보존되어 있으며, $H3_2$-$H4_2$ 테트라머(tetramer)가 코어 입자의 직경을 차지하고 있다. H2A 및 H2B 히스톤은 2개의 H2A-H2B 다이머(dimer)로 구성된다. 옥타머는 $H3_2$-$H4_2$ 테트라머에 2개의 H2A-H2B 다이머가 연속적으로 첨가하여 조립된다.

히스톤 옥타머 주위의 DNA 경로는 −1.65개의 수퍼코일(supercoil)을 생성한다. DNA는 인근 뉴클레오솜에 "들어가고(enter)", "나가고(leave)", 히스톤 H1에 의해 "봉합(sealed)"될 수 있다. 코어 히스톤 제거는 −1.0 수퍼코일에 해당한다. 이 차이는 DNA의 헬리컬피치(helical pitch)의 변화에 의해 주로 설명될 수 있다. 헬리컬피치는 뉴클레오솜 형태에서 평균 10.2 bp/turn, 용액상태에서 자유로운 형태일 때 10.5 bp/turn 등으로 변화할 수 있다. 뉴클레오솜 말단의 10.0 bp/turn 주기에서 중심부의 10.7 bp/turn까지의 DNA 구조의 변화가 있다. 뉴클레오솜 상의 DNA 경로에는 구부러져 있다.

뉴클레오솜은 30 nm 직경의 섬유 형태로 구성되어 있으며, 1회(turn)당 6개의 뉴클레오솜과 40배의 압축 수준을 갖는다. H1을 제거하면 이 섬유는 뉴클레오솜의 선형 줄(linear string)로 구성된 10 nm 섬유로 펼쳐진다. 30 nm 섬유는 투-스타트 솔레노이드(two-start solenoid)에 감겨진 10 nm 섬유로 구성된다. 30 nm 섬유는 유크로마틴과 헤테로크로마틴의 기본 구조이다. 비히스톤(nonhistone) 단백질은 크로마틴 또는 염색체 미세 구조로 섬유를 더 조직화하는 역할을 한다.

뉴클레오솜 조립에는 두 가지 경로가 있다. 복제-결합 경로에서, 레플리솜(replisome)의 PCNA 연속성 서브유닛은 뉴클레오솜 조립 인자인 CAF-1와 결합한다. CAF-1은 복제로 인한 딸 이중가닥에 $H3_2$-$H4_2$ 테트라머의 축적을 도와준다. 테트라머는 복제 분기점(replication fork)에 의한 기존 뉴클레오솜의 파괴 또는 새로 합성된 히스톤으로부터의 어셈블리의 결과로서 생성될 수 있다. 유사한 방법으로 H2A-H2B 다이머가 만들어지고 $H3_2$-$H4_2$ 테트라머를 조립하여 완전한 뉴클레오솜을 완성한다. $H3_2$-

$H4_2$ 테트라머와 H2A-H2B 다이머는 무작위로 조립되므로 새로운 뉴클레오솜에는 기존 및 새로 합성된 히스톤이 모두 포함될 수 있다. HIRA는 S기 이외의 시기에 뉴클레오솜을 조립하고, ASF1은 크로마틴을 조립하는 동안 복제 중 및 복제가 거의 일어나지 않는 경우에도 모두 작용한다.

핵산가수분해효소에 대한 민감도의 두 가지 변화는 유전자 활성과 관련이 있다. 전사 가능한 크로마틴은 일반적으로 활성 또는 잠재적으로 활성인 유전자를 함유하는 도메인으로 정의될 수 있는 광범위한 영역에 대한 구조의 변화를 반영하여 DNase I에 대한 민감도를 증가시킨다. DNA의 초민감성 부위(hypersensitive site)는 특정한 위치에서 발생하며 DNase I에 대한 민감도가 크게 증가함으로써 확인된다.

초과민성 부위는 ~200 bp의 염기배열로 구성되어 있으며, 뉴클레오솜은 다른 단백질의 존재로 인해 제외된다. 과민성 부위는 인접 뉴클레오솜의 위치가 제한될 수 있는 경계를 형성한다. 뉴클레오솜 포지셔닝(nucleosome positioning)은 조절 단백질의 DNA 접근을 통제하는 데 중요할 수 있다.

초과민성 부위는 여러 종류의 레귤레이터(조절 인자)에서 볼 수 있다. 전사를 조절하는 것들은 프로모터, 인핸서 및 LCR을 포함한다. 다른 부위로는 복제 기점(origin of replication)과 센트로미어(동원체) 등이 포함된다. 프로모터 또는 인핸서는 전형적으로 단일 유전자에 작용하지만, LCR은 초과민성 부위의 여러 그룹을 포함하고 있으며 여러 유전자가 포함된 도메인을 조절할 수 있다.

인슐레이터(insulator)는 크로마틴에서 활성화 또는 불활성화 영향의 전달을 차단한다. 인핸서와 프로모터 사이에 위치한 인슐레이터는 인핸서가 프로모터를 활성화시키는 것을 방지한다. 두 인슐레이터는 그들 사이의 영역을 조절 도메인으로 규정한다; 도메인 내의 조절 상호작용은 그것에 국한되며, 도메인은 외부의 영향으로부터 격리된다. 대부분의 인슐레이터는 어느 한 방향으로 조절 효과가 전달되는 것을 차단하지만, 일부는 그 기능에 방향성을 갖는 것도 있다. 인슐레이터는 일반적으로 활성화 효과(인핸서-프로모터 상호작용, enhancer-promoter interaction)와 헤테로크로마틴의 확산에 의해 영향을 받는 불활성화 효과를 차단할 수 있지만, 일부는 둘 중 하나로 제한된다. 인슐레이터는 고차원 염색질 구조의 변화를 통해 작용한다고 생각되지만, 세부 과정은 확실하지 않으며 서로 다른 인슐레이터는 각기 다른 메커니즘을 가질 가능성이 있다.

학습문제

인슐레이터는 두 가지 주요 특성 중 하나 또는 둘 모두를 가진다. 인슐레이터가 **1.**_______과 프로모터 사이에 놓일 때, 인슐레이터는 인핸서가 **2.**_____을 활성화시키는 것을 **3.**______한다. 인슐레이터가 활성 **4.**_______와 헤테로크로마틴 사이에 놓여 질 때, 그것은 **5.**______에서 퍼지는 **6.**_______ 효과로부터 유전자를 보호하는 **7.**______를 제공한다.

8. 평균 뉴클레오솜은 대략 어느 정도의 DNA를 포함하고 있는가?

A. 100 bp의 DNA
B. 200 bp의 DNA
C. 300 bp의 DNA
D. 500 bp의 DNA

9. 다음 중 코어 입자의 일부가 아닌 히스톤은 어느 것인가?

A. H1
B. H2A
C. H3
D. H4

10. 알려진 단백질 중에서 가장 잘 보존된 히스톤은 어느 것인가?

A. H1 및 H2B
B. H2A 및 H3

C. H3 및 H4
D. H2B 및 H4

11. 뉴클레오솜을 감고 있는 DNA 이중나선의 1회전에 해당하는 길이는 얼마인가?
A. 50 bp의 DNA
B. 80 bp의 DNA
C. 140 bp의 DNA
D. 200 bp의 DNA

12. 뉴클레오솜을 DNase I으로 처리하고 그 분해물을 폴리아크릴아미드 겔에서 분리할 때, 밴드의 래더(ladder)가 관찰되는데, 이때 밴드 간의 평균 거리는 약 얼마인가?
A. 6 염기쌍
B. 10 염기쌍
C. 12.5 염기쌍
D. 16 염기쌍

13. 전사되는 유전자를 포함하는 염색체 도메인은 무엇에 의해 정의될 수 있는가?
A. 제한효소에 대한 감수성 감소로
B. 마이크로코칼 핵산가수분해효소(micrococcal nuclease)에 대한 민감도 감소로
C. DNase I에 대한 민감도 증가로
D. DNase I에 대한 민감도 감소로

핵심용어

10 nm fiber
30 nm fiber
core histone
domain
histone code
histone fold
histone octamer
histones
histone tails
histone variant
hypersensitive site
indirect end labeling
insulator
linker DNA
linker histones
locus control region (LCR)
micrococcal nuclease (MNase)
nonhistone
nucleosome
nucleosome positioning
rotational positioning
translational positioning

읽을거리

Boulard, M., Bouvet, P., Kundu, T. K., and Dmitrov, S. 2007. Histone variant nucleosomes: structure, function and implication in disease. *Subcell. Biochem.* **41**, 91–109. A review of core histone variants, the structural/functional consequences of histone variant incorporation into nucleosomes, and links to human disease.

Chodaparambil, J. V., Edayathumangalam, R. S., Bao, Y., Park, Y. J., and Luger, K. 2006. Nucleosome structure and function. *Ernst Schering Res. Found. Workshop* **57**, 29–46. A review of nucleosome structure and dynamics.

Eitoku, M., Sato, L., Senda, T., and Horikoshi, M. 2008. Histone chaperones: 30 years from isolation to elucidation of the mechanisms of nucleosome assembly and disassembly. *Cell Mol. Life Sci.* **65**, 414–444. An overview of the best-studied histone chaperones, including insights from structural studies.

Gaszner, M., and Felsenfeld, G. 2006. Insulators: exploiting transcriptional and epigenetic mechanisms. *Nature Revs. Gen.* **7**, 703–713. A review of insulator function for both enhancer blocking and heterochromatin barrier activities.

Izzo, A., Kamieniarz, K., and Schneider, R. 2008. The histone H1 family: specific members, specific functions? *Biological Chemistry* **389**, 333–343. A review of the linker histone H1 and the H1 variants, including a review of the differences in specificity and function of different H1 family members.

Palstra, R. J., de Laat,W., and Grosvel, F. 2008. Beta-globin regulation and long-range interactions. *Adv. Gen.* **61**, 107–142. A review of the role of the beta-globin LCR in controlling long-range, developmentally-regulated activation of globin genes in the beta-globin locus.

Talbert, P. B., and Henikoff, S. (2010). Histone variants—ancient wrap artists of the epigenome. *Nature Revs. Mol. Cell Biol.* **11**, 264–275.

II

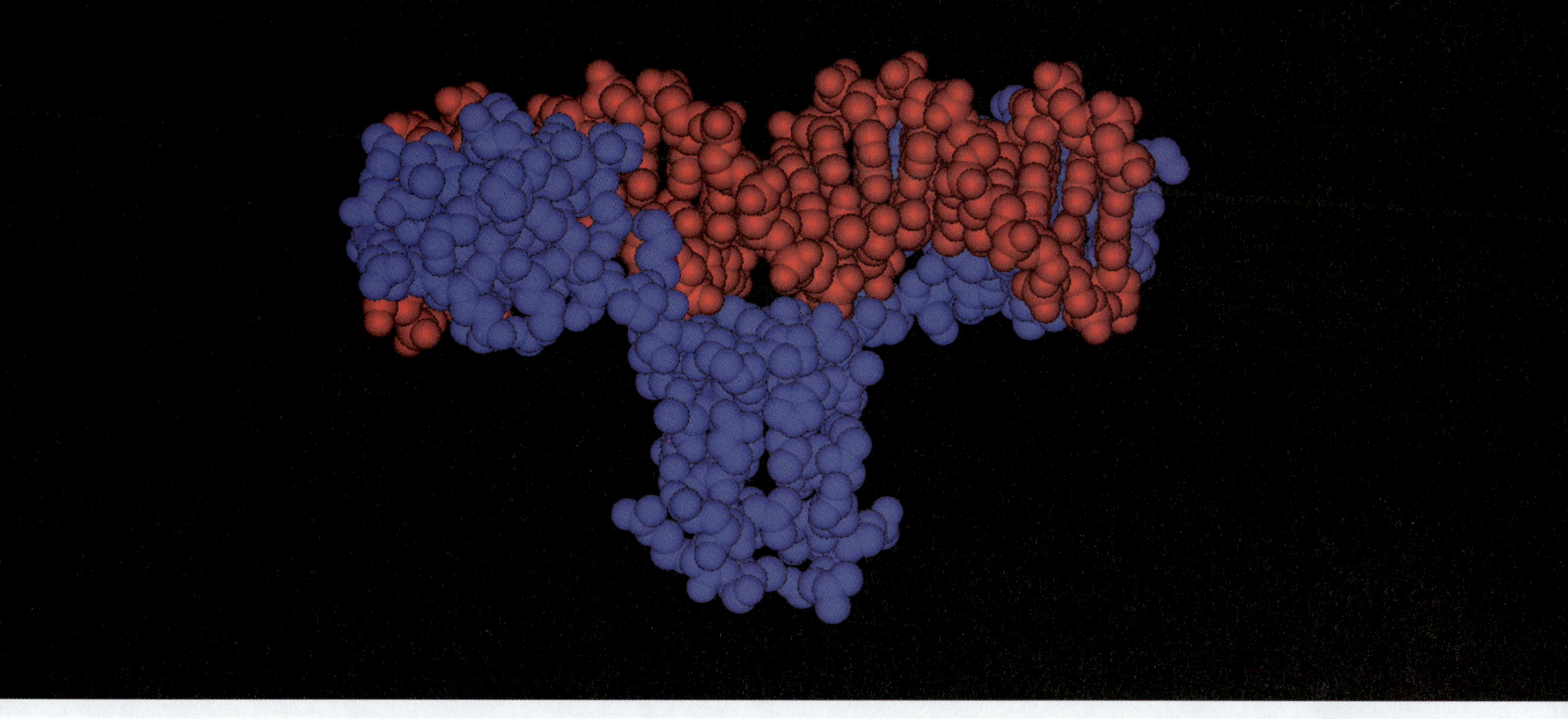

DNA 복제와 유전자 재조합

DNA에 결합된 GAL4 단백질(파란색)의 3차원 구조. 단백질은 중간에 꼬인 부위가 서로 붙어있는 서브유닛으로 구성되어 있다. DNA-결합 도메인은 극단에 있으며, 각각은 물리적으로 DNA의 주요 홈에 있는 세 개의 염기쌍과 접촉하고 있다. Protein Data Bank 1D66. R. Marmorstein, et al., *Nature* 356 (1992): 408–414.

11

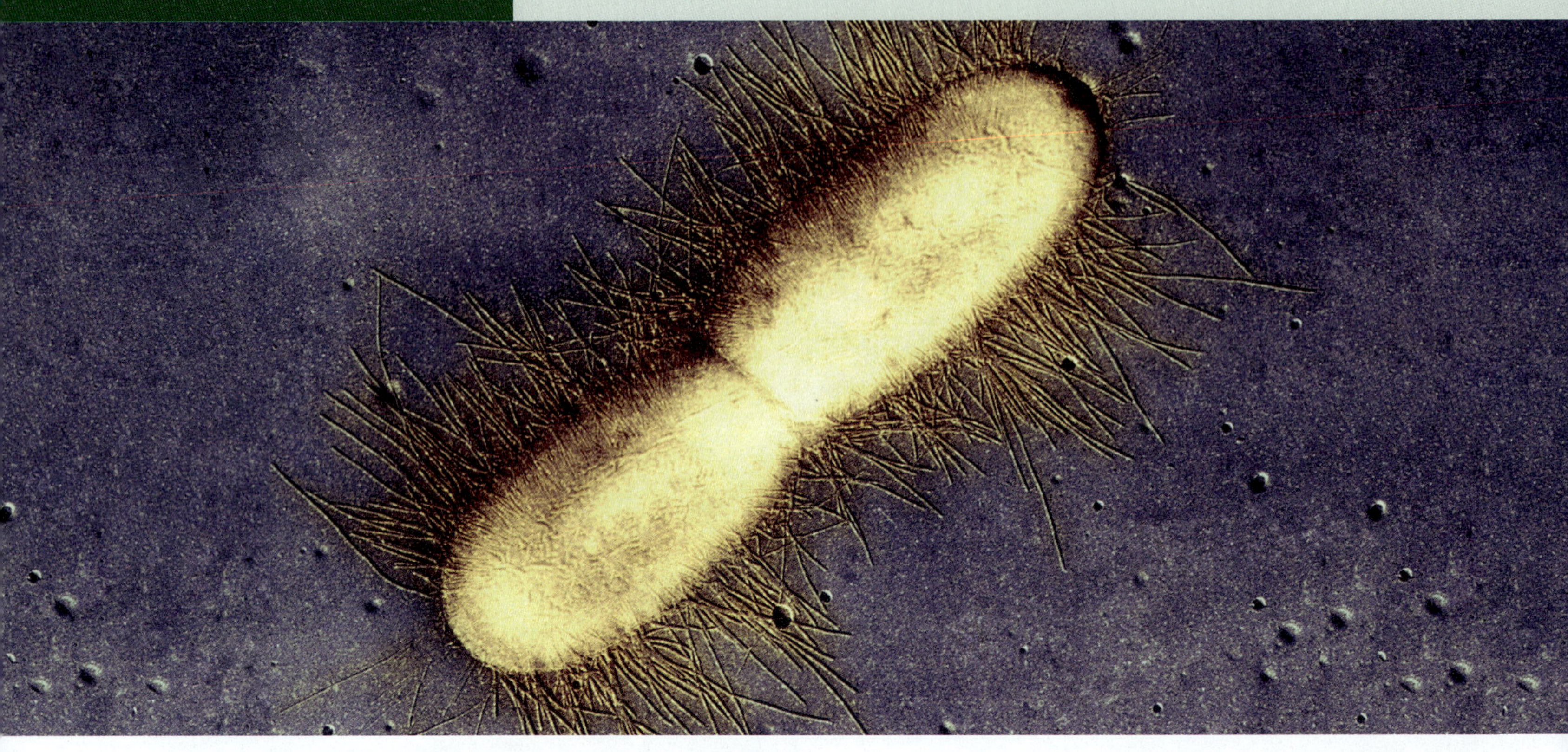

복제는 세포주기와 연결되어 있다

박테리아 분열 과정 중, 이분열법 중간에서 후기 단계인 대장균 박테리아의 투과전자현미경 사진. 박테리아 주변 머리카락 모양의 부속물이 필리(pili, 섬모)이며, 박테리아 접합에 사용되는 구조이다. (배율: 17,500×.) ©CNRI/Photo Researchers, Inc.

11장 개요

11.1 서론

원핵생물과 진핵생물의 주요 차이점은 복제가 조절되고 세포주기와 연결되는 방식이다.

진핵생물에서는 다음과 같은 사실이 있다:

- 염색체는 핵에 존재하며,
- 각 염색체는 레플리콘(replicon)이라고 불리는 많은 복제 단위로 구성되며,
- 복제는 세포주기의 분리된 기간 동안 DNA를 복제하기 위해 이들 레플리콘의 조정을 필요로 하며,
- 복제 여부에 대한 결정은 세포주기를 조절하는 복잡한 경로에 의해 결정되며,
- 복제된 염색체는 특수 기구를 사용하여 유사분열 동안 딸세포로 분리된다.

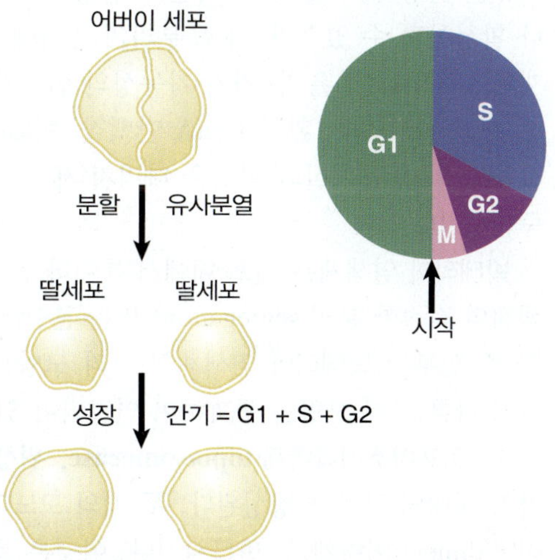

그림 11.1 성장하는 세포는 모세포의 세포분열과 두 개의 딸세포로 번갈아 가며 원래의 크기로 성장한다.

진핵세포에서 DNA 복제는 G1기에 이어지는 **S기(S phase)**라 불리는 세포주기의 두 번째 부분에 국한된다(그림 11.1 참조). 진핵세포의 세포주기는 DNA 복제와 세포분열에 번갈아 가면서 이어지는 성장으로 이루어져 있다. 세포가 두 개의 딸세포로 나눠진 후에는 각각은 계속하여 세포분열을 하거나 혹은 멈추거나 G0기로 들어가는 옵션(option, 선택)을 하게 된다. 만일 세포분열을 계속하는 결정이 나면, 세포분열이 다시 일어나기 전에 세포가 원래의 모세포(mother cell) 크기까지 자라야 한다.

▶ **S기(S phase)** DNA 합성이 진행되는 진핵 세포주기의 제한된 부분.

세포주기의 G1 단계는 주로 성장과 관련이 있다[G1은 초기 세포학자가 아무런 활동도 볼 수 없기 때문에 *첫 번째 간격(first gap)*이라는 의미의 약어이다]. G1에서는 DNA를 제외한 모든 것; RNA, 단백질, 지질 및 탄수화물이 두 배가 된다. G1에서 S기로의 진행은 매우 엄격하게 규제되며 **체크포인트(checkpoint)**에 의해 제어된다. 세포가 S기로 진행하도록 허용하기 위해서는 생화학적으로 모니터링되는 특정 최소 성장량이 있어야 한다. 또한 DNA에 아무런 손상이 없어야 한다. 손상된 DNA 또는 너무 적은 성장은 세포가 S기로 진행하는 것을 방지한다. S기가 완료되면 G2기가 시작된다. 통제점이 없고 뚜렷한 경계가 없다.

▶ **체크포인트(checkpoint)** 특정 목표와 요구사항이 충족되지 않으면 세포가 한 단계에서 다음 단계로 진행되는 것을 방지하는 생화학적 제어 메커니즘.

S기의 시작은 활성 유전자의 영역에서 유크로마틴(euchromatin)에서 첫 번째 레플리콘의 활성화로 알 수 있다. 다음 몇 시간 동안, 개시(initiation) 과정은 순서대로 다른 레플리콘에서 발생한다.

그러나 그림 11.2에서 볼 수 있듯이, 박테리아의 경우 세포 질량이 임계값(threshold level)을 초과하여 증가할 때 단일 복제 기점에서 복제가 시작되고, 딸 염색체의 분리는 박테리아를 두 개로 나누기 위해 성장하는 격벽의 반대쪽에 있는 것을 확인함으로써 수행된다.

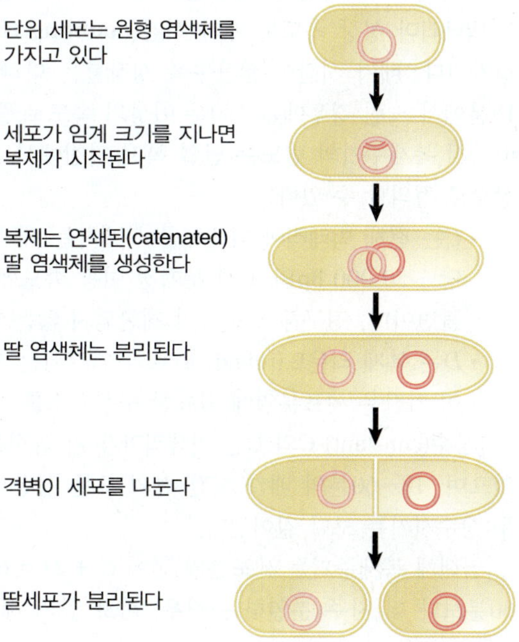

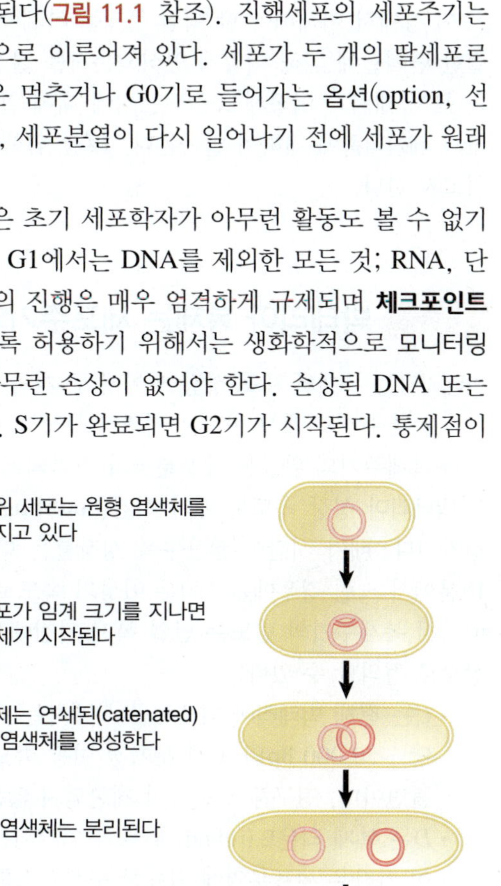

그림 11.2 복제는 박테리아 복제 기점에서 세포 크기의 역치값을 넘어서면 시작한다. 복제의 완성은 재조합에 의해 연결되어 서로 연결이 된 딸 염색체를 생성한다. 그들은 박테리아가 두 개로 분해되기 전에 격막의 반대로 분리되면서 이동한다.

세포는 복제주기를 언제 시작해야 하는지 어떻게 알 수 있을까? 개시 과정은 각 세포 주기마다 한 번씩 발생하며, 모든 세포 주기에서 동시에 발생한다. 이 타이밍은 어떻게 설정될까? 개시 단백질(initiator protein)은 세포 전체에 걸쳐 연속적으

로 합성될 수 있다; 임계량의 축적은 개시를 유발할 것이다. 이것은 단백질 합성이 개시 과정에 필요한 이유를 설명하고 있다. 또 다른 가능성은 억제 단백질(inhibitor protein)이 고정된 지점에서 합성되거나 활성화될 수 있으며, 세포 부피의 증가에 의해 효과적인 수준 이하로 희석될 수 있다는 것이다. 현재의 모델(model)은 두 가지 가능성의 변화가 각 세포 주기에서 정확하게 켜지거나 꺼질 때 작동한다고 제안하고 있다. 활성 DnaA 단백질, 박테리아 개시 단백질의 합성은 개시를 시작하는 임계값에 도달하고 억제 단백질의 활성은 나머지 세포주기(*12장 레플리콘: 복제 개시* 참조)에 대한 후속 개시를 중단시킨다.

박테리아 염색체는 세포 내에서 특이하게 압축되어 배열되어 있으며, 이 조직은 세포분열에서 딸 염색체의 적절한 분리(segregation) 또는 분할(partition)에 중요하다. 딸 염색체를 분할할 때 발생하는 과정 중 일부는 박테리아 염색체의 고리 모양으로부터 일어난다. 고리모양의 염색체는 하나의 고리 모양이 다른 고리 모양을 통과하며 연결되어 있을 때, 카테네화(catenated)되었다고 한다. 이들을 분리하는 데 **토포이소머라아제(topoisomerase, 위상이성질화효소)**가 필요하다. 재조합 과정이 발생할 때 두 가지 형태의 구조가 형성된다: 두 개의 모노머(monomer, 단량체) 간의 단일 재조합이 이들을 단일 다이머(dimer, 이량체)로 변환시킨다. 이것은 독립적인 모노머를 재생산하는 특수 재조합 시스템에 의해 풀어진다. 본질적으로 분할 과정은 별개의 DNA 염기배열에 직접 작용하는 효소 시스템에 의해 처리된다.

▶ **토포이소머라아제(topoisomerase, 위상이성질화효소)** 폐쇄된 DNA 분자에서 두 가닥이 서로 교차하는 횟수를 변경하는 효소. DNA가 절단되고, DNA가 틈을 통과한 다음, DNA가 다시 봉합되는 과정으로 진행된다.

이 장에서 이해해야 할 핵심 문제는 복제에서 기능하는 DNA 염기배열을 정의하고 복제 장치의 적절한 단백질에 의해 어떻게 인식되는지를 결정하는 것이다. *12장 레플리콘: 복제 개시*에서 복제 단위와 복제 개시가 어떻게 조절되는지에 대해 알아본다. *13장 DNA 복제*에서 우리는 DNA 합성의 생화학과 메커니즘에 대하여 알아본다. *14장 염색체 외 복제*에서 우리는 자율적인 복제 단위에 대해 논의하고자 한다.

11.2 박테리아 복제는 세포주기와 연결되어 있다

박테리아는 복제와 세포 성장 사이에 두 개의 연결 고리를 가지고 있다:

- 복제주기의 개시 빈도는 세포가 성장하는 속도에 맞게 조정된다.
- 복제주기의 완료는 세포분열과 관련되어 있다.

박테리아 성장 속도는 **배가 시간(doubling time)**, 세포 수가 두 배가 되는 데 필요한 기간에 의해 평가된다. 배가 시간이 짧을수록 성장률은 더 빠르다. 대장균 세포의 배가 시간의 범위는 빠른 경우 18분에서 느린 경우에는 180분 이상의 속도로 증가할 수 있다. 박테리아 염색체는 단일 레플리콘이다; 따라서 복제주기의 빈도는 단일 복제 기점에서 개시 과정의 수에 의해 조절된다. 복제주기는 두 가지 상수로 정의할 수 있다:

▶ **배가 시간(doubling time)** 박테리아 세포가 두 배로 증식하는 데 걸리는 기간(일반적으로 분 단위로 측정).

- *C*는 전체 박테리아 염색체를 복제하는 데 필요한 ~40분의 고정된 시간이다. 그 지속 시간은 분당 ~50,000 bp의 복제 분기점 이동 속도에 해당한다. (DNA 합성 속도는 일정한 온도에서 거의 불변이며, 전구체의 공급이 제한되지 않는 한 동일한 속도로 진행된다.)
- *D*는 복제 라운드(round) 완료와 연결되는 세포분열 사이에서 경과하는 ~20분의 고정 시간이다. 이 기간은 세포분열에 필요한 구성요소를 구성하는 데 필요한 시간을 나타낼 수 있다.

[상수(constant) C와 D는 박테리아가 이 과정을 완료할 수 있는 최대 속도를 나타내는 것으로 볼 수 있으며, 18~60분의 배가 시간 간의 모든 성장 속도에 적용되지만, 세포주기가 60분 이상이 되면 이 두 상수시기는 보다 길어진다.]

염색체 복제주기는 세포분열 전에 $C + D$ = 60분의 고정된 시간에 시작되어야 한다. 박테리아가 매 60분보다 더 자주 분열하는 경우, 바로 앞의 세포분열 주기 종료 전에 복제주기가 시작되어야 한다.

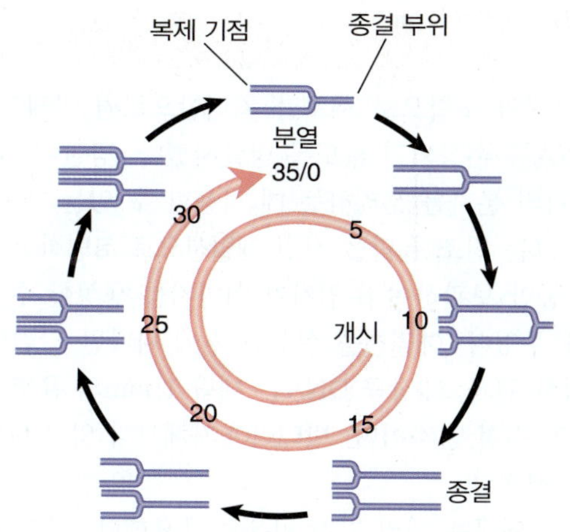

그림 11.3 복제 개시와 세포분열 사이의 고정된 간격 60분은 빠르게 성장하는 세포에서 동시다발복제 염색체(multiforked chromosome)가 만들어진다. 한 방향으로 움직이는 복제 분기점만 나타내었다. 실제로 염색체는 원형 염색체에서 반대 방향으로 움직이는 두 세트의 복제 분기점에 의해 대칭적으로 복제된다.

우리는 세포가 다음 세대와 함께 "이미 태어났다"고 말할 수 있다.

35분마다 세포분열이 일어나는 세포의 예를 생각해보자. 세포분열과 연결된 복제주기는 이전 세포분열의 25분 전에 시작되어야 한다. 이 상황은 그림 11.3에 나와 있으며, 세포주기마다 5분 간격으로 박테리아 세포의 염색체 조성을 보여주고 있다.

세포분열 시(35/0분), 세포는 부분 복제된 염색체를 받는다. 복제 분기점(replication fork)은 계속 진행된다. 이 "오래된(old)" 복제 분기점이 아직 복제 종점에 도달하지 않은 10분에 부분적으로 복제된 염색체의 두 복제 기점에서 복제 개시가 일어난다. 이러한 "새로운(new)" 복제 분기점의 시작은 **동시다발복제 염색체(multiforked chromosome)**를 만든다.

▶ **동시다발복제 염색체(multiforked chromosome)** 복제 첫번째 사이클이 완료되기 전에 두 번째 개시 단계와 발생했기 때문에 복제 분기점이 두 개 이상 존재하는 박테리아 염색체

15분(즉, 다음 세포분열 전 20분)에, 이전 복제 분기점이 복제 종점에 도달한다. 복제 분기점이 복제 종점에 도달하면 두 딸 염색체가 분리된다; 각각은 이미 새로운 복제 분기점(현재 유일한 복제 분기점임)에 의해 부분적으로 복제되었다. 이러한 복제 분기점은 계속해서 진행한다.

세포분열 지점에서 두 개의 부분 복제 염색체가 분리된다. 이것은 우리가 처음에 시작한 시점에 다시 도달하게 된다. 단일 복제 분기점은 "옛 것(old)"이 되고 15분에 끝나고 20분 후에 세포분열이 일어난다. 복제 개시 이벤트는 이와 관련된 세포분열 이벤트 전에 1 $^{25}/_{35}$ 세포주기 후에 발생하고 있다는 것을 알 수 있다.

복제 개시와 세포주기 간의 일반적인 연결 원칙은 세포가 보다 빠르게 성장할 때(세포주기가 더 짧을 때), 복제 개시 현상은 관련된 세포분열 전에 증가하는 세포주기가 발생한다는 것이다. 각각의 박테리아에는 이에 상응하여 더 많은 염색체가 존재한다. 이 관계는 *C*와 *D*의 기간을 줄여서 더 짧은 세포주기를 유지할 수 없다는 것에 대한 세포의 반응으로 볼 수 있다.

핵심개념

- 대장균의 배가 시간은 성장 조건에 따라 10배 이상 다양하다.
- 박테리아 염색체를 복제하는 데는 (상온에서) 보통 40분이 필요하다.
- 복제주기가 완료되면 20분 후에 박테리아가 세포분열이 시작된다.
- 배가시간이 ~60분이라면, 이전 복제 주기로 인해 발생한 세포분열 전에 복제주기가 시작된다.
- 따라서 빠른 성장 속도는 동시다발복제 염색체를 만든다.

개념 및 추론 확인

대장균 염색체를 복제하는 데 40분이 걸리는데, 세포는 어떻게 35분의 세포주기를 가질 수 있을까?

HISTORICAL PERSPECTIVES

존 케인즈와 박테리아 염색체

대부분의 원핵생물 및 많은 바이러스의 손상되지 않은 DNA 분자는 원형이다. 원형 세포 DNA 분자의 존재는 DNA 발견 이후 수년 간 발견되지 않았다. 왜냐하면 큰 DNA 분자는 보통 분리 과정에서 파손되기 때문이다(진핵세포 염색체는 크로마틴으로서 함께 유지되기 때문에 부서지지 않는다). 결국, 많은 사람들은 박테리아 DNA 조제물에서 볼 수 있는 작은 조각이 파편이라는 것을 믿기 시작했다. 영국의 의사이자 분자생물학자인 존 케인즈(John Cairns)는 1963년 호주에서 연구하는 동안, 손상되지 않은 원래의 박테리아 DNA 염색체의 첫 이미지를 얻기 위해 오토라디오그래피(autoradiography, 방사선자동사진법)를 사용했다. 이 기술은 방사성 트리티움(radioactive tritium-labeled DNA)으로 표지된 DNA가 β-입자를 방출하여 사진 에멀션를 칠 때 DNA의 이미지를 생성한다는 사실을 이용한다. Cairns는 DNA의 특정 전구체인 [^{3}H] 티미딘(thymidine)을 함유한 배지에서 대장균을 배양한 다음, 박테리아 세포벽을 분해시키기 위해 리소자임(lysozyme, 달걀-흰자위 효소)과 세포막을 파괴시키는 계면활성제의 조합으로 세포를 처리함으로써 박테리아로부터 표지된 DNA를 손상되지 않도록 방출시켰다. 방출된 DNA를 (서로 다른 크기의 분자를 분리하는 데 사용할 수 있는) 투석 막에서 수집한 후, 그는 건조 유막을 사진 에멀션으로 코팅하고 어두운 곳에서 2개월 동안 보관하여 β-입자가 이미지를 생성할 수 있도록 충분한 시간을 주었다. 에멀션을 현상한 후에 나타난 일련의 어두운 반점을 분석한 결과, 대장균 DNA는 대략 1 mm의 윤곽 길이를 가진 이중가닥의 원형 분자이며, 박테리아 자체보다 약 1,000배 더 길다는 것이 밝혀졌다.

Cairns의 연구는 여러 가지 이유로 중요했다. 첫째, 대장균 염색체가 단일 분자임을 입증했다. 둘째, 원형 세포질 염색체를 처음으로 보여줬다. 셋째, Watson과 Crick이 주창한 Y 포크(Y fork)를 통해 반보존적 복제를 진행한다는 예측을 확인했다. 실제로 Cairns는 2개의 Y 포크를 관찰하였다. 이 실험에서 결정할 수 없었던 것은 두 가지 Y 포크의 특성이었다. 그들은 둘 다 염색체 주위를 이동하거나 (양방향 복제) 아니면 하나의 이동 (단방향 복제) 및 두 번째 고정 회전 고리(fixed swivel)로 작동 중인가?

11.3 격벽은 박테리아를 각각 염색체를 포함하는 자손으로 나눈다

박테리아의 염색체 분리는 특히 흥미롭다. 왜냐하면 DNA 자체가 분할 메커니즘에 관련되어 있기 때문이다(이것은 균주가 유사 분열의 장치에 의해 이루어지는 진핵세포와는 대조적이다). 박테리아 장치는 매우 정확하다; 그러나 **뉴클레오이드**가 없는 **무핵세포(anucleate cell)**는 박테리아 개체군의 0.03% 미만을 형성한다.

▶ **뉴클레오이드(nucleoid, 핵양체)** 게놈이 들어있는 원핵세포의 구조. DNA는 단백질에 결합되어 있으며 막으로 둘러싸여 있지 않다.

▶ **무핵세포(anucleate cell)** 뉴클레오이드가 없지만 야생형 박테리아와 비슷한 모양의 박테리아.

대장균 세포는 두 개의 곡선의 막대로 끝나는 원통형의 막대 모양이다. 박테리아 염색체는 세포 내 공간의 대부분을 차지하는 뉴클레오이드라고 불리는 고밀도 단백질-DNA 구조로 압축되어 있다. 이것은 DNA의 무질서한 덩어리는 아니다; 대신, 특정 DNA 영역은 세포의 특정 영역에 국한되어 있으며, 이 위치는 세포주기에 달려 있다. 이에 대한 설명은 그림 11.4에 요약되어 있다. 새로운 세포에서 염색체의 복제 기점과 말단 영역이 세포 중간에 위치하고 있다. 복제 개시 후, 새로운 복제 기점은 양극(pole) 또는 1/4 및 3/4 위치로 이동하고, 말단 영역은 세포 중간 부위에 남는다. 세포분열 이후, 복제 기점과 말단 영역은 세포 중간으로 방향이 바뀐다.

박테리아를 두 개의 딸세포로 나누는 일은 **격벽(septum)**의 형성에 의해 이루어지는데, 그 구조는 세포의 중심에 주위 세포외막(envelope)으로부터 함입됨으로써 형성된다. 격벽은 세포의 두 부분 사이에 뚫을 수 없는 장벽을 형성하고 두 딸 세포가 결국 완전히 분리되는 부위를 제공한다. 두 가지 관련 질문은 세포분열에서 격벽의 역할을 고심하고 있다: 격벽이 형성되는 위치를 결정하는 것은 무엇인가? 딸의 염색체가 격벽의 반대쪽에 있다는 것을 보장하는 것은 무엇인가?

▶ **격벽(septum)** 분열 중인 박테리아의 중심에 형성되는 구조로, 딸 박테리아가 분리되는 위치를 제공한다. 이 용어는 유사분열이 끝날 때 식물세포 사이에 형성되는 세포벽을 묘사하는 데 사용된다.

격벽은 세포 외피와 동일한 구성 요소로 이루어져 있다. 내막과 외막 사이의 세포질에 단단한 펩티도글리칸(peptidoglycan)이 있다. 펩티도글리칸은 두 가지 유형의 서브유닛 사이의 연결을 포함하는 반응(transpeptidation 및 transglycosylation)에서 트리(tri)- 또는 펜타펩티드-디사카라이드(pentapeptidedisaccharide) 유닛의 중합에 의해 만들어진다. 박테리아의 막대 모양은 여러 활성, MreB, PBP2 및 RodA에 의해 유지된다.

MreB는 박테리아의 세포골격 요소이다. MreB 단백질의 구조는 진핵생물 단백질 액틴(actin)의 구조와 유사하다. 실제로 MreB는 중합되어 세포의 장축을 따라 내막을 따라 나선형 경로를 가로지르는 필라멘트를 형성한다. 이 네트워크는 펩티도글리칸 합성을 위한 생합성 기계를 모집하는 스캐폴드를 형성한다. RodA는 펩티도글리칸 세포벽을 가진 모든 세균에 존재하는 SEDS 계열(*s*hape, *e*longation, *d*ivision, and *s*porulation)의 구성원이다. 각 SEDS 단백질은 펩티도글리칸에서 가교 결합의 형성을 촉매하는 특정 트랜스펩티다아제(transpeptidase)와 함께 작용한다. 페니실린 결합 단백질 2(*p*enicillin-*b*inding *p*rotein 2, PBP2)는 RodA와 상호작용하는 트랜스펩티다아제이다. 두 단백질 중 어느 하나에 대한 유전자의 돌연변이로 인해 세균이 신장된 모양을 잃어버리고 둥글게 된다. 이것은 모양과 단단함이 폴리머 구조의 단순한 신장에 의해 결정될 수 있다는 중요한 원리를 시사하고 있다.

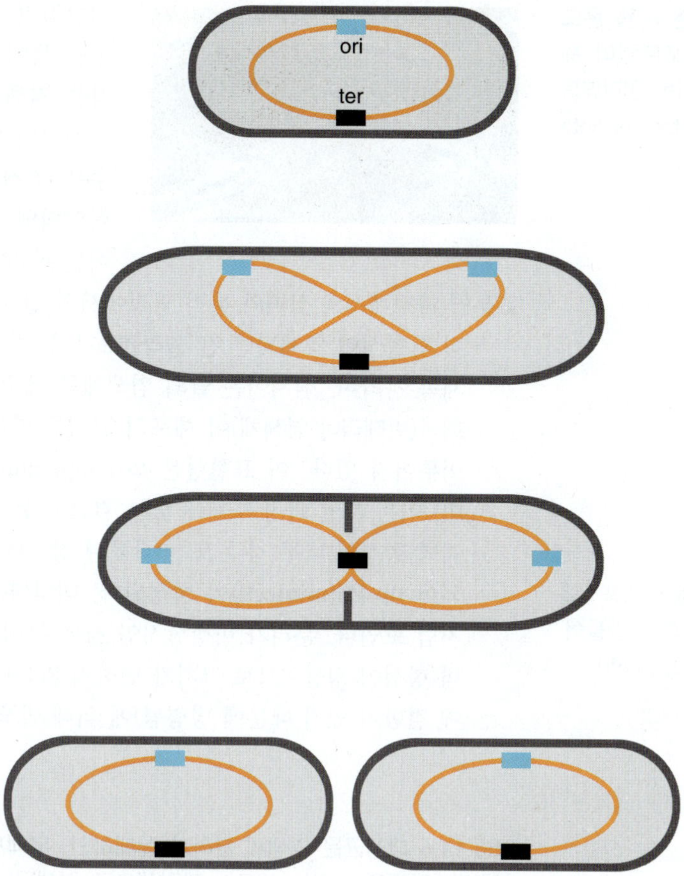

또 다른 효소인 FtsZ는 격벽에서 펩티도글리칸을 생성하는 역할을 담당한다(*11.5절, FtsZ는 격벽 형성에 필요하다* 참조). 격벽은 초기에는 펩티도글리칸의 이중층으로 형성되며, 단백질 EnvA는 딸세포가 분리될 수 있도록 층간 공유결합을 분리해야 한다.

그림 11.4 박테리아 DNA가 세포막에 부착하면 분리 메커니즘이 작동한다.

핵심개념

- 박테리아 염색체는 명확하게 배열되어 세포 내부에 위치한다.
- 격벽 세포 형성은 세포의 중간에서 시작되어 격벽에서 세균의 각 끝까지의 거리의 50%이다.
- 격벽은 세균 외박을 구성하는 동일한 펩티도글리칸으로 구성되어 있다.
- 대장균의 막대 모양은 MreB, PBP2 및 RodA에 의존한다.
- FtsZ는 격벽을 형성하는 데 필요한 효소를 모집하는 데 필요하다.

개념 및 추론 확인

1. 박테리아 염색체가 막에 연결되어 있지 않으면 세포분열 동안 어떻게 될까?
2. 진핵생물은 염색체 쌍을 두 개의 분리된 세포로 어떻게 나누는가?

11.4 세포분열 또는 분리에서의 돌연변이는 세포 모양에 영향을 준다

세포분열에 영향을 미치는 돌연변이를 분리하는 데 있어서의 어려움은 중요한 기능의 돌연변이가 치명적이거나 다면발현성(pleiotropic)일 수 있다는 것이다. 예를 들어, 고리 모양의 형성이 세포외막의

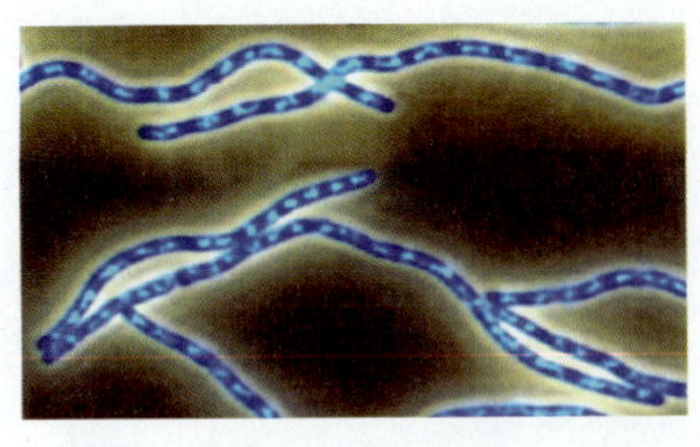

그림 11.5 박테리아 생존 허용 온도가 아닌 환경에서는 세포분열이 제대로 이루어지지 않고 다핵 필라멘트가 생성된다. Photo courtesy of Sota Hiraga, Kyoto University.

전반적인 성장에 필수적인 부위에서 발생한다면, 고리 모양 형성을 특이적으로 방해하는 돌연변이와 일반적으로 세포외막 성장을 저해하는 돌연변이를 구별하기 어렵게 된다. 세포분열 장치에서의 대부분의 돌연변이는 조건부 돌연변이(돌연변이가 비수용 조건에서 영향을 받으며 일반적으로 온도에 민감하다)로 확인되었다. 세포분열이나 염색체 분리에 영향을 미치는 돌연변이는 현저한 표현형 변화를 일으킨다. 그림 11.5와 그림 11.6은 세포분열 과정에서의 실패와 분리 과정에서의 실패의 반대 결과를 보여주고 있다:

- 격벽 형성이 억제되면 긴 *필라멘트*가 형성되지만 염색체 복제는 영향을 받지 않는다. 박테리아는 계속 자라며, 심지어는 딸의 염색체를 계속 분리하지만 격벽은 형성되지 않는다. 따라서 세포는 핵산(박테리아 염색체)이 세포의 길이를 따라 규칙적으로 분포되어 있는 매우 긴 필라멘트 구조로 이루어져 있다. 이 표현형은 *fts*(*t*emperature-*s*ensitive *f*ilamentation) 돌연변이체에 의해 나타나며, 이는 분열 과정 자체에 있는 결함 또는 다중 결함을 식별한다.
- 격벽 형성이 너무 자주 또는 잘못된 장소에서 발생하면, 새로운 딸세포 중 하나에 염색체가 결여되어 **미니셀(minicell)**이 형성된다. 미니셀은 크기가 작고 DNA가 부족하지만 형태상 정상인 것처럼 보인다. 분리가 비정상적인 경우 무핵세포가 형성된다; 미니셀처럼 염색체가 부족하지만 격벽 형성이 정상이므로 크기가 변하지 않는다. 이 표현형은 *par*(partition) 돌연변이체(염색체 분리에 결함이 있기 때문에 명명됨)에 의해 발생한다.

▶ **미니셀(minicell)** 핵 없이 세포질을 생성하는 세포분열에 의해 만들어진 무핵 박테리아 세포(*E. coli*).

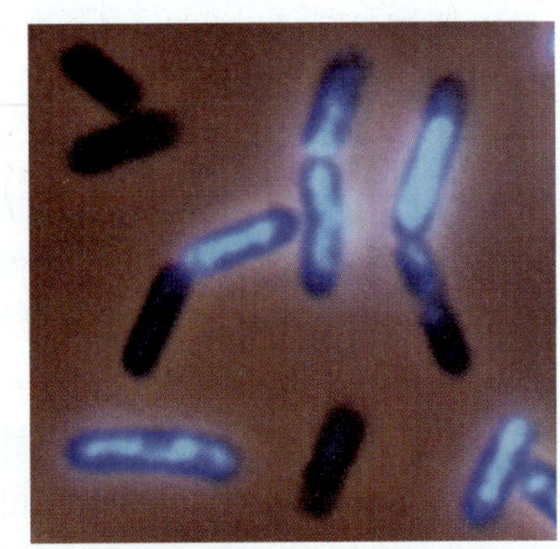

그림 11.6 대장균은 염색체 분리가 실패하면, 무핵세포를 생성한다. 염색체가 있는 세포는 파란색으로 염색된다. 염색체가 없는 딸세포는 파란색으로 염색되지 않는다. 이 사진은 *mukB* 돌연변이의 세포를 나타내었다. 정상 및 비정상 세포분열을 모두 볼 수 있다. Photo courtesy of Sota Hiraga, Kyoto University.

핵심개념

- *fts* 돌연변이체는 긴 박테리아를 형성하는데, 이는 박테리아를 분열시키는 격벽이 형성되지 않기 때문이다.
- 미니셀은 너무 많은 격벽이 생성되는 돌연변이체에서 형성된다; 이들은 작으며 DNA를 가지고 있지 않다.
- 정상 크기의 무핵세포는 복제된 염색체가 분리되지 않는 파티션 돌연변이에 의해 생성된다.

개념 및 추론 확인

유전자를 돌연변이시켜서 세포를 죽일 수 있을 때, 필수 유전자의 기능상실 돌연변이를 어떻게 분리할 수 있는가?

11.5 FtsZ는 격벽 형성에 필요하다

유전자 *ftsZ*는 세포분열에서 중심적인 역할을 한다. *ftsZ*의 돌연변이는 격벽 형성을 차단하고 필라멘트를 생성한다. 과발현은 단위 세포 질량 당 격벽 형성 이벤트의 수를 증가시킴으로써 미니셀을 유도한다. *ftsZ* 돌연변이는 격벽 주위의 고리 모양의 이동에서부터 격벽 형태 형성에 이르기까지 다양한 단계에서 작용한다. FtsZ는 새로운 격벽의 합성을 담당하는 일련의 세포분열 단백질을 구성한다.

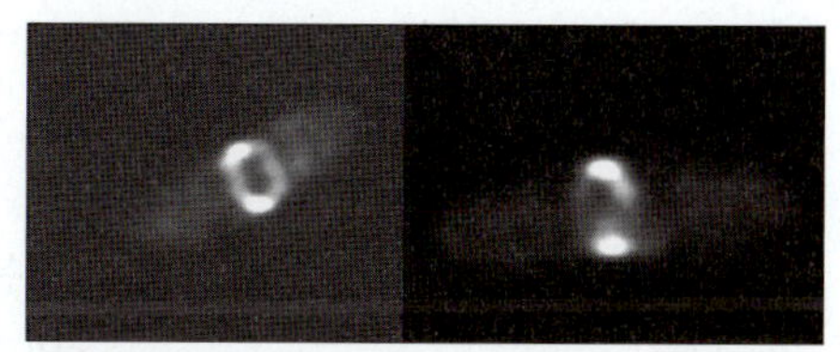

그림 11.7 FtsZ에 대한 항체를 이용한 면역형광법으로 FtsZ가 중간 세포에 위치하고 있음을 알 수 있다. Photo courtesy of William Margolin, University of Texas Medical School at Houston.

FtsZ는 격벽 형성 초기에 기능한다. 세포분열 사이클의 초기에, FtsZ는 세포질 전반에 위치하지만, 세포분열에 앞서, FtsZ는 세포 중간 위치에서 원주 주위의 링(ring)에 위치한다. 구조는 그림 11.7에 표시된 **Z-링(Z-ring**, 또는 격벽 링)이라고 한다. Z-링의 형성은 격벽 형성의 율속 단계(rate-limiting step)이며, 그 조립은 격벽의 위치를 한정한다. 전형적인 분열주기에서는 분열 후 1분에서 5분 후에 세포의 중심부에 형성되어 15분 동안 머문 후 신속히 세포를 둘로 꼭 집어 수축시킨다.

▶ **Z-링(Z-ring)** 격벽 링을 참조

FtsZ의 구조는 튜블린(tubulin)과 유사하여 링의 집합이 진핵세포에서 미세소관의 형성과 유사할 수 있음을 시사한다. FtsZ는 GTPase 활성을 가지며, GTP 절단은 FtsZ 모노머의 링 구조 내로의 올리고머화(oligomerization)를 지지하는 데 사용된다. Z-링은 세포질 풀과 서브유닛의 지속적인 교환이 이루어지는 동적 구조이다.

세포분열에 필요한 두 개의 다른 단백질인 ZipA와 FtsA는 FtsZ와 직접적, 독립적으로 상호작용한다. ZipA는 박테리아 내막에 있는 필수 막 단백질이다. FtsZ를 막에 연결하는 수단을 제공한다. FtsA는 세포질 단백질이지만 막과 관련된 경우가 많다. Z-링은 ZipA 또는 FtsA가 없는 경우 형성될 수 있지만, 둘 다 존재하지 않으면 형성될 수 없다. 둘 다 후속 단계에 필요하다. 이것은 Z-링을 안정화시키고 아마도 막과 연결시키는 역할이 중복되어 있음을 시사하고 있다.

FtsA가 통합된 후 다른 여러 *fts* 유전자 산물이 정의된 순서로 Z-링에 결합한다. 그들은 모두 막통과 단백질이다. 최종 구조를 **격벽 링(septal ring)**이라고도 한다. 이것은 막을 수축시키는 능력을 가진 것으로 여겨지는 다중 단백질 복합체로 구성되어 있다. 격벽 링에 마지막으로 포함될 구성 요소 중 하나는 FEDW이며 SEDS 패밀리에 속하는 단백질이다. *ftsW*는 주변세포질에 촉매 부위를 갖는 막 결합 단백질인 트랜스펩티다아제(transpeptidase)(Penicillin-binding protein 3, PBP3이라고도 함)를 암호화하는 *ftsI*를 갖는 오페론의 일부로 발현된다. FtsW는 격벽 링에 FtsI를 통합시킨다. 이것은 트랜스펩티아아제(transpeptidase) 활성이 펩티도글리칸(peptidoglycan)을 안쪽으로 성장시켜 내부 막을 밀고 외부 막을 당기는 격벽 형성 모델을 시사하고 있다.

▶ **격벽 링(septal ring)** 대장균의 *fts* 유전자가 암호화하는 여러 단백질의 복합체로서 세포의 중간 지점에서 형성된다. 그것은 세포분열에서 격벽을 발생시킨다. 첫 번째 단백질은 FtsZ이며, Z-링의 원래 이름을 나타낸다.

FtsZ는 격벽 형성의 주요 세포골격(cytoskeletal) 구성 요소이다. 그것은 박테리아에서 일반적이며 엽록체에서도 발견된다. 또한 박테리아와 함께 진화 기원을 공유하는 미토콘드리아는 일반적으로 FtsZ가 없다. 대신 그들은 진핵생물 세포질의 막으로부터 소포(vesicle)를 꼬집는 데 관여하는 단백질 다이나민의 변종을 사용한다. 이것은 세포소기관의 외부에서 작용하여 막을 압박하여 수축을 일으킨다.

박테리아, 엽록체 및 미토콘드리아의 분열에 있어 공통적인 특징은 세포골격 단백질 사용하여 세포소기관 주변에 링을 형성하고, 막을 잡아 당겨 수축을 형성하는 것이다.

핵심개념

- *ftsZ* 산물은 기존 부위에서 격벽 형성을 위해 필요하다.
- FtsZ는 박테리아 외피 안쪽에 링을 형성하는 GTPase이다. 그것은 다른 세포골격 구성 요소에 연결되어 있다.

개념 및 추론 확인

*ftsZ*와 같은 단일 유전자가 다른 표현형을 갖는 돌연변이를 어떻게 가질 수 있을까?

11.6 *min* 및 *noc/slm* 유전자는 격벽의 위치를 조절한다

격벽의 국재화(localization)에 대한 단서는 처음에 미니셀 돌연변이체에 의해 제공되었다. 원래의 미니셀 돌연변이는 유전자좌 *minB*에 위치하고 있다; *minB*의 결실은 세포 중간에서 뿐만 아니라 (또는 대신에) 극에서 발생하는 격벽 형성을 허용함으로써 미니셀을 생성한다. 결과적으로, 세포는 세포 중간 또는 극에서 격벽 형성을 개시하는 능력을 보유하고, 야생형 *minB* 유전자자리의 역할은 극에서의 격벽 형성을 억제하는 것이다. *minB* 유전자자리는 *minC*, *-D* 및 *-E*의 세 가지 유전자로 구성되어 있다. 그들의 역할은 **그림 11.8**에 요약되어 있다. *minC* 및 *minD*의 유전자산물(단백질)은 세포분열 억제제를 형성한다. (MinD는 MinC를 활성화해야만 FtsZ가 Z-링에 중합하지 못한다).

MinE의 부재 하에 MinCD가 발현되거나 MinE가 존재하는 경우에도 과발현되면 일반화된 세포분열 억제가 일어난다. 그 결과로 생기는 세포는 (그림 11.5와 비슷하게) 격벽이 없는 긴 **필라멘트**로 성장한다. MinCD와 비슷한 수준에서 MinE의 발현은 극 영역에 대한 억제를 제한하여 정상 성장을 회복시킨다. 따라서 적절한 (세포 중간) 부위에서의 격벽 형성의 결정 요인은 MinE와 MinCD의 비율이다.

Min 시스템의 국재화 활동은 그림 11.8에 표시된 MinD 및 MinE의 현저한 동적 작용 때문이다. ATPase인 MinD는 세포의 한쪽 끝에서 다른 쪽 끝으로 빠르게 왔다갔다(진동)한다. MinD는 박테리아 막에 결합하여 세포의 한 극에 축적되어 방출되고 반대편 극으로 재결합된다. 이 과정의 주기는 약 30초가 걸리므로, 하나의 박테리아 세포 세대 내에서 여러 진동이 발생한다. 스스로 움직일 수 없는 MinC는 패신저 단백질이 MinD에 묶여 진동한다. MinE는 MinD 영역의 가장자리에 있는 세포 주위에 링을 형성한다. MinE 링은 극에서 MinD 쪽으로 움직이며, 막에서 MinD를 방출하는 데 필요하다. MinE 링은 반대 극에 형성되는 MinD 영역 가장자리에서 분해되고 개조된다. MinD와 MinE는 각각 상대방의 역동성에 필요하다. 이 동적인 작용 결과, 세포 중간에서 MinC 억제제의 농도가 낮고 극에서 가장 높은데, 이는 세포 중간에서 FtsZ 조립을 지시하고 극에서의 조립을 억제한다.

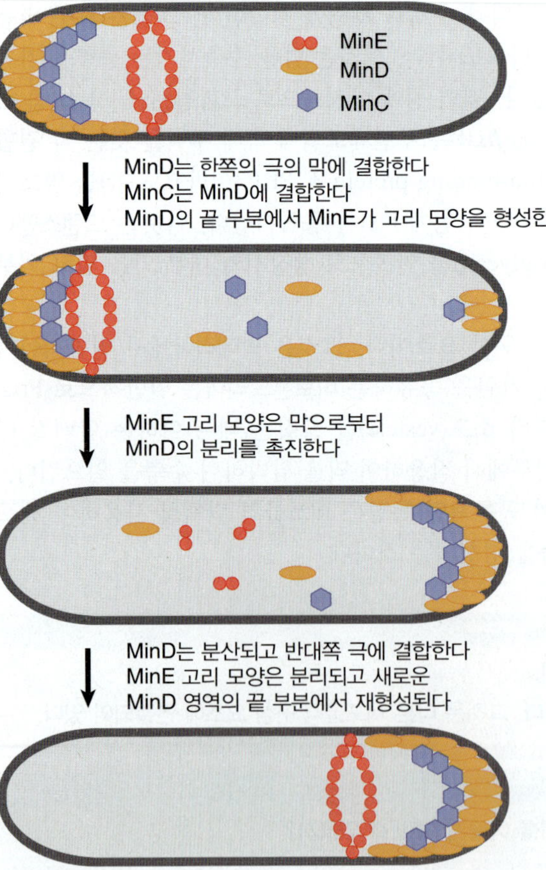

그림 11.8 MinC/D는 세포분열 억제제로서 MinE에 의해 양극에 작용이 제한되어 있다.

뉴클레오이드 폐색(nucleoid occlusion)이라고 하는 또 다른 과정은 박테리아 염색체보다 Z-링 형성을 방지하여 세포분열 시 개별 염색체를 이등분하는 것을 막는다. FtsZ의 억제제인 SlmA라 불리는 단백질은 대장균의 뉴클레오이드 폐색에 필요하다. SlmA는 일반적인 DNA 결합 단백질이므로 박테리아 염색체에 결합한 SlmA가 FtsZ에 작용하여 세포의 이 영역에서 격벽 형성을 방지한다. 박테리아의 뉴클레오이드가 세포의 대부분을 차지하기 때문에 이 과정은 Z-링 조립을 극 또는 세포 중간의 제한된 뉴클레오이드가 없는 공간으로 제한한다. 뉴클레오이드 폐색과 Min 시스템의 조합은 세포 중간에서 Z-링이 형성되어 세포분열이 일어나도록 촉진한다.

핵심개념

- 격벽의 위치는 *minC*, *-D* 및 *-E*와 *noc/slm*에 의해 조절된다.
- 격벽의 수와 위치는 MinE/MinC, D의 비율에 의해 결정된다.
- 세포 내에서 Min 단백질의 동적인 이동은 Z-링 조립의 억제가 극에서 가장 높고 세포 중간에서 가장 낮은 패턴을 설정한다.
- Slm/Noc 단백질은 박테리아 염색체가 차지하는 공간에서 격벽 형성이 발생하는 것을 방지한다.

개념 및 추론 확인

MinC 돌연변이 박테리아는 어떻게 생겼을까?

11.7 염색체 분리에 부위-특이적 재조합이 필요할 수 있다

복제가 박테리아 염색체 또는 플라스미드의 복제본을 생성한 후에는 복제물이 재조합될 수 있다. 그림 11.9는 그 결과를 보여준다. 두 원 사이의 단일 분자 간 재결합 이벤트는 이합체 원(dimeric circle)을 생성한다. 이러한 효과에 대응하기 위해, 세포는 특정 염기배열에 작용하여 모노머 상태를 회복시키는 분자 내 재조합을 지원하는 **부위-특이적 재조합(site-specific recombination)** 시스템을 종종 갖는다.

▶ **부위-특이적 재조합(site-specific recombination)** 두 개의 특정 염기배열 사이에서 일어나는 재조합, 파지에서와 같이 전위가 일어나는 동안 통합/절제 또는 공동삽입된 구조의 분해.

그림 11.10은 이것이 염색체의 분리에 영향을 어떻게 미치는지를 보여준다. 재조합이 일어나지 않으면 아무 문제가 없으며 독립된 딸 염색체가 딸세포로 분리될 수 있다. 그러나 복제 사이클에 의해 생성된 딸 염색체 간에 상동성 재조합이 발생하면 다이머가 생성될 것이다. 그러한 재조합 현상이 있었다면, 딸 염색체는 분리될 수 없다. 이 경우, 플라스미드 다이머와 동일한 방식으로 분해되기 위해서는 두 번째 재조합이 필요하다.

원형 염색체를 가진 대부분의 박테리아는 Xer 부위-특이적 재조합 시스템을 가지고 있다. 대장균에서는 복제 종결이 일어나는 염색체 부위에 위치하는 *dif*라고 불리는 28 bp 표적 부위에서 작용하는 두 개의 재조합효소(recombinase)인 XerC와 XerD로 구성되어 있다(*13.15절 복제 종결 참조*). Xer 시스템의 사용은 흥미로운 방식으로 세포분화와 관련이 있다. 관련 과정을 그림 11.11에 요약하였다.

XerC는 *dif* 염기배열의 쌍에 결합하여 이들 사이에 홀리데이 접합(Holliday junction)을 형성할 수 있다. 복합체는 복제 분기점이 *dif* 염기배열을 지나간 직후에 형성될 수 있다. 이는 대상 염기배열의 두 복사본이 어떻게 일관되게 서로를 찾을 수 있는지 설명하고 있다. 그러나 재조합체를 만들기 위한 접합부의 분해는 염색체 분리와 세포분열에 필요한 격벽에 위치한 단백질 FtsK의 존재 하에서만 일어난다. 또한 *dif* 표적 염기배열은 ~30 kb의 특정 영역에 위치해야 한다; 만일 이 영역 밖으로 이동하면 반응을 지원할 수 없다. 염색체의 말단 영역은 세포분열 이전에 격벽 근처에 위치한다는 것을 기억하라(*11.3절 격벽은 박테리아를 각각의 염색체를 포함하는 자손으로 나눈다* 참조).

그러나 박테리아는 이미 다이머를 생성하는 일반적인 재조합 과정이 있었을 때만 *dif*에서 부위-특이적 재조합을 원한다(그렇지 않으면 부위-특이적 재조합으로 인해 다이머가 생성될 것이다!!). 이 시스템은 딸의 염색체가 독립적인 모노머로 존재하는지 혹은 재조합되었는지를 어떻게 알 수 있을까? 하나의 대답은 염색체의 분리가 복제 직후에 시작된다는 것이다. 만일 재조합이 없다면, 두 염색체는 서로 떨어져 움직인다. 그러나 다이머가 형성되면 서로 떨어져 움직이는 능력은 제한될 것이다. 이렇게 하면 말

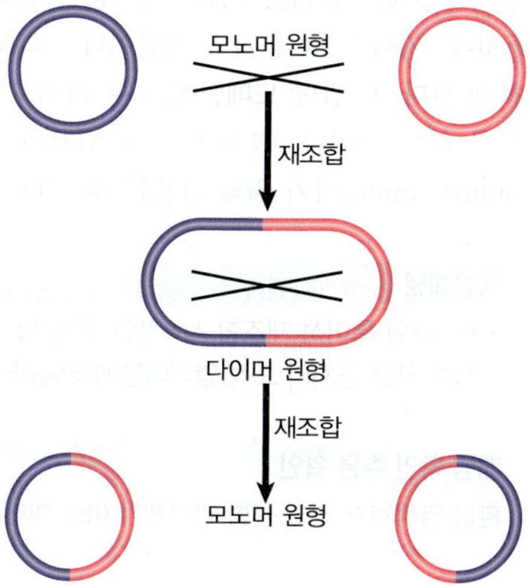

그림 11.9 분자내 재조합은 모노머를 다이머로 합쳐지게 하며, 분자 간 재조합은 올리고머에서 각 단위별로 분해된다.

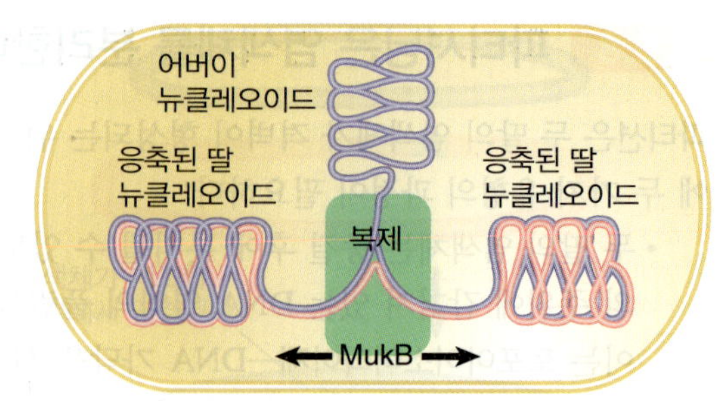

그림 11.12 단일 어버이 뉴클레오이드 DNA는 복제하는 동안 응축되지 않는다. MukB는 딸 뉴클레오이드를 재응축하는 장치의 필수 구성요소이다.

장치를 통과하기 위해 응축이 풀어져야 한다. 딸의 염색체는 복제에서 나오고, 토포아이소머라아제에 의해 풀리며, 응축되지 않은 상태에서 MukBEF로 전달되어 딸세포의 중심이 될 위치에 응축된 덩어리를 형성하게 한다.

박테리아 DNA와 막 사이에 직접 또는 간접적으로 염색체-결합 단백질을 통한 물리적 연결이 존재한다. 박테리아 DNA는 복제 기점, 복제 분기점 및 말단 근처의 유전자 마커(marker)가 풍부한 경향이 있는 막 분획에서 찾을 수 있다. 이러한 막 분획에 존재하는 단백질은 복제 개시를 방해하는 돌연변이에 의해 영향을 받을 수 있다. 성장 부위는 개시를 위해 복제 기점이 부착되어야 하는 막 상의 구조물일 수 있다.

핵심개념

- 레플리콘 복제 기점은 내부의 박테리아 막에 붙어 있다.
- 염색체는 중심에서 $^1/_4$ 및 $^3/_4$ 위치로 갑자기 움직인다.

개념 및 추론 확인

박테리아는 효과적인 분리를 위해 막에 염색체를 부착해야 하지만, 진핵생물은 그렇지 않다. 그 이유는 무엇인가?

11.9 진핵세포 성장 인자 신호전달경로

다세포 개체의 대다수의 진핵세포는 성장하지 않는다. 즉, G0의 세포주기 단계에 있다(그림 11.1 참조). 그러나 줄기세포와 대부분의 배아세포는 활발히 성장하고 있다. 세포분열을 끝내고 있는 세포는 두 가지 선택을 할 수 있다: 즉, G1로 들어가서 세포분열의 새로운 라운드를 시작하거나, 혹은 분열을 멈추고 G0 단계로 들어갈 수 있으며, 만일 프로그램되면 분화를 시작할 수 있다. 이러한 결정은 성장 인자 호르몬과 그 수용체에 의해 조절된다.

세포가 G0에서 세포주기를 재진입하거나 M 단계 후에 분열을 계속하기 위해서는 적절한 *성장 인자수용체(growth factor receptor)* 유전자를 발현하도록 프로그램해야 한다. 생물체의 다른 곳에, 전형적으로 뇌하수체에서, 적절한 *성장 인자*에 대한 유전자가 발현되어야 한다. **신호전달경로(signal transduction pathway)**는 성장 인자 신호가 세포 외부의 소스에서 핵으로 전달되어 궁극적으로 세포가 복제 및 성장을 시작하게 하는 생화학적 과정이다. 우리가 아래에 기술할 일반적인 경로는 효모에서 인간에 이르는 진핵생물에서 보편적이다.

많은 신호전달경로의 요소 대부분을 암호화하는 유전자는 **종양유전자(oncogenes)**로 알려져 있으며, 유전자가 변형되면 암을 유발할 수 있다. 이 경로의 예로, 표피성장 인자(epidermal growth factor, EGF)와 그 수용체인 EGFR에 대해 알아본다. 이 두 단백질과 그것들을 암호화하는 유전자는 경로의 처음 두 요소이다. EGF는 (에스트로겐과 같은 스테로이드 호르몬과는 대조적으로) 펩타이드 호르몬이

▶ **신호전달경로(signal transduction pathway)** 자극 또는 세포 상태가 세포 내 경로에 의해 감지되고 세포 내 경로로 전달되는 과정.

▶ **종양유전자(oncogenes)** 돌연변이가 발생하면 암을 유발할 수 있는 유전자.

다. EGFR은 자물쇠와 키 메커니즘에서 EGF와 특이적으로 결합한다. EGFR은 그림 11.13에서 보는 바와 같이 수용체 티로신 키나아제(receptor tyrosine kinase, RTK)로 알려진 패밀리 내 단일-통과 막 단백질이다. 수용체는 EGF, 즉 짧은 막-스패닝 도메인(membrane-spanning domain) 및 고유의 티로신 키나아제(tyrosine kinase) 활성을 갖는 내부 세포질 도메인(즉, 특정 티로신을 인산화시키는 도메인)에 결합하는 외부 도메인(세포 외부에 있음)을 갖는다.

수용체에 결합하는 호르몬은 수용체의 다이머를 일으키며, 이는 그림 11.13b에서 볼 수 있듯이, 각 수용체의 세포질 도메인의 여러 교차-인산화 과정을 일으킨다; 여기서는 단순화를 위해 단지 하나의 인산화 과정만을 제시하였다. 각 수용체는 세포질 도메인의 티로신 아미노산 잔기 집합에서 다른 수용체를 인산화시킨다. 각각의 인산화된 티로신(Tyr-P)은 특정 어댑터 단백질이 수용체(이 예에서는 Grb2/SOS 복합체)에 결합하는 도킹 부위로서 작용한다. 우리는 하나의 경로를 조사할 것이지만, 세포가 동시에 많은 다른 수용체를 포함하고 각 수용체가 여러 단백질(따라서 잠재적으로 다중 경로)을 위한 다중 도킹 위치를 가지고 있음을 명심하는 것이 중요하다. 현실은 단순한 신호전달경로가 아니라 오히려 *정보 네트워크(information network)*이다.

신호전달경로의 세 번째 요소는 RAS 단백질(*ras* 유전자에 의해 암호화됨)이다. RAS는 구아노신 뉴클레오타이드(guanosine nucleotide), GTP(활성 형태의 RAS) 또는 GDP(비활성 형태의 경우) 중 하나에 결합하는 단백질인 G-단백질이다. RAS는 그림 11.13c에서 보는 것처럼 프렌일화[prenylated, 지질(lipid)] 꼬리에 의해 막에 연결된다. EGF/EGFR에서 정보의 흐름을 계속하기 위해, 불활성 RAS

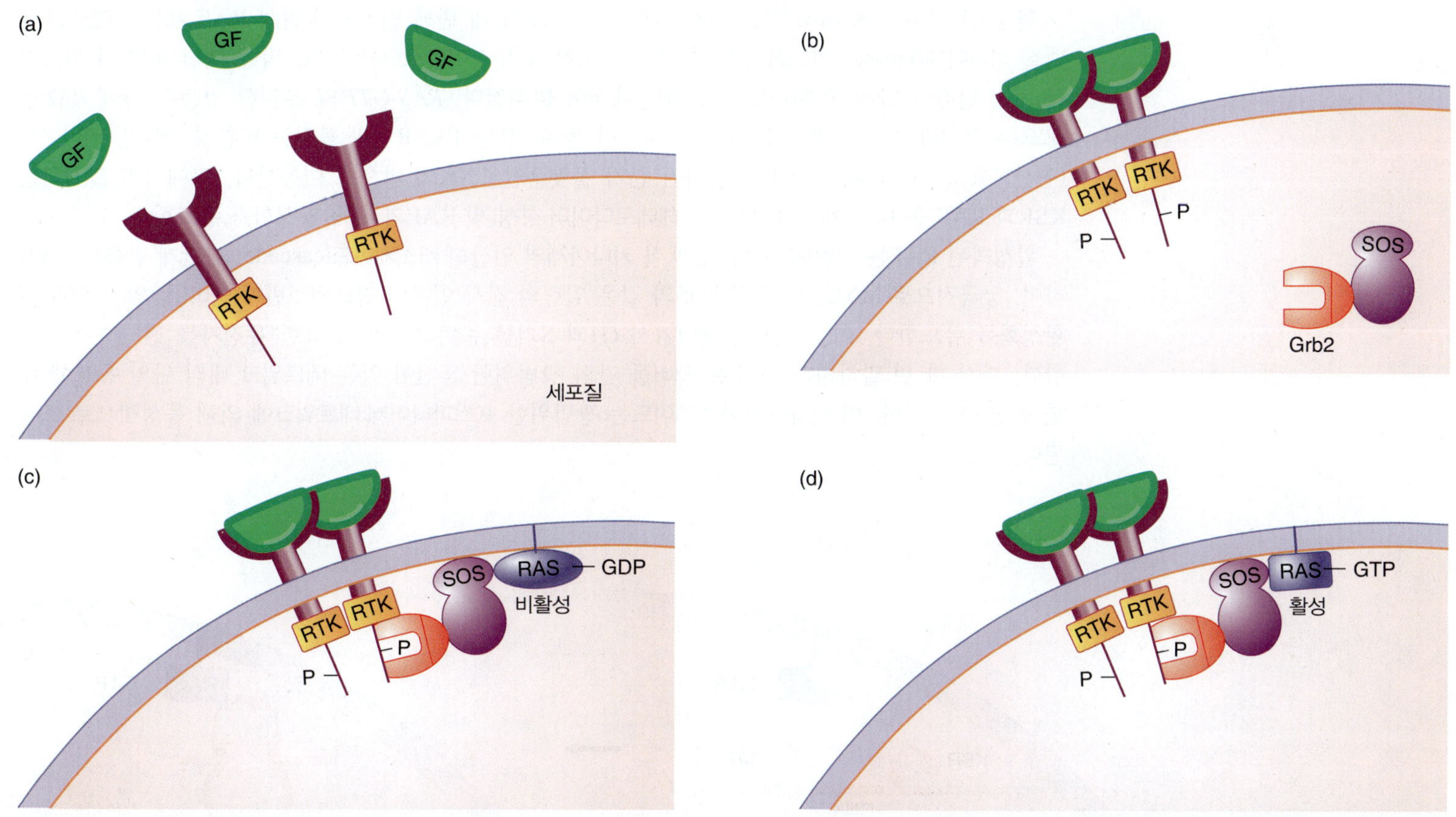

그림 11.13 신호전달경로 (a) 성장 인자 및 성장인자수용체: 성장 인자 세포 외 도메인은 자물쇠 및 열쇠 방식으로 성장 인자(GF)에 결합할 것이다. 성장인자수용체 세포 내 도메인은 RTK(*r*eceptor *t*yrosine *k*inase)라 불리는 내인성 단백질 키나아제 도메인을 포함하고 있다. (b) 수용체에 결합하는 성장 인자는 수용체 이량체화를 유발하여 티로신에 대한 각 세포질 도메인의 포스포릴화를 일으킨다. 포스포티로신 잔기는 여기에 표시된 Grb2와 같은 단백질의 결합 부위 역할을 할 수 있다. (c) Grb2는 Tyr-P와 결합하여 그 결합 파트너인 SOS, 구아노신 뉴클레오티드 교환인자가 막으로 전달되어 불활성 RAS-GDP를 활성화시킬 수 있다. (d) SOS는 GDP를 제거하고, GTP로 대체하여 RAS를 활성화한다.

는 GDP를 GTP로 교환하는 구아노신 뉴클레오타이드 교환인자(guanosine nucleotide exchange factor, GEF)인 SOS라는 세포질 단백질에 의해 RAS-GDP에서 RAS-GTP로 전환되어야 한다. 그 기능은 RAS에서 GDP를 제거하고 그림 11.13d에 표시된 바와 같이 GTP로 대체한다. 보다 자세한 내용에 대해서는 곧 설명하고자 한다. RAS는 GTP를 GDP로 천천히 전환시키는 약한 고유한 포스파타아제 활성을 가지고 있다. 이것은 성장 인자가 신호를 전달하기 위해 지속적으로 존재해야 한다는 것을 의미한다.

RAS를 활성화하려면 SOS를 RAS-GDP와 상호작용하기 위해 특별히 막으로 가져와야 한다. SOS가 RAS와 상호작용할 수 있도록 자가 억제 도메인의 잠금을 해제하는 역할을 하는 것은 막 인지질 자체이다. SOS는 Tyr-P에 결합하는 SH2 도메인(여기서는 활성화된 EGFR에서 볼 수 있음)과 SOS와 같은 다른 SH3 도메인을 포함하는 다른 단백질을 결합하는 SH3 도메인인 Grb2라는 흥미로운 단백질인 어댑터 단백질과 복합체를 이루고 있다. 수용체에 결합하는 특이성은 각 Tyr-P를 둘러싼 아미노산에 있다. *성장 호르몬의 유일한 기능은 성장 인자 수용체의 다이머를 유발하여 인산화를 유도하고, 이어서 RAS를 활성화시키기 위해 막으로 SOS를 모으는 것이다.*

ras 종양 유전자 돌연변이는 종양에서 가장 흔하다. 가장 일반적인 돌연변이는 RAS 단백질 구조를 변화시키는 단일 아미노산 변화를 유발하는 단일 뉴클레오타이드 변화이다. RAS^{ONC}는 GTP보다 높은 친화성으로 GTP에 결합한다. 그 결과 더 이상 활성화를 유발하는 성장 인자가 필요하지 않다; 그것은 구성적 활성이다. 이러한 종류의 돌연변이를 *우성 기능획득 돌연변이(dominant gain of function mutation)*라고 한다.

활성화된 RAS, RAS-GTP는 이제 활성화될 경로의 네 번째 멤버인 비활성 RAF 세린/트레오닌 단백질 키나아제(kinase, 인산화효소)를 모으기 위한 도킹 사이트로 사용된다. 막에 대한 RAF의 활성화는 가장 난감한 단계 중 하나였으며, 최근에서야 밝혀졌다. *RAS-GTP의 유일한 기능은 막에 RAF를 모으는 것이다.* 비활성 RAF는 그림 11.14에서 볼 수 있듯이 KSR이라 불리는 비활성 단백질 키나아제(인산화효소 또는 슈도키나아제)를 가진 분자 플랫폼인 CNK의 막으로 이동한다. 막에서의 활성화는 KSR과 RAF 둘 다 전개하여, 나란한 헤테로다이머 형성 및 RAF의 후속 활성화를 유도한다.

활성화된 RAF는 세린/트레오닌 단백질 키나아제의 인산화 캐스케이드(cascade, 다단계 반응)를 개시하여, 궁극적으로 MYC, JUN 및 FOS와 같은 일련의 전사 인자인 경로의 5번째 멤버(들)의 인산화 및 활성화를 유도한다. 이것은 핵에 들어가서 G1과 S기를 준비하는 데 필요한 유전자를 전사하기 시작한다. 다시 한 번 말하지만, 이것은 멤버들 간의 광범위한 혼선이 있는 네트워크 내의 단일 통로에 대한 설명이다. 또한, 이 키나아제 캐스케이드는 광범위한 포스파타아제 네트워크에 의해 음성적으로 조절된다.

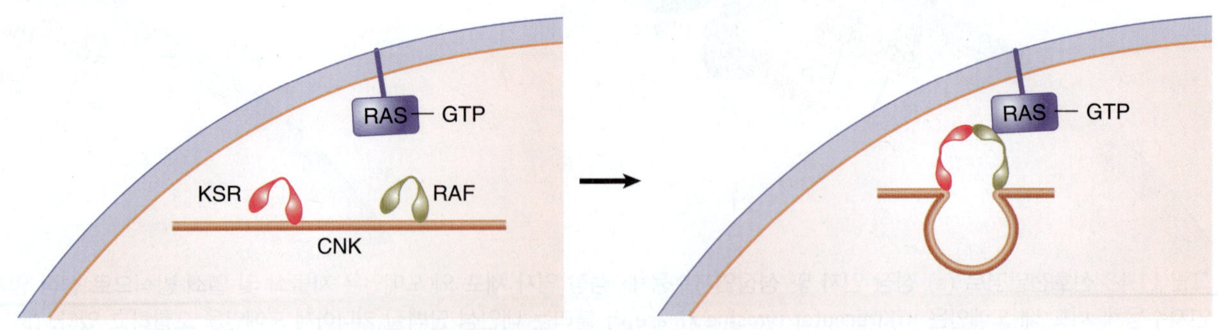

그림 11.14 CNK는 RAS-GTP가 활성이 된 후, 세포막에서 KSR이 연관된 RAF의 활성을 분자 접힘 구조를 통해 내보낸다.

핵심개념

- 성장 인자의 기능은 수용체의 다이머 형성 및 수용체의 세포질 도메인의 인산화를 유발하는 것이다.
- 성장 인자 수용체의 기능은 RAS를 활성화하기 위해 막에 교환 인자 SOS를 모으는 것이다.
- 활성화된 RAS의 기능은 활성화될 수 있도록 RAF를 막에 모으는 것이다.
- RAF의 기능은 핵으로 들어갈 수 있고, S기를 시작할 수 있는 일련의 전사 인자의 인산화로 이끄는 인산화 캐스케이드를 시작하는 것이다.

개념 및 추론 확인

1. 고전적인 신호전달경로는 왜 그렇게 복잡한가? 단순히 성장 인자 수용체가 전사 인자를 활성화시키지 않는 이유는 무엇인가?
2. RAS 발암 돌연변이에 대해 이형접합체인 세포의 표현형은 무엇인가?

11.10 S기 진입을 위한 체크포인트 조절: p53, 체크포인트 수호자

성장 인자에 의한 초기 활성화 후 세포주기를 통한 진행은 지속적인 성장 인자 존재를 필요로 하며, **사이클린-의존성 키나아제(cyclin-dependent kinases, CDKs)**라고 불리는 세린/트레오닌 단백질 키나아제의 두 번째 세트에 의해 엄격하게 조절된다. CDK 자체는 그림 11.15와 같이 매우 복잡한 방식으로 제어된다. 그것들은 독자적으로 활동하지 않으며, **사이클린(cyclin)**이라 불리는 세포주기-특이적 단백질의 결합에 의해 활성화된다. 이것은 CDK가 미리 합성되어 비활성 상태의 세포질에 남아있을 수 있음을 의미한다. 세포가 G1기에서 S기로 진행하기 위해서는 두 가지 주요 요구 사항이 충족되어야 한다. 즉, 세포가 특정 크기로 성장해야 하며, DNA 손상이 없어야 한다. 세포가 할 수 있는 최악의 일은 손상된 DNA를 복제하는 것이다.

사이클린 이외에, CDKs는 다중 인산화 과정에 의해 조절된다. 세린/트레오닌 키나아제의 Wee1 계열인 CKIs(cyclin-dependent *k*inase *i*nhibitors)의 일반적인 부류의 키나아제의 한 세트는 CDK를 억제한다. (Wee1 키나아제는 세포주기의 진행을 억제하고 돌연변이가 있는 경우 조기(premature) 세포주기가 진행되어 초소형 세포를 만든다.) CDK/사이클린 복합체 자체에 작용하는 p21과 p27을 비롯한 여러 CKI가 있다(*11.11절 S기 진입을 위한 체크포인트 조절: Rb, 체크포인트 수호자* 참조). 또 다른 일반적인 클래스인 CAKs(Cdk-activating kinases)는 진행을 활성화시킨다. *이것은 또한 키나아제와 포스파타아제(phosphatase, 인산가수분해효소)의 균형이 CDK의 활성을 조절함을* 의미한다. (G2기에서 M기로의 전환과 유사분열과 감수분열의 여러 단계에서 비슷한 엄격한 제어가 있다.) Cdc25(*c*ell *d*ivision *c*ycle)는 CDK/사이클린 복합체가 활성화되도록 저해가 되는 인산 그룹을 제거하는 데 필요한 포스파타아제이다. Cdc25는 차례로 Chk1과 2에 의해 억제된다(그림 11.16 참조). S기에 들어가기 위한 신호는 네거티브 레귤레이터에 의해 제어되는 양의 신호(positive signal)이다. S기에서 G2기로의 전환에는 규제가 없다; 복제가 완료될 때 발생한다.

성장 및 손상되지 않은 DNA 요구 사항이 모두 충족되도록, CDK/사이클린 복합체는 전사 인자 p53과 Rb의 체크포인트 단백질과 함께 작동한다. 이 두 단백질은 **종양-억제(tumor-suppressor) 단백질**이라고 불리는 부류에 속해 있다. 세포주기의 수호자로서, 이 단백질들은 세포 크기와 DNA 손상이 없다는 기준이 충

▶ **사이클린-의존성 키나아제(cyclin-dependent kinases, CDKs)** 사이클린 분자에 결합하지 않는 한 비활성인 키나아제(인산화효소) 계열. 대부분의 CDK는 세포주기 제어에 참여한다.

▶ **사이클린(cyclin)** 사이클린-의존성 키나아제를 결합하고 활성화시키는 단백질. 사이클린 농도는 세포주기를 통해 다양하며 주기적으로 세포 생존율을 조절하는 데 있어서 중요한 역할을 한다.

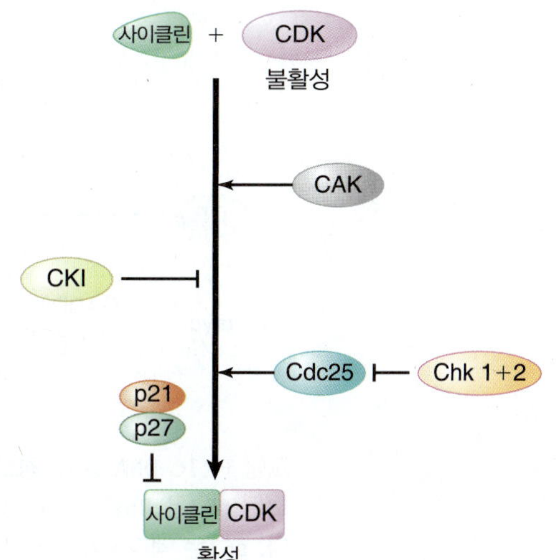

그림 11.15 활성화된 CDK의 형성은 사이클린 단백질과 결합한다. 이 과정은 결합을 도와주거나 결합을 하지 못하게 해 주는 요소들에 의해 조절이 된다.

▶ **종양-억제 단백질(tumor-suppressor protein)** 일반적으로 세포 증식을 차단하거나 세포사멸을 촉진하는 단백질. 암은 종양-억제 유전자가 기능-손실 돌연변이에 의해 불활성화될 때 생길 수 있다.

족되었는가를 보장한다. 발암 돌연변이 RAS 단백질이 존재하더라도 종양-억제 인자는 세포가 G1기에서 S기로 진행하는 것을 막는다; 그들은 세포주기의 브레이크(brake)이다. 종양-억제 단백질의 돌연변이로 인해 손상된 세포가 복제된다. 특히 p53과 Rb 유전자에서 이러한 *열성 기능 손실 돌연변이(recessive loss of function mutation)*는 암에서 가장 흔한 종양-억제 인자 돌연변이이다; 둘 다 동일한 세포에서 빈번하게 함께 보인다.

p53에 의해 작동되는 DNA 손상 체크포인트가 가장 잘 연구되어져 있으며 그림 11.16에 나와 있다. p53의 기능은 DNA 손상이 발생했다는 정보(특히, 방사선-유도 이중가닥 절단과 같은 심한 손상)를, 단백질 키나아제 ATR과 ATM은 핵에서 p21을 통해 다음 체크포인트 단백질인 Rb로 이동시킨다(그림 11.15와 11.17 및 *11.11절 S기 진입을 위한 체크포인트 조절: Rb, 체크포인트 수호자* 참조). 목적은 S기로 진입하는 것을 방지하는 것이다; 즉, 손상을 복구할 수 있을 때까지 궁극적으로 세포주기를 정지시킨다. 또한, 손상이 매우 심한 경우 p53은 다른 경로, **아포토시스(apoptosis, 세포사멸)** 또는 프로그램된 세포사멸(programmed cell death, PCD)을 유발한다. 세포가 G1기 및 중요한 G1기에서 S기로 전이를 위한 준비를 시작할 때, p53 전사는 성장 인자 자극에 의해 상향 조절된다(그림 11.13, 11.14 참조).

▶ **아포토시스(apoptosis, 세포사멸)** 특징적인 일련의 반응의 활성화를 통해 세포사멸로 이끄는 신호전달 경로를 시작함으로써 세포가 자극에 반응할 수 있는 능력.

p53 단백질 산물은 다중 복합 경로에 의해 조절된다. 주요 네거티브 레귤레이터는 MDM2라고 불리는 단백질이다. MDM2 전사는 p53에 의해 자극된다; p53을 유비퀴틴-의존성 프로테오솜 분해경로로 표적화함으로써 네거티브 피드백 루프에서 p53을 억제한다. 또한 p53에 결합하여 전사를 활성화하지 못하게 한다. DNA 손상은 MDM2의 인산화를 유도하여 p53 분해를 촉진하는 능력을 억제하여 p53 수준을 증가시킨다. 세포주기 진행의 성장 인자 자극은 또한 p53의 MDM2 억제와 결합하고 억제하는 $p19^{arf}$ 단백질의 전사를 증가시킨다.

p53은 ATM/ATR 릴레이 키나아제(relay kinase)를 통한 DNA 손상이나 핵에서 단백질 키나아제 릴레이 계통을 통해 다양한 종류의 스트레스(*16장 수복 시스템*, 그림 B20.1 참조)에 의해 활성화되어 궁극적으로 p53을 인산화시키고 분해를 안정화시킨다. 이것은 p53의 수준을 증가시키고 전사 인자 역할을 하는 능력을 활성화시킨다. 활성화된 p53은 GADD45가 DNA 복구를 자극하는 유전자와 CDK/사이클린 복합체를 억제하는 p21/WAF-1을 포함하여 Rb를 억제하는 많은 유전자를 활성화시킨다(그림 11.17 참조). 이것은 G1 어레스트(arrest)로 이어진다(또는 DNA 손상이 너무 크면 아포토시스를 촉진한다). DNA 손상은 또한 독립적으로 한 쌍의 단백질 키나아제인 Chk1과 Chk2를 활성화시키고, 이는 CDKs를 인산화시키고 억제하고 CDKs를 활성화시키는 데 필요한 포스파타아제Cdc25를 인산화시키고 억제한다.

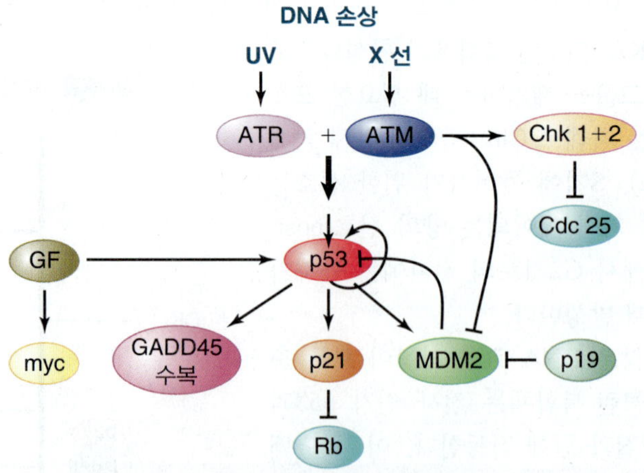

그림 11.16 DNA 손상 경로. DNA 손상으로 p53이 활성화된다. 활성화된 p53은 Rb를 통해 세포주기를 정지시키고 DNA 수복을 촉진한다. p53은 액티베이터와 억제제의 복잡한 조합에 의해 조절된다.

핵심개념

- 종양 억제 단백질인 p53과 Rb는 세포의 수호자 역할을 한다.
- CDK라고 하는 세린/트레오닌 단백질 키나아제 세트가 세포주기 진행을 조절한다.
- 사이클린 단백질은 CDK 단백질을 활성화 시키는 데 필요하다.
- 억제 단백질 세트가 사이클린/CDK를 음성적으로 조절한다.
- 활성화 단백질 세트인 CAKs는 사이클린/CDK를 양성적으로 조절한다.

개념 및 추론 확인

1. p53은 Rb와 어떻게 정보를 주고받는가?
2. 기능-손실 p53 돌연변이체의 이형접합체인 세포의 표현형은 무엇인가?

11.11 S기 진입을 위한 체크포인트 조절: Rb, 체크포인트 수호자

이제 손상되지 않은 세포가 G1기를 통해 어떻게 진행되는지 살펴본다(그림 11.17). 신호전달경로(*11.9절 진핵세포 성장 인자 신호전달경로 참조*)를 통해 수행되는 성장 인자 신호는 사이클린 D가 발현되는 첫 번째 사이클린 유전자를 활성화시키는 데 필요하다(인간은 이 유전자의 세 가지 다른 형태를 가지고 있다. 초파리에는 한 가지가 있다.) 이미 세포질에 있는 그 파트너는 cdk4와 6이다. 사이클린은 CDK 단백질 키나아제의 양성 조절자이다; CDK 자체는 비활성 상태이다. 사이클린 D는 S기에 들어가기 위해 필요하다. 성장 인자는 적어도 G1기의 전반기 동안 지속적으로 존재해야 한다.

세포주기 진행의 열쇠는 종양-억제 단백질 Rb이다. Rb는 전사 인자 E2F와 결합하여 G1기를 통한 진행 및 S기로의 진입에 필요한 유전자를 활성화시키지 못하게 한다. G1기 내에서 **제한지점(restriction point**, 서로 다른 종에서는 다르다)이라고 하는 중요한 지점이 있다. 이 시점을 지나면 세포는 지속적인 성장 인자가 없는 경우에도 S기로 계속 진행될 것이다. 궁극적으로 Rb는 DNA 손상과 관련한 p53과 세포 크기(또는 세포 성장)에 관한 두 가지 신호 세트를 통합하므로 S기로 진행하는 주요 수호자이다(그림 11.15와 11.16 참조).

▶ **제한지점(restriction point)** 세포가 분열될 확률이 높은 G1 동안의 시점. (효모에서는 이 시점을 START라고 한다.)

세포주기가 진행되기 위해서, Rb가 CDK-사이클린 복합체에 의해 인산화되어야 한다. Rb의 인산화는 E2F를 방출하여 E2F가 표적 유전자의 전사를 활성화시킨다. *따라서 세포주기 진행의 최후의 제어는 억제 단백질, CKI 및 활성인자 단백질에 의한 CDK-사이클린 활성의 조절이다.* p53을 통한 DNA 손상에 의해 유도된 p21은 CKI이다(그림 11.16 참조). 또 다른 주요 CKI는 Cip/Kip 패밀리 멤버인 p27이다. p27은 G1기에 대한 돌발적인 활성화를 방지하기 위해 G0기 세포에서 상당히 높은 수준으로 존재한다. EGFR 활성화는 그 감소로 이어진다. p27은 또한 주요 성장 억제제인 사이토카인 TGF-β에 의해 G1기에서 활성화된다. p16/p19/INK/ARF는 사이클린 D 활성을 조절하

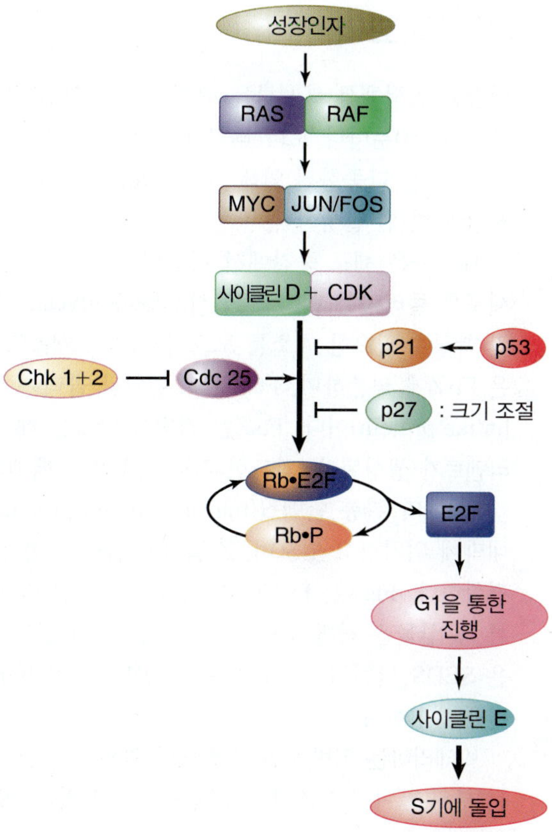

그림 11.17 성장 인자는 세포주기를 시작하고 S기로 진행하는 데 필요하다. CDK-사이클린 복합체는 Rb를 인산화시키고 전사 인자 E2F를 방출시켜서 핵을 통해 G1 및 S기로 진행하는 유전자를 활성화시킨다.

는 CKI 단백질의 또 다른 주요 부류이다(이 두 가지 서로 다른 단백질인 INK와 ARF는 다른 프로모터를 사용하여 같은 유전자에서 만들어진다. 그림 11.16 참조).

세포 크기 또는 세포의 성장은 적정 메커니즘에 의해 모니터링된다. G1기에 들어가는 세포는 세포주기의 진행을 막기 위해 CKI 단백질의 서로 다른 종류의 고정된 세트를 가지고 있다. 세포가 G1기를 통해 진행하기 위해서는 먼저 사이클린 D와 사이클린 E를 합성하여 이 억제를 극복해야 한다. *G1의 길이는 CKI의 수준을 극복하기 위해 충분한 수준의 사이클린을 합성하는 데 걸리는 시간에 의해 결정된다.*

G1기 동안 세 가지 다른 사이클린이 만들어진다. 앞에서 설명한 사이클린 D는 성장 인자에 의해 활성화된 최초의 합성물질이다. 세포가 계속 성장하면서 사이클린 D의 수준은 CKI를 적정하는 지점에 도달하고 사이클린 D/cdk4/6 복합체는 Rb/E2F를 인산화하기 시작할 수 있다. 이것은 Rb가 E2F를 방출하기 시작할 것이고, G1기를 통해 진행을 위한 유전자를 활성화시킬 수 있다. 활성화된 유전자들 중에는 E2F 유전자 자체가 풍부하여 E2F 단백질의 양을 증가시킨다. 사이클린 E는 G1기의 중간에서 활성화되며, Rb의 초기 인산화에 추가되고 증폭되는 S기로의 진행에 필요하다.

핵심개념

- Rb는 DNA 손상과 세포 성장에 대한 정보를 통합하는 세포주기의 주요 수호자이다.
- Rb는 세포주기 진행에 필요한 유전자를 활성화시키지 못하도록 필수 전사 인자 E2F에 결합한다.
- Rb가 사이클린/CDK 복합체에 의해 인산화 되면 E2F를 방출하여 세포의 진행을 허용한다.

개념 및 추론 확인

Rb는 사이클린/CDK에 의해서만 작동되는데, p53의 DNA 손상 신호를 어떻게 통합할 수 있을까?

11.12 요약

대장균 염색체를 복제하는 데에는 40분의 고정 시간이 필요하며, 세포가 분열되기까지 20분이 더 소요된다. 60분마다 보다 빠르게 세포를 분열시키면 복제주기가 이전 분열주기가 끝나기 전에 시작된다. 이것은 다중화된 염색체(multiforked chromosome)를 생성한다. 개시 과정은 각 세포 주기의 특정 시간에 한 번 발생한다.

대장균은 세포 중간에서 형성되는 격벽 형성에 의해 분열하는 막대 모양의 세포로 자란다. 모양은 세포를 둘러싸는 펩티도글리칸(peptidoglycan)의 세포 외피에 의해 유지된다. 막대 모양은 펩티도글리칸 합성에 필요한 효소를 모으기 위한 스캐폴드을 형성하는 MreB 액틴 유사 단백질에 의존한다. 격벽은 FtsZ에 의존하며, FtsZ는 Z-링이라 불리는 섬유 구조로 중합될 수 있는 튜불린-유사 단백질(tubulinlike protein)이다. FtsZ는 격벽을 만드는 데 필요한 효소를 모은다. 격벽 형성이 없으면 다중 핵 필라멘트가 생성된다; 과도한 격벽 형성은 무핵 미니셀(minicell)을 생성한다.

많은 막 관통 단백질(transmembrane protein)이 상호작용하여 격벽을 형성한다. ZipA는 박테리아 내막에 위치하고 있으며, Z-링이라 불리는 섬유 조직으로 중합될 수 있는 튜뷸린-유사 단백질 FtsZ에 결합한다. FtsA는 FtsZ에 결합하는 세포질 단백질이다. 그 중 대부분이 막 관통 단백질인 몇 개의 다른 *fts* 산물은 격벽 고리를 생성하는 질서 있는 과정에서 Z-링에 결합한다. 마지막으로 결합할 단백질은 SEDS 단백질 FtsW와 트랜스펩티다아제(transpeptidase) FtsI(PBP3)이며, 함께 격벽의 펩티도글리칸을 생성한다.

박테리아는 일반적인 재조합에 의해 생성된 다이머(이량체)를 분해하여 모노머(단량체) 쌍을 재생하는 부위-특이적 재조합 시스템을 가지고 있다. Xer 시스템은 염색체의 말단 영역에 위치한 표적 염기배열에 작용한다. 이 시스템은 격벽의 FtsK 단백질의 존재 하에서만 활성화되며, 이로써 다이머가 분해될 필요가 있을 때만 작용할 수 있다.

진핵세포의 세포주기는 복잡한 조절인자에 의해 좌우된다. G0기에 들어가거나 G0기에 머물지 않는 것과 달리 세포주기를 시작하기 위한 라이센스(허가)는 신호전달경로를 시작하기 위해 양성적인 성장 인자 신호를 필요로 한다. 세포 밖에서 이 생화학적 정보 전달은 궁극적으로 세포질에서 일련의 전사 인자를 활성화시킨다. 이것들은 핵으로 들어가 G1기를 통한 진행에 필요한 유전자의 전사를 시작하고 궁극적으로 S기로 들어가 염색체의 복제를 시작한다.

세포주기, 즉 G1기에서 S기 이상으로의 진행은 단백질 키나아제 세트(CDK)에 의해 수행되고 포스파타아제에 의해 균형을 이룬 인산화 과정에 의해 조절된다. 키나아제는 CDK에 결합하고 비활성 CDK를 활성 키나아제로 전환시키는 사이클린(cyclin)이라고 불리는 일련의 세포주기 단계 특이적 단백질에 의해 제어된다. G1기를 통한 S기로의 진행은 DNA 손상이 없고 세포의 크기가 충분히 증가한 경우에만 허용된다. 이 두 가지 요구 사항은 한 쌍의 종양-억제 단백질에 의해 시행된다. p53은 손상된 DNA의 복제를 막기 위해 DNA 손상 체크포인트를 보호한다. Rb는 유전자 손상 및 세포 크기 정보를 통합하여 궁극적으로 유전자 조절인자 E2F가 전사를 시작할 수 있는지 여부를 제어하는 수호자이다.

학습문제

1. 최적 조건에서 성장하는 세포에 있어 대장균 염색체에 몇 개의 복제 분기점이 존재하는가?
A. 하나
B. 둘
C. 넷
D. 넷 이상

2. 정상적인 성장 온도에서 전체 대장균 염색체를 복제하는 데 얼마나 오래 걸리는가?
A. 10분
B. 20분
C. 40분
D. 60분

3. 대장균에서 DNA 복제 개시와 세포분열 사이에 필요한 고정 시간은 얼마인가?
A. 10분
B. 20분
C. 40분
D. 60분

4. 박테리아 *ftsZ* 유전자가 필요한 경우는 언제인가?
A. 격벽 형성
B. 격벽 주위 고리 형성과 국소화
C. DNA 복제
D. DNA의 분할

5. 박테리아 세포에서 격벽 형성의 위치는 무엇에 의해 제어되는가?
A. *par* 유전자자리
B. *min* 유전자자리
C. *xer* 유전자자리
D. *fts* 유전자자리

6. 현재의 증거에 따르면 박테리아 염색체에 대한 내용으로 맞는 것은 무엇인가?
   A. 세포의 세포질에 자유롭게 용해되어 있다.
   B. 세포질의 특정 세포골격 구조에 붙어 있다.
   C. 세포의 내막에 임의의 부위에 부착되어 있다.
   D. 세포 내막의 한 특정 부위에 붙어 있다.
7. 종종 두 개의 새로운 딸 분자가 박테리아 게놈의 다이머를 형성하기 위해 상동성 재조합을 할 수 있다. 박테리아 게놈은 이것을 어떻게 처리하여 세포분열을 일으키는가?
   A. 대답할 수 없다. 그것은 치명적이며 세포는 죽는다.
   B. 하나의 딸세포는 다이머를 받고 생존한다. 다른 딸세포에는 DNA가 없다.
   C. 부위-특이적 DNA 재조합은 두 개의 모노머 각각의 새로운 세포를 분리한다.
   D. 딸 분자를 분리하기 위해 무작위 부위에서 상동성 재조합 과정의 역전이 일어난다.
8. p53은 다음 중 무엇을 통해 Rb에 DNA 손상을 전달하는가?
   A. p21
   B. p27
9. 세포 및 세포 크기 정보의 증가는 다음 중 무엇을 통해 Rb에 전달되는가?
   A. p21
   B. p27

핵심용어

anucleate cell
apoptosis
checkpoint
cyclin
cyclin-dependent kinase
doubling time
minicell
multiforked chromosome
nucleoid
oncogene
restriction point
S phase
septal ring
septum
signal transduction pathway
site-specific recombination
topoisomerase
tumor suppressor gene
Z-ring

읽을거리

Ghosh, S. K., Hajra, S., Paek, A., and Jayaram, M. (2006). Mechanisms for chromosomal and plasmid segregation. *Annu. Rev. Biochem*. **75**, 211–241.

Haeusser, D. P., and Levin, P. A. (2008). The great divide: coordinating cell cycle events during bacterial growth and division. *Curr. Opin. Microbiol*. **11**, 94–99.

Lutkenhaus, J. (2007). Assembly dynamics of the bacterial MinCDE system and special resolution of the Z ring. *Annu. Rev. Biochem*. **76**, 539–562.

Sancar, A., Lindsey-Boltz, L. A., Unsal-Kacmaz, K., and Linn, S. (2004). Molecular mechanisms of mammalian DNA repair and the DNA damage checkpoints. *Annu. Rev. Biochem*. **73**, 39–85.

12

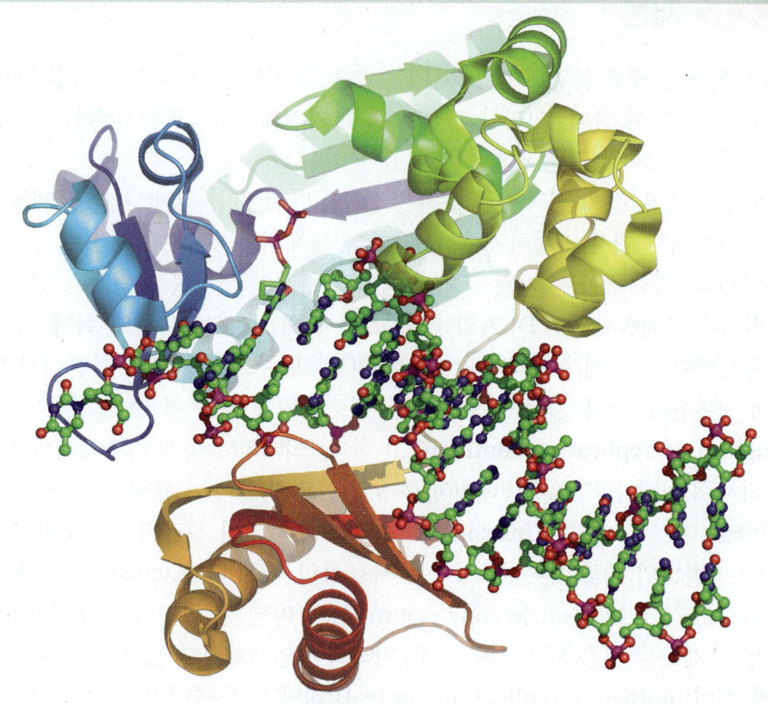

(중앙을 가로 질러) DNA 가닥을 복제하는 DNA 중합효소의 컴퓨터 모델. DNA 중합효소의 2차 구조와 DNA 분자의 1차 구조를 나타낸다. DNA 중합효소는 DNA 복제 중에 상보적인 주형 가닥으로부터 DNA 가닥을 합성하는 효소이다. 이 분자는 손상통과합성중합효소(translesion synthesis polymerase)인 Y계열의 DNA 중합효소에 속한다. 즉, 이 효소는 다른 DNA 중합효소를 정지시킨 손상된 DNA 영역을 복제할 수 있다. 복제가 항상 정확하게 이루어지지 않아, 돌연변이가 유발되거나 혹은 암을 유발할 수 있다. ©Laguna Design/Photo Researchers, Inc.

레플리콘: 복제 개시

12장 개요

12.1 서론

▶ **복제 기점(origin)** 복제가 시작되는 일련의 DNA.

▶ **레플리콘(replicon)** DNA가 복제되는 게놈의 단위. 각각에는 복제 개시를 위한 복제 기점이 있다.

▶ **단일-사본 복제 제어(single-copy replication control)** 단위 박테리아당 레플리콘 사본이 하나만 있는 제어 시스템. 박테리아 염색체와 일부 플라스미드에는 이러한 유형의 조절이 있다.

▶ **다중-사본 복제 제어(multicopy replication control)** 복제는 제어 시스템이 플라스미드가 개별 박테리아 세포당 둘 이상의 사본에 존재하도록 허용할 때 발생한다.

DNA 복제는 세포 분열의 핵심이 되는 조절 과정이다. 세포가 분열할 때마다 DNA의 전체 세트는 한 번만 복제되어야 한다. 이러한 과정은 **복제 기점(origin)** 또는 *ori*라는 고유한 부위에서만 발생하는 복제 개시 단계를 제어함으로써 이루어진다.

복제 기점은 복제 시작을 제어하는 DNA 단위이다. 복제 기점은 **레플리콘(replicon)** 내에 있으며, 복제 기점에서 개시 과정이 발생할 때마다 복제되는 DNA이다. 그림 12.1은 원핵생물과 진핵생물에서 레플리콘과 염색체 또는 게놈 간의 관계의 일반적인 특성을 설명하고 있다.

원핵세포(일반적으로 DNA의 단일 원형 분자)의 게놈은 단일 복제 기점을 가지므로 단일 레플리콘을 구성한다. 즉, 전체 박테리아 염색체의 복제는 고유한 복제 기점에서 발생하는 단일 복제 개시 과정에 의존한다. 복제 개시 과정은 모든 세포분열에 대해 한 번 발생하는데, 이를 **단일-사본 복제 제어(single-copy replication control)**라고 한다. 박테리아 복제 기점에서의 복제 개시 빈도는 메틸화 상태에 의해 조절된다(*12.4절 박테리아 복제 기점의 메틸화는 복제 개시를 조절한다* 참조).

박테리아는 플라스미드(plasmid)의 형태로 추가적인 유전정보를 포함할 수 있다. 플라스미드는 (염색체와는) 별도의 레플리콘을 구성하는 자율성의 환상 DNA(circular DNA)이다. 플라스미드 레플리콘은 단일-사본 복제 제어(single copy control)를 나타낼 수 있는데, 이는 박테리아 염색체가 복제될 때마다 한 번 복제하는 것을 의미하며, 또는 박테리아 염색체보다 많은 수의 복제물이 존재할 경우 **다중-사본 복제 제어(multicopy replication control)** 하에 있을 수 있다. 각 파지 또는 바이러스 DNA 또한 레플리콘을 구성하며, 따라서 감염 사이클 동안 여러 번 복제가 개시될 수 있다. 따라서 원핵생물의 레플리콘을 이해하기 위해서는 정의를 뒤집어 보는 것이다: *복제 기점을 포함하는 모든 DNA 분자는 세포에서 자율적으로 복제될 수 있다*(*14장 염색체외 복제* 참조).

박테리아 및 진핵생물 게놈 구조에서의 주요한 차이점은 그들의 복제에서 나타난 각 진핵생물의 염색체(대개 DNA의 매우 긴 선형 분자)는 염색체 전체에 고르게 분포된 다수의 레플리콘을 가지고 있다. 우리는 복제 기점이 왜 레플리콘의 중앙에 위치하는지 나중에 알아 볼 것이다. 박테리아 염색체를 구성하는 레플리콘처럼 각 진핵생물의 복제 기점은 각 세포주기에서 한 번만 "작동"한다. 이러한 규칙은 조절된 유전자 증폭 및 폴리텐(polytene) 염색체 형성과 같은 상황에서는 예외적이다. 진핵생물 복제 기점의 사용은 조절 단백질이 그것에 결합하는 능력에 의해 조절된다(*12.8절 라이센스 인자는 진핵세포의 재복제를 조절한다* 참조). 진핵세포 게놈의 레플리콘은 동시에 활성화되지는 않지만, S기라 불리는 상당히 오랜 기간 동안 활성화된다(*11장 복제는 세포주기와 연결되어 있다* 참조). 이는 각 레플리콘이 한 번 작동되고 두 번째 작동되지 않도록 추가적인 수준의 조절이 존재함을 의미한다. 각 복제 기점이 언제 작동되는지를 조절하는 추가적인 규칙이 있다. 많은 레플리콘이 독립적으로 활성화되기 때문에 전체 과정이 완료된 시점을 나타내는 또 다른 신호가 존재하여야만 한다. 단일-사본형 조절을 갖는 핵 염색체와는 달리, 미토콘드리아와 엽록체의 DNA는 박테리아 당 여러 사본에 존재하는 플라스미드와 같이 더 많은 조절을 받을 수 있다. 세포당 각 세포소기관의 사본이 여러 개 있으며, 각 세포소기관에는 여러 개의 DNA 사본을 가지고 있다. 세포소기관 DNA 복제의 조절은 세포주기와 서로 연관되어져 있어야만 한다.

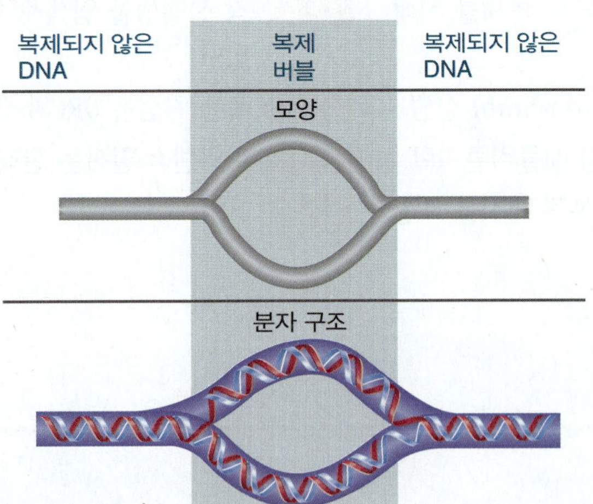

그림 12.1 복제된 DNA는 복제되지 않은 DNA가 옆에 있는 복제 버블로 보인다.

이러한 모든 시스템에서 중요한 질문은 복제 기점으로 기능하는 DNA 염기배열을 정의하고 복제 장치의 적절한 단백질에 의해 어떻게 인식되는지를 결정하는 것이다. 우리는 레플리콘의 기본 구조와 그들이 박테리아와 진핵세포에서 취하는 다양한 형태에 대하여 우선 알아보기로 한다. 여기서는 복제 개시 과정에서 레플리콘이 어떻게 조절되는지에 대하여 자세히 살펴보고자 한다. 다음 장인 *13장 DNA 복제*에서, 우리는 DNA 합성의 생화학—신장 및 종결 과정을 알아본다.

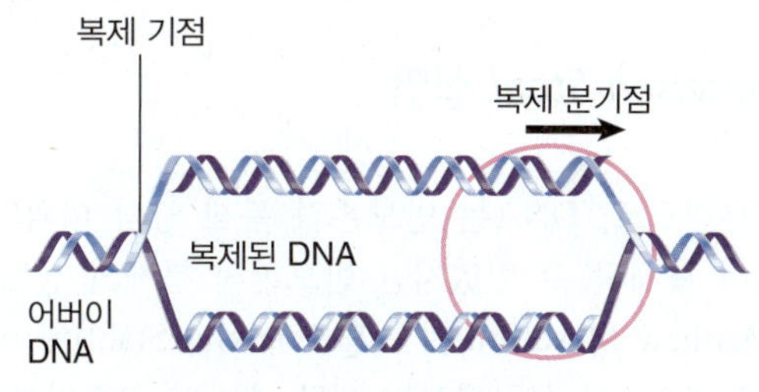

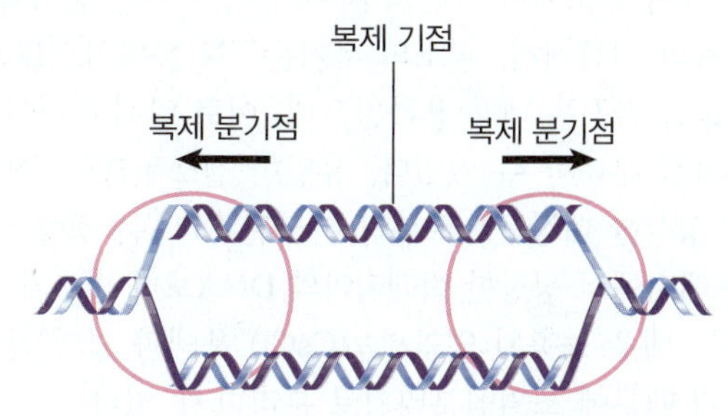

그림 12.2 레플리콘은 일방향 또는 양방향으로 진행할 수 있는데, 이것은 복제 기점에 하나 혹은 두 개의 복제 분기점이 형성되는지 여부에 따른다.

12.2 일반적으로 복제 기점은 양방향으로 복제를 시작한다

복제는 DNA 이중가닥의 두 가닥을 분리하거나 변성한 후 복제 기점에서 시작한다. 그림 12.2는 어버이 가닥 각각이 상보적인 딸 가닥을 합성하기 위한 주형으로 작용하고 있는 것을 보여주고 있다. 이 복제 모델은 어버이 이중가닥이 두 개의 딸 이중가닥을 만들어내고, 각각 하나의 원래 어버이 가닥과 하나의 새로운 가닥을 포함하는 것을 **반보존적 복제(semiconservative replication)**라고 한다(*Historical Perspectives*: 반보존적 복제를 보여주는 *메셀슨-스탈 실험* 참조).

복제에 관여하는 DNA의 분자에는 두 가지 유형의 영역이 있다. 그림 12.3은 복제 DNA를 전자현미경으로 관찰할 때, 복제된 영역이 복제되지 않은 DNA 내에 **레플리케이션 버블(replication bubble)**로 나타나는 것을 보여주고 있다. 복제되지 않은 영역은 어버이 이중가닥으로 구성되어 있다; 이것은 두 개의 딸 이중가닥이 형성된 복제된 영역으로 열린다. 레플리콘이 원형일 때, 버블의 존재는 θ(theta) 구조를 형성한다.

복제가 일어나는 지점을 **복제 분기점**[**replication fork**, 때로는 **신장점(growing point)**이라고도 함]라고 한다. *복제 분기점은 복제 기점의 시작점에서부터 DNA를 따라 순차적으로 이동한다.* 그림 12.2와 같이 복제 기점을 사용하여 **일방향성 복제(unidirectional replication)** 또는 **양방향성 복제(bidirectional replication)**를 시작할 수 있다. 이러한 과정의 유형은 복제 기점에서 하나 또는 두 개의 복제 분기점이 설정되었는지 여부에 따라 결정된다. 일방향성 복제에서는 하나의 복제 분기점만 복제 기점을 떠나 DNA를 따라 진행된다; 나머지 다른 복제 분기점은 고정된 회전 역할을 한다. 양방향성 복제에서는 두 개의 복제 분기점이 형성된다; 그들은 복제 기점에서 반대 방향으로 진행한다. 복제 버블의 모양은 일방향 및 양방향 복제를 구분하지 않는다.

박테리아와 진핵 핵 염색체가 사용하는 복제 형태는 그림 12.2와 같이 양방향성 복제이다. 복제 분기점이 계속 이동하면 레플리케이션 버블의 크기가 증가하고, 결국 복제되지 않은 영역보다 커진다. 레플리콘이 원형인 경우, 버블의 존재는 그림 12.3에 나타낸 θ 구조를 형성한다.

- **반보존적 복제(semiconservative replication)** 복제는 어버이 이중가닥이 분리되며, 분리된 각 가닥은 새로운 가닥의 합성을 위한 주형으로 작용하여 수행된다.
- **복제 버블(replication bubble)** DNA가 복제되지 않은 더 긴 영역 내에서의 복제된 영역.
- **복제 분기점(replication fork)** 부모 DNA의 이중가닥이 분리되어 복제가 진행될 수 있는 지점. DNA 중합효소를 포함한 단백질 복합체가 발견된다.
- **신장점(growing point)** 복제 분기점을 참조.
- **일방향성 복제(unidirectional replication)** 지정된 복제 기점에서 단일 복제 분기점의 이동.
- **양방향 복제(bidirectional replication)** 반대 방향으로 복제 기점에서 멀리 이동하는 두 개의 복제 분기점을 생성하는 시스템이다.

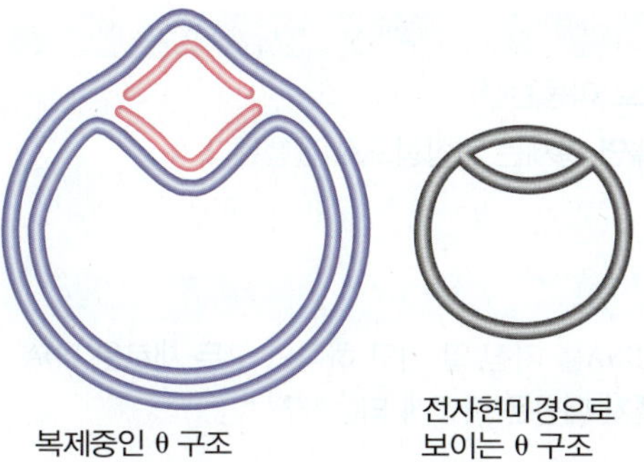

그림 12.3 복제 버블은 원형 DNA에서 θ 구조를 형성한다.

HISTORICAL PERSPECTIVES

Meselson-Stahl 실험

이론적으로, DNA는 반보존적 복제 양식 이외의 여러 메커니즘에 의해 복제될 수 있었지만 반보존적 복제의 실체는 1958년 메셀슨(Matthew Meselson)과 스탈(Franklin Stahl)에 의해 실험적으로 증명되었다. 이 실험에서는 새로 개발된 고속원심분리기(*초원심분리기, ultracentrifuge*)를 사용하면 아주 빠른 속도로 용액을 회전시킬 수 있어 밀도에서 약간의 차이가 나는 다른 분자를 분리할 수 있다. 그들의 실험에서, 질소의 무거운 ^{15}N 동위원소를 이용하여 DNA의 밀도를 바꾸는 데 사용하였으며, 이로 인해 어버이 DNA와 딸 DNA 분자를 분리할 수 있었다. 유일한 질소원으로 ^{15}N을 함유한 배지에서 성장한 대장균으로부터 분리된 DNA는 정상 ^{14}N 동위원소를 갖는 배지에서 성장한 박테리아의 DNA보다 밀도가 높다. 이 DNA 분자는 매우 농축된 염화세슘(CsCl) 용액과 거의 같은 밀도를 지니고 있기 때문에 초원심분리기로 분리할 수 있다.

DNA를 포함하는 CsCl 용액을 고속으로 원심분리할 때, Cs^+ 이온은 원심분리 튜브의 바닥 쪽으로 점차적으로 침강한다. 이 운동은 완전한 침강을 방지하는 확산(분자의 무작위 운동)에 의해 상쇄된다. 평형상태에서, CsCl 농도의 선형 기울기(따라서 밀도)가 존재하며, 세슘 농도 및 밀도는 원심분리 튜브의 상단에서 바닥으로 증가한다. 튜브 내의 DNA는 용액의 고유의 밀도가 그 자체 밀도와 동일한 기울기 내의 위치로 상향 또는 하향 이동한다. 평형 상태에서 밀도가 약간만 다르더라도 ^{14}N 함유("가벼운, light") 및 ^{15}N 함유("무거운, heavy") 대장균 DNA의 혼합물은 밀도기울기(density gradient)에서 두 개의 별개 영역으로 분리된다. 퓨린 및 피리미딘 고리에서 ^{14}N을 함유하는 대장균의 DNA는 1.708g/cm^{3}의 밀도를 갖는 반면, 퓨린 및 피리미딘 고리에서 ^{15}N의 DNA는 1.722g/cm^{3}의 밀도를 갖는다. 이들 분자는 6.6몰(molar) CsCl의 용액이 1.700g/cm^{3}의 밀도를 갖기 때문에 분리될 수 있다. 원심분리기로 회전시키면 CsCl 용액은 가볍고 무거운 DNA 분자의 밀도를 계층으로 밀도기울기를 형성한다. 이러한 이유로 인해, 이러한 분리기술을 **평형 밀도-기울기 원심분리(equilibrium density-gradient centrifugation)**라고 한다.

모든 어버이 DNA 가닥이 "무거워"지도록 ^{15}N 함유 배지에서 여러 세대 동안 자란 박테리아를 사용하는 실험을 한다고 상상해 보자. 실험 초기에, 세포를 ^{14}N 함유 배지로 옮겨 새로 합성된 DNA 가닥은 "가볍게" 된다. 일정한 간격으로 배양액에서 채취한 세포 샘플에서 이중가닥 DNA를 분리하고, 평형 밀도-기울기 원심분리를 수행하여 분자의 밀도를 결정한다. 반보존적 복제에 대한, 실험의 예상 결과는 다음과 같다. 한 번의 복제 후, 각 이중가닥은 하나의 무거운(^{15}N) 가닥과 하나의 가벼운(^{14}N) 가닥으로 이루어지므로, 모든 딸 분자는 중간 밀도가 된다. 두 번의 복제가 끝난 후에 원래의 어버이 가닥을 포함하는 이중가닥은 다시 밀도의 중간 정도가 되지만, 이제 두 개의 가벼운(^{14}N) 가닥으로 구성된 동일한 양의 이중가닥이 있으므로, 원심분리로 인해 밀도가 다른 두 개의 밴드가 생성된다.

메셀슨-스탈 실험의 실제 결과를 그림 B12.1에 나타내었다. 그림의 하단 부분은 원심분리 튜브의 CsCl 용액의 수직 부분이다. 따라서 밀도 기울기에서 DNA 분자의 위치는 어두운 밴드로 표시된다.

실험의 초기에는("어버이 DNA"), 모든 DNA는 무거웠다(^{15}N). ^{14}N로 이동한 후에는 더 가벼운 밀도의 밴드가 나타나기 시작했고, 세포가 DNA를 복제하고 나눠지면서 점차 두드러지게 나타나기 시작하였다. 한 세대의 성장(DNA 분자의 복제 1회 및 세포 수의 배가) 후에, 모든 DNA는 ^{15}N-DNA와 ^{14}N-DNA의 밀도 사이의 중간에 "하이브리드(hybrid)" 밀도를 보였다. 하이브리드 밀도를 갖는 분자가 나타난다는 것은 복제된 분자가 같은 양의 두 개의 질소 동위원소를 함유한다는 것을 의미한다.

^{14}N 배지에서 2세대의 복제 후, DNA의 약 절반은 두 가닥 모두에서 ^{14}N의 DNA 밀도를 가지며 나머지 절반은 하이브리드 밀도를

▶ **평형 밀도-기울기 원심분리(equilibrium density-gradient centrifugation)** 밀도의 차이에 따라 거대분자를 분리하는 데 사용되는 그래디언트(gradient, 기울기 또는 구배) 방법이다. DNA의 경우 CsCl과 같은 무거운 용해성 화합물이 이용된다.

핵심개념

- 복제 분기점은 복제 기점에서 시작된 다음 DNA를 따라 순차적으로 이동한다.
- 복제 기점이 반대 방향으로 이동하는 두 개의 복제 분기점을 만들면 복제는 양방향으로 진행된다.

개념 및 추론 확인

만약 복제가 완전히 보존적이라면, 즉 어버이 가닥이 모든 본래의 DNA를 가진 딸 가닥 하나와 모두 새로운 DNA를 가진 두 번째 딸 가닥이 생긴다면, 메셀슨-스탈 실험의 CsCl 기울기 패턴은 어떻게 되는가?

가졌다. 이러한 ^{15}N 원자의 분포는 정확히 반보존적 복제로부터 예측된 결과이다. 수많은 바이러스 및 박테리아에서 DNA를 복제하는 유사한 실험을 통해 이들 그룹에서 반보존적 복제 양식을 확인하였다.

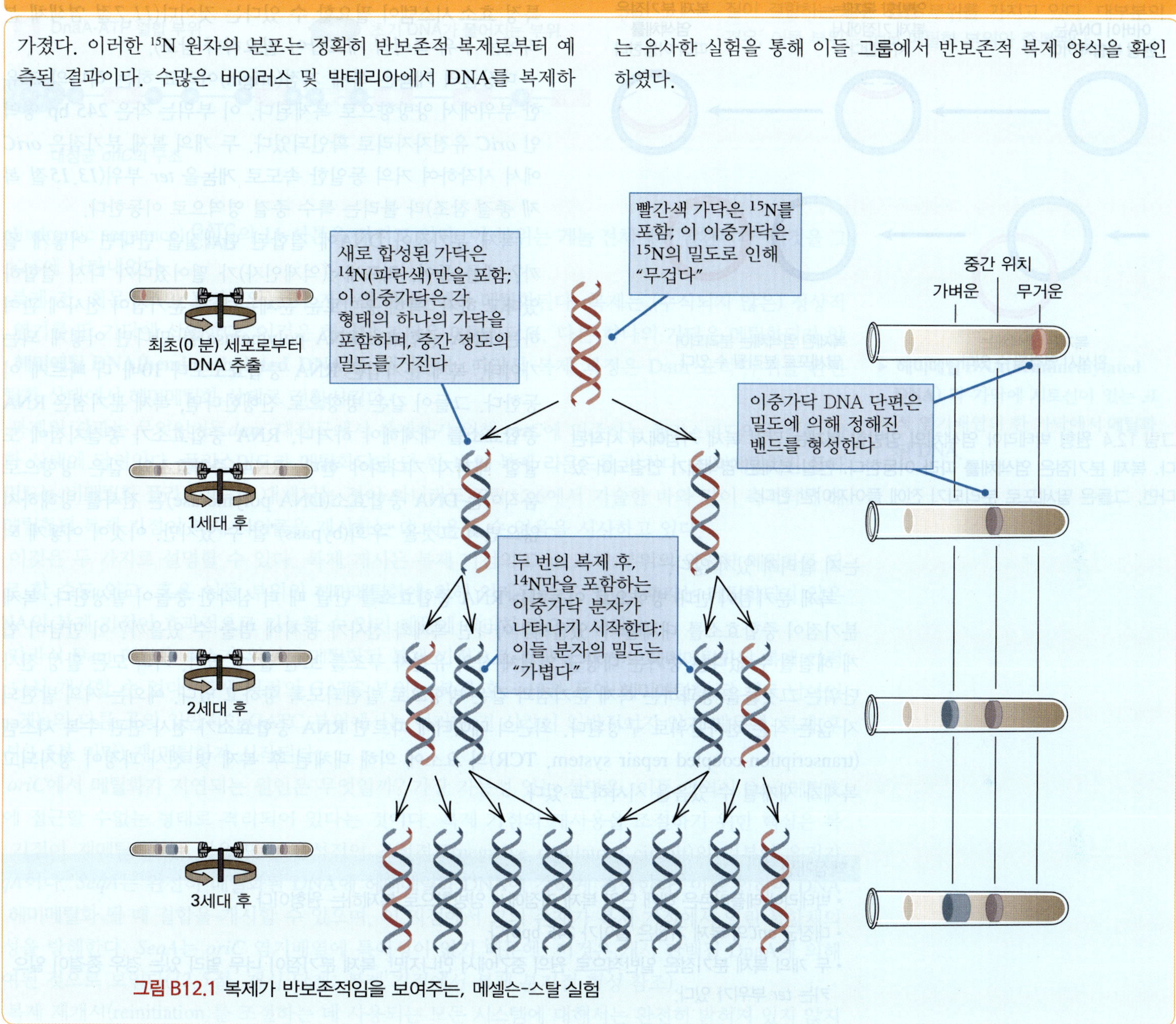

그림 B12.1 복제가 반보존적임을 보여주는, 메셀슨-스탈 실험

12.3 박테리아 게놈은 (보통) 단일 원형 레플리콘이다

원핵세포의 염색체와 레플리콘은 보통 원형이므로 DNA는 자유로운 말단(free end)이 없는 닫힌 원형으로 이루어져 있다. 원형 구조는 박테리아 염색체 자체, 모든 플라스미드 및 많은 박테리오파지를 포함하며 엽록체 DNA 및 미토콘드리아 DNA에서도 일반적이다. 그림 12.4는 원형 염색체를 복제하는 단계를 요약한 것이다. 복제 기점에서 복제가 시작되면 두 개의 복제 분기점이 반대 방향으로 진행된다. 원형 염색체는 이 단계에서 외관상 세타(θ) 구조라고도 불린다. 원형으로부터 생기는 중요한 결과는 복제 과정이 완성되면, 하나의 염색체가 다른 염색체를 통과하여 연결(이들을 연쇄되어 있다고 한다)된 두

는 보고가 있다. 이것은 복제 개시가 허용되지 않는 세포 영역으로의 물리적 위치 조정이 있을 수 있음을 시사하고 있다.

박테리아의 DNA 메틸화는 또한 두 번째 기능을 가지고 있다. 그것은 DNA 미스매치 인식 장치가 새로운 가닥에서 오래된 주형가닥을 구별할 수 있도록 한다. DNA 중합효소가 A-C 염기쌍을 만드는 것과 같은 오류를 만든 경우, 수복 시스템은 메틸화 가닥을 주형으로 사용하여 메틸화 가닥의 염기를 대체한다. 메틸화가 없다면 효소는 새로운 가닥을 결정할 방법이 없을 것이다.

핵심개념

- *oriC*는 두 가닥의 아데닌에서 메틸화된 11개의 $\frac{\text{GATC}}{\text{CTAG}}$ 반복배열을 포함하고 있다.
- 복제는 복제를 시작할 수없는 헤미메틸 DNA를 생성한다.
- $\frac{\text{GATC}}{\text{CTAG}}$ 반복배열이 재메틸화(remethylated) 되기 전에 13분 지연된다.
- SeqA는 헤미메틸 DNA에 결합하며 복제를 지연시키는 데 필요하다.

개념 및 추론 확인

세포가 복제 기점이 복제되었는지 그렇지 않았는지의 여부를 감지하는 것은 왜 중요한가?

12.5 복제 개시: 복제 기점에서의 복제 분기점 형성

대장균에서 복제 기점인 *oriC*에서 이중가닥 DNA의 복제를 시작하려면 몇 가지 연속적인 활성을 필요로 한다:

- 단백질 합성은 복제 기점 인식 단백질인 DnaA를 합성하는 데 필요하다. 이것은 복제의 각 라운드마다 새로 작성해야 하는 *E.coli* **라이센스 인자(licensing factor)**이다. 단백질 합성을 차단하는 약제는 복제의 새로운 라운드를 차단하지만, 복제가 진행되는 것을 차단하지는 않는다.
- 전사활성화에 필요한 사항이 있다. 이것은 DnaA에 대한 mRNA의 합성이 아니라, 오히려 측면에 있는 두 개의 유전자 중 하나가 전사되어야 한다는 것이다. 복제 기점 근처에서의 전사는 DnaA가 복제 기점을 열어 비틀어지는 것을 돕는다.
- 막/세포벽 합성이 있어야 한다. 세포벽 합성을 억제하는 약제(예: 페니실린)은 복제 개시 단계를 차단한다.

▶ **라이센스 인자(licensing factor)** 복제에 필요한 인자; 1 라운드 복제 후에 비활성화되거나 파괴된다. 추가 복제 라운드가 발생하려면 새로운 인자가 제공되어야 한다.

따라서 복제 개시에 필요한 대부분의 과정은 복제 기점에서 특유의 형태로 발생한다; 다른 것들은 신장 단계 동안의 각 오카자키 단편(*13.6절 두 개의 새로운 DNA 가닥은 서로 다른 합성 모드를 가지고 있다* 참조)의 개시로 다시 발생한다.

*oriC*에서의 복제 개시는 최종적으로 DnaA, DnaB, DnaC, HU, 자이라아제(gyrase) 및 SSB의 6개 단백질을 필요로 하는 복합체 형성으로 시작된다. 6개의 단백질 중 DnaA는 개시 과정에 독특하게 관여하는 것으로 주목을 끌고 있다. DnaB는 ATP 가수분해-의존성 5′→3′ **헬리카아제(helicase)**로, DNA를 풀 수 있는 능력으로 복제 기점이 열리고 (그리고 DNA가 단일가닥인) 개시의 "엔진(engine)" 역할을 한다. 이 과정은 복제 기점에 있는 DNA가 두 가닥 모두에서 완전히 메틸화된 경우에만 일어난다.

▶ **헬리카아제(helicase)** ATP 가수분해가 제공하는 에너지를 사용하여 핵산 이중가닥을 분리하는 효소.

DnaA는 ATP 결합 단백질이다. 복제 개시의 1단계는 DnaA-ATP 단백질 복합체와 완전히 메틸화된 *oriC* 염기배열의 결합이다. 이것은 내막(inner membrane)과 결합하여 발생한다. DnaA는 ATP에 결합된 경우에만 활성화된 형태이다. DnaA는 ATP를 ADP로 가수 분해하는 본질적인 ATPase 활성을 갖는다. 이 ATPase 활성은 일단 복제 기점이 열리면 형성되는 막 인지질(membrane phospholipid) 및 단일가닥 DNA에 의해 활성화된다. 이 메커니즘을 통해 복제 개시가 완료되면 DnaA 자체가 비활성화된다. 이러한 메커니즘은 복제를 다시 개시하지 못하도록 방지하는 데 사용된다. 복제 영역의 복제 기점은 복제의 재개시를 방해하는 메커니즘의 일부로서 세포주기의 약 1/3 동안 막에 부착된 상태로 유지된다. 막에 격리되어 있는 동안, *oriC*의 새로 합성된 가닥은 메틸화될 수 없으므로 DnaA가 분해될 때까지 헤미메틸화된 상태로 남는다.

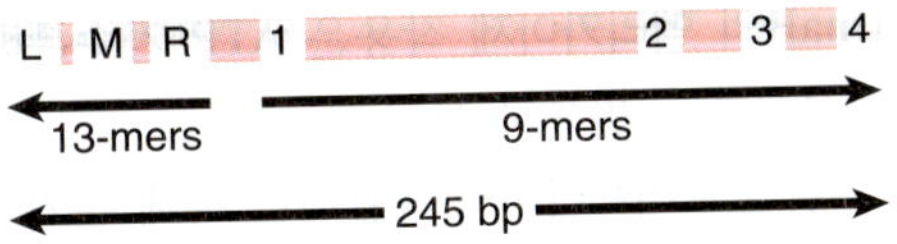

그림 12.7 최소한의 복제 기점은 13-mer와 9-mer 반복배열의 외부 구성원 간의 거리로 정의된다.

*oriC*를 열리게 하는 데는, 복제 기점에서 두 가지 유형의 염기배열(9 bp 및 13 bp 반복배열)의 기능이 필요하다. 9 bp와 13 bp 반복배열 모두 그림 12.7에 표시된 것처럼, 245 bp 최소 복제 기점의 경계를 한정하고 있다. 복제 기점은 그림 12.8에 요약된 일련의 과정에 의해 활성화되며, DnaA-ATP의 결합은 다른 단백질과의 결합으로 이어진다.

*oriC*의 오른쪽에 있는 4개의 9 bp 공통염기배열은 DnaA-ATP의 초기 결합 부위를 제공한다. 그것은 *oriC* DNA가 감싸진 중심 핵(central core)을 형성하기 위해 협력적으로 결합한다. 그런 다음 DnaA는 *oriC*의 왼쪽에 있는 3개의 A-T가 풍부한 13 bp 연속적인 반복배열에서 기능한다. DnaA-ATP는 활성 상태에서 이들 각각의 위치에서 DNA 가닥을 열어 열린 버블 복합체(open bubble complex)를 형성한다. 반응이 다음 단계로 진행하려면, 3개의 13 bp 반복배열을 모두 열려야만 한다. *oriC* 유전자 양 옆의 전사는 이중가닥 DNA를 따로 끊어내는 것을 도와주는 추가적인 비틀림 응력을 제공한다.

전체적으로 DnaA의 2~4개의 모노머(단량체)가 복제 기점에 결합하고, DnaC에 결합된 DnaB 헬리카아제의 두 개의 "프리프라이밍(prepriming)" 복합체를 형성하여 두(양방향성) 복제 분기점 각각에 대해 하나의 DnaB-DnaC 복합체가 존재하게 한다. DnaC의 유일한 기능은 필요할 때까지 DnaB의 헬리카아제 활성을 억제하는 샤페론의 기능이다. 각각의 DnaB-DnaC 복합체는 DnaB의 헥사머(hexamer, 6량체)에 결합된 6개의 DnaC 단량체로 구성된다. DnaB 헬리카아제는 이중가닥 DNA를 열 수 없다. DnaA에 의해 이미 열린 DNA만 풀 수 있다.

오픈 컴플렉스에서 가닥이 분리된 영역은 DnaB 헥사머가 결합할 수 있을 만큼 충분히 커서, 두 개의 복제 분기점을 개시하게 한다. DnaB가 결합함에 따라 DnaA는 13 bp 반복배열에서 벗어나, 헬리카아제 활성을 이용하여 오픈 영역의 길이를 연장시킨다.

풀기 반응(unwinding reaction)을 돕기 위한 일부 추가적인 단백질을 필요로 한다. 유형 II 토포이소머라아제(topoisomerase)인 자이라아제는 하나의 DNA 가닥이 다른 DNA 가닥을 회전하도록 한다. 이 반응이 없다면, 풀림 현상은 헬리카아제에 의한 풀림에 저항하는 DNA에서 비틀림 변형[overwinding, 더 감기는 현상]을 일으킬 것이다. **단일-가닥 결합 단백질(single-strand binding protein, SSB)**은 단일가닥 DNA가 형성될 때 그것을 안정화시키고 헬리카아제 활성을 조절한다. 복제를 개시하기 위해 일반적으로 풀어지는 이중구조 DNA의 길이는 통상 60 bp 미만이다. 단백질 *HU*는 대장균에서 일반적인 DNA-결합 단백질이다. 그것의 존재는 시험관 내에서 복제를 개시하는 데 절대적으로 필요하지는 않지만, 반응을 촉진시킨다. HU는 DNA를 구부릴 수 있는 능력을 지니고 있으며, 오픈 컴플렉스를 형성하는 구조를 구축하는 데 관여하고 있다.

프리프라이밍 반응을 위해 여러 단계에서 ATP의 형태로 에너지를 투입하는 것이 필요하며, 또한 DNA를 푸는 데도 필요하다.

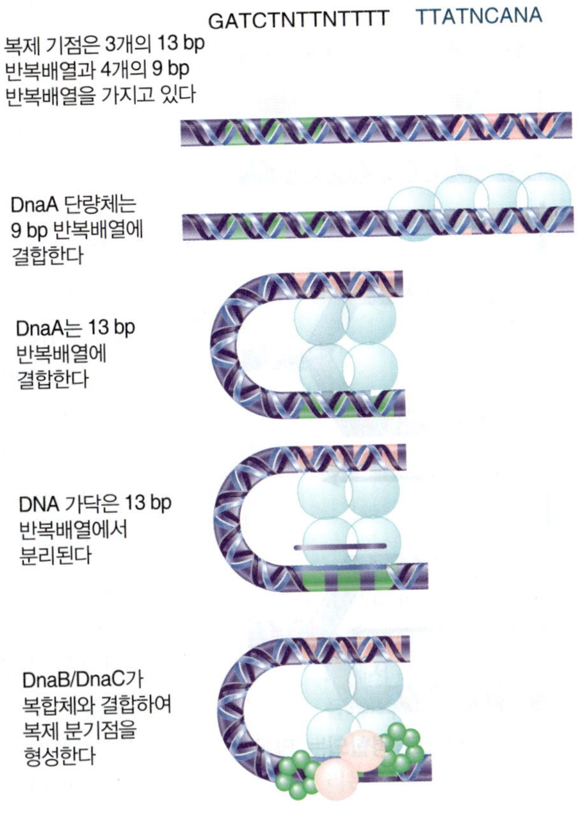

그림 12.8 프리프라이밍에는 DNA 가닥의 분리를 유도하는 단백질의 순차적 결합에 의한 복합체의 형성을 수반하고 있다.

▶ **단일-가닥 결합 단백질(single-strand binding protein, SSB)** 단일가닥 DNA에 부착하여 DNA가 이중가닥을 형성하는 것을 방지하는 단백질.

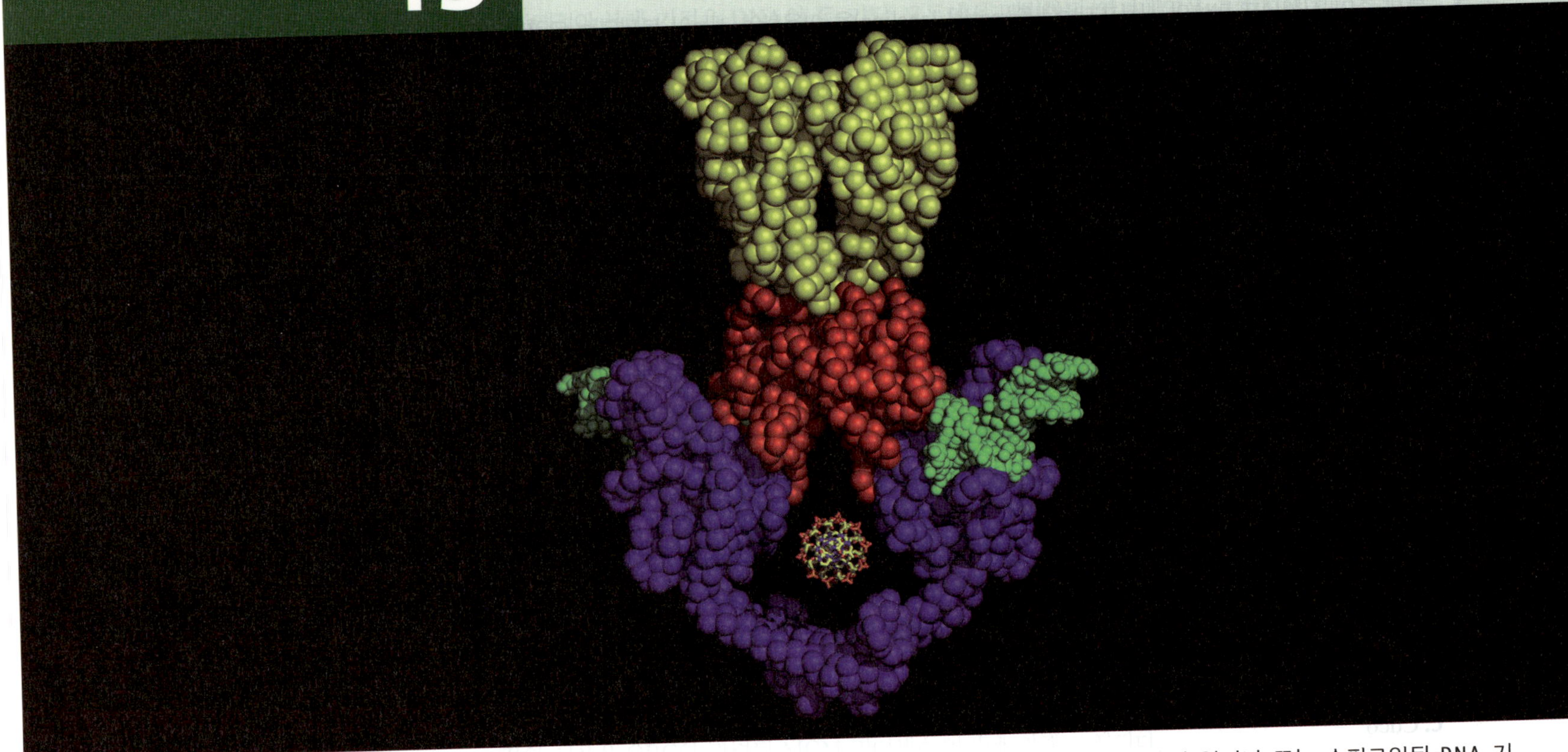

매듭이 있거나 또는 수퍼코일된 DNA 기질에 작용하는 토포이소머라아제 II. 절단된 DNA는 녹색으로 나타내었다. 틈을 통해 통과하는 DNA가 내부에 보인다. Photo courtesy of James M. Berger, California Institute for Quantitative Biology, University of California, Berkeley.

DNA 복제

13장 개요

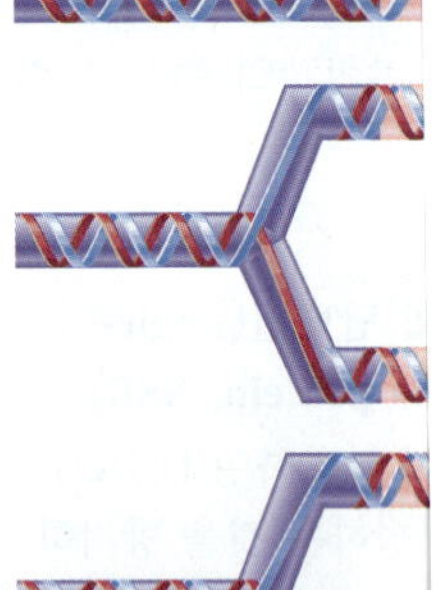

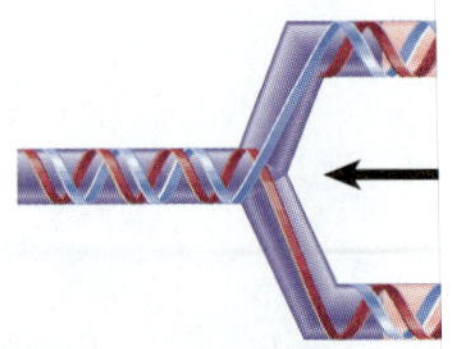

그림 12.9 진핵생물의
복제 기점을 가지고 있

13.1 서론

이중구조 DNA의 복제는 많은 효소복합체를 포함하는 복잡한 시도이다. 개시 단계, 신장 단계 및 종결 단계에는 여러 활성이 관여하고 있다. 그러나 개시가 일어나기 전에 수퍼코일(supercoiled, 초나선 구조) 염색체는 음(-)의 수퍼코일 상태이거나 덜 감긴 상태여야 한다(*1.5절 수퍼코일 형성은 DNA 구조에 영향을 준다* 참조). 이것은 복제 기점 영역으로 시작하는 단편(segment)에서 일어난다. 염색체의 구조에 대한 이러한 변화는 효소 **토포이소머라아제(topoisomerase, 위상이성질화효소)**에 의해 이루어진다. 그림 13.1은 이러한 과정의 첫 단계에 대한 개요를 보여주고 있다.

- *복제 개시*는 큰 단백질 복합체에 의한 복제 기점의 인식을 포함한다. DNA 합성이 시작되기 전에 어버이 가닥을 분리하고 일시적으로 단일가닥 상태에서 안정화시켜 복제 버블(replication bubble)을 생성해야 한다. 이 단계가 끝나면 복제 분기점에서 딸 가닥의 합성을 시작할 수 있다(*12장 레플리콘: 복제 개시* 참조).
- *신장(elongation)*은 다른 단백질 복합체에 의해 수행된다. **레플리솜(replisome)**은 복제 분기점에서 DNA가 취하는 특정 구조와 관련된 단백질 복합체로만 존재한다. 독립적인 단위(예: 리보솜과 유사)로 존재하지 않지만 각 복제주기마다 복제 기점에서 신생(*de novo*) 조립된다. 레플리솜이 DNA를 따라 움직일 때, 부모 가닥이 풀리고 딸 가닥이 합성된다.
- 레플리콘의 끝에는 *레플리콘 합류* 및/또는 *종결* 반응이 필요하다. 종결 후, 복제된 염색체는 서로 분리되어야 하며, 이는 고차 DNA 구조의 조작을 필요로 한다.

DNA를 복제할 수 없다는 것은 성장하는 세포에 치명적이다. 그러므로 복제에 관한 돌연변이는 **조건치사(conditional lethal)**로 얻어야 한다. 이들은 *허용 조건(permissive condition*, 정상 배양 온도에 의해 제공됨) 하에서 복제를 수행할 수 있지만, *허용되지 않는 조건(nonpermissive condition*, 42°C 이상의 고온에서 제공됨) 하에서는 결손이 있다. 대장균에서의 온도 민감성 돌연변이체의 포괄적인 시리즈를 이용하여 *dna* 유전자라 불리는 유전자자리 집합을 동정한다.

▶ **위상이성질화효소(topoisomerase)** 닫힌 DNA 분자에서 두 가닥이 서로 교차하는 횟수를 변경하는 효소. DNA를 자르고, 틈을 통해 DNA를 전달하며, DNA를 다시 밀봉한다.

▶ **레플리솜(replisome)** 박테리아 복제 분기점에서 DNA의 합성을 수행하기 위해 조립되는 다중 단백질 구조. 그것은 DNA 중합효소와 다른 효소를 포함한다.

▶ **조건치사(conditional lethal)** 한 세트의 조건 하에서는 치명적이지만 온도와 같은 허용 조건의 두 번째 세트에서는 치명적이지 않은 돌연변이.

13.2 DNA 중합효소는 DNA를 만드는 효소이다

DNA 합성에는 두 가지 기본 유형이 있다. 그림 13.1은 **반보존적 복제(semiconservative replication)**의 결과를 보여주고 있다. 어버이 이중가닥의 두 가닥은 분리되어 있으며 각각 새로운 가닥을 합성하기 위한 주형(template)으로 사용된다. 어버이 이중가닥은 두 개의 딸 이중가닥으로 대체되며, 각각은 부모 가닥과 새로 합성된 가닥을 갖는다.

▶ **반보존적 복제(semiconservative replication)** 복제는 이중가닥의 가닥을 분리하여 이루어지며, 각 가닥은 상보적 가닥을 합성하기 위한 주형으로 작용한다.

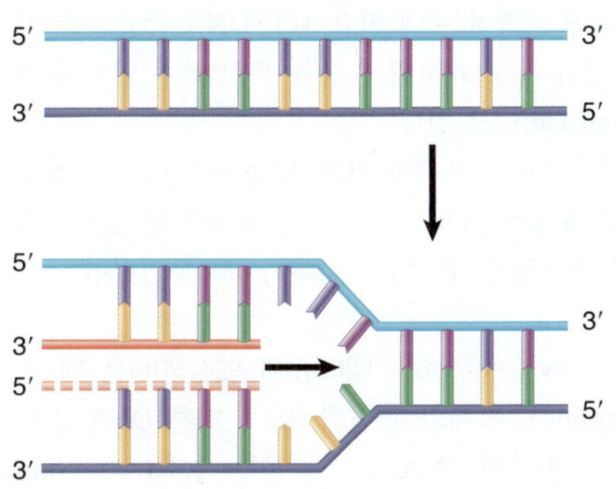

그림 13.1 반보존적 복제는 새로운 두 개의 DNA 가닥을 합성한다.

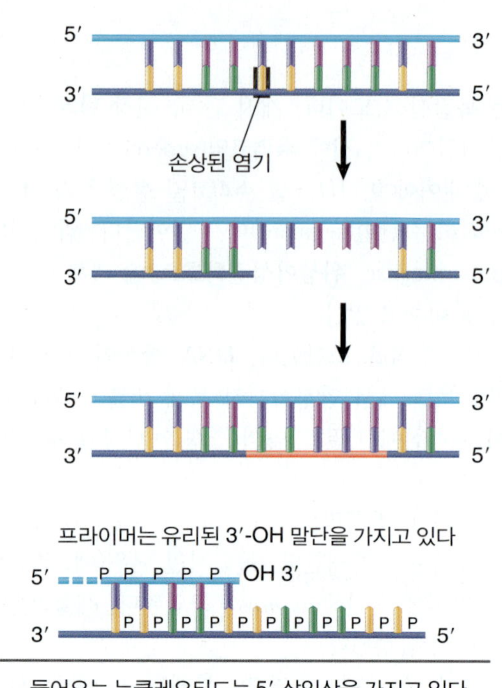

그림 13.2 수복 합성은 손상된 염기를 포함하고 있는 한 가닥의 짧은 DNA 가닥을 대체한다.

그림 13.2는 **DNA 수복(DNA repair)** 반응의 결과를 보여주고 있다. 한 가닥의 DNA가 손상되었다. 그 일부를 절제하고, 절제된 부분을 대체하기 위해 새로운 물질을 합성한다. 주형가닥에 새로운 DNA 가닥을 합성할 수 있는 효소를 **DNA 중합효소(DNA polymerase**, 또는 더 적절하게는 *DNA-의존성-DNA 중합효소, DNA-dependent DNA polymerase*)라고 한다. 원핵 및 진핵세포는 많은 DNA 중합효소 활성을 갖는다. 이들 효소 중 단지 몇 가지가 실제로 복제를 수행한다. 나머지 효소는 수복 합성에 관여하거나 복제 시 부수적인 역할에 참여한다.

▸ **DNA 수복(DNA repair)** 올바른 염기배열로 손상된 DNA를 제거하고 교체한다.

▸ **DNA 중합효소(DNA polymerase)** DNA의 딸가닥(들)을 합성하는 효소(DNA 주형의 방향에 따라). 특정 효소는 수복 또는 복제(또는 둘 다)에 관여할 수 있다.

프라이머는 유리된 3′-OH 말단을 가지고 있다

5′ P P P P P OH 3′

3′ P P P P P P P P P P P 5′

들어오는 뉴클레오티드는 5′-삼인산을 가지고 있다

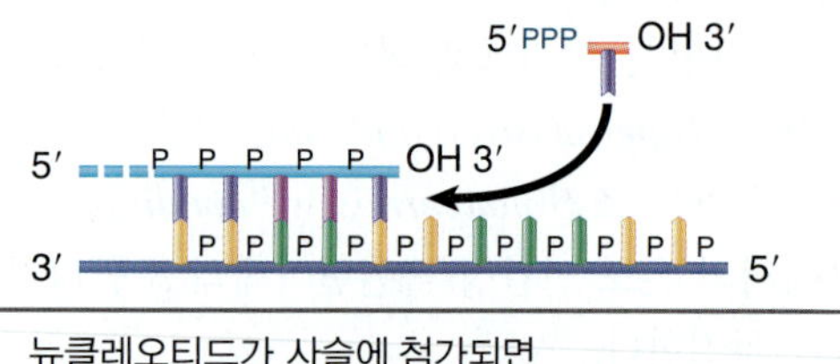

뉴클레오티드가 사슬에 첨가되면 이인산(diphosphate)은 방출된다

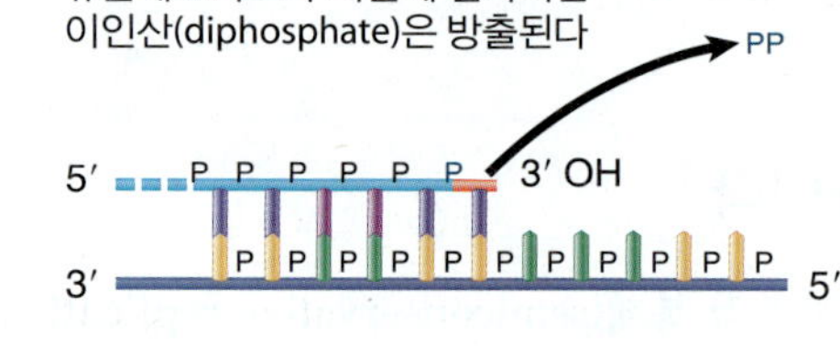

그림 13.3 DNA는 성장하는 사슬의 3′-OH 말단에 뉴클레오티드를 첨가함으로써 합성되어, 새로운 사슬은 5′ → 3′ 방향으로 증가한다. DNA 합성을 위한 전구체는 뉴클레오시드 삼인산이며, 이는 반응에서 말단 두 개의 인산 그룹을 잃는다.

모든 원핵 및 진핵 DNA 중합효소는 3′에서 5′인 주형에서 5′에서 3′으로 합성하는 동일한 기본 유형의 합성 활성을 공유하고 있다. 이는 **그림 13.3**에 도표로 나타낸 것처럼 3′-OH 말단에 한 번에 하나씩 뉴클레오티드를 추가하는 것을 의미한다. 사슬에 추가할 뉴클레오티드의 선택은 주형가닥과 염기쌍을 형성함으로써 결정된다.

수복에 관여하는 중합효소와 같은 일부 DNA 중합효소는 독립적인 효소로 작용하지만, 특히 복제 중합효소와 같은 다른 중합효소는 **홀로효소(holoenzyme)**라 불리는 거대한 단백질 집합체로 통합된다. DNA 합성 서브유닛은 홀로효소의 여러 기능 중 하나일 뿐, 일반적으로 정확도와 관련된 다른 활성을 가지고 있다.

▸ **홀로효소(holoenzyme)** 복제를 개시할 수 있는 DNA 중합효소 복합체.

효소	유전자	기능
I	*polA*	주요 수복 효소
II	*polB*	복제 재시작
III	*polC*	복제
IV	*dinB*	장애 관통 복제
V	*umuD′$_2$C*	장애 관통 복제

그림 13.4 오직 하나의 DNA 중합효소가 복제효소이다. 다른 것들은 손상된 DNA 수복, 정지된 복제 분기점의 재시작이나 손상된 DNA를 우회하는 데 관여하고 있다.

그림 13.4는 대장균에서 잘 알려진 DNA 중합효소를 요약한 것이다. 많은 서브유닛 단백질인 DNA 중합효소 III(DNA polymerase III)은 새로운 DNA 가닥의 *de novo* 합성을 담당하는 복제 중합효소이다. DNA 중합효소 I(*polA*에 의해 코드됨)은 손상된 DNA의 수복에 관여하며, 부수적인 역할로 반보존적인 복제에 관여한다. DNA 중합효소 II는 DNA 손상으로 진행이 막히면 복제 분기점을 다시 시작하는 데 필요하다. DNA 중합효소 IV와 V는 복제가 특정 유형의 손상을 우회할 수 있도록 하는 데 관여하며 **오류-유발 중합효소(error-prone polymerase)**라고 한다.

▸ **오류-유발 중합효소(error-prone polymerase)** 딸가닥에 비상보적인 염기를 도입하는 DNA 중합효소.

대장균의 추출물로부터 DNA 합성 능력에 대해 분석을 하며, 우세한 효소 활성을 나타내는 것은 DNA 중합효소 I이다. 이 효소의 활성은 너무 커서 DNA 복제에 실제로 관여하는 효소의 활성을 검출하기 어렵다! 그러므로 복제가 수행될 수 있는 시험관 내 시스템을 개발하기 위해, *polA* 돌연변이 세포로부터 추출물을 만들었다.

진핵세포 DNA 중합효소의 여러 부류가 동정되었다. DNA 중합효소 델타(δ)와 엡실론(ε)은 핵 복제에 필요하다; DNA 중합효소 알파(α)는 "프라이밍(priming)" 복제와 관련이 있다. 다른 DNA 중합효소는 수복이 불가능할 때 손상된 핵 DNA를 수복하거나 손상된 DNA의 장애 관통 복제(translesion replication)에 관여한다. 미토콘드리아 DNA 복제는 DNA 중합효소 감마(γ)에 의해 수행된다(*13.13절 서로 다른 진핵생물의 DNA 중합효소가 개시 단계 및 신장 단계를 수행한다* 참조).

핵심개념

- DNA는 반보존적 복제 및 수복 반응에서 합성된다.
- 박테리아 또는 진핵세포는 여러 가지 DNA 중합효소를 가지고 있다.
- 하나의 박테리아 DNA 중합효소가 반보존적인 복제를 수행한다; 나머지는 수복 반응에 관여한다.

개념 및 추론 확인

수복 시의 DNA 합성과 복제 시의 DNA 합성은 어떻게 다른가?

13.3 DNA 중합효소에는 다양한 핵산가수분해효소 활성이 있다

복제효소는 종종 DNA 합성 능력뿐만 아니라 핵산가수분해효소 활성을 가지고 있다. 3′-5′ 핵산외부가수분해효소(exonuclease) 활성은 전형적으로 DNA에 잘못 첨가된 염기를 제거하는 데 사용된다. 이것은 "교정(proofreading)" 오류-제어 시스템을 제공한다(*13.4절 DNA 중합효소는 복제의 정확도를 조절한다* 참조).

특성화된 첫 번째 DNA 합성효소는 대장균 DNA 중합효소 I이었는데, 이 효소는 단백질분해 처리에 의해 두 부분으로 절단될 수 있는 103 kD의 단일 폴리펩타이드이다. 큰 단편(68 kD)을 클레노우 단편(Klenow fragment)이라고 한다. 그것은 시험관 내에서 합성 반응에 사용된다. 그것은 중합효소와 3′-5′ 핵산외부가수분해효소 활성을 가지고 있다. 활성 부위는 단백질에서 약 30 Å 떨어져 있으며, 이는 하나의 염기를 첨가하는 영역과 제거하는 영역 간에 공간적인 분리가 있음을 나타낸다.

작은 단편(35 kD)은 5′-3′ 핵산외부가수분해효소 활성을 가지고 있으며, 작은 뉴클레오티드 그룹을 한번에 ~10 염기까지 제거한다. 이 활성은 합성/교정 활성을 동시에 가지고 있다. 이것은 시험관 내에서 DNA 중합효소 I이 닉(nick)이 있는 DNA를 복제할 수 있는 특유의 성질을 지니도록 한다(다른 DNA 중합효소에는 이러한 능력이 없다.) 이중가닥 DNA에서 포스포디에스테르 결합(phosphodiester bond)이 끊어진 지점에서 효소는 3′-OH 말단을 확장시킨다. DNA의 새로운 부분이 합성됨에 따라, 그것은 이중구조에서 기존의 동종 가닥을 대체하게 된다. 치환된 가닥은 효소의 5′-3′ 핵산외부가수분해효소 활성에 의해 분해된다.

결합된 5′-3′ 합성/5′-3′ 핵산외부가수분해효소 작용은 이중가닥 DNA에서 짧은 단일-가닥 영역을 채우는 데 가장 광범위하게 사용된다. 이들 영역은 지연-가닥(lagging-strand) DNA 복제(*13.6절 두 개의 새로운 DNA 가닥은 서로 다른 합성 모드를 가지고 있다* 참조) 및 DNA 수복 중 발생한다(그림 13.3).

핵심개념

- DNA 중합효소 I은 독특한 5′ 및 3′ 핵산외부가수분해효소(exonuclease) 활성을 가지고 있다.

개념 및 추론 확인

DNA 중합효소는 왜 핵산가수분해효소(nuclease) 활성을 가질 필요가 있을까?

13.4 DNA 중합효소는 복제의 정확도를 조절한다

복제의 충실도는 (예를 들어) 단백질 합성의 정확성을 고려할 때 이미 겪었던 것과 동일한 종류의 문제가 발생한다. 그것은 염기쌍 형성(base pairing)의 특이성에 의존한다. 그러나 염기쌍 형성과 관련된 상호작용을 고려할 때 복제된 염기쌍당 $\sim 10^{-2}$의 빈도로 오류가 발생할 것으로 예상된다. 박테리아의 실제 비율은 $\sim 10^{-8} \sim 10^{-10}$ 정도이다. 이것은 1,000번의 박테리아 복제 주기 중 게놈당 ~1 오차, 또는 세대당 유전자당 $\sim 10^{-6}$에 해당한다.

복제하는 동안 DNA 중합효소가 일으키는 오류를 두 가지로 나눌 수 있다.

- 잘못된(부적절하게 짝을 이룬) 뉴클레오티드가 혼입되면 *치환(substitution)*이 일어난다. 오류 수준은 **교정(proofreading)** 능력에 의해 결정되며, 효소는 새로 형성된 염기쌍을 정밀 조사하고 잘못 이루어진 쌍이 이루어졌다면 뉴클레오티드를 제거한다.
- 여분의 뉴클레오티드가 삽입되거나 빠졌을 때 *프레임시프트*가 발생한다. 프레임시프트에 관해서 정확도는 효소의 **연속성(processivity)**—분리하고 재결합하는 것보다 하나의 주형에 남아있는 경향—에 의해 영향을 받는다. 이것은 예를 들면, dT_n:dA_n의 긴 염기배열과 같은 일련의 호모폴리머(homopolymeric)의 복제에 특히 중요하다. 이런 경우 "복제 미끄러짐(replication slippage)"이 일련의 호모폴리머의 길이를 변경할 수 있다. 일반적으로 증가된 연속성은 그러한 현상의 가능성을 줄인다. 다중 결합체 DNA 중합효소에서, 연속성은 일반적으로 촉매 활성 그 자체(*per se*)에 필요하지 않은 특정 서브유닛에 의해 증가된다.

▶ **교정(proofreading)** 사슬에 추가된 개별 단위의 정밀 조사와 관련된 DNA 합성 오류를 교정하는 메커니즘.

▶ **연속성(processivity)** 효소가 각주기 마다 분리하는 대신 하나의 주형으로 여러 촉매 주기를 수행하는 능력.

박테리아 복제효소에는 여러 가지 오류-감소 시스템이 있다. *1장(유전자는 DNA이다)*에서 논의된 것처럼, A-T 염기쌍의 기하학적 구조는 G-C 염기쌍과 매우 유사하다. 이 기하학적 구조는 충실도 메커니즘으로서 고-충실도(high-fidelity)의 DNA 중합효소에 의해 사용된다. 주형 뉴클레오티드와 적절하게 염기쌍을 이루는 들어오는 dNTP만이 활성 부위에 적합하지만, A-C 또는 A-A와 같은 미스페어(mispair, 잘못 짝지은 쌍)는 활성 부위에 맞지 않는 잘못된 기하학적 구조를 갖는다. 반면, 낮은-충실도(low-fidelity) DNA 중합효소(예: 손상 우회 복제에 사용되는 대장균 DNA 중합효소 IV)는 손상된 뉴클레오티드를 수용하는 보다 개방된 활성 부위를 가지지만 미스페어를 또한 갖는다. 따라서 이러한 오류-유발 중합효소의 발현 또는 활성은 엄격하게 조절되어 DNA 손상이 일어난 후에만 활성화된다.

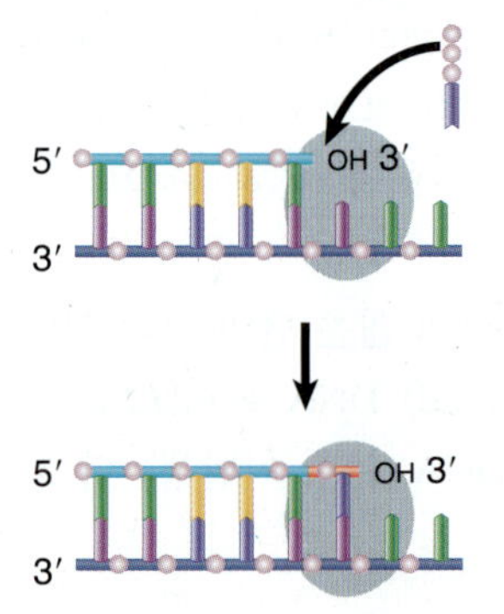

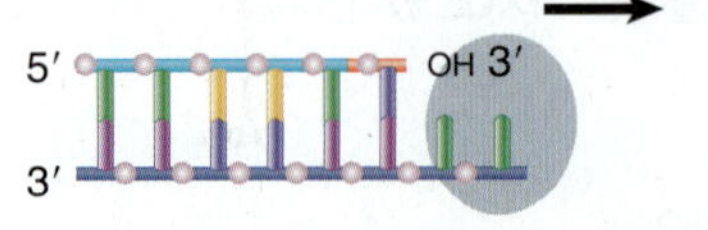

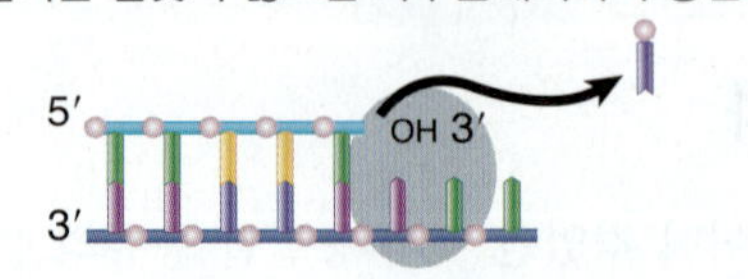

그림 13.5 박테리아 DNA 중합효소는 성장하는 사슬의 말단에서 염기쌍을 면밀히 조사하여 부적절한 경우에 첨가된 뉴클레오티드를 제거한다.

모든 박테리아 효소는 DNA 합성으로부터 역방향으로 진행되는 3′에서 5′ 엑소뉴클레아제(핵산외부가수분해) 활성을 갖는다. 이는 그림 13.5에 그림으로 표시된 바와 같이 교정 기능을 가지게 한다. 사슬-신장(chain-elongation) 단계에서, 전구체 뉴클레오티드는 성장하는 사슬의 말단에 위치한다. 결합이 형성된다. 효소는 하나의 염기쌍을 멀리 이동시키고 다음 전구체 뉴클레오티드가 들어갈 준비가 된다. 염기가 잘못 들어 왔다면, DNA는 중합효소가 멈추거나 느려지게 할 잘못된 염기의 결합에 의해 구조적으로 뒤틀린다. 이렇게 하면 효소가 잘못된 염기를 보충하고 제거할 수 있다(*13.5절 DNA 중합효소는 공통 구조를 가지고 있다* 참조). 일부 영역에서는 오류가 다른 영역보다 자주 발생한다. 즉, **돌연변이 핫스폿(mutation hotspot)**이 DNA에서 발생한다. 이는 근본적인 염기배열의 주변 상황(sequence context)으로 인해 발생한다; 즉, 일부 염기배열로 인해 중합효소가 더 빨리 또는 더 느리게 이동하게 되어 오류를 잡을 수 있는 능력에 영향을 미친다.

▶ **돌연변이 핫스폿(mutation hotspot)** 게놈에서 돌연변이 (또는 재조합) 빈도가 크게 증가하는 부위로, 통상 인접한 부위와 비교하여 빈도가 10배 이상 증가한다.

*13.2절 DNA 중합효소는 DNA를 만드는 효소이다*에서 언급했듯이, 복제효소는 일반적으로 많은 서브유닛으로 이루어진 홀로효소 복합체로 발견되는 반면, 수복에 관여하는 DNA

중합효소는 일반적으로 단일 서브유닛의 효소로 발견된다. 홀로효소 시스템의 장점은 오류 정정을 담당하는 특수한 서브유닛의 이용성이다. 대장균 DNA 중합효소 III에서 3′-5′ 핵산외부 가수분해효소의 활성은 별도의 서브유닛인 ε 서브유닛에 있다. 이 서브유닛은 수복효소보다 복제효소가 더 큰 충실도를 지니게 한다.

서로 다른 DNA 중합효소는 서로 다른 방식으로 중합 반응과 교정 활성 간의 관계를 처리한다. 어떤 경우, 활성은 동일한 단백질 서브유닛의 일부인 경우도 있지만, 어떤 경우에는 활성이 다른 서브유닛에 포함되어 있다. 각각의 DNA 중합효소는 그 교정 활성에 의해 감소되는 특징적인 오류율(error rate)을 갖는다. 교정은 전형적으로 복제된 염기쌍 당 $\sim10^{-5}$에서 $\sim10^{-7}$로 감소시킨다. 오류를 인식하고 복제 후에 오류를 수정하는 시스템은 전체 비율을 복제된 염기쌍 당 10^{-9} 이상으로 만든다(*16.6절 미스매치 수복 방향 제어* 참조).

핵심개념

- DNA 중합효소는 종종 잘못된 염기쌍을 이루는 염기를 제거하는 데 사용되는 3′~5′ 핵산외부가수분해효소 활성을 갖는다.
- 복제의 충실도(fidelity)는 교정에 의해 1/100 향상된다.

개념 및 추론 확인

만약 돌연변이의 위치가 일반적으로 무작위라면, 게놈에 돌연변이 핫스폿은 왜 존재하는가?

13.5 DNA 중합효소는 공통 구조를 가지고 있다

그림 13.6은 모든 DNA 중합효소가 공유하는 일반적인 구조적 특징을 보여준다. 효소 구조는 여러 개의 독립적인 도메인으로 나눌 수 있는데, 이는 사람의 오른손에 비유하여 설명한다. DNA는 세 개의 도메인으로 구성된 큰 갈라진 틈(cleft)에 결합한다. "팜(palm, 손바닥)" 도메인은 촉매 활성 부위를 제공하는 중요한 보존염기배열 모티프를 갖는다. "핑거(finger, 손가락)" 도메인은 활성 부위에서 주형을 올바르게 위치하는 데 관여하고 있다. "썸(thumb, 엄지)" 도메인은 DNA가 효소를 빠져 나올 때 DNA에 결합하며 연속성에서 중요하다. 이 세 개의 도메인 각각의 가장 중요한 보존된 도메인은 집중되어 촉매 부위에서 연속적인 표면을 형성한다. 핵산외부가수분해효소 활성은 자체 촉매 부위를 갖는 독립적인 도메인에 존재한다. N-말단 도메인은 핵산가수분해효소 도메인으로 연장된다. DNA 중합효소는 염기배열 상동성에 기초한 5개 계열로 분류된다; 팜 도메인은 그(것)들 사이에서 잘 보존되어 있으나, 썸 도메인과 핑거 도메인은 다른 염기배열로부터 유사한 이차 구조성분을 나타내고 있다.

DNA 중합효소에서의 촉매 반응은 뉴클레오티드 트리포스페이트(triphosphate)가 DNA의 (짝이 없는) 단일가닥과 쌍을 이루는 활성 부위에서 일어난다. DNA는 팜 도메인을 가로질러, 썸 도메인과 핑거 도메인으로 만든 홈에 놓여 있다. 그림 13.7은 DNA와 복합체를 이루는 파지 T7 효소(주형가닥에 어닐링된 프라이머의 형태로)와 프라이머에 첨가될 들어오는 뉴클레오티드의 결정 구조를 보여주고 있다. DNA는 고전적인 B-형 이중가닥에서 프라이머의 3′ 말단에서 마지막 두 개의 염기쌍까지 이어지며, 이는 보다 개방된 A-형이다. DNA에서의 급격한 턴(turn)은 주형 염기

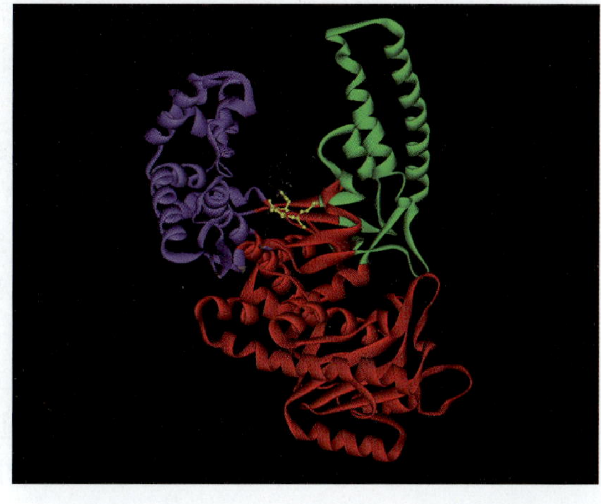

그림 13.6 대장균 DNA 중합효소 I의 클레노우 단편(Klenow fragment)의 구조. 이것은 오른손의 핑거(finger, 파란색), 팜(palm, 빨간색), 그리고 썸(thumb, 초록색) 모양을 하고 있다. 클레노우 단편은 또한 핵산외부가수분해효소 도메인을 포함하고 있다. Adapted from Protein Data Bank 1KFD. L. S. Breese, J. M. Friedman, and T. A. Steitz, *Biochemistry* 32 (1993): 14095–14101.

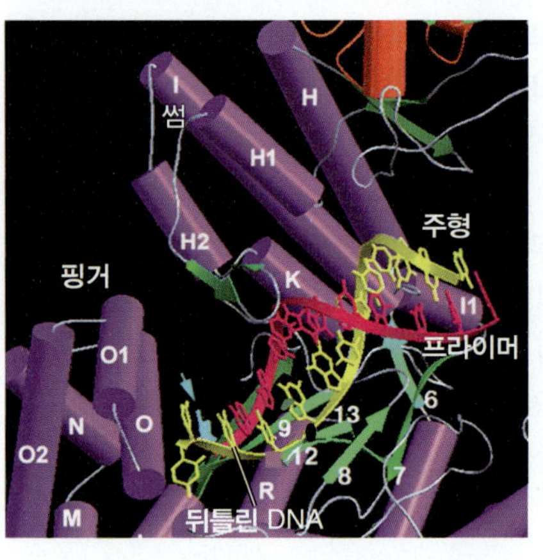

그림 13.7 T7 파지 DNA 중합효소의 결정 구조는 주형가닥이, 들어오는 뉴클레오티드에 그것을 노출시키는 급격한 턴(turn)을 하고 있는 것을 보여주고 있다. Reprinted with permission from "Crystal structures of the Klenow fragment of DNA polymerase I complexed with deoxynucleoside triphosphate and pyrophosphate" by Lorena S. Beese. Copyright 1993 American Chemical Society.

를 들어오는 뉴클레오티드에 노출된다. (염기가 첨가된) 프라이머의 3′ 말단은 핑거 도메인과 팜 도메인으로 고정되어 있다. DNA는 주로 포스포디에스테르 골격으로 만들어진 접촉에 의해 고정되어 있다(따라서 중합효소는 어떤 염기배열의 DNA와도 기능할 수 있다).

DNA와만 결합된 (즉, 들어오는 뉴클레오티드가 없는) 이 계열의 DNA 중합효소의 구조에서, 썸 도메인과 핑거 도메인의 팜 도메인에 대한 방향이 더 열려 있고, O 나선구조(O helix, O, O1, O2; 13.8 참조)는 팜 도메인에서 멀리 회전한다. 이것은 들어오는 뉴클레오티드를 파악하고 활성 촉매 부위를 생성하기 위해 O 나선구조의 내부 회전이 발생하였음을 시사한다. 뉴클레오티드가 결합하면 핑거 도메인이 팜 도메인 쪽으로 60° 회전하고 핑거 도메인의 꼭대기는 30 Å만큼 움직인다. 썸 도메인도 팜 도메인 쪽으로 8° 회전한다. 이러한 변화는 주기적이다; 뉴클레오티드가 DNA 사슬에 통합되면 역전되며, 그 다음 효소를 통과하여 빈자리를 다시 만든다.

핵산외부가수분해효소 활성은 잘못된 염기를 제거하는 역할을 한다. 핵산외부가수분해효소 도메인의 촉매 부위는 촉매 도메인의 활성 부위로부터 멀리 떨어져 있다. 효소는 DNA의 3′ 프라이머 말단에 대한 두 개의 활성 부위 간의 경쟁에 의해 결정되는 중합 및 편집 모드 사이에서 번갈아 나타난다. 활성 부위의 아미노산은 효소 구조가 불일치한 염기(mismatched base)의 구조에 의해 영향을 받는 방식으로 들어오는 염기와 접촉한다. 일치하지 않는 염기쌍이 촉매 부위를 차지할 때, 핑거 도메인은 들어오는 뉴클레오티드를 결합하기 위해 팜 도메인을 향해 회전할 수 없다. 이것은 3′ 말단이 핵산외부가수분해효소 도메인 내의 활성 부위에 자유롭게 결합되도록 하며 효소 구조 내에서 DNA의 회전에 의해 완성된다.

핵심개념

- 많은 DNA 중합효소에는 손과 비슷한 세 개의 도메인으로 구성된 큰 갈라진 틈이 있다.
- DNA는 핑거 도메인과 썸 도메인으로 만든 홈에 팜 도메인을 가로 질러 놓여 있다.

개념 및 추론 확인

DNA 중합효소는 어떻게 잘못된 염기를 포함하고 있는지 "알 수" 있는가?

13.6 두 개의 새로운 DNA 가닥은 서로 다른 합성 모드를 가진다

이중가닥 DNA 두 가닥의 역평행 구조는 복제에 문제를 일으킨다. 복제 분기점이 진행함에 따라 딸가닥은 노출된 어버이 단일가닥 모두에서 합성되어야 한다. 복제 분기점 주형가닥은 한 가닥에서 5′에서 3′ 방향으로 이동하고, 다른 가닥에서는 3′에서 5′ 방향으로 이동한다. 그러나 DNA는 3′에서 5′ 방향의 주형에서 (성장하는 3′ 말단에 새로운 뉴클레오티드를 추가함으로써) 5′ 말단에서 3′ 말단으로만 합성된다. 이 문제는 일련의 짧은 단편에서 5′에서 3′ 주형에 새로운 가닥을 합성함으로써 해결되며, 각각은 실제로 "반대(backward)" 방향, 즉 통상적인 5′에서 3′ 방향으로 합성된다.

▶ **선도가닥(leading strand)** 5′에서 3′ 방향으로 연속적으로 합성되는 DNA의 가닥.

▶ **지연가닥(lagging strand)** 3′에서 5′ 방향으로 전반적으로 성장해야 하며, 나중에 짧은 단편(5′-3′)의 형태로 불연속적으로 합성되고, 공유결합되는 DNA의 가닥.

그림 13.8에서 설명한 것처럼 복제 분기점 바로 뒤에 있는 영역을 자세히 살펴보자. 우리는 새로 합성된 각각의 가닥의 서로 다른 성질의 관점에서 과정을 기술한다:

- **선도가닥(leading strand,** *forward strand*라고도 함)에서 DNA 합성은 어버이 가닥의 이중가닥이 풀어짐에 따라 5′에서 3′ 방향으로 계속 진행될 수 있다.
- **지연가닥(lagging strand)**에서 일군의 단일가닥의 어버이 DNA가 노출되어야 하고, 그 다음 단

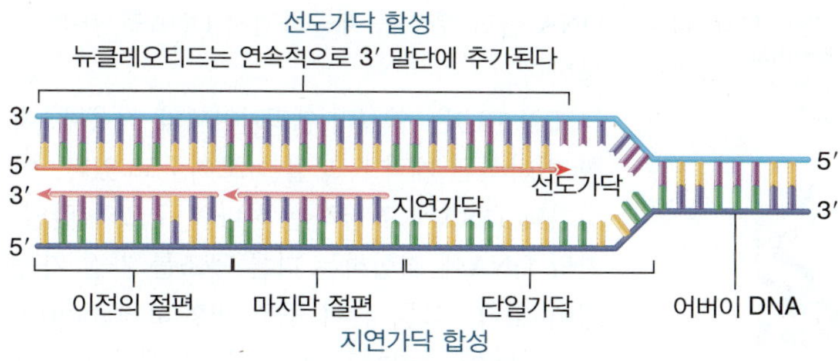

그림 13.8 선도가닥은 연속적으로 합성되어지지만, 지연가닥은 불연속적으로 합성되어진다.

편이 반대 방향으로 합성된다. 일련의 단편들이 각각 5′에서 3′으로 합성된다; 그런 다음 그들은 합쳐져 완전한 지연가닥을 만든다.

불연속적 복제는 매우 짧은 방사능 표지로 확인할 수 있다. 표지는 ~1,000~2,000 염기 길이의 짧은 단편 형태로 새로 합성된 DNA를 넣는다. 이들 **오카자키 단편(Okazaki fragment)**은 원핵생물과 진핵생물의 DNA 복제에서 발견된다. 배양 시간이 길어지면 표지가 더 큰 DNA 단편으로 들어간다. 이러한 변화 전이는 오카자키 단편 간의 공유 결합에서 일어난다.

지연가닥은 불연속적으로 합성되고 선도가닥은 연속적으로 합성된다. 이것을 **반불연속적 복제(semidiscontinuous replication)**라고 한다.

▶ **오카자키 단편(Okazaki fragment)** 불연속적복제 중 생성된 1,000~2,000 염기의 짧은 단편; 그들은 나중에 공유결합되어 완전한 가닥이 된다.

▶ **반불연속적 복제(semidiscontinuous replication)** 하나의 새로운 가닥이 연속적으로 합성되고 다른 가닥이 불연속적으로 합성되는 복제 모드.

핵심개념

- DNA 중합효소는 선도가닥(5′-3′)을 합성할 때 연속적으로 진행하지만 짧은 단편을 만들어 나중에 결합하여 지연가닥을 합성한다.

개념 및 추론 확인

DNA 중합효소는 왜 양 가닥에서 연속적으로 움직일 수 없는가?

13.7 복제에는 헬리카아제 및 단일가닥 결합 단백질이 필요하다

복제 분기점이 진행됨에 따라 이중가닥의 DNA가 풀린다. 선도가닥인 딸가닥이 합성되어짐에 따라 주형가닥 중 하나가 신속하게 이중가닥 DNA로 전환된다. 다른 하나는 충분한 길이가 노출될 때까지 단일가닥으로 남아서, 반대방향으로 지연가닥에 상보적인 오카자키 단편의 합성을 개시한다. 따라서 단일가닥 DNA의 생성 및 유지는 복제의 중요한 측면이다. 이중가닥 DNA를 단일가닥 상태로 전환시키는 데 두 가지 유형의 기능이 필요하다:

- **헬리카아제(helicase)**는 보통 ATP의 가수 분해를 이용하여 필요한 에너지를 제공하는 이중가닥 DNA의 가닥을 분리(또는 변성)하는 효소이다. 헬리카아제는 DNA 변성을 시작할 수 없으며, 할 수 있는 것은 이미 열려 있는 부분을 확장하고 신장하는 것이다.
- **단일-가닥 결합 단백질(single-strand binding protein, SSB)**은 단일가닥 DNA에 결합하여 이중가닥 DNA를 보호하고 이중가닥의 재형성을 방지한다. SSB는 모노머로서 결합하지만, 통상적으로 기존의 복합체에 부가적인 모노머의 결합이 향상되는 협력적인 방식으로 결합한다.

헬리카아제는 복제 분기점의 성장 지점에서 가닥 분리에서부터 DNA를 따라 홀리데이[Holliday, 재조합(recombination)] 접합부의 촉매 작용에 이르기까지 다양한 상황에서 이중구조 핵산의 가닥을 분리한다. 대장균에는 12개의 다른 헬리카아제가 있다. 헬리카아제는 일반적으로 다량체이다. 헬리카아제의 일반적인 형태는 헥사머(hexamer, 6량체)이다. 이것은 전형적으로 다중체 구조를 이용하여 많은

▶ **헬리카아제(helicase)** ATP 가수분해로 제공하는 에너지를 사용하여 핵산 가닥을 분리하는 효소.

▶ **단일-가닥 결합 단백질(single-strand binding protein, SSB)** 단일-가닥 DNA에 부착하여 DNA가 이중가닥을 형성하는 것을 방지하는 단백질.

그림 13.9 헥사머 헬리카아제는 한 가닥의 DNA를 따라 이동한다. 이 효소는 이중가닥에 결합하면 입체 구조가 변하며, ATP 가수분해를 사용하여 이중가닥을 분리한 후 이 효소가 오로지 단일가닥에만 결합하게 되면 입체 구조가 다시 돌아온다.

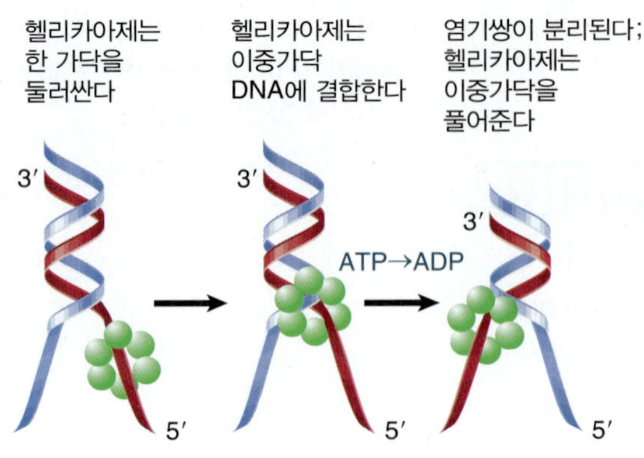

DNA-결합 부위를 제공하면서 DNA를 따라 이동한다.

그림 13.9는 헥사머 헬리카아제의 작용에 대한 일반화된 개략도 모델을 보여주고 있다. 이중가닥 DNA에 결합하는 하나의 구조와 단일-가닥 DNA에 결합하는 다른 구조를 가질 가능성이 있다. 그들 간의 구조 변환(alteration)은 이중가닥을 분리하고 ATP 가수분해가 필요한 모터를 작동한다. 일반적으로 1 ATP는 풀리는 각 염기쌍에 대해 가수분해된다. 헬리카아제는 일반적으로 이중가닥에 인접한 단일가닥 영역에서 풀기를 시작한다. 이것은 특정 극성으로 기능할 수 있으며, 3′ 말단(3′-5′ 헬리카아제) 또는 5′ 말단 (5′-3′ 헬리카아제)을 갖는 단일가닥 DNA를 선호한다. 5′-3′ 헬리카아제는 그림 13.10에 나타내었다. 헥사머 헬리카아제는 전형적으로 DNA를 둘러쌈으로써 순차적으로 DNA를 풀 수 있게 한다.

헬리카아제에 의한 이중가닥 DNA의 풀림은 SSB에 의해 공동으로 결합된 두 개의 단일가닥을 생성한다. 따라서 일단 결합 반응이 특정 DNA 분자에서 시작되면, 전체 단일가닥 DNA가 SSB 단백질로 덮일 때까지 빠르게 확장된다. 이 단백질은 DNA-풀기 단백질이 아니다; 그 기능은 이미 단일-가닥 상태에 있는 DNA를 안정화시키는 것이다.

생체 내의 정상적인 상황에서 풀기, 코팅 및 복제 반응이 동시에 진행된다. SSB는 복제 분기점이 진행됨에 따라 DNA에 결합하여 두 개의 어버이 가닥을 분리하여 주형으로 작동할 수 있는 적절한 조건에 있도록 한다. SSB는 복제 분기점에서 화학양론적인 양(stoichiometric amount)으로 필요하다. 이것은 최소한 복제의 두 단계 이상에 필요하다.

핵심개념

- 복제에는 ATP의 가수 분해에 의해 제공된 에너지를 사용하여 DNA 가닥을 분리하는 헬리카아제가 필요하다.
- 분리된 가닥을 유지하기 위해서는 단일-가닥 결합 단백질이 필요하다.

개념 및 추론 확인

SSB에는 효소 기능이 없는데, 왜 복제에 필수적인가?

13.8 프라이밍은 DNA 합성을 시작하는 데 필요하다

모든 DNA 중합효소의 공통적인 특징은 DNA 사슬의 합성을 처음부터(*de novo*) 시작할 수는 없지만, 사슬을 길게 신장시킬 수는 있다. 그림 13.10은 개시 단계에 필요한 기능을 보여주고 있다. 새로운 가닥의 합성은 기존의 3′-OH 말단에서만 시작될 수 있으며 주형 가닥은 단일-가닥 상태로 전환되어야 한다.

▶ **프라이머(primer)** 한 가닥의 DNA와 짝을 이루고 DNA 중합효소가 디옥시리보 뉴클레오티드 사슬의 합성을 시작하는 유리 3′-OH 말단을 제공하는 짧은 배열(종종 RNA).

▶ **프리마아제(primase)** DNA 복제를 위한 프라이머로 사용될 짧은 RNA 단편을 합성하는 RNA 중합효소의 한 유형.

3′-OH 말단을 **프라이머(primer)**라고 부른다. 프라이머는 다양한 형태를 취할 수 있다. 프라이밍 반응 유형은 그림 13.11에 요약되어 있다:

- RNA 염기배열은 **프리마아제(primase)**에 의해 주형에서 합성되어 RNA 사슬의 유리된 3′-OH 말단이 DNA 중합효소에 의해 연장된다. 이것은 일반적으로 세포 DNA의 복제 및 일부 바이러스에 사용된다.
- 미리 만들어진 RNA(종종 tRNA)는 주형과 쌍을 이루며, 3′-OH 말단을 이용하여 DNA 합성을 준비한다. 이 메커니즘은 레트로바이러스에 의해 RNA의 역전사를 일으키는 데 사용된다(*17.8절*,

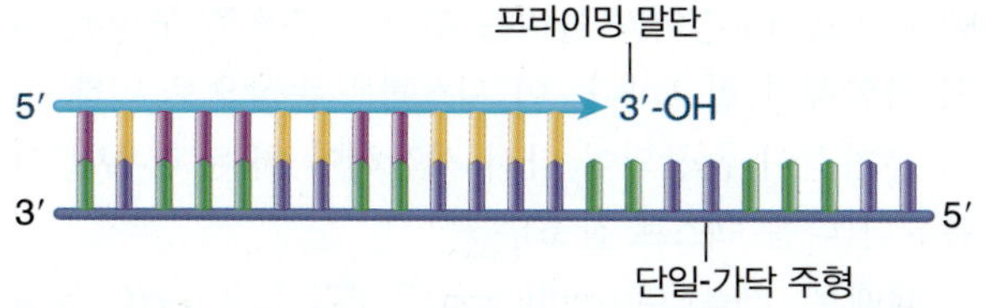

그림 13.10 DNA 중합효소는 복제의 개시에 3′-OH 말단을 필요로 한다.

*레트로바이러스 RNA는 DNA로 전환되어 숙주 게놈으로 통합된다*의 그림 17.28 참조).

- 프라이머 말단이 이중가닥 DNA 내에서 생성된다. 가장 일반적인 메커니즘은 롤링 서클 복제를 시작하는 데 사용되는 닉(nick, 틈)의 도입이다. 이 경우, 기존의 가닥은 새로운 합성에 의해 대체된다.
- 단백질은 DNA 중합효소에 뉴클레오티드를 제시함으로써 직접 반응을 준비한다. 이 반응은 특정 바이러스에 의해 사용된다(*14.3절 말단 단백질은 바이러스 DNA의 말단에서 개시가 가능하다*의 그림 14.5 참조).

프라이밍 활성은 선도가닥과 지연가닥에서 DNA 사슬을 시작하기 위해 3′-OH 말단을 제공하는 데 필요하다. 선도가닥은 복제 기점에서 발생하는 그러한 개시 과정을 하나만 필요로 한다. 각 오카자키 단편에는 새로운(*de novo*) 시작이 필요하기 때문에, 지연가닥에 일련의 개시 단계 과정이 있어야 한다. 각 오카자키 단편은 DNA 중합효소에 의한 신장을 위해 3′-OH 말단을 제공하는 RNA ~10 염기 길이의 프라이머 염기배열로 시작한다.

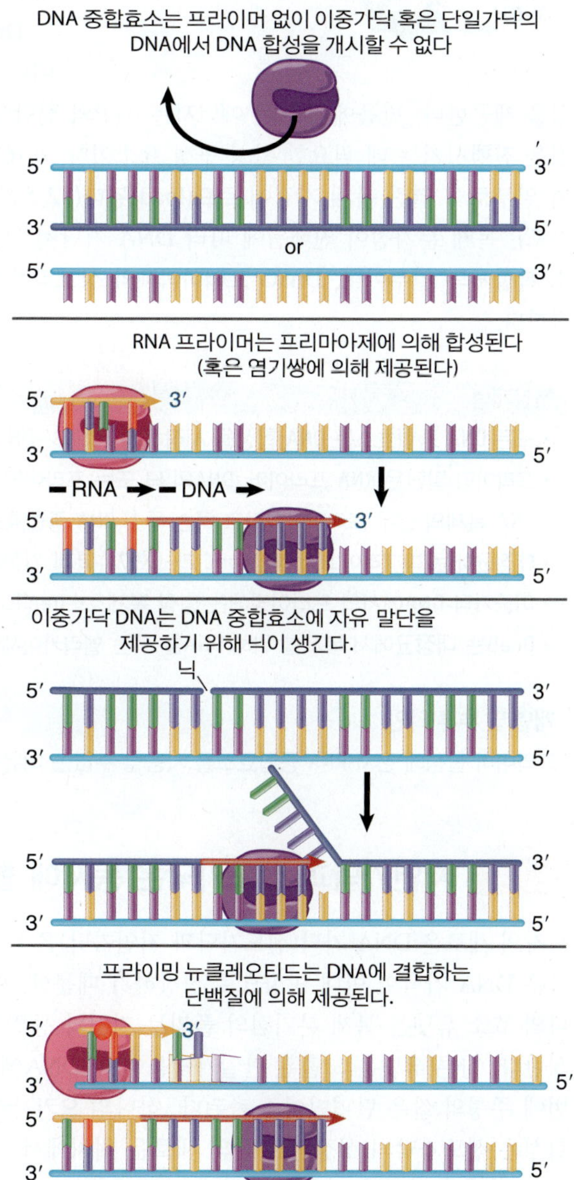

그림 13.11 DNA 합성을 개시하기 위해 DNA 중합효소가 필요로 하는 유리 3′-OH 말단을 제공하는 몇 가지 방법이 있다.

프리마아제는 실제 프라이밍 반응을 촉매하는 데 필요하다. 대장균에서는 *dnaG* 유전자의 산물인 특수 RNA 중합효소 활성에 의해 제공된다. 이 효소는 60 kD의 단일 폴리펩타이드(RNA 중합효소보다 훨씬 작음)이다. 프리마아제는 특정 상황에서만 사용되는 RNA 중합효소, 즉 DNA 합성을 위한 프라이머로 사용되는 짧은 길이의 RNA를 합성한다. DnaG 프리마아제는 일시적으로 복제 복합체와 결합하며 ~10 염기 프라이머를 합성한다. 프라이머는 주형에서 염기배열 3′-GTC-5′의 반대편에 위치하는 염기배열 pppAG로 시작한다.

대장균에는 프라이밍 반응에는 두 가지 유형이 있다:

- 박테리아 복제 기점으로 명명된 *oriC* 시스템은 기본적으로 복제 분기점에서 DnaG 프리마아제와 단백질 복합체의 결합을 수반한다.
- 원래 ϕX174라는 이름이 붙은 ϕX 시스

그림 13.12 개시는 헬리카아제, 단일-가닥 결합 단백질 및 프라이머의 합성을 포함한 여러 가지 효소 활성이 필요하다.

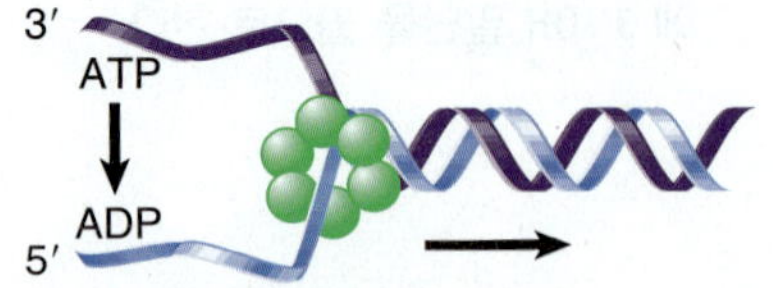

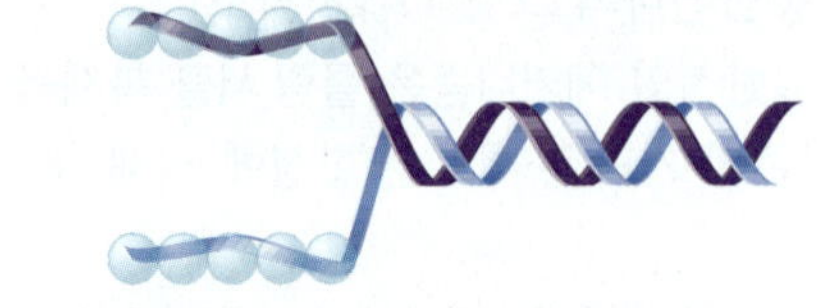

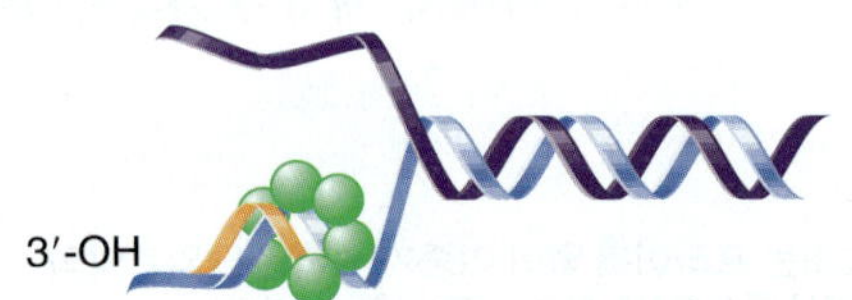

템에는 프리모솜이라 불리는 추가 성분으로 구성된 개시 복합체가 필요하다. 이 시스템은 손상으로 인해 복제 분기점이 손상되어 다시 시작해야 하는 경우에 사용된다(다음 텍스트 참조).

때때로, 레플리콘(replicaon)은 ϕX 또는 *oriC* 유형으로 간주된다.

개시 반응과 관련된 활성 유형을 **그림 13.12**에 요약하였다. 대장균의 다른 레플리콘이 이들 특정 단백질의 일부에 대한 대안(alternative)을 가질 수 있지만, 모든 경우에서 동일한 일반적인 유형의 활성이 요구된다. 헬리카아제는 단일가닥을 생성하는 데 필요하고, 단일-가닥 결합 단백질은 단일-가닥 상태를 유지하는 데 필요하며, 프리마아제는 RNA 프라이머를 합성한다.

DnaB는 ϕX 및 *oriC* 레플리콘의 중심 구성 요소이다. 그것은 DNA를 푸는 5′에서 3′ 헬리카아제 활성을 제공한다. 반응에 필요한 에너지는 ATP의 절단에 의해 제공된다. 기본적으로 DnaB는 복제 분기점을 진행시키는 데 필요한 활성 구성 요소이다. *oriC* 레플리콘에서, DnaB는 처음에는 커다란 복합체의 일부로서 열린 복제 기점에 로드(load)된다(*12.5절 복제 개시: 복제 기점에서의 복제 분기점 형성* 참조). 복제 분기점이 진행됨에 따라 DNA 가닥이 분리되는 성장점을 형성한다. 이것은 DNA 중합효소 복합체의 일부이며, DnaG 프리마아제와 상호작용하여 지연가닥에서 각 오카자키 단편의 합성을 시작한다.

핵심개념

- 모든 DNA 중합효소는 DNA 합성을 시작하기 위해 3′-OH 프라이밍 말단이 필요하다.
- 프라이밍 말단은 RNA 프라이머, DNA의 닉 또는 프라이밍 단백질에 의해 제공될 수 있다.
- DNA 복제의 경우 프리마아제라고 하는 특수 RNA 중합효소가 프라이밍 말단을 제공하는 RNA 사슬을 합성한다.
- 대장균에는 박테리아 복제 기점(*oriC*)과 ϕX174 복제 기점에서 일어나는 두 가지 유형의 프라이밍 반응이 있다.
- 이중가닥 DNA에서의 프라이밍에는 항상 복제효소(replicase), SSB 및 프리마아제가 필요하다.
- DnaB는 대장균에서 복제를 위해 DNA를 푸는 헬리카아제이다.

개념 및 추론 확인

프라이머 합성에 전사 RNA 중합효소를 사용할 수없는 이유는 무엇인가?

13.9 지연가닥과 선도가닥은 동시에 합성된다

각각의 새로운 DNA 가닥(선도가닥과 지연가닥)은 각각의 촉매 단위에 의해 합성된다. **그림 13.13**은 새로운 DNA 가닥이 반대 방향으로 성장하기 때문에, 이 두 단위의 행동이 다르다는 것을 보여준다. 하나의 효소 유닛은 복제 분기점의 풀리는 지점과 동일한 방향으로 움직이며 선도가닥을 연속적으로 합성한다. 다른 유닛은 노출된 단일가닥을 따라 DNA에 대해 상대적으로 "뒤로(backward)"이동한다. 한 번에 주형의 짧은 단편만이 노출된다. 하나의 오카자키 단편의 합성이 완료되면, 다음 오카자키 단편의 합성은 선도가닥의 성장점 부근의 새로운 위치에서 시작해야 한다. 이를 위해서는 DNA 중합효소 III가 주형에서 벗어나 새로운 위치로 이동하고 새로운 오카자키 단편을 시작하기 위한 프라이머로 주형

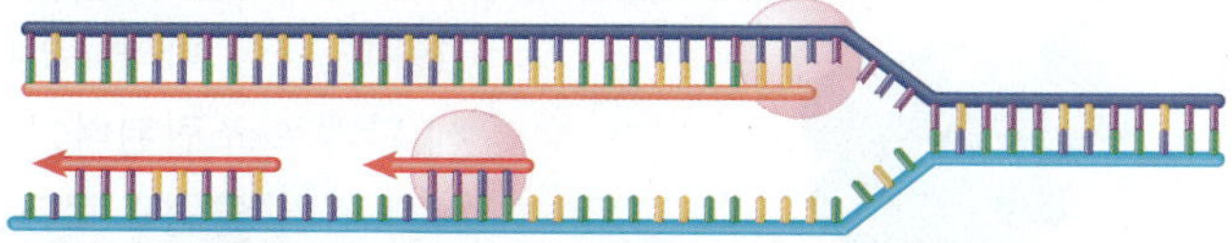

선도가닥 합성효소는 연속적으로 연장할 수 있다

지연가닥 합성효소는 새로운 단편을 합성하기 시작한다

그림 13.13 복제 복합체는 선도가닥과 지연가닥의 합성하기 위한 별도의 촉매 장치를 포함하고 있다.

과 다시 연결되어야 한다.

대장균에는 복제에 사용되는 DNA 중합효소 촉매 서브유닛, DnaE 폴리펩티드, 하나만 존재한다. 일부 박테리아와 진핵생물은 많은 복제 DNA 중합효소를 가지고 있다(*13.13절 서로 다른 진핵생물의 DNA 중합효소가 개시 단계 및 신장 단계를 수행한다* 참조). 대장균의 활성 복제 복합체는 두 개의 DNA 중합효소 III 홀로효소의 다이머이다. 다이머의 각 절반은 촉매 서브유닛으로서 촉매 코어에 DnaE를 포함하고 있으며, 선도 및 지연가닥에서는 서로 다른 단백질이 지원하고 있다.

반불연속적 복제 모드의 주요 문제점은 각기 다른 효소 유닛을 사용하여 각각의 새로운 DNA 가닥을 합성하는 것이다: 어떻게 선도가닥과 조화를 이루며 지연가닥을 합성하는가? 복제 복합체가 DNA를 따라 움직이면서 어버이 가닥을 푸는 동안 하나의 효소 유닛이 Y 분기점이 움직이는 방향과 같은 방향으로 진행하는 가닥을 길게 늘린다. 다른 효소 유닛은 오카자키 단편을 역방향으로 합성하기 위해 반대방향으로 움직여야 하는데, 다른 방법은 5′에서 3′까지 중합해야 하기 때문이다. 그런 다음 DNA 주형에서 해리하고 Y 분기점에 더 가까이 다시 연결해서 다음 프라이머가 형성되는 다음 오카자키 단편의 합성을 시작해야 한다.

핵심개념

• 선도가닥과 지연가닥을 합성하기 위해서는 서로 다른 효소 유닛이 필요하다.

개념 및 추론 확인

두 개의 독립적인 중합효소 대신 염색체를 복제하는 중합효소 다이머를 갖는 이점은 무엇인가?

13.10 DNA 중합효소 홀로효소는 하위복합체로 이루어져 있다

우리는 이제 대장균 DNA 중합효소 III의 서브유닛 구조를 DNA 합성에 필요한 활성에 대해 이해할 수 있으며, 이러한 작용에 대한 모델을 제안할 수 있다. 레플리솜은 두 개의 DNA 중합효소 III 홀로효소 복합체와 다이머화(dimerization, 이량체 형성) 및 기능에 필요한 관련 단백질로 구성된다. 홀로효소는 네 가지 유형의 서브콤플렉스(subcomplex, 하위복합체)로 구성된 열 개의 단백질을 포함하는 900 kD의 복합체이다:

- 촉매 코어는 최소한 두 개의 사본이 존재한다. 각 촉매 코어는 알파(α) 서브유닛(DNA 중합효소 활성), 엡실론(ε) 서브유닛(3′-5′ 교정 핵산외부가수분해효소) 및 세타(θ) 서브유닛(핵산외부가수분해효소를 자극함)을 지니고 있다.
- 두 개의 촉매 코어를 함께 연결하는 이량체화 서브유닛 타우(τ)의 사본이 두 개 있다.
- 주형가닥에 촉매 코어를 고정시키는 역할을 하는 **클램프(clamp)** 사본이 두 개 있다. 각 클램프는 베타(β) 서브유닛의 호모다이머로 구성되며, β-링은 DNA 주위에 결합하여 연속성을 보장한다.
- 감마(γ) 복합체는 **클램프 로더(clamp loader)**를 구성하는 5개의 단백질 그룹이다; 클램프 로더는 클램프를 DNA에 위치하게 한다.

▸ **클램프(clamp)** DNA 주위에 원을 형성하는 단백질 복합체. DNA 중합효소에 연결함으로써, 그것은 효소 작용의 연속성을 보장한다.

▸ **클램프 로더(clamp loader)** 5개의 서브유닛 단백질 복합체로서 복제 분기점에서 DNA에 β 클램프를 로드하는 역할을 한다.

그림 13.14 DNA 중합효소 III 홀로효소는 새로운 가닥의 DNA를 합성하는 효소 복합체를 생성하면서 단계적으로 조립된다.

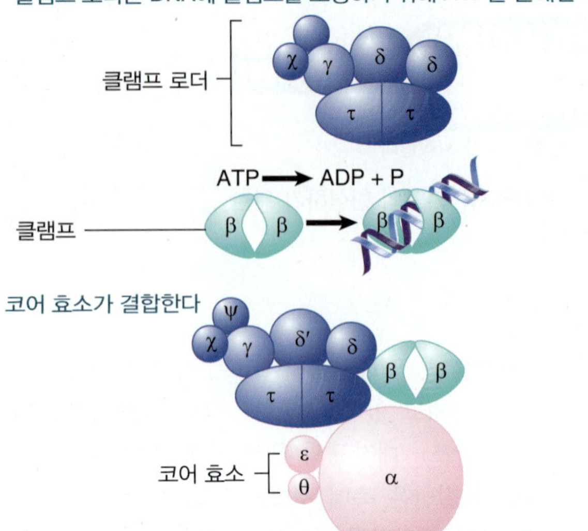

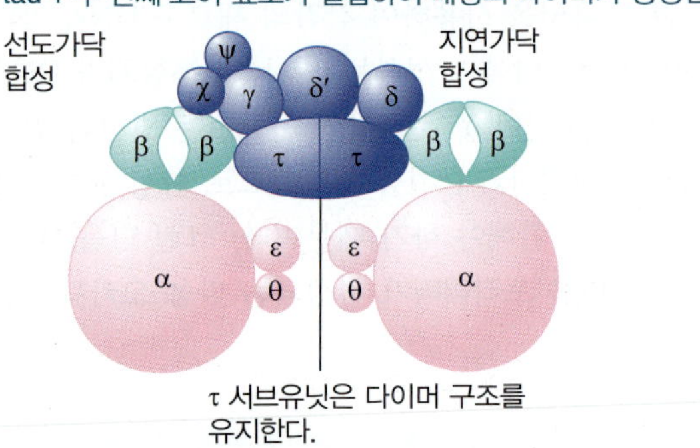

DNA 중합효소 III의 집합에 대한 모델을 그림 13.14에 나타내었다. 홀로효소는 DNA에 세 단계로 조립된다:

- 먼저 클램프 로더는 β 서브유닛을 주형-프라이머 복합체에 결합시키기 위해 ATP의 가수분해를 사용한다.
- DNA에 결합하면 클램프 로더에 결합하는 β 위치의 모양이 바뀌므로 이제는 코어 중합효소에 높은 친화성을 갖는다. 이것은 코어 중합효소가 결합하는 것을 가능하게 하며, 이것이 코어 중합효소가 DNA로 가져 오는 수단이다.
- 타우(τ) 다이머는 코어 중합효소에 결합하고 두 번째 코어 중합효소(다른 β 클램프와 결합)를 결합하는 이량체화 기능을 제공한다. 레플리솜은 하나의 클램프 로더만 가지고 있기 때문에 *비대칭 다이머(asymmetric dimer)*이다. 클램프 로더는 DNA의 각 어버이 가닥에 한 쌍의 β 다이머를 추가한다.

홀로효소의 코어 복합체는 각각 새로운 DNA 가닥 중 하나를 합성한다. 클램프 로더는 또한 DNA로부터 β 복합체를 언로딩하는 데 필요하다; 결과적으로 두 개의 코어는 DNA와는 다른 해리 능력을 갖는다. 이것은 (중합효소가 주형과 결합된 상태로 유지되는) 연속적인 선도가닥과 (중합효소가 반복적으로 해리되고 재결합하는) 불연속적인 지연가닥을 합성할 필요성에 해당한다. 클램프 로더는 지연가닥을 합성하고, 각각의 오카자키 단편을 합성하는 핵심 역할을 수행하는 코어 중합효소와 연관되어 있다.

핵심개념

- 대장균 복제효소 DNA 중합효소 III은 다이머 구조의 900 kD 복합체이다.
- 각 모노머 단위에는 촉매 코어, 이량체화 서브유닛 및 연속성 구성요소가 있다.
- 클램프 로더는 DNA에 연속성 서브유닛을 놓이게 한다. 이 서브유닛은 핵산 주위에 원형 클램프를 형성한다.
- 하나의 촉매 코어는 각 주형가닥과 연관되어 있다.

개념 및 추론 확인

주형가닥이 두 개인 경우, 클램프 로더가 하나만 필요한 이유는 무엇인가?

13.11 클램프는 코어 효소와 DNA의 결합을 조절한다

β-링은 홀로효소에게 높은 연속성을 갖게 한다. β는 DNA에 강하게 결합하지만 이중가닥 분자를 따라 미끄러질 수 있다. β의 결정 구조는 고리 모양의 다이머를 형성하는 것을 보여주고 있다. 그림 13.15의 모델은 DNA 이중나선과 관련하여 β-링을 보여주고 있다. 이 링의 외경은 80 Å이고 내부 구멍(internal cavity)은 DNA 이중나선(20 Å)의 거의 두 배인 35 Å이다. 단백질 고리와 DNA 간의 공간은 물로 채워져 있다. β 서브유닛 각각은 (그들의 염기배열은 다르지만) 유사한 구조를 갖는 세 개의 구형 도메인을 갖는다. 결과적으로, 다이머는 6겹의 대칭을 가지고 링의 안쪽에 12개의 나선형을 보이고 있다.

β-링은 이중구조를 둘러싸고 있으며, DNA를 따라 홀로효소가 미끄러지도록 하는 "슬라이딩 클램프(*sliding clamp*)"를 제공한다. 이 구조로 높은 연속성을 설명할 수 있다. 효소는 일시적으로 해리할 수는 있지만 떨어지거나 확산될 수는 없다. 내부의 α-나선은 중간 물 분자를 통해 DNA와 상호작용할 수 있는 양전하를 띠고 있다. 단백질 클램프가 DNA와 직접 접촉하지 않기 때문에 DNA를 따라 "아이스 스케이트(ice skate)"를 할 수 있어 물 분자를 통해 접촉을 만들고 끊을 수 있다.

클램프가 DNA에 어떻게 도달할까? 클램프는 DNA를 둘러싼 서브유닛의 원형이다; 따라서 조립 또는 제거는 *클램프 로더(clamp loader)*에 의한 에너지-의존성 프로세스의 사용을 필요로 한다. γ-클램프 로더는 DNA에 로드하기 위한 개방형 형태의 β-링을 결합하는 펜타머(pentameric, 5량체) 원형 구조이다. 결과적으로 링은 클램프 로더의 δ 서브유닛에 의해 두 개의 β 서브유닛 간의 인터페이스 중 하나에서 열린다. 클램프 로더는 ATPase 부위가 클램프와 나란히 있는 닫힌 원형 클램프 상단에 결합하고 ATP 가수분해를 사용하여 클램프 링을 열고 중앙 구멍에 DNA를 삽입하는 에너지를 제공한다.

β 클램프와 γ 클램프 로더 간의 관계는 박테리오파지에서 동물세포에 이르는 DNA 중합효소가 사용하는 유사한 시스템에 대한 패러다임이다. 클램프는 전체 구조에 대해 6겹 대칭을 이루는 12개의 α-나선 세트로 DNA 주위에 고리를 형성하는 헤테로머[일반적으로 다이머 또는 트라이머(trimer, 3량체)]이다. 클램프 로더는 반응을 위한 에너지를 제공하기 위해 ATP를 가수분해하는 일부 서브유닛을 갖는다.

다이머 중합효소 모델에 의해 확립된 기본 원리는 하나의 중합효소 서브유닛이 선도가닥을 연속적으로 합성하는 반면, 다른 하나는 주형가닥에 의해 형성된 큰 단일-가닥 루프 내에서 지연가닥의 오카자키 단편(Okazaki fragment)을 주기적으로 시작하고 종료시키는 것이다. **그림 13.16**은 그러한 복제효소의 작동을 위한 일반적인 모델을 묘사하고 있다. 복제 분기점은 전형적으로 헥사머 링(hexameric ring)을 형성하는 헬리카아제에 의해 만들어지는데, 이 헬리카아제는 지연가닥에서는 주형의 5′-3′ 방향으로 이동한다. 헬리카아제는 두 개의 DNA 중합효소 촉매 서브유닛에 연결되며, 각각 슬라이딩 클램프와 연관되어있다.

그림 13.17에서 볼 수 있듯이, 우리는 이 모델을 효소 복합체의 개별 구성요소로 DNA 중합효소 III에 대해 설명할 수 있다. 촉매 코어는 DNA의 각 주형 가닥과 관련되어 있다. 홀로효소는 선도가닥의 주형을 따라 계속 이동한다. 지연가닥의 주형이 "끌어 당겨져(pulled through)" DNA에 루프가 생긴다.

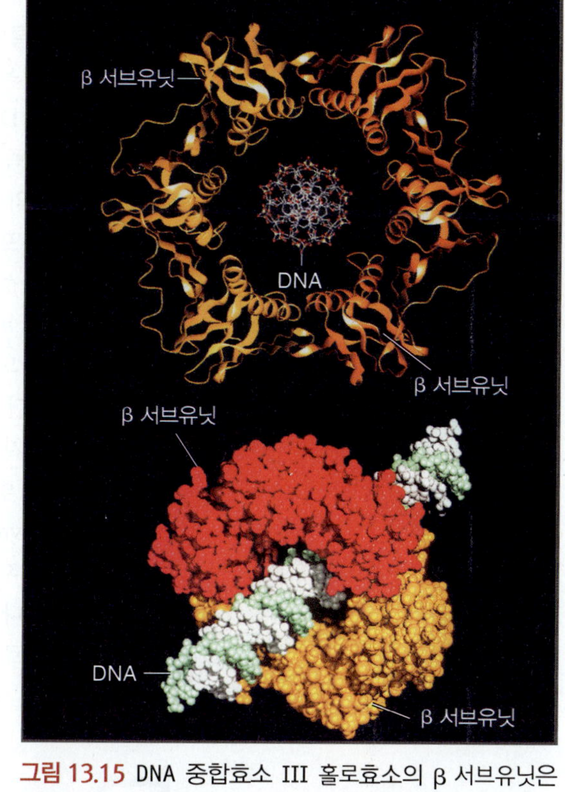

그림 13.15 DNA 중합효소 III 홀로효소의 β 서브유닛은 헤드-테일 다이머(두 개의 서브유닛은 붉은색과 주황색으로 표시)로 이루어져 있으며, DNA 이중가닥(중심에 표시)을 완전히 둘러싸는 고리를 형성한다. Reprinted from X. P. Kong et al., *Cell* 69, pp. 425-37. Copyright 1992, with permission from Elsevier. (http://www.sciencedirect.com/science/journal/00928674). Photo courtesy of John Kuriyan, University of California, Berkeley.

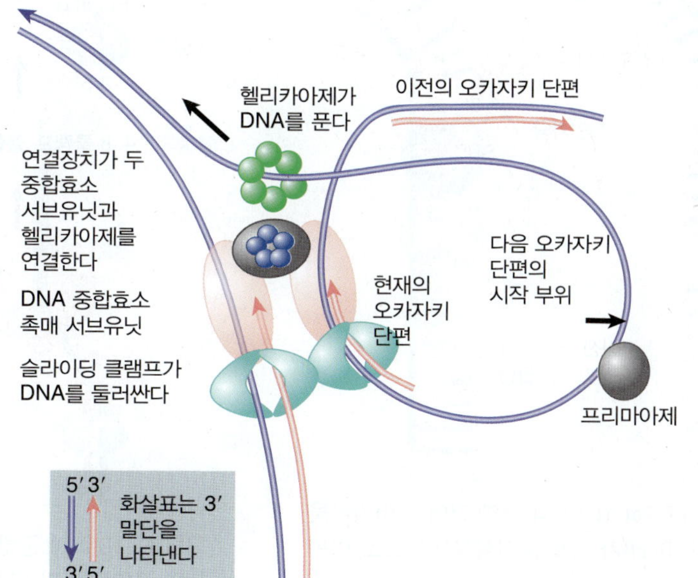

그림 13.16 복제 분기점을 형성하는 헬리카아제는 두 개의 DNA 중합효소 촉매 서브유닛에 연결되며, 각각은 슬라이딩 클램프에 의해 DNA에 고정되어 있다. 선도가닥을 합성하는 중합효소는 계속적으로 이동한다. 지연가닥을 합성하는 중합효소는 오카자키 단편의 말단에서 떨어졌다가, 그 다음 단편을 합성하기 위해 단일-가닥 주형 루프의 프라이머와 재결합한다.

DnaB는 풀어지는 지점을 생성하고 DNA를 따라 "전방(forward)"으로 이동한다.

DnaB는 클램프 로더의 τ 서브유닛과 접촉한다. 이것은 헬리카아제-프라이머 복합체와 촉매 코어 간의 직접 연결을 설정하게 한다. 링크에는 두 가지 효과가 있다. 하나는 DNA 코어의 이동 속도를 10배로 증가시켜 DNA 합성속도를 증가시키는 것이다. 두 번째는 선도가닥 중합효소가 떨어져 나가는 것을 막는 것, 즉 그 연속성을 증가시키는 것이다.

선도가닥의 합성은 지연가닥 합성을 위한 주형을 제공하는 단일-가닥 DNA의 루프를 생성하며, 이 루프는 풀기 포인트가 진행됨에 따라 커진다. 오카자키 단편의 개시 후, 지연가닥 코어 복합체는 새로운 가닥을 합성하면서 β 클램프를 통해 단일-가닥 주형을 잡아당긴다. 이것은 때때로 복제의 **트롬본 모델**(*trombone model*)이라고도 한다. 지연가닥의 중합효소가 하나의 단편을 완성하고, 다음 단편을 시작할 준비가 되기 전에 단일-가닥 주형은 적어도 하나의 오카자키 단편의 길이만큼 연장되어야 한다.

오카자키 단편이 완성되면 어떻게 될까? 복제 장치의 모든 구성요소는 프리마아제 및 β 클램프를 제외하고는 순차적으로 기능한다. **그림 13.18**은 각 단편의 합성이 완료되면 γ 클램프 로더에 의해 β 클램프를 열어 루프를 해제해야 함을 보여주고 있다. 우리는 클램프 로더를 ATP로 조절되는 *분자 렌치*(molecular wrench)로 생각할 수 있다. 클램프 로더는 β 클램프가 불안정한 배치로 그 구조를 변경하게 하고, 그 후에 스프링이 열린다. 새로운 β 클램프가 클램프 로더에 의해 구성되어 다음 오카자키 단편을 시작한다. 지연가닥 중합효소는 복제하는 복합체로부터 해리하지 않고 각 사이클에서 하나의 β에서 다른 β로 이동한다.

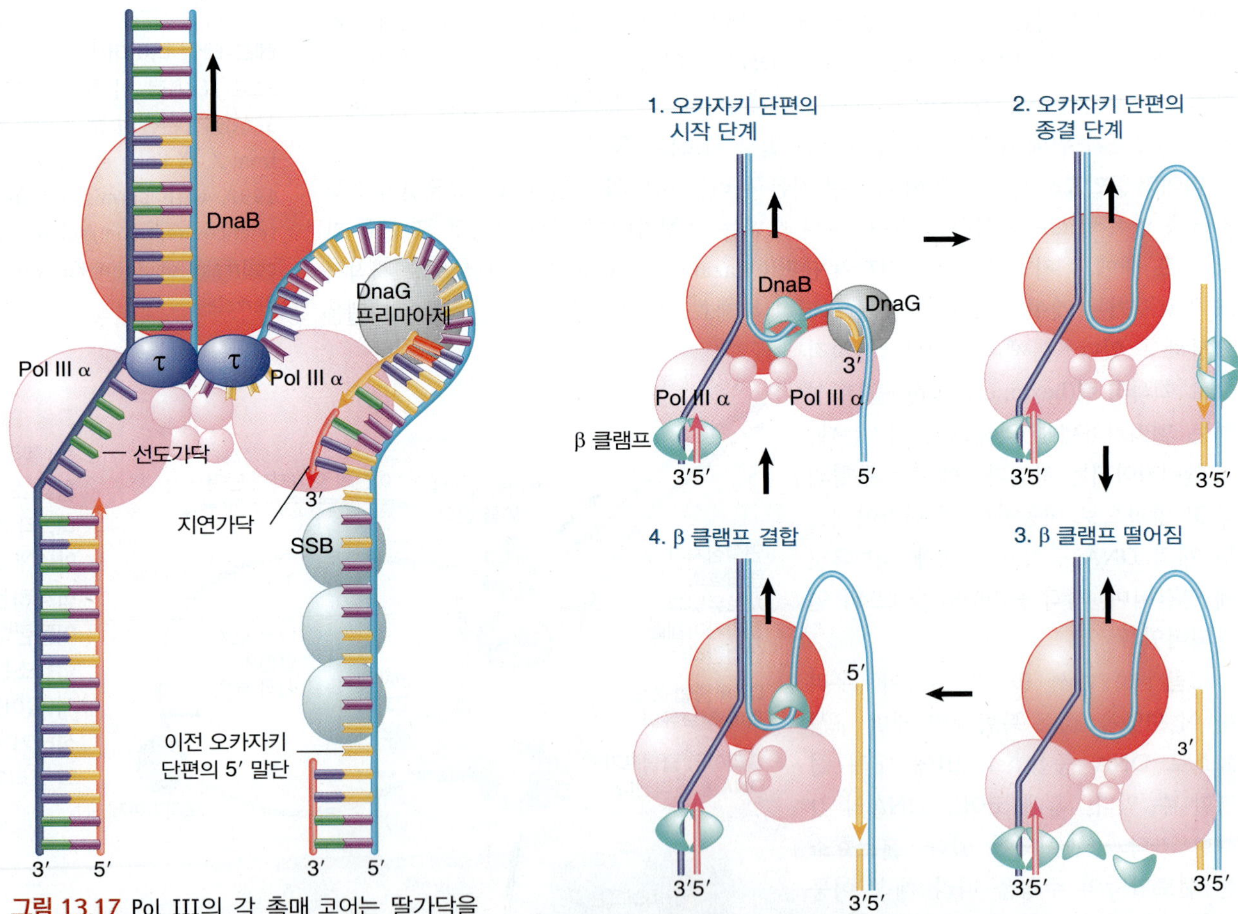

그림 13.17 Pol III의 각 촉매 코어는 딸가닥을 합성한다. DnaB가 복제 분기점에서 앞으로 이동하게 한다.

그림 13.18 코어 중합효소와 β 클램프는 오카자키 단편 합성이 완료되면, 떨어졌다가 다시 시작 부위에 결합한다.

무엇이 오카자키 단편의 합성을 시작한 장소를 인식하게 하는 것일까? *oriC* 레플리콘에서는 프라이밍과 복제 분기점 간의 연결이 DnaB의 이중 속성에 의해 생긴다; 이것은 복제 분기점을 추진하는 헬리카아제이다. DnaG 프리마아제와 적절한 부위에서 상호작용한다. 프라이머 합성 후, 프라이머는 방출된다. 프라이밍 RNA(priming RNA)의 길이는 약 8 내지 14 염기로 제한된다. 분명히 DNA 중합효소는 프리마아제를 대체하는 역할을 한다.

핵심개념

- 주요 가닥의 코어(core) 부분은 클램프가 DNA에 붙어 있기 때문에 연속성이 있다.
- 지연가닥의 코어와 관련된 클램프는 각 오카자키 단편의 끝에서 분리되고 다음 단편을 위해 다시 조립된다.
- 헬리카아제 DnaB는 프리마아제 DnaG와 상호작용하여 각 오카자키 단편을 만들기 시작한다.

개념 및 추론 확인

DNA에 β-링을 어떻게 로드하는가?

13.12 리가아제는 오카자키 단편을 연결한다

▸ **DNA 리가아제(DNA ligase)** 이중 DNA의 한 가닥에 틈이 있는 인접한 3′-OH와 5′-인산염 말단 사이에 결합을 만드는 효소.

이제 그림 13.19에서 볼 수 있듯이, 오카자키 단편이 연결되는 것과 관련된 작용에 대하여 주제를 넓힐 수 있다. 이 과정의 진행되는 완전한 순서는 확실하지 않지만, RNA 프라이머의 합성, DNA와 프라이머의 신장, RNA 프라이머의 제거, 일련의 DNA에 의한 대체 및 인접한 오카자키 단편의 공유결합을 포함하고 있어야만 한다.

오카자키 단편의 합성은 선행 단편의 RNA 프라이머의 시작 직전에 종결된다. 프라이머가 제거되면 갭(gap)이 생긴다. 이렇게 생긴 갭은 DNA 중합효소 I에 의해 채워지는데, 5′에서 3′의 핵산외부가수분해효소 활성으로 RNA 프라이머를 제거하는 동시에 다음 오카자키 단편의 3′-OH 말단에서 연장된 DNA 염기배열로 교체한다. 포유류 시스템(DNA 중합효소는 5′에서 3′의 핵산외부가수분해효소 활성을 갖지 않음)에서 오카자키 단편은 2단계 과정으로 연결된다. 첫 번째 RNase H(RNA/DNA 하이브리드 기질에 특이적인 효소)는 핵산내부가수분해 분열이 일어난다; FEN1이라 불리는 5′에서 3′ 핵산외부가수분해효소가 RNA를 제거한다.

일단 RNA가 제거되고 교체되면, 인접한 오카자키 단편들은 서로 연결되어야 한다. 하나의 단편의 3′-OH 말단은 이전 단편의 5′-말단에 인접해 있다. 효소 **DNA 리가아제(DNA ligase)**는 AMP와 복합체를 사용하여 결합을 만든다. 그림 13.20은 효소 복합체의 AMP가 닉(nick, 틈)의 5′-인산에 붙은 다음, 포스포디에스테르 결합이 닉의 3′-OH 말단과 함께 형성되어, 효소와 AMP를 방출한다는 것을 보여주고 있다. 리가아제는 원핵생물과 진핵생물 모두에 존재한다.

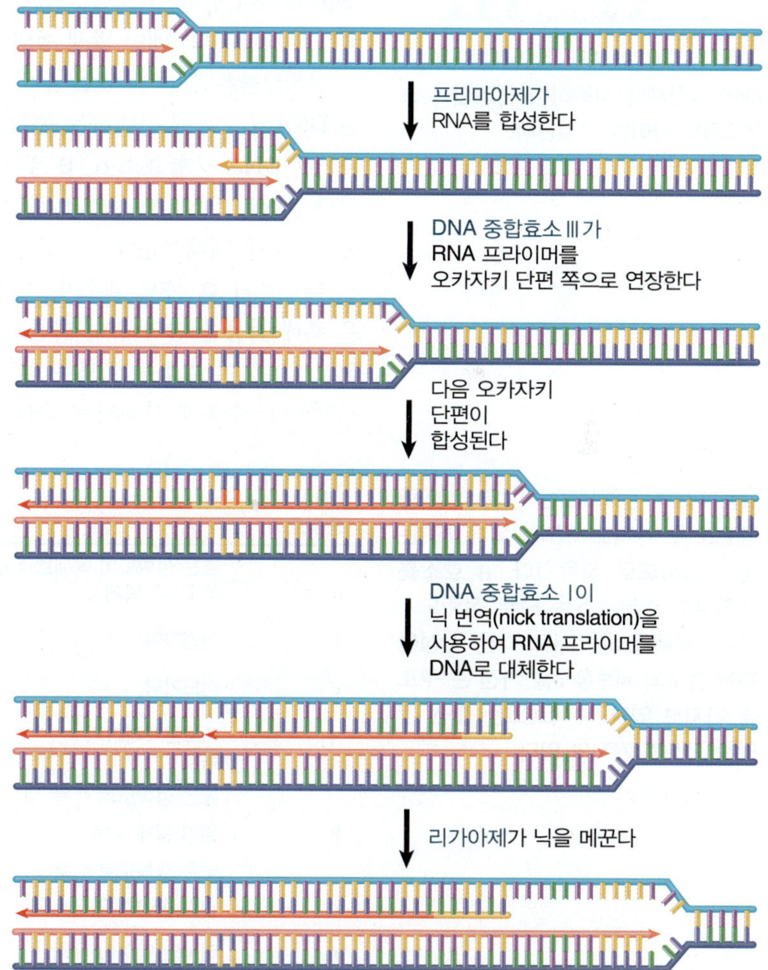

그림 13.19 오카자키 단편의 합성에는 프라이밍, 신장, RNA 프라이머 제거, 갭(gap) 메꿈 및 닉 연결이 필요하다.

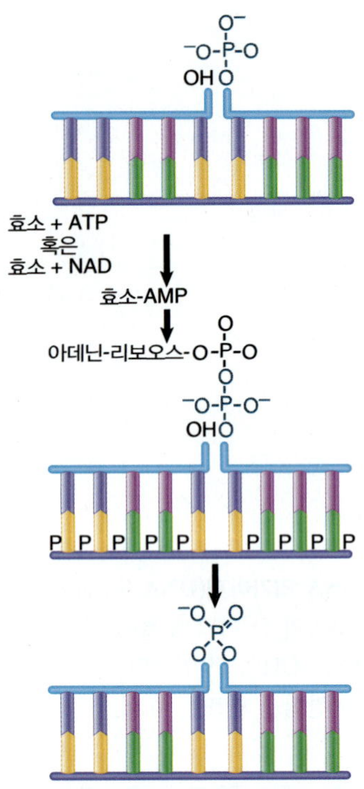

그림 13.20 DNA 리가아제는 효소-AMP 중간체를 사용하여 인접한 뉴클레오티드 사이를 연결한다.

핵심개념

- 각 오카자키 단편은 프라이머로 시작하여 다음 단편 앞에 멈춘다.
- 대장균에서 DNA 중합효소 I은 프라이머를 제거하고 DNA로 대체한다.
- DNA 리가아제는 하나의 오카자키 단편의 3′ 말단과 다음 단편의 5′ 말단을 연결하는 결합을 만든다.

개념 및 추론 확인

DNA 리가아제는 복제 과정 이외의 어느 과정에 참여하는가?

13.13 서로 다른 진핵생물 DNA 중합효소가 개시 단계 및 신장 단계를 수행한다

진핵생물 복제는 대부분의 측면에서 박테리아 복제와 유사하다. 그것은 반보존적, 양방향성 및 반불연속적 복제이다. 진핵생물에서 더 많은 양의 DNA가 있기 때문에 게놈에는 여러 개의 레플리콘이 있다. 복제는 세포주기의 S기에서 일어난다. 유크로마틴(진정염색질)에서의 레플리콘은 헤테로크로마틴(이질염색질)의 레플리콘보다 먼저 시작한다; 활성유전자 근처의 레플리콘은 비활성유전자 근처의 레플리콘보다 먼저 시작된다. 진핵생물에서의 복제의 복제 기점은 [효모에서 ARS(*a*utonomously *r*eplicating *s*equence)라 한다] 효모를 제외하고는 잘 알려져 있지 않다. 한 세포주기에 사용된 레플리콘의 수는 엄격하게 통제된다. 배아 발생 동안 더 느리게 성장하는 성체 세포에서보다 더 활성화된다.

진핵생물은 훨씬 더 많은 수의 DNA 중합효소를 가지고 있다. 그것들은 복제에 필요한 것들과 손상된 DNA의 수복에 관여하는 중합효소를 수복하기 위해 필요한 것들로 크게 나눌 수 있다. 핵 DNA 복제에는 DNA 중합효소 α, β 및 ε이 필요하다. 다른 모든 핵 DNA 중합효소는 손상된 물질을 대체하거나 손상된 DNA를 주형으로 사용하여 새로운 DNA를 합성하는 것과 관련이 있다(오류-유발 DNA 중합효소에 대해서는 *13.14절 손상부위 우회 경로에는 중합효소 대체가 필요하다* 참조). 그림 13.21은 대부분의 핵 복제 효소가 큰 헤테로테트라머 효소임을 보여준다. 각각의 경우에, 하나의 서브유닛은 촉매 작용을 담당하며, 다른 서브유닛은 프라이밍, 연속성 또는 교정과 같은 부수적인 기능에 관여하고 있다. 이 효소들은 모두 약간 덜 복잡한 미토콘드리아 효소와 마찬가지로 높은 정확도로 DNA를 복제한다. 수복에 사용되는 중합효소는 훨씬 단순한 구조를 가지고 있으며, (비록 다른 수복효소의 복합체와 관련하여 기능할 수도 있으나) 단일 모노머 서브유닛으로 구성되는 경우가 많다. 수복에 관여하는 효소 중 오직 DNA 중합효소 β만 복제 중합효소에 접근할 수 있는 정확도(fidelity)를 가지고 있다; 다른 모든 것들은 오류율이 훨씬 높으며, *오류-유발 중합효소*(*error-prone polymerase*)라고 한다. 수복 및 재조합 반응과 복제를 포함한 모든 미토콘드리아 DNA 합성은 DNA 중합효소 γ에 의해 이루어진다.

DNA 중합효소	기능	구조
	높은 정확도의 복제효소들	
α	핵 DNA 복제	350 kD 테트라머
δ	지연가닥	250 kD 테트라머
ϵ	선도가닥	350 kD 테트라머
γ	미토콘드리아의 복제	200 kD 다이머
	높은 정확도로 수복	
β	염기 절제 수복	39 kD 모노머
	낮은 정확도로 수복	
ζ	염기 손상 우회	헤테로머
η	티미딘 다이머 우회	모노머
ι	감수분열에 필요	모노머
κ	결실과 염기 치환	모노머

그림 13.21 진핵세포는 많은 DNA 중합효소를 가지고 있다. 복제효소는 높은 정확도로 작동한다. β 효소를 제외하고 수복효소는 모두 정확도가 낮다. 복제효소는 서로 다른 활성을 위한 별도의 서브유닛을 가진 큰 구조를 가지고 있다. 수복효소는 훨씬 간단한 구조를 가지고 있다.

세 개의 핵 DNA 복제 중합효소 각각은 그림 13.22에 요약된 것과 같이 다른 기능을 가지고 있다:

- DNA 중합효소 α/프리마아제는 프라이머를 신장하여 새로운 DNA 가닥의 합성을 시작한다.

기능	대장균	진핵생물	파지 T4
헬리카아제	DnaB	MCM 복합체	41
로딩 헬리카아제/프리마아제	DnaC	cdc6	59
단일가닥 유지	SSB	RPA	32
프라이밍	DnaG	Polα/프리마아제	61
슬라이딩 클램프	β	PCNA	45
클램프 로딩 (ATPase)	γδ 복합체	RFC	44/62
촉매	Pol III 중심	Polδ + Pol ϵ	43
홀로효소 이량체화	τ	?	43
RNA 제거	Pol I	FEN1	43
연결	리가아제	리가아제 1	T4 리가아제

그림 13.22 비슷한 기능이 모든 복제 분기점에서 필요하다.

- DNA 중합효소 ε은 선도가닥을 신장시킨다.
- DNA 중합효소 δ는 지연가닥을 신장시킨다.

DNA 중합효소 α는 새로운 가닥을 생성 할 수 있기 때문에 특이하다. 선도 및 지역가닥을 시작하는 데 사용된다. 이 효소는 180 kD 촉매(DNA 중합효소) 서브유닛으로 구성된 복합체로서 존재하며, 이는 세 개의 다른 서브유닛과 관련되어 있다: 조립에 필요한 것으로 보이는 B 서브유닛과 프리마아제(RNA 중합효소) 활성을 제공하는 두 개의 작은 서브유닛을 포함한다. 사슬(합성)을 시작하고 확장하는 두 가지 기능을 반영하는 이 복합체를 종종 pol α/프리마아제라고 한다.

그림 13.23에서 볼 수 있듯이, pol α/프리마아제 복합체는 복제 기점의 개시 복합체에 결합하고 ~10 염기의 RNA와 20~30 염기의 DNA로 구성된 짧은 가닥을 합성한다. 그런 다음 사슬을 확장시키는 효소로 대체된다. 이 효소는 선도가닥에서는 DNA 중합효소 ε, 지연가닥에서는 DNA 중합효소 δ이다. 이 과정을 *중합효소 스위치(switch)*라고 한다. 이는 개시 복합체의 여러 구성요소 간의 상호작용을 포함하고 있다.

DNA 중합효소 ε은 선도가닥을 계속해서 합성하는 고도의 연속성을 지닌 효소이다. 이 효소의 연속성은 두 개의 다른 단백질, RF-C 및 PCNA[PCNA(proliferating cell nuclear antigen)는 분열하는 세포에서 PCNA가 풍부하다는 사실에서 유래한 역사적인 이름으로 증식하는 세포 핵 항원을 의미한다]와의 상호작용에서 비롯된다. RF-C와 PCNA의 역할은 대장균 γ 클램프 로더와 β 연속성 유닛(*13.11절, 클램프는 코어 효소와 DNA의 결합을 조절한다* 참조)과 유사하다. RF-C는 PCNA가 DNA에 로드되는 것을 촉매하는 클램프 로더이다. 이것은 DNA의 3′ 말단에 결합하고 ATP 가수분해를 이용하여 PCNA의 고리를 열어 DNA를 둘러 쌀 수 있다.

DNA 중합효소 δ의 연속성은 DNA 중합효소 δ를 주형에 연결시키는 PCNA에 의해 유지된다. PCNA의 결정 구조는 대장균의 β 서브유닛과 매우 유사하다. 트라이머는 DNA를 둘러싸는 고리를 형성한다. 염기배열과 서브유닛 조직은 다이머 β 클램프와 다르다. 그러나 기능은 유사할 것이다. DNA 중합효소 δ는 박테리아 복제와 유사한 방식으로 지연가닥을 신장시킨다.

일반적인 모델은 복제 분기점이 하나의 DNA 중합효소 α/프리마아제 복합체와 두 개의 추가적인 DNA 중합효소 복합체를 포함하고 있음을 시사하고 있다. 하나는 DNA 중합효소 δ이고 다른 하나는 DNA 중합효소 ε이다. DNA 중합효소의 두 복합체는 대장균의 레플리솜에 있는 DNA 중합효소 III의 두 복합체와 동일한 방식으로 작용한다. 하나는 선도가닥을 합성하고 다른 하나는 지연가닥에서 오카자키 단편을 합성한다. 핵산외부가수분해효소 FEN1은 오카자키 단편의 RNA 프라이머를

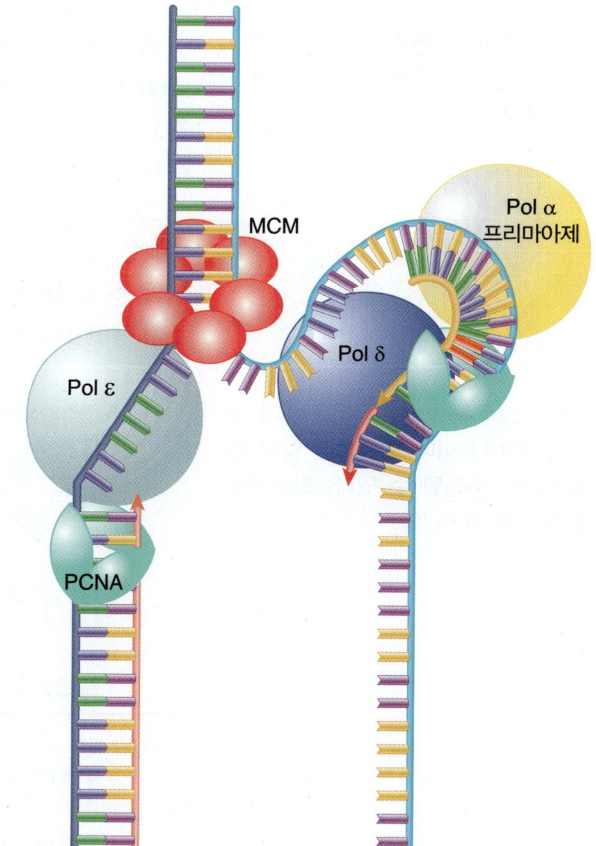

그림 13.23 세 개의 서로 다른 DNA 중합효소가 진핵 복제 분기점을 구성하고 있다. Pol α/프리마아제는 지연가닥에서 프라이머 합성을 담당한다. MCNA 헬리카아제(DnaB의 진핵생물 상동체)는 dsDNA를 푸는 반면, PCNA(β의 상동체)는 복합체에 연속성을 부여한다.

제거한다. 효소 DNA 리가아제 I(DNA ligase I)는 완성된 오카자키 단편 간의 닉을 봉인하기 위해 특별히 요구된다.

핵심개념

- 복제 분기점은 DNA 중합효소 α/프리마아제(DNA polymerase α/primase)와 DNA 중합효소 δ 또는 ε의 두 개의 복합체를 가지고 있다.
- DNA 중합효소 α/프리마아제 복합체는 두 개의 DNA 가닥의 합성을 시작한다.
- DNA 중합효소 ε은 선도가닥을 신장하며, 두 번째 DNA 중합효소 δ는 지연가닥을 신장한다.

개념 및 추론 확인

오카자키 단편을 프라이밍함에 있어 박테리아에서 보다 진핵생물에서는 어떻게 다른가?

13.14 손상부위 우회 경로에는 중합효소 대체가 필요하다

복제 전에 복구되지 않은 염색체의 손상은 치명적이며 치사적일 수 있다. 복제 복합체가 손상되고 변형된 염기를 만나 그에 반대되는 상보적인 염기가 위치하지 못할 때, 중합효소는 복제를 멈추고 복제 분기점은 붕괴된다. 세포에는 죽음, **손상부위 우회 경로** 및 재조합을 피하기 위한 두 가지 선택권이 있다(*15장 상동 및 부위-특이적 재조합* 참조).

▶ **손상부위 우회 경로(lesion bypass)** 손상된 염기가 들어있는 주형에 오류-유발 DNA 중합효소에 의한 복제. 중합효소는 딸가닥에 비상보성 염기를 도입할 수 있다.

박테리아와 진핵생물은 주형에 일어난 손상을 합성할 수 있는 많은 오류-유발 중합효소를 가지고 있다(*16장 수복 시스템* 참조). 이러한 효소는 표준 염기쌍 규칙을 따르지 않기 때문에 이러한 능력을 가지고 있다. 이것은 손상을 치료하는 것이 아니라 복제를 계속하는 것이다. 이렇게 하면 세포가 손상된 부위로 되돌아가 수리할 수 있다.

그림 13.24는 DNA의 염기가 손상되거나 혹은 한 가닥에 닉이 있을 때 복제 분기점이 진행하는 것을 비교한 것이다. 두 경우 모두 DNA 합성이 중단되고 복제 분기점 중 하나가 중단되거나 파괴되어 붕괴된다. 복제 분기점 지연은 매우 일반적으로 나타난다; 대장균에 있어서의 빈도에 대한 추정치는 복제 주기 동안 18%에서 50%의 박테리아가 그러한 문제에 직면하고 있음을 시사하고 있다.

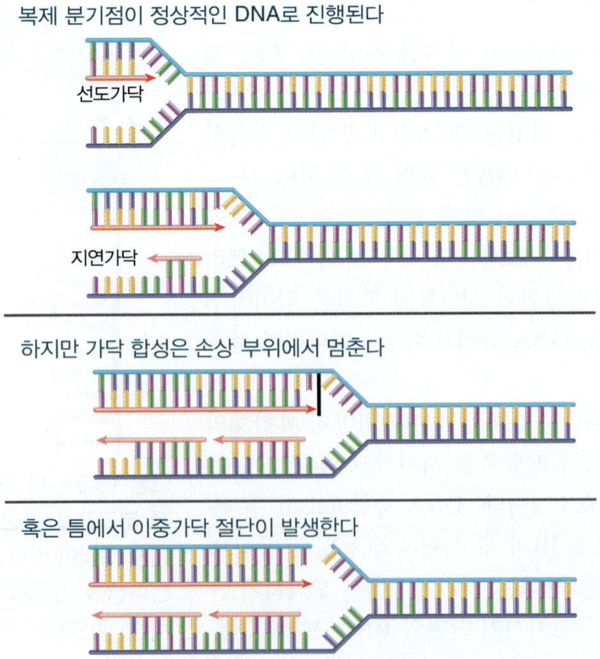

복제 분기점이 정상적인 DNA로 진행된다

선도가닥

지연가닥

하지만 가닥 합성은 손상 부위에서 멈춘다

혹은 틈에서 이중가닥 절단이 발생한다

그림 13.24 복제 분기점은 DNA가 손상된 염기나 닉에 도달하면 일단 멈추었다가 붕괴될 수 있다. 화살표는 3′ 말단을 나타낸다.

대장균은 손상, DNA 중합효소 IV 및 V를 통해 복제할 수 있는 두 가지 오류가 나는 DNA 중합효소를 가지고 있다(*16.5절 오류-유발 수복과 손상부위 통과 합성(TLS)* 참조). 진핵생물에는 특이성이 다른 5개의 오류-유발 DNA 중합효소가 있다. 복제 도중 손상부위 우회 경로에 사용하면, 이들은 레플리솜을 대체하고 손상부위 우회 경로 중합효소가 손상된 반대편에 뉴클레오티드를 삽입할 수 있도록 일시적으로 β-링에 연결된다. 그런 다음 DNA 중합효소 III가 오류-유발 DNA 중합효소로 대체된다.

또 다른 대안으로, 손상을 제거하고 대체하는 재조합 과정에 의해 상황을 구제하거나 이중가닥 절단을 포함하는 영역을 대체하기 위해 새로운 이중가닥을 제공할 수 있다. 복구 과정의 원리는 두 개의 DNA 가닥 간에 내장된 중복 정보를 사용하는 것이다. 그림 13.25는 이러한 복구 이벤트의 주요 과정을 보여주고 있다. 기본적으로 손상되지 않은 DNA 딸 이중가닥의 정보는 손상된 염기배열을 복구하는 데 사용된다. 이것은 상동재조합을 수행하는 동일한 시스템에 의해 해결되는 전형적인 재조합 접합점을 생성한다. 사실, 하나의 견해는 세포에 대한 이러한 시스템의 주요 중요성은 정지된 복제 분기점에서 손상된 DNA를 복구하는 것이다.

손상된 부분을 복구한 후에는 복제 분기점은 다시 시작해야 한다. 그림 13.26은 프리모솜의 조립에 의해 달성될 수 있음을 보여주고 있다. 실제로 프리모솜은 헬리카아제 작용을 계속할 수 있도록 DnaB를 다시 로드한다.

복제 분기점 재활성화는 일반적인 (그래서 중요한) 반응이다. 그것은 대부분의 염색체 복제주기에서 필요할 수 있으며, 손상된 DNA를 대체하는 검색 시스템이나 프리모솜의 구성요소 중 하나의 돌연변이에 의해 방해를 받게 된다.

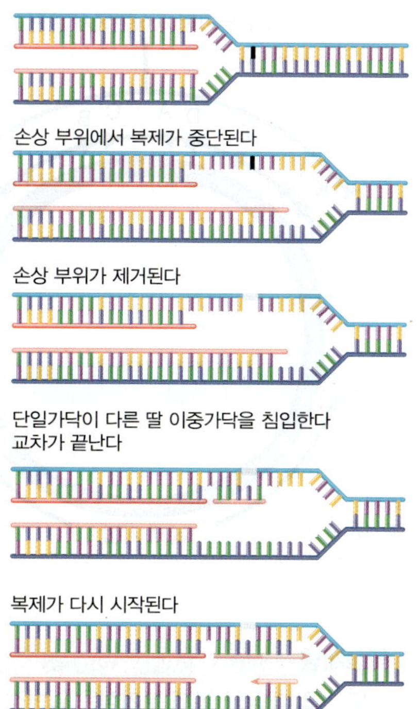

그림 13.25 손상된 DNA에서 복제가 중지되면, 손상된 염기배열이 제거되고, 손상되지 않은 다른 딸 이중가닥의 상보가닥(새로 합성된 가닥)이 교차하여 갭을 수복한다. 이렇게 되면 복제가 다시 시작될 수 있으며 갭이 메꿔진다.

핵심개념

- 손상된 DNA에 도달하면 복제 분기점이 정지한다.
- 손상이 복구된 후에는 복제를 다시 시작해야 한다.

개념 및 추론 확인

오류-유발 중합효소를 사용함으로써 실수(오류)를 보장받는다는 이유로 모든 세포는 왜 오류-유발 중합효소를 가지는가?

13.15 복제 종결

대장균에서의 복제 종결과 관련된 염기배열을 *ter* 부위라고 한다. *ter* 부위는 약 23 bp의 짧은 염기배열을 포함하고 있다. 종료 과정은 단일 방향성이다; 즉, 그들은 단지 하나의 방향으로만 작동한다. *ter* 부위는 Tus라는 대장균 단백질에 의해 인식되어 공통염기배열을 인식하고 복제 분기점이 진행되는 것을 방지한다. 그러나 *ter* 부위의 결실은 딸 염색체의 분리에 영향을 미치지만, 정상적인 복제주기가 일어나는 것을 방해하지는 않는다.

대장균의 종결은 그림 13.27과 같은 흥미로운 특징을 가지고 있다. 두 개의 복제 분기점은 복제 기점의 염색체 주위의 대략 중간 영역에서 만나고 정지한다. 대장균에서 한쪽은 *terA, D, E, I, K*, 반대쪽은 *terB, C, F, G, J*를 포함하여 각각 5개 *ter* 부위의 두 클러스터가 ~100 kb에 위치하고 있다. 이 종결 영역의 *ter* 사이트의 각 세트는 복제 분기점 이동의 한 방향에 특이적이다; 즉, *ter* 부위의 각 세트는 복제 분기점이 종결 영역으로 들어가는 것은 허용하지만, 다른 영역에서는 허용하지 않는다. 예를 들어, 복제 분기점 1은 *terB, C, F, G* 및 *J*를 통해 영역으로 통과할 수 있지만 *terA, D, E, I* 및 *K*는 계속 통과할 수 없다. 이러한 배열은 "복제 분기점 트랩(replication fork trap)"을 형성한다. 어떤 이유로든 하나의 복제 분기점이 지연되어

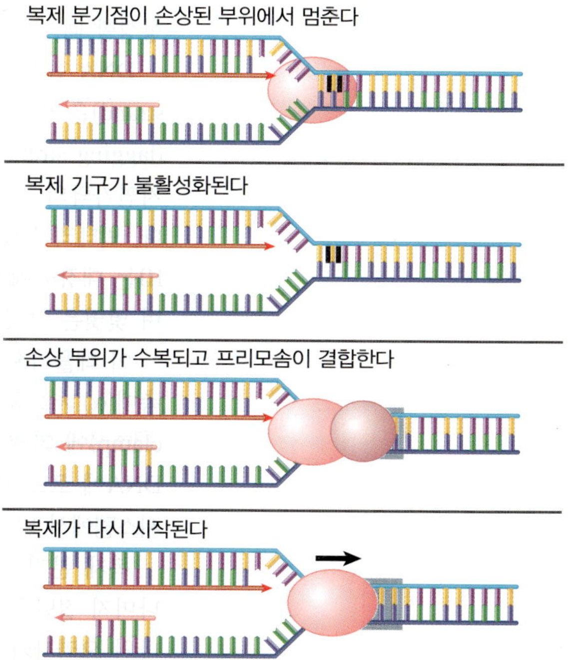

그림 13.26 프리모솜은 DNA가 수복된 후 정지된 복제 분기점을 다시 시작하는 데 필요하다.

핵심용어

clamp
clamp loader
conditional lethal
DNA ligase
DNA polymerase
DNA repair
error-prone polymerase
helicase
holoenzyme
lagging strand
leading strand
lesion bypass
mutation hotspot
Okazaki fragment
primase
primer
processivity
proofreading
replisome
semiconservative replication
semidiscontinuous replication
single-strand binding protein (SSB)
topoisomerase

읽을거리

Batista, D., Zzaman, S., Prakash, L., and Krings, G. (2008). Replication termination mechanism as revealed by Tus-mediated polar arrest of a sliding helicase. *Proc. Natl. Acad. Sci. USA* **105**, 12831–12836.

Johnson, A., and O'Donnell, M. (2005). Cellular DNA replicases: components and dynamics at the replication fork. *Annu. Rev. Biochem.* **74**, 283–315. A review of both bacterial and eukaryotic DNA replication polymerases.

Prakash, S., Johnson, R. E., and Prakash, L. (2005). Eukaryote translesion synthesis DNA polymerases: specificity of structure and function. *Annu. Rev. Biochem.* **74**, 317–353.

Rursell, Z. F., Isoz, I., Lundström, E.-B., Johansson, E., and Kunkel, T. A. (2007). Yeast DNA polymerase ε participates in leading-strand DNA replication. *Science* **317**, 127–130.

14

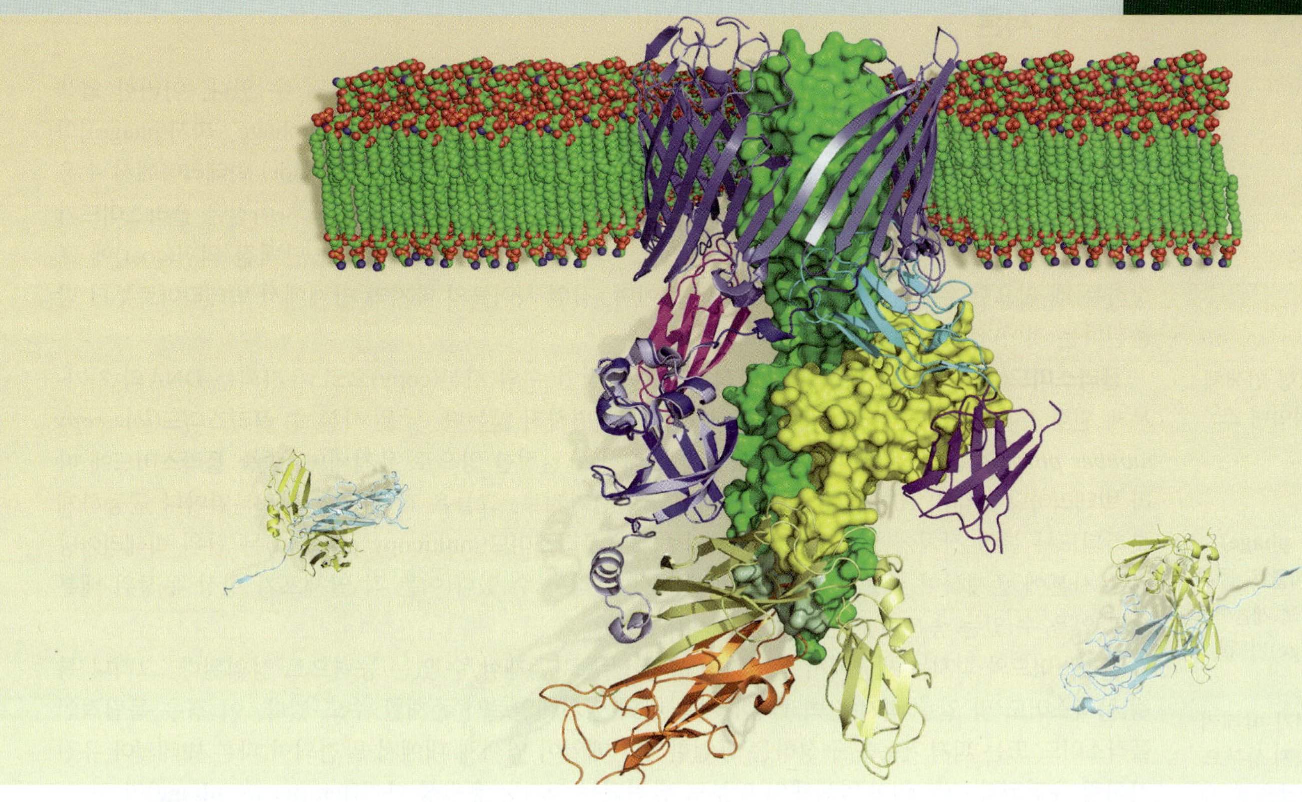

염색체 외 복제

박테리아의 필리(pili, 선모) 조립을 묘사한 모델. 필리는 필리의 구성성분이 통과하는 막 채널을 포함하는 두 개의 "안내자" 복합체로 구성된 어셈블리 플랫폼에서 박테리아 외부 막에 만들어지고 있다. Photo courtesy of Dr. Han Remaut(Structural and Microbiology, VUB/VIB, Belgium) and Gabriel Waksman (ISMB, UK).

14장 개요

14.1 서론

박테리아는 염색체 이외에 유전 단위를 독립적으로 복제하는 숙주(host)가 될 수 있다. 이러한 염색체 외 게놈(extrachromosomal genome)은 플라스미드와 박테리오파지[bacteriophage, 파지(phage)]의 두 가지 일반적인 유형으로 분류된다. 일부 플라스미드 및 모든 파지는 공여(donor) 박테리아에서 수용(recipient) 박테리아로 전달할 수 있는 능력을 가지고 있다. 그들 간의 중요한 차이점은 플라스미드가 단지 자유로운 DNA 게놈으로 존재하는 반면에, 박테리오파지는 핵산 게놈을 단백질 외피(coat)에 포장하는 데 필요한 유전자를 포함하는 바이러스이며, 감염 사이클의 마지막 단계에서 박테리아로부터 방출된다는 것이다.

▶ **플라스미드(plasmid)** 원형 염색체 외 DNA. 그것은 자율적이며 스스로를 복제할 수 있다.

▶ **용원성 파지(temperate phage)** 숙주 내에서 용원성 사이클로 들어갈 수 있는 파지[숙주세포 게놈에 통합된 프로파지(prophage)가 될 수 있다].

▶ **용원화((lysogenic)** 파지가 박테리아 게놈의 안정한 프로파지 성분으로서 박테리아에서 살아남을 수 있는 능력.

▶ **에피솜(episome)** 박테리아 DNA에 통합할 수 있는 플라스미드.

▶ **면역성(immunity)** 파지에서, 동일한 유형의 다른 파지가 세포를 감염시키는 것을 방지하는 프로파지의 능력. 플라스미드에서, 동일한 유형의 다른 플라스미드가 세포 내에서 형성되는 것을 방지하는 플라스미드의 능력. 또한 동일한 유형의 트랜스포존이 동일한 DNA 분자로 전이하는 것을 방지하기 위한 특정 트랜스포존의 능력을 나타낼 수 있다.

플라스미드(plasmid)는 세포에서 안정되고 특징적인 수의 사본(copy)으로 유지되는 DNA의 자가-복제 원형 분자이다; 즉, 평균수는 세대를 거듭해도 변하지 않는다. 낮은 사본 수 *플라스미드(low-copy number plasmid)*는 박테리아 숙주 염색체에 비례하여 일정한 양으로 유지되며, 종종 플라스미드에 따라 박테리아당 1 내지 10개이다. 숙주 염색체와 마찬가지로, 그들은 각 세균의 세포분열마다 균등하게 분리되도록 특정 장치에 의존하고 있다. 다중사본 플라스미드(multicopy plasmid)는 단위 박테리아당 많은 사본에 존재하며 확률적으로 딸 박테리아에 분리될 수 있다(이는 각 딸세포가 항상 무작위 배분으로 얻을 수 있는 충분한 사본이 있음을 의미한다).

플라스미드와 파지는 세균에서 독립적인 유전 단위로 존재할 수 있는 능력으로 정의된다. 그러나 특정 플라스미드 및 일부 파지는 박테리아 게놈 내의 염기배열로서 존재할 수도 있다. 이 경우 독립적인 플라스미드 또는 파지 게놈을 구성하는 동일한 염기배열이 염색체 내에서 발견되며 다른 박테리아 유전자처럼 유전된다. 박테리아 염색체의 일부로 발견되는 파지는 **용원성 파지(temperate phage)**라 하며, **용원화(lysogenic)** 사이클에 의해 박테리아 염색체에 통합된다. 이처럼 행동하는 플라스미드를 **에피솜(episome)**이라고 한다. 모든 에피솜은 플라스미드이지만 모든 플라스미드가 에피솜은 아니다. 관련 과정은 파지 및 에피솜에 의해 박테리아 염색체에 삽입되고 제거된다.

용원성 파지(lysogenic phage)와 플라스미드, 에피솜 간의 유사점은 그들이 박테리아의 이기적인 소유를 유지하고 종종 동일한 유형의 다른 요소가 자리 잡는 것을 불가능하게 만든다는 것이다. 플라스미드 면역에 대한 분자적 기초는 용원성 면역과 다르지만, 이러한 효과를 **면역성(immunity)**이라고 하는데, 이는 복제 제어 시스템의 결과이다.

그림 14.1은 박테리아에서 독립적인 게놈으로 전파될 수 있는 유전 단위의 유형을 요약한 것이다. 독성 파지(virulent phage)는 핵산, DNA 또는 RNA, 이중가닥 또는 단일가닥의 모든 유형의 게놈을 가질 수 있다. 그들은 감염성 입자의 방출에 의해 세포 사이를 이동한다. 용원성 파지(temperate phage)는 플라스미드와 에피솜처럼 DNA 게놈이 이중-가닥이다. 일부 플라스미드는 접합 과정(공여세포와 수용세포 간의 직접적인 접촉을 통해)에 의해 세포 사이를 이동한다. 두 경우 모두에서 전달 과정의 특징

그림 14.1 박테리아에 존재하는 몇 가지 유형의 독립적인 유전 단위체.

단위 형태	게놈 구조	증식 방법	결과
용균성 파지	ds- 혹은 ss-DNA 또는 RNA; 선형 또는 원형	감수성 숙주를 감염	보통 숙주가 죽음
용원성 파지	dsDNA	숙주 염색체에 선형 배열로 존재	감염에 대해 면역
플라스미드	dsDNA 원형	정해진 수만큼 복제; 타 세포로 전파가능	동일 그룹의 플라스미드에 면역성 가짐
에피솜	dsDNA 원형	자율적 원형 또는 선형으로 융합	숙주 DNA 전달 가능

은 때로는 일부 박테리아 숙주 유전자가 파지 또는 플라스미드 DNA와 함께 전달되므로 이러한 현상이 박테리아 간의 유전 정보 교환을 가능하게 하는 역할을 한다는 점이다.

각 단위(unit) 유형의 행동을 결정할 때 중요한 점은 그 복제 기점이 어떻게 사용되는지이다. 박테리아 또는 진핵세포 염색체의 복제 기점은 레플리콘(replicon)을 가로 질러 연장되는 단일 복제 과정을 개시하는 데 사용된다. 그러나 레플리콘은 다른 형태의 복제를 후원하는 데 사용될 수도 있다. 가장 일반적인 선택(alternative)은 작고 독립적으로 복제되는 바이러스 단위에 의해 사용된다. 바이러스 복제 주기의 목적은 숙주 세포를 용해시키기 전에 바이러스 게놈의 많은 사본를 생산하는 것이다. 일부 바이러스는 숙주세포 게놈과 동일한 방식으로 복제를 하는데, 복제 개시 과정으로 인해 사본이 만들어지고, 만들어진 사본 각각이 다시 계속하여 반복되며 복제된다. 다른 레플리콘은 단일 복제 개시 과정 이후에 많은 사본이 일렬로 늘어선 배열(tandem array)로 생성되는 복제 양식을 사용한다. 유사한 유형의 과정은 통합된 플라스미드 DNA가 비활성 상태가 되지 않고 복제주기를 개시할 때 에피솜(episome)에 의해 촉발된다.

많은 원핵 레플리콘은 원형이며, 실제로 이것은 많은 연속적인 사본을 생산하는 복제 양식에 필수적인 기능이다. 일부 염색체 외 레플리콘(extrachromosomal replicon)은 선형이지만, 그런 경우 우리는 레플리콘의 말단을 복제하는 능력을 설명해야 한다. (물론, 진핵세포의 염색체는 선형이기 때문에 양쪽 말단의 레플리콘에도 같은 문제가 적용된다. 그러나 이 레플리콘은 문제를 해결하기 위한 특별한 시스템을 가지고 있다.)

14.2 선형 DNA의 말단은 복제에 문제가 된다

우리가 지금까지 살펴본 레플리콘 중 어느 것도 선형 말단(linear end)을 가지고 있지 않았다: (대장균 게놈처럼) 원형이거나 또는 그들은 (진핵세포의 염색체에서와 같이) 더 긴 분리 단위(segregation unit)의 일부이다. 선형 레플리콘은 경우에 따라 단일 염색체 외 단위로, 물론 진핵세포 염색체의 텔로미어(telomere) 말단에서 발생한다(*13.15절 복제 종결* 참조).

선형 레플리콘의 종결은 DNA 중합효소에 문제를 일으킨다. 첫째, 그들은 5′에서 3′까지만 합성할 수 있다. 둘째, 프라이머(primer)가 있어야 한다. 그림 14.2에서 묘사된 두 개의 어버이 가닥을 생각해 보자. 아래 가닥은 아무런 문제가 없다. 그것은 아마도 끝까지 실행되는 딸 가닥을 합성하기위한 주형으로 작용할 수 있으며, 끝에서 아마도 중합효소가 떨어질 것이다. 그러나 위에 있는 가닥 끝에서 상보적인 염기를 합성하기 위해서는 합성이 바로 마지막 염기에서 시작되어야 한다. 그렇지 않으면 복제의 연속주기가 짧아질 것이다.

DNA 복제 중합효소는 복제를 시작할 수 없다. 이미 존재하는 것만 신장할 수 있다. 우리는 일반적으로 염기가 결합되는 위치를 둘러싸고 있는 위치에 결합하는 중합효소를 생각한다. 따라서 3′-OH 그룹을 제공하기 위해 선형 레플리콘의 말단에서 복제를 위해 특별한 기작이 이용되어야 한다. 말단을 복사해야 할 필요성을 수용하기 위해 여러 가지 유형의 해결방법을 상상해 볼 수 있다:

- 선형 레플리콘을 원형 또는 멀티머(multimer, 다량체) 분자로 변환하여 문제를 피해갈 수 있다. T4 또는 람다(lambda) 같은 파지는 그러한 메커니즘을 사용한다(*14.4절 롤링 서클 복제는 많은 레플리콘을 생성한다* 참조).
- DNA는 특이한 구조를 형성할 수 있다. 예를 들어, 자유 말단(free end)이 없도록 말단에 헤어핀을 만들 수 있다. 가교 결합(crosslink)의 형성은 해파리 *Paramecium*의 선형 미토콘드리아 DNA의 복제에 관여한다.

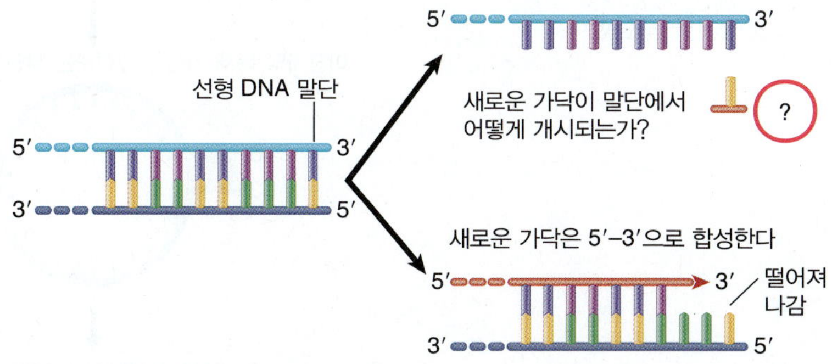

그림 14.2 복제는 새로 합성된 선형가닥의 3′ 말단에서 빠져나갈 수 있다. 하지만 5′ 말단에서 개시할 수 있는가?

- 정확하게 결정되는 대신, 말단은 가변적일 수 있다. 진핵세포의 염색체는 텔로미어(telomere)에서 DNA의 말단에 있는 짧은 반복 단위의 복제 수가 변화하는 이 해결 방법을 채택할 수 있다(*9.11절 텔로미어는 염색체 말단을 밀봉하는 단순 반복배열을 가지고 있다* 참조). 단위를 추가하거나 제거하는 메커니즘은 바로 끝까지 복제할 필요가 없다.
- 단백질은 실제 종결 지점에서 복제 개시가 가능하도록 개입할 수 있다. 몇몇 선형 바이러스 핵산은 *5′ 말단 염기에 공유결합된* 단백질을 갖는다. 가장 잘 연구되어진 예는 아데노바이러스(adenovirus) DNA, 파지 φ29 DNA 및 폴리오바이러스(poliovirus) RNA이다.

핵심개념

- DNA 가닥을 5′ 말단으로 복제하기 위해서는 특별한 준비가 이루어져야 한다.

개념 및 추론 확인

선형 염색체 말단에서 복제하는 동안 일어나는 문제는 무엇인가?

14.3 말단 단백질은 바이러스 DNA의 말단에서 개시가 가능하다

▶ **가닥치환(strand displacement)** 이전의 이중가닥의 (상동성) 가닥을 대체하여 새로운 DNA 가닥이 자라는 일부 바이러스의 복제 모드.

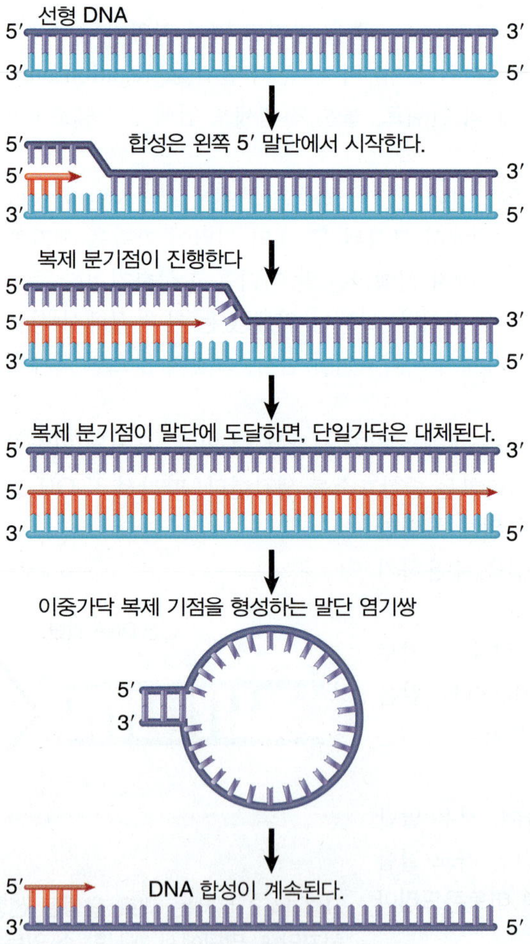

그림 14.3 아데노바이러스 DNA 복제는 두 말단에서 별도로 시작되며 가닥치환으로 진행된다.

▶ **말단 단백질(terminal protein)** 선형 파지 게놈의 복제가 맨 끝에서 시작하도록 허용하는 단백질. 또한, DNA 중합효소와 결합된 공유결합을 통해 게놈의 5′ 말단에 부착하고, 프라이머(primer)로서의 시토신 잔기를 포함한다.

선형 말단에서 개시의 예는 그림 14.3에 예시된 **가닥치환(strand displacement)** 메커니즘을 사용하여 양 말단으로부터 실제로 복제하는 아데노바이러스 및 φ29 DNA에 의해 제공된다. 동일한 과정이 양쪽 끝에서 독립적으로 발생할 수 있다. 새로운 가닥의 합성은 한쪽 말단에서 시작하여, 이전에 이중가닥에서 쌍을 이룬 상동성 가닥을 치환한다. 복제 분기점이 분자의 다른 끝에 도달하면, 대체된 가닥은 자유 단일가닥(free single strand)으로 방출된다. 그런 다음 독립적으로 복제된다; 이것은 분자의 말단에서 몇몇 짧은 상보적인 염기배열들 간의 염기쌍에 의한 이중가닥의 복제 기점 형성을 필요로 한다.

이러한 메커니즘을 사용하는 몇 가지 바이러스에서 단백질은 각 5′ 말단에 공유결합으로 발견된다. 아데노바이러스의 경우 **말단 단백질(terminal protein)**은 그림 14.4와 같이 세린(serine)에 대한 포스포디에스테르 결합(phosphodiester bond)을 통해 성숙한 바이러스 DNA에 연결된다.

단백질의 부착이 어떻게 복제 개시 문제를 극복하는가? 말단 단백질은 이중 역할을 가지고 있다: 프라이머(primer)를 제공하는 시티딘 뉴클레오티드(cytidine nucleotide)를 가지고 있으며 DNA 중합효소와 결합되어 있다. 실제로, 말단 단백질과 뉴클레오티드의 결합은 아데노바이러스 DNA의 존재 하에 DNA 중합효소에 의해 수행된다. 이로 인해 그림 14.5에 나와 있는 모델이 제안되어 있다. 프라이머 C 뉴클레오티드를 갖는 중합효소 및 말단 단백질의 복합체는 아데노바이러스 DNA의 말단에 결합한다. 뉴클레오티드의 유리(free) 3′-OH 말

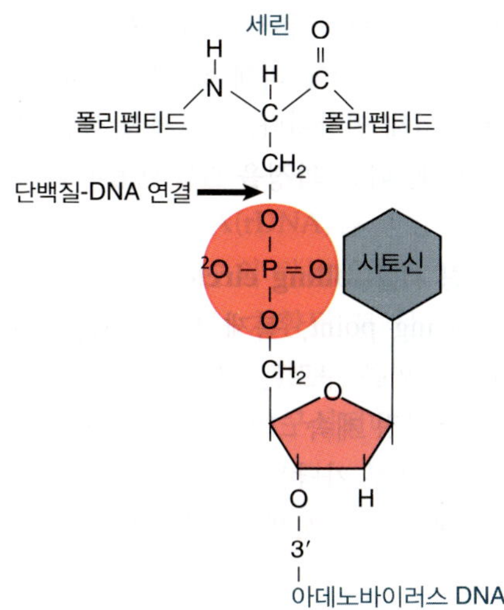

그림 14.4 아데노바이러스 DNA 양 끝의 5′ 말단 인산염은 55 kd 크기의 Ad-결합 단백질의 세린과 공유결합된다.

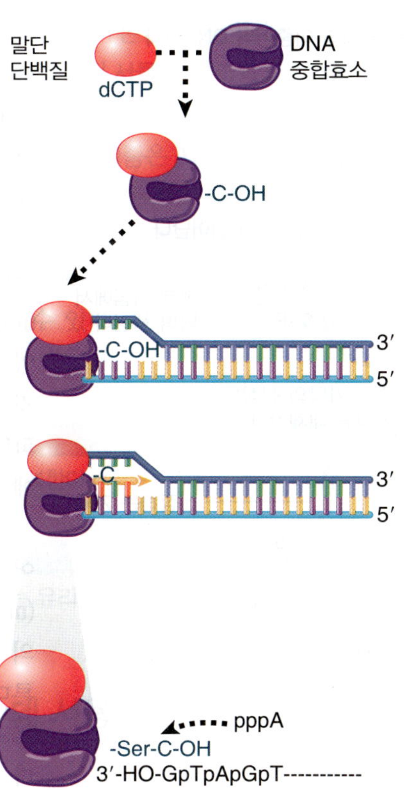

그림 14.5 아데노바이러스 말단 단백질은 DNA의 5′ 말단에 결합하여 새 가닥의 프라이머 합성을 위해 C-OH 말단을 제공한다.

단은 DNA 중합효소에 의한 신장 반응을 준비하는 데 사용된다. 이것은 5′ 말단이 복제 개시 C 뉴클레오티드에 공유결합된 새로운 가닥을 생성한다. [반응은 실제로 새롭게(*de novo*) 결합하기보다는 DNA에서 단백질의 치환이 일어난다. 아데노바이러스 DNA의 5′ 말단은 이전 복제 사이클에서 사용된 말단 단백질과 결합한다. 이전의 말단 단백질은 새로운 복제주기 마다 새로운 말단 단백질로 치환된다.]

말단 단백질은 DNA의 말단에서 9와 18 bp 사이의 영역에 결합한다. 17번과 48번 사이의 인접한 영역은 개시 반응에 필요한 숙주 단백질인 핵 인자 I(nuclear factor I)의 결합에 필수적이다. 따라서 개시 복합체는 DNA의 실제 말단으로부터 고정된 거리인 9 번과 48번 사이에 형성될 수 있다.

핵심개념

- dsDNA 바이러스 아데노바이러스 및 ρ29는 새로운 5′ 말단을 생성함으로써 복제를 개시하는 말단 단백질을 갖는다.
- 새로 합성된 가닥은 원래 이중가닥과 동일한 가닥을 대체한다.
- 방출된 가닥은 말단에서 염기쌍을 이루어 상보성 가닥의 합성을 시작하는 이중가닥 복제 기점을 형성한다.

개념 및 추론 확인

DNA 중합효소가 단백질을 복제용 프라이머(primer)로 어떻게 사용할 수 있는가?

14.4 롤링 서클 복제는 많은 레플리콘을 생성한다

복제에 의해 생성된 구조는 주형과 복제 분기점 간의 관계에 따라 달라진다. 중요한 특징은 주형이 원형인지 선형인지, 그리고 복제 분기점이 DNA의 두 가닥 혹은 단지 하나의 가닥의 합성에 관여하는가이다.

핵심개념

- 유리된 F 플라스미드는 박테리아 염색체당 하나의 플라스미드 수준으로 유지되는 레플리콘(replicon)이다.
- F 플라스미드는 박테리아 염색체에 통합될 수 있으며, 이 경우 자체 복제 시스템은 억제된다.
- F 플라스미드는 박테리아의 표면에 형성되는 DNA 전좌(translocation) 복합체와 특정 필리(pili, 선모)를 코드한다.
- F-필리는 F-양성(F^+) 박테리아가 F-음성(F^-) 박테리아와 접촉하여 접합을 시작할 수 있게 한다.

개념 및 추론 확인

삽입된 F 인자는 박테리아 염색체 지도 작성에 어떻게 이용되는가?

14.7 접합은 단일-가닥 DNA를 전달한다

F 플라스미드의 전달은 전달 영역(transfer region)의 한쪽 말단에 위치한 전달의 복제 기점인 *oriT*에서 시작한다. TraM이 접합 쌍(mating pair)이 형성되었음을 인식하면 전달 프로세스가 시작될 수 있다. 그런 다음 Tray는 *oriT* 근처에 결합하여 TraI을 결합하여 숙주-통합 인자(integration-host factor, IHF)라 불리는 단백질과 결합하여 릴랙소솜(relaxosome)을 형성하게 한다. Trai는 φX174 A 단백질과 같은 이완효소(relaxase)이다. (*nic*이라고 부르는) 특정한 부위에서 작동하고 생성된 5′ 말단에 공유결합 링크를 형성한다. 또한 Trai는 ~200 bp의 DNA 풀기를 촉진하고 접합 과정을 통해 DNA 5′ 말단에 붙어 있다[이것이 헬리카아제(helicase) 활성이다]. TraI-결합 DNA는 커플링 단백질인 TraD에 의해 T4SS로 옮겨지며, 그곳에서 수용체 세포로 내보내진다. 그림 14.12는 이완효소-결합 5′ 말단이 수용균으로 가는 방법을 보여주고 있다. 전달된 가닥은 고리화(circularization)되고 전달된 단일가닥에 대한 상보가닥이 수용균에서 합성되어 결과적으로 F-양성 상태로 전환된다.

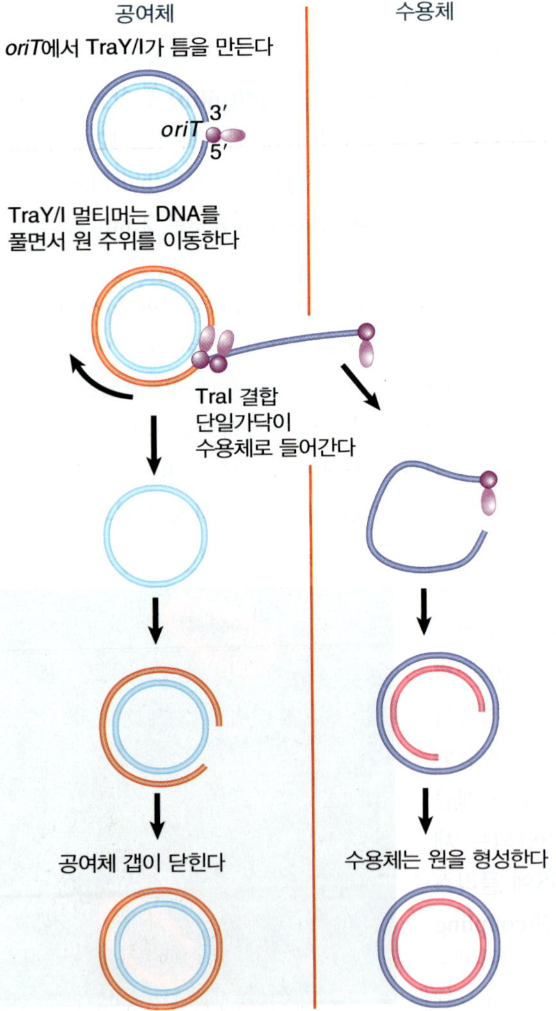

그림 14.12 DNA의 이동은 F 플라스미드가 oriT에서 끊어지고, 단일가닥이 TraI에 결합된 5′ 말단에 의해 수용체 안으로 옮겨질 때 일어난다. 이 때, 단 하나의 단위 길이만 이동된다. 상보적인 가닥은 공여체 안에 남은 단일가닥과 수용체 안으로 전달된 가닥에 의해 합성된다.

전달된 가닥을 대체하기 위해 상보적인 가닥을 공여체 박테리아에서 합성해야 한다. 만약 이것이 전달 과정과 동시에 발생한다면, F 플라스미드의 상태는 그림 14.13의 롤링 서클과 유사할 것이다. DNA 합성은 유리된 3′ 말단을 출발점으로 사용하여 즉시 일어날 수 있다. 접합이 진행되는 DNA는 일반적으로 롤링 서클처럼 보일 수 있지만, 복제 자체가 작동 에너지(driving energy)를 제공하는 데 반드시 필요한 것은 아니며 단일-가닥 전달은 DNA 합성과는 무관하다.

F 인자의 단 하나의 단위 길이만 수용균(recipient bacterium)으로 전달된다. 이는 일부 기능이 한 번의 회전 후에 과정(process)을 종결시

킨 후 완전한 F 플라스미드의 공유결합이 복원되었음을 의미한다.

통합된 F 플라스미드가 접합을 시작할 때, 전달의 방향은 전달 영역으로부터 박테리아 염색체로 향하게 된다. 그림 14.13은 F 플라스미드의 DNA가 짧은 염기배열을 따라 가면서 박테리아 DNA가 전이되는 것을 보여준다. 이 과정은 접합 박테리아 간의 접촉이 끊어질 때까지 계속된다. 박테리아 염색체 전체를 옮기는 데는 약 100분이 걸리고, 표준조건 하에서는 전달이 완료되기 전에 접촉이 종종 끊어진다.

수용균(recipient bacterium)에 들어가는 공여자 DNA는 이중-가닥 형태로 변환되어 수용균 염색체와 재조합될 수 있다(공여자 DNA를 삽입하기 위해서는 두 가지 재조합 현상이 필요하다). 따라서 접합은 박테리아 간에 유전물질을 교환하는 수단을 제공한다. 그들의 평범한 무성생식(asexual growth)과 대조를 보인다[원래 이름 성 인자(fertility factor), 또는 F 인자]. 통합된 F 플라스미드를 갖는 대장균 균주는 (F 플라스미드가 결핍된 균주와 비교하여) 비교적 높은 빈도로 재조합을 수행한다. 그러한 균주를 **Hfr(*h*igh-*f*requency *r*ecombination)**이라고 한다. F 인자에 대한 통합의 각 위치는 수용균 염색체에 박테리아 마커를 전달하는 특징적인 패턴과 함께 다른 Hfr 균주가 생성된다.

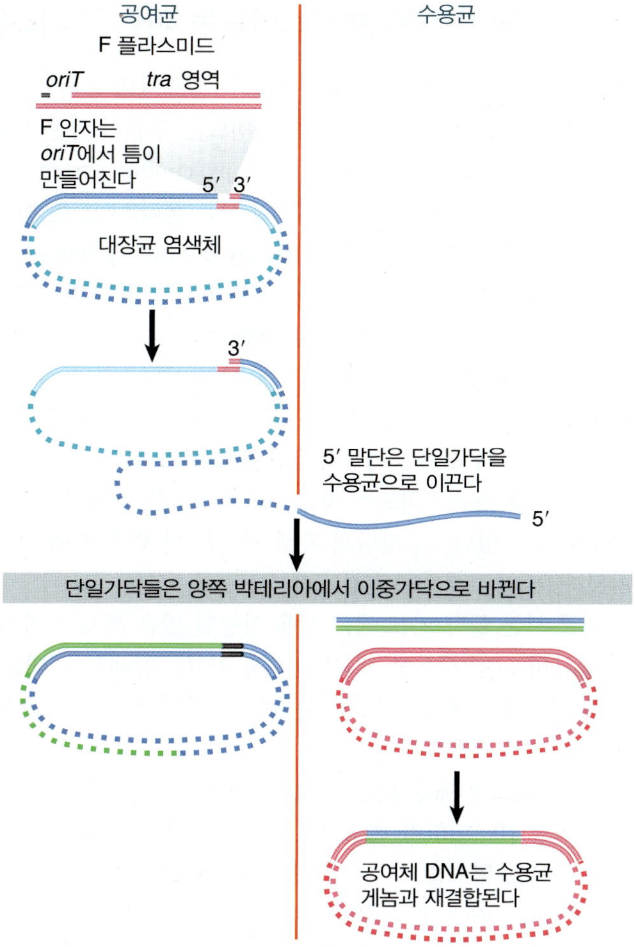

그림 14.13 염색체 DNA의 이동은 통합된 F 플라스미드가 *oriT*에서 틈을 만들 때 일어난다. DNA의 이동은 F DNA의 짧은 배열로 시작하여, 박테리아 간의 접촉이 끊어질 때까지 계속된다.

▶ **Hfr(*h*igh-*f*requency *r*ecombination)** 염색체 내에 F 플라스미드가 통합된 박테리아. Hfr은 고빈도 재조합(high frequency recombination)의 약자로, 염색체 유전자가 F^+ 세포보다 Hfr 세포에서 F^- 세포로 훨씬 더 자주 전이된다는 사실을 나타낸다.

접합이 진행되는 박테리아 간의 접촉은 일반적으로 DNA 전달이 완료되기 전에 중단된다. 결과적으로 박테리아 염색체의 영역이 전달될 확률은 *oriT*와의 거리에 따라 달라진다. F 플라스미드 통합 위치(이동 방향)에 가까운 박테리아 유전자는 수용균(recipient bacteria)으로 먼저 들어가기 때문에 멀리 떨어져있는 곳보다 더 빈번하게 발견된다.

핵심개념

- 복제 기점(*oriT*)에서 롤링 서클 복제가 시작되면 F 플라스미드의 이동이 시작된다.
- 릴랙소솜(relaxosome)의 형성은 수용균(recipient bacterium)으로 전이를 시작한다.
- 전달된 DNA는 수용균에서 이중-가닥 형태로 전환된다.
- F 플라스미드가 없으면, 접합을 통하여 F 플라스미드의 사본을 수용균에 "감염(infect)"시킨다.
- F 플라스미드가 통합될 때, 접합은 공여균(donor bacteria)과 수용균 간의 접촉이 (무작위로) 파손되어 과정이 중단될 때까지 박테리아 염색체의 전달을 일으킨다.

개념 및 추론 확인

Hfr 접합으로부터 생긴 수용균에서 Hfr이 되는 경우가 드문 이유는 무엇인가?

14.8 단일-사본 플라스미드는 파티션 시스템을 가지고 있다

▶ **사본 수(copy number)** 박테리아 염색체의 복제 기점 사본 수에 비례하여 박테리아에서 유지되는 플라스미드의 수.

분열시 플라스미드가 두 딸세포에 모두 분포되도록 하기 위해 사용하는 시스템 유형은 복제 시스템 유형에 따라 다르다. 각 형태의 플라스미드는 고유의 **사본 수(copy number)**로 숙주에서 유지된다 :

- 단일-사본 조절 시스템(single-copy control system)은 박테리아 염색체 시스템과 유사하며 세포 분열마다 한 번 복제된다. 단일-사본 플라스미드는 박테리아 염색체와 동등하게 유지된다.
- 다중-사본 조절 시스템(multicopy control system)은 세포주기마다 많은 개시 과정이 진행되므로 박테리아당 플라스미드의 사본이 여러 개 있다. 다중-사본 플라스미드는 박테리아 염색체당 고유의 수(일반적으로 10~20)로 존재한다.

사본 수는 기본적으로 복제 조절 메커니즘 유형의 결과이다. 복제를 시작하는 시스템은 박테리아에 존재할 수 있는 복제 기점의 수를 결정한다. 각각의 플라스미드는 단일 레플리콘으로 구성되며, 그 결과 복제 기점의 수는 플라스미드 분자의 수와 동일하다.

단일-사본 플라스미드는 박테리아 염색체를 조절하는 복제 시스템의 결과와 유사한 복제 조절 시스템을 가지고 있다. 단 하나의 복제 기점은 한 번 복제될 수 있으며, 딸의 복제 기점은 다른 딸세포로 분리된다.

다중-사본 플라스미드에는 이용 가능한 많은 복제 기점이 존재할 수 있는 복제 시스템이 있다. 그 수가 충분히 크면(사실상 세균당 10개 이상), 딸세포에 대한 플라스미드의 통계적 분포 조차도 10^{-6} 이하의 빈도에서 플라스미드의 손실을 초래할 것이기 때문에 활동적인 분리 시스템(active segregation system)은 불필요하게 된다.

플라스미드는 매우 낮은 손실률로 박테리아 개체군에서 유지된다(단세포 플라스미드의 경우에도 세포 분열당 10^{-7} 이하가 전형적임). 플라스미드 분리를 조절하는 시스템은 손실 빈도를 증가시키지만 복제 자체에는 영향을 미치지 않는 돌연변이로 확인할 수 있다. 박테리아 개체군에서 플라스미드의 생존을 보장하기 위해 몇 가지 유형의 메커니즘이 사용된다. 일반적으로 플라스미드는 생존을 보장하기 위해 독립적으로 행동하는 여러 종류의 시스템을 지니고 있다. 단일-사본 플라스미드는 복제된 사본이 세포분열 시에 격막(septum)의 반대쪽에 위치하도록 하는 분리 시스템(partition system)을 필요로 하므로 다른 딸세포로 분리된다. 실제로, 파티션(partition, 분할)에 관련된 기능은 처음에는 플라스미드에서 확인되었다. 공통 시스템의 구성 요소를 그림 14.14에 요약하였다.

전형적으로 두 개의 트랜스-작용 유전자자리(보통 *parA*와 *parB*라고 불린다)와 시스-작용 요소(*cis*-acting element, 보통 *parS*)가 두 유전자 옆에 있다. ParA는 파티션 ATPase이다. 그것은 DNA의 *parS* 부위에 결합하는 ParB에 결합한다. 세 개의 유전자좌(loci) 중 하나의 결실은 플라스미드의 적절한 분할을 방지한다. 이러한 유형의 시스템은 플라스미드 F, P1 및 R1을 특징으로 한다. 파티션 시스템은 일반적으로 파티션 ATPase의 속성에 의존하는 두 가지 주요 클래스로 분류된다. R1의 시스템과 같은 한 그룹에서 ATPase는 액틴과 유사하며 중합을 통해 작용한다(곧 논의할 것이다). 플라스미드 P1 및 F를 포함하는 다른 그룹은 상이한 유형의 ATPase(단백질 배열 상동성에 기초함)를 가지며, 이러한 유형의 ParA의 작용 방식은 알려지지 않았다.

*parS*는 진핵세포에서의 센트로미어(centromere)와 동등한 플라스미드의 역할을 한다. ParB 단백질의 결합은 반대편의 딸세포에 플라스미드 사본을 분리하는 구조를 만든다. P1과 같은 일부 플라스미드에서는 박테리아 단백질인 IHF도 이 부위에서 결합하여 구조의 일부를 형성한다. ParB(및 어떤 경우에는 IHF)와 *parS*의 복합체를 파티션 콤플렉스(partition complex)라고 한다. 이 초기 복합체의 형성은 ParB의 분자들이 협력하여 결합하여 매우 큰 단백질-DNA 복합체를 형성하게 한다. 이러한 복합체는 ParA와 상호작용할 준비가

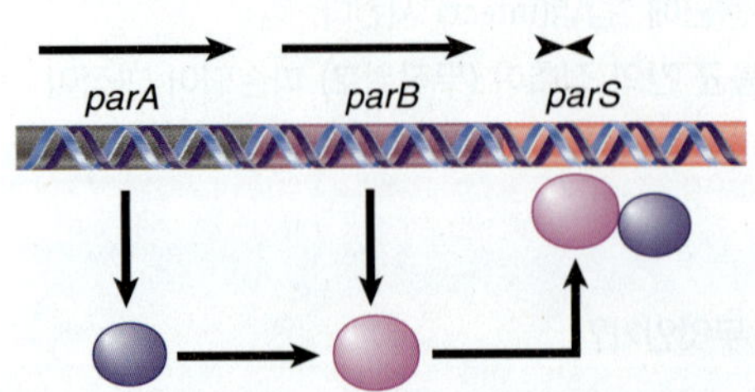

그림 14.14 일반적인 분리 시스템은 *parA*, *parB* 유전자와 결합 부위 *patS*로 구성된다.

될 때까지 딸 플라스미드를 쌍으로 유지할 수 있다. ParA의 활성은 적어도 하나의 사본이 분할하는 격막(septum)의 양면에 있도록 세포 내에서 플라스미드를 위치시키는 데 필요하다.

이 시스템에서 ParM이라고 불리는 플라스미드 R1의 파티션 ATPase는 세포골격 요소로 작용한다. ParM의 구조는 진핵세포 액틴(actin)과 박테리아 MreB 단백질과 유사하며(*11.3절 격막은 박테리아를 각 염색체를 포함하는 자손으로 나눈다* 참조), ATP가 있는 상태에서 섬유구조로 중합된다. R1 시스템에서는 파티션 부위(partition site)를 *parC*라고 하고 ParB와 비슷한 단백질을 *ParR*이라고 한다. ParM을 ParR/parC 파티션 콤플렉스(partition complex)에 결합하면, *그림 14.15*에서와 같이 딸 플라스미드 상의 복합체 사이에서 ParM의 중합이 효과적으로 이루어져서 플라스미드를 분리하고 분열세포의 반대쪽 끝까지 효과적으로 밀어 넣는다. 다른 종류의 파티션(partition) ATPases의 비액틴(nonactin) 부류에서, 이 ParA 단백질이 어떻게 플라스미드의 위치를 결정하는가에 대해서는 알려져 있지 않다.

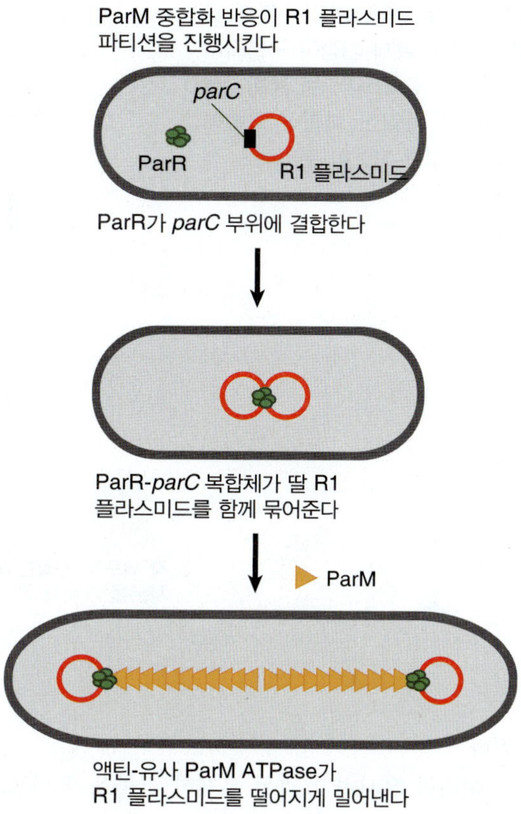

그림 14.15 R1 플라스미드의 파티션은 두 플라스미드 사이에 ParM ATPase가 중합되며 일어난다.

핵심개념

- 단일-사본 플라스미드(single-copy plasmid)는 박테리아당 하나의 플라스미드가 존재한다.
- 다중-사본 플라스미드(multicopy plasmid)는 박테리아 한 개 이상의 플라스미드가 존재한다.
- 파티션 시스템(partition system)은 복제된 플라스미드가 세포분열에 의해 생산된 다른 딸세포로 분리되도록 한다.

개념 및 추론 확인

다중-사본 플라스미드는 왜 단일-사본 플라스미드와 같은 종류의 파티션 시스템을 사용하는가?

14.9 플라스미드 불화합성은 레플리콘에 의해 결정된다

플라스미드 불화합성(plasmid incompatibility) 현상은 플라스미드 사본 수 및 분리(segregation)의 조절과 관련이 있다. **불화합성 그룹(incompatibility group)**은 구성원이 동일한 박테리아 세포에서 공존할 수 없는 일련의 플라스미드로 정의된다. 그들의 불화합성의 이유는 플라스미드 유지에 필수적인 어떤 단계에서 서로 구별할 수 없기 때문이다. DNA 복제 및 분리는 이것이 적용될 수 있는 단계이다.

▸ **불화합성 그룹(incompatibility group)** 동일한 박테리아 세포에서 공존할 수 없는 구성원(member)을 포함하는 플라스미드 그룹.

플라스미드 불화합성에 대한 음성조절 모델(negative control model) 복제 기점의 농도를 측정하는 리프레서(repressor, 억제 인자)를 합성하여 사본 수를 조절할 수 있다는 아이디어로부터 나왔다. [공식적으로 이것은 박테리아 염색체의 복제를 조절하는 적정 모델(titration model)과 동일하다.]

동일한 화합성 그룹의 두 번째 플라스미드 형태의 새로운 복제 기점의 도입은 상주하는 플라스미드의 복제 결과를 모방한다; 두 종류의 복제 기점이 현재 있다. 따라서 그림 14.16에서 설명한 것처럼, 두 개의 플라스미드가 다른 세포에 분리되어 정확한 복제 전 사본 수가 생성될 때까지 추가 복제가 방지

그림 14.16 두 플라스미드는 복제 개시 때, 그들의 복제 기점이 구별되지 않는다면, 두 플라스미드는 불화합성이다(그들은 동일한 화합성 그룹에 속한다). 동일한 모델이 분리에도 적용된다.

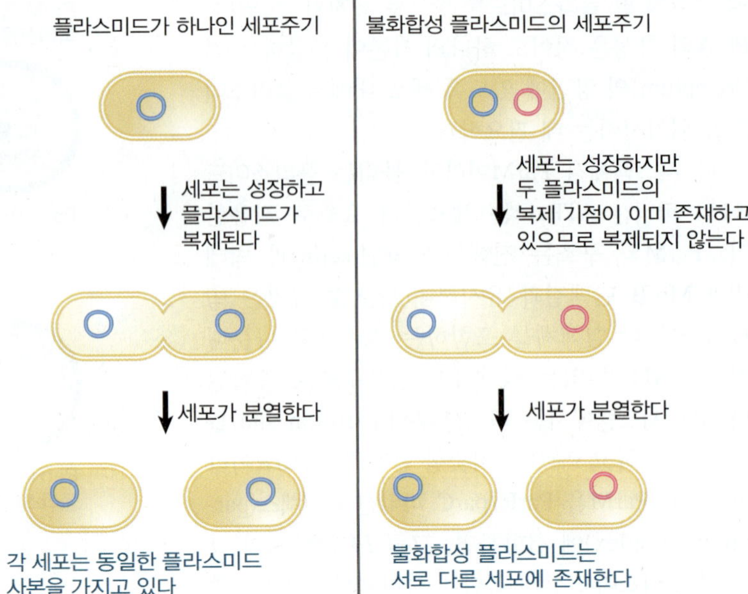

된다.

이러한 유사한 효과는 복제한 산물을 딸세포로 분리하는 시스템이 두 개의 플라스미드를 구별할 수 없는 경우에도 나타난다. 예를 들어, 두 개의 플라스미드가 동일한 시스-작용(*cis*-acting) 파티션 부위를 갖는다면, 이들 간의 경쟁은 이들이 서로 다른 세포로 분리되어 동일한 선상에서 생존할 수 있음을 보장할 것이다.

하나의 화합성 그룹의 구성원의 존재는 다른 그룹에 속하는 플라스미드의 생존에 영향을 미치지 않는다. 단일-사본 플라스미드의 특정 화합성 그룹 중 하나의 레플리콘만이 박테리아에서 유지될 수 있지만 다른 화합성 그룹의 레플리콘과 상호작용하지 않는다.

핵심개념

- 단일 화합성 그룹의 플라스미드는 공통조절 시스템에 의해 조절되는 복제 기점을 갖는다.

개념 및 추론 확인

한 플라스미드가 다른 플라스미드와 같은 패밀리에 있는지 여부를 어떻게 알 수 있는가?

14.10 박테리아 Ti 플라스미드는 유전자를 식물 세포로 전달한다

▸ **근두암종(crown gall disease)** 박테리아 아그로박테리아에 감염되어 많은 식물에서 유도될 수 있는 종양.

DNA가 재배열되거나 증폭되는 대부분의 현상은 게놈 내에서 발생하지만, 박테리아와 특정 식물 간의 상호작용은 박테리아 게놈에서 식물 게놈으로의 DNA 이동이 관여하고 있다. 그림 14.17에 나타낸 **크라운 갈(crown gall disease, 근두암종)**은 토양 박테리아인 아그로박테리아(*Agrobacterium tumefaciens*)에 의해 대부분의 쌍자엽 식물에서 유도될 수 있다. 박테리아는 진핵 숙주세포의 유전적 변화를 주는 기생성이며, 기생물과 숙주에 모두 영향을 준다: 이러한 변화는 기생물(parasite)의 생존을 위한 환경 조건을 향상시키며, 식물 세포를 종양으로 자라게 한다.

아그로박테리아(*Agrobacteria*)는 종양 형성을 유도해야 하지만, 종양 세포는 박테리아가 계속 존재할 필요가 없다. 동물 종양과 마찬가지로 식물 세포도 새로운 메커니즘이 성장과 분화를 조절하는 상태로 변모했다. 형질전환(transformation)은 박테리아로부터 전달된 유전정보의 식물 세포 내에서의 발현에 의해 일어난다.

아그로박테리아의 종양 유도(tumor-inducing) 원리는 박테리아 내에서 독립적인 레플리콘으로 지속되는 **Ti 플라스미드(Ti plasmid)**에 있다. 플라스미드는 형질전환된 상태를 생성하는 데 필요한 것을 포함하여 다양한 박테리아 및 식물 세포 활동에 관여하는 유전자와 **오파인(opine**, 아르기닌의 신규 유도체)의 합성 또는 이용과 관련된 일련의 유전자를 포함한다. Ti 플라스미드(및 그들이 존재하는 아그로박테리아)는 만들어진 오파인의 유형에 따라 네 그룹으로 나눌 수 있다. 아그로박테리아와 식물세포 간의 상호작용을 그림 14.18에 설명하였다. 박테리아는 식물 세포에 들어가지 않고 Ti 플라스미드의 일부를 식물 핵으로 옮긴다. Ti 게놈의 전달 부분을 **T-DNA**라고 한다. 그것은 식물 게놈에 통합되어 오파인을 합성하고 식물 세포를 변형 시키는 데 필요한 기능을 발현한다.

그림 14.17 노팔린(nopaline)형 Ti 플라스미드를 가진 아그로박테리아는 분화된 구조가 발생하는 테라토마(teratoma)를 유도한다. Photo courtesy of Jeff Schell. Max Planck Institute for Plant Breeding Research, Cologne.

- **Ti 플라스미드(Ti plasmid)** 감염된 식물에서 병의 유발에 관여하는 유전자를 가지고 있는 아그로박테리아의 에피솜.
- **오파인(opine)** 크라운 갈(crown gall) 병에 감염된 식물 세포가 합성하는 아르기닌 유도체.
- **T-DNA** 감염 중에 식물세포 핵으로 옮겨지는 아그로박테리아의 Ti 플라스미드 단편. 식물 세포를 형질전환시키는 유전자를 가지고 있다.

식물 세포의 형질전환에는 아그로박테리아에서 수행되는 세 가지 유형의 기능이 필요하다.

- 박테리아를 식물 세포에 결합시키는 초기 단계에는 아그로박테리아 염색체 상의 세 군데 유전자자리 *chvA*, *chvB* 및 *pscA*가 필요하다. 그들은 박테리아 세포 표면에 다당류를 합성하는 역할을 한다.
- T-DNA 영역 외부의 Ti 플라스미드에 의해 운반되는 *vir* 영역은 T-DNA의 전달 및 방출에 필요하다.
- T-DNA는 식물 세포를 변형시키는 데 필요하다.

T 영역은 ~200 kb Ti 게놈의 ~23 kb를 차지하고 식물세포를 형질전환된 상태로 유지하는 데 필요한 단백질을 암호화하고 있다. 그러나 종양형성 능력(oncogenicity)에 영향을 미치는 기능은 T 영역(T region)에 국한되지 않는다. T 영역 외부에 위치한 유전자는 종양형성 상태(tumorigenic state)를 확립하는 데 관계하고 있음에 틀림없지만, 그 산물은 종양형성 상태를 영속시키는 데 필요하지는 않다. T-DNA가 식물 핵으로 옮겨지거나 감염된 조직의 식물 호르몬 균형과 같은 부수적인 기능이 있을 수 있다.

독성 유전자(virulence genes, *vir*)는 식물세포에 T-DNA를 전달하는 데 필요한 기능을 암호화하고 있다[이에 반해 수용균 박테리아로 전체 Ti 플라스미드의 접합 전달(conjugal transfer)에 필요한 단백질은 *tra* 영역에 의해 암호화되어 있다]. 6 군데의 유전자자리(*virA*, *-B*, *-C*, *-D*, *-E* 및 *-G*)는 T-DNA 외부의 40 kb 영역에 존재한다. 각 유전자자리는 개별 단위로 전사 된다; 일부는 하나 이상의 오픈 리딩 프레임을 포함한다. 가장 중요한 구성요소 중 일부와 그 역할을 그림 14.19에 설명하였다.

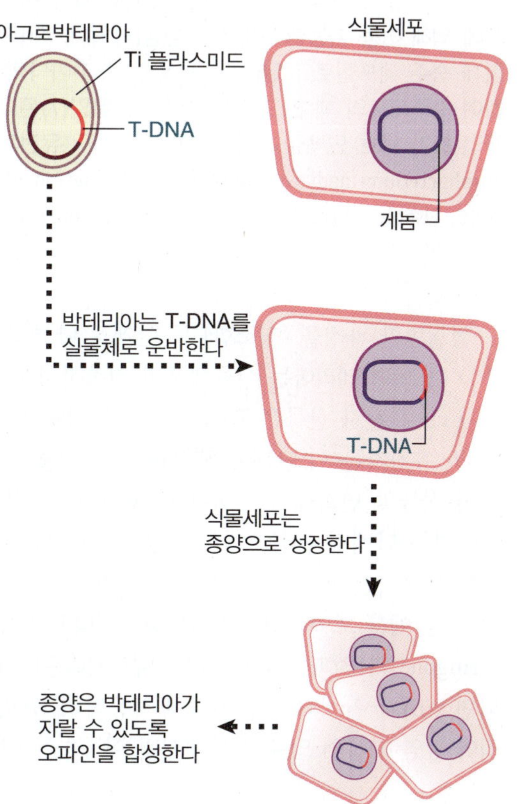

그림 14.18 T-DNA는 Ti 플라스미드를 가지고 있는 아그로박테리아로부터 식물 세포로 옮겨져, 핵 안의 게놈으로 삽입되어져 숙주세포를 형질전환하는 기능을 나타낸다.

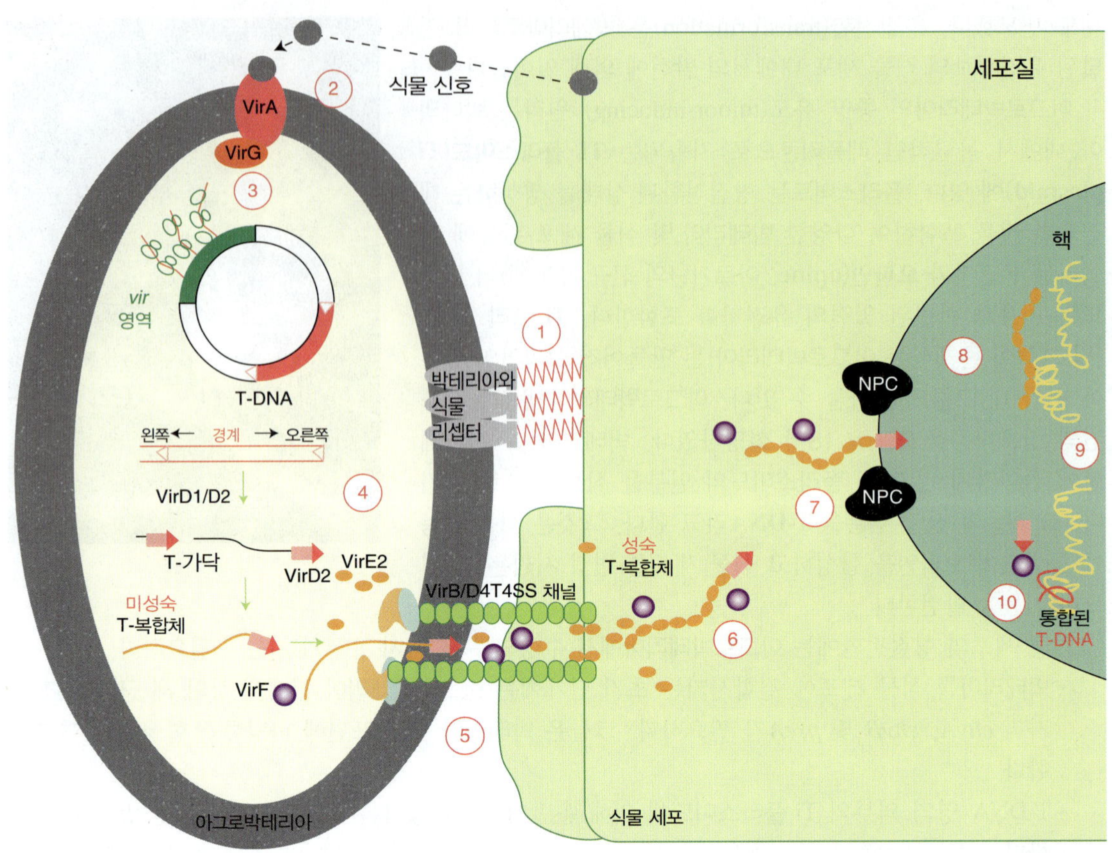

그림 14.19 아그로박테리아-매개 유전자 형질전환 모델. 형질전환 과정은 10개의 주요 단계로 이루어져 있으며, 아그로박테리아가 숙주세포를 인식하여 부착(1)하고, 아그로박테리아의 VirA/VirG 두 요소 신호전달 체계를 통해 특정 식물 신호를 감지(2)하는 것으로 시작된다. *vir* 유전자 부위의 활성(3)에 이어 VirD1/VirD2 단백질 복합체에 의해 이동 가능한 T-DNA가 생성(4)되어, VirD2-DNA 복합체(미완성 T-복합체)로 다른 몇 개의 Vir 단백질과 함께 숙주 세포질로 전달(5)된다. VirE2와 T-가닥의 결합으로 T-복합체가 완성되고 이는 숙주 세포질을 통과(6)하여 숙주세포의 핵 안으로 능동적으로 유입(7)된다. T-DNA는 핵 안으로 들어가면 통합(integration) 장소로 이끌려(8)가 보호 단백질과 분리(9)되고, 숙주 유전체와 통합(10)된다. Reprinted from T. Tzfira and V. Citovsky, Agrobacterium-mediated genetic transformation of plants, *Curr. Opin. Biotechnol.* 17, pp. 147–154. Copyright 2006, Elsevier (http://www.sciencedirect.com/science/ journal/09581669)

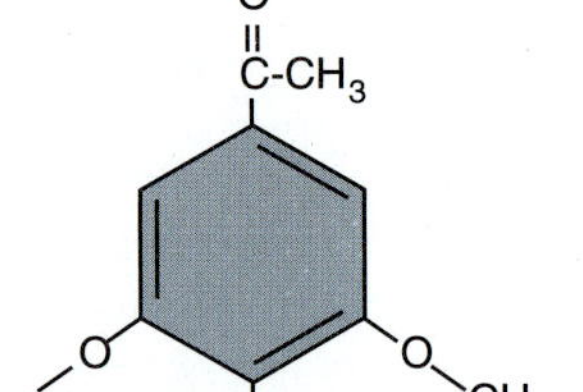

그림 14.20 상처에 반응하여 담배(*N. tabacum*)로부터 아세토시린곤이 생성되며, 이는 아그로박테리아로부터 T-DNA의 전이를 유발시킨다.

형질변환 과정을 (최소한) 두 단계로 나눌 수 있다.

- 아그로박테리아는 식물세포와 접촉하고 *vir* 유전자가 유도된다.
- *vir* 유전자 산물은 T-DNA를 식물세포 핵으로 이동시켜 게놈에 통합시킨다.

vir 유전자는 이 단계에 해당하는 두 그룹으로 분류된다. 유전자 *virA*와 *virG*는 다른 유전자를 유도하여 식물의 변화에 반응하는 레귤레이터(조절인자)이다. 유전자 *virB*, *-C*, *-D* 및 *-E*는 DNA 전달에 관여하는 단백질을 암호화하고 있다. 유전자 *virA*와 *virG*는 낮은 수준에서 지속적으로 발현된다. 그들이 반응하는 신호는 상처에 대한 반응으로 식물에 의해 생성된 페놀 화합물에 의해 제공된다. 그림 14.20은 예를 보여주고 있다. 니코티아나 타바쿰(*Nicotiana tabacum*, 담배)은 분자 아세토시린곤(acetosyringone)과 알파-하이드록시 아세토시린곤(α-hydroxyacetosyringone)을 생성한다. 이 화합물에 노출되면 *virA*가 활성화돼서 *virG*에 작용하여 *virB*, *C*, *D*, *E*의 발현을 유도한다. 이 반응으로 아그로박테리아 감염이 상처 입은 식물에서만 이동하는 이유를 설명할 수 있다.

핵심개념

- 아그로박테리아의 감염은 식물세포를 종양으로 형질전환시킬 수 있다.
- 감염원은 박테리아가 가지고 있는 플라스미드이다.
- 플라스미드는 박테리아가 사용하는 오파인(opine, 아르기닌 유도체)을 합성하고 대사하는 유전자도 가지고 있다.
- Ti 플라스미드 DNA의 일부는 식물세포 핵으로 전달되지만, 이 영역 밖의 *vir* 유전자는 전사 과정에 필요하다.

개념 및 추론 확인

크라운 갈(crown gall)과 인간의 암은 어떻게 유사한가?

14.11 T-DNA의 전달은 박테리아 접합과 유사하다

전달 과정은 식물에 들어가기 위해 T 영역을 선택한다. 그림 14.21은 노팔린(nopaline) 플라스미드의 T-DNA가 Ti 플라스미드의 인접 영역으로부터 25 bp의 반복배열에 의해 경계 지어짐을 나타내며, 이들은 좌우 말단 간의 두 위치에서만 다르다. T-DNA가 식물 게놈에 통합되면 명확한 오른쪽 교차점을 가지며 오른쪽 반복배열의 1~2 bp를 유지한다. 왼쪽 교차점은 가변적이다; 식물 게놈에서의 T-DNA의 경계는 25 bp 반복배열 위치 또는 T-DNA 내에서 ~100 bp를 초과하는 일련의 위치 중 하나에 위치 할 수 있다. 때로는 여러 개의 T-DNA 탠덤 사본(tandem copy)이 단일 부위에 통합된다.

virD 유전자좌(locus)에는 네 개의 오픈 리딩 프레임이 있다. *virD*, *VirD1* 및 *VirD2*에 암화화된 단백질 중 두 개는 특정 부위에서 T-DNA를 절단하는 전사 과정을 시작하는 핵산내부가수분해효소를 제공한다. 전달 모델을 그림 14.22에 나타내었다. 오른쪽 25 bp 반복배열에서 닉(nick, 틈)이 만들어진다. 그것은 DNA 단일가닥의 합성에 대한 프라이밍 말단(priming end)를 제공한다. 새로운 가닥의 합성은 이전 공정에서 사용되는 오래된 가닥을 대체한다. DNA 합성이 왼쪽 반복배열에서 틈에 도달하면 전달이 종료된다. 이 모델은 올바른 반복배열이 필수적인 이유를 설명하고 과정의 극성(polarity)을 설명하고 있다. 만일 왼쪽 반복배열에 틈이 생기지 않으면, 전달에 필요한 DNA 생산이 Ti 플라스미드를 따라 더 멀리 계속될 수 있다.

감염 박테리아에서 전달을 위해 생성된 단일-가닥 DNA의 단일 분자를 때때로 T- 복합체(T-complex)라고 불리는 DNA-단백질 복합체(DNA-protein complex)로 전달된다. DNA는 *VirE2* 단일-가닥 결합 단백질로 덮여 있고 핵 국재화 신호(nuclear localization signal)를 가지고 있으며, T-DNA를 식물세포 핵으로 운반하는 역할을 한다. 핵산내부가수분해효소의 D2 서브유닛의 단일 분자는 5′ 말단에 결합된 채로 남아있다. *virB* 오페론은 전달 과정에 관여하는 11가지 산물을 암호화하고 있다.

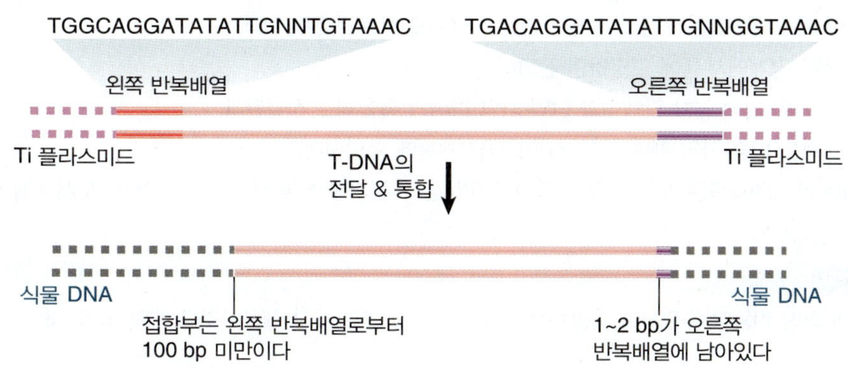

그림 14.21 Ti 플라스미드 내의 T-DNA는 양 말단에 25 bp의 거의 동일한 반복을 가진다. 오른쪽 반복배열이 이동과 식물 유전체로의 통합에 필요하다. 식물 유전체로 통합된 T-DNA는 오른쪽 반복배열은 1 또는 2 bp가 남아있는 정확한 교차점을 가지나, 왼쪽 교차점은 다양하고 경우에 따라 왼쪽 반복배열의 100 bp 안쪽까지 결여되어 있다.

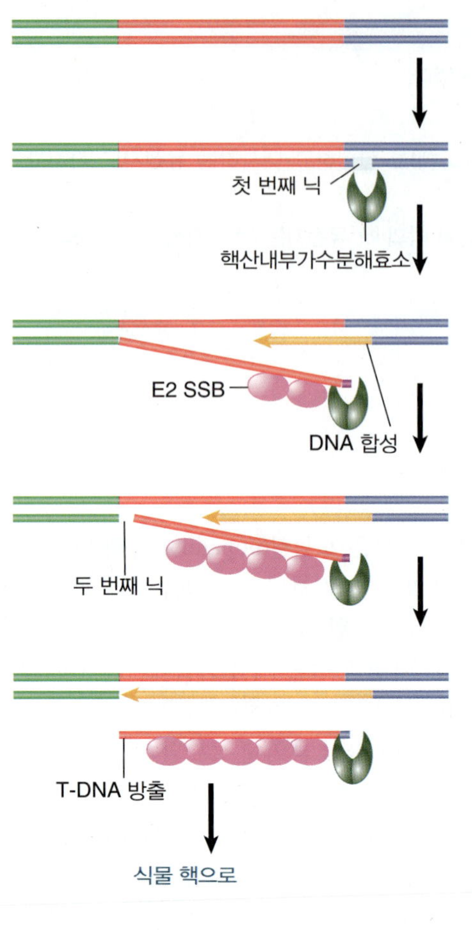

그림 14.22 T-DNA는 오른쪽 반복배열에 만들어진 닉에서 DNA 합성이 시작되며 치환되어 만들어진다. 이 반응은 왼쪽 반복배열의 닉에서 종결된다.

대장균 염색체가 단일-가닥 형태로 한 세포에서 다른 세포로 전달될 때 T-DNA 전달에 대한 이 모델은 박테리아 접합에 관련된 과정과 매우 유사하다. *virB* 오페론의 유전자는 접합에 관여하는 특정 박테리아 플라스미드의 *tra* 유전자와 상동성이 있다(*14.7절 접합은 단일-가닥 DNA를 전달한다* 참조). VirD4(커플링 단백질)와 함께 *virB* 유전자의 유전자 산물은 T4SS를 형성한다.

우리는 전달된 DNA가 식물 게놈에 어떻게 통합되는지 모른다. 어느 단계에서 새로 생성된 단일가닥은 이중 DNA로 전환되어야 한다. 감염된 식물세포에서 발견되는 T-DNA의 원은 왼쪽과 오른쪽 25 bp 반복배열 간의 재조합에 의해 생성되는 것처럼 보이지만, 중간체인지는 알 수 없다. 실제 과정은 T-DNA와 통합 부위 간에 상동성이 없으므로 비상동성 재조합을 포함할 가능성이 있다.

Ti 플라스미드는 흥미로운 기능 구성을 보여주고 있다. T 영역 밖에서 그것은 종양 발생(oncogenesis)을 시작하는 데 필요한 유전자를 가지고 있다; 적어도 일부는 T-DNA의 전달에 관여하며, 우리는 이 단계에서 다른 것들이 식물세포에서 그러한 행동에 영향을 주는지의 여부를 알고 싶다. 또한 T-영역(T-region) 외부에는 *아그로박테리아*가 형질전환된 식물세포가 생산할 오파인을 대사시키게 하는 유전자가 있다. T-영역 내에는 원래 식물체의 T-DNA를 제공한 *아그로박테리아*에 도움이 될 오파인을 합성하는 유전자뿐만 아니라 식물의 형질전환된 상태를 조절하는 유전자가 있다.

실제 문제로서, 식물 게놈에 T-DNA를 전달하는 *아그로박테리아*의 능력은 새로운 유전자를 식물에 도입하는 것을 가능하게 한다. 전달/통합 및 발암 기능(oncogenic function)은 별개이다; 그러므로 발암 기능이 시험하고자 하는 식물에 영향을 미치는 다른 유전자로 대체된 새로운 Ti 플라스미드를 조작할 수 있다. 유전자를 식물 게놈에 전달하는 자연계의 존재는 식물의 유전 공학을 크게 발전시켰다.

핵심개념

- *vir* 유전자는 상처에 반응하여 식물이 방출하는 페놀 화합물에 의해 유도된다.
- 막 단백질 VirA는 유도물질과 결합할 때 히스티딘에서 자가인산화(autophosphorylation)되며, 인산염을 인산화 물질로 옮김으로써 VirG를 활성화시킨다.
- T-DNA는 오른쪽 경계의 닉(nick, 틈)이 새로운 DNA 가닥을 합성하기 위한 프라이머를 생성할 때 생성된다.
- 새로운 합성에 의해 옮겨지는 기존의 단일가닥은 식물세포 핵으로 전달된다.
- DNA 합성이 왼쪽 경계에서 틈에 도달하면 전달이 종료된다.
- T-DNA는 VirE2 단일-가닥 결합 단백질과 단일-가닥 DNA의 복합체로 전달된다.
- 단일-가닥 T-DNA는 이중-가닥 DNA로 전환되어 식물 게놈에 통합된다.
- 통합(integration) 메커니즘은 알려져 있지 않다. T-DNA는 유전자를 식물 핵으로 전달하는 데 사용될 수 있다.

개념 및 추론 확인

Ti 플라스미드의 어떤 기능이 유전자를 식물체로 전달하는 시스템으로 사용하는 것을 매력적이게 하는가?

14.12 미토콘드리아는 어떻게 복제하고 분리하는가?

미토콘드리아(mitochondria)는 세포주기 동안 복제되어 딸세포로 분리되어야 한다. 우리는 이러한 과정의 메커니즘을 이해하지만 조절에 대해서는 이해하지 못한다.

미토콘드리아 DNA 복제—복제된 미토콘드리아에 대한 DNA 분리 및 딸세포에 대한 세포소기관 분리(organelle segregation)의 각 단계—에서 이 과정은 각 사본의 무작위 분배(random distribution)에 의해 확률적으로 나타난다. 이 경우의 분배 이론(theory of distribution)은 다중-사본 박테리아 플라스미드의 이론과 유사하며, 각 딸세포는 적어도 하나의 사본을 얻는 것을 보장하기 위해 10개 사본 이상이 필요하다는 동일한 결론을 가지고 있다(*14.8절 단일-사본 플라스미드는 파티션 시스템을 가지고 있다* 참조). (서로 다른 부모의 유전이나 혹은 돌연변이로 인하여 생긴) **헤테로플라스미(heteroplasmy)**라고 불리는 동일한 세포에 대립형질 변이(allelic variation)가 있는 mtDNA가 있을 때, 확률적 분배는 대립유전자 중 하나만 있는 세포를 생성할 수 있다.

▶ **헤테로플라스미(heteroplasmy)** 한 세포에 하나 이상의 미토콘드리아 대립유전자 변이가 있음.

미토콘드리아 DNA의 복제는 특정 사본이 복제되는 것에 대한 조절이 없기 때문에 확률적일 수 있다. 따라서 어떤 주기에서 일부 mtDNA 분자는 다른 것보다 더 많이 복제할 수 있다. 게놈의 총 사본수는 박테리아와 비슷한 방식으로 양(mass)을 적정하여 조절할 수 있다(*11.2절 박테리아 복제는 세포주기와 연결되어 있다* 참조).

미토콘드리아는 세포소기관 둘레에 링(ring, 고리)을 발달시켜 두 반쪽으로 죄어 수축시킨다. 이 메커니즘은 원칙적으로 박테리아 세포분열과 관련된 메커니즘과 유사하다. 식물 세포 미토콘드리아에서 사용되는 장치는 박테리아에서 사용되는 것과 유사하며 박테리아 단백질 FtsZ의 호모로그(homolog, 동족체)를 사용한다(*11.5절 FtsZ는 격막 형성에 필요하다* 참조). 분자 장치(molecular apparatus)는 동물세포 미토콘드리아에서 다르며 막 소포체의 형성에 관여하는 단백질 다이나민(dynamin)을 사용한다. 개별 세포소기관에는 게놈 사본이 두 개 이상 있을 수 있다.

우리는 미토콘드리아 내에 mtDNA 분자를 분리하기 위한 파티션 메커니즘(partition mechanism)이 있는지 또는 그들이 미토콘드리아의 절반이 속하는 딸 미토콘드리아에 의해 단순히 유전되는지 여부를 알지 못한다. 그림 14.23은 복제 및 분리 메커니즘의 조합 미토콘드리아 게놈의 딸 미토콘드리아로의 분배가 어버이 세포의 복제 기점에 의존하지 않도록 각 사본에 DNA를 확률적으로 배치할 수 있다.

유사분열 시 딸세포에 대한 미토콘드리아의 배치도 무작위로 보인다. 사실 식물체의 체세포 변이를 관찰한 결과, 처음에는 멘델의 법칙(Mendel's laws)에 따라 유전되지 않았기 때문에 딸세포 중 하나에서 잃을 수 있는 유전의 존재가 있음을 시사하였다.

어떤 상황에서는 미토콘드리아에는 부계(paternal) 대립유전자와 모계(maternal) 대립유전자가 모두 존재한다. 여기에는 두 가지 요구사항이 있다; 두 부모가 모두 접합체에 대립유전자를 제공하고 (물론 모계 유전일 경우에는 그렇지 않다; *5.8절 일부 세포소기관은 DNA를 가지고 있다* 참조), 부모

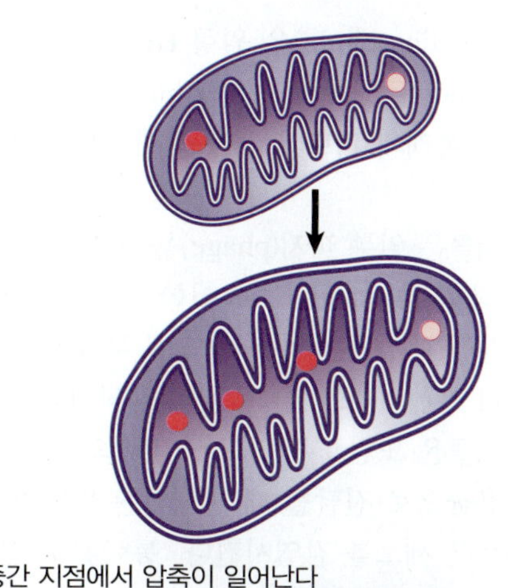

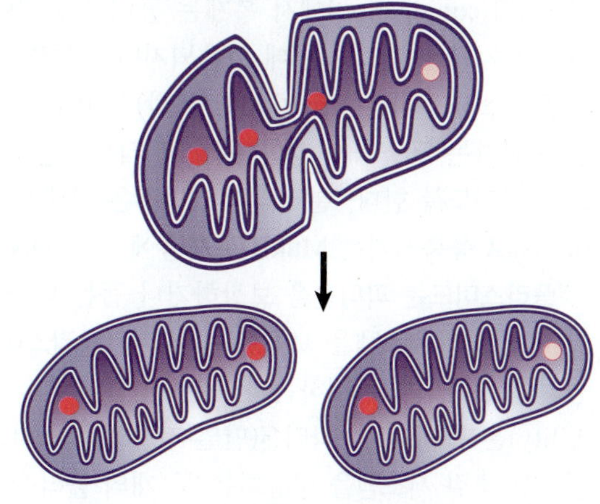

그림 14.23 미토콘드리아 DNA 복제는 미토콘드리아 질량에 비례해서 게놈의 수를 증가시킴으로써 복제되지만, 각 게놈은 같은 횟수만큼 복제하지는 않는다. 이것은 딸 미토콘드리아에서 대립유전자의 표현의 변화로 이어질 수 있다.

대립형질이 동일한 미토콘드리아에서 발견된다는 것이다. 이런 일이 일어나기 위해서는 부모 미토콘드리아가 융합되어 있어야 한다.

각각의 미토콘드리아의 크기는 정확하게 밝혀져 있지 않을 수 있다. 사실, 각각의 미토콘드리아가 세포소기관의 독특하고 별개의 사본을 대표하는지 혹은 또는 그것이 다른 미토콘드리아와 융합할 수 있는 역동적인 유동 상태(dynamic flux)에 있는지의 여부에 대한 계속적인 의문이 있다. 미토콘드리아가 효모에서 융합될 수 있음을 우리는 알고 있다. 왜냐하면 mtDNA 간의 재조합은 두 개의 반수체 효모 균주가 이배체(diploid) 균주를 생산하기 위해 접합된 후에 발생할 수 있기 때문이다. 이것은 두 개의 mtDNA가 동일한 미토콘드리아 구획(mitochondrial compartment)에서 서로 노출되어 있어야 함을 의미한다. 두 세포가 융합된 후 대립형질(allele) 간의 상보성(complementation)을 찾음으로써 동물세포에서 유사한 현상이 일어나는가에 대한 시도가 있었지만, 그 결과는 분명하지 않다.

핵심개념

- 딸 미토콘드리아로의 mtDNA 복제 및 분리는 확률적이다.
- 딸세포에 대한 미토콘드리아 분리 또한 확률적이다.

개념 및 추론 확인

미토콘드리아 복제 시스템은 진핵세포 핵 복제와 왜 동일하지 않는가?

14.3 요약

롤링 서클(rolling circle)은 원형 DNA 분자에 대한 복제의 또 다른 형태로 복제 기점이 프라이밍 말단(priming end)을 제공하도록 닉(nick, 틈)이 생긴다. 이 말단에서 DNA 한 가닥이 합성된다; 꼬리(tail)로 돌출된 본래의 파트너 가닥을 대체한다. 롤링 서클의 회전을 계속하면 여러 개의 게놈을 생성할 수 있다.

롤링 서클은 일부 파지(phage)를 복제하는 데 사용된다. φX174 복제 기점에 닉을 만드는 A 단백질은 시스-작용(*cis*-action)의 특이한 성질을 가지고 있다. 그것은 합성된 DNA에서만 작용한다. 전체 가닥이 합성될 때까지 대체된 가닥에 부착되어 있다가 다시 복제 기점에 닉을 만든다; 이것은 제거된 가닥을 풀어 복제의 또 다른 주기를 시작한다.

롤링 서클은 또한 F-필리(F-pili)에 의한 세포 간의 접촉 개시 후 F 플라스미드가 공여균(donor)으로부터 수용균으로 전달될 때 발생하는 박테리아 접합을 특성화한다. 자유로운 F 플라스미드는 이 방법으로 새로운 세포를 감염시킨다. 통합된 F 인자는 염색체 DNA를 전달할 수 있는 Hfr 균주를 생성한다. 접합(conjugation)에서 복제는 공여균에 남아있는 단일가닥 및 수용균에게 전달된 단일가닥에 대한 상보가닥을 합성하는 데 사용되지만 원동력을 제공하지는 않는다.

플라스미드 파티션(partition, 분할)은 ParB 단백질과 *parS* 표적 부위의 상호작용으로 IHF 단백질을 포함하는 구조를 형성한다. 이 파티션 콤플렉스(partition complex)는 복제된 염색체가 다른 딸세포로 분리되도록 한다. 분리의 메커니즘은 염색체가 복제로부터 나오는 대로 서로 다른 위치에서 덩어리(mass)로 응축시키는 MukB의 작용에 의한 DNA의 이동이 포함될 수 있다.

플라스미드는 파티션을 보장하거나 돕는 다양한 시스템을 가지고 있으며, 각각의 플라스미드는 여러 가지 유형의 시스템을 보유할 수 있다. 플라스미드의 사본 수는 박테리아 염색체(단위 세포당 하나)와 동일한 수준으로 존재하는지 또는 더 많은 수로 존재하는지를 말한다. 플라스미드 불화합성(incompatibility)은 복제 또는 파티션(단일-사본 플라스미드)에 관련된 메커니즘의 결과일 수 있다. 복제에 대한 동일한 조절 시스템을 공유하는 두 개의 플라스미드는 복제 과정의 수가 각 박테리아 게놈마다 단 하나의 플라스미드만 확보하기 때문에 불화합성이다.

아그로박테리아는 상처받은 식물세포에서 종양형성을 유도한다. 상처받은 세포는 박테리아의 Ti 플라스미드에 의해 운반되는 *vir* 유전자를 활성화시키는 페놀 화합물(phenolic compound)을 분비한다. *vir* 유전자 산물은 플라스미드의 T-DNA 영역의 단일가닥 DNA를 식물세포 핵으로 전달한다. 전달(transfer)은 T-DNA의 한 경계에서 시작되지만 가변 부위에서 끝난다. 단일가닥은 이중가닥으로 전환되어 식물 게놈으로 통합된다. T-DNA 내의 유전자는 식물세포를 형질전환하여 특정 오파인(opine, 아르기닌의 유도체)을 생산하게 한다. Ti 플라스미드의 유전자는 아그로박테리아가 형질전환된 식물세포에 의해 생성된 오파인을 대사할 수 있게 한다. T-DNA는 유전자를 식물세포로 전달하기 위한 벡터(vector)를 개발하는 데 사용되어 왔다.

미토콘드리아의 복제와 분리는 엄격히 통제되기 보다는 확률적(stochastic)인 것처럼 보인다.

학습문제

왼쪽의 목록에 있는 각각의 선형 게놈은 전체 게놈을 어떻게 복제하는가? 오른쪽의 목록에서 각각에 대해 올바른 메커니즘을 선택하라. 선택 사항은 두 번 이상 사용될 수 있다.

1. 람다 파지	**A.** 말단에 헤어핀(hairpin)이 만들어지므로 자유 말단이 없다.
2. 아데노바이러스	**B.** 단백질은 5′ 말단 염기에 공유결합하여 DNA 합성을 위한 OH기를 제공한다.
3. T4 파지	**C.** 선형 게놈은 복제를 위해 원형 또는 다중체(multimeric form)로 변환될 수 있다.

4. 용균 파지는 다음 중 어떤 게놈으로 구성될 수 있는가?
A. 단일-가닥 RNA
B. 단일-가닥 DNA
C. 이중-가닥 DNA
D. 위의 모두

5. 박테리아 플라스미드는 다음 중 어떤 게놈으로 구성될 수 있는가?
A. 단일-가닥 RNA
B. 단일-가닥 DNA
C. 이중-가닥 DNA
D. 위의 모두

6. 박테리아 접합의 결과 전달되는 것은 무엇인가?
A. mRNA 전사체만
B. 플라스미드 DNA 염기배열만
C. 플라스미드 및 숙주 염색체 DNA 염기배열
D. 숙주 염색체 DNA 염기배열만

7. 새로운 파지 게놈의 신속한 생성을 위해 용균 박테리오파지가 일반적으로 사용하는 DNA 복제 메커니즘은 무엇인가?
A. 선형 게놈의 말단-단백질 매개 복제
B. 특정 복제 기점으로부터 양방향성 DNA 복제
C. 특정 복제 기점으로부터 일방향성 DNA 복제
D. 롤링 서클 DNA 복제

8. F-양성(F^+) 박테리아는 다음 중 어떤 표면 부속기관을 가지고 있는가?
A. 편모, 이동성에 사용되는 매우 가는 구조
B. 편모, 다른 세포와 접합하는 데 사용되는 매우 가는 구조

C. 선모, 이동성에 사용되는 매우 가는 구조
D. 선모, 다른 세포와 접합하는 데 사용되는 매우 가는 구조

9. F 플라스미드는 세포당 얼마나 많은 사본에 존재하는가?
A. 하나
B. 둘
C. 하나에서 여러 개로 다양
D. 고빈도 사본 수(high-copy number)

10. T-DNA는 박테리아 세포에서 식물세포로 전달되는 것은 무엇인가?
A. 왼쪽 T-DNA 반복배열에서 닉으로부터 시작하는 단일-가닥 DNA
B. 오른쪽 T-DNA 반복배열에서 닉으로부터 시작하는 단일-가닥 DNA
C. 왼쪽 T-DNA 반복배열에서 이중-가닥 절단에서 시작하는 이중-가닥 DNA
D. 오른쪽 T-DNA 반복배열에서 이중-가닥 절단에서 시작하는 이중-가닥 DNA

핵심용어

compatibility group
conjugation
copy number
crown gall disease
episome
F plasmid
Hfr
heteroplasmy
immunity
lysogenic
opine
pili
pilin
plasmid
relaxase
rolling circle
strand displacement
temperate phage
terminal protein
T-DNA
Ti plasmid
transfer region

읽을거리

Falkenberg, M., Larsson, N.-G., and Gutafsson, C. M. (2007). DNA replication and transcription in mammalian mitochondria. *Annu. Rev. Biochem.* **76**, 679–699.

Ghosh, S. K., Hajra, S., Paek, A., and Jayaram, M. (2006). Mechanisms for chromosomal and plasmid segregation. *Annu. Rev. Biochem*. **75**, 211–241.

Lutkenhaus, J. (2007). Assembly dynamics of the bacterial MinCDE system and special resolution of the Z ring. *Annu. Rev. Biochem.* **76**, 539–562.

Ulher, B., Li, Y., Logemann, E., Somssich, I. E., and Weisshaas, B. (2008). T-DNA mediated transfer of *Agrobacterium tumefaciens* chromosomal DNA into plants. *Nat. Biotechnol*. **26**, 1015–1017.

Zzaman, S., Abhyanker, M. M., and Batistia, D. (2004). Reconstruction of F factor DNA replication *in vitro* with purified proteins. *J. Biolog. Chem*. **279**, 17404–17410.

15

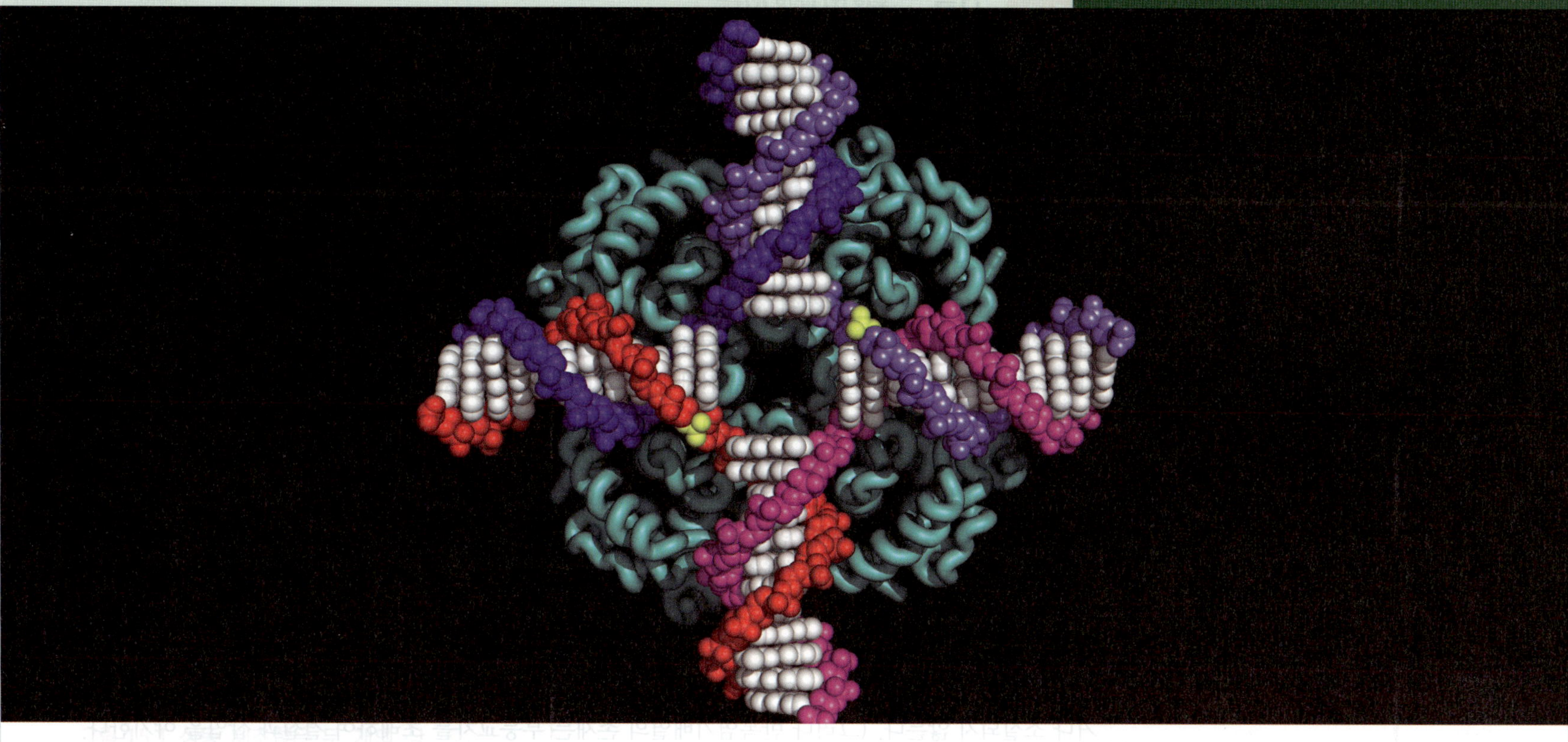

재조합 중간체인 RuvA 테트라머와 DNA 홀리데이 접합부의 상호작용을 보여주는 모델. Reproduced with permission from J. B. Rafferty et al, *Science* 274 (1996): 415–421. ©1996 AAAS. Photo courtesy of David W. Rice and John B. Rafferty, University of Sheffield.

상동 재조합과 부위-특이적 재조합

15장 개요

15.2 상동 재조합은 감수분열 시 시냅스된 염색체 사이에서 일어난다

▶ **핫스폿(hotspot)** 게놈에서 돌연변이 (또는 재조합) 빈도가 대개 증가하는 부위로 이웃 부위와 비교하여 최소 10배 이상 증가한다.

상동 재조합은 두 개의 DNA 이중구조 사이의 반응이다. 그것의 중요한 특징은 일부 염기배열이 재조합 **핫스폿(hotspot)**에서 다른 염기배열에 비해 선호되는 것처럼 보이지만, 반응에 관여하는 효소가 상동성 염기배열을 기질로 사용할 수 있다는 것이다. 재조합 빈도는 게놈 전체에 걸쳐 일정하지는 않지만, 전 세계적 및 국재적 영향 모두에 의해 영향을 받는다. 전반적인 빈도는 난모세포와 정자에서 다를 수 있다. 재조합은 남성 인간에서와 같이 여성 인간에서 두 번 빈번하게 발생한다. 게놈 내에서 그 빈도는 염색체 구조에 달려있다; 예를 들면, 교차는 헤테로크로마틴의 응축 및 비활성 영역 부근에서 억제된다.

재조합은 오래 걸리는 감수분열 초기 단계에서 발생한다. 그림 15.4는 DNA의 이중구조 사이의 물질 교환에 관련된 분자 상호작용으로 감수분열의 단계의 5단계를 통해 염색체의 눈으로 볼 수 있는 진행 상황을 비교한 것이다. 효모에 대한 연구에 따르면 상동 재조합의 모든 분자 현상은 늦은 파키틴기(pachytene, 태사기)까지 완료되었다.

감수분열의 시작은 각 염색체가 보일 수 있는 지점으로 표시된다. 이 염색체는 각각 복제를 완료했

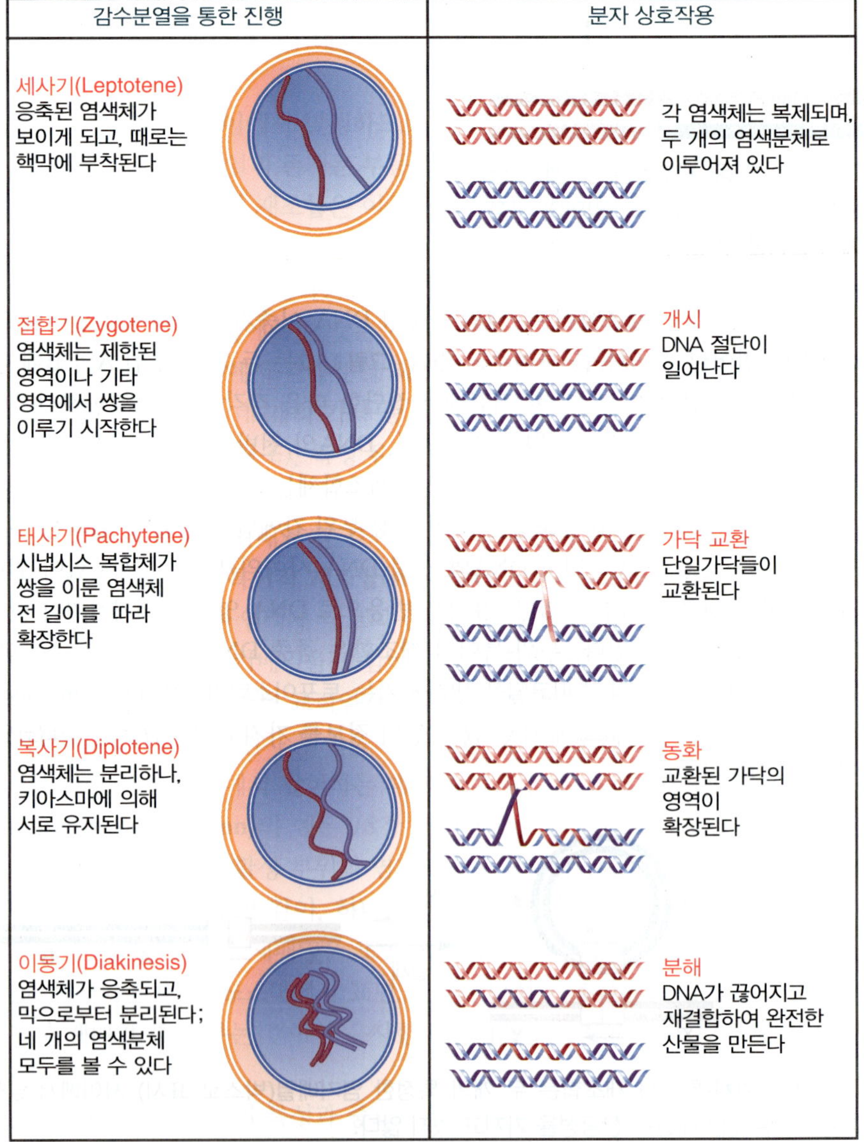

그림 15.4 재조합은 첫 번째 감수성 전기(prophase)에서 일어난다. 전기의 단계는 염색체가 나타나는 시기로 정의되는데, 비록 중복된 상태를 끝에서만 볼 수 있게 되지만, 두 개의 레플리카(replica, 자매염색분체)로 이루어진다. 모든 교차 과정의 분자 상호작용에는 네 개의 이중가닥 DNA 중 두 개가 관여하고 있다.

으며, 이중가닥 DNA가 들어있는 두 개의 **자매염색분체(sister chromatid)**로 구성된다. 상동 염색체는 서로 접근하고 하나 이상의 영역에서 쌍을 이루기 시작하여 **이가염색체(bivalent)**를 형성한다. 짝짓기는 각 염색체의 전체 길이가 상동체와 일치할 때까지 계속된다. 이 과정을 **시냅시스(synapsis, 접합)** 또는 **염색체 접합(chromosome pairing)**이라고 한다. 이 과정이 완료되면 염색체는 종에 따라 세부 사항에 넓은 변화가 있기는 하지만, 각 종에 특징적인 구조를 갖는 **시냅시스 복합체(synaptonemal complex)**의 형태로 옆으로 연결되어 있다.

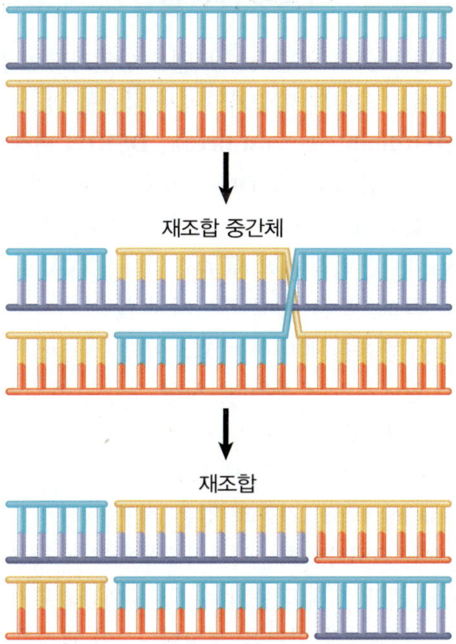

염색체 간의 재조합은 부분의 물리적 교환(재조합을 개시하기 위해 한 염색분체에서 이중-가닥 절단을 통해 이루어짐), *비자매* 염색분체(*nonsister* chromatid) 간의 **연결분자(joint molecule)** 형성, 결합을 파괴하는 분리능이 관여하며, 새로운 유전정보를 가진 손상되지 않은 염색분체를 형성한다. 염색체가 분리되기 시작하면, **키아스마타(chiasmata, 단수형; chiasma)**라고 불리는 별개의 장소에서 가시적으로 연결된다. 키아스마타의 수와 분포는 유전적 교차의 빈도와 위치와 일치하며, 키아스마는 교차 과정의 실제 위치를 나타내는 것으로 보인다. 키아스마는 염색체가 응축되고 네 가지 염색체가 모두 분명해지면 계속 볼 수 있다.

어버이 DNA 분자

재조합 중간체

재조합

그림 15.5 재조합은 두 개의 어버이 DNA의 상보적 가닥 사이의 쌍을 형성한다.

▶ **자매염색분체(sister chromatid)** 복제된 염색체의 두 개의 동일한 사본; 이 용어는 두 사본이 센트로미어(동원체)에서 연결되어있는 한 사용된다. 자매염색분체는 유사분열 후기 혹은 감수분열 후기 단계 II에서 분리된다.

▶ **이가염색체(bivalent)** 감수분열의 시작 시에 네 개의 염색체(각 상동체를 나타내는 두 개) 모두를 포함하는 구조체.

▶ **접합(synapsis)** 또는 **염색체 접합(chromosome pairing)** 감수분열의 시작 시에 발생하는 두 쌍의 자매염색분체(상동성 염색체, homologous chromosomes)를 나타내는 연관성; 결과적인 구조를 이가염색체라고 부른다.

▶ **연결분자(joint molecule)** 유전물질의 상호교환을 통해 서로 연결되어있는 한 쌍의 DNA 이중가닥.

▶ **키아스마타(chiasmata, 단수형; chiasma)** 두 개의 상동염색체가 감수분열 중 물질을 교환한 부위.

이 과정의 분자적 기초는 무엇일까? 각각의 자매염색분체는 하나의 DNA 이중가닥을 포함하고 있어서, 각각의 이가염색체는 네 개의 DNA 이중분자를 포함하고 있다. 재조합은 한 자매염색분체의 이중가닥 DNA가 다른 염색체의 자매염색분체의 이중가닥 DNA와 상호작용할 수 있는 메커니즘을 필요로 한다. 이 반응은 물질이 개별 염기쌍의 수준에서 정밀도로 교환될 수 있게 하는 고도의 특이한 방식으로 두 분자 내의 대응하는 염기배열 쌍 사이에서 일어날 수 있어야 한다.

우리는 핵산이 염기배열을 기반으로 서로를 인식하는 유일한 메커니즘, 즉 단일가닥 간의 상보성을 알고 있다. 그림 15.5는 재조합에서 단일가닥이 관여하고 있는 것을 간략하게 보여주고 있다. 단일가닥을 제공하는 첫 번째 단계는 각 DNA 이중가닥에서 끊어지는 것이다(이 경우 단순화를 위해 단일-가닥 절단으로 표시되어 있지만, 자세한 모델은 *15.3절 이중-가닥 절단은 재조합을 시작하게 한다* 참조). 그런 다음, 이중가닥 중 하나 또는 모두가 방출될 수 있다. (최소) 하나 이상의 가닥이 다른 이중가닥에서 그에 상응하는 가닥으로 대체하면, 두 이중구조 분자는 상응하는 염기배열에서 특이적으로 연결될 것이다. 가닥 교환이 확장되면, 이중가닥 간 보다 광범위한 연결이 있을 수 있다. 양 가닥을 교환하고 나중에 절단함으로써, 유전정보를 교환하게 될 교차에 의해 부모 이중구조 분자를 연결할 수 있다.

핵심개념

- 키아스마(chiasmata)가 교차하는 지점을 형성하기 위해서는 염색체가 시냅스(pair)해야 한다.
- 감수분열 단계는 DNA에 일어나는 분자 현상과 관련이 있다.

개념 및 추론 확인

비자매 염색분체(*nonsister* chromatid) 간의 상동 재조합이 우선적으로 일어나는 이유는 무엇인가?

15.3 이중-가닥 절단은 재조합을 시작하게 한다

▶ **이중-가닥 절단(double-strand break, DSB)** DNA 이중구조의 두 가닥이 동일한 부위에서 절단될 때 발생하는 끊김(절단). 유전자 재조합은 그런 끊김에 의해 시작된다. 세포는 또한 다른 시간에 생성되는 끊김에 작동하는 수복 시스템이 있다.

▶ **5′ 말단 절제(5′-end resection)** 이중가닥 절단에서 5′ 말단의 핵산분해효소 분해를 통해 일어나는 3′ 돌출 말단(3′-overhang) 단일가닥 영역의 생성.

▶ **단일-가닥 침입(single-strand invasion)** 단일가닥의 DNA가 이중가닥에서 상동성 가닥으로 치환되는 과정.

그림 15.5의 일반적인 모델은 단일가닥이 풀어져서 유전자 교환에 참여할 수 있는 지점을 생성하기 위해서는 하나의 이중가닥에서 끊김을 만들어야 한다는 것을 보여준다. 실제로 유전자 교환은 **이중-가닥 절단(double-strand break, DSB)**의 형성에 의해 시작된다. 이 모델은 그림 15.6에 나와 있다.

재조합은 상대 DNA 이중가닥인 "수용가닥(recipient)" 중 하나를 절단하는 핵산내부가수분해효소에 의해 시작된다. 이것은 감수분열에서 DNA 토포이소머라아제(DNA topoisomerase)와 관련된 Spo11 단백질에 의해 수행된다. DNA 토포이소머라아제는 일시적으로 DNA의 한 가닥 또는 두 가닥을 끊고, 틈을 통해 끊어지지 않은 가닥을 통과시킨 다음, 간격을 다시 밀봉하여 DNA의 위상(topology) 변화를 촉매하는 효소이다. 절단에 의해 생성된 말단은 결코 자유롭지 않고 그 대신에 효소의 범위 안에서만 조작된다. 사실 그들은 효소에 공유결합되어 있다. Spo11은 그림 15.7에서와 같이 감수분열 중 DSB를 형성할 때 유사한 공유결합이 이루어진다.

유사분열 세포에서 DSBs는 DNA 손상의 결과로 또는 효모에서 V(D)J 재조합 또는 교배-타입(mating-type) 전환과 같은 절단을 형성하도록 프로그램된 특정 과정의 작용을 통해 자발적으로 형성된다. DSB는 핵산외부가수부해효소 작용에 의해 갭(gap)으로 확대된다. DNA 헬리카아제(DNA helicase)와 함께 작동할 수 있는 핵산외부가수부해효소는 절단된 어느 한쪽에 있는 한 가닥을 제거하여 3′ 단일-가닥 말단을 생성한다; 이 과정은 **5′ 말단 절제(5′-end resection)**로 알려져 있다. 자유 3′ 말단 중 하나는 다른 ("공여가닥") 이중가닥에서 상동 영역을 침범한다. 이것을 **단일-가닥 침입(single-strand invasion)**이라고 한다. 이것은 각 어버이 DNA 분자로부터 하나의 가닥으로 이루어진 영역인 **헤테로듀플렉스(heteroduplex, 이종이중가닥) DNA**의 형성을 초래한다. 가닥 침입 과정은 또한 **D-루프[D-loop, 대치 고리(displacement loop)]**를 생성하는데,

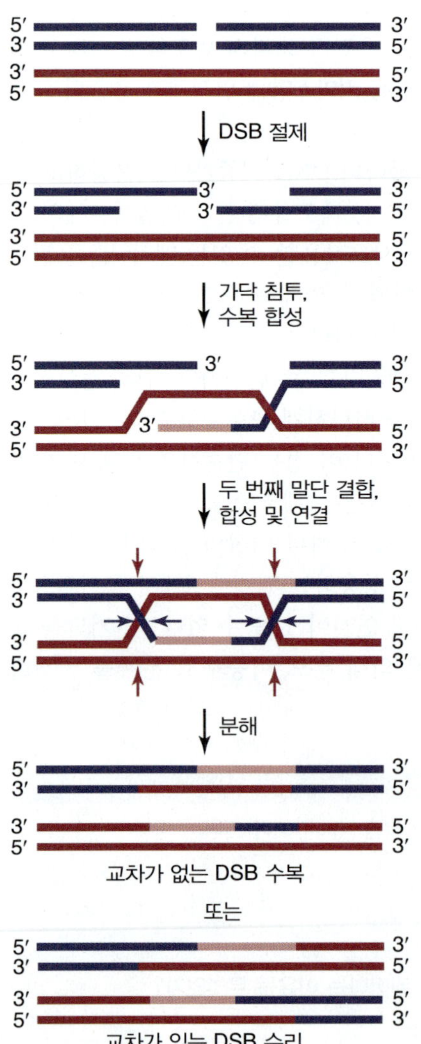

그림 15.6 상동 재조합의 이중-가닥 절단 수복 모델. 재조합은 이중-가닥 절단에 의해 시작된다. DNA 절제로 알려진 말단의 핵산가수분해효소 분해 후, 3′-OH 말단을 갖는 단일-가닥 테일이 형성된다. 상동성 이중가닥으로의 한쪽 말단의 침입으로 D-루프가 형성된다. DNA 합성에 의한 3′-OH 말단의 확장으로 D-루프가 확대된다. 일단 대체된 루프가 절단된 다른 쪽과 쌍을 이룰 수 있으면, 두 번째 이중-가닥 절단 말단이 결합한다. 연결 반응(ligation)으로 이어지는 DNA 합성은 두 개의 홀리데이 접합부를 형성한다. 파란색 화살표의 하나의 홀리데이 접합부와 빨간색 화살표의 하나의 홀리데이 접합부가 분해되면 교차 산물이 만들어진다.

▶ **이종이중가닥 DNA(heteroduplex DNA)** 서로 다른 어버이 이중가닥 DNA로부터 유래된 상보적인 단일가닥 간의 염기쌍에 의해 생성된 DNA; 그것은 유전자 재조합 동안 발생한다.

▶ **D-루프(displacement loop, 대치 고리)** 상동 재조합이 일어나는 동안 가닥 침입과 확장에 의해 생성된 치환된 DNA의 루프.

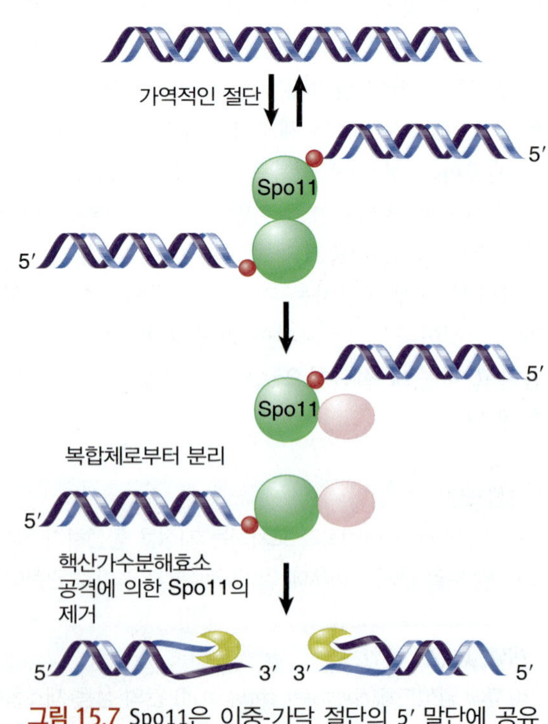

그림 15.7 Spo11은 이중-가닥 절단의 5′ 말단에 공유결합된다.

여기서 공여 이중가닥의 한 가닥이 대치된다. D-루프는 이중가닥 DNA를 생성하기 위해 유리 3′ 말단을 프라이머로 사용하여 DNA 합성 수복에 의해 연장된다.

결국 D-루프는 수용 염색분체 상의 갭(gap)의 전체 길이에 상응할 정도로 충분히 커지게 된다. 돌출된 단일가닥이 갭의 먼 쪽에 도달하면 D-루프가 대치됨에 따라 상보적 단일-가닥 염기배열이 어닐링되고, 두 번째 DSB 말단을 포착할 수 있다. 갭의 두 번째 가닥은 수복 합성에 의해 채워지며, 원래의 절단점의 양쪽에 **헤테로듀플렉스 DNA**가 있다. [비록 우연한 3′에서 5′ 핵산외부가수분해효소 활성으로 인해 절단점의 3′ 말단에서 염기배열이 손실되더라도, 이 메커니즘은 갭의 왼쪽에 있는 3′ 말단을 프라이머로 사용하여 수복 합성에 의해 이중가닥을 복원할 것이다. 만일 수용체 DNA에 대한 정보가 공여체의 염기배열로 대체되면, 이 결과로 생기는 이중가닥은 대체된 영역에서 동일하다(동형 접합체, homozygous). 이종 접합 유전자 부위가 동형접합상태로 전환될 때, 이를 종종 **유전자 전환(gene conversion)**이라고 한다.] 갭(gap) 자체는 **재조합체 연결 부위(recombinant joint)**를 포함하는 **홀리데이 접합부(Holliday junction)**으로 알려진 교차 가닥에 의해 측면에 위치하고 있다. 전체적으로, 갭은 단일-가닥 DNA 합성의 두 개의 개별 라운드에 의해 수복되었다. 연결 부위는 절단하여 풀어져야 한다. 만약 두 연결 부위가 같은 방식으로 풀어진다면, 원래의 비교차 분자(noncrossover molecule)가 방출될 것이고, 각각은 교환 과정의 흔적인 변형된 유전자 정보 영역을 가지고 있을 것이다. 두 연결 부위가 서로 반대되는 방식으로 풀어지면 유전적인 교차가 생성된다.

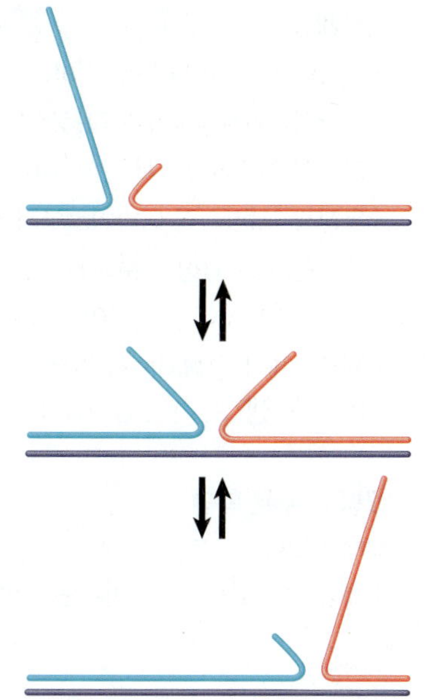

그림 15.8 쌍을 이루지 않은 단일가닥이 쌍을 이룬 가닥을 대체할 때, 분지점 이동은 어느 한 방향으로도 일어날 수 있다.

연결분자는 구조체의 닉(nick)이 두 개의 분리된 DNA 이중가닥을 복원할 때 분리된다고 한다.

재조합체 연결 부위의 중요한 특징은 이중구조를 따라 움직이는 능력이다. 이러한 이동성을 **분지점 이동(branch migration)**이라 하며, 이중구조에서 단일가닥의 이동을 보여준다. 분기점은 한 가닥이 다른 쪽으로 옮겨지면서 어느 방향으로나 이동할 수 있다. 따라서 가닥 침입과 분지점 이동은 그림 15.8의 하단에 두 개의 재조합체 연결 부위가 있는 분자 구조를 생성하며, 원래의 절단점과는 다른 거리에 있을 수 있다.

가닥 교환에 의해 형성된 연결 분자는 두 개의 분리된 이중구조 분자로 분리되어야 한다. **분해(resolution)**되기 위해서는 추가적인 틈이 필요하다. 하나의 평면에서 연결분자를 홀리데이 접합부로 결과를 쉽게 시각화할 수 있다. 이는 분리 반응을 나타내는 그림 15.6의 아래쪽 그림에 나와 있다. 반응의 결과는 어떤 쌍의 가닥에 닉이 생겼는가에 달려 있다.

한 쌍의 가닥을 절단하면(nicking) **스플라이스 재조합체 DNA(splice recombinant DNA)** 분자가 생긴다. 한 어버이 DNA의 이중가닥은 일련의 헤테로듀플렉스 DNA를 통해 다른 어버이 DNA의 이중가닥에 공유 결합되어 있다. 헤테로듀플렉스 영역의 양측에 위치한 마커(marker) 간에는 통상적인 재조합 현상이 있었다.

대조적으로, 다른 쌍의 가닥을 절단하면 **패치 재조합체(patch recombinant)**가 생성된다. 이러한 닉은 원래의 어버이 이중가닥을 방출한다. 이로 인하여 각각의 이중가닥은 긴 헤테로듀플렉스 DNA의 형태로 이러한 현상의 흔적이 존재한다는 것을 제외하고는 그대로 남아있다.

연결분자의 이러한 다른 형태의 분리는 이중가닥 DNA 간의 *가닥 교환(strand exchange)이 항상 헤테로듀플렉스 DNA 영역을 남겨두지만, 교환은 인접한 영역의 재조합을 수반하거나 수반하지 않을 수도 있다*는 원리를 확고히 한다.

- **유전자 전환(gene conversion)** 헤테로듀플렉스 DNA의 한 가닥이 잘못 변형되어 다른 염기와 상보적인 염기가 있는 위치에서 상동성 염기배열에 의해 하나의 유전자좌가 완전히 치환된 것.
- **재조합체 연결 부위(recombinant joint)** 이중가닥 DNA의 두 재조합 분자가 연결되는 지점(헤테로듀플렉스 영역의 가장자리).
- **홀리데이 접합부(Holliday junction)** 상동 재조합의 중간 구조로 DNA의 두 이중구조가 네 개의 가닥 중 두 개 사이에서 교환된 유전물질에 의해 연결되어 있다.
- **분지점 이동(branch migration)** 상동성이 있는 기존 가닥을 치환시킴으로써 짝짓기를 연장하도록 이중가닥에서 상보가닥과 부분적으로 짝을 이루는 DNA 가닥의 능력.
- **분해(resolution)** 공동삽입체에서 트랜스포존의 두 개의 사본 간의 상동 재조합 반응에 의해 발생한다. 반응은 공여체 및 표적 레플리콘을 생성하며, 각각은 트랜스포존의 사본을 갖는다.
- **스플라이스 재조합체 DNA(splice recombinant DNA)** 유전자 교환이 일어나지 않은 가닥들이 잘라져 분리된 홀리데이 접합부에서 유래된 DNA. 교환지점 이전의 DNA 가닥은 모두 하나의 염색체에서 유래한다; 교환지점 이후의 DNA는 상동성 염색체에서 유래한다.
- **패치 재조합체(patch recombinant)** 유전자 교환된 가닥들이 잘라져 분리된 홀리데이 접합부에서 유래된 DNA. 이중구조는 상동 염색체에서 유래한 한 가닥의 DNA 염기배열을 제외하고는 대체로 변하지 않는다.

핵심개념

- 재조합은 하나의 (수용체) DNA 이중구조에서 이중-가닥 절단(double-strand break)이 생기면서 시작된다.
- 핵산외부가수부해효소 작용은 다른 (공여체) 이중구조를 침입하는 3′ 단일-가닥 말단을 생성한다.
- 하나의 이중가닥에서 한 가닥이 다른 이중가닥에서 그에 상응하는 상대편으로 대체되면, D-루프가 생성된다.
- 유전자 교환은 각 어버이로부터 한 가닥으로 이루어진 일련의 헤테로듀플렉스 DNA를 생성한다.
- 새로운 DNA 합성은 분해된 모든 물질을 대체한다.
- 두 개의 DNA 이중 가닥이 헤테로듀플렉스 DNA로 연결되어 있는 재조합체 연결분자를 생성한다.
- 재조합체가 형성되는지 여부는 원래 유전자 교환에 관여한 가닥 또는 다른 한 쌍의 가닥이 분리하는 동안 닉(nick)이 생겼는가에 달려있다.

개념 및 추론 확인

헤테로 접합체 위치에서 일어나는 상동 재조합(homologous recombination) 과정 중 DNA 갭이 생성되었는지 여부를 알 수 있는가? 그 이유는 무엇인가?

15.4 재조합 염색체는 시냅시스 복합체에 의해 연결되어 있다

재조합의 기본적인 역설은 어버이 염색체가 DNA의 재조합을 위해 충분히 근접해 있는 것처럼 보이지 않는다는 것이다. 염색체는 복제된 (자매 염색체) 쌍의 형태로 감수분열을 일으키며 크로마틴(염색질) 덩어리로 볼 수 있다. 그들은 쌍을 이루어 시냅시스 복합체(synaptonemal complex)를 형성하며, 이것이 재조합과 관련된 몇 단계(아마도 DNA 교환에 필요한 예비 단계)라고 수년 동안 추측되어 왔다. 더 최근의 견해는 시냅시스 복합체가 재조합의 원인이 아닌 결과이지만, 우리는 시냅시스 복합체의 구조가 DNA 분자 간의 분자 접촉과 어떻게 관련되어 있는지 아직 정의하지 못하고 있다.

- ▶ **축 요소(axial element)** 시냅스 시작 시 염색체가 응축되는 단백질성 구조.
- ▶ **측면 요소(lateral element)** 한 쌍의 자매염색분체가 축 요소에 응축될 때 형성되는 시냅시스 복합체의 구조.
- ▶ **중심 요소(central element)** 상동 염색체의 측면 요소가 정렬되는 시냅시스 복합체의 중간에 있는 구조. 그것은 Zip 단백질로 형성된다.

시냅시스는 각 염색체(자매염색체 쌍)가 **축 요소(axial element)**라고 하는 단백질성 구조 주위에서 응축될 때 시작된다. 상응하는 염색체의 축 요소가 정렬되고, 시냅시스 복합체는 셋으로 나누어진 구조로 형성되는데, 여기서 현재는 **측면 요소(lateral element)**라 불리는 축 요소는 **중심 요소(central element)**에 의해 서로 분리되어 있다. 그림 15.9는 그 예를 보여주고 있다.

이 단계에서 각각의 염색체는 측면 요소로 결계를 이룬 커다란 크로마틴(염색질)으로 나타난다. 두 개의 측면 요소는 가늘지만, 밀도가 높은 중심 요소로 서로 분리되어 있다. 평행의 조밀한 가닥의 삼중구조(triplet)는 축을 따라 곡선을 이루고 비틀린 단일 평면에 놓여 있다. 상동 염색체 사이의 거리는

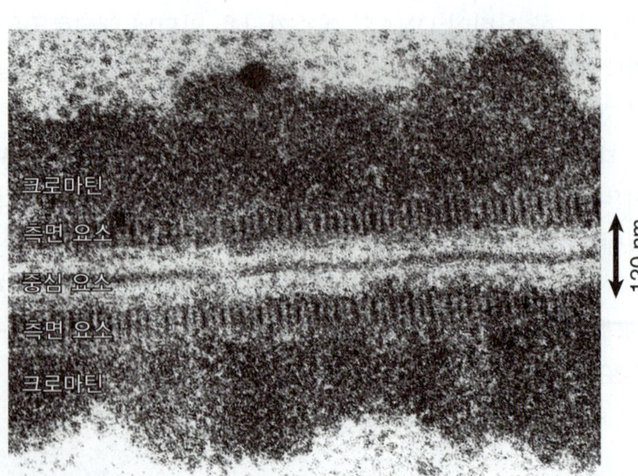

그림 15.9 시냅시스 복합체는 염색체를 나란히 놓이게 한다. Reproduced from D. Von Wettstein, *Proc. Natl. Acad. Sci. USA* 68 (1971): 851–.855. Photo courtesy of D. Von Wettstein, Washington State University.

200 nm보다 큰데, 이는 분자적 측면에서 상당히 크다(DNA 직경은 2 nm임). 따라서 복합체의 역할을 이해하는 데 있어 중요한 문제는 상동 염색체를 정렬하기는 하나, 상동 DNA 분자를 접촉하도록 하기에는 거리가 멀다는 것이다.

시냅시스 복합체의 두 면 사이의 유일한 가시적인 연결고리는 곰팡이와 곤충에서 관찰되는 구형 또는 원통형 구조를 닮아 있다. 그것들은 복합체 전체에 걸쳐 존재하며 **재조합 노듈[recombination nodules(nodes)]**이라고 한다; 그것들은 키아스마와 동일한 빈도와 분포로 발생한다. 그들의 이름은 재조합의 부위가 될 수 있을 것이라는 가능성을 반영하고 있다.

▶ **재조합 노듈[recombination nodules(nodes)]** 시냅시스 복합체에 존재하는 조밀한 물체; 그들은 교차하는 데 관여하는 단백질 복합체를 나타낼 수 있다.

시냅시스 복합체 형성에 영향을 미치는 돌연변이로부터 우리는 그 구조에 관여하는 단백질의 유형을 확인할 수 있다. 그림 15.10은 시냅시스 복합체의 분자 구조를 나타낸다. 그것의 특유한 구조상 특징은 단백질의 두 개 그룹 때문이다:

- 코헤신(*cohesin*)은 크로마틴의 루프가 연장되는 자매염색분체의 각 쌍에 대해 단일 직선 축을 형성한다. 이것은 그림 15.9의 측면요소와 동일하다. (코헤신은 유사분열이나 감수분열에서 제대로 분리되도록 자매염색분체를 연결하는 데 관련된 단백질의 일반적인 그룹에 속한다.)
- 측면 요소는 그림 15.9의 중심 요소와 동일한 횡단 필라멘트로 연결된다. 이들은 *Zip 단백질*(*Zip protein*)로 형성된다.

측면 요소가 형성되기 위해 필요한 단백질 유전자의 돌연변이는 코헤신을 암호화하는 유전자에서 발견된다. 감수분열에서 사용되는 코헤신은 Smc3(유사분열에서도 사용됨) 및 Rec8(감수분열에 특이적이고, 유사분열 코헤신인 Scc1과 관련이 있음)이 있다. 코헤신은 유사분열과 감수분열 모두에서 염색체를 따라 특정 부위에 결합하는 것으로 보인다. 그들은 염색체 분리에서 구조적 역할을 하는 경향이 있다. 감수분열 시, 재조합의 후반 단계에는 측면 요소의 형성이 필요할 수 있다. 왜냐하면 이러한 돌연변이가 이중-가닥 절단(double-strand break, DSB)의 형성을 막지는 못하지만 재조합체 형성을 차단하기 때문이다.

ZIP1 유전자의 돌연변이는 측면 요소가 형성되고 정렬되도록 하지만 밀접하게 결합되지는 않는다. Zip1 단백질의 N-말단 도메인은 중심 요소에 위치하지만, C-말단 도메인은 측면 요소에 위치한다. Zip1은 또한 ZMM 단백질로 통칭되는 Zip2-4, Mer3 및 Msh4/5를 비롯한 여러 다른 단백질과 상호작용한다. Zip 단백질은 자매염색분체 쌍의 측면 요소를 연결하는 횡단 필라멘트를 형성하는 반면, Mer3, Msh4 및 Msh5 단백질은 재조합을 촉진한다.

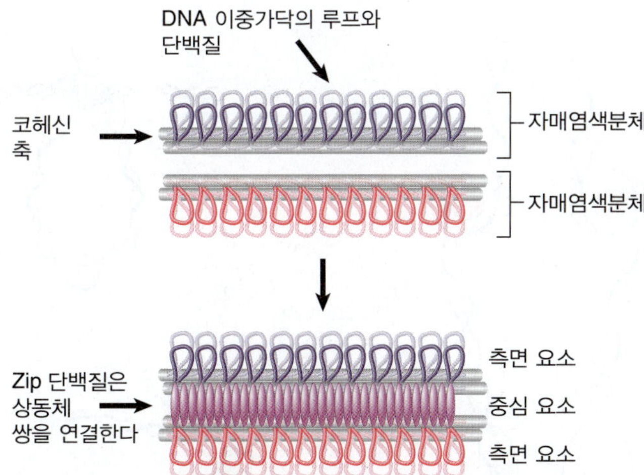

그림 15.10 자매염색분체의 각 쌍에는 코헤신으로 된 축이 있다. 축으로부터 크로마틴의 루프가 돌출되어 있다. 시냅시스 복합체는 Zip 단백질을 통해 축을 연결하여 형성된다.

핵심개념

- 감수분열의 초기 단계 동안 상동 염색체는 시냅토넬 복합체에서 쌍을 이룬다.
- 각 호모로그의 많은 크로마틴은 단백질성 복합체에 의해 다른 상동체와 분리된다.
- 코헤신과 Zip 단백질은 측면 요소와 횡단 필라멘트/중심요소를 형성한다.

개념 및 추론 확인

그 구조를 기반으로, 시냅시스 복합체가 재조합에 실제로 어떻게 방해하는지 설명하라.

15.5 특수 효소는 5′ 말단 절제와 단일-가닥 침입을 촉매한다

상동 재조합의 중심적인 독특한 특징은 상동성의 공여체 염기배열과 정렬되고 침범하는 데 사용되는 단일-가닥 영역의 생성이다. 보존된 Mre11 복합체는 진핵세포의 감수분열(및 유사분열 세포에서 DSB의 위치에서의) 절단 시 단일가닥의 생성에 필요하며, 이 복합체는 또한 공유결합된 Spo11을 함유하는 짧은 올리고 뉴클레오타이드를 절단함으로써 DNA 말단으로부터 Spo11을 해리시킨다. *mre11* 돌연변이는 감수분열 재조합 결손(*m*eiotic *re*combination deficient)이 결핍된 세포에서 처음 발견되었다. 보존된 복합체는 Mre11, Rad50 및 Nbs1(효모에서 Xrs2)의 세 가지 구성성분을 함유하며, 일반적으로 MRN(또는 효모에서 MRX) 복합체라 부른다. 이 복합체는 또한 CtIP 핵산내부가수분해효소(효모에서 Sae2)와 상호작용하며, 5′ 말단 절제(5′-end resection)에 필요하다. 핵산외부가수분해효소 Exo1은 절제와 관련이 있으며, Rad50 및 Mre11은 엑소- 및 엔도뉴클레아제 활성을 갖는 것으로 알려진 박테리아 단백질과 관련되어 있다. 최소한 6개 이상의 다른 단백질이 MRN과 상호작용하고 감수분열시 DSB(이중가닥 절단) 생성 및 말단 절제에 필요하다. MRN의 중요한 역할은 DNA 말단의 분리를 방지하는 "염색체 접착제"인 것으로 보인다. 이것은 그림 15.11과 같이 아연-의존성 다이머를 형성하고 DNA 말단과 연결되는 Rad50에 의해 매개된다.

일단 단일-가닥 영역이 생성되면, 다음 단계는 이들 영역을 사용하여 상동성 이중-가닥 공여체 염기배열을 찾아 침입한다. 대장균 단백질 RecA는 발견된 DNA 가닥-전달 단백질(DNA strand-transfer protein)의 첫 번째 예이다. 이것은 여러 다른 박테리아 및 고세균 단백질과 진핵생물의 Rad51 및 Dmc1 단백질을 포함하는 그룹의 패러다임(전형적인 예)이다. 효모 *rad51* 돌연변이의 분석을 통하여

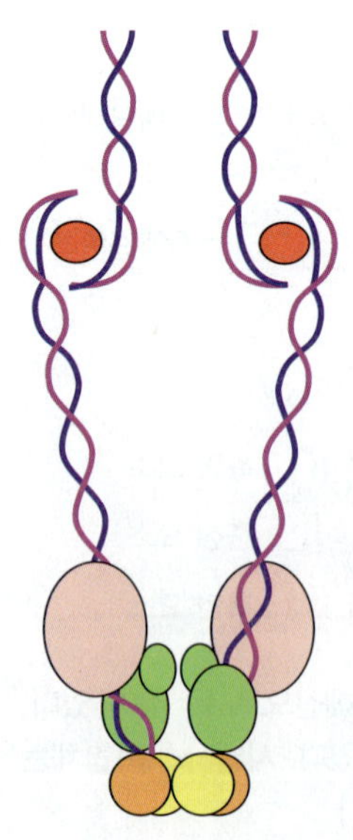

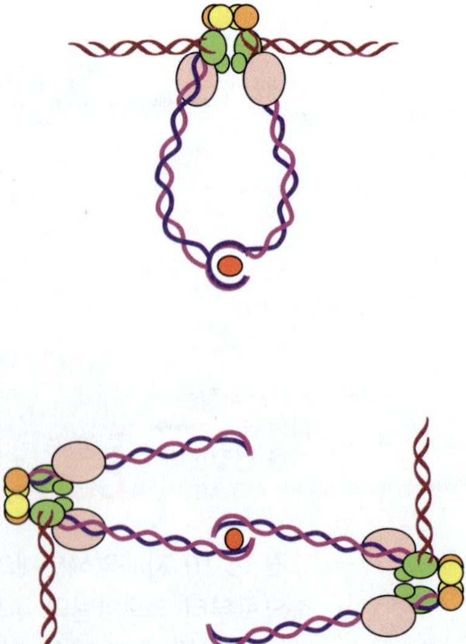

그림 15.11 Rad50의 구조와 MRN/X 복합체의 모델. 이 단백질은 절단된 말단이 분리되지 않도록 DNA 다리 역할을 한다. Rad50은 코일형 코일 도메인(분홍색 및 자주색 리본)을 가지고 있으며, Rad50의 구형 "헤드" 영역은 ATP 결합 및 가수분해 도메인(주황색 및 노란색 원)을 포함하고 Mre11(녹색) 및 Nbs1 또는 Xrs2(분홍색)와 복합체를 형성한다. 코일의 다른 말단은 아연과 결합하여 다른 MRN/X 분자와 함께 "아연 후크(zinc hook)"를 통해 다이머를 형성한다. 구형 말단은 크로마틴에 결합한다. 복합체는 이중가닥 절단과 결합하여 두 개의 DNA 말단과 하나의 MRN/X 복합체(오른쪽 위) 또는 두 개의 MRN/X 다이머 간의 상호작용을 통해 반응을 일으킬 수 있다. 단순화를 위해 하나의 가능한 모델만 표시하였다.

이러한 종류의 단백질이 재조합에 중요한 역할을 한다는 것을 알았다. 그들은 이중-가닥 절단을 축적하고 정상적인 시냅시스 복합체 형성하지 못한다. Dmc1은 감수분열 특이적이다.

Rad51/Dmc1과 원핵세포의 RecA는 모두 ATP가 있는 상태에서 나선형 핵단백질 필라멘트를 형성하기 위해 단일-가닥 DNA에 결합한다. 이 필라멘트는 단일가닥을 늘어난 형태로 유지하고, 정상적인 이중구조 DNA보다 약 50% 더 길게 늘어난다. 필라멘트 형성은 상동성의 공여체 염기배열과의 상호작용 이전에 발생할 수 있기 때문에, 이들을 때때로 **시냅스전 필라멘트(presynaptic filament)**라 한다. 이중구조의 DNA가 결합되면 RecA-부류의 단백질과 작은 홈을 통해 접촉하는데, 이때 큰 홈은 두 번째 DNA 분자와 반응할 수 있도록 남아있다. 그런 다음 이 필라멘트는 이중가닥 분자에서 DNA의 단일가닥과 그 상보가닥 간의 염기쌍을 촉진시켜 세-가닥 중간체를 만든다.

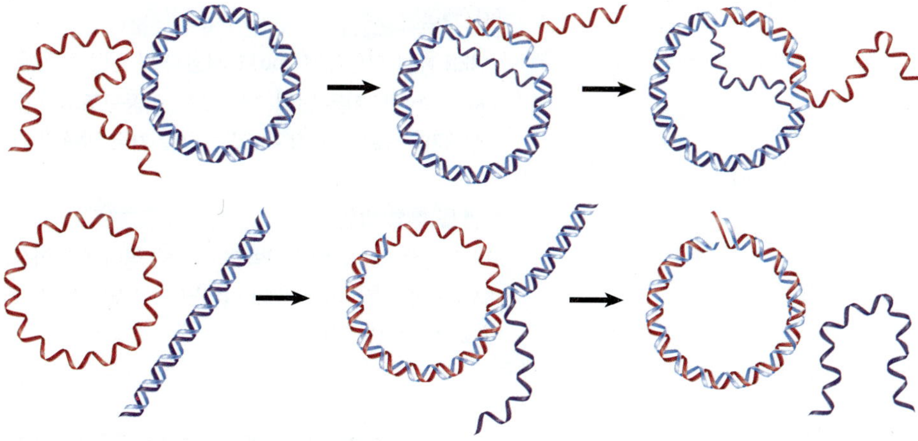

그림 15.12 RecA는 반응 가닥 중 하나가 자유 말단을 갖는 한 이중가닥으로 침입하는 단일가닥의 동화 작용을 촉진한다.

▶ **시냅스전 필라멘트(presynaptic filament)** 나선형 핵단백질 필라멘트에서 Rad51 또는 RecA와 같은 가닥-전달 단백질로 결합된 단일-가닥 DNA.

일단 상동성의 이중구조가 확인되면, 핵단백질 필라멘트는 이중구조의 해당 가닥의 교체를 촉진하고, 침입가닥과 공여체의 상보가닥 간의 염기쌍을 만든다. 치환 반응(displacement reaction)은 여러 가지 입체구조의 DNA 분자 간에 발생할 수 있으며 세 가지 일반적인 조건을 가지고 있다:

- DNA 분자 중 하나에는 단일-가닥 영역을 가지고 있어야만 한다.
- 분자 중 하나에는 자유 3′ 말단이 있어야 한다.
- 단일-가닥 영역과 3′ 말단은 분자 간의 상보적인 영역 내에 위치해야 한다.

반응을 그림 15.12에 나타내었다. 선형 단일가닥이 이중구조를 침투할 때, 원래의 상대가닥을 상보가닥으로 대체한다. 반응은 공여체 또는 수용체를 원형 분자로 만듦으로써 아주 간단하게 일어날 수 있다. 반응은 상대방이 치환되고 대체되는 가닥을 따라 5′에서 3′ 방향으로 진행한다; 즉, 반응은 교환되는 가닥 중 (적어도) 하나가 자유 3′ 말단을 갖는 교환을 포함한다.

부분적으로 이중구조 분자와 전체적으로 이중구조 분자 간의 반응은 가닥의 교환을 유도한다. 예를 그림 15.13에 나타내었다. 가닥 침입은 선형 분자의 한쪽 말단에서부터 시작되며, 침입하는 단일가닥이 통상적인 방식으로 이중구조의 상동체와 대체한다. 반응이 두 분자 모두에서 이중구조인 영역에 도달하면, 침입하는 가닥은 그 파트너와 짝을 이루지 않고, 그 다음 다른 대체된 가닥과 짝을 이룬다.

이 단계에서, 분자는 그림 15.5의 재조합체 연결 부위와 구별할 수없는 구조를 가지고 있다. RecA 계열 단백질에 의해 시험관 내에서 일어나는 반응은 홀리데이 접합부를 생성할 수 있는데, 이는 이들 효소가 상호 가닥 전달을 중재할 수 있음을 시사한다.

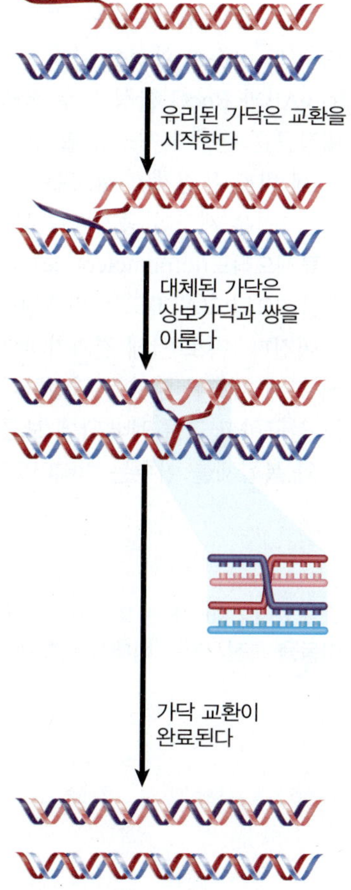

그림 15.13 부분적으로 이중가닥인 DNA와 전체적으로 이중가닥인 DNA 간의 RecA-매개 가닥 교환은 재조합 중간체와 동일한 구조를 갖는 접합 분자를 생성한다.

핵심개념

- MRN/MRX 복합체는 Spo11 치환과 5′ 말단 절제를 위해 필요하다.
- RecA형 단백질은 단일-가닥 또는 이중구조 DNA를 가진 필라멘트를 형성하고 자유 3′이 DNA 이중구조에 있는 상대가닥으로 치환할 수 있는 단일-가닥 DNA의 능력을 촉매한다.

개념 및 추론 확인

ATP 결합은 RecA 계열 단백질에 의해 필라멘트 형성을 촉진하지만, ATP 가수분해는 필라멘트의 턴오버(turnover, 대사회전)를 촉진하기 위해 나타난다. 시냅스전 필라멘트 형성에 있어 가수분해되지 않는 ATP 유사체인 ATP-γ-S의 효과는 무엇인가?

15.6 홀리데이 접합부는 풀어져야 한다

재조합에서 가장 중요한 단계 중 하나는 홀리데이 접합부의 분리이며, 홀리데이 접합부는 상호 재조합이 있는지 아니면 짧은 하이브리드(혼성) DNA만을 남기는 구조의 전환이 있는지를 결정한다(그림 15.6 참조). 교환 부위(그림 15.8 참조)에서 분지점 이동은 (재조합 유무에 관계없이) 하이브리드 DNA 영역의 길이를 결정한다. 홀리데이 접합부를 안정화시키고 분리하는 데 관여하는 단백질은 대장균에서 *ruv* 유전자의 산물로 확인되었다. RuvA 및 RuvB는 헤테로듀플렉스 구조의 형성을 증가시킨다. RuvA는 홀리데이 접합부의 구조를 인지한다. RuvA는 교차점에서 DNA의 네 가닥 모두에 결합하고, DNA를 샌드위치하는 두 개의 테트라머를 형성한다. RuvB는 분지점 이동을 위한 모터를 제공하는 ATPase 활성을 갖는 헥사머 헬리카아제이다. RuvB의 헥사머 고리는 교차점의 상류에서 DNA의 각 이중가닥 주위에 결합한다. 복합체의 도표를 그림 15.14에 나타내었다.

RuvAB 복합체는 분지점이 10~20bp/초 만큼 빠르게 이동되도록 한다. 다른 헬리카아제인 RecG도 이와 비슷한 활성을 가지고 있다. RuvAB은 그것이 작동하는 동안 DNA로부터 RecA를 제거한다. RuvAB과 RecG 활성 모두 홀리데이 접합부에 작용할 수 있지만, 만일 두 개 모두가 돌연변이체라면, 대장균은 완전히 재조합 활성에 결함이 생긴다.

세 번째 유전자인 *ruvC*는 홀리데이 접합부를 특이적으로 인식하는 핵산내부가수분해효소를 코드한다. 그것은 재조합 중간체를 분리하기 위해 시험관 내에서 접합부를 절단할 수 있다. 일반적인 테트라뉴클레오티드(tetranucleotide) 염기배열은 RuvC가 홀리데이 접합부를 분리하는 핫스폿이 된다. 테트라뉴클레오티드(ATTG)는 비대칭이며, 따라서 어떤 쌍의 가닥에 닉이 생기는가에 따라 분리의 방향이 나누어진다. 이로 인해 결과가 패치 재조합 형성(전체 재조합 없음) 또는 스플라이스 재조합 형성(인접 마커 간의 재조합)인지를 결정한다. RuvC 및 기타 접합부-분리 효소의 결정 구조는 그들의 공통 기능에도 불구하고 그룹 멤버 간에 보통의 구조적 유사성만 있음을 보여주고 있다. 그림 15.15는 홀리데이 접합부와 복합체를 이루는 박테리오파지 리솔바아제(resolvase, 위치특이성 재조합촉진효소)의 결정 구조를

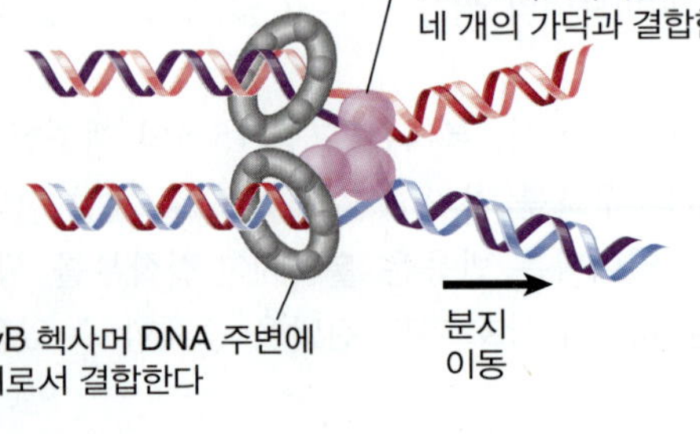

그림 15.14 RuvAB는 홀리데이 접합부의 분지 이동을 촉진시키는 비대칭 복합체이다.

보여 주며, 절단 부위를 나타낸다.

이 모든 것은 재조합이 분지점 이동 및 접합-분리 활성을 촉매하는 효소를 포함하는 “리솔바솜(resolvasome)” 복합체를 사용하고 있음을 시사한다. 포유류 세포에는 유사한 복합체가 있을 수 있다.

비록 진핵세포에서의 분리는 잘 알려져 있지 않지만, 많은 단백질이 유사분열 및 감수분열 분리와 연관되어 있다. *mus81* 돌연변이를 가지고 있는 효모 *S. cerevisiae* 균주는 재조합에 결함이 있다. Mus81은 홀리데이 접합부를 이중구조로 분리하는 핵산내부가수분해효소의 구성성분이다. 이 리솔바아제는 감수분열과 정지된 복제 분기점을 다시 시작하는 데 중요하다(*16.7절 재조합-수복 시스템* 참조).

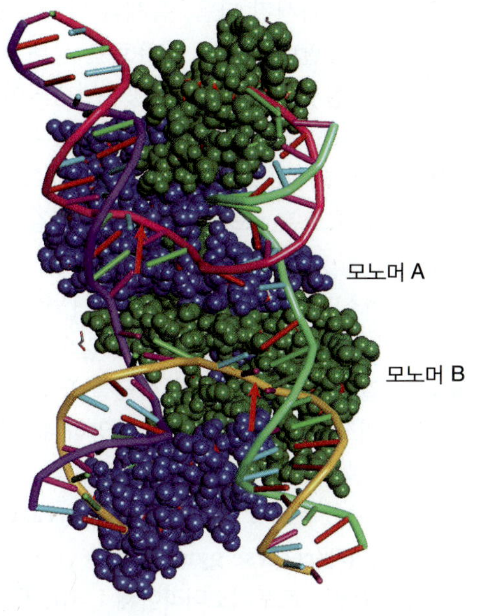

그림 15.15 T4 endo VII의 복합체, 홀리데이 접합부(각 DNA 가닥은 색으로 구분됨)에 결합된 두 개의 서브유닛(파란색과 녹색)을 다른 색으로 나타내었다. 접합부의 분지점이 열려 있다. 화살표는 절단 부위를 나타낸다.

핵심개념

- Ruv 복합체는 재조합 접합부에 작용한다.
- RuvA는 접합부의 구조를 인식하고 RuvB는 분지점 이동을 촉매하는 헬리카아제이다.
- RuvC는 접합부를 절단하여 홀리데이 접합부를 분리한다.

개념 및 추론 확인

그림 15.15에 묘사된 리솔바아제(resolvase)의 대칭에 주목하라. 리솔바아제가 두 개의 활성 부위를 가지고 있는 대칭성 분자로 기능하는 것이 왜 중요한가?

15.7 토포이소머라아제는 DNA의 수퍼코일을 이완시키거나 도입한다

DNA의 토폴로지(위상학적) 문제는 고차 구조의 구조뿐만 아니라 모든 재조합, 복제 및 전사 등 모든 기능적 활성의 중심적인 부분이다. 이중-가닥 DNA와 관련된 모든 합성 활성은 가닥을 분리해야 하며, 우리가 보았듯이, 재조합은 분리되어야 하는 위상학적으로 복잡한 구조를 생성한다. DNA 가닥은 단순히 나란하게 있는 것이 아니라 얽혀 있기 때문에 이들의 분리는 가닥이 공간에서 서로를 중심으로 회전해야 한다. **수퍼코일링(supercoiling, 초나선구조 형성)**의 원리와 오버 앤드 언더 와인딩(더 감김과 덜 감김) DNA의 의미는 1장에서 소개되었다(*1.5절 수퍼코일 형성은 DNA 구조에 영향을 준다* 참조).

DNA 토폴로지의 변화는 몇 가지 방법으로 발생할 수 있으며, 그 중 일부는 제대로 분리되지 않으면 세포 과정에 해로울 수 있다. 복제와 전사의 개시는 음성 수퍼코일링에 의해 실제로 촉진될 수 있는데, 이것은 DNA의 두 가닥을 풀어주는 것을 촉진하는 경향이 있기 때문이다. 그러나 RNA 또는 DNA 중합효소의 이동은 효소 앞에 양성 수퍼코일링 영역을 생성하는데, 양성 수퍼코일링의 축적이 효소의 이동을 방해하기 전에 분리되어야 한다. 원형 DNA 분자가 복제될 때, 원형 생성물은 하나가 다른 하나를 통과하여 연결되어 **카테나화(catenated, 연쇄성)**될 수 있으며, 딸 분자가 분리된 딸세포로 분리되도록 분리되어야 한다. 선형 진핵세포의 염색체 조차도 길이 때문에 얽혀있을 수 있으며 세포분열 중에 염색체가 파손되지 않도록 똑같이 분리되어야 한다. 이러한 모든 상황은 **토포이소머라아제(topoisomerase)**의 작용에 의해 해결된다.

DNA 토포이소머라아제는 일시적으로 DNA의 한 가닥 또는 두 가닥을 끊고, 틈을 통해 끊어지지 않

▶ **초나선구조 형성(supercoiling)** 공간에서 닫힌 이중구조 DNA의 코일링으로 자체 축을 가로 지른다.

▶ **연쇄성(catenate)** 사슬처럼 두 개의 원형 분자를 연결하는 것.

▶ **토포이소머라아제(topoisomerase)** 닫힌(폐쇄된) DNA 분자에서 두 가닥이 서로 교차하는 횟수를 변경하는 효소. DNA를 절단하고, 틈을 통해 DNA를 전달하며, DNA를 다시 밀봉한다.

은 가닥을 통과시킨 다음, 틈새를 다시 밀봉함으로써 DNA의 위상변화를 촉매하는 효소이다. 절단에 의해 생성된 말단은 결코 자유로운 상태가 아니며, 그 대신에 효소의 한정된 내부에서만 오로지 이루어진다. 사실 그들은 효소에 공유결합되어 있다. Spo11은 토포이소머라아제와 관련이 있으며, 감수분열 시 DSB를 형성할 때 유사한 공유 부착이 일어난다(*15.3절 이중-가닥 절단은 재조합을 시작하게 한다*에서 논의됨). 토포이소머라아제는 DNA의 모든 염기배열에 작용하지만, 부위-특이적 재조합과 관련된 일부 효소는 토포이소머라아제와 같은 방식으로 기능한다(*15.8절 부위-특이적 재조합은 토포이소머라아제 활성과 유사하다* 참조).

▶ **I형 토포이소머라아제(Type I topoisomerase)** 한 가닥의 DNA에 닉을 만들고 다시 밀봉함으로써 DNA의 위상을 변화시키는 효소.

▶ **II형 토포이소머라아제(Type II topoisomerase)** DNA의 두 가닥 DNA에 닉을 만들고 다시 밀봉함으로써 DNA의 위상을 변화시키는 효소.

▶ **자이라아제(gyrases)** DNA에 음성의 수퍼코일을 도입하는 효소.

▶ **리버스자이라아제(reverse gyrase)** 양성의 수퍼코일을 도입하는 효소.

토포이소머라아제는 두 부류로 나뉘어진다: **I형 토포이소머라아제(Type I topoisomerase)**는 DNA의 한 가닥에서 일시적인 절단을 일으킴으로써 작용한다. **II형 토포이소머라아제(Type II topoisomerase)**는 일시적인 이중-가닥 절단을 도입함으로써 작용한다. 토포이소머라아제는 일반적으로 그들이 도입하는 위상변화 유형에 따라 다양하다. 일부 토포이소머라아제는 DNA로부터 음성의 수퍼코일만 이완(제거)할 수 있다. 다른 것들은 음성과 양성의 수퍼코일을 모두 이완시킬 수 있다. 음성의 수퍼코일을 도입할 수 있는 효소를 **자이라아제(gyrases)**라고 한다. 양성의 수퍼코일을 도입할 수 있는 그들을 **리버스자이라아제(reverse gyrase)**라고 한다.

대장균에는 토포이소머라아제 I, III, IV 및 DNA 자이라아제의 네 가지 토포이소머라아제 효소가 있다. DNA 토포이소머라아제 I과 III은 I형 효소이다. 자이라아제와 DNA 토포이소머라아제 IV는 II형 효소이다. 네 가지 효소 각각은 다음 기능 중 하나 이상에서 중요하다:

- 박테리아 뉴클레오이드(핵양체)에서 음성 수퍼코일의 전반적인 수준은 자이라아제에 의한 수퍼코일 도입과 토포이소머라아제 I 및 IV에 의한 이완 간의 균형의 결과이다. 이것은 뉴클레오이드 구조의 중요한 측면이며(*9.3절 박테리아 게놈은 수퍼코일의 뉴클레오이드이다* 참조), 그것은 특정 프로모터에서 전사 개시에 영향을 준다(*19.14절 수퍼코일링은 전사의 중요한 특징이다* 참조).
- 동일한 효소가 전사에 의해 생성된 문제를 해결하는 데 관여한다; 자이라아제는 RNA 중합효소보다 먼저 생성된 양성의 수퍼코일을 음성의 수퍼코일로 전환시키고, 토포이소머라아제 I과 IV는 효소 뒤에 남겨진 음성의 수퍼코일을 제거한다. 자이라아제는 복제 중에 생성된 양성의 수퍼코일을 제거하는 데에도 중요하다.
- 복제가 진행됨에 따라 딸 이중가닥은 *프리카테나화(precatenation)*로 알려진 단계에서 서로 뒤틀어질 수 있다. 프리카테나화는 토포이소머라아제 IV에 의해 제거되며, 이는 또한 복제가 끝날 때 남겨둔 모든 *카테나*화된 게놈을 풀어준다.

진핵생물의 효소는 동일한 원칙을 따르지만, 세부적인 책임 분담은 다를 수 있다. 그들은 원핵생물 효소와의 염기배열 또는 구조적 유사성을 보이지 않는다. 대부분의 진핵생물은 복제 분기점 이동과 전사에 의해 생성되는 수퍼코일의 절단을 위해 필요한 단일 토포이소머라아제 I 효소를 가지고 있다. 복제 후 얽힌 염색체를 풀기 위해서는 토포이소머라아제 II 효소가 필요하다. 다른 토포이소머라아제는 재조합 및 수복 활성과 연관되어 있다.

모든 토포이소머라아제의 공통 메커니즘은 각 가닥의 한쪽 끝을 효소의 티로신 잔기에 연결하는 것이다. I형 효소는 단일 절단 가닥에 연결된다; II형 효소는 각각의 절단 가닥의 한쪽 말단에 연결된다. 토포이소머라아제는 결합이 5′ 인산인지 또는 3′ 인산인지 여부에 따라 A및 B 그룹으로 추가로 나눠진다. 일시적인 포스포디에스테르-티로신(phosphodiester-tyrosine) 결합의 사용은 효소의 작용 메커니즘을 시사하고 있다; DNA에서 포스포디에스테르 결합(들)을 단백질로 옮기고, DNA 가닥 중 하나 또는 둘 모두의 구조를 처리한 다음 본래의 가닥으로 결합을 재결합한다.

대장균 효소는 모두 A형이며, 5′ 인산염과 연결된다. 이것은 B형 토포이소머라아제가 거의 없는 박테리아의 일반적인 패턴이다. 네 가지 가능한 모든 유형의 토포이소머라아제(IA, IB, IIA 및 IIB)가 진핵생물에서 발견된다.

토포이소머라아제 IA의 작용에 대한 모델을 그림 15.16에 예시하였다. 효소는 이중 DNA가 단일가닥으로 분리되는 영역에 결합한다. 그런 다음 효소는 하나의 가닥을 끊고, 다른 가닥을 틈새를 통해 당겨서 마지막으로 틈을 봉인한다. 핵산에서 단백질로의 결합 전달은 에너지의 투입 없이 효소가 어떻게 기능할 수 있는지를 설명하고 있다. 결합의 비가역적 가수분해는 일어나지 않았다; 그들의 에너지는 전달 반응을 통해 보존되어 왔다. 효소의 결정 구조가 이 모델을 뒷받침하고 있다.

II형 토포이소머라아제는 일반적으로 음성 및 양성 수퍼코일 모두를 이완시킨다. 반응은 ATP를 필요로 하며, 각각의 촉매 과정당 하나의 ATP가 가수분해된다. 그림 15.17에 설명한 바와 같이, 반응은 하나의 이중구조 DNA에서 이중-가닥 절단(double-strand break)을 통해 매개된다. 이중가닥은 말단 간의 4-염기 스태거(four-base stagger, 4-염기 어긋난 모양)로 절단되고, 다이머 효소의 각 서브유닛은 돌출된 끊어진 말단에 부착된다. 그런 다음 다른 이중구조 영역이 절단 부위를 통과한다. ATP는 말단이 재결합되고 DNA 이중구조가 방출될 때, 다음의 재조합/방출 단계에서 사용된다. 이것이 효소의

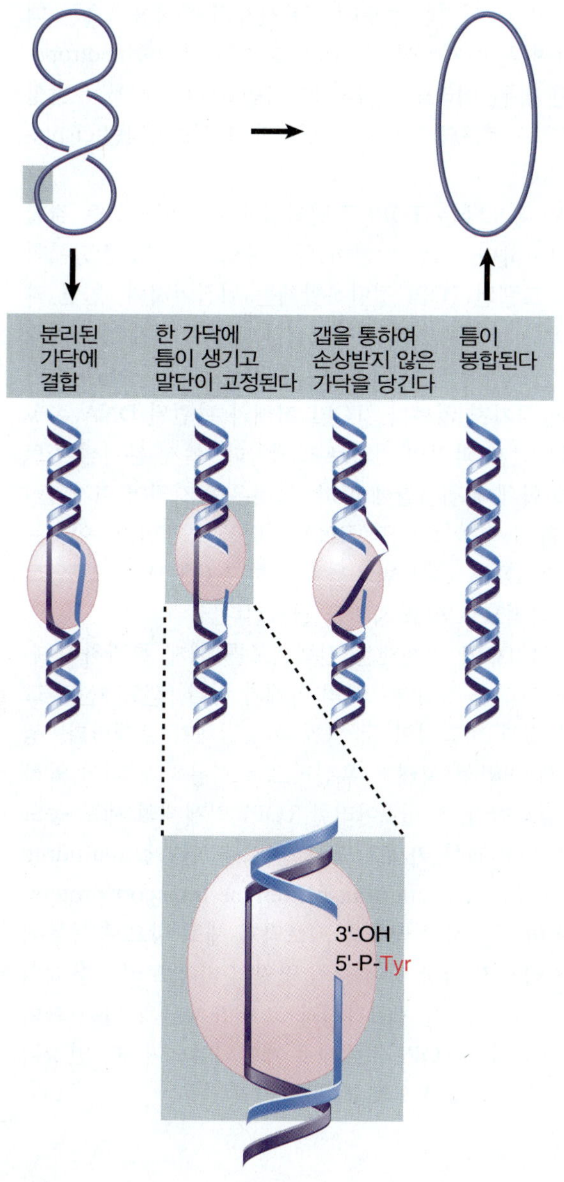

그림 15.16 타입 I 토포이소머라아제는 DNA의 부분적으로 풀린 부분을 인식하고 다른 부분에서 만들어지는 틈을 통해 한 가닥을 통과시킨다.

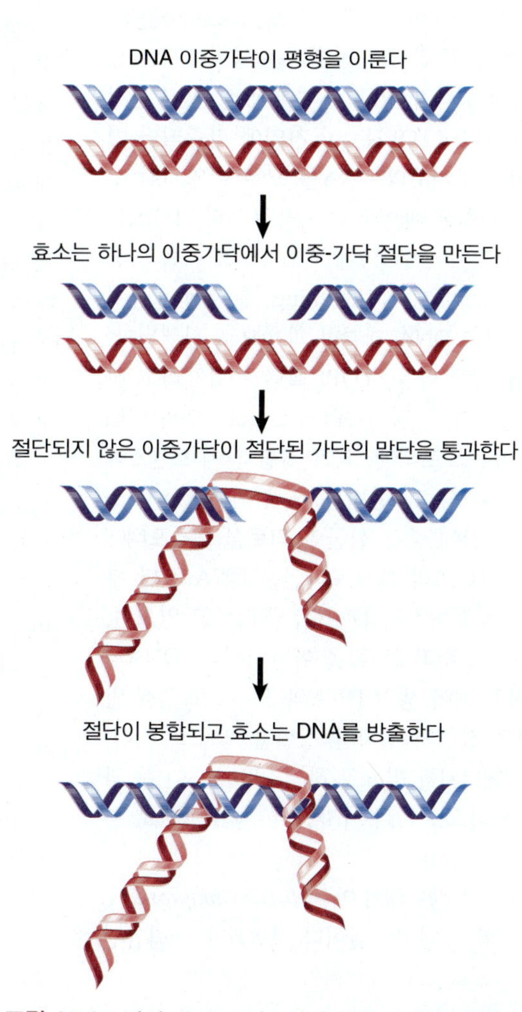

그림 15.17 타입 II 토포이소머라아제는 다른 이중가닥에서 이중-가닥 절단을 통해 이중가닥 DNA를 통과할 수 있다.

CLINICAL APPLICATIONS

캠프토테신과 토포이소머라아제 I 억제

토포이소머라아제는 이중-가닥 DNA에 수퍼코일링을 완화하거나 도입하기 위해 DNA의 가닥 절단을 촉매하는 효소이다. 수퍼코일 DNA의 이완은 DNA 복제, 재조합, 전사 및 크로마틴 응축을 비롯한 필수적인 핵 과정의 선행조건이다. 토포이소머라아제에는 두 개의 일반적인 종류가 있는데, DNA의 한 가닥에 닉을 도입하여 작용하는 I형 효소와 ATP-의존성 이중-가닥 절단에 의해 작용하는 II형 효소이다. 포유류에는 IV형 토포이소머라아제인 IA형 핵 토포이소머라아제와 미토콘드리아 토포이소머라아제 및 IB형 토포이소머라아제 IIIa 및 IIIb를 암호화하는 네 가지 유전자가 있다. 토포이소머라아제 IB형만이 이중-가닥 DNA에서 양성 및 음성 수퍼코일 모두를 이완시킬 수 있다.

캠토테신(camptothecin) 및 그 유도체는 핵 토포이소머라아제 IB형(TOPI)의 특이적 억제에 의해 분열하는 세포를 표적으로 하는 화학요법 약물이다. 게놈에서 복제 및 전사가 진행되는 영역에서 이중구조 DNA의 두 가닥이 분리되어 각각 상류 및 하류에 양성 및 음성으로 수퍼코일 DNA가 만들어진다. TOPI는 이 지역에 집중되어 있으며 위상학적 형태(topological form)의 DNA를 모두 이완시킬 수 있다. TOPI-결손 마우스에서 관찰된 배아의 치사율로부터, TOPI는 필수 단백질이라는 것이 증명되었다. TOPI에 의한 DNA 이완의 메카니즘은 DNA의 한 가닥의 효소-매개 니킹(nicking, 틈 형성), 틈이 있는 가닥의 통제된 회전, 그리고 DNA 재결합 과정으로 진행된다. TOPI은 한 가닥의 DNA를 골라낸 다음, TOPI 절단 복합체라고 하는 일시적인 공유결합을 형성한다. 인간 TOPI의 C-말단 부위의 티로신 723과 DNA의 한 가닥의 포스포디에스테르 결합 간에 트랜스에스테르화(transesterification, 에스테르교환반응)가 일어나므로 효소와 틈이 있는 DNA의 3′ 말단 간에 중간 산물인 티로실-포스포디에스테르 공유결합이 생성된다. TOPI의 핵심 도메인은 DNA 절단 부위 주변의 14개 뉴클레오티드를 포함하는 DNA를 둘러싸고 있으며, DNA의 통제된 회전을 중재하여 수퍼코일링을 이완시킨다. DNA의 재결합은 TOPI 절단 복합체의 닉이 생긴 DNA의 5′-하이드록실 말단과 티로실 포스포디에스테르 결합의 정확한 정렬을 필요로 한다. TOPI 절단이나 재결합 모두 에너지를 필요로 하지 않으며, 이 두 과정은 절단보다 재결합이 우선적으로 이루어지면서, 평형상태로 존재한다.

캠토테신은 중국의 주목나무인 *캠토테카 아쿠미나타*(*Camptotheca acuminata*) 나무껍질에서 분리한 천연물질이다. 1966년 국립암연구소(National Cancer Institute)에서 처음으로 분리되고 항암 활성을 나타내는 5개의 환 구조인 헤테로사이클릭 알칼로이드(5-ring heterocyclic alkaloid)이다. 임상 시험 후 출혈성 방광염(염증과 방광의 출혈)을 비롯한 부작용의 심각성으로 인해 암 치료제에서 제외되었다. 캠토테신의 세포 독성의 메커니즘은 TOPI의 저해를 통한 것이며, 이 효소는 약물에 대한 유일한 세포 표적이라는 것이 후에 밝혀졌다. 현재 암을 치료하는 데 사용되는 TOPI 억제제인 토포테칸(topotecan)과 이리노테칸(irinotecan)이라는 두 가지 캠토테신 유도체가 있다. 토포테칸은 FDA에서 재발성 난소암, 자궁경부암 및 소세포 폐암 치료제로서 승인을 받았으며, 이리노테칸은 대장암 치료제로서 승인을 받았다. 이러한 캠토테신 유사체의 부작용으로는 백혈구 감소로 인하여 골수 기능이 파괴되는 호중구 감소증(neutropenia)이 있다. 어떤 경우, 이리노테칸을 사용하면 심한 설사를 유발할 수 있다. 전형적으로 토포테칸은 다른 항암제인 시스플라틴(cisplatin)과 함께 사용된다.

캠토테신 및 두 유도체는 TOPI 절단복합체에 가역적으로 결합하여 재결합을 방지하며, 이로 인하여 일시적으로 TOPI 절단복합체를 트래핑한다. 트랩된 TOPI 절단복합체는 뒤집어지며, 일단 약물이 제거되면 DNA는 신속하게 재결합된다. TOPI 억제제는 처리된 세포에서 S기 세포독성 및 G2-M 세포주기의 정지를 유발하지만 DNA를 직접 손상시키지 않는다. TOPI 저해와 관련된 DNA 손상 및 세포사는 DNA 복제 과정의 결과로 발생한다. 복제 분기점이 트랩된 TOPI 절단복합체에 접근함에 따라, 그것은 정지되어 비가역적인 TOPI 절단복합체 및 이중-가닥 DNA 절단을 초래한다. 이것은 차례차례로 세포의 DNA 손상 반응을 유발하고 GS-M 체크포인트에서 정지하여 궁극적으로 세포 사멸을 일으킨다.

캠토테신-유래의 TOPI 억제제는 진핵세포를 쉽게 통과하여 신속하게 작용한다. 그러나 항암제로서의 한계가 있다. 캠토테신과 그 유사체는 활성인 것과 비활성인 두 가지 이성질체가 존재한다. 생리적 pH 조건에서 비활성 형태가 우선적으로 작용하게 되어 약물의 효능이 크게 감소한다. 또한, 이러한 TOPI 억제제의 세포 농도는 다제약제내성 ATP-결합 카세트 막 횡단 수송 단백질(multidrug resistance ATP-binding cassette transmembrane transport protein)의 작용으로 급속히 감소하여 약물을 세포막과 세포 밖으로 능동적으로 펌핑한다. 지금까지 임상 시험 중인 몇몇의 비-캠토테신-유래의 TOPI 억제제가 있다. 이들은 캠토테신과 그 유도체들과 다른 화학적 성질을 갖는 효과적인 TOPI 저해제로 개발되었으며, 더 안정적이고 효과적인 항암제가 될 것으로 기대된다.

ATPase 활성을 억제하면 끊어진 DNA를 포함하는 "절단 가능한 복합체(cleavable complex)"가 만들어지는 이유이다.

II형 토포이소머라아제는 다양한 DNA 구조를 인식하며, 가장 일반적으로 두 개의 이중-가닥 단편이 서로 교차하는 부위이다. ATP의 가수분해는 하나의 DNA 이중구조를 다른 DNA 이중구조를 통해 밀어 넣는 데 필요한 힘을 제공하는 구조 변화를 통해 효소를 유도하는 데 사용될 수 있다. 수퍼코일 DNA의 토폴로지의 결과로써, 교차하는 단편의 관계는 수퍼코일이 양성 또는 음성 수퍼코일 원형에서 제거될 수 있게 한다.

핵심개념

- 토포이소머라아제(topoisomerase)는 DNA의 결합을 끊어서 공간에서 이중나선의 형태를 변화시키고 결합을 다시 만들어냄으로써 수퍼코일링을 변경한다.
- I형 효소는 한 가닥의 DNA를 절단함으로써 작용한다. II형 효소는 이중-가닥 절단을 함으로써 작용한다.
- I형 토포이소머라아제는 절단된 말단 중 하나에 공유결합을 형성하고 한 가닥을 다른 말단으로 이동시킨 후 결합된 말단을 다른 말단으로 옮김으로써 기능한다. 결합은 보존된다; 결과적으로 에너지 공급이 필요하지 않다.
- II형 토포이소머라아제는 또한 절단된 말단에 공유결합을 형성하고 이중-가닥 절단을 통해 이중구조 DNA 영역을 전달한다. ATP는 반응을 완료하고 절단면을 다시 밀봉하는 데 필요하다.

개념 및 추론 확인

한 가닥 또는 두 가닥 절단이 수퍼코일의 변화를 초래할 수 있는 이유를 설명하라.

15.8 부위-특이적 재조합은 토포이소머라아제 활성과 유사하다

부위-특이적 또는 특수 재조합은 두 개의 특정 부위 간의 반응을 포함하고 있다. 표적 부위의 길이는 짧고 전형적으로 14 내지 50 bp의 범위이다. 어떤 경우에는 두 개의 부위가 동일한 염기배열을 갖지만, 다른 경우에는 그들은 동일하지 않다. 이 반응은 유리(free)된 파지 DNA를 박테리아 염색체에 삽입하거나 염색체로부터 통합된 파지 DNA를 제거하는 데 사용될 수 있으며, 이 경우 두 개의 재조합 염기배열은 서로 다르다.

부위-특이적 재조합을 촉매하는 효소는 일반적으로 **재조합효소(recombinase)**라고 하며, 그 중 100개 이상이 현재 알려져 있다. 파지 통합에 관여하거나 이들 효소와 관련이 있는 것들은 또한 **인테그라아제(integrase, 삽입효소)** 계열로 알려져 있다. 인테그라아제 계열의 중요한 멤버는 람다 파지의 Int, P1파지의 Cre, (염색체 역전을 촉매하는) 효모 FLP 효소이다.

부위-특이적 재조합에 대한 고전적 모델은 람다 파지로 의해 설명할 수 있다. 그것의 서로 다른 모양 간에서 람다 DNA의 변환은 두 가지의 유형의 과정을 포함한다. (이러한 과정의 조절은 *27장 파지의 유전자 발현 전략*에 설명되어있다.) DNA의 물리적 상태는 용원성과 용균성 상태로 다르다:

- 용균성(lytic) 상태에서 람다 DNA는 감염된 박테리아에서 독립적인 원형분자로 존재한다.
- 용원성(lysogenic) 상태에서 파지 DNA는 박테리아 염색체의 필수적인 부분이다(**prophage, 프로파지**라 불림).

이들 상태 간의 전이는 부위-특이적 재조합을 포함하고 있다:

- 용원성 상태로 들어가려면, 유리된 람다 DNA는 숙주 DNA에 삽입되어야만 한다. 이를 **통합(integration, 삽입)**이라고 한다.
- 용원성에서 용균성 주기로 넘어갈 때, 프로파지 DNA는 염색체에서 방출되어야만 한다. 이것을 **절제(excision)**라고 한다.

▶ **재조합효소(recombinase)** 부위-특이적 재조합을 촉매하는 효소.

▶ **삽입효소(integrase)** 한 분자의 DNA(예: 파지 게놈)를 다른 분자에 삽입하는 부위-특이적 재조합 과정을 담당하는 효소.

▶ **프로파지(prophage)** 박테리아 염색체의 선형 부분으로 공유결합된 파지 게놈.

▶ **통합(integration)** 바이러스 DNA 염기배열 또는 다른 DNA 염기배열을 숙주 염기배열에 어느 쪽으로든 공유결합된 영역으로서 숙주 게놈에 삽입한다.

▶ **절제(excision)** 자율적인 DNA 분자로서, 숙주 염색체로부터 파지 또는 에피솜 또는 기타 염기배열이 방출되는 현상.

▶ **부착 부위(attachment site, *att*)** 람다 파지와 박테리아 염색체 상의 유전자자리는 재조합이 박테리아 염색체에 파지를 통합하거나 박테리아 염색체에서 이를 절단한다.

▶ **핵심염기배열(core sequence)** 람다 파지와 박테리아 게놈의 부착 부위에 공통적인 DNA 단편. 그것은 람다 파지가 통합할 수 있게 하는 재조합 과정의 위치이다.

통합과 절제는 **부착 부위(attachment site, *att*)**라고 불리는 박테리아 및 파지 DNA 상의 특정 위치에서 재조합에 의해 일어난다. 통합/절제 반응을 설명할 때 박테리아 부착부위를 *attB*라고 하며, 염기배열의 구성요소 BOB′으로 구성되어 있다. 파지의 부착 부위 *attP*는 POP′로 구성되어 있다. **그림 15.18**은 이들 부위 간의 재조합 반응을 개략적으로 나타낸 것이다. 염기배열 O는 *attB* 및 *attP*에 공통이다. 이것을 **핵심염기배열(core sequence)**이라고 하고, 재조합 과정은 그 안에서 일어난다. 인접한 영역 B, B′ 및 P, P′는 암(*arms*)이라고 한다; 각각은 염기배열이 다르다. 파지 DNA는 원형이므로, 재조합 과정은 원형 DNA를 선형 염기배열로 박테리아 염색체에 삽입한다. 이 프로파지는 재조합의 생성물인 *attL*과 *attR*이라는 두 개의 새로운 *att* 부위로 결합되어 있다.

att 부위의 구성의 중요한 결과는 통합 및 절제 반응이 동일한 일련의 반응 염기배열을 포함하지 않는다는 것이다. 통합에는 *attP*와 *attB* 간의 인식이 필요하지만 절제에는 *attL*과 *attR* 간의 인식이 필요하다. 부위-특이적 재조합의 방향성은 재조합 부위의 실체(dentity, 동질성)에 의해 조절된다. 재결합 과정은 가역적이지만, 서로 다른 조건이 반응의 각 방향에 우선한다. 이것은 파지의 생활사에서 중요한 특징이 되는데, 이는 파지의 통합 과정이 절제에 의해 즉각적으로 반전되지 않도록 보장할 수 있는 수단을 제공하고, 그 반대의 경우도 마찬가지이기 때문이다.

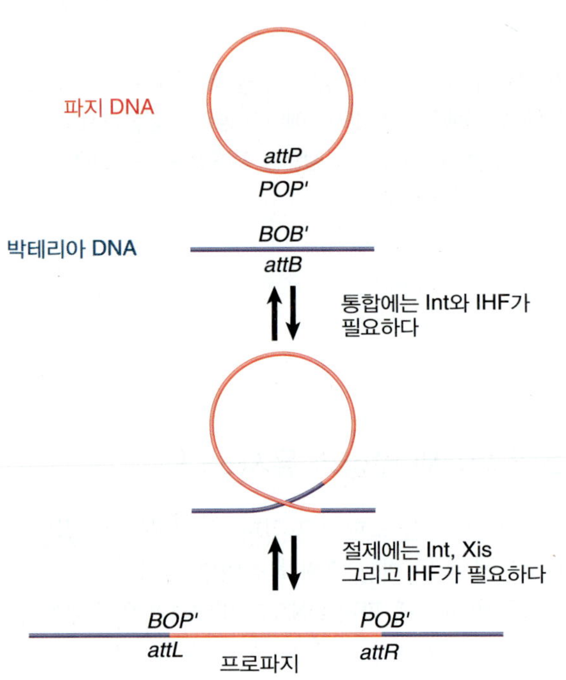

그림 15.18 원형 파지 DNA는 *attP*와 *attB* 사이의 상호 재조합에 의해 통합된 프로파지로 전환된다; 프로파지는 *attL*과 *attR* 사이의 상호 재조합에 의해 절제된다.

통합 및 절제시 반응하는 두 부위의 차이는 두 반응을 중재하는 단백질의 차이에 의해 나타난다.

- 통합(*attB* × *attP*)에는 인테그라아제(integrase, 삽입효소) Int를 코드하고 있는 파지 유전자 *int*와 통합 숙주 인자(integration host factor, IHF)라는 박테리아 단백질의 산물을 필요로 한다.
- 절단(*attL* × *attR*)에는 Int 및 IHF 외에도 파지 유전자 *xis*의 산물을 필요로 한다.

따라서 Int와 IHF는 두 반응에 필요하다. Xis는 방향 조절에 중요한 역할을 한다; 그것은 절제에는 필요하나, 통합은 방해한다.

비슷한 시스템이지만, 염기배열과 단백질 성분 모두에 대해 더 간단한 요건을 가지고 있는 박테리오파지 P1에서 발견된다. 파지에 의해 암호화된 Cre 재조합효소(recombinase)는 두 개의 표적 염기배열 간의 재조합을 촉매한다. 재조합 염기배열이 다른 람다 파지와 달리, P1 파지에서 이들은 동일하다. 각각 *loxP*라고 불리는 34bp 길이의 염기배열로 구성되어있다. Cre 재조합효소는 반응에 충분하다; 보조 단백질은 필요로 하지 않는다. 단순성과 효율성의 결과, 현재 Cre/*lox* 시스템으로 알려진 것은 진핵세포에서의 사용에 적합하며, 부위-특이적 재조합을 위한 표준방법 중 하나가 되었다(*3.12절 유전자 녹-아웃 및 트랜스제닉* 참조).

Int와 Cre와 같은 효소는 한 번에 하나의 DNA 가닥에서 하나의 절단을 만드는 I형 토포이소머라아제와 유사한 메커니즘을 사용한다. 차이점은 재조합효소가 종단을 *십자형*(*crosswise*)으로 재연결하는 반면, 토포이소머라아제는 하나의 절단을 만든 후 말단을 조작한 다음 *본래*(*original*)의 말단과 재결합한다는 것이다. 이 시스템의 기본 원리는 재조합효소의 4 분자가 필요하며, 하나는 재조합하는 두 이중구조의 네 가닥 각각을 절단하는 것이다.

그림 15.19는 인테그라아제에 의해 촉매된 반응의 특성을 나타낸다. 효소는 DNA 절단 및 결합이

가능한 활성 부위를 갖는 모노머 단백질이다. 반응은 포스포디에스테르 결합상의 티로신에 의한 공격에 관여하고 있다. DNA 사슬의 3′ 말단은 포스포디에스테르 결합을 통해 효소의 티로신과 연결된다. 이것은 유리된 5′ 하이드록실 말단(hydroxyl end, -OH)을 방출한다.

두 개의 효소 유닛이 각각의 재조합 위치에 결합된다. 각 부위에서, 단 하나의 유닛만이 DNA를 공격한다. 시스템의 대칭성은 각각의 재조합 위치에서 상보적인 가닥이 끊어지는 것을 보장한다. 각 부위의 유리 5′-OH 말단은 다른 부위의 3′-포스포티로신 링크(3′-phosphotyrosine link)를 공격한다. 이로 인하여 홀리데이 접합부가 만들어진다.

이 구조는 (절단 및 재결합의 첫 번째 주기에 관여하지 않았던) 다른 두 개의 효소 유닛이 다른 한 쌍의 상보적 가닥에 작용할 때 분리된다.

연속적인 상호작용은 교환 부위에서 뉴클레오티드의 결실 또는 부가가 없고 에너지의 공급이 필요 없는 보존적인 가닥 교환을 수행한다. 단백질과 DNA 간의 일시적인 3′-포스포티로신 링크는 끊어진 포스포디에스테르 결합 에너지를 보존한다.

그림 15.20은 결정 구조에 기초한 반응 중간체를 보여주고 있다. [중간체 트래핑은 포스포디에스테르 결합이 없는 합성 DNA 이중구조로 구성된 "자살 기질(suicide substrate)"을 사용하여 가능해졌으며, 따라서 효소에 의한 공격은 유리 5′-OH 말단을 생성하지 않는다.] Cre-*lox* 복합체의 구조는 두 개의 Cre 분자를 나타내며, 각각의 분자는 15 bp 길이의 DNA에 결합한다. DNA는 대칭 중심에서 ~100° 구부러져 있다. 이 복합체 중 두 개는 역평행 방식으로 조립되어 두 개의 DNA 분자가 결합된 테트라머 단백질 구조를 형성한다. 가닥 교환은 교차 영역의 중앙 6 염기를 포함하는 단백질 구조의 중앙 빈 공간에서 일어난다.

1. 두 개의 효소 서브유닛이 각각의 이중가닥 DNA에 결합한다

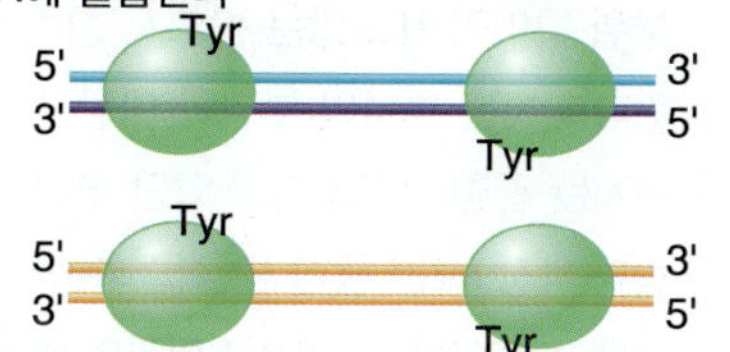

2. 각각의 이중가닥은 하나의 가닥에서 끊어져 P-Tyr 결합과 –OH 말단을 생성한다

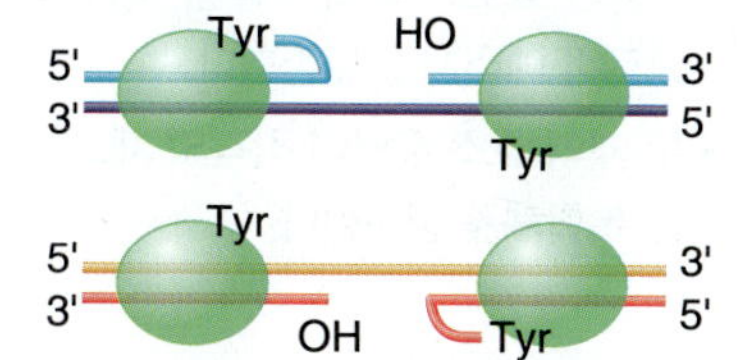

3. 각각의 하이드록실기 공격은 다른 이중가닥에서 Tyr-인산 결합을 공격한다

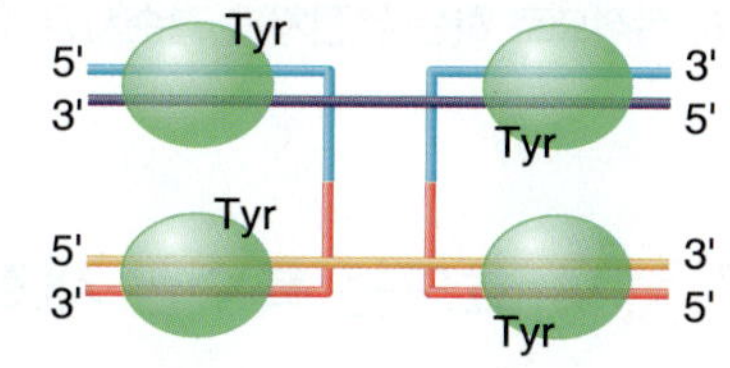

4. 이 반응들은 다른 가닥들에 의해 반복되어 다른 가닥들을 연결한다.

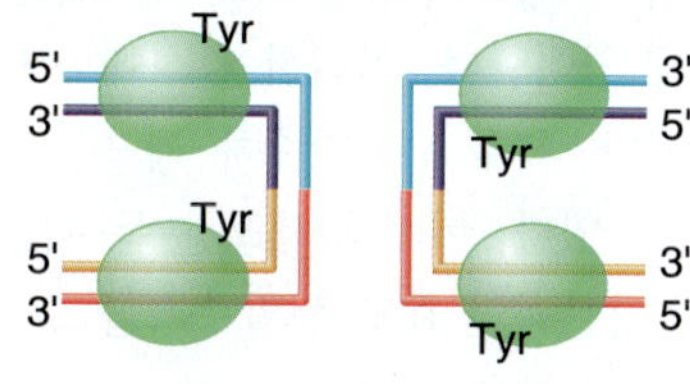

그림 15.19 인테그라아제는 토포이소머라아제와 유사한 메커니즘으로 재조합을 촉매한다. 엇갈리게 잘린 부위가 DNA에서 만들어지며, 3′-인산 말단은 효소의 티로신과 공유 결합되어 있다. 각 가닥의 유린된 하이드록실 그룹은 다른 가닥의 P-Tyr 연결을 공격한다. 그림에 표시된 첫 번째 교환은 홀리데이 접합부를 생성한다. 접합부는 다른 한 쌍의 가닥으로 과정을 반복함으로써 풀린다.

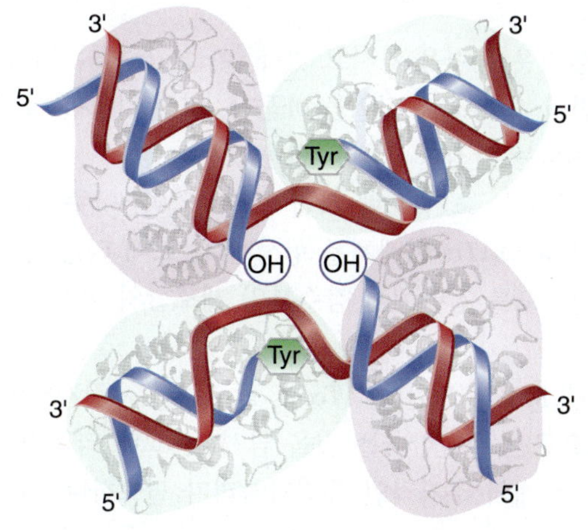

그림 15.20 시냅스된 *loxA* 재조합 복합체는 Cre 재조합 효소의 테트라머를 가지며, 하나의 효소 모노머가 각 절반 부위에 결합되어 있다. 네 개의 활성 부위 중 두 개가 사용되어 두 개의 DNA 부위의 상보적 가닥에 작용한다.

핵심개념

- 부위-특이적 재조합은 반드시 상동성은 아닌 특정 부위 간의 반응을 포함한다.
- 람다 파지는 파지의 부위와 대장균 염색체의 *att* 부위 간의 재조합에 의해 박테리아 염색체에 통합된다.
- 파지는 선형 프로파지의 말단 부분 간의 재조합에 의해 염색체에서 절단된다.
- 람다 파지 *int*는 통합 반응을 촉매하는 인테그라아제를 암호화한다.
- 인테그라아제는 토포이소머라아제와 관련이 있으며 재조합 반응은 서로 다른 이중구조로부터의 닉이 있는 가닥이 함께 봉합된다는 점을 제외하고는 토포이소머라아제 작용과 유사하다.
- 반응은 효소의 촉매 작용을 지닌 티로신을 사용하여 포스포디에스테르 결합을 끊고, 끊어진 3′ 말단에 연결시킴으로써 에너지를 보존한다.
- 두 개의 효소 유닛이 각각의 재조합 부위에 결합하고, 두 개의 다이머가 시냅스를 형성하여 전달 반응이 일어나는 복합체를 형성한다.

개념 및 추론 확인

Cre/*lox* 시스템은 마우스에서 "조건 녹아웃"을 만들기 위해 광범위하게 사용되는데, 예를 들어 특정 조직 유형에서 목적으로 하는 유전자를 결손시킬 수 있다. 그러한 시스템이 어떻게 작동할 수 있는지 설명하라.

15.9 효모는 특수한 재조합 메커니즘을 사용하여 교배 타입을 전환한다

효모는 반수체(haploid) 또는 이배체(diploid) 상태에서 증식할 수 있다. 이 상태들 간의 전환은 교배(반수체 세포의 융합으로 이배체를 얻음) 및 포자 형성(반수체 포자를 얻기 위한 이배체의 감수분열)에 의해 일어난다. 이러한 활성에 참여할 수 있는 능력은 **a** 또는 α일 수 있는 균주의 교배 타입에 의해 결정된다. 유형 **a**의 반수체 세포는 타입 α의 반수체 세포와만 교배하여 타입 **a**/α의 이배체 세포를 생성할 수 있다. 이배체 세포는 두 가지 유형 모두의 반수체 포자를 재생성하기 위해 포자를 형성할 수 있다. 기본적인 효모 생활주기를 그림 15.21에 나타내었다.

교배 작용은 MAT(mating type, 교배 타입) 유전자자리에 존재하는 유전 정보에 의해 결정된다. 이 유전자자리에서 *MAT***a** 대립유전자를 갖는 세포는 타입 **a**이다; 마찬가지로, *MAT*α 대립유전자를 지니고 있는 세포는 타입 α이다. 서로 상대적인 교배 타입의 세포들 간의 인식은 페로몬(pheromone)의 분비에 의해 완성된다: 세포는 작은 폴리펩티드 α-인자를 분비한다; **a** 세포는 **a**-인자를 분비한다. 하나의 교배 타입의 세포는 상대적인 타입의 페로몬에 대한 표면 수용체를 가지고 있다. 세포와 세포가 서로 마주칠 때, 그들의 페로몬은 수용체에 작용하여 세포주기의 G1기에서 세포를 정지시키고, 다양한 형태학적 변화가 일어난다. 성공적인 교배가 이루어지면, 세포주기 정지는 세포 및 핵 융합에 의해 **a**/α 이배체 세포를 만든다.

일부 효모균주는 교배 타입을 전환할 수 있는 놀라운 능력을 가지고 있다. 이들 균주들은 우성인 대립유전자 *HO*를 가지고 있으며, 매 세대마다 한 번씩 자주 교배 타입을 바꾼다. 열성 기능-상실 대립유전자 *ho*를 갖는 균주는 $\sim10^{-6}$의 빈도로 변화될 수 있는 안정한 교배 타입을 갖는다.

HO의 존재는 효모 개체군의 유전자형을 변화시킨다. 초기 교배 타입에 관계없이, 아주 적은 세대 내의 많은 세포들이 두 교배 타입이 존재하여, *MAT***a**/*MAT*α 이배체를 형성한다. 교배 타입 전환은 유성생식과 단 하나의 교배 타입으로 시작되었을지도 모를 집단에서 감수분열 재조합의 이점을 가능하게 한다.

스위칭(switching, 전환)의 존재는 모든 세포가 *MAT***a** 또는 *MAT*α가 될 수 있는 잠재적인 정보를 포함하고 있지만, 반수체는 오직 하나의 타입으로만 발현한다는 것을 암시다. 교배 타입을 변경하는 정보는 어디에서 유래되는가? 스위칭을 위해 두 개의 추가적인 유전자자리가 필요하다. *HML*α는

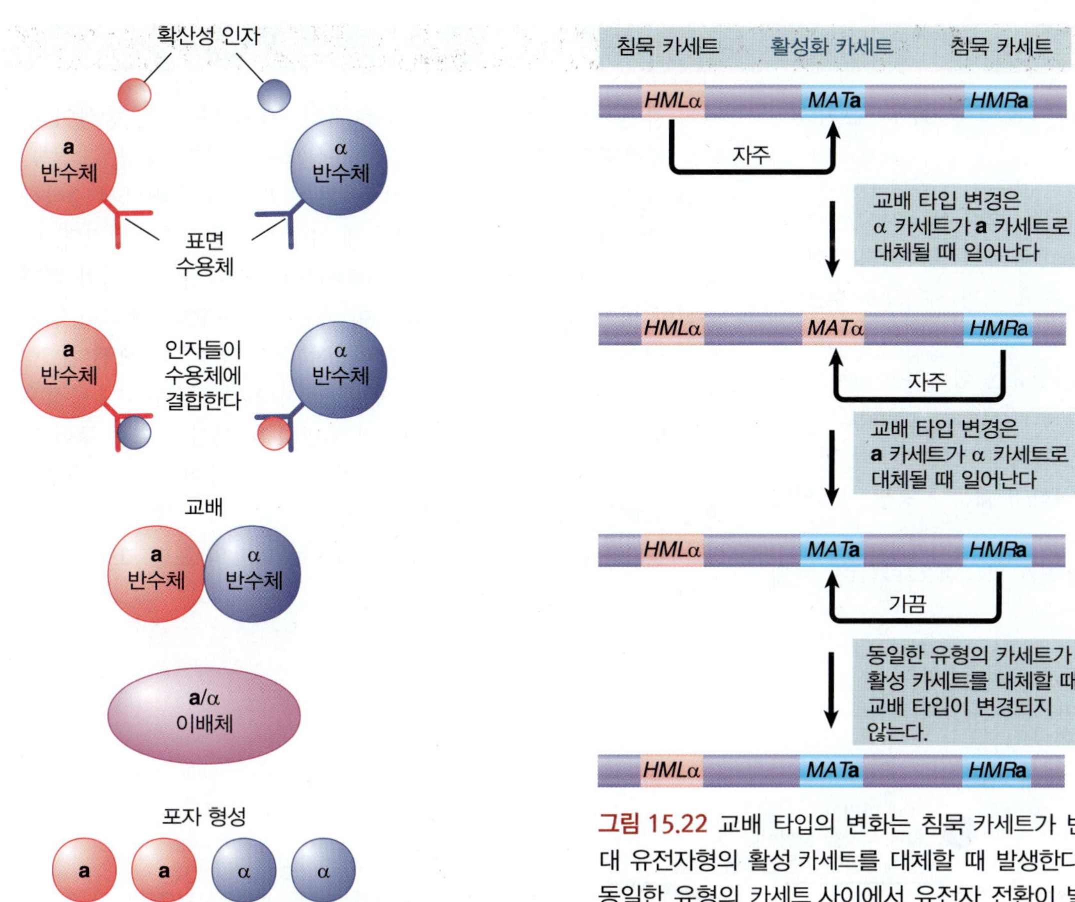

그림 15.21 효모의 생애주기는 *MAT***a**와 *MAT*α의 교배를 통해 반수체의 포자를 형성하는 이형접합 이배체를 만들며 진행한다.

그림 15.22 교배 타입의 변화는 침묵 카세트가 반대 유전자형의 활성 카세트를 대체할 때 발생한다. 동일한 유형의 카세트 사이에서 유전자 전환이 발생하면, 교배 타입은 변경되지 않는다.

*MAT*α 타입으로 전환하는 데 필요하다; *HMR***a**는 *MAT***a** 타입으로 전환하는 데 필요하다. 이들 유전자자리는 *MAT*를 운반하는 동일한 염색체에 놓여 있다. *HML*은 왼쪽으로 멀리 떨어져 있으며, *HMR*은 멀리 오른쪽으로 떨어져 있다.

MAT 유전자자리에 있는 활성 **a** 또는 **교배 타입 카세트(mating-type cassette)** 외에도, 효모는 또한 그림 15.22에서와 같이 *HML* 및 *HMR*에서 침묵 교배 타입 카세트를 가지고 있다. 모든 카세트는 교배 타입을 암호화하는 정보를 가지고 있지만 *MAT*의 활성 카세트만 발현된다. *HML*과 *HMR*의 카세트는 헤테로크로마틴으로 구성되어 있기 때문에 침묵 상태이다(29장 *후성유전학 효과는 유전된다* 참조). 교배 타입 전환은 활성 카세트를 침묵 카세트의 정보로 교체할 때 발생한다. 새로 설치된 카세트가 발현된다.

▶ **교배 타입 카세트(mating-type cassette)** 유전자자리의 활성 또는 비활성(침묵) 사본이 될 수 있는 효모(**a** 또는 α)에 교배 타입에 필요한 유전자를 포함하는 유전자자리. 한 타입의 활성 카세트가 다른 타입의 침묵 카세트로 대체되면 교배 타입이 바뀐다.

스위칭은 비상호적이다; *HML* 또는 *HMR*의 사본이 *MAT*의 대립유전자를 대체한다. 이것이 *MAT*에서의 돌연변이가 스위칭으로 대체될 때 영구적으로 사라지기 때문이라는 것을 알고 있다; 즉 그것을 대체하는 사본과 교환하지 않는다. 마찬가지로, *HML* 또는 *HMR*에 있는 침묵 사본이 돌연변이 된 경우, 스위칭은 돌연변이 대립유전자를 *MAT* 유전자자리로 도입한다. *HML* 또는 *HMR*의 돌연변이 사본은 무수한 수의 스위치를 통해 그곳에 남아 있다. 공여인자(donor element)는 수용체 부위에서 새로운 사본을 생성하지만 그 자체는 그대로 남아 있다.

MEDICAL APPLICATIONS

트리파노소마는 유전자 스위칭을 사용하여 숙주 면역계를 뚫는다

아프리카의 수면병, 또는 트리파노소마증은 트리파노소마(*Trypanosoma*) 속의 기생충에 감염된 체체(tsetse) 파리에 물리면 발병한다. 이 질병은 아프리카 대륙에서 발생한다. 주요 발병 지역으로 수단, 우간다, 앙골라, 콩고에서 발생하는 경향이 있다. 체체 파리는 혈액을 섭취할 할 때 트리파노소마에 감염된다. 기생충은 섭취되어 파리의 내장에서 번식한다. 2주 후, 기생충은 타액선(salivary gland)으로 다시 이동한다. 이렇게 하여 감염성인 된 체체 파리는 이후의 혈액을 섭취할 때 호스트로 트리파노소마를 주입하기 때문에 평생 전염성을 유지하게 된다.

증상은 감염된 파리에 물린 후 1~2주가 지나면 나타난다. 체체 파리 물린 부위에는 염증성의 작은 혹이 나타난다. 다른 증상이 나타날 때까지 몇 주가 걸릴 수 있다. 증상으로는 발열, 두통, 관절통, 발진, 림프절 부종 등이 있다. 기생충은 혈액 속에서 빠르게 증식하여 1 밀리리터(㎖)의 혈액당 1백만 개 이상의 기생충에 도달한다. 이 수치는 급속히 감소되며(완화, remission), 또 다시 폭발적인 개체 증식이 이어진다(재발, relapse). 이 패턴은 계속된다. 치료하지 않으면 기생충이 중추 신경계에 침투하여 수면 장애를 일으킨다(그림 B15.1). 이 감염은 몇 주에서 몇 년 동안 지속된다. 수면장애 증상으로는 만성 열, 심한 두통, 장기간의 수면기 및 야간 불면증 등이 있다. 트리파노소마는 감염 후 수 개월에서 수년 동안 뇌를 침범하여 혼수상태와 사망을 초래할 수 있다.

아프리카 트리파노소마(trypanosome)는 외막의 표면 코트 단백질

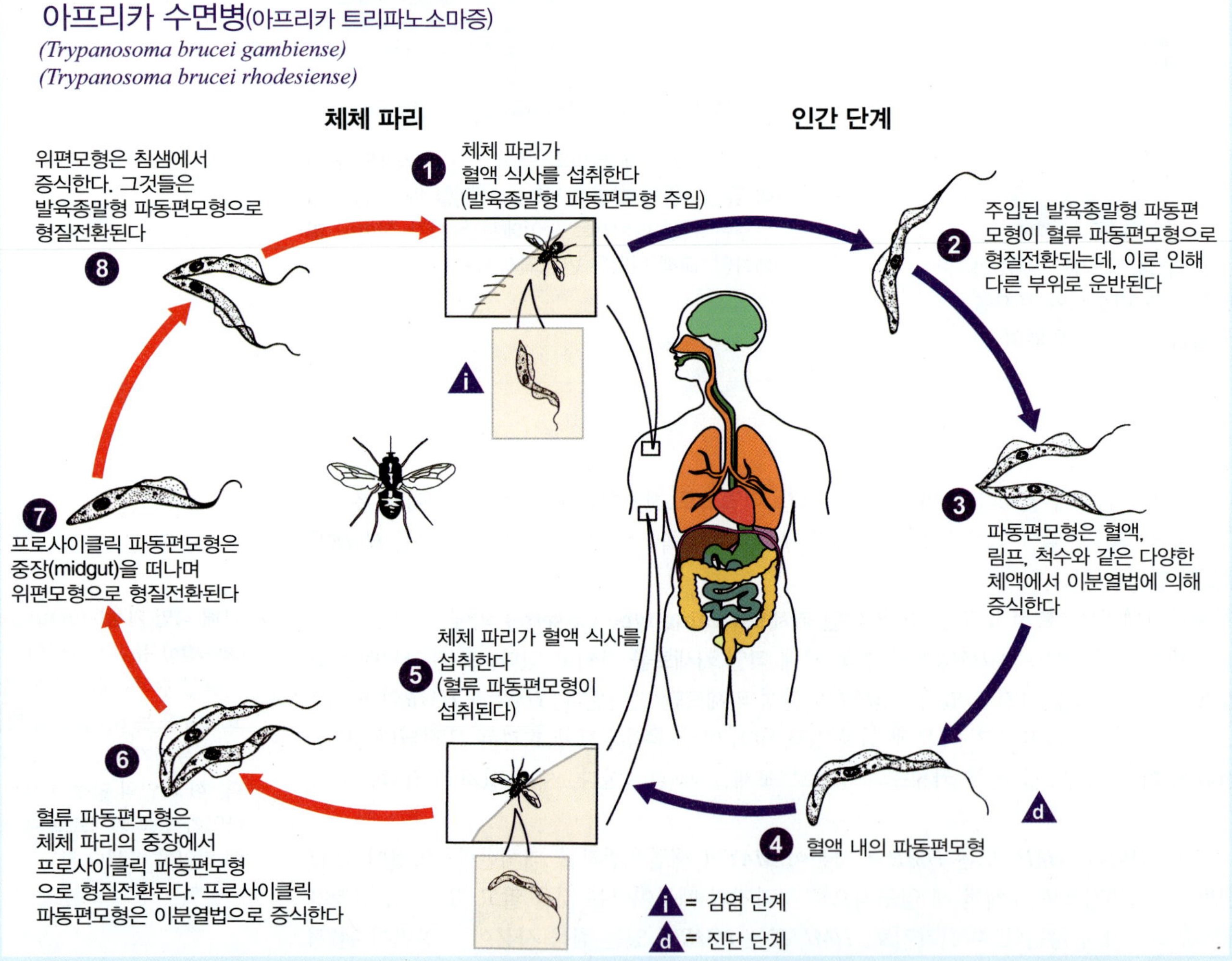

그림 B15.1 아프리카 수면병을 일으키는 기생충의 생활주기 그림. Courtesy of Alexander J. da Silva, PhD, and Melanie Moser/CDC.

을 변화시킬 수 있다. 이 현상을 *항원변이(antigenic variation)*라고 한다. 그렇게 함으로써, 기생충은 항상 면역계보다 한 걸음 앞서 있다. *항체(antibody)*는 기생충과 같은 이물질에 반응하여 신체에서 생산되는 매우 특이적인 단백질로, 기생충과 결합할 수 있다. 항체는 기생충 변이체표면 당단백질(*v*ariant *s*urface *g*lycoprotein, *VSG*) 코트에 대항하여 생산된다. 숙주의 항체는 숙주 내 원래 기생충 집단의 약 99%를 무력화시키고 죽일 수 있지만, 일부 트리파노소마는 VSG를 전환하여 새로운 항원 특이적인 VSG 코트를 획득한다. 트리파노소마는 효모 교배-타입 스위칭 메커니즘과 유사한 유전자 전환 타입을 수행한다. 약 1,000개의 다른 유전자가 VSG를 암호화하고 있다. VSG 유전자는 트리파노소마의 총 DNA의 약 10%를 차지한다. VSG 유전자는 염색체 내부 또는 텔로미어 근처에 위치한다. 발현된 VSG 유전자는 항상 텔로미어 근처에 위치하고 있다. 한 번에 하나의 VSG 유전자만 발현된다. 다른 모든 VSG 유전자는 전사적으로 발현되지 않는다. 따라서 오직 하나의 유형의 VSG 분자가 트리파노소마 표면 코트 내에 존재하면서, 면역 시스템에 의해 인식되는 동일한 표면 항원을 동질하게 제시한다.

트리파노소마에서 이러한 유형의 항원 변이 메커니즘은 VSG 발현 부위에 위치한 이전에 활성화된 VSG 유전자를 대체하는 VSG 유전자의 침묵 또는 기본적인 사본을 포함하고 있다. 스위칭을 위한 트리거(trigger, 작동장치)는 알려져 있지 않다. 발현되는 유전자는 카세트에 복사되고 사본은 유전자가 전사되고 VSG 단백질로 연속적으로 번역되는 텔로미어 근처의 염색체 상에 발현부위결합유전자(*e*xpression *s*ite *a*ssociated *g*enes, ESAGs)를 포함하는 잠재적으로 20개의 다른 활성혈류형 발현부위(*b*loodstream-form *e*xpression *s*ites, BES) 중 하나로 방향이 바뀌거나 재조합된다. VSG 단백질은 기생충 주위에 단층 또는 보호성 코트로 조밀하게 포장되어 있다. VSG 마운트에 대한 항체 반응이 나타나면, 일부 트리파노소마는 다른 VSG의 발현으로 전환하고 증식하여 다음 질병의 원인이 된다. 체체 파리에 의해 섭취되는 트리파노소마는 코트를 잃고 기본 코트 타입으로 되돌아간다.

말기 병을 치료하는 데 사용되는 약물은 매우 독성이 강하다; 예방적 화학요법은 없으며 백신의 가능성도 거의 없다. 아프리카와 남아메리카의 기관에서 수면을 일으키는 트리파노소마 종의 게놈의 염기배열을 결정하고 분석하기 위한 협력이 진행 중이다. 초기 염기배열 결정으로부터 알려진 사항은 가장 잘 배열된 침묵 VSG가 결함이거나 슈도유전자이며 거의 모든 VSG가 어레이를 형성한다는 것을 보여주고 있다. VSG의 90% 이상은 VSG의 상류에 하나 이상의 70bp 반복배열을 포함하고 있다(그림 B15.2). 이 새로운 게놈 정보가 과학자들이 새로운 치료제의 개발을 가속화할 수 있는 잠재적인 신약 후보물질을 확인하는 데 도움이 되기를 희망한다.

참고문헌

Berriman et al. (2005). The Genome of the African Trypanosome Trypanosoma-brucei. *Science* **309**, 416–422.

Dubois , Demick , and Mansfield. (2005). Trypanosomes Expressing a Mosaic Variant Surface Glycoprotein Coat Escape Early Detection by the Immune System. *Infection and Immunity* **73**, 5; 2690–2697.

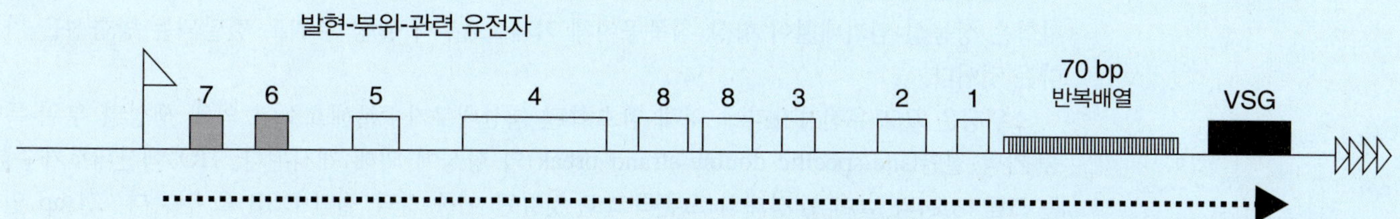

그림 B15.2 *T. brucei*의 혈류-형태 VSG 발현부위(BES)의 구조. 검은색 상자는 텔로미어 근처에 위치한 VSG를 나타낸다. 이 부위는 발현부위-관련 유전자(ESAGs) 및 특징적인 70-bp 반복을 포함하고 있다. Adapted from G. Rudenko, *Clin. Sci.* 28 (2000): 536–540.

그림 15.23 침묵 카세트는 *HMR***a**에 맨 끝의 측면 배열이 없는 것을 제외하고는 해당 활성 카세트와 동일한 염기배열을 가지고 있다. Y 영역만 **a**와 α 타입 간에 변경된다.

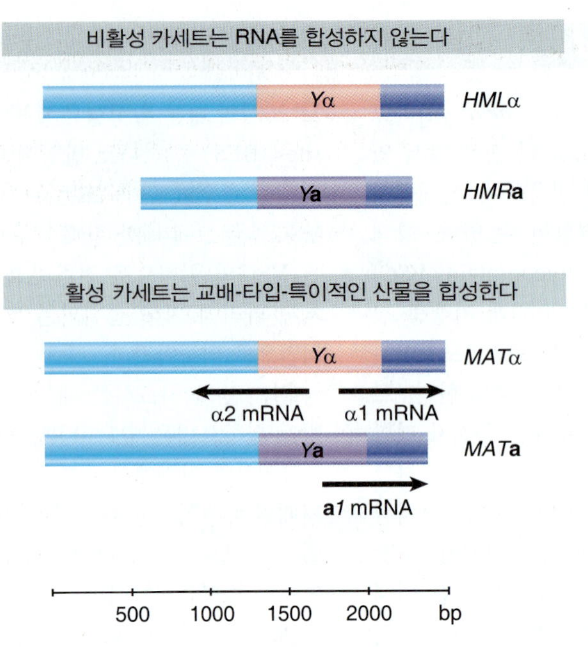

교배 타입 스위칭은 방향성을 가지고 있는 과정으로, 단 하나의 수용체(*MAT*)만 있지만 두 개의 잠재적인 공여체(*HML* 및 *HMR*)를 가지고 있다. 일반적으로 스위칭은 *HML*α에서 사본으로 *MAT***a**를 대체하거나 혹은 *HMR***a**에서 사본으로 *MAT*α를 대체하는 것을 포함하고 있다. 80~90%의 스위치(전환)에서 MAT 대립유전자는 상대적인 타입의 대립유전자로 대체된다. 이것은 세포의 교배 타입에 의해 결정된다: **a** 세포는 공여체로서 *HML*을 우선적으로 선택한다; α 세포는 우선적으로 *HMR*을 선택한다.

교배 타입을 설정하고 전환하는 데 여러 종류의 유전자가 관여하고 있다. 교배 타입을 직접 결정하는 유전자 외에도, 침묵 카세트(silent cassettes)를 억제하거나 교배 타입 전환, 혹은 교배에 관련된 기능을 수행하며, 가장 중요한 것은 상동성 재조합 요소를 수행하는 데 필요한 유전자를 포함하고 있다.

두 개의 침묵 카세트(*HML*α 및 *HMR***a**)의 염기배열을 활성 카세트(*MAT***a** 및 *MAT*α)의 두 가지 타입의 염기배열과 비교해 보면, 교배 타입을 결정하는 염기배열을 밝힐 수 있다. 교배 타입 유전자자리의 구성을 그림 15.23에 요약하였다. 각 카세트에는 **a** 및 α 타입의 카세트(*Y***a** 또는 *Y*α라고 함)가 다른 중앙 영역의 측면에 위치한 공통염기배열을 가지고 있다. 이 영역의 다른 쪽에, HMR에서는 더 짧지만, 인접한 염기배열은 사실상 동일하다. *MAT*에서의 활성 카세트는 *Y* 영역 내의 프로모터로부터 전사된다. 동일한 *Y* 영역이 *HML* 또는 *HMR*의 카세트에 존재하지만, 이들 카세트는 전사적으로 침묵 상태로 유지되어 이들 사본으로부터 어떠한 교배 타입 정보도 발현될 수 없다는 것에 유의해야 한다.

교배 타입의 스위치(전환)는 수용체 부위(*MAT*)가 공여체 타입(*HML* 또는 *HMR*)의 염기배열을 획득하는 유전자 전환 과정에 의해 완성된다. 이것이 감수분열 재조합 또는 DNA 이중-가닥 절단(DSB) 수복에 필요한 많은 효소를 사용하는 변형된 상동 재조합 메커니즘이다; 교배 타입 스위칭에 대해 특이한 사항은 상동성 염기배열이 항상 침묵공여체 카세트로부터 활성 부위로 전달되는 방향성을 가지고 있다는 것이다.

스위칭은 *HO* 유전자자리에 의해 암호화된 핵산내부가수분해효소에 의해 생성된 부위-특이적 이중-가닥 절단(site-specific double-strand break)의 형성에 의해 개시된다. HO 핵산내부가수분해효소는 그림 15.24와 같이 *Y* 경계의 오른쪽으로 엇갈린 이중-가닥 절단(DSB)을 만든다. 24-bp 인식 부위는 핵산분해효소에 비해 비교적 크기가 크며, 세 개의 교배 타입 카세트에서만 일어난다. *HML* 또는 *HMR* 유전자자리가 아닌 *MAT* 유전자자리만이 핵산내부가수분해효소의 표적이다. 침묵 카세트가 전사되는 것을 방지하는 동일한 메커니즘은 또한 *HO* 핵산내부가수분해효소를 접근할 수 없게 한다. 이러한 접근불가능성(inaccessibility)이 스위칭을 한쪽 방향으로 진행하게 한다.

그림 15.24 HO 핵산가수분해효소는 Y 영역의 오른쪽에 있는 *MAT*를 절단하여 4-염기가 돌출되어 있는 접착말단(sticky end)을 만든다.

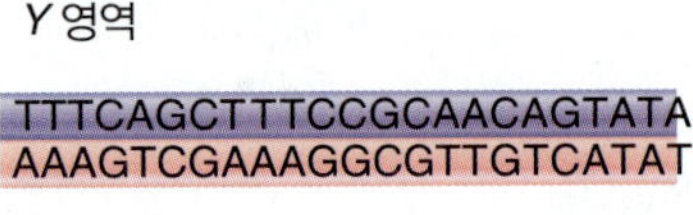

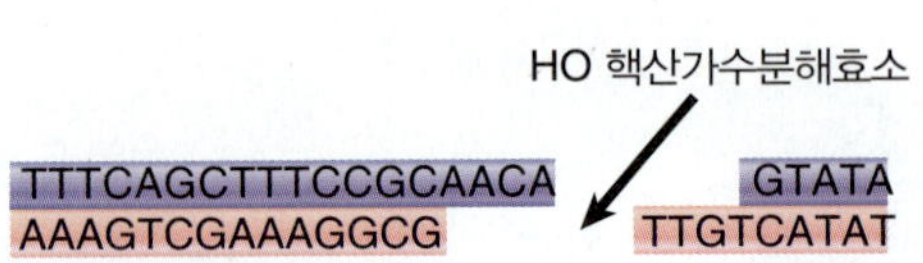

절단에 의해 시작된 반응을 공여체 영역과 수용체 영역 사이의 일반적인 반응의 관점에서 그림 15.25에 개략적으로 나타내었다. 예상대로, 초기 절단 후 단계는 상동 재조합과 관련된 효소를 필요로 한다.

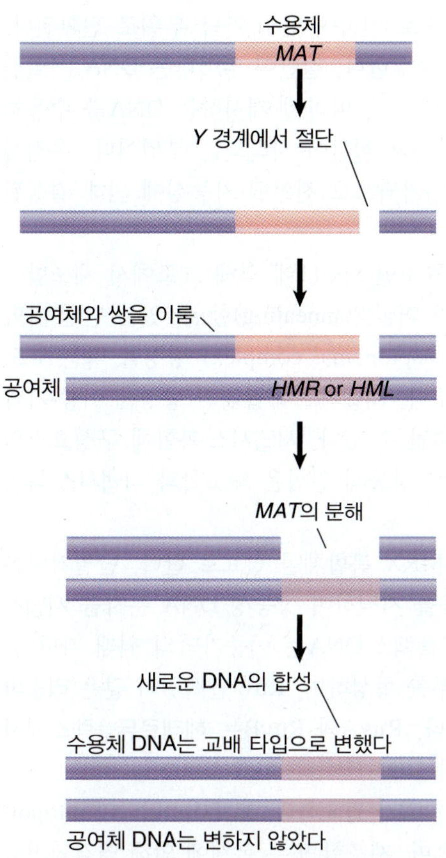

그림 15.25 카세트 치환은 수용체(*MAT*) 유전자자리의 이중-가닥 절단에 의해 시작되며, *Y* 영역의 양쪽에서 공여체(*HMR* 또는 *HML*) 유전자자리와 쌍을 이룰 수 있다.

핵심개념

- 효모 교배 타입 유전자자리 MAT는 *MAT***a** 또는 *MAT*α의 유전자형을 가지고 있다.
- 우성 대립유전자 *HO*를 가진 효모는 $\sim 10^{-6}$의 빈도로 그들의 교배 타입을 전환한다.
- MAT의 대립유전자를 활성 카세트(active cassette)라고 한다.
- 또한 두 개의 침묵 카세트, *HML*α 및 *HMR***a**가 있다.
- *MAT***a**가 *HML*α로 대체되거나 *MAT*α가 *HMR***a**로 대체되면 스위칭이 일어난다.
- 교배 타입 스위칭은 HO 핵산가수분해효소에 의한 *MAT* 유전자자리에서 이루어진 이중-가닥 절단(DSB)에 의해 시작된다.
- 교배 타입 스위칭은 *HML*α 또는 *HMR***a**의 정보를 활성 *MAT* 유전자자리로 복사하는 특별한 상동 재조합 과정에 의해 이루어진다.

개념 및 추론 확인

효모 균주는 돌연변이가 일어난 *HML*과 *HMR*의 교배 카세트는 모두 **a** 타입 카세트이다. 이 균주는 여전히 교배 타입을 바꿀 수 있을까? 바꾼다면 몇 번인가? 스위칭 과정 후 *HML* 및 *HMR*에 존재하는 염기배열은 무엇인가?

15.10 요약

재조합은 서로 상응하는 DNA 분자들 간에 물리적인 부분 교환을 수반하고 있다. 이것은 서로 상대방의 어버이로부터 유래된 두 영역이 각각의 어버이로부터 유래된 한 가닥을 가지고 있는 일련의 하이브리드(헤테로듀플렉스, heteroduplex) DNA에 의해 연결되어진 헤테로듀플렉스 DNA(이형이중가닥 DNA)를 만든다. 하이브리드 DNA는 양측의 마커 사이에서 일어나는 재조합 없이 형성될 수도 있다.

재조합은 DNA의 이중-가닥 절단에 의해 시작된다; 절단으로 인하여 단일-가닥 부위로 전환된다. 유리 단일-가닥 말단은 공여체 염기배열과 헤테로듀플렉스를 형성한다. 절단이 일어나는 DNA는 실질적으로 그것이 침입하는 염색체의 염기배열을 통합할 수 있으므로, 따라서 개시하는 DNA를 수용체(recipient)라고 한다. 재조합을 위한 핫스팟(hotspot)은 이중-가닥 절단이 시작되는 부위이다. 유전자 전환의 변화도(gradient)는 자유 말단 근처의 염기배열이 단일가닥으로 전환될 가능성에 의해 결정된다; 이것은 절단점으로부터의 거리에 따라 감소한다.

DNA의 자유 5′ 말단에 연결되는 토포이소머라아제-유사 효소인 Spo11에 의해 효모에서 재조합이 시작된다. 그런 다음 DSB는 다른 염색체의 상보적인 가닥과 어닐링(annealing)할 수 있는 단일-가닥 DNA를 생성하여 처리된다. 시냅시스 복합체(접합복합체, synaptonemal complex) 형성을 막는 효모 돌연변이는 그 형성에 재조합이 필요하다는 것을 보여주고 있다. 시냅시스 복합체의 형성은 이중-가닥 절단에 의해 시작될 수 있으며, 재조합이 완료될 때까지 지속될 수 있다. 시냅시스 복합체 구성요소의 돌연변이는 그 형성을 차단하나 염색체 쌍을 막지는 못하므로 상동체 인식은 재조합과 시냅시스 복합체 형성과 무관하다.

단일-가닥 영역은 단백질 복합체에 의해 생성되며 MRN/MRX 복합체를 필요로 한다. 단일가닥은 한 분자의 한 가닥이 다른 분자의 이중가닥을 침범하는 반응을 지원하여 상동성 DNA 분자를 시냅스할 수 있는 RecA 계열의 단백질 기질을 제공한다. 헤테로듀플렉스 DNA는 이중가닥의 원래 가닥 중 하나를 치환함으로써 형성된다. 이러한 작용은 재조합 접합부를 형성하며, Ruv 단백질과 같은 리솔바아제(resolvase, 위치특이성 재조합촉진효소)에 의해 분해된다. RuvA와 RuvB는 헤테로듀플렉스에서 작용하고 RuvC는 홀리데이 접합부(Holliday junction)를 절단한다.

재조합은 복제와 전사와 마찬가지로 DNA의 위상학적인 처리가 필요하다. 토포이소머라아제(topoisomerase)는 DNA에서 수퍼코일을 이완(또는 도입)할 수 있으며, 재조합 또는 복제에 의해 연결되어있는 DNA 분자를 풀어 주어야 한다. I형 토포이소머라아제는 DNA 이중가닥의 한 가닥에 절단을 만든다; II형 토포이소머라아제는 이중-가닥 절단을 만든다. 이 효소는 티로신에서 5′ 인산염(A형 효소) 또는 3′ 인산염(B형 효소)으로의 결합에 의해 DNA에 연결된다.

부위-특이적 재조합과 관련된 효소는 토포이소머라아제와 관련된 작용을 한다. 이러한 일반적인 종류의 재조합효소 중에서, 파지 통합과 관련된 것들은 인테그라아제의 하위 클래스를 형성한다. Cre/*lox* 시스템은 Cre의 두 분자를 사용하여 각 *lox* 부위에 결합하므로 재조합 복합체는 테트라머이다.

이것은 외부 게놈에 DNA를 삽입하기 위한 표준 시스템 중 하나이다. 람다 파지(λ phage) 통합은 파지 Int 단백질과 숙주 IHF 단백질을 필요로 하며, DNA 합성이 없는 경우 정확한 절단과 재결합이 필요하다. 반대 방향으로 반응 시키려면 파지 단백질 Xis가 필요하다. 일부 인테그라아제는 시스-절단에 의해 기능하는데, 반쪽 부위에서 DNA와 반응하는 티로신(tyrosine)은 그 반쪽 부위에 결합된 효소 서브유닛에 의해 제공된다; 다른 것들은 다른 단백질 서브유닛이 티로신을 제공하는 트랜스-절단에 의해 기능한다.

효모는 반수체 또는 이배체의 어느 조건에서도 증식할 수 있다. 이러한 상태들 간의 전환은 (반수체 세포의 융합으로 이배체를 얻는) 교배 및 (반수체 포자를 얻기 위한 이배체의 감수분열인) 포자 형성에 의해 발생한다. 이러한 반응에 참여할 수 있는 능력은 교배 타입에 따라 결정된다. 교배 타입은 *MAT* 유전자자리의 염기배열에 의해 결정되며, 이 유전자자리에서 서로 다른 염기배열을 대체하는 재조합 과정에 의해 변경될 수 있다. 재조합 과정은 상동 재조합 과정과 같은 이중-가닥 절단에 의해 시작되지만 이어지는 과정은 *MAT* 유전자자리에서 반드시 염기배열의 일방향성 대체가 일어난다.

*MAT***a**는 일반적으로 *HML*α의 염기배열로 대체되는 반면, *MAT*α는 보통 *HMR***a**의 염기배열로 대체된다. 핵산가수분해효소 *HO*는 *MAT*에서 독특한 표적 부위를 인식함으써 반응을 유발한다.

학습문제

1. RecA-매개 가닥 침입에 필요한 세 가지는 무엇인가?
   A. ______________________
   B. ______________________
   C. ______________________

2. 박테리오파지 람다와 박테리아 염색체의 통합에 필요한 네 가지 성분은 무엇이며, 이들 성분은 어디에서 유래하는가?
   A. ______________________
   B. ______________________
   C. ______________________
   D. ______________________

3. 박테리아 염색체에 통합된 람다 파지(λ phage) 게놈을 제거할 때 필요한 세 가지 단백질은 무엇인가?
   A. ______________________
   B. ______________________
   C. ______________________

4. 상동 DNA 염기배열 간의 재조합을 무엇이라고 하는가?
   A. 상동 재조합(homologous recombination)
   B. 절제
   C. 부위-특이적 재조합(site-specific recombination)
   D. 전위

5. 부위-특이적 재조합의 전형적인 예는 무엇인가?
   A. HIV 바이러스 통합
   B. 박테리오파지 람다 통합
   C. 감수분열 재조합
   D. 재조합 수복

6. 감수분열 중에 염색체가 분리되기 시작할 때, 염색체와 함께 결합되어 관찰되어지는 별개의 부위는 무엇인가?
   A. 이가 염색체(bivalents)
   B. 시냅시스 복합체
   C. 키아스마
   D. 홀리데이 접합부

7. 한 DNA 어버이의 듀플렉스(duplex, 이중구조)가 일련의 헤테로듀플렉스 DNA에 의해 다른 어버이의 듀플렉스에 공유 결합으로 연결되는 재조합 DNA 분자를 무엇이라고 하는가?
   A. 패치 재조합체
   B. 스프라이스 재조합체
   C. 홀리데이 접합부
   D. 연결분자

8. 전형적으로 상동 재조합을 일으키는 것은 무엇인가?
   A. 이중가닥 DNA의 한 가닥에 있는 부위-특이적 닉(nick)
   B. 이중가닥 DNA에서 부위-특이적 이중-가닥 절단
   C. 이중가닥 DNA의 한 가닥에서 임의의 닉(nick)
   D. 이중가닥 DNA의 무작위 이중-가닥 절단

9. 복제 중인 DNA 중합효소보다 먼저 발생하는 양성 수퍼코일을 제거하는 효소는 다음 중 어느 것인가?
   A. 토포이소머라아제 I
   B. 토포이소머라아제 II
   C. DNA 자이라아제
   D. 리버스 자이라아제

10. 이배체 효모의 형성 시, 다음 중 반수체 세포의 어느 쌍이 교배에 관여하는가?
   A. 두 타입의 **a** 세포
   B. 두 타입의 α 세포
   C. **a** 세포와 α 세포
   D. 위의 조합 모두

11. 효모 교배타입 스위칭 개시를 담당하는 것은 무엇인가?
   A. Spo11 핵산내부가수분해효소에 의한 MAT 유전자자리에 생긴 이중-가닥 절단
   B. Spo11 핵산내부가수분해효소에 의한 침묵교배 카세트에 생긴 단일-가닥 닉
   C. HO 핵산내부가수분해효소에 의해 MAT 유전자자리에 생긴 단일-가닥 닉
   D. HO 핵산내부가수분해효소에 의한 MAT 유전자자리에 생긴 이중-가닥 절단

핵심용어

5′ end resection
attachment (*att*) sites
axial element
bivalent
branch migration
catenate
central element
chiasma (pl. chiasmata)
chromosome pairing
core sequence
D loop (displacement loop)
double-strand breaks (DSB)
excision
gene conversion
gyrase
heteroduplex DNA
Holliday junction
homologous recombination
hotspot
integrase
integration
joint molecule
lateral element
mating type cassette
patch recombinant
presynaptic filaments
prophage
recombinant joint
recombinase
recombination nodules (nodes)
resolution
reverse gyrase
single-strand invasion
sister chromatid
site-specific recombination
somatic recombination
splice recombinant
supercoiling
synapsis
synaptonemal complex
topoisomerase
type I topoisomerase
type II topoisomerase

읽을거리

Cromie, G. A., and Smith, G. R. (2007). Branching out: meiotic recombination and its regulation. *Trends Cell Biol.* **17**(9), 448–455. A review of the multiple pathways controlling meiotic recombination.

Haber, J. E. (1998). Mating-type gene switching in *Saccharomyces cerevisiae*. *Ann. Rev. Gen.* **32**, 561–599. An introduction to mating type switching in yeast.

San Filippo, J., Sung, P., and Klein, H. (2008). Mechanism of eukaryotic homologous recombination. *Ann. Rev. Biochem.* **77**, 229–257. A review of the mechanisms of homologous recombination, with a focus on the role of the Rad51 and Dmc1 recombinases

16

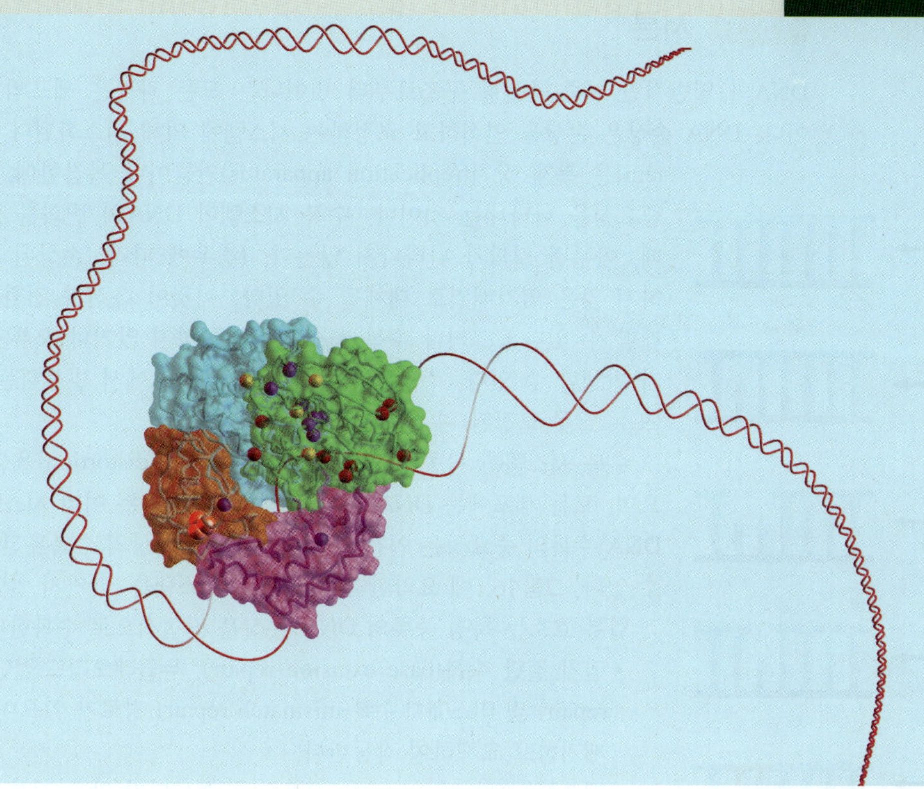

전사와 뉴클레오티드 절제 수복에 관련된 XPD 헬리카아제는 풀린 DNA로 보여진다. 색상은 XPD의 다른 영역을 나타낸다. 헬리카아제 도메인은 녹색이다. Photo courtesy of M. Pique, Li Fan, Jill Fuss, and John Tainer, The Scripps Research Institute and Lawrence Berkeley National Laboratory. More information available at L. Fan et al., *Cell* 133 (2008): 789–800.

수복 시스템

16장 개요

16.1 서론

DNA의 일반적인 이중-나선형 구조로부터 벗어나는 모든 과정은 세포의 유전적 구성에 대한 위협이다. DNA 손상은 손상을 인식하고 교정하는 시스템에 의해 최소화된다. 수복 시스템은(repair system)은 복제 장치(replication apparatus)만큼이나 복잡한데, 이는 세포의 생존에 대한 중요성을 나타내는 것이다. 수복 시스템이 DNA의 변화를 원래의 염기배열로 복원할 때, 아무런 결과가 나타나지 않는다. (경우에 따라, 손상된 부위가 상동성이지만 동일하지 않은 염기배열로 대체될 수 있다; 이것이 유전자 전환이며 이로 인한 결과를 초래할 수 있다.) 그러나 수복 시스템이 작동하지 않거나 오류가 잘못 교정되면 돌연변이가 발생할 수 있다. 측정된 돌연변이율은 DNA에서 발생하는 손상 과정의 수와 교정된(또는 잘못 교정된) 수 간의 균형을 나타낸다.

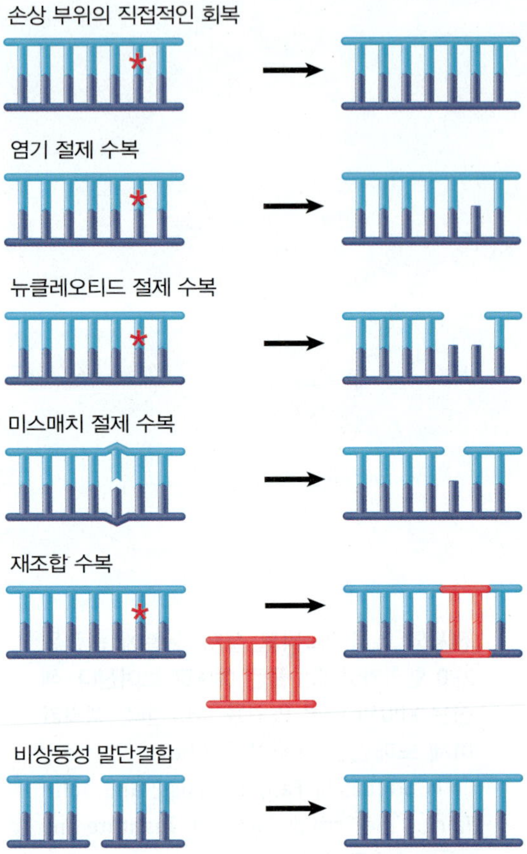

수복 시스템은 종종 DNA의 다양한 뒤틀림(distortion)을 작동 신호로 인식할 수 있으며, 모든 세포에는 DNA 손상을 처리할 수 있는 여러 시스템이 있다. 진핵생물에서의 DNA 수복의 중요성은 인간 게놈에서 130개 이상의 수복유전자가 동정되는 것으로도 알 수 있다. 그림 16.1에 요약한 것처럼 수복 시스템을 몇 가지 일반 유형으로 나눌 수 있다.

일부 효소는 특정 종류의 DNA 손상을 직접적으로 수복한다.

- 염기 절단 수복(base excision repair), 뉴클레오티드 절단 수복(nucleotide excision repair) 및 미스매치 수복(mismatch repair) 경로가 있으며, 이들 모두는 손상된 곳을 제거하고 교체하여 작동한다.
- 재조합(recombination)을 사용하여 손상되지 않은 사본을 검색하여 손상된 이중가닥 염기배열을 대체하는 시스템이 있다.
- 비상동성 말단 결합(nonhomologous end-joining, NHEJ) 경로는 끊어진 이중-가닥 말단를 재결합한다.
- 몇 가지 다른 DNA 중합효소는 대체 일련의 DNA를 재합성하거나 혹은 손상된 영역을 우회(bypass)할 수 있다.

*직접 수복(direct repair)*은 그다지 흔하지 않으며 손상의 역전(reversal) 또는 단순 제거가 포함된다. 하나의 좋은 예는 피리미딘 다이머(pyrimidine dimer)의 **광회복(photoreactivation)**으로, 인접한 염기 간의 부적절한 공유결합이 빛-의존성 효소에 의해 수복된다. 이 시스템은 자연계에 널리 퍼져 있으며, 태반성 포유류를 제외한 모든 곳에서 발생하는데, 특히 식물에서 중요해 보인다. 대장균에는 광회복효소(photolyase)라고 불리는 효소를 암호화하는 단일 유전자(phr) 산물에 의존하고 있다.

DNA의 가닥 간의 미스매치(불일치, mismatch)는 수복 시스템의 주요 목표 중 하나이다. **미스매치 수복(mismatch repair)**은 제대로 짝을 이루지 않은 나란히 놓인 염기들에 대한 DNA를 자세히 조사하여 수행된다. 복제하는 동안 발생하는 미스매치는 "새로운(new)" 가닥과 "오래된(old)" 가닥을 구분하고, 우선적으로 새로 합성된 가닥의 염기를 수정한다. 다른 수복 시스템은 탈아미노 반응(deamination)의 결과와 같은 염기 변환에 의해 생성된 미스매치를 처리한다. 미스매치 수복에 관여하는 유전자의 돌연변이로 인하여 사람에게서 암이 발생한다는 사실로부터 이들 수복 시스템의 중요성이 강조되고 있다.

손상된 염기는 보통 *절제 수복(excision repair)*으로 교정되는데, DNA의 공간적인 경로 변화나 실제로 손상된 염기를 인식하는 인식효소에 의해 시작된다. 절제 수복 시스템에는 두 가지 유형이 있다;

- *염기 절제 수복(Base excision-repair, BER)* 시스템은 DNA의 손상된 염기를 직접 제거하고 교체한다. 좋은 예가 DNA 우라실 글리코실라아제(DNA uracil glycosylase)로, 이 효소는 구아닌과 미스매치된 우라실을 제거한다(*16.4절 염기 절제-수복 시스템은 글리코실라아제를 필요로 한다* 참조).

손상 부위의 직접적인 회복

염기 절제 수복

뉴클레오티드 절제 수복

미스매치 절제 수복

재조합 수복

비상동성 말단결합

그림 16.1 수복 유전자는 다른 메커니즘을 사용하여 DNA 손상을 우회하거나 우회하는 경로로 분류할 수 있다.

▶ **광회복(photoreactivation)** UV(자외선)에 의해 형성된 사이클로부탄 피리미딘 다이머(cyclobutane pyrimidine dimer, CPD)를 분해시키는 데 백색광(파란색 파장)-의존성 효소를 사용하는 수복 시스템.

▶ **미스매치 수복(mismatch repair)** 염기쌍이 정상적이지 않은 바로 합성되어 삽입된 염기를 교정하는 수복. 이 과정은 원핵생물에서는 메틸화(methylation) 상태를 기준으로 하여, 딸 가닥과 어버이 가닥을 구별한 다음 우선적으로 딸 가닥의 염기를 교정한다.

- *뉴클레오티드 절제 수복(nucleotide excision-repair, NER)* 시스템은 손상된 염기(들)를 포함하는 염기배열을 잘라낸다; 그런 다음 제거된 자리에 새로운 일련의 DNA가 합성되어 대체된다. 그림 16.2는 이러한 시스템 작동의 주요 과정을 요약한 것이다. 이러한 시스템은 일반적이다. 일부 시스템은 DNA 일반적인 손상을 인식하며, 다른 시스템은 염기 손상의 특정 유형에 따라 작용한다. 하나의 세포 유형에 일반적으로 다수의 절제 수복 시스템이 존재한다.

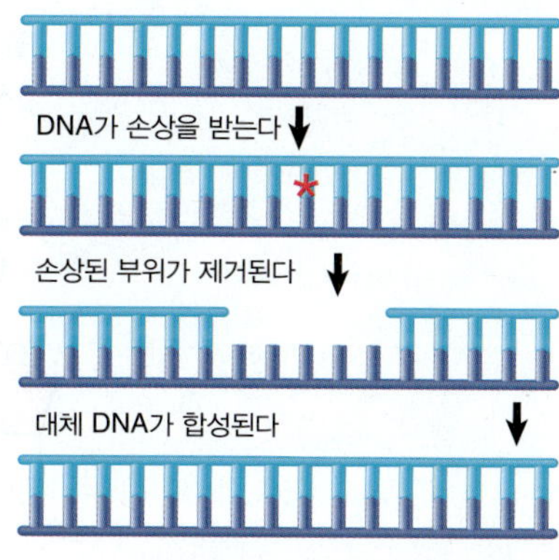

그림 16.2 절제 수복은 손상된 DNA를 직접 교체한 다음 손상된 가닥에 대한 대체 부위를 다시 합성한다.

재조합 수복(recombination-repair) 시스템은 손상이 딸 분자에 남아 있고 복제가 손상 부위를 우회하게 되는데, 이로 인하여 딸 가닥에 일반적으로 틈(gap)이 만들어진다. 회복계(retrieval system)가 재조합을 이용하여 손상되지 않은 가닥으로부터 다른 복제된 염기배열을 얻는다; 이 복제된 염기배열은 틈을 수복하는 데 사용된다.

▶ **재조합 수복(recombination-repair)** 상동성의 단일가닥을 다른 이중가닥에서 검색하여 이중가닥 DNA 중 한 가닥의 간격을 채우는 수복.

재조합 및 수복의 주요 기능은 이중가닥 절단(double-strand breaks, DSBs)을 처리하는 것이다. DSBs는 상동재조합의 교차(crossover)를 시작하게 한다. DSBs는 또한 복제 시에도 문제를 발생할 수 있는데, 이때 DSBs는 재조합-수복(recombination-repair) 시스템을 작동하게 할 수 있다. DSBs가 (예를 들어, 방사선 손상에 의한) 환경적인 손상 또는 텔로미어(telomere)가 짧아지게 되면, 그들은 돌연변이를 일으킬 수 있다. 재조합 수복 외에도 DSBs는 비상동성의 DNA 말단을 서로 연결하여 수복되기도 한다.

DNA 수복에 관여하는 대장균의 능력에 영향을 주는 돌연변이는 (반드시 모두 독립적일 필요는 없는) 몇몇 수복 경로에 해당하는 그룹으로 나누어진다. 잘 알려진 주요 경로로는 *uvr* 절제-수복 시스템, 메틸-유도 미스매치 시스템, *recB* 및 *recF* 재조합, 그리고 재조합 수복 경로가 있다. 이들 시스템과 관련된 효소활성으로는 핵산내부가수분해효소(endonuclease)와 (손상된 DNA를 제거하는 데 중요한 핵산말단가수분해효소, exonuclease), 재조합 접합부에 특이적으로 작용하는 핵산내부가수분해효소인 레솔바아제(resolvase), DNA를 풀어주는 헬리카아제(helicase, 나선풀기효소), 새로운 DNA를 합성하는 DNA 중합효소가 있다. 이들 효소활성 중 일부는 특별한 수복 경로에만 특이적으로 이용되기도 하며, 다른 것들은 여러 경로에 관여한다.

복제 장치는 복제 능력에 많은 주의를 기울인다. DNA 중합효소는 교정 과정을 사용하여 딸 가닥 염기배열을 확인하고 오류를 제거한다. 수복 시스템 중 일부는 손상된 부분을 대체하기 위해 DNA를 합성할 때 정확도가 떨어진다. 이러한 이유로 이러한 시스템은 역사적으로 *오류-유발(error-prone)* 시스템으로 알려져 왔다.

16.2 수복 시스템이 손상된 DNA를 교정한다

수복 시스템을 유발하는 손상 유형은 일반적으로 두 가지 유형으로 나눌 수 있다: 단일 염기로 국한되는 비변형 손상과 이중나선-변형 손상.

단일-염기 변화(single-base change)는 DNA 염기배열에 영향을 미치지만 전반적인 구조를 크게 왜곡 시키지는 않는다. 그들은 DNA 이중가닥이 분리될 때 전사 또는 복제에 영향을 미치지 않는다. 따라서 이러한 변화는 DNA 염기배열의 변화의 결과를 통해 다음 세대에 손상을 줄 수 있다. 이러한 유형의 효과를 얻는 이유는 하나의 염기가 이것과 짝을 이루는 염기와 올바르게 짝을 이루지 않는 염기로 변환되기 때문이다. 단일-염기 변화는 원 위치(*in situ*) 염기의 돌연변이 또는 복제 오류(replication error)의 결과로 발생할 수 있다. 그림 16.3은 (자연적으로 또는 화학적 돌연변이 유발물질에 의해) 시토신을 우라실로 탈아미노화(deamination)하면 미스매치된 U-G 쌍을 생성한다는 것을 보여 주고 있다. 그림 16.4는 복제 오류가 A-G 쌍을 생성하기 위해 시토신 대신에 아데닌을 삽입할 수 있음을 보여 주고 있다.

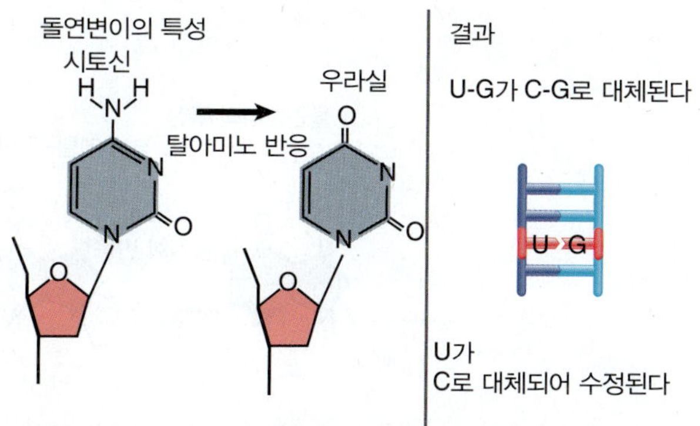

그림 16.3 시토신의 탈아미노 반응에 의해 U-G 염기쌍을 형성한다. 우라실은 미스매치 염기쌍으로부터 우선적으로 제거된다.

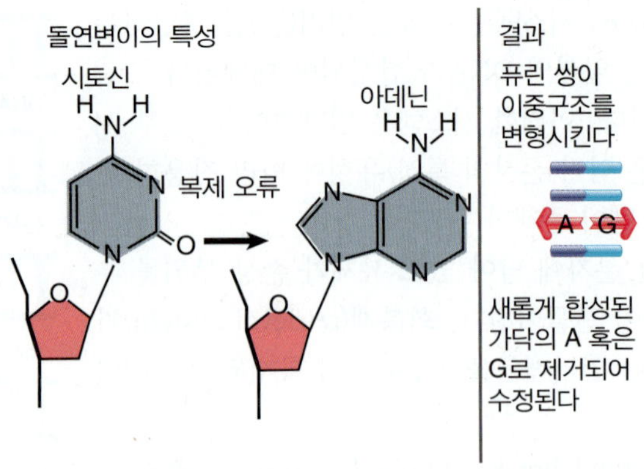

그림 16.4 복제 오류는 하나의 염기를 대체하여 수정할 수 있는 미스매치 쌍이 형성한다.; 만일 교정되지 않으면, 돌연변이가 하나의 딸 이중가닥에서 고정된다.

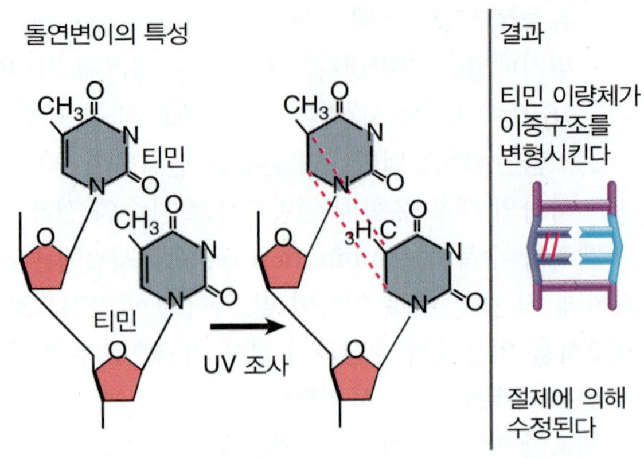

그림 16.5 자외선 조사는 인접한 티민 사이에서 다이머를 형성한다. 다이머는 복제와 전사를 차단한다.

유사한 결과는 염기쌍에 대한 작은 그룹의 공유결합으로 인해 염기쌍에 대한 능력을 변경시킬 수 있다. 이러한 변경으로 인해 (U-G 쌍의 경우와 같이) 매우 작은 구조적 변형이 발생하거나 혹은 (A-G 쌍의 경우처럼) 상당히 중요한 변형이 발생할 수 있지만, 공통적인 특징은 다음 복제까지만 미스매치가 지속된다는 것이다. 따라서 복제로 인하여 영구적으로 만들어지기 전에 제한된 시간만을 사용하여 손상을 복구할 수 있다.

구조적 변형(structural distortion)은 복제 또는 전사에 물리적 장애를 일으킬 수 있다. 예를 들어, DNA의 한 가닥에 있는 염기들 간 혹은 서로 다른 가닥에 있는 염기들 간의 공유결합이 생기면 복제와 전사가 억제된다. 그림 16.5는 두 개의 인접한 티민 염기들 간에 공유결합이 도입되어 가닥 내 **피리미딘 다이머(pyrimidine dimer)**를 생성시키는 자외선 (UV) 조사의 예를 보여주고 있다. 사이토신(cytosine) 또한 UV에 의해 유도된 다이머를 형성할 수 있지만, 티미딘(thymidine)은 더 일반적인 표적이다.) 그림 16.6은 이중나선 구조를 변형시키는 염기에 부피가 큰 부가물(adduct)을 첨가하여도 유사한 결과가 발생할 수 있음을 보여준다. 단일-가닥 닉(nick, 틈) 또는 그림 16.7에서 보는 바와 같이 염기의 제거는 가닥이 RNA 또는 DNA의 합성을 위한 적절한 주형으로 사용되는 것을 방해한다. 이러한 모든 변화의 공통적인 특징은 손상된 부가물(damaged adduct)이 DNA에 남아 구조적 문제를 일으키거나 제거될 때까지 돌연변이를 유도한다는 것이다.

▶ **피리미딘 다이머(pyrimidine dimer)** 자외선 조사가 DNA의 두 인접한 피리미딘 염기들 간에 직접적으로 공유결합이 생성할 때 형성되는 다이머(이량체). 그것은 DNA 복제와 전사를 차단한다.

수복 시스템이 제거되면 세포는 DNA 손상을 일으키는 원인 물질, 특히 없어진 시스템에 의해 인식되는 손상의 유형에 매우 민감하게 된다.

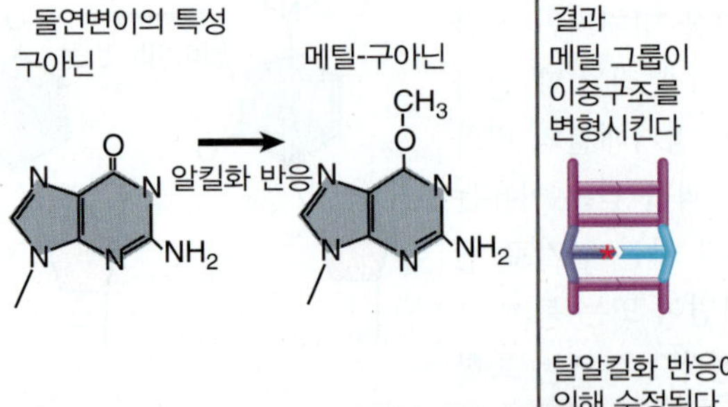

그림 16.6 염기의 메틸화는 이중나선을 변형시키고 복제시 틀린 짝 형성을 일으킨다. 별표는 메틸 그룹을 나타낸다.

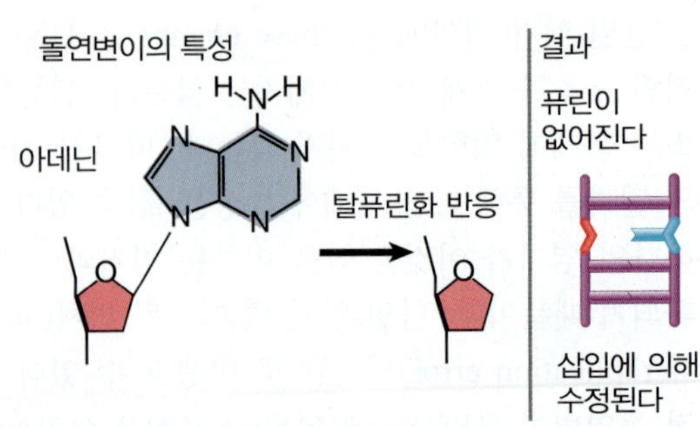

그림 16.7 탈퓨린화 반응은 DNA에서 염기를 제거하여 복제와 전사를 막는다.

핵심개념

- 수복 시스템은 표준 염기쌍을 따르지 않는 DNA 염기배열을 인식한다.
- 절제 수복 시스템은 손상 부위에서 한 가닥의 DNA를 제거한 다음 교체한다.
- 재조합-수복 시스템은 재조합을 사용하여 손상된 이중-가닥 영역을 교체한다.
- 이 모든 시스템은 수복 과정 중에 오류가 발생하기 쉽다.
- 광회복(photoreactivation)은 피리미딘 다이머(pyrimidine dimer)에 특이적으로 작용하는 비돌연변이원성(non-mutagenic) 수복 시스템이다.

개념 및 추론 확인

A-G 미스매치(mismatch)를 만드는 복제 오류가 다음 차례의 복제 전에 복구되지 않을 경우, 복제 후 두 딸 DNA의 순서는 어떻게 되는가?

16.3 뉴클레오티드 절제 수복 시스템은 여러 종류의 손상을 수복한다

절제-수복 시스템(excision-repair system)은 특이성이 다르지만 동일한 일반적인 특징을 가지고 있다. 각각의 시스템은 DNA에서 잘못된 염기 또는 손상된 염기를 제거한 다음 새로운 일련의 DNA를 합성하여 이를 대체한다. 절제 수복을 위한 일반적인 경로를 그림 16.8에 나타내었다.

▶ **절제-수복 시스템(excision-repair system)** 한 가닥의 DNA를 직접 잘라내어 상보적 가닥을 주형으로 다시 합성하여 대체하는 수복 시스템 유형.

절개(incision) 단계에서, 손상된 구조는 손상 부위의 양쪽의 DNA 가닥을 절단하는 핵산내부가수분해효소에 의해 인식된다.

절제(excision) 단계에서, 5′에서 3′ 핵산말단가수분해효소로 손상된 일련의 가닥을 제거한다. 또는 헬리카아제가 손상된 가닥을 대체할 수 있으며, 그것은 나중에 분해된다.

합성 단계에서, 위의 결과로 생성된 단일-가닥 영역은 DNA 중합효소가 절제된 염기배열에 대한 새로운 염기를 합성하기 위한 주형으로서 작용한다. [새로운 가닥의 합성은 공동작용(coordinated action)으로 이전의 가닥을 제거하는 것과 동시에 작용할 수 있다.] 마지막으로 DNA 연결효소(DNA ligase)는 새로운 DNA 가닥의 3′ 말단을 원래의 DNA에 공유결합으로 연결한다.

절제 수복의 대장균 *uvr* 시스템은 수복에 관여하는 핵산내부가수분해효소의 성분을 암호화하는 *uvrA*, *-B* 및 *-C*의 세 유전자를 포함한다. 이것은 그림 16.9에 표시된 단계에서 기능한다. 첫째, UvrAB 다이머는 피리미딘 다이머 및 다른 커다란 손상 부위(lesion)를 인식한다. 다음으로 UvrA는 해리되며[이 과정에는 아데노신 삼인산(adenosine triphosphate, ATP)을 필요로 한다], UvrC는 UvrB에 결합한다. UvrBC 복합체는 손상 부위의 5′ 측면으로부터는 7개의 뉴클레오티드, 3′ 측면으로부터는 3 내지 4개의 뉴클레오티드가 절개한다. 이 과정도 ATP가 필요하다. UvrD는 DNA를 푸는 데 도움이 되는 헬리카아제로 5′과 3′에서 끊어진 두 곳

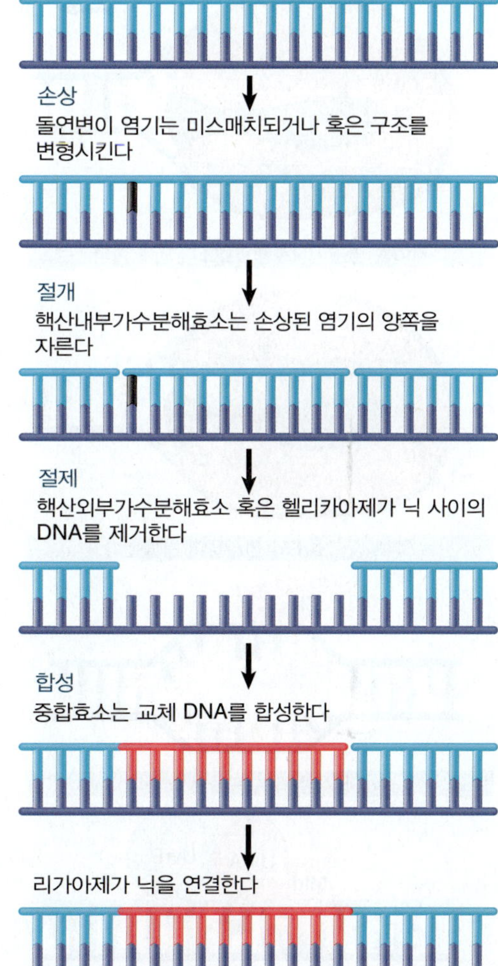

그림 16.8 절제 수복은 손상된 염기를 포함한 DNA의 부분을 제거하고 대체한다.

▶ **절개(incision)** 엔도뉴클레아제(endonuclease, 핵산내부가수분해효소)가 DNA의 손상 부위를 인식하고 손상의 양측에서 DNA 가닥을 절단하여 분리하는 미스매치 절제-수복 시스템의 한 단계.

▶ **절제(excision)** 5′에서 3′ 엑소뉴클레아제(exonuclease, 핵산외부가수분해효소)(또는 헬리카아제)의 작용에 의해 DNA의 단일가닥 부분을 제거하는 절제-수복 시스템의 단계.

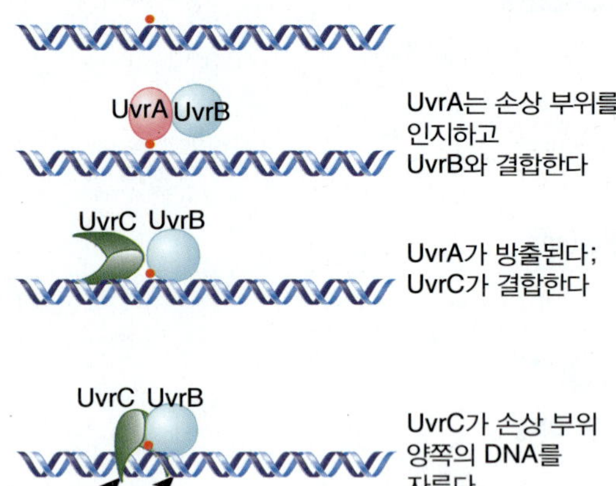

그림 16.9 Uvr 시스템은 UvrAB이 손상을 인식하고, UvrBC가 DNA를 끊고, UvrD가 표시된 영역을 풀어내는 단계로 작동한다.

사이의 단일가닥을 방출시킨다. 손상된 가닥을 절단하는 효소는 DNA 중합효소 I이다. 수복 합성(repair synthesis)에 관여하는 효소는 (DNA 중합효소 II 및 III가 이를 대신할 수도 있지만) DNA 중합효소 I일 가능성도 있다.

UvrABC 수복 시스템은 대장균에서 거의 모든 절제 수복 과정을 담당하고 있다. 거의 모든 경우(99%), 대체된 DNA의 평균 길이는 ~12 뉴클레오티드이다[이로 인하여, 이 과정은 종종 *짧은-조각 수복*(*short-patch repair*)이라고 한다]. 나머지 1%의 경우는 대부분 DNA 길이가 ~1500 뉴클레오티드로 대체되지만 9,000개 이상의 뉴클레오티드로 연장되기도 한다[때로는 *긴-조각 수복*(*long-patch repair*)이라고도 한다]. 일부 과정은 짧은 조각 방식이 아닌 긴 조각을 일으키는 이유는 모른다.

Uvr 복합체는 다른 단백질에 의한 손상 부위에 작동할 수 있다. DNA에 손상이 생기면 전사가 정지될 수 있으며, 이 경우 Mfd라 불리는 단백질이 RNA 중합효소를 대체하고 Uvr 복합체를 모은다. 그림 16.10은 전사와 수복 간의 연결 모형을 보여주고 있다. RNA 중합효소가 주형가닥에서 DNA 손상을 만났을 때, 손상된 염기배열을 상보적인 염기쌍을 지시하는 주형으로 사용할 수 없기 때문에 RNA 중합효소는 멈춘다. 이러한 효과는 주형가닥의 손상에 특이적으로 일어난다; 주형가닥이 아닌 가닥에서의 손상은 RNA 중합효소의 진행을 방해하지 않는다.

Mfd 단백질에는 두 가지 역할이 있다. 첫째, Mfd는 DNA로부터 RNA 중합효소의 삼원 복합체(ternary complex)를 대체한다. 둘째로, Mfd는 UvrABC 복합체를 손상된 DNA에 결합시켜 손상된 가닥에 절제 수복을 수행하도록 한다. DNA가 수복된 후, 유전자를 통과하는 다음 RNA 중합효소는 정상적인 전사체(transcript)를 생성할 수 있다.

그림 16.10 Mfd는 멈춘 RNA 중합효소를 인식하고 손상된 주형가닥에 Uvr 복합체를 연결한다.

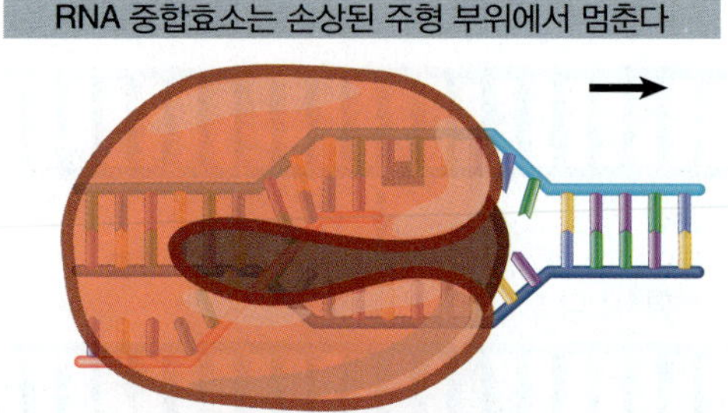

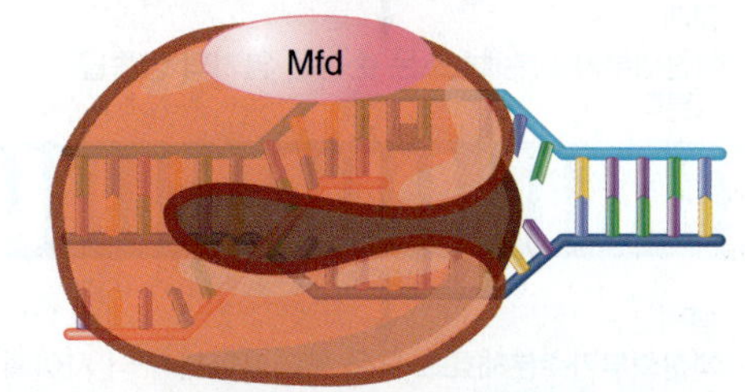

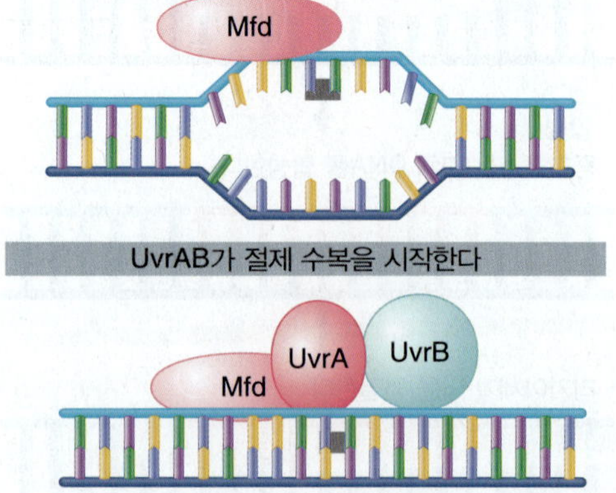

▶ **색소성 건피증(xeroderma pigmentosum, XP)** 피부 질환 및 암 소인(predisposition)이 되는 햇빛(특히, 자외선)에 과민성을 유발하는 XP 유전자 중 하나의 돌연변이로 인한 질병.

진핵세포에서의 절제 수복의 일반적인 원리는 박테리아와 유사하다. UV에 의한 손상과 같은 커다란 손상 부위는 또한 뉴클레오티드 절제 수복 시스템(nucleotide excision repair system)에 의해 인식되고 수복된다. 포유류 뉴클레오티드 절제 수복의 중요한 역할은 어떤 사람의 유전질환에서 볼 수 있다. 이 중 가장 잘 연구되어진 것은 **색소성 건피증(xeroderma pigmentosum, XP)**이며, 햇빛과 특히 UV(자외선)에 과민반응을 일으키는 열성 질병이다. 뉴클레오티드 절제 수복의 결핍은 피부 질환 및 암 소인(predisposition)이 된다(자세한 내용은 *MEDICAL APPLICATIONS*을 참조).

이 질병은 뉴클레오티드 절제 수복의 결함으로 인해 발생한다. XP 환자는 피리미딘 다이머 및 기타 부피가 큰 부가물(adduct)을 절제할 수 없다. 돌연변이는 *XP-A*~*XP-G*라는 8개의 유전자 중 하나에서 발생한다. 여러 *XP* 유전자의 산물을 포함하는 단백질 복합체는 티민 다이머(thymine dimer)의 절단을 담당하고 있다. 실제로 진핵생물에는 그림 16.11에 나타낸 바와 같이 뉴클레오티드 절제 수복의 두 가지 주요 경로가 있다. 두 경로 사이의 주요 차이점은 손상이 처음 인식되는 방법이다. *전체-게놈 수복*(*global genome repair*)에서 XPC라

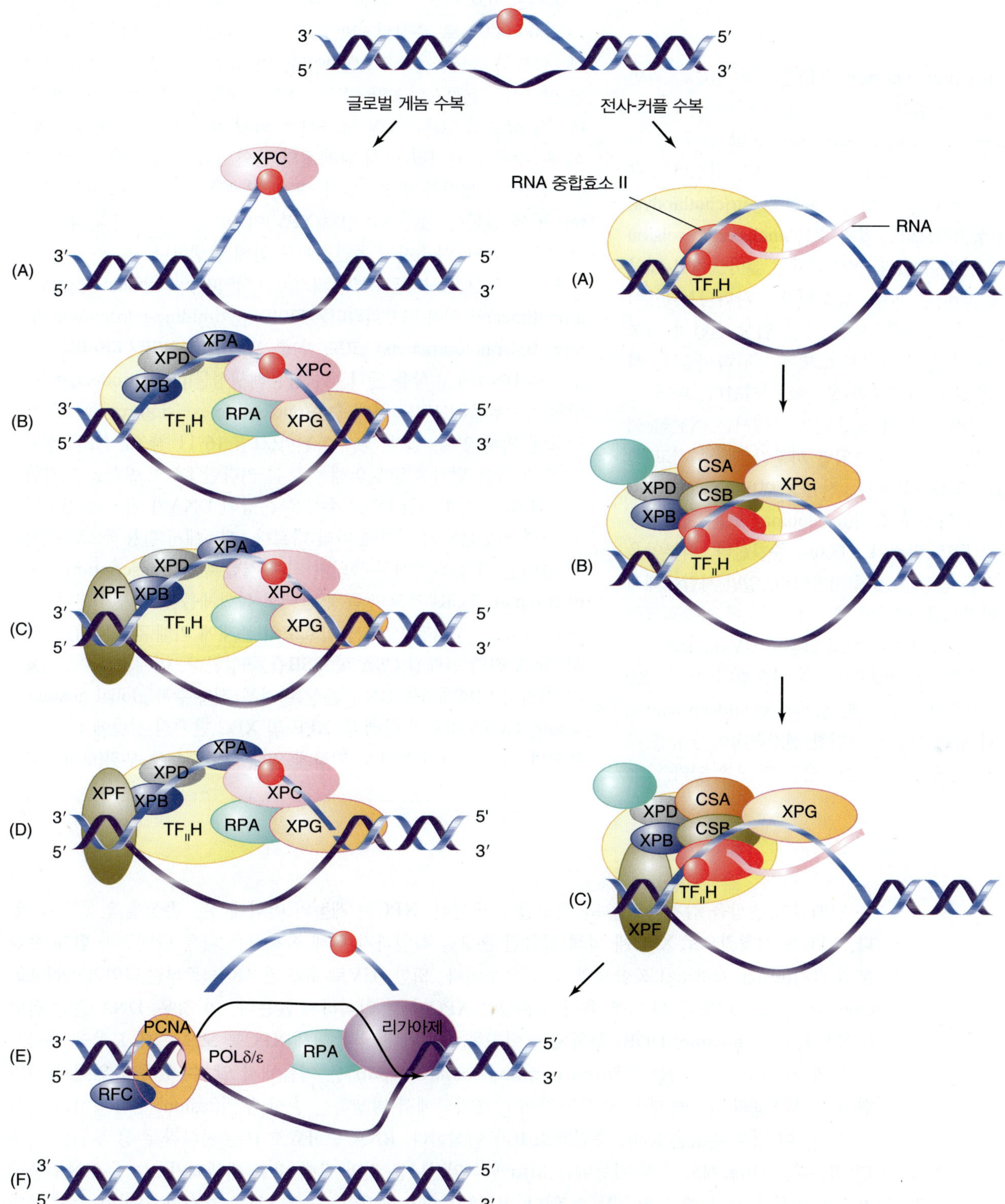

그림 16.11 뉴클레오티드 절제 수복은 두 가지 주요 경로를 통해 일어난다: XPC가 게놈의 어느 곳에서나 손상을 인식하는 글로벌 게놈 수복(global genome repair), 그리고 활성 유전자의 전사된 가닥이 우선적으로 수선되고, 손상된 부위가 신장 중인 RNA 중합효소에 의해 인식되는 전사-커플 수복(transcription-coupled repair). Adapted from E. C. Friedberg et al., *Nature Rev. Cancer*1 (2001): 22–23.

MEDICAL APPLICATIONS

색소성 건피증

색소성 건피증(xeroderma pigmentosum, XP)은 자외선(UV) 과민감성과 관련된 상염색체 열성 질환으로, 피부암 위험 및 신경성 퇴행질환이 증가한다. *Xeroderma pigmentosum*이란 말 그대로 "건성색소피부"를 의미한다. XP 및 그 외 두 가지 관련 질병인 코케인신드롬(Cockayne syndrome)과 모발유황이영양증(trichothiodystrophy, TTD)은 DNA 뉴클레오티드 절제 수복(nucleotide excision repair, NER)의 결함과 관련이 있다. XP 환자는 유아들처럼 태양에 의해 유발된 주근깨 및 다른 피부 색소 침착이 나타나는데, 이는 일반적인 집단에서 드문 경우로, 이는 종종 임상 진단의 기초로 이용된다. XP 환자의 약 절반이 극도로 빛에 민감하며 많은 사람들이 최소의 일광 노출로 일광화상과 물집이 나타난다; 다른 곳은 정상적으로 황갈색이지만 햇빛에 노출된 피부에서는 여전히 색소 침착이 나타낸다. 햇빛에 계속 노출되면 피부가 건조해지고 빨리 노화된다. XP를 앓고 있는 어린이는 전암성 병변(precancerous lesion)을 일으키며, 20세 이전에 흑색(melanoma) 또는 비흑색종(non-melanoma) 피부암 발병 위험이 1,000배 증가한다. 피부암을 앓고 있는 XP 환자의 평균 연령은 10세 미만이며, 일반 사람에게서의 피부암 출현 평균 연령보다 50년이 빠르다. 햇빛에 지속적으로 노출되면, XP 환자는 만성적인 UV-유발성 안염증(UV-induced eye inflammation), 각막 손상 및 속눈썹의 상실을 일으킬 수 있다. XP 환자의 약 30%는 또한 진행성 정신지체, 심부건 반사(deep tendon reflexes) 손실 및 고주파 청력 상실을 포함한 신경학적인 결함을 나타낸다. 환자는 또한 걷거나 삼키는 데 어려움을 겪을 수 있다.

XP는 비교적 드문 유전 질환이다; 미국의 전반적인 유병률은 1/1,000,000으로 추정되지만 일부 집단에서는 더 흔하게 일어난다. 일본의 유병률은 1/22,000이다. 이 질환과 관련된 7개의 명확한 상보성 그룹(*XPA*, *XPB*, *XPC*, *XPD*, *XPE*, *XPF* 및 *XPG*)이 있다. 각 상보성 그룹은 UV 방사선에 의해 유도된 DNA 손상의 인식 및 수복에 관련된 여러 단백질의 돌연변이를 나타내며, 단백질은 상보성 그룹이라 명명되었다. 또한 복제후 수복(post-replication repair)에 결함이 있는 XP 변형(XPV)이 있다. 모든 XP의 약 50%는 *XPA*와 *XPC* 유전자의 돌연변이로 인해 발생한다.

UV 방사선은 사이클로부탄 피리미딘 다이머(cyclobutane pyrimidine dimer)와 피리미딘-피리미돈 다이머(pyrimidine-pyrimidone dimer, 6,4-photoproducts라고도 함)를 포함한 피리미딘 다이머의 형성으로 DNA에 손상을 준다. 이 광분해생성물(photoproduct)는 일반적으로 뉴클레오티드 절제 수복(nucleotide excision repair, NER) 경로에 의해 인식, 절제 및 수복된다(그림 16.11 참조). NER 경로는 또한 다른 발암물질에 의해 유도된 커다란 DNA 변형을 제거한다. NER 경로에 의한 DNA 수복은 손상된 DNA가 활발히 전사되는 영역에 있는지의 여부에 따라 다르다. 게놈에서 활동적으로 전사된 영역은 더 신속하게 수복되며 전사-결합 수복(transcription-coupled repair, TCR) 경로의 특정 단백질 복합체를 통해 인식된다. 손상된 DNA는 정지된 RNA 중합효소의 존재에 의해 검출되며, 이어서 DNA 결합 단백질 CSA 및 CSB를 구성한다. 이에 반하여, 게놈의 비전사 영역에서의 DNA 손상은 전체-게놈 수복(global genome repair, GGR) 경로의 단백질, XPE 및 XPC 단백질 결합에 의해 검출된다. 이 두 가지 별개의 기작에 의해 DNA 손상 부위(lesion)를

는 단백질이 손상을 감지하고 수복 경로를 시작한다. XPC는 게놈의 어디에서나 손상을 인식할 수 있다. XPC는 전형적으로 XPC에 의해 결합된 손상을 확인하기 위해 작용하는 다른 단백질과 함께 손상 부위-감지(lesion-sensing) 복합체의 구성 요소이다. 또한 [UV로 유도된 사이클로부탄 다이머(cyclobutane dimer, CPD)와 같은] 일부 유형의 손상은 XPC가 잘 인식하지 않는다. 이 경우, DNA 손상 결합(DNA damage binding, DDB) 복합체는 이러한 종류의 손상에 대해 XPC를 모으는 데 도움을 준다.

이에 반하여, *전사-커플 수복*(*transcription-coupled repair*)은 이름에서 알 수 있듯이 위에서 설명한 Mfd 시스템과 유사하게 활성 유전자의 주형가닥에서 발생하는 손상 부위(lesion)를 수복하는 역할을 한다. 이 경우 손상은 RNA 중합효소 II가 인식한다. RNA 중합효소 II는 커다란 손상 부위를 만나면 멈춘다. 흥미롭게도 수복 기능에는 Mfd에서 일어나는 것과 같이 바로 대체되기 보다는 RNA 중합효소의 변형 또는 분해가 필요할 수 있다. RNA 중합효소 II의 큰 소단위는 효소가 자외선 손상 부위에서 멈추게 되면 분해된다.

결국 두 경로는 병합되어 공통된 단백질 세트를 사용하여 수복한다. DNA 가닥은 손상된 부위 주변에서 약 20 bp만큼 풀어진다. 이 작용은 두 개의 *XP* 유전자(*XPB* 및 *XPD*)의 생성물을 포함하는 큰 복

인식한 후에, 경로가 수렴하고 손상된 DNA는 일반 단백질에 의해 풀어지고, 절제되어 수복된다. XPA 단백질은 손상되었거나 손상된 DNA와 결합하고 XPB와 XPD라는 두 개의 추가 단백질을 구성한다. 이들 단백질은 모두 전사인자 $TF_{II}H$의 성분인 **헬리카아제**(따라서 이미 정지된 RNA 중합효소에 의해 인식되는 손상 부위에 이미 존재함)이다. 일단 DNA가 풀리면 핵산말단가수분해효소가 손상된 DNA를 둘러싼 영역으로 모인다. XPF와 XPG는 각각 5′과 3′ 핵산말단가수분해효소며, 손상된 DNA의 어느 한쪽에서 끊어져 약 30개의 단일-염기 DNA 조각을 생성한다. **게놈** DNA에 생성된 틈(gap)은 신생(*de novo*) DNA 합성에 의해 수복된다. XPV는 NER 경로의 구성 요소가 아니지만, 복제 분기점(replication fork)의 중합효소에 의해 복제될 수 없는 피리미딘 이량체(pyrimidine dimer)와 같은 광분해생성물을 포함하는 DNA를 복제할 수 있는 Y 패밀리(Y family)의 오류-유발 DNA 중합효소(error-prone DNA polymerase) 중 하나다.

NER 경로의 돌연변이와 햇빛의 민감성, 암 위험 및 XP 질환의 신경학적 징후 간에 매우 흥미로운 유전자형/표현형 상관관계가 존재한다. GGR 경로(XPC 및 XPE)와 XPV의 돌연변이에 특유한 단백질에 돌연변이가 있는 환자는 신경학적 결함이 없는 XP를 나타낸다. GGR과 TCR에 공통적인 다른 XP 단백질에 돌연변이가 있는 환자는 관련된 신경 학적 결함이 있는 XP를 나타낸다. 흥미롭게도, TCR 경로의 DNA 결합단백질인 CSA와 CSB의 돌연변이는 **코케인 증후군**(Cockayne syndrome)을 유발한다. 코케인 증후군은 햇빛의 감수성, 정신지체 및 발달지체가 특징이다. 그러나 피부암 위험이 증가하지는 않는다. 코케인 증후군은 또한 XPB 및 XPD 헬리카아제의 특정 돌연변이로 인해 발생할 수 있다. 이러한 돌연변이는 XP에서 발생하는 돌연변이와 다른 부위에 존재한다.

모발유황이영양증은 NER에 관여하는 단백질의 결함으로 인한 또 다른 질환이다; 특히 전사인자 $TF_{II}H$의 구성 요소로서 그들의 역할에 영향을 줄 수 있는 XPB 및 XPD의 돌연변이의 또 다른 부속 세트이다. 이 질환은 빛 민감성, 잘 부서지는 머리카락과 손톱 및 성장 지연과 관련이 있지만 햇빛에 의해 유발된 색소 침착이나 암과는 관련이 없으며, 이 환자들은 수복 결함보다는 특이적인 전사 결함이 있는 것으로 보인다. 이러한 XP 및 다른 NER 결함이 있는 질환에 대한 이러한 관찰로부터 TCR 경로의 파괴로 인해 이러한 질병과 관련된 신경학적 결함이 유발되어 전사 및 신경 세포의 세포사멸(apoptosis)을 차단할 수 있음을 시사하고 있다. 또는 XP와 관련된 암 위험은 다른 두 질환과는 달리 세포에서 GGR 경로의 파괴로 인한 **게놈** 불안정성으로 인해 발생할 수 있다.

UV 노출을 적극적으로 피하는 것 이외에 XP에는 치료제나 치료법이 없다. 실외 또는 자동차에서 보내는 시간을 제한하거나, 보호복 착용, 높은 SPF 자외선차단제를 언제나 사용하며 UV 흡수안경 착용 등이 포함된다. 환자는 전암(precancerous) 및 암 피부 병변을 지속적으로 감시하고 치료해야 한다. 최근 몇 가지 희망적인 임상실험으로 XP 환자의 감광성 치료를 위해 국소용 로션(lotion)의 효과가 시험받고 있다. 이 로션은 DNA 수복 효소를 적용 부위에 전달하여, 피부세포에서 결손 기능을 대체하고 피부암 위험을 줄이기 위해 고안된 **리포솜**(liposome)을 함유하고 있다.

합체인 전사인자 $TF_{II}H$의 **헬리카아제**(helicase, 나선풀기효소) 활성에 의해 수행된다. XPB와 XPD는 모두 **헬리카아제**이다; XPB **헬리카아제**는 전사가 진행되는 동안 촉진유전자(promoter) 변성에 필요한 반면, XPD **헬리카아제**는 (비록 NER이 작동하는 동안 XPB의 ATPase 활성을 필요로 하기도 하지만) NER 시스템에서 일차적인 푸는 기능(primary unwinding function)을 한다. $TF_{II}H$는 이미 정지된 전사 복합체에 존재하므로, 전사된 가닥의 수복은 비전사 부위의 수복에 비해 매우 효율적이다.

다음 단계에서, *XPG* 및 *XPH* 유전자에 의해 암호화된 핵산내부가수분해효소에 의해 손상 부위(lesion)의 양측에서 절단이 이루어진다. 전형적으로 NER 동안 약 25 내지 30개의 **뉴클레오티드**가 절제된다. 마지막으로, 손상된 염기를 포함하는 일련의 단일-가닥은 새로운 합성으로 대체될 수 있고, 최종 남은 틈(nick)은 연결효소 III(ligase III)와 XRCC1의 복합체에 의해 연결된다.

복제가 진행되는 동안 제거되지 않은 **티민 다이머**(thymine dimer)를 만나는 경우, 복제는 **다이머**를 지나기 위해 DNA 중합효소 η(eta) 활성을 필요로 한다. 이 중합효소는 *XPV*에 의해 암호화되어 있다. 이 우회(bypass) 기작은 수복되지 않은 손상이 있는 경우에도 세포분열을 진행시킬 수 있지만, 일반적으로 세포는 모든 손상이 복구될 때까지 세포분열을 억제하는 것이 최후의 수단이다.

핵심개념

- Uvr 시스템은 손상된 DNA의 양면에 ~12염기를 절개하고, 그 사이의 DNA를 제거하며, 새로운 DNA를 재합성한다.
- 색소성 건피증(xeroderma pigmentosum, XP)은 여러 개의 뉴클레오티드 절제 수복 유전자 중 하나의 돌연변이에 의해 일어나는 인간 질환이다.
- XP 산물과 전사인자 $TF_{II}H$를 포함한 단백질 복합체는 사람의 절제 수복 기작을 제공할 수 있다.
- 글로벌 게놈 수복(global genome repair)은 게놈의 어느 곳에서나 손상을 인식한다.
- 전사활성 유전자는 전사-커플 수복(transcription-coupled repair)을 통해 우선적으로 수복된다.
- 글로벌 게놈 수복 및 전사-커플 수복은 손상 인식 기작이 다르다(XPC 대 RNA 중합효소 II).

개념 및 추론 확인

전사-커플 수복(transcription-coupled repair)이 글로벌 게놈 수복(global genome repair)보다 더 빠르게 발생하는 이유는 무엇인가?

16.4 염기 절제-수복 시스템에는 글리코실라아제가 필요하다

염기 절제 수복(base excision repair)은 앞에서 설명한 뉴클레오티드 절제 수복(nucleotide excision repair) 경로와 유사하다. 그러나 이 과정은 대개 *개개의* 손상된 염기가 제거된 상태에서 다른 방법으로 시작된다. 이것은 손상된 부위를 포함한 일련의 DNA를 제거하고 대체하는 효소를 활성화시키는 방아쇠 역할을 한다.

▶ **글리코실라아제(glycosylase)** 염기와 당 사이의 결합을 분해하여 손상된 염기를 제거하는 수복효소.

▶ **분해효소(lyase)** 손상된 염기자리에 당(sugar) 고리를 여는 수복효소(일반적으로 글리코실라아제).

DNA에서 염기를 제거하는 효소를 **글리코실라아제(glycosylase)** 및 **분해효소(lyase)**라고 한다. 그림 16.12는 글리코실라아제가 손상되거나 미스매치된 염기와 디옥시리보스(deoxyribose) 간의 결합을 절단하는 것을 보여주고 있다. 그림 16.13은 일부 글리코실라아제 효소가 또한 디옥시리보스 고리를 공격하기 위해 아미노(NH_2)기를 사용함으로써 한 단계 더 반응을 취할 수 있는 분해효소(lyase)임을 보여준다. 이것은 보통 폴리뉴클레오티드 사슬에 틈(nick)을 도입하는 반응이 뒤 따른다. 그림 16.14는 경로의 정확한 형태가 손상된 염기가 글리코실라아제나 분해효소에 의해 제거되었는지 여부에 달려 있음을 보

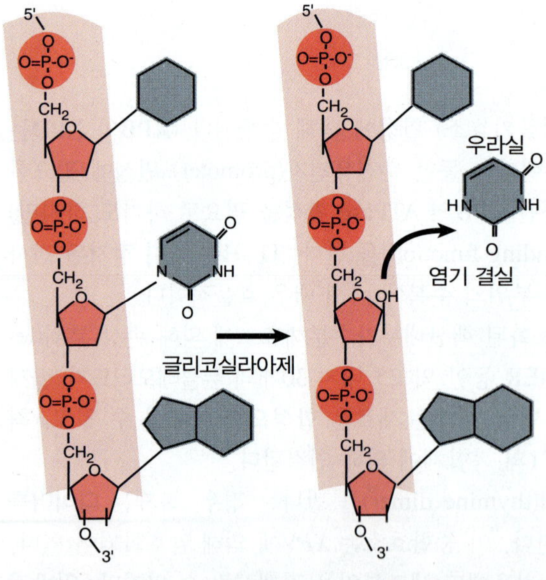

그림 16.12 글리코실라아제는 디옥시리보스에 대한 결합을 절단함으로써 DNA로부터 염기를 제거한다

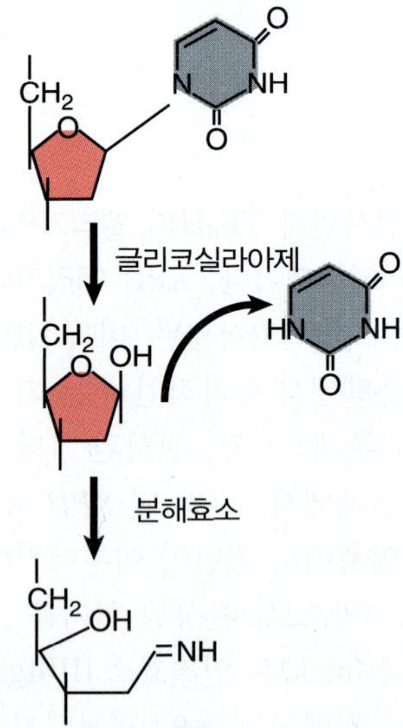

그림 16.13 글리코실라아제는 염기와 디옥시리보스(H_2O를 사용) 사이의 결합을 가수 분해하지만, 분해효소는 (NH_2를 사용하여) 당 고리를 열어 반응을 더 진행한다.

여 주고 있다.

글리코실라아제(glycosylase) 작용 다음에 5′ 측의 폴리뉴클레오티드 사슬을 절단하는 핵산내부가수분해효소인 APE1이 뒤 따른다. 이것은 DNA 중합효소 δ/ε과 2~10개의 뉴클레오티드로 확장되는 짧은 합성반응을 수행하는 보조 구성요소를 포함한 복제 복합체를 끌어 모은다. 치환된 부위는 핵산내부가수분해효소 FEN1에 의해 제거된다. 연결효소-1(ligase-1)은 사슬을 연결한다. 이를 *긴-조각* 경로(*long-patch* pathway)라고 한다. (이들 명칭은 포유동물의 효소를 의미하지만, 설명은 일반적으로 모든 진핵생물에 적용 가능하다.)

초기 제거에 분해효소 작용이 관여할 때, 핵산내부가수분해효소인 APE1은 단일 뉴클레오티드를 대체하기 위해 대신에 DNA 중합효소 β를 구성한다. 그런 다음 틈은 연결효소 XRCC1/ligase-3에 의해 연결된다. 이것을 *짧은-조각경로*(*short-patch* pathway)라고 한다.

DNA의 개개의 염기를 제거하거나 변형시키는 여러 효소는 염기가 이중나선으로부터 "튀어나온(flipped)" 곳에서 놀라운 반응을 일으킨다. 이러한 유형의 상호작용은 DNA에서 메틸기를 시토신에 부가시키는 메틸전이효소(methyltransferases)에서 처음 입증되었다. 이 염기 뒤집기(flipping) 기작은 염기를 효소의 활성 부위에 직접 위치시키며, 여기서 효소의 활성 부위로 변형되어 나선구조(helix)의 정상 위치로 되돌려지거나 DNA 손상의 경우 즉시 제거될 수 있다. (전형적으로 메틸기가 염기에 첨가된) 알킬화된 염기는 이 메커니즘에 의해 제거된다. 사람의 효소인 알킬아데닌 DNA 글리코실라아제(alkyladenine DNA glycosylase, AAG)는 3-메틸아데닌(3-methyladenine), 7-메틸구아닌(7-methylguanine) 및 하이포크산틴(hypoxanthine)을 비롯한 다양한 알킬화된 기질을 인식하고 제거한다. 그림 16.15는 메틸화된 아데닌에 결합된 AAG의 구조를 보여주는데, 여기서 아데닌은 뒤집어져서 글리코실라아제 활성 부위에 결합되어 있다.

염기가 DNA에서 직접 제거되는 가장 일반적인 반응 중 하나는 우라실-DNA 글리코실라아제(uracil-DNA glycosylase)에 의해 촉매된다. 우라실은 전형적으로 시토신의 (자연발생적인) 탈아미노화(deamination)로 인하여 DNA에서만 발생한다. 그것은 글리코실라아제에 의해 인식되고 제거된다. 반응은 그림 16.15와 유사하다: 우라실이 나선형에서 글리코실라아제의 활성 부위로 튀어 나온다. 대부분의 (원핵생물과 진핵생물

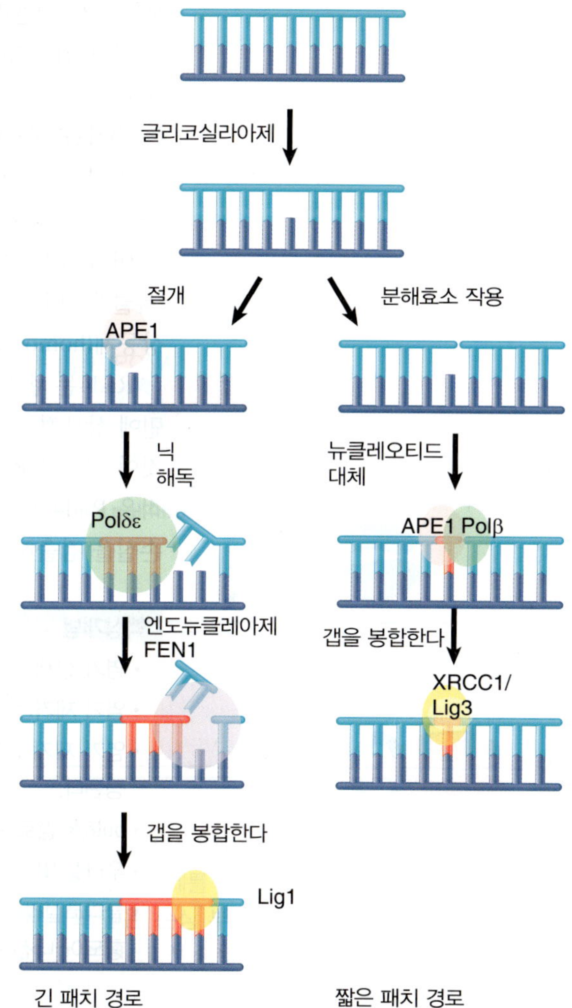

그림 16.14 글리코실라아제 또는 분해효소 작용에 의한 염기 제거는 진핵 세포 절제-수복 경로를 작동시킨다.

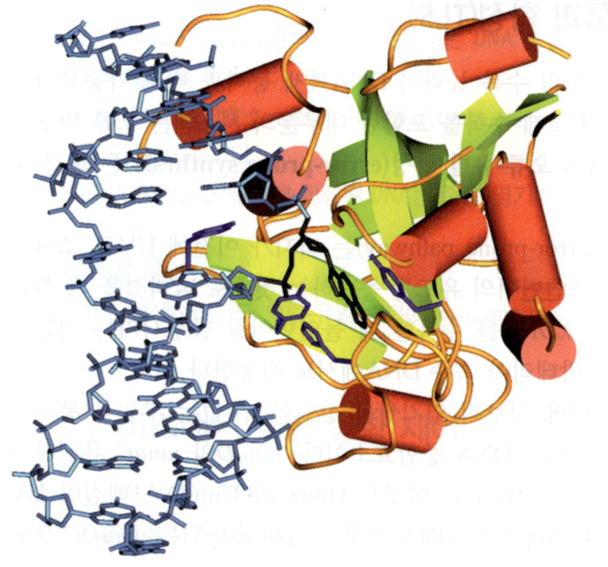

그림 16.15 손상된 염기(3-메틸아데닌)에 결합된 DNA 복구 효소인 알킬아데닌 DNA 글리코실라아제(alkyladenine DNA glycosylase, AAG)의 결정 구조. 염기(검은색)는 DNA 이중나선(파란색)에서 튀어나와 AAG의 활성 부위(주황색 및 녹색) 안으로 들어가 있다. Photo reproduced form A. Y. Lau *et al.*, *Proc. Natl. Acad. Sci.* USA 97 (2000): 13573–13578. Copyright 2000 National Academy of Sciences, USA. Photo courtesy of Tom Ellenberger, Washington University School of Medicine.

polyposis colorectal cancer, HNPCC)으로 이어질 수 있다.

핵심개념

- *mut* 유전자는 일치하지 않는 미스매치 염기쌍을 처리하는 미스매치 수복(mismatch repair) 시스템을 암호화하고 있다.
- 미스매치가 있는 곳에서 대체되는 가닥의 선택에는 편향(bias)이 있다.
- 헤미메틸화(hemimethylated)된 곳에서 메틸화되어 있지 않은 가닥은 보통 대체된다.
- 미스매치 수복 시스템은 새로 합성된 DNA 가닥의 오류를 제거하는 데 사용된다. G-T 및 C-T 미스매치에서, T는 우선적으로 제거된다.
- 진핵생물의 MutS/L 시스템은 미스매치 및 삽입/결실 고리를 수복한다.

개념 및 추론 확인

HNPCC 환자의 암세포에서 미소부수체(microsatellite) 위치의 길이가 크게 변한 이유를 설명하라.

16.7 재조합-수복 시스템

재조합-수복 시스템은 유전자 재조합에 관여하는 시스템과 중복된 활성을 한다. 복제 후에도 기능하므로 "복제 후 수복(postreplication repair)"이라고도 한다. 이러한 시스템은 손상된 염기를 포함하는 주형을 복제함으로써 딸 이중가닥에서 생성된 결함을 처리하는 데 효과적이다. 그림 16.20에 예를 나타내었다.

이중나선의 한 가닥에 있는 구조적 변형(예: 피리미딘 다이머)을 생각해 보자. DNA가 복제될 때, 다이머는 손상된 부위가 주형으로 작용하지 못하게 방해한다. 복제는 손상 부위를 지나 건너뛰기(skip)를 해야 한다.

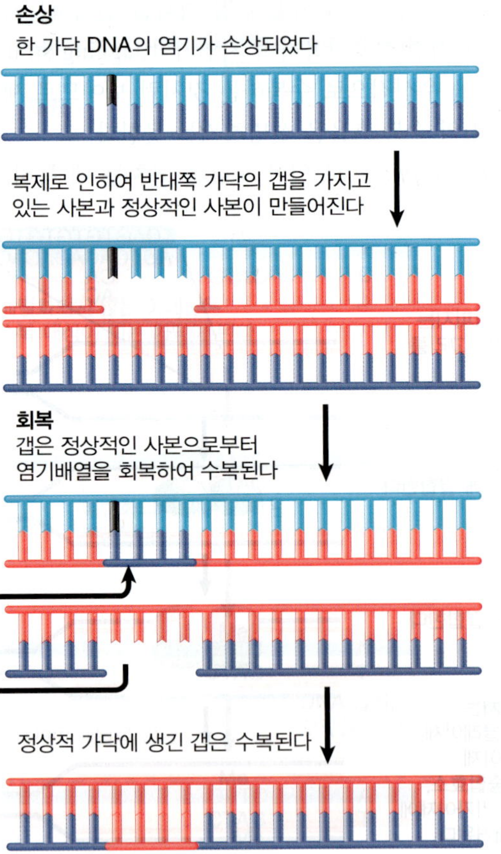

그림 16.20 대장균 회복 시스템은 수복되지 않은 손상 부위와 반대쪽에 새로 합성된 가닥에 남아있는 간격을 대체하기 위해 정상적인 DNA 가닥을 사용한다.

DNA 중합효소는 아마도 피리미딘 다이머까지 또는 그 근처까지 진행될 것이다. 그 다음, 중합효소는 그에 상응하는 딸 가닥의 합성을 중단한다. 복제는 어느 정도 거리를 두고 다시 시작된다. 이 복제는 손상되지 않은 손상 부위에서 주요 DNA 중합효소를 대체할 수 있는 손상부위통과 중합효소(translesion polymerase)에 의해 수행될 수 있다(*16.5절 오류-유발 수복 및 손상부위통과 합성* 참조). 상당한 갭(gap, 틈)이 새로 합성된 가닥에 남아있을 수 있다.

그 결과 생성된 딸 이중가닥은 사실상 다르다. 하나는 손상된 부가물(adduct)을 함유하는 어버이 가닥을 가지며, 길이가 긴 틈을 가지고 있는 새롭게 합성된 가닥을 마주하고 있다. 다른 복제된 가닥에는 정상적인 상보 가닥에 복사된 손상되지 않은 어버이 가닥이 있다. 회복계는 정상적인 딸 가닥의 이점을 이용한다.

첫 번째 이중가닥에서 손상된 부위 반대쪽의 틈은 정상적인 이중가닥 DNA의 동일한 단일가닥을 이용하여 채워진다. 이 **단일-가닥 교환(single-strand exchange)** 후, 수용체 이중가닥(recipient duplex)은 본래의 가닥을 마주보고 있는 어버이 (손상된) 가닥을 가지고 있다. 공여체 이중가닥(donor duplex)에는 틈을 마주하고 있는 정상적인 어버이 가닥을 가지고 있다; 틈은 통상적인 방법의 수복합성을 이용하여 정상적인 이중가닥을 생성하면서 채워질 수 있다. 따라서 손상은 원래의 변형에 국한된다. (하지만, 동일한 재조합 수복 과정은 절제 수복 시스템에 의해 손상이 제거될 때까지 그리고 제거되지 않는다면 모든 복제주기 후에 반복되어야 한다).

▶ **단일-가닥 교환(single-strand exchange)** DNA의 이중가닥 중 하나가 이전 짝을 떠나 다른 분자의 상보적 가닥과 쌍을 이루며 두 번째 이중가닥에서 이의 상동체를 치환하는 반응.

대부분의 경우, DNA 손상 부위를 건너뛰기(skipping)보다는 DNA 중합효소가 DNA 손상을 만나게 되면 복제를 멈춘다. 그림 16.21은 복제 분기점(replication fork)이 정지했을 때 가능한 한 결과를 보여주고 있다. 복제 분기점이 손상 부위를 만나게 되면 앞으로 움직이지 않는다. 복제 장치는 적어도 부분적으로 분해된다. 이렇게 되면 분기점 이동(branch migration)이 발생하여 복제 분기점이 효과적으로 뒤로 이동하고, 새로운 딸 가닥이 쌍을 이뤄 이중구조를 형성한다. 손상이 수복된 후에 헬리카아제가 복제 분기점을 앞으로 굴려 구조를 복원한다. 그런 다음 복제 장치를 재구성하고 복제를 다시 시작할 수 있다(*13.14절 손상 부위 우회에는 중합효소 대체가 필요하다* 참조). DNA 중합효소 II는 복제 재개를 위해 필요하며 나중에 DNA 중합효소 III로 대체된다.

멈춘 복제 분기점을 처리하기 위한 경로는 수복효소가 필요하며, 멈춘 복제 분기점을 재개하는 것은 재조합-수복 시스템의 중요한 역할로 생각된다. 대장균에서 재조합-수복의 주요 경로는 *rec* 유전자의 산물에 의해 매개된다. 절제 수복이 결손된 대장균에서 *recA* 유전자의 돌연변이는 본질적으로 남아있는 모든 수복 및 복구 기능을 제거한다. *uvr*⁻ *recA*⁻ 세포에서 DNA를 복제하려는 시도는 티민 다이머(thymine dimer) 간의 예상 거리에 해당하는 크기의 DNA 단편을 생성한다. 이 결과는 RecA 기능이 없는 경우 다이머가 복제에 치명적인 장애를 제공함을 의미하고 있다. 이러한 결과는 (야생형 박테리아는 50개의 다이머를 허용하는 능력을 가지고 있음에 비해) 이중 돌연변이주(double mutant)가 게놈(genome)에서 왜 1~2개의 다이머를 허용하지 못하는가하는 이유를 설명하고 있다.

하나의 *rec* 경로는 *recBC* 유전자를 포함하며 잘 연구되어 있다; 또 다른 하나의 경로로 *recF*를 포함하는데 잘 밝혀져 있지 않다. 그들은 생체 내(*in vivo*)에서 서로 다른 기능을 수행한다. *RecBC* 경로는 멈춘 복제 분기점을 다시 시작하는 데 관여하고 있다. *RecF* 경로는 피리미딘 다이머를 지나 복제한 후 남아있는 딸 가닥의 틈을 수복하는 과정에 관여한다. *RecBC* 및 *RecF* 경로는 모두 RecA와 단일-가닥 DNA의 결합을 유도한다. RecA가 단일-가닥을 교환할 수 있는 능력은 그림 16.20에서 검색 단계를 수행할 수 있게 한다. 그런 다음 핵산분해효소(nuclease) 및 중합효소 활성이 수복작용을 완료한다.

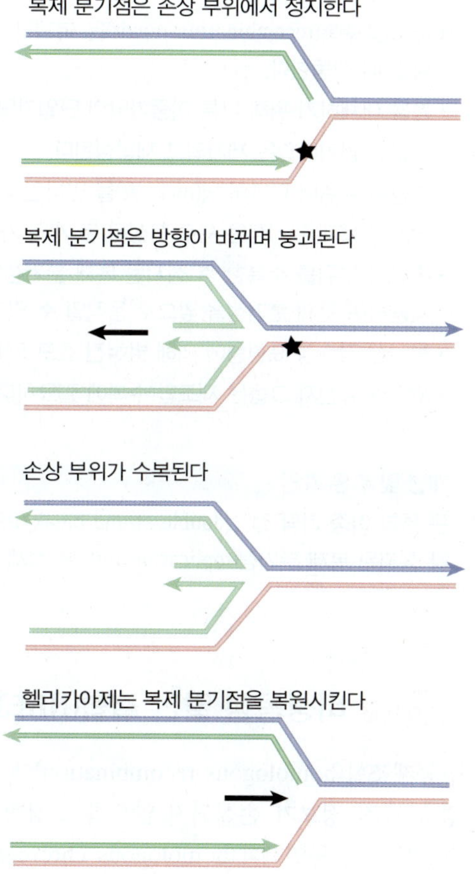

그림 16.21 복제 분기점이 DNA의 손상된 부위에 도달하면 정지한다. 복제 분기점의 방향이 바뀌면, 두 딸 가닥을 쌍으로 만들 수 있다. 손상이 수복된 후 헬리카아제에 의해 촉매되는 전방-분지점 이동(forward-branch migration)으로 복원된다. 화살표는 3′ 말단을 나타낸다.

복제 분기점이 단일-가닥에서 손상 부위를 만나면, 이중-가닥 절단(double-strand break, DSB)이 형성될 수 있다. DSBs는 특히 진핵생물에서 발생할 수 있는 가장 심각한 유형의 DNA 손상 중 하나이다. 만일 선형 염색체상의 DSB가 수복되지 않으면, 동원체(centromere)가 없는 염색체의 부분은 다음 세포분열에서 분리되지 않을 것이다. 복제 중 발생과 함께, DSB는 이온화 방사선(ionizing radiation), 세포대사에 의해 생성된 유리 산소(oxygen radical) 또는 핵산내부가수분해효소의 작용을 비롯한 여러 가지 다른 방법으로 생성될 수 있다. DSB를 수복하기 위한 바람직한 기작은 재조합 수복을 사용하는 것인데, 이는 절단점(breakpoint)에서의 염기배열 상실로 인해 중요한 유전정보가 손실되지 않도록 보장하기 때문이다.

진핵생물에서의 재조합 수복에 필요한 몇몇 유전자는 이미 감수분열의 상동재조합(*15.5절 특수효소는 5′ 말단 절제와 단일-가닥 침입을 촉매한다* 참조)의 측면에서 논의하였다. 많은 진핵세포 수복유전자는 *RAD* 유전자로 명명되었다; 이 유전자들은 최초 방사성 감수성으로 인해 효모에서 유전적으로 밝혀졌다. 효모 *S. cerevisiae*에는 *RAD3* 그룹(절제 수복에 관여), RAD6 그룹(복제 후 수복에 필요) 및 RAD52 그룹(재조합-유사 기작과 관련이 있음)으로 구분되는 세 가지 일반적인 수복유전자 그룹이 있다. 이들 유전자의 상동체(homolog)는 고등 진핵생물에도 존재한다.

RAD52 그룹은 상동재조합에 필수적인 역할을 하며 *RAD50*, *RAD51*, *RAD54*, *RAD55*, *RAD57*, *RAD59*와 같은 많은 유전자를 포함하고 있다. 이 Rad 단백질들은 모두 이중-가닥 절단(double-strand break, DSB) 부위에 모인다. 감수분열 재조합이 일어나는 동안 발생하는 것처럼, Mre11/Rad50/Xbs1(MRX)-의존성 핵산말단가수분해효소는 자유(free) 말단에 작용하여 단일-가닥 꼬리를 생성하고, 자유 말단을 함께 묶는다. 단일-가닥 DNA는 DNA 손상 확인점(checkpoint)을 활성화시켜 손상을 복구할 수 있을 때까지 세포 분열을 멈추게 한다. RecA 상동체인 Rad51은 핵단백질 미세섬유(nucleoprotein filament)를 형성하기 위해 단일-가닥 DNA에 결합하며, 이는 상동성 염기배열의 가닥 침입(strand invasion)에 사용된다. Rad52, Rad55 및 Rad54는 안정한 Rad51 미세섬유를 형성하고 상동성 검색(homology search) 및 가닥 침입을 돕는 데 필요하다. 수복 합성으로 생성된(Holliday 접합부와 닮은) 구조는 해소된다.

핵심개념

- 대장균의 *rec* 유전자는 주요 재조합-수복 시스템을 암호화하고 있다.
- 재조합-수복(recombination-repair)은 복제가 손상된 염기배열의 반대쪽에 있는 새로 합성된 가닥에 틈(gap)을 남길 때 작동한다.
- 틈을 대체하기 위해 다른 이중가닥의 단일가닥이 사용된다.
- 손상된 염기배열은 제거되고 재합성된다.
- 손상된 부위나 DNA의 닉(nick, 틈)을 만나면 복제 분기점(replication fork)이 멈출 수 있다.
- 정지된 복제 분기점은 새로 합성된 두 개의 가닥 간의 염기 짝짓기(pairing)로 인해 방향이 반대로 될 수 있다.
- 손상된 부위를 수복한 후 정지된 복제 분기점이 다시 시작될 수 있으며, 헬리카아제(helicase, 나선풀기효소)를 사용하여 복제 분기점을 앞으로 움직일 수 있다.
- 방사선 감수성 표현형에 의해 밝혀진 효모 *RAD* 돌연변이는 수복 시스템을 암호화하는 유전자에서 일어난다.
- *RAD52* 유전자 그룹은 재조합 수복에 필요하다.

개념 및 추론 확인

큰 틈과 이중-가닥 절단(double-strand break, DSB)이 재조합에 의해 우선적으로 수복되는 이유를 설명하라. 그러나 정지된 복제 분기점(replication fork)은 절제 수복 또는 재조합-수복 경로를 이용할 수 있다.

16.8 비상동성 말단 결합(NHEJ)은 이중-가닥 절단(DSB)도 수복한다

상동재조합(homologous recombination)에 의한 이중-가닥 절단(DSB)의 수복은 DNA 정보가 손상된 경우 유전 정보가 손실되지 않도록 보장한다. 그러나 대부분의 경우에 자매염색분체(sister chromatid) 또는 상동염색체(homologous chromosome)는 쉽게 수복용 주형으로 사용할 수 없다. 또한, 일부 DSB는 면역 글로불린 유전자의 재조합에서 중간체(intermediate)로서 오류-유발(error-prone) 기작을 사용하여 특별히 수복된다(*18.6절 RAG1/RAG2는 V(D)J 유전자 단편의 절단과 재결합을 촉매한다* 참조). 이러한 경우, 이러한 절단(break)을 복구하는 데 사용되는 기작을 **비상동성 말단 결합(nonhomologous end joining, NHEJ)**이라고 하며, 평활 말단(blunt end)을 서로 연결하는 과정으로 구성되어 있다.

5′ N N N N N   N N N N N N 3′
3′ N N N N N N N N N N   N N N N 5′
말단 인식 — Ku 이량체
5′ N N N N N   N N N N N N 3′
3′ N N N N N N N N N N   N N N N 5′
트리밍 — 아르테미스 + DNA-PK
5′ N N N N N   N N N N 3′
3′ N N N N N N N N   N N N N 5′
채우기 — 효소는 알려져 있지 않다
5′ N N N N N N N   N N N N 3′
3′ N N N N N N N N   N N N N 5′
연결 — DNA 리가아제 IV + XRCC4
5′ N N N N N N N N N N N 3′
3′ N N N N N N N N N N N 5′

그림 16.22 비상동성 말단 결합은 절단된 말단의 인식, 돌출 말단의 절단 및/또는 채우기, 그리고 결합을 필요로 한다.

▶ **비상동성 말단 결합(nonhomologous end joining, NHEJ)** 평활 말단(blunt end)을 연결하는 경로. 그것은 DNA 이중나선 부분을 수복하고 특정 재조합 경로(예: 면역글로불린 재조합)를 수복하는 데 사용된다.

NHEJ와 관련된 단계를 그림 16.22에 요약하였다. 동일한 효소 복합체는 NHEJ 및 면역 재조합 모두에서 그 과정을 수행한다. 첫 번째 단계는 단백질 Ku70과 Ku80로 구성된 헤테로다이머(heterodimer)에 의해 끊어진 말단을 인식하는 것이다. 그들은 말단을 함께 붙잡고 다른 효소가 작용하도록 스캐폴드(scaffold)를 형성한다. 핵심 구성 요소는 DNA에 의해 활성화되어 단백질 표적을 인산화하는 DNA-의존성 단백질 인산화효소(DNA-dependent protein kinase, DNA-PKcs)이다. 이 표적들 중 하나는 활성화된 형태로 핵산말단가수분해효소와 핵산내부가수분해효소 활성을 가지며 돌출된 말단(overhang end)을 다듬고 면역 글로불린 유전자의 재조합에 의해 생성된 헤어핀(hairpin)을 절단할 수 있는 단백질 아르테미스(Artemis)이다. 남아있는 모든 단일-가닥 돌출부(protrusion)를 채우는 DNA 중합효소 활성은 알려져 있지 않다. 이중-가닥 말단의 실질적인 연결은 단백질 XRCC4와 함께 작용하는 DNA 연결효소 IV(DNA ligase IV)에 의해 수행된다. 이러한 구성 요소에서의 모든 돌연변이는 진핵세포를 방사선에 보다 민감하게 만든다. 이 단백질의 일부 유전자는 DNA 수복 결함으로 인한 질병이 있는 환자에서 돌연변이가 발생한다.

Ku 헤테로다이머는 끊어진 말단 부분에 결합하여 DNA 손상을 감지하는 감지기(sensor)이다. 그림 16.23의 결정구조는 왜 말단에만 결합하는지를 보여주고 있다. 대부분의 단백질은 한 면의 DNA(아래쪽)를 따라 약 두 바퀴 돌지만, 구조의 중심에 위치한 소단위(subunit)들 간의 좁은 연결 부위는 DNA를 완전히 둘러싼다. 이것은 헤테로다이머가 자유 말단으로 미끄러져야 함을 의미한다.

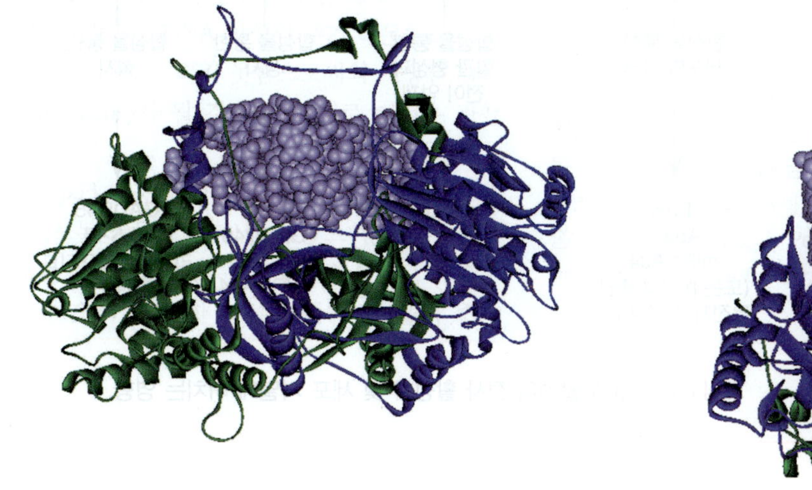
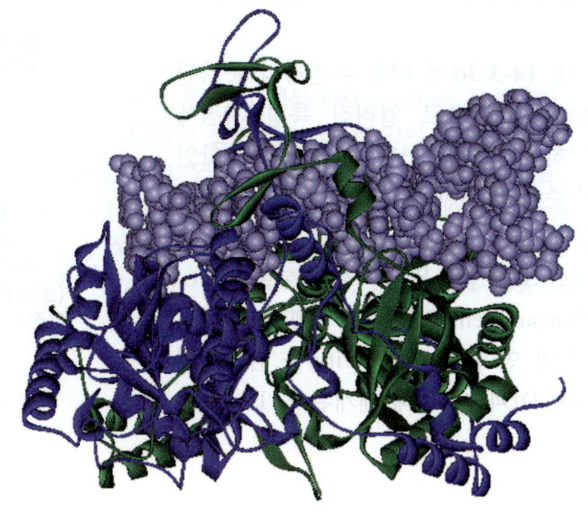

그림 16.23 Ku70-Ku80 헤테로다이머는 DNA 이중나선의 2회전을 따라 결합하고 결합 부위의 중심에서 나선을 둘러싸고 있다.

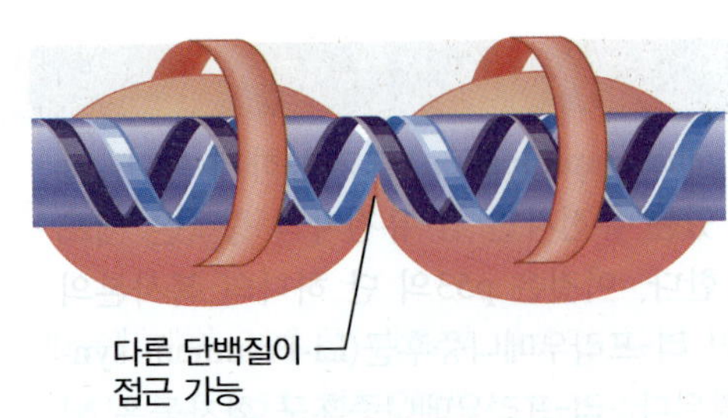

그림 16.24 Ku의 두 헤테로다이머가 DNA에 결합하면 DNA를 둘러싸는 두 개의 연결 부위 사이의 거리는 ~12 bp이다.

Ku는 두 개의 DNA 분자를 결합함으로써 끊어진 말단을 함께 가져올 수 있다. Ku 헤테로다이머가 서로 결합하는 능력은 그림 16.24에서 볼 수 있듯이 반응이 일어날 수 있음을 시사하고 있다. 이것은 연결효소(ligase)가 각각의 헤테로다이머(heterodimer) 상의 연결 부위 간의 영역에서 결합함으로써 작용할 것이라고 예측할 수 있다. 아마도 Ku는 DNA로부터 방출되기 위해 구조를 바꾸어야만 할 것이다.

논의한 모든 수복 경로는 포유류, 효모 및 박테리아에서 보존되어 있다. DNA 수복의 결함은 여러 가지 인간 질병을 유발한다. DNA의 이중-가닥 절단(double-strand break, DSB)을 수복할 수 없다는 것은 특히 심각하며 염색체 불안정을 가져온다. 불안정성은 변이율 증가와 관련된 염색체 이상에 의해 밝혀졌으며, 이로 인해 질병 환자에게서 암에 대한 감수성이 증가하게 된다. 근본적인 원인은 DNA 수복을 조절하는 경로 또는 돌연변이 복합체의 효소를 암호화하는 유전자의 돌연변이가 될 수 있다. 표현형은 세포주기확인점 경로의 실패로 인한 *모세혈관 확장성 조화 운동 불능*(*Ataxia telangiectasia*, AT), 수복효소의 돌연변이로 인한 *나이메헌절단증후군*(*Nijmegen breakage syndrome*, NBS)의 경우와 매우 유사할 수 있다.

*나이메헌절단증후군*은 Mre11/Rad50/Nbs1(MRN) 수복복합체의 구성요소인 단백질(Nibrin, p95 또는 NBS1이라고 다양하게 불림)을 암호화하는 유전자의 돌연변이로 인해 발생한다. 인간 세포가 이중-가닥 절단(double-strand break, DSB)을 유도하는 물질로 조사될 때, MRN 복합체의 성분을 포함하여 손상 부위에 많은 인자가 축적된다. 조사 후, (AT 유전자에 의해 암호화되어 있는) 인산화효소(kinase) ATM은 NBS1을 인산화시킨다. 이것은 복합체를 활성화시켜 DNA 손상 부위에 국한시킨다. 후속 단계는 확인점(손상이 복구될 때까지 세포주기가 진행되는 것을 방지하는 기작)을 작동(trigger)하고 손상을 수복하는 데 필요한 다른 단백질을 모으는 데 관여한다. ATM이나 NBS1이 결핍된 환자는 면역결핍, 이온화 방사선(ionizing radiation)에 민감하며, 암, 특히 림프성 종양(lymphoid cancer)이 발병하기 쉽다.

핵심개념

- NHEJ 경로는 이중 DNA의 평활 말단(blunt end)을 연결할 수 있다.
- 이중-가닥 절단(double-strand break) 수복 경로의 돌연변이는 사람의 질병을 일으킨다.

개념 및 추론 확인

NBS와 같은 질병이 있는 환자의 많은 림프성 암은 염색체 전위(chromosomal translocation)와 관련이 있다. 설명하라.

16.9 진핵생물에서의 DNA 수복은 크로마틴과 관련하여 발생한다

진핵세포에서의 DNA 수복은 DNA의 뉴클레오솜 포장(nucleosomal packaging)과 같은 추가적인 복잡성 단계를 필요로 한다. 크로마틴(chromatin, 염색질)은 복제 및 전사과정에서와 마찬가지로 DNA 수복에 장애가 되는데, 가닥 풀기(strand unwinding), 절제(excision) 또는 절제 수복과 같은 과정을 위해 뉴클레오솜은 옮겨져야 하기 때문이다. 따라서 DNA 손상 부근의 염색질은 수복 전 또는 도중에 변경되고 리모델링(remodelling, 개조)되어야 하며, 그림 16.25와 같이 수복이 완료되면 원래의 크로마틴 상태로 복구되어야 한다.

크로마틴의 DNA에 대한 접근은 크로마틴의 구조를 변화시키고 크로마틴-결합 단백질(chromatin-binding protein)(*10.4절 뉴클레오솜은 공유결합으로 변형되어 있다* 참조)의 대체 결합 부위를 만드는 공유결합에 의한 히스톤 변형(covalent histone modification)과 리모델링 복합체가 ATP 가수분해의 에너지를 사용하여 뉴클레오솜(nucleosome)을 슬며시 움직이거나(slide) 혹은 옮기는 ATP-의존 크로마틴 리모델링(ATP-dependent chromatin remodeling)(*28.7절 크로마틴 리모델링은 능동적인 과정이다* 참조)과의 조합에 의해 조절된다.

히스톤 변형(histone modification)과 염색질 리모델링에 대한 역할은 이 장에서 논의된 모든 진핵세포 수복경로에 관련되어 있다; 예를 들어, 뉴클레오티드 절제 수복(nucleotide excision repair)의 글로벌-게놈(global-genome) 및 전사-커플(transcription coupled) 경로는 특정 크로마틴 리모델링 효소에 의존하고, UV-손상 DNA의 수복은 히스톤 아세틸화에 의해 촉진된다. 그러나 염색질 변형의 역할에 대해서는 DNA 이중-가닥 절단(DNA double-strand break) 수복에서 가장 잘 이해할 수 있다.

크로마틴과 관련된 이중-가닥 절단 수복(double-strand break repair)에 대한 우리의 이해의 대부분은 *15.9절 효모는 특수한 재조합 메커니즘을 사용하여 교배 타입을 전환한다*에서 소개한 효모 교배유형 전환 장치(yeast mating-type switching apparatus)로부터 유래된 시스템을 이용한 연구로부터 나온 것이다. 이 실험 시스템에서 효모 균주는 갈락토오스-유도성 HO 핵산내부가수분해효소(galactose-inducible HO endonuclease)를 함유하도록 조작되어, 세포를 갈락토오스에서 배양할 때 활성 교배유형 위치(mating type locus, MAT)에서 특유의 이중-가닥 절단(double-strand break)을 생성한다. 이러한 절단은 *15장 상동 및 부위-특이적 재조합* 및 *16.7절 재조합-수복 시스템*에서 논의된 것과 동일한 재조합 경로를 사용하여, 침묵 교배유형 위치인 *HML* 또는 *HMR*에 존재하는 상동성 염기배열을 사용하여 수복한다.

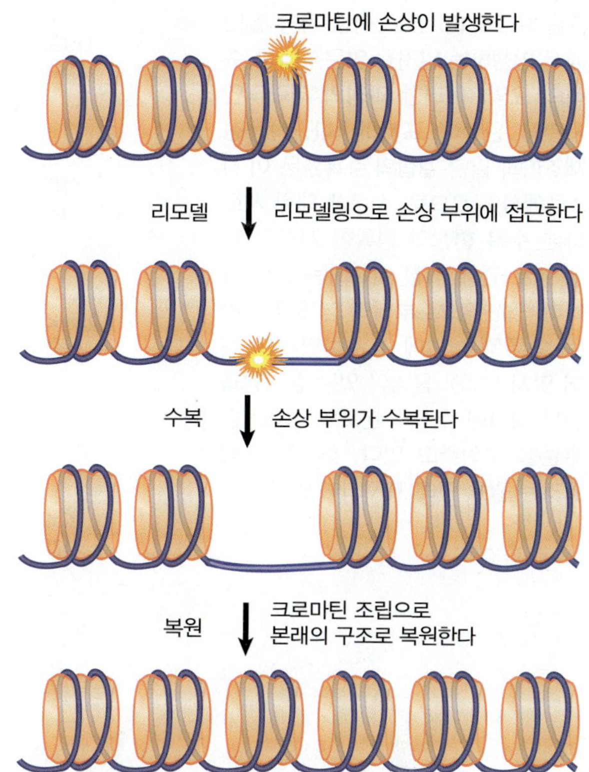

그림 16.25 크로마틴의 DNA 손상은 효율적인 복구를 위해 크로마틴 리모델링과 히스톤 수식을 필요로 하며, 수복 후 원래 크로마틴 구조를 복원해야 한다. 히스톤 수식은 표시되지 않았다.

이 시스템을 사용하여(그리고 고등 진핵세포에서도 이중-가닥 절단을 유도하는 다른 방법들), 연구자들은 수복 중에 일어나는 수많은 히스톤 변형(histone modification)과 크로마틴 리모델링 현상을 발견했다. 이들 중 가장 연구가 잘 되어 있는 것은 히스톤 H2AX 변이체의 인산화이다(*10.5절 히스톤 변이체가 대체 뉴클레오솜을 생성한다* 참조). 효모에서의 H2A의 주된 형태는 실제로 H2AX 유형으로 C-말단 꼬리 말단의 SQEL/Y 모티프(motif)에 의해 구별된다(이 변이형은 포유류 세포에서 전체 H2A의 5~15%만을 차지하며 염색질 전체에 무작위로 분표되어 있다). SQEL/Y 배열의 세린(serine)은 포유류의 ATR/ATM 인산화효소의 상동체인 효모의 Mec1/Tel1 인산화효소에 의한 인산화 기질이다(ATM은 이전 절에서 논의한, AT 환자에게 영향을 주는 확인점 인산화효소이다). 이 부위(효모의 세린 129, 포유류의 세린 139)에서 인산화된 H2AX를 **γ-H2AX**라 한다.

▸ **γ-H2AX** 히스톤 변이체 H2AX의 인산화된 형태. 인산화는 효모 H2A의 세린 129와 다세포 진핵생물 H2AX의 세린 139의 DNA 이중나선 절단 부위에서 일어난다.

γ-H2AX는 손상의 결과로 발생하는지 또는 효모 또는 감수분열 재조합에서 교배유형 전환 중 절단이 정상적으로 발생하는지 여부와 관계없이 이중-나선 절단(double-strand break)의 일반적인 마커(marker)이다. H2AX 인산화는 이중-나선 절단에서 발생하는 가장 초기의 과정 중 하나이며, 효모에서 염색질의 ~50 kb와 포유류에서 염색질의 100만 염기쌍(megabase)을 포함하도록 손상과 확산이 몇 분 안에 절단점(breakpoint) 가까운 곳에 나타난다. γ-H2AX는 수복 과정에서 감지할 수 있으며 수복 후 확인점(checkpoint) 복구와 연관되어 있다. H2AX 인산화는 절단점에서 수복 인자의 결합을 안정화시키고, 염색질 개조효소 및 히스톤 아세틸전이효소(histone acetyltransferase)를 모아 후속 단계의 수복을 용이하게 한다.

H2AX 인산화에 추가하여, 수많은 다른 히스톤 변형 현상이 수복 과정 중 한정된 시간에 이중-가닥 절단에서 발생한다. 이러한 변형 작용의 일부를 그림 16.26에 요약하였다. 그들은 (재조합 수복보다 NHEJ에 중요한 변형인) 카제인 인산화효소 2(casein kinase 2)에 의한 세린 1에서의 히스톤 H4의 일시적인 인산화와 최소한 세 개의 서로 다른 아세틸전이효소(acetyltransferase)와 세 개의 서로 다른 탈아세틸화효소(deacetylase)에 의해 조절되는 히스톤 H3 및 H4의 아세틸화의 복잡한 비동기적인 운동

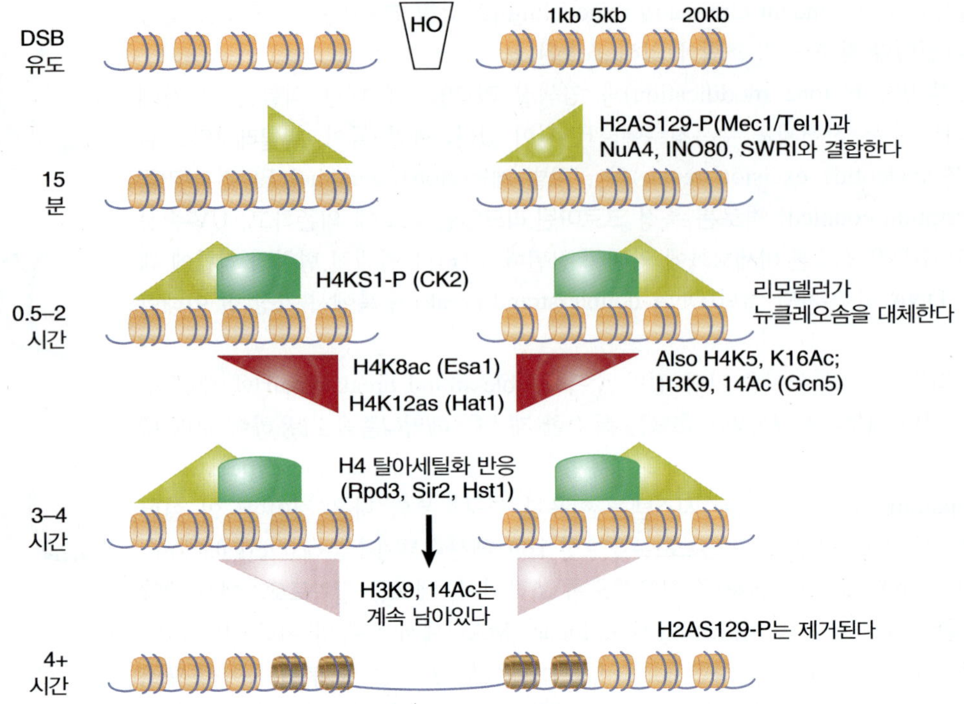

그림 16.26 HO-유도 이중-가닥 절단에서 발생하는 알려진 많은 히스톤 수식의 요약. 이러한 과정의 대략적인 시간을 왼쪽에 표시하였다. 상동성 재조합과 말단-결합의 수복률은 이 시스템에서 다르므로, 서로에 대한 서로 다른 수복 현상의 정확한 시간이 항상 경로 간에 직접 비교되는 것은 아니다. 절단점으로부터의 상대적 거리는 오른쪽 상단에 표시하였다(축척에 맞지 않음). 음영이 있는 삼각형과 원은 나타낸 수식의 분포와 상대적인 수준을 보여주고 있다. 히스톤 수식 효소는 괄호 안에 표시되어 있다.

(asynchronous wave)을 포함하고 있다. 각각의 변형(modification)이 수복 과정에서 서로 다른 단계를 촉진시키는 방법을 완전히 이해하지는 못했지만, 상동재조합과 말단-결합 경로 간에 변형 유형이 다르므로, 이러한 변형이 다른 수복 기작에 특유한 인자를 모을 수 있음을 시사하고 있다.

여러 크로마틴 리모델링 효소는 또한 이중-가닥 절단에서 작용한다. 이러한 효소는 초기 손상 인식, 가닥 절제, 상동성 검색 및 가닥 침입을 포함하여 수복의 거의 모든 단계에서 역할을 하는 것으로 밝혀졌으며, 수복이 완료되면 염색질이 재설정되었다. 이 마지막 단계는 또한 새로 수복된 영역에서 염색질 구조를 복구하고 DNA 손상 확인점으로부터 회복을 가능하게 하는 히스톤 샤페론 Asf1 및 CAF-1 (*10.8절 크로마틴의 복제는 뉴클레오솜의 조립을 필요로 한다*에서 소개하였음)의 활성을 필요로 한다.

핵심개념

- 히스톤 변형(histone modification)과 크로마틴 리모델링(chromatin remodeling) 모두 크로마틴에서의 DNA 손상 수복에 필수적이다.
- H2AX 인산화는 크로마틴 변형 활성을 유도하고 손상 부위에서 수복 인자의 조립을 촉진하는 보존된 이중-가닥 절단-의존성 수식(double-strand break-dependent modification)이다.
- 다양한 형태의 히스톤 수식은 수복 단계 또는 다른 수복 경로를 구별할 수 있다.
- 수복이 완료된 후 리모델러(remodeler, 개조 인자)와 샤페론(chaperone)은 크로마틴 구조를 재설정해야 한다.

개념 및 추론 확인

발아 효모는 그들의 일생 주기의 대부분을 반수체(haploid) 상태로 보낸다. 그들은 S/G2기 동안 주요 이중-가닥 절단(double-strand break, DSB) 수복 경로로서만 상동재조합을 사용한다. 그 이유를 설명하라.

16.10 요약

모든 세포는 손상이나 복제 오류에 직면하여 DNA 염기배열의 완전한 상태(integrity)를 유지하고 DNA를 외부 출처(foreign source)로부터 생긴 염기배열과 구별하는 시스템을 포함하고 있다.

수복 시스템은 이중나선 구조의 다른 구조적 변형(distortion)뿐만 아니라 DNA의 잘못된 염기, 변경(altered) 또는 결실된 염기를 인식할 수 있다. 절제 수복(excision repair) 시스템은 손상 부위 근처의 DNA를 절단하고, 한 가닥을 제거하고, 절단된 부분을 대체할 새로운 염기배열을 합성한다. *Uvr* 시스템은 대장균에서 주요 절제-수복 경로를 제공한다. *mut* 및 *dam* 시스템은 복제 과정에서 잘못된 염기가 삽입하여 생긴 미스매치를 교정하며 *dam* 표적염기배열에서 메틸화되지 않은 DNA 가닥에 있는 DNA를 우선적으로 제거하는 작용을 한다. 대장균 MutSL 시스템의 진핵생물 상동체(homolog)는 복제 슬립피지(replication slippage, 복제 미끄러짐)로 인한 미스매치 수복에 관여한다; 이 경로의 돌연변이는 특정 유형의 암에서 흔하다.

수복 시스템은 원핵생물과 진핵생물 모두에서 전사와 연결될 수 있다. 사람의 질병은 $TF_{II}H$ 전사인자와 관련된 수복 활성을 암호화하는 유전자의 돌연변이에 의해 생긴다. 그들은 효모의 *RAD* 유전자에 상동체를 가지고 있는데, 이것은 이 수복 시스템이 널리 보급되어 있음을 시사하고 있다.

재조합-수복 시스템은 DNA 이중구조에서 정보를 검색하여 두 가닥 모두에서 손상된 염기배열을 수복하는 데 사용한다. *RecBC*와 *RecF* 경로 모두 RecA에 앞서 작용하며, RecA는 모든 박테리아 재조합에 관련된 가닥-전달(strand-transfer) 기능을 가지고 있다. 재조합-수복의 주요 용도는 복제 분기점(replication fork)이 멈추면 생성된 상황에서 수복하는 것이다. *RAD52* 그룹의 유전자는 진핵생물의 재조합 수복에 관여하고 있다.

비상동 말단 결합(nonhomologous end joining, NHEJ)은 진핵생물 DNA에서 끊어진 말단을 복구하기 위한 일반적인 메커니즘이다. Ku 헤테로다이머는 끊어진 말단을 함께 합쳐 서로 연결될 수 있게 한다. 몇몇 사람의 질병은 상동재조합 및 비상동 말단 결합 경로의 효소에서의 돌연변이에 의해 발생한다.

모든 수복은 염색질과 관련하여 일어난다. 수복을 용이하게 하기 위해서는 히스톤 수식(histone modification)과 크로마틴 리모델링(chromatin remodeling)이 필요하며 수복이 완료된 후에 염색질 구조를 복구하려면 히스톤 샤페론(histone chaperone)이 필요하다.

학습문제

DNA 수복 시스템과 관련된 효소활성은 다음과 같다(해당되는 효소 또는 효소활성을 기술하라).

1. 손상된 부위 근처에 DNA에 닉(nick, 틈)를 내고 DNA 수복을 시작하는 효소는 무엇인가?

2. 핵산말단가수분해효소의 활성은 무엇인가?

3. 위치특이성재조합촉진효소(resolvase)의 효소활성은 무엇인가?

4. DNA 영역을 풀어주는 효소는 무엇인가?

5. 새로운 DNA를 합성하는 효소는 무엇인가?

6. DNA 연결효소(ligase) 효소활성은 무엇인가?

DNA에서 염기를 제거하는 효소에는 어떤 것이 있는가?

7. ________________ 및

8. ________________.

9. 태반 포유류를 제외한 대부분의 생물체에서 잘 보존되고 있는 것으로 알려진 수복 시스템은 무엇인가?
A. 염기 절제 수복

B. 뉴클레오티드 절제 수복
C. 재조합 수복
D. 광반응

10. UV(자외선)이 DNA에 미치는 영향은 무엇인가?
A. 티민 다이머(thymine dimer) 형성
B. 화학적으로 손상된 DNA 수복
C. 시토신의 탈아미노화(deamination)
D. 아데닌의 메틸화

11. DNA에서 시토신이 탈아미노화(deamination)되면 어떻게 되는가?
A. A-T 염기쌍
B. G-C 염기쌍
C. U-G 염기쌍
D. T-U 염기쌍

12. 대장균의 거의 모든 절제-수복 과정은 어떤 시스템에 의해 수행되는가?
A. RecB 시스템
B. RecF 시스템
C. Uvr 시스템
D. Umu 시스템

13. 대장균에서 가장 주류를 이루는 절제-수복 과정으로 수복되는 DNA의 평균 길이는 얼마인가?
A. 9개 뉴클레오티드
B. 12개 뉴클레오티드
C. 21개 뉴클레오티드
D. 32개 뉴클레오티드

14. 분해효소(lyase)의 기능은 무엇인가?
A. 염기와 디옥시리보오스 간의 결합을 절단하여 염기를 제거한다.
B. 뉴클레오티드의 고리 구조를 절단하여 제거한다.
C. 염기의 양면에 있는 인산디에스테르 골격을 끊어 제거한다.
D. 디옥시리보오스 당 고리를 열어 손상된 염기를 제거한다.

15. 다음의 DNA 수복 시스템 중 Umu 단백질이 관여하는 것은 무엇인가?
A. 재조합 수복
B. 오류-유발 DNA 합성
C. 미스매치 수복
D. 절제 수복

핵심용어

error-prone synthesis
excision
excision repair
γ-H2AX
glycosylase
incision
lyase
mismatch repair
mutator
nonhomologous end-joining (NHEJ)
photoreactivation
pyrimidine dimer
recombination-repair
single-strand exchange
xeroderma pigmentosum (XP)

읽을거리

Baute, J., and Depicker, A. (2008). Base excision repair and its role in maintaining genome stability. *Crit. Revs. Biochem. Mol. Biol.* **43**(4), 239–276. A review of base excision repair (BER) in numerous organisms, focusing on the role of glycosylases in repair.

Bergoglio, V., and Magnaldo, T. (2006). Nucleotide excision repair and related human diseases. *Genome Dynam.* **1**, 35–52. A review of eukaryotic nucleotide excision repair (NER) with an emphasis on human diseases related to defects in NER components.

Goosen, N., and Moolenaar, G. F. (2008). Repair of UV damage in bacteria. *DNA Repair* **7**(3), 353–379. A review of numerous prokaryotic repair systems that deal with UV damage, including photolyase, BER and NER.

Green, C. M., and Lehmann, A. R. (2005). Translesion synthesis and error-prone polymerases. *Adv. Exper. Med. Biol.* **570**, 199–223. A review of error-prone pathways of repair.

Hsieh, P., and Yamane, K. (2008). DNA mismatch repair: molecular mechanism, cancer, and ageing. *Mech. Ageing Devel.* **129**(7–8), 391–407. A review of the molecular details of mismatch repair (MMR) and the connections between MMR deficiency and cancer and ageing.

Li, X., and Heyer, W. D. (2008). Homologous recombination in DNA repair and DNA damage tolerance. *Cell Res.* **18**(1), 99–113. A review of the homologous recombination (HR) pathway in the repair of double-strand breaks (DSBs) and interstrand crosslinks (ICLs).

Osley, M. A., Tsukuka, T., and Nickoloff, J. A. (2007). ATP-depdendent chromatin remodeling factors and DNA damage repair. *Mutat. Res.* **618**, 65–80.

Weterings, E., and Chen, D. J. (2008). The endless tale of non-homologous end-joining. *Cell Res.* **18**(1), 114–124. A review of all the known enzymes involved in non-homologous end-joining (NHEJ) in mammalian cells.

17

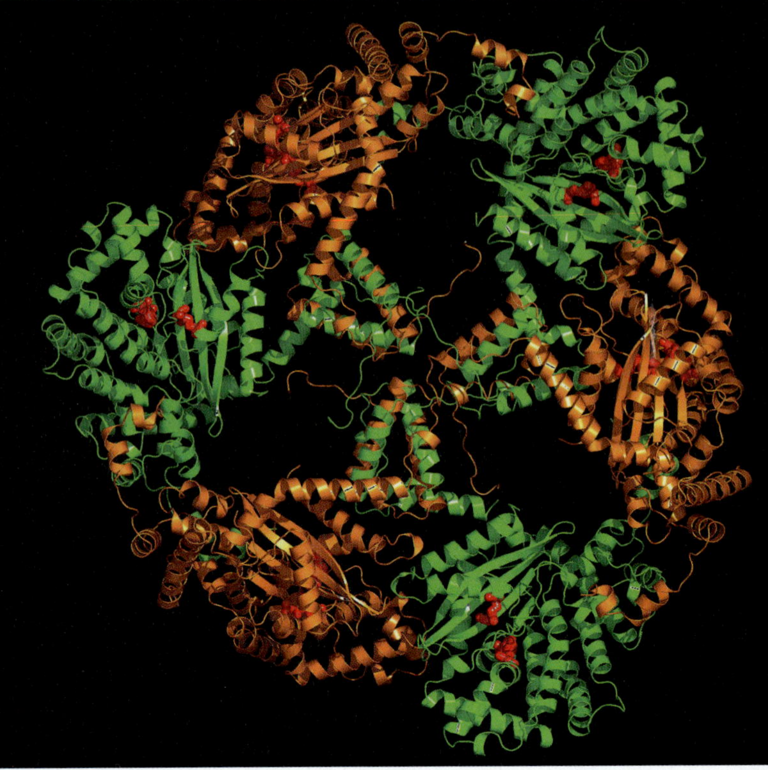

녹색, 주황색의 헥사머와 빨간색인 활성 부위 단량체의 헤르메스(Hermes) DNA 트랜스포아제. Photo courtesy of Fred Dyda, NIDDK, National Institutes of Health.

전이 인자와 레트로바이러스

17장 개요

17.1 서론

거의 모든 게놈에서 변이의 주요 원인은 **전이 인자(transposable element)** 또는 **트랜스포존(transposon)**에 의해 발생한다: 이들은 게놈 내에 존재하는 특정한 염기배열로 이동성이 있어 게놈 내에서 다른 위치로 이동할 수 있다. 트랜스포존의 특징은 인자(예를 들어, 파지 또는 플라스미드 DNA처럼)의 독립적 형태를 사용하지 않으나, 게놈 내에서의 한 위치에서 다른 부위로 직접 이동하는 특징을 지닌다. 게놈 재구축에 관여하는 대부분의 다른 과정과는 달리, 트랜스포존은 공여체와 수용체 부위의 염기배열 사이에 그 어떤 관련성에 의존하지 않는다. 트랜스포존은 동일 게놈 내 다른 곳의 새로운 부위로 자신을 움직이거나 때로는 추가 염기배열을 이동하는 데 제한을 받는다. 그러므로 그들은 하나의 게놈에서 다른 게놈으로 염기배열을 전달할 수 있는 벡터와 내부적인 대응관계(internal counterpart)에 있다. 이들은 그림 17.1에서 볼 수 있듯이, 게놈에서 주요 변이원이 될 수 있으며, 우리 자신을 포함한 많은 게놈의 전체 크기에 상당한 영향을 주었다.

불균등 재조합은 상동 재조합에 대한 세포 시스템에 의한 미스페어링(mispairing)의 결과이다. 비상호 재조합(nonreciprocal recombination)은 유전자자리의 복제 또는 재정렬을 일으킨다(*7.2절 부등교차는 유전자 클러스터를 재정렬한다* 참조). 게놈 내의 염기배열의 중복(duplication)은 새로운 염기배열의 주요 제공원이 된다. 염기배열의 한 개 사본은 원래 기능을 유지하고 있으나, 다른 사본은 새로운 기능으로 진화할 수 있다. 또한, 재조합에 의한 다형성 변화로 인해 각각의 게놈 간의 중요한 차이점이 분자 수준에서 발견된다. 미니새틀라이트(minisatellite) 간의 재조합은 모든 각각의 게놈이 구별되도록 길이를 조정한다는 것을 *7.8절 미니새틀라이트 DNA는 유전자 지도 작성에 유용하다*에서 보았다.

트랜스포존에는 일반적으로 두 종류로 분류된다: DNA를 직접 조작하여 게놈 내에서 스스로를 전파할 수 있는 것[클래스 II 인자(Class II elements), 또는 *DNA-유형 인자(DNA-type element)*]와 이동성의 소스가 RNA의 DNA 사본을 만든 다음, 게놈의 새로운 부위에 통합시키는 것(클래스 I 인자, 또는 레트로 인자)]이다.

DNA를 통해 이동하는 트랜스포존은 원핵생물과 진핵생물 모두에서 발견된다. 각각의 박테리아 트랜스포존은 자신의 전이에 필요한 효소 활성을 암호화하는 유전자를 가지고 있지만, 게놈 상에 위치한 부수적 기능들[DNA 중합효소 또는 DNA 자이라아제(DNA gyrse)와 같은]을 필요로 한다. 동등한 시스템이 진행생물에 존재하지만 그들의 효소적 기능은 잘 밝혀져 있지 않다.

필수적인 RNA 중간체를 수반하는 전이는 주로 진핵생물서 발견된다. RNA 중간체를 사용하는 트랜스포존은 모두 RNA를 DNA로 전환시키는 역전사 효소(reverse transcriptase)를 사용한다. 이러한 인자 중 일부는 일반적인 구성과 전이 메커니즘에서 레트로바이러스의 프로바이러스(retroviral proviruse; 숙주 세포 내에 있으면서 세포에 해를 주지 않는 바이러스)와 밀접한 관련이 있다(*17.7절 레트로바이러스의 생활주기는 전이-유사 과정이 관여한다*에서 관련된 과정이 곧 논의된다). 하나의 종류로서, 이들 인자를 **LTR(긴-말단 반복배열, *l*ong-*t*erminal *r*epeat)** 또는 단순히 **레트로트랜스포존(retrotransposon)**이라고 부른다. 역전사효소를 사용하지만 LTR이 존재하지 않으며, 독특한 전이 모드를 사용하는 두 번째 부류의 요소의 구성원을 **비-레트로트랜스포존(non-LTR retrotransposon)** 또는 단순히 **레트로존(retroson)**이라 부른다. [전이 인자(transposable element)의 명명법은 문헌에서 다소 혼란스럽지만, 최근 LTR의 존재 유무에 의해 구별되는 이러한 시스템은 이들 인자의 진화 및 전이 메커니즘에 대한 이해가 반영되

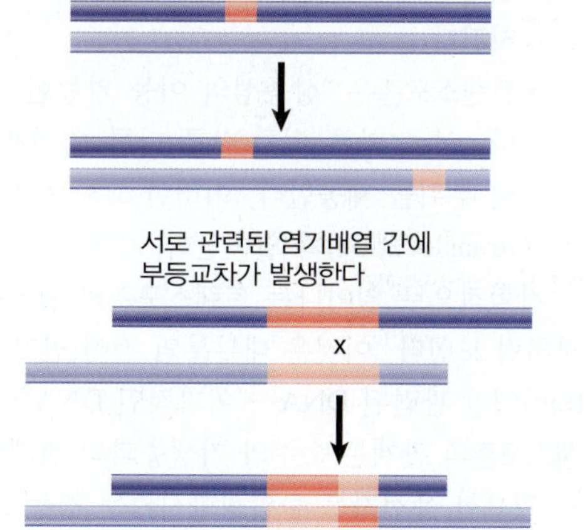

▶ **전이 인자 혹은 트랜스포존(transposable element or transposon)** 표적 유전자자리에서의 어떤 염기배열 관계없이 게놈의 새로운 위치에 그 자체(또는 그 자체의 사본)를 삽입할 수 있는 DNA 염기배열.

▶ **전이 인자 혹은 트랜스포존(transposable element or transposon)** 표적 유전자자리에서의 어떤 염기배열 관계없이 게놈의 새로운 위치에 그 자체(또는 그 자체의 사본)를 삽입할 수 있는 DNA 염기배열.

▶ **긴-말단 반복배열(LTR, long-terminal repeat)** 프로바이러스의 각 말단에서 반복되는 염기배열(통합 레트로바이러스 염기배열).

▶ **레트로트랜스포존(retrotransposon)** RNA 형태를 통하여 이동하는 트랜스포존; DNA 인자는 RNA로 전사된 다음 게놈의 새로운 위치에 삽입되는 DNA로 역전사된다. 감염성(바이러스성)의 형태는 아니다. 이 이름은 일반적으로 레트로바이러스-유사 LTR(retrovirus-like LTR)을 포함하고 레트로바이러스와 유사한 레트로 인자를 말한다.

▶ **비-레트로트랜스포존(non-LTR retrotransposon)** 또는 **레트로존(retroson)** LTR 레트로트랜스포존과 유사하며 RNA 중간체를 통해 이동하지만, LTR이 없고 뚜렷한 전이 메커니즘을 사용하는 트랜스포존.

그림 17.1 게놈 내에서 유전자 변화의 주요 원인은 새로운 부위로 트랜스포존이 이동하기 때문이다. 이것은 유전자 발현에 직접적인 영향을 줄 수 있다. 관련 염기배열 사이의 부등교차는 재정렬의 원인이 된다. 트랜스포존의 사본은 그러한 과정의 표적을 제공한다.

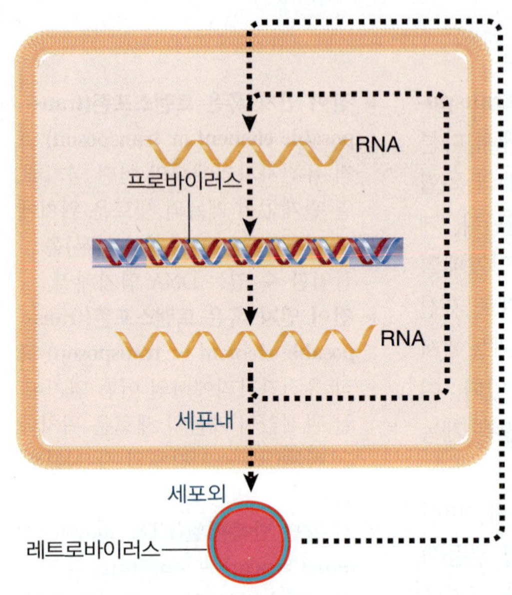

그림 17.2 레트로바이러스와 레트로포존의 증식 주기는 RNA에서 DNA로의 역전사와 DNA에서 RNA로의 전사가 서로 교차되어 일어난다. 레트로바이러스만이 감염성 입자를 만들어낼 수 있다. 레트로포존은 세포 내 주기로 한정된다.

▶ **레트로바이러스(retrovirus)** 역전사로 RNA를 DNA로 염기배열을 변환하는 능력을 가지고 있는 RNA 바이러스.

고 있다.]

가장 간단한 레트로트랜스포존은 그 자체로는 전이 활성을 갖지 않지만, 활성 요소에 의해 전이를 위한 기질로 인식되는 염기배열을 갖는다. 따라서 RNA-의존성 전이를 사용하는 인자들은 (숙주세포를 자유롭게 감염시킬 수 있는) 레트로바이러스 그 자체로부터 RNA를 통해 전이하는 염기배열 및 전이 능력을 보유하지 않은 염기배열에 이르기까지 다양하다. 그들은 삽입 부위에서 진단적 특징으로 이용되는 표적 DNA의 짧은 직접반복배열(direct repeat)을 모든 트랜스포존이 가지고 있다. 활성 트랜스포존이 검출되지 않은 게놈에서도, 아주 오래된 전이 과정의 흔적(footprint)이 분산된 반복염기배열에 인접한 직접표적반복배열의 형태로 발견된다. 이 염기배열의 특징은 때로 RNA 염기배열이 게놈 (DNA) 염기배열의 전구물질(progenitor)임을 암시하기도 한다. 이것은 RNA가 전이와 유사한 과정에 의해 게놈 내로 삽입된 이중가닥 DNA 사본으로 변환되었음을 시사하고 있다.

다른 모든 증식 주기와 같이 **레트로바이러스(retrovirus)** 또는 레트로트랜스포존의 주기는 연속적이다; 우리가 어느 시점을 "시작(beginning)"으로 할 것인가는 생각에 따라 다르다. 그러나 이러한 인자들에 대한 우리의 시각은 우리가 보통 관찰하는 형태에 의해 바이어스(bias, 편향)를 가지고 있다. 레트로바이러스와 레트로트랜스포존의 상호연결된 주기를 그림 17.2에 나타내었다. 레트로바이러스는 세포들 사이에서 전염될 수 있는 감염성 바이러스 입자로서 처음 관찰되었으며, 따라서 (이중가닥 DNA를 포함한) 세포내 주기(intracellular cycle)는 RNA 바이러스를 증식하는 수단으로 생각되었다. 레트로트랜스포존은 게놈의 성분으로 발견되었으며, RNA 형태는 주로 mRNA 및 전이 중간체(transposition intermediate)로서의 기능이 잘 연구되어졌다. 따라서 우리는 레트로포존을 RNA/단백질 복합체로서 게놈(이중가닥 DNA) 염기배열 및 레트로바이러스로 생각하지만, 이들 인자 간의 밀접한 관계는 분명하지 않다. 사실, 최근의 계통발생학적 증거에 따르면, 레트로바이러스는 단순히 외막 단백질(envelope protein)을 획득한 레트로 바이러스의 한 종류라는 것이다. 이것은 레트로트랜스포존은 세포를 빠져 나갈 수 있는 능력을 상실한 레트로바이러스였다는 이전에 가정된 관계와 상반된다.

게놈은 어느 한 종류의 기능적 및 비기능적 (결함) 인자를 모두 포함할 수 있다. 대부분의 경우, 진핵생물 게놈의 대부분의 인자는 결함이 있어 독립적으로 전이하는 능력을 잃어버렸지만, 기능을 가진 트랜스포존(functional transposon)에 의해 생성된 효소에 의한 전이의 기질로 인식될 수 있다. 진핵생물 게놈은 많은 수의 트랜스포존을 포함하고 있다. 상대적으로 작은 초파리(fly) 게놈은 96개의 다른 패밀리에 속하는 1,572개의 트랜스포존을 가지고 있다. 옥수수나 인간과 같은 보다 큰 게놈은 수십만 개의 개별 트랜스포존를 보유할 수 있다. 이들 종의 각 유전물질의 약 절반은 트랜스포존으로 이루어져 있다.

전이 인자는 직접 또는 간접적으로 게놈의 재정렬를 촉진할 수 있다.

- 전이 과정 자체가 결손 혹은 역위(inversion)를 일으키거나 숙주 염기배열을 새로운 위치로 이동시킨다.
- 트랜스포존은 "상동성의 이동 가능한 영역"으로 기능하여 세포 재조합 시스템의 기질 역할을 한다; 서로 다른 위치(비록 다른 염색체에서라도)의 트랜스포존의 두 개 사본은 상호재조합을 위한 부위를 제공한다. 이러한 교환으로 결실(deletion), 삽입(insertion), 역위(inversion) 또는 전좌(translocation)가 일어난다.

간헐적으로 일어나는 트랜스포존의 활성은 자연선택을 위한 다소 명확하지 않은 표적을 제공하는 것처럼 보인다. 이것은 대부분의 전이 인자가 장점이나 단점을 부여하지는 않지만 자체 전파(propagation)에만 관련된 DNA—"이기적인 DNA"—를 구성할 수 있다는 제안을 했다. 이러한 게놈에 대한 트랜스포존의 관계는 숙주와 기생충과의 관계와 비슷할 것이다. 아마도 전이에 의한 인자의 전파는 전이가 필요한 유전자를 불활성화시키는 경우 또는 전이성 물질의 수가 세포 시스템에 부담을 준다면, 그

피해로 인해 균형을 이루게 된다. 그러나 우리는 유전적 재정렬과 같은 선택적 이점을 부여하는 어떠한 전이 현상이 활성 트랜스포존을 가지고 있는 우세한 게놈의 생존을 유도한다는 것을 기억해야 한다.

17.2 삽입배열은 단순한 전이 모듈이다

전이 인자는 박테리아의 오페론(operon)에서 자발적으로 삽입되는 형태로 분자 수준에서 처음 확인되었다. 이러한 삽입은 그것이 삽입되는 유전자의 전사나 단백질 합성을 방해한다. 현재 서로 다른 많은 유형의 전이 인자가 원핵생물과 진핵생물(훨씬 풍부하다)에서 잘 연구되어졌지만, 박테리아에서 처음 기술된 인자와 많은 종의 DNA-형 인자에 생화학적 기본원리가 적용된다.

가장 단순한 박테리아 트랜스포존을 (검출된 방법을 반영하여) **삽입배열(insert sequence)**이라고 부른다. 각 유형에는 접두사 IS와 유형을 식별하는 번호가 붙는다. (원래 종류는 IS1에서 IS4로 번호가 매겨졌고, 그 후의 종류에는 분리의 역사를 반영하는 숫자를 기재하였으나, 지금까지 확인된 700개 이상의 인자들의 숫자와 일치하지는 않는다!)

▶ **삽입배열(insert sequence, IS)** 자신의 전이에 필요한 유전자만을 운반하는 작은 박테리아 트랜스포존.

IS 인자는 박테리아 염색체와 플라스미드의 정상적인 구성요소이다. 대장균의 표준 균주는 보다 일반적인 IS 인자 중 어느 하나를 적어도 여러 사본(10개 미만)을 포함할 가능성이 있다. 특정 부위에 대한 삽입을 설명하기 위해 이중 콜론(double colon)이 사용된다; 그래서 λ::IS1은 람다 파지(λ phage)에 삽입된 IS1 인자를 말한다. 대부분의 IS 인자는 숙주 DNA 내의 다양한 부위에 삽입된다. 그러나 일부는 특정 삽입 핫스팟에 대해 다양한 선호도를 보이기도 한다.

IS 인자는 자율 단위(autonomous unit)이며, 각 인자는 자신의 전이를 도와주는 데 필요한 단백질만 암호화하고 있다. 각 IS 인자는 염기배열이 다르지만, 구성에 몇 가지 공통된 기능이 있다. 표적 부위에 삽입하기 전후의 일반적인 트랜스포존의 구조를 그림 17.3에 나타냈으며, 일부 공통적인 IS 인자에 대한 세부 사항도 요약하였다.

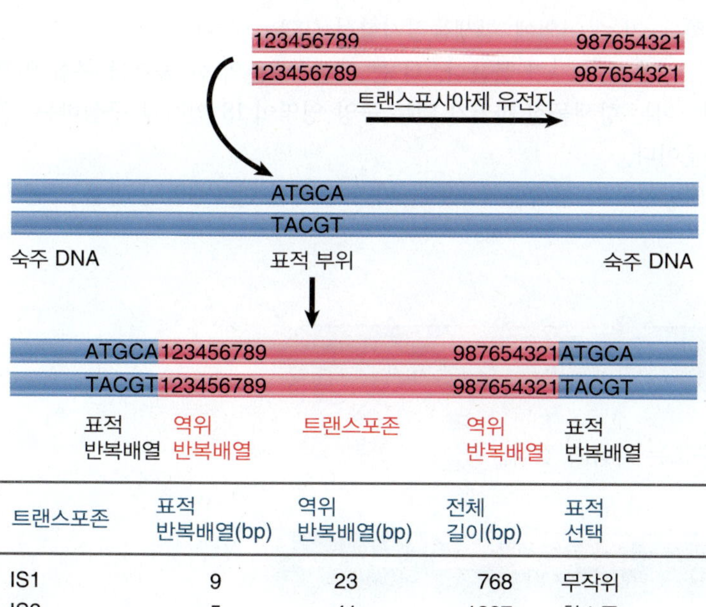

트랜스포존	표적 반복배열(bp)	역위 반복배열(bp)	전체 길이(bp)	표적 선택
IS1	9	23	768	무작위
IS2	5	41	1327	핫스폿
IS4	11–13	18	1428	$AAAN_{20}TTT$
IS5	4	16	1195	핫스폿
IS10R	9	22	1329	NGCTNAGCN
IS50R	9	9	1531	핫스폿
IS903	9	18	1057	무작위

그림 17.3 트랜스포존은 역위-말단 반복배열을 가지며, 표적 부위에서 측면 DNA의 직접 반복배열을 생성한다. 이 예에서, 표적 부위는 5 bp이다. 트랜스포존의 말단은 9 bp의 역위 반복배열로 구성되어 있으며, 여기서 1에서 9까지의 숫자는 염기쌍을 가리킨다.

▶ **역위-말단 반복배열(inverted-terminal repeat)** 일부 트랜스포존의 말단에서 역방향으로 존재하는 짧은 반복된 배열이나 또는 동일한 염기배열.

▶ **직접 반복배열(direct repeat)** DNA의 동일한 분자에서 같은 방향으로 두 개 이상의 사본에 존재하는 동일하거나 밀접하게 관련된 염기배열.

▶ **전이효소(transposase)** 효소 활성은 새로운 위치에 트랜스포존의 삽입에 관여하고 있다.

▶ **Tn** 번호 뒤에는 약제 내성과 같은 기능과 관련이 없는 마커를 가지고 있는 박테리아 트랜스포존을 나타내는 수단.

▶ **복합 인자(composite element)** 두 개의 IS 인자(동일하거나 다를 수 있음)와 IS 인자 간의 DNA 염기배열로 구성된 전이 인자; 비-IS 염기배열은 종종 항생제 내성을 부여하는 유전자를 포함한다.

IS 인자는 짧은 **역위-말단 반복배열(inverted-terminal repeat)**로 끝난다; 대개 반복배열의 두 사본은 동일하지 않지만 밀접하게 관련되어 있다. 그림에서 볼 수 있듯이, 역위-말단 반복배열의 존재는 동일한 염기배열이 인접한 DNA의 한쪽 측면에서 그 인자를 향하여 진행된다는 것을 의미한다.

IS 인자가 전이될 때, 숙주의 삽입 부위 DNA 염기배열이 중복된다. 중복의 특성은 삽입이 일어나기 전과 후에 표적 부위의 염기배열을 비교함으로써 알 수 있다. 그림 17.3은 삽입 부위에서 항상 IS DNA가 매우 짧은 **직접 반복배열(direct repeat)**에 의해 측면에 위치함을 보여주고 있다. [여기서, "직접(direct)"이란 염기배열의 두 사본이 동일한 방향으로 반복된다는 것을 나타내며, 반복배열이 인접하지는 않음을 나타낸다.] 그러나 (삽입에 앞서) 표적 부위는 이들 반복배열 중 하나만을 가지고 있다. 그림에서 표적 부위는 $\frac{\text{ATGCA}}{\text{TACGT}}$ 염기배열로 구성되어 있다. 전이 후, 이 염기배열에서 하나의 사본이 트랜스포존의 양측에 존재한다. 직접 반복배열은 각각의 전이 과정들 사이에서 다양하지만, 길이는 어떤 특정 IS 인자에 대해 일정하다(전이 메커니즘의 반영).

따라서 IS 인자는 특징적인 구조를 나타내는데, 그 구조의 말단에는 역위 말단 반복배열로 존재하는 반면, 측면 숙주 DNA의 인접한 말단에는 짧은 직접 반복배열(direct repeat)이 존재한다. 역위 반복배열은 트랜스포존의 말단을 한정한다. 말단의 인식은 모든 DNA-형 트랜스포존에 의해 제공되는 전이 과정에 공통적으로 필수적이다. 말단을 인식하고 전이를 담당하는 단백질을 **트랜스포사아제(transposase, 전이효소)**라고 한다.

많은 IS 인자는 하나의 긴 암호화 영역을 포함하며, 한쪽 말단은 역위 반복배열 내부에서 시작하고, 다른 말단은 역위 반복배열의 앞 또는 중간에서 끝난다. 이것은 트랜스포사아제를 암호화한다. 일부 인자는 보다 복잡한 조직을 가지고 있다. 예를 들어, IS 1에는 두 개의 분리된 리딩 프레임이 있다; 트랜스포사아제는 단백질 합성 중 프레임시프트가 일어나 두 리딩 프레임이 사용됨으로써 만들어진다.

전이의 빈도는 인자마다 다르다. 전체적인 전이 빈도는 한 세대에 한 인자당 약 10^{-3}~10^{-4}이다. 각 표적에서의 삽입은 자연발생적인 돌연변이율과 유사하여 세대당 ~10^{-5}~10^{-7} 빈도로 일어난다. (IS 인자의 정확한 절단에 의한) 역위는 삽입보다 ~10^{3}배 정도 낮은 빈도로 일어나며, 10^{-6}~10^{-10}의 빈도로 일어나는 것으로 알려져 있다.

일부 트랜스포존은 전이에 관여하는 기능 이외에 항생물질저항성 (또는 다른) 마커를 가지고 있다. 이 트랜스포존을 **Tn**이라 부르며, 다음에 숫자가 붙는다. 더 큰 트랜스포존의 한 종류를 **복합 인자(composite element)**라고 부르는데, 이는 항생물질 마커가 있는 중앙 영역이 IS 인자를 구성하는 "팔(arm)"에 의해 양쪽에 접해 있기 때문이다.

팔은 같거나 (보다 일반적으로) 역방향으로 존재할 수 있다. 따라서 직접 반복배열인 팔을 지닌 복합 트랜스포존의 구조는

만약 팔이 역위 반복배열이면, 구조는 다음과 같다.

화살표들은 팔의 방향성을 나타내며, 팔은 트랜스포존의 유전자 지도(genetic map)의 (임의적인) 방향성에 따라서 왼쪽(L)에서 오른쪽(R)으로 나타낸다. 복합 트랜스포존의 구조는 그림 17.4에 자세히 설명하였으며, 이는 또한 일부 일반적인 복합 트랜스포존의 특성을 요약하였다.

팔은 IS 모듈(module)로 구성되어 있으며, 각 모듈은 역위 반복배열로 끝나는 일반적인 구조를 가지고 있다; 결과적으로, 복합 트랜스포존은 또한 동일한 짧은 역위 반복배열로 끝난다. 복합 트랜스포존은 Tn9 (IS1의 직접 반복배열) 또는 두 개의 서로 밀접한 동일한 IS 모듈을 가질 수 있으나, 동일한 모듈은 아니다. 따라서 Tn10 또는 Tn5에서 L 및 R 모듈을 구별할 수 있다. 기능을 가진 IS 인자는 트랜스포사아제 활성을 코드하는데, 이들 효소 활성은 표적 부위를 만들어내기도 하고, 트랜스포존의 말단을 인식하기도 하여, 트랜스포존이 전이 기질로 역할을 할 때 말단만 필요로 하게 된다.

기능을 가진 IS 모듈은 그 자체 또는 전체 트랜스포존을 전이할 수 있다. 복합 트랜스포존의 모듈이 동일할 때, 아마도 한쪽 모듈은 아마도 전이의 이동은 책임질 수 있다. 모듈들이 다른 경우 그들은 기능적 능력이 다를 수 있으므로, 전이는 전체적으로 또는 부분적으로 모듈의 하나에 의존할 수 있다.

각각의 모듈 대사에 복합 트랜스포존을 전이시키는 원인은 무엇일까? 이 질문은 양쪽 모듈이 기능을 가지고 있을 때에 특별히 나타난다. Tn9의 예에서, 모듈들은 IS1 인자이며, 아마도 각각은 복합 트랜스포존의 절반뿐만 아니라 오른쪽 방향에도 활성을 지닌다. 트랜스포존은 왜 각각의 삽입배열을 찾는 대신에 전체적으로 보존되는가?

복합 트랜스포존의 전이를 유지하는 주된 원인은 중앙 영역에 있는 선택 마커이다. 예를 들어, Tn10은 측면에 테트라사이클린(tetracycline) 내성을 부여하는 tet^R 유전자에 인접해 있는 두 개의 IS10 모듈로 구성되어 있다. IS10 모듈은 자유롭게 돌아다니며 Tn10보다 10배 이상의 빈도로 이동한다. 그러나 Tn10은 tet^R을 함께 지니고 있으므로, 선택 조건 하에서, 본래의 Tn10 전이의 상대적 빈도는 훨씬 증가한다.

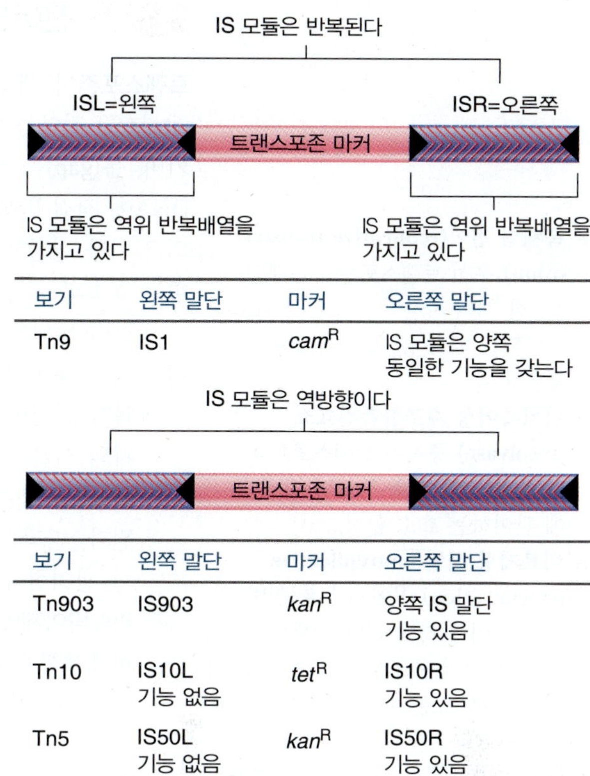

보기	왼쪽 말단	마커	오른쪽 말단
Tn9	IS1	cam^R	IS 모듈은 양쪽 동일한 기능을 갖는다

보기	왼쪽 말단	마커	오른쪽 말단
Tn903	IS903	kan^R	양쪽 IS 말단 기능 있음
Tn10	IS10L 기능 없음	tet^R	IS10R 기능 있음
Tn5	IS50L 기능 없음	kan^R	IS50R 기능 있음

그림 17.4 복합 트랜스포존은 IS 모듈이 인접한(항생제 내성과 같은) 마커를 운반하는 중앙 영역을 가지고 있다. 모듈은 짧은 역위 말단 반복배열을 가지고 있다. 만약 모듈 스스로 역방향이라면, 트랜스포존 말단에서의 짧은 역위 말단 반복배열은 동일하다

핵심개념

- 삽입 배열은 양쪽 끝에 말단 역위 말단 반복배열(inverted terminal repeat)을 가지고 있으며, 자신의 전이에 관여하는 효소만 코드하는 트랜스포존이다.
- 트랜스포존(transposon)이 삽입되는 지점에는 트랜스포존의 양쪽 끝에 삽입 과정에서 복제된 두 개의 직접 반복배열이 존재한다.
- 직접 반복배열(direct repeat)의 길이는 5~9 bp이며, 모든 특정 트랜스포존의 특징이다.
- 트랜스포존은 전이에 관여하는 유전자 외에 다른 유전자를 운반할 수 있다.
- 복합 트랜스포존(composite transposon)은 각 말단에 IS 인자가 인접하는 중앙 영역을 가지고 있다.
- 복합 트랜스포존의 IS 인자 모두 혹은 어느 하나는 전이를 일으킬 수 있다.
- 복합 트랜스포존은 하나의 단위로 전이될 수 있지만, 양 말단에서 활성 IS 인자는 독립적으로도 전이될 수 있다.

개념 및 추론 확인

온전한 말단 반복배열을 가지지만, 변이형 트랜스포사아제 유전자를 가진 트랜스포존은 전이할 수 있는 능력이 있는가? 그렇다면 그 이유는 무엇이며, 그렇지 않다면 그 이유는 무엇인가?

17.3 전이는 복제와 비복제 경로에 의해 일어난다

트랜스포존이 새로운 부위로의 삽입을 그림 17.5에 나타내었다. 이 반응은 표적 DNA에서의 엇갈린(stagger) 절단을 만들고, 트랜스포존 돌출된 단일가닥 말단(protruding single-stranded end)과 결합시키며, 틈(gap)을 메우는 것으로 구성되어 있다. 엇갈린 말단의 생성과 메꿈 과정은 삽입 부위에서 표적 DNA에 직접 반복배열의 발생을 설명하고 있다. 두 가닥에서의 절단 부위의 엇갈림은 직접 반복배열의 길이를 결정한다; 따라서 각 트랜스포존의 직접 반복배열의 특징은 표적 DNA가 끊어지는 데 관여하는 효소의 어긋나게 잘린 DNA의 기하학적 구조를 반영하고 있다.

엇갈린 말단의 사용은 모든 전이 수단에 공통적이지만, 트랜스포존이 움직이는 것에 따라 두 가지 서로 다른 유형의 메커니즘으로 구별할 수 있다:

- **복제형 전이(replicative transposition)**에서, 인자는 반응 중에 복제되므로 전이 실체는 본래 인자의 사본이 된다. 그림 17.6은 그러한 전이 결과를 요약한 것이다. 트랜스포존은 이동의 한 부분이 되어 복제된다. 하나의 사본은 원래의 부위에 남아있는 반면, 나머지는 새로운 부위로 삽입된다. 따라서 전이는 트랜스포존의 복제수가 증가하게 된다. 복제형 전이는 두 가지의 효소 활성이 관여한다: 원래의 트랜스포존의 말단에 작용하는 트랜스포사아제와 중복된 사본에 작용하는 **리솔바아제(resolvase, 위치특이성 재조합촉진효소)**의 두 가지 유형의 효소 활성을 포함하고 있다.
- **비복제형 전이(nonreplicative transposition)**에서, 전이하는 인자가 물리적인 실체로서 한 부위에서 다른 부위로 직접 이동하여 보존된다. 삽입 배열과 Tn10 혹은 Tn5와 같은 복합 트랜스포존은 그림 17.7에 나타낸 메커니즘을 사용하는데, 이것은 이동하는 동안 인접한 공여체 DNA로부터 트랜스포존의 방출이 수반된다. 이러한 유형의 메커니즘[종종 "자르고 붙여 넣기(cut and paste)"라고 함]은 오로지 트랜스포사아제만을 필요로 한다. 또 다른 메커니즘은 공여체와 표적 DNA과의 연결을 이용하며 복제형 전이와 몇 단계를 공유하고 있다. 비복제형 전이의 두 메커니즘은 인자를 표적 부위에 삽입되게 하며 공여체 부위에서 손실된다. 비복제형 전이 후 공여체 분자는 어떻게 될까? 생존하기 위해서는 숙주 수복 시스템이 이중-가닥 절단을 인식하여 수복할 필요가 있다.

일부 트랜스포존은 전이에 있어 단지 한 가

▶ **복제형 전이(replicative transposition)** 우선 트랜스포존이 복제되고, 한 개의 사본이 새로운 부위로 삽입되는 메커니즘에 의한 트랜스포존의 이동.

▶ **위치특이성 재조합촉진효소(resolvase)** 중복된 트랜스포존의 두 사본 간의 부위-특이적 재조합에 관여하는 효소 활성.

▶ **비복제형 전이(nonreplicative transposition)** 공여체 부위(일반적으로 이중-가닥 절단을 생성하는)를 떠나서 새로운 부위로 이동하는 트랜스포존의 이동.

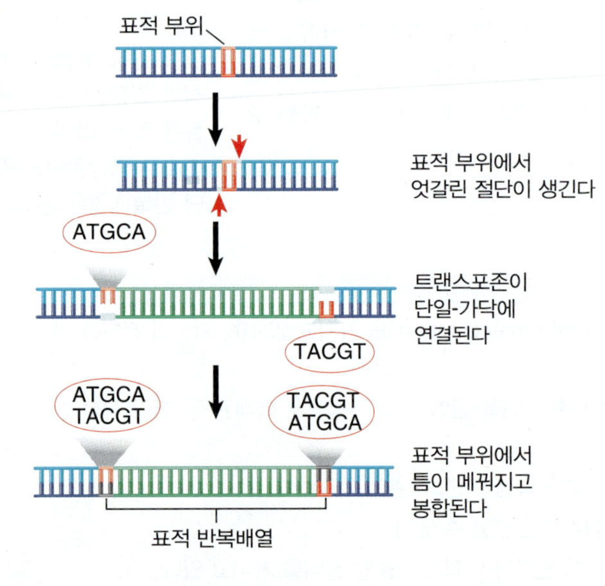

그림 17.5 트랜스포존에 인접한 표적 DNA의 직접 반복배열은 엇갈린 잘림에 의해 생성되는데, 이 부분의 돌출 말단은 트랜스포존과 연결된다.

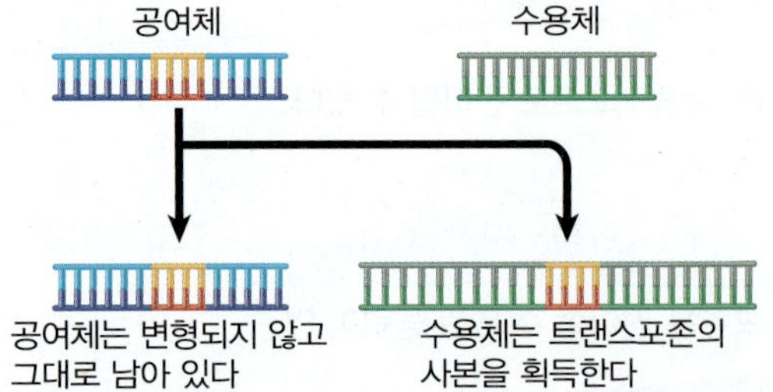

그림 17.6 복제형 전이는 사본 하나의 트랜스포존이 생성되며, 수용 부위로 삽입된다. 공여 부위는 변화가 없으며, 따라서 공여 부위와 수용 부위 모두 사본 하나의 트랜스포존을 가지고 있다.

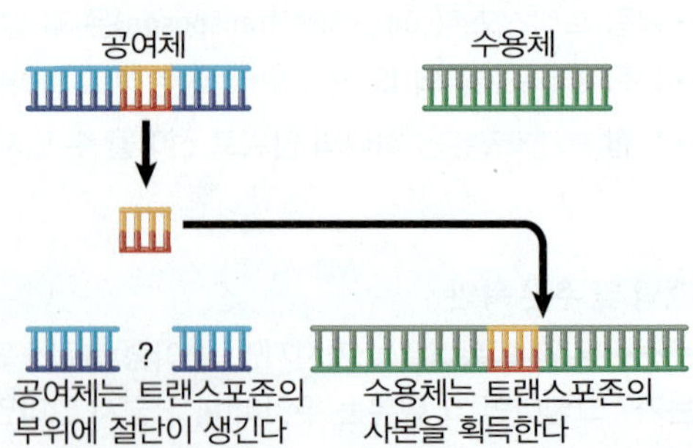

그림 17.7 비복제형 전이는 트랜스포존이 물리적 실체로서 공여체 부위에서 수용체 부위로 이동하게 한다. 이 결과 공여체 부위에 절단 부위가 남으며, 수복되지 않으면 그 유전자의 기능을 잃게 된다.

지 유형의 경로만을 사용하는 반면, 다른 트랜스포존은 다중 경로를 사용할 수 있다. 예를 들면, IS1과 IS903은 비복제적 경로와 복제적 경로를 모두 사용하고, Mu 파지는 공통 중간체로부터 두 가지 경로로 들어갈 수 있다.

동일한 기본적인 반응의 유형이 모든 종류의 전이 반응에 관여한다. 트랜스포존의 말단은 3′-OH 말단을 생성하는 절단 반응에 의해 공여체 DNA로부터 끊어진다. 노출된 말단은 전달 반응으로 표적 DNA와 연결되는데, 여기에는 3′-OH 말단이 표적 DNA를 직접 공격하는 에스테르교환반응(transesterification)이 관여한다. 이러한 반응은 필수적인 효소와 트랜스포존의 양 말단이 포함된 핵단백질 복합체(nucleoprotein complex) 내에서 일어난다. 트랜스포존은 표적 DNA가 트랜스포존 그 자체의 절단 전인지 혹은 후에 인식되는지에 따라 다르다.

사실상 표적 부위의 선택은 트랜스포사아제에 의해 이루어진다. 어떤 경우, 표적 부위는 사실상 무작위적로 선택된다. 다른 경우에는, DNA에 특정 염기배열이나 혹은 다른 특징에 대한 특이성이 존재한다. 이러한 특징은 DNA의 구조 형태를 취할 수 있는데, 예를 들면 내재성 굴곡(intrinsic bend) 또는 단백질-DNA 복합체를 포함하는 DNA와 같은 것이다. 후자의 경우, 표적 복합체의 특성은 트랜스포존이 (효모에서 RNA 중합효소 III 프로모터를 선택하는 Ty1 또는 Ty3와 같이), 특정한 프로모터에 삽입하여 염색체나 복제 중인 DNA의 불활성 영역을 유발할 수 있다.

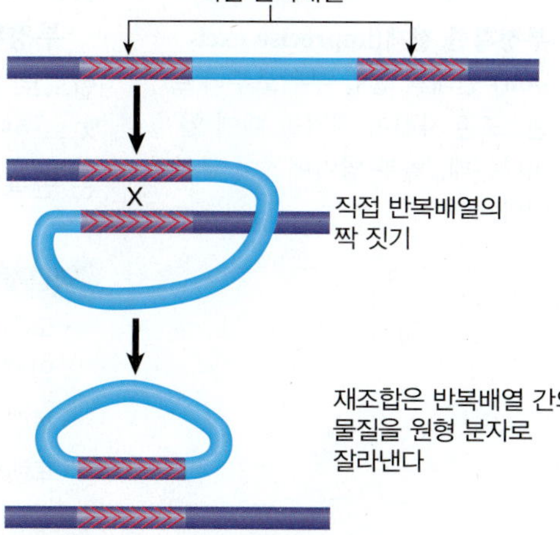

직접 반복배열

직접 반복배열의 짝 짓기

재조합은 반복배열 간의 물질을 원형 분자로 잘라낸다

그림 17.8 직접 반복배열 간의 상호 재조합은 직접 반복배열 사이에 물질을 잘라낸다; 재조합의 각 산물은 하나의 직접 반복배열 사본을 가지고 있다.

새로운 부위에서 삽입되는 "단순한" 분자간 전이 외에, 트랜스포존은 다른 형태의 DNA 재배열을 촉진한다. 몇몇 이런 과정은 트랜스포존의 다중 사본들 간의 관련성의 결과이다. 다른 것들은 전이 메커니즘의 또 다른 결과이며, 이들은 근본적인 과정의 특성에 대한 단서를 남기고 있다.

숙주 DNA의 재정렬은 트랜스포존이 원래 위치에서 가까운 제2의 부위에 하나의 사본이 삽입될 때 일어날 수 있다. 숙주 시스템들은 두 사본 간에 상호 재조합을 수행할 수 있다. 그 결과는 반복배열들이 같은 방향으로 진행되는지 아니면 다른 방향으로 진행되는지에 따라 결정된다.

그림 17.8은 어떤 쌍의 직접반복배열들 사이의 재조합은 그들 사이의 배열을 제거할 것이라는 일반적인 법칙을 설명하고 있다. 삽입 영역(intervening region)은 원형의 DNA(세포로부터 손실됨)로 잘려 신나; 염색체는 직접 반복배열 사본 한 개를 보유한다. 복합 트랜스포존 Tn9의 직접적으로 반복된 IS1 모듈 간의 재조합은 트랜스포존이 단일 IS1 모듈로 대체된다.

그러므로 트랜스포존에 인접한 염기배열의 결실은 두 단계로 일어난다; 전이가 트랜스포존의 직접 반복배열을 형성하고, 반복배열 사이에서 재조합이 일어난다. 그러나 트랜스포존 인접 부위에서 일어나는 대부분의 결실은 아마도 전이 과정 그 자체에서 이어지는 경로의 다양성의 결과이다.

그림 17.9은 역위 반복배열 쌍 간의 상호 재조합의 결과를 나타내고 있다. 반복배열 간의 영역은 역방향이 된다; 반복배열 자체가 다시 한 번 역위에 이용될 수 있도록 남아있다. 비록 모듈에 역위된 복합 트랜스포존은 모듈과 관련하여 중심 영역의 방향이 재조합에 의해 역으로 대하여 중앙 영역의 방향이 재조합에 의해 역위될 수 있지만, 모듈이 역위된 복합 트랜스포존은 게놈의 안정된 구성성분이다.

그림 17.8의 경우와 같은 절제는 트랜스포존 스스로에 의해 지원되지 않으나, 박테리아 효소들이 트랜스포존에 있는 상동성 부위들을 인식할 때 일어날 수 있다. 트랜스포존의 상실이 삽입 부위에서의 기능을 회복할 수 있기 때문에 중요하다.

정확한 절제(precise excision)는 트랜스포존과 중복된 배열의 사본 하나의 제거에 필요하다. 이것은 드물다; Tn5는 $\sim10^{-6}$ 빈도, Tn10은 10^{-9} 빈도에서 발생한다. 이

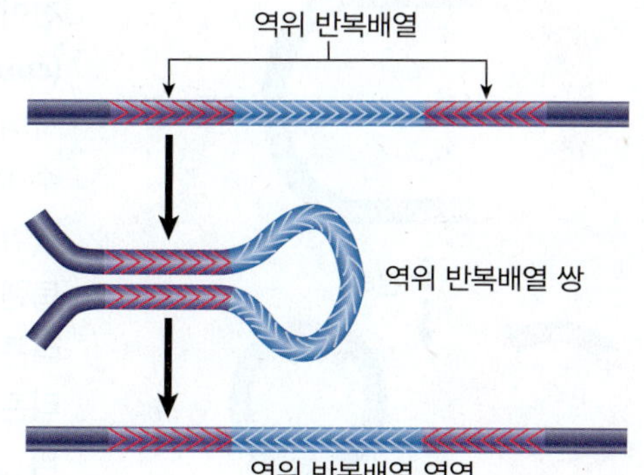

그림 17.9 역위 반복배열 간의 상호 재조합은 그 사이의 영역의 순서를 뒤집는다.

▶ **정확한 절제(precise excision)** 염색체로부터 중복된 표적 염기배열들의 하나와 트랜스포존의 제거. 이런 과정은 트랜스포존이 삽입된 부위에서 기능이 회복된다.

것은 아마도 중복된 표적 부위 사이에 재조합이 관여하고 있다.

▶ **부정확한 절제(imprecise excision)** 원래의 삽입 부위로부터 트랜스포존 자신이 제거될 때에 일어나는데, 일부 염기배열이 남아 있다.

부정확한 절제(imprecise excision)는 트랜스포존의 일부가 남게 되며, 정확한 절제보다 훨씬 높은 빈도로 발생한다(예: Tn10의 경우 $\sim 10^{-6}$). 어떤 유형의 절제도 트랜스포존으로 암호화 기능에 의존하지는 않지만, 그 메커니즘은 알려져 있지 않다. 절제는 RecA-비의존성이며 밀접하게 간격을 두고 있는 반복배열들 사이에서 자연발생적인 결실이 일어나는 몇몇 세포성 메커니즘에 의해 일어날 수 있다.

핵심개념

- 모든 트랜스포존은 표적 DNA를 엇갈리게 자르고, 트랜스포존이 돌출된 말단에 연결되어 틈이 메꿔지는 공통적인 메커니즘을 사용한다.
- 트랜스포존과 표적 DNA 사이의 반응 순서와 연결방법에 따라 전이가 복제적 혹은 비복제적으로 결정된다.
- 트랜스포존의 다중 사본들 간의 상동유전자 재조합은 숙주 DNA의 재정렬을 일으킨다.
- 트랜스포존의 반복배열 간의 상동유전자 재조합은 정확한 혹은 부정확한 절제가 일어날 수 있다.

개념 및 추론 확인

트랜스포존은 임의적으로 삽입하거나 부위 특이성을 나타낸다. 어떤 것이 숙주에서 해로운 돌연변이가 더 쉽게 일어나겠는가? 그 이유는?

17.4 전이 메커니즘

많은 이동성 DNA 인자는 기본적으로 매우 유사한 메커니즘에 의하여 한 부위에서 다른 부위로 전이한다. 여기에는 IS 인자, 원핵생물 및 진핵생물의 트랜스포존 그리고 박테리오파지가 해당된다. 레트로바이러스 RNA의 DNA 사본의 삽입도 유사한 메커니즘을 사용한다(*17.7절 레트로바이러스의 생활주기는 전이-유사 과정이 관여하고 있다* 참조). 면역글로블린 재조합의 첫 번째 단계도 비슷하다(*18.6절 RAG1/RAG2는 V(D)J 유전자 단편의 절단과 재결합을 촉매한다* 참조).

전이는 트랜스포존과 표적 DNA에 연결되는 공통적인 메커니즘으로 시작된다. 반응 과정에서, 트랜스포존이 양쪽 말단에서 끊어지고 표적 부위는 양쪽 가닥에서 끊어진다. 끊어진 말단은 트랜스포존과 표적 사이에 결합되어 두 DNA 간의 공유 결합을 형성한다. 이러한 반응의 생성물은 가닥 전달(strand transfer) 복합체이며, 이곳에서 트랜스포존이 각 말단의 한 가닥을 통하여 표적 부위와 연결된다. 이 반응의 다음 단계는 달라지며 전이 유형을 결정한다. 일반적인 가닥 전달 구조는 (복제적 전이로 이어지는) 복제의 기질이 되거나, 혹은 (비복제형 전이로 이어지는) 절단과 재결합에 직접적으로 사용될 수 있다.

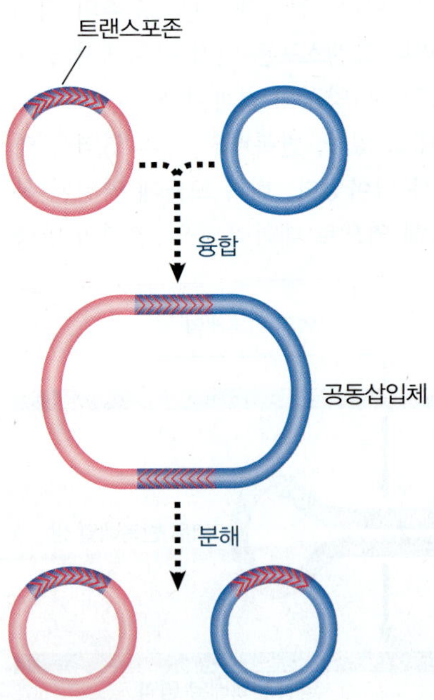

그림 17.10 전이는 공여체와 수용체 레플리콘이 융합하여 공동삽입체를 형성할 수 있다. 분해 과정은, 각각 하나의 트랜스포존 사본을 포함하는 두 개의 레플리콘을 생성한다.

▶ **코인테그레이트(cointegrate, 공동삽입체)** 두 개의 레플리콘의 융합에 의해 생성되는 구조로, 한 개는 본래부터 트랜스포존을 가지고 있고, 다른 한 개는 가지고 있지 않다. 공동삽입체는 직접반복 형태로 존재하는 레플리콘의 양쪽 연결 부위에 존재하는 트랜스포존 사본을 가지고 있다.

복제 전이에 관여하는 기본 구조를 그림 17.10에 설명하였다. 공동삽입체에서 만들어진 원형의 두 레플리콘(replicons) 간의 전이를 보여 주며, 두 분자의 융합을 나타내는 **코인테그레이트(cointegrate, 공동삽입체)**를 생성한다. 하나의 레플리콘 내에서의 동일한 메커니즘에 의한 전이는 역위 또는 결실을 초래할 수 있다. 교차는 트랜스포아제에 의해 형성되는 반면, 코인테그레이트로의 전환은 숙주의 복제 기능을 필요로 한다. 다음으로, 트랜스포존의 두 사본 간의 상동성 재조합은 각각 두 개의 레플리콘을 방출하는데, 레플리콘 중의 하나는 본래의 공여체 레플리콘이다. 다른 하나는 표적 레플리콘으로, 이는 숙주 표적배열의 짧은 직접 반복배열과 인접해 있는 트랜스포존을 가지고 있다. 이러한 재조합 반응을 **분해(resolution)**라고 한다.

복제 전이의 원리는 트랜스포존을 통해 복제가 그것을 다시 복사한다. 그림 17.11에 설명되어 있듯이, 표적 및 공여체 부위 모두에 사본이 만들어진다. 가닥-전달 복합체[strand-transfer complex, 때로는 *교차복합체(crossover complex)*라고도 함]에는 DNA 합성에 필요한 기질을 제공하는 유사복제 분기점(pseudoreplication fork)을 포함한다. 양쪽의 유사복제 분기점에서 복제가 계속되면, 트랜스포존을 통해 그 가닥들이 분리되어 양쪽 말단까지 진행될 것이다. 복제는 숙주-암호화 기능(host-encoded function)에 의해 수행된다. 이 시점에서, 구조는(공동삽입체의 주변 경로를 추적함으로써 알 수 있듯이) 레플리콘 간의 연결점에 트랜스포존의 직접 반복배열을 지니는 코인테그레이트(공동삽입체)가 된다.

교차 구조가 비복제형 전이에서도 사용될 수 있다. 이 메커니즘에 의한 비복제형 전이의 중요한 점은 절단과 재결합 반응에 의해 트랜스포존의 삽입으로 표적 DNA가 재구성된다는 것이다; 이때 공여체는 끊어진 상태로 남는다. 코인테그레이트는 형성되지 않는다.

그림 17.12는 비복제형 전이가 생성되는 절단 과정을 보여주고 있다. 절단되지 않은 공여체 가닥이 끊어지면, 트랜스포존의 한쪽에 표적가닥이 연결될 수 있다. 엇갈린 절단에 의해 생성된 단일-가닥 부위는 수복 합성(repair synthesis)에 의하여 채워져야만 한다. 이 반응의 산물이 표적 레플리콘인데, 여기에 본래 단일-가닥 틈새에 의하여 생성된 반복배열 사이에 트랜스포존이 삽입된다. 공여체 레플리콘은 본래 트랜스포존이 있던 곳을 가로질러 이중-가닥의 절단이 생겨난다.

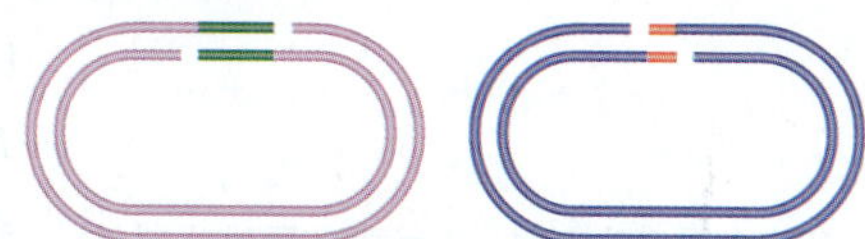

틈 형성
단일-가닥 절단은 트랜스포존과 표적 모두에서 엇갈린 말단을 생성한다

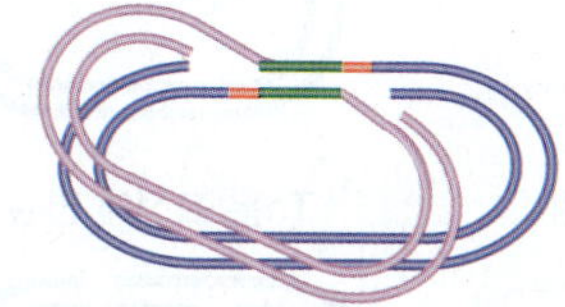

교차 구조(가닥 이동 복합체):
트랜스포존의 절단 말단은 표적의 끊어진 말단과 연결된다

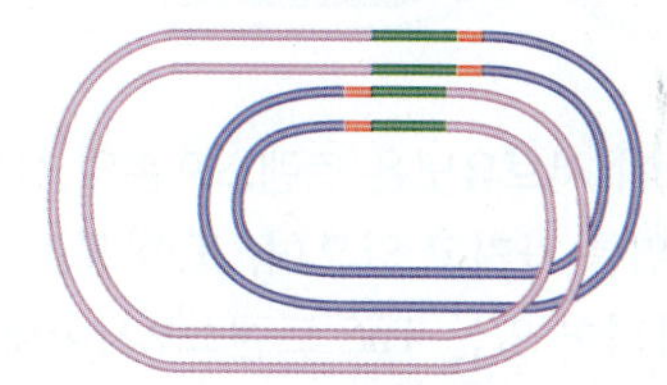

유리 3′ 말단으로 부터의 복제로 공동삽입체가 생성된다:
단일 분자는 트랜스포존의 두 사본을 가지고 있다

연속된 경로로 그린 공동삽입체는 트랜스포존이 레플리콘 사이의 접합점에 존재하고 있음을 보여준다

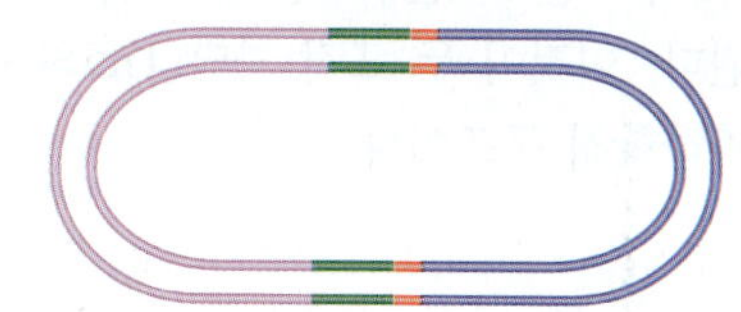

그림 17.11 전이는 교차 구조를 만드는데, 이것은 복제에 의해 삽입공동체로 전환된다.

▶ **분해(resolution)** 코인테그레이트에서 트랜스포존의 두 개의 복제물 사이의 상동 재조합 반응에 의해 일어나는 과정. 이 반응으로 각각 트랜스포존 사본을 가진 공여체 및 표적 레플리콘이 생성된다.

비복제형 전이는 표적 DNA에 만들어진 틈에서 또 다른 방법으로 일어날 수 있으나, 이중-가닥 절단은 트랜스포존의 한쪽에 형성되는데, (그림 17.7에서 기술한 바와 같이) 인접한 공여체 배열로부터 완전히 방출한다. 이러한 끊고-붙이는(cut-and-paste) 과정은 그림 17.13에서와 같이 Tn10에서 사용된다.

그림 17.13의 Tn10에 대한 메커니즘과 그림 17.12의 교차 절단(crossover nicking) 메커니즘 간의 기본적인 차이점은 Tn10의 두 가닥이 표적 부위에 연결되기 전에 절단된다는 것이다. 반응의 첫 단계는 트랜스포사아제에 의한 트랜스포존 말단의 인식이며, 반응이 일어나는 곳 안에서 단백질성 구조를 형성한다. 트랜스포존의 각 말단에서, 가닥은 특정 순서로 절단된다: (표적 부위에 연결되는 하나의) 전달된 가닥이 먼저 절단되고, 이어서 다른 가닥이 절단된다.

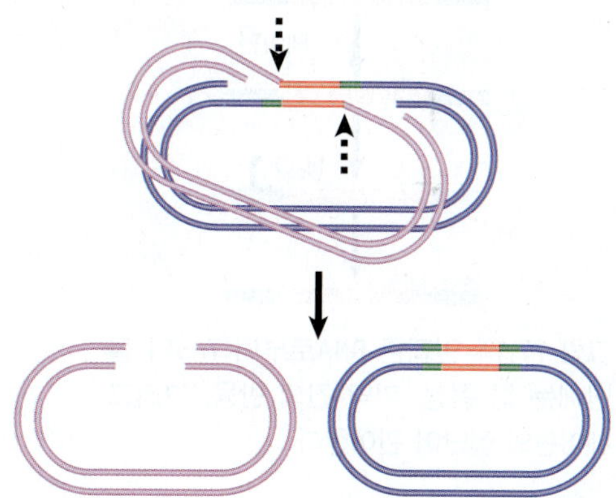

그림 17.12 비복제형 전이는 교차 구조가 틈 형성에 의해 방출되었을 때 일어난다. 이것은 트랜스포존을 표적의 직접 반복배열에 인접한 표적 DNA에 삽입시키며, 공여 DNA는 이중-가닥절단 상태로 남게 된다.

그림 17.13 Tn10의 두 가닥은 순차적으로 잘라지며. 트랜스포존은 틈새가 형성된 표적 부위에 연결된다.

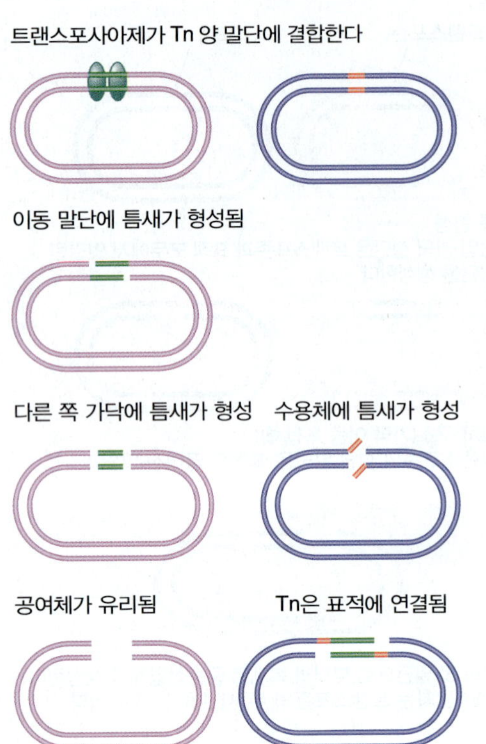

Tn5도 비복제형 전이에 의해 이동되며, 그림 17.14는 트랜스포존과 인접 염기배열을 분리하는 흥미로운 절단 반응을 보여주고 있다. 먼저 하나의 DNA 가닥이 끊어진다. 이로 인해 생긴 3′-OH 말단은 다른 DNA 가닥을 공격한다. 이것은 인접 염기배열을 해리시키고 헤어핀 모양으로 트랜스포존의 두 가닥을 연결한다. 면역시스템에서 체세포 재조합 과정에서 비슷한 헤어핀-형성(hairpin-forming) 단계가 일어난다(*18.6절 RAG1/RAG2는 V(D)J 유전자 단편의 절단과 재연결을 촉매한다* 참조). 그때 활성화된 물 분자는 *헤어핀*을 공격하여 트랜스포존의 각 가닥에 대한 자유 말단을 생성한다.

다음 단계에서, 절단된 공여체 DNA가 방출되고, 트랜스포존은 표적 부위의 틈(nick)이 있는 말단에 결합된다. 트랜스포존 및 표적 부위는 트랜스포사아제(및 다른 단백질)에 의해 생성된 단백질성 구조 내에 존재한다. 트랜스포존의 각 말단에서 이중-가닥 절단은 복제형 전이를 배제하고 반응을 비복제형 전이에 의해 진행하도록 한다.

Tn5 및 Tn10 트랜스포아제는 다이머(이량체)로 작용한다. 이량체의 각 서브유닛은 트랜스포존의 한쪽 말단에서 두 가닥의 이중-가닥 절단을 연속적으로 촉매하는 활성 부위를 가지고 있으며, 또한 표적 부위의 엇갈린 절단을 촉매한다. 그림 17.15은 절단된 트랜스포존에 결합되어 있는 Tn5 트랜스포사아제의 구조를 나타낸 것이다. 트랜스포존의 각 말단은 하나의 서브유닛의 활성 부위 내에 존재한다. 또한 서브유닛의 한쪽 말단은 트랜스포존의 다른 쪽의 끝과 붙어 있다. 이것이 트랜스포존의 기하학적 구조를 조절한다. 활성 부위의 각각은 표적 DNA의 한 가닥을 절단하게 된다. 이것이 두 표적 가닥(Tn5의 경우 9 bp)에 존재하는 이들 부위 간의 거리를 결정하는 복합체의 기하학적 구조이다.

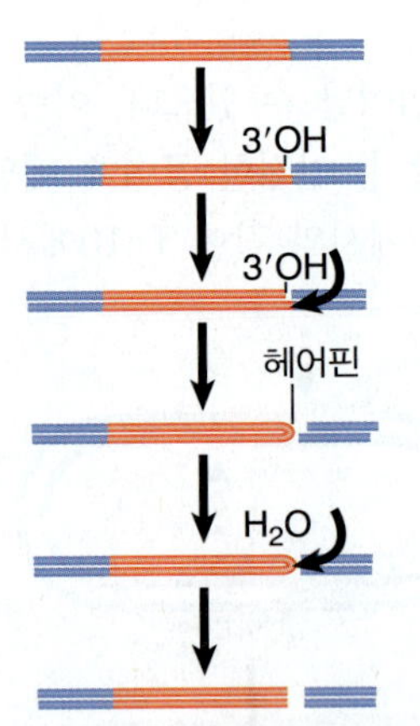

그림 17.14 인접한 DNA로부터 Tn5의 절단에는 틈 형성, 가닥 간의 반응, 그리고 헤어핀의 절단이 관여한다.

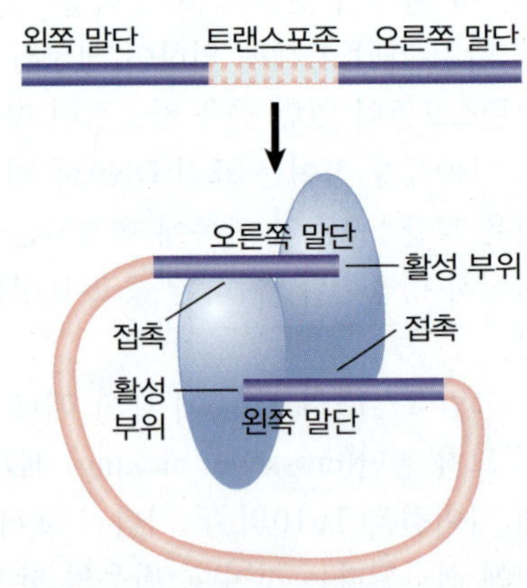

그림 17.15 Tn5 트랜스포사아제의 각 서브유닛은 활성 부위에 위치한 트랜스포존의 한쪽 말단을 가지고 있으며, 트랜스포존의 다른 말단과 다른 곳에서 연결되어 있다.

핵심개념

- 전이는 트랜스포존이 각 말단의 한 가닥을 통하여 표적 부위와 연결되는 DNA 가닥-전달 복합체를 형성하면서 시작된다.
- 복합체가 복제되면 복제형 전이가 일어나며, 수복이 되면 비복제형 전이가 일어난다.
- 가닥-전달 복합체의 복제로 코인테그레이트(공동삽입체)가 형성되는데, 이는 공여체와 표적 레플리콘의 융합체이다.
- 공동삽입체는 트랜스포존의 두 사본을 가지고 있는데, 이것은 본래의 레플리콘 사이에 놓여 있다.
- 트랜스포존 사복들 간의 재조합은 원래의 레플리콘을 다시 형성하지만, 수용체는 트랜스포존의 사본 하나를 얻게 된다.
- 재조합 반응은 트랜스포존에 암호화된 리솔바아제(resolvase, 위치특이성 재조합촉진효소)에 의해 촉매된다.
- 만일 교차 구조가 공여가닥의 끊어지지 않은 곳에 틈새가 생기고 트랜스포존의 한쪽 표적 가닥이 연결되면 비복제형 전이가 발생한다.
- 비복제형 전이의 두 가지 경로는 트랜스포존 가닥의 첫 번째 쌍이 두 번째 쌍으로 잘려지기 전에 연결되는지(Tn5) 혹은 네 개의 모든 가닥이 표적에 연결되기 전에 잘려지는지(Tn10)에 따라 다르다.

개념 및 추론 확인

트랜스포사아제(transposase, 전이효소)가 전통적으로 다이머 혹은 테트라머로 기능하는 이유는 무엇인가? (모노머의 트랜스포사아제는 왜 문제를 일으킬 수 있는가?)

17.5 옥수수의 트랜스포존 패밀리는 절단과 재정렬을 일으킬 수 있다

트랜스포존의 존재와 이동성에 대한 가장 가시적인 결과들 중 하나는 식물 발달 동안, 즉 체세포 변이가 일어날 때에 발생한다. 이것은 **조절 인자(controlling element**, 트랜스포존들의 분자적 성질이 알려지기 전에 옥수수에서 불리였던 이름)의 위치 혹은 행동양식의 변화에 기인한다.

옥수수의 두 가지 특징은 전이 과정을 이해하는 데 도움이 되었다. 신핵생물의 조절 인자들은 종종 육안으로 볼 수 있으나 표현형에 치명적이지 않는 효과를 갖는 유전자들 가까이에 삽입된다. 옥수수는 클론 발생(clonal development)을 나타내는데, 이는 전이 과정의 발생과 시기가 각각의 옥수수 알갱이에서 가시화될 수 있다는 것을 의미한다. 이것은 옥수수 알갱이 색깔의 변화로 가장 생생하게 관찰되는데, 이는 한 색의 부분이 다른 색 안에서 나타난다(이것은 *Historical Perspectives*에 자세히 설명되어 있다).

▶ **조절 인자(controlling element)** 전이 단위체들은 원래 옥수수에서 그들의 유전적 성질들에 의해서 동정되었다. 그들은 자율적(독립적으로 전이할 수 있는) 혹은 비자율적(자율적 요소의 존재에서만 전이가 능)이 될 수 있다.

이런 과정의 유형은 중요하지 않다; 점 돌연변이, 삽입, 절제 또는 염색체 절단이 있을 수 있다. 중요한 것은 이형접합체인 경우 한 대립형질의 발현을 변화시킨다는 것이다. 이 과정을 겪는 세포의 자손은 이때 새로운 표현형을 나타내는 반면, 이러한 과정으로부터 아무런 영향을 받지 않는 세포의 자손은 본래의 표현형을 계속하여 나타낸다는 것이다.

트랜스포존의 삽입은 인접 유전자의 활성에 영향을 줄 수 있다. 결실, 중복, 역위 및 전좌는 모두 트랜스포존이 존재하는 장소에서 발생한다. 염색체 절단은 몇 가지 요소가 존재하는 공통된 결과이다. 옥수수 및 다른 식물에서 조절 인자의 활성이 발달과정 동안 조절된다는 것이다. 인자들은 전이되어 식물 발달 동안에 특정 시간과 발생 빈도로 유전적 재정렬을 촉진한다.

옥수수에서 조절 인자들의 독특한 양식은 **Ds 인자(Ds element)**에 의해 특징지어지는데, 이것은 염색체 절단 부위를 제공할 수 있는 능력으로 동정되었다. 그 내용을 그림 17.16에 나타내었다. *Ds*가 센트로미어와 일련의 우성(dominant) 마커 간의 하나의 상동체(homolog)에 놓여 있는 이형접합체를 생

▶ **Ds 인자(Ds element)** 분리 인자; 옥수수에서의 비자율적 전이 인자로, 자율적 활성화 인자(Ac)와 관련되어 있다.

▶ ***Ac* 인자(*Ac* element)** 활성화 인자; 옥수수에 있는 자율적 전이 인자.

▶ **비자율성 조절 인자(nonautonomous controlling element)** 옥수수에서 비기능적 트랜스포사아제를 암호화하는 트랜스포존; 동일한 패밀리의 트랜스-작용의 자율적 멤버의 존재 하에서만 전이될 수 있다.

의 손실은 돌연변이를 일으킬 수 있는 대립형질을 안정한 대립형질로 전환한다. ***Ac* 인자(*Ac* element)**는 옥수수에서 중요한 자율성 조절 인자이다.

- **비자율성 조절 인자(nonautonomous controlling element)**는 안정하다; 그들은 자연발생적인 전이가 일어나지 않는다. 그들은 같은 패밀리의 자율성 멤버가 게놈의 다른 곳에 존재할 때만 불안정해진다. 자율성 인자에 의해 트랜스 형태로 보상하면, 비자율성 인자는 자율성 인자와 연합하여 새로운 부위로의 전이능을 포함하여 통상적인 범위의 활성을 나타낸다. 비자율성 인자는 전이에 필요한 트랜스-작용 기능의 손실로 인한 자율성 인자로부터 유래된 것이다. *Ds* 인자는 비자율성 인자이다.

조절 인자의 패밀리는 자율성 조절 인자와 비자율성 조절 인자 간의 상호작용으로 정의한다. 하나의 패밀리는 많은 다양한 비자율성 인자를 수반하는 단일 형태의 자율성 인자로 구성되어 있다. 비자율성 인자는 자율성 인자에 의해 트랜스(*trans*) 형태로 활성화될 수 있는 능력을 가지고 있어 하나의 패밀리로 평가한다. 그림 17.17은 옥수수에서 발견되는 주요 조절 인자의 패밀리를 요약하였다.

분자수준에서 밝혀진 옥수수의 트랜스포존은 말단 부위에 역위 반복배열과 표적 DNA에 인접하여 짧은 직접 반복배열의 일반적인 구조를 가지고 있지만, 크기와 암호화 능력은 다양하다. 트랜스포존의 모든 패밀리는 자율성 그리고 비자율성 인자들 간의 동일한 유형의 관계를 공유하고 있다. 자율성 인자는 말단 반복배열(terminal repeat) 사이에 오픈 리딩 프레임을 갖는 반면, 비자율성 인자는 기능을 갖는 단백질을 암호화하지 않는다. 비자율성 인자는 트랜스-작용의 트랜스포사아제(전이효소)를 불활성화하는 결실(혹은 다른 변화)에 의한 자율성 인자로부터 유래되었으나, 트랜스포사아제가 작용하는 본래의 부위는 그대로 남아있다. 때때로 내부 염기배열은 자율성 인자의 배열과 관련되어 있다; 평소에 그들은 완전하게 나뉜다.

일반적으로 식물체 게놈에는 각 트랜스포존 계열의 구성원이 다수 있다. 뮤테이터(mutator, 돌연변이유발 유전자) 트랜스포존은 모든 옥수수 트랜스포존 중에서 가장 활성이 높은 돌연변이유발 물질이다. 자율성 인자 *MuDR*은 *mudrA*(트랜스포사아제를 암호화함) 및 *mudrB*(통합에 필요한 액세서리 단백질을 암호화함)를 암호화하고 있다. 인자의 말단은 200 bp의 역위 반복배열로 이루어진다. 비자율성 뮤테이터 인자—기본적으로 역위 반복배열을 갖는 인자—또는 자율 인자의 생성물에 의해 이동된다. 뮤테이터 인자는 박테리아, 곰팡이, 식물 및 동물에 존재하는 트랜스포존의 MULE(*mu-l*ike *e*lement) 수퍼패밀리의 최초 구성 인자(founding member)이다.

Ac/*Ds* 패밀리의 자율성 그리고 비자율성 인자들은 가장 특징이 잘 밝혀진 트랜스포존들이다. 그림 17.18은 *Ac* 구조들과 *Ds* 유도체의 서브세트의 구조를 요약하였다.

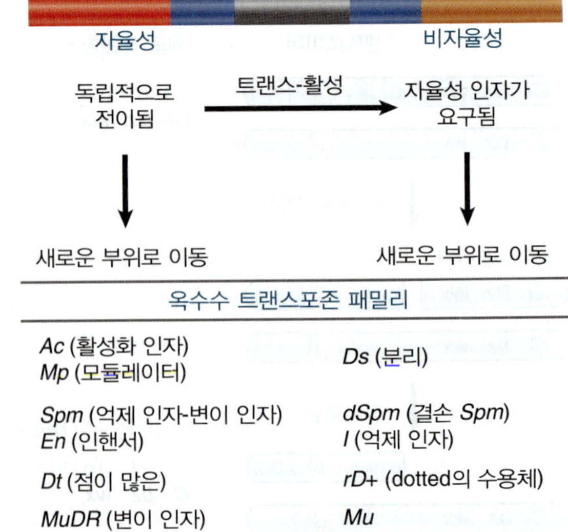

그림 17.17 각각의 조절 인자 패밀리는 자율성과 비자율성 멤버를 모두 가지고 있다. 자율성 인자는 전이 능력이 있다. 비자율성 인자들은 전이 능력이 없다. 자율성과 비자율성 인자들의 쌍은 네 개 이상의 패밀리로 분류할 수 있다.

자율성 *Ac* 인자의 대부분의 길이는 5개의 엑손으로 구성된 단일 유전자가 담당하고 있다. 그 산물이 **트랜스포사아제**(전이효소)이다. 인자 그 자체는 11 bp의 역위 반복배열로 끝나며, 8 bp의 표적 배열은 삽입 부위에서 다시 복제된다.

Ds 인자들은 길이와 염기배열 모두에서 다양하지만, *Ac*와 관련이 있다. 이들은 동일한 11 bp의 역위 반복배열로 끝난다. 이들은 *Ac*보다 짧으며, 결실의 길이는 다양하다. 극단적으로, *Ds9* 인자는 194 bp의 결실을 가지고 있다. 보다 광범위한 결실로, *Ds6* 인자는 *Ac*의 각 말단으로부터 1 kb를 나타내는 원래의 *Ac* 염기배열의 2 kb만을 유지하고 있다.

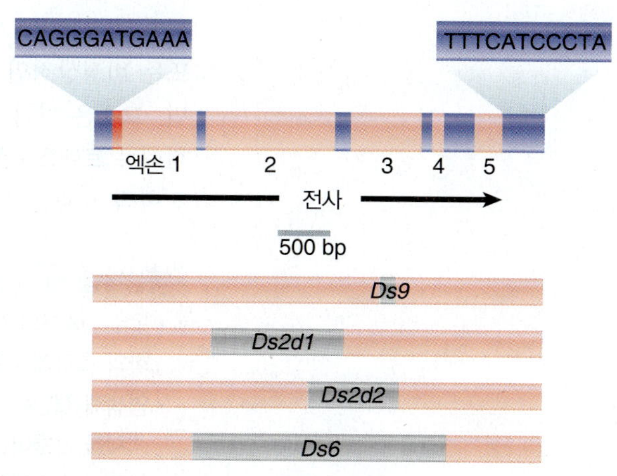

그림 17.18 *AC* 인자는 5개의 엑손을 가지고 있으며, 트랜스포사아제(전이효소)를 코드한다; *Ds* 인자는 내부 결실을 가지고 있다.

또 다른 극단적인 것으로, *Ds1* 패밀리 멤버는 짧은 배열들로 구성되어 있으며, *AC*와의 유일한 상관성은 말단에 역위 반복배열을 가지고 있다. 이런 부류의 인자들은 *Ac*로부터 직접적으로 유래될 필요는 없지만, 역위 반복을 만들어내는 어떤 과정으로부터 유래될 수 있다. 이들 존재는 트랜스포사아제 효소가 말단 역위 반복만을 인식하거나 혹은 가능한 몇몇 짧은 내부배열과 연결된 말단 반복배열을 인식한다는 것을 시사하고 있다.

Ds1 인자는 MITEs(*m*iniature *i*nverted repeat *t*ransposable *e*lements)라고 불리는 광범위한 DNA형 인자의 한 예이다. 이것들은 주어진 게놈에서 수십만 또는 수백만, 수천만 존재하는 많은 진핵생물에서 발견되는 매우 짧은 자율성 인자의 유도체이다. 그것들의 범위는 300에서 500 bp이며, 2~3 bp의 표적 부위가 복제된다. 식물에서의 다른 많은 트랜스포존 부류와는 달리, MITE는 종종 유전자 내 또는 그 근처에서 발견된다.

Ac/*Ds*의 전이는 방출된 인자의 통합에 이은 이중-가닥 절단과 공여체 위치에서의 소실을 수반하는 비복제형 자르고-붙이기(cut-and-paste) 메커니즘에 의해 발생한다. 클론 분석에 따르면 *Ac*/*Ds*의 전이는 거의 항상 공여체 인자(donor element)가 복제된 직후에 일어난다. 이것은 트랜스포존의 DNA가 두 가닥 모두에서 메틸화되어 있고 DNA가 헤미메틸화될 때 활성화된다는 것이다(복제 직후 전형적인 상태). 수용체 부위는 공여체 부위와 동일한 염색체에 있는 경우가 많으며, 종종 이 부위에 매우 가깝다. 염색체의 복제된 영역에서 복제되지 않은 영역으로의 전이인 경우, 전이 과정은 인자의 복제 수의 순수한 증가를 초래한다: 하나의 그로마티드(chromatid, 염색분체)는 트랜스포존의 단일 사본을 가지며, 두 번째 크로마티드는 두 개의 사본을 가지고 있다. 이를 통해 전이 인자가 중복되지 않더라도 *Ac*와 같은 인자가 복제수를 늘릴 수 있다.

자율성과 비자율성 인자들은 그들의 조건에 따라 다양한 변화가 일어날 수 있다. 이들 변화의 일부는 유전적이다; 다른 것들은 후성 유전학적이다. 주요한 변화는(물론) 자율성 인자가 비자율성 인자로의 전환이나, 그 이상의 변화는 비자율성 인자로 될 수 있다. 시스-작용(*cis*-acting) 결손은 자율성 인자들에 의해 영향을 받지 않는 비자율성 인자로 될 수 있다. 따라서 비자율성 인자는 더 이상 활성화되어 전이될 수 없기 때문에 영원히 안정적이 될 수 있다.

자율성 인자는 "상태 변화(changes of phase)"가 일어날 수 있는데, 이 성질은 유전성이나 특성상 비교적 불안정한 변형이다. 이들은 식물의 발달과정 동안 활성과 불활성화 조건 간의 인자 주기 중 가역성 불활성화 형태를 취한다. 상태의 변화는 DNA 메틸화의 변화 결과로 일어나는데, 여기서 인자의 불활성화 형태는 표적 염기배열 $\frac{\text{CAG}}{\text{GTC}}$에 메틸화가 된다. 대부분의 경우, 이 불활성화를 유발하는 요인은 알려지지 않았지만, *MuDR*의 경우 *MuDR* 자체가 복제되고 역위되는 후성적 침묵(epigenetic silencing) 유도체에 의해 유발될 수 있다. 이러한 재배열은 헤어핀 RNA를 만들어내며, 각각의 두 개의 사본은 서로 완벽하게 동일하다. 생성된 이중-가닥 RNA는 세포 인자에 의해 작은 RNA로 만들어지며, *MuDR* 인자의 메틸화와 전사 유전자의 침묵을 유발한다(*30장 조절 RNA* 참조).

메틸화는 트랜스포존이 자주 전이됨으로써 게놈을 손상시키는 것을 막는 데 사용되는 주요 메커니즘일 것이다. 트랜스포존은 메틸화를 표적으로 하는 것으로 보이는데, 그 이유는 전사물(transcripts)에서 생성된 작은 RNA를 사용하여 염기배열-특이적 DNA 메틸화를 유도하는 데 사용할 수 있는 이중-가닥 또는 비정상적인 전사물을 생산할 가능성이 훨씬 크기 때문이다. 일단 트랜스포존의 메틸화가 일어나면, 그것은 여러 세대에 걸쳐 유전적으로 유지된다. DNA를 메틸화하는 식물과 동물 모두에서 이러한 형태로 트랜스포존의 대다수가 후성적으로 침묵되었다(이 주제에 대한 더 자세한 설명은 *29장 후성유전학적 효과는 유전된다* 참조).

핵심개념

- 옥수수에서의 전이는 "조절 인자(controlling element)"의 전이로 인하여 생긴 염색체의 절단과 다른 유전적 변화의 효과에 의하여 발견되었다.
- 염색체 절단은 센트로미어(centromere)와 끊어진 말단 그리고 하나의 무동원체 단편을 가지고 있는 하나의 염색체를 만들어낸다.
- 무동원체 단편은 유사분열 동안 손실된다; 이것은 이형접합체(heterozygote)에서 우성 대립형질이 없어지는 것으로 검출할 수 있다.
- 옥수수에서의 트랜스포존 각 패밀리는 자율성과 비자율성 조절 인자를 모두 가지고 있다.
- 자율성의 조절 인자는 전이하게 하는 단백질을 암호화하고 있다.
- 비자율성 조절 인자는 전이를 촉매하는 능력이 없어진 돌연변이를 가지고 있으나, 자율성 인자가 필요한 단백질을 제공하면 전이할 수 있다.
- 자율성 조절 인자는 메틸화의 상태 변화로 그들의 성질이 바뀌면 상태 변화를 일으킨다.
- 트랜스포존은 이중-가닥 RNA의 생성에 의해 발생된 DNA 메틸화에 의해 후성적 침묵이 일어난다.

개념 및 추론 확인

말단 반복배열들 중의 하나가 손실된 *Ac* 인자는 *Ds* 인자인가? 그렇다면 왜 그런가? 아니라면 왜 아닌가?

17.6 P 인자의 전이는 잡종 발육부전을 일으킨다

초파리의 어떤 종들 간에는 종간 번식에 어려움이 있다. 이들 두 종으로부터의 초파리를 종간 교배하면 자손은 돌연변이, 염색체 이상, 감수분열시 이상 분리 그리고 불임과 같은 "열생학적 형질(dysgenic trait)"을 나타낸다. 이러한 상관관계의 결합 현상을 **잡종 발육부전(hybrid dysgenesis)**이라고 한다.

▶ **잡종 발육부전(hybrid dysgenesis)** 초파리의 교배 능력이 없어지는 것을 말하는데, 이는(만약 그렇지 않았다면 그들은 표현형으로는 정상이지만) 잡종이 불임이 되기 때문이다.

잡종 발육부전을 담당하는 시스템 중의 하나로, 초파리를 P(paternal, 부계)와 M(maternal, 모계)의 두 가지 유형으로 나누었다. 그림 17.19은 이 시스템의 비대칭성을 보여주고 있다: P 수컷과 M 암컷의 교배는 발육부전(dysgenesis)을 일으키지만, 역교배는 그렇지 않다.

발육부전은 주로 생식세포에서 나타나는 현상이다. P-M 시스템을 수반하는 교배에서 F1 잡종 초파리는 정상적인 체세포를 갖는다. 그러나 정소(gonad)는 발달하지 않는다. 교배종의 형태적 결함은 생식세포계에서 빠른 세포분열이 일어나는 단계부터 시작된다.

P 수컷의 염색체 중 하나가 M 암컷과의 교배에서 발육부전을 유발한다. 재조합체 염색체 구축에서 각 P 염색체 내의 여러 부분이 발육부전을 일으킬 수 있음을 보여준다. 이는 P 수컷의 염색체 여러 곳에 발육부전을 유발할 수 있는 염기배열을 포함하고 있음을 시사한다. 그 위치는 각각의 P 종 간에도 다르다. M 초파리의 염색체에 P-특이적 염기배열은 존재하지 않는다. P-특이적 배열을 **P 인자(P element)**라고 한다.

▶ **P 인자(P element)** 초파리의 트랜스포존.

P 인자의 삽입은 전형적인 전이성 시스템을 형성한다. 각 인자들의 길이는 다르지만 염기배열은 상동성이 있다. 모든 P 인자는 31 bp의 역위 말단 반복배열을 가지고 있으며, 전이 시에 표적 DNA에는 8 bp의 직접 반복배열을 생성한다. 가장 긴 P 인자는 ~2.9 kb 크기로 4개의 오픈 리딩 프레임(ORF)을 가지고 있다. 자주는 아니지만 분명하게, 더 짧은 인자들이 전체 길이의 P 인자의 내부 결실로 생긴다.

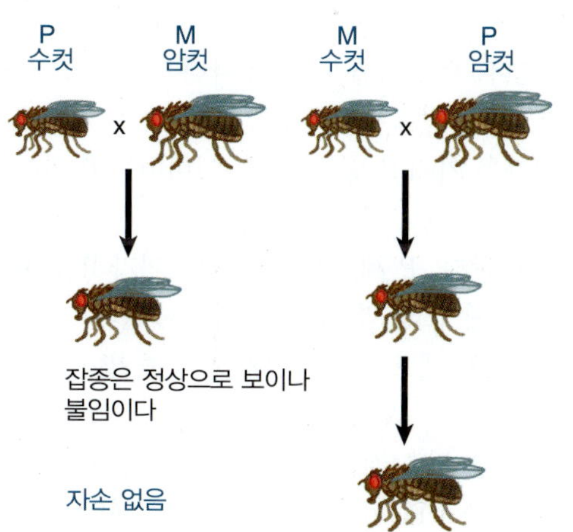

그림 17.19 잡종 발육부전은 비대칭적이다; 이것은 P 수컷 × M 암컷 교배에서 유도되나, M 수컷 × P 암컷에서는 발생하지 않는다.

적어도 얼마간의 짧은 P 인자들은 비자율성 인자로 되어 트랜스포사아제를 생산하는 능력이 상실되었지만 완전한 P 인자에 의해 암호화된 효소에 의해 트랜스형으로 활성화될 수 있다.

P 계통에는 30~50개의 P 인자 사본을 가지고 있는데, 이 중 1/3은 온전한 P 인자이다. 이 인자들은 M 계통에는 존재하지 않는다. P 계통에서 이 인자들은 게놈의 비활성 구성요소로 운반되나 P 수컷이 M 암컷과 교배하면 활성화되어 전이된다.

P-M 잡종 발육부전 초파리의 염색체는 많은 새로운 부위에 삽입된 P 인자를 가지고 있다. 이러한 삽입으로 인하여 그들이 위치하고 있는 유전자가 불활성화되며, 종종 염색체 절단이 일어난다. 따라서 전이의 결과로 게놈이 불활성화된다.

P 인자의 활성화는 조직-특이적이다; 이것은 생식세포에서만 일어난다. 그러나 P 인자는 생식세포계와 체세포 모두에서 전사된다. 조직-특이성은 P 인자의 전사체의 스플라이싱 패턴(splicing pattern)의 변화에 의해 일어난다.

그림 17.20은 P 인자의 구성과 전사물을 나타낸 것이다. 1차 전사물은 2.5 kb 또는 3.0 kb까지 뻗어 있는데, 이 차이는 아마도 단순히 전사종결 부위의 누설(leakiness)을 반영하고 있을 것이다. 두 개의 단백질이 생성될 수 있다;

- 체세포 조직(somatic tissue)의 경우 처음 두 개의 인트론만이 제거되고 종결 코돈을 포함하는 인트론 3이 남는다. 이로 인하여 ORF0-ORF1-ORF2의 암호화 영역을 생성한다. 이 RNA의 단백질 합성으로 66 kD의 단백질이 생성된다. 이 단백질이 전이 활성의 리프레서(억제자)이다.
- 생식계 조직(germline tissue)에서는 인트론 3을 제거하기 위해 추가적인 스플라이싱 과정이 발생한다. 이렇게 하면 네 개의 모든 오픈 리딩 프레임이 87 kD의 단백질을 생성하는 mRNA로 연결된다. 이 단백질이 트랜스포사아제이다.

조직-특이적인 스플라이싱의 원인은 무엇인가? 체세포는 마지막 인트론의 스플라이싱을 방지하기 위해 엑손 3의 염기배열에 결합하는 단백질을 포함하고 있다(*21.11절 다세포 진핵생물에서 선택적 스플라이싱은 예외라기보다는 규칙이다* 참조). 생식 세포에서 이 단백질이 없으면 트랜스포사아제를 암호화하는 mRNA가 스플라이싱으로 생성된다.

P 인자 전이는 비복제적인 컷-앤드-페이스트(cut-and-paste) 메커니즘에 의해 일어난다. 흥미로운 사실은 상당히 많은 경우에서 공여체 DNA의 절단이 상동성 염색체의 배열을 이용하여 수선한다는 것이다. 만일 상동체가 P 인자를 가지고 있다면, 공여체 부위에서의 P 인자의 존재는 회복될 수 있다(따라서 이 과정은 복제적 전이 결과와 비슷하다). 만일 상동체에 P 인자가 없다면 수복은 P 인자가 없는 염기배열을 만들 수 있어 정확한 절제(precise excision, 다른 전이 시스템에서 비정상적인 과정)를 분명히 제공한다.

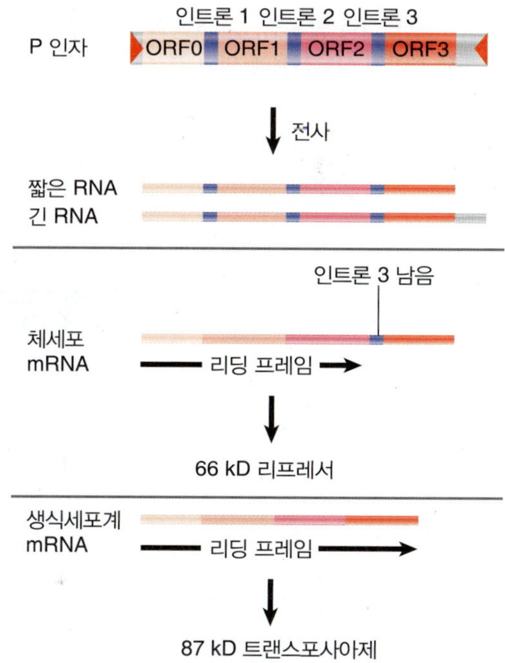

그림 17.20 P 인자는 4개의 엑손을 가지고 있다. 처음 세 개의 엑손은 체세포 발현에서 함께 스플라이싱된다; 네 개 모두는 생식세포 발현에서 함께 스플라이싱된다.

▶ **세포형(cytotype)** P 인자 활성에 영향을 주는 세포질의 조건. 세포형의 효과는 어머니로부터 난자로 제공되는 전위 리프레서의 존재 또는 부재로 인하여 일어난다. 이 리프레서는 어머니에 의해 난자에 제공된다.

교배 시 암수 선호에 대한 잡종 발육부전의 의존성은 P 인자 자체 외에, 세포질이 중요하다는 것을 보여주고 있다. 세포질의 기여를 **세포형(cytotype)**이라고 한다; P 인자를 갖는 초파리 계열은 P 세포형, P 인자가 없는 초파리 계열은 M 세포형을 가지고 있다. 잡종 발육부전은 P 인자를 갖는 염색체가 M 세포형에 존재할 때만 일어난다. 즉, 수컷 어버이가 P 인자를 가지고 있고, 암컷 어버이는 P 인자를 가지고 있지 않을 때이다.

세포형은 유전성의 세포질 효과(cytoplasmic effect)를 보여준다. P 세포형(암컷 어버이가 P 인자를 가지고 있다)을 통하여 교배가 일어나면, M 암컷 어버이와 함께 교배 몇 세대 동안 억제된다. 그러므로 몇 세대를 거쳐 이러한 효과가 점점 없어질 수 있다는 것은 P 세포형에 무언가가 잡종 발육부전을 억제하고 있는 것이다.

그림 17.21의 모델에서 분자 용어로 세포형의 효과를 설명하였다. 그것은 리프레서 분자가 난자의 세포질에 있다고 가정한다. 리프레서는 난자에서 모성 인자(maternal factor)로 제공된다. P 계열에서는, P 인자가 존재하더라도 전이가 일어나는 것을 막을 수 있는 충분한 단백질이 있어야만 한다. P 암컷이 관여하는 모든 교배의 경우 이 단백질의 존재는 트랜스포사아제의 합성이나 활성을 억제한다. 그러나 암컷 어버이가 M 타입이면 알에 리프레서가 없으므로, 수컷 어버이로부터 유래한 P 인자의 삽입으로 생식세포계에서 트랜스포사아제 활성을 갖게 된다. 한 세대 이상을 통해 효과를 나타내는 P 세포형의 능력은 알에 충분한 리프레서 단백질이 존재해야만 하고, 또한 충분히 안정되어야 하며 다음 세대의 알에 존재하기 위해 성충을 통하여 전해 준다는 것을 시사하고 있다.

수년 동안, 리프레서의 최고의 후보는 66 kD 단백질이었다. 그러나 66 kD 단백질을 생성할 수 있는 P 인자가 부족하지만, P 세포형을 나타내는 초파리 종이 있다. 최근에는 P 인자 억제에 작은 RNA가 관여되어 있음을 알려졌다; P 인자 전사물(및 여러 다른 트랜스포존의 것)로부터 유래된 작은 RNA를 처리하는 데 중요한 유전자도 효율적인 트랜스포존 사일런싱(transposon silencing)에 필요하다.

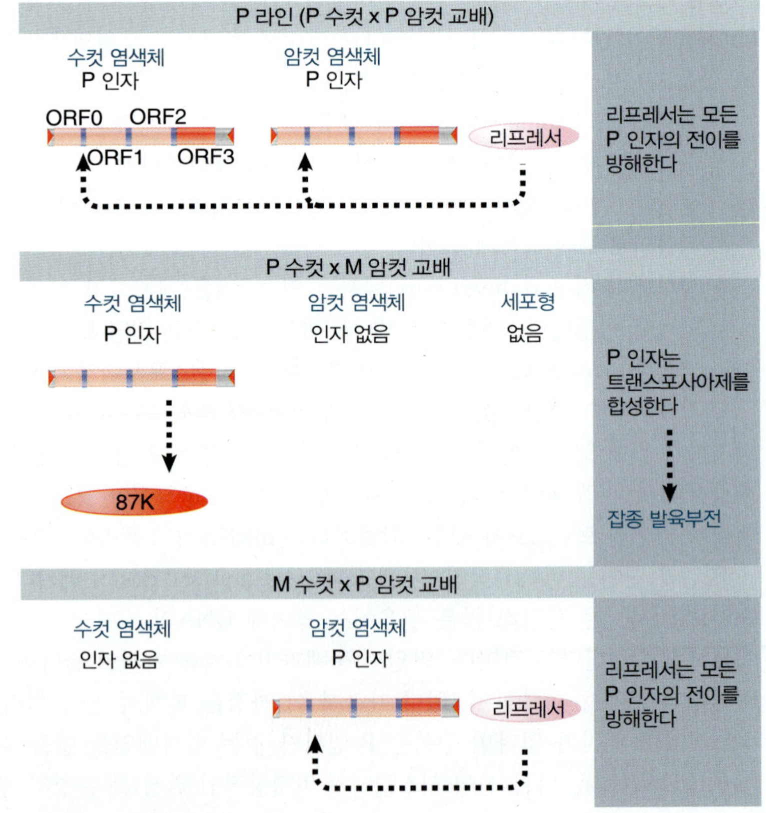

그림 17.21 잡종 발육부전은 게놈의 P 인자와 세포 유형의 리프레서 사이의 상호작용에 의해 결정된다.

이로부터 P 세포형이 piRNA라고 불리는 특정 종류의 작은 RNA로 만들어진 전사물을 생성하는 특정 위치에 P 인자에 의해 조절되는 모델이 만들어졌다(*30.5절 마이크로 RNAs는 진핵세포의 일반적인 레귤레이터이다* 참조). 이 경우에, P 인자 세포형 억제를 담당하는 것은 세포질에 있는 이러한 작은 RNA이다. RNA 간섭(RNA interference)(*30장 조절 RNA* 참조)과 관련된 작은 RNA와 마찬가지로, piRNA는 P 인자 전사물의 분해를 유도하는 것으로 가정된다. 이 모델의 특징은 P 인자 세포형 억제가 식물, 곰팡이 및 동물에서 트랜스포존 활성이 억제되는 광범위한 메커니즘의 특별한 예라고 제안되었다는 것이다.

핵심개념

- P 인자는 초파리의 P 계열에는 존재하는 트랜스포존이나, M 계열에는 존재하지 않는다.
- P 수컷과 M 암컷을 교배하면 전이가 활성화된다.
- 교배에 의해 P 인자가 새로운 부위에 삽입되면 많은 유전자를 불활성화시키며 잡종을 불임되게 한다.
- P 인자는 P 수컷 × M 암컷의 교배에 의한 생식세포계에서 활성화되는데, 이는 조직-특이적 스플라이싱에 의해 한 개의 인트론이 제거되기 때문이며, 트랜스포사아제 효소를 암호화하는 배열이 만들어진다.
- P 인자는 또한 전이의 리프레서를 생성하는데, 이는 세포질을 통하여 모계로 유전한다.
- 리프레서의 존재는 M 수컷과 P 암컷 교배가 왜 가임상태로 남아있는가를 설명해 준다.
- 리프레서는 다른 P 인자 전사물의 제거를 목표로 하는 P인자 전사물에서 유래된 piRNA로 구성된다.

개념 및 추론 확인

잡종 발육부전이 어떻게 초파리의 두 개 열생학적(dysgenic) 집단의 종 분화를 유도할 수 있는지 설명하라.

17.7 레트로바이러스의 생활주기는 전이-유사 과정이 관여한다

레트로바이러스(retroviruse)는 이중-가닥 DNA 중간물질을 통하여 복제되는 단일-가닥의 RNA 게놈을 가지고 있다. 바이러스의 생활주기는 표적 DNA의 짧은 직접 반복배열을 만드는 전이와 유사한 과정에 의해서 이중 가닥 DNA가 숙주 게놈으로 삽입되는 필수 단계를 포함하고 있다. 새로운 레트로바이러스가 외막 단백질(envelope protein)을 암호화하는 유전자의 레트로트랜스포존에 의한 결과로 발생되는 동안 반복적으로 발생했다는 사실을 안다면 감염이 가능해진다는 사실을 감안할 때 이러한 유사성은 놀라운 것만은 아니다.

이 반응의 중요성은 바이러스의 영속성에까지 영향을 준다. 중요한 몇 가지는:

- 생식세포 계열에 삽입된 레트로바이러스 배열은 내재적 **프로바이러스(provirus)**로서 세포성 게놈으로 남게 된다. 용원성(lysogenic) 박테리오파지처럼, 프로바이러스는 생물체의 유전물질의 일부처럼 행동한다.
- 가끔 세포의 염기배열들이 레트로바이러스 염기들과 재조합되어 같이 전이된다; 이러한 배열들은 새로운 위치에서 이중구조 배열로 게놈에 삽입될 수 있다.
- 레트로바이러스에 의해 전이된 세포성 배열은 바이러스에 감염된 세포의 성질을 변화시킬 수 있다.

레트로바이러스 생활주기의 자세한 내용을 그림 17.22에 상세하게 기술하였다. 가장 중요한 단계는 바이러스 RNA가 DNA로 전환되고, DNA는 숙주 게놈으로 삽입된 다음 DNA 프로바이러스는 RNA로 전사된다.

RNA의 초기 DNA 사본의 생성을 담당하는 효소가 **역전사효소(reverse transcriptase)**이다. 이 효소는 감염된 세포의 세포질에서 RNA를 직선형 이중구조 DNA로 전환한다. 그리고 직선형 DNA는 핵으로 가서 핵에서 한 개 이상의 DNA 사본이 숙주 게놈 내로 들어간다. **인테그라아제(integrase)**라 불

▶ **프로바이러스(provirus)** 레트로바이러스의 RNA 게놈 배열을 나타내는 진핵생물의 게놈으로 삽입된 이중구조 배열의 DNA.

▶ **역전사효소(reverse transcriptase)** 상보적 DNA 가닥을 합성하기 위한 단일-가닥 RNA를 주형으로 사용하는 효소.

▶ **인테그라아제(integrase)** 한 분자의 DNA를 다른 DNA에 삽입하는 부위-특이적 재조합을 담당하는 효소.

그림 17.22 레트로바이러스의 생활 주기는 RNA 게놈이 이중구조의 DNA로 역전사되어 숙주 게놈에 삽입되고, 다시 RNA로 전사된다.

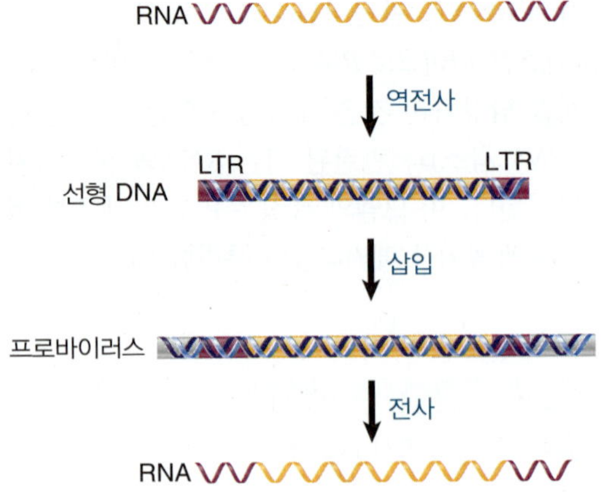

리는 단일 효소가 이러한 통합을 담당하고 있다. 레트로바이러스 인테그라아제는 트랜스포존에 의해 암호화된 트랜스포사아제의 염기배열, 구조 및 기능과 관련이 있다. 프로바이러스는 숙주 장치에 의해 전사되어 바이러스 RNA를 생산하며, 이것은 비리온(virion)으로 포장될 때 mRNA로서 그리고 게놈으로서 제공된다. 통합(integration)은 생활주기의 정상적 부분이며 전사에 필수적이다.

RNA 게놈의 두 사본은 각 비리온으로 포장되는데, 이때 각각의 바이러스 입자는 효과적으로 배수체(diploid)를 만든다. 하나의 세포가 두 개의 서로 다른 그러나 관련 있는 바이러스에 감염되면, 각 타입의 하나의 게놈을 지니는 이형접합체 바이러스 입자를 생성하는 것이 가능하다. 배수체 상태는 바이러스가 세포성 염기배열을 획득하도록 하는 데 중요할 수 있다. 역전사효소와 인테그라아제는 바이러스 입자 내에 게놈과 함께 운반된다.

전형적인 레트로바이러스의 유전자는 세 개 혹은 네 개의 "유전자"를 가지고 있다 [여기서 유전자라는 용어는 암호화 영역을 확인하기 위하여 사용되었으며, 이들 각각은 실제로 가공 반응(processing reaction)으로 많은 단백질을 생성한다]. 세 개의 유전자를 지니고 있는 전형적인 레트로바이러스 게놈은, 그림 17.23에서 보여 주듯이 *gag-pol-env* 순서로 구성되어 있다. *gag* 유전자는 비리온의 핵단백질 핵심의 단백질 성분을 만든다. *pol* 유전자는 핵산 합성과 재조합에 관여하는 기능을 코드하고 있다. *env* 유전자는 입자의 외피 구성성분을 암호화하고 있으며, 또한 세포성 원형질막으로부터 구성성분을 격리시킨다.

숙주 중합효소에 의해 전사된 레트로바이러스 mRNA는 일반적인 구조를 가지고 있다: 5′ 말단에서

그림 17.23 레트로바이러스의 유전자는 각각의 산물로 가공되는 다단백질(polyprotein)으로 발현된다.

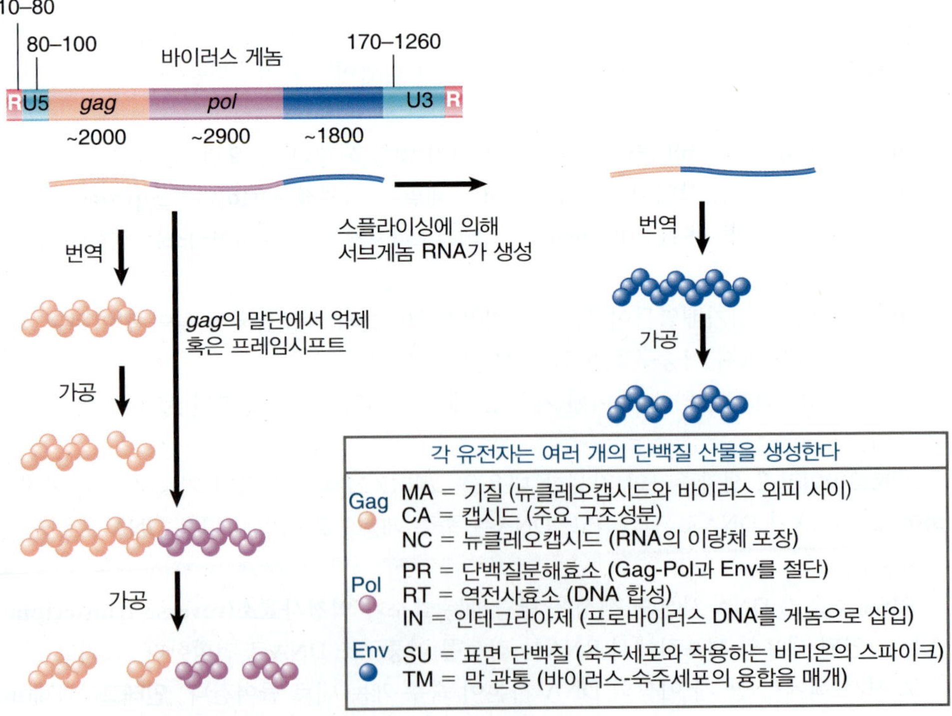

캡이 씌워져 있으며 3′ 말단에는 폴리아데닐화되어 있다. 레트로바이러스 게놈은 두 개의 mRNA로 발현된다. 전체 길이의 mRNA로부터 단백질 합성이 이루어져 Gag 및 Pol 다단백질(polyprotein)을 만든다. Gag 산물은 개시 코돈(initiation codon)에서 첫 번째 종결 코돈까지 읽혀지면서 번역된다. 이 종결 코돈은 Pol을 발현시키기 위해 우회되어야만 한다.

*gag*와 *pol* 리딩 프레임 간의 관계에 따라, 다른 메커니즘이 *gag* 종결 코돈을 지나서 진행하기 위해 사용된다. *gag*와 *pol*이 연속적으로 이어질 때, 종결 코돈을 인식하는 글루타밀-tRNA(glutamyl-tRNA)에 의한 억제는 하나의 단백질만 생성하게 한다. *gag*와 *pol*이 서로 다른 리딩 프레임에 존재하면, 리보솜 프레임시프트가 발생한다. 일반적으로 번역 초과(readthrough)는 ~5%의 효율이므로, Gag 단백질은 Gag-Pol 단백질보다 약 20배나 많다.

Env 다단백질(polyprotein)은 다른 방법으로 발현된다: 스플라이싱은 Env 산물로 변환되는 더 짧은 mRNA(*subgenomic* messenger)를 생성한다.

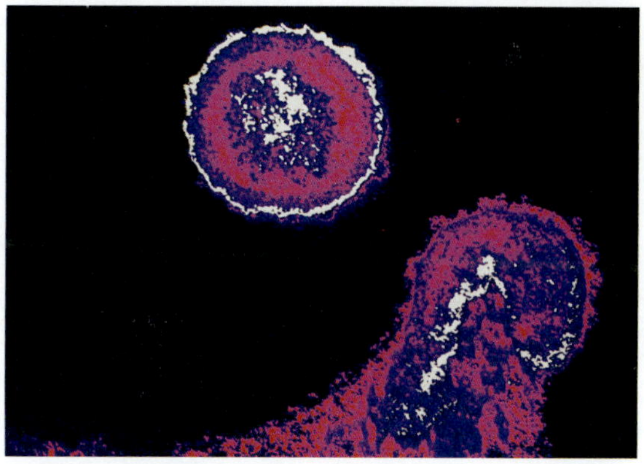

Gag 또는 Gag-Pol 및 Env 산물들은 모두 성숙한 비리온에서 발견되는 각각의 단백질 방출을 위해 단백질분해효소(protease)에 의해 잘려지는 다단백질들이다. 단백질분해효소의 활성은 다른 방식들에 의해 바이러스에 의해 암호화되어 있다: 일부 바이러스에서 그것은 Gag 또는 Pol의 일부분이며, 다른 바이러스들에서 그것은 부가적인 독립성의 리딩 프레임으로 존재한다.

레트로바이러스 입자의 생산은 RNA를 핵심(core)으로 포장하고, 이것은 캡시드(capsid) 단백질이 둘러싸고, 숙주 세포로부터 막의 단편이 떨어져 나가는 과정이 관여한다. 이러한 방법에 의한 감염성 입자의 방출 과정을 그림 17.24에 나타내었다. 이 과정은 감염 동안에 역순으로 진행된다: 바이러스는 원형질막과 융합한 다음 비리온의 내용물들이 방출됨으로써 새로운 숙주 세포를 감염시킨다.

그림 17.24 감염 세포의 원형질막에서 출아되는 레트로바이러스(HIV). © Photodisc.

핵심개념

- 레트로바이러스는 단일-가닥 RNA 게놈의 사본 두 개를 가지고 있다.
- 삽입 프로바이러스는 이중-가닥 DNA 염기배열이다.
- 레트로바이러스는 레트로바이러스 게놈의 역전사 반응에 의해 프로바이러스를 생성한다.
- 전형적인 레트로바이러스에는 *gag, pol, env*의 세 가지 유전자가 있다.
- Gag 및 Pol 단백질은 게놈의 전체 길이의 전사물을 이용하여 단백질을 합성한다.
- Pol의 단백질 합성에는 리보솜에 의한 번역초과(readthrough) 또는 프레임시프트를 필요로 한다.
- Env는 스플라이싱에 의해 형성된 분리된 mRNA로부터 번역된다.
- 세 가지 단백질들은 단백질분해효소에 의해 가공되어 많은 단백질을 만든다.

개념 및 추론 확인

gag, pol 또는 *env*의 돌연변이가 바이러스 생활주기에 미치는 결과를 예측하라.

17.8 레트로바이러스 RNA는 DNA로 전환되어 숙주 게놈으로 통합된다

레트로바이러스는 **플러스(+) 가닥 바이러스(plus-strand virus)**라고 한다. 이는 바이러스 RNA 자체가 단백질 산물을 코드하고 있기 때문이다. 이름이 의미하고 있는 바와 같이, 역전사 효소는 게놈[플러스(+) 가닥 RNA]을 **마이너스(−) 가닥 DNA(minus-strand DNA)**이라고 부르는 상보적인 DNA 가닥으로 전환시키는 역할을 한다. 역전사 효소는 또한 이중구조 DNA를 생성하는 다음 단계를 촉매하기도 한다. 이 효소는 DNA 중합효소 활성을 가지고 있는데, 이것은 RNA의 단일-가닥 역전사물로부

- **플러스(+) 가닥 바이러스(plus-strand viruse)** 단백질 산물을 직접적으로 암호화하고 있는 단일-가닥의 핵산 게놈을 가지고 있는 바이러스.
- **마이너스(−) 가닥 DNA(minus-strand DNA)** 플러스(+) 가닥 바이러스의 바이러스 RNA 게놈에 상보적인 단일-가닥 DNA 염기배열.

그림 17.25 레트로바이러스의 말단은 직접 반복배열(R)로 끝나고, 유리된 선형 DNA는 LTRs로 끝나며, 프로바이러스는 각 2염기가 짧아진 LTR로 끝난다.

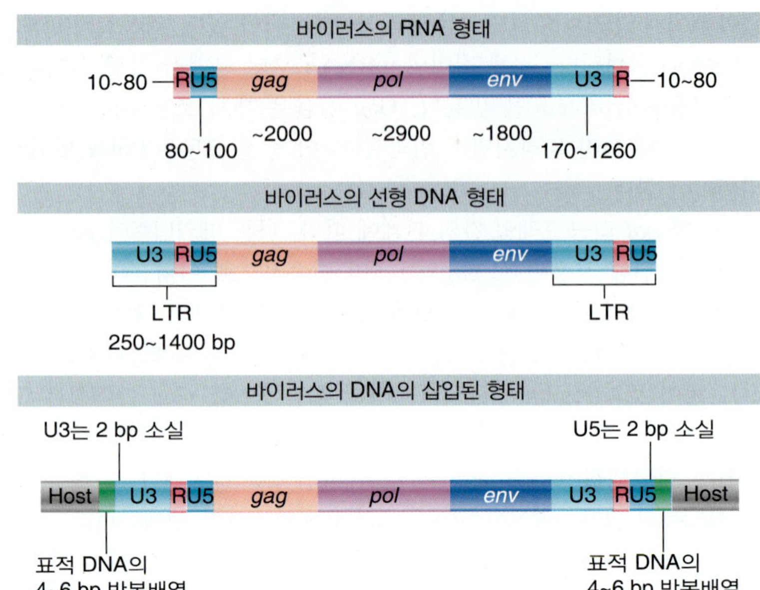

▸ **플러스(+) 가닥 DNA(plus-strand DNA)** RNA와 동일한 염기배열을 가지고 있는 레트로바이러스를 나타내는 이중구조 염기배열의 가닥.

터 이중구조의 DNA를 합성할 수 있다. 이중구조의 두 번째 가닥을 **플러스(+) 가닥 DNA(plus-strand DNA)**라고 한다. 이 활성에 부가적으로 필요한 것으로, RNA-DNA 하이브리드의 RNA 부분을 분해할 수 있는 RNaseH 활성을 가지고 있다. 모든 역전사효소는 아미노산 배열에서 상당한 유사성을 가지고 있으며, 이러한 상동성 염기배열은 다른 몇몇 레트로포존에서도 발견된다.

그림 17.26 마이너스 가닥의 DNA는 역전사 과정 중 주형 교환에 의해 생성된다.

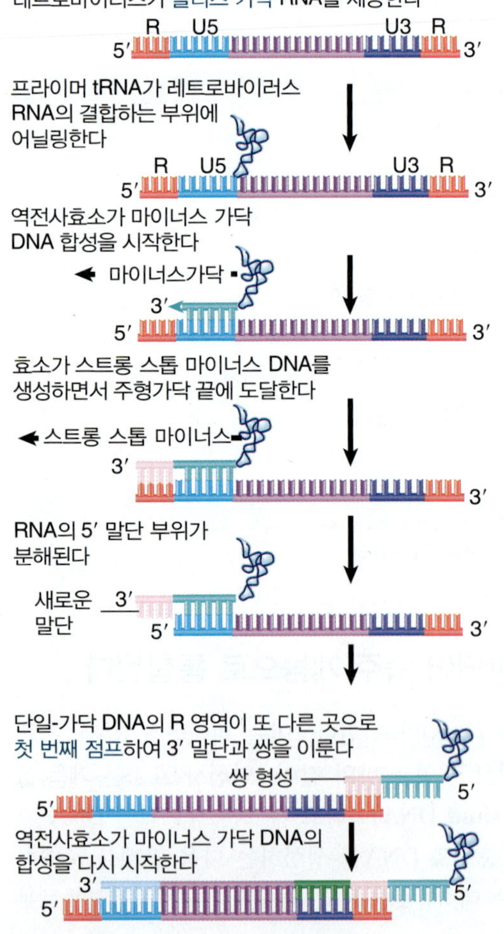

▸ **R 단편(R segment)** 레트로바이러스 RNA 양 말단에 반복되어 존재하는 염기배열. 이들을 R-U5 및 U3-R이라고 한다.

▸ **U5** 레트로바이러스 RNA의 5′ 말단에 있는 반복되는 염기배열.

▸ **U3** 레트로바이러스 RNA의 3′ 말단에 있는 반복되는 염기배열.

그림 17.25에서 바이러스의 DNA 형태의 구조를 RNA와 비교하였다. 바이러스 RNA는 그 말단에 직접 반복배열을 가지고 있다. 이들 **R 단편(R segment)**은 10~80개의 뉴클레오티드 사이로 종류에 따라 다르다. 바이러스의 5′ 말단 염기배열이 **U5**이며, 3′ 말단에 있는 염기배열은 **U3**이다. R 단편은 RNA에서 DNA 형태로 전환하는 동안 선형 DNA에서 발견되는 보다 광범위한 직접 반복배열을 생성하는 데 사용된다(그림 17.26 및 그림 17.27). 삽입된 형태의 양 말단에서 2 bp가 짧아지는 현상은 삽입 메커니즘의 결과이다(그림 17.28).

모든 DNA 중합효소처럼, 역전사 효소도 3′-OH에 공급할 프라이머를 필요로 한다. 레트로바이러스는 아미노산이 결합하지 않은 숙주 tRNA(uncharged host tRNA)를 프라이머로 사용한다; 이 tRNA는 비리온에 존재한다. tRNA의 3′ 말단에 있는 18개의 염기배열은 바이러스 RNA 분자 중 하나의 5′ 말단으로부터 100~200개의 염기 부분과 염기쌍을 이룬다.

딜레마가 있다. 역전사 효소가 5′ 말단으로부터 100~200 염기 하류에서만 DNA 합성을 시작한다면, 완전한 RNA 게놈을 나타내기 위해 DNA가 어떻게 만들어질 수 있을까?(이것이 모든 선형 핵산의 말단을 복제할 때 생기는 일반적인 문제의 극단적인 변이형이다; *14.2절 선형 DNA의 말단은 복제에 문제가*

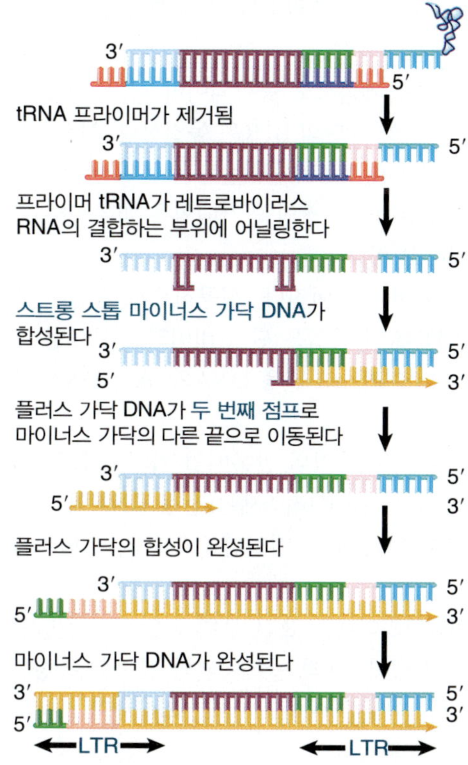

그림 17.27 플러스 가닥의 DNA 합성에는 두 번째 점프가 필요하다.

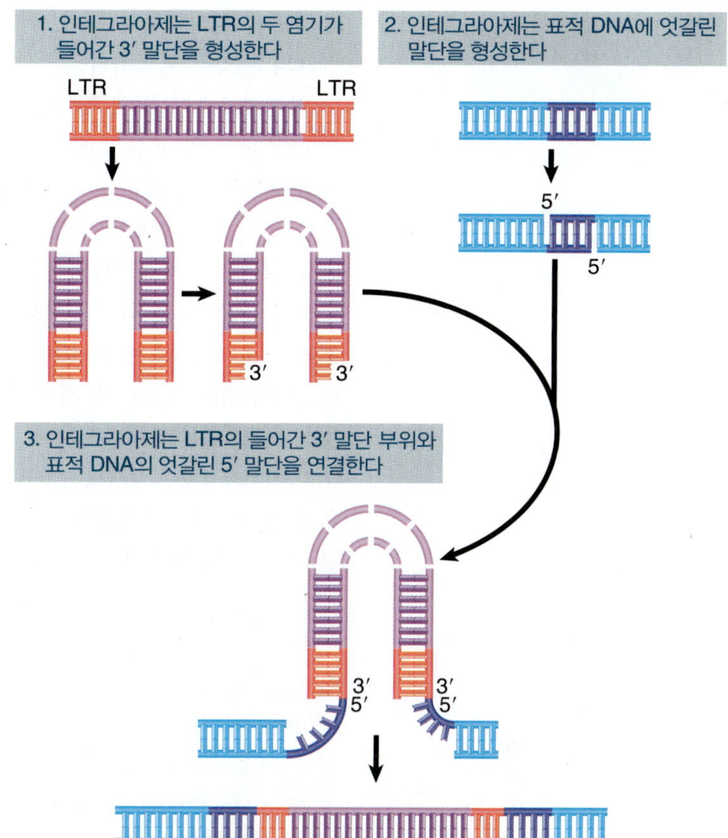

그림 17.28 인테그라아제는 삽입 반응에 필요한 유일한 바이러스 단백질이다. 여기서 각 LTR은 두 개 염기를 잃고 표적 DNA의 4 bp 반복배열 사이에 삽입된다.

된다 참조)

역전사효소는 (“가닥 전환, strand switching”으로 알려진) 주형을 전환하여 이런 문제를 해결한다(그림 17.26 참조). 이것은 주형들 간의 두 점프 과정 중 첫 번째이다. 이 반응에서, 합성은 tRNA 프라이머로부터 주형의 말단까지 진행되는데, 이때 스트롱 스톱 마이너스 *DNA*(*strong stop minus DNA*)라 불리는 짧은 DNA 염기배열이 만들어진다. 그 다음, RNA 주형의 5′ 말단에 R 영역이 역전사효소의 RNaseH 활성에 의해 분해된다. 이 제거는 3′ 말단의 R 영역이 새롭게 합성된 DNA와 염기쌍을 이루도록 한다. 그러면 역전사는 U3 영역을 통해 RNA 중심부로 계속된다. *스트롱 스톱 마이너스 DNA*와 쌍을 이루는 R 영역의 공급원은 동일한 RNA 분자(분자내 염기쌍)의 3′ 말단 또는 다른 RNA 분자(분자 간 염기쌍)의 3′ 말단이 될 수 있다.

전환과 확장의 결과로 U3 단편이 5′ 말단에 추가된다. 일련의 U3-R-U5 배열을 긴-말단 반복배열(long-terminal repeat, LTR)이라 부르는데. 이는 이와 유사한 일련의 반응이 U5-R-U3의 동일한 구조를 만들면서 3′ 말단에 U5 단편이 추가되기 때문이다. 길이는 250~1400 bp까지 매우 다양하다(그림 17.25 참조).

우리는 이제 플러스(+) 가닥의 DNA의 생성과 다른 쪽 말단에서의 LTR을 생성할 필요가 있다. 이 반응을 그림 17.27에 나타내었다. 역전사효소는 본래의 RNA 분자를 분해하고 남은 RNA 단편으로부터 플러스(+) 가닥 DNA의 합성을 시작한다. 효소가 주형의 말단에 도달하면 *스트롱 스톱 마이너스 DNA*가 만들어진다. 그러면 이 DNA는 마이너스(-) 가닥의 다른 말단으로 이동하며, 여기서(그림에서 왼쪽으로) 더 먼 상류의 프라이머 단편으로부터 두 번째 라운드의 DNA 합성이 일어날 때 치환 반응(displacement reaction)에 의해 아마도 방출된다. 이것은 R 영역을 사용하여 마이너스 가닥 DNA의

3′ 말단과 염기쌍을 이룬다. 이때 이중-가닥 DNA는 양 말단에서 이중구조의 LTR을 생성하기 위해 두 가닥의 완성이 필요하다.

역전사효소에 의해 만들어진 이중-가닥 DNA는 다음으로 숙주 게놈으로 통합되어야 한다. 통합된 프로바이러스의 구성은 직선형 DNA와 유사하다. 프로바이러스의 양 말단의 LTR은 동일하다. U5의 3′ 말단은 U3의 5′ 말단에 비해서 짧은 역위 반복으로 구성되어 있으며, LTR 자체는 짧은 역위 반복으로 끝난다. 통합된 프로바이러스 DNA는 트랜스포존과 유사하다: 프로바이러스의 염기배열은 역위 반복배열로 끝나며 표적 DNA의 짧은 직접 반복배열의 측면에 위치하고 있다.

프로바이러스는 선형 DNA가 표적 부위로 직접적으로 삽입되어 만들어진다. 성공적으로 감염된 세포는 프로바이러스는 1~10개의 사본을 획득하게 된다. 선형 DNA의 합입은 단일 바이러스 산물인 인테그라아제(integrase)에 의해 촉매된다. 인테그라아제는 레트로바이러스의 선형 DNA와 표적 DNA 모두에 작용한다. 그림 17.28에 그 반응을 설명하였다.

바이러스 DNA 말단은 중요하다. 가장 잘 보존되어 있는 특징은 각 역위 반복배열 가까이에 두 개의 뉴클레오티드 염기배열(dinucleotide sequence)인 CA의 존재다. 인테그라아제는 선형 DNA의 말단을 리보뉴클레오 단백질(ribonucleoprotein) 복합체로 서로 이어주며, 보존 배열인 CA를 지나 염기를 제거함으로써 평활 말단(blunt end)을 들어가게 전환시킨다.

표적 부위는 염기배열에 상관없이 무작위로 선택된다. 인테그라아제는 표적 부위에 엇갈린 절단면을 만든다. 그림 17.28의 보기에서, 절단면은 4 bp만큼 떨어져 있다. 표적 반복배열의 길이는 특정한 바이러스에 따라 다르다; 이것은 4, 5, 또는 6 bp가 될 수 있다. 이것은 아마도 인테그라아제가 작용하는 표적 DNA의 기하학적 구조에 의해 결정된다.

표적 DNA의 절단으로 생성된 5′ 말단은 바이러스 DNA의 3′ 말단과 공유결합을 형성한다. 이 시점에서 바이러스 DNA의 양쪽 말단은 표적 DNA에 한 가닥이 연결된다. 단일-가닥 영역은 숙주 세포의 효소에 의해 수복되고, 이 반응 도중에 바이러스 DNA의 5′ 말단은 제거된다. 그 결과로 삽입된 바이러스 DNA의 각 LTR에서 2개의 염기가 소실된다. 이것은 5′ 말단 U3의 왼쪽 말단에서의 2 bp의 손실과 3′ 말단 U5의 오른쪽 말단에서의 2 bp의 손실에 해당된다. 삽입된 레트로바이러스 게놈의 각 말단에는 표적 DNA 특유의 짧은 직접 반복배열이 존재한다.

각 LTR의 U3 영역은 프로모터를 가지고 있다. 왼쪽 LTR의 프로모터는 프로바이러스의 전사 개시를 담당한다. 프로바이러스 DNA(proviral DNA)의 생성에는 U3 염기배열이 왼쪽 LTR에 존재해야 한다는 것을 기억하라; 그러면 프로모터가 실제로 RNA가 이중구조 DNA로 전환되어 만들어진다는 것을 알 수 있다.

지금까지 감염 주기에 대하여 레트로바이러스를 알아보았으며, 여기서 삽입 과정은 RNA의 더 많은 사본을 만드는 데 필요하다. 그러나 바이러스 DNA가 생식계열 세포에 삽입되면 생물체의 유전하는 "내재생 프로바이러스(endogenous provirus)"가 된다. 내재성 바이러스는 일반적으로 발현되지는 않지만, 때때로 이들은 또 다른 바이러스의 감염과 같은 외부의 자극에 의하여 활성화된다.

핵심개념

- 짧은 염기배열(R)이 바이러스 RNA의 각 말단에 반복되어 있으며, 5′ 및 3′ 말단은 각각 R-U5 및 U3-R이다.
- 역전사효소는 tRNA 프라이머가 5′ 말단으로부터 100~200 염기 부위에 결합할 때 합성을 시작한다.
- 효소가 말단에 도달하면, RNA의 5′ 말단 염기가 분해되고, DNA 3′ 말단이 노출된다.
- 노출된 3′ 말단 염기들은 또 다른 RNA 게놈의 3′ 말단 부위와 염기쌍을 이룬다.
- 합성은 계속되어 5′ 및 3′ 말단이 반복되는 산물을 생성하고, 또 각 말단은 U3-R-U5 구조를 생성한다.
- 역전사효소가 상보적 가닥을 합성하기 위하여 DNA 산물을 이용할 때에 유사한 가닥 전환 과정이 일어난다.
- 염색체 내의 프로바이러스의 구조는, 표적 부위에 짧은 직접 반복배열이 인접한 프로바이러스를 가지는 트랜스포존의 구조와 같다.
- 선형 DNA는 레트로바이러스의 인테그라아제(integrase)에 의해 숙주 염색체로 직접 삽입된다.

개념 및 추론 확인

(요구되는 전달 단계에 덧붙여) 외부의 주형 전환 현상은 "이형접합체(heterozygous)" 바이러스 내의 재조합을 일으킬 수 있다. 이런 일이 어떻게 일어나는가?

17.9 레트로바이러스는 세포성 염기배열을 형질도입할 수 있다

바이러스 생활주기에 매우 흥미로운 변이체가 **그림 17.29**에서 설명한 것처럼, 바이러스가 세포성 염기배열을 획득한 변이체인 **형질도입 바이러스(transducing virus)**의 출현으로 밝혀졌다. 바이러스 염기배열은 *v-onc* 유전자로 치환되었다. 단백질 합성 과정은 정상적인 Gag, Pol, Env 단백질 대신에 Gag-v-Onc 단백질이 합성된다. 이렇게 하여 생성된 바이러스는 **복제결함(replication defective)**이다; 이것은 스스로 감염성 주기(infective cycle)를 유지할 수 없다. 그러나 소실된 바이러스 기능을 제공하는 **헬퍼바이러스(helper virus)**와 함께 존재하면 지속될 수 있다.

*Onc*는 종양 형성(oncogenesis)에 대한 약자이며, 배양세포를 형질전환시킬 능력이 있어서 일반적 성장 조절이 종양처럼 무제한의 분열이 일어나게 한다. 바이러스성 및 세포성 온코진(*oncogene*, 암 유전자)들은 종양형성 세포를 만들어내는 원인이 될 수 있다.

v-onc 유전자는 바이러스가 숙주의 특정 세포를 형질전환시킬 수 있게 한다. 숙주 게놈에서 발견되는 상동성 염기배열을 가지고 있는 유전자 자리를 *c-onc* 유전자(*c-onc* gene)라고 한다. 전형적으로 종양 형성(tumorigenesis)의 암유전자는 종양 발생을 일으키는 돌연변이 혹은 증가된 사본 수를 축적하였다; 정상적인 세포성 유전자는 일반적으로 프로토온코진(*protooncogene*, 원종양유전자)이라고 한다. *onc* 유전자는 어떻게 하여 레트로바이러스에 의해 획득되는가? 밝혀진 특징은 *c-onc* 및 *v-onc* 유전자의 구조 차이이다. *c-onc* 유전자는 일반적으로 인트론이 개재되어 있는데 반해, *v-onc* 유전자는 인트론이 없다. 이러한 사실은 *v-onc* 유전자가 *c-onc* 유전자의 스플라이싱된 RNA 사본으로 유래되었음을 시사하고 있다.

형질전환 바이러스의 생성 모델을 **그림 17.30**에 나타내었다. 레트로바이러스가 *c-onc* 유전자 근처에 삽입되었다. 결실(deletion)이 일어나 프로바이러스와 *c-onc* 유전자가 융합한다; 다음 전사가 일어나 한쪽 말단에는 바이러스성 염기배열, 그리고 다른 쪽 말단에는 세포성 *onc* 유전자가 포함된 연결 RNA(joint RNA)를 생성한다. 스플라이싱에 의하여 RNA의 바이러스 및 세포성 부분이 인트론을 제거한다. RNA는 적절한 신호에 의해 비

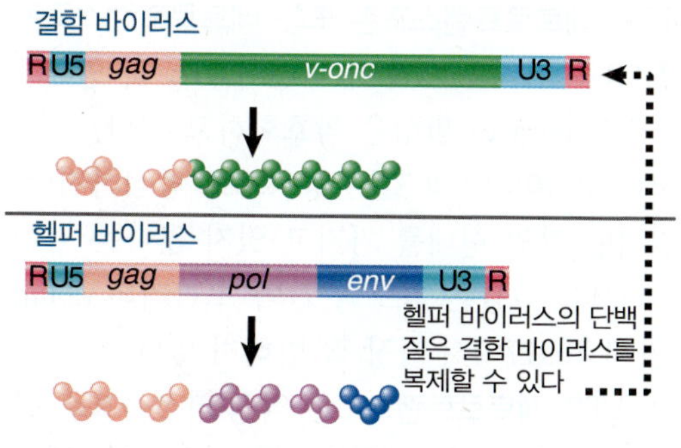

▶ **형질도입 바이러스(transducing virus)** 자신의 염기배열의 일부 대에 숙주 게놈의 일부를 가지고 있는 바이러스. 가장 잘 알려진 예로는 진핵생물의 레트로바이러스와 대장균의 DNA 파지가 있다.

▶ **복제결함 바이러스(replication defective virus)** 필요한 유전자가 결여되어 있거나(형질도입 바이러스에서는 숙주 DNA로 대체되어 있다) 돌연변이가 일어나 감염주기를 지속할 수 없는 바이러스.

▶ **헬퍼바이러스(helper virus)** 결함 바이러스가 가지고 있지 않는 기능을 제공하는 바이러스로, 헬퍼바이러스와 함께 혼합 감염이 일어나는 동안 결함 바이러스의 감염 주기를 완성할 수 있게 한다.

결함 바이러스
R U5 *gag* *v-onc* U3 R
헬퍼 바이러스
R U5 *gag* *pol* *env* U3 R
헬퍼 바이러스의 단백질은 결함 바이러스를 복제할 수 있다

그림 17.29 복제-결함 형질전환 바이러스는 바이러스 배열의 일부가 세포성 유전자로 대치되어 있다. 결함 바이러스는 야생의 기능을 가지고 있는 헬퍼 바이러스의 도움으로 복제할 수 있다.

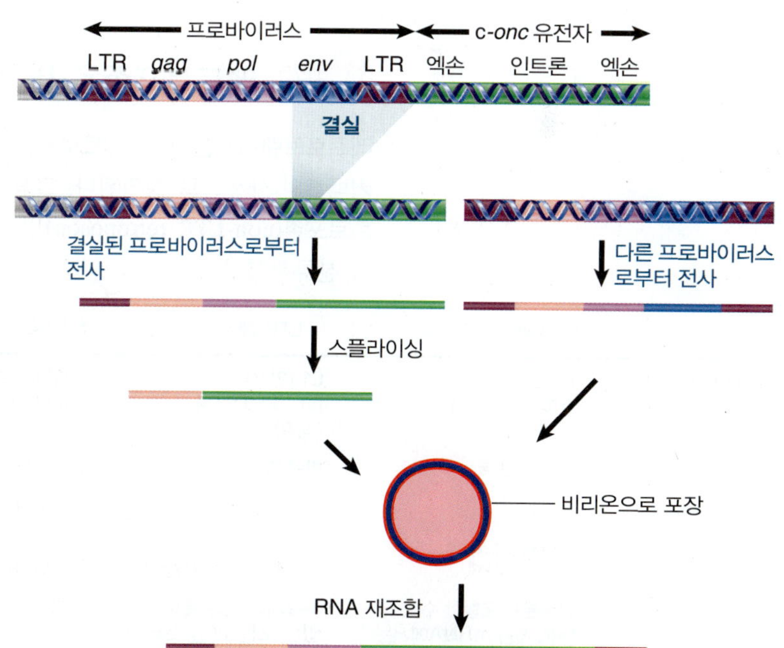

그림 17.30 복제-결함 바이러스는 정상적인 RNA 게놈으로 포장되는 융합 바이러스-세포성 전사체를 생성하기 위해 바이러스 게놈의 삽입과 결실을 통하여 만들어질 수 있다. 비상동성 재조합은 복제-결함 형질전환 게놈을 만드는 데 필수적이다.

리온으로 포장된다. 만일 세포가 또 다른 완전한 프로바이러스 사본을 포함하고 있으면 비리온이 만들어질 것이다. 이때 일부 이배체(diploid) 바이러스 입자는 하나의 융합된 RNA 및 하나의 바이러스 RNA를 포함할 수 있다.

이들 염기배열 간의 재조합에 의하여 바이러스의 반복배열이 양쪽 끝에 존재하는 형질전환 게놈을 생성할 수 있다. (재조합은 레트로바이러스 감염주기 동안에 여러 가지 방법으로 높은 빈도로 일어난다. 이 경우 기질에 있어 요구되는 상동성에 대해서는 알지 못하지만, 융합된 RNA 바이러스 게놈과 세포성 부분 간의 비상동성 재조합 반응이 바이러스 재조합을 담당하는 동일한 메커니즘에 의해 진행될 것이라는 것을 추정할 수 있다).

모든 레트로바이러스 종류의 일반적인 특징은 이들이 하나의 조상으로부터 유래할 수 있음을 시사하고 있다. 이러한 사실은 레트로트랜스포존과 레트로바이러스를 포함한 다양한 레트로 인자의 역전사효소에 대한 계통 발생 분석에 의해 뒷받침되고 있다. 이러한 종류의 인자가 DNA-형 트랜스포존(인테그라아제/트랜스포사아제, integrase/transposase)과 비-LTR 레트로포존(역전사효소)에 공통적인 특징을 가지고 있다는 사실로 인해, LTR 레트로트랜스포존은 이 두 인자들 간의 융합의 결과로 추정할 수 있다. 원시적인 삽입 배열(insertion sequence, IS)이 숙주의 핵산 중합효소를 둘러싸고 있을 수 있다; 이로부터 생성된 단위는 LTR-pol-LTR의 형을 가지게 된다. DNA와 RNA 기질 모두를 조작할 수 있는 보다 정교한 능력을 습득함으로써 감염성 바이러스로 진화할 수 있으며, RNA 포장이 가능한 유전자 산물을 포함하고 있다. Env 단백질 및 형질전환 유전자와 같은 또 다른 기능들은 그 후에 추가되었을 것이다.

핵심개념

- 형질전환 레트로바이러스는 세포성 RNA가 레트로바이러스 RNA 부분으로 대체되는 재조합 과정으로 생성된다.

개념 및 추론 확인

형질전환 레트로바이러스는 왜 전형적으로 헬퍼바이러스를 필요로 하는가?

17.10 레트로포존은 세 종류로 나누어진다

레트로트랜스포존(또는 레트로포존)이란 RNA를 DNA로 전환시키는 역전사 과정이 관여하는 전이 메커니즘의 사용으로 정의된다. **그림 17.31**에서 LTR 레트로트랜스포존(LTR retrotransposons) 비-LTR 레트로포존(non-LTR retroposon)및 비자율성 SINE(nonautonomous SINE)의 세 가지 레트로포존 종류를 분류하였다.

	LTR 레트로트랜스포존	비-LTR 레트로포존	SINES
일반적인 타입	Ty (효모) 코피아(초파리)	L1 (인간) B1, B2 ID, B4 (생쥐)	SINES (포유동물) pol III 전사물인 유사유전자
말단	긴 말단 반복	반복 없음	반복 없음
표적 반복배열	4~6 bp	7~21 bp	7~21 bp
효소 활성	역전사효소와 인테그라아제	역전사효소 /핵산내부가수분해효소	없음(트랜스포존 산물은 암호화하지 않음)
구조	인트론을 포함할 수 있다 (서브게놈 mRNA에서는 제거됨)	1~2개의 인트론이 없는 오픈 리딩 프레임	인트론 없음

그림 17.31 레트로포존은 레트로바이러스 유사종과 LINES 같은 바이러스 수퍼패밀리와 암호화 기능이 없는 비바이러스 수퍼패밀리로 나눌 수 있다.

LTR 레트로트랜스포존 또는 레트로트랜스포존은 LTR을 가지고 있으며 역전사효소 및 인테그라아제(integrase) 활성을 암호화하고 있다. 그들은 레트로바이러스와 같은 방식으로 증식하지만, 독립적인 감염 형태를 가지고 있지 않다는 점에서 다르다. 그들은 효모의 *Ty*와 초파리의 *copia* 및 쌀의 Tos17에서 가장 잘 밝혀져 있다.

비-LTR 레트로트랜스포존 역시 역전사효소 활성을 갖지만, 계통발생학적으로 서로 다른 별개의 패밀리로 구성되어 있을 것으로 여겨지며 이는 독특한 전이 메커니즘을 암시하고 있다. 레트로트랜스포존 및 레트로바이러스와는 달리, 레트로포존은 LTR이 없으며 역전사 반응뿐만 아니라 다른 삽입 메커니즘을 준비하는 데 레트로바이러스와 다른 메커니즘을 사용한다. 이들은 RNA 중합효소 II 전사물에서 유래되었다. 게놈의 얼마 되지 않는 수의 인자들이 완전하게 기능을 하고 있으며 자율적으로 전이할 수 있다; 나머지는 돌연변이를 가지고 있으며, 따라서 트랜스-작용의 자율성 인자(*trans*-acting autonomous element)의 작용에 의해서만 전이할 수 있다. 인간 게놈에서 이러한 종류의 가장 전형적인 인자는 **LINE(long interspersed elements)**이다.

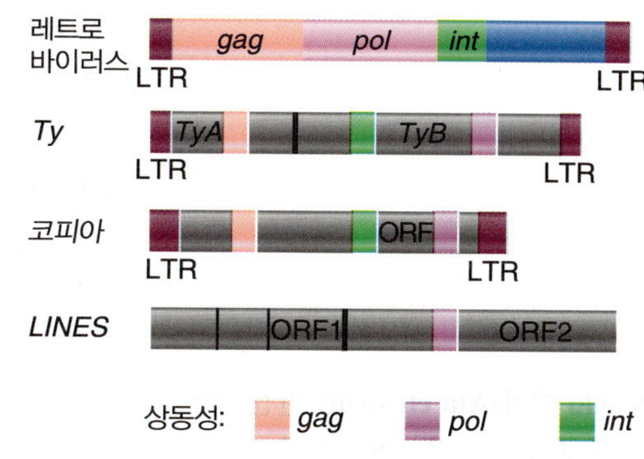

그림 17.32 레트로바이러스와 관련이 깊은 레트로포존은 유사한 구조를 가지나, LINEs는 역전사효소 활성만 유사성을 갖는다.

LTR 레트로트랜스포존 및 비-LTR 레트로포존에 더하여, 많은 게놈은 RNA 염기배열에서 유래되었다고 할 만한 외적, 내적 특징으로 확인되었다. 그러나 이들 경우에 DNA 사본이 어떻게 만들어졌는가에 대한 추측만 가능할 뿐이다. 즉, 그들은 언제나 비자율성이며, 세포성 전사체로부터 유래한 곳에서 코드된 효소 시스템에 의한 전이 과정의 표적이라고 생각된다. 그들은 전이 기능을 가진 단백질을 암호화하지 않는다. 이 패밀리에서 가장 잘 알려진 구성성분을 **SINE(short interspersed elements)**라고 한다. 이들 구성성분은 RNA 중합효소 III(일반적으로 7SL RNA, 5S RNA 및 tRNA) 전사물에서에서 유래되었다. 이 인자들 중 많은 것들은 또한 동종의 LINE의 일부를 포함하고 있어서 SINE이 복제를 위한 LINE의 효소적 장치를 사용할 수 있다는 가설로 이어진다.

▶ **LINEs(long interspersed elements)** 긴 산재성 핵 인자라고도 한다; 인간 게놈의 ~21%를 차지하는 주요한 레트로트랜스포존의 일종(레트로트랜스포존 참조)

▶ **SINEs(short interspersed elements)** 짧은 산재성 핵 인자라고도 한다; 인간 게놈의 ~13%를 차지하는 주요한(500 bp 이하의) 짧은 비자율성 레트로트랜스포존의 일종(레트로트랜스포존 참조).

그림 17.32는 역전사효소를 암호화하는 인자의 구조와 염기배열 관계를 나타내고 있다. 레트로바이러스와 같이, LTR을 포함하는 레트로트랜스포존은 *gag*, *pol* 및 *int*를 암호화하는 독립적인 리딩 프레임의 숫자와 유전자의 순서에 따라 여러 그룹으로 분류될 수 있다. 이러한 구조의 표면적인 차이에도 불구하고, 공통적인 특징은 역전사효소 및 인테그라아제 활성뿐만 아니라 LTR의 존재이다. 이와 대조적으로, 전형적인 포유동물의 LINE 인자 같은 레트로포존은 비-LTR 및 LTR이 없다. 이들은 두 개의 리딩 프레임을 가지고 있다; 하나는 핵산결합단백질을 암호화하고 있으며, 또 다른 하나는 역전사효소와 핵산내부가수분해효소(endonuclease) 활성을 암호화하고 있다.

LTR을 포함하는 인자들은 삽입된 레트로바이러스로부터 감염성 입자를 만드는 능력을 상실한 레트로포존까지 다양할 수 있다. 효모 및 초파리 게놈은 감염성 입자를 만들지 못하는 *Ty*와 *copia* 인자를 가지고 있다. 포유동물의 게놈은 내재성 레트로바이러스를 가지고 있으며, 활성화되면 감염성 입자를 생성할 수 있다. 생쥐의 게놈은 몇 개의 활성 내재성 레트로바이러스를 가지고 있는데, 이것은 수평적 감염(horizontal infection)을 전파하는 입자를 만들 수 있다. 이와는 대조적으로, 거의 모든 내재성 레트로바이러스는 인간 계통에서 약 5,000만 년 전에 활성을 잃었으며, 현재의 게놈은 대부분 활성이 없는 내재성 레트로바이러스의 흔적만을 가지고 있다.

LINE과 SINE는 동물 게놈의 주요한 부분을 구성한다. 이들은 본래 서로 관련된 많은 수의 비교적 짧은 염기배열로 정의한다(*5.5절, 진핵생물 게놈에는 비반복배열과 반복배열의 DNA 염기배열을 포함한다*에서 기술된 중간 정도의 반복배열의 DNA를 구성). 많은 고등 진핵생물의 게놈에서, 그들은 총 DNA의 ~50%를 차지한다. 이와는 대조적으로, 식물 게놈에서는 LTR 레트로트랜스포존이 우세한 경향이 있다.

그림 17.33은 인간 게놈의 거의 절반을 차지하는 다른 형태의 트랜스포존의 분포를 요약하였다. 항상 기능을 하지 않는 SINE을 제외하고, 다른 형태의 인자들은 모두 기능을 가지고 있는 인자와 전이에 필요한 단백질(들)을 코드하는 리딩 프레임의 일부를 결실한 인자들로 이루어져 있다.

요소	구조	길이 (Kb)	인간 게놈 수	인간 게놈 비율
레트로바이러스/LTR 레트로포존	LTR gag pol (env) LTR	1~11	450,000	8%
LINES (자율성), e.g., L1	ORF1 (pol) $(A)_n$	6~8	850,000	17%
SINES (비자율성), e.g., Alu	$(A)_n$	<0.3	1,500,000	15%
DNA 트랜스포존	트랜스포사아제	2~3	300,000	3%

그림 17.33 네 가지 타입의 전이 인자들이 인간 게놈의 반 이상을 차지한다.

포유동물의 게놈에서 일반적인 LINE을 L1이라고 한다. 전형적인 구성원은 ~6,500 bp의 길이로 A가 풍부한 트랙으로 끝난다. 전체 인자의 두 개의

18.1 서론

- **B 세포(B cell)** 항체를 생산하는 림프구. 주로 골수에서 발생한다.
- **면역반응(immune response)** 항원에 대한 면역계의 구성요소에 의해 매개되는 생물체의 반응.
- **항원(antigen)** 항체와 같은 항원 수용체에 특이적으로 결합할 수 있는 분자.
- **T 세포(T cell)** 흉선에서 생산되는 림프구; 그들은 여러 기능적 유형으로 세분될 수 있다. 그들은 T 세포 수용체를 가지고 있으며, 세포-매개 면역반응에 관여한다.
- **후천성 면역(adaptive(acquired) immunity)** 반응은 항원과의 특이적 상호작용에 의해 활성화되는 림프구에 의해 매개된다.
- **B 세포 수용체(B cell receptor, BCR)** B 림프구의 항원 수용체
- **T 세포 수용체(T cell receptor, TCR)** T 림프구의 항원 수용체. 이것은 클론으로 발현되고 MHC 클래스 I 또는 클래스 II 단백질 및 항원-유래 펩티드의 복합체에 결합한다.
- **체액성 면역반응(humoral response)** 주로 항체에 의해 매개되는 면역반응. 그것은 혈청 항체에 의해 한 생물체에서 다른 생물체로 옮겨질 수 있는 면역성으로 정의된다.
- **면역글로불린(항체, antibody)** B 세포에 의해 생산되고 특정 항원에 결합하는 단백질. 그들은 막-결합 및 분비 형태로 합성된다. 면역반응 동안 생산된 것들은 반응기 기능(effector function)들이 모여 병원체를 중화시키고 제거하는 것을 돕는다.

일반적으로 DNA 염기배열의 변화보다는 유전자 발현의 차별적인 조절로 특정 체세포의 서로 다른 표현형을 설명할 수 있다. 면역시스템은 정자와 난자의 조합에 의해 접합자에서 만들어진 유전적 구성이 생물체의 모든 체세포에 의해 유전되는 유전학의 원리에 있어 가장 중요한 예외이다. 면역 세포를 발달할 때, 게놈은 광범위한 체세포 재조합을 통해 변화하여 기능 유전자를 만든다. 체세포 재조합의 다른 경우는 하나의 염기배열을 다른 염기배열로 대체하여 효모의 교배 타입(mating type)을 바꾸거나 트리파노소머(trypanosome)에 의해 새로운 표면 항원을 생성하는 것으로 나타나고 있다. 성숙한 **B 세포(B cell)**에서, 추가적인 DNA 재조합과 재조합 DNA 단편의 돌연변이가 일어나 이들 세포의 기능을 더욱 다양화한다.

척추동물의 **면역반응(immune response)**은 생물체 자체["자기(self)"]의 구성성분(분자 또는 세포)으로부터 미생물에 있는 일반적으로 외래["비자기(nonself)"] 용해성 분자 또는 분자를 구별하는 보호 시스템을 제공하고 있다. 특정 면역반응을 유도할 수 있는 비자기 또는 자기-구성요소를 **항원(antigen)**이라고 한다. 일반적으로, 항원은 동물의 혈류에 들어간 단백질이다(예: 감염 바이러스 또는 박테리아의 외피 단백질). 항원에 대한 노출은 *항원을 특이적으로 인식*하기 위한 면역반응의 생성을 개시하여 감염 바이러스 또는 박테리아를 파괴한다.

면역반응은 백혈구: B 및 T 림프구, 마크로파지(macrophage, 대식세포) 및 수지상 세포에 의해 이루어진다. 림프구는 그것들을 생산하는 조직의 이름을 따서 명명되었다. 포유동물에서 B 세포는 골수에서 성숙하지만, **T 세포(T cell)**는 흉선(thymus)에서 성숙한다. 각 종류의 림프구는 면역반응에 참여할 수 있는 단백질을 생산하는 메커니즘으로서 DNA의 재정렬을 사용한다.

폐렴쌍구균[*Streptococcus* (*Pneumococcus*) *pneumoniae*]에 대한 B 세포 반응 또는 인플루엔자 바이러스에 감염된 세포에 대한 킬러 T 림프구-매개성 반응과 같은 바이러스 및 박테리아에 대한 항원에 대한 반응은 매우 특이적이고 **후천성 면역[adaptive(acquired) immunity]**의 발현이다. 후천성 면역반응은 항원에 특이적인 B 및/또는 T 세포의 클론(clone) 선별 및 확장에 요구되는 잠복기(일반적으로 수일)를 특징으로 한다. B 세포 또는 T 세포의 클론 선택(clonal selection)은 **B 세포 수용체(B cell receptor, BCR)** 및 **T 세포 수용체(T cell receptor, TCR)**에 대한 항원의 결합에 의존하며, 이들 모두는 항원에 대해 높은 친화성을 갖는다. 이 선택 과정의 구조적 기초는 외부 분자를 인식할 확률을 높이기 위해 매우 많은 수의 BCR/TCR의 생성에 근거하고 있다. 인체의 자신의 단백질을 인식하는 BCR/TCR은 과정 초기에 차단된다.

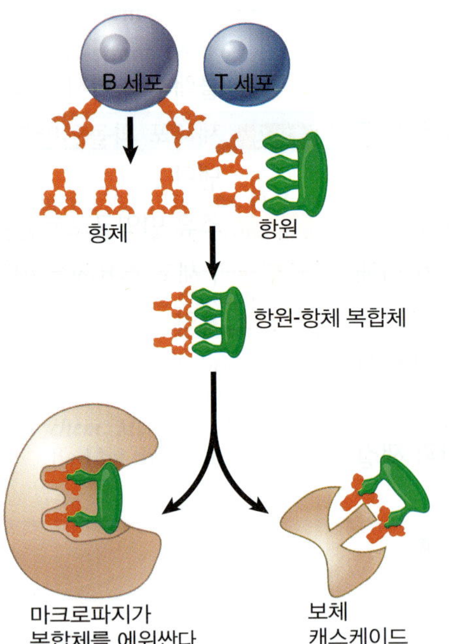

그림 18.1 체액 면역은 항원에 유리 항체가 결합하여 마크로파지에 의해 혈류에서 제거되거나 활성화된 보체 캐스케이드에 의해 직접 공격되는 항원-항체 복합체를 형성함으로써 부여된다.

B 세포에서 BCR의 활성화는 **체액성 면역반응(humoral response)**의 경로를 유발한다. 그것은 **면역글로불린(항체)** 단백질의 분비에 의해 매개된다. 외래 분자에 특이적인 항체의 생산은 항원의 인식을 담당하는 주요한 과정이다. 인식은 항체가 항원상의 작은 영역 또는 구조에 결합이 필요하다.

항체의 기능을 그림 18.1에 나타내었다. 병원성 세균과 같이 혈류를 순환하는 이물질은 항원을 나타내는 표면을 가지고 있다. 항원(들)은 B 세포의 표면상에 발현된 BCR에 의해 인식된다. 이것은 B 세포의 활성화와 증식을 유도하여 동일한 항원에 특이적인 대량의 항체를 생산하고 분비하게 한다. (특정한 B 세포에 의해 생성된 항체의 구조

및 특이성은 동일한 B 세포의 BCR과 동일하다.) 항원에 분비된 항체의 결합은 항원-항체 복합체를 형성한다. 이 복합체는 면역 시스템의 다른 구성요소를 모집한다.

체액성 면역반응은 두 가지 방법으로 서로 다른 구성요소에 의존하고 있다. 첫째, B 세포는 항체를 분비할 수 있도록 T 세포가 제공하는 신호가 필요하다. 이 T 세포는 B 세포를 돕기 때문에 **헬퍼 T (T_h) 세포[helper T (T_h) cell]**라고 한다. 둘째, 항원-항체 형성은 항원이 파괴될 수 있게 하는 방아쇠 역할을 한다. 주요 경로는 항체 자체의 작용을 "보완하거나 혹은 완결하는" 능력을 나타내는 이름이 반영된 다중 단백질/효소 캐스케이드인 **보체(complement)**의 작용에 의해 제공된다. 보체는 일련의 단백질 분해 작용을 통해 기능하는 ~20개의 단백질로 이루어져 있다. 표적 항원이 세포의 일부인 경우(예: 감염 세균), 보체의 작용으로 표적 세포가 용해된다. 보체의 작용은 또한 표적 세포 또는 그 산물을 제거하는 마크로파지를 끌어들이는 수단을 제공한다. 그렇지 않으면, 항원-항체 복합체는 마크로파지[스캐빈저 세포(scavenger cell), 청소세포]에 의해 직접 흡수되어 파괴될 수 있다.

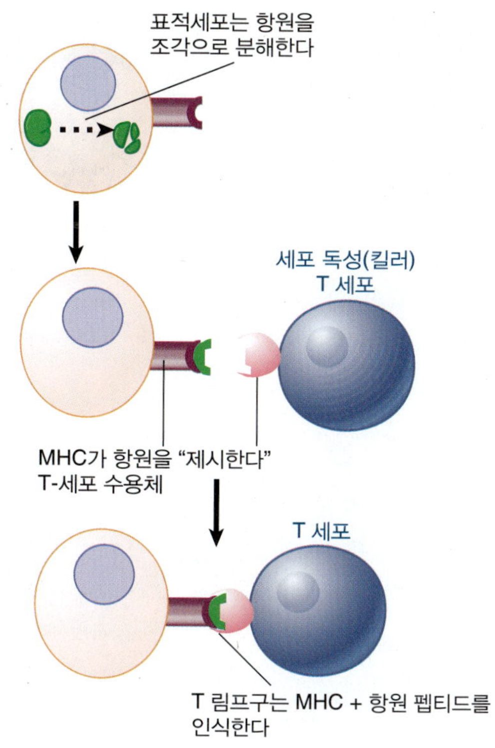

그림 18.2 세포-매개 면역반응에서, 세포 독성(킬러) T 세포는 T 세포 수용체(TCR)를 사용하여 MHC 단백질에 의해 표적 세포의 표면상에 제시되는 항원의 펩티드 단편을 인식한다.

세포-매개 면역반응(cell-mediated response)은 **세포 독성 T 세포[cytotoxic T cell**, CTL, 혹은 *킬러 T 세포(killer T cell)*라고도 함]라고 부르는 T 림프구의 종에 의해 수행된다. 표적 항원을 인식할 때 T 세포의 기본 기능을 그림 18.2에 나타내었다. 세포-매개 면역반응은 전형적으로 신체의 자기세포를 감염시키는 바이러스와 같은 세포내 기생충에 의해 유발된다. 바이러스 감염의 결과로, (바이러스성) 외래 항원의 단편이 세포 표면에 표시된다. 이러한 단편은 T 세포 표면에 발현된 TCR에 의해 인식된다.

이 인식 반응의 중요한 특징은 항원이 **주요 조직적 합성 복합체(major histocompatibility complex, MHC)**의 구성원인 세포 단백질에 의해 제시되어야 한다는 것이다. MHC 단백질은 그 표면에 외래 항원으로부터 유래된 펩티드 단편을 결합시키는 그루브(groove, 홈)를 갖는다. TCR은 펩티드 단편과 MHC 단백질의 조합을 인식한다. T 림프구가 (자체) MHC 단백질 측면에서 (외부) 항원을 인식해야 한다는 것은 세포-매개 면역반응이 외래 항원에 감염된 숙주 세포에서만 작용한다는 것을 확신시켜 주고 있다.

면역반응의 각 유형의 목적은 외래 표적을 공격하는 것이다. 표적 인지는 B 세포 면역글로불린과 T 세포 수용체의 특권이다. 그들의 기능의 결정적인 측면은 "자기(self)"와 "비자기(nonself)"를 구분할 수 있는 능력에 있다. 신체 그 자체의 단백질과 세포는 절대로 공격 받아서는 안 된다. 외래 표적은 완전히 파괴되어야 한다. "자기(self)"를 공격하지 못하는 속성을 *면역 관용(tolerance)*이라고 한다. 이 능력의 상실로 인하여 신체의 면역시스템이 스스로를 공격하는 **자가면역 질환(autoimmune disease)**이 생겨 종종 심각한 재앙을 초래한다.

항원이 항체 또는 TCR에 의해 인식되면, 인식에 의해 B 또는 T 림프구에 신호를 주어 분열하게 된다. 수많은 세포분열로 인해 B 또는 T 세포가 대량으로 생성되며, 모두 동일한 항체 또는 TCR을 생성한다. 이 **클론 확장(clonal expansion)**은 그림 18.3에서 볼 수 있듯이 감염에 대항 할 수 있는 충분한 숫자의 세포를 가지고 있으며, 미래에 동일한 항원에 노출되었을 때 면역력을 나타나게 한다.

면역반응(면역글로불린, T 세포 수용체 및 MHC 단백질)에 필요한 세 가지 단백질 그룹은 다양하다. 많은 수의 개체를 조사해 볼 때, 우리는 각 단백질의 많은 변종을 발견하게 된다. 각 단백질은 많

- **헬퍼 T (T_h) 세포(helper T (T_h) cell)** 마크로파지를 활성화시키고 B 세포의 증식과 항체 생성을 자극하는 T 림프구.
- **보체(complement)** 감염된 표적 세포를 용해시키거나 마크로파지를 유치하기 위해 단백질 분해 작용의 계단을 통해 작용하는 ~20개의 단백질 세트.
- **세포-매개 면역반응(cell-mediated response)** T 림프구에 의해 주로 매개되는 면역반응. 그것은 혈청 항체에 의해 한 생물체에서 다른 생물체로 전이 될 수 없는 면역성에 근거하여 정의된다.
- **세포 독성 T 세포(cytotoxic T cell)** 바이러스와 같은 세포 내 병원균을 포함하는 세포를 죽이기 위해 자극받을 수 있는 T 림프구.
- **주요 조직적 합성 복합체(major histocompatibility complex, MHC)** 면역반응에 관여하는 유전자를 포함하는 염색체 영역. 유전자는 항원 제시, 사이토카인 및 보체뿐만 아니라 다른 기능을 위한 단백질을 암호화하고 있다. 그것은 매우 다형성이다. 그 유전자와 단백질은 세 가지로 분류된다.
- **자가면역질환(autoimmune disease)** 면역반응이 자기 항원에 대해 지시되는 병리학적 상태.
- **클론 확장(clonal expansion)** 단일 세포에서 발생하는 수많은 딸세포의 생산.

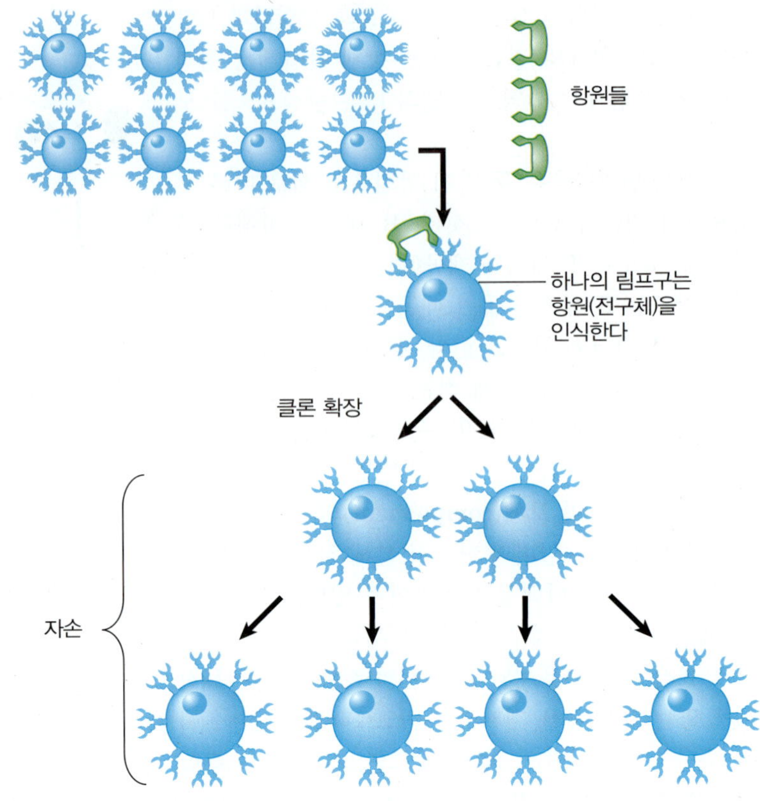

그림 18.3 B 세포 및 T 세포 레퍼토리는 다양한 특이성을 갖는 BCR 및 TCR을 포함한다. 항원과의 반응은 항원을 인식할 수 있는 BCR 또는 TCR로 림프구의 클론 확장을 유도한다.

은 종류의 유전자에 의해 암호화되어 있다. 항체 및 T 세포 수용체의 경우, 관련 림프구에서 일어나는 DNA 재정렬에 의해 집단의 다양성이 증가한다.

면역글로블린과 T 세포 수용체는 직접적인 카운터파트(counterpart)로서 각 유형의 림프구에 의해 생성된다. 단백질은 구조와 관련이 있으며, 유전자는 조직과 관련되어 있다. 다양성의 근원은 비슷하다. MHC 단백질은 또한 다른 림프구-특이적 단백질과 마찬가지로 항체와 몇 가지 공통적인 특징을 공유하고 있다. 이것은 면역 시스템의 유전적 구성은 초기의 면역반응을 나타내는 일부 공통 조상으로부터 진화했을지도 모르는 **수퍼패밀리(superfamily)**의 모든 구성원인 일련의 관련 유전자 군을 필요로 함을 나타낸다.

▸ **수퍼패밀리(superfamily)** 공통 조상으로부터 추정된 계통에 의해 관련된 모든 유전자 세트를 말하나, 지금은 상당한 차이를 보이고 있다.

▸ **선천성 면역반응(innate immunity)** 병원체에서 미리 정의된 패턴의 인식에 의존하는 면역반응.

우리가 논의한 후천성 면역(adaptive immunity)과는 달리, **선천성 면역(innate immunity)**을 제공하는 또 다른 중요한 면역 시스템이 있다. 선천성 면역반응은 미생물 병원균에 대한 첫 번째 방어선을 제공하여 후천성 면역반응의 잠복기가 없는 즉각적인 방어를 제공한다. 선천성 면역은 미생물에서 보존되지만 다세포 진핵세포에서는 발견되지 않는 공통 패턴 또는 모티프(motif) 세트의 인식을 기반으로 하고 있다. 이것은 면역계가 위험한 비자기 패턴과 자기-패턴을 신속하고 확실하게 구별할 수 있게 한다. 이 장에서는 후천성 면역반응의 세포에서 항체와 TCR 다양성을 생성하는 메커니즘에 특히 중점을 두고 있으며 선천성 면역반응에 대해서는 더 이상 다루지 않을 것이다.

18.2 면역글로불린 유전자는 B 림프구의 서로 다른 DNA 단편으로 조립된다

정교한 진화 메커니즘은 이전에 한 번도 접해 본 적이 없는 다양한 자연적인 발생 및 인위적 구성성분에 대한 특정 항체를 생산할 수 있는 생물체를 만들 수 있도록 보장하기 위해 발전해 왔다. 각 항체는 두 개의 동일한 면역글로불린 **L 사슬(light chain, 가벼운 사슬)** 및 두 개의 동일한 면역글로불린

H 사슬(무거운 사슬, heavy chain)로 이루어진 테트라머(tetramer, 사량체)이다. 인간에는 L 사슬(λ와 κ)과 9가지 H 사슬의 두 가지 유형이 있다. 면역글로불린 테트라머의 구조를 그림 18.4에 나타내었다. L 사슬 및 H 사슬은 각 단백질 사슬이 N-말단 **가변 영역(variable region, V 영역)** 및 C-말단 **불변 영역(constant region, C 영역)**의 두 가지 주요 영역으로 구성되는 동일한 일반적인 유형의 조직을 공유하고 있다. 이름에서 알 수 있듯이, 가변 영역은 하나의 단백질에서 다음 단백질의 배열에 상당한 변화를 나타내지만, 불변 영역은 상당한 상동성을 나타낸다. 서로 다른 기능을 수행하는 면역글로불린의 다른 클래스는 H 사슬 불변 영역에 의해 결정된다(*18.7절 클래스 스위치는 DNA 재조합에 의해 일어난다* 참조).

L 사슬 및 H 사슬에 상응하는 영역은 면역글로불린 단백질에서 특이적 도메인을 생성하도록 결합한다. 가변(V) 도메인은 L 사슬 및 H 사슬의 가변 영역 간의 결합에 의해 생성된다. V 도메인은 항원을 인식하는 역할을 한다. 면역글로불린은 Y자 모양의 구조를 가지며, Y자 모양의 구조는 동일하며, 각 부분은 V 영역의 사본을 가지고 있다. 서로 다른 특이성을 갖는 V 도메인의 생성은 다양한 항원에 반응하는 능력을 만든다. L 사슬 또는 H 사슬 단백질에 대한 가변 영역의 총 수는 수백 개로 측정된다. 따라서 단백질은 항원 결합에 원인이 되는 영역에서 최대의 다기능성을 보이고 있다.

불변 영역의 수는 가변 영역의 수보다 매우 적다; 전형적으로 어느 특정 유형의 사슬에 대해 1~10개의 C 영역만이 존재한다. 면역글로불린 테트라머의 서브유닛 내의 불변 영역은 결합하여 여러 개의 개별적인 *C 도메인*을 생성한다. 첫 번째 도메인은 L 사슬(C_L)의 단일 불변 영역과 H 사슬 불변 영역의 C_{H1} 부분의 결합으로 이루어진다. 이 영역의 두 사본은 Y-형 분자의 팔(arm)을 완성한다. H 사슬의 C 영역 간의 연관성은 나머지 C 도메인을 생성하는데, H 사슬의 유형에 따라 수는 다양하다.

가변 영역과 불변 영역의 특성을 비교하여 보면, 우리는 면역글로불린 유전자 구조의 중요한 딜레마를 알 수 있다. 게놈이 어떻게 각각의 폴리펩티드 사슬이 가능한 10개의 C 영역 중 하나를 가져야 하지만, 수백 개의 가능한 V 영역 중 하나를 가질 수 있는 일련의 단백질을 암호화하고 있는가? 각 유형의 영역에 대한 코딩 염기배열의 수는 그 다양성(variability)을 반영한다는 것이 밝혀졌다. V 영역을 코드하는 많은 유전자가 있지만, C 영역을 코드하는 유전자는 소수에 불과하다.

이러한 맥락에서 보면, "유전자"는 최종 면역글로불린 폴리펩티드(H 사슬 또는 L 사슬)의 불연속 부분을 암호화하는 DNA 염기배열을 의미한다. 따라서 **V 유전자(V gene)**는 가변 영역을 암호화하고 **C 유전자(C gene)**는 불변 영역을 암호화하지만, *어느 유형의 유전자도 독립적인 단위로 발현되지는 않는다.* 확실한 L 사슬 또는 H 사슬의 형태로 발현될 수 있는 단위를 구축하기 위해서는 V 유전자가 물

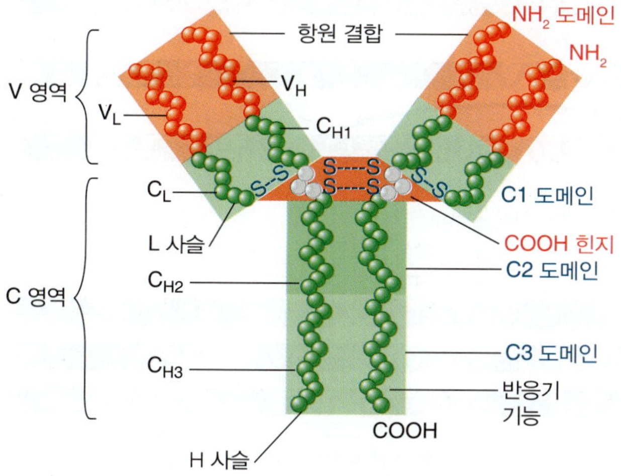

그림 18.4 항체(면역글로불린 또는 Ig) 분자는 두 개의 동일한 H 사슬 및 두 개의 동일한 L 사슬로 구성되어 있다. 여기에 표시된 IgG는 N-말단 가변(V) 영역과 C-말단 불변(C) 영역을 포함하고 있다.

▸ **L 사슬(light chain, 가벼운 사슬)** 항체 테트라머를 구성하는 두 가지 유형의 서브유닛 중 작은 것. 각 항체에는 두 개의 L 사슬을 가지고 있다. L 사슬의 N-말단은 항원 인식 부위의 일부를 형성한다.

▸ **H 사슬(heavy chain, 무거운 사슬)** 항체 테트라머를 구성하는 두 가지 유형의 서브유닛 중 큰 것. 각 항체에는 두 개의 H 사슬이 있다. H 사슬의 N-말단은 항원 인식 부위의 일부를 형성하는 반면, C-말단 항체 서브클래스를 결정한다.

▸ **가변 영역(variable region, V 영역)** 면역글로불린 또는 T 세포 수용체 분자의 항원-결합 부위. 그것들은 구성요소 사슬의 가변 도메인으로 구성된다. 그것들은 V 유전자 단편에 의해 코드되어 있으며, 합성 과정에서 도입된 여러 게놈 사본과 변화의 결과로 항원 수용체 사이에서 광범위하게 변한다.

▸ **불변 영역(constant region, C 영역)** 면역글로불린 또는 T 세포 수용체의 일부로, 서로 다른 분자 간에 아미노산 배열의 변화가 가장 적다. 그들은 C 유전자 단편으로 코드된다. H 사슬 영역은 면역글로불린의 유형을 확인하고 반응기(effector) 기능을 구성한다.

▸ **V 유전자(V gene)** 면역글로불린 사슬의 가변 (N-말단) 영역의 주요 부분을 암호화하는 염기배열.

▸ **C 유전자(C gene)** 면역글로불린 단백질 사슬의 불변 영역을 암호화하는 유전자.

리적으로 C 유전자에 결합되어야 한다. 이 시스템에서 두 개의 "유전자"는 하나의 폴리펩티드를 코드한다. 혼동을 피하기 위해 이 단위를 "유전자"보다는 "유전자 단편(gene segment)"이라고 한다.

▶ **체세포 재조합(somatic recombination)** 림프구의 C 유전자에 V 유전자를 결합시켜 면역글로불린 또는 T 세포 수용체를 생성하는 과정.

▶ **체세포 과돌연변이(somatic hypermutation, SHM)** 재정렬된 면역글로불린 유전자에서 체세포 돌연변이의 도입. 돌연변이는 상응하는 항체의 염기배열을 변화시킬 수 있으며, 특히 항원 결합 부위에서 일어날 수 있다.

L 사슬 또는 H 사슬을 암호화하는 염기배열은 동일한 방식으로 조립된다: 다수의 V 유전자 단편 중 임의의 하나는 몇 개의 C 유전자 단편 중 어느 하나에 결합될 수 있다. 이 **체세포 재조합(somatic recombination)**은 *항체가 발현된 B 림프구에서* 일어난다. 이용 가능한 많은 V 유전자 단편은 면역글로불린의 다양성의 주요 부분을 담당하고 있다. 그러나 모든 다양성이 게놈에 코드되어 있는 것은 아니다; 일부는 기능을 지닌 유전자를 만드는 과정에서 일어나는 변화에 의해 생성되며, 다른 하나는 **체세포 과돌연변이(somatic hypermutation, SHM)** 과정에 의해 생성된다.

본질적으로 동일한 설명이 T 세포 수용체의 단백질 사슬을 코드하는 기능적 유전자의 형성에 적용된다. 두 종류의 수용체가 T 세포에서 발견된다—하나는 α와 β로 불리는 두 가지 유형의 사슬로 구성되고 다른 하나는 γ와 δ 사슬로 구성된다. 면역글로불린을 암호화하는 유전자와 마찬가지로 T 세포 수용체의 개별 사슬을 코드하는 유전자는 활성 T 세포에 모여 있는 V와 C 영역을 포함하는 별도의 부분으로 구성되어 있다(*18.10절 T 세포 수용체는 면역글로불린과 관련이 있다* 참조).

따라서 면역글로불린의 합성에 관한 중요한 사실은 V 유전자 단편과 C 유전자 단편의 배열이 다른 모든 체세포 또는 생식세포의 면역글로불린(또는 T 세포 수용체)을 생성하는 세포에서 다르다는 것이다. 이러한 모든 과정은 체세포에서 일어나며 생식세포계에는 영향을 주지 않는다; 따라서 항원에 대한 반응은 생물체의 자손에 의해 유전되지 않는다.

그림 18.5는 기능을 지닌 면역글로불린을 만드는 전반적인 과정을 요약한 것이다. 면역글로불린 L 사슬의 두 가지 패밀리(κ와 λ)와 모든 유형의 H 사슬을 포함하는 한 패밀리가 있다. 각 패밀리는 다른 염색체에 있으며 V 유전자 단편과 C 유전자 단편으로 구성된다. 이것을 *생식세포 패턴(germline pattern)*이라고 부르며 생식계와 면역계 이외의 모든 계통의 체세포에서 발견된다.

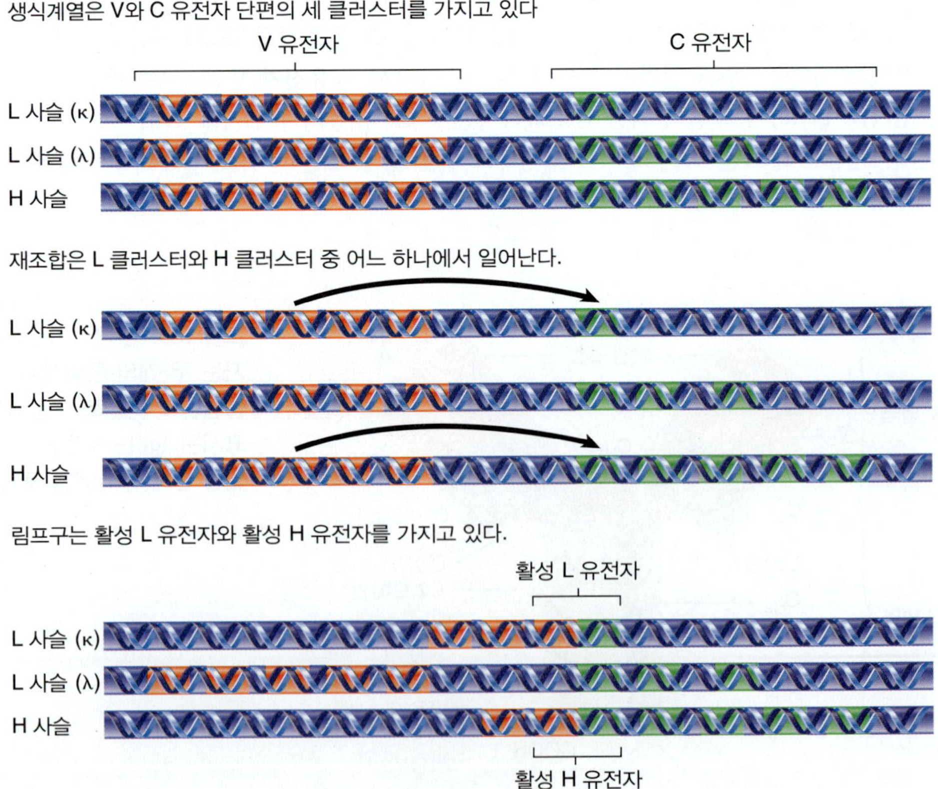

그림 18.5 생식세포 게놈은 C 유전자 단편으로부터 분리된 V 유전자 단편의 세 개의 분리된 클러스터를 가지고 있다. V 단편을 C 단편에 연결함으로써 활성유전자를 생성하기 위해 각각의 클러스터에서 재조합이 발생할 수 있다. 기능을 지닌 면역글로불린을 생산하기 위해서는 림프구가 H 클러스터와 L 클러스터 중 하나를 성공적으로 재조합이 일어나야 한다.

그러나 항체를 발현하는 세포에서 하나의 가벼운 타입(κ 또는 λ)과 하나의 무거운 타입인 각각의 사슬은 하나의 손상되지 않은 유전자에 의해 암호화되어 있다. V 유전자 단편을 C 유전자 단편과 결합시키는 재조합 과정은 단백질의 기능성 도메인과 정확히 일치하는 엑손으로 구성된 활성 유전자를 생성한다. 인트론은 RNA 스플라이싱에 의해 일반적인 방법으로 제거된다.

기능을 지닌 유전자가 조립되는 원리는 각 패밀리에서 동일하지만, V 유전자 단편과 C 유전자 단편 조직의 상세한 부분에 차이가 있으며, 이에 따라 이들 간의 재조합 반응도 서로 다르다. V 유전자 단편과 C 유전자 단편 외에도 다른 짧은 DNA 염기배열(J 단편과 D 단편 포함)이 기능을 지닌 체세포 유전자자리에 포함되어 있다.

핵심개념

- 면역글로불린은 두 개의 L 사슬과 두 개의 H 사슬의 테트라머(사량체)이다.
- L 사슬은 λ 및 κ 패밀리로 분류된다; H 사슬은 단일 패밀리를 형성한다.
- 각 사슬은 N-말단 가변 영역(V) 및 C-말단 불변 영역(C)을 가지고 있다.
- V 도메인은 항원을 인식하고 C 도메인은 반응기 반응(effector response)을 제공한다.
- V 도메인과 C 도메인은 V 유전자 단편과 C 유전자 단편으로 각각 코드된다.
- 손상되지 않은 면역글로불린 사슬을 코드하는 유전자가 체세포 재조합에 의해 생성되어 V 유전자 단편과 C 유전자 단편을 결합시킨다.

개념 및 추론 확인

C 유전자 단편보다 V 유전자 단편이 왜 더 많이 존재하는가?

18.3 L 사슬은 단일 재조합 과정에 의해 조립된다

그림 18.6과 같이 λ 사슬은 두 개의 단편으로 조립된다. V_λ 유전자 단편은 가변(V) 단편으로부터 단일 인트론으로 분리된 리더 엑손(leader exon, L)으로 구성된다. $J_\lambda C_\lambda$ 유전자 단편은 C_λ 엑손으로부터 단일 인트론으로 분리된 J_λ 단편으로 구성된다.

J는 **J 단편(J segment)**이 V 단편이 연결되는 영역을 식별하기 때문에 결합(joining)의 약어이다. 따라서 연결 반응은 V_λ 및 C_λ 유전자 단편을 직접적으로 증폭시키지 않고, J_λ 단편을 통해 일어난다; L 사슬에 대한 "V 및 C 유전자 단편"의 연결에 의해 이루어지므로 실제로 V_λ-$J_\lambda C_\lambda$ 연결을 의미하고 있다.

▶ **J 단편(J segment)** 면역글로불린 및 T 세포 수용체 유전자자리의 코딩 염기배열. 그들은 가변(V)과 불변(C) 유전자 단편 사이에 존재한다.

J_λ 단편은 짧고 가변 영역의 마지막 몇 개의 아미노산을 코드하고 있다. 재조합에 의해 생성된 전체 유전자에서, V_λ-J_λ 단편은 전체 가변 영역을 코드하는 단일 엑손을 구성한다.

κ 사슬은 또한 그림 18.7에서 설명한 것처럼 두 개의 DNA 단편으로 구성되어 있다. 그러나 C_κ 유전자자리와 C_κ 유전자자리의 조직 구성에는 차이가 있다. 5개의 J_κ 단편 그룹이 500 kb에서 700 bp의 영역에 걸쳐 있으며, 2 kb의 인트론으로 C_κ 엑손과 분리되어 있다. V_κ 단편(이는 V1과 같은 리더 엑손을 포함함)은 임의의 J_κ 단편에 연결될 수 있다.

어느 J_κ 단편이 사용되든 원래의 가변 엑손의 말단 부분이 된다. 재결합 J_κ 단편의 모든 J_κ 단편 상류(upstream)는 손실된다(그림에서 J1은 손실됨). 재조합 J_κ 단편의 모든 J 단편 하류(downstream)는 가변 및 불변 엑손 사이에 존재하는 인트론으로 취급된다(J3, J4 및 J5는 그림에서 스플라이싱된 인트론에 포함됨).

모든 기능성 J 단편은 왼쪽 경계에 V 단편과 재결합할 수 있는 신호를 가지고 있다; 그들은 또한 C 엑손을 스플라이싱하는 데 사용될 수 있는 신호를 오른쪽 경계에 가지고 있다. DNA에서 J 단편이 인

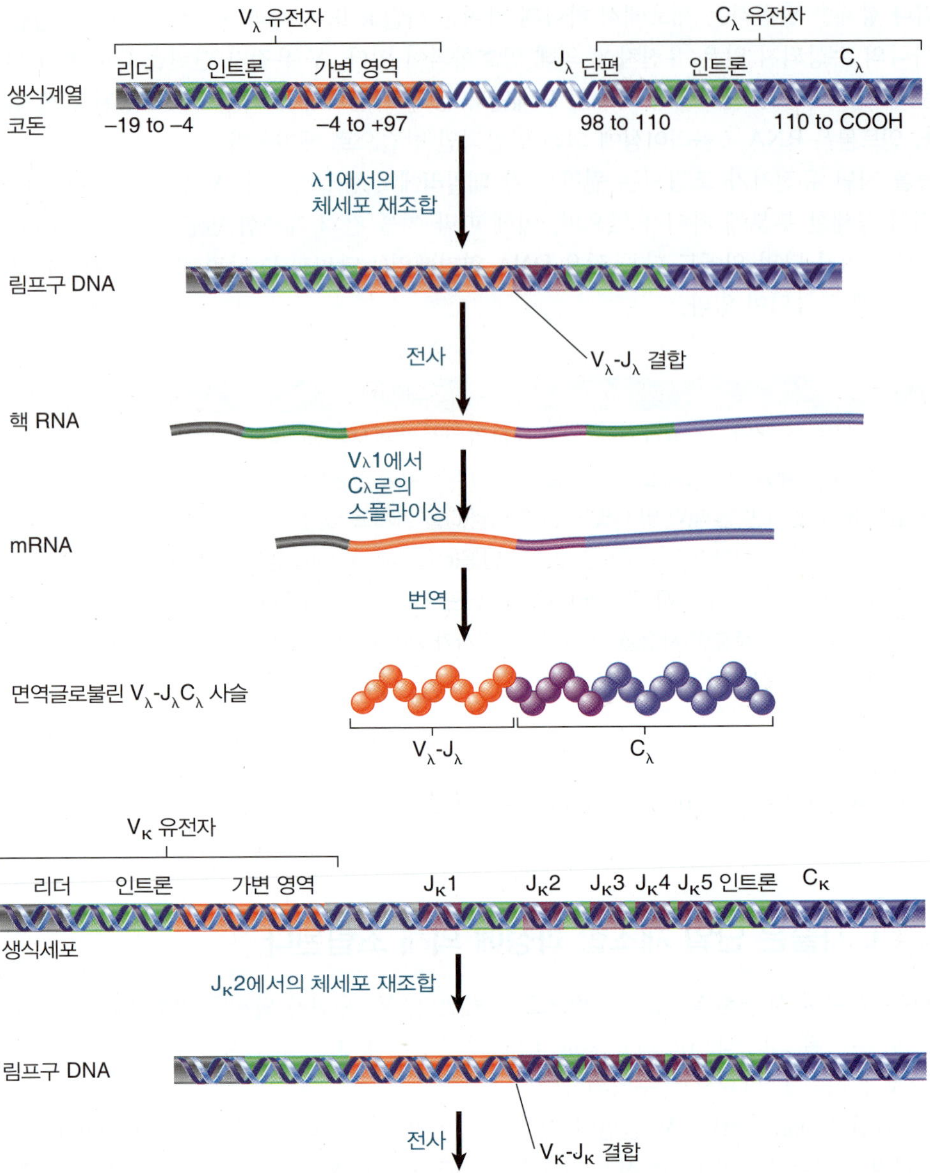

그림 18.6 람다 C 유전자 단편 앞에 J 단편이 있기 때문에, V-J 재조합은 기능을 가진 람다 L-사슬 유전자를 생성한다. 단순화를 위해 오직 하나의 V 유전자 단편만을 나타내었다.

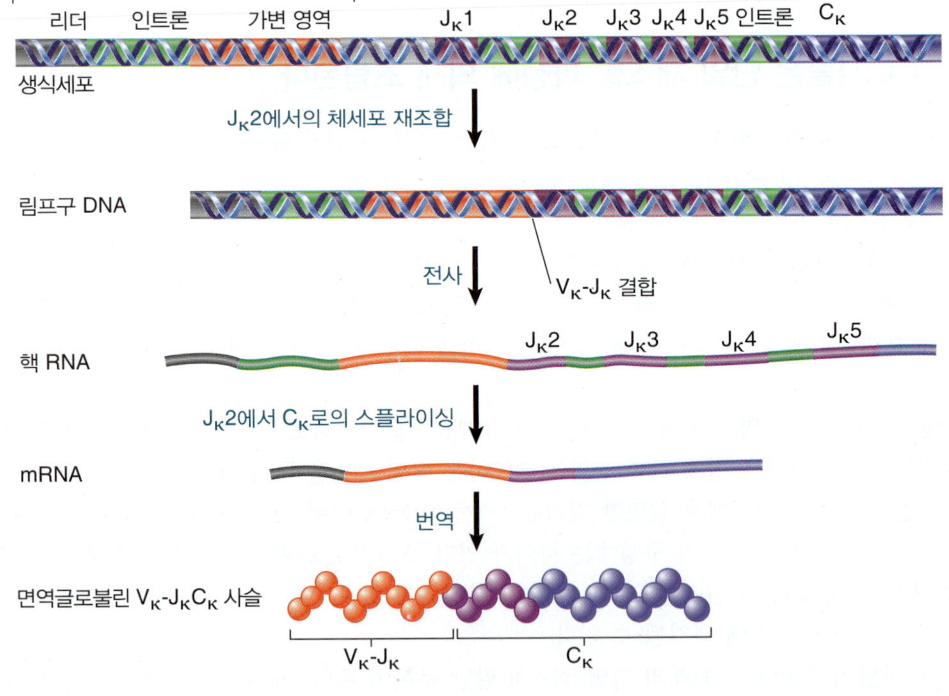

그림 18.7 카파 C 유전자 단편은 생식세포에서 다수의 J 단편이 선행되고 있다. V-J 결합이 되면 J 단편 중 어느 하나를 인식할 수 있으며, 그 다음 RNA 프로세싱 동안 C 유전자 단편으로 스플라이스된다. 단순화를 위해 오직 하나의 V 유전자 단편만을 나타내었다.

식되는 경우 V-J 연결은 RNA 프로세싱에서 연결신호를 사용한다.

인간의 λ 유전자자리는 ~181개의 유전자 단편과 ~6개의 C_λ 유전자 단편을 가지고 있으며, 각각은 **그림 18.8**과 같이 자신의 J_λ 단편이 앞에 위치하고 있다. 많은 수의 인간 V_λ 유전자 단편은 일부 위유전자(pseudogene)를 포함할 가능성이 있으며, 얼마나 많은 염기배열이 기능을 가지고 있는지는 정확히

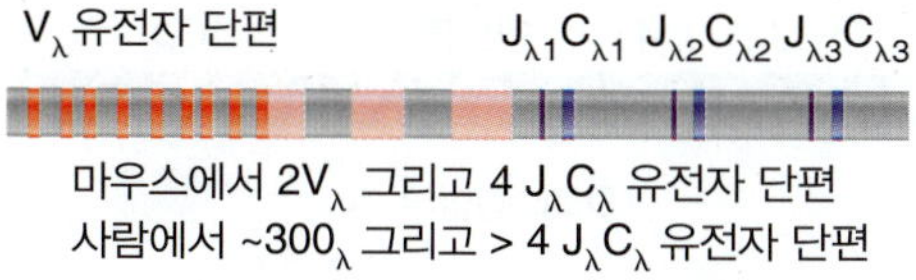

V_λ 유전자 단편　　$J_{\lambda1}C_{\lambda1}$ $J_{\lambda2}C_{\lambda2}$ $J_{\lambda3}C_{\lambda3}$

마우스에서 $2V_\lambda$ 그리고 4 $J_\lambda C_\lambda$ 유전자 단편
사람에서 $\sim300_\lambda$ 그리고 > 4 $J_\lambda C_\lambda$ 유전자 단편

그림 18.8 람다 패밀리는 소수의 J-C 유전자 단편에 연결된 V 유전자 단편으로 구성되어 있다.

그림 18.9 인간과 마우스 카파 패밀리는 단일 C_κ 유전자 단편에 연결된 5개의 기능성 J_κ 단편에 연결된 V_κ 유전자 단편으로 이루어져 있다.

알려지지 않았다. 마우스의 λ 유전자자리는 인간의 λ유전자자리보다 훨씬 다양하다. 주된 차이점은 마우스에는 오직 두 개의 V_λ 유전자 단편이 있다는 것이다. 각각은 두 개의 J-C 영역에 연결되어 있다. 네 개의 C_λ 유전자 단편 중 하나는 비활성 상태이다. 과거의 어느 시점에서, 마우스는 대부분의 생식세포 V_λ 유전자 단편이 갑작스럽게 결실된 것이다.

그림 18.9는 인간과 마우스 κ 유전자자리가 모두 오직 하나의 C_κ 유전자 단편을 가지고 있으며, 그 앞에 6개의 J_κ 단편(그 중 하나는 비활성)이 있음을 보여주고 있다. V_κ 유전자 단편은 불변 영역의 상류에서 염색체 상의 큰 클러스터를 차지하고 있다. 인간 클러스터에는 두 개의 영역이 있다. C_κ 유전자 단편 바로 앞에 600 kb의 영역이 5개의 J_κ 단편과 40개의 V_κ 유전자 단편을 포함한다. 800 kb의 갭(gap)은 이 영역을 36개의 V_κ 유전자 단편의 또 다른 그룹과 분리시킨다.

V_κ 유전자 단편은 패밀리 구성원이 80% 이상의 아미노산 상동성을 갖는 기준으로 정의되는 새로운 패밀리로 나누어질 수 있다. 마우스 패밀리는 매우 크며(~1000개 유전자), 크기가 2~100 멤버로 다양한 ~18개의 V_κ 패밀리가 있다. 관련 유전자의 다른 패밀리와 마찬가지로, 관련 V 유전자 단편은 서브클러스터(subcluster)를 형성하며, 이는 각각의 조상 멤버의 중복과 분기에 의해 생성된다. V 단편의 대부분은 비활성 위유전자이며, 50개는 면역글로불린을 생성하는 데 사용된다.

특정 림프구는 H 사슬과 결합하기 위해 κ 또는 λ L 사슬을 생성한다. 인간에서 L 사슬의 ~60%는 κ이며, ~40%는 λ이다. 마우스에서는 B 세포의 95 %가 L 사슬의 κ 타입을 발현하는데, 이는 아마도 λ 유전자 단편의 수가 감소했기 때문일 것이다.

핵심개념

- λ L 사슬은 V_λ 유전자와 J_λ-C_λ 유전자 단편 간의 단일 재조합에 의해 조립된다.
- V_λ 유전자 단편은 리더 엑손, 인트론 및 가변 코딩 영역을 가지고 있다.
- J_λ-C_λ 유전자 단편은 짧은 J_λ-코딩 엑손, 인트론 및 C_λ-코딩 영역을 갖는다.
- κ L 사슬은 V_κ 유전자 분절과 C_κ 유전자 앞에 있는 5개의 J_κ 단편 중 하나 사이의 단일 재조합에 의해 만들어진다.
- L 사슬 유전자자리는 300V 유전자 단편과 4-5 C 유전자 단편을 결합하여 1000개 이상의 사슬을 생성할 수 있다.

개념 및 추론 확인

J_λ 단편은 C_λ 유전자 단편의 일부이지만 면역글로불린의 가변 영역의 일부이기도 하다. 이를 설명하라.

18.4 H 사슬은 두 개의 연속적인 재조합 과정에 의해 조립된다

완전한 H 사슬의 조립에는 추가 단편이 필요하다. **D 단편[D segment,** 다양성(diversity)]은 V_H 단편과 J_H 단편에 의해 코드된 염기배열 사이에 여분의 두 개 내지 13개의 아미노산을 제공한다. V_H 단편과 네 개의 J_H 단편 사이의 염색체에 D 단편의 큰 배열이 놓여 있다.

▸ **D 단편(D segment)** 면역글로불린 H 사슬의 V 및 J 영역 사이에서 발견되는 부가적인 염기배열.

V_H-D-J_H 연결은 그림 18.10에서 설명한 것처럼 두 단계로 진행된다. D 단편 중 첫 번째 단편은 J_H 단

그림 18.10 H 사슬 유전자는 순차적인 결합 반응에 의해 조립된다. 먼저 D 단편이 J_H 단편에 결합하고, 이어서 V_H 단편이 D 단편에 결합된다.

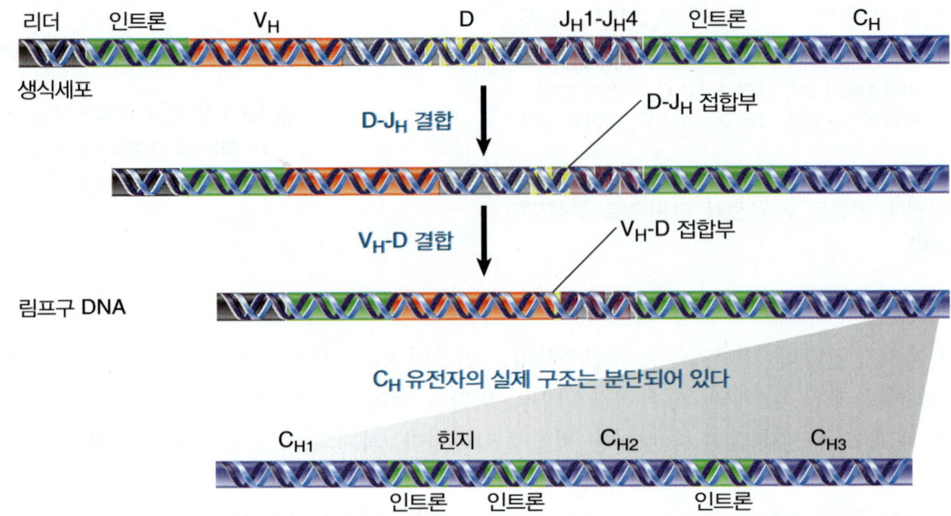

편과 재결합한다; 이어서 V_H 단편은 이미 결합된 D-J_H 단편과 재조합한다. 이렇게 하여 생성된 V_H-D-J_H DNA 배열은 가장 가까운 하류(downstream) C_H 유전자(처음에는 항상 Cμ이다)로 발현되며, 이것은 네 개의 엑손으로 이루어져 있다(서로 다른 C_H 유전자의 사용은 *18.7절 클래스 스위치는 DNA 재조합에 의해 일어난다* 참조).

D 단편은 연속 배열로 구성되어 있다. 인간 H 사슬 유전자자리는 ~30개의 D 단편을 포함하고, 6개의 J_H 유전자 단편의 클러스터가 이어진다. 몇몇 알려지지 않은 메커니즘은 동일한 D 단편이 D-J_H 재조합 및 V_H-D 재조합에 관여하고 있음을 뒷받침하고 있다.

재결합된 V(D)J 단편의 구조는 H 사슬 및 λ 및 κ 사슬 유전자자리에서의 구성이 유사하다. 리더 엑손은 막 부착과 관련된 신호 염기배열을 암호화하고, 두 번째 엑손은 가변 영역 자체의 주요 부분(~100개의 코돈 길이)을 코드한다. 가변 영역의 나머지 부분은 D 단편 (H 사슬 위치에서만)와 J 단편(세 위치 모두)에 의해 제공된다.

C 영역의 구조는 서로 다른 L 사슬에서 다르다. κ 및 λ L 사슬의 경우, C 영역은 단일 엑손(재구성된 활성 유전자의 세 번째 엑손이 됨)에 의해 코드된다. H 사슬의 경우, 불변 영역은 그림 18.10과 같이 네 개의 영역에 해당하는 여러 엑손에 의해 암호화된다: C_{H1}, 힌지(hinge) 첩, C_{H2} 및 C_{H3}. 각 C_H 엑손은 ~ 100개의 코돈 길이이다; 힌지는 더 짧다. 인트론은 일반적으로 (~ 300 bp로) 비교적 작다.

사람의 H 사슬 생성을 위한 단일 유전자자리는 **그림 18.11**에 요약된 것처럼 여러 개의 개별 구획으로 구성되어 있다. 마우스는 조직은 유사하지만 단편의 수가 다름을 나타내고 있다: 더 많은 V_H 유전자 단편, 더 적은 D 및 J 단편 및 C 유전자 단편의 수 및 구성에 약간의 차이가 있다. V_H 클러스터의 3′-대부분의 멤버는 첫 번째 D 단편에서 불과 20 kb 떨어져 있다. D 단편은 ~50 kb에 걸쳐 분포하고, J_H 단편의 클러스터가 이어진다. 다음 220 kb에 걸쳐서 모든 C_H 유전자 단편이 놓여있다. 9개의 기능성 C_H 유전자 단편과 두 개의 위유전자가 있다. 조직은 γ 유전자 단편이 중복되어 γ-γ-ε-α의 하위 클러

그림 18.11 인간의 단일 유전자 클러스터에는 H 사슬 유전자 조립에 대한 모든 정보를 포함하고 있다.

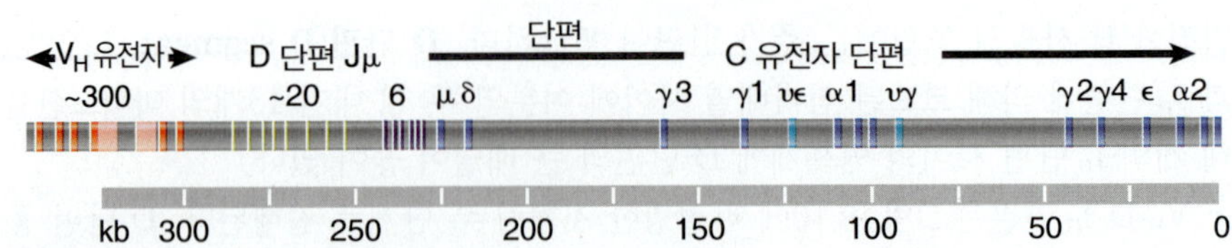

스터를 생성한 다음, 전체 그룹이 연속적으로 중복되었음을 시사하고 있다. ~51개의 기능성 V_H 유전자 단편, ~30개의 D 단편 및 6개의 J_H 단편 중 어느 하나가 결합됨으로써, IgH 유전자자리만으로 모든 C_H 유전자 단편을 수반할 수 있는 10^4개 이상의 가변 영역을 잠재적으로 생성할 수 있다.

핵심개념

- H 사슬 재조합 단위는 V_H 유전자, D 단편 및 J_H-C_H 유전자 단편이다.
- 첫 재조합은 J_H-C_H와 D를 연결한다.
- 두 번째 재조합은 V와 D-J_H-C_H를 연결한다.
- C_H 단편은 네 개의 엑손으로 구성되어 있다.

개념 및 추론 확인

그림 18.10의 맨 아래에 표시된 림프구 DNA 구조를 근거로 하였을 때, 이로부터 생성된 mRNA의 구성성분은 어떻게 될까?

18.5 면역 재조합은 두 가지 유형의 공통염기배열을 사용한다

Igλ, Igκ 및 IgH 사슬 유전자의 재조합은 재조합 인자의 수 및 성질이 다르긴 하지만 동일한 메커니즘을 가지고 있다. 연결 반응에 관여하는 모든 생식세포 단편의 경계에서 동일한 공통염기배열이 발견된다. 각 공통염기배열(종종 *재조합 신호 염기배열*, *recombination signal sequence*이라고 부름)은 *노나머*(*nonamer*, 9량체)(9 bp 인자)로부터 12 또는 23 bp로 분리된 *헵타머*(*heptamer*, 7량체)(7 bp 인자)로 구성된다. 이러한 염기배열을 **재조합 신호 염기배열(recombination signal sequence, RSS)**이라고 한다.

▸ **재조합 신호 염기배열(recombination signal sequence, RSS)** 정확한 Ig 유전자자리 재조합에 필요한 헵타머-스페이서-노나머 공통염기배열 조합.

그림 18.12는 Ig 유전자자리에서 공통염기배열 간의 관계를 보여준다. κ 유전자자리에서, 각각의 $V_κ$ 유전자 단편은 12 bp 스페이서를 갖는 공통염기배열이 이어진다. 각 $J_κ$ 단편은 23 bp 스페이서가 있는 공통염기배열이 앞에 위치한다. $V_κ$ 및 $J_κ$ 공통염기배열은 방향이 바뀐다. λ 유전자자리에서, 각각의 $V_λ$ 유전자 단편은 23 bp 스페이서를 갖는 공통염기배열이 이어진다; 각각의 $J_λ$ 유전자 단편은 12 bp 스페이서 유형의 공통염기배열 앞에 위치한다.

헵타머 및 노나머 염기배열의 방향은 유전자 단편의 코딩 영역의 위치를 나타낸다. 신호 염기배열의 헵타머 말단은 특정 유전자 단편의 암호화 영역에 인접하고 있는 것에 반해, 노나머 말단은 유전자 단편 간의 개재 정렬(intervening sequence)을 향하고 있다.

연결 반응을 조절하는 규칙은 *한 유형의 스페이서를 갖는 공통염기배열이 다른 유형의 스페이서와 일치하는 염기배열에만 결합될 수 있다는 것이다.* V 및 J 단편의 공통염기배열은 어느 쪽의 순서로도

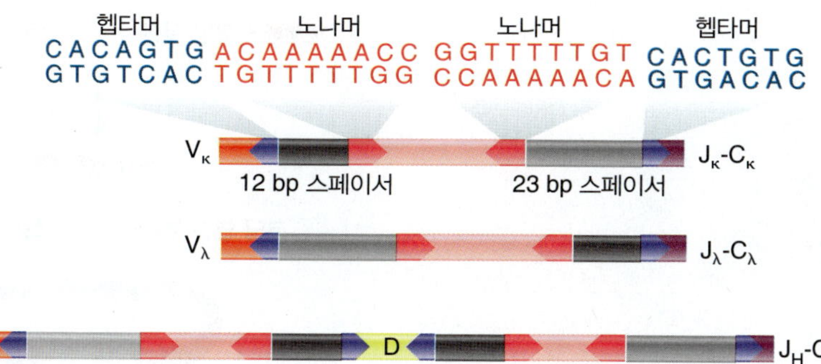

그림 18.12 RSS 염기배열은 재조합 위치의 각 쌍에서 역방향으로 존재한다. 각 쌍의 한 멤버는 해당 구성성분 사이에 12 bp 스페이서를 가지고 있다. 다른 하나는 23 bp의 스페이서를 가지고 있다.

존재할 수 있다. 따라서 (헵타머 및 노나머 염기배열과는 달리) 서로 다른 스페이서는 어떠한 방향성 정보도 부여하지 않는다. 대신, 스페이서는 하나의 V 또는 J 유전자 단편이 동일한 유형의 유전자 단편과 재조합하는 것을 방지하는 역할을 한다.

이러한 개념은 그림 18.12의 하단에 표시된 H 유전자(heavy gene) 단편의 구성 요소의 구조에 의해 뒷받침된다. 각각의 V_H 유전자 단편은 23 bp 스페이서 유형의 공통염기배열이 이어진다. D 단편은 12 bp 스페이서 유형의 공통염기배열에 의해 양쪽 측면에 위치한다. J_H 단편에는 23 bp 스페이서 유형의 공통염기배열이 앞에 위치한다. 따라서 V_H 유전자 단편은 D 단편에 연결되어야 하고, D 단편은 J_H 단편에 연결되어야 한다. V_H 유전자 단편은 J_H 단편에 직접 연결될 수 없다. 왜냐하면 둘 모두가 동일한 유형의 공통염기배열을 지니기 때문이다.

공통염기배열의 구성요소 간의 간격은 이중나선의 약 1(12 bp) 또는 2(23 bp) 회전에 해당한다. 이것은 재조합 반응 시 기하학적 제약을 반영할 수 있다. 재조합 단백질(들)은 RNA 중합효소 및 리프레서가 프로모터 및 오퍼레이터와 같은 인식 인자에 접근하는 것과 동일한 방식으로 한쪽에서 DNA에 접근할 수 있다.

Ig 유전자의 구성 요소의 재조합은 DNA 절단 및 재결합을 포함하는 염기배열의 물리적 재정렬에 의해 완성된다. λ L 사슬에 대한 반응의 일반적인 특성을 그림 18.13에 나타내었다. [두 번째 재조합 과정(첫 번째 D-J, V-DJ)이 있다는 것을 제외하고는 H 사슬 유전자자리에서의 반응과 유사하다.]

절단과 재결합은 별도의 반응으로 일어난다. 이중-가닥 절단은 암호화 단위의 말단에 있는 헵타머에서 만들어진다. 이것은 V 유전자 단편과 J-C 유전자 단편 사이의 전체 단편을 방출한다; 이 단편의 절단된 말단을 **신호 말단(signal end)**이라 한다. V 및 J-C 유전자자리의 절단 말단을 **코딩 말단(coding end)**이라 한다. 두 암호화 말단은 공유결합하여 **코딩 연결 부위(coding joint)**를 형성한다; 이것은 V 단편과 J 단편을 연결하는 커넥션이다. 두 개의 신호 말단은 또한 절제된 단편이 원형 분자를 형성하도록 재결합된다.

▶ **신호 말단(signal end)** 면역글로불린과 T 세포 수용체 유전자의 재조합 과정에서 생성된 절단된 염기배열의 유리된 DNA 말단. 신호 말단은 재조합 신호 염기배열을 포함하는 절단된 단편의 말단에 위치한다. 이후에 합류하면 신호 연결 부위가 생긴다.

▶ **코딩 말단(coding end)** 면역글로불린과 T 세포 수용체 유전자의 재조합 과정에서 생성된 암호화 염기배열의 유리된 DNA 말단. 암호화 말단은 절단된 V 및 (D) J 암호화 영역의 말단에 있다. 이후에 합류하면 암호화 연결 부위가 생긴다.

▶ **코딩 연결 부위(coding joint)** V(D)J 재조합 동안 두 암호화 말단의 연결에 의해 생성된 DNA 접합부위.

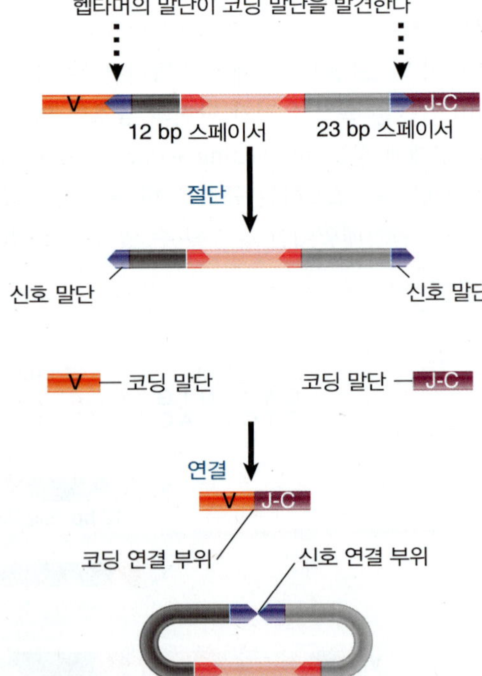

그림 18.13 RSS에서 절단과 재결합은 VJC 염기배열을 생성하고 개재 염기배열(intervening sequence)을 방출한다.

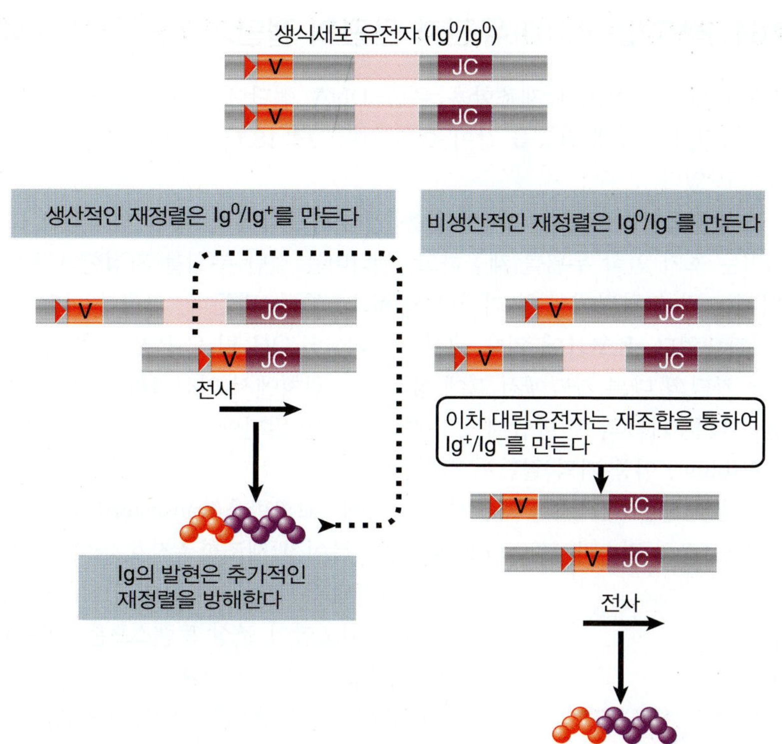

그림 18.14 활성을 가지고 있는 L 사슬(나타낸) 또는 H 사슬을 생성하는 성공적인 재정렬은 동일한 유형의 추가적인 재정렬을 억제하여, 대립유전자 배제를 초래한다. 분홍색 상자는 재조합이 존재하지 않을 때 존재하는 개재 정렬(예를 들어, V 유전자 단편)을 나타낸다.

각 B 세포는 하나의 L 사슬과 하나의 H 사슬 유전자를 생성하기 위한 단일 **생산적인 재정렬(productive rearrangement)**이 특정 림프구에서 발생하기 때문에 단일 사슬의 L 사슬과 단일 유형의 H 사슬을 발현한다. 각각의 과정은 상동성 염색체 중 하나만의 유전자를 포함하며, 결과적으로 다른 염색체의 대립유전자는 동일한 세포에서 발현되지 않는다(비생산적으로 재정렬될 수 있음). 이러한 현상을 그림 18.14에서 설명한 **대립유전자 배제(allelic exclusion)**라고 한다. 세포는 생산적 재정렬이 완성될 때까지 V 유전자 단편과 C 유전자 단편을 재조합하는 것을 계속할 것이다. 대립유전자 형질 배제는 활성 사슬이 생성되는 즉시 추가적인 재정렬을 억제함으로써 발생한다.

▶ **생산적인 재정렬(productive rearrangement)** 모든 재정렬된 유전자 단편이 정확한 리딩 프레임에 있는 경우 V, (D) 및 J 유전자 단편의 재조합의 결과로서 발생한다.

▶ **대립유전자 배제(allelic exclusion)** 발현된 면역글로불린을 암호화하는 하나의 대립유전자만의 특정 림프구에서의 발현. 이것은 다른 염색체에서 사본의 활성화를 방지하는 첫 번째 면역글로불린 대립유전자로부터의 피드백으로 인해 일어난다.

핵심개념

- 재조합에 사용된 공통염기배열은 노나머로부터 12 또는 23 bp로 분리된 헵타머(7량체)이다.
- 재조합은 스페이서가 서로 다른 두 개의 공통염기배열 사이에서 발생한다.
- 두 개의 공통염기배열의 헵타머서 이중-가닥 절단으로 재조합이 시작된다.
- 절단 간의 단편의 신호 말단은 일반적으로 절제된 원형 단편을 생성하기 위해 연결한다.
- 암호화 말단은 V에서 J-C(L 사슬) 또는 D에서 J-C로 그리고 V에서 D-J-C (H 사슬)까지 공유결합으로 연결된다.
- (활성 면역글로불린 단백질을 생성하는) 생산적인 재정렬은 더 이상의 재정렬이 일어나는 것을 방해한다.

개념 및 추론 확인

재조합 신호염기배열에서 헵타머/노나머 대 12와 23 bp 스페이서의 다른 기능은 무엇인가?

18.6 RAG1/RAG2는 V(D)J 유전자 단편의 절단과 재결합을 촉매한다

단백질 RAG1과 RAG2는 V(D)J 재조합을 위한 DNA 절단에 필요충분조건이다. RAG 단백질은 DNA의 절단 및 재결합의 촉매 반응을 같이 수행하며, **그림 18.15**와 같이 반응이 일어날 수 있도록 구조적 틀을 제공하고 있다.

RAG1은 RSS(적절한 12/23 스페이서가 있는 헵타머/노나머 신호)를 인식하고 RAG2를 복합체에 구성한다. 노나머는 초기 인식 부위를 제공하고, 헵타머는 절단 부위를 지정한다(몇몇 염기쌍 범위 내에서). 이 복합체는 각 교차점에서 한 가닥에 닉(nick, 틈)을 만든다. 그림 18.15의 반응은 **그림 18.16**에 더 자세히 나타내었다. RAG1에 의해 생성 된 닉은 3′-OH 및 5′-P 말단을 갖는다. 유리(free) 3′-OH 말단은 *이중-가닥의 다른 가닥에서* 그에 상응하는 위치에서 인산결합을 공격한다. 이것은 하나의 가닥의 3′ 말단이 다른 가닥의 5′ 말단에 공유결합된 코딩 말단에 *헤어핀*을 생성한다; 이로 인하여 신호 말단에서 평활(blunt) 이중-가닥 절단이 만들어진다.

이 두 번째 절단은 결합 에너지가 보존되는 에스테르교환반응(transesterification reaction)이다. 이는 박테리아 트랜스포존의 리솔바아제(resolvase, 위치특이성 재조합촉진효소)에 의해 촉매되는 토포이소머라아제-유사 반응과 닮아 있다. 이것은 면역 유전자의 체세포 재조합이 조상 트랜스포존으로부터 진화되었을 수도 있음을 시사하고 있다.

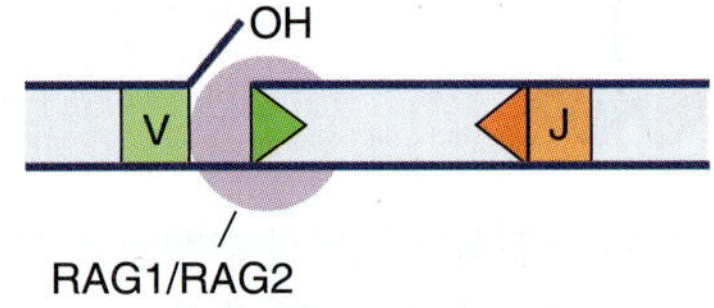

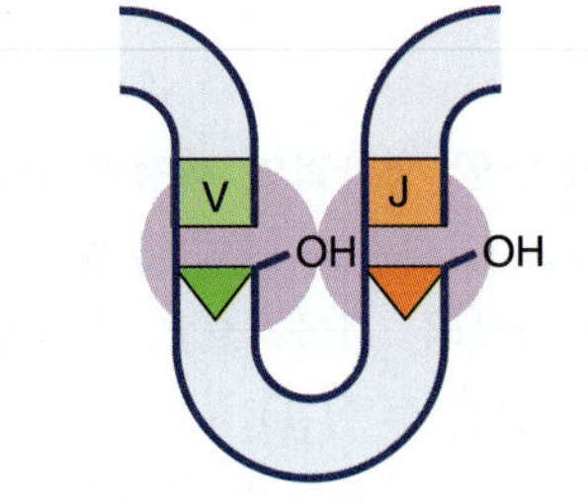

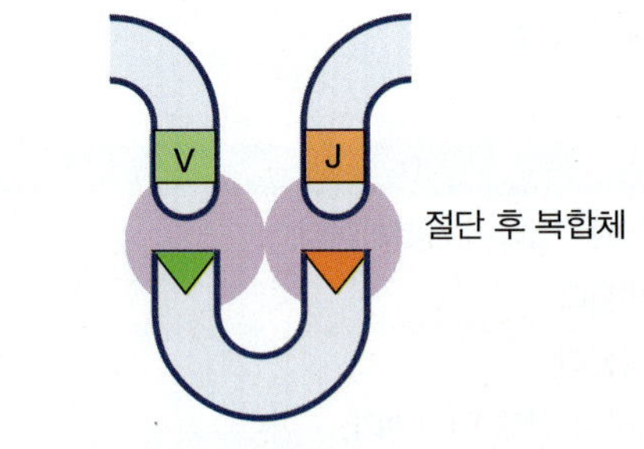

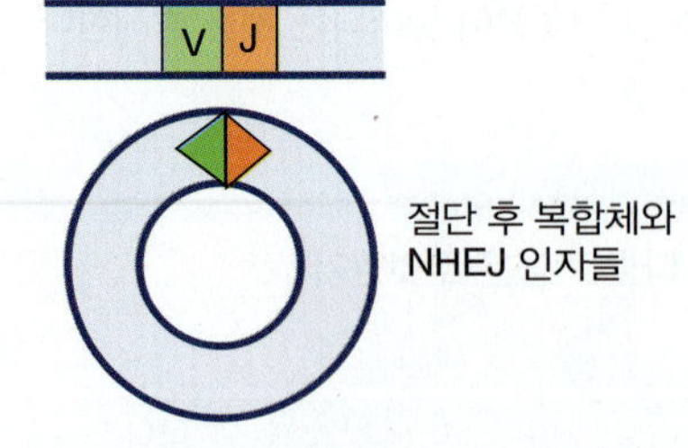

그림 18.15 RAG1/RAG2 단백질은 RSS에서 절단과 재조합을 일으킨다. 단순화를 위해 일반적인 V-J 재정렬을 나타내었다.

- **P 뉴클레오티드(P nucleotide)** 면역글로불린 및 T 세포 수용체 V, (D) 및 J 유전자 단편의 재정렬이 일어나는 동안 생성되는(역위 반복배열의) 짧은 회문(palindromic) 염기배열. 그들은 단백질 재정렬 중에 생성된 헤어핀 말단을 절단할 때 코딩 연결 부위에서 생성된다.
- **N 뉴클레오티드(N nucleotide)** 면역글로불린 및 T 세포 수용체 유전자의 재정렬이 일어나는 동안 암호화 연결 부위에서 효소에 의해 무작위로 첨가되는 짧은 비주형(nontemplated) 염기배열. 그들은 항원 수용체의 다양성을 증가시킨다.

코딩 말단의 헤어핀은 다음 반응 단계를 위한 기질을 제공한다. 만일 단일-가닥 절단이 헤어핀에 가까운 한 가닥에 도입되면, 말단에 짝을 형성하지 않는 반응으로 단일-가닥의 오버행(overhang, 돌출된) 구조가 만들어진다. 노출된 단일가닥에 대한 상보염기의 합성은 코딩 말단을 확장된 이중구조로 변환시킨다. 이 반응으로 코딩 말단에서 **P 뉴클레오티드(P nucleotide)**의 도입을 설명할 수 있다; 그들은 원래의 코딩 말단과 관련되어 있지만, 원래의 코딩 말단에서 방향이 반대로 되어 있는 몇 개의 여분의 염기쌍으로 구성되어 있다.

코딩 말단 사이에는 몇 개의 염기들이 무작위로 삽입될 수 있다. 이들을 **N 뉴클레오티드(N nucleotide)**라고 불린다. 이들의 삽입은 결합 과정에서 생성되는 자유 3′ 코딩 말단에서 림프구에서 활성인 효소 디옥시뉴클레오시드(deoxynucleoside) 전달효소의 활성을 통해 일어난다.

따라서 재조합 중의 염기배열의 변화는 DNA 절단 및 재결합과 관련된 효소 메커니즘의 결과이다. H 사슬 재조합에서, 염기쌍은 V_H-D 또는 D-J_H 접합부 또는 둘 다에서 결실 또는 삽입된다. 결실은 V_λ-J_λ 결합에서도 발생하지만, 이러한 연결 부위에 삽입하는 것은 드문 경우이다. 염기배열의 변화는 H 사슬의 V_H-D 접합부 및 D-J_H 접합부 또는 L 사슬의 V_L-J_L 접합부에서 코딩된 아미노산에 영향을 준다.

이러한 다양한 메커니즘은 함께 코딩 연결 부위가 V, D 및 J 영역의 코딩 말단의 직접 연결에 의해 예측되는 것과 다른 염기배열을 가질 수 있음을 뒷받침하고 있다.

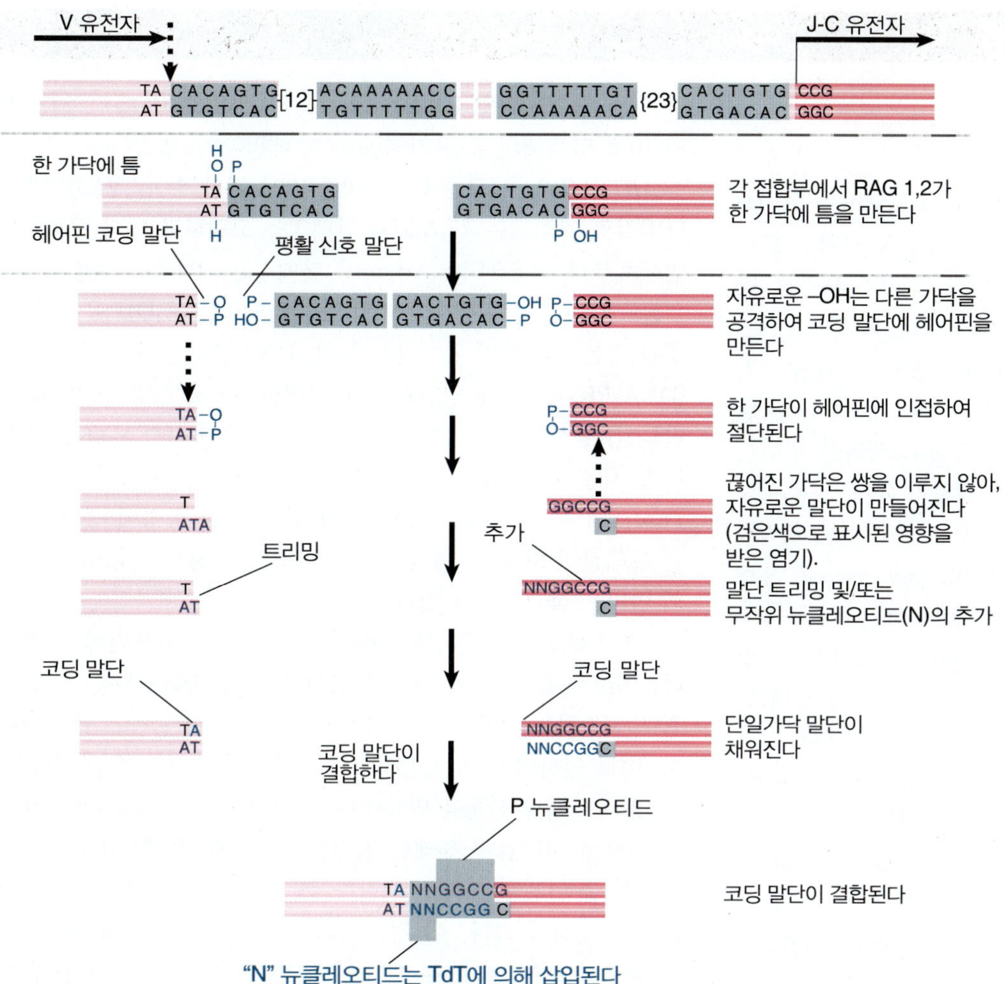

그림 18.16 코딩 말단의 프로세싱은 접합부에서 다양성을 나타내게 한다.

접합부(junction)에서 염기배열의 변화는 이 부위에서 다양한 아미노산을 코딩할 수 있게 한다. 96번 위치의 아미노산이 V-J 결합 반응에 의해 생성된다는 것은 흥미롭다. 그것은 항원 결합 부위의 일부를 형성하고, 또한 L 사슬과 H 사슬 간을 접촉하는 데 관여한다. 따라서 표적 항원과 접촉하는 부위에서 다양성을 극대화한다.

코딩 연결 부위에서 염기쌍의 수의 변화는 리딩 프레임에 영향을 준다. 연결 과정은 리딩 프레임과 관련하여 무작위인 것처럼 보이므로 결합된 염기배열의 단지 1/3만이 접합부를 통해 적절한 리딩 프레임을 유지할 수 있다. V-J 영역이 결합되어 J 단편이 프레임에서 벗어나면 잘못된 프레임의 난센스 코돈(nonsense codon)에 의해 단백질 합성이 조기에 종료된다. 우리는 연결 부위에서 염기배열을 조정할 수 있으므로 증가된 다양성에 대해 세포가 지불해야만 하는 대가로 비정상적인 유전자의 형성을 생각할 수 있다.

비록 더 크기는 하지만, 마찬가지로 H 사슬의 D 단편을 포함하는 연결 반응에서 유사한 다양성이 생긴다. 리딩 프레임과 관련해서도 같은 결과가 나타난다; 비생산적인 유전자는 선행하는 V 유전자 단편과 J 및 C가 프레임 밖에 위치하는 연결 과정으로 생성된다.

코딩 말단에서 작용하는 연결 반응은 세포의 이중-가닥 절단을 수복하는 비상동 말단 결합(nonhomologous end joining, NHEJ)과 동일한 경로를 사용한다(*16.8절비상동성 말단 결합(NHEJ)은 이중-가닥 절단(DSB)도 수복한다* 참조). 수복과 마찬가지로, DNA-의존성 단백질 키나아제(DNA-dependent protein kinase, DNA-PK)는 DNA 말단에 결합하는 Ku70 및 Ku80 단백질에 의해 DNA에 모인다. DNA-PK는 단백질 아르테미스(Artemis)를 인산화하여 활성화시킨다. 이 단백질은 헤어핀 말단

MEDICAL APPLICATIONS

ARTEMES 및 SCID-A

중증복합면역결핍증(Severe combined immunodeficiency, SCID)은 심한 T 및 B 림프구 면역결핍을 초래하는 유전성 면역 질환이다. T 및 B 림프구는 면역계의 핵심 요소이다. 이들은 미생물 병원균 침입에 의한 개별 위협에 대한 활성에 맞춰진 제2의 방어선이다. SCID로 태어난 어린이는 생후 첫 6개월 동안 폐렴, 수막염 또는 혈류 감염을 일으킬 수 있는 박테리아성, 바이러스성 및 곰팡이 감염을 일으킨다. 이들 감염은 보통 심각하고 생명을 위협한다. 만일 치료를 받지 않으면 아이들은 첫 생일이 되기 전에 사망한다. 만일 제 때에 진단을 받으면, 질병을 치료할 수 있는 효과적인 치료법이 있다. SCID는 "버블보이병(bubble boy disease)"으로 불려왔다. SCID를 앓고 있는 어린 소년 데이비드 베터(David Vetter)가 플라스틱 무균 버블(plastic germ-free bubble)에 12년 동안 살았던 1970년대와 1980년대에는 이 질병이 미디어에서 널리 알려졌다. 그는 텍사스 어린이 병원에서 대부분의 삶을 보냈다.

8개의 알려진 유전자(*IL2RG*, *RAG1*, *RAG2*, *ADA*, *CD45*, *IL7R*, *JAK3* 및 *ARTEMIS*)의 돌연변이가 SCID를 일으킨다. 미확인 유전자의 돌연변이가 또한 SCID를 유발할 수도 있다. SCID는 미국 인구에서 매우 드물며 10만 명의 어린이 중 1명에게 영향을 준다. 신생아 검진 프로그램은 현재 일부 주에서 제공되고 있다. 이 Medical Applications의 초점은 SCID 개발 과정에서 *ARTEMIS* 유전자의 역할에 있다. SCID-A는 애서배스카어(Athabascan)을 사용하는 어린이에게서 높은 발병률을 보인다. 나바호족(Navajo)과 아파치 아메리카 원주민(Apache Native American)은 약 1/2,000의 비율로 SCID-A가 태어난다. 애서배스카어(Athabascan)을 사용하는 나바호족(Navajo)과 아파치 아메리카 원주민(Apache Native American)의 가계도와 유전적 분석을 통해 연구자들은, SCID-A(SCID-Athabascan)의 *ARTEMIS* 유전자를 1998년 10번 염색체의 짧은 가지(arm)에 매핑할 수 있었다.

*ARTEMIS*는 새로운 DNA 이중-가닥 절단 수복/ V(D)J 재조합 단백질로 가정되는 77.6 kDa 단백질을 코딩하고 있다. 시험관 내 연구로부터 아르테미스(Artemis) 단백질은, T 세포 수용체 및 면역글로불린-코딩 유전자의 다양성을 담당하는 V(D)J 유전자의 재정렬 또는 재조합이 일어나는 동안, DNA-의존성 단백질 키나아제(DNA-PKs)에 의해 인산화되어, 헤어핀 오프닝(개방) 또는 닉킹(틈 만들기) 활성을 활성화시켜 뉴클레오티드가 H 사슬 V-D 및 D-J 또는 L 사슬 V-J 접합부에서 첨가되거나 제거될 수 있게 한다. *ARTEMIS*의 돌연변이는 V(D)J 코딩 연결 부위 형성에 중대한 장애를 초래하여 SCID-A를 유발하여 병원체와 싸우는 T 및 B 림프구의 발달을 불가능하게 한다.

*ARTEMIS*의 창시자(founder) 돌연변이는 2002년에 발견되었다; 이것은 DNA에서 하나의 염기 변화가 아미노산을 종결 코돈으로 지정하는 코돈을 대체하는 점 돌연변이인 *넌센스 돌연변이*이며, 이로 인하여 단백질 합성이 중간에 중단되거나 종종 기능을 하지 않는 단백질 산물을 만들어낸다. "창시자 효과(founder effect)"는 소수의 사람들이 원래의 집단을 떠나 새로운 집단(예: 섬을 식민지화)을 발견했을 때 발생한다. 창시자는 원래 집단을 대표하지 않을 가능성이 크다. 이 경우 SCID-A 결함은 애서배스카어를 사용하는 집단에서 비롯된 것으로 생각된다. 약 12,000년 전에 마지막 빙하기가 끝날 때 애서배스카어족의 조상이 아마 베링 랜드 브리지(Bering Land Bridge)를 건너 이동했다. 그들은 전통적으로 알래스카와 캐나다 북서부의 작은 유목민 집단에 살았다. 주거지는 일반적으로 일시적이었으며, 공식적인 부족의 조직을 가지고 있지 않았다. 서기 700년에서 1300년 사이에 일부 애서배스카어족(Athabascan)은 미국 남서부로 이주했다. 나바호족(Navajo)과 아

에 틈을 만든다(이 단백질은 NHEJ 경로에서 기능하는 핵산외부가수분해효소와 핵산내부가수분해효소 활성을 갖는다). 실제 라이게이션(ligation)은 DNA 리가아제 IV(DNA ligase IV)에 의해 수행되며 단백질 XRCC4도 필요하다. 이 모든 단백질의 돌연변이는 방사선에 대한 민감성을 증가시키는 DNA 수복 결함으로 인한 질병을 앓고 있는 인간 환자에서 발견되었으며, 대부분의 돌연변이는 면역결핍으로 이어진다. (ARTEMIS 유전자의 돌연변이로 인한 SCID-A에 대한 설명은 *Medical Applications*를 참조하라.)

V와 C 유전자 단편 결합과 전사 활성화 간의 연관성은 무엇인가? 재정렬되지 않은 V 유전자 단편은 활발하게 전사되지 않는다. 그러나 V 유전자 단편이 C_κ 유전자 단편에 생산적으로 연결되면, 이로부터 생성된 단위는 전사된다. V 유전자 단편의 상류 염기배열은 연결 반응에 의해 변화되지 않으며, 결과적으로 *프로모터는 재정렬되지 않은, 비생산적으로 재정렬된, 그리고 생산적으로 재정렬된 유전자에서 동일해야만 한다.*

파치족(Apache)는 애서배스카어족의 작은 이주자 집단의 자손으로, 그들의 언어는 애서배스카어족의 뿌리를 공유하고 있기 때문에 믿어진다.

SCID-A는 나바호어 원주민의 가정에서 높은 비율로 발생하기 때문에 유전학자들은 이들 가계에 대해 몇 세대 동안 연구를 해왔다. SCID-A 조건은 상염색체 열성이다. 상염색체 열성 대립유전자는 해를 끼치지 않고 한 세대에서 다음 세대로 넘어갈 수 있다. 그러나 만일 두 부모 모두 돌연변이형 열성 *ARTEMIS* 대립유전자를 가지고 있는 경우, 각 어린이가 SCID-A로 태어날 확률은 1/4이다(그림 B18.1). 카운슬러는 이 정보를 이해하고 대처할 수 있도록 질병에 걸린 나바호어 원주민 가족과 협력하고 있다. 지원 모임에서는 아주 짧은 인생을 살았던 신생아에 관한 이야기를 조부모로부터 전해 들음으로써 가족 역사를 풀어내고 있다. 사망 진단서에 '심각한 감염'이라는 문구가 적혀 있었다. 오늘날 우리는 신생아가 SCID-A로 고생했을 가능성이 있었다는 사실을 알고 있다. 유전 검사 결과는 개인, 그 가족 및 지역 사회에 강력한 정서적 영향을 줄 수 있다.

SCID-A 아동의 치료에는 적절한 딱 들어맞는 기증자가 필요한 골수 이식이 포함된다. SCID-A의 치료에 대한 또 다른 접근법은 유전자 치료의 적용이다. 유전자 치료는 결함이 있는 *ARTEMIS* 유전자를 보완할 수 있는 기능성 유전자 사본을 가지고 있는 바이러스 벡터의 사용을 포함한다. 연구자들은 돌연변이 대립유전자가 마우스 모델 시스템에서 야생형 *ARTEMIS* 대립유전자에 의해 보완될 수 있음을 보여 주었다.

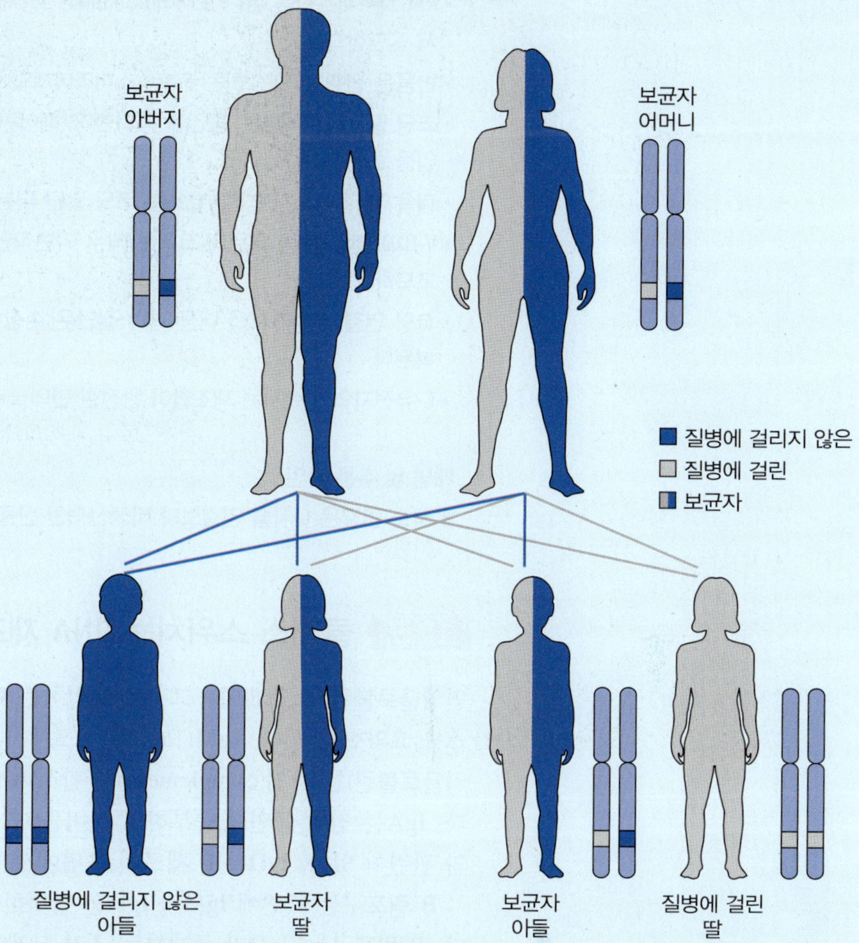

그림 B18.1 질병에 걸리지 않은 두 명의 부모 각각은 결함이 있는 상염색체 열성 *ARTEMIS* 대립유전자의 하나의 사본을 가지고 있다. 그들은 SCID-A를 가진 1명의 어린이와 3명의 질병에 걸리지 않은 어린이를 두고 있으며, 그 중 2명은 결함이 있는 *ARTEMIS* 대립유전자의 사본을 한 부 가지고 있다. UReproduced from U.S. National Library of Medicine. *Genetics Home Reference Handbook*, 2008. (http://ghr.nlm.nih.gov/handbook/illustrations/ autorecessive)

프로모터는 모든 V 유전자 단편의 상류에 위치하지만 비활성 상태이다. C 영역으로 재정렬됨으로써 활성화된다. 효과는 하류 염기배열에 따라 달라져야 한다. 그들이 어떤 역할을 할까? C 유전자 단편 내에 또는 그 하류에 위치한 인핸서(enhancer)는 V 유전자 단편에서 프로모터를 활성화시킨다. 인핸서는 조직 특이적이다; B 세포에서만 활성화된다. 그 존재는 그림 18.17에 나타낸 모델을 제안하게 되는데, V 유전자 단편 프로모터가 인핸서의 범위 내에 있을 때 활성화된다.

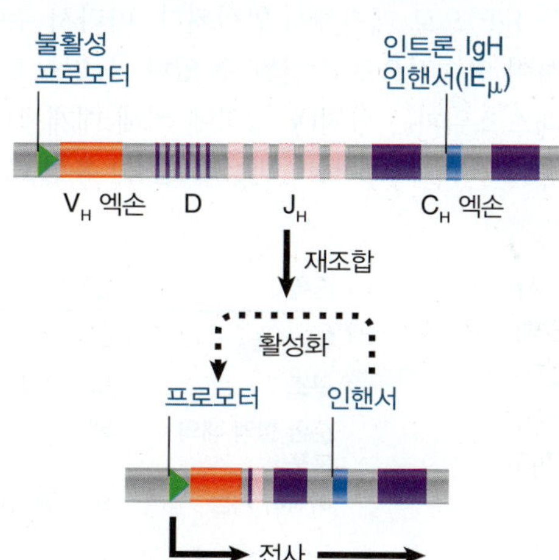

그림 18.17 V 유전자 프로모터는 재조합이 C 유전자 부분의 인핸서에 근접할 때까지 비활성이다. 인핸서는 B 림프구에서만 활성화된다.

핵심개념

- RAG 단백질은 절단 반응에 필요충분조건이다.
- RAG1은 재조합을 위한 노나머(nonamer, 9량체) 공통염기배열을 인식한다. RAG2는 RAG1에 결합하고 헵타머에서 절단한다.
- 반응은 전위 시 발생하는 토포이소머라아제와 같은 분해 반응과 닮아 있다.
- 코딩 말단에서 헤어핀 중간을 통과한다; 헤어핀의 개봉은 재조합된 유전자에 여분의 염기(P 뉴클레오티드)의 삽입을 초래한다.
- 디옥시뉴클레오시드 전달효소는 코딩 말단 부분에 N개의 뉴클레오티드를 추가로 삽입한다.
- V-(D)J 연결 반응 부위의 코돈은 매우 가변적인 염기배열을 가지고 있으며 항원-결합 부위에 아미노산 96개를 코드하고 있다.
- 코딩 연결 부위에서의 이중-가닥 절단은 손상된 DNA의 비상동 말단 결합과 관련된 동일한 시스템에 의해 수복된다.
- C 유전자의 인핸서는 재조합이 완전한 면역글로불린 유전자를 생성한 후 V 유전자의 프로모터를 활성화시킨다.

개념 및 추론 확인

H 사슬 연결은 L 사슬 연결보다 비생산적인 산물의 비율이 더 높을 가능성이 있을까? 그 이유는 무엇인가?

18.7 클래스 스위치는 DNA 재조합에 의해 일어난다

면역글로불린의 *클래스*는 그것이 포함하는 C_H 영역의 유형으로 정의된다. 그림 18.18은 5개의 Ig 클래스를 요약한 것이다. IgM(모든 B 세포에서 생산되는 첫 번째 면역글로불린)과 IgG(가장 일반적인 면역글로불린)는 보체(complement)를 활성화시키는 중요한 능력을 가지고 있어 침입하는 세포를 파괴한다. IgA는 점막 표면에 풍부하고 분비물(예: 타액)에서 발견되며, IgE는 알레르기 반응 및 기생충 방어와 관련이 있다. IgD는 B 세포의 표면에서 발견되며 그 기능은 완전히 밝혀져 있지 않다.

B 림프구는 표면에 IgM과 IgD를 발현하는 미성숙 세포로서 "생산적(productive)"인 일생을 시작한다. B 림프구는 (IgD가 존재하는 초기 단계를 제외하고) 한 번에 한 클래스의 Ig만을 발현하지만, 항원을 만나면 B 세포는 IgM-에서 IgM-, IgA- 또는 IgE- 생성 세포로의 활성화, 증식 및 분화한다. 이와 같은 발현의 변화를 **클래스 스위치(class switching, 종류 변환)**라고 한다. 이는 발현되는 C_H 영역 타입의 치환에 의해 일어난다. 환경 효과에 의해 클래스 스위치가 촉진될 수 있다; 예를 들어, 헬퍼 T 세포(helper T cell, T_H)와의 상호작용 및 성장인자 TGFβ의 T_H 방출은 C_μ에서 C_α로 전환을 일으킨다.

▶ **종류 변환(class switching)** H 사슬의 C 영역은 변하지만 V 영역은 동일하게 유지되는 Ig 유전자 구성의 변화.

클래스 스위치는 *클래스 스위치 재조합(class switch recombination, CSR)*에 의해 이루어지며 C_H 유전자 단편만 포함한다. 원래 IgM의 일부로 발현된 동일한 V_H-D-J_H 단편은 새로운 상황(IgG, IgA 또는 IgE)으로 계속해서 발현된다. 따라서 주어진 V_H 유전자 단편은 하나 이상의 C_H 유전자 단편과 조합하여 연속적으로 발현될 수 있다. 동일한 L 사슬은 세포계 전반에 걸쳐 계속해서 발현된다. 따라서 클래스 스위치는 항원(V 영역에 의해 매개됨)을 인식하는 동일한 능력을 유지하면서 변화하는 이펙터 반응(effector response, 반응기 반응) 유형(C_H 영역에 의해 매개됨)을 가능하게 한다.

종류	IgM	IgD	IgG	IgA	IgE
C_H 사슬	μ	δ	γ	α	ε
구조	$(\mu_2L_2)_5J$	δ_2L_2	γ_2L_2	$(\alpha_2L_2)_2J$	ε_2L_2
순환 혈액 내의 분포	5%	1%	80%	14%	<1%
이펙터 기능	보체 활성화	관용 발생(?)	보체 활성화	분비물에서 발견	알레르기 반응

그림 18.18 면역글로불린 유형과 기능은 사슬에 의해 결정된다. J는 IgM에서 결합단백질이며, J(결합) 유전자 단편과 관련이 없다. IgM은 주로 펜타머(즉, 5 IgM μ_2L_2 테트라머) 그리고 IgA는 다이머로서 존재한다. IgD, IgG 및 IgE는 단일 H_2L_2 테트라머로 존재한다.

C_H 유전자 단편의 발현 변화는 V-D-J 연결과 관련된 시스템과는 다른 추가적인 DNA 재조합 과정을 통해 주로 발생한다. 클래스 스위치는 재조합에 의해 새로운 C_H 유전자 단편을 발현된 V_H-D-J_H 단위와 나란히 위치시키며, 이전에 발현된 C_H 유전자 단편뿐만 아니라 이전의 C 유전자와 새로운 C 유전자 단편 사이에 위치하고 있는 C 유전자 단편에 결실이 일어난다. 전환된 V_H-D-J_H-C_H 단위의 염기배열은 전환 부위가 C_H 유전자 단편 자체의 상류에 위치하고 있음을 나타낸다. 스위칭 사이트(switching site, 전환 부위)를 **S 영역(S region)**이라고 한다. 그림 18.19는 마우스 IgH 유전자자리에서 두 개의 연속적인 스위치(전환)를 묘사하고 있다.

첫 번째 스위치에서 C_μ의 발현은 $C_{\gamma1}$의 발현으로 이어진다. $C_{\gamma1}$ 유전자 단편은 S_μ와 $S_{\gamma1}$ 간이의 재조합에 의해 발현 위치로 유도된다. S_μ 부위는 V-D-J와 C_μ 유전자 부분 사이에 위치하고 있다. $S_{\gamma1}$ 부위는 $C\gamma_1$ 유전자 단편의 상류에 위치한다. 두 개의 스위치 부위 간의 DNA 염기배열은 원형 분자로 잘려나간다.

선형 결실 모델은 H-유전자 자리에 제한된다: *일단 클래스 스위치가 이루어지면, C_μ와 새로운 C_H 유전자 단편 간이에 존재하는 C_H 유전자 단편을 발현하는 것이 불가능해진다.* 그림 18.19의 예에서, S_μ 대 $S_{\gamma1}$ 재조합 과정 후, $C_{\gamma1}$을 발현하는 세포는 결실된 $C_{\gamma3}$을 발현하는 세포를 만들지 못하게 될 것이다.

그러나 발현된 유전자의 *하류*에 있는 모든 C_H 유전자 단편으로 다른 스위치를 수행할 수 있다. 그림 18.19는 원래 스위치로 생성된 스위치 영역 $S_{\mu,\gamma1}$과 $S_{\alpha1}$ 사이의 재조합에 의해 수행되는 C_α 발현에 대한 두 번째 스위치를 보여주고 있다.

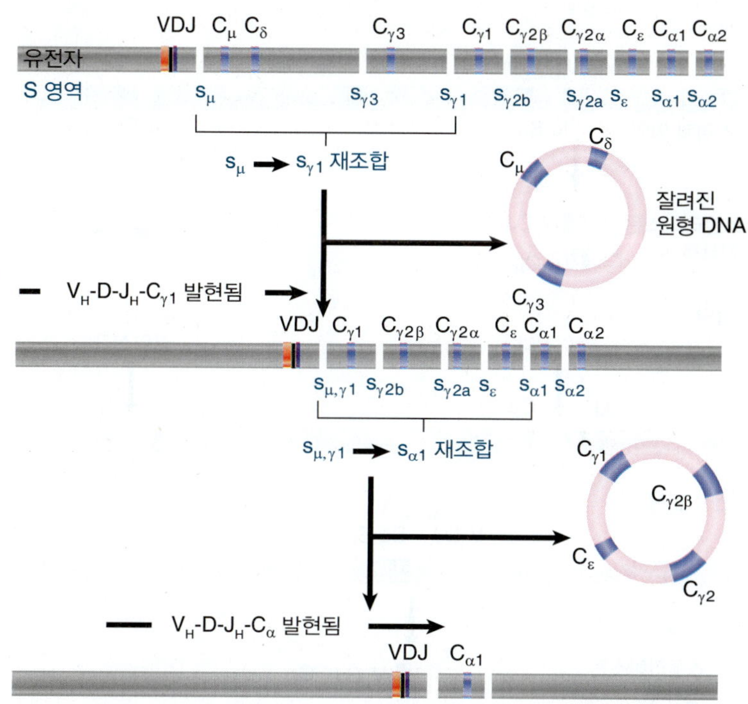

그림 18.19 C_H 유전자의 클래스 스위치는 스위치 영역 (S) 사이의 재조합에 의해 발생하며, 재조합 S 부위 사이의 물질을 S 원(S circle)으로 삭제한다. S 원은 스위치가 일어나는 세포에서 일시적으로 전사된다. 연속적인 재조합이 발생할 수 있다. 마우스 IgH 유전자자리를 나타내고 있다.

▶ **S 영역(S region)** 면역글로불린 클래스 스위치 반응에 관여하는 염기배열. 그들은 H 사슬 불변 영역을 코딩하는 유전자 단편의 5′ 말단에서 반복염기배열로 구성되어 있다.

동일한 C_H 유전자 단편을 발현하는 다른 세포가 다른 지점에서 재조합된 것으로 증명되었기 때문에 스위치 부위가 고유하게 정의되지는 않는다. 스위치 영역의 길이는 (재조합에 관련된 부위의 한계로 정의한 바와 같이) 1에서 10 kb까지 다양하다. 그들은 길이가 20에서 80개의 뉴클레오티드로 반복되는 반복 단위를 갖는 짧은 역위 반복배열의 그룹을 포함한다. 스위치 영역의 일차 배열은 중요하지 않은 것 같다; 중요한 것은 역위 반복배열의 존재이다.

S 영역은 전형적으로 C_H 유전자 단편의 약 2 kb 상류에 위치한다. 스위치 반응은 원형 DNA 분자로서 스위치 부위 사이에서 잘려진 부분을 방출한다. VDJ 재조합, Ku70/80 및 DNA-PKcs의 연결 단계에 필요한 두 가지 요인이 NHEJ에도 필요하며, 이는 연결 반응이 NHEJ 수복 경로를 사용함을 시사하고 있다. XRCC4나 DNA 리가아제 IV와 같은 NHEJ 구성성분이 없을 때 대체 (효율성은 떨어지나) 경로가 사용될 수 있는데, 이는 적어도 두 개의 경로가 S 영역 DNA 말단을 연결시키는 데 사용될 수 있음을 시사하고 있다.

우리는 반응의 특징을 종합하여 이중-가닥 절단 생성 모델을 제안할 수 있다. 중요한 포인트는 다음과 같다:

- S 영역을 통한 전사가 필요하며,
- 역위 반복배열이 중요하며,
- 절단은 S 영역 내의 여러 곳에서 발생할 수 있다.

그림 18.20은 클래스-스위칭 반응의 단계를 보여주고 있다. 프로모터 ("I")는 각 스위치 영역의 바로 상류에 위치하고 있다. 스위치 반응에는 이 프로모터의 전사가 필요하다. 프로모터는 사이토카인에 의한 자극과 같은 환경 조건에 반응하는 활성 인자에 반응하여, 스위치 반응을 조절하는 메커니즘을 생성

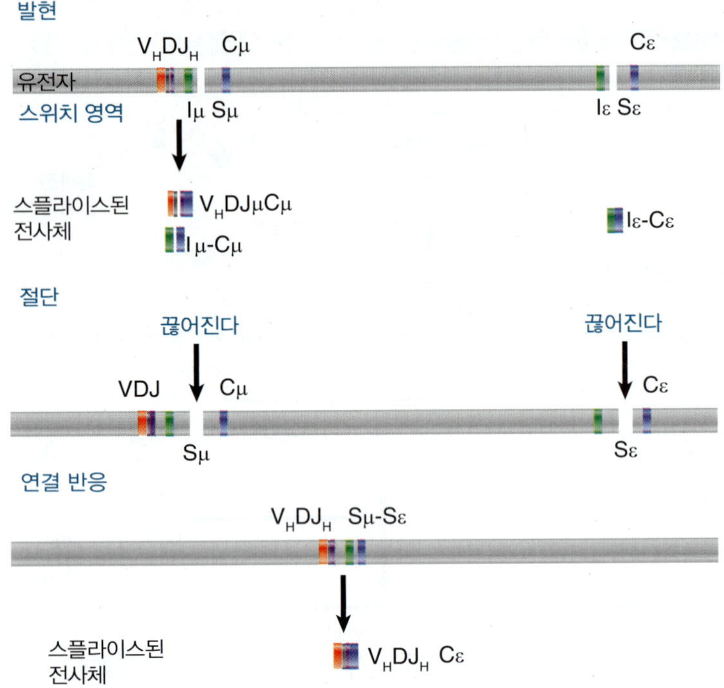

그림 18.20 클래스 스위치는 연속적이며 분리된 단계를 통해 일어난다. I_H 프로모터는 코드되어 있지 않은 전사체의 전사를 시작한다. S 영역은 절단되고, 재조합은 절단된 영역에서 발생한다. S_μ에서 S_ε까지의 클래스-스위치 재조합을 나타내었다.

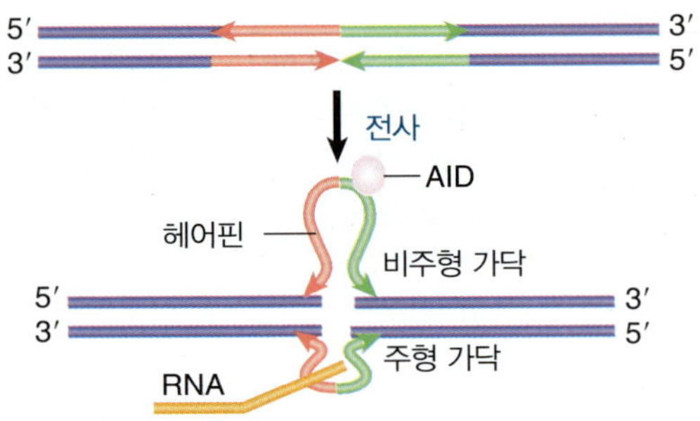

그림 18.21 전사로 인하여 DNA 가닥이 분리될 때, 만일 동일한 가닥에서 5′-AGCT-3′ 모티프가 나란히 위치하게 되면, 한 가닥이 단일가닥 루프를 형성할 수 있다.

할 수 있다. 따라서 스위치 전환의 첫 번째 단계는 관여하게 될 각 스위치 영역의 상류에 존재하는 I 프로모터를 활성화하는 것이다. 이들 프로모터가 활성화되면 I 영역과 해당 H 사슬의 불변 영역을 연결하기 위해 스플라이스된 코드되지 않은 전사물을 생성한다.

스위치 반응의 메커니즘을 이해함에 있어 핵심적인 내용은 효소 AID(activation- induced cytidine deaminase)의 필요성의 발견이었다. AID가 없는 경우, 클래스 스위치 반응은 틈 형성 단계 이전에 차단된다. AID는 시티딘을 우리딘으로 바꾸기 위해 RNA에 작용하는 효소 중 하나이다(23.9절. *RNA 편집은 각각의 염기에서 일어난다* 참조). 그러나 AID는 다른 특이성을 가지고 있으며, 단일-가닥 DNA에 작용한다. AID가 작용한 후, 우라실 DNA 글리코실라아제(Uracil DNA glycosylase)인 UNG는 AID가 시티딘을 탄아미노화에 의해 생성되는 우라실을 제거한다. UNG를 결손한 쥐는 클래스 스위치가 10배 감소된다. 이러한 사실로부터 AID 및 UNG의 연속적인 작용으로 DNA에서 염기가 제거된 부위가 생성된다는 모델이 제안되었다. AID에 대한 단일-가닥 DNA 표적은 비암호화 전사 과정을 통하여 생성되는데, 이는 주로 한 가닥이 RNA 합성의 주형으로 사용될 때 주형으로 사용되지 않는 다른 DNA가 노출됨으로써 제공된다. 이러한 사실은 AID가 주형으로 사용되지 않는 가닥에서 시티딘을 우선적으로 표적으로 한다는 관찰에 의해 증명되었다.

클래스 스위치 반응을 일으키기 위해, 이들 부위는 APE(apyridinic/apurinic endonuclease)에 의해 **그림 18.20**에 나타낸 절단 과정을 제공하는 뉴클레오티드 사슬에 절단이 생긴다. 반대편 DNA 가닥에서 가까운 절단은 S 영역에서 DSBs를 일으킬 것이지만, 두 번째 닉의 생성 메커니즘은 밝혀져 있지 않다. 절단된 말단은 NHEJ 경로로 연결된다.

설명할 수 없는 한 가지 특징은 역위 반복배열이 관여한다는 것이다. 한 가지 가능성은 **그림 18.21**에서 보여지듯이, 주형으로 사용되지 않는 가닥의 역위 반복배열 간의 상호작용에 의해 헤어핀이 형성된다는 것이다. 이 가닥에 염기가 없는 부위의 생성되면서 절단이 발생할 수 있다.

해결되어야 할 두 가지 중요한 문제는 시스템이 H-사슬 부위에서 적절한 영역을 대상으로 하는 방법과 스위치 반응 부위의 사용을 제어하는 것이다.

핵심개념

- 면역글로불린은 H 사슬의 불변 영역의 유형에 따라 5가지로 분류된다.
- C_H 영역을 변경하기 위한 클래스스위치는 이전 C_H 영역과 새 C_H 영역 간의 영역을 결실하는 S 영역 간의 재조합에 의해 발생한다.
- 여러 차례의 연속적인 스위치 재조합이 발생할 수 있다.
- 스위치 반응은 이중-가닥 절단 후 비상동 말단 결합(NHEJ) 반응에 의해 발생한다.
- 스위치 영역의 중요한 특징은 역위 반복배열이 있다는 것이다.
- 스위치 반응은 스위치 부위의 상류에 있는 프로모터를 활성화해야 한다.

개념 및 추론 확인

한 클래스에서 다른 클래스로 스위치한 후, 림프구는 이전의 면역글로불린 클래스의 발현을 왜 다시 시작할 수 없을까?

18.8 체세포 과돌연이는 추가적인 다양성을 만들어낸다

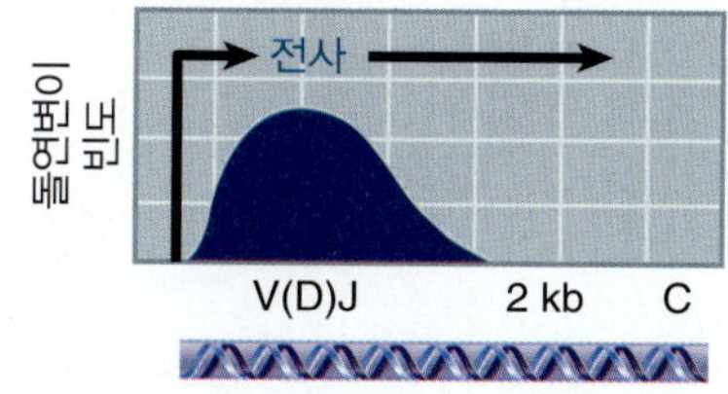

그림 18.22 체세포 돌연변이는 V 단편 주변의 영역에서 발생하고, 재조합된 V(D)J 단편으로 확장된다.

발현된 면역글로불린 유전자와 생식세포의 이에 상응하는 V 유전자 단편 간의 염기배열을 비교해 보면 발현된 집단에 새로운 염기배열이 존재하고 있다는 것을 알 수 있다. 이러한 일부 부가적인 다양성은 재조합 과정 중에 발생하는 V-J 또는 V-D-J 접합부에서의 염기배열 변화로부터 발생한다. 그러나 다른 변화는 가변 도메인 내에 존재하는 상류에서 발생한다.

재정렬이 기능성 면역글로불린 유전자를 생성한 후에 두 가지 유형의 메커니즘이 V 유전자 염기배열의 변화를 일으킬 수 있다. 마우스와 인간에서의 이러한 메커니즘이 체세포 과돌연변이(somatic hypermutation, SHM)이다. 닭, 토끼 및 돼지에서, 유전자 전환과 같은 다른 메커니즘은 발현된 V 유전자의 단편을 이에 상응하는 서로 다른 V 유전자의 염기배열로 변경시키는 데 사용된다(*18.9절 조류 면역글로블린은 위유전자로부터 조립된다* 참조). SHM은 발현된 V(D)J 배열에 대부분 점 돌연변이를 삽입한다. 이러한 과정을 과돌연변이라고 불리는데, 그 이유는 돌연변이가 커다란 게놈의 자연발생적 돌연변이율(10^{-9} 변이/염기/세포분열)보다 적어도 10^6배(10^{-3} 변이/염기/세포분열) 높은 비율로 돌연변이를 일으키기 때문이다.

그림 18.22는 V(D)J 유전자 단편 주위에 염기배열 변화가 국한되어 있으며, V 유전자 프로모터의 약 150 bp 하류에서 ~1.5 kb까지 연장되어 있음을 보여주고 있다. 이들은 각각의 뉴클레오티드 쌍의 치환 형태를 취한다. 일반적으로 10개의 아미노산 변화에 해당하는 3개에서 ~15개의 치환이 일어난다. 그들은 항원-결합 부위에 집중되어 있다(따라서 새로운 항원을 인식하기 위한 최대의 다양성을 생성한다). 단지 몇몇 돌연변이는 아미노산 배열에 영향을 미치는데, 이는 다른 돌연변이는 번역되지 않는 영역뿐만 아니라 코돈의 세 번째 염기에 위치하고 있기 때문이다.

침묵 돌연변이(silent mutation)가 높은 비율로 일어난다는 것은 SHM 유전자가 V 유전자 단편을 포함하고, 그 영역을 넘어 어느 정도 무작위로 발생한다는 것을 시사하고 있다. 일부 돌연변이는 여러 차례 반복되는 경향이 있다. 이들은 SHM 시스템에서의 약간의 내재성 선택(intrinsic preference)의 결과, 핫스팟을 나타낼 수 있다.

항원에 노출되면 그 항원에 대해 가장 높은 친화성(affinity)을 갖는 BCR을 발현하는 B 세포가 선택되고, 활성화되어 증식한다. SHM은 B 클론 증식이 일어나는 동안 발생한다. 그것은 자손 세포의 약 절반의 V(D)J 배열에 무작위로 하나의 점 돌연변이를 삽입한다; 결과적으로, 돌연변이된 항체를 발현하는 B 세포는 몇 번의 분열로 많은 클론 집단을 이루게 된다. 무작위 돌연변이(random mutation)는 단백질 기능에 예측할 수없는 영향을 미친다; 일부는 반응을 유도하는 항원에 대한 BCR의 친화성을 감소시키는 반면, 다른 것은 항원에 대한 고유 친화성을 증가시킨다. 반응하는 림프구의 비율과 효과는 돌연변이가 항원에 대한 친화성을 증가시킨 항체를 지닌 세포에 대한 림프구 집단 중에서 선택함으로써 증가한다.

체세포 돌연변이는 클래스 스위치(*18.7절 클래스 스위치는 DNA 재조합에 의해 일어난다* 참조)와 많은 동일한 요구조건을 필요로 하며, 전사가 표적 영역에서 일어나야 하고 AID와 UNG 효소가 필요하다는 것을 포함하고 있다. 미스매치-수복(mismatch-repair, MMR) 시스템도 포함된다.

AID가 시토신을 탄아미노화하면 우라실이 생성된다. 우라실은 일반적으로 DNA에서 발견되지 않으며 그림 18.23에 요약된 여러 가지 방법으로 세포에서 처리할 수 있다. 우라실은 "복제"될 수 있으며, 이 과정에서 복제 시스템은 상보적인 딸 가닥에 A를 삽입한다. 최종 결과는 자손 세포의 반(half)이 원래의 G-C 쌍을 T-A로 대체하게 된다. 또 다른 경로로, 우라실은 UNG에 의해 DNA로부터 제거되고, 염기가 없는 부위(abasic site)를 생성한다. 이것은 오류-유발 장애관통중합효소(translesion polymerase) 중 하나에 의해 복제될 수 있으며, 이는 염기가 없는 부위에서 세 가지 가능한 미스매치(돌연변이)를 삽입할 수 있다. 마지막으로, MMR 시스템이 구성되어 U:G 미스매치를 포함하는 일련의 DNA를 잘라내고 대체한다; 다시 말하면, 오류-유발 중합효소가 잘못된 염기쌍을 포함하는 영역의 MMR-의존

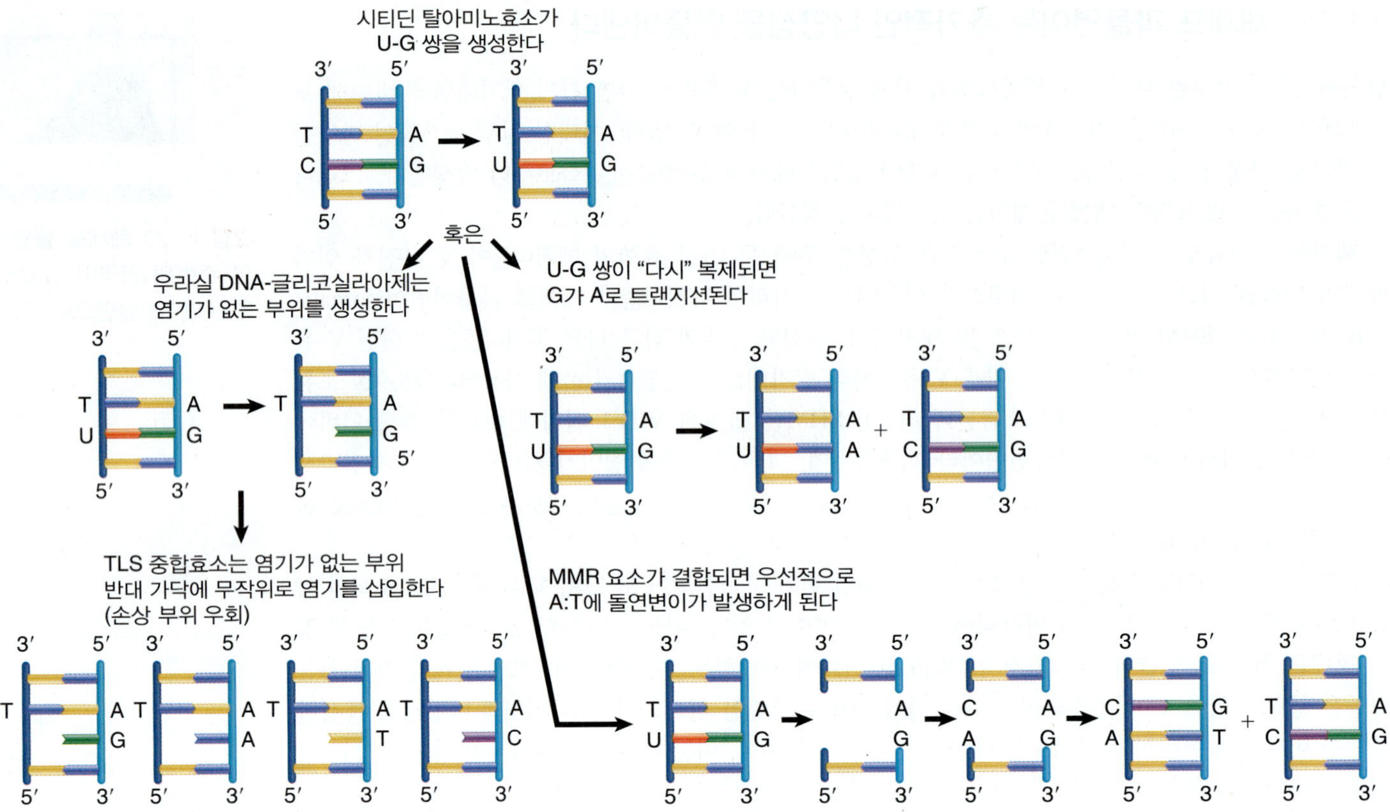

그림 18.23 AID에 의한 C의 탈아미노화는 U:G의 잘못된 염기쌍(mispair)을 만든다. U가 계속하여 복제되면, 자손 B 세포의 50%에서 C:G → A:T 트랜지션이 일어난다. 시티딘 탈아미노효소(위)의 작용에 이어 우라실-DNA-글리코실라아제의 작용이 이어지면, 염기가 없는 부위가 생성된다(가운데). 이 부위를 지나 복제하면 네 개의 염기가 모두 딸 가닥에 무작위로 삽입되어진다(왼쪽 하단). 만일 우라실이 DNA로부터 제거되지 않는 경우, U:G의 잘못된 염기쌍은 MMR 수복장치가 인식할 수 있다. MMR 수복장치는 미스매치가 있는 DNA 영역을 절단한 다음, 오류-유발 DNA 중합효소(오른쪽 하단)를 사용하여 생성된 간격을 메꾼다. 이로 인하여 추가적인 미스매치가 삽입하게 된다.

절제로 갭(gap)을 메우는 데 사용된다. SHM 시스템의 작동이 과돌연변이를 위한 표적 영역으로 제한되는 메커니즘은 아직 밝혀져 있지 않다.

클래스 스위치 재조합(class switch recombination, CSR)과 체세포 SHM(somatic hypermutation) 간의 주요 차이점은 CSR의 이중-가닥 절단이 도입되는 과정의 마지막 단계지만, 체세포 돌연변이(SHM)가 일어나는 도중에 개별적인 점 돌연변이가 생성된다는 것이다. 이들 두 시스템이 어디에서 갈라졌는지 아직 밝혀져 있지 않다. 한 가지 가능성은 CSR의 염기가 없는 부위에서 절단이 생겼으나, 그 부위가 SHM에서 불규칙하게 수복된다는 것이다. 또 다른 가능성은 두 경우 모두 절단이 생겼지만, SHM에서는 오류-유발 방법으로 수복된다는 것이다.

핵심개념

- 활성 면역글로불린 유전자는 체세포 과돌연변이(SHM)로 인해 생식세포에서 변이된 염기배열을 갖는 V 영역을 가지고 있다.
- 돌연변이는 각 염기들의 치환으로 일어난다.
- 돌연변이 부위는 항원-결합 부위에 집중되어 있다.
- 체세포 돌연변이와 클래스 스위치 반응에는 시티딘 탈아미노효소(cytidine deaminase)가 필요하다.
- 우라실-DNA 글리코실라아제 활성은 SHM의 패턴에 영향을 준다.
- 과돌연변이는 이들 효소들의 일련의 작용에 의해 시작될 수 있다.
- 미스매치 수복은 또한 SHM의 패턴에 기여한다.

개념 및 추론 확인

생성된 돌연변이의 대부분이 기능을 가지고 있지 않거나 혹은 약한 항체를 생산하고 있기는 하지만 체세포 돌연변이가 유용한 이유는 무엇인가?

18.9 조류 면역글로블린은 위유전자로부터 조립된다

닭 Ig 유전자자리는 게놈에서 암호화된 다양성을 사용하는 토끼, 소, 돼지가 이용하는 Ig 다양화 메커니즘의 패러다임이다. 유사한 메커니즘이 (단일 람다 λ 타입의) 단일 L-사슬 부위와 H-사슬 부위 모두에 대해 사용된다. 닭고기 λ 부위의 구성을 그림 18.24에 나타내었다. 그것은 단지 하나의 기능을 가진 V 유전자 단편, 하나의 J 단편 및 하나의 C 유전자 단편만을 가지고 있다. 기능을 지진 $V_{\lambda 1}$ 유전자 단편의 상류에는 25 V_{λ} 위유전자가 있으며, 양방향성으로 구성되어 있다. 암호화 단편의 한쪽 또는 양쪽 말단에서 삭제되거나 재조합에 대한 적절한 신호가 없거나 혹은 이들 두 가지 이유 때문에 위유전자로 분류된다. 이러한 배치는 $V_{\lambda 1}$ 유전자 단편만이 J_{λ}-C_{λ} 유전자 단편과 재조합된다는 사실로부터 확인되었다.

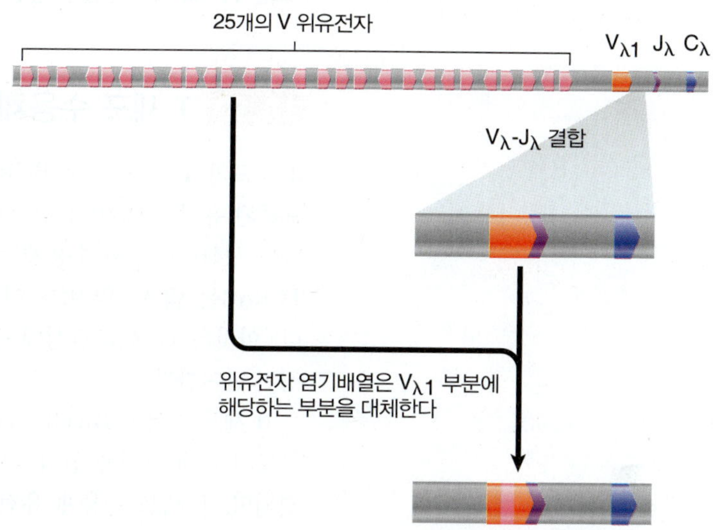

그림 18.24 닭의 람다 L 사슬 유전자자리는 단일 기능성 V-J-C 영역의 상류에 25개의 V 위유전자를 가지고 있다. 그러나 위유전자로부터 유래된 염기배열은 활성을 가진 재정렬된 V-J-C 유전자에서 발견된다.

그럼에도 불구하고, 재정렬된 활성 V_{λ}-J-C_{λ} 유전자 단편의 배열은 상당한 다양성을 나타낸다. 재정렬된 유전자는 배열에 많은 변화가 발생한 하나 이상의 위치를 가지고 있다. 새로운 배열과 동일한 배열은 (그 자체는 변하지 않은 채로 있는) 위유전자 중 하나에서 거의 항상 발견될 수 있다. 위유전자에서 발견되지 않는 예외적인 배열은 원래의 배열과 변경된 배열 간의 접합부에서 항상 변화를 나타낸다.

따라서 다양성을 만들기 위한 새로운 메커니즘이 사용된다. 길이가 10~120 bp 사이의 위유전자로부터의 염기배열은, 유전자 전환에 의해 활성 $V_{\lambda 1}$영역으로 *치환*된다. 수식되지 않은 $V_{\lambda 1}$ 배열은, 비록 초기 면역 반응 동안에도 발현되지 않는다. 성공적인 전환 과정은 모든 재정렬된 $V_{\lambda 1}$ 배열에 대해 10~20번 세포분열당 1회 정도로 발생한다. 면역 성숙기간이 끝날 때, 재정렬된 $V_{\lambda 1}$ 배열은 길이가 다른 4~6개의 전환된 단편을 가지며, 이는 서로 다른 공여체 위유전자로부터 유래된다. 만일 모든 위유전자가 참여한다면, 2.5×10^8개의 가능한 조합이 가능하다!

위유전자 배열을 발현된 위치로 복사하는 효소학적인 기초는 재조합과 관련된 효소에 의존하며, 마우스 및 인간에서 다양성을 유도하는 체세포 과돌연변이 메커니즘과 관련이 있다. 상동성 재조합에 관여하는 일부 유전자는 유전자 전환 과정에 필요하다; 예를 들면, 이 과정은 *RAD54* 결실로 차단된다. 다른 재조합 유전자(*XRCC2, XRCC, RAD51B*)의 결실은 매우 흥미로운 또 다른 효과를 나타낸다: 체세포 돌연변이는 발현된 부위의 V 유전자에서 발생한다. 체세포 돌연변이의 빈도는 일반적인 유전자 전환 빈도보다 ~10배 더 크다.

따라서 닭에서 체세포 돌연변이가 일어나지 않는 것은 마우스와 인간에서 체세포 과돌연변이(SHM)를 일으키는 효소계의 결손 때문이 아니다. 재조합(의 결핍)과 체세포 돌연변이 간의 연관성에 대한 가장 가능성 있는 설명은 유전자자리에서 수복되지 않은 돌연변이가 돌연변이의 유도를 유발한다는 것이다. 따라서, 체세포 과돌연변이(SHM)가 마우스와 인간에서 발생하지만 닭에서는 발생하지 않는 이유는 Ig 유전자자리에서 일어나는 절단 시 작동하는 수복 시스템의 특성 때문일 수 있다. 닭에서는 더 효과적이기 때문에, 돌연변이가 유발되기 전에 유전자 전환에 의해 유전자가 수복된다.

핵심개념

- 닭에서 면역글로불린 유전자는 25개의 위유전자 중 하나의 유전자를 단일 활성 유전자자리의 V 유전자로 복사함으로써 생성된다.

개념 및 추론 확인

V-J-C 결합이 닭에서 일어난다고 가정하면, V 위유전자는 한때 활성 V 유전자 단편이었을 것이라고 생각하는가? 그런 경우와 그렇지 않은 경우, 그 이유는 무엇인가?

18.10 T 세포 수용체는 면역 글로블린과 관련이 있다

B 세포와 T 세포 모두 BCR/Ig 및 TCR 가변 영역에서 상당한 다양성을 생성하기 위해 진화적으로 보존된 유사한 메커니즘을 사용한다. T 세포는 두 종류의 T 세포 수용체(T cell receptor, TCR) 중 하나를 생산한다. γδ 수용체는 T 림프구의 5%에서 발견된다. T 세포 발달 초기 단계에서만 합성된다. TCRαβ는 림프구의 95% 이상에서 발견된다. 이 세포는 T 세포 발달 시 γδ 수용체보다 늦게 합성된다. 이것은 TCRγδ 합성에 관여하는 세포와는 별도의 세포 계열에 의해 합성되며 독립적인 재정렬 과정이 관여한다.

B 세포 수용체(B cell receptor, BCR) 및 면역글로불린과 마찬가지로 T 세포 수용체는 가능한 모든 구조의 외래 항원을 인식해야 한다. B 세포 및 T 세포에 의한 항원 인식의 문제는 동일한 방식으로 해결되며, T 세포 수용체 유전자의 구성은 가변 및 불변 영역의 사용에서 면역글로불린 유전자와 닮아 있다. 각 유전자자리는 면역글로불린 유전자와 동일한 방식으로 구성되며, 림프구에 특이적인 재조합 반응에 의해 결합된 별도의 단편을 가지고 있다. 구성요소는 Ig H-사슬 및 L-사슬 패밀리에 있는 구성요소와 동일하다. TCRα는 Ig L-사슬과 비슷하지만 TCRβ는 H-사슬과 유사하다. TCR 단백질의 구성은 면역글로불린의 구성과 유사하다. V 영역은 Ig 및 TCR 단백질 모두에서 동일한 일반적인 내부 조직을 가지고 있다. TCR C 영역은 불변 Ig 영역과 관련이 있고 단일 불변 도메인을 가지며, 이어서 막 및 세포질 부분을 갖는다. 엑손-인트론 구조는 단백질 기능과 관련이 있다.

그림 18.25에 요약된 바와 같이, TCRα의 게놈 구성은 Igκ와 유사하며, 단일 $C_α$ 유전자 단편 앞에 위치하는 $J_α$ 단편의 클러스터와 분리된 $V_α$ 유전자 단편을 가지고 있다. 유전자자리의 구성은 사람과 마우스 모두에서 유사하며, $V_α$ 유전자 단편과 $J_α$ 단편 수의 차이만 약간 있을 뿐이다. TCRα에 통합되어 있지 않은 이 유전자자리에 있는 델타(δ) 유전자의 존재에 주목하라(다음 문단 참조).

TCRβ의 구성성분은 IgH의 성분과 유사하다. 그림 18.26은 구성이 다르다는 것을 보여 주고 있으며, $V_β$ 유전자 단편은 각각 D 단편, 여러 개의 $J_β$ 단편 및 $C_β$ 유전자 단편을 포함하는 두 개의 클러스터로부터 분리되어 있다. 다시 말하지만 인간과 마우스의 유일한 차이점은 $V_β$와 $J_β$ 유닛의 숫자에 있다.

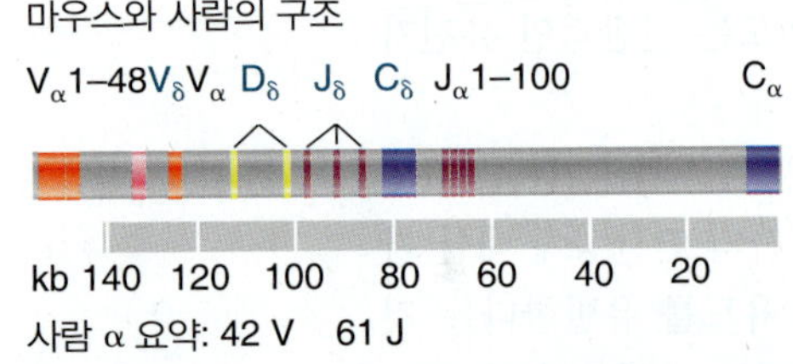

그림 18.25 인간 TCRα 유전자자리는 산재된 α 및 δ 부분을 가지고 있다. $V_δ$ 단편은 Vα 클러스터 안에 있다. D-J-$C_δ$ 단편은 V 유전자 단편과 J-$C_α$ 단편 사이에 위치하고 있다. 마우스 유전자자리도 비슷하지만, 더 많은 $V_δ$ 단편을 가지고 있다.

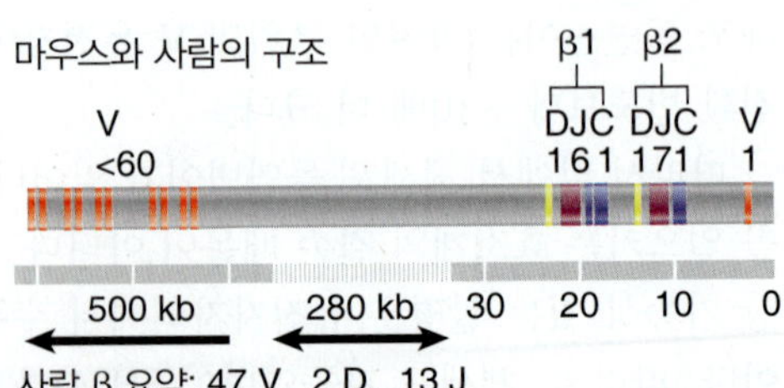

그림 18.26 TCRβ 유전자자리는 두 개의 D-J-C 클러스터의 약 280 kb 상류에 있는 ~500 kb에 걸쳐 분포된 많은 V 유전자 단편을 포함하고 있다.

다양성은 BCR/Ig와 동일한 메커니즘에 의해 생성된다. (생식세포로 암호화된) 내재성 다양성은 다양한 V, D, J 및 C 단편의 조합으로 인해 발생한다; 몇몇 추가적인 다양성은 (P 및 N 뉴클레오티드의 형태로) 이들 구성 요소들 간의 접합부에서 새로운 염기배열의 도입으로 인해 생긴다. B 세포에서 Ig 유전자를 재조합하고 T 세포에서 TCR 유전자를 재조합하는 반응에도 동일한 메커니즘이 관여한다. 재조합 TCR 단편은 Ig 유전자에 의해 사용된 것과 동일한 노나머(9량체) 및 헵타머(7량체) RSS 공통염기배열로 둘러싸여 있다. 일부 TCRβ 사슬은 (RSS 염기배열의 적절한 구성에 의해 지시된) D-D 결합에 의해 생성되는 두 개의 D 단편을 통합한다. TCR과 Ig의 차이는 체세포 과돌연변이(SHM)가 TCR 유전자자리에서 일어나지 않는다는 것이다.

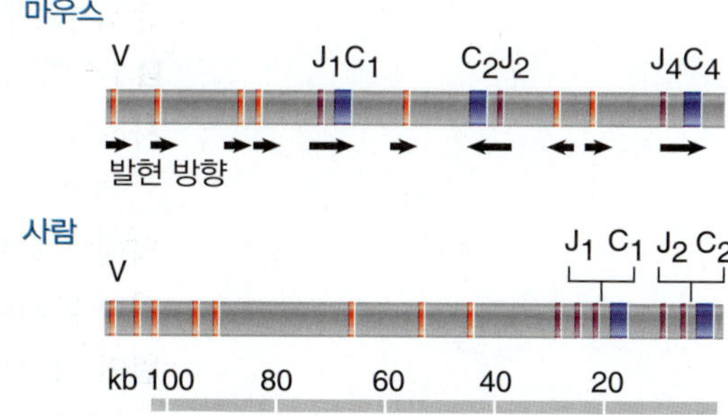

그림 18.27 TCRγ 유전자자리는 J-C 유전자자리의 상류에 위치하는 소수의 기능적 V 유전자 단편(및 도시되지 않은 일부 위유전자)을 포함하고 있다.

감마(γ) 유전자자리의 조직은 일련의 J_γ-C_γ 단편으로부터 분리된 V_γ 유전자 단편과 함께 Igλ의 조직과 닮아 있다. 그림 18.27은 이 유전자자리가 ~8개의 기능성 V 단편을 가지고 있으면서 상대적으로 다양성을 거의 가지고 있지 않음을 보여주고 있다. 구성은 사람과 마우스가 다르다. 마우스 유전자자리는 세 개의 기능성 J_γ-C_γ 유전자자리를 가지고 있지만, 일부 단편은 방향이 역으로 되어 있다. 인간은 각 Cγ 유전자 단편에 대해 다수의 J_γ 단편을 가지고 있다.

델타(δ) 서브유닛은 그림 18.25에서 설명한 바와 같이, TCRα 유전자자리에 위치한 단편에 의해 암호화되어 있다. 단편 D_δ-D_δ-J_δ-C_δ는 V 유전자 단편과 J_α-C_α 단편 사이에 위치하고 있다. D 단편 모두는 델타(δ) 사슬에 통합되어 VDDJ 구조를 만든다. α 및 δ 재배열에서 V 단편을 선택하는 특이성의 원리는 알려져 있지 않다. 하나의 가능성은 V_α 유전자 단편의 많은 부분이 DDJδ 단편에 결합될 수 있지만, (따라서 V_δ로 정의되는) 일부만이 활성 단백질을 만들 수 있다는 것이다.

면역글로불린 유전자와 마찬가지로 TCR 유전자자리에서의 재조합은 생산적일수도 있고 비생산적일 수 있다. 베타(β) 유전자자리는 면역글로불린 유전자자리와 거의 같은 방식으로 대립유전자 배제를 나타낸다; 생산적인 대립유전자가 일단 생성되면 재정렬이 억제된다. 알파(α) 유전자자리는 다를 수 있다; 일부의 경우에서 지속적으로 재정렬이 일어난다는 것은 생산적인 대립유전자가 생성된 후에도 V_α 배열의 치환이 계속되고 있을 가능성을 시사하고 있다.

핵심개념

- T 세포는 T 세포 수용체의 두 가지 유형 중 하나를 생성하기 위해 B 세포에 결합하는 V(D)J-C와 유사한 메커니즘을 사용한다.
- 성인에게 있어 TCRαβ는 95% 이상에서 발견되며, TCRγδ는 T 림프구의 5% 미만으로 발견된다.

개념 및 추론 확인

T 세포 수용체(TCR)가 왜 면역글로불린만큼 다양할 필요가 있는가?

18.11 요약

면역글로불린과 T 세포 수용체(TCR)는 면역계에서 B 세포와 T 세포의 역할에 유사한 기능을 하는 단백질이다. Ig 또는 TCR 단백질은 단일 림프구에서 DNA의 도입에 의해 생성된다. Ig 또는 TCR에 의해 인식되는 항원에 노출되면 클론 증식이 일어나 원래의 세포와 동일한 특이성을 갖는 많은 세포가 생성된다. 수많은 서로 다른 재정렬이 면역 시스템의 발달 초기에 일어나서, 서로 다른 특이성을 갖는 대규모의 세포 레퍼토리를 형성한다.

각각의 면역글로불린 단백질은 두 개의 동일한 L-사슬 및 두 개의 동일한 H-사슬로 이루어진 테트라머(tetramer)이다. TCR은 두 개의 서로 다른 사슬을 포함하는 다이머(dimer)이다. 각 폴리펩티드 사슬은 D 단편 및 J 단편을 통해 다수의 V 단편 중 하나를 몇 개의 C 단편 중 하나에 연결되어 생성된 유전자로부터 발현된다. Ig L-사슬(κ 혹은 λ)은 V-J-C의 일반 구조를 가지고 있으며, Ig H-사슬은 V-D-J-C의 구조를, TCRα 및 γ는 Ig L-사슬과 같은 구성성분을 가지며, TCRδ 및 β는 Ig H-사슬과 유사하다.

각 유형의 사슬은 D, J 및 C 단편의 클러스터에서 분리되어 있는 커다란 클러스터의 V 유전자의에 의해 암호화되어 있다. 각 유형의 단편과 그 구성의 수는 사슬의 각 타입에 따라 다르지만 재조합의 원리와 메커니즘은 동일하다. 동일한 노나머(nonamer, 9량체)와 헵타머(heptamer, 7량체)의 공통염기배열이 각각의 재조합에 관여하고 있다; 반응에는 항상 23 bp 간격의 공통염기배열을 12 bp 스페이스의 공통염기배열에 연결하는 과정이 포함되어 있다. 절단 반응은 RAG1 및 RAG2 단백질에 의해 촉매되며, 연결 반응은 세포에서 이중-가닥 절단을 수복하는 동일한 NHEJ 경로에 의해 촉매된다. RAG 단백질의 작용 메커니즘은 리솔바아제(resolvase)에 의해 촉매된 부위-특이적 재조합 작용과 관련이 있다.

서로 다른 V, D 및 J 단편을 C 단편에 연결하면 상당한 다양성이 생성된다; 그러나 재조합 과정이 일어나는 동안 단편들 간의 접합부에서 변화의 형태로 부가적인 변이가 일어난다. 변화는 또한 시티딘 탈아미노효소(cytidine deaminase)와 우라실 글리코실라아제(uracil glycosylase)의 작용을 필요로 하는 체세포 과돌연변이에 의해 면역글로불린 유전자에서 유도된다. 시티딘 탈아미노효소에 의해 유도된 돌연변이는 아마도 우라실글리코실라아제에 의한 우라실의 제거로 이어지고, 염기가 결실된 부위에서의 돌연변이의 유도가 이어진다.

대립유전자 배제(allelic exclusion)는 주어진 림프구가 단 하나의 Ig 또는 TCR만 합성하는 것을 보장하고 있다. 생산적인 재정렬은 추가적인 재정렬의 발생을 억제한다. V 영역의 사용은 첫 번째 생산적인 재정렬에 의해 고정되지만, B 세포는 초기 μ 사슬에서 C_H 사슬의 사용을 더 먼 하류에 암호화된 H-사슬 중 하나로 전환시킨다. 이 과정에는 VDJ 영역과 새로운 C_H 유전자 간의 염기배열이 결실된 다른 유형의 재조합을 포함하고 있다. C_H 유전자 사용에서 하나 이상의 스위치가 발생한다. 클래스 스위치 반응은 체세포 과돌연변이에 필요한 것과 동일한 시티딘 탈아미노효소를 필요로 하지만, 그 역할은 알려져 있지 않다.

학습문제

1. 다단계 단백질 분해 작용을 통해 기능하는 약 20개의 세포성 단백질로 구성된 것은 무엇인가?
   A. 주요 조직적합성 복합체(major histocompatibility complex)
   B. 보체(complement)
   C. 면역글로불린
   D. 합텐(hapten, 불완전 항원)
2. 다수의 면역글로불린 V 유전자 단편 중 하나를 소수의 C 유전자 단편 중 하나와 연결시키는 체세포 재조합이 발생하는 곳은 어디인가?
   A. B 세포
   B. T 세포
   C. 생식 세포
   D. 위의 것 모두
3. 면역글로불린 유전자의 J 단편을 설명한 것은 무엇인가?
   A. 비교적 짧고 불변 영역의 처음 몇 아미노산을 코드하고 있다.
   B. 비교적 짧고 불변 영역의 마지막 몇 개 아미노산을 코드하고 있다.
   C. 비교적 짧고 가변 영역의 처음 몇 개의 아미노산을 코드하고 있다.
   D. 비교적 짧고 가변 영역의 마지막 몇 개 아미노산을 코드하고 있다.

4. 면역의 다양성을 생성하는 함에 있어 체세포 재조합의 표적 염기배열의 재정렬 유형은 무엇인가?
   A. 헵타머-인트론-노나머
   B. 헵타머-스페이서-노나머
   C. 노나머-인트론-헵타머
   D. 노나머-스페이서-헵타머
5. 면역글로불린 유전자의 체세포 재조합은 무엇에 의해 발생하는가?
   A. 두 개의 공통염기배열의 헵타머에서의 단일-가닥 틈 및 핵산외부가수분해효소 작용
   B. 두 개의 공통염기배열의 나노머에서의 단일-가닥 틈 및 핵산외부가수분해효소 작용
   C. 두 개의 공통염기배열의 헵타머에서의 이중-가닥 절단
   D. 두 개의 공통염기배열의 나노머에서의 이중-가닥 절단
6. 재조합으로 인해 더 이상의 재정렬이 차단되지 않은 B 세포에서 일어난 결과는 무엇인가?
   A. 클래스 스위치(class switching)
   B. 대립유전자 배제(allelic exclusion)
   C. 생산적인 재정렬(productive rearrangement)
   D. 비생산적인 재정렬(nonproductive rearrangemen)
7. V(D)J 재조합 동안 절단 반응에 필요 충분한 단백질은 무엇인가?
8. RSS의 ________ 부분은 코딩 영역에 인접해 있는 것에 반하여,
9. _____ 염기배열은 ____ 10. ______에 인접해 있다.

핵심용어

adaptive (acquired) immunity
allelic exclusion
antigen
autoimmune disease
B cell
B cell receptor (BCR)
C genes
cell-mediated response
class switching
clonal expansion
coding end
coding joint
complement
constant region (C region)
cytotoxic T cell
D segment
heavy chain
helper T (T_h) cell
humoral response
immune response
immunoglobulin (antibody)
innate immunity
J segments
light chain
major histocompatibility complex (MHC)
N nucleotide
P nucleotide
productive rearrangement
recombination signal sequence (RSS)
S region
signal end
somatic hypermutation (SHM)
somatic recombination
superfamily
T cell receptor (TCR)
T cells
V gene
variable region (V region)

읽을거리

Dudley, D. D., Chaudhuri, J., Bassing, C. H., and Alt, F. W. (2005). Mechanism and control of V(D)J recombination versus class switch recombination: similarities and differences. *Adv. Immunol.* **86**, 43–112. A review of both V(D)J recombinations and class switch recombination, comparing and contrasting the enzymes involved in each mechanism.

Li, Moshous, Zhou, Wang, Xie, Salido, Hu, de Villartay, and Cowan. (2002). A Founder Mutation in Artemis, an SNM1-Like Protein, Causes SCID in Athabascan-Speaking Native Americans. *J. Immunology* **168**, 6323–6329.

Li, Salido, Zhou, Bhattacharyya, Yannone, Dunn, Meneses, Feeney, and Cowan. (2005). Targeted Disruption of the Artemis Murine Counterpart Results in SCID and Defective V(D)J Recombination That Is Partially Corrected with Bone Marrow Transplantation. *J. Immunology* **174**, 2420–2428.

Maul, R. W., and Gearhart, P. J. (2010). AID and somatic hypermutation. *Adv. Immunol.* **105**, 159–191.

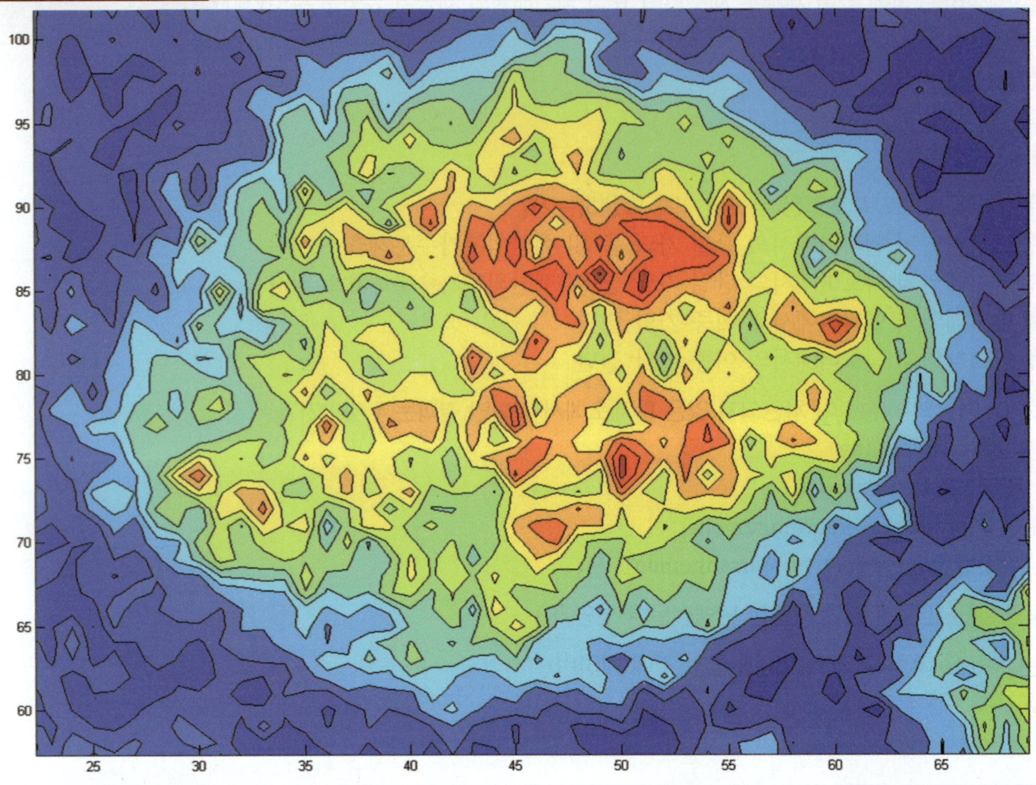

초기 배아에서 핵의 단일 슬라이스의 형광 공초점 이미징(fluorescence confocal imaging)에 의해 확인된 초파리 액티베이터 비코이드의 컴퓨터-생성 강도 등고선 지도.

유전자 발현

19

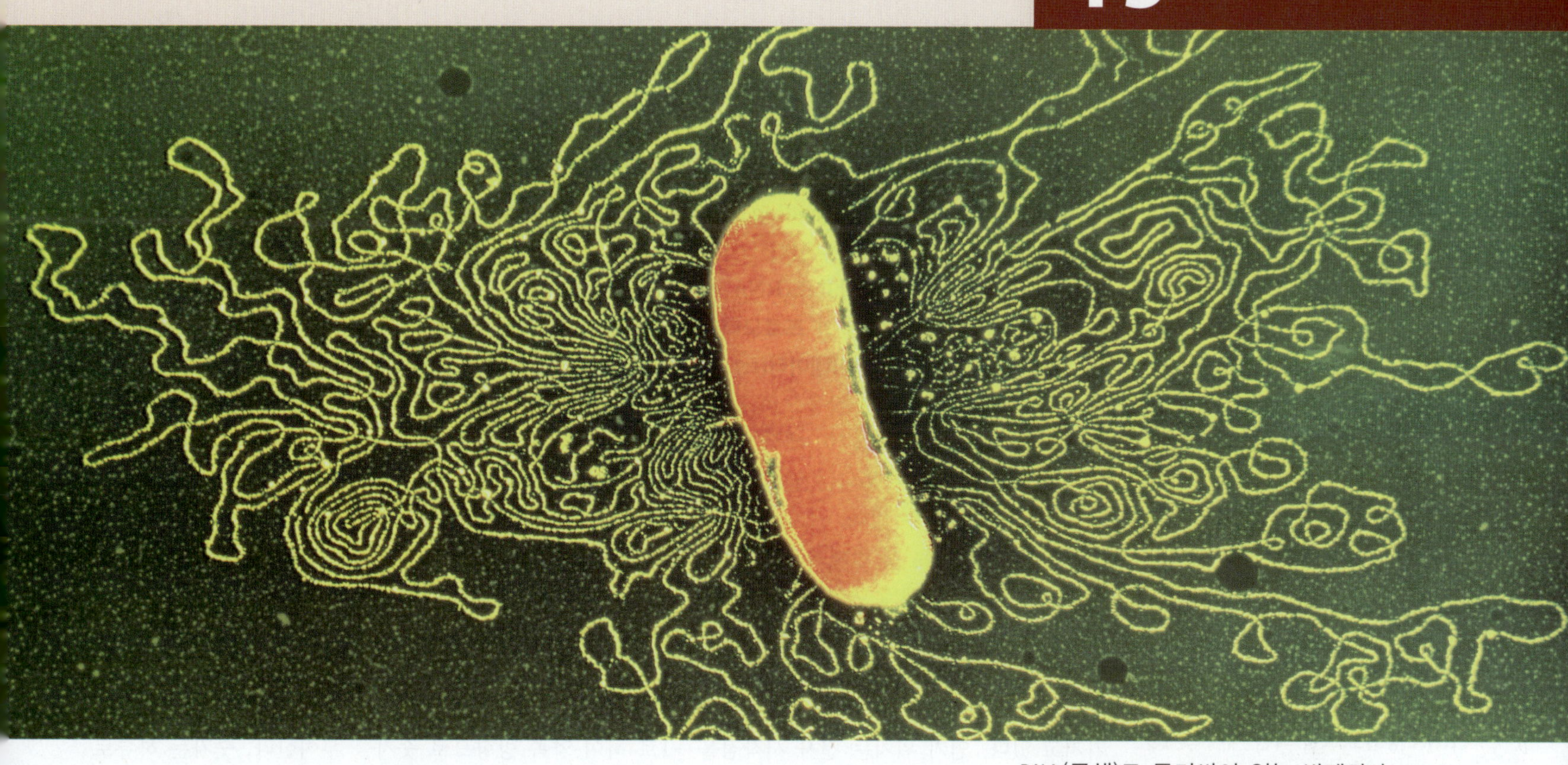

DNA(금색)로 둘러싸여 있는 박테리아 *E. coli*의 전자현미경 사진. ©Dr. Gopal Murti/Photo Researchers, Inc.

원핵세포의 RNA 합성 과정

19장 개요

19.1 서론

전사(transcription, RNA 합성 과정)는 DNA 이중가닥 중 한 가닥의 사본을 나타내는 RNA 사슬을 만들어낸다. 새롭게 합성된 RNA 전사체(RNA transcript)는 3′에서 5′의 **주형 가닥(template strand)**으로부터 5′에서 3′ 방향으로 만들어진다(그림 19.1). RNA 전사체는 주형과 상보적(즉, 주형과 염기쌍과 쌍을 이룬다)이고, **코딩 가닥[coding strand, 암호화 가닥, 센스 가닥(sense strand)]**과 동일한 염기배열을 갖는다는 것에 주목해야 한다.

RNA 합성은 **RNA 중합효소(RNA polymerase)**에 의해 촉매된다. RNA 합성 과정은 RNA 중합효소가 유전자의 시작 부분인 **프로모터(promoter)**의 특별한 영역에 결합할 때 시작된다. 프로모터로부터 RNA 중합효소는 **터미네이터(terminator, t)** 염기배열에 도달할 때까지 RNA를 합성하는 주형을 따라 움직인다. 이러한 작용으로 프로모터에서 터미네이터까지 확장된 부분을 **전사 단위(transcription unit)**라고 한다. 그림 19.2에서 묘사된 전사 단위의 중요한 특징은, 그것이 *단일* RNA 분자의 생성을 위한 주형으로 사용되는 일련의 DNA를 구성한다는 것이다. 전사 단위는 하나 이상의 시스트론(cistron)을 포함할 수 있다.

RNA로 전사되는 첫 번째 염기인 **전사 개시점(startpoint)** 이전의 염기배열을 **상류(upstream)**하고 한다; (전사된 염기배열 내에서) 전사 개시점 이후의 염기배열을 **하류(downstream)**이라고 한다. 염기배열은 통상 전사가 왼쪽(상류)에서 오른쪽(하류)으로 진행되도록 쓰여진다. 이것은 mRNA를 일반적으로 5′에서 3′ 방향으로 쓰는 것과 같다.

DNA 염기배열은 종종 암호화 가닥만이 나타나도록 쓰이고 있는데, 이는 RNA와 같은 염기배열을 가지고 있다. 염기 위치는 전사 시작점을 +1로 하여 양쪽 방향으로 숫자를 부여한다; 숫자는 하류로 갈수록 증가한다. 전사 개시점 이전의 염기에는 −1로 번호가 부여되며, 상류로 갈수록 음의 수(negative number)가 증가한다(숫자 0이 부여된 염기는 없다).

RNA 합성 과정의 초기 산물을 **일차 전사물(primary transcript)**이라 한다. 프로모터에서 터미네이터까지 신장된 RNA로 구성되어 있으며, 본래의 5′ 및 3′ 말단을 가지고 있다. 그러나 일차 전사물은 거의 항상 바로 수식된다. 원핵생물에서, 그것은 빠르게 분해(mRNA)되거나 절단되어 성숙한 산물(rRNA 및 tRNA)을 생성한다. RNA 합성 과정은 유전자 발현의 첫 번째 단계이자 유전자 발현의 주요 단계이다. 조절 단백질은 특정 유전자가 RNA 중합효소에 의해 전사될 수 있는지 여부를 결정한다. 조절의 초기 (그리고 종종 유일한) 단계는 유전자를 전사할지 여부를 결정하는 것이다. 대부분의 조절 과정은 RNA 합성 과정의 후속 단계(또는 유전자 발현의 다른 단계)가 때때로 조절되기는 하지만 RNA 합성 과정 개시 시에 발생한다.

이러한 맥락에서, 유전자 발현에는 두 가지 기본적인 문제점이 있다:

- **주형 가닥(template strand)** 중합효소에 의해 복사된 DNA 가닥.
- **암호화 가닥(coding strand)** mRNA와 동일한 염기배열을 지니며, 유전암호에 의해 나타나는 단백질 배열과 관련이 있는 DNA 가닥.
- **RNA 중합효소(RNA polymerase)** DNA 주형(공식적으로 DNA-의존성 RNA 중합효소)을 사용하여 RNA를 합성하는 효소.
- **프로모터(promoter)** RNA 중합효소가 결합하여 전사를 시작하는 DNA 영역.
- **터미네이터(terminator, t)** RNA 중합효소가 전사를 종결하게 하는 일련의 DNA.
- **전사 단위(transcription unit)** RNA 중합효소에 의한 개시 및 종결 부위 간의 염기배열; 그것은 하나 이상의 유전자를 포함할 수 있다.
- **전사 개시점(startpoint)** RNA에 포함된 첫 번째 염기에 해당하는 DNA의 위치.
- **상류(upstream)** 유전자가 발현되는 방향과 반대방향의 염기배열.
- **하류(downstream)** 전사 단위 내에서 유전자 발현 방향으로 더 진행하는 염기배열.
- **일차 전사물(primary transcript)** 전사 단위에 해당하는 변형되지 않은 최초의 RNA 산물.

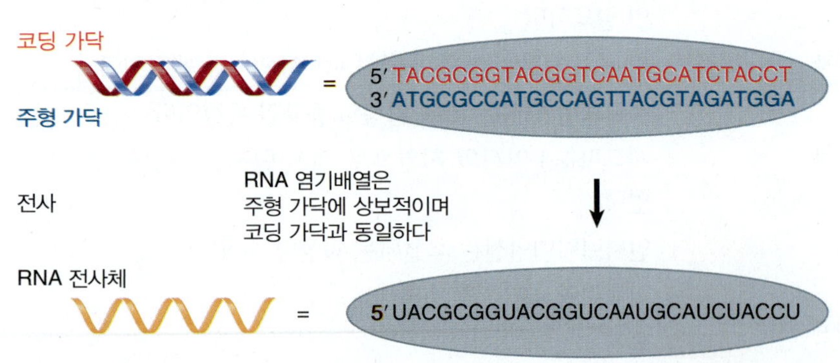

그림 19.1 RNA 중합효소의 기능은 이중 가닥 DNA의 한 가닥을 RNA로 복제하는 것이다.

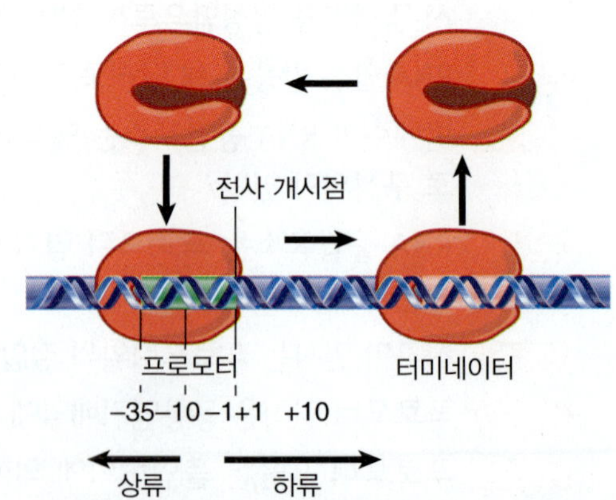

그림 19.2 전사 단위는 프로모터에서 시작하여 터미네이터에서 끝나는 단일 RNA로 전사된 DNA의 염기배열이다.

- RNA 중합효소가 DNA 상의 프로모터를 어떻게 인식할까? 이것은 좀 더 일반적인 특정한 질문의 예이다: 단백질이 DNA에 있는 그들의 특정 결합 부위를 발견하기 위해 어떻게 DNA 염기배열을 읽는가?
- 전사의 개시, 신장 또는 종결의 특정 단계를 활성화하거나 억제하기 위해 조절단백질이 어떻게 RNA 중합효소(또는 서로 간에)와 상호작용하는가?

이 장에서는 RNA 합성 과정을 통하여, 박테리아 RNA 중합효소가 유전자와 처음 접촉했을 때의 DNA와의 상호작용을 분석한 다음, 전사가 완료되었을 때 전사물이 최종적으로 방출되는 것을 알아보고자 한다. *26장 오페론*에서는 조절 단백질이 박테리아 RNA 중합효소가 전사를 위한 특정 유전자를 인식하는 것을 도와주거나 방해할 수 있는 다양한 수단에 대하여 설명하고 있다. *27장 파지의 유전자 발현 전략*에서는 각각의 조절 상호작용이 보다 복잡한 네트워크에 어떻게 연결될 수 있는지를 자세하게 알아보았다. *20장 진핵세포의 RNA 합성 과정*과 *28장 진핵세포의 RNA 합성 과정 조절*에서는 진핵생물의 RNA 중합효소와 그 주형 간의 유사한 반응에 대하여 자세히 알아보았다. *30장, 조절 RNA*에서는 작은 RNA(small RNA)의 사용을 포함하여 다른 조절 수단에 대해 논의하고, 이들 상호작용이 어떻게 대규모 조절 네트워크에 연결될 수 있는지에 대하여 자세히 알아보고자 한다.

개념 및 추론 확인

- RNA는 5′에서 3′으로 합성된다. 주형은 왜 3′에서 5′ 방향인가?

19.2 RNA 합성은 염기쌍을 형성하지 않는 DNA "버블"에서 염기쌍을 형성함으로써 일어난다

RNA 합성(전사)는 다른 중합 반응(DNA 복제와 단백질 합성)과 공통적으로 상보적인 염기쌍 형성의 일반적인 과정에 의해 일어난다. 그림 19.3은 RNA 합성 과정의 일반적인 원리를 설명하고 있다. RNA 합성은 DNA는 일시적으로 단일가닥으로 분리되고 주형 가닥이 RNA 가닥의 합성을 지시하는 데 사

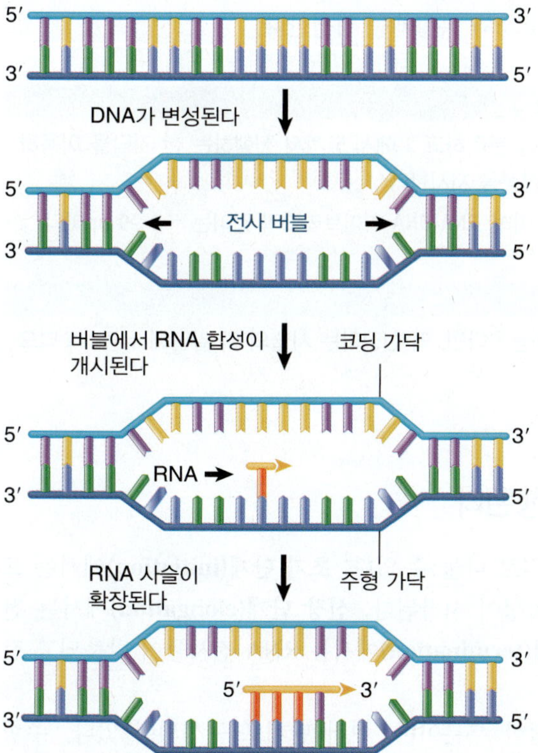

그림 19.3 DNA 가닥은 전사 버블을 형성하기 위해 분리된다. RNA는 DNA 가닥 중 하나와 상보적인 염기쌍으로 합성된다.

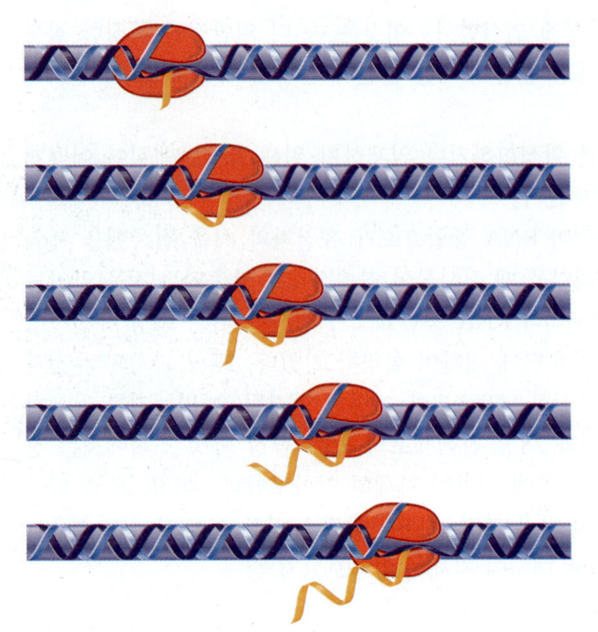

그림 19.4 전사는 일시적으로 풀어지지 않은 영역에서 DNA의 한 가닥과 염기쌍을 형성하여 RNA가 합성되는 버블에서 일어난다. 버블이 진행됨에 따라 DNA 이중가닥은 단일 폴리뉴클레오티드 사슬의 형태로 RNA를 대체하여 그 뒤에서 재형성된다.

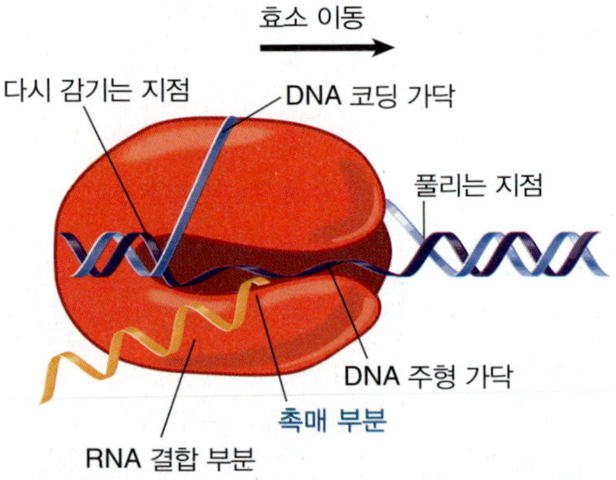

용되는 "전사 버블(transcription bubble)" 내에서 발생한다.

RNA 사슬은 신장하는 사슬의 3′ 말단에 새로운 뉴클레오티드를 첨가함으로써 3′에서 5′까지 이어지는 주형으로부터 5′ 말단에서 3′ 말단으로 합성된다. 사슬에 첨가된 마지막 뉴클레오티드의 3′-OH기는 들어오는 뉴클레오시드 5′ 삼인산(nucleoside 5′ triphosphate)과 반응한다. 들어오는 뉴클레오티드는 말단 두 개의 인산기(γ 및 β)를 잃어버린다; 알파(α) 인산염은 신장하는 사슬에 뉴클레오티드를 연결하는 포스포디에스테르 결합에 사용된다. 전반적인 반응 속도는 37℃에서 ~40~50 뉴클레오티드/초(sec) 정도로 빠르다. 이것은 단백질 합성 속도(15 아미노산/초)와 거의 같지만 DNA 복제 속도(~800bp/초)보다 훨씬 느리다.

RNA 중합효소는 프로모터에 결합할 때 전사 버블(transcription bubble)을 생성하고 두 가닥을 분리한다. 그림 19.4는 RNA 중합효소가 DNA를 따라 이동함에 따라 버블이 이동하면서 RNA 사슬이 길어지는 것을 보여주고 있다. 버블 내의 염기쌍 형성과 염기 첨가 과정은 RNA 중합효소 자체에 의해 촉매되고 정밀하게 검사된다.

RNA 중합효소 내의 버블의 구조를 그림 19.5의 확대된 그림에 나타내었다. RNA 중합효소가 DNA 주형을 따라 이동함에 따라, 버블의 앞쪽에서 이중가닥을 풀고 뒤쪽에서는 DNA를 되감는다. 전사 버블의 길이는 12~14 bp이지만, RNA-DNA 하이브리드 영역의 길이는 ~8~9 bp이다. 효소가 주형을 따라 이동함에 따라, DNA 이중가닥이 다시 형성되고 RNA는 자유 폴리뉴클레오티드 사슬로 대체된다. 신장하는 RNA의 마지막 14개의 리보뉴클레오티드는 언제든지 DNA 및/또는 효소와 복합체를 형성한다.

효소 이동
다시 감기는 지점
DNA 코딩 가닥
풀리는 지점
DNA 주형 가닥
촉매 부분
RNA 결합 부분

그림 19.5 전사 과정에서 버블은 박테리아 RNA 중합효소 내에서 유지되어 DNA를 풀고 되감기하며 RNA를 합성한다.

▶ **초기 단계(initiation)** RNA에서 첫 번째 결합의 합성까지의 전사(RNA 합성) 단계. 여기에는 프로모터에 RNA 중합효소를 결합시키는 것이 포함되며(이것은 개시 전 단계이라고도 함), 짧은 DNA 영역을 단일가닥으로 분리한다.

▶ **신장 단계(elongation)** 뉴클레오티드 또는 폴리펩티드 사슬이 개별 서브유닛의 첨가에 의해 연장될 때 거대분자 합성 반응(DNA 복제, RNA 합성 과정 또는 단백질 합성 과정)의 단계.

▶ **종결 단계(termination)** 서브유닛의 첨가를 멈추고 (전형적으로) 합성 장치의 해체를 일으킴으로써 거대분자 합성 반응(DNA 복제, RNA 합성 과정 또는 단백질 합성 과정)을 종료시키는 분리된 반응.

핵심개념

- RNA 중합효소는 일시적인 버블 속에서 두 가닥의 DNA를 분리하고 3′에서 5′까지 진행하는 한 가닥을 이용하여 5′에서 3′까지 진행되는 상보적인 RNA 염기배열의 합성을 지시한다.
- 전사 버블(transcription bubble)의 길이는 ~12~14 bp이며, RNA-DNA 하이브리드의 길이는 ~8~9 bp이다.

개념 및 추론 확인

RNA 중합효소가 주형 가닥을 따라 3′에서 5′ 방향으로 이동한다면, 왜 신장하는 사슬의 3′ 말단에 뉴클레오티드가 추가되는 것인가?

19.3 RNA 합성 반응은 세 단계로 진행된다

RNA 합성 반응은 그림 19.6에 설명된 세 단계로 임의로 나눌 수 있다: **초기 단계(initiation)**에서는 프로모터가 인식되고, 전사 버블이 생성되며, RNA 합성이 시작된다; **신장 단계(elongation)**에서는 전사 버블이 DNA를 따라 움직인다; 마지막 **종결 단계(termination)**에서는 RNA 전사들이 방출되고 전사 버블이 닫힌다.

개시 단계는 RNA 합성 과정(전사)의 가장 복잡한 부분이며, 여러 단계로 구성되어 있다. 주형 인식(*template recognition*)은 RNA 중합효소가 프로모터(*promoter*)라 불리는 DNA 염기배열의 이중-가닥 DNA에 결합함으로써 시작한다. RNA 중합효소는 먼저 **닫힌 복합체(closed complex)**를 형성하는데, 이때 DNA는 이중가닥으로 남아있다. 이어서, RAN 중합효소는 전사 개시 부위를 포함하는 프로모터 DNA의 부분을 부분적으로 풀어 **열린 복합체(open complex)**를 형성한다. DNA 이중가닥의 분리는 들어오는 리보뉴클레오티드와의 염기쌍 형성 및 RNA의 첫 번째 뉴클레오티드 결합 합성에 사용 가능한 주형 가닥을 만든다. 개시 단계는 RNA 중합효소가 프로모터에서 여전히 결합되어 있는 동안 ~10 뉴클레오티드(nt)보다 짧은 전사물을 만드는 불완전 초기 과정의 발생에 의해 연장될 수 있다. RNA 중합효소는 종종 짧은 전사물을 방출하고 RNA의 합성을 다시 시작하게 하면서 일련의 연속적인 불완전한 전사물을 만들어낸다. 개시 단계는 RNA 중합효소가 사슬 연장에 성공하고 프로모터를 통과하면 종료된다. RNA 중합효소가 주형에 결합하고 개시 반응을 수행하는 데 필요한 DNA 염기배열을 프로모터라고 정의한다.

개시 단계:

주형 인식: RNA 중합효소가 DNA 이중가닥과 결합한다

DNA가 프로모터에서 풀어진다

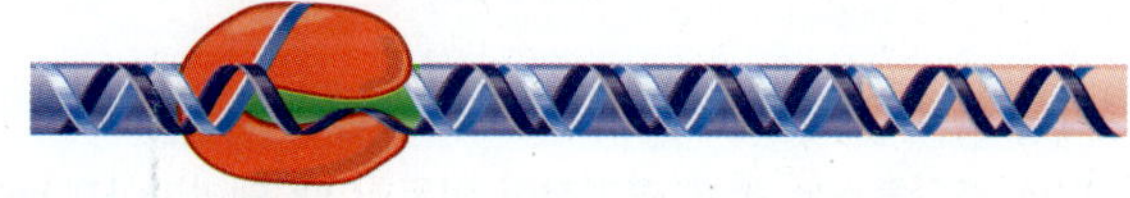

매우 짧은 사슬이
합성되고 방출된다

신장 단계:

중합효소가 RNA를 합성한다

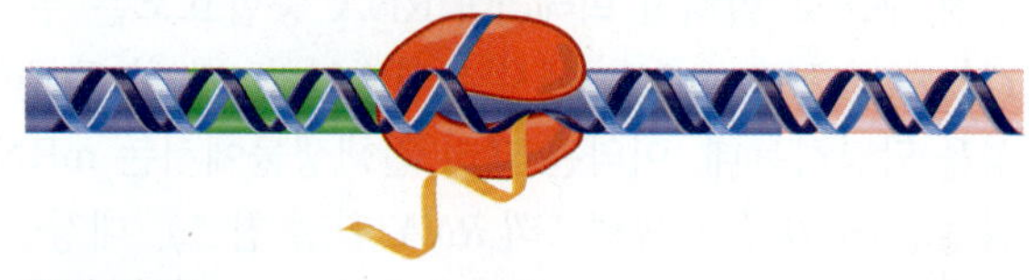

종결 단계:

RNA 중합효소와 RNA가 방출된다

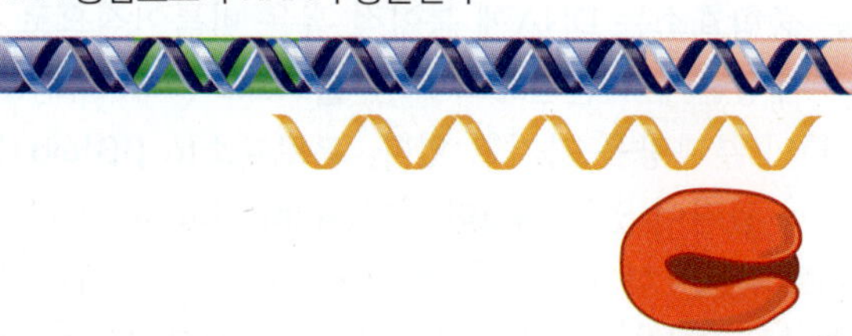

그림 19.6 전사(RNA 합성 과정)는 세 단계로 진행된다. 효소는 프로모터에 결합하여 DNA를 변성시키고, 개시 단계 시 변성된 상태를 유지한다; 신장 단계 시 주형을 따라 이동한다; 종료 시 해리한다.

▸ **닫힌 복합체(closed complex)** RNA 중합효소가 DNA의 두 가닥을 분리하여 전사 버블을 형성하기 전의 RNA 합성 개시 단계의 상태. DNA는 이중가닥이다.

▸ **열린 복합체(open complex)** RNA 중합효소가 DNA의 두 가닥을 분리시켜 전사 버블을 형성하는 RNA 합성 과정의 개시 단계.

신장 단계는 이중-가닥 DNA에서 염기쌍이 분리되어, 뉴클레오티드를 첨가하기 위한 주형 가닥이 노출되고, 전사 버블이 하류로 이동하는 RNA 중합효소의 연속적인 이동 과정이다. RNA 중합효소가 이동하면서, 일시적으로 풀린 영역의 주형 가닥은 성장점(point of growth)에서 처음 만들어진 RNA와 쌍을 이룬다. 뉴클레오티드는 신장하는 RNA 사슬의 3′ 말단에 공유결합으로 첨가되며, 풀리는 영역 내에서 RNA-DNA 하이브리드를 형성한다. 풀어진 영역의 뒤에서, DNA 주형 가닥은 원래의 가닥과 쌍을 이뤄 버블이 움직이면서 이중나선 구조를 다시 형성한다. RNA는 RNA 중합효소로부터 자유 단일가닥으로 나타난다.

신장 단계에 대한 종래의 관점은 그것이 일정한 속도로 RNA 종합효소가 전진하는 단조로운 과정이라는 것이다. 우리는 이것이 옳지 않다는 것을 알게 되었다. 특정 DNA 염기배열은 RNA 중합효소를 천천히 혹은 심지어 무한정 멈추게 할 수 있다. *19.11절 박테리아 RNA 합성 과정 종결*에서 볼 수 있듯이, 일시중지(pausing)가 길어질 경우 전사가 중단될 수 있다. 또한, 부정확한 염기를 삽입되면 DNA 구조가 변경되어 RNA 중합효소가 "역추적(backtrack)"을 하게 한다. 이는 오류-편집 메커니즘의 일부이다.

종결 단계는 더 이상 염기가 사슬에 추가되어서는 안 되는 지점을 인식하는 과정이다; 프로모터와 마찬가지로 이 지점은 특정 DNA 염기배열이다. RNA 합성 과정을 종결시키기 위해서는 포스포디에스테르 결합의 형성이 중단되어야 하며, 전사 복합체는 분리되어야 한다. 최종 염기가 RNA 사슬에 추가되면 RNA-DNA 하이브리드가 파괴되고, DNA가 이중구조로 재형성되며, RNA 중합효소와 RNA가 모두 방출됨으로써 전사 버블이 무너진다. *이러한 반응에 필요한 DNA의 염기배열을 터미네이터(terminator)라고 한다.*

핵심개념

- RNA 중합효소는 DNA 상의 프로모터에 결합하여 닫힌(closed) 복합체를 형성한다.
- RNA 중합효소는 DNA 이중구조를 열어 전사 버블(transcription bubble)을 형성한 후 RNA 합성을 개시한다.
- 신장 단계는 전사 버블은 DNA를 따라 이동하고 RNA 사슬은 5′에서 3′ 방향으로, 성장하는 사슬의 3′ 말단에 뉴클레오티드가 첨가되면서 길어진다.
- RNA 합성이 멈추면, DNA 이중구조가 다시 형성되고 RNA 중합효소는 터미네이터 부위에서 해리된다.

개념 및 추론 확인

DNA 중합효소는 복제 분기점이 이동할 때 헬리카아제(helicase)가 필요하다. RNA 중합효소는 전사 버블을 어떻게 이동하는가?

19.4 박테리아 RNA 중합효소는 핵심효소 및 시그마 인자로 구성되어 있다

가장 잘 연구된 RNA 중합효소는 박테리아, 특히 대장균의 RNA 중합효소이다. 그러나 고해상도의 결정 구조로 밝혀진 박테리아 RNA 중합효소는 두 개의 호열성 박테리아 종인 *Thermus aquaticus*와 *Thermus thermophilus*에서 유래되었다. 단 한 종류의 RNA 중합효소는 mRNA, rRNA 및 tRNA의 합성을 담당하는데, 이와는 달리 진핵생물에서는 mRNA, tRNA 및 rRNA가 각각 다른 중합효소에 의해 합성된다(*20장 진핵세포의 RNA 합성* 참조). 대장균 세포에는 보통 약 13,000개의 RNA 중합효소 분자가 존재하고 있다. 이들 중합효소 어느 것도 한 번에 RNA 합성 과정에 관여하지는 않지만, 거의 모든 중합효소는 DNA에 특이적 혹은 비특이적으로 결합되어 있다.

대장균에서 완전효소 또는 **홀로효소(holoenzyme)**는 6개의 서브유닛으로 구성되어 있으며, 약 460 kD의 분자량을 가지고 있다. 홀로효소($\alpha_2\beta\beta'\omega\sigma$)는 **핵심효소(core enzyme**, $\alpha_2\beta\beta'\omega$)와 프로모터 인식과 관련이 있는 **시그마 인자(sigma factor**, σ 폴리펩티드)의 두 가지 성분으로 나눌 수 있다. β와 β′ 서브유닛은 함께 촉매 작용을 담당하고 있으며 효소의 대부분을 구성하고 있다. 이들의 염기배열은 진핵생물 RNA 중합효소의 가장 큰 서브유닛의 염기배열과 관련이 있다(*20.2절 진핵생물 RNA 중합효소는 많은 서브유닛으로 이루어져 있다* 참조). 알파(α) 서브유닛은 핵심효소의 어셈블리를 위한 발판 역할을 하며, 또한 RNA 중합효소와 프로모터 및 **카복시 말단 도메인(C-terminal domain, CTD, C 말단 도메인)**을 통한 일부 조절 인자의 상호작용에 중요한 역할을 한다. 알파(α)와 시그마(σ) 서브유닛은 RNA 합성 과정 개시 단계를 조절하는 인자들과 효소의 상호작용에 필요한 RNA 중합효소의 주요 부분이다. 오메가(ω) 서브유닛 또한 어셈블리에 역할을 하며 특정 조절 기능에서도 역할을 할 수 있다.

시그마(σ) 서브유닛은 주로 프로모터 인식을 담당한다. 홀로효소만이 그것의 프로모터에서 유전자를 인식하고 RNA 합성 과정을 시작할 수 있다. 시그마 인자는 박테리아 RNA 중합효소가 프로모터에서만 DNA에 안정하게 결합하는 것을 보장한다. 시그마 인자는 때때로 RNA 사슬이 8~9 염기에 도달할 때 방출되는데, 이때 핵심효소가 떨어져 나와 신장 단계를 수행한다. 핵심효소는 DNA 주형에서 RNA를 합성하는 능력을 가지고 있지만, 적절한 위치에서 RNA 합성 과정을 개시할 수는 없다.

핵심효소는 DNA에 대한 일반적인 친화력을 가지고 있으며, 염기성 단백질과 산성 핵산 간의 정전기적 인력(attraction)이 중요한 역할을 한다. 이러한 일반적인 결합 반응에서 핵심 중합효소에 의해 결합된 모든 (랜덤) DNA 염기배열을 느슨한 결합 부위(loose binding site)라 한다. DNA에는 아무런 변화가 없으며, 이중구조 그대로 남아있다. 그러한 부위의 복합체는 안정하며, 효소가 DNA로부터 해리되는 데 약 60분의 반감기를 가지고 있다. 핵심효소는 프로모터와 다른 DNA 염기배열을 구별하지 않는다.

핵심효소는 일반적으로 DNA 결합 친화성을 가지고 있다. 그림 19.7은 시그마 인자가 DNA에 대한 RNA 중합효소의 친화성에 큰 변화를 가져온다는 것을 보여주고 있다.

- **홀로효소(holoenzyme)** RNA 합성 과정(전사)을 개시할 수 있는 RNA 중합효소 형태. 그것은 핵심효소($\alpha_2 b\beta\beta'\omega$)와 σ 인자의 6개의 서브유닛으로 구성되어 있다.
- **핵심효소(core enzyme)** 신장 단계에 필요한 RNA 중합효소 서브유닛의 복합체. 개시 또는 종결에 필요할 수 있는 추가 서브유닛 또는 인자는 포함되지 않는다.
- **시그마 인자(sigma factor)** 개시 단계에 필요한 박테리아 RNA 중합효소의 서브유닛; 그것은 프로모터의 선택에 큰 영향을 준다.
- **카복시 말단 도메인(C-terminal domain, CTD, C 말단 도메인)** 조절 단백질과의 접촉에 의한 전사 촉진에 관여하는 RNA 중합효소 서브유닛의 도메인.

홀로효소는 느슨한 결합 부위를 인식할 수 있는 능력이 현저히 떨어졌다—즉, 일반적인 DNA 염기배열에 결합하는 능력이다. 홀로효소-DNA 복합체의 반감기는 1초 미만이므로, 시그마 인자는 일반적인 결합능력을 극적으로 불안정하게 한다.

시그마 인자는 또한 특정 DNA 결합 부위를 인식하는 능력을 부여한다. 홀로효소는 핵심효소의 결합 상수가 (평균적으로) 1,000배 증가하고, 반감기가 수 시간인 것으로서 프로모터에 매우 강하게 결합한다.

다른 염기배열과 비교하여 프로모터에 대한 홀로효소의 특이성은 ~10^7이지만, 이는 홀로효소가 다른 프로모터 염기배열에 결합하는 친화성이 크게 다양하기 때문에, 이것은 평균값에 불과하다. 이것은 RNA 합성 과정을 개시할 때 각각의 프로모터의 효율을 결정하는 중요한 파라미터가 된다.

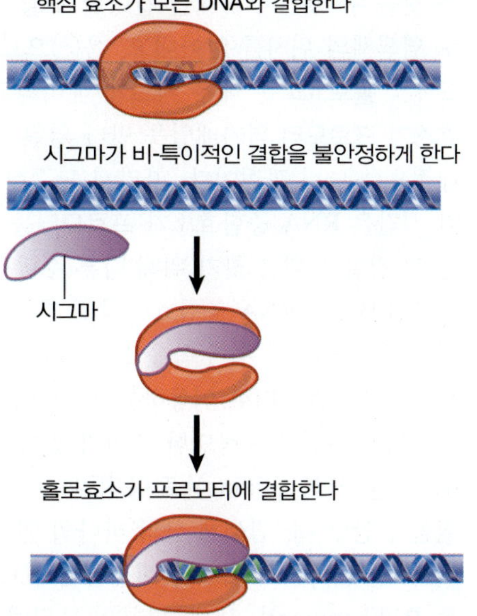

그림 19.7 핵심효소는 모든 DNA에 무차별적으로 결합한다. 시그마 인자는 염기배열-비의존성 결합에 대한 친화성을 감소시키고 프로모터에 대한 특이성을 부여한다.

핵심개념

- 박테리아 RNA 중합효소는 전사를 촉매하는 $\alpha_2 b\beta\beta'\omega$ 핵심효소와 개시에만 필요한 시그마(σ) 서브유닛으로 나눌 수 있다.
- 시그마 인자는 RNA 중합효소의 DNA-결합 성질을 변화시켜 일반 DNA에 대한 친화성을 감소시키고 프로모터에 대한 친화성을 증가시킨다.

개념 및 추론 확인

시그마 인자는 프로모터 특이성을 어떻게 제공하는가?

19.5 RNA 중합효소는 프로모터 염기배열을 어떻게 인식하는가?

RNA 중합효소는 게놈 차원에서 프로모터를 찾아야 한다. 프로모터 염기배열은 세포에서 수백만 염기쌍과 어떻게 구별되는가? 사실상 그것 모두는 유리(free)된 핵심효소 또는 홀로효소가 없는 DNA와 결합한다. 그림 19.8은 RNA 중합효소가 접근할 수 있는 모든 염기배열 중에서 어떻게 프로모터 염기배열

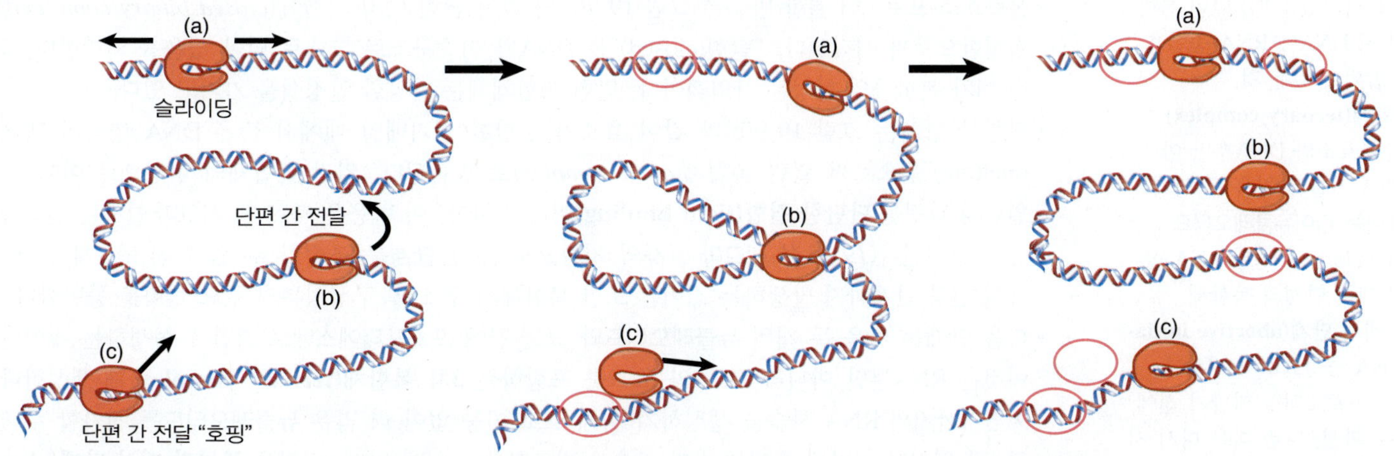

그림 19.8 RNA 중합효소가 프로모터를 인식하는 방법에 대하여 제시된 메커니즘. (a) 슬라이딩; (b) 단편 간 전달; (c) 도메인 내 결합 및 해리 또는 호핑. Adapted from C. Bustamante et al., *J. Biol. Chem.* 274 (1999): 16665–16668.

을 찾을 수 있는지에 대한 간단한 모델을 보여주고 있다. RNA 중합효소 홀로효소는 무작위적 확산으로 염색체의 위치를 알아내고, 음(-)으로 하전된 DNA에 비특이적으로 염기배열을 결합시킨다. 이 모드에서 홀로효소는 매우 빠르게 해리되고, 또 다른 위치에서 재결합한다. 그러나 (우연히) RNA 중합효소가 프로모터 염기배열을 만나 열린 복합체로 진행할 때까지 일련의 복합체를 만들고 끊는 것은 상대적으로 느린 과정이다. 따라서 느슨한 결합 부위에서의 연속적인 결합 및 해리의 임의 순환에 필요한 시간은 RNA 중합효소가 프로모터를 찾는 방식을 설명하기에는 너무 크다. 따라서 RNA 중합효소는 그 결합 부위를 찾기 위해 다른 수단을 사용해야 한다.

그림 19.8은 RNA 중합효소의 초기 표적이 특정 프로모터 염기배열뿐만 아니라 전체 게놈이기 때문에 과정이 빨라질 수 있음을 보여주고 있다. 그런 다음, RNA 중합효소가 어떻게 DNA의 무작위 결합 부위에서 프로모터로 이동하는가? 적어도 세 가지 다른 과정이 RNA 중합효소에 의한 프로모터 검색 속도에 기여한다는 상당한 증거가 있다. 첫째, RNA 중합효소가 DNA를 따라 1차원 랜덤워크[random walk, 슬라이딩(sliding)]로 움직일 수 있다. 둘째, 뉴클레오이드에서 염색체가 복잡하게 접혀 있는 성질을 감안할 때, 염색체 상의 하나의 염기배열에 결합되어 있는 효소는 이제 다른 부위에 더 가깝게 되어 해리 및 다른 부위로의 재결합에 필요한 시간을 단축시킨다[단편 간 전달(intersegment transfer) 또는 호핑(hopping)]. 셋째, 하나의 부위에 비특이적으로 결합되어 있는 동안, 효소는 프로모터가 발견될 때까지 DNA 부위를 교환할 수 있다(direct transfer, 직접 전달).

핵심개념

- RNA 중합효소가 프로모터에 결합하는 속도는 너무 빠르기 때문에 랜덤 확산(random diffusion)으로 설명할 수 없다.
- RNA 중합효소는 아마도 DNA의 무작위 부위에 결합하고 프로모터가 발견될 때까지 다른 염기배열과 매우 빠르게 교환한다.

개념 및 추론 확인

시그마 인자는 어떻게 프로모터의 DNA 염기배열을 “읽는 가”?

19.6 시그마 인자는 프로모터와의 결합을 조절한다

이제 다양한 형태의 RNA 중합효소와 DNA 주형 간의 상호작용 측면에서 RNA 합성 과정의 시작 단계를 기술할 수 있다. 개시 반응은 그림 19.9에 요약된 파라미터로 설명할 수 있다:

- 홀로효소-프로모터 결합 반응은 그림 19.9(a)와 같이 *닫힌 이차 복합체(closed binary complex)*를 형성함으로써 시작된다. “닫힌(closed)”은 DNA가 이중구조로 그대로 남아 있음을 의미한다. 닫힌 이차 복합물의 형성은 가역적이다. 닫힌 복합체에는 다양한 안정성을 가지고 있다.
- 닫힌 복합체는 그림 19.9(b)와 같이 효소가 결합한 염기배열 내에서 짧은 DNA 영역이 “변성(melting)”됨으로써 *열린 복합체(open complex)*로 변환된다. 열린 복합체의 형성으로 이어지는 일련의 과정을 **단단한 결합(tight binding)**이라고 한다. 이 반응은 빠르다. 시그마 인자는 변성 반응에 관여한다(*19.15절 시그마 인자의 치환으로 개시 단계를 조절할 수 있다* 참조). 개시 단계에서 신장 단계까지 발생하는 전이는 또한 복합체의 구조 및 구성성분의 주요 변화를 동반한다.
- 다음 단계는 처음 두 개의 뉴클레오티드와 그들 간에 포스포디에스테르 결합을 형성하는 것이다. 이것은 RNA뿐만 아니라 DNA와 효소를 포함하는 **3차 복합체(ternary complex)**를 생성한다. 9 염기까지의 RNA 사슬을 생성하기 위해 효소 이동 없이 더 많은 뉴클레오티드를 첨가할 수 있다. 각 염기가 첨가된 후에 효소가 사슬을 방출할 가능성이 있다. 이것은 **불완전 개시 단계(abortive initiation)**를 포함하며, 그 후에 효소는 첫 번째 염기로 다시 합성을 시작한다. 일반적으로

▶ **단단한 결합(tight binding)** (DNA 가닥이 분리되었을 때) 열린 복합체 형성 시 DNA에 RNA 중합효소가 결합되어 있는 것.

▶ **3차 복합체(ternary complex)** RNA 중합효소와 DNA뿐만 아니라 RNA 산물의 처음 두 염기를 나타내는 다이뉴클레오티드(dinucleotide)로 구성된 RNA 합성 과정 개시 단계의 복합체.

▶ **불완전 개시 단계(abortive initiation)** RNA 중합효소가 전사를 시작하지만 프로모터를 떠나기 전에 종결되는 과정. 그런 다음 다시 시작된다. 신장 단계가 시작되기 전에 여러 사이클이 발생할 수 있다.

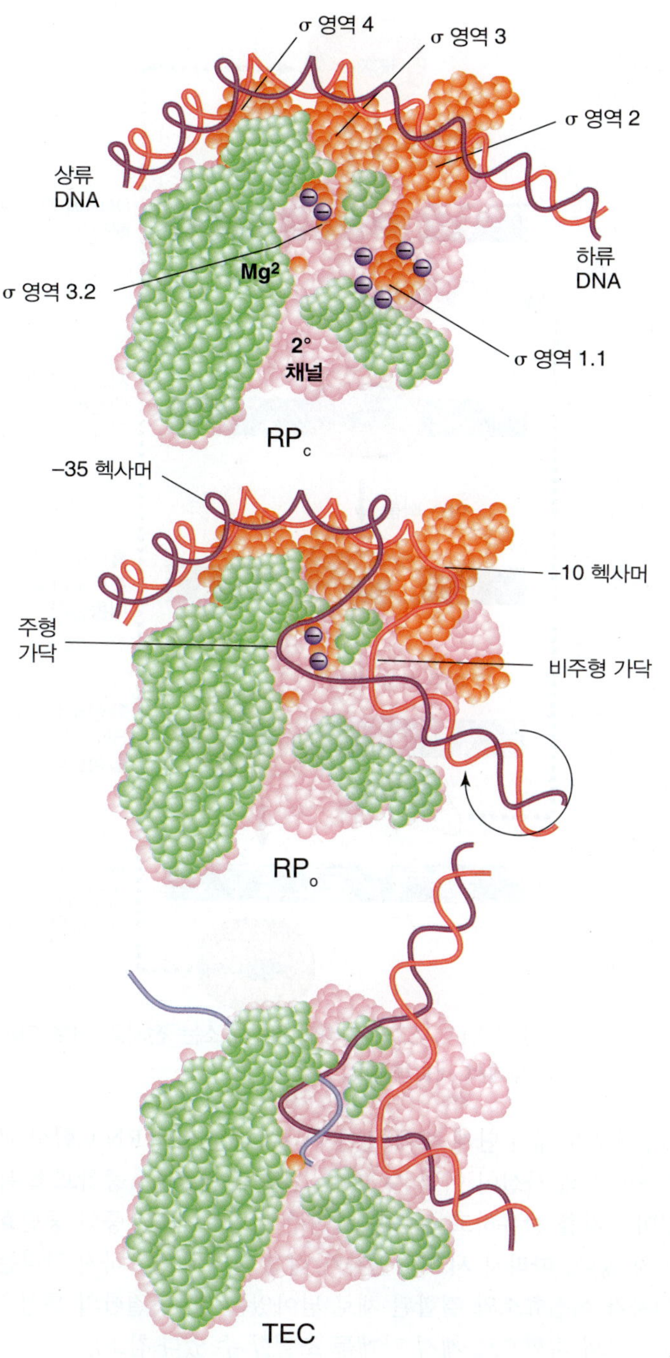

그림 19.9 RNA 중합효소는 신장 단계 전에 여러 단계를 거친다. 닫힌 두 부분으로 이루어진 복합체는 열린 형태로 변환된 다음 3차 복합체로 변환된다. Adapted from S. P. Haugen, W. Ross, and R. L. Gourse, *Nat. Rev. Microbio.* 6 (2008): 507–519.

일련의 매우 짧은 올리고뉴클레오티드(oligonucleotide)를 생성하기 위해 불완전 개시 단계의 사이클이 발생한다.

- 개시 단계가 성공하면 시그마 인자는 더 이상 필요하지 않으며, 효소는 핵심중합효소-DNA-신생 RNA의 신장 삼원 복합체로 전환된다(그림 19.9 및 그림 19.10 참조). 여기서 중요한 파라미터는 중합효소가 프로모터를 떠나 다음 또 다른 중합효소가 다시 프로모터에 결합하여 개시할 때까지 시간이 얼마나 걸리는가 하는 것이다. 이 파라미터가 프로모터 통과 시간이다; 1~2초 사이의 최솟값은 초당 최대 1회 과정(을 의미하며) 개시 단계의 최대 빈도로 설정한다. 그런 다음 효소는 주형을 따라 이동하며, RNA 사슬은 10개의 염기 이상 신장된다.
- RNA 사슬이 15~20 염기까지 신장되면, 효소는 추가 구조적 변이를 일으켜 신장을 수행하는 복합체를 형성한다.

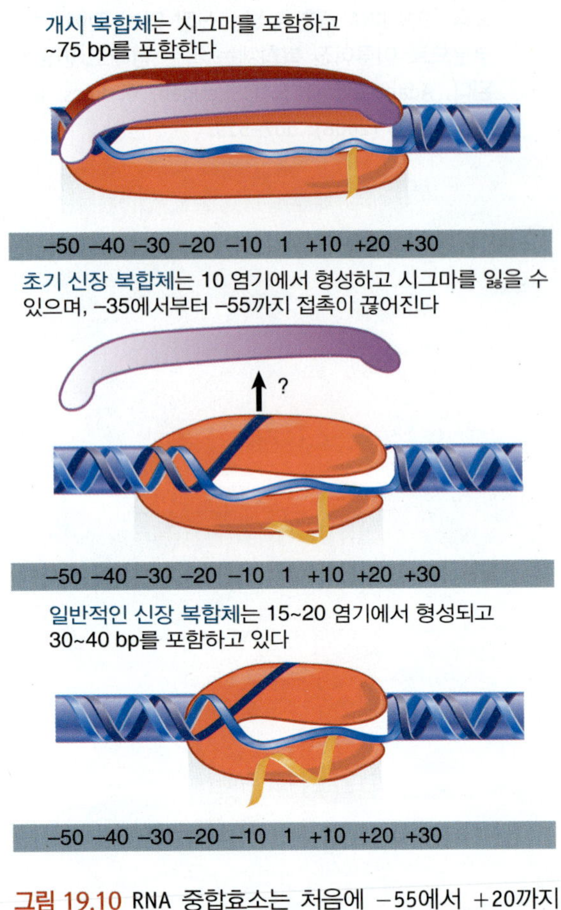

그림 19.10 RNA 중합효소는 처음에 −55에서 +20까지의 영역과 접촉한다. 시그마가 해리되면 핵심효소는 230으로 수축한다. 효소가 몇 개의 염기쌍을 움직일 때, 그것은 보다 조밀하게 일반적인 신장 복합체로 구성된다.

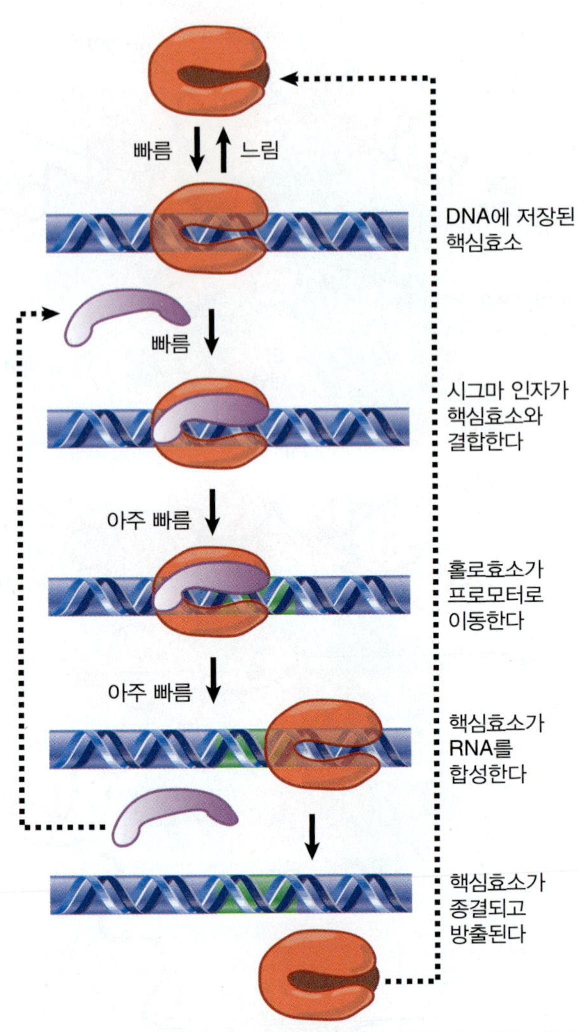

그림 19.11 시그마 인자와 핵심효소는 전사의 서로 다른 지점에서 재활용된다.

시그마 인자가 발견된 이전부터, 시그마 인자가 개시 단계 후에 떨어져 나온다는 것은 RNA 합성 과정의 기본 교리(tenet)였다. 이것은 엄격하게 말해 사실이 아닐 수 있다. 신장 중인 RNA 중합효소 복합체를 직접 측정한 결과, ~70%가 시그마 인자를 보유하고 있음을 보여주고 있다. 신장 중인 중합효소의 3분의 1은 시그마 인자를 가지고 있지 않다; 따라서 시스마 인자가 신장 단계에 필요하지 않다는 최초의 결론은 분명히 옳았다. 시스마 인자가 핵심효소와 결합된 채로 남아있는 경우, 결합의 특성은 거의 확실하게 바뀌었다(*19.15절 시그마 인자의 치환으로 개시 단계를 조절할 수 있다* 참조).

RNA 중합효소는 개시 단계에 필요한 사항과 신장 단계에 필요한 사항이 일치하지 않는다는 딜레마에 직면한다. 개시 단계는 특정 염기배열(프로모터)에만 단단한 결합을 필요로 하는 반면, 신장 단계는 전사 중에 효소가 만나는 모든 염기배열과 긴밀한 결합을 필요로 한다. 그림 19.11은 시그마 인자와 핵심효소 간의 가역적인 결합에 의해 딜레마가 어떻게 해결되는지 보여주고 있다.

시그마 인자는 개시 단계에만 관여하고 있다. 불완전한 개시 단계가 끝나고 RNA 합성이 성공적으로 시작되면 불필요하게 된다. 이 시점에서, 3차 복합체의 핵심효소는 DNA와 매우 밀접하게 결합한다. 신장 단계가 완료될 때까지 본질적으로 "고정(locked in)"된다. RNA 합성 과정이 끝나면 핵심효소가 방출된다. 그런 다음 DNA의 느슨한 부위에 결합하여 "저장(stored)"된다. 핵심효소는 DNA에 대한 높은 친화성을 가지고 있는데, 이는 신생된 RNA의 존재에 의해 증가된다. 그러나 느슨한 결합 부위에 대한 친화성은 너무 높기 때문에 효소가 다른 염기배열과 프로모터를 효율적으로 구별할 수 있다. 느슨한 복합체의 안정성을 감소시킴으로써, 시그마 인자는 그 과정을 훨씬 더 신속하게 발생하도록 한다; 단단한 결합 부위에서 결합을 안정화시킴으로써, 시그마 인자는 그 반응을 비가역적으로 열린 복합체의 형성으로 유도한다. 효소가 시그마 인자를 방출할 때(또는 그것과의 결합을 변화시킬 때), 염기배열에 관계없이, RNA 합성 과정을 계속할 수 있는 모든 DNA에 대한 일반적인 친화성으로 되돌아간다.

홀로효소가 프로모터에 특이적으로 결합하는 원인은 무엇인가? 시그마 인자는 프로모터 DNA 염기배열을 인식(판독)하는 도메인을 가지고 있다. 독립적인 폴리펩티드인 시그마 인자는 DNA에 결합하지 않지만, 홀로효소가 단단한 결합 복합체를 형성할 때 시그마 인자는 전사 개시점의 상류 영역의 DNA와 접촉한다. 이러한 차이는 시그마 인자가 핵심효소에 결합할 때 시그마 인자의 형태 변화로부터 생긴다. 유리된(free) 시그마 인자의 N-말단 영역은 DNA-결합 영역의 활성을 억제한다; 시그마가 핵심효소에 결합하면 이 억제가 해제되고 프로모터 염기배열에 특이적으로 결합할 수 있게 된다(*19.9절 RNA 중합효소의 여러 영역이 프로모터 DNA에 직접 접촉한다* 참조). 유리된 시그마 인자가 프로모터 염기배열을 인식할 수 없다는 것은 중요할 수 있다: 시그마 인자가 프로모터에 자유롭게 결합할 수 있다면, RNA 합성 과정이 개시하는 것을 막을 수 있다.

핵심개념

- RNA 중합효소는 DNA가 이중가닥으로 남아있는 닫힌 복합체(closed complex)로서 프로모터에 결합한다.
- RNA 중합효소는 DNA 가닥을 분리하여 RNA에 최대 9개 뉴클레오티드를 포함하는 열린 복합체(open complex)와 전사 버블을 형성한다.
- 효소가 다음 단계로 넘어 가기 전에 불완전 개시 단계 주기가 있을 수 있다.
- 신생되는 RNA 사슬 길이가 8~9 염기에 도달하면 시그마 인자가 RNA 중합효소에서 떨어져 나갈 수 있다.
- 시그마 인자와 홀로효소 간 결합의 변화는 DNA에 대한 결합 친화성을 변화시켜, 핵심효소가 DNA를 따라 이동할 수 있도록 한다.

개념 및 추론 확인

프로모터가 닫힌 복합체에서 열린 복합체로 변환하는 것은 무엇을 의미하는가?

19.7 프로모터 인식은 공통염기배열에 의해 결정된다

단백질에 의해 인식되는 기능을 가진 DNA 염기배열로서, 프로모터(promoter)는 전사되는 역할을 가지고 있는 염기배열과는 다르다. 프로모터 기능에 대한 정보는 DNA 염기배열에 의해 직접 제공된다: 그 구조는 신호이다. 이것은 그림 2.16과 그림 2.17에서 이미 정의된 바와 같이 시스-작용(*cis*-acting) 부위의 전형적인 예이다. 이와는 대조적으로, 발현된 영역은 정보가 다른 핵산 또는 단백질의 형태로 전달 된 후에야 의미를 갖게 된다.

RNA 중합효소와 같은 단백질과 프로모터라고 부르는 DNA 염기배열 간의 상호작용을 설명하는 데 있어 중요한 문제는 단백질이 특정 DNA 프로모터 염기배열을 어떻게 읽는가 하는 것이다. 박테리아 게놈에서 적절한 신호를 제공할 수 있는 최소 길이는 12 bp이다. (우연히, 잘못된 신호를 전달하기에 충분한 수의 더 짧은 염기배열이 발생할 수 있다. 게놈의 크기에 따라 독특한 인식에 필요한 최소 길이가 증가한다.) 12 bp 염기배열은 연속적일 필요는 없다. 만일 특정한 수의 염기쌍이 두 개의 일정한 짧은 염기배열을 분리한다면, 분리된 염기배열 자체가 신호의 일부를 제공하기 때문에, (중간 염기배열 자체가 적절하지 않더라도) 전체 길이는 12 bp보다 작을 수 있다.

RNA 중합효소 결합에 필요한 DNA의 특징을 확인하려는 시도에는 다른 프로모터들의 염기배열을 비교하는 것도 포함되어 있다. RNA 중합효소 결합에 필수적인 모든 염기배열은 모든 프로모터에 존재

▸ **보존염기배열(conserved sequence)** 특정 핵산 또는 단백질의 많은 예를 비교할 때, 동일한 개별 염기 또는 아미노산이 특정 위치에서 항상 발견되는 배열.

▸ **공통염기배열(consensus sequence)** 각 위치에서 많은 실제 염기배열을 비교할 때, 가장 자주 발견되는 염기를 나타내는 이상적인 염기배열이다.

해야 한다. 그러한 염기배열을 **보존염기배열(conserved sequence)**이라고 한다. 그러나 보존염기배열은 모든 단일 위치에서 반드시 동일할 필요는 없다; 약간의 차이는 허용된다. 인식 가능한 신호를 구성하기에 충분하게 보존되었는지 여부를 결정하기 위해 DNA 염기배열을 어떻게 분석할까?

추정되는 DNA 인식 부위는 각 위치에 가장 많이 존재하는 염기를 나타내는 이상적인 염기배열로 정의할 수 있다. **공통염기배열(consensus sequence)**이란 상동성을 최대화하기 위하여 알려진 모든 예를 정렬한 것으로 정의된다. 공통염기배열로 받아들여지기 위해서는 각 특정 염기가 그 위치에서 압도적으로 우세해야 하며, 실제 예의 대부분은 단지 하나 혹은 두 개의 치환되는 차이를 제외하고는 공통염기배열과 같아야 한다.

대장균에서의 프로모터 염기배열에서 두드러진 특징은 RNA 중합효소와 관련된 전체 75 bp에 걸쳐서 광범위한 염기배열 보존이 없다는 것이다. 그러나 프로모터 내의 일부 짧은 염기배열이 보존되어 있으며, 기능면에서 중요하다. *매우 짧은 공통염기배열만 보존하는 것이 원핵생물 및 진핵생물 게놈 모두에서 (예를 들면, 프로모터와 같은) 조절 부위의 전형적인 특징이다.*

박테리아 프로모터에는 몇 가지 요소가 있다: −10 요소와 −35 요소(그리고 이들 사이의 "스페이서" 염기배열의 길이)로 불리는 두 개의 6 bp 요소는 일반적으로 이러한 인식 염기배열 중에서 가장 중요하다. 전사 개시점에 직접적으로 인접한 프로모터 염기배열, −10 요소의 양측에 있는 염기배열[상류 측의 확장 −10 요소(extended −10 element) 및 하류 측의 식별자라고 함] 및 −35요소(UP element라고 함)의 바로 상류 10~20 bp 또한 RNA 중합효소와 특이적으로 상호작용하여 프로모터 효율에 기여한다:

- 전사 개시점은 보통 (90% 이상) 퓨린이다. 전사 개시점은 중심 염기배열이 CAT가 일반적이지만, 이 트리플렛의 보존은 필수적인 신호로 간주하기에는 충분하지 않다.
- 전사 개시점 바로 상류에 있는 6 bp 영역은 거의 모든 프로모터에서 볼 수 있다. 이 헥사머(hexamer, 육량체)의 중심은 일반적으로 전사 개시점의 상류 약 10 bp이다; 알려진 프로모터에서의 길이는 −18에서 −9까지 다양하다. 그것의 위치에 따라 명명된 이 헥사머(6 bp)를 *−10 염기배열* 혹은 *Pribnow box*라고 한다. 그것의 공통염기배열은 TATAAT이며, T_{80} A_{95} T_{45} A_{60} A_{50} T_{96}의 형식으로 요약될 수 있다.

아래 첨자는 가장 자주 발견되는 염기가 45%에서 96%까지 다양하다. (어떤 염기인지 식별하기 어려운 경우, 모든 염기를 나타내는 "N(=any)"으로 표시한다.) 만일 발생 빈도가 RNA 중합효소 결합에 중요성을 나타낸다면, −10 염기배열의 처음에 잘 보존된 TA와 끝부분에 거의 완전하게 보존된 T가 가장 중요한 염기가 된다. 우리는 이제 −10 요소가 시그마 인자와 염기-특이적 접촉을 한다는 것을 알고 있다. 프로모터의 이 영역은 RNA 중합효소가 결합할 때 닫힌 복합체에서 이중가닥이지만, 열린 복합체에서는 단일가닥이므로, −10 요소와 RNA 중합효소 간의 상호작용은 복잡하며 RNA 합성 개시 단계 과정에서 다른 단계로 변화한다.

▸ **−35박스(−35 box)** 공통염기배열은 박테리아 유전자의 전사 개시점 앞 약 35 bp에 집중되어 있다. 이 공통염기배열은 RNA 중합효소에 의한 초기 인식 과정에 관여하고 있다.

- 전사 개시점의 ~35 bp 중심에 있는 보존된 헥사머를 **−35박스(−35 box)**라고 한다. 공통염기배열은 TTGACA이다. 보다 상세한 보존 형태는 T_{82} T_{84} G_{78} A_{65} C_{54} A_{45}이다. 이 요소의 염기들은 시그마 인자와 직접 상호작용을 한다.
- −35와 −10 부위를 분리시키는 거리는 프로모터의 90%에서 16~18 bp 사이이다; 예외적으로, 그것은 15 bp보다 적거나 혹은 20 bp보다 큰 것도 있다. 중간에 끼어들어 있는 영역의 실제 염기배열은 중요하지 않지만, 거리는 RNA 중합효소의 기하학적으로 두 위치를 적절하게 분리시켜 유지하는 데 중요하다.
- 일부 프로모터는 더 먼 상류에 위치한 A-T가 풍부한 염기배열을 가지고 있다. 이를 *UP 요소(UP element)*라고 한다. 이 요소에 결합하는 단백질은 RNA 중합효소의 두 서브유닛의 CTDs와 상호작용한다. 이것은 전형적으로, rRNA 유전자의 프로모터와 같이, 고도로 발현되는 유전자의 프로모터에서 발견된다.

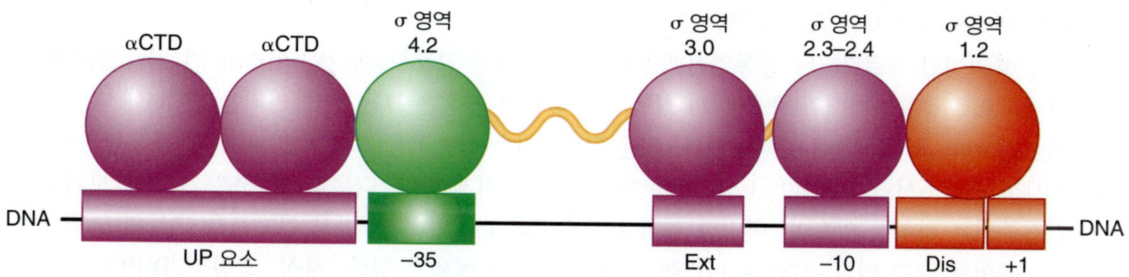

그림 19.12 시그마 인자에 의한 프로모터 인식에 기여하는 DNA 요소(직사각형) 및 RNA 중합효소 영역(원형). Adapted from S. P. Haugen, W. Ross, and R. L. Gourse, *Nat. Rev. Microbiol.* 6 (2008): 507–.519.

최적의 프로모터는 전사 개시점의 상류 7 bp에 있는 −10 헥사머와 17 bp로 분리된 −35 헥사머로 구성된 염기배열이다. 이 최적으로부터의 허용 범위의 변이를 보여주는 프로모터의 구조를 그림 19.12에 설명하였다. 공통 프로모터 염기배열이 최적의 프로모터라는 의미는 첫째, 많은 서로 다른 프로모터 염기배열이 존재한다는 것, 둘째 (공통과 유사한 염기배열을 가지고 있는) "좋은(good)" 프로모터 및 (그의 염기배열은 공통염기배열과 다른) "나쁜(poor)" 프로모터가 존재한다는 것을 의미한다. 프로모터의 강도도 다양하다.

RNA 중합효소는 초기에 −50에서 +20까지의 프로모터 영역에 결합한다. 그림 19.12는 RNA 중합효소가 일반적인 프로모터에서 DNA와 접하는 것을 보여주고 있다. −35와 −10에 있는 영역은 RNA 중합효소에 대한 접촉점을 포함하고 있다. 3차원으로 볼 때, −10 염기배열의 상류 접촉점은 모두 DNA 이중나선의 한 면에 놓여 있다.

핵심개념

- 프로모터는 RNA 중합효소가 DNA에 결합하는 부위이며, 특정 위치에서 짧은 공통염기배열의 존재로 정의된다.
- 프로모터 공통염기배열은 전사 개시점에 퓨린, −10에 중심을 둔 헥사머(hexamer) TATAAT, −35에 중심을 둔 헥사머로 구성되어 있다.
- 각각의 프로모터는 일반적으로 하나 이상의 위치에서 공통염기배열과 다르다.
- 프로모터 효율성은 또한 추가 요소의 영향을 받을 수 있다.

개념 및 추론 확인

1. RNA 중합효소가 프로모터에 결합할 때, 주형 가닥이 어느 가닥인지를 어떻게 선택하는가?
2. −10 영역에 AT가 풍부한 이유는 무엇인가?

19.8 프로모터 효율은 돌연변이에 의해 증가되거나 감소될 수 있다

돌연변이는 프로모터 기능에 대한 주요 공급원이다. 프로모터에서의 돌연변이는 유전자 산물 자체를 바꾸지 않으면서 그들이 조절하는 유전자의 발현 수준에 영향을 준다. 대부분은 인접한 유전자의 RNA 합성 과정(전사)이 없어지거나 혹은 매우 감소된 박테리아 돌연변이체로서 발견된다. 이들은 **다운 뮤테이션(down mutation, 하향 돌연변이)**로 알려져 있다. 그렇게 흔하지는 않지만, 프로모터의 전사가 증가하는 돌연변이체가 발견되는데, 이들이 **업 뮤테이션(up mutation, 상향 돌연변이)**이다.

"업(up)"과 "다운(down)" 돌연변이는 특정 프로모터가 기능하는 일반적인 효율성과 관련하여 정의된다는 것을 기억하는 것이 중요하다. 이것은 매우 다양하다. 따라서 하나의 프로모터에서 다운 돌연변이(down mutation)로 인식되는 변화는 다른 돌연변이에서 결코 분리되지 않았을 수 있다(야생형 상태는 첫 번째 프로모터의 돌연변이 형태보다 비효율적일 수 있다). 생체 내 연구에서 얻은 정보는 돌연변이

▶ **하향 돌연변이(down mutation)** RNA 합성(전사) 속도를 감소시키는 프로모터의 돌연변이

▶ **상향 돌연변이(up mutation)** RNA 합성(전사) 속도를 증가시키는 프로모터의 돌연변이

에 의한 변화의 전반적인 흐름을 간단하게 확인할 수 있다.

가장 효과적인 프로모터는 공통염기배열에 가장 가까운 프로모터인가? 이러한 기대는 업뮤테이션이 일반적으로 공통염기배열 중 하나와 상동성을 높이거나 혹은 그들 간의 거리를 17 bp에 더 가깝게 한다는 단순한 규칙에 의해 증명되었다. 다운 뮤테이션은 일반적으로 어느 한 부위의 공통염기배열과의 유사성을 감소시키거나 혹은 17 bp에서 더 멀리 떨어지게 한다. 다운 뮤테이션은 가장 잘 보존된 위치에 집중되는 경향이 있으며, 이러한 경향은 프로모터 효율의 주된 결정 인자로서 그들의 특별한 중요성을 확인해 주고 있다. 그러나 이러한 규칙에는 가끔 예외가 있다. 사실, 공통염기배열과 완벽하게 일치하는 프로모터는 없다. 완벽하게 일치하는 인공 프로모터는 −10 요소에서 적어도 하나의 불일치가 있는 프로모터보다 실제로 약하다. 이는 RNA 중합효소를 너무 강하게 결합하여 프로모터 탈출(promoter escape)을 방해하기 때문이다.

RNA 중합효소가 시험관 내에서 서로 다른 프로모터에 결합하는 속도는 ~100배 차이가 있으며, 생체 내에서 유전자가 발현될 때 전사 빈도와 잘 연관되어 있다. 닫힌 복합체의(closed complex) 형성에 대한 반응속도 상수와 열린 복합체(open complex)로의 전환을 측정함으로써, 개시 반응의 두 단계를 나눌 수 있다. 두 영역의 돌연변이는 서로 다른 영향을 준다:

- −35 염기배열의 다운 뮤테이션은 닫힌 복합체 형성 속도를 감소시키지만, 열린 복합체로의 전환을 억제하지는 않는다.
- −10 염기배열의 다운 뮤테이션은 닫힌 복합체의 초기 형성 또는 열린 복합체 형태로의 전환을 감소시키거나 둘 모두에 영향을 줄 수 있다.

−10 부위의 공통염기배열은 A-T 염기쌍으로 구성되어 있으며, DNA의 단일가닥으로의 초기 변성(melting)을 돕는다. G-C 쌍과 비교하여 A-T 쌍을 분리하는 데 필요한 낮은 에너지는 일련의 A-T 쌍이 가닥 분리에 필요한 최소 에너지량을 요구한다는 것을 의미하고 있다.

전사 개시점에서부터 시작하여 하류에 있는 염기배열도 개시 단계 과정에 영향을 준다. 또한, 초기 전사 영역(~11에서 ~+20까지)은 RNA 중합효소가 프로모터를 통과하는 속도에 영향을 미치므로 프로모터 강도에 영향을 준다.

프로모터가 비대칭임에 주목하라; 즉, −10 배열이 전사 개시점에 가장 가깝고 −35 배열은 가장 멀리 떨어져 있다. 이것은 RNA 중합효소가 오른쪽 또는 왼쪽을 향해야 하는지, 다시 말해 어떤 가닥이 주형 가닥인지를 알 수 있게 한다.

"전형적인" 프로모터는 −35 및 −10 염기배열을 이용하여 RNA 중합효소에 의해 인식되지만, 이들 여기배열 중 하나 또는 다른 염기배열은 일부 (예외적인) 프로모터에 존재하지 않을 수 있다. 이러한 경우 중 적어도 일부에서, 프로모터는 RNA 중합효소 단독으로는 인식될 수 없다; 이 반응은 RNA 중합효소와 프로모터 간의 내재성 상호작용의 부족한 부분을 극복하는 부수적인 단백질을 필요로 한다(*26장 오페론* 참조).

핵심개념

- 프로모터 효율을 감소시키는 다운 뮤테이션은 일반적으로 공통염기배열에 대한 적합성을 감소시키는 반면, 업뮤테이션은 반대 효과를 갖는다.
- −35 염기배열의 돌연변이는 대개 RNA 중합효소의 초기 결합에 영향을 준다.
- −10 염기배열의 돌연변이는 대개 닫힌 복합체에서 열린 복합체로 변환하는 변성 반응에 영향을 준다.

개념 및 추론 확인

전사효율이 "좋은(good)" 프로모터와 "나쁜(bad)" 프로모터의 DNA 염기배열 차이는 무엇인가?

19.9 RNA 중합효소의 여러 영역이 프로모터 DNA에 직접 접촉한다

19.7절에서 간단히 언급했듯이, 시그마(σ) 인자 서브유닛의 여러 도메인과 알파(α) 서브유닛의 CTD는 프로모터 DNA와 접촉한다. (**그림 19.13**에서 볼 수 있듯이) 서로 다른 시그마 인자와 일반적인 핵심효소가 서로 다른 프로모터 염기배열을 인식한다는 사실은 시그마 인자 서브유닛이 스스로 이 영역에서 DNA와 접촉해야 한다는 것을 의미한다. 이것은 시그마 인자가 −35 및 −10 부근의 프로모터 염기배열과 중요한 접촉을 하는 방식으로 위치하는 시그마 인자와 핵심효소 간에 일반적인 유형의 관계가 있다는 일반적인 원칙을 제시하고 있다.

서브유닛/유전자	크기 (# aa)	프로모터의 대략적인 #	인식하는 프로모터 염기배열
시그마 70 (*rpoD*)	613	1000	TTGACA-16 to 18 bp-TATAAT
시그마 54 (*rpoN*)	477	5	CTGGNA-6 bp-TTGCA
시그마 S (*rpoS*)	330	100	TTGACA-16 to 18 bp-TATAAT
시그마 32 (*rpoH*)	284	30	CCCTTGAA-13 to 15 bp-CCCGATNT
시그마 F(*rpoF*)	239	40	CTAAA-15 bp-GCCGATAA
시그마 E (*rpoE*)	202	20	GAA-16 bp-YCTGA
시그마 FecI (*fecI*)	173	1–2	?

그림 19.13 대장균 시그마 인자는 서로 다른 공통염기배열의 프로모터를 인식한다.

시그마 인자가 −35와 −10 공통염기배열 모두에서 직접 프로모터와 접촉한다는 추가적인 증거는 공통염기배열에서 돌연변이를 억제하는 시그마 인자의 돌연변이에 의해 제공된다. 프로모터의 특정 위치에서의 돌연변이가 RNA 중합효소에 의한 인식을 막고, 시그마 인자의 보상 돌연변이(compensating mutation)가 RNA 중합효소로 하여금 돌연변이 프로모터를 사용할 수 있게 하는 경우, 가장 그럴듯한 설명은 DNA의 관련 염기쌍이 치환된 아미노산과 접촉한다는 것이다.

몇몇 박테리아 시그마 인자의 염기배열을 비교함으로써 보존된 영역을 알 수 있다. 2.4와 4.2로 명명된 두 개의 짧은 영역은 각각 −10과 −35 요소의 염기와 접촉한다. 이 두 영역 모두 단백질에서 짧은 길이의 α-헬릭스를 형성한다. 이들은 주로 암호화 가닥(coding strand)에 있는 염기와 접촉하고, DNA가 이 영역에서 풀려난 후에도 계속 접촉을 유지한다. 이것은 시그마 인자가 변성 반응에 중요할 수 있음을 시사하고 있다.

이중구조의 DNA 염기배열을 인식하기 위해 단백질의 α-헬리컬 모티프(α-helical motif)를 사용하는 것이 일반적이다(*27.10절 람다 리프레서는 헬릭스-턴-헬릭스 모티프를 사용하여 DNA에 결합한다* 참조). 3~4 위치에 의해 분리된 아미노산은 α-헬릭스의 동일한 면에 놓여지며, 따라서 인접한 염기쌍과 접촉하는 위치에 있다. **그림 19.14**는 2.4 영역 α-헬릭스의 한 면을 따라 놓여 있는 아미노산이 −10 프로모터 염기배열의 −12에서 −10 위치의 염기와 접촉하고 있음을 보여주고 있다.

σ^{70}의 N-말단 영역은 중요한 조절 기능을 가지고 있다. 만일 그것이 제거되면, 짧아진 단백질은 RNA 중합효소 핵심효소가 없는 상태에서 프로모터 염기배열에 특이적으로 결합할 수 있게 된다. 이것은 N-말단 영역이 자가저해(autoinhibition) 도메인으로 작용하고 있음을 시사한다. 그것은 σ^{70}이 없으면 DNA-결합 도메인을 차단한다. 핵심효소와의 결합은 시그마의 구조를 변화시켜서 억제가 해제되고, DNA-결합 도메인이 DNA와 접촉할 수 있게 한다. **그림 19.15**는 열린 복합체 형성 시 시그마 인

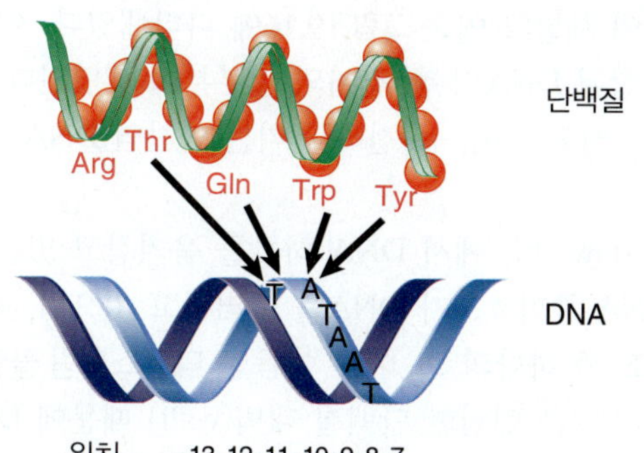

그림 19.14 σ^{70}의 2.4 헬릭스의 아미노산은 −10 프로모터 요소의 코딩 가닥의 특정 염기와 접촉한다.

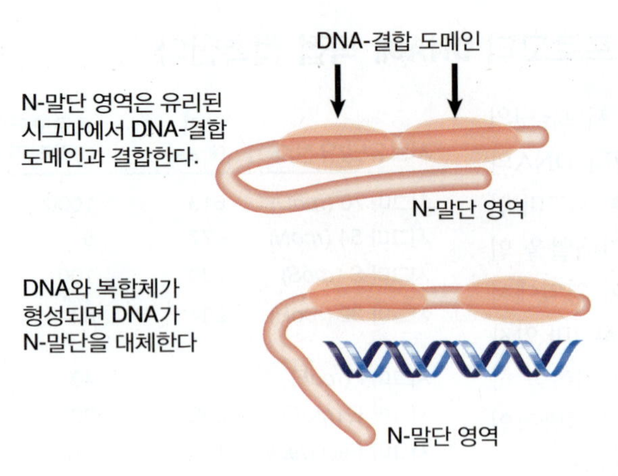

그림 19.15 시그마의 N- 말단은 DNA-결합 영역이 DNA에 결합하는 것을 차단한다. 열린 복합체가 형성될 때, N-말단은 20 Å 떨어져 있으며 두 DNA-결합 영역은 15 Å 떨어져 있다.

자의 구조 변화를 도식화한 것이다. 시그마 인자가 핵심 중합효소에 결합할 때, N-말단 도메인은 DNA-결합 도메인으로부터 약 20 Å 떨어져 있으며, DNA-결합 도메인은 약 15 Å 만큼 서로 분리되어, 아마도 DNA 접촉에 적합한 보다 긴 구조를 얻을 수 있을 것이다. −10 또는 −35 염기배열의 돌연변이는 (N-말단이 결실된) σ^{70}이 DNA에 결합하는 것을 방해하는데, 이는 σ^{70}이 두 염기배열을 동시에 접촉하고 있음을 시사한다. 유리(free)된 홀로효소에서, N-말단 도메인은 핵심효소 구성성분의 활성 부위에 위치하며, 전사 복합체가 형성될 때 마치 DNA가 차지할 위치인 것처럼 작용한다. 홀로효소가 DNA에서 열린 복합체를 형성할 때, N-말단 시그마 도메인은 활성 부위로부터 옮겨진다. 따라서 나머지 단백질과의 관계는 매우 탄력적이다; 시그마 인자가 핵심효소에 결합하고 홀로효소가 DNA에 결합할 때 관계가 변화한다.

처음에는 시그마 인자가 프로모터 영역 결합에 기여하는 RNA 중합효소의 유일한 서브유닛이라고 생각되었지만, 두 α 서브유닛의 C-말단 도메인은 또한 UP 요소에 결합함으로써 프로모터 DNA와 접촉하는 중요한 역할을 할 수 있다(*19.7절* 참조). αCTD는 RNA 중합효소의 나머지 부분에 탄력적으로 연결되어 있기 때문에, 효소는 −10 및 −35 요소에 여전히 결합되어 있는 상태에서 상당히 먼 상류 영역에 도달할 수 있다. 따라서 αCTD는 서로 다른 프로모터의 경우 전사 개시점으로부터 서로 다른 거리의 상류에 결합된 전사 인자와 접촉하기 위한 이동성 도메인을 제공한다(*26장 오페론* 참조).

핵심개념

- σ^{70}은 핵심효소와 결합할 때 DNA-결합 영역이 노출되도록 구조를 변경한다.
- σ^{70}은 −35 및 −10 염기배열 모두에 결합한다.

개념 및 추론 확인

시그마 인자를 바꾸면 발현되는 유전자를 어떻게 변화시킬 수 있을까?

19.10 결정구조 연구로 효소 이동 모델이 제시되었다

우리는 이제 NTP 및/또는 DNA와 복합체를 이루는 박테리아 및 효모 효소의 결정 구조의 결과로부터 RNA 중합효소의 구조 및 기능에 대한 풍부한 정보를 보유하고 있다. 박테리아 RNA 중합효소는 ~90 × 95 × 160 Å의 전체 크기를 가지고 있다. 구조 분석 결과, DNA를 수용할 수 있는 ~25 Å의 표면에 "채널(channel)" 또는 홈(groove)를 보여주고 있다. 이 채널의 예를 **그림 19.16**에 나타내었다. 이 홈은 ~17 bp를 유지하기에 충분히 길지만, 전사 중에 결합된 DNA의 총 길이의 일부분에 해당된다. 효소 표면은 주로 음(-) 전하를 띠지만, 홈은 양(+) 전하를 띄고 있어, 음 전하를 띠는 인산염 DNA 그룹과 상호작용을 할 수 있다.

RNA 중합효소의 촉매 부위는 효소에 들어갈 때 "조(jaw, 턱)"에서 DNA 하류를 움켜잡고 있는 두 개의 큰 서브유닛 사이의 틈(cleft)에 의해 형성된다. RNA 중합효소가 DNA를 둘러싸고 있으며, 촉매 활성 Mg^{2+} 이온이 활성 부위에서 발견된다. DNA는 조 중 하나의 또 다른 이름인 다운스트림 클램프(downstream clamp)에 의해 제자리에 고정된다. **그림 19.17**은 인접한 단백질 내벽(wall) 때문에 DNA가 활성 부위의 입구에서 취하는 90° 회전을 보여주고 있다. RNA 하이브리드의 길이는 리드(lid, 뚜껑)

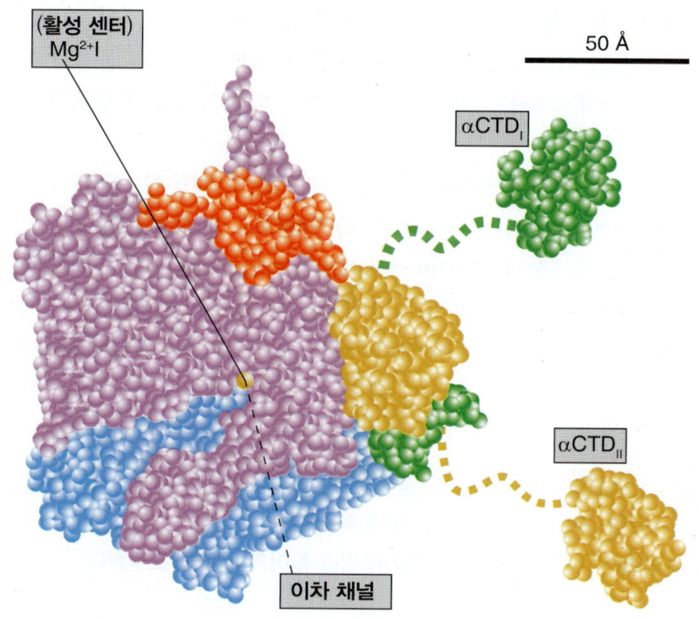

그림 19.16 메인 채널을 통한 RNA 중합효소의 구조를 보여주는 모델. 서브유닛은 β′은 보라색, β는 파란색, αI은 초록색, αII는 노란색, ω는 빨간색으로 나타내었다. Adapted from K. M. Geszvain and R. Landick (ed. N. P. Higgins). *The Bacterial Chromosome*. American Society for Microbiology, 2004.

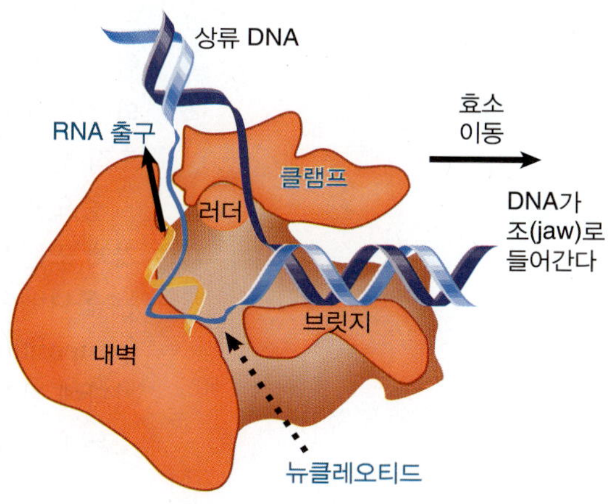

그림 19.17 DNA는 단백질 벽에 의해 활성 부위에서 돌게 된다. 뉴클레오티드는 단백질의 기공(pore)을 통해 활성 부위에 들어갈 수 있다.

라고 불리는 다른 단백질 방해물에 의해 제한된다. 뉴클레오티드는 이차 채널을 통해 아래로부터 활성 부위로 진입하는 것으로 생각된다. 전사 버블은 8~9 bp의 DNA-RNA 하이브리드를 포함한다.

일단 DNA가 변성되면, 각 가닥은 전사 버블에서 유연한 구조를 갖게 된다. 이로 인하여 DNA는 활성부위에서 90° 회전할 수 있다. 또한, 하류의 DNA를 보유하고 있는 조(jaws, 턱) 중 하나를 구성하는 클램프를 포함하는 효소에서 대규모 구조변화가 일어난다.

모든 핵산 중합효소의 딜레마 중 하나는 효소가 핵산 기질 및 유전자 산물과 단단하게 접촉을 해야 하지만, 이들 접촉을 끊고 매 단계 뉴클레오티드 첨가를 다시 해야 한다는 것이다. 그림 19.18에 설명된 상황을 생각해 보자. 중합효소는 특정 위치에서 염기들과 일련의 특정 접촉을 한다. 예를 들어, 접촉 "1"은 신장 중인 사슬 말단에서 염기와 접촉을 하며, 접촉 "2"는 이 추가될 다음 염기에 상보적인 주형 가닥에 있는 염기와 접촉한다. 단, 매번 뉴클레오티드가 첨가될 때 핵산 사슬에서 이들 위치를 차지하는 염기들은 변한다는 점에 주목하라!

그림의 상단과 하단 패널은 동일한 상황을 보여주고 있다; 염기가 신장 중인 사슬에 추가되는 것이다. 차이점은 성장 중인 사슬이 하단 패널의 염기에 의해 되었다는 것이다. 두 복합체의 기하학적인 구조는 완전히 동일하지만, 아래 패널에 있는 접촉 "1"과 접촉 "2"는 사슬을 따라 위치하고 있는 핵산 사슬에서 염기가 만들어진다. 중간 패널은 염기가 첨가된 후나 효소가 핵산을 따라 이동하기 전에, 특정한 위치에서 형성되었던 접촉이 끊어져서 (효소) 이동 후 이들 위치에 있는 염기에 다시 접촉이 형성되어만 한다는 것을 보여주고 있다.

RNA 중합효소의 결정구조는 RNA 중합효소가 뉴클레오티드 부가 과정에서 결합을 파괴하고 다시 만드는 동안 그 기질과의 접촉을 어떻게 유지하는가에 대한 정보를 제시하고 있

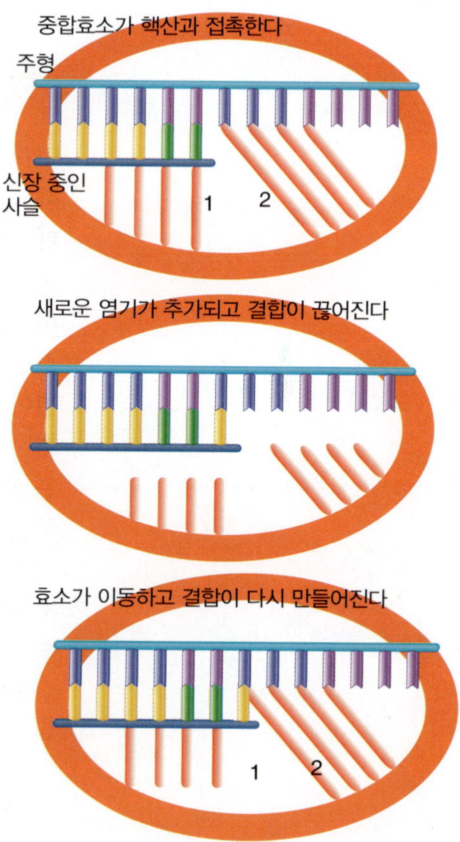

그림 19.18 핵산 중합효소의 이동은 효소 구조와 관련하여 고정된 위치에서 뉴클레오티드에 결합을 끊어졌다가 다시 만들어져야 한다. 이러한 위치에 있는 뉴클레오티드는 효소가 주형을 따라 염기를 이동할 때마다 변한다.

다. 트리거 루프(trigger loop)라고 하는 탄력적인 모듈은 뉴클레오티드가 추가되기 전에 펼쳐지는 것처럼 보이지만, NTP가 활성 부위로 일단 들어가면 접히게 된다. 일단, 결합 형성과 효소의 다음 위치로의 전이가 이루어지면, 트리거 루프가 다시 풀어지고 다음 사이클을 준비한다. 따라서 트리거 루프의 구조적 변화는 촉매 작용에서 일련의 과정을 조정한다.

중요한 문제는 다음과 같다: RNA 중합효소는 어떻게 DNA를 따라 아래쪽으로 이동할까? 이 분자 기계 또는 모터의 움직임은 브라운 래치트[Brownian ratchet; rachet(한쪽 방향으로만 회전하게 되어 있는 톱니바퀴)]를 이용하여 가장 잘 설명할 수 있다. 전치 배치(preposition conformation)와 후행 배치(postposition conformation) 간 구조에 있어서의 무작위 진동 또는 파동은 확률적으로 발생한다. 주형 가닥에 적절한 뉴클레오티드의 염기쌍은 RNA 중합효소를 후행 배치 구조로 고정시킨다. RNA 중합효소는 1 염기쌍 단위로 증가시키며 이동한다.

핵심개념

- DNA는 RNA 중합효소의 한 채널을 통해 움직이며, 활성화 부위에서 급하게 회전한다.
- 효소 내의 어느 특정 탄력적인 모듈의 구조 변화는 뉴클레오티드가 활성 부위로 들어가는 것을 조절한다.

개념 및 추론 확인

기능을 이해하는 데 있어 구조를 왜 이해할 필요가 있는가?

19.11 박테리아 RNA 합성 과정 종결

RNA 중합효소가 신장 중인 RNA 사슬에 뉴클레오티드를 첨가하는 것을 멈추고, 완성된 산물을 방출하고, DNA 주형으로부터 해리될 때 *터미네이터(terminator)*라고 불리는 부위에서 전사 종결이 일어난다. 종결은 RNA-DNA 하이브리드를 유지하고 있는 모든 수소결합이 파괴된 후, DNA 이중구조가 다시 형성되는 과정을 필요로 한다. 그러나 종결 단계와 신장 단계는 별개의 과정으로 간주하는 것은 오해의 소지가 있다. 사실, 그들은 연속된 과정이다. *19.3절 RNA 합성 반응은 세 단계로 진행된다*에서 살펴보았듯이, RNA 중합효소에 의한 전사율은 일정하지 않다. RNA 합성 과정(전사)은 DNA 염기배열이 어떻게 놓여 있는가에 따라, 일부 영역에서는 빠르게 진행되거나 다른 영역에서는 서서히 진행되거나 혹은 일시 멈춤(pausing)이 일어날 수 있다. 일시 멈춤은 전사 종결을 위한 전제 조건이 된다. 모든 생물체는 터미네이터 부위가 아닌 곳에서의 오랫동안 일시 멈춤을 방지하기 위해 신장 단계를 조절하는 많은 레귤레이터(조절 인자)를 가지고 있다.

생세포에서 합성된 RNA 분자의 종결 지점을 분명하게 밝히는 것이 때로는 어렵다. RNA 분자의 3′ 말단은 언제나 일차 전사물의 절단에 의해 생성되어질 가능성이 있으므로, RNA 중합효소가 종결된 실질적인 부위를 나타내지 않을 수 있다.

RNA 중합효소가 RNA 합성 과정(전사)을 종결시키는 추가적인 인자를 필요로 하는지의 여부에 따라 대장균에서 터미네이터 부위가 구별된다:

- 시험관 내 실험에서, 핵심효소는 다른 인자가 없는 특정 부위에서 종결될 수 있다. 이러한 부위를 *내재성 터미네이터(intrinsic terminator)*라고 한다.
- Rho-의존성 터미네이터는 시험관 내 실험에서 로 인자(rho factor, ρ) 첨가를 필요로 하는 것으로 정의되며, 돌연변이 실험으로부터 이 인자가 생체 내 종결에 관여하고 있음을 보여주고 있다.

두 종류의 터미네이터에 공통적인 특징을 그림 19.19에 요약하였다.

- 터미네이터는 마지막 염기가 RNA에 첨가되는 지점 전에 위치한다. 전사 종결의 책임(responsibility)은 RNA 중합효소에 의해 이미 전사된 염기배열에 달려있다. 따라서 전사 종결은 RNA 중합

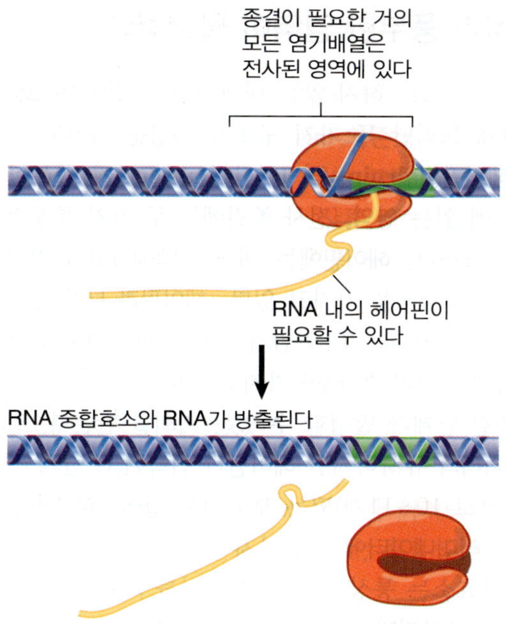

그림 19.19 종결에 필요한 DNA 염기배열은 종결 염기배열의 상류에 위치한다. RNA에 헤어핀의 형성이 필요할 수 있다.

효소가 현재 RNA를 합성하고 있는 주형 또는 전사 산물의 정밀조사를 통하여 이루어지고 있다.

- 많은 터미네이터는 전사되는 RNA의 이차구조에서 헤어핀을 형성해야 한다. 이것은 전사 종결이 RNA 산물에 의존하고 있으며, 단순히 RNA 합성 과정(전사) 중에 단순히 DNA 염기배열의 정밀조사만으로 결정되지 않음을 나타낸다.

터미네이터는 효율성면에서 매우 다양하다. "강한(strong)" 터미네이터와 "약한(weak)" 터미네이터가 있다. 일부 터미네이터에서, 전사 종결 과정은 RNA 중합효소와 상호작용하는 특정 보조인자에 의해 억제될 수 있다. **안티터미네이션(antitermination, 항종결)**은 RNA 중합효소가 터미네이터 염기배열을 지나서 전사를 지속하게 하는데, 이를 *전사 초과(readthrough)*라고 한다(*25.11절 서프레서 tRNA는 새로운 코돈을 읽는 돌연변이형 안티코돈을 가지고 있다*에서 종결 코돈의 리보솜 억제 현상을 설명하기 위해 사용된 용어와 동일하다).

▶ **항종결(antitermination)** 특정 종결 부위에서 종결이 억제되어 RNA 중합효소가 종결 부위를 지나 유전자를 읽을 수 있게 하는 전사 조절 메커니즘.

종결 과정을 연구함에 있어, 우리는 이것을 단지 RNA 분자의 3′ 말단을 생성하는 메커니즘이 아니라, *27장 파지의 유전자 발현 전략*에서 기술하였듯이, 유전자 발현을 조절할 수 있는 기회로 봐야 한다. 따라서 RNA 중합효소가 DNA와 결합(개시 단계)하거나 혹은 해리(종결 단계)되는 단계는 특정한 조절을 받을 수 있다. 개시 단계와 종결 단계에 사용되는 시스템 간에는 흥미로운 유사점이 있다. (개시 단계 시 DNA의 초기 변성 및 종결 단계 시 RNA-DNA 해리) 둘 다 수소결합의 파괴를 필요로 하며, 둘 모두 핵심효소와 상호작용하기 위해 추가적인 단백질을 필요로 한다.

핵심개념

- 전사 종결은 DNA의 종결 염기배열 인식과 RNA 산물의 헤어핀 구조의 형성을 필요로 할 수 있다.

개념 및 추론 확인

전사 종결 시 일시 멈춤(pausing)이 필요한 이유는 무엇인가?

그림 19.23 Rho 인자는 N-말단 RNA 결합 도메인 및 C-말단 ATPase 도메인을 갖는다. 틈이 있는 고리 형태의 헥사머는 N-말단 도메인의 외부를 따라 RNA에 결합한다. RNA의 5′ 말단은 헥사머 내부의 이차 결합 부위와 결합한다.

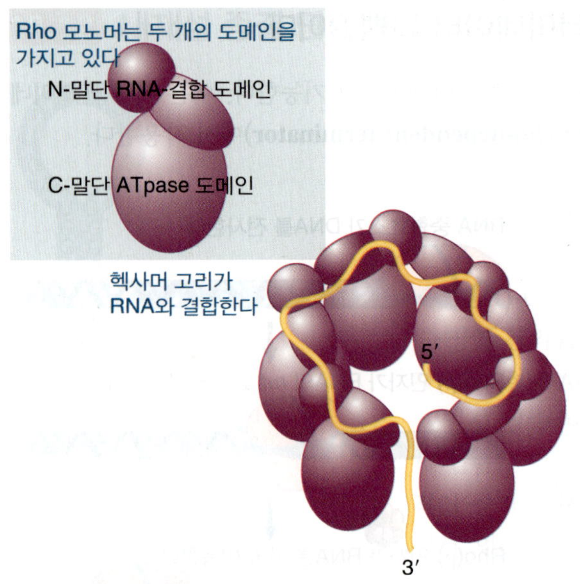

Rho의 구조는 그것이 어떻게 작동할지에 대한 힌트를 제공한다. 이것은 3′ 말단의 RNA를 N-말단 도메인의 외부로 감싸고, 결합된 RNA의 5′ 말단을 헥사머의 내부로 밀어 넣어 C-말단 도메인에 결합시킨다. Rho 인자가 전사 지점에서 RNA-DNA 하이브리드 영역에 도달하면, Rho는 헬리카아제 활성을 사용하여 이 중구조를 풀고 RNA 방출을 돕는다. 일부 Rho 돌연변이는 다른 유전자의 돌연변이에 의해 억제될 수 있다. 돌연변이체를 연구하는 것은 Rho와 상호작용하는 단백질을 확인하는 훌륭한 방법이며, 이 연구는 RNA 중합효소의 베타(β) 서브유닛을 Rho 인자와 상호작용한다는 것을 암시하고 있다.

핵심개념

- Rho(ρ) 인자는 RNA 중합효소에서 RNA-DNA 하이브리드 구조로부터 RNA를 방출하기 위하여 초기 RNA의 *rut* 부위와 결합하여 RNA를 따라 이동하는 터미네이터 단백질이다.

개념 및 추론 확인

만일 전사 종결이 DNA 주형에서 일어나는 과정이라면, Rho(ρ) 인자는 왜 RNA 전사체에 결합하는가?

19.14 수퍼코일 형성은 RNA 합성의 중요한 특징이다

수퍼코일 형성(supercoiling)은 개시 단계와 신장 단계 모두에서 전사에 중요한 영향을 미친다. DNA가 음성(−)적으로 수퍼코일이 형성될 때, 두 개의 가닥은 서로 단단하게 감긴다; 충분한 음(−)의 수퍼코일 밀도에서 그들은 분리될 수 있다(*1.5절 수퍼코일 형성은 DNA 구조에 영향을 준다* 참조). 음(−)의 수퍼코일 구조는 DNA 가닥이 쉽게 분리되도록 하여 개시 단계를 도와준다. 일부 프로모터의 효율은 수퍼코일 형성의 정도에 영향을 받는다. 그렇다고는 하지만, 왜 일부 프로모터는 수퍼코일 형성의 정도에 영향을 받는가? 하나의 가능성은 수퍼코일 형성에 대한 프로모터의 의존성이 그것의 주변의 염기배열 또는 **염기의 주변 상황(sequence context)**에 의해 결정된다는 것이다. 이것은 일부 프로모터가 변성되기 쉽고 (따라서 수퍼코일 형성에 덜 의존적인) 염기배열을 갖는 반면, 다른 염기배열은 변성되기 더 어려운 염기배열을 갖고 (수퍼코일 형성이 될 필요성이 더 큰) 염기배열을 갖는다는 것을 예측할 수 있다. 또 다른 가능성으로서는 박테리아 염색체의 다른 영역이 상이한 정도의 수퍼코일 형성을 갖는 경우 프로모터의 위치가 중요할 수 있다는 것이다.

▶ **염기의 주변 상황(sequence context)** 공통염기배열을 둘러싸고 있는 염기배열. 그것은 공통염기배열의 활성을 조절할 수 있다.

(음성 수퍼코일)
전사 중인 DNA
오버와인드(많이 감긴) (양성 수퍼코일)
토포이소머라아제가 음성 수퍼코일을 풀어준다
자이라아제가 음성 수퍼코일을 도입한다
이중가닥 DNA (10.4 bp/회전)

그림 19.24 전사는 RNA 중합효소보다 먼저 단단히 감긴(양성 수퍼코일) DNA를 생성하는 반면, 뒤쪽의 DNA는 단단히 감겨지지 않는다(음성 수퍼코일).

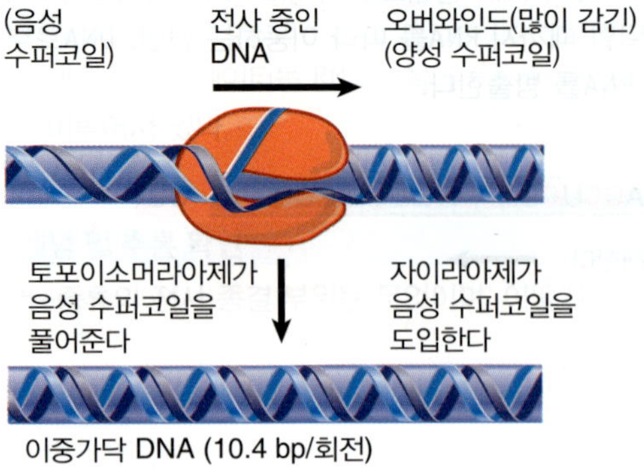

수퍼코일 형성은 또한 RNA 합성 과정(전사)에 지속적으로 관여하고 있다. RNA 중합효소가 DNA를 전사할 때 풀림과 되감기가 발생한다. DNA의 회전의 결과를 그림 19.24에 나타내었는데, 이를 종종 RNA 합성 과정(전사)에 대한 트윈 도메인 모델(twin domain model)이라고 한다. RNA 중합효소가 이중나선과 관련하여 이동하면, 양성(+) 수퍼코일(더 단단히 감긴 DNA)이 생성되고, 음성(-) 수퍼코일(부분적으로 풀린 DNA)이 남게 된다. RNA 중합효소가 가로지르는 각 헬리컬 턴(helical turn)의 경우, 앞으로 11 회전, 뒤로 -1 회전이 생성된다. 너무 많은 양성(+) 수퍼코일 형성은 실제로 RNA 중합효소의 지속적인 전진 운동을 막을 수 있다.

따라서 RNA 합성 과정(전사)은 DNA의 로컬 구조에 의해 영향을 받을 뿐만 아니라, DNA의 실질적인 구조에도 영향을 준다. 결과적으로, (음성 수퍼코일을 도입하는) DNA 자이라아제와 (음성 수퍼코일을 제거하는) DNA 토포이소머라아제 I는 각각 RNA 중합효소의 앞과 뒤의 상황을 교정하기 위해 필요하다. DNA 자이라아제와 DNA 토포이소머라아제의 활성을 차단하면 DNA의 수퍼코일 형성이 크게 달라진다.

핵심개념

- 음성(-) 수퍼코일 형성(supercoiling)은 변성 반응을 도움으로써 일부 프로모터의 효율을 증가시킨다.
- RNA 합성 과정(전사)은 RNA 합성효소 앞의 양성(+) 수퍼코일과 뒤의 음성(-) 수퍼코일이 생성되는데, 이들은 DNA 자이라아제와 DNA 토포이소머라아제 I에 의해 제거되어야만 한다.

개념 및 추론 확인

RNA 합성 과정(전사) 동안 생성되는 음성(-) 수퍼코일보다는 양성(+) 수퍼코일을 풀어주는 것이 왜 더 중요한가?

19.15 시그마(σ) 인자의 치환으로 개시 단계를 조절할 수 있다

시그마(σ) 인자가 전사 개시를 위한 프로모터의 선택을 결정하기 때문에, 시그마 인자를 변화시킴으로써 전사될 유전자 또는 유전자 그룹의 선택을 조절하는 것이 가능하다. 그림 19.25는 기본적인 아이디어를 보여주고 있다. 시그마 인자가 변경되면, RNA 중합효소는 다른 프로모터 염기배열에 결합한다는 것을 제외하고는, 이전과 똑같은 방식으로 작용한다. 대장균은 환경적 또는 영양적 조건의 변화에 대응하기 위해 대체 가능한 시그마 인자를 사용한다; 이러한 대체 시그마 인자들을 그림 19.26에 열거하였으며 유전자 혹은 유전자 산물의 분자량으로 명명된다. 정상적인 조건에서 대부분의 유전자의 RNA 합성 과정(전사)을 담당하는 일반적인 시그마 인자는 σ^{70}이다. 대체 시그마 인자인 σ^{s}, σ^{32}, σ^{E}, σ^{54}는 환경 변화에 반응하여 활성화된다; σ^{28}은 정상적인 성장 동안 편모 유전자의 발현에 사용되지만, 발현 수준은 환경의 변화에 반응한다. σ^{54}를 제외한 모든 시그마 인자는 동일한 단백질 패밀리에 속하며 동일한 일반적인 방식으로 기능한다.

온도 변동은 환경적 도전의 일반적인 유형이다. 원핵생물과 진핵생물의 많은 생물체가 비슷한 방식으로 반응한다. 온도가 상승하면 현재 만들어진 단백질의 합성이 중단되거나 저하되며, 새로운 세트의 단백질이 합성된다. 새로운 단백질은 환경 스트레스로부터 세포를 보호하는 역할을 하는 열 충격 유전자(heat shock gene)의 산물이다. 열 충격 유전자는 열 충격 이외의 조건에도 반응하여 합성된다. 열

σ^{70}을 가진 홀로효소가 하나의 프로모터 세트를 인식한다

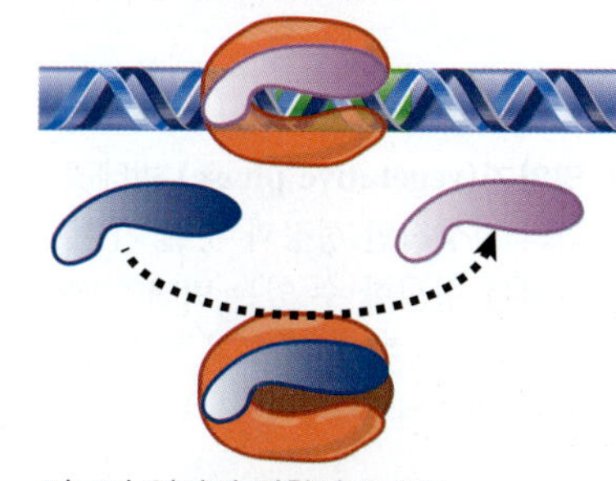

시그마 인자의 치환이 효소로 하여금 서로 다른 프로모터 세트를 인식하게 한다

그림 19.25 핵심 중합효소와 결합된 시그마 인자는 전사가 시작되는 프로모터 세트를 결정한다.

유전자	인자	용도
rpoD	σ^{70}	대부분의 필수 기능
rpoS	σ^{S}	정체기/일부 스트레스 반응
rpoH	σ^{32}	열 충격
rpoE	σ^{E}	원형질막 주위/세포 외 단백질
rpoN	σ^{54}	질소 동화
rpoF	σ^{F}	편모 합성/화학주성
fecI	σ^{fecI}	철 대사/수송

그림 19.26 σ^{70} 이외에도, 대장균은 특정 환경 조건에 의해 유도되는 몇 가지 시그마 인자를 가지고 있다. (인자의 숫자는 질량을 나타낸다.)

충격 단백질 중 몇 가지는 샤페론(chaperone)으로, 접히지 않은 단백질을 리폴딩 또는 분해시켜 레벨을 감소시킨다. 대장균에서 17개의 열 충격 단백질의 발현은 RNA 합성 과정(전사) 시의 변화에 의해 유발된다. *rpoH* 유전자는 열 충격 반응을 일으키는 레귤레이터이다. 이 유전자 산물은 열 충격 유전자의 전사를 일으키는 대체 시그마 인자로서 기능하는 σ^{32}이다.

열-충격 반응(heat-shock response)은 피드백이 조절되고 온도가 증가할 때 σ^{32}의 양을 증가시키고 온도 변화가 역전될 때 그 활성을 감소시킴으로써 수행된다. σ^{32}의 생산을 유도하는 기본 신호는 온도의 상승으로 인한 펼쳐진(부분적으로 변성된) 단백질의 축적이다. 펼쳐진 단백질 수준이 리폴딩 또는 분해에 의해 떨어지면 σ^{32}를 저하시키는 단백질 분해효소와 그 수준이 정상으로 돌아오지 않게 된다. σ^{32} 단백질은 불안정하여 수량을 빠르게 늘리거나 줄이는 데 중요하다. 단백질 σ^{70}과 σ^{32}는 이용 가능한 핵심효소에 대해 경쟁할 수 있으므로 열 충격 동안 전사된 유전자 세트는 이들 간의 균형에 달려있다. 보다 복잡한 조절회로는 시그마 인자의 캐스케이드(cascade, 다단계 반응)를 형성함으로써 구성될 수 있다; 그러한 캐스케이드에서, 하나의 시그마 인자에 의해 활성화된 유전자 세트는 또 다른 시그마 인자를 코드하는 유전자를 포함하며, 이는 다시 다른 유전자 세트를 활성화시킨다.

시그마 인자는 박테리아 *B. subtilis*에서 전사 개시를 조절하는 데 광범위하게 사용되며, 적어도 세 가지 다른 시그마 인자가 알려져 있다. 일부는 영양세포(vegetative cells)에 존재한다. 다른 것들은 파지 감염이나 혹은 영양생장(vegetative growth)에서 **포자 형성(sporulation)**과 같은 특수한 상황에서만 생산된다.

▶ **포자 형성(sporulation)** 박테리아에 의한 (형태학적 전환에 의한) 포자의 생성 또는 (감수분열의 산물로서) 효모에 의한 포자의 생성.

정상적인 영양생장에 종사하는 *B. subtilis* 세포에서 발견되는 주요 RNA 중합효소는 대장균의 $\alpha_2\beta\beta'\omega\sigma$와 동일한 구조를 가지고 있다. 그것의 시그마 인자 (σ^{43} 또는 σ^{A} 로 기술)는 σ^{70}을 사용하는 대장균 RNA 중합효소에 의해 사용된 것과 동일한 공통염기배열을 갖는 프로모터를 인식한다. 다른 시그마 인자를 포함하고 있는 RNA 중합효소의 여러 변이체는 훨씬 적은 양으로 발견된다. 변이체 효소는 −35 및 −10의 공통염기배열에 기초로 한 서로 다른 프로모터 DNA 염기배열을 인식한다.

아마도 시그마 인자 스위치(전환)의 가장 극적인 예로는 포자 형성인데, 이는 몇몇 박테리아가 사용할 수 있는 대안적인 라이프스타일이다. 박테리아 배양에 있어 **영양기(vegetative phase)**가 끝나면 배지의 영양소가 고갈되기 때문에 대수(logarithmic) 성장이 중단된다. 이것이 포자를 형성하게 한다. DNA가 복제되고, 게놈이 세포의 한쪽 끝으로 분리되며, 결국 게놈이 단단한 포자막에 둘러싸여진다. 그림 19.27은 연속적인 시그마 인자들이 그러한 캐스케이드에서 주요 조절 역할을 어떻게 하는지를 보여주고 있다.

▶ **영양기(vegetative phase)** 박테리아의 정상적인 성장과 분열 기간. 포자를 형성할 수 있는 박테리아의 경우, 포자 형성 시 포자 형성 단계와 대조된다.

포자 형성에는 약 8시간이 걸린다. 그것은 부모세포(영양 박테리아)가 별개의 운명을 가진 두 개의 다른 딸세포를 발생시키는 원시적인 분화 유형으로 볼 수 있다: 모세포가 결국 용균되고, 방출되는 포자는 원래 박테리아와는 완전히 다른 구조를 가지고 있다.

포자 형성은 박테리아의 생합성 활성에 급격한 변화를 일으키는데, 많은 유전자들이 관여하고 있다. 조절의 기본 단계는 RNA 합성 과정(전사)에 있다. 영양기에서 기능하는 일부 유전자는 포자가 형성하는 동안 꺼져(turned off) 있으나, 대부분은 계속 발현된다. 또한, 포자 형성에 특유의 유전자는 이 기간 동안에만 발현된다. 포자 형성이 끝날 때에는, 박테리아 mRNA의 ~40%가 포자 형성 특이적이다.

새로운 형태의 RNA 중합효소는 포자 형성 세포에서 활성화된다; 그들은 영양세포와 동일한 핵심효소를 가지고 있지만, 영양기의 σ^{43} 대신 다른 시그마 인자를 가지고 있다. 전사 특이성의 변화는 모세포와 포자 모두에서 일어난다. 원칙적으로 각 구획에서 기존의 시그마 인자는 다른 유전자 세트의 전사를 일으키는 새로운 인자에 의해 연속적으로 대체된다.

각 시그마 인자는 RNA 중합효소가 다른 DNA 염기배열을 가진 다른 프로모터에서 시작되도록 한다. 프로모터는 전사 개시점에 비례하여 크기와 위치가 동일하지만, −10과 −35 공통염기배열이 다르다.

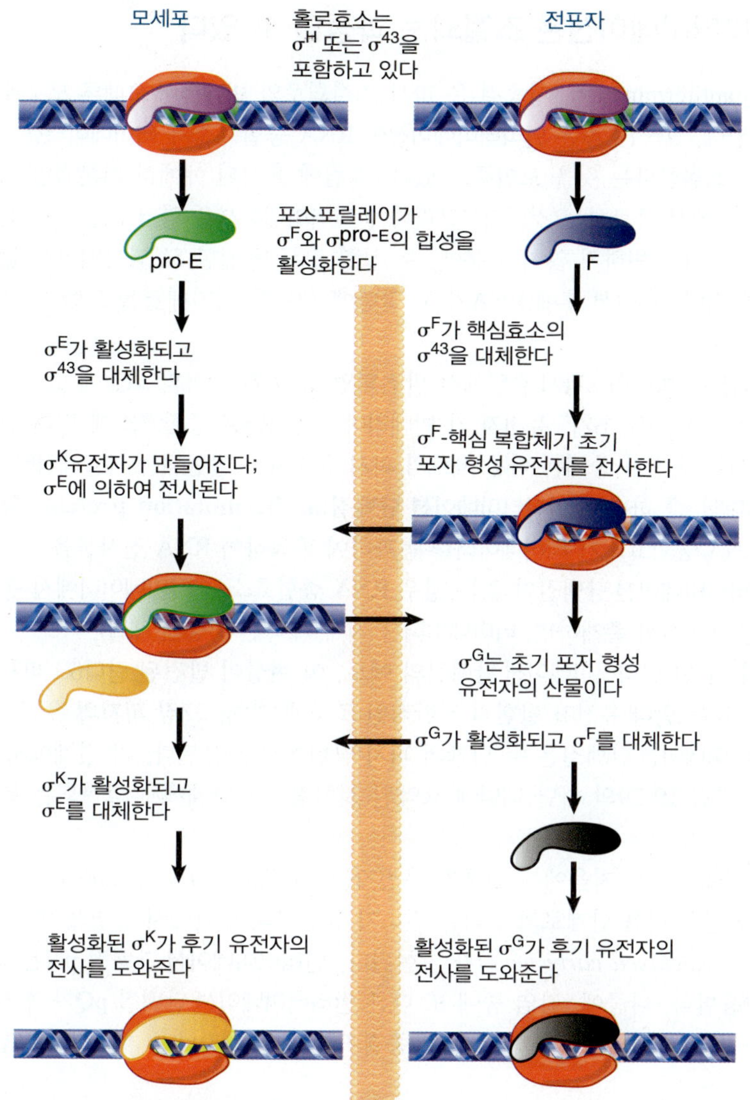

그림 19.27 포자 형성은 RNA 중합효소의 개시 단계 특이성을 조절하는 시그마 인자의 연속적인 변화를 포함하고 있다. 모세포(왼쪽)와 전포자(오른쪽)의 캐스케이드는 격막을 지나가는 신호에 의해 조절된다(수평 화살표로 표시).

핵심개념

- 대장균에는 7개의 시그마 인자가 있으며, 각각의 시그마 인자는 RNA 중합효소가 특정 −35 및 −10 염기배열에 의해 정의된 일련의 프로모터에서 시작되도록 한다.
- σ^{70}은 일반 전사에 사용되며, 다른 시그마 인자는 특수한 조건에 의해 활성화된다.
- 한 시그마 인자가 다음 시그마 인자를 암호화하는 유전자를 전사해야 할 때 시그마 인자의 캐스케이드가 생성된다.
- 포자 형성은 박테리아를 용균되는(lysed) 모세포와 방출되는 포자의 두 구획으로 나눈다.
- 각 구획은 이전 시그마 인자를 대체하는 새로운 시그마 인자를 합성하여 다음 과정 단계로 진행한다.

개념 및 추론 확인

다른 시그마 인자는 다른 프로모터를 어떻게 인식하는가?

19.16 안티터미네이션은 조절되는 과정일 수 있다

안티터미네이션(antitermination, 항종결)은 파지 조절회로와 박테리아 오페론 모두에서 전사 조절 메커니즘으로 사용된다. 그림 19.28은 안티터미네이션이 RNA 중합효소가 터미네이터를 지나 하류의 유전자로 읽는 능력을 조절한다는 것을 보여주고 있다. 그림에 표시된 예에서 기본적인 경로는 RNA 중합효소가 영역 1의 끝에서 종료하는 것이다; 그러나 안티터미네이션은 영역 2를 통해 전사를 계속할 수 있도록 한다. 프로모터는 변하지 않기 때문에, 두 상황 모두 동일한 5′ 염기배열을 갖는 RNA를 생성한다; 차이점은 안티터미네이션 후에 RNA가 3′ 말단에 새로운 염기배열을 포함하도록 확장된다는 것이다.

▸ **안티터미네이션 단백질(antitermination protein, 항종결 단백질)** RNA 중합효소가 특정 터미네이터 부위를 통해 전사할 수 있게 해주는 단백질.

안티터미네이션은 박테리오파지 감염에서 발견되었다. 파지 감염의 조절에 있어 공통적인 특징은 아주 극소수의 파지 유전자("초기" 유전자)가 박테리아 숙주 RNA 중합효소에 의해 전사될 수 있다는 것이다. 그러나 이들 유전자 중에는 다음 세트의 파지 유전자가 발현되는 레귤레이터(들)가 있다. 이러한 유형의 레귤레이터 중 하나는 **안티터미네이션 단백질(antitermination protein, 항종결 단백질)**이다. 그림 19.29는 RNA 중합효소가 터미네이터를 통과하여 판독하여 RNA 전사물을 연장할 수 있음을 보여주고 있다. 안티터미네이션 단백질이 없는 경우 RNA 중합효소는 터미네이터에서 종결된다(상단 패널). 안티터미네이션 단백질이 존재하면, 터미네이터를 지나 계속된다(중간 패널).

가장 연구가 잘 된 안티터미네이션 단백질의 예로, 이 현상이 발견된 람다(λ) 파지 (phage lambda)를 들 수 있다. (우리는 람다 유전자 발현의 전반적인 조절에 대해, *27장 파지의 유전자 발현 전략*에서 논의한다.) 안티터미네이션 단백질은 두 단계의 파지 발현에서 사용된다. 각 단계에서 생성된 안티터미네이션 단백질은 그림 19.29의 하단 패널에 요약된 것처럼, 그 단계에서 발현되는 특정 전사 단위에 특이적이다.

숙주 RNA 중합효소는 처음에는 *전초기 유전자(immediate early gene)*라고 불리는 두 개의 유전자를 전사한다. 발현의 다음 단계로의 전환은 전초기 유전자의 말단에서 종결을 방지함으로써 제어되어, *지연 초기 유전자(delayed early gene)*가 발현된다. 안티터미네이션 단백질 pN은 전초기 전사 단위에 특이적으로 작용한다. 나중에, 감염 중에 또 다른 안티터미네이션 단백질 pQ가 후기 전사 단위에 특이적으로 작용하여 그 RNA 합성 과정(전사)이 종결 염기배열을 지나서 계속되도록 한다.

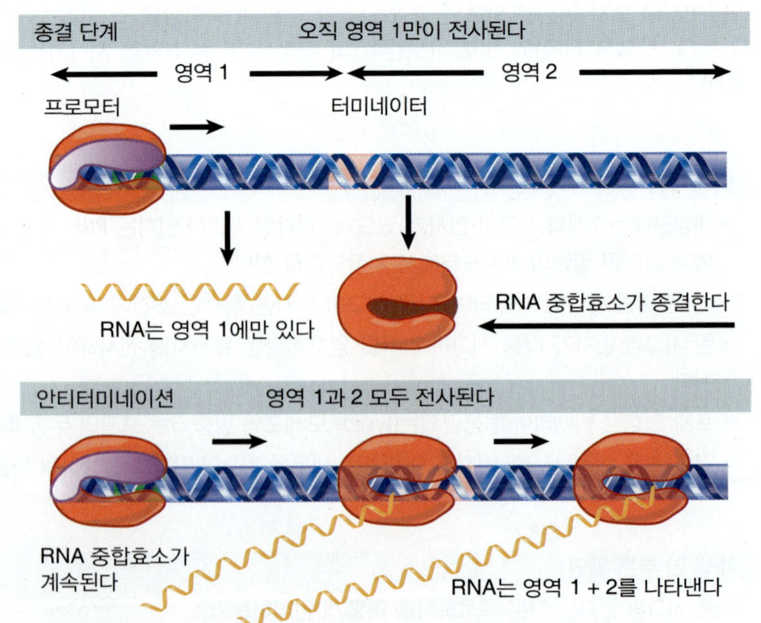

그림 19.28 안티터미네이션은 RNA 중합효소가 특정 터미네이터를 통해 다음의 영역으로 종결되는지 여부를 결정함으로써 전사를 조절할 수 있다.

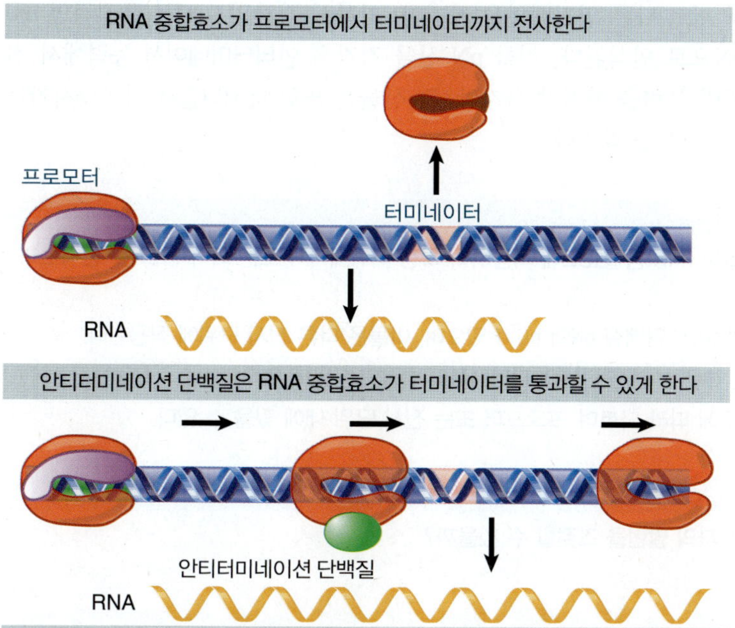

RNA 중합효소가 프로모터에서 터미네이터까지 전사한다

안티터미네이션 단백질은 RNA 중합효소가 터미네이터를 통과할 수 있게 한다

안티터미네이션 단백질은 특정 터미네이터에 작용한다

전사 단위	프로모터	터미네이터	안티터미네이션 단백질
전초기	P_L	t_L	pN
전초기	P_{R1}	t_{R1}	pN
후기	$P_{R'}$	$t_{R'}$	pQ

그림 19.29 안티터미네이션 단백질은 RNA 중합효소에 작용하여 특정 터미네이터를 통해 번역초과(read through)할 수 있게 한다.

pN과 pQ의 다양한 특이성은 중요한 일반 원칙을 수립하였다: RNA 중합효소는 보조 인자가 일부 전사체에 대해 특이적으로 안티터미네이션(항종결)을 지원할 수 있는 방식으로 전사 단위와 상호작용한다. 종결 단계는 개시 단계처럼 동일한 정도의 정확도로 제어될 수 있다.

안티터미네이션의 특이성을 조절하는 데 관여하는 부위는 무엇인가? pN의 안티터미네이션 활성은 매우 특이적이지만, 안티터미네이션 과정은 터미네이터 t_{L1} 및 t_{R1}에 의해 결정되지는 않는다; 안티터미네이션에 필요한 인식 부위는 전사 단위의 상류에 놓여있다. 즉, 최종적으로 작용이 이루어지는 터미네이터와는 다른 부위에 있다. N은 Nus(*N* *u*tilization *s*ubstance) 인자라 불리는 숙주 단백질과 복합체를 형성하여 RNA 중합효소가 더 이상 터미네이터에 반응하지 않도록 RNA 중합효소를 변형시킨다.

안티터미네이션 복합체는 실제로 ***nut*****(*****N*** ***ut*****ilization)** 부위라고 불리는 DNA 염기배열로부터 전사된 초기 RNA에 형성된다. 복합체에는 N 자체와 네 개의 숙주세포가 코드하는 인자를 포함하고 있다. 복합체는 RNA 중합효소가 오른쪽과 왼쪽에 두 개의 전사체를 합성함에 따라 영구적인 안티터미네이션 복합체로 RNA 부위와 결합된 채로 남아 있다.

▸ ***nut*****(*****N*** ***ut*****ilization)** *N* *ut*ilization site의 머리글자로, *N* 안티터미네이터 인자에 의해 인식되는 DNA 염기배열.

안티터미네이션이 어떻게 일어나는가? pN이 *nut* 부위를 인식하면, 많은 대장균 숙주 단백질과 함께 영구적인 안티터미네이션 복합체를 형성하여 응집한다. 여기에는 네 개의 숙주 Nus 단백질, NusA, B, C 및 G가 포함된다. NusA는 흥미로운 단백질이다. 대장균에서 단독으로, 전사 종결 시스템의 일부로 작용한다. 그러나 N과 결합하게 되면, 그것은 안티터미네이션에 참여한다. 복합체는 RNA 중합효소가 터미네이터에 더 이상 반응할 수 없도록 RNA 중합효소에 작용해야만 한다. *nut* 부위의 가변 위치는 이 과정이 개시 단계 또는 종결 단계에 연결되지는 않지만, *nut* 부위를 지나서 RNA 사슬을 연장시킬 때 RNA 중합효소에 발생할 수 있음을 시사하고 있다. 그런 다음, RNA 중합효소는 비대해져서 종결 신호를 무시하고 터미네이터를 지나 계속하여 진행하게 된다. 전사 단위 내에서 짧은 염기배열을 인식할 수 있는 pN의 능력이 보다 광범위하게 사용되는 안티터미네이션의 한 메커니즘일까? 람다(λ)와 관련된 파지는 다른 N 유전자와 다른 안티터미네이션 특이성을 가지고 있다. *nut* 부위가 존재하는 파지 게놈의 영역은 이들 파지 각각에서 서로 다른 염기배열을 가지며, 따라서 각각의 파지는 특징적인 *nut* 부위를 가져야 하고, 각각 특정 pN으로 인식된다. 이들 pN 산물 각각은 안티터미네이션 능력에서 전사 장치와 상호작용하는 동일한 일반 능력을 가져야 하지만, 각 산물은 또한 메커니즘을 활성화시키는 DNA 염기배열에 대해 서로 다른 특이성을 갖는다.

핵심개념

- 종결 단계는 안티터미네이션 단백질이 RNA 중합효소에 작용하여 특정 터미네이터 또는 터미네이터를 번역초과(read thorough)할 때 억제된다.
- 람다(λ) 파지에는 두 개의 안티터미네이션 단백질 pN과 pQ가 있으며, 이들은 다른 전사 단위에 작용한다.
- 안티터미네이션 단백질이 작용하는 부위는 전사 단위의 터미네이터 부위의 상류에 있다.
- 안티터미네이터 부위의 위치는 경우에 따라 다르며, 프로모터 또는 전사 단위 내에 있을 수 있다.

개념 및 추론 확인

종결 단계의 조절이 어떻게 다른 유전자의 발현을 조절할 수 있을까?

19.17 박테리아 mRNA의 순환

메신저 RNA(mRNA)는 모든 세포에서 동일한 기능을 하지만, 원핵 및 진핵 mRNA의 합성과 구조에 대한 세부 사항에는 중요한 차이가 있다.

mRNA 생성의 주요한 차이점은 RNA 합성 과정(전사)과 단백질 합성 과정(번역)이 일어나는 위치에 있다:

- 박테리아에서 mRNA는 단일 세포 구획에서 전사되고 번역된다. 두 과정은 서로 밀접하게 연결되어 동시에 발생한다. 리보솜은 RNA 합성 과정(전사)이 완료되기도 전에 박테리아 초기 mRNA에 붙어있어, *폴리솜*은 여전히 DNA에 부착될 가능성이 있다. 박테리아 mRNA는 대개 불안정하기 때문에 단지 몇 분 동안에만 폴리펩타이드로 번역된다. 이 과정을 **전사동시번역(coupled transcription/translation)**이라고 한다.
- 진핵세포에서 mRNA의 합성과 성숙은 핵에서만 일어난다. 이 과정이 완료된 후에 만 mRNA가 세포질로 내보내지고, 리보솜에 의해 번역된다. 전형적인 진핵생물 mRNA는 상대적으로 안정하며, 특정 mRNA의 안정성에 큰 변화가 있지만 몇 시간 동안 계속해서 번역된다.

▸ **전사동시번역(coupled transcription/translation)** 메시지가 전사되는 동안 동시에 번역되는 박테리아의 과정.

그림 19.30은 전사와 번역이 박테리아와 밀접하게 관련되어 있음을 보여준다. RNA 합성 과정(전사)은 RNA 중합효소가 DNA에 결합한 다음, 한 가닥의 복사본을 만들어 움직일 때 시작된다. RNA 합성 과정(전사)이 시작된 직후, 리보솜은 mRNA의 5′ 말단에 붙어 메시지의 나머지 부분이 합성되기도 전에 단백질 합성 과정(번역)을 시작한다. 복합 리보솜은 합성되는 동안 mRNA를 따라 움직인다. mRNA의 3′ 말단은 전사가 종결될 때 생성된다. 리보솜은 mRNA가 존재하는 동안 계속해서 단백질 합성(번역)을 하지만, RNA는 전체적으로 5′에서 3′ 방향으로 매우 빠르게 분해된다. mRNA는 합성되고, 리보솜에 의해 단백질 합성(번역)이 되며, 분해되는 과정이 연속하여 빠르게 진행된다. 각각의 mRNA 분자는 기껏해야 몇 분 동안만 생존한다.

박테리아의 RNA 합성 과정(전사)과 단백질 합성 과정(번역)은 비슷한 속도로 진행된다. 37℃에서 mRNA의 전사는 ~40~50 뉴클레오티드/초 속도로 일어난다. 이것은 단백질 합성 속도에 매우 가까우며, 대략 15 아미노산/초 속도이다. 따라서 90 kD 폴리펩티드에 해당하는 2,500개 뉴클레오티드의 mRNA를 전사하고 번역하는 데 ~1분이 소요된다. 새로운 유전자의 발현이 시작될 때, 그 mRNA는 전형적으로 약 1.5분 이내에 세포 내에서 나타날 것이다. 이에 해당하는 폴리펩티드는 0.5분 후에 나타나게 된다.

박테리아의 단백질 합성 과정(번역)은 매우 효율적이며, 대부분의 mRNA는 많은 양의 단단히 묶인 리보솜에 의해 번역된다. 하나의 예(*trp* mRNA)는 약 15회의 전사 개시가 매분마다 발생하고, 15개의 mRNA 각각은 아마도 RNA 합성 과정(전사)과 분해 간의 구간에서 ~30개의 리보솜에 의해 번역된다.

대부분의 박테리아 mRNA의 불안정성은 두드러진다. mRNA의 분해는 단백질 합성(번역)이 되자마자 이어서 일어나며 아마도 전사 시작 1분 이내에 시작된다. mRNA의 5′ 말단은 3′ 말단이 합성되거나 번역되기 전에 분해되기 시작한다. 분해는 mRNA를 따라 무리를 이루는 마지막 리보솜 뒤로 이어지는 듯하다. 분해는 RNA 합성 과정(전사) 혹은 단백질 합성 과정(번역) 속도의 절반 정도로 느리게 진행된다.

mRNA의 안정성은 생성되는 폴리펩티드의 양에 큰 영향을 미친다. 일반적으로 반감기(half-life)라는 용어로 표시된다. 특정 유전자를 나타내는 mRNA는 특징적인 반감기를 가지지만, 박테리아에서 평균은 약 2분이다.

RNA 합성 과정(전사), 단백질 합성 과정(번역) 및 분해는 모두 같은 방향으로 일어나기 때문에, 물론 연속된 과정은 가능하다. 유전자 발현의 활발한 모습이 **그림 19.31**의 전자현미경 사진에서 "작동하는 실제 과정이 포착되었다". (알려지지 않은) 이들 전사 단위에서, 여러 mRNA가 동시에 합성되고 있으며, 각각은 단백질 합성(번역)에 참여하는 많은 리보솜을 가지고 있다(이것은 그림 19.30의 두 번째 패널에 표시된 단계에 해당된다). 아직 합성이 완료되지 않은 RNA를 **초기 RNA(nascent RNA)**라고 한다.

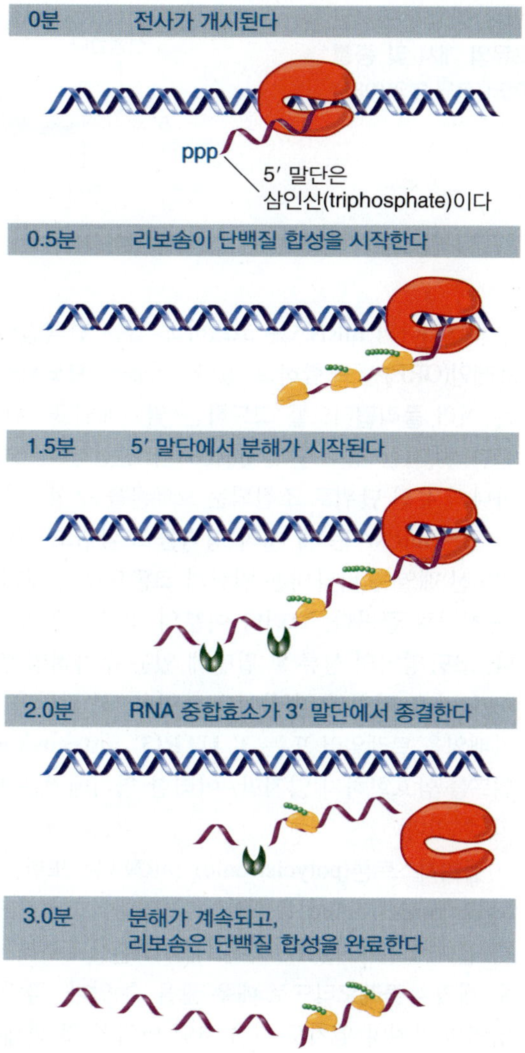

0분 전사가 개시된다

ppp

5′ 말단은 삼인산(triphosphate)이다

0.5분 리보솜이 단백질 합성을 시작한다

1.5분 5′ 말단에서 분해가 시작된다

2.0분 RNA 중합효소가 3′ 말단에서 종결한다

3.0분 분해가 계속되고, 리보솜은 단백질 합성을 완료한다

그림 19.30 mRNA는 박테리아에서 동시에 전사, 번역 및 분해된다.

▶ **초기 RNA(nascent RNA)** 아직 합성되고 있는 RNA 사슬로, 3′ 말단이 여전히 RNA 중합효소가 신장 중인 곳에서 DNA와 쌍을 이루고 있다.

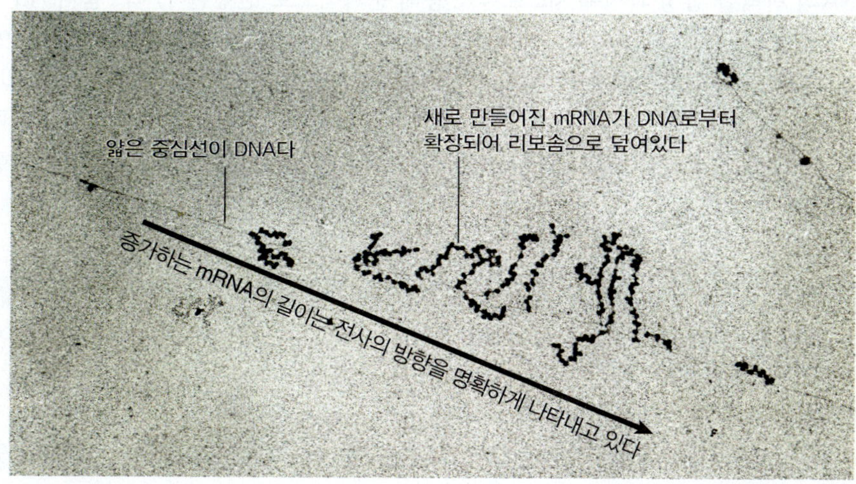

그림 19.31 전사 단위는 박테리아에서 눈으로 볼 수 있다. Photo courtesy of Oscar Miller.

그림 19.32 박테리아 mRNA는 번역되지 않은 영역과 번역된 영역을 포함하고 있다. 각 코딩 영역은 고유의 개시 및 종결 코돈을 가지고 있다. 전형적인 mRNA는 여러 코딩 영역(ORF)을 가질 수 있다.

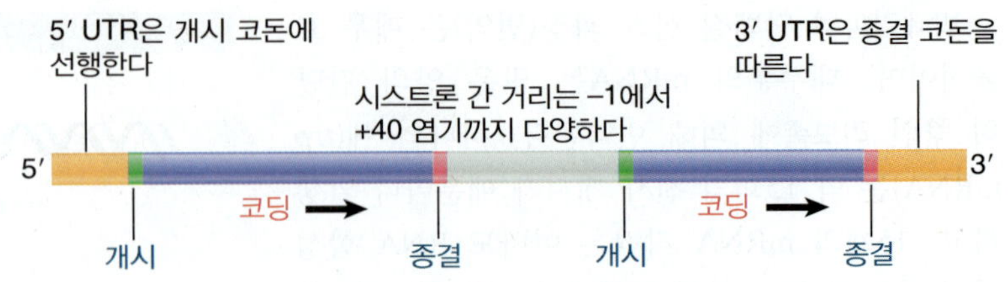

▶ **모노시스트론(monocistronic)** 하나의 폴리펩티드를 코드하는 mRNA.

▶ **폴리시스트론(polycistronic)** 하나 이상의 폴리펩티드에 대한 코딩 영역을 포함하는 mRNA.

▶ **5′ UTR(5′ untranslated region, 5′ 비번역 영역)** mRNA의 코딩 영역 상류의 번역되지 않는 염기배열.

▶ **3′ UTR(3′ untranslated region, 3′ 비번역 영역)** mRNA의 코딩 영역으로부터 하류에 있는 번역되지 않는 염기배열.

▶ **인터시스트론 영역(intercistronic region)** 폴리시스트론 mRNA에서, 하나의 시스트론의 종결 코돈과 다음 시스트론의 개시 코돈 사이의 거리.

박테리아의 mRNA는 코드하고 있는 단백질의 수가 크게 다르다. 일부 mRNA는 하나의 오픈 리딩 프레임(ORF)만 포함하고 있다; 이들을 **모노시스트론(monocistronic)**이라고 한다. (대대수의) 나머지는 여러 폴리펩티드를 코드하는 염기배열을 지니고 있다; 이들을 **폴리시스트론(polycistronic)**이라고 한다. 이러한 경우 단일 mRNA가 인접한 시스트론 그룹에서 전사된다. (그러한 시스트론의 집합체는 하나의 유전 단위로 조절되는 오페론을 구성한다. *26장 오페론* 참조)

모든 mRNA는 세 개의 영역을 포함하고 있다. 코딩 영역 혹은 오픈 리딩 프레임은 폴리펩티드의 아미노산 배열을 나타내는 일련의 코돈으로 구성되며, (일반적으로) AUG로 시작하여 세 개의 종결 코돈 중 하나로 끝난다. 그러나 여분의 영역이 양쪽 말단에 있기 때문에, mRNA는 항상 코딩 영역보다 길다. 코딩 영역의 상류 5′ 말단에 있는 추가적인 염기배열을 리더(leader) 또는 **5′ UTR(5′ *un*translated *r*egion, 5′ 비번역 영역)**이라고 한다. 3′ 말단을 형성하는 종결 코돈으로부터 하류에 있는 추가적인 염기배열을 트레일러 또는 **3′ UTR(3′ untranslated region, 3′ 비번역 영역)**이라 한다. 그들은 폴리펩티드를 암호화하지 않지만, 이러한 염기배열은 특히 진핵세포의 mRNA에서 중요한 조절 명령을 포함할 수 있다.

폴리시스트론(polycistronic) mRNA는 또한, **그림 19.32**에 나타낸 바와 같이 **인터시스트론 영역(intercistronic region)**을 포함하고 있다. 크기는 크게 다르다. 이들은 30 뉴클레오티드(파지 RNA보다도 더 길다)일 수도 있고, 혹은 개시 코돈으로부터 다음 폴리펩티드의 종결 코돈을 분리시키는 한 개 또는 두 개의 뉴클레오티드로 매우 짧을 수 있다. 극단적인 경우, 두 개의 유전자가 실제로 겹치므로 한 코딩 영역의 마지막 염기도 다음 코딩 영역의 첫 번째 염기가 된다.

특정 시스트론의 단백질 합성 과정에 관여하는 리보솜의 수는 5′ UTR에서의 개시 부위의 효율에 따라 다르다. 첫 번째 시스트론의 개시 부위는 5′ 말단이 합성되자마자 (단백질 합성으로) 사용 가능하게 된다. 이어지는 시스트론은 어떻게 번역될까? 폴리시스 트론 mRNA의 여러 코딩 영역이 독립적으로 번역되었거나 혹은 그들의 번역이 연결되어 있을까? 개시 단계 메커니즘은 모든 시스트론에서 동일한가? 아니면 첫 번째 시스트론과 내부 시스트론에 차이가 있을까?

박테리아 mRNA의 단백질 합성 과정은 시스트론을 통해 순차적으로 진행된다. 리보솜이 제1 암호화 영역에 부착하는 시점에서, 후속 코딩 영역은 아직 전사되지 않았다. 두 번째 리보솜이 mRNA에 들어가기 시작할 때까지, 단백질 합성은 첫 번째 시스트론을 통해 잘 진행되고 있다. 전형적으로, 리보솜은 각 시스트론의 말단에서 단백질 합성을 종결시킨 후, 새로운 리보솜은 다음 코딩 영역에서 조립할 것이다. 인터시스트론 영역(intercistronic region)과 mRNA에 존재하는 리보솜의 밀도는 이것에 영향을 미친다(*24장 단백질 합성* 참조).

핵심개념

- 박테리아의 경우, RNA 합성 과정과 단백질 합성 과정은 합성이 완료되기 전에 리보솜이 mRNA 번역을 시작함에 따라 전사동시번역이 일어난다.
- 박테리아의 mRNA는 불안정하며 반감기는 불과 몇 분이다.
- 박테리아 mRNA는 서로 다른 시스트론을 나타내는 여러 코딩 영역을 가지고 있어, 폴리시스트론성일 수 있다.

개념 및 추론 확인

박테리아에서 전사가 완료되기 전에 폴리솜이 형성될 수 있다. 진핵생물에서는 왜 이러한 현상이 일어날 수 없는 것일까?

19.18 요약

전사 단위는 전사가 시작되는 프로모터와 종결되는 터미네이터 간의 DNA를 포함한다. 이 영역에서 DNA의 한 가닥은 상보적인 RNA 가닥의 합성을 위한 주형으로 작용한다. 전사 "버블(거품, bubble)"이 DNA를 따라 움직이면서, RNA-DNA 하이브리드 영역은 짧고 일시적으로 형성된다. 박테리아 RNA를 합성하는 RNA 중합효소 홀로효소는 두 가지 구성성분으로 분리될 수 있다. 핵심효소(core enzyme)는 RNA 사슬의 신장을 담당하는 $\alpha_2\beta\beta'\omega$의 멀티머(multimer, 다량체)이다. 시그마(σ) 인자는 프로모터를 인식하기 위한 개시 단계에서 요구되는 단일 서브유닛이다.

핵심효소는 DNA에 대한 일반적인 친화성을 가지고 있다. 시그마 인자의 첨가는 DNA에 대한 비특이적 결합에 대한 효소의 친화도를 감소시키지만, 프로모터에 대한 그의 친화도를 증가시킨다. RNA 중합효소가 그것의 프로모터를 발견하는 속도는 DNA와의 확산 및 무작위 접촉에 의해 설명하기에는 너무 크다; 효소가 보유한 DNA 염기배열의 직접적인 교환이 관여할 수 있다.

박테리아 프로모터는 전사 개시점으로부터 −35 및 −10에 중심을 둔 두 개의 짧은 보존염기배열임이 확인되었다. 대부분의 프로모터는 이러한 부위에서의 공통염기배열(consensus sequence)과 관련이 큰 염기배열을 가지고 있다. 공통기배열을 분리하는 거리는 16~18 bp이다. RNA 중합효소는 처음에 −35 염기배열에서 "터치다운(touch down, 착륙)"한 다음 −10 영역 위로 접촉을 확장한다. 초기 "닫힌(closed)" 이원 복합체는 −10 영역에서 전사 개시점까지 확장되는 ~12 bp 염기배열을 변성하여 "열린(open)" 이원 복합체로 변환된다. −10 염기배열의 A-T가 풍부한 염기쌍 구성은 변성 반응에 기여한다.

RNA 중합효소와 DNA 간의 이원 복합체는 리보뉴클레오티드 전구체의 결합에 의해 삼원 복합체로 변환된다. RNA 중합효소가 프로모터로부터 이동하지 않고 매우 짧은 RNA 사슬을 합성하고 방출하는 동안, 여러 번의 불완전 개시 단계 사이클이 존재한다. 이 단계가 끝나면, 구조가 변하고 핵심효소가 수축된다. 시그마 인자는 (30%의 경우) 방출되거나 핵심효소와의 결합 형태를 변화시킨다. 핵심효소는 DNA를 따라 이동하여 RNA를 합성한다. 부분적으로 풀린 DNA 영역이 효소와 함께 이동한다. 프로모터의 "강도(strength)"는 RNA 중합효소가 RNA 합성 과정(전사)을 시작하는 빈도를 의미한다; 이것은 −35 및 −10 염기배열이 이상적인 공통염기배열과 일치하는 친밀도와 관련이 있지만, 전사 개시점 바로 하류에 있는 염기배열에 의해서도 영향을 받는다. 음성(−) 수퍼코일 형성은 특정 프로모터의 강도를 증가시킨다. RNA 합성 과정(전사)은 RNA 중합효소 앞에서 양성(+) 수퍼코일을 만들며 RNA 중합효소 뒤로 음성(−) 수퍼코일을 남긴다. 수퍼코일 형성은 토포이소머라아제(topoisomerase)에 의해 풀어져야만 한다.

핵심효소는 대체 시그마 인자에 의해 서로 다른 공통염기배열을 가진 프로모터를 인식할 수 있다. 대장균에서 이러한 시그마 인자는 열 충격(heat shock)이나 질소 부족과 같은 불리한 조건에 의해 활성화된다. 고초균은 대장균의 시그마 인자와 동일한 특이성을 가진 단일의 주요한 시그마 인자를 포함하고 있으며 또한 많은 소수의 시그마 인자를 포함하고 있다. 포자 형성이 시작되면 시그마 인자의 특정 염기배열이 활성화된다; 포자 형성은 전포자(forespore, 최종 포자의 전구체)와 모세포에서 시그마 인자 치환이 일어나는 두 개의 캐스케이드에 의해 조절된다. RNA 중합효소-프로모터 인식의 기하학 구조는 모든 시그마 인자를 포함하는 홀로효소와 유사하다. 각 시그마 인자는 RNA 중합효소가 −35와 −10의 특정한 공통염기배열과 일치하는 프로모터에서 전사를 개시하도록 한다. 이 부위에서 시그마 인자와 DNA 간의 직접 접촉은 대장균 σ^{70}에서 입증되었다. 대장균의 σ^{70} 인자는 DNA-결합 영역이

DNA를 인식하는 것을 막는 N-말단 자가억제 도메인을 가지고 있다. 자가억제 도메인은 홀로효소가 열린 복합체(open complex)를 형성할 때 DNA로 대체된다.

박테리아 RNA 중합효소는 두 가지 유형의 부위에서 전사를 종결시킨다. 내재성 터미네이터에는 G-C가 풍부한 헤어핀과 U가 풍부한 영역이 이어진다. 시험관 내 실험에서 그들은 핵심효소 단독으로 인식되었다. Rho(ρ)-의존성 터미네이터는 시험관 내 및 생체 내에서 Rho 인자를 필요로 한다; Rho는 C가 풍부하고 G 잔기가 적으며, 실질적인 종결 부위 앞에 위치한 *rut* 부위에 결합한다. Rho는 DNA로부터 RNA를 해리하는 RNA 중합효소의 전사 버블(transcription bubble)에서 RNA-DNA 하이브리드 영역에 도달할 때까지 RNA를 따라 이동하는 헥사머 ATP-의존성 헬리카아제이다. 두 종류의 종결 모두에서, RNA 중합효소에 의한 일시 멈춤은 실질적인 종결 과정이 일어나는 데 필요한 시간을 주기 위해 중요하다.

안티터미네이션(antitermination, 항종결)은 유전자 발현의 한 단계에서 다음 단계로의 진행을 조절하기 위해 일부 파지에서 사용된다. 람다(λ) 유전자 N은 RNA 중합효소가 전초기(immediate early) 유전자의 말단에 위치한 터미네이터를 통과하여 읽을 수 있게 하는 데 필요한 안티터미네이션 단백질(pN)을 암호화한다. 다른 안티터미네이션 단백질인 pQ는 나중에 파지 감염에 필요하다. pN과 pQ는 특정 부위(각각 *nut*와 *qut*)를 통과할 때 RNA 중합효소에 작용한다. 이 부위는 각각의 전사 단위에서 서로 다른 상대적 위치에 있다.

전형적인 원핵생물의 mRNA는 번역되지 않은 5′ UTR(leader) 및 3′ UTR(trailer) 및 코딩 영역을 모두 포함하고 있다. 박테리아 mRNA는 통상 시스트론 사이에 번역되지 않은 영역을 가지고 있는 폴리시스트론이다. 각각의 시스트론은 특정 개시 코돈으로 시작하여 종결 코돈으로 끝나는 코딩 영역으로 기술된다. 박테리아 mRNA의 반감기(half-life)는 불과 몇 분으로 매우 짧다. 5′ 말단은 하류의 염기배열이 전사되는 동안에도 번역을 시작한다.

학습문제

1. 불완전 개시 단계는 보통 새로운 전사물이 몇 bp 이하일 때 발생하는가?:

A. ~5 염기
B. ~9 염기
C. ~12 염기
D. ~16 염기

2. RNA 중합효소가 DNA에 처음 결합할 때, 어느 정도의 염기를 포함하는가?

A. 40~45 bp
B. 55 내지 60 bp
C. 75 내지 80 bp
D. 85 내지 90 bp

3. 박테리아 게놈에서 (RNA 중합효소와 같은) 단백질 결합을 위한 특정 신호를 제공하는 데 필요한 DNA의 최소 길이는 얼마인가?

A. 6 bp
B. 12 bp
C. 21 bp
D. 35 bp

4. 박테리아에서 거의 항상(90% 이상) 전사 단위의 첫 번째 염기는 무엇인가?

A. 퓨린
B. 피리미딘

C. G

D. C

5. 박테리아 유전자 프로모터의 -35와 -10 영역 간의 가장 일반적이며, 보존된 거리는 얼마인가?

A. 8~10 bp

B. 12~15 bp

C. 16~18 bp

D. 20~23 bp

6. 박테리아 유전자 -10 영역의 염기배열 TATAGT에서 TCTAGT로 돌연변이가 일어났을 때 예상되는 결과는 무엇인가?

A. 발현의 현저한 증가

B. 발현의 제거

C. 발현의 변화 없음

D. 발현의 감소

7. 박테리아 유전자 프로모터의 -35 염기배열에서의 다운 돌연변이는 통상 어떠한 영향을 주는가?

A. 닫힌 복합체를 형성하기 위한 RNA 중합효소의 초기 결합

B. 닫힌 프로모터 복합체가 열린 복합체로 전이

C. 전사의 개시

D. 프로모터의 제거 및 신장 복합체로의 전이

8. 박테리아 유전자 프로모터의 -10 염기배열 다운 돌연변이는 통상 어떠한 영향을 주는가?

A. RNA 중합효소의 초기 결합

B. 닫힌 프로모터 복합체가 열린 복합체로 전이

C. 전사의 개시

D. 프로모터의 제거 및 신장 복합체로의 전이

9. 박테리아의 모든 전사 종결은 관련이 있는 것은 무엇인가?

A. 내부 RNA 쌍으로 인한 헤어핀 구조

B. 특정 종결 염기배열

C. AU가 풍부한 일련의 배열

D. GC가 풍부한 일련의 배열

10. 박테리오파지 람다 N 단백질은 어디에 결합하여 전사 기능을 하는가?

A. DNA 주형에 직접

B. mRNA 전사물에

C. RNA 중합효소에 직접 연결하여 구조를 바꾼다.

D. 특이성을 바꾸기 위한 다른 전사 인자들에

핵심용어

3′ UTR
5′ UTR
-35 box
abortive initiation
antitermination
antitermination protein
closed complex
coding strand
consensus sequence
conserved sequence
core enzyme
coupled transcription/translation
C-terminal domain
down mutation
downstream
elongation
hairpin
holoenzyme
initiation
intercistronic regions
monocistronic
nascent RNA
nut
open complex
polycistronic
primary transcript
promoter
rho-dependent termination
Rho factor
RNA polymerase

rut
sequence context
sigma factor
sporulation
startpoint
template strand
termination
terminator
ternary complex
tight binding
transcription unit
up mutation
upstream
vegetative phase

읽을거리

Greenblat, J. F. (2008). Transcription termination: pulling out all the stops. *Cell* **132**, 917–919. A short review of transcription termination, and see the article on page 971 of the same issue.

Herbert, K. M., Greenleaf, W. J., and Block, S. M. (2008). Single-molecule studies of RNA polymerase: motoring along. *Annu. Rev. Biochem.* **77**, 149–176. An elegant review demonstrating how studies of individual molecules can provide insight into mechanism of action.

Nudler, E. (2009). RNA polymerase Active Center: The Molecular Engine of Transcription. *Annu. Rev. Biochem.* **78**, 335–361. A review of the RNA polymerase structure and function.

Vassylyev, D. G., Vassylyev, M. N., Perederina, A., Tahirov, T. H., and Artsimovitch, I. (2007). Structural basis for transcription elongation by bacterial RNA polymerase. *Nature* **448**, 157–163. The correlation between structure and function during transcription elongation.

Wang, Q., Tullius, T. D., and Levin, J. R. (2007). Effects of discontinuities in the DNA template on abortive initiation and promoter escape by *E. coli* RNA polymerase. *J. Biol. Chem.* **282**, 26917–26927. A report on the steps required to complete the initiation process by RNA polymerase.

20

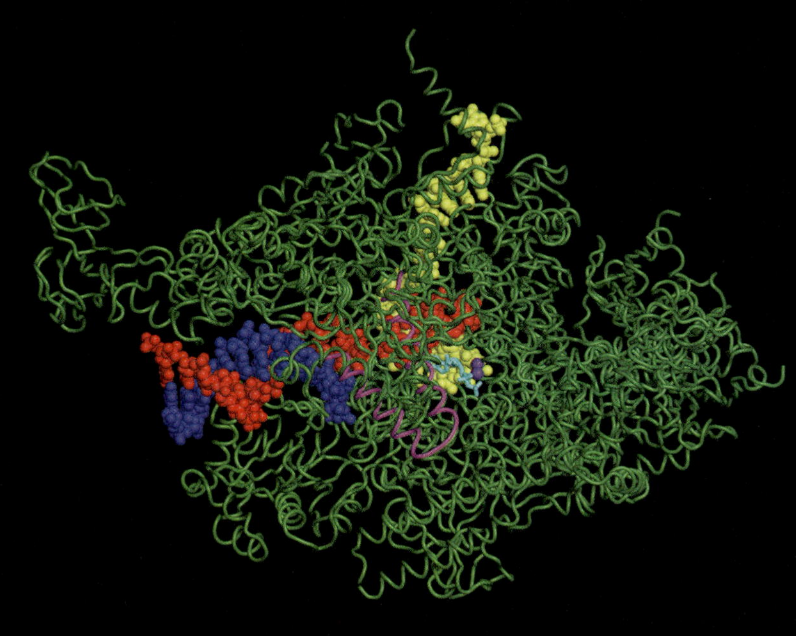

진핵세포의 RNA 합성 과정

중합효소 그 자체(녹색), DNA 주형(빨간색 및 파란색), RNA 전사물(노란색)을 보여주는, 전사 작용이 진행 중인 RNA 중합효소의 구조. 새로 합성되는 뉴클레오티드는 청록색으로 표시되어 있다. Photo courtesy of Irina Artsimovitch, Ohio State University.

20장 개요

핵심개념

• 크로마틴은 RNA 중합효소가 프로모터에 결합할 수 있기 전에 열려져야만 한다.

개념 및 추론 확인

박테리아와 진핵세포의 전사에 있어서 두 가지 주요한 차이점은 무엇인가?

20.2 진핵세포의 RNA 중합효소는 많은 서브유닛으로 이루어져 있다

세 가지 진핵세포 RNA 중합효소는 이들이 전사하는 서로 다른 유전자에 상응하여 핵 내에서 서로 다른 곳에 위치한다.

가장 눈에 띄는 활성을 보이는 효소는 RNA 중합효소 I로서, 핵소체(nucleolus, 핵인)에 위치하며 18S와 28S rRNA를 코드하는 유전자의 전사를 담당한다. 이 효소는 세포의 RNA 합성에 있어 (양적인 면에서) 거의 대부분을 차지한다.

또 다른 주요 효소는 RNA 중합효소 II로서, 핵질(nucleoplasm, 핵인을 제외한 나머지 핵 부분)에 위치한다. 세포에 있는 활성의 대부분을 나타내고 있으며, 대부분 mRNA의 전구체인 **이형핵 RNA(heterogeneous nuclear RNA, hnRNA)**의 합성을 담당한다. 전형적인 정의로 hnRNA는 핵 내에서 rRNA와 tRNA를 제외한 모든 것을 포함한다(전형적으로 mRNA는 세포질에서만 발견된다.) 현대 분자기술로써, hnRNA를 보다 가까이 관찰할 수 있으며, 많은 것들이 매우 최근에 이해되기 시작한 것들을 포함하여, 매우 중요한 그다지 많지 않은 RNA들을 많이 발견할 수 있다. mRNA는 세 종류의 주요 RNA 중에서 가장 적은 양으로 존재하며, 세포질 RNA 중에서 2~5% 정도 차지한다.

▶ **이형핵 RNA(heterogeneous nuclear RNA, hnRNA)** RNA 중합효소 II에 의해 형성되는 핵 유전자의 전사물을 구성하는 RNA; 넓은 범위의 분포와 낮은 안정성을 가지고 있다.

RNA 중합효소 III는 활성면에서 그다지 중요하지 않은 효소지만, 안정적이고 필수적인 RNA 집합체를 생산한다. 이 핵질 효소는 세포질 RNA의 1/4 이상을 차지하는 5S rRNA, tRNA 그리고 다른 작은 RNA들을 생산한다.

모든 진핵세포 RNA 중합효소는 큰 단백질로서 ~500 kD 집합체이다. 이들은 일반적으로 ~12 서브유닛을 가지고 있다. 정제된 효소는 주형-의존성 RNA 전사(template-dependent transcription)를 수행할 수 있지만, 프로모터에서 선택적으로 개시할 수는 없다. 효모 *Saccharomyces cerevisiae*에서 전형적으로 관찰되듯이 진핵세포 RNA 중합효소 II의 일반적 구성성분을 그림 20.2에 보여주고 있다. 두 개의 가장 큰 서브유닛은 박테리아 RNA 중합효소의 β와 β′ 서브유닛과 상동성이 있다. 세 개의 나머지 서브유닛은 모든 RNA 중합효소에서 공통적이다; 즉, 그들은 RNA 중합효소 I과 III의 구성성분이기도 하다. 박테리아 시그마(σ) 인자와 관련된 서브유닛은 없다. 기능은 기본적인 전사 인자에 포함된다.

▶ **C-말단 도메인(carboxy-terminal domain, CTD)** 초기 단계에서 인산화되는 진핵세포 RNA 중합효소 II의 도메인으로, 전사와 관련하여 여러 활성 조절에 관여한다.

RNA 중합효소 II에서 가장 큰 서브유닛은 **C-말단 도메인(carboxy-terminal domain, CTD)**을 가지며, 7개 아미노산의 보존배열이 여러 개 반복해서 구성되어 있다. 배열은 RNA 중합효소 II에 특이적이다. 효모에서는 ~26개 반복되어 있고, 포유류는 ~50개 반복되어 있다. 반복수는 중요한데, 그 이유는 반복수가 일반적으로 절반 이상 제거되면 (효모의 경우) 생명에 치명적이기 때문이다. CTD는 세린(serine)과 트레오닌(threonine) 잔기에 인산화가 높게 일어날 수 있다. CTD는 개시 반응(*20.8절. 개시 단계에 이어 프로모터 제거와 신장 단계가 이어진다* 참조), 전사 신장 그리고 모든 mRNA 프로세싱, 심지어 mRNA의 세포질로의 운반 조절까지도 관여한다.

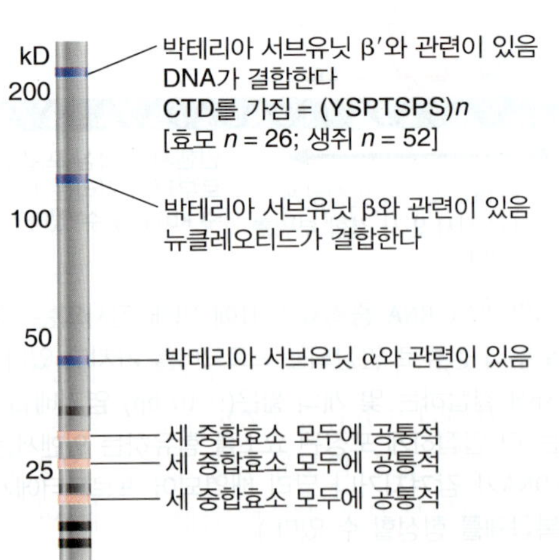

그림 20.2 일부 서브유닛은 모든 종류의 진핵생물 RNA 중합효소에 공통적이며, 일부는 박테리아 RNA 중합효소와 관련이 있다. 이 그림은 크기 별로 서브유닛을 분리하기 위해 SDS 겔에서 실시한 정제 효모 RNA 중합효소 II의 시뮬레이션이다.

(진정 박테리아 eubacteria에서 진화한 이후) 미토콘드

리아와 엽록체의 RNA 중합효소는 더 작으며, 핵 내의 모든 효소보다는 박테리아의 RNA 중합효소와 유사하다. 물론, 세포내 소기관 게놈은 훨씬 작고, 존재하는 중합효소는 비교적 적은 수의 유전자를 전사하는 데만 필요하며, 전사 조절은 (만약 존재한다고 해도) 훨씬 간단할 것이다.

핵심개념

- RNA 중합효소 I은 핵소체(nucleolus, 핵인)에서 rRNA를 합성한다.
- RNA 중합효소 II는 핵질(nucleoplasm)에서 mRNA를 합성한다.
- RNA 중합효소 III는 핵질에서 작은 RNA를 합성한다.
- 모든 진핵세포의 RNA 중합효소는 ~12개의 서브유닛을 가지고 있으며, ~500 kD의 복합체를 형성한다.
- 일부 서브유닛은 세 가지 RNA 중합효소 모두에 공통적이다.
- RNA 중합효소 II의 가장 큰 서브유닛은 여러 번 반복되는 헵타머(heptamer, 7량체)로 구성된 C-말단 도메인(carboxy-terminal domain, CTD)을 가지고 있다.

개념 및 추론 확인

리보솜 유전자는 총 세포질 RNA의 약 75%를 차지하는데, 이렇게 수백 개가 존재하는 명확한 역설(paradox)을 설명하라.

20.3 RNA 중합효소 I은 두 부분의 프로모터를 가지고 있다

RNA 중합효소 I은 단일 형태의 프로모터로부터 리보솜 RNA 유전자만을 전사한다. 전구체 전사물은 커다란 28S와 작은 18S rRNA(그러나 5S rRNA는 아님)의 염기배열 모두를 포함하며, 후에 절단과 수식(modification)의 과정을 거친다. 전사 단위의 많은 사본이 존재한다. 이들에는 **비전사 스페이서(nontranscribed spacer)**가 번갈아 가면서 존재하며, *7.3절 rRNA 유전자는 불변의 전사 단위를 포함하는 직렬반복배열을 형성한다*에서 설명한 것처럼 클러스터(cluster)로 조직되어 있다. 프로모터의 조직과 개시에 관련된 과정을 그림 20.3에 설명하였다. RNA 중합효소 I은 홀로효소(homoenzyme)로 존재하며, 개시에 요구되는 추가 인자들을 포함하며, 중합효소는 전사 인자들에 의해 직접적으로 모집되어 프로모터와 함께 거대한 복합체를 이룬다.

▶ **비전사 스페이서(nontranscribed spacer)** 일렬로 늘어서 유전자 클러스터에서 전사 단위 간의 영역.

프로모터는 두 개의 분리된 영역으로 구성되어 있다. 핵심 프로모터는 개시점 주위로서 −45에서 20 사이에 걸쳐서 있으며, 전사 개시에 충분하다. 일반적으로 G-C가 풍부하며(프로모터로서는 흔치 않음), 단지 잘 보존된 염기배열을 제외하고, 개시점 주위에 짧은 A-T가 풍부한 염기배열이 있다. 하지만 핵심 프로모터의 효율성은 상류 프로모터 요소[upstream promoter element, UPE, 때때로 상류 조절 요소(upstream control element, UCE)라고도 한다]에 의하여 매우 많이 증가한다. UPE는 핵심 프로모터 염기배열과 연관이 있는 또 다른 G-C가 풍부한 염기배열이며, −180에서 −107 bp 위치하고 있다. 이런 형태의 구성은 많은 종에 있어서 pol I 프로모터에서 공통적이지만, 실제 염기배열은 매우 다양하다.

G-C가 풍부 A-T가 풍부 개시점
상류 프로모터 요소(UPE) 핵심 프로모터
−170 −160 −150 −140 −130 −120 −110 −40 −30 −20 −10 +10 +20

UBF는 상류 프로모터 요소(UPE)에 결합한다

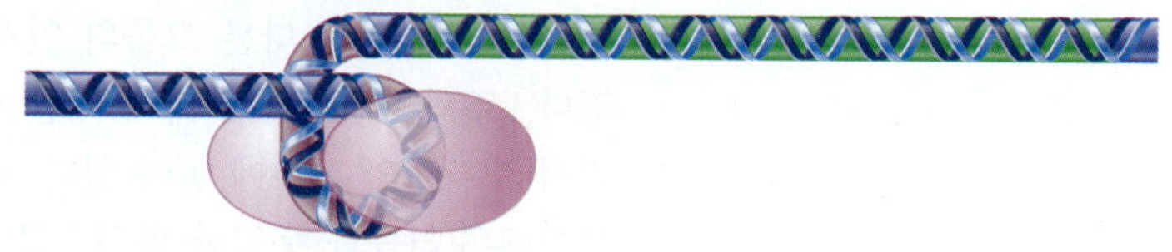

RNA 중합효소 I 홀로효소는 핵심 프로모터에 결합하는 핵심-결합 인자(core-binding factor, SL1)를 포함한다

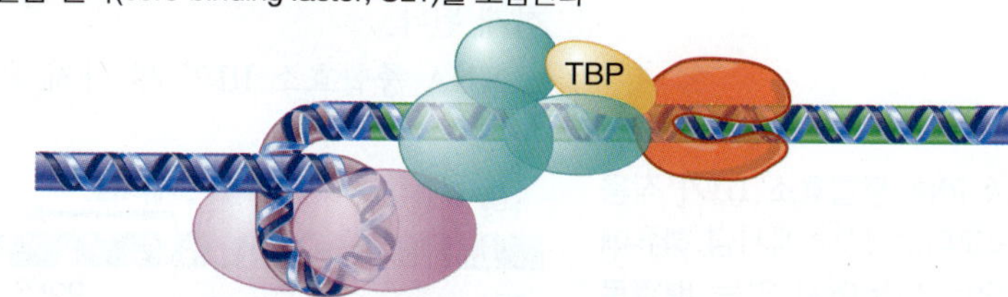

그림 20.3 RNA 중합효소 I 전사 단위는 상류 프로모터 요소(UPE)에서 ~70 bp 떨어진 핵심 프로모터를 가진다. UPE에 결합하는 UBF는 핵심-결합 인자(core-binding factor, SL1)가 핵심 프로모터에 결합하는 능력을 증가시킨다. 핵심-결합 인자는 RNA 중합효소 I을 개시점에 적절하게 위치하도록 한다.

RNA 중합효소 I은 두 개의 전사 보조 인자를 필요로 한다. 높은 빈도의 개시를 위하여, 인자 UBF가 요구된다. 이는 단일 펩티드로서 UPE에 있는 G-C가 풍부한 요소에 결합한다. UBF는 DNA의 마이너 그루브(minor groove, 작은 홈)에 결합하고 단백질 표면에서 거의 360° 회전한 DNA 고리를 감싸고 있어, 그 결과 핵심 프로모터와 UPE는 매우 근접하게 된다. 이것은 UBF가 (TIF-IB, 다른 종에서 Rib1로도 알려져 있는) 두 번째 인자 SL1을 핵심 프로모터로의 결합을 촉진시킬 수 있다.

▶ **TATA-결합 단백질(TATA-binding protein, TBP)** 프로모터의 TATA 박스에 결합하는 전사 인자 $TF_{II}D$의 서브유닛으로, 다른 인자들에 의해 TATA 박스가 없는 프로모터에 위치한다. 또한 SL1과 $TF_{III}B$에도 존재한다.

SL1 구성성분의 하나는 **TATA-결합 단백질(TATA-binding protein, TBP)**로, RNA 중합효소 II와 III의 개시에도 필요하다(*20.6절 TBP는 보편적인 인자이다* 참조). TBP는 G-C가 풍부한 DNA에서 직접적으로 결합하지 않으며, DNA 결합은 SL1의 다른 구성성분이 담당하고 있다. TBP는 RNA 중합효소와 상호작용하는 것 같으며, 아마도 공통적인 서브유닛 혹은 중합효소들 사이에 보존된 특징을 가지고 있다. SR1은 RNA 중합효소 I로 하여금 낮은 기본적 효율(basal frequency)로 프로모터를 개시하도록 할 수 있다. SL1을 RNA 중합효소가 개시점에 적절히 위치할 수 있도록 일차적인 책임을 담당한다. 그것은 네 개의 단백질로 구성되어 있으며, 그 중 하나(TBP)는 "위치 인자(positioning factors)"의 성분으로서, RNA 중합효소 II와 III의 경우에서도 또한 요구된다. 정확한 작용 모드는 각 위치 인자가 서로 다르다; RNA 중합효소 I의 프로모터인 경우 그것은 DNA와 결합하지 않는 반면에, RNA 중합효소 II 프로모터인 경우 위치 인자는 DNA에 인자를 위치하기 위한 기본적인 수단이다.

핵심개념

- RNA 중합효소 I 프로모터는 핵심 프로모터와 상류 프로모터 인자(upstream promoter element, UPE)로 구성되어 있다.
- UBF 1 인자는 단백질 구조 주위를 DNA로 감싸서 핵심과 UPE이 밀착되도록 한다.
- SL1은 모든 RNA 중합효소에 의한 개시 과정에 관여하는 인자인 TBP를 포함한다.
- RNA 중합효소 I은 핵심 프로모터에서 UBF1-SL1 복합체에 결합한다.

개념 및 추론 확인

핵심 프로모터에서 A-T가 풍부한 요소가 보존되어 있는 이유는 무엇인가?

20.4 RNA 중합효소 III는 하류 및 상류 프로모터 모두를 사용한다

RNA 중합효소 III에 의한 프로모터의 인식은 전사 인자와 중합효소의 상대적인 역할을 극명하게 보여준다. 프로모터는 다른 그룹의 인자에 의해 다른 방식으로 인식되는 두 가지 일반적인 유형으로 나눠진다. 5S와 tRNA 유전자에 대한 프로모터는 내부에 있다; 이들은 개시점의 하류에 위치한다; 그들은 전사 개시점의 하류에 놓여 있다. snRNA(small nuclear RNA) 유전자의 프로모터는 보다 일반적인 다른 프로모터들과 동일한 방식으로 개시점의 상류에 위치한다. 이들 두 경우, 프로모터의 기능에 필요한 각 요소들은 전사 인자들에 의해 인식되는 배열로만 구성되고, 결국 RNA 중합효소의 결합을 유도하게 된다.

RNA 중합효소 III의 세 가지 유형의 프로모터 구조를 그림 20.4에 요약하였다. 내부 프로모터에는 두 가지 유형이 있다. 각각은 두 부분으로 나누어진 구조(bipartite structure)를 가지고 있어서, 두 개의 짧은 배열 요소가 다양한 배열에 의해 분리되어 있다. 5S 리보솜 유전자 1형 프로모터는 *boxC* 염기배열로부터 분리된 *boxA* 염기배열로 구성되어 있으며, tRNA 2형 프로모터는 *boxB* 염기배열로부터 분리된 *boxA* 염기배열로 구성되어 있다. 다른 작은 RNA(small RNA)를 코드하는 3형

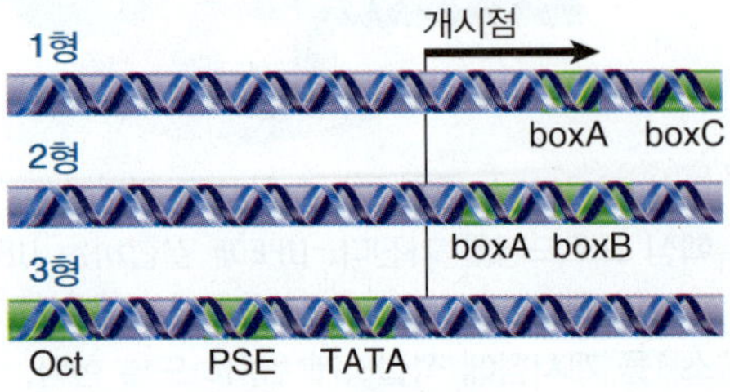

그림 20.4 RNA 중합효소 III가 작용하는 프로모터는 전사 개시점 하류에 두 부분으로 나누어져 있는 배열로 구성되어질 수 있으며, *boxA*가 *box*나 혹은 *boxB*로부터 분리되어 있다. 또는 개시점 상류에 분산되어 있는 배열(Oct, PSE, TATA)로 구성될 수 있다.

프로모터의 일반적인 그룹은 세 개의 배열요소가 모두 전사 개시점 상류에 위치한다.

세부적인 상호작용은 두 가지 유형의 내부 프로모터에서 다르지만 그 원리는 동일하다. 독립적으로(tRNA 2형 프로모터) 또는 $TF_{III}A$와 연계하여 (5S 1형 프로모터) $TF_{III}C$는 전사 개시점의 하류에 결합한다. $TF_{III}C$가 존재하면 위치 결정 인자인 $TF_{III}B$가 개시점에 결합할 수 있게 된다. 다음으로 RNA 중합효소가 구성된다.

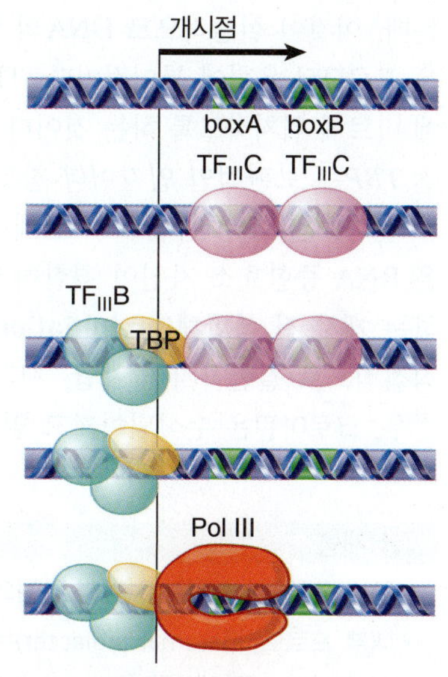

그림 20.5 내부 2형 pol III 프로모터에서는 $TF_{III}C$가 *boxA*와 *boxB*에 결합하여 위치 인자인 $TF_{III}B$를 구성하고, $TF_{III}B$는 RNA 중합효소 III를 구성한다.

그림 20.5는 tRNA 유전자를 위해 사용된 유형 2의 내부 프로모터의 반응 단계를 요약한 것이다. *boxA*와 *boxB* 사이의 거리는 많은 tRNA 유전자들이 작은 인트론을 포함하고 있기 때문에 매우 다양할 수 있다. $TF_{III}C$는 *boxA*와 *boxB* 모두에 결합한다. 이것이 $TF_{III}B$를 개시점에 결합할 수 있도록 한다. 이 시점에서 RNA 중합효소 III는 결합할 수 있다.

(5S 유전자의) 1형 내부 프로모터의 차이점은 $TF_{III}C$가 *boxC*에 결합할 수 있도록 $TF_{III}A$가 *boxA*에 결합해야만 한다는 것이다. $TF_{III}A$는 5S 배열-특이적 결합 인자로서 프로모터와 5S RNA에 결합하여 샤페론과 유전자 레귤레이터(조절 인자)로서 기능을 한다. **그림 20.6**은 $TF_{III}C$가 한번 결합하면, 2형 프로모터와 같은 과정의 사건들이 발생함을 보여주고 있다. 즉, (아주 흔한 TBP를 포함하는) $TF_{III}B$가 전사 개시점에 결합하고 RNA 중합효소 III가 그 복합체에 결합한다. 1형 프로모터는 5S RNA 유전자들에서만 발견된다.

$TF_{III}A$와 $TF_{III}C$는 **조립 인자(assembly factors)**로서, 이들의 유일한 기능은 위치 결정 인자(positioning factor) $TF_{III}B$가 정위치에 결합하는 것을 돕는 것이다. 일단 $TF_{III}B$가 결합하면 $TF_{III}A$와 $TF_{III}C$를 프로모터에서 제거하여도 개시 반응에 아무런 영향을 주지 않는다. $TF_{III}B$는 개시점 근처에 결합한 채로 있으며, 이 단백질 존재 자체만으로 RNA 중합효소 III가 개시점을 찾아 결합하기에 충분하다. 그러므로 $TF_{III}B$는 RNA 중합효소 III에 필요한 진정한 개시 인자이다. 이러한 일련의 과정은 어떻게 하류의 프로모터 박스들이 RNA 중합효소로 하여금 훨씬 상류에 있는 개시점에 결합할 수 있게 하는지 설명해 준다. 이러한 유전자들을 전사할 수 있는 능력은 내부 프로모터에 의해 결정되기는 하지만, 개시점의 바로 상류 영역에서의 변화는 전사의 효율을 변화시킬 수 있다.

▸ **조립 인자(assembly factors)** 거대 분자 구조의 형성에 필요한 단백질이지만, 그 자체가 그 구조의 일부는 아니다.

상류 영역은 세 번째 유형의 중합효소 III 프로모터에서 일반적인 역할을 한다. 그림 20.4의 예에서, 세 개의 상류 요소(upstream elements)가 있다. 이들 요소는 RNA 중합효소 II에 의해 전사되는 snRNA 유전자에 대한 프로모터에서도 발견된다. (몇몇 snRNA의 유전자는 RNA 중합효소 II에 의해 전사된다.) 상류 요소들은 중합효소 II와 III가 작용하는 프로모터와 동일한 방식으로 기능한다.

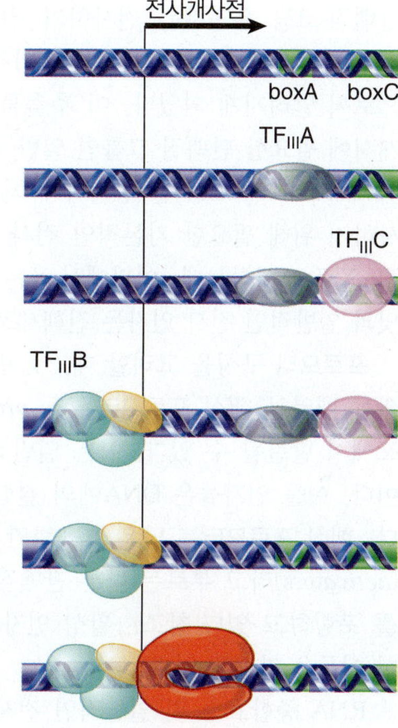

그림 20.6 내부 1형 pol III 프로모터는 *boxA*와 *boxC*에서 $TF_{III}A$와 $TF_{III}C$ 조립 인자를 이용하여 위치 인자 $TF_{III}B$를 구성하고, 이는 RNA 중합효소 III를 구성한다.

RNA 중합효소 III가 작용하는 상류 프로모터에서의 개시는 개시점 바로 앞에 존재하며, TATA 요소만을 포함하는 짤막한 부위에서 일어난다. 하지만, 전사 효율은 인핸서 PSE(proximal sequence element)와 (8개 염기쌍 결합 염기배열을 가지고 있기 때문에 이름이 붙은) Oct 존재로 훨씬 많이 증가된다. 이들 요소에 결합하는 인자들은 협동적으로 상호작용한다. TATA 요소는 snRNA 프로모터에 의해 인지되는 유형의 중합효소(II나 III)에 대한 특이성을 지닌다. 그것은 TBP를 포함하는 인자와 결합하는데, 이것이 실질적으로 DNA의 염기배열을 인식한다. TBP는 다른 단백질과 관련되어 있으며, 이것은 프로모터 유형에 특이적이다. TBP와 이와 결합된 단백질들의 기능은 RNA 중합효소가 전사 개시점에 바르게 위치하도록 하는 것이다. 이 점에 대해서는 RNA 중합효소 II에서 자세히 논의하고 있다(*20.6절 TBP는 보편적인 인자이다* 참조).

인자들은 RNA 중합효소 III에 대한 프로모터의 양쪽 타입 모두에 같은 양식으로 작동한다. 인자들은 RNA 중합효소 자신이 결합하기 전에 프로모터에 결합한다. 이들은 RNA 중합효소의 결합을 지시하는 **개시 전 복합체(preinitiation complex)**를 형성한다. RNA 중합효소 III는 프로모터 염기배열에 직접적으로 결합하지 않지만, 시작점 바로 상류에 결합되어 있는 인자들에 근접해서 결합한다. 모든 경우, 크로마틴은 수식되어지고 열린 구조(open configuration)로 되어 있어야만 한다.

▸ **개시 전 복합체(preinitiation complex)** RNA 중합효소가 진핵생물 전사에 결합하기 전에 프로모터에서 전사 인자의 집합.

핵심개념

- RNA 중합효소 III은 두 가지 유형의 프로모터를 가진다.
- 내부 프로모터(internal promoter)는 전사 단위 안에 존재하는 짧은 공통배열을 가지며, 고정된 거리의 상류에서 전사가 시작되도록 한다.
- 상류 프로모터(upstream promoter)는 전사 개시점 상류에 세 개의 짧은 공통배열을 지니고 있어서, 전사 인자가 결합하게 된다.
- $TF_{III}A$와 $TF_{III}C$은 공통배열에 결합하여 $TF_{III}B$가 전사 개시점에서 결합할 수 있게 한다.
- $TF_{III}B$는 한 개의 서브유닛으로 TBP를 포함하며, RNA 중합효소가 결합할 수 있게 한다.

개념 및 추론 확인

tRNA와 5S 유전자 프로모터는 유전자의 안쪽에 위치한다. 중합효소는 초기에 유전자의 전사 개시점을 어떻게 찾을 수 있는가?

20.5 RNA 중합효소 II의 개시점

단백질-코딩 유전자를 전사하기 위한 기구의 기본적인 구성은, 순수 분리한 RNA 중합효소 II가 mRNA의 합성을 촉매하지만, 추가적으로 추출물을 넣어 주지 않으면 전사가 시작되지 않음이 발견됨으로써 알려지게 되었다. 이 추출물의 분리정제에 의해 모든 프로모터에서 RNA 중합효소 II에 의한 개시에 필요한 단백질 그룹인 일반 전사 인자(general transcription factor) 또는 *기본 전사 인자(basal transcription factor)*를 정의하게 되었다. 이들 인자와 결합한 RNA 중합효소 II는 모든 프로모터를 전사하기 위해 필요한 기본적인 전사 장치(basal transcription apparatus)를 구성한다. 일반적인 인자를 $TF_{II}X$로 표시하는데, 여기에서 X는 개별적인 인자를 구별하는 문자이다. RNA 중합효소 II의 서브유닛과 일반적인 전사 인자는 진핵세포에서 보존되어 있다.

프로모터 구성을 고려할 때, 첫 번째 중요한 점은 RNA 중합효소 II가 전사를 시작할 수 있는 가장 짧은 배열인 *핵심 프로모터(core promoter)*를 정의하는 것이다. 핵심 프로모터는 원칙적으로 모든 세포에서 발현될 수 있다. 이는 일반적인 전사 인자가 전사 개시점에서 조합할 수 있는 최소한의 배열이다. 이들 인자들은 DNA에의 결합 과정에 관여하며 RNA 중합효소 II가 전사를 시작할 수 있게 한다. 핵심 프로모터는 낮은 효율로만 작동한다. 적절한 수준의 기능을 수행하기 위해서는 *활성화 인자(activators)*라고 부르는 다른 단백질들이 필요하다(*20.9절 인핸서는 개시 단계를 돕는 양방향성 요소를 포함하고 있다* 참조). 활성 인자들은 체계적으로 명명되지 않고, 확인 과정의 내력을 반영한 편리한 이름을 가지고 있다.

RNA 중합효소 및 일반적인 전사 인자의 결합에 관여하는 모든 배열 성분은 거의 또는 모든 프로모터에 보존되어 있다고 예상할 수 있다. 박테리아 프로모터와 RNA 중합효소 II 프로모터를 비교해보면, 전사 개시점 근처 부위의 상동성은 상당히 짧은 배열에 국한되어 있다. 이들 요소는 돌연변이를 이용한 프로모터의 기능과 관련된 배열에 해당한다. 그림 20.7은 전형적인 세 가지 주요 요소를 갖는 pol II 핵심 프로모터의 구성을 보여준다. 진핵세포 pol II 프로모터는 박테리아 프로모터보다 훨씬 구조적으로 다양하다. 세 가지 주요 요소 외에도 프로모터를 정의하는 데 도움이 되는 여러 가지 중요하지 않은 요소가 있다.

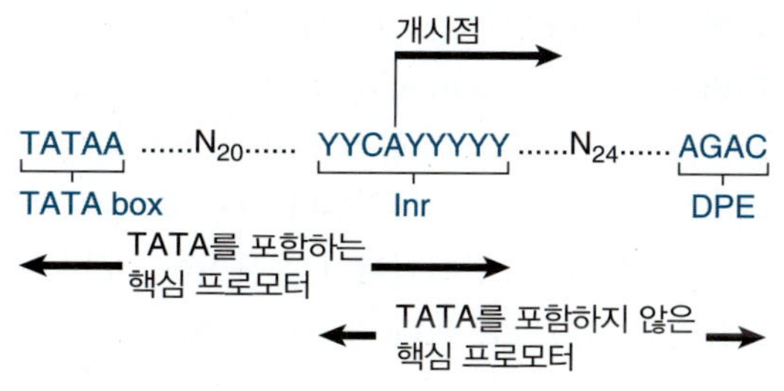

그림 20.7 최소의 pol II 프로모터에는 TATA 박스가 Inr 상류 ~25 bp에 있다. TATA 박스에는 TATAA라는 공통 배열을 가지고 있다. Inr에는 개시점에 CA를 둘러싸고 있는 피리미딘(Y)을 가지고 있다. DPE는 개시점의 하류에 있다. 배열은 코딩 가닥을 보여준다.

전사 개시점에는 염기배열의 광범위한 상동성은 없지만, mRNA의 첫 번째 염기는 A가되고, 피리미딘이 양쪽에 위치한다(이 설명은 박테리아 프로모터의 CAT 시작 염기배열에서도 유효하다). 이 영역을 **개시 인자(initiator, Inr)**라고 하며, Py_2CAPy_5로 나타내는데, 여기서 Py는 모든 피리미딘을 나타낸다. Inr은 -3과 5 사이에 존재한다.

대부분의 프로모터는 고등 진핵세포의 개시점에서 ~25 bp 상류에 존재하는 **TATA 박스(TATA box)**라고 불리는 배열을 가지고 있다(효모에서는 전형적으로 전사 개시점의 ~90 bp 상류이다). 이는 개시점에서 볼 때 비교적 고정된 위치를 가지고 있는 상류 프로모터 요소(upstream promoter element, UPE)만을 구성한다. 중심 배열은 TATAA로, A-T 염기쌍 세 개가 더 이어진다. TATA 박스는 C-G가 풍부한 배열로 둘러싸이는 경향이 있는데, 이것이 기능에 필요한 인자일 수도 있다. 이는 박테리아 프로모터에서 발견되는 -10 배열과 거의 동일하다; 사실상, -10 대신에 -25의 위치 차이만이 한 가지 예외이다(전형적으로 TATA 박스가 -90에서 발견되는 효모는 제외).

TATA 요소가 없는 프로모터를 **TATA-없는 프로모터(TATA-less promoter)**라고 한다. 프로모터 염기배열을 살펴본 결과에 따르면, 프로모터의 50% 이상이 TATA가 없는 것으로 나타났다. 프로모터가 TATA 박스를 가지고 있지 않으면, 보통은 +28에서 32 사이에 위치하는 **하류 프로모터 요소(downstream promoter element, DPE)**를 포함한다. 다른 조합들로 존재하기도 하나, 대부분의 핵심 프로모터는 TATA 박스와 Inr 또는 Inr과 DPE로 구성되어 있다.

- **개시 인자(initiator, Inr)** -3과 +5 사이의 pol II 프로모터의 배열로서 일반적으로 Py_2CAPy_5 배열을 가진다. 이것이 가능한 가장 단순한 pol II 프로모터이다.
- **TATA 박스(TATA box)** 진핵 세포 RNA 중합효소 II 전사 유닛의 개시점 앞의 약 25 bp에서 발견되는 보존된 A-T가 풍부한 옥타머; 정확한 개시를 위한 효소의 배치와 관련된다.
- **TATA-없는 프로모터(TATA-less promoter)** 개시점의 염기배열 상류에 TATA 박스가 없는 프로모터.
- **하류 프로모터 요소(downstream promoter element, DPE)** TATA 박스가 없는 RNA 중합효소 II 프로모터의 공통적인 구성성분이다.

핵심개념

- RNA 중합효소 II는 전사 개시를 위해 ($TF_{II}X$라는) 일반 전사 인자를 필요로 한다.
- RNA 중합효소 II 프로모터는 전사 개시점에서 짧은 보존배열 Py_2CAPy_5(개시 인자, initiator, Inr)를 가지고 있다.
- TATA 박스는 RNA 중합효소 II 프로모터들의 공통성분이며, 개시점에서 상류 ~25 bp에 위치한 A-T가 풍부한 옥타머(octamer, 8량체)로 구성되어 있다.
- DPE는 TATA 박스가 없는 RNA 중합효소 II 프로모터들의 공통성분이다.
- RNA 중합효소 II의 핵심 프로모터는 Inr을 포함하고 있으며, TATA 박스 혹은 DPE를 공통적으로 가지고 있다.

개념 및 추론 확인

RNA 중합효소 II의 프로모터들이 RNA 중합효소 I의 것보다 더 다양한 이유는 무엇인가?

20.6 TBP는 보편적인 인자이다

전사 개시가 시작할 수 있기 전에, 크로마틴은 수식되어 열린 구조로 개조되어야만 하고, 프로모터에 위치한 모든 뉴클레오솜 옥타머(8량체)도 모든 종류의 진핵세포의 프로모터에서 이동되거나 혹은 제거되어져야만 한다(*28장 진핵세포의 전사 조절*에서 전사 조절에 대해 보다 상세하게 알아볼 것이다). 그러면 위치 인자(positioning factor)가 프로모터에 결합하는 것이 가능하다. 각 종류의 RNA 중합효소는 다른 구성성분과 결합된 TBP를 포함하는 위치 인자의 도움을 받는다. TBP라는 이름은 흥미 있는 역사를 가지고 있다. 처음부터 그렇게 이름 지어졌는데 그 이유는 RNA 중합효소 II 유전자의 TATA 박스에 결합하는 단백질이기 때문이다. 또한, RNA 중합효소 I(*20.3절 RNA 중합효소 I은 두 부분의 프로모터를 가지고 있다* 참조)과 RNA 중합효소 III(*20.4절 RNA 중합효소 III는 하류 및 상류 프로모터 모두를 사용한다* 참조)의 위치 인자의 일부임이 발견되었다. 이들 후자의 두 RNA 중합효소의 경우, TBP는 TATA 박스 염기배열을 인식하지 못한다; 따라서 명칭은 오해의 소지가 있다(RNA 중합효소 III의 상류 프로모터의 경우 제외). 게다가, 많은 RNA 중합효소 II 프로모터는 TATA 박스가 결여되어 있지만 여전히 TBP의 존재를 필요로 한다.

- **$TF_{II}D$** RNA 중합효소 II가 작용하는 프로모터의 개시점 상류에 있는 TATA 배열에 결합하는 전사 인자. TBP(TATA-binding protein)와 TBP에 결합하는 TAF 서브유닛들로 이루어져 있다.
- **TAFs** TBP의 DNA에 결합을 돕는 $TF_{II}D$의 서브유닛. 또한 다른 전사 기구와의 접촉점을 제공하기도 한다.

RNA 중합효소 I의 위치 인자는 SL1이고, RNA 중합효소 III의 위치 인자는 $TF_{III}B$이다. RNA 중합효소 II의 경우, 위치 인자는 **$TF_{II}D$**이며, 이는 **TAFs**(*T*BP-*a*ssociated *f*actors)라 불리는 다른 ~11개의 서브유닛과 결합한 TBP로 이루어져 있다. 몇몇 TAFs는 TBP와 화학양론적인(stoichiometric) 관계를 가지고 있다; 다른 것들은 보다 적은 양으로 존재한다. 다른 TAF를 포함하는 $TF_{II}Ds$는 다른 프로모터들은 인식할 수 있다. 어떤 TAF는 조직-특이적이다. 일반적으로 $TF_{II}D$의 총 분자량은 ~800 kD이다. 예를 들어, $TF_{II}D$에서의 TAF는 원래 $TAF_{II}00$ 형태로 명명되었으며, 여기서 숫자 00은 서브유닛의 분자량을 나타낸다. 최근 들어, RNA 중합효소 II의 TAF는 TAF1, TAF2 등으로 명칭되어졌다; 이와 같은 명명법에서 TAF1은 가장 큰 TAF이며, TAF2는 그 다음으로 가장 크며, 따라서 서로 다른 종에서의 상동성 TAF는 동일한 이름을 갖는다.

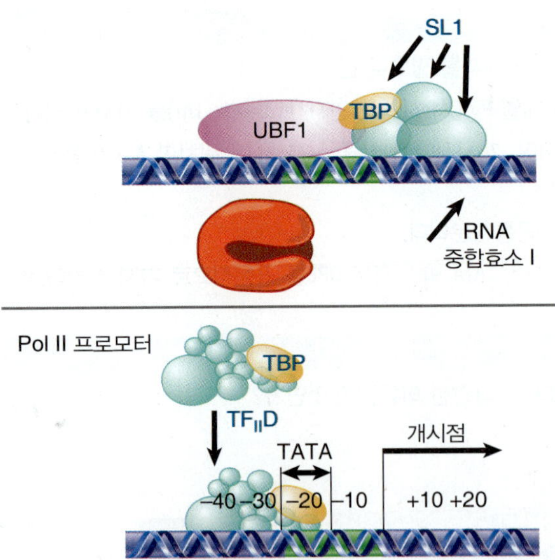

그림 20.8 RNA 중합효소들은 TBP를 포함하는 인자에 의해 모든 프로모터에 자리를 잡게 된다.

그림 20.8은 각각의 경우에 있어서 다른 방식으로 프로모터를 인식하는 위치 인자를 보여주고 있다. RNA 중합효소 III의 프로모터의 경우, $TF_{III}B$는 $TF_{III}C$에 인접하여 결합한다. RNA 중합효소 I의 프로모터에서 SL1은 UBF와 함께 결합한다. $TF_{II}D$는 RNA 중합효소 II의 프로모터 결합을 단독으로 담당하고 있다. TATA 요소를 가진 프로모터에서 TBP는 TATA 박스와 특이적으로 결합한다; 그러나 TATA 박스가 없는 프로모터에서 먼저 DNA에 결합하는 다른 인자들과 결합함으로써 포함되는 것 같다. 개시 복합체에 어떤 식으로 들어가든 간에 공통적인 목적은, RNA 중합효소와의 상호작용이라는 점이다.

TBP는 마이너 그루브(작은 홈)의 DNA와 결합하는 특이한 성질을 가지고 있다. (대다수의 DNA-결합 단백질은 메이저 그루브(큰 홈)에 결합한다). TBP의 결정 구조는 DNA 결합에 대한 상세한 모델을 제시한다. **그림 20.9**는 이 안장(saddle)에 맞게 구부러진 일련의 마이너 그루브에 "안장"을 형성하면서 DNA의 한 면을 둘러싼 것을 보여주고 있다. 사실상, TBP의 안쪽 면은 DNA와 결합하고, 보다 큰 바깥쪽 면은 다른 단백질들과 접촉할 수 있도록 되어 있다. DNA-결합 부위는 종 사이에 잘 보존되어 있는 C-말단 도메인으로 구성되어 있으며, 다양한 N-말단 꼬리는 다른 단백질과 상호작용하도록 노출되어 있다. 전사 개시 메커니즘의 보존을 측정해 보면, TBP의 DNA-결합 염기배열이 효모와 인간 사이에서 80% 보존되어 있다.

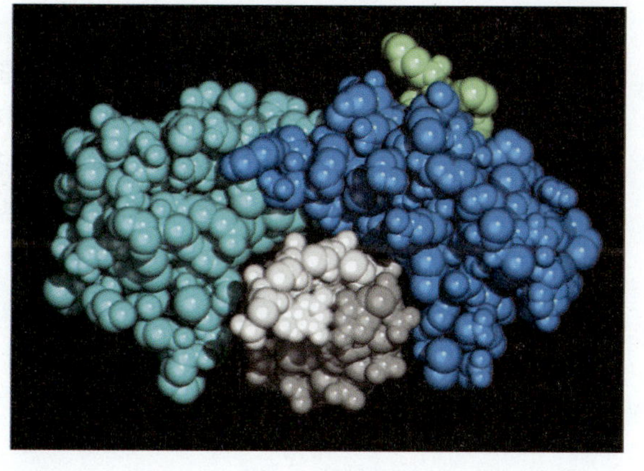

그림 20.9 단면 모습은 TBP가 마이너 그루브 쪽으로부터 DNA를 감싸고 있음을 보여준다. TBP는 두 개의 유사한(40% 동일) 보존된 부위로 구성되는데, 연한 파란색과 진한 파란색으로 보여주고 있다. N-말단 부위는 매우 다양한데, 이는 녹색으로 보인다. DNA 이중나선의 두 가닥은 연한 회색과 진한 회색으로 표시하였다. Photo courtesy of Stephen K. Burley.

TBP 결합은 뉴클레오솜 옥타머의 존재와 부합하지 않을지 모른다. A-T가 풍부한 염기배열이 안쪽으로 향한 마이너 그루브에 위치함으로써 뉴클레오솜이 우선적으로 형성된다; 결과적으로, 뉴클레오솜은 TBP의 결합을 방해할 수 있다. 이것으로 뉴클레오솜이 프로모터에 존재하면 어떻게 전사 개시를 방해하는가를 설명할 수 있다.

그림 20.10에서 설명하는 것과 같이, TBP는 마이너 그루브에 결합하여 DNA를 ~80° 휘게 한다. TATAb 박스는 메이저 그루브 쪽으로 구부러져서, 마이너 그루브를 넓게 만든다. 이러한 뒤틀림(distortion)은 TATA 박스의 8 bp로 제한된다; 염기배열의 각 말단에서, 마이너 그루브는 보통 ~5 Å 넓이를 보이지만, 염기배열의 중간에서는 마이너 그루브가 9 Å보다 크다. 이것은 구조의 변형이지만, 염기쌍 결합은 유지되기 때문에 DNA 가닥을 실제로 분리하지는 않는다. 구부러지는 정도는 TATA 박스의 정확한 배열에 따라 다양할 수 있으며, 프로모터 효율과 연관되어 있다.

자유 단백질 복합체인 $TF_{II}D$ 내에서, TAF1 인자는 오목한 DNA-결합 표면을 차지하는 TBP에 결합한다. 실제로, TAF1의 N-말단 부위에 있는 결합 부위의 구조는 DNA의 작은 홈의 표면과 유사하다. 이러한 분자적인 유사성(molecular mimicry)에 의해 TAF1은 TBP가 DNA에 결합하는 능력을 조절할 수 있다; TAF1의 N-말단 도메인은 $TF_{II}D$가 DNA에 결합하기 위하여 TBP의 DNA-결합 표면으로부터 제거되어야만 한다.

TATA가 없는 프로모터에서는 무슨 일이 일어날까? $TF_{II}D$를 포함한 동일한 일반 전사 인자들이 필요하다. 일반 전사 인자가 존재하면, Inr은 위치 요소를 제공할 수 있다; $TF_{II}D$는 하나 이상의 TAF의 능력을 통하여 결합하여 Inr을 직접적으로 인식한다. $TF_{II}D$의 다른 TAF 또한 개시점의 하류에 있는 DPE 요소를 인식한다. TATA가 없는 프로모터에서의 TBP의 위치 고정은 RNA 중합효소 III의 내부 프로모터에서와 비슷하다.

TATA 박스가 결실되면, 전사의 전체적인 감소가 비교적 작기는 하지만, 개시가 비정상적이게 된다. 실제로, 어떤 TATA가 없는 프로모터는 독특한 개시점을 결핍하고 있으므로, 개시는 개시점들의 클러스터 안에서 일어난다. TATA 박스는 $TF_{II}D$와 다른 인자들의 상호작용을 통해서 RNA 중합효소를 정렬하여, 적절한 위치에 개시하게 된다. TBP가 TATA에 결합하는 것은 프로모터의 인식에 가장 중요한 양상이다.

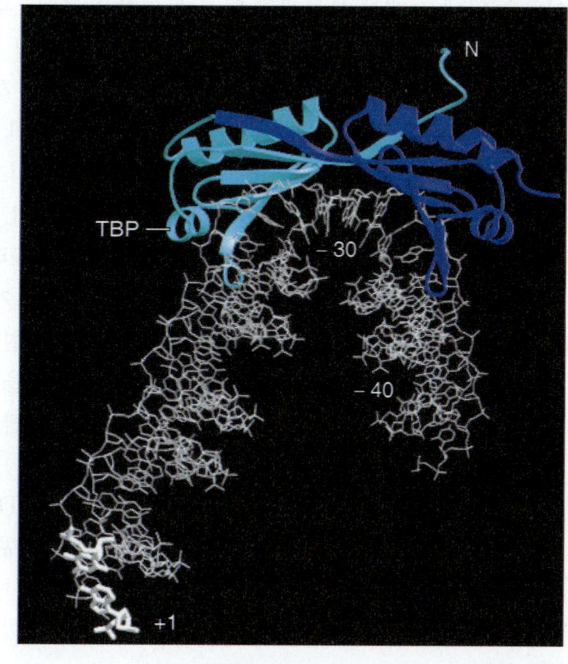

그림 20.10 -40에서 개시점까지의 DNA와 TBP의 결정 구조는 TBP가 결합했을 때 TATA 박스가 구부러져서 마이너 그루브를 넓히는 것을 보여준다. Photo courtesy of Stephen K. Burley.

핵심개념

- TBP는 위치 인자의 구성성분으로서 각 유형의 RNA 중합효소가 그 프로모터에 결합하는 데 필요하다.
- RNA 중합효소 II에 필요한 인자는 $TF_{II}D$로, TBP와 ~11개의 TAF로 구성되어 총 분자량은 ~800 kD이다.
- TBP는 DNA의 마이너 그루브(작은 홈)에서 TATA 박스에 결합한다.
- TBP는 안장(saddle) 형태로 DNA를 둘러싸서 ~80° 구부러지게 한다.

개념 및 추론 확인

TATA가 없는 프로모터의 개시가 여전히 TATA 결합 인자를 필요로 하는 이유는?

20.7 기본 전사 장치는 프로모터에서 구성된다

세포에서, 유전자 프로모터들은 활성 측면에서 세 가지 형태의 크로마틴(염색질)으로 나타날 수 있다. 첫 번째는 닫힌 크로마틴(closed chromatin)에서의 불활성 유전자이다. 두 번째는, 준비된 유전자라고 불리는 열린 크로마틴(open chromatin)에서의 잠재적 활성 유전자이다. 이러한 부류는 기본적인 장치를 조립할 수는 있으나, 전사 개시에 필요한 두 번째 신호 없이 유전자 전사가 진행될 수 없다. 열 충격 유전자(heat shock gene)는 항상 준비를 하고 있으므로 온도가 상승함에 따라 즉각적으로 활성화 될 수 있다. (아래에서 다룰) 세 번째 부류는 열린 크로마틴에서의 활성 유전자이다. 전사 개시는 기본적 전사 인자들이 요구되며, RNA 중합효소가 결합된 복합체를 형성하여 일정한 순서에 의해 작용된다. 일련의 과정을 그림 20.11에 요약하였다. 중합효소가 일단 결합하면, 효소활성은 인핸서-결합 전사 인자들에 의해 조절 받는다.

RNA 중합효소 II의 프로모터는 두 가지 형태의 영역으로 구성된다. 핵심 프로모터는 그 자체의 전사 개시점을 포함하며, 전형적으로 Inr로 동정되었으며, TATA 박스 혹은 DPE가 바로 옆에 위치한다; 또한 많은 마이너 인자(minor elements)들로부터의 선택이 존재할 수 있다. 그러나 프로모터와 인식되는 효율성과 특이성은 상류에 위치한 짧은 염기배열에 의존하는데, 이는 때때로 활성화 인자라 불리는 다른 그룹의 전사 인자들에 의해 인식된다. 일반적으로, 표적 염기배열은 시작점에서 100 bp 상류에 있으나, 때로는 더 멀리 위치하기도 한다. 이들 부위의 활성화 인자의 결합은 (아마도) 여러 단계 중 어느 하나에서 개시 복합체의 형성에 영향을 준다. 프로모터들은 "혼합과 일치(mix and match)" 원리로 조직된다. 많은 요소들이 프로모터 기능에 기여할 수 있으나, 모든 프로모터에 필수적이지는 않다.

최근까지 자세하게 연구되지 않은 부분은 유전자 활성화에 있어서의 넌코딩 RNA(noncoding RNA, ncRNA) 전사물의 관여에 관한 것이다. 최근 다수의 예에서 ncRNA의 전사가 인근 또는 중첩된 단백질-암호화 유전자의 전사를 조절한다는 것이 알려지고 있다. 이러한 기능을 가진 ncRNA(cryptic unstable transcripts, 잠재적 불안정한 전사물 또는 CUTS라고도 함)의 생성은 원래 생각하였던 것보다 훨씬 더 일반적일 수 있다. 상당한 수의 활성 프로모터(promoter upstream transcripts 또는 PROMPT로 알려진)는 프로모터의 상류에서 생성된 전사물을 가지고 있다. PROMPT는 하류의 프로모터와 관련하여 센스 및 안티센스 방향으로 전사되고, 전사 조절에서 역할을 할 수 있다(전사 조절에서의 ncRNA의 많은 역할은 *30.3절 넌코딩 RNA는 유전자 발현을 조절하는 데 사용될 수 있다* 참조).

열린 크로마틴에서 프로모터 활성화의 첫 번째 단계는 $TF_{II}D$가 TATA 박스에 결합할 때에 시작된다. 이것은 코액티베이터(coactivator, 공활성화 인자)를 통해 작용하는 상류 요소에 의해 증폭될 수 있다($TF_{II}D$는 개시점에서 Inr 염기배열도 인식한다). $TF_{II}A$가 복합체에 결합하면, $TF_{II}D$는 더 위의 상류 쪽으로 뻗어 있는 영역을 보호할 수 있게 된다. $TF_{II}A$는 TAF 1에 의해 야기된 억제를 해제함으로써 TBP를 활성화시킬 수 있다.

$TF_{II}B$는 TBP에 인접한 TATA 박스의 하류에 결합하며, DNA의 한쪽 면을 따라 접촉을 넓힌다. 이

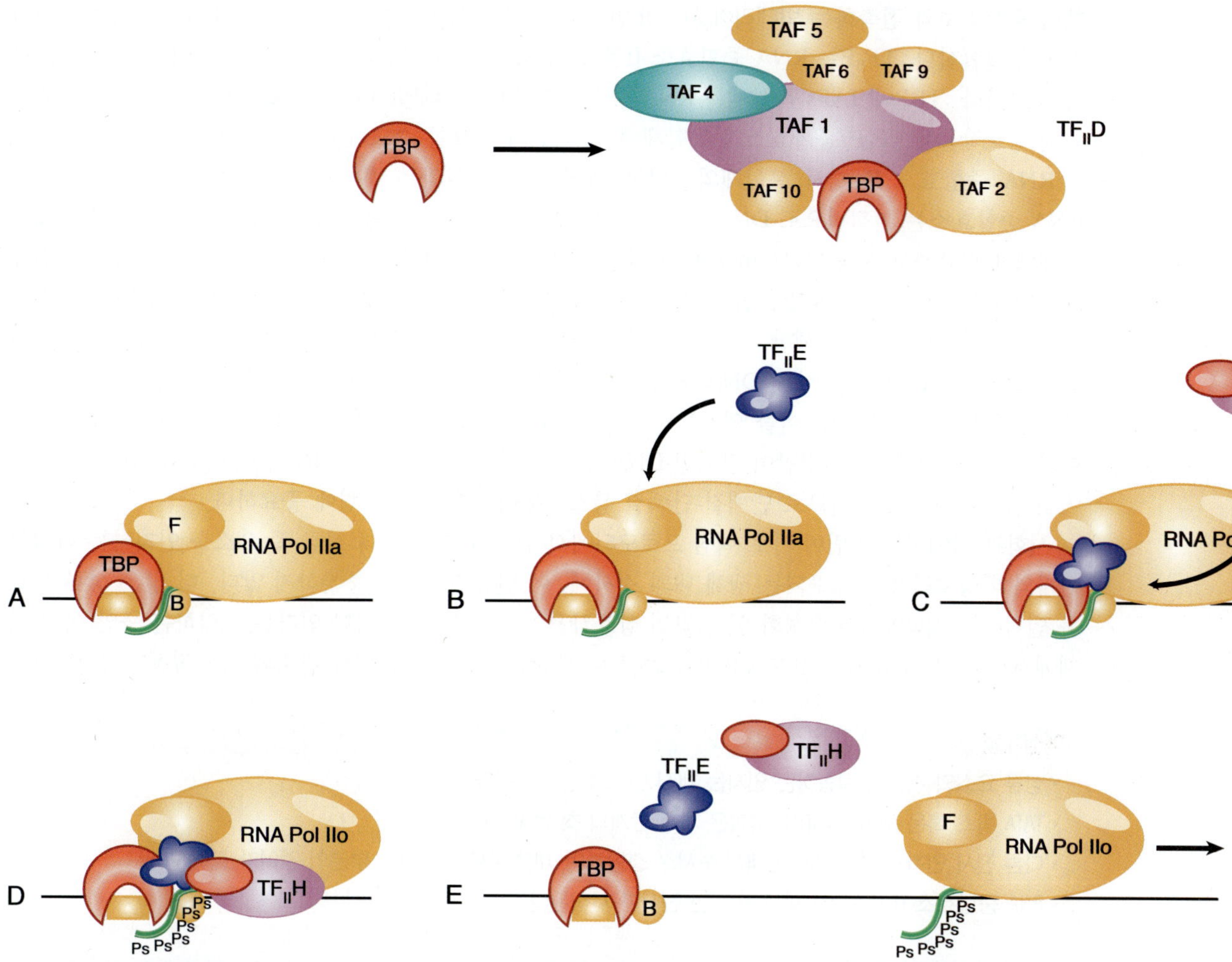

그림 20.11 개시 복합체는 전사 인자 결합 순서에 의해 RNA 중합효소 II의 프로모터에서 조립된다. TF$_{II}$D는 상단 패널에 표시된 바와 같이, TBP와 관련 TAF로 구성된다; TBP는 TF$_{II}$D가 아닌 나머지 패널에 단순화를 위해 단독으로 나타내었다. Adapted from M. E. Maxon, J. A. Goodrich, and R. Tijian, *Genes Dev.* 8 (1994): 515–.524.

로써, TATA 박스의 하류의 마이너 그루브에서의 접촉과, BRE라 불리는 영역에서의 TATA 박스 상류의 큰 홈에서의 접촉이 이루어진다. 그림 20.12의 그림은 TF$_{II}$B, TF$_{II}$D 및 RNA 중합효소 II 간의 관계를 보여주고 있다. TF$_{I}$B는 TF$_{I}$D 근처에 결합하고, N-말단 부위는 RNA의 E 부위 근처의 RNA 중합효소와 접촉한다. C-말단 부위는 길게 효소를 가로 질로 활성 부위에 돌출되어 있다. TF$_{II}$B는 TF$_{II}$E, TF$_{II}$F, TF$_{II}$H와 접촉하는 DNA의 경로를 결정한다. TF$_{II}$E, TF$_{II}$F 및 TF$_{II}$H는 기본 전사 인자 복합체에서 이들을 정렬하고 전사 개시점을 결정한다. 이들이 기본 인자 복합체(basal facotr complex)로 정렬하게 되고, 전사 개시점을 결정한다. TF$_{II}$F 인자는 두 종류의 서브유닛으로 구성된 헤테로테트라머(이형사량체)이다. 더 큰 서브유닛(RAP74)은 ATP-의존적인 DNA 헬리카아제 활성을 가지고 있어 개시 단계에서 DNA를 풀리게 하는 것을 도울 수 있다. 작은 서브유닛(RAP38)은

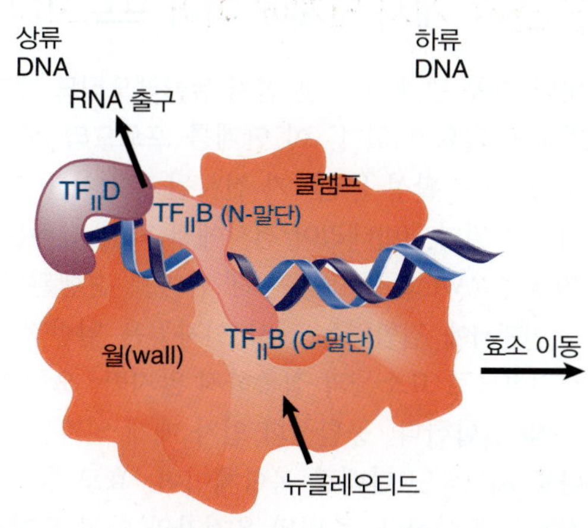

그림 20.12 TF$_{II}$B는 DNA에 결합하고 RNA 출구 부위 근처와 활성 중심에서 RNA 중합효소와 접촉하여 이를 DNA에 향하도록 한다.

핵심 중합효소와 접촉하는 박테리아 시그마 인자의 영역과 상동성을 지니고 있다; RNA 중합효소 II와 강하게 결합한다. $TF_{II}F$는 RNA 중합효소 II를 조합 중인 전사 복합체로 가져와 그것이 결합하는 수단을 제공한다. TBP와 TAFs 복합체는 RNA 중합효소의 CTD 테일(tail)과 상호작용할 수 있으며, $TF_{II}B$와의 상호작용은 $TF_{II}F$/중합효소가 복합체에 연결할 때 중요할 수도 있다.

RNA 중합효소 II 개시 복합체의 구성은 원핵세포 전사와는 흥미로운 대조를 보인다. 박테리아 RNA 중합효소는 본질적으로 DNA에 결합할 수 있는 내재성 능력을 가진 접착성의 집합체이다; 개시 단계에만 필요하고 신장 단계(elongation)에는 필요하지 않은 시그마(σ) 인자는 DNA에 결합하기 전에 효소의 일부가 되나, 후에 방출될 수 있다. RNA 중합효소 II는 프로모터에 결합할 수 있지만, 각각의 전사 인자가 결합한 이후에만 가능하다. 이들 인자들은 박테리아의 시그마 인자와 유사한—기본적인 중합효소가 프로모터 배열에서 DNA를 특이적으로 인식하게 하는—기능을 수행하지만 좀 더 독립적이도록 진화되었다. 실제로, 이들 인자들의 가장 중요한 기능은 프로모터 인식의 특이성을 담당하는 것이다. 이들 중 몇 개의 인자만이 단백질-DNA 접촉에 관여한다(오로지 TBP와 어떤 TAFs만이 염기-특이적 접촉을 한다); 그러므로 단백질-단백질 상호작용이 복합체의 조립에 중요하다.

시험관 내에서는 조립이 바로 핵심 프로모터에서 일어나지만, 보다 상류 쪽 요소를 인지하는 활성화 인자와의 상호작용이 요구되는 생체 내의 전사에, 이 반응만으로는 충분하지 않다. 더 많은 상류 요소를 인식하는 액티베이터(활성화 인자)와의 상호작용이 필요하다. 활성화 인자는 조립하는 동안 여러 단계에서 기본 전사 장치와 상호작용한다(*28.5절 액티베이터는 기본 전사 장치와 상호작용한다* 참조).

핵심개념

- 상류 요소와 이들에 결합하는 인자는 개시 빈도를 증가시킨다.
- TATA 박스 혹은 Inr에 $TF_{II}D$의 결합은 개시 단계의 첫 번째 단계이다.
- 다른 전사 인자는 복합체에 정해진 순서로 결합하여, DNA에서 보호되는 부분의 길이가 길어진다.
- RNA 중합효소 II가 복합체에 결합하면 전사가 시작된다.

개념 및 추론 확인

RNA 중합효소 I 혹은 III 프로모터들과 비교해서 RNA 중합효소 II 프로모터들에 그렇게 많은 기본 전사 인자들이 왜 있는가?

20.8 개시 단계에 이어 프로모터 제거와 신장 단계가 이어진다

몇몇 최종 단계들은 첫 번째 뉴클레오티드 결합이 형성되었을 때에 프로모터로부터 RNA 중합효소가 방출될 필요가 있다. 이 단계를 *프로모터 제거(promoter clearance)*라고 하며, 준비된 유전자(poised gene) 또는 활성 유전자가 전사될 것인가를 결정하는 데 중요한 조절 단계이다. 이 단계는 인핸서에 의해 조절된다. (박테리아 전사에서 핵심 단계는 닫힌 복합체에서 열린 복합체로의 전환임을 기억하라. *19.3절 RNA 합성 반응은 세 단계로 진행된다* 참조).

인핸서에 결합하는 전사 인자들은 일반적으로 그것을 조절하기 위해 프로모터에서 조절 부위에서 직접적으로 요소들과 접촉하지 않지만, 오히려 프로모터 요소들과 결합하는 코액티베이터(공활성화 인자)와 결합한다. 공활성화 인자 매개 인자는 가장 흔한 공활성화 인자 중 하나이다. 이는 매우 커다란 다중 서브유닛 단백질 복합체이며, 효모에서 인간에 걸쳐 보존되어 있으며, 많은 전사 인자들로부터 신호를 통합한다. 준비된 유전자와 활성 유전자는 프로모터와 함께 인핸서와 결합한 전사 인자들의 상호작용을 필요로 한다.

개시 복합체에 결합하는 마지막 인자들은 $TF_{II}E$와 $TF_{II}H$이다. 이들은 개시 단계 후반에 작용한다. $TF_{II}H$는 유일한 일반 전사 인자인데 다중 독립적 효소활성들을 가지고 있다. 여러 활성들은 ATPase,

양극성의 헬리카아제 그리고 RNA 중합효소 II의 CTD 꼬리를 인산화할 수 있는 인산화 활성을 포함한다. $TF_{II}H$는 예외적인 인자로, 신장 단계에 역할을 담당한다. 전사 개시점의 DNA 하류와의 상호작용은 RNA 중합효소가 프로모터로부터 벗어나기 위해 필요하다. $TF_{II}H$는 또한 DNA 손상 수복에 관여한다(*16.3절 뉴클레오티드 절제 수복 시스템은 여러 종류의 손상을 수복한다* 참조).

CTD 테일의 인산화는 RNA 중합효소 II가 프로모터와 전사 인자들로부터 방출될 필요가 있는데, 이는 그림 20.13에 나타나 있듯이 신장 형태로 전환될 수 있도록 해준다. CTD의 인산화 형태는 신장과정에서 역동적이며, 다중단백질 인산화효소(kinase)와 인산가수분해효소(phosphatase)들에 의해 조절되고 촉매된다. 대부분의 기본 전사 인자들은 이 단계에서 프로모터로부터 방출된다.

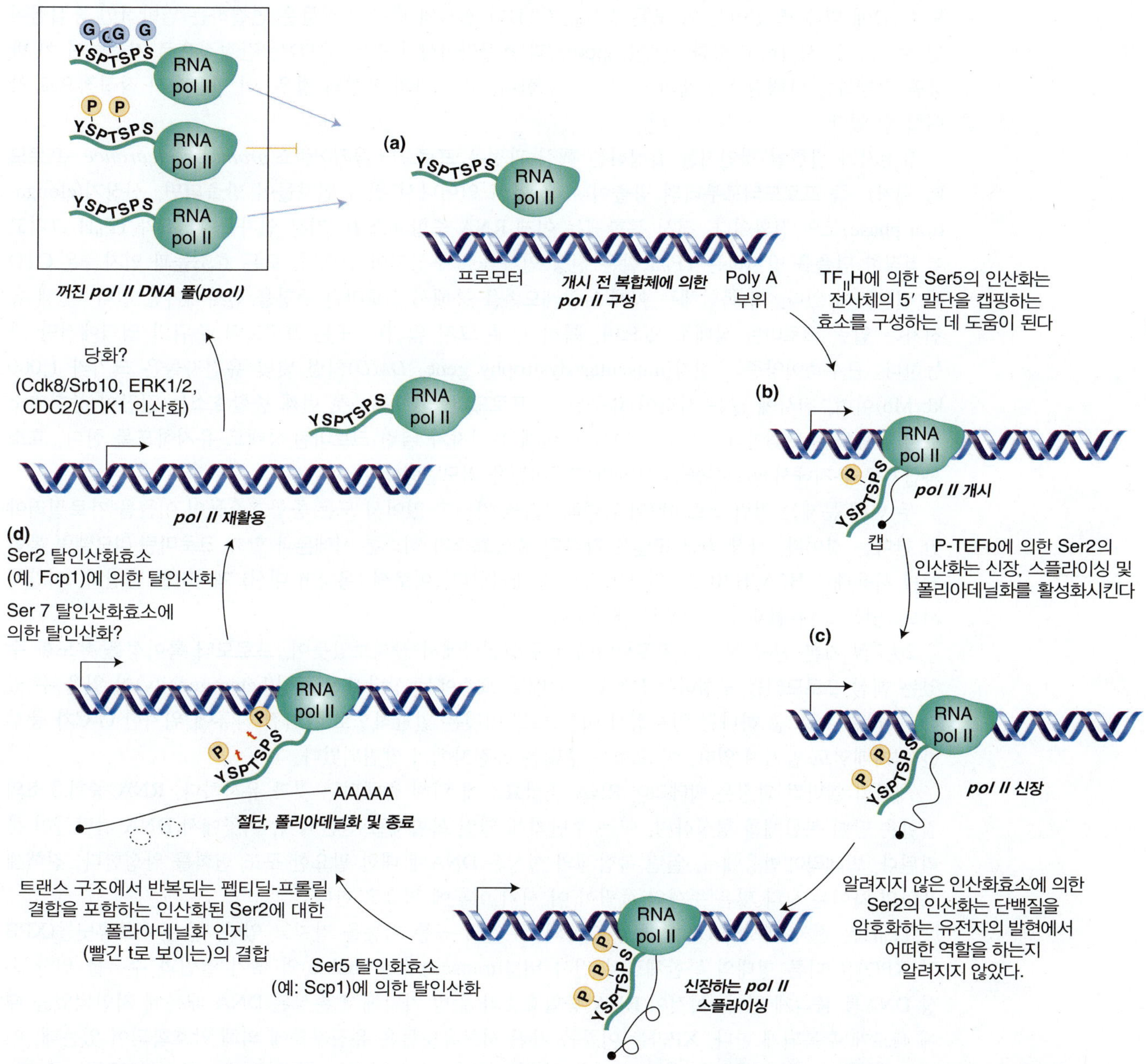

그림 20.13 전사 중 RNA 중합효소 II의 CTD heptapeptide의 변형. RNA 중합효소 II의 CTD는 개시 전 복합체에 들어갈 때 인산화되지 않는다. Ser 잔기의 인산화는 mRNA 프로세싱 효소와 그림에 설명된 바와 같이 추가 인산화를 촉매하는 인산화효소 모두에 대한 결합 부위 역할을 한다. Reprinted from Trends Genet., Vol. 24, P.P. Gardner and J. Vinther, Mutation of miRNA target sequences . . ., pp. 262–265. Copyright 2008, with permission from Elsevier [http://www.sciencedirect.com/science/journal/01689525].

CTD는 mRNA의 합성 중에 그리고 RNA 중합효소 II에 의한 방출 후에도 직간접적으로 관여한다. CTD의 인산화 부위들은 다른 단백질들이 중합효소와 도킹(docking)하는 데 인식 지점 또는 고정 지점 역할을 한다. 새로 합성된 mRNA 5′ 말단에 구아닌 잔기를 첨가하는 캡핑 효소(캡을 씌우는 효소, guanylyl transferase)는 인산화된 CTD에 결합한다. 이것이 5′ 말단이 생성되자마자 수식(및 보호)할 수 있게 하는 데 중요할 것이다. SCAFs라고 불리는 단백질 세트가 CTD에 결합하고, 다음에는 스플라이싱 인자(splicing factor)에 결합할 수 있게 된다. 이것이 전사와 스플라이싱을 협동적으로 진행하게 하는 수단이 될 수 있다. 전사 종결 후에 사용된 절단/폴리A 부가 반응 기구의 몇몇 구성성분은 CTD에 결합한다. 참으로 이상하게도, 그들은 전사 개시 단계에서 그렇게 함으로써, RNA 중합효소는 그것이 준비되자마자 3′ 말단 프로세싱 반응을 준비한다. 핵공(nuclear pore)을 통한 핵에서 내보내는 데도 CTD에 의해 조정된다. 이 모든 것들은 CTD가 전사와 다른 공정들은 연결하는 일반적인 중심점이 될 수 있음을 시사하고 있다. 캡핑(capping)과 스플라이싱의 경우, CTD는 간접적으로 기능하여 이 반응을 수행하는 단백질 복합체의 형성을 촉진한다. 3′ 말단의 생성의 경우, 이 반응에서 직접적으로 참여할 수 있다.

유전자가 발현될 것인지를 결정하는 핵심 과정은 *프로모터 클리어런스(promoter clearance*, 프로모터 제거), 즉 프로모터로부터의 방출이다. 상황이 일어나서 전사 인자들이 방출되면, 신장기(elongation phase)로의 전환이다. 전사 복합체는 이제 RNA 중합효소 II, 기본 인자들 $TF_{II}E$와 $TF_{II}H$ 그리고 부적절한 멈춤을 방지하는 $TF_{II}S$ 같은 신장 인자들로 구성되어 있으며, 모든 효소들과 인자들은 CTD와 결합되어 있다. 이 복합체는 이제 뉴클레오솜을 통해서 크로마틴 주형을 전사해야만 한다. 전체 유전자는 열린 크로마틴 상태로 있으며, 특히 너무 크지 않거나 또는 프로모터 주위의 영역에서만 가능하다. 근수축이양증 유전자(muscular dystrophy gene, *DMD*)처럼 몇몇 유전자들은 크기가 1,000 kb(Mb)이며, 전사에 많은 시간이 요구된다. 프로모터를 떠나는 첫 번째 중합효소는 길잡이 중합효소로서 작동하는 모델이다. 그 주요 기능은 전체 유전자가 열린 크로마틴 상태로 유지하도록 한다. 효소 복합체로 유지해서 히스톤을 수식하면 크로마틴을 리모델링한다.

두 번째 문제는 열린 크로마틴이 뉴클레오솜을 가지고 있어서 모든 중합효소들이 이들을 가로질러야만 한다는 것이다. 가장 최근 모델은 각각의 중합효소가 히스톤 샤페론과 함께 크로마틴 리모델링 복합체를 사용해서 H2A/H2B 2개의 서브유닛을 제거한다. 이로써 (옥타머 대신) 헥사머를 남긴다. 이량체 서브유닛은 보다 쉽게 일시적으로 대체된다.

*20.7절 기본 전사 장치는 프로모터에서 구성된다*에서 살펴보았듯이, 프로모터 특이성을 유도할 수 있는 핵심 프로모터를 구성하는 DNA 염기배열 요소에는 상당한 이질성(heterogeneity)이 있을 수 있다. 이러한 요소 중 하나는 일시정지 버튼으로, 이것은 일반적으로 개시점 하류에 위치한 G-C가 풍부한 염기배열로 알려져 있다. 이 요소는 수많은 유전자에서 발견되었다.

개시의 일반적 과정은 박테리아 RNA 중합효소에 의해 촉매되는 것과 유사하다. RNA 중합효소의 결합은 닫힌 복합체를 형성하며, 이는 후반기에 열린 복합체로 전환되며, 이곳에서 DNA 가닥들이 분리된다. 박테리아 반응에서, 열린 복합체의 형성은 DNA에 대한 필요한 구조 변화를 완성한다; 진핵세포와의 차이는 보다 많은 주형의 풀림이 이 시기 이후에 필요로 한다.

$TF_{II}H$는 전사 개시와 DNA 손상 수복의 두 가지 공통 기능을 가지고 있다. 같은 서브유닛들(XPB와 XPD)은 다른 형태의 복합체로서 전사 버블(transcription bubble)의 초기 열림과 수복을 위한 손상 DNA를 풀리게 한다. 이것이 RNA 중합효소가 주형 가닥에서 손상된 DNA 때문에 지연되었을 때에 빠르게 수복되게 한다. XP라는 이름을 가진 서브유닛들은 유전자들에 의해 암호화되어 있는데, 이곳에 돌연변이가 발생하면 암에 걸리기 쉬운 소인을 가지게 되는 질병인 *색소성 건피증(xeroderma pigmentosum)*이 발생한다(*16.3절 뉴클레오티드 절제 수복 시스템은 여러 종류의 손상을 수복한다*의 *Medical Applications* 참조).

핵심개념

- $TF_{II}E$와 $TF_{II}H$는 DNA를 풀어서 RNA 중합효소가 이동하게 하는 데 필요하다.
- CTD의 인산화는 신장 단계를 시작하기 위해 필요하다.
- 일부 프로모터에서는 불완전 개시 단계(abortive initiation)를 종결시키기 위해 CTD의 추가적인 인산화가 필요하다.
- CTD는 전사와 함께 핵으로부터 RNA를 처리하고 내보내는 과정을 조정한다.
- 전사된 유전자는 DNA 손상이 발생할 때 우선적으로 수복된다.
- $TF_{II}H$는 수복효소 복합체에 대한 연결 고리를 제공한다.

개념 및 추론 확인

CTD가 전사에 중요한 이유는 무엇인가?

20.9 인핸서는 개시를 도와주는 양방향성 요소를 포함하고 있다

프로모터는 RNA 중합효소가 결합하는 분리된 영역으로 간주하여 왔다. 하지만 진핵세포의 프로모터는 단독으로 기능하지 않는다. 대부분의 경우, 프로모터의 활성은 핵심 프로모터로부터 다양한 거리에 위치해 있는 인핸서의 존재에 의해 크게 증가된다. 어떤 인핸서는 수십 kb의 광범위한 상호작용을 통해 기능한다; 다른 인핸서는 핵심 프로모터 바로 옆에서 좁은 영역의 상호작용을 통해 기능한다.

인핸서가 프로모터와 다르다는 개념은 두 가지 특징을 반영한다. 프로모터에 대한 인핸서의 위치는 고정될 필요가 없으나, 상당히 다양하다. 그림 20.14는 그 위치가 상류, 하류 혹은 유전자 안에(전통적으로 인트론에 존재) 있음을 보여주고 있다. 게다가, 프로모터에 대해서 양방향으로 (즉, 순서가 바뀔 수도 있다) 기능할 수 있다. DNA 조작은 인핸서가 근처에 놓여 있는 프로모터를 촉진할 수 있으며, 수십 kb 떨어져서 어떤 방향이든 가능하다는 것을 보여준다.

프로모터와 마찬가지로, 인핸서(또는 또 다른 인자인, 사일런서)는 짧은 DNA 염기요소들로 구성된 조절 요소인데, 많은 형태의 전사 조절 인자들이 결합한다. 인핸서는 결합하는 전사 인자의 결합수와 형태에 따라 단순하거나 복잡할 수 있다.

인핸서-결합 전사 인자들을 분류하는 한 방식은 양성과 음성 인자들로 고려해 볼 수 있다. 전사 인자들은 양성적으로 전사를 억제할 수 있다: **리프레서(repressor, 억제 인자)**. 세포에서 특정한 시간에 발생 과정의 내용이 결정되어 있을 때에, 세포는 인핸서에 결합할 수 있는 전사 인자들의 복합체를 포함할 것이다. **활성화 인자(activator)**들이 억제 인자를 보다 더 많이 결합하면, 그 요소는 인핸서가 될

▶ **억제 인자(repressor)** 유전자 발현을 저해하는 단백질. 이것은 인핸서와 사일런서의 결합에 의해 전사를 저해함으로써 작용할 수 있다.

▶ **활성화 인자(activator)** 전형적으로 프로모터에 작용함으로써 RNA 중합효소를 자극하여 유전자의 발현을 촉진시키는 단백질. 진핵세포에서, 프로모터에 결합하는 배열을 인핸서라 한다.

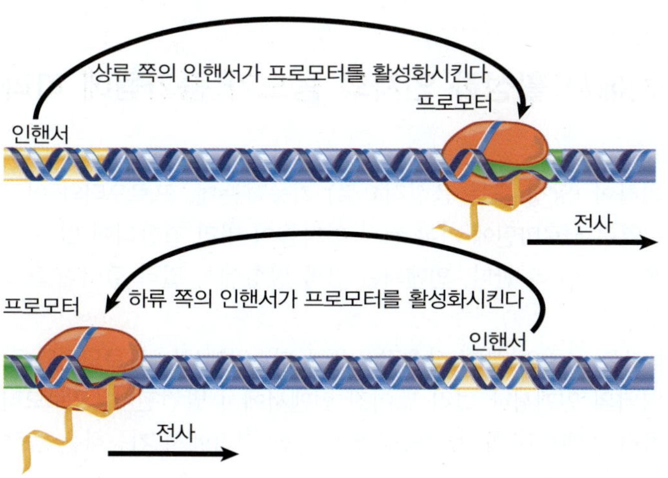

그림 20.14 인핸서는 상류나 하류의 프로모터를 활성화시킬 수 있고, 그 배열은 프로모터에 대하여 순서가 바뀔 수 있다.

것이다. 억제 인자들이 활성화 인자들보다 더 많이 결합하면, 그 요소는 사일런서가 될 것이다.

인핸서에 결합하는 전사 인자들을 알아보는 두 번째 방식은 기능에 의한 것이다. 우리가 고려해야 할 첫 번째 부류를 트루액티베이터(*true activator*, 진정활성화 인자)라고 불린다; 즉, 프로모터에 접촉하도록 하는 기능이다. 이는 인자들 스스로 직접적으로 작용하거나 좀 더 일반적인 방식으로 상호활성화 인자들, 즉 매개 인자(mediator)를 통해서 이루어진다. 이런 부류는 DNA 주형이나 크로마틴 주형에 동등하게 잘 기능한다. 추가로 두 가지 부류의 활성화 인자들이 있는데, 이들은 완전하게 다른 활성화 메커니즘을 가지고 있다. 두 번째 부류는 크로마틴 수식효소들과 크로마틴 리모델링 복합체를 구성하여 기능하는 것들이다. 세 번째 부류는 구조 변형 물질(architectural modifier)이다. 그들의 유일한 기능은 DNA 구조의 변형, 즉 전형적으로 DNA를 구부리게 하는 것이다. 그러면 이것은 시너지 효과를 내기 위해 짧은 거리로 분리된 두 개의 전사 인자를 연결하는 결과를 가져올 수 있다. 다음 절에서, 인핸서에서 다양한 종류의 활성 인자와 억제 인자가 어떻게 작용하는지 더 자세히 살펴보고, *28장 진핵세포 전사 조절*에서는 전사 조절에 대하여 보다 상세하게 알아보고자 한다.

▶ **상류 활성화 염기배열(upstream activating sequences, UAS)** 효모에 존재하는 고등 진핵세포의 인핸서에 상당하는 것; UAS는 프로모터의 하류에서 기능할 수 없다.

상류 활성화 염기배열(upstream activating sequences, UAS)이라 불리는 인핸서와 유사한 요소가 효모에서 발견되었다. 이들은 양쪽 방향으로 프로모터의 상류의 다양한 거리에서 작용하지만, 하류에 존재할 때는 기능하지 못한다. 그것들은 고등진핵세포에서 인핸서와 유사한 조절 기능을 한다: UAS는 하류의 유전자를 활성화시키는 조절 단백질과 결합되어 있다. 인핸서 염기배열이 DNA에서 제거한 후 다른 곳에 삽입하는 재구성 실험의 결과는 이들이 DNA 분자 상에 어디에든 존재하기만 하면 [개재 DNA에 인슐레이터(insulator, 절연체)가 존재하지 않는 한] 정상적인 전사가 지속될 수 있음을 보여 주었다(*10.12절 인슐레이터는 독립적인 도메인을 한정한다* 참조). 만약 β-글로빈(β-globin) 유전자가 인핸서를 가지고 있는 DNA 분자에 놓이면, 인핸서가 어느 방향이든 전사 개시점의 상류 또는 하류의 수 kb 떨어져 있을 때에도, 생체 내에서 200배 이상 증가한다. 우리는 인핸서가 어느 정도 떨어지면 생체 내에서 작용할 수 없는지 아직 모른다.

핵심개념

- 인핸서는 상류 쪽이든 하류 쪽이든 어느 거리든지 상관없이 가장 가까운 프로모터를 활성화시킨다.
- 효모에서의 UAS(upstream activating sequence)는 인핸서와 같이 기능하지만, 오로지 프로모터의 상류에서만 작동한다.
- 인핸서는 프로모터와 직접 혹은 간접적으로 상호작용하는 활성화 인자 복합체를 형성한다.

개념 및 추론 확인

유전자 내에 위치한 인핸서는 전사 촉진을 어떻게 하는가?

20.10 인핸서는 프로모터 근처에서 활성화 인자의 농도가 증가됨에 따라 작용한다

인핸서는 전사 인자들의 조합의 결합에 의하여 (양성 또는 음성적으로) 기능하는데, 프로모터와 어느 정도 유전자 발현을 조절한다. 프로모터는 열린 크로마틴에 기본 전사 인자들이 미리 결합되어 있는 부위로서, RNA 중합효소가 프로모터를 찾을 수 있도록 한다. 인핸서는 양쪽 방향에서 멀리 떨어진 프로모터에 어떻게 개시를 촉진시킬 수 있는가?

인핸서 기능은 핵심 프로모터 요소에서 기본 장치와 함께 상호작용을 한다. 인핸서는 프로모터와 같이 조절을 받는다. 몇몇 요소들은 넓은 영역의 인핸서나 멀리 떨어진 인핸서에서 발견된다. 프로모터 근처에서 발견되는 몇 가지 요소들은 먼거리 인핸서와 함께 양방향과 다양한 거리에서 기능하는 능력

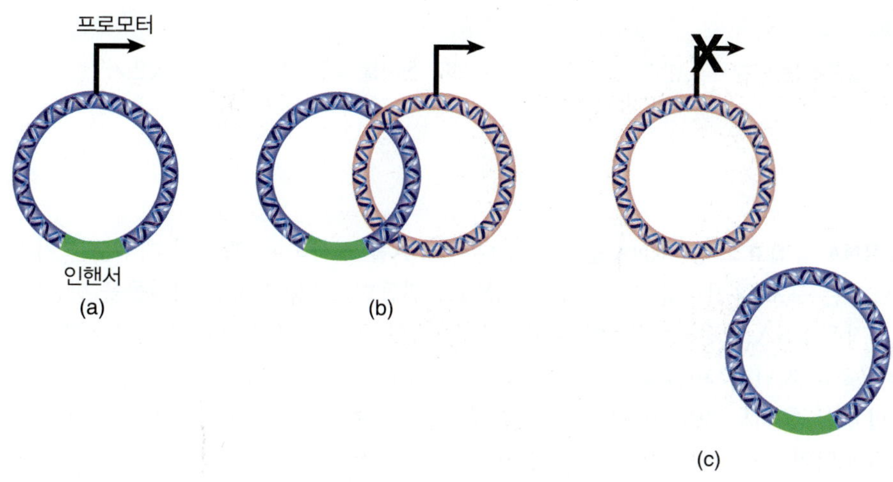

그림 20.15 인핸서는 프로모터의 근처에 단백질들을 가져오게 함으로써 기능할 수 있다. 분리된 원형 DNA에 있는 인핸서와 프로모터는 상호작용하지 않지만(c), 두 분자가 연결된 고리가 되면 상호작용할 수 있다(b).

을 공유한다. 이처럼 먼 거리 인핸서와 근거리 인핸서 사이의 구분이 분명하지 않다.

인핸서의 필수적인 역할은 시스(*cis*)에서 프로모터 부근에서(상대적인 의미에서의 근접을 의미함) 활성화 인자의 농도를 증가시킬 수 있다. 수많은 실험에서 유전자 발현의 수준(즉, 전사율)이 활성화 인자 결합 부위의 숫자와 비례함을 보여 주었다. 인핸서 부위에 더욱 많이 결합하면, 활성 인자가 많을수록 발현 수준이 높아진다.

양서류(*Xenopus laevis*)의 rRNA 인핸서는 RNA 중합효소 I 프로모터로부터 전사를 촉진시킬 수 있다. 이런 촉진은 위치에 대해 상대적으로 비의존적이며, 염색체로부터 제거한 다음 원형 플라스미드 상에 프로모터와 함께 위치하였을 때 기능할 수 있다. 그러나 인핸서와 프로모터가 분리된 플라스미드에 있을 때는 촉진은 일어나지 않는다. 그러나 인핸서가 프로모터를 포함하는 플라스미드와 연결(연쇄)되어 있는 플라스미드 DNA에 위치한 경우, 전사 개시는 그림 20.15에 나타난 바와 같이, 인핸서와 프로모터가 동일한 플라스미드 분자 상에 있을 때와 거의 같은 효과를 나타내었다(이 경우, 인핸서는 프로모터에 트랜스 형태로 작용한다). 다시 말하지만, 이러한 결과는 인핸서에 결합하는 단백질의 위치 결정(localization)이 결정적인 특징이라고 할 수 있으며, 프로모터에 결합하는 단백질과 접촉은 인핸서의 기회를 증가시키는 것이다.

만일 프로모터에서 수 kb 떨어진 인핸서에 결합한 단백질이 개시점 근처에서 결합한 단백질과 직접적으로 상호작용한다면, DNA의 구성은 인핸서와 프로모터가 가깝게 위치할 수 있도록 충분히 신축성이 있어야만 한다. 이는 중간에 끼어들어 있는 배열이 "루프(loop)" 형태로 밀려나야 한다. 이러한 루프는 박테리아 인핸서의 경우에 직접적으로 관찰된다.

인핸서의 활성을 제한하는 것은 무엇인가? 일반적으로 인핸서는 가장 가까운 프로모터에 작용한다. 한 개 인핸서가 두 프로모터 사이에 있지만 두 요소에 결합된 복합체 사이의 특이적인 단백질-단백질 접촉에 근거하여 오직 하나만이 활성화되는 경우가 있다. 인핸서의 작용은 인슐레이터(insulator, 절연체)—DNA에 의해 제한될 수 있다. 인슐레이터는 인핸서가 인슐레이터를 넘어서 프로모터에 작용하지 못하게 하는 DNA 요소이다(*10.12절 인슐레이터는 독립적인 도메인을 한정한다* 참조).

핵심개념

- 인핸서는 일반적으로 표적 프로모터와 시스 구조로만 작용한다.
- 인핸서는 표적 프로모터를 포함한 DNA와 인핸서를 포함한 DNA를 단백질 교량으로 연결시키거나 두 분자를 사슬로 연결시키면 트랜스 배치로 작용할 수 있다.
- 원리는 인핸서는 프로모터와 근접하도록 강제하면 어떤 상황에서도 작용한다는 것이다.

개념 및 추론 확인

두 개의 활성화 인자가 결합하는 인핸서가 한 개 결합하는 인핸서보다 전사를 촉진하는 이유는 무엇인가?

20.11 요약

진핵세포의 세 가지 RNA 중합효소 중, RNA 중합효소 I은 rRNA를 전사하며, 활성의 대부분을 차지한다. RNA 중합효소 II는 구조 유전자를 전사하고, mRNA를 만들며, 가장 다양한 생성물을 만든다. RNA 중합효소 III는 작은 RNA를 전사한다. 이 효소들은 두 개의 큰 서브유닛과 많고 작은 서브유닛으로 구성된 유사한 구조를 지닌다; 이들 효소 간에는 공통적인 서브유닛이 있다.

세 가지 RNA 중합효소 중 어느 것도 프로모터를 직접적으로 인지하지는 않는다. 통일된 원리는 전사 인자가 특정한 프로모터의 특징적인 배열요소를 인지하는 중요한 역할을 담당하고, 이들이 RNA 중합효소에 결합하여 개시점에 위치하게 만드는 역할을 수행한다. 각 유형의 프로모터에서, 개별적인 인자가 복합체에 결합(또는 떠남)하고 일련의 과정에 의해 개시 복합체(initiation complex)가 조립된다. 세 가지 RNA 중합효소의 개시 모두에 TBP 인자가 필요하다. 각각의 경우에, TBP는 전사 개시점 근처에서 결합하는 "위치 결정(positioning)" 인자의 서브유닛을 제공한다.

RNA 중합효소 II를 필요로 하는 프로모터는 전사 개시점의 상류 부분에 잇는 수많은 짧은 배열요소로 구성된다. 각 요소는 전사 인자에 결합된다. TF_{II} 인자로 구성된 기본 전사 장치(basal transcription apparatus)는 개시점에서 조립되어 RNA 중합효소가 결합할 수 있게 한다. 개시점 근처의 TATA 박스(있는 경우)와 바로 개시점에 있는 개시 인자 영역은 RNA 중합효소 II의 작동 프로모터에서 정확한 전사 개시점을 선택한다. TBP는 TATA 박스에 직접적으로 결합한다; TATA 박스가 없는 프로모터(TATA-less promoter)의 경우 Inr 또는 DPE 하류에 결합하여 개시점 근처에 위치한다. $TF_{II}D$ 결합 후, RNA 중합효소 II를 위한 또 다른 일반적인 전사 인자들이 프로모터에서 기본 전사 장치를 구성한다. TATA 박스의 상류에 위치한 프로모터의 다른 요소들은 기본 장치와 상호작용하는 활성화 인자(activator)에 결합한다. 활성 인자와 기본 인자들은 RNA 중합효소가 신장 단계에 들어서면 방출된다.

RNA 중합효소 II의 CTD는 개시 반응 중에 인산화된다. 이는 또한 5′ 캡핑 효소, 스플라이싱 인자, 3′ 프로세싱 복합체(가공 복합체) 및 핵으로부터의 mRNA 방출을 포함하여 RNA 전사물을 수식하는 단백질에 대한 접촉점을 제공한다.

프로모터는 유전자에서 상당히 떨어져서 방향에 무관하게 작용할 수 있는 인핸서에 의해 촉진될 수 있다. 요소들은 더 촘촘하게 구성되어 있지만, 인핸서 또한 여러 개의 요소들로 구성되어 있다. 일부 요소는 프로모터 근처와 멀리 떨어진 인핸서 모두에서 발견된다. 인핸서는 프로모터에 결합된 단백질과 상호작용하는 단백질 복합체를 조립함으로써 기능하는 것으로 보이며, 그 사이에 있는 DNA는 "고리가 되어 튀어 나와야(loop out)"한다.

학습문제

1. 가장 큰 RNA 중합효소 II 서브유닛의 C-말단 도메인이 전사 후 RNA 수식에 관여할 수 있는 세 가지 방법을 기술하라:

   A. ______________________

   B. ______________________

   C. ______________________

2. 세포에서 RNA의 각 유형이 전사되는 곳은 어디인가? 선택 사항은 한 번 이상 사용되거나 전혀 사용되지 않을 수 있다.

Ribosomal RNA	**A.** 세포질
Small RNA	**B.** 핵소체(nucleolus)
Messenger RNA	**C.** 핵질(nucleoplasm)

3. 개시점 하류에 위치한 프로모터를 갖는 RNA 중합효소는 무엇인가?
   A. RNA 중합효소 I
   B. RNA 중합효소 II
   C. RNA 중합효소 III
   D. 위의 모든 것

4. 다음 중 hnRNA(heterogeneous nuclear)를 합성하는 효소는 무엇인가?
   A. RNA 중합효소 I
   B. RNA 중합효소 II
   C. RNA 중합효소 III
   D. RNA 중합효소 IV

5. 두 부분으로 이루어진(bipartite) 프로모터를 이용하는 RNA 중합효소는 무엇인가?
   A. RNA 중합효소 I
   B. RNA 중합효소 II
   C. RNA 중합효소 III
   D. RNA 중합효소 IV

6. RNA 중합효소 II에 의해 합성된 전사물의 첫 번째 염기는 어떠한 경향을 가지고 있는가?
   A. 피리미딘으로 둘러싸인 A
   B. 퓨린으로 둘러싸인 A
   C. 피리미딘으로 둘러싸인 C
   D. 퓨린으로 둘러싸인 C

7. RNA 중합효소 II 전사에 필요한 프로모터 요소는 무엇인가?
   A. TATA 박스, Inr 인자 및 DPE 인자
   B. TATA 박스 및 DPE 인자
   C. TATA 박스 및 Inr 인자 또는 TATA 박스 및 DPE 인자
   D. TATA 박스 및 Inr 인자 또는 Inr 인자 및 DPE 인자

8. TATA 박스를 포함하는 RNA 중합효소 II로 전사된 프로모터에 결합하는 첫 번째 인자는 무엇인가?
   A. $TF_{II}A$
   B. $TF_{II}D$
   C. $TF_{II}H$
   D. RNA 중합효소 II

9. 신장 단계로 전환되도록 결합된 전사 인자들로부터 RNA 중합효소 II의 방출을 담당하는 것은 무엇이라고 생각하는가?
   A. 큰 RNA 중합효소 II 서브유닛의 C-말단 도메인의 메틸화
   B. 큰 RNA 중합효소 II 서브유닛의 C-말단 도메인의 인산화
   C. 큰 RNA 중합효소 II 서브유닛의 N-말단 도메인의 메틸화
   D. 큰 RNA 중합효소 II 서브유닛의 N-말단 도메인의 인산화

10. 인핸서가 활성화되거나 혹은 촉진화는 어디에서 어떻게 작용하는가?
   A. 인핸서와 가장 가까운 프로모터에서 시스(*cis*) 형태로
   B. 인핸서와 가장 가까운 프로모터에서 트랜스(*trans*) 형태로

C. 인핸서와 가장 가까운 프로모터(상류 또는 하류)에서 시스(*cis*) 또는 트랜스(*trans*) 형태로
D. 인핸서와 가장 가까운 프로모터(상류)에서 시스(*cis*) 또는 트랜스(*trans*) 형태로

핵심용어

activator
assembly factors
basal transcription factors
carboxy-terminal domain (CTD)
coactivator
core promoter
downstream promoter element (DPE)
enhancer
heterogeneous nuclear RNA (hnRNA)
housekeeping genes
initiator (Inr)
nontranscribed spacer
preinitiation complex
repressor
silencer
start point
TAFs
TATA-binding protein (TBP)
TATA box
TATA-less promoter
$TF_{II}D$
upstream activating sequence (UAS)

읽을거리

Eccleston, A., and Skipper, M. (2009). Transcribing the Genome. *Nature* **461**, 185–218. A set of reviews describing RNA polymerase II transcription.

Grummt, I. (2003). Life on a small planet of its own: regulation of RNA polymerase I transcription in the nucleolus. *Genes Dev*. **17**, 1691–1702. A good review of RNA polymerase I transcription.

Schramm, L., and Hernandez, N. (2003). Recruitment of RNA polymerase III to its target promoters. *Genes Dev*. **16**, 2593–2620. A good review of RNA polymerase III transcription.

Selth, L. A., Sigurdsson, S., and Svejstrup, J. Q. (2010). Transcript Elongation by RNA polymerase II. *Annu. Rev. Biochem*. **79**, 271–293.

Smale, S. T., and Kadonaga, J. T. (2003). The RNA polymerase II core promoter. *Annu. Rev. Biochem*. **72**, 449–479.

RNA 스플라이싱과 프로세싱

포유류 스플라이세오솜 C 복합체의 3차 구조. Spliceosome structure courtesy of Nikolaus Grigorieff, Brandeis University. Background photo © Bella D/ ShutterStock, Inc

21장 개요

21.1 서론

RNA는 유전자 발현의 중심적인 역할을 한다. 처음에는 단백질 합성의 중간체로 알려졌으나, 이후 유전자 발현의 여러 단계에서 구조적 또는 기능적 역할을 하는 많은 RNA가 발견되었다. 유전자 발현과 관련된 많은 기능에 RNA가 관여한다는 것은 RNA가 유전정보를 유지하고 발현하는 데 있어서 원래 활성 성분이었던 "RNA 세계(RNA world)"에서 생명체가 진화했다는 일반적인 견해를 지지하고 있다. 이러한 많은 기능은 후속적으로 단백질에 의해 보조되거나 인수되었기 때문에, 다양성(versatility)과 아마도 효율성이 향상되었다.

- **RNA 스플라이싱(RNA splicing)** RNA로부터 인트론을 절단하고 엑손을 연속 mRNA로 연결하는 과정.
- **프리-mRNA(pre-mRNA)** 수식 및 스플라이싱에 의해 가공되어 mRNA를 만들어내는 핵 일차 전사물.
- **스플라이세오솜(spliceosome)** RNA 스플라이싱에 필요한 snRNPs와 추가적인 단백질 인자에 의해 형성된 복합체.

지금까지 연구된 모든 RNA는 각각의 유전자에서 전사되고 성숙하고 기능적으로 되기 위해 추가적인 가공(processing)이 필요하다. 단절유전자(interrupted gene)는 모든 종류의 진핵생물에서 발견된다. 그것들은 단세포 진핵생물 유전자의 작은 부분을 나타내지만, 다세포 진핵생물 게놈의 경우 대다수의 유전자를 나타낸다. 인트론 제거는 모든 진핵세포에서 RNA를 가공하는 주요 부분이다. 인트론을 제거하는 과정을 **RNA 스플라이싱(RNA splicing)**이라고 하며, 새로 합성된 RNA에서 일어나는 다른 수식(modification)과 함께 핵에서 일어난다.

우리는 몇 가지 유형의 스플라이싱 시스템을 확인할 수 있다.

- 인트론은 엑손-인트론 경계와 인트론 내에 보존된 짧은 공통염기배열만 인식하는 시스템에 의해 진핵생물의 핵 **프리-mRNA(pre-mRNA)**(원래 유전자와 동일한 구성을 갖는 일차 전사물)로부터 제거된다. 이 반응은 커다란 스플라이싱 장치(splicing apparatus)를 필요로 하는데, 이는 단백질과 리보뉴클레오티드 단백질의 배열 형태로 큰 미립자복합체(particulate complex, **스플라이세오솜, spliceosome**)로서 기능한다. 스플라이싱 기작은 에스테르교환반응(transesterification)을 포함하고 있으며, 촉매 활성 센터는 RNA와 단백질을 모두 포함한다.
- 특정 RNA는 자발적으로 인트론을 절단할 수 있다. 이러한 종류의 인트론은 2차/3차 구조로 구별되는 두 그룹으로 분류된다. 두 그룹 모두 RNA가 촉매제(catalytic agent)인 에스테르교환반응을 사용한다(*23장 촉매 RNA* 참조).
- 효모의 핵 tRNA 전구체에서의 인트론의 제거는 tRNA 가공효소(processing enzyme)와 유사한 방식으로 기질을 처리하는 효소활성을 포함하며, 여기서 중요한 특징은 tRNA 전구체의 형태이다. 이러한 스플라이싱 반응은 절단 및 연결(ligation)을 이용하는 효소에 의해 완성된다.

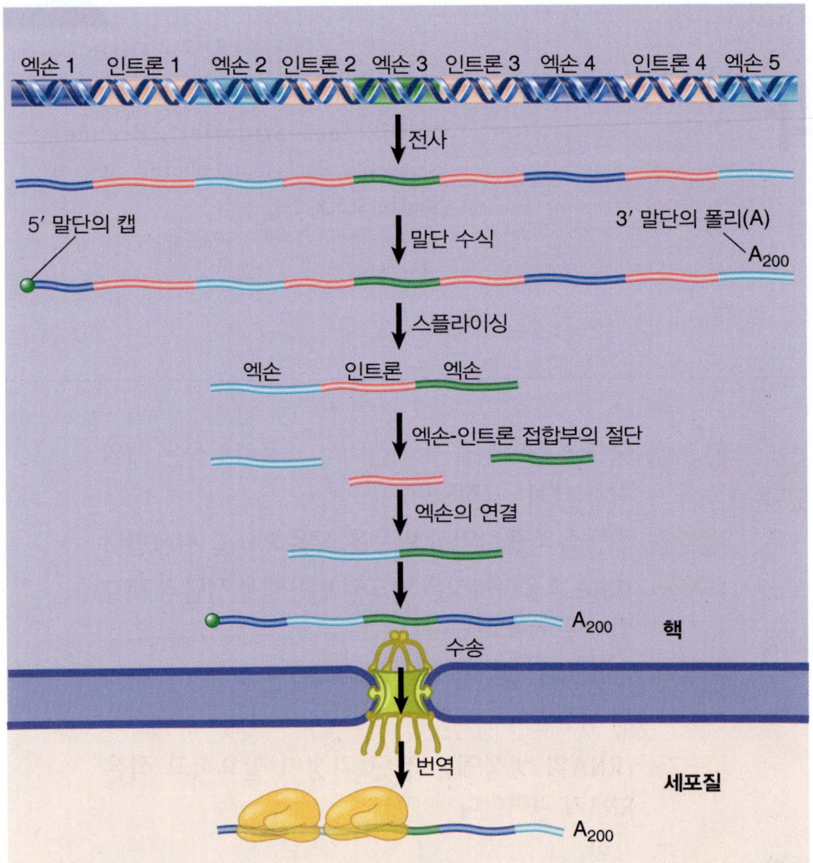

그림 21.1 RNA는 핵에서 5′과 3′ 말단에 첨가와 인트론을 제거하기 위한 스플라이싱에 의해 수식된다. 스플라이싱 반응은 엑손-인트론 접합부의 절단과 엑손 말단의 연결을 필요로 한다. 성숙한 mRNA는 핵공을 통해 세포질로 운반되어 그곳에서 번역된다.

분단유전자(interrupted gene)를 발현하는 과정을 그림 21.1에 다시 나타내었다. 전사물은 5′ 말단에서 캡 형성(capping)되고(*21.2절 진핵세포 mRNA의 5′ 말단은 캡이 형성되어 있다* 참조), 인트론이 제거되고 3′ 말단에서 아데닐산중합반응이 일어난다(*21.14절 mRNA 3′ 말단은 절단과 아데닐산중합반응에 의해 생성된다* 참조). 그런 다음 가공된 mRNA는 핵공(nuclear pore)을 통해 세포질로 옮겨져 번역될 수 있다.

Pre-RNA가 합성될 때, 단백질이 결합되어 리보핵단백질 입자(ribonucleoprotein particle, **hnRNP**이라고 함)를 형성한다[크기가 넓은 범위로 분포되어 있으므로 이러한 이름을 얻었는데, RNA는 원래 **이형핵 RNA(heterogeneous nuclear RNA)** 또는 hnRNA라고 불렸다]. 일부 단백질은 hnRNA를 포장(packaging)하는 데 구조적인 역할을 할 수 있다. 몇몇은 핵과 세포질 사이를 왕래하고 RNA를 내보내거나 그 활성을 조절하는 역할을 하는 것으로 알려져 있다.

▶ **hnRNP** hnRNA가 단백질과 복합체를 이루는 hnRNA(heterogeneous nuclear RNA)의 리보핵단백질(ribonucleoprotein) 형태. Pre-mRNA는 가공(processing)이 완료될 때까지 수송되지 않는다; 따라서 그들은 핵에서만 발견된다.

▶ **이형핵 RNA(heterogeneous nuclear RNA)** RNA 중합효소 II에 의해 만들어진 핵 유전자의 전사물을 포함하는 RNA; 넓은 분포와 낮은 안정성을 가지고 있다.

21.2 진핵세포 mRNA의 5′ 말단은 캡이 형성되어 있다

RNA 합성(전사)은 뉴클레오시드 삼인산(nucleoside triphosphate)(보통 퓨린, A 또는 G)로 시작한다. 첫 번째 뉴클레오티드는 5′ 삼인산염 그룹(5′ triphosphate group)을 보유하고 있으며, 3′ 위치에서 다음 뉴클레오티드의 5′ 위치까지 통상적인 인산디에스테르 결합(phosphodiester bond)을 만든다. 전사물의 초기 염기배열은 다음과 같이 나타낼 수 있다:

5′ppp A /GpNpNpNp . . .

그러나 성숙한 mRNA를 시험관 내(*in vitro*)에서 개별 뉴클레오티드로 분해해야 하는 효소로 처리하면, 5′ 말단이 예상되는 뉴클레오시드 삼인산를 생성시키지 않는다. 대신에 5′-5′ 삼인산 결합(triphosphate linkage)으로 연결되고, 또한 메틸기를 갖는 두 개의 뉴클레오티드를 포함한다. 말단 염기는 항상 전사 후에 원래의 RNA 분자에 첨가되는 구아닌(guanine)이다.

5′ 말단 G의 첨가는 핵 효소인 구아닌전달효소(guanylyl-transferase, GT)에 의해 촉매된다. 포유동물의 경우, GT에는 두 가지 효소 활성이 있는데, 하나는 GTP에서 두 개의 인산염을 제거하는 삼인산가수분해효소(triphosphatase)로서 기능하고, 다른 하나는 RNA의 원래 5′ 삼인산 말단(5′ triphosphate terminus)에 구아닌을 결합시키는 구아닌전달효소이다. 효모에서는, 이 두 가지 활성이 두 개의 별도 효소에 의해 수행된다. RNA의 말단에 첨가된 새로운 G 잔기는 모든 다른 뉴클레오티드와 역 방향으로 있다 :

5′Gppp + 5′ pppApNpNp . . . → Gppp5′−5′ApNpNp . . . + pp + p

이 구조를 **캡(cap)**이라고 한다. 이것은 여러 가지 메틸화 과정에 대한 기질이다. 그림 21.2는 모든 가능한 메틸기가 첨가된 후 캡의 전체 구조를 보여준다. 가장 중요한 과정은 구아닌-7-메틸전이효소(guanine-7-methyltransferase, MT)에 의해 수행되는 말단 구아닌의 7 위치에 단일 메틸기를 첨가하는 것이다.

▶ **캡(cap)** mRNA의 말단에 5′ GTP의 말단 인산염을 연결하여 전사시킨 후 진핵 세포 mRNA의 5′ 말단에 존재하는 구조.

정제된 효소를 사용하여 시험관 내(*in vitro*)에서 캡 형성(capping) 과정을 수행할 수 있지만, 반응은 일반적으로 RNA 합성(전사) 과정에서 일어난다. RNA 합성 개시 직후, Pol II는 개시 부위로부터 ~30 뉴클레오티드 하류에서 멈추고, 초기 RNA의 5′ 말단에 캡을 첨가하기위한 캡 형성효소(capping enzyme)의 구성을 기다린다. 이러한 보호(protection)가 없다면, 초기 RNA는 5′-3′ 핵산말단가수분해효소(exonuclease)에 의한 공격에 취약할 수 있으며, 이러한 다듬기(trimming)는 Pol II 복합체가 DNA 주형으로부터 떨어지도록 유도할 수 있다. 따라서 캡 형성의 과정은 Pol II가 나머지 유전자를 전사하기 위한 생산적인 신장 방식으로 들어가는 데 중요하다. 이와 관련하여, 5′ 캡 형성을 위한 일시 멈춤(pausing) 기작의 진화는 초기 일시 멈춤 부위로부터 전사 재개를 위한 확인점을 나타낸다.

진핵생물 mRNA의 집단에서, 모든 분자는 일반적으로 단일

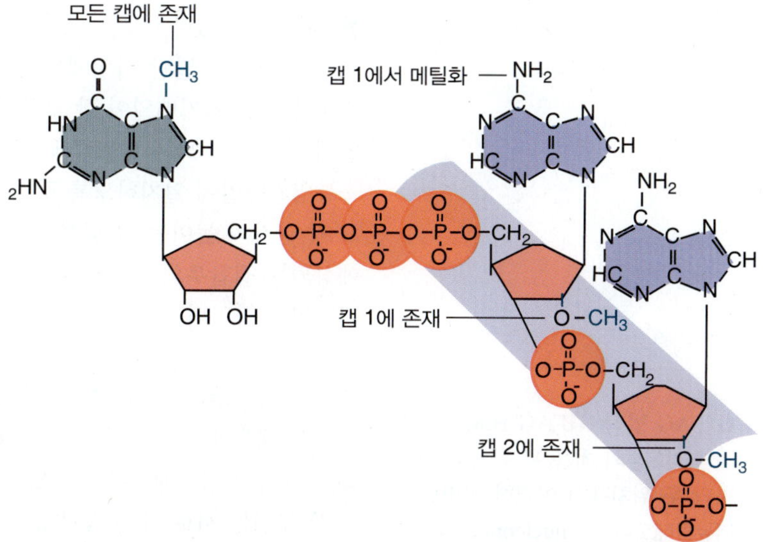

그림 21.2 캡이 mRNA의 5′ 말단을 봉쇄하고 여러 위치에서 메틸화될 수 있다.

메틸화 캡(monomethylated cap)으로 불리는 말단 구아닌(terminal guanine)에 오직 하나의 메틸기만을 포함하고 있다. 이와 대조적으로, 스플라이세오솜(spliceosome)의 RNA 스플라이싱(RNA splicing)(*21.6절 snRNA는 스플라이싱에 필요하다* 참조)과 관련된 다른 작은 비암호화 RNA(noncoding RNA)는 말단 구아닌에 세 개의 메틸기를 포함하기 위해 메틸화되어 있다. 이 구조를 삼메틸화 캡(trimethylated cap)이라고 한다. 이러한 추가적인 메틸전이효소는 세포질에 존재한다. 이것은 일부 특화된 RNA만이 그들의 캡에서 추가로 수식되도록 보장할 수 있다.

캡(cap)을 만드는 주요 기능 중 하나는 mRNA가 분해되지 않도록 보호하는 것이다. 사실, 효소에 의한 캡 제거(decapping)은 mRNA 전환(turnover)을 조절하기 위한 진핵세포의 주요 기작 중 하나를 나타낸다(*21.9절 스플라이싱은 유전자 발현에 있어 일시적이며 기능적으로 여러 단계와 연결되어 있다* 참조). 핵에서, 캡은 캡 결합 CBP20/80 이형이합체(heterodimer)에 의해 인식되고 결합된다. 이러한 결합 과정은 첫 번째 인트론의 스플라이싱을 촉진하고 mRNA 수송장치(TREX 복합체)와의 직접적인 상호작용을 통해 핵에서 mRNA 수송을 용이하게 한다. 일단 세포질에 도달하면, 다른 세트의 단백질(eIF4F)이 캡과 결합하여 세포질에서 mRNA의 단백질 합성(번역)을 개시한다.

핵심개념

- 5′ 캡은 5′—5′ 연결을 통해 전사물의 말단에 G를 부가함으로써 형성된다.
- 캡 형성(capping) 과정은 전사 과정에서 일어나며, 전사의 재개시(reinitiation)에 중요한 역할을 한다.
- 대부분의 mRNA의 5′ 캡은 단일메틸화(monomethylated)되어 있지만, 일부 작은 비암호화(noncoding) RNA는 삼메틸화(trimethylated)되어 있다.
- 캡 구조는 mRNA의 안정성, 스플라이싱, 수송(export) 및 번역에 영향을 미치는 단백질 요소에 의해 인식된다.

개념 및 추론 확인

진핵생물 mRNA의 5′ 캡의 기능은 무엇인가?

21.3 핵 스플라이싱 접합부는 짧은 염기배열이다

핵 인트론스플라이싱과 관련된 분자수준의 과정에 초점을 맞추기 위해서, *스플라이싱 부위*의 특성, 즉 절단과 재결합 부위가 포함된 각 인트론 양 끝의 경계를 고려해야 한다. mRNA의 뉴클레오티드 염기배열과 원래의 유전자의 뉴클레오티드 염기배열을 비교함으로써, 엑손 및 인트론 간의 접합부(junction)를 지정할 수 있다.

인트론의 두 말단 사이에는 광범위한 상동성 또는 상보성이 없다. 그러나 접합부(junction)는 다소 짧지만, 공통염기배열이 잘 보존되어 있다. 엑손-인트론 접합부(exon-intron junction)의 보존된 염기배열에 근거하여 모든 인트론에 특정 말단을 지정할 수 있다. 그것들은 모두 그림 21.3의 상단에 주어진 공통염기배열에 일치하도록 정렬할 수 있다.

각 글자의 높이는 각 공통 위치에서 특정 염기의 출현 비율을 나타낸다. 보존성이 높은 염기배열은 예상되는 접합부의 인트론 내에서만 발견된다. 예상되는 접합부는 다음과 같이 일반적인 인트론의 염기배열로 확인되었다:

GU . . . . . . AG

이 방법으로 정의된 인트론은 디뉴클레오티드(dinucleotide) GU로 시작하여 디뉴클레오티드 AG로 끝나기 때문에, 접합부는 종종 **GU-AG 법칙(GU-AG rule)**을 준수하는 것으로 설명된다(물론, DNA의 암호가닥 염기배열은 GT-AG를 갖는다).

▶ **GU-AG 법칙(GU-AG rule)** 핵 유전자 인트론의 처음 두 위치와 마지막 두 위치에서 이러한 일정한 디뉴클레오티드(dinucleotide)의 존재를 설명하는 규칙.

두 부위는 서로 다른 염기배열을 가지므로 인트론의 말단을 방향성으로 정의할 수 있음에 주목하라. 이들은 *5′ 스플라이싱 부위*(*5′ splice site*, *왼쪽 또는 공여체 부위*라고도 함)와 *3′ 스플라이싱 부위*(*3′*

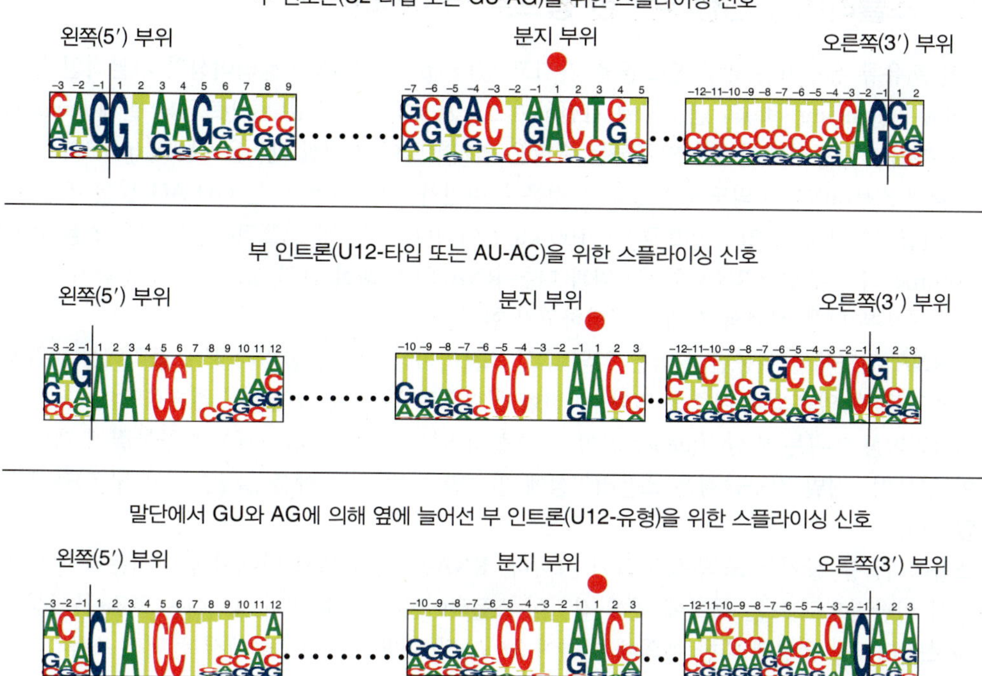

그림 21.3 핵 인트론의 말단은 GU-AG 규칙에 의해 규정 된다(OH기에 유전자의 DNA 배열에서 GT-AG로 보이는). 부 인트론은 5′ 스플라이싱 부위, 분지 부위와 3′ 스플라이싱 부위에서 다른 공통배열에 의해 규정된다.

splice site, 오른쪽 또는 *수용체 부위*라고도 함)로 인트론을 따라 왼쪽에서 오른쪽으로 진행된다. 공통염기배열은 생체 내 및 시험관 내에서 스플라이싱을 방해하는 점돌연변이(point mutation)을 이용하여 스플라이싱에서 인식되는 부위를 알아볼 수 있다.

GU-AG 법칙을 따르는 대부분의 인트론 외에도, 인트론의 일부는 그림 21.3의 하단에 표시된 것처럼 엑손-인트론 경계에 서로 다른 일련의 공통염기배열을 갖는 예외를 가지고 있다. 이 인트론은 그림 21.3의 중간 패널에 나타낸 바와 같이, 각 인트론의 양 말단에 있는 보존된 AU-AC의 디뉴클레오티드(dinucleotide) 때문에, AU-AC 역할을 수행하는 부 인트론(minor intron)으로 설명되었다. 그러나 주(major)와 부(minor) 인트론은 이들을 가공하는 별개의 스플라이싱 시스템에 근거하여 U2-타입과 U12-타입 인트론으로 더 잘 사용된다. 결과적으로, GU-AG 법칙을 따르는 것으로 보이는 일부 인트론은 실제로 그림 21.3의 아래쪽 패널에 나타낸 바와 같이 실질적으로 U12-타입의 인트론으로 가공된다.

핵심개념

- 스플라이싱 부위(splice site)는 엑손-인트론 경계를 바로 둘러싸는 염기배열이다. 이들은 인트론과 관련된 위치에 따라 명명된다.
- 인트론의 5′ (왼쪽) 말단에 5′ 스플라이싱 부위는 공통염기배열 GU를 포함한다.
- 인트론의 3′ (오른쪽) 말단에 있는 3′ 스플라이싱 부위는 공통염기배열 AG를 포함한다.
- GU-AG 법칙(원래 DNA 염기배열 측면에서 GT-AG 법칙으로 불림)은 pre-mRNA에서 인트론의 처음 두 위치와 마지막 두 위치에서 이러한 일정한 디뉴클레오티드(dinucleotide)가 필요조건임을 기술하고 있다.
- 부 인트론(minor intron)은 엑손-인트론 경계에서 다른 일련의 공통염기배열을 가지고 있으며 일반적인 AU-AC 법칙을 따른다.

개념 및 추론 확인

인트론 스플라이싱 부위의 GU 또는 AG 염기배열을 변경시킨 돌연변이의 영향은 무엇인가?

21.4 스플라이싱 접합부는 한 쌍으로 읽혀진다

전형적인 포유류 유전자는 많은 인트론을 가지고 있다. pre-mRNA 스플라이싱의 기본적인 문제는 스플라이싱 부위(splicing site)의 단순성에 기인하며 **그림 21.4**에 나타내었다. 인트론의 실제(*bona fide*) 스플라이싱 부위의 공통염기배열과 일치하는 수많은 염기배열이 존재할 때, 올바른 쌍(pair)의 부위가 인식되고 함께 스플라이싱이 되도록 보장하는 것은 무엇인가? 이에 해당하는 GU-AG 쌍은 종종 먼 거리를 통해 연결되어야 한다(일부 인트론은 >100 kb 길이이다). 인식과 스플라이싱 과정은 스플라이세오솜(spliceosome)의 일부로 mRNA 염기배열과 다른 RNAs와 단백질 간의 상호작용을 포함하고 있다. 이러한 상호작용은 다음 절에서 자세히 설명하고자 한다.

혼성 RNA 전구체를 이용한 실험은 임의의 5′ 스플라이싱 부위가 임의의 3′ 스플라이싱 부위에 원칙적으로 연결될 수 있음을 보여주고 있다. 이러한 실험으로 두 가지 일반적인 결론을 얻었다:

- *스플라이싱 부위는 일반적(generic)이다.* 스플라이싱 부위는 개별 RNA 전구물질에 대한 특이성이 없으며, 개별 전구물질은 스플라이싱에 필요한 특정 정보(예를 들면, 이차 구조)를 전달하지 않는다.
- *스플라이싱용 장치는 조직-특이적이 아니다.* RNA는 대개 세포 내에서 합성되는지 여부에 관계없이 일반적으로 모든 세포에 의해 적절히 스플라이싱이 될 수 있다. (우리는 조직-특이성의 선택적 스플라이싱 유형에 대한 예외에 대하여 *21.11절 다세포 진핵생물에서 선택적 스플라이싱은 예외라기보다는 규칙이다*에서 논의한다.)

만일 모든 5′ 스플라이싱 부위와 모든 3′ 스플라이싱 부위가 스플라이싱 장치와 유사하게 보인다면, 스플라이싱 부위의 인식이 제한되어 동일한 인트론의 5′ 및 3′ 부위만 스플라이싱되도록 보장하는 법칙은 무엇인가? 인트론은 특정 RNA의 특정 순서로 제거되는가?

스플라이싱은 일시적으로 RNA 합성(전사)과 연결되어 있다(예를 들어, 많은 스플라이싱 과정은 RNA 중합효소가 유전자의 말단에 도달하기 전에 이미 완료된다); 결과적으로 RNA 합성(전사)은 (선착순 기작처럼) 5′에서 3′ 방향으로 스플라이싱의 대략적인 순서를 제공한다고 가정하는 것이 타당하다. 둘째, 기능성 스플라이싱 부위는 종종 부위를 증강시키거나 억제할 수 있는 일련의 염기배열 인자로 둘러싸여 있다. 따라서 엑손 및 인트론 모두의 염기배열은 또한 스플라이싱 부위 선택을 위한 조절 인자로서 기능할 수 있다.

스플라이싱 장치에 의해 효율적으로 인식되기 위해서는 기능성 스플라이싱 부위가 특정 공통염기배열 및 스플라이싱 억제인자보다 우선하는 주변의 스플라이싱 증강인자를 포함하는 올바른 염기배열 상

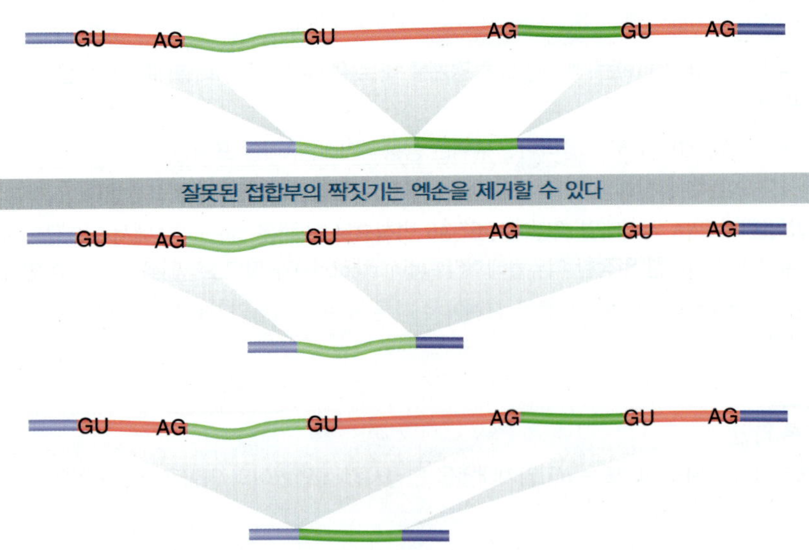

그림 21.4 스플라이싱 접합부는 정확하게 짝짓기를 한 조합에서만 인식된다.

황을 지니고 있어야 한다고 생각할 수 있다. 이들 기작은 함께 스플라이싱 신호가 비교적 선형 순서(linear order)로 쌍으로 읽히도록 보장할 수 있다.

핵심개념

- 스플라이싱은 스플라이싱 접합부에 존재하는 쌍(pair)의 인식에만 의존한다.
- 모든 5′ 스플라이싱 부위는 기능적으로 동일하며, 모든 3′ 스플라이싱 부위는 기능적으로 동일하다.
- 5′ 및 3′ 스플라이싱 부위 모두에서 추가적으로 보존된 염기배열은 pre-mRNA의 수많은 다른 잠재적 부위 중 기능성 스플라이싱 부위라 한다.

개념 및 추론 확인

올바른 5′ 및 3′ 스플라이싱 부위가 세포의 스플라이싱 장치에 의해 어떻게 인식되는지 설명하라.

21.5 Pre-mRNA 스플라이싱은 올가미 모양으로 진행한다

5′ 및 3′ 스플라이싱 부위 이외에, 스플라이싱 장치는 스플라이싱 반응 동안 형성된 분지형 중간체로 인해, **분지 부위(branch site)**라고 불리는 5′ 부위로부터 하류 염기배열을 인식한다.

▶ **분지 부위(branch site)** 올가미(lariat) 중간이 인트론의 5′ 뉴클레오티드를 아데노신의 2′ 위치에 결합시킴으로써 스플라이싱에서 형성되는 인트론 말단 직전의 짧은 염기배열.

그림 21.5는 스플라이싱의 단계를 나타낸다. 확인할 수 있는 각각의 RNA 종류에 관해 반응을 논의하였지만, 생체 안에서 엑손을 포함하는 RNA 종류들은 유리된 분자들로 방출되는 것이 아니라 스플라이싱 기구에 의해 서로 결합되어 있다.

그림 21.6은 스플라이싱 반응의 첫 번째 단계는 왼쪽 엑손과 오른쪽 인트론-엑손 분자를 분리하는 5′

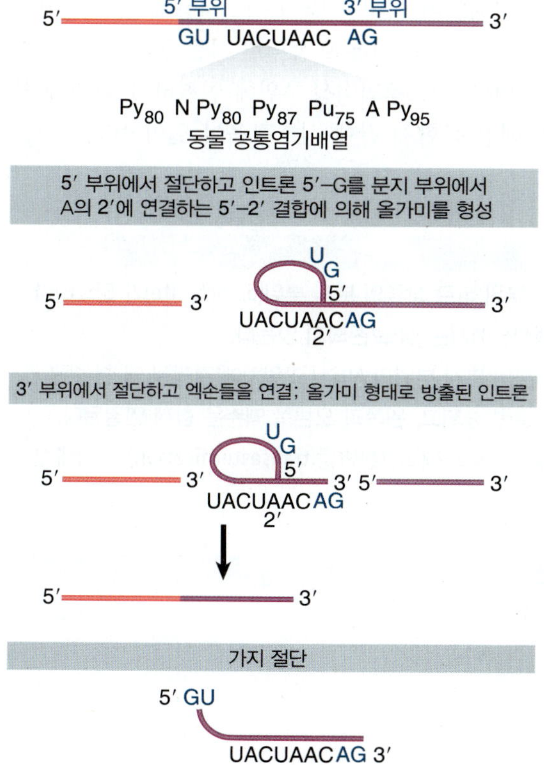

그림 21.5 스플라이싱은 2단계로 일어난다. 첫째는 5′ 엑손이 끊어진 다음 3′-엑손에 연결된다.

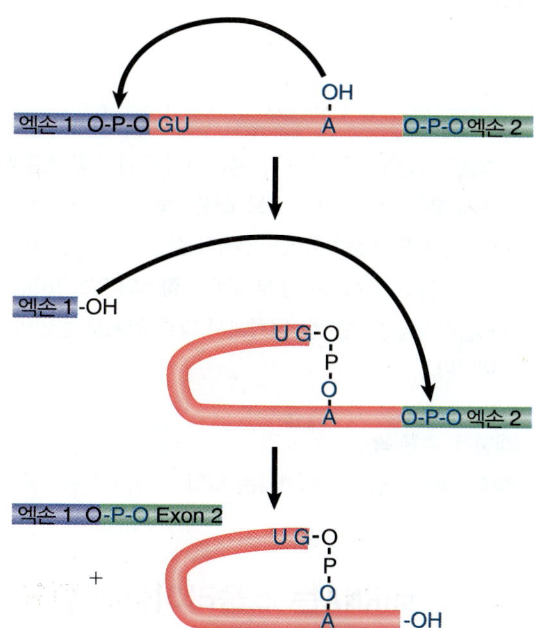

그림 21.6 핵 스플라이싱은 OH기가 인산디에스테르 결합을 공격하는 2개의 에스테르교환반응에 의해 일어난다.

- ▶ **올가미(lariat)** 꼬리가 있는 원형 구조로 5′에서 2′ 결합에 의해 생성되는 RNA 스플라이싱의 중간체.
- ▶ **에스테르교환반응(transesterification)** 협동적인 전이로 화학결합을 끊고 형성하는 반응으로 에너지를 필요로 하지 않는 반응.

스플라이싱 부위에서 절단을 하는 것을 보여주고 있다. 왼쪽 엑손은 선형 분자 형태를 취한다. 오른쪽 인트론-엑손 분자는 **올가미(lariat)**라고 불리는 가지 모양의 구조를 형성하는데, 이 구조에서는 인트론 말단에서 생성된 5′ 말단이 인트론 내의 염기와 5′-2′ 결합으로 연결된다. 표적 염기는 분지 부위의 A이다.

화학반응은 **에스테르교환반응(transesterification)**에 의해 진행된다: 사실상 결합은 한 위치에서 다른 위치로 옮겨진다. 두 번째 단계에서, 첫 번째 반응에 의해 방출된 엑손의 유리(free) 3′-OH가 이제 3′ 스플라이싱 부위에 있는 결합을 공격한다. 인산디에스테르 결합(phosphodiester bond)의 수는 보존된다. 엑손-인트론 스플라이싱 부위에는 원래 두개의 5′-3′ 결합이 존재하였다; 하나는 엑손 사이의 5′-3′ 결합으로 대체되고, 다른 하나는 올가미를 형성하는 2′-5′ 결합으로 대체되었다. 그런 다음 올가미는 "분지 부위가 분해(debranch)"되어 선형으로 잘려진 인트론을 생성하며, 이는 빠르게 분해된다.

스플라이싱에 필요한 염기배열은 5′ 및 3′ 스플라이싱 부위 및 분지 부위에서의 짧은 공통염기배열이다. 인트론의 대부분의 염기배열이 스플라이싱을 방해하지 않으면서 삭제될 수 있다는 사실과 함께, 이것은 인트론(또는 엑손)에서 특정한 입체구조(conformation)를 필요로 하지 않는다는 것을 나타낸다.

분지 부위(branch site)는 3′ 스플라이싱 부위를 확인하는 데 중요한 역할을 한다. 효모에서의 분지 부위는 매우 잘 보존되어 있으며, 공통염기배열은 UACUAAC이다. 다세포 진핵세포의 분지 부위는 잘 보존되어 있지 않지만, 각 위치에서 퓨린이나 피리미딘을 선호하며 표적염기인 A 뉴클레오티드를 유지하고 있다(그림 21.5 참조).

분지 부위(branch site)는 3′ 스플라이싱 부위의 18~40 뉴클레오티드 상류에 위치하고 있다. 효모에서의 분지 부위의 돌연변이 또는 결실은 스플라이싱을 방해한다. 다세포 진핵생물에서, 본래의(authentic) 분지 부위가 삭제되거나 돌연변이가 되었을 때, 그 염기배열 내의 이완된 조건(relaxed constraint)은 잠재 부위(cryptic sites라고 불리는) 관련 염기배열을 사용할 수 있게 한다. 3′ 스플라이싱 부위에 대한 근접성은 잠재 부위가 항상 실제 부위와 가깝기 때문에 중요하다. 잠재 부위는 분지 부위가 비활성화된 경우에만 사용된다. 잠재 분지(cryptic branch) 염기배열이 이러한 방식으로 사용되면, 스플라이싱은 정상인 것처럼 보이고, 엑손은 본래의(authentic) 분지 부위의 사용과 동일한 산물을 제공한다. 따라서 분지 부위의 역할은 가장 가까운 3′ 스플라이싱 부위를 5′ 스플라이싱 부위에 연결하기 위한 표적으로 식별하는 것이다. 이것은 두 부위에 결합하는 단백질 복합체 간에 상호작용이 일어난다는 사실로 설명할 수 있다.

핵심개념

- 스플라이싱에는 5′ 및 3′ 스플라이싱 부위와 3′ 스플라이싱 부위 바로 상류의 분지 부위(branch site)가 필요하다.
- 분지 부위 염기배열은 효모에서는 보존되나, 다세포 진핵생물에서는 잘 보존되지 않는다.
- 인트론이 5′ 스플라이싱 부위에서 절단되고 5′ 말단이 인트론의 분지 부위의 A에서 2′위치에 결합될 때 형성된다.
- 인트론은 3′ 스플라이싱 부위에서 절단되면 올가미(lariat)로 방출되고, 왼쪽과 오른쪽 엑손은 함께 연결된다.
- 스플라이싱 반응은 한 위치에서 다른 위치로 결합이 전달되는 에스테르교환반응(transesterification)에 의해 일어난다.

개념 및 추론 확인

RNA 스플라이싱에서 일어나는 화학적 과정의 순서를 기술하라.

21.6 snRNA는 스플라이싱에 필요하다

5′ 및 3′ 스플라이싱 부위 및 분지 부위 염기배열은 조립되어 큰 복합체를 형성하는 스플라이싱 장치의 구성성분에 의해 인식된다. 이 복합체는 반응이 일어나기 전에 5′와 3′스플라이싱 부위를 결합시키

는 역할을 하는데, 이는 이들 부위 중 어느 한 부위가 결핍되면 반응이 왜 개시되지 않는가를 설명한다. 복합체는 pre-mRNA에서 순차적으로 조립되어, 최종의 활성복합체를 형성하기 전에 여러 개의 "스플라이싱 전 복합체(presplicing complexe)"를 통과하는데, 이것을 스플라이세오솜(spliceosome)이라고 한다. 스플라이싱은 모든 구성요소가 조립된 후에만 발생한다.

스플라이싱 장치는 (pre-mRNA 이외에) 단백질과 RNA를 모두 포함한다. RNA는 리보핵단백질 입자(ribonucleoprotein particles, RNP)로 존재하는 작은 분자의 형태를 취한다. 진핵세포의 핵과 세포질은 많은 별개의 작은 RNA 종을 포함하고 있다. 그것들은 다세포 진핵생물에서는 100~300 염기의 크기를 가지며, 효모에서는 ~1000 염기까지 늘어난다. 그것들은 세포당 10^5~10^6 분자에서 직접 검출하기에는 너무 낮은 농도까지 상당히 다양하다.

핵에 한정되어 있는 것들을 **소형 핵 RNA(small nuclear RNAs, snRNA, snurps)**라고 한다; 세포질에서 발견되는 것을 **소형 세포질 RNA(small cytoplasmic RNAs, scRNA, scyrps)**라고 한다. 자연 상태에서, 그들은 리보핵단백질 입자(ribonucleoprotein particle, *snRNPs* 및 *scRNPs*)로 존재한다. 대개 그들은 때로는 **snurps** 및 **scyrps**로 알려져 있다. 인(nucleolus)에서 발견되는 *snoRNA*는 작은 RNA의 종류도 있는데, 이는 리보솜 RNA(ribosomal RNA)의 가공(processing)에 관여한다(*21.15절 rRNA의 생성에는 절단 과정이 필요하고 작은 RNA가 관여한다* 참조).

스플라이세오솜(spliceosome)은 큰 입자이며, 리보솜보다 질량이 크며 5개의 snRNP와 많은 추가적인 단백질을 포함하고 있다. 스플라이싱과 관련된 snRNP는 U1, U2, U5, U4 및 U6이다. 그들은 존재하는 snRNA에 따라 명명된다. 각 snRNP는 하나의 snRNA와 몇 가지(<20) 단백질을 포함한다. U4 및 U6 snRNP는 일반적으로 디-RNP(di-snRNP) (U4/U6) 입자로 발견된다. 각 snRNP에 공통적인 구조적 핵심은 8개의 단백질 그룹으로 구성되며, 모두 **안티-Sm(anti-Sm)**이라는 자가면역항혈청(autoimmune antiserum)으로 인식된다; 단백질 내에 보존된 염기배열은 항체에 대한 표적을 형성한다. 각 snRNP의 다른 단백질은 각 snRNP에 고유하다. Sm 단백질은 U6을 제외한 모든 snRNA에 존재하는 보존된 염기배열인 PuAU3-6GPu에 결합한다. 대신 U6 snRNP는 Sm-유사(Lsm) 단백질 세트를 포함한다.

그림 21.7은 스플라이세오솜(spliceosome)의 구성 요소를 요약한 것이다. 5개의 snRNA는 질량의 4분의 1 이상을 차지한다; 41개의 관련 단백질과 함께 질량의 거의 절반을 차지한다. 스플라이세오솜에서 발견된 약 70개의 다른 단백질을 **스플라이싱 인자(splicing factor)**라 한다. 여기에는 스플라이세오솜의 조립에 필요한 단백질, RNA기질에 결합하기 위해 필요한 단백질 및 에스테르교환반응을 위한 RNA-기반 센터를 구성하는 데 관여하는 단백질이 포함된다. 이 단백질들 이외에, 스플라이세오솜와 관련된 또 다른 ~30개의 단백질들은 유전자 발현의 다른 단계에서 작용한다고 믿어지고 있다. 이것은 스플라이싱이 유전자 발현의 다른 단계들과 연결될 수 있음을 시사하고 있다(*21.9절 스플라이싱은 유전자 발현에 있어 일시적이며 기능적으로 여러 단계와 연결되어 있다* 참조).

snRNP의 일부 단백질은 스플라이싱에 직접 관여할 수 있다. 다른 것들은 구조적 역할에서 또는 snRNP 입자 간의 조립 또는 상호작용에 필요할 수 있다. 스플라이싱에 관련된 단백질의 약 1/3이 snRNP의 구성성분이다. 스플라이싱 반응에서 RNA의 직접적인 역할에 대한 증거가 증가함에 따라 스플라이싱 인자가 촉매 작용에서 직접적인 역할을 한다는 것을 알 수 있다. 따라서 대부분의 스플라이싱 인자는 스플라이세오솜에 구조적 또는 조립적 역할을 제공할 수 있다.

▸ **소형 핵 RNA(small nuclear RNAs, snRNA, snurps)** 핵에 한정된 작은 RNA 종; 그들 중 몇 개는 스플라이싱(splicing) 또는 다른 RNA-가공(processing) 반응에 관여한다. Snurps는 특정 snRNA와 단백질 짝을 포함하는 리보핵단백질 입자(ribonucleoprotein particle)이다.

▸ **소형 세포질 RNA(small cytoplasmic RNAs, scRNA, scyrps)** 세포질에 존재하는 RNAs(때로는 핵에서도 발견됨). Scyrps는 scRNA 및 관련 단백질을 포함하는 리보핵단백질 입자(ribonucleoprotein particle)이다.

▸ **안티-Sm(anti-Sm)** RNA splicing에 관여하는 snRNPs에서 발견되는 단백질 그룹에 공통적인 Sm 도메인을 정의하는 자가면역항혈청.

▸ **스플라이싱 인자(splicing factor)** snRNP 중 하나의 일부가 아닌 스플라이세오솜(spliceosome)의 단백질 구성성분.

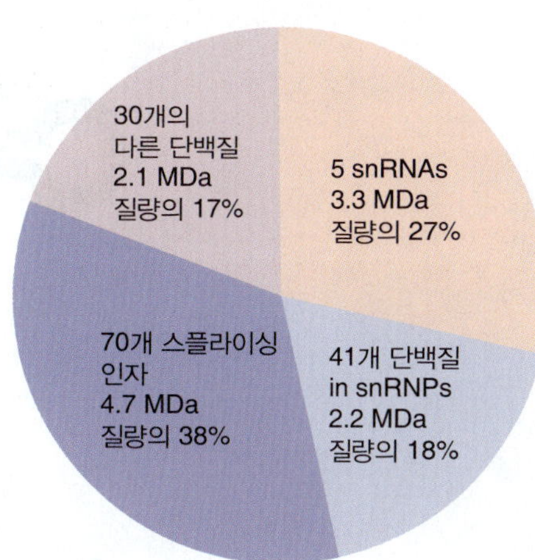

그림 21.7 스플라이세오솜의 질량은 12 MDa이다 5개의 snRNP가 질량의 반을 거의 차지한다. 나머지 단백질들은 유전자 발현의 다른 단계에 연관되어있을 뿐 아니라 스플라이싱 인자들이다.

핵심개념

- 스플라이싱에 관련된 5개의 snRNP는 U1, U2, U5, U4 및 U6이다.
- 일부 추가 단백질과 함께 snRNP가 스플라이세오솜(spliceosome)을 형성한다.
- U6를 제외한 모든 snRNP에는 자가면역질환에서 생성된 항체가 인식하는 Sm 단백질에 결합하는 보존된 염기배열을 가지고 있다.

개념 및 추론 확인

RNA 스플라이싱에서 RNA와 단백질의 각각의 역할은 무엇인가?

21.7 스플라이싱 경로에 대한 pre-mRNA의 역할

공통적인 스플라이싱 신호의 인식에 RNA와 단백질이 모두 관여하고 있다. 특정 snRNA는 mRNA 공통염기배열 또는 서로 상보적인 염기배열을 가지고 있으며, snRNA와 pre-mRNA 간 또는 snRNA 간의 염기 짝짓기(base pairing)는 스플라이싱에서 중요한 역할을 한다.

U1 snRNP의 5′ 스플라이싱 부위에 대한 결합은 스플라이싱의 첫 단계이다. 사람의 U1 snRNP는 8개의 단백질과 RNA를 포함하고 있다. U1 snRNA의 이차구조는 그림 21.8과 같다. 여기에는 여러 도메인이 포함되어 있다. Sm-결합 부위는 일반적인 snRNP 단백질과의 상호작용에 필요하다. 개별 줄기-고리(stem-loop) 구조에 의해 확인된 도메인은 U1 snRNP에 고유한 단백질에 대한 결합 부위를 제공한다.

U1 snRNA 염기쌍은 스플라이싱 부위와 상보적인 일련의 4-6 염기를 포함하는 5′ 말단의 단일-가

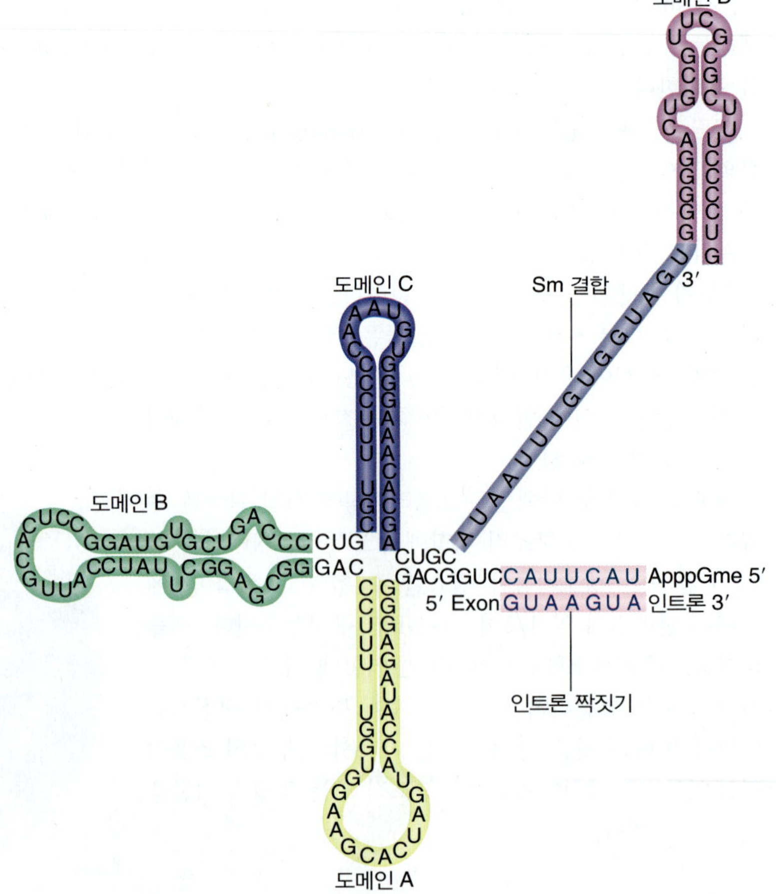

그림 21.8 U1 snRNA는 여러 도메인들을 형성하는 염기쌍 구조를 가지고 있다. 5′ 말단은 단일가닥이고 5′ 스플라이싱 부위와 염기쌍을 이룰 수 있다.

닥 영역으로 5′ 스플라이싱 부위와 쌍을 이룬다. 그림 21.9는 이 염기쌍의 필요성을 직접 입증한 실험을 기술하고 있다. 12S 아데노바이러스 pre-mRNA의 스플라이싱 부위의 야생형 염기배열은 U1 snRNA가 있는 6개 위치 중 5개에 존재한다. 스플라이싱이 될 수 없는 12S RNA의 돌연변이체는 두 개의 염기배열 변화를 갖는다; 인트론에서 5번 및 6번 위치의 GG 잔기는 AU로 변경된다. 5번 위치에서 짝짓기(pairing)가 복원되는 U1 snRNA에 돌연변이가 도입되면 정상적인 스플라이싱이 회복된다.

그림 21.10은 스플라이싱의 초기 단계를 보여준다. 스플라이싱 중 첫 번째 복합체는 **E 복합체(E complex**, "초기, early"의 "E")로, 여기에는 U1 snRNP, 스플라이싱 인자 U2AF 그리고 스플라이싱 인자 및 조절인자의 중요한 그룹을 구성하는 **SR 단백질(SR protein)**이라 불리는 구성원이다. 그들의 이름은 길이가 다양한 Ser-Arg이 풍부한 영역의 존재로부터 유래되었다. SR 단백질은 이 영역을 통해 서로 상호작용한다. 그들은 또한 RNA에 결합한다. 그것들은 스플라이세오솜(spliceosome)의 필수 구성성분으로, RNA 기질에 기본구조(framework)를 형성한다. E 복합체를 때로는 *위임 복합체(commitment complex)*라고 하는데, 이는 E 복합체 형성되는 과정에서 스플라이세오솜 형성에 대한 기질로서 pre-mRNA를 확인

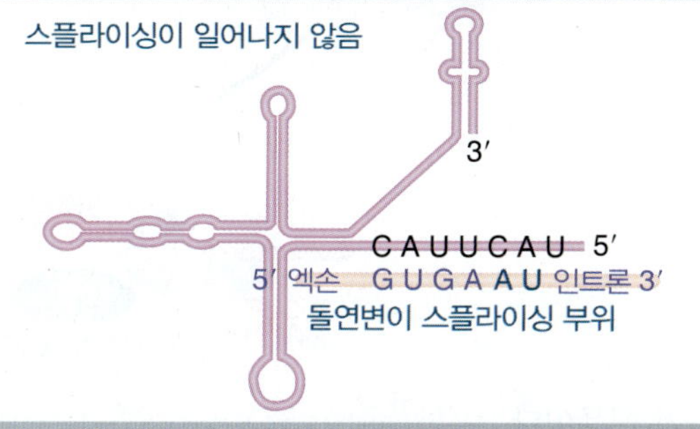

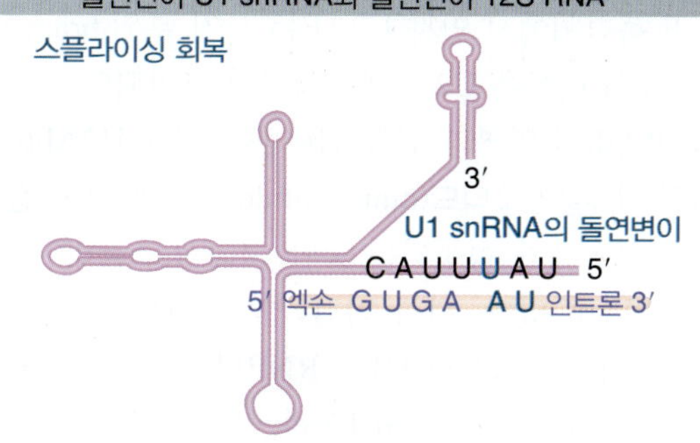

그림 21.9 5′ 스플라이싱 부위의 기능을 없애는 돌연변이는 염기 짝짓기를 회복하는 U1 snRNA에서 돌연변이를 보완함으로써 억제될 수 있다.

- **E 복합체(E complex)** 스플라이싱 부위에서 형성되는 첫 번째 (초기) 복합체는 U1 snRNP와 ASF/SF2 요소, U2AF, 연결(bridging) 단백질 SF1/BBP로 구성된다.
- **SR 단백질(SR protein)** 다양한 길이의 Ser-Arg이 풍부한 영역을 가지고 있으며 스플라이싱에 관여하는 단백질.

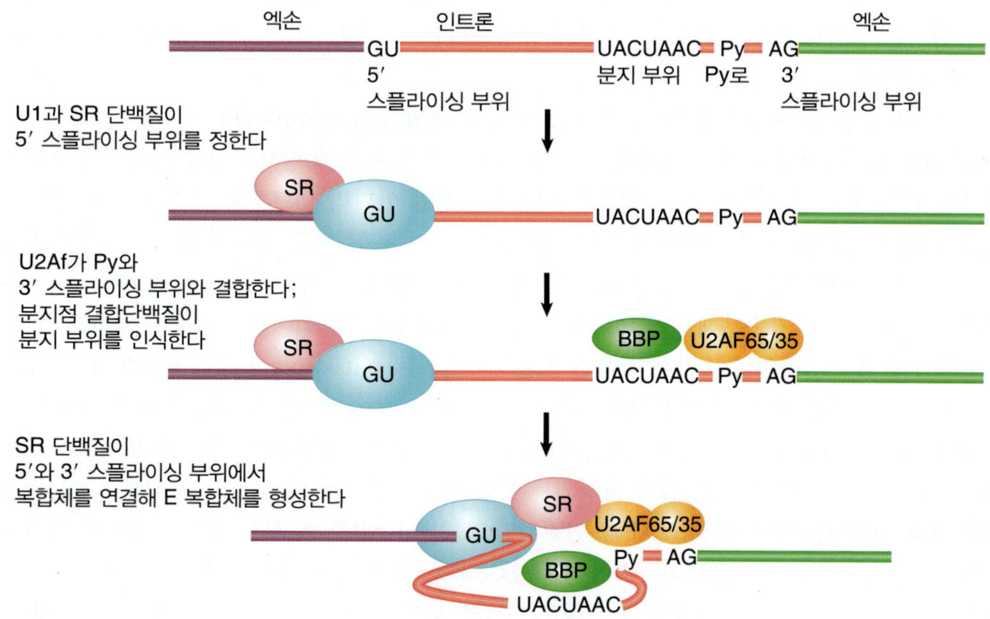

그림 21.10 E 복합체는 U1 snRNP를 5′ 스플라이싱 부위 그리고 U2AF를 피리미딘으로 (Py tract)/3′ 스플라이싱 부위와 연결단백질 SF1/BBP에 연속적으로 첨가함으로써 형성된다.

그림 21.11 인트론 정의 또는 엑손 정의에 의해 5′ 부위와 3′ 부위를 초기에 인식하는 데 2개의 방법이 있다.

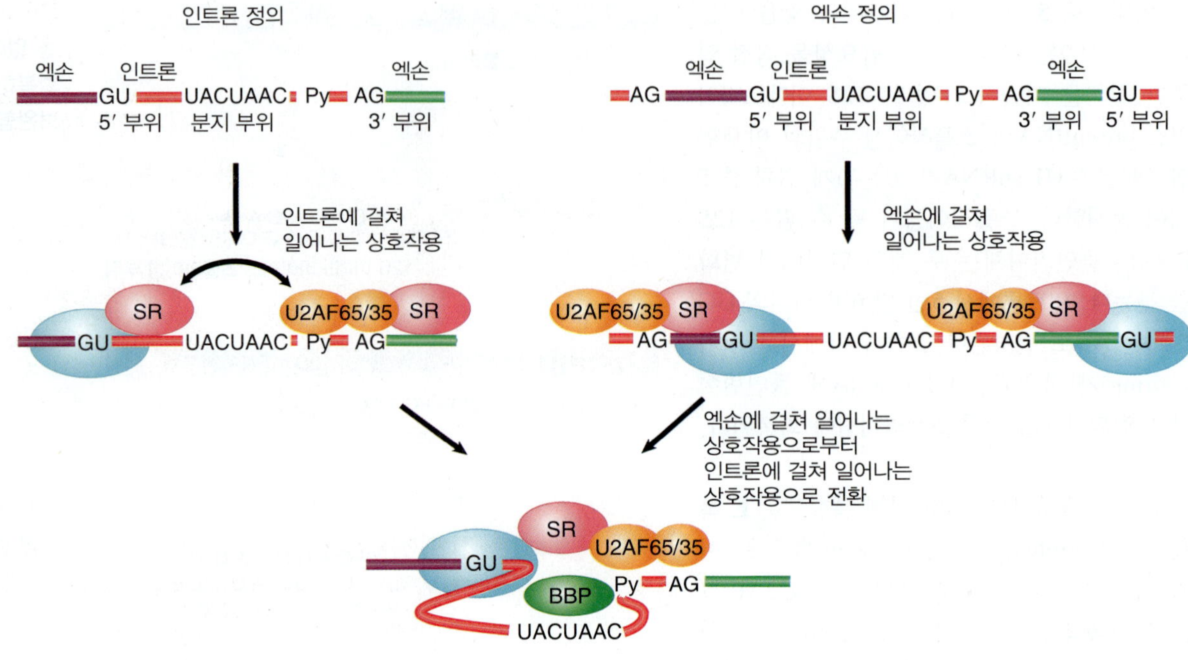

하기 때문이다.

E 복합체에서 인자 U2AF는 분지 부위(branch site)와 3′ 스플라이싱 부위 사이의 영역에 결합한다. U2AF의 이름은 U2 보조인자로서 분리되었음을 반영하고 있다. 대부분의 생물체에는 분지 부위 근처의 피리미딘 영역과 접촉하는 큰 소단위(U2AF65)가 있다. 작은 소단위(U2AF35)는 3′ 스플라이싱 부위의 디뉴클레오티드(dinucleotide) AG와 직접 접촉한다.

E 복합체가 형성되는 동안 기능성 스플라이싱 부위의 인식은 **그림 21.11**에서와 같이 두 가지 경로를 취할 수 있다. 가장 직접적인 반응은 두 스플라이싱 부위가 인트론을 통해 인식되는 것이다. 5′ 스플라이싱 부위에서의 U1 snRNP의 존재는 U2AF가 분지 부위 근처의 피리미딘 영역에 결합할 수 있게 한다. 포유류에서 SF1이라 불리는 스플라이싱 인자인 SR 단백질[이에 상응하는 단백질을 효모에서는 BBP(branch point binding protein)라고 불린다]은 U2AF와 5′ 스플라이싱 부위에 결합하는 U1 snRNP를 연결한다. 이러한 상호작용은 인트론을 가로 지르는 두 개의 스플라이싱 부위 간에 첫 번째 연결을 만드는 역할을 한다. *스플라이싱을 위한 이 경로의 기본 특징은 두 스플라이싱 부위가 인트론 외부의 어떠한 염기배열을 필요로 하지 않고 인식된다는 것이다.* 이 과정을 **인트론 정의(intron definition)**라고 한다.

▸ **인트론 정의(intron definition)** 한 쌍의 스플라이싱 부위가 5′ 부위 및 분지 부위/3′ 부위만을 포함하는 상호작용에 의해 인식되는 과정.

▸ **A 복합체(A complex)** U2 snRNP와 E 복합체의 결합으로 형성된 두 번째 접합 복합체.

U2 snRNP가 분지 부위에 결합하면 E 복합체는 **A 복합체(A complex)**로 전환된다. U1 snRNP와 U2AF/Mud2 모두 U2 결합에 필요하다. U2 snRNA는 분지 부위에 상보적인 염기배열을 포함하고 있다; U2의 5′ 말단 근처에 있는 염기배열은 U2-U6 쌍뿐만 아니라 인트론의 분지 부위와 염기쌍을 이룬다(그림 21.13 참조). U2 snRNP의 여러 단백질은 분지 부위 바로 상류의 기질 RNA에 결합한다. E 복합체에 U2 snRNP를 첨가하면 A 스플라이싱 전 복합체(A presplicing complex)가 생성된다. U2 snRNP의 결합은 ATP 가수분해를 필요로 하며, pre-mRNA를 스플라이싱 경로로 들어가게 한다.

인트론이 길고 스플라이싱 부위가 약하면 스플라이세오솜(spliceosome)을 형성하기 위한 다른 경로를 따라야 한다. 그림 21.11의 오른쪽에 표시된 것처럼, 5′ 스플라이싱 부위는 일반적인 방법으로 U1 snRNA에 의해 인식된다. 그러나 3′ 스플라이싱 부위는 다음 5′ 스플라이싱 부위가 또한 U1 snRNA에 의해 결합되는 다음 엑손을 가로 질러 형성되는 복합체의 일부로서 인식된다. 이 U1 snRNA는 SR 단백질에 의해 피리미딘 영역에서 U2AF와 연결된다. U2 snRNP가 A 복합체를 생성하기 위해 합류할 때, 올바른(가장 왼쪽) 5′ 스플라이싱 부위가 복합체의 하류 5′ 스플라이싱 부위를 대체하는 재배열이 일어난다. 이 스플라이싱 경로의 중요한 특징은 인트론 자체의 염기배열 하류가 필요하다는 것이다. 보통 이러한 염기배열에는 다음 5′ 스플라이싱 부위가 포함된다. 이러한 과정을 **엑손 정의(exon definition)**라고 한다. 이 메커니즘은 보편적이지 않다; SR 단백질이나 엑손 정의는 효모 *S. cerevisiae*에서 발견되지 않는다.

▶ **엑손 정의(exon definition)** 한 쌍의 스플라이싱 부위가 인트론의 5′ 부위 및 다음의 인트론 하류의 5′ 부위를 포함하는 상호작용에 의해 인식되는 과정.

핵심개념

- U1 snRNP는 RNA-RNA 결합 반응에 의해 5′ 스플라이싱 부위에 결합함으로써 스플라이싱을 개시한다.
- E 복합체를 형성하는 직접적인 방법은 U1 snRNP가 5′ 스플라이싱 부위에 결합하고 U2AF가 분지 부위와 3′ 스플라이싱 부위 간의 피리미딘 영역에 결합하는 것이다. 이것이 인트론 정의(intron definition)이다.
- 또 다른 가능성은 복합체가 피리미딘 영역의 U2AF와 하류의 5′ 스플라이싱 부위의 U1 snRNP 사이에 형성되는 것이다. 이것이 엑손 정의(exon definition)이다.

개념 및 추론 확인

1. U1 snRNP는 pre-mRNA와 다른 snRNA를 어떻게 인식하는가?
2. E 및 A 스플라이싱 전 복합체(presplicing complex) 형성을 설명하라.

21.8 스플라이세오솜 조립 경로

snRNPs 및 스플라이싱에 관여하는 다른 인자들은 정해진 순서대로 스플라이싱 전 복합체(presplicing complex)와 결합한다. 그림 21.12는 반응이 진행됨에 따라 확인할 수 있는 복합체의 구성성분을 보여준다.

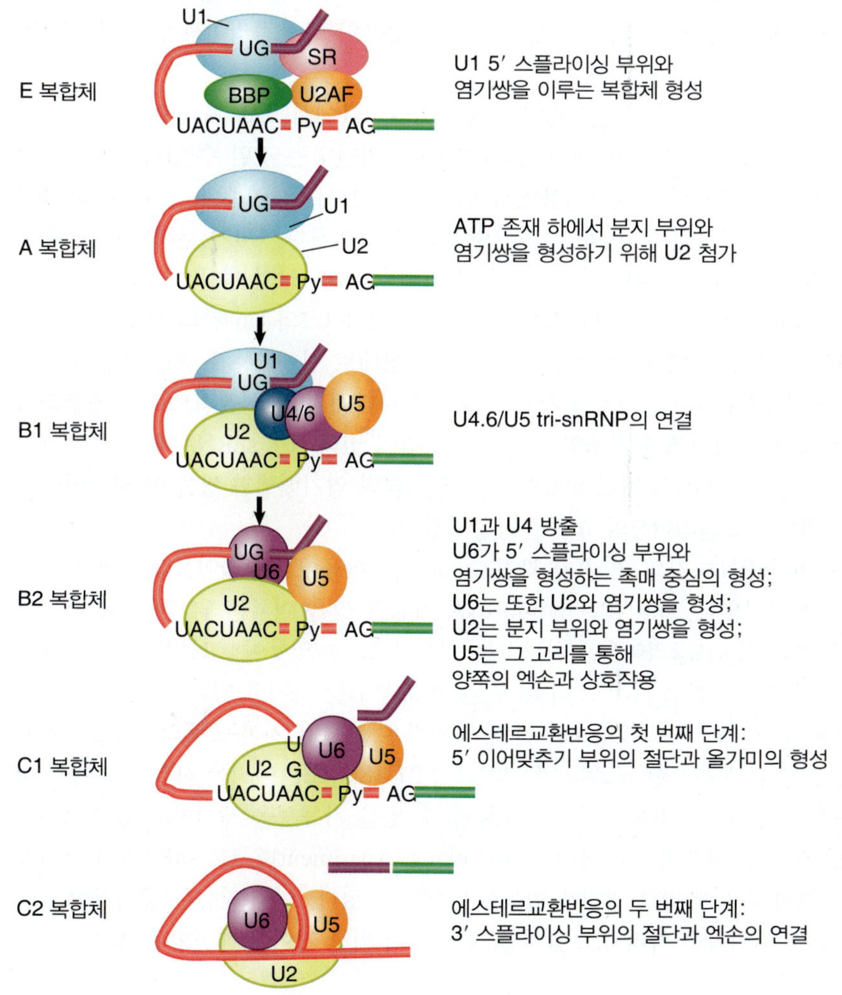

그림 21.12 스플라이싱 반응은 스플라이세오솜이 공통염기배열을 인식하는 성분들의 상호작용을 포함하는 불연속 단계로 이루어진다.

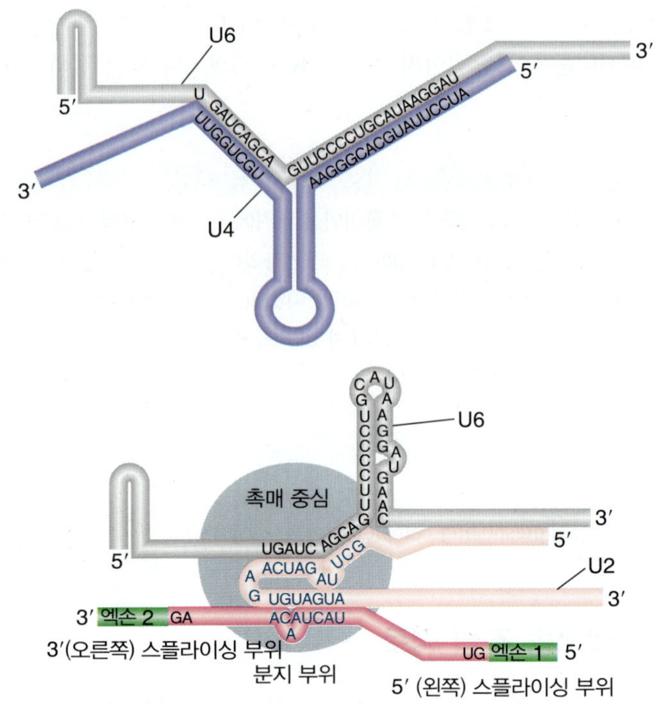

그림 21.13 U6-U4 짝짓기는 U6-U2 짝짓기와 맞지 않는다. U6가 스플라이세오솜과 결합할 때 U4와 짝을 이룬다. U4의 방출은 U6의 형태 변화를 일으킨다. 즉, 방출된 배열의 일부는 헤어핀을 형성하고 다른 일부는 U2와 짝을 이룬다. U2의 인접 영역은 이미 분지 부위와 짝을 이루어서 U6가 분지와 나란히 놓이게 한다. 기질 RNA는 보통 방향과 뒤바뀌어서 3′→5′ 방향으로 되어 있다.

B1 복합체는 U5 및 U4/U6 snRNP를 포함하는 트라이머(trimer)가 A 복합체에 결합할 때 형성된다. 이 복합체는 스플라이싱 반응에 필요한 성분을 포함하고 있기 때문에 스플라이세오솜로 간주된다. U1이 방출되면 B2 복합체로 변환된다. U1의 분리는 다른 구성성분이 5′-스플라이싱 부위, 특히 U6 snRNA와 나란히 위치하기 위해 필요하다.

촉매 반응은 U4의 방출에 의해 유발되는데, 이러한 반응은 또한 B1에서 B2로의 전이가 일어나는 동안 일어난다. U4 snRNA의 역할은 필요할 때까지 U6 snRNA를 차단하는 것일 수 있다. **그림 21.13**은 스플라이싱 중에 snRNA 간의 염기쌍이 상호작용에서 일어나는 변화를 보여준다. U6/U4 snRNP에서, U6의 연속된 26개의 염기는 U4의 두 개의 분리된 영역과 쌍을 이룬다. U4가 분리되면, 방출되는 U6의 영역은 자유롭게 또 다른 구조를 취한다. 그것의 첫 번째 부분은 U2와 쌍을 이룬다; 두 번째 부분은 분자 내 헤어핀(hairpin)을 형성한다. U4와 U6 간의 상호작용은 U2와 U6 간의 상호작용과 상호 양립할 수 없으므로, U4의 방출은 스플라이세오솜가 활성화된 상태로 진행하는 능력을 조절한다.

명확하게 하기 위해서 그림에서는 RNA 기질을 확장된 형태로 나타내지만, 실질적으로 5′ 스플라이싱 부위는 U2에 결합된 신장 5′ 측의 U6 염기배열에 실제로 가까이 있다. U6 snRNA에서의 이 염기배열은 5′ 스플라이싱 부위에 보존된 GU의 바로 하류에 있는 인트론의 염기배열과 쌍을 이룬다(이러한 염기쌍을 향상시키는 돌연변이는 스플라이싱의 효율을 향상시킨다).

따라서 snRNA와 기질 pre-mRNA 간의 몇 가지 짝짓기(pairing) 반응이 스플라이싱 과정에서 일어난다. 이것을 **그림 21.14**에 요약하였다. snRNP는 pre-mRNA 기질과 쌍을 이루는 염기배열을 가지고 있다. 루프(loop)에서의 돌연변이는 스플라이싱을 차단하는 것으로 알 수 있듯이, 그들은 또한 기질의 염기배열에 매우 근접하고 중요한 역할을 하는 고리 내 단일-가닥 부위를 가지고 있다.

U2와 분지 부위(branch site) 사이 및 U2와 U6 간의 염기쌍은 그룹 II 자가-스플라이싱(group II self-splicing) 인트론의 활성 중심과 유사한 구조를 만든다(그림 21.18 참조). 이러한 사실은 촉매 구성성분이 U2-U6 상호작용에 의해 생성된 RNA 구조를 포함할 수 있을 가능성을 제시하고 있다. U6은 5′ 스플라이싱 부위와 쌍을 이루고 있으며, 가교실험(crosslinking experiment)은 U5 snRNA의 고리가 두 개의 엑손에서 첫 번째 염기 위치에 바로 인접해 있음을 보여주고 있다. 이용 가능한 증거가 스플라이세오솜 내에서 RNA-기반 촉매기작을 가리키고 있지만, 단백질에 의한 기여는 배제할 수 없다. 하나

의 후보 단백질은 Prp8로, 스플라이세오솜 내의 5′ 및 3′ 스플라이싱 부위 모두에 직접 접촉하는 커다란 스캐폴드 단백질(scaffold protein)이다.

이러한 결과에 의해 제안된 중요한 결론은 *스플라이싱 장치의 snRNA 구성성분이 염기쌍 형성 상호작용에 의해 그 자체와 기질 pre-mRNA 사이에서 상호작용하며, 이들 상호작용은 구조 변화를 가져와 반응 그룹과 같은 기능을 할 수도 있으며 또한 촉매 센터를 만들 수도 있다.* 또한 snRNA의 형태 변화는 가역적이다; 예를 들어, U6 snRNA는 스 플라이싱 반응에서 사용되지 않으며, 완료 시 U2로부터 방출되어야만 U4와 이중구조(duplex)를 다시 형성하여 또 다른 스플라이싱 주기를 수행할 수 있다.

일부 인트론은 (각각 U1 및 U2와 관련됨) U11 및 U12, U5 변이체 및 $U4_{atac}$ 및 $U6_{atac}$ snRNA로 이루어진 U12 스플라이세오솜(spliceosome)이라고 불리는 다른 장치에 의해 스플라이싱된다. 스플라이싱 반응은 기본적으로 U2-의존성 인트론에서의 반응과 유사하며, snRNA는 유사한 역할을 한다. 이 장치의 단백질 구성성분에 차이가 있는지 여부는 알려져 있지 않다.

스플라이싱에 사용되는 스플라이세오솜의 특정 유형은 인트론의 염기배열에 의해 영향을 받는다. 5′ 말단의 강력한 공통염기배열은 U12-의존형 인트론을 규정하고 있다: 5′$^{G}_{A}$ UAUCCUUU. . . PyA$^{C}_{G}$3′. 또한, U12-의존성 인트론은 고도로 잘 보존된 분지 부위, UCCUUPuAPy를 가지고 있는데, 이것은 U12와 쌍을 이룬다. U12-의존성 및 U2-의존성 인트론은 모두 GU-AG 또는 AU-AC 말단을 가질 수 있다.

U1은 5′ 스플라이싱 부위와 짝을 이룬다

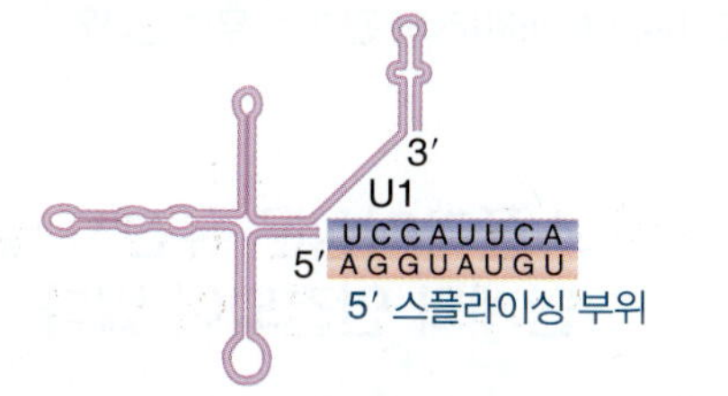

U2는 분지 부위와 짝을 이룬다

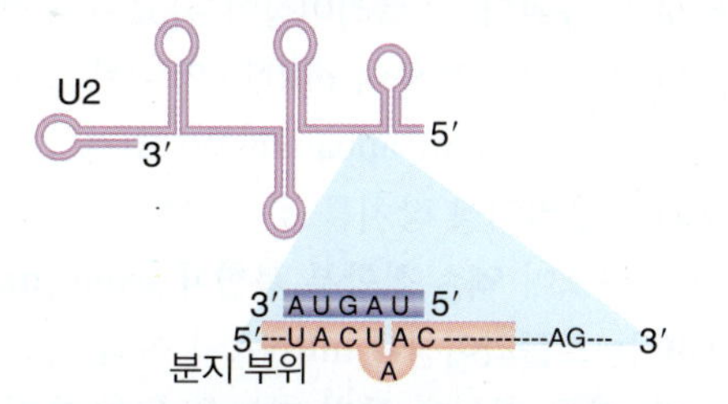

U6는 5′ 스플라이싱 부위와 짝을 이룬다

U6
3′GAGACA 5′
5′AGGUA UGU 3′
5′ 스플라이싱 부위

U5는 양쪽의 엑손에 가까이 위치한다

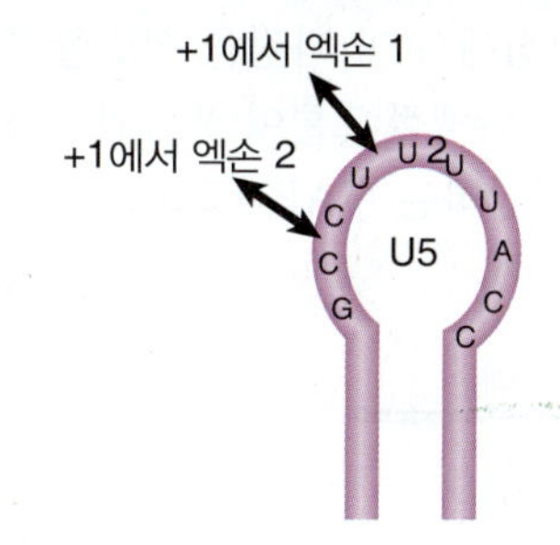

그림 21.14 스플라이싱은 snRNA와 스플라이싱 부위 사이에 일련의 염기짝짓기 반응을 이용한다.

핵심개념

- U5 및 U4/U6 snRNP의 결합은 A 복합체를 스플라이싱에 필요한 모든 구성성분을 포함한 B1 스플라이세오솜(spliceosome)으로 전환시킨다.
- 스플라이싱이 진행됨에 따라 스플라이세오솜은 일련의 추가 복합체를 통과한다.
- U1 snRNP의 방출로 U6 snRNA가 5′ 스플라이싱 부위와 상호작용하고 B1 스플라이세오솜를 B2 스플라이세오솜로 전환시킨다.
- U6 snRNP에서 U4가 분리되면, U6 snRNA가 U2 snRNA와 쌍을 이루어 촉매 활성 부위를 형성할 수 있다.
- 선택적 스플라이싱 경로는 U12 스플라이세오솜을 구성하는 다른 snRNP 세트를 사용한다.
- 표적 인트론은 GU-AG 또는 AU-AC 법칙을 엄격히 준수하기보다는 스플라이싱 접합부에서 더 긴 공통염기배열로 정의된다.

개념 및 추론 확인

U2, U4, U6 snRNPs의 관계는 무엇인가?

21.9 스플라이싱은 유전자 발현에 있어 일시적이며, 기능적으로 여러 단계와 연결되어 있다

그것이 합성되고 가공(processing)된 후에, mRNA는 핵으로부터 세포질로 리보뉴클레오티드 복합체의 형태로 방출된다. 스플라이싱이 완료된 후에만 수송이 이루어지도록 하는 한 가지 방법은 스플라이싱 장치와 연관된 인트론이 mRNA의 수송을 막을 수 있다는 것이다. 또한, 스플라이세오솜(spliceosome)은 수송 장치(export apparatus)의 초기 연락(contact) 지점을 제공할 수 있다. 그림 21.15는 단백질 복합체가 스플라이싱 장치를 통해 RNA에 결합하는 모델을 보여준다. 복합체는 9개 이상의 단백질로 구성되어 있으며 **엑손 접합부 복합체(exon junction complex, EJC)**라고 한다.

▶ **엑손 접합부 복합체(exon junction complex, EJC)** 스플라이싱 중에 엑손-엑손(exon-exon) 접합부에서 조립되고 RNA 수송, 위치 지정 및 분해를 돕는 단백질 복합체.

EJC는 스플라이싱된 mRNA의 여러 기능에 관여한다. EJC의 일부 단백질은 이러한 기능에 직접 관여하며, 다른 기능은 특정 기능을 위한 추가 단백질을 구성한다. EJC를 조립하는 첫 번째 접촉은 스플라이싱 인자 중 하나로 만들어진다. 스플라이싱 후, EJC는 엑손-엑손 접합부 바로 상류에 있는 mRNA에 부착된 상태로 유지된다. EJC는 인트론이 없는 유전자에서 전사된 RNA와 관련이 없으므로, 스플라이싱된 산물과 특이하게 관련되어 있다.

만일 인트론이 유전자에서 제거되면, RNA 산물은 훨씬 더 천천히 세포질로 운반된다. 이는 인트론이 수송장치 부착용 신호를 제공할 수 있음을 의미한다. 이제 그림 21.16에서 볼 수 있듯이, 일련의 단백질 상호작용의 관점에서 이 과정을 설명할 수 있다. EJC에는 REF계열(가장 잘 알려진 멤버를 Aly라고 함)이라고 하는 단백질 그룹이 포함된다. REF 단백질은 차례로 핵공(nuclear pore)과의 상호작용에 대한 직접적인 담당하는 (TAP과 Mex라고 다양하게 불리는) 수송단백질(transport protein)과 상호작용한다.

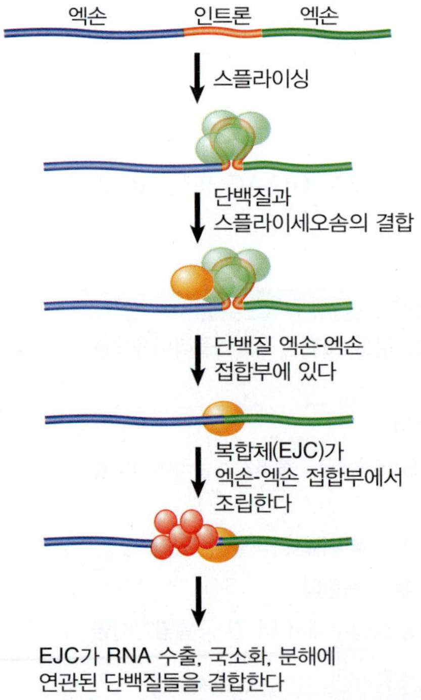

엑손 인트론 엑손

스플라이싱

단백질과 스플라이세오솜의 결합

단백질 엑손-엑손 접합부에 있다

복합체(EJC)가 엑손-엑손 접합부에서 조립한다

EJC가 RNA 수출, 국소화, 분해에 연관된 단백질들을 결합한다

그림 21.15 EJC(exon junction complex, 엑손 접합부 복합체)는 스플라이싱 반응의 결과로 스플라이싱 접합부 가까이에 놓인다.

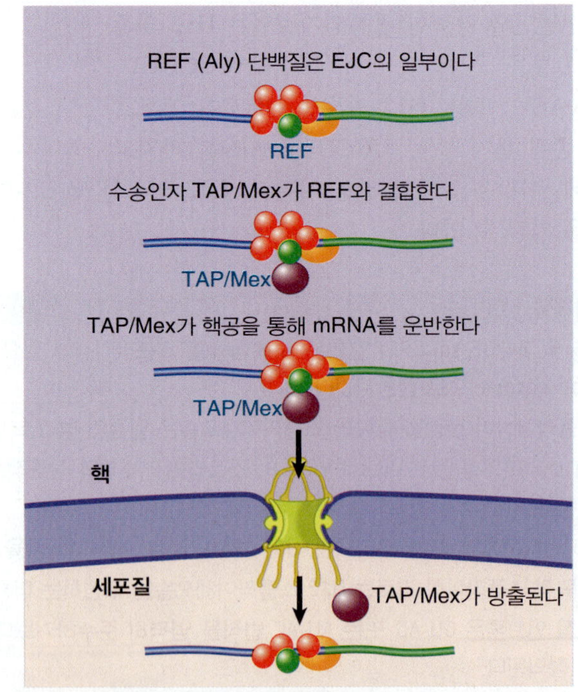

그림 21.16 REF 단백질(초록색)이 스플라이싱 인자와 결합해 스플라이싱된 RNA 생성물과 함께 한다. REF는 핵공에 결합하는 수송단백질(보라색)과 결합한다.

유사한 시스템을 사용하여 마지막 엑손 이전의 넌센스(nonsense) 돌연변이가 세포질에서의 분해를 유발할 수 있도록 스플라이싱된 RNA를 식별할 수 있다(*22.9절 mRNA 단백질 합성의 품질관리는 세포질 감시 시스템에 의해 수행된다* 참조).

핵심개념

- REF 단백질은 스플라이세오솜(spliceosome)과 결합하여 스플라이싱 접합부에 결합한다.
- 스플라이싱 후 REF 단백질은 엑손-엑손 접합부에서 RNA에 붙어 있다.
- REF 단백질은 핵공(nuclear pore)을 통해 RNA를 운반하는 수송단백질 TAP/Mex와 상호작용한다.

개념 및 추론 확인

유전자에서 인트론의 존재가 어떻게 mRNA 산물을 세포질로 내보내는 데 도움이 되는지 설명하라.

21.10 Pre-mRNA 스플라이싱은 그룹 II 자가촉매 인트론과 메커니즘을 공유한다

(핵 tRNA를 암호화는 유전자를 제외한) 모든 유전자의 인트론은 크게 세 가지로 분류할 수 있다. 핵 pre-mRNA 인트론은 5′ 및 3′ 말단에 GU...AG의 디뉴클레오티드와 3′ 말단 근처의 분지 부위/피리미딘 영역의 가지고 있는 것으로 정의된다. 그들은 이차구조의 어떠한 공통적인 특징을 보여주지 않는다. 이와는 대조적으로, 세포소기관(organelle) 및 박테리아에서 발견되는 그룹 I 및 그룹 II의 인트론[그룹 I 인트론은 단세포/올리고 세포 진핵생물(oligocellular eukaryote)의 핵에서도 발견됨]은 그들의 내부 조직에 따라 분류된다. 각각은 전형적인 유형의 이차구조를 취할 수 있다.

그룹 I 및 그룹 II의 인트론은 RNA로부터 스스로를 절단하는 놀라운 능력을 가지고 있다. 이것을 **자가-스플라이싱(autosplicing** 또는 **selfsplicing)**이라고 한다. 그룹 I 인트론은 그룹 II 인트론보다 더 일반적이다. 이들 두 부류 간에는 거의 상관관계가 없지만, 각각의 경우 RNA는 단백질에 의해 제공되는 효소 활성을 필요로 하지 않고, 자체적으로 시험관 내(*in vitro*)에서 스플라이싱 반응을 수행할 수 있다; 그러나 접힘(folding)을 돕기 위해 생체 내(*in vivo*)에서는 단백질을 거의 확실하게 필요로 한다(*23장 촉매 RNA* 참조).

▶ **자가-스플라이싱(autosplicing** 또는 **self-splicing)** 인트론 안의 RNA 서열에만 의존하는 촉매 작용에 의해 자신을 RNA로부터 절단하는 인트론의 능력.

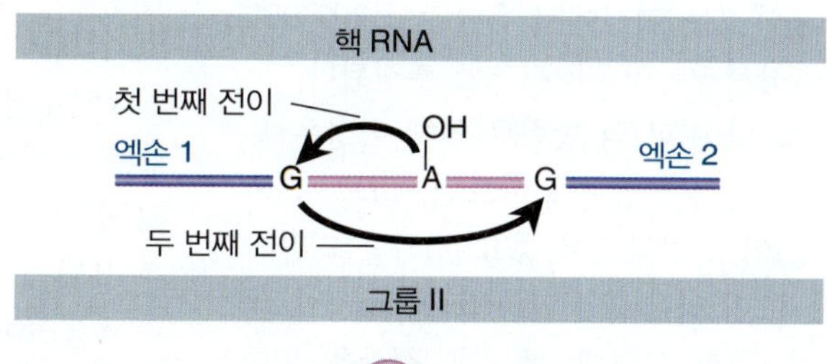

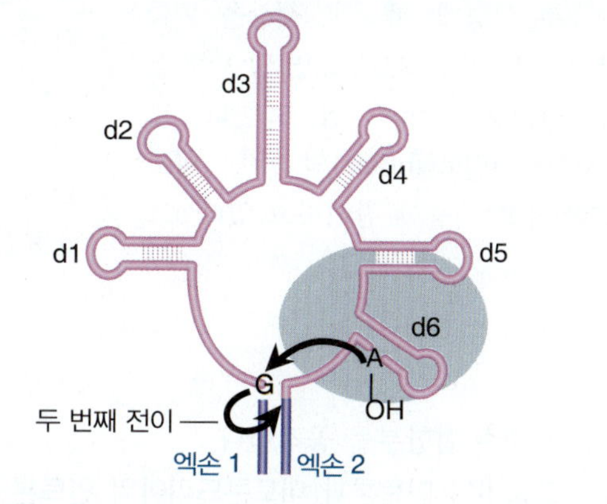

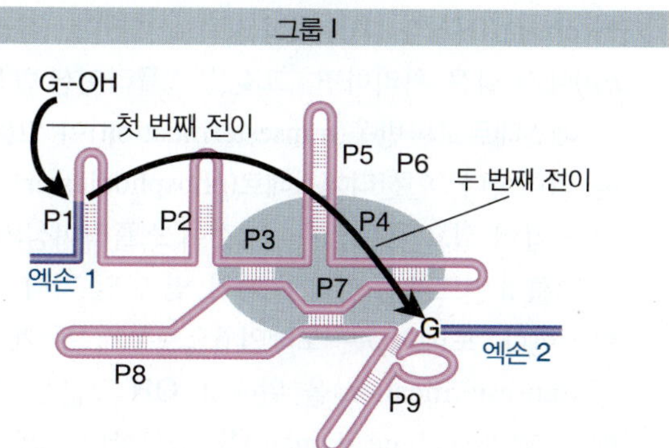

그림 21.17 3종류의 스플라이싱 반응의 에스테르교환반응에 의해 진행된다. 첫 번째 유리-OH기가 엑손 1 인트론 접합부를 공격한다. 두 번째, 엑손 1의 말단에 형성된 -OH기가 인트론-엑손 2 접합부를 공격한다.

그림 21.17은 세 종류의 인트론이 두 번의 연속된 에스테르교환반응에 의해 절제되었음을 보여준다(그림 21.6에서는 핵인트론에 대해 이전에 나타내었음). 첫 번째 반응에서, 5′ 엑손-인트론 접합부는 [핵 및 그룹 II 인트론의 내부 2′-OH 위치 또는 그룹 I 인트론의 유리(free) 구아닌 뉴클레오티드에 의해 제공되는] 유리된 수산기(hydroxyl group)에 의해 공격 받는다. 두 번째 반응에서, 방출된 엑손의 말단에 있는 유리 3′-OH는 차례로 3′의 인

MEDICAL APPLICATIONS

선택적 스플라이싱과 암

살아가는 동안 남자 2명 중 1명과 여자 3명 중 1명은 언젠가는 암에 걸린다. 200종류 이상의 암이 있으며, 다른 신체 조직 중 하나가 영향을 받을 수 있다. 암은 결국 단일 세포의 통제되지 않는 성장의 결과로 신체의 다른 부위로 전이할 가능성이 있는 종양세포를 형성한다. 우리는 약 10^{14}개의 세포로 구성되어 있는데, 모두 암이 될 잠재력을 가지고 있지만, 개별 세포가 암이 될 확률은 매우 낮다. 우리는 이제 건강한 세포가 암세포로 변하는 동안, 일련의 변화가 천천히 정상적인 성장을 제어하는 다중점검(multiple check)과 균형(balance)으로부터 세포를 벗어나게 한다는 것을 알고 있다. 수년에 걸쳐, 연구자들은 특정 유형의 암으로 발전할 위험을 증가시킬 수 있는 많은 요인들을 규명하였다. DNA와 RNA 수준에서 세포의 분자 변화는 정상 세포가 암이 될 가능성이 더 높아진다.

유방암(*breast cancer*)은 여성에서 가장 흔히 진단되는 유형의 암이다. 2010년 미국에서는 여성에서 유방암이 207,090건, 유방암으로 사망한 여성이 약 39,840건으로 추정된다. 특정 유전자(*BRCA1*, *BRCA2* 및 기타)의 변화로 인해 여성은 유방암에 더 쉽게 걸릴 수 있다. 최근 연구에 따르면, *CD44* pre-mRNA의 가공(processing)이 유방암에서 중요한 역할을 한다고 한다. *CD44* 유전자는 11번 염색체의 단완(short arm)에 위치하고 있다. 이것은 표피, 중추 신경계, 폐, 간, 췌장을 포함한 다양한 세포 유형에 존재하는 막 관통 세포-표면 당 단백질(transmembrane cell-surface glycoprotein)을 암호화한다. 그것은 세포-세포 상호작용, 사이토카인(cytokine)의 방출, 세포 부착 및 이동을 포함한 다양한 세포 기능에 참여하고 있다. 그것은 히알루론산(hyaluronic acid) 수용체 (천연 피부 보습제)이며, 또한 오스테오폰틴(osteopontin, 골 무기질 기질에 풍부하게 존재하는 당 단백질), 콜라겐(collagen, 결합조직의 주요 구성성분) 및 금속단백분해효소(metalloproteinase)와 같은 다른 리간드(ligand)와 상호작용할 수 있다. CD44의 많은 변이 동형(variant isoform)이 정상 세포에서 발견된다. *CD44* 유전자는 프레임-불변 엑손(in-frame constant exon) 및 선택적 가변 엑손(alternative variable exon)를 포함한다. 이들 동형(isoform)은 유전자의 엑손을 포함하는 두 개의 다른 영역에서 선택적인 스플라이싱에 의해 암호화된다. *CD44* 유전자는 유전자의 5′ 및 3′ 말단에 위치한 10개의 불변 엑손과 불변 엑손 사이에 위치한 10개의 가변 엑손을 포함한다(그림 B21.1). 이러한 변형의 일부는 최종 단백질 분자에서 생물학적 기능을 다양화한다.

연구자들이 CD44 변이체가 전이성(metastatic property)을 지니고 있다는 사실이 발견되었을 때, CD44에 대한 엄청난 관심을 끌었다. 연구 결과에 따르면 *CD44* 가변 엑손 v4에서 v6까지를 포함하면 유방암을 비롯한 여러 가지 악성 종양의 전이 및 암화와 상관관계가 있는 것으로 나타났다. *CD44* 엑손 v4 및 v5는 전사 시 강한 증폭자(enhancer)로 알려진 시토신/아데닌이 풍부하고 퓨린이 풍부한 염기배열의 여러 사본을 포함하고 있다. 비정상적인 CD44 변이체의 과발현(overexpression)은 유방암 및 나쁜 예후(poor prognosis)와 관련이 있다.

스플라이싱 오류(missplicing)와 관련된 것으로 확인된 질병의 수가 증가하고 있다. 스플라이싱 오류는 스플라이싱 부위와 같은 조절 염기배열에서의 돌연변이, 증폭자/억제자 염기배열에서의 돌연변이 또는 *스플라이싱 인자*와 같은 트랜스(*trnas*)-작용 인자에서의 변화에 의해 일어날 수 있다. CD44 변이체와 유방암의 과발현(over-expression)과 유방암 발병 모델 연구에

트론-엑손 접합부를 공격한다.

그룹 II의 인트론과 미토콘드리아의 인트론은 2′-5′ 결합에 의해 결합되어있는 올가미(lariat)를 통해 핵 pre-mRNA와 같은 기작으로 절제된다. 격리된 그룹 II RNA는 추가적인 성분 없이 시험관 내(*in vitro*)에서 항온 처리하면, 그것은 스플라이싱 반응을 수행할 수 있다. 이것은 그림 21.18에 표시된 두 가지 에스테르교환반응(transesterification)이 그룹 II 인트론 RNA 염기배열 자체에 의해 수행될 수 있음을 의미한다. 인산디에스테르(phosphodiester) 결합의 수는 반응에서 보존되며, 결과적으로 외부 에너지 공급이 필요하지 않다; 이것이 스플라이싱의 진화 과정에서 중요한 특징이었을 수 있다.

그룹 II 인트론은 염기쌍 줄기 및 단일-가닥 고리에 의해 형성된 여러 도메인을 포함하는 이차구조를 형성한다. 도메인 5는 도메인 6으로부터 두 개의 염기에 의해 분리되며, 이는 첫 번째 에스테르교환반응(transesterification)을 위해 2′-OH 그룹을 제공하는 하는 A 잔기를 포함한다. 이것은 RNA에서 촉매 도메인(catalytic domain)을 구성한다. 그림 21.18은 이 이차구조와 U6와 U2의 결합과 U2와 분지

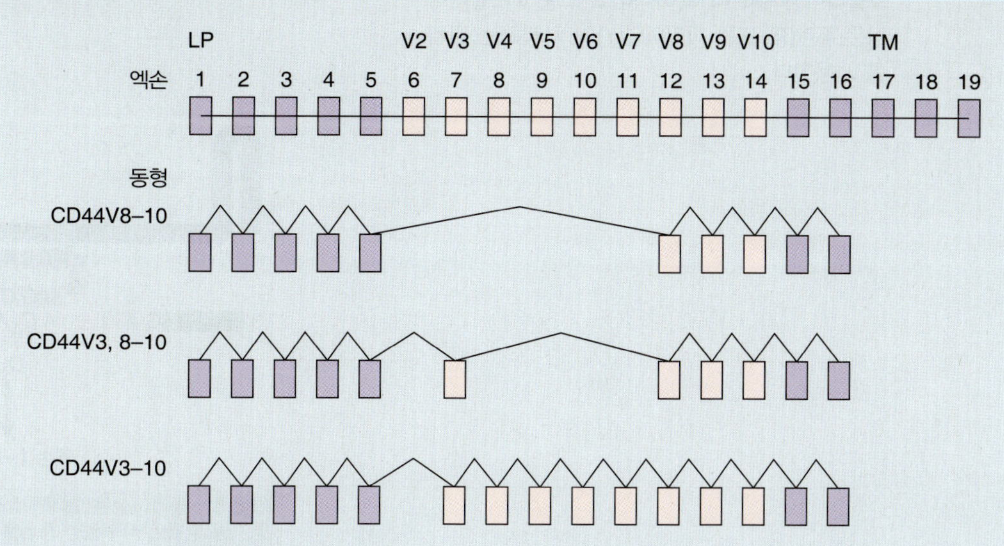

그림 B21.1 가장 윗 그림은 정상적인 사람의 *CD44* 유전자의 가변과 불변 엑손을 도식화한 것이다. 바로 아래에 선택적 스플라이싱을 보여주는 동형(isoform)이 있다. Reproduced with permission, from Michael Piepkorn, Peter Hovingh, Kelly L. Bennett, Alejandro Aruffo and Alfred Linker, 1997, *Biochem*. J., **327** 499–506. © the Biochemical Society. http://www.biochemj.org/bj/327/bj3270499.htm

참여한 독일 연구자들은 유방암에서 *CD44* 스플라이싱 오류의 원인을 규명하기 위한 실험을 실시하였다. 이를 위해 정상조직에 비해 유방의 원발성 침윤성 선암(primary invasive adenocarcinomas)에서 제거된 유방 절제술 조직(mastectomy tissue)에서 스플라이싱 활성화 인자(splicing activator) 또는 Tra2-α와 Tra2-β 발현의 변화에 대해 검사하였다. 모든 조직 표본은 RNA와 단백질 수준 모두에서 침습성 유방암의 Tra2-β의 유의한 유도를 보였다. 이것은 정상적인 유방조직에서는 관찰되지 않았다. 또한 Tra2-β가 *CD44* 엑손 v4 및 엑손 v5 염기배열에서 발견되는 증폭자(enhancer)에 결합되어 스플라이싱 오류를 유도하는 것으로 나타났다. 따라서 Tra2-β 스플라이싱 인자의 유도는 유방암 발생 시의 종양의 진행과 전이와 관련된 CD44 동형(isoform)의 관찰된 선택적 스플라이싱을 설명할 수 있다.

참고문헌

Watermann , Tang, zur Hausen, Jäger, Stamm, and Stickeler. (2006). Splicing Factor Tra2-b1 Is Specifically Induced in Breast Cancer and Regulates Alternative Splicing of the CD44 Gene. *Cancer Research* 66(9): 4774–4780.

부위의 결합에 의해 형성된 구조와 비교하였다. 이들 구조의 유사성은 U6가 pre-mRNA 스플라이싱에서 촉매 역할을 할 수 있음을 시사한다.

그룹 II 스플라이싱의 특징은 스플라이싱이 내부 염기배열의 통제된 결실(controlled deletion)을 일으킨 개별 RNA 분자에 의해 수행되는 자가촉매 반응(autocatalytic reaction)으로부터 진화되었음을 시사한다. 그러한 반응은 RNA가 특정 형태 또는 일련의 형태로 접히도록 요구할 가능성이 있으며, 독점적으로 시스(*cis*) 형태로 발생한다.

그룹 II 인트론이 자가촉매 스플라이싱 과정으로 자신을 스스로 제거할 수 있는 능력은 복잡한 장치를 필요로 하는 핵 인트론의 필요조건과 큰 대조를 이룬다. 우리는 스플라이세오솜의 snRNA를 인트론에서 염기배열 정보의 부족을 보상하고, RNA에서 특정 구조를 형성하는 데 필요한 정보를 제공하는 것으로 간주할 수 있다. snRNA의 기능은 원래의 자가촉매 시스템에서 진화했을 수 있다. 이들 snRNA

그림 21.18 핵 스플라이싱과 그룹 II 플라이싱은 유사한 이차 구조를 형성한다. 염기배열은 핵 스플라이싱에서 더 특이적이고 그룹 II 스플라이싱은 퓨린(R) 또는 피리미딘(Y)이 차지하는 위치를 사용한다.

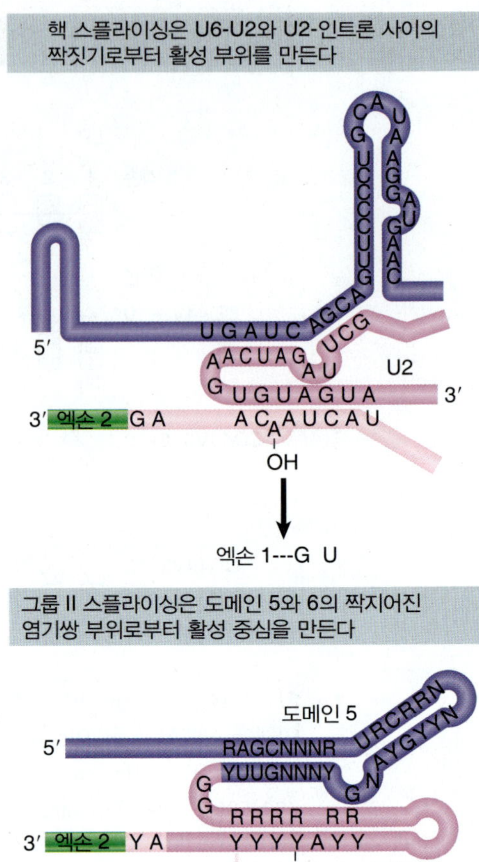

는 기질 pre-mRNA 상에서 트랜스(*trans*)로 작용한다; 우리는 5′ 스플라이싱 부위 또는 U2의 분지 부위 염기배열과 쌍(pair)을 이루는 U1의 기능이, 인트론이 수행할 관련 염기배열을 필요로 하는 유사한 반응을 대체했다고 생각할 수 있다. 따라서 snRNA는 그룹 II 메커니즘에 의해 스플라이싱하는 RNA에서 발생하는 일련의 구조 변화를 대신하는 pre-mRNA 기질 및 다른 기질과 반응할 수 있다. 사실상, 이러한 변화는 반응을 지지하는 데 필요한 염기배열을 지닐 의무를 가진 기질 pre-mRNA를 완화시켰다. 스플라이싱 장치가 복잡해짐에 따라 (그리고 잠재적인 기질이 증가함에 따라) 단백질이 더 중요한 역할을 해 왔다.

핵심개념

- 그룹 II 인트론은 자가촉매 스플라이싱에 의해 RNA로부터 스스로를 절단한다.
- 그룹 II 인트론의 스플라이싱 접합부와 스플라이싱 기작은 핵 인트론의 스플라이싱과 유사하다.
- 그룹 II 인트론은 U6-U2 핵 인트론의 구조와 유사한 촉매 부위를 생성하는 이차구조로 접힌다.

개념 및 추론 확인

자가-스플라이싱(autosplicing)와 핵 RNA 스플라이싱에서의 RNA 염기배열의 역할을 비교하라.

21.11 다세포 진핵생물에서 선택적 스플라이싱은 예외라기보다는 규칙이다

분단 유전자(interrupted gene)가 단일 유형의 스플라이싱된 mRNA를 생성하는 RNA로 전사될 때, 엑손 및 인트론을 배치함에 애매모호성(ambiguity)은 없다. 그러나 대부분의 포유류 유전자의 RNA는 하나의 유전자가 하나 이상의 mRNA 염기배열을 생성할 때 발생하는 **선택적 스플라이싱(alternative splicing)** 유형을 따른다. 경우에 따라, 발현의 궁극적인 유형은 일차 전사물(primary transcript)에 의해 결정되는데, 이것은 다른 전사개시점을 사용하거나 다른 대체(alternative) 3′ 말단이 생성되면 스플라이싱 유형이 변경되기 때문이다. 다른 경우에는, 단일 일차 전사물이 여러 가지 방식으로 스플라이싱되고, 내부 엑손이 대체 · 추가 또는 결실된다. 경우에 따라, 많은 산물 모두 동일한 세포에서 만들어지지만, 다른 경우에는 특정 조건에서만 특정 스플라이싱 유형이 발생하도록 과정이 조절된다. 예를 들어, 인간의 경우 다른 종류의 단백질이 다른 조직이나 혹은 동일한 조직의 다른 발생단계에서 발현될 수 있다.

▶ **선택적 스플라이싱(alternative splicing)** 스플라이싱 접합부의 사용 변화에 의해 단일 산물로부터 다른 RNA 산물 생산.

그림 21.19에 요약한 것처럼, 인트론 유지(intron retention), 선택적 5′ 스플라이싱-부위 선택(alternative 5′ splice-site selection), 선택적 3′ 스플라이싱-부위 선택, 엑손 포함(exon inclusion) 또는 건너뛰기(skipping), 선택적 엑손(alternative exon)의 상호배제 선택(mutually exclusive selection)을 포함한 다양한 선택적 스플라이싱(alternative splicing) 방법이 있다. 단일 일차 전사물은 두 가지 이상의 선택적 스플라이싱 방식을 거칠 수 있다. 상호배제 엑손은 일반적으로 조직-특이적인 방식으로 조절된다. 어떤 경우에는 이러한 복잡성을 더해, 발현의 궁극적인 유형은 다른 전사 개시점이나 다른 대체(alternative) 3′ 말단의 생성에 의해 결정된다.

많은 선택적 스플라이싱 과정이 연구되어지고 선택적으로 스플라이싱된 산물의 생물학적 역할이 결정되었지만, 가장 잘 밝혀진 예로는 여전히 노랑초파리에서의 성 결정(sex determination)의 경로이다.

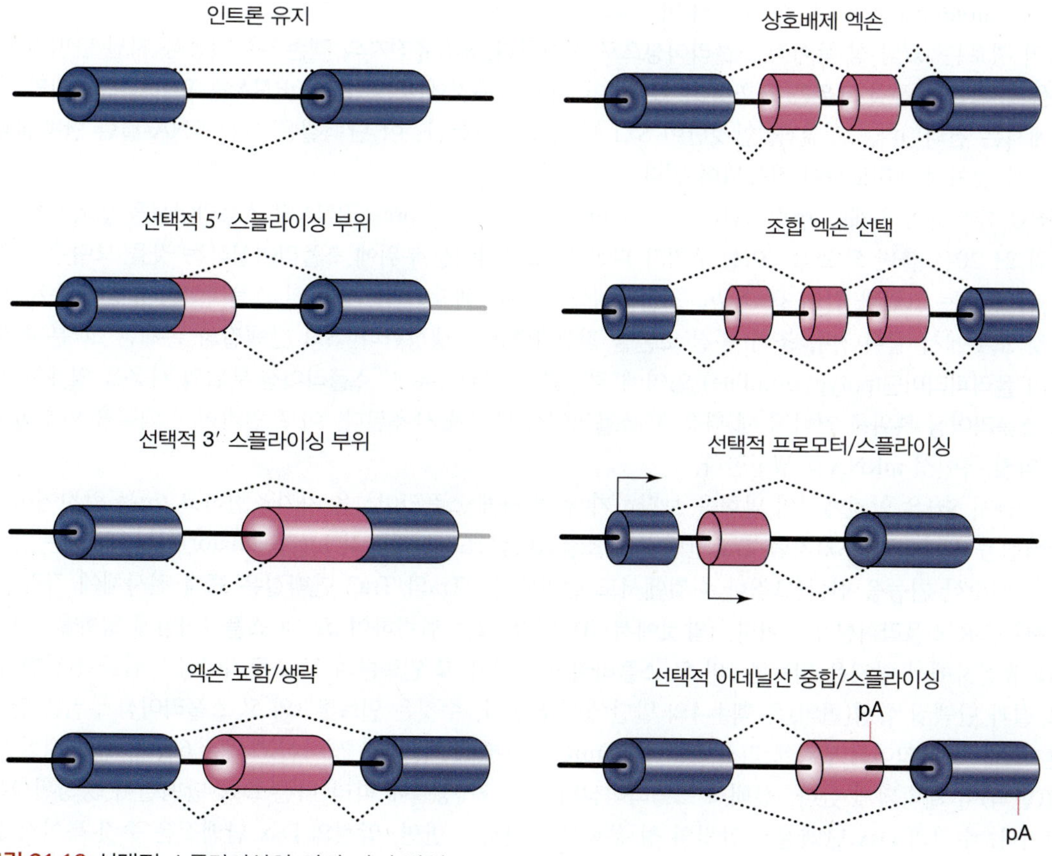

인트론 유지
상호배제 엑손
선택적 5′ 스플라이싱 부위
조합 엑손 선택
선택적 3′ 스플라이싱 부위
선택적 프로모터/스플라이싱
엑손 포함/생략
선택적 아데닐산 중합/스플라이싱
pA
pA

그림 21.19 선택적 스플라이싱의 여러 가지 방식

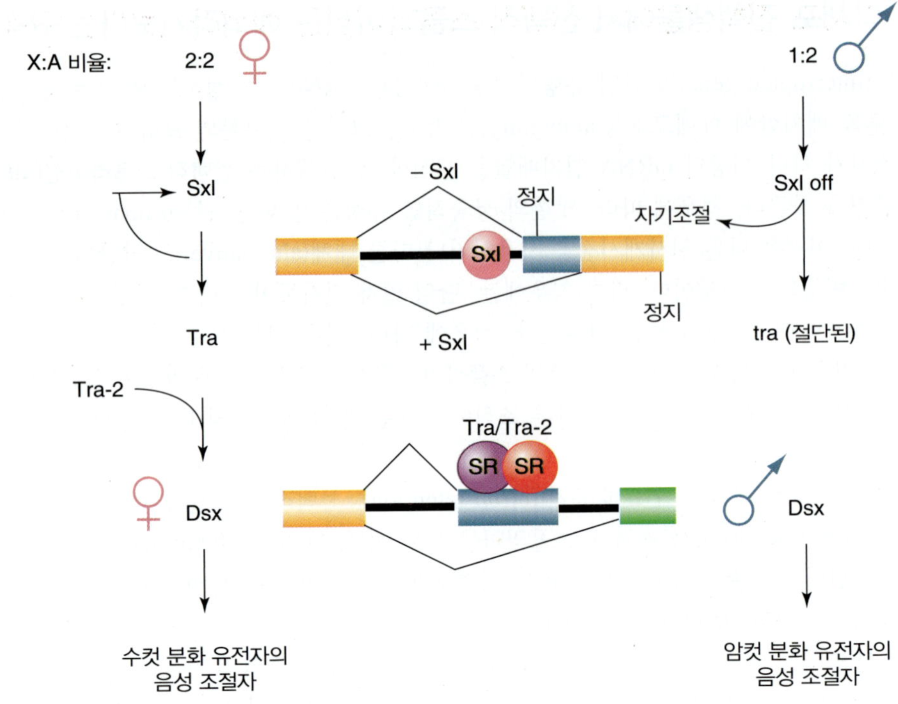

그림 21.20 노랑초파리(*D. melanogaster*)의 성 결정은 암컷에서 일어나는 다른 스플라이싱의 경로에 의해 좌우된다. 경로의 어느 단계를 차단하면 수컷이 발생한다. 그림에 나타난 것은 선택적 3′ 스플라이싱 부위의 사용을 차단하는 SxL 단백질에 의해 제어되는 *tra* pre-mRNA 스플라이싱과 선택적 엑손의 포함에 긍정적 영향을 주는 다른 SR 단백질들과 함께 Tra와 Tra2 단백질들에 의해 조절되는 *dsx* pre-mRNA 스플라이싱이다.

이 경로에는 일련의 유전자들 사이의 상호작용을 포함하며, 선택적 스플라이싱 과정이 수컷과 암컷을 구별한다. 경로는 **그림 21.20**에 나와 있는 형식을 취하는데, X 염색체와 상염색체(autosome)의 비율이 성 결정유전자(*sex lethal*, *sxl*)의 발현을 결정하고, 발현의 변화가 다른 유전자를 통해 순차적으로 더블 섹스(*double sex*, *dsx*), 즉 경로의 마지막으로 전달된다.

이 경로는 *sxl*의 성-특이적 스플라이싱으로 시작한다. *sxl* 유전자의 엑손 3은 기능을 지닌 단백질 합성을 방해하는 종결 코돈을 포함하고 있다. 이 엑손은 수컷에서 생성된 mRNA에 포함되어 있지만 암컷에서는 건너뛴다. 그 결과, 암컷만이 Sx1 단백질을 만든다. 이 단백질은 다른 RNA-결합 단백질과 유사한 염기성 아미노산이 집중되어 있다.

Sxl 단백질의 존재는 형질전환(transformer, *tra*) 유전자의 pre-mRNA의 스플라이싱을 변화시킨다. 그림 21.20은 불변 5′ 스플라이싱 부위가 다른 3′ 스플라이싱 부위에 스플라이싱하는 것을 보여주고 있다(이 모드는 그림과 같이 *sxl*과 *tra* 스플라이싱 모두에 해당된다). 하나의 스플라이싱 유형은 수컷 및 암컷 모두에서 일어나며, 조기 종결 코돈을 갖는 RNA를 생성한다. Sxl 단백질의 존재는 그 분지 부위의 폴리피리미딘(polypyrimidine) 영역에 결합함으로써 상류 3′ 스플라이싱 부위의 사용을 억제한다. 이 스플라이싱 부위를 건너뛸 때 다음 3′ 스플라이싱 부위가 사용된다. 이로 인하여 단백질을 암호화하는 암컷-특이성 mRNA를 생성한다.

따라서 Sxl은 암컷에서의 발현을 보장하기 위해 자체 스플라이싱을 자가조절하고 *tra*는 암컷에서만 단백질을 생성한다; Sxl처럼 Tra 단백질은 스플라이싱 조절인자(splicing regulator)이다. *tra2*는 암컷에서 비슷한 기능을 한다(그러나 수컷에서도 발현된다). Tra와 Tra2 단백질은 표적 전사체에 직접 작용하는 SR 스플라이싱 인자이다. (암컷에서) Tra와 Tra2는 협력하여 *dsx*의 스플라이싱에 영향을 준다. *dsx* 유전자에서 암컷은 인트론 3의 5′ 스플라이싱 부위와 그 인트론의 3′ 스플라이싱 부위를 연결한다; 그 결과 단백질 합성(번역)은 엑손 4의 말단에서 끝난다. 수컷은 인트론 3의 5′ 스플라이싱 부위를 인트론 4의 3′ 스플라이싱 부위에 직접 연결하여 mRNA로부터 엑손 4를 생략하고 엑손 6을 통해 단백질 합성(번역)이 계속되게 한다. 선택적 스플라이싱의 결과 각 성별에 따라 다른 Dsx 단백질이 생성된다는 것이다: 수컷의 Dsx 단백질은 암컷의 성 분화를 차단하는 반면, 암컷의 Dsx 단백질은 수컷-특이적 유전자의 발현을 억제한다.

핵심개념

- 특이적인 엑손 또는 엑손 염기배열은 선택적 스플라이싱 부위를 이용하여 mRNA 산물에서 배제되거나 포함될 수 있다.
- 선택적 스플라이싱은 유전자 산물의 구조적 및 기능적 다양성에 기여하고 있다.
- 초파리의 성 결정은 경로의 연속된 생성물을 코드하는 유전자에서 일련의 선택적 스플라이싱 과정이 관여하고 있다.

개념 및 추론 확인

인간 세포에서 생성된 mRNA 수를 기반으로, 인간 유전자 수의 최초 추정치는 현재 인간 유전자 수보다 훨씬 높았다. 이것이 어떻게 가능한가?

21.12 트랜스-스플라이싱 반응은 작은 RNA를 사용한다

메커니즘 및 진화적 측면에서, 스플라이싱은 분자 내 반응으로 간주되어 왔으며, 본질적으로 RNA 수준에서 인트론 염기배열의 조절을 받는 결실에 해당한다. 유전학적 측면에서, 스플라이싱은 시스(*cis*)에서만 일어난다. 이것은 *동일한 RNA 분자상의 염기배열만이 함께 스플라이싱될 수 있음을 의미한다.*

그림 21.21의 상단 부분은 일반적인 상황을 보여주고 있다. 인트론은 각 RNA 분자에서 제거되어, 그 RNA 분자의 엑손이 함께 스플라이싱될 수 있지만, 상이한 RNA 분자 간의 엑손 *분자 간*(*intermolecular*) 스플라이싱은 없다. 비록 동일한 유전자의 pre-mRNA 전사체 간의 트랜스-스플라이싱(*trans*-splicing)이 발생하지만, 그것은 당연히 극히 드문 경우라는 것을 알고 있는데, 그러한 이유는 만일 트랜스-스플라이싱이 일반적이라면, 유전자의 엑손은 단일상보성 그룹에 속하는 것이 아니라 또 다른 유전적으로 보완될 수 있기 때문이다.

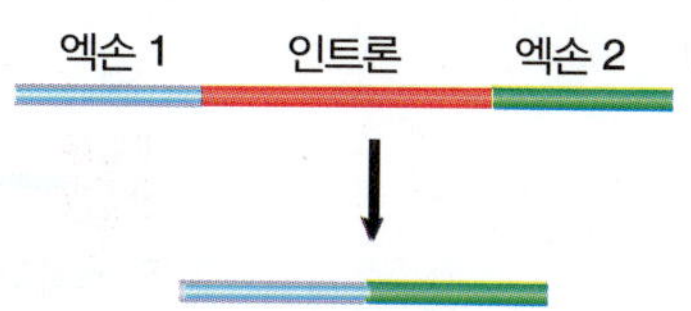

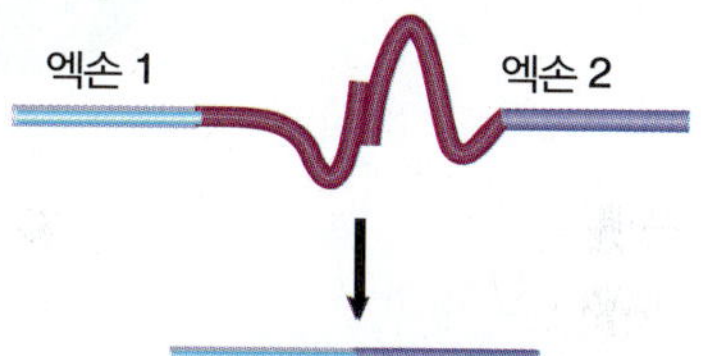

그림 21.21 스플라이싱은 엑손들 사이의 시스(*cis*)에서만 일어나지만 인트론 사이에 염기짝짓기를 지지하는 특별한 구조물을 만들 경우 트랜스-스플라이싱(*trans*-splicing)이 일어날 수 있다.

다세포 진핵생물에서 트랜스-스플라이싱은 드물지만, 트랜스-스플라이싱은 트리파노소마(trypanosome)와 선충(nematode)과 같은 일부 생물체에서 전구체 RNA를 성숙하게 하고, 단백질을 합성할 수 있는 mRNA로 프로세싱(processing, 가공)하는 일차 메커니즘으로 사용된다. 트리파노소마에서는 모든 유전자가 박테리아와 같은 폴리시스트론 전사체(polycistronic transcript)로 발현된다. 그러나 전사된 RNA는 폴리시스트론 RNA는 단백질을 합성하기 위한 개별 모노시트트론 mRNA(monocistronic mRNA)로 변환하기 위해 트랜스-스플라이싱에 의해 도입된 37-뉴클레오티드 리더(leader, 선도) 없이는 단백질이 합성될 수 없다. 그러나 선도 염기배열은 개별 전사 단위의 상류에 암호화되어 있지 않다. 대신에 게놈의 다른 위치에 있는 반복배열 단위로부터 3′ 말단에 추가적인 염기배열을 가지고 있는 독립적인 RNA로 전사된다. **그림 21.22**는 이 RNA가 선도 염기배열과 5′ 스플라이싱 부위 염기배열을 가지고 있음을 보여준다. mRNA를 암호화하는 염기배열은 성숙한 mRNA에서 발견된 염기배열 바로 앞의 3′ 스플라이싱 부위를 가지고 있다.

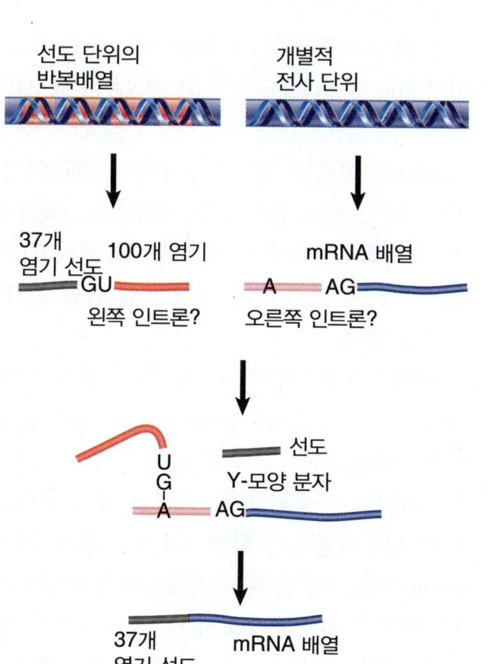

그림 21.22 SL RNA는 트랜스-스플라이싱에 의해 mRNA의 첫 번째 엑손에 연결되는 엑손을 제공한다. 반응은 시스-스플라이싱과 같은 상호작용을 필요로 하지만 올가미 대신에 Y-모양 RNA을 만든다.

선도 배열과 mRNA가 트랜스-스플라이싱 반응에 의해 연결될 때, 선도 RNA의 3′ 영역과 mRNA의 5′ 영역은 사실상 인트론의 5′ 및 3′의 반(half)으로 이루어져 있다. 스플라이싱이 일어날 때, 5′ 인트론의 GU와 3′ 인트론의 AG 근처의 분지 부위 염기배열 간의 일반

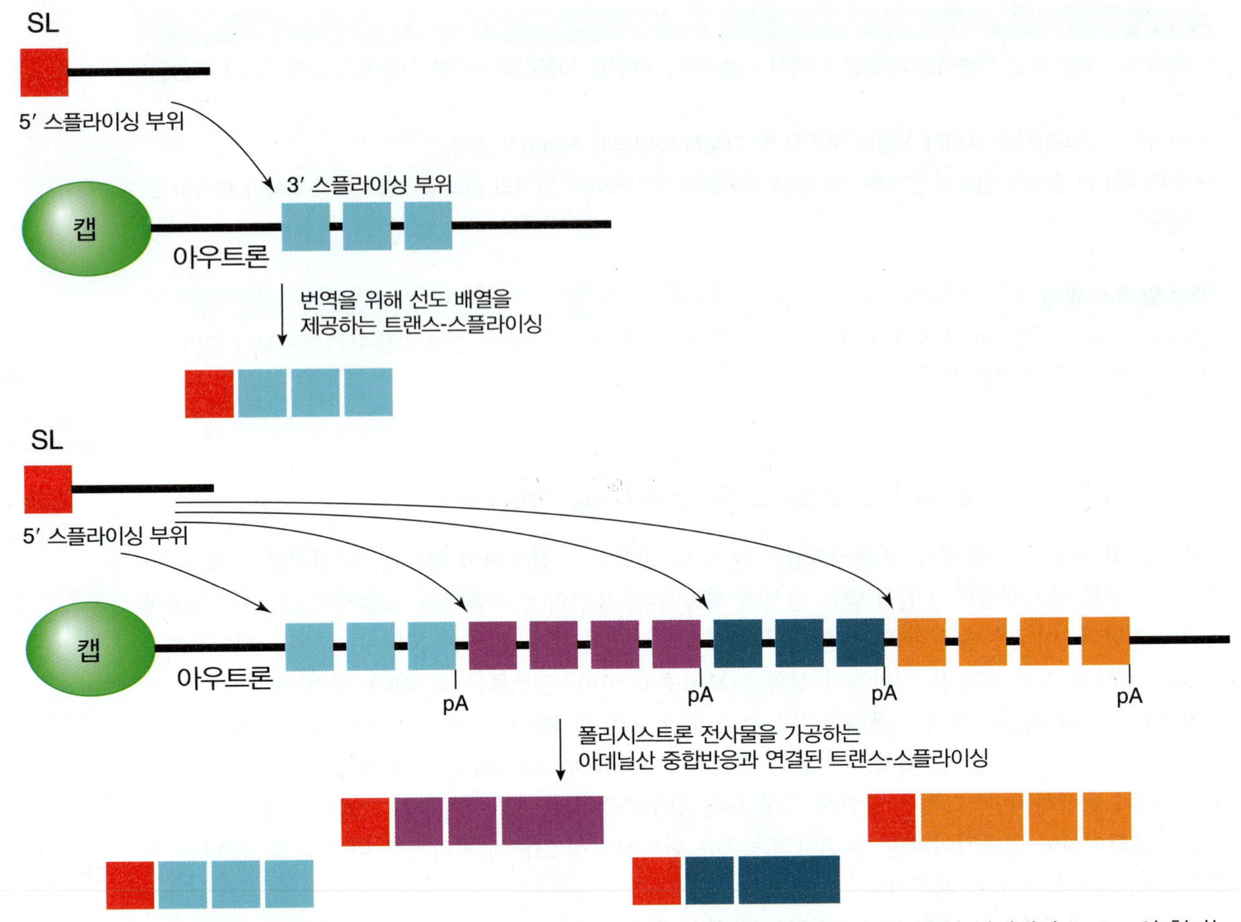

그림 21.23 SL RNA는 번역을 촉진하기 위해 선도 배열을 첨가한다. 절단과 아데닐산 중합반응과 연계해서 SL RNA의 첨가는 폴리시스트론 전사물을 모노시스트론 전사물로 전환시키는 데 쓰인다.

적인 반응에 의해 2′-5′ 연결이 형성된다. 인트론의 두 부분은 공유결합되어 있지만, 대신에 Y자 모양의 분자를 생성한다.

▶ **SL RNA(spliced leader RNA)** 트리파노소마(trypanosome)와 선충의 트랜스-스플라이싱 반응에 엑손을 제공하는 작은 RNA.

트랜스-스플라이싱을 위해 5′ 엑손을 제공하는 RNA를 **SL RNA(*s*pliced *l*eader RNA)**라 한다. 길이가 100 뉴클레오티드인 SL RNA는 세 개의 줄기-고리(stem-loop)와 Sm-결합 부위와 유사한 단일-가닥 영역을 갖는 공통의 이차구조를 취할 수 있다. 따라서 SL RNA는 Sm snRNP 클래스의 멤버로 간주되는 snRNP로 존재한다. 트랜스-스플라이싱 반응 동안, SL RNA는 그림 21.23의 상단 패널에서 설명한 바와 같이, 원래 캡과 선도("아우트론, outron"이라고 불림)를 대신하는 스플라이싱된 산물의 일부가 된다. 스플라이싱에 관여하는 (U6를 제외한) 다른 snRNPs와 마찬가지로 SL RNA는 단백질 합성(번역)을 용이하게 하기 위해 다양한 캡 결합 인자 eIF4E에 의해 인식되는 삼메틸화 캡(trimethylated cap)을 가지고 있다.

예쁜꼬마선충에서 약 70%의 유전자가 트랜스-스플라이싱 기작에 의해 가공되며, 두 개의 클래스로 더 나눌 수 있다. 한 클래스의 유전자는 모노시스트론(monocistronic) 전사체를 생성하며, 시스(*cis*)-와 트랜스-스플라이싱 모두에 의해 가공된다. 이러한 경우, 내부 인트론 염기배열을 제거하기 위해 시스-스플라이싱이 사용되지만, 단백질 합성(번역)을 위해 SL RNA로부터 유래된 22-뉴클레오티드 선도 염기배열을 제공하기 위해 트랜스-스플라이싱이 이용된다. 다른 종류의 유전자는 폴리시스트론(polycistronic)이다. 이 경우, 그림 21.23의 하단 패널에 나와 있는 것처럼, 트랜스-스플라이싱을 사용하여 폴리시스트론 전사체를 모노시스트론 전사체로 변환하고 SL 선도 염기배열을 번역에 제공한다.

트리파노소마(trypanosome)의 몇몇 종과 또한 예쁜꼬마선충에서도 발견되는 SL RNA는 몇몇 공통된 특징을 가지고 있다. 그들은 세 개의 스템-루프(stem-loop)와 Sm-결합 부위와 유사한 단일-가닥 영역을 갖는 공통의 이차구조를 취한다. 따라서 SL RNA는 Sm snRNP 구성원인 snRNP로 존재한다. 트리파노소마는 U2, U4, U6 snRNA는 있지만 U1 또는 U5 snRNA가 없다. U1 snRNA의 부재는 U1 snRNA가 일반적으로 5′-스플라이싱 부위에서 수행하는 기능을 수행할 수 있는 SL RNA의 특성으로 설명할 수 있다. 실제로, SL RNA는 U1 기능을 보유하고 그것이 인식하는 엑손-인트론 부위에 연결된 snRNA 염기배열로 구성되어 있다.

SL RNA의 트랜스-스플라이싱 반응은 pre-mRNA 스플라이싱 장치를 향한 진화적인 전이를 나타낼 수 있다. *cis*에서, SL RNA는 5′ 스플라이싱 부위를 인식하는 능력을 제공하며, 이는 아마도 RNA의 특정 형태에 의존할 것이다. 스플라이싱에 필요한 나머지 기능은 독립적인 snRNP에 의해 제공된다.

핵심개념

- 스플라이싱 반응은 보통 RNA의 동일한 분자에 있는 스플라이싱 접합부 간의 시스에서만 발생한다.
- 트랜스-스플라이싱(*trans*-splicing)은 짧은 염기배열(SL RNA)이 많은 전구체 mRNA의 5′ 말단에 스플라이싱되는 곳인 트리파노소마(trypanosome)과 벌레(worm)에서 일어난다.
- SL RNA는 U snRNA의 Sm-결합 부위와 유사한 구조를 가지고 있다.

개념 및 추론 확인

자가-스플라이싱, 트랜스-스플라이싱 및 pre-mRNA 스플라이싱의 과정을 비교하라.

21.13 tRNA 스플라이싱은 별도의 반응에서 절단과 재결합이 관여하고 있다

대부분의 스플라이싱 반응은 짧은 공통염기배열에 의존하고, 절단 및 결합 형성이 조정되는 에스테르교환반응에 의해 발생한다. tRNA 유전자의 스플라이싱은 별도의 절단 및 연결(ligation) 반응에 의존하는 다른 기작에 의해 달성된다.

효모 *S. cerevisiae*에서 272개의 핵 tRNA 유전자 중 약 59개가 차단되어 있다. 각각은 안티코돈(anticodon)의 3′쪽 너머에 단지 하나의 뉴클레오티드에 위치한 단일 인트론을 가지고 있다. 인트론의 길이는 14~60개이다. 관련 tRNA 유전자에 있는 것들은 염기배열이 관련되어 있지만, 다른 아미노산을 나타내는 tRNA 유전자의 인트론은 무관하다. *스플라이싱 효소(splicing enzyme)에 의해 인식될 수 있는 공통염기배열은 없다.* 이것은 식물, 양서류 및 포유류의 중단된 핵 tRNA 유전자에게도 해당된다.

모든 인트론은 tRNA의 안티코돈(anticodon)에 상보적인 염기배열을 포함한다. 이것은 안티코돈 암(anticodon arm)이 안티코돈을 염기쌍으로 하여 일반적인 암(arm)의 연장을 형성하는 또 다른 형태(alternative conformation)을 만든다. **그림 21.24**에 예를 나타내었다. 안티코돈 암(arm)만 영향을 받고, 나머지 분자는 일반적인 구조를 유지한다.

인트론의 정확한 염기배열과 크기는 중요하지 않다. 인트론 대부분의 돌연변이는 스플라이싱을 방해하지 않는다. *tRNA의 스플라이싱은 주로 인트론의 공통염기배열보다는 tRNA의 공통적인 이차구조의 인식에 달려있다.* TψC 암(TψC arm)과 특히 안티코돈 고리에서 수용체 암(acceptor arm)와 D 암(D arm) 간의 신장(stretch) 영역을 포함하여 분자의 여러 부분에 있는 영역이 중요하다. 이것은 단백질 합성(번역)에 필요한 tRNA의 구조가 어떤 구조를 가지고 있어야 한다는 것을 연상하게 한다(*24장 단백질 합성* 참조).

그러나 인트론은 완전히 무관하지는 않다. 인트론 고리에 있는 염기와 스템(stem, 줄기)에서 염기쌍을 이루지 않고 있는 염기 간의 염기 짝짓기는 스플라이싱에 필요하다. 이 염기쌍에 영향을 미치는 다른 위치의 돌연변이(예: 염기쌍 결합을 위한 또 다른 유형을 만드는)는 스플라이싱에 영향을 준다. 스플라이싱을 위한 tRNA 전구체의 이용 가능성을 지배하는 법칙은 아

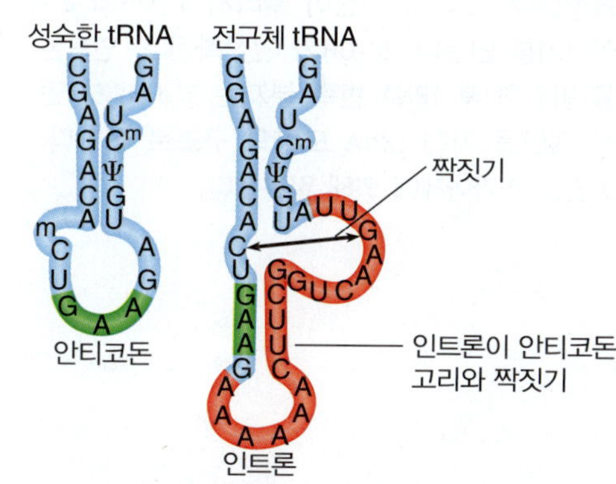

그림 21.24 효모 $tRNA^{phe}$의 인트론이 안티코돈과 염기 짝짓기를 하여 안티코돈 암의 구조를 변화시킨다. 스템의 배제된 염기와 전구체의 인트론 루프 사이의 짝짓기는 스플라이싱에 필요하다.

미노아실-tRNA 합성효소(aminoacyl-tRNA synthetase)에 의한 인식을 지배하는 법칙과 유사하다(*25.8절 tRNA는 아미노아실-tRNA 합성효소에 의해 아미노산과 결합한다* 참조).

반응은 서로 다른 효소에 의해 촉매되는 두 단계로 일어난다:

- 첫 번째 단계에서는 ATP를 필요로 하지 않는다. 그것은 비전형적인 핵 분해효소반응에 의한 인산디에스테르(phosphodiester) 결합이 절단된다. 이것은 핵산내부가수분해효소(endonuclese)에 의해 촉매된다.
- 두 번째 단계는 ATP를 필요로 하며 결합 형성을 포함하고 있다; 이 과정이 연결(ligation) 반응이며, 이 반응을 담당하는 효소 활성을 **RNA 리가아제(RNA ligase, RNA 연결효소)**라 한다.

▶ **RNA 리가아제(RNA ligase, RNA 연결효소)** 인트론의 절단에 의해 생성된 두 개의 엑손 염기배열 사이에 인산디에스테르(phosphodiester) 결합을 만들기 위해 tRNA 스플라이싱에서 작용하는 효소.

전체 tRNA 스플라이싱 반응을 그림 21.25에 요약하였다. 절단의 산물은 선형의 인트론 및 두 개의 반쪽 tRNA(half-tRNA) 분자이다. 이들 중간체는 독특한 말단을 가지고 있다. 각각의 5′ 말단은 수산기(hydroxyl group)로 끝난다; 각 3′ 말단은 2′, 3′-고리형 인산 그룹(2′, 3′-cyclic phosphate group)으로 끝난다(다른 모든 알려진 RNA 스플라이싱 효소는 인산 결합의 반대편에서 끊어진다).

두 개의 반쪽 tRNA(half-tRNA)는 염기쌍을 이루어 tRNA와 유사한 구조를 형성한다. ATP가 첨가되면, 많은 효소활성을 갖는 단일 효소에 의해 촉매되는 두 번째 반응이 일어난다.

- *고리형 인산디에스테르가수분해효소(cyclic phosphodiesterase) 활성*. 핵산내부가수분해효소에 의해 생성된 비정상적인 말단 모두가 연결 반응 전에 변경되어야 한다. 고리형 인산 그룹은 먼저 2′-인산 말단을 생성하기 위해 개방된다.
- *키나아제(kinase, 인산화효소) 활성*. 생성물은 2′-인산 그룹 및 3′-OH 그룹을 갖는다. 핵산내부가수분해효소에 의해 생성된 5′-OH 그룹은 5′-인산을 제공하기 위해 인산화되어야 한다. 이것은 3′-OH가 5′-인산염 옆에 있는 부위를 생성한다.
- *연결효소(ligase) 활성*. 폴리뉴클레오티드 사슬의 공유결합 완성은 리가아제(ligase) 활성에 의해 회복된다. 스플라이싱된 분자는 이제 스플라이싱 부위에서 5′-3′ 인산 결합으로 중단되지 않았지만, 스플라이싱된 tRNA 상에 과정을 표시하는 2′-인산 그룹이 있다. 마지막 단계에서 이 여분의 그룹은 2′-인산을 NDP로 이동시켜 ADP 리보오스(ribose) 1′, 2′-고리형 인산염을 형성하는 인산가수분해효소(phosphatase)에 의해 제거된다.

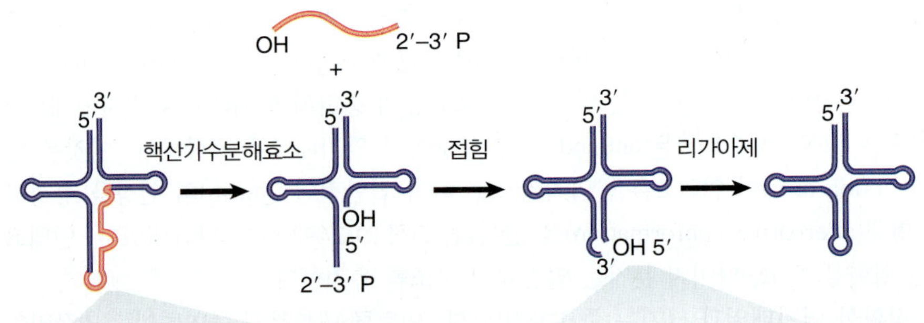

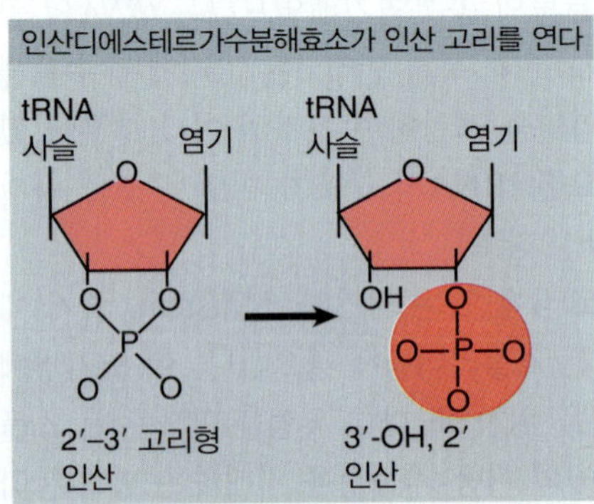

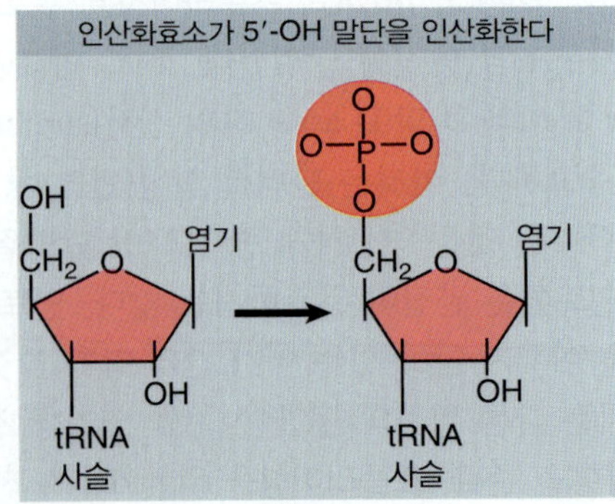

그림 21.25 tRNA 스플라이싱은 별개의 핵산가수분해효소와 연결효소 활성을 필요로 한다. 엑손-인트론 경계가 핵산가수분해효소에 의해 절단되어 2′,3′ 고리형 인산과 5′ OH 말단이 형성된다. 고리형 인산이 열려서 3′-OH와 2′-인산기를 만든다. 5′-OH가 인산화된다. 인트론을 방출한 후 tRNA 반쪽 분자는 3′-OH, 5′-인산 절단을 가진 tRNA 모양의 구조로 접힌다. 이것은 리가아제에 의해 밀봉된다.

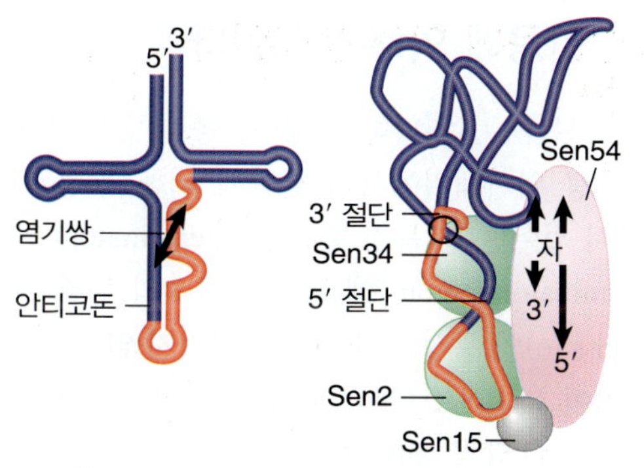

그림 21.26 효모 *S. cerevisiae* pre-tRNA의 3′과 5′ 절단은 핵산내부가수분해효소의 다른 소단위들에 의해 촉매된다. 다른 소단위는 성숙한 구조로부터 거리를 측정해 절단 부위의 위치를 결정할 수 있다. AI 염기쌍은 또한 중요하다.

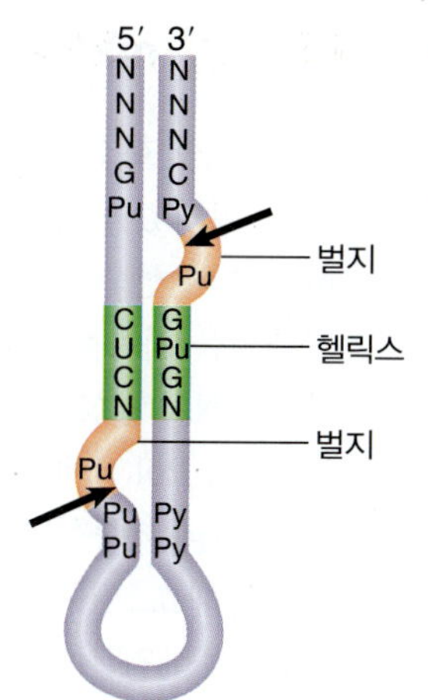

그림 21.27 고세균 tRNA 스플라이싱 핵산내부가수분해효소는 "볼록함-나선-볼록함" 모티프에서 벌지에 있는 각각의 가닥을 절단한다.

효모의 핵산내부가수분해효소는 두 개의 촉매 소단위인 Sen34 및 Sen2 및 두 개의 구조적 소단위인 Sen54 및 Sen15로 이루어진 헤테로테트라머 단백질(heterotetrameric protein)이다. 그 활성을 **그림 21.26**에 예시하였다. 관련된 소단위 Sen34 및 Sen2는 각각 3′ 및 5′ 스플라이싱 부위를 절단한다. 소단위 Sen54는 tRNA 구조의 한 지점으로부터 거리를 "측정(measuring)"하여 절단 부위를 결정할 수 있다. 이 지점은 (성숙한) L자-형 구조의 팔꿈치(elbow)에 있다. 소단위 Sen15의 역할은 알려져 있지 않지만, 그 유전자는 효모에서 필수적이다. 안티코돈(anticodon) 고리의 첫 번째 염기와 3′ 스플라이싱 부위 앞에 있는 염기 사이에 형성되는 염기쌍은 3′ 스플라이싱 부위 절단을 위해 필요하다.

고세균(Archaea)의 핵산내부가수분해효소(endonuclease)는 tRNA 스플라이싱의 진화에 대한 흥미로운 사실을 제공하고 있다. 이들은 동형이합체(homodimer) 또는 동형사합체(homotetramer)이며, 각 소단위는 (비록 사합체에서 부위 중 두 개만 작동하지만) 스플라이싱 부위 중 하나를 절단하는 활성 부위를 가지고 있다. 상기 소단위는 효모 효소의 Sen34 및 Sen2 소단위 내의 활성 부위의 염기배열과 관련된 염기배열을 갖는다. 그러나 고세균의 효소는 기질을 다른 방식으로 인식한다. 특정한 염기배열로부터의 거리를 측정하는 대신에, 그들은 볼록함-나선-볼록함(bulge-helix-bulge)라고 불리는 구조적 특징을 인식한다. **그림 21.27**은 두 개의 돌출부에서 절단이 일어나고 있음을 보여준다. 따라서 tRNA 스플라이싱의 기원은 고세균(Archaea)과 진핵생물(eukaryote)이 진화적으로 분리되기 이전이다. 만일 인트론이 tRNA에 삽입되어 유래된 것이라면, 이는 매우 오래된 과정이었음에 틀림없다.

핵심개념

- tRNA 스플라이싱은 연속적인 절단 및 연결 반응에 의해 발생한다.
- 핵산내부가수분해효소(endonuclease)는 인트론 양쪽 말단에서 tRNA 전구체를 절단한다.
- 인트론이 방출되면 완성된 구조를 형성하기 위해 쌍을 이루는 두 개의 반쪽 tRNA(half-tRNA)가 생성된다.
- 반쪽 tRNA에는 5′ 히드록실 및 2′-3′ 고리형 인산염의 비정상적인 말단이 있다.
- 5′-OH 말단은 폴리뉴클레오티드인산화효소(polynucleotide kinase)에 의해 인산화되고, 고리형 인산염 그룹은 인산디에스테르가수분해효소(phosphodiesterase)에 의해 열리고 2′-인산 말단과 3′-OH 그룹이 생성되고, 엑손 말단은 RNA 연결효소(RNA ligase)에 의해 결합되고, 2′-인산은 인산가수분해효소(phosphotase)에 의해 제거된다.
- 효모의 핵산내부가수분해효소는 두 개의 (관련된) 촉매 소단위를 갖는 이형사합체(heterotetramer)이다.
- 측정 메커니즘(measuring mechanism)을 사용하여 tRNA 구조의 한 지점과 관련된 위치별로 절단 부위를 결정한다.
- 고세균의 핵산가수분해효소(nuclease)는 구조가 단순하며 기질 내 볼록함-나선-볼록함(bulge-helix-bulge) 구조적 모티프를 인식한다.

개념 및 추론 확인

tRNA 스플라이싱과 pre-mRNA 스플라이싱을 비교하라.

21.14 mRNA 3′ 말단은 절단과 아데닐산 중합반응에 의해 생성된다

RNA 중합효소 II가 특정 부위의 종결 과정에 실제로 관여하는지는 명확하지 않다. 종결이 막연하게 규정되었을 수도 있다. 일부 전사 단위에서, 종결은 (특정 염기배열에서의 절단에 의해 생성된) mRNA의 성숙한 3′ 말단에 상응하는 부위 >1000 bp 하류에서 일어난다. 특정 종결인자(terminator) 염기배열을 사용하는 대신, 효소는 다소 긴 "종결인자 영역(terminator region)"에 위치한 다수의 부위 내에서 RNA 합성을 중단한다. 개별적인 종결 부위(termination site)의 특성은 대체로 알려지지 않았다.

RNA Pol II에 의해 전사된 mRNA의 3′ 말단은 절단에 이어 핵 RNA로부터 mRNA의 성숙에 필요한 아데닐산 중합반응(polyadenylation)에 의해 생성된다. 폴리(A) 테일(tail, 꼬리)은 3′→5′ 핵산 말단가수분해효소(exonuclease)에 의한 분해로부터 mRNA를 보호하는 것으로 알려져 있다. 진핵세포에서 폴리(A) 테일은 성숙한 mRNA의 핵 수송을 촉진하고 캡의 안정성을 향상시키는 역할을 하는 것으로 도 알려졌다.

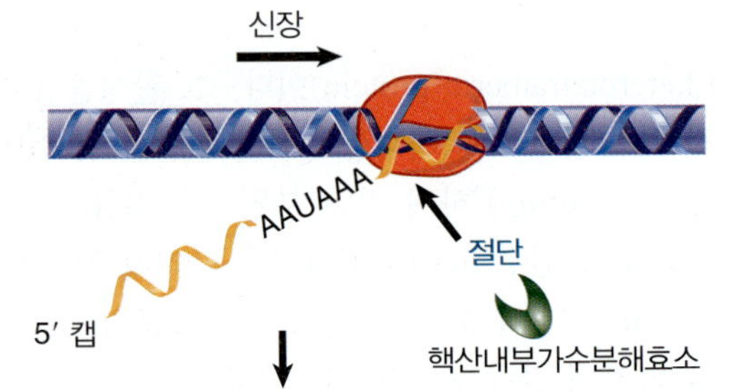

mRNA는 아데닐산 중합 반응에 의해 안정화된다

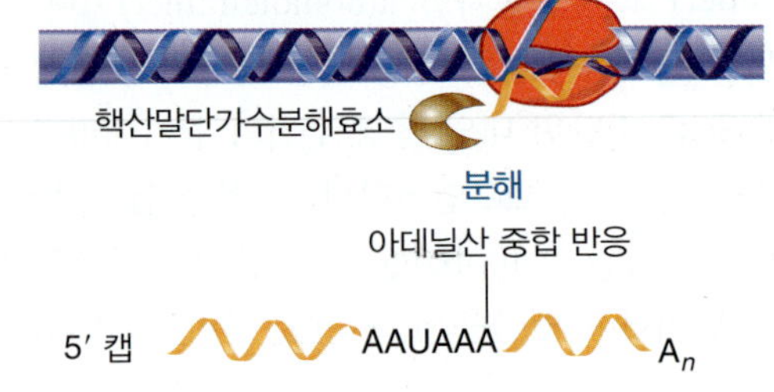

그림 21.28 AAUAAA 배열은 아데닐산 중합반응을 위한 3′ 말단을 만드는 절단에 필요하다.

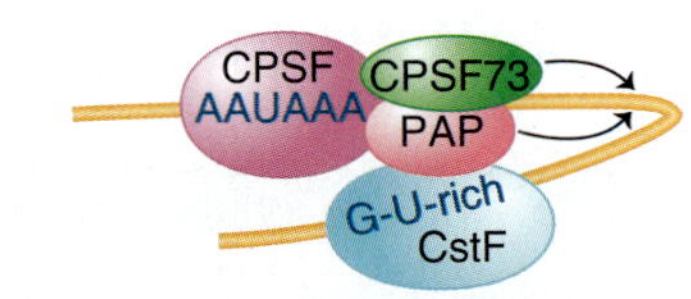

폴리(A) 중합효소(PAP)는 A 잔기들을 첨가한다

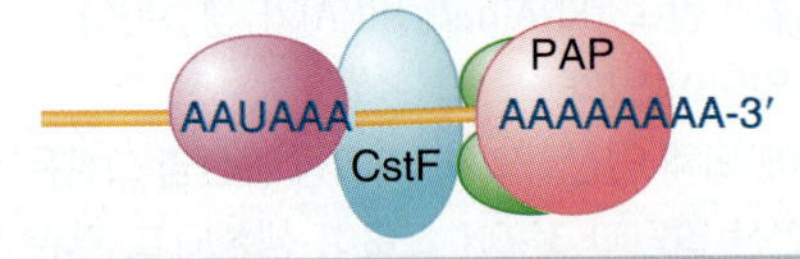

폴리(A)-결합 단백질(PBP)은 폴리(A)와 결합한다

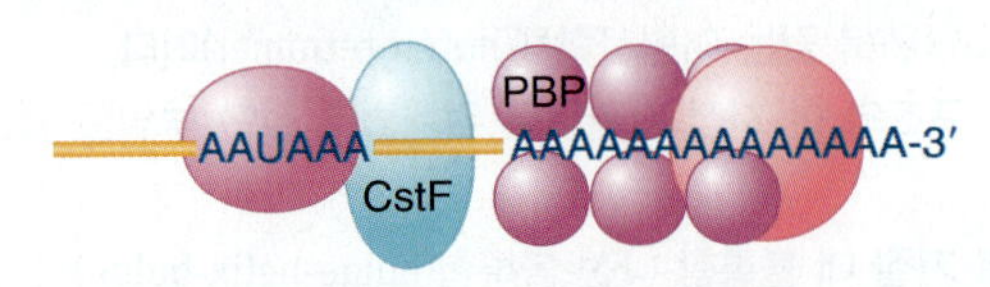

복합체는 ~200 A 잔기들을 첨가한 후 분리한다

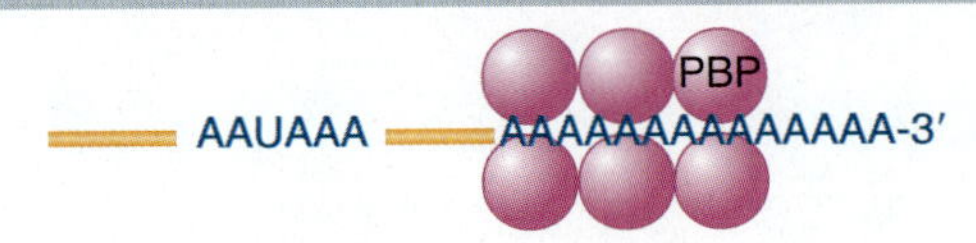

그림 21.29 3′ 프로세싱 복합체는 여러 활성으로 구성된다. CPSF와 CstF는 각각 여러 서브유닛들로 구성되고; 다른 구성분들은 단량체들이다. 전체 질량은 >900 RD이다.

3′ 말단은 생성을 그림 21.28에 나타내었다. RNA 중합효소는 3′ 말단에 상응하는 부위를 지나서 전사하고, RNA의 염기배열은 핵산내부분해 절단(endonucleolytic cut)에 이어지는 아데닐산 중합반응의 표적으로 인식된다. RNA 중합효소는 절단 후 전사를 계속하지만, 절단에 의해 생성된 5′ 말단은 보호되지 않으며, 그것은 전사종결신호가 된다.

대부분의 pre-mRNA에서 절단/아데닐산 중합반응 부위는 두 개의 시스(*cis*)-작용 시그널 옆에 위치하고 있고: 통상 그 부위로부터 11~30 뉴클레오티드에 상류에 위치하는 AAUAAA 모티프와 하류의 U 또는 GU가 풍부한 요소. AAUAAA는 절단 및 아데닐산 중합반응 모두에 필요한데(비록 식물과 균류에서는 AAUAAA 모티프로부터 상당한 변화가 있을 수 있지만), AAUAAA 육합체(hexamer)를 결실(deletion)시키면 아데닐산 중합반응된 3′ 말단의 생성이 방해된다는 것으로부터 알 수 있었다.

시험관 내에서 아데닐산 중합반응이 일어나는 시스템의 개발은 반응을 분석하는 길을 열었다. 3′ 가공을 수행하는 복합체의 형성 및 기능을 그림 21.29에 나타내었다. 적절한 3′ 말단 구조의 생성에는 많은 소단위를 가지고 있는 CPSF(*cleavage and polyadenylation specific factor*)에 의존한다. 소단위들 중 하나는 AAUAAA 모티프 및 많은 구성성분의 복합체인 CstF(*cleavage stimulatory factor*)에 직접 결합한다. 이러한 구성성분 중 하나는 하류에 있는 GU가 풍부한 염기배열에 직접 결합된다. CPSF 및 CstF는 아데닐산 중합반응 신호를 인식할 때 서로를 강화시킬 수 있다. 이 과정에 관여하는 특정 효소들로는 RNA를 절단하는 핵산내부가수분해효소(CPSF의 73kD 소단위) 및 폴리(A) 테일을 합성하기 위한 **폴리(A) 중합효소(poly(A) polymerase, PAP)**이다.

▸ **폴리(A) 중합효소(poly(A) polymerase(PAP), PAP)** 진핵 생물 mRNA의 3′ 말단에 일련의 폴리아데닐산(polyadenylic acid)을 추가하는 효소. 주형을 사용하지 않는다.

폴리(A) 중합효소는 비특이적인 촉매 활성을 갖는다. 그것이 다른 구성성분과 결합될 때, 합성 반응은 염기배열 AAUAAA를 함유하는 RNA에 특이적으로 된다. 아데닐산 중합반응은 두 단계를 거친다. 첫째, 상당히 짧은 (~10개의 잔기) 올리고(A)[oligo(A)] 염기배열 이 3′ 말단에 첨가된다. 이 반응은 절대적으로 AAUAAA 염기배열에 의존하며, 폴리(A) 중합효소는 특이성 인자의 지시에 의해 이를 수행된다. 두 번째 단계에서, 핵 폴리(A) 결합 단백질(poly(A) binding protein, PABP II)은 올리고(A) 테일(oligo(A) tail)에 결합하여 폴리(A) 테일을 최대 약 200개의 잔기 길이까지 연장시킨다. 폴리(A) 중합효소는 그 자체로 3′ 위치에 A 잔기를 개별적으로 부가한다. 이 효소의 본질적인(intrinsic) 작용 방식은 분배 메커니즘(distributive mechanism)이다; 각 뉴클레오티드가 첨가된 후에 분리된다. 그러나 CPSF와 PABP II가 있는 경우, 개별 폴리(A) 사슬을 연장하기 위해 가공 메커니즘(processive mechanism)으로 기능한다. 아데닐산 중합반응 후, PABP II는 폴리(A) 신장(stretch; 길게 뻗은 영역)에 화학량적(stoichiometrical)으로 결합하는데, 이는 알 수 없는 기작에 의해 폴리(A) 중합효소의 작용을 A 잔기의 첨가를 약 200개로 제한한다.

핵에서 성숙한 mRNA를 내보낼 때, 폴리(A) 테일은 세포질 폴리(A) 결합 단백질(poly(A) binding protein, PABP I)에 의해 결합된다. PABP는 mRNA를 3′→5′ 핵산말단가수분해효소의 분해로부터 보호할 뿐만 아니라, 단백질 합성(번역) 개시 인자 eIF4G와 결합하여 mRNA의 단백질 합성(번역)을 촉진한다. 따라서 세포질의 mRNA는 단백질 복합체가 mRNA의 5′와 3′ 말단 모두를 포함하는 닫힌 루프(closed loop)를 형성한다(*24.7절 작은 소단위가 진핵세포 mRNA의 개시 부위를 스캔한다*의 그림 24.18 참조). 따라서 아데닐산 중합반응은 mRNA의 안정성 및 세포질에서의 단백질 합성(번역) 개시에 영향을 미친다.

핵심개념

- 염기배열 AAUAAA는 폴리아데닐화된 mRNA의 3′ 말단을 생성하기 위한 절단(cleavage) 신호이다.
- 반응에는 특이성 인자(specificity factor), 핵산내부가수분해효소(endonuclease) 및 폴리(A) 중합효소(poly(A) polymerase)가 포함된 단백질 복합체가 필요하다.
- 특이성 인자와 핵산내부가수분해효소는 AAUAAA의 RNA 하류를 절단한다.
- 특이성 인자와 폴리(A) 중합효소는 ~200개의 A잔기를 3′ 말단에 점진적으로 첨가한다.
- 폴리(A) 테일은 mRNA 안정성을 조절하고 단백질 합성(번역)에 영향을 준다.

개념 및 추론 확인

유전자의 암호가닥(coding strand)의 3′ 말단에서 AATAAA 공통염기배열이 결실되면 어떠한 효과가 나타날까?

21.15 rRNA의 생성에는 절단 과정이 필요하고 작은 RNA가 관여한다

주요 진핵세포의 rRNA는 성숙한 산물(mature product)을 생성하기 위해 절단 및 다듬기(trimming) 과정에 의해 가공되는 단일 일차 전사물의 일부로서 합성된다. 전구체는 18S, 5.8S 및 28S rRNA의 염기배열을 포함한다(다른 리보솜 RNA의 명명법은 1970년대에 자당밀도구배(sucrose gradient) 실험에서 수행된 초기 침전 연구를 기반으로 한다)(역자주: S는 침강계수임). 다세포 진핵생물에서 전구체는 *45S RNA*와 같은 침강 속도로 명명된다. 단세포/소수세포(oligocellular) 진핵생물에서는 작아진다(효모에서는 35S).

성숙한 rRNA(mature rRNA)는 외부틈새전사체(external transcribed spacer, ETS)와 내부틈새전사

그림 21.30 성숙한 진핵생물 rRNA는 1차 전사물로부터 절단과 다듬기 과정에 의해 생산된다.

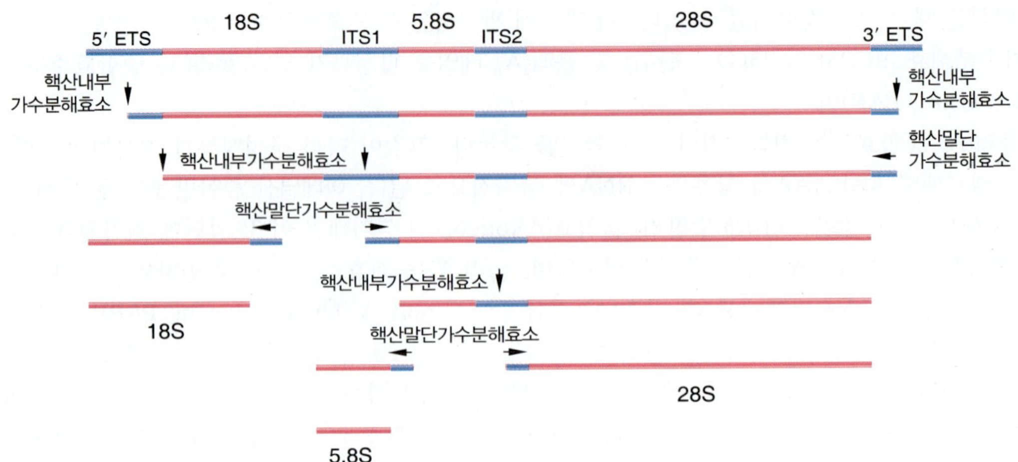

체(internal transcribed spacer, ITS)를 모두 제거하기 위해 절단 과정과 다듬기 반응의 조합으로 전구체에서 방출된다. 그림 21.30은 효모의 일반적인 경로를 보여준다. 과정의 순서에는 다양성이 있을 수 있지만, 기본적으로 모든 진핵생물에는 유사한 반응이 관여하고 있다. 대부분의 5′ 말단은 절단(cleavage) 과정으로 직접 생성된다. 대부분의 3′ 말단은 절단에 이어 3′-5′ 다듬기(trimming) 반응에 의해 생성된다. 이러한 가공은 ETS와 ITS 모두에서 많은 시스(*cis*)-작용 RNA 모티프에 의해 정해지며 150개 이상의 가공 인자(processing factor)에 의해 영향을 받는다.

rRNA에 대한 전사 단위는 항상 여러 사본이 있다. 사본은 직렬반복배열(tandem repeat)로 구성되어 있다(*7.3절, rRNA 유전자는 불변의 전사 단위를 포함하는 직렬반복배열을 형성한다* 참조). rRNA를 암호화하는 유전자는 인(nucleolus)에서 RNA 중합효소 I에 의해 전사된다. 이와는 대조적으로, 5S RNA는 RNA 중합효소 III에 의해 별개의 유전자로부터 전사된다. 일반적으로, 5S 유전자는 클러스터(cluster)를 이루지만, 주요 rRNA에 대한 유전자로부터 분리되어 있다.

박테리아에서 전구체의 구성에 차이가 있다. 5.8S rRNA에 상응하는 염기배열은 커다란 (23S) rRNA의 5′ 말단을 형성한다; 즉, 이러한 염기배열 간에 가공이 없다. 그림 21.31은 전구체가 또한 5S rRNA와 하나 또는 두 개의 tRNA를 포함하고 있음을 보여준다. 대장균에서는 7개의 *rnn* 오페론이 게놈 주위에 분산되어있다. 네 개의 *rnn* 유전자자리는 16S와 23S rRNA 염기배열 사이에 하나의 tRNA 유전자를 포함하고, 다른 *rrn* 유전자자리는 이 영역에서 두 개의 tRNA 유전자를 포함한다. 추가적인 tRNA 유전자는 5S 염기배열과 3′ 말단 사이에 존재할 수도 있고, 존재하지 않을 수 도 있다. 따라서 생성물을 방출하기 위해 필요한 가공 반응은 특정 *rrn* 유전자자리의 내용(content)에 의존한다.

원핵세포 및 진핵세포의 rRNA 가공 모두에서 가공 인자(processing factor)와 리보솜단백질(및 기타 단백질)이 전구체에 결합하므로, 가공을 위한 기질은 자유(free) RNA가 아니라 리보핵단백질 복합체(ribonucleoprotein complex)가 된다. rRNA 프로세싱은 전사 직후에 발생한다. 결과적으로 프로세

그림 21.31 대장균에서 *rrn* 오페론은 rRNA와 tRNA에 대한 유전자를 모두 가지고 있다. 전사물의 정확한 길이는 어떤 프로모터와 터미네이터(t)를 사용하는가에 달려있다. 각 RNA 생성물은 양쪽의 절단에 의해 전사물로부터 방출되어야 한다.

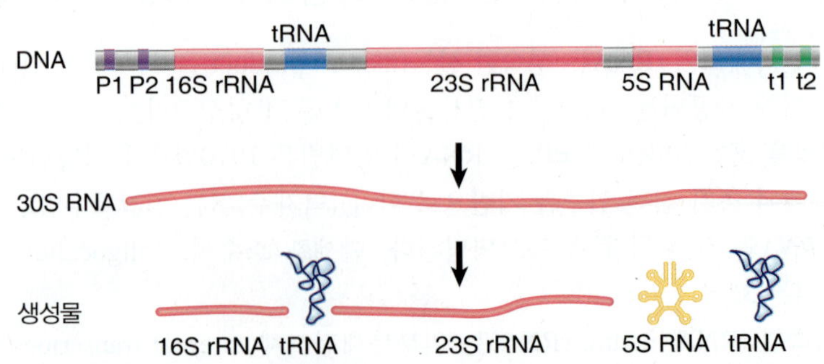

싱 인자는 리보솜을 만드는 과정에서 리보솜 단백질과 얽혀 있다. 첫 번째 가공 대신 프로세싱된 rRNA를 단계적으로 조립한다.

rRNA의 프로세싱 및 수식(modification)에는 **snoRNA(small nucleolar RNA)**라고 불리는 작은 종류의 RNA가 필요하다. 효모 *S. cerevisiae*와 척추동물의 게놈에는 수백 개의 snoRNA가 있다. 이러한 snoRNA 중 일부는 개별 유전자에 의해 암호화되어 있다; 다른 것들은 폴리시스트론(polycistron)으로부터 발현되며, 많은 것들은 그들의 숙주 유전자의 인트론으로부터 유래된다. 이러한 snoRNA 자체는 복잡한 가공 및 성숙(maturation) 단계를 거친다. 일부 snoRNA는 rRNA에 대한 전구체의 절단에 필요하다. 하나의 예는 U3 snoRNA이며, 이는 첫 번째 절단 과정에 필요하다. U3를 포함하는 복합체는 전자현미경으로 볼 수 있는 초기 rRNA 전사체의 5′ 말단에 있는 "말단 마디(terminal knob)"에 해당한다. 우리는 snoRNA가 절단에서 어떤 역할을 하는지 모른다. 핵산내부가수분해효소(endonuclease)에 의해 인식되는 이차구조를 형성하기 위해 특정 rRNA 염기배열과 쌍(pair)을 형성할 필요가 있을 수 있다.

▸ **snoRNA(small nucleolar RNA)** 인(nucleolus)에 국한되어 있는 작은 핵 RNA.

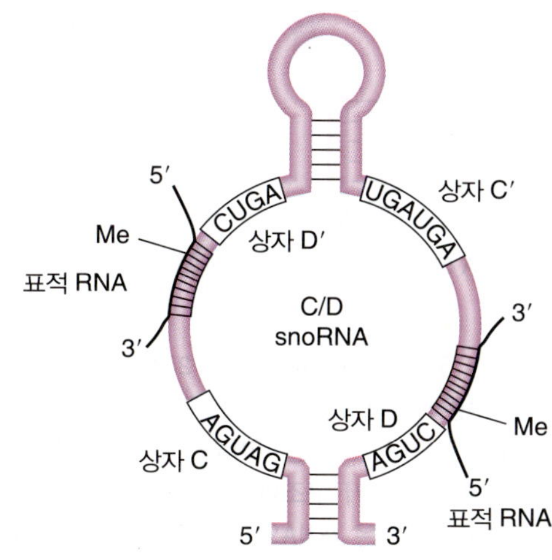

그림 21.32 snoRNA는 메틸화된 rRNA 영역과 염기쌍을 이룬다.

rRNA의 염기에 대한 수식에 두 그룹의 snoRNA가 필요하다. 각 그룹의 구성원은 매우 짧은 보존된 염기배열과 이차구조의 공통적인 특징에 의해 동정된다.

snoRNA의 C/D 그룹은 리보오스의 2′ 위치에 메틸 그룹을 첨가하기 위해 필요하다. 척추동물 rRNA의 보존된 위치에 100개 이상의 2′-O-메틸 그룹이 있다. 이 그룹은 상자(box) C와 D라고 하는 두 개의 짧은 보존염기배열 모티프에서 그 이름을 따 온 것이다. 각 snoRNA는 메틸화된 18S 또는 28S rRNA의 영역에 상보적인 D상자 근처의 염기배열을 포함한다. 특정 snoRNA의 상실은 snoRNA와 상보적인 rRNA 영역의 메틸화를 방해한다.

그림 21.32는 snoRNA가 메틸화를 위한 기질로 인식되는 이중구조 영역을 만들기 위해 rRNA와 쌍(pair)을 이룬다는 것을 보여준다. 메틸화는 D 상자의 5′ 측면에 5개 염기가 고정된 위치의 상보성 영역 내에서 발생한다. 각 메틸화 과정은 다른 snoRNA에 의해 밝혀질 가능성이 있다; ~40개의 snoRNA가 수식에 관련되어 있다. 각 C+D 상자 snoRNA는 세 개의 단백질 Nop1(척추동물에서의 피브릴라린, fibrillarin), Nop56p 및 Nop58p와 관련되어있지만, 주요한 snoRNP 단백질인 Nop1p/피브릴라린은 메틸전이효소(methyltransferase)와 구조적으로 유사하지만, 메틸화효소(methylase)는 완전히 밝혀져 있지 않다.

또 다른 그룹의 snoRNA는 우리딘(uridine)을 슈도우리딘(pseudouridine)으로 전환시켜 염기 수식에 관여한다. 효모 rRNA에는 ~50개의 잔기가 있고 슈도우라딘화 반응(pseudouraidination)에 의해 수식된 척추동물 rRNA에는 ~100개가 있다. 슈도우라딘화 반응을 그림 21.33에 나타내었다. 이 반응에서 우리딜산(uridylic acid)에서 리보오스(ribose)로 N1 결합이 끊어지고, 염기가 회전하고, C5가 당(sugar)에 재결합된다.

rRNA의 슈도우리딘 형성에는 약 20개의 snoRNA로 이루어진 H/ACA 그룹이 필요하다. 그들은 3′ 말단으로부터의 ACA 삼염기(triplet)의 세 뉴클레오티드와 두 개의 줄기-고리 헤어핀(stem-loop hairpin) 구조 사이에 있는 부분적으로 보존된 염기배열(H 상자)의 존재로부터 이름이 유래되었다. 이 snoRNA는 각각 각 헤어핀(hairpin)의 스템(stem) 내 rRNA에 상보적인 염기배열을 가지고 있다.

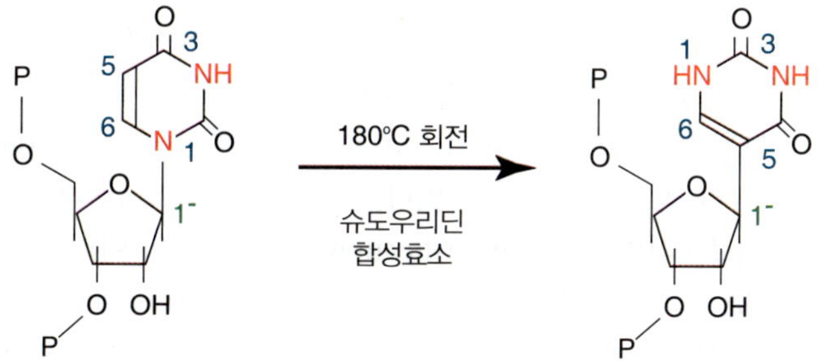

180°C 회전

슈도우리딘 합성효소

그림 21.33 우리딘은 N1-당 결합을 C5-당 결합으로 대체하고 당에 대해 염기를 회전시킴으로써 슈도우리딘으로 전환된다.

coli)의 많은 mRNA의 3′ 말단은 내재성 (ρ-비의존적) 전사 종결과 관련된 헤어핀(hairpin) 구조를 형성한다(*19장 원핵세포의 RNA 합성* 참조). 진핵세포의 mRNA는 전사가 일어남과 동시에 캡핑(capping)되고 폴리아데닐화된다(*21장 RNA 스플라이싱 및 프로세싱* 참조). 대부분의 비단백질-암호화 조절 정보(nonprotein-coding regulatory information)는 mRNA의 **5′ 및 3′ 비번역 영역(untranslated region, UTR)**에서 운반되지만, 일부 요소는 암호화 영역에 존재한다. 모든 mRNA가 뉴클레오티드의 선형 염기배열이지만, 2차 및 3차 구조는 분자 내 염기쌍에 의해 형성될 수 있다. 이러한 구조는 그림에서 설명한 **스템-루프(stem-loop)** 구조처럼 간단할 수도 있고, 분자의 먼 영역에서 분지된 구조 또는 뉴클레오티드 쌍을 포함하는 더 복잡한 것일 수도 있다. mRNA 조절 정보가 해독되고 mRNA 분해, 번역 및 로컬리제이션(localization, 위치 결정)을 담당하는 시스템에 의해 작용하는 메커니즘에 대한 연구는 오늘날 분자생물학에서 중요한 분야이다.

- **5′ 비번역 영역(5′ untranslated region, 5′ UTR)** 메시지의 시작 부분과 첫 번째 코돈 사이의 mRNA 영역.
- **3′ 비번역 영역(3′ untranslated region, 3′ UTR)** 종결 코돈과 메시지의 끝 사이에 있는 mRNA의 영역.
- **스템-루프(stem-loop)** 염기쌍 영역(줄기, stem)과 단일-가닥 RNA의 말단 루프(loop)로 구성된 RNA에 나타나는 이차구조. 스템과 루프 둘 모두 크기가 다양하다.
- **리보뉴클레아제(ribonuclease, 리보핵산가수분해효소)** RNA 리보뉴클레오티드 사이의 포스포디에스테르(phosphodiester) 연결을 끊는 효소.
- **엔도리보뉴클레아제(endoribonuclease, 리보핵산내부가수분해효소) (엔도뉴클레아제, endonuclease, 핵산내부가수분해효소)** 내부 부위에서 RNA를 절단하는 리보뉴클레아제(ribonuclease).
- **엑소리보뉴클라아제(리보핵산외부가수분해효소, exoribonuclease) (엑소뉴클레아제, exonuclease, 핵산외부가수분해효소)** RNA로부터 말단 리보뉴클레오티드를 제거하는 리보뉴클레아제.
- **과정뉴클레아제(processive nuclease)** 뉴클레오티드의 순차적 제거를 촉매하는 동안 기질과 결합된 채 남아있는 효소.

22.2 메신저 RNA(mRNA)는 불안정한 분자이다

mRNA는 DNA와는 달리, 그리고 정도는 덜하지만 rRNA와 tRNA와는 달리, 상대적으로 불안정한 분자이다. 리보뉴클레오티드를 연결하는 포스포디에스테르 결합이 리보오스(ribose) 당의 2′ 탄소에 있는 히드록실(OH)기의 존재로 인해 데옥시리보뉴클레오티드(deoxyribonucleotide)를 연결하는 것보다 다소 약한 것은 사실이지만, 이것이 mRNA의 불안정성의 주된 이유는 아니다. 오히려 세포는 RNA 분해효소인 **리보뉴클레아제(ribonuclease, 리보핵산가수분해효소)**를 포함하고 있으며, 일부는 특이적으로 mRNA 분자를 표적으로 한다.

리보뉴클레아제는 RNA 리보뉴클레오티드를 연결하는 포스포디에스테르(phosphodiester) 연결을 절단하는 효소이다. 그들은 많은 다른 단백질 도메인이 리보뉴클레아제 활성을 갖기 위해 진화해 왔기 때문에 다양한 분자이다. 알려진 리보자임(ribozyme, 촉매 RNA, catalytic RNA)의 드문 사례로는 이 중요한 활성의 고대 기원을 나타내는 많은 리보뉴클레아제(*23장 촉매 RNA* 참조)가 있다. 기질의 RNA 성질이 분명할 때 뉴클레아제(nuclease, 핵산분해효소)라고도 불리는 리보뉴클레아제는 DNA 복제, DNA 수복, (pre-mRNA, tRNA, rRNA, snRNA 및 miRNA를 포함하는) 새로운 전사체의 프로세싱(processing), 그리고 mRNA의 분해를 포함하여 세포에서 많은 역할을 한다. 그림 22.2에 묘사한 바와 같이(그리고 3.2절 핵산가수분해효소에서 기술한 바와 같이) 리보뉴클레아제를 일반적으로 단순히 엔도뉴클레아제(endonuclease, 핵산내부가수분해효소) 또는 엑소뉴클레아제(exonuclease, 핵산외부가수분해효소)라고 언급하지만, 리보뉴클레아제는 **엔도리보뉴클레아제(endoribonuclease, 리보핵산내부가수분해효소)** 또는 **엑소리보뉴클라아제(exoribonuclease, 리보핵산외부가수분해효소)**이다. 엔도뉴클레아제는 내부 부위에서 RNA 분자를 절단하고, 특정 구조 혹은 염기배열을 필요로 하거나 선호할 수 있다. 엑소뉴클레아제는 RNA 말단에서 뉴클레오티드를 제거하고 명확한 극성(5′에서 3′ 또는 3′에서 5′으로)을 가지고 있다. 일부 엑소뉴클레아제는 **과정 뉴클레아제(processive nuclease)**가 있으며, 뉴클레오티드를 순차적으로 제거하는 동안 기질과 결합된 채로 남아있는 반면, 다른 것들은 기질로부터 해리

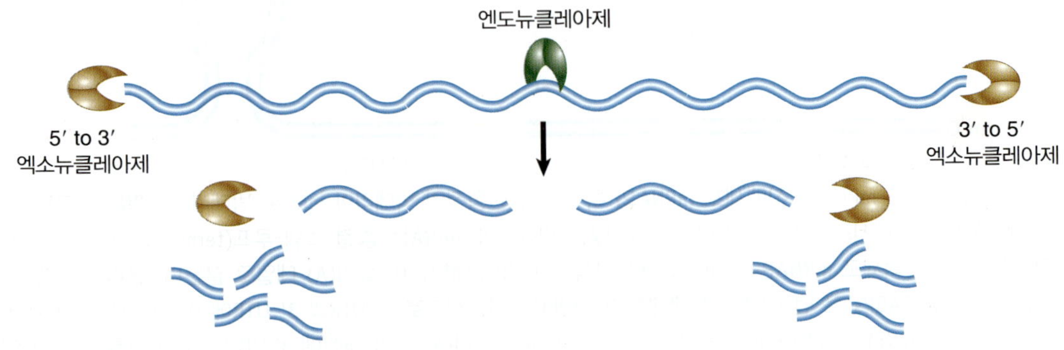

그림 22.2 리보뉴클레아제의 종류들. 엑소뉴클레아제는 양방향성이어서 5′ 말단 또는 3′ 말단에서 RNA를 절단하여 리보핵산을 분해할 수 있다. 엔도뉴클레아제는 내부의 이인산에스테르 연결(phosphodiester linkage) 부위에서 RNA를 절단한다. 엔도뉴클레아제는 주로 특이배열 및/또는 이차구조를 표적으로 한다.

되기 전에 단 하나 또는 여러 개의 뉴클레오티드의 제거를 촉매하는 **분배 뉴클레아제(distributive nuclease)**이다.

대부분의 mRNA는 확률적으로 (방사성 동위원소의 붕괴와 같이) 분해되며 결과적으로 mRNA 안정성은 **반감기(half-life) ($t_{1/2}$) (RNA)**로 표현된다. 용어 **mRNA 붕괴(mRNA decay)**는 종종 mRNA 분해(mRNA degradation)와 상호교환적으로 사용된다. mRNA-특이적 안정성 정보는 시스(*cis*)-염기배열에 암호화되어 있으며(*22.7절 mRNA-특이적 반감기는 mRNA 내의 염기배열 또는 구조에 의해 조절된다* 참조), 따라서 각 mRNA의 특징을 가지고 있다. 서로 다른 mRNA는 100배 이상 차이가 나는 현저한 안정성을 나타낼 수 있다. 대장균에서 일반적인 mRNA 반감기는 약 3분이지만, 개별 mRNA의 반감기는 20초로 짧을 수도 있고, 90분으로 길 수도 있다. 출아 효모에서 mRNA 반감기는 3분에서 100분까지이며, 후생동물(metazoan)에서는 반감기가 수분에서 수 시간, 드물게는 며칠이다. 비정상적인 mRNA는 매우 빠른 파괴의 대상이 될 수 있다(*22.8절 새로 합성된 RNA는 핵 감시 시스템을 통해 결함 여부가 확인된다*와 *22.9절 mRNA 번역의 품질 관리는 세포질 감시 시스템에 의해 수행된다* 참조). 반감기 값은 일반적으로 그림 22.3에 설명된 방법의 일부 버전에 의해 결정된다.

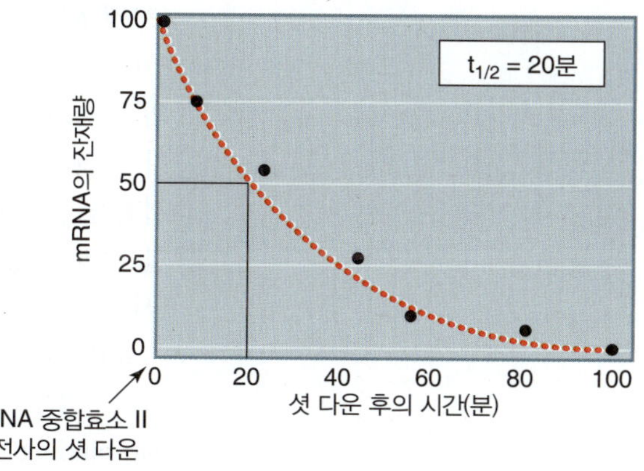

그림 22.3 mRNA의 반감기를 결정하는 방법. Pol II 유전자에서 온도-민감성 돌연변이를 가진 균주에서 약물이나 온도 변화에 의하여 RNA 중합효소 II 전사는 중지된다. 특이 mRNA의 수준은 전사의 중지가 일어난 다음의 여러 시간대에 노던블롯(Northern blot) 또는 RT-PCR에 의하여 결정된다. RNA 분해는, 일단 시작되면, 분해 과정에서 중간체가 탐지되지 않을 정도로 빠르게 일어난다. 반감기는 mRNA가 초기 값의 절반으로 떨어지는 데 걸리는 시간이다.

세포 내에서 특이적인 mRNA의 양이 풍부한 것은 합성(전사 및 RNA 프로세싱)과 분해를 모두 합친 비율의 결과이다. 이러한 매개변수(parameter)가 일정하게 유지되면, mRNA 수준은 **분자 농도**가 **항정상태(steady state)**에 도달한다. 세포에 의해 합성된 단백질의 스펙트럼은 (비록 번역 효율의 차이가 중요한 역할을 하지만) 대부분 mRNA 주형이 풍부하다는 것을 반영하고 있다. mRNA 붕괴의 중요성은 차등적인 mRNA 존재량에 대한 mRNA의 붕괴 속도와 전사속도의 상대적인 기여도를 조사한 대규모 연구에 의해 강조되었다. 붕괴 속도가 우세하다. 불안정한 mRNA의 가장 큰 장점은 mRNA 합성의 변화를 통해 번역산물의 양을 빠르게 변화시킬 수 있다는 것이다. 이러한 장점은 분명히 mRNA를 너무 빠르게 만들고 파괴하는 듯한 낭비를 보완하기에 충분하다. mRNA 안정성의 비정상적인 조절은 암, 만성 염증반응 및 관상동맥 질환을 비롯한 질병 상태와 관련되어있다.

▶ **분배 뉴클레아제(distributive nuclease)** 기질에서 해리되기 전에 단 하나 또는 몇 개의 뉴클레오티드만의 제거를 촉매하는 효소.

▶ **반감기(half-life) ($t_{1/2}$) (RNA)** 주어진 RNA 분자 집단의 농도가 새로운 합성이 없이 반으로 감소하는 데 걸리는 시간.

▶ **mRNA 붕괴(mRNA decay)** 분해 과정이 확률적이라고 가정한 mRNA 분해.

▶ **분자 농도**의 **항정상태(steady state)** 합성 및 분해 속도가 동일할 때 분자 집단의 농도.

핵심개념

- mRNA의 불안정성은 리보뉴클레아제(ribonuclease)의 작용에 기인한다.
- 리보뉴클레아제는 기질 선호도와 공격 모드가 다르다.
- mRNA는 다양한 반감기를 나타낸다.
- 차등적인(differential) mRNA 안정성은 풍부한 mRNA와 세포에서 만들어진 단백질의 스펙트럼에 중요한 기여를 한다.

개념 및 추론 확인

mRNA의 분해 속도가 그 mRNA의 합성 속도에 비해 높으면 메시지(message, 정보)의 항정 상태에 어떤 영향을 미치는가? 또한 반감기에는 어떤 영향을 주는가?

22.3 진핵세포의 mRNA는 합성에서 분해까지 mRNP 형태로 존재한다

pre-mRNA가 핵에서 전사될 때부터 세포질에서 파괴될 때까지 진핵세포의 mRNA는 단백질로 변해가는 레퍼토리(repertoire)와 관련이 있다. RNA-단백질 복합체를 **리보핵산단백질 입자(ribonucleoprotein particle, RNP)**라고 한다. 많은 pre-mRNA-결합 단백질들은 스플라이싱 및 RNA 프로세싱 반응

▶ **리보핵산단백질 입자(ribonucleoprotein particle, RNP)** RNA와 단백질의 복합체. "입자"는 대개 대형 복합체를 나타내기 위해 사용된다.

(*21장 RNA스플라이싱 및 프로세싱* 참조)에 관여하고 있으며, 다른 단백질들은 품질 관리에 관여하고 있다(*22.8절 새로 합성된 RNA는 핵 감시 시스템을 통해 결합 여부가 확인된다* 참조). 핵에서 mRNA의 성숙 과정은 RNA 염기배열과 RNA 보조 단백질 모두를 포함하는 많은 리모델링 단계를 포함한다. 성숙한 mRNA 산물은 충분히 프로세싱되고, 핵공 수송 수용체(nuclear pore export receptor)와의 결합을 중재하는 TREX(*tr*anscription *ex*port, 전사 수송)를 포함하여, 정확한 단백질 복합체와 결합할 때만 경쟁적인 수송이 일어난다. 성숙한 mRNA는 서로 다른 조절 단백질에 대한 많은 결합 부위(시스-요소, *cis*-element)를 보유하고 있으며, 대부분 5′ 또는 3′ UTR 내에 존재한다.

mRNA가 세포질로 수송되기 전이나 방출되는 동안 많은 핵 단백질이 떨어지는 반면, 다른 단백질들이 mRNA를 동반하고 세포질 역할을 한다. 예를 들어, 일단 세포질에서 핵 캡-결합 복합체(nuclear cap-binding complex)가 새로운 mRNA의 첫 번째 번역 과정인 소위 번역의 개척 라운드(pioneering round)에 참여한다. 이 첫 번째 번역 개시는 새로운 mRNA에 대해 중요하다; 만일 결함이 있는 주형이라면, 감시 시스템에 의해 빠르게 파괴될 것이다(*22.9절 mRNA 번역의 품질 관리는 세포질 감시 시스템에 의해 수행된다* 참조). 번역 테스트를 통과한 mRNA는 번역, 안정성 및 때로는 세포 위치를 조절하는 다양한 종류의 단백질들과 결합한 채 나머지 부분을 소비한다. mRNA의 "핵 내력(nuclear history)"은 세포질에서 mRNA의 운명을 결정하는 데 중요하다.

▶ **RNA-결합 단백질(RNA-binding protein, RBP)** 일반적으로 RNA 염기배열 또는 구조-특이적 방식으로 RNA에 대한 친화성을 부여하는 하나 이상의 도메인을 포함하는 단백질.

다수의 다른 **RNA-결합 단백질(RNA-binding protein, RBP)**이 알려져 있으며, 게놈 분석에 기초하여 더 많은 RBP가 예측되고 있다. 효모 *S. cerevisiae* 게놈은 RNA에 결합할 것으로 예측되는 약 600가지의 서로 다른 단백질을 암호화하는데, 이는 이 미생물의 총 유전자 수의 약 1/10이다. 유사한 비율에 기초하여, 인간 게놈은 2,000개 이상의 그러한 단백질을 포함할 것으로 예상된다. 이러한 추정은 밝혀진 RNA-결합 도메인의 존재를 기반으로 한 것이며, 추가적인 RNA-결합 도메인이 발견될 가능성이 남아있다. RBP들 중 많은 부분이 pre-mRNA 또는 mRNA와 상호작용할 가능성이 있다고 여겨지고 있지만, 이들 대다수 RBP의 RNA 표적과 기능은 알려지지 않고 있다. 이러한 종류의 분석에는 RNA에 직접 결합하지 않고 RNA-결합 복합체에 참여하는 많은 많은 단백질들은 포함되어 있지 않다.

다른 mRNA-결합 단백질의 수가 너무 많은 이유에 대한 중요한 통찰력(insight)은, mRNA가 중복되지만, 뚜렷이 별개의 RBP 세트들과 결합되어 있다는 사실에서 비롯된 것이다. 특정 RBP와 표적 mRNA가 일치하는 연구 결과에 따르면, 이러한 mRNA는 유사한 세포성 과정(cellular process)이나 위치(location)에 관여하는 것과 같은 공유된 특징을 가진 단백질을 암호화한다는 것이 밝혀졌다. 따라서 결합된 단백질의 레퍼토리(repertoire)는 일련의 mRNA들을 보여주고 있다. 예를 들어, 수백 개의 효모 mRNA는 6개의 관련 *Puf* 단백질 중 하나 이상에 의해 결합된다. Puf1과 Puf2는 대부분 막 단백질을 암호화하는 mRNA에 결합하지만, Puf3는 대부분 미토콘드리아 단백질 등을 암호화하는 mRNA와 결합한다. 그림 22.4에 나타낸 현재 모델은, mRNA의 전사 후 과정의 협동 조절(coordinate control)

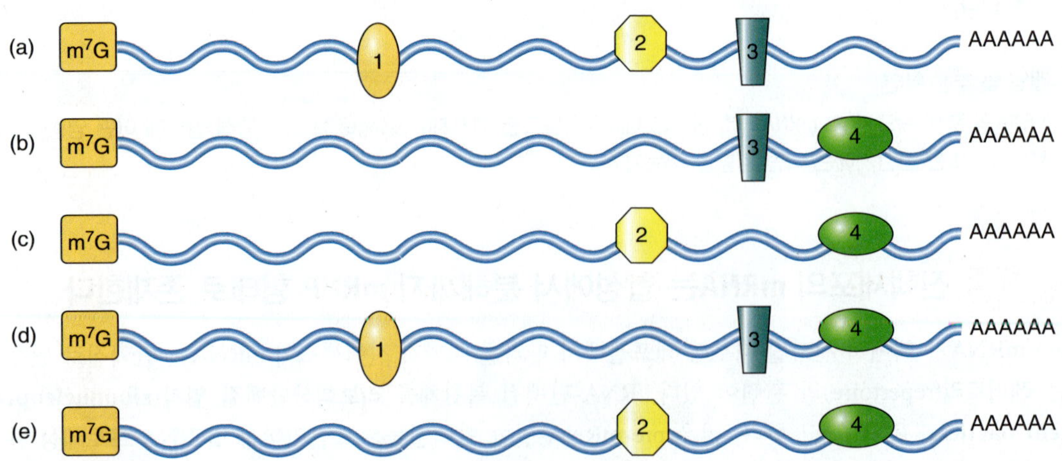

그림 22.4 RNA 레귤론의 개념. 진핵세포 mRNA에는 전사, 로컬리제이션 및 안정성을 조절하는 여러 종류의 단백질들이 결합한다. 공통적인 결합 단백질을 가지는 mRNA의 subset는 같은 레귤론의 일부로 간주한다. 이 도해에서 mRNA (a)와 (d)는 레귤론 1의 일부이며, mRNA (a), (c) 및 (e)는 레귤론 2의 일부이다.

이 많은 RBP의 조합작용에 의해 매개됨을 제안하고 있는데, 이는 유전자 전사의 협동조절이 전사 인자의 올바른 조합에 의해 매개되는 것과 매우 비슷하다(*28장 진핵세포 RNA 합성 조절* 참조). 특정 형태의 RBP를 공유하는 mRNA 세트는 **RNA 레귤론(RNA regulon)**이라고 불려 왔다.

▶ **RNA 레귤론(RNA regulon)** 특정 RNA 결합 단백질에 의해 각각 결합되는 mRNA 세트이며, 따라서 아마도 그 단백질에 의한 협동조절을 받게 될 것이다.

핵심개념

- mRNA는 핵에서의 성숙(nuclear maturation)과 세포질에 있는 변화하는 단백질의 집단과 연관되어 있다.
- 핵에서 얻은 일부 mRNP 단백질은 세포질에서 역할을 한다.
- 매우 많은 수의 RNA-결합 단백질이 존재하며, 그 대부분은 특징이 없다.
- 서로 다른 mRNA는 뚜렷이 다르게 결합하고 있지만, 중복되는 일련의 조절 단백질과 결합되어 RNA 레귤론(RNA regulon)을 생성한다.

개념 및 추론 확인

mRNA가 RNA-결합 단백질과 지속적으로 결합되어 있는 것이 왜 유용할까?

22.4 원핵세포의 mRNA 분해에는 많은 효소가 관여한다

원핵세포의 mRNA 분해에 대한 이해는 주로 대장균의 연구에서 비롯된다. 지금까지, 일반적인 원칙은 연구되는 다른 박테리아 종에 적용된다. 원핵세포에서는 mRNA 분해가 번역 과정 중에 일어난다. 원핵세포의 리보솜은 전사가 완료되기 전에, 번역을 시작하고, 5′ 말단 근처의 개시 부위에서 mRNA에 부착하여 3′ 말단을 향해 진행한다. 많은 리보솜은 동일한 mRNA를 순차적으로 번역을 시작할 수 있는데, 이때 하나의 mRNA에 많은 리보솜으로 이루어진 **폴리리보솜(polyribosome)**(또는 **폴리솜, polysome)**이 형성된다.

▶ **폴리리보솜(polyribosome)(폴리솜, polysome)** 다수의 리보솜(ribosome)에 의해 동시에 번역되는 mRNA.

대장균 mRNA는 엔도뉴클레아제(endonuclease)와 3′→5′ 엑소뉴클레아제(exonuclease) 활성의 조합에 의해 분해된다. 대장균에서의 주요 mRNA 분해 경로는 그림 22.5에 설명된 다단계 과정이다. 개시단계는 단일 인산염을 남기고 5′ 말단으로부터 파이로포스페이트(pyrophosphate, 파이로인산염)을 제거하는 단계이다. 단일 인산화(monophosphorylated)된 형태는 엔도뉴클레아제(RNase E)의 촉매 활성을 촉진하여 mRNA의 5′ 말단 부근에서 초기 절단을 만든다. 이 절단은 상류 단편에 3′-OH를 남기고 하류 단편에 5′ 모노포스페이트(monophosphate)을 남긴다. 그것은 리보솜이 더 이상 번역을 시작할 수 없기 때문에 **모노시스트론 mRNA(monocistronic mRNA)**를 기능적으로 파괴한다. 그런 다음 상류 단편을 3′→5′ 엑소뉴클레아제(PNPase = polynucleotide phosphorylase)에 의해 분해시킨다. 이 두 단계의 리보뉴클레아제 주기는 이전에 개시된 리보솜의 통과 후에 더 많은 RNA가 노출됨에 따라 5′에서 3′ 방향으로 mRNA의 길이를 따라 반복된다. RNase E에 의해 생성된 짧은 단편은 엑소뉴클레아제 활성이 손상된 돌연변이체 세포에서만 검출되기 때문에 이 과정은 매우 빠르게 진행된다.

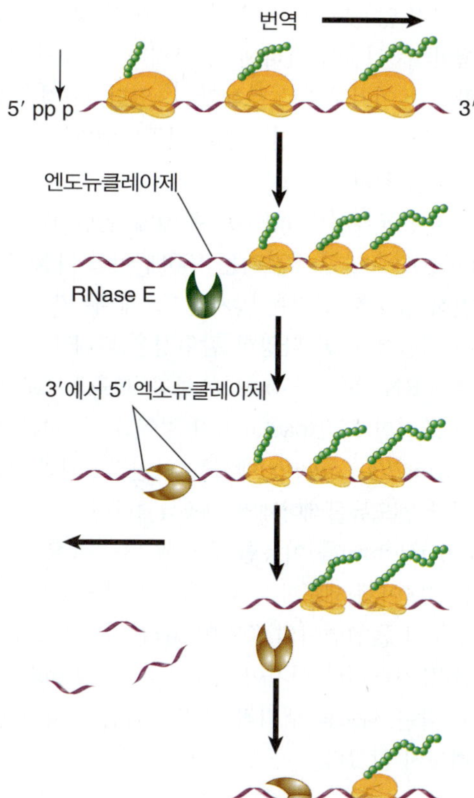

그림 22.5 박테리아 mRNA의 분해. 박테리아 mRNA의 분해는 5′ 말단의 삼인산을 단일인산으로 분해하면서 시작된다. 그러면 mRNA는 2단계로 분해된다: 핵산내부가수분해에 이어 방출된 단편의 3′에서 5′ 방향으로의 엑소뉴클레아제에 의한 분해가 일어난다. 핵산내부가수분해는 mRNA의 5′에서 3′ 방향으로 일어나서 마지막 리보솜을 통과한다.

▶ **모노시스트론 mRNA(monocistronic mRNA)** 하나의 폴리펩티드를 암호화하는 mRNA.

▶ **폴리(A) 중합효소(poly(A) polymerase, PAP)** 진핵세포 mRNA의 3′ 말단에 일련의 폴리아데닐산(polyadenylic acid)을 추가하는 효소. 주형(template)을 사용하지 않는다.

▶ **폴리(A)(poly(A))** mRNA 합성 후에 3′ 말단에 첨가되는, 길게 뻗어있는 일련의 아데닐산(adenylic acid).

▶ **디그라도솜(degradosome)** RNase와 헬리카아제(helicase) 활성을 가지고 있는 박테리아 효소 복합체.

PNPase 및 대장균에서 알려진 또 다른 3′→5′ 엑소뉴클레아제(exonuclease)는 이중-가닥 영역을 통해 전진할 수 없다. 따라서 많은 박테리아 mRNA의 3′ 말단에 있는 스템-루프(stem-loop) 구조는 직접적인 3′ 공격으로부터 mRNA를 보호한다. RNase E 절단에 의해 생성된 일부 내부 단편은 또한 엑소뉴클레아제 분해를 방해하는 이차구조 영역을 갖는다. 그러나 PNPase는 스템-루프의 3′에 적어도 7에서 10개의 뉴클레오티드 길이의 일련의 단일-가닥 RNA가 있으면 이중-가닥 영역을 통해 분해할 수 있다. 단일-가닥 염기배열은 효소를 위한 필수 준비 플랫폼(platform) 역할을 하는 것으로 보인다. 로(ρ)-비의존성 종결(Rho-independent termination)은 플랫폼으로 작용하기에는 너무 짧은 단일-가닥 영역을 남겨둔다. 이 문제를 해결하기 위해 박테리아 **폴리(A) 중합효소(poly(A) polymerase, PAP)**는 10~40개의 뉴클레오티드 **폴리(A) 테일(poly(A) tail)**을 3′ 말단에 부가하여 3′→5′ 분해가 용이하도록 한다. 특히 안정한 이차구조에서 종결되는 RNA 단편은 반복된 폴리아데닐화(polyadenylation)와 엑소뉴클레아제 분해 단계를 필요로 한다. 폴리아데닐화가 mRNA의 분해를 위한 시작 단계인지, 또는 그것이 3′ 말단을 포함하여 단편을 분해하는 데 도움만을 주기 위하여 사용되는지의 여부는 알려지지 않았다. 일부 실험에서는 폴리(A) 중합효소를 활성화시키기 위해 mRNA의 RNase E 절단이 필요함을 지적하고 있다. 이것은 손상되지 않은 mRNA가 왜 3′ 말단으로부터 분해되지 않는지를 설명할 수 있다.

RNase E와 PNPase는 헬리카아제(helicase) 및 다른 보조효소와 함께 **디그라도솜(degradosome)**이라 불리는 다중단백질 복합체를 형성한다. RNase E는 이 복합체에서 이중적 역할을 한다. RNase E의 N말단 도메인은 엔도뉴클레아제 활성을 제공하는 반면, C-말단 도메인은 다른 구성성분들과 결합된 스캐폴드(scaffold)를 제공한다. RNase E와 PNPase는 mRNA 분해에 적극적인 주요한 엔도뉴클레아제(endonuclease)와 엑소뉴클레아제(exonuclease)이나, 보다 제한된 역할을 가지고 있는 다른 효소들도 존재한다. mRNA 분해에서 다른 뉴클레아제(nuclease, 핵산분해효소)의 역할은 각각의 효소에서 돌연변이체의 표현형을 평가함으로써 다루어졌다. 예를 들어, RNase E의 불활성화는 mRNA 분해를 완전히 차단하지 않으면서 mRNA 분해를 느리게 한다. PNPase 또는 알려진 다른 두 개의 3′→5′ 엑소뉴클레아제들 중 어느 하나를 불활성화시키는 돌연변이는 본질적으로 전반적인 mRNA 안정성에 영향을 미치지 않는다. 이러한 사실은 어떤 쌍(pair)의 엑소뉴클레아제가 명백하게 정상적인 mRNA 분해를 수행할 수 있음을 나타낸다. 그러나 세 개의 엑소뉴클레아제 중 두 개(PNPase 및 RNase R) 만이 단편을 안정한 이차구조로 분해할 수 있다. 이것은 PNPase와 RNase R이 모두 불활성화된 이중 돌연변이체(double mutant) 연구에서 입증되었다. 이 돌연변이체들에는 이차구조를 포함하는 mRNA 단편이 축적되어 있다.

대장균에서의 mRNA 분해에 관한 많은 문제점은 여전히 해결되어 있지 않다. 대장균에서 다른 mRNA에 대한 반감기는 100배 이상 다를 수 있다. 이러한 안정성의 극단적인 차이에 대한 근거는 완전히 밝혀져 있지는 않지만, 크게 두 가지 요인으로 인한 것 같다. 서로 다른 mRNA는 엔도뉴클레아제 절단에 대한 다양한 감수성을 나타내며, 일부 5′ 말단 영역의 이차구조에 의해 보호를 받는다. 일부 mRNA는 다른 mRNA보다 효율적으로 번역되는데, 그 결과 보호 리보솜(protective ribosome)의 더 조밀한 포장(packing)이 일어난다. mRNA 분해의 추가 경로가 있는지 여부는 알려지지 않다. 고초균(*Bacillus subtilis*)에서는 확인되었지만, 대장균에서 5′→3′ 엑소뉴클레아제는 발견되지 않았다. 상이한 엔도뉴클레아제와 엑소뉴클레아제가 뚜렷이 구별되는 역할을 할 가능성이 있다. 마이크로어레이(microarray)를 이용한 유전체 연구는 RNase E 또는 PNPase 또는 다른 디그라도솜 구성성분에 대한 돌연변이체 세포에서 4,000개 이상의 mRNA의 항정상태(steady-state) 수준을 관찰했다. 많은 mRNA 수준이 돌연변이의 증가에 따라 예상대로 돌연변이체에서 증가했다. 그러나 다른 효소들은 같은 수준을 유지하거나 심지어 감소했다. 특정 mRNA의 반감기는 기아(starvation) 또는 다른 형태의 스트레스와 같은 세포의 생리적 상태가 다름에 따라 변경될 수 있으며, 이러한 변화에 대한 메커니즘은 거의 알려지지 않았다.

핵심개념

- 박테리아 mRNA의 분해는 5′ 말단으로부터 파이로포스페이트(pyrophosphate)를 제거함으로써 개시된다.
- 단일 인산화된(monophosphorylated) mRNA는 핵산내부가수분해효소 절단을 포함하는 두 단계 사이클로 번역되는 동안 분해되고, 이어서 그 결과 생성된 단편의 3′에서 5′까지 분해된다.
- 3′ 폴리아데닐레이션(polyadenylation)은 이차구조를 포함하는 mRNA 단편의 분해를 촉진할 수 있다.
- 주요 분해효소는 디그라도솜(degradosome)이라고 불리는 복합체로서 작용한다.

개념 및 추론 확인

원핵세포와 진핵세포에서 폴리(A) 테일의 역할은 어떻게 다른가?

22.5 대부분 진핵세포의 mRNA는 두 개의 탈아데닐화-의존 경로를 통해 분해된다

진핵세포의 mRNA는 수식된 말단에 의해 엑소뉴클레아제(exonuclease)로부터 보호된다(그림 22.1). 7-메틸구아노신 캡(7-methyl guanosine cap)은 5′ 공격으로부터 보호한다; 폴리(A) 테일은 결합되어 있는 단백질과 함께 3′ 공격으로부터 보호한다. 예외적으로, 포유동물의 히스톤 mRNA는 폴리(A) 테일이 아닌 스템-루프(stem-loop) 구조로 종결되어 있다. 박테리아가 사용하는 시작 메커니즘인 염기배열-비의존성 엔도뉴클레아제(sequence-independent endonuclease) 공격은 진핵세포에서는 드물거나 존재하지 않는다. 발견된 대부분의 메커니즘이 포유동물 세포에도 적용되지만 mRNA 분해는 출아 효모에서 가장 광범위하게 연구되어졌다.

대다수의 mRNA의 분해는 탈아데닐화-의존성(deadenylation-dependent)이다. 즉, 분해는 mRNA를 보호하는 폴리(A) 테일을 파괴하면서 개시된다. 새로 형성된 폴리(A) 테일[효모에서 약 70~90개 및 포유류에서 약 200개의 아데닐레이트 뉴클레오티드(adenylate nucleotide)]은 **폴리(A) 결합 단백질(poly(A) binding protein, PABP)**로 덮여 있다. 폴리(A) 테일은 세포질로 들어감에 따라 특정 **폴리(A) 뉴클레아제[poly(A) nucleases(deadenylase**라고도 함)]에 의해 촉매되는 과정인 점진적인 단축이 일어난다. 효모 및 포유동물 세포 모두에서 폴리(A) 테일은 PAN2/3 복합체에 의해 처음에 짧아지고, 두 번째 복합체인 CCR4-NOT에 의해 나머지 60~80 A 테일이 보다 빠르게 분해되는데, CCR4-NOT은 **과정 엑소뉴클레아제(processive exonuclease)**인 Ccr4 및 적어도 8개의 다른 서브유닛을 포함한다. 놀랍게도, 유사한 CCR4-NOT 복합체는 전사 활성화를 비롯한 유전자 발현의 다양한 다른 과정에 관여한다. 이것은 전사와 mRNA 분해를 통합하는 유전자 발현의 포괄적 레귤레이터(global regulator)라고 생각된다. 다른 폴리(A) 뉴클레아제는 효모 및 포유동물 세포 모두에 존재하며, 이러한 다양성에 대한 이유는 아직 밝혀져 있지 않다.

▶ **폴리(A) 결합 단백질(poly(A) binding protein, PABP)** 진핵세포의 mRNA에서 연속된 3′ 폴리(A)에 결합하는 단백질.

▶ **폴리(A) 뉴클레아제(poly(A) nucleases) (deadenylase)** 폴리(A) 테일을 분해하는 데 특이적인 엑소리보뉴클레아제(exoribonuclease).

그림 22.6에서 볼 수 있듯이, 두 가지 다른 mRNA 분해 경로가 폴리(A) 제거에 의해 시작된다. 첫 번째 경로(그림 22.6, 왼쪽)에서 올리고(A)(oligo (A)) 길이(~10~12A)까지 폴리(A) 테일을 분해하면 mRNA의 5′쪽 말단에서 캡이 떨어지게 된다(decapping). 디캡 핑(decapping)은 효모(Dcp1과 Dcp2)의 두 단백질과 포유동물의 동족체(homolog)와 추가 단백질로 구성된 **디캡핑 효소(decapping enzyme)** 복합체에 의해 촉매된다. 디캡핑은 5′ 모노포스포릴레이트 RNA(monophosphorylated RNA) 말단[5′에서 3′ 과정 엑소뉴클레아제(processive exonuclease)인 XRN1에 대한 기질]을 생성하며, XRN1이 mRNA를 빠르게 분해한다. 실제로 이러한 분해는 너무 빨라서 구아노신 뉴클레오티드 사슬(guanosine nucleotide, poly-G)이 Xrn1의 진행을 차단할 수 있다는 것을 효모에서 발견할 때까지, 중간체(intermediate)를 동정할 수 없었다. 그림 22.7에서 볼 수 있듯이, 연구자들은 내부에 폴리-G(poly-G) 영역을 포함하도록 mRNA를 조작하여, mRNA의 올리고 아데닐화(oligoadenylated) 3′ 말단이 축적되어 있음을 발견했다. 이러한 결과는 (1) 5′에서 3′ 엑소뉴클레아제 분해가 주요 분해 경로였고, (2) 디캡핑이

▶ **디캡핑 효소(decapping enzyme)** 진핵세포 mRNA의 5′ 말단에서 7-메틸구아노신 캡(7-methyl guanosine cap)의 제거를 촉매하는 효소.

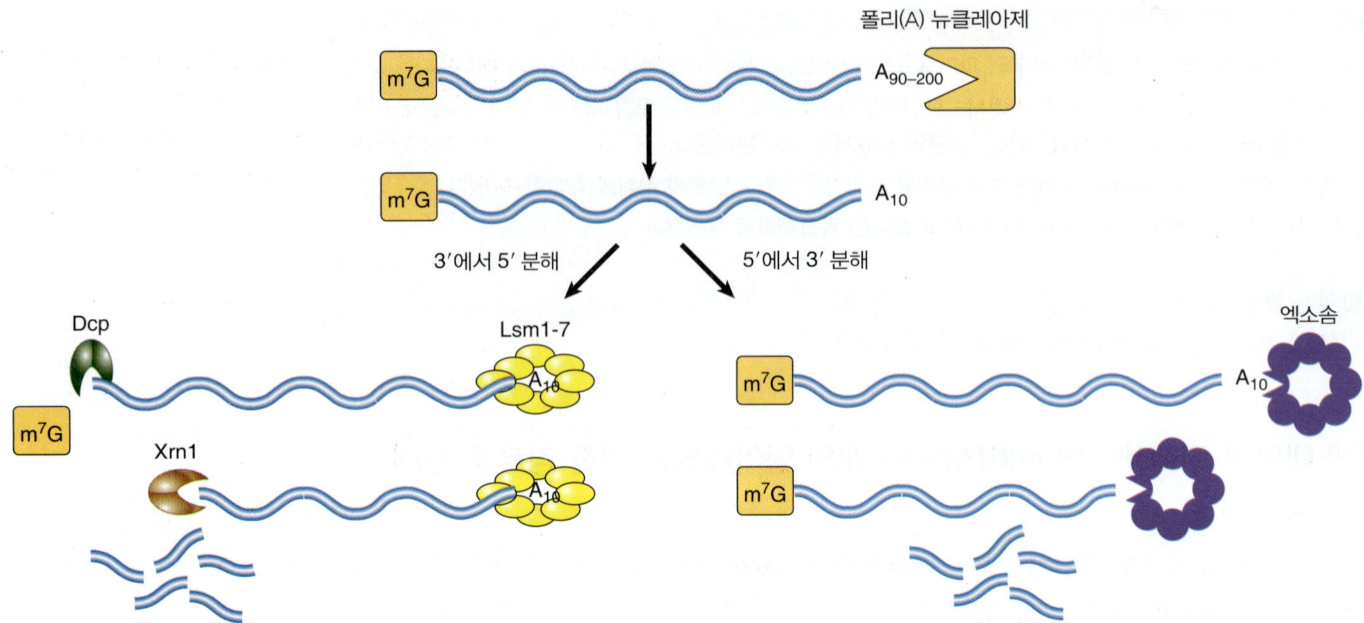

그림 22.6 진핵생물에서 주요 탈아데닐화-의존성 붕괴 경로. 두 경로가 탈아데닐화에 의하여 시작된다. 두 경로에서 폴리(A)가 약 10개의 아데노신 1 인산(adenylate)의 길이에 도달할 때까지 폴리(A) 뉴클레아제에 의해 짧아진다. 그 다음에 mRNA는 5′에서 3′ 경로 또는 3′에서 5′ 경로로 분해된다. 5′에서 3′ 경로는 Dcp에 의한 탈캡핑이 일어나고 Xrn1 엑소뉴클레아제에 의하여 분해된다. 3′에서 5′ 경로는 엑소솜(exosome) 복합체에 의한 분해가 수반된다.

폴리(A) 테일의 완전한 제거보다 먼저 일어남을 보여 주었다.

캡(cap)은 번역에 필요한 진핵세포의 개시 인자(initiation factor) 4F(eIF4F) 복합체의 구성성분인 세포질 캡-결합 단백질(cytoplasmic cap-binding protein)에 의해 결합되기 때문에 왕성한 번역이 일어나는 동안 디캡핑은 정상적으로 일어나지 않는다(*24장 단백질 합성*에서 설명함). 따라서 번역 시스템과 디캡핑 시스템은 캡(cap)을 놓고 경쟁한다. mRNA의 3′ 말단에 있는 탈아데닐화(deadenylation)는 어떻게 캡(cap)을 반응하기 용이하게 하는가? 번역에는 3′ 말단에 결합된 PABP와 5′ 말단에 결합된 eIF4F 복합체 간의 물리적 상호작용을 수반하는 것으로 알려져 있다. 탈아데닐화에 의한 PABP의 방출은, eIF4F-캡 상호작용을 불안정하게 만들고, 캡이 더 자주 노출되게 한다. 이 메커니즘은 추가 단백질이 디캡핑 과정에 관여하기 때문에 단순하지는 않다. 7개의 관련 단백질의 복합체인 Lsm1-7은 PABP가 소실된 후, 올리고(A) 영역에 결합하며 디캡핑에 필요하다. 또한, 많은 디캡핑 인핸서(enhancer)가 발견되었다. 이들 단백질이 디캡핑을 촉진하는 메커니즘은 디캡핑 메커니즘을 구성/자극하거나 번역을 억제함으로써 작용하는 것처럼 보이지만, 완전히 밝혀져 있지는 않다.

▶ **엑소솜(exosome)** 핵 프로세싱(processing) 및 핵/세포질 RNA 분해에 관여하는 엑소뉴클레아제(exonuclease, 핵산외부가수분해효소) 복합체.

두 번째 경로(그림 22.6, 오른쪽)에서, 올리고(A)에 대한 탈아데닐화 다음에는 mRNA 본체의 3′에서 5′ 엑소뉴클레아제 분해가 뒤 따른다. 이 분해 단계는 고리 모양의 복합체에 하나 이상의 추가 단백질이 표면에 부착된 9개 핵심 서브유닛으로 구성되어 있는 **엑소솜(exosome)**에 의해 촉매된다. 최근 보고서는 엑소솜이 엔도뉴클레아제 활성을 가지고 있으며, mRNA 분해에서 이 활성의 기능이 알려지지

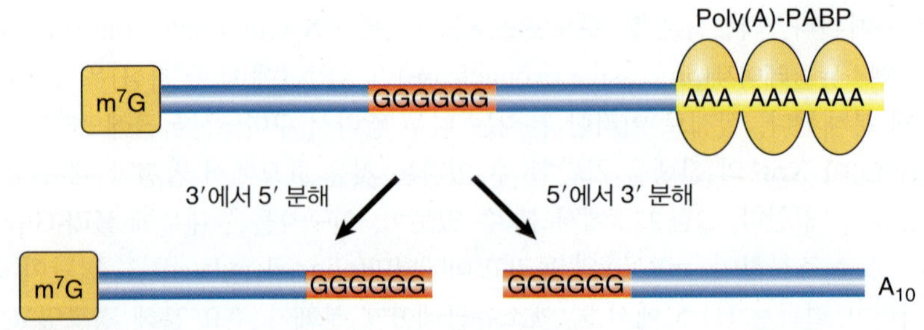

그림 22.7 분해 방향을 결정하기 위한 폴리(G) 배열의 사용. mRNA로 조작된 폴리(G) 배열은 효모에서 엑소뉴클레아제의 진행을 방해하게 될 것이다. 분해에 저항성이 있는 5′ 또는 3′ mRNA 조각은 세포에 축적되며 노던블롯으로 확인될 수 있다.

않은 것으로 나타났다. 이 엑소솜은 고세균(Archaea)에서와 비슷한 형태로 존재하며, 핵심 서브유닛이 구조적으로 PNPase와 관련된다는 점에서 박테리아의 디그라도솜(degradosom)과 유사하다. 따라서 엑소솜은 고대 분자 시스템의 일부이다. 엑소솜은 또한 핵에서 중요한 역할을 하는데, 이에 대해서는 *22.8절 새로 합성된 RNA는 핵 감시 시스템을 통해 결함 여부가 확인된다*에서 논의한다.

각 메커니즘의 상대적인 중요성은 알려지지 않았지만, 효모에서는 탈아데닐화-의존 디캡핑 경로가 지배적인 것처럼 보인다. 경로는 적어도 부분적으로 중복된다. 5′에서 3′ 또는 3′에서 5′으로의 경로가 불활성화된 세포에서 효모 mRNA 수백 개를 마이크로어레이(microarray) 분석으로 검사하였다. 두 경우 모두, 야생형 세포에 비해 전사물의 비율이 약간만 증가했다. 이러한 결과는 효모 mRNA가 두 경로 중의 하나의 경로를 필요로 하지 않는다는 것을 시사하고 있다. 이러한 탈아데닐화-의존 경로(deadenylation-dependent pathway)는 모든 폴리아데닐화된 mRNA(polyadenylated mRNA)에 대한 디폴트(default, 기본) 분해 경로를 나타내는 것으로 제안되었지만, mRNA의 서브세트(subset)는 다른 특별한 경로의 표적이 될 수 있으며, 이에 대해서는 *22.6절 다른 분해 경로는 특정한 mRNA를 표적으로 한다*에서 논의한다. 그러나 디폴트 경로에 의해 분해되는 mRNA 조차도 서로 다른 mRNA 특이적 속도로 분해된다.

새로운 연구에 따르면 mRNA 분해는 **프로세싱 바디(processing body, PB)**라고 불리는 세포질 전반에 걸쳐 분리된 특유의 입자 내에서 일어난다. 광학현미경으로 볼 수 있을 만큼 충분히 큰 이들 구조는 번역되지 않는 mRNP와 디캡핑 시스템 및 Xrn1 엑소뉴클레아제를 포함하여, 번역 억제 및 mRNA 분해와 관련된 다양한 단백질들로 구성된 클러스터(cluster)이다. 폴리(A)-결합 단백질은 PB에서 일반적으로 발견되지 않는데, 이는 탈아데닐화가 이들 구조 내로 위치하기 이전임을 암시한다. 프로세싱 바디는 역동적이며, 크기와 수가 증가하기도 하고 감소하기도 하며, 심지어는 번역과 mRNA 분해에 영향을 주는 다른 세포 조건이나 실험 조건에서는 소멸되기도 한다. 예를 들어, 번역 개시를 억제하는 약제에 의한 폴리솜(polysome)으로부터의 mRNA의 방출은 분해 성분(decay component)의 부분적 불활성화에 의한 분해를 둔화시키는 것과 마찬가지로, PB의 수와 크기를 크게 증가시키게 된다. PB는 표적 mRNA가 이동하는 목적지에서 형성되는 것이 아니라, 번역상 억제된 mRNA 및 PB 단백질 구성성분의 조합에 의해 형성되는 것으로 보인다. 그러나 모든 상주하는(resident) mRNA가 파괴되는 운명을 가지고 있는 것은 아니다; 일부는 번역을 위해 방출될 수 있지만, 어떤 것들이 왜 자유롭게 되었는지는 아직 명확하지 않다. 모든 mRNA 분해가 정상적으로 이들 PB에서 일어나는지, 또는 심지어 어떤 기능이 작용하는지는 알려지지 않았다. 하나의 분명한 아이디어는 격리된 장소에 강력한 파괴 효소(destructive enzyme)를 집중시키는 것이 mRNA 분해를 보다 안전하고 효율적으로 만든다는 것이다.

▸ **프로세싱 바디(processing body, PB)** mRNA 분해와 번역 억제에 수반된 다수의 mRNA들과 단백질들을 함유한 입자로서, 진핵생물의 세포질에 많은 사본으로 발생함.

PB와 관련된 다른 mRNA-함유 입자는 특정 유형의 세포에 존재한다. 이들 입자들의 유사성은 번역 억제와 mRNA 분해와 관련된 대부분의 동일한 단백질의 존재에 근거한다. **모계 mRNA 과립(maternal mRNA granule)**은 다양한 생물체의 난모세포(oocyte)에서 발견된다. 이러한 과립은 후속 발생(subsequent development) 동안 활성화될 때까지 번역 억제의 상태로 유지되는 mRNA의 모음(collection)을 포함한다. 억제는 광범위한 탈아데닐화에 의해 이루어지고, 활성화는 폴리아데닐화에 의해 달성된다. 이들 과립은 또한 이 큰 세포의 특정 영역으로 수송되는 mRNA를 운반할 수 있다(*22.10절 일부 진핵세포의 mRNA는 세포의 특정 영역에 위치하고 있다* 참조). **신경과립(Neuronal granule)**은 초파리 뉴론(neuron)에서 동정되었다. 모계 mRNA 과립과 유사하게, 이들 과립은 특정 mRNA의 번역 억제 및 수송(transport)에 기능한다. 네 번째 유형의 입자를 **스트레스 과립(stress granule)**이라고 한다. 스트레스 과립은 이전의 세 가지 타입과 구성성분이 상당히 다르다; 그러나 이들은 또한 번역 개시의 일반적인 억제에 반응하여 응집하는 번역에 있어 비활성인 mRNA를 함유한다.

▸ **모계 mRNA 과립(maternal mRNA granule)** 발생 후기에 활성화를 기다리는 번역이 억제된 mRNA를 포함하는 난모세포 입자.

▸ **신경과립(Neuronal granule)** 최종 세포 목적지로 이동 중에 번역이 억제된 mRNA를 포함하는 입자.

▸ **스트레스 과립(stress granule)** 번역 개시의 일반적인 억제에 대응하여 형성된 번역이 불활성화된 mRNA를 포함하는 세포질 입자.

핵심개념

- mRNA의 양 말단에서의 수식은 엑소뉴클레아제(exonuclease, 핵산외부가수분해효소)에 의한 분해로부터 이를 보호한다.
- 두 가지 주요 mRNA 분해 경로는 폴리(A) 뉴클레아제(poly(A) nuclease)에 의해 촉매된 탈아데닐화(deadenylation) 작용에 의해 시작된다.
- 탈아데닐화는 5′에서 3′ 엑소뉴클레아제 분해 또는 3′에서 5′ 엑소뉴클레아제 분해로 이어질 수 있다.
- 디캡핑 효소(decapping enzyme)는 5′ 캡 결합을 위해 번역개시 복합체와 경쟁한다.
- 3′에서 5′ mRNA 분해를 촉매하는 엑소솜(exosome)은 진화론적으로 보존된 커다란 복합체이다.
- 프로세싱 바디(processing body, PB)라고 불리는 별개의 세포질 입자 내에서 분해가 일어날 수 있다.
- 번역이 억제된 mRNA를 포함하는 다양한 입자는 서로 다른 유형의 세포에 존재하고 있다.

개념 및 추론 확인

진핵세포의 mRNA가 분해될 수 있는 두 가지 일반적인 경로를 요약하라. 공통점은 무엇이고 주요 차이점은 무엇인가?

22.6 다른 분해 경로는 특정한 mRNA를 표적으로 한다

mRNA 분해를 위한 네 가지 다른 경로를 설명하였다. 그림 22.8과 그림 22.9는 두 가지 주요 경로와 함께 이들을 요약한 것이다. 이러한 경로는 mRNA의 서브세트에 특이적이고, 일반적으로 조절되는 분해 과정을 포함하고 있다.

하나의 경로는 탈아데닐화-비의존성 디캡핑(deadenylation-*in*dependent decapping)을 포함하고 있는데, 즉 디캡핑은 여전히 긴 폴리(A) 테일의 존재 하에서 진행된다. 디캡핑 다음에는 Xrn1 분해가 뒤 따른다. 탈아데닐화 단계를 우회하는 것은 디캡핑 시스템을 구성하고 Lsm1-8 복합체의 도움 없이 eIF4F 결합을 억제하는 메커니즘을 필요로 한다. 이 경로에 의해 분해되는 mRNA 중 하나는 RPS28B mRNA인데, 이것은 리보솜단백질 S28을 암호화하며 흥미로운 자가조절(autoregulation) 메커니즘이다.

3′ UTR의 스템-루프(stem-loop)는 알려진 디캡핑 인핸서를 구성하는 데 관여하고 있다. 이러한 구

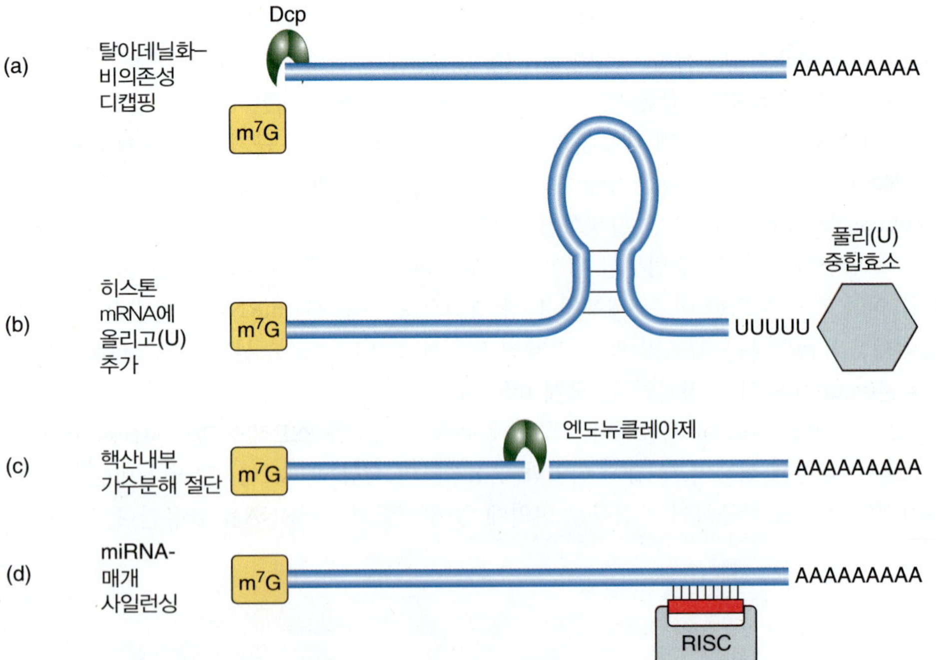

그림 22.8 진핵세포에서 기타 분해 경로들. 이들 각 경로에 대한 초기 단계가 도식되어 있다. (a) 일부 mRNA는 탈아데닐화가 일어나기 전에 디캡핑된다. (b) 히스톤 mRNA는 분해기질이 되기 위해 짧은 폴리(U) 테일을 받는다. (c) 일부 mRNA의 분해는 서열 특이 핵산내부 절단에 의해 시작될 수 있다. (d) 일부 mRNA는 상보성 guide mRNA에 의해 분해 또는 번역 침묵의 표적이 될 수 있다.

경로	초기 과정	두 번째 단계	기질
탈아데닐화-의존성 5′에서 3′ 분해	올리고(A)로 탈아데닐화	올리고(A) 결합 Lsm 복합체 디캡핑 XRN1에 의한 5′ → 3′ 엑소뉴클레아제 분해	아마도 대부분 폴리아데닐화된 mRNAs
탈아데닐화-의존성 3′에서 5′ 분해	올리고(A)로 탈아데닐화	엑소솜에 의한 3′ → 5′ 엑소뉴클레아제 분해	아마도 대부분 폴리아데닐화된 mRNAs
탈아데닐화-비의존성 디캡핑	디캡핑	5′ → 3′ 엑소뉴클레아제 분해	특정 mRNAs 거의 없음
핵산내부가수 분해 경로	엔도뉴클레아제 절단	5′ → 3′ 그리고 3′ → 5′ 엑소뉴클레아제 분해	특정 mRNAs 거의 없음
히스톤 mRNA 경로	올리고유리딜화	Lsm 복합체에 의한 올리고(U) 결합 디캡핑과 XRN1에 의한 5′ → 3′ 분해 엑소뉴클레아제 분해 엑소솜에 의한 3′ → 5′ 분해	포유류의 히스톤 mRNA
miRNA 경로	RISC에서 miRNA와 염기쌍	핵산내부가수분해 혹은 번역 억제	대부분의 mRNAs (알 수 없는 정도)

그림 22.9 진핵세포에서 mRNA 분해 경로의 주요한 구성요소들을 요약한 표

성(recruitment)은 스템-루프가 S28 단백질에 의해 결합될 때에만 일어난다. 따라서 세포에서 해리상태의 S28의 양이 너무 많으면 mRNA의 분해를 가속화시킬 것이다.

포유류 세포에서 세포-주기 조절 히스톤 mRNA를 분해하기 위해 두 번째 특화된 경로가 사용된다. 이들 히스톤 mRNA는 DNA 복제 중에 필요한 수많은 히스톤 단백질의 합성을 담당한다. 이들 mRNA는 S기 동안만 축적되고 S기 말에서 급속히 분해된다. 폴리아데닐화되어 있지 않은 히스톤 mRNA는 많은 박테리아 mRNA의 스템-루프 구조에서 종결된다. 이들 mRNA의 분해 방식은 박테리아의 mRNA 분해와 현저한 유사점을 가지고 있다. 박테리아 폴리(A) 중합효소와 구조적으로 유사한 중합효소는 폴리(A) 테일 대신 짧은 폴리(U) 테일을 추가한다. 이 짧은 테일은 표준 분해 경로를 활성화시키는 Lsm1-7 복합체 및/또는 엑소솜(exosome)을 위한 플랫폼(platform) 역할을 한다. 이 분해 방식은 원핵세포와 진핵세포 mRNA 분해 시스템 간의 중요한 진화적 연결 고리를 제공한다.

세 번째 경로는 배열- 또는 구조-특이적인 핵산내부 절단(endonucleotic cleavage)으로 시작된다. 절단은 단편의 5′에서 3′ 및 3′에서 5′으로 분해되며, Dcp 복합체와는 다른, 디캡핑 효소(decapping enzyme)를 소거함으로써 캡을 제거할 수 있다. mRNA의 특정 표적 부위를 절단하는 몇 가지 엔도뉴클레아제가 동정되었다. 한 가지 흥미 있는 경우는 유사분열의 마지막에서만 발생하는 효모 CLB2 (cyclin B2) mRNA의 표적 절단이다. 절단을 촉매하는 엔도뉴클레아제인 RNase MRP는 RNA 프로세싱에 관여하는 대부분의 세포주기 동안 핵인(nucleolus) 및 미토콘드리아로 제한되지만 후기 유사분열에서 세포질로 수송된다.

네 번째 경로는 **마이크로 RNA(microRNA, miRNA)** 경로로서, mRNA의 핵산 내부 절단 또는 번역억제(translational repression)로 직접 연결되게 한다. 이 경우 mRNA는 RISC라고 불리는 단백질 복합체의 맥락에서 (19~21 bp의) 짧은 상보적 RNA(guide miRNA)와의 염기쌍 형성의 표적이 된다.

▶ **마이크로RNA(microRNA, miRNA)** 유전자 발현을 조절할 수 있는 매우 짧은 RNA.

가이드 miRNA(guide miRNA)는 전사된 miRNA 유전자에서 유래되며, 더 긴 전구체 RNA로부터 절단하여 생성된다. 따라서 표적 mRNA의 불안정성은 miRNA 유전자의 전사조절에 의해 조절된다. 이 메커니즘에 대한 자세한 내용은 *30장 조절 RNA*에서 논의한다. 전체 mRNA의 분해에 대하여 이 새롭게 기술되는 경로의 중요성은 아직 알려지지 않았지만, 상당히 많이 존재할 수 있다. 적어도 1,000개의 miRNA가 인간에서 기능할 것으로 예측된다.

mRNA 분해의 통합 모델이 제안되었다. 이 모델은 탈아데닐화-의존성 분해 경로(deadenylation-dependent decay pathway)가 모든 폴리아데닐화된 mRNA를 분해하는 디폴트(default) 시스템임을 제시하고 있다. 이러한 경로에 의한 탈아데닐화 및/또는 다른 단계의 속도는 각 mRNA의 시스(*cis*)-작용 요소 및 세포에 존재하는 트랜스(*trans*)-작용 요소에 의해 조절될 수 있다. 디폴트 시스템 상에서 중복되

는 것은 특정 mRNA를 표적으로 하기 위하여 위에서 기술된 mRNA 분해 경로이다.

핵심개념

- 네 가지 추가적인 분해 경로는 특정 mRNA의 조절된 분해를 포함하고 있다.
- 탈아데닐화-비의존성 디캡핑(deadenylation-independent decapping)은 긴 폴리(A) 테일이 있을 때 진행된다.
- 폴리아데닐화되어 있지 않은 히스톤 mRNA의 분해는 폴리(U) 테일의 3′ 첨가에 의해 시작된다.
- 일부 mRNA의 분해는 배열-특이적 또는 구조-특이적 핵산내부 절단에 의해 시작될 수 있다.
- 알려지지 않은 수의 mRNA가 마이크로RNA(microRNA, miRNA)에 의한 분해 또는 번역 억제의 표적이 된다.

개념 및 추론 확인

탈아데닐화-의존성 분해(deadenylation-dependent decay)가 거의 모든 mRNA에 적용되는 디폴트(default) 분해 경로로 작용하는 이유는 무엇인가?

22.7 mRNA-특이적 반감기는 mRNA 내의 염기배열 또는 구조에 의해 조절된다

같은 세포에서 다른 mRNA들의 반감기의 범위가 큰 이유는 무엇으로 설명할 것인가? mRNA 내 특정 시스(*cis*)-요소는 안정성에 영향을 주는 것으로 알려져 있다. 이러한 요소의 가장 일반적인 위치는 다른 곳에서도 존재하지만, 3′ UTR 내에 존재한다. 총 유전체(whole genome) 연구 결과 보존된 3′ UTR 모티프(motif)들이 많이 밝혀졌지만, 그 역할은 대부분 알려지지 않고 있다. 3′ UTR 모티프들 중 일부는 miRNA와의 염기쌍 형성을 위한 표적 부위이다. 다른 3′ UTR 모티프들은 RBP 결합 부위이며, 그 중 일부는 안정성 면에서 알려진 기능을 가지고 있다. 탈아데닐화 속도는 서로 다른 mRNA에 따라 크게 다를 수 있으며, 이 탈아데닐화 속도에 영향을 미치는 염기배열들이 기술되었다.

▶ **불안정화 요소(destabilizing element, DE)** 일부 mRNA에 존재하는 많은 다른 시스(*cis*) 염기배열 중 하나로서, 그 mRNA의 급속한 분해를 촉진한다.

▶ **AU-풍부요소(AU-rich element, ARE)** 불안정화 요소(destabilizing element, DE)로서 작용하는 A 및 U 리보뉴클레오티드로 주로 구성된 진핵세포의 mRNA 시스(*cis*) 염기배열.

불안정화 요소(destabilizing element, DE)는 가장 널리 연구되었다. 불안정화 염기배열 요소를 정의하는 기준은 DE를 보다 안정한 mRNA로의 도입으로 인해 분해가 가속화한다는 데 있다. mRNA에서 하나의 요소를 제거한다고 해서 그 mRNA가 반드시 안정화되는 것은 아니며, 이것은 각각의 mRNA가 하나 이상의 불안정화 요소를 가질 수 있음을 나타낸다. DE들의 확인을 더 복잡하게 하는 것은, DE의 존재가 모든 조건 하에서 짧은 반감기를 보장하지 못한다는 것인데, 이것은 mRNA의 다른 염기배열 요소가 DE의 효과를 변경할 수 있기 때문이다.

가장 연구가 잘 되어있는 유형의 DE는 포유류 mRNA의 8%까지의 3′ UTR에서 발견되는 **AU-풍부 요소(AU-rich element, ARE)**이다. ARE는 이질적(heterogeneous)이며, 많은 아류형(subtype)이 연구되어졌다. 하나의 유형은 상이한 염기배열 상황에서 한 번 또는 여러 번 반복된 펜타머(pentamer, 오량체) 염기배열 AUUUA로 구성되어 있다. 다른 유형은 AUUUA를 포함하지 않으며, U가 우세하게 풍부하다. 특정 ARE 유형 및/또는 세포 유형에 대한 특이성을 갖는 다수의 ARE-결합 단백질이 동정되었다. ARE는 급속한 분해를 어떻게 촉진할까? 많은 ARE-결합 단백질은 엑소솜(exosome), 탈아데닐화 효소(deadenylase) 및 디캡핑 효소(decapping enzyme)를 포함하는 분해 시스템의 하나 이상의 구성 요소와 상호작용하는 것으로 밝혀졌으며, 이는 분해 시스템을 동원하여 작동함을 시사하고 있다. 엑소솜은 일부 ARE에 직접 결합할 수 있다. 다수 mRNA의 ARE들이 모두 이런 방식으로 작용할 가능성은 없지만, 분해의 탈아데닐화 단계를 가속화시키는 것으로 나타났다. ARE들이 작용할 수 있는 또 다른 방법은 mRNA를 프로세싱 바디(processing body)에 효과적으로 전달을 촉진하는 것이다.

많은 AU-풍부 DE (AU-rich DE) 및 다른 종류의 불안정화 요소가 출아 효모 및 기타 모델 생물의 mRNA에서 동정되었다. 예를 들어, 앞에서 언급한 효모의 Puf 단백질은 특정 UG-풍부 요소(UG-rich element)에 결합하고 표적 mRNA의 분해를 촉진한다. 이 경우, 불안정화 메커니즘은 CCR4-NOT 디아데

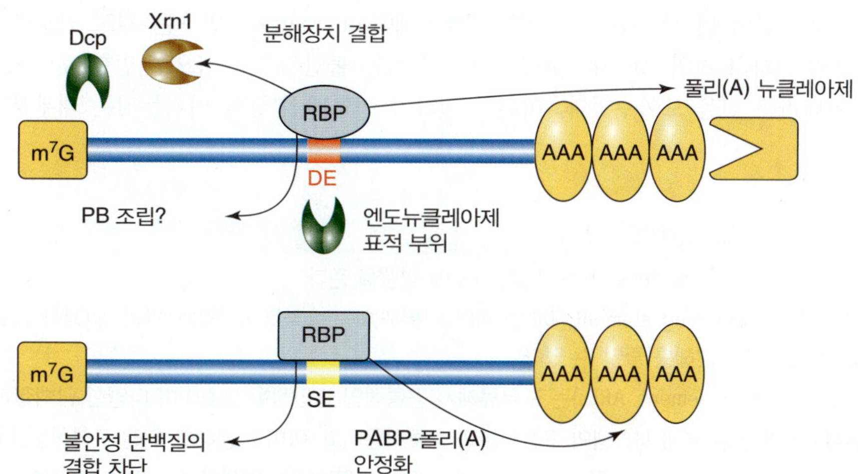

그림 22.10 불안정화 요소(destabilizing element, DE)와 안정화 요소(stabilizing element, SE)가 기능하는 메커니즘. mRNA의 안정성에 미치는 DE와 SE의 영향은 주로 이 요소들이 결합하는 단백질을 통하여 조정된다. DE가 핵산내부가수분해효소(endonuclease)의 표적 부위로서 작용하는 것이 예외이다.

닐라아제(deadenylase)의 동원에 의해 탈아데닐화가 가속화된다. 효모 3′ UTR의 유전체 분석을 통하여 (이들을 포함하는) mRNA의 반감기와 상관관계가 있는 53개의 염기배열 요소를 밝혀냈다. 이는 서로 다른 불안정화 요소가 많을 수 있음을 시사한다. 그림 22.10은 불안정화 요소의 알려진 작용을 요약한 것이다.

비정상적으로 안정한 몇 가지의 mRNA에서 **안정화 요소(stabilizing element, SE)**가 동정되었다. 포유류 세포에서 연구된 세 가지 mRNA는 3′ UTR에서 안정화 요소인 피리미딘이 풍부한 염기배열을 가지고 있다. 글로빈 mRNA에서 이 요소에 결합하는 단백질들은 PABP와 상호작용함을 보였으며, 이는 이들 단백질들이 폴리(A) 테일을 분해로부터 보호하는 기능을 하는 것을 제시한다. 일부의 경우, mRNA는 그 mRNA에 있는 DE의 억제에 의해 안정화될 수 있다. 예를 들어, 특정 ARE-결합 단백질은 ARE가 mRNA를 불안정하게 하는 것을 방지하기 위해 작용하며, 아마도 ARE-결합 부위를 막음으로써 가능할 수 있다. mRNA의 안정화가 조절되는 예로는 포유동물 트랜스페린(transferrin) mRNA에서 발견된다. 트랜스페린(transferrin) mRNA의 3′ UTR **철-반응 요소(iron-response element, IRE)**는 그림 22.11에 나타낸 바와 같이, 여러 스템-루프 구조로 이루어져 있으며, 특정 단백질에 의해 결합되어 있을 때 안정화된다. IRE-결합 단백질의 IRE에 대한 친화성은 철 결합에 의해 변경되며, 철-결합 부위가 가득 찼을 때 낮은 친화성을 나타내지만, 그렇지 않은 경우에는 높은 친화성을 나타낸다. 세포질에서의 철 농도가 낮으면 혈류에서 철분을 가져 오기 위해 더 많은 트랜스페린이 필요하며, 이러한 조건에서 트랜스페린 mRNA는 안정화된다. IRE-결합 단백질은 부근에서 불안정한 염기배열의 기능을 억제함으로써 mRNA를 안정화시킨다. 흥미롭게도, 같은 IRE-결합 단백질은 또한 페리틴(ferritin) mRNA의 IRE에 결합하고 이 mRNA를 매우 다른 방식으로 조절한다. 페리틴은 철-결합 단백질로 과다한 세포의 철을 격리시킨다. IRE-결합 단백질은 철의 농도가 낮고 페리틴 mRNA와 캡-결합 복합체의 상호작용을 차단할 때 페리틴의 5′ UTR에서 IRE 스템-루프와 결합한다. 따라서 세포의 철(iron) 함량이 낮으면, 즉트랜스페린 mRNA가 안정화되고 번역되는 조건에서 페리틴 mRNA의 번역이 방해된다.

▶ **안정화 요소(stabilizing element, SE)** 해당 mRNA에 긴 반감기를 주는 일부 mRNA에 존재하는 다양한 염기배열 중 하나.

▶ **철-반응 요소(iron-response element, IRE)** 안정성 또는 단백질 합성이 세포질의 철 농도에 의해 조절되는 특정 mRNA에서 발견되는 시스(*cis*) 염기배열.

많은 시스-요소-결합 단백질(*cis*-element-binding protein)은 인산화, 메틸화, 작동인자(effector)의 결합으로 인한 입체구조의 변화 및 이성질체화를 포함한 그의 기능에 영향을 줄 수 있는 수식(modification)이 일어날 수 있다. 이러한 수식은 세포 신호에 의해 유도된 mRNA 분해 속도의 변화가 원인이 될 수 있다. mRNA 분해는 세포주기 진행, 세포분화, 호르몬, 영양공급 및 바이러스 감염을 비롯한 다양한 환경 및

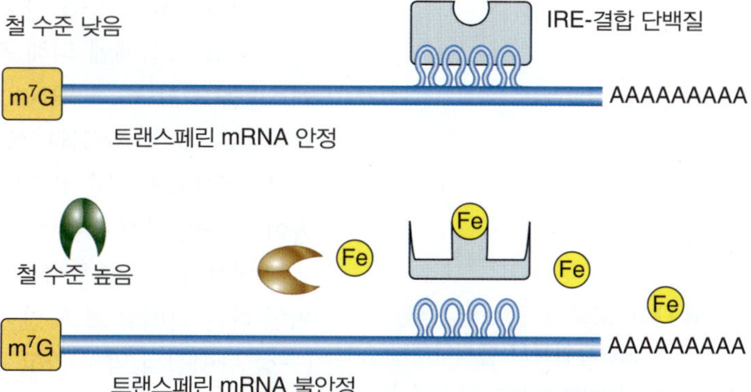

그림 22.11 철 함량에 의한 트랜스페린 mRNA 안정성의 조절. 3′ UTR에 있는 IRE는 mRNA를 안정화시키는 단백질의 결합 부위에 있다. IRE-결합 단백질은 세포에 있는 철(Fe) 함량에 민감한데, 철 함량이 낮을 때에만 IRE에 결합한다.

내부 자극에 반응하여 변경될 수 있다. 마이크로어레이(microarray) 연구는 세포 신호에 의해 촉진된 mRNA 수준의 변화의 거의 50%가 mRNA 안정화 또는 불안정화 과정으로 인한 것이지 전사 변화로 인한 것이 아니라는 것을 보여주었다. 이러한 변화가 어떻게 영향을 미치는지는 대부분 알려지지 않았다.

핵심개념

- mRNA의 특정 시스 요소(*cis*-elements)는 분해 속도에 영향을 준다.
- 불안정화 요소(destabilizing element, DE)는 mRNA 분해를 가속화할 수 있는 반면, 안정화 요소(stabilizing element, SE)는 mRNA 분해를 줄일 수 있다.
- AU-풍부 요소(AU-rich element, AREs)는 포유류에서 공통적인 불안정화 요소이며 다양한 단백질과 결합한다.
- 일부 DE-결합 단백질은 분해 시스템의 구성성분과 상호작용하고, 아마도 분해를 위해 구성성분들을 동원한다.
- 안정화 요소(stabilizing element, SE)는 일부 매우 안정한 mRNA에서 발생한다. mRNA 분해 속도는 다양한 신호에 반응하여 변경될 수 있다.

개념 및 추론 확인

불안정화 요소(destabilizing element, DE)를 가지고 있어도 mRNA가 안정적일 수 있는가?

22.8 새로 합성된 RNA는 핵 감시 시스템을 통해 결함 여부가 확인된다

▶ **RNA 감시 시스템(RNA surveillance system)** RNA(또는 RNP)에서 오류를 확인하는 시스템. 시스템이 유효하지 않은 염기배열 또는 구조를 인식하고 반응을 시작한다.

새로 합성된 모든 RNA는 전사되는 동안이나 그 이후에 많은 프로세싱(processing) 단계를 거친다(*21장 RNA 스플라이싱 및 프로세싱* 참조). 각 프로세싱 단계에서 오류가 발생할 수 있다. DNA 오류는 다양한 수복 시스템(repair system)(*16장 수복 시스템* 참조)으로 수복되지만, RNA에서 검출 가능한 오류는 결함이 있는 RNA를 파괴함으로써 처리된다. **RNA 감시 시스템(RNA surveillance system)**은 핵과 세포질 모두에 존재하며 여러 종류의 문제들을 다룬다. 감시에는 두 종류의 활성을 수반한다: 하나는 비정상적인 기질 RNA를 식별하고 표지하며, 다른 하나는 표지된 RNA를 파괴한다.

파괴자는 핵 엑소솜(nuclear exosome)이다. 핵 엑소솜 핵심(nuclear exosome core)은 세포질 엑소솜(cytoplasmic exosome)과 거의 동일하지만, 다른 단백질 보조인자와 상호작용한다. 핵 엑소솜은 3′에서 5′ 엑소뉴클레아제 활성으로 표적 RNA에서 뉴클레오티드를 제거한다. 핵 엑소솜은 넌코딩(noncoding) RNA 전사체(snRNA, snoRNA 및 rRNA)의 RNA 프로세싱 및 비정상적인 전사물의 완전한 분해와 관련된 여러 기능을 가지고 있다. 핵 엑소솜은 특정 RNA 염기배열 또는 RNA/RNP 구조를 인식하는 단백질 복합체에 의해 프로세싱 기질(processing substrate)에 동원된다. 예를 들어, Nrd1-Nab3은 엑소솜을 정상 sn/snoRNA 프로세싱 기질에 동원하는 염기배열-특이적 단백질 다이머이다. 이 다이머 단백질은 GUA[A/G]와 UCUU 요소에 각각 결합한다. Nrd1-Nab3 보조인자(cofactor)는 또한 이들 폴리아데닐화되지 않은 Pol-II로 전사된 RNA의 전사 종결에 관여하고 있는데, 이는 프로세싱 중인 엑소솜이 그들의 합성 부위에 직접 동원될 수 있음을 시사한다.

▶ **TRAMP** 효모에서 비정상적인 핵 RNA를 확인하고 폴리아데닐화(polyadenylate)하는 단백질 복합체. 분해를 위해 핵 엑소솜(exosome)을 동원한다.

비정상적으로 프로세싱되고, 수식되거나, 미스폴딩된 RNA는 식별(identification)과 엑소솜 동원을 위해 다른 단백질 보조 인자를 필요로 한다. 효모에서 이 기능을 수행하는 주요 핵 복합체는 **TRAMP**(구성 단백질의 약자)라고 부르며, 존재하는 폴리(A) 중합효소의 유형이 적어도 두 가지 다른 형태로 존재한다. TRAMP 복합체는 분해에 영향을 미치기 위하여 여러가지 방법으로 작용한다:

1. TRAMP 복합체는 엑소솜과 직접 상호작용하여 엑소뉴클레아제 활성을 촉진한다.
2. TRAMP 복합체는 헬리카아제(helicase)를 포함하고 있는데, 이 효소는 분해 과정에서 구조를 이루고 있는 RNP 기질에서 이차구조를 풀고/풀거나 RNA-결합 단백질을 움직이는 데 필요할 수 있다.

3. TRMP 복합체는 표적 기질에 짧은 3′ **올리고(A) 테일**을 추가한다. 올리고(A) 테일은 박테리아에서 올리고(A) 테일이 기능하는 것과 같은 방식으로 표적 RNP를 분해 시스템에 대한 보다 좋은 기질로 만드는 것으로 생각된다.

▶ **올리고(A) 테일(oligo(A) tail)** 일반적으로 일련의 15개 미만의 아데닐화된(adenylated) 짧은 폴리(A) 테일.

그림 22.12는 TRAMP와 엑소솜의 역할을 요약한 것이다. 진핵세포에서의 핵 RNA 분해가 박테리아 및 원시 박테리아(Archaea)에서의 RNA 분해와 진화적으로 관련되어 있음이 분명해졌다. 그들의 유사성은 폴리아데닐화 반응의 조상 역할(ancestral role)이 RNA 분해를 촉진하는 것이었고, 폴리(A)가 나중에 특이하게 세포질에서 이상하게 mRNA를 안정화시키는 역기능(reverse function)용으로 진핵세포에 적응되었음을 시사하고 있다.

TRAMP-엑소솜 분해의 기질은 무엇인가? TRAMP 복합체는 세 가지 RNA 중합효소 모두에 의해 합성된 매우 다양한 종류의 비정상형의 RNA를 인식한다는 점에서 주목할 만하다. 표적 RNA가 인식할 수 있는 공통적인 특징을 공유하지 않는다는 것을 감안할 때 어떻게 TRAMP 복합체에 의한 RNA 인식이 수행되는지는 알려지지 않았다. 일부 연구자들은 최종 RNP 형태로 시기 적절하게 프로세싱 및 조립되지 않는 RNA가 엑소솜 분해의 기질이 될 것이라는 가설을 세우는 운동 경쟁 모델(kinetic competition model)을 선호한다. 이 메커니즘은 셀 수 없이 많이 가능한 결함을 명확하게 인식할 필요가 없게 한다.

어떤 종류의 비정상(abnormality)이 pre-mRNA를 핵에서 파괴에 이르게 하는가? 두 종류의 기질이 확인되었다. 하나의 유형은 스플라이싱되지 않았거나, 비정상적으로 스플라이싱된 pre-mRNA이다. 스플라이세오솜(spliceosome)의 구성성분은 엑소솜(exosome)에 의해 분해될 때 까지, 또는 가능한 경우 적절한 스플라이싱이 완료될 때까지 그러한 전사를 유지한다. 운동 경쟁 모델도 여기에 적용될 것으로 생각된다. 효율적으로 스플라이싱되지 않고 포장되지 않은 pre-mRNA는 엑소솜 분해 메커니즘이 접근할 위험이 높다. 비정상적으로 스플라이싱된 pre-mRNA의 식별에 대한 근거는 알려지지 않았다. 두 번째 유형의 pre-mRNA 기질은 폴리(A) 테일이 부족하여 부적절하게 종결된 것이다. 폴리아데닐화는 진정한 mRNA에서는 보호용(protective)이지만, 실제로 **잠재적 불안정성 전사물(cryptic unstable transcript, CUT)**에 대해서는 불안정하게 만든다. 이러한 비단백질-암호화 RNA(nonprotein-coding RNA)(*30.3절 넌코딩 RNA는 유전자 발현을 조절하는 데 사용될 수 있다* 참조)는 RNA Pol II에 의해 전사되고 인식 가능한 단백질을 암호화하지 않는다; 그러나 비단백질-암호화 RNA들은 단백질-암호화 유전자들과 빈번히 겹치기도 하며, 단백질-암호화 유전자들을 조절하기도 한다. 이들 전사물은 TRAMP 복합체(Trf4)의 구성성분에 의해 폴리아데닐화된다. 이 전사물들은 극단적인 불안정성으로 인하여 알려지지 않은 기능의 다른 전사물과 구별되며, 일반적으로 합성 직후 TRAMP-엑소솜 복합체에 의해 분해되고, Trf4-의존성 폴리아데닐화에 의해 표적화될 가능성이 있다. 사실, 이러한 전사물의 존재는 손상된 핵 RNA 분해와 효모균에서 처음으로 확실하게 입증되었다. RNA Pol II 전사체의 4분의 3 이상이 넌코딩(noncoding, 비암호화) RNA를 포함할 수 있으며, 엑소솜에 의해 매우 빠르게 분해될 수 있다! 일부 CUT는 거짓된 전사개시(spurious transcription initiation)로부터 발생하는 것처럼 보이고, 수명이 짧은 RNA 산물 자체는 전형적으로 기능을 가지지 않는 것으로 보인다(즉, 이들 RNA는

▶ **잠재적 불안정성 전사물(cryptic unstable transcript, CUT)** 비단백질-암호화 RNA(nonprotein-coding RNA)는 RNA 중합효소 II에 의해 전사되며, 유전자의 3′ 말단에서 종종 생성되고(안티센스 전사물이 생성됨), 합성 후에 빠르게 분해된다. 일부 CUT에는 조절기능이 있다.

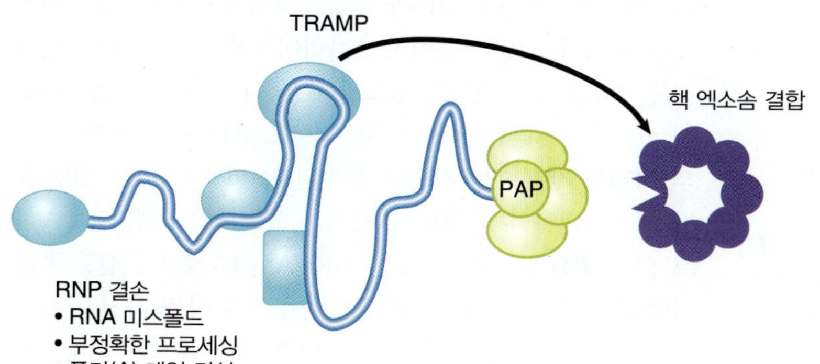

그림 22.12 분해 중인 비정상적인 핵 RNA에서 TRAMP와 엑소솜의 역할. 결함이 있는 RNP가 단백질 보조인자에 의해 꼬리표로 부착된다. 그런 다음에 핵 엑소솜이 결합한다. 효모세포에서 보조인자는 복합체 TRAMP이다. TRAMP에서 폴리(A) 중합효소(PAP, 또는 Trf4)는 짧은 폴리(A) 테일을 표적 RNA의 3′ 말단에 첨가한다.

일반적으로 트랜스로 작용하지 않는다). 그러나 전사 과정 자체가 인접하거나 중복되는 코딩 유전자를 조절하는 역할을 하는 예들은 있다(한 예로는 *30.3절 넌코딩 RNA는 유전자 발현을 조절하는 데 사용될 수 있다* 참조).

핵심개념

- 잘못된 핵 RNA는 감시 시스템에 의해 확인되고 파괴된다.
- 핵 엑소솜(nuclear exosome)은 정상 기질 RNA의 프로세싱과 비정상적인 RNA의 파괴 모두에서 기능한다.
- 효모 TRAMP 복합체는 엑소솜을 잘못된 RNA에 결합하여 3′에서 5′ 엑소뉴클레아제 활성을 촉진시킨다.
- TRAMP-엑소솜 분해를 위한 기질에는 스플라이싱되지 않았거나, 비정상적으로 스플라이싱된 pre-mRNA와 폴리(A) 테일이 결여되어 부적절하게 종결된 RNA Pol II 전사물을 포함한다.
- RNA Pol II 전사체의 대다수는 핵에서 빠르게 파괴되는 잠재적 불안정성 전사물 (CUTs)일 수 있다.

개념 및 추론 확인

CUT에서 폴리(A) 테일의 명확한 역할은 무엇인가? 이것이 원핵세포의 mRNA 분해에서 올리고(A) 테일의 역할과 어떻게 다른가?

22.9 mRNA 단백질 합성의 품질 관리는 세포질 감시 시스템에 의해 수행된다

- **종결 인자(release factor, RF)** mRNA로부터 완성된 폴리펩티드 사슬과 리보솜의 방출을 일으키기 위해 폴리펩티드 번역을 종결시키는 데 필요한 단백질.
- **넌센스-매개 분해(nonsense-mediated decay, NMD)** 마지막 엑손 이전에 넌센스 돌연변이(nonsense mutation)가 있는 mRNA를 분해하는 경로.

어떤 종류의 mRNA 결함은 번역 과정 동안에만 평가될 수 있다. 감시 시스템은 번역 충실도(translational fidelity)를 위협하는 세 가지 유형의 mRNA 결함을 탐지하고, 결함이 있는 mRNA를 빠르게 분해하기 위해 진화했다. 그림 22.13은 이들 세 시스템 각각에 대한 기질을 보여주고 있다. 세 가지 시스템 모두 비정상적인 번역 종결 과정을 수반하고 있어서, 정상적인 종료 과정에서 어떤 일이 발생하는지 검토하는 데 유용하다(보다 자세한 설명은 *24.12절 세 개의 코돈은 단백질 합성을 종료하며, 단백질 인자에 의해 인식된다* 참조). 번역을 진행 중인 리보솜이 종결(정지) 코돈에 도달하면, 한 쌍의 **종결 인자(release factor, RF**; 진핵세포에서 eRF1 및 eRF2)들이 신장 단계(elongation) 가 진행되는 동안에 들어오는 tRNA에 의해 채워지는 리보솜의 A 부위로 들어간다. 방출인자 복합체는 번역이 완성된 폴리펩티드, 이어서 mRNA, 남아있는 tRNA 및 리보솜 서브유닛의 방출을 중재한다.

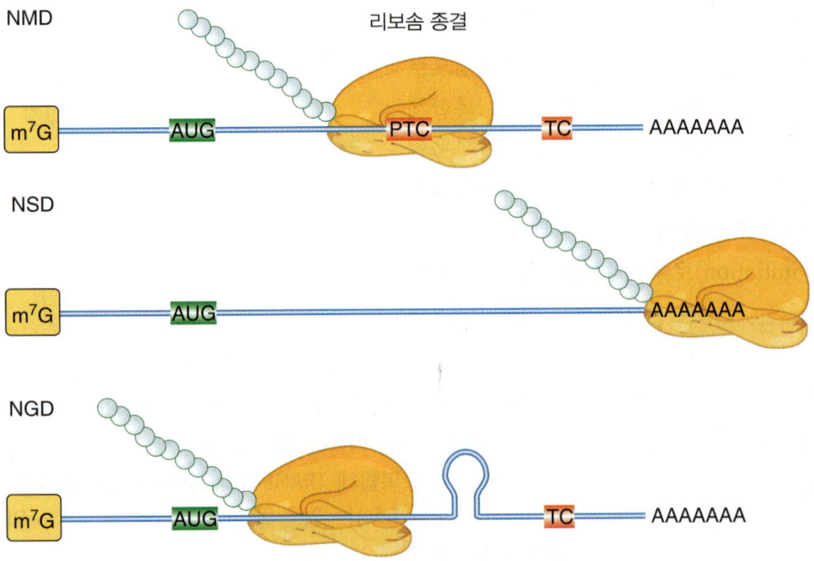

그림 22.13 세포질 감시 시스템의 기질들. 넌센스-매개 분해는 정상 종결 코돈(TC) 앞에 미성숙 종결 코돈(PTC)을 가지고 있는 mRNA를 분해한다. 넌스톱 분해(NSD)는 프레임 내에 종결 코돈이 없는 mRNA를 분해한다. 노우-고우 분해(NGD)는 코딩 영역에 멈춰 있는 리보솜을 가지고 있는 mRNA를 분해한다.

넌센스-매개 분해(nonsense-mediated decay, NMD)는 미성숙 종결 코돈(premature termination codon, PTC)을 포함하는 mRNA를 표적으로 한다. 그 이름은 PTC가 있는 mRNA가 생성될 수 있는 유일한 방법인 "넌센스 돌연변이(nonsense mutation)"에서 비롯된 것이다. 넌센스 돌연변이가 없는 유전자는 (1) RNA 중합효소 오류, 또는 (2) 불완전 또는 부정확하거나, 선택적 스플라이싱에 의해 PTC를 함유하는 비정상적인 전사를 일으킬 수 있다. 선택적 스플라이싱된 pre-mRNAs의 거의 절반이 적어도 PTC를 가진 한 가지의 형태를 생성하는 것으로 추정된다. 알려져 있는 질병-유발 대립유전자의 약 30%가 PTC가 있는 mRNA를 암호화하고 있다. PTC를 가지고 있는 mRNA는 C-말단이 절단된 폴리펩티드를 생성하게 되는데, 이것은 기능성을 가지고 있지 않은 복합체에서 다중 결합 파트너를 끌어 모으는 경향으로 인해 세포에 특히 유독하다고 여겨지고 있다. NMD 경로는 모든 진핵세포에서 발견되었다.

PTC를 포함하고 있는 mRNA를 표적화하기 위해서는 번역 및 보존된 단백질 요소의 세트가 필요하다. 이들 세트에는 세 가지 **Upf 단백질(Upf protein,** Upf1, Upf2 및 Upf3)과 네 개의 추가 단백질(Smg1, 5, 6 및 7)이 포함된다. Upf1은 종결 중인 리보솜에 결합하는—특히 그 방출인자 복합체에 작용하는 최초의 NMD 단백질이다. UPF 부착은 빠르게 분해시키기 위해 mRNA에 태그(tag)를 붙인다. Smg1에 의한 리보솜-결합 Upf1의 인산화가 중요하지만, NMD 인자의 특정 역할은 아직 밝혀져 있지 않다. 이들의 결합된 작용은 mRNA를 일반적인 분해 시스템으로 들어가게 하여 신속한 탈아데닐화(deadenylation)를 촉진한다. 표적 mRNA는 5′에서 3′ 및 3′에서 5′ 경로에 의해 분해된다.

▶**Upf 단백질(Upf protein)** 분해를 위해 **넌센스-매개 분해(nonsense-mediated decay, NMD)** 기질을 표적으로 삼는 단백질 요소 세트.

PTC는 정상적인 종결 코돈과 어떻게 다른가? 그 메커니즘은 효모와 포유동물 세포에서 광범위하게 연구되어 왔는데, 이들 세포에서 두 종류의 종결 코돈은 약간 다르다; 이것들을 그림 22.14에 나타내었다. 포유류 세포에서 PTC를 확인하는 주요한 신호는 미성숙 종결 코돈의 하류에 있는 **엑손 접합체(exon junction complex, EJC)**에 의해 표시되는 스플라이스 접합부(splice junction)의 존재이다. 고등 진핵세포의 대부분의 유전자에는 3′ UTR을 방해하는 인트론이 없으므로, 본래의 종결 코돈에는 일반적으로 스플라이스 접합부가 뒤따르지 않는다. 정상적인 mRNA에 대한 **번역의 파이어니어 라운드(pioneer round of translation)**가 일어나는 동안, 모든 EJC는 코딩(암호화) 영역 내에서 발생하고, 이동하는 리보솜으로 대체된다. NMD 기질에 대한 번역의 파이어니어 라운드가 진행되는 동안, Upf2와 Upf3 단백질은 남아있는 하류의 EJC(들)에 결합하여, 분해를 위해 표적한다.

▶**엑손 접합체(exon junction complex, EJC)** 스플라이싱(splicing) 중에 엑손-엑손(exon-exon) 접합부에서 조립되고 RNA 수송, 위치 결정 및 분해를 돕는 단백질 복합체.

▶**번역의 파이어니어 라운드(pioneer round of translation)** 새롭게 합성되어 내보낸 mRNA에 대한 첫 번째 번역 과정.

대부분의 효모(*S. cerevisiae*) 유전자는 인트론에 의해 전혀 분단되어 있지 않으므로 PTC 검출 메커니즘이 달라야 한다. 이 경우 비정상적으로 긴 3′ UTR이 경고 신호가 된다. 이것은 정상적인 mRNA의 3′ UTR의 연장(extension)이 NMD를 위한 기질로 mRNA를 전환시킬 수 있다는 발견에 의해 증명되었다. 현재의 모델은 종결 코돈에서 적절한 번역 종결이 일어나기 위해서는 근처의 PABP로부터의 신호를 필요로 한다고 제안하고 있다. 3′ UTR은 뉴클레오티드 길이가 매우 다양하지만, 종결 코돈과 폴리(A) 테일 간의 물리적 거리는 엄격히 길이에 따라 기능을 하는 것이 아니다. 왜냐하면, 이는 결합된 RBP들의 이차 구조와 RBP 간의 상호작용이 거리를 압축할 수 있기 때문이다. 그림 22.15에서와 같이, 많은 생물체에서 PABP를 PTC에 가깝게 묶어두는 게 필요하다는 것이 입증되었다. mRNA는 더 이상 NMD의 표적이 되지 않는다. PTC의 인식은 또한 초파리 *Drosophila*, 선충류 *C. elegans*, 식물 및 일부 포유류 mRNA에서의 스플라이싱과는 독립적으로 발생하는데, 이는 3′ UTR의 길이와 구조가 모든 생물체에서 정상적인 번역 종결 과정에 중요함을 제시하는 것이다.

▶ **넌스톱 분해(nonstop decay, NSD)** 프레임 내 종결 코돈이 없는 mRNA를 빠르게 분해하는 경로.

일부 정상적인 mRNA는 NMD의 표적이 된다. 이들은 Upf1 수준이 감소되어 아류형(subset)의 전사체가 풍부하게 증가하는 결과를 초래하는 실험으로 확인되었다. 정상적인 NMD 기질의 목록에는 특히 긴 3′ UTR을 갖고 있는 mRNA, 셀레노단백질(selenoprotein)을 코딩하는 mRNA[셀레노시스테인 코돈(selenocysteine codon)으로서 종결 코돈 UGA를 사용함) 및 선택적으로 스플라이싱된 미지수의 mRNA들이 포함되어 있다.

모든 표적 mRNA들이 현재 우리가 이해하고 있는 내용에 근거한 NMD 기질일 것으로 예측되지는 않는다. NMD는 다양한 짧은-수명의 mRNA에 대한 중요한 빠른 분해 경로가 될지도 모른다.

넌스톱 분해(nonstop decay, NSD)는 프레임 내

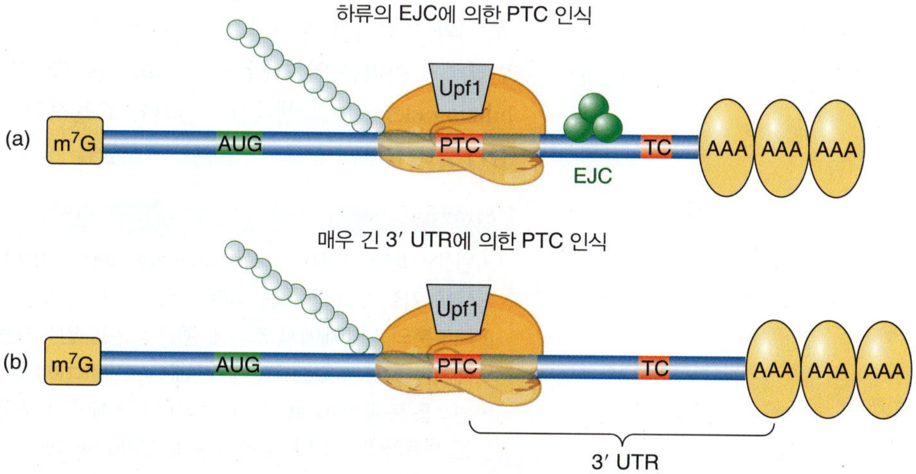

그림 22.14 종결 코돈이 미성숙으로 인지되는 두 가지 메커니즘. (a) 포유동물에서 종결 코돈의 하류에 있는 EJC의 존재가 NMD를 위한 mRNA를 표적한다. (b) 아마도 모든 진핵생물에서, 비정상적으로 긴 3′ UTR은 종결 코돈과 폴리(A)-PABP 복합체 사이의 거리에 의하여 인지된다. 어느 경우에도 Upf1 단백질은 번역을 종료중인 리보솜에 결합하여 분해를 촉발한다.

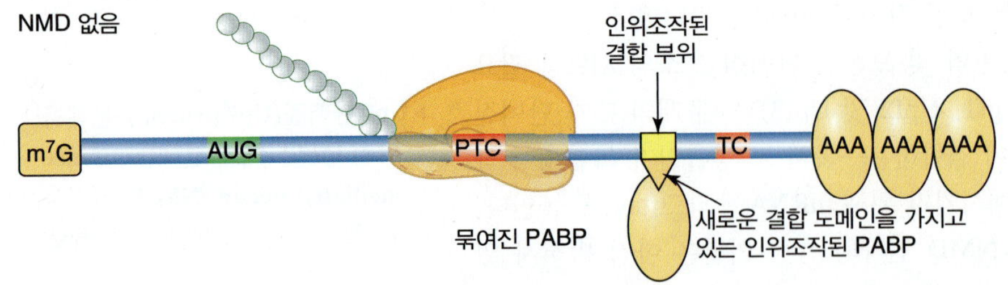

그림 22.15 미성숙 종결 코돈 근처에 PABP를 묶어 두는 효과. PABP 유전자는 박테리오파지 RNA-결합 도메인을 발현하도록 변경된다. 이 결합 부위는 테스트 NMD 기질 유전자로 제작되었다. 묶여진 PABP는 NMD에 의한 이 mRNA의 평소의 급격한 분해를 막았다. 이 방법은 분자생물학에서 많이 적용되고 있다.

종결 코돈이 없는 mRNA를 대상으로 한다(그림 22.13의 중간 패널). 종결이 실패하면 리보솜은 폴리(A) 테일을 번역하며 아마도 3′ 말단에서 멈추게 된다. 넌스톱 분해 기질은 핵에서 미성숙 전사 종결 및 폴리아데닐화(polyadenylation)에 의해 주로 생성된다. 이러한 조기에 폴리아데닐화된 전사물은 놀랍게도 흔하다. 효모 및 인간의 mRNAs에서 유래한 무작위 cDNA 집단 분석에서 폴리아데닐화 과정의 5~10%가 진짜의 폴리아데닐레이션 신호와 유사한 상류의 "잠재적(cryptic)" 부위에서 발생할 수 있음을 시사하고 있다. 넌스톱 분해기질을 표적하는 과정에는 **SKI 단백질(SKI protein)**이라고 불리는 일련의 요인들을 포함한다. 리보솜은 Ski7의 작용에 의해 mRNA로부터 방출된다. Ski7은 eEF3와 유사한 GTPase 도메인을 가지고 있으며, 아마도 리보솜의 A-부위에 결합하여 방출을 자극한다. 이어지는 다른 SKI 단백질들과 엑소솜의 동원은 mRNA의 3′에서 5′ 분해를 초래한다. 넌스톱 기질의 분해는 또한 Ski7이 없을 때에도 발생할 수 있으며, 디캡핑(decapping)에 의해서, 그리고 5′에서 3′ 분해로 진행된다. 디캡핑에 대한 감수성은 폴리(A) 테일을 가로지르는 PABP를 대체하는 파이어니어 리보솜(pioneer ribosome) 때문일 수 있다. 넌스톱 기질의 빠른 분해는 독성 폴리펩티드의 예방뿐만 아니라, 갇혀 있는(trapped) 리보솜의 해방을 초래하기도 한다. 흥미롭게도, 대장균은 넌스톱 mRNA 상에 멈춰선 리보솜을 구제하기 위해 tRNA와 mRNA처럼 작용하는 특수한 넌코딩 RNA(tmRNA)를 사용한다. tmRNA는 결함이 있는 단백질 산물을 표적으로 하는 짧은 펩티드의 첨가를 지시하고, 리보솜의 재사용을 위한 종결 코돈을 제공하며, RNAse R에 의한 결함 있는 mRNA의 분해를 표적으로 한다.

▶ **SKI 단백질(SKI protein)** 분해를 위한 넌스톱 분해(NSD) 기질을 표적으로 삼는 단백질 인자 세트.

노우-고우 분해(No-Go decay, NGD)는 코딩 영역 코돈에 멈춰선 리보솜을 가진 mRNA를 표적으로 한다(그림 22.13의 하단 패널). 일시적 또는 장기간의 멈춤 현상은 강력한 이차 구조 및 드물게 사용되는 코돈(그의 동족체 tRNA는 많지 않다)을 포함한 일부 mRNA의 자연적 특징에 의해 야기될 수 있다. 새로 발견된 이 감시 경로는 효모에서만 연구되었으며, 세 경로 중 가장 적게 이해되고 있다. mRNA의 표적화에는 각각 eRF1 및 eRF3에 상동인 두 단백질, Dom34 및 Hbs1의 결합이 관여하고 있다. mRNA 분해는 핵산내부 절단(endonucleolytic cut)에 의해 시작되고, 5′ 및 3′ 단편은 엑소솜(exosome)과 Xrn1에 의해 분해된다. Dom34는 도메인 중 하나가 뉴클레아제(nuclease, 핵산가수분해효소)와 유사하기 때문에 엔도뉴클레아제일지도 모른다. 정상적인 mRNA는 왜 빠르게 분해하게 되는 번역하기 어려운 염기배열을 가지고 있을까? 이러한 염기배열은 또 다른 종류의 불안정화 요소(destabilizing element)로 생각할 수 있다. 효율적인 번역에 대한 장애물의 진화된 보존은 이들 mRNA의 반감기를 조절하는 중요한 기능을 제공함을 시사한다.

▶ **노우-고우 분해(No-Go decay, NGD)** 코딩 영역에 멈춰 선 리보솜으로 mRNA를 빠르게 분해하는 경로.

핵심개념

- 넌센스-매개 분해(nonsense-mediated decay, NMD)는 조기 종결 코돈을 갖는 mRNA를 표적으로 한다.
- NMD 기질의 표적화에는 UPF와 SMG 단백질의 보존된 세트가 필요하다.
- 대부분의 생물체에서 조기에 종결 코돈을 인식하는 것은 특이한 3′ UTR 구조 또는 길이가 관여하며, 포유동물에서는 하류에 있는 엑손 접합체(exon junction complex, EJC)의 존재가 관여한다.
- 넌스톱 분해(nonstop decay, NSD)는 프레임 내 종결 코돈이 결여된 mRNA를 표적으로 하며, SKI 단백질의 보존된 세트가 필요하다. 노우-고우 분해(No-Go decay, NGD)는 코딩(암호화) 영역에서 정지된 리보솜을 가지고 있는 mRNA를 표적으로 삼는다.

개념 및 추론 확인

넌센스-매개 감시 시스템이 터미널이 아닌 엑손(nonterminal exon)의 넌센스 돌연변이에 의해서만 촉발되는 것이 왜 이상적인가?

22.10 일부 진핵세포의 mRNA는 세포의 특정 영역에 위치하고 있다

세포질은 고농도의 단백질이 차지하고 있는 혼잡한 장소이다. 폴리솜(polysome)이 자유롭게 확산될 수 있는 방법이 명확하지 않으며, 대부분의 mRNA는 세포질로의 진입 지점에 의해 결정되는 무작위 위치에서 번역이 일어나는지, 그리고 세포질로부터 멀리 이동하는 거리에서 번역이 일어나는지 확실하지 않다. 일부 mRNA는 특정 부위에서만 번역이 되지만, 그들의 번역은 목적지(destination)에 도달할 때까지 억제된다. 로컬리제이션이 조절되는 것이 기술된 100개 이상의 특정 mRNA가 있으며, 이는 분명히 총 mRNA들 중 작은 비율임을 나타낸다. mRNA 로컬리제이션은 모든 유형의 진핵세포에서 중요한 기능을 제공하고 있다. 세 가지 핵심 기능을 **그림 22.16**에 나타내었으며, 다음과 같이 설명된다:

1. 많은 동물의 난모세포에서 특정 mRNA의 로컬리제이션은 축 극성(axis polarity)과 같은 배아의 미래 패턴을 설정하고, 다른 지역에 살고 있는 세포에 발생상의 운명(developmental fate)을 지정하는 역할을 한다. 이러한 특정 위치에 존재하는 모계의 mRNA는 전사 인자 또는 유전자 발현을 조절하는 다른 단백질을 암호화한다. 초파리 난모세포에서, *비코이드* mRNA(*bicoid* mRNA)와 *나노스* mRNA(*nanos* mRNA)는 각각 전방 극(anterior pole)과 후방 극(posterior pole)으로 위치하게 되며, 수정(fertilization)에 이은 번역은 단백질 산물의 구배(gradient)가 발생한다. 번역된 단백질 산물의 구배는 배아에서 이들 단백질 산물의 전-후방(anterior-posterior) 위치를 지정하기 위해 초기 발생 단계의 세포에서 사용된다. *비코이드*(*bicoid*)는 전사 인자를 암호화하고, *나노스*(*nanos*)는 번역 리프레서를 암호화한다. 일부 특정한 곳에 위치하는 mRNA는 세포 운명의 결정 인자를 암호화한다. 예를 들어, *오스카* mRNA(*oskar* mRNA)는 난모세포의 후부에 위치하고, 배아에서 원시 배아 세포의 발생을 유도하는 과정을 시작한다.
2. mRNA 로컬리제이션은 또한 비대칭 세포분열(asymmetric cell division), 즉 서로 다른 딸세포를 생성하게 되는 유사분열에서 역할을 한다. 이것이 완성되는 한 가지 방법은 세포 운명 결정인자의 비대칭 분리(asymmetric segregation)에 의해 이루어지는데, 운명 결정인자는 단백질 및/또는 이들을 암호화하는 mRNA일 수 있다. 초파리(*Drosophila*) 배아에서 *프로스페로* mRNA(*prospero* mRNA)와 그 산물(전사 인자)은 배아의 말초 피질(peripheral cortex)의 한 영역에 위치하고 있다. 발생 후기에, 신경모세포(neuroblast)로 지향되는 세포분열(oriented cell division)은 가장 바깥쪽에 있는 딸세포만이 *프로스페로* mRNA를 받아 신경절(ganglion) 모세포 운명(mother-cell fate)이 되도록 보장한다. 비대칭 세포분열은 또한 출생 효모에 의해 모세포와 다른 교배형(mating type)의 딸세포를 생성하는 데 사용되며, 이 절의 뒷부분에서 설명한다.
3. 성체의 분화된 세포형에서 mRNA의 로컬리제이션은 세포를 특화된 영역으로 구분하기 위한 메커니즘이다. 로컬리제이션은 다중 단백질 복합체의 구성성분이 서로 근접하여 합성되고 세포 소기관 또는 세포의 특수화된 영역을 표적으로 하는 단백질이 근처에서 알맞게 합성되도록 하기 위해 사용될 수 있다. mRNA의 로컬리제이션은 특히 뉴런과 같이 매우 양극화된 세포(polarized cell)에 중요하다. 대부분의 mRNA가 신경세포체(neuronal cell body)에서 번역이 되지만, 많은 mRNA는 수지상돌기 확장(dendritic extension)과 축삭 확장(axonal extension)에 국한되어 있다. 이들 중 베타-액틴(β-actin) mRNA는 수상돌기와 축삭 성장에 관여한다. 베타-액틴 mRNA는 다양한 운동성 세포형에서 활동적인 운동 부위에 국한되어 있다. 흥미롭게도, 신경 시냅스 후부(neuronal postsynaptic site)에서 mRNA의 로컬리제이션은 학습을 수반하는 수식(modification)에 필수적인 것 같다. 신경교세포(glial cell)에서는 미엘린 수초(myelin sheath)의 구성성분을 엄호화하는 미엘린 염기성 단백질(myelin basic protein, MBP) mRNA가 특정 미

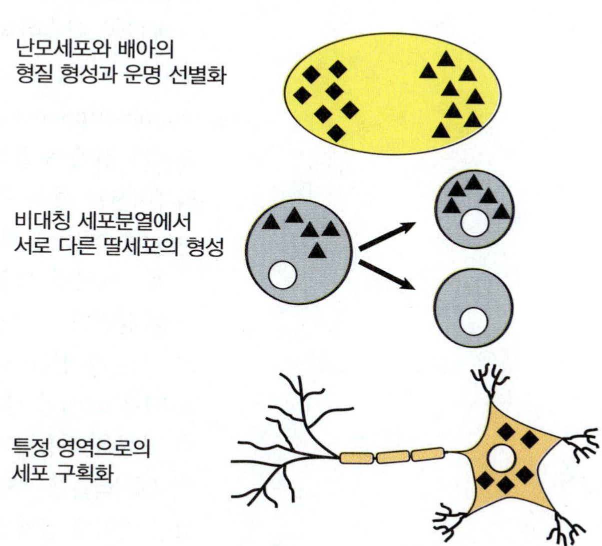

그림 22.16 mRNA 로컬리제이션의 세 가지의 주요 기능.

엘린-합성 구획(myelin-synthesizing compartment)에 국한되어 있다. 식물은 세포의 피질 영역(cortical region)과 극 세포 증식(polar cell growth) 영역에 mRNA를 국한시킨다.

어떤 경우에는 mRNA의 로컬리제이션이 한 세포에서 다른 세포로의 이동을 수반한다. 초파리(*Drosophila*)의 모계 mRNP는 영양세포(nurse cell) 주변에서 합성되고 조립되며, 세포질 관(cytoplasmic canal)을 통해 발생 중인 난자로 이동된다. 식물은 플라스모데스마타(plasmodesmata, 원형질연락사)를 통해 RNA를 내보내고, 체관계(phloem vascular system)를 통해 장거리로 운반할 수 있다. mRNA는 때때로 mRNP 과립의 형태로 대량으로 수송된다. 이들 과립의 구성성분은 아직 잘 연구되어 있지 않다.

mRNA의 세 가지 로컬리제이션 메커니즘이 잘 기록되어 있다:

• mRNA는 균등하게 분포되나 번역 부위를 제외한 모든 부위에서 분해된다.
• mRNA는 자유롭게 확산되지만 번역 위치에 갇히게 된다.
• mRNA는 번역될 부위로 능동적으로 이동한다.

능동수송(active transport)은 로컬리제이션을 위한 유력한 메커니즘이다. 수송은 세포골격 트랙(cytoskeletal track)을 따라 모터 단백질의 전위(translocation)에 의해 이루어진다. 모든 세 가지 분자 모터 유형이 이용되어지고 있다: 즉, 디네인(dynein)과 키네신(kinesin)은 반대 방향으로 미세소관을 따라 이동하며, 미오신(myosins)은 액틴 섬유를 따라 이동한다. 이 로컬리제이션 모드는 최소한 다음 네 가지 구성성분을 필요로 한다: (1) 표적 mRNA에 대한 시스-요소(*cis*-element), (2) mRNA를 정확한 모터 단백질에 직접 또는 간접적으로 부착시키는 트랜스-인자, (3) 번역을 억제하는 트랜스-인자 및 (4) 원하는 위치에의 정착 시스템(anchoring system).

▶ **우편번호(zipcode) (RNA에서)** 세포질 로컬리제이션 지시와 관련된 RNA 시스(*cis*)-요소의 수; 로컬리제이션 시그널(localization signals)이라고도 한다.

때때로 (RNA에서의) **지프코드(zipcode, 우편번호)**라고 불리는 소수의 시스-요소(*cis*-element)가 연구되어졌다. 지프코드들은 염기배열 및 구조적 RNA 요소의 예를 포함하여 다양하며, 대부분은 3′ UTR에 있지만, mRNA의 어느 곳에서나 발생할 수 있다. 지프코드는 복잡한 2차 및 3차 구조로 구성되어 있기 때문에 식별하기가 어려웠다. 다수의 트랜스-인자는 특정한 곳에 위치한 mRNA 수송 및 번역 억제와 관련되어 있으며, 이들 중 일부는 서로 다른 생물체에서 고도로 보존되어있다. 예를 들어, 이중-가닥 RNA-결합 단백질인 스타우펜(staufen)은 초파리(*Drosophila*) 및 제노푸스(*Xenopus*)의 난모세포에서 뿐만 아니라 초파리, 포유류, 아마도 벌레 및 제브라피시(zebrafish)의 신경계에서 mRNA의 로컬리제이션에 관여하고 있다. 이 다재다능한 인자는 복합체를 액틴-의존성 및 미세소관-의존성 수송 경로에 결합시킬 수 있는 많은 도메인을 가지고 있다. 네 번째 필요로 하는 구성성분인 정착 메커니즘(anchoring mechanism)에 대해서는 거의 알려진 바가 없다. 다음은 로컬리제이션 메커니즘(localization mechanism)에 대한 두 가지 예이다.

배양된 섬유아세포(fibroblast)와 뉴론에서 베타-액틴 mRNA의 로컬리제이션이 연구되었다. 지프코드는 3′ UTR의 54개 뉴클레오티드 요소이다. 단백질 ZBP1에 의한 지프코드 요소의 동시전사 결합(cotranscriptional binding)은 로컬리제이션에 필요하며, 이는 이 mRNA가 프로세싱되고 핵에서 수송되기 전에 로컬리제이션에 전념한다는 것을 암시하고 있다. 흥미롭게도, 베타-액틴 mRNA의 로컬리제이션은 섬유 모세포에 있는 손상되지 않은 액틴 섬유와 신경세포에 있는 손상되지 않은 미세소관(microtubule)에 의존한다.

효모에서의 ASH1 mRNA 로컬리제이션의 유전적 분석은 현재까지의 로컬리제이션 메커니즘에 대한 가장 완전한 그림을 제공하며, 그림 22.17에 예시되어 있다. 출아하는 동안, ASH1 mRNA는 발생하고 있는 싹 첨단(bud tip)에만 위치하고 있으며, 새롭게 형성된 딸세포에서만 ASH1 합성이 일어난다. Ash1은 교배형 전환(mating-type switching)에 필요한 단백질 HO 엔도뉴클레아제(HO endonuclease)의 발현을 허용하지 않는 전사 리프레서(억제 인자)이다(*15.9절 효모는 교배형을 전환하는 특수 재조합 메커니즘을 사용한다* 참조). 그 결과 교배형 전환은 모계 세포에서만 발생한다. ASH1 mRNA는 코딩 영역에 단백질 She2가 결합하는 네 개의 스템-루프(stem-loop) 로컬리제이션 요소를 가지고 있는데, 아마도 핵 내에 존재한다. 단백질 She3는 She2와 미오신(myosin) 모터 단백질 Myo4(She1이라고도 함)에 모두 결합하는 어댑터(adaptor) 역할을 한다. Puf 단백질인 Puf6는 mRNA와 결합하여 번역을 억제한다. 모터는 Ash1 mRNP를 모계세포로부터 발생하는 싹(bud)으로 향하는 양극화된 액틴 섬유를 따라 수송한다. 추가적인 단백질이 Ash1 mRNA의 적절한 로컬리제이션 및 발현을 위해 필요하다. 20개 이상의 효모 mRNA가 동일한 로컬리제이션 경로를 사용한다.

능동수송을 포함하지 않는 로컬리제이션 메커니즘은 난모세포와 초기 배아에서 특정한 곳에 위치한 소수의 mRNA에서만 명확하게 증명되었다. 확산성 mRNA(diffusible mRNA)의 국부적인 포획 메커니즘은 아직 확인되지 않은, 이전에 특정한 곳에 위치한 앵커(anchor)의 참여를 필요로 한다. 초파리 난모세포에서, 확산하는 *나노스* mRNA(nanos mRNA)는 피질(cortex)의 근원인 세포질의 특이적 영역인 후배(posterior)의 "생식질(germ plasm)"에 갇혀있다. 제노푸스 난모세포에서 식물극(vegetal pole)에만 위치하는 mRNA는 먼저 미토콘드리아 클라우드(mitochondrial cloud, MC)이라고 불리는 다소 신비한 많은 막으로 이루어진 구조(membrane-laden structure)에 갇히게 되고, 나중에 MC와 함께 mRNA를 운반하는 식물극으로 이동한다. 특정한 곳에 위치한 mRNA 안정화 메커니즘은 초파리 배아의 후부 극(posterior pole)에만 위치하는 mRNA에 대해서도 기술되어져 있다. 발생 초기에, *hsp83* mRNA는 배아 세포질을 통해 균일하게 분포하지만, 나중에 극을 제외하고는 어디에서나 분해된다. smaug라는 단백질은 *hsp83* mRNA의 대부분을 불안정하게 만드는 데 관여하며, CCR4/NOT 복합체를 구성하는 것이 가장 가능성이 높다. 극에 국한된(pole-localized) mRNA가 어떻게 벗어나는가는 알려지지 않았다.

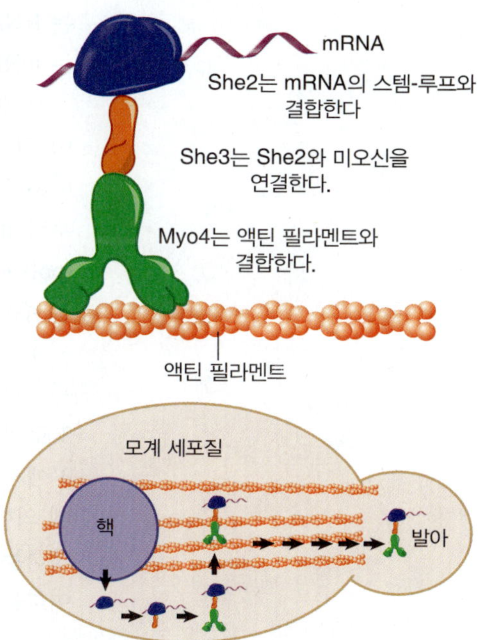

그림 22.17 ASH1 mRNA의 로컬리제이션. 새로이 생성되어 뻗어나가는 ASH1 mRNA는 She2 및 She3 단백질과 복합체를 거쳐서 미오신 모터 Myo4에 부착된다. 이 모터 단백질은 ASH1 mRNA를 액틴 필라멘트를 따라 성장하고 있는 싹(bud)로 수송한다.

핵심개념

- mRNA의 로컬리제이션(localization, 위치 결정)은 단일 세포와 발생 중인 배아에서 다양한 기능을 수행한다.
- mRNA의 세 개의 로컬리제이션 메커니즘이 기록되어 있다.
- 로컬리제이션은 표적 mRNA에 시스-요소가 필요하며, 로컬리제이션을 중재할 트랜스-인자가 필요하다.
- 지배적인 능동수송 메커니즘은 mRNP의 세포골격 트랙(cytoskeletal track)을 통한 직접 이동을 수반한다.

개념 및 추론 확인

mRNA가 특정 위치로 옮겨진 후, 확산되는 것을 어떻게 막을 수 있을까?

22.11 요약

세포성 RNA는 세포성 리보뉴클레아제(ribonuclease, 리보핵산가수분해효소)의 존재로 인해 상대적으로 불안정한 분자이다. 리보뉴클레아제는 공격 방식이 다르며 다른 RNA 기질에 특화되어 있다. 이러한 RNA-분해효소는 세포에서 메신저 RNA(mRNA)의 분해를 포함하여 많은 중요한 역할을 한다. mRNA가 수명이 짧다는 사실이 유전자 전사 속도를 조절함으로써 세포에 의해 합성된 단백질의 스펙트럼(spectrum)을 신속하게 조절할 수 있게 한다. 염기배열이 다른 메신저 RNA는 뉴클레아제(nuclease, 핵산분해효소) 작용에 대해 매우 다른 감수성을 나타내며, 반감기는 100배 이상 변화한다.

mRNA는 핵 성숙기간과 세포질에 있는 동안 변화하는 단백질의 집단과 관련이 있다. 매우 많은 수의 RNA-결합 단백질이 존재하며, 그 대부분은 연구되어져 있지 않다. 핵에서 기능하는 많은 단백질은 mRNA가 세포질로 내보내지기 전이나 방출되는 동안 떨어져 나간다. 다른 것들은 성숙한 mRNA를 동반하고 세포질에서 기능한다. mRNA는 번역, 안정성 및 로컬리제이션에 기능하는 별개의 중복되는 RNA-결합 단백질(RNA-binding protein, RBP) 세트와 결합되어 있다. 특정 유형의 RBP를 공유하는 mRNA 그룹을 RNA 레귤론(regulon)이라 불러 왔다.

박테리아 mRNA의 분해는 5′ 말단으로부터 파이로인산(pyrophosphate)을 제거함으로써 개시된다. 이 단계는 핵산내부분해(endonucleolytic)로 절단된 다음에, 방출된 단편의 3′에서 5′ 핵산외부분해(exonucleolytic)가 이어지는 사이클을 촉발시킨다. 많은 mRNA 상에서 3′ 스템-루프가 3′ 공격으로부터 mRNA들을 보호한다. 3′에서 5′ 엑소뉴클라아제(exonuclease) 활성은 3′ 말단의 폴리아데닐화(polyadenylation)에 의해 촉진되어 효소를 위한 플랫폼(platform)을 형성한다. mRNA 분해에 관여하는 주요 단백질은 디그라도솜(degradosome)으로 불리는 복합체로서 기능한다.

효모와 아마도 포유동물에서 대부분의 진핵세포 mRNA의 분해는 첫 번째 단계로서 탈아데닐화를 필요로 한다. 폴리(A) 테일의 대대적인 단축은 두 가지 분해 경로 중 하나가 진행되도록 한다. 5′에서 3′로의 분해 경로(decay pathway)는 디캡핑(decapping)과 5′에서 3′ 엑소뉴클레아제 분해를 포함한다. 3′에서 5′로의 분해 경로는 엑소솜(exosome, 엑소뉴클레아제 복합체)에 의해 촉진된다. 5′에서 3′ 경로에 의한 번역 및 분해(decay)는 번역 개시 복합체 및 디캡핑 효소 모두가 캡(cap)에 결합하기 때문에 경쟁하는 과정이다. 프로세싱 바디(processing body, PB)라고 불리는 입자는 분해와 번역 억제 모두에 관여하는 mRNA와 단백질을 포함하며 mRNA 분해 부위로 생각된다.

특정 mRNA를 표적으로 하는 mRNA 분해에 대한 네 가지 다른 경로가 기술되어있다. 각각은 탈아데닐화-의존성 경로(deadenylation-dependent pathway)와 동일한 분해 메커니즘을 사용하지만 다르게 시작된다. 그것들은 (1) 탈아데닐화-비의존성 디캡핑(deadenylation-independent decapping), (2) 3′ 폴리(U) 테일의 부가, (3) 염기배열/구조-특이적 핵산내부분해성 절단(endonucleolytic cleavage) 및 (4) 마이크로 RNA(miRNA)의 염기쌍 형성에 의해 개시된다.

mRNA의 특징적인 반감기(half-life)의 차이는 mRNA 내 특정 시스(*cis*)-요소 때문이다. 불안정화 요소(destabilizing element) 및 안정화 요소(stabilizing element)가 설명되었다. 그들은 가장 일반적으로 3′ UTR에 위치하고, 단백질이나 마이크로 RNA(microRNA)에 대한 결합 부위 역할을 함으로써 작용한다. AU-풍부 요소(AU-rich element, ARE)는 포유류 세포에서 많은 수의 mRNA를 불안정하게 한다. 불안정화 요소에 결합하는 단백질은 주로 분해 시스템의 일부 구성성분을 동원하여 작동한다. mRNA 안정성은 결합 단백질의 수식(modification)에 의해 세포 신호에 반응하여 조절될 수 있다.

결함이 있는 RNA를 분해하기 위해 핵과 세포질 모두에서 작동하는 품질-관리(quality-control) 감시 시스템이 있다. 핵에서 엑소솜(exosome)은 특정 정상 RNA의 프로세싱과 비정상 RNA의 파괴 모두에서 기능한다. 결함이 있는 RNA는 엑소솜을 구성하는 다양한 엑소솜 보조인자(exosome cofactor)에 의해 검출된다. 효모 세포의 주요 보조인자는 TRAMP 복합체이며, 다른 진핵생물체에는 동족체(homolog)가 있다. 핵 분해를 위한 기질인 RNA Pol II 전사체에는 올바르게 스플라이싱되지 않았거나 정상 폴리(A) 테일이 결손된 전사체들이 포함된다. 대다수의 RNA Pol II 전사체는 잠재적 불안정한 전사체(Cryptic Unstable Transcripts, CUT)일 수 있다.

다양한 mRNA가 세포질 감시 시스템의 표적이 된다. 세 종류의 시스템 모두 비정상적인 번역 종결 과정을 포함하고 있다. 넌센스-매개 분해(nonsense-mediated decay, NMD)는 미성숙 조기 종결 코돈을 갖는 mRNA를 표적으로 한다. 보존된 인자들(UPF 및 SMG 단백질)은 NMD 기질을 식별하고 일반적인 분해 시스템으로 작동하게 하는 것과 관련되어있다. 미성숙 조기 종결 코돈은 하류의 엑손 접합 복합체(exon junction complex) 또는 비정상적으로 먼 3′ mRNA 말단에 의한 번역 파이어니어 라운드(pioneer round) 중에 인식된다. 또한 NMD는 특정 정상적인 불안정한 mRNA를 분해하는 데 관여한다. 넌스톱 분해(nonstop decay, NSD)는 프레임 내 종결 코돈이 없는 mRNA를 표적으로 하며 갇혀 있는 리보솜(trapped ribosome)의 방출을 강요하고 분해 시스템을 구성하기 위해 SKI 단백질의 보존된 세트가 필요하다. 노우-고우 분해(No-Go decay, NGD)는 코딩 영역에 리보솜이 정지된 mRNA를 표적으로 삼으며, 리보솜 방출과 분해를 유발한다.

일부 mRNA는 세포의 특정 영역에 위치하고 있으며, 세포질에 도달하기 전에는 번역이 되지 않는다. 로컬리제이션(localization, 위치 결정)은 표적 mRNA에 시스(*cis*)-요소를 필요로 하며, 트랜스-인자가 있어야 로컬리제이션을 중재할 수 있다. 로컬리제이션은 세 가지 주요 기능을 제공한다:

1. 난모세포에서는 배아의 미래 패턴을 설정하고, 다른 영역에 있는 세포에 발생 운명(developmental fate)을 부여하는 역할을 한다.
2. 비대칭적으로 분열하는 세포에서는, 로컬리제이션이 단백질 인자를 딸세포 중 하나에만 분리하는 메커니즘이다.
3. 일부 세포, 특히 양극화된(polarized) 세포 유형에서는 로컬리제이션이 세포내 구획을 확립하는 메커니즘이다. 로컬리제이션의 세 가지 메커니즘이 알려져 있다.
    a. 표적 부위 외의 모든 부위에서 mRNA의 분해;
    b. 표적 부위에서 확산된 mRNA의 선택적 정착(selective anchoring).
    c. 세포골격 트랙(cytoskeletal track)에 대한 mRNA의 유도된 수송(directed transport).

후자는 가장 일반적인 방법이며, 액틴-기반 및 미세소관-기반의 분자 모터를 이용한다.

학습문제

1. 진핵세포의 mRNA는 전형적으로 어떠한 성향을 가지고 있는가?
A. 매우 안정하고 며칠 또는 몇 주 동안 단백질로 번역된다.
B. 상대적으로 안정하고 몇 분 또는 몇 시간 동안 번역된다.
C. 상대적으로 불안정하고 보통 합성의 몇 분 이내에 전환(turned over)된다.
D. 극도로 불안정하며 보통 반감기는 1분 미만이다.

2. 원핵세포에서 mRNA는 세포에서 얼마나 오랫동안 생존하는가?
A. 초
B. 분
C. 시간
D. 일

3. 원핵세포에서 전사와 번역이 일어나는 위치는 어디인가?
A. 둘 다 핵에서 발생한다.
B. 둘 다 세포질에 존재한다.
C. 전사는 핵에서, 번역은 세포질에서 일어난다.
D. 전사는 세포질에서, 번역은 핵에서 일어난다.

4. 전사물 불안정화(transcript destabilization)와 가장 일반적으로 관련된 mRNA의 영역은 무엇인가?
A. 5′ 비번역 영역(5′ untranslated region)
B. 3′ 비번역 영역(3′ untranslated region)
C. 엑손 코딩 영역(exonic coding region)
D. 인트론 부위(intronic region)

5. 5′ 캡(cap)이 제거되면 무엇에 의해 mRNA가 분해되는가?
A. 엔도뉴클레아제(endonuclease, 핵산내부가수분해효소)
B. 5′-3′ 엑소뉴클레아제(exonuclease, 핵산외부가수분해효소)
C. 3′-5′ 엑소뉴클레아제(exonuclease, 핵산외부가수분해효소)
D. 전사물의 여러 부위에서 무작위로 분해

6. 진핵세포 단백질 코딩 유전자에 넌센스 돌연변이(nonsense mutation)를 도입하면 종종 어떠한 결과로 이어지는가?
A. 핵에서 mRNA가 유지되어 번역이 되지 않는다.

B. 핵에서 mRNA 분해를 증가시킨다.
C. 세포질에서 mRNA의 분해를 증가시킨다.
D. 짧은 크기로 인해 세포질에서 mRNA로의 리보솜 결합을 감소시킨다.

7. 대부분의 진핵세포 mRNA 전환은 어떻게 시작되는가?
A. 디캡핑(decapping)
B. 디아데닐레이션(deadenylation)
C. AU가 풍부한 영역(AU-rich region)에서의 엔도뉴클레아제(endonuclease) 절단
D. 노우-고우 분해(no-go decay)

8. 다음의 mRNA 로컬리제이션 메커니즘 중 기록되어 있지 않은 것은 무엇인가?
A. 확산성 mRNA가 번역 부위에 갇히게 된다(trapped).
B. mRNA는 번역 부위로 능동적으로 수송된다.
C. mRNA는 번역 부위에서 분해되지만 다른 곳에서는 보호된다.
D. mRNA는 번역 부위를 제외한 모든 부위에서 분해된다.

핵심용어

3′ untranslated region (UTR)
5′ UTR
AU-rich element (ARE)
cryptic unstable transcripts (CUTs)
decapping enzyme
degradosome
destabilizing element (DE)
distributive (nuclease)
endoribonuclease (endonuclease)
exon junction complex (EJC)
exoribonuclease (exonuclease)
exosome
half-life ($t_{1/2}$) (RNA)
iron-response element (IRE)
maternal mRNA granules
microRNA (miRNA)
monocistronic mRNA
mRNA decay
neuronal granules
no-go decay (NGD)
nonsense-mediated decay (NMD)
nonstop decay (NSD)
oligo(A) tail
pioneer round of translation
poly(A)
poly(A) binding protein (PAPB)
poly(A) nuclease (deadenylase)
poly(A) polymerase (PAP)
polyribosome (polysome)
processing body (PB)
processive (nuclease)
release factor (RF)
ribonuclease
ribonucleoprotein particles (RNPs)
RNA-binding protein (RBP)
RNA regulon
RNA surveillance systems
SKI proteins
stabilizing element (SE)
steady state (molecular concentration)
stem-loop
stress granules
TRAMP
Upf proteins
zipcode (in RNA)

읽을거리

Du, T. G., Schmid, M., and Jansen, R. P. (2007). Why cells move messages: the biological functions of mRNA localization. *Semin. Cell Dev. Biol.* **18**, 171–177.

Filipowicz, W., Bhattacharyya, S. N., and Sonenberg, N. (2008). Mechanisms of post-transcriptional regulation by microRNAs: are the answers in sight? *Nature Rev. Genet.* **9**, 102–114.

Garneau, N. L., Wilusz, J., and Wilusz, C. J. (2007). The highways and byways of mRNA decay. *Nature Rev. Mol. Cell Biol.* **8**, 113–126.

Houseley, J., LaCava, J., and Tollervey, D. (2006). RNA-quality control by the exosome. *Nature Rev. Mol. Cell Biol.* **7**, 529–539.

Houseley, J., and Tollervey, D. (2008). The nuclear RNA surveillance machinery: the link between ncRNAs and genome structure in budding yeast? *Biochem. Biophys. Acta* **1779**, 239–246.

Houseley, J., and Tollervey, D. (2009). The many pathways of RNA degradation. *Cell* **136**, 763–776.

Keene, J. D. (2007). RNA regulons: coordination of post-transcriptional events. *Nature Reviews/Genetics* **8**, 533–543.

Martin, K. C., and Ephrussi, A. (2009). mRNA localization: gene expression in the spatial dimension. *Cell* **136**, 719–730.

Parker, R., and Sheth, U. (2007). P Bodies and the control of mRNA translation and degradation. *Mol. Cell* **25**, 635–646.

Shyu, A. B., Wilkinson, M. F., and van Hoof, A. (2008). Messenger RNA regulation: to translate or to degrade. *EMBO J.* **27**, 471–481.

Stalder, L., and Mühlemann, O. (2008). The meaning of nonsense. *Trends Cell Biol.* **18**(7), 315–321.

von Roretz, C., and Gallouzi, I. E. (2008). Decoding ARE-mediated decay: is microRNA part of the equation? *J. Cell Biol.* **181**, 189–194.

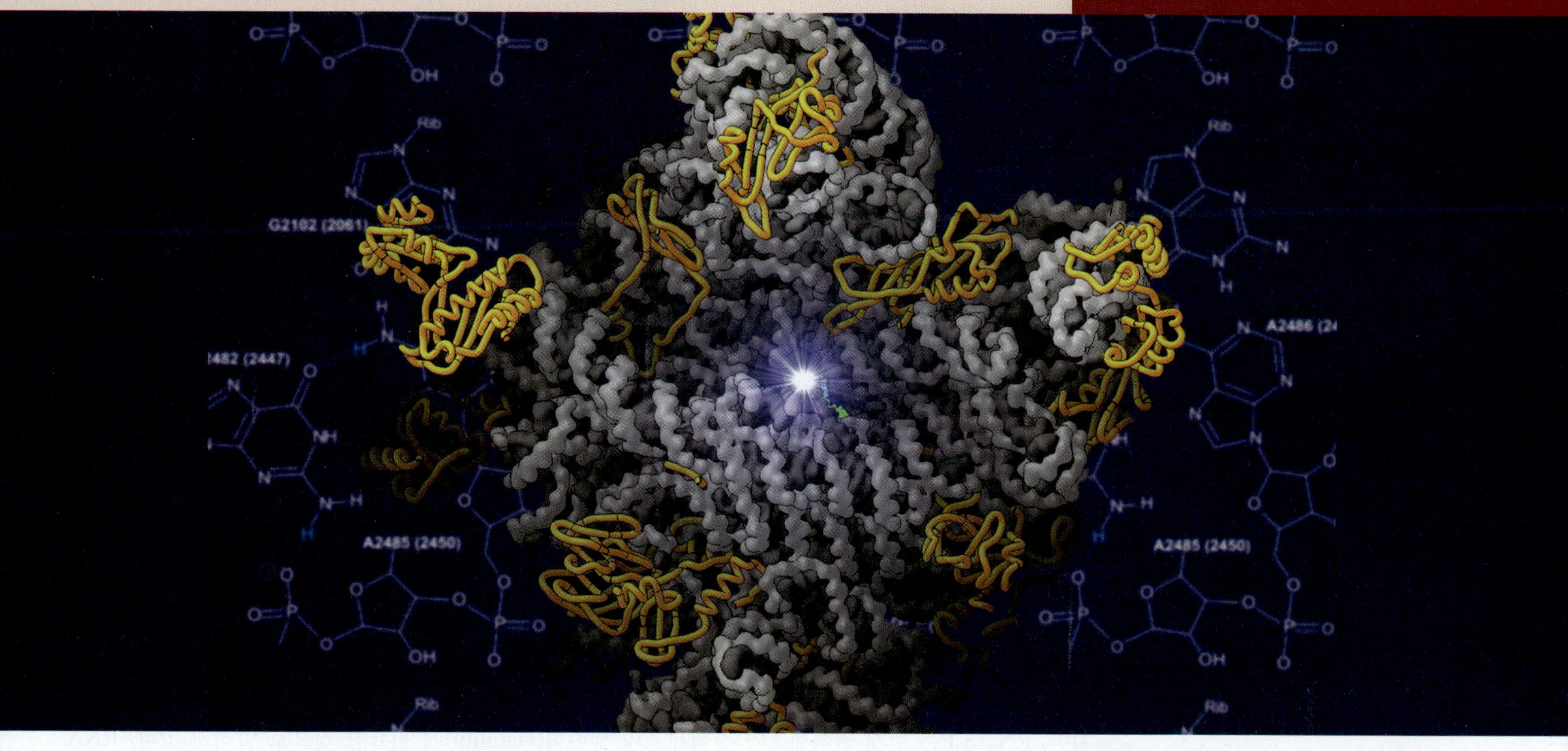

활성 부위가 강조 표시된 큰 리보솜 서브유닛의 RNA/단백질의 구조. 배경은 리보솜의 펩티드기 전달효소 활성 부위를 보여주는 도식. Photo courtesy of Nenad Ban, Institute for Molecular Biology & Biophysics, Zurich.

촉매 RNA

23장 개요

23.1 서론

초기 생화학에는 단백질만 효소 활성을 가질 수 있다는 생각이 깊이 뿌리 박혀 있었다. 다양한 3차원 구조와 다양한 곁사슬 그룹(side-chain group)을 가진 단백질만이 생화학 반응을 촉매하는 활성 부위를 만들 수 있는 유연성을 가지고 있다는 관점에서 단백질을 가진 효소의 동정(identification)에 대한 이론적 근거가 있다. 그러나 RNA 가공과 관련된 체계에 대한 비판적 연구는 이 관점이 지나치게 단순화된 것이라고 보았다.

RNA-기반 촉매의 첫 번째 사례는 테트라히메나(*Tetrahymena thermophilus*)의 박테리아 tRNA 가공 효소, 리보핵산가수분해효소 P(ribonuclease P, RNase P) 및 RNA의 자가-스플라이싱(self-splicing) 그룹 I 인트론에서 확인되었다. RNA 촉매제에 대한 선구적인 연구에 대한 공로로 시드니 알트만(Sidney Altman)과 토머스 체흐(Thomas Cech)는 1989년 노벨화학상을 수상했다. 촉매 RNA(catalytic RNA)의 초기 발견 이후, RNA에 의해 매개되는 몇 가지 다른 유형의 촉매 반응이 확인되었다. 중요한 것은 펩티드를 생산하는 RNA-단백질 복합체인 리보솜(*24장 단백질 합성* 참조)이 RNA가 촉매 성분으로 작용하고 단백질이 스캐폴드(scaffold, 골격)로 작용하는 *리보자임*으로 확인되었다.

▸ **리보자임(ribozyme)** 촉매 작용을 하는 RNA.

리보자임(ribozyme)은 촉매 활성을 갖는 RNA로 정의되는 일반적인 용어가 되었으며, 단백질 효소와 동일한 방식으로 효소 활성을 연구하는 것이 가능하다. 일부 RNA 촉매 활성은 별도의 (분자 간) 기질에 대해 수행되는 반면, 다른 RNA 촉매는 촉매 작용을 단일 주기로 제한하는 분자 내에서 일어난다.

효소 RNase P는 단백질에 결합된 단일 RNA 분자를 포함하는 리보핵단백질이다. RNase P는 분자 간 작용하며, 많은 전환(turnover) 반응을 촉매 하는 리보자임의 한 예이다. 원래 대장균에서 확인되었지만, RNase P는 현재 원핵세포와 진핵세포의 생존력(viability)에 필요한 것으로 알려져 있다. RNA는 tRNA 기질에서 절단을 촉매하는 능력을 보유하고 있는 반면, 단백질 성분은 아마도 촉매 RNA의 구조를 유지하는 간접적인 역할을 한다.

그룹 I과 II의 자가-스플라이싱 인트론(self-splicing intron)은 분자 내에서 기능하는 리보자임의 좋은 예이다. 그룹 I과 그룹 II의 인트론은 모두 각각의 pre-mRNA로부터 스스로 스플라이싱할 수 있는 능력을 가지고 있다.

이러한 반응의 공통된 점은 RNA가 시험관 내에서 인산디에스테르 결합(phosphodiester bond)의 절단 또는 결합을 포함하는 분자 내 또는 분자 간 반응을 수행할 수 있다는 것이다. 반응 및 기본적인 촉매 활성의 특이성은 RNA에 의해 제공되지만, 반응이 생체 내에서 효율적으로 일어나기 위해서는 RNA와 관련된 단백질을 필요로 할 수 있다.

▸ **RNA 편집(RNA editing)** 전사 후 RNA 수준에서의 염기배열 변화.

RNA 스플라이싱은 RNA의 정보량에 변화가 도입될 수 있는 유일한 수단은 아니다. **RNA 편집(RNA editing)** 과정에서, 변화가 개별 염기에 도입되거나, 염기가 mRNA 내의 특정 위치에 추가된다. 염기의 삽입[가장 일반적으로 우리딘(uridine, 잔기)]은 특정 단세포/소수세포(unicellular/oligocellular) 진핵생물의 미토콘드리아에서 여러 유전자에 발생한다. 스플라이싱과 마찬가지로, RNA 편집은 뉴클레오티드 간 결합의 파손과 재결합을 수반하지만, 새로운 염기배열의 정보를 암호화(encoding)하는 주형을 필요로 한다.

23.2 그룹 I 인트론은 에스테르교환반응에 의한 자가-스플라이싱을 수행한다

그룹 I 인트론은 다양한 종에서 발견되며, 현재까지 2,000개 이상의 인트론이 동정되었다. RNase P 그룹과는 달리, 그룹 I 인트론은 생존에 필수적이지 않다. 그룹 I 인트론은 단세포/소수세포(unicellular/oligocellular) 진핵생물 테트라히메나(*Tetrahymena thermophilus*)(섬모충류, ciliate) 및 피사룸(황색망사점균, *Physarum polycephalum*)(점균류, slime mold)의 핵에서 rRNA를 암호화하는 유전자에서 발생한다. 그들은 진균류와 원생동물의 유전자에서 흔히 볼 수 있으며 원핵세포와 동물에서는 거의 발생하지 않는다. 그룹 I 인트론은 스스로 스플라이싱을 하는 고유한 능력을 가지고 있다. 이것을 **자가-스플라이싱(autosplicing 또는 self-splicing)**이라고 한다. (이 특성은 *23.6절 그룹 II 인트론은 다기능 단백질을 코드할 수 있다*에서 논의된 그룹 II 인트론에서도 발견된다.)

▶ **자가-스플라이싱(autosplicing 또는 self-splicing)** 인트론이 RNA의 염기배열에만 의존하는 촉매 작용에 의해 RNA로부터 스스로를 절단하는 능력.

자가-스플라이싱은 테트라히메나에서 rRNA 유전자의 전사물의 특성으로 발견되었다. 두 가지 주요 rRNA에 대한 유전자는 일반적인 구성을 갖추고 있고, 둘 다 일반적인 전사 단위의 일부로 발현된다. 이 산물은 5′ 부분의 작은 소단위(17S) rRNA의 염기배열과 3′ 말단의 큰 소단위(26S) rRNA의 염기배열을 갖는 35S 전구체 RNA이다.

테트라히메나의 일부 균주에서는 26S rRNA를 암호화하는 염기배열이 하나의 짧은 인트론에 의해 차단된다. 35S 전구체 RNA를 시험관 내에서 반응시켰을 때, 스플라이싱은 자율적인 반응으로 일어난다. 인트론은 전구체로부터 절제되고 400 염기의 선형 단편으로 축적되고, 이어서 원형 RNA로 전환된다. 이러한 과정을 **그림 23.1**에 요약하였다. 이 반응에는 두 개의 금속 이온과 구아노신뉴클레오티드 보조인자(guanosine nucleotide cofactor)가 필요하다. G를 대체할 수 있는 다른 염기는 없지만, 삼인산염(triphosphate)은 필요하지 않다. GTP, GDP, GMP 및 구아노신 자체는 모두 사용할 수 있으므로 순 에너지 요구는 필요 없다. 구아닌뉴클레오티드는 3′-OH기를 가져야 한다.

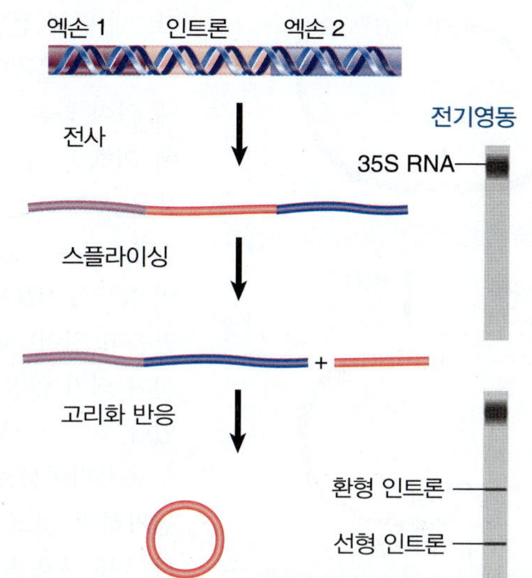

그림 23.1 전기영동을 통해 테트라히메나(*Tetrahymena*) 35S rRNA 전구물질의 스플라이싱을 추적할 수 있다. 인트론의 제거는 전기영동 상에서 빨리 이동하는 작은 띠의 출현으로 확인한다. 환형 인트론은 전기영동 상에서 더 느리게 이동해 선형 인트론보다 더 높은 위치에 띠를 형성한다.

그림 23.2는 세 가지 전달 반응을 보여준다. 첫 번째 전

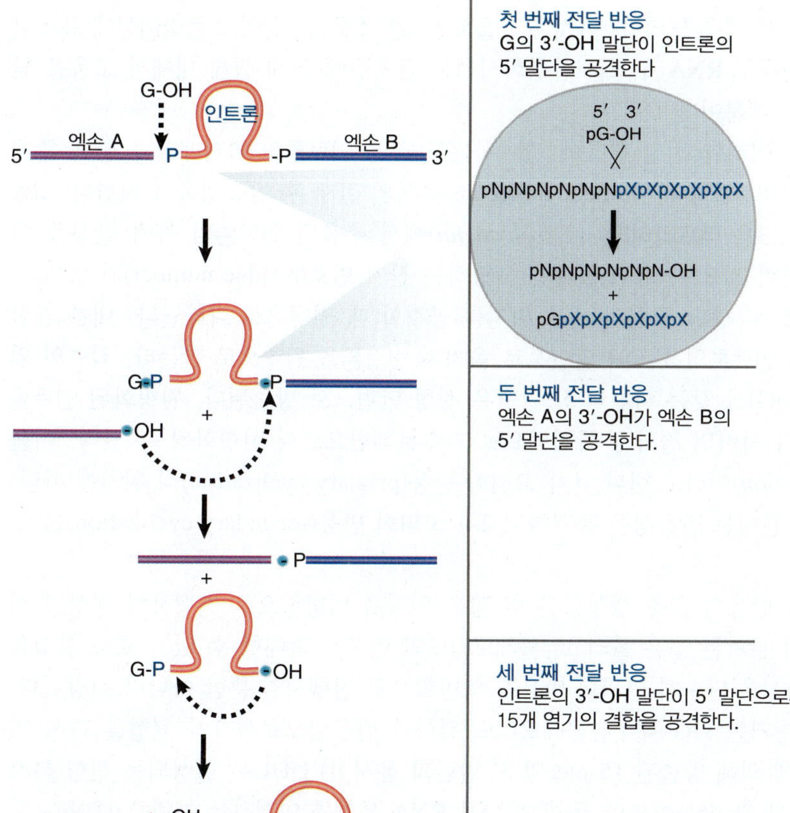

그림 23.2 자가-스플라이싱은 화학결합들이 직접 교환되는 에스테르교환반응에 의해 일어난다. 각 단계에서 형성된 화학결합들을 파란색 원형으로 나타내었다.

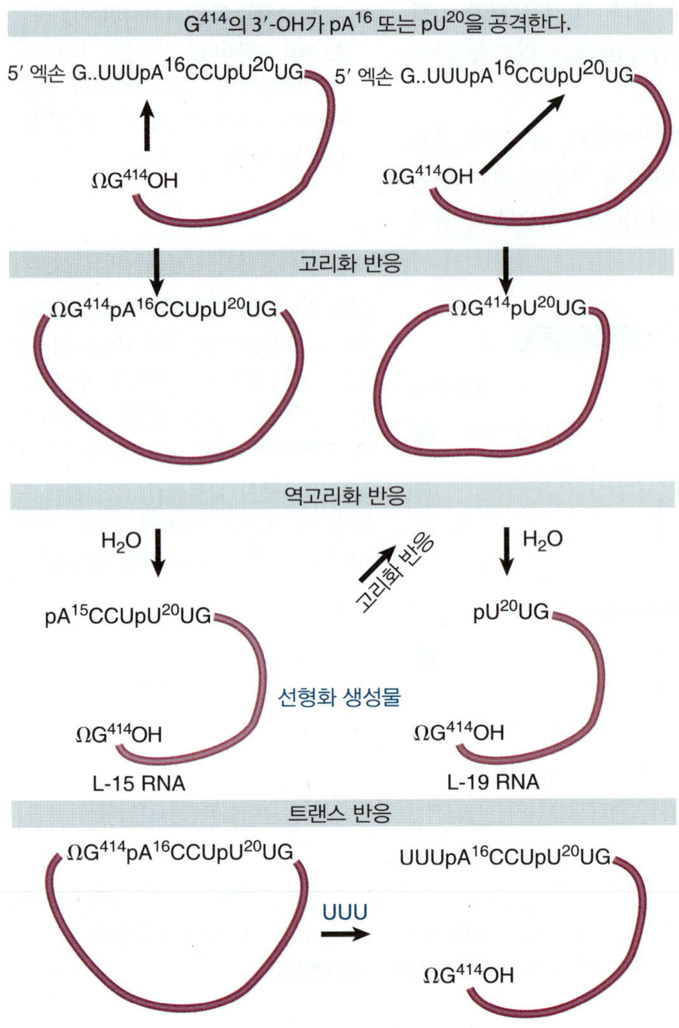

그림 23.3 절단된 인트론은 5′ 말단과의 반응을 위해 2개의 내부 부위 중 어느 하나를 이용해 원형을 형성할 수 있고 물 또는 올리고뉴클레오티드와의 반응으로 원형을 다시 열어 선형화할 수 있다.

달 반응에서, 구아노신뉴클레오티드는 인트론의 5′ 말단을 공격하는 유리(free) 3′-OH 그룹을 제공하는 보조인자로서 작용한다. 이 반응은 G-인트론 연결(G-intron link)을 생성하고 엑손 말단에 3′-OH 그룹을 생성한다. 두 번째 전달 반응은 엑손 1의 말단에 새로 형성된 3′-OH가 두 번째 엑손을 공격하는 유사한 화학 반응을 포함한다. 두 개의 전달 반응이 연결된다; 유리 엑손이 관찰되지 않았으므로, 그들의 연결은 인트론을 방출하는 동일한 반응의 일부로서 발생할 수 있다. 인트론은 선형 분자로 방출되지만, 세 번째 전달 반응은 이를 원으로 변환한다.

자가-스플라이싱 반응의 각 단계는 하나의 인산에스테르가 중간 가수분해 없이 다른 것으로 직접 전환되는 에스테르교환반응(transesterification)에 의해 발생한다. 결합은 직접적으로 교환되고 에너지는 보존되므로 반응은 ATP 또는 GTP의 에너지를 투입할 필요가 없다. 각각의 연속적인 에스테르교환반응은 순수한 에너지 변화를 포함하지 않는다. 세포에서 GTP의 농도는 RNA의 농도에 비해 높기 때문에 RNA의 이차구조가 바뀌면 역반응이 일어나지 않아 반응이 진행된다. 이는 스플라이싱 산물과 스플라이싱이 되지 않은 전구체 사이에서 평형을 이루는 대신에 반응이 완료될 수 있다.

스플라이싱 능력은 RNA에 내재되어 있으며, 이는 단백질 구성성분을 첨가하지 않고 시험관 내(*in vitro*)에서 진행할 수 있다. RNA는 특정 2차/3차 구조를 형성하고 관련 그룹은 나란히 배치되어 구아노신뉴클레오티드가 특정 부위에 결합될 수 있으며, 그림 23.2와 같은 결합 파손 및 재결합 반응이 일어날 수 있다. RNA 자체의 성질이지만, 반응은 시험관 내에서 매우 느리다. 이것은 그룹 I 인트론 스플라이싱이 스플라이싱에 유리한 형태로 RNA 구조를 안정화시키는 단백질에 의해 생체 내에서 도움을 받기 때문이다.

이러한 전달 반응에 관여하는 능력은 인트론의 염기배열과 함께 존재하며, 선형 분자(linear molecule)로서의 절제 후 반응성을 유지한다. **그림 23.3**은 테트라히메나(*Tetrahymena*)에서 추출된 인트론의 촉매 활성을 요약한 것으로, 그 생물체에 해당하는 잔기 번호(residue number)가 있다.

인트론은 3′ 말단 G (ΩG)가 5′ 말단 근처의 내부 위치를 공격할 때 원형으로 나타난다. 내부 결합이 끊어지고 새로운 5′ 말단이 인트론의 3′-OH 말단으로 옮겨져 인트론을 원형으로 만든다. 최초의 외인성 구아노신뉴클레오티드(exoG)를 갖는 이전의 5′ 말단은 선형 단편으로 방출된다. 원형화된 인트론은 ΩG와 원을 닫은 내부 잔기 사이의 결합을 특이적으로 가수분해함으로써 선형화될 수 있다. 이를 *역고리화 반응(reverse cyclization)*이라고 한다. 1차 고리화 반응(primary cyclization)의 위치에 따라, 가수분해에 의해 생성된 선형 분자는 반응성을 유지하고 2차 고리화 반응(secondary cyclization)를 수행할 수 있다.

인트론이 방출된 후 자발적 반응의 최종 생성물은 더 짧은 원형을 역방향으로 진행하여 생성된 선형 분자인 L-19 RNA이다. 이 분자는 짧은 올리고뉴클레오티드의 연장을 촉매할 수 있는 효소 활성을 갖는다. 방출된 인트론의 반응성은 단순히 고리화 반응을 역방향으로 진행시킬 뿐만 아니라 신장된다. 올리고뉴클레오티드 UUU의 첨가는 ΩG-내부뉴클레오티드 결합과 반응함으로써 1차 원형을 다시 열리게 한다. (1차 고리화 반응에 의해 방출된 15-mer의 3′ 말단과 유사한) UUU는 형성되는 선형 분자의 5′ 말단이 된다. 이것은 분자 간 반응이므로 두 개의 다른 RNA 분자를 연결하는 능력을 보여준다.

이 일련의 반응은 자가 촉매 활성이 구아노신 보조인자에 결합하고, 올리고뉴클레오티드를 인식하며, 결합이 끊어지고 재결합될 수 있는 형태로 반응하는 그룹을 모을 수 있는 활성 중심을 형성하는 RNA 분자의 일반화된 능력을 반영한다는 것을 생생하게 보여준다. 다른 그룹 I 인트론은 테트라히메나 인트론만큼 상세하게 조사되지 않았지만, 그들의 특성은 일반적으로 유사하다.

핵심개념

- 그룹 I 인트론에 의한 시험관 내 자가-스플라이싱에 요구되는 유일한 인자는 두 개의 금속 이온과 구아노신뉴클레오티드이다.
- 스플라이싱은 에너지의 입력을 요구하지 않고 두 번의 에스테르교환반응에 의해 발생한다.
- 구아닌 보조인자의 3′-OH 말단은 첫 번째 에스테르교환반응에서 인트론의 5′ 말단을 공격한다.
- 첫 번째 엑손 말단에 생성된 3′-OH 말단은 두 번째 에스테르교환반응에서 인트론과 두 번째 엑손 사이의 접합부를 공격한다.
- 인트론은 3′-OH 말단이 두 개의 내부 위치 중 하나에서 결합을 공격할 때 고리화되는 선형 분자로 방출된다.
- 테트라히메나(*Tetrahymena*)에서, 절제된 인트론의 내부 결합은 또한 트랜스-스플라이싱(*trans*-splicing) 반응에서 다른 뉴클레오티드에 의해 공격받을 수 있다.

개념 및 추론 확인

그룹 I 인트론이 자가-스플라이싱을 한다는 증거는 무엇인가?

23.3 그룹 I 인트론은 특징적인 이차구조를 형성한다

모든 그룹 I 인트론은 9개의 나선(P1-P9)을 갖는 특징적인 이차구조로 구성될 수 있다. **그림 23.4**는 테트라히메나 인트론의 이차구조에 대한 모형을 보여준다. 구조 분석은 그룹 I 인트론의 이차구조를 밝힐 수 있었지만, 최근에서야 인트론의 3차 구조가 밝혀진 결정구조(crystal structure)가 만들어졌다. 그룹 I 인트론의 몇 가지 결정구조가 밝혀졌으며, 이로 인하여 이차구조의 이전 모형이 사실임을 확인해 주었다. 염기쌍 영역 중 2개는 그룹 I 인트론에 공통적인 보존된 염기배열 요소들 간의 짝짓기에 의해 생성된다. P4는 염기배열 P 및 Q로 구성되며; P7은 염기배열 R 및 S로 형성된다. 다른 염기쌍 영역은 각각의 인트론에서 염기배열이 변한다. 돌연변이 분석으로 촉매 반응을 수행할 수 있는 최소 영역을 제공하는 P3, P4, P6 및 P7을 포함하는 인트론 "핵심(core)"을 확인하였다. 그룹 I 인트론의 길이는 광범위하게 변하며, 공통염기배열은 실제 절편 접합부(splice junctions)로부터 상당한 거리에 위치한다.

짝짓기 반응 중 일부는 스플라이싱 접합부를 효소 반응을 지원하는 형태로 만드는 데 직접 관련되어있다. P1은 5′ 엑손의 3′ 말단을 포함한다. 엑손과 쌍을 이루는 인트론 내 염기배열을 내부 가이드 염기배열(internal guide sequence, IGS)이라 부른다. IGS라는 이름은 원래 그림 23.4에 표시된 IGS 염기배열의 3′ 바로 앞의 영역이 3′ 스플라이싱 접합부과 쌍으로 생각되어 두 개의 접합부를 연결한다는 사실을 반영하고 있다. 이 상호작용이 발생할 수 있지만 필수적이지는 않다. (때로는 2 염기 정도의) P7과 P9 사이의 아주 짧은 염기배열은 인트론의 3′ 말단에 위치한 반응성의 G(ΩG, 테트라히메나의 414 위치) 바로 앞에 선행하는 염기배열과 염기쌍을 이룬다.

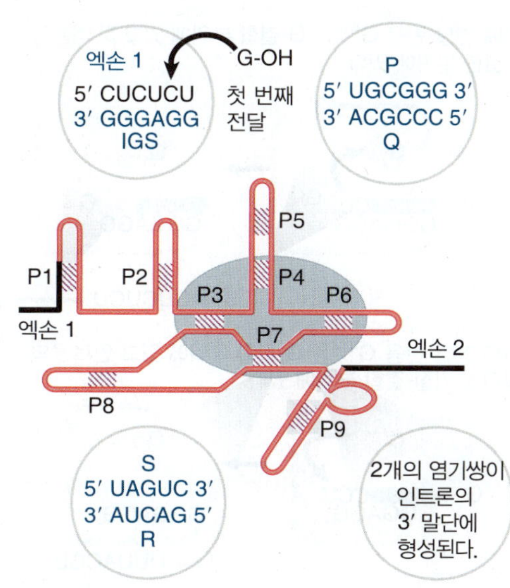

그림 23.4 그룹 I 인트론은 9개의 염기쌍 영역에 의해 형성된 공통적인 2차 구조를 가지고 있다. 영역 P4와 P7의 염기배열은 보존적이고 개별적 배열요소인 P, Q, R과 S로 확인되었다. P1은 왼쪽 엑손의 말단과 인트론의 내부 염기배열 사이의 짝짓기에 의해 형성된다. P7과 P9 사이의 영역은 인트론의 3′ 말단과 짝짓기를 한다.

핵심개념

- 그룹 I 인트론은 9개의 이중나선 구조 영역을 갖는 이차구조를 형성한다.
- P3, P4, P6 및 P7 영역의 핵심은 촉매 작용을 한다.
- P4와 P7 영역은 보존된 공통염기배열 사이의 짝짓기에 의해 형성된다.
- P7에 인접한 염기배열은 반응성이 있는 G를 포함하는 염기배열과 염기쌍을 이룬다.

개념 및 추론 확인

P-Q 또는 *R-S* 염기쌍을 약화시키는 치환 돌연변이의 효과는 무엇인가?

23.4 리보자임은 다양한 촉매 활성을 가지고 있다

그룹 I 인트론의 촉매 활성은 자가-스플라이싱 능력을 가지고 있음으로써 발견되었지만, 시험관 내에서 다른 촉매 반응을 수행할 수도 있다. 이러한 모든 반응은 에스테르교환반응(transesterification)을 기반으로 한다. 우리는 이 반응을 스플라이싱 반응 그 자체와의 관계 측면에서 검토하고자 한다.

그룹 I 인트론의 촉매 활성은 통상의 (단백질성) 효소의 활성 부위와 동등한 활성 부위를 생성하는 특정 2차 및 3차 구조를 생성하는 능력에 의해 부여된다. 그림 23.5는 이 부위들에 대한 스플라이싱 반응을 보여주고 있다(이것은 그림 23.2에서 이전에 보여진 동일한 일련의 반응이다).

기질-결합 부위는 P1 나선(helix)에서 형성되며, 첫 번째 인트론 염기의 3′ 말단은 IGS와 염기쌍을 이룬다. 구아노신-결합 부위는 P7의 염기배열에 의해 형성된다. 이 부위는 유리 외인성 구아노신뉴클레오티드(exoG) 또는 ΩG 잔기(테트라히메나의 414 위치)에 의해 점유될 수 있다. 첫 번째 전달 반응에서, 구아노신-결합 부위는 유리 구아노신뉴클레오티드에 의해 점유된다. 인트론이 방출된 후 ΩG가 차지한다. 두 번째 전달 반응은 결합된 엑손을 방출한다. 세 번째 전달 반응은 원형 인트론을 생성한다.

기질에 결합에는 구조의 변화가 수반된다. 기질 결합 전에, IGS의 5′ 말단은 P2 및 P8 가까이 위치한다; 결합 후, P1 나선을 형성할 때, P4와 P5 사이에 있는 보존된 염기 가까이 위치한다. 반응은 그림 23.6의 이차구조에서 검출된 접촉에 의해 가시화된다. 3차 구조에서, P1에 의해 교대로 접촉된 두 개의 부위는 37 Å 떨어져 있으며, 이것은 P1의 위치에서 상당한 움직임을 의미한다.

테트라히메나 그룹 I 인트론이 수행할 수 있는 몇 가지 추가적인 효소 반응을 그림 23.7에서 확인할 수 있다. 리보자임은 상보적인 염기배열을 결합시키는 IGS의 능력을 이용함으로써 염기배

촉매 RNA는 구아노신 결합 부위와 기질-결합 부위를 갖고 있다.

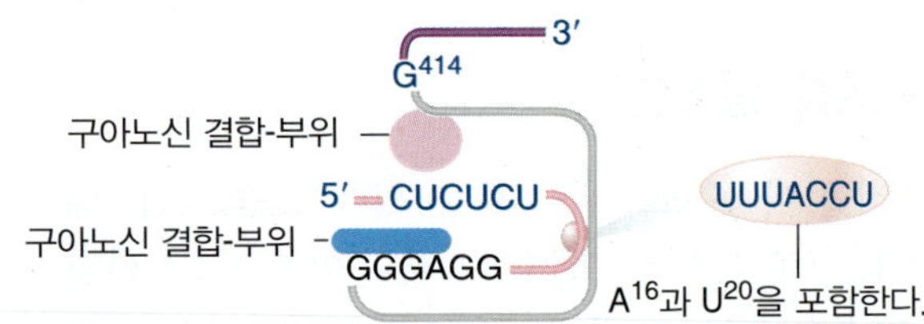

첫 번째 전달 반응 G-OH가 G-결합 부위를 차지하고 5' 엑손을 기질-결합 부위를 차지한다.

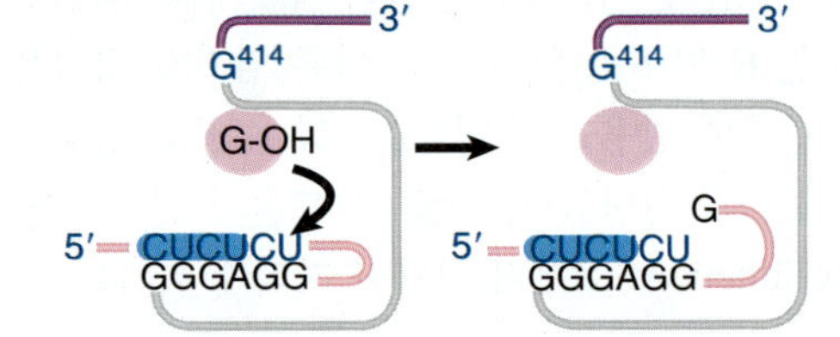

두 번째 전달 반응 G414는 G-결합 부위에 있고 5' 엑손은 기질-결합 부위에 있다.

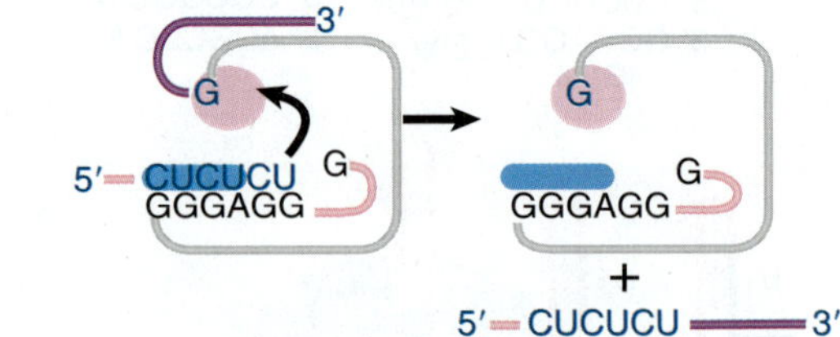

세 번째 전달 반응 G414는 G-결합 부위에 있고 인트론의 5' 말단은 기질-결합 부위에 있다.

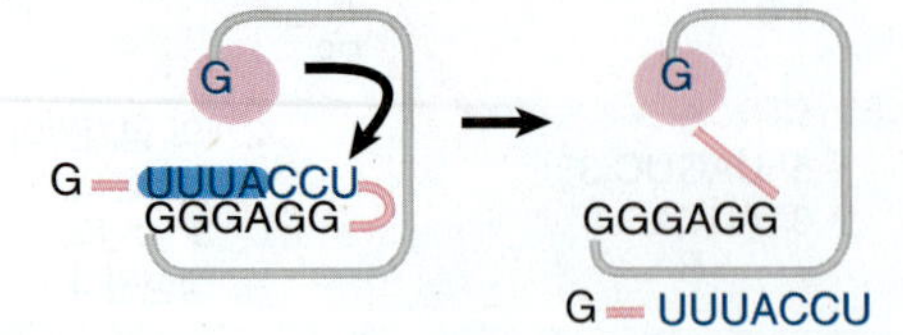

그림 23.5 테트라히메나 rRNA에서 그룹 I 인트론의 절단은 구아노신-결합 부위와 기질-결합 부위를 차지하는 염기들 사이의 연속적인 반응에 의해 일어난다.

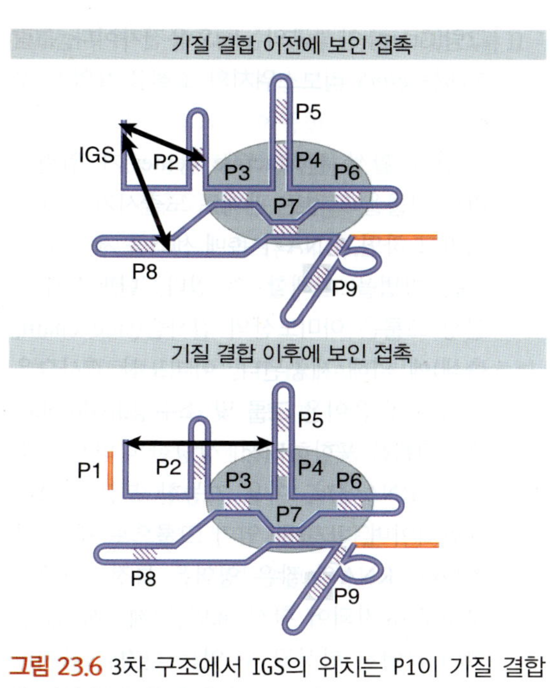

그림 23.6 3차 구조에서 IGS의 위치는 P1이 기질 결합에 의해 형성될 때 변한다.

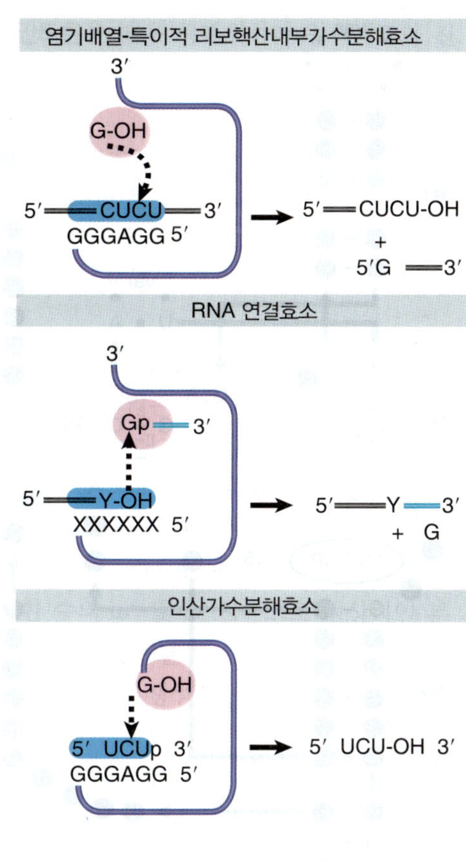

그림 23.7 리보자임의 촉매 반응은 기질-결합 부위의 한 그룹과 G-결합 부위의 한 그룹 사이에 일어나는 에스테르교환반응이다.

열-특이적 엔도리보뉴클레아제(endoribonuclease)로서 기능할 수 있다. 이 예에서, 이는 5′ 엑손의 말단에 통상적으로 포함되어 있는 유사 염기배열을 결합하는 대신에 염기배열 CUCU를 함유하는 외부 기질을 결합시킨다. 구아노신-함유 뉴클레오티드는 G-결합 부위에 존재하며, 엑손이 첫 번째 전달 반응에서 통상 공격받는 것과 동일한 방식으로 CUCU 염기배열을 공격한다. 이것은 표적 염기배열을 5′ 엑손과 유사한 5′ 분자 및 말단 G 잔기를 갖는 3′ 분자로 절단한다.

효소	기질	K_M (mM)	턴오버 (/min)
19개 염기 비루소이드	24개 염기 RNA	0.0006	0.5
L-19 인트론	CCCCCC	0.04	1.7
RNA 가수분해효소 P RNA	tRNA 전구체	0.00003	0.4
RNA 가수분해효소 P 전체	tRNA 전구체	0.00003	29
RNA 가수분해효소 T1	GpA	0.05	5,700
β 갈락토오스가수분해효소	락토오스	4.0	12,500

그림 23.8 비록 반응 속도는 더 늦어도 RNA에 의해 촉매된 반응은 단백질 효소에 의해 촉매된 반응과 같은 특징을 갖는다. K_M은 최대 반응 속도의 1/2에 필요한 기질 농도이고 효소의 기질에 대한 친화력은 역으로 나타낸 수치이다. 턴오버는 기질이 단일 촉매 부위에 의해 단위시간당 생성물로 전환된 수이다.

RNA에 의해 촉매된 반응은 미카엘리스-멘텐(Michaelis-Menten) 동역학의 관점에서 전형적인 효소 반응과 동일한 방식으로 나타낼 수 있다. 그림 23.8은 RNA에 의해 촉매된 반응을 분석한 것이다. RNA-촉매 반응에 대한 K_M 값은 낮기 때문에, RNA가 높은 특이성으로 그의 기질에 결합할 수 있음을 의미한다. 그러나 RNA-촉매 반응의 전환(turnover) 수치는 낮은데, 이는 낮은 촉매 속도를 반영한다. 실제로, RNA 분자는 전형적인 효소와 동일한 일반적인 방식으로 작용하지만, 단백질 촉매에 비해 상대적으로 느리다(전형적인 회전 횟수 범위는 분당 10^3~10^6이다).

리보자임이 리간드(ligand)에 의해 조절될 수 있다는 발견으로 인해 리보자임의 활성이 강력하게 확장되었다(*30.3절 넌코딩 RNA는 유전자 발현을 조절하는 데 사용될 수 있다* 참조). 이 시스-작용(*cis*-acting) 조절 RNA 영역을 **리보스위치(riboswitch)**라고 한다. 거의 모든 리보스위치에서 구조변화는 스위치의 켜기(on) 또는 끄기(off) 상태를 결정한다. 한 가지 주목할 만한 예외는 글루코사민-6-인산(glucosamine-6-phosphate, GlcN6P)의 존재 하에서 자가 분해(self-cleaving) 리보자임을 형성하는

▶ **리보스위치(riboswitch)** 작은 리간드(ligand)에 반응하는 촉매 RNA.

생물에서 발견된다. 이러한 결과는 암호화 염기배열을 갖는 인트론이 독립적인 요소로서 유래되었다는 견해를 강하게 뒷받침하고 있다.

핵심개념

- 이동성 인트론(mobile intron)은 새로운 부위에 자신을 삽입할 수 있다.
- 이동성 그룹 I 인트론은 표적 부위에서 이중-가닥 절단을 만드는 엔도뉴클레아제를 암호화한다.
- 인트론은 DNA-매개 복제 기작에 의해 이중-가닥 절단 부위로 바뀐다.

개념 및 추론 확인

이동성 그룹 I 인트론은 트랜스포존과 어떻게 비슷한가? 또 어떻게 다른가?

23.6 그룹 II 인트론은 다기능 단백질을 코드할 수 있다

가장 특징이 명확한 이동성 그룹 II 인트론은 촉매 핵심(catalytic core)를 넘어 인트론 영역에 단일 단백질을 암호화한다. 전형적인 단백질은 N-말단 역전사효소(reverse transcriptase) 활성, 이는 중심 구조로 인트론을 활성 구조로 접는 것을 돕는 부수적인 활성과 결합된 중심 도메인(인트론 제거효소 maturase라 불림, *23.7절 일부 자가-스플라이싱 인트론은 인트론 제거효소를 필요로 한다* 참조), DNA-결합 도메인 및 C-말단 엔도뉴클레아제 도메인을 포함한다.

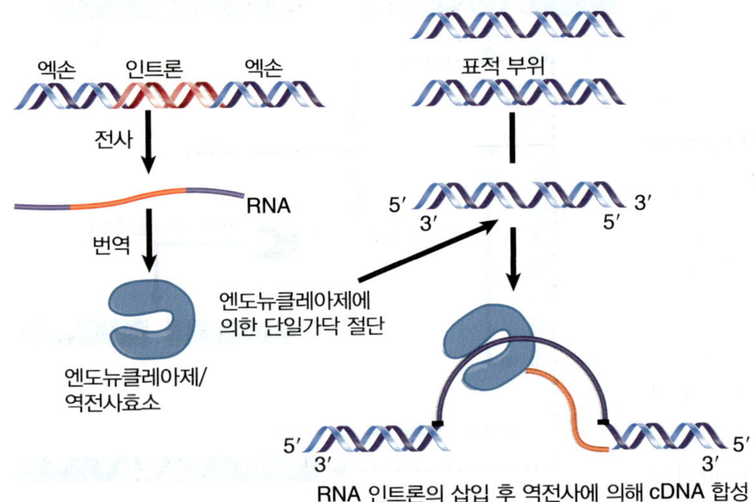

그림 23.11 인트론에 의해 코드된 역전사효소/엔도뉴클레아제가 RNA를 표적 부위에 삽입한다.

엔도뉴클레아제는 전이 반응(transposition reaction)을 일으키고 그룹 I 인트론에서 그에 상응하는 것과 동일한 역할을 한다. 역전사효소는 귀소성 부위(homing site)에 삽입된 인트론 DNA 사본을 생성한다. 훨씬 낮은 빈도로, 엔도뉴클레아제는 귀소성 부위와 유사하지만, 동일하지 않은 표적 부위를 절단하여 새로운 위치에 인트론을 삽입시킨다.

그림 23.11은 전형적인 그룹 II 인트론에 대한 전이 반응을 나타낸 것이다. 첫째, 엔도뉴클레아제는 안티센스 가닥(antisense strand)에서 단일-가닥 절단을 만든다. 센스 가닥(sense strand)의 절단은 RNA 인트론이 DNA 엑손 사이의 DNA에 삽입되는 역 스플라이싱 반응(reverse splicing reaction)에 의해 이루어진다. 이 새로 삽입된 RNA 인트론은 이제 역전사효소의 주형으로 작용할 수 있다. 거의 모든 그룹 II 인트론은 인트론에 특이적인 역전사효소 활성을 갖는다. 역전사효소는 인트론의 DNA 사본을 생성하며, 최종 결과는 인트론을 이중구조 DNA로서 표적 부위에 삽입하는 것이다.

핵심개념

- 그룹 II 인트론은 시험관 내에서 자가-스플라이싱할 수 있지만 보통 인트론에 암호화된 단백질 활성의 도움을 받는다.
- 단일 암호화 틀은 역전사효소 활성, 인트론 제거효소(maturase) 활성, DNA-결합 모티프 및 DNA 엔도뉴클레아제를 갖는 단백질을 특정한다.
- 엔도뉴클레아제는 표적 DNA를 절단하여 인트론이 새로운 위치에 삽입되게 한다.
- 역전사효소는 삽입된 RNA 인트론 염기배열의 DNA 사본을 생성한다.

개념 및 추론 확인

이동성 그룹 II 인트론은 레트로포존과 어떻게 닮았는가? 또 어떻게 다른가?

23.7 일부 자가-스플라이싱 인트론은 인트론 제거효소를 필요로 한다

그룹 I과 그룹 II 인트론은 시험관 내에서 자가-스플라이싱 능력을 갖지만, 생리적 조건하에서 그들은 대개 단백질로부터의 도움을 필요로 한다. 두 유형의 인트론은 모두 스플라이싱 반응을 돕는 데 필요한 **인트론 제거효소(maturase)** 활성을 암호화할 수 있다.

▶ **인트론 제거효소(maturase)** 그룹 II 또는 II 군의 인트론에 의해 코딩되는 단백질. 자가-스플라이싱에 필요한 활성 형태를 형성하기 위해 RNA를 돕는 데 필요하다.

인트론 제거효소 활성은 인트론에 의해 암호화된 단일 오픈 리딩 프레임의 일부이다. 귀소성 엔도뉴클레아제(homing endonuclease)를 코드하는 인트론의 예에서, 단일 단백질산물은 엔도뉴클레아제와 인트론 제거효소 활성을 갖는다. 돌연변이 분석은 두 활성이 독립적이라는 것을 보여주고 있다. 구조 분석은 돌연변이 데이터가 사실임을 보여주었으며 엔도뉴클레아제와 인트론 제거효소 활성이 각각 별도의 도메인으로 암호화된 단백질의 다른 활성 부위에 의해 제공된다는 것을 보여주고 있다. 동일한 단백질에서 엔도뉴클레아제와 인트론 제거효소 활성의 공존은 인트론의 진화 경로를 제시하고 있다. **그림 23.12**는 인트론이 독립적인 자가-스플라이싱 인자로 유래했다는 것을 암시하고 있다. 그림 23.12는 그룹 I 인트론을 묘사하고 있지만, 그룹 II 인트론의 과정도 유사할 것으로 추정된다. 엔도뉴클레아제를 암호화하는 염기배열의 이 요소에 삽입됨으로써 이동성이 부여되었다. 그러나 삽입은 RNA 염기배열이 활성 구조로 접히는 능력을 방해할 수 있다. 이것은 접힘 능력(folding ability)을 회복시킬 수 있는 단백질의 도움을 강하게 필요로 하게 한다. 그러한 염기배열을 인트론에 결합시키는 것은 그 독립성을 유지할 것이다.

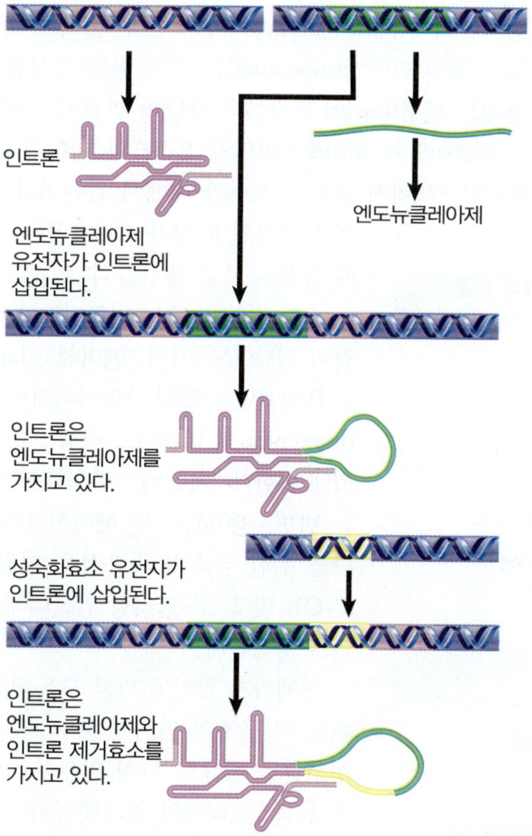

그러나 일부 그룹 II 인트론은 인트론 제거효소 활성을 암호화하지 않는다. 이러한 그룹 II 인트론은 인트론-코드된 인트론 제거효소에 필적하는 단백질을 사용할 수 있는데, 이는 숙주 게놈 내의 염기배열에 코드된다. 이것은 일반적인 스플라이싱 인자(splicing factor)의 진화에 대한 가능한 경로를 제시하고 있다. 이 인자는 특정 인트론의 스플라이싱을 특별히 돕는 인트론 제거효소로 시작되었을 수 있다. 암호화 염기배열(coding sequence)은 숙주 게놈의 인트론으로부터 분리된 후 원래의 인트론 염기배열과 같은 보다 넓은 범위의 기질로 기능하도록 진화했다. 인트론의 촉매 핵심은 snRNA로 진화했을 수 있다.

그림 23.12 자가-스플라이싱 RNA를 코드하는 독립적인 염기배열로 유래한 인트론. 엔도뉴클레아제의 염기배열의 삽입이 이동성이 있는 귀소성 인트론을 만든다. 성숙화효소의 염기배열의 삽입이 인트론 염기배열을 촉진해 스플라이싱을 위한 활성이 있는 구조를 전환시킨다.

핵심개념

- 자가-스플라이싱 인트론(autosplicing intron)은 활성 촉매구조로 접히는 것을 돕기 위해 인트론 내에서 코드된 인트론 제거효소(maturase) 활성을 필요로 할 수 있다.

개념 및 추론 확인

인트론 제거효소(maturase)란 무엇이며, 인트론의 자가-스플라이싱에 있어 그 역할은 무엇인가?

23.8 비로이드는 촉매 활성을 가지고 있다

엔도뉴클레아제로서 기능하는 RNA의 능력의 또 다른 예로는 자가-절단 반응(self-cleavage reaction)을 수행하는 몇몇 작은 (~ 350 nt) 식물 RNA에 의해 제공된다. 그러나 테트라히메나 그룹 I 인트론의 경우와 같이 외부 기질에 기능할 수 있는 구조(recombinant molecule, 유전자 재조합 분자)를 조작하는 것이 가능하다.

이 작은 식물 RNA는 두 개의 일반적인 그룹으로 나누어진다: 비로이드와 바이루소이드. **비로이드(viroid)**는 모든 단백질 외피에 의해 둘러싸이지(encapsidation; 단백질 막으로 둘러쌈) 않고 독립적으로 기능하는 감염성 RNA 분자이다. **바이루소이드[virusoid**, 때로는 위성 RNA(satellite RNA)라고도 함]는 조직이 비슷하지만 식물 바이러스에 의해 단백질 막으로 둘러싸여 바이러스 게놈과 함께 포장된다. 바이루소이드는 바이러스의 도움이 필요하기 때문에 독립적으로 복제할 수 없다.

- **비로이드(viroid)** 단백질 껍질이 없는 작은 전염성 핵산.
- **바이루소이드(virusoid)** 자체 바이러스 게놈과 함께 식물 바이러스에 의해 캡슐화 된 작은 전염성 핵산.

비로이드와 바이루소이드는 모두 회전 환(rolling circle)을 통해 복제한다(그림 14.6 참조). 바이러스에 포장된 RNA 가닥을 플러스 가닥(plus strand)이라고 한다. RNA 복제 중 생성된 상보성 가닥을 마이너스 가닥(minus strand)이라고 한다. 플러스 및 마이너스 가닥 모두의 다량체(multimer)가 발견된다. 두 종류의 단량체(monomer)는 회전 환의 끝부분이 절단되어 생성된다; 원형(circular) 플러스-가닥 단량체는 선형(linear) 단량체의 말단이 연결되어 생성된다.

비로이드와 바이루소이드의 플러스와 마이너스 가닥 모두 시험관 내에서 자가-절단을 한다. 일부 RNA는 생리적 조건의 시험관 내에서 절단된다. 다른 것들은 가열과 냉각 순환 후에만 일어난다; 이것은 분리된 RNA(isolated RNA)가 부적절한 형태를 갖지만, 그것이 변성되고 재생될 때 활성 구조를 생성할 수 있음을 시사한다.

자가-절단을 받는 비로이드와 바이루소이드는 그림 23.13의 상단 부분에 묘사된 바와 같이 절단 부위에서 "헴머헤드(hammerhead, 망치머리)" 이차구조를 형성한다. 헴머헤드 리보자임은 델타 간염바이러스(hepatitis delta virus, HDV), 헤어핀 리보자임(hairpin ribozyme) 및 바루쿠드 위성(Varkud satellite, VS) 리보자임을 포함하는 리보자임 패밀리에 속한다. 기능적으로, HDV는 절단을 촉진하기 위해 2가 금속 양이온을 필요로 하는 반면, 헴머헤드 및 헤어핀 리보자임은 금속을 필요로 하지 않는다. VS 리보자임 절단을 위한 금속의 중요성은 여전히 밝혀져 있지 않다. 그러나 이들 리보자임은 모두 5′-OH 및 2′-3′-고리형 인산디에스테르(2′-3′-cyclic phosphodiester) 말단을 남기는 절단을 생성한다.

현재까지 확인된 다른 모든 리보자임과는 달리, 헴머헤드 리보자임 및 다른 패밀리 멤버는 이 구조의 염기배열이 절단에 충분하기 때문에 생체 내에서 기능하는 단백질 구성성분을 필요로 하지 않는다. 최소한 헴머헤드 리보자임의 경우, 활성 부위는 단 58개 뉴클레오티드의 염기배열이다. 헴머헤드는 위치와 크기가 일정한 세 개의 스템-루프(stem-loop) 영역과 13개의 보존된 뉴클레오티드를 포함하는데, 주로 구조의 중심을 연결하는 영역에 있다. 보존된 염기와 이중구조의 스템은 고유의 절단 능력을 가진 RNA를 생성한다.

활성을 가지고 있는 헴머헤드는 구조의 한 면을 나타내는 RNA를 다른 면을 나타내는 RNA와 짝짓기를 이뤄 생성할 수도 있다. 그림 23.13의 아래 부분은 19nt 분자와 24nt 분자를 하이브리드(hybrid)하여 생성된 헴머헤드의 예를 보여준다. 하이브리드는 루프 I과 루프 III가 없는 헴머헤드 구조처럼 보인다. 우리는 이 혼성의 위쪽 가닥

공통염기배열을 가진 헴머헤드는 3개의 스템 루프와 보존적 염기들을 가지고 있다.

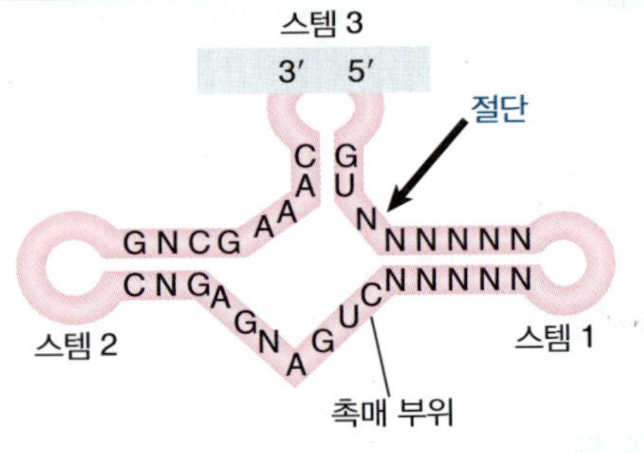

헴머헤드는 2개의 상보적 RNA 분자들 사이의 상호작용에 의해 형성된다.

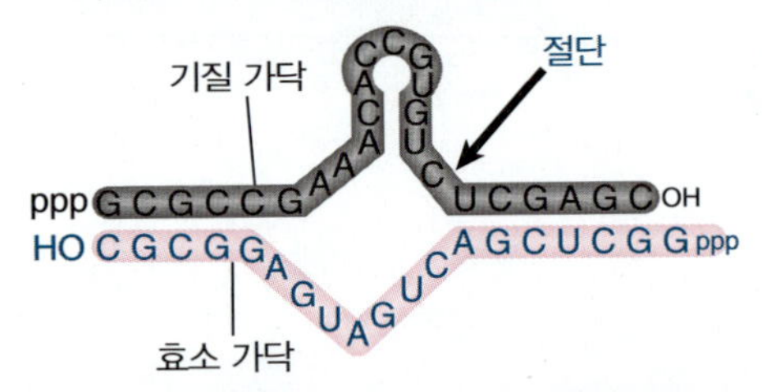

그림 23.13 비로이드와 바이루소이드의 자가-절단 부위는 공통염기배열을 가지고 있고 분자 간 짝짓기에 의해 헴머헤드 2차 구조를 형성한다. 헴머헤드는 또한 기질 가닥과 "효소" 가닥 사이의 짝짓기에 의해 만들어질 수 있다.

(24 nt)은 "기질"을 포함하며 아래쪽 가닥(19 nt)은 "효소"로 포함하는 것으로 생각할 수 있다. 19 nt RNA를 과도한 양의 24 nt RNA와 혼합하면, 24 nt RNA의 많은 사본들이 절단된다. 이것은 19 nt~24 nt 짝짓기, 절단, 19 nt RNA로부터 절단된 단편의 분리, 19 nt RNA와 새로운 24 nt 기질의 결합이 있음을 시사한다. 따라서 19 nt RNA는 엔도뉴클레아제 활성을 갖는 리보자임이다. 반응의 지표(parameter)는 다른 RNA-촉매 반응의 지표와 유사하다(그림 23.8 참조).

이전에는 최소한의 헴머헤드 리보자임의 결정 구조가 결정되었다. 그러나 최소 구조에서는 활성 부위의 구조가 어떻게 촉매 작용이 진행될 수 있는지 명확하지 않았다. 최근, 독성이 없는 종인 만손주혈흡충(*Schistosoma mansoni*)의 전체 길이 헴머헤드 리보자임의 결정 구조가 밝혀져 촉매 작용을 이해하는 데 많은 정보를 제공하고 있다. 그림 23.14에 개략적으로 나타낸 이 구조는 스템 I의 벌지(bulge, 돌출부)와 스템 II의 루프 사이의 중요한 3차 상호작용을 나타낸다. 이 상호작용은 G12가 절단 가능한 결합인 C17의 2′-OH를 탈양성자화(deprotonate)하여 2′-공격성 산소를 생성할 수 있도록 활성 부위를 안정화시킨다. G8은 다시 3′ 절단 생성물의 새로 형성된 5′-OH 말단을 안정화시키는 수소를 제공한다.

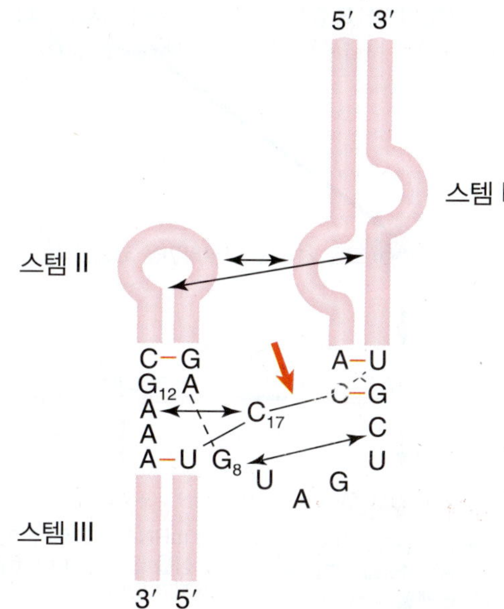

그림 23.14 헴머헤드 리보자임 구조가 화살표에 의해 표시된 대로 스템 루프들 사이의 상호작용에 의해 활성이 있는 3차 구조를 지니고 있다. 절단 부위는 붉은 화살표로 표시되어 있다.

최소한의 헴머헤드 구조를 형성할 수 있는 많은 효소-기질 조합을 설계하는 것이 가능하다. 이러한 구조는 적절한 RNA 분자를 세포 내로 도입함으로써, 효소 반응이 생체 내에서 일어날 수 있음을 입증하는 데 사용되어 왔다. 이러한 방식으로 디자인된 리보자임은 본질적으로 RNA 표적에 대해 매우 특이적인 제한-유사 활성(restriction-like activity)을 제공한다. 리보자임을 조절된 프로모터(promotor)의 조절 하에 위치함으로써, 예를 들어 특정한 환경 하에서 표적 유전자의 발현을 특이적으로 차단하는 안티센스 구조(antisense construct) 주형가닥의 발현을 차단하도록 만든 유전자 재조합 분자와 동일한 방식으로 사용될 수 있다.

핵심개념

- 비로이드(viroid)와 바이루소이드(virusoid)는 자가-절단 활성(self-cleaving activity)을 가진 헴머헤드 구조를 형성한다.
- 유사한 구조는 효소가닥에 의해 절단되는 기질 가닥과 짝짓기로 생성될 수 있다.
- 효소가닥이 세포로 도입되면, 절단된 기질 가닥 표적과 쌍을 이룰 수 있다.

개념 및 추론 확인

유전자 조작된 "헴머헤드" 리보자임이 어떻게 표적 유전자의 발현을 억제하는 데 사용될 수 있는지 기술하라.

23.9 RNA 편집은 각각의 염기에서 일어난다

분자생물학의 주요 원리는 mRNA의 염기배열이 DNA에 암호화되어 있는 것만을 나타낼 수 있다는 것이다. 중심 원리(central dogma)는 연속적인 DNA 염기배열이 mRNA 염기배열로 전사되고, 이어서 폴리펩티드로 직접 번역되는 선형 관계를 상상했다. 분단 유전자(interrupted gene)의 발생과 RNA 스플라이싱에 의한 인트론의 제거는 유전자 발현 과정에 추가적인 단계를 거치게 된다(자세한 내용은 *21장 RNA 스플라이싱과 프로세싱* 참조). 간단히 말해, 스플라이싱은 RNA 수준에서 일어나며, DNA 염기배열에 코드된 코딩 염기배열(엑손)을 방해하는 넌코딩 염기배열(인트론)을 제거하게 된다. 이 과정은 DNA의 실제 코딩 염기배열이 변하지 않은 정보 전달 중 하나이다.

DNA에 의해 암호화된 정보의 변화는 몇몇 예외적인 상황에서 발생하는데, 특히 포유류와 조류에서 면역글로불린(immunoglobulin)을 암호화하는 새로운 염기배열이 생성되는 경우가 가장 두드러진다. 이러한 변화는 면역글로불린이 합성되는 체세포(B 림프구)에서 특이적으로 발생한다(*18장 면역계*

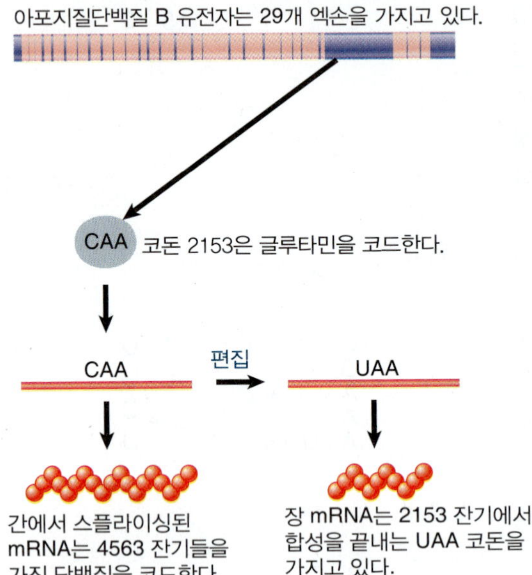

그림 23.15 아포-B 유전자의 염기배열은 장과 간에서 같지만 mRNA의 염기배열은 장에서 종결 코돈을 만드는 염기 변화에 의해 변형된다.

에서 체세포 재조합과 과돌연변이 참조). 면역글로불린 유전자를 재구성하는 과정에서 개인의 DNA에 새로운 정보가 생성되고, DNA에 암호화된 정보가 체세포 돌연변이에 의해 변경된다. DNA의 정보는 계속해서 RNA로 충실하게 전사된다.

RNA 편집은 정보가 mRNA 수준에서 변경되는 과정이다. mRNA의 암호화 염기배열이 전사된 DNA의 염기배열과 다른 상황으로부터 밝혀졌다. RNA 편집은 서로 다른 두 가지 상황에서 발생하며, 각각 원인이 다르다. 포유류 세포에서 암호화된 폴리펩티드의 염기배열을 변화시킬 수 있는 mRNA의 개별 염기에서 치환이 일어나는 경우가 있다. 이 염기 치환은 아데노신이 이노신으로 또는 시티딘이 우리딘이 되는 탈아미노 반응의 결과이다. 파동편모충(Trypanosome) 미토콘드리아에서는 염기가 체계적으로 추가되거나 제거될 때 여러 유전자의 전사물에 더 광범위한 변화가 일어난다.

그림 23.15는 포유류의 장과 간세포에서 아포지방단백질-B(apolipoprotein-B, *apo-B*) 유전자와 mRNA의 염기배열을 요약한 것이다. 게놈은 염기배열이 모든 조직에서 동일하며 4563 코돈(codon)의 코딩 영역을 갖는 단일 분단 유전자(interrupted gene)를 포함하고 있다. 이 유전자는 간에서 완전한 코딩 염기배열을 나타내는 512 kD의 단백질로 번역되는 mRNA로 전사된다. 장에서는 더 짧은 형태의 단백질(~250 kDa)이 합성된다. 이 단백질은 단백질 전체 길이의 N-말단 절반으로 구성되어 있다. 이것은 코돈 2153에서 C에서 U로의 변화를 제외하고는 간과 동일한 염기배열을 갖는 mRNA로부터 번역된다. 이 치환은 글루타민(glutamine)에 대한 코돈 CAA를 오커코돈[ochre codon, 정상적으로 아미노산을 코드하고 있던 코돈이 종결 코돈인 UAA로 변화됨] UAA로 종결시킨다. 새로운 염기배열을 암호화하기 위해 게놈에서 대체 유전자 또는 엑손이 이용 가능하지 않게 되면, 스플라이싱 유형의 변화를 발견할 수 없다는 것을 감안할 때, RNA 전사물의 염기배열에서 직접 변화가 일어났다고 결론을 내릴 수밖에 없다.

또 다른 예로는 쥐의 뇌에서 글루탐산 수용체(glutamate)에서 볼 수 있다. 한 위치에서 편집하면 DNA의 글루타민 코돈이 mRNA의 아르기닌 코돈으로 바뀐다. 글루타민에서 아르기닌으로의 변화는 통로(channel)의 전도율에 영향을 미치므로, 신경 전달물질을 통한 이온 흐름 조절에 중요한 영향을 미친다. 수용체의 다른 위치에서, 아르기닌 코돈은 글리신(glycine) 코돈으로 전환된다.

아포-B 및 글루탐산수용체에 대해 설명된 과정은 뉴클레오티드 고리상의 아미노 그룹이 제거된 탈아미노 반응(deamination)의 결과이다. 아포-B의 편집 과정으로 인해 C_{2153}이 U로 변경되고, 글루탐산수용체의 두 변화는 A에서 I(이노신, inosine)이다. 아포지방단백질-B의 탈아미노 반응은 시티딘 탈아미노효소 APOBEC(*apo* lipoprotein *B* mRNA editing *e*nzyme *c*omplex)에 의해 촉매되는 반면, 글루탐산수용체의 탈아미노 반응은 RNA에 작용하는 아데노신 탈아미노효소(*a*denosine *d*eaminases *a*cting on *R*NA, ADARs)에 의해 촉매된다. 이러한 유형의 편집은 주로 신경계에서 발생하는 것으로 보인다. 노랑초파리에는 ADAR에 대한 16가지 (잠재적인) 표적이 있으며, 모두 신경전달에 관여하는 유전자이다. 많은 경우, 편집 과정은 단백질의 기능적으로 중요한 위치에서 아미노산을 변화시킨다.

탈아미노 반응을 수행하는 효소는 넓은 특이성을 갖는 경우가 많다. 예를 들어, 가장 잘 연구된 아데노신 탈아미노효소가 이중구조의 RNA 영역의 A 잔기(residue)에 작용한다. 그러나 RNA에서 아데노신과 시티딘의 탈아미노 반응은 특이성을 나타낸다. 편집 효소(editing enzyme)는 일반적인 탈아미노효소와 관련이 있지만 특이성을 조절하는 다른 부위 또는 추가 소단위를 가지고 있다. 아포-B 편집의 경우, 편집 복합체(editing complex)의 촉매 소단위는 박테리아 시티딘 탈아미노효소와 관련이 있지만 편집의 특정 표적 부위를 인식하는 데 도움이 되는 추가적인 RNA-결합 영역을 갖는다. 특수 아데노신 탈아미노효소는 글루탐산수용체 RNA의 표적 부위를 인식하고, 세로토닌(serotonin)수용체 RNA에서 유사한 과정이 발생한다. 복합체는 tRNA-수식 효소(tRNA-modifying enzyme)와 유사한 방식으로 이차구조의 특정 영역을 인식할 수 있거나 또는 염기배열을 직접 인식할 수 있다. 아포-B 편집 과정에 대한 생체 내 시스템의 개발은 편집 부위를 둘러싸고 있는 상대적으로 작은 염기배열(~26개의 뉴클레오티드)이 충분한 표적을 제공한다는 것을 시사하고 있다. 그림 23.16은 글루탐산수용체에 대한 RNA의 경우, 표적 부위의 인식에 필요한 염기쌍 영역인 GluR-B가 엑손의 편집 영역과 하류 인트론의 상보적인 염기배열 사이에 형성된다는 것을 보여준다. 이중구조 내의 짝짝이(mispairing) 유형은 특정 인식에 필요하다. 따라서 서로 다른 편집 체계는 그들의 기질에서 염기배열 특이성에 대한 서로 다른 조건이 필요할 수 있다.

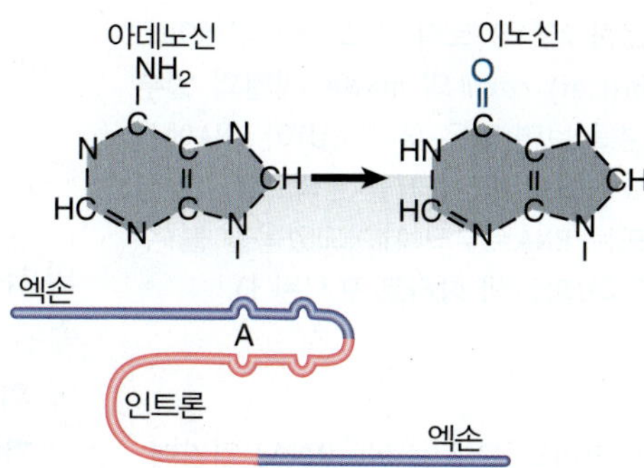

그림 23.16 mRNA 편집은 탈아미노효소가 불완전하게 짝지어진 RNA 이중나선 영역에서 아데닌에 작용할 때 일어난다.

핵심개념

- 아포지방단백질-B(apolipoprotein-B) 및 글루탐산수용체는 암호화(coding) 염기배열을 변화시키는 시티딘 및 아데노신 탈아미노효소(cytidine and adenosine deaminase) 의해 촉매된 부위-특이적 탈아미노(deamination) 반응이 일어난다.

개념 및 추론 확인

유전자의 산물은 RNA 편집을 포함하여 여러 이유로 유전자의 DNA 염기배열에 기초한 예측되는 산물과 다를 수 있다. 다른 이유는 무엇이며, RNA 편집이 어떻게 특정 유전자에 대한 이러한 차이의 원인이 될 수 있는가?

23.10 가이드 RNA가 RNA 편집을 담당한다

또 다른 유형의 편집은 파동편모충(Trypanosome) 미토콘드리아의 여러 유전자의 산물에서의 염기배열의 극적인 변화에 의해 밝혀졌다. 발견된 첫 번째 경우에, 시토크롬 산화효소(cytochrome oxidase) 소단위 II 단백질의 배열은 *coxII* 유전자의 염기배열에 기초하여 예측되지 않는 내부 프레임시프트(internal frameshift) 변이를 가지고 있다. 그림 23.17에 제시된 유전자와 단백질의 배열은 여러 트리파노소마(*Trypanosome*, 파동편모충) 종에서 보존되므로, RNA 편집 방법은 단일 생물체에만 국한된 것은 아니다.

coxII 유전자의 염기배열과 단백질 산물 간의 불일치는 RNA 편집 과정으로부터 생긴다. *coxII* mRNA에는 프레임시프트 부위 주변에 추가로 네 개의 뉴클레오티드(모두 우리딘)가 삽입되어 있다. 삽입은 단백질에 대한 적절한 리딩 프레임을 완성하게 한다. 프레임시프트 염기배열을 가지고 있는 두 번째 *coxII* 유전자는 발견될 수 없다; 우리는 여분의 염기가 전사 중에 또는 후에 삽입된다는 결론을 내릴 수밖에 없다. mRNA와 게놈 염기배열 사이의 비슷한 불일치는 SV5 및 홍역 파라믹소바이러스(measles paramyxoviruses)의 유전자에서 발견되며, 이러한 경우에는 mRNA에서 G 잔기의 부가가 일어난다.

RNA 염기배열의 유사한 편집은 다른 유전자에 대해서도 일어나며, 여기에는 결실 및 우리딘의 첨가가 포함된다. 트리파노소마 브루세이(*Trypanosoma brucei*)의 시토크롬 c 산화효소 III(cytochrome c oxidase III, *coxIII*) 유전자의 특별한 경우를 그림 23.18에 요약하였다. mRNA의 잔기 중 절반 이상이 유전자에 의해 암호화되지 않은 우리딘으로 구성된다. 게놈 DNA와 mRNA 사이를 비교해 보면, 7개

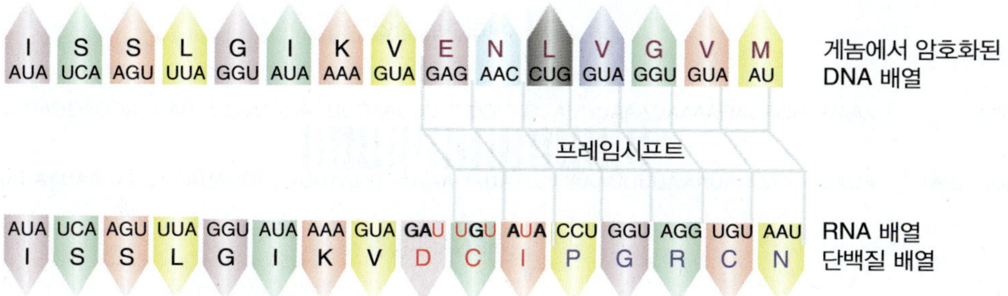

I S S L G I K V E N L V G V M
AUA UCA AGU UUA GGU AUA AAA GUA GAG AAC CUG GUA GGU GUA AU
게놈에서 암호화된 DNA 배열

프레임시프트

AUA UCA AGU UUA GGU AUA AAA GUA GAU UGU AUA CCU GGU AGG UGU AAU
I S S L G I K V D C I P G R C N
RNA 배열
단백질 배열

그림 23.17 트리파노소마 *coxII* 유전자 mRNA는 DNA에 비교해 프레임시프트를 가지고 있다. 단백질에서 관찰된 정확한 리딩 프레임은 4개의 우리딘의 삽입에 의해 형성된다.

T
UAUAUGUUUUGUUGUUUAUUAUGUGAUUAUGGUUUUGUUUUUUAUUGGUAUUUUUUAGAUUUAUUUAAUUUGUUGAU
TTTT
TT
TT
AAUACAUUUUAUUUGUUUGUUAAUUUUUUUGUUUUGUGUUUUGGUUUAGGUUUUUUUGUUGUUGUUGUUUUGUAUUA

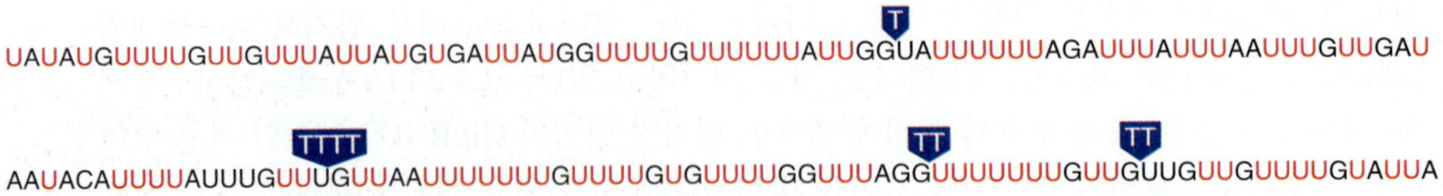

그림 23.18 트리파노소마 브루세이(T. brucei) *cox III*의 mRNA 배열의 일부분을 보면 많은 우리딘(U)이 DNA에서 코드되지 않거나(붉은색으로 표시) 또는 RNA로부터 제거되었음을 볼 수 있다(파란색 상자로 표시된 T).

의 뉴클레오티드보다 더 길게 뻗은 영역은 변형 없이 mRNA에 나타나지 않으며, 7개의 염기까지의 연속된 우리딘이 삽입됨을 보여주고 있다. 우리딘의 특정 삽입에 대한 정보는 *가이드 RNA*(guide RNA)에 의해 제공된다.

▶ **가이드 RNA(guide RNA)** 염기배열이 편집된 RNA 염기배열과 상보적인 작은 RNA. 이것은 뉴클레오티드를 삽입하거나 삭제함으로써 편집 전 RNA(preedited RNA)의 염기배열을 변경하기 위한 주형으로 사용된다.

가이드 RNA(guide RNA)에는 올바르게 편집된 mRNA를 보완하는 염기배열이 들어 있다. 그림 23.19는 다른 파동편모충, 리슈만 편모충(*Leishmania*)의 시토크롬 b(cytochrome b) 유전자에서의 작용 모형을 보여주고 있다. 그림 맨 위에 있는 염기배열은 원(original) 전사체 또는 편집 전 RNA(preedited RNA)를 보여준다. 갭은 편집 과정 중 염기가 삽입되는 위치를 나타내고 있다. 최종 mRNA 염기배열을 생성하기 위해서는 8개의 우리딘이 이 영역에 삽입되어야 한다. 가이드 RNA는 편집된 영역을 포함하고 둘러싸면서 상당한 거리에 걸쳐 mRNA와 상보성을 이루고 있다. 전형적으로 상보성은 편집된 영역의 3′ 측에서는 더 광범위하며 5′ 측에서는 오히려 짧다. 가이드 RNA와 편집되기 전 RNA 사이의 짝짓기는 가이드 RNA의 짝을 이루지 않은 A 잔기가 편집되기 전 RNA에서 상보성을 발견하지 못하는 곳에 틈을 남기게 된다. 가이드 RNA는 아래에 설명된 과정에서 누락된 U 잔기가 이들 위치에 삽입되는 것을 허용하는 주형을 제공한다. 반응이 완료되면 가이드 RNA가 mRNA와 분리되어 단백질 합성(번역)에 제공된다.

최종 편집된 염기배열의 내역서(specification)는 상당히 복잡할 수 있다. 리슈만 편모충(*Leishmania*) 시토크롬 b의 예에서, 전사물의 길게 뻗은 영역은 모두 39개의 우리딘(U) 잔기의 삽입으로 편집되었으며, 이는 인접한 부위에 작용하는 두 개의 안내 RNA를 필요로 하는 것으로 보인다. 첫 번째 안내 RNA는 멀리 떨어져 있는 3′쪽에서 쌍을 이루고, 편집된 염기배열은 다음 안내 RNA에 의해 추가 편집을 위한 기질이 된다. 가이드 RNA는 독립적인 전사 단위로 암호화된다. 그림 23.20은 리슈만 편모충 미토콘드리아 DNA의 관련된 부위의 지도이다. 그것은 편집되기 전 염기배열을 코드하는 시토크롬 b 유전자와 가이드 RNA를 지정하는 두 개의 영역을 포함한다. 주요 암호화 영역과 가이드 RNA의 유전자는 산재해 있다.

Genome AAAGCGGAGAGAAAAGAAA A G G C TTTAACTTCAGGTTGTTTATTACGAGTATATGG
전사
Pre-edited RNA AAAGCGGAGAGAAAAGAAA A G G C UUUAACUUCAGGUUGUUUAUUACGAGUAUAUGG
가이드 RNA와 짝짓기
Pre-edited RNA AAAGCGGAGAGAAAAGAAA A G G C UUUAACUUCAGGUUGUUUAUUACGAGUAUAUGG
Guide RNA AUAUUCAAUAAUAAAUUUUAAAUAUAAUAGAAAAUUGAAGUUCAGUAUACACUAUAAUAAUAAU
우리딘의 삽입
mRNA AAAGCGGAGAGAAAAGAAAUUUAUGUUGUCUUUUAACUUCAGGUUGUUUAUUACGAGUAUAUGG
Guide RNA AUAUUCAAUAAUAAAUUUUAAAUAUAAUAGAAAAUUGAAGUUCAGUAUACACUAUAAUAAUAAU
mRNA의 방출
mRNA AAAGCGGAGAGAAAAGAAAUUUAUGUUGUCUUUUAACUUCAGGUUGUUUAUUACGAGUAUAUGG

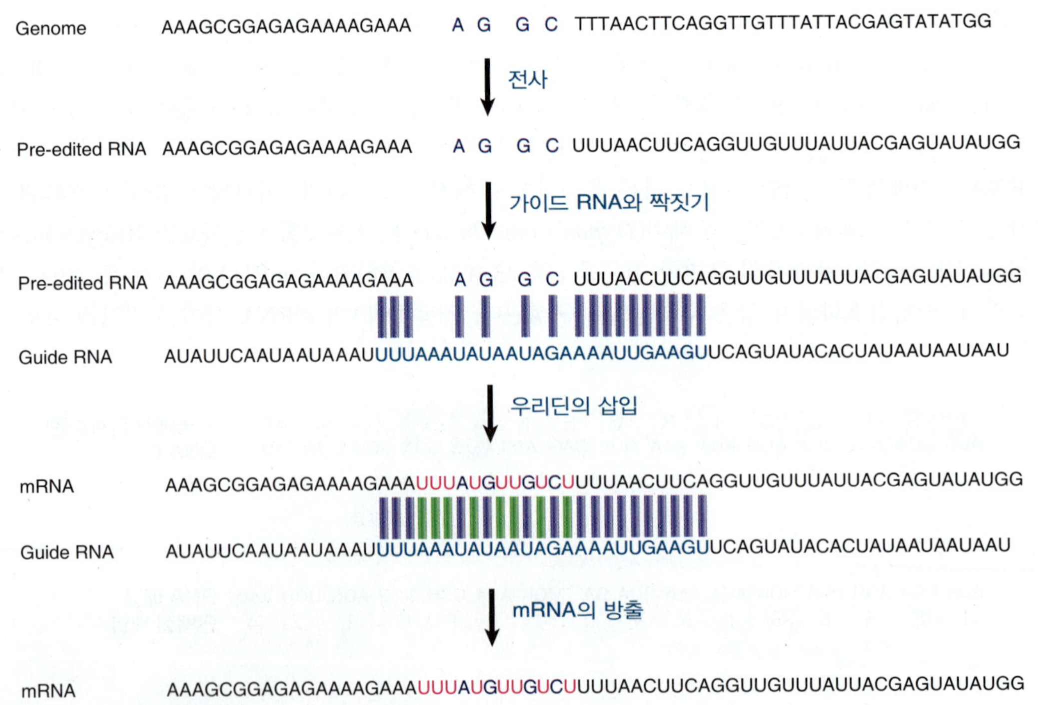

그림 23.19 편집 전 RNA 염기는 편집한 영역의 양쪽에 있는 가이드 RNA와 짝을 이룬다. 가이드 RNA는 우리딘의 삽입을 위해 주형을 제공한다. 삽입에 의해 형성되는 mRNA는 안내 RNA와 상보적이다.

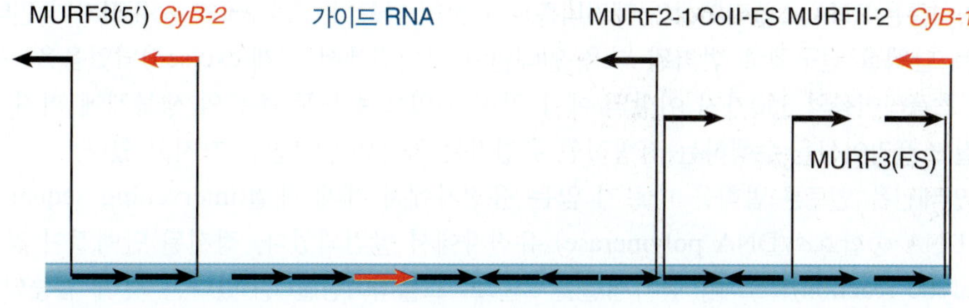

그림 23.20 리슈만 편모충(*Leishmania*) 유전체는 정확한 mRNA 배열을 만드는 데 필요한 가이드 RNA를 코드하는 단위와 산재해 있는 편집 전 RNA를 코드하는 유전자를 가지고 있다. 어떤 유전자는 다수의 가이드 RNA를 가지고 있다. CyB는 편집 전 시토크롬 b의 유전자이고, CyB-1과 CyB-2는 유전자 편에 관여하는 가이드 RNA의 유전자들이다.

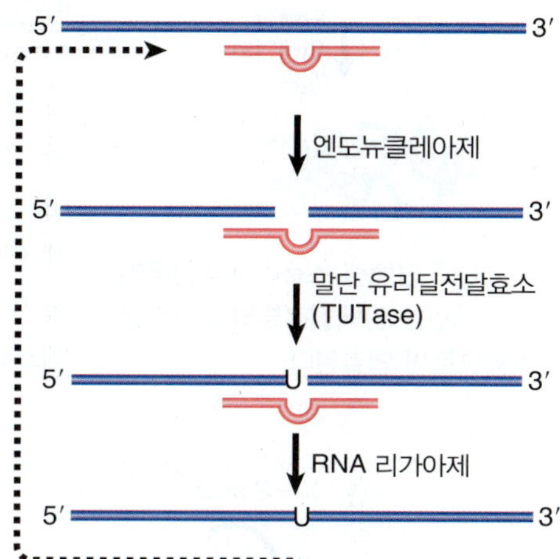

그림 23.21 U 잔기의 첨가 또는 결실은 RNA의 절단, U의 제거와 첨가, 말단들의 연결 등에 의해 일어난다. 반응은 가이드 RNA의 지시에 따라 효소의 복합체에 의해 촉매된다.

부분적으로 편집된 중간체의 특징을 분석해 보면 반응이 3′-5′ 방향으로 편집되기 전 RNA를 따라 진행됨을 시사하고 있다. 가이드 RNA는 편집되기 전 RNA와의 짝짓기를 이뤄 우리딘 삽입의 특이성을 결정한다.

우리딘의 편집은 약 20개의 단백질로 구성되어 있으며 엔도뉴클레아제, 말단 우리딘전달효소(terminal uridyltransferase, TUTase), 3′-5′ U 특이적 엑소뉴클레아제(exonuclease, exoUase), RNA 리가아제(RNA ligase)를 포함하는 20S 효소 복합체에 의해 촉매된다. **그림 23.21**에서 설명된 것처럼, 에디토솜(editosome)은 가이드 RNA와 결합하여 편집 전 mRNA(preedited mRNA)와 쌍을 이루는 데 사용된다. 기질 RNA는 아마도 가이드 RNA과 짝짓기을 이루지 못함으로써 확인되어지는 부위에서 절단된다; 우리딘은 가이드 RNA와 염기쌍을 이루기 위하여 삽입 또는 결실된 후 기질 RNA가 연결된다. 우리딘 삼인산(uridine triphosphate, UTP)는 우리딜 잔기에 대한 공급원을 제공한다. 그것은 TUTase 활성에 의해 추가된다. U 잔기의 결실은 3′ 인산가수분해효소와 함께 기능하는 exoUase(U-specific exonuclease)에 의해 매개되어 새롭게 편집된 RNA 분자(RNA construct)가 재결합될 수 있게 한다.

부분적으로 편집된 분자의 구조로부터 U 잔기가 그룹이 아닌 한 번에 하나씩 첨가된다는 것을 시사하고 있다. U 잔기가 첨가되고, 가이드 RNA와의 상보성을 검증하고, 수용 가능하다면 유지되고, 그렇지 않으면 제거되어 올바르게 편집된 염기배열의 구조(construct, 편집 완료된 완성된 분자)가 점차적으로 생기는 연속 순환을 통해 반응이 진행될 수 있다. C 잔기를 추가하는 편집 반응에 동일한 종류의 반응이 관련되어 있는지 여부는 알 수 없다.

핵심개념

- 파동편모충(Trypanosome) 미토콘드리아에서 광범위한 RNA 편집은 우리딘의 삽입 또는 결실에 의해 발생한다.
- 기질 RNA는 편집할 영역의 양측의 가이드 RNA와 염기쌍을 이룬다.
- 가이드 RNA는 우리딘의 추가(혹은 드물게는 결실)를 위한 주형을 제공한다.
- RNA 편집은 엔도뉴클레아제(endonuclease), 엑소뉴클레아제(exonuclease), 말단 우리딘전달효소(uridyltransferase) 활성 및 RNA 연결효소(RNA ligase)의 복합체인 에디토솜(editosome)에 의해 촉매된다.

개념 및 추론 확인

리슈만 편모충(*Leishmania*)의 시토크롬 b RNA의 편집 과정을 설명하라.

23.11 단백질 스플라이싱은 자가 촉매 작용이다

단백질 스플라이싱(protein splicing)은 RNA 스플라이싱과 동일한 효과를 가지고 있다: 유전자 내에서 나타나는 염기배열이 단백질에서 나타나지 않는다. 단백질 부분은 RNA 스플라이싱과 유사하다. **엑스테인(extein)**은 성숙한 단백질에서 나타나는 배열이고, **인테인(intein)**은 제거된 배열이다. 인테인을 제

▶ **단백질 스플라이싱(protein splicing)** 인테인(intein)이 단백질에서 제거되고 양쪽에 있는 엑스테인(extein)이 표준 펩티드 결합으로 연결되는 자가 촉매 과정.

▶ **엑스테인(extein)** 단백질 스플라이싱을 통해 전구체를 가공하여 생성되는 성숙한 단백질에 남아있는 배열.

▶ **인테인(intein)** 단백질 스플라이싱에 의해 가공되는 단백질에서 제거되는 부분.

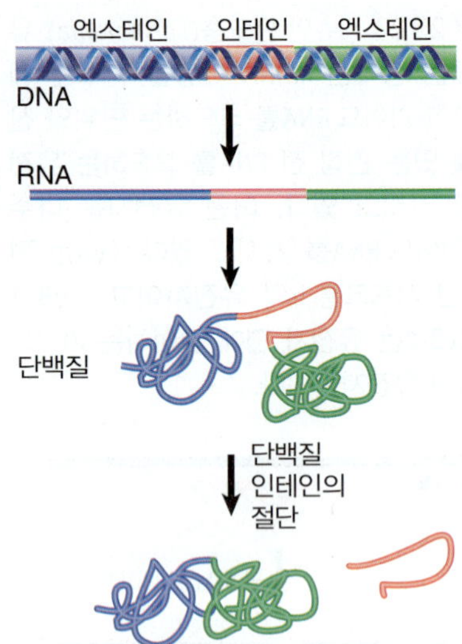

그림 23.32 단백질 스플라이싱 반응에서 엑스테인은 단백질로부터 인테인을 제거함으로써 연결된다.

거하는 메커니즘은 RNA 스플라이싱의 메커니즘과 완전히 다르다. 그림 23.22는 유전자가 인테인(intein)을 포함하는 단백질 전구체로 번역된 다음 인테인이 단백질에서 절제(excised)되었음을 보여주고 있다. 단백질 스플라이싱의 350가지 이상의 예가 알려져 있으며 모든 종류의 생물체에 퍼져 있다. 생성물이 단백질 스플라이싱을 수행하는 전형적인 유전자는 하나의 인테인을 가지고 있다.

최초의 인테인은 인트론 법칙을 따르지 않는 유전자에서 개재 배열(intervening sequence)의 형태로 고세균 DNA 중합효소(DNA polymerase) 유전자에서 발견되었다. 정제된 단백질이 자가 촉매 반응(autocatalytic reaction)으로 이 염기배열을 스스로 스플라이싱할 수 있다는 것이 입증되었다. 반응은 에너지의 공급을 필요로 하지 않으며, 그림 23.23에 나와 있는 일련의 결합 재배열(bond rearrangement)을 통해 발생한다. 반응의 효율성은 엑스테인의 영향을 받을 수는 있지만, 반응은 인테인의 기능이다.

첫 번째 반응은 인테인의 첫 번째 아미노산과 첫 번째 엑스테인을 잇는 펩티드 결합에 있는 첫 번째 아미노산의 -OH 또는 -SH 곁사슬(측쇄, side chain)에 의한 공격이다. 이것은 엑스테인을 인테인의 아미노 말단 그룹에서 N-O 또는 N-S 아실(acyl) 연결로 전달시킨다. 이 결합은 두 번째 엑스테인의 첫 번째 아미노산의 -OH 또는 -SH 곁사슬에 의해 공격을 받는다. 그 결과, 엑스테인 1이 엑스테인 2의 아미노 말단 산의 곁사슬로 전달된다. 최종적으로, 인테인의 C-말단 아스파라긴(asparagine)이 고리화되고, 엑스테인 2의 말단 -NH가 아실 결합을 공격하여 기존의 펩티드 결합으로 대체한다. 이러한 반응은 모두 매우 낮은 속도로 자발적으로 발생할 수 있지만, 단백질 스플라이싱을 달성할 만큼 충분히 빠른 협동방식(coordinated manner)으로 발생하는 경우에는 인테인에 의한 촉매 작용이 필요하다.

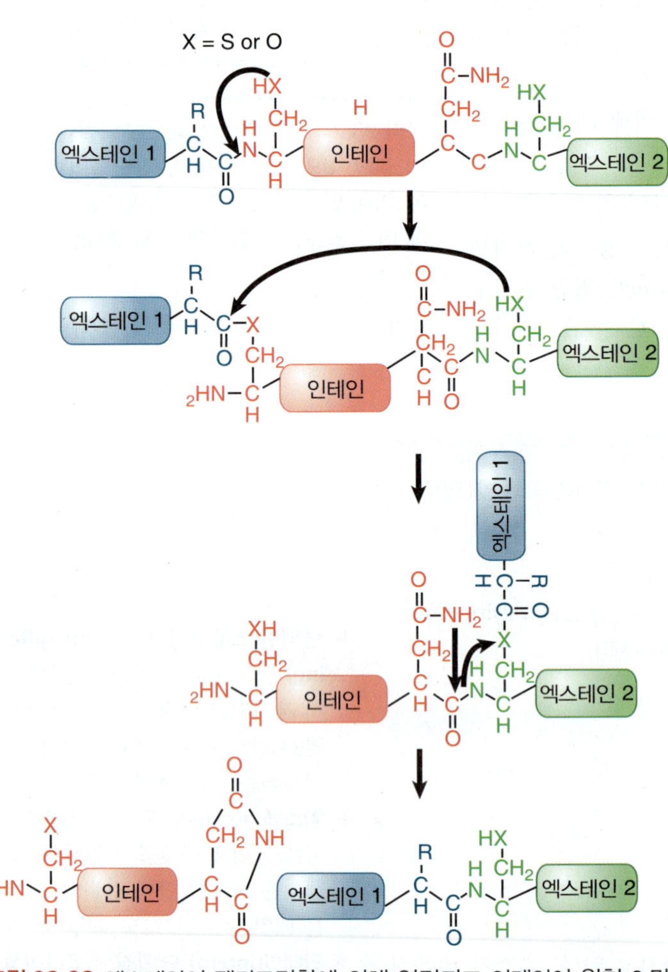

그림 23.23 엑스테인이 펩티드결합에 의해 연결되고 인테인이 원형 C-말단과 함께 방출될 때까지 결합은 세린 또는 트레오닌의 -OH기 또는 시스테인의 -SH를 포함하는 일련의 에스테르교환반응을 통해 이루어진다.

인테인은 특징적인 특성을 가지고 있다. 이들은 암호화 염기배열에 프레임 내 삽입(in-frame insertion)으로 발견된다. 삽입이 결여된 상동성 유전자가 존재하기 때문에 그것들을 식별할 수 있다. 그들은 N-말단 세린(serine) 또는 시스테인(cysteine, -SH 곁사슬을 제공하기 위해) 및 C-말단 아스파라긴을 갖는다. 전형적인 인테인은 단백질 스플라이싱 반응을 촉매하는 데 관여하는 N-말단에서 ~150개의 아미노산과 C-말단에서 ~50개의 아미노산의 배열을 갖는다. 인테인의 중앙에 있는 배열은 다른 기능을 가질 수 있다.

많은 인테인의 특별한 특징은 그들이 귀소성 엔도뉴클레아제(homing endonuclease) 활성을 가지고 있다는 것이다. 귀소성 엔도뉴클레아제는 인테인을 암호화하는 DNA 염기배열이 삽입될 수 있는 부위를 만들기 위해 표적 DNA를 절단한다(*23.5절 일부 그룹 I 인트론은 이동을 지원하는 엔도뉴클레아제를 암호화 한다*의 그림 23.10 참조). 인테인의 단백질 스플라이싱과 귀소성 엔도뉴클레아제 활성은 독립적이다.

우리는 인테인의 이러한 두 활성의 존재 간의 연관성을 실제로 이해하지 못하고 있지만, 두 가지 종류의 모형이 제안되어 있다. 하나는 활성 간에 본래부터 일종의 연관을 가지고 있으며, 이후 그들은 독립적으로 되어 일부 인테인은 귀소성 엔도뉴클레아제를 잃어버렸을 것이라고 가정하는 것이다. 다른 하나는 인테인이 단백질 스플라이싱 단위로 유래되었으며, 그 대부분은 (알려지지 않은 이유로) 귀소성 엔도뉴클레아제에 의해 침입 당했을 것이라고 가정하는 것이다. 이는 귀소성 엔도뉴클레아제가 그룹 I 인트론을 포함하여 다른 종류의 단위를 침범한 것일 수도 있다는 사실과 일치한다.

핵심개념

- 인테인(intein)은 인접한 엑스테인(extein)이 연결된 방식으로 단백질로부터 자신을 제거를 촉매 능력을 가지고 있다.
- 단백질 스플라이싱은 인테인에 의해 촉매된다.
- 대부분의 인테인은 두 개의 독립적인 활성을 가지고 있다: 단백질 스플라이싱과 귀소성 엔도뉴클레아제(homing endonuclease).

개념 및 추론 확인

인테인은 인트론과 실증적으로 어떻게 구별할 수 있을까?

23.12 요약

자가-스플라이싱은 단세포/소수세포(unicellular/oligocellular) 진핵생물, 원핵세포 시스템 및 미토콘드리아에 널리 분산되어있는 두 그룹의 인트론의 특성이다. 이러한 반응은 실제로 생체 내 단백질에 의해 도움을 받지만, 반응에 필요한 정보는 인트론 염기배열에 존재한다. 그룹 I 및 그룹 II 인트론 모두에 대해, 반응은 짧은 공통염기배열을 포함하는 특정 2차/3차 구조의 형성을 필요로 한다. 그룹 I 인트론 RNA는 기질 염기배열이 인트론의 IGS 영역에 의해 유지되는 구조를 생성하고, 다른 보존된 염기배열은 구아닌 뉴클레오티드(guanine nucleotide)-결합 부위를 생성한다. 이는 보조인자로서 구아노신 잔기(guanosine residue)를 포함하는 에스테르교환반응(transesterification)에 의해 발생한다. 에너지 공급이 필요하지 않다. 구아노신은 5′ 엑손-인트론 접합부에서 결합을 끊어 인트론에 연결된다. 그러고 나서 엑손의 유리(free) 말단에 있는 하이드록실은 3′ 엑손-인트론 접합부를 공격한다. 인트론은 고리화되며 구아노신 및 말단 15개 염기를 잃는다. 일련의 관련 반응은 내부 인산디에스테르(phosphodiester) 결합상의 인트론 말단 G-OH 잔기에 의한 공격을 통해 촉매될 수 있다. 적절한 기질을 제공함으로써, 뉴클레오티딜 전이효소(nucleotidyl transferase) 활성을 비롯한 다양한 촉매 반응을 수행하는 리보자임을 만드는 것이 가능해졌다.

일부 그룹 I 및 그룹 II 미토콘드리아 인트론은 오픈 리딩 프레임을 가지고 있다. 그룹 I 인트론에 의해 암호화되는 단백질은 DNA의 표적 부위에서 이중-가닥 절단을 만드는 엔도뉴클레아제이다. 엔도뉴클레아제 절단은 인트론 자체의 염기배열이 표적 부위로 복사되는 유전자 전환(gene conversion) 과정을 개시한다. 그룹 II 인트론에 의해 암호화되는 단백질은 전위(transposition) 과정을 개시하는 엔도뉴클레아제 활성 및 인트론의 RNA 사본이 표적 부위로 복사될 수 있게 하는 역전사효소(reverse transcriptase)를 포함한다. 이러한 유형의 인트론은 아마도 삽입 과정을 통하여 유래되었을 것이다. 두 그룹의 인트론에 의해 코드된 단백질은 활성 부위의 2차/3차 구조의 형성을 안정화시킴으로써 인트론의 스플라이싱을 돕는 인트론 제거효소(maturase) 활성을 포함할 수 있다.

바이루소이드(virusoid) RNA는 "헴머헤드(hammerhead)" 구조에서 자가-절단을 할 수 있다. 헴머헤드 구조는 기질 RNA와 리보자임 RNA 사이에서 형성될 수 있으며, 이는 고도의 특이적인 염기배열에서 절단이 가능하도록 한다. 이러한 반응은 RNA가 촉매 활성을 갖는 특정 활성 부위를 형성할 수 있다는 견해를 지지하고 있다.

RNA 편집은 전사 후 또는 전사 과정 중 RNA의 염기배열을 변화시킨다. 의미 있는(단백질 합성에 필요한) 암호화 염기배열을 만드는 데 변화가 필요하다. 개별 염기의 치환은 포유류 체계에서 일어난다; 그들은 C가 U로 변환되거나 A가 I로 변환되는 탈아미노화(deamination)의 형태를 취한다. 시티딘 또는 아데노신 탈아미노효소(deaminase)와 관련된 촉매 소단위는 특정 표적 염기배열에 대한 특이성을 갖는 더 큰 복합체의 일부로서 기능한다.

부가 및 결실(대부분 우리딘)은 트리파노소마 미토콘드리아(trypanosome mitochondria)와 파라믹소

바이러스(paramyxovirus)에서 발생한다. mRNA에서 염기의 반 정도가 편집에서 파생된 트리파노소마에서 광범위한 편집 반응이 발생한다. 편집 반응은 mRNA 염기배열에 상보적인 가이드 RNA로 구성된 주형을 사용한다. 반응은 엔도뉴클레아제, 엑소뉴클레아제, 말단 우리딜전달효소(uridyltransferase) 및 RNA 리가아제(RNA ligase)를 포함하는 효소복합체인 에디토솜(editosome)에 의해 촉매되며, 첨가물의 공급원으로서 유리 뉴클레오티드를 사용하거나, 혹은 결실 후 절단된 뉴클레오티드를 방출한다.

단백질 스플라이싱은 결합 전달 반응에 의해 발생하는 자가 촉매 반응(autocatalytic reaction)이며 에너지의 공급이 필요하지 않다. 인테인(intein)은 인접한 엑스테인(extein)으로부터 자신의 스플라이싱을 촉매한다. 많은 인테인은 단백질 스플라이싱 활성에 독립적인 귀소성 엔도뉴클레아제 활성을 가지고 있다.

학습문제

1. 다음 인트론 중 최초의 활성과 다른 촉매 작용을 수행하도록 변형된 것은 무엇인가?
- **A.** 그룹 I 인트론
- **B.** 그룹 II 인트론
- **C.** 핵 인트론
- **D.** 그룹 I 및 그룹 II 인트론 모두

2. RNA 편집으로 단세포 진핵생물의 미토콘드리아의 전사체에 가장 일반적으로 삽입되는 염기는 무엇인가?
- **A.** A
- **B.** U
- **C.** G
- **D.** C

3. 단세포 진핵생물에서 rRNA 유전자와 원핵세포에서 발견되는 인트론은 무엇인가?
- **A.** 그룹 I 인트론
- **B.** 그룹 II 인트론
- **C.** 핵 인트론
- **D.** 그룹 I 및 그룹 II 인트론 모두

4. 전구체 RNA로부터 절단 후, 그룹 I 인트론은 어떻게 되는가?
- **A.** 올가미(lariat) 구조를 형성한다.
- **B.** Y-형 구조를 형성한다.
- **C.** 원형 구조를 형성한다.
- **D.** 선형으로 남는다.

5. 그룹 I 인트론 스플라이싱에 필요한 보조인자로서, 구아닌 뉴클레오티드는 어떤 그룹을 가지고 있어야 하는가?
- **A.** 5′-P
- **B.** 3′-P
- **C.** 5′-OH
- **D.** 3′-OH

6. 새로운 부위로 인트론의 이동성을 촉진하는 엔도뉴클레아제를 암호화하는 이동성 인트론을 포함하는 인트론은 무엇인가 ?
- **A.** 그룹 I 인트론
- **B.** 그룹 II 인트론
- **C.** 핵 인트론
- **D.** 그룹 I 및 그룹 II 인트론 모두

7. 그룹 II 인트론 스플라이싱에 필요한 필수 염기배열 요소는 무엇인가?
   A. 인트론 말단의 짧은 보존 염기배열
   B. 인트론의 중앙의 보존된 염기배열 요소
   C. 보존된 내부 역반복배열을 기본으로 하는 특징적인 이차구조
   D. 보존된 염기배열 요소 또는 이차구조가 없음

8. 단백질 막으로 둘러싸여 있지 않고 독립적으로 기능하는 작고 감염성 있는 식물 RNA를 무엇이라고 하는가?
   A. 바이러스
   B. 비로이드
   C. 바이루소이드
   D. 새틀라이트 RNA(satellite RNA)

9. 포유류 장 및 간에서 아포지방단백질-B 전사체의 편집 과정에 포함되는 것은 무엇인가?
   A. U를 C로 변환
   B. C의 U로의 변환
   C. 여러 U 염기의 삽입
   D. 여러 가지 C 염기의 결실

10. 트리파노소마 미토콘드리아 RNA 편집에 포함되는 것은 무엇인가?
   A. U를 C로 변환
   B. C의 U로의 변환
   C. 여러 U 염기의 삽입 또는 결실
   D. 여러 가지 C 염기의 삽입 또는 결실

핵심용어

autosplicing (self-splicing)
extein
guide RNA
intein
intron homing
maturase
protein splicing
RNA editing
riboswitch
ribozyme
viroid
virusoid

읽을거리

Cech, T. R. (1990). Self-splicing of group I introns. *Annu. Rev. Biochem.* **59**, 543–568. A review of the mechanism of this process.

Cochrane, J. C., and Strobel, S. A. (2008). Catalytic strategies of self-cleaving ribozymes. *Acc. Chem. Res.* **41**, 1027–1035.

Doherty, E. A., and Doudna, J. A. (2000). Ribozyme structures and mechanisms. *Annu. Rev. Biochem.* **69**, 597–615. A comparison of the structures of four ribozymes.

Haugen, P., Reeb, V., Lutzoni, F., and Bhatacharya, D. (2004). The evolution of homing endonuclease genes and group I introns in nuclear rDNA. *Mol. Biol. Evol.* **21**, 129–140.

Hoopengardner, B. (2006). Adenosine-to-inosine RNA editing: perspectives and predictions. *Mini-Rev. Med. Chem.* **6**, 1213–1216.

Lambowitz, A. M., and Zimmerly, S. (2004). Mobile group II introns. *Annu. Rev. Genet.* **38**, 1–35. A review of the molecular mechanisms for the mobility of group II introns and the evolutionary relationship between them, eukaryotic retroposons, and eukaryotic spliceosomal introns.

Liu, X.-Q. (2000). Protein-splicing intein: genetic mobility, origin, and evolution. *Annu. Rev. Genet.* **34**, 61–76. How the structure and splicing mechanism of inteins suggest the origin of these elements.

Paulus, H. (2000). Protein splicing and related forms of protein autoprocessing. *Annu. Rev. Biochem.* **69**, 447–496. A review of the process of protein splicing and a comparison to protein autoprocessing.

Saleh, L., and Perler, F. B. (2006). Protein splicing in *cis* and in *trans*. *Chem. Rec.* **6**, 183–193.

Stuart, K. D., Schnaufer, A., Ernst, N. L., and Panigrahi, A. K. (2005). Complex management: RNA editing in trypanosomes. *Trends Biochem. Sci.* **30**, 97–105.

Vicens, Q., and Cech, T. R. (2006). Atomic level architecture of group I introns revealed. *Trends Biochem. Sci.* **31**, 41–51.

Winkler, W. C., Nahvi, A., Roth, A., Collins, J. A., and Breaker, R. R. (2004). Control of gene expression by a natural metabolite-responsive ribozyme. *Nature* **428**, 281–286. A report of the discovery of a new class of ribozyme that inhibits expression of an enzyme by cleaving its mRNA. Through a negative feedback system, the ribozyme is activated by a metabolic product of the enzyme.

24

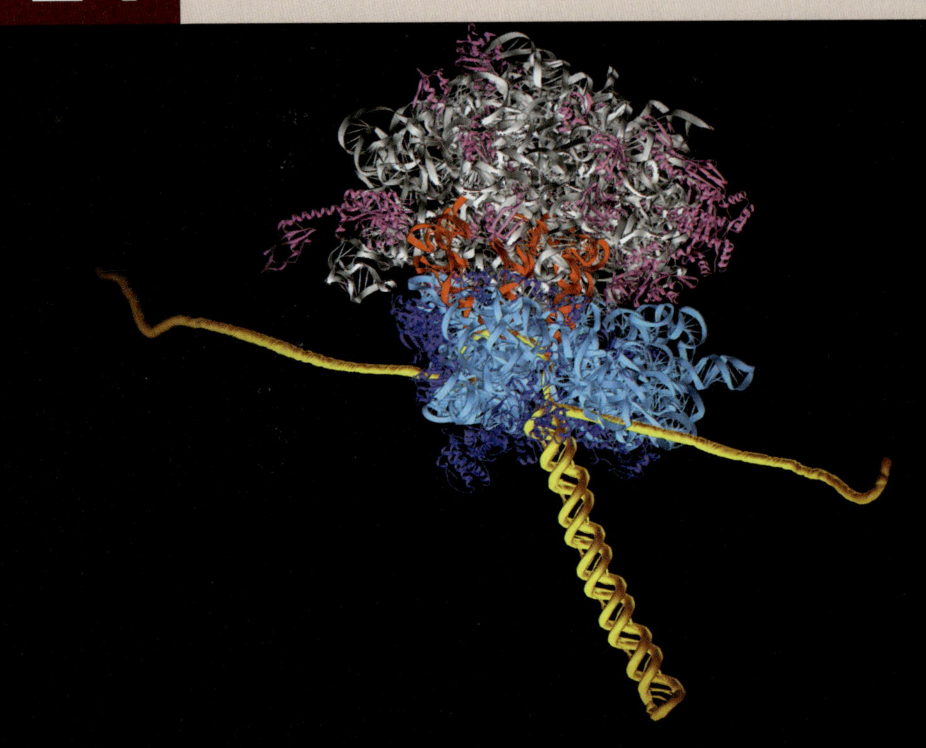

대장균 리보솜에 의한 단일 mRNA의 번역(노란색), 한 번에 하나의 코돈씩. 연구자들은 mRNA의 말단을 고정시킴으로써 리보솜이 각 코돈에 얼마나 오래 머무르는지를 알 수 있었고, 전좌 주기 후에 리보솜이 종종 멈추는 것을 알 수 있었다. Used with permission of Courtney Hodges, University of California, Berkeley, and Laura Lancaster, University of California, Santa Cruz. Photo courtesy of Carlos Bustamante, University of California, Berkeley.

단백질 합성

24장 개요

24.1 서론

mRNA는 아미노아실-tRNA(aminoacyl-tRNA)의 안티코돈과 상호작용하는 일련의 코돈을 포함하고 있어 일련의 아미노산이 폴리펩티드 사슬에 결합된다. 리보솜은 mRNA와 아미노아실-tRNA 간의 상호작용을 조절하는 환경을 제공한다. 리보솜은 주형을 따라 이동하는 작은 이동 공장처럼 작용하며 펩티드 결합 합성이 빠르게 진행된다. tRNA는 놀랍도록 빠른 속도로 리보솜 입자를 들락거리고, 아미노산은 축적하며, 신장 인자는 주기적으로 리보솜과 결합했다 떨어졌다를 반복한다. 보조 인자와 함께, 리보솜은 모든 번역 단계에 필요한 모든 활동을 제공한다.

그림 24.1은 번역 장치에서 구성성분의 상대적인 크기를 보여주고 있다. 리보솜은 번역에서 특정한 역할을 하는 두 개의 서브유닛으로 구성된다. 메신저 RNA(mRNA)는 작은 서브유닛과 관련이 있다; ~35개 염기의 mRNA는 언제라도 결합된다. mRNA는 서브유닛들의 접합부에 가까운 표면을 따라 길게 뻗어 있다. 두 개의 tRNA 분자는 언제든지 단백질 합성에서 활성화되므로, 폴리펩티드 신장은 리보솜으로 덮인 대략 10개의 코돈 중 단지 두 개의 코돈에서 일어나는 반응만이 관여하고 있다. 두 개의 tRNA는 두 개의 리보솜 서브유닛을 가로 지르는 내부 부위(site)에 삽입된다. 세 번째 tRNA는 재활용되기 전에 번역에 사용된 후 리보솜에 남아있을 수 있다.

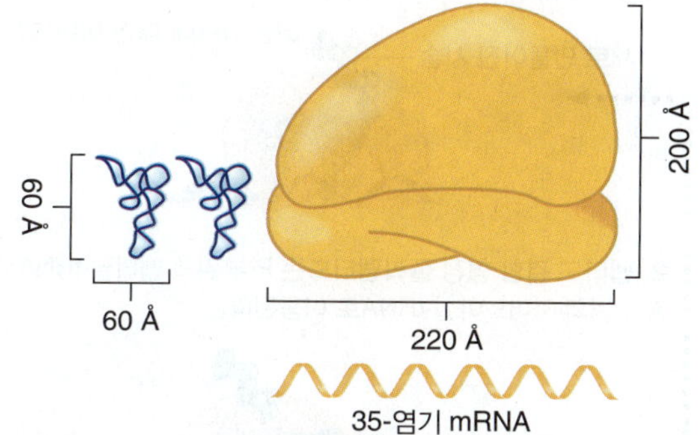

그림 24.1 크기 비교는 리보솜이 tRNA와 mRNA에 결합하기에 충분히 크다는 것을 보여준다.

리보솜의 기본 형태는 진화 과정에서 보존되어 있으나, 박테리아, 진핵 세포질 및 세포소기관의 리보솜에서 RNA와 단백질의 전체 크기와 비율에 상당한 변화가 있다. 그림 24.2는 박테리아 및 포유동물의 리보솜 성분을 비교한 것이다. 둘 다 단백질보다 더 많은 RNA를 포함하는 리보핵산단백질(ribonucleoprotein) 입자이다. 리보솜 단백질은 *r-단백질*(*r-protein*)로 알려져 있다.

리보솜		rRNAs	r-단백질
박테리아 (70S) 질량: 2.5 MDa 66% RNA	50S	23S = 2904 염기 5S = 120 염기	31
	30S	16S = 1542 염기	21
포유동물 (80S) 질량: 4.2 MDa 60% RNA	60S	28S = 4718 염기 5.8S = 160 염기 5S = 120 염기	49
	40S	18S = 1874 염기	33

그림 24.2 리보솜은 단백질보다 더 많은 RNA를 포함하고 크고 작은 서브유닛으로 분리되는 큰 리보핵산단백질 입자이다.

각 리보솜 서브유닛은 주요한 rRNA와 다수의 작은 단백질을 포함한다. 큰 서브유닛은 또한 더 작은 rRNA(들)을 포함할 수 있다. 대장균에서, 작은 (30S) 서브유닛은 16S rRNA 및 21개의 r-단백질로 구성된다. 대형 (50S) 서브유닛은 23S rRNA, 작은 5S RNA 및 31개의 r-단백질을 포함한다. 리보솜당 네 개의 사본에 존재하는 하나의 단백질을 제외하고, 각 단백질의 사본이 하나 있다. 주요 RNA는 박테리아 리보솜 질량의 큰 부분을 구성한다. 이들의 존재는 리보솜 전체에 널리 분포되어 있으며, 대부분의 또는 모든 리보솜 단백질이 실제로 rRNA와 접촉한다(그림 24.3 참조). 따라서 주요 rRNA는 때로는 그 존재가 리보솜의 구조를 특징짓게 하며 리보솜 단백질의 위치를 결정하는 연속적인 가닥인 각 서브유닛의 "골격(backbone)"으로 생각되는 것을 형성한다.

진핵세포의 세포질의 리보솜은 박테리아의 리보솜보다 크다. RNA와 단백질의 총 함량은 더 높다. 주요 rRNA 분자는 더 길며(18S 및 28S rRNA라고 함), 더 많은 단백질이 존재한다. RNA는 여전히 대량으로 주요 성분을 이루고 있다.

미토콘드리아와 엽록체의 리보솜은 세포질의 리보솜과 구별되며 다양한 형태를 취한다. 어떤 경우에는, 거의 박테리아 리보솜의 크기이며 70%의 RNA를 가지고 있다; 또 어떤 경우에는 단지 60S이며 30% 미만의 RNA를 가지고 있다.

리보솜은 몇 개의 활성 센터(active center)를 보유하고 있으며, 각각은 리보솜 RNA 영역과 관련된 단백질 그룹으로 구성된다. 활성 센터는 구조적 또는 더 나아가 촉매적 역할(RNA가 리보자임으로 작용함)을 함에 있어, 이차 역할에서 이들 기능을 지원하는 단백질과 함께 rRNA의 직접 참여를 필요로 한다. 일부 촉매 기능은 개개의 단백질을 필요로 하지만, 단리된 단백질(isolated protein) 또는 단백질 그룹에 의해 촉매 기능을 나타내는 것은 없다; 그들은 리보솜의 환경에서만 기능한다.

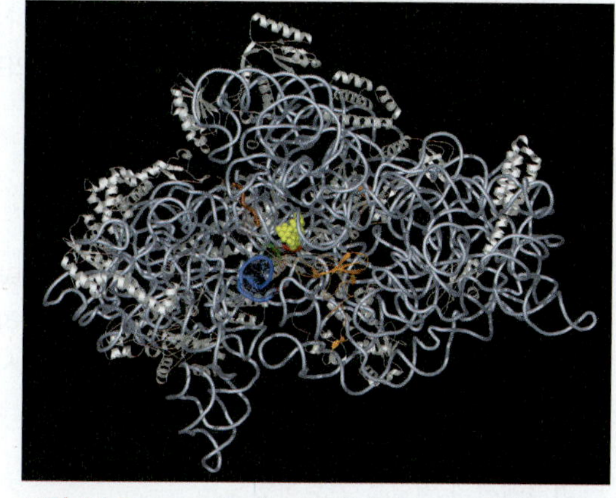

그림 24.3 30S 리보솜 서브유닛은 리보핵산단백질 입자이다. 리보솜 단백질은 흰색이고, rRNA는 파란색이다. Courtesy of Dr. Kalju Kahn.

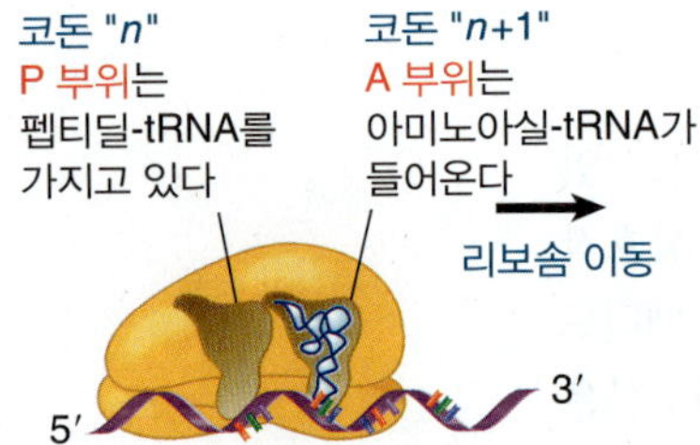

1. 펩티드 결합 형성 전에 펩티딜-tRNA는 P 부위를 차지한다; 아미노아실-tRNA가 A 부위를 차지한다

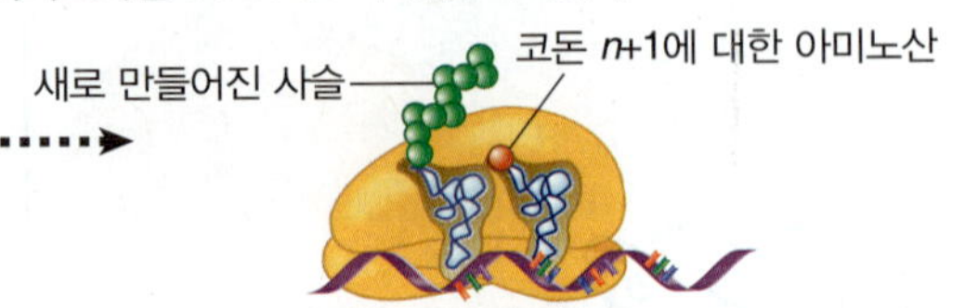

2. 펩티드 결합 형성 폴리펩티드는 P 부위의 펩티딜-tRNA로부터 A 부위의 아미노아실-tRNA로 이동된다.

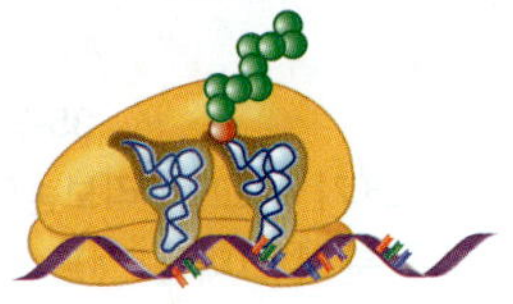

3. 전좌는 리보솜을 하나의 코돈으로 이동시킨다;
P 부위에 펩티딜-tRNA를 위치시킨다;
탈아실화된 tRNA는 E 부위를 통해 이탈한다;
A 부위는 다음 aa-tRNA를 위해 비어 있다.

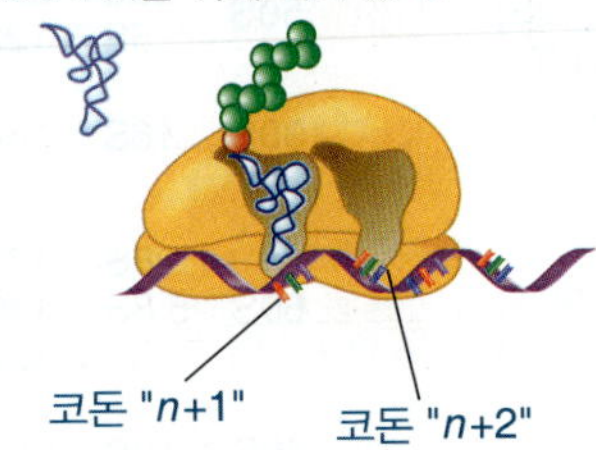

그림 24.4 리보솜은 전하를 띤 tRNA를 결합하기 위한 두 개의 부위를 가지고 있다.

리보솜의 구조적 구성성분의 기능을 분석하는 데는 두 가지 실험적 접근법이 있다. 첫째, 특정 리보솜 단백질에 대한 유전자 또는 rRNA 유전자의 특정 염기에 대한 돌연변이의 효과를 이용하여 이러한 분자의 특정 반응에서의 이들 분자의 기능을 밝히는 것이다. 둘째, 리보솜의 구성성분을 직접 수식하고 rRNA의 보존된 특징을 확인하기 위한 비교를 포함한 구조 분석을 통해 특정 기능과 관련된 구성성분의 물리적 위치를 확인하는 것이다.

24.2 단백질 합성은 개시, 신장 및 종결 단계로 일어난다

아미노산은 아미노아실-tRNA(aminoacyl-tRNA)에 의해 리보솜으로 운반된다. 성장하는 폴리펩티드 사슬에 아미노산의 추가는 이전 아미노산을 가져온 tRNA와의 상호작용에 의해 발생한다. 이 tRNA는 각각 리보솜의 별개의 부위에 위치한다. 그림 24.4는 두 부위가 다른 기능을 가지고 있음을 보여주고 있다:

- 들어오는 아미노아실-tRNA는 **A 부위(A site)**에 결합한다. 아미노아실-tRNA가 들어오기 전에 이 부위는 사슬에 추가되는 다음 아미노산을 나타내는 코돈을 노출하고 있다.
- 초기 폴리펩티드 사슬에 추가된 가장 최근의 아미노산을 나타내는 코돈은 **P 부위(P site)**에 위치한다. 이 부위는 초기 폴리펩티드 사슬을 운반하는 tRNA인 **펩티딜-tRNA(peptidyl-tRNA)**가 차지하고 있다.

그림 24.5는 tRNA의 아미노아실 말단이 큰 서브유닛에 위치하는 반면에, 다른 말단의 안티코돈은 작은 서브유닛에 결합된 mRNA와 상호작용함을 보여준다. 따라서 P와 A 부위는 각각 두 리보솜 서브유닛을 가로질러 포함한다.

리보솜이 펩티드 결합을 형성하기 위해서는 펩티딜-tRNA가 P 부위에 있고 아미노 아실-tRNA가 A 부위에 있을 때, 그림 24.4의 1단계에 표시된 상태여야 한다. 펩티딜 결합 형성은 펩티딜-tRNA에 의해 운반된 폴리펩티드가 아미노아실-tRNA에 의해 운반되는 아미노산으로 전달될 때 발생한다. 이 반응은 리보솜의 큰 서브유닛에 의해 촉매된다.

폴리펩티드의 전달은 2단계에서 나타낸 리보솜을 생성하는데, 여기서 어떠한 아미노산도 결핍된 **탈아실 tRNA(deacylated tRNA)**는 P 부위에 놓이고, 새로운 펩티딜-tRNA는 A 부위에 존재한다. 이 펩티딜-tRNA는 1단계에서 P 부위에 존재한 펩티딜-tRNA보다 더 긴 하나의 아미노산 잔기이다.

이제 리보솜은 메신저 RNA(mRNA)를 따라 하나의 트리플렛(triplet)(역자주: 세 염기 혹은 코돈)만

- **A 부위(A site)** 아미노아실-tRNA(aminoacyl-tRNA)가 코돈과 염기쌍을 이루는 리보솜 부위.
- **P 부위(P site)** 초기 폴리펩티드 사슬을 운반하는 tRNA인 펩티딜-tRNA(peptidyl-tRNA)가 차지하는 리보솜 내의 부위로 여전히 A 부위에서 결합하는 코돈과 쌍을 이룬다.
- **펩티딜-tRNA(peptidyl-tRNA)** 폴리펩티드 번역 동안 펩티드 결합 합성 후에 초기 폴리펩티드 사슬이 옮겨진 tRNA.
- **탈아실 tRNA(deacylated tRNA)** 번역에서의 역할을 완료하였으므로 리보솜에서 방출될 준비가 된 아미노산 또는 폴리펩티드 사슬이 부착되지 않은 tRNA.

그림 24.5 P와 A 부위는 두 개의 상호작용하는 tRNA를 두 리보솜 서브유닛에 위치시킨다.

tRNA의 아미노아실 말단은 큰 리보솜 서브유닛 내부에 결합한다

안티코돈은 작은 리보솜 서브유닛 내에서 mRNA 상의 인접한 코돈과 결합한다

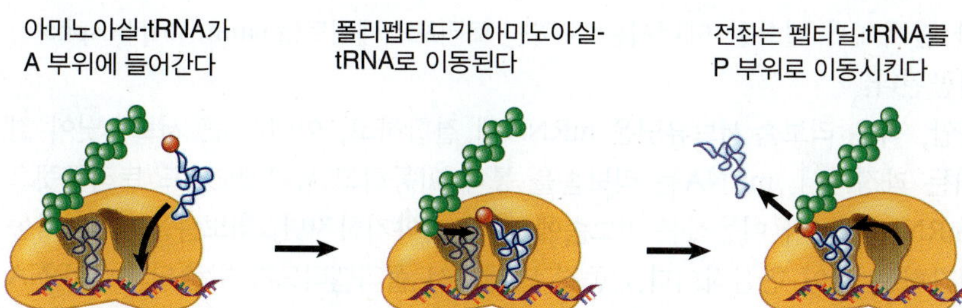

그림 24.6 아미노아실-tRNA는 A 부위에 들어가며, 펩티딜-tRNA로부터 폴리펩티드 사슬을 받아 다음 주기의 신장 단계를 위해 P 부위로 이동된다.

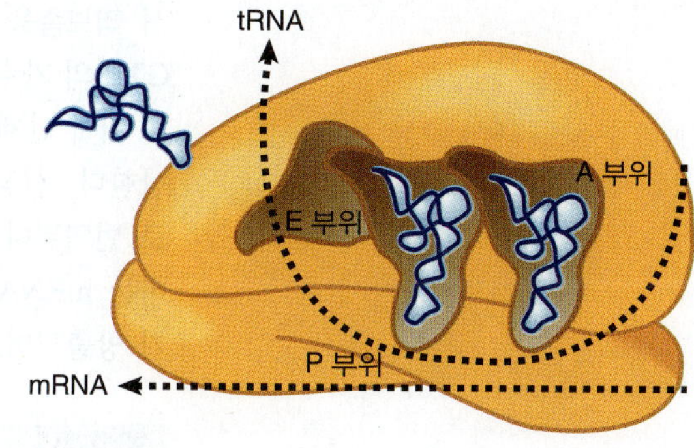

그림 24.7 tRNA와 mRNA는 리보솜을 통해 같은 방향으로 움직인다.

큼 이동한다. 이 단계를 **전좌(translocation)**라고 한다. 이 움직임은 탈아실 tRNA를 P 부위로부터 이동시키고, 펩티딜-tRNA를 P 부위로 이동시킨다(그림의 3단계 참조). 이제 번역될 다음 코돈이 A 부위에 위치하게 되어, 새로운 아미노아실-tRNA가 들어갈 준비가 되며, 이러한 사이클(cycle)은 반복하게 된다. **그림 24.6**은 tRNA와 리보솜 사이의 상호작용을 요약한 것이다.

탈아실 tRNA는 다른 tRNA-결합 부위인 **E 부위(E site)**를 통해 리보솜을 떠난다. 이 부위는 일시적으로 P 부위를 떠나고 리보솜에서 세포질로 방출되는 사이의 tRNA가 차지한다. 따라서 tRNA의 흐름은 A 부위로 들어와서, P 부위를 거치고, E 부위를 통하여 나가게 된다(*24.10절*의 그림 24.23 참조). **그림 24.7**은 tRNA와 mRNA의 움직임을 비교한 것으로, 이 반응은 코돈-안티코돈 상호작용에 의해 유도되는 일종의 래칫(ratchet)(역자 주: 한쪽 방향으로만 회전하게 되어 있는 톱니바퀴)으로 생각할 수 있다.

▶ **전좌(translocation)** 폴리펩티드 사슬에 각 아미노산을 첨가한 후 mRNA를 따라 한 코돈씩 이동하는 것.

▶ **E 부위(E site)** 방출되기 전에 탈아실 tRNA(deacylated tRNA)를 잠시 보유하고 있는 리보솜 부위.

번역은 **그림 24.8**의 세 단계로 나누어진다:

- **개시 단계(initiation)**는 폴리펩티드의 처음 두 아미노산 사이의 펩티드 결합이 형성되기 전에 일어나는 반응을 포함하고 있다. 그것은 리보솜이 mRNA에 결합하는 것을 필요로 하는데, 이는 최초의 아미노아실-tRNA를 포함하는 개시 복합체(initiation complex)를 형성한다. 이것은 번역에서 비교적 느린 단계이며 일반적으로 mRNA가 번역되는 속도를 결정한다.
- **신장 단계(elongation)**는 첫 번째 펩티드 결합의 합성에서 마지막 아미노산의 첨가까지의 모든 반응을 포함하고 있다. 아미노산은 한 번에 하나씩 사슬에 첨가된다. 아미노산의 첨가는 번역 과정에서 가장 빠른 단계이다.
- **종결 단계(termination)**는 완성된 폴리펩티드 사슬을 방출하는 데 필요한 단계를 포함하고 있다; 동시에, 리보솜은 mRNA로부터 떨어져 나간다.

서로 다른 세트의 보조 인자들이 각 단계에

개시 단계 mRNA 결합 부위의 작은 서브유닛은 큰 서브유닛과 아미노아실-tRNA가 결합한다

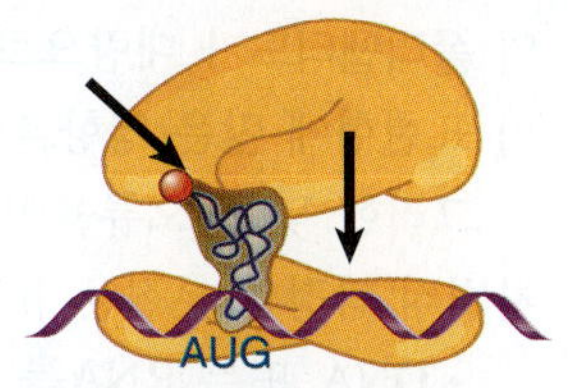

신장 단계 리보솜은 mRNA를 따라 움직이며, 펩티딜-tRNA에서 아미노아실-tRNA로의 이동에 의해 단백질을 연장시킨다

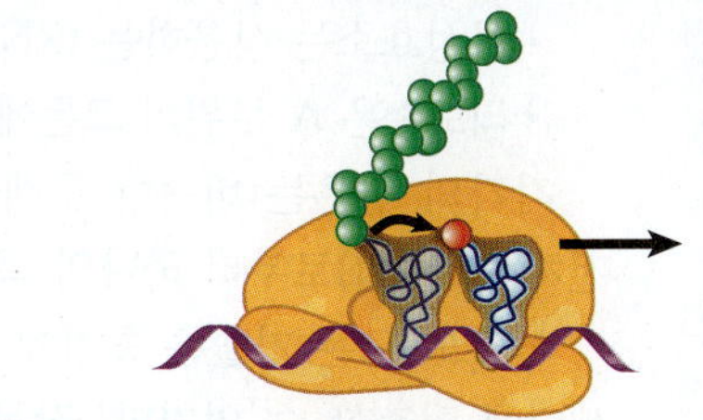

종결 단계 폴리 펩타이드 사슬은 tRNA에서 방출되고, 리보솜은 mRNA로부터 해리된다

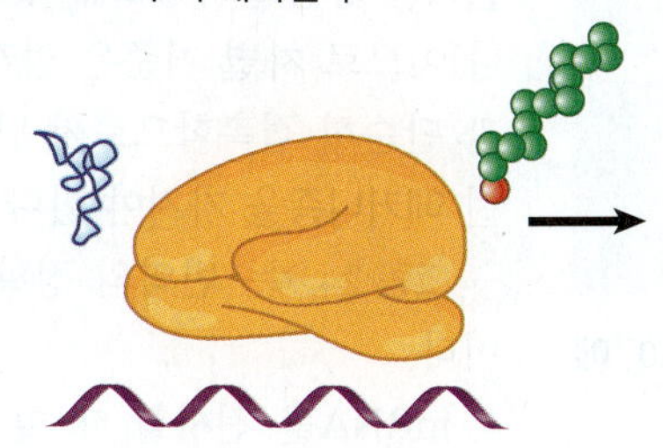

그림 24.8 단백질 합성은 세 단계로 나누어진다.

▶ **개시 단계(initiation)** 폴리펩티드의 첫 번째 펩티드 결합의 합성 단계까지의 번역 단계.

▶ **신장 단계(elongation)** 뉴클레오티드 또는 폴리펩티드 사슬이 개별 서브유닛의 첨가에 의해 연장되는 거대분자 합성반응[복제, RNA 합성(전사) 또는 번역]의 단계.

▶ **종결 단계(termination)** 서브유닛의 첨가가 중단되면 이어서 합성 장치가 해체되어 거대분자 합성반응[복제, RNA 합성(전사) 또는 번역]을 끝내는 분리된 반응.

서 리보솜을 돕는다. 다양한 단계에서 필요한 에너지는 구아닌 트리포스페이트(guanine triphosphate, GTP)의 가수분해에 의해 제공된다.

개시 단계가 진행되는 동안, 작은 리보솜 서브유닛은 mRNA에 결합하고, 이어서 큰 서브유닛이 결합한다. 신장 단계가 진행되는 과정에서, mRNA는 리보솜을 통해 이동하고 뉴클레오티드 트리플렛으로 번역된다. (일반적으로 mRNA를 따라 이동하는 리보솜에 대해 이야기하지만, 리보솜을 통해 이동하는 mRNA의 관점에서 생각하는 것이 현실적이다.) 종결 단계에서 폴리펩티드가 방출되고, mRNA가 방출되며, 개별 리보솜 서브유닛이 해리되어 다시 사용할 수 있게 된다.

핵심개념

- 리보솜에는 세 개의 tRNA-결합 부위가 있다.
- 아미노아실-tRNAA(aminoacyl-tRNA)가 A 부위로 들어간다.
- 펩티딜-tRNA(Peptidyl-tRNA)는 P 부위에서 결합한다.
- 탈아실 tRNA(deeacylated tRNA)는 E 부위를 통해 나간다.
- 아미노산은 P 부위의 펩티딜-tRNA에서 A 부위의 아미노아실-tRNA로 폴리펩티드를 전달하여 폴리펩티드 사슬에 첨가된다.

개념 및 추론 확인

단백질 합성(번역)의 개시 단계가 왜 가장 느린 단계가 될 것이라고 예상하는가?

24.3 특수한 메커니즘이 단백질 합성의 정확성을 조절한다

우리는 폴리펩티드의 아미노산 배열을 결정할 때 발견되는 일관성 때문에 번역이 일반적으로 정확하다는 것을 알고 있다. 생체 내 오류율에 대한 상세한 측정은 거의 없지만, 일반적으로 10^4~10^5개 아미노산이 첨가될 때마다 하나의 오차 범위에 있다고 생각된다. 대부분의 폴리펩티드가 대량으로 생산된다는 것을 고려하면, 이는 오류율이 너무 낮아 세포의 표현형에 많은 영향을 미치지 못함을 의미한다.

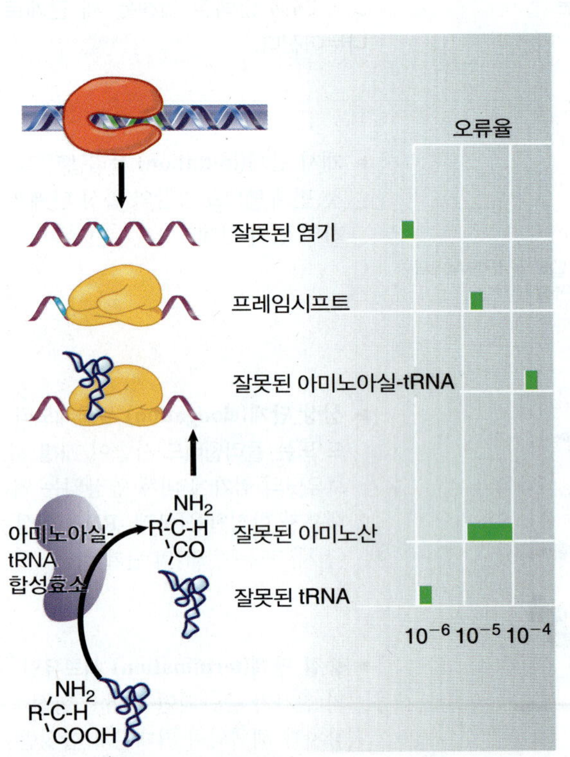

그림 24.9 오류는 단백질 합성의 여러 단계에서 10^{-6}에서 5×10^{-4}의 비율로 발생한다.

그러한 낮은 오류율이 어떻게 이루어지는가는 직접적으로 명백하지 않다. 사실, 차별적 과정의 본질은 유전자 발현의 여러 단계에 의해 제기된 일반적인 문제이다.

- DNA 또는 RNA를 합성하는 효소는 어떻게 주형과 상보적인 염기만 인식하는가?
- 합성효소는 상응하는 tRNA와 아미노산을 어떻게 인식하는가?
- 리보솜은 A 부위의 코돈에 해당하는 tRNA만을 어떻게 인식하는가?

각각의 경우는 비슷한 문제를 제기한다; 동일한 일반적인 특징을 공유하고 있는 전체 세트(set)로부터 하나의 특정 멤버를 어떻게 구별하는가 하는 것이다.

아마도 모든 기질은 초기에 랜덤-히트(random-hit, 무작위 적중) 과정에 의해 활성 센터에 접촉할 수 있지만, 잘못된 기질은 거부되고 적절한 기질만 수용된다. 적절한 멤버는 항상 소수(20개 아미노산 중 하나, ~30~50개 tRNA 중 하나, 4개 염기 중 하나)이므로 차별 기준은 엄격해야 한다. 요점은 효소가 단지 기질의 이용 가능한 표면과 단순히 접촉함으로써 달성될 수 있는 수준보다는 더 높은 수준의 차별을 위한 어떤 메커니즘을 가져야 한다는 것이다.

그림 24.9는 번역의 정확성에 영향을 줄 수 있는 단계에서의 오류율을 요약한 것이다.

mRNA를 전사할 때 발생하는 오류는 아마도 10^{-6} 미만으로 드물다. 단일 mRNA

분자는 많은 폴리펩티드 사본으로 번역되기 때문에 이것은 정확성을 위한 중요한 단계이다. 전사 정확성을 보장하는 메커니즘은 *19장 원핵세포 RNA 합성*에서 설명하였다.

리보솜은 번역에서 두 가지 타입의 오류를 만들 수 있다. 그것은 mRNA를 읽을 때 (또는 반대 방향으로, 한 코돈의 마지막 염기로 두 번 염기를 읽은 후 다시 다음 코돈의 첫 번째 염기로 읽음으로써) 염기 하나를 건너뜀으로써 프레임시프트를 유발할 수 있다. 이러한 오류는 드물게 발생하는데, $\sim 10^{-5}$ 정도로 발생한다. 또는 잘못된 아미노아실-tRNA가 코돈과 (미스)페어링되어 잘못된 아미노산이 첨가될 수 있다. 이것은 $\sim 5 \times 10^{-4}$ 정도로 발생하는, 단백질 합성에서 가장 흔한 오류일 것이다. 이것은 주로 리보솜 구조와 해리 동력학에 의해 조절된다(*25.10절 합성효소는 교정을 사용하여 정확도를 높인다* 참조).

tRNA 합성효소는 두 가지 타입의 오류를 만들 수 있다. tRNA에 잘못된 아미노산을 배치하거나 잘못된 tRNA로 아미노산을 충전할 수 있다(*25.8절 tRNAs에는 아미노아실-tRNA 합성효소에 의해 아미노산이 결합된다* 참조). 잘못된 아미노산의 결합은 더 일반적이다. 이는 tRNA가 더 큰 표면을 제공하는데, 왜냐하면 효소가 특이성을 확보하기 위해 더 많은 접촉을 할 수 있기 때문이다. 아미노아실-tRNA 합성효소는 잘못 충전된 tRNA(mischarged tRNA)가 방출되기 전에 오류를 정정할 수 있는 특정 메커니즘을 가지고 있다(*25.10절 합성효소는 교정을 통하여 정확도를 높인다* 참조).

핵심개념

- 번역의 정확성은 각 단계에서의 특정 메커니즘에 의해 조절된다.

개념 및 추론 확인

번역 오류가 DNA 복제 오류보다 덜 심각한 이유는 무엇인가?

24.4 박테리아의 개시 단계에는 30S 서브유닛과 보조 인자가 필요하다

폴리펩티드 사슬을 길게 만드는 박테리아 리보솜은 70S 입자로 존재한다. 종결 단계에서, 이들은 자유 리보솜 또는 리보솜 서브유닛으로 mRNA로부터 방출된다. 성장 중인 박테리아에서 대부분의 리보솜은 폴리펩티드를 합성한다; 합성에 관여하지 않는 자유 풀(pool)은 리보솜의 ~20%를 차지할 가능성이 있다.

합성에 관여하지 않는 자유 풀의 리보솜은 서로 다른 서브유닛으로 분리될 수 있다; 이것은 70S 리보솜이 30S 및 50S 서브유닛과 동적 평형을 이룬다는 것을 의미한다. 번역 개시는 분리되지 않은 완전한 구조의 리보솜이 아니라, 서로 다른 서브유닛에 의해 시작되며, 이것은 개시 반응 중에 재결합한다. 그림 24.10은 박테리아의 번역 과정에서 리보솜 서브유닛 사이클을 요약한 것이다.

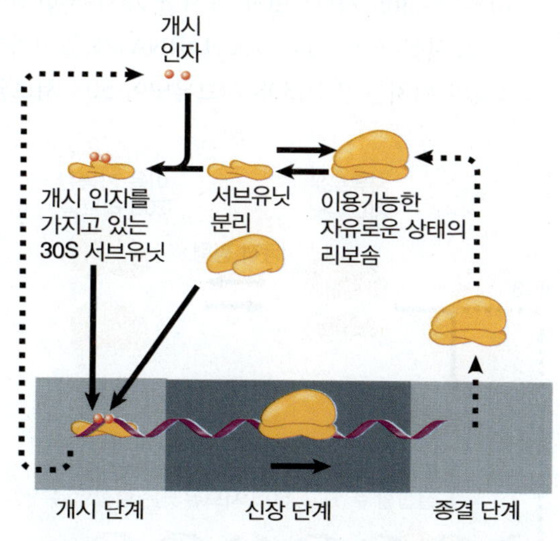

그림 24.10 개시 단계에는 자유로운 상태의 리보솜 서브유닛이 필요하다. 종결 단계 시 리보솜이 방출되면 30S 서브유닛은 개시 인자에 결합하고 해리되어, 자유로운 상태의 리보솜 서브유닛을 생성한다. 서브유닛이 개시 단계 시 기능을 가지고 있는 리보솜을 제공하기 위해 재결합될 때, 이들은 인자를 방출한다.

개시는 **리보솜-결합 부위**[**ribosome-binding site**, 샤인-달가노 배열(Shine-Dalgarno sequence)을 포함; *24.6절 mRNA는 30S 서브유닛과 결합하여 IF-2와 fMet-tRNA$_f$ 복합체의 결합 부위를 생성한다* 참조]를 포함하는 mRNA 상의 특별한 염기배열에서 발생한다. 이것은 코딩(암호화) 영역에 앞선 짧은 염기배열(그림 24.15 참조)이며, 16S rRNA의 일부와 상보적이다(*24.15절 두 개의 rRNA가 단백질 합성에서 결정적인 역할을 한다* 참조).

▶ **리보솜-결합 부위(ribosome-binding site)** 폴리펩티드 번역의 개시 단계에서 30S 서브유닛에 의해 결합되는 개시 코돈을 포함하는 박테리아 mRNA 상의 염기배열.

그림 24.11 개시 인자는 자유로운 30S 서브유닛을 안정화시키고, 개시 tRNA를 30S-mRNA 복합체에 결합시킨다.

1. 30S 서브유닛이 mRNA에 결합한다

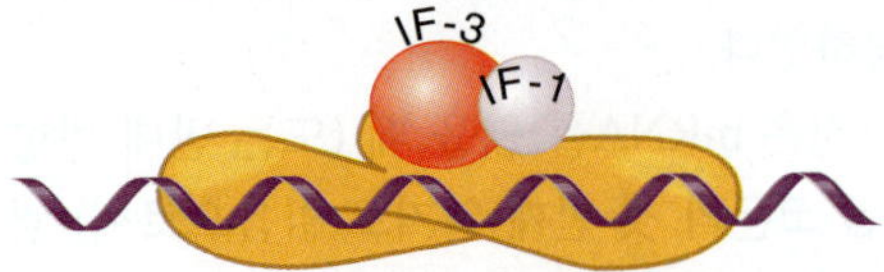

2. IF-2가 tRNA를 P 부위로 가져온다

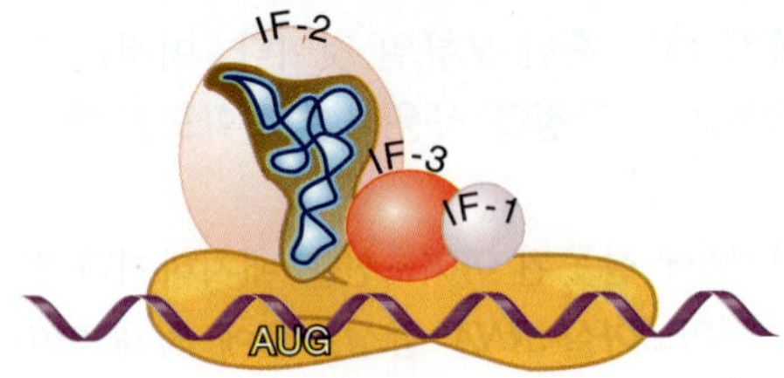

3. IFs가 방출되고 50S 서브유닛이 결합한다

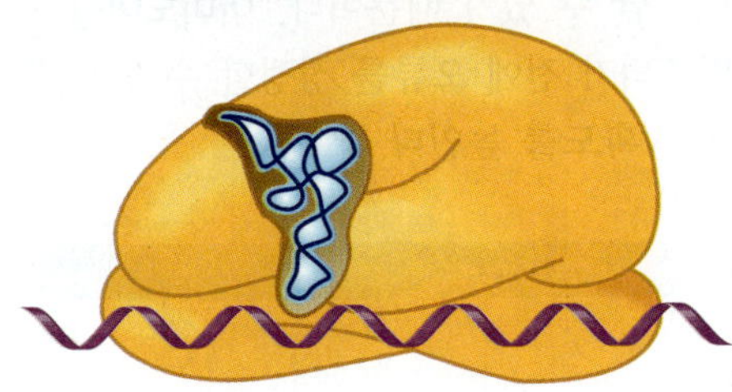

▶ **개시 인자(initiation factor, IF)** 폴리펩티드 번역 개시의 단계에서 특이적으로 리보솜의 작은 서브유닛과 결합하는 단백질.

작은 서브유닛과 큰 서브유닛은 리보솜-결합 부위에서 결합하여 완전한 리보솜을 형성한다. 반응은 두 단계로 진행된다:

- 작은 서브유닛이 리보솜-결합 부위에서 결합하여 개시 복합체를 형성할 때 mRNA의 인식이 일어난다.
- 큰 서브유닛은 개시 복합체에 결합하여 완전한 리보솜을 생성한다.

30S 서브유닛은 개시에 관여하지만, 그 자체만으로는 mRNA와 tRNA의 결합 반응을 수행하는 데 충분하지 않다. 그것은 **개시 인자(initiation factor, IF)**라고 불리는 추가적인 단백질을 필요로 한다. 이들 인자는 30S 서브유닛에서만 발견되며, 30S 서브유닛이 50S 서브유닛과 결합하여 70S 리보솜을 생성할 때 방출된다. 이러한 작용이 개시 인자와 리보솜의 구조 단백질을 구별하게 한다. 개시 인자는 개시 복합체의 형성에만 관여하며, 70S 리보솜에는 없으며, 신장 단계에서는 아무런 역할을 하지 않는다. 그림 24.11은 개시 단계를 요약한 것이다.

▶ **개시 인자-1(IF-1)** 폴리펩티드 번역을 위한 개시 복합체를 안정화시키는 박테리아 개시 인자.

▶ **개시 인자-2(IF-2)** 개시 tRNA를 폴리펩티드 번역을 위한 개시 복합체에 결합시키는 박테리아 개시 인자.

▶ **개시 인자-3(IF-3)** 30S 리보솜 서브유닛이 mRNA의 개시 부위에 결합하기 위해 필요한 박테리아 개시 인자. 또한 30S 서브유닛이 50S 리보솜 서브유닛에 결합하는 것을 방지한다.

박테리아는 **개시 인자-1(IF-1)**, **개시 인자-2(IF-2)** 및 **개시 인자-3(IF-3)**이라고 번호가 붙은 세 가지 개시 인자를 사용한다. 이들은 mRNA와 tRNA가 개시 복합체에 들어가기 위해 필요하다:

- IF-3은 여러 가지 기능을 가지고 있다: 자유 30S 서브유닛을 안정화하고 50S 서브유닛의 조기(premature) 결합을 억제하는 데 필요하다. 30S 서브유닛이 mRNA의 개시 부위에 결합할 수 있게 한다. 30S-mRNA 복합체의 일부로 첫 번째 아미노아실-tRNA(aminoacyl-tRNA)의 인식 정확도를 검사한다.
- IF-2는 특별한 개시 tRNA와 결합하여 리보솜에 들어가는 것을 조절한다.
- IF-1은 30S 서브유닛과 완전한 개시 복합체의 일부로만 결합한다. A 부위 근처에서 결합하여 아미노아실-tRNA(aminoacyl-tRNA)가 들어가지 못하게 한다.

그것의 위치는 또한 30S 서브유닛이 50S 서브유닛에 결합하는 것을 방해할 수도 있다. IF-3의 첫 번째 기능은 그림 24.12에서 볼 수 있듯이 리보솜 상태 간의 평형을 조절한다. IF-3는 70S 리보솜 풀에서 자유 30S 서브유닛에 결합한다. IF-3의 존재는 30S 서브유닛이 50S 서브유닛과 재결합하는 것을 방지한다. IF-3는 16S rRNA와 직접 상호작용할 수 있으며, IF-3에 의해 보호되는 16S rRNA의 염기와 50S 서브유닛의 결합에 의해 보호되는 염기 사이에는 상당한 중복이 존재하는데, 이는 서브유닛의 연결이 물리적으로 방해한다는 것을 시사한다. 따라서 IF-3은 30S 서브유닛이 자유 서브유닛 풀에 남아있게 하는 항-결합 인자(anti-association factor)로 작용한다. IF-3과 30S 서브유닛 사이의 반응은 화학량론적이다: IF-3의 한 분자는 서브유닛에 결합한다. 상대적으로 IF-3의 양이 적기 때문에, 이용가능성에 따라 30S 서

그림 24.12 개시에는 IF-3을 가지고 있는 30S 서브유닛이 필요하다.

브유닛의 수가 결정된다.

IF-3의 두 번째 기능은 30S 서브유닛이 mRNA에 결합하는 능력을 조절한다. mRNA와 개시 복합체를 형성하기 위해서는 작은 서브유닛에 IF-3이 있어야 한다. IF-3는 50S 서브유닛이 결합할 수 있도록 30S-mRNA 복합체에서 방출되어야 한다. 방출된 IF-3는 다른 30S 서브유닛을 찾아 바로 재활용된다.

마지막으로, IF-3는 첫 번째 아미노아실-tRNA의 인식 정확도를 확인하고 이를 30S 서브유닛의 P 부위로 유도하는 데 도움을 준다. 전자는 IF-3의 C-말단 도메인에 기인한다. IF-3의 N-말단 도메인은 IF-1이 A 부위를 차단하는 동시에 E 부위를 차단함으로써 30S 서브유닛의 P 부위에 아미노아실-tRNA를 유도하도록 돕는다.

IF-2는 리보솜-의존성 GTPase(ribosome-dependent GTPase) 활성을 가지고 있다: 그것은 리보솜의 존재 하에서 GTP의 가수분해를 지원하여 고-에너지 결합에 저장된 에너지를 방출한다. GTP는 50S 서브유닛이 결합되어 완전한 리보솜을 생성할 때 가수분해된다. GTP 절단은 결합된 서브유닛이 활성을 가진 70S 리보솜으로 변환되도록 리보솜의 구조를 변화시키는 것과 관련되어 있을 수 있다.

핵심개념

- 번역 개시에는 각각의 30S 및 50S 리보솜 서브유닛이 필요하다.
- 30S 서브유닛과 결합하는 개시 인자(IF-1, -2, -3)도 필요하다.
- 개시 인자를 가진 30S 서브유닛은 mRNA의 개시 부위에 결합하여 개시 복합체를 형성한다.
- IF-3은 50S 서브유닛이 30S-mRNA 복합체에 결합할 수 있도록 방출되어야 한다

개념 및 추론 확인

세 가지 박테리아 번역 개시 인자의 기능은 무엇인가?

24.5 특별한 개시 tRNA가 폴리펩티드 사슬의 합성을 시작한다

모든 폴리펩티드의 합성은 동일한 아미노산(즉, 메티오닌)으로 시작한다. 폴리펩티드 사슬을 개시하기 위한 신호는 리딩 프레임 시작을 표시하는 특별한 개시 코돈이다. 일반적으로 개시 코돈은 트리플렛(triplet, 세 염기) AUG이지만 박테리아에서는 GUG 또는 UUG도 사용될 수 있다.

AUG 코돈을 인식하는 tRNA는 메티오닌(methionine)을 운반하며, 두 종류의 tRNA가 이 아미노산을 운반할 수 있다. 하나는 개시에 사용되고, 다른 하나는 신장 도중 AUG 코돈을 인식하기 위한 것이다.

박테리아, 미토콘드리아 및 엽록체에서 개시 tRNA(initiator tRNA)는 아미노 그룹에 포르밀화(formylated)된 메티오닌 잔기를 가지고 있어, **N-포르밀-메티오닐-tRNA(N-formyl-methionyl-tRNA)** 분자를 형성한다. 이 tRNA는 **$tRNA_f^{Met}$**으로 알려져 있다. 아미노아실-tRMA(aminoacyl-tRNA)의 이름은 일반적으로 fMet-$tRNA_f$로 약칭된다.

개시 tRNA(initiator tRNA)가 수식된 아미노산을 얻는 과정은 두 단계 반응을 통하여 일어난다. 첫 번째, tRNA는 아미노산과 충전되어 Met-$tRNA_f$를 생성하며, 이어서 그림 24.13에 나타낸 포르밀화 반응으로 유리 NH_2 그룹을 차단한다. 차단된 아미노산 그룹이 개시자가 사슬 신장에 참여하는 것을 방해하지만, 폴리펩티드를 개시하는 능력을 방해하지는 않는다.

▶ **N-포르밀-메티오닐-tRNA(N-formyl-methionyl-tRNA)** 박테리아 폴리펩티드 번역을 시작하는 아미노아실-tRNA. 메티오닌의 아미노 그룹은 포르밀화된다.

▶ **$tRNA_f^{Met}$** 박테리아에서 폴리펩티드 번역을 시작하는 데 사용되는 특수 RNA. 주로 AUG를 사용하지만 GUG 및 UUG에도 반응할 수 있다.

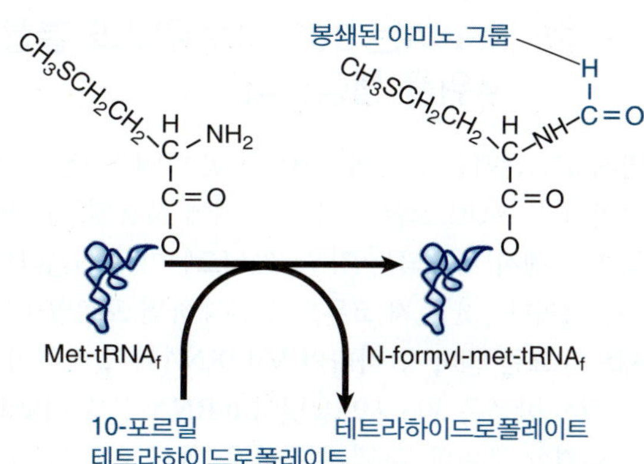

그림 24.13 개시 N-포르밀-메티오닐-tRNA(fMettRNAf)는 보조 인자로서 포르밀 테트라하이드로폴레이트를 사용하여 메티오닐-tRNA를 포르밀화시킴으로써 생성된다.

그림 24.14 fMet-$tRNA_f$는 이니시에이터 tRNA와 구별되는 독특한 특징을 가지고 있다.

▶ **$tRNA_m^{Met}$** 내부 AUG 코돈에 메티오닌을 삽입하는 박테리아 tRNA.

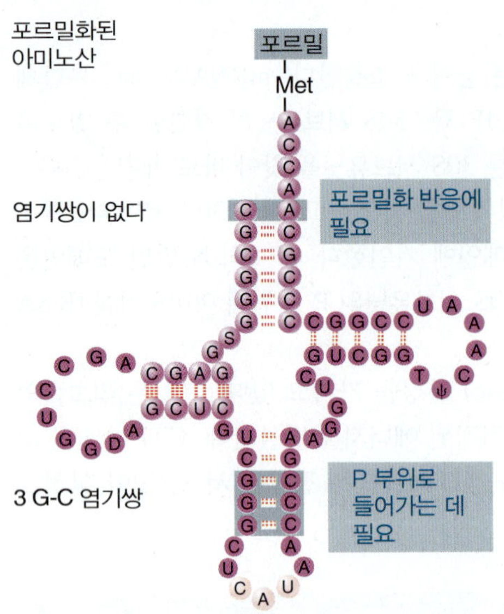

이 tRNA는 개시 단계에만 사용된다. 이 tRNA는 코돈 AUG 또는 GUG(때때로 UUG)를 인식한다. 코돈은 똑같은 정도로 잘 인식되는 것은 아니다: AUG가 GUG로 대체될 때 개시의 정도가 약 절반으로 감소하고, UUG가 사용될 때 약 절반 만큼 감소한다.

내부 위치에서 AUG 코돈을 인식하는 tRNA는 **$tRNA_m^{Met}$**이다. 이 tRNA는 내부 AUG 코돈에만 반응한다. 이 코돈의 메티오닌은 포르밀화(formylated)될 수 없다.

fMet-$tRNA_f$ 개시자와 Met-$tRNA_m$ 신장자(elongator)를 구별하는 기능은 무엇인가? 그림 24.14에 요약한 것처럼, tRNA 염기배열의 몇 가지 특징이 중요하다. 이러한 특징 중 일부는 개시자가 신장 단계에서 사용되는 것을 방지하는 데 필요하며, 이에 반하여 일부는 개시 단계시 기능을 수행하는 데 필요하다.

- 비포르밀화(nonformylated) Met-$tRNA_f$가 개시자로 작용할 수 있기 때문에 포르밀화가 반드시 필요한 것은 아니다. 포르밀화는 개시자 tRNA를 결합하는 IF-2인자에 의해 인식되는 특징 중 하나이기 때문에 Met-$tRNA_f$가 사용되는 효율성을 향상시킨다.
- 아미노산이 연결되어 있는 스템(stem, 줄기)의 마지막 위치에서 서로 마주보고 있는 염기는 $tRNA_f^{Met}$을 제외한 모든 tRNA에서 쌍을 이룬다. $tRNA_f^{Met}$의 이 위치에서 염기쌍을 형성하도록 돌연변이가 일어나면, 이것은 신장 단계에서 기능할 수 있게 된다. 따라서 염기쌍이 이루지 않는 것은 $tRNA_f^{Met}$가 신장 단계에 사용되지 못하게 하는 데 중요하다. 그것은 또한 포르밀화 반응에 필요하다.
- 안티코돈을 포함하는 루프 앞의 스템에서 세 개의 연속된 G-C 쌍은 $tRNA_f^{Met}$에 고유하다. 이러한 염기쌍은 fMet-$tRNA_f$가 P 부위에 바로 삽입될 수 있게 하는 데 필요하다.

핵심개념

- 번역은 보통 AUG에 의해 코드(암호화)된 메티오닌 아미노산으로 시작한다.
- 박테리아에서, 서로 다른 메티오닌 tRNA가 개시 단계와 신장 단계에 관여한다.
- 개시 tRNA에는 다른 모든 tRNA와 구별되는 독특한 구조적 특징을 가지고 있다.

개념 및 추론 확인

박테리아가 AUG 코돈을 인식하는 두 종류의 tRNA를 갖는 데에는 어떤 이점이 있는가?

24.6 mRNA는 30S 서브유닛과 결합하여 IF-2와 fMet-$tRNA_f$ 복합체의 결합 부위를 생성한다

▶ **주변 상황(context)** 인접하고 있는 염기배열에 의해 코돈이 아미노산-tRNA에 의해 인식되는가 혹은 폴리펩티드 번역을 종결시키는 데 사용되는가에 따라 효율을 변화시킬 수 있다는 사실.

박테리아 단백질 합성에서 AUG 및 GUG 코돈의 의미는 그들의 **컨텍스트(context, 주변 상황)**에 따라 달라진다. AUG 코돈이 개시 단계에 사용될 때, 포르밀-메티오닌은 폴리펩티드 합성을 시작한다; 코딩 영역 내에서 사용되는 경우, 메티오닌이 폴리펩티드에 첨가된다. GUG 코돈의 의미는 위치에 훨씬 더 의존적이다. 첫 번째 코돈으로 존재하면 포르밀-메티오닌이 추가되지만, 유전자 내에 존재하면, tRNA 세트의 표준 멤버 중 하나인 Val-tRNA와 결합하여, 유전 암호에 지정된 발린(valine)을 제공한다.

개시 반응은 30S 서브유닛이 mRNA 상의 리보솜-결합 부위에 결합하는 것을 포함한다. 박테리아 리보솜-결합 부위의 두 가지 특징은 개시 코돈 AUG 및 헥사머(hexamer, 육량체)에 상응하는 ~10 염기

에 의해 선행하는 폴리퓨린 염기배열이다:

5′ . . . A G G A G G . . . 3′

이 일련의 폴리퓨린은 **샤인-달가노 배열(Shine-Dalgarno sequencne)**로 알려져 있다. 그것은 16S rRNA의 3′ 말단에 매우 잘 보존된 염기배열과 상보적이다. (상보성의 정도는 개별적인 mRNA에 따라 다르며, 4 염기 핵심염기배열 GAGG에서부터 헥사머의 각 말단을 넘어서는 9 염기배열까지 확장될 수 있다.) 역방향으로 작성된 상보적 rRNA 염기배열은 헥사머이다:

3′ . . . U C C U C C . . . 5′

샤인-달가노 배열은 mRNA-리보솜이 결합하는 동안 상보적인 rRNA와 쌍을 이룬다. 이 반응에 참여하는 두 염기배열 중 어느 하나라도 돌연변이가 일어나면 mRNA로부터의 번역이 방해된다. 상호작용은 박테리아 리보솜에 특이적이다; 이것이 원핵세포와 진핵세포에 대한 개시 메커니즘 간에 중요한 차이점이다.

▶ **샤인-달가노 배열(Shine-Dalgarno sequencne)** 박테리아 mRNA에 AUG 개시 코돈에 선행하여 약 10 bp 떨어진 곳에 집중되어 있는 폴리퓨린 염기배열 AGGAGG. 16S rRNA의 3′ 말단 염기배열과 상보적이다.

그림 24.15는 AUG 개시 코돈이 어떻게 코딩 영역 내의 AUG 코돈과 구별되는지 보여준다. 개시 복합체가 리보솜-결합 부위에서 형성될 때, 개시 코돈은 작은 서브유닛에 의해 운반되는 P 부위의 부분 내에 놓인다. 개시 복합체의 일부가 될 수 있는 유일한 아미노아실-tRNA는 개시자인데, 이것은 P 부위에 직접 들어 와서 상보적 코돈에 결합할 수 있는 고유한 성질을 가지고 있다.

큰 서브유닛이 복합체에 결합할 때, tRNA-결합 부위는 완전한 P 및 A 부위로 전환된다. 개시자 fMet-$tRNA_f$는 P 부위를 차지하고, A 부위는 mRNA의 두 번째 코돈에 상보적인 아미노아실-tRNA가 들어올 수 있게 된다. 첫 번째 펩티드 결합은 개시자와 다음 아미노아실-tRNA 사이에 형성된다.

오직 개시 tRNA(initiator tRNA)만이 30S 서브유닛의 P 부위에 들어갈 수 있기 때문에, AUG (또는 GUG) 코돈이 리보솜-결합 부위 내에 있을 때 개시가 일어난다. 오직 표준 아미노아실-tRNA만이 70S 리보솜의 (완전한) A 부위에 들어갈 수 있기 때문에, mRNA 번역을 계속하고 있는 리보솜이 만나는 mRNA 내의 AUG(또는 GUG) 코돈은 개시 tRNA에 의해 인식되지 않는다.

보조 인자는 아미노아실-tRNA의 사용을 조절하는 데 중요하다. 모든 아미노아실-tRNA는 보조 인자에 결합하여 리보솜과 결합한다. 개시 단계에 사용된 인자는 IF-2이다(*24.4절 박테리아의 개시 단계에는 30S 서브유닛과 보조 인자가 필요하다* 참조). 신장 단계에서 사용되는 보조 인자 EF-Tu에 대해서는 *24.8절 신장 인자 Tu는 아미노아실-tRNA를 A 부위에 로딩한다*에서 설명한다.

개시 인자 IF-2는 개시 tRNA를 P 부위에 위치시킨다. IF-2는 fMet-$tRNA_f$와 특이하게 복합체를 형성함으로써, IF-2는 표준 아미노아실-tRNA이 아닌 개시 tRNA만 개시 반응에 참여하는 것을 보장한다.

반대로, A 부위에 아미노아실-tRNA를 위치시키는 보조 인자는 fMet-$tRNA_f$와 결합할 수 없으므로 신장 단계 시 사용되지 않는다.

개시 단계의 정확성은 또한 개시 코돈인 AUG의 두 번째 및 세 번째 염기와 정확한 염기쌍을 인식함으로써 개시 tRNA의 결합을 안정화시키는 IF-3의 도움을 받는다.

그림 24.16은 IF-2가 P 부위에서 fMet-$tRNA_f$ 개시자를 위치하게 하는 일련의 과정을 상세히 보여주고 있다. GTP에 결합된 IF-2는 30S 서브유닛의 P 부위와 결합한다. 이 시점에서, 30S 서브유닛은 모든 개시 인자들과 결합해 있다. fMet-$tRNA_f$는 30S 서브유닛의 IF-2에 결합하고, IF-2는 tRNA를 P 부위로 전달한다.

IF-2는 50S 서브유닛이 결합하여 완전한 리보솜을 생성할 때 작동되는 리보솜-의존성 GTPase 활성을 갖는다. 이것은 아마도 서브유닛들의 결합과 관련된 구조 변화에 필요한 에너지를 제공할 것이다.

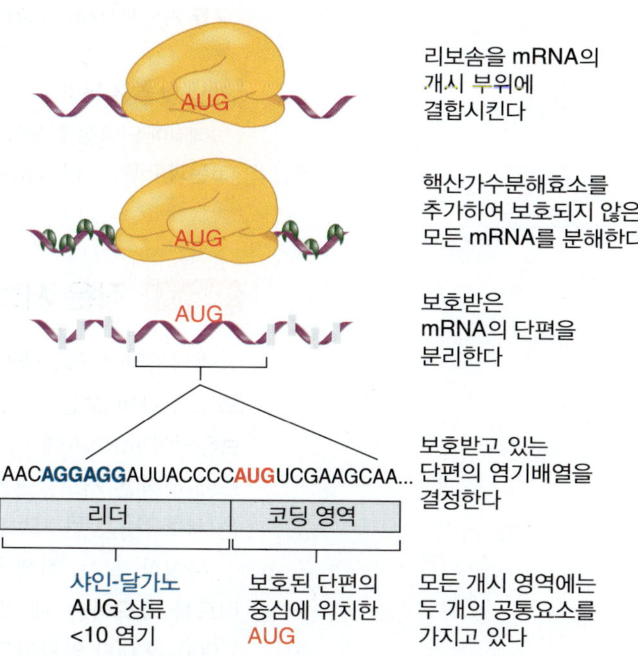

그림 24.15 mRNA의 리보솜-결합 부위는 개시 복합체로부터 얻을 수 있다. 여기에는 상류의 샤인-달가노 배열과 개시 코돈을 포함하고 있다.

그림 24.16 IF-2는 fMet-tRNA$_f$를 30S-mRNA 복합체에 결합시키는 데 필요하다. 50S 결합 후, 모든 IF 인자가 방출되고 GTP가 분해된다.

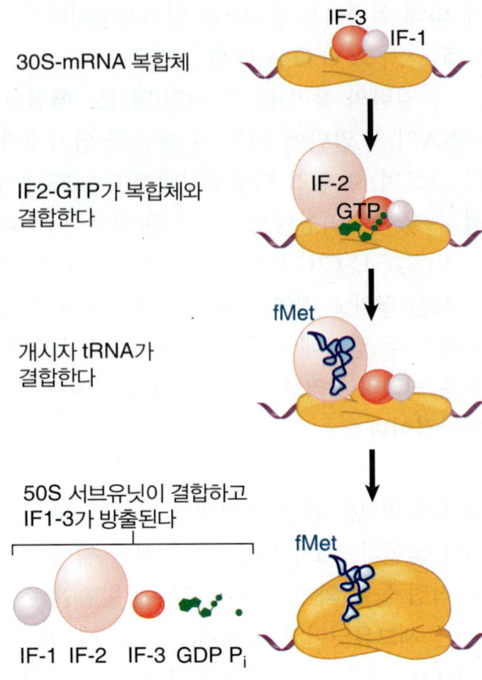

핵심개념

- 박테리아 mRNA에 대한 개시 부위는 샤인-달가노 폴리퓨린 헥사머와 ~10염기의 갭을 두고 선행된 AUG 개시 코돈으로 구성된다.
- 30S 박테리아 리보솜 서브유닛의 rRNA는 개시 과정에서 샤인-달가노 염기배열과 염기쌍으로 이루어진 상보 염기배열을 가지고 있다.
- IF-2는 개시자(initiator) fMet-tRNA$_f$와 결합하여 30S 서브유닛 상의 P 부위에 들어간다.

개념 및 추론 확인

박테리아 단백질 합성이 진행되는 동안 AUG 및 GUG 개시 코돈은 나중에 오픈 리딩 프레임(ORF)에서 AUG 및 GUG 코돈과 어떻게 구별하는가?

24.7 작은 서브유닛은 진핵세포 mRNA를 스캔하여 개시 위치를 찾는다

진핵세포의 세포질에서 번역 개시는 박테리아에서 일어나는 과정과 유사하나, 과정의 순서는 다르며 보조 인자의 수는 더 많다. 개시 단계에서의 차이점 중 일부는 박테리아 30S 및 진핵세포 40S 작은 서브유닛이 mRNA에 대한 번역을 시작하기 위한 결합 부위를 찾는 방식의 차이와 관계가 있다. 진핵세포에서 작은 서브유닛은 먼저 mRNA의 5′ 쪽 말단을 인식한 다음 시작 부위로 이동하는데, 여기서 작은 서브유닛은 큰 서브유닛과 결합된다(원핵세포에서, 작은 서브유닛은 개시 부위에 직접 결합한다).

사실상 모든 진핵세포 mRNA는 모노시스트론(monocistronic)이지만, 각 mRNA는 대개 폴리펩티드를 코드하는 데 필요한 것보다 실질적으로 길다. 진핵세포의 세포질의 평균 mRNA는 길이가 1,000~2,000 염기이고, 5′ 말단에 메틸화된 캡이 있으며, 3′ 말단에 폴리(A)가 100~200 염기를 가지고 있다. 비번역 5′ 리더는 상대적으로 짧으며 보통 100개 미만이다. 코딩 영역의 길이는 폴리펩티드 산물의 크기에 의해 결정된다. 비번역 3′ 트레일러는 때로는 오히려 길며, 때로는 ~1,000 염기까지 이른다.

진핵세포 mRNA의 번역 과정에서 인식되는 첫 번째 특징은 5′ 말단을 표시하는 메틸화된 캡이다. 캡이 제거된 mRNA는 시험관 내에서 효율적으로 번역되지 않는다. mRNA에 40S 서브유닛을 결합하려면 캡의 구조를 인식하는 단백질을 비롯한 몇 가지 개시 인자가 필요하다. 일부 mRNA에서, AUG 개시 코돈은 mRNA의 5′ 말단의 40 염기 내에 위치하므로, 캡과 AUG는 모두 리보솜 결합 범위 내에 있다. 그러나 많은 mRNAs에서 캡과 AUG는 더 멀리 떨어져 있다; 극단적인 경우, 서로 1,000 염기 떨어져 있을 수 있다. 그러나 개시 코돈에서 안정한 복합체가 형성되기 위해서는 캡의 존재가 여전히 필요하다. 리보솜은 멀리 떨어져 있는 두 개의 위치를 어떻게 필요로 하는가?

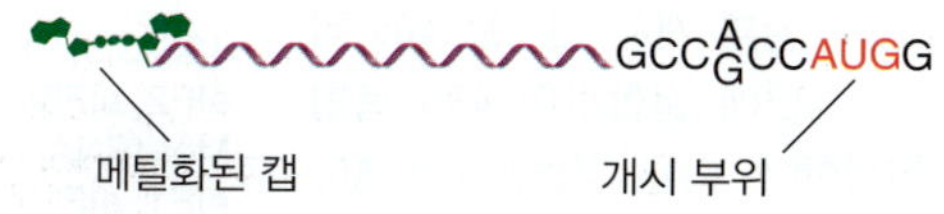

1. 작은 서브유닛이 메틸화된 캡에 결합한다

2. 작은 서브유닛이 개시 부위로 이동한다

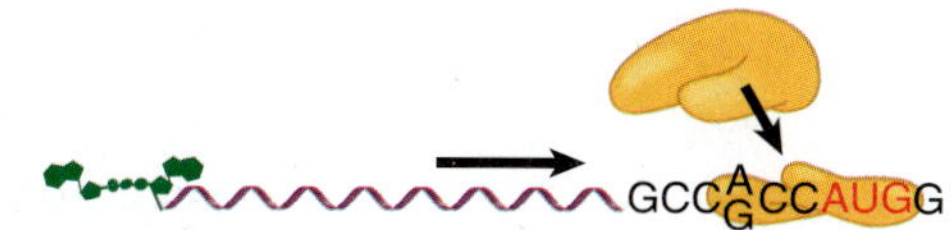

3. 만일 리더가 길면, 서브유닛이 대기행렬에 형성되기도 한다

그림 24.17 진핵세포 리보솜은 mRNA의 5′ 말단으로부터 AUG 개시 코돈을 포함하는 리보솜 결합 부위로 이동한다.

그림 24.17은 40S 서브유닛이 처음 5′ 캡을 인식하고 mRNA를 따라 "이동(migrate)"한다고 가정하는 "스캐닝" 모델을 보여주고 있다. 5′ 말단에서 스캐닝은 선형 과정이다. 40S 서브유닛이 리더 영역을 스캔하면 230 kcal 미만의 안정성으로 이차구조의 헤어핀을 변성시킬 수 있지만, 안정성이 더 큰 헤어핀은 이동을 방해하거나 방지한다.

40S 서브유닛이 AUG 개시 코돈을 만날 때 이동이 중지된다. 일반적으로, 항상 그래야 하는 것은 아니지만, 만나게 되는 첫 번째 AUG 트리플렛 염기배열은 개시 코돈이 될 것이다. 그러나 AUG 트리플렛만으로는 이동을 중지하기에 충분하지 않다; 올바른 컨텍스트에 있을 때만 개시 코돈으로 효율적으로 인식된다. 컨텍스트의 가장 중요한 결정 인자는 위치 24 및 11의 염기이다. 개시 코돈은 염기배열 NNNPUNN AUG G에서 인식될 수 있다. AUG 코돈 이전의 퓨린(A 또는 G) 세 염기 및 그 바로 뒤의 G는 번역 효율을 10배 정도 증가시킬 수 있다. 리더 염기배열이 길면, 첫 번째 40S 서브유닛이 시작 부위를 떠나기 전에 추가적인 40S 서브유닛이 5′ 말단을 인식하며, 리더를 따라 개시 부위로 진행하는 서브유닛들의 행렬을 만든다.

진핵세포의 개시 과정의 대다수는 5′ 캡에서 스캐닝을 포함하지만, 40S 서브유닛이 **IRES(*i*nternal *r*ibosome *e*ntry *s*ite)**라고 불리는 내부 부위와 직접 연관되는 특정 바이러스 RNA에 의해 특히 사용되는 개시 단계의 또 다른 방법이 있다. (이는 5′ 비번역 영역에 있을 수 있는 모든 AUG 코돈을 완전히 우회한다.) 알려진 IRES 요소 간에는 거의 상동성이 없다. 가장 일반적인 유형의 IRES 요소에는 상류 경계에 있는 AUG 개시 코돈이 포함하고 있다. 40S 서브유닛은 5′ 말단에서 개시 단계에 필요한 동일한 인자의 서브세트를 사용하여 직접 결합한다.

▸ **IRES(internal ribosome entry site)** 리보솜이 5′ 말단으로부터 이동하지 않고 폴리펩티드 번역을 개시하게 하는 진핵세포의 mRNA 염기배열.

5′ 말단에서의 수식은 거의 모든 세포성 및 바이러스성 mRNA에 일어나며 진핵세포의 세포질에서의 번역에 필수적이다. 이 규칙에 대한 유일한 예외는 캡을 가지고 있지 않은 바이러스성 mRNA(예: poliovirus)에서 나타난다. 이들은 IRES 경로를 사용한다. 이것은 바이러스가 캡 구조를 파괴하고 바이러스에 결합하는 개시 인자를 억제함으로써 숙주 번역을 억제하는 현상으로 인하여 처음 발견된 피코르나 바이러스(picornavirus) 감염에서 특히 중요하다. 이것은 숙주세포의 mRNA의 번역을 방해한다. 바이러스성 mRNA는 IRES를 사용하기 때문에 번역될 수 있다.

진핵세포는 박테리아보다 개시 인자가 더 많다: 현재 개시 단계에 직접 또는 간접적으로 필요한 12가지 인자가 알려져 있다. 인자들은 박테리아에서의 인자들과 유사하므로, 박테리아 인자와 유사하게 명명되었는데, 진핵세포 유래를 나타내기 위하여 접두사 "e"가 주어진다. 그들은 다음과 같은 과정의 모든 단계에서 작용한다:

- mRNA의 5′ 말단과 개시 복합체 형성;
- Met-$tRNA_i$와 복합체 형성;
- mRNA-인자 복합체를 Met-$tRNA_i$-인자 복합체에 결합시킴;
- 리보솜이 5′ 말단에서 첫 번째 AUG까지 mRNA를 스캔할 수 있도록 함.
- 개시 부위에서 개시 tRNA와 AUG의 결합을 검출; 그리고
- 60S 서브유닛의 결합을 매개함.

그림 24.18 일부 개시 인자는 40S 리보솜 서브유닛에 결합하여 43S 복합체를 형성한다; 다른 것들은 mRNA에 결합한다. 43S 복합체가 mRNA에 결합할 때, 개시 코돈을 스캔하고 48S 복합체로 분리될 수 있다.

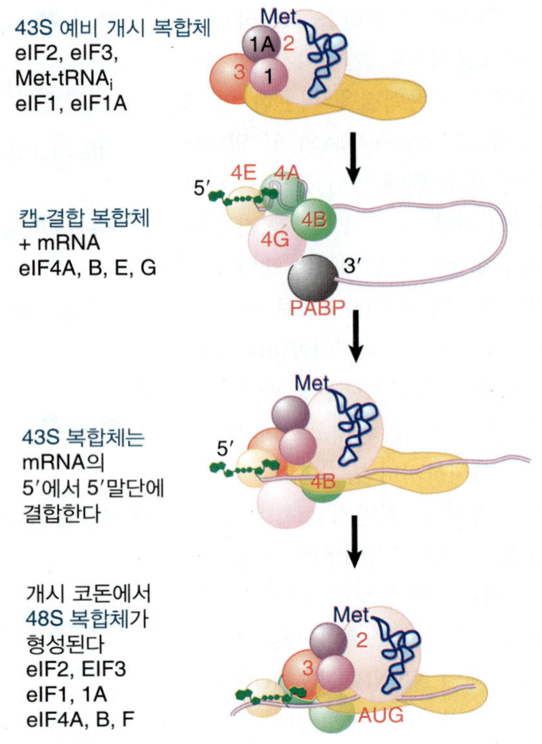

그림 24.18은 시작 단계를 요약하고, 각 단계에서 어떤 개시 인자가 각 단계에 관여하고 있는가를 보여주고 있다. eIF2는 Met-tRNA$_i$, eIF3, eIF1 및 eIF1A와 함께 40S 리보솜 서브유닛과 결합하여 43S 예비 개시 복합체(preinitiation complex, PIC)를 형성한다. eIF4A, eIF4B, eIF4E 및 eIF4G는 mRNA의 5′ 말단에 결합하여 캡-결합 복합체를 형성한다. 이 복합체는 폴리(A)-결합 단백질(poly(A)-binding prote, PABP)과 상호작용하는 eIF4G를 통해 mRNA의 3′ 말단과 결합한다. 43S 복합체는 mRNA의 5′ 말단에 개시 인자와 결합하여 개시 코돈을 스캔한다. 그것은 48S 개시 복합체로 분리될 수 있다. PABP와 eIF4G 사이의 상호작용이 mRNA의 5′와 3′ 말단을 근접하게 가져올 때, 그림 24.18(두 번째 줄)의 캡-결합 복합체와 결합한 mRNA의 원형 배열에 주목하라. 이것은 개시 복합체의 형성을 촉진시켜, 사실상 PABP가 개시 인자로서 작용한다.

핵심개념

- 진핵세포의 40S 리보솜 서브유닛은 mRNA의 5′ 말단에 결합하여 개시 부위에 도달할 때까지 mRNA를 스캔한다.
- 진핵세포의 개시 부위는 AUG 코돈을 포함하는 10개의 뉴클레오티드 배열로 구성된다.
- 개시 인자는 개시 tRNA의 결합, mRNA에 대한 40S 서브유닛 결합, mRNA를 따르는 이동 및 60S 서브유닛의 결합을 포함하여 모든 개시 단계에 필요하다.
- eIF2와 eIF3는 개시자(initiator) Met-tRNA$_i$와 GTP에 결합하고, 복합체는 mRNA와 결합하기 전에 40S 서브유닛에 결합한다.

개념 및 추론 확인

진핵세포의 40S 리보솜 서브유닛이 어떻게 mRNA의 개시 코돈을 발견하는가?

24.8 신장 인자 Tu는 아미노아실-tRNA를 A 부위에 로딩한다

개시 코돈에서 완전한 리보솜이 형성되면, 아미노아실-tRNA는 P 부위가 펩티딜-tRNA에 의해 점유된 리보솜의 A 부위에 들어가는 사이클을 위한 단계가 설정된다. 개시자를 제외한 모든 아미노아실-tRNA는 A 부위에 들어갈 수 있다. 그 진입 과정은 **신장 인자(elongation factor**, 박테리아의 **EF-Tu)**에 의해 매개된다. 이 과정은 진핵세포와 비슷하다. EF-Tu는 박테리아와 미토콘드리아에 걸쳐 고도로 보존된 단백질이며 진핵세포의 신장 인자와 상동성을 가지고 있다.

▶ **신장 인자(elongation factor)** 폴리펩티드 사슬에 각 아미노산을 첨가하는 동안 주기적으로 리보솜과 결합하는 단백질.

▶ **EF-Tu** 아미노아실-tRNA(aminoacyl-tRNA)와 결합하여 박테리아 리보솜의 A 부위에 위치시키는 신장 인자.

개시 단계(IF-2)와 마찬가지로, EF-Tu는 아미노아실-tRNA 도입 과정에서만 리보솜과 결합한다. 아미노아실-tRNA가 위치하면, EF-Tu는 리보솜을 떠나 다른 아미노아실-tRNA와 다시 작용한다.

그림 24.19는 아미노아실-tRNA를 A 부위에 가져 오는 EF-Tu의 역할을 설명한 것이다. EF-Tu-GTP의 바이너리 복합체(binary complex, 이원 복합체)는 아미노아실-tRNA를 결합하여 아미노아실-tRNA-

EF-Tu-GTP의 터너리(ternary, 삼원) 복합체를 형성한다. 터너리 복합체는 P 부위가 이미 펩티딜-tRNA가 위치하고 있는 리보솜의 A 부위에만 결합한다. 이것은 아미노아실-tRNA와 펩티딜-tRNA(peptidyl-tRNA)가 펩티드 결합 형성을 위해 정확하게 자리 잡도록 하는 중요한 반응이다.

아미노아실-tRNA는 두 단계로 A 부위에 로드된다. 첫째, 안티코돈 말단은 30S 서브유닛의 A 부위에 결합한다. 그런 다음, 코돈-안티코돈 인식은 리보솜의 구조 변화를 유발한다. 이것은 tRNA 결합을 안정화시키고 EF-Tu가 GTP를 가수분해하도록 한다. tRNA의 CCA 말단은 이제 50S 서브유닛 상의 A 부위로 이동한다. 바이너리 복합체 EF-Tu-GDP가 방출된다. 이 형태의 EF-Tu는 불활성이며, 아미노아실-tRNA와 효과적으로 결합하지 않는다. 또 다른 인자인 EF-Ts는 이미 사용된 형태인 EF-Tu-GDP를 활성화 형태인 EF-Tu-GTP로 재생성 과정을 중개한다.

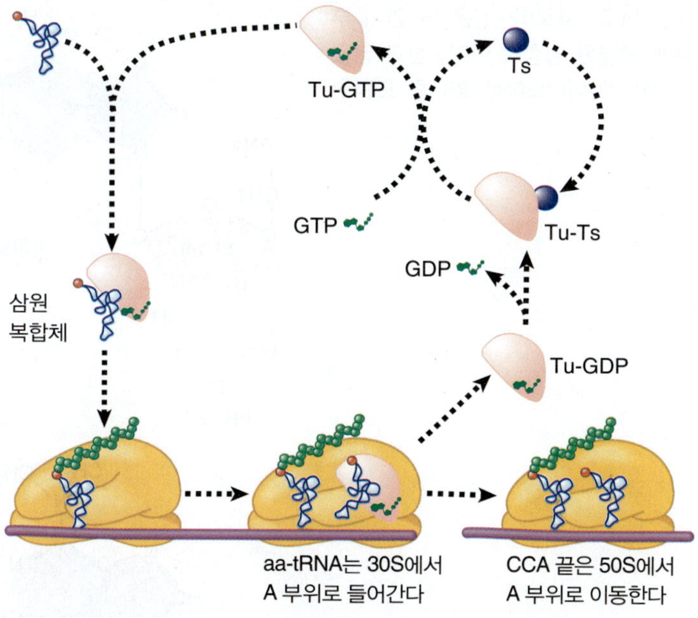

그림 24.19 EF-Tu-GTP는 아미노아실-tRNA를 리보솜에 넣고, EF-Tu-GDP로 방출한다. EF-Ts는 GTP에 의한 GDP 대체를 중재하기 위해 필요하다. 반응은 GTP를 소비하고 GDP를 방출한다. EF-Tu-GTP가 인식할 수없는 유일한 아미노아실-tRNA는 fMet-$tRNA_f$이며, 결합이 실패하면 내부 AUG 또는 GUG 코돈에 반응하지 못한다.

EF-Tu의 존재는 아미노아실-tRNA의 아미노아실 말단이 50S 서브유닛의 A 부위에 들어가지 못하게 한다(그림 24.23 참조). 그래서 리보솜이 펩티드 결합 형성을 수행하기 위해서는 EF-Tu-GDP의 방출이 필요하다. 다른 번역 단계에서도 동일한 원리가 나타난다: 다음 반응이 진행되기 전에 하나의 반응이 제대로 완료되어야 한다.

진핵세포에서, eEF1α 인자는 아미노아실-tRNA를 리보솜으로 가져오는 역할을 하며, 다시 GTP에서 고-에너지 결합의 절단을 포함하는 반응을 일으킨다. 원핵세포의 호모로그 (EF-Tu)와 마찬가지로, 그것은 풍부한 단백질이다. GTP 가수분해 후 활성 형태는 EF-Ts에 상응하는 eEF1βγ 인자에 의해 재생된다.

핵심개념

- EF-Tu는 활성형(GTP에 결합)이 아미노아실-tRNA에 결합하는 모노머(monomeric) G 단백질이다.
- EF-Tu-GTP-아미노아실-tRNA 복합체는 리보솜의 A 부위에 결합한다.

개념 및 추론 확인

박테리아 신장 인자 EF-Tu와 EF-Ts의 역할은 무엇인가?

24.9 폴리펩티드 사슬은 아미노아실-tRNA로 이동된다

P 부위의 tRNA에 결합된 폴리펩티드를 A 부위의 아미노아실-tRNA로 옮김으로써 폴리펩티드 사슬이 길게 늘어나면서 리보솜이 그대로 남아있게 된다. 반응은 그림 24.20에 나타내었다. 펩티드 결합의 합성을 담당하는 효소를 **펩티딜 트랜스퍼라아제(peptidyl transferase, 펩티딜 전이효소)**라 한다. 그것은 큰 (50S 또는 60S) 리보솜 서브유닛의 기능이다. 이 반응은 A 부위에 있는 tRNA의 아미노아실 말단이 EF-Tu의 방출 후에 펩티딜-tRNA의 말단 가까운 위치로 회전할 때 일어난다. 이 부위는 본질적으로 아미노아실-tRNA에 대한 펩티드 사슬의 신속한 전달을 보장

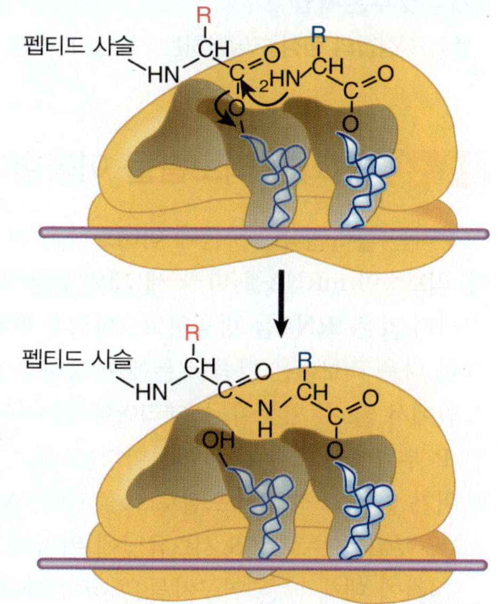

그림 24.20 펩티드 결합 형성은 P 부위의 펩티딜-tRNA의 폴리펩티드와 A 부위의 아미노아실-tRNA의 아미노산 사이의 반응에 의해 일어난다.

▶ **펩티딜 트란스퍼라제(peptidyl transferase)** 하나의 아미노산이 성장하는 폴리펩티드 사슬에 더해질 때 큰 리보좀 서브유닛의 활성이 펩티드 결합을 합성한다. 그 실제적인 효소활성이 rRNA의 성질이다.

그림 24.21 퓨로마이신은 당 염기 부분에 연결된 방향족 아미노산과 닮았기 때문에 아미노아실-tRNA를 모방한다.

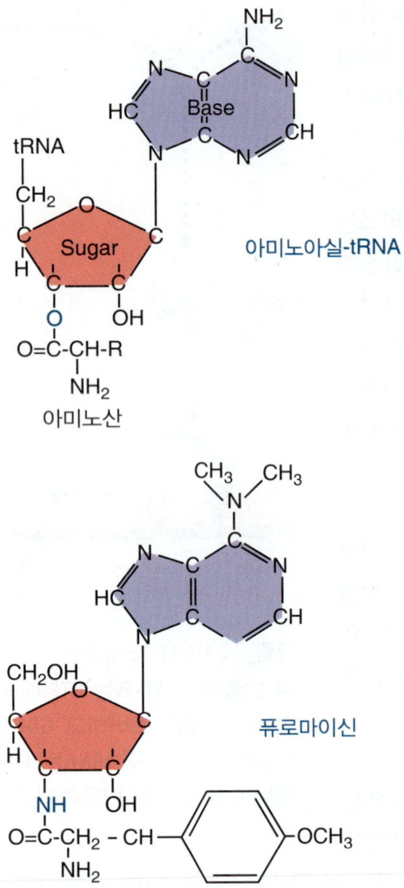

하는 펩티딜 트랜스퍼라아제 활성을 갖는다. rRNA와 50S 서브유닛 단백질은 모두 이 활성에 필요하지만, 실제 촉매 작용은 큰 서브유닛의 rRNA의 특성이다(*24.15절 두 개의 rRNA가 단백질 합성에서 결정적인 역할을 한다* 참조).

전달 반응의 특성은 항생제 퓨로마이신(puromycin)이 번역을 억제하는 능력에 의해 밝혀졌다. 퓨로마이신은 tRNA의 말단 아데노신에 결합된 아미노산과 유사하다. **그림 24.21**은 퓨로마이신이 tRNA에 아미노산을 결합시키는 O 대신에 N을 가지고 있음을 보여주고 있다. 항생제는 마치 들어오는 아미노아실-tRNA인 것처럼 리보솜이 취급하며, 그 후에 펩티딜-tRNA에 결합된 폴리펩티드는 퓨로마이신의 NH_2 그룹으로 전달된다.

퓨로마이신의 일부분은 리보솜의 A 부위에 고정되어 있지 않다; 결과적으로, 폴리펩티딜-퓨로마이신 복합체는 리보솜으로부터 폴리펩티딜-퓨로마이신의 형태로 방출된다. 이 번역의 조기 종료는 항생제의 치사 작용의 원인이 된다.

핵심개념

- 50S 서브유닛은 펩티딜 트랜스퍼라아제(peptidyl transferase) 활성을 갖는다.
- 초기 폴리펩티드 사슬은 P 부위의 펩티딜-tRNA에서 A 부위의 아미노아실-tRNA로 전달된다.
- 펩티드 결합 합성은 P 부위에서 탈아실화된(deacylated) tRNA를 생성하고, A 부위에서는 펩티딜-tRNA를 생성한다.

개념 및 추론 확인

펩티드 결합의 형성을 담당하는 리보솜의 촉매 분자는 무엇인가?

24.10 전좌는 리보솜을 이동한다

성장하는 폴리펩티드 사슬에 아미노산을 첨가하는 사이클은 *전좌*(*translocation*)에 의해 완료되는데, 이때 리보솜이 mRNA를 따라 세 개의 뉴클레오티드를 전진시킨다. **그림 24.22**는 전좌가 P 부위로부터 하전되지 않은 tRNA를 방출하고, 새로운 펩티딜-tRNA가 들어갈 수 있게 하는 과정임을 보여주고 있다. 그런 다음 리보솜은 다음 코돈에 해당하는 아미노아실-tRNA가 들어갈 준비가 된 빈 A 부위를 갖는다. 그림에서 알 수 있듯이, 박테리아에서는 하전되었던 아미노산이 떨어져 나간 tRNA(discharged tRNA)는 P 부위에서 E 부위로 이동한다(그리고 E 부위로부터 직접 세포질로 축출된다). 진핵세포에서는 E 부위가 없어도 직접 세포질로 축출된다. A와 P 부위는 크고 작은 서브유닛을 가로지른다; (박테리아에서) E 부위는 주로 50S 서브유닛에 위치하고 있지만 30S 서브유닛에 일부 접촉해 있다.

전좌에 대해 많은 연구자들은 *하이브리드 상태 모델*(*hybrid state model*)을 따르고 있는데, 이 모델

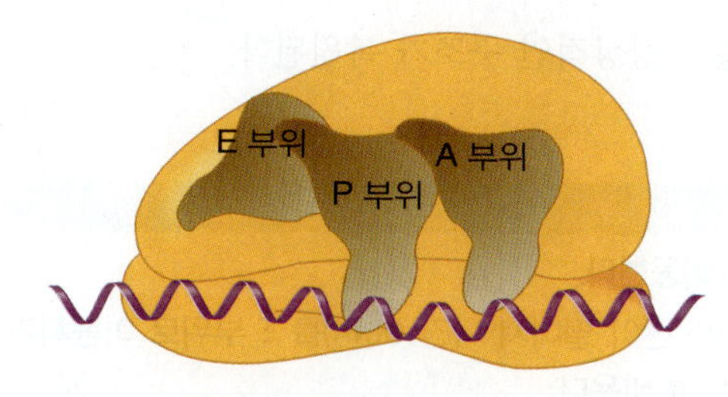

그림 24.22 박테리아 리보솜은 세 개의 tRNA-결합 부위를 가지고 있다. 아미노아실 -tRNA는 P 부위에 펩티딜 tRNA를 가진 리보솜의 A 부위에 들어간다. 펩티드 결합 합성은 P 부위 tRNA를 탈아실화하고, A 부위에서 펩티딜-tRNA를 생성한다. 전좌는 탈아실화된 tRNA를 E 부위로 이동시키고, 펩티딜-tRNA를 P 부위로 이동시킨다.

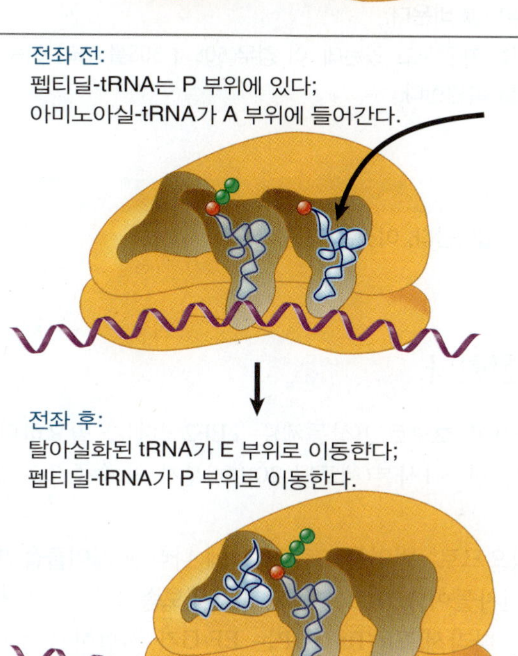

에서 전좌는 두 단계로 진행된다. 그림 24.23은 처음에 30S 서브유닛에 대한 50S 서브유닛의 이동이 있었고, 30S 서브유닛이 원래의 구조를 복구하기 위해 mRNA를 따라 이동할 때 발생하는 두 번째 시프트(두 번째 변화)가 뒤따른다는 것을 보여준다. 이 모델의 기본은 tRNA가 리보솜[화학적 푸트프린팅(chemical footprinting)으로 측정]과 만드는 접촉 패턴이 두 단계로 변화한다는 관찰 결과이다. 퓨로마이신이 P 부위에 아미노아실-tRNA가 있는 리보솜에 추가되면 50S 서브유닛에서 tRNA의 접촉이 P 부위에서 E 부위로 바뀌지만 30S 서브유닛의 접촉은 변하지 않는다. 이것은 50S 서브유닛이 전달 후 상태로 이동했지만 30S 서브유닛은 변경되지 않았음을 나타내고 있다.

이러한 결과의 해석은(안티코돈 말단은 30S 서브유닛의 안티코돈에 결합된 채로 남아있는 반면), (50S 서브유닛에 위치한) tRNA의 아미노아실 말단이 새로운 부위로 이동한다는 것이다. 이 단계에서 tRNA는 50SE/30SP와 50SP/30SA 부위로 구성된 하이브리드 부위에서 효율적으로 결합한다. 그 다음에 움직임은 30S 서브유닛까지 확장되어 안티코돈-코돈 페어링(짝짓기) 영역이 올바른 위치를 찾게 된다. 하이브리드 상태를 만드는 가장 가능성이 있는 방법은 하나의 리보솜 서브유닛이 다른 하나의 리보솜 서브유닛을 따라 이동시키는 것이다. 따라서 사실상

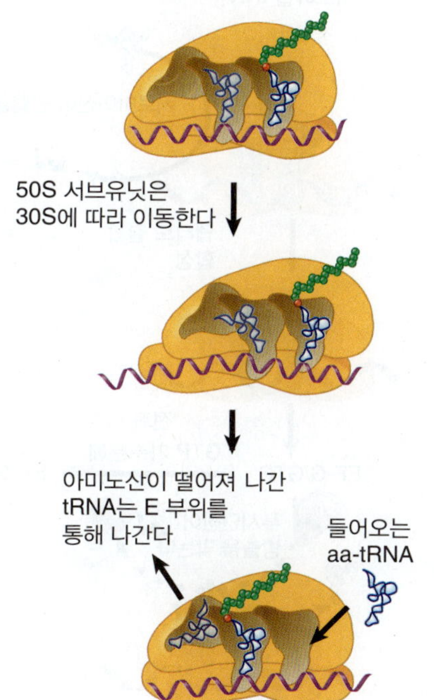

그림 24.23 전좌 모델은 두 단계로 이루어져 있다. 첫째, 펩티드 결합 형성에서 A 부위의 tRNA의 아미노아실 말단이 P 부위로 재배치된다. 둘째, tRNA의 안티코돈 말단이 P 부위로 재배치된다.

전좌는 두 단계로 진행되는데, 두 번째 단계에서 리보솜의 정상적인 구조가 복원된다.

핵심개념

- 리보솜의 전좌는 mRNA가 리보솜을 통해 세 개의 염기만큼 이동한다.
- 전좌는 탈아실화된 tRNA(역자 주: tRNA에 결합되었던 아미노산이 떨어져 나간 tRNA)를 E 부위로 이동시키고 펩티딜-tRNA(peptidyl-tRNA)를 P 부위로 이동시키며, A 부위를 비운다.
- 하이브리드 상태 모델은 전좌가 두 단계로 일어난다는 것을 제안하고 있는데, 이 경우 50S가 30S를 따라 이동하고, 이어서 30S가 mRNA를 따라 이동하여 원래의 구조를 복원한다.

개념 및 추론 확인

리보솜의 전좌는 코돈-안티코돈 페어링을 보존하는 방식으로 일어난다. 이것은 왜 중요한가?

24.11 신장 인자는 리보솜에 교대로 결합한다

전좌는 GTP와 다른 신장 인자인 EF-G[EF-G의 진핵세포 호모로그(상동체)는 eEF2이다]가 필요하다. 이 신장 인자는 세포의 주요 구성성분이다. 이는 리보솜당 ~1사본(세포당 20,000분자)의 수준으로 존재한다.

리보솜은 EF-Tu와 EF-G를 동시에 결합시킬 수 없으므로, 번역은 그림 24.24에 나타낸 사이클을 따라, 인자들이 교대로 결합되거나 리보솜으로부터 방출된다. 따라서 EF-Tu-GDP는 EF-G가 결합하기 전에 방출되어야 한다; 아미노아실-tRNA-EF-Tu-GTP가 결합하기 전에 EF-G가 방출되어야 한다.

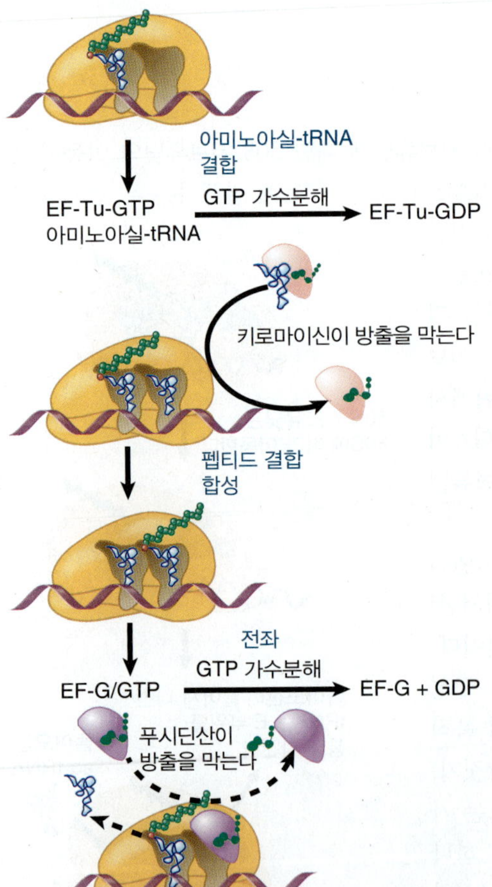

그림 24.24 인자 EF-Tu와 EF-G의 결합은 새로운 아미노아실-tRNA를 수용하고, 펩티드 결합을 형성하며, 전좌된 것으로서 리보솜이 번갈아 변함에 따라 교대로 나타난다.

다른 신장 인자를 배제하는 각 신장 인자의 능력은 리보솜의 전체 구조에 대한 알로 스테릭 효과(allosteric effect) 또는 중첩 결합 부위에 대한 직접적인 경쟁에 의존하는가? 그림 24.25는 아미노아실-tRNA-EF-Tu-GDP의 터너리(삼원) 복합체와 EF-G의 구조 간에 놀랄만한 유사성을 보여주고 있다. EF-G의 구조는 아미노아실-tRNA의 아미노 수용체 스템에 결합된 EF-Tu의 전체 구조를 닮아있다. 이것은 (아마 A 부위 근처의) 동일한 결합 부위에서 경쟁한다는 가장 근접한 가정을 만들어낼 수 있다. 각 인자가 결합되기 전에 방출되어야 하는 각 인자의 필요성은 단백질 합성 과정이 규칙적인 방식으로 진행되도록 보장한다.

두 신장 인자는 GTP와 결합할 때 활성이지만 GDP와 결합할 때에는 비활성인 모노머 GTP-결합 단백질이다. 트리포스페이트(triphosphate) 형태는 리보솜에 결합하는 데 필요하며, 이것은 각 인자가 그 기능을 수행하는 데 필요한 GTP와 함께 해야만 리보솜에 접근하는 것을 보장한다.

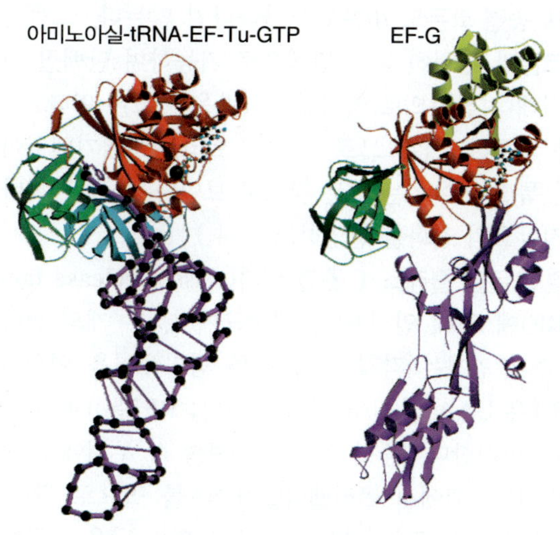

그림 24.25 아미노아실-tRNA-EF-Tu-GTP(왼쪽)의 터너리 복합체의 구조는 EF-G의 구조와 유사하다(오른쪽). 구조적으로 보존된 EF-Tu와 EF-G 도메인은 빨간색과 녹색이다. tRNA와 EF-G에서 닮은 영역은 보라색이다. Photo courtesy of Poul Nissen, University of Aarhus, Denmark.

핵심개념

- 전좌는 아미노아실-RNA-EF-Tu-GTP 복합체와 유사한 구조를 갖는 EF-G를 필요로 한다.
- EF-Tu와 EF-G를 리보솜에 결합시키는 것은 상호 배타적이다.
- 전좌는 EF-G의 변화를 유발하는 GTP 가수분해를 필요로 하며, 이는 다시 리보솜 구조의 변화를 유발한다.

개념 및 추론 확인

박테리아 단백질 합성에서 신장 인자 EF-G의 역할은 무엇인가?

24.12 세 개의 코돈은 단백질 합성을 종결시키고 단백질 인자에 의해 인식된다

단지 61개의 트리플렛(세 염기) 코돈이 아미노산을 지정하고 있다. 다른 세 개의 트리플렛은 단백질 합성을 끝내는 종결 코돈[넌센스 코돈(nonsense codon) 또는 **스톱 코돈(stop codon)**으로도 알려짐]이다. 그들은 발견된 역사에 유래된 통상적인 이름을 가지고 있다(다음에 나오는 *Historical Perspectives* 참조). UAG 트리플렛은 **앰버 코돈(amber codon)**, UAA는 **오커 코돈(ochre codon)**, UGA는 **오팔 코돈(opal codon)**이라고도 한다.

UAG, UAA 및 UGA 트리플렛 염기배열은 오픈 리딩 프레임의 말단에서 자연적으로 일어나거나 코딩 염기배열 내에서 넌센스 돌연변이에 의해 만들어지든, 번역의 종결을 알리는 신호(signal)로 필요하고 충분하다. (때로, 넌센스 코돈이라는 용어에서 "넌센스(nonsense)"는 정말로 번역을 위한 코돈의 의미라기보다는 유전자에서의 돌연변이의 효과를 기술하는 용어이다. 더 좋은 용어는 스톱 코돈이다.)

박테리아 유전자에서, UAA는 가장 일반적으로 사용되는 종결 코돈이다. UGA는 UAG보다 자주 사용되지만, UGA를 읽는 동안 오류가 더 많이 발생한다. (아미노아실-tRNA가 부적절하게 반응할 때 종결 코돈을 읽는 과정에서 오류가 발생하면, 다른 종결 코돈에 도달하거나 리보솜이 mRNA의 3′ 말단에 도달할 때까지 계속 번역이 진행되므로 다른 문제가 발생할 수 있다. 이러한 상황을 위해, 박테리아는 특별한 RNA를 가지고 있다.)

번역을 끝내기 위해서는 두 단계가 필요하다. 종결 반응 자체는 최종 tRNA로부터 폴리펩티드 사슬이 방출된다. 종결 후 반응은 tRNA와 mRNA의 방출과 리보솜의 서브유닛으로의 분리가 일어난다.

- **스톱 코돈(stop codon)** 폴리펩티드 번역을 종결시키는 세 트리플렛 중 하나(UAG, UAA 또는 UGA). 그들은 또한 역사적으로 넌센스 코돈으로 알려져 있다. 이는 최초 확인된 넌센스 돌연변이의 명명법에 따라, UAA 코돈은 오커(ocher), UAG 코돈은 앰버(amber)라고 불린다.
- **앰버 코돈(amber codon)** 폴리펩티드 번역을 끝내는 세 종결 코돈 중 하나인 트리플렛 UAG.
- **오커 코돈(ochre codon)** 폴리펩티드 번역을 끝내는 세 종결 코돈 중 하나인 트리플렛 UAA.
- **오팔 코돈(opal codon)** 폴리펩티드 번역을 끝내는 세 종결 코돈 중 하나인 트리플렛 UGA. 소수의 생물체 또는 세포소기관에서 아미노산을 코드하는 것으로 진화했다.

그림 24.26 분자 모방(molecular mimicry)은 신장 인자 Tu-tRNA 복합체, 전좌 인자 EF-G 및 종결 인자 RF1/2-RF3이 동일한 리보솜 부위에 결합하는 것을 가능하게 한다. RRF는 리보솜 재활용 인자이다(그림 24.28 참조).

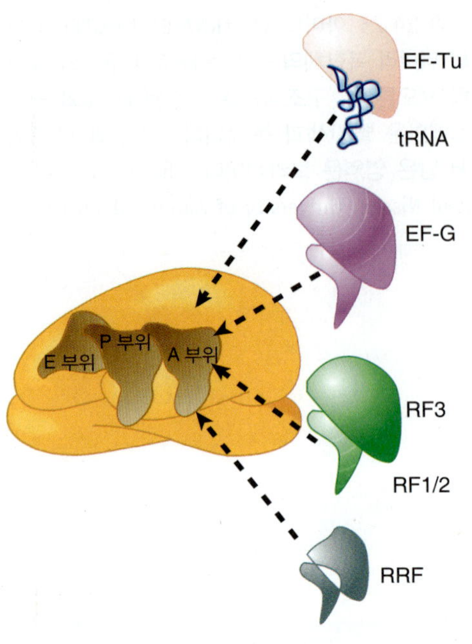

- **종결 인자(release factor, RF)** 폴리펩티드 번역을 종결시켜 mRNA로부터 완성된 폴리펩티드 사슬과 리보솜을 방출 시키는 데 필요한 단백질.
- **RF1** 폴리펩티드 번역을 종결시키기 위한 신호로서 UAA 및 UAG를 인식하는 박테리아 종결 인자.
- **RF2** 폴리펩티드 번역을 종결시키기 위한 신호로서 UAA 및 UGA를 인식하는 박테리아 종결 인자.
- **RF3** 신장 인자 EF-G와 관련된 폴리펩티드 번역 종결 인자. 그것은 RF1 또는 RF2 인자가 폴리펩티드 번역을 종결시키는 작용을 할 때 리보솜으로부터 방출하는 기능을 한다.

어떤 종결 코돈도 tRNA로 나타나지 않는다. 그들은 다른 코돈과 완전히 다른 방식으로 기능하며 단백질 인자에 의해 직접적으로 인식된다. (반응은 코돈-안티코돈 인식에 의존하지 않으므로, 따라서 트리플렛 염기배열이 필요한 특별한 이유는 없는 것으로 보인다. 이것은 아마도 유전암호의 진화를 반영하고 있다.)

종결 코돈은 클래스 1 **종결 인자**(class 1 **release factor, RF**)에 의해 인식된다. 대장균에서, 두 개의 클래스 1 종결 인자는 각각 서로 다른 염기배열을 인식한다. **RF1**은 UAA 및 UAG를 인식한다; **RF2**는 UGA 및 UAA를 인식한다. 종결 인자는 리보솜 A 부위에서 작용하며, P 부위에서 폴리펩티딜-tRNA를 필요로 한다. RF는 개시 인자 또는 신장 인자보다 훨씬 낮은 수준으로 존재한다. 세포당 각각 ~600분자가 존재하는데, 이는 리보솜 10개당 하나의 RF에 해당한다. 진핵세포에는 eRF1이라 불리는 단 하나의 클래스 1 종결 인자가 있다. 박테리아 종결 인자가 표적 코돈을 인식하는 효율은 3′ 측의 염기의 영향을 받는다.

클래스 1 종결 인자는 클래스 2 종결 인자의 도움을 받는데, 이 종결 인자는 코돈 특이성을 가지고 있지 않다. 클래스 2 종결 인자는 GTP-결합 단백질이다. 대장균에서, 클래스 2 종결 인자인 RF3의 역할은 클래스 1 종결 인자를 리보솜으로부터 방출하는 것이다. **RF3**는 신장 인자와 관련된 GTP-결합 단백질이다.

RF3은 EF-Tu 및 EF-G의 GTP-결합 도메인과 유사하며, RF1 및 RF2는 tRNA를 닮은 EF-G의 C-말단 도메인과 유사하다. 이는 종결 인자가 신장 인자에 의해 사용된 동일한 부위를 이용한다는 것을 의미한다. 그림 24.26은 이들 인자들이 모두 같은 일반적인 모양을 가지고 동일한 부위(기본적으로 A 부위 또는 그것과 광범위하게 겹치는 영역)에서 리보솜에 연속적으로 결합한다는 기본 아이디어를 보여 주고 있다.

진핵세포의 클래스 1 종결 인자인 eRF1은 세 개의 종결 코돈을 모두 인식하는 단일 단백질이다. eRF1의 배열은 박테리아 인자와 관련이 없다. 비록 생체 내에서 eRF2는 효모의 종결에 필수지만, eRF1은 시험관 내에서 클래스 2 종결 인자인 eRF2 없이 단백질 합성을 종결시킬 수 있다. eRF1의 구조는 익숙한 모습을 보여주고 있다: 그림 24.27은 tRNA의 구조를 닮은 세 개의 도메인으로 구성되어 있음을 보여준다.

그림 24.27 진핵세포 종결 인자 eRF1은 tRNA를 모방한 구조를 가지고 있다. 도메인 2의 말단에 있는 모티프 GGQ는 tRNA로부터 폴리펩티드 사슬을 가수분해하는 데 필수적이다.

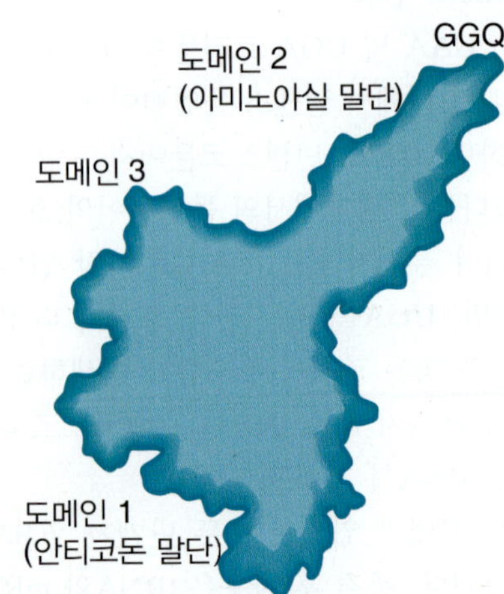

HISTORICAL PERSPECTIVES

앰버, 오커, 그리고 오팔 코돈의 명명

앰버(amber), 오커(ochre) 및 오팔(opal) 코돈은 생체 내 번역을 종결시키는 데 사용되는 세 개의 스톱 코돈(각각 UAG, UAA 및 UGA)의 이름이다. 이들 코돈은 어떠한 아미노산도 지정하지 않고, 대신 번역을 종결시키는 종결 인자를 구성한다. 이 코돈의 명명과 스톱 코돈을 명시하는 뉴클레오티드 트리플렛의 발견은 박테리오파지 T4에 대한 유전적 연구로 거슬러 올라간다. 1950년대 후반과 1960년대 초 미국과 영국의 박테리아 유전학자들은 박테리오파지에서 일부 박테리아 균주(허용 균주, permissive strain)에서는 성장하지만 다른 균주(비허용 균주, nonpermissive strain)에서는 성장할 수 없는 억제 가능한 돌연변이를 분리하였다. 또한, 이러한 돌연변이는 어떤 아미노산도 코딩하지 않는 뉴클레오티드 트리플렛, 소위 넌센스 코돈으로부터 유래된 것으로 알려졌다. 코딩 영역에서 이러한 넌센스 돌연변이의 존재는 전사체의 리딩 프레임을 방해하여 끝이 잘린 폴리펩티드를 생성한다. 돌연변이 파지가 허용 균주에서 성장될 때 번역의 조기 종료는 억제된다. 허용 균주의 박테리아 변이와 비허용 균주 박테리아 간의 차이점은 넌센스 돌연변이를 억압할 수 있는 서프레서(suppressor) 유전자에 있는 돌연변이이다. 서프레서 유전자는 안티코돈 염기배열이 변이된 서프레서 tRNA를 생성해야만 특정 넌센스 코돈을 인식하고 쌍을 이루며, 아미노산을 삽입할 수 있다.

*앰버 돌연변이*란 용어는 캘리포니아 주 패서디나에 있는 칼텍(Caltech) 대학원생이었던 해리스 베른슈타인(Harris Bernstein) 덕분이다. 베른슈타인은 칼텍에서, 딕 엡슈타인(Dick Epstein) 및 찰리 슈타인베르그(Charley Steinberg)의 두 생물학자에게 채용되어, 세균 균주 하나에 특이적인 박테리오파지 T4의 돌연변이를 분리하기 위해 고안된 일련의 실험으로 과학적 논쟁을 해결하고자 하였다. 이 실험은 수천 개의 박테리오파지 플라크(plaque)의 플레이팅과 분리를 필요로 했으며, 베른슈타인은 돌연변이에 자신의 이름을 붙일 수 있다는 제안으로 이 실험에 참여하게 되었다. 돌연변이는 "앰버(호박, amber)"라 이름 지어졌는데, 앰버는 독일 이름인 "베른슈타인"의 영어 번역이다. 앰버는 실제로 화석화된 나무 수지(resin)인 황갈색의 보석이다. 곧이어 이러한 앰버 돌연변이와 여러 실험실에서 여러 방법으로 분리된 여러 돌연변이가 모두 하나의 특징을 가지고 있다는 것이 밝혀졌다; 그들은 모두 동일한 허용 균주(permissive strains)에서 자랄 수 있다.

시드니 브레너(Sydney Brenner)와 그의 동료들은 1965년 논문에서 베른슈타인의 돌연변이를 포함한 모든 억제 가능한 돌연변이를 앰버 돌연변이라 명명하자고 제안하였다. 브레너와 다른 연구자들은 앰버 돌연변이와는 뚜렷이 구별되는 별개의 넌센스 돌연변이를 분리하였다; 그들은 서로 다른 세트의 서프레서 유전자에 의해 억제되었다. 이들을 "오커 돌연변이(ocher mutations)"라고 불렀다. 오커는 적갈색의 광물성 색소이다. 브레너, 스트레톤 및 카플란은 앰버 및 오커 넌센스 돌연변이가 각각 뉴클레오티드 트리플렛 UAG 및 UAA 임을 입증하였다. 또한 그들은 이들 넌센스 돌연변이가 폴리펩티드의 정상적인 번역 종료에 필요한 사슬 종결 코돈인 것으로 가정했다. 1967년 브레너, 바넷, 카츠, 크릭은 뉴클레오티드 트리플렛 UGA가 또한 번역 종결을 일으키는 넌센스 돌연변이의 결과임을 입증하였다. 유색 미네랄의 주제에 맞추어, 이 넌센스 코돈은 "오팔(opal)"이라고 알려지기 시작했으며, 이는 종종 보석으로 사용되어 다양한 색상으로 발견되는 실리카 타입이다. 이 세 가지 넌센스 돌연변이인 UAG, UAA 및 UGA는 이제 세 개의 스톱 코돈으로 인식되며, 각각 앰버, 오커 및 오팔 코돈이라고 부른다.

종결 반응은 완전한 폴리펩티드를 방출하지만, 탈아실화 tRNA 및 mRNA는 여전히 리보솜과 결합한 채로 있다. **그림 24.28**은 나머지 구성성분(tRNA, mRNA, 30S 및 50S 서브유닛)의 해리가 *리보솜 재순환 인자(ribosome recycling factor, RRF)*를 필요로 함을 보여주고 있다. RRF는 GTP의 가수분해를 이용하는 반응에서 EF-G와 함께 작용한다. 방출에 관여하는 다른 인자들에 관해서는, RRF는 3′ 아미노산 결합 영역에 상응하는 것이 없다는 것을 제외하고는 tRNA와 닮은 구조를 가지고 있다. 또한 IF-3도 필요하다. RRF는 50S 서브유닛에 작용하고 IF-3는 30S 서브유닛에서 탈아실화 tRNA를 제거하는 역할을 한다. 일단 서브유닛들이 분리되면, IF-3은 그들의 재결합을 막기 위해 물론 필요하다.

그림 24.29는 원핵세포 및 진핵세포의 번역 인자들의 기능적 및 배열의 상동성을 비교한 것이다.

그림 24.28 RF(종결 인자)는 폴리펩티드 사슬을 방출함으로써 단백질 합성을 종결시킨다. RRF(ribosome recycling factor)는 마지막 tRNA를 방출하고, EF-G는 RRF를 방출하여 리보솜을 해리시킨다.

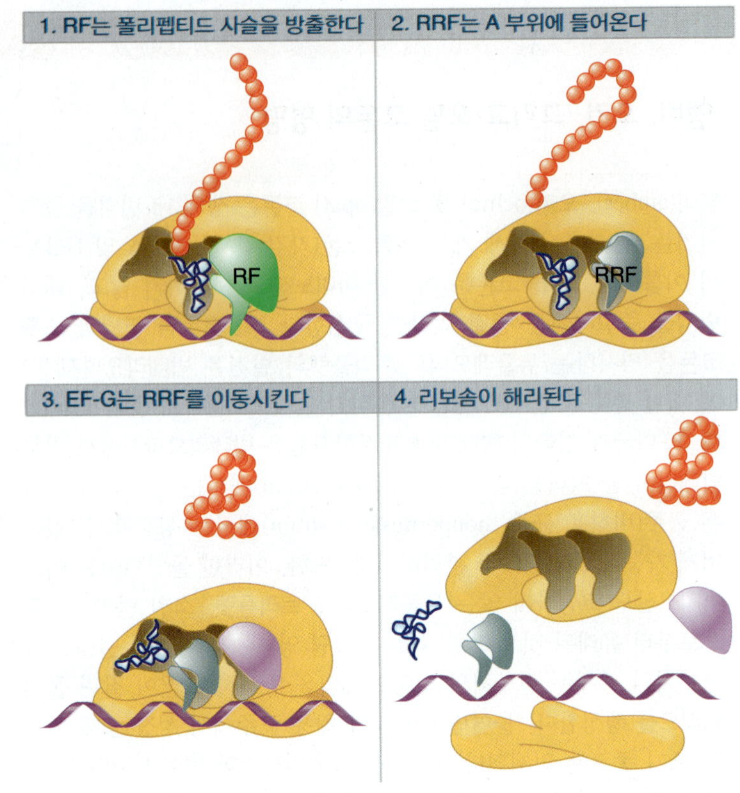

개시 인자			
원핵세포	진핵세포	일반적인 기능	특이 사항
IF-1	eIF1A	A 부위 차단	eIF1A는 eIF2가 Met-tRNA$_i^{Met}$를 40S에 결합하는 것을 촉진하도록 돕는다; 또한 서브유닛 분해를 촉진한다
IF-2*†	eIF2, eIF3, eIF5B*	개시 tRNA 진입	eIF2는 GTPase이다 eIF3는 삼원 복합체의 형성, 40S에의 결합 및 mRNA의 결합 및 스캐닝을 촉진한다
IF-3	eIF1, eIF4 복합체, eIF3	mRNA에 작은 서브유닛 결합	eIF5B는 개시 tRNA 진입에 관여하며 캡 결합에서의 GTPase eIF4 복합체 기능이다
신장 인자			
원핵세포	진핵세포	일반적인 기능	
EF-Tu†‡, EF-G†	eEF1α‡	GTP 결합	
EF-Ts	eEF1β, eEF1γ	GDP 교환	
EF-G§	eEF2§	리보솜 전좌	
종결 인자			
원핵세포	진핵세포	일반적인 기능	
RF1	eRF1	UAA/UAG 인식	
RF2	eRF1	UAA/UGA 인식	
RF3†	eRF3	다른 RF(s)의 촉진	

* IF-2 및 eIF5B는 염기배열 상동성을 가지고 있다.
† IF-2, EF-Tu, EF-G 및 RF3은 염기배열 상동성을 가지고 있다.
‡ EF-Tu와 eEF1α는 염기배열 상동성을 가지고 있다.
§ EF-G와 eEF2는 염기배열 상동성을 가지고 있다.

그림 24.29 원핵세포 및 진핵세포 번역 인자들의 기능 상동성.

핵심개념

- 코돈 UAA(오커, ochre), UAG(앰버, amber), 및 UGA(오팔, opal)는 번역을 종결한다.
- 박테리아에서 종결 코돈의 상대적 빈도는 UAA > UGA > UAG로 사용된다.
- 종결 코돈은 아미노아실-tRNA(aminoacyl-tRNA)가 아닌 단백질 종결 인자에 의해 인식된다.
- 클래스 1 종결 인자(대장균의 RF1과 RF2)의 구조는 아미노아실-tRNA(aminoacyl-tRNA)-EF-Tu와 EF-G와 유사하다.
- 클래스 1 종결 인자는 특정 종결 코돈에 반응하고 폴리펩티드-tRNA(polypeptide-tRNA) 결합을 가수분해한다.
- 클래스 1 종결 인자는 GTP에 의존하는 클래스 2 종결 인자(RF3 등)의 도움을 받는다.
- 이 메커니즘은 (두 가지 유형의 클래스 1등급 종결 인자를 가지고 있는) 박테리아 및 (클래스 1 종결 인자를 하나만 가지고 있는) 진핵세포에서 유사하다.

개념 및 추론 확인

클래스 1 종결 인자인 아미노아실-tRNA-EF-Tu와 EF-G는 왜 모두 비슷한 3차 구조를 가지고 있는가?

24.13 리보솜 RNA는 두 리보솜 서브유닛에 분포되어 있다

박테리아 리보솜 질량의 3분의 2는 rRNA로 이루어져 있다. 대형 RNA의 이차구조를 분석하는 데 가장 강력한 접근법은 관련 생물체에서 상응하는 rRNA의 염기배열을 비교하는 것이다. 이차구조에서 중요한 부위는 염기쌍에 의해 상호작용하는 능력을 유지하고 있다. 따라서 염기쌍이 필요한 경우, 각 rRNA의 동일한 상대 위치에서 형성될 수 있다. 이러한 접근방법으로 16S 및 23S rRNA의 상세한 모델을 구성할 수 있게 되었다.

주요 rRNA 각각은 여러 독립적인 도메인을 가진 이차구조를 가지고 있다. 네 개의 일반 도메인은 16S rRNA에 의해 형성되며, 염기배열의 절반 이하가 염기쌍을 형성하고 있다(그림 24.38 참조). 6개의 일반 도메인은 23S rRNA에 의해 형성된다. 개별 이중-나선형 영역은 짧은 경향이 있다(<8 bp). 종종 이중구조 영역은 완전하지 않으며, 쌍을 이루지 않은 염기의 벌지(bulge, 불룩한 것)가 포함하고 있다. 비교 가능한 모델은 미토콘드리아 rRNA (더 짧고 더 적은 영역을 가짐) 및 진핵세포의 세포질 rRNA(길고 더 많은 영역을 가짐)에 대해서도 만들어졌다. 진핵세포 rRNA의 길이가 길어지는 것은 주로 추가적인 도메인을 나타내는 염기배열의 획득 때문이다. 리보솜의 결정 구조는 각 서브유닛에서 주요 rRNA의 도메인이 독립적으로 폴딩(접힘)하고 별개의 위치를 갖는다는 것을 보여준다.

70S 리보솜은 비대칭 구조를 가지고 있다. 그림 24.30은 헤드(head), 넥(neck), 바디(body)와 플랫폼(platform)의 네 영역으로 나눠진 30S 서브유닛 구조를 그림으로 보여주고 있다. 그림 24.31은 50S 서브유닛의 유사한 그림을 보여주고 있는데, 여기서 두 개의 두드러진 특징은 (5S rRNA가 있는 곳의) 중앙돌기와 (단백질 L7의 여러 사본으로 이루어진) 스톡(줄기)이다. 그림 24.32는 작은 서브유닛의 플랫폼이 큰 서브유닛의 노치(notch)에 들어맞는다는 것을 보여준다. 일부 중요 부위를 포함하고 있는 서브유닛 사이에 (그림 24.32에서는 보이지 않지만, 도너츠를 닮은) 공간이 있다.

30S 서브유닛의 구조는 16S rRNA의 구성을 닮아 있으며, 각 구조적 특징은 rRNA의 도메인에 상응한다. 바디는 5′ 도메인, 플랫폼 중심 도메인 그리고 헤드는 3′ 영역을 기반으로 한다. 그림 24.3은 30S 서브유닛이 RNA와 단백질의 비대칭 분포를 가지고 있음을 보여준다. 중요한 특징 중 하나는 50S 서브유닛과 인터페이스(interface, 경계)를 제공하는 30S 서브유닛의 플랫폼이 거의 대부분 RNA로 구성되어 있다는 것이다. 최대 두 개의 단백질(S7의 일부와 혹은 S12의 일부)이 인터페이스 근처에 있다. 이것은 리보솜 서브유닛의 결합과 분리가 16S rRNA와의 상호작용에 의존해야 한다는 것을 의미한다. 이 관찰은 리보솜의 진화적 기원이 단백질보다는 RNA로 구성된 입자일지도 모른다는 생각을 뒷

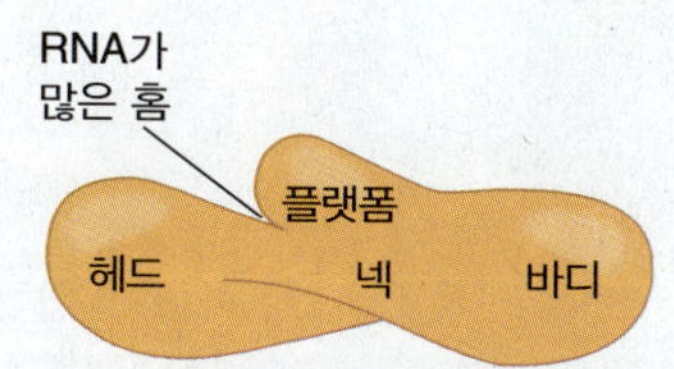

그림 24.30 30S 서브유닛은 돌출된 플랫폼과 바디로부터 넥에 의해 분리된 헤드를 가지고 있다.

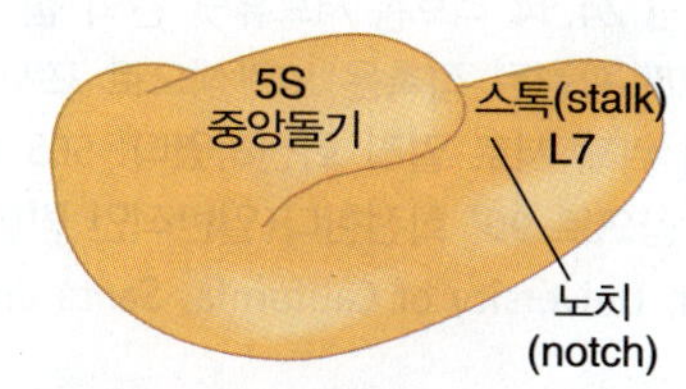

그림 24.31 50S 서브유닛은 5S rRNA가 위치하고, 단백질 L7의 사본으로 이루어진 스톡으로부터 노치로 분리된 중앙돌기가 있다.

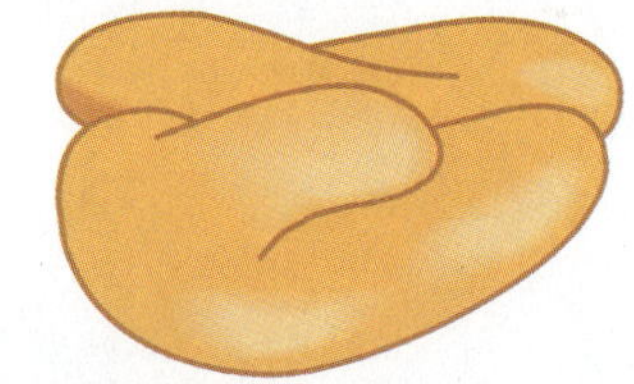

그림 24.32 30S 서브유닛의 플랫폼은 50S 서브유닛의 노치에 맞춰 70S 리보솜을 형성한다.

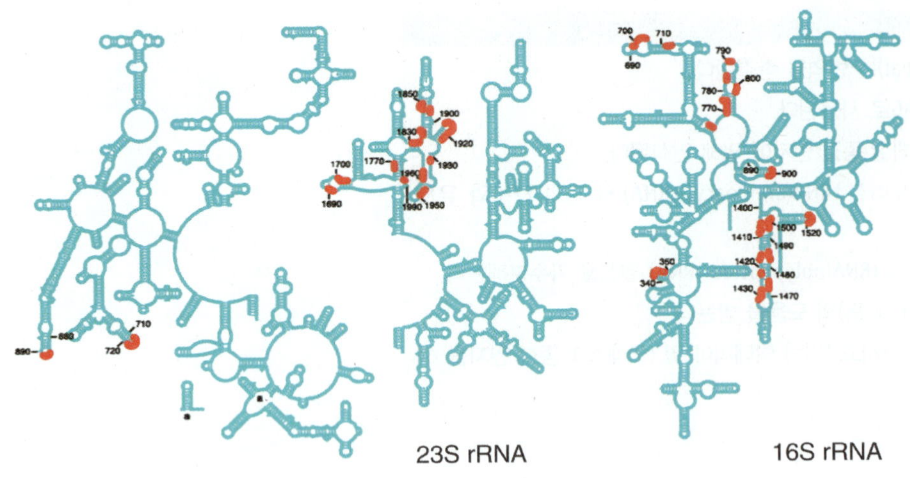

그림 24.33 rRNAs 사이의 접촉점은 16S rRNA의 두 도메인과 23S rRNA의 한 도메인에 위치하고 있다. Reproduced from M. M. Yusupov, *Science* 292 (2001): 883–896.

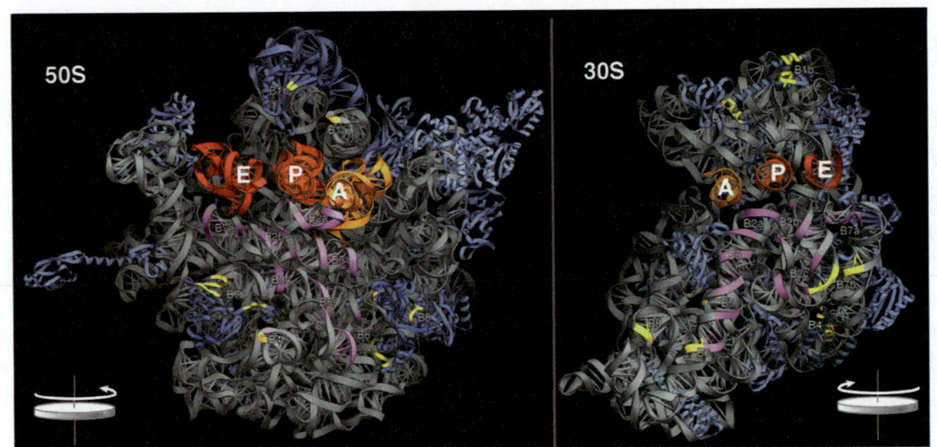

그림 24.34 리보솜 서브유닛 간의 접촉은 주로 RNA(보라색으로 표시)로 이루어져 있다. 단백질과 관련된 접촉은 노란색으로 표시되어 있다. 두 서브유닛은 접촉이 이루어진 면을 표시하기 위해 서로 멀리 회전하였다. 50S 서브유닛은 시계 반대방향으로 90° 회전하고 30S는 시계 방향으로 90° 회전한다(일반적인 방향과 반대방향으로 표시). Photos courtesy of Harry Noller, University of California, Santa Cruz.

받침하고 있다.

50S 서브유닛은 30S 서브유닛보다 더 균일한 분포의 구성성분을 가지며, 긴 막대구조의 이중-가닥 RNA가 구조를 교차한다. RNA는 단단히 빽빽하게 나선구조를 형성한다. 외부 표면은 주로 펩티딜 전이효소 센터(peptidyl transferase center)를 제외하고는 단백질로 구성된다(*24.15절 두 개의 rRNA가 단백질 합성에서 결정적인 역할을 한다* 참조). 23S rRNA의 거의 모든 부분이 단백질과 상호작용하지만, 단백질의 대부분은 비교적 특정 구조를 취하지 않는다.

70S 리보솜에서 서브유닛들 접합부는 (플랫폼 영역에서 많은) 16S rRNA와 23S rRNA 사이의 접합을 통해 형성된다. 또한 각 서브유닛의 rRNA와 다른 서브유닛의 단백질과 약간의 단백질-단백질 접촉 간에 몇 가지 상호작용도 존재한다. 그림 24.33은 rRNA 구조상의 접촉점을 나타낸다. 그림 24.34는 각 서브유닛 측면의 접촉점의 위치를 보여주기 위해 구조를 펼쳤다(그림에 나타난 축을 중심으로 50S 서브유닛은 시계 반대방향으로 회전하고, 30S 서브유닛은 시계 방향으로 회전하는 것을 상상해보라).

핵심개념

- 각 rRNA는 독립적으로 폴딩(folding)하는 약간의 별개의 영역을 가지고 있다.
- 거의 모든 리보솜 단백질이 rRNA와 접촉한다.
- 두 리보솜 서브유닛 사이에 있는 대부분의 접촉은 16S와 23S rRNA 사이에서 이루어진다.

개념 및 추론 확인

리보솜의 가장 초기 버전이 RNA로만 구성되었을 수 있다는 증거는 무엇인가?

24.14 리보솜에는 몇 개의 활성 센터가 있다

기억해야 할 기본 리보솜 기능은 단백질 합성이 진행되는 동안 활성 부위 간의 관계 변화에 의존하는 협동 구조이다. 활성 부위는 효소의 활성 센터와 같이 작고, 분리된 영역이 아니다. 그것들은 구조와 활성이 리보솜 단백질과 마찬가지로 rRNA에 많이 의존하는 큰 영역이다. 각각의 서브유닛 및 박테리아 리보솜의 결정 구조는 우리에게 rRNA의 전반적인 구조에 대한 이해력을 쉽게 하며 역할을 잘 알 수 있게 해 준다. 가장 최근에 밝혀진 구조는 3.5 Å 해상도로 tRNA와 기능 부위의 위치를 명확하게 나타낸다. 이제 우리는 구조적인 측면에서 리보솜의 많은 기능을 설명할 수 있다.

리보솜의 기능은 tRNA와의 상호작용을 중심으로 이루어진다. 그림 24.35는 세 개의 결합 부위에서 tRNA의 위치를 가진 70S 리보솜을 보여주고 있다. A 및 P 부위의 tRNA는 서로 거의 평행하다. 모든 세 개의 tRNA는 30S 서브유닛의 홈(groove)에 있는 mRNA에 결합된 안티코돈 루프와 정렬되어 있다. 나머지 tRNA는 50S 서브유닛와 결합한다. 각 tRNA를 둘러싼 환경은 대부분 rRNA에 의해 제공된다. 각 부위에서 rRNA는 보편적으로 보존되어있는 구조의 일부에서 tRNA와 접촉한다.

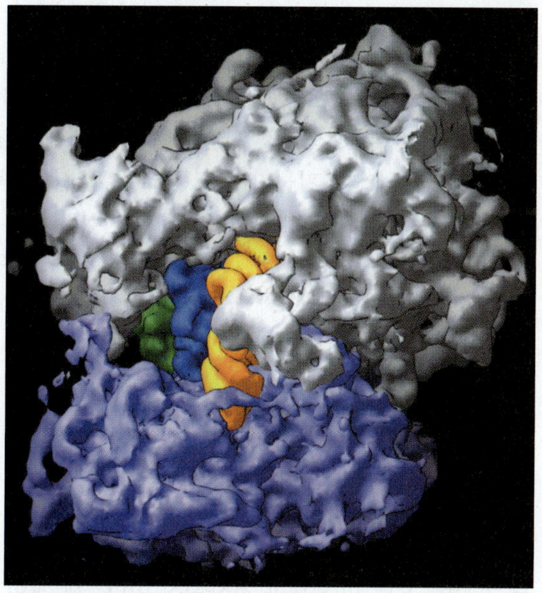

그림 24.35 70S 리보솜은 A 부위에서 노란색, P 부위에서 파란색, E 부위에서 녹색으로 세 개의 tRNA가 표면에 위치하는 50S 서브유닛(흰색)과 30S 서브유닛(보라색)으로 이루어져 있다. Photo courtesy of Harry Noller, University of California, Santa Cruz.

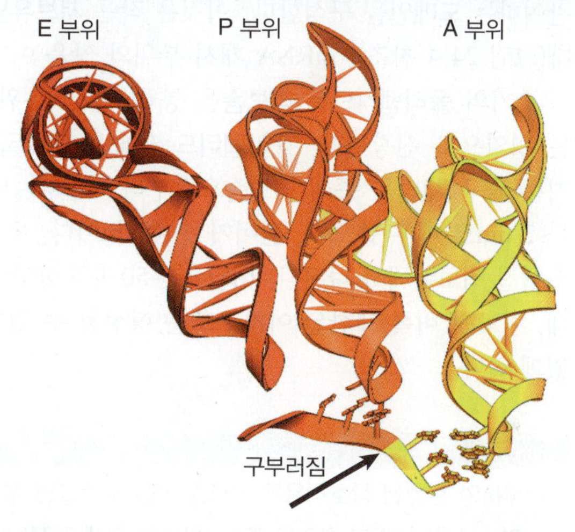

그림 24.36 세 개의 tRNA는 리보솜에 다른 방향을 가지고 있다. mRNA는 P와 A 사이에서 전환하여 아미노아실-tRNA가 인접한 코돈에 결합하게 한다. Photo courtesy of Harry Noller, University of California, Santa Cruz.

인접한 코돈을 해독하는 과정에서 두 개의 부피가 큰 tRNA가 어떻게 서로 나란히 딱 맞게 위치하고 있는가를 이해하는 것은 언제나 수수께끼였다. 결정 구조는 P와 A 부위 간의 mRNA에서 45°의 꼬임을 보여줌으로써, tRNA가 그림 24.36의 펼쳐진 그림처럼 적합하게 한다는 것을 보여주고 있다. P와 A 부위의 tRNA는 안티코돈에서 서로에 대해 26°의 각도로 각을 이루고 있다. tRNA의 골격(backbone) 사이의 가장 근접한 접근은 3′ 말단에서 일어나며, 5 Å(페이지 면에 수직) 이내로 모이게 된다. 이것은 펩티드 사슬이 P 부위의 펩티딜-tRNA로부터 A 부위의 아미노아실-tRNA로 전달되게 한다.

전좌는 리보솜 내의 tRNA 위치에서 큰 이동이 일어난다. tRNA의 안티코돈 말단은 A 부위에서 P 부위로 약 28 Å 이동한 후 P 부위에서 E 부위로 추가 20 Å 이동한다. 안티센스에 대한 각 tRNA의 각도로 인하여, tRNA의 대부분은 A 부위에서 P 부위로 40 Å, P 부위에서 E 부위로 55 Å의 훨씬 더 먼 거리를 이동한다. 이것은 전좌가 구조의 주요 재구성을 필요로 함을 시사하고 있다.

박테리아 리보솜 구조의 대부분은 활성 센터가 차지하고 있다. 그림 24.37의 리보솜 부위의 개략도를 보면 이들은 리보솜 구조의 약 2/3를 차지하고 있음을 보여준다. tRNA는 A 부위에 들어가고, P 부위로의 전좌에 의해 이동된 다음 E 부위를 통하여 리보솜을 떠난다. A 및 P 부위는 양쪽 리보솜 서브유닛을 가로 질러 늘어난다; tRNA는 30S 서브유닛에서 mRNA와 짝을 이루지만 펩티드 전달은 50S 서

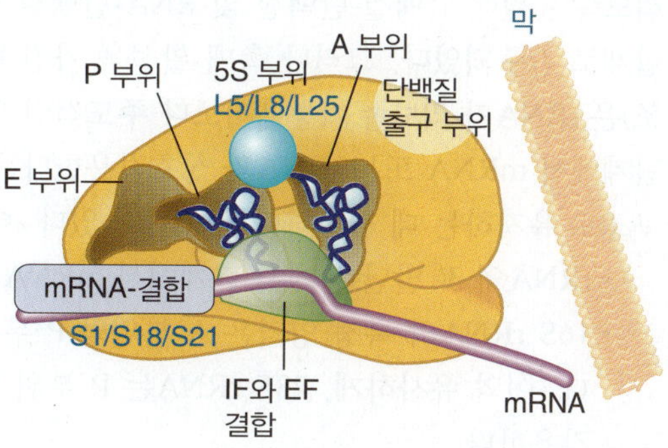

그림 24.37 리보솜에는 몇 개의 활성 센터가 있다. 막과 결합되어 있기도 하다. mRNA는 A 및 P 부위를 통과할 때 차례로 돌아가며 서로에 대해 기울어진다. E 부위는 P 부위 뒤쪽에 위치한다. 펩티딜 전이효소 부위(나타내지 않았음)는 A 및 P 부위의 상부를 가로 질러 뻗어 있다. EF-Tu/G로 묶인 부위의 일부는 A 및 P 부위의 아래 부분에 놓여 있다.

브유닛에서 일어난다. A와 P 부위는 인접해 있어, 한 위치에서 다른 위치로 tRNA를 이동시키는 전좌가 가능하다. E 부위는 (50S 서브유닛의 표면으로 가는 *도중에* 위치를 나타내는) P 부위 근처에 위치한다. 펩티딜 전이효소 센터는 A 및 P 부위의 tRNA의 아미노아실 말단에 가까운 50S 서브유닛에 위치한다(*24.15절 두 개의 rRNA가 단백질 합성에서 결정적인 역할을 한다* 참조).

단백질 합성에서 기능하는 모든 GTP-결합 단백질(EF-Tu, EF-G, IF-2 및 RF1, RF2 및 RF3)은 동일한 인자-결합 부위(때때로 GTPase 센터라고도 함)에 결합하며, 이것은 아마도 GTP의 가수분해를 유발시킨다. 이 부위는 단백질 L7과 L12로 구성된 큰 서브유닛의 스톡의 바닥에 위치해 있다. (L7은 L12의 변형이며 N 말단에 아세틸 그룹이 있다.) 이 영역 외에도, 단백질 L11과 58 염기의 23S rRNA의 복합체는 GTPase 활성에 영향을 미치는 일부 항생제에 대한 결합 부위를 제공한다. 이러한 리보솜 구조는 실제로 GTPase 활성을 가지지 않지만, 둘 다 GTPase 활성을 필요로 한다. 리보솜의 역할은 인자-결합 부위에 결합된 인자에 의한 GTP 가수분해를 유발하는 것이다.

mRNA에 30S 서브유닛의 초기 결합은 단일-가닥 핵산에 대한 강한 친화력을 가지고 있는 단백질 S1이 필요하다. 30S 서브유닛에 결합된 mRNA에서 단일-가닥 상태를 유지하는 역할을 한다. 이 작용은 mRNA가 번역에 부적합한 염기쌍 형태를 취하는 것을 방지하기 위해 필요하다. S1은 매우 긴 구조를 가지며, S18 및 S21과 결합되어 있다. 세 개의 단백질은 mRNA의 초기 결합 및 결합 개시 tRNA에 관여하는 도메인을 구성한다. 이것은 작은 서브유닛의 갈라진 틈 근처에 mRNA-결합 부위를 위치시킨다(그림 24.4 참조). mRNA 개시 부위와 쌍을 이루는 rRNA의 3′ 말단은 이 영역에 위치한다.

초기의 폴리펩티드는 리보솜을 통해, 활성 부위로부터 멀리, 리보솜이 멤브레인(막)에 부착될 수 있는 영역으로 신장된다. 폴리펩티드 사슬은 펩티딜 전이효소 부위에서 50S 서브유닛의 표면으로 이어지는 출구 채널을 통해 리보솜으로부터 나온다. 터널(tunnel)은 주로 rRNA로 구성된다. 이것은 폭이 1~2 nm로 매우 좁으며, 길이가 ~10 nm이다. 초기의 폴리펩티드는 펩티딜 전이효소 부위로부터 15 Å 떨어진 리보솜에서 나온다. 터널은 ~50개의 아미노산을 보유할 수 있으며 폴리펩티드 사슬을 제한하는데, 이로써 비록 제한된 이차구조는 형성될 수 있지만, 출구 도메인을 벗어날 때까지 완전히 폴딩할 수 없게 한다.

핵심개념

- rRNA와 관련된 상호작용은 리보솜 기능의 중요한 부분이다.
- tRNA-결합 부위의 환경은 주로 rRNA에 의해 결정된다.

개념 및 추론 확인

박테리아 리보솜을 통한 tRNA와 mRNA의 경로는 무엇인가?

24.15 두 개의 rRNA가 단백질 합성에서 결정적인 역할을 한다

리보솜은 원래 단백질-단백질 및 RNA-단백질 상호작용에 의해 다양한 촉매 활성이 결합된 단백질 집합체로 간주되었다. 그러나 촉매 활성을 가진 RNA 분자의 발견(*21장 RNA 스플라이싱과 프로세싱* 참조)은 rRNA가 리보솜 기능에서보다 주도적인 역할을 할 수 있음을 즉시 시사한다. rRNA가 번역의 각 단계에서 mRNA 또는 tRNA와 상호작용한다는 증거와 단백질이 rRNA를 촉매기능을 수행할 수 있는 구조로 유지하는 데 필요하다는 증거가 있다. 여러 상호작용은 rRNA의 특정 영역이 관여하고 있다:

- rRNA의 3′ 말단은 개시 단계에서 mRNA와 직접 상호작용한다.
- 16S rRNA의 특정 영역은 A 부위와 P 부위 모두에서 tRNA의 안티코돈 영역과 직접 상호작용한다. 이와 유사하게, 23S rRNA는 P 부위 및 A 부위 모두에서 펩티딜-tRNA의 CCA 말단과 상호작용한다.

• 서브유닛 상호작용은 16S와 23S rRNA 간의 상호작용이 관여하고 있다(*24.13절 리보솜 RNA는 두 리보솜 서브유닛에 분포되어 있다* 참조).

rRNA의 기능은 두 가지 타입의 접근법으로 연구되었다. 구조 연구에 따르면 rRNA의 특정 영역이 리보솜의 중요한 부위에 위치하고 있으며, 이들 염기의 화학적 수식이 특정 리보솜 기능을 방해한다는 것을 알았다. 또한, 돌연변이를 통하여 특정 리보솜 기능에 필요한 rRNA의 염기를 확인하였다. 그림 24.38은 이러한 방법으로 확인된 16S rRNA의 부위를 요약한 것이다.

tRNA는 P 부위와 A 부위 모두에서 23S rRNA와 접촉한다. 상호작용의 중요성을 입증하는 고전적인 기준이 충족되었다; tRNA에서의 돌연변이는 rRNA에서의 돌연변이에 의해 보상될 수 있으므로, tRNA-결합 부위 모두에서 rRNA에 대해 필요한 역할이 있다. 사실, 우리는 rRNA와의 접촉을 만들고 끊는 측면에서 A 부위와 P 부위 사이의 tRNA의 이동을 설명하고 있다.

펩티딜 전이효소의 기능을 제공하는 50S 서브유닛 부위의 특성은 무엇인가? 촉매 활성을 가졌을 것으로 추정되는 리보솜 단백질에 대한 오랜 연구는 성공하지 못했으며, 23S rRNA가 펩티딜-tRNA와 아미노아실-tRNA 사이의 펩티드 결합 형성을 촉매할 수 있다는 사실을 밝혀내게 되었다. 그러나 rRNA는 기본적인 촉매 활성을 가지고 있기 때문에 단백질의 역할은 간접적이어야 하며, rRNA를 적절하게 폴딩하거나 기질을 제시하는 역할을 해야만 한다. 활성은 P 부위에 있는 V 도메인에 돌연변이가 일어나면 없어진다. 원시핵세균(Archaeal)의 50S 서브유닛의 결정구조는 펩티딜 전이효소 부위가 기본적으로 23S rRNA로 구성되어 있음을 보여주고 있다. 펩티딜-tRNA와 아미노아실-tRNA 사이에서 전달 반응이 일어나는 활성 부위의 18 Å내에 단백질은 존재하지 않는다!

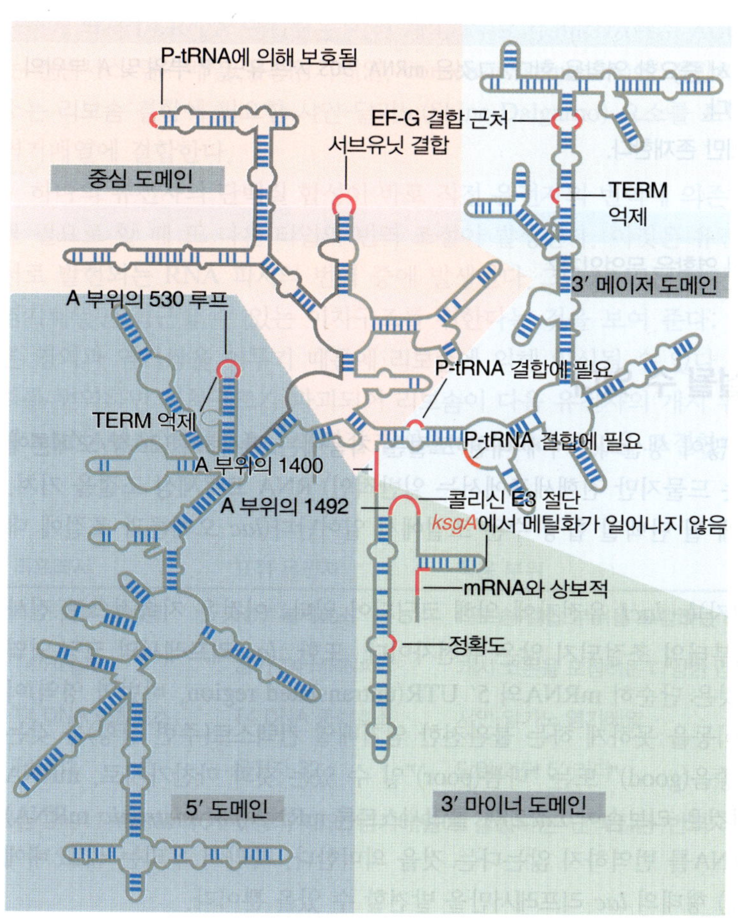

그림 24.38 16S rRNA의 일부 부위는 50S 서브유닛이 30S 서브유닛에 합류하거나 아미노아실-tRNA가 A 부위에 결합할 때, 화학 프로브로부터 보호된다. 다른 것들은 단백질 합성에 영향을 미치는 돌연변이 부위이다. TERM 억제 부위는 일부 또는 몇몇 종결 코돈에서의 종결에 영향을 줄 수 있다. 큰 색의 블록들은 rRNA의 네 개의 도메인을 나타낸다.

핵심개념

- 번역은 mRNA의 5′ UTR에 의해 조절될 수 있다. 펩티딜 전이효소(peptidyl transferase) 활성은 23S rRNA에만 존재한다.
- 번역은 많은 다양한 tRNA에 의해 조절될 수 있다.
- 리프레서 단백질은 리보솜이 개시 코돈에 결합하는 것을 방지하여 번역을 조절할 수 있다.
- 폴리시스트론 mRNA(polycistronic mRNA)에서 개시 코돈의 접근 가능성은 번역의 결과로 발생하는 mRNA 구조의 변화에 의해 조절될 수 있다.

개념 및 추론 확인

mRNA 분자를 구성하는 많은 부분은 무엇인가?

24.17 요약

mRNA의 코돈은 코돈에 상보적으로 안티코돈-상보성을 가지며 코돈에 상응하는 아미노산을 가지고 있는 아미노아실-tRNA에 의해 인식된다. 특수 개시 tRNA(원핵세포에서의 fMet-$tRNA_f$ 또는 진핵세포에서의 Met-$tRNA_i$)는 모든 코딩 염기배열을 개시하는 데 사용되는 AUG 코돈을 인식한다. 원핵세포에서는 GUG도 사용된다. 아미노아실-tRNA는 종결(정지) 코돈인 UAA, UAG 및 UGA만 인식하지 못한다.

리보솜은 번역 과정에서 풀려나 방출된 작은 서브유닛과 큰 서브유닛과 평형을 이룬 자유 리보솜의 풀(pool)에 들어간다. 작은 서브유닛은 mRNA에 결합한 다음 큰 서브유닛으로 결합되어 번역을 수행하는 완전한 리보솜을 생성한다. 원핵세포의 개시 부위의 인식은 rRNA의 3′ 말단에 염기배열이, mRNA의 AUG(또는 GUG) 코돈에 선행하는 샤인-달가노 모티프에 결합하는 과정이 포함된다. 진핵세포 mRNA의 인식은 5′ 캡에 결합하는 과정을 포함한다; 작은 서브유닛은 AUG 코돈을 스캐닝함으로써 개시 부위로 이동한다. 알맞은 AUG 코돈을 인식할 때(일반적으로 항상 그렇다고 볼 수 있는 것은 아니지만, 처음 발견되는 경우) 큰 서브유닛이 결합한다.

리보솜은 두 개 이상의 아미노아실-tRNA를 동시에 보유할 수 있다: P 부위는 이때까지 합성한 펩티드 사슬을 보유하고 있는 펩티딜-tRNA가 차지하는 반면, A 부위는 펩티드사슬에 추가될 다음 아미노산이 결합된 아미노아실-tRNA 도입에 사용된다. 박테리아 리보솜은 또한 E 부위를 가지고 있는데, 이 부위는 번역에 사용된 다음 tRNA가 방출되기 전 탈아실화된 tRNA가 통과한다. P 부위의 폴리펩티드 사슬은 A 부위의 아미노아실-tRNA로 전달되어 P 부위에서 탈아실화된 tRNA를 생성하고 A 부위에서 펩티딜-tRNA를 생성한다.

펩티드 결합 합성 후, 박테리아 리보솜은 mRNA를 따라 하나의 코돈을 이동시켜 탈아실화된 tRNA를 E 부위로 이동시키고, 펩티딜-tRNA를 A 부위에서 P 부위로 이동시킨다. 전좌는 신장 인자 EF-G에 의해 촉매되며, 다른 여러 단계의 리보솜 기능과 마찬가지로 GTP의 가수분해를 필요로 한다. 전좌가 진행되는 동안, 리보솜은 50S 부위가 30S 부위에 상대적으로 움직이는 하이브리드 단계(hybrid stage)를 통과한다.

단백질 합성의 각 단계마다 추가적인 인자가 필요하다. 이들 인자는 리보솜과 결합과 분리를 반복한다. 개시 인자는 원핵세포의 개시 단계에 관여한다. IF-3는 30S 서브유닛이 mRNA에 결합하는 데 필요하며, 30S 서브유닛을 유리(free)된 형태로 유지하도록 한다. IF-2는 fMet-$tRNA_f$가 30S 서브유닛에 결합하는 데 필요하며, 개시 반응으로부터 다른 아미노아실-tRNA가 결합하지 못하도록 하는 역할을 한다. GTP는 개시 tRNA가 개시 복합체에 결합된 후에 가수분해된다. 큰 서브유닛이 개시 복합체에 합류하기 위해서는 개시 인자가 방출되어야만 한다.

진핵세포의 개시 단계에는 더 많은 단백질 인자들이 관여하고 있다. 그들 중 일부는 mRNA의 5′ 말단에 40S 서브유닛의 초기 결합에 관여하며, 이 시점에서 개시 tRNA(initiator tRNA)는 다른 인자 그룹이 결합한다. 이 초기 결합 반응 후, 작은 서브유닛은 정확한 AUG 코돈을 인식할 때까지 mRNA를 스캐닝한다. 이 시점에서 개시 인자가 방출되고 60S 서브유닛이 복합체에 결합한다.

원핵세포의 신장 인자는 신장 단계에 관여한다. EF-Tu는 아미노아실-tRNA를 70S 리보솜에 결합시킨다. EF-Tu가 방출되면 GTP가 가수분해되고, EF-Ts는 EF-Tu를 활성형태로 재생시키는 데 필요하다. EF-G는 전좌에 필요하다. EF-Tu와 EF-G 인자가 리보솜에 결합하는 과정은 상호 배타적인데, 이것이 다음 단계를 시작하기 전에 각 단계를 확실하게 완료하도록 한다.

종결 단계(termination)는 UAA, UAG 및 UGA의 세 가지 특수 코돈 중 하나에서 일어난다. 종결 코돈을 특이적으로 인식하는 클래스 1 종결 인자(Class 1 release factor, RF)는 리보솜을 활성화시켜 펩티딜-tRNA를 가수분해한다. 클래스 2 RF는 클래스 1 RF를 리보솜에서 방출하는 데 필요하다. GTP-결합 인자인 IF-2, EF-Tu, EF-G 및 RF3은 모두 유사한 구조를 가지고 있으며, 후자의 두 개(EF-G 및 RF3)는 tRNA에 결합될 때 처음 두 개(IF-2, EF-Tu)의 RNA-단백질 구조를 닮아 있다. 그들은 모두 G-인자 결합 부위인 리보솜 부위에 결합한다.

리보솜은 대부분의 질량이 rRNA에 의해 제공되는 리보핵산단백질 입자이다. 모든 리보솜의 모양은 일반적으로 비슷하지만 박테리아(70S)의 모양만 자세하게 연구되어져 있다. 작은(30S) 서브유닛은 찌그러진 모양을 하고 있으며, 질량의 3분의2를 포함하는 "바디(몸체)"가 클레프트(cleft, 갈라진 틈)에 의해 "헤드"와 분리되어 있다. 큰(50S) 서브유닛은 더 구형으로, 오른쪽에 두드러진 "스톡(줄기)"과 "센트럴 프로투버런스(central protuberance, 중앙 돌출부)"가 있다. 작은 서브유닛의 모든 단백질의 대략적인 위치가 알려져 있다.

각 서브유닛은 원핵세포에서 단일 주요 rRNA, 16S 및 23S를 포함한다. 두 주요 rRNA는 광범위한 단일 염기쌍을 가지고 있으며, 대부분 짧고, 이중구조의 스템(줄기)이 단일-가닥 루프와 불완전하게 쌍을 이루고 있다. rRNA의 보존된 특징은 다양한 생물체의 rRNA로부터 얻을 수 있는 염기배열과 이차구조를 비교함으로써 확인할 수 있다. 16S rRNA에는 네 개의 독립된 별개의 영역이 있다. 23S rRNA는 6개의 다른 별개의 영역을 가지고 있다. 진핵세포 rRNA에는 추가 도메인이 있다.

결정 구조는 30S 서브유닛이 RNA와 단백질의 비대칭 분포를 가지고 있음을 보여주고 있다. RNA는 50S 서브유닛와의 경계면에 집중되어 있다. 50S 서브유닛은 구조를 가로지르는 긴 막대 모양의 이중-가닥 RNA의 단백질 표면을 가지고 있다. 30S-50S 연결은 16S rRNA와 23S rRNA 사이의 접촉이 관여하고 있다.

각 서브유닛은 폴리펩티드가 합성되는 리보솜의 번역 도메인에 집중되어 있는 몇 개의 활성 센터를 가지고 있다. 폴리펩티드는 막과 결합할 수 있는 출구 도메인을 통해 리보솜을 떠난다. 주요 활성 부위는 P 부위 및 A 부위, E 부위, EF-Tu 및 EF-G 결합 부위, 펩티딜 전이효소 및 mRNA 결합 부위이다. 리보솜 구조는 번역 단계에서 변할 수 있다; 주요 rRNA의 특정 영역의 접근 가능성의 차이가 발견되었다.

A 부위와 P 부위의 tRNA는 서로 평행하다. 안티코돈 루프는 30S 서브유닛의 그루브(groove, 홈)에서 mRNA와 결합한다. 나머지 tRNA는 50S 서브유닛과 결합한다. A 부위 내의 tRNA의 구조적 변화는 아미노아실 말단을 P 부위의 펩티딜-tRNA의 말단과 나란히 위치시키는 데 필요하다. P- 및 A-결합 부위를 연결하는 펩티딜 전이효소 부위는 펩티딜 전이효소 촉매 활성을 갖는 23S rRNA의 도메인이지만, 단백질은 아마도 올바른 구조를 획득할 필요가 있을 것이다.

단백질 합성에서 rRNA가 중요한 역할을 한다는 사실은 리보솜 기능에 영향을 미치는 돌연변이 실험, 화학적 가교 결합으로 검출할 수 있는 mRNA 혹은 tRNA와의 상호작용, 그리고 tRNA 또는 mRNA와의 개별적인 염기쌍 형성 상호작용을 유지하는 데 필요한 사항에 대한 연구로부터 밝혀졌다.

rRNA 염기의 3′ 말단 영역은 개시 단계 시 mRNA와 쌍을 이룬다. 내부 영역은 P 부위 및 A 부위 모두에서 tRNA와 개별적으로 접촉한다. 리보솜 RNA(rRNA)는 일부 항생제 또는 번역을 저해하는 다른 약제의 표적이 된다.

유전자 발현은 리보솜을 끌어들이는 mRNA의 능력과 다른 코돈을 인식하는 풍부한 특정 tRNA에 의해 번역 수준에서 조절될 수 있다. 번역 수준에서 조절하는 더 적극적인 메커니즘도 발견되었다. 번역은 mRNA와 결합하여 리보솜이 결합하는 것을 막을 수 있는 단백질에 의해 조절될 수 있다.

학습문제

1. 각 박테리아의 리보솜에는 tRNA 결합 부위가 몇 개 있는가?
   A. 1
   B. 2
   C. 3
   D. 4
2. 번역 중인 리보솜에서, 새로운 아미노산은 신장 중인 펩티드 사슬에 어떻게 추가되는가?
   A. P 부위에서 A 부위로
   B. A 부위에서 P 부위로
   C. P 부위에서 E 부위로
   D. A 부위에서 E 부위로
3. 다음 중 번역 종결 코돈이 아닌 것은 무엇인가?
   A. UGG
   B. UAG
   C. UGA
   D. UAA
4. 일반적으로 전사/번역의 어떤 단계에서 오류율이 가장 높은가?
   A. 잘못된 아미노아실-tRNA를 리보솜에 삽입되는 단계
   B. tRNA에 잘못된 아미노산이 충전되는 단계
   C. 성장하는 단백질에 잘못된 아미노산이 삽입되는 단계
   D. 전사 중 mRNA에 잘못된 염기가 삽입되는 단계
5. 원핵세포와 진핵세포 모두에서 번역의 일반적인 개시 코돈은 무엇인가?
   A. UAG
   B. UGA
   C. AUG
   D. AGU
6. 샤인-달가노 염기배열은 박테리아 mRNA 분자의 어느 곳에 존재하는가?
   A. AUG 개시 코돈의 약 35염기 상류
   B. AUG 개시 코돈의 약 10염기 상류
   C. AUG 개시 코돈의 약 15염기 하류
   D. 종결 코돈의 약 10염기 하류
7. 박테리아에서 리보솜과 mRNA 분자 간의 상호작용의 기본 원리는 무엇인가?
   A. 리보솜 단백질과 mRNA 간의 특정 단백질-RNA 상호작용
   B. 30S 서브유닛의 16S rRNA의 3′ 말단과 mRNA의 보존 서열 사이의 특정 염기쌍
   C. 30S 서브유닛 내 16S rRNA의 5′ 말단과 mRNA의 보존 염기배열 간의 특정 염기쌍
   D. 리보솜 단백질과 mRNA의 5′ 말단과 결합하는 결합 단백질 간의 특이적 상호작용
8. 박테리아의 개시자인 메티오닌 tRNA에서의 수식(modification)은 무엇인가?
   A. 메틸화

B. 인산화
C. 아세틸화
D. 포르밀화

9. 박테리아 리보솜의 큰 서브유닛의 23S rRNA과 상호작용하는 것은 무엇인가?
A. 오직 큰 서브유닛 리보솜 단백질
B. mRNA의 5′ 비번역 영역
C. mRNA의 3′ 비번역 영역
D. P 부위 및 A 부위에서 펩티딜-tRNA의 3′ CCA 말단

10. RNA 파지 R17의 외피 단백질의 자가 번역을 조절하는 것은 무엇인가?
A. 그 mRNA의 분해를 촉발시킨다.
B. mRNA의 리보솜-결합 부위를 차단한다.
C. 리보솜 서브유닛의 분리를 촉발시킨다.
D. mRNA의 개시 코돈을 차단한다.

핵심용어

A site
amber codon
context
deacylated tRNA
E site
EF-Tu
elongation
elongation factors
IF-1
IF-2
IF-3
initiation
initiation factors (IFs)
IRES (internal ribosome entry site)
N-formyl-methionyl-tRNA
ochre codon
opal codon
P site
peptidyl transferase
peptidyl-tRNA
release factor (RF)
RF1
RF2
RF3
ribosome-binding site
Shine-Dalgarno sequence
stop codon
termination
translocation
$tRNA_f^{Met}$
$tRNA_m^{Met}$

읽을거리

Hellen, C. U., and Sarnow, P. (2001). Internal ribosome entry sites in eukaryotic mRNA molecules. *Genes Dev.* **15**, 1593–1612. A review of the known mechanisms of eukaryotic translation initiation.

Moore, P. B., and Steitz, T. A. (2003). The structural basis of large ribosomal subunit function. *Annu. Rev. Biochem.* **72**, 813–850. A review of the process that led to the detailed crystal structure of the bacterial large ribosomal subunit, the structure itself, and the functions associated with that structure.

Noller, H. F. (2005). RNA structure: reading the ribosome. *Science* **309**, 1508–1514. A review of the roles of ribosomal RNA tertiary structures in tRNA selection, peptidyl transferase activity, and other ribosomal processes.

Ramakrishnan, V. (2002). Ribosome structure and the mechanism of translation. *Cell* **108**, 557–572. A review of the known and as-yet-unknown (at the time of publication) details of bacterial protein translation, based on the recently published ribosome crystal structures.

Schuwirth, B. S., Borovinskaya, M. A., Hau, C. W., Zhang, W., Vila-Sanjurjo, A., Holton, J. M., and Doudna Cate, J. H. (2005). Structures of the bacterial ribosome at 3.5 Å resolution. *Science* **310**, 827–834. A detailed examination of the structure of the complete functional bacterial ribosome.

Selmer, M., Dunham, C. M., Murphy, IV, F. V., Weixlbaumer, A., Petry, S., Kelley, A. C., Weir, J. R., and Ramakrishnan, V. (2006). Structure of the 70S ribosome complexed with mRNA and tRNA. *Science* **313**, 1935–1942. The bacterial ribosomal structure at 2.8 Å resolution.

Stark, H., Rodnina, M. V., Wieden, H. J., van Heel, M., and Wintermeyer, W. (2000). Large-scale movement of elongation factor G and extensive conformational change of the ribosome during translocation. *Cell* **100**, 301–309. The structure of the EF-G-ribosome complex both before and after ribosome translocation, and a proposal for the mechanism of translocation.

Yonath, A. (2005). Antibiotics targeting ribosomes: resistance, selectivity, synergism and cellular regulation. *Annu. Rev. Biochem.* **74**, 649–679. A review of the structural features of the bacterial ribosome targeted by various antibiotics and the molecular bases for resistances to them.

25

아미노아실-tRNA 합성효소는 tRNA와 복합체로 나타난다. Reproduced from M. Blaise et al., *Nucleic Acids Res.* 32 (2004): 2768–2775. Used with permission of Oxford University Press. Photo courtesy of Pr. Daniel Kern, Université Louis Pasteur, Institut de Biologie Moleculaire et Cellulaire, UPR 9002 du SNRS, Strasbourg.

유전암호의 사용

25장 개요

25.1 서론

5′에서 3′ 방향으로 읽혀지는 DNA의 암호화 가닥(coding strand)의 염기배열은 N-말단에서 C-말단으로 읽혀진 폴리펩티드의 아미노산 배열에 상응하는 뉴클레오티드 트리플렛(triplet, 세 염기)으로 구성된다. DNA와 단백질의 염기배열을 결정해 보면 해당 뉴클레오티드와 아미노산 배열을 직접 비교할 수 있다. 64개의 코돈이 있다(네 개의 가능한 뉴클레오티드는 각각 코돈의 세 위치에 올 수 있으므로, $4^3 = 64$개의 가능한 트리 뉴클레오티드 배열을 만든다). 이들 각각의 코돈은 번역 시 특정한 의미를 갖는다: 61개의 코돈은 아미노산을 나타내고; 세 개의 코돈은 번역을 종결시킨다.

유전암호(genetic code)를 푸는 과정에서, 원래 유전정보가 뉴클레오티드 트리플렛의 형태로 저장되어 있는 것은 알았지만, 각 코돈이 어떻게 해당 아미노산을 지정하는지는 밝히지 못했다. DNA 염기배열 결정법이 출현하기 전에, 두 가지 유형의 시험관 내 연구에 근거한 코돈 지정(codon assignment)이 추정되었다. 1961년에 합성 폴리뉴클레오티드의 번역 시스템이 도입되었는데, 이때 니렌버그(Nirenberg)는 폴리우리딜산(polyuridylic acid)[poly(U)]이 페닐알라닌(phenylalanine)을 조립(assembly)하여 폴리페닐알라닌(polyphenylalanine)으로 만든다는 것을 보여 주었다. 이러한 결과는 UUU가 페닐알라닌의 코돈이어야 함을 의미한다. 두 번째 시스템은 나중에 도입되었는데, 트리뉴클레오티드가 코돈을 모방하는 데 사용되어서, 해당 아미노아실-tRNA(aminoacyl-tRNA)가 리보솜에 결합하도록 유도되었다. 아미노아실-tRNA의 아미노산 성분을 확인함으로써, 코돈의 의미를 알 수 있었다. 이 두 기술은 모두 아미노산을 나타내는 모든 코돈에 의미를 부여하였다.

코돈에 아미노산을 지정하는 것은 무작위(random)는 아니지만, 세 번째 (3′) 염기가 코돈의 의미에 미치는 영향이 적은 관계를 보여주고 있다. 또한 화학적으로 유사한 아미노산은 종종 그와 관련된 코돈들로 표현된다. 아미노산을 나타내는 코돈의 의미는 그것에 상응하는 tRNA에 의해 결정된다; 종결 코돈의 의미는 단백질 인자에 의해 직접적으로 결정된다.

25.2 동일한 의미의 코돈들은 동일한 아미노산을 나타낸다

유전암호를 그림 25.1에 요약하였다. 아미노산보다 많은 코돈이 있으며, 결과적으로 거의 모든 아미노산은 하나 이상의 코돈을 가지고 있다. 유일한 예외는 메티오닌(methionine)과 트립토판이다. 동일한 의미를 갖는 코돈을 **동의어 코돈(synonymous codon)**이라고 한다. 유전암호는 실제로 mRNA 상에서 읽혀지므로, 대개 RNA에 존재하는 네 개의 염기(U, C, A, G)로 나타낸다.

▸ **동의어 코돈(synonymous codon)** 유전암호에서 동일한 의미를 갖는 코돈(동일한 아미노산을 지정하거나 번역 종결을 지정).

동일하거나 화학적으로 유사한 아미노산을 나타내는 코돈들은 염기배열이 비슷한 경향이 있다. 종종 코돈의 세 번째 위치에 있는 염기는 중요하지 않은 경우가 있는데, 이는 세 번째 염기에서만 다른 네 개의 코돈이 동일한 아미노산을 나타내기 때문이다. 때때로 세 번째 염기가 퓨린(purine)이냐 피리미딘(pyrimidine)이냐의 차이만 있을 뿐이다. 세 번째 위치에서의 축소된 특이성은 **세 번째-염기 축퇴성(third-base degeneracy)**이라고 알려져 있다.

▸ **세 번째-염기 축퇴성(third-base degeneracy)** 코돈의 세 번째(3′) 위치에 존재하는 뉴클레오티드가 코돈 의미에 거의 영향을 주지 않는 현상.

첫 번째 염기 \ 두 번째 염기	U	C	A	G
U	UUU, UUC — Phe F UUA, UUG — Leu L	UCU, UCC, UCA, UCG — Ser S	UAU, UAC — Tyr Y UAA, UAG — STOP	UGU, UGC — Cys C UGA — STOP UGG — Trp W
C	CUU, CUC, CUA, CUG — Leu L	CCU, CCC, CCA, CCG — Pro P	CAU, CAC — His H CAA, CAG — Gln Q	CGU, CGC, CGA, CGG — Arg R
A	AUU, AUC, AUA — Ile I AUG — Met M	ACU, ACC, ACA, ACG — Thr T	AAU, AAC — Asn N AAA, AAG — Lys K	AGU, AGC — Ser S AGA, AGG — Arg R
G	GUU, GUC, GUA, GUG — Val V	GCU, GCC, GCA, GCG — Ala A	GAU, GAC — Asp D GAA, GAG — Glu E	GGU, GGC, GGA, GGG — Gly G

그림 25.1 모든 트리플렛 코돈은 의미를 가지고 있다: 61개는 아미노산을 나타내고, 3개는 종결(STOP)을 일으킨다.

화학적으로 유사한 아미노산들이 동일한 의미의 코돈들에 의해 나타나는 경향은 돌연변이로 인한 영향을 최소화시킨다. 그것은 하나의

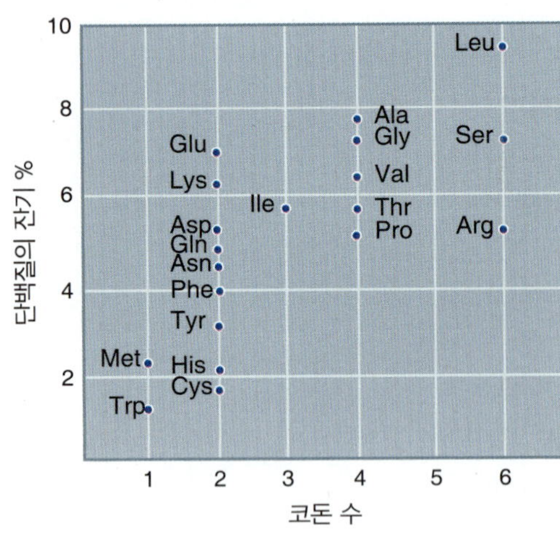

그림 25.2 단백질에서 아미노산의 사용 빈도와 그 아미노산을 지정하는 코돈의 수에 대한 상관관계가 일부 관찰된다. 두 개의 코돈에 의해 지정되는 아미노산에서는 매우 다양한 빈도로 일어남이 예외적으로 발견되고 있다.

▶ **종결 코돈(stop codon)** 번역을 종결시키는 세 개의 트리플렛(UAA, UAG 또는 UGA) 중 하나이다. 그들은 또한 역사적으로 넌센스 코돈(*nonsense codon*)으로도 알려져 있다. UAA 코돈은 오커(*ocher*), UAG 코돈은 원래 확인된 넌센스 돌연변이의 이름에 따라 *앰버*(*amber*)라고 불린다.

무작위(random) 염기 변화가 아미노산 치환을 일으키지 않거나, 유사한 성질의 아미노산을 포함할 확률을 증가시킨다. 예를 들어, CUG가 CUC로의 돌연변이는 두 코돈이 모두 루신(leucine)을 나타내기 때문에, 이러한 돌연변이 결과로 만들어지는 폴리펩티드를 변화시키지 않는다. AUU가 CUU로 돌연변이가 일어나면 루신이 이소루신으로 대체된다: 두 아미노산 모두 소수성(hydrophobic)을 가지며, 이들이 암호화된 단백질에서 유사한 역할을 하는 것 같다.

그림 25.2는 (대장균) 단백질에서 아미노산이 사용되는 빈도를 코돈의 수로 나타낸 것이다. 일반적으로, 더 많이 사용되는 아미노산은 더 많은 코돈을 가지고 있다. 이러한 사실은 아미노산의 이용과 관련하여 유전암호가 어느 정도 최적화되어 있었음을 시사한다.

아미노산을 나타내지 않는 세 개의 코돈(UAA, UAG 및 UGA)은 번역을 종결하는 데 특별히 사용된다. 이들 **종결 코돈(stop codon)** 중 하나는 모든 오픈 리딩 프레임(open reading frame, ORF)의 끝을 표시한다.

몇 가지 드문 예외를 제외하고는, 유전암호는 모든 생명체에서 동일하다. 이 유전암호의 보편성은 그것이 진화에서 아주 초기에 확립되었을 것임을 시사하고 있다. 아마도 유전암호는 적은 수의 코돈이 상대적으로 적은 수의 아미노산을 나타내기 위해 사용되었고, 아미노산 그룹 중 어느 멤버에 해당하는 코돈 하나라도 포함하는 원시적인 형태(primitive form)로 시작했을 것이다. 더 정밀한 코돈의 의미와 추가 아미노산은 나중에 도입되었을 수 있다. 하나의 가능성은 처음에는 각 코돈의 세 개의 염기 중 두 개만이 사용되었다는 것이다; 세 번째 염기에서의 차별성은 나중에 진화되었을 수 있다.

유전암호의 진화는 시스템이 매우 복잡해지면서 코돈의 의미가 바뀌면 받아들일 수없는 아미노산으로 대체되어 단백질의 기능을 파괴할 수 있는 시점에서 "동결(frozen)"되었을 수도 있다. 유전암호에 나타나고 있는 거의 모든 보편성으로부터, 모든 생명체는 유전암호가 발생한 원시세포(primitive cell)의 단일 풀(pool)에서 유래한 초기 단계에서 일어났음에 틀림없다는 것을 의미한다.

핵심개념

- 가능한 64개의 트리플렛(triplet, 세 염기) 중 61개는 20개의 아미노산을 코딩한다.
- 세 코돈은 아미노산을 나타내지 않으며 번역의 종결을 일으킨다.
- 유전암호는 진화의 초기 단계에서 동결되었으며 거의 모든 생명체에 보편적이다.
- 대부분의 아미노산은 하나 이상의 코돈으로 표현된다.
- 하나의 아미노산에 대하여 같은 의미를 갖는 복수의 코돈이 존재한다.
- 화학적으로 유사한 아미노산은 종종 동일한 의미를 갖는 코돈들을 가지고 있어, 돌연변이의 영향을 최소화한다.

개념 및 추론 확인

유전 암호의 축퇴성(degeneracy)이 돌연변이의 영향을 어떻게 최소화하는가?

25.3 코돈-안티코돈 인식에는 워블링 현상이 일어난다

번역에서 tRNA의 기능은 리보솜 A 부위에서 mRNA 코돈을 인식하는 것이다. 안티코돈과 코돈 사이의 상호작용은 염기쌍 형성(base pairing)에 의해 발생하지만, 일반적인 G-C 및 A-U 파트너십(partnership)을 초월한 염기쌍을 확장하는 규칙에 따라 발생한다. 유전암호 자체는 코돈 인식 과정에 대한 몇 가지 중요한 단서를 제공한다. 세 번째-염기 축퇴성(third-base degeneracy)의 패턴은 그림 25.3에서 명확하게 나타나 있는데, 거의 모든 경우 세 번째 염기는 아무런 영향을 미치지 않거나 퓨린과 피리미딘 사이에서만 차이가 있다는 것을 보여주고 있다.

동일한 처음 두 개의 염기를 공유하는 네 개의 코돈 모두 동일한 의미를 갖는 8개의 코돈 패밀리(codon family)가 있으므로, 세 번째 염기는 아미노산을 지정하는 데 아무런 역할을 하지 않는다. 세 번째 위치에 피리미딘이 존재하는지의 여부에 관계없이 의미가 같은 7개의 코돈 쌍이 있으며, 퓨린이 코딩된 아미노산을 변화시키지 않고 존재할 수 있는 5개의 코돈 쌍이 존재한다.

세 번째 위치에 특정 염기가 존재함으로써 특정한 의미가 부여되는 경우는 세 경우이다: AUG(메티오닌의 경우), UGG(트립토판의 경우) 및 UGA(종결). 따라서 C와 U는 세 번째 위치에서 특별한 의미를 갖지 않으며, A는 결코 고유한 아미노산을 의미하지 않는다.

안티코돈은 코돈과 상보적이다; 따라서 이것은 동일한 관습에 따라 쓰인 코돈 염기배열에서 세 번째 염기와 쌍을 이루는 5′에서 3′ 방향으로 전통적으로 쓰인 안티코돈 염기배열의 첫 번째 염기이다. 따라서 이 조합은

코돈	5′ A C G 3′
안티코돈	3′ U G C 5′

일반적으로 코돈 ACG/안티코돈 CGU로 작성되며, 여기서 안티코돈 염기배열은 코돈과의 상보성으로 인해 역으로 읽혀져야 한다.

혼란을 피하기 위해, 우리는 모든 염기배열을 5′-3′으로 쓰고 있지만, 코돈과의 관계를 일깨우는 역방향 화살표가 있는 안티코돈 염기배열을 나타내는 통상적인 관습을 유지해야 한다. 따라서 앞에서 보여준 코돈/안티코돈 쌍은 ACG와 CGU^{d}로 각각 쓰여질 것이다.

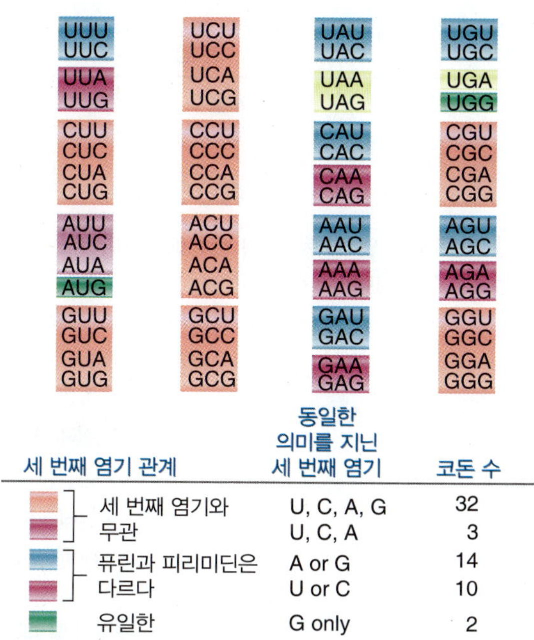

그림 25.3 코돈의 세 번째 염기는 코돈의 의미에 가장 적게 영향을 미친다. 세 번째 염기의 축퇴성으로 의미가 동일하게 되는 코돈의 그룹들을 박스로 표시하였다.

각 트리플렛 코돈은 정확하게 상보적인 안티코돈이 있는 자체 tRNA가 필요한가? 또는 단일 tRNA가 코돈 쌍의 멤버와 코돈 패밀리의 네 구성원 중 모두(또는 적어도 일부)에 반응할 수 있을까?

종종 하나의 tRNA는 하나 이상의 코돈을 인식할 수 있다. 특정 tRNA가 인식하는 모든 코돈은 처음 두 위치에서 동일해야 한다. 이와는 대조적으로, tRNA 안티코돈의 첫 번째 위치에 있는 염기는 코돈의 대응하는 세 번째 위치에서 다른 염기와 결합할 수 있다. 이 위치에서의 염기쌍(base pairing)은 일반적인 G-C 및 A-U 파트너십에만 국한되지 않는다.

인식 패턴을 지배하는 규칙은 처음 두 개 코돈 위치에서 코돈과 안티코돈의 쌍이 항상 통상 규칙을 따르지만, 예외적인 "워블(wobble, 동요)"은 제3 위치에서 발생한다는 **워블 가설(wobble hypothesis, 동요 가설)**에 요약되어 있다. 워블링(wobbling)은 코돈-안티코돈 쌍이 발생하는 리보솜 A 부위의 구조가 안티코돈의 첫 번째 염기에서 유연성을 증가시키기 때문에 발생한다. 이 위치에서 발견되는 가장 일반적인 비전통적인 쌍은 G-U이다(그림 25.4). 예를 들어, tRNA^{Gln}의 안티코돈 UUG는 CAA 및 CAG 글루타민 코돈을 모두 인식하고, tRNA^{His}의 안티코돈 GUG는 CAU 및 CAC

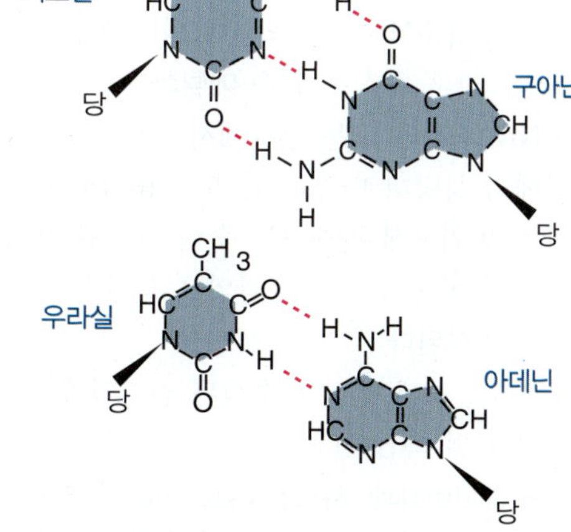

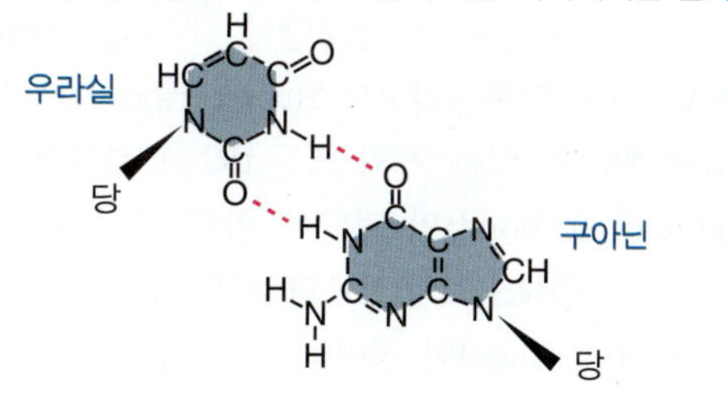

그림 25.4 염기쌍 형성에서 워블(wobble) 현상은 코돈의 세 번째 염기와 안티코돈의 첫 번째 염기 사이에 G-U 쌍의 형성을 허용한다.

▶ **워블 가설(wobble hypothesis, 동요 가설)** tRNA가 코돈의 세 번째 염기와 특이한 (G-C, A-T 쌍이 아닌) 쌍으로 하나 이상의 코돈을 인식하는 능력.

안티코돈 첫 번째 위치의 염기	코돈의 세 번째 위치에서 인식하는 염기(들)
U	A 혹은 G
C	G 만
A	U 만
G	C 혹은 U

그림 25.5 코돈-안티코돈 쌍의 형성에는 세 번째 위치에서 워블 염기쌍이 나타난다.

히스티딘 코돈을 모두 인식한다. 세 번째 코돈 위치에서 허용되는 다른 비전통적인 쌍에는 수식된 염기들이 포함되어 있다(*25.5절 수식된 염기는 안티코돈-코돈 짝 형성에 영향을 준다* 참조).

올리고 뉴클레오티드 G-U 쌍에 대한 코돈의 세 번째 위치의 수용 능력은 A가 코돈에서 더 이상 고유한 의미를 가질 수 없는 염기쌍 패턴을 생성한다(인식하는 U는 또한 G를 인식해야 하기 때문에). 마찬가지로, C는 더 이상 고유한 의미도 가지지 않는다(C를 인식하는 G도 U를 인식해야 하기 때문이다). 그림 25.5는 인식 패턴을 요약한 것이다. 따라서 세 번째 염기가 G 또는 U인 경우에만 고유 코돈을 인식할 수 있다. 그러나 UGG 및 AUG만이 이러한 고유 인식의 예를 제공한다.

핵심개념

- 동일한 아미노산을 나타내는 동일한 의미를 갖는 많은 코돈들은 세 번째 염기 위치에서 가장 다르다.
- 안티코돈의 첫 번째 염기와 코돈의 세 번째 염기 간의 염기쌍에서의 워블(wobble, 동요)은 리보솜 A 부위의 rRNA 뉴클레오티드에 의한 염기쌍의 느슨한 모니터링 결과이다.

개념 및 추론 확인

워블 가설(wobble hypothesis, 동요 가설)은 무엇이며, 유전암호의 세 번째-염기 축퇴성(third-base degeneracy)과 어떻게 일치하는가?

25.4 tRNA에는 수식 염기가 있다

▶ **전사 후 수식(posttranscriptional modification)** 폴리뉴클레오티드 사슬에 처음 도입된 후 DNA 또는 RNA의 뉴클레오티드에 생기는 모든 변화.

전달 RNA(tRNA)는 핵산들 중에서 수식된 염기들을 가지고 있다는 점에서 특이하다. 수식된 염기는 모든 RNA가 합성되는 통상적인 A, G, C 및 U를 제외한 임의의 퓨린 또는 피리미딘 고리이다. 다른 모든 염기는 폴리리보뉴클레오티드(polyribonucleotide) 사슬에 혼입된 후에 네 염기 중 하나가 **전사 후 수식(posttranscriptional modification)**에 의해 생성된다. 일부 tRNA 뉴클레오티드의 리보오스 당은 또한 2-하이드록실(2-hydroxyl)에 메틸화되어 2-O-메틸 수식을 일으킨다.

모든 종류의 RNA가 어느 정도의 수식을 나타내지만, 염기에 대한 화학적 변형의 범위는 tRNA에서 훨씬 더 크다. 수식은 단순 메틸화에서부터 염기의 대규모의 구조 조정에 이르기까지 다양하다. 수식은 tRNA 분자의 모든 부분에서 일어난다. 그것들은 tRNA 종 사이의 보전 정도와 발견된 분자 내의 위치에서 상당히 다양하다. 특정 tRNA 또는 tRNA의 작은 서브 그룹에 특이적인 수식은 일반적으로 보다 광범위하게 존재하는 수식보다 덜 흔하다. 종-특이적(species-specific)인 패턴도 있다. tRNA에는 70가지 이상의 다른 유형의 수식된 염기가 존재한다. 각 tRNA는 평균적으로 그 염기의 약 15~20% 정도 수식된다.

그림 25.6은 보다 흔하게 수식된 염기의 일부를 보여준다. 피리미딘(C 및 U)의 수식은 퓨린(A 및 G)의 수식보다 덜 복잡하다.

우리딘(uridine)과 시토신(cytosine)에 대한 가장 일반적인 수식은 메틸화이며, 이는 고리(ring) 상의 여러 위치에서 발생할 수 있다. 우라실(uracil)의 5번 위치에서 메틸화가 일어나면 리보티미딘(ribothymidine, T)을 생성한다. 티미딘(thymidine) 염기는 DNA에서 발견되는 것과 동일하지만, tRNA에서는 데옥시리보오스(deoxyribose)보다는 리보오스에 붙는다. 이 티미딘은 TΨC 루프(loop)의 54번째 위치에 있는 거의 모든 tRNA 분자에서 발견된다. 슈도우리딘(pseudouridine)은 글리코시드 결합(glycosidic bond)의 절단에 의해 생성된 두드러진 우리딘 수식이며, 풀어진 고리의 제한된 회전과 C5 탄소가 리보오스의 C1 탄소에 재결합이 이어진다. 따라서 슈도우리딘에는 N-글리코시드 결합(N-glycosidic linkage)이 결여되어 있다. 거의 모든 tRNA는 TΨC 루프의 55번 위치에 슈도우리딘을 가지고 있다. 56번 위치는 또한 시토신으로서 매우 고도로 잘 보존되어있다; 이와 더불어, 54~56 위치에서의 TψC 염기배열은 tRNA 분자의 이 부분을 명명하는 기초를 제공한다.

우라실의 C5와 C6에 결합하고 있는 이중 결합을 포화시킴으로써 생성된 디히드로우리딘(dihydrouridine, D) 수식은 거의 일반적으로 tRNA의 D 루프에서 발견된다. TΨC 염기배열과 마찬가지로, 이 D 수식은 tRNA의 D 스템-루프(stem-loop)를 명명하기 위한 기초를 제공한다. D의 이중 결합을 제거하면 우라실 고리의 방향성과 평면성이 파괴되어 tRNA의 구형 코어(globular core)의 모양을 미묘하게 수식시키는 비정상적인 구조가 생성된다.

뉴클레오시드 이노신(nucleoside inosine, I)은 퓨린 생합성 경로에서 중간체로서 세포 내에서 정상적으로 발견된다. 그러나 이것은 RNA에 직접적으로 통합되지 않는다. 그 대신, 그 존재는 A를 수식시켜 I를 만든다. I가 5′-안티코돈 위치에 결합하면 mRNA의 세 번째 코돈 위치에서 워블 염기쌍(wobble base pairing)의 원인이 된다(*25.5절 수식된 염기는 안티코돈-코돈 짝 형성에 영향을 준다* 참조).

A와 G의 수식은 종종 극적인 새로운 구조를 생성한다(그림 25.6 참조). 예를 들어, 두 개의 복잡한 일련의 뉴클레오티드는 G의 수식에 의존한다. 큐오신(queuosine)과 같은 Q 염기는 NH 결합을 통해 7-메틸 구아노신(7-methylguanosine)의 메틸기에 부가된 펜테닐 고리(pentenyl ring)를 갖는다. 펜테닐 고리는 다양한 추가 그룹을 가질 수 있다. 위오신(wyosine)과 같은 Y 염기에는 퓨린 고리(purine ring) 자체와 융합된 추가 고리가 있다. 이 여분의 고리는 긴 탄소 사슬을 가지고 있다; 다시 말하면, 또 다른 경우에 추가 그룹이 첨가되는 사슬이다.

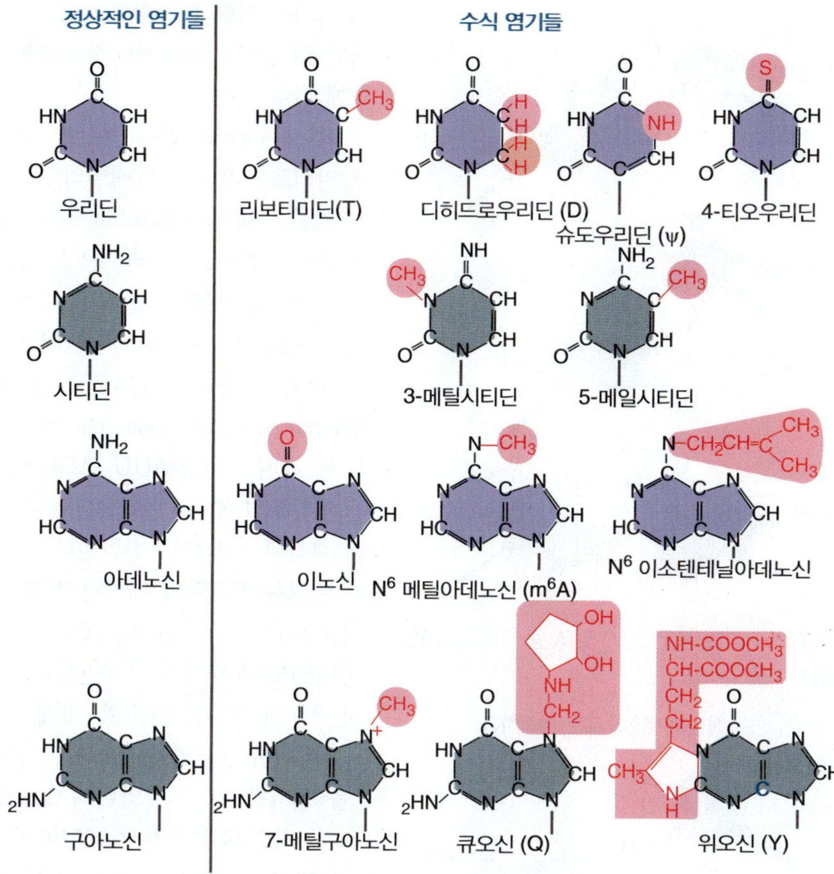

그림 25.6 tRNA에서 네 개의 염기 모두는 수식될 수 있다.

핵심개념

- tRNA에는 70개 이상의 수식된 염기가 포함되어 있다.
- 수식(modification)은 보통 tRNA의 기본적인 염기의 직접적인 변화를 수반하지만, 염기가 제거되고 다른 염기로 대체되는 몇 가지 예외가 있다.

개념 및 추론 확인

tRNA 염기는 전사 후 수식 과정으로 수식되어져 있으며, 원래의 유전자에 의해 코드(암호화)되지 않다는 것을 어떻게 알 수 있는가?

25.5 수식된 염기는 안티코돈-코돈 짝 형성에 영향을 준다

안티코돈에 인접한 tRNA 수식은 mRNA 코돈과 쌍을 이루는 능력에 영향을 미친다. 대부분의 그러한 수식은 안티코돈 루프의 위치 34와 37에서 나타나며, 일반적으로 안티코돈에서 사용가능한 움직임의 범위를 제한함으로써 기능한다. 차례로, 이것은 리보솜의 A 사이트로의 tRNA의 도킹(docking)을 용이하게 한다. 이러한 수식은 코돈 쌍 형성(codon pairing)에 영향을 미치며, 결과적으로 세포가 tRNA

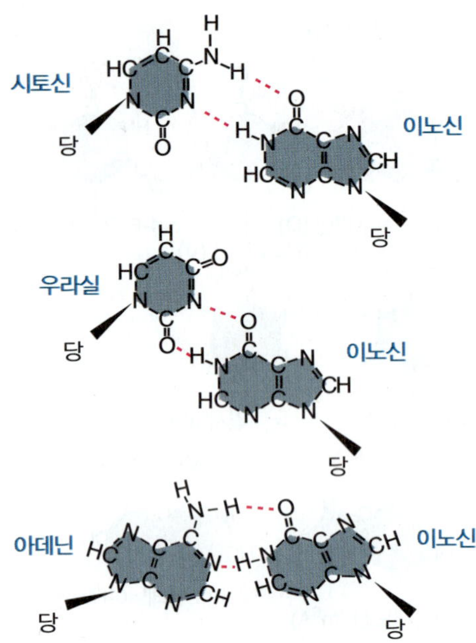

그림 25.7 이노신은 U, C 및 A 중 어느 것과도 쌍을 이룰 수 있다.

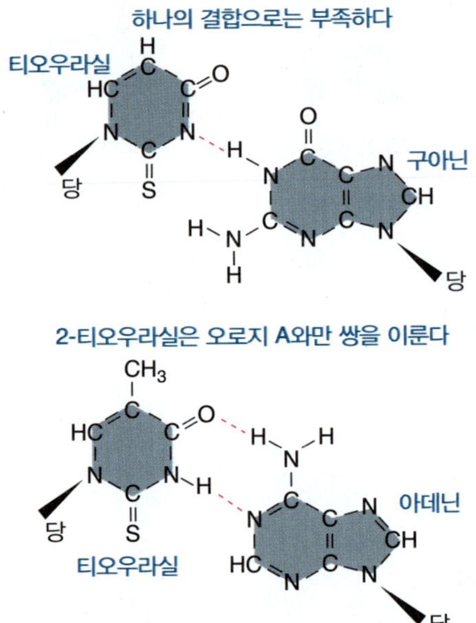

그림 25.8 2-티오우리딘으로 수식이 일어나면 A와만의 염기쌍 형성이 제한되는데, 이는 G와는 수소결합이 하나만 형성되기 때문이다.

의 의미를 어떻게 지정하는지를 결정하는 데 도움을 준다. 수식된 염기는 A, C, U 및 G의 전형적인 염기쌍과 워블 페어링(wobble pairing) 이외의 또 다른 짝 형성 패턴(pairing pattern)을 만들게 한다.

이노신(inosine)은 U, C, A 세 개의 염기 중 어느 하나와도 쌍을 이룰 수 있기 때문에, 첫 번째 안티코돈 위치(염기배열의 34번 뉴클레오티드)에 존재할 때 특히 중요하다(**그림 25.7**). 이노신의 역할은 이소류신(isoleucine) 코돈의 해독에서 잘 설명되어 있다. 여기서 AUA는 이소류신을 코드하고, AUG는 메티오닌을 코드한다. 세 번째 코돈 위치에서 A를 읽으려면 tRNA가 첫 번째 안티코돈 위치에서 U를 필요로 하지만 워블 위치(wobble position)에서 이 U는 필연적으로 G와 쌍을 이룰 것이다. 따라서 안티코돈에 5′ U가 있는 모든 tRNA는 AUG와 AUA를 둘 다 인식하게 된다. 이 문제는 A34를 갖는 이소류신 tRNA를 합성한 다음, 효소 tRNA 아데노신데아미나아제(adenosine deaminase)에 의해 A34를 I34로 수식시킴으로써 해결된다. I34는 이소류신 세트의 세 가지 코돈인 AUU, AUC 및 AUA를 모두 인식할 수 있다.

대부분의 경우, 안티코돈의 첫 번째 위치에 있는 U는 페어링(pairing, 염기쌍) 속성이 변경된 수식된 형식으로 변환된다. 산소 대신에 2-티오 그룹(2-thio group)을 갖는 U의 유도체는 G와 비교하여 A와의 페어링 형성 시 향상된 선택성을 나타낸다(**그림 25.8**). 우리딘-5-옥시아세트산(uridine-5-oxyacetic acid) 및 첫 번째 위치에서 이와 관련된 수식을 가지고 있는 안티코돈은 단일 tRNA가 동의어 코돈(synonymous codon)인 NNA, NNC, NNU 및 NNG의 세 개, 때로는 네 개 모두를 읽을 수 있게 하는 주목할 만한 특성을 갖는다.

이러한 염기쌍(pairing) 관계와 다른 염기쌍 관계는 아미노산을 나타내는 61개의 모든 코돈을 인식할 수 있는 일련의 tRNA를 만드는 여러 가지 방법이 있음을 보여주고 있다. 어느 특정한 생물체에서 특정 패턴이 우세하지는 않지만, 특정 경로가 없으면 일부 인식 패턴의 사용을 막을 수 있다. 따라서 특정 코돈 패밀리는 다른 생물체에서 다른 안티코돈을 가진 tRNA에 의해 읽혀진다.

종종 tRNA는 특정 코돈들을 읽을 수 있는 중복 기능(overlapping capacity)을 가지고 있기 때문에, 특정 코돈은 둘 이상의 tRNA에 의해 읽힌다. 그러한 경우 또 다른 인식 반응의 효율성에 차이가 있을 수 있다(일반적으로, 많이 사용되는 코돈들은 보다 효율적으로 읽히는 경향이 있다).

워블 페어링의 예측은 거의 모든 tRNA에 대한 실험적 증거와 잘 일치한다. 그러나 tRNA에 의해 인식되는 코돈이 워블 규칙에 의해 예측된 코돈과 다른 예외가 있다. 이러한 효과는 아마도 tRNA의 전반적인 3차 구조에서 이웃하는 염기의 영향 및/또는 안티코돈 루프의 구조로부터 생길 것이다. 주변 구조의 영향에 대한 추가적인 뒷받침은 그 분자의 다른 일부 영역에서의 염기 변화가 코돈을 인식하는 안티코돈의 능력을 변화시키는 진귀한 돌연변이체의 분리실험으로 증명되었다.

핵심개념

- 안티코돈의 수식은 워블 페어링(wobble pairing)의 패턴에 영향을 미치므로, tRNA 특이성을 결정하는 데 중요하다.

개념 및 추론 확인

왜 어떤 종(species)은 40개의 tRNA 종으로 적고, 어떤 종은 60개의 많은 tRNA 종을 가지고 있는가?

25.6 보편성을 지닌 유전암호에 약간의 변형이 존재한다

유전암호의 보편성은 두드러지지만, 몇 가지 예외가 존재한다. 그 예외들은 개시 또는 종결에 관련된 코돈에 영향을 미치는 경향이 있다. 주요 (박테리아 또는 핵) 게놈에서 발견된 변화를 그림 25.9에 요약하였다.

코돈이 아미노산을 지정하도록 하는 핵 게놈에서의 거의 모든 변화는 종결 코돈에 영향을 미친다:

- 원핵생물 *마이코플라스마*(*Mycoplasma capricolum*)에서 UGA는 종결에 사용되지 않고, 트립토판(tryptophan, Trp)을 코드한다. 사실, Trp 코돈으로 UGA가 주로 사용되며, UGG는 아주 드물게 사용된다. 두 개의 tRNA Trp 종이 존재하며, 안티코돈 UCA^{d} (UGA 및 UGG로 읽음) 및 CCA^{d} (UGG로만 읽음)를 가지고 있다.
- 일부 섬모세포(단세포 원생동물)는 종결 신호 대신에 UAA와 UAG를 글루타민(glutamine)으로 읽는다. 섬모 중 하나인 테트라히메나(*Tetrahymena thermophila*)에는 세 개의 tRNA^{Gln} 종을 가지고 있다. UUG 안티코돈을 가진 하나의 tRNA^{Gln}은 글루타민의 일반적인 코돈인 CAA와 CAG를 인식하고, 안티코돈이 있는 두 번째 종인 UUA는 UAA와 UAG(워블 가설에 따라)를 인식하며, 안티코돈 CUA는 UAG만을 인식한다. 새롭게 재지정된 글루타민 코돈에서 조기 종결을 방지하기 위해서 UGA 종결 코돈을 인식할 수 있도록 종결 인자(release factor) eRF의 특이성을 제한해야 한다.
- 다른 섬모(*Euplotes octacarinatus*)에서는 UGA 종결 코돈이 시스테인(cysteine)으로 재지정된다. UAA만 종결 코돈으로 사용되며 UAG는 발견되지 않는다. UGA의 의미 변화는 tRNA^{Cys}의 안티코돈을 I34로 수식시킴으로써 이루어질 수 있으며, 따라서 일반적인 코돈 UGU 및 UGC와 함께 UGA를 판독할 수 있다. UGA는 *Euplotes crassus*에서 이중의 의미를 갖는다(*25.7절* 참조).
- 효모(칸디다 균, *Candida*)에서, CUG는 류신 대신 세린으로 재지정된다. 이것은 하나의 센스코돈(sense codon, 아미노산을 지정하는 코돈)에서 다른 코돈으로 재지정되는 드문 예이다.

일반적으로 종결 코돈에 의한 코딩 기능을 획득하기 위해서는 두 가지 유형의 변화가 필요하다: tRNA는 코돈을 인식할 수 있도록 돌연변이가 일어나야 하며, 클래스 1 방출 인자(release factor)는 이 코돈에서 종결되지 않도록 변경되어야 한다. 다른 일반적인 유형의 변화는 코돈이 더 이상 아미노산을 지정하지 않도록 코돈에 반응하는 tRNA가 손실되는 것이다.

이러한 모든 변화는 산발적이며, 이는 특정 진화 계통에서 독립적으로 발생했다는 것을 의미한다. 이 위치에서 하나의 아미노산이 다른 아미노산으로의 치환이 없기 때문에 이러한 모든 변화들은 종결

UUU	Phe	F	UCU	Ser	S	UAU	Tyr	Y	UGU	Cys	C
UUC			UCC			UAC			UGC		
UUA	Leu	L	UCA			UAA	STOP→Gln	Q	UGA	STOP→Trp, Cys, Sel	W C S
UUG			UCG			UAG			UGG	Trp	W
CUU	Leu	L	CCU	Pro	P	CAU	His	H	CGU	Arg	R
CUC			CCC			CAC			CGC		
CUA			CCA			CAA	Gln	Q	CGA		
CUG	Leu→Ser	S	CCG			CAG			CGG	Arg→NONE	
AUU	Ile	I	ACU	Thr	T	AAU	Asn	N	AGU	Ser	S
AUC			ACC			AAC			AGC		
AUA	Ile→NONE		ACA			AAA	Lys	K	AGA	Arg→NONE	
AUG	Met	M	ACG			AAG			AGG	Arg	R
GUU	Val	V	GCU	Ala	A	GAU	Asp	D	GGU	Gly	G
GUC			GCC			GAC			GGC		
GUA			GCA			GAA	Glu	E	GGA		
GUG			GCG			GAG			GGG		

그림 25.9 박테리아 또는 진핵생물의 핵 게놈에서 유전암호가 변하면 보통 아미노산을 종결 코돈으로 지정하거나, 더 이상 아미노산을 명시하지 않도록 코돈을 변화시킨다. 하나의 아미노산에서 다른 아미노산으로 의미가 변하는 것은 드물다.

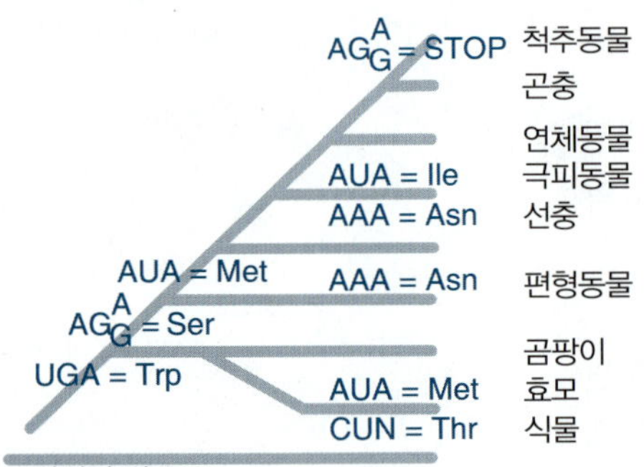

그림 25.10 미토콘드리아에서 유전암호의 변화는 계통 발생(phylogeny)으로 추적할 수 있다. AUA = Met의 변화와 AAA = Asn의 변화는 각각 독립적으로 두 번 발생했으며, 초기의 AUA = Met의 변화가 극피동물에서 반전되었음을 가정하면 독립적인 변화가 최소의 수로 생성된다.

코돈에 집중되었을 것이다. 진화의 초기에 유전암호가 확립되어, 코돈의 의미가 일반적으로 바뀌면 그 아미노산을 포함하고 있는 모든 단백질에서 아미노산 대체가 일어날 것이다. 이러한 아미노산의 대체는 이들 단백질의 적어도 일부에서는 해로운 영향을 주게 될 것이므로, 그 결과 강하게 도태될 가능성이 높다. 종결 코돈의 이러한 다른 사용은 정상적인 코딩 목적으로 **"캡쳐(capture, 포획)"** 되었음을 의미한다. 만일 일부 종결 코돈이 아주 드물게만 사용된다면, 이들 코돈의 재지정을 가능하게 하는 tRNA의 변경을 통해, 코딩 목적으로 이들을 보충하는 것이 더 쉬웠을 것이다.

보편적인 유전암호에 대한 예외는 여러 종의 미토콘드리아에서도 발생한다. **그림 25.10**은 미토콘드리아에서의 변화에 대한 계통발생을 나타낸 것이다. 이러한 계통 발생을 구성할 수 있는 것은 미토콘드리아 진화에 있어 다양한 지점에서 변화한 보편적인 코드(universal code)가 있음을 시사한다. 가장 초기의 변화는 트립토판(tryptophan)을 코드하기 위한 UGA의 이용인데, 이것은 식물체를 제외한 모든 미토콘드리아에 공통적이다.

미토콘드리아 코드에서 변화가 일어난 이유는 무엇일까? 미토콘드리아는 적은 수의 단백질(~10개)만을 합성하므로, 결과적으로, 의미의 변화에 따른 혼란의 문제가 훨씬 덜 심각하다. 변경된 코돈은 아미노산 치환이 해로운 위치에서는 광범위하게 사용되지 않았을 가능성이 있다.

핵심개념

- 일부 생물종에서 보편적인 유전암호의 변화가 발생한다.
- 이들 변화는 미토콘드리아 게놈에서 더 일반적이며, 이들 변화에 대한 계통수를 구성할 수 있다.
- 핵 게놈의 경우, 이러한 변화는 통상 종결 코돈에만 영향을 준다.

개념 및 추론 확인

보편적인 유전암호에 있는 몇몇 변이에서 변화가 유도되고, 현존하는 종(species)의 공통 선조에서는 그 변이가 존재하지 않았다는 증거는 무엇인가?

25.7 특정 종결 코돈에 새로운 아미노산이 삽입될 수 있다

유전암호를 해독하는 과정에서의 특정한 변화는 개별 유전자에서 일어난다. 이러한 변화의 특이성은 특정 코돈의 해독이 주변 염기들의 영향을 받는다는 것을 시사하고 있다.

시스테인(cysteine)의 황이 셀레늄(selenium)으로 대체된 셀레노시스테인은 생물의 세 도메인(domain, 영역) (분류학 용어로서, Bacteria, Archaea, Eukaria) 모두에서 셀레노단백질(selenoprotein)을 코딩하는 유전자 내의 특정 UGA 코돈에 첨가되어 있다. 보통 이들 단백질은 산화-환원 반응을 촉매한다. 셀레노시스테인 잔기는 전형적으로 활성 부위에 위치하여 화학반응을 직접 촉진시킨다. 예를 들어, UGA 코돈은 포름산 탈수소화효소 동질효소(formate dehydrogenase isozyme)를 코딩하는 세 개의 대장균 유전자에서 셀레노시스테인(selenocysteine)을 지정한다; 첨가된 셀레늄은 촉매활성 몰리브덴 이온(molybdenum ion)을 활성 부위에서 직접 연결시킨다. 셀레노시스테인을 코딩할 수 있는 생물체는 90개 이상의 뉴클레오티드 길이를 가지며, 표준에서 벗어난 길이의 수용체 스템과 T 스템을 포함하는 비정상적인 tRNA, 즉 $tRNA^{Sec}$를 보유하고 있다.

어떤 UGA 코돈이 셀레노시스테인으로 해석되어야 하는지에 대한 선택은 mRNA의 특정 영역의 이차구조에 의해 결정된다. *SECIS* 요소(*SECIS element*)라고 하는 UGA 코돈의 하류에 있는 헤어핀 루프(hairpin loop)는 셀레노시스테인의 첨가와 종결 인자 결합의 차단에 필요하다. SECIS 요소는 박테리아의 UGA 코돈에 직접 인접해 있지만, 고세균(Archaea) 및 진핵생물에서는 mRNA의 3′-비번역 영역(3′-untranslated region)에 위치한다. 대장균에서 특이적인 번역 신장 인자인 SelB는 Sec-tRNA^{Sec}과 상호작용하며 전구체 Ser-tRNA^{Sec}(seryl-tRNA^{Sec})를 포함한 다른 아미노아실화 tRNA와는 상호작용하지 않는다. 또한 SelB는 SECIS 요소에 직접 결합된다. SelB 작용의 결과는 올바르게 나란히 놓인 SECIS 부위를 소유하는 UGA 코돈만이 리보솜 A 부위에 Sec-tRNA^{Sec}를 생산적으로 결합할 수 있게 된다(그림 25.11). 고세균(Archaea)과 진핵생물은 SelB에 상동체(homolog)를 가지고 있지만, 리보솜에 셀레노시스테인을 삽입할 수 있도록 허용하기 위해서는 추가 단백질인 SBP2가 있어야 한다.

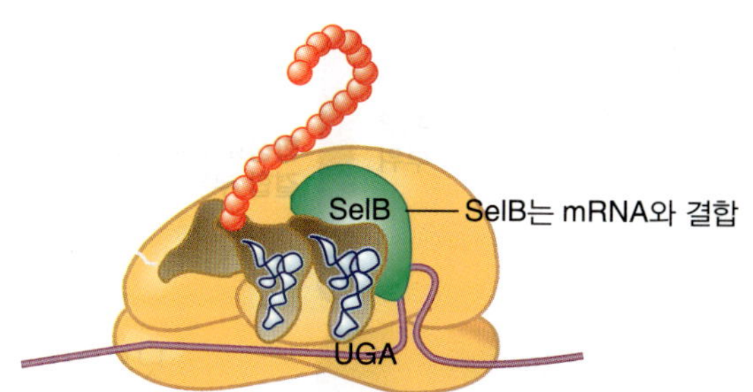

그림 25.11 SelB는 mRNA에서 UGA 종결 코돈에 뒤이어 스템-루프 구조가 있으면 tRNA^{Sec}가 종결 코돈에 특이적으로 결합하는 신장 인자(elongation factor)이다.

특별한 아미노산 삽입의 또 다른 예로는 몇 가지 박테리아뿐만 아니라 고세균 속(archaeal genus)의 메타노사르시나(*Methanosarcina*)에 있는 특정 UAG 코돈에서의 피롤리신(pyrrolysine) 삽입이다. 피롤리신을 삽입하기 위해서는, 특화된 tRNA^{Pyl}을 피롤리신으로 아미노아실화하는 피롤리실-tRNA 합성효소(pyrrolysyl-tRNA synthetase, PylRS)와 같은 특수한 아미노아실-tRNA 합성효소가 필요하다. tRNA^{Pyl}는 5′-CUA 안티코돈을 가지고 있어 UAG를 읽을 수 있다.

최근에, UGA 코돈이 섬모 유플로테스 크라수스(*Euplotes crassus*)에서 시스테인 또는 셀레노시스테인의 삽입을 지정하는 것이 발견되었다. 동일한 유전자 내에서도 UGA의 이중 사용이 발견되었고, 어떤 아미노산이 삽입되는지에 대한 선택은 mRNA의 3′-비번역 영역(3′-untranslated region, 3′-UTR)의 구조에 달려있다. UGA는 일반적으로 유플로테스(*Euplotes*)에서 Cys를 지정하고 종결 코돈으로 기능하지 않는다. 결과적으로, 이 연구는 위치-특이적인 이중 사용은 그 생물체에서 종결 이외로는 사용되지 않는 코돈의 주변 상황에 따라 발생할 수 있음을 보여준다.

핵심개념

- 일부 UGA 코돈에서 셀레노시스테인(selenocysteine)의 삽입은 여러 단백질과 함께 특이한 tRNA의 작용을 필요로 한다.
- 특이한 아미노산 피롤리신(pyrrolysine)은 특정 UAG 코돈에 삽입될 수 있다.
- UGA 코돈은 섬모 유플로테스 크라수스(*Euplotes crassus*)에서 셀레노시스테인과 시스테인을 모두 지정한다.

개념 및 추론 확인

특정 코돈의 해독 과정에서의 변화는 특정한 염기배열 주변 상황을 왜 요구한다고 추정되는가?

25.8 tRNAs에는 아미노아실-tRNA 합성효소에 의해 아미노산이 결합된다

tRNA는 공통적으로 뚜렷한 특징을 지니는 것이 필요하지만, 아직 서로 구별되는 다른 특징을 가지고 있다. 이 능력을 부여하는 중요한 기능은 tRNA가 특이한 3차 구조로 접히는 능력이다. “L”자 모양에서의 두 팔(arm)의 각도 혹은 개별 염기의 돌출과 같은 이 구조의 세부적인 변화는 각각의 tRNA를 구별할 수 있게 한다.

모든 tRNA는 리보솜의 P 부위 및 A 부위에 들어갈 수 있다. 한쪽 끝에서 tRNA들은 코돈-안티코돈 쌍 형성을 통해 mRNA와 결합하며, 다른 끝에서는 폴리펩티드가 합성되고 전달된다. 마찬가지로, 모든 tRNA(개시 tRNA는 제외)는 리보솜 결합에 필요한 신장 인자(EF-Tu 또는 eEF1)에 의해 인식되는 능력을 공통적으로 가지고 있다. 개시 tRNA(initiator tRNA)는 IF-2 또는 eIF2에 의해 대신 인식된다. 따라서 tRNA 세트는 신장 인자와의 상호작용에 필요한 공통의 특징을 가져야 하지만, 개시 tRNA는 다른 tRNA들과 구별되어진다.

아미노산은 아미노아실-tRNA 합성효소의 작용을 통해 번역 경로로 들어가는데, 이는 핵산의 정보

그림 25.15 클래스 II 아미노아실-tRNA 합성효소는 수용체 나선구조의 큰 홈과 안티코돈 루프에서 tRNA와 접촉한다.

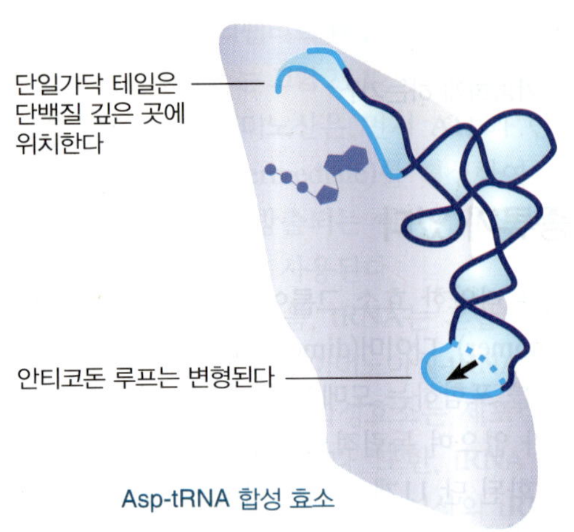

을 미치는지를 보여준다. 이러한 모든 위치에서 효소와 tRNA 간에 수소 결합이 일어난다.

클래스 II 효소(예: $tRNA^{Asp}$ 합성효소)가 다른 쪽에서 tRNA에 접근한다. 그림 25.15와 같이 가변성 루프와 수용체 줄기의 큰 홈(major groove)을 모두 인식한다. 수용체 줄기는 규칙적인 나선형 형태를 유지한다. ATP는 아마 말단 아데닌 근처에 결합될 것이다. 결합 부위의 다른 쪽 끝에는 안티코돈 고리와의 밀착된 접촉이 있는데, 안티코돈이 효소와 밀접하게 접촉할 수 있는 형태의 변화가 있다.

핵심개념

- 아미노아실-tRNA 합성효소는 염기배열 모티프 및 구조 도메인의 상호 독점적인 세트에 근거하여 클래스 I 및 클래스 II 패밀리로 분류된다.

개념 및 추론 확인

클래스 I과 클래스 II 합성효소의 tRNA와 효소 사이의 상호작용에서의 차이점은 무엇인가?

25.10 합성효소는 교정을 통하여 정확도를 높인다

아미노아실-tRNA 합성효소는 특정 아미노산을 세포 풀(pool)의 아미노산 및 관련 분자와 구별해야 하며, 전체 집합의 tRNA에서 특정 동종 수용체(isoaccepting) 그룹(일반적으로 1~3개)의 동족 tRNA(cognate tRNA)를 식별해야 한다.

많은 아미노산은 서로 화학적으로 유사하며, 모든 아미노산은 특정 합성 경로에서 대사중간체와 관련이 있다. 탄소 골격의 길이(즉, 하나의 —CH_2—그룹)만 다른 두 아미노산을 구별하기가 특히 어렵다. 그러한 두 가지 아미노산을 결합시키는 상대 에너지에 근거한 내재적 식별(intrinsic discrimination)은 ~1/5에 불과할 것이다. 합성효소는 이 비율을 ~1,000배 향상시킨다.

tRNA는 더 많은 접촉을 하도록 더 큰 표면을 제공하기 때문에, tRNA 간의 내재적 식별은 더 낫다. 그러나 모든 tRNA가 동일한 일반 구조를 따르고 있으며, 동족 tRNA(cognate tRNA)와 비동족 tRNA(noncognate tRNA)를 구별하는 기능이 상당히 제한적일 수 있다.

합성효소는 두 유형의 기질의 인식을 제어하기 위해 교정 메커니즘(proofreading mechanism)을 사용한다. 이들 메커니즘은 아미노산 사이의 내재적 차이 또는 tRNA 사이의 내재적 차이를 상당히 개선하지만, 각 그룹의 내재적 차이와 마찬가지로, tRNA 선택 과정에서 생기는 오류(오류율은 ~10^{-6}; 그림 24.9 참조)보다는 아미노산 선택 과정에서 더 많은 오류(오류율은 10^{-4}~10^{-5})가 생긴다.

▶ **반응속도적 교정(kinetic proofreading)** 올바르지 않은 과정이 올바른 과정보다 느리게 진행되는 교정 메커니즘(proofreading mechanism)으로 서브유닛이 폴리머 체인(polymeric chain)에 첨가되기 전에 잘못된 과정이 되돌려지도록 한다.

합성효소는 tRNA의 차별성을 향상시키기 위해 **반응속도적 교정(kinetic proofreading)**을 사용한다. 이것은 그 합성효소에 대한 동족 tRNA의 더 큰 내재적 친화력에 의존한다. 올바르게 결합된 tRNA는 효소가 빠르게 아미노아실화 되도록 하는 효소 표면과 접촉한다. 부정확하게 결합된 tRNA는 접촉이 적기 때문에 아미노아실화 반응(aminoacylation)이 그렇게 빨리 일어나지 않으며, 반응에 들어가기 전에 tRNA가 효소로부터 해리되는 데 더 많은 시간을 필요로 한다.

아미노산에 대한 특이성은 합성효소에 따라 다르다. 일부 합성효소는 초기에 단일 아미노산을 결합하는 데 매우 특이적이지만, 이에 반해 다른 합성효소들은 적절한 기질과 밀접한 관련이 있는 아미노산을 활성화시킬 수 있다. 아미노산 유사체(analog)는 때때로 아데닐화 형태로 전환될 수 있지만, 이러한 경우들 중 어느 것도 부정확하게 활성화된 아미노산이 실제로 아미노산-tRNA를 안정하게 형성하는 데 사용되지 않는다.

부정확한 아미노아실-아데닐산(aminoacyl-adenylate)의 교정이 아미노아실-tRNA의 형성 중에 일어날 수 있는 두 단계가 있다. 그림 25.16은 촉매 반응이 역전되는 **화학적 교정(chemical proofreading)**을 사용함을 보여준다. 한 경로의 교정(키네틱 교정, kinetic proofreading)과 다른 경로의 교정(화학적 교정, chemical proofreading) 중 어느 것이 우세한가의 정도는 개개의 합성효소에 따라 다양하다. 일반적으로 동종 tRNA의 존재는 교정반응을 일으키는 데 필요하다:

- 동족 tRNA가 결합할 때 동족이 아닌 아미노아실-아데닐산은 가수분해될 수 있는데, 이를 *전달 전 교정(pretransfer editing)*이라고 한다. 이 메커니즘은 메티오닌(methionine), 이소류신(isoleucine) 및 발린(valine)의 합성을 포함하는 몇몇 합성 효소에 의해 주로 사용된다.
- 일부 합성효소는 나중 단계에서 화학적 교정을 사용한다. 잘못된 아미노산은 실제로 tRNA로 옮겨지고 tRNA 결합 부위의 구조에 의해 부정확한 것으로 인식되어 가수분해되어 방출되는데, 이를 *전달 후 교정(posttransfer editing)*이라고 한다. 정확한 아미노산이 tRNA로 옮겨질 때까지 연결 반응과 가수분해가 계속적으로 반복될 필요가 있다.

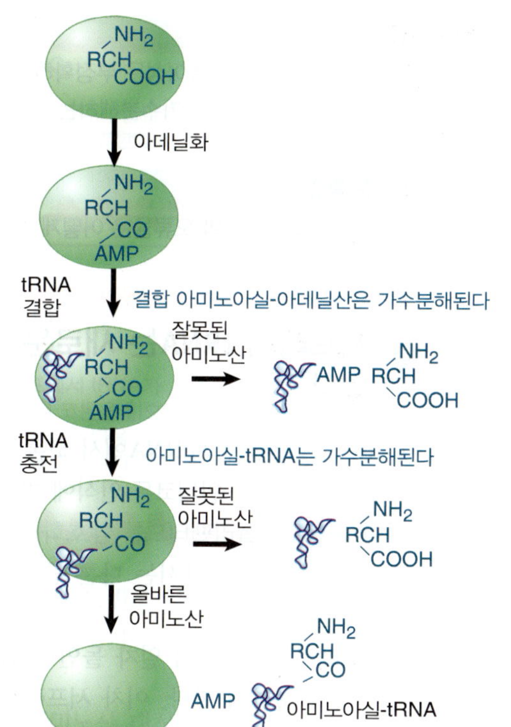

그림 25.16 아미노아실-tRNA 합성효소에 의한 교정(proofreading)은 아미노아실화 반응이 일어나는 이전 단계에서 일어나는데(전달 전 교정, pre-transfer editing), 이 단계에서 비동족 아미노아실-아데닐산이 가수분해된다. 그렇지 않으면, 대안으로 또는 부가적으로 부정확하게 형성된 아미노아실-tRNA의 가수분해는 합성이 진행된 후(전달 후 교정)에 일어난다.

▶ **화학적 교정(chemical proofreading)** 부가 반응을 역반응으로, 중합체 사슬(polymeric chain)에 부정확한 서브유닛을 첨가한 후에 수정 과정이 발생하는 교정 메커니즘.

아미노산들 간의 식별(discrimination)이 tRNA의 존재에 의존하는 고전적인 예로는 대장균(*E.coli*)의 $tRNA^{Ile}$ 합성효소에서 볼 수 있다. 이 효소는 AMP로 발린을 충전할 수 있지만, $tRNA^{Ile}$이 첨가되면 발릴-아데닐산(valyl-adenylate)을 가수분해한다. 전체 오류율은 그림 25.17에 요약된 것처럼 각 단계의 특수성에 따라 다르다. 1.5×10^{-5}의 전체 오류율은 이소류신(토끼 글로빈에서)을 발린으로 대체하는 측정된 오류율인 2에서 5×10^{-4}의 범위보다 낮다. 따라서 잘못 충전되는 현상(mischarging)은 번역 과정에서 실제로 발생하는 오류의 일부만을 차지한다.

단계	오류 빈도
$Val\text{-}AMP^{Ile}$로의 발린의 활성화	1/225
Val–tRNA의 방출	1/270
전체 오류율	1/225 × 1/270 = 1/60,000

그림 25.17 Ile-tRNA 합성효소에 의한 $tRNA^{Ile}$가 충전되는 정확도는 두 단계로 진행되는 오류 통제에 의해 결정된다.

$tRNA^{Ile}$ 합성효소는 고전적인 이중-여과 메커니즘(double-sieve mechanism)에서 아미노산들을 구별하는 기준으로 크기를 사용한다. 그림 25.18은 합성(또는 활성화) 부위와 교정(또는 가수분해) 부위의 두 개의 활성 부위를 보여 주고 있다. 효소의 결정 구조는 합성 부위가 너무 작아서 류신(이소류신과 매우 유사한 아미노산)이 들어갈 수 없다는 것을 보여주고 있다. 이소류신보다 큰 모든 아미노산은 합성 부위에 들어갈 수 없으므로 활성화에서 제외된다. 합성 부위에 들어갈 수 있는 아미노산은 tRNA에 위치하게 된다. 그런 다음, 효소는 그것을 교정 부위(editing site)로 옮기려고 한다. 이소류신은 교정으로부터 안전한데, 이것은 교정 부위에 들어가기에는 너무 크기 때문이다. 그러나 발린은 이 부위에 들어갈 수 있다; 그 결과, 잘못된 $Val\text{-}tRNA^{Ile}$이 가수분해된다. 근본적으로, 효소는 이중 분자체(double molecular sieve)로서, 아미노산의 크기가 서로 비슷한 종(species)을 구별하는 데 사용된다.

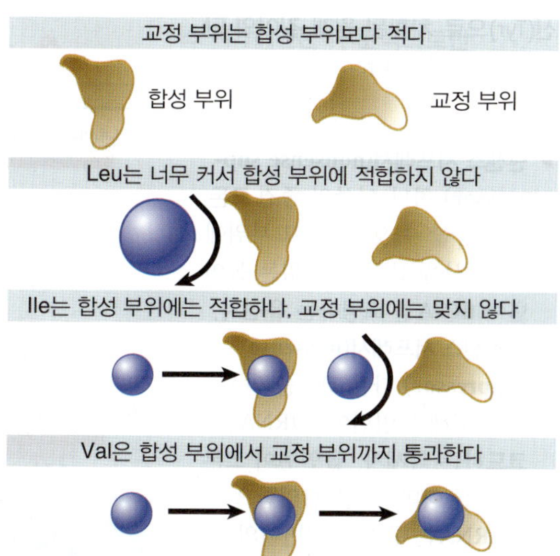

그림 25.18 Ile-tRNA 합성효소는 두 개의 활성 부위를 가지고 있다. Ile보다 큰 아미노산은 활성화 부위에 맞지 않기 때문에 활성화될 수 없다. Ile보다 작은 아미노산은 교정 부위에 들어갈 수 있기 때문에 제거된다.

MEDICAL APPLICATIONS

넌센스 돌연변이 치료법

듀센 근이영양증(Duchenne muscular dystrophy), 낭포성섬유증(cystic fibrosis), 베타-탈라세미아(β-thalassemia) 및 색소성건피증(xeroderma pigmentosum)의 공통점은 무엇일까? 이 질병들 각각은 단일 유전자의 돌연변이에 의해 유발될 수 있다. 그리고 그 돌연변이가, 전사체에서 너무 이르게 발견되는 종결 코돈으로 인한 넌센스 돌연변이인 경우, 서프레서 tRNA(suppressor tRNA)가 최소한 부분적으로 그 결함을 교정하는 데 사용될 수 있는 가능성이 존재한다. 번역을 종결시키는 종결 코돈의 위치에 아미노산을 도입함으로써, 전체 길이의 폴리펩티드가 대신 만들어질 수 있다.

이러한 접근 방식에는 몇 가지 장점이 있다. tRNA는 모든 종류의 세포에서 강하게 발현을 유도하는 내부 프로모터(promoter)를 가진 매우 작은 유전자에 의해 암호화되어 있다. 일단 전사되면, 분해 속도가 느리다. 표적세포에 유전자를 전달하는 것은 유전자 치료(gene therapy) 접근법에 여전히 문제가 있지만, tRNA 유전자는 원칙적으로 유전자 치료법에 매우 훌륭한 후보물질이다.

그러나 tRNA 억제를 매력적으로 만드는 바로 그 특성은 또한 실제로 그것을 수행하는 데 어려움을 주고 있다. tRNA 서프레서(tRNA suppressor)의 도입은 돌연변이로 생긴 넌센스 코돈과 정상적인 종결 코돈을 구별할 방법이 없기 때문에 세포에 해롭다. 따라서 이들의 존재는 정상적인 종결 코돈의 번역초과 및 많은 비정상적인 폴리펩티드의 생성을 초래할 수 있다.

이 문제를 해결할 수 있는 한 가지 방법은 질병을 일으키는 돌연변이에서의 특정 종결 코돈의 분포와 세포에서의 정상적인 분포에서의 어떠한 차이를 이용하는 것이다. 그러한 차이가 있는지를 알아보기 위해, 애킨슨(Atkinson)과 마틴(Martin)은 사람의 질병을 일으키는 넌센스 코돈에 대한 돌연변이 179건을 조사하였다. 그들은 각각 UAA, UAG 및 UGA에 대한 돌연변이에 대해 약 1 : 2 : 3의 비율이 있음을 발견하였다. 불행하게도, 이 비율은 인간 세포에서 이들 코돈의 사용 비율과 비슷하다(Atkinson and Martin, 1994). 따라서 연구자들은 돌연변이체 mRNA에 우선적으로 영향을 미치는 tRNA 서프레서(tRNA suppressor)를 사용할 수 없게 될 것이다.

서프레서 효율은 또한 3′ 코돈의 주변 상황에 따라 다르다. 예를 들어, A가 위치하고 있는 3′에 인접한 UAG 코돈은 매우 비효율적으로 억제되는 반면, C 또는 G가 오는 UAG 코돈은 훨씬 더 높은 효율로 억제된다. 그러나 애킨슨과 마틴은 3′ 주변 상황의 분포가 정상적인 종결 코돈보다 조기 종결 코돈에서 유의하게 차이가 없다는 것을 발견했다.

그럼에도 불구하고, 1982년 초, 템플(Temple)과 다른 연구자들은 인간 tRNA 서프레서 유전자와 베타-탈라세미아(β-thalassemia)를 가진 환자의 폴리-A$^+$(poly-A$^+$) 망상적혈구(reticulocyte) RNA를 개구리의 난모세포로 동시에 주입하여 전체 길이의 베타-글로빈(β-globin) 폴리펩티드가 생성되었다는 것을 보여 주었다(Temple *et al*., 1982).

아주 최근에, 마우스에 대한 연구는 또한 일부 희망적인 결과를 보여 주었다. 부볼리(Buvoli)와 다른 연구자들은 tRNA 서프레서 유전자의 여러 사본을 가지고 있는 플라스미드를 근육 내 주사하였더니, 클로람페니콜 아세틸 전이효소(chloramphenicol acetyl transferase, CAT) 리포터 유전자에서 오커 코돈(ochre codon)에서 번역초과 및 활성효소의 발현이 일어난다는 것을 보여 주었다(Buvoli *et al*., 2000). 그러나 억제 효율은 기껏해야 0.28%에 이를 정도로 매우 낮았다. 심장에서 동일한

되는 적은 양의 외피 단백질이 생성되어야 하는데, 그러기 위해서는 이 유전자의 말단에 있는 종결 코돈이 낮은 빈도로 억제되어야 한다. 실제로, 이 종결 코돈은 완전하게 종결 기능을 못한다. 그 이유는 $tRNA^{Trp}$가 낮은 빈도로 종결 코돈을 인식하기 때문이다.

종결 코돈을 지나치는 번역초과(readthrough)는 RNA 바이러스가 가장 많이 활동하는 진핵세포에서도 발생한다. 이것은 $tRNA^{Tyr}$, $tRNA^{Gln}$ 또는 $tRNA^{Leu}$에 의한 UAG/UAA의 억제 혹은 $tRNA^{Trp}$ 또는 $tRNA^{Arg}$에 의한 UGA의 억제를 수반할 지도 모른다. 부분적 억제의 정도는 코돈을 둘러싸고 있는 주변 상황에 의해 결정된다.

돌연변이 CAT 리포터 유전자를 발현하는 형질전환 마우스에서 tRNA 서프레서 유전자 구성(gene construct, 재조합 분자)을 심장에 주입하였더니 1~2%의 CAT 활성이 나타났다. 장기적인 치료 효과는 보고되지 않았다.

번역초과에 대한 또 다른 접근법은 작은 서브유닛 rRNA의 해독 부위(decoding site)에 결합하여 엄격한 코돈-안티코돈 짝 형성의 조건을 감소시키는 아미노글리코시드(aminoglycoside) 항생제의 사용이다 (Moazed and Noller, 1986). 이로 인하여 미스센스 돌연변이가 있는 전체 길이의 폴리펩티드를 생성한다. 겐타마이신(gentamicin)은 이런 방식으로 사용되는 약제 중 하나이지만 이것은 효율이 낮고 독성 부작용이 있으며, 다른 번역초과 접근법과 마찬가지로 조기 종결 코돈과 다른 정상적인 코돈과의 차별성이 결여되어 있는 어려움이 있다.

최근, 조기의 UGA 종결 코돈을 번역초과할 수 있는 화합물을 스크리닝하여 작은 분자가 확인되었다. PTC124라고 불리는 이 분자는 조기 종결 코돈과 정상적으로 작용하는 종결 코돈을 구분할 수 있는 능력이 뛰어나다(Welch *et al*., 2007). 일반적으로, 조기 종결 코돈은 리보솜에 의해 인식되며, 전사체는 넌센스-매개 분해(nonsense-mediated decay)로 이어지게 된다. 정상적인 종결은 작용 메커니즘이 다르며 전사체의 분해로 이어지지 않는다. 아마도, PTC124는 이러한 차이에 대해 어느 정도 민감하다.

마지막으로, 대부분의 넌센스-억제 접근법(nonsense-suppression approach)의 성공 여부는 부분적으로 결함을 수정하는 데 필요한 정상적인 폴리펩티드의 양에 달려있다. 연구결과, 듀센(Duchenne)과 베커(Becker)의 근육수축증의 근육 결함을 수정하기 위해서는, 그 폴리펩티드의 발현 수준이 정상 폴리펩티드의 최소 30~40%에 도달해야 한다고 제시하고 있다(Hoffman *et al*., 1988). 이와는 대조적으로, 개의 B형 혈우병(hemophilia B)의 경우, 정상적인 인자 IX(factor IX) 수준의 1%가 혈액응고 결함을 부분적으로 수정한다(Snyder *et al*., 1999).

단일 유전인자 장애(monogenic disorder)의 넌센스 돌연변이는 결함의 원인이 매우 잘 밝혀져 있기 때문에 새로운 치료법에 대한 좋은 후보자로 보인다. 원하지 않는 부작용을 일으키지 않으면서 세포 활성에 개입하는 것은 항상 어렵지만, 번역 및 mRNA 분해 메커니즘에 대한 충분한 이해가 장래에 효과적인 치료로 이어질 수 있기를 희망하는 이유이다.

참고문헌

Atkinson and Martin. (1994). Mutations to nonsense codons in human genetic disease: implications for gene therapy by nonsense suppressor tRNAs. *Nucleic Acids Research* **22**, 1327-.1334.

Buvoli, Buvoli, and Leinwand. (2000). Suppression of nonsense mutations in cell culture and mice by multimerized suppressor tRNA genes. *Molecular and Cellular Biology* **20**, 3116-.3124.

Hoffman et al. (1988). Characterization of dystrophin in muscle-biopsy specimens from patients with Duchenne's or Becker's muscular dystrophy.*New England Journal of Medicine* **318**, 1363–368.

Moazed and Noller. (1986).Transfer RNA shields specific nucleotides in 16S ribosomal RNA from attack by chemical probes. *Cell* **47**, 985–94.

Snyder et al. (1999). Correction of hemophilia B in canine and murine models using recombinant adeno-associated viral vectors. *Nature Medicine* **5**, 64–0.

Temple *et al*. (1982). Construction of a functional human suppressor tRNA gene: an approach to gene therapy for β-thalassaemia. *Nature* **296**, 537–40.

Welch *et al*. (2007). PTC124 targets genetic disorders caused by nonsense-mutations. *Nature* **447**, 87–1.

핵심개념

- 서프레서 tRNA(suppressor tRNA)는 전형적으로 안티코돈에 반응하는 코돈을 변화시키는 안티코돈에서의 돌연변이를 가지고 있다.
- 넌센스 코돈(nonsense codon)의 각 유형은 돌연변이 안티코돈을 가지고 있는 tRNA에 의해 억제된다.
- 새로운 안티코돈이 종결 코돈에 들어맞으면, 아미노산이 삽입되고 폴리펩티드 사슬이 종결 코돈을 지나 늘어난다. 그 결과 넌센스 돌연변이 부위에서의 넌센스 서프레션(nonsense suppression), 혹은 정상적인 종결 코돈에서의 번역초과가 일어난다.
- 서프레서 tRNA는 동일한 코돈을 읽는 동일한 안티코돈이 있는 야생형 tRNA와 경쟁한다.
- 효율적인 억제는 정상적인 종결 코돈을 지나 번역초과가 일어나기 때문에 해롭다.
- 미스센스 서프레션(missense suppression)은 tRNA가 평소와 다른 코돈을 인식하여 하나의 아미노산이 다른 코돈으로 대체될 때 발생한다.

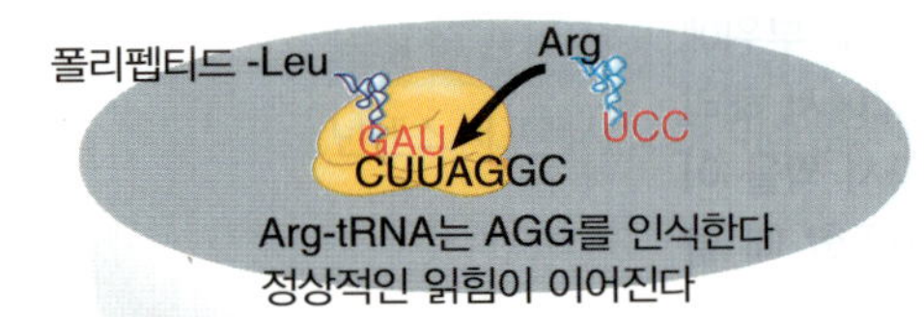

또 다른 양식의 번역에 의해 Tya 혹은 Tya-Tyb를 제공한다

Tya 단백질

개시 종결

AUG tya UAG tyb UAA

개시 프레임시프트 종결

Tya-Tyb 융합단백질

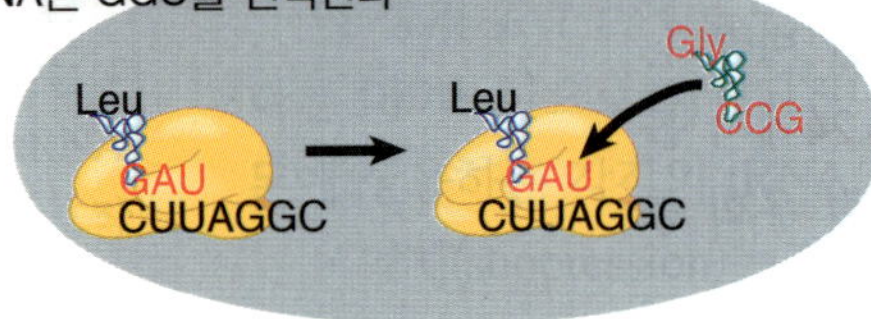

그림 25.25 효모 Ty 인자의 *tyb* 유전자가 발현되기 위해서는 +1 프레임시프트가 필요하다. 그 프레임시프트는 두 개의 Leu 코돈 다음에 드물게 있는 Arg 코돈이 존재하는 7개 염기배열에서 일어난다.

▶ 리코딩(
의 코돈
측된 것
상. 리보
미노아실
와 mRI
용이 수

어나 번역된다(그림 25.23 참조). 프레임시프트의 효율성은 낮으며, 전형적으로 ~5% 정도이다. 낮은 효율은 바이러스의 생물학에서 중요하다; 효율성의 증가는 피해를 줄 수 있다. 그림 25.25는 효모 Ty 요소(Ty element)에서의 비슷한 상황을 나타내고 있는데, 여기에서는 *tya*의 종결 코돈이 이어지는 *tyb* 유전자를 읽기 위해서는 프레임시프트를 통하여 우회 통과해야만 한다.

이러한 상황은 드물지만 (예측 가능한) "오독(misreading)" 현상이 정상적인 번역의 필수 단계로서 필요할 수 있다는 중요한 포인트가 된다. 이것을 **프로그램화된 프레임시프트 현상(programmed frameshifting)**이라고 한다. 이는 프로그램화되지 않은 부위에서 오류가 발생하는 빈도(코돈당 ~3 × 10^{-5})보다 특정 부위에서 100~1,000배 높은 빈도로 발생한다.

이 유형의 프레임시프트 현상에는 두 가지 공통된 특징이 있다.

- "슬립퍼리(slippery)" 염기배열은 아미노아실-tRNA가 코돈과 쌍을 이루게 한 다음, +1 또는 −1 염기를 이동하여 그 안티코돈과 또한 염기쌍을 이룰 수 있는 중복되는 트리플렛 염기배열(triplet sequence)과 쌍을 이루게 한다.
- 리보솜은 프레임시프트 현상이 일어나는 부위에서 지연되어 아미노아실-tRNA가 염기쌍을 재배열할 시간을 준다. 지연의 원인은 부족한 아미노아실-tRNA를 필요로 하는 인접한 코돈, 종결 인자에 의해 느리게 인식되는 종결 코돈, 또는 리보솜을 방해하는 mRNA의 구조적 장애(예를 들면, "유사매듭구조(pseudoknot, RNA의 특정 구조)"가 될 수 있다.

슬립퍼리(slippery) 현상은 어느 방향으로든 이동할 수 있다; tRNA가 뒤로 이동하면 −1 프레임시프트가 일어나고, 앞으로 이동하면 +1 프레임시프트가 발생한다. 어느 경우든, 그 결과는 다음 아미노아실-tRNA를 위한 A 부위의 모양이 달라진(out-of-phase) 트리플렛을 드러내게 된다. 프레임시프트 현상은 펩티드 결합 합성 전에 발생한다. 가장 일반적인 유형의 경우, mRNA에서 하류에 있는 헤어핀 구조와 공동으로 슬립퍼리 염기배열에 의해 프레임시프트 현상이 일어날 때, 주변 염기배열들이 그 효율성에 영향을 미친다.

▶ **프로그램화된 프레임시프트 현상(programmed frameshifting)** +1 또는 −1 프레임시프트가 일반적인 빈도로 발생하는 특정 부위를 지나 코딩된 폴리펩티드 배열의 발현에 필요한 프레임시프트 현상.

그림 25.25의 프레임시프트 현상은 일반적인 슬립퍼리 염기배열의 작용을 보여주고 있다. 7개 뉴클레오티드 배열인 CUUAGGC는 보통 CUU에서 $tRNA^{Leu}$에 의해 인식되고, AGC에서 $tRNA^{Arg}$가 이어서 인식한다. 그러나 $tRNA^{Arg}$는 흔하지 않으며, 이러한 희소성으로 인하여 지연되면, $tRNA^{Leu}$는 CUU 코돈에서 중복된 UUA 트리플렛으로 미끄러져 옮겨간다. 이로 인하여, 새롭게 염기쌍 형성을 이룬 다음 트리플렛(GGC)은 $tRNA^{Gly}$에 의해 읽혀지기 때문에, 프레임시프트를 일으킨다. 공회전(slippage)은 ($tRNA^{Leu}$가 실제로 초기에 생성된 사슬을 가지고 있는 펩티딜-tRNA가 되었을 때) 일반적으로 P 부위에서 발생한다.

핵심개념

- 리딩프레임은 mRNA 및 리보솜 환경의 염기배열에 의해 영향을 받을 수 있다.
- 슬립퍼리 염기배열(slippery sequence)은 tRNA가 안티코돈과 쌍을 이루고 나서 하나의 염기만큼 이동하여 리딩 프레임을 변화시키게 한다.
- 일부 유전자의 번역은 프로그램화된 프레임시프트 현상(programmed frameshifting)의 규칙적인 발생 여부에 달려있다.

개념 및 추론 확인

어떤 유형의 코딩 염기배열(coding sequence)이 프로그램화된 프레임시프트 현상을 허용하면서 "슬립퍼리(slippery)"가 될 것 같은가?

25.14 우회 통과에는 리보솜 이동이 관여한다

특정 염기배열은 우회 통과 현상을 일으키는데, 이때 리보솜은 번역을 멈추고, P 부위에 남아있는 펩티딜-tRNA로 mRNA를 따라 미끄러지듯 움직인 다음, 번역을 다시 시작한다. 이것은 입증된 유일한 예로서 매우 드문 현상이다; 그림 25.24에 나타낸 바와 같이, T4 파지의 유전자 *60*에서 리보솜은 mRNA를 따라 60개의 뉴클레오티드를 이동시킨다.

바이패스 시스템(bypass system, 우회 통과 장치)의 핵심은 건너 뛴 염기배열의 양쪽 끝에 동일한 (또는 동의어) 코돈이 있다는 것이다. 그들은 때로 "이륙(take-off)" 및 "착륙(landing)" 부위라고 한다. 바이패스하기 전에, 리보솜의 P 부위에는 이륙 코돈과 염기쌍을 이루고 있는 펩티딜-tRNA가 위치하며, A 부위는 들어 올 아미노아실-tRNA를 기다리며 빈 채로 위치한다. 그림 25.26은 펩티딜-tRNA가 착륙 부위의 코돈과 짝을 이룰 때까지 이 상태에서 mRNA를 따라 리보솜이 미끄러져 움직이는 것을 보여준다. 이 시스템의 주목할 만한 특징은 ~50%의 높은 효율이다.

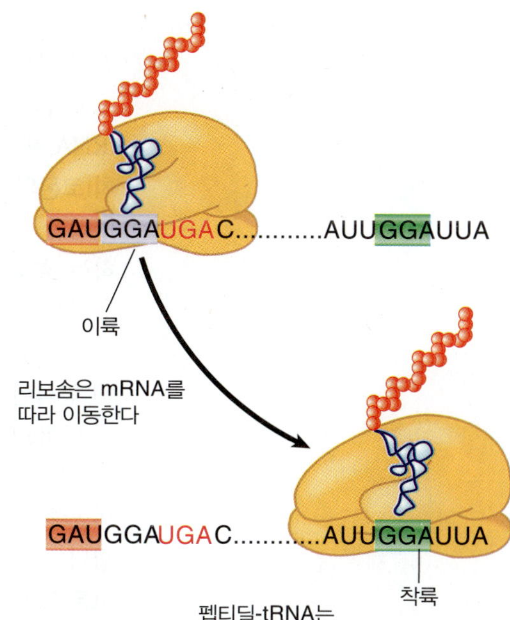

그림 25.26 우회 통과 모드에서, P 부위에 tRNA가 점유되어 있는 리보솜은 번역을 멈출 수 있다. 그 리보솜은 펩티딜-tRNA가 P 부위에서 새로운 코돈과 짝을 이루는 곳으로 mRNA를 따라 미끄러져 이동한다. 그러고 나서 단백질 합성이 다시 시작된다.

mRNA의 염기배열은 우회 통과를 유발한다. 중요한 특징은 이륙 및 착륙을 위한 두 개의 GGA 코돈, 두 코돈 간의 간격, 이륙 코돈을 포함한 스템-루프 구조 및 이륙 코돈에 인접한 종결 코돈이 있다.

이륙 단계에서는 펩티딜-tRNA가 코돈과 염기쌍을 이루지 않아야 한다. 그러면 다시 염기쌍이 형성되지 않도록 mRNA가 이동한다. 그런 다음 펩티딜-tRNA가 착륙 반응에서 코돈과 다시 염기쌍을 이룰 때까지 리보솜은 mRNA를 스캔한다. 이어서 아미노아실-tRNA가 A 부위로 통상적으로 들어가면 번역이 다시 시작된다.

프레임시프트 현상과 마찬가지로, 바이패스 반응은 리보솜의 멈춤에 의존한다. 펩티딜-tRNA가 P 부위의 코돈으로부터 분리될 확률은 아미노아실-tRNA가 A 부위로 들어오는 것이 지연됨에 따라 증가된다. 박테리아 유전자에서 아미노산이 부족하면 우회 통과가 유발될 수 있는데, 이는 A 부위에 들어갈 수 있는 아미노아실-tRNA가 없을 때 지연(delay) 현상이 발생하기 때문이다. T4 파지 유전자 *60*에서, mRNA 구조의 하나의 역할은 종결 효율을 감소시켜 이륙 반응에 필요한 지연을 일으키는 것일 수 있다.

핵심개념

- 리보솜이 특정한 스템-루프 구조에서 종결 코돈에 인접한 GGA 코돈을 만나면, 폴리펩티드에 아미노산을 첨가하지 않고 특정 GGA 하류로 직접 이동한다.

개념 및 추론 확인

박테리아에서 아미노산이 부족할 때 우회 통과(bypassing)는 어떻게 다른 유전자 발현을 일어나게 하는지 설명하라.

25.15 요약

mRNA의 염기배열이 5′→3′ 방향으로 트리플렛(triplet, 세 염기)으로 읽히는 것은 유전암호에 의해 N-말단에서 C-말단으로 읽히는 폴리펩티드의 아미노산 배열과 관련이 있다. 64개의 트리플렛 중 61개는 아미노산을 암호화하고 3개는 종결 신호로 제공된다. 동일한 아미노산을 나타내는 동의어 코돈(synonymous codon)은 종종 코돈의 세 번째 염기에서의 차이만 있을 뿐이다. 이러한 세 번째 염기의 축퇴성(third-base degeneracy)은 화학적으로 유사한 아미노산은 유사한 코돈으로 암호화되는 경향의 패턴을 보이고 있으며, 돌연변이의 영향을 최소화한다. 유전암호는 거의 보편적이며 진화 초기에 확립되었을 것이다. 핵 게놈에서의 유전암호의 변이는 드물지만, 미토콘드리아가 진화되는 과정 동안에 약간의 변화가 발생하였다.

다수의 tRNA가 하나의 특정 코돈을 인식할 수 있다. 각 아미노산에 대한 다양한 코돈에 반응하는 tRNA 세트는 각 생물체마다 독특하다. 코돈-안티코돈(codon-anticodon) 인식은 안티코돈의 첫 번째 위치(코돈의 세 번째 위치)에서 워블링(wobbling, 동요) 현상이 있으며, 일부 tRNA는 복수의 코돈들을 인식할 수 있다. 모든 tRNA는 수식된 염기를 가지고 있는데, 이들은 tRNA 구조의 표적 염기를 인식하는 효소에 의해 도입된 변형된 염기를 가지고 있다. 코돈-안티코돈의 쌍은 안티코돈 자체의 수식과 인접한 염기의 주변 상황(context), 특히 안티코돈의 3′측의 영향을 받는다.

각 아미노산은 아미노산을 코딩하는 모든 tRNA를 인식하는 특정 아미노아실-tRNA 합성효소에 의해 인식된다.

아미노아실-tRNA 합성효소는 매우 다양하지만, 촉매 도메인(catalytic domain, 촉매 영역)의 구조에 따라 일반적으로 두 개의 그룹으로 분류된다. 각 그룹의 합성효소는 측면으로부터 tRNA에 결합하여, 주로 수용체 줄기(acceptor stem)와 안티코돈의 스템-루프(stem-loop, 줄기-고리)의 말단과 접촉한다; 두 종류의 합성효소는 반대편에서 tRNA에 결합한다. 특정 인식 과정에서 수용체 줄기와 안티코돈 도메인 중 어느 것이 중요한지는 개별 tRNA에 따라 다르다. 아미노아실-tRNA 합성효소는 아미노아실-tRNA 산물을 정밀 조사하여 부정확하게 결합된 아미노아실-tRNA를 가수분해하는 교정 기능(proofreading function)을 가지고 있다.

돌연변이로 인해 tRNA가 다른 코돈을 읽을 수 있다. 그러한 돌연변이의 가장 흔한 형태는 안티코돈 자체에서 발생한다. 그 특이성의 변경은 tRNA가 폴리펩티드를 코딩하는 유전자의 돌연변이를 억제할 수 있게 한다. 종결 코돈을 인식하는 tRNA는 넌센스 서프레서(nonsense suppressor)를 제공하는 반면, 코돈에 반응하는 아미노산을 변화시키는 tRNA는 미스센스 서프레서(missense suppressor)이다. UAG 및 UGA 코돈의 서프레서는 UAA 코돈보다 더 효율적인데, 이는 UAA가 가장 일반적으로 사용되는 정상적인 종결 코돈이라는 사실로 설명된다. 그러나 모든 서프레서의 효율은 개별 표적 코돈의 주변 상황(context)에 달려있다.

+1 유형의 프레임시프트는 네 염기로 된 "코돈"을 읽는 비정상적인 tRNA에 의해 일어날 수 있다. +1 또는 −1의 프레임시프트는 펩티딜-tRNA가 코돈에서 안티코돈과 쌍을 이룰 수 있는 중복 염기배열로 미끄러져 이동하게 하는 mRNA의 슬립퍼리 염기배열(slippery sequence)에 의해 일어날 수 있다. 이러한 프레임시프트 현상(frameshifting)은 또한 리보솜이 지연되도록 하는 또 다른 염기배열을 필요로 한다. mRNA 염기배열에 의해 결정되는 프레임시프트는 정상적인 유전자의 발현에 필요할 수 있다. 우회 통과(bypassing)는 리보솜이 번역을 멈추고 펩티딜-tRNA가 적절한 코돈과 짝을 이루기 전까지 P 부위의 펩티딜-tRNA를 가지고 mRNA를 따라 움직인다; 그리고 번역이 다시 시작된다.

학습문제

1. 보편적인 유전암호 중 단 하나의 코돈에 의해 인코드되는 두 아미노산은 무엇인가?
   A. 아르기닌과 트립토판
   B. 시스테인과 이소류신
   C. 메티오닌과 트립토판
   D. 히스티딘과 프롤린
2. mRNA의 번역이 일어나는 동안 삽입되는 아미노산을 결정할 때 가장 중요하지 않게 작용하는 코돈의 위치는 어디인가?
   A. 1
   B. 2

C. 3
D. 모든 위치는 동일한 중요성을 가지고 있다.

3. 아미노아실-tRNA 합성효소는 얼마나 많은 결합 부위를 가지고 있는가?
A. 1
B. 2
C. 3
D. 4

4. 서프레서 tRNA(suppressor tRNA)에서 변경이 일어나는 곳은?
A. 안티코돈
B. 수용체 스템(acceptor stem)
C. 종결 코돈
D. 아미노산 부착 부위

5. RNA의 네 개의 일반적인 염기 중, 이노신(inosine)과 염기쌍을 형성하지 않는 것은?
A. A
B. G
C. C
D. U

6. tRNA 분자에서 발견되는 수식된 염기의 유형은 몇 개인가?
A. 12개 미만
B. 약 25개
C. 약 36개
D. 70개 이상

7. 미토콘드리아에서 정규 코돈에 반응하는 데 실제로 필요한 tRNA의 최소수는 얼마인가?
A. 20
B. 22
C. 23
D. 31

8. 동종 수용 tRNA(isoaccepting tRNA)의 특성은 무엇인가?
A. 동종 수용 tRNA는 전사체에서 두 개 이상의 다른 트리플렛 코돈(triplet codon)을 인식한다.
B. 동종 수용 tRNA는 전사체에서 단일 트리플렛 코돈(triplet codon)을 인식한다.
C. 동종 수용 tRNA는 각각 동일한 아미노산을 나타내지만, 다른 합성효소에 의해 인식된다.
D. 동종 수용 tRNA는 각각 동일한 아미노산을 나타내며, 동일한 합성호소에 의해 인식된다.

9. 다른 돌연변이의 영향을 억제할 수 있는 돌연변이를 일반적으로 무엇이라고 부르는가?
A. 디프레서(depressor)
B. 서프레서(suppressor)
C. 보상 돌연변이
D. 센스(sense) 돌연변이

10. 특정 유전자에 대한 미스센스 서프레서는 다음 중 어느 것으로도 기능하는가?
A. 다른 유전자의 종결 인자(terminator)
B. 다른 유전자의 돌연변이
C. 다른 유전자에 대한 서프레서(suppressor)
D. 위의 둘 이상

핵심용어

chemical proofreading
cognate tRNAs
isoaccepting tRNAs
kinetic proofreading
missense suppressor
nonsense suppressor
posttranscriptional modification
programmed frameshifting
readthrough
recoding
stop codon
suppressor
synonymous codons
third-base degeneracy
wobble hypothesis

읽을거리

Farabaugh, P. J. (1996). Programmed translational frameshifting. *Annu. Rev. Genet.* **30**, 507–528. A review of the examples of this phenomenon.

Herr, A. J., Atkins, J. F., and Gesteland, R. F. (2000). Coupling of open reading frames by translational bypassing. *Annu. Rev. Biochem.* **69**, 343–372. A review of the bypassing mechanism of take-off, scanning, and landing.

Hopper, A. K., and Phizicky, E. M. (2003). tRNA transfers to the limelight. *Genes Dev.* **17**, 162–180. A review of the processes involved in tRNA processing in yeast.

Ibba, M., and Söll, D. (2004). Aminoacyl-tRNAs: setting the limits of the genetic code. *Genes Dev.* **18**, 731–738. A brief review of the molecules involved in charging tRNAs and their activities.

Silvian, L. F., Wang, J., and Steitz, T. A. (1999). Insights into editing from an Ile-tRNA synthetase structure with $tRNA^{Ile}$ and mupirocin. *Science* **285**, 1074–1077. The 2.2 Å resolution crystal structure of a bacterial aminoacyl-tRNA synthetase and what it suggests about the editing process during the charging of a tRNA.

Srinivasan, G., James, C. M., and Krzycki, J. A. (2002). Pyrrolysine encoded by UAG in Archaea: charging of a UAG-decoding specialized tRNA. *Science* **296**, 1459–1462. A report of the amino acid pyrrolysine being encoded in the genome of a *Methanosarcina* species using the UAG codon (a termination codon in the standard genetic code). This species also produces a unique tRNA and aminoacyl-tRNA synthetase for incorporation of this amino acid in proteins

IV

네이키드 DNA에서 염색체까지의 크로마틴 패키징 수준을 나타내고 있다. DNA 메틸화(빨간색 원)와 히스톤 수식(노란색 원)과 같은 후성유전학적 표시를 보여주고 있다. ©Henning Dalhoff/Bonnier Publications/Photo Researchers, Inc.

유전자 발현 조절

26

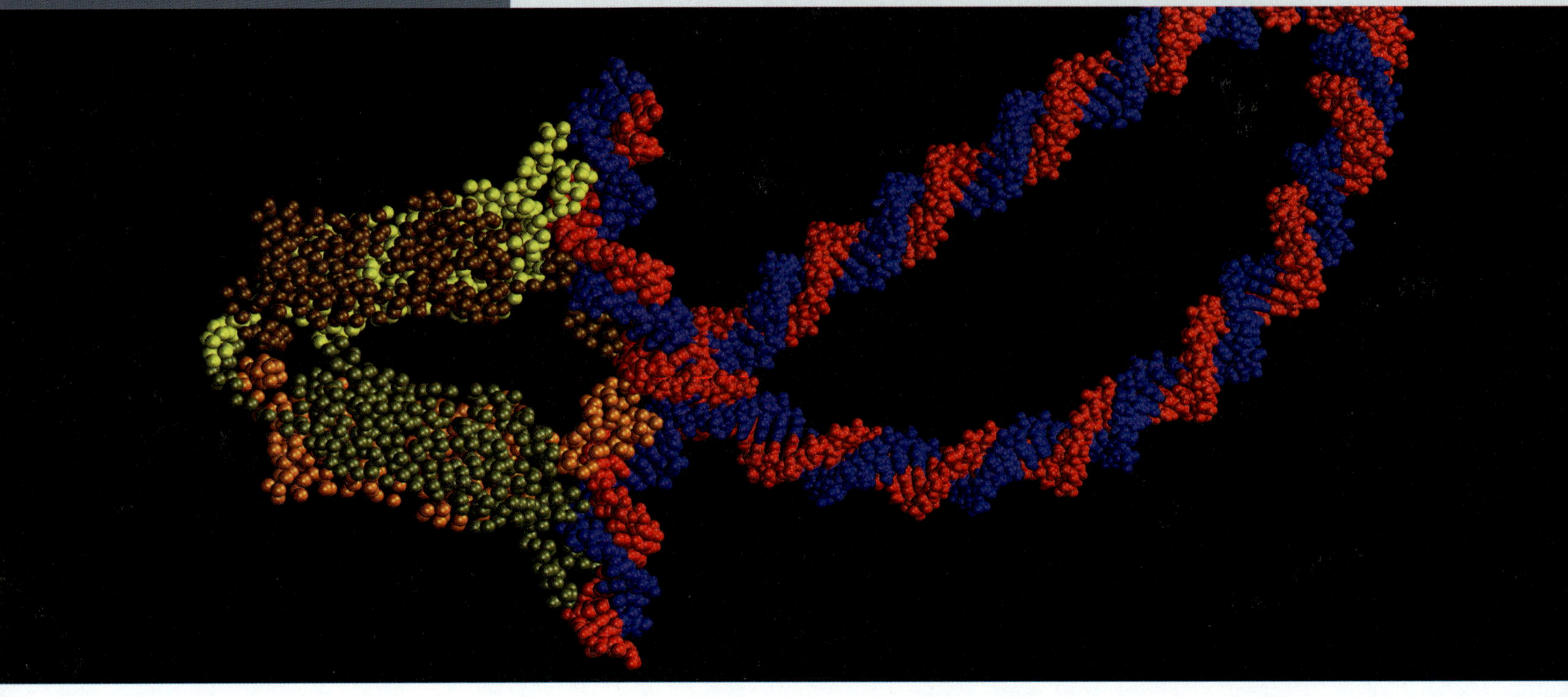

lac 리프레서 단백질이 대장균 *lac* 오페론의 두 개의 오퍼레이터 부위에 결합하여 형성된 DNA 루프. Photo courtesy of Noel Perkins, University of Michigan. More information at S. Goyal, *Biophys. J.* 83 (2007): 4342–4359. Graphics created with VMD (D. Humphrey, A. Dalke, and K. Schulten, "VMD—isual Molecular Dynamics," *J. Molec. Graphics* 14 (1996): 33–8 [http://www.ks.uiuc.edu/Research/vmd/]).

오페론

26장 개요

26.1 서론

유전자 발현은 몇 단계로 조절될 수 있으며, 이를 크게 RNA 합성(전사), 프로세싱 및 단백질 합성(번역) 과정으로 나눌 수 있다:

- RNA 합성(전사) 과정에서는 개시 단계에서 종종 조절된다. 전사는 일반적으로 신장시에는 조절되지 않지만, RNA 중합효소가 터미네이터(종결자)를 지나서 그 뒤의 유전자(들)을까지 진행할 것인가를 결정하기 위해 종결 단계에서 조절될 수 있다.
- 박테리아에서, mRNA가 합성되는 동안 일반적으로 단백질 합성(번역)에 이용될 수 있다; 이것을 **전사동시번역(coupled transcription/translation)**이라고 한다. (진핵 세포에서, RNA 산물의 프로세싱은 수식, 스플라이싱, 수송 또는 안정성의 단계에서 조절될 수 있다.)
- 박테리아에서의 단백질 합성(번역) 과정은 직접 조절될 수도 있지만, 보다 일반적으로는 수동적으로 조절된다. 유전자의 코딩 부분 또는 오픈 리딩 프레임(ORF)은 일반 코돈 또는 비선호 코돈(rare codon)으로 구성될 수 있으며, 이것은 일반적인 tRNA 또는 비선호 tRNA에 상응한다. 수많은 비선호 코돈을 포함하는 mRNA는 번역하기가 더 어렵다.

박테리아에서 RNA 합성(전사) 과정이 조절되는 기본 개념을 **오페론** 모델(**operon** model)이라 하는데, 1961년 프랑수아 자코브(François Jacob)와 자크 모노(Jacques Monod)에 의해 제안되었다. 그들은 DNA에서, **트랜스-작용 단백질(*trans*-acting product)**(일반적인 단백질)을 코드하는 염기배열과 DNA 내에서만 독점적으로 작용하는 **시스-작용 배열(*cis*-acting sequence)**의 두 가지 유형의 염기배열을 구별하였다. 유전자 활성은 작용 산물과 작용 염기배열(*2.11절 단백질은 트랜스-작용이지만, DNA 부위는 시스-작용이다* 참조)과의 특유의 상호작용에 의해 조절된다. 보다 공식적인 용어로는 다음과 같다:

- 유전자는 확산성 산물을 코드하는 DNA의 염기배열이다. 중요한 특징은 이들 산물이 다른 곳에서 작용하기 위해 합성된 곳으로부터 멀리 확산된다는 것이다. 그 표적을 찾기 위해 자유롭게 확산되는 모든 유전자 산물을 트랜스-작용이라고 한다.
- 시스-작용이라는 표현은 DNA 염기배열로서 독점적으로 기능하는 DNA의 모든 염기배열에 적용되며, 물리적으로 연결된 DNA에만 영향을 준다.

조절 회로의 구성성분과 그들이 조절하는 유전자를 구별하기 위해, 때때로 *구조 유전자*와 *조절 유전자*라는 용어를 사용한다. **구조 유전자(structural gene)**는 단백질 (또는 RNA) 산물을 코딩하는 유전자이다. 단백질 구조 유전자는 구조 단백질, 촉매 활성을 갖는 효소 및 조절 단백질을 비롯한 아주 다양한 구조 및 기능을 나타낸다. 구조 유전자의 한 유형이 **조절 유전자(regulator gene)**로, 단순히 다른 유전자의 발현 조절에 관여하는 단백질 또는 RNA를 코딩하는 유전자를 말한다.

가장 간단한 형태의 조절 모델을 **그림 26.1**에 나타내었다: 조절 유전자는 DNA의 특정 부위에 결합하여 전사를 제어하는 단백질을 코딩한다. 이러한 상호작용은 양의 방향(상호작용이 유전자를 작동시킨다) 또는 음의 방향(상호작용이 유전자를 작동하지 못하게 한다)으로 표적 유전자를 조절할 수 있다. DNA 상의 이 부위는 일반적으로 (그러나 독점적인 것은 아니지만) 표적 유전자 바로 상류에 위치해 있다.

전사 단위의 시작과 끝을 나타내는 염기배열(프로모터와 터미네이터)은 시스-작용 부위의 예이다. 프로모터는 유전자만 혹은 동일한 일련의 DNA 상에서 물리적으로 연결된 유전자의 전사를 개시하는 역할을 한다. 동일한 방법으로, 터미네이터는 선행 유전자(들)을 가로지르는 RNA 중합효소에 의해서만 전사를 종결시킬 수 있다. 가장 간단한 형태로

▶ **전사동시번역(coupled transcription/translation)** mRNA의 번역이 전사와 동시에 일어나는 박테리아의 현상.

▶ **오페론(operon)** 조절 유전자 산물(들)에 의해 인식되는 DNA의 구조 유전자 및 조절 요소를 포함하는 박테리아 유전자 발현 및 조절 단위.

▶ **트랜스-작용 단백질(*trans*-acting product)** 표적 DNA의 모든 사본에서 작동할 수 있는 단백질. 이것은 그것이 확산성 단백질 또는 RNA임을 의미한다.

▶ **시스-작용 배열(*cis*-acting sequence)** 자체 분자의 DNA(또는 RNA)에 있는 염기배열의 활성에만 영향을 주는 부위; 이러한 특성은 일반적으로 이 부위가 단백질을 코딩하지 않는다는 것을 의미한다.

▶ **구조 유전자(structural gene)** 레귤레이터 이외의 RNA 또는 단백질 산품을 코딩하는 유전자.

▶ **조절 유전자(regulator gene)** 다른 유전자(일반적으로 전사 수준)의 발현을 조절하는 단백질을 코딩하는 유전자.

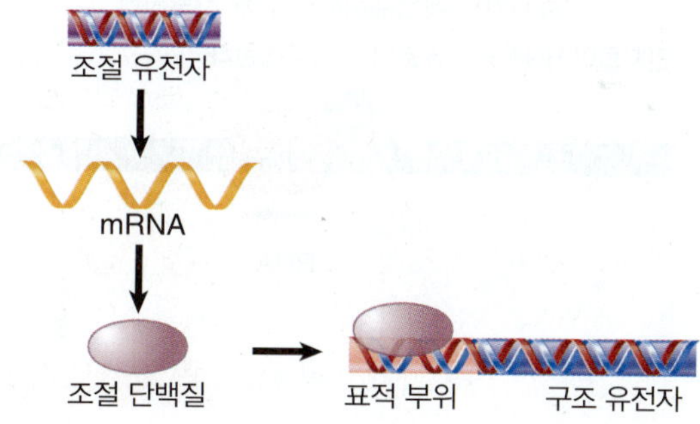

그림 26.1 조절 유전자는 DNA의 표적 부위에서 작용하는 단백질을 코드한다.

그림 26.2 음성 조절의 경우, 트랜스-작용 리프레서는 시스-작용 오퍼레이터에 결합하여 전사를 중지시킨다.

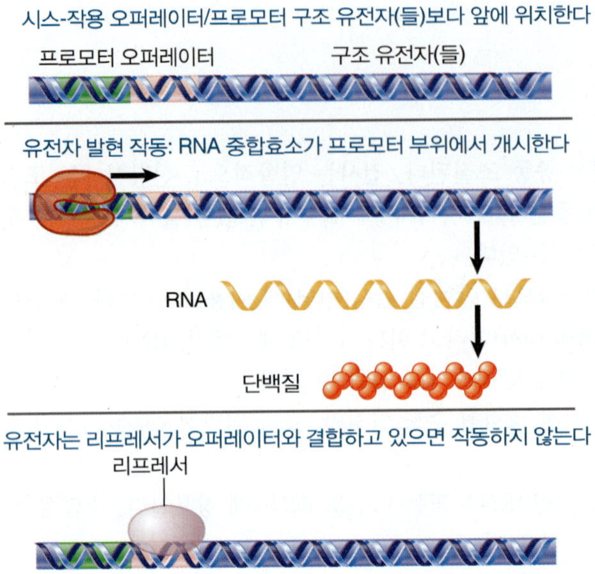

▶ **음성 조절(negative control)** 유전자 작동을 멈추기(turn-off) 위해 레귤레이터를 필요로 하는 유전자 조절 메커니즘.

▶ **작동자(operator)** 인접한 프로모터에서 전사가 시작되는 것을 막기 위해 리프레서 단백질이 결합하는 DNA 상의 부위.

▶ **양성 조절(positive control)** 어떤 작용으로 작동하지 않으면 유전자가 발현되지 않는 시스템.

▶ **유도(induction)** 기질이 존재할 때만 특정 효소를 합성하는 능력. 유전자 발현의 경우, 인듀서(inducer)와 조절 단백질과의 상호작용의 결과로 RNA 합성(전사) 과정으로 전환시키는 것을 의미한다.

▶ **유도성 유전자(inducible gene)** 그 기질이 존재해야만 작동하는 유전자.

프로모터와 터미네이터는 RNA 중합효소에 의해 인식되는 시스-작용 요소이다(다른 요소도 각 부위에 참여함).

추가적인 시스-작용 조절 부위는 종종 프로모터와 결합된다. 박테리아 프로모터는 전사 개시점의 바로 근처에 위치하는 하나 이상의 그러한 부위를 가질 수 있다. 진핵세포 프로모터는 *28.5절 액티베이터는 기본 장치와 상호작용한다*에서 볼 수 있듯이, 더 먼 거리에 퍼져 있는 많은 수의 위치를 가질 가능성이 있다.

박테리아에서 전사 조절의 고전적인 방식은 **음성 조절(negative control)**이다: 리프레서 단백질(억제 단백질)은 유전자가 발현되는 것을 방해한다. 그림 26.2는 음성 레귤레이터가 없는 경우, 유전자가 발현됨을 보여준다. 프로모터 가까이에는 **오퍼레이터(operator, 작동자)**라고 하는 또 다른 시스-작용 부위가 있는데, 이곳은 리프레서 단백질의 결합 부위이다. 리프레서가 오퍼레이터와 결합하면, RNA 중합효소가 전사를 방해하여 유전자 발현이 중지된다. 또 다른 조절 모드는 **양성 조절(positive control)**이다. 이것은 박테리아에서 (아마도) 음성 조절과 거의 동일한 빈도로 사용되며, 진핵세포에서 가장 보편적인 조절 방법이다. 프로모터에서 RNA 중합효소를 돕기 위해서는 전사 인자가 필요하다. 그림 26.3은 양성 레귤레이터가 없는 경우, 유전자가 비활성인 것을 보여주고 있다: RNA 중합효소는 그 자체로 프로모터에서 전사를 개시할 수 없다.

음성 및 양성 조절 외에도 효소를 코딩하는 유전자에 대한 유전자 전사의 조절을 보는 또 다른 방법이 있다: 기질이나 혹은 효소의 산물에 의해 조절되는지의 여부이다. 박테리아는 환경 변화에 신속하게 대응해야한다. 영양분 공급의 변동[락토오스(lactose, 젖당)과 같은 당]은 언제든지 발생할 수 있으며, 생존은 기질을 다른 것으로 전환시키는 능력에 달려있다. 그러나 경제적인 면(역자주: 에너지 사용)도 역시 중요하다: 환경 요구를 충족시키기 위해 에너지가 많이 드는 방식을 취하려고 하는 박테리아는 불리한 입장에 처할 수 있다. 따라서 박테리아는 기질이 없는 경로의 효소를 합성하는 것을 피하지만, 만일 기질이 나타난다면 효소를 생산할 준비가 되어있다. *특정 기질의 출현에 반응하는 효소의 합성을 유도(induction)라고 하며, 유전자는 유도성 유전자(inducible gene)이다.*

유도의 반대는 **억제(repression)**이며, ***억제성 유전자(repressible gene)**는 효소에 의해 만들어진 산물의 양에 의해 조절된다.* 예를 들어, 대장균은 트립토판 합성효소와 네 개의 다른 효소를 포함하는 효소복합체의 작용을 통해 아미노산 트립토판을 합성한다. 그러나 박테리아가 자라는 배지에 트립토판이 제공되면, 효소의 생산은 즉시 중단된다. 이를 통해 박테리아는 불필요한 합성 활동에 에너지를

그림 26.3 양성 조절의 경우, 트랜스-작용 인자는 RNA 중합효소가 프로모터에서 전사를 개시하기 위해 시스-작용 부위에 결합해야 한다.

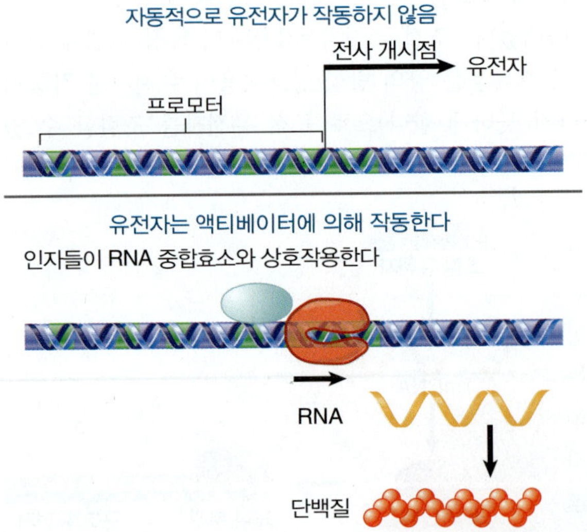

▶ **억제(repression)** 산물(단백질)이 존재할 때 특정 효소의 합성을 방지하는 능력. 보다 일반적으로 DNA(또는 mRNA)의 특정 부위에 리프레서 단백질이 결합하여 전사(또는 번역)를 저해한다는 의미이다.

▶ **억제성 유전자(repressible gene)** 산물(단백질)에 의해 작동되지 않는(turn-off) 유전자.

투입하는 것을 피할 수 있다.

유도와 억제는 비슷한 현상을 나타낸다. 어떤 경우, 박테리아는 성장을 위해 주어진 기질(당 복합체인 락토오스와 같은)을 사용하는 능력을 조절한다; 다른 한편으로는 (예를 들면, 필수 아미노산과 같은) 특정 대사중간체를 합성하는 능력을 조절한다. 두 가지 유형의 조절을 위한 트리거(trigger, 방아쇠)는 기질이거나 효소의 기질 또는 효소 활성의 산물과 관련된 작은 분자이다. 그들(또는 그들의 유사체)을 대사할 수 있는 효소의 생산을 일으키는 작은 분자를 **인듀서(inducer, 유도물질)**라고 한다. 그것들을 합성할 수 있는 효소의 생성을 억제하는 물질을 **코리프레서(corepressor, 보조억제 인자)**라 부른다.

음성 조절 대 양성 조절 그리고 유도성 조절 대 억제성 조절의 조절에 관한 이 두 가지 방법을 조합하여 그림 26.4와 같이 **음성 유도성(negative inducible)**, **음성 억제성(negative repressible)**, **양성 유도성(positive inducible)**, **양성 억제성(positive repressible)**의 네 가지 상이한 유전자 조절 패턴을 가질 수 있다. 이를 통해 박테리아는 급속히 변하는 환경에서 생존할 수 있도록 신진대사의 재고 관리를 최고로 수행할 수 있다.

이들의 공통된 주제는 조절 단백질이 (통상) 유전자의 상류에 있는 시스-작용 인자를 인식하는 트랜스-작용 인자라는 것이다. 이 인식의 결과, 조절 단백질의 개별 유형에 따라 유전자를 활성화하거나 억제하는 것이다. 전형적인 특징은 단백질이 DNA에서, 보통 길이가 10 bp 미만의 매우 짧은 염기배열을 인식함으로써 기능한다는 것이다. 그러나 단백질은 DNA의 다소 먼 거리에 실제로 결합한다. 박테리아 프로모터는 한 예이다: RNA 중합효소는 개시 단계 시 70 bp 이상의 DNA를 포함하고 있지만, 인식할 수 있는 중요한 염기배열은 −35와 −10 중심의 헥사머(6개의 염기)이다.

- **유도물질(inducer)** 조절 단백질에 결합하여 유전자 전사를 일으키는 작은 분자.
- **보조억제 인자(corepressor)** 조절 단백질에 결합하여 전사를 억제하는 작은 분자.
- **음성 유도성(negative inducible)** 활성을 지닌 리프레서가 오페론의 기질에 의해 불활성화되는 조절 회로.
- **음성 억제성(negative repressible)** 오페론의 산물에 의해 비활성의 리프레서가 활성화되는 조절 회로.
- **양성 유도성(positive inducible)** 비활성의 양성 레귤레이터가 오페론의 기질에 의해 활성을 지닌 레귤레이터로 변환되는 조절 회로.
- **양성 억제성(positive repressible)** 활성을 지닌 양성 레귤레이터가 오페론의 산물에 의해 비활성화되는 조절 회로.

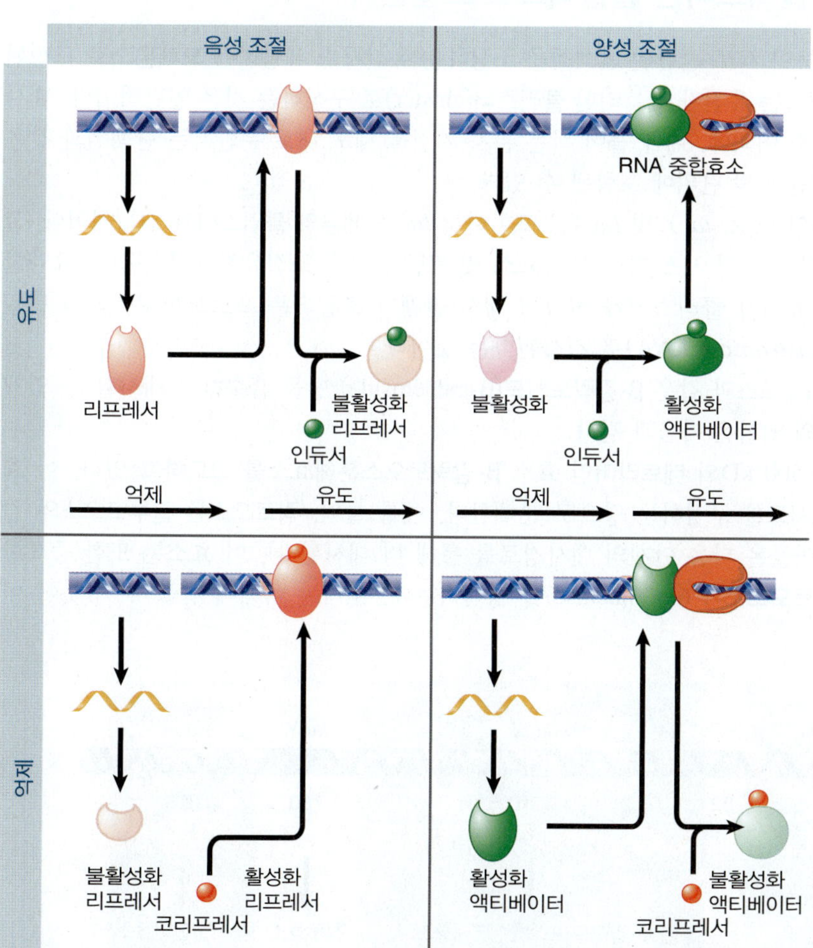

그림 26.4 조절 회로는 유도성 및 억제성 제어를 통한 양성 및 음성 조절의 모든 가능한 조합으로부터 설계될 수 있다.

원핵세포와 진핵세포 사이의 유전자 구성에서 중요한 차이점은 박테리아의 구조 유전자가 단일 레귤레이터에서의 상호작용에 의해 일률적으로 조절되는 오페론으로 구성되어 있는 반면, 진핵세포의 유전자는 대부분 개별적으로 조절된다. 결과적으로, 박테리아에서 모든 관련 유전자 세트는 일률적으로 전사되거나 혹은 전사되지 않거나 한다. 이 장에서는 이 조절 모드와 박테리아 사용에 대해 알아보고자 한다. 분산된 진핵세포 유전자의 일률적인 조절에 사용되는 수단은 *20장 진핵세포의 RNA 합성과정*에서 알아본다.

핵심개념

- 음성 조절에서, 리프레서 단백질은 유전자가 발현되는 것을 막기 위해 오퍼레이터와 결합한다.
- 양성 조절에서, RNA 중합효소가 전사를 개시할 수 있도록 전사 인자를 프로모터에 결합시켜야 한다.
- 유도성 조절에서, 유전자는 기질의 존재에 의해 조절된다.
- 억제성 조절에서, 유전자는 효소 경로의 산물에 의해 조절된다.
- 우리는 네 가지, 즉 음성 유도성, 음성 억제성, 양성 유도성, 그리고 양성 억제성 조절을 조합할 수 있다.

개념 및 추론 확인

1. 음성 유도성(negative inducible) 유전자 시스템에서, 레귤레이터를 제거한 돌연변이의 효과는 무엇일까?
2. 양성 유도성(positive inducible) 유전자 시스템에서, 레귤레이터를 제거한 돌연변이의 효과는 무엇일까?

26.2 구조 유전자 클러스터는 일률적으로 조절된다

박테리아 유전자는 종종 기능이 서로 관련된 단백질을 코딩하는 유전자를 포함하는 오페론으로 구성된다. 대사경로의 효소를 코딩하는 유전자가 그러한 클러스터(cluster)로 구성하는 것은 일반적이다. 대사경로에 실제로 관여하는 효소 이외에, 예를 들어 작은 분자 기질을 세포 내로 운반하는 단백질과 같은 다른 관련된 활성이 일률적인 조절 단위에 포함될 수 있다.

세 개의 *lac* 구조 유전자인 *lacZ*, *lacY* 및 *lacA*를 포함하는 *lac* 오페론의 클러스터가 전형적이다. 그림 26.5는 구조 유전자, 그와 관련된 시스-작용 조절요소 및 트랜스-작용 조절유전자의 구성을 요약한 것이다. *주요 특징은 구조 유전자 클러스터가 전사의 개시 단계가 조절되는 프로모터로부터의 단일* ***폴리시스트론 mRNA(polycistronic mRNA)****로 전사된다는 것이다.*

▶ **폴리시스트론 mRNA (polycistronic mRNA)** 하나 이상의 유전자를 나타내는 코딩 영역을 포함하는 mRNA.

단백질 산물은 세포가 락토오스과 같은 β-갈락토시드(β-galactoside) 당을 흡수하고 대사할 수 있게 한다. 세 가지 구조 유전자의 역할은 다음과 같다:

- *lacZ*는 활성 형태가 ~500 kD의 테트라머인 효소 β-갈락토오스분해효소를 코드하고 있다. 이 효소는 복잡한 β-갈락토시드를 구성하는 당으로 분해한다. 예를 들어, 락토오스는 글루코오스와 갈락토오스로 분해된다(이들은 다음 단계의 대사경로를 통해 더 대사된다). 이 효소는 또한 중요한 부산물, β-1,6-알로락토오스(β-1,6-allolactase)를 생산하는데, 우리는 아래에서 볼 수 있듯이 이

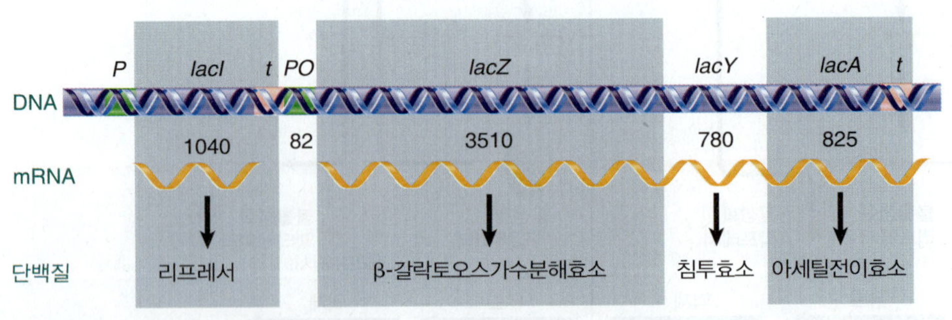

그림 26.5 *lac* 오페론은 ~6,000 bp의 DNA를 차지하고 있다. 왼쪽에는 *lacI* 유전자가 자체 프로모터와 터미네이터를 가지고 있다. *lacI* 영역의 말단 *t*는 *lacZYA* 프로모터 P에 인접해 있다. 그 오퍼레이터(*O*)는 전사 단위의 처음 26 bp를 차지하고 있다. 긴 *lacZ* 유전자는 3′에서 시작하여 *lacY* 및 *lacA* 유전자와 터미네이터 *t*가 이어진다.

HISTORICAL PERSPECTIVES

정보를 운반하는 불안정한 중간 대사물

브레너(Brenner)와 자코브(Jacob)은 1960년 캘리포니아 공과대학에서 연구원으로 일했다. 그 당시 유전자가 단백질을 코딩하는 메커니즘에 큰 관심이 있었다. 그 당시 합리적인 것처럼 보이는 한 가지 가능성은, 각 유전자가 서로 다른 종류의 리보솜을 생성했으며, RNA가 다르면 서로 다른 종류의 단백질이 생성된다는 것이었다. 프랑수아 자코브(François Jacob)와 자크 모노(Jacques Monod)는 최근에 정보를 가지고 있는 RNA(메신저 RNA, messenger RNA)가 실제로 빠르게 분해되는 불안정한 분자라는 또 다른 대안을 제안했다. 이 모델에서 리보솜은 메신저 RNA를 통해 유전자로부터 받는 특정 명령에 따라 서로 다른 단백질을 합성하는 비특이적 단백질 합성 센터(protein-synthesizing center)이다. 실험의 핵심은 ^{15}N 또는 ^{14}N의 함량에 따라 각각 "헤비(heavy)" 또는 "라이트(light)" 고분자를 분리할 수 있는 밀도-구배 원심분리이다. (이 기술은 *12장 Historical Perspectives*에 설명되어 있다.) 이 실험은 비교적 수명이 짧은 메신저 RNA를 매개로 유전자가 단백질을 코드한다는 유전학에 절대적으로 중요한 쟁점의 순수 생화학적 증거이다.

많은 양의 증거는 단백질 구조에 대한 유전정보가 디옥시리보 핵산(deoxyribonucleic acid, DNA)에 코드되어 있는 반면, 실질적으로 아미노산을 단백질로 조립하는 곳은 리보솜(ribosomes)이라고 불리는 세포질의 리보뉴클레오티드 (ribonucleoprotein) 입자에서 발생한다. 단백질이 유전자에 직접 합성되지 않는다는 사실은 중간의 정보전달자의 존재가 필요하다는 것이다.... 자코브와 모노는 리보솜이 불안정한 중간체 또는 "메신저"의 형태로 유전자로부터 유전정보를 받는 특수화되지 않은 구조라는 가설을 제시하였다. 우리는 이러한 가설을 직접적으로 뒷받침하는 파지(phage)-감염 박테리아에 대한 실험 결과를 제시한다.... 성장 중인 박테리아가 T2 박테리오파지에 감염되면 DNA 합성이 즉시 중지되고, 7분 후에 재개되며, 단백질 합성은 일정한 속도로 계속된다; 아마도, 단백질은 유전적으로 파지에 의해 결정된다.... 따라서, 파지-감염 박테리아는 단백질의 합성이 갑자기 박테리아에서 파지 조절로 전환되는 상황이 된다.... 다음과 같은 방법으로 실험적으로 [불안정한 메신저 RNA가 생성되었는지 여부]를 결정할 수 있다: 박테리아는 헤비(무거운) 동위원소(^{15}N)에서 배양하면 모든 세포성분이 균일하게 "헤비(heavy)" 라벨이 붙는다. 이들 박테리아를 파지에 감염시키고, 즉시 라이트(light) 동위 원소(^{14}N)가 들어있는 배지로 옮기면, 감염 후 합성된 모든 세포 성분은 "라이트(가벼운) 동위원소(^{14}N)"로 라벨된다. 이어서 방사성 동위원소로 표지된 새로운 RNA와 새로운 단백질의 분포를 알아보기 위해 정제된 리보솜의 밀도 구배 원심분리를 실시하였다.... 우리는 우리의 연구 결과를 다음과 같이 요약할 수 있다: (1) 파지 감염 후 새로운 리보솜을 검출할 수 없었다. (2) 파지 감염 후 비교적 빠른 턴오버(turnover, 대사회전)를 가진 새로운 RNA가 합성되었다. 파지 DNA의 염기 조성과 상응하는 염기 조성을 갖는 이 RNA는 기존의 리보솜에 첨가되었으며, 이로부터 마그네슘 농도를 낮춤으로써 염화세슘 구배에서 분리될 수 있다. (3) 모두가 그런 것은 아니지만, 감염 세포에서 대부분의 단백질 합성이 기존의 리보솜에서 일어난다.... 이러한 결과는 또한 메신저 RNA가 긴 폴리펩티드 사슬을 코딩하기에 충분히 클 수 있음을 제시한다.... 메신저 RNA가 유전자의 단순한 사본이어야 하고, 그 뉴클레오티드 조성이 DNA의 그것과 일치해야 한다는 것이 메신저 RNA 가설의 예측이다. 이러한 현상은 파지-감염 세포의 경우인 것으로 보인다.... 만일 이것이 보편적으로 사실로 밝혀지면, 코딩 메커니즘에 대한 흥미로운 결과가 될 것이다.

(*Source* : S. Brenner, F. Jacob, and M. Meselson. An Unstable Intermediate Carrying Information from Genes to Ribosomes for Protein Synthesis. *Nature* 190, pp. 576–81.)

것은 유전자 조절에서 역할을 한다.

- *lacY*는 전달 시스템의 30 kD 막-결합 단백질 구성 요소인 β-갈락토시드 침투효소(β-galactoside permease)를 코드하고 있다. 이것은 β-갈락토시드를 세포 내로 이동시킨다.
- *lacA*는 아세틸-CoA에서 β-갈락토시드로 아세틸 그룹을 이동시키는 효소, β-갈락토시드 아세틸전이효소(β-galactoside transacetylase)를 코딩한다.

lacZ 또는 *lacY*의 돌연변이는 세포가 락토오스를 이용할 수없는 *lac* 유전자형을 만들 수 있다. (아무런 수식 어구를 가지고 있지 않은 "*lac*"라는 유전자형 표현은 기능상실을 의미한다.) *lacZ* 돌연변이는 효소 활성이 없어지며, 락토오스의 신진대사를 직접적으로 방해한다. *lacY* 돌연변이체는 배지에서 락토오스을 효율적으로 받아들일 수 없다. [*lacA* 세포에서는 확인할 수 있는 결함이 나타나지 않는데, 이 부분은 아직 밝혀져 있지 않다. 박테리아를 대사될 수 없는 β-갈락토시드의 구조 유사체 존재 하에

배양하면, β-갈락토시드 아세틸전이효소에 의한 아세틸화(acetylation) 반응이 도움이 될 수 있는데, 이는 이러한 수식이 독소 제거(detoxification)와 독소 배출 기능을 하기 때문이다.]

구조 유전자와 그 발현을 조절하는 요소를 포함한 전체 시스템을 오페론이라고 불리는 공통된 조절 단위를 형성한다. 오페론의 활성은 단백질 산물이 시스-작용 조절요소와 상호작용하는 조절유전자(들)에 의해 조절된다.

핵심개념

- 동일한 경로에서 기능하는 단백질을 코딩하는 유전자는 서로 인접하여 위치하며 폴리 시스트론 mRNA로 전사되는 단일 단위로 조절될 수 있다.

개념 및 추론 확인

lacZYA 오페론에서 프로모터의 변이는 *lacZ*에 어떠한 영향은 줄 수 있을까? *lacY*는?

26.3 *lac* 오페론은 음성 유도성이다

돌연변이의 효과를 이용하여 구조 유전자와 조절 유전자를 구별할 수 있다. 구조 유전자의 돌연변이는 세포로부터 유전암호가 지정한 특정 단백질을 빼앗는다. 그러나 조절 유전자의 돌연변이는 돌연변이 유전자가 조절하는 모든 구조 유전자의 발현에 영향을 미친다. 조절 돌연변이의 결과를 이용하여 조절의 유형을 알아볼 수 있다.

lacZYA 유전자의 전사는 *lacI* 유전자에 의해 코딩되는 조절 단백질에 의해 조절된다. *lacI*는 구조 유전자 가까이에 위치하지만, 자체 프로모터와 터미네이터를 가진 독립된 전사 단위로 구성된다. 원칙적으로 *lacI*는 확산성 단백질을 지정하기 때문에 구조 유전자 근처에 위치할 필요는 없다. 만일 다른 곳으로 옮겨지거나 따로 떨어진 DNA 분자로 옮겨진다 하여도 똑같이 잘 작동할 수 있다(트랜스-작용 레귤레이터의 고전적 테스트).

▶ **구성적 발현(constitutive expression)** 특정 유전자의 지속적인 발현.

▶ ***lac* 억제 인자(*lac* repressor)** *lac* 오페론을 턴-오프하는 *lacI* 유전자에 의해 코드된 음성적 유전자 레귤레이터.

lacZYA 유전자는 음성적으로 조절된다: 조절 단백질에 의해 턴-오프(turn off, 작동하지 않음) 되지 않는 한 전사된다. 억제는 절대적인 현상이 아니라는 점에 유의하라; 유전자를 턴-오프하는 것은 전구를 끄는 것과 같지 않다. 억제는 종종 전사의 감소가 5배 또는 100배 감소할 수 있다. 레귤레이터를 불활성화시키는 돌연변이는 구조 유전자가 지속적으로 발현되도록 하는데, 이를 **구성적 발현(constitutive expression)** 상태라고 한다. *lacI*의 산물은 구조 유전자의 발현을 막는 역할을 하기 때문에 ***lac* 리프레서(*lac* repressorm, *lac* 억제 인자)**라 한다.

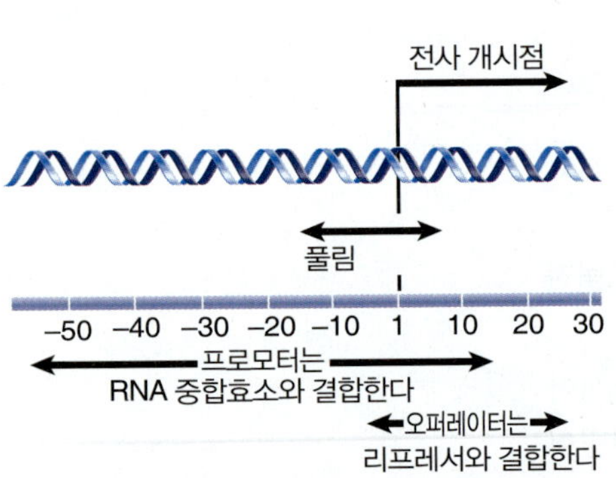

그림 26.6 리프레서와 RNA 중합효소는 *lac* 오페론의 전사 개시점 주변에서 중복되는 부위에서 결합한다.

리프레서는 각각 38 kD의 동일한 서브유닛의 테트라머이다. 야생형 세포에는 ~10개의 테트라머가 있다. 조절 유전자는 조절되지 않는다; 그것은 약한(poor) 프로모터를 가진 조절되지 않은 유전자이다. RNA 중합효소에 대한 (약한) 프로모터의 친화력에 의해 단순히 지배되는 것으로 보이는 비율로 모노 시스트론 mRNA로 전사된다. 또한, 비효율적으로 번역되는 부족한 mRNA로 전사된다. 이것은 만들어진 단백질의 양을 제한하는 일반적인 방법이다. 이 경우 mRNA는 사실상 5′ UTR을 가지지 않으므로 리보솜이 번역을 시작할 수 있는 능력이 제한된다. 이 두 가지 특징은 세포 내 *lac* 리프레서 단백질의 존재 비율이 낮은 이유를 설명할 수 있다.

리프레서는 *lacZYA* 클러스터의 시작 부분에 있는 오퍼레이터(공식적으로 O_{lac}으로 표시)에 결합하여 작동한다. 오퍼레이터는 프로모터 (P_{lac})와 구조 유전자(*lacZYA*) 사이에 위치한다. 리프레서가 오퍼레이터에서 결합하면 RNA 중합효소가 프로모터에서 전사를 시작하는 것을 방해한다. 그림 26.6은 *lac* 구조 유전자의 시작 부분에 대한 우리의 관점을 확대한 것이다. 오퍼레이터는 mRNA 시작점의 바로 상류 지점 -5에서 전사 단위 내의 +21 위치까지 확장된다; 따라서 프로모터의 오른쪽 말단, 3′에 중복되어 있다. 오퍼레이터를 불활성화시키는 돌연변이 역시 구성적인 발현을 일으킨다.

대장균의 세포가 β-갈락토시드가 없는 상태에서 자랄 때 β-갈락토오스분해효소(β-galactosidase)는 필요 없으며, 세포당 약 5개의 아주 적은 수의 효소 분자를 가지고 있다. 적절한 기질이 첨가되면, 효소 활성은 박테리아에서 매우 빠르게 나타난다. 2~3분 안에 일부 효소가 나타나며, 곧 박테리아당 약 5,000분자의 효소가 존재한다(적절한 조건에서 β-갈락토오스분해효소는 박테리아의 총 가용성 단백질의 5~10%를 차지할 수 있다). 배지에서 기질을 제거하면, 효소의 합성이 시작되는 속도만큼 빠르게 멈춘다.

그림 26.7은 이 유도의 핵심적인 특징을 요약한 것이다. *lac* 오페론의 전사 조절은 그림의 상부에 나타난 것처럼 인듀서(inducer, 유도물질)에 매우 빠르게 반응한다. 인듀서가 없으면, 오페론은 매우 낮은 기본 수준에서 전사된다(이것은 중요한 개념으로 다음 절 참조). 전사는 인듀서를 첨가하자마자 촉진된다; *lac* mRNA의 양은 mRNA의 합성과 분해 사이의 균형을 반영하는 유도 수준으로 급격히 증가한다.

(박테리아의 대부분의 mRNA와 마찬가지로) *lac* mRNA는 매우 불안정하고 불과 약 ~3분 정도의 반감기를 가지며 분해한다. 이러한 특징으로 인하여 인듀서가 제거되자마자 전사를 억제함으로써 유도를 빠르게 진행할 수 있게 한다. 아주 짧은 시간 안에 모든 *lac* mRNA가 파괴되고 효소 합성이 중단된다.

단백질의 생성은 그림의 아래 부분에 이어서 나타내었다. *lac* mRNA의 번역은 β-갈락토오스분해효소(그리고 다른 *lac* 유전자의 산물)를 생성한다. *lac* mRNA의 출현과 첫 번째 완성된 효소 분자의 출현 사이에는 짧은 시간차(lag)가 있다(단백질이 증가하기 전에 기저수준에서 mRNA가 상승한 후 ~2분이다). mRNA와 단백질의 최대 유도 수준에 도달하는 것과 비슷한 시간차가 있다. 인듀서를 제거하면 (mRNA가 분해됨에 따라) 효소의 합성이 거의 즉시 멈추지만, 세포의 β-갈락토오스분해효소는 mRNA보다 안정적이므로 효소 활성은 유도 된 수준으로 오래 유지된다.

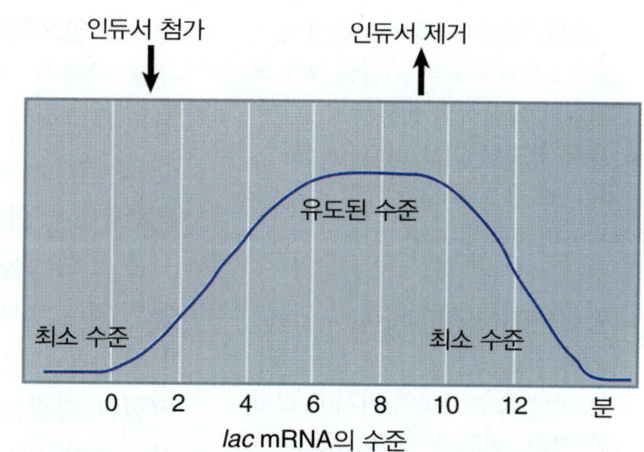

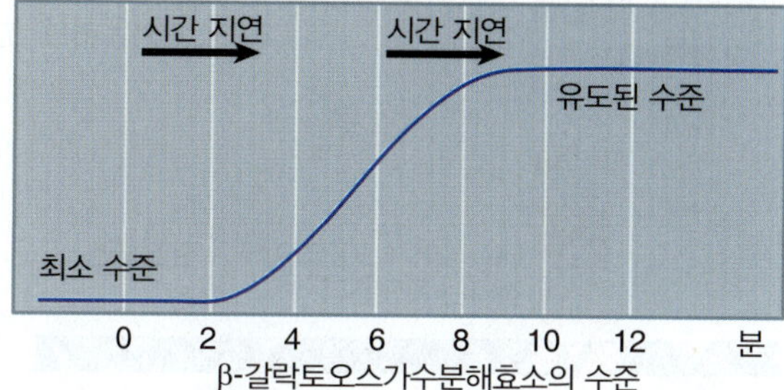

그림 26.7 인듀서의 첨가는 *lac* mRNA의 신속한 유도를 초래하고, 약간 시간을 지체한 다음 효소의 합성이 이어진다; 인듀서를 제거하면 신속하게 합성이 중단된다.

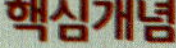

- *lacZYA* 오페론의 전사는 클러스터의 시작에서 프로모터와 겹치는 오퍼레이터에 결합하는 리프레서 단백질에 의해 제어된다.
- 리프레서 단백질은 *lacI* 유전자에 의해 코딩된 동일한 서브유닛의 테트라머이다.
- *lac* 오페론의 기질인 β-갈락토시드는 인듀서(inducer)이다.
- β-갈락토시드가 없는 경우, *lac* 오페론은 매우 낮은 (최소) 수준에서만 발현된다.
- 특정 β-갈락토시드의 첨가는 *lac* 오페론의 세 유전자 모두의 전사를 유도한다.
- *lac* mRNA는 매우 불안정하다; 결과적으로, 유도(induction)가 빠르게 진행될 수 있다.

개념 및 추론 확인

lac 오페론에서, 오퍼레이터에 돌연변이가 생기면 어떠한 영향을 주는가?

26.4 *lac* 리프레서는 작은 분자의 유도물질에 의해 조절된다

인듀서 또는 코리프레서로서 작용하는 능력은 매우 특이적다. 기질/생성물 혹은 밀접하게 관련된 분자만이 작용할 수 있다. 그러나 대부분의 경우 작은 분자의 활성은 표적 효소와의 상호작용에 의존하지 않는다. 그러나 *lac* 시스템의 경우, 실질적인 인듀서는 락토오스가 아니라 β-갈락토오스분해효소의 부

▸ **알로락토오스(allolactose)** β-갈락토오스분해효소의 부산물; *lac* 오페론의 실질적인 인듀서.

▸ **유사 유도물질(gratuitous inducer)** 유도의 실질적인 인듀서와 유사하지만 유도된 효소의 기질이 아닌 인듀서.

▸ **알로스테릭 조절(allosteric control)** 작은 분자가 단백질의 다른 곳에 있는 제2의 위치에 결합한 결과, 어느 한 곳의 구조(와 이에 따른 활성)을 변화시키는 단백질의 능력.

산물인 **알로락토오스(allolactose)**이다. 알로락토오스는 또한 β-갈락토오스분해효소의 기질이기 때문에 세포 내에서 계속 남아 있지는 않다. 일부 인듀서는 *lac* 오페론의 실질적인 인듀서와 유사하나 효소에 의해 대사되지 않는다. 예를 들면, 이소프로필티오갈락토시드 (isopropylthiogalactoside, IPTG)는 이러한 특성을 가지고 있는 여러 가지 티오갈락토시드(thiogalactoside) 중 하나이다. IPTG는 β-갈락토오스분해효소에 의해 인식되지 않는다; 그렇기는 하지만, 이것은 *lac* 유전자의 매우 효율적인 인듀서이다.

효소 합성을 유도하지만 대사되지 않은 분자를 **유사 유도물질(gratuitous inducer)**이라고 한다. 그들은 원래 형태로 세포에 남아 있기 때문에 매우 유용하다(실질적인 인듀서가 대사되어 시스템 연구에 방해가 될 수 있다). 무상 유도물질의 존재로 중요한 점이 밝혀졌다. *이 시스템은 표적 효소와 별개로 적절한 기질을 인식하는 몇 가지 구성성분을 가지고 있어야 하며 관련 기질을 인식할 수 있는 능력은 효소와 다르다.*

인듀서에 반응하는 성분은 *lacI*에 의해 코드된 리프레서 단백질이다. 그 표적인 *lacZYA* 구조 유전자는 *lacZ*의 바로 상류의 프로모터로부터 하나의 mRNA로 전사된다. 리프레서의 상태는 이 프로모터의 턴-오프 혹은 턴-온을 결정한다.

그림 26.8은 인듀서가 없는 경우, 리프레서 단백질이 오퍼레이터에 결합된 활성 형태이기 때문에 유전자가 전사되지 않는다는 것을 보여 주고 있다.

그림 26.9는 인듀서가 첨가될 때, 리프레서가 오퍼레이터에 대한 친화성이 낮은 형태 또는 오퍼레이터를 떠나는 친화성이 낮은 형태로 전환되는 것을 보여주고 있다. 이렇게 되면 전사는 프로모터에서 시작하여 *lacA*의 3′ 말단을 지나 위치하고 있는 터미네이터로 유전자를 통해 진행한다.

조절 회로의 중요한 특징은 리프레서의 두 가지 특성에 있다: 조절 회로는 전사를 방해할 수 있고, 작은-분자의 인듀서를 인식할 수 있다. 리프레서는 세 개의 결합 부위를 가지고 있다: 하나는 오퍼레이터 DNA 결합 부위, 하나는 인듀서를 결합 부위, 그리고 다른 하나는 다중화(multimerization) 결합 부위이다. 인듀서가 그 부위에서 결합하면, 그것은 오퍼레이터-결합 부위의 활성에 영향을 주는 방식으로 단백질의 구조를 변화시킨다. 단백질의 한 부위가 다른 부위의 활성을 조절하는 능력을 **알로스테릭 조절(allosteric control)**이라고 한다.

유도 작용은 일률적인 조절을 수행한다: *모든 유전자는 일제히(in unison) 발현되거나 또는 발현되지 않는다.* mRNA는 5′ 말단으로부터 순차적으로 번역이 되는데, 이것은 유도가 항상 β-갈락토오스분해효소, β-갈락토시드침투효소 및 β-갈락토시드 아세틸전이효소의 순서로 나타나는 이유를 설명하고 있다. 공통된 mRNA의 번역임에도 다양한 유도 조건 하에서 세 효소의 상대적인 양이 항상 동일하게 유지되는 이유를 설명하고 있다. 일반적으로, 가장 중요한 효소는 오페론에서 첫 번째 효소이다.

오페론의 구조에는 몇 가지 잠재적인 패러독스(paradox, 모순)가 있다. 첫째, *lac* 오페론은 당을 대사 시키는 데 필요한 β-갈락토오스분해효소 활성을 코딩하는 구조 유전자(*lacZ*)를 포함하고 있다; 또한, 세포 내로 기질을 운반하는 데 필요한 단백질을 코딩하는 구조 유전자(*lacY*)도 포함하고 있다. 그렇다면, 오페론이 억제된 상태에 있다면 인듀서가 유도 과정을 시작

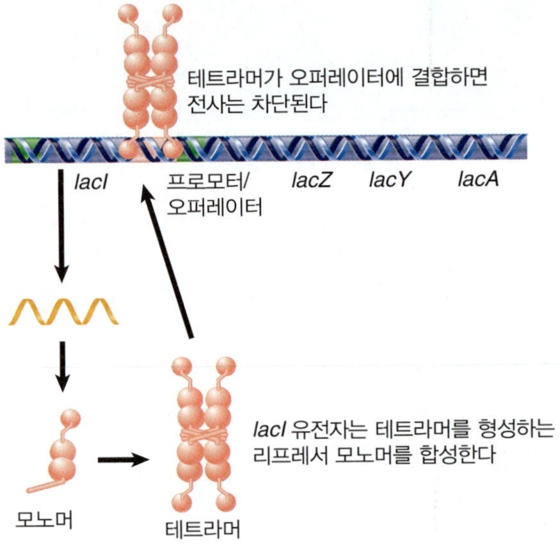

그림 26.8 *lac* 리프레서는 오퍼레이터에 결합함으로써 비활성 상태의 *lac* 오페론을 유지한다. 리프레서의 모양은 그 결정 구조에 의해 드러난 일련의 연결된 도메인으로 나타내었다(그림 26.9 참조).

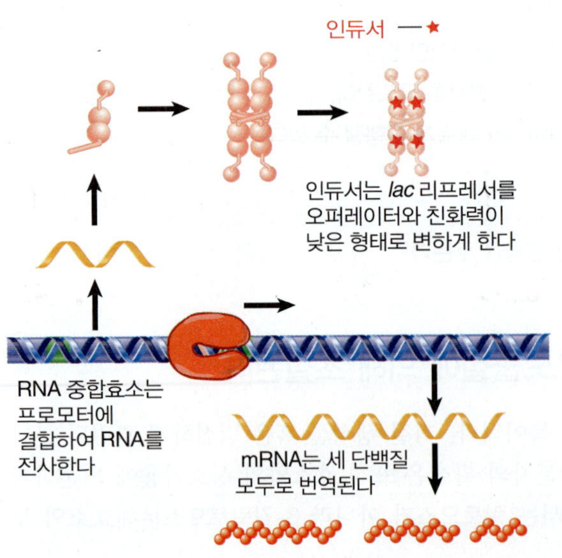

그림 26.9 인듀서를 첨가하면 리프레서는 오퍼레이터에 친화력이 낮은 형태로 전환된다. 이로 인하여 RNA 중합효소는 전사를 개시하게 된다.

하기 위해 어떻게 세포에 들어가는가? 두 번째 패러독스는 β-갈락토오스분해효소가 인듀서인 알로락토오스를 만들기 위해서는 β-갈락토오스분해효소의 합성이 유도되어져야 한다. 이것은 *lacZ* 유전자에 돌연변이가 일어난 오페론은 유도될 수 없음을 의미한다.

다음의 두 가지 특징이 유도 과정을 시작하기에 충분한 양의 단백질이 항상 세포에 존재하고 있음을 보장하고 있다. 첫째, 오페론은 최소 수준의 발현을 하고 있다: 오페론이 유도되지 않을지라도 잔류 수준(유도 수준의 0.1%)으로 발현된다. 또한 일부 기질(인듀서)은 다른 흡입 시스템을 통해 들어간다. 그러면, β-갈락토오스분해효소의 기저 수준의 발현으로 일부 락토오스를 알로락토오스로 전환시켜 유도 작용을 일으킨다.

핵심개념

- 인듀서(inducer, 유도물질)는 리프레서 단백질을 보다 낮은 오퍼레이터 친화력을 갖는 형태로 전환시킴으로써 기능한다.
- *lac* 리프레서에는 두 개의 결합 부위가 있다. 하나는 오퍼레이터 DNA 결합 부위이고, 다른 하나는 인듀서 결합 부위이다.
- *lac* 리프레서는 알로스테릭(allosteric) 상호작용에 의해 불활성화되며, 이 부위에서 인듀서의 결합이 DNA-결합 부위의 성질을 변화시킨다.
- 실질적인 인듀서는 알로락토오스(allolactose)이며, 실질적인 기질은 아니다.

개념 및 추론 확인

세포에 *lac* 오페론의 두 개의 완전한 사본이 있는데, 이 사본 중 하나에서 *lacI*의 돌연변이가 일어났다면, 그 세포에 미치는 영향은 무엇인가?

26.5 시스-작용 구성적 돌연변이를 이용하여 오퍼레이터를 동정한다

▶ **비유도성(uninducible)** 인듀서의 영향을 받은 유전자가 발현되지 않는 돌연변이체.

조절 회로에 돌연변이가 일어나면 오페론의 발현을 중지하거나 구성적 발현을 일으킬 수 있다. 전혀 발현될 수 없는 돌연변이체를 **비유도성(uninducible)** 돌연변이체라고 한다. 지속적으로 발현되는 돌연변이체를 구성적 돌연변이체라고 한다.

오페론의 조절 회로의 구성 요소는 모든 구조 유전자의 발현에 영향을 미치고 이들과 떨어진 곳에 위치하고 있는 돌연변이를 이용하여 확인할 수 있다. 그들은 시스-작용과 트랜스-작용의 두 클래스로 분류된다. 프로모터와 오퍼레이터는 시스-작용 돌연변이에 의해 조절 단백질(각각 RNA 중합효소와 리프레서)의 표적으로 밝혀졌다. *lacI* 위치는 트랜스-작용 단백질을 제거하는 돌연변이에 의해 리프레서 단백질을 코딩하는 유전자로 밝혀졌다.

오퍼레이터는 O^c로 표시된 구성적 돌연변이에 의해 최초로 확인되었으며, 이 돌연변이의 두드러지는 특성은 *확산성 단백질(diffusible product)을 나타내지 않으면서 기능하는 요소*에 대한 첫 번째 증거를 제공하였다.

O^c 돌연변이와 인접한 구조유전자는 돌연변이가 오퍼레이터를 변화시켜서 리프레서가 더 이상 돌연변이를 인식하지 못하고 오퍼레이터와 결합하지 못하기 때문에 구성적으로 발현된다. 따라서 리프레서는 RNA 중합효소가 전사를 시작하는 것을 막을 수 없다. 오페론은 그림 26.10과 같이 구성적으로 전사된다.

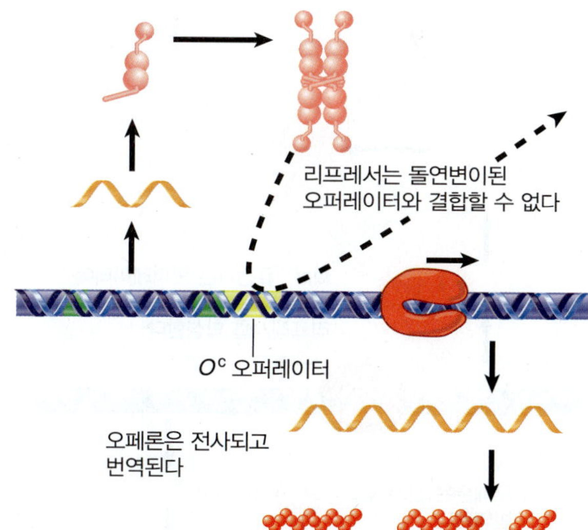

그림 26.10 오퍼레이터 돌연변이는 오퍼레이터가 억제단백질과 결합할 수 없기 때문에 구성적이다; 이로 인하여 RNA 중합효소가 프로모터에 대한 제한 없이 접근할 수 있게 한다. O^c 돌연변이는 인접한 구조유전자에만 영향을 미치기 때문에 시스-작용이다.

오퍼레이터는 인접한 *lac* 유전자만 조절할 수 있다. 만일 두 번째 *lac* 오페론이 독립적인 DNA 분자를 통해 박테리아에 도입된다면, 그것은 그 자체의 오퍼레이터를 가지고 있다. 두 오퍼레이터 모두 서로 영향을 받지 않는다. 따라서 만일 하나의 오페론이 정상적인 오퍼레이터를 갖는다면 그것은 통상적인 조건 하에서 억제될 것이며, 반면에 O^c 돌연변이를 갖는 두 번째 오페론은 그의 특유의 방식으로 발현될 것이다(프로모터 돌연변이도 시스-작용이다).

이러한 특성으로 오퍼레이터를 전형적인 시스-작용 부위로 정의하며, 그의 기능은 일부 트랜스-작용 인자에 의한 DNA 염기배열의 인식에 의존한다. 오퍼레이터는 부위의 다른 대립(allele) 유전자의 세포 내 존재 여부에 관계없이 인접한 유전자를 조절한다. 그러한 부위의 돌연변이(예: O^c 돌연변이)를 공식적으로 **시스-우성(*cis*-dominant)**이라고 한다.

▶ **시스-우성(*cis*-dominant)** 자체 DNA 분자의 특성에만 영향을 미치는 부위 또는 돌연변이. 종종 부위가 확산성 단백질을 코딩하지 않는 부위를 나타낸다.

핵심개념

- 오퍼레이터에서의 돌연변이는 세 개의 모든 *lac* 구조 유전자의 구성적 발현을 일으킨다.
- 이 돌연변이는 시스-작용이며, 인접한 일련의 DNA 상에 있는 유전자에만 영향을 준다.

개념 및 추론 확인

만일 세포에 *lac* 오페론의 완전한 사본이 두 개 있고 *lacZYA*를 조절하는 오퍼레이터 부위 중 한 곳에 돌연변이가 일어났다면, 세포에 미치는 영향은 무엇인가?

26.6 트랜스-작용 돌연변이를 이용하여 레귤레이터를 동정한다

두 가지 유형의 구성적 돌연변이를 유전적으로 구별할 수 있다. O^c 돌연변이체(26.5절에서 기술)는 시스-우성(dominant)인 반면, *lacI*⁻ 돌연변이체는 열성(recessive)이다. 이것은 정상적인(wild type, 야생형) *lacI*⁺ 유전자의 도입으로 결손이 있는 *lacI*⁻ 유전자가 존재하는 경우에서도 회복할 수 있음을 의미한다. *lac* 리프레서 단백질은 확산성을 가지고 있다; 따라서 정상적인 *lacI* 는 독립적인 DNA 분자 상에 위치할 수 있다. 다른 *lacI* 돌연변이는 프로모터의 돌연변이와 유사하게 오페론을 (뒤에 설명하겠지만) *lacI*ˢ로 표시하며, 유전자 작동이 불가능한 비유도성이 되게 한다.

구성적인 전사는 (유전자의 결실을 포함하는) 기능 상실로 생긴 *lacI*⁻ 유형의 돌연변이에 의해 발생한다. 리프레서가 불활성이거나 없는 경우, *lac* 오페론의 전사는 *lac* 오페론 프로모터에서 시작될 수 있다. 그림 26.11은 리프레서가 불활성이기 때문에 *lacI*⁻ 돌연변이체가 인듀서의 존재 유무에 관계없이 항상(구성적으로, constitutively) 구조 유전자를 발현한다는 것을 보여준다. *lacI*⁻ 돌연변이의 하나의 중요한 서브세트(*lacI*⁻ᵈ라 함; 다음 참조)는 리프레서의 DNA-결합 부위에 위치하고 있다. 이들 서브세트는 리프레서가 오퍼레이터와 접촉하기 위해 사용하는 부위를 손상시킴으로써 유전자를 턴-오프 기능을 없앤다. 그들은 정상적인 테트라머와 돌연변이된 리프레서 서브우닛이 오퍼레이터에 결합하지 못하게 하므로 우성변이이다(다음 참조).

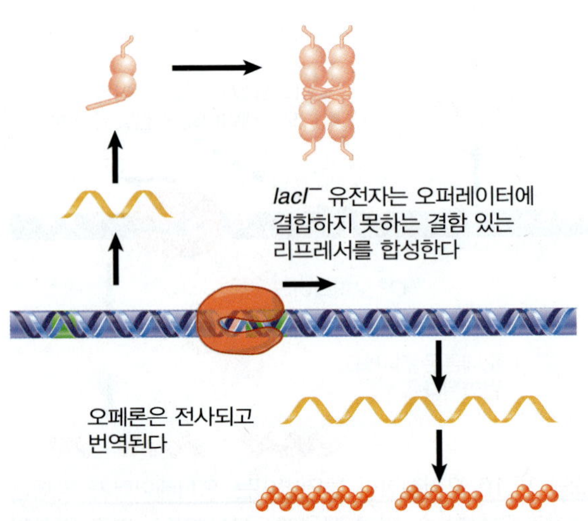

그림 26.11 *lacI* 유전자를 불활성화하는 돌연변이는 돌연변이 억제 단백질이 오퍼레이터에 결합할 수 없기 때문에 오페론을 구성적으로 발현시킨다.

비유도성 돌연변이체는 리프레서가 인듀서에 결합하는 능력이 상실됨으로써 생긴다. 이러한 돌연변이체를 *lacI*ˢ로 표시한다. 리프레서는 오퍼레이터를 인식하고 전사를 방해하는 활성 형태로 "고정"된다. 이들 돌연변이를 이용하여 인듀서-결합 부위와 DNA 결합 부위의 알로스테릭 조절에 관여하는 다른 부위를 동정한다. 돌연변이 리프레서는 전사를 방해하기 위해 세포 내의 모든 *lac* 오퍼레이터에 결합하며, 정상적인 단백질이 존재하더라도 오퍼레이터로부터 제거될 수 없다.

리프레서의 중요한 특징은 그것이 멀티머(multimeric, 복합 다중체)라는 것이다. 리프레서 서브유닛은 세포에서 무작위로 결합하여 활성 단백질 테트라머를 형성한다. *lacI* 유전자의 두 가지 다른 대립유전자가 존재할 때, 각각에 의해 만들어진 서브유닛은 결합하여 헤테로다이머를 형성하며, 그 특성은 호모테트라머의 특성과 다르다. 이 서브유닛들 간의 상호작용 유형은 멀티머 단백질의 특징이며, **대립유전자간 상보성(interallelic complementation)**이라 한다.

대부분의 돌연변이체는 리프레서를 불활성화시킨다. 따라서 이러한 유전자는 정상적인 리프레서와 함께 발현될 때 열성이며, *lac* 오페론은 정상적으로 조절된다. 어떤 리프레서 돌연변이체의 조합은 **역상보성(negative complementation)**이라 불리는 대립유전자 간 상보성 형태를 나타낸다. 앞서 언급했듯이, 야생형 대립유전자와 쌍을 이루면 *lacI*$^{-d}$ 돌연변이는 우성이다. 이러한 돌연변이를 **도미넌트 네거티브(dominant negative, 우성 음성)**라 한다. 다음 절에서 설명하는 것처럼, 이러한 작용을 나타내는 이유는 테트라머 중의 한 돌연변이 서브유닛이 정상적인 서브유닛의 기능을 억제할 수 있다는 것이다. *lacI*$^{-d}$ 돌연변이만으로는 오퍼레이터와 결합할 수없는 리프레서가 생성되므로, *lacI*$^{-}$ 대립유전자와 같이 구성적이다. *lacI*$^{-}$ 유형의 돌연변이는 리프레서를 불활성화하기 때문에, 정상적인 경우 열성이다. 그러나 −d 표기법은 정상적인 대립유전자와 짝을 지을 때 이 음성 유형의 돌연변이체(variant)가 우성이라는 것을 나타낸다.

▶ **대립유전자간 상보성(interallelic complementation)** 두 개의 다른 돌연변이 대립유전자에 의해 코드된 서브유닛의 상호작용에 의해 생긴 헤테로멀티머 단백질(이종 복합다량체 단백질)의 특성의 변화; 혼합 단백질은 단 하나 또는 다른 유형의 서브 유닛으로 구성된 단백질보다 다소 활성화될 수 있다.

▶ **역상보성(negative complementation)** 멀티머 단백질(복합다중체 단백질)에서, 대립유전자간 상보성에 의해 돌연변이 서브유닛이 정상적인 서브 유닛의 활성을 억제할 수 있게 되었을 때 발생한다.

▶ **우성 음성(dominant negative)** 정상적인 유전자 산물의 기능을 방해하는 돌연변이 유전자 산물을 초래하는 돌연변이로 돌연변이 및 정상적인 대립유전자를 모두 포함하는 세포에서 유전자 활성의 손실 또는 감소를 일으킨다. 가장 일반적인 원인으로는, 서브유닛 중 하나만이 돌연변이체일 경우 기능이 상실되는 호모멀티머 단백질(동종 복합다중체 단백질)을 코드하기 때문이다.

핵심개념

- *lacI* 유전자의 돌연변이는 트랜스-작용이며, 박테리아 내의 모든 *lacZYA* 클러스터의 발현에 영향을 준다.
- *lacI* 기능을 제거한 돌연변이는 구성적 발현을 일으키고 열성이다.
- 리프레서의 DNA-결합 부위의 돌연변이는 리프레서가 오퍼레이터와 결합할 수 없기 때문에 구성적이다.
- 리프레서의 인듀서-결합 부위의 돌연변이는 돌연변이를 방해하므로 비유도성이 된다.
- 돌연변이와 정상적인 서브유닛이 존재할 때, 단일 돌연변이 서브유닛은 다른 서브유닛이 정상적인 타입의 테트라머를 불활성화시킬 수 있다.
- *lacI*$^{-d}$ 돌연변이는 DNA-결합 부위에서 일어난다. 그들의 효과는 리프레서 활성이 테트라머의 모든 DNA-결합 부위를 활성화시켜야 한다는 사실로 설명할 수 있다.

개념 및 추론 확인

만일 세포에 *lac* 오페론의 완전한 사본이 두 개 있고, *lacZ* 사본에 돌연변이가 있는 경우, 세포에 어떤 영향을 줄까?

26.7 *lac* 리프레서는 다이머로 이루어진 테트라머이다

리프레서는 그림 26.12에 나와 있는 결정 구조와 같이 여러 도메인을 가지고 있다. 주요 특징은 DNA-결합 도메인이 나머지 단백질과 분리되어 있다는 것이다.

DNA-결합 도메인은 잔기(residue) 1~59개를 포함하고 있다. 그것은 턴으로 분리된 두 개의 α-헬릭스(α-helix)로 구성되어 있다. 이것은 헬릭스-턴-헬릭스(helix-turn-helix, HTH)로 알려진 일반적인 DNA-결합 모티프이다; 두 개의 α-헬릭스는 DNA의 메이저 그루브(큰 홈)에 꼭 들어맞으며 특정 염기와 접촉한다(*27.10절 람다 리프레서는 헬릭스-턴-헬릭스 모티프를 사용하여 DNA에 결합한다* 참조). 이 영역은 힌지(hinge)로 단백질의 본체에 연결되어 있다. 리프레서가 DNA-결합 형태인 경우, 힌지는 (그림 26.12와 같이) 작은 α-헬릭스를 형성한다; 그러나 리프레서

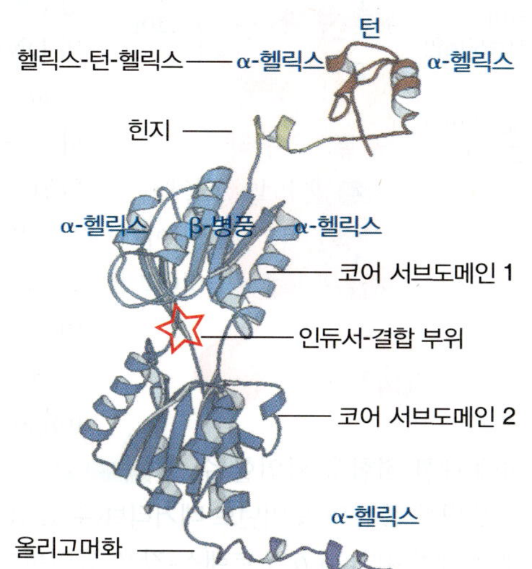

그림 26.12 *lac* 리프레서 모노머의 구조는 여러 독립 도메인을 보여준다. Structure from Protein Data Bank 1LBG. M. Lewis et al. *Science* 271 (1996): 1247–1254. Photo courtesy of Hongli Zhan and Kathleen Matthews, Rice University.

효율은 50배 이상 감소한다. *이러한 사실은 리프레서가 O1뿐만 아니라 다른 두 오퍼레이터 중 하나에 결합하는 능력이 강력한 억제를 수행하는 데 중요하다는 것을 의미한다.* 우리는 이러한 동시 결합이 어떻게, 왜 억제효과를 증가시키는지 알지 못한다. 그러나 오퍼레이터(*O1*)에 대한 리프레서 결합의 직접적인 효과에 대해 알고 있다.

우리는 *O1* 오퍼레이터에 대한 리프레서의 결합이 어떻게 RNA 중합효소에 의한 전사 개시를 억제하는지에 대한 몇 가지 증거를 가지고 있다. 원래 리프레서 결합이 RNA 중합효소가 프로모터에 결합하는 것을 막을 것이라고 생각했다. 우리는 이제 두 단백질이 동시에 DNA에 결합될 수 있고 *리프레서의 결합이 실제로 RNA 중합효소의 결합을 향상시킨다는 것*을 알고 있다! 그래도 결합된 RNA 중합효소는 전사를 시작할 수 없다. 사실상 리프레서는 RNA 중합효소가 프로모터에 머무르게 한다. 인듀서가 첨가되면, 리프레서가 방출되고, RNA 중합효소는 즉시 전사를 개시할 수 있다. 리프레서의 전반적인 효과는 유도 과정의 속도를 높이는 것이다.

이 모델이 다른 시스템에도 적용될까? RNA 중합효소, 리프레서 및 프로모터/오퍼레이터 영역 간의 상호작용은 각 시스템에서 다르다. 왜냐하면 오퍼레이터가 항상 프로모터의 동일한 영역과 겹치지 않기 때문이다(그림 26.21 참조). 예를 들어, 람다(λ) 파지에서, 오퍼레이터는 프로모터의 상류 영역에 위치하며, 리프레서의 결합은 RNA 중합효소의 결합을 차단한다(*27장 파지의 유전자 발현 전략* 참조). 따라서 결합된 리프레서는 모든 시스템에서 동일한 방식으로 RNA 중합효소와 상호작용하지 않는다.

핵심개념

- 테트라머 리프레서의 각 다이머는 오퍼레이터와 결합할 수 있으므로, 테트라머는 두 오퍼레이터와 동시에 결합할 수 있다.
- 완전한 억제를 위해서는 리프레서가 *lacZ* 프로모터의 오퍼레이터뿐만 아니라 하류 또는 상류의 추가적인 오퍼레이터와 결합해야 한다.
- 오퍼레이터에서 리프레서의 결합은 프로모터에서 RNA 중합효소의 결합을 자극하지만 전사를 방해한다.

개념 및 추론 확인

lac 오페론에는 3개의 오퍼레이터가 왜 필요할까?

26.10 오퍼레이터는 *lac* 리프레서와 결합함에 있어 낮은-친화성 부위와 경쟁한다

아마도 특정 염기배열에 높은 친화성을 갖는 모든 단백질은 또한 모든 임의의 DNA 염기배열에 대해 낮은 친화성을 갖는다. 많은 수의 낮은-친화성 부위는 적은 수의 높은-친화성 부위처럼 리프레서와 경쟁을 하게 된다. 대장균 게놈에서, *lac* 리프레서에 대한 높은-친화성 부위는 *lac* 오퍼레이터 단 하나만 존재한다. 나머지 DNA는 낮은-친 화성 결합 부위가 된다. 게놈의 모든 염기쌍이 새로운 낮은-친화성 결합 부위가 된다. 오퍼레이터에서 단순히 하나의 염기쌍만 이동해도 낮은-친화성 부위가 만들어진다! 이는 4.2×10^6개의 낮은-친화성 부위가 있음을 의미한다.

낮은-친화성 부위가 많다는 것은 특이적 결합 부위가 없어도 모든 또는 거의 모든 리프레서가 DNA에 결합되어 있음을 의미한다; 실제로 용액에서는 자유 리프레서는 거의 존재하지 않는다. 비특이적인 게놈 부위로의 LacI 결합은 단일 분자 실험에 의해 생체 내 실험에서 확인되었다. 우리는 리프레서의 의 거의 0.01%가 무작위 DNA에 결합되어 있음을 추론할 수 있다. 세포당 리프레서 테트라머가 약 10개 분자만이 존재하는데, 이는 자유 리프레서 단백질이 존재하지 않는다는 것을 나타내고 있다. 따라서 리프레서-오퍼레이터 상호작용의 중요한 요소는 DNA에 대한 리프레서의 파티셔닝(partitioning. 분배)이다; 오퍼레이터의 단일 높은-친화성 부위는 많은 수의 낮은-친화성 부위와 경쟁한다.

그러므로 억제 효능은 다른 임의의 DNA 염기배열과 비교하여 그의 오퍼레이터에 대한 리프레서의 상대적인 친화력에 의존한다. 친화력은 수많은 무작위 부위를 압도할 수 있을 만큼 충분히 커야 한다. *lac* 리프레서/오퍼레이터 결합에 대한 평형상수(equilibrium constant)를 리프레서/일반 DNA 결합과 비교함으로써 이것이 어떻게 작용하는지를 알 수 있다. 그림 26.21은 활성 리프레서에 대한 비율이 10^7이므로, 오퍼레이터는 항시 96% 리프레서와 결합하도록 하므로, 전사는 완전하게는 아니지만 효과적으로 억제된다. (인듀서는 락토오스가 아닌 알로락토오스이므로, 세포에 항상 약간의 β-갈락토오스분해효소가 필요하다.) 인듀서를 첨가하면, 그 비율은 10^4로 감소한다. 이 수준에서는 오퍼레이터의 3%만이 결합되어 오페론은 효과적으로 유도된다.

DNA	리프레서	리프레서 + 인듀서
오퍼레이터	2×10^{13}	2×10^{10}
다른 DNA	2×10^{6}	2×10^{6}
특이성	10^{7}	10^{4}
오퍼레이터의 결합	96%	3%
오페론은:	억제된다	유도된다

그림 26.21 *lac* 리프레서는 오퍼레이터에게 특이적으로 강하게 결합하지만 인듀서에 의해 방출된다. 모든 평형 상수는 M^{-1} 이다.

이러한 친화력의 결과는 유도되지 않은 세포에서 한 개의 테트라머 리프레서가 일반적으로 오퍼레이터에 결합된다는 것이다. 남아있는 테트라머는 그림 26.22와 같이 DNA의 다른 영역에 무작위로 결합되어있다. 세포 내에서 리프레서 테트라머가 거의 없거나 거의 없을 가능성이 있다.

인듀서의 첨가는 오퍼레이터에서 특이적으로 결합하는 리프레서의 능력을 파괴한다. 오퍼레이터에서 결합된 리프레서는 방출되어 무작위의 (낮은-친화력) 부위에 결합한다. 따라서 유도된 세포에서, 리프레서 테트라머들은 무작위 DNA 부위에 "저장(store)"된다. 유도되지 않은 세포에서, 테트라머는 오퍼레이터에서 결합되는 반면, 나머지 리프레서 분자는 비특이적인 부위에 결합한다. 그러므로 유도의 효과는 자유로운 리프레서를 생성하기보다는 DNA에 대한 리프레서의 분포를 변화시키는 것이다. RNA 중합효소가 하나의 염기배열을 다른 염기배열과 교환함으로써 프로모터와 다른 DNA 사이를 이동하는

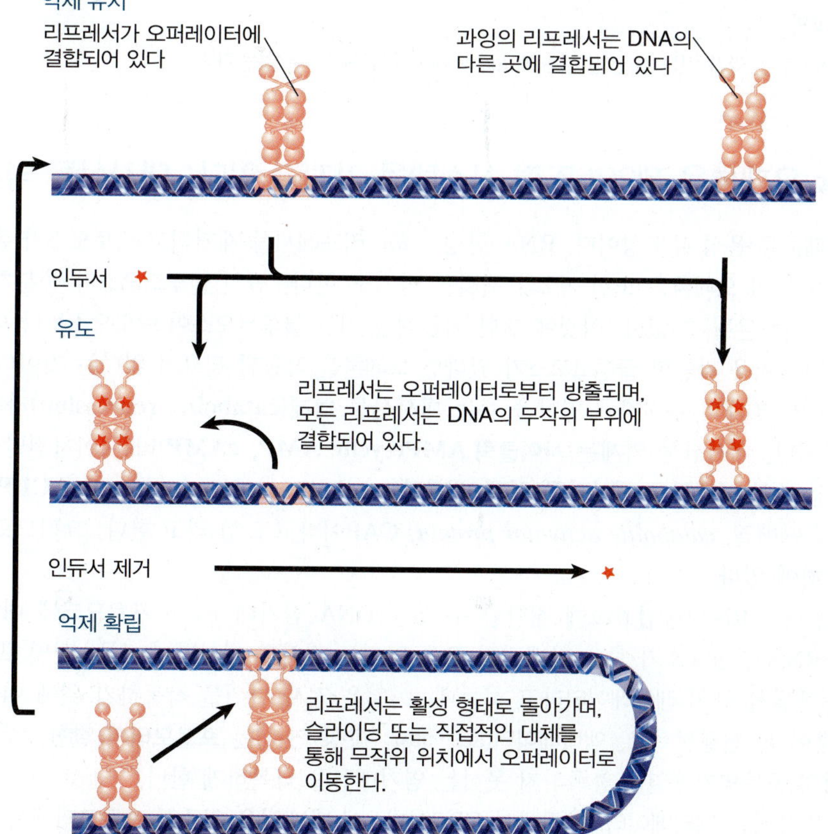

그림 26.22 거의 모든 세포 내의 리프레서는 DNA에 결합되어 있다.

것과 같은 방식으로, 리프레서는 또한 하나의 결합된 DNA 염기배열을 다른 염기배열과 직접적으로 치환하여 위치 사이를 이동시킬 수 있다.

특이적 결합과 비특이적 결합에 대한 평형 방정식을 비교함으로써 레귤레이터 단백질이 표적 부위를 포화시키는 능력에 영향을 미치는 파라미터(매개변수)를 정의할 수 있다. 예상했던 대로, 중요한 파라미터는 다음과 같다:

- 게놈의 크기는 특정 표적 부위에 결합하는 단백질의 능력을 약화시킨다(진핵세포 게놈이 얼마나 큰 가를 기억하라).
- 단백질의 특이성은 DNA의 질량의 효과에 반작용을 한다.
- 필요한 단백질의 양은 게놈의 총 DNA 양에 따라 증가하고, DNA 결합의 특이성을 감소시킨다.
- 단백질의 양은 또한 특정 표적 부위의 총 수를 적정하게 초과해야 하므로, 많은 표적을 가진 레귤레이터가 보다 적은 표적을 가진 레귤레이터보다 더 많은 양이 발견될 것으로 기대한다.

핵심개념

- 특정 DNA 염기배열에 대해 높은 친화성을 가지고 있는 단백질은 또한 다른 DNA 염기배열에 대해서도 낮은 친화성도 가지고 있다.
- 박테리아 게놈의 모든 염기쌍은 리프레서의 낮은-친화성 결합 부위가 될 수 있는 기회가 된다.
- 많은 낮은-친화성 부위는 모든 리프레서 단백질이 DNA에 결합되도록 한다.
- *lac* 리프레서는 용액에서 평형을 이루기보다는 낮은-친화성 부위에서 이동하여 오퍼레이터와 결합한다.
- 인듀서가 없는 경우, 오퍼레이터는 낮은-친화성 부위의 친화성이 10^7배인 리프레서와의 친화성을 보인다.
- 세포당 10개의 리프레서 테트라머의 농도는 오퍼레이터가 리프레서에 의해 항시 96% 결합할 수 있게 한다.
- 유도는 오퍼레이터 친화력을 낮은-친화성 부위의 친화성을 10^4배로 낮추어, 오퍼레이터의 3%만 결합되게 한다.
- 유도는 직접 교환(direct displacement)에 의해 오퍼레이터에서 낮은-친화성 부위로 리프레서를 이동하게 한다.

개념 및 추론 확인

기능을 지닌 *lacZ* 유전자가 없는 돌연변이는 왜 *lac* 오페론을 유도할 수 없는가?

26.11 *lac* 오페론은 제2의 조절 시스템을 가지고 있다: 대사산물 억제작용

대장균 *lac* 오페론은 음성 유도성이다. RNA 합성은 *lac* 리프레서를 제거되고 락토오스가 존재할 때 활성화된다. 그러나 이 오페론은 또한 제2의 조절을 받기도 한다. 만일 글루코오스가 충분히 공급되면, 락토오스에 의해 턴-온될 수 없다. 이것에 대한 이론적 근거는 글루코오스이 락토오스보다 더 좋은 에너지원이기 때문에, 이용 가능한 글루코오스가 있다면 오페론을 작동할 필요가 없다는 것이다. 이 시스템은 대장균에서 약 20개의 유전자에 영향을 주는 **대사산물 억제(catabolite repression)**라는 글로벌 네트워크의 일부이다. 대사산물 억제는 **사이클릭 AMP(cyclic AMP, cAMP)**라는 이차전달물질을 통해 발휘되며, 양성 조절 단백질은 **대사산물 억제 단백질(catabolite repressor protein, CRP)**(때로는 *대사산물 활성화 단백질, catabolite activator protein*, CAP이라고도 함)라고 한다. 그러므로 *lac* 오페론은 이중 조절 하에 있다.

▶ **대사산물 억제(catabolite repression)** 수많은 유전자의 발현을 막는 글루코오스의 능력. 박테리아에서 이것은 양성 조절 시스템이다. 진핵세포에서는 완전히 다르다.

▶ **사이클릭 AMP(cyclic AMP, cAMP)** CRP의 보조 레귤레이터로 내부 3′-5′ 포스포디에스테르 결합을 가지고 있다. 그 농도는 글루코오스의 농도와 반대이다.

▶ **대사산물 억제 단백질(catabolite repressor protein, CRP)** 사이클릭 AMP에 의해 활성화된 양성 조절 단백질. RNA 중합효소가 대장균의 많은 오페론의 전사를 개시하는 데 필요하다.

지금까지 우리는 RNA 중합효소에 결합할 수 있는 DNA 염기배열로서 프로모터에 대하여 기술하였다. 그러나 RNA 중합효소가 보조 단백질의 도움 없이는 전사를 개시할 수 없는 몇몇 프로모터가 있다. 이러한 단백질을 양성 레귤레이터라고 하는데, 이것은 전사 단위를 작동하기 위해 이들의 존재가 필요하기 때문이다. 전형적으로, 액티베이터(activator, 활성 인자)는 프로모터의 결합, 예를 들어 −35 또는 −10에서의 공통염기배열을 충족하지 못하는 염기배열을 극복하게 한다.

가장 널리 작용하는 액티베이터 중 하나가 CRP이다. 이 단백질은 의존성 프로모터에서 전사를 개시

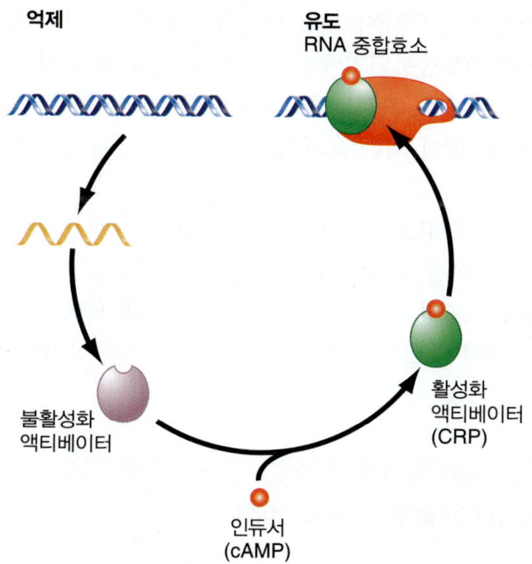

그림 26.23 작은-분자량의 인듀서인 cAMP는 활성화 단백질인 CRP를 프로모터에 결합하는 형태로 전환시키고, RNA 중합효소가 전사를 시작하도록 한다.

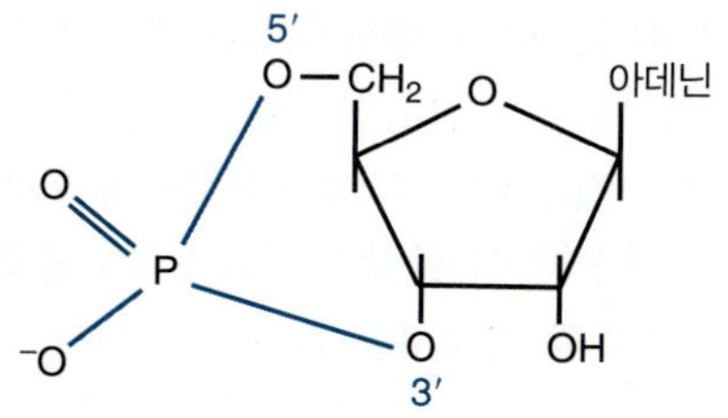

그림 26.24 cAMP는 펜토오스 고리의 3′ 및 5′ 위치, 즉 단일 포스포디에스테르 결합에 연결된 단일 인산 그룹을 가지고 있다.

하는 데 필요한 양성 레귤레이터이다. CRP는 *cAMP의 존재 하에서만* 활성화되며, 이는 양성적 조절을 위한 전형적인 작은-분자 인듀서로 작용한다(그림 26.23).

cAMP는 효소 *아데닐레이트 시클라아제(adenylate cyclase*, 아데닐산 고리화효소)에 의해 합성된다. 이 반응은 ATP를 기질로 사용하고, 인산염 결합을 통해 내부 3′-5′ 연결을 도입하여, 그림 26.24에 나타낸 구조를 생성한다. cAMP 농도는 글루코오스 농도와 반비례한다. 높은 농도의 글루코오스는 그림 26.25에 나타낸 바와 같이 아데닐레이트 시클라아제를 억제한다. 오로지 낮은 농도의 글루코오스에서만 효소가 활성화되어 cAMP를 합성할 수 있다. 이어서, cAMP 결합은 CRP가 DNA에 결합하여 전사를 활성화시키는 데 필요하다. 따라서 전사 활성화는 세포 내의 글루코오스 농도가 낮을 때만 발생한다.

CRP는 cAMP의 단일 분자에 의해 활성화될 수 있는 22.5 kD의 두 개의 동일한 서브유닛의 다이머이다. CRP 모노머는 DNA-결합 영역 및 전사-활성화 영역을 포함한다. CRP 다이머는 반응성 프로모터에서 ~22 bp의 부위에 결합한다. 결합 부위는 그림 26.26에 제시된 다양한 5-bp 공통염기배열을 포함한다. CRP 작용을 방해하는 돌연변이는 일반적으로 잘 보존된 펜타머 내에서 일어나는데, 이러한 사실은 이 부위가 인식에서 필수적인 요소인 것으로 보인다. CRP는 다이머의 두 개의 (역위, inverted) 버전을 포함하는 부위에 가장 강력하게 결합하는데, 이는 다이머의 서브유닛 모두가 DNA에 결합할 수 있게 하기 때문이다.

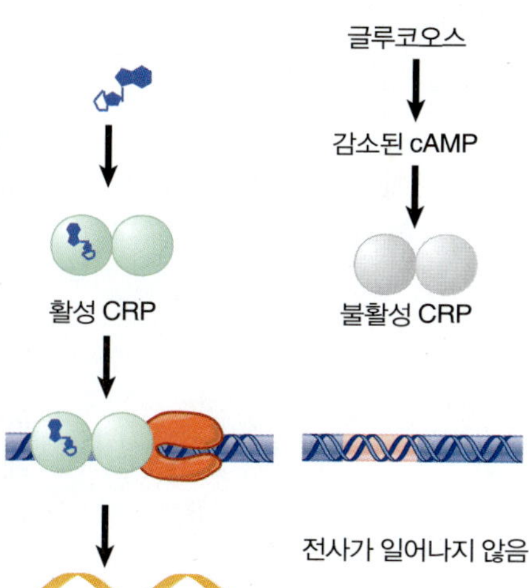

그림 26.25 cAMP의 수준을 감소시킴으로써, 글루코오스는 CRP 활성을 필요로 하는 오페론의 전사를 억제한다.

CRP는 DNA에 결합할 때 커다란 구부러짐이 생긴다. *lac* 프로모터에서 이 지점은 회전대칭성 구조(dyad symmetry)의 중심에 놓여 있다. 구부러짐은 그림 26.27의 모델에서 설명한 것처럼, 90° 이상으로 매우 심하다. 따라서

그림 26.26 CRP에 대한 공통염기배열은 잘 보존된 펜타머 TGTGA 및 (때때로) 반대방향의 염기배열(TCANA)을 포함하고 있다.

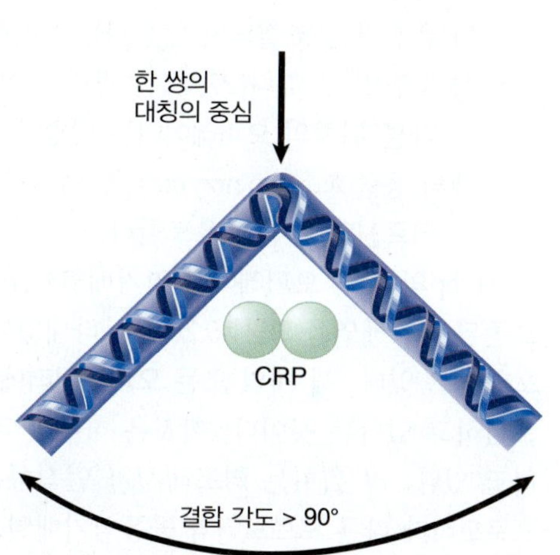

그림 26.27 CRP는 DNA를 대칭 중심 주변으로 >90° 구부러지게 한다.

CRP가 결합할 때 DNA 이중나선 구조가 극적으로 변화한다. CRP에 대한 의존성은 프로모터의 내재적 효율과 관련이 있다. CRP-의존성 프로모터도 정확한 −35 공통염기배열을 갖지 않으며, 또한 일부의 경우에는 정확한 −10 염기배열을 가지고 있지 않다. 실제로, 프로모터가 RNA 중합효소와 독립적으로 상호작용하는 −35 및 −10 부위를 가지고 있다면, CRP에 의한 효과적인 조절이 어렵다고 주장할 수 있다.

CRP는 RNA 중합효소와 같은 DNA의 표면에 결합한다. RNA 중합효소의 α-서브유닛이 C-말단 도메인에서 결실이 일어났을 때, 전사는 CRP에 의해 활성화될 수 있는 능력의 손실을 제외하면 정상적으로 진행된다. CRP에는 "활성 도메인(activation domain)"이 필요하다. 10개 아미노산의 노출된 루프로 구성된 이 활성 영역은 RNA 중합효소의 α-서브유닛의 C-말단 도메인과 직접 상호작용하여 RNA 중합효소를 자극하는 작은 부분이다.

핵심개념

- CRP는 프로모터에서 표적염기배열에 결합하는 액티베이터 단백질(활성인자 단백질)이다.
- CRP의 다이머는 cAMP의 단일 분자에 의해 활성화된다.
- cAMP는 세포 내 글루코오스 농도에 의해 조절된다. 낮은 글루코오스 농도는 cAMP가 만들어지게 한다.
- CRP는 RNA 중합효소의 α-서브유닛의 C-말단 도메인과 상호작용하여 활성화시킨다.

개념 및 추론 확인

lac 오페론의 전사가 일어나기 위해 반드시 충족되어야 하는 두 가지 조건은 무엇인가?

26.12 *trp* 오페론은 세 개의 전사 단위를 가진 억제성 오페론이다

lac 리프레서는 *lacZYA* 오페론의 오퍼레이터에만 작용한다. 그러나 일부 리프레서는 하나 이상의 오퍼레이터와 결합하여 분산된 구조 유전자를 조절한다. *trp* 리프레서는 연결되어 있지 않은 세 유전자 세트를 조절한다.

- 구조 유전자 *trpEDCBA* 클러스터에서의 오퍼레이터는 트립토판 아미노산을 합성하는 효소의 일률적인 합성을 조절한다. 이것은 *억제성 오페론*의 한 예이며, 오페론의 생성물인 트립토판에 의해 조절된다.
- *trpR* 조절 유전자는 자체 생성물인 *trp* 리프레서에 의해 억제된다. 따라서 리프레서 단백질은 자체 합성을 감소시키는 작용을 하며, **자가조절(autoregulation)** 기능을 가지고 있다(*lacI* 레귤레이터 유전자는 조절되지 않는다). 이러한 조절 회로는 조절 유전자에서 매우 흔하며, 음성 혹은 양성 조절일 수 있다(*27.12절 람다 리프레서는 자가조절 회로를 유지한다* 참조).
- 또 다른 위치의 오퍼레이터는 방향족 아미노산 생합성의 공통 경로에서 초기 반응을 촉매하는 세 개의 동종효소(isoenzyme) 중 하나를 암호화하는 *aroH* 유전자를 조절하여 트립토판, 페닐알라닌 및 티로신의 합성을 유도한다.

▶ **자가조절(autoregulation)** 자체 DNA 분자의 특성에만 영향을 주는 부위 또는 돌연변이로, 종종 부위가 확산성 단백질을 코딩하지 않음을 나타낸다.

21 bp의 관련 오퍼레이터 염기배열이 *trp* 리프레서가 작용하는 세 곳의 각 유전자자리에 존재한다. 보존된 염기배열을 **그림 26.28**에 나타내었다. 각 오퍼레이터는 (똑같지는 않으나) 뚜렷한 회전 대칭성을 포함하고 있다. 세 개의 모든 오퍼레이터에 보존된 염기배열의 특징은 *trp* 리프레서의 중요한 접촉점을 포함하고 있다는 것이다. 이것은 하나의 리프레서 단백질이 여러 위치에서 어떻게 작용하는가를 설명하고 있다; *각 위치는 리프레서가 인식하는 특정 DNA-결합 염기배열의 사본을 가지고 있다*(마치 각 프로모터가 다른 프로모터와 공통염기배열을 공유하는 것처럼).

그림 26.29는 오퍼레이터와 프로모터 간의 다양한 관계를 요약한 것이다. TrpR에 의해 인식된 분산된 오퍼레이터의 주목할 만한 특징은 각각의 위치(locus)에서 프로모터 내의 서로 다른 위치에 이들이

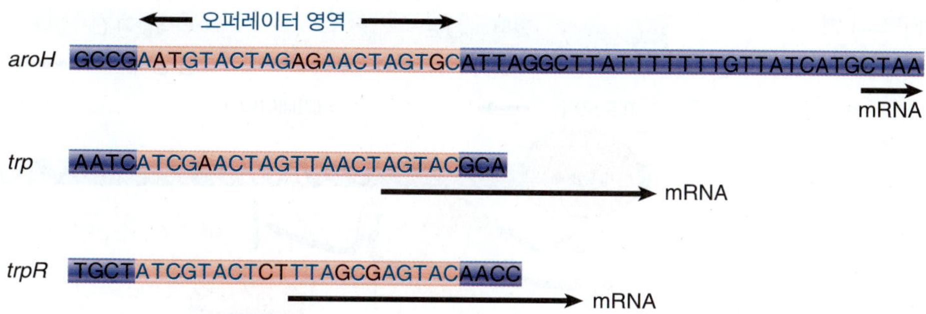

그림 26.28 *trp* 리프레서는 세 군데에서 오퍼레이터를 인식한다. 오퍼레이터는 빨간색으로 강조하였다; 오퍼레이터 내의 보존된 염기는 파란색으로 나타내었다. 검은색 화살표로 나타낸 바와 같이, 시작점과 mRNA의 위치는 다양하다.

존재한다는 것이다. *trpR*에서 오퍼레이터는 −12와 +9 사이에 위치하고 있으며, *trp* 오페론에서는 −23에서 −3 사이의 위치를 차지하고 있다. 다른 유전자 시스템에서, *aroH* 유전자자리는 −49에서 −29 사이의 더 먼 상류에 위치하고 있다. 다른 경우에, 오퍼레이터는 (*lac*에서와 같이) 프로모터의 하류, 혹은 (*gal*과 같이 억제 효과의 특성은 분명하지 않은) 프로모터의 바로 상류에 위치하고 있다. 각 표적 프로모터에서 위치가 서로 다른 오퍼레이터에서 리프레서가 작용할 수 있는 능력은 정확한 억제 모드에 차이가 있을 수 있음을 시사하며, RNA 중합효소는 프로모터에서 전사를 개시하지 못한다는 공통적인 특징이 있다.

trp 오페론 자체는 음성 억제성 조절을 받고 있다. 이것은 *trpR* 유전자 산물인 *trp* 리프레서가 불활성의 음성 레귤레이터로 만들어진다는 것을 의미한다. 억제는 *trp* 오페론의 산물인 아미노산 트립토판이 *trp* 리프레서의 보조 레귤레이터임을 의미한다. 트립토판의 농도가 높아지면 두 개의 분자가 *trp* 리프레서에 결합하여, 활성 DNA-결합 구조 및 오퍼레이터와의 결합으로 그 형태를 변화시킨다. 이것은 RNA 중합효소가 중복된 프로모터에 결합하지 못하게 한다. 트립토판 농도와 리프레서 농도에 따라 최대 세 개의 *trp* 리프레서 다이머가 오퍼레이터와 결합할 수 있다. 중앙의 다이머가 가장 단단하게 결합되어 있다.

다음 절에서 볼 수 있듯이, *trp* 오페론은 (앞서 언급한 *lac* 오페론과 같은) 이중 조절하에 있지만, 제2의 조절 수준은 상당히 다르다.

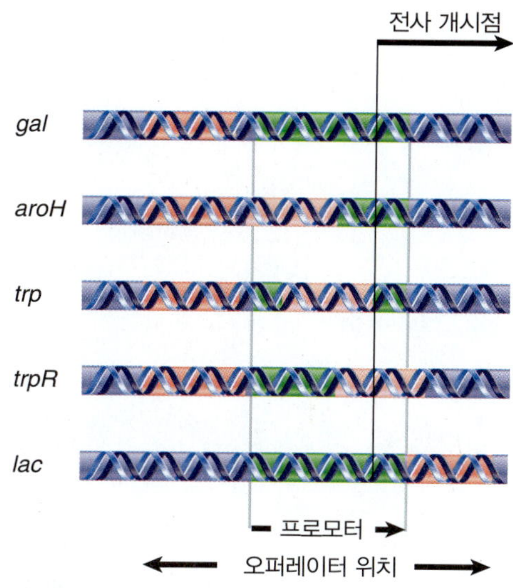

그림 29.29 오퍼레이터는 프로모터에 비하여 다양한 위치에 존재한다.

핵심개념

- *trp* 오페론은 그 유전자 산물인 아미노산 트립토판의 농도에 의해 음성적으로 조절된다.
- 아미노산 트립토판은 *trpR*에 의해 코드된 불활성 리프레서를 활성화시킨다.
- 리프레서[또는 액티베이터(activator)]는 표적 오퍼레이터 염기배열의 사본을 가지고 있는 모든 위치에 작용할 것이다.

개념 및 추론 확인

trpR 유전자가 돌연변이된 경우 세포에 미치는 영향은 무엇인가?

26.13 *trp* 오페론은 어테뉴에이션에 의해 조절되기도 한다

lac 오페론과 마찬가지로, 대장균 *trp* 오페론은 두 단계 수준; 즉 (*26.12절 trp 오페론은 세 개의 전사 단위를 가진 억제성 오페론이다*에서 설명한) 음성 억제성 조절과 복잡한 조절 시스템인 **어테뉴에이션(attenuation, 전사 지연)**의 조절을 받고 있다. 음성 억제는 그 생성물인 자유 아미노산 트립토판에 의한 전사를 억제할 수 있음을 의미한다. 어테뉴에이션은 제2단계 조절이다. mRNA의 5′ 리더(leader)에는 작은 오픈 리딩 프레임(ORF)을 포함하는 **어테뉴에이터(attenuator, 전사 지연 부위)**라고 하는 영역이 있다. 대장균*trp* 오페론에서의 전사 지연은 전사 종결이 전사 지연 부위 ORF의 번역(translation)

- **전사 지연(attenuation)** 첫 번째 구조 유전자 앞에 위치한 부위에서 전사의 종결을 조절하는 박테리아 오페론의 조절.
- **전사 지연 부위(attenuator)** 어테뉴에이션이 발생하는 터미네이터 염기배열.

그림 26.30 리보솜 이동에 의해 결정되는 RNA 이차구조의 변화를 통해 종결을 조절할 수 있다.

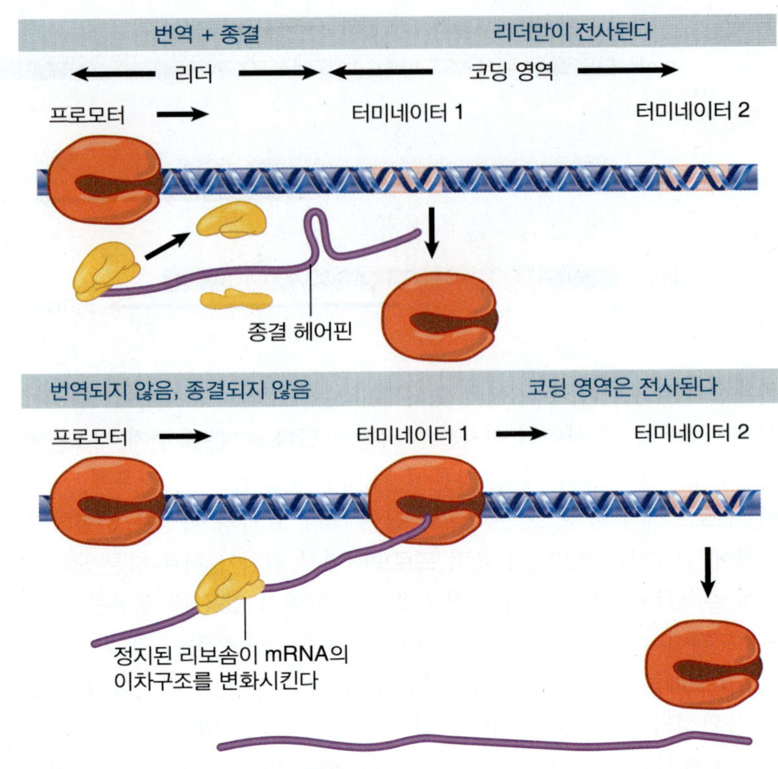

속도에 의해 조절됨을 의미한다. 박테리아가 전사/번역이 동시에 진행되고 있기 때문에 이러한 조절 모드가 가능하다. 이로 인하여 대장균이 트립토판의 두 번째 이용 가능한 Trp-tRNA를 모니터할 수 있게 한다. 높은 농도의 Trp-tRNA는 전사를 지연(약화) 또는 종결시키지만, 낮은 농도면 *trpEDCBA* 오페론의 전사를 계속하게 한다.

어테뉴에이션은 mRNA에 대한 리보솜의 위치에 의해 결정되는 어테뉴에이터 RNA(attenuator RNA)의 이차구조 변화에 의해 이루어진다. 그림 26.30에서 전사 종결은 리보솜이 어테뉴에이터를 변환할 수 있어야 한다는 것을 보여주고 있다. 리보솜이 리더 영역 ORF를 번역하면, 종결 헤어핀이 터미네이터 1에서 형성된다. 그러나 리보솜이 ORF를 번역하는 데 시간이 오래 걸리면 종결 헤어핀이 형성되지 않고 RNA 중합효소가 코딩 영역을 전사할 수 있다. 따라서 *이러한 종결 조절 메커니즘은 리더 영역에서의 리보솜 이동 속도에 영향을 미치는 Trp-tRNA 대 하전되지 않은 tRNA*^{Trp}*(uncharged tRNA*^{Trp}*)의 상대적 농도에 달려있다.*

어테뉴에이션은 오퍼레이터와 *trpE* 코딩 영역 사이의 염기배열을 결실하면 구조 유전자의 발현을 증가시킬 수 있다는 관찰로부터 처음 밝혀졌다. 이 효과는 억제와는 무관하다: 기본 전사 수준과 전사 억제(derepressed) 수준 모두 증가한다. 따라서 이 부위는 RNA 중합효소가 프로모터에서 출발한 후에 일어나는 현상에 영향을 준다(개시 단계에서 일어나는 일반적인 조건과는 무관함).

전사 지연 부위의 종결은 그림 26.31에서와 같이 Trp-tRNA의 농도에 따른다. 적당한 양의 Trp-tRNA가 존재할 때, 종결은 효율적이다. 그러나 Trp-tRNA가 낮으면 RNA 중합효소는 구조 유전자에 계속 존재할 수 있다.

억제와 어테뉴에이션은 두 가지 이용 가능한 트립토판의 농도에 따라 같은 방식으로 반응한다. 유리 아미노산 트립토판이 존재하면, 오페론은 억제된다. 트립토판이 제거되면, RNA 중합효소는 프로모터에 자유롭게 접근할 수 있고 오페론을 전사할 수 있다. Trp-tRNA가 존재하면 오페론은 약화되고 전사는 종결된다. tRNA에 결합된 이용 가능한 트립토판이 고갈되면 RNA 중합효소는 계속해서 오페론을 전사할 수 있다. 이용 가능한 유리 트립토판의 농도를 낮추면 전사가 시작될 수 있지만, 만일 Trp-tRNA

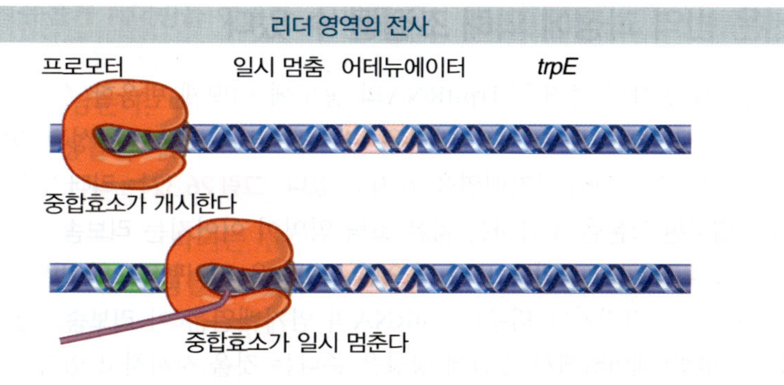

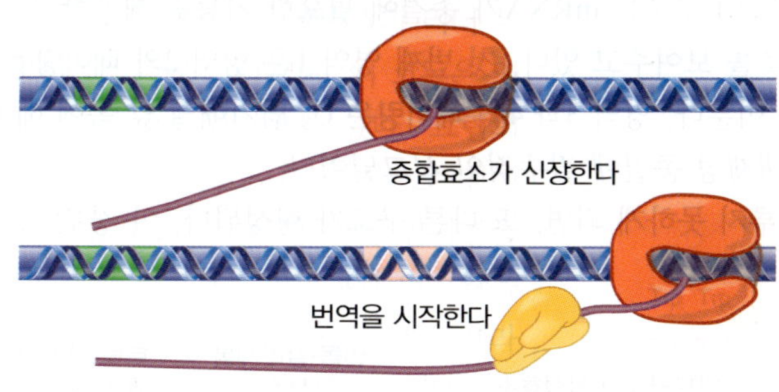

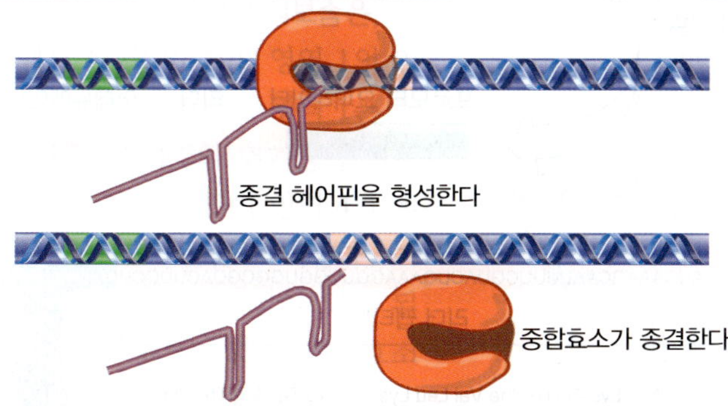

그림 26.31 *trp* 오페론은 오퍼레이터와 어테뉴에이터 사이에 위치한 리더 펩티드를 코딩하는 짧은 염기배열을 가지고 있다.

가 완전히 하전(charged)(역자주: tRNA에 아미노산이 결합된 형태)되면, 전사는 종료된다.

어테뉴에이션은 전사에 10배의 영향을 주고 있다. 트립토판이 존재할 때, 종결은 효과적이며 어테뉴에이터는 RNA 중합효소의 약 10%만 진행시킬 수 있게 한다. 트립토판이 없는 경우, 전사 지연은 사실상 모든 RNA 중합효소가 진행되도록 한다. 억제가 해제됨으로써 전사 개시가 70배 증가됨과 동시에, 이로 인하여 조절 범위를 ~700배 정도 가능하게 한다.

핵심개념

- 어테뉴에이터(전사 지연 부위, 내재성 터미네이터)는 프로모터와 *trp* 오페론의 첫 번째 유전자 사이에 위치한다.
- Trp-tRNA가 없으면 종결이 억제되고 전사가 10배 증가한다.

개념 및 추론 확인

대장균 *trp* 오페론은 이중 조절을 받고 있다. 전사를 허용하는 두 가지 조건은 무엇인가?

3. 표적을 찾기 위해 자유롭게 확산되는 모든 유전자 산물을 무엇이라고 하는가?
   A. 구조 유전자(structural gene)
   B. 조절 유전자(regulator gene)
   C. 시스-작용 요소(*cis*-acting element)
   D. 트랜스-작동 요소(*trans*-acting element)
4. 다음 중 *lac* mRNA에 대한 설명으로 옳은 것은 무엇인가?
   A. 반감기가 ~1분 정도로 매우 불안정하다.
   B. 반감기가 ~3분 정도로 매우 불안정하다.
   C. 반감기가 ~15분으로 매우 안정하다.
   D. 반감기가 ~25분으로 매우 안정하다.
5. 다음 중 프로모터 돌연변이에 대해 옳은 것은 무엇인가?
   A. 트랜스-유성(*trans*-dominant)
   B. 시스-우성(*cis*-dominant)
   C. 트랜스-열성(*trans*-recessive)
   D. 시스-열성(*cis*-recessive)
6. *trp* 리프레서(억제 인자)는 자신의 유전자 발현을 조절한다. 이러한 조절의 예는 다음 중 무엇인가?
   A. 알로스테릭 조절(allosteric control)
   B. 양성 조절(positive regulation)
   C. 자가 조절(autogenous control)
   D. 일률적 조절(coordinate regulation)
7. 박테리아 세포에서 글루코오스 농도가 떨어질 때 나타나는 현상은 무엇인가?
   A. cAMP 합성이 유도된다.
   B. cAMP 합성은 억제된다.
   C. cGMP 합성이 유도된다.
   D. cGMP 합성은 억제된다.
8. *lac* 오페론의 양성 레귤레이터는 다음 중 무엇인가?
   A. CRP
   B. 알로락토오스(allolactose)
   C. 락토오스
   D. IPTG
9. *trp* 리프레서는 자신의 유전자 발현을 조절한다. 이러한 조절은 다음 중 어떤 조절의 예가 되는가?
   A. 음성 조절에 의한 유도
   B. 양성 조절에 의한 유도
   C. 음성 조절에 의한 억제
   D. 양성 조절에 의한 억제
10. 다음 중 CRP에 의해 유전자 발현을 조절 받는 것은 무엇인가?
   A. *lac* 오페론
   B. 당(sugar) 대사에 관여하는 많은 오페론
   C. *trp* 오페론
   D. 아미노산 생합성에 관여하는 많은 오페론

핵심용어

allolactose
allosteric control
attenuation
attenuator
autoregulation
cyclic AMP (cAMP)
catabolite repression
catabolite repressor protein
cis-acting
cis-dominant
constitutive expression
corepressor
coupled transcription/translation
dominant negative
gratuitous inducer
inducer
inducible gene
induction
interallelic complementation
lac repressor
leader peptide
negative complementation
negative control
negative inducible
negative repressible
operon
operator
palindrome
polycistronic mRNA
positive control
positive inducible
positive repressible
ppGpp
regulator gene
relaxed mutant
repressible gene
repression
ribosome stalling
stringent factor
stringent response
structural gene
trans-acting
uninducible

읽을거리

Elf, J., Li, G.-W., and Xie, X. S. (2007). Probing transcription factor dynamics at the single-molecule level in a living cell. *Science* **316**, 1191–1194. Using single molecules to probe the interaction between the *lac* repressor and its operator site.

Swigon, D., Coleman, B. D., and Olson, W. K. (2006). Modeling the *lac* repressor-operator assembly: the influence of DNA looping on *lac* repressor conformation. *Proc. Natl. Acad. Sci.* **103**, 9879–9884. A report on the dynamics of the assembly of *lac* repressor complexes on operator sites.

Tabaka, M., Cybutski, O., and Holyst, R. (2008). Accurate genetic switch in *E. coli*: novel mechanism of regulation corepressor. *J. Mol. Biol.* **377**, 1002–1014.

Wilson, C. J., Zahn, H., Swint-Kruse, L., and Matthews, K. S. (2007). The lactose repressor system: paradigms for regulation, allosteric behavior and protein folding. *Cell. Mol. Life Sci.* **64**, 3–16. A nice review on the *lac* system.

Yu, H., and Gertstein, M. (2006). Genomic analysis of the hierarchical structure of regulatory networks. *Proc. Natl. Acad. Sci.* **103**, 14724–14731. A review which describes how individual gene regulatory networks fit into the larger metabolic pathways.

T4 파지의 투과전자현미경 사진. (배율: 450,000×.) ©Dr. Harold Fisher/Visuals Unlimited.

파지의 유전자 발현 전략

27장 개요

27.1 서론

바이러스(virus)는 피막 단백질(protein coat)에 포함된 핵산 게놈으로 구성되어 있다. 증식하기 위해서는 바이러스가 숙주 세포를 감염시켜야 한다. 감염의 전형적인 패턴은 많은 수의 자손 바이러스(progeny virus)를 생산할 목적으로 숙주 세포의 기능을 파괴하는 것이다. 박테리아에 감염되는 바이러스를 일반적으로 **박테리오파지(bacteriophage)**라고 부르며, 종종 **파지(phage)**로 약칭되거나, 간단히 φ로 나타낸다. 대개 파지 감염은 박테리아를 죽인다. 파지가 박테리아를 감염시키고, 파지 자체를 복제한 다음 숙주를 죽이는 과정을 **용균성 감염(lytic infection)**이라고 한다. 전형적인 용균성 주기(lytic cycle)에서, 파지 DNA(또는 RNA)는 숙주 세균에 들어간 다음, 파지 유전자를 정해진 순서로 전사하고, 파지 유전물질을 복제하며, 파지 입자의 단백질 성분이 만들어진다. 마지막으로, 숙주 세균은 파괴되어 열리고(*lysed*), **용균(lysis)** 과정을 통하여 조립된 자손 입자를 방출한다. **독성 파지(virulent phage)**라고 불리는 일부 파지의 경우, 이러한 과정은 생존을 위한 유일한 전략이다.

다른 파지는 이중 생활사(dual existence)를 가지고 있다. 그들은 같은 종류의 용균성 주기를 통해 스스로를 영속시킬 수 있으며, 가능한 한 빨리 많은 양의 파지를 생산하는 공개 전략을 취한다. 그들은 또한 파지 게놈이 **프로파지(prophage)**라고 알려진 잠재성 형태로 박테리아에 존재하는 또 다른 형태의 생활사를 가지고 있다. 이런 형태의 증식을 용원성(lysogeny)이라고 하고, 감염된 박테리아는 *용원균(lysogen)*으로 알려져 있다. 이러한 경로를 따르는 파지를 **용원성 파지(temperate phage)**라고 한다.

용원성(lysogenic) 박테리아에서, 상기 프로파지(prophage)는 박테리아 게놈에 삽입되어 박테리아 유전자와 동일한 방식으로 유전된다. 독립적인 파지 게놈에서 박테리아 게놈의 선형 부분인 프로파지로 변환되는 과정을 **통합(integration)**이라고 한다. 프로파지를 소유하고 있기 때문에, 용원성 박테리아는 동일한 유형의 다른 파지 입자에 의한 감염에 대한 **면역성(immunity)**을 가지고 있다. 면역성은 단일

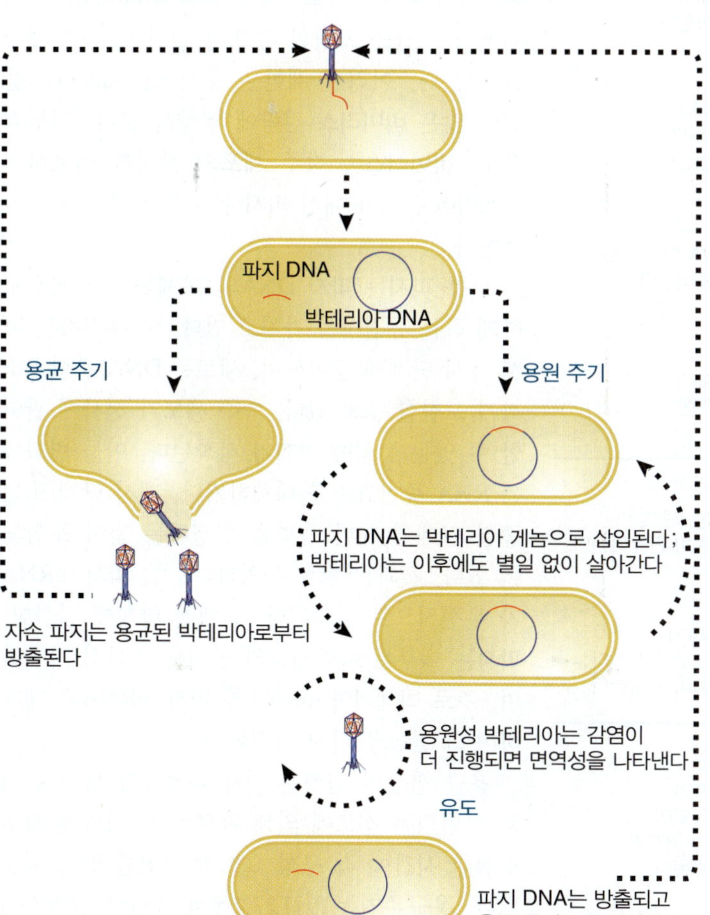

그림 27.1 용균 현상은 숙주 박테리아를 파괴하고 파지 입자를 증식하는 과정을 포함하지만, 용원성의 존재는 파지 게놈이 박테리아 유전 정보의 일부로서 운반되게 한다.

- **박테리오파지(bacteriophage)** 박테리아 바이러스.
- **파지(phage)** 박테리오파지(bacteriophage) 또는 박테리아 바이러스의 약자.
- **용균성 감염(lytic infection)** 자손 파지의 방출로 박테리아가 파괴되는 파지에 의한 박테리아의 감염.
- **용균(lysis)** (파지 효소가 박테리아의 세포막이나 세포벽을 파괴하기 때문에) 파지 감염 사이클의 마지막 단계로 박테리아가 파열되어 감염파지의 자손을 방출할 때 박테리아가 죽는 현상. 동일한 용어는 또한 진핵세포에도 사용되는데, 예를 들어 감염된 세포가 면역계에 의해 공격받을 때도 사용된다.
- **독성 파지(virulent phage)** 용균성 주기(lytic cycle)로만 진행할 수 있는 박테리오파지.
- **프로파지(prophage)** 박테리아 염색체의 선형 부분으로 공유 결합된 파지 게놈(phage genome).
- **용원성(lysogeny)** 박테리아 게놈의 안정한 프로파지(prophage) 성분으로서 파지가 박테리아에서 살아남을 수 있는 능력.
- **용원성 파지(temperate phage)** 용균성 경로 또는 용원성 경로로 진행할 수 있는 박테리오파지.
- **통합(integration)** 바이러스 DNA 염기배열 또는 다른 DNA 염기배열이 숙주 염기배열의 양측 어느 곳에 공유결합으로 연결된 영역으로서 숙주 게놈에 삽입되는 현상.
- **면역성(immunity)** 파지에서, 같은 유형의 다른 파지가 세포를 감염시키는 것을 방지하는 프로파지의 능력. 플라스미드에서, 동일한 유형의 또 다른 플라스미드가 세포 내에서 정착하는 것을 방해하는 능력. 이 용어는 또한 어떤 트랜스포존이 동일한 유형의 트랜스포존이 동일한 DNA 분자로 이동하는 것을 방해하는 트랜스포존의 능력을 나타낼 때에도 사용된다.

의 통합된 프로파지에 의해 확립되므로, 일반적으로 박테리아 게놈은 특정 유형의 단 하나의 프로파지 사본만을 포함하고 있다.

용원성 모드와 용균성(lytic) 모드 사이의 전이 과정이 존재한다. 그림 27.1은 용균주기에 의해 생성된 용원성 파지가 새로운 박테리아 숙주 세포에 유입되면, 용균주기를 반복하거나 용원성 상태(lysogenic state)로 들어간다는 것을 보여준다. 결과는 감염의 조건과 파지와 박테리아의 유전자형(genotype)에 달려있다.

▶ **파지 유도(induction of phage)** 박테리아 염색체에서 유리(free) 파지 DNA를 절제하는 용균성 리프레서의 파괴 결과, 파지가 용균(감염성) 사이클로 진입하는 현상.

▶ **절제(excision)** 자율성을 지닌 DNA 분자로서 숙주 염색체로부터 파지를 방출.

프로파지는 **파지 유도(induction of phage)**라는 과정에 의해 용원성의 제한(restriction)으로부터 벗어난다. 먼저, 파지 DNA는 박테리아 염색체에서 **절제(excision)**에 의해 방출된다. 유리된 DNA는 용균 경로를 통해 진행된다.

이러한 파지가 증식하는 또 다른 형태는 전사의 조절에 의해 결정된다. 용원성은 파지 리프레서와 오퍼레이터의 상호작용에 의해 유지된다. 용균주기에는 전사 조절의 캐스케이드(cascade, 다단계 반응)가 필요하다. 두 종류의 생활 양식(lifestyle) 간의 전이 과정은 (용균주기에서 용원성으로의) 억제 확립 또는 (용원균이 유도되어 용균 파지로의) 억제 해제에 의해 이루어진다. 이러한 조절 과정은 일련의 비교적 간단한 조절 작용이 어떻게 복잡한 진행 경로(developmental pathway)로 구축될 수 있는지에 대한 훌륭한 예를 보여주고 있다.

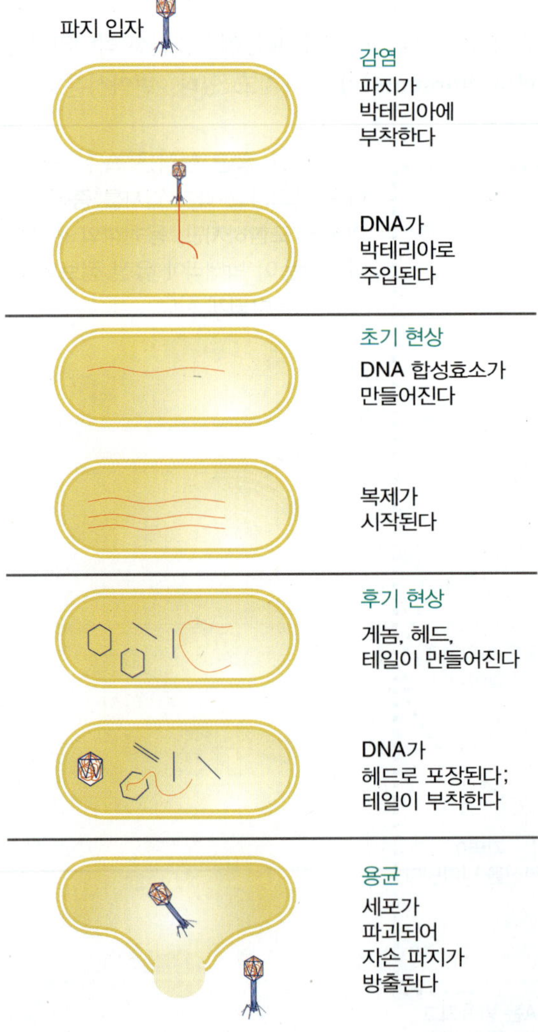

그림 27.2 용균 현상은 자손 파지로 조립되는 파지 게놈과 단백질 입자를 생산하면서 일어난다.

27.2 용균 현상은 두 단계로 진행된다

파지 게놈은 필요에 의해서 크기가 작다. 모든 바이러스와 마찬가지로, 피막 단백질(protein coat) 내에서 핵산을 포장할 필요가 있기 때문에 제약을 받는다. 이러한 제한은 증식(reproduction)을 위한 많은 바이러스 전략에 영향을 준다. 전형적으로, 바이러스는 숙주 세포의 장치를 이용하여 박테리아 유전자 대신 파지 유전자를 복제하고 발현한다.

보통 파지는 파지 DNA의 복제를 우선적으로 하게 하는 유전자를 가지고 있다. 이 유전자는 복제 개시 단계에 관여하며, 새로운 DNA 중합효소까지 포함할 수도 있다. 숙주 세포가 전사에 관여할 수 있는 능력에 변화가 시작된다. 이들 변화에는 RNA 중합효소를 대체하거나, 개시 단계 또는 종결 단계에 대한 능력을 변경하는 것이 포함되어 있다. 결과는 항상 동일하다. 즉, 파지 mRNA가 우선적으로 전사된다. 단백질 합성에 관한한, 파지는 대부분 숙주세포의 장치를 충분히 사용하며, 주로 박테리아 mRNA를 파지 mRNA로 대체하여 그 활동을 다시 지정한다.

용균 현상의 진행은 파지 유전자가 특정 순서로 발현되는 경로에 의해 완성된다. 이렇게 하면 적절한 시간에 각 구성 요소의 적정한 양이 제공된다. 용균주기는 그림 27.2에서 설명한 일반적인 두 부분으로 나눌 수 있다.

초기 감염(early infection)은 DNA의 침입으로부터 복제 시작까지의 기간을 나타낸다. **후기 감염(late infection)**은 복제 시작부터 박테리아 세포를 용해시켜 자손 파지 입자를 방출하는 최종 단계까지의 기간을 나타낸다.

초기 감염 단계는 DNA의 증식에 관여하는 효소의 생산에 충실한다. 여기에는 DNA 합성, 재조합 및 때로는 수식(modification)과 관련된 효소가 포함되어 있다. 이들의 활동으로 인해 이용 가능한 파지 게놈이 축적된다. 이러한 이용 가능한 집단 중에서, 게놈은 계속해서 복제되고 재조합되므로 *단일 용균주기의 과정은 파지 게놈 집단에 영향을 준다.*

후기 감염 동안, 파지 입자의 단백질 성분이 합성된다. 헤드와 테일 구조를 구성하기 위해 종종 많은 다른 단백질이 필요하기 때문에, 파지 게놈의 가장 큰 부분은 후기 기능을 위한 유전자로 구성되어 있다. 구조 단백질 이외에, "조립 단백질(assembly protein)"은 입자(particle)를 만드는 데 도움을 주나, 이들 조립 단백질은 그 자체가 바이러스 구조에 참여하지는 않는다. 구조적 성분들이 헤드와 테일을 조립할 때까지, DNA 복제는 최대 속도에 도달하게 된다. 그런 다음, 게놈이 빈 단백질 헤드로 들어가며, 테일이 추가되고, 숙주 세포를 용균시켜 새로운 바이러스 입자가 방출된다.

▶ **초기 감염(early infection)** 파지 DNA의 침입과 복제 사이의 파지 용균주기의 일부. 이 시간 동안 파지는 DNA를 복제하는 데 필요한 효소를 합성한다.

▶ **후기 감염(late infection)** 파지의 일부는 DNA 복제에서 세포 용해까지 순환한다. 이 시간 동안 DNA가 복제되고 파지 입자의 구조적 성분이 합성된다.

핵심개념

- 파지 감염 주기(infective cycle)은 초기(복제 전)와 후기(복제 개시 후)로 구분된다.
- 파지 감염은 복제하고 재조합하는 이용가능한 자손 파지 게놈을 생성한다.

개념 및 추론 확인

대부분의 파지(phage)는 독성이 있다; 그러함에도 용원성 파지(temperate phage)는 왜 유리한가?

27.3 용균 현상은 다단계 반응 형태로 조절된다

파지 유전 지도의 구조를 보면 종종 용균 현상의 진행 순서를 알 수 있다. 오페론의 개념은 다소 극단적인 것으로 생각될 수 있으나, 서로 연관된 기능을 가진 단백질을 암호화하는 유전자가 클러스터(cluster, 무리)를 이루어 가장 경제적으로 통제할 수 있다. 이를 통해 용균 현상 진행 경로를 소수의 조절 스위치(regulatory switch)로 조절할 수 있다.

용균주기는 양성 조절(positive control)을 받으므로, 각 그룹의 파지 유전자는 적절한 신호가 주어질 때만 발현될 수 있다. 그림 27.3은 조절 유전자가 **캐스케이드(cascade, 다단계 반응)**로 작용하는 전체적인 개요이며, 한 단계에서 발현된 유전자가 다음 단계에서 발현되는 유전자의 합성에 필요하다는 것을 설명하고 있다.

유전자 발현의 첫 단계의 초기 부분은 필연적으로 숙주 세포의 전사 장치에 의존한다. 일반적으로, 이때에는 소수의 유전자만이 발현된다. 파지 유전자들의 프로모터는 숙주 유전자의 프로모터와 구별할 수 없다. 이러한 종류의 유전자의 이름은 파지에 의해 결정된다. 대부분의 경우, 이들을 **초기발현유전자(early gene)**라고 한다. 람다 파지(phage

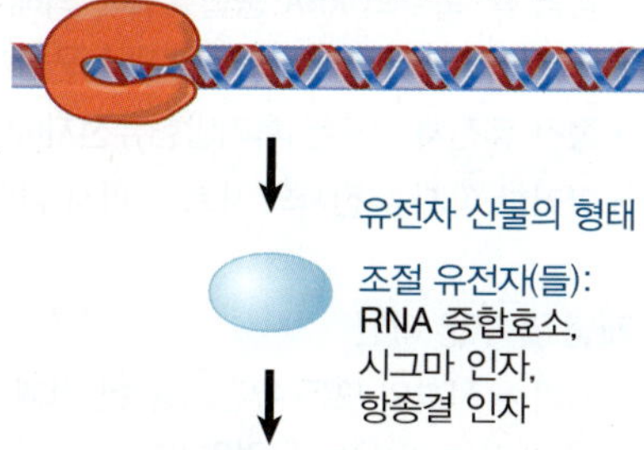

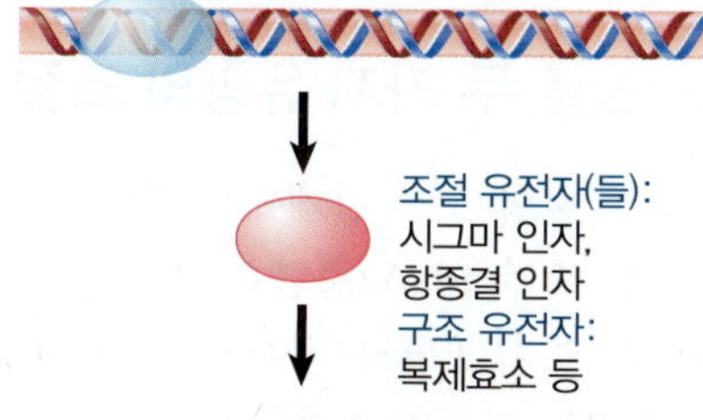

그림 27.3 파지 용균 현상은 다단계 반응 조절에 의해 진행하며, 각 단계에서 유전자 산물은 다음 단계의 유전자 발현에 필요하다.

▶ **캐스케이드(cascade, 다단계 반응)** 이전 과정에 의해 자극된 일련의 과정. 전사 조절의 경우, 포자 형성(sporulation) 및 파지 용균 현상 진행 과정에서 보는 바와 같이, 조절이 여러 단계로 나누어지고, 각 단계마다 발현되는 유전자 중 하나가 다음 단계의 유전자를 발현하는 데 필요한 레귤레이터(조절 인자)를 코드한다는 것을 의미한다.

▶ **초기발현유전자(early gene)** 파지 DNA의 복제 전에 전사되는 유전자. 그들은 감염의 후기 단계에 필요한 레귤레이터와 그 외의 다른 단백질을 코드한다.

▶ **즉시 초기발현유전자(immediate early gene)** 람다 파지의 유전자는 다른 파지의 초기발현유전자와 동일하다. 그들은 숙주 RNA 중합효소에 의한 감염 시 즉시 전사된다.

▶ **지연 초기발현유전자(delayed early gene)** 람다 파지의 유전자는 다른 파지의 중간 유전자와 동등하다. 즉시 초기발현유전자에 의해 코딩된 조절 단백질이 합성될 때까지는 전사될 수 없다.

▶ **중간발현유전자(middle gene)** 초기발현유전자(early gene)에 의해 코딩되는 단백질에 의해 조절되는 파지 유전자. 그들에 의해 코드된 일부 단백질은 파지 DNA의 복제를 촉매한다. 다른 것들은 나중에 유전자 세트의 발현을 조절한다.

▶ **후기발현유전자(late gene)** 파지 DNA가 복제될 때 전사되는 유전자. 후기발현유전자는 파지 입자의 성분을 코드한다.

lambda)에서, 이들은 **즉시 초기발현유전자(immediate early gene)**라는 좋은 이름으로 불린다. 이름에 관계없이, 이들은 초기 단계의 시작 부분만을 나타내는, 예비 유전자 세트만을 구성하고 있다. 가끔 이들은 다음 단계로의 전이에 독점적으로 관여하고 있다. 모든 경우에, *이들 유전자 중 하나는 항상 단백질, 즉 다음 유전자의 전사에 필요한 레귤레이터 유전자를 암호화하고 있다.*

초기 단계에서 다음 종류의 유전자는 **지연 초기발현유전자(delayed early gene)** 또는 **중간발현유전자(middle gene)** 그룹으로 다양하게 알려져 있다. 그 발현은 전형적으로 초기발현유전자에 의해 코딩되는 조절 단백질이 이용 가능해지자마자 시작한다. 조절 회로(control circuit)의 특성에 따라, 초기발현유전자의 초기 세트가 이 단계에서 계속 발현될 수도 있고 그렇지 않을 수도 있다. 종종 숙주 유전자의 발현은 감소한다. 두 개의 초기발현유전자 세트는 입자 코트(particle coat) 자체를 조립하고 세포를 용균시키는 데 필요한 것들을 제외하고 필요한 파지 기능을 모두 담당한다.

파지 DNA의 복제가 시작되면, **후기발현유전자(late gene)**가 발현될 때이다. 이 단계에서의 전사는 대개 이전 유전자 세트(지연 초기발현유전자 또는 중간발현유전자)에 추가 조절 유전자(regulator gene)를 삽입하여 이루어진다. 이 레귤레이터는 (람다 파지에서와 같이) 또 다른 항종결 인자(antitermination factor)이거나 또 다른 시그마 인자일 수 있다.

용균성 감염(lytic infection)은 위에서 설명한 단계로 나누어지는데, 숙주의 RNA 중합효소에 의해 전사된 초기발현유전자로 시작한다(때때로 레귤레이터는 이 단계에서의 유일한 산물이다). 이 단계 다음에는 첫 번째 단계에서 생성된 레귤레이터의 통제 하에 전사된 유전자들이 이어진다(대부분의 이들 유전자는 파지 DNA의 복제에 필요한 효소를 암호화하고 있다). 최종 단계는 두 번째 단계에서 합성된 레귤레이터의 통제 하에 전사되는 파지 성분에 대한 유전자로 구성된다.

유전자의 각 세트가 다음 세트의 발현에 필요한 레귤레이터를 포함하는 이러한 연속적인 조절의 사용은 특정 시간에 유전자 그룹이 턴-온(turn-on, 켜짐)[때때로 턴-오프(turn-off, 꺼짐)]되는 캐스케이드를 생성한다. 각 파지 캐스케이드를 만드는 데 사용된 수단은 다르지만 결과는 비슷하다.

핵심개념

- 감염 후 숙주의 RNA 중합효소에 의해 전사된 초기발현유전자(early gene)는 파지 유전자의 중간 세트 발현에 필요한 레귤레이터를 포함하거나 구성한다.
- 중간 유전자 그룹은 후기발현유전자(late gene)를 전사하는 레귤레이터를 포함한다.
- 이러한 파지 유전자의 세트는 파지 감염이 일어나는 동안 유전자 그룹을 순차적으로 발현되게 한다.

개념 및 추론 확인

파지가 유전자의 모든 유전자를 한 번에 전사하는 대신, 레귤레이터 유전자의 캐스케이드를 사용함으로써 이익을 얻을 수 있는 이유는 무엇인가?

27.4 두 가지 유형의 조절 현상이 용균 작용의 다단계 반응을 조절한다

파지 발현의 모든 단계에서, 하나 이상의 활성 유전자는 후속 단계에 필요한 레귤레이터이다. 레귤레이터는 숙주 RNA 중합효소의 특이성을 다른 용도로 전용하는 새로운 시그마 인자(σ, sigma factor)(*19.15절 시그마(σ) 인자의 치환으로 개시 단계를 조절할 수 있다* 참조) 또는 새로운 유전자 그룹을 읽도록 하는 항종결 인자(antitermination factor)(*19.16절 안티터미네이션은 조절되는 과정일 수 있다* 참조)의 형태를 취할 수 있다. 이제, 유전자 발현을 조절하기 위한 개시 단계 또는 종결 단계에서의 전환(switching)의 용도에 대하여 비교해 보자.

그림 27.4는 파지가 새로운 파지 프로모터를 인식하기 위한 두 가지 유형의 메커니즘을 사용한다는 것을 보여주고 있다. 하나는 숙주 효소의 시그마(σ) 인자를 개시시 특이성을 전환시키는 다른 인자로 대

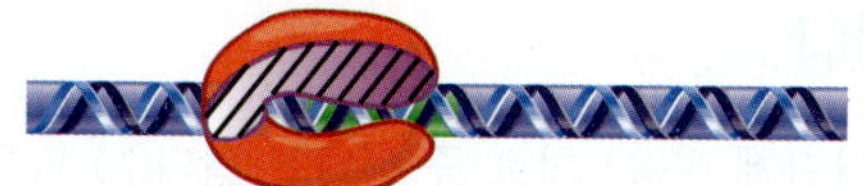

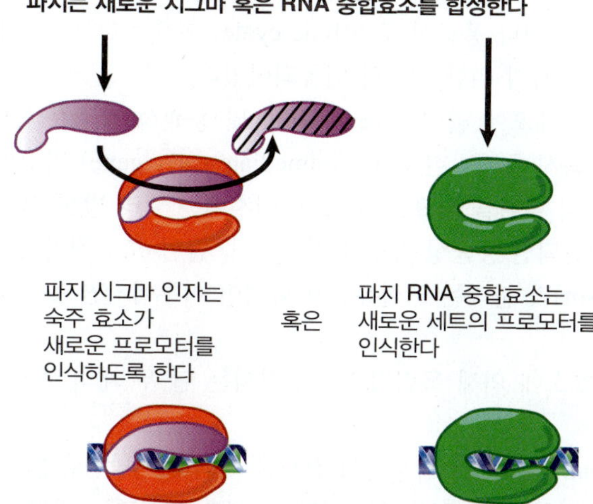

그림 27.4 파지는 숙주 시그마 인자를 대체하는 새로운 시그마 인자를 합성하거나, 새로운 RNA 중합효소를 합성하여 전사 개시를 조절한다.

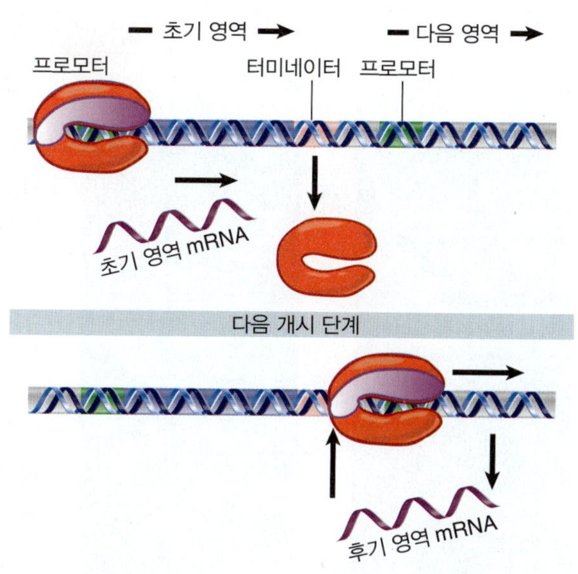

그림 27.5 전사 개시의 조절은 독립적인 mRNA를 생산하는 자신의 프로모터의 종결 부위를 가진 독립적인 전사 단위를 이용한다. 전사 단위는 서로 가깝게 위치하지 않아도 된다.

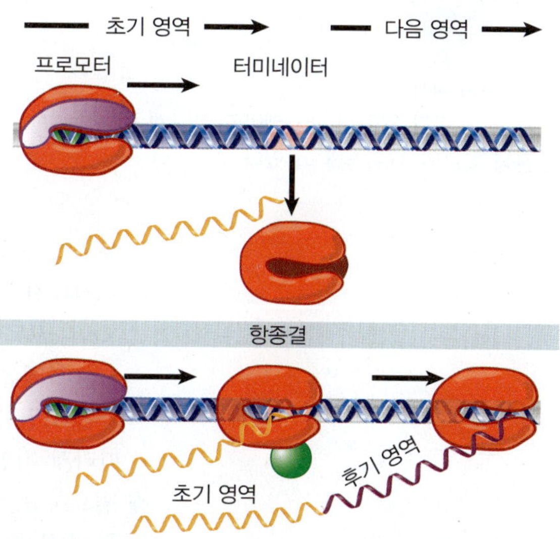

그림 27.6 종결에서의 조절은 첫 번째 유전자로부터 다음 유전자로 전사될 수 있도록 인접한 단위를 필요로 한다. 이것은 양쪽 세트의 유전자를 가진 단일 mRNA를 생산한다.

체하는 것이다. 또 다른 하나는 새로운 파지 RNA 중합효소를 합성하는 것이다. 두 경우 모두, 새로운 유전자 세트를 구별하는 중요한 특징은 *원래 숙주 RNA 중합효소에 의해 인식된 것과는 다른 프로모터*를 소유하고 있다는 것이다. **그림 27.5**는 두 세트의 전사체가 독립적임을 보여준다; 결과적으로, 초기발현유전자(early gene) 발현은 새로운 시그마 인자 또는 RNA 중합효소가 생성된 후에 중지될 수 있다.

항종결(antitermination)은 파지가 초기발현유전자에서 다음 발현 단계로 전환하는 것을 조절할 수 있는 또 다른 메커니즘을 제공한다. 항종결의 사용 능력은 특정 유전자 배열에 의존하고 있다. **그림 27.6**은 초기발현유전자가 다음에 발현되어야 하는 유전자에 인접해 있는데, 이 유전자는 종결 부위에 의해 분리되어 있음을 보여주고 있다. *만일 이들 부위에서 종결이 되지 않으면, RNA 중합효소는 다른 쪽의 유전자를 통해 읽는다.* 따라서 항종결에 있어서, 동일한 프로모터가 RNA 중합효소에 의해 계속 인식된다. 새로운 유전자는 5′ 말단의 초기발현유전자 염기배열과 3′ 말단의 새로운 유전자 염기배열을 포함하는 분자를 형성하는 RNA 사슬이 연장되어야만 발현된다. 두 종류의 염기배열이 연결되어 있기 때문에 초기발현유전자 발현은 필연적으로 계속된다.

핵심개념

- 파지 캐스케이드에 사용되는 조절 단백질은 새로운 (파지) 프로모터에서 개시를 지원하거나 숙주 RNA 중합효소가 전사 종결 부위를 통과하여 읽도록 할 수 있다.

개념 및 추론 확인

지연 초기발현유전자(delayed early gene)로 진행하기 위해 새로운 시그마 인자(sigma factor) 대신에 항종결 메커니즘을 사용하는 람다(λ) 파지의 이점은 무엇인가?

27.5 용원주기와 용균주기에는 람다 파지 즉시 초기발현유전자와 지연 초기발현유전자가 필요하다.

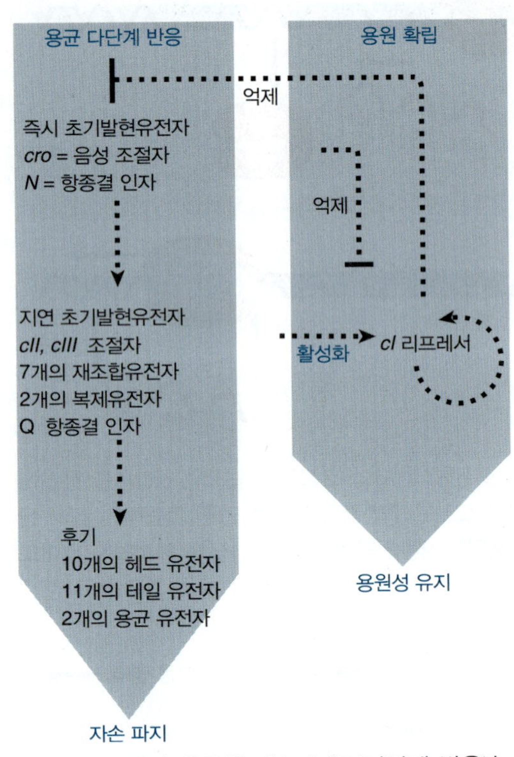

그림 27.7 람다 용균성 캐스케이드(다단계 반응)는 용원성 회로와 서로 맞물려 있다.

가장 복잡한 캐스케이드(cascade, 다단계 반응) 회로 중 하나는 람다(λ) 파지에서 알려져 있다. 사실, 용균 현상이 진행되는 캐스케이드 자체는 간단한데, 두 개의 레귤레이터가 연속적인 진행 단계를 조절한다. 그러나 용균성 주기(lytic cycle) 회로는 **그림 27.7**에 요약한 것처럼 용원성(lysogeny)을 확립하기 위한 회로와 연동되어있다.

람다 DNA가 새로운 숙주 세포에 들어갈 때, 용균성 및 용원성 경로는 동일한 방식으로 시작된다. 이 둘 모두는 즉시 초기발현유전자(immediate early gene) 및 지연 초기발현유전자(delayed early gene)의 발현을 필요로 하지만, 이후에는 달리 발현된다: 만일 후기발현유전자(late gene)가 발현되면 용균성 경로가 진행되며, 만일 *cI* 유전자가 작동되어 람다 리프레서(lambda repressor)라 불리는 조절유전자 합성이 이루어지면 용원성 경로가 진행된다.

람다는 숙주 RNA 중합효소에 의해 독립적으로 전사되는 단 두 개의 즉시 초기발현유전자를 가지고 있다:

- *N 유전자*(*N* gene)는 *nut* 부위에서 작용하여 전사를 지연 초기발현유전자로 진행시키는 항종결 인자를 암호화한다(*19.16절 안티터미네이션은 조절되는 과정일 수 있다* 참조). *N* 유전자는 용균성 경로 및 용원성 경로 모두에 필요하다.
- *cro 유전자*는 이중 기능(dual function)을 가지고 있다: 람다 리프레서(lambda repressor)를 코딩하는 *cI* 유전자의 발현을 막는 리프레서를 코딩하며[근본적으로 후기발현유전자를 활성화(de-repressing)시키며, 용균주기가 진행되면 필수적인 작용], 이것은 (나중에 용균주기에 필요하지 않은) 즉시 초기발현유전자의 발현을 턴-오프시킨다.

*N*에 의해 작동(turn-on)되는 지연 초기발현유전자(delayed early gene)에는 (용균성 감염에 필요한) 두 개의 복제 유전자 (일부는 용균성 감염 동안 재조합에 관련하며, 두 가지는 용원화를 위해 박테리아 염색체에 람다 DNA를 통합하는 데 필요한) 7개의 재조합유전자 및 세 개의 조절유전자(regulator gene)를 포함하고 있다. 이들 조절유전자는 반대 기능을 가지고 있다:

- *cII-cIII* 조절유전자 쌍은 람다 리프레서의 합성을 확립하는 데 필요하다.
- *Q* 조절유전자는 숙주 RNA 중합효소가 후기발현유전자를 전사할 수 있도록 해주는 항종결 인자를 코딩하며 용균주기에 필요하다.

따라서 지연 초기발현유전자는 두 주인을 섬기게 된다; 일부는 파지가 용원성 주기로 들어가기 위해 필요하고, 다른 것들은 용균성 주기의 순서를 조절하는 것에 관여하고 있다. 이 시점에서, 람다(λ)는 두 경로 중 하나를 선택할 수 있는 옵션을 열어두고 있다.

핵심개념

- 람다(λ)는 숙주 RNA 중합효소에 의해 전사되는 두 개의 즉시 초기발현유전자(immediate early gene)인 *N*과 *cro*를 가지고 있다.
- *N* 유전자의 산물은 지연 초기발현유전자(delayed early gene)를 발현하는 데 필요하다.
- 세 개의 지연 초기발현유전자는 조절 인자이다.
- 용원성(lysogeny)은 지연 초기발현유전자 *cII-cIII*를 필요로 한다.
- 용균성 주기(lytic cycle)에는 즉시 초기발현유전자 *cro*와 지연 초기발현유전자 *Q*가 필요하다.

개념 및 추론 확인

만일 *N* 유전자에 돌연변이가 일어나면, 어떠한 영향이 있을까?

27.6 용균성 주기는 pN에 의한 항종결 반응에 의존한다

용균성 및 용원성 생성 경로를 구분하기 위해 먼저 용균성 주기(lytic cycle)에 대하여 살펴보자. **그림 27.8**은 람다(λ) 파지 DNA 지도이다. 조절에 관련된 유전자 그룹은 재조합 및 복제에 필요한 유전자로 둘러싸여 있다. 파지의 구조적 성분을 코딩하는 유전자가 클러스터(cluster)를 이루고 있다. 용균성 주기에 필요한 모든 유전자는 세 개의 프로모터로부터 폴리시스트론 전사체(polycistronic transcript)로 발현된다.

그림 27.9는 두 개의 즉시 초기발현유전자인 *N*과 *cro*가 숙주의 RNA 중합효소에 의해 전사되는 것을 보여준다. *N*은 왼쪽으로, *cro*는 오른쪽으로 전사된다. 각 전사물은 유전자의 말단에서 종결된다. 단백질 pN은 종결자(terminator) t_L 및 t_R (*19.16절 항종결은 조절되는 과정일 수 있다* 참조)의 사용을 억제함으로써 지연 초기발현유전자로 전사를 지속시킬 수 있는 항종결 인자인 조절자이다. pN이 존재하면, 전사는 *N* 유전자의 왼쪽에 있는 재조합 관련 유전자까지, *cro* 유전자의 오른쪽으로는 복제에 관련된 유전자까지 계속된다.

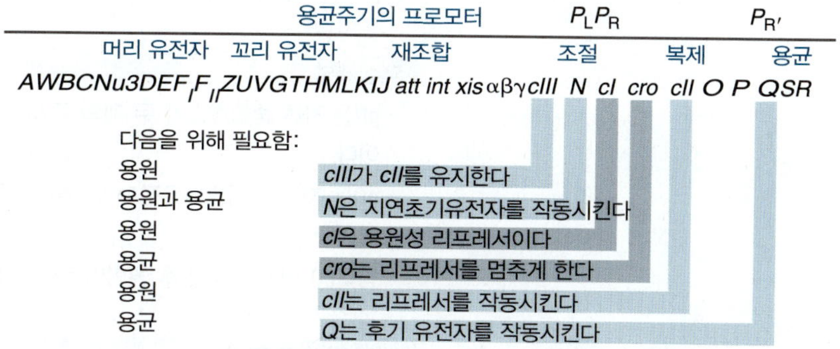

용균주기의 프로모터 $P_L P_R$ $P_{R'}$
머리 유전자 꼬리 유전자 재조합 조절 복제 용균
AWBCNu3DEF$_I$F$_{II}$ZUVGTHMLKIJ att int xis αβγ cIII N cI cro cII O P QSR

다음을 위해 필요함:	
용원	*cIII*가 *cII*를 유지한다
용원과 용균	*N*은 지연초기유전자를 작동시킨다
용원	*cI*은 용원성 리프레서이다
용균	*cro*는 리프레서를 멈추게 한다
용원	*cII*는 리프레서를 작동시킨다
용균	*Q*는 후기 유전자를 작동시킨다

그림 27.8 람다 지도는 관련된 기능들이 클러스터를 형성하고 있음을 보여주고 있다. 게놈의 크기는 48,514 bp이다.

그림 27.8의 지도는 파지 입자에 존재하는 람다 DNA의 구성을 보여주고 있다. 그렇지만, 감염 직후에 DNA의 말단이 결합하여 원(circle)을 형성한다. **그림 27.10**은 감염 중 람다 DNA의 실제 상태를 보여준다. 후기발현유전자(late gene)들은 선형 DNA의 오른쪽 끝에서부터의 용균 유전자인 *S-R* 및 왼쪽 끝에서부터

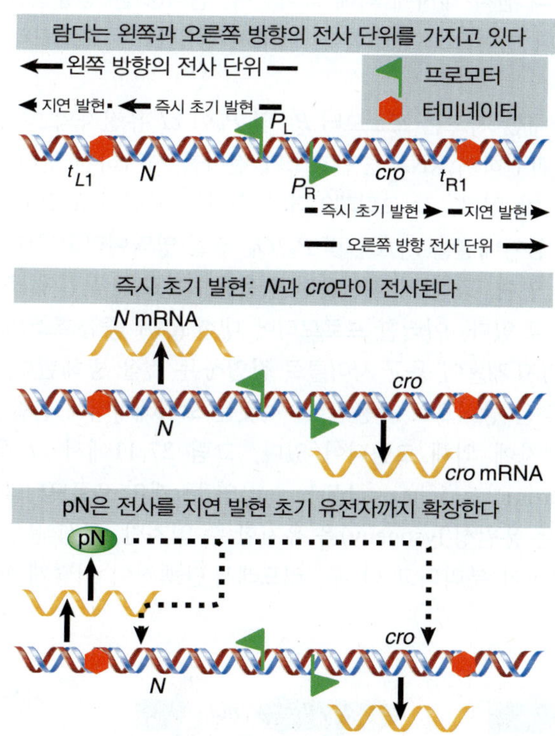

그림 27.9 파지 람다는 두 개의 초기 전사 단위를 가지고 있다. "왼쪽 방향"의 전사 단위에서 "위" 사슬가닥은 왼쪽으로 전사된다. "오른쪽 방향"의 전사 단위에서 "아래" 사슬가닥은 오른쪽으로 전사된다. 유전자 *N*과 *cro*는 초기 즉시 기능을 가진 즉시 초기발현유전자이며, 터미네이터에 의해 지연 초기발현유전자와 분리되어 있다. *N* 단백질 합성은 RNA 중합효소가 종결 인자 t_{L1}을 지나 왼쪽으로, 그리고 t_{R1}을 지나 오른쪽으로 통과하도록 한다.

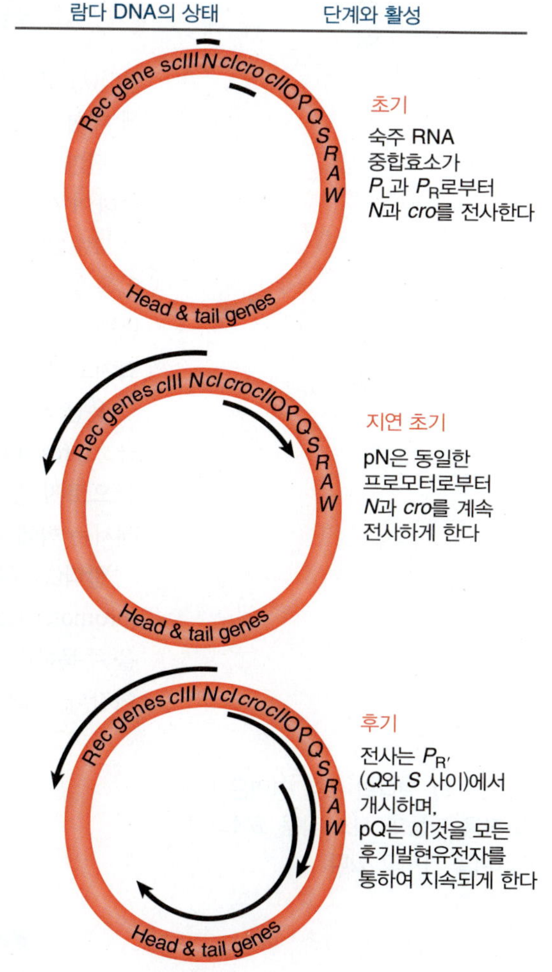

그림 27.10 람다 DNA는 후기발현유전자 클러스터가 하나의 전사 단위로 온전하게 되도록 감염 동안 원형을 이룬다.

의 머리 및 꼬리 유전자인 *A-J*를 함유하는 단일 그룹으로 결합된다.

후기발현유전자는 *Q*와 *S* 사이에 있는 프로모터 $P_{R'}$부터 시작하여 단일 전사 단위로 발현된다. 후기 프로모터는 본질적(constitutively)으로 사용된다. 그러나 *Q* 유전자(오른쪽으로 지연 초기발현유전자 단위의 마지막 유전자)의 산물이 없는 경우, 후기 전사는 부위 t_{R3}에서 종결된다. 이러한 종결 과정으로 인하여 만들어진 전사물은 194염기 길이를 가진다; 이것을 6S RNA이라고 한다. pQ가 이용 가능해지면, t_{R3}에서 종결을 억제하고 6S RNA가 신장되어, 후기발현유전자가 발현된다.

핵심개념

- pN은 RNA 중합효소가 두 개의 즉시 초기발현유전자의 말단을 지나 전사를 계속할 수 있게 하는 항종결 인자이다.
- pQ는 지연 초기발현유전자의 산물이며, RNA 중합효소가 후기발현유전자를 전사할 수 있도록 하는 항종결 인자이다.
- 람다(λ) DNA는 감염 후 원형이 된다; 그 결과, 후기발현유전자는 단일 전사 단위를 형성한다.

개념 및 추론 확인

돌연변이 *cI* 유전자를 가진 람다(λ) 파지에 감염된 세포에서 어떤 일이 일어날 수 있는가를 예상해 보라.

27.7 용원성은 람다 리프레서 단백질에 의해 유지된다

람다(λ) 용균성 캐스케이드(lytic cascade)를 살펴보면, 전체 프로그램은 즉시 초기발현유전자 *N*과 *cro*에 대한 두 개의 프로모터 P_L과 P_R에서의 전사 개시에 의해 움직인다. 람다(λ)는 항종결을 이용하여 다음 단계 유전자(지연 초기발현유전자)의 발현으로 진행한다. 따라서 동일한 두 프로모터가 초기에 계속하여 사용된다.

그림 27.11에 나타낸 조절 영역을 확대한 지도는 프로모터 P_L 및 P_R이 *cI* 유전자의 양측에 위치하고 있음을 보여주고 있다. 각 프로모터와 관련하여 RNA 중합효소가 전사를 시작하지 못하도록 리프레서 단백질이 결합하는 오퍼레이터(O_L, O_R)가 있다. 각 오퍼레이터의 순서는 자신이 조절하는 프로모터와 겹치고 자주 발생하기 때문에, 이러한 염기배열을 P_L/O_L 및 P_R/O_R 조절 영역이라고 한다.

용균 캐스케이드의 순차적 특성으로 인해, 조절 영역은 온전한 용균주기로의 진입이 조절될 수 있는 급소(pressure point; 압통점)를 제공하고 있다. *이러한 프로모터에 대한 RNA 중합효소의 접근을 거부함으로써 람다(λ) 리프레서 단백질은 파지 게놈이 용균 사이클로 진입하는 것을 방해한다.* 람다(λ) 리프레서는 박테리아 오페론의 리프레서와 같은 방식으로 작용한다: 이것은 오퍼레이터에 결합한다.

람다(λ) 리프레서 단백질은 *cI* 유전자에 의해 코딩되어 있다. 그림 27.11에서 *cI* 유전자는 P_{RM}(promoter right maintenance)과 P_{RE}(promoter right establishment)의 두 개의 프로모터를 가지고 있음을 주목하라. 이 유전자의 돌연변이체는 용원성(lysogeny)을 유지할 수 없지만, 항상 용균성 주기로 들어간다. 최초로 람다(λ) 리프레서 단백질이 분리되고 난 후, 리프레서 단백질이 어떻게 용원성 상태를

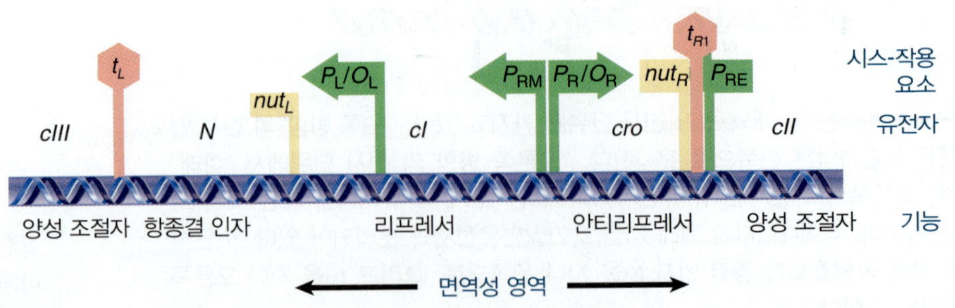

그림 27.11 람다의 조절 영역은 트랜스-작용 기능과 시스-작용 요소의 클러스터를 가지고 있다.

유지하고 새로운 람다(λ) 파지 게놈에 의한 중복 감염(superinfection)에 대한 용원성을 제공하는지를 보여주었다.

람다(λ) 리프레서는 두 오퍼레이터에 독립적으로 결합한다. 결합된 프로모터에서 전사를 억제하는 능력을 그림 27.12에 나타내었다.

O_L에서 람다(λ) 리프레서는 이미 여러 다른 시스템에 대해 논의한 것과 같은 효과를 가지고 있다: 그것은 RNA 중합효소가 P_L에서의 전사 개시를 방해한다. 이로 인하여 유전자 *N*의 발현이 중지된다. P_L은 모든 왼쪽 초기발현유전자 전사에 사용되므로, 이 작용은 왼쪽 전체 초기 전사 단위의 발현을 방해한다. 그래서 용균성 주기가 초기 단계를 넘어서기 전에 차단된다.

O_R에서, 리프레서 결합은 P_R의 이용을 막아 *cro*와 다른 오른쪽 초기발현유전자를 발현할 수 없다. O_R에서 람다(λ) 리프레서 단백질 결합은 또한 P_R의 자체 유전자인 *cI*의 전사를 촉진한다.

이 조절 회로의 본질은 용원성 존재의 생물학적 특성을 설명하고 있다. 용원성은 람다(λ) 리프레서의 수준이 적당하면 *cI* 유전자의 지속적인 발현이 가능하다는 것을 조절회로가 보장하기 때문에 안정적이다. 결과적으로 O_L 및 O_R은 무한정으로 점유한 상태로 남아있게 된다. 전체 용균 캐스케이드를 억제함으로써, 이 작용은 프로파지를 비활성 형태로 유지한다.

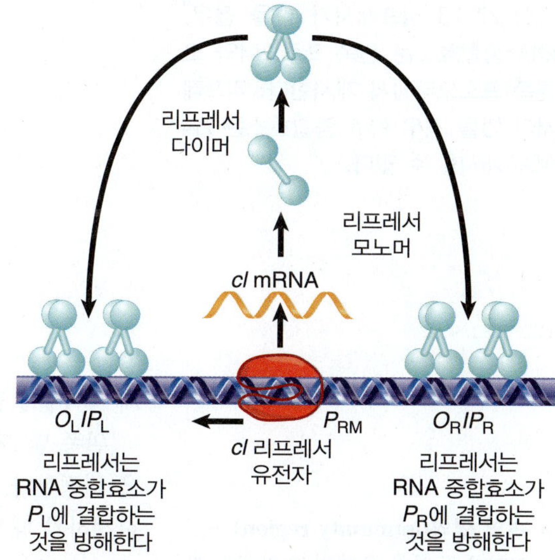

그림 27.12 리프레서는 왼쪽 오퍼레이터와 오른쪽 오퍼레이터에 작용하여 즉시 초기발현유전자(*N*과 *cro*)의 전사를 막는다. 리프레서는 또한 프로모터 P_{RM}에 작용하여 RNA 중합효소에 의하여 자신의 유전자 전사를 활성화시킨다.

핵심개념

- *cI* 유전자에 의해 코딩되는 람다(λ) 리프레서는 용원성(lysogeny)을 유지하는 데 필요하다.
- 람다(λ) 리프레서(lambda repressor)는 O_L 및 O_R 오퍼레이터에서 즉시 초기발현유전자의 전사를 차단한다.
- 즉시 초기발현유전자는 조절 캐스케이드를 유발한다; 결과적으로, 그들의 억제는 용균성 주기가 진행되는 것을 방해한다.

개념 및 추론 확인

돌연변이체 O_R를 가지고 있는 람다(λ) 파지에 감염된 세포는 어떤 일이 일어나는가?

27.8 람다 리프레서와 그 오퍼레이터는 면역 영역을 결정한다

람다(λ) 리프레서(lambda repressor)의 존재로 면역 현상을 설명할 수 있다. 만일, 두 번째 람다(λ) 파지 DNA가 용원성 세포에 들어가면, 상주하고 있는 프로파지 게놈으로부터 합성된 리프레서 단백질은 새로운 게놈에서 O_L 및 O_R에 즉시 결합하게 된다. 이것이 두 번째 파지가 용균성 주기(lytic cycle)로 진입하는 것을 방해한다.

오퍼레이터는 최초 **독성 돌연변이(virulent mutation, λ vir)**에 의한 리프레서 작용의 표적으로 동정되었다. 이러한 돌연변이는 리프레서가 O_L 또는 O_R에서 결합하는 것을 방해하여, 파지가 새로운 숙주 세균을 감염시킬 때 필연적으로 용균성 경로로 진행하게 된다. λ*vir* 돌연변이체는, O_L 및 O_R의 독성 돌연변이가 들어오는 파지가 상주하고 있는 리프레서를 무시하고 용균성 주기에 들어갈 수 있기 때문에, 용원균(lysogen)에서 자랄 수 있다. 파지에서의 독성 돌연변이는 박테리아 오페론에서 오퍼레이터-구성적 돌연변이(operator-constitutive mutation)와 동일하다.

▶ **독성 돌연변이(virulent mutation, λ vir)** 용원성을 확립할 수 없는 파지 돌연변이체.

용원성 회로(lysogenic circuit)가 깨어지면, 프로파지가 용균성 주기로 들어가도록 유도된다. 이것은 리프레서가 비활성화될 때 발생한다(*27.9절 람다 리프레서의 DNA-결합 형태는 다이머이다* 참조). 리프레서가 없으면 그림 27.13의 하단에 나타낸 바와 같이, 용균성 주기를 시작하여 RNA 중합효소가

그림 27.13 리프레서가 없을 경우, RNA 중합효소는 왼쪽 프로모터와 오른쪽 프로모터에서 개시한다. 리프레서가 없을 경우 RNA 중합효소는 P_{RM}에서 개시할 수 없다.

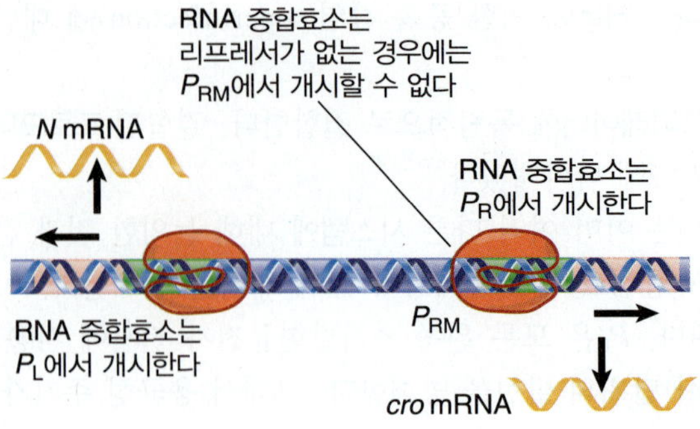

P_L 및 P_R에 결합하게 된다.

왼쪽 및 오른쪽 오퍼레이터, *cI* 유전자 및 *cro* 유전자를 포함하는 영역은 파지의 면역성(immunity)을 결정한다. 이 영역을 가지고 있는 모든 파지는 리프레서 단백질과 리프레서가 작용하는 부위를 모두 한정하기 때문에, 동일한 유형의 면역성을 가지고 있다. 따라서 이를 **면역 영역(immunity region)**이라고 한다(그림 27.11에 표시되어 있음). 네 개의 람다(λ) 파지인 ϕ80, *21*, *434* 및 λ는 고유한 면역 영역을 가지고 있다. 용원성 파지(lysogenic phage)가 동일한 유형의 다른 파지에 면역성을 부여한다고 말할 때, 우리는 더 정확하게 (다른 영역의 차이와 무관한) 동일한 면역 영역을 가진 다른 파지에 대한 면역성을 의미한다.

▶ **면역 영역(immunity region)** 프로파지가 동일한 유형의 추가적인 파지를 박테리아에 감염시키는 것을 억제할 수 있게 하는 파지 게놈의 일부. 이 영역은 리프레서가 결합하는 부위뿐만 아니라 리프레서를 코딩하는 유전자를 가지고 있다.

핵심개념

- 여러 람다(λ)형의 파지는 서로 다른 면역 영역(immunity region)을 가지고 있다.
- 용원성 파지는 동일한 면역 영역을 가진 다른 파지에 의한 추가 감염에 대한 면역성(immunity)을 부여한다.

개념 및 추론 확인

다른 람다(λ) 파지가 용원성 박테리아(lysogenic bacterium)를 감염시킬 수 없는 이유는 무엇인가?

27.9 람다 리프레서의 DNA-결합 형태는 다이머이다

람다(λ) 리프레서 서브유닛(repressor subunit)은 27 kD의 폴리펩티드이며, 그림 27.14에 요약된 두 개의 다른 도메인을 가지고 있다.

- N-말단 도메인, 1~92 잔기는 오퍼레이터 결합 부위를 제공한다.
- C-말단 도메인, 132~236 잔기는 다이머(이량체)를 형성한다.

각 도메인은 다른 도메인과 독립적으로 기능을 수행할 수 있다. C-말단 단편은 올리고머(oligomer)를 형성할 수 있다. N-말단 단편은 손상되지 않은 람다 리프레서보다 친화성이 낮지만, 오페레이터와 결합할 수 있다. 따라서 DNA를 특이적으로 접촉시키기 위한 정보는 N-말단 도메인 내에 포함되지만, C-말단 도메인의 흡착에 의해 DNA 접촉 과정의 효율성이 향상된다.

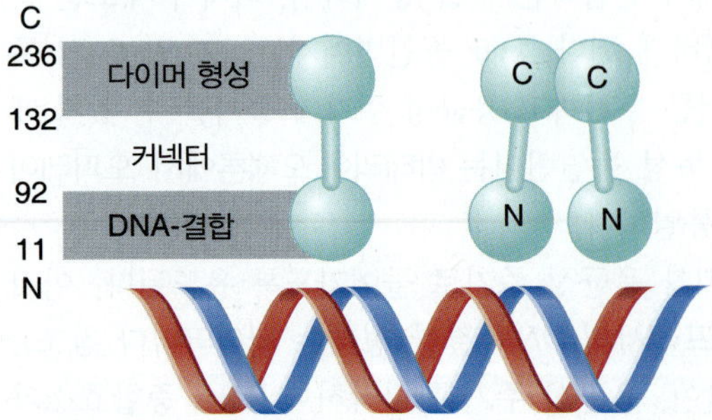

그림 27.14 리프레서의 N-말단과 C-말단 영역은 분리된 도메인을 형성한다. C-말단 도메인은 다이머를 형성한다. N-말단 도메인은 DNA와 결합한다.

람다 리프레서의 다이머 구조는 용원성 유지에 결정적이다. 용균주기로 들어가기 위한 용원성 프로파지(lysogenic prophage)의 유도(induction)는 잔기 111과 113 사이의 연결 영역에서 리프레서 서브유닛의 절단에 의해 일어난다. [이는 작은-분자의 유도물질(inducer)이 용원성 리프레서가 가지

고 있지 않은 능력인 박테리아 오페론의 리프레서를 불활성화시키는 구조의 알로스테릭 변화(allosteric change)에 해당된다.] 유도는 용원성 박테리아가 UV 조사에 노출되는 것과 같은 특정의 불리한 조건 하에서 발생하여 리프레서의 단백질 분해로 인한 불활성화로 이어진다.

완전한 상태에서, C-말단 도메인의 다이머 형성은 리프레서가 DNA에 결합할 때, 리프레서의 두 개의 N-말단 도메인이 각각 DNA와 동시에 접촉하도록 한다. 그러나 절단(cleavage)은 C-말단 도메인을 N-말단 도메인으로부터 방출시킨다. **그림 27.15**에서 볼 수 있듯이, 이것은 N-말단 도메인이 더 이상 다이머가 형성될 수 없음을 의미한다. 결과적으로, 이들은 람다 리프레서가 DNA에 결합된 채로 유지되는 충분한 친화도를 가지지 않기 때문에 용균성 주기가 시작될 수 있다. 또한, 통상적으로 두 개의 다이머가 오퍼레이터에서 협동하여 결합하고, 절단은 이러한 상호작용을 불안정하게 만든다. 용원성과 용균성 주기 사이의 균형은 리프레서의 농도에 따라 달라진다.

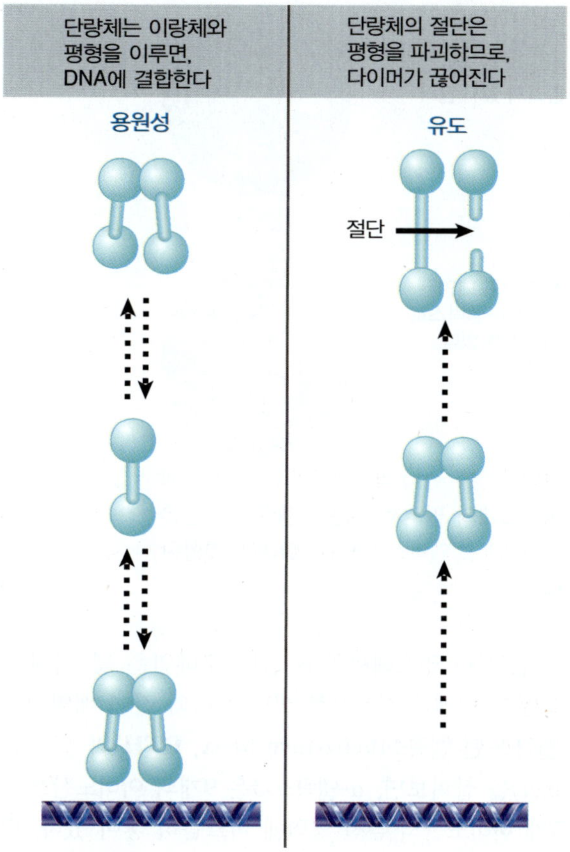

단량체는 이량체와 평형을 이루면, DNA에 결합한다
용원성
단량체의 절단은 평형을 파괴하므로, 다이머가 끊어진다
유도
절단

그림 27.15 리프레서 다이머는 오퍼레이터에 결합한다. N-말단 도메인의 DNA에 대한 친화력은 C-말단 도메인의 다이머 형성에 의해 조절된다.

핵심개념

- 리프레서 단량체(repressor monomer)는 두 개의 별개의 도메인을 갖는다.
- N-말단 도메인은 DNA-결합 부위를 포함한다.
- C-말단 도메인이 다이머를 형성한다.
- 오퍼레이터(operator)로의 결합에는 두 개의 DNA-결합 도메인이 오퍼레이터와 동시에 접촉할 수 있도록 다이머 형태를 필요로 한다.
- 두 도메인 간의 리프레서 절단은 오퍼레이터에 대한 친화성을 감소시켜 용균성 주기를 유도한다.

개념 및 추론 확인

레귤레이터가 다이머로 기능하면 장점은 무엇인가?

27.10 람다 리프레서는 헬릭스-턴-헬릭스 모티프를 사용하여 DNA에 결합한다

리프레서 다이머(repressor dimer)는 DNA에 결합하는 단위이다. 이것은 중앙 염기쌍을 통해 축에 대해 부분적으로 대칭을 나타내는 17 bp 염기배열을 인식한다. **그림 27.16**은 결합 부위의 예를 보여주고 있다. 중앙 염기쌍의 각 측면의 염기배열을 때로는 "하프-사이트(half-site)"라고 한다. 각각의 개별 N-말단 영역은 하프-사이트와 접촉한다. 박테리아 전사를 조절하는 몇 가지 DNA-결합 단백질은 유사한 형태의 DNA를 공유하며, 여기서 활성 도메인은 DNA와 접촉하는 α-헬릭스(α-helix)의 두 개의 짧은 영역을 포함하고 있다. (진핵세포의 일부 전사 인자는 비슷한 모티프를 사용한다. *28.6절. DNA-결합 도메인에는 여러 종류가 있다* 참조.)

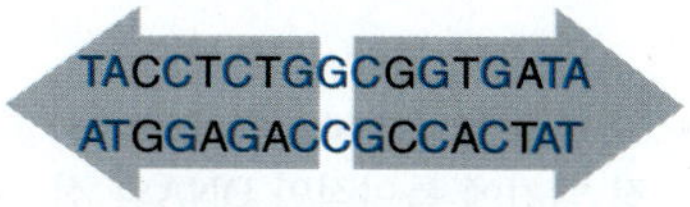

TACCTCTGGCGGTGATA
ATGGAGACCGCCACTAT

그림 27.16 오퍼레이터는 중심 염기쌍을 통과하는 대칭축을 가진 17 bp 염기배열이다. 각각의 절반 부위는 회색 화살표로 표시되어 있다. 각 오퍼레이터의 절반에서 동일한 염기쌍들은 파란색으로 표시되어 있다.

그림 27.17 람다 리프레서의 N-말단 도메인은 5개의 펼쳐져 있는 α-헬릭스를 함유하고 있다. 헬릭스 2와 3은 DNA에 결합한다.

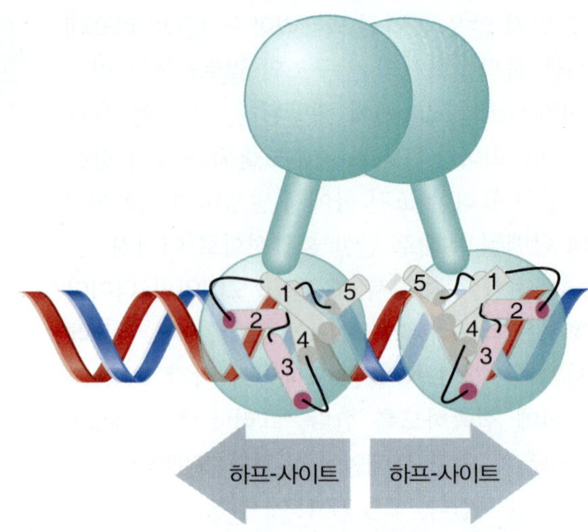

그림 27.18 DNA 결합을 위한 두-헬릭스 모델에서, 각 모노머의 헬릭스-3은 DNA의 같은 면에 있는 넓은 홈에 위치하며, 헬릭스-2는 큰 홈을 건너서 위치하고 있다.

▶ **헬릭스-턴-헬릭스(helix-turn-helix, HTH)** DNA에 결합하는 부위를 형성하는 두 개의 α-헬릭스(α-helix)의 배열을 기술하는 모티프. 하나는 DNA의 큰 홈에 들어맞고 다른 하나는 그것을 가로질러 위치한다.

람다(λ) 리프레서의 N-말단 도메인은 몇 개의 연속된 α-헬릭스(α-helix)를 가지고 있는데, 이는 그림 27.17에 도식적으로 설명한 바와 같이 배열된다. 헬릭스 영역 중 두 개가 DNA 결합에 관여한다. **헬릭스-턴-헬릭스(helix-turn-helix, HTH)**의 접촉 모델을 그림 27.18에 나타내었다. 단일 모노머(monomer)를 살펴보면, α-헬릭스-3은 9개의 아미노산으로 이루어져 있으며, 각각은 α-헬릭스-2를 형성하는 7개 아미노산의 앞선 영역에 비스듬히 놓여 있다. 다이머에서, 두 개의 병렬 헬릭스-3 영역이 34 Å 떨어져 있어, DNA의 연속적인 큰 홈(major groove)에 맞출 수 있다. 헬릭스-2 영역은 홈을 가로 지르는 각도로 놓여 있다. 이 부위에 다이머가 대칭적으로 결합한다는 것은 다이머의 각 N-말단 도메인이 하프-사이트(half-site)에서 비슷한 세트의 염기와 접촉한다는 것을 의미한다.

람다(λ) 리프레서의 헬릭스-턴-헬릭스에 사용되는 α 나선형 모티프(α-helical motif)의 관련 형태들은 대사산물 억제단백질(catabolite repressor protein, CRP), *lac* 리프레서 및 몇몇 다른 파지 리프레서를 비롯한 여러 DNA-결합 단백질에서 발견된다. 이 단백질들이 DNA에 결합하는 능력을 비교함으로써 각 헬릭스의 역할을 알 수 있다:

- 헬릭스 2와 헬릭스 3 사이의 접촉은 소수성 아미노산(hydrophobic amino acid) 간의 상호작용에 의해 유지된다.

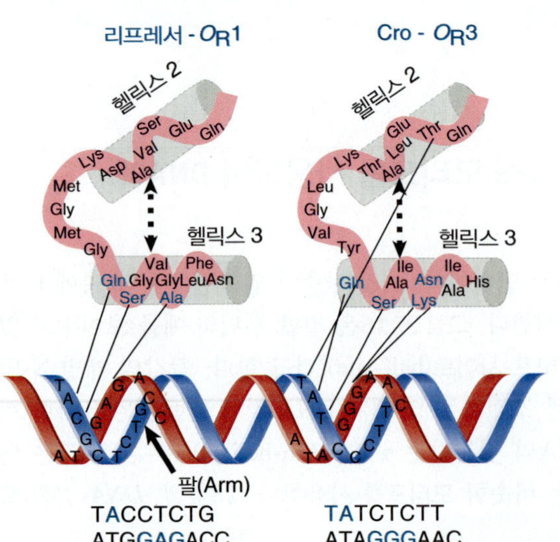

그림 27.19 DNA와 접촉하기 위해 두-헬릭스 배열을 이용하는 두 단백질은 헬릭스-3의 아미노산 배열에 의해 결정되는 친화력을 지닌 람다 오퍼레이터를 인식한다.

▶ **인식 헬릭스(recognition helix)** 특정 염기에 특이적인 DNA와 접촉하는 **헬릭스-턴-헬릭스** 모티프의 두 헬릭스 중 하나. 이것은 결합된 DNA 염기배열의 특이성을 결정한다.

- 헬릭스 3과 DNA 사이의 접촉은 아미노산 곁사슬과 노출된 염기쌍 사이의 수소결합을 필요로 한다. 이 헬릭스는 특정 표적 DNA 염기배열을 인식하는 역할을 하므로 **인식 헬릭스(recognition helix)**로도 알려져 있다. 그림 27.19에 요약된 접촉 패턴을 비교함으로써, 우리는 람다(λ) 리프레서와 Cro가 헬릭스 3의 해당 부위에 서로 다른 아미노산을 갖기 때문에 이 단백질들의 가장 선호하는 표적으로 그 DNA에서 다른 염기배열을 선택함을 알 수 있다.

헬릭스 2에서 DNA까지의 접촉은 인산 골격(phosphate backbone)과 연결된 수소결합의 형태를 취한다. 이러한 상호작용은 결합에 필요하지만 대상 인식의 특이성을 제어하지는 못한다. 이러한 접촉에 더하여, DNA와의 상호작용의 전반적인 에너지의 상당 부분은 인산 골격과의 이온 상호작용(ionic interaction)에 의해 제공된다.

만일 한 리프레서의 인식 헬릭스(recognition helix)를 아주 밀접하게 관련된 리프레서로부터 해당 염기배열로 대체하여 새로운 단백질을 만들기 위해 코딩 염기배열(coding sequence)을 조작한다면 어떻게 될까? 하이브리드 단백질의 특이성은 새로운 인식 헬릭스의 특이성이다. *이 짧은 영역의 아미노산 배열은 개별 단백질의 배열 특이성을 결정하고 나머지 폴리펩티드 사슬과 함께 작용할 수 있다.*

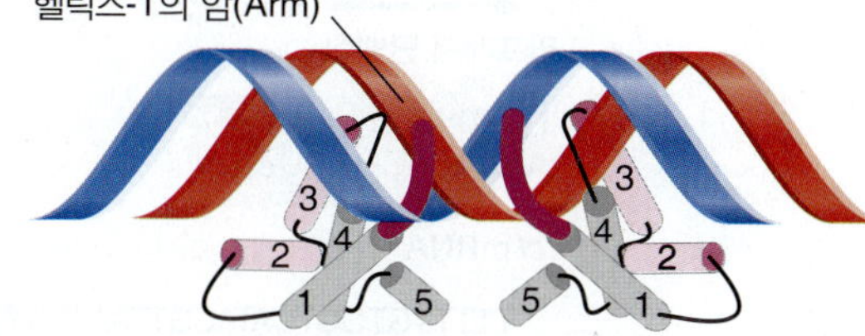

그림 27.20 뒤에서 본 모습은 리프레서의 대부분이 DNA의 한쪽 면에 접촉하지만, 그 DNA의 N-말단 팔(arm)은 다른 쪽 면의 주변에 도달한다.

그림 27.19의 나선형 다이어그램에 표시된 위치에서 볼 수 있듯이 헬릭스 3에 의해 접촉된 염기는 DNA의 한 면에 놓이게 된다. 하지만 리프레서는 DNA의 다른 면과 추가적으로 접촉한다. N-말단 도메인의 마지막 6개의 N-말단 아미노산은 뒤 쪽을 연장하는 "팔(arm)"을 형성한다. **그림 27.20**은 뒤에서 본 그림이다. 팔의 리신 잔기는 큰 홈의 G 잔기 및 인산 골격과 접촉한다. 팔과 DNA 간의 상호작용은 DNA 결합에 크게 기여한다; 팔이 없는 돌연변이 리프레서의 결합 친화력은 약 1,000배 감소된다.

핵심개념

- 리프레서의 각 DNA-결합 영역은 DNA의 하프-사이트(half-site)와 접촉한다.
- 리프레서의 DNA-결합 부위는 DNA의 큰 홈(major groove)의 연속적인 회전에 맞는 두 개의 짧은 α-나선(α-helical) 영역을 포함하고 있다.
- DNA-결합 부위는 17 bp의 (부분적으로) 회문구조의 염기배열(palindromic sequence)이다.
- 인식 헬릭스(recognition helix)의 아미노산 배열은 인식하는 오퍼레이터 염기배열에서 특정 염기와 접촉한다.

개념 및 추론 확인

람다(λ) 리프레서에서 발견될 것이라고 예상되는 어떤 다른 기능성 단백질 도메인은 무엇인가?

27.11 람다 리프레서 다이머는 오퍼레이터와 협동적으로 결합한다

각 오퍼레이터는 세 개의 리프레서-결합 부위를 포함하고 있다. **그림 27.21**에서 알 수 있듯이, 6개의 개별 리프레서-결합 부위 중 두 개가 동일하지는 않지만, 모두 공통염기배열(consensus sequence)과 일치한다. 각 오퍼레이터 내의 결합 부위는 A-T 염기쌍이 풍부한 3~7 bp의 스페이서에 의해 분리된다. 각 오퍼레이터의 부위는 번호가 붙어있어, O_R은 연속된 결합 부위 O_R1-O_R2-O_R3로 구성되는 반면, O_L은 연속된 O_L1-O_L2-O_L3으로 구성된다. 각각의 경우에, 부위 1(site 1)은 프로모터에서 전사를 위한 전사 개시점에 가장 가깝고, 부위 2와 3은 더 먼 상류에 놓여 있다.

각 오퍼레이터에서 세 군데의 결합 부위를 직면하게 되면, 람다(λ) 리프레서가 결합을 어디서 시작해야 할지를 어떻게 결정할까? 각 오퍼레이터에서 부위 1은 람다(λ) 리프레서를 위한 다른 부위보다 더 큰 친화도(대략 10배)를 가지고 있다. 따라서 항상 O_L1과 O_R1에 결합된다.

람다(λ) 리프레서는 협동적인 방식으로 각 오퍼레이터 내의 그 다음 부위에 결합한다. 부위 1에 다이머가 존재하면 두 번째 다이머가 부위 2에 결합할 수 있는 친화성이 크게 증가한다. 부위 1 및 2가 모두 채워지면, 이 상호작용은 부위 3까지 더 멀리 신장되지 않는다. 일반적으로 용원균(lysogen)에서 발견되는 람다(λ) 리프레서의 농도에서, 부위 1과 부위 2는 각 오퍼레이터에서 채워지지만, 부위 3은 오퍼레이터에서 채워지지 않는다.

C-말단 도메인은 다이머 간의 상호작용뿐만 아니라 서브유닛 간의 다이머 형성을 담당한다. **그림 27.22**는 각 다이머의 두 서브유닛을 포함하고 있음을 보여준다; 즉, 각 서브유닛은 다른 다이머의 대응하는

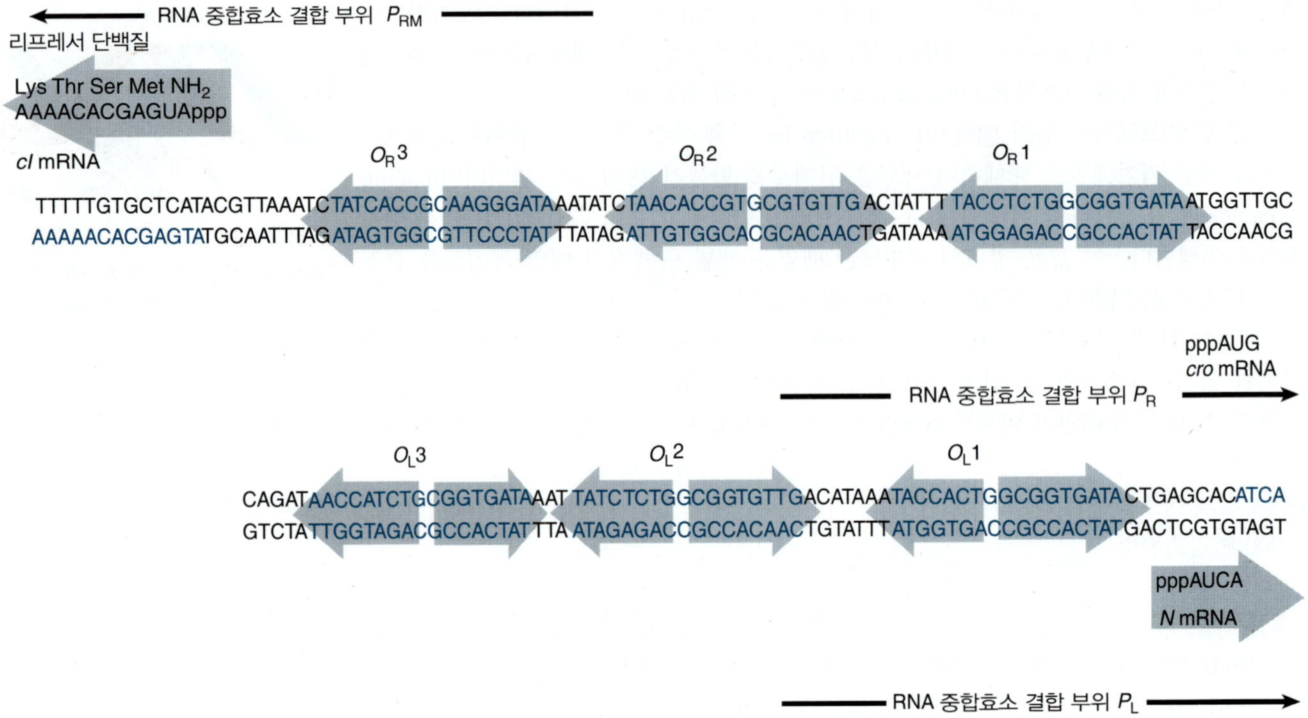

RNA 중합효소 결합 부위 P_{RM}

리프레서 단백질

Lys Thr Ser Met NH_2
AAAACACGAGUAppp

cI mRNA

O_R3 O_R2 O_R1

TTTTTGTGCTCATACGTTAAATCTATCACCGCAAGGGATAAATATCTAACACCGTGCGTGTTGACTATTTTACCTCTGGCGGTGATAATGGTTGC
AAAAACACGAGTATGCAATTTAGATAGTGGCGTTCCCTATTTATAGATTGTGGCACGCACAACTGATAAAATGGAGACCGCCACTATTACCAACG

pppAUG
cro mRNA

RNA 중합효소 결합 부위 P_R

O_L3 O_L2 O_L1

CAGATAACCATCTGCGGTGATAAATTATCTCTGGCGGTGTTGACATAAATACCACTGGCGGTGATACTGAGCACATCA
GTCTATTGGTAGACGCCACTATTTAATAGAGACCGCCACAACTGTATTTATGGTGACCGCCACTATGACTCGTGTAGT

pppAUCA
N mRNA

RNA 중합효소 결합 부위 P_L

그림 27.21 각 오퍼레이터는 세 개의 리프레서-결합 부위를 가지며, RNA 중합효소가 결합하는 프로모터와 중복된다. O_L의 방향은 O_R과 비교하기 위하여 보통의 경우와 달리 반대방향으로 표시하였다.

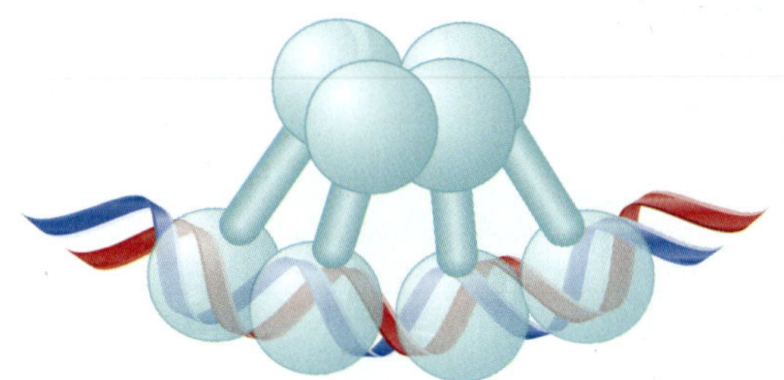

그림 27.22 두 개의 람다 리프레서 다이머가 협동적으로 결합할 때, 한쪽 다이머의 서브유닛 각각은 다른 다이머의 서브유닛과 접촉한다.

부분과 접촉하여 테트라머 구조(tetrameric structure)를 형성한다.

협동적인 결합의 결과, 생리학적 농도에서 오퍼레이터에 대한 리프레서의 효과적인 친화성을 증가시킨다. 이것은 낮은 농도의 리프레서가 오퍼레이터에 결합할 수 있게 한다. 이것은 억제가 해제되면 돌이킬 수 없는 결과를 가져오는 시스템에서 중요하다. 어쨌든, 대사효소를 코딩하는 오페론에서, 억제를 못하면 단지 불필요한 효소의 합성만을 허용하게 될 것이다. 그러나 람다 프로파지를 억제하지 못하면, 파지가 유도되고 세포가 용균된다.

그림 27.21에 보이는 염기배열로부터, O_L1과 O_R1은 각각 P_L과 P_R의 RNA 중합효소 결합 부위의 거의 중심에 위치하고 있음을 알 수 있다. 따라서 O_L1-O_L2 및 O_R1-O_R2가 채워지면 RNA 중합효소의 해당 프로모터에 대한 접근을 물리적으로 차단한다.

핵심개념

- 하나의 오퍼레이터에 대한 리프레서의 결합은 두 번째 리프레서 다이머를 인접한 오퍼레이터에 결합시키는 친화성(affinity)을 증가시킨다.
- 친화성은 다른 오퍼레이터보다 O_L1 및 O_R1에 대해 10배 이상이므로, 먼저 결합된다.
- 협동 작용(cooperativity)은 리프레서가 O_L2/O_R2 부위를 보다 낮은 농도로 결합하도록 한다.

개념 및 추론 확인

각 오퍼레이터는 하나의 결합 부위가 아닌 세 개의 부분을 포함하는 이유는 무엇인가?

27.12 람다 리프레서는 자가 조절 회로를 유지한다

용원성(lysogeny)이 확립되면, *cI* 유전자는 P_R/O_R에 가까운 오른쪽에 있는 P_{RM} 프로모터(그림 27.11

참조)로부터 전사된다. 전사는 유전자의 왼쪽 끝에서 종결된다. mRNA는 AUG 개시 코돈으로 시작한다; 리보솜 결합 부위를 포함하는 5′ UTR이 없기 때문에, 이것은 비효율적으로 번역되는 매우 빈약한 메시지로, 매우 낮은 수준의 단백질만을 생산한다. 우리는 *cI* 유전자의 전사가 어떻게 확립되는지 아직 기술하지 않았다(*27.16절 Cro 리프레서는 용균성 감염에 필요하다* 참조).

O_R에서의 람다(λ) 리프레서의 존재는 이전에 언급한 바와 같이 이중효과(dual effect)를 가진다(*27.7절 용원성은 람다 리프레서 단백질에 의해 유지된다* 참조). 그것은 P_R로부터의 유전자 발현을 차단하나, P_{RM}으로부터의 전사를 돕는다. *RNA 중합효소는 람다(λ) 리프레서가 O_R에 결합되어 있을 때 P_{RM}에서 효율적으로 전사를 개시할 수 있다.* 람다(λ) 리프레서는 따라서 자신의 유전자 *cI*의 전사에 필요한 양성 조절 단백질(positive regulator protein)로서 작용한다. 이것이 자가 조절 회로(autoregulatory circuit)의 정의이다.

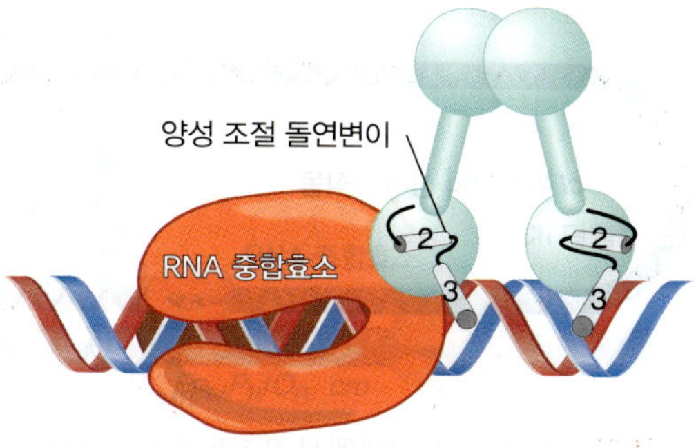

그림 27.23 양성 조절 돌연변이를 이용하여 RNA 중합효소와 직접 상호작용하는 헬릭스-2의 작은 부위를 확인한다.

P_{RM}의 RNA 중합효소 결합 부위는 O_R2와 인접해 있다. 이것은 람다(λ) 리프레서가 어떻게 자신의 합성을 자가 조절하는지를 설명하고 있다. 두 개의 다이머가 O_R1-O_R2에서 결합될 때, O_R2에서 다이머의 아미노 말단 도메인은 RNA 중합효소와 상호작용한다. 리프레서와 RNA 중합효소의 상호작용의 특성은 양성 조절이 없어지게 하는 리프레서에서의 돌연변이로 확인된다. 왜냐하면 리프레서에서의 돌연변이가 RNA 중합효소를 자극하여 P_{RM}에서부터 전사할 수 없기 때문이다. 리프레서 다이머는 헬릭스 2 외부 또는 헬릭스 2와 헬릭스 3 사이에 있는 아미노산의 작은 그룹 내에 위치한다. 돌연변이가 일어나면 이 영역의 음전하(negative charge)를 감소시킨다. 반대로, 음전하를 증가시키는 돌연변이는 RNA 중합효소의 활성화를 향상시킨다. 이것은 아미노산 그룹이 RNA 중합효소의 염기성 영역과의 정전기적인 상호작용에 의해 활성화되는 "산성 패치(acidic patch)"를 구성하고 있음을 시사한다.

리프레서에서 이러한 "양성 조절 돌연변이"가 일어나는 위치를 그림 27.23에 나타내었다. 양성 조절 돌연변이 부위들은 RNA 중합효소에 근접한 DNA의 인산기에 가까운 리프레서에 위치한다. 따라서 양성 조절에 관여하는 리프레서 상의 아미노산 그룹은 RNA 중합효소와 접촉하는 위치에 있다. 중요한 원리는 *단백질-단백질 상호작용이 전사 개시에 도움이 되는 에너지를 방출할 수 있다는 것이다.*

리프레서가 접촉하는 RNA 중합효소상에서의 표적 부위는 (sigma 부호) 70 서브유닛에 있는데, 이 서브유닛은 프로모터의 −35 영역과 접촉하는 영역 내에 있다. 리프레서와 RNA 중합효소 사이의 상호작용은 RNA 중합효소가 닫힌 복합체(closed complex)에서 열린 복합체(open complex)로 전이하는데 필요하다.

이것은 낮은 수준의 리프레서가 어떻게 자신의 합성을 적극적으로 조절하는지를 설명하고 있다. 충분한 리프레서가 O_R2를 채우기 위해 제공되는 한, RNA 중합효소는 P_{RM}으로부터 *cI* 유전자를 계속해서 전사할 것이다.

핵심개념

- O_R2에서 리프레서의 DNA-결합 부위는 RNA 중합효소와 접촉하여 P_{RM}과의 결합을 안정화시킨다.
- 이것이 리프레서 유지의 자가 조절 제어(autoregulatory control)의 기본 원리이다.
- O_L에서의 리프레서 결합은 P_L에서 유전자 *N*의 전사를 차단한다.
- O_R에서의 리프레서 결합은 *Cro*의 전사를 차단하지만, *cI*의 전사에도 필요하다.
- 따라서 오퍼레이터와 결합하는 리프레서는 동시에 용균주기(lytic cycle)의 진입을 차단하고 자신의 합성을 촉진한다.

개념 및 추론 확인

람다(λ)의 진행 경로는 *cro*와 람다(λ) 리프레서에 의해 결정되는데, 이를 조절하기 위한 *cro*와 람다(λ) 리프레서 간의 경쟁에 대해 설명하라.

27.16 Cro 리프레서는 용균성 감염에 필요하다

람다(λ)는 온건성 바이러스(temperate virus)이기 때문에, 용원성 경로 또는 용균성 경로 중 어느 하나를 선택하여 들어간다. 용원성은 P_LO_L과 P_RO_R 두 지점에서 압력을 가함으로써 전체 용균 캐스케이드를 억제하는 자가 조절 유지 회로(autoregulatory maintenance circuit)를 확립하는 것으로 시작된다. 이 두 경로는 *N* 유전자와 *cro* 유전자의 즉시 초기발현유전자 발현과 함께 정확하게 동시에 시작되고(용균 경로에 필요한 *cro* 유전자는 출발점이 된다), 이어서 pN-지시 지연 초기 전사(pN-directed delayed early transcription)가 일어난다. 우리는 이제 다음의 문제에 직면하게 된다. 파지는 어떻게 용균성 주기로 들어갈까?

용균성 주기의 핵심은 다른 리프레서 단백질을 암호화하는 *cro* 유전자의 역할이다. *Cro는 람다(λ) 리프레서 단백질의 합성을 방지하는 역할을 한다*; 이 작용은 용원성을 확립할 가능성을 차단한다. *Cro* 돌연변이체는 일반적으로 용균성 경로에 진입하는 것보다는 오히려 용원성 경로를 확립하는데, 이는 *Cro* 돌연변이체들이 리프레서 발현으로부터 벗어나게 하는 과정으로 전환시키는 능력을 가지고 있지 않기 때문이다.

Cro는 면역 영역(immunity region) 내에서 작용하는 작은 다이머(모노머는 9 kD)를 형성한다. 두 가지 효과가 있다:

- 유지 회로(maintenance circuit)를 통해 람다(λ) 리프레서의 합성을 막는다; 즉, P_{RM}을 통한 전사를 방해한다.
- 또한 P_L과 P_R 모두에서 초기발현유전자의 발현을 억제한다.

이것은 파지가 용균 경로에 들어갈 때, *Cro*는 람다(λ) 리프레서의 합성을 막고, 결과적으로 충분한 양의 산물이 생성되면, 초기발현유전자의 발현을 억제하는 역할을 한다는 것을 의미한다.

Cro는 람다(λ) 리프레서 단백질 *cI*과 동일한 오퍼레이터에 결합하여 그 기능을 달성한다. 두 단백질이 동일한 작용 부위를 가지고 있지만, 어떻게 그런 반대 효과를 나타낼까? 대답은 각 단백질이 오퍼레이터 내의 개별 결합 부위에 대해 갖는 다양한 친화력에 있다. 우리에게 더 많이 알려진 O_R이 있고, Cro가 이들 두 효과를 나타내는 곳을 생각해 보자. 일련의 과정을 그림 27.28에 나타내었다. (처음 두 단계는 그림 27.27에 나와 있는 용원성 회로와 동일하다.)

O_R3에 대한 Cro의 친화력은 O_R2 또는 O_R1에 대한 친화력보다 크다. 따라서 Cro가 먼저 O_R3에 결합한다. 이것은 P_{RM}에 결합하는 RNA 중합효소를 억제한다. 결과적으로, Cro의 첫 번째 작용은 용원성에 대한 유지 회로를 활동하지 못하게 하는 것이다.

Cro는 O_R2 또는 O_R1에 결합한다. 이들 부위에 대한 Cro의 친화력은 유사하며, 협동 효과(cooperative effect)는 없다. 어느 부위에서나 Cro의 존재는 RNA 중합효소가 P_R을 사용하는 것을 막기에 충분하다. 이것은 차례로 초기 기능(Cro 자체 포함)의 생산을 중단한다. *cII*의 불안정성으로 인해 P_{RE} 사용은 중지된다. 따라서 Cro의 두 가지 작용은 람다(λ) 리프레서의 모든 생산을 차단한다.

용균성 주기에 관한한, Cro는 초기발현유전자의 발현을 (완전히 제거하지는 않지만) 감소시킨다. 이러한 불완전한 효과는 O_R1 및 O_R2에 대한 친화력으로 설명할 수 있는데, 이는 람다(λ) 리프레서의 친화력보다 약 8배 낮다. Cro의 이러한 효과는, pQ 단백질이 존재하기 때문에, 초기발현유전자가 거의 불필요해 질 때까지는 발생하지 않는다; 이때까지, 파지는 후기발현유전자의 발현을 시작하고 자손 파지 입자의 생산에 집중한다.

감염의 초기 단계에서, 람다(λ) 리프레서보다 Cro가 우선적으로 시작되므로 용균 경로가 선호되는 것으로 보인다. 궁극적으로, 결과는 두 단백질의 농도와 이들 고유의 DNA 결합 친화력에 의해 결정될 것이다.

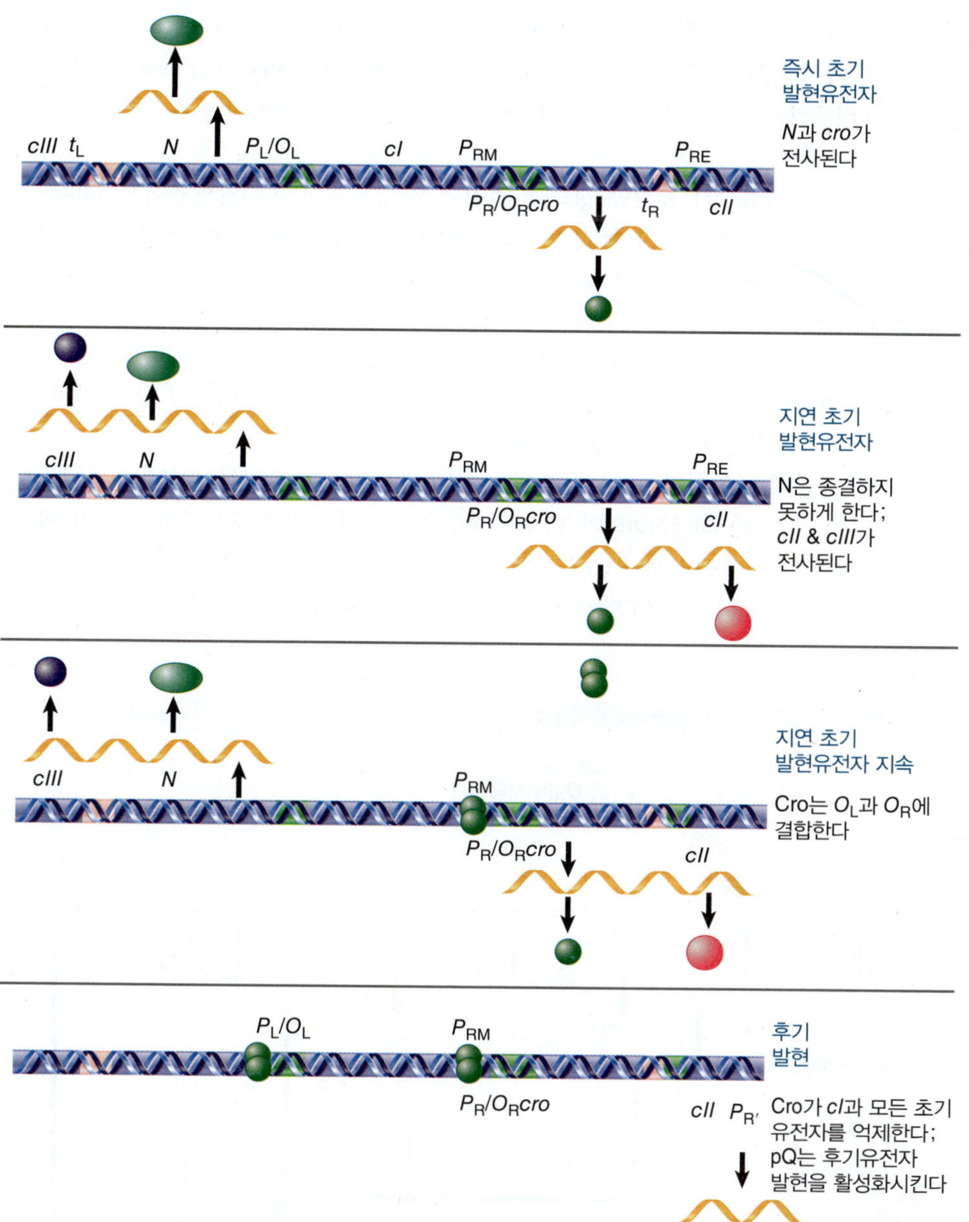

그림 27.28 용균성 다단계 반응은 P_{RM}을 경유하여 리프레서 유지를 직접 막을 뿐만 아니라, 지연 초기발현유전자의 발현을 중지시킴으로써 간접적으로 리프레서 확립을 막는 Cro 단백질을 필요로 한다.

핵심개념

- Cro는 람다(λ) 리프레서와 동일한 오퍼레이터에 있지만 서로 다른 친화력을 가지고 결합한다.
- Cro가 O_R3에 결합하면 RNA 중합효소가 P_{RM}에 결합하는 것을 방해하고, 리프레서 프로모터의 유지를 차단한다.
- Cro가 O_R 또는 O_L에서 다른 오퍼레이터와 결합하면, RNA 중합효소가 직접적으로 초기발현유전자를 발현하지 못하게 하여 (간접적으로) 리프레서를 차단한다.

개념 및 추론 확인

만일 *cro*의 전사가 *cI*의 전사보다 훨씬 일찍 시작되는 경우, *cro*가 항상 이기지 못하는 이유는 무엇인가?

27.17 용원성과 용균성 주기 간의 균형을 결정하는 것은 무엇인가?

용원성 경로 및 용균성 경로에 대한 프로그램은 매우 밀접하게 관련되어 있기 때문에 새로운 숙주 박테리아에 들어갈 때 개별 파지 게놈의 운명을 예측하는 것은 불가능하다. 람다(λ) 리프레서와 Cro 사이의 길항 작용은 그림 27.27에 보이는 자가 조절 유지 회로(autoregulatory maintenance circuit)를 확립하거나, 람다(λ) 리프레서 합성을 끄고 그림 27.28에서 나타낸 바와 같이 진행 후기 단계로 들어감으로써 해결할 수 있는가?

두 경로 모두 결정 직전까지 동일한 경로를 거친다. 둘 다 즉시 초기발현유전자(immediate early gene)의 발현과 지연 초기발현유전자(delayed early gene)로의 신장(extension)을 포함하고 있다. 그들 사이의 차이는 람다(λ) 리프레서 또는 Cro가 두 오퍼레이터 O_L 및 P_L의 점유율을 확보할 것인지에 대한 문제에 달려 있다.

결정이 내려지는 초기 단계는 두 경우 모두 지속 시간이 제한된다. 파지가 어떤 경로를 따른다 하더라도, P_L과 P_R이 억제되면 모든 초기발현유전자(early gene)의 발현은 일어나지 않게 되며, cII와 cIII의 소실의 결과로 P_{RE}를 통한 리프레서 생산이 중단될 것이다.

중요한 문제는 P_{RE}에서 전사가 중지된 후에 P_{RM}이 활성화되고 용원성이 확립되는지 여부, 또는 P_{RM}이 활성화되지 않고 pQ 레귤레이터가 파지를 용균(lytic) 현상을 진행시키지 않는지 여부에 달려 있다. 그림 27.29는 람다(λ) 리프레서와 Cro가 모두 합성되는 중요한 단계를 보여주고 있다. 이것은 얼마나 많은 람다(λ) 리프레서가 만들어졌는지에 따라 결정된다. 이것은 또한 얼마나 많은 cII 전사 인자

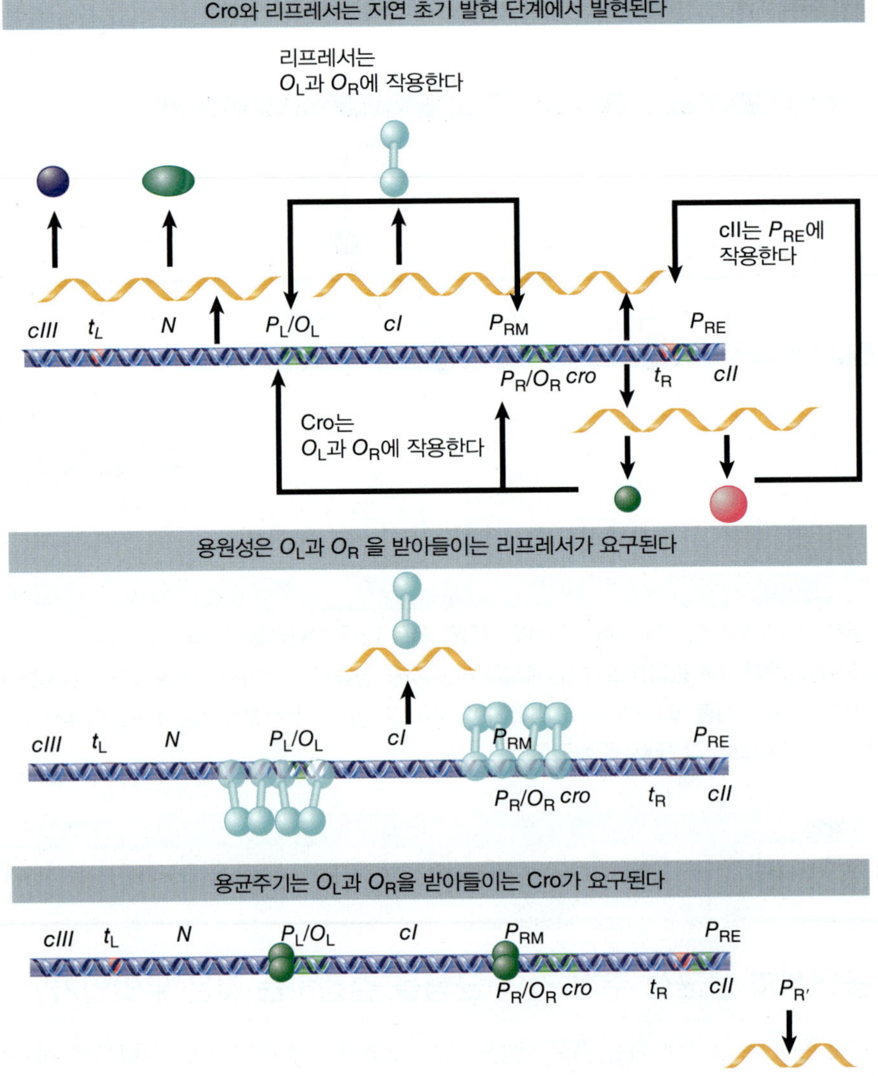

그림 27.29 용원성과 용균성 사이를 결정하는 중요한 단계는 지연 초기 발현유전자가 발현되고 있는 때이다. 만일 cII가 리프레서를 충분히 합성하면, 리프레서가 오퍼레이터를 점유하게 되므로 용원성이 될 것이다. 그렇지 않으면 Cro가 오퍼레이터를 점유하게 되어 용균성 주기가 진행될 것이다.

(transcription factor)가 만들어졌는지에 따라서도 결정된다. 마지막으로, 이것은 차례로 cIII 단백질을 얼마나 보호하여 cII를 보호하는지에 의해 부분적으로 결정될 것이다.

용원성 확립의 초기 과정은 O_L1과 O_R1에서 **람다 리프레서**의 결합이다. 첫 번째 부위에서의 결합은 O_L2와 O_R2에서 추가적인 **리프레서 다이머**의 협동적인 결합에 의해 신속하게 이어진다. 이로 인하여 Cro의 합성을 차단되고 P_{RM}을 통해 **람다 리프레서**의 합성을 시작한다.

용균성 주기로 들어가는 초기의 과정은 O_R3에서의 Cro의 결합이다. 이렇게 하면 용원성 유지 회로가 P_{RM}에서 시작하는 것을 멈춘다. 그런 다음 Cro는 O_R1 또는 O_R2와 O_L1 또는 O_L2에 결합하여 초기 발현유전자 발현을 차단해야 한다. cII 및 cIII의 생성을 중지시킴으로써, 이 작용은 P_{RE}를 통한 **람다 리프레서** 합성의 중단을 초래한다. 불안정한 cII 및 cIII 단백질이 분해되면 **람다 리프레서**가 차단된다.

용원성(lysogeny)과 용균성(lysis) 사이의 전환에 대한 결정적인 영향은 얼마나 많은 cII 단백질이 만들어지는가이다. cII가 풍부하다면, 확립 **프로모터**를 통한 **리프레서**의 합성이 효과적이고, 결과적으로 **리프레서**는 **오퍼레이터**를 점유하게 된다. cII가 풍부하지 않은 경우, **람다 리프레서** 확립은 실패하고, Cro는 **오퍼레이터**에게 결합한다.

특정 상황에서의 cII 단백질 수준은 감염의 결과를 결정한다. cII의 안정성을 증가시키는 돌연변이는 용원성화(lysogenization)의 발생 빈도를 증가시킨다. 그러한 돌연변이는 *cII* 자체 또는 다른 유전자에서 발생한다. cII의 불안정성의 원인은 숙주의 단백질분해효소(protease)에 의한 분해 민감성(susceptibility) 때문이다. 세포에서의 *cII* 단백질의 수준은 숙주 기능뿐만 아니라 *cIII*의 영향을 받는다.

람다 단백질 cIII의 효과는 2차적이다: 즉, cII를 분해로부터 보호하는 데 도움이 된다. cIII의 존재가 cII의 생존을 보장하지는 않는다. 그러나 cIII가 없는 경우 cII는 사실상 항상 비활성화된다.

숙주 유전자 산물이 이 경로에서 작용한다. 숙주 유전자 *hflA* 및 *hflB*의 돌연변이가 용원성을 증가시킨다. 돌연변이는 cII를 안정화시킨다. 왜냐하면 돌연변이는 cII를 분해하는 숙주 단백질분해효소를 불활성화하기 때문이다.

cII의 수준에 대한 숙주 세포의 영향은 **박테리아**가 의사-결정 과정(decision-taking process)을 방해할 수 있는 경로를 제공한다. 예를 들어, cII를 분해하는 숙주 단백질분해효소는 영양이 풍부한 배지(rich medium)에서의 성장에 의해 활성화된다. 따라서 **람다**는 잘 자라는 세포를 용해시키는 경향이 있지만, 영양이 부족한 세포(그리고 효율적인 용균 성장에 필요한 성분이 부족한 세포)에서는 용원성으로 들어가는 경향이 있다.

여러 개의 **파지**가 **박테리아**에 감염되면 다른 상황이 나타난다. 몇 가지 매개변수(parameter)가 변한다. 첫째, **박테리아** 세포당 더 많은 cIII가 숙주 단백질분해효소의 양에 대항하기 위해 만들어지므로 더 많은 cII가 만들어질 수 있다. 한편, 여러 개의 **파지**에 감염된 단일 세포에서 각 **람다 게놈**은 용균성 경로 또는 용원성 경로로 들어가는 것에 대한 최종 결정을 내릴 것이다. 이것은 다른 분자 및 단백질의 농도가 미세한 지역적 차이에 의해 영향을 받을 수 있는 '시끄러운(noisy)' 결정이다. 각 **파지**의 상태가 고려되어야 하기 때문에 세포에 대한 최종 결과는 단일 **파지** 감염과는 완전히 다르다. 궁극적으로, 선택이 이루어져 용원성이 발생한다고 상상할 수 있다. 그 선택은 만장일치가 되어야 한다. 하나의 **파지**만이라도 용균 경로를 따라 진행되면 세포 사멸이 일어날 것이다.

핵심개념

- Cro와 리프레서가 모두 발현되는 지연 초기 단계는 용원성 주기와 용균성 주기에 공통적이다.
- 중요한 과정은 cII가 Cro의 작용을 극복할 만큼 리프레서를 충분히 합성하는지 여부이다.
- 여러 개의 파지가 한 세포를 감염시키면, 모두 세포 사멸을 피하기 위해 용원성 경로(lysogenic pathway)로 들어가야 한다.

개념 및 추론 확인

결국, 대장균은 람다(λ)가 용균성 경로 또는 용원성 경로 중 어느 경로로 진입할 것인지 여부를 어떻게 결정하는가?

27.18 요약

독성 파지(virulent phage)는 숙주 세균의 감염에 이어 다수의 파지 입자의 생성, 세포의 용균(lysis) 및 바이러스의 방출이 일어나는 용균성 생활주기(lytic life cycle)를 따른다. 용원성 파지(temperate phage, 온건성 파지)는 파지 게놈이 박테리아 염색체에 통합되고, 다른 모든 박테리아 유전자와 마찬가지로, 잠복된 형태로 유전되는 용균성 경로 또는 용원성 경로를 따를 수 있다.

일반적으로 용균성 감염은 세 단계로 분류된다. 첫 번째 단계에서 소수의 파지 유전자가 숙주 RNA 중합효소에 의해 전사된다. 이들 유전자 중 하나 이상은 제2단계에서 발현된 유전자 그룹의 발현을 조절하는 조절 인자(regulator)이다. 패턴은 하나 이상의 유전자가 제3단계 유전자의 발현에 필요한 조절 인자일 때, 제2단계에서 반복된다. 처음 두 단계 동안 활성화된 유전자는 파지 DNA를 복제하는 데 필요한 효소를 암호화한다; 최종 단계의 유전자는 파지 입자의 구조 성분을 코딩하고 있다. 아주 초기발현유전자가 후기 단계에서 작동되지 않는 것이 일반적이다.

파지 람다(phage lambda)에서, 유전자는 개별적인 조절 과정에 의해 조절되는 그룹으로 이루어져 있다. 즉시 초기발현유전자(immediate early gene) *N*은 초기 프로모터 P_R 및 P_L로부터 지연 초기발현유전자(delayed early gene)의 왼쪽 및 오른쪽 그룹의 전사를 허용하는 항종결 인자(antiterminator)를 코딩한다. 지연 초기발현유전자 *Q*는 프로모터 $P_{R'}$로부터 모든 후기발현유전자의 전사를 허용하는 유사한 항종결 기능을 갖는다. 용균성 주기가 억제되고, 용원성(lysogenic) 상태는 *cI* 유전자의 발현에 의해 유지되며, 그 산물은 리프레서 단백질인 람다(λ) 리프레서로서, 오퍼레이터 O_R 및 O_L에서 각각 프로모터 P_R 및 P_L의 사용을 방해하도록 작용한다. 용원성 파지 게놈은 자신의 프로모터인 P_{RM}으로부터 *cI* 유전자만을 발현한다. 이 프로모터의 전사에는 양성 자가 조절(positive autoregulation)이 관여하고 있으며, O_R에서 결합된 리프레서가 P_{RM}에서 RNA 중합효소를 활성화시킨다.

각 오퍼레이터는 람다(λ) 리프레서를 위한 세 개의 결합 부위로 구성되어 있다. 각 부위는 회문구조(palindromic)이며 하프-사이트(half-site)로 구성된다. 람다 리프레서는 다이머로 작용한다. 각 하프-바인딩 사이트(half-binding site)는 리프레서 모노머(monomer)와 접촉한다. 리프레서의 N-말단 도메인은 DNA와 접촉하는 헬릭스-턴-헬릭스 모티프(helix-turn-helix motif)를 포함한다. 헬릭스-3는 인식 헬릭스(recognition helix)이며, 프로모터의 염기쌍과의 특정 접촉을 담당한다. 헬릭스-2는 헬릭스-3의 위치 결정에 관여한다. 또한 P_{RM}에서 RNA 중합효소와 접촉하는 데 관여한다. C-말단 도메인은 다이머 형성에 필요하다. 유도(induction)는 N-말단 도메인과 C-말단 도메인 사이의 절단에 의해 야기되어 DNA-결합 부위가 다이머 형태로 기능하지 못하게 함으로써 DNA와의 친화력을 감소시키고, 용원성(lysogeny)을 유지하는 것을 불가능하게 만든다. 람다 리프레서-오퍼레이터 결합은 협동적이므로, 일단 하나의 다이머가 첫 번째 부위에 결합하면 두 번째 다이머는 인접한 부위에 보다 쉽게 결합한다.

헬릭스-턴-헬릭스 모티프는 λ-Cro를 포함한 다른 DNA-결합 단백질에 의해 이용된다. Cro는 동일한 오퍼레이터와 결합하지만 개별 오퍼레이터 부위에 대해 다른 친화력을 가지며, 이는 헬릭스-3의 염기배열에 의해 결정된다. Cro는 비협력적 방식(noncooperative manner)으로 O_R3으로부터 시작하여 오퍼레이터 부위에 개별적으로 결합된다. 그것은 용균성 주기를 통한 진행에 필요하다. O_R3에 대한 결합은 P_{RM}으로부터 리프레서의 합성을 먼저 방해하고, O_R2와 O_R1에 대한 결합은 초기발현유전자(early gene)의 지속적인 발현을 막고, O_L1과 O_L2에 결합하는 효과를 나타낸다.

람다(λ) 리프레서 합성의 확립은 *cII* 유전자 산물에 의해 활성화되는 프로모터 P_{RE}의 사용을 필요로 한다. *cIII* 산물은 분해로부터 *cII* 산물을 안정화시킬 필요가 있다. *cII*와 *cIII* 발현을 못하게 하면, Cro는 용원성을 방해하는 역할을 한다. 자체 유전자 이외의 모든 전사를 멈추게 하면, 람다(λ) 리프레서는 용균성 주기를 막는 역할을 한다. 용균성과 용원성 간의 선택은 리프레서 또는 Cro가 특정 감염에서 오퍼레이터를 점유하느냐의 여부에 달려 있다. 감염된 세포에서 cII 단백질의 안정성은 결과의 주요 결정 요인이다.

학습문제

1. 야생형 박테리아 세포에서, 염색체에 몇 개의 람다 프로파지가 존재할 수 있는가?
   A. 없음
   B. 하나
   C. 둘
   D. 셋 이상

2. 오퍼레이터와 상호작용하여 용원성을 유지하는 것은 무엇인가?
   A. 양성 조절인자(positive regulator)
   B. 리프레서(repressor)
   C. 항종결 인자(antiterminator)
   D. 항리프레서(antirepressor)

3. 박테리오파지 람다(λ)의 즉시 초기발현유전자는 무엇인가?
   A. *N* 및 *Q*
   B. *cI* 및 *Q*
   C. *N* 및 *cro*
   D. *cI* 및 *cro*

4. 박테리오파지 람다(λ) Cro 단백질의 기능은 무엇인가?
   A. 항종결 인자(antitermintion factor)
   B. 리프레서(repressor)
   C. 항리프레서(antirepressor)
   D. 유도물질(inducer)

5. 람다 파지 후기발현유전자의 전사에 필요한 인자는 무엇인가 ?
   A. Cro 단백질
   B. cI 단백질
   C. N 단백질
   D. Q 단백질

6. N-돌연변이는 람다 파지 감염에 어떤 영향을 주는가?
   A. 영향 없음; 감염은 정상적으로 용균성 경로 또는 용원성 경로로 진행된다.
   B. 용균성 경로가 차단됨; 용원성 경로만 가능하다.
   C. 용원성 경로가 차단됨; 용균성 경로만 가능하다.
   D. 감염의 완전한 소멸; 용균성 경로나 용원성 경로 모두 불가능하다.

7. *cII*-돌연변이는 파지 람다 감염에 어떤 영향을 주는가?
   A. 영향 없음; 감염은 정상적으로 용균성 경로 또는 용원성 경로로 진행될 것이다.
   B. 용균성 경로가 차단됨; 용원성 경로만 가능하다.
   C. 용원성 경로가 차단됨; 용균성 경로만 가능하다.
   D. 감염의 완전한 소멸; 용균성 경로나 용원성 경로 모두 불가능하다.

8. 다음 요인 중 파지 람다 P_{RE} 프로모터로부터의 전사에 필요한 것은 무엇인가?
   A. cI 및 pN
   B. cI 및 cII
   C. cII 및 cIII
   D. pN 및 cII

9. 다음 중 야생형 숙주에 박테리오파지 람다의 감염에서 용균성 경로(lytic pathway)를 위한 유전자 발현 순서로 옳은 것은?
   A. $N \rightarrow cI \rightarrow cII \rightarrow$ 후기발현유전자
   B. $N \rightarrow cro \rightarrow cII \rightarrow$ 후기발현유전자
   C. $N \rightarrow cII \rightarrow Q \rightarrow$ 후기발현유전자
   D. $N \rightarrow Q \rightarrow$ 후기발현유전자

10. 다음 중 박테리오파지 Cro 단백질의 주요 기능은 무엇인가?
   A. cI 단백질의 합성을 방해한다.
   B. cII 단백질의 합성을 방해한다.
   C. N 단백질의 합성을 방해한다.
   D. Q 단백질의 합성을 방해한다.

핵심용어

bacteriophage
cascade
delayed early genes
early genes
early infection
excision
helix-turn-helix
immediate early genes
immunity
immunity region
induction of phage
integration
late gene
late infection
lysis
lysogeny
lytic infection
middle genes
phage
prophage
recognition helix
temperate phage
virulent mutations
virulent phage

읽을거리

Anderson, L. M., and Yang, H. (2008). DNA looping can enhance lysogenic cI transcription in phage lambda. *Proc. Natl. Acad. Sci. USA* **105**, 5827–5832.

Oppenheim, A. B., Kobiler, O., Stavans, J., Court, D. L., and Adhya, S. (2005). Switches in bacteriophage lambda development. *Annu. Rev. Gen.* **39**, 409–429.

Ptashne, M. (2004). *The Genetic Switch: Phage Lambda Revisited*. Cold Spring Harbor, NY: Cold Spring Harbor Press.

Zeng, L., Skinner, S. O., Zong, C., Skippy, J., Feiss, M., and Golding, I. (2010). Decision making at a subcellular level determines the outcome of bacteriophage infection. *Cell* **141**, 682–691

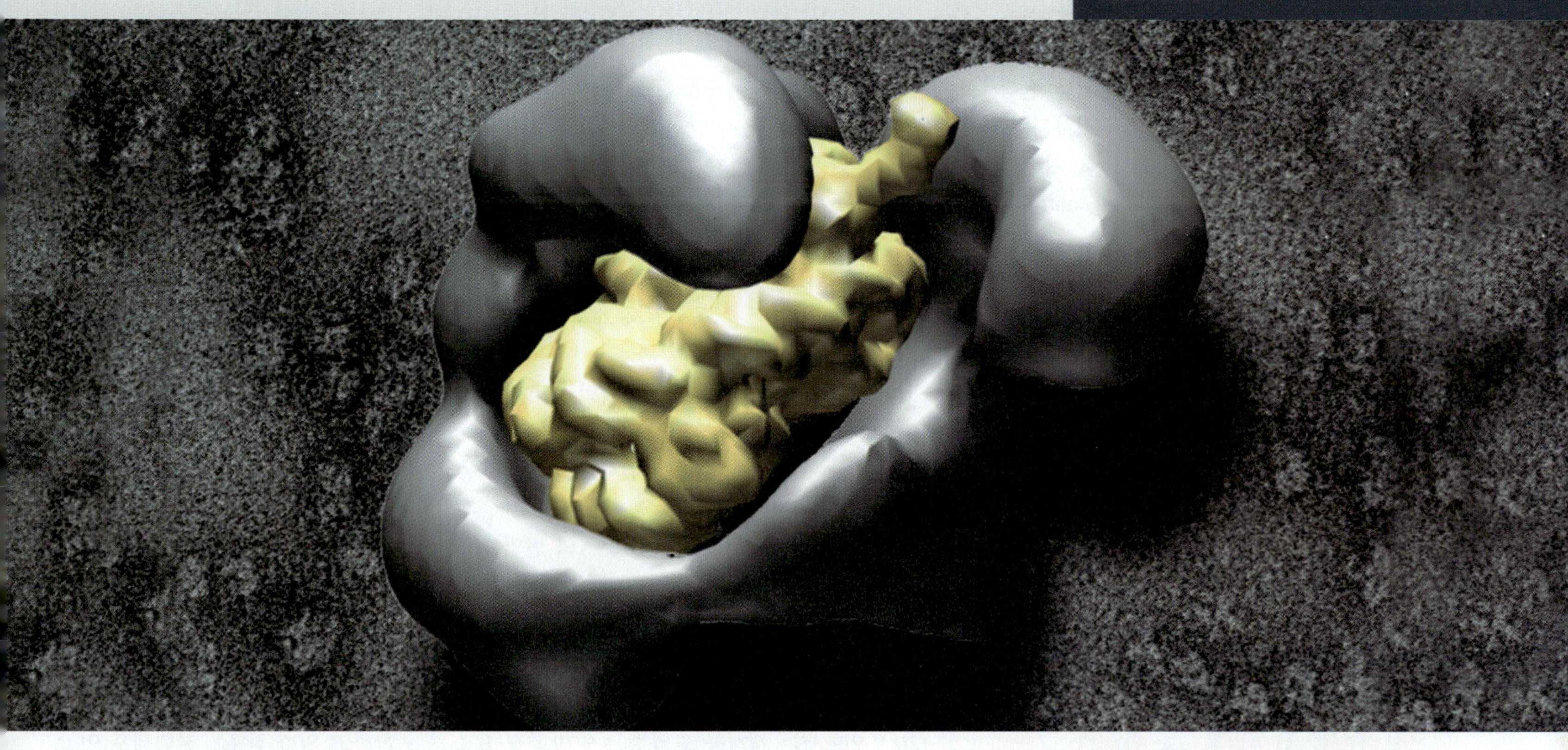

뉴클레오솜에 결합한 ATP-의존성 크로마틴 리모델링 복합체 RSC의 모델. Photo courtesy of Andres Leschziner, Harvard University.

진핵세포의 전사 조절

28장 개요

28.1 서론

고등 진핵세포에서 다양한 종류의 세포를 구별하는 표현형의 차이는 주로 RNA 중합효소 II에 의해 전사되는 단백질을 암호화하는 유전자 발현의 차이로부터 기인한다. 원칙적으로, 이들 유전자의 발현은 여러 단계 중 어느 하나에서 조절될 수 있다. **그림 28.1**에서 우리는 (적어도) 6개의 잠정적 조절점(control point)으로 구별할 수 있는데, 이것은 다음과 같은 시리즈를 구성한다:

유전자 구조의 활성화: 열린 크로마틴

↓

전사 개시 및 신장

↓

전사체의 프로세싱

↓

핵에서 세포질로의 이동

↓

mRNA의 번역

↓

mRNA의 분해 및 대사회전

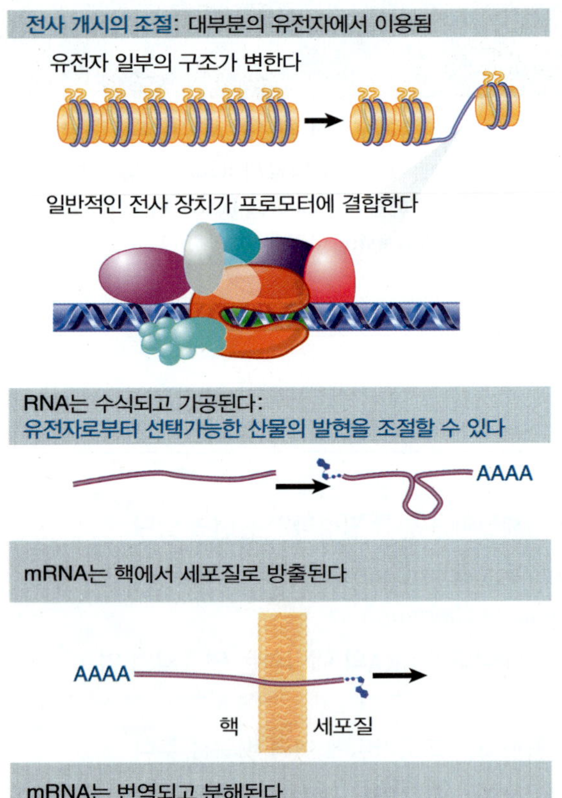

그림 28.1 유전자의 발현은 일반적으로 전사 개시 단계에서 조절된다. 프로세싱의 조절은 mRNA에 어떠한 형태의 유전자가 제시되느냐를 결정하는 데 사용된다. mRNA는 세포질로 이동하는 동안과 번역이 진행되는 동안, 그리고 분해에 의해 조절을 받는다.

유전자 발현 여부의 결정은 표적 유전자 내와 그 근처에서 결합하는 조절 단백질 즉, 전사 인자에 달려있다. 이러한 결합 부위를 보통 **인핸서**(enhancer)라고 부른다(*20.9 인핸서는 개시를 도와주는 양방향성 요소를 포함하고 있다* 참조). 진핵세포 인핸서는 전형적으로 다수의 다른 유전자 조절 인자와 결합하고 유전자의 상류, 하류 또는 유전자 내에서 멀리 떨어진 곳에서 기능할 수 있다는 점에서 박테리아 조절과 다르다. 궁극적으로, 유전자가 전사되는지 아닌지를 결정하는 것은 양성 및 음성 인핸서(또는 다수의 인핸서)에 결합하는 특정 단백질의 조합이다.

그 결정의 첫 번째 단계는 국지적으로 (프로모터) 그리고 주변 도메인의 크로마틴 구조와 관련이 있다. 크로마틴 구조는 개별 활성 과정 또는 넓은 염색체 영역에 영향을 주는 변화에 의해 조절될 수 있다. 가장 국재적인 과정은 개별적인 표적 유전자와 관련이 있으며, 이때 뉴클레오솜 구조와 구성의 변화는 프로모터와 아주 가까운 곳에서 일어난다. 많은 유전자는 많은 프로모터 내지는 많은 종결 부위(termination site)를 갖는다; 어느 것을 선택하느냐에 따라 5′ 및 3′ UTR에 변화를 주기 때문에 mRNA의 프로세싱에 영향을 줄 수 있다. 가장 일반적인 변화는 전체 염색체만큼 큰 영역에 영향을 줄 수 있다. 유전자의 활성화는 크로마틴 상태의 변화를 필요로 한다. 가장 중요한 문제는 전사 인자가 어떻게 프로모터 DNA에 접근하는가이다.

특정 영역의 크로마틴 구조는 유전자 발현을 조절하는 데 필수적인 부분이다. 유전자는 두 가지 구조적 조건 중 어느 하나의 상태로 존재할 수 있다. 유전자는 발현되거나 잠재적으로 발현될 수 있는 세포에서만 "활성(active)" 상태로 존재한다. 구조의 변화는 전사 작용에 선행하며 유전자가 "전사 가능(transcribable)"하다는 것을 나타낸다. 이것은 "활성" 구조를 취하는 것이 유전자 발현의 첫 번째 단계임을 시사하고 있다. 대부분의 활성유전자는 유크로마틴(euchromatin, 진정염색질)의 도메인에 존재하며, 유전자가 활성화되기 전에 프로모터에서 과민성 부위(hypersensitive site)가 만들어진다(*10.10절 핵산분해효소의 감수성으로 크로마틴 구조의 변화를 검출한다* 참조).

전사 개시와 크로마틴 구조 사이에는 연속적이고 밀접한 연관성이 있다. 유전자 전사를 위해서 일부 활성 인자는 히스톤을 직접적으로 변화시킨다; 특히 히스톤의 아세틸화는 유전자 활성화와 관련이 있다. 이와는 반대로, 어떤 전사 리프레서는 히스톤을 탈아세틸화하는 기능을 한다. 따라서 프로모터 부근의 히스톤 구조의 가역적인 변화는 유전자 발현의 조절에 관여한다. 이러한 변화는 히스톤 옥타머(octamer, 8량체)와 DNA의 결합에 영향을 주며, 특정 부위에서 뉴클레오솜의 존재와 구조를 조절하는 역할을 한다. 이것은 유전자가 활성 또는 비활성 상태로 유지되는 메커니즘의 중요한 측면이다.

크로마틴의 영역이 비활성(침묵) 상태로 유지되는 메커니즘은 각각의 프로모터가 억제되는 방법과 관련이 있다. 헤테로크로마틴(이질염색질) 형성에 관여하는 단백질은 히스톤을 통해 크로마틴에 작용하며, 히스톤의 수식은 상호작용에서 중요한 특징이 된다. 일단 헤테로크로마틴이 형성되면 크로마틴의 이러한 변화는 세포분열을 통해 지속될 수 있으며, 유전자의 성질이 크로마틴의 자가-영속적인 구조에 의해 결정되는 **에피제네틱(epigenetic, 후성유전학)** 상태를 만들게 된다. 에피제네틱이라는 이름은 유전자가 그 염기배열에 의존하지 않는 (이것은 활성 혹은 비활성일 수 있다) 유전적 조건을 가진다는 사실을 반영하고 있다(*29장 후성유전학적 효과는 유전된다* 참조).

일단 전사가 시작되면, 아주 드물게 발생하기는 하지만, 전사의 신장 단계 동안의 조절은 덜 일어난다. 우리가 박테리아에서 보았던 전사 지연(*26.13절 trp 오페론은 어테뉴에이션에 의해서도 조절될 수 있다* 참조)은 염색체가 핵막에 의해 세포질로부터 분리되기 때문에 진핵세포에서는 발생할 수 없다. 일차 전사체는 5′ 말단에 캡 형성으로 수식되며, 일반적으로 3′ 말단의 폴리아데닐화(polyadenylation)으로 수식된다(*21장 RNA 스플라이싱과 프로세싱* 참조).

인트론(intron)은 분단 유전자의 전사체로부터 제거되어야 한다. 그런 다음 성숙한 RNA를 핵에서 세포질로 내보내야 한다. 핵 RNA 프로세싱 수준에서의 유전자 발현 조절에는 이 단계들 중 일부 또는 전부가 포함될 수 있지만, 대부분의 증거가 있는 것은 스플라이싱에서의 변화에 관한 것이다. 일부 유전자는 단백질 산물의 유형을 조절하는 선택적 스플라이싱 패턴(alternative splicing pattern)으로 발현된다(*21.11절 다세포 진핵생물에서 선택적 스플라이싱은 예외라기보다는 규칙이다* 참조).

세포질에서의 mRNA의 번역은 mRNA의 대사회전율(turnover rate)와 마찬가지로 특이적으로 조절될 수 있다. 이것은 또한 발현되는 세포 내 특정 부위에 mRNA의 국재화(localization) 내지는 특정 단백질 및 마이크로 RNA(miRNA) 인자에 의한 번역 개시 단계의 차단과 연관되어 있다. 서로 다른 mRNA는 특정 염기배열 요소에 의해 결정되는 서로 다른 고유의 반감기(half-life)를 가질 수 있다.

조직-특이적 유전자 전사의 조절은 진핵생물의 발달과 분화의 핵심에 놓여 있다. 또한 대사경로와 분해경로를 조절하는 데 중요하다. 조절성 전사 인자는 많은 수의 표적 유전자에 대한 공통적인 조절을 제공하는 역할을 하며, 우리는 이 조절 방식에 관한 두 가지 질문에 대한 해답을 찾고자 한다: 전사 인자는 어떻게 표적유전자를 확인할 수 있는가? 그리고 어떻게 전사 인자의 활성 자체가 내재성/외재성 신호에 반응하여 조절되는가?

▸ **에피제네틱(epigenetic, 후성유전학)** 유전자형의 변화 없이 표현형에 영향을 주는 변이. 유전되는 세포의 특성에서의 변화로 구성되어 있으나, 유전 정보의 변화를 나타내지는 않는다.

핵심개념

- 진핵세포 유전자 발현은 보통 크로마틴(chromatin, 염색질)을 열어 전사 개시 단계 수준에서 조절된다.

28.2 유전자는 어떻게 작동되는가?

전형적으로 다세포 진핵생물은 정자와 난자의 수정을 통해 생명을 시작한다. 이 두 반수체 배우자들 모두, 특히 정자에서는 염색체들이 고도로 응축(supercondensed)되고 수식된 크로마틴이다. 일부 종의 수컷은 정자 크로마틴에서 히스톤 대신 스페민(spermine)과 스페르미딘(spermidine)과 같은 양전하를 띤 폴리아민(polyamine)을 사용한다; 그 외에는 정자-특이적 히스톤 변이체를 가지고 있다. 두 개의 반수성 핵의 융합 과정이 난자에서 완료된 후 어떤 시점에서, 유전자는 조절 과정의 다단계 반응

그림 28.2 복제가 크로마틴 구조를 방해할 때, Y 포크가 통과된 후에 크로마틴은 재형성되거나 전사 인자가 결합하여 크로마틴 형성을 방해할 수 있다.

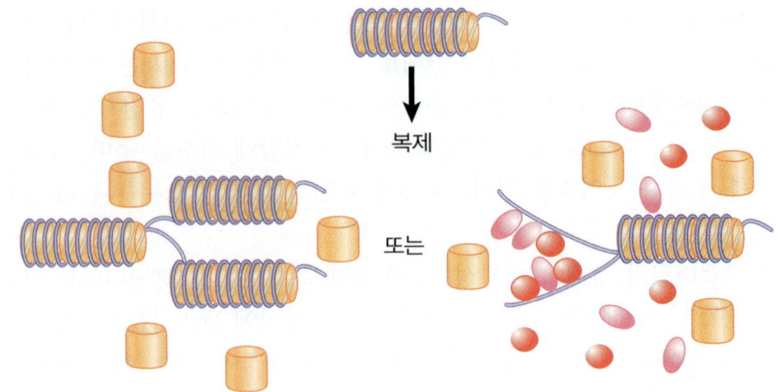

(cascade)으로 활성화된다. 닫힌 크로마틴의 유전자가 어떻게 작동되는가에 대한 일반적인 문제는 (적어도) 두 부분으로 나눌 수 있다. 어떻게 응축된 크로마틴에 싸여 있는 각각의 유전자를 활성화시키기 위해 확인하고 표적화하는가? 또한, 히스톤을 수식하고 크로마틴을 리모델링하고자 할 때, 작동되지 않았으면 하는 유전자로 확산되는 것을 어떻게 막을 수 있는가?

우선, 복제는 닫힌 크로마틴이 DNA-결합 염기배열이 접근 가능하도록 파괴될 수 있는 하나의 메커니즘이라고 생각할 수 있다. 복제는 일시적으로 히스톤 옥타머를 치환함으로써 보다 고도로 정렬된 크로마틴 구조로 열리게 한다. 이후 딸 가닥에서의 인핸서 DNA 부위의 점유는 후에 경쟁적으로 보여질 수 있다. 그림 28.2에 나타낸 것과 같이 크로마틴은 전사 인자들이 충분히 높은 농도로 존재하면 열릴 수 있다. 만일 전사 인자 농도가 낮으면 뉴클레오솜이 결합하여 그 영역을 응축시킬 수 있다. 이것은 *Xenopus* 배아에서 발생하는데, 난모세포 5S 리보솜 유전자들은 수정 후 배아에서 발현이 억제된다.

두 번째로, 일부 전사 인자는 닫힌 크로마틴에서 그들의 DNA 표적염기배열과 결합할 수 있다. 히스톤 옥타머의 표면에 노출된 DNA는 잠재적으로 접근이 가능하다. 이러한 전사 인자는 히스톤 수식 인자와 크로마틴 리모델 인자를 결합시켜 유전자 영역을 열고 프로모터를 통과하는 과정을 시작할 수 있다(그림 28.16 참조). 유전자 영역을 통한 안티센스 전사에 대한 최근에 기술된 예는 이 과정을 가능하게 할 수 있다; 이에 대한 내용은 *30장 조절 RNA*에 설명되어 있다.

크로마틴 수식은 일반적으로 특정 지정, 인핸서에서 시작되며, 보통 한쪽 방향(unidirectionally)으로 확산되지만, 항상 그런 것은 아니다. 수식이 일방향성 방식으로 확산되는 경우, 왜 양쪽 방향(bidirectionally)으로 확산되지 않는가에 대한 궁금증을 가질 수 있다. 아무튼 다음 문제는 크로마틴 수식이 원거리 유전자 영역으로의 확산을 방지하는 것은 무엇인가 하는 것이다.

▶ **절연 인자(insulator)** 한쪽에서 다른 쪽으로 전달되는 활성화 또는 비활성화 효과를 방지하는 염기배열.

▶ **경계 인자(boundary element)** 열린 또는 닫힌 크로마틴의 확산을 막는 단백질로 결합된 DNA 염기배열 요소.

활성화는 소위 **인슐레이터(insulator, 절연 인자)** 또는 **경계 인자(boundary element)**로 불리는 경계선에 의해 제한된다(*10.12절 인슐레이터는 독립적인 도메인을 한정한다* 참조). 이들에 대한 자세한 설명은 아주 적다. 어떤 의미에서, 그들은 인핸서와 매우 흡사하다. 그들은 특정 단백질과 결합하는 모듈식 콤팩트 염기배열 세트이다. 인슐레이터는 복잡한 위치 내에서 여러 시간 및 조직-특이적 인핸서를 분리하여 한 번에 하나의 기능만 수행할 수 있다. 경계 인자들은 또한 센트로미어와 텔로미어에 있는 헤테로크로마틴을 유크로마틴으로 확산되는 것을 방지하는 데 필요하다.

핵심개념

- 몇몇 전사 인자는 복제 분기점이 통과한 후에 DNA에 대해 히스톤과 경쟁할 수 있다.
- 몇몇 전사 인자는 닫힌 크로마틴에서 그들의 표적을 인식하여 활성화를 시작할 수 있다.
- 게놈은 경계 인자(인슐레이터)에 의해 도메인으로 나누어진다.
- 인슐레이터는 한쪽 도메인에서 다른 쪽으로 크로마틴 수식의 확산을 막을 수 있다.

개념 및 추론 확인

전사 인자는 닫힌 크로마틴에 어떻게 결합할 수 있는가?

28.3 액티베이터 및 리프레서의 작용 메커니즘

전사의 개시에는 RNA 중합효소를 포함하여 프로모터에서 구성되는 기본적인 장치를 지닌 인핸서에서 결합된 전사 인자들 간의 많은 단백질-단백질 상호작용이 관여한다. 이러한 전사 인자는 양성적인 **액티베이터(activator, 활성화 인자)**와 음성적인 **리프레서(repressor, 억제 인자)**의 두 가지 상반된 종류로 나눌 수 있다.

우리는 *26장*에서, 박테리아에서의 **양성 조절(positive control)**은 닫힌 복합체에서 열린 복합체로의 전환에 있어서 RNA 중합효소를 돕는 조절 인자를 수반한다는 것을 알았다. 대장균의 CRP와 같은 전사 인자들은 프로모터 근처에 결합하여 RNA 중합효소의 알파(α)-서브유닛의 CTD가 물리적으로 직접 접촉되게 한다. 이것은 일반적으로 약한 프로모터 염기배열을 갖는 유전자에서 발생한다. 액티베이터는 RNA 중합효소가 프로모터를 열리게 하지 못하는 능력을 극복하는 기능을 한다. 진핵생물에서의 양성적 조절은 아주 다르다. 기능별로 다른 세 가지 종류의 액티베이터가 있다.

첫 번째 종류는 **트루 액티베이터(true activator, 진정 활성화 인자)**이다. 이들은 프로모터(*28.4절 독립적인 도메인이 DNA에 결합하여 전사를 활성화시킨다* 참조)의 기본 전사 장치와 직접 물리적으로 접촉함으로써, 코액티베이터(coactivator, 공활성화 인자)를 통하여 직접 혹은 간접적으로 기능하는 전형적인 전사 인자이다. 이러한 전사 인자는 DNA 또는 크로마틴 주형에 작용한다.

트루 액티베이터의 활성은 그림 28.3에 개략적으로 설명한 것처럼 여러 가지 방법 중 하나로 조절될 수 있다:

- 인자는 특정 유형의 세포에서만 합성되기 때문에 조직-특이적이다. 이것은 호메오도메인(homeodomain) 단백질과 같이 발생을 조절하는 인자들이 대표적이다.
- 인자의 활성은 수식에 의해 직접적으로 조절될 수 있다. 열 충격 인자(HSF)는 인산화에 의해 활성형태로 변환된다.
- 인자는 리간드와 결합하여 활성화되거나 불활성화된다. 스테로이드 수용체가 대표적인 예이다. 리간드 결합은 DNA 결합 능력을 결정할 뿐 아니라 단백질의 위치 결정(localization, 세포질에서 핵으로의 운송을 야기)에 영향을 미친다.
- 인자의 이용성은 다양하다; 예를 들어, (B 림프구에서 면역글로불린 κ 유전자를 활성화시키는) 인자 NF-κB는 많은 세포형에 존재한다. 하지만, 억제 단백질 I-κB에 의해 세포질에서 격리되거나 감춰진다. B 림프구에서 NF-κB는 I-κB와 떨어져서 핵 내로 이동하여 전사를 활성화한다.
- 다이머 인자(dimeric factor)는 대체 파트너를 가질 수 있다. 한 개 파트너는 그것을 비활성화를 일으킬 수 있다; 활성 파트너의 합성은 불활성 파트너를 대체할 수 있다. 이러한 상황은 네트워크를 통해 증폭될 수 있는데, 여기에서 다양한 대체 파트너들, 특히 HLH 단백질이 서로 쌍을 이룬다.
- 인자는 불활성 전구체로부터 분해될 수 있다. 하나의 액티베이터가 핵막과 소포체(endoplasmic reticulum)에 결합하는 단백질로 생산된다. (콜레스테롤과 같은) 스테롤이 없으면 세포질 도메인의 절단이 일어난다; 그리하여 핵으로 이동하여 활성 형태의 액티베이터를 제공한다.

두 번째 종류에는 **안티리프레서(antirepressor, 항억제 인자)**가 포함된다. 이들 액티베이터 중 하나가 그의 인핸서에 결합하면, 히스톤 수식효소 내지는 크로마틴 리모델링 복합체가 구성되어 닫힌 상태에서 열린 상태로 전환한다. 이들 종류는 일반적으로 DNA 주형에 대한 활성은 없다. 단지 크로마틴 주형에서만 기능한다(*28.7절. 크로마틴 리모델링은 능동적인 과정이다* 참조). 그러나 많은 트루 액티베이터는 또한 안티리프레서이며, 크로마틴 수식효소를 구성할 수 있다.

▶ **활성화 인자(activator)** 유전자 발현을 촉진하는 단백질로, 일반적으로 인핸서에 결합한다.

▶ **억제 인자(repressor)** 일반적으로 인핸서(때로는 사일런서라고 함)에 결합하여 유전자의 발현을 억제하는 단백질.

▶ **양성 조절(positive control)** 양성적인 통제 하에 있는 유전자의 디폴트(default) 상태. 양성 조절이 연결되어 있지 않으면 발현할 수 없다.

▶ **진정 활성화 인자(true activator)** 기본 장치와 직간접적으로 접촉하여 전사를 활성화시키는 기능을 하는 양성 전사 인자.

▶ **항억제 인자(antirepressor)** 크로마틴을 열 때 작용하는 양성 조절 인자.

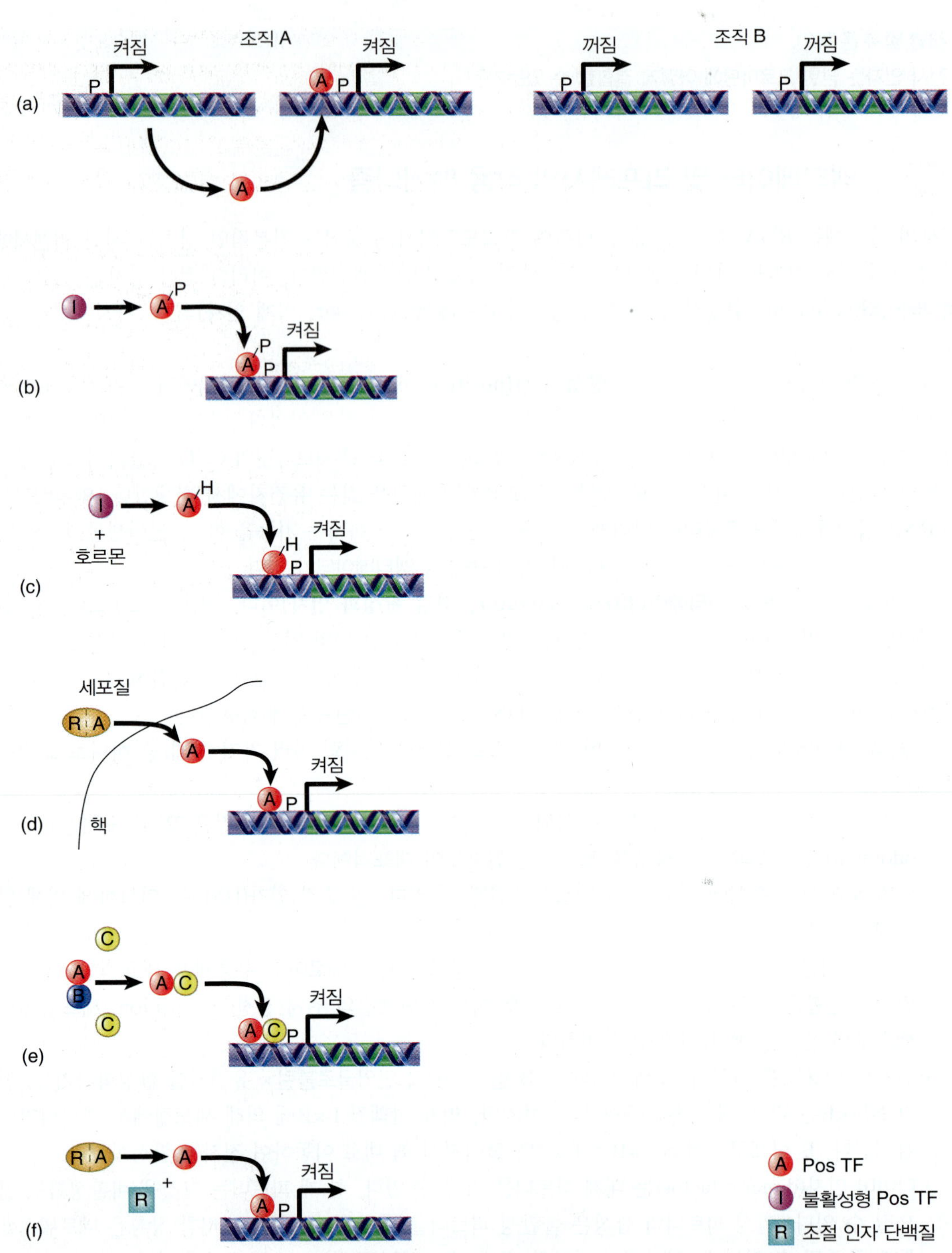

그림 28.3 양성 조절 전사 인자의 활성은 (a) 새로운 단백질의 합성, (b) 인산화와 같은 공유결합 변형, (c) 리간드 또는 호르몬 결합에 의한 조절, (d) 억제제의 결합을 억제함으로써 조절될 수 있다. (e) 활성화를 위한 올바른 결합 파트너를 선택하는 능력 및 (f) 비활성 전구체로부터의 절단에 의해 조절될 수 있다.

▶ **구성 단백질(architectural protein)** DNA에 결합될 때, 그 구조를 변형시킬 수 있는 단백질, 예를 들면 벤드(bend)를 도입한다. 그들은 다른 기능을 할 수 없다.

세 번째 부류에는 Yin-Yang과 같은 **구성 단백질(architectural protein)**이 포함된다; 이 단백질들은 DNA를 굽어지게 하는데, 그림 28.4에서 보는 바와 같이, 협동 복합체의 형성을 촉진하도록 결합 단백질들을 모으거나 혹은 복합 형성을 하는 방식으로 DNA를 굽어지게 한다. 따라서 DNA 가닥은 두 개의 다른 방향으로 굽어지는데, 이는 조절 인자가 위쪽 혹은 아래쪽에 결합하느냐에 달려 있음을 주목하라. 이는 나선(helix)의 절반 회전의 차이이며, 5 bp(회전당 10.5 bp)이다.

*26장*에서 박테리아의 *lac* 오페론과 *trp* 오페론에서 **음성 조절(negative control)**에 대한 여러 가지 예를 살펴보았다. 억제는 리프레서(repressor)가 닫힌 복합체에서 열린 복합체로의 전환에서 RNA 중합효소를 방해하거나, 프로모터 배열에 중합효소가 결합하는 것을 방해할 때, 박테리아에서 일어날 수 있다. 리프레서가 진핵세포에서 작용하는 것은 더 많은 메커니즘이 있으며, 이를 **그림 28.5**에 나타내었다:

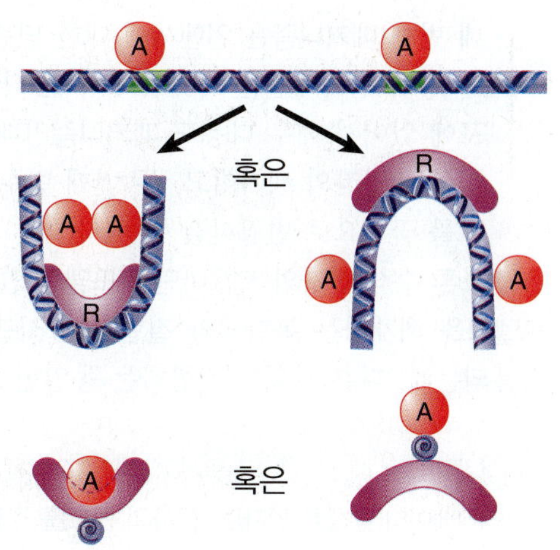

그림 28.4 구성 단백질들은 DNA 구조를 조절하며, 결합된 단백질들이 서로 접촉할 수 있는지의 여부를 조절한다. A = 액티베이터; R = 구성 단백질

▶ **음성 조절(negative control)** 음성 조절 하에 있는 유전자의 디폴트 상태가 발현된다. 그들의 작동을 멈추게 하기 위해서는 특별한 개입이 필요하다.

- 진핵세포의 리프레서가 유전자 발현을 막을 수 있는 작용 메커니즘 중 하나는 액티베이터를 세포질에서 격리시키는 것이다. 진핵세포 단백질은 세포질에서 합성된다. 핵에서 기능하는 단백질은 핵막을 통해 운반에 관여하는 도메인을 가지고 있다. 리프레서는 해당 도메인에 결합하여 마스킹한다.
- 다양한 메커니즘의 변형이 가능하다. 핵에서 일어나는 일은 이미 리프레서가 인핸서에 결합되어 있는 액티베이터에 결합하여 활성 도메인을 마스킹하여 그 기능을 방해할 수 있다(예: Gal80 리프레서; *28.13절 효모 GAL 유전자: 활성화와 억제 모델* 참조).
- 그 대신에, 리프레서는 핵으로 들어가기 위해 방출되기 전까지 세포질에 마스킹되어 유지될 수 있다.

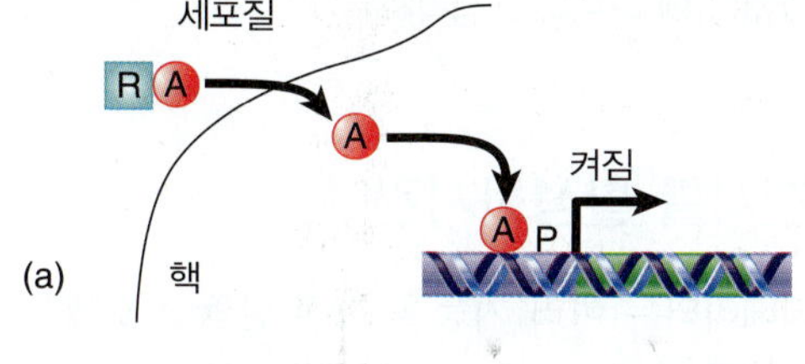

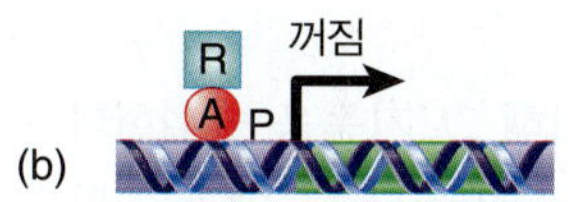

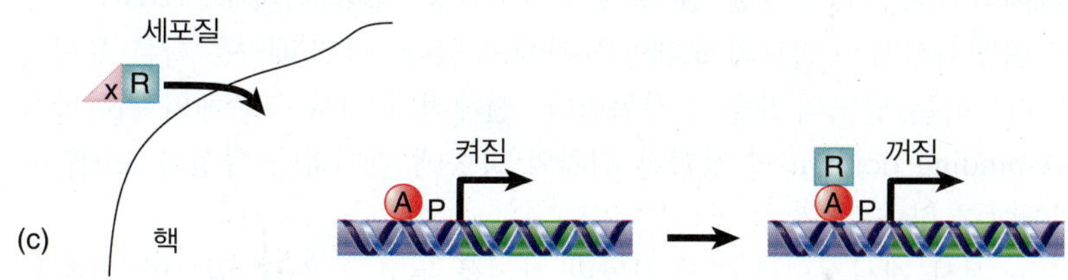

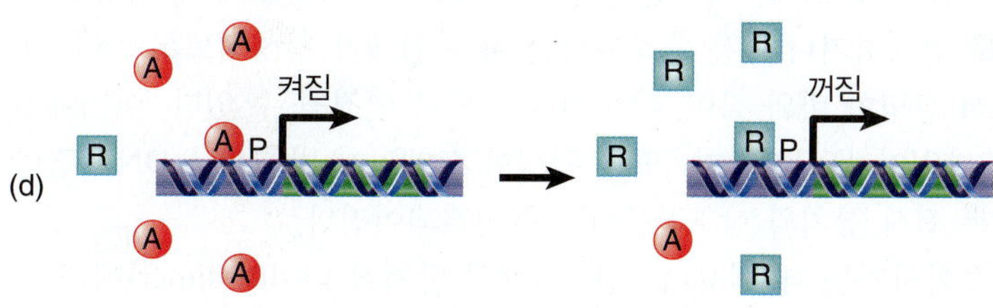

그림 28.5 리프레서는 세포질 내의 액티베이터를 격리시키고, 액티베이터를 결합시키고, 활성화 도메인을 마스킹하거나 필요할 때까지 세포질에 보유되거나 결합 부위에 대해 액티베이터와의 경쟁에 의해 전사를 조절할 수 있다.

- 네 번째 메커니즘은 인핸서에 대한 단순한 경쟁으로, 여기서 억제 인자와 액티베이터는 동일한 결합 부위 염기배열을 가지거나 혹은 다른 결합 부위 염기배열에서 중복되는 경우이다. 이것은 세포에 있어서 매우 다용도 메커니즘인데 작용에 두 가지 변수가 있기 때문이다. 하나는 DNA에 결합하는 인자의 세기이고, 두 번째 변수는 인자의 농도이다. 인자의 농도가 약간 변화해도 발달 경로를 극적으로 변경시킬 수 있다.

히스톤 수식 인자와 크로마틴 리모델링 인자와 결합하는 전사 인자들은 그들의 파트너로서 수식과 리모델링을 해체하는 복합체와 결합하는 리프레서들을 가지고 있다. 동일한 경우가 구성 단백질에서도 적용되는데, 다른 부위에 결합하는 동일한 단백질은 액티베이터 복합체의 형성을 방지한다.

핵심개념

- 액티베이터(활성화 인자)는 전사의 빈도를 결정한다.
- 액티베이터는 기본 인자들과 단백질-단백질 상호작용을 만들어서 작동한다.
- 액티베이터는 코액티베이터(공활성화 인자)를 통해 작동할 수 있다.
- 액티베이터는 다양한 방법으로 조절을 받는다.
- 전사 장치의 일부 구성성분은 크로마틴 구조의 변화에 의해 작동한다.
- 억제는 크로마틴 구조에 영향을 주거나 액티베이터에 결합하여 마스킹하여 이루어진다.

개념 및 추론 확인

- 박테리아와 진핵생물에서 양성적 조절이 서로 어떻게 다른가? 그것이 왜 다르다고 생각하는가?
- 박테리아와 진핵생물에서 음성적 조절이 서로 어떻게 다른가? 그것이 왜 다르다고 생각하는가?

28.4 독립적인 도메인이 DNA에 결합하여 전사를 활성화시킨다

전사 인자의 액티베이터의 종류는 가장 잘 알려져 있다. 액티베이터는 여러 기능을 가진 단백질 도메인을 필요로 한다:

- 액티베이터는 특정 표적유전자에 영향을 주는 인핸서에 위치한 특정 DNA 표적 염기배열을 인식한다.
- 액티베이터는 DNA에 결합한 채로 전사 장치의 다른 성분과의 결합에 의해 그 기능을 발휘한다.
- 많은 액티베이터는 다른 단백질과 복합체를 형성하기 위해 이량체화(dimerization) 도메인을 필요로 한다.

이러한 활성을 보이는 액티베이터 도메인의 특성을 알 수 있을까? 보통 액티베이터에는 DNA에 결합하는 별도의 도메인과 전사를 활성화시키는 별도의 도메인을 가지고 있다. 각 도메인은 다른 유형의 도메인과 연결되면 독립적으로 기능하는 별도의 모듈로 작동한다. 전체적인 전사 복합체의 기하학적 구조는 DNA-결합 도메인(DNA-binding domain)이 정확한 위치와 방향에 관계없이 활성화 도메인이 기본 전사 장치와 접촉할 수 있어야만 한다.

프로모터 근처의 인핸서 요소는 전사 개시점으로 부터 상당한 거리를 두고 있을 수 있으며, 대부분의 경우 어느 방향으로도 위치할 수 있다. 인핸서는 더 멀리 떨어져 있을 수 있으며, 항상 방향성의 비의존성(orientation independence)을 나타낼 수 있다. 이러한 구성은 DNA와 단백질 모두에 영향을 끼친다. DNA는 어떻게 해서든지 고리를 형성하거나 혹은 응축되어 전사 복합체가 형성되도록 한다. 또한 액티베이터의 도메인은 그림 28.6에서 설명한 바와 같이, 유연한 방식으로 연결될 수 있다. 여기에서 중요한 점은 DNA-결합 및 활성화 도메인이 독립적이며, 또한 활성화 도메인이 방향이나 DNA-결합 도메인의 정확한 위치에 관계없이 기본 전사 장치와 상호작용하도록 연결되어진다.

DNA에 결합하는 것은 전사를 활성화시키는 데 필요하지만, 단백질-단백질 다이머(dimer)에 의해

DNA-결합 도메인 없이 기능하는 전사 인자가 있다. 활성화는 특정 DNA-결합 도메인에 의존하는가? 이러한 문제는 하나의 액티베이터의 DNA-결합 도메인이 다른 액티베이터의 활성화 도메인에 연결된 하이브리드 단백질을 만들어냄으로써 해결되었다. 하이브리드 단백질은 DNA-결합 도메인에 의해 지시된 위치에서 전사 기능을 하였으나, 그 기능은 전사 활성화 도메인에 의해 결정된다.

이 결과는 전사 액티베이터의 모듈식 관점과 들어 맞는다. DNA-결합 도메인의 기능은 활성화 도메인을 전사개시점 가까이로 가져 오는 것이다. 정확히 DNA에 결합하는 방법이나 위치는 상관없지만, 일단 그 장소에 있으면 활성화 도메인이 그 역할을 수행할 수 있다. 이것은 DNA-결합 장소의 정확한 위치가 프로모터 안에서 변화하는 이유를 설명하고 있다. 두 가지 유형의 모듈이 하이브리드 단백질에서 기능할 수 있는 능력은 단백질의 각 도메인이 서로 독립적으로 접혀져 하나의 활성 구조를 이루며 서로 영향을 미치지 않음을 시사하고 있다.

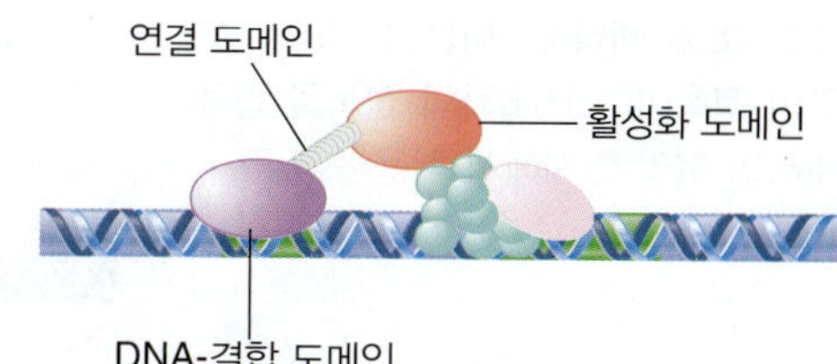

그림 28.6 전사 인자에 있어서 DNA-결합과 활성화 기능은 그 단백질의 독립된 도메인들로 구성되어 있다.

핵심개념

- DNA-결합 및 전사-활성화 활성은 액티베이터의 독립적인 도메인에 의해 이루어진다.
- DNA-결합 도메인의 역할은 전사-활성화 도메인을 프로모터에 근접시키는 것이다.

개념 및 추론 확인

헤테로다이머 액티베이터의 한 서브유닛이 세포 내에 DNA-결합 도메인에 돌연변이가 있는 서브유닛의 파트너라면 어떤 일이 일어나는가?

28.5 액티베이터는 기본 전사 장치와 상호작용한다

전사 인자들 중에 진정 활성 인자의 종류는 그림 28.4와 같이 전사-활성화 도메인과 연결된 DNA-결합 도메인으로 구성되어 있을 때 직접 작용할 수 있다. 다른 경우로, 액티베이터 자신이 전사 활성화-도메인을 가지고 있지 않지만(혹은 약한 활성화-도메인만을 포함한다), 전사-활성화 활성을 갖는 또 다른 단백질—코액티베이터—과 결합한다. 그림 28.7은 그러한 액티베이터의 작용을 보여준다. **코액티베이터(coactivator, 공활성화 인자)**는 DNA에 직접 작용하지 않고 DNA-결합 전사 인자에 결합하는 능력에 의해 특이성이 부여되는 전사 인자로 간주될 수 있다. 특정 액티베이터는 특정한 코액티베이터를 필요로 할 수 있다.

▸ **공활성화 인자(coactivator)** DNA에 결합하지 않지만 (DNA-결합) 액티베이터가 기본 전사 인자와 상호작용하는 데 필요한 전사에 필요한 인자.

비록 단백질 구성 성분들은 다르게 구성되어 있지만, 그 메커니즘은 동일하다. 기본 장치에 직접 접촉하는 액티베이터는 DNA-결합 도메인에 공유결합된 활성 도메인을 가지고 있다. 액티베이터가 코액티베이터를 통해 작용할 때, 단백질 서브유닛 간의 연결은 비공유 결합으로 이루어진다(그림 28.5 및 그림 28.6과 비교). 동일한 상호작용은 여러 도메인이 동일한 단백질 서브유닛에 존재하거나, 여러 단백질 서브유닛으로 나뉘어 있는지에 관계없이 활성화를 담당하고 있다. 또한 많은 코액티베이터는 크로마틴 구조를 수식하는 활성과 같은 전사 활성화를 촉진시키는 추가적인 효소 활성도 가지고 있다(*28.9절 히스톤 아세틸화는 전사 활성화와 관련이 있다* 참조).

▸ **기본 전사 장치(basal apparatus)** RNA 중합효소가 결합되기 전에 프로모터에서 조립되는 전사 인자들의 복합체.

활성화 도메인은 **기본 전사 장치(basal apparatus)**의 조립을 촉진하는 일반적인 전사 인자와의 단백질-단백질 접촉을 만들어 작동한다(*20.7절 기본 전사 장치는 프로모터에서 구성된다* 참조). 기본 전사 장치와의 접촉은 몇 가지 기본 인자 중 어느 하나와 이루어지나, 일반적으로 $TF_{II}D$, $TF_{II}B$ 또는 $TF_{II}A$와 이루어진다. 이러한 모든 인자는 기본 전사 장치 조립의 초기 단계에 참여한다(그림 20.11 참조). 그림 28.8은 그러한 접촉이

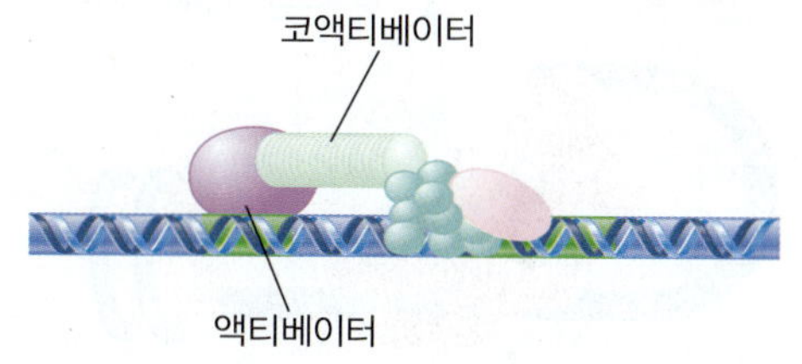

그림 28.7 액티베이터는 기본 장치에 접촉하는 코액티베이터와 결합한다.

그림 28.8 액티베이터는 TF$_{II}$D의 TAF와의 접촉이나 TF$_{II}$B와의 접촉을 통해 개시의 여러 단계에서 작용한다.

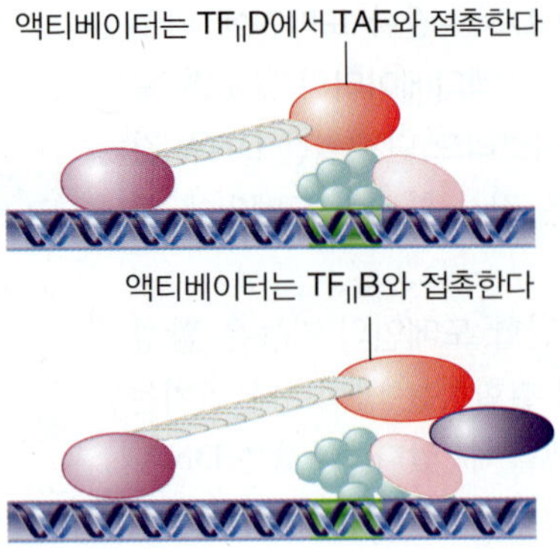

액티베이터는 TF$_{II}$D에서 TAF와 접촉한다

액티베이터는 TF$_{II}$B와 접촉한다

이루어지는 상황을 보여주고 있다. 액티베이터의 주요 효과는 기본 전사 장치의 조립에 영향을 미치는 것이다.

TF$_{II}$D는 액티베이터의 가장 일반적인 목표가 될 수 있는데, 액티베이터는 몇 개의 TAF 중 하나에 접촉한다. 실제로, TAFs의 주요 역할은 기본 전사 장치를 액티베이터와 연결하는 것이다. 이것은 TBP만으로 기본-수준의 전사를 제공할 수 있음을 설명하고 있는 반면, TF$_{II}$D의 TAF는 액티베이터에 의해 자극되는 높은 수준의 전사에 필요하다. TF$_{II}$D의 다른 TAF는 다른 액티베이터와 결합하는 접촉점을 제공하기도 한다. 일부 액티베이터는 오로지 특정 TAFs와 상호작용한다; 다른 액티베이터는 여러 TAF와 상호작용한다. 우리는 상호작용이 TF$_{II}$D가 TATA 박스에 결합하는 것을 도와주기도 하고, TF$_{II}$D-TATA 박스 복합체 주위에 다른 기본 전사 장치 구성성분의 결합을 지원하거나, 혹은 CTD의 인산화를 조절한다고 생각한다. 어떤 경우, 상호작용은 기본 전사 복합체를 안정화시키고, 개시 단계의 과정을 가속화하며, 이에 따라 프로모터의 사용을 증가시킨다.

RNA 중합효소 III 프로모터가 요소의 재정렬에 대한 회복력과 RNA 중합효소 II가 존재하는 특정 요소에 대하여 아무런 영향을 받지 않는다는 것은 그것이 활성화되는 과정이 상대적으로 일반적이라는 것을 암시하고 있다. 활성화 영역이 기본 개시 복합체의 범위 내에 들어간 액티베이터는 그 형성을 촉진시킬 수 있다.

액티베이터는 전사를 어떻게 촉진하는가? 두 가지 일반적인 유형의 모델을 생각할 수 있다.

- 리쿠르트 모델(recruitment model)에서 액티베이터의 단독 효과는 RNA 중합효소가 프로모터에 결합하는 것을 증가시킨다.
- 대체 모델(alternative model)에서는 그 효율을 증가시키는 액티베이터가 전사 복합체의 어떤 변화, 예를 들어 단백질 키나아제(kinase)와 같은 효소의 전사 복합체에 약간의 변화를 유도하여 효율성을 증가시킨다고 가정하는 것이다.

효율적인 전사-기본 인자, RNA 중합효소, 액티베이터 및 코액티베이터에 필요한 모든 구성 요소를 합치면, 약 40개의 단백질로 구성된 매우 큰 장치가 형성된다. 이 장치가 프로모터에서 단계별로 조립되는 것이 가능할까? 일부 액티베이터, 코액티베이터 및 기본 인자는 프로모터에서 단계적으로 조립될 수 있지만, 그림 28.9에 나타낸 것처럼 다른 액티베이터, 코액티베이터와 이미 결합한 RNA 중합효소로 구성된 거대 복합체와 결합하게 될 것이다.

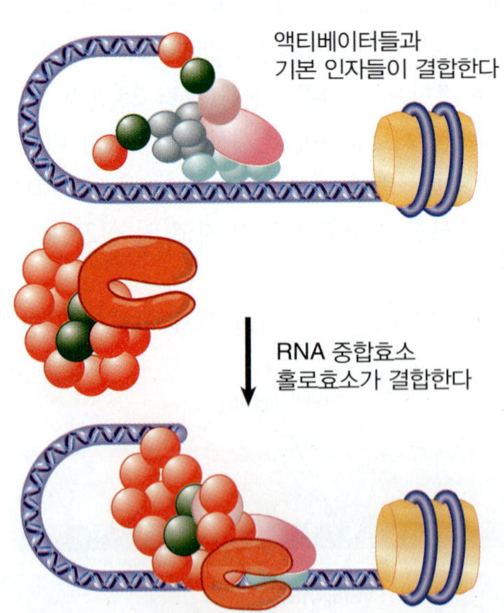

그림 28.9 RNA 중합효소는 많은 액티베이터를 포함하고 있는 홀로효소로서 존재한다.

▶ **매개 인자(mediator)** 효모 박테리아 RNA 중합효소 II와 관련 있는 커다란 단백질 복합체. 이는 많은 혹은 대부분 프로모터의 전사에 필요한 인자들을 포함한다.

효소가 다양한 전사 인자와 결합된 여러 형태의 RNA 중합효소가 밝혀졌다. 효모에서 가장 잘 알려진 "홀로효소(holoenzyme) 복합체"(추가적인 성분 없이 전사를 개시할 수 있는 것으로 정의됨)는 **매개 인자(mediator)**라고 불리는 RNA 중합효소 또는 인핸서-결합 전사 인자와 결합할 수 있는 26-서브유닛 복합체로 구성된다. 매개 인자의 이름은 액티베이터의 효과를 중재하는 능력을 의미한다. 매개 인자는 대부분의 효모 유전자의 전사에 필요하다. 상동성 복합체는 대부분의 다세포 진핵생물 유전자의 전사에도 필요하다. 매개 인자는 유전자 특이적 효과를 유도하는 다른 전사 인자와 상호작용할 때 다른 구조 변화를 받는다. 매개 인자는 인핸서 결합 구성성분으로부터 RNA 중합효소까지 활성화 혹은 억제효과를 전달할 수 있다. RNA 중합효소가 신장 단계로 들어가면 매개 인자는 방출될 수 있다. 일부 전사 인자는 RNA 중합효소 또는 기본 전사 장치와 상호작용하여 직접 전사에 영향을 미치는 반면, 다른 전사 인자는 전사 단위에서 크로마틴의 구조를 변형시킨다(*28.7절 크로마틴 리모델링은 능동적인 과정이다* 참조).

핵심개념

- 모든 액티베이터의 기능을 지배하는 원리는 DNA-결합 도메인이 표적 프로모터 또는 인핸서에 대한 특이성을 결정한다는 것이다.
- DNA-결합 도메인은 기본 전사 장치 주변에서 전사-활성화 도메인의 위치를 결정한다.
- 직접 작용하는 액티베이터는 DNA-결합 도메인과 활성화 도메인을 가지고 있다.
- 활성화 도메인이 없는 액티베이터는 활성화 도메인이 있는 코액티베이터와 결합하여 작용할 수 있다.
- 기본 전사 장치의 여러 요소는 액티베이터 또는 코액티베이터가 상호작용하는 표적이다.
- RNA 중합효소는 홀로효소 복합체의 형태로 다양한 전사 인자와 결합될 수 있다.

개념 및 추론 확인

전사 액티베이터들은 "유전자를 작동"하는가? 그렇지 않다면, 어떤 작용을 하는가?

28.6 DNA-결합 도메인에는 여러 종류가 있다

액티베이터는 DNA 결합과 전사를 활성화시키는 서로 다른 도메인의 모듈 구조를 가지고 있는 것이 일반적이다. 인자(factor)는 종종 DNA-결합 도메인의 유형에 따라 분류된다. 일반적으로 이 도메인에서 상대적으로 짧은 모티프는 DNA에 결합하는 역할을 한다:

- **징크-핑거(zinc finger)** 모티프는 DNA-결합 도메인을 구성한다. 이것은 RNA 중합효소 III가 5S rRNA 유전자를 전사하는 데 필요한 $TF_{III}A$ 인자로 처음 알려졌다. 이 모티프는 아연-결합 부위(zinc-binding site)에서 돌출된 ~23개의 아미노산 루프에서 그 이름을 따 왔다. 이 모티프는 이후 여러 다른 전사 인자(및 전사 인자로 추정됨)에서 확인되었다. 단백질은 종종 그림 28.10에 세 개를 나타낸 바와 같이 여러 징크-핑거를 포함하고 있다. 일부 징크-핑거 단백질은 RNA에 결합할 수 있다.
- **스테로이드 수용체(steroid receptor)**는 그림 28.11에서 볼 수 있듯이, 다른 종류의 징크-핑거 그룹으로 정의된다. 각 수용체는 글루코코티코이드(glucocorticoid) 수용체에 결합하는 글루코코티코이드와 같은 특정 스테로이드와 결합함으로써 활성화된다. 갑상선 호르몬 수용체(thyroid hormone receptor) 또는 레티노산 수용체(retinoic acid receptor)와 같은 다른 수용체와 함께, 스테로이드 수용체는 동일한 방식(*modus operandi*)을 갖는 리간드-활성화 액티베이터의 수퍼패밀리 멤버이다: 단백질 인자는 작은 리간드가 결합될 때까지 불활성이다.
- **헬릭스-턴-헬릭스(helix-turn-helix)** 모티프는 최초 파지 리프레서의 DNA-결합 도메인으로 알려졌다. 하나의 나선은 DNA의 메이저 그루브에 위치하고 있다; 인식 헬릭스(recognition helix)이다; 다른 하나는 그림 28.12와 같이 DNA를 가로 지르는 각도

▶ **징크-핑거(zinc-finger)** 단백질을 안정화시키는 데 도움이 되는 하나 이상의 아연 이온을 함유한 전사 인자를 대표하는 DNA-결합 모티프.

▶ **스테로이드 수용체(steroid receptor)** 스테로이드 리간드의 결합으로 활성화되는 전사 인자.

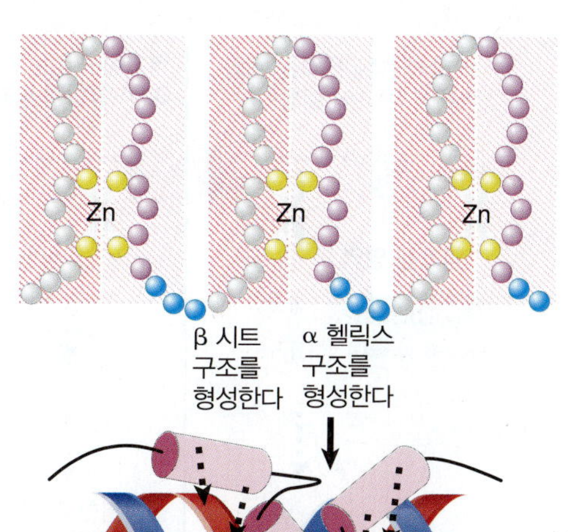

그림 28.10 징크-핑거들은 DNA의 메이저 그루브에 삽입된 α-헬릭스를 형성한다. β-시트 구조는 각각의 핑거의 반대편에 아연(zinc)을 샌드위치한다; 아래 쪽 패널에 있는 핑거들의 β-시트 구조 부분들은 단순화를 위해 나타내지 않았다.

▶ **헬릭스-턴-헬릭스(helix-turn-helix)** DNA에 결합하는 부위를 형성하는 두 개의 α-헬릭스의 배열을 기술하는 모티프. 하나는 DNA의 큰 홈에 결합하고 다른 하나는 그것 위에 가로질러 위치한다.

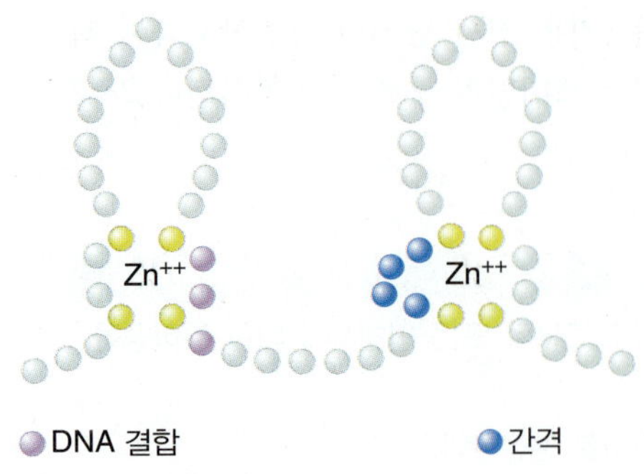

그림 28.11 스테로이드 수용체의 첫 번째 핑거는 DNA 배열의 결합을 (보라색으로 위치 표시) 조절한다; 두 번째 핑거는 배열들(파란색으로 위치 표시) 사이의 영역을 조절한다.

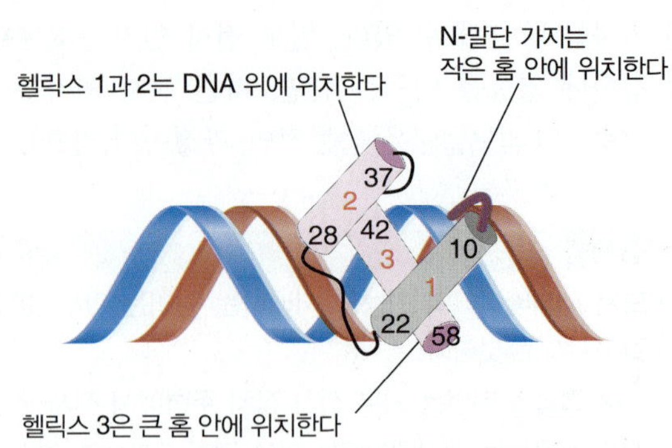

그림 28.12 호메오도메인의 헬릭스 3은 이중나선의 바깥쪽에 놓여 있는 헬릭스 1과 헬릭스 2와 함께 DNA의 메이저 그루브와 결합한다. 헬릭스 3은 인산화 골격과 특이적 염기들 모두와 접촉한다. N-말단의 팔(arm)은 마이너 그루브에 놓여 있으며, 추가적인 접촉을 하게 한다.

로 놓여 있다. 관련성 있는 형태의 모티프가 **호메오도메인(homeodomain)**에 존재하는데, 최초 이 배열은 초파리 발생 조절에 관여하는 유전자에 의해 코드된 여러 단백질에서 알려져 있으며, 인간의 *Hox* 유전자와 유사하다. 호메오도메인 단백질은 액티베이터 또는 리프레서일 수 있다.

- 양친매성(amphipathic) **헬릭스-루프-헬릭스(helix-loop-helix, HLH)** 모티프는 일부 발생 조절 인자 및 진핵세포 DNA-결합 단백질을 코드하는 유전자에서 확인되었다. 각 양친매성 나선은 소수성 잔기(hydrophobic residue) 부분과 하전된 잔기를 띠는 부분으로 나타난다. 연결 고리의 길이는 12~28개의 아미노산으로 다양하다. 이 모티프는 단백질이 호모다이머(homodimer) 혹은 헤테로다이머(heterodimer)의 다이머를 형성하게 하며, 이 모티프 근처의 염기성 영역은 그림 28.13과 같이 DNA와 접촉한다.
- **류신 지퍼(leucine zipper)**는 7번째 위치마다 류신 잔기가 있는 일련의 아미노산으로 구성된다. 류신(leucine)을 포함한 소수성 그룹은 한쪽을 향하게 되는 반면, 하전된 그룹은 다른 한쪽을 향하게 된다. 하나의 폴리펩티드 내의 류신 지퍼는 또 다른 폴리펩티드 내의 지퍼와 상호작용하여 다이머를 형성한다. 지퍼가 다이머를 형성할 수 있는 규칙이 있다. 각 지퍼에 인접한 것은 DNA에 결합하는 일련의 양전하를 띤 잔기이다; 이것은 그림 28.14에 나와 있는 **염기성 지퍼(*basic zipper*, bZIP)** 구조 모티프로 알려져 있다.

▶ **호메오도메인(homeodomain)** 발생 과정에서 조절되는 유전자에서 종종 발견되는 전사 인자를 대표하는 헬릭스-턴-헬릭스 구조를 포함하는 DNA-결합 모티프의 한 종류.

▶ **헬릭스-루프-헬릭스(helix-loop-helix, HLH)** HLH 단백질이라고 불리는 전사 인자의 이량체 형성을 담당하는 모티프. bHLH 단백질은 다이머 형성 모티브에 가까운 염기 DNA-결합 배열을 갖는다.

▶ **류신 지퍼(leucine zipper)** 전사 인자의 한 부류에서 발견되는 다이머 형성 모티프.

▶ **염기성 지퍼(basic zipper, bZIP)** bZIP 단백질은 류신 지퍼 다이머 형성 모티프에 인접한 염기성 DNA-결합 영역을 가지고 있다.

그림 28.13 두 개의 서브유닛이 모두 bHLH 타입인 HLH 다이머는 DNA에 결합한다. 그러나 하나의 서브유닛에 염기성 영역이 없는 다이머는 DNA에 결합할 수 없다.

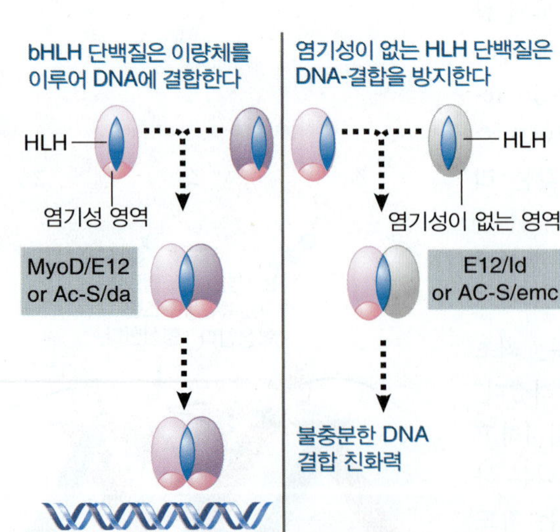

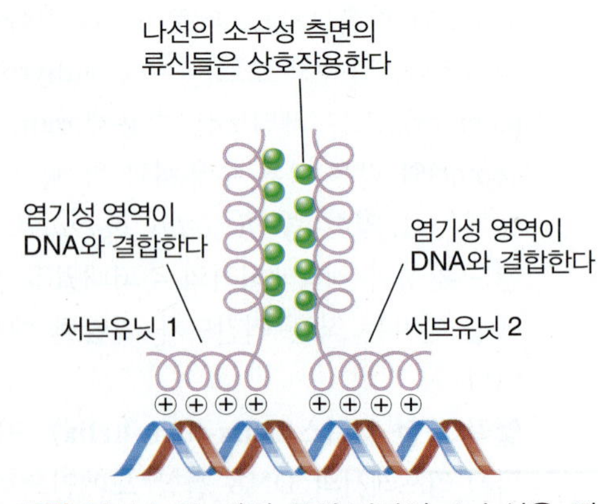

그림 28.14 두 개의 류신 지퍼의 소수성을 띤 면이 평행하게 결합되어 있을 때, bZIP 모티프의 염기성 영역은 인접한 지퍼 부위에서 일어나는 다이머화로 인해 함께 붙잡혀 있다.

핵심개념

- 액티베이터는 DNA-결합 도메인의 유형에 따라 분류된다.
- 동일한 그룹의 멤버는 특정 모티프 배열에 보이는데, 이러한 변이가 특정 표적에 대한 특이성을 부여한다.

개념 및 추론 확인

진핵세포는 왜 DNA 결합에 많은 서로 다른 배열 모티프를 가지고 있는가?

28.7 크로마틴 리모델링은 능동적인 과정이다

전사 액티베이터들이 진핵세포 크로마틴에서 그들의 인식 부위에 결합하려고 할 때 어려움을 겪는다. 그림 28.15는 진핵세포 프로모터에 존재할 수 있는 두 가지 일반적인 상태를 보여준다. 불활성 상태에서, 뉴클레오솜이 존재하며 이들은 기본 인자들과 RNA 중합효소가 결합하는 것을 방해한다. 활성 상태에서, 기본 전사 장치가 프로모터를 차지하여 히스톤 옥타머는 그것에 결합할 수 없다. 각각의 상태는 안정적이다. 프로모터를 불활성 상태에서 활성 상태로 전환시키기 위해, 크로마틴 구조는 기본 인자들이 결합할 수 있도록 불안정화 되어야만 한다.

크로마틴 구조 변화를 유도하는 일반적인 과정을 **크로마틴 리모델링(chromatin remodeling)**이라고 한다. 이것은 에너지를 필요로 하는 히스톤 방출 메커니즘으로 구성된다. 많은 단백질-단백질과 단백질-DNA 접촉은 크로마틴으로부터 히스톤을 방출하기 위해 끊어질 필요가 있다. 여기에는 무임승차가 없다: 즉, 에너지는 이런 접촉들을 파괴하기 위해서 공급되어야만 한다. 그림 28.16은 ATP 가수분해 인자에 의한 역동적인 모델 원리를 보여준다. 히스톤 옥타머가 DNA에서 방출되면, 다른 단백질(이 경우 전사 인자와 RNA 중합효소)이 결합할 수 있다.

▶ **크로마틴 리모델링(chromatin remodeling)** 전사에 대한 유전자의 활성화와 함께 발생하는 뉴클레오솜의 에너지-의존성 치환 또는 재구성.

그림 28.17에 몇 가지 또 다른 크로마틴 리모델링을 제시하였다:

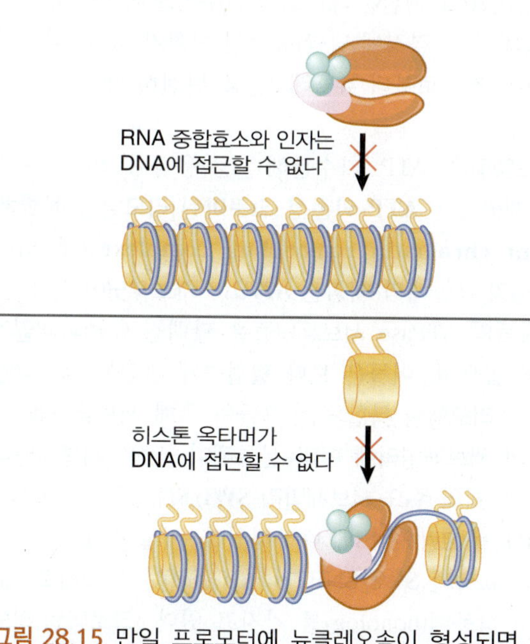

그림 28.15 만일 프로모터에 뉴클레오솜이 형성되면, 전사 인자(그리고 RNA 중합효소)는 결합할 수 없다. 만약 전사 인자(그리고 RNA 중합효소)가 프로모터에 결합하여 전사 개시를 위한 안정된 복합체를 형성하면 히스톤이 들어오지 못하게 된다.

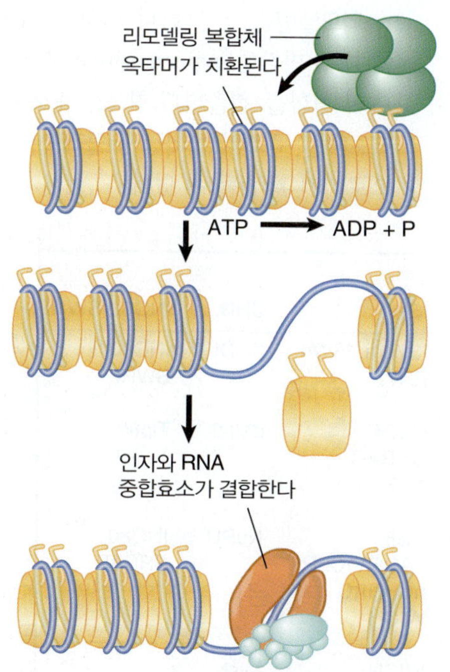

그림 28.16 크로마틴의 전사를 위한 동적 모델은 ATP의 가수분해에 의해 제공된 에너지를 사용하여 특정 DNA 염기배열로부터 뉴클레오솜을 치환할 수 있는 인자에 의존한다.

그림 28.17 리모델링 복합체는 DNA를 따라 뉴클레오솜을 이동할 수 있으며, DNA로부터 뉴클레오솜을 제거할 수도 있고, 뉴클레오솜 사이의 간격을 재조정할 수도 있다.

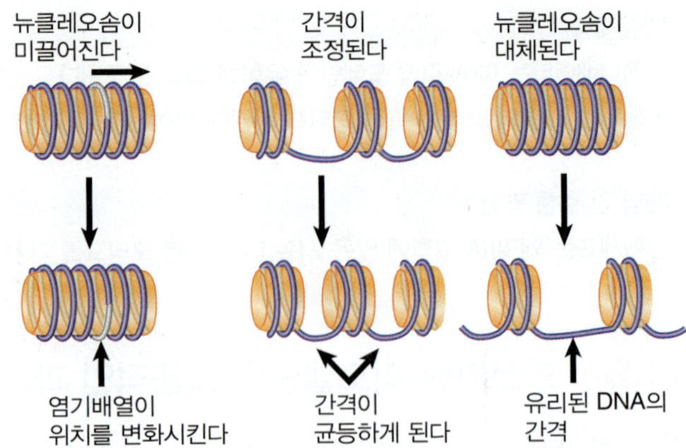

- 히스톤 옥타머는 DNA를 따라 *미끄러짐으로써* 핵산과 단백질 사이의 관계를 변화시킨다. 이것은 뉴클레오솜 상의 특정 배열의 회전과 번역 위치를 바꿀 수 있다.
- 히스톤 옥타머 사이의 *간격(spacing)*은 변할 수 있으며 그 결과 단백질에 대한 각 염기배열의 위치가 변한다.
- 가장 광범위한 변화는 뉴클레오솜이 없는 공간을 만들기 위해 하나 또는 그 이상의 옥타머가 DNA로부터 완전히 *치환되는* 것이다. 대안적으로, H2A-H2B 다이머 중 하나 또는 둘 모두가 치환될 수 있다.

크로마틴 리모델링의 주요 역할은 전사될 유전자의 프로모터에서 뉴클레오솜의 구조를 변화시키는 것이다. 이는 전사 장치가 프로모터에 접근할 수 있게 하는 데 필요하다. 리모델링은 또한 뉴클레오솜을 프로모터의 필수 염기배열에서 멀리 떨어지게 하는 것보다는 이동을 시킴으로써 전사를 방지할 수 있다. 손상된 DNA의 수복(repair)을 포함하여 크로마틴의 다른 조작을 가능하게 하기 위해 리모델링이 필요하다.

▸ **ATP-dependent chromatin remodeling complex(ATP-의존성 크로마틴 리모델링 복합체)** ATP 가수분해의 에너지를 사용하여 뉴클레오솜을 바꾸거나 치환하는 SWI2/SNF2 수퍼패밀리의 ATPase와 관련된 하나 이상의 단백질의 복합체.

리모델링은 종종 하나 이상의 히스톤 옥타머를 치환하는 형태를 취한다. 이것은 DNase I으로 절단에 매우 민감한(hypersensitive) 부위를 만들 수 있다(*10.10절 핵산분해효소의 감수성으로 크로마틴 구조의 변화를 검출한다* 참조). 때로는 단일 뉴클레오솜의 위치 결정에 덜 역동적인 변화가 있다. 따라서 크로마틴 구조의 변화는 뉴클레오솜의 위치를 변경하는 것으로부터 뉴클레오솜을 완전히 제거하는 것으로까지 확장될 수 있다.

복합체 타입	SWI/SNF	ISWI	CHD	INO80/SWRI
효모	SWI/SNF RSC	ISW1a, ISWb ISW2	CHDI	INO80 SWRI
파리	dSWI/SNF (brahma)	NURF CHRAC ACF	dMI-2	Tip60
인간	hSWI/SNF	RSF hACF/WCFR hCHRAC WICH	NuRD	INO80 SRCAP
개구리		WICH CHRAC ACF	Mi-2	

그림 28.18 리모델링 복합체들은 그들의 ATPase 서브유닛들에 의해서 분류될 수 있다. 이 표는 완전한 것은 아니나 각 부류마다 몇몇 리모델 인자의 예를 제시한다.

크로마틴 리모델링은 ATP 가수분해를 사용하여 리모델링을 위한 에너지를 제공하는 **ATP-의존성 크로마틴 리모델링 복합체(ATP-dependent chromatin remodeling complexes)**에 의해 수행된다. 리모델링 복합체의 핵심은 *ATPase 서브유닛*이다. 모든 리모델링 복합체들의 ATPase 서브유닛들은 단백질의 *수퍼패밀리* 멤버와 관련되어 있으며, 이들은 보다 밀접하게 관련된 서브패밀리로 나누어진다. 리모델링 복합체는 그들의 촉매 서브유닛을 포함하는 ATPase의 서브패밀리에 따라 분류된다. 많은 서브패밀리가 존재하지만, 네 개의 주요 서브패밀리(SWI/SNF, ISWI, CHD 및 INO80/SWR1)를 그림 28.18에 나타내었다. 기술한 첫 번째 리모델링 복합체는 효모의 SWI/SNF("*switch sniff*") 복합체로, 모든 진핵생물에서 상동체(honolog)를 가지고 있다. 크로마틴 리모델링 수퍼패밀리는 크고 다양하며, 대부분의 종은 서로 다른 서브패밀리의 다중 복합체를 가지고 있다. 효모에는 두 개의 SWI/SNF 관련 복합체와 세 개의 ISWI 복합체가 있다. 포유동물에서 지금까지 8종의 ISWI 복합체가 확인되었다. 리모델링 복합체는 작은 헤테로다이머 복합체(ATPase 서브유닛과 한 개의 파트너)부터 10개 이상의 서브유닛의 거대한 복합체까지 다양하다. 복합체 각각의 형태는 서로 다른 리모델링 활성을 수행한다.

SWI/SNF는 리모델링 복합체의 원형(prototypic)이다. 이것의 이름은 원래 효모(*Saccharomyces cerevisiae*)에서 *swi* 또는 *snf* 돌연변이에 의해 밝혀진 유전자가 복합체의 많은 서브유닛을 코드한다는 사실을 반영하고 있다. [*swi* 돌연변이체는 교배 타입을 전환할 수 없으며, *snf*—수크로오스 비발효(*s*ucrose *n*on*f*ermenting)—돌연변이체는 탄소원으로 수크로오스를 사용할 수 없다.] 이러한 위치에서의 돌연변이는 다형질 발현(즉, 겉보기에는 관련 없는 여러 표현형을 생성한다)이며, 결함의 범위는 RNA 중합효소 II의 CTD(carboxyl-terminal domain)의 일부를 잃어버린 돌연변이체에 의해 나타나는 것과 유사하다. 이 유전자들이 크로마틴과 연관되어 있다는 초기의 힌트는 이러한 돌연변이가 크로마틴의 구성성분을 코드하는 유전자의 돌연변이와의 유전적 상호작용을 한다는 증거로부터 유래하였다: 비히스톤 크로마틴 단백질을 코드하는 SIN1과 히스톤 H3를 코드하는 *SIN2*. *SWI*와 *SNF* 유전자는 여러 유전자자리에서의 발현에 필요하다(~120, 또는 효모 유전자의 2%는 정상 발현을 위해 SWI/SNF를 필요로 한다). 이들 유전자자리의 발현은 SWI/SNF 복합체가 그들의 프로모터에서 크로마틴을 리모델링할 것을 요구할 수 있다.

SWI/SNF는 시험관 내에서 촉매 작용을 하며, 효모 세포당 ~150개의 복합체만 존재한다. SWI/SNF 서브유닛을 코드하는 모든 유전자는 필수적이지 않은데, 이것은 효모가 크로마틴을 리모델링의 다른 방법을 가지고 있음을 의미한다. 관련 RSC(*r*emodels the *s*tructure of *c*hromatin) 복합체가 더 풍부하고 필수적이다. 그것은 ~700개의 표적 유전자자리에 작용한다.

리모델링 복합체의 서로 다른 서브패밀리는 리모델링에 대한 뚜렷한 양식을 보이는데, 이는 각각의 리모델링 복합체에서 다른 단백질들의 효과는 물론 ATPase 서브유닛들의 차이를 반영하는 것이다. SWI/SNF 복합체는 시험관 내에서 히스톤의 전반적인 소실 없이 크로마틴을 리모델링할 수 있으며, 히스톤 옥타머를 대체할 수 있다. 이러한 반응은 원래 뉴클레오솜의 구조가 변경된 동일한 중간체(intermediate)를 경유할 가능성이 있으며, 원래의 DNA에서 (리모델링된) 뉴클레오솜의 재형성 또는 히스톤 옥타머의 다른 DNA 분자로의 치환으로 이어진다. 이와는 대조적으로, ISWI 패밀리는 일차적으로 옥타머를 대체하지 않고 뉴클레오솜의 위치를 정하는 데에 영향을 주는데, 이동 반응(sliding reaction)에서 옥타머인 DNA를 따라서 이동한다. ISWI의 활성은 링커 DNA에 결합뿐만 아니라 히스톤 H4 테일을 필요로 한다.

DNA와 히스톤 옥타머 사이에는 많은 접촉이 있다; 14개의 결정 구조가 확인되었다. 옥타머가 방출되거나 새로운 위치로 이동하기 위해서는 이러한 모든 접촉이 끊어져야 한다. 이것은 어떻게 이루어지는가? ATPase 서브유닛은 헬리카아제(helicase, 이중-가닥의 핵산을 풀어주는 효소)와 먼 거리에 있지만, 리모델링 복합체는 풀림 활성(unwinding activity)을 가지고 있지 않다. 현재의 해석은 SWI/NSF와 ISWI 종류의 리모델링 복합체는 ATP의 가수분해를 이용하여 뉴클레오솜 표면에서 DNA를 *꼬이게*(*twist*) 한다. 이러한 꼬임 현상은 작은 영역의 DNA가 표면에서 방출된 다음 다시 위치를 잡을 수 있게 하는 기계적인 힘을 발생한다. 이 메커니즘은 옥타머의 표면에 일시적인 DNA 루프를 생성한다. 이러한 루프는 다른 요소와 상호작용하기 위해 스스로 접근할 수 있거나 또는 뉴클레오솜을 따라 전파될 수 있어, 궁극적으로 뉴클레오솜 이동(sliding)이 일어나게 된다.

서로 다른 리모델링 복합체는 세포에서 다른 역할을 가지고 있다. SWI/SNF 복합체는 일반적으로 전사 활성화에 관여하는 반면, 일부 ISWI 복합체는 전사를 방해하기 위해 뉴클레오솜을 프로모터 영역으로 이동시키는 리모델링 활성을 사용하여 리프레서로 작용한다. CHD(*c*hromodomain *h*elicase *D*NA-binding) 계열은 또한 억제에 관여하고 있는데, 특히 Mi-2/NuRD 복합체는 크로마틴 리모델링 및 히스톤 탈아세틸화 효소 활성을 가진다. SWR1/INO80 클래스의 리모델링 물질들은 독특한 활성을 가지고 있다: 이들의 일반적인 리모델링 능력 외에, 이 클래스의 몇몇 멤버들은 또한 히스톤 교환 능력을 가지고 있어서, 각각의 히스톤(일반적으로 H2A/H2B 다이머)은 뉴클레오솜에서 전형적인 히스톤 변이체로 교체될 수 있다(*10.5절 히스톤 변이체는 또 다른 뉴클레오솜을 생성한다* 참조).

핵심개념

- ATP의 가수분해에 의해 제공되는 에너지를 사용하는 수많은 크로마틴 리모델링 복합체가 있다.
- 모든 리모델링 복합체는 관련 ATPase 촉매 서브유닛을 포함하며, 보다 더 밀접하게 관련된 ATPase 서브유닛을 포함하는 서브패밀리로 그룹화된다.
- 리모델링 복합체는 뉴클레오솜을 변경, 이동, 대체할 수 있다.
- 일부 리모델링 복합체는 뉴클레오솜에서 하나의 히스톤을 다른 것으로 교체할 수 있다.

개념 및 추론 확인

리모델링 복합체는 어떻게 액티베이터나 리프레서로 작용할 수 있는가?

28.8 뉴클레오솜 구성이나 내용은 프로모터에서 변화될 수 있다

리모델링 복합체(remodeling complex)는 어떻게 크로마틴의 특정 부위를 표적으로 하는가? 그들은 스스로 특정 DNA 염기배열에 결합하는 서브유닛을 가지고 있지 않다. 그림 28.19는 복합체들이 액티베이터나 리프레서에 의해 구성되는 모델을 제시하고 있다.

전사 인자와 리모델링 복합체들 사이의 상호작용은 *그들의 방식(modus operandi)*에 대한 중요한 정보를 제공한다: 전사 인자 Swi5는 교배-타입 스위칭에 관여하는 효모의 *HO* 유전자를 활성화시킨다. (Swi5라는 이름이지만 SWI/SNF 복합체의 구성성분이 아니다.) Swi5는 유사분열이 끝나가는 핵으로 들어가고 *HO* 프로모터에 결합한다. 그런 다음 SWI/SNF가 프로모터에 결합한다. Swi5가 방출된 후 프로모터에 SWI/SNF는 프로모터에 남겨진다. 이것은 전사 인자가 리모델링 복합체가 묶여지면, 그 기능이 수행되는 "히트-앤-런(hit-and-run)" 메커니즘에 의해 프로모터를 활성화시킬 수 있음을 의미한다.

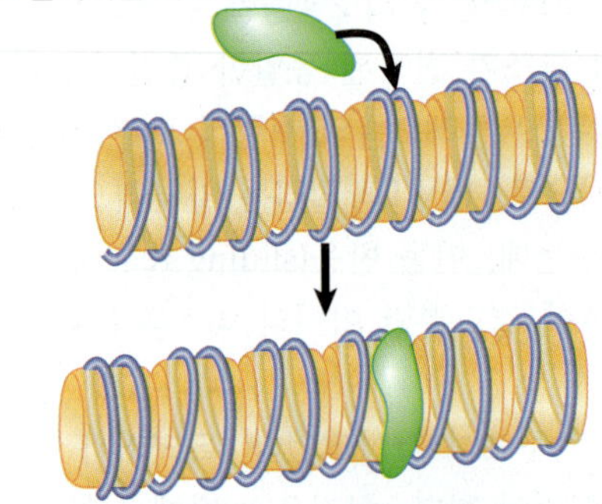

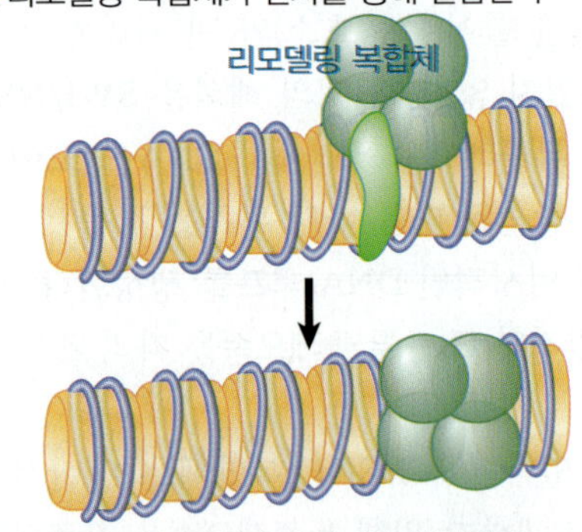

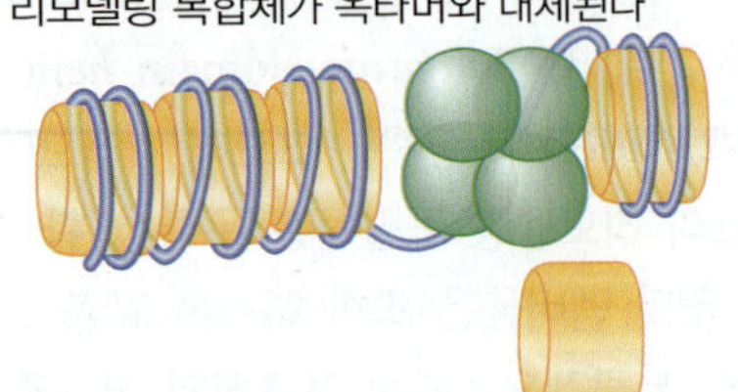

그림 28.19 리모델링 복합체는 액티베이터(혹은 리프레서)에 의해 크로마틴과 결합한다.

유전자 활성화 과정에서 리모델링 복합체가 관여하는 것이 발견되었는데, 이는 특정 전사 인자가 그들의 표적유전자를 활성화시키기 위해 이들 복합체가 필요하기 때문이다. 첫 번째 사례는, 초파리 *hsp70* 프로모터를 활성화시키는 GAGA 인자이다. 프로모터 근처의 네 개의 $(CT)_n$ 부위에 GAGA를 결합하면, 뉴클레오솜이 파괴되어 과민성 영역이 생기고, 인접한 뉴클레오솜을 재배치하여 무작위적인 위치 대신에 특별한 위치를 차지하게 된다. 뉴클레오솜의 붕괴는 에너지-의존성 과정으로 ISWI 서브패밀리의 NURF 리모델링 복합체를 필요로 한다. 뉴클레오솜의 구성은 인접하는 뉴클레오솜의 위치를 결정하는 경계를 만들기 위해 변경된다. 이 과정에서 GAGA는 표적 부위와 DNA에 결합하고, 이것의 존재가 리모델링된 상태를 고정시킨다.

효모에서의 *PHO* 시스템은 뉴클레오솜 구성의 변화가 유전자 활성화에 관여한다는 것을 처음으로 보여준 것 중 하나이다. *PHO5* 프로모터에서, bHLH 활성화 인자 Pho4는 그림 28.20에 나타낸 바와 같이 인산염 결핍에 반응하여 네 개의 정교하게 위치한 뉴클레오솜의 파괴를 유도한다.

(TATA-돌연변이체에서 발생하는) 이 과정은 전사와 복제에 비의존적이다. 프로모터에는 PHO4(및 또 다른 액티베이터 PHO2)에 대한 두 개의 결합 부위가 있다. 하나는 PHO4의 독립된 DNA-결합 도메인에 의해 결합될 수 있는 뉴클레오솜 사이에 위치하며, 다른 하나는 뉴클레오솜 안에 놓여 있어, 인식될 수 없다. 유전자 활성화를 위해서는 뉴클레오솜을 파괴하여 두 번째 부위에서 DNA가 결합되도록 해야 한다. 이 작용은 전사-활성화 도메인의 존재를 필요로 하며, SWI/SNF 및 INO80과 같은 리모델링 물질이 최소한 두 개 이상이 관여하고 있는 것으로 보인다. 또한, *PHO5*에서의 크로마틴 분해는 히스톤 샤페론인 Asf1이 필요하며, 이는 뉴클레오솜 제거를 돕거나 치환된 히스톤의 수용체로서 작용한다.

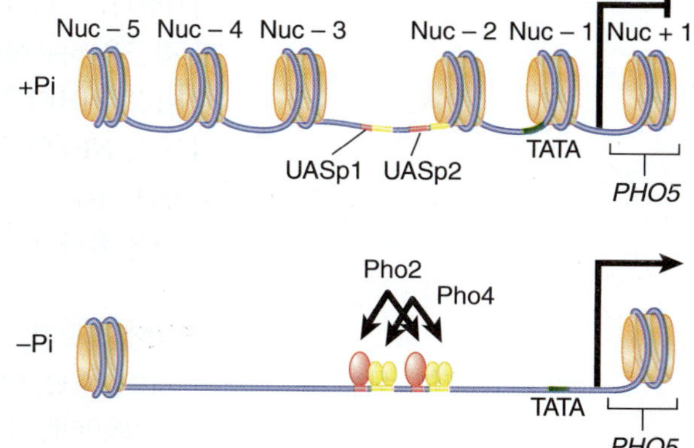

그림 28.20 뉴클레오솜은 활성화 과정에서 프로모터로부터 대체된다. PHO5 프로모터는 TATA 박스 위에 위치된 뉴클레오솜 및 Pho4 및 Pho2 액티베이에 대한 결합 부위 중 하나를 함유한다. PHO5가 인산 부족(-Pi)에 의해 유도될 때, 프로모터 뉴클레오솜이 대체된다.

효모 게놈의 넓은 영역에서 뉴클레오솜 위치를 조사한 결과, 전사 인자에 결합하는 대부분의 부위에는 뉴클레오솜이 없는 것으로 나타났다. 전형적으로 RNA 중합효소 II의 프로모터는 전사개시점의 상류 ~200 bp에 뉴클레오솜이 없는 영역(nucleosome-free region, NFR)을 가지고 있으며, 이 영역의 양쪽에는 뉴클레오솜이 위치하고 있다. 이러한 위치의 뉴클레오솜은 전형적으로 히스톤 변이체 H2AZ(효모에서 Htz1이라 불린다)를 포함하고 있다; H2AZ의 제거에는 SWR1 리모델링 복합체를 필요로 한다. 이러한 구성은 많은 인간 프로모터에도 존재하는 듯하다. 이러한 사실은 H2AZ-포함 뉴클레오솜이 전사 활성화 동안 더욱 쉽게 방출되어, 활성화 프로모터를 "유지하게 한다(poising)"는 것을 시사하고 있다; 그러나, H2AZ가 *in vivo*에서 뉴클레오솜 안정성에 미치는 실제적인 효과는 논란의 여지가 있다.

그러나 전사의 개시를 하기 위해서 항상 뉴클레오솜을 배제되야만 하는 것은 아니다. 일부 액티베이터는 뉴클레오솜 표면에 있는 DNA에 결합할 수 있다. 뉴클레오솜은 수용체가 결합할 수 있는 방식으로 스테로이드 호르몬 반응 요소(steroid hormone response element)에 정확히 위치하는 것으로 보인다. 수용체 결합은 DNA와 히스톤의 상호작용을 변화시킬 수 있으며, 심지어 새로운 결합 부위를 노출시킬 수도 있다. 뉴클레오솜의 정확한 위치는 뉴클레오솜이 특정한 회전 상태로 DNA를 "제공(present)"하거나, 액티베이터와 히스톤 또는 다른 크로마틴 성분 사이에 단백질-단백질 상호작용이 있기 때문에 필요하다. 따라서 우리는 크로마틴을 오로지 억제 구조로 보는 관점에서 액티베이터와 크로마틴 간의 상호작용이 활성화에 필요하다는 관점으로 변하게 되었다.

MMTV 프로모터는 특정 뉴클레오솜 구성의 예를 제시하고 있다. 그것은 호르몬 반응 요소(hormone response element, HRE)로 이루어진 부분적으로 6개의 팔린드롬(palindrome, 회문구조) 구조를 가지고 있다. 각 부위는 하나의 호르몬 수용체(hormone receptor, HR) 다이머와 결합되어 있다. MMTV 프로모터는 또한 인자 NF1에 대한 단일 결합 부위 및 인자 OTF에 대한 두 개의 결합 부위를 갖는다. HR과 NF1은 유리된 DNA에서 그들의 결합 부위에 동시에 결합할 수 없다. 그림 28.21은 뉴클레오솜의 구조가 어떻게 인자의 결합을 조절하는지 보여준다.

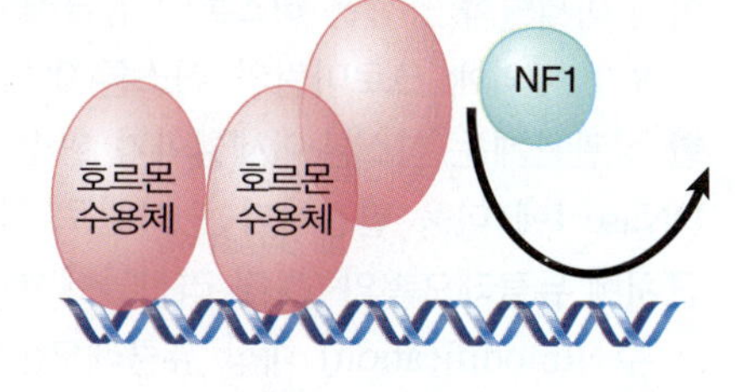

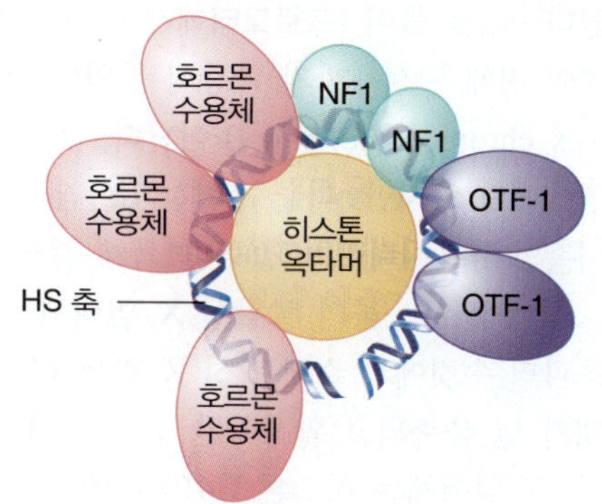

그림 28.21 호르몬 수용체(HR)와 NF1은 선형 DNA 상태의 MMTV 프로모터에 동시에 결합할 수 없으나, DNA가 뉴클레오솜의 표면에 존재하면 결합할 수 있다.

HR은 호르몬을 첨가하였을 때 프로모터에 있는 결합 부위를 보호하지만 뉴클레오솜의 양쪽 면을 표시하는 마이크로코칼 뉴클레아제 과민성 부위에는 영향을 미치지 않는다. 이것은 HR이 뉴클레오솜 표면의 DNA에 결합하고 있음을 시사한다; 그러나 호르몬 첨가에 앞서, 뉴클레오솜에 DNA의 회전 배치는 네 개의 부위 중 단지 두 개만 접근을 허용한다. 다른 두 부위에 결합하려면 뉴클레오솜의 회전 배치를 변경해야 한다.

이것은 (HRE를 구성하는 결합 부위의 중심에 있는) 2회 대칭축에 감수성 부위가 나타남으로써 밝혀졌다. NF1은 호르몬 유도 후에 뉴클레오솜에서 검출될 수 있으므로, 이러한 구조 변화는 NF1이 결합하기 위해 필요할 수 있는데, 아마도 그들은 DNA를 노출시키고, HR이 NF1이 유리 DNA에 결합하는 것을 차단함으로써 입체 장애를 없애기 때문일 것이다.

핵심개념

- 리모델링 복합체는 자체적으로 특정 표적 부위에 대한 특이성을 갖지 않지만, 전사 장치의 구성 요소에 의해 구성되어야만 한다.
- 리모델링 복합체는 염기배열-특이적 액티베이터에 의해 프로모터에 구성된다.
- 일단 리모델링 복합체가 결합되면 전사 인자는 방출된다.
- 전사 활성화에는 종종 프로모터에서 뉴클레오솜 교체가 수반된다.
- 프로모터는 뉴클레오솜이 없는 영역들을 포함하며, 이들은 H2A 변이체 H2AZ(효모에서 Htz1)를 포함한다.
- MMTV 프로모터는 액티베이터가 뉴클레오솜의 DNA에 결합하기 위하여 뉴클레오솜의 회전배치가 바뀌어야 한다.

개념 및 추론 확인

크로마틴 리모델링 인자들이 프로모터들을 인식하지 않고, 부위-특이적 인자들을 구성하는 것이 보다 이해하기 쉬운 이유는 무엇인가?

28.9 히스톤 아세틸화는 전사 활성화와 관련이 있다

모든 핵산 히스톤은 *10.4절 뉴클레오솜은 공유결합으로 수식된다*에서 논의된 것처럼 많은 공유결합 수식을 받기 쉽다. 서로 다른 수식으로 인해 서로 다른 기능적 결과가 발생한다. 가장 잘 연구된 수식 중 하나(그리고 가장 상세하게 연구된 수식)는 리신 아세틸화(lysine acetylation)이다. 모든 핵심 히스톤은 테일(tail)의 리신 잔기 및 (때로는 구형 핵심 내에서) 역동적으로 아세틸화된다. 앞서 언급되었듯이, 어떤 형태의 아세틸화는 S기의 DNA 합성 동안에 새로 합성된 히스톤과 연관이 있다. 그리고 이러한 특이적 아세틸화 양상은 히스톤이 뉴클레오솜으로 통합된 후 사라진다.

S기 이외에 크로마틴의 히스톤 아세틸화는 일반적으로 유전자 발현의 상태와 관련이 있다. 이러한 상관관계는 히스톤 아세틸화가 활성 유전자를 포함하는 영역에서 증가하고, 아세틸화된 크로마틴이 DNase I에 더욱 민감하다는 사실로 인하여 처음으로 주목을 받았다. 유전자가 활성화될 때 프로모터 근처에 뉴클레오솜의 (특정 리신들에서의) 아세틸화 때문에 주로 일어난다는 것을 알게 되었다.

수식(modification) 대상 뉴클레오솜의 범위는 다양할 수 있다. 수식은 일부 영역에서의 과정일 수 있다—예를 들어, 프로모터에서 하나 또는 몇 개의 뉴클레오솜으로 제한된다. 또한, 큰 도메인 또는 심지어 전체 염색체까지 확장되는 일반적인 과정이 될 수 있다. 아세틸화의 전반적인 변화는 성 염색체(sex chromosome)에서 일어난다. 이것은 X 염색체에 있는 유전자의 활성이 하나의 성에 두 개의 X 염색체가 있지만, 다른 성에는 (Y 염색체 외에) 하나의 X 염색체의 존재를 보완하도록 변경되는 메커니즘의 일부이다(*29.5절 X 염색체 전체는 변화를 받는다* 참조).

암컷 포유동물의 불활성 X 염색체는 히스톤의 아세틸화가 충분하지 않다(hypoacetylaed histone). 초파리 수컷에서 수퍼-활성 X 염색체는 증가된 H4의 아세틸화를 가지고 있다. 이는 아세틸 그룹의 존재가 덜 응축되고 활성화된 구조를 취하기 위한 전제 조건이 될 수 있음을 시사한다. 수컷 초파리에서, X 염색체는 히스톤 H4의 K16에서 특이적으로 아세틸화되어 있다. 이 아세틸화에 관여하는 효소를 MOF라 한다; MOF는 커다란 단백질 복합체의 일부로 염색체 쪽으로 모이게 된다. 이런 "유전자량 보정(dosage compensation)" 복합체는 X 염색체의 일반적인 변화를 일으켜 더 높은 수준으로 발현할 수 있도록 한다. 증가된 아세틸화는 그것의 활성 중 하나이다.

아세틸화(acetylation)는 다른 히스톤 수식과 마찬가지로 가역적이다. 반응의 각 방향은 특정 유형의 효소에 의해 촉진된다. 히스톤에서 리신 잔기를 아세틸화하는 효소를 **히스톤 아세틸기전이효소 [(histone acetyltransferases, HAT)**, 이들은 **리신(K) 아세틸기전이효소(lysine(K) acetyltransferase, KAT)**라고도 함]라고 한다. 아세틸 그룹은 **히스톤 탈아세틸효소(histone deacetylase, HDAC)**에 의해 제거된다. 두 그룹의 HAT 효소가 있다: 그룹 A의 효소들은 크로마틴의 히스톤에 작용하고 전사 조절에 관여한다. 그룹 B의 효소들은 세포질에서 새로 합성된 히스톤에 작용하며 뉴클레오솜 조립에 관여한다.

히스톤 아세틸화의 역할을 분석에서 돌파구는 아세틸효소와 탈아세틸 효소의 특성 규명과 활성화 및 억제의 특수한 과정에 관여하는 다른 단백질과의 연관성에 의해 제공되었다. 히스톤 아세틸화에 대한 우리의 관점은 이전에 확인된 전사 인자가 HAT 활성도 가지고 있다는 것이 밝혀지며 기본적으로 변화하였다.

이들의 상관관계는 그룹A HAT의 촉매 서브유닛이 효모 조절 인자 단백질 Gcn5와 상동성이 있음이 확인되면서 밝혀졌다(이러한 발견의 역사에 대해서는 *Methods and Techniques* 참조). 그 결과 효모 Gcn5는 생체 내에서 히스톤 H3 및 H2B를 선호하는 기질로 하여 그 자체가 HAT 활성을 갖는 것으로 나타났다. Gcn5는 전에 특정 인핸서 및 그의 표적 프로모터의 기능을 위해 필요한 어댑터 복합체의 일부로서 동정되었다. 현재 Gcn5의 HAT 활성은 다수의 표적 유전자의 활성화에 필요하다는 것이 알려졌다.

Gcn5는 효모에서 포유류까지 걸쳐 보존된 아세틸기전이효소(acetyltransferase)와 관련하여 많은 계열(family)에서 확인하는 길을 열어준 HAT의 원형이다. 효모에서 Gcn5는 전사에 관여하는 여러 단백질을 포함하고 있는 1.8MDa Spt-Ada-Gcn5-acetyltransferase(SAGA) 복합체의 촉매 KAT 서브유닛이다. 이러한 단백질 중에는 여러 가지 $TAF_{II}s$가 있다. 또한, $TF_{II}D$의 Taf1 서브유닛 자체가 아세틸기전이효소이다. $TF_{II}D$와 SAGA 사이에는 몇 가지 기능적으로 중복되는 것이 있는데, 가장 두드러진 것으로 효모는 Taf1 또는 Gcn5 중 하나가 결실하면 생존이 가능하지만, 두 가지 모두 결실하면 생존할 수 없다. 이것은 아세틸라아제 활성이 유전자 발현에 필수적이지만 $TF_{II}D$ 또는 SAGA에 의해 지원될 수 있음을 시사한다. SAGA 복합체의 크기에서 예상되는 것처럼, 아세틸화는 그 기능 중 하나일 뿐이다. SAGA 복합체는 히스톤 H2B 탈유비퀴틴화(deubiquityation) 활성을 가지고 있으며(역동적인 H2B 유비퀴틴화/탈유비퀴틴화 또한 전사와 관련되어 있음), 또한 **브로모도메인(bromodomain)**과 **크로모도메인(chromodomain)**를 갖는 서브유닛을 포함하고 있어, 이 복합체가 아세틸화되거나 메틸화된 히스톤과 상호작용할 수 있다. 브로모도메인은 크로마틴 리모델링 복합체의 성분을 포함하여 크로마틴과 상호작용하는 다양한 단백질에서 발견된다. 브로모도메인은 아세틸화된 리신을 인식하고 다른 브로모도메인-함유 단백질은 다른 아세틸화된 표적을 인식한다. 크로모도메인은 흔히 메틸리신(methyllysine)과 결합하는 다수의 크로마틴-결합 단백질에 존재하는 60개의 아미노산으로 구성된 공통 단백질 모티프이다.

가장 중요한 코액티베이터 중 하나인 p300/CREB-결합 단백질(CREB-binding protein, CBP)도 HAT이다. (실제로 p300과 CBP는 서로 다른 단백질이지만 서로 밀접하게 관련되어 있어 종종 단일 형태의 활성으로 언급된다.) p300/CBP는 액티베이터를 기본 장치에 연결시키는 코액티베이터이다(그림 28.6 참조). p300/CBP는 호르몬 수용체들인 AP-1(c-Jun 및 c-Fos) 및 MyoD를 비롯한 다양한 액티베이터와 상호작용한다. p300/CBP는 다수의 히스톤 표적을 아세틸화하는데, H4 테일을 선호한다. p300/CBP는 또 다른 코액티베이터인 HAT, PCAF와 상호작용하는데, 이것은 Gcn5와 관련이 있으며 뉴클레오솜에서 H3를 우선적으로 아세틸화한다. p300/CBP 및 PCAF는 전사 활성화에 작용하는 복합체를 형성한다. 어떤 경우에는 H3 및 H4에 작용하는 자체 HAT 그 자체인 호르몬 수용체 코액티베이

▶ **히스톤 아세틸기전이효소(histone acetyltransferases, HAT)** 히스톤(혹은 다른 단백질)의 리신 잔기를 아세틸화하는 (일반적으로 커다란 복합체에 존재하는) 효소. 이전에는 히스톤 아세틸전단효소(HAT)로 알려졌다.

▶ **리신(K) 아세틸기전이효소 (lysine(K) acetyltransferase, KAT)** 히스톤(혹은 다른 단백질)의 리신 잔기를 아세틸화하는 (일반적으로 커다란 복합체에 존재하는) 효소. 이전에는 **히스톤 아세틸기전이효소**(HAT)로 알려졌다.

▶ **히스톤 탈아세틸효소(histone deacetylase, HDAC)** 히스톤으로부터 아세틸 그룹을 제거하는 효소. 이 효소들은 전사 리프레서와 결합될 수 있다.

▶ **브로모도메인(bromodomain)** 히스톤의 아세틸화된 리신에 결합하는 110개 아미노산 도메인.

▶ **크로모도메인(chromodomain)** 히스톤의 메틸화된 리신을 인식하는 60개의 아미노산의 도메인들; 몇몇 크로모도메인들은 RNA 결합과 같은 다른 기능을 가지고 있다.

METHODS AND TECHNIQUES

두 핵의 이야기 – *Tetrahymena thermophila*

테트라히메나(*Tetrahymena thermophila*)는 섬모를 지닌 원생동물로, 특유의 핵 구조로 인해 일부 집중적으로 유전학 연구의 대상이 된 단세포 진핵생물이다. 전형적으로, 진핵 세포의 핵 내의 DNA는 두 가지 역할을 한다; 다음 세대로 전달 될 유전물질의 저장과 세포의 유전자 발현의 청사진이다. 테트라히메나의 가장 두드러진 유전적 특징은 DNA가 뚜렷한 기능을 가진 두 개의 핵으로 구분된다는 것이다: 첫 번째 기능은 생식세포(gamete) 생산 및 번식에 사용되는 "생식계열 핵(germline nucleus)"이며, 두 번째는 전사 및 유전자 발현에 사용되는 "체세포 핵(somatic nucleus)"으로서 기능한다. 생식계열 핵은 두 핵 중 작은 것으로, 소핵(*micronucleus*)이라고 한다. 이 핵은 이배체이며 정상적인 유사분열과 감수분열을 일으키는 다섯 쌍의 염색체를 포함하고 있다. 두 핵 중 더 큰 것, *대핵*(*macronucleus*)이라고 하는 체세포 핵(somatic nucleus)은 배수체로 200~300개로 추정되는 염색체가 있다. 테트라히메나는 소핵과 대핵 모두의 유사분열을 통해서 영양적으로 분열될 수 있으며, 이어서 세포분열이 일어난다. 그러나 기아 상태에서, 세포는 감수분열을 하며 소핵은 반수체 생식세포 전핵(pronuclei)을 생산한다. 테트라히메나 세포들의 교배 쌍은 접합하면 유성생식을 하며, 생식세포 전핵을 상호교환한다. 두 개의 생식세포가 융합될 때, 그들은 이배체의 접합핵을 생성하고, 이어서 이 생성물은 두 개의 딸 핵(daughter nuclei)—하나는 새로운 소핵이 되고, 다른 하나는 새로운 대핵이 된다—을 생성시키는 유사분열이 일어난다. 기존의 대핵은 파괴되고, 두 개의 융합된 세포는 분리되어 무성생식으로 계속하여 성장한다. 이러한 생활주기를 그림 B28.1에 나타내었다.

새로 형성된 대핵은 광범위한 게놈 재구성 및 증폭(amplification)하는 이배체 생식세포 핵으로부터 유도된다. 염색체는 약 200~300개의 염색체를 생성하기 위해 부위-특이적 방식으로 분열되며, 크기는 21에서 3,000 kb 사이이다. 염색체 절단 과정에서 게놈의 10~15%는 대핵에서 제거된다. 이 단편화(fragmentation) 외에도 염색체가 증폭되어 각 약 50개의 염색체 사본이 만들어진다. 텔로미어는 새로 형성된 염색체 말단에 추가된다. 흥미롭게도, 이 염색체에는 센트로미어(centromere)가 없어 유사분열 중에 상동염색체의 복제가 분산되어 있다.

테트라히메나 대핵의 독특한 게놈 구성과 높은 수준의 전사 활성은 많은 새로운 구조와 염색체 형성 및 전사 메커니즘의 발견을 용이하게 하였으며, 드디어 모든 진핵세포에서 일반적인 현상임이 입증되었다. 예를 들어, 텔로미어와 텔로머라아제는 RNA의 자가-스플라이싱과 마찬가지로 테트라히메나에서 처음으로 밝혀졌다. 크로마틴 리모델링의 역할, 특히 히스톤 아세틸화와 전사 활성화 간의 연관성은 히스톤 아세틸기전이효소(HAT) 활성 [현재는 리신 아세틸기전이효소(lysine acetyltransferase) 또는 KAT 활성이라고 함]을 테트라히메나의 대핵으로부터 생화학적 분리에 의해 처음으로 밝혀졌다. 1990년대 중반, 데이비드 앨리스(David Allis)와 그의 동료들은 새로운 활성의 겔 분석으로 테트라히메나 대핵에서 처음으로 HAT를 분리하였다. 소핵은, 높은 수준의 전사가 일어나며 히스톤 아세틸화가 많이 일어나므로, 가능성이 높은 HAT 실험 재료로 선택되었다. 이 실험에서 폴리아크릴아미드 겔에 겔이 중합되기 전에 히스톤 단백질을 넣어 "히스톤-함유 겔(histone-containing gel)"을 만든다. 그런 다음 대핵의 조추출물을 이 히스톤-함유 겔을 통해 전기영동(electrophoresis)하여 많은 다른 단백질을 분리한다. HAT 활성 유무는 단일 폴리펩티드가 겔에 함유된 히스톤에 ^{3}H-아세트산[tritium-acetate]이 단일 폴리펩티드로 들어가는 능력으로 결정되었다. 겔 전기영동 후, 겔을 ^{3}H-아세트산에 침지하고, 헹구고, 건조시킨 다음, ^{3}H로 표지된 히스톤들을 검출하기위해 플루오로그래피(fluorography)를 실시하였다. 이로써 55 kd의 폴리펩티드(p55)가 검출되었는데, 이는 히스톤을 특이적으로 아세틸화시킬 수가 있었다. 이 방법을 사용하여, 앨리스와 그의 동료들은 히스톤 아세틸기전이효소 활성을 갖는 단일 폴리펩티드를 정제할 수 있었다. 이 폴리펩티드의 펩티드 배열을 이용하여 올리고뉴클레오티드 프라이머를 제작하여 테트라히메나로부터 HAT 활성을 코드하는 p55 유전자를 클로닝하였다. 이 유전자의 염기배열은 예상된 p55 아미노산 배열을 보였으며, 효모 Gen5 단백질과 (60% 유사성을 나타내며) 상동성을 보였다. 이것은 히스톤 수식 및 관련 크로마틴 리모델링이 전사 활성화의 메커니즘이라는 최초의 직접적인 증거였다.

터 ACTR과 같은 또 다른 HAT가 포함될 수 있다. 상호활성화 복합체(coactivating complex)에서 여러 HAT 활성의 존재로 설명할 수 있는 하나는, 각 HAT가 서로 다른 특이성을 가지고 있으며 활성화에 필요한 여러 가지 다른 아세틸화 과정이 필요하다는 것이다. 이것은 RNA 중합효소 II가 과민성 부위에서 결합되고 코액티베이터가 근처의 뉴클레오솜에서 히스톤을 아세틸화하는 코액티베이터의 작용에 대한 그림을 그림 28.22와 같이 다시 그릴 수 있다. 실제로, 대부분의 HAT 복합체는 전형적으로는 DNA 결합 활성을 갖지 않으며 작용 부위에 구성되어야 한다는 점에서 코액티베이터로서 공식적으로 기능한다.

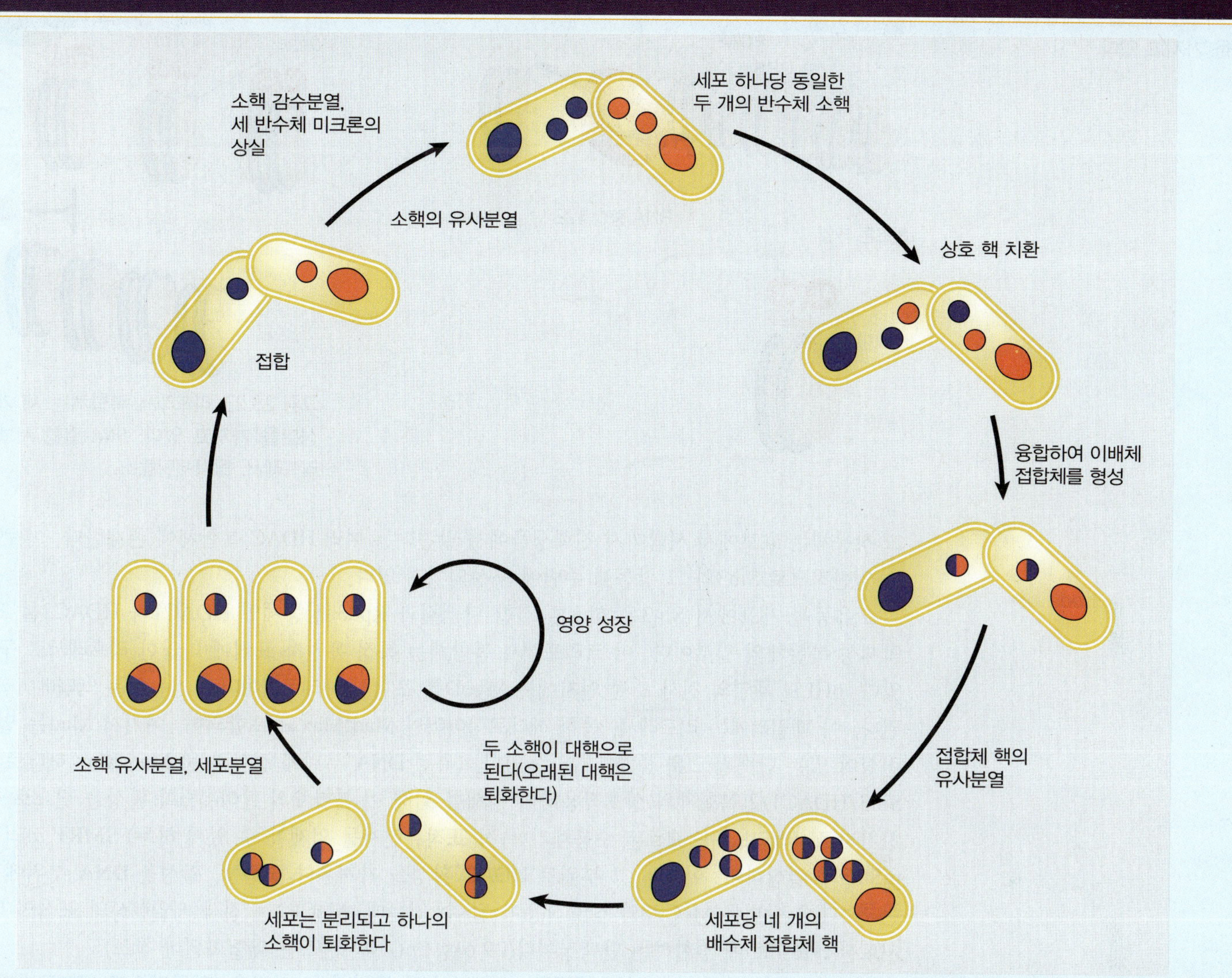

그림 B28.1 테트라히메나(*Tetrahymena thermophila*)의 생활주기. *T. thermophila*의 영양세포에는 하나의 소핵과 하나의 대핵을 포함하고 있다. 접합은 상보적인 짝짓기 유형의 쌍으로 시작된다. 소핵은 감수분열을 거쳐 네 개의 반수체 핵(그 중 3개는 퇴화됨)을 생성하고, 남아있는 반수체 소핵의 유사분열이 이어진다. 그런 다음 접합세포는 단일 소핵을 상호교환하며, 이는 융합되어 이배체 접합체 핵을 형성한다. 접합자 핵은 두 번의 유사분열을 통하여 네 개의 이배체 핵을 형성한다. 이들 중 두 개는 새로운 대핵(오래된 대핵은 퇴화한다)으로 되는데, 이러한 동안에 염색체 단편화와 염기배열 제거가 일어난다. 그런 다음 세포가 분리되고, 하나의 작은 핵은 퇴화된다. 남아있는 소핵은 남아있는 소핵은 유사분열로 나누어지고, 그 이후의 세포분열은 네 개의 딸세포를 생성하는데, 이로 인하여 영양 번식할 수 있거나 혹은 또 다른 교배주기를 시작할 수 있다.

아세틸화는 활성화와 관련이 있는 것과 같이, 탈아세틸화는 전사 억제와 관련이 있다. 부위-특이적 액티베이터는 HAT 활성을 갖는 코액티베이터를 구성하는 한편, 부위-특이적 리프레서는 종종 HDAc 활성을 포함하는 코리프레서 복합체를 구성할 수 있다.

효모에서 *SIN3*과 *RPD3*의 돌연변이는 다양한 유전자의 발현을 증가시키는데, 이는 Sin3와 Rpd3 단백질이 전사의 리프레서로 작용한다는 것을 나타낸다. Sin3 및 Rpd3은 *URS1*(Upstream Repressive Sequence) 요소에 결합하는 DNA-결합 단백질 Ume6과 상호작용함으로써 다수의 유전자를 구성한다. 이 복합체는 **그림 28.23**에 설명한 바와 같이, URS1이 포함된 프로모터에서 전사를 억제한다. Rpd3은 히스톤 탈아세틸효소이며, 이것이 모이면 프로모터에서 뉴클레오솜의 탈아세틸화를 유도한다. Rpd3와

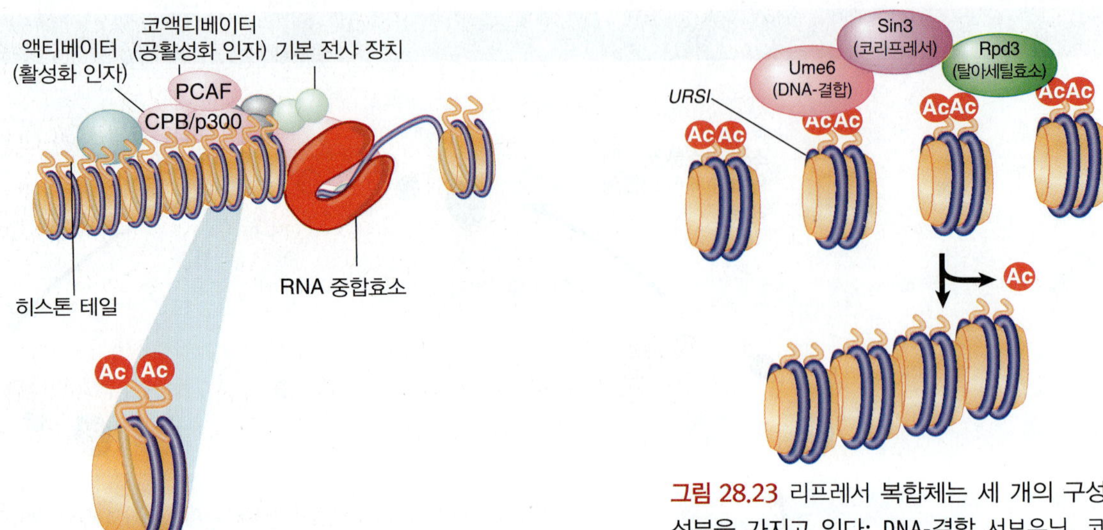

그림 28.22 코액티베이터는 뉴클레오솜의 히스톤 테일을 아세틸화하는 HAT 활성을 가지고 있다.

그림 28.23 리프레서 복합체는 세 개의 구성 성분을 가지고 있다; DNA-결합 서브유닛, 코리프레서, 탈아세틸효소.

그 상동체는 효모에서 사람까지 진핵생물에서 발견되는 여러 HDAC 복합체에 존재한다. 이 큰 복합체는 일반적으로 Sin3와 그 상동체 주변에 구성되어져 있다.

포유동물 세포에서 Sin3은 히스톤 결합 단백질과 Rpd3 상동체인 HDAC1과 HDAC2를 포함하는 억제성 복합체의 일부이다. 이 코리프레서 복합체는 특정 유전자 표적에 다양한 리프레서로 구성될 수 있다. bHLH 계열의 전사 조절 인자에는 MyoD를 포함한 헤테로다이머로 기능하는 액티베이터가 포함된다. 이 패밀리에는 리프레서, 특히 헤테로다이머인 Mad:Max도 포함되며, 여기서 Mad는 밀접한 관련성이 있는 단백질 그룹 중 하나일 수 있다. (특정 DNA 부위에 결합하는) Mad:Max 헤테로다이머는 Sin3/HDAC1/2 복합체와 상호작용하며 억제를 위해 이 복합체의 탈아세틸화 활성을 필요로 한다. 마찬가지로, (레티노이드 호르몬 수용체가 특정 표적유전자를 억제할 수 있게 하는) SMRT 코리프레서는 mSin3와 결합하며, 이어서 그 부위로 HDAC 활성을 가져온다. HDAC 활성을 DNA 부위에 가져 오는 또 다른 방법은 MeCP2와 상호작용이 될 수 있는데, MeCP2는 전사 사일렌싱의 표식인 메틸화된 시토신(cytosine)에 결합하는 단백질이다(*29.6절 CpG 아일랜드는 메틸화된다* 참조).

히스톤 아세틸화가 없는 것이 헤테로크로마틴의 한 특징이다. 이것은 (전형적으로 센트로미어 또는 텔로미어의 영역을 포함하는) 구성적 헤테로크로마틴 및 (다른 세포에서는 활성을 갖지만, 한 세포에서 불활성화 되는 영역인) 조건적 헤테로크로마틴 모두에 해당한다. 일반적으로 히스톤 H3과 H4의 N-말단 테일은 헤테로크로마틴 영역에서 아세틸화되지 않는다(*29.3절 헤테로크로마틴은 히스톤과의 상호작용에 의해 결정된다* 참조).

핵심개념

- 새로 합성된 히스톤은 특정 부위에서 아세틸화되고 뉴클레오솜으로 결합된 후 탈아세틸화된다.
- 히스톤 아세틸기전이효소는 유전자 발현의 활성화와 관련이 있다.
- 전사 액티베이터는 큰 복합체로 히스톤 아세틸라아제 활성과 관련이 있다.
- 히스톤 아세틸라아제는 표적 특이성이 다양하다.
- 브로모도메인은 크로마틴과 상호작용하는 다양한 단백질에서 발견된다. 그것은 히스톤에 아세틸화 부위를 인식하는 데 사용된다.
- 탈아세틸화는 유전자 활성의 억제와 관련이 있다.
- 탈아세틸효소는 리프레서 활성을 가지고 있는 복합체에 존재한다.

개념 및 추론 확인

HDAC 억제제를 세포에 첨가하면, 전사에 미치는 영향은 무엇인가?

28.10 히스톤의 메틸화와 DNA의 메틸화는 연결되어 있다

(*29.6절 CpG 아일랜드는 메틸화된다*에서 설명한) DNA 메틸화는 일반적으로 (비록 드물기는 하지만) 전사 불활성과 관련이 있지만, 히스톤 메틸화는 메틸화의 특정 부위에 따라 활성 또는 불활성 영역에 연결될 수 있다. 히스톤 H3의 말단과 핵심 부위에는 리신 메틸화 반응의 많은 부위들이 있으며(이들 중 소수는 약간의 종에서만 일어난다), 그리고 H4의 테일에서는 단일 리신이다. 덧붙여서, H3의 세 개의 아르기닌(arginine)과 H4의 하나의 아르기닌도 메틸화된다.

H3K4의 디- 또는 트리메틸화 반응은 전사 활성화와 관련되며, 세 개의 메틸화 반응은 H3K4는 활성 유전자의 시작 부위 주위에서 발생한다. 이와는 대조적으로, K9 또는 K27에서 메틸화된 H3은 헤테로크로마틴 및 발현되지 않는 것으로 알려진 보다 작은 영역을 포함하여 크로마틴의 전사적으로 침묵하는 영역의 특징이다. 전체 게놈 연구는 그림 28.24에서 볼 수 있듯이, 서로 다른 전사 상태와 관련된 수식의 일반적 양상을 밝혀내기 시작하였다.

히스톤 리신 메틸화 반응은 히스톤 메틸그룹전이효소(histone methyltransferase, HMTs 또는 KMTs)에 의해 촉매되며, 대부분이 SET 도메인이라 불리는 보존된 영역을 포함하고 있다. 아세틸화와 마찬가지로, 메틸화도 가역적이며, LSD1(lysine-specific demethylase 1, KDM1이라고도 알려져 있음)과 Jumonji라는 두 가지 서로 다른 탈메틸효소 패밀리가 동정되었다. 다른 종류의 효소는 아르기닌을 탈메틸화한다.

메틸화된 리신(및 아르기닌)은 특정 도메인의 수식을 인식할 수 있을 뿐만 아니라, 모노(mono)-, 디(di)- 또는 트리(tri) 메틸화된 리신을 구별할 수 있는 다양한 도메인으로 인식된다. 앞에서 설명한 크로모도메인(chromodomain)은 크로마틴-결합 단백질의 공통적인 단백질 모티프이다. 일부 크로모도메인 단백질은 헤테로크로마틴과 관련된 (예를 들면, H3 리신 9 메틸화와 같이) 특정 "침묵(silencing)" 수식을 인식하여 헤테로크로마틴에 단백질을 표적화하는 데 중요하다. 이것은 *29.3절 헤테로크로마틴은 히스톤과의 상호작용에 의해 결정된다*와 *29.4, 폴리콤과 트리토락스는 항억제 인자이며 엑티베이터이다*에서 설명할 것이다. PHD(식물의 호메오도메인), 튜더(Tudor) 및 WD40 도메인과 같은 다수의 다른 메틸 리신 결합 도메인이 동정되었다; 특정 메틸화 부위를 인식하도록 디자인된 다양한 모티프의 수는 히스톤 수식의 중요성 및 복잡성을 강조하고 있다.

침묵 또는 헤테로크로마틴 영역에서, K9에서의 H3의 메틸화는 DNA 메틸화와 연관되어있다. 이 리신을 표적으로 하는 효소는 Suv39h1이라 불리는 효소를 포함하는 SET-도메인이다. 이 리신이 메틸화되기 전

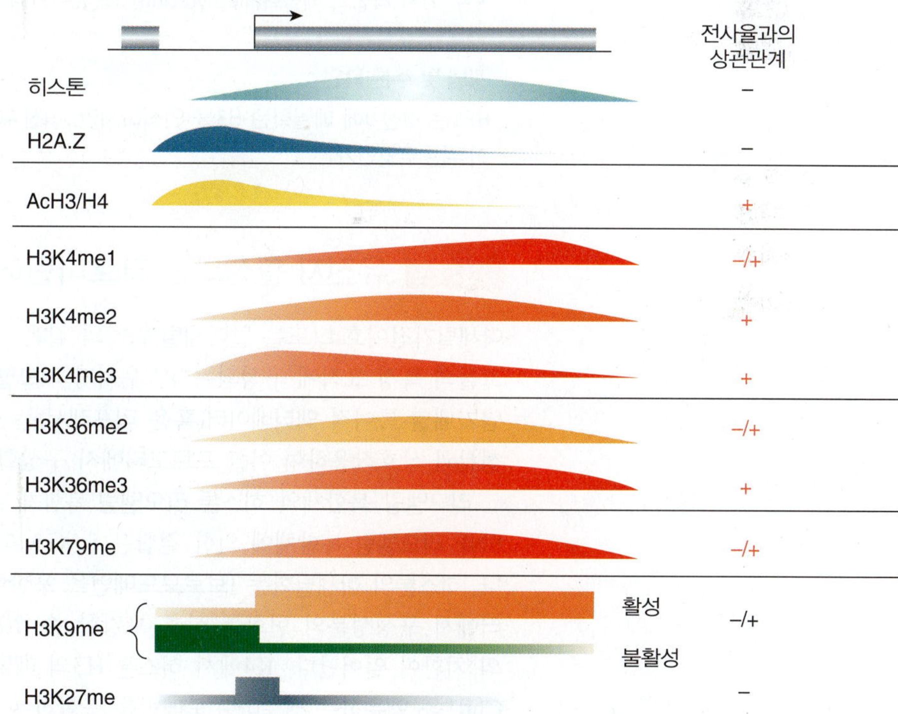

그림 28.24 히스톤의 분포와 그 수식은 그 프로모터에 비례하여 임의의 유전자에 매핑된다. 곡선은 유전체 접근법을 통해 결정된 패턴을 나타낸다. 히스톤 변이체 H2A.Z의 위치도 나타내었다. K9 및 K27 메틸화에 대한 데이터를 제외하고 대부분의 데이터는 효모 유전자를 기반으로 한다. Reprinted from B. Li, M. Carey, and J. L. Workman, *Cell* 128, pp. 707–.719. Copyright 2007, with permission from Elsevier (http://www.sciencedirect.com/science/journal/00928674).

에 HDAC에 의한 H3K9의 탈아세틸화가 일어나야 한다. 그 다음 H3K9 메틸화 반응은, **크로모도메인**을 이용하여 H3K9과 결합하는 HP1(heterochromatin protein 1)이라 불리는 단백질을 구성한다. 그러면 HP1은 DNA 메틸그룹전이효소(DNA methyltransferase, DNMT)의 활성을 표적으로 한다. DNA의 메틸화 부위는 대부분 CpG 섬이다(*29.6절 CpG 아일랜드는 메틸화된다* 참조). 헤테로크로마틴의 CpG 염기배열은 보통 메틸화되어 있다. 반대로, 유전자가 발현되기 위해서는 프로모터 부위에 위치한 CpG 섬이 메틸화되어 있지 않아야 한다.

DNA와 히스톤의 메틸화는 상호보강 회로(reinforcing circuit)로 연결되어 있다. H3K4me에 결합하는 HP1을 통한 DNMT 구성 외에, DNA 메틸화는 결과적으로 히스톤 메틸화를 초래할 수 있다. (일부 HDAC 복합체와 마찬가지로) 일부 히스톤 메틸그룹전이효소 복합체는 메틸화된 CpG 더블렛(doublet; 두 염기)을 인식하는 결합 도메인을 포함하므로, DNA 메틸화는 히스톤 탈아세틸효소 및 메틸그룹전이효소가 결합할 수 있는 표적을 제공함으로써 회로를 보강한다. 중요한 점은 수식화의 한 형태가 다른 형태의 수식을 촉발시킬 수 있다는 것이다. 이러한 시스템은 널리 존재하며, 이러한 상관관계의 증거는 균류, 식물 그리고 동물세포들에서 발견된다. 또한 RNA 중합효소 I과 II에 의해 사용되는 프로모터에서 전사를 조절하며, 불활성화 상태에서는 헤테로크로마틴으로 유지된다.

핵심개념

- DNA와 히스톤의 특정 부위 모두에서의 메틸화는 불활성 크로마틴의 특징이다.
- SET 도메인은 단백질 메틸그룹전이효소 촉매 부위의 일부이다.
- 크로모도메인 및 기타 보존된 도메인은 히스톤의 특정 메틸화 부위에 결합할 수 있다.
- 두 가지 타입의 메틸화(methylation) 과정은 연결되어 있다.

개념 및 추론 확인

HP1은 리신 9에 메틸화된 H3을 인식하지만, 리신 4에 메틸화된 H3는 인식하지 못한다. 이러한 특이성이 중요한 이유는 무엇인가?

28.11 유전자 활성화는 크로마틴에 여러 변화를 준다

아세틸기전이효소(또는 탈아세틸효소)와 같은 히스톤-수식 효소(histone-modifying enzyme)는 어떻게 그들의 특정 표적에 구성되는가? 우리가 리모델링 복합체에서 보았듯이, 이 과정은 간접적일 수 있다. 염기배열-특이적 액티베이터(혹은 리프레서)는 아세틸화 효소(혹은 탈아세틸화 효소)의 복합체의 구성성분과 상호작용하여 이를 프로모터에서 구성할 수 있다.

리모델링 복합체와 히스톤 리모델링 복합체 사이에는 직접적인 상호작용이 있을 수도 있다. SWI/SNF 리모델링 복합체에 의한 결합은 SAGA 아세틸기전이효소 복합체에 의한 결합으로 이어질 수 있다. 히스톤의 아세틸화는 (브로모도메인을 포함하는) SWI/SNF 복합체와의 결합을 안정화시켜 프로모터에서 구성성분의 변화를 상호 보강할 수 있다. 이러한 과정 중 일부는 프로모터로부터 뉴클레오솜의 치환이 일어난다. K4에서 히스톤 H3의 메틸화는 또한 SAGA와 상호작용도 하는 리모델링 물질인 Chd1을 함유하는 크로마틴 도메인을 포함하는 많은 인자들을 구성하게 한다. 또한 H3K4me는 또 다른 아세틸기전이효소 복합체인 NuA3와 직접적으로 결합하는데, NuA3는 그의 서브유닛 중 하나에서 PHD 도메인을 통해 H3K4me를 인식한다. 이것들은 효모에서 전사 활성화가 일어나는 동안 발생하는 몇 가지 상호작용일 뿐이다; 유사한 복잡한 상호작용 네트워크는 다세포 진핵세포에서 전사를 촉진한다.

프로모터에서의 모든 과정을 그림 28.25에 요약하였다. 초기 시작 과정은 염기배열-특이적 구성성분의 결합으로, 이는 크로마틴에서 표적 DNA 염기배열을 찾을 수 있도록 하거나 뉴클레오솜이 없는 영

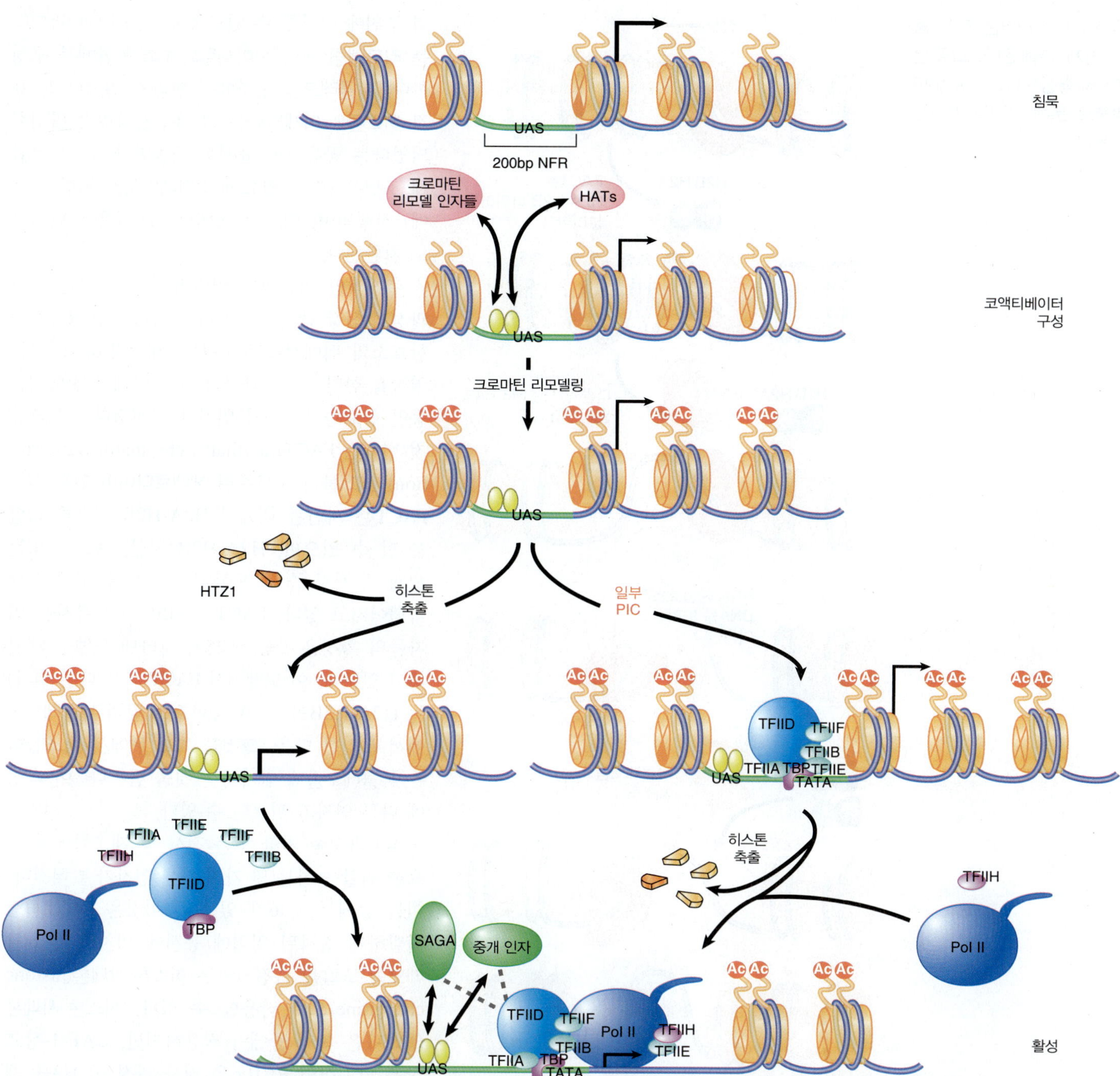

그림 28.25 프로모터에서 200 bp의 뉴클레오솜-없는 영역(NFR)을 포함하는 Htz1-함유 뉴클레오솜. 상류 활성화 염기배열(UAS)을 목표로 액티베이터들은 Swi/Snf 또는 SAGA와 같은 다양한 코액티베이터를 구성한다. 이 구성은 특히 뉴클레오솜 부위에 결합되어 있는 액티베이터의 결합을 더욱 증가시킨다. 보다 더 중요한 것으로, 히스톤은 프로모터-가까운 영역에서 아세틸화되고, 이들 뉴클레오솜은 훨씬 더 이동성을 가지게 된다. 하나의 모델(왼쪽)에서 아세틸화와 크로마틴 리모델링의 조합은 Htz1-함유 뉴클레오솜의 결실을 직접적으로 초래하여, 전체 핵심 프로모터를 GTF 및 Pol II에 노출시킨다. SAGA와 중개 인자(mediator)는 직접적인 상호작용을 통해 PIC 형성을 촉진한다. 리모델링된 상태를 나타내는 다른 모델(오른쪽)에서는 부분 PIC가 Htz1의 손실 없이 핵심 프로모터에서 조립될 수 있다. 그것은 Htz1-함유 뉴클레오솜의 대체와 PIC의 전체 집합을 유도하는 Pol II와 TFⅡH의 결합이다. Reprinted from B. Li, M. Carey, and J. L. Workman, *Cell* 128, pp. 707-.719. Copyright 2007, with permission from Elsevier [http://www.sciencedirect.com/science/journal/00928674].

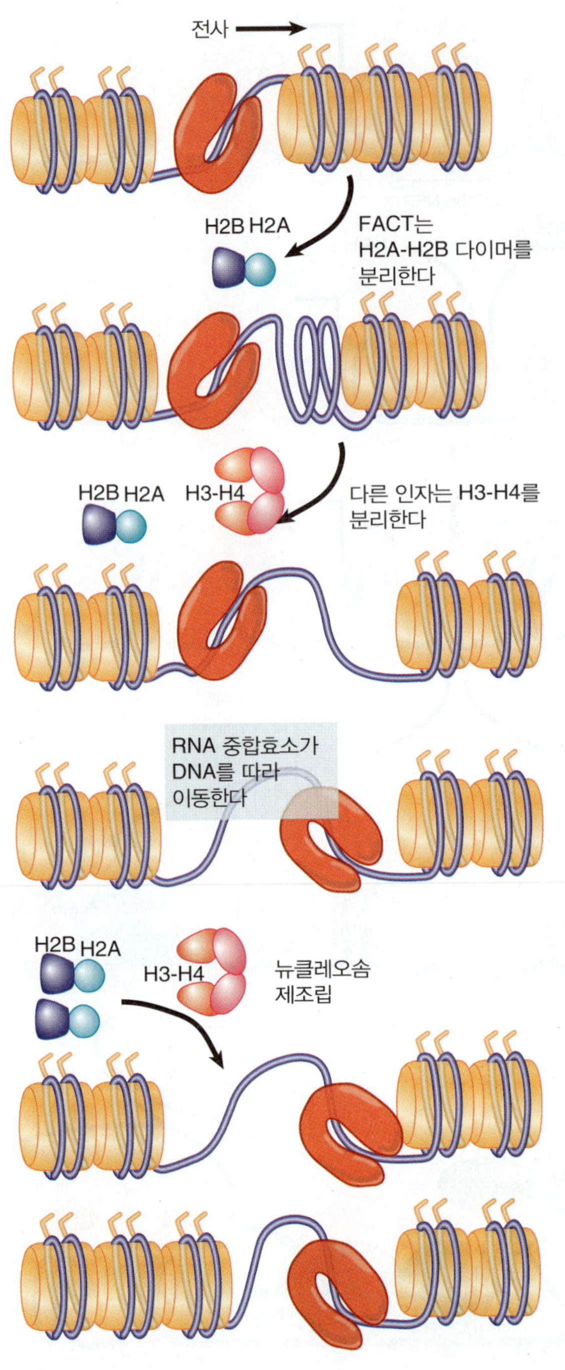

그림 28.26 히스톤 옥타머는 전사 중 합효소보다 먼저 분해된다. 그들은 전사에 이어 재형성된다. H2A-H2B 다이머의 방출로 분해 과정을 개시할 것으로 생각된다.

역 부위에 결합할 수 있도록 한다. 이 액티베이터는 리모델링 내지는 아세틸화효소 복합체를 구성한다. 뉴클레오솜 구조에서 변화가 일어나고, 표적 히스톤의 아세틸화는 그 유전자자리가 활성화되었다는 공유결합 표시를 제공한다. 개시 복합체 조립은 (다른 필요한 액티베이터가 결합한 후에) 진행되며, 어느 시점에서 히스톤은 일반적으로 치환된다.

추가적인 역동적인 일련의 수식 현상은 전사 과정의 신장 단계를 촉진하고, 신장하는 RNA 중합효소의 뒤에서 크로마틴을 "재설정(reset)"하는 역할을 한다. 전사 과정의 신장 단계가 진행되는 동안 중요한 몇 가지 인자가 밝혀졌다. 이들 중 첫 번째는 FACT(facilitates chromatin transcription)라고 불리는 보존된 헤테로다이머 인자이다. FACT는 시험관 내에서 H2A-H2B 샤페론 역할을 할 수 있으며, H2A-H2B 치환, 재조합 또는 생체 내 전사 중 둘 모두에 관여할 수 있다고 생각되어지고 있다. FACT 그리고 이와 유사한 인자들의 활성은 그림 28.26에 나타낸 모델을 제시하고 있는데, 이 모델에서 FACT(혹은 다른 인자)는 H2A-H2B를 RNA 중합효소 앞의 뉴클레오솜에서 분리한 다음, 그것을 효소 뒤에서 재조합하는 뉴클레오솜에 첨가하는 것을 돕는다. 이 과정에 다른 인자가 필요할 수 있다.

뉴클레오솜 치환 또는 전사 중 재조합에서 중요한 역할을 하는 몇 가지 다른 인자가 밝혀졌다. 이들 중에는 Spt6가 있는데, 이것은 FACT처럼 활발하게 전사된 영역에 동시에 위치하며, 뉴클레오솜 조립을 촉진시키는 히스톤 샤페론(histone chaperone)으로 작용할 수 있다. 히스톤 샤페론 CAF-1은 복제 중에만 작용하지만, CAF-1-상호작용 단백질인 Rtt106은 전사 과정 중 H3를 제거하는 역할을 한다. 이러한 활성의 중요한 결과는 고도로 전사된 유전자에서도 유리 DNA가 생성되지 않고, 대신 크로마틴으로 빠르게 재형성된다는 것이다. 프로모터와 유사하지만 일반적으로 전사 장치에 접근할 수 없는 유전자 위치로부터의 넌코딩 RNA의 전사인 "크립틱 전사(cryptic transcription)"를 방해하는 것이 중요하다.

핵심개념

- 리모델링 복합체는 아세틸기전이효소 복합체의 결합을 촉진할 수 있으며, 그 역반응도 가능하다.
- 히스톤 메틸화는 또한 크로마틴 수식 복합체를 구성할 수 있다.
- 서로 다른 수식 및 복합체는 전사 신장을 촉진시킨다.

개념 및 추론 확인

아세틸화가 어떻게 크로마틴 리모델링을 촉진하는가?

28.12 히스톤 인산화는 크로마틴 구조에 영향을 준다

모든 히스톤은 다른 상황에서 시험관 내에서 인산화될 수 있다. 히스톤은 다음의 세 가지 환경에서 인산화된다:

- 세포주기 동안 주기적으로
- 전사 중 크로마틴 리모델링과 관련하여, 그리고
- DNA 수복 동안에

링커 히스톤 H1이 유사분열 시 인산화된다는 것은 오랫동안 알려져 왔으며, 최근에는 H1이 세포분열을 조절하는 Cdc2 인산화효소의 매우 좋은 기질이라는 것이 밝혀졌다. 이것은 인산화가 크로마틴의 응축과 관련이 있을 것이라는 추측을 이끌어 냈지만, 지금까지 이 인산화 과정의 직접적인 효과는 입증되지 않았으며, 세포분열에 어떤 역할을 하는지도 밝혀져 있지 않다. 테트라히메나에서는 크로마틴의 전반적인 특성에 큰 영향을 미치지 않으면서, (유전자 발현에 일부 영향이 있지만) H1에 대한 모든 유전자를 결실시킬 수 있다.

히스톤 H3의 세린 10의 인산화는 크로마틴의 응축과 유사분열 진행뿐만 아니라 전사 활성화(동일한 말단에서 K14의 아세틸화를 촉진)와 관련이 있다. 초파리에서 히스톤 H3S10(JIL-1)을 인산화하는 인산화효소의 손실은 크로마틴 구조에 엄청난 영향을 미친다. 그림 28.27은 폴리텐(polytene) 염색체의 일반적 팽창 구조(위쪽 사진)와 JIL-1 인산화효소가 없는 눌(null) 돌연변이체의 구조(아래쪽 사진)을 비교하고 있다. JIL-1이 없으면 치명적이지만, 죽기 전에 유충에서 염색체를 관찰할 수 있다.

이것은 H3 인산화가 유크로마틴 영역에서 보다 확장된 염색체 구조를 생성하는 데 필요하다는 것을 시사한다. JIL-1이 크로마틴에 직접적으로 작용한다는 개념을 뒷받침하는 증거는 수컷에서 X 염색체에 결합하는 단백질의 복합체와 결합하여 유전자 발현을 증가시키고(*29.5절 X 염색체 전체는 변화를 받는다* 참조), JIL-1-의존성 H3 세린 10의 인산화는, 헤테로크로마틴 지표인 리신 9에서 H3의 메틸화에 길항 작용을 한다. 이것은 활성 크로마틴 구조를 촉진시키는 JIL-1의 역할과 일치한다. H3 인산화의 이 역할이, H3 인산화가 적어도 일부 종(포유동물과 섬모 *Tetrahymena*를 포함하여)에서 염색체 응축을 시작하기 위한 요건과 어떠한 관련이 있는지는 분명하지 않다.

이것은 히스톤 인산화의 역할에 대해 다소 상충되는 인상을 남긴다. 세포주기에서 그것이 중요한 곳에서는, 응축의 신호로 작용할 가능성이 높다. 전사 및 수복에 미치는 효과는 상반되는 것으로 보이는데, 여기서 전사 활성화 및 수복 과정과 양립 가능한 크로마틴 구조를 형성하는 데 기여한다. (수복 중 히스톤 인산화는 *10.5절 히스톤 변이체는 또 다른 뉴클레오솜을 생성한다*와 *16장 수복 시스템*에서 설명한다.)

물론, 히스톤의 메틸화가 전사에 대한 억제 효과 또는 활성화 효과를 나타낼 수 있는 방식과 비교하여, 하나의 히스톤에서 서로 다른 히스톤 또는 서로 다른 아미노산 잔기의 인산화가 크로마틴 구조에 정반대의 효과를 가지는 것이 가능하다.

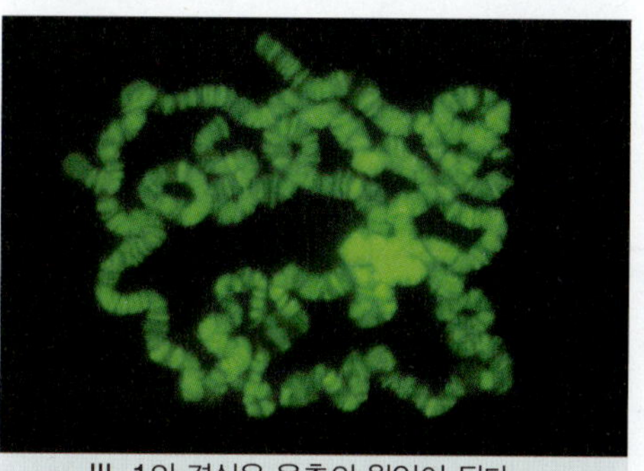

JIL-1의 결실은 응축의 원인이 된다

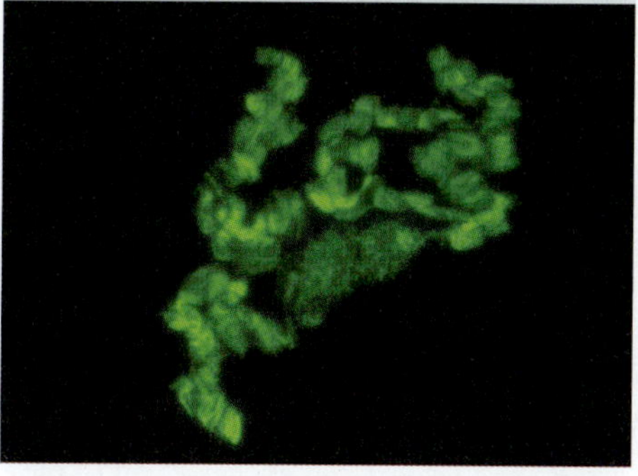

그림 28.27 JIL-1 키나아제가 없는 초파리의 폴리텐 염색체는 비정상적 폴리텐 염색체를 가지고 있다. 여기서 염색체는 풀어져서 확장되는 대신 응축된다. Photos courtesy of Jorgen Johansen and Kristen M. Johansen, Iowa State University.

핵심개념

- 히스톤 인산화는 전사, 수복, 염색체 응축 및 세포주기 진행과 관련이 있다.

개념 및 추론 확인

폴리텐 염색체에서 JIL-1 변이가 전사에 미치는 영향은 무엇인가?

28.13 효모 *GAL* 유전자: 활성화와 억제 모델

박테리아와 마찬가지로, 효모는 환경에 신속하게 반응할 수 있어야 한다(*26.3절 lac 오페론은 음성 유도성이다* 참조). 효모 *Saccharomyces cerevisiae*에서 *GAL* 유전자는 대장균의 *lac* 오페론과 유사한 기능을 한다. 위급한 상황에서, 에너지원으로 글루코오스가 거의 또는 전혀 없고 갈락토오스(또는 대장균의 경우, 락토오스)만 사용할 수 있는 경우, 대체할 수 있는 당을 분해하여 ATP를 생성할 수 있으므로 세포는 생존한다. 효모의 GAL 시스템은 수년 동안 진핵세포의 유전자 조절을 연구하는 모델 시스템이었다. 우리는 그림 28.28에 있는 두 개의 유전자, *GAL1*과 *GAL10*에 초점을 두고자 한다. 대부분의 진핵세포 유전자와 마찬가지로, GAL 유전자는 모노시스트론(monocistronic)이다. 이들 두 유전자 쌍(pair)은 **UAS(*u*pstream *a*ctivating *s*equence, 상류 활성화 배열)**라고 불리는 중앙 조절 영역으로부터 발현되고 전사되는데, 이것은 인핸서와 유사하다. 대장균의 *lac* 오페론과 마찬가지로, *GAL* 유전자는 기질인 갈락토오스에 의해 유도된다. 대장균에서와 같은 이유로, *GAL* 유전자는 또한 대사산물 억제(catabolite repression)의 제2 수준의 조절 하에 있다. 그들은 글루코오스의 충분한 공급이 있을 때, 기질인 갈락토오스에 의해 활성화될 수 없다.

▶ **UAS(Ubstream Activating Sequence, 상류 활성화 배열)** 효모에 존재하는 고등진핵생물의 인핸서에 해당되는 것. 전사 액티베이터 단백질들이 결합한다.

GAL 유전자는 다섯 단계의 서로 다른 수준에서 조절을 받고 있다. 첫 번째 조절 단계는 크로마틴 구조이다. SWI/SNF 및 아세틸기전이효소 복합체 SAGA의 서브유닛 중 어느 하나에서 돌연변이가 일어나면 GAL 유전자의 발현이 감소하게 된다. 두 번째 조절 단계 UAS에는 일반적인 인핸서와 Mig1 리프레서-결합 부위가 있다. 세 번째 조절 단계는 오픈 리딩 프레임 이상으로 억제된 크로마틴을 유지하는 데 도움이 되는 넌코딩(noncoding) 안티센스 RNA 전사물을 통하는 것이다. 네 번째 조절 단계는 GAL 유전자-특이적 갈락토오스 유도 메커니즘이다. 다섯 번째 조절 단계는 대사산물(글루코오스) 억제이다.

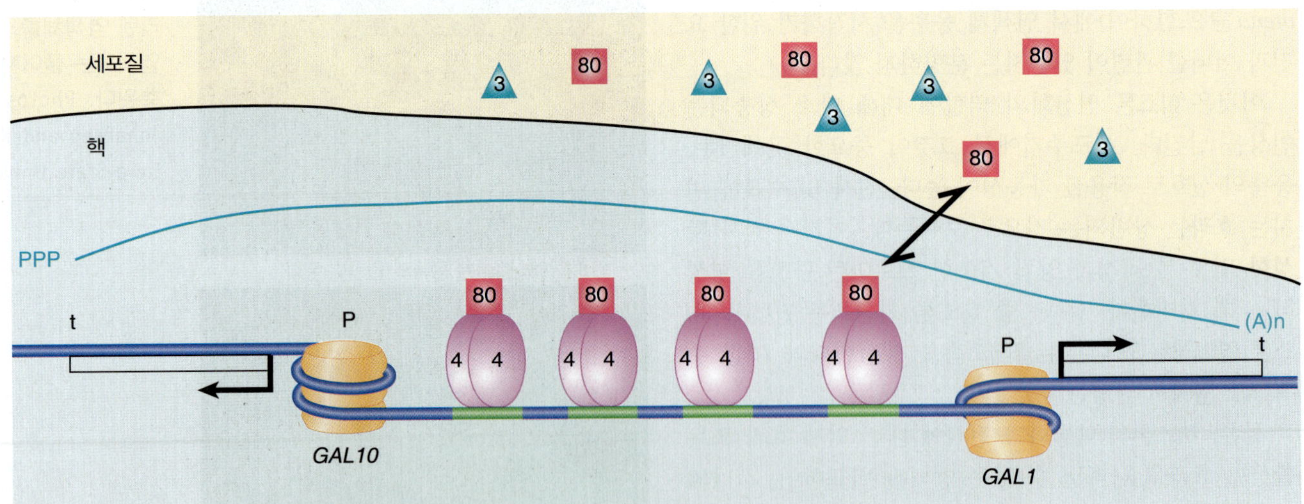

그림 28.28 효모 *GAL1/GAL10* 유전자자리는 UAS를 강조하고 있으며, Gal4, Gal80 및 Gal3 조절 단백질을 보여주고 있다. 유전자가 전사되지 않을 때 뉴클레오솜은 프로모터에 위치한다. GAL10에 대한 넌코딩 전사체 안티센스도 나타내었다.

*GAL1*은 특이적인 유전자로, 대부분 효모 유전자의 시작 부위에 존재하는 전형적인 뉴클레오솜이 없는 영역을 가지고 있지 않다. 대신, 개시 위치는 제대로 위치한 뉴클레오솜에 포함되어있는 반면, ~170 bp UAS 영역은 뉴클레오솜이 없는 상태로 유지되는데, 이는 잘 위치해 있는 뉴클레오솜이 부분적으로 크로마틴 리모델링 인자인 SWI/SNF에 의존적일지도 모른다. 이 DNA 영역은 특이한 염기 조성을 가지고 있는데, 매 10 염기쌍마다 짧은 AT 반복배열은 DNA를 구부러지게 한다. 히스톤 변이체 H2AZ(효모에서 Htz)를 포함하는 뉴클레오솜은 *GAL1*과 *GAL10*의 두 프로모터 상류에 위치하며, 굽은 DNA에 의해 제자리를 찾는 데 도움을 준다.

*GAL10*은 또한 3′말단에서 열린 크로마틴에 크립틱 프로모터(cryptic promoter)를 가지고 있다는 점에서 특이한 유전자이다. 이 프로모터는 *GAL10*의 안티센스인 넌코딩 RNA[크립틱 불안정한 전사물(cryptic unstable transcript 혹은 CUT), *30.3절 넌코딩 RNA는 유전자 발현을 조절하는 데 사용될 수 있다* 참조]를 전사하고, 확장하여 *GAL1*을 포함한다. 전사는 매우 비효율적이며 RNA 양은 부분적으로 빠른 분해로 인해 (세포당 1 사본 미만으로) 극히 낮다. 억제된 조건 하에서 이 프로모터는 (일반적으로 RNA 중합효소 I 전사 인자로 생각되는) Reb1 전사 인자에 의해 촉진된다. 넌코딩 전사는 H3K4 및 H3K36 메틸화를 유도하는 메틸기전이효소를 구성함으로써 *GAL1/10*의 두 유전자의 전사를 억제하며, 이는 다시 HDAC의 구성으로 크로마틴을 탈아세틸화시켜 닫힌 크로마틴을 유도한다.

GAL 유전자는 궁극적으로 양성 조절 인자 Gal4에 의해 조절을 받는데, 그림 28.28과 **그림 28.29**와 같이 조절 영역의 네 결합 부위에 이량체로서 결합한다. 이어서 Gal4는, 음성 조절 인자 Gal 80에 의해 조절 받는데, Gal80은 Gal4와 결합하여 Gal4의 활성 도메인을 마스킹하여 전사 활성을 방지한다. 이것이 *GAL* 유전자의 정상적인 상태이다: 작동되지 않고 유도되기를 기다리고 있다. Gal80은 일반적으로 세포질과 핵 사이를 왔다갔다 하며, 핵 위치 결정 도메인으로 인해 핵으로 다시 들어간다. 이어서 Gal80은 인듀서(inducer)인 갈락토오스에 의해 자체 조절되는 음성 조절 인자 Gal3에 의해 세포질 내에서 조절된다.

Gal3은 NADP와 함께 갈락토오스의 인산화된 유도체에 의해 활성화될 때, Gal80에 결합하는 능력을 갖는다. Gal3가 Gal80과 결합하면, Gal3은 Gal80의 핵 위치결정 신호를 가려서 핵으로 되돌아가는 것을 방해한다. 따라서 Gal3은 음성 조절 인자의 음성 조절 인자이며, 이것으로 인해 양성 조절 인자 Gal4가 만들어진다. Gal3은 Gal80의 핵 내 수준을 감소시키며, Gal4를 노출(unmasking)하여 유전자를 활성화시킨다. NADP는 "이차 전령 물질(second messenger)" 물질대사 센서로 생각된다.

노출된 Gal4는 이제 프로모터에서 많은 단백질과의 직접 접촉을 통해 *GAL1/10* 유전자를 활성화하는 과정을 시작할 수 있다. 유도(induction) 과정 중, Reb1은 더 이상 *GAL10*의 크립틱 프로모터에 결합하지 않으며, 크립틱 안티센스 전사체를 차단한다. Gal4는 H2B 히스톤 유비퀴틴화 인자(Rad6)와 결합하는데, 이는 히스톤 H3의 히스톤 메틸화를 촉진한다. 다음으로, SAGA 아세틸기전이효소 복합체는 H2B의 유비퀴틴을 제거하며 히스톤 H3를 아세틸화하여, 궁극적으로 두 프로모터로부터 안정한 뉴클레오솜을 제거하게 된다. 제거는 리모델러(remodeler) SWI/SNF와 히스톤 샤페론 Hsp90/70에 의해 촉진된다. 이것은 $TBP/TF_{II}D$의 결합원을 가능하게 하며, $TBP/TF_{II}D$는 RNA 중합효소 II와 코액티베이터 복합체인 매개 인자(Mediator)를 구성한다. 또한 신장 단계 조절 인자인 $TF_{II}S$ 도 결합된다.

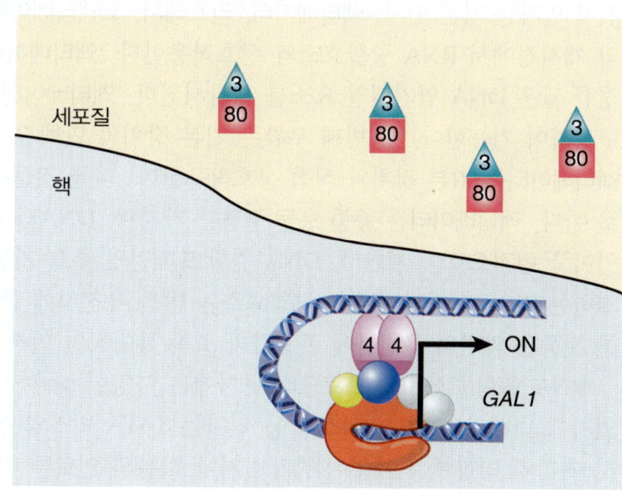

그림 28.29 효모 *GAL1* 유전자가 활성화될 때, Gal3은 세포질에서 Gal80을 보유하고있어, Gal4가 전사 장치를 구성하여 전사를 활성화시킨다.

전사의 신장 단계 동안, 오픈 리딩 프레임 상의 뉴클레오솜이 파괴된다(*20.8절 개시 단계에 이어 프로모터 제거와 신장 단계가 이어진다* 참조). 양 가닥의 크립틱 프로모터로부터의 가짜 전사를 막기 위해, RNA 중합효소 II가 통과할 때마다 히스톤 옥타머는 재구성되어야 한다. 많은 히스톤 샤페론 및 FACT 복합체는 신장 시 옥타머 분해 및 조립의 동역학에서 중요한 역할을 한다.

진핵세포에서의 대사산물 억제는 (cAMP를 양성 조절 인자로 사용하는) 대장균에서처럼 동일한 목적으로 사용되고는 있지만, 완전히 다른 메커니즘을 가지고 있다. 글루코오스는 갈락토오스에 비해 선호하는 당 공급원이다. 만일, 세포가 두 가지 당을 모두 가지고 있다면, 우선적으로 가장 좋은 공급원인 글루코오스를 사용하고 갈락토오스 이용을 위한 유전자를 억제한다. 효모 *GAL* 유전자의 글루코오스 억제는 다양하다. 글루코오스 의존 스위치는 단백질 인산화효소 Snf1이다.

글루코오스 억제는 Snf1을 불활성화시키는데, 이것은 Mig1을 활성 상태로 되게 하며, 억제된 뉴클레오솜의 양상을 회복하기 위해 히스톤 탈아세틸효소를 구성하는 것으로 알려진 Cyc8-Tup1 코리프레서와 상호작용한다. *GAL3*와 갈락토오스 침투 효소 전달체(galactose permease transporter)를 포함한 여러 다른 유전자의 전사 또한 마찬가지로 억제된다. 억제를 극복하려면 낮은 글루코오스 수준만이 필요하다. 이것은 인산화에 의해 Mig1을 불활성화하는 SNF1을 활성화시킨다. Mig1 인산화는 Cyc8-Tup1 코리프레서와의 상호작용을 방해하고, 또한 핵으로부터의 배출을 유도하여 글루코오스 억제를 완화시킨다.

핵심개념

- *GAL1/10* 유전자는 액티베이터인 Gal4에 의해 양성적으로 조절을 받는다.
- *GAL1/10* 유전자는 크로마틴 구조를 조절하는 크립틱 프로모터에서 합성된 넌코딩 RNA에 의해 음성적으로 조절된다.
- Gal4는 Gal80에 의해 음성적으로 조절되며 핵과 세포질 사이를 왕복한다.
- Gal80은 Gal3에 의해 세포질에서 음성적으로 조절되어 갈락토오스의 유도 인자에 의해 활성화된다.
- 활성화된 Gal4는 크로마틴을 변화시키고 RNA 중합효소를 구성하는 데 필요한 장치를 구성한다.
- 대사산물 억제는 글루코오스 의존성 단백질 인산화효소인 Snf1의 영향을 받는다.

개념 및 추론 확인

음성 조절 인자인 Gal3은 *GAL1*과 *GAL10*을 어떻게 양성적으로 조절하는가?

28.14 요약

전사 인자는 기본 인자, 액티베이터, 리프레서, 코액티베이터를 포함하고 있다. 기본 인자는 프로모터 내의 개시점에서 RNA 중합효소와 상호작용한다. 액티베이터는 프로모터 또는 인핸서 근처에 위치한 특정한 짧은 DNA 염기배열 요소를 결합시킨다. 액티베이터 한 계열은 크로마틴 리모델러와 수식 인자를 구성하여 기능한다. 두 번째 부류는 기본 장치와 단백질-단백질 상호작용을 함으로써 기능한다. 일부 액티베이터는 기본 장치와 직접 상호작용한다; 다른 것들은 상호작용을 매개하는 코액티베이터를 필요로 한다. 액티베이터는 종종 모듈 구조를 가지며, DNA와 결합하는 도메인과 전사를 활성화시키는 도메인이 독립적으로 존재한다. DNA-결합 도메인의 주요 기능은 개시 복합체 부근의 활성화 도메인을 연결하는 것일 수 있다. 일부 응답 요소는 많은 유전자에 존재하며 아주 흔한 요인에 의해 인식된다; 다른 것들은 약간의 유전자에 존재하며 조직-특이적인 인자에 의해 인식된다.

RNA 중합효소 II의 프로모터 근처에는 다양한 짧은 시스-작용 인자가 있으며, 각각은 트랜스-작용 인자에 의해 인식된다. 시스-작용 인자는 TATA 박스의 상류에 위치할 수 있으며, 전사개시점에 대해서 거리와 방향에 관계없이 존재하거나 하류의 인트론 내에 있을 수 있다. 이러한 인자는 프로모터가 사용되는 효율을 결정하기 위해 기본 전사복합체와 상호작용하는 액티베이터 또는 리프레서에 의해 인식된다. 일부 액티베이터는 기본 장치의 구성성분과 직접 상호작용한다; 다른 액티베이터는 코액티베이터라고 하는 매개자를 통해 상호작용한다. 기본 장치의 표적은 $TF_{II}D$의 TAF 또는 $TF_{II}B$ 또는 $TF_{II}A$이다. 상호작용은 기본 장치의 조립을 촉진한다.

여러 그룹의 전사 인자들은 배열 상동성으로 동정되었다. 호메오도메인은 곤충, 벌레 및 인간의 발생을 조절하는 60개의 아미노산 배열이다. 그것은 원핵세포의 헬릭스-턴-헬릭스 모티프와 관련이 있으며 이들 전사 인자들의 DNA-결합 모티프이다.

DNA 결합에 관련된 또 다른 모티프는 징크-핑거(zinc-finger)이다. 징크-핑거는 DNA 또는 RNA (또는 때로는 둘 다)와 결합하는 단백질에서 발견된다. 징크-핑거는 아연과 결합하는 시스테인과 히스티딘 잔기를 갖는다. 한 종류의 핑거(finger)는 여러 전사 인자의 많은 반복배열에서 발견된다; 또 다른 유형은 다른 전사 인자의 단일 반복배열 또는 이중 반복배열에서 발견된다.

류신 지퍼는 전사 인자의 다이머 형성에 관여하는 류신이 풍부한 일련의 아미노산을 포함하고 있다. 인접한 염기성 영역은 bZIP 전사 인자 내의 DNA에 결합하는 역할을 한다.

스테로이드 수용체는 작은 소수성 호르몬과 결합하여 단백질이 활성화되는 전사 인자 그룹으로 처음 확인되었다. 액티베이터는 핵 내에 위치하게 되며, 특정 반응 요소에 결합하여 전사를 활성화시킨다. DNA-결합 도메인은 징크-핑거를 가지고 있다.

HLH(helix-loop-helix) 단백질은 DNA에 결합하는 염기성 영역에 인접한 다이머 형성을 담당하는 양친매성 나선구조를 가지고 있다. bHLH 단백질은 DNA에 결합하고 두 그룹으로 나뉘는 염기성 영역을 가지고 있다: 어느 곳에서나 발현되는 그룹과 조직-특이적으로 발현되는 그룹이다. 활성 단백질은 보통 각각의 그룹으로부터 하나씩 유래된 두 서브유닛 간의 헤테로다이머로 이루어져 있다. 다이머가 염기성 영역을 가지지 않는 하나의 서브유닛을 가지고 있을 때, DNA와 결합하지 못하기 때문에 그러한 서브유닛은 유전자 발현을 막을 수 있다. 서브유닛의 조합 결합은 조절 네트워크를 형성한다.

많은 전사 인자들은 다이머로 기능하며, 호모다이머와 헤테로다이머를 형성하는 많은 패밀리 멤버가 존재하는 것이 일반적이다. 이것은 유전자 발현을 조절할 수 있는 복잡한 조합을 만들어 내는 잠재력이 된다. 어떤 경우, 패밀리는 억제성 멤버를 포함하고 있는데, 다이머 형성에 이 멤버가 참여함으로써 파트너의 전사를 활성화하지 못하게 한다.

조절 영역이 뉴클레오솜으로 구성된 유전자는 대개 발현되지 않는다. 특정 조절 단백질이 없는 경우, 프로모터 및 기타 조절 영역은 히스톤 옥타머에 의해 활성화될 수없는 상태로 이루어져 있다. 이것은 뉴클레오솜이 프로모터 부근에 정확하게 위치할 필요성을 설명할 수 있는데, 따라서 필수 조절 부위가 적절히 노출되어야 한다. 일부 전사 인자는 뉴클레오솜 표면에서 DNA를 인식할 수 있는 능력을 가지고 있으며, DNA의 특정 위치 선정이 전사의 개시에 필요할 수 있다.

크로마틴 리모델링 복합체는 ATP의 가수분해를 포함하는 메커니즘에 의해 히스톤 옥타머를 슬라이딩(sliding) 또는 치환하는 능력을 갖는다. 리모델링 복합체는 작은 것에서 매우 큰 것까지 다양하며, ATPase 서브유닛의 타입에 따라 분류된다. 일반적인 타입으로 SWI/SNF, ISWI, CHD 및 SWR1/INO80이 있다. 이러한 크로마틴 리모델링의 전형적인 형태는 DNA의 특정 염기배열로부터 하나 이상의 히스톤 옥타머를 치환하는 것이며, 이로 인해 인접한 뉴클레오솜의 정확한 위치 또는 선호하는 위치를 결정하는 경계를 만든다. 크로마틴 리모델링은 또한 뉴클레오솜의 위치 변화에 관여할 수 있으며, 때로는 DNA를 따라 히스톤 옥타머의 슬라이딩에 관여한다.

광범위한 공유결합 수식은 히스톤 테일에서 일어나며, 모두 가역적이다. 히스톤의 아세틸화는 복제 및 전사 모두에서 일어나며, 덜 치밀한 크로마틴 구조의 형성을 촉진한다. 전사 인자를 기본 전사 장치에 연결시키는 일부 코액티베이터는 히스톤 아세틸화효소 활성을 갖는다. 반대로, 리프레서는 탈아세틸효소와 관련이 있을 수 있다. 수식효소는 특정 아미노산, 특히 히스톤에 특이적이다. 일부 히스톤 수식은 다른 것들과 배타적이거나 시너지 효과가 있을 수 있다. 보존된 도메인(예를 들어, 브로모도메인 및 크로모도메인)은 단백질이 특이적으로 수식된 히스톤에 결합하도록 한다.

커다란 활성화 (또는 억제) 복합체는 종종 다양한 크로마틴 수식을 수행하는 여러 가지 활성을 포함하고 있다. 크로마틴을 수식하는 단백질에서 발견되는 공통된 일부 모티프는 (메틸화된 리신, methylated lysine에 결합하는) 크로모도메인, (아세틸화된 리신, acetylated lysine을 표적으로 하는) 브로모도메인, (히스톤 메틸기전이효소 활성 부위의 일부인) SET 도메인이다.

학습문제

1. 진핵세포 유전자 발현은 주로 다음 중 어느 단계에서 조절되는가?
   A. 전사 개시
   B. 전사 신장
   C. 번역 개시
   D. RNA 프로세싱
2. 트루 액티베이터(true activator)는 어디에 결합하는 전사 인자인가?
   A. 전사를 증가시키는 다른 단백질
   B. 프로모터
   C. 인핸서
   D. 프로모터 및 인핸서
3. 초파리에서 발달 조절에 관여하는 유전자들에서 중요한 DNA-결합 도메인은?
   A. 호메오도메인
   B. 스테로이드 수용체
   C. 류신 지퍼
   D. 징크-핑거
4. 류신 지퍼는 몇 번째마다 류신 잔기를 가지는 아미노산을 가지고 있는가?
   A. 5번째 위치
   B. 7번째 위치
   C. 10번째 위치
   D. 12번째 위치
5. 류신 지퍼는 무엇인가?
   A. 메이저 그루브에 모노머로 결합하는 양전하를 띤 나선구조
   B. 메이저 그루브에 모노머로 결합하는 음전하를 띤 나선구조
   C. DNA와 결합하는 염기성 영역을 지니고 다이머화 하는 양친매성 나선구조
   D. DNA와 결합하는 산성 영역을 지니고 다이머화 하는 양친매성 나선구조
6. 다세포 분열을 통해 지속되는 DNA 염기배열과 비의존적 크로마틴의 변화를 무엇이라고 하는가?
   A. 후성유전 효과
   B. 리모델링 효과
   C. 번역 효과
   D. 프리온
7. 진핵세포 크로마틴에서 단백질-코딩 유전자들의 프로모터에 뉴클레오솜이 없는 영역은 어디에 존재하는가?
   A. 개시점의 75 bp 상류
   B. 개시점의 75 bp 하류
   C. 개시점의 200 bp 상류
   D. 개시점의 200 bp 중간

8. 히스톤의 메틸화는 다음 중 어느 아미노산에서 가장 자주 발생하는가?
   A. 리신 및 아스파라긴
   B. 아스파라긴 및 글루타민
   C. 리신 및 아르기닌
   D. 리신 및 글루타민
9. 브로모도메인과 결합하는 것은 다음 중 무엇인가?
   A. 메틸화된 리신
   B. 메틸화된 아르기닌
   C. 아세틸화 리신
   D. 인산화된 세린
10. 어떤 히스톤 변이체가 프로모터에서 뉴클레오솜이 없는 영역의 측면에 있는 뉴클레오솜과 연관이 있는가?
   A. H2AX
   B. H2AZ
   C. macroH2A
   D. H3.3

핵심용어

activator
antirepressor
architectural protein
ATP-dependent chromatin remodeling complex
basal apparatus
boundary element
bromodomain
bZIP (basic zipper)
chromatin remodeling
chromodomain
coactivator
epigenetic
helix-loop-helix (HLH)
helix-turn-helix
histone acetyltransferase (HAT)
histone deacetylase (HDAC)
homeodomain
insulator
leucine zipper
lysine (K) acetyltransferase (KAT)
mediator
negative control
positive control
repressor
steroid receptor
true activator
UAS (upstream activating sequence)
zinc finger

읽을거리

Cairns, B. (2005). Chromatin remodeling complexes: strength in diversity, precision through specialization. *Curr. Opin. Gen. Devel.* **15**, 185–190. A review of the diverse family of chromatin remodelers and their roles in transcription and other functions.

Houseley, J., Rubbi, L., Grunstein, M., Tollervey, D., and Vogelauer, M. (2008). A ncRNA modulates histone modification and mRNA induction in the yeast *GAL* gene cluster. *Mol. Cell*, **32**, 685–695.

Lee, K. K., and Workman, J. L. (2007). Histone acetyltransferase complexes: one size doesn't fit all. *Nature Revs. Molec. Cell. Biol.* **8**, 284–295. A review of a variety of HAT (KAT) complexes and their roles in multiple DNA transactions, including transcription, chromosome decondensation, and others.

Li, B., Carey, M., and Workman, J. L. (2007). The role of chromatin during transcription. *Cell* **128**, 707–719. A review of many aspects of chromatin modification and remodeling and their relationship to transcriptional activation.

Peng, G., and Hopper, J. E. (2002). Gene activation by interaction of an inhibitor with a cytoplasmic signaling protein. *Proc. Natl. Acad. Sci. USA*. **99**, 8548–8553. A report describing the *GAL* gene system regulation.

Ruthenburg, A. J., Li, H., Patel, D. J., and Allis, C. D. (2007). Multivalent engagement of chromatin modifications by linked binding modules. *Nature Revs. Molec. Cell. Biol.* **8**, 983–994. A review of histone modifications and their recognition, with an emphasis on models for recognition of combinations of histone modifications.

Schnitzler, G. R. (2008). Control of nucleosome positions by DNA sequence and remodeling machines. *Cell Biochem. Biophys*. **51**, 67–80. A review of the interplay between intrinsic DNA sequence and chromatin remodeling in the establishment of activating vs. repressing nucleosome positions.

Science. (2008). **319**, 1781–1799. A collection of reviews on eukaryotic gene regulation.

29

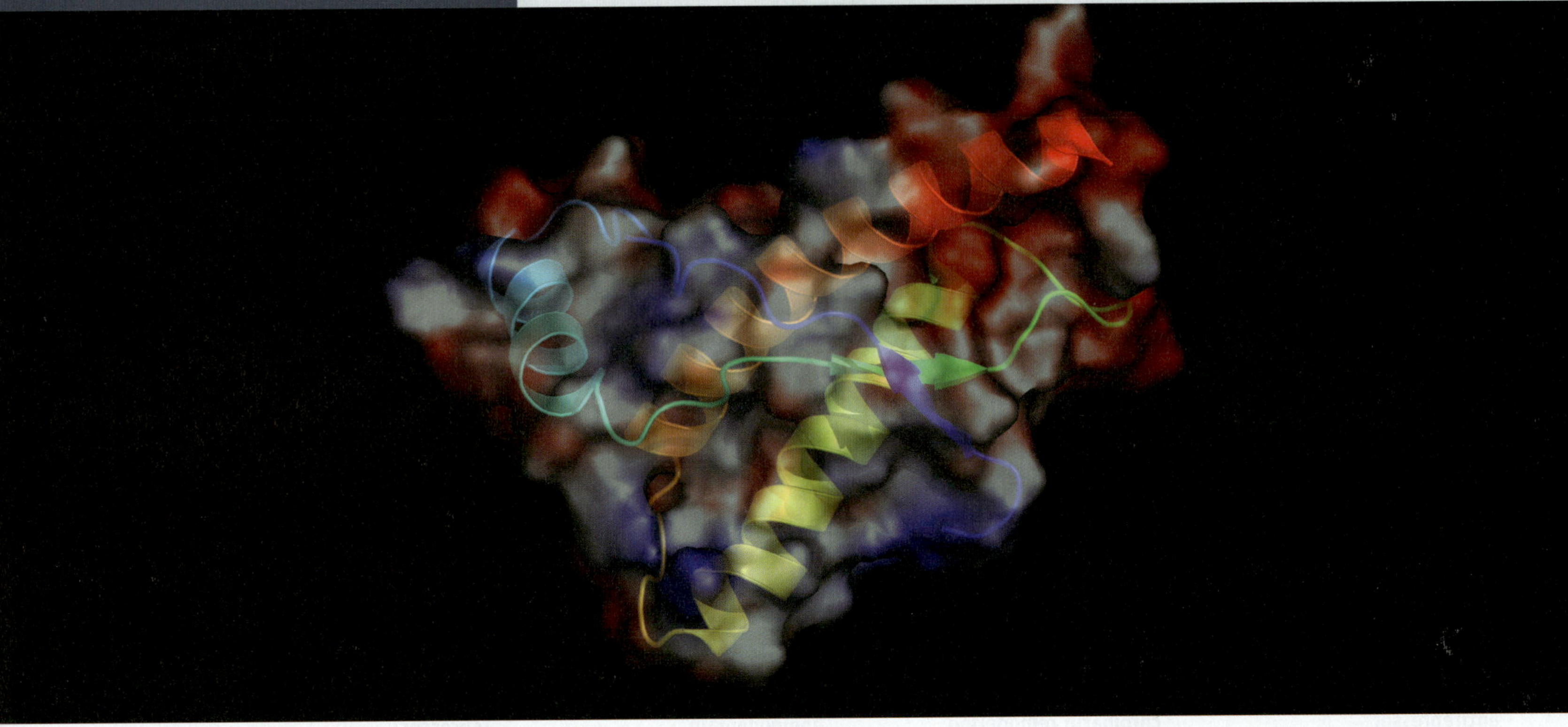

후성유전학적 효과는 유전된다

세포성(비감염성) 형태의 프리온 단백질. 내부의 리본 도표는 단백질 골격의 이차구조 모티프를 보여주고 있다. 투명 오버레이는 실제 단백질 표면을 나타내며, 전하을 띤 표면은 파란색(음 전하) 및 빨간색(양 전하)으로 나타난다. Photo courtesy of Martin Stumpe, Max-Planck-Institute for Biophysical Chemistry, Germany (http://www.martinstumpe.com).

29장 개요

29.1 서론

후성유전(**epigenetic** inheritance)은 DNA 염기배열의 변화 없이 서로 다른 표현형 결과를 가질 수 있는 여러 가지 기능 상태의 유전 현상을 말한다. 이것은 서로 다른 후생유전 패턴을 나타낼 수 있는 유전자 부위에서 *동일한* DNA 염기배열을 갖는 두 개체가 *서로 다른* 표현형을 나타낼 수 있음을 의미한다. 이러한 현상의 기본적인 원인은 DNA 염기배열에 의존하지 않도록 개체 중 하나에 자가-영속 구조(self-perpetuating structure)가 존재한다는 것이다. 아래와 같이 여러 가지 유형의 구조가 후성유전 효과를 나타나게 할 수 있다:

- (염기의 메틸화와 같은) DNA의 공유결합 수식.
- DNA에 결합되는 단백질 구조.
- 합성된 새로운 서브유닛의 구조(conformation)를 조절하는 단백질 집합체.

각각의 경우에 후성유전 상태는 구조에 의해 결정되는 기능의 차이(일반적으로 불활성화)에 기인한다.

▶ **후성유전(epigenetic)** 유전자형(genotype)을 바꾸지 않고 표현형(phenotype)에 영향을 미치는 수식들. 유전 정보의 변화로서 나타내는 것이 아닌 이 변이들은 유전되는 세포 특성의 변화들로 나타난다.

DNA 메틸화의 경우, 조절 영역에서 메틸화된 DNA 염기배열은 전사되지 않는 반면, 메틸화되지 않은 염기배열은 발현될 것이다. 그림 29.1은 이 상황이 어떻게 유전되는지를 보여주고 있다. 하나의 대립유전자(allele)는 DNA의 두 가닥 모두에서 메틸화된 염기배열을 갖는 반면, 다른 대립유전자는 메틸화되지 않은 염기배열을 갖는다. 메틸화된 대립유전자의 복제는 구조적으로 활성 상태인 DNA **메틸화효소(methyltransferase, 메틸기전이효소)**에 의해 메틸화 상태로 복원되는 헤미메틸화(hemimethylated)된 딸 대립유전자를 생성하며, 때로는 이들을 "지속 메틸화효소(maintenance methylase)"라고도 한다. 복제는 메틸화되지 않은 대립유전자의 상태에 영향을 미치지 않는다. 메틸화 상태가 전사에 영향을 미친다면 두 염기배열은 동일하지만 유전자 발현 상태가 다르게 된다. 앞으로 살펴보겠지만, DNA 메틸화(DNA methylation), 히스톤 수식(histone modification) 및 헤테로크로마틴 조립(heterochromatin assembly)은 모두 후성유전학적으로 침묵 상태(silenced state)를 강화시켜 다세포 분열에 대한 침묵 상태의 안정성을 높이는 데 기여한다.

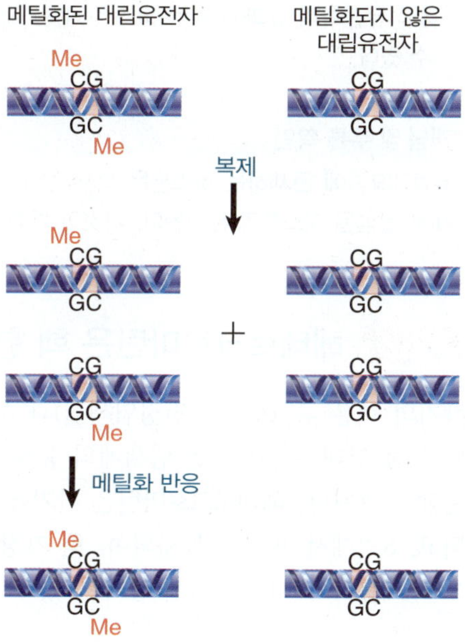

메틸화된 대립유전자
메틸화되지 않은 대립유전자
Me CG GC Me
복제
메틸화 반응

그림 29.1 메틸화 부위의 복제는 헤미메틸화된 DNA를 생성하는데, 여기서 부모 어버이 가닥만 메틸화된다. 영구 메틸화효소는 헤미메틸화 부위를 인식하고 딸 가닥의 염기에 메틸 그룹을 첨가한다. 이로 인하여 원래의 상황으로 복원하는데, 여기서 그 부위는 두 가닥 모두에서 메틸화되어 있다. 복제 후 메틸화되지 않은 부위는 메틸화되지 않은 상태로 남아 있다.

▶ **메틸화효소**(methyltransferase, **메틸기 전이효소**) 작은 분자, 단백질 또는 핵산 등의 기질에 메틸 그룹을 결합시키는 효소.

DNA에 조립되는 자가-영속 구조는 보통 유전자 내에서 유전자의 발현을 방해하는 헤테로크로마틴 영역(heterochromatic region)을 형성함으로써 억제효과를 나타낸다. 이들의 영속성은 헤테로크로마틴 영역에 있는 단백질이 복제 후 그 영역에 결합된 채로 남아 있고, 복합체를 유지하기 위해 더 많은 단백질 서브유닛을 구성하는 능력에 달려 있다. 만일 복제 시 각각의 서브유닛이 각 딸 이중구조에 무작위로 분포하게 되는 경우, 복제되기 전에 그 밀도가 반으로 줄어들지만 두 딸 이중구조(daughter duplex)는 단백질에 의해 계속 표시될 것이다. 그림 29.2에서 후성유전학적 효과의 존재는 그러한 상황

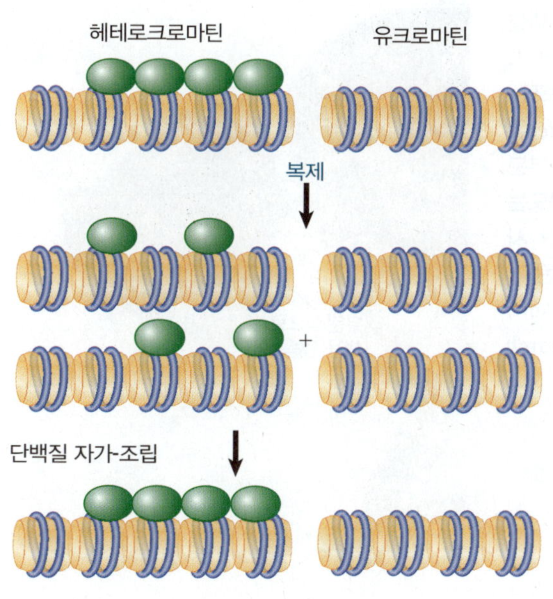

그림 29.2 헤테로크로마틴은 히스톤과 결합한 단백질에 의해 만들어진다. 세포분열 후에도 영속화되기 위해서 단백질이 새로 만들어진 각각의 딸 이중가닥과 결합하고, 새로운 단백질 서브유닛과 결합하여, 억제 복합체를 다시 조립한다.

의 원인이 되는 단백질이 원래의 복합체를 복원할 수 있는 일종의 자가-주형(self-templating)이나 자가-조립(self-assembling) 능력을 가져야 한다는 견해를 강하게 의미하고 있는 것을 나타낸다.

이것은 단백질 그 자체의(*per se*) 존재보다는 단백질 수식의 상태일 수 있으며, 이는 후성적 유전 효과의 원인이 된다. 보통 히스톤 H3과 H4의 테일(tail)은 연속적 헤테로크로마틴에서는 아세틸화되지 않는다(그 대신 특정 부위에서 메틸화된다). 그러나 만일 헤테로크로마틴이 부적합하게 아세틸화되면, 침묵 유전자(silenced gene)는 활성화될 수 있다. 그 효과는 유사분열과 감수분열을 통해 지속될 수 있는데, 이것은 히스톤 아세틸화의 상태를 변화시킴으로써 후성유전학적 효과가 생성되었음을 시사하고 있다.

▶ **프리온(prion)** 핵산을 함유하지 않지만 유전 가능한 형질로 행동하는 단백질성의 감염물질. 예로는 양의 스크래피(scrapie)와 소해면상뇌증(sheep and bovine spongiform encephalopathy, BSE)에서의 발병 인자인 PrP^{Sc}와 효모에서 유전 상태를 나타내는 [*PSI*+]가 있다.

후성유전학적 효과 중 하나를 일으키는 독립적인 단백질 응집체(**prion**, **프리온**이라고 함)는 정상적인 기능을 표시할 수 없는 형태로 단백질을 격리함으로써 작용한다. 일단 단백질 응집체가 형성되면, 새로 합성된 단백질 서브유닛이 불활성 형태로 결합하게 한다.

핵심개념

- 후성유전학적 효과(epigenetic effect)는 핵산이 합성된 후, 수식되거나 결합 단백질 구조가 지속될 때 발생할 수 있다.

개념 및 추론 확인

뉴클레오좀에 존재하는 히스톤은 복제 전에 복제분기점의 바로 뒤에 있는 두 딸 이중구조에 무작위로 분배되어 새로 합성된 히스톤과 혼합된다. 이것이 특정 후성유전학적 상태를 유지하는 데 어떻게 기여할 수 있을까?

29.2 헤테로크로마틴은 핵 형성 과정으로부터 퍼져 나간다

▶ **위치 효과 다양성(position effect variegation, PEV)** 헤테로크로마틴에 근접한 결과로 발생하는 유전자 발현의 침묵(억제) 현상.

간기의 핵은 유크로마틴(진정염색질)과 헤테로크로마틴(이질염색질)을 포함하고 있다. 헤테로크로마틴의 응축 상태는 유사분열 염색체의 응축 상태에 가깝다. 헤테로크로마틴은 여러 가지 면에서 유크로마틴과 구별된다. 헤테로크로마틴은 간기에서 응축된 상태로 남아 있으며, 일반적으로 전사적으로 억제되고, S기에서 후기에 복제되며, 핵 가장자리에 위치할 수 있다. 센트로미어 헤테로크로마틴은 일반적으로 새틀라이트 DNA로 구성되어 있다; 그러나 헤테로크로마틴의 형성은 염기배열로 엄격하게 정의되지 않는다. 유전자가 염색체 전좌(chromosomal translocation) 또는 트랜스펙션(형질주입) 및 통합에 의해 헤테로크로마틴에 인접한 위치로 옮겨지면, 유전자가 새로운 위치의 결과로 불활성 상태가 되는데, 이것은 유전자가 헤테로크로마틴이 되었음을 의미한다.

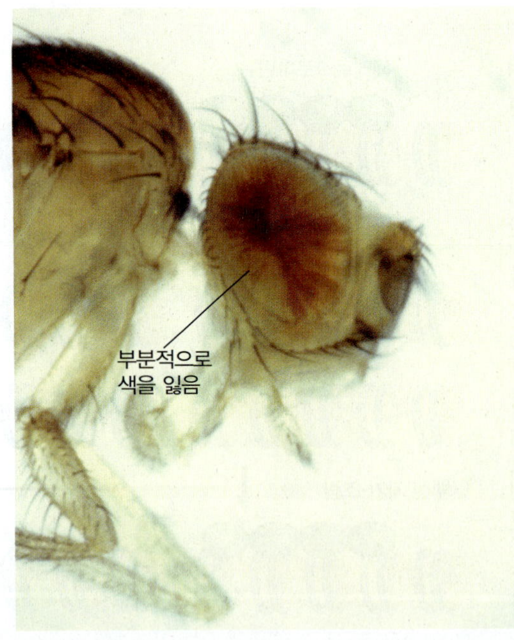

그림 29.3 *white* 유전자가 헤테로크로마틴 근처에 삽입됐을 때, 눈 색깔에서 위치 효과 다양성이 나타난다. *white* 유전자가 불활성화된 세포는 흰색 눈 부분을 만드는 반면 *white* 유전자가 활성화된 세포는 붉은색 부분을 만든다. 이 효과의 심각성 정도는 삽입된 유전자와 헤테로크로마틴 사이의 근접성 정도에 따라 결정된다. Photo courtesy of Steven Henikoff, Fred Hutchinson Cancer Research Center.

이러한 불활성화는 후성유전학적 효과의 결과이다. 그것은 동물의 개별 세포마다 다를 수 있으며, 유전적으로 동일한 세포가 서로 다른 표현형을 갖는 **위치 효과 다양성(position effect variegation, PEV)** 현상을 일으킬 수 있다(PEV는 *10장 Methods and Techniques*에서 소개되었다). PEV 현상은 초파리에서 잘 연구되어져 있다. 그림 29.3은 초파리의 눈에서의 위치 효과 다양성의 예를 보여주고 있다. 눈의 일부 영역은 색을 가지고 있지 않은 반면, 다른 영역은 빨간색이다. 이것은 (빨간 색소를 발달시키는 데 필요한) 백색 유전자가 일부 세포에서 인접한 **헤테로크로마틴**에 의해 불활성화되기 때문에 발생하지만, 다른 세포에서는 여전히 활성이 남아있기 때문이다.

이 효과에 대한 설명을 **그림 29.4**에 나타내었다. 불활성화는 헤테로크로마틴에서 가변 거리(variable distance)에 인접한 영역으로 퍼져 나간다. 일부 세포에서는 가까운 유전자를 불활성화 시키기에 충분하지만, 다른 유전자에서는 그렇지 않다. 이것은 배아 발생의 특정 지점에서 일어나고, 그 지점 이후 유전자의 상태는 자손세포(progeny cell)에 의해 안정적으로 유전된다. 유전자가 불활성화된 조상으로부터 유래된 세포는 기능 상실(loss-of-function)의 표현형(백색의 경우, 색이 없음)에 상응하는 패치(부분)를 형성한다.

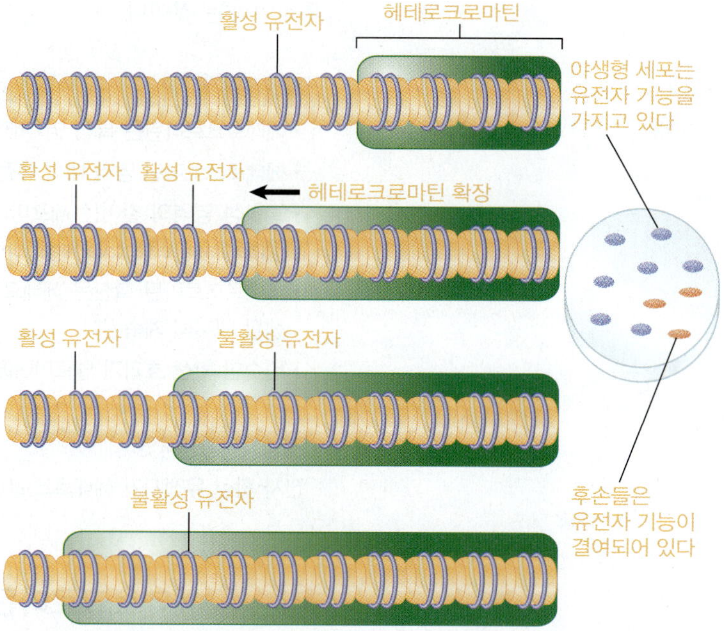

그림 29.4 헤테로크로마틴의 확산은 유전자를 불활성화시킨다. 유전자가 불활성화될 가능성은 헤테로크로마틴 부위와의 거리에 달려있다.

유전자가 헤테로크로마틴에 더 가깝게 있을수록 그것이 불활성화될 확률이 높아진다. 이는 헤테로크로마틴의 형성이 두 단계의 과정이라는 사실로부터 유래한다: (이 염기배열을 인식하는 단백질의 결합에 의해 유발되는) 특정 염기배열에서 핵 형성 과정이 일어나고, 불활성 구조가 크로마틴 섬유를 따라 전파된다. 불활성 구조가 확장되는 거리는 정확하게 결정되지 않았으며, 단백질 구성 성분의 제한량과 같은 파라미터(매개변수)의 영향을 받아 확률적(stochastic)일 수 있다. 확산 과정에 영향을 미칠 수 있는 한 가지 요인은 해당 영역의 프로모터 활성화이다; 활성 프로모터는 확산을 억제할 수 있다. 또한 인슐레이터(insulator, 절연 인자)는 헤테로크로마틴 확산을 방지함으로써 전사 활성 영역을 보호할 수 있다(*10.12절 인슐레이터는 독립적인 도메인을 한정한다* 참조).

헤테로크로마틴에 더 가까운 유전자는 불활성화될 가능성이 더 높으며, 따라서 세포의 많은 부분이 불활성화될 것이다. 이러한 모델로부터, 헤테로크로마틴 영역의 경계는 필요로 하는 단백질 중 하나의 공급을 모두 소모함으로써 종료될 수 있다는 것을 예측하고 있다. 실제로, 헤테로크로마틴 형성을 조절하거나 기여하는 많은 단백질은 헤테로크로마틴 확산에 대한 이들 단백질의 용량-의존적 효과(dosage-dependent effect)에 대해 초파리에서 스크린하여 최초로 확인되었다.

효모에서의 **텔로미어 사일런싱(telomeric silencing, 텔로미어 침묵)** 효과는 초파리에서의 위치 효과 다양성(PSV)과 유사하다; 텔로미어 위치로 전위된 유전자는 동일한 종류의 다양한 활성 상실을 나타낸다. 이것은 텔로미어에서 전파되는 확산 효과 때문이다. 이 경우, 텔로미어 반복배열에 Rap1 단백질의 결합은 *29.3절 헤테로크로마틴은 히스톤과의 상호작용에 의해 결정된다*에 설명된 대로 헤테로크로마틴 단백질의 결합을 초래하는 핵 형성 과정을 촉발한다.

▶ **텔로미어 사일런싱(telomeric silencing, 텔로미어 침묵)** 텔로미어 부근에서 일어나는 유전자 활성의 억제 현상.

텔로미어 외에도 효모에서 헤테로크로마틴이 핵 형성되는 두 개의 다른 부위가 있다. 효모 교배 타입(mating type)은 단일 활성 부위(*MAT*)의 활성에 의해 결정되지만, 게놈에는 교배형 염기배열(*HML* 및 *HMR*) 두 개의 다른 사본을 포함하고 있는데, 이는 불활성 형태로 유지된다(이 시스템은 *15.9절 효모는 특수한 재조합 메커니즘을 사용하여 교배 타입을 전환한다*에서 소개하였다). 침묵 유전자 부위(silent loci) *HML*과 *HMR*은 (텔로미어에서 과정을 시작하는 데 필요한 단일 단백질, Rap1보다는) 여러 단백질의 결합을 통해 헤테로크로마틴을 핵 형성하는데, 이는 텔로미어에서와 유사한 헤테로크로마틴의 확장으로 이어진다. 효모에서의 헤테로크로마틴은 다른 종에서의 헤테로크로마틴의 특징을 나타내는데, 예를 들면 전사의 불활성화와 자가-영속 단백질(self-perpetuating protein) 구조가 (일반적으로 탈아세틸화된) 뉴클레오좀에 결합되어 있다. 효모 헤테로크로마틴과 대부분의 다른 종의 헤테로크로마틴과 주목할 만한 유일한 차이점은 출아 효모(budding yeast)의 히스톤 메틸화가 사일런싱과 관련이 없는 반면, 대부분의 다세포 진핵세포에서 히스톤 메틸화의 특정 부위는 헤테로크로마틴 형성의 주요 특징이라는 것이다.

핵심개념

- 헤테로크로마틴은 특정 염기배열에서 핵이 형성되고, 불활성 구조는 크로마틴 섬유를 따라 전파된다.
- 헤테로크로마틴 영역 내의 유전자는 불활성화된다.
- 불활성 영역의 길이는 세포마다 다를 수 있다; 결과적으로, 이 영역에서 유전자의 불활성화는 위치 효과 다양성(position effect variegation)을 일으킨다.
- 헤테로크로마틴 확산은 헤테로크로마틴에 필요한 단백질이 고갈되거나 장애물(예: 인슐레이터(절연 인자)이 발생할 때까지 계속된다.
- 비슷한 확산 효과가 텔로미어에서 일어나며, 효모에서는 침묵 교배 타입 유전자 부위에서 일어난다.

개념 및 추론 확인

전사 활성 유전자가 헤테로크로마틴 확산을 막는 이유는 무엇인가?

29.3 헤테로크로마틴은 히스톤과의 상호작용에 의해 결정된다

크로마틴의 불활성화는 뉴클레오좀 섬유에 단백질을 첨가함으로써 일어난다. 불활성화는 유전자 발현에 필요한 장치에 접근할 수 없게 하는 크로마틴의 응축, 조절 부위에 대한 접근을 직접 차단하는 단백질의 첨가 또는 전사를 직접 저해하는 단백질의 존재를 포함하는 다양한 효과로부터 기인될 수 있다.

분자 수준에서 잘 연구되어진 두 가지 시스템은 포유동물에서 HP1과 효모에서 SIR 복합체이다. 각 시스템에 관련된 많은 단백질이 진화론적으로는 관련이 없지만, 일반적인 반응 메커니즘은 유사하다: 크로마틴의 접촉 지점은 히스톤의 N 말단 테일이다.

헤테로크로마틴 형성을 조절하는 분자 메커니즘에 대한 우리의 이해는 위치 효과 다양성(PEV)에 영향을 주는 돌연변이체로부터 알게 되었다. 초파리에서는 약 30개의 유전자가 확인되었다. 이들은 다양성을 억제(*su*ppress *var*iegation)하는 작용을 하는 유전자의 경우 *Su*(*var*), 다양성을 향상(*e*nhance *var*iegation)시키는 유전자의 경우 *E*(*var*)로 체계적으로 명명되었다. 유전자가 돌연변이체 위치의 작용에 따라 명명되었음을 기억하라; 따라서 *Su*(*var*) 돌연변이는 헤테로크로마틴의 형성에 필요한 유전자에 위치하고 있다. 이들에는 히스톤 탈아세틸화효소(histone deacetylases)와 같은 크로마틴에 작용하는 효소 및 헤테로크로마틴에 위치하고 있는 단백질을 포함하고 있다. 이와는 대조적으로, *E*(*var*) 돌연변이는 유전자 발현을 활성화시키는 데 필요한 산물을 가지고 있다. SWI/SNF 복합체의 멤버를 포함하고 있다(*28.7절 크로마틴 리모델링은 능동적인 과정이다* 참조).

HP1(*h*eterochromatin *p*rotein 1)은 가장 중요한 *Su*(*var*) 단백질 중 하나이다. 이 단백질은 이 단백질에 대한 항체와 다사성(polytene) 염색체의 염색을 통하여 헤테로크로마틴에 위치하고 있는 단백질로 처음 확인되었다. 그것은 후에 유전자 *Su*(*var*)*2-5*의 산물인 것으로 확인되었다. 분열효모 *Schizosaccaromyces pombe*의 상동체는 *SWI6* 유전자에 의해 코드되어 있다. HP1은 지금 HP1α라고 불리고 있는데, 그 이유는 두 개의 관련 단백질인 HP1β 및 HP1γ가 발견되었기 때문이다.

HP1은 N-말단 근처에 크로모도메인(chromodomain)을 포함하고 있으며, C-말단에서는 크로모-섀도우 도메인과 관련된 다른 도메인을 포함하고 있다. HP1 크로모도메인은 리신9(H3K9me3)에서 트리메틸화(trimethylated)된 히스톤 H3에 결합한다.

H3 N-말단에 작용하는 탈아세틸화 효소의 돌연변이는 K9에서의 메틸화를 방해한다. 이것은 **그림 29.5**에 나와 있는 헤테로크로마틴 형성을 개시하는 모델로 이어진다. 먼저 탈아세틸화 효소(deacetylase)가 H3 테일에서 아세틸 그룹을 제거하여 SUV39H1 메틸기 전이효소(methyltransferase, KMT1A 라고도 함)가 H3K9를 메틸화시켜 HP1이 결합할 신호를 생성하도록 한다. 이것이 불활성 크로마틴을

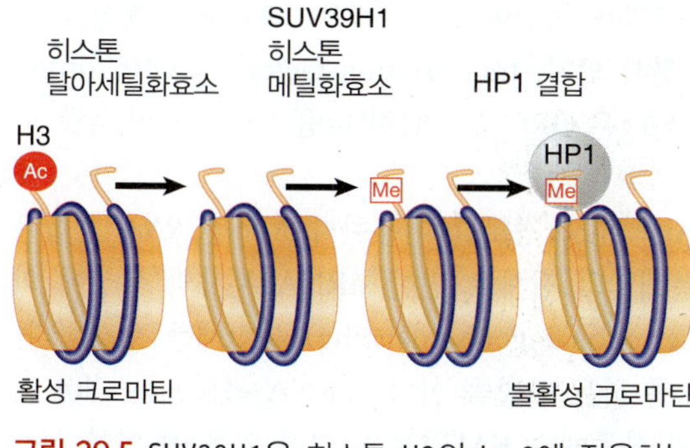

그림 29.5 SUV39H1은 히스톤 H3의 Lys9에 작용하는 히스톤 메틸화효소이다. HP1은 메틸화된 히스톤에 결합한다.

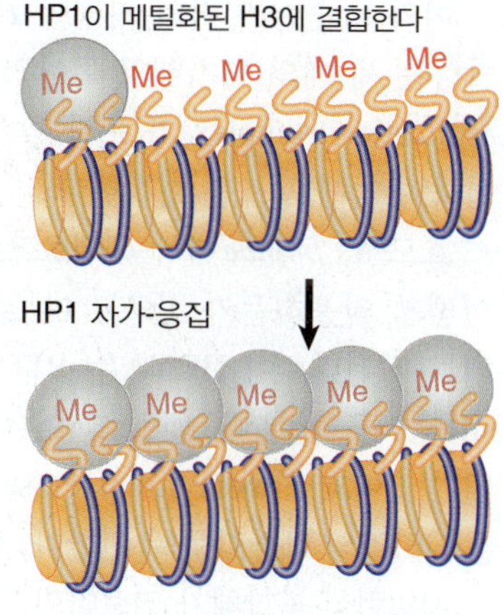

그림 29.6 메틸화된 히스톤 H3에 HP1의 결합은 침묵 작용을 야기한다. 이는 추가되는 HP1 분자가 연속되는 뉴클레오솜 가닥에 응집하기 때문이다.

형성하는 계기가 된다. 그림 29.6은 불활성 영역이 다른 HP1 분자가 서로 상호작용하는 능력에 의해 확장될 수 있음을 보여주고 있다.

텔로미어에서의 헤테로크로마틴 형성과 효모에서의 침묵 교배 타입 위치는 *침묵 정보조절인자(silent information regulator, SIR* 유전자)로 알려진 유전자의 중첩 세트에 의존한다. *SIR2*, *SIR3* 또는 *SIR4*의 돌연변이는 *HML* 및 *HMR*이 활성화되도록 하고 텔로미어 헤테로크로마틴 근처에 통합된 유전자의 불활성화를 완화시킨다. 따라서 이러한 SIR 위치의 산물은 두 타입의 헤테로크로마틴의 비활성 상태를 유지하는 역할을 한다.

그림 29.7은 이들 단백질의 작용 모델을 보여준다. 텔로미어에서, 이 과정은 텔로미어에서 C1-3A 반복 배열에 결합하는 염기배열-특이적 DNA-결합 단백질인 Rap1에 의해 시작된다. 단백질 Sir3과 Sir4는 Rap1과 상호작용하며, 또한 서로 상호작용한다(헤테로멀티머로 작용할 수도 있음). Sir3/Sir4는 히스톤 H3 및 H4의 N-말단 테일과 상호작용하며, 아세틸화되지 않은 테일을 선호한다. 또 다른 SIR 단백질인 Sir2는 탈아세틸화 효소이며, Sir3/4 복합체와 크로마틴의 결합을 유지하기 위해 그 활성이 필요하다.

Rap1은 헤테로크로마틴이 형성되는 DNA 염기배열을 확인하는 중요한 역할을 한다. Sir3/Sir4를 구성하고 H3/H4와 직접 상호작용한다. 일단 Sir3/Sir4가 히스톤 H3/H4에 결합하면, 그 복합체는 더 중합되어 크로마틴 섬유를 따라 확장될 수 있다. 이것은 Sir3/Sir4 자체 코팅(coating)이 억제 효과를 가지거나, 혹은 히스톤 H3/H4에 대한 결합이 구조에 더 이상의 변화를 유도하기 때문에 영역을 불활성화시킬 수 있다. Sir3의 C-말단은 핵 라민 단백질(nuclear lamin protein)(핵 매트릭스의 성분)과 유사하고 헤테로크로마틴을 핵 주변으로 연결시키는 역할을 한다.

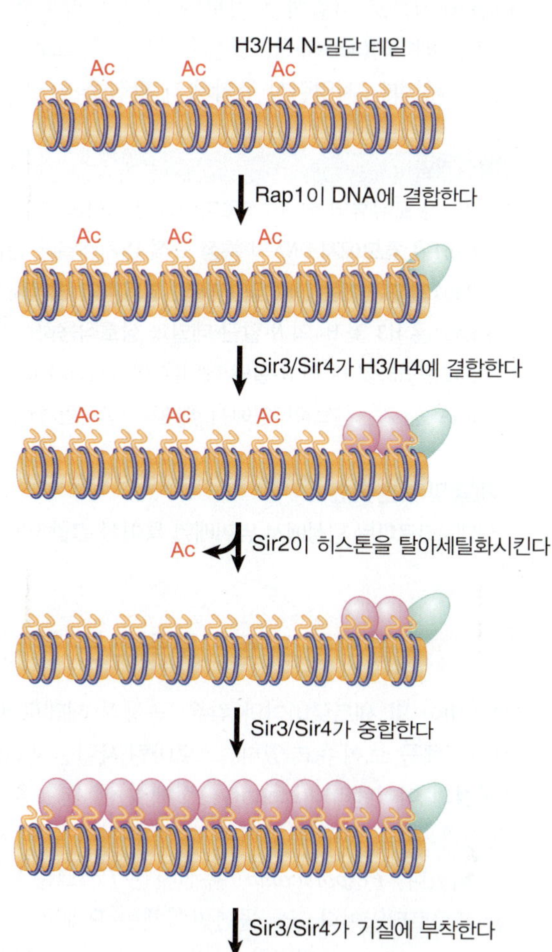

그림 29.7 헤테로크로마틴의 형성은 Rap1이 DNA에 결합하며 시작된다. Sir3/4는 Rap1에 결합하고 또한 히스톤 H3/H4에 결합한다. Sir2는 히스톤을 탈아세틸화한다. 이 SIR 복합체는 크로마틴을 따라 중합되며 텔로미어를 핵 기질(nuclear matrix)에 연결시킨다.

이와 비슷한 일련의 과정이 *HMR*과 *HML*의 침묵 영역을 형성한다. 이 경우, 복합체의 형성을 유발하는 세 개의 염기배열-특이적 인자인 Rap1, Abf1(전사 인자, transcription factor) 및 ORC(*o*rigin *r*eplication *c*omplex)가 포함된다. 다른 SIR 단백질인 Sir1은 ORC에 결합한 다음 Sir2, -3 및 -4를 구성하여 억제 구조를 형성한다.

효모 *S. pombe*에서 헤테로크로마틴의 형성은 RNAi-의존성 경로를 이용한다(*30.6절 RNA 간섭은 어떻게 작용하는가* 참조). 이 경로는 센트로미어 반복배열의 전사로 인한 siRNA 분자의 생성에 의해 시작된다. 이 siRNA는 RITS(*R*NA-*i*nduced *t*ranscriptional gene *s*ilencing) 복합체를 형성한다. siRNA 구성성분은 센트로미어에서 복합체를 위치하도록 하는 역할을 한다. siRNA 복합체는 Clr4 메틸기 전이효소[methyltransferase, 초파리 *Su*(*Var*)*3-9*의 상동체인 KMT1로 알려져 있음]에 의한 히스톤 H3K9의 메틸화를 촉진한다. H3K9 메틸화는 HP1, Swi6의 효모 *S. pombe* 상동체를 구성한다.

사일런싱 복합체가 크로마틴 활성을 어떻게 억제하는가? 조절 단백질이 목표를 찾을 수 없도록 크로마틴을 응축시킬 수 있다. 가장 단순한 경우에는 전사 인자와 RNA 중합효소의 존재와 사일런싱 복합체의 존재가 서로 양립할 수 없다고 가정하는 것이다. 그 이유는 사일런싱 복합체가 리모델링을 차단하고 (따라서 간접적으로 인자가 결합을 방해하는 것) 전사 인자에 대한 DNA의 결합 부위를 직접적으로 어렵게 하기 때문일 수 있다. 그러나 전사 인자와 RNA 중합효소가 침묵 상태에 있는 크로마틴의 프로모터에서 발견될 수 있기 때문에, 이러한 상황은 간단하지 않을 수 있다. 이것은 사일런싱 복합체가 그러한 방식으로 결합하는 것보다 인자가 작동하지 못하도록 방해할 수 있음을 의미한다. 실제로, 유전자 엑티베이터(activator, 활성화 인자)와 크로마틴의 억제 효과 간의 경쟁이 있을 수 있으므로, 프로모터의 활성화는 사일런싱 복합체의 확산을 억제한다.

핵심개념

- HP1은 포유류의 헤테로크로마틴을 형성하는 주요 단백질이며, 메틸화된 히스톤 H3에 결합하여 작용한다.
- Rap1은 효모에서 DNA의 특정 표적 염기배열에 결합하여 헤테로크로마틴의 형성을 개시한다.
- Rap1의 표적에는 *HML* 및 *HMR*의 텔로미어 반복배열 및 사일런서(silencer)를 포함한다.
- Rap1은 H3 및 H4의 N-말단 테일과 상호작용하는 Sir3/Sir4를 구성한다.
- Sir2는 H3 및 H4의 N-말단 테일을 탈아세틸화하고 Sir3/Sir4의 확산을 촉진한다.
- RNAi 경로는 센트로미어에서 헤테로크로마틴 형성을 촉진한다.

개념 및 추론 확인

헤테로크로마틴 형성에서 염기배열-특이적 결합 단백질의 역할은 무엇인가?

29.4 폴리콤과 트리토락스는 항억제 인자이며 액티베이터이다

텔로미어 및 센트로미어와 같은 구성적 헤테로크로마틴의 영역은 크로마틴 구조에 의한 특이적인 억제의 한 예를 보여주고 있다. 크로마틴 사일런싱(chromatin silencing)에 대한 또 다른 내용은 초파리에서 [체절의 아이텐티티(identity, 정체성)에 영향을 주는] 호메오 유전자(homeotic gene)의 유전학으로 밝혀졌다. 이들 연구로 인하여 특정 유전자를 억제상태로 *유지*할 수 있는 단백질 복합체를 동정할 수 있게 되었다. *Pc*(*polycomb*) 유전자는 *Pc* 그룹(*Pc-G*)이라고 불리는 ~15개의 유전자 부위 클래스에 대한 프로토타입이다. *Pc* 돌연변이체는 호메오 유전자에서 기능-획득(gain-of-function) 돌연변이와 동등한 세포 타입의 형질전환(transfomation)을 보여주는데, 그 이유는 *Pc* 돌연변이체에서 이 유전자가 정상적으로 억제되는 조직에서 발현되기 때문이다. 이것은 음성적으로 전사를 조절하는 *Pc*를 의미한다. Pc 그룹의 다양한 유전자 돌연변이는 일반적으로 호메오 유전자를 억제하는 것과 같은 결과를 가져 오는데, 이는 단백질 그룹이 공통적인 조절 역할을 할 가능성이 있음을 시사하고 있다.

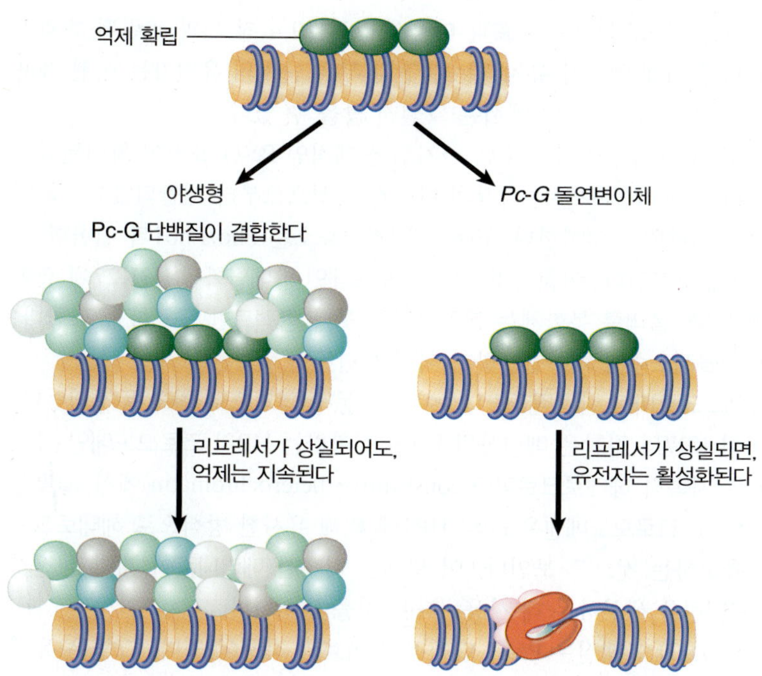

그림 29.8 Pc-G 단백질은 억제를 유도하는 것이 아니라, 억제 유지를 담당한다.

Pc-G 단백질은 일반적인 리프레서가 아니다. 이들 단백질은 그들이 작용하는 유전자 발현의 초기 양상을 결정하지 않는다. Pc-G 단백질이 없는 경우, 이 유전자는 처음에는 평소와 같이 억제되지만, 발현이 진행된 후 Pc-G 그룹 기능과 억제는 사라진다. 이것은 *Pc-G 단백질이 어떤 식으로든 그것이 존재하면 억제의 상태를 인식하고, 딸세포의 세포분열을 통해 그것을 지속시키고 있다*는 것을 암시하고 있다. 즉, Pc-G 단백질은 억제의 *유지(maintenance)* 단계에 필요하지만, 초기 확립 단계에는 필요하지 않다. **그림 29.8**은 Pc-G 단백질이 리프레서와 함께 결합하는 모델을 나타내고 있지만, 리프레서가 더 이상 이용 가능하지 않은 후에는 Pc-G 단백질은 결합된 채로 남아있다. 이것은 억제 상태를 유지하기 위해 필요하므로, Pc-G 단백질이 없다면 유전자가 활성화된다.

Pc 단백질은 폴리콤-억제 복합체(*P*olycomb-*r*epressive *c*omplexe, PRC)로 알려진 큰 복합체로 작용한다. 이러한 복합체는 히스톤 탈아세틸효소(deacetylase), 메틸전이효소 및 유비퀴틴 리가아제(ubiquitin ligase) 활성과 같은 다양한 기능 및 효소 활성을 갖는 단백질을 함유하고 있다. 예를 들어, Esc-E(z) 복합체는 Pc-G 단백질 Esc, E(z) 메틸전이효소, 히스톤 결합단백질, 그리고 히스톤 탈아세틸화효소(deacetylase)을 포함하는 반면, PRC1 복합체는 Pc 그 자체, 몇몇 다른 Pc-G 단백질 및 5개의 일반적인 전사 인자를 포함한다. Pc 그 자체는 메틸화된(methylated) H3에 결합하는 크로모 도메인을 가지고 있다. 이러한 특성은 PRC에 의한 크로마틴 리모델링과 억제 간의 연관성을 보여주고 있다.

Pc-G 유전자에 대한 반응을 가능하게 하는데 충분한 DNA 영역을 폴리콤-반응 요소(polycomb response element, PRE)라고 한다. 이것은 기능적으로 발생 과정에서 주변 영역의 억제를 유지하는 특성으로 정의할 수 있다. PRE에 대한 분석은 초기 발생 과정에서 억제된 인핸서에 의해 조절되는 리포터 유전자에 가깝게 삽입한 다음, 리포터가 자손(descendant)에서 계속 발현되는지 여부를 결정하는 것이다. 효과적인 PRE는 그러한 재발현(reexpression)을 방해할 것이다.

PRE는 ~10 kb에 이르는 복잡한 구조이다. PRE 내의 부위에 대한 DNA-결합 활성을 가진 Pho, Pho1 및 GAGA 인자(*GAGA f*actor, GAF)를 비롯한 여러 단백질이 확인되었고 또한 다른 결합 단백질들도 있을 수 있다. 그러나 한 유전자 부위가 Pc-G에 의해 억제되면, Pc-G 단백질은 PRE 자체보다 훨씬 더 큰 DNA 영역을 차지한다. Pc는 PRE 주변의 수 kb의 DNA에서 부분적으로 발견된다. 이러한 사실은 PRE가 Pc-G 단백질에 의존하는 구조적 상태가 전파될 수 있는 핵 형성 센터(nucleation center)를 제공할 수 있음을 시사한다. 이 모델은 위치 효과 다양성(그림 29.4 참조)과 관련된 효과가 관찰됨으로써 증명되었다; 즉, Pc-G에 의해 억제가 유지되는 유전자 부위 근처의 유전자는 어떤 세포에서는 유전적으로 불활성화될 수 있지만 다른 유전자에서는 그렇지 않을 수 있다.

Pc-G 단백질의 효과는 식물, 곤충 및 포유동물에서 수백 가지의 잠재적인 Pc-G 표적이 확인된다는 점에서 매우 크다. PRE에서의 Pc-G 결합 작동 모델은 각각의 단백질 특성으로부터 제안되었다. 첫 번째 Pho와 Pho1은 PRE 내의 특정 염기배열에 결합한다. E(z) 메틸전이효소는 Pho/Pho1과 결합한다; 그런 다음 히스톤 H3의 리신 27을 메틸화시킨다. 이것은 Pc의 크로모도메인이 메틸화된 H3K27에 결합하기 때문에, PRC 결합 부위를 만든다. 폴리콤 복합체는 크로마틴의 보다 콤팩트한 구조를 유도한다; 각각의 PRC 복합체는 약 세 개의 뉴클레오솜에 외부접근하기 어렵게 만든다.

실제로 크로모도메인은 Pc와 헤테로크로마틴 단백질 HP1 사이의 상동성 영역으로 최초 동정되었다. Pc의 크로모도메인과 H3의 메틸화된 K27의 결합은 메틸화된 K9에 결합하는 HP의 크로모도메인 작용과 비슷하다. 다양성(variegation)은 지속적 헤테로크로마틴(constitutive heterochromatin)에서 불활성이 확산됨으로써 일어나며, 결과적으로 크로모도메인은 Pc와 HP1에 의해 유사한 방식으로 헤테로크로마틴 또는 불활성 구조의 형성을 유도하는 것으로 보인다. 이 모델은 비슷한 메커니즘이 개별 유전자 자리를 억제하거나 혹은 헤테로크로마틴을 생성하는 데 사용된다는 것을 의미한다.

트리토락스 그룹(*trithorax* group, *trxG*) 단백질은 Pc-G 단백질에 역효과 작용이 있다: 그들은 유전자를 활성 상태로 유지하는 역할을 한다. 두 그룹의 작용에는 몇 가지 유사점이 있을 수 있다: 일부 유전자 부위의 돌연변이는 Pc-G와 trxG 모두 기능하지 못하게 하는데, 이러한 사실은 이들이 공통적인 구성성분을 필요로 하고 있음을 시사하고 있다. trxG 단백질은 매우 다양하다; 일부는 SWI/SNF와 같은 크로마틴 리모델링 효소의 서브유닛을 포함하는 반면, 다른 것들은 Pc-G 단백질의 활성과 상반될 수 있는 히스톤 **탈메틸 효소(demethylase)**와 같은 중요한 히스톤 수식 활성을 가지고 있기도 하다. trxG 단백질은 크로마틴에 전사 인자가 구조적으로 접근할 수 있도록 작용한다. 비록 PcG와 trxG 단백질은 서로 다른 결과를 촉진하고 있지만, 동일한 PRE에 결합하므로 호메오 유전자 발현 조절에 직접적으로 경쟁하고 있다.

▶ **탈메틸 효소(demethylase)** 일반적으로 DNA, RNA 또는 단백질에서 메틸 그룹을 제거하는 효소의 일반적인 명칭.

핵심개념

- 폴리콤 그룹 단백질(polycomb group protein, Pc-G)은 세포분열을 통해 억제 상태를 지속시킨다.
- PRE는 Pc-G의 작용에 필요한 DNA 염기배열이다.
- PRE는 Pc-G 단백질이 불활성 구조를 전파하는 핵 형성 센터(nucleation center)를 제공한다.
- 트리토락스(trithorax) 그룹 단백질은 Pc-G의 작용과 반작용을 한다.

개념 및 추론 확인

*Pc*의 돌연변이는 호메오 유전자의 탈억제를 초래한다. 초파리 SWI/SNF의 ATPase 서브유닛인 trxG 유전자, *brahma*에서 돌연변이는 이들 유전자 발현에 어떤 영향을 줄 수 있는가? *Pc* brahma 이중돌연변이체의 경우에는 어떤 영향을 주는가?

29.5 X 염색체 전체는 변화를 받는다

염색체 성(sex) 결정을 하는 종의 경우, X 염색체의 수가 다양하기 때문에, 개개인의 성은 유전자 조절에 흥미로운 문제를 야기하고 있다. 만일 X-연관 유전자가 각각의 성별에서 똑같이 잘 발현된다면, 암컷은 수컷의 두 배나 되는 산물을 갖게 된다. 이러한 상황을 피하는 것의 중요성은 **유전자량 보정(dosage compensation)**의 존재가 보여주고 있는데, 이것은 두 성에서 X-연관 유전자의 발현 수준을 동일하게 한다. 서로 다른 종에서 사용되는 메커니즘을 그림 29.9에 요약하였다:

▶ **유전자량 보정(dosage compensation)** 한 성(sex)에는 두 개의 X 염색체가 존재하지만, 다른 한 성에는 한 개의 X 염색체만 존재하는 것 같은 불균형을 보정하는 메커니즘.

- 포유류에서 암컷의 두 X 염색체 중 하나는 불활성화 된다. 결과적으로 암컷은 활성 X 염색체를 하나만 가지게 되는데, 이는 수컷에서 발견되는 것과 동일한 상황이 된다. 암컷의 활성 X 염색체와 수컷의 단일 X 염색체는 같은 수준으로 발현된다.
- 초파리에서는 수컷의 단 하나의 X 염색체 발현은 각 암컷 X 염색체의 발현에 비해 두 배가 된다.
- 예쁜꼬마선충에서, 각 암컷(실제로는 자웅동체, hermaphrodite) X 염색체의 발현은 하나뿐인 수컷 X 염색체의 발현에 비해 절반으로 줄어든다.

	포유류	파리	벌레
	불활성화 하나의 ♀X	이중 발현 ♂X	반쪽 발현 두 개의 ♀X
X X			
X Y			

그림 29.9 암컷과 수컷에서 X-염색체 발현을 동일하게 하기 위해 다양한 유전자량 보정 방법이 사용된다.

이러한 모든 유전자량 보정 메커니즘의 공통적인 특징은 *전체 염색체가 조절의 표적*이라는 것이다. 염색체상의 모든 프로모터에 정량적으로 영향을 주는 전체적인 변화가 발생한다. 우리는 포유류 암컷에서 X 염색체가 불활성화됨으로써 전체 염색체가 헤테로크로마틴이 되는 것을 가장 잘 알고 있다.

헤테로크로마틴의 두 가지 특성은 그것의 응축 상태와 그와 연관된 전사 불활성이다. 헤테로크로마틴은 두 가지 타입으로 나눌 수 있다:

- **지속적 헤테로크로마틴(constitutive heterochromatin)**은 코딩 기능이 없는 특정 염기배열을 포함하고 있다. 일반적으로 이들은 센트로미어에서 자주 발견되는 새틀라이트 DNA와 텔로미어 반복배열을 포함한다. 이 영역들은 내재성 염기배열이기 때문에 언제나 헤테로크로마틴으로 존재한다.
- **선택적 헤테로크로마틴(facultative heterochromatin)**은 하나의 세포 계열에서는 불활성인 단편 내지 전체 염색체의 형태를 취하지만, 다른 세포 계열에서는 발현될 수 있다. 좋은 예가 포유류의 X 염색체이다. 암컷의 불활성 X 염색체는 헤테로크로마틴 상태로 지속되는 반면, 활성 X 염색체는 유크로마틴이다. 따라서 동일한 *DNA 염기배열은 두 상태 모두에 관여한다*. 일단 불활성 상태가 되면, 이것은 자손 세포로 유전된다. 이것은 DNA 염기배열에 의존하지 않기 때문에 후성 유전의 예이다.

▶ **지속적 헤테로크로마틴(constitutive heterochromatin)** 영구적으로 발현하지 않는 염기배열의 불활성 상태, 보통 새틀라이트 DNA (위성 DNA).

▶ **선택적 헤테로크로마틴(facultative heterochromatin)** 포유류 암컷의 활성 X 염색체와 같은 활성 사본에도 존재하는 비활성화 상태.

▶ **단일-X 가설(single-X hypothesis)** 암컷 포유동물에서 하나의 X 염색체의 불활성화를 설명하는 이론.

암컷 포유류 X 염색체의 상태에 대한 기본적인 개념은 1961년의 **단일-X 가설(single-X hypothesis)**에 의해 형성되었다. X-연관 코트-색(coat-color) 돌연변이에 대해 이형접합(heterozygous)인 암컷 마우스는 코트의 일부 영역은 야생형이지만 다른 부분은 돌연변이형을 나타내는 얼룩덜룩한 표현형(variegated henotype)을 나타낸다. 그림 29.10은 만일 *두 개의 X 염색체 중 하나가 작은 전구체 집단의 각 세포에서 무작위로 불활성화된다*면 이러한 결과가 설명될 수 있음을 보여준다. 야생형 유전자를 가지고 있는 X 염색체가 불활성화된 세포는 활성 염색체상의 돌연변이 대립유전자만을 발현하는 자손을 만든다. 다른 염색체가 불활성화된 전구체로부터 유래된 세포는 활성의 야생형 유전자를 갖는다. 코트 색의 경우, 특정 전구체에서 유래한 세포가 함께 모여 있으면서 같은 색의 패치를 형성하여 뚜렷한 얼룩덜룩한 패턴을 만든다. 다른 경우, 한 집단의 각 세포는 X-연관 대립유전자 중 하나 또는 다른 하나

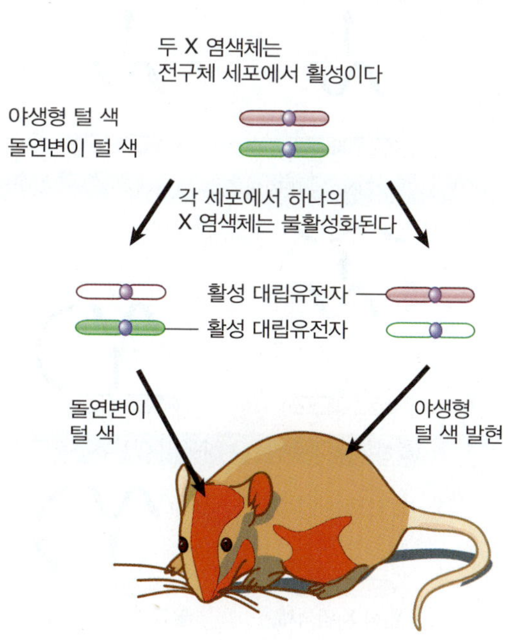

그림 29.10 X 연관 다양성(X-linked variegation)은 각 전구체 세포내 하나의 X 염색체에 대한 무작위적인 불활성화에 의해 일어난다. 활성 염색체에 양성(+) 대립유전자를 가진 세포는 정상적인 표현형을 갖게 되지만, 활성 염색체에 음성(-) 대립유전자를 가진 세포는 돌연변이형을 갖게 된다.

를 발현하게 된다. 예를 들어, X-연관 유전자 부위 *G6PD*의 이형접합자(heterozygote)에서, 어느 특정 적혈구는 두 개의 대립형질 중 하나만을 발현하게 된다.

▶ ***n*-1 규칙(*n*-1 rule)** 하나의 X 염색체만이 암컷 포유동물 세포에서 활성화된다고 규정하는 규칙. 다른 것들은 불활성화된다.

암컷에서 X 염색체의 불활성화는 ***n*-1 규칙(*n*-1 rule)**의 지배를 받는다: 그러나 많은 X 염색체가 존재하지만, 하나를 제외하고는 모두 불활성화될 것이다. 물론, 정상적인 암컷에는 두 개의 X 염색체가 있지만, 드물게 비분리(nondisjunction)로 인하여 3X 이상의 유전형을 생성하는 경우, X 염색체 하나만 활성화된다. 이것은 특정 과정이 하나의 X 염색체로 제한되며 모든 다른 것에 적용되는 불활성화 메커니즘으로부터 그것을 보호한다는 일반적인 모델을 제시한다.

X 염색체상의 단일 유전자 부위는 불활성화에 충분하다. X 염색체와 상염색체(autosome) 사이에서 전좌(translocation)가 일어날 때, 이 유전자 부위는 상호 산물 중 하나에만 존재하며 오직 그 생산물만이 불활성화될 수 있다. 서로 다른 전좌를 비교함으로써, *Xic*(*X*-*i*nactivation *c*enter)라고 불리는 이 유전자 부위를 매핑할 수 있었다. 450 kb의 클로닝된 영역에는 *Xic*의 모든 특성을 포함하고 있다. 이 염기배열이 상염색체 상에 전이유전자(transgene)로서 삽입되면, 상염색체는 불활성화될 수 있다.

*Xic*은 시스-작용(*cis*-acting) 유전자 부위로, X 염색체 수를 세어 하나를 제외한 모든 사본을 불활성화하는 데 필요한 정보가 들어 있다. 두 개의 X 염색체 상의 *Xic* 유전자 부위가 쌍을 이룬다는 것은 X 불활성화의 무작위 선택 메커니즘을 시사하고 있다. 불활성화는 전체 X 염색체를 따라 *Xic*에서 확산된다. *Xic*이 X 염색체-상염색체 전좌에 있을 때, 불활성화는 (비록 그 효과는 항상 완전하지는 않지만) 상염색체 영역으로 확산된다.

*Xic*은 여러 개의 긴 넌코딩 RNA(noncoding RNA, ncRNA)를 발현하는 복잡한 유전자 부위이다. 이 중 가장 중요한 것은 *Xist*(*X i*nactive *s*pecific *t*ranscript)라는 유전자로 *불활성* X 염색체에서만 안정적으로 발현된다. 이 유전자의 작용은 실제로 턴-오프된 염색체 상의 다른 모든 유전자 부위와 반대이다. Xist가 결실되면 X 염색체가 불활성화되는 것을 방해한다. 그러나 (다른 X 염색체가 불활성화될 수 있기 때문에) 카운팅 메커니즘을 방해하지는 않는다. 따라서 우리는 *Xic*의 두 가지 특징, 즉 카운팅에 필요한 미확인 요소(들)와 불활성화에 필요한 *Xist* 유전자를 구별할 수 있다.

n−1 규칙은 *Xist* RNA의 안정화가 "디폴트(default, 기본)"이며 일부 차단 메커니즘이 하나의 X 염색체(활성화된 X)에서 안정화를 방해하고 있음을 시사하고 있다. 이것은 *Xic*이 염색체의 *불활성화*에 필요하고 충분하지만, *활성화된* X 염색체의 확립을 위해서는 다른 유전자 산물이 필요하다는 것을 의미한다.

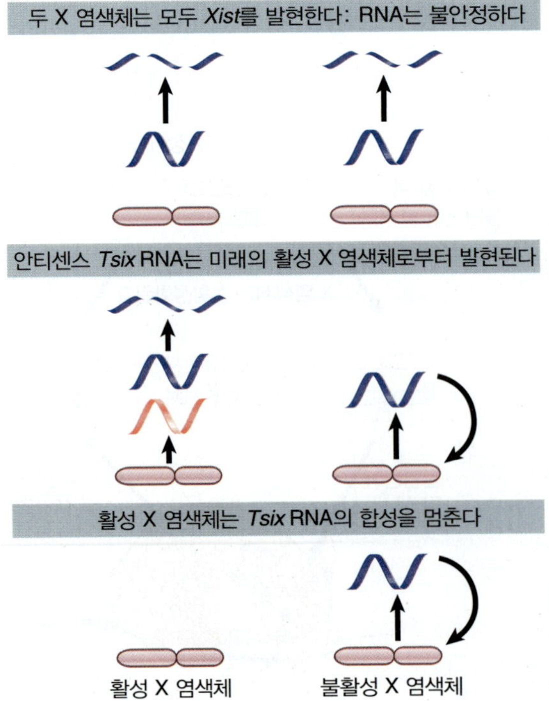

그림 29.11 X-염색체 불활성화는 불활성 염색체를 덮어 싸고 있는 *Xist* RNA의 안정성과 관계가 있다.

Xist 전사체는 그 안티센스 파트너인 *Tsix*에 의해 음성적인 방식으로 조절된다. 미래의 불활성 X 염색체에 대한 *Tsix* 발현이 부족하면 *Xist*가 상향 조절되어 불활성화가 안정화되도록 하고, 앞으로의 활성 X에 대한 *Tsix*의 지속적 발현은 Xist 상향 발현 조절을 방해한다.

그림 29.11은 X-불활성화(X-inactivation)에서 *Xist*와 *Tsix* RNA의 역할을 나타낸 것이다. *Xist*는 오픈 리딩 프레임이 없는 넌코딩 RNA를 코딩하고 있다. *Xist* RNA는 합성된 X 염색체를 "코팅(coating)"한다; 이것은 구조적인 역할을 한다는 것을 암시한다. X-불활성화에 앞서, *Xist* RNA는 암컷의 두 X 염색체에 의해 합성되었다. 불활성화에 이어, RNA는 불활성 X 염색체에서만 발견된다. 전사 속도는 불활성화 전과 후에

동일하게 유지되므로, 전이는 전사 후 과정에 달려 있다.

미래의 불활성 X에 대한 *Xist*의 축적은 (RNA 중합효소 II와 같은) 전사 장치를 배제하고, 폴리콤(polycomb) 리프레서 복합체(*p*olycomb *r*epressor *c*omplexe, PRC1 및 PRC2)를 구성하게 하는데, 이는 일련의 광범위한 염색체 히스톤 수식(H2AK119 유비퀴틴화, H3K27 메틸화, 그리고 H4K20 메틸화 및 H4 탈아세틸화)을 일으키게 한다. 이 과정의 후반부에, 불활성 X 특이적 히스톤 변이체인 macroH2A가 크로마틴에 통합되고, 프로모터 DNA는 메틸화된다. 이러한 변화를 그림 29.12에 요약하였다(프로모터 메틸화의 억제 효과는 다음 절에서 논의한다). 이때, 불활성 X의 헤테로크로마틴 상태는 안정적이며, *Xist*는 염색체의 침묵 상태를 유지할 필요는 없다. 불활성 X에 대한 유전자의 광범위한 침묵에도 불구하고 ~5%의 유전자가 불활성 X 염색체에서 여전히 전사된다. 두 X 염색체 상의 유전자는 X 불활성화되기 전에 활성화되어 있음을 주목하는 것이 중요한데, 이는 발생의 ~1000 세포 단계에서 발생한다. X "카운팅(counting)"은 이러한 초기 단계에서 발생하며, 두 X의 기능이 필요하다; 그렇지 않으면 XO 유전자형(터너 증후군, Turner Syndrome)의 검출 가능한 효과가 없을 것이다.

전반적인 변화는 다른 유형의 유전자 보정에서도 일어난다. 초파리에서, 큰 리보핵산단백질(ribonucleoprotein) 복합체인 MSL은 수컷에서만 발견되며, X 염색체에 위치하고 있다. 이 복합체는 수컷 X에 위치시키기 위해 필요한 것으로 보이는 두 개의 넌코딩 RNA(noncoding RNA)(아마도 *Xist*가 불활성 포유동물 X에 위치하는 것과 유사함) 및 수컷 X 전체에 걸쳐 히스톤 H4의 K16을 아세틸화하는 히스톤 아세틸화효소(histone acetyltransferase)를 포함하고 있다. 이 복합체 작용의 최종 결과는 수컷 X에 대한 모든 유전자의 전사가 두 배 증가한 것이다. 예쁜꼬마선충에서 암컷/자웅동체는 두 개의 X 염색체를 전반적으로 응축시켜 단일 남성 X에 비해 각각의 발현을 절반으로 줄이는 메커니즘을 사용한다.

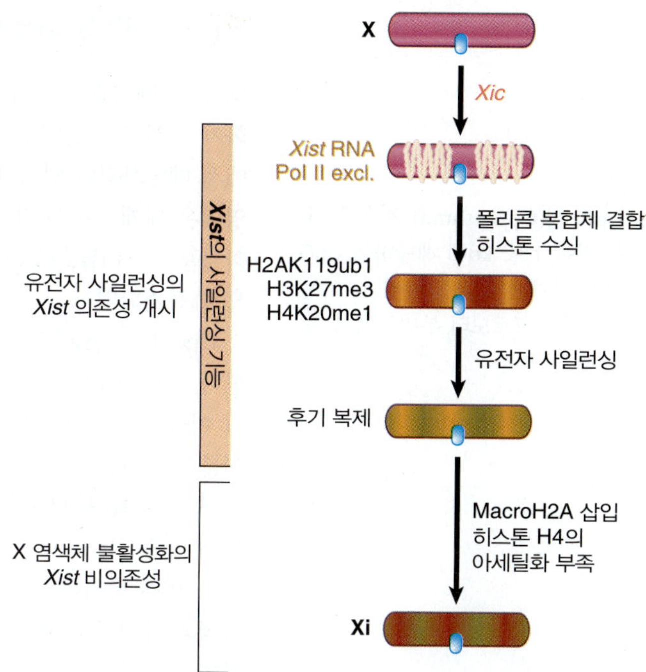

그림 29.12 *Xic* 위치에서 생성된 *Xist* RNA는 불활성화된 X 염색체(Xi) 위에 축적된다. 이는 RNA 중합효소(Pol II)와 같은 전사 복합체를 차단한다. 폴리콤 그룹 복합체는 *Xist*가 덮여진 염색체에 결합하여 전 염색체로 히스톤 수식을 진행한다. 히스톤 macroH2A는 Xi에서 풍부해지고, Xi의 유전자의 프로모터는 메틸화된다. 이 단계에서 X 불활성화 현상은 비가역적이며, *Xist*는 침묵 상태의 유지에는 필요로 하지 않는다.

핵심개념

- 암컷의 두 X 염색체 중 하나는 태반성 포유동물의 배 발생 과정에서 각 세포에서 무작위로 불활성화된다.
- X 염색체가 두 개 이상인 예외적인 경우에는 하나만 제외하고 모두 불활성화된다.
- *Xic*(X-inactivation center)은 X 염색체에 단 하나의 X 염색체만 활성 상태를 유지하는 데 충분하고 필요한 시스-작용(*cis*-acting) 부위이다.
- *Xic*은 불활성 X 염색체에서만 발견되는 RNA를 코딩하는 *Xist* 유전자를 포함한다.
- *Xist*는 불활성 X에서 히스톤을 수식하는 폴리콤 복합체를 구성한다.
- 활성 염색체에 *Xist* RNA가 축적되는 것을 막는 메커니즘은 알려져 있지 않다.

개념 및 추론 확인

초파리의 유전자량 보정(dosage compensation)은 수컷의 단일 X 염색체에 대한 유전자량 보정 복합체를 구성하는 넌코딩 RNA(noncoding RNA)에 달려 있다. 이 복합체에는 아세틸화효소(acetyltransferase)가 포함되어 있다. 초파리에서, 이것이 유전자량 보정을 어떻게 촉진하는지 설명하라.

29.6 CpG 아일랜드는 메틸화된다

▶ **CpG 섬(CpG island)** 포유류 게놈 상에 1~2 kb에 해당하는 CpG 이중 염기배열 밀집 부위들. 이는 유전자의 프로모터 부위들에서 자주 발견된다.

DNA의 메틸화는 전사에 영향을 미치는 중요한 파라미터이다. 전형적인 관계는 프로모터 부근의 메틸화가 전사를 억제하고, 유전자 발현을 위해 탈메틸화가 필요하다는 것이다. 일부 영역은 활성 유전자에서 메틸화되어 있기 때문에, 그 실체는 그보다 조금 더 복잡하다. 척추동물의 메틸화에 대한 중요한 영역은 대개 유전자의 5′ 영역에서 발견되는 **CpG 아일랜드(CpG island, CpG 섬)**에서 발생한다. 이 아일랜드는 디뉴클레오티드(dinucleotide) 배열 CpG (CpG = 5′-CG-3′)의 증가된 밀도가 존재하는 것으로 검출되었다.

CpG 디뉴클레오티드는 척추동물 DNA에서 G-C 염기쌍의 비율로 예상되는 ~20%의 빈도에서만 발생한다. 이는 CpG 디뉴클레오티드가 C에서 메틸화될 때, 메틸-C의 자연발생적인 탈아민화(deamination)가 이를 T로 전환시키기 때문일 수 있다. 이것은 CpG 디뉴클레오티드의 손실을 초래할 수 있는 돌연변이를 유발하는데, (일부 수복 시스템은 이러한 경우 T만을 제거하도록 편향되어 있는 경우도 있지만) 이는 손상 수복 시스템이 T 또는 G를 교체해야 하는지를 결정하는 것이 불가능하기 때문이다. 그러나 일부 지역에서는 CpG 더블릿(doublet, 두 염기)의 밀도가 예측된 값에 도달한다; 사실 게놈의 나머지 부분보다 10배 증가하게 나타난다. 이 영역의 CpG 두 염기는 메틸화되거나 비메틸화될 수 있는데, 이는 이 영역의 유전자의 발현에 영향을 미친다. 경우에 따라, CpG 아일랜드는 프로모터의 바로 상류에서 시작하여 전사가 일어나기 전에 전사 영역으로 하류로 확장된다. 그 예를 그림 29.13에 나타내었다.

이러한 CpG가 풍부한 아일랜드는 대부분의 DNA의 평균 40%인 것과 비교하여 평균 G-C 함량이 ~60%이다. 그들은 전형적으로 1~2 kb 길이의 늘어선 DNA 형태를 취한다. 인간 게놈에는 ~45,000개의 아일랜드가 있다. 일부 아일랜드들은 반복되는 Alu 요소(Alu element)에 존재하며, 높은 G-G 함량의 결과일 수 있다. 인간 게놈 염기배열 결과, 이들을 제외하고 ~29,000개의 아일랜드가 있음을 확인하였다. 마우스 게놈에는 더 적은 수(~15,500개)가 있다. 두 종(species)에 있어 아일랜드의 약 10,000개는 이 아일랜드의 조절 중요성(regulatory significance)과 일치하여, 종 간에 보존된 염기배열로서 상주하는 것으로 보인다. 동물세포 DNA의 시토신 2~7%가 메틸화되어 있다(이 값은 종에 따라 다르다).

지속적으로 발현된 모든 하우스키핑 유전자(housekeeping gene)에는 CpG 아일랜드가 있다. 이것은 아일랜드의 약 절반을 차지한다. 나머지 아일랜드들은 조직-조절 유전자(tissue-regulated gene)의 프로모터에서 발생한다; 이들 유전자의 절반 정도가 아일랜드를 가지고 있다. 이러한 경우, 메틸화되지 않은 CpG 아일랜드의 존재가 전사에 필요할 수도 있으나, 전사가 충분하지는 않다; 조직-특이적 액티베이터(activator, 활성 인자)의 결합과 같은 다른 모든 필요한 과정도 발생해야 한다. 그러나 일반적으로, 프로모터 CpG 아일랜드의 메틸화는 종종 전사 사일런싱과 상관관계가 있다. 이에 대한 좋은 예로, 암컷 포유동물에서 불활성 X 염색체를 따라 프로모터를 메틸화하는 것이다.

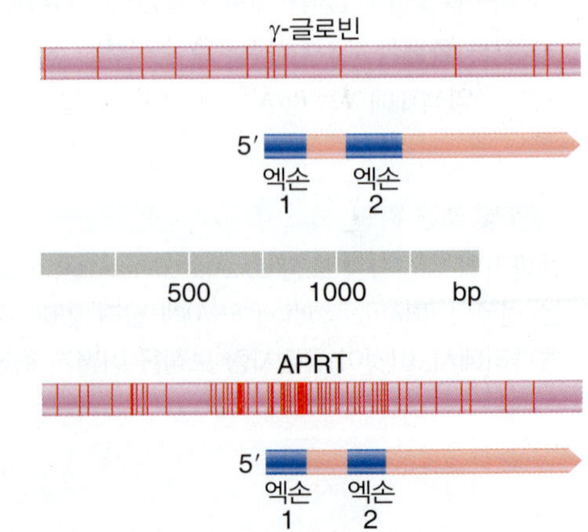

그림 29.13 포유류 DNA의 CpG 더블렛의 전형적인 밀도는 γ-글로빈 유전자에서 볼 때 ~1/100bp이다(맨 위). CpG 아일랜드에서는 밀도가 10 CpGs/100 bp 이상으로 증가한다. 구성적으로 발현된 APRT 유전자의 아일랜드는 프로모터의 ~100 bp 상류에서 시작하여 유전자 내로 ~ 400 bp까지 확장된다. 각 수직선은 CpG 더블렛을 나타낸다.

CpG 아일랜드의 메틸화는 전사에 영향을 줄 수 있다. 두 가지 메커니즘 중 하나가 관여할 수 있다.

- 어떤 요인의 결합 부위에 생긴 메틸화는 그 요인이 결합하는 것을 막을 수 있다.
- 메틸화(methylation)는 특이적 리프레서가 DNA에 결합하게 하여 헤테로크로마틴 부위의 형성을 촉진시킨다.

억제는 메틸화된 CpG 배열에 결합하는 단백질 종류에 의해 일어날 수 있다. MeCP1 단백질은 DNA에 결합하기 위해 여러 메틸 그룹이 필요하지만, MeCP2와 이와 관련된 단백질 패밀리는 단일 메틸화된 CpG 염기쌍에 결합할 수 있다(그러나 일부는 이 메틸화되지 않은 DNA도 인식할 수 있다). 이것은 전사 개시를 위해 메틸화가 없는 영역(methylation-free zone)이 왜 필요한 가를 설명하고 있다. 메틸 그룹이 없는 것은 유전자 발현과 관련이 있다. DNA 메틸화가 모든 종에서 유전자 발현을 조절하는 데 사용되지 않는다는 점이 중요하다. 초파리[및 다른 쌍시류(Dipteran) 곤충]의 경우, DNA의 메틸화 수준이 매우 낮으며, 효모뿐만 아니라 선충류(예쁜꼬마선충)도 DNA 메틸화가 없다. 불활성 크로마틴과 활성 크로마틴 간의 다른 차이점은 메틸화를 나타내는 종에서와 동일하다. 따라서 이러한 생물체에서는, 척추동물에서 메틸화가 갖는 역할은 다른 메커니즘으로 대체된다.

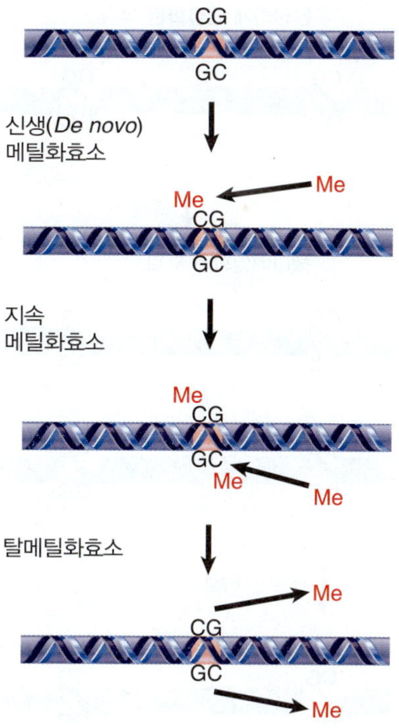

그림 29.14 DNA 메틸화의 상태는 세 가지 유형의 효소에 의해 조절된다. 신생(*De novo*)과 지속 메틸화효소는 DNA 메틸화를 담당하는 반면, 탈메틸화효소는 메틸 그룹을 제거한다.

메틸화는 DNA 메틸화효소의 작용으로 일어난다. DNA 메틸화효소에는 두 가지 타입이 있는데, 그 작용은 그림 29.14에 나타낸 바와 같이 메틸화된 DNA의 상태로 구별된다. **유지 메틸화효소[maintenance** (또는 "perpetuation, 지속") **methyltransferase]**는 **헤미메틸화 부위(hemimethylated site)**에서만 구성적으로 작용하여 **완전 메틸화된(fully methylated)** 부위로 전환시킨다. 그 존재는 모든 메틸화된 부위가 복제 후 지속된다는 것을 의미하며, 복제로 인하여 그림 29.15와 같이 완전히 메틸화된 부위가 헤미메틸화(딸 가닥이 메틸화되지 않은)로 전환된다. 유지 메틸화(maintenance methylation)는 거의 100% 효율을 나타내고 있다; 이 그림은, 만일 유지 메틸화가 헤미메틸화 부위에서 작용하지 않으면, 모든 메틸화는 다음 번 복제 후 한 사본에서 손실된다는 것을 보여주고 있다. 마우스에는 하나의 유지 메틸화 효소(Dnmt1)가 있으며 필수적이다: 그 유전자가 파괴된 마우스 배아는 초기 배아 발생 이후 생존하지 못한다. Dnmt1이 없으면, 프로모터에서 광범위하게 탈메틸화(demethylation)를 일으키며, 우리는 이것이 조절을 받지 않는 유전자 발현 때문에 치명적이라고 추정한다.

새로운 위치에서 DNA를 수식하기 위해서는 특정 염기배열에 의해 DNA를 인식하거나 DNA의 특정 부위에서 구성되는 **신생 메틸화효소(de novo methyltransferase, 신생 메틸전이효소)**의 작용이 필요하다. 그것은 비메틸화 DNA(unmethylated DNA)에서만 작용하여 한 가닥에 메틸 그룹을 추가한다. 마우스에는 두 가지 **신생** 메틸화 효소(Dnmt3A 및 Dnmt3B)가 있다. 그들은 서로 다른 목표 부위를 가지고 있으며, 둘 모두 발생에 필수적이다. Dnmt3B의 돌연변이는 새틀라이트 DNA의 메틸화를 방해하여, 세포 수준에서 센트로미어의 불안정성을 일으킨다. 이에 상응하는 인간 유전자의 돌연변이는 면역결핍, 센트로미어 불안정, 얼굴 기형(*i*mmunodeficiency, *c*entromere instability, *f*acial anomalies, ICF)라고 불리는 질병을 유발한다. 메틸화의 중요성은 또 다른 인간 질병인 레트 증후군(Rett syndrome)에서도 강조되고 있는데, 이 질병은 메틸화된 CpG 배열에 결합하는 MeCP2 단백질에 대한 유전자의 돌연변이에 의해 발생한다. 레트 증후군의 환자는 뇌에서 정상적인 유전자 침묵이 일어나지 않아서 일어나는 자폐증 증상을 나타내며, 또한 RNA 프로세싱(RNA processing) 결함도 있다.

- **유지 메틸화효소(maintenance methyltransferase)** 이미 헤미메틸화된 표적 부위에 메틸 그룹을 부가한다.
- **헤미메틸화 부위(hemimethylated site)** 한 가닥의 DNA에서 메틸화된 팔린드롬(palindrome) 염기배열.
- **완전 메틸화 부위(fully methylated site)** DNA의 두 가닥 모두에서 메틸화된 팔린드롬(palindrome) 염기배열.
- **신생 메틸화효소(de novo methyltransferase, 신생 메틸전이효소)** DNA 상의 메틸화되지 않은 표적 염기배열에 메틸 그룹을 부가한다.

DNA 메틸화는 헤테로크로마틴 형성과 관련된 히스톤 수식과 밀접하게 관련되어 있다; 실제로,

그림 29.15 복제는 완전히 메틸화된 부위를 헤미메틸화된 부위로 전환시킨다. 복제 후 메틸화 상태가 유지되기 위해서는 지속 메틸화효소가 헤미메틸화 기질을 인식하고 딸 가닥을 메틸화해야 한다.

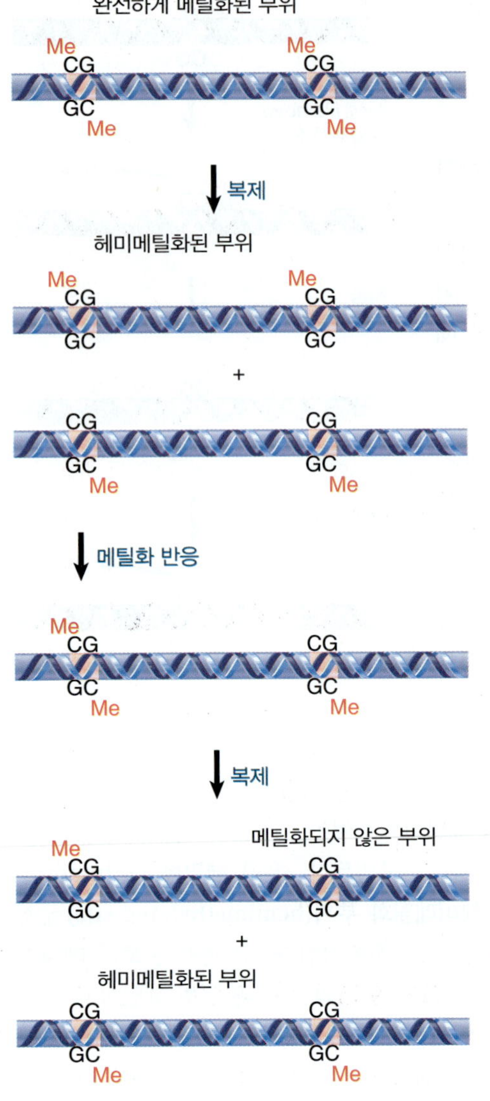

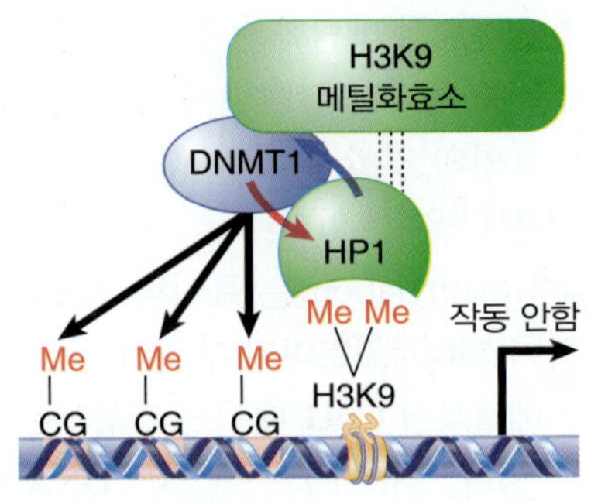

그림 29.16 포유류 HP1은 히스톤 H3(H3K9)의 리신 9가 히스톤 메틸화효소에 의해 메틸화된 영역과 결합한다. 그런 다음 HP1은 DNMT1에 결합하고 DNA 메틸화효소 활성(파란색 화살표)을 강화함으로써 인근 DNA에서의 시토신 메틸화(meCG)를 향상시킨다. DNMT1은 차례로 크로마틴(빨간색 화살표)에 HP1 결합을 도와준다. 또한, DNMT1과 히스톤 메틸화효소의 결합은 양성 피드백 루프가 불활성 크로마틴을 안정화시킨다.

DNA 메틸화와 헤테로크로마틴은 **그림 29.16**에 나타낸 바와 같이 상호보완상태로 되어 있다(*28.10절 히스톤의 메틸화와 DNA의 메틸화는 연결되어 있다* 참조). HP1은 히스톤 H3 리신 9의 메틸화된 영역에 모여 있으며, 수식은 헤테로크로마틴 형성에 관여하고 있다. HP1은 HP1 결합 부근의 DNA 메틸화를 촉진할 수 있는 Dnmt1과 상호작용할 수 있음이 밝혀졌다. 또한, Dnmt1은 H3K9 메틸화를 담당하는 메틸화 효소와 직접 상호작용할 수 있으며, DNA 및 히스톤의 메틸화가 계속 유지되도록 양성 피드백 회로를 생성한다. 이러한 상호작용(및 상호작용의 다른 유사한 네트워크)은 후성유전 상태(epigenetic state)의 안정성에 기여하여, 많은 세포분열을 통해 헤테로크로마틴 영역을 유지할 수 있게 한다.

핵심개념

- 유전자의 5′ 말단에서 탈메틸화는 전사에 필요하다.
- CpG 아일랜드(CpG island)는 일부 유전자의 프로모터를 둘러싸고 있다.
- 인간 게놈에는 ~45,000개의 CpG 아일랜드가 있다; ~29,000개는 Alu 요소(Alu element) 외부에 존재한다.
- CpG 아일랜드의 메틸화는 그 안에서 프로모터의 활성화를 방해한다.
- 억제는 메틸화된 CpG 더블릿(doublet, 이중 염기)에 결합하는 단백질에 의해 일어난다.
- 복제는 완전히 메틸화된 부위를 헤미메틸화된 부위로 전환시킨다.
- 반메틸화된 부위는 유지 메틸화효소제(maintenance methyltransferase, 유지 메틸전이효소)에 의해 완전히 메틸화된 부위로 전환된다.
- DNA와 히스톤 메틸화가 상호보완적으로 작용한다.

개념 및 추론 확인

일부 메틸-DNA 결합 복합체에는 또한 히스톤 탈아세틸화효소가 포함되어 있다. 이것이 침묵 영역의 안정성을 어떻게 강화하는지 그 방법을 설명하라.

29.7 DNA 메틸화는 임프린팅의 원인이 된다

생식세포의 메틸화 패턴은 배우자 형성 과정(gametogenesis)이 일어나는 동안 각 성별에서 두 단계 과정으로 이루어져 있다. 첫째, 기존 패턴은 유전체 전체의 탈메틸화에 의해 지워지고, 그 다음 각 성별에 특정한 패턴이 감수분열 중 도입된다.

배아에서 원시생식세포(primordial germ cell)가 발생하면 모든 대립유전자의 차이가 사라진다; 성별에 관계없이, 이전의 메틸화 패턴은 지워지고, 그 후 전형적인 유전자는 메틸화되지 않는다. 수컷의 경우, 이 패턴은 두 단계로 진행된다. 성숙한 정자의 특징인 메틸화 패턴은 정모세포(spermatocyte)에서 형성되지만, 수정 후 더 많은 변화가 이 패턴에서 이루어진다. 암컷의 경우, 모계 패턴은 난자 형성(oogenesis) 과정 동안 도입되며, 이때 난모세포는 출생 후 감수분열을 통하여 성숙하게 된다.

체계적인 변화는 초기 배아발생 과정에서 일어난다. 일부 부위는 계속 메틸화될 것이고, 다른 부위는 유전자가 발현된 세포에서 특이적으로 메틸화되지 않을 것이다. 변화의 패턴으로부터, 우리는 특정 유전자가 활성화될 때 생물체의 체세포 발생 과정에서 개별 염기배열-특이적 탈메틸화(demethylation) 과정이 일어난다고 추론할 수 있다.

생식세포에서 메틸 그룹의 특정 패턴은 각 부모로부터 물려받은 대립유전자 간의 행동 차이를 설명하는 **임프린팅(imprinting, 각인)** 현상의 원인이 된다. 마우스 배아에서 특정 유전자의 발현은 그들이 유전된 부모의 성별에 따른다. 예를 들어, 부계로부터 유전되는 *IGF-II*(insulin-like growth factor II, 인슐린-유사 성장인자 II)를 코딩하는 대립유전자가 발현되지만, 모계로부터 유전되는 대립유전자는 발현되지 않는다. 난모세포의 *IGF-II* 유전자는 메틸화되어 있지만, 정자의 *IGF-II* 유전자는 메틸화되어 있지 않으므로, 이 두 대립유전자는 접합체(zygote)에서 다르게 행동한다. 성별에 있어서의 의존도는 빠른 턴오버(turnover, 대사회전)을 일으키는 수용체인 *IGF-II*의 경우 역전된다(즉, 모계 사본이 발현된다). 침묵 상태의 대립유전자를 *임프린트* 대립형질(*imprinted* allele)이라고 한다.

▶ **임프린팅(imprinting, 각인)** 부계와 모계로부터 대립형질이 다른 특징을 갖고 있는 정자나 난자를 통해 전달된 아주 초기 배아에서 일어나는 유전자의 변화. 이것은 DNA 메틸화에 의해 일어난다.

이 성별-특이적 유전 방식은 각 배우자 형성(gametogenesis) 과정에서 메틸화의 패턴이 특이적으로 이루어져야 한다. 마우스의 가상적인 유전자 부위의 운명을 **그림 29.17**에 나타내었다. 초기 배아에서, 부계 대립유전자는 메틸화되지 않고 발현되며, 모계 대립유전자는 메틸화되고 발현되지 않는다. 이 마우스 자체가 배우자를 형성하면 어떻게 될까? 만일 수컷인 경우, 정자가 되는 대립유전자는 원래 메틸화되어 있는지 여부와 관계없이 메틸화되어 있지 않아야 한다. 따라서 모계 대립유전자가 정자에서 발견되면 탈메틸화 되어야 한다. 마우스가 암컷인 경우, 난자가 되는 대립유전자는 메틸화되어야 한다; 만일 원래 부계 대립유전자라면, 메틸 그룹을 추가해야 한다.

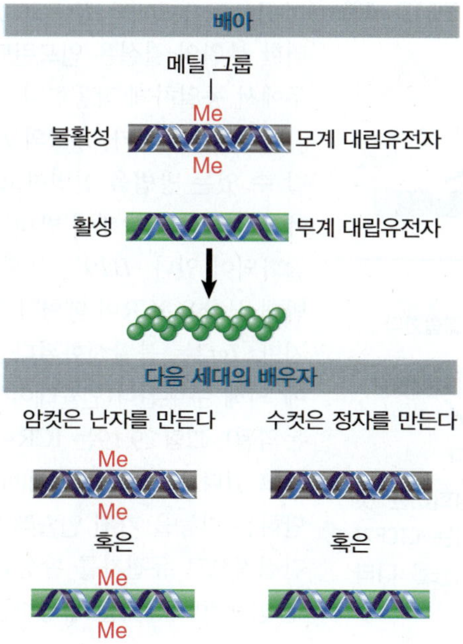

그림 29.17 임프린팅의 전형적인 패턴은 메틸화된 부위가 불활성이라는 것이다. 이것이 모성 대립유전자라면, 부계 대립유전자만이 활성을 가지며, 따라서 유전자자리의 기능적 산물을 생성하는 데 필수적일 것이다. 배우자가 형성되면 메틸화 패턴이 재설정되어 모든 정자가 부계형을 가지며, 모든 난자는 모계형을 갖는다.

임프린팅의 결과는 모든 임프린트된 유전자에 대해 배아가 반접합성(*hemizygous*)이라는 것이다. 따라서 한 부모의 대립유전자가 불활성화 돌연변이를 갖는 이형접합 교배(heterozygous cross)의 경우, 만일 야생형 대립유전

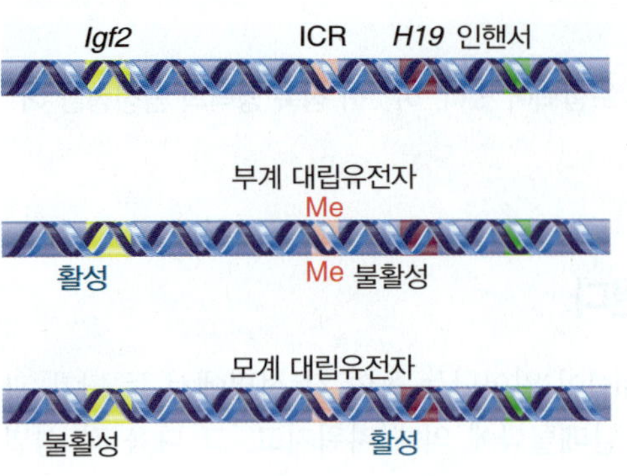

그림 29.18 부계 대립유전자에서 *ICR*이 메틸화되면 *Igf2*는 활성화되고, *H19*은 불활성화된다. 모계 대립유전자에서 *ICR*이 메틸화되지 않으면 *Igf2*는 불활성화되고, *H19*은 활성화된다.

자가 활성인 부모로부터 유래한 야생형 대립유전자는 생존하지만, 만일 야생형 대립유전자가 임프린트(침묵)된 대립유전자(유전자가 필수적이라고 가정할 때)인 경우에는 생존하지 못한다. 임프린트 대립유전자는 (멘델 유전과는 반대되는) 전형적인 후성유전을 나타내고 있다: 비록 부계 및 모계 대립유전자는 동일한 염기배열을 가질 수 있지만, 부모가 제공한 특성에 따라 다른 특성을 나타낸다. 이러한 특성은 감수분열과 이어지는 체세포분열을 통해 유전된다.

임프린트된 유전자는 포유류 전사체의 1~2%를 구성하는 것으로 추정되며, 때로는 클러스터(cluster)를 형성한다. 마우스에서 ~25개의 알려진 임프린트된 유전자의 절반 이상이 모계와 부계에서 발현된 유전자를 각각 포함하는 두 개의 특정 영역에 포함되어 있다. 이것은 임프린팅 메커니즘(imprinting mechanism)이 먼 거리에서 작동할 수 있는 가능성을 제시하고 있다. 프라더-윌리(Prader-Willi)와 엔젤만(Angelman) 질병을 일으키는 인간 개체군에서의 결실로부터 이러한 가능성이 설득력을 갖게 한다. 이러한 대부분의 신경발달 장애의 경우, 15번 염색체에서 동일한 4 Mb의 결실에 의해 발생하지만, 증상(syndrome)은 부모가 결실에 기여한 정도에 따라 다르다. 그 이유는 결실된 영역이 적어도 부계의 임프린트된 유전자 하나와 모계의 임프린트된 유전자를 적어도 하나를 포함하고 있기 때문이다(실제로 이 영역에는 여러 개의 임프린트된 유전자가 존재하고 있지만, 질병에 대한 각각의 기여하는 바는 완전히 밝혀져 있지 않다).

이들 유전자 이외에도, 이 영역에는 주변 영역에서 유전자의 성별-특이적인 임프린팅(sex-specific imprinting)을 조절하는 거리에서 작용하는 "임프린트 센터(imprint center)"가 포함되어 있으며, 이 임프린트 센터에서의 작은 결실은 또한 프라더-윌리나 혹은 엔젤만 질병을 유발할 수 있다. 이러한 결실의 근본적인 효과는 아버지가 어머니로부터 유전된 염색체를 부계 모드(paternal mode)로 재설정하는 것을 방해하는 것이다. 결과적으로 이들 유전자는 모계 모드(maternal mode)로 남아 있기 때문에, 부계와 모계의 대립유전자가 자손에서 침묵하여 프라더-윌리가 된다. 그 반대 효과는 엔젤만 증후군에서 나타난다.

임프린팅은 표적 유전자 근처의 시스-작용 부위의 메틸화 상태에 의해 결정된다. 이들 조절 부위는 DMD(*d*ifferentially *m*ethylated *d*omains) 또는 ICR(*i*mprinting *c*ontrol *r*egion)으로 알려져 있다. 이러한 부위의 결실은 임프린트를 제거하며, 이때 표적 유전자 부위는 모계와 부계 게놈 모두에서 동일하게 작동한다.

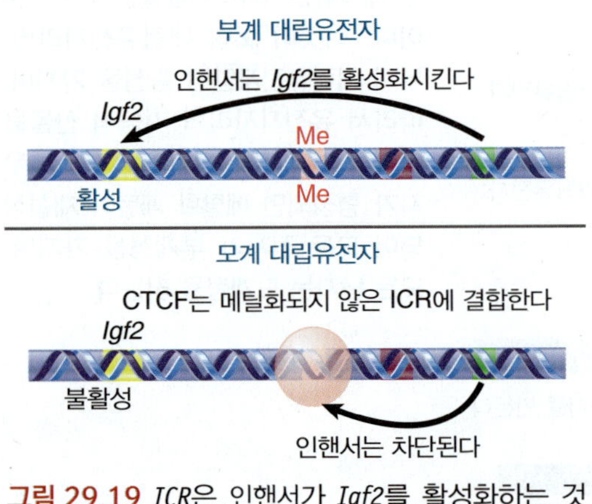

그림 29.19 *ICR*은 인핸서가 *Igf2*를 활성화하는 것을 억제하는 인슐레이터이다. 인슐레이터는 CTCF가 메틸화되지 않은 DNA에 결합할 때만 기능을 나타낸다.

두 개의 유전자, *Igf2*와 *H19*를 포함하는 영역의 작용은 메틸화가 유전자 활성을 조절할 수 있는 방법을 설명하고 있다. 그림 29.18은 이 두 유전자가 그들 사이에 위치한 ICR에서 메틸화의 상태에 반대로 반응한다는 것을 보여준다. ICR은 부계 대립유전자에서 메틸화되어 있다. *H19*는 불활성화의 전형적인 반응을 보여준다. 그러나 *Igf2*는 발현된다. 반대 상황은 ICR이 메틸화되지 않은 모계 대립유전자에서 나타난다. *H19*는 이제 발현되지만, *Igf2*는 불활성화된다. *Igf2*의 조절은 ICR의 인슐레이터(insulator, 절연 인자) 기능에 의해 수행된다(인슐레이터는 *10.12절 인슐레이터는 독립적인 도메인을 한정한다*에서 논의됨). 그림 29.19는 ICR이 메틸화되지 않으면, CTCF 단백질과 결합한다는 것을 보여주고 있다. 이것은 인핸서(enhancer, 증강 인자)가 *Igf2* 프로모터를 활성화시키는 것을 차단하는 기능을 가진 인슐레이터를 생성한다. 이것은 메틸화가 인슐레이터를 차단함으로써 간접적으로 유전자를 활성화시키는 흔하지 않은 효과이다. H19의 조절은 메틸화가 불활성 임프린트 상태를 생성하는 보다 일반적인 조절 메커니즘을 보여준다.

핵심개념

- 부계와 모계 대립유전자는 수정 시 메틸화(methylation)의 패턴이 다를 수 있다.
- 메틸화는 대개 유전자의 불활성화와 관련이 있다.
- 유전자가 다르게 임프린트(imprint, 각인)될 때, 배아의 생존은 기능을 가진 대립유전자가 메틸화되지 않은 대립유전자를 가진 부모로부터 제공될 것을 필요로 할 수 있다.
- 임프린트된 유전자에 대한 헤테로 접합자(heterozygote)의 생존은 교배의 방향에 따라 다르다.
- 임프린트된 유전자는 클러스터(cluster)로 발생하며, 특별히 방해하지 않는 한 신생 메틸화가 일어나는 영역의 조절 부위에 의존할 수 있다.
- 임프린트된 유전자는 시스-작용 부위의 메틸화에 의해 조절된다.

개념 및 추론 확인

태반성 포유류에서, X-불활성화(X-inactivation)는 무작위이지만, 유대류(marsupial)에서는 부계 X 염색체가 항상 불활성화되어, 전체 염색체를 임프린팅시키는 것과 유사하다. 이것은 유대류의 X-연관 형질 발현에 있어 무엇을 의미하는가?

29.8 효모 프리온은 특이한 유전을 나타낸다

후성유전의 단백질 상태에 대한 의존성이 가장 명확한 사례 중 하나는 단백질성 감염 인자(proteinaceous infectious agent) 또는 프리온(prion)의 작용으로 알 수 있다. 프리온은 두 가지 상황, 즉 효모의 유전적 영향과 인간을 포함한 포유동물의 신경질환의 원인 물질로 특징지어진다. 두 가지 다른 상태가 유전되어 단일 유전자 부위로 매핑될 수 있는 효모에서, *비록 유전자의 염기배열은 두 상태 모두 동일하지만*, 현저한 후성유전학적 효과가 나타난다. 많은 프리온이 효모에서 동정되었는데, 가장 잘 연구된 것이 [*PSI*$^+$]이다. 두 가지 서로 다른 상태는 [*psi*$^-$](비감염성)와 [*PSI*$^+$](프리온)이다. 조건의 전환은 이들 상태 간의 자발적 전환(transition)의 결과로서 낮은 빈도로 발생한다.

[*psi*$^-$] 유전자형은 번역 종결 인자를 코드하는 *SUP35* 유전자 부위에 매핑된다. 그림 29.20은 효모에서 Sup35 단백질의 효과를 요약한 것이다. [*psi*$^-$]로 밝혀진 야생형 세포에서, 유전자는 활성화되고, Sup35 단백질은 단백질 합성을 종결시킨다. 돌연변이[*PSI*$^+$] 유형의 세포에서, 이 인자는 기능하지 않아 단백질 합성을 제대로 끝내지 못하게 된다.

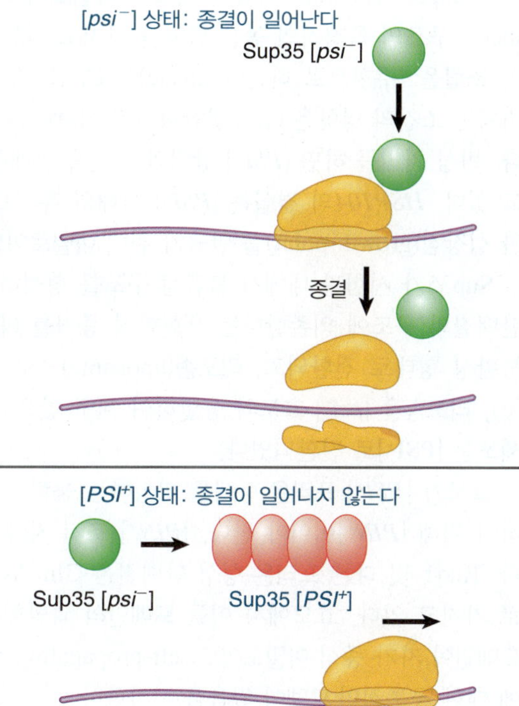

그림 29.20 Sup35 단백질의 상태는 번역의 종결이 발생하는지 여부를 결정한다.

[*PSI*$^+$] 균주에는 특이한 유전적 특성이 있다. [*psi*$^-$] 균주가 [*PSI*$^+$] 균주와 교배하면, *모든 자손은 [PSI$^+$]이다*. 이것은 염색체 외 인자(extrachromosomal agent)에서 예상하는 유전의 패턴이지만, [*PSI*$^+$] 형질은 그러한 핵산에 매핑될 수 없다. [*PSI*$^+$] 형질은 준안정성(*metastable*)인데, 이는 대부분의 자손에 의해 유전되지만, 그것은 돌연변이에서 나타나는 비율보다 높은 비율로 손실됨을 의미한다. 비슷한 작용이 *URE2* 유전자 부위에서도 나타나고 있는데, *URE2*는 특정 이화작용 효소의 질소-매개 억제에 필요한

그림 29.21 새로 합성된 Sup35 단백질은 이전에 존재하는 [*PSI*$^+$] 단백질에 의해 [*PSI*$^+$] 상태로 전환된다.

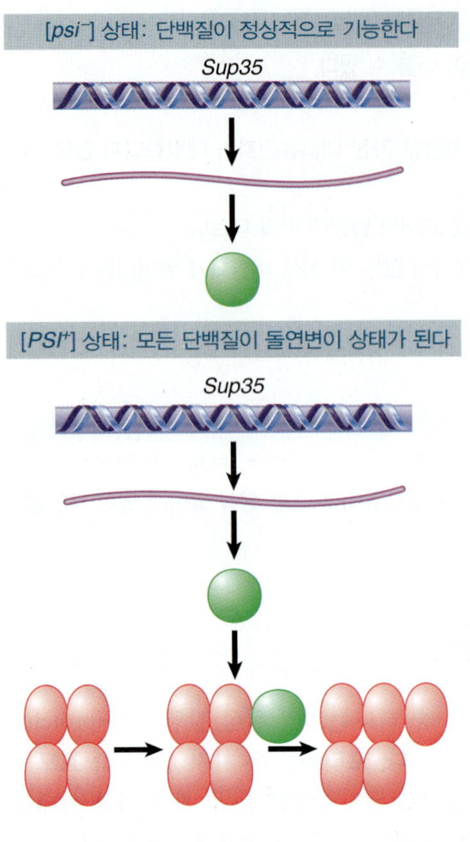

단백질을 코드하고 있다. 효모 균주가 [*URE3*]라고 불리는 다른 상태로 전환되면, Ure2 단백질은 더 이상 기능하지 않는다.

[*PSI*$^+$] 상태는 Sup35 단백질의 형태에 의해 결정된다. 야생형 [*psi*$^-$] 세포에서 단백질은 정상 기능을 나타낸다. 그러나 [*PSI*$^+$] 세포에서는 단백질이 정상적인 기능을 상실한 또 다른 형태로 존재한다. 유전자 교배에서의 [*psi*$^-$]에 대한 [*PSI*$^+$]의 일방적 우성을 설명하려면, 우리는 *[PSI$^+$] 상태에 있는 단백질의 존재가 세포의 모든 단백질이 이 상태로 들어가게 한다고* 가정해야 한다. 이것은 [*PSI*$^+$] 단백질과 새로 합성된 단백질 간의 상호작용을 필요로 하는데, 이는 그림 29.21에 나타낸 바와 같이, 아마도 [*PSI*$^+$] 단백질이 응집하는 역할을 하여 올리고머 상태(oligomeric state)를 생성하고 있음을 반영하고 있다.

Sup35와 Ure2 단백질 모두에 공통적인 특징은 각각 독립적으로 기능하는 두 개의 도메인으로 구성된다는 것이다. C-말단 도메인은 단백질의 활성에 충분하다. N-말단 도메인은 단백질을 불활성으로 만드는 구조의 형성에 충분하다. 따라서 Sup35의 N-말단 도메인이 결실된 효모는 [*PSI*$^+$] 상태가 될 수 없으며, [*PSI*$^+$] N-말단 도메인의 존재는 [*PSI*$^+$] 상태에서 Sup35 단백질을 유지하기에 충분하다. N-말단 도메인의 중요한 특징은 글루타민(glutamine) 및 아스파라긴 잔기(Asparagine residue)가 풍부하다는 점이다.

▶ **아밀로이드 섬유(amyloid fiber)** 프리온 또는 다른 기능 장애 단백질 집합체(예: 알츠하이머 병)에 의해 생성된 교차 β-시트(β-sheet) 구조를 갖는 불용성 섬유 단백질 중합체.

[*PSI*$^+$] 상태의 기능 상실은 올리고머 복합체 내 단백질의 격리 때문이다. [*PSI*$^+$] 세포의 Sup35 단백질은 별개의 초점(foci)으로 모여 있는 반면, [*psi*$^-$] 세포의 단백질은 세포질에서 확산된다. [*PSI*$^+$] 세포의 Sup35 단백질은 시험관 내에서 **아밀로이드 섬유(amyloid fiber)**를 형성한다; 이들은 β-시트(β-sheet) 구조의 특징적인 높은 함량을 가지고 있는데, 이들은 필라멘트의 말단에 다양한 구조의 추가적인 조립을 "주형으로 하는(template)" 표면을 제공하고 있다고 믿어지고 있다. 단백질 구조에 영향을 미치는 조건의 영향은 (공유결합적인 수식보다는 오히려) 단백질 구조가 관여하고 있음을 시사하고 있다. 변성 처리를 하면 [*PSI*$^+$] 상태의 상실을 초래한다. 특히, 샤페론 Hsp104는 [*PSI*$^+$]의 유전에 관여하고 있다. *HSP104*의 결실은 [*PSI*$^+$] 상태의 유지를 방해하며, Hsp104는 실제로 새로운 필라멘트에 대한 성장점(growth point)을 만들기 위해 아밀로이드 필라멘트를 분해한다고 믿어지고 있다.

Sup35가 시험관 내에서 불활성 구조를 형성하는 능력을 이용하면, [*PSI*$^+$] 상태의 유전이 전적으로 단백질의 구조에 의존한다는 생화학적 증거를 제시할 수 있다. 그림 29.22는 단백질이 시험관 내에서 불활성 형태로 전환되고, 리포솜(liposome)으로 들어간 다음(사실상 단백질이 인공 막으로 둘러싸인 곳), 리포솜을 [*psi*$^-$] 효모와 융합하여 세포 안으로 직접 도입하는 놀라운 실험을 보여주고 있다. 효모 세포는 [PSI$^+$]로 전환되었다!

효모가 [*PSI*$^+$] 프리온 상태를 형성하는 능력은 유전적 배경에 의존한다. 효모는 [*PSI*$^+$] 상태를 형성하기 위해 [*PIN*$^+$]이어야 한다. [*PIN*$^+$] 조건 자체는 후성유전학 상태인 단백질 Rnq1의 프리온 형태이다. Rnq1 및 다른 프리온-형성 단백질은 Gln/Asn이 풍부한 도메인을 갖는 Sup35의 특징을 공통적으로 가지고 있다. 효모에서 이들 도메인의 과발현은 [*PSI*$^+$] 상태의 형성을 촉진한다. 이것은 Gln/Asn 도메인이 자가-증식 아밀로이드(self-propagating amyloid) 구조로 응집에 관여하는 프리온 상태의 형성에 대한 공통적인 모델이 있음을 시사한다.

하나의 Gln/Asn 단백질의 존재가 다른 것에 의한 프리온 형성에 어떻게 영향을 미치는가? 우리는 Sup35 프리온의 형성이 Sup35 단백질에 특이적이라는 것을 알고 있다. 즉, 다른 단백질과의 교차-응집(cross-aggregation)에 의해 발생하지 않는다. 이것은 효모 세포가 프리온 형성을 못하게 하는 가용성 단백질을 포함하고 있을 수 있음을 시사한다. 이 단백질들은 어떤 하나의 프리온에 특이적이지 않다. 결과적으로, 이들 단백질과 상호작용하는 Gln/Asn 도메인 단백질의 도입은 농도를 감소시킬 것이다. 이것은 다른 Gln/Asn 단백질이 더 쉽게 응집할 수 있게 한다.

프리온은 최근 크로마틴 리모델링 인자(chromatin remodeling factor)와 관련이 있다. Swi1은 SWI/SNF 크로마틴 리모델링 복합체(*28.7절 크로마틴 리모델링은 능동적인 과정이다* 참조)의 서브유닛이며, 이 단백질은 프리온이 될 수 있다. Swi1은 [SWI$^+$] 세포에서 응집되나 프리온이 아닌 세포에서는 응집되지 않고, 우성적이며 세포질성으로 유전된다. 이것은 단백질을 통한 유전은 크로마틴 리모델링에 영향을 미칠 수 있으며 잠재적으로 게놈 전체의 유전자 발현에 영향을 미칠 수 있음을 시사하고 있다.

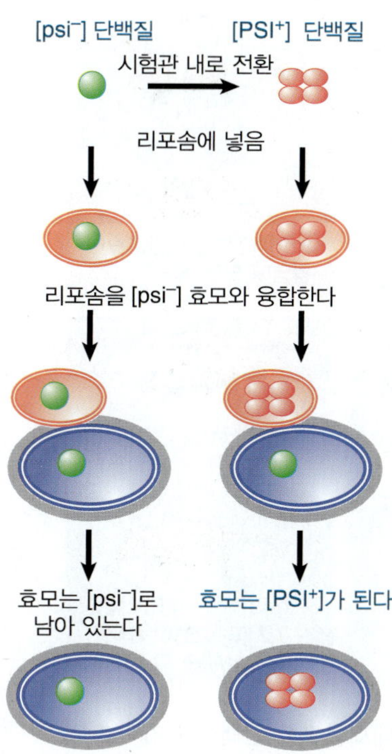

그림 29.22 분리된 단백질은 효모의 [*psi*$^-$] 상태를 [*PSI*$^+$] 상태로 변화시킬 수 있다.

핵심개념

- 야생형 가용성 형태[*psi*−]의 Sup35 단백질은 번역 종결 인자이다.
- 단백질 합성에서 활성이 없는 올리고머(oligomer) 응집체[*PSI*+]의 또 다른 형태로 존재할 수도 있다.
- 올리고머 형태의 존재는 새로 합성된 단백질이 불활성 구조를 가지게 한다.
- 두 형태 간의 전환은 샤페론의 영향을 받는다.
- Swi1과 같은 다른 많은 프리온-형성 단백질이 효모에서 동정되었다. 모두 Gln/Asn이 풍부한 도메인을 공통으로 가지고 있다.

개념 및 추론 확인

Hsp104는 프리온 형성을 촉진하지만, Hsp104의 *과발현(overexpression)*은 프리온 유전을 방해한다. 이렇게 되는 이유는 무엇인가?

29.9 프리온은 포유동물에서 질병을 일으킨다

프리온 질병(Prion disease)은 양, 엘크, 소, 그리고 인간에서 발견되었다. 기본적인 표현형은 직립 상태를 유지할 수 없는 신경 퇴행성 장애(neurodegenerative disorder)인 운동장애(ataxia)이다. 양의 질병 이름인 **스크래피(Scrapie, 면양퇴행성 신경증후군)**는 표현형을 나타내고 있다: 똑바로 서 있기 위해 양이 벽을 문지른다. 스크래피는 양에 감염된 동물의 조직 추출물을 접종하여 지속시킬 수 있다. 인간 질병 **쿠루(Kuru)**는 뉴기니(New Guinea)에서 발견되었는데, 식인 풍습, 특히 뇌의 섭취에 의해 지속되는 것으로 보인다. 유전적 전달 패턴을 가진 서구 민족에서의 관련 질병으로는 산발적으로 발생하는 게르스트만-슈트로이슬러 신드롬(Gerstmann-Straussler syndrome)과 이와 관련된 크로이츠펠트-야곱병(Creutzfeldt-Jakob disease, CJD)을 포함하고 있다. 최근 들어, CJD와 유사한 질병이 "광우병(mad cow)"으로 고통 받는 젖소의 고기를 섭취함으로써 전염된 것으로 나타났다.

▶ **스크래피(Scrapie, 면양퇴행성 신경증후군)** 단백질(프리온)로 구성된 감염원에 의해 유발되는 질병.

▶ **쿠루병(Kuru)** 프리온에 의해 유발되는 인간 신경성 질병. 감염된 뇌의 섭취에 의해 발생할 수 있다.

스크래피에 감염된 양의 조직을 생쥐에 접종하면 질병은 75일에서 150일 사이에 발생한다. 활성 성

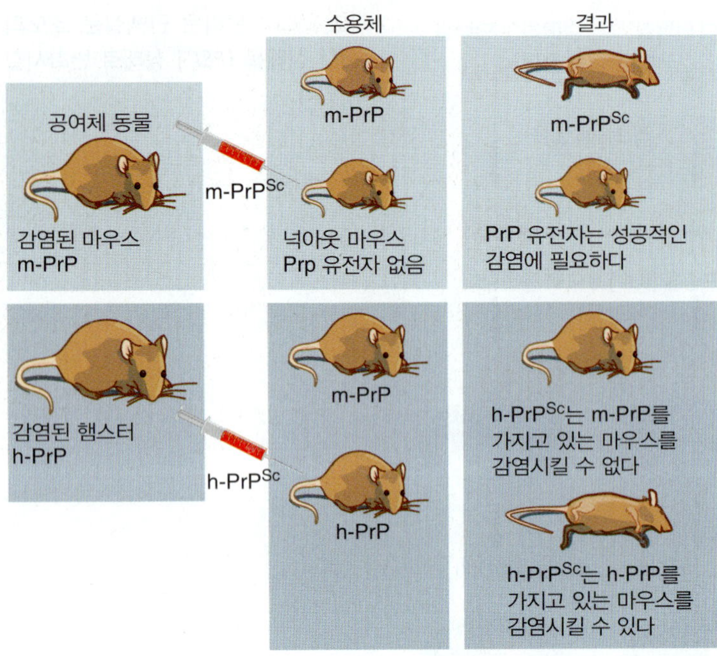

그림 29.23 Prp^{Sc} 단백질은 같은 종류의 내재성 PrP^{C} 단백질을 가지고 있는 동물만 전염시킬 수 있다.

분은 프로테아제-내성 단백질(protease-resistant protein)이다. 단백질은 뇌에서 정상적으로 발현되는 유전자에 의해 코딩되어 있다. PrP^{C}라 불리는 정상 뇌에서 단백질의 형태는 프로테아제(protease, 단백질 분해효소)에 감수성이다. PrP^{Sc}라고 불리는 저항성 형태로의 전환은 질병의 발생과 관련이 있다; 이는 신경독성(neurotoxicity) 및 최종 사망을 유발한다. 효모 프리온과 마찬가지로 (정상 및 질환 세포는 동일한 *PrP* 유전자 염기배열을 갖기 때문에) 이것은 유전 정보에 변화가 없는 후성유전의 경우이다. 그러나 단백질의 PrP^{Sc} 형태는 감염성 물질이다(반면에 PrP^{C}는 무해하다.) PrP^{Sc} 형태는 높은 함량의 β-시트(β-sheet) 구조를 가지며, 이는 PrP^{C} 형태에 없는 아밀로이드 섬유 구조(amyloid fibrillous structure)를 형성한다. PrP^{Sc}와 PrP^{C}의 차이점의 근간은 공유결합 수식보다는 오히려 형태 변화이다. 두 단백질 모두 GPI-결합으로 글리코실화(glycosylation)되어 막과 연결된다.

마우스에서의 감염성에 대한 분석으로 단백질 배열에 대한 의존성을 측정할 수 있다. **그림 29.23**은 몇몇 중요한 실험의 결과를 보여준다. 정상적인 상황에서, 감염된 마우스에서 추출한 PrP^{Sc} 단백질은 수용체 마우스에 주입될 때 질병을 유도하며(궁극적으로는 죽게 한다). 만일 PrP 유전자가 결실되면, 마우스는 감염에 내성이 된다. 이 실험은 두 가지를 보여주고 있다. 첫째, 내인성 단백질은 감염물질로 전환되는 원료를 제공하기 때문에 감염에 필요하다. 둘째, PrP^{C}가 없는 마우스가 정상적으로 생존하기 때문에, 질병의 원인은 단백질의 PrP^{C} 형태를 제거가 아니다: 질병은 PrP^{Sc}의 기능-획득(gain-of-function)으로 발생한다. 만일, GPI 결합이 일어나지 않도록 *PrP* 유전자를 수식시키면, PrP^{Sc}에 감염된 마우스는 질병을 일으키지 않게 되는데, 이것은 기능-획득이 GPI-결합에 필요한 변경된 신호기능을 포함하고 있음을 시사하는 것이다.

종 장벽의 존재로 인하여 감염성에 필요한 특징을 설명하기 위한 하이브리드 단백질을 구성할 수 있게 되었다. 스크래피의 본래 물질은 여러 유형의 동물에서 지속되었지만, 항상 쉽게 옮겨질 수는 없다. 예를 들어, 마우스는 햄스터(hamster)의 프리온 감염에 내성을 가지고 있다. 즉, 햄스터-PprP^{Sc}는 마우스-PrP^{C}를 PprP^{Sc}로 변환할 수 없다. 그러나 마우스 *PrP* 유전자가 햄스터 *PrP* 유전자로 대체되면 상황이 바뀐다. 햄스터 *PrP* 유전자를 가진 마우스는 햄스터 PprP^{Sc}에 의한 감염에 감수성이다. 이것은 세포성 PrP^{C} 단백질의 Sc 상태로의 전환이 PrP^{Sc} 및 PrPC 단백질이 일치된 염기배열을 필요로 함을 시사하고 있다.

마우스에 접종할 때 특징적인 잠복기간(incubation period)으로 구별되는 PrP^{Sc}의 서로 다른 "종(strain)"이 있다. 이것은 단백질이 PrP^{C}와 PrP^{Sc}의 다른 상태에만 단순하게 제한되는 것이 아니라, 여러 개의 Sc 상태가 있을 수 있음을 의미한다. 이러한 차이는 단백질의 자가-증식(self-propagating) 특성에 달려 있다. 만일 구조(conformation)가 PrP^{Sc}와 PrP^{C}를 구별하는 특징이라면, PrP^{C}를 변환할 때 자가-주형(self-templating) 속성을 가진 여러 가지 구조가 있어야 한다.

PrP^{C}에서 PrP^{Sc}로 전환할 확률은 PrP의 염기배열의 영향을 받는다. 인간의 게르스트만-슈트로이슬러 신드롬(Gerstmann-Straussler syndrome)은 PrP의 단일 아미노산 변화로부터 발생한다. 이것은 우성 형질로 유전된다. 만일 마우스 PrP 유전자에서 동일한 변화가 생기면, 마우스는 이 질병이 발생한다. 이것은 돌연변이 단백질이 Sc 상태로 자연발생적으로 전환될 확률이 증가함을 시사한다. 이와 비슷하게, PrP 유전자의 염기배열은 양(sheep)에서 자연발생적으로 질병을 일으키는 감수성을 결정한다; 세 개의 위치(코돈 136, 154 및 171)의 아미노산 조합이 감수성을 결정한다.

프리온은 후생유전의 극단적인 경우를 보여주고 있는데, 여기서 감염물질은 여러 가지 구조를 취할 수 있는 단백질이며, 각각은 자가-주형 특성을 갖는다. 이러한 특성은 단백질의 응집 상태에 관여할 가능성이 있다.

핵심개념

- 스크래피(scrapie)를 일으키는 단백질은, 단백질분해효소(protease)에 감수성인 야생형 비감염성 형태인 PrP^{c}와 단백질분해효소에 내성인 질병-유발성 형태인 PrP^{Sc}의 두 가지 형태로 존재한다.
- 정제한 $PrPS^{c}$ 단백질을 마우스에 주사하여 신경질환을 전염시킬 수 있다.
- 수용체 마우스는 마우스 단백질을 코드하는 PrP 유전자의 사본을 가지고 있어야 한다.
- PrP^{Sc} 단백질은 새로 합성된 PrP 단백질이 PrP^{c} 형태 대신 PrP^{Sc} 형태를 취하게 함으로써 그 자체를 지속시킬 수 있다.
- PrP^{Sc}의 여러 종(strain)은 단백질의 서로 다른 구조를 가질 수 있다.

개념 및 추론 확인

효모로부터의 [*PSI+*] 프리온 주입은 마우스에서 PrP^{Sc}를 유도하는가? 그렇다면 그 이유는 무엇이고, 그렇지 않다면 그 이유는 무엇인가?

29.10 요약

크로마틴(chromatin, 염색질)의 형성은 (텔로미어와 같은) 특정 염색체 영역에 결합하고 히스톤과 상호작용하는 단백질에 의해 일어난다. 불활성 구조의 형성은 개시 센터(initiation center)로부터 크로마틴 스레드(chromatin thread, 염색사)를 따라 확산할 수 있다. 이와 비슷한 현상이 효모의 불활성화 교배타입 유전자 부위의 침묵 시 발생한다. 특정 유전자의 불활성 상태를 유지하기 위해 요구되는 억제 구조는 초파리의 Pc-G 단백질 복합체에 의해 형성된다. 그들은 개시 센터에서 증식하는 성질을 헤테로크로마틴(heterochromatin, 이질염색질)과 공통적으로 가지고 있다.

헤테로크로마틴의 형성은 특정 부위에서 시작되어 정확히 결정되지 않은 거리까지 확산될 수 있다. 헤테로크로마틴 상태가 형성되면, 그것은 이후 세포분열을 통해 유전된다. 이것은 후성유전의 패턴을 낳게 하고, 여기서 두 개의 동일한 DNA 염기배열이 서로 다른 단백질 구조와 결합할 수 있으며, 따라서 서로 다른 발현 능력을 갖는다. 이것으로 초파리에서 위치 효과 다양성(PEV) 발생을 설명할 수 있다.

히스톤 테일의 수식(modification)은 크로마틴 재구성의 트리거(trigger, 도화선)이다. 아세틸화는 일반적으로 유전자 활성화와 관련이 있다. 히스톤 아세틸라아제(acetylase, 아세틸화효소)는 활성화 복합체에서 발견되는 반면, 히스톤 탈아세틸화효소(deacetylase)는 불활성화 복합체에서 발견된다. 히스톤 N-말단의 특정 부위의 히스톤 메틸화(methylation)는 유전자 불활성화와 관련이 있다. 일부 히스톤 수식(histone modification)은 다른 것들과 배타적이거나 시너지 효과가 있을 수 있다.

효모 텔로미어와 사일런트 교배-타입 유전자 부위의 불활성 크로마틴은 공통적인 원인이 있는 것으로 보이며, 사일런트(침묵) 정보 조절인자(silent information regulator, SIR) 단백질과 히스톤 H3과 H4의 N-말단 테일과의 상호작용을 수반하고 있다. 불활성 복합체의 형성은 하나의 단백질이 특정 DNA 염기배열에 결합함으로써 개시될 수 있다; 다른 구성 성분들은 염색체를 따라 상호협동적인 방식으로 중합될 수 있다.

암컷 태반성 포유동물에서 하나의 X 염색체의 불활성화는 무작위로 발생한다. *Xic* 유전자 부위는 X 염색체의 수를 세는 데 필요충분조건이다. n-1 규칙(n-1 rule)은 모든 X 염색체 하나가 불활성화되도록 한다. *Xic*은 불활성 X 염색체에서만 발현되는 RNA를 코딩하는 유전자 *Xist*를 포함하고 있다. *Xist* RNA의 안정화는 불활성 X 염색체를 구별하는 메커니즘이다; 폴리콤(polycomb) 복합체의 활동, 헤테로크로마틴 형성 및 DNA 메틸화에 의해 비활성화된다.

DNA의 메틸화는 후성적으로 유전된다. DNA 복제는 헤미메틸화 산물(hemimethylated product)을 만들고, 지속 메틸화효소(maintenance methylase)는 완전히 메틸화된 상태로 회복시킨다. 일부 메틸화 과정은 부모 기원에 의존한다. 정자와 난자는 특이하고 다른 메틸화 패턴을 가지고 있으며, 결과적으로 부계와 모계 대립유전자가 배아에서 다르게 발현된다. 이것은 임프린팅(imprinting, 각인)의 원인이 되는데, 이 경우 한 부모로부터 유전된 메틸화되지 않은 대립유전자가 유일하게 활성화 대립유전자가 되기 때문에 필수적이다; 다른 부모로부터 유전된 대립유전자는 사일런트(silent, 침묵) 상태이다. 메틸화의 패턴은 매 세대마다 배우자 형성 시 재설정된다.

프리온(prion)은 양의 스크래피(scrapie) 및 인간의 관련 질병의 원인이 되는 단백질 성 감염 물질이다. 감염 물질은 정상적인 세포 단백질의 변이형이다. PrP^{Sc} 형태는 자가-주형(self-templating)인 수식된 구조를 가지고 있다: 정상적인 PrP^{C} 구조는 일반적으로 이 형태를 취하지 않지만, PrP^{Sc}의 존재 하에서는 수식된 구조를 취한다. 이와 비슷한 효과가 효모에서 [*PSI*] 요소의 유전의 원인이 된다.

학습문제

헤테로크로마틴(이질염색질)의 5가지 특성을 열거하라.

1. ____________________

2. ____________________

3. ____________________

4. ____________________

5. ____________________

구성적 헤테로크로마틴과 선택적 헤테로크로마틴의 특징을 간략하게 설명하라.

6. 구성적 ____________________

7. 선택적 ____________________

유전자량 보정(dosage compensation)은 암컷에서 X 염색체-코딩 유전자의 이중 발현을 피하기 위해 두 성별의 X-연관 유전자의 발현수준을 동일하게 한다. 이것이 (다른 생물체에서) 발생하는 것으로 나타난 세 가지 방법을 열거하라.

8. ____________________

9. ____________________

10. ____________________

후성적 유전 효과(epigenetic effect)가 유전되거나, 혹은 자가-영속될 수 있는 두 가지 일반적인 메커니즘은 무엇인가?

11. ____________________

12. ____________________

프리온(prion)에 의해 발생하는 한 것으로 알려진 두 가지 동물 질병을 열거하라.

13. ____________________ **14.** ____________________

15. 헤미메틸화된 DNA는 어디에 메틸화되어 있는가?

A. 새로 합성된 DNA 가닥에만
B. 오직 부모 DNA 가닥에만
C. 두 DNA 가닥의 일부 흩어져 있는 메틸화 부위에만
D. 헤테로크로마틴과 관련된 메틸화된 부위에만

16. 위치 효과 다양성(Position effect variegation)이란 무엇인가?
   A. 서로 다른 유전 요소를 가지고 있으나 표현형으로 동일한 세포.
   B. 유사한 유전 요소를 가지고 있으며 표현형으로 동일한 세포.
   C. 유사한 표현형을 가지고 있으며 유전적으로 동일한 세포.
   D. 서로 다른 표현형을 가지고 있으나 유전적으로 동일한 세포.

17. HP1 단백질은 포유류에서 어떠한 방식으로 헤테로크로마틴 형성에 있어서 중요한 역할을 하는가?
   A. 메틸화된 히스톤 H3에 결합함으로써
   B. 메틸화된 히스톤 H5와의 결합함으로써
   C. 아세틸화된 히스톤 H1에의 결합함으로써
   D. 아세틸화된 히스톤 H2B에 결합함으로써

18. 신생 메틸라아제(methylase, 메틸화효소)가 인식하는 것과 기능은 무엇인가?
   A. 메틸화되지 않은 부위 및 한 가닥의 염기에 메틸 그룹을 첨가한다.
   B. 헤미메틸화된 부위 및 한 가닥의 염기에 메틸 그룹을 첨가한다.
   C. 메틸화된 부위 및 두 가닥의 추가 염기에 메틸 그룹을 첨가한다.
   D. 메틸화된 부위 및 어버이 가닥의 추가 염기에 메틸 그룹을 첨가한다.

19. 동물에서 프리온이 일으키는 질병은 무엇인가?
   A. 근육 수축(muscular degeneration).
   B. 신경 퇴행성 장애(neurodegenerative disorder).
   C. 소화 시스템 장애(digestive system disorder).
   D. 실명(blindness).

핵심용어

amyloid fibers
constitutive heterochromatin
CpG islands
***de novo* methyltransferase**
demethylase
dosage compensation
epigenetic
facultative heterochromatin
fully methylated
hemimethylated site
imprinting
kuru
maintenance methyltransferase
methyltransferase
***n* – 1 rule**
position effect variegation (PEV)
prion
proteinaceous infectious agent (prion)
scrapie
single-X hypothesis
telomeric silencing

읽을거리

Horn, P. J., and Peterson, C. L. (2006). Heterochromatin assembly: a new twist on an old model. *Chromo. Res.* **14**, 83–94. A review of heterochromatin assembly and maintenance focused on data obtained from studies of fission yeast.

Horsthemke, B., and Buiting, K. (2008). Genomic imprinting and imprinting defects in humans. *Adv. Gen.* **61**, 225–246. A review of imprinting in placental mammals and defects in imprinting that lead to human disease.

Kim, J. K., Samaranayake, M., and Pradhan, S. (2009). Epigenetic mechanisms in mammals. *Cell. Mol. Life Sci.* **66**, 596–612. A comprehensive review of mammalian epigenetics, which includes discussion of DNA methylation, histone modification, insulators, X inactivation, imprinting, and developmental epigenetics (e.g., PcG and trxG).

Payer, B., and Lee, J. T. (2008). X chromosome dosage compensation: how mammals keep the balance. *Ann. Rev. Gen.* **42**, 733–772. A review of the mechanism and evolution of X chromosome inactivation.

Schwartz, Y. B., and Pirotta, V. (2008) Polycomb complexes and epigenetic states. *Curr. Opin. Cell Biol.* **20**, 266–273. A review of Polycomb Group (PcG) complexes and the regulation of PcG target genes.

Shkundina, I. S., and Ter-Avanesyan, M. D. (2007) Prions. *Biochemistry (Moscow)* **72**, 1519–1536. A review of prions focusing on lessons learned from the [*PSI*+] prion of yeast.

30

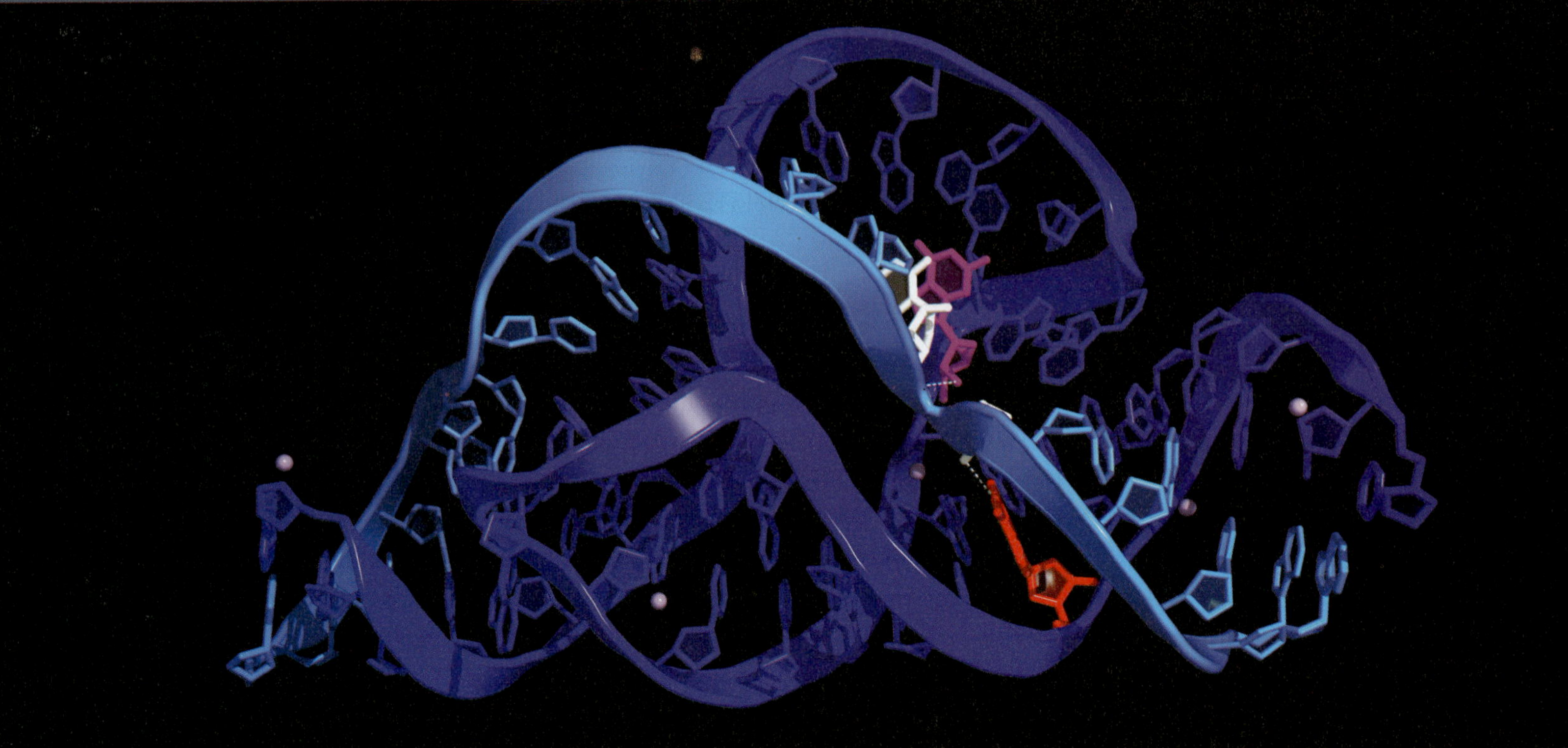

자가-절단 반응을 촉매하는 헴머헤드 리보자임. 많은 식물의 비로이드는 헴머헤드 RNA이다. Reproduced from M. Martick et al., Solvent Structure and Hammerhead Ribozyme Catalysis. *Chem. Bio.* **15**, pp. 332–342. Copyright 2008. Elsevier(http://www.sciencedirect.com/science/journal/10745521). Photo courtesy of William Scott, University of California, Santa Cruz.

조절 RNA

30장 개요

30.1 서론

조절의 기본 원리는 유전자 발현이 단백질의 합성 이전 단계에서 DNA 또는 mRNA의 특정 염기배열 또는 구조와 상호작용하는 레귤레이터(regulator, 조절 인자)에 의해 조절된다는 것이다. 조절을 받는 발현 단계는 조절 표적이 DNA일 경우에는 전사 단계, 조절 표적이 RNA일 경우에는 번역 단계가 될 수 있다. 전사 과정 중의 조절은 초기 단계, 신장 단계 및 종결 단계에서 일어날 수 있다. 레귤레이터는 단백질 또는 RNA가 될 수 있다. "조절된다(controlled)"라는 것은 레귤레이터가 표적을 턴오프(turn off, 작동하지 못하게 하다, 억제)하거나 혹은 턴온(turn on, 작동하게 하다, 활성화)하는 것을 의미할 수 있다. 많은 유전자의 발현은, 각 표적에는 레귤레이터가 인지하는 염기배열 또는 구조의 사본이 포함되어 있다는 원칙하에, 단일 레귤레이터 유전자에 의해 일률적으로 조절될 수 있다. 레귤레이터는 대부분 일반적으로 환경조건에 반응하여 만들어지는 작은 분자에 반응하여, 그 자체가 조절을 받을 수 있다. 레귤레이터는 복잡한 회로를 만드는 다른 레귤레이터에 의해 조절을 받을 수 있다.

서로 다른 유형의 레귤레이터가 작용하는 방식을 비교해 보자.

많은 레귤레이터 단백질은 알로스테릭 변화(allosteric change)의 원리에 따라 작용한다. 단백질은 두 개의 결합 부위를 가지고 있는데, 하나는 핵산 표적이고, 다른 하나는 작은 분자이다. 작은 분자가 그 부위에 결합하는 것은 핵산에 대한 다른 부위의 친화력(affinity)을 바꾸는 방식으로 형태를 변화시킨다. 이것이 일어나는 방식은 대장균의 *lac* 리프레서(repressor, 억제 인자)(*26장 오페론* 참조)에서 자세하게 알려져 있다. 레귤레이터 단백질은 두 개의 서브유닛이 DNA의 팔린드롬 표적(palindromic target, 회문구조 표적)과 접촉할 수 있게 해주는 대칭구조를 지닌 멀티머(multimer)이다. 이러한 구조는 조절에 보다 민감한 반응을 일으키는 상호협동 결합효과를 낼 수 있다.

RNA를 통한 조절은 이차구조 염기쌍의 변화를 유도 원리(guiding principle)로 사용할 수 있다. 이러한 조절로 인한 서로 다른 입체적 구조로 변화하는 RNA의 능력은 핵산에서 일어나는 단백질 입체구조의 알로스테릭 변화와 같다고 할 수 있다. 구조의 변화는 분자 내 또는 분자 간 상호작용에 기인할 수 있다.

분자 내 변화에 대한 가장 일반적인 역할은 RNA 분자가 염기쌍 형성(base pairing)을 위한 서로 다른 방법을 이용하여 선택적인 이차구조를 취하는 것이다. 선택적인 구조(alternative conformation)의 특성은 다를 수 있다. mRNA의 이차구조 변화로 인해 번역 능력이 변할 수 있다. 이차구조는 또한 전사의 종결을 조절하는 데 사용되고 있는데, 이때 종결 여부에 따라 선택적 구조(alternative structure)는 (*26장 오페론*에서 전사 지연을 보았듯이) 다르다.

분자 간 상호작용에서, RNA 레귤레이터는 잘 알려진 상보적인 염기쌍의 원리로 그 표적을 인식한다. **그림 30.1**은 레귤레이터가 때로는 광범위한 이차구조를 가지고 있지만, 그 표적의 단일-가닥 영역에 상보적인 단일-가닥 영역을 갖는 작은 RNA 분자인 경우를 보여주고 있다. 레귤레이터와 표적 사이에 이중-가닥 영역이 형성되면 두 가지 유형의 결과가 발생할 수 있다:

- 이중-가닥 구조의 형성 자체가 조절 목적으로 충분할 수 있다. 일부의 경우에, 단백질(들)은 단지 표적 염기배열의 단일-가닥 형태에만 결합할 수 있고, 따라서 이중구조(duplex) 형성에 의해 단백질의 작용을 방해한다. 또 다른 경우에 이중구조 영역은, 예를 들어 RNA를 분해하여 RNA의 발현을 막는 핵산가수분해효소(nucleases)와 결합하기 위한 표적이 된다.
- 이중가닥 형성은 이 구조가 없으면 또 다른 선택적 이차구조에 참여할 수 있는 표적 RNA 영역을 격리시키기 때문에 중요할 수 있다.

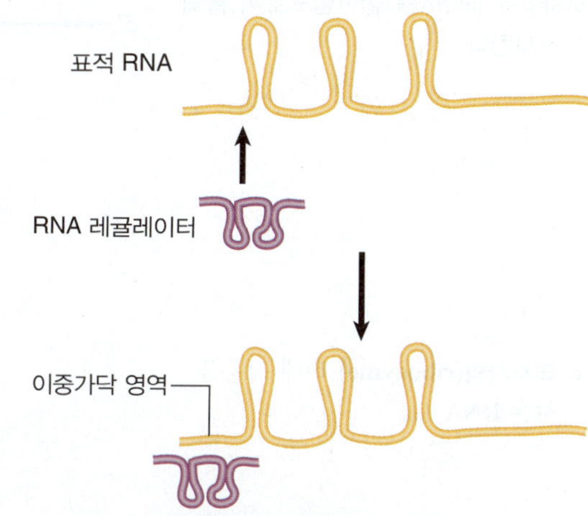

그림 30.1 RNA 레귤레이터는 표적 RNA 내의 단일가닥 영역과 상보적 결합을 할 수 있는 단일가닥 영역을 가진 작은 RNA이다.

우리는 한때 RNA가 단지 구조적 역할, 즉 mRNA는 단백질 합성을 위한 설계도(blueprint)를 운반하고, rRNA는 리보솜의 구조적 구성성분이며, tRNA는 리보솜으로 아미노산을 이동시키는 역할을 하는 것으로 생각했다. 우리는 이제 RNA가 수많은 기능을 가지고 있는 광대한 새로운 RNA 세계를 보고 있다; mRNA는 자신의 번역을 조절할 수 있으며(*26.13절 trp 오페론은 전사 지연에 의해 조절을 받는다* 참조), rRNA는 펩티드 결합 형성을 촉매하고 tRNA와 함께 충실한 번역 메커니즘에 참여하고 있다(*24.3절 특수한 메커니즘이 단백질 합성의 정확성을 조절한다* 참조).

이 새로운 RNA 세계는 수십 개의 서로 다른 새로운 RNA를 포함하도록 방금 설명한 세 가지 주요 RNA 유형을 훨씬 뛰어 넘는다. 이러한 RNA는 가이드 RNA(guide RNA) 또는 스플라이싱 보조인자(splicing cofactor)로 작용할 수 있다. 또한, 조절 기능을 가진 크고 매우 다양한 RNA 종류에 대하여 곧 기술할 것이다. 우리는 아직 RNA 세계의 모든 신비를 밝혀 내지 못하고 있다.

핵심개념

- RNA는 표적 염기배열의 성질을 변화시키는 이차구조의 영역을 (분자 간 또는 분자 내에서) 형성함으로써 레귤레이터(regulator, 조절 인자)로서 기능한다.

개념 및 추론 확인

아미노산을 코딩하지 않은 mRNA 염기배열이 어떻게 mRNA에서 중요할 수 있는가?

30.2 리보스위치는 mRNA의 발현을 조절할 수 있다

*26.13절 trp 오페론은 전사지연에 의해 조절을 받는다*와 *24.16절 단백질 합성은 조절될 수 있다*에서 보았듯이, mRNA는 단순히 오픈 리딩 프레임(ORF) 이상이다. 우리는 5′ UTR(5′ *un*translated *r*egion)의 영역이 결합된 전사/번역으로 인해 전사종결을 조절할 수 있는 요소를 함유한다는 것을 박테리아에서 보았다. 우리는 또한 5′ UTR 염기배열 자체가 mRNA가 높은 수준의 번역을 지원하는 "좋은(good)" 메시지인지 또는 그렇지 않은 "불량한(poor)" 메시지인지를 결정할 수 있음을 보았다. 우리가 다음에 보게 될 것은 **리보스위치(riboswitch)**라고 불리는 다른 메커니즘으로 mRNA의 발현을 조절할 수 있는 5′ UTR에 존재할 수 있는 또 다른 유형의 요소이다.

▶ **리보스위치(riboswitch)** 활성이 대사산물 또는 다른 작은 리간드(ligand)에 반응하는 촉매 RNA.

*리보스위치(riboswitch)*는 선택적 결과로 선택적 염기쌍 구성(alternate base pairing configuration)을 취할 수 있는 RNA 요소이다. 그림 30.2는 대사산물 GlcN6P(Glucosamine-6-phosphate)를 생성하는 시스템의 조절에 있어 리보스위치의 한 유형을 요약한 것이다. *glmS* 유전자는 프룩토오스-6-인산(fructose-6-phosphate)과 글루타민(glutamine)으로부터 GlcN6P를 합성하는 효소를 코드하고 있다. GlcN6P는 박테리아 세포벽 생합성의 기본 중간대사물이다. mRNA는 mRNA의 코딩 영역 전에 긴 5′ UTR을 가지고 있다. 5′ UTR 내에는 **리보자임(ribozyme)**, 즉 촉매 활성을 갖는 RNA의 염기배열이 있다(*23.4절 리보자임은 다양한 촉매활성을 가지고 있다* 참조). 이 경우, 촉매활성은 자체 RNA를 절단하는 핵산내부가수분해효소(endonuclease)이다. 리보자임의 **앱타머(aptamer)** 영역에 대사산물인 GlcN6P

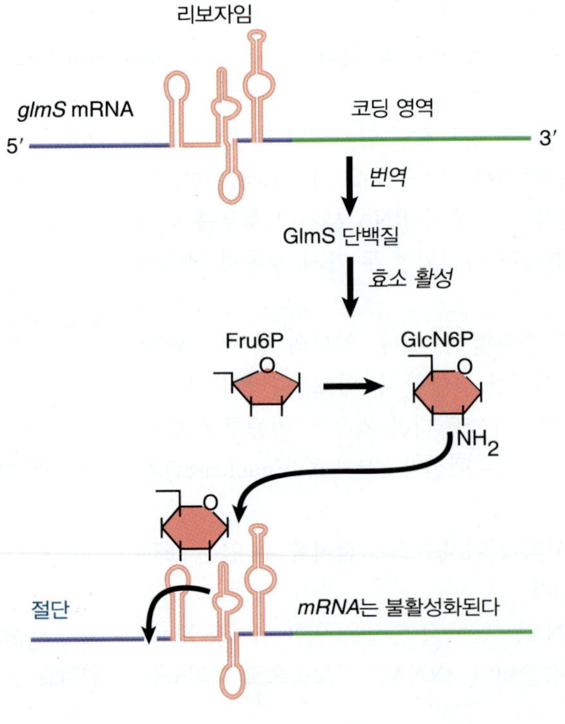

그림 30.2 GlcN6P 합성효소 mRNA의 5′ UTR은 대사산물에 의해 활성화되는 리보자임을 포함하고 있다. 그 리보자임은 mRNA를 절단함으로써 불활성화시킨다.

▶ **리보자임(ribozyme)** 촉매 작용을 하는 RNA.

▶ **앱타머(aptamer)** 작은 분자와 결합하는 RNA 도메인; 이것은 RNA의 구조 변화를 일으킬 수 있다.

가 결합하여 활성화된다. 앱타머는 대사산물과 결합하는 RNA 도메인이다. 결과적으로 GlcN6P의 축적은 mRNA를 절단하는 리보자임을 활성화시키며, 이는 다시 번역을 방해한다. 이것은 대사 경로의 최종 산물에 의한 리프레서 단백질의 알로스테릭 조절(allosteric control)과 유사하다. 박테리아에는 그러한 리보스위치의 수많은 예가 있다.

모든 리보스위치가 mRNA 안정성을 조절하는 리보자임을 코드하지는 않는다. 다른 리보스위치는 리보솜 결합 또는 전사 종결에 영향을 줌으로써 mRNA의 발현을 허용 또는 금지하는 RNA의 선택적인 형태를 갖는다. 리보스위치는 진핵세포보다 박테리아에서 더 흔하게 발견된다. 많은 종류의 리보스위치가 있다.

흥미로운 진핵세포 리보스위치는 선택적 스플라이싱(alternative splicing)을 위한 조절 메커니즘으로 곰팡이 *뉴로스포라*(*Neurospora*)에 기술되어 있다. 유전자 *NMT1*(비타민 B1 합성과 관련됨)은 두 개의 스플라이스 공여 부위(splice donor site)를 갖는 단일 인트론을 갖는 mRNA 전구체를 생성한다. 이 두 부위를 번갈아 사용하면 비타민 B1 대사산물인 TPP(*t*hiamine *p*yro*p*hosphate)의 농도에 따라 기능성 또는 비기능성(nonfunctiona) 메시지를 생성할 수 있다. 따라서 산물 농도는 억제 가능한 조절의 한 형태인 산물 형성을 조절한다. 스플라이스 부위의 선택은 인트론 내 리보스위치의 조절을 받는다. 낮은 농도의 TPP에서, 근위(proximal) 스플라이스 공여 부위가 선택되고도 그림 30.3에서 보듯이 원위(distal)

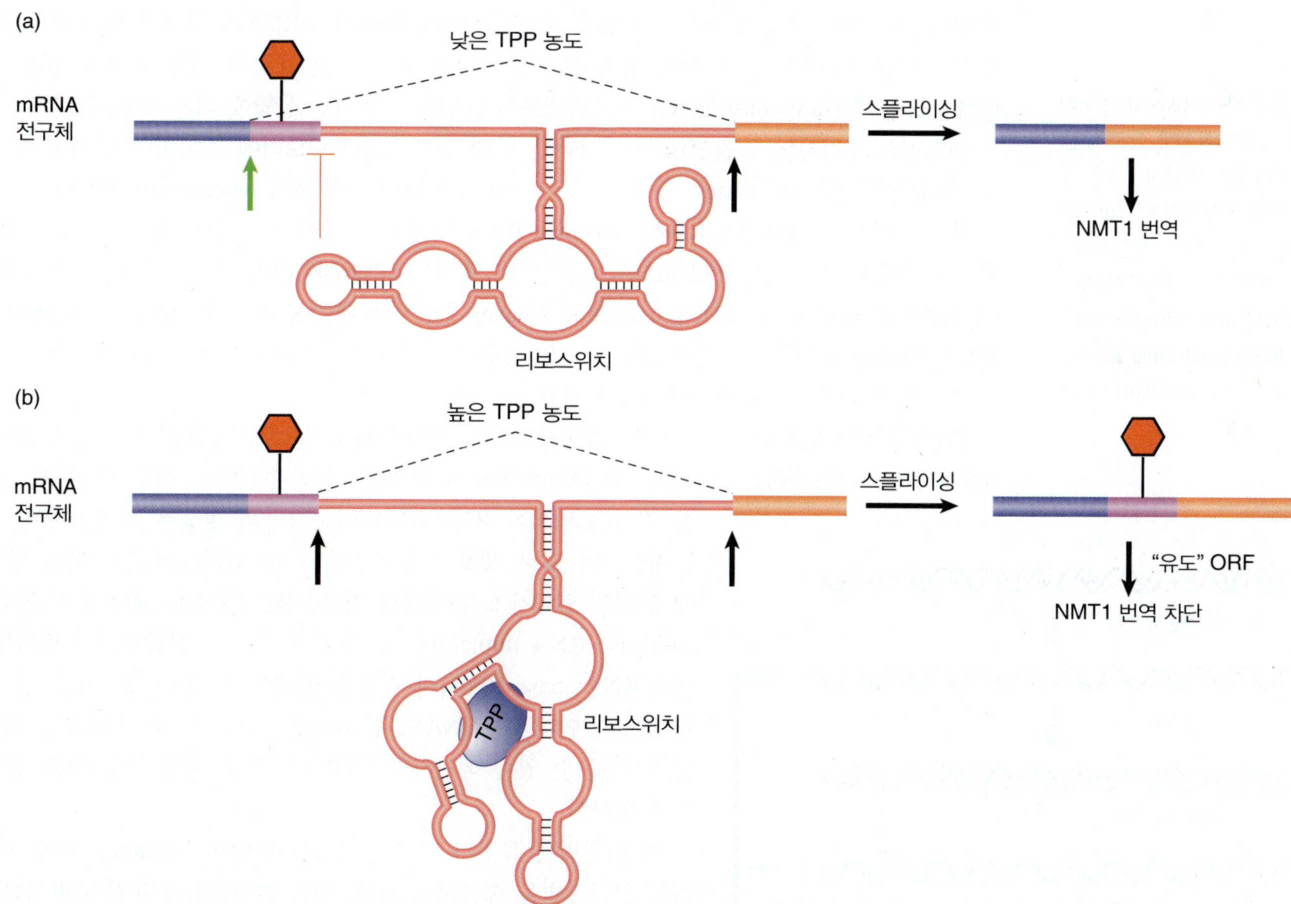

그림 30.3 *NMT1* 유전자의 발현은 TPP에 결합하는 리보스위치에 의한 mRNA 전구체의 선택적 스플라이싱 수준에서 조절된다. (a) TPP 농도가 낮을 때, 리보스위치의 TPP 결합 앱타머(aptamer)는 스플라이스 부위(붉은색 차단선) 주위의 넌코딩 염기배열에 결합하여 스플라이스 기구에 의해 선택되는 것을 방지한다. 대신 원위 스플라이스 부위(초록색 화살표)가 선택되어 ORF를 포함하는 짧고 기능을 가진 mRNA가 생성된다. (b) 고농도 TPP에서는 앱타머가 구조적 변경을 거치며 근처의 스플라이스 부위에 결합되었었던 영역이 이제는 TPP가 결합하는 데 사용되어진다. 이는 궁극적으로 유전자 발현을 방지하는 종결 코돈(빨간색 정지신호로 표시)이 포함된 짧은 유도 영역(decoy region)을 포함하는 더 길지만 기능이 없는 스플라이스 변형체를 만들어낸다. Reprinted by permission from Macmillan Publishers Ltd: B. J. Blencowe and M. Khanna, *Nature* **447**, pp. 391–393, copyright 2007.

스플라이스 공여 부위는 리보스위치에 의해 차단된다. 이 스플라이스 부위는 기능을 지닌 mRNA를 생성한다. 높은 농도에서, TPP는 리보스위치와 결합하여 그 형태(configuration)을 변경시키고, 말단 스플라이스 공여 부위를 차단함으로써 선택적 스플라이싱을 가능하게 하여, 기능을 가지고 있지 않은 mRNA를 생성시킨다.

핵심개념

- 리보스위치(riboswitch)는 대사산물 또는 다른 작은 리간드(ligand)에 의해 활성이 조절되는 RNA이다. (리간드는 다른 분자와 결합하는 모든 분자이다.)
- 리보스위치는 리보자임(gibozyme)일 수 있다.

개념 및 추론 확인

mRNA는 얼마나 많은 다른 요소로 구성되어 있는가?

30.3 넌코딩 RNA는 유전자 발현을 조절하는 데 사용될 수 있다

염기쌍 형성은 하나의 RNA가 다른 RNA의 활동을 조절하는 강력한 수단을 제공한다. 원핵세포와 진핵세포 모두에서 (일반적으로 약간 짧은) 단일-가닥의 RNA가 mRNA의 상보적 영역과 쌍(pair)을 이루며, 그 결과 mRNA의 발현을 방해하는 경우가 많다. 이러한 효과의 가장 초기의 실례 중 하나는 **안티센스 유전자(antisense gene)**가 진핵세포로 도입된 인위적인 상황에 의해 제공되었다.

- **안티센스 유전자(antisense gene)** 그것의 표적인 RNA에 상보적인 염기배열이 있는 유전자.
- **ncRNA(비암호화 RNA, *noncoding RNA*)** 오픈 리딩 프레임(ORF)을 포함하지 않는 넌코딩 RNA(비암호화 RNA, noncoding RNA).
- **안티센스 RNA(antisense RNA)** RNA의 상보적인 염기배열을 갖는 RNA.

안티센스 유전자는, 그림 30.4에서 나타낸 바와 같이, 그 프로모터에 대하여 유전자의 방향을 반대로 하여 "안티센스(antisense)" 가닥이 안티센스 **ncRNA(넌코딩 RNA, *noncoding RNA*)**로 전사되도록 하여 만들어진다. **안티센스 RNA(antisense RNA)**의 합성은 원핵 또는 진핵세포에서 표적 RNA를 불활성화시킬 수 있다. 안티센스 RNA는 실질적으로 RNA 레귤레이터(RNA regulator, RNA 조절 인자)이다. 안티센스 티미딘키나아제(thymidine kinase) 유전자는 내인성 유전자(endogenous gene)로부터의 티미딘 키나아제의 합성을 억제한다. 효과의 정량화는 전적으로 신뢰할 만한 것은 아니지만, 과잉(아마도 상당량의 과량)의 안티센스 RNA가 필요할 수 있다.

안티센스 RNA는 어느 수준에서 발현을 억제하는가? 원칙적으로, 그것은 확실한 유전자의 전사, RNA 산물의 프로세싱 또는 전달 RNA(mRNA)의 번역을 막을 수 있다. 서로 다른 시스템을 이용한 결과는 억제가 RNA-RNA 이중가닥의 형성에 의존한다는 것을 보여주지만, 핵 또는 세포질에서 일어날 수 있다. 배양된 세포 내에서 게놈에 통합된 안티센스 유전자의 경우, 센스-안티센스 RNA 이중가닥(sense-antisense RNA duplex)이 핵 내에 형성되어, 정상적인 프로세싱 및/또는 센스 RNA(sense RNA)의 전달을 방해할 수 있다. 또 다른 경우에, 세포질 내로의 안티센스 RNA의 주입(injection)은 번역 억제 또는 메시지 분해를 일으킬 수 있는 메시지의 UTR에서 짧은 이중가닥 RNA 영역의 형성을 유도한다.

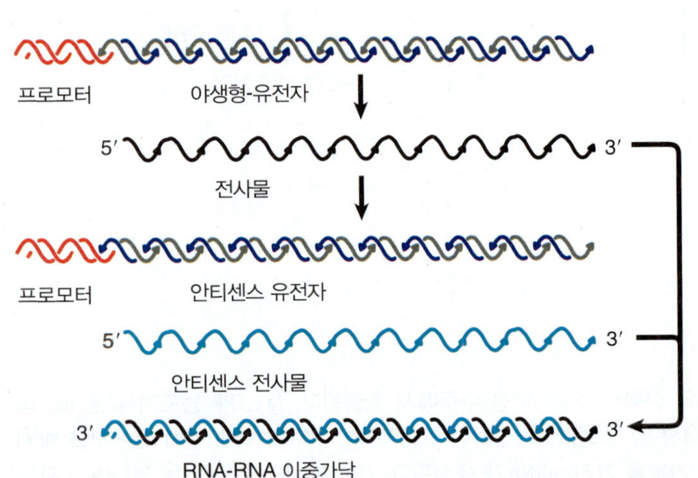

그림 30.4 안티센스 RNA는 유전자의 프로모터 방향을 반대로 함으로써 만들어질 수 있고, 야생형 전사물과 이중가닥 DNA를 형성할 수 있다.

이 실험법은 유전자 발현을 자유롭게 턴오프(turning off)할 수 있는 강력한 접근방법을 제공하고 있다; 예를 들어, 조절 유전자의 기능은 안티센스 버전을 도입함으로써 알아볼 수 있다. 이 실험법을 더 넓혀 안티센스 유전자를 조절의 대상이 되는 프로모터의 조절 하에 놓는다. 그런 다음 표적 유전자는 특정 발생 기간이나 특정 세포에서 안티센스 RNA의 생성을 조절함으로써 턴 오프시킬 수 있다. 이 실험기법을 이용하면 표적 유전자의 발현 타이밍의 중요성을 알아볼 수 있다.

안티센스 RNA는 진핵세포에서 얼마동안 알려져 왔다. 첫 번째 게놈 시퀀싱 프로젝트(genome sequencing project)는 **네스티드 유전자(nested gene, 중첩 유전자)**(다른 유전자의 인트론 내에 위치한 유전자)가 널리 퍼져 있음을 입증하였다. 그들은 처음 생각했던 것보다 더 일반적이며 5~10%의 유전자를 포함하고 있다. 네스티드 유전자가 반대 가닥에서 전사되면, 안티센스 RNA가 만들어진다. 네스티드 유전자의 이러한 일대일 배열(head-to-head arrangement)은 두 유전자가 동시에 전사될 수 없기 때문에 **전사 간섭(transcriptional interference, TI)**으로 이어진다.

▶ **네스티드 유전자(nested gene, 중첩 유전자)** 다른 유전자의 인트론 내에 위치한 유전자.

▶ **전사 간섭(transcriptional interference, TI)** 하나의 프로모터로부터의 전사가 제2의 연관된 프로모터로부터의 전사로부터 직접적으로 방해(간섭)를 받는 현상.

전사 간섭은 전사 조절의 중요한 메커니즘으로 부상하고 있으며, 간섭 RNA(interfering RNA)가 앞에서 기술한 바와 같이 안티센스 방향으로 생성되거나, 혹은 센스 방향으로 생성될 때, 실제로 발생할 수 있다. 예를 들어, 효모 *SER3* 유전자(세린 생합성에 관여)는 정상적으로 세린의 존재 하에서 억제되고, 세린(억제 가능한 유전자)의 부재 시에는 턴 온된다. 세린이 풍부한 억제 조건 하에서, 넌코딩 RNA는 *SER3* 프로모터의 인터제닉 영역(intergenic region, 유전자 간 영역) 상류에서 발현되고, SER3과 동일한 가닥에서 전사된다는 것이 확인되었다. (*SER3 조절 유전자* 또는 *SRG1*로 명명된) 이 RNA는 단백질을 코딩하지 않지만, 그 높은 발현은 SER3 프로모터에서 전사 개시를 방해하는 역할을 한다. *SRG1*은 세린에 의해 유도되므로, 이 경우 생합성 경로의 최종 생성물은 *SER3* 프로모터에서 센스 전사체(sense transcript)에 의한 전사 간섭을 일으킴으로써 *SER3*을 조절한다. 전사 간섭에서는 조절 효과를 담당하는 RNA 산물보다는 전사 그 자체일 수 있다.

최근 (유전자뿐만 아니라 전체 게놈을 탐색하는) 전체 게놈 타일링 어레이(whole genome tiling array)와 거대한 전체-세포 RNA 시퀀싱(massive whole-cell RNA sequencing) 방법을 사용한 최근의 실험에서, 대다수의 진핵세포 게놈이 전사된다는 사실이 입증되었다. 물론, 이것은 유전자 영역을 포함하고 있지만, 놀랍게도 코딩 및 넌코딩(noncoding) 가닥을 모두 포함한다. 추정치에 따르면 인간 유전자의 70% 정도가 안티센스 RNA를 생성한다. 이 패턴은 세포 유형에 따라 다르며 아마도 조절된다. 또한, 이전에는 정보가 없는 것으로 추정되었던 인터제닉 영역 및 단순 염기배열 반복 헤테로크로마틴 영역인 센트로미어 및 텔로미어 모두 전사되었다. 코딩(coding, sense) 및 넌코딩(noncoding, antisense) 가닥의 전사체는 조절 특성을 지닌 넌코딩 RNA(noncoding RNA)를 생성할 수 있다.

▶ **크립틱 언스테이블 트랜스크립트(cryptic *u*nstable *t*ranscript, CUT, 잠재 불안정성 전사물)** 안티센스 전사물을 생성하는 유전자의 3′ 말단에 위치한 프로모터에 의해 빈번하게 생성되는 단백질을 코딩하지 않는 RNA.

전사 조절에서 안티센스 RNA에 대한 직접적인 역할이 입증되었다. 예를 들어, 효모 *S. cerevisiae*에서 *PHO84* 유전자는 **크립틱 언스테이블 트랜스크립트(cryptic *u*nstable *t*ranscript, CUT, 잠재 불안정성 전사물)** 또는 CUT라고 하는 넌코딩 RNA의 클래스에 의해 부분적으로 조절된다. **그림 30.5**에 나타낸 바와 같이, 유전자의 5′ 말단의 프로모터 이외에, 반대 가닥에는 또 다른 (조절되지 않는) 프로모터가 있다. 반대 가닥에서 이 프로모터의 전사는 안티센스 RNA를 생성한다. 정상 조건에서 이 RNA는 생성되는 대로 TRAMP와 엑소솜 복합체(exosome complex)(*22.8절 새로 합성된 RNA는 핵 감시 시스템을 통해 결합 여부가 확인된다* 참조)에 의해 분해된다. 분해가 없거나 노화 세포에서, 안티센스 RNA는 없어지지 않고 지속된다. 이 안티센스 RNA 또는 CUT는 히스톤으로부터 아세테이트 그룹(acetate group)을 제거하는 히스톤 디아세틸라아제(deacetylase) 효소와 결합하여 그 유전자에 대한 크로마틴을 리모델링하고 응축시켜 유전자가 더 이상 전사되지 않도록 한다(*28.9절 히스톤 아세틸화는 전사 활성화와 관련이 있다* 참조). 이것은 안티센스 RNA에 의해 이루어지는 유전자-특이적 리모델링(gene-specific remodeling)으로 인접하는 유전자로 확장되지는 않는다.

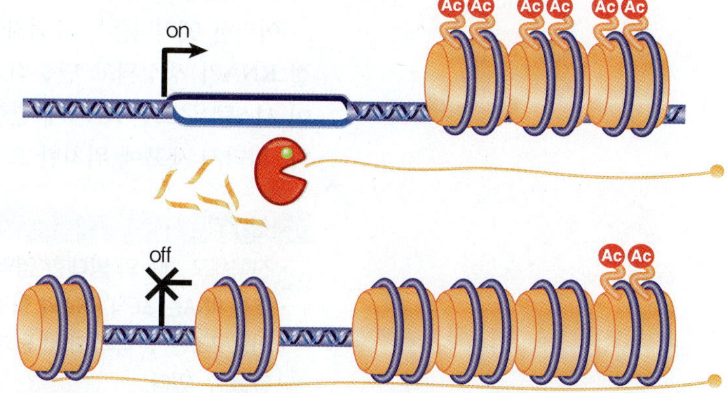

그림 30.5 *PHO84* 안티센스 RNA의 안정화는 히스톤 디아세틸라아제의 결합, 히스톤의 아세테이트 제거, *PHO84* 전사억제와 함께 일어난다. 일반적 세포에서는 RNA가 급속히 분해된다. 노화세포에서는 안티센스 전사물이 안정화되고 히스톤 디아세틸라아제와 결합하여 전사를 억제한다. Adapted from J. Camblong et al., *Cell* **131** (2007): 706–717.

이러한 발견 이후, 부분적인 크로마틴 구조의 변형을 초래하는 ncRNA의 비슷한 예가 기술되어 있다. 그 예로는 *GAL1-10* 유전자자리(*28.13절 효모 GAL 유전자: 활성화와 억제 모델* 참조)에서 전사된 긴

ncRNA가 있는데, 이는 또한 GAL 유전자 억제를 촉진하는 히스톤(메틸화뿐만 아니라) 탈아세틸화를 초래한다. ncRNA는 또한 트랜스로 크로마틴 구조의 변화를 통해 Ty 레트로 전이(retrotransposition)를 방해한다. 이것은 초파리에서 piRNA의 역할을 연상시킨다(*30.5절 마이크로 RNAs는 진핵세포의 일반적인 레귤레이터이다* 참조). 더 많은 연구가 진행된 ncRNA 시스템의 사례 중 하나는 X 염색체 불활성화에 사용되는 *XIST* 전사체의 예이다(*29.5절 X 염색체 전체는 변화를 받는다* 참조).

▶ **lincRNA(*l*arge *i*ntergenic *n*oncoding RNA)** 전형적인 유전자 사이의 염색체 부위에서 유래된 대형 넌코딩 RNA(noncoding RNA).

ncRNA의 또 다른 부류는 유전자 간 영역에서 전사된 **lincRNA(*l*arge *i*ntergenic *n*oncoding RNA)**이다. 이러한 lincRNAs의 다수는 잘못된 조절을 유발함으로써 암과 같은 질병의 원인임을 시사하고 있다. 인간에게서의 한 예가 HOTAIR(*HOX* *t*ranscript *a*nti*s*ense *R*NA)로, 이 유전자는 성체 세포에서 잘못 조절되면 서프레서(suppressor, 억제 인자) 유전자를 침묵시킴으로써 영역이 더욱 더 배아와 유사해짐에 따라 암 세포 전이를 유발한다. HOTAIR은 호메오 유전자 영역인 *HOXC*에서 유래되었으며, 이것은 세포와 조직에 아이덴티티(identity, 정체성)을 부여하는 일련의 유전자를 포함하고 있다. 이들 유전자는 초기 발생과정 중의 다세포 진핵생물에서 중요하다; 유전자의 잘못된 조절은 부정확한 세포 명을 갖는 조직으로 이어질 수 있다. HOTAIR의 정상적인 기능은 각 세포의 각 유전자에 적합한 크로마틴 조건을 확립하는 것이다—즉, 유전자를 발현해야 하는 세포에서는 오픈 크로마틴(open chromatin), 그렇지 않아야 하는 세포에서 크로스 크로마틴(closed chromatin). HOTAIR은 턴 오프해야 할 유전자를 침묵시키기 위해 폴리콤 억제 복합체 2(Polycomb Repressive Complex 2, PCR2)를 조립하기 위한 RNA 스캐폴드(scaffold, 발판)로서 작동하여 이 기능을 수행한다. 이러한 크로마틴 리모델링은 그 영역으로부터 전사를 억제하는 데 필요한 것이다.

▶ **PROMPT(*promo*ter *u*p*s*tream *t*ranscript)** 프로모터 상류 전사물로서, 활성 프로모터로부터 DNA 두 가닥에서 생성되는 짧은 RNA.

▶ **파라스펙클(paraspeckle)** 크로마틴 간의 핵 위치에서 발견되는 작고 불규칙한 모양의 리보핵산단백질체(ribonucleoprotein body)로서, 전형적으로 핵 당 10~20개.

이러한 현상은 아주 널리 퍼져 있을 수 있다. 인간의 HeLa 세포에서, RNA 분해장치의 구성성분을 사용할 수 없게 되면, 활성 프로모터로부터 **PROMPT(*promo*ter *u*pstream *t*ranscript)**라고 불리는 방대한 양의 상류 전사물이 관찰된다. 효모의 CUT과 마찬가지로, 이 RNA는 폴리아데닐화(polyadenylation)되고 매우 불안정하다. 그것은 프로모터로부터 양방향으로 발생할 수 있으며, 오픈 크로마틴이 이용 가능하다는 사실과 관련이 있을 수 있다.

다른 종류의 ncRNA에 대한 아키텍처 역할(architectural role, 시스템 역할)로 **파라스펙클(paraspeckle)**의 스캐폴드가 제안되었는데, 파라스펙클은 mRNA 성숙 및 핵으로부터의 수송 조절에 대한 프로세싱 센터로 여겨지는 작은 리보핵산 단백질체(ribonucleoprotein body)이다. 이들은 포유류 세포에서만 발견된다. 전형적인 인간 핵에서는 10~20개의 파라스펙클을 가지고 있다. RNA NEAT1(*n*uclear *e*nriched *a*utosomal *t*ranscript)은 4 Kb의 크기로, 풍부한 폴리아데닐화된 RNA는 핵에서만 발견되고 파라스펙클(paraspeckle)의 주요 RNA이다.

이러한 메커니즘은 유전자를 마음대로 턴 오프할 수 있는 강력한 접근법을 제공하고 있다. 그러나 조절 RNA가 생성되고 단순히 메시지의 발현을 턴 오프하는 일방통행로(one-way street)일 필요는 없다. 이 시스템은 또한 RNA에 결합하고 RNA를 간섭할 수 있는 상대 단백질 생성에 의해 균형을 이룰 수 있다. 따라서 세포에 위치한 요구에 따라 시간에 따라 변할 수 있는 다이나믹한 시스템이 존재할 수 있다.

핵심개념

- 진핵세포 게놈의 방대한 영역이 전사된다.
- 조절 RNA는 표적 RNA와 함께 이중구조 영역(duplex region)을 형성함으로써 기능할 수 있다.
- 이중구조는 번역의 개시 단계를 차단하거나 전사를 종결시킬 수 있으며, 혹은 핵산내부가수분해효소의 표적을 만들 수 있다.
- 전사 간섭은 동일 또는 반대 가닥의 중첩 전사물(overlapping transcript)이 다른 유전자의 전사를 방지할 때 발생한다.
- (CUT 및 PROMPT와 같은) 넌코딩 RNA(noncoding RNA)는 종종 폴리아데닐화되고 매우 불안정하다.

개념 및 추론 확인

안티센스 RNA(antisense RNA)는 어떻게 유전자 발현을 조절할 수 있는가?

30.4 박테리아는 레귤레이터 sRNA를 가지고 있다

박테리아에는 조절 RNA를 코드하는 (최대 수백 개의) 많은 유전자가 들어 있다. 이들은 **sRNA**로 알려져 있으며, 약 50개의 뉴클레오티드에서 약 200개 이상의 뉴클레오티드에 이르는 짧은 RNA 분자로서 집합적으로 구성되어 있다. 일부 sRNA는 많은 표적 유전자에 영향을 주는 일반적인 레귤레이터이다; 다른 것들은 단 하나의 전사물에 특이적이다. 이들 sRNA는 전형적으로 (sRNA 내의 작은 영역만이 표적과 상보적인 것을 의미하는) 불완전한 안티센스 RNA로서 기능한다.

▶ **sRNA** 유전자 발현의 조절 인자로 작용하는 작은 박테리아 RNA.

안티센스 RNA는 어느 수준에서 발현을 억제하는가? 원칙적으로 (1) 유전자의 전사를 방해하거나, (2) RNA 산물의 프로세싱에 영향을 미치거나, (3) 메신저의 번역에 영향을 미치거나, (4) RNA의 안정성에 영향을 줄 수 있다. 서로 다른 시스템을 이용한 결과, 억제는 RNA-RNA 이중구조의 형성에 의존한다는 것을 보여주고 있다.

염기쌍 형성은 하나의 RNA가 이미 다른 RNA의 활성을 조절하는 강력한 수단을 제공한다. 원핵세포와 진핵세포 모두에서 (일반적으로 다소 짧은) 단일-가닥 RNA가 mRNA의 상보적인 영역과 쌍을 이루며, mRNA의 발현을 방해하는 경우가 많이 있다.

대장균에서의 산화적 스트레스는 sRNA가 레귤레이터인 일반적인 조절 시스템의 흥미로운 예를 제공한다. 활성산소(reactive oxygen specie, ROS)에 노출되면, 박테리아는 항산화 방어 유전자를 유도하여 반응한다. 과산화수소는 여러 가지 유도성 유전자의 발현을 조절하는, 전사 활성인자(transcription activator)인 OxyR을 활성화시킨다. 이 유전자 중 하나가 *oxyS*이며, 작은 RNA를 코드하고 있다.

그림 30.6은 *oxyS* 발현 조절의 두드러진 두 가지 특징을 보여주고 있다. 정상적인 조건에 있는 야생형 박테리아에서는 발현되지 않는다. 그림 왼쪽에 있는 한 쌍의 겔 은 구성적으로 활성인 *oxyR* 유전자를 가진 돌연변이 박테리아에서 높은 수준으로 발현된다는 것을 보여준다. 이것을 이용하여 *oxyS*이 *oxyR*의 활성화 표적임을 확인할 수 있다. 그림의 오른쪽에 있는 한 쌍의 겔은 과산화수소에 노출된 후 1분 이내에 *oxyS* RNA가 전사된다는 것을 보여주고 있다.

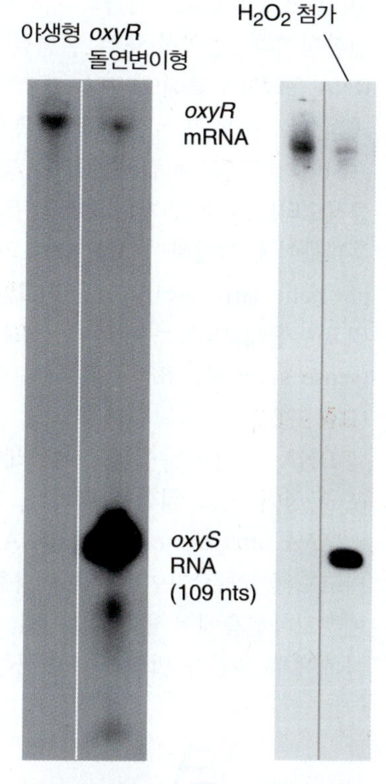

그림 30.6 왼쪽의 겔(gel)은 *oxyS* RNA가 *oxyR* 항시 발현 돌연변이에서 유도된다는 것을 보여준다. 오른쪽 겔은 *oxyS* RNA가 야생형 박테리아에 과산화수소를 첨가한지 1분 내에 유도된다는 것을 보여준다. Reproduced from S. Altuvia et al., A small stable RNA . . . , *Cell* **90**, pp. 44–53. Copyright 1997, with permission from Elsevier (**http://www.sciencedirect.**com/science/journal/00928674). Photo courtesy of Gisela Storz, National Institutes of Health.

oxyS RNA는 109 뉴클레오티드의 짧은 ncRNA이다. 그것은 번역 수준에서 유전자 발현에 영향을 미치는 트랜스-작용 레귤레이터이다. 그것은 10개 이상의 표적 mRNA를 가지고 있다; 그들 중 일부는 발현을 활성화시키고, 다른 것들은 발현을 억제한다. 그림 30.7은 하나의 표적인, *flhA* mRNA의 억제 메커니즘을 나타낸다. 세 개의 스템-루프(stem-loop) 이중-가닥 RNA 구조가 *oxyS* mRNA의 이차구조로 돌출되어 있으며, 3′ 말단에 가장 가까운 루프(loop)는 *flhA* mRNA의 개시 코돈 바로 앞에 있는 염기배열에 상보적이다. *oxyS* RNA와 *flhA* RNA 사이의 염기쌍 형성(base pairing)은 리보솜이 개시 코돈에 결합하는 것을 방해하므로 번역을 억제한다. 또한 *flhA*의 코딩 영역 내의 염기배열을 포함하는 두 번째 페어링(pairing, 짝 형성) 작용이 존재한다.

*oxyS*의 또 다른 표적은 (일반적인 스트레스 반응을 활성화시키는) 또 다른 시그마 인자를 코딩하는 유전자 *rpoS*이다. 시그마 인자의 생성을 억제함으로써, *oxyS*는 산화 스트레스에 대한 특이적인 반응이 다른 스트레스 조건에 적합한 반응을 유발하지 않도록 보장한다. *rpoS* 유전자는 두 개의 다른 sRNA(*dsrA*와 *rprA*)에 의해 조절되어 활성화된다. 이 세 가지 sRNA는 다양한 환경 조건에 대한 반응을 조정하는 글로벌 레귤레이터(global regulator, 광역 조절 인자)인 것으로 보인다.

세 가지 sRNA의 작용은 Hfq라 불리는 RNA-결합 단백질의 도움을 받는다. Hfq 단백질은 원래 RNA 박테리오파지 Qb의 복제에 필요한 박테리아 숙주 인자로 동정되었다. 이것은 유전자 발현에서 조절 역할을 하는 많은 snRNA(*s*mall *n*uclear RNA)에 결합하는 진핵세포의 Sm 단백질과 관련이 있다(*21.6절 snRNA는 스플라이싱에 필요하다* 참조). 이 유전자에서 돌연변이가 일어나면 많은 영향을 미친다; 이것은 다면발현성 단

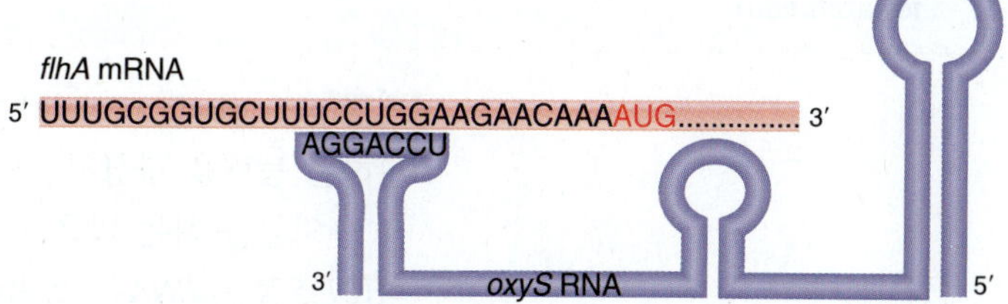

그림 30.7 *oxyS* RNA는 *flhA* mRNA의 AUG 개시 코돈의 바로 상류 염기배열과 결합하여 번역을 방해한다.

MEDICAL APPLICATIONS

인공 안티센스 유전자는 바이러스 및 암 유전자가 작동하지 않도록 하는 데 사용될 수 있다

안티센스(antisense) 기술의 치료로의 응용은 분자생물학과 의학의 전환점이다. 인위적 또는 실험실에서 합성된 안티센스 DNA 또는 RNA 올리고 뉴클레오티드는 표적화되도록 디자인되고 합성되어, 결과적으로 세포 또는 바이러스 특유의 모든 유전자의 기능을 턴 오프시키거나 침묵시킬 수 있다. 짧은 단일-가닥의 DNA 올리고 뉴클레오티드는 이중-가닥 DNA 유전자 염기배열의 그루부(groove, 홈) 사이에 결합하여, mRNA로의 전사를 막는 삼중 나선구조(triple helix structure)를 만든다(그림 B30.1). 짧은 RNA 안티센스 올리고 뉴클레오티드는 바이러스 또는 세포 유전자의 mRNA 전사체(sense strand)를 표적으로 하여 단백질 합성(번역) 과정을 막는다(그림 B30.2).

DNA 안티센스 올리고 뉴클레오티드와 비교하여, RNAi는 세포 독성이 적고 훨씬 강력하다. RNA 안티센스 테크닉은 *RNA 간섭*(*RNA interference*) 또는 RNAi(*유전자 침묵*, *gene silencing*이라고도 함)라는 자연현상을 이용한다. RNA 간섭 메커니즘은 원래 예쁜꼬마선충에서 발견되었지만, 식물과 인간을 포함한 다양한 생물체에서 유전자 발현을 조절하는 데 중추적인 역할을 하는 것으로 알려져 있다. 또한, 특히 식물에서, 항바이러스 방어의 한 형태로 간주된다. 약 21~23 bp 길이의 실험실에서 제작한 작고 간섭 dsRNA(interfering dsRNA)가 감염되지 않은 포유류 세포나 감염된 포유류 세포에 주입될 때, 분자는 RNAi의 효소 장치(enzymatic machinery)에 의해 인식된다. RNAi 경로를 통해, 최종 결과는 표적 mRNA 발현의 상동성-의존적 억제(homology-dependent inhibition)이다. 이러한 자생의 유전자 침묵 경로를 이용하는 것이 유전자 발현을 조절하는 방법이다. RNAi의 응용은 질병-유발 유전자를 침묵시키거나 바이러스성 병원체를 무력화시키는 의약품의 보고가 될 가능성을 가지고 있다.

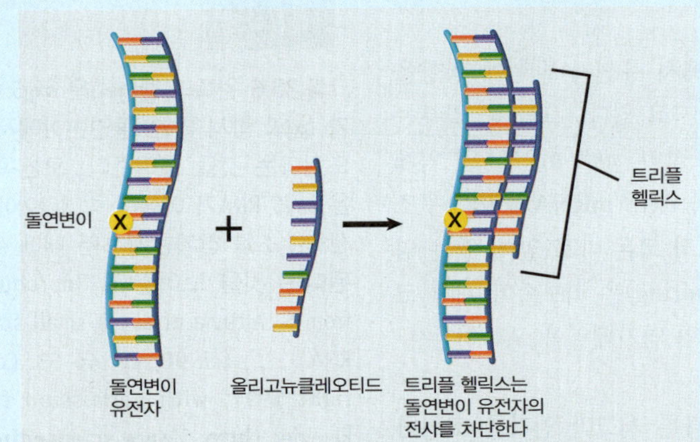

그림 B30.1 트리플-헬릭스-형성 올리고뉴클레오티드를 이용한 돌연변이 유전자 전사 차단. Reproduced from *New Approaches to Gene Therapy* from the Genetics Science Learning Center. Used under license from the University of Utah (http://learn.genetics.utah.edu).

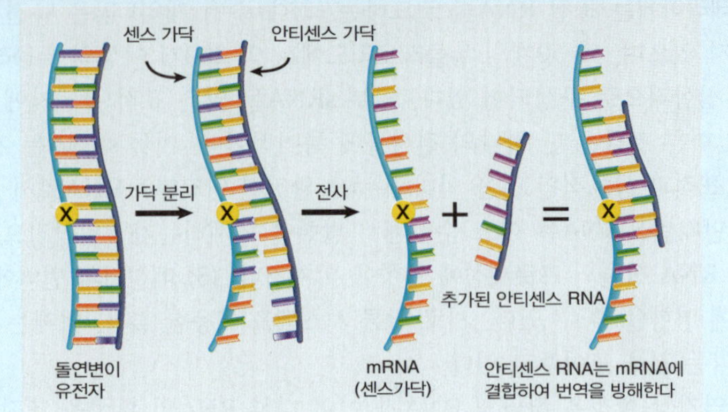

그림 B30.2 안티센스 기술을 이용한 번역 차단. Reproduced from *New Approaches to Gene Therapy* from the Genetics Science Learning Center. Used under license from the University of Utah [http://learn.genetics.utah.edu].

이론적으로, 바이러스성 및 세균성 감염은 안티센스-매개 침묵(antisense-mediated silencing) 작용으로 치료할 수 있다. 또한, 우성 돌연변이에 의해 일어나는 질병도 치료할 수 있다. RNAi 치료제를 사용하는 임상 시험의 초기 단계는 특정 바이러스 감염 및 암을 치료하기 위해 진행 중이다. 유효한 백신(vaccine)이나 항바이러스제가 없는 알려진 바이러스와 출현하는 바이러스는 공중보건에 있어 점점 더 심각한 위협이 되고 있다. RNAi-기반 항바이러스제의 약제 디자이너(drug designer)들은 사이토메갈로바이러스(cytomegaloviruse), HIV-1, 호흡기 세포 융합 바이러스(respiratory syncytial viruse, RSV), B형 간염 바이러스 및 C형 간염 바이러스 및 인간 유두종 바이러스(human papilloma viruse)로 인한 바이러스 감염 치

백질(pleiotropic protein)로 동정되었다. Hfq는 대장균의 많은 sRNA에 결합하며, 표적 mRNA에 결합하는 능력을 향상시킴으로써 *oxyS* RNA의 효과를 증가시킨다. Hfq의 효과는 아마도 표적 mRNA 조절 역할을 하는 많은 snRNA(*s*mall *n*uclear RNA)에 결합하는 진핵세포의 Sm 단백질과 관련이 있다(*21.5절 snRNA는 스플라이싱에 필요하다* 참조). 이 유전자에서 돌연변이가 일어나면 많은 영향을 미친다; 이것은 다면발현성 단백질로 동정되었다. Hfq는 대장균의 많은 sRNA에 결합하며, 표적 mRNA에 결합하는 능력을 향상시킴으로써 *oxyS* RNA의 효과를 증가시킨다. Hfq의 효과는 아마도 표

료에 우선순위를 두고 있다. RNAi 약제의 디자인에 중요한 것은 안티센스 분자가 바이러스 RNA 게놈 또는 필수 바이러스성 요소인 mRNA의 보존된 염기배열을 표적으로 하는 것이다. 이러한 접근법은 빠르게 변이하는 바이러스에 보조를 맞춰 약제 개발을 할 수 있게 한다.

바이러스의 생활주기와 유전자 발현 양상이 잘 알려져 있기 때문에 HIV-1은 RNAi 치료의 표적이 된 첫 번째 바이러스였다. 합성 안티센스 RNA(antisense RNA)는 TAR 요소, *tat*, *rev*, *gag*, env, *vif*, *nef* 및 역전사 효소(reverse transcriptase) mRNA와 같은 HIV-1-암호화 RNA를 표적으로 하기 위해 사용되었다. HIV의 높은 돌연변이율은 상당한 도전 과제이다. 이러한 이유로 또 다른 방법이 시도되고 있다. 이것은 HIV 감염에 필요한 CCR5와 같은 보존된 세포성 보조인자(cellular cofactors)를 표적으로 한다. 이것은 CCR5가 정상적인 면역계 기능에는 필수적이지 않지만, 세포에서 HIV에 도입되는데 중요하기 때문에 가능하다. HIV-1은 매크로파지(대식 세포, macrophage)에 존재하는 CD4 항원과 CCR5 보조수용체(coreceptor)에 결합한다. CCR5 보조수용체에 결합하면 HIV의 gp41 단백질에 구조적 변화가 일어나서, 바이러스가 숙주 세포의 원형질 막 및 후속 침투와 융합되게 한다. CCR5 유전자의 유전적 변이를 가지고 살아가는 사람들은 HIV 감염에 저항성을 가지며, 건강한 면역 체계를 유지한다. CCR5는 감염에 대한 염증 반응에 역할을 한다; 그러나 이 유전자가 숙주에서 결실되거나 기능하지 않을 때, 다른 세포 케모카인(chemokine)은 이 기능 상실(loss of function)을 보상한다.

C형 간염 바이러스(hepatitis C virus, HCV)는 전 세계 인구의 약 3%를 감염시킨다. 이것은 만성 간염의 주요 원인이 된다. HCV 감염자의 약 80%는 간 경변(liver cirrhosis) 및 간 세포 암으로 고통 받고 있다. 이것이 미국에서 간 이식의 주요 원인이 된다. 환자 치료에 사용할 수 있는 유일한 치료법은 인터페론(interferon)과 약제 리바비린(ribavirin)과의 병용이다. HCV 감염자의 대다수는 종종 환자에게 강한 독성의 부작용을 유발하기 때문에, 이 치료법에 반응하지 않는다. 이 글을 쓰고 있는 시점에서, 시험관 내 RNAi 연구는 HCV 레플리콘(replicon)을 지속적으로 복제하는 Huh-7.5 간암(hepatoma) 세포가 "치료"될 수 있음을 보여주고 있다. 현재까지, HCV RNA 표적을 대상으로 한 실험용 RNAi는 2단계 임상시험(Phase II clinical trials)을 통과하지 못했다.

RNAi는 특정 암을 유발하는 우성 돌연변이가 포함된 잘못된 유전자를 발현하지 못하도록 하는 데에도 사용될 수 있다. 최근 수술, 방사선요법[radiotherapy, 화학요법(chemotherapy)]의 발전은 있었지만, 뇌종양 환자의 예후와 생존율은 여전히 낮은 수준이다. 이 환자들의 평균 수명을 향상시키기 위해서는 종양세포를 특이적으로 표적으로 하고 근절하기 위한 새로운 치료법이 필요하다. 인간 상피성장인자수용체(*e*pidermal *g*rowth *f*actor *r*eceptor, EGFR) 유전자는 일반적으로 암을 치료할 수 있는 잠재적 표적이 된다. 정상 세포에서 상피성장인자(*e*pidermal *g*rowth *f*actor, EGF)는 EGFR에 결합하여, 포유동물 세포에서 세포 증식 또는 분화를 유도한다. 암세포에서 EGFR 유전자는 과발현(overexpressed) 또는 돌연변이 되어 조절되지 않는 세포 성장 및 악성 표현형(고형 종양, solid tumor)을 유도한다. SCID(severe combined immunodeficiency, 중증복합형 면역부전증) 마우스 모델에서 실험용 인간 뇌종양에서 EGFR을 표적으로 하는 RNAi 치료법을 사용하는 연구가 진행 중이다.

RNAi가 치료제로서 성공적으로 적용되기 위해서는 여전히 많은 장애물과 안전 문제가 있다. RNAi 치료의 주요 장애물은 이러한 거대분자가 원하는 세포 유형, 조직 또는 기관에 전달되는 것이다. RNA 분자는 음전하(negative charge) 및 크기 때문에 막을 쉽게 통과하지 못한다. 리포솜-기반 운반체, 나노 입자(nanoparticle) 또는 기타 전달 체계들이 이 문제를 궁극적으로 극복할 수 있다. 다른 장애물로는 RNAi의 안정성과 특이성이 있다. 이러한 장애에도 불구하고 RNAi는 유전자 기능을 연구하는 강력한 도구이다. RNAi 발견은 다양한 종류의 중요한 질병을 치료할 수 있는 잠재력을 지닌 새로운 종류의 인간 치료법 개발을 가능하게 한다.

참고문헌

Aagaard and Rossi.(2007). RNAi Therapeutics: Principles, Prospects and Challenges. *Adv. Drug Deliv. Rev.* **59**(2–3): 75–86 .

Boado. (2005). RNA Interference and Nonviral Targeted Gene Therapy of Experimental Brain Cancer. *NeuroRX* **25**: 139–150 .

Haasnoot et al.(2007). RNA Interference Against Viruses: Strike and Counterstrike. *Nature Biotech*. **25**: 1435–1443 .

적 mRNA와 쌍을 이루는 단일-가닥 염기배열의 노출을 향상시키는 *oxyS* RNA의 이차구조의 작은 변화의 영향을 받는다.

우리는 작은 RNA(small RNA)가 생물체의 생활주기(life cycle)의 많은 부분을 조절하는 기능을 가지고 있다는 막대한 잠재력을 깨닫기 시작하였다. 매우 잘 알려진 박테리아 대장균 K12에 들어 있는 바이러스 및 특정 플라스미드와 같은 외래 침입자에 대한 박테리아 방어 시스템은 우리가 아직 얼마나 많이 알아야 하는지에 대한 예를 보여 주고 있다. 이 시스템은 포획된(captured) 파지 및 플라스미드로부터 유래된 초기 변성 스페이서 염기배열(hypervariable spacer sequence)과는 구별되는 **CRISPR(clusters of regularly interspersed short palindromic repeats, 규칙적으로 산재된 짧은 회문구조 반복배열 클러스터)**이라 불리는 짧은 회문구조 반복배열의 클러스터 세트에 기초하고 있다. 이들은 진정박테리아(eubacteria)와 고세균(archaea)에서 널리 퍼져 있다. 이들과 초가변 스페이서 염기배열은 그림 30.8에서 볼 수 있듯이, 숙주 세균에 추가적인 파지 및 플라스미드 감염에 대한 내성(resistance)을 제공하는 데 사용된다.

▶ **CRISPR** 파지와 플라스미드 감염에 대한 면역계로서 RNA 간섭에 의해 기능하는 짧은 RNA로 전사되고 가공되는 원핵 생물의 주기적으로 간격을 둔 반복의 클러스터.

CRISPR 방어 시스템은 (프로모터로서 작용하는) 리더 염기배열(leader sequence)로부터 반복-스페이서 어레이(repeat-spacer array)의 전사를 필요로 하며, 대장균에서 *cas*(CRISPR-*as*sociated) 유전자라 불리는 8개의 유전자에 의해 코딩되는 RNA 프로세싱 시스템과 함께 사용된다. 이들 유전자는 보통 각 CRISPR 유전자자리에 인접하여 위치하고 있다. 이들 유전자는 다양한 중합효소, 핵산가수분해효소, 헬리카아제 및 RNA-결합 단백질을 코딩하고 있다. Cas 단백질의 다량 복합체는 동정되어, Cascade(*C*RISPR-*as*sociated *c*omplex for *a*ntiviral *de*fense)라고 불린다. CRISPR 영역은 두 개의 부분 반복배열이 있는 스페이서를 포함하는 약 57개 뉴클레오티드의 짧은 CRISPR RNA로 프로세싱되는 긴 RNA(long RNA), pre-crRNA로 전사된다. 제안되어 있는 모델은 파지 DNA에 상보적인 이

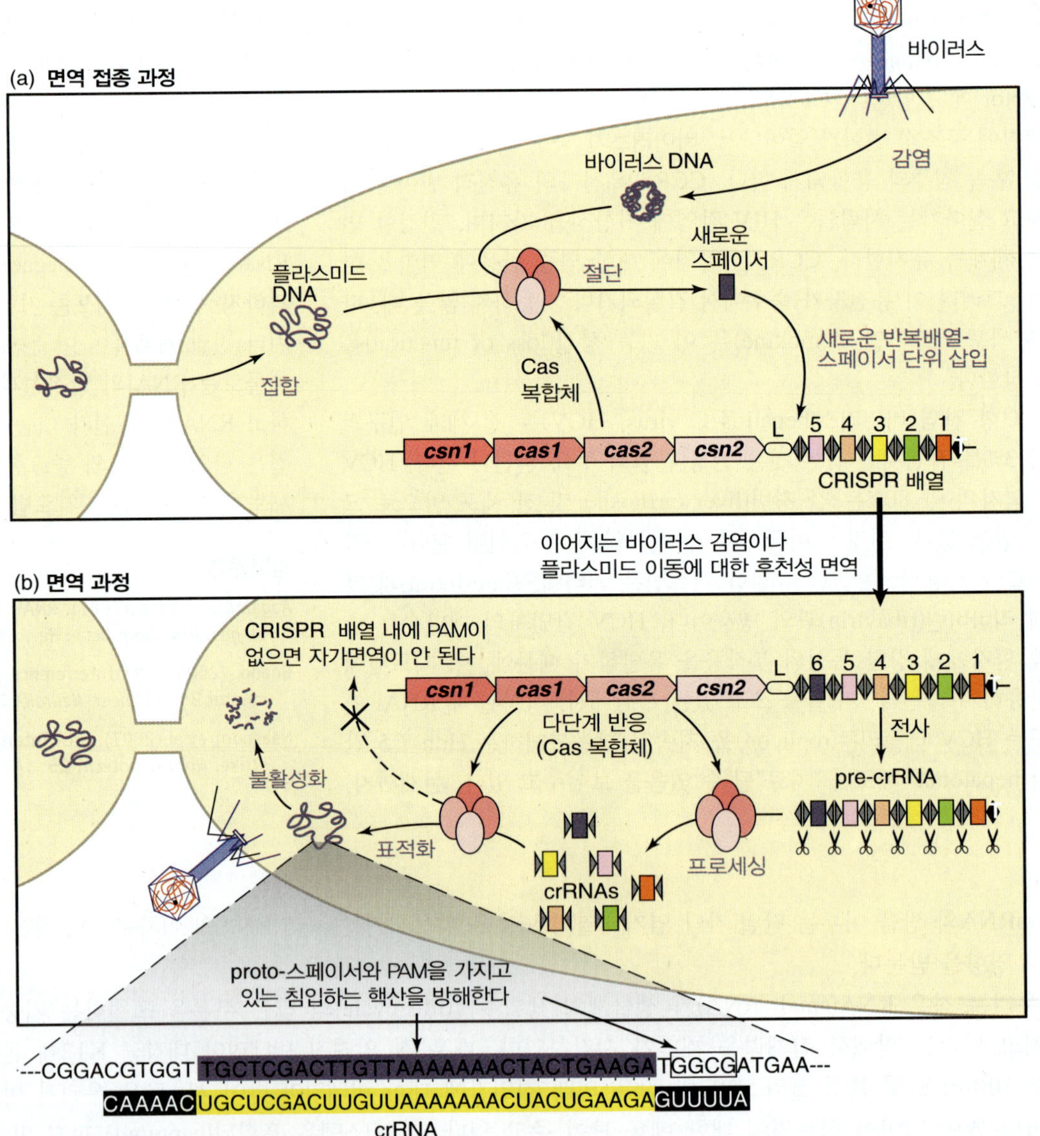

그림 30.8 CRISPR/Cas 작용 메커니즘의 개요. (a) 면역 접종 과정: 바이러스나 플라스미드로부터의 외부 DNA 유입 후, Cas 복합체는 외래 DNA를 인식하고 CRISPR 위치의 리더 말단에 새로운 반복-스페이서 단위를 통합시킨다. (b) 면역 과정: 반복-스페이서 배열은 성숙한 crRNA로 프로세싱(가공)되는 pre-crRNA로 전사되고, 이어서 Cas 복합체에 의해 가이드로서 사용되어, 그에 상응하는 침입하는 핵산을 방해한다. 반복배열은 다이아몬드로, 스페이서는 직사각형으로, CRISPR 리더(leader)는 L로 표시하였다. Reproduced from P. Horvath and R. Barrangou, *Science* **327** (2010): 167–170. Reprinted with permission from AAAS.

들 RNA가 Cas 간섭 장치(Cas interference machinery)의 가이드(guide)로 사용된다는 것이다. 복합체는 파지 유전자의 발현 및 궁극적으로 분해를 방지하기 위해 바이러스 게놈 또는 RNA와 염기쌍을 이룰 것이다.

이것은 능동적으로 진화하는 시스템(actively evolving system)이다. 바이러스 감염은 새로운 스페이서(spacer)를 CRISPR 위치로 통합시킨다. 그 바이러스는 그 염기배열 요소의 돌연변이가 발생하면 그 박테리아를 성공적으로 감염시킬 수 있다.

핵심개념

- 박테리아 레귤레이터 RNA를 sRNA라고 한다.
- 일부 sRNAs는 Hfq 단백질과 결합하여 효과가 증가한다.
- *oxyS* sRNA는 전사 후 수준에서 10개 이상의 유전자자리의 발현을 활성화하거나 억제한다.
- 연속 반복배열은 강력한 항바이러스 RNA로 전사될 수 있다.

개념 및 추론 확인

sRNA는 번역 과정을 어떻게 활성화시킬 수 있는가?

30.5 마이크로 RNAs는 진핵세포의 일반적인 레귤레이터이다

진핵생물은 박테리아와 마찬가지로 RNA를 사용하여 유전자 발현을 조절한다. 넌코딩 RNA(noncoding RNA, 비암호화 RNA)는 DNA 수준에서 핵에서 유전자 발현을 조절하는 데 사용된다; 많은 경우에 이들 RNA의 발현 및 기능은 크로마틴 구조와 밀접하게 연관되어 있다. 연속으로 반복되는 단순 염기배열인 새틀라이트 DNA(satellite DNA)의 전사는 헤테로크로마틴 자체의 형성에 필수적이다(*28장 진핵세포의 전사 조절, 29장 후성유전학적 효과는 유전된다* 참조). 우리는 주로 mRNA 수준에서 세포질의 조절에 초점을 맞출 것이다. 앞으로 살펴보겠지만, 박테리아 메커니즘과 관련된 진핵세포의 메커니즘은 매우 다르다.

핵막이 전사와 번역의 과정을 분리하기 때문에 박테리아에서와 같이 진핵세포에서는 어테뉴에이션(attenuation, 전사 지연, 혹은 감쇠)이 불가능하다. 진핵세포의 mRNA가 박테리아 mRNA보다 훨씬 안정적이며 평균 반감기가 분 단위가 아니라 시간 단위인 점을 감안할 때, 번역 개시 및 mRNA 안정성 조절 자체에서 훨씬 더 많은 번역 수준 조절이 필요하다(*22장 mRNA의 안정성과 위치 결정* 참조).

진핵세포에는 수많은 종류의 작은 넌코딩 RNA(small noncoding RNA, snRNA)가 있다. 우리는 이미 RNA 스플라이싱, RNA 편집, 수식(modification)(*21장 RNA 스플라이싱과 프로세싱, 23장 촉매 RNA* 참조)과 관련된 몇 가지 다양한 종류의 가이드RNA(guide RNA)에 대하여 알아보았다.

매우 작은 RNA 또는 **마이크로 RNA(microRNA, miRNA)**는 전부는 아니지만, 대부분의 진핵생물에서 발견되는 유전자 발현 레귤레이터이다. 이들은 박테리아의 sRNA와 유사하지만, 우리가 볼 수 있듯이 그것들은 더 작고 그 작용 메커니즘이 다르다. 인간 게놈은 코딩 유전자의 인트론의 절반, 그리고 커다란 ncRNA로부터 약 절반이 **RNA 간섭(RNA interference, RNAi)**에 참여하는 miRNA를 코드하는 약 1,000개의 유전자를 가지고 있다. 더욱 흥미로운 것은, 한때 기능이 없다고 여겨지던 비활성의 유사유전자 영역(genelike region)으로 추정되는 슈도유전자(pseudogene, 위유전자)에서 miRNA가 만들어질 수 있다는 것이다. RNA 간섭은 일반적으로 (항상은 아니지만) 번역 수준에서 유전자 발현을 억제하는 일반적인 메커니즘이다. 이러한 miRNA는 여러 가지 이름을 가지며, (발생에 관여하고 있기 때문에) 때때로 **stRNA**, 혹은 단기 RNA(*s*hort *t*emporal RNA, stRNA)라고 부른다. 일부 miRNA는 또한 유전자 프로모터에 결합하여 전사 개시에 영향을 미치는 것으로 나타났다. 수백 개의 miRNA가 수천 개의 mRNA를 조절한다고 추정된다. mRNA의 많은 부분이 발생 단계의 모든 지점에서 miRNA

- ▶ **마이크로 RNA(microRNA, miRNA)** 유전자 발현을 조절할 수 있는 매우 짧은 RNA.
- ▶ **RNA 간섭(RNA interference, RNAi)** 더 긴 이중-가닥 RNA에서 유래된 짧은 21~23 뉴클레오티드 안티센스 RNA가 번역 저해 또는 분해에 의해 mRNA 발현을 조절할 수 있는 과정.
- ▶ **stRNA** 발생과정 동안 mRNA 발현을 조절하는 진핵세포 내 miRNA의 한 형태인 단기 RNA.

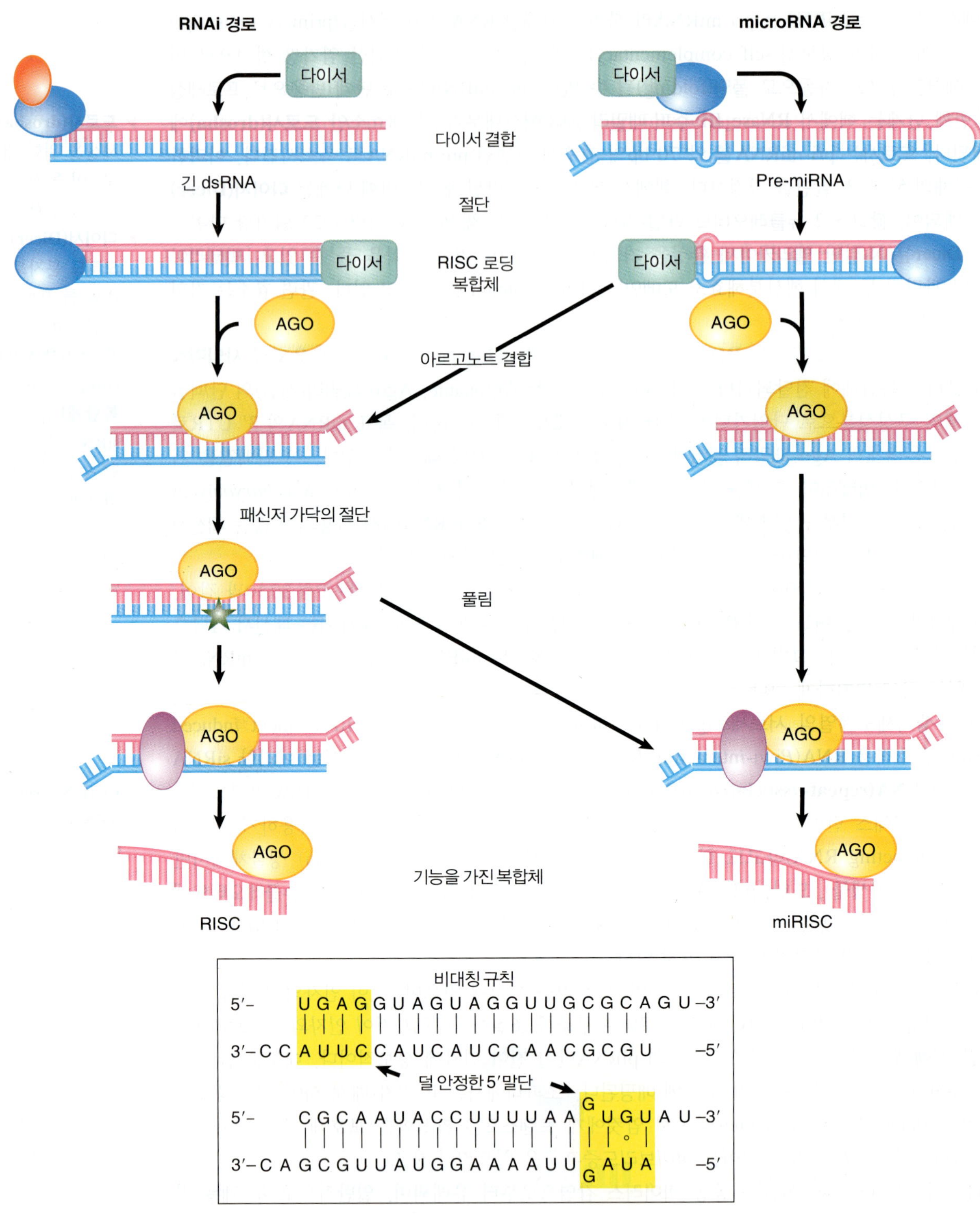

그림 30.10 아르고노트-small RNA 복합체의 조립 과정. 세포내 이중-가닥 RNA 이중구조는 다이서 계열 구성성분과 dsRNA-결합 단백질(파란색)을 포함하는 인식 복합체와 결합되어 있다. 초파리(*Drosophila melanogaster*)에서, 이중-가닥 RNA-결합 단백질이 다이서와 RISC 복합체를 형성하는 반면(오른쪽 그림), RNAi 경로에서는(왼쪽 그림) 다이서가 Ago 단백질과 결합하는 데 중요한 역할을 한다. 일단 Ago가 RNA 이중구조와 결합하면, 파란색의 패신저(passenger) 가닥은 절단된다. RNA 가닥의 분리와 Ago 단백질로의 삽입은 이중구조 5′ 말단의 염기결합의 힘으로 유도된다; 이것을 비대칭 규칙(asymmetry rule)이라고 한다. 이 예에서는 가장 풀리기 쉬운 5′ 말단을 노란색으로 강조하였다. 일단 풀어지면, siRNA나 혹은 miRNA는 Ago와 결합하여 RISC 복합체를 형성한다. 이중구조의 두 가닥 간의 상보성 정도에 따라 miRNA가 다른 Ago 단백질로 어떻게 분류되어질지가 결정된다. 보라색 타원은 아직 밝혀지지 않은 '되감기 효소(unwindase)' 단백질을 나타낸다. 별표는 핵산내부가수분해효소 작용을 나타내고 있다. Reprinted by permission from Macmillan Publishers Ltd: G. Hutvagner and M. J. Simard, *Nat. Rev. Mol. Cell Biol.* **9**, pp. 22–.32, copyright 2008.

핵심개념

- 진핵세포 게놈은 마이크로 RNA(microRNA)라고 불리는 많은 짧은(~22 염기) RNA 분자를 코드하고 있다.
- piRNA는 생식세포에서 유전자 발현을 조절하고 전이 인자를 침묵시키도록 작용한다.
- siRNA는 바이러스 및 전이 인자에 상보적이다.

개념 및 추론 확인

miRNA를 변경시키는 돌연변이의 결과를 예측해 보라.

30.6 RNA 간섭은 어떻게 작용하는가?

RISC는 관련 miRNA에 의해 세포질에서 mRNA 표적으로 안내되는 번역 조절을 수행하는 복합체이다. mRNA 발현을 조절하는 데 사용되는 두 가지 기본 메커니즘이 있다: mRNA의 분해 혹은 mRNA의 번역 억제. 식물은 주로 mRNA 분해를 위해 RNAi를 사용하는 반면, 동물은 주로 번역 억제를 사용한다. 그러나 두 그룹 모두 두 시스템을 모두 사용한다. 선택은 주로 miRNA와 mRNA 간의 염기쌍 형성에 의해 결정된다. 염기쌍 형성의 정도가 높을수록 표적 mRNA가 더 많이 분해될 가능성이 높다.

이것은 진핵세포의 단백질 합성(번역) 과정의 미세조정 조절(fine-tuned control)에 필수적인 메커니즘이다. 앞서 언급했듯이, 진핵세포 mRNA는 박테리아 mRNA보다 훨씬 안정적이다; 일부 mRNA의 분해가 확률적(stochastic)이기 때문에, 세포가 어느 mRNA가 단백질로 번역될지 그리고 얼마나 오래 조절되어야 하는지를 철저히 통제할 수 있어야 한다. 발생과정 동안, 우리가 곧 알아보게 될 주요 mRNA의 신속하고 완전한 턴 오버(turnover, 회전율)를 보장하는 것이 특히 중요하다.

RISC는 miRNA를 가이드로 사용하여 작은 상동성 영역에 대한 RNA를 스캔한다. 이 영역은 대개 mRNA의 3′ UTR에서 AU가 풍부한 영역에서 발견된다. 어느 특정 mRNA는 여러 개의 서로 다른 표적 부위를 가질 수 있으며, 따라서 서로 다른 miRNA에 반응할 수 있다. mRNA의 표적 부위와 결합할 때, 뉴클레오티드 2에서 8까지의 miRNA의 5′ 말단이 가장 중요하다. 이들은 완벽한 염기쌍을 가지고 있어야 한다.

일단 결합이 일어나면, 그림 30.11에서 볼 수 있듯이, 번역의 억제로부터 메시지의 분해까지의 다양한 메커니즘으로부터 가능한 여러 가지 결과가 발생한다. RISC는 번역 신장 단계를 차단하거나(그림 30.11a) 혹은 생성된 초기 폴리펩티드의 단백질 분해를 유도하여 이미 리보솜에서 진행 중인 번역을 방해할 수 있다(그림 30.11b).

RISC는 또한 여러 가지 방법으로 단백질 합성(번역) 과정의 개시를 억제할 수 있는데, 아마도 Ago 폴리펩티드의 중심 도메인이 캡-결합 개시 인자(cap-binding initiation factor)인 eIF4E와 상동성을 갖는다는 사실 때문일 수 있다(*24.7절 작은 서브유닛은 진핵세포 mRNA를 스캔하여 개시 위치를 찾는다* 참조). RISC는 캡에 결합하여 eIF4E가 결합되는 것을 방해하거나(그림 30.11c) 혹은 큰 60S 리보솜 서브유닛(ribosomal subunit)이 결합되는 것을 방지할 수 있다(그림 30.11d). RISC는 또한 캡이 폴리A 테일에 결합하는 것을 방해함으로써 mRNA가 원형화되는 것을 방지할 수 있다(그림 30.11e). RISC가 mRNA 분해를 촉진시킬 수 있는 한 가지 방법은 탈아데닐화(deadenylation)를 유도하고 이어서 메시지의 디캡핑(decapping, 캡 제거)하는 것이다(그림 30.11f). 또한 RISC는 mRNA를 기존 분해 경로로 표적화하여 mRNA 분해를 간접적으로 촉진할 수 있다. RISC는 P 바디[(P body, 세포질 프로세싱 바디(cytoplasmic processing bodies)]라고 불리는 프로세싱 센터에 mRNA의 격리(sequestration)를 매개한다. 이들은 mRNA가 미래의 사용을 위해 저장될 수 있고 디캡핑된 mRNA가 분해되는 곳이다.

번역 억제가 (우리가 현재 알고 있는) miRNA 작용에 대한 가장 일반적인 결과지만, miRNA는 또한 단백질 합성(번역) 활성화를 유도할 수 있다. TNF-α(tumor necrosis factor-α, 종양괴사인자-α)의 3′ UTR은 ARE(*A*U-*r*ich *e*lement)라 불리는 조절 인자를 가지고 있다. 이들은 일반적으로 번역 억제

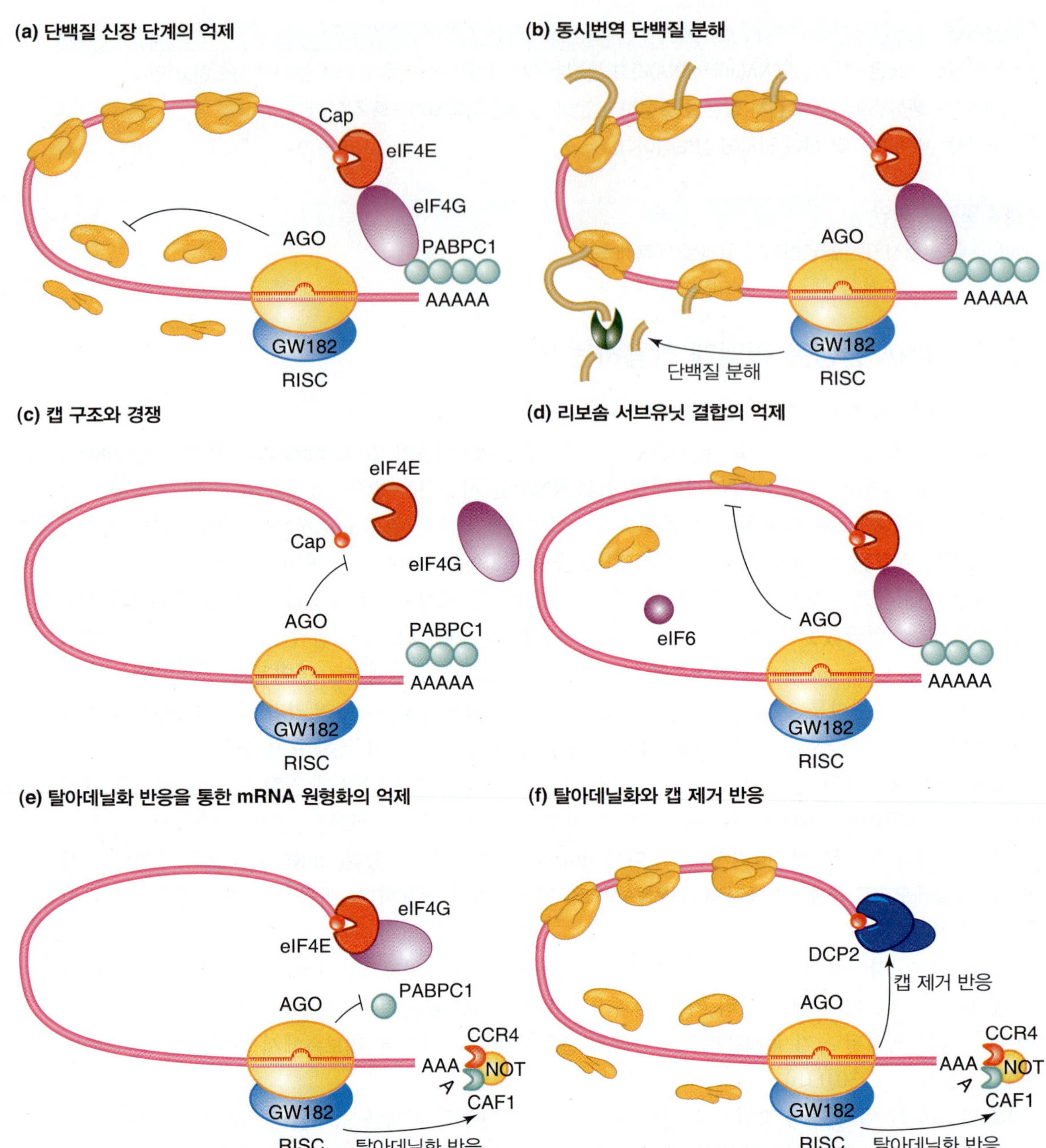

그림 30.11 miRNA-매개에 의한 유전자 침묵 메커니즘. (a) 개시 후 메커니즘. miRNA(붉은색)가 번역 신장을 차단하거나 혹은 리보솜의 조기 분리를 촉진시켜 목표 mRNA의 번역을 억제한다. (b) 번역과 동시에 단백질 분해. 이 모델은 번역이 억제되지 않고, 오히려 새로 만들어진 단백질이 번역과 동시에 분해된다는 것이다. (c-e) 개시 메커니즘; miRNA는 번역의 초기 단계를 방해한다. (c) Ago 단백질이 캡 구조(빨간색 점)에 결합하기 위해 eIF4E와 경쟁한다. (d) Ago 단백질은 eIF6와 결합하여, 큰 리보솜 서브유닛이 작은 서브유닛에 결합하는 것을 방해한다. (e) Ago 단백질이 탈아데닐화를 포함한 아직 정확하게 밝혀지지 않은 메커니즘을 통하여 닫힌 고리모양의 mRNA 입체구조가 형성되는 것을 방해한다. (f) miRNA-매개의 mRNA 분해. miRNA가 탈아데닐화를 일으키며 이어서 표적 mRNA의 캡을 제거한다. 이 과정에는 중요한 탈아데닐화 복합체 구성성분(CAF1, CCR4, NOT 복합체), 캡 제거 효소 DCP2, 그리고 약간의 캡 제거 활성인자(짙은 파란색 원)를 필요로 한다. (mRNA 분해는 억제 현상이 번역의 개시 단계 혹은 개시 후 수준에서 일어나는지의 여부에 관계없이, 번역 억제 현상의 결과인 사일런싱의 독립적인 메커니즘일 수 있다.) RISC는 Ago 단백질(파란색)과 서브유닛인 GW182(노란색)를 포함한 최소 복합체로 표시되어 있다. Reprinted from A. Eulalio, E. Huntzinger, and E. Izaurraide, Getting to the root of miRNA . . . , *Cell* **132**, pp.9–14. Copyright 2008, with permission from Elsevier (http://www.sciencedirect.com/science/journal/00928674).

와 관련된 공통 인자이다. 그러나 이 경우 ARE는 영양이 부족한 상태(혈청기아, serum starvation) 후에 번역 활성화에 관여한다. 이 활성화는 RNA 결합 단백질인 FXR1(fragile X-related protein)과 복합체에 RISC와 miRNA를 필요로 하는 것으로 나타났다. RISC 복합체가 정상 억제 모드에서 활성화로 전환되는 방법에 대한 문제는 복합체의 정확한 구성에 달려 있다. 복합체 내의 서로 다른 단백질 파트너는 서로 다른 반응을 이끌어 낼 것이다. 영양이 부족한 상태는 RISC 작용을 변화시키는 FXR1을 구성하게 되는데, 이것은 아마도, RISC가 번역이 조절되는 3′ UTR과 mRNA 캡(cap) 사이에서 통신하기 때문일 것이다.

동물에서 RNAi의 가장 초기에 알려진 사례 중 하나는 레귤레이터 유전자 *lin4*(계열)와 그 표적 유전자 *lin14* 간의 상호작용으로 선충류인 예쁜꼬마선충에서 발견되었다. 그림 30.12는 이 조절시스템의 작동을 보여준다. *lin14* 표적유전자는 애벌레 발생을 조절하는 mRNA를 생성한다. Lin14는 세포의 특수 그룹에서 유사분열의 타이밍을 지정하는 중요한 단백질이다. *lin14*의 발현은 miRNA를 코딩하는 *lin4*에 의해 조절된다. *lin4* 전사체는 *lin14* mRNA의 3′ UTR에서 7번 불완전하게 반복되는 10-염기배열에 상보적이다.

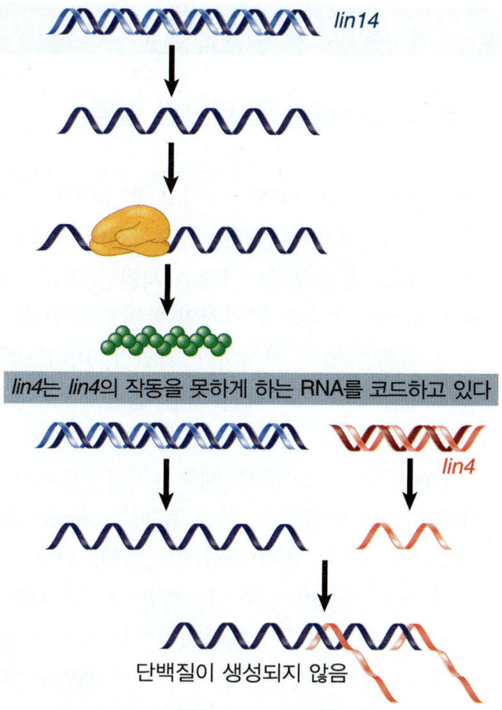

*lin4*는 *lin4*의 작동을 못하게 하는 RNA를 코드하고 있다

단백질이 생성되지 않음

그림 30.12 *lin4* RNA는 *lin14* mRNA 3′의 번역되지 않는 영역에 결합하여 *lin14*의 발현을 조절한다.

박테리아 sRNA에 대해 설명한 바와 같이, 최상의 결과를 조절할 수 있는 여러 요소 간에 다이나믹한 상호작용이 있을 수 있다. RISC와 표적 mRNA 간의 반응을 조절하는 여러 메커니즘이 있다. 단백질은 mRNA 표적 염기배열에 결합하여 RISC에 의한 이용을 방해할 수 있으며, mRNA 자체의 3′ UTR은 RISC가 결합 부위를 확인하고 표적화하는 능력에 영향을 줄 수 있는 또 다른 염기쌍 구조를 가질 수 있다. miRNA 전구체는 A를 I로 전환시키고 A:U 염기쌍을 파괴하는 아데노신 탈아미노화 편집효소(adenosine deaminase editing enzyme)인 ADAR에 의해 편집될 수 있다. 이로 인해 miRNA가 활성화되거나 불활성화 될 수 있다. 예쁜꼬마선충 및 일부 바이러스는 다이서를 간섭하여 세포의 mRNA 프로필을 변경할 수 있는 ncRNA를 발현한다. 다른 흥미로운 점은 일부 유전자는 또 다른 폴리(A) 절단 부위[poly(A) cleavage site]를 가지고 있으며, 서로 다른 3′ UTR을 가지고 있어, 다른 miRNA에 대한 다른 표적 염기배열을 가지고 mRNA의 다른 버전을 만들어 낼 수 있다는 것이다.

RNAi는 특정 표적 유전자의 발현을 제거하는 강력한 기술이 되었다. 그러나 이 기술은 포유동물 세포에서 제한적이었으며, 단백질 합성을 중지하고 mRNA를 분해하는 dsRNA에 보다 일반적인 반응을 보였다. 그림 30.13은 이것이 두 가지 반응 때문에 일어난다는 것을 보여주고 있다. dsRNA는 효소 PKR을 활성화시키며, PKR은 인산화시킴으로써 번역 개시 인자인 eIF2a를 불활성화시킨다. 또한, 2′5′ 올리고아데닐합성효소(2′5′ oligoadenylate synthetase)를 활성화시키고,이 효소의 생성물은 RNase L을 활성화시키며, 이것은 세포 내의 모든 RNA를 분해하게 된다. 그러나 이러한 반응에는 26개 뉴클레오티드보다 긴 dsRNA가 필요하다는 것이 밝혀졌다. 포유류 세포에 보다 짧은 dsRNA(21~23 뉴클레오티드)가 도입되면 웜(worm)과 파리의 RNAi 기술과 마찬가지로 상보적 RNA의 특이적 분해를 유발한다. 이러한 발전으로 RNAi는 특정 유전자의 발현을 턴 오프(차단)하는 메커니즘으로 자리 잡고 있다.

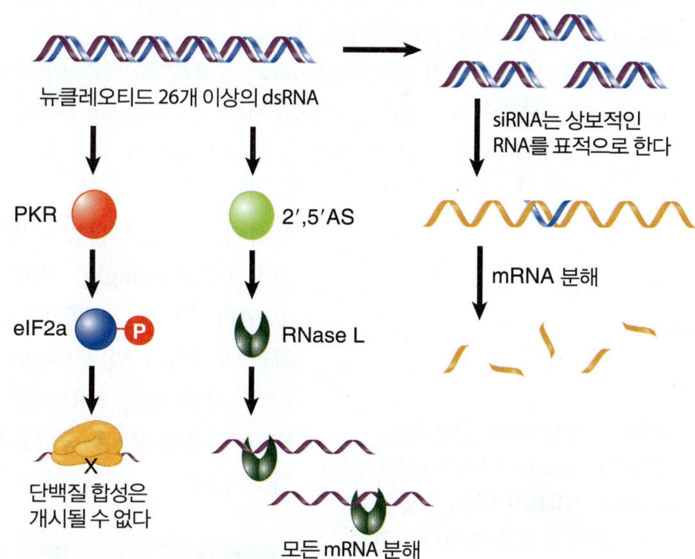

그림 30.13 긴 dsRNA는 단백질 합성을 억제하고, 포유류 세포에서 염기배열-특이성 분해뿐만 아니라 모든 mRNA 분해를 유발한다.

RNA 간섭은 유전자 발현이 침묵되는 자연적 과정과 관련이 있다. 식물과 곰팡이는 dsRNA가 유전자의 발현을 억제하는 **RNA 사일런싱(RNA silencing, RNA 침묵)**(때로는 전사후 유전자 침묵이라고도 함)을 보여준다. RNA의 가장 일반적인 소스는 복제 바이러스 또는 전이 인자이다. 이 메커니즘은 이러한 인자에 대한 방어 수단으로 발전했을 수 있다. 바이러스가 식물 세포에 감염되면 dsRNA가

▶ **RNA 사일런싱(RNA silencing, RNA 침묵)** 유전자 전사를 방지하기 위해 쿠로마틴 구조를 변경하는 RNA, 특히 ncRNA의 능력.

METHODS AND TECHNIQUES

마이크로어레이 및 타일링 실험

클로닝(cloning), PCR, 그리고 현재의 마이크로어레이에서 증명된 것과 같이, 과학적 발전은 기술혁신에 달려 있다. 저렴한 올리고 뉴클레오티드 합성 기술과 DNA 시퀀싱(DNA sequencing, DNA 염기배열결정법) 기술의 획기적인 발전으로 인해 게놈 마이크로어레이 기술 자체의 개발이 가능하게 되었다. 마이크로어레이 실험은 거대한 규모로 수행된 고전적인 핵산 잡종화(nucleic acid hybridization) 실험이다.

DNA 마이크로어레이(때로는 DNA 칩이라고도 함)는 기본적으로 매우 단순한 방법이다. 지지 플랫폼(support platform)은 현미경 슬라이드일 수 있다. 표적 핵산 염기배열, 전형적으로 DNA를 슬라이드 상에 스폿팅(spotting)한다. 가장 초기의 마이크로어레이는 DNA를 수동으로 스폿팅하여 만들었다. 1990년대에는 정밀하고 고밀도의 배열을 만들 수 있는 자동화 기계가 개발되었다. 인터넷에 배포된 이러한 장치를 구축하기 위한 회로도(schematics)로 많은 실험실이 자체 장치를 조립할 수 있게 되었다.

어레이 밀도는 평방 밀리미터당 10 내지 1,000 스팟의 범위일 수 있다. 바로 언급하겠지만, 상업적으로 생산된 어레이는 여러 가지 이유로 인기가 있다. 많은 모델 생물체에 대한 표준화된 배열은 여러 공급 업체에서 쉽게 구할 수 있으며, 개별 프로젝트의 사용자 맞춤형 어레이를 합성할 수도 있다.

스팟될 표적 염기배열 프로브(probe)의 설계는 복잡한 작업이다. DNA는 게놈 PCR 단편, 클로닝된 cDNA(complementary DNA, 상보적인 DNA)의 PCR 단편, 알려진 유전자의 mRNA 사본 또는 전형적으로 25 내지 60 bp의 올리고뉴클레오티드일 수 있다. 예를 들어, 생물체 내의 모든 유전자로부터 PCR 산물을 포함하는 어레이를 만들 수 있다. 20,000개의 유전자를 가진 전형적인 고등 진핵생물의 경우, 40,000개의 PCR 프라이머가 필요하다. PCR 산물은 자기-상보성(self-complementarity)이 없는 각각의 특유의 염기배열이 되도록 디자인되어야 한다. 변성 온도(melting temperature, GC 함량)는 대량 생산 및 사용을 위해 특정 범위 내에 있어야 한다. 올리고뉴클레오티드가 표적 염기배열로 사용되는 경우도 마찬가지이다. 표적 염기배열을 디자인할 때 컴퓨터 프로그램을 이용할 수 있다. 엑손 사용과 선택적인 스플라이싱(alternative splicing)을 알아보는 어레이 세트는 10배가 더 클 수 있다.

일단 표적 염기배열이 결정되면, 다음 문제는 테스트할 RNA이다. 전형적인 실험에서, mRNA는 형광 염료로 표지된다. mRNA 풀(pool)은 먼저 증폭되어 표지되어야 한다. 증폭은 cDNA 또는 RT-PCR(reverse transcriptase-PCR) 사본을 합성하여 만들 수 있다. 이러한 성격의 실험은 발생 과정에서 유전자 발현이 어떻게 변하는지, 영양 부족(starvation)과 같은 대사 장애가 어떻게 변하는지를 포함하여 여러 가지 서로 다른 문제를 알아 볼 수 있다. 또한 정상 세포의 유전자 발현 프로파일과 암 세포의 유전자 발현 프로파일을 비교할 수 있다.

두 가지 세포 유형이 비교되는 이러한 유형의 실험에서, 증폭된 mRNA는 각각 빨간색과 녹색이 부착된 형광 태그(tag)의 다른 색상을 띄게 한다. 증폭된 태그 RNA(tagged RNA)의 두 개의 풀을 혼합하여 마이크로어레이에 적용시킨다. 전형적인 잡종화 키네틱(hybridization kinetics)은 가장 풍부한 RNA가 가장 적은 양의 RNA보다

형성되어 식물 게놈에서 발현이 억제된다. 마찬가지로, 전이 인자도 dsRNA를 만든다. RNA 사일런싱(RNA silencing)은 바이러스 감염이 발생하는 세포에만 국한되지 않는 더 주목할 만한 특징을 가지고 있다: 그것은 전체적으로 식물 전체에 퍼질 수 있다. 아마도 신호 전파는 RNA나 RNA 단편의 통과를 포함하고 있다. 바이러스 자체의 이동과 관련된 일부 기능을 필요로 할 수 있다. 식물체에서의 RNA 사일런싱은 siRNA를 프라이머로 사용하여 상보성 RNA의 주형에서 더 많은 RNA를 합성하는 **RNA-의존성 RNA 중합효소(RNA-dependent RNA polymerase, RDRP)**에 의한 신호 증폭에 관여하고 있다.

▶ **RNA-의존성 RNA 중합효소(RNA-dependent RNA polymerase, RDRP)** RNA 주형으로부터 RNA 합성을 촉매하는 효소.

핵심개념

- 마이크로 RNA(microRNA)는 표적 mRNA에서 상보적인 염기배열과 염기쌍을 형성함으로써 유전자 발현을 조절한다.
- RNA 간섭(RNA interference)은 miRNA 또는 siRNA에 상보적인 mRNA의 분해 또는 번역 억제를 유발한다.
- dsRNA는 숙주 유전자의 사일런싱(silencing, 침묵)을 유발할 수 있다.

개념 및 추론 확인

mRNA 3′ UTR에 결합하는 miRNA가 어떻게 5′ 말단에서 번역 개시와 같은 기능에 영향을 줄 수 있는가?

더 쉽게 프로브에 하이브리드되게 한다.

이 과정의 세 번째 단계는 데이터 수집 및 해석이다. 다양한 형광 파장(wavelength)에서 마이크로어레이의 각 도트(dot, 점)을 읽으려면 특수 스캐너를 사용해야 한다. 예상한 대로, 대용량 데이터 세트는 단일 실험을 통하여 얻을 수 있다. 생물정보학(bioinformatic) 소프트웨어 패키지는 데이터를 정렬하여 사용 가능한 포맷으로 구성해야 한다. 위에 기술된 실험에서, 이것을 이용하여 함께 발현되는 유전자들의 그루핑을 동시에 할 수 있다. 빨간색 및 녹색 라벨의 선택 범위는 혼합물에서 빨간색으로 표지된 RNA 풀이 우세함을 나타내는 빨간색 스팟으로부터, 두 풀이 동일하게 나타나는 것을 나타내는 노란색 스팟, 그리고 두 번째 풀이 우세한 것을 가리키는 녹색 스팟으로 나타나는 데이터가 얻어진다. 검은 스팟은 유전자가 어느 풀에서도 발현되지 않았다는 것을 나타낸다(그림 B30.3).

게놈 타일링 어레이(genomic tiling array)는 표적이 전체 게놈, 염색체 또는 두 가닥 모두에 목적으로 하는 영역을 포함한다는 점에서 발현 마이크로어레이의 연장선상이다. 올리고뉴클레오티드는 동일한 범위를 얻기 위해 서로 다른 길이 및 간격을 가질 수 있다. 위에 설명된 발현 어레이에서와 마찬가지로, 표적 프로브 디자인과 동일한 문제가 여기에 적용된다. 반복적이고 자기-상보적인 염기배열은 피해야 하며 변성 온도는 임계 범위 내에 있어야 한다. 여기에서 묻는 질문은 또한 다소 다르다. 이제 질문은, 서로 다른 시간에 알려진 유전자를 알아보는 대신, 이 영역이 발현된 것인가 하는 것이다.

보다 상세한 내용은 *Annual Review of Biochemistry* **74**, 53-82, 2005을 참고하라.

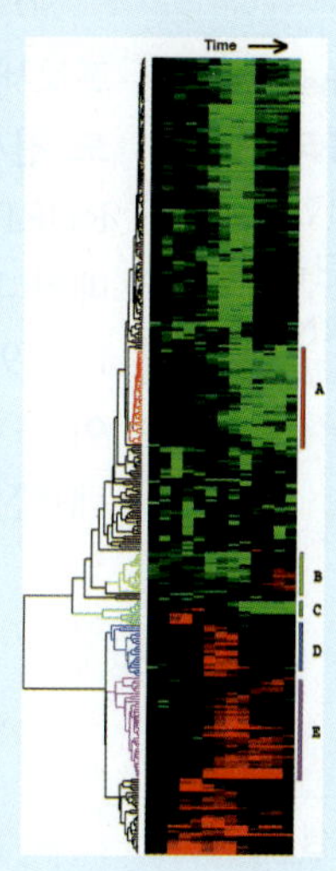

그림 B30.3 유사하게 발현된 유전자를 함께 분류한 유전자 발현 분석의 예. 이 실험은 사람 섬유아세포의 혈청 자극 동안 시간적으로 발현된 유전자를 확인하였다. 녹색은 자극받지 않은 세포와 비교해 발현이 감소된 유전자를 나타내며, 빨간색은 자극 후 발현이 증가한 유전자를 나타낸다. A-E 그룹은 서로 관련된 기능을 가지고 있는 유전자로서 비슷한 발현 양상을 보인다. Reproduced from M. B. Eisen et al., *Proc. Natl. Acad. Sci. USA* **95** (1998): 14863-14868. Copyright 1998 National Academy of Sciences, USA. Photo courtesy of Michael Eisen, University of California, Berkeley.

30.7 헤테로크로마틴 형성에 마이크로 RNA가 필요하다

마지막 장에서 보았듯이(*29.3절 헤테로크로마틴은 히스톤과의 상호작용에 의해 결정된다* 참조), 헤테로크로마틴(heterochromatin, 이질염색질) 염색체에서 볼 수 있는 주요 하부구조 중 하나이다. 유크로마틴(euchromatin, 진정염색질)보다 더 응축되어 있기 때문에 염색될 때 시각적으로 다르다. 복제가 늦고 유전자가 거의 없다. 구성적 헤테로크로마틴의 근본적인 염기배열은 자이언트 블록(giant block)으로 구성된 단순염기배열의 새틀라이트 DNA로 주로 구성되어 있다는 점에서 유크로마틴과 다르다. 특유한 염기배열 DNA를 포함하고 있는 작은 섬들(small islands)은 헤테로크로마틴 내에 산재되어 있다. 단순 염기배열 영역은 오랫동안 전사적으로 침묵 상태일 것으로 여겨져 왔다. 지금 우리는 센트로미어(centromere, 동원체) 주위에서 종종 발견되는 단순 염기배열인 새틀라이트 DNA를 포함하여, 사실상 전체 게놈이 전사된다는 것을 알고 있다. 사실, 이들 염기배열의 전사물은 헤테로크로마틴 구조를 구성하고 그 전사를 억제하는 데 사용된다.

분열 효모 *Schizosaccharomyces pombe*의 센트로미어 헤테로크로마틴은 헤테로크로마틴 형성을 이해하기 위한 모델이었다. 헤테로크로마틴의 외부 영역 염기배열은 RNA중합효소 II에 의해 ncRNA로 전사된다. 이 전사물은 RNA-의존성 RNA 중합효소에 의해 복사되어 siRNA로 프로세싱되는 이중-가닥 RNA를 생성한다. 식물은 ncRNA 신호를 증폭하기 위해 RNA 중합효소 IVb/V라고 불리는 변형된 RNA 중합효소를 사용한다.

▶ **RITS(*R*NA-*i*nduced *t*ranscriptional *s*ilencing, RNA-유도 전사 침묵)** siRNA가 변형에 의한 전사를 하향 조절하고 크로마틴을 리모델링하는 데 사용되는 RNAi의 한 형태.

30.6절 RNA 간섭은 어떻게 작용하는가? 에서 본 것과 비슷한 방식으로, RNA는 다이서에 의해 프로세싱된다. 단편이 전달되는 복합체를 **RITS(*R*NA-*i*nduced *t*ranscriptional *s*ilencing, RNA-유도 전사 침묵)**라고 한다. RITS에는 아르고노트(Argonaut) 서브유닛인 Ago1을 가지고 있다. RITS와 RDRP는 함께 복합체를 이루고 있다. 다시 말하지만, 우리가 앞에서 보았듯이 RITS는 siRNA를 표적 메커니즘으로 사용하여 전사를 억제하는 과정을 개시한다. 이것은 그림 30.14에서 볼 수 있듯이, 히스톤 H3K9 메틸전이효소와 같은 크로마틴 수식을 시작하기 위한 요인들을 구성한다. 이와 유사한 시스템이 초파리에서 발견되었는데, 이 경우 rasiRNA(*r*epeat *a*ssociated *s*mall *i*nterfering *RNA*)는 Piwi, 오베르진(Aubergine) 및 Ago3 단백질을 포함하는 또 다른 RISC 복합체를 표적으로 한다.

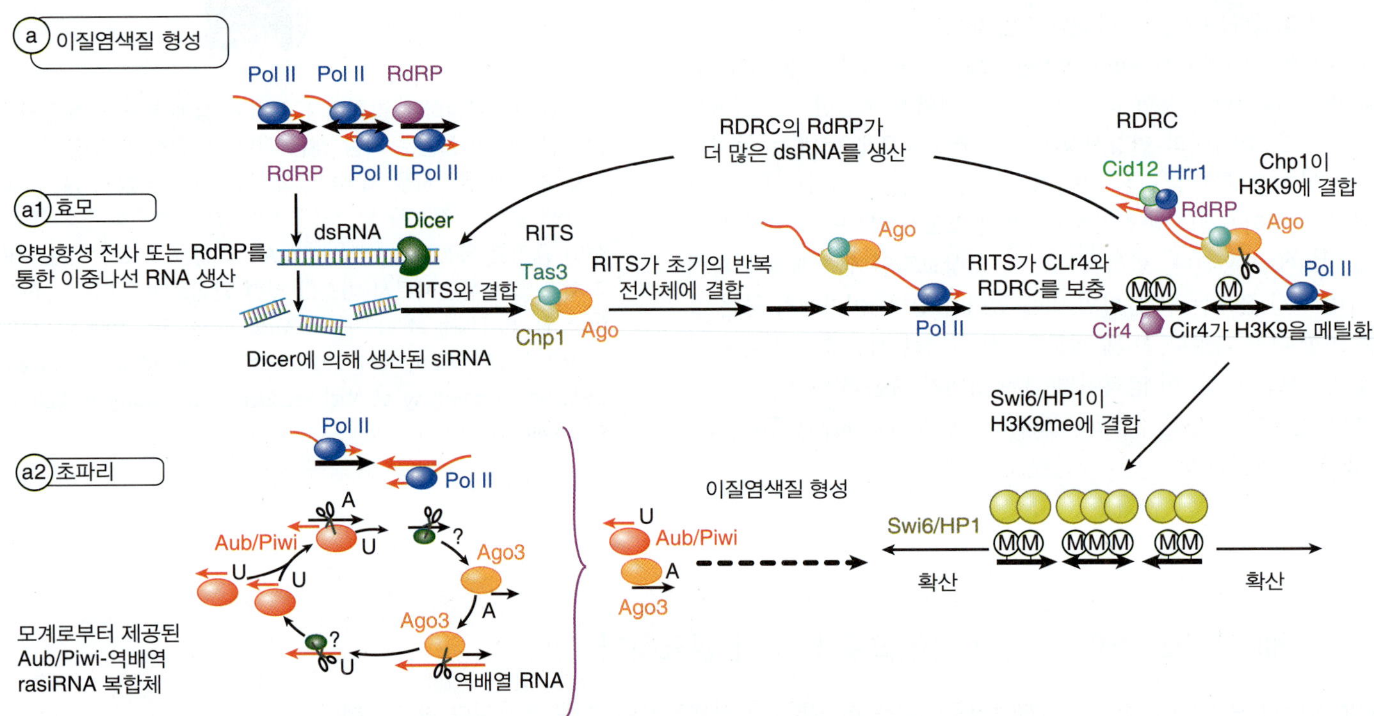

그림 30.14 (a) 헤테로크로마틴 형성: (a1) 효모(*Schizosaccharomyces pombe*)에서 DNA 반복배열은 양방향 전사나 RNA-의존성 RNA 합성을 통하여 이중-가닥 RNA를 만든다. dsRNA는 siRNA로 잘려져 RITS 복합체에 결합된다. RITS는 새로 만들어진 전사물과 siRNA 염기쌍을 통해 DNA 반복배열을 찾고, RdRP 복합체와 라이신9에서 히스톤 H3를 메틸화(H3K9me)시키는 히스톤 메틸전이효소와 결합한다. RdRP는 Ago-절단 RNA를 주형으로 사용하여 더 많은 dsRNA를 합성하는데, 이로 인하여 siRNA가 차례로 끊어져 헤테로크로마틴 형성을 강화한다. RITS 복합체는 H3K9me와 결합하여 RITS와 헤테로크로마틴 Swi6(HP1 상동체) 간의 안정된 상호작용을 형성하여 헤테로크로마틴이 확산된다. (a2) 초파리(*Drosophila*)에서 rasiRNA가 다이서와는 별개의 메커니즘으로 만들어진다. Piwi와 오베르진(Aubergine)을 포함한 또 다른 RISC 복합체는 5′ 말단에 U를 선호하는 안티센스가닥 유래의 rasiRNA와 결합한다. 이에 반하여 Ago는 A를 선호하는 센스-가닥 rasiRNA와 결합한다. 아직 알려지지 않은 핵산가수분해효소(?)는 Ago와 결합하는 센스가닥 rasiRNA를 생성한다. 차례로, Ago-센스 siRNA가 안티센스 RNA와 결합하여 더 많은 안티센스 rasiRNA를 생성한다. 이렇게 하여 생성된 rasiRNA 복합체는 헤테로크로마틴 형성을 시작한다(점선 화살표). 위의 효모에서와 같이, H3K9me는 HP1 단백질과 결합하여 헤테로크로마틴의 확산으로 이어진다. 이와 비슷한 메커니즘이 포유류에서도 보고된 바 있다. Reprinted from Y. Bei, S. Pressman, and R. Carthew, Snapshot: Small RNA-mediated . . . , *Cell* **130**, pp. 756–756e1. Copyright 2007, with permission from Elsevier (http://www.sciencedirect.com/science/journal/00928674).

핵심개념

• 마이크로 RNA는 헤테로크로마틴(heterochromatin) 형성을 촉진할 수 있다.

개념 및 추론 확인

세포가 유크로마틴(euchromatin, 진정염색질)과 헤테로크로마틴(heterochromatin, 이질염색질)의 차이를 어떻게 구별할 수 있는가?

30.8 요약

유전자 발현은 유전자를 활성화시키는 인자에 의해 양성적으로 또는 유전자를 억제하는 인자에 의해 음성적으로 조절될 수 있다. 가장 일반적인 첫 번째 조절 수준은 전사의 개시 단계지만, 전사의 신장과 종결은 또한 조절될 수 있다. 단백질 합성(번역)은 mRNA와 상호작용하는 조절 인자에 의해 조절될 수 있다. 조절 산물은 환경에 따라 알로스테릭 상호작용에 의해 종종 조절되는 단백질일 수 있으며, RNA는 이차구조를 변경하거나 기능을 방해하기 위해 표적 RNA와 염기쌍을 형성하여 기능한다. 작은 대사산물(metabolite)은 또한 RNA 앱타머 도메인(aptamer domain)에 결합할 수 있으며, 리보스위치(riboswitch)에서 볼 수 있듯이, 이차구조의 변화에 영향을 준다. 하나의 레귤레이터(regulator, 조절 인자)의 생성 또는 활성이 다른 레귤레이터에 의해 조절되도록 레귤레이터를 연결하여 조절 네트워크를 구축할 수 있다.

안티센스 RNA(antisense RNA)와 같은 ncRNA는 박테리아 및 진핵세포에서 유전자 발현을 조절하는 강력한 시스템으로 사용된다. 이러한 조절은 RNA 중합효소와의 간섭 수준에서, 또는 간접적으로 유전자의 크로마틴 형태에 영향을 줌으로써 직접적일 수 있다. 안티센스 전사물(antisense transcripts)은 또한 다수의 작은 조절 RNA(small regulatory RNA)를 만들어냄으로써 세포질에서 기능할 수 있다.

작은 조절 RNA는 박테리아와 진핵생물 모두에서 발견된다. 대장균은 ~80개의 sRNA 종을 가지고 있다. *oxyS* sRNA는 전사 후 수준(posttranscriptional level)에서 약 10개의 표적 부위(target loci)를 조절한다; 그들 중 일부는 억제를 받는 반면, 다른 일부는 활성화된다. 억제(repression)는 sRNA가 표적 mRNA에 결합하여 리보솜-결합 부위를 포함하는 이중구조 영역을 형성할 때 일어난다. 마이크로 RNA(microRNA)는 ~22 염기 길이로, 대부분의 진핵생물의 경우에는 더 긴 전사물이 다이서(Dicer)에 의해 절단되어 생산되며, 그 다음 mRNA는 RISC로 전달되어 표적 mRNA에 전달된다. 그들은 핵산내부가수분해효소에 의한 절단 또는 번역의 억제에 민감한 이중구조 영역을 형성하기 위해 표적 mRNA와 염기쌍을 형성함으로써 기능한다. 이들은 다이나믹한 시스템이며, 이들 자체가 보조 단백질과 효소 및 다른 RNA의 조절을 받는다. RNA 간섭(RNA interference) 기술은 진핵생물 유전자를 불활성화시키는 방법으로 선호되고 있다. 그것은 표적 RNA에 상보적인 한 가닥으로 짧은 dsRNA 염기배열을 도입하는 데 사용되며, 표적의 분해를 유도함으로써 작용한다. 이것은 RNA 사일런싱(RNA silencing, RNA 침묵)이라고 불리는 식물의 자연방어 시스템과 관련이 있을 수 있다.

학습문제

1. 안티센스 RNA는 어느 단계에서 유전자 발현을 억제하는가?

A. 세포에서 원래 유전자의 전사를 막을 수 있다.

B. 유전자의 RNA 생성물에 영향을 미칠 수 있다.

C. mRNA의 번역을 변경할 수 있다.

D. 위의 모든 것.

2. 예쁜꼬마선충의 *lin4* 마이크로 RNA는 *lin14* 유전자의 발현을 어떻게 조절하는가?
   A. *lin*14 mRNA의 초기 엑손에서 상보적인 염기배열에 결합한다.
   B. *lin*14 mRNA의 첫 번째 인트론에서 상보적인 염기배열에 결합한다.
   C. *lin*14 mRNA의 5′ 비번역 영역(untranslated region)에서 상보적인 염기배열에 결합한다.
   D. *lin*14 mRNA의 3′ 비번역 영역(untranslated region)에서 상보적인 염기배열에 결합한다.

3. 다이서(Dicer)는 이중-가닥 RNA 분자 또는 영역을 절단하여 몇 개의 올리고뉴클레오티를 생성하는가?
   A. 18~20개 염기
   B. 21~23개 염기
   C. 24~26개 염기
   D. 27~29개 염기

핵심용어

antisense gene
antisense RNA
aptamer
CRISPR
cryptic unstable transcripts (CUT)
Dicer
Drosha
lincRNA
miRNA
ncRNA
nested genes
paraspeckles
piRNA
PROMPT
rasiRNA
riboswitch
ribozyme
RITS (RNA-induced transcriptional silencing)
RNA-dependent RNA polymerase
RNA interference (RNAi)
RNA silencing
RISC
siRNA
sRNA
stRNA
transcription interference (TI)

읽을거리

A collection of current news and a number of reviews about microRNAs and other regulatory RNAs in the RNA World can be found in *Science* **319**, 1781–1799, 2008.

Horvath, P., and Barrangou, R. (2010). CRISPR/Cas, the immune system of bacteria and archaea. *Science* **327**, 167–170.

Proudfoot, N., and Gullerova, M. (2007). Gene silencing cuts both ways. *Cell* **131**, 649–651. An interesting article about how noncoding RNA can control gene expression.

Tijsterman, M., Ketting, R. E., and Plasterk, R. H. (2002). The genetics of RNA silencing. *Annu. Rev. Genet.* **36**, 485–490.

Walters, L. S., and Storz, G. (2009). Regulatory RNAs in bacteria. *Cell* **136**, 615–628

용어사전

10 nm fiber(10 nm 섬유) 크로마틴(염색질)의 자연 상태에서 전개되어 생성된 뉴클레오솜의 선형 배열.

2R hypothesis(2R 가설) 척추 게놈이 두 번의 배수성화(polyploidizatio)의 결과라는 제안.

30nm fiber(30nm 섬유) 뉴클레오솜의 코일형 구조체. 뉴클레오솜으로 구성된 크로마틴(염색질) 구조의 기본 형태이다.

-35 box(-35 상자) 공통염기배열은 박테리아 유전자의 전사개시점 앞 약 35 bp에 집중되어 있다. 이 공통염기배열은 RNA 중합효소에 의한 초기 인식 과정에 관여하고 있다.

3′ UTR(3′ *un*translated *r*egion, 3′ 비번역 영역) ① mRNA의 코딩 영역으로부터 하류에 있는 번역되지 않는 염기배열. ② 종결 코돈과 메시지의 끝 사이에 있는 mRNA의 영역.

5′-end resection(5′ 말단 절제) 이중가닥 절단에서 5′ 말단의 핵산분해효소 분해를 통해 일어나는 3′ 돌출말단(3′-overhang) 단일가닥 영역의 생성.

5′ UTR(5′ *un*translated *r*egion, 5′ 비번역 영역) mRNA의 코딩 영역 상류의 번역되지 않는 염기배열. 혹은 메시지의 시작 부분과 첫 번째 코돈 사이의 mRNA 영역.

[A]

abortive initiation(불완전 개시 단계) RNA 중합효소가 전사를 시작하지만 프로모터를 떠나기 전에 종결되는 과정. 그런 다음 다시 시작된다. 신장 단계가 시작되기 전에 여러 사이클이 발생할 수 있다.

abundance(존재비) 세포당 mRNA 분자의 평균 수.

abundant mRNA(과잉 mRNA) 적은 수의 개별 종으로 구성되며, 각각은 세포당 많은 수의 사본이 존재한다.

***Ac* element(*Ac* 인자)** 활성화 인자; 옥수수에 있는 자율적 전이 인자.

acentric fragment(무동원체 단편, 센트로미어가 없는 단편) 센트로미어(동원체)가 없거나 세포 분열 시에 손실되는 (절단으로 생성된) 염색체 단편.

A complex(A 복합체) U2 snRNP와 E 복합체의 결합으로 형성된 두 번째 접합 복합체.

activator(액티베이터, 활성화 인자) ① 전형적으로 프로모터에 작용함으로써 RNA 중합효소를 자극하여 유전자의 발현을 촉진시키는 단백질. 진핵세포에서, 프로모터에 결합하는 배열을 인핸서(enhancer)라 한다. ② 유전자 발현을 촉진하는 단백질로, 일반적으로 인핸서에 결합한다.

allelic exclusion(대립유전자 배제) 발현된 면역글로불린을 암호화하는 하나의 대립유전자만의 특정 림프구에서의 발현. 이것은 다른 염색체에서 사본의 활성화를 방지하는 첫 번째 면역글로불린 대립유전자로부터의 피드백으로 인해 일어난다.

acridine(아크리딘) DNA에 작용하여 단일 염기쌍의 삽입 또는 결실을 유발하는 돌연변이원. 이들은 유전암호가 트리플렛(triplet, 3개의 염기)으로 되어 있다는 특성을 결정하는 데 유용하였다.

adaptive(acquired) immunity(후천성 면역) 반응은 항원과의 특이적 상호작용에 의해 활성화되는 림프구에 의해 매개된다.

allele(대립유전자) 염색체 상의 특정 위치를 차지하는 유전자의 몇 가지 유형 중 하나.

allolactose(알로락토오스) 베타-갈락토오스 분해효소(β-galactosidase)의 부산물; *lac* 오페론의 실질적인 인듀서(inducer, 유도물질).

allopolyploidy(이질배수성) 서로 다른 종에서 파생된 완전한 염색체 세트를 2개 이상 가지고 있는 것.

allosteric control(알로스테릭 조절) 작은 분자가 단백질의 다른 곳에 있는 제2의 위치에 결합한 결과, 어느 한 곳의 구조(와 이에 따른 활성)를 변화시키는 단백질의 능력.

alternative splicing(선택적 스플라이싱) 스플라이싱 접합부의 용도 변화로 단일 생성물에서 다른 RNA 생성물을 생성하는 것.

Alu element(Alu 인자) 인간 게놈에 존재하는 각 ~300 bp로 이루어진 분산되고, 서로 관련된 한 세트 중 하나(SINE 패밀리 멤버). 각각의 멤버는 말단 부위에 Alu 절단 부위를 가지고 있다.

amber codon(앰버 코돈) 폴리펩티드 번역을 끝내는 세 종결 코돈 중 하나인 트리플렛(triplet; 세 염기) UAG.

amplicon(앰플리콘) PCR 또는 RT-PCR 반응의 정확한 프라이머-프라이머 이중-가닥 핵산 생성물.

amyloid fiber(아밀로이드 섬유) 프리온(prion) 또는 다른 기능 장애 단백질 집합체(예: 알츠하이머병)에 의해 생성된 교차 β-시트(β-sheet) 구조를 갖는 불용성 섬유 단백질 중합체.

annealing(어닐링) 이중가닥 DNA를 변성시켜 얻어지는 단일가닥으로부터 이중가닥 구조를 재생하는 것.

antibody(면역글로불린, 항체) B 세포에 의해 생산되고 특정 항원에 결합하는 단백질. 그들은 막-결합 및 분비 형태로 합성된다. 면역 반응 동안 생산된 것들은 반응기 기능(effector function)들이 모여 병원체를 중화시키고 제거하는 것을 돕는다.

antigen(항원) 항체와 같은 항원 수용체에 특이적으로 결합할 수 있는 분자.

antiparellel(역평행) DNA 이중나선의 가닥은 반대 방향으로 조직되어 하나의 가닥의 5′ 말단이 다른 가닥의 3′ 말단과 정렬되도록 한다.

antirepressor(안티리프레서, 항억제인자) 크로마틴을 열(opening) 때 작용하는 양성 조절인자.

antisense or **template strand(안티센스** 혹은 **주형 가닥)** 센스 가닥에 상보적이며 mRNA 합성을 위한 주형으로 작용하는 DNA 가닥.

antisense gene(안티센스 유전자) 그것의 표적인 RNA에 상보적인 염기배열이 있는 유전자.

antisense RNA(안티센스 RNA) RNA의 상보적인 염기배열을 갖는 RNA.

anti-Sm(항-Sm) RNA splicing에 관여하는 snRNPs에서 발견되는 단백질 그룹에 공통적인 Sm 도메인을 정의하는 자가 면역 항혈청.

antitermination(안티터미네이션, 항종결) 특정 종결 부위에서 종결이 억제되어 RNA 중합효소가 종결 부위를 지나 유전자를 읽을 수 있게 하는 전사 조절 메커니즘.

antitermination protein(안티터미네이션 단백질, 항종결 단백질) RNA 중합효소가 특정 터미네이터 부위를 통해 전사할 수 있게 해주는 단백질.

anucleate cell(무핵세포) 뉴클레오이드가 없지만 야생형 박테리아와 비슷한 모양의 박테리아.

aptamer(앱타머) 작은 분자와 결합하는 RNA 도메인; 이것은 RNA의 구조 변화를 일으킬 수 있다.

apoptosis(아포토시스, 세포 사멸) 특징적인 일련의 반응의 활성화를 통해 세포 사멸로 이끄는 신호전달 경로를 시작함으로써 세포가 자극에 반응할 수 있는 능력.

architectural protein(구성 단백질) DNA에 결합될 때, 그 구조를 변형시킬 수 있는 단백질, 예를 들면, 벤드(bend)를 도입한다. 그들은 다른 기능을 할 수 없다.

A site(A 부위) 아미노아실-tRNA(aminoacyl-tRNA)가 코돈과 염기쌍을 이루는 리보솜 부위.

assembly factors(조립 인자) 거대 분자 구조의 형성에 필요한 단백질이지만, 그 자체가 그 구조의 일부는 아니다.

ATP-dependent chromatin remodeling complex(ATP-의존성 크로마틴 리모델링 복합체) ATP 가수분해의 에너지를 사용하여 뉴클레오솜을 바꾸거나 치환하는 SWI2/SNF2 수퍼패밀리의 ATPase와 관련된 하나 이상의 단백질의 복합체.

attachment site(부착 부위, *att*) 람다 파지와 박테리아 염색체 상의 유전자자리는 재조합이 박테리아 염색체에 파지를 통합하거나 박테리아 염색체에서 이를 절단한다.

attenuation(어테뉴에이션, 전사 지연) 첫 번째 구조 유전자 앞에 위치한 부위에서 전사의 종결을 조절하는 박테리아 오페론의 조절.

attenuator(어테뉴에이터, 전사 지연 부위) 어테뉴에이션이 발생하는 터미네이터(terminator) 염기배열.

AU-rich element(AU-풍부 요소, ARE) 불안정화 요소(desta-bilizing element, DE)로서 작용하는 A 및 U 리보뉴클레오티드로 주로 구성된 진핵세포의 mRNA 시스(*cis*) 염기배열.

autoimmune disease(자가 면역 질환) 면역 반응이 자기 항원에 대해 지시되는 병리학적 상태.

autonomous controlling element(자율성 조절 인자) 전이 능력을 지닌 옥수수에서 활성형 트랜스포존.

ARS(*a*utonomously *r*eplicating *s*equence, 자율 복제 염기배열) 효모에서 복제를 위한 복제 기점. 이들 염기배열의 다른 예들 사이의 공통적인 특징은 A 도메인이라 불리는 보존된 11 bp 염기배열이다.

autopolyploidy(동질 배수성) 동일한 종에서 파생된 완전한 염색체 세트를 2개 이상 가지고 있는 것.

autoradiography(오토라디오그래피, 방사선자동사진법) 필름 또는 핵 에멀젼(emulsion, 유화액)에서 방사성 물질의 이미지를 포착하는 방법.

autoregulation(자가 조절) 자체 DNA 분자의 특성에만 영향을 주는 부위 또는 돌연변이로, 종종 부위가 확산성 단백질을 코딩하지 않음을 나타낸다.

autosplicing or **self-splicing(자가-스플라이싱)** 인트론이 RNA의 염기배열에만 의존하는 촉매 작용에 의해 RNA로부터 스스로를 절단하는 능력.

axial element(축 요소) 시냅스(synapsis) 시작 시 염색체가 응축되는 단백질성 구조.

[B]

back mutation(복귀 돌연변이) 유전자를 불활성화한 돌연변이의 효과를 되돌리는 돌연변이; 따라서 그것은 유전자 산물의 본래의 배열이나 기능을 회복시킨다.

bacteriophage(박테리오파지) 박테리아 바이러스.

Bam islands(Bam 아일랜드, Bam 섬) 개구리 *Xenopus* rDNA 유전자의 비전사 스페이서에서 발견되는 일련의 짧은 반복배열.

band(밴드, 띠) 대부분의 DNA를 포함하는 고밀도 영역으로 다사성 염색체에서 볼 수 있는 구조; 그들은 활성 유전자들을 포함하고 있다.

basal apparatus(기본 전사 장치) RNA 중합효소가 결합되기 전에 프로모터에서 조립되는 전사인자들의 복합체.

basal transcription factor(기본 전사 인자) 전사 인자들은 모든 RNA 중합효소 II 프로모터에서 개시 복합체를 형성하기 위해 RNA 중합효소 II를 필요로 한다. 이 인자를 $TF_{II}X$라 적는데, X는 글자 하나를 가리킨다.

basic zipper(염기성 지퍼, bZIP) bZIP 단백질은 류신 지퍼 다이머(dimer) 형성 모티프에 인접한 염기성 DNA-결합 영역을 가지고 있다.

B cell(B 세포) 항체를 생산하는 림프구. 주로 골수에서 발생한다.

B cell receptor(B 세포 수용체, BCR) B 림프구의 항원 수용체

bidirectional replication(양방향 복제) 복제 기점이 반대 방향으로 복제 기점에서 멀리 이동하는 두 개의 복제 분기점(replication fork)을 생성하는 시스템이다.

bivalent(이가염색체) 감수분열의 시작 시에 네 개의 염색체(각 상동체를 나타내는 두 개) 모두를 포함하는 구조체.

boundary element(경계 인자) 열린 또는 닫힌 크로마틴의 확산을 막는 단백질로 결합된 DNA 염기배열 요소.

branch migration(분지점 이동) 상동성이 있는 기존 가닥을 치환시킴으로써 짝짓기(pairing)를 연장하도록 이중가닥에서 상보가닥과 부분적으로 짝을 이루는 DNA 가닥의 능력.

branch site(분지 부위) 올가미(lariat) 중간이 인트론의 5′ 뉴클레오티드를 아데노신의 2′ 위치에 결합시킴으로써 스플라이싱에서 형성되는 인트론 말단 직전의 짧은 염기배열.

bromodomain(브로모도메인) 히스톤의 아세틸화된 리신(lysine)에 결합하는 110개 아미노산 도메인.

bZIP basic zipper(염기성 지퍼) 참조.

[C]

cap(캡) mRNA의 말단에 5′GTP의 말단 인산염을 연결하여 전사시킨 후 진핵세포 mRNA의 5′ 말단에 존재하는 구조.

carboxy-terminal domain(C-말단 도메인, CTD) 초기 단계에서 인산화되는 진핵세포 RNA 중합효소 II의 도메인으로, 전사와 관련하여 여러 활성 조절에 관여한다.

capsid(캡시드) 바이러스 입자의 외부 단백질 막.

cascade(캐스케이드, 다단계 반응) 이전 과정에 의해 자극된 일련의 과정. 전사 조절의 경우, 포자 형성(sporulation) 및 파지 용균현상 진행 과정에서 보는 바와 같이, 조절이 여러 단계로 나누어지고 각 단계마다 발현되는 유전자 중 하나가 다음 단계의 유전자를 발현하는 데 필요한 레귤레이터(regulator, 조절인자)를 코드한다는 것을 의미한다.

catabolite repression(대사산물 억제) 수많은 유전자의 발현을 막는 글루코오스의 능력. 박테리아에서 이것은 양성 조절 시스템(positive control system)이다. 진핵세포에서는 완전히 다르다.

catabolite repressor protein(대사산물 억제 단백질, CRP) 사이클릭 AMP(cyclic AMP)에 의해 활성화된 양성 조절 단백질(positive regulator protein). RNA 중합효소가 대장균의 많은 오페론의 전사를 개시하는 데 필요하다. 대사산물 활성화 단백질, (catabolite activator protein, CAP)이라고도 함.

catenate(카테나화, 연쇄성) 사슬처럼 두 개의 원형 분자를 연결하는 것.

cell-mediated response(세포-매개 면역 반응) T 림프구에 의해 주로 매개되는 면역 반응. 그것은 혈청 항체에 의해 한 생물체에서 다른 생물체로 전이될 수 없는 면역성에 근거하여 정의된다.

central dogma(센트럴 도그마, 중심 원리) 정보는 폴리펩티드에서 폴리펩티드 또는 폴리펩티드를 핵산으로 전달할 수 없지만 핵산과 핵산 사이, 핵산에서 폴리펩티드로 전달될 수 있다.

central element(중심 요소) 상동 염색체의 측면요소가 정렬되는 시냅시스 복합체의 중간에 있는 구조. 그것은 Zip 단백질로 형성된다.

centromere(센트로미어, 동원체) 유사분열 또는 감수분열 동안 방추사에 부착물이 붙는 위치를 키네토코어(kinetochore)에 포함하는 염색체의 압축된 영역. 독특한 DNA 염기배열 또는 고도의 반복 염기배열로 구성될 수 있으며, 염색체의 다른 곳에서는 발견되지 않는 단백질을 포함한다.

C gene(C 유전자) 면역 글로불린 단백질 사슬의 불변 영역을 암호화하는 유전자.

checkpoint(체크포인트) 특정 목표와 요구사항이 충족되지 않으면 세포가 한 단계에서 다음 단계로 진행되는 것을 방지하는 생화학적 제어 메커니즘.

chemical proofreading(화학적 교정) 부가 반응을 역반응으로, 중합체 사슬(polymeric chain)에 부정확한 서브유닛을 첨가한 후에 수정 과정이 발생하는 교정 메커니즘.

chiasma(키아스마) 두 개의 상동염색체가 감수분열 전기(prophase I)가 진행되는 동안 접합되는 부위.

chiasmata(키아스마타, 단수형; **키아스마 chiasma)** 두 개의 상동염색체가 감수분열 중 물질을 교환한 부위.

chromatin immunoprecipitation(크로마틴 면역침강법, ChIP) 항체로 단백질을 분리하고, 이들 단백질과 관련된 DNA 염기배열을 동정하는 생체 내 단백질-DNA 상호작용을 검출하는 방법.

chromatin remodeling(크로마틴 리모델링) 전사에 대한 유전자의 활성화와 함께 발생하는 뉴클레오솜의 에너지-의존성 치환 또는 재구성.

chromocenter(크로모센터, 염색 중심) 서로 다른 염색체로부터 유래한 헤테로크로마틴 집합체.

chromodomain(크로모도메인) 히스톤의 메틸화된 리신(lysine)을 인식하는 60개의 아미노산의 도메인들; 몇몇 크로모도메인들은 RNA 결합과 같은 다른 기능을 가지고 있다.

chromomere(염색소립) 어떤 특정 조건에서 염색체에서 보이는 진하게 염색된 과립들. 특히 감수분열 초기에 염색체가 일련의 염색사로 구성된 것으로 보인다.

chromosomal walking(크로모솜 워킹, 염색체 보행법) 유전자 라이브러리를 작성할 때 가장 가깝게 연관된 마커를 프로브로 사용하여 유전자를 찾는 기술.

chromosome(염색체) 많은 유전자를 가지고 있는 게놈의 개별 단위. 각각은 이중가닥 DNA의 매우 긴 분자와 거의 같은 질량의 단백질로 지속된다. 염색체는 세포분열 동안 그 모양의 실체가 관찰된다.

***cis*-acting sequence(시스-작용 배열)** 오로지 자신의 DNA(또는 RNA)에 있는 염기배열의 활성에만 영향을 주는 부위; 이 특성은 일반적으로 이 부위가 단백질을 코드하고 있지 않는다는 것을 의미한다.

***cis*-dominant(시스-우성)** 자체 DNA 분자의 특성에만 영향을 미치는 부위 또는 돌연변이. 종종 부위가 확산성 단백질(diffusible product)을 코딩하지 않는 부위를 나타낸다.

cistron(시스트론) 상보성 시험으로 정의된 유전 단위; 그것은 유전자와 동일하며 상보성을 가지고 있지 않은 모든 대립유전자를 포함한다.

clamp(클램프) DNA 주위에 원을 형성하는 단백질 복합체. DNA 중합효소에 연결함으로써, 그것은 효소 작용의 연속성(processivity)을 보장한다.

clamp loader(클램프 로더) 5개의 서브유닛 단백질 복합체로서 복제 분기점에서 DNA에 베타(β) 클램프를 로드하는 역할을 한다.

class switching(클래스 스위치, 종류 변환) H 사슬의 C 영역은 변하지만, V 영역은 동일하게 유지되는 Ig 유전자 구성의 변화.

clonal expansion(클론 확장) 단일 세포에서 발생하는 수많은 딸세포의 생산.

cloning(클로닝) 숙주세포에서 복제될 수 있는 하이브리드 구조에 DNA 염기배열을 도입하여 전파시킴.

cloning vector(클로닝 벡터) 숙주세포에서 삽입된 DNA 배열을 증식시키는 데 사용될 수 있는 DNA(종종 플라스미드 또는 박테리오파지 게놈으로부터 유래됨); 벡터에는 선택 가능한 마커와 복제 기점(replication origin)이 있어 숙주세포에서 식별 및 유지가 가능하다.

closed complex(닫힌 복합체) RNA 중합효소가 DNA의 두 가닥을 분리하여 전사 버블을 형성하기 전의 RNA 합성 개시 단계의 상태. DNA는 이중가닥이다.

closed (blocked) reading frame(폐쇄(차단) 리딩 프레임) 종결 코돈의 발생으로 인하여 폴리펩티드로 번역될 수 없는 리딩 프레임.

clusters of *r*egularly *i*nterspersed short *p*alindromic *r*epeats(규칙적으로 산재된 짧은 회문구조의 반복배열 클러스터, CRISPR) 파지와 플라스미드 감염에 대한 면역계로서 RNA 간섭에 의해 기능하는 짧은 RNA로 전사되고 가공되는 원핵생물의 주기적으로 간격을 둔 반복 클러스터.

coactivator(코액티베이터, 공활성 인자) 전사에 필요한 인자로서 DNA에 결합은 하지는 않지만, 기본 전사 인자들과 상호작용하는 (DNA 결합) 액티베이터를 필요로 한다.

coding or **sense strand(코딩 혹은 센스 가닥)** mRNA와 동일한 염기배열을 가지고 있으며, 유전암호에 의해 그것이 나타내는 폴리펩티드 배열과 관련이 있는 DNA 가닥.

coding end(코딩 말단) 면역글로불린과 T세포 수용체 유전자의 재조합 과정에서 생성된 암호화 염기배열의 유리된(free) DNA 말단. 암호화 말단은 절단된 V 및 (D)J 암호화 영역의 말단에 있다. 이후에 합류하면 암호화 연결 부위(coding joint)가 생긴다.

coding joint(코딩 연결 부위) V(D)J 재조합 동안 두 암호화 말단의 연결에 의해 생성된 DNA 접합 부위.

coding region(코딩 영역, 암호화 영역) 폴리펩티드 배열을 코드하는 유전자의 일부.

codon(코돈) 아미노산 또는 종결 신호를 코드하는 뉴클레오티드의 세 염기.

codon bias(코돈바이어스, 코돈 편향) 몇몇 동족 코돈이 있는 아미노산을 코딩하는 유전자에서 한 코돈의 높은 사용률.

cointegrate(코인테그레이트, 공동삽입체) 두 개의 레플리콘(replicon) 융합에 의해 생성되는 구조로, 한 개는 본래부터 트랜스포존을 가지고 있고, 다른 한 개는 가지고 있지 않다. 공동삽입체는 직접반복 형태로 존재하는 레플리콘의 양쪽 연결 부위에 존재하는 트랜스포존 사본을 가지고 있다.

colinearity(공직선성) 트리플렛 뉴클레오티드 배열과 아미노산 배열 간의 1:1 대응을 설명하는 관계.

complement(보체) 감염된 표적세포를 용해시키거나 마크로파지(macrophage, 대식세포)를 유치하기 위해 단백질 분해 작용의 계단을 통해 작용하는 ~20개의 단백질 세트.

complementary(상보적) 이중가닥 핵산의 짝 형성 반응으로 형성되는 염기쌍(A는 DNA에서 T, RNA에서 U, G는 C).

complementary DNA(상보성 DNA, cDNA) RNA에 상보적인 단일-가닥 DNA이며, 시험관 내(*in vitro*)에서 역전사효소에 의해 합성된다.

complementation test(상보성 시험) 두 개의 돌연변이가 동일한 유전자의 대립유전자인지 여부를 결정하는 시험. 그것은 동일한 표현형을 가지고 있는 서로 다른 두 개의 열성 돌연변이를 교차하여, 야생형 표현형이 생성되는가 그렇지 않은가를 결정할 수 있다. 만일 야생형 표현형이 나타난다면, 돌연변이는 서로 상보성을 가지고 있다고 말하며, 아마도 동일한 유전자에서의 돌연변이는 일어나지 않을 것이다.

complex mRNA(복합 mRNA) scarce mRNA(희귀 mRNA) 참조.

composite element(복합 인자) 두 개의 IS 인자(동일하거나 다를 수 있음)와 IS 인자 간의 DNA 염기배열로 구성된 전이 인자; 비-IS 염기배열은 종종 항생제 내성을 부여하는 유전자를 포함한다.

concerted evolution(협조 진화 또는 **동시 진화, coincidental evolution)** 두 개 이상의 관련 유전자가 마치 단일 유전자자리를 구성하는 것처럼 진화하는 능력.

coincidental evolution(동시 진화) concerted evolution(협조 진

화) 참조.

conditional lethal(조건 치사) 한 세트의 조건 하에서는 치명적이지만 온도와 같은 허용 조건의 두 번째 세트에서는 치명적이지 않은 돌연변이.

conjugation(접합) 두 세포가 접촉하여 유전물질을 전달하는 과정. 박테리아에서는 DNA가 공여체(donor)에서 수용체(recipient) 세포로 옮겨진다. 원생동물에서는 DNA가 각 세포에서 다른 세포로 이동한다.

consensus sequence(공통 염기배열) 각 위치에서 많은 실제 염기배열을 비교할 때, 가장 자주 발견되는 염기를 나타내는 이상적인 염기배열이다.

conserved sequence(보존 염기배열) 특정 핵산 또는 단백질의 많은 예를 비교할 때, 동일한 개별 염기 또는 아미노산이 특정 위치에서 항상 발견되는 배열.

constant region(불변 영역, C 영역) 면역글로불린 또는 T 세포 수용체의 일부로, 서로 다른 분자 간에 아미노산 배열의 변화가 가장 적다. 그들은 C 유전자 단편으로 코드된다. H사슬 영역은 면역글로불린의 유형을 확인하고 반응기(effector) 기능을 구성한다.

constitutive expression(구성적 발현) 특정 유전자의 지속적인 발현.

constitutive heterochromatin(구성적 헤테로크로마틴) 영구적으로 발현하지 않는 염기배열의 불활성 상태, 보통 새틀라이트 DNA(satellite DNA, 위성 DNA).

context(컨텍스트, 주변 상황) 인접하고 있는 염기배열에 의해 코돈이 아미노산-tRNA에 의해 인식되거나 혹은 폴리펩티드 번역을 종결시키는 데 사용되느냐에 따라 효율을 변화시킬 수 있다는 사실.

controlling element(조절 인자) 전이 단위체들은 원래 옥수수에서 그들의 유전적 성질들에 의해서 동정되었다. 그들은 자율적(독립적으로 전이할 수 있는) 혹은 비자율적(자율적 요소의 존재에서만 전이 가능)이 될 수 있다.

copy number(복제 수) 박테리아 염색체의 복제 기점 사본 수에 비례하여 박테리아에서 유지되는 플라스미드의 수.

core enzyme(핵심 효소) 신장 단계에 필요한 RNA 중합효소 서브유닛의 복합체. 개시 또는 종결에 필요할 수 있는 추가 서브유닛 또는 인자는 포함되지 않는다.

core histone(핵심 히스톤) 뉴클레오솜으로부터 유리된 코어 입자(core particle, CP) 내에 존재하는 네 가지 종류의 히스톤(H2A, H2B, H3, H4 및 히스톤 변이체) 각각을 일컫는다(링커 히스톤 H1은 배제된다).

corepressor(코리프레서, 보조 억제인자) 조절 단백질(regulator protein)에 결합하여 전사를 억제하는 작은 분자.

core promoter(핵심 프로모터) 전사를 개시할 수 있는 가장 짧은 배열(일반적으로 추가 요소들을 포함하는 프로모터에 의해 나타내는 것보다 훨씬 낮은 수준으로 발현) 중합효소 II에 있어서 기본 전사 장치가 조립되는 최소한 배열이다. 여기에는 세 가지 요소들이 포함되어 있는데, Inr, TATA 박스 그리고 DPE이다. 전형적으로 ~40 bp 길이이다.

core sequence(핵심 염기배열) 람다 파지와 박테리아 게놈의 부착부위에 공통적인 DNA 단편. 그것은 람다 파지가 통합할 수 있게 하는 재조합 과정의 위치이다.

cosmid(코스미드) 람다(λ) 파지의 cos 부위를 넣은 박테리아 플라스미드 유래의 클로닝 벡터로, 이 벡터는 플라스미드 DNA를 람다(λ) 패키징 시스템의 기질로 한다.

coupled transcription/translation(전사 동시번역) ① 메시지가 전사되는 동안 동시에 번역되는 박테리아의 과정. ② mRNA의 번역이 전사와 동시에 일어나는 박테리아의 현상.

CpG island(CpG 아일랜드, CpG 섬) 포유류 게놈 상에 1~2 kb에 해당하는 CpG 이중 염기배열 밀집 부위들. 이는 유전자의 프로모터 부위들에서 자주 발견된다.

CRISPR ***c***lusters of ***r***egularly ***i***nterspersed ***s***hort ***p***alindromic ***re***peats 참조.

crossover fixation(교차 고정) 일렬로 늘어선 클러스터의 한 구성원의 돌연변이가 전체 클러스터를 통해 확산되거나 또는 제거될 수 있도록 하는 한 부등교차의 가능한 결과.

crown gall disease(크라운 갈, 근두암종) 박테리아 아그로박테리아(*Agrobacterium tumefaciens*)에 감염되어 많은 식물에서 유도될 수 있는 종양.

cryptic satellite(잠복성 새틀라이트) 밀도기울기(density gradient)에서 하나의 분리된 피크로 식별되지 않는 새틀라이트 DNA 배열; 즉, 메인밴드 DNA에 남아 있다.

cryptic unstable transcript(잠재적 불안정성 전사물, CUT) ① 비단백질-암호화 RNA(nonprotein-coding RNA)는 RNA 중합효소 II에 의해 전사되며, 유전자의 3′ 말단에서 종종 생성되며 (안티센스 전사물이 생성됨) 합성 후에 빠르게 분해된다. 일부 CUT에는 조절 기능이 있다. ② 안티센스 전사물을 생성하는 유전자의 3′ 말단에 위치한 프로모터에 의해 빈번하게 생성되는 단백질을 코딩하지 않는 RNA(nonprotein-coding RNA).

ctDNA(cpDNA) 엽록체 DNA.

C-terminal domain(C-말단 도메인, CTD) 조절 단백질과의 접촉에 의한 전사 촉진에 관여하는 RNA 중합효소 서브유닛의 도메인.

CUT ***c***ryptic ***u***nstable ***t***ranscript의 약자. cryptic unstable transcript (잠재적 불안정성 전사물) 참조.

C-value(C 값) 게놈의 총 DNA 양 (염색체의 반수체 세트 당).

C-value paradox(C 값 패러독스) 생물체의 DNA 함량(C 값)과 코딩 가능성 사이의 관계가 결여되어 있음.

cyclic AMP(사이클릭 AMP, cAMP) CRP의 보조 레귤레이터로 내부 3′-5′ 포스포디에스테르 결합(phosphodiester bond)을 가지고 있다.

그 농도는 글루코오스의 농도와 반대이다.

cyclin(사이클린) 사이클린-의존성 키나아제를 결합하고 활성화시키는 단백질. 사이클린 농도는 세포주기를 통해 다양하며 주기적으로 세포 생존율을 조절하는 데 중요한 역할을 한다.

cyclin-dependent kinases(사이클린-의존성 키나아제, CDKs) 사이클린 분자에 결합하지 않는 한 비활성인 키나아제(인산화효소) 계열. 대부분의 CDK는 세포주기 제어에 참여한다.

cytotype(세포형) P 인자 활성에 영향을 주는 세포질의 조건. 세포형의 효과는 어머니로부터 난자로 제공되는 전위 리프레서의 존재 또는 부재로 인하여 일어난다. 이 리프레서는 어머니에 의해 난자에 제공된다.

cytotoxic T cell(세포독성 T 세포) 바이러스와 같은 세포 내 병원균을 포함하는 세포를 죽이기 위해 자극받을 수 있는 T 림프구.

[D]

deacylated tRNA(탈아실 tRNA) 번역에서의 역할을 완료하였으므로 리보솜에서 방출될 준비가 된 아미노산 또는 폴리펩티드 사슬이 부착되지 않은 tRNA.

decapping enzyme(디캡핑 효소) 진핵세포 mRNA의 5′ 말단에서 7-메틸 구아노신 캡(7-methyl guanosine cap)의 제거를 촉매하는 효소.

degradosome(디그라도솜) RNase와 헬리카아제(helicase) 활성을 가지고 있는 박테리아 효소 복합체.

delayed early gene(지연 초기발현유전자) 람다 파지의 유전자는 다른 파지의 중간 유전자와 동등하다. 초기발현유전자(immediate early gene)에 의해 코딩된 조절 단백질이 합성될 때까지는 전사될 수 없다.

demethylase(탈메틸 효소) 일반적으로 DNA, RNA 또는 단백질에서 메틸그룹을 제거하는 효소의 일반적인 명칭.

denaturation(변성) 생리학적 형태에서 다른 형태(비활성) 형태로의 분자 변환. DNA에서 이것은 염기 사이의 수소결합의 파괴로 인해 두 가닥이 분리된다.

***de novo* methyltransferase(신생 메틸화효소, 신생 메틸전이효소)** DNA 상의 메틸화되지 않은 표적 염기배열에 메틸그룹을 부가한다.

destabilizing element(불안정화 요소, DE) 일부 mRNA에 존재하는 많은 다른 시스(*cis*) 염기배열 중 하나로서, 그 mRNA의 급속한 분해를 촉진한다.

Dicer(다이서) 21~23개의 뉴클레오티드 분자로 이중가닥 전구체 RNA를 프로세싱(processing, 가공)하는 핵산내부가수분해효소(endonuclease).

dideoxynucleotide(디데옥시뉴클레오티드, ddNTPs) 3′-OH 그룹이 결핍된 사슬-종결 뉴클레오티드(chain-terminating nucleotide), 따라서, DNA 중합 반응의 기질이 아니다; DNA 시퀀싱(DNA sequencing)에 사용된다.

direct repeat(직접 반복배열) DNA의 동일한 분자에서 같은 방향으로 두 개 이상의 사본에 존재하는 동일하거나 밀접하게 관련된 염기배열.

displacement loop D-loop 참조.

distributive nuclease(분배 뉴클레아제, 분배 가수분해효소) 기질에서 해리되기 전에 단 하나 또는 몇 개의 뉴클레오티드만의 제거를 촉매하는 효소.

divergence(분기) 두 개의 관련 DNA 염기배열 혹은 두 폴리펩티드 간의 아미노산 배열 사이의 뉴클레오티드 배열의 보정된 퍼센트 차이.

DNA fingerprinting(DNA 핑거프린팅, DNA 지문법) 제한효소를 사용하여 짧은 반복배열을 포함하는 영역을 절단하거나 혹은 PCR에 의하여 생성된 각 단편 의 차이를 분석하는 방법. 반복배열된 영역의 길이는 모든 개체에 고유하므로, 어느 두 개체의 특정 서브세트(subset)의 존재는 그들의 공통적인 유전적 관계를 밝히는 데 사용될 수 있다(예: 부모-자식 관계).

DNA ligase(DNA 리가아제) 이중 DNA의 한 가닥에 틈(nick)이 있는 인접한 3′-OH와 5′-인산염 말단 사이에 결합을 만드는 효소.

D-loop, displacement loop(D-루프, 대치 고리) ① 상동 재조합이 일어나는 동안 가닥침입과 확장에 의해 생성된 치환된 DNA의 루프. ②크기와 염기배열이 다양한 동물 미토콘드리아 DNA 분자의 영역으로 복제 기점을 포함하고 있다.

DNA polymerase(DNA 중합효소) (DNA 주형으로부터 아랫방향인) DNA의 딸가닥(들)을 합성하는 효소. 어떤 특정 효소는 수복(repair) 또는 복제(또는 둘 다)에 관여하기도 한다.

DNA repair(DNA 수복) 올바른 염기배열로 손상된 DNA를 제거하고 교체.

DNase(DNA 분해효소) DNA를 분해하는 효소.

domain(도메인) 염색체와 관련하여 수퍼코일링(supercoiling)이 다른 영역과 구별되는 영역으로 정의된 개별 구조 엔티티(entity, 실체) 또는 효소 DNase I에 의한 분해에 대한 민감도가 높은 활성의 발현 유전자를 포함한 광범위한 영역.

dominant negative(우성 음성) 정상적(wild-type)인 유전자 산물의 기능을 방해하는 돌연변이 유전자 산물을 초래하는 돌연변이로 돌연변이 및 정상적인 대립유전자를 모두 포함하는 세포에서 유전자 활성의 손실 또는 감소를 일으킨다. 가장 일반적인 원인으로는, 서브유닛 중 하나만이 돌연변이체일 경우 기능이 상실되는 호모멀티머 단백질(homomultimeric protein, 동종 복합다중체 단백질)을 코드하기 때문이다.

dosage compensation(유전자량 보정) 한 성(sex)에서는 두 개의 X 염색체가 존재하지만, 다른 한 성에서는 한 개의 X 염색체만 존재하는 것 같은 불균형을 보정하는 메커니즘.

double-strand break(이중-가닥 절단, DSB) DNA 이중구조의 두

가닥이 동일한 부위에서 절단될 때 발생하는 끊김(절단). 유전자 재조합은 그런 끊김(절단)에 의해 시작된다. 세포는 또한 다른 시간에 생성되는 끊김(절단)에 작동하는 수복 시스템이 있다.

doubling time(배가 시간) 박테리아 세포가 두 배로 증식하는 데 걸리는 기간(일반적으로 분 단위로 측정).

down mutation(다운뮤테이션, 하향 돌연변이) RNA 합성(전사) 속도를 감소시키는 프로모터의 돌연변이.

downstream(하류) 전사 단위 내에서 유전자 발현 방향으로 더 진행하는 염기배열.

downstream promoter element(하류 프로모터 요소, DPE) TATA 박스가 없는 RNA 중합효소 II 프로모터의 공통적인 구성성분이다.

drosha(드로샤) 다이서(Dicer) 프로세싱을 위한 짧은 ~70 bp 전구체로, 이중-가닥의 일차 RNA를 프로세싱하는 핵산내부가수분해효소.

D segment(D 단편) 면역글로불린 H 사슬의 V 및 J 영역 사이에서 발견되는 부가적인 염기배열.

***Ds* element(*Ds* 인자)** 분리 인자; 옥수수에서의 비자율적 전이 인자로, 자율적 활성화 인자(*Ac*)와 관련되어 있다.

[E]

early gene(초기 유전자) 파지 DNA의 복제 전에 전사되는 유전자. 그들은 감염의 후기 단계에 필요한 레귤레이터와 그 외의 다른 단백질을 코드한다.

early infection(초기 감염) 파지 DNA의 침입과 복제 사이의 파지 용균주기의 일부. 이 시간 동안 파지는 DNA를 복제하는 데 필요한 효소를 합성한다.

E complex(E 복합체) 스플라이싱 부위에서 형성되는 첫 번째 (초기) 복합체는 U1 snRNP와 ASF/SF2 요소, U2AF, 연결(bridging) 단백질 SF1/BBP로 구성된다.

EF-Tu 아미노아실-tRNA(aminoacyl-tRNA)와 결합하여 박테리아 리보솜의 A 부위에 위치시키는 신장 인자.

elongation(신장 단계) 뉴클레오티드 또는 폴리펩티드 사슬이 개별 서브유닛의 첨가에 의해 연장될 때 거대분자 합성 반응(DNA 복제, RNA 합성 과정 또는 단백질 합성 과정)의 단계.

elongation factor(신장 인자) 폴리펩티드 사슬에 각 아미노산을 첨가하는 동안 주기적으로 리보솜과 결합하는 단백질.

endonudease(엔도뉴클레아제, 핵산내부분해효소) 핵산 사슬 내의 결합을 절단하는 효소; 이 효소는 RNA 또는 단일-가닥 또는 이중-가닥 DNA에 특이적일 수 있다.

endoribonuclease(리보핵산내부가수분해효소, endonuclease 핵산내부가수분해효소) 내부 부위에서 RNA를 절단하는 리보뉴클레아제(ribonuclease).

enhancer(인핸서) (대부분의) 진핵세포의 프로모터 사용을 증가시키는 시스-작용 배열(*cis*-acting sequence)로서, 프로모터와 비교하여 (상류, 하류의) 모든 방향과 모든 위치에서 가능할 수 있다.

epigenetic(에피제네틱, 후성유전학) 유전자형의 변화 없이 표현형에 영향을 주는 변화. 유전되는 세포의 특성에서의 변화로 구성되어 있으나, 유전정보의 변화를 나타내지는 않는다.

episome(에피솜) 박테리아 DNA에 통합할 수 있는 플라스미드.

epitope tag(에피토프태그) 항체에 의해 확인될 수 있는 단백질에 첨가된 폴리펩티드.

equilibrium density-gradient centrifugation(평형 밀도-구배 원심분리) 밀도의 차이에 따라 거대분자를 분리하는 데 사용되는 그래디언트(기울기, 구배) 방법이다. DNA의 경우 CsCl과 같은 무거운 용해성 화합물이 이용된다.

error-prone polymerase(오류-유발 중합효소) 딸 가닥에 비상보적인 염기를 도입하는 DNA 중합효소.

error-prone synthesis(오류-유발 합성) 비상보적인 염기가 딸 가닥에 결합되는 수복 과정.

E site(E 부위) 방출되기 전에 탈아실 tRNA(deacylated tRNA)를 잠시 보유하고 있는 리보솜 부위.

EST expressed sequence tag(발현 유전자 단편) 참조.

euchromatin(유크로마틴, 진정염색질) 헤테로크로마틴보다 덜 단단하게 감겨 있고, 대부분의 활성 유전자 혹은 잠재적인 단일 유전자 사본을 가지고 있는 세포 간기(interphase) 중 게놈의 대부분을 구성하는 영역.

excision(절제) ① 자율적인 DNA 분자로서, 숙주 염색체로부터 파지 또는 에피솜(episome) 또는 기타 염기배열이 방출되는 현상. ② 5′에서 3′ 엑소뉴클레아제(exonuclease, 핵산외부가수분해효소)(또는 헬리카아제)의 작용에 의해 DNA의 단일가닥 부분을 제거하는 절제-수복 시스템의 단계.

excision-repair system(절제-수복 시스템) 한 가닥의 DNA를 직접 잘라내어 상보적 가닥을 주형으로 다시 합성하여 대체하는 수복 시스템 유형.

exon(엑손) 성숙한 RNA 산물에서 나타나는 분단 유전자의 모든 부분.

exon definition(엑손 정의) 한 쌍의 스플라이싱 부위가 인트론의 5′ 부위 및 다음의 인트론 하류의 5′ 부위를 포함하는 상호작용에 의해 인식되는 과정.

exon junction complex(엑손 접합부 복합체, EJC) 스플라이싱 중에 엑손-엑손(exon-exon) 접합부에서 조립되고 RNA 수송, 위치지정 및 분해를 돕는 단백질 복합체.

exon shuffling(엑손 셔플링, 엑손 뒤섞임) 기능성 단백질 도메인을 암호화하는 다양한 엑손의 재조합에 의해 유전자가 진화했다는 가설.

exon trapping(엑손 트래핑) 기능이 단편에 의한 스플라이싱 접합점 제공에 의존하는 게놈 단편을 벡터에 삽입하는 것.

exonuclease(엑소뉴클레아제, 핵산외부분해효소) 폴리뉴클레오티드 사슬의 말단에서 한 번에 하나씩 뉴클레오티드를 절단하는 효소; 이 효소는 DNA 또는 RNA의 5′ 또는 3′ 말단에 특이적일 수 있다.

exoribonuclease(리보핵산외부가수분해효소, exonuclease 핵산외부가수분해효소) RNA로부터 말단 리보뉴클레오티드를 제거하는 리보뉴클레아제.

exosome(엑소솜) 핵 프로세싱 및 핵/세포질 RNA 분해에 관여하는 엑소뉴클레아제(핵산외부가수분해효소) 복합체.

expressed sequence tag(발현 유전자 단편, EST) 활성적으로 발현된 유전자를 식별하는 데 사용할 수 있는 cDNA 배열의 짧고 연속된 단편.

expression vector(발현 벡터) 인서트 DNA(insert, 삽입물)의 번역 또는 단순히 전사 발현을 가능하게 하는 클로닝 벡터.

extein(엑스테인) 단백질 스플라이싱(protein splicing)을 통해 전구체를 가공하여 생성되는 성숙한 단백질에 남아있는 배열.

extranuclear genes(핵외 유전자) 미토콘드리아와 엽록체와 같은 세포소기관에서 핵 외부에 존재하는 유전자.

[F]

facultative heterochromatin(선택적 헤테로크로마틴) 포유류 암컷의 활성 X 염색체와 같은 활성 사본에도 존재하는 비활성화 상태.

fixation(고정) 새로운 대립유전자가 이전에 대다수에서 우세했던 대립유전자를 대체하는 과정.

fluorescence resonant energy transfer(형광 공명 에너지 전달, FRET) 여기된(excited) 형광물질로부터의 방출을 포착하여 여기 스펙트럼(excitation spectrum)이 제1 형광물질의 방출 주파수와 일치하는 근처의 제2 형광물질에 의해 장파장에서 재방출되는 프로세스.

forward mutation(전진 돌연변이) 기능을 지닌 유전자를 불활성화시키는 돌연변이.

F-plasmid(F 플라스미드) 대장균에서 유리되거나 혹은 통합될 수 있고 어느 형태로든 접합할 수 있는 에피솜(episome).

frameshift(프레임시프트) 세 염기쌍의 배수가 아닌 결실 또는 삽입에 의해 발생하는 돌연변이. 이러한 돌연변이는 트리플렛(triplet, 세 개의 염기)이 폴리펩티드로 번역되는 프레임(frame, 틀)을 변화시킨다.

FRET fluorescence resonant energy transfer 참조.

fully methylated site(완전 메틸화 부위) DNA의 두 가닥 모두에서 메틸화된 팔린드롬(palindrome, 회문구조) 염기배열.

[G]

gain-of-function mutation(기능-획득 돌연변이) 정상적인 유전자 활성을 증가시키는 돌연변이. 때로는 특정 비정상적인 특성을 획득하여 나타낸다. 주로 우성(dominant)이지만, 항상 그렇지는 않다.

G-band(G-밴드) 밴드는 일련의 측면 줄무늬로 나타나는 염색 기술로 진핵세포 염색체에서 생성된다. 그들은 (밴드 패턴에 의해 염색체와 염색체 영역을 확인하는) 핵형(karyotyping)에 사용된다.

gene cluster(유전자 클러스터) 서로 동일하거나 연관된 인접한 유전자 그룹.

gene conversion(유전자 전환) ① 잘못 짝지어진 염기가 있는 위치에서 다른 가닥과 상보성을 이루게 하기 위해 헤테로듀플렉스 DNA(heteroduplex DNA)의 한 가닥이 변형된 것. ② 헤테로듀플렉스 DNA(heteroduplex DNA)의 한 가닥이 잘못 변형되어 다른 염기와 상보적인 염기가 있는 위치에서 상동성 염기배열에 의해 하나의 유전자자리(locus)가 완전히 치환된 것.

gene expression(유전자 발현) 유전자의 DNA 염기배열에 있는 정보가 전사(RNA 합성)와 (폴리펩티드의 경우) 번역을 포함하는 RNA 또는 폴리펩티드를 생성하는 데 사용되는 과정.

gene family(유전자 패밀리, 유전자 족) 서로 관련이 있거나 동일한 단백질 또는 RNA를 코드하는 게놈 내의 유전자 세트. 유전자 패밀리 멤버는 조상 유전자의 복제와 그 사본 사이의 염기배열 변화의 축적으로 유래되었다. 유전자 패밀리 멤버는 대부분 서로 관련은 있지만 동일하지는 않다.

generalized or **homologous recombination(일반** 또는 **상동 재조합)** 같은 부위(loci)를 갖는 두 염색체 간의 DNA 염기배열의 상호교환을 수반하는 재조합.

genetic code(유전 암호) DNA (또는 RNA)의 세 염기가 폴리펩티드의 아미노산에 해당.

genetic drift(유전적 부동) (선택압 없이) 한 집단의 대립 유전자 빈도의 우연한 변동.

genetic hitchhiking(제네틱 히치하이킹, 유전적 편승) 빈번하게 변화하는 또 다른 유전자자리에서의 대립유전자와의 연관성(기능적 연관성 또는 물리적 연관성)으로 인한 대립유전자의 빈도 변화.

genetic recombination(유전자 재조합) 교차 또는 전이와 같은 과정으로 인해 분리된 DNA 분자가 단일 분자로 결합되는 과정.

genome(게놈, 유전체) 생물체의 유전물질에 들어 있는 일련의 완전한 세트. 그것은 각 염색체와 세포 소기관의 DNA 염기배열을 포함하고 있다.

glycosylase(글리코실라아제) 염기와 당 사이의 결합을 분해하여 손상된 염기를 제거하는 수복효소.

gratuitous inducer(유사 유도물질) 유도(induction)의 실질적인 인듀서(유도물질)와 유사하지만 유도된 효소의 기질이 아닌 인듀서.

growing point(신장점) 복제 분기점을 참조.

GU-AG rule(GU-AG 법칙) 핵 유전자의 인트론의 처음 두 위치와 마지막 두 위치에서 이러한 일정한 디뉴클레오티드(dinucleotide)의 존재를 설명하는 규칙.

guanosine tetraphosphate(구아노신 사인산, ppGpp) 5′ 및 3′ 위

치 양쪽에 디포스페이트(diphosphate, 이인산)을 갖는 구아노신 테트라포스페이트는 시그널링 분자(신호전달분자)이다.

guide RNA(가이드 RNA) 염기배열이 편집된 RNA 염기배열과 상보적인 작은 RNA. 이것은 뉴클레오티드를 삽입하거나 삭제함으로써 편집 전 RNA(preedited RNA)의 염기배열을 변경하기 위한 주형으로 사용된다.

gyrase(자이라아제) DNA에 음성의 수퍼코일(supercoil, 초나선구조)을 도입하는 효소.

[H]

hairpin(헤어핀, 머리핀) 이중가닥 RNA를 형성하는 자체가 접힐 수 있는 RNA 배열.

half-life(반감기) ($t_{1/2}$) (RNA) 주어진 RNA 분자 집단의 농도가 새로운 합성이 없이 반으로 감소하는 데 걸리는 시간.

haplotype(단상형) 일부 염색체의 특정 영역에 있는 대립 형질의 조합—유전자형의 작은 부분. 원래 주요 조직 적합성 복합체(MHC) 대립유전자의 조합을 기술하는 데 사용되었지만 이제는 RFLP, SNP 또는 다른 마커의 특정 조합을 기술하는 데 사용할 수 있다.

HAT histone acetyltransferases(히스톤 아세틸기전이효소) 참조.

Hb anti-Lepore(항-레포레 헤모글로빈) β 글로빈의 N-말단 부분 및 δ 글로빈의 C-말단 부분을 가지고 있는 부등교차에 의해 생성된 융합 유전자.

HbH(HbH) hemoglobin H(헤모글로빈 H) 참조.

Hb Kenya(케냐 헤모글로빈) Aγ과 β 글로빈 유전자 사이에서 부등교차하여 생성된 융합 유전자.

Hb Lepore(레포레 헤모글로빈) 베타(β)와 델타(δ) 유전자 사이에서 부등교차로 생성되는 특이한 글로빈 단백질. 유전자는 함께 융합되어 β의 C-말단 배열에 결합된 δ의 N-말단 배열로 이루어진 단일 β-유사 사슬을 생성한다.

HDAC(HDAC) histone deacetylase(히스톤 탈아세틸효소) 참조.

heavy chain(H 사슬, 무거운 사슬) 항체 테트라머(tetramer, 사량체)를 구성하는 두 가지 유형의 서브유닛 중 큰 것. 각 항체에는 두 개의 H 사슬이 있다. H사슬의 N-말단은 항원 인식 부위의 일부를 형성하는 반면, C-말단 항체 서브클래스(subclass)를 결정한다.

helix-turn-helix(헬릭스-턴-헬릭스, HTH) DNA에 결합하는 부위를 형성하는 두 개의 α-헬릭스(α-helix)의 배열을 기술하는 모티프(motif). 하나는 DNA의 큰 홈에 결합하고 다른 하나는 그것을 가로질러 위치한다.

helicase(헬리카아제) ATP 가수분해가 제공하는 에너지를 사용하여 핵산 이중가닥을 분리하는 효소.

helper T (T_h) cell(헬퍼 T(T_h) 세포) 마크로 파지(macrophage, 대식세포)를 활성화시키고 B 세포의 증식과 항체 생성을 자극하는 T 림프구.

helper virus(헬퍼 바이러스) 결함 바이러스가 가지고 있지 않는 기능을 제공하는 바이러스로, 헬퍼 바이러스와 함께 혼합 감염이 일어나는 동안 결함 바이러스의 감염 주기를 완성할 수 있게 한다.

hemimethylated DNA(헤미메틸 DNA) 각 가닥에 시토신이 있는 표적 염기배열의 한 가닥에서 메틸화된 DNA.

hemimethylated site(헤미메틸화 부위) 한 가닥의 DNA에서 메틸화된 팔린드롬(palindrome, 회문구조) 염기배열.

hemoglobin H(HbH, 헤모글로빈 H) 정상적인 헤모글로빈($\alpha_2\beta_2$)의 양에 비해 비정상적인 테트라머(tetramer) β_4의 양이 불균형한 상태.

heterochromatin(헤테로크로마틴, 이질염색질) 전사가 적고 복제가 늦은 고도로 응축된 게놈의 영역. 구성형(constitutive)과 선택형(facultative)의 두 가지 유형으로 구분된다.

heteroduplex DNA(헤테로듀플렉스 DNA, 이형이중가닥 DNA) 서로 다른 어버이 이중가닥으로부터 유도된 상보적인 단일가닥 간의 염기쌍에 의해 생성된 DNA; 교차가 진행되는 동안 발생한다.

heterogeneous nuclear RNA(이형핵 RNA, hnRNA) RNA 중합효소 II에 의해 형성되는 핵 유전자의 전사물을 구성하는 RNA; 넓은 범위의 분포와 낮은 안정성을 가지고 있다.

heteromultimer(헤테로멀티머, 이형복합체) 서로 다른 서브유닛(subunit)으로 이루어진(단백질과 같은) 분자 복합체.

heteroplasmy(헤테로플라스미) 한 세포에 하나 이상의 미토콘드리아 대립유전자 변이가 있음.

Hfr(*h*igh-*f*requency *r*ecombination) 염색체 내에 F 플라스미드가 통합된 박테리아. Hfr은 고빈도 재조합(high frequency recombination)의 약자로, 염색체 유전자가 F^+ 세포보다 Hfr 세포에서 F^- 세포로 훨씬 더 자주 전이된다는 사실을 나타낸다.

histone(히스톤) 진핵생물에서 크로마틴(염색질)의 기본 서브유닛(subunit)을 형성하는 보존된 DNA 결합 단백질. H2A, H2B, H3 및 H4는 DNA 코일과 결합하는 뉴클레오솜을 형성하는 옥타머 코어(octamer core, 8량체 핵)을 형성한다. 링커 히스톤(linker histone)은 뉴클레오솜 외부에 존재한다.

histone acetyltransferases(히스톤 아세틸기전이효소, HAT) 히스톤(혹은 다른 단백질)의 리신 잔기를 아세틸화하는 (일반적으로 커다란 복합체에 존재하는) 효소. 이전에는 히스톤 아세틸전달효소(HAT)로 알려졌다.

histone code(히스톤 코드) 특정 히스톤 잔기에 대한 특정 변형의 조합이 크로마틴(염색질) 기능을 정의하기 위해 협력적으로 작용한다는 가설.

histone deacetylase(히스톤 탈아세틸효소, HDAC) 히스톤으로부터 아세틸그룹을 제거하는 효소. 이 효소들은 전사 리프레서와 결합될 수 있다.

histone fold(히스톤 폴드) 네 개의 코어 히스톤 모두에서 발견되는 구조로 세 개의 α-헬릭스(a-helix)가 두 개의 루프(loop)로 연결되어 있는 모티프.

histone octamer(히스톤 옥타머, 히스톤 8량체) 각 2개씩의 네 가지 다른 히스톤(H2A, H2B, H3, H4)들의 복합체. DNA는 히스톤 옥타머의 외부 주변을 감아 뉴클레오솜을 형성한다.

histone tail(히스톤 테일) 뉴클레오솜(nucleosome)의 표면 외부로 확장되는 코어 히스톤(core histone)의 유연한 구조를 가진 아미노- 또는 카르복실- 말단 영역; 히스톤 테일은 광범위한 번역 후 수식(modification)이 생성되는 부위이다.

histone variant(히스톤 변이형) 서로 관련된 코어히스톤 대신 뉴클레오솜으로 모일 수 있는 코어히스톤 (H2A, H2B, H3 또는 H4) 중 하나와 밀접한 관계가 있는 다수의 히스톤 중 임의의 것; 많은 히스톤 변이형은 특수화된 기능 또는 로컬리제이션(localization, 영역화)을 가지고 있다. 또한 수많은 링커 히스톤(linker histone) 변이체가 있다.

hnRNP hnRNA가 단백질과 복합체를 이루는 hnRNA(heterogeneous nuclear RNA)의 리보핵단백질(ribonucleoprotein) 형태. Pre-mRNA는 프로세싱이 완료될 때까지 수송되지 않는다; 따라서 그들은 핵에서만 발견된다.

Holliday junction(홀리데이 접합부) 상동 재조합의 중간구조로 DNA의 두 이중구조가 네 개의 가닥 중 두 개 사이에서 교환된 유전물질에 의해 연결되어 있다.

holoenzyme(홀로효소) ① 복제를 개시할 수 있는 DNA 중합효소 복합체.

② RNA 합성 과정(전사)를 개시할 수 있는 RNA 중합효소 형태. 그것은 핵심효소($\alpha_2 b\beta\beta'\omega$)와 σ 인자의 6개의 서브유닛으로 구성되어 있다.

homeodomain(호메오도메인) 발생 과정에서 조절되는 유전자에서 종종 발견되는 전사인자를 대표하는 헬릭스-턴-헬리스 구조를 포함하는 DNA-결합 모티프의 한 종류.

homolog(동족체, 호모로그) homologous gene(상동성 유전자) 참조.

homologous gene(상동성 유전자, 동족체 homolog) 상동성 염색체에 있는 대립유전자 또는 공통 조상을 가지고 있는 동일한 게놈에 있는 많은 유전자와 같은, 동일한 생물 종에 존재하며 서로 관련이 있는 유전자.

homomultimer(호모멀티머, 동형복합체) 동일한 서브유닛(subunit)으로 이루어진 (단백질과 같은) 분자 복합체.

horizontal transfer(수평 이동) 박테리아 접합과 같은 세포 분열 이외의 과정에 의해 한 세포에서 다른 세포로의 DNA 전달.

hotspot(핫스폿) 게놈에서 돌연변이(또는 재조합) 빈도가 매우 높게 증가하는 부위로, 보통 인접한 위치와 비교하여 최소한 10배 이상 높은 빈도로 나타난다.

housekeeping gene(항존 유전자 또는 구성 유전자 constitutive gene) 모든 세포 유형의 생존에 필요한 기본 기능을 제공하기 때문에, (이론적으로) 모든 세포에서 발현되는 유전자.

humoral response(체액성 면역 반응) 주로 항체에 의해 매개되는 면역 반응. 그것은 혈청 항체에 의해 한 생물체에서 다른 생물체로 옮겨 질 수 있는 면역성으로 정의된다. 항원.

hybrid dysgenesis(잡종 발육부전) 초파리의 교배 능력이 없어지는 것을 말하는데, 이는(만약 그렇지 않았다면 그들은 표현형으로는 정상이지만) 잡종이 불임이 되기 때문이다.

hybridization(하이브리디제이션, 잡종화) ① 상보적인 RNA와 DNA 가닥의 쌍으로 RNA-DNA 하이브리드(hybrid)를 생성하는 것. ② 하이브리드를 제공하기 위해 서로 다른 소스로부터의 상보적인 핵산 가닥의 쌍.

hydrops fetalis(태아 수종) 헤모글로빈 알파(α) 유전자의 부재로 인한 치명적인 질병.

hypersensitive site(초민감 부위) DNase I 및 다른 핵산분해효소에 의한 절단에 대해 극도의 민감성을 보이는 짧은 크로마틴(chromatin, 염색질) 부위; 그것은 뉴클레오솜이 배제된 영역으로 이루어져 있다.

[I]

IF-1(개시 인자-1) 폴리펩티드 번역을 위한 개시 복합체(initiation complex)를 안정화시키는 박테리아 개시 인자.

IF-2(개시 인자-2) 개시 tRNA(initiator tRNA)를 폴리펩티드 번역을 위한 개시 복합체(initiation complex)에 결합시키는 박테리아 개시 인자.

IF-3(개시 인자-3) 30S 리보솜 서브유닛이 mRNA의 개시 부위에 결합하기 위해 필요한 박테리아 개시 인자. 또한 30S 서브유닛이 50S 리보솜 서브유닛에 결합하는 것을 방지한다.

immediate early gene(초기 발현유전자) 람다 파지의 유전자는 다른 파지의 초기 유전자와 동일하다. 그들은 숙주 RNA 중합효소에 의한 감염 시 즉시 전사된다.

immune response(면역 반응) 항원에 대한 면역계의 구성요소에 의해 매개되는 생물체의 반응.

immunity(면역성) 파지에서, 같은 유형의 다른 파지가 세포를 감염시키는 것을 방지하는 프로파지(prophage)의 능력. 플라스미드(plasmid)에서, 동일한 유형의 또 다른 플라스미드가 세포 내에서 정착하는 것을 방해하는 능력. 이 용어는 또한, 어떤 트랜스포존(transposon)이 동일한 유형의 트랜스포존이 동일한 DNA 분자로 이동하는 것을 방해하는 능력을 나타낼 때에도 사용된다.

immunity region(면역 영역) 프로파지(prophage)가 동일한 유형의 추가적인 파지를 박테리아에 감염시키는 것을 억제 할 수 있게 하는 파지 게놈의 일부. 이 영역은 리프레서(repressor)가 결합하는 부위뿐만 아니라 리프레서를 코딩하는 유전자를 가지고 있다.

imprecise excision(부정확한 절제) 원래의 삽입 부위로부터 트랜스포존 자신이 제거될 때에 일어나는데, 일부 염기배열이 남아있다.

imprinting(임프린팅, 각인) 부계와 모계로부터 대립형질이 다른 특징을 갖고 있는 정자나 난자를 통해 전달된 아주 초기 배아에서 일어나는 유전자의 변화. 이것은 DNA 메틸화에 의해 일어난다.

incision(절개) 엔도뉴클레아제(핵산내부가수분해효소)가 DNA의 손상 부위를 인식하고 손상의 양측에서 DNA 가닥을 절단하여 분리하는 미스매치 절제-수복 시스템의 한 단계.

incompatibility group(불화합성 그룹) 동일한 박테리아 세포에서 공존할 수없는 구성원을 포함하는 플라스미드 그룹.

indirect end labelling(간접 말단 표지법) DNA를 특정 부위에서 자르고 이후 잘려진 한쪽 가닥에 인접한 염기배열을 포함한 모든 절편의 확인을 통해 DNA의 구성을 조사하기 위한 기법. 그것으로 DNA에 잘려나간 위치에서 다음으로 잘려지는 위치까지의 거리가 나타내진다.

induced mutation(유도 돌연변이) 돌연변이원의 작용으로 생기는 돌연변이. 돌연변이원은 DNA의 염기에 직접 작용하거나 간접적으로 DNA 배열의 변화를 유도하는 경로를 유발할 수 있다.

inducer(인듀서, 유도 물질) 조절 단백질에 결합하여 유전자 전사를 일으키는 작은 분자.

inducible gene(유도성 유전자) 그 기질이 존재해야만 작동(turn-on)하는 유전자.

induction(유도) 기질이 존재할 때만 특정 효소를 합성하는 능력. 유전자 발현의 경우, 인듀서(유도 물질)와 조절 단백질과의 상호작용의 결과로 RNA 합성(전사) 과정으로 전환시키는 것을 의미한다.

induction of phage(파지 유도) 박테리아 염색체에서 유리된(free) 파지 DNA를 절제하는 용균성 리프레서의 파괴 결과, 파지가 용균(감염성) 사이클로 진입하는 현상.

initiation(개시 단계) ① RNA에서 첫 번째 결합의 합성까지의 전사(RNA 합성) 단계. 여기에는 프로모터에 RNA 중합효소를 결합시키는 것이 포함되며[이것은 프리이니시에이션(prepinitiation, 개시 전 단계)이라고도 함], 짧은 DNA 영역을 단일가닥으로 분리한다. ② 폴리펩티드의 첫 번째 펩티드 결합의 합성 단계까지의 번역 단계.

initiation codon(개시 코돈) 폴리펩티드 합성을 시작하는 데 사용되는 특별한 코돈(보통 AUG).

initiation factor(개시 인자, IF) 폴리펩티드 번역 개시의 단계에서 특이적으로 리보솜의 작은 서브유닛(subunit)과 결합하는 단백질.

initiator(개시 인자, Inr) −3과 +5 사이의 pol II 프로모터의 배열로서 일반적으로 Py_2CAPy_5 배열을 가진다. 이것이 가능한 가장 단순한 pol II 프로모터이다.

innate immunity(선천성 면역) 병원체에서 미리 정의된 패턴의 인식에 의존하는 면역 반응.

insert(인서트, 삽입물) 벡터(vector)에 클로닝할 DNA 단편.

insert sequence(삽입 배열, IS) 자신의 전이에 필요한 유전자만을 운반하는 작은 박테리아 트랜스포존.

***in situ* hybridization(*in situ* 잡종화 반응)** ① 현미경 슬라이드에 압착된 세포의 DNA를 변성시킨 후 단일 RNA 또는 DNA 첨가하여 반응하도록 하는 잡종화 실험법; 첨가되는 준비물을 방사성으로 표지하고, 잡종화된 것은 오토라디오그래피 또는 형광으로 확인한다. ② 분쇄된 세포를 현미경슬라이드에 도말 고정시킨 후 DNA를 변성시켜 단일 RNA 또는 DNA를 첨가해 직접 결합이 가능하도록 반응시킨 혼성화(hybridization); 첨가되는 핵산은 형광 또는 방사선 동위원소로 표지하여 측정한다. *in situ* 잡종화 반응은 손상되지 않은 조직에서도 수행할 수 있다.

insulator(인슐레이터, 절연 인자) 한쪽 편에서 다른 쪽으로 활성화 또는 비활성화 효과의 전달을 방지하는 염기배열.

integrase(인테그라아제, 삽입 효소) 한 분자의 DNA(예: 파지 게놈)를 다른 분자에 삽입하는 부위-특이적 재조합 과정을 담당하는 효소.

integration(통합, 삽입) 바이러스 DNA 염기배열 또는 다른 DNA 염기배열이 숙주 염기배열의 양측 어느 곳에 공유결합으로 연결된 영역으로서 숙주 게놈에 삽입되는 현상.

intein(인테인) 단백질 스플라이싱(protein splicing)에 의해 가공되는 단백질에서 제거되는 부분.

interactome(상호작용체) 세포, 조직, 생물체에 존재하는 단백질 복합체/단백질-단백질 상호작용의 완전한 세트.

interallelic complementation(대립유전자간 상보성) 두 개의 다른 돌연변이 대립유전자에 의해 코드(암호화)된 서브유닛의 상호작용에 의해 생긴 헤테로멀티머 단백질(이종복합다량체 단백질)의 특성의 변화; 혼합 단백질(mixed protein)은 단 하나 또는 다른 유형의 서브 유닛으로 구성된 단백질보다 다소 활성화될 수 있다.

interband(인터밴드) Giemsa 시약으로 염색되는 염색체의 밴드 사이에 있는 염색체의 유전자가 풍부한 영역. 보다 일반적으로, 인터밴드는 식별된 밴드(G-밴드, 폴리텐 염색체의 밴드 등) 사이의 임의의 영역을 지칭한다.

intercistronic region(인터시스트론 영역) 폴리시스트론(polycistronic) mRNA에서, 하나의 시스트론의 종결 코돈과 다음 시스트론의 개시 코돈 사이의 거리.

interrupted gene(분단 유전자) 인트론의 존재로 인해 코딩 염기배열이 연속적이지 않은 유전자.

intron(인트론) 전사(RNA 합성)는 되지만, 나중에 스플라이싱(splicing)에 의해 제거되는 DNA 단편으로, 양측에 있는 배열(엑손)은 결합된다.

intron definition(인트론 정의) 한 쌍의 스플라이싱 부위가 5′ 부위 및 분지 부위/3′ 부위만을 포함하는 상호작용에 의해 인식되는 과정.

introns early model(인트론 초기 모델) 최초의 유전자에는 인트론이 포함되어 있고 일부 유전자는 이후에 사라졌다는 가설.

intron homing(인트론 호밍, 인트론 귀소성) 특정 인트론이 표적

DNA에 자신을 삽입하는 능력. 반응은 단일 표적 배열에 특이 적이다.

introns late model(인트론 후기 모델) 최초의 유전자는 인트론을 포함하지 않았으며, 인트론은 일부 유전자에 추가되었다는 가설.

inverted-terminal repeat(역위-말단 반복배열) 일부 트랜스포존의 말단에서 역방향으로 존재하는 짧은 반복된 배열이나 또는 동일한 염기배열.

IRES(*i*nternal *r*ibosome *e*ntry *s*ite) 리보솜이 5′ 말단으로부터 이동하지 않고 폴리펩티드 번역을 개시하게 하는 진핵세포의 mRNA 염기배열.

iron-response element(철-반응 요소, IRE) 안정성 또는 단백질 합성이 세포질의 철 농도에 의해 조절되는 특정 mRNA에서 발견되는 시스(*cis*) 염기배열.

[J]

연결 분자(joint molecule) 유전물질의 상호교환을 통해 서로 연결되어있는 한 쌍의 DNA 이중가닥.

J 단편(J segment) 면역글로불린 및 T 세포 수용체 유전자자리의 코딩 염기배열. 그들은 가변(V)과 불변(C) 유전자 단편 사이에 존재한다.

[K]

KAT lysine(K) acetyltransferase(리신(K) 아세틸기전이효소) 참조

kinetic proofreading(반응속도적 교정) 올바르지 않은 과정이 올바른 과정보다 느리게 진행되는 교정 메커니즘으로 서브유닛이 폴리머 체인(polymeric chain)에 첨가되기 전에 잘못된 과정이 되돌려지도록 한다.

kinetochore(키네토코어, 방추사부착점) 염색체를 유사분열 스핀들(방추체)의 미세소관에 부착시키는 동원체의 표면과 연관된 작은 세포 소기관. 각각의 유사분열 염색체는 그 동원체의 반대쪽에 위치하고 반대 방향으로 향하는 두 개의 "자매(sister)"를 포함한다.

knockdown(녹다운) 유전자의 발현(일반적으로 번역)을 줄이기 위해 침묵 벡터(silencing vector)를 도입하여 유전자를 하향 조절(downregulated)시킨 유전자 조작 생물체.

knock-in(녹-인) 유전자 염기배열이 다른 염기배열로 대체된 유전자 조작 생물체.

knock-out(녹-아웃) 표적으로 한 돌연변이에 의해 유전자가 억제된 유전자 조작 생물체.

[L]

***lac* repressor(*lac* 리프레서, *lac* 억제인자)** *lac* 오페론(operon)을 턴-오프(작동하지 않음)하는 *lacI* 유전자에 의해 코드된 음성적 유전자 레귤레이터.

lagging strand(지연 가닥) 3′에서 5′ 방향으로 전반적으로 성장해야 하며, 나중에 짧은 단편(5′-3′)의 형태로 불연속적으로 합성되며 나중에 공유결합되는 DNA의 가닥.

***l*arge *i*ntergenic *n*oncoding RNA** lincRNA 참조.

lincRNA(*l*arge *i*ntergenic *n*oncoding RNA) 전형적인 유전자 사이의 염색체 부위에서 유래된 대형 넌코딩 RNA(noncoding RNA).

lariat(올가미) 꼬리가 있는 원형구조로 5′에서 2′ 결합에 의해 생성되는 RNA 스플라이싱의 중간체.

late gene(후기 발현유전자) 파지 DNA가 복제될 때 전사되는 유전자. 그것은 파지 입자의 성분을 코드하고 있다.

late infection(후기 감염) 파지의 일부는 DNA 복제에서 세포 용해까지 순환한다. 이 시간 동안 DNA가 복제되고 파지 입자의 구조적 성분이 합성된다.

lateral element(측면 요소) 한 쌍의 자매염색분체가 축(axial) 요소에 응축될 때 형성되는 시냅토넬 복합체의 구조.

LCR locus control region(유전자자리 조절영역) 참조.

leader(리더, 5′ UTR) mRNA에서, 개시 코돈에 선행하여 존재하는 5′ 말단의 번역되지 않는 염기배열.

leader peptide(리더 펩티드) 리보솜의 이동을 조절하여 오페론의 전사를 조절하는 데 사용되는 짧은 코딩(암호화, coding) 염기배열의 번역으로 인한 산물.

leading strand(선도 가닥) 5′에서 3′ 방향으로 연속적으로 합성되는 DNA의 가닥.

lesion bypass(손상 부위 우회경로) 손상된 염기가 들어있는 주형에 오류-유발 DNA 중합효소(error-prone DNA polymerase)에 의한 복제. 중합효소는 딸 가닥에 비상보성 염기를 도입할 수 있다.

leucine zipper(류신 지퍼) 전사 인자의 한 부류에서 발견되는 다이머 형성 모티프.

licensing factor(라이센스 인자) 복제에 필요한 인자; 1 라운드 복제 후에 비활성화되거나 파괴된다. 추가 복제 라운드가 발생하려면 새로운 인자가 제공되어야한다.

ligate(결합, 결찰하다) 핵산사슬의 두 말단을 공유결합시키는 것; 이러한 두 말단은 하나의 사슬의 두 말단이거나 또는 서로 다른 사슬의 두 말단일 수도 있으며, DNA 또는 RNA일 수도 있다.

light chain(L 사슬, 가벼운 사슬) 항체 테트라머(tetramer, 4량체)를 구성하는 두 가지 유형의 서브유닛 중 작은 것. 각 항체에는 두 개의 L 사슬을 가지고 있다. L 사슬의 N-말단은 항원 인식 부위의 일부를 형성한다.

long interspersed elements(LINEs) 긴 산재성 핵 인자라고도 한다; 인간 게놈의 ~21%를 차지하는 주요한 레트로트랜스포존의 일종(레트로트랜스포존 참조)

linkage(연관, 유전자 연관) 동일한 염색체 상의 유전자의 위치로 인하여 유전자가 함께 유전되는 경향. 이것은 유전자자리 간 유전자 재조합률로 측정된다.

linkage disequilibrium(연관 불균형) 대립유전자의 특이적인 많은 유전자자리에 대한 선택처럼, 유전자 연관 혹은 기타 다른 원인으로 인하여, 서로 다른 유전자자리에서의 대립유전자 간의 랜덤하지 않은 연관성.

linkage map(연관 지도) 마커(marker) 사이의 재조합 빈도를 측정하여 얻은 염색체 상의 유전자자리(loci) 또는 기타 유전적 마커의 위치를 나타내는 지도.

linker DNA(링커 DNA) 뉴클레오솜 사이에 존재하는 비뉴클레오솜 DNA (nonnucleosomal DNA).

linker histone(링커 히스톤) 뉴클레오솜 코어(nucleosome core)의 구성 요소가 아닌 히스톤 계열 단백질(예: 히스톤 H1); 링커 히스톤은 뉴클레오솜 및/또는 링커 DNA와 결합하여 30 nm 섬유 구조 형성을 촉진시킨다.

locus(유전자자리) 유전자가 특정 형질에 존재하는 염색체 상의 위치. 유전자에 존재하는 대립유전자 중 하나가 위치할 수 있다.

long interspersed elements LINEs 참조.

***l*ong-*t*erminal *r*epeat(긴-말단 반복배열, LTR)** 프로바이러스(provirus)의 각 말단에서 반복되는 염기배열(통합 레트로바이러스 염기배열).

LTR long-terminal repeat(긴-말단 반복배열, LTR) 참조.

locus control region(유전자자리 조절 영역, LCR) 도메인에서 여러 유전자의 발현에 필요한 영역.

loss-of-function mutation(기능-상실 돌연변이) 유전자의 활성이 제거되거나 감소된 돌연변이. 주로 열성(recessive)이지만, 항상 그렇지는 않다.

luxury gene(럭셔리 유전자, 특정 유전자) 특수한 기능을 코딩하는 유전자. 대개 특정 세포 유형에서 다량으로 합성된다.

lyase(리아제, 분해효소) 손상된 염기자리에 당(sugar) 고리를 여는 수복 효소(일반적으로 글리코실라아제).

lysine(K) acetyltransferase(리신(K) 아세틸기전이효소, KAT) 히스톤(혹은 다른 단백질)의 리신 잔기를 아세틸화하는 (일반적으로 커다란 복합체에 존재하는) 효소. 이전에는 **히스톤 아세틸기전이효소**(HAT)로 알려졌다.

lysis(용균) (파지 효소가 박테리아의 세포막이나 세포벽을 파괴하기 때문에) 박테리아가 파열되어 감염 파지의 자손을 방출할 때 파지 감염 사이클의 마지막 단계로 박테리아가 죽는 현상. 동일한 용어는 또한 진핵세포에도 사용되는데, 예를 들어 감염된 세포가 면역계에 의해 공격받을 때도 사용된다.

lysogenic(용원화) 파지가 박테리아 게놈의 안정한 프로파지(prophage) 성분으로서 박테리아에서 살아남을 수 있는 능력.

lysogeny(용원성) 박테리아 게놈의 안정한 프로파지(prophage) 성분으로서 파지가 박테리아에서 살아남을 수 있는 능력.

lytic infection(용균성 감염) 자손 파지의 방출로 박테리아가 파괴되는 파지에 의한 박테리아의 감염.

[M]

maintenance methyltransferase(유지 메틸화효소) 이미 헤미메틸화(hemimethylated)된 표적 부위에 메틸그룹을 부가한다.

major groove(메이저 그루브, 큰 홈) DNA 이중나선 길이가 22 Å (2.2 nm)인 갈라진 틈.

major histocompatibility complex(주요 조직적 합성 복합체, MHC) 면역 반응에 관여하는 유전자를 포함하는 염색체 영역. 유전자는 항원 제시, 사이토카인 및 보체뿐만 아니라 다른 기능을 위한 단백질을 암호화하고 있다. 그것은 매우 다형성이다. 그 유전자와 단백질은 세 가지로 분류된다.

maternal inheritance(모계 유전) 모계에 의해 받은 유전 변이체가 자식에게서 우선적으로 나타나는 유전 양식.

maternal mRNA granule(모계 mRNA 과립) 발생 후기에 활성화를 기다리는 번역이 억제된 mRNA를 포함하는 난모세포 입자.

mating-type cassette(교배-타입 카세트) 유전자자리의 활성 또는 비활성(침묵) 사본이 될 수 있는 효모(**a** 또는 α)에 교배 타입에 필요한 유전자를 포함하는 유전자자리. 한 타입의 활성 카세트가 다른 타입의 침묵 카세트로 대체되면 교배 타입이 바뀐다.

matrix attachment regions(매트릭스 부착 부위, MARs) 핵 매트릭스에 붙어있는 DNA 영역. 스캐폴드 부착 부위(SAR)라고도 한다.

maturase(인트론 제거효소) 그룹 II 또는 II 군의 인트론에 의해 코딩되는 단백질. 자가-스플라이싱에 필요한 활성 형태를 형성하기 위해 RNA를 돕는 데 필요하다.

mature transcript(성숙 전사물) 수식된 RNA 전사물. 수식은 인트론 배열의 제거 및 5′ 및 3′ 말단에 대한 변형이 포함될 수 있다.

mediator(매개 인자) 효모 박테리아 RNA 중합효소 II와 관련 있는 커다란 단백질 복합체. 이는 많은 혹은 대부분 프로모터의 전사에 필요한 인자들을 포함한다.

melting temperature(변성 온도) DNA 가닥이 분리되는 온도 범위의 중간점(온도).

messenger RNA(전령 RNA, mRNA) 폴리펩티드를 코드하는 유전자의 한 가닥을 나타내는 중간 산물. 이것의 코딩 영역(coding region, 암호화 영역)은 세 개의 염기로 이루어진 유전암호에 의해 폴리펩티드 배열과 관련이 있다.

metaphase or **mitotic scaffold(중기**(혹은 **유사분열**) **스캐폴드)** 염색체가 히스톤을 결핍할 때 생성되는 딸 염색체 쌍(sister chromatid pair) 모양의 단백질성 구조.

methyltransferase(메틸화효소, 메틸기 전이효소) 작은 분자, 단백질 또는 핵산 등의 기질에 메틸그룹을 결합시키는 효소.

microarray(마이크로어레이) 수천 개의 작은 DNA 올리고뉴클레오티드 샘플을 연속적으로 배열하여 각인시킨 작은 칩(chip). mRNA는 유전자 발현의 양과 수준을 평가하기 위해 마이크로어레이와 하이브리드할 수 있다.

micrococcal nuclease(마이크로코칼 핵산가수분해효소, MNase)

DNA를 절단하는 핵산내부가수분해효소제(endonuclease); 크로마틴에서, DNA는 뉴클레오솜 사이의 연결 부위에서 우선적으로 절단된다.

microRNA(마이크로 RNA, miRNA) 유전자 발현을 조절할 수 있는 매우 짧은 RNA.

microsatellite(마이크로새틀라이트) (일반적으로 10 bp 미만의) 매우 짧은 반복 단위로 구성된 DNA.

microtubule organizing centers(미세소관 조직 센터, MTOCs) 미세소관이 발산되는 영역. 동물세포에서 중심체(centrosome)는 주요 미세소관 조직 센터이다.

middle gene(중간 발현유전자) 초기 유전자(early gene)에 의해 코딩되는 단백질에 의해 조절되는 파지 유전자. 그들에 의해 코드된 일부 단백질은 파지 DNA의 복제를 촉매한다. 다른 것들은 나중에 유전자 세트의 발현을 조절한다.

minicell(미니셀) 핵 없이 세포질을 생성하는 세포분열에 의해 만들어진 무핵 박테리아 세포(*E. coli*).

minisatellite(미니새틀라이트) 짧은 반복 염기배열의 많은 사본으로 이루어진 DNA. 반복 단위의 길이는 수십 개의 염기쌍으로 측정된다. 반복배열의 수는 개개의 게놈에 따라 다르다.

minor groove(마이너 그루브, 작은 홈) DNA 이중나선 길이가 12 Å(1.2 nm)인 갈라진 틈.

minus-strand DNA(마이너스(-)-가닥 DNA) 플러스(+)-가닥 바이러스(plus-strand viruse)의 바이러스 RNA 게놈에 상보적인 단일-가닥 DNA 염기배열.

mismatch repair(미스매치 수복) 염기쌍이 정상적이지 않은 바로 합성되어 삽입된 염기를 교정하는 수복. 이 과정은 원핵생물에서는 메틸화(methylation) 상태를 기준으로 하여, 딸 가닥과 어버이 가닥을 구별한 다음 우선적으로 딸 가닥의 염기를 교정한다.

missense suppressor(미스센스 서프레서) 다른 코돈을 인식하기 위해 돌연변이된 tRNA를 코드하는 억제자. 돌연변이 코돈에 다른 아미노산을 삽입함으로써 tRNA는 원래 돌연변이의 영향을 억제한다.

molecular clock(분자시계) 중성 돌연변이의 유전적 부동(genetic drift)과 같은 DNA 염기배열에서 발생하는 거의 일정한 진화 속도.

monocistronic(모노시스트론) 하나의 폴리펩티드를 코드하는 mRNA.

monocistronic mRNA(모노시스트론 mRNA) 단일 폴리펩티를 코드하는 mRNA.

mtDNA 미토콘드리아 DNA.

mRNA decay(mRNA 분해) 분해 과정이 확률적이라고 가정한 mRNA 분해

multicopy replication control(다중-사본 복제 제어) 복제는 제어 시스템이 플라스미드가 개별 박테리아 세포당 둘 이상의 사본에 존재하도록 허용할 때 발생한다.

multiforked chromosome(동시다발복제 염색체) 복제 첫 번째 사이클이 완료되기 전에 두 번째 개시 단계가 발생했기 때문에 복제 분기점이 두 개 이상 존재하는 박테리아 염색체.

multiple cloning site(멀티 클로닝 부위, MCS) 클로닝을 위한 많은 제한효소 부위를 포함하고 있는 클로닝 벡터(cloning vector)에서의 인공 DNA 염기배열.

mutagen(돌연변이원) DNA 배열의 변화를 직접 또는 간접적으로 유도하여 돌연변이율을 증가시키는 물질.

mutation hotspot(돌연변이 핫스폿) 게놈에서 돌연변이 (또는 재조합) 빈도가 크게 증가하는 부위로, 통상 인접한 부위와 비교하여 빈도가 10배 이상 증가한다.

mutator(돌연변이 유발 유전자) 돌연변이의 기저 수준(basal level)을 증가시키는 돌연변이 또는 돌연변이 유전자. 이러한 유전자는 종종 손상된 DNA를 수복하는 데 관여하는 단백질을 코드한다.

[N]

***n*-1 rule(*n*-1 규칙)** 하나의 X 염색체만이 암컷 포유동물 세포에서 활성화된다고 규정하는 규칙. 다른 것들은 불활성화된다.

nascent RNA(초기 RNA) 아직 합성되고 있는 RNA 사슬로, 3′ 말단이 여전히 RNA 중합효소가 신장 중인 곳에서 DNA와 쌍을 이루고 있다.

negative complementation(역 상보성) 멀티머 단백질(multimeric protein, 복합다중체 단백질)에서, 대립유전자간 상보성(interallelic complementation)에 의해, 돌연변이 서브유닛이 정상적(wild-type)인 서브 유닛의 활성을 억제할 수 있게 되었을 때 발생한다.

negative control(음성 조절) ① 유전자 작동을 멈추기(turn-off) 위해 레귤레이터(regulator, 조절인자)를 필요로 하는 유전자 조절 메커니즘. ② 음성 조절 하에 있는 유전자의 디폴트(default) 상태가 발현된다. 그들의 작동을 멈추게 하기 위해서는 특별한 개입이 필요하다.

negative inducible(음성 유도성) 활성을 지닌 리프레서(repressor, 억제 인자)가 오페론의 기질에 의해 불활성화되는 조절회로.

negative repressible(음성 억제성) 오페론의 산물에 의해 비활성의 리프레서(repressor, 억제인자)가 활성화되는 조절회로.

nested gene(중첩 유전자) 다른 유전자의 인트론(intron) 내에 위치한 유전자.

neuronal granule(신경과립) 최종 세포 목적지로 이동 중에 번역이 억제된 mRNA를 포함하는 입자.

neutral mutation(중립 돌연변이) 진화적 적합에 큰 영향을 미치지 않는 돌연변이는 일반적으로 표현형에 아무런 영향을 주지 않는다.

neutral substitution(중립 치환) 단백질 생성물의 아미노산을 변화시키지만, 단백질의 활성에는 영향을 주지 않는 돌연변이. 침묵 돌연변이(silent mutation)라고도 한다.

N-formyl-methionyl-tRNA(N-포르밀 메티오닐-tRNA) 박테리아 폴

리펩티드 번역을 시작하는 아미노아실-tRNA. 메티오닌의 아미노 그룹은 포르밀화(formylated) 된다.

N nucleotide(N 뉴클레오티드) 면역글로불린 및 T 세포 수용체 유전자의 재정렬이 일어나는 동안 암호화 연결 부위에서 효소에 의해 무작위로 첨가되는 짧은 비주형(nontemplated) 염기배열. 그들은 항원 수용체의 다양성을 증가시킨다.

No-Go decay(노우-고우 분해, NGD) 코딩(coding, 암호화) 영역에 멈춰 선 리보솜으로 mRNA를 빠르게 분해하는 경로.

nonallelic gene(비대립 유전자) 게놈의 서로 다른 위치에 존재하는 동일한 유전자의 2개(또는 그 이상)의 사본(대립 유전자와 대조, 다른 부모로부터 유래된 같은 유전자의 사본이며 상동성 염색체상의 동일한 위치에 존재함).

ncRNA(*n*on*c*oding RNA, 비암호화 RNA) 오픈 리딩 프레임(open reading frame, ORF)을 포함하지 않는 넌코딩 RNA(비암호화 RNA).

NMD nonsense-mediated decay(넌센스-매개 분해) 참조.

nonautonomous controlling element(비자율성 조절 인자) 옥수수에서 비기능적 트랜스포사아제를 암호화하는 트랜스포존; 동일한 패밀리의 트랜스-작용의 자율적 멤버의 존재 하에서만 전이될 수 있다.

***n*oncoding RNA(넌코딩 RNA, 비암호화 RNA)** ncRNA 참조.

nonhistone(비히스톤) 염색체에서 발견되는 히스톤을 제외한 모든 구조 단백질.

nonhomologous end joining(비상동성 말단 결합, NHEJ) 평활 말단(blunt end)을 연결하는 경로. 그것은 DNA 이중나선 부분을 수복하고 특정 재조합경로(예: 면역글로불린 재조합)를 수복하는 데 사용된다.

non-LTR retrotransposon(비-레트로트랜스포존) 또는**레트로존(retroson)** LTR 레트로트랜스포존과 유사하며 RNA 중간체를 통해 이동하지만, LTR이 없고 뚜렷한 전이 메커니즘을 사용하는 트랜스포존.

non-Medelian inheritance(비-멘델 유전양식) 멘델의 법칙(각 부모가 후손에게 하나의 대립유전자를 제공함)을 따르지 않는 유전양식. 핵외 유전자는 비-멘델 유전 양식을 보여준다.

nonreciprocal recombination(비상호 재조합, 혹은 **부등교차 unequal crossing over)** 동등하지 않은 부위에서 재조합이 일어날 때 염기쌍(pairing) 및 교차 시 오류가 발생한다. 이로 인하여 결실을 가지고 있는 하나의 재조합체와 중복(duplication)을 가지고 있는 재조합체가 생성된다.

nonprocessed pseudogene(넌프로세스드 위유전자) 유전자 중복 및 돌연변이에 의한 불활성화에 의해 형성되는 기능이 없는 유전자 사본.

nonrepetitive DNA(비반복 배열 DNA) 게놈에서 (오직 한 번만 존재하는) 유일한 DNA.

nonreplicative transposition(비복제형 전이) 공여체 부위(일반적으로 이중-가닥 절단을 생성하는)를 떠나서 새로운 부위로 이동하는 트랜스포존의 이동.

nonsense-mediated decay(넌센스-매개 분해, NMD) 마지막 엑손 이전에 넌센스 돌연변이(nonsense mutation)가 있는 mRNA를 분해하는 경로.

nonsense suppressor(넌센스 서프레서) 하나 이상의 종결 코돈에 반응할 수 있으며, 그 부위에 아미노산을 삽입할 수 있는 돌연변이 tRNA를 코딩하는 유전자.

nonstop decay(넌스톱 분해, NSD) 프레임 내 종결 코돈이 없는 mRNA를 빠르게 분해하는 경로.

nonsynonymous mutation(비동의 돌연변이) 폴리펩티드 산물의 아미노산 배열을 변경시키는 코딩 영역의 돌연변이.

nontranscribed spacer(비전사 스페이서) 일렬로 늘어선 유전자 클러스터에서 전사 단위 사이의 영역.

NSD nonstop decay(넌스톱 분해) 참조.

nuclease(뉴클레아제, 핵산가수분해효소) 포스포디에스테르 결합을 끊을 수 있는 효소.

nucleation center(핵 형성 센터) RNA와 외피 단백질의 조립이 TMV (담배 모자이크 바이러스) 이중구조 헤어핀에서 시작된다.

nucleoid(뉴클레오이드, 핵양체) 게놈을 포함하는 원핵세포의 구조. DNA는 단백질들에 결합되어 있으며 막으로 둘러싸여 있지 않다.

nucleolar organizer(인 구성체) rRNA를 코드하는 유전자를 지닌 염색체 영역.

nucleolus(핵소체, 인) 리보솜이 생성되는 핵의 특정 영역.

nucleoside(뉴클레오시드) 펜토오스(오탄당) 당의 1′ 탄소에 연결된 퓨린 또는 피리미딘 염기로 구성된 분자.

nucleosome(뉴클레오솜) ~200 bp의 DNA와 히스톤 단백질의 옥타머(octamer, 8량체)로 구성된 크로마틴(염색질)의 기본 구조 서브유닛.

Nucleosome positioning(뉴클레오솜 포지셔닝) 염기배열에 있어 무작위적인 위치에 놓이는 것이 아닌 DNA의 특징적인 염기배열 위치에 뉴클레오솜이 배치되는 것을 의미.

nucleotide(뉴클레오티드) 펜토오스(오탄당, pentose) 당의 1′ 탄소에 연결된 퓨린 또는 피리미딘 염기 및 당의 5′ 또는 3′ 탄소에 연결된 인산그룹으로 구성된 분자.

null mutation(눌 돌연변이, 영 돌연변이) 유전자의 기능을 완전히 제거된 돌연변이.

nut*(*N ut*ilization)** ***N utilization site의 머리글자로, N 안티터미네이터 인자에 의해 인식되는 DNA 염기배열.

unequal crossing over(부등 교차) nonreciprocal recombination (비상호 재조합) 참조.

[O]

ochre codon(오커 코돈) 폴리펩티드 번역을 끝내는 세 종결 코돈 중 하나인 트리플렛(triplet; 세 개의 염기) UAA.

Okazaki fragment(오카자키 단편) 불연속적 복제 중 생성된 1,000~2,000 염기의 짧은 단편; 그들은 나중에 공유결합되어 완전한 가닥이 된다.

oligo(A) tail(올리고(A) 테일) 일반적으로 일련의 15개 미만의 아데닐화된(adenylated) 짧은 폴리(A) 테일.

oncogene(종양 유전자) 돌연변이가 발생하면 암을 유발할 수 있는 유전자.

one gene : one enzyme hypothesis(1 유전자 : 1 효소 가설) 하나의 유전자는 하나의 효소를 만든다는 비들(Beadle)과 테이텀(Tatum)의 가설.

one gene : one polypeptide hypothesis(1 유전자 : 1 폴리펩티드 가설) 일반적으로 1 유전자 : 1 효소 가설에 맞지 않는 변형된 가설.: 하나의 유전자는 하나의 폴리펩티드를 만든다는 가설.

opal codon(오팔 코돈) 폴리펩티드 번역을 끝내는 세 종결 코돈 중 하나인 트리플렛(triplet; 세 개의 염기) UGA. 소수의 생물체 또는 세포소기관에서 아미노산을 코드(암호화)하는 것으로 진화했다.

open complex(열린 복합체) RNA 중합효소가 DNA의 두 가닥을 분리시켜 전사 버블을 형성하는 RNA 합성 과정의 개시 단계.

open reading frame(오픈 리딩 프레임) 개시 코돈으로 시작하여 종결 코돈으로 끝나는 아미노산으로 번역될 수 있는 트리플렛(triplet, 세 개의 염기)으로 구성된 DNA 배열.

operator(오퍼레이터, 작동자) 인접한 프로모터에서 전사가 시작되는 것을 막기 위해 리프레서 단백질(repressor protein, 억제 단백질)이 결합하는 DNA 상의 부위.

operon(오페론) 조절 유전자 산물(들)에 의해 인식되는 DNA의 구조 유전자 및 조절 요소를 포함하는 박테리아 유전자 발현 및 조절 단위.

opine(오파인) 크라운 갈(crown gali) 병에 감염된 식물세포가 합성하는 아르기닌 유도체.

origin(복제 기점) 복제가 시작되는 일련의 DNA.

ORC(*o*rigin *r*ecognition *c*omplex, 복제 기점 인식 복합체) 복제 기점(효모의 ARS)에 결합하고 세포주기를 통해 그와 연관되어있는 진핵생물에서 발견되는 다중 단백질 복합체.

orthologous gene(오솔로그 유전자) 서로 다른 생물종에 존재하나 서로 관련이 있는 유전자.

overlapping gene(중복 유전자) 염기배열의 일부가 다른 유전자의 염기배열에서도 발견되는 유전자.

overwound(과다 감기) 나선구조 1회전당 10.4 염기쌍보다 많은 B형 DNA.

[P]

PABP poly(A) binding protein(폴리(A) 결합 단백질) 참조.

palindrome(회문구조) 앞뒤로 똑같이 읽히는 대칭적인 염기배열.

PAP poly(A) polymerase(폴리(A) 중합효소) 참조.

paralogs(파라로그) paralogous gene(파라로그 유전자) 참조.

paralogous gene(파라로그 유전자 혹은 **파라로그)** 유전자 중복(duplication)으로 인해 공통 조상을 공유하는 유전자.

paraspeckle(파라스펙클) 크로마틴 간의 핵 위치에서 발견되는 작고 불규칙한 모양의 리보핵산단백질체(ribonucleoprotein body)로서, 전형적으로 핵 당 10~20개.

patch recombinant(패치 재조합체) 유전자 교환된 가닥들이 잘라져 분리된 홀리데이 접합부(Holliday junction)에서 유래된 DNA. 이중 구조(duplex)는 상동 염색체에서 유래한 한 가닥의 DNA 염기배열을 제외하고는 대체로 변하지 않는다.

pathogenicity islands(병원성 섬) 병원성 세균 게놈에 존재하지만 비병원성 세균에는 존재하지 않는 DNA 분절.

P 인자(P element) 초파리의 트랜스포존.

peptidyl transferase(펩티딜 트랜스퍼라아제, 펩티딜 전이효소) 성장하는 폴리펩티드 사슬에 아미노산이 첨가될 때 펩티드 결합을 합성하는 큰 리보솜 서브유닛의 활성. 실제 촉매 활성은 rRNA의 특성이다.

peptidyl-tRNA(펩티딜-tRNA) 폴리펩티드 번역 동안 펩티드 결합 합성 후에 초기 폴리펩티드 사슬이 옮겨진 tRNA.

phage(파지) 박테리오파지(bacteriophage) 또는 박테리아 바이러스의 약자.

phosphatase(포스파타아제, 인산분해효소) 포스포모노에스테르 결합(phosphomonoester bond)을 끊어서, 말단 인산을 절단하는 효소.

photoreactivation(광회복) UV(자외선)에 의해 형성된 사이클로부탄 피리미딘 다이머(cyclobutane pyrimidine dimer, CPD)를 분해시키는 데 백색광(파란색 파장)-의존성 효소를 사용하는 수복 시스템.

pili(선모) 박테리아가 다른 박테리아 세포에 부착되도록 허용하는 박테리아의 표면 부속기관. 짧고 가늘고 유연한 막대 모양으로 나타난다. 접합이 이루어지는 동안, 그것은 한 박테리아에서 다른 박테리아로 DNA를 옮기는 데 사용된다.

pilin(필린) 박테리아에서 필리(pili)로 중합되는 서브유닛.

pioneer round of translation(번역의 파이어니어 라운드) 새롭게 합성되어 내보낸 mRNA에 대한 첫 번째 번역 과정.

piRNA Piwi RNA는 생식세포에서 발견되는 miRNA의 특별한 형태.

plasmid(플라스미드) 원형 염색체 외 DNA. 그것은 자율적이며 스스로를 복제할 수 있다.

plus-strand DNA(플러스(+)-가닥 DNA) RNA와 동일한 염기배열

을 가지고 있는 레트로바이러스를 나타내는 이중구조 염기배열의 가닥.

plus-strand viruse(플러스(+)-가닥 바이러스) 단백질 산물을 직접적으로 암호화하고 있는 단일-가닥의 핵산 게놈을 가지고 있는 바이러스.

P nucleotide(P뉴클레오티드) 면역글로불린 및 T 세포 수용체 V, (D) 및 J 유전자 단편의 재정렬이 일어나는 동안 생성되는(역위 반복배열의) 짧은 회문(palindromic) 염기배열. 그들은 단백질 재정렬 중에 생성된 헤어핀 말단을 절단할 때 코딩 연결 부위에서 생성된다.

point mutation(점 돌연변이) DNA 염기배열 중 하나의 염기쌍에 일어나는 변화.

poly(A)(폴리(A)) mRNA 합성 후에 3′ 말단에 첨가되는, 길게 뻗어 있는 일련의 아데닐산(adenylic acid).

poly(A) binding protein(폴리(A) 결합 단백질, PABP) 진핵세포의 mRNA에서 연속된 3′ 폴리(A)에 결합하는 단백질.

poly(A) nucleases)(폴리(A) 뉴클레아제, 탈아데닐라아제, deadenylase) 폴리(A) 테일을 분해하는 데 특이적인 엑소리보뉴클레아제(exoribonuclease).

poly(A) polymerase(폴리(A) 중합효소, PAP) 진핵생물 mRNA의 3′ 말단에 일련의 폴리아데닐산(polyadenylic acid)을 추가하는 효소. 주형을 사용하지 않는다.

polycistronic(폴리시스트론) 하나 이상의 폴리펩티드에 대한 코딩 영역을 포함하는 mRNA.

polycistronic mRNA(폴리 시스트론 mRNA) 하나 이상의 유전자를 나타내는 코딩 영역을 포함하는 mRNA.

PCR(중합효소 연쇄 반응, polymerase chain reaction) 변성, 어닐링(annealing) 및 DNA 중합효소 신장(extension) 반응의 반복적인 열 사이클(thermal cycle)을 통해 특정한 핵산을 증폭시키는 방법.

polymorphism(다형성) 특정 위치에서 변이를 나타내는 집단 대립유전자가 동시에 발현되는 현상.

polynucleotide(폴리뉴클레오티드) DNA나 RNA와 같은 뉴클레오티드 사슬.

polyploidization(배수성화) 독자적으로 생존이 가능한 생물 계통이 추가 염색체 세트를 얻는 과정으로, 종종 하이브리드화와 염색체 배가(chromosome doubling)에 의해 이루어진다.

polyribosome(폴리리보솜, polysome) 다수의 리보솜(ribosome)에 의해 동시에 번역되는 mRNA.

polysome(폴리솜) polyribosome(폴리리보솜) 참조.

polytene chromosome(다사성 염색체) 복제물(replica)을 분리하지 않고 염색체를 연속적으로 복제하여 생성된 염색체.

position effect variegation(위치 효과 다양성, PEV) 헤테로크로마틴(heterochromatin)에 근접한 결과로 발생하는 유전자 발현의 침묵(억제) 현상.

positive control(양성 조절) ① 어떤 작용으로 작동하지 않으면 유전자가 발현되지 않는 시스템. ② 양성적인 통제 하에 있는 유전자의 디폴트(default) 상태. 양성 조절이 연결되어 있지 않으면 발현할 수 없다.

positive inducible(양성 유도성) 비활성의 양성 레귤레이터(positive regulator)가 오페론의 기질에 의해 활성을 지닌 레귤레이터로 변환되는 조절 회로.

positive repressible(양성 억제성) 활성을 지닌 양성 레귤레이터가 오페론의 산물에 의해 비활성화되는 조절회로.

postreplication complex(복제 후 복합체) 복제기점에 결합된 ORC 복합체로 구성된 효모 *S. cerevisiae*의 단백질-DNA 복합체.

posttranscriptional modification(전사 후 수식) 폴리뉴클레오티드 사슬에 처음 도입된 후 DNA 또는 RNA의 뉴클레오티드에 생기는 모든 변화.

ppGpp 구아노신테트라포스페이트(guanosine tetraphosphate; ppGpp, 구아노신 사인산) 참조.

precise excision(정확한 절제) 염색체로부터 중복된 표적 염기배열들의 하나와 트랜스포존의 제거. 이런 과정은 트랜스포존이 삽입된 부위에서 기능이 회복된다.

preinitiation complex(개시 전 복합체) RNA 중합효소가 진핵생물 전사에 결합하기 전에 프로모터에서 전사 인자의 집합.

pre-mRNA(프리-mRNA) ① 성숙한 mRNA를 생성하기 위해 수식(modification) 및 스플라이싱(splicing)에 의해 처리되는 핵 내의 전사물. ② 수식 및 스플라이싱에 의해 가공되어 mRNA를 만들어내는 핵 일차 전사물.

prereplication complex(복제 전 복합체) DNA 복제에 필요한 효모 *S. cerevisiae* 유래의 단백질-DNA 복합체. 복합체는 ORC 복합체, Cdc6 및 MCM 단백질을 가지고 있다.

presynaptic filament(시냅스 전 필라멘트) 나선형 핵단백질 필라멘트에서 Rad51 또는 RecA와 같은 가닥-전달 단백질로 결합된 단일-가닥 DNA.

primary transcript(일차 전사물) 전사 단위에 해당하는 변형되지 않은 최초의 RNA 산물.

primase(프리마아제) DNA 복제를 위한 프라이머(primer)로 사용될 짧은 RNA 단편을 합성하는 RNA 중합효소의 한 유형.

primer(프라이머) 한 가닥의 DNA와 짝을 이루고 DNA 중합효소가 디옥시리보 뉴클레오티드 사슬의 합성을 시작하는 유리 3′-OH 말단을 제공하는 짧은 배열(종종 RNA).

prion(프리온) 핵산을 함유하지 않지만 유전 가능한 형질로 행동하는 단백질성의 감염물질. 예로는 양의 스크래피(scrapie)와 소의 해면상 뇌증(bovine spongiform encephalopathy, BSE)에서의 발병 인자인 PrP^{Sc}와 효모에서 유전 상태를 나타내는 [*PSI*+]가 있다.

probe(탐침자) 상보적인 염기배열을 동정하는 데 사용되는 표지된 핵산.

processed pseudogene(프로세스드 위유전자) 역전사와 mRNA 전사체의 삽입에 의해 형성되는 기능이 없는 유전자 사본.

processing body(프로세싱 바디, PB) mRNA 분해와 번역 억제에 수반된 다수의 mRNA들과 단백질들을 함유한 입자로서, 진핵생물의 세포질에 많은 사본으로 발생함.

processive nuclease(과정 뉴클레아제, 과정 핵산가수분해효소) 뉴클레오티드의 순차적 제거를 촉매하는 동안 기질과 결합된 채 남아 있는 효소.

processivity(연속성) 효소가 각주기마다 분리하는 대신 하나의 주형으로 여러 촉매 주기를 수행하는 능력.

productive rearrangement(생산적인 재정렬) 모든 재정렬된 유전자 단편이 정확한 리딩 프레임(reading frame)에 있는 경우 V, (D) 및 J 유전자 단편의 재조합의 결과로서 발생한다.

programmed frameshifting(프로그램화된 프레임시프트 현상) +1 또는 −1 프레임시프트가 일반적인 빈도로 발생하는 특정 부위를 지나 암호화(coding)된 폴리펩티드 배열의 발현에 필요한 프레임시프트 현상.

promoter(프로모터) RNA 중합효소가 결합하여 전사를 시작하는 DNA 영역.

PROMPT(*promo*ter *u*pstream *t*ranscript) 프로모터 상류 전사물로서, 활성 프로모터로부터 DNA 두 가닥에서 생성되는 짧은 RNA.

proofreading(교정) 사슬에 추가된 개별 단위의 정밀 조사와 관련된 DNA 합성 오류를 교정하는 메커니즘.

prophage(프로파지) 박테리아 염색체의 선형 부분으로 공유 결합된 파지 게놈(phage genome).

단백질 스플라이싱(protein splicing) 인테인(intein)이 단백질에서 제거되고 양쪽에 있는 엑스테인(extein)이 표준 펩티드 결합으로 연결되는 자가촉매 과정.

proteome(프로테옴, 단백질체) 전체 게놈에 의해 발현되는 완전한 단백질 세트. 때때로, 이 용어는 세포에 의해 동시에 발현되는 단백질로도 정의된다.

provirus(프로바이러스) 레트로바이러스의 RNA 게놈 배열을 나타내는 진핵생물의 게놈으로 삽입된 이중구조 배열의 DNA.

pseudogene(위유전자) 조상의 활성 유전자의 돌연변이에 의해 유래된 비활성이지만 안정한 게놈의 성분. 보통 그들은 전사나 번역 또는 둘 모두를 방해하는 돌연변이로 인해 불활성 상태이다.

P site(P 사이트, P 부위) 초기 폴리펩티드 사슬을 운반하는 tRNA인 펩티딜-tRNA가 차지하는 리보솜 내의 사이트로 여전히 A 부위에서 결합하는 코돈과 쌍(pair)을 이룬다.

puff(퍼프) 밴드 내에 동일한 유전자자리(locus)에 RNA 합성과 관련된 폴리텐(polytene) 염색체의 밴드 확장.

purine(퓨린) 아데닌 또는 구아닌과 같은 이중 고리의 질소를 함유하는 염기.

pyrimidine(피리미딘) 시토신, 티민, 우라실 같은 단일 고리로 된 질소를 함유하는 염기.

pyrimidine dimer(피리미딘 다이머, 피리미딘 이량체) 자외선 조사가 DNA의 두 인접한 피리미딘 염기들 간에 직접적으로 공유결합이 생성할 때 형성되는 다이머(이량체). 그것은 DNA 복제와 전사를 차단한다.

[Q]

quantitative PCR(정량 PCR, qPCR) 앰플리콘을 증폭하고 동시에 정량화하는 데 사용되는 PCR 반응.

[R]

rasiRNA *r*epeat-*a*ssociated *si*RNA 참조.

rDNA(리보솜 DNA) 리보솜 RNA(rRNA)를 코드하는 유전자.

reading frame(리딩 프레임) 염기배열을 읽는 세 가지 가능한 방법 중 하나. 각 리딩 프레임은 염기배열을 일련의 연속적인 트리플렛(triplet, 세 개의 염기)로 나눈다.

readthrough(번역 초과) RNA 중합효소 또는 리보솜이 주형의 돌연변이 또는 액세서리 요소의 작용으로 인해 종결 신호를 각각 무시할 때 전사 또는 번역 시 발생한다.

real-time PCR(실시간 PCR, , RT-PCR) 일반적으로 형광 측정법을 통해 합성이 진행되면서 생성되는 산물을 연속적으로 모니터링하는 PCR 기술.

recognition helix(인식 헬릭스) 특정 염기에 특이적인 DNA와 접촉하는 **헬릭스-턴-헬릭스(helix-turn-helix, HTH)** 모티프의 두 헬릭스 중 하나. 이것은 결합된 DNA 염기배열의 특이성을 결정한다.

recombinant DNA(재조합 DNA) 서로 다른 출처의 두 개(또는 그 이상)의 DNA 분자를 연결하여 만들어지는 인공 DNA 분자.

recombinant joint(재조합체 연결 부위) 이중가닥 DNA의 두 재조합 분자가 연결되는 지점(헤테로듀플렉스 영역의 가장자리).

recombinase(재조합효소) 부위-특이적 재조합을 촉매하는 효소.

recombination nodules(nodes)(재조합 노듈(노드)) 시냅시스 복합체(synaptonemal complex)에 존재하는 조밀한(dense) 물체; 그들은 교차(crossing over)하는 데 관여하는 단백질 복합체를 나타낼 수 있다.

recombination-repair(재조합 수복) 상동성의 단일가닥을 다른 이중가닥에서 검색하여 이중가닥 DNA 중 한 가닥의 간격을 채우는 수복.

recombination signal sequence(재조합 신호 염기배열, RSS) 정확한 Ig 유전자자리 재조합에 필요한 헵타머(heptamer)-스페이서(spacer)-노나머(nonamer) 공통염기배열 조합.

recoding(리코딩) 코돈 혹은 일련의 코돈의 의미가 유전암호에서 예측된 것과 달라질 때 발생하는 현상. 리보솜에 의해 영향을 받는 아미노아실-tRNNA(aminoacyl-tRNA)와 mRNA 사이의 상호작용이 변경될 수 있다.

redundancy(중복성) 두 개 이상의 유전자가 동일한 기능을 수행할 수 있다는 개념으로, 그 중 하나는 필수적이지 않다.

regulator gene(조절 유전자) 다른 유전자(일반적으로 전사 수준)의 발현을 조절하는 단백질을 코딩하는 유전자.

relaxase(이완 효소) 한 가닥의 DNA를 절단하고 자유 5′ 말단에 결합하는 효소.

relaxed mutant(이완형 돌연변이체) 대장균에서 아미노산 고갈(starvation, 또는 다른 영양 결핍)에 대한 긴축 반응(stringent response)을 나타내지 않는 돌연변이.

release factor(종결 인자, RF) 폴리펩티드 번역을 종결시켜 mRNA로부터 완성된 폴리펩티드 사슬과 리보솜을 방출시키는 데 필요한 단백질.

renaturation(재생) DNA 이중나선의 변성된 상보 단일가닥의 재결합.

***r*epeat-*a*ssociated *si*RNA** 전이 인자(transposable element)에서 전사된 miRNA의 생식세포계열 서브세트(germline subset)와 전이 인자를 침묵시키는 데 사용되는 다른 반복 인자.

repetitive DNA(반복배열 DNA) 게놈에서 많은 (관련되거나 동일한) 사본으로 존재하는 DNA.

replication bubble(복제 버블) DNA가 복제되지 않은 더 긴 영역 내에서의 복제된 영역.

replication defective virus(복제 결함 바이러스) 필요한 유전자가 결여되어 있거나 (형질도입 바이러스에서는 숙주 DNA로 대체되어 있다) 돌연변이가 일어나 감염주기(infective cycle)를 지속할 수 없는 바이러스.

replication fork(복제 분기점) 복제가 진행될 수 있도록 어버이 이중 DNA의 가닥이 분리되는 지점. DNA 중합효소를 비롯한 단백질의 복합체가 발견된다.

replicative transposition(복제형 전이) 우선 트랜스포존이 복제되고, 한 개의 사본이 새로운 부위로 삽입되는 메커니즘에 의한 트랜스포존의 이동.

replicon(레플리콘) DNA가 복제되는 게놈의 단위. 각각에는 복제 개시를 위한 복제 기점이 있다.

replisome(레플리솜) 박테리아 복제 분기점(replication fork)에서 DNA의 합성을 수행하기 위해 조립되는 다중 단백질 구조. 그것은 DNA 중합효소와 다른 효소를 포함한다.

reporter gene(리포터 유전자) 쉽게 식별되거나 측정되는 펩티드를 코드하는 다른 유전자에 부착된 염기배열.

repression(억제) 산물(단백질)이 존재할 때 특정 효소의 합성을 방지하는 능력. 보다 일반적으로 DNA(또는 mRNA)의 특정 부위에 리프레서 단백질(repressor protein, 억제 단백질)이 DNA(혹은 RNA)에 결합함으로써 전사(혹은 번역)를 억제하는 것을 말한다.

repressor(리프레서, 억제 인자) 유전자 발현을 저해하는 단백질. 이것은 인핸서와 사일런서(silencer)의 결합에 의해 전사를 저해함으로써 작용할 수 있다.

repressible gene(억제성 유전자) 산물(단백질)에 의해 작동되지 않는 유전자.

resolution(분해) 코인테그레이트(cointegrate, 공동삽입체)에서 트랜스포존의 두 개의 복제물 사이의 상동 재조합 반응에 의해 일어나는 과정. 이 반응으로 각각 트랜스포존 사본을 가진 공여체 및 표적 레플리콘이 생성된다.

resolvase(리솔바아제, 위치특이성 재조합촉진효소) 중복된 트랜스포존의 두 사본 간의 부위-특이적 재조합에 관여하는 효소 활성.

restriction endonuclease(제한효소) DNA의 특정 짧은 염기배열을 인식하고, (때로는 표적 부위에서, 때로는 유형에 따라 다르나) 이중가닥을 절단하는 효소.

restriction fragment length polymorphism(제한효소 단편 길이 다형성, RFLP) 관련 제한효소 처리로 생성된 단편의 길이 차이에 의한 (예: 표적 부위의 염기 변화에 의해 발생되는) 표적 부위와의 유전적 차이. 이러한 RFLP는 게놈을 전형적인 유전적 마커에 직접 연결하는 유전지도 작성에 사용된다.

restriction map(제한효소 지도) 다양한 제한효소로 DNA를 절단하거나 제한효소 부위에 대한 알려진 염기배열을 스캐닝하여 결정한 DNA 상의 제한효소 부위의 직선 배열.

restriction point(제한 지점) 세포가 분열될 확률이 높은 G1 동안의 시점(효모에서는 이 시점을 START라고 한다).

retrotransposon(레트로트랜스포존) RNA 형태를 통하여 이동하는 트랜스포존; DNA인자는 RNA로 전사된 다음 게놈의 새로운 위치에 삽입되는 DNA로 역전사된다. 감염성(바이러스성)의 형태는 아니다. 이 이름은 일반적으로 레트로바이러스-유사LTR(retrovirus-like LTR)을 포함하고, 레트로바이러스(retrovirus)와 유사한 레트로인자(retroelement)를 말한다.

retrovirus(레트로바이러스) 역전사(reverse transcription)로 RNA를 DNA로 염기배열을 변환하는 능력을 가지고 있는 RNA 바이러스.

reverse gyrase(리버스 자이라아제) 양성의 수퍼코일(supercoil, 초나선구조)을 도입하는 효소.

reverse transcriptase(역전사 효소) 상보적 DNA 가닥을 합성하기 위한 단일-가닥 RNA를 주형으로 사용하는 효소.

reverse transcription(역전사) 역전사 효소에 의한 RNA 주형으로부터의 DNA 합성.

reverse transcription polymerase chain reaction(역전사 중합효소 연쇄 반응, RT-PCR) 역전사 및 세포 샘플에서 RNA의 증폭에 의한 유전자의 발현을 검출하고 정량화하기 위한 기술.

revertant(복귀 돌연변이주) 복귀 돌연변이(back mutation)로 인하여 야생형의 표현형으로 되돌아 간 돌연변이 세포나 생물체.

RF1 폴리펩티드 번역을 종결시키기 위한 신호로서 UAA 및 UAG

를 인식하는 박테리아 종결 인자.

RF2 폴리펩티드 번역을 종결시키기 위한 신호로서 UAA 및 UGA를 인식하는 박테리아 종결 인자.

RF3 신장 인자 EF-G와 관련된 폴리펩티드 번역 종결 인자. 그것은 RF1 또는 RF2 인자가 폴리펩티드 번역을 종결시키는 작용을 할 때 리보솜으로부터 방출하는 기능을 한다.

Rho(ρ) factor(로(ρ) 인자) 특정 터미네이터에서 전사를 종결시키기 위해 대장균 RNA 중합효소를 돕는 단백질(ρ-의존성 터미네이터라고 함).

rho-dependent terminator(로(ρ)-의존성 터미네이터) Rho(ρ) 인자의 존재 하에 박테리아 RNA 중합효소에 의한 전사 종결.

ribonuclease(리보뉴클레아제, 리보핵산가수분해효소) RNA 리보뉴클레오티드 사이의 포스포디에스테르(phosphodiester) 연결을 끊는 효소.

ribonucleoprotein particle(리보핵산단백질입자, RNP) RNA와 단백질의 복합체. "입자"는 대개 대형 복합체를 나타내기 위해 사용된다.

ribosomal RNA(리보솜 RNA, rRNA) 리보솜의 주요 성분.

ribosome(리보솜) mRNA 주형으로부터 지시를 받아 폴리펩티드를 합성하는 RNA와 단백질의 커다란 집합체.

ribosome-binding site(리보솜-결합 부위) 폴리펩티드 번역의 개시 단계에서 30S 서브유닛에 의해 결합되는 개시 코돈을 포함하는 박테리아 mRNA상의 염기배열.

ribosoem stalling(리보솜 스톨링, 리보솜 멈춤) 리보솜이 해당되는 하전된 아미노아실-tRNA(charged aminoacyl-tRNA)가 없는 코돈에 도달할 때 발생하는 리보솜 이동의 억제.

riboswitch(리보스위치) ① 작은 리간드(ligand)에 반응하는 촉매 RNA. ② 활성이 대사산물 또는 다른 작은 리간드(ligand)에 반응하는 촉매 RNA.

ribozyme(리보자임) 촉매 작용을 하는 RNA.

RISC ***R***NA-***i***nduced ***s***ilencing ***c***omplex 참조.

RITS ***R***NA-***i***nduced ***t***ranscriptional ***s***ilencing, RNA-유도 전사 침묵 참조.

RNA-binding protein(RNA-결합 단백질, RBP) 일반적으로 RNA 염기배열—또는 구조—특이적 방식으로 RNA에 대한 친화성을 부여하는 하나 이상의 도메인을 포함하는 단백질.

RNA-dependent RNA polymerase(RNA-의존성 RNA 중합효소, RDRP) RNA 주형으로부터 RNA 합성을 촉매하는 효소.

RNA editing(RNA 편집) 전사 후 RNA 수준에서의 염기배열 변화.

***R*NA-*i*nduced *s*ilencing *c*omplex(RNA-유도성 사일런싱 복합체, RISC)** 짧은 단일 가닥 siRNA와 siRNA에 상보적인 mRNA를 절단할 수 있는 핵산분해효소(nuclease)로 구성된 리보핵형단백질(ribonucleoprotein) 입자인 RNA-유도성 사일런싱 복합체. 다이서(dicer)로부터 siRNA를 받아 이를 mRNA에 전달한다.

***R*NA-*i*nduced *t*ranscriptional *s*ilencing(RNA-유도 전사 침묵, RITS)** siRNA가 변형에 의한 전사를 하향 조절하고 크로마틴을 리모델링하는 데 사용되는 RNAi의 한 형태.

RNA interference(RNA 간섭, RNAi) 더 긴 이중-가닥 RNA에서 유래된 짧은 21~23 뉴클레오티드 안티센스 RNA가 번역 저해 또는 분해에 의해 mRNA 발현을 조절할 수 있는 과정.

RNA ligase(RNA 리가아제, RNA 연결효소) 인트론의 절단에 의해 생성된 두 개의 엑손 염기배열 사이에 인산디에스테르(phosphodiester) 결합을 만들기 위해 tRNA 스플라이싱에서 작용하는 효소.

RNase(RNA 분해효소) RNA를 분해하는 효소.

RNA polymerase(RNA 중합효소) DNA 주형을 사용하여 RNA를 합성하는 효소. (공식적으로 DNA-의존성 RNA 중합효소로 기술됨)

RNA processing(RNA 프로세싱, RNA 가공) 진핵세포 유전자의 RNA 전사물에 대한 수식(modification). 여기에는 3′ 및 5′ 말단의 수식 및 인트론(intron)의 제거가 포함된다.

RNA regulon(RNA 레귤론) 특정 RNA 결합 단백질에 의해 각각 결합되는 mRNA 세트이며, 따라서 아마도 그 단백질에 의한 협동조절을 받게 될 것이다.

RNA silencing(RNA 사일런싱, RNA 침묵) 유전자 전사를 방지하기 위해 크로마틴 구조를 변경하는 RNA, 특히 ncRNA의 능력.

RNA splicing(RNA 스플라이싱) RNA로부터 인트론을 잘라내고, 연속적인 mRNA로 엑손을 연결하는 과정.

RNA surveillance system(RNA 감시 시스템) RNA(또는 RNP)에서 오류를 확인하는 시스템. 시스템이 유효하지 않은 염기배열 또는 구조를 인식하고 반응을 시작한다.

rolling circle(롤링 서클) 복제 분기점이 무한 회전수로 원형의 주형 주위를 진행하는 복제 양식; 각 회전으로 새로 합성된 DNA 가닥은 이전의 회전에서 합성된 가닥을 치환하고, 원형 주형 가닥에 상보적인 일련의 선형 염기배열을 함유하는 꼬리를 생성한다.

rotational positioning(회전 포지셔닝) DNA의 어느 면이 뉴클레오솜 표면에 노출되는지를 결정하는 이중나선의 회전과 관련된 히스톤옥타머(histone octamer)의 위치.

R segment(R 단편) 레트로바이러스 RNA 양 말단에 반복되어 존재하는 염기배열. 이들을 R-U5 및 U3-R이라고 한다.

rut ***r***ho ***ut***ilization의 약자. ρ 종결 인자에 의해 인식되는 RNA의 염기배열.

[S]

satellite DNA(새틀라이트 DNA) (동일하거나 관련이 있는) 다수의 짧은 기본적인 반복단위가 연속반복으로 이루어진 DNA.

scarce mRNA(희귀 mRNA) (또는 complex mRNA, 복합 mRNA) 많은 개별적인 mRNA종으로 이루어져 있는 mRNA로, 세포당 매우 적은 수의 사본으로 존재한다. 이것은 RNA의 염기배열 복잡성

(complexity; 반복배열)의 대부분을 차지함.

second-site reversion(제2위 복귀 돌연변이) 첫 번째 돌연변이의 효과를 억제하는 두 번째 돌연변이.

selfish DNA(이기적 DNA) 생물체의 표현형에 기여하지는 않지만, 게놈 내에서 자신의 주요 기능으로서 자가 보전(self-perpetuation)하는 DNA 염기배열.

semiconservative replication(반보존적 복제) 어버이 이중가닥의 가닥이 분리되어, 각 가닥이 상보적 가닥의 합성을 위한 주형으로 작용하여 이루어지는 DNA 복제.

semidiscontinuous replication(반불연속적 복제) 하나의 새로운 가닥이 연속적으로 합성되고 다른 가닥이 불연속적으로 합성되는 복제 모드.

sense strand(센스 가닥) mRNA와 동일한 염기배열을 지니며 유전암호에 의해 나타나는 단백질 배열과 관련이 있는 DNA 가닥. coding strand(코딩 가닥, 암호화 가닥)이라고도 함.

septal ring(격벽 링) 대장균의 *fts* 유전자가 암호화하는 여러 단백질의 복합체로서 세포의 중간 지점에서 형성된다. 그것은 세포 분열에서 격벽을 발생시킨다. 첫 번째 단백질은 FtsZ이며 Z-링의 원래 이름을 나타낸다.

septum(격벽) 분열 중인 박테리아의 중심에 형성되는 구조로, 딸 박테리아가 분리되는 위치를 제공한다. 이 용어는 유사분열이 끝날 때 식물세포 사이에 형성되는 세포벽을 묘사하는 데 사용된다.

sequence context(염기의 주변 상황) 공통 염기배열을 둘러싸고 있는 염기배열. 그것은 공통 염기배열의 활성을 조절할 수 있다.

Shine-Dalgarno sequencne(샤인-달가노 배열) 박테리아 mRNA에 AUG 개시 코돈에 선행하여 약 10 bp 떨어진 곳에 집중되어 있는 폴리퓨린(polypurine) 염기배열 AGGAGG. 16S rRNA의 3′ 말단 염기배열과 상보적이다.

short interspersed elements(SINEs) 짧은 산재성 핵 인자라고도 한다; 인간 게놈의 ~13%를 차지하는 주요한(500 bp 이하의) 짧은 비자율성 레트로트랜스포존의 일종(레트로트랜스포존 참조).

shuttle vector(셔틀 벡터) 서로 다른 두 종에서 복제할 수 있는 클로닝 벡터.

signal end(신호 말단) 면역글로불린과 T 세포 수용체 유전자의 재조합 과정에서 생성된 절단된 염기배열의 유리된(free) DNA 말단. 신호 말단은 재조합 신호 염기배열을 포함하는 절단된 단편의 말단에 위치한다. 이후에 합류하면 신호 연결 부위가 생긴다.

signal transduction pathway(신호 전달 경로) 자극 또는 세포 상태가 세포 내 경로에 의해 감지되고 세포 내 경로로 전달되는 과정.

silencer(사일런서) 짧은 DNA 배열로서 근처의 유전자 발현을 불활성화 할 수 있다.

silent mutation(침묵 돌연변이) or **neutral substitution(중립 치환)** 동의어 코돈(synonymous codon)을 생성하므로 폴리펩티드의 배열을 변화시키지 않는 돌연변이.

SINEs short interspersed elements 참조.

single-copy replication control(단일-사본 복제 제어) 단위 박테리아당 레플리콘 사본이 하나만 있는 제어 시스템. 박테리아 염색체와 일부 플라스미드에는 이러한 유형의 조절이 있다.

sigma factor(시그마 인자) 개시 단계에 필요한 박테리아 RNA 중합효소의 서브유닛; 그것은 프로모터의 선택에 큰 영향을 준다.

simple sequence DNA(단순 반복배열 DNA) DNA 배열의 짧은 반복 단위.

single-strand binding protein(단일가닥 결합 단백질, SSB) 단일가닥 DNA에 부착하여 DNA가 이중가닥을 형성하는 것을 방지하는 단백질.

single-strand invasion(단일-가닥 침입) 단일가닥의 DNA가 이중가닥에서 상동성 가닥으로 치환되는 과정.

single nucleotide polymorphism(단일 뉴클레오티드 다형성, SNP) 단일 뉴클레오티드의 변화로 인한 다형성(개체 사이의 염기배열의 변화). 이것은 개인 간의 유전적 차이의 대부분을 차지한다.

single-X hypothesis(단일-X 가설) 암컷 포유동물에서 하나의 X 염색체의 불활성화를 설명하는 이론.

siRNA(**s**hort **i**nterfering RNA) 짧은 간섭 RNA, 유전자 발현을 방해하는 miRNA.

sister chromatid(자매염색분체) 복제된 염색체의 두 개의 동일한 사본; 이 용어는 두 사본이 센트로미어(centromere, 동원체)에서 연결되어 있는 한 사용된다. 자매염색분체는 유사분열 후기 혹은 감수분열 후기 단계 II에서 분리된다.

site-specific recombination(부위-특이적 재조합) 두 개의 특정 염기배열 사이에서 일어나는 재조합, 파지에서와 같이 전위가 일어나는 동안 통합/절제 또는 공동삽입된 구조(cointegrated structure)의 분해.

SKI protein(SKI 단백질) 분해를 위한 넌스톱 분해(NSD) 기질을 표적으로 삼는 단백질 인자 세트.

SL RNA spliced leader RNA 참조.

small cytoplasmic RNAs(소형 세포질 RNA, scRNA, scyrps) 세포질에 존재하는 RNAs(때로는 핵에서도 발견됨). Scyrps는 scRNA 및 관련 단백질을 포함하는 리보핵단백질 입자(ribonucleoprotein particle)이다.

small nuclear RNAs(소형 핵 RNA, snRNA, snurps) 핵에 한정된 작은 RNA 종; 그들 중 몇 개는 스플라이싱(splicing) 또는 다른 RNA-프로세싱 반응에 관여한다. Snurps는 특정 snRNA와 단백질 파트너를 포함하는 리보핵단백질 입자(ribonucleoprotein particle)이다.

snoRNA(small nucleolar RNA) 인(nucleolus)에 국한되어 있는 작은 핵 RNA.

somatic hypermutation(체세포 과돌연변이, SHM) 재정렬된 면역글로불린 유전자에서 체세포 돌연변이의 도입. 돌연변이는 상응하는 항체의 염기배열을 변화시킬 수 있으며, 특히 항원 결합 부위에서 일어날 수 있다.

somatic recombination(체세포 재조합) 비생식세포(nongerm cell)에서 발생하는 재조합(즉, 감수분열 중에는 발생하지 않음); 가장 일반적으로 면역계에서의 재조합을 가리킨다.

somatic recombination(체세포 재조합) 림프구의 C 유전자에 V 유전자를 결합시켜 면역글로불린 또는 T 세포 수용체를 생성하는 과정.

Southern blotting(서던 블롯팅) 겔 전기영동으로 분리된 DNA 밴드를 프로브(probe)를 사용하여 특정한 DNA 밴드를 검출하기 위하여 겔 매트릭스(gel matrix)에서 셀룰로오스와 같은 고체 지지 멤브레인(membrane)으로 옮기는 과정.

S phase(S기) DNA 합성이 진행되는 진핵 세포주기의 제한된 부분.

spindle(방추체) 유사분열 동안 염색체의 움직임을 안내하는 미세소관으로 구성된 구조물.

spliced leader RNA(SL RNA) 트리파노소마(trypanosome)와 선충의 트랜스-스플라이싱 반응에 엑손을 제공하는 작은 RNA.

spliceosome(스플라이세오솜) RNA 스플라이싱에 필요한 snRNPs와 추가적인 단백질 인자에 의해 형성된 복합체.

splice recombinant DNA(스플라이스 재조합체 DNA) 유전자 교환이 일어나지 않은 가닥들이 잘라져 분리된 홀리데이 접합부(Holliday junction)에서 유래된 DNA. 교환 지점(exchange point) 이전의 DNA 가닥은 모두 하나의 염색체에서 유래한다; 교환 지점 이후의 DNA는 상동성 염색체에서 유래한다.

splicing(스플라이싱) RNA로부터 인트론(intron)을 절단하고, 엑손(exon)을 연속적인 mRNA로 연결하는 과정.

splicing factor(스플라이싱 인자) snRNP 중 하나의 일부가 아닌 스플라이세오솜(spliceosome)의 단백질 구성성분.

sporulation(포자 형성) 박테리아에 의한 (형태학적 전환에 의한) 포자의 생성 또는 (감수 분열의 산물로서) 효모에 의한 포자의 생성.

spontaneous mutation(자연발생적 돌연변이) 돌연변이를 증가시키는 첨가된 물질이 없을 때 일어나는 돌연변이. 복제 (또는 DNA 복제에 관여하는 다른 과정) 혹은 염기의 화학 구조의 무작위 변화에 의해 일어난다.

S region(S 영역) 면역글로불린 클래스 스위치 반응에 관여하는 염기배열. 그들은 H 사슬 불변영역을 암호화하는 유전자 단편의 5′ 말단에서 반복염기배열로 구성되어 있다.

sRNA 유전자 발현의 조절인자로 작용하는 작은 박테리아 RNA.

SR protein(SR 단백질) 다양한 길이의 Ser-Arg이 풍부한 영역을 가지고 있으며 스플라이싱에 관여하는 단백질.

start point(전사개시점) RNA로 합성되는 첫 번째 염기에 해당하는 DNA 상의 위치.

stRNA 발생 과정 동안 mRNA 발현을 조절하는 진핵세포 내 miRNA의 한 형태인 단기 RNA.

stabilizing element(안정화 요소, SE) 해당 mRNA에 긴 반감기를 주는 일부 mRNA에 존재하는 다양한 염기배열 중 하나.

stem-loop(스템-루프) 염기쌍 영역(stem, 줄기)과 단일-가닥 RNA의 말단 루프(loop)로 구성된 RNA에 나타나는 이차 구조. 스템과 루프의 둘 다 크기가 다양하다.

스테로이드 수용체(steroid receptor) 스테로이드 리간드의 결합으로 활성화되는 전사인자.

stop codon(종결 코돈) 폴리펩티드 번역을 종결시키는 세 트리플렛(triplet; 세 염기) 중 하나(UAG, UAA 또는 UGA). 그들은 또한 역사적으로 넌센스 코돈(nonsense codon)으로 알려져 있다. 이는 최초 확인된 넌센스 돌연변이(nonsense mutation)의 명명법에 따라, UAA 코돈은 오커(ocher), UAG 코돈은 앰버(amber)라고 불린다.

steady state(분자 농도의 항정상태) 합성 및 분해 속도가 동일할 때 분자 집단의 농도.

strand displacement(가닥 치환) 이전의 이중 가닥의 (상동성) 가닥을 대체하여 새로운 DNA 가닥이 자라는 일부 바이러스의 복제 모드.

stress granule(스트레스 과립) 번역 개시의 일반적인 억제에 대응하여 형성된 번역이 불활성화된 mRNA를 포함하는 세포질 입자.

stringency(엄격한 조건) 두 개의 핵산 가닥이 하이브리드(hybrid)를 가능하게 하는 데 요구되는 상보성의 정확성을 측정한 것. 엄격한 조건은 완충액의 이온 강도 및 반응 온도와 관련이 있다.

stringent factor(긴축 인자) 리보솜과 결합된 RelA 단백질은 하전되지 않은 tRNA(uncharged tRNA)가 A 부위에 들어갈 때 (p)ppGpp를 합성한다.

stringent response(긴축 반응) 영양분이 부족한 성장 배지에서 tRNA 및 리보솜의 합성을 중단시키는 박테리아의 능력.

structural gene(구조 유전자) 레귤레이터(regulator, 조절인자) 이외의 RNA 또는 폴리펩티드 산물을 코드(code, 암호화)하는 유전자.

subclone(서브클로닝) 클로닝한 단편을 더 작은 단편으로 분할하여 추가적으로 클로닝하는 과정.

supercoiling(수퍼코일 형성, 초나선구조 형성) 공간에서 폐쇄된 이중 DNA의 나선 형성으로 자체 축을 가로 지른다.

superfamily(수퍼패밀리) 공통 조상으로부터 유래되어 관련은 있으나, 현재는 상당한 변화를 나타내는 모든 유전자 세트.

suppression mutation(억제 돌연변이) 두 번째 돌연변이가 원래의 DNA 변화를 되돌리지 않고 돌연변이의 영향을 없앤다.

suppressor(서프레서) 1차 돌연변이의 효과를 보완하거나 변경하는 두 번째 돌연변이.

synapsis(시냅시스, 접합) or **chromosome pairing(염색체 접합)** 감수분열의 시작 시에 발생하는 두 쌍의 자매염색분체(homologous chromosomes, 상동성 염색체)를 나타내는 연관성; 결과적인 구조를 이가염색체(bivalent)라고 부른다.

synaptonemal complex(시냅시스 복합체) 재조합이 일어나는 데 필요한 것으로 믿어지는 증식된 상동성 염색체 사이에 형성되는 단백질 구조.

synonymous codon(동의어 코돈) 유전암호(genetic code)에서 동일한 의미를 갖는 코돈(동일한 아미노산을 지정하거나 번역 종결을 지정).

synonymous mutation(동의 돌연변이) 폴리펩티드 산물의 아미노산 배열을 변경시키지 않는 코딩 영역의 돌연변이.

synteny(신테니) 상동 유전자가 같은 순서로 발생하는 다른 종의 염색체 부위 간의 관계.

synthetic lethality(합성 치사) 그 자체로 생존 가능한 두 개의 돌연변이가 조합될 때 치사를 유발하는 현상.

synthetic genetic array analysis(합성 유전 어레이 분석법, SGA) 출아 효모에서의 자동화된 기술로, 돌연변이가 합성 치사적인 표현형을 일으키도록 상호작용하는지를 알아보기 위해 하나의 돌연변이주를 약 5,000개의 결실 돌연변이주의 어레이와 교배시킨다.

[T]

TAFs TBP의 DNA에 결합을 돕는 $TF_{II}D$의 서브유닛. 또한 다른 전사기구와의 접촉 점을 제공하기도 한다.

TATA-binding protein(TATA-결합 단백질, TBP) 프로모터의 TATA 박스에 결합하는 전사 인자 $TF_{II}D$의 서브유닛으로, 다른 인자들에 의해 TATA 박스가 없는 프로모터에 위치한다. 또한 SL1과 $TF_{III}B$에도 존재한다.

TATA box(TATA 박스) 진핵 세포 RNA 중합효소 II 전사 유닛의 개시점 앞의 약 25 bp에서 발견되는 보존된 A-T가 풍부한 옥타머(octamer, 8량체); 정확한 개시를 위한 효소의 배치와 관련된다.

TATA-less promoter(TATA-없는 프로모터) 개시점의 염기배열 상류에 TATA 박스가 없는 프로모터.

T cell(T 세포) 흉선에서 생산되는 림프구; 그들은 여러 기능적 유형으로 세분화될 수 있다. 그들은 T 세포 수용체를 가지고 있으며, 세포-매개 면역 반응에 관여한다.

T cell receptor(T 세포 수용체, TCR) T 림프구의 항원 수용체. 이것은 클론으로 발현되고 MHC 클래스 I 또는 클래스 II 단백질 및 항원-유래 펩티드의 복합체에 결합한다.

T-DNA 감염 중에 식물세포 핵으로 옮겨지는 아그로박테리아(*Agrobacterium tumefaciens*)의 Ti 플라스미드 단편. 식물세포를 형질전환시키는 유전자를 가지고 있다.

telomerase(텔로머라아제) 효소의 RNA 성분에 있는 RNA 염기배열에 의해 지시된 대로 DNA 3′ 말단에 개별 염기를 추가하여 텔로미어에서 한 가닥의 반복 단위를 만드는 리보핵산단백질(ribonucleoprotein) 효소.

telomere(텔로미어, 말단소립) 염색체의 자연 상태의 말단; DNA 염기배열은 돌출된 단일가닥 말단을 갖는 단순 반복되는 단위로 이루어져 있다.

telomeric silencing(텔로미어 침묵) 텔로미어 부근에서 일어나는 유전자 활성의 억제 현상.

temperate phage(용원성 파지) ① 숙주 내에서 용원성 사이클로 들어갈 수 있는 파지(숙주세포 게놈에 통합된 프로파지가 될 수 있다). ② 용균성 경로 또는 용원성 경로로 진행할 수 있는 박테리오파지.

template strand(주형 가닥) 중합효소에 의해 복사된 DNA 가닥.

terminal protein(말단 단백질) 선형 파지 게놈의 복제가 맨 끝에서 시작하도록 허용하는 단백질. 또한, DNA 중합효소와 결합된 공유결합을 통해 게놈의 5′ 말단에 부착하고, 프라이머(primer)로서의 시토신 잔기를 포함한다.

terminase(터미나아제) 바이러스 게놈의 다량체(multimer)를 절단하는 효소이며, 그 절단된 끝 부분부터 시작하여 빈 바이러스 캡시드로 DNA를 전위시키기 위해 ATP를 가수분해하여 에너지로 사용한다.

termination(종결 단계) 서브유닛의 첨가를 멈추고 (전형적으로) 합성 장치의 해체를 일으킴으로써 거대분자 합성 반응(DNA 복제, RNA 합성 과정 또는 단백질 합성 과정)을 종료시키는 분리된 반응.

termination codon(종결 코돈) 폴리펩티드의 번역 종료를 나타내는 세 코돈(UAA, UAG, UGA) 중 하나. 이들은 또한 정지 코돈(stop codon)이라고도 한다.

terminator(터미네이터, t) RNA 중합효소가 전사를 종결하게 하는 일련의 DNA.

ternary complex(3차 복합체) RNA 중합효소와 DNA뿐만 아니라 RNA 산물의 처음 두 염기를 나타내는 다이뉴클레오티드(dinucleotide)로 구성된 RNA 합성 과정 개시 단계의 복합체.

$TF_{II}D$ RNA 중합효소 II가 작용하는 프로모터의 개시점 상류에 있는 TATA 배열에 결합하는 전사 인자. TBP(TAT-결합 단백질, TATA-binding protein)와 TBP에 결합하는 TAF 서브유닛들로 이루어져 있다.

thalassemias(탈라세미아, 지중해 빈혈) 알파(α) 또는 베타(β) 글로빈이 결핍되어 생기는 적혈구의 질병.

third-base degeneracy(세 번째-염기 축퇴성) 코돈의 세 번째 (3′) 위치에 존재하는 뉴클레오티드가 코돈 의미에 거의 영향을 주지 않는 현상.

threshold cycle(임계 사이클, C_T) 생성물 신호가 특정 컷오프 값 이상으로 상승하여 앰플리콘 생성을 나타내는 실시간 PCR 또는 RT-PCR 반응에서의 열 순환 횟수.

tight binding(단단한 결합) (DNA 가닥이 분리되었을 때) 열린 복합체(open complex) 형성 시 DNA에 RNA 중합효소가 결합되어 있는 것.

tiling array(타일링 어레이) 생물체의 전체 게놈을 함께 나타내는 고정된 핵산 염기배열의 어레이(array, 배열). 각 어레이 염기배열이 짧을수록 더 필요한 총 스폿(spot, 반점) 수는 많아지지만, 어레이의 유전적 해상도(genetic resolution)는 높아진다.

Ti plasmid(Ti 플라스미드) 감염된 식물에서 크라운 질병의 유발에 관여하는 유전자를 가지고 있는 아그로박테리아(*Agrobacterium tumefaciens*)의 에피솜(episome).

T_m(변성 온도) 이중가닥 핵산 단편의 이론적 변성 온도. *Tm*은 염기배열 조성, 이중가닥 길이 및 완충 이온 강도를 포함하는 파라미터에 따라 다르다.

Tn 번호 뒤에는 약제 내성과 같은 기능과 관련이 없는 마커(marker)를 가지고 있는 박테리아 트랜스포존을 나타내는 수단.

topoisomerase(토포이소머라아제, 위상이성질화효소) 폐쇄된 DNA 분자에서 두 가닥이 서로 교차하는 횟수를 변경하는 효소. DNA가 절단되고, DNA가 틈을 통과한 다음, DNA가 다시 봉합되는 과정으로 진행된다.

trailer(트레일러, 3′ UTR) 종결 코돈에 이어 mRNA의 3′ 말단에서 번역되지 않은 염기배열.

TRAMP 효모에서 비정상적인 핵 RNA를 확인하고 폴리아데닐화(polyadenylate)하는 단백질 복합체. 분해를 위해 핵 엑소솜(exosome)을 동원한다.

$tRNA^{Met}_f$ 박테리아에서 폴리펩티드 번역을 시작하는 데 사용되는 특수 RNA. 주로 AUG를 사용하지만 GUG 및 UUG에도 반응할 수 있다.

$tRNA_m^{Met}$ 내부 AUG 코돈에 메티오닌(nethionine)을 삽입하는 박테리아 tRNA.

트랜스-작용 배열(*trans*-acting sequence) 표적 DNA의 모든 사본에 작동할 수 있는 산물을 코드하고 있는 DNA 배열. 이것은 그것이 확산성 단백질(diffusible protein) 또는 RNA임을 의미한다.

transcription(전사, RNA 합성) DNA 주형으로부터의 RNA 합성.

transcriptional interference(전사 간섭, TI) 하나의 프로모터로부터의 전사가 제2의 연관된 프로모터로부터의 전사로부터 직접적으로 방해(간섭)를 받는 현상.

transcription unit(전사 단위) RNA 중합효소에 의한 개시 및 종결 부위 간의 염기배열; 그것은 하나 이상의 유전자를 포함할 수 있다.

transcriptome(전사체) 세포, 조직 또는 생물체에 존재하는 완전한 RNA 세트. 전사체의 복잡성은 주로 mRNA에 의해 생기나, 넌코딩 RNA를 포함하기도 한다.

transducing virus(형질도입 바이러스) 자신의 염기배열의 일부 대에 숙주 게놈의 일부를 가지고 있는 바이러스. 가장 잘 알려진 예로는 진핵생물의 레트로바이러스와 대장균의 DNA 파지가 있다.

transesterification(에스테르교환 반응) 협동적인 전이로 화학결합을 끊고 형성하는 반응으로 에너지를 필요로 하지 않는 반응.

transfection(트랜스펙션, 형질도입) 진핵세포에서, 첨가된 DNA의 도입으로 인한 새로운 유전물질의 획득.

transfer region(전달 영역) 박테리아 접합에 필요한 F 플라스미드 상의 단편(segment).

transgenic(트랜스제닉, 형질전환체) 생식계에 시험관 내(*in vitro*)에서 준비된 DNA를 도입하여 생성된 생물체. DNA는 게놈에 삽입되거나 염색체외 구조에 존재할 수 있다.

transfer RNA(전령 RNA, tRNA) 유전암호를 해석하는 단백질 합성의 중간 매개체. 각 분자는 아미노산과 결합할 수 있다. 전령 RNA는 아미노산을 나타내는 트리플렛(triplet, 세 개의 염기)인 코돈과 상보적인 안티코돈 염기배열을 가지고 있다.

transformation(형질전환) ① 박테리아에서, 첨가된 DNA가 들어와 새로운 유전물질을 획득하는 것을 말한다. ② 세포에 의한 새로운 외인성 유전물질의 획득.

transgenic(형질전환체) 생식계에 시험관에서 준비된 DNA를 도입하여 생성된 생물체. DNA는 게놈에 삽입되거나 염색체외 구조에 존재할 수 있다.

transition(트랜지션, 염기 전이) 피리미딘이 다른 피리미딘으로 대체되거나 퓨린이 다른 퓨린으로 대체되는 돌연변이.

translation(번역, 단백질 합성) mRNA 주형으로부터 폴리펩티드(단백질)의 합성.

translational positioning(번역 포지셔닝) 링커 영역에 어떤 염기배열이 위치하는지를 결정하는 이중나선의 연속적인 턴(turn, 회전)에서 히스톤옥타머(histone octamer)의 위치.

translocation(전좌) ① 비상동성 염색체 간의 염색체 물질의 상호 또는 비상호적 교환. ② 폴리펩티드 사슬에 각 아미노산을 첨가한 후 mRNA를 따라 한 코돈(codon)씩 이동하는 것.

transposable element or **transposon(전이 인자** 혹은 **트랜스포존)** 표적 유전자자리에서의 어떤 염기배열 관계없이 게놈의 새로운 위치에 그 자체(또는 그 자체의 사본)를 삽입할 수 있는 DNA 염기배열.

transposase(트랜스포사아제, 전이효소) 효소 활성은 새로운 위치에 트랜스포존(transposon)의 삽입에 관여하고 있다.

transposition(전이) 게놈의 한 위치에서 다른 위치로 이동할 수 있는 유전자 인자의 이동.

transposon(트랜스포존) 표적 유전자자리에서의 어떤 배열과 상관관계를 가지지 있지 않은 게놈 내의 새로운 위치에 그 자신(또는 자신의 사본)을 삽입시킬 수 있는 DNA 염기배열.

trasnversion(트랜스버전, 염기 전환) 퓨린이 피리미딘으로 대체되거나 혹은 피리미딘이 퓨린으로 대체되는 돌연변이.

true revertant(진정 복귀돌연변이) DNA의 본래의 배열로 복원시키는 돌연변이.

tumor-suppressor protein(종양-억제 단백질) 일반적으로 세포 증식을 차단하거나 세포사멸을 촉진하는 단백질. 암은 종양-억제 유전자가 기능-손실 돌연변이에 의해 불활성화될 때 생길 수 있다.

Type I topoisomerase(I형 토포이소머라아제) 한 가닥의 DNA에 닉(nick, 틈)을 만들고 다시 밀봉함으로써 DNA의 위상을 변화시키는 효소.

Type II topoisomerase(II형 토포이소머라아제) DNA의 두 가닥 DNA에 닉(nick, 틈)을 만들고 다시 밀봉함으로써 DNA의 위상을 변화시키는 효소.

[U]

UAS Upstream Activating Sequence(상류 활성화 배열) 참조.

underwound(언더와운드, 덜 감기) 나선구조 1회전당 10.4 염기쌍보다 적은 B형 DNA.

unidentified reading frame(미확인 리딩 프레임, URF) 아직 결정되지 않은 기능을 가진 오픈 리딩 프레임.

unidirectional replication(일방향성 복제) 지정된 복제 기점에서 단일 복제 분기점(replication fork)의 이동.

Upf protein(Upf 단백질) 분해를 위해 **넌센스-매개 분해(nonsense-mediated decay, NMD)** 기질을 표적으로 삼는 단백질 요소 세트.

up mutation(상향 돌연변이) RNA 합성(전사) 속도를 증가시키는 프로모터의 돌연변이.

upstream(상류) 유전자가 발현되는 방향과 반대방향의 염기배열.

upstream activating sequences(상류 활성화 염기배열, UAS) ① 효모에 존재하는 고등 진핵세포의 인핸서에 상당하는 것; UAS는 프로모터의 하류에서 기능할 수 없다. ② 효모에 존재하는 고등진핵생물의 인핸서에 해당되는 것. 전사 액티베이터 단백질들이 결합한다.

[V]

U3 레트로바이러스 RNA의 3′ 말단 있는 반복되는 염기배열.

U5 레트로바이러스 RNA의 5′ 말단 있는 반복되는 염기배열.

variable number tandem repeat(직렬 반복 배열 변수, VNTR) 마이크로새틀라이트 (microsatellites) 및 미니새틀라이트(minisatellites)를 포함하는 매우 짧은 반복 염기배열.

variable region(가변 영역, V 영역) 면역글로불린 또는 T 세포 수용체 분자의 항원-결합 부위. 그것들은 구성요소 사슬의 가변 도메인으로 구성된다. 그것들은 V 유전자 단편에 의해 코드되어 있으며, 합성 과정에서 도입된 여러 게놈 사본과 변화의 결과로 항원 수용체 사이에서 광범위하게 변한다.

vector(벡터) 복제된 DNA 단편을 영속시키는 데 사용되는 플라스미드 또는 파지 염색체.

vegetative phase(영양기) 박테리아의 정상적인 성장과 분열 기간. 포자를 형성할 수 있는 박테리아의 경우, 포자 형성 시 포자 생성 단계와 대조된다.

V gene(V유전자) 면역 글로불린 사슬의 가변 (N 말단) 영역의 주요 부분을 암호화하는 염기배열.

viroid(비로이드) 단백질 껍질을 가지고 있지 않은 작은 감염성 핵산.

virulent mutation(독성 돌연변이, λ *vir*) 용원성(lysogeny)을 확립할 수없는 파지(phage) 돌연변이체.

virulent phage(독성 파지) 용균성 주기(lytic cycle)로만 진행할 수 있는 박테리오파지.

virusoid(바이루소이드) 자체 바이러스 게놈과 함께 식물 바이러스에 의해 캡슐화된 작은 전염성 핵산.

[W]

wobble hypothesis(워블 가설, 동요 가설) tRNA가 코돈의 세 번째 염기와 특이한 (G-C, A-T 쌍이 아닌) 쌍으로 하나 이상의 코돈을 인식하는 능력.

[X]

xeroderma pigmentosum(색소성 건피증, XP) 피부 질환 및 암 소인(predisposition)이 되는 햇빛(특히, 자외선)에 과민성을 유발하는 XP 유전자 중 하나의 돌연변이로 인한 질병.

[Y]

yeast artificial chromosome(YAC 효모 인공염색체) 효모 텔로미어, 센트로미어 및 복제 기점을 포함하고 있는, 최대 3,000 kb의 매우 큰 DNA 단편을 복제하는 데 사용되는 클로닝 벡터로, 효모 세포에서 증식할 수 있다.

[Z]

징크-핑거(zinc-finger) 단백질을 안정화시키는 데 도움이 되는 하나 이상의 아연 이온을 함유한 전사 인자를 대표하는 DNA-결합 모티프.

zipcode(지프코드, 우편번호)(RNA에서) 세포질 로컬리제이션(localization, 국재화) 지시와 관련된 RNA 시스(*cis*)-요소의 수; 로컬리제이션 시그널(localization signals)이라고도 한다.

zoo blot(주 블롯) 한 생물종으로 부터 유래한 DNA 프로브가 다른 다양한 생물종의 게놈 DNA와 하이브리드 결합하는 능력을 알아보기 위한 서던블롯팅.

Z-ring(Z-링) 격벽 링(septal ring)을 참조.

해답

각 장 문제(짝수 번호 정답)

Chapter 1
2. D; **4.** A; **6.** A; **8.** D; **10**. A

Chapter 2
2. B; **4.** B; **6.** C; **8.** C; **10**. C

Chapter 3
2. C; **4.** A; **6.** E, B, G, F, D, C, A

Chapter 4
2. C; **4.** A; **6.** B; **8.** B; **10**. D

Chapter 5
2. B; **4.** D; **6.** C; **8.** C; **10**. B

Chapter 6
2. C; **4.** C; **6.** B; **8.** D; **10**. B

Chapter 7
2. A; **4.** A; **6.** C; **8.** B; **10**. A

Chapter 8
2. B; **4.** A; **6.** A; **8.** C; **10**. A

Chapter 9
2. 필라멘트(filaments); **4.** 구형(spherical) 혹은 20면체(icosahedron); **6.** 그것은 자주 전사되지 않은 여러 반복배열로 구성된다; **8.** 그것은 S기 후반에 복제하고 유전자 재조합의 발생률을 감소시킨다; **10**. C; **12**. B; **14**. A; **16**. A

Chapter 10
2. 방해한다; **4.** 프로모터(promoter); **6.** 억제성 혹은 사일런싱(침묵)(repressive or silencing); **8.** B; **10**. C; **12**. B

Chapter 11
2. C; **4.** A; **6.** D; **8.** A

Chapter 12
2. A; **4.** A; **6.** B; **8.** C

Chapter 13
2. B; **4.** D; **6.** D; **8.** B; **10**. A

Chapter 14
2. B; **4.** D; **6.** C; **8.** D; **10**. B

Chapter 15
2. 박테리아 단백질 IHF, 파지 단백질 Int, 박테리아 염색체의 *attB* 배열, 파지 게놈의 *attP* 배열; **4.** A; **6.** C; **8.** D; **10**. C

Chapter 16
2. 손상된 부위 주변의 틈(nick) 사이의 DNA를 제거한다; **4.** 헬리카아제(helicase); **6.** DNA에서 틈을 남기고 연속된 포스포디에스테르 백본(backbone)을 재구성한다; **8.** 리아제(lyase); **10**. A; **12**. C; **14**. D

Chapter 17
2. C; **4.** A; **6.** 다음 중 하나: 매트릭스(matrix) 단백질, 캡시드(capsid) 단백질, 뉴클레오캡시드(nucleocapsid) 단백질; **8.** 다음 중 하나: 단백질분해효소(protease), 역전사효소(reverse transcriptase), 인테그라아제(integrase); **10**. 표면단백질(surface protein) (비리온, virion이 숙주와 상호작용할 수 있는 스파이크); **12**. C; **14**. A; **16**. B; **18**. D

Chapter 18
2. A; **4.** B; **6.** D; **8.** 헵타머(heptamer); **10**. 시그널 혹은 넌코딩 영역(signal or noncoding region)

Chapter 19
2. C; **4.** A; **6.** D; **8.** A; **10**. B

Chapter 20
2. B, C, C; **4.** B; **6.** A; **8.** B; **10**. C

Chapter 21
2. B; **4.** C; **6.** D; **8.** B; **10**. A

Chapter 22
2. A; **4.** B; **6.** C; **8.** D

Chapter 23
2. B; **4.** C; **6.** A; **8.** B; **10**. C

Chapter 24
2. B; **4.** A; **6.** B; **8.** D; **10**. B

Chapter 25
2. C; **4.** A; **6.** D; **8.** A; **10**. B

Chapter 26
2. A; **4.** B; **6.** C; **8.** A; **10**. B

Chapter 27
2. B ; **4.** B; **6.** D; **8.** C; **10**. A

Chapter 28
2. C; **4.** B; **6.** A; **8.** C; **10**. B

Chapter 29
2. 간기(interphase)에서 응축된 채로 남아있다; **4.** S기 후반에 복제된다; **6.** 구성성 헤테로크로마틴은 코딩(coding) 기능을 갖지 않는 특정 DNA 염기배열을 함유하고, (일부 종에서는) 센트로미어(centromere)에 위치한 새틀라이트 DNA(위성 DNA)를 포함한다; **8.** 포유류에서는 두 개의 여성 X 염색체 중 하나가 불활성화된다; **10**. 예쁜꼬마선충(*C. elegans*)에서, 각각의 암컷 X 염색체로부터의 유전자 발현은 단일 수컷 X 염색체로부터의 발현에 비해 딱 절반이다; **12**. 단백질의 자기-영속(self- perpetuating) 상태 또는 형태가 확립되고 유지될 수 있다; **14**. 스크래피(Scrapie), 게르스트만-쉬타우슬러 혹은 크로이츠펠트-야코프 신드롬(Gerstmann-Staussler syndrome or Creuzfeldt-Jakob disease[CJD])

Chapter 30
2. D

찾아보기

국문색인

ㄱ

ㄴ

ㄷ

영문색인

D

E

F

G

H